Ausgeschieden
öffentl. Bücherei

Lexikon der Geowissenschaften
2

Lexikon der Geowissenschaften

in sechs Bänden

Zweiter Band
Edu bis Insti

Spektrum Akademischer Verlag Heidelberg · Berlin

Die Deutsche Bibliothek-CIP-Einheitsaufnahme
Lexikon der Geowissenschaften / Red.: Landscape GmbH – Heidelberg: Spektrum, Akad. Verl.

Bd. 2. – (2000)
ISBN 3-8274-0421-5

© 2000 Spektrum Akademischer Verlag GmbH Heidelberg Berlin

Alle Rechte, auch die der Übersetzung in fremde Sprachen, vorbehalten. Kein Teil dieses Werkes darf ohne schriftliche Einwilligung des Verlages in irgendeiner Form (Fotokopie, Mikrofilm oder ein anderes Verfahren), auch nicht für Zwecke der Unterrichtsgestaltung, reproduziert oder unter Verwendung elektronischer Systeme verarbeitet, vervielfältigt oder verbreitet werden.
Es konnten nicht sämtliche Rechteinhaber von Abbildungen ermittelt werden. Sollte dem Verlag gegenüber der Nachweis der Rechteinhaberschaft geführt werden, wird das branchenübliche Honorar nachträglich gezahlt.
Die Wiedergabe von Warenbezeichnungen, Handelsnamen, Gebrauchsnamen usw. in diesem Buch berechtigt auch ohne Kennzeichnung nicht zu der Annahme, daß diese von jedermann frei benutzt werden dürfen.

Redaktion: LANDSCAPE Gesellschaft für Geo-Kommunikation mbH, Köln
Produktion: Daniela Brandt
Innengestaltung: Gorbach Büro für Gestaltung und Realisierung, Gauting Buchendorf
Außengestaltung: WSP Design, Heidelberg
Graphik: Eckhard Langen (Leitung), Ulrike Lohoff-Erlenbach, Stephan Meyer, Ralf Taubenreuther, Hans-Martin Julius
Satz: Greiner & Reichel, Köln
Druck und Verarbeitung: Franz Spiegel Buch GmbH, Ulm

Mitarbeiter des zweiten Bandes

Redaktion
Dipl.-Geogr. Christiane Martin (Leitung)
Dipl.-Geol. Manfred Eiblmaier
Dipl.-Geogr. Lothar Kreutzwald
Nicole Bischof
Hélène Pretsch

Fachberatung
Prof. Dr. Wladyslaw Altermann (Geochemie)
Prof. Dr. Wolfgang Andres (Geomorphologie)
Prof. Dr. Hans-Rudolf Bork (Bodenkunde)
Prof. Dr. Manfred F. Buchroithner (Fernerkundung)
Prof. Dr. Peter Giese (Geophysik)
Prof. Dr. Günter Groß (Meteorologie)
Prof. Dr. Hans-Georg Herbig (Paläontologie/Hist. Geol.)
Dr. Rolf Hollerbach (Petrologie)
Prof. Dr. Heinz Hötzl (Angewandte Geologie)
Prof. Dr. Kurt Hümmer (Kristallographie)
Prof. Dr. Karl-Heinz Ilk (Geodäsie)
Prof. Dr. Dr. h. c. Volker Jacobshagen (Allgmeine Geologie)
Prof. Dr. Wolf Günther Koch (Kartographie)
Prof. Dr. Hans-Jürgen Liebscher (Hydrologie)
Prof. Dr. Jens Meincke (Ozeanographie)
PD Dr. Daniel Schaub (Landschaftsökologie)
Prof. Dr. Christian-Dietrich Schönwiese (Klimatologie)
Prof. Dr. Günter Strübel (Mineralogie)

Autorinnen und Autoren
Dipl.-Geol. Dirk Adelmann, Berlin [DA]
Dipl.-Geogr. Klaus D. Albert, Frankfurt a. M. [KDA]
Prof. Dr. Werner Alpers, Hamburg [WAlp]
Prof. Dr. Alexander Altenbach, München [AA]
Prof. Dr. Wladyslaw Altermann, München [WAl]
Prof. Dr. Wolfgang Andres, Frankfurt a. M. [WA]
Dr. Jürgen Augustin, Müncheberg [JA]
Dipl.-Met. Konrad Balzer, Potsdam [KB]
Dr. Stefan Becker, Wiesbaden [SB]
Dr. Raimo Becker-Haumann, Köln [RBH]
Dr. Axel Behrendt, Paulinenaue [AB]
Dipl.-Ing. Undine Behrendt, Müncheberg [UB]
Prof. Dr. Raimond Below, Köln [RB]
Dipl.-Met. Wolfgang Benesch, Offenbach [WBe]
Dr. Helge Bergmann, Koblenz [HB]
Dr. Michaela Bernecker, Erlangen [MBe]
Dr. Markus Bertling, Münster [MB]
PD Dr. Christian Betzler, Frankfurt a. M. [ChB]
Nicole Bischof, Köln [NB]
Prof. Dr. Dr. h. c. Hans-Peter Blume, Kiel [HPB]
Dr. Günter Bock, Potsdam [GüBo]
Dr.-Ing. Gerd Boedecker, München [GBo]
Prof. Dr. Wolfgang Boenigk, Köln [WBo]
Dr. Andreas Bohleber, Stutensee [ABo]
Prof. Dr. Jürgen Bollmann, Trier [JB]
Prof. Dr. Hans-Rudolf Bork, Potsdam [HRB]
Dr. Wolfgang Bosch, München [WoBo]
Dr. Heinrich Brasse, Berlin [HBr]
Dipl.-Geogr. Till Bräuninger, Trier [TB]
Dr. Wolfgang Breh, Karlsruhe [WB]
Prof. Dr. Christoph Breitkreuz, Freiberg [CB]
Prof. Dr. Manfred F. Buchroithner, Dresden [MFB]
Dr.-Ing. Dr. sc. techn. Ernst Buschmann, Potsdam [EB]

Dr. Gerd Buziek, Hannover [GB]
Dr. Andreas Clausing, Halle/S. [AC]
Prof. Dr. Elmar Csaplovics, Dresden [EC]
Prof. Dr. Dr. Kurt Czurda, Karlsruhe [KC]
Dr. Claus Dalchow, Müncheberg [CD]
Prof. Dr. Wolfgang Denk, Karlsruhe [WD]
Dr. Detlef Deumlich, Müncheberg [DDe]
Prof. Dr. Reinhard Dietrich, Dresden [RD]
Dipl.-Geoök. Markus Dotterweich, Potsdam [MD]
Dr. Doris Dransch, Berlin [DD]
Prof. Dr. Hermann Drewes, München [HD]
Prof. Dr. Michel Durand-Delga, Avon (Frankreich) [MDD]
Dr. Dieter Egger, München [DEg]
Dipl.-Geol. Manfred Eiblmaier, Köln [MEi]
Dr. Klaus Eichhorn, Karlsruhe [KE]
Dr. Hajo Eicken, Fairbanks (USA) [HE]
Dr. Matthias Eiswirth, Karlsruhe [ME]
Dr. Ruth H. Ellerbrock, Müncheberg [RE]
Dr. Heinz-Hermann Essen, Hamburg [HHE]
Prof. Dr. Dieter Etling, Hannover [DE]
Dipl.-Geogr. Holger Faby, Trier [HFa]
Dr. Eberhard Fahrbach, Bremerhaven [EF]
Dipl.-Geol. Tina Fauser, Karlsruhe [TF]
Prof. Dr.-Ing. Edwin Fecker, Ettlingen [EFe]
Dipl.-Geol. Kerstin Fiedler, Berlin [KF]
Dr. Ulrich Finke, Hannover [UF]
Prof. Dr. Herbert Fischer, Karlsruhe [HF]
Prof. Dr. Heiner Flick, Marktoberdorf [HFl]
Prof. Dr. Monika Frielinghaus, Müncheberg [MFr]
Dr. Roger Funk, Müncheberg [RF]
Dr. Thomas Gayk, Köln [TG]
Prof. Dr. Manfred Geb, Berlin [MGe]
Dipl.-Ing. Karl Geldmacher, Potsdam [KGe]
Dr. Horst Herbert Gerke, Müncheberg [HG]
Prof. Dr. Peter Giese, Berlin [PG]
Prof. Dr. Cornelia Gläßer, Halle/S. [CG]
Dr. Michael Grigo, Köln [MG]
Dr. Kirsten Grimm, Mainz [KGr]
Prof. Dr. Günter Groß, Hannover [GG]
Dr. Konrad Großer, Leipzig [KG]
Prof. Dr. Hans-Jürgen Gursky, Clausthal-Zellerfeld [HJG]
Prof. Dr. Volker Haak, Potsdam [VH]
Dipl.-Geol. Elisabeth Haaß, Köln [EHa]
Prof. Dr. Thomas Hauf, Hannover [TH]
Prof. Dr.-Ing. Bernhard Heck, Karlsruhe [BH]
Dr. Angelika Hehn-Wohnlich, Ottobrunn [AHW]
Dr. Frank Heidmann, Stuttgart [FH]
Dr. Dietrich Heimann, Weßling [DH]
Dr. Katharina Helming, Müncheberg [KHe]
Prof. Dr. Hans-Georg Herbig, Köln [HGH]
Dr. Wilfried Hierold, Müncheberg [WHi]
Prof. Dr. Ingelore Hinz-Schallreuter, Greifswald [IHS]
Dr. Wolfgang Hirdes, Burgdorf-Ehlershausen [WH]
Prof. Dr. Karl Hofius, Boppard [KHo]
Dr. Axel Höhn, Müncheberg [AH]
Dr. Rolf Hollerbach, Köln [RH]
PD Dr. Stefan Hölzl, München [SH]
Prof. Dr. Heinz Hötzl, Karlsruhe [HH]
Dipl.-Geogr. Peter Houben, Frankfurt a. M. [PH]
Prof. Dr. Kurt Hümmer, Karlsruhe [KH]
Prof. Dr. Eckart Hurtig, Potsdam [EH]

Mitarbeiter des zweiten Bandes

Prof. Dr. Karl-Heinz Ilk, Bonn [KHI]
Prof. Dr. Dr. h. c. Volker Jacobshagen, Berlin [VJ]
Dr. Werner Jaritz, Burgwedel [WJ]
Dr. Monika Joschko, Müncheberg [MJo]
Prof. Dr. Heinrich Kallenbach, Berlin [HK]
Dr. Daniela C. Kalthoff, Bonn [DK]
Dipl.-Geol. Wolf Kassebeer, Karlsruhe [WK]
Dr. Kurt-Christian Kersebaum, Müncheberg [KCK]
Dipl.-Geol. Alexander Kienzle, Karlsruhe [AK]
Dr. Thomas Kirnbauer, Darmstadt [TKi]
Prof. Dr. Wilfrid E. Klee, Karlsruhe [WEK]
Prof. Dr.-Ing. Karl-Hans Klein, Wuppertal [KHK]
Dr. Reiner Kleinschrodt, Köln [RK]
Prof. Dr. Reiner Klemd, Würzburg [RKl]
Dr. Jonas Kley, Karlsruhe [JK]
Prof. Dr. Wolf Günther Koch, Dresden [WGK]
Dr. Rolf Kohring, Karlsruhe [RKo]
Dr. Martina Kölbl-Ebert, München [MKE]
Prof. Dr. Wighart von Koenigswald, Bonn [WvK]
Dr. Sylvia Koszinski, Müncheberg [SK]
Dipl.-Geol. Bernd Krauthausen, Berg/Pfalz [BK]
Dr. Klaus Kremling, Kiel [KK]
Dipl.-Geogr. Lothar Kreutzwald, Köln [LK]
PD Dr. Thomas Kunzmann, München [TK]
Dr. Alexander Langosch, Köln [AL]
Prof. Dr. Marcel Lemoine, Marli-le-Roi (Frankreich) [ML]
Dr. Peter Lentzsch, Müncheberg [PL]
Prof. Dr. Hans-Jürgen Liebscher, Koblenz [HJL]
Prof. Dr. Johannes Liedholz, Berlin [JL]
Dipl.-Geol. Tanja Liesch, Karlsruhe [TL]
Prof. Dr. Werner Loske, Drolshagen [WL]
Dr. Cornelia Lüdecke, München [CL]
Dipl.-Geogr. Christiane Martin, Köln [CM]
Prof. Dr. Siegfried Meier, Dresden [SM]
Dipl.-Geogr. Stefan Meier-Zielinski, Basel (Schweiz) [SMZ]
Prof. Dr. Jens Meincke, Hamburg [JM]
Dr. Gotthard Meinel, Dresden [GMe]
Prof. Dr. Bernd Meissner, Berlin [BM]
Prof. Dr. Rolf Meißner, Kiel [RM]
Dr. Dorothee Mertmann, Berlin [DM]
Prof. Dr. Karl Millahn, Leoben (Österreich) [KM]
Dipl.-Geol. Elke Minwegen, Köln [EM]
Dr. Klaus-Martin Moldenhauer, Frankfurt a. M. [KMM]
Dipl.-Geogr. Andreas Müller, Trier [AMü]
Dipl.-Geol. Joachim Müller, Berlin [JMü]
Dr.-Ing. Jürgen Müller, München [JüMü]
Dr. Lothar Müller, Müncheberg [LM]
Dr. Marina Müller, Müncheberg [MM]
Dr. Thomas Müller, Müncheberg [TM]
Dr. Peter Müller-Haude, Frankfurt a. M. [PMH]
Dr. German Müller-Vogt, Karlsruhe [GMV]
Dr. Babette Münzenberger, Müncheberg [BMü]
Dr. Andreas Murr, München [AM]
Prof. Dr. Jörg F. W. Negendank, Potsdam [JNe]
Dr. Maik Netzband, Leipzig [MN]
Prof. Dr. Joachim Neumann, Karlsruhe [JN]
Dipl.-Met. Helmut Neumeister, Potsdam [HN]
Dr. Fritz Neuweiler, Göttingen [FN]
Dipl.-Geogr. Sabine Nolte, Frankfurt a. M. [SN]
Dr. Sheila Nöth, Köln [ShN]
Dr. Axel Nothnagel, Bonn [AN]
Prof. Dr. Klemens Oekentorp, Münster [KOe]
Dipl.-Geol. Renke Ohlenbusch, Karlsruhe [RO]
Dr. Renate Pechnig, Aachen [RP]
Dr. Hans-Peter Piorr, Müncheberg [HPP]

Dr. Susanne Pohler, Köln [SP]
Dr. Thomas Pohlmann, Hamburg [TP]
Hélène Pretsch, Bonn [HP]
Prof. Dr. Walter Prochaska, Leoben (Österreich) [WP]
Prof. Dr. Heinrich Quenzel, München [HQ]
Prof. Dr. Karl Regensburger, Dresden [KR]
PD Dr. Bettina Reichenbacher, Karlsruhe [BR]
Prof. Dr. Claus-Dieter Reuther, Hamburg [CDR]
Prof. Dr. Klaus-Joachim Reutter, Berlin [KJR]
Dr. Holger Riedel, Wetter [HRi]
Dr. Johannes B. Ries, Frankfurt a. M. [JBR]
Dr. Karl Ernst Roehl, Karlsruhe [KER]
Dr. Helmut Rogasik, Müncheberg [HR]
Dipl.-Geol. Silke Rogge, Karlsruhe [SRo]
Dr. Joachim Rohn, Karlsruhe [JR]
Dipl.-Geogr. Simon Rolli, Basel (Schweiz) [SR]
Dipl.-Geol. Eva Ruckert, Au (Österreich) [ERu]
Dr. Thomas R. Rüde, München [TR]
Dipl.-Biol. Daniel Rüetschi, Basel (Schweiz) [DR]
Dipl.-Ing. Christine Rülke, Dresden [CR]
PD Dr. Daniel Schaub, Aarau (Schweiz) [DS]
Dr. Mirko Scheinert, Dresden [MSc]
PD Dr. Ekkehard Scheuber, Berlin [ES]
PD Dr. habil. Frank Rüdiger Schilling, Berlin [FRS]
Dr. Uwe Schindler, Müncheberg [US]
Prof. Dr. Manfred Schliestedt, Hannover [MS]
Dr.-Ing. Wolfgang Schlüter, Wetzell [WoSch]
Dipl.-Geogr. Markus Schmid, Basel (Schweiz) [MSch]
Prof. Dr. Ulrich Schmidt, Frankfurt a. M. [USch]
Dipl.-Geoök. Gabriele Schmidtchen, Potsdam [GS]
Dr. Christine Schnatmeyer, Trier [CSch]
Prof. Dr. Christian-Dietrich Schönwiese, Frankfurt a. M. [CDS]
Prof. Dr.-Ing. Harald Schuh, Wien (Österreich) [HS]
Prof. Dr. Günter Seeber, Hannover [GSe]
Dr. Wolfgang Seyfarth, Müncheberg [WS]
Prof. Dr. Heinrich C. Soffel, München [HCS]
Prof. Dr. Michael H. Soffel, Dresden [MHS]
Dr. sc. Werner Stams, Radebeul [WSt]
Prof. Dr. Klaus-Günter Steinert, Dresden [KGS]
Prof. Dr. Heinz-Günter Stosch, Karlsruhe [HGS]
Prof. Dr. Günter Strübel, Reiskirchen-Ettinghausen [GST]
Prof. Dr. Eugen F. Stumpfl, Leoben (Österreich) [EFS]
Dr. Peter Tainz, Trier [PT]
Dr. Marion Tauschke, Müncheberg [MT]
Prof. Dr. Oskar Thalhammer, Leoben (Österreich) [OT]
Dr. Harald Tragelehn, Köln [HT]
Prof. Dr. Rudolf Trümpy, Zürich (Schweiz) [RT]
Dr. Andreas Ulrich, Müncheberg [AU]
Dipl.-Geol. Nicole Umlauf, Darmstadt [NU]
Dr. Anne-Dore Uthe, Berlin [ADU]
Dr. Silke Voigt, Köln [SV]
Dr. Thomas Voigt, Jena [TV]
Holger Voss, Bonn [HV]
Prof. Dr. Eckhard Wallbrecher, Graz (Österreich) [EWa]
Dipl.-Geogr. Wilfried Weber, Trier [WWb]
Dr. Wigor Webers, Potsdam [WWe]
Dr. Edgar Weckert, Karlsruhe [EW]
Dr. Annette Wefer-Roehl, Karlsruhe [AWR]
Prof. Dr. Werner Wehry, Berlin [WW]
Dr. Ole Wendroth, Müncheberg [OW]
Dr. Eberhardt Wildenhahn, Vallendar [EWi]
Prof. Dr. Ingeborg Wilfert, Dresden [IW]
Dr. Hagen Will, Halle/S. [HW]
Dr. Stephan Wirth, Müncheberg [SW]
Dipl.-Geogr. Kai Witthüser, Karlsruhe [KW]

Prof. Dr. Jürgen Wohlenberg, Aachen [JWo]
Dipl.-Ing. Detlef Wolff, Leverkusen [DW]
Prof. Dr. Helmut Wopfner, Köln [HWo]
Dr. Michael Wunderlich, Brey [MW]

Prof. Dr. Wilfried Zahel, Hamburg [WZ]
Prof. Dr. Helmuth W. Zimmermann, Erlangen [HWZ]
Dipl.-Geol. Roman Zorn, Karlsruhe [RZo]
Prof. Dr. Gernold Zulauf, Erlangen [GZ]

Hinweise für den Benutzer

Reihenfolge der Stichwortbeiträge
Die Einträge im Lexikon sind streng alphabetisch geordnet, d. h. in Einträgen, die aus mehreren Begriffen bestehen, werden Leerzeichen, Bindestriche und Klammern ignoriert. Kleinbuchstaben liegen in der Folge vor Großbuchstaben. Umlaute (ö, ä, ü) und Akzente (é, è, etc.) werden wie die entsprechenden Grundvokale behandelt, ß wie ss. Griechische Buchstaben werden nach ihrem ausgeschriebenen Namen sortiert (α = alpha). Zahlen sind bei der Sortierung nicht berücksichtigt (^{14}C-Methode = C-Methode, 3D-Analyse = D-Analyse), und auch mathematische Zeichen werden ignoriert (C/N-Verhältnis = C-N-Verhältnis). Chemische Formeln erscheinen entsprechend ihrer Buchstabenfolge ($CaCO_3$ = CaCO). Bei den Namen von Forschern, die Adelsprädikate (von, de, van u. a.) enthalten, sind diese nachgestellt und ohne Wirkung auf die Alphabetisierung.

Typen und Aufbau der Beiträge
Alle Artikel des Lexikons beginnen mit dem Stichwort in fetter Schrift. Nach dem Stichwort, getrennt durch ein Komma, folgen mögliche Synonyme (kursiv gesetzt), die Herleitung des Wortes aus einem anderen Sprachraum (in eckigen Klammern) oder die Übersetzung aus einer anderen Sprache (in runden Klammern). Danach wird – wieder durch ein Komma getrennt – eine kurze Definition des Stichwortes gegeben und anschließend folgt, falls notwendig, eine ausführliche Beschreibung. Bei reinen Verweisstichworten schließt an Stelle einer Definition direkt der Verweis an.
Geht die Länge eines Artikels über ca. 20 Zeilen hinaus, so können am Ende des Artikels in eckigen Klammern das Autorenkürzel (siehe Verzeichnis der Autorinnen und Autoren) sowie weiterführende Literaturangaben stehen.
Bei unterschiedlicher Bedeutung eines Begriffes in zwei oder mehr Fachbereichen erfolgt die Beschreibung entsprechend der Bedeutungen separat durch die Nennung der Fachbereiche (kursiv gesetzt) und deren Durchnummerierung mit fett gesetzten Zahlen (z. B.: **1)** *Geologie*: … **2)** *Hydrologie*: …). Die Fachbereiche sind alphabetisch sortiert; das Stichwort selbst wird nur ein Mal genannt. Bei unterschiedlichen Bedeutungen innerhalb eines Fachbereiches erfolgt die Trennung der Erläuterungen durch eine Nummerierung mit nicht-fett-gesetzten Zahlen.
Das Lexikon enthält neben den üblichen Lexikonartikeln längere, inhaltlich und gestalterisch hervorgehobene Essays. Diese gehen über eine Definition und Beschreibung des Stichwortes hinaus und berücksichtigen spannende, aktuelle Einzelthemen, integrieren interdisziplinäre Sachverhalte oder stellen aktuelle Forschungszweige vor. Im Layout werden sie von den übrigen Artikeln abgegrenzt durch Balken vor und nach dem Beitrag, die vollständige Namensnennung des Autoren, deutlich abgesetzte Überschrift und ggf. einer weiteren Untergliederung durch Zwischenüberschriften.

Verweise
Kennzeichen eines Verweises ist der schräge Pfeil vor dem Stichwort, auf das verwiesen wird. Im Falle des Direktverweises erfolgt eine Definition des Stichwortes erst bei dem angegebenen Zielstichwort, wobei das gesuchte Wort in dem Beitrag, auf den verwiesen wird, zur schnelleren Auffindung kursiv gedruckt ist. Verweise, die innerhalb eines Text oder an dessen Ende erscheinen, sind als weiterführende Verweise (im Sinne von »siehe-auch-unter«) zu verstehen.

Schreibweisen
Kursiv geschrieben werden Synonyme, Art- und Gattungsnamen, griechische Buchstaben sowie Formeln und alle darin vorkommenden Variablen, Konstanten und mathematischen Zeichen, die Vornamen von Personen sowie die Fachbereichszuordnung bei Stichworten mit Doppelbedeutung. Wird ein Akronym als Stichwort verwendet, so wird das ausgeschriebene Wort wie im Synonym kursiv geschrieben und die Buchstaben unterstrichen, die das Akronym bilden (z. B. **ESA**, *European Space Agency*).
Für chemische Elemente wird durchgehend die von der International Union of Pure and Applied Chemistry (IUPAC) empfohlene Schreibweise verwendet (also Iod anstatt früher Jod, Bismut anstatt früher Wismut, usw.).
Für Namen und Begriffe gilt die in neueren deutschen Lehrbüchern am häufigsten vorgefundene fachwissenschaftliche Schreibweise unter weitgehender Berücksichtigung der vorliegenden wissenschaftlichen Nomenklaturen – mit der Tendenz, sich der internationalen Schreibweise anzupassen: z. B. Calcium statt Kalzium, Carbonat statt Karbonat.
Englische Begriffe werden klein geschrieben, sofern es sich nicht um Eigennamen oder Institutionen handelt; ebenso werden adjektivische Stichworte klein geschrieben, soweit es keine feststehenden Ausdrücke sind.

Abkürzungen/Sonderzeichen/Einheiten
Die im Lexikon verwendeten Abkürzungen und Sonderzeichen erklären sich weitgehend von selbst oder werden im jeweiligen Textzusammenhang erläutert. Zudem befindet sich auf der nächsten Seite ein Abkürzungsverzeichnis.
Bei den verwendeten Einheiten handelt es sich fast durchgehend um SI-Einheiten. In Fällen, bei denen aus inhaltlichen Gründen andere Einheiten vorgezogen werden mußten, erschließt sich deren Bedeutung aus dem Text.

Abbildungen

Abbildungen und Tabellen stehen in der Regel auf derselben Seite wie das dazugehörige Stichwort. Aus dem Stichworttext heraus wird auf die jeweilige Abbildung hingewiesen. Farbige Bilder befinden sich im Farbtafelteil und werden dort entsprechend des Stichwortes alphabetisch aufgeführt.

Abkürzungen

↗ = siehe (bei Verweisen)
* = geboren
† = gestorben
a = Jahr
Abb. = Abbildung
afrikan. = afrikanisch
amerikan. = amerikanisch
arab. = arabisch
bzw. = beziehungsweise
ca. = circa
d. h. = das heißt
E = Ost
engl. = englisch
etc. = et cetera
evtl. = eventuell
franz. = französisch
Frh. = Freiherr
ggf. = gegebenenfalls
griech. = griechisch
grönländ. = grönländisch
h = Stunde
Hrsg. = Herausgeber
i. a. = im allgemeinen
i. d. R. = in der Regel
i. e. S. = im engeren Sinne
Inst. = Institut
isländ. = isländisch
ital. = italienisch
i. w. S. = im weiteren Sinne
jap. = japanisch
Jh. = Jahrhundert
Jt. = Jahrtausend
kuban. = kubanisch

lat. = lateinisch
min. = Minute
Mio. = Millionen
Mrd. = Milliarden
N = Nord
n. Br. = nördlicher Breite
n. Chr. = nach Christi Geburt
österr. = österreichisch
pl. = plural
port. = portugiesisch
Prof. = Professor
russ. = russisch
S = Süd
s = Sekunde
s. Br. = südlicher Breite
schwed. = schwedisch
schweizer. = schweizerisch
sing. = singular
slow. = slowenisch
sog. = sogenannt
span. = spanisch
Tab. = Tabelle
u. a. = und andere, unter anderem
Univ. = Universität
usw. = und so weiter
v. a. = vor allem
v. Chr. = vor Christi Geburt
vgl. = vergleiche
v. h. = vor heute
W = West
z. B. = zum Beispiel
z. T. = zum Teil

Edukt, 1) *Ausgangsgestein*, ↗*Protolith*. 2) In der ↗experimentellen Petrologie wird darunter das Ausgangsmaterial der Versuche (im Gegensatz zu den Produkten) verstanden.

Edwards, *Austin Burton*, australischer Geologe und Lagerstättenkundler, * 15.8.1909 Caulfield, Melbourne, † 8.10.1960 Rom. Er lieferte zahlreiche Untersuchungen zu australischen Lagerstätten in der Breite ihrer Vielfalt, bei den Erzlagerstätten unter Betonung erzmikroskopischer Methoden, daneben auch geologisch-petrologische Arbeiten. Edwards war seit 1953 in leitender Position am Australian Institute of Mining and Metallurgy tätig, zwischen 1941 und 1955 gab er nebenberuflich Unterricht an der Universität von Melbourne. Werke (Auswahl): »Ore Minerals and their Significance« (1947) und »Geology of Australian Ore Deposits« (als Hrsg. und mit eigenen Beiträgen, 1953).

Eem-Interglazial, jüngstes Interglazial des quartären Eiszeitalters, folgt auf die ↗Saale-Kaltzeit, benannt von Hartin 1874 nach dem Fluß Eem in den Niederlanden. Als Eem-Interglazial wurden ursprünglich marine Ablagerungen einer ↗Ingression der Nordsee bezeichnet. Der Meeresvorstoß ging dabei nicht wesentlich über den heutigen Küstenverlauf hinaus. Später wurde die Bezeichnung auch auf terrestrische Ablagerungen übertragen. Die Durchschnittstemperaturen des Eem lagen etwas höher als im ↗Holozän, im Sommer waren sie etwa gleich hoch. Das Eem ist durch eine klare Einwanderungsfolge der Baumarten gekennzeichnet. Die Vegetationsfolge verlief über Birke – Kiefer – Eiche – Ulme – Eiche – Haselnuß – Haselnuß/Eibe/Linde – Fichte – Kiefer/Fichte/Tanne – Kiefer – Birke zur ↗Weichsel-Kaltzeit. Die typische Bodenbildung für das Eem ist eine kräftige ↗Parabraunerde. Der Neandertaler mit der Kultur des Mousterien besiedelte Mitteleuropa, z. B. bei Weimar und Taubach in Thüringen. ↗Quartär. [WBo]

E-Feld, elektrische Feldstärke E, gemessen in V/m. In der Geophysik werden elektrische Feldstärken häufig in mV/km = 10^{-6} V/m angegeben.

effektive Durchwurzelungstiefe ↗*effektiver Wurzelraum*.

effektive Ionenladung, partieller ionischer Anteil einer polarisierten kovalenten Bindung. Man stellt sich vor, daß in kovalenten Bindungen zwischen Partnern unterschiedlicher Elektronegativität das Atom mit der größeren Elektronenaffinität das gemeinsame Elektronenpaar im zeitlichen Mittel stärker an sich zieht, was der kovalenten Bindung eine gewisse Polarität verleiht, die sich in Bruchteilen einer Elementarladung durch eine effektive Ionenladung der Bindungspartner ausdrücken läßt (↗Ionizität).

effektive Kationenaustauschkapazität ↗*Kationenaustauschkapazität*.

effektive Permeabilität, im Gegensatz zum ↗Permeabilitätskoeffizienten K, der die gesteinsspezifische Durchlässigkeit eines porösen Mediums (Gesteins) beschreibt, dessen Hohlräume vollständig vom strömenden ↗Fluid erfüllt sind, bezeichnet die effektive Permeabilität K_i die resultierende Permeabilität für die Phase i in Gegenwart anderer Fluide. Da diese anderen Fluide die Durchlässigkeit für die Phase i verringern, ist K_i immer kleiner als der Permeabilitätskoeffizient K. Die effektive Permeabilität K_i ist folglich eine Funktion des Sättigungsgrades der Fluidphase i.

effektiver Ionenradius, von Shannon & Prewitt (1969) unter Verwendung von mehr als tausend experimentell bestimmten interatomaren Abständen berechnete und von Shannon (1976) verbesserte Ionenradien, die auf dem Standardradius von 140 pm für das O^{2-}-Ion basieren. Eine Alternative zu diesen effektiven Ionenradien sind die ↗Kristallradien, die auf einem Standardradius von 119 pm für das F^{-}-Ion beruhen und im Mittel 14 pm größer sind als effektive Ionenradien.

effektiver Scherparameter ↗*Scherfestigkeitsparameter*.

effektiver Verteilungskoeffizient ↗*Verteilungskoeffizient*.

effektiver Wurzelraum, *effektive Durchwurzelungstiefe*, potentielle Ausschöpftiefe von pflanzenverfügbarem ↗*Bodenwasser* durch Getreide in Trockenjahren.

effektive Spannung ↗*wirksame Spannung*.

Effektivniederschlag, *effektiver Niederschlag, abflußwirksamer Niederschlag*, Anteil des ↗Gebietsniederschlages, der in einem Einzugsgebiet unmittelbar nach einem Niederschlagsereignis als ↗Direktabfluß in einem Fließgewässer wirksam wird. Für Hochwasseruntersuchungen interessieren meist nur die kurzfristigen Verluste, d. h. diejenigen, die unmittelbar nach dem Niederschlagsereignis eintreten. Diese sind sehr stark zeitabhängig. Bei Beginn des Niederschlages sind die Verluste besonders groß, da die Vegetationsdecke, eine eventuell vorhandene Schneedecke und Vertiefungen an der Oberfläche bis zu einem Grenzwert viel Wasser speichern können. Bei starken Niederschlägen können diese Speicherräume schnell gefüllt sein. Die Auffüllung der Bodenwasservorräte geht wesentlich langsamer vonstatten. Erst wenn die ↗Feldkapazität überschritten wird, sind die Voraussetzungen für die Bildung von lateralen und vertikalen Wasserflüssen im Boden gegeben, die zum ↗Zwischenabfluß bzw. zur ↗Grundwasserneubildung führen.

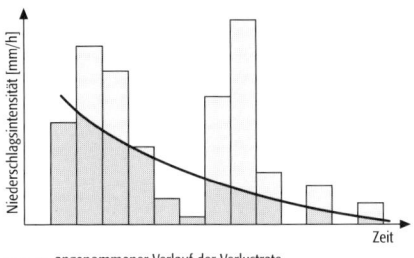

Effektivniederschlag: Anteil des Effektivniederschlages.

Letzteres bewirkt eine Erhöhung des ↗Grundwasserabflusses. Insgesamt bedeutet dies, daß die Gesamtheit der Verluste (Verlustrate) langsam mit der Zeit abnimmt und daß der Anteil des effektiven Niederschlages am Niederschlag mit der Zeit bei anhaltenden Niederschlägen größer wird (Abb.). [HJL]

Effloreszenz, Bildung von Salzen an der Bodenoberfläche durch besonders in abflußlosen Becken arider Klimate verdunstendes salzhaltiges Wasser.

Effluenz, flächenhaft ausgedehnter Übertritt von ↗Grundwasser in ein oberirdisches Gewässer.

Effusion, Ausfließen von Lava an der Erdoberfläche (↗Vulkanismus).

effusiv, mit dem Ausfließen von ↗Lava verbunden.

Effusivgestein, 1) ↗Vulkanit, der durch Erstarrung einer an die Erdoberfläche ausfließenden Lava entstanden ist (im Gegensatz zu dem in die Atmosphäre geschleuderten und wieder herabgefallenen pyroklastischen Material). 2) Im weiteren Sinn als Synonym für alle Vulkanite gebraucht.

eggische Streichrichtung, NNW-SSE-Streichrichtung am Westrand der Hessischen Senke und in ihrer nördlichen Verlängerung, entsprechend der Streichrichtung des ab dem Oberjura (jung-kimmerisch) angelegten Egge-Lineaments. Sie ist benannt nach dem Verlauf des Eggegebirges am Ostrand der Münsterländer Kreidebucht.

E-horizon, ↗diagnostischer Horizont der ↗WRB. Das wichtigste Merkmal ist der Verlust von silicatischen Tonmineralen. Eisen und Aluminium befinden sich i. a. nahe der Bodenoberflächen unter einem ↗O-Horizont oder ↗A-Horizont und über einem ↗B-Horizont. E-horizons kommen in ↗Albeluvisols, ↗Planosols, ↗Podsols und ↗Solonetz vor.

E-Horizont, Bodenhorizont der ↗Bodenkundlichen Kartieranleitung, Mineralbodenhorizont aus aufgetragenem Plaggenmaterial; mächtiger als Pflugtiefe; vorangestellte Zusatzsymbole sind b für Grasplaggen, g für sandige Heideplaggen, gb für Gemisch von Gras- und Heideplaggen.

Eh-pH-Diagramme, visualisieren auf einfache Weise den Einfluß von ↗Eh-Wert (bzw. pe-Wert) und ↗pH-Wert auf die Stabilität von Mineralen, gelösten Spezies und Gasen in komplexen Reaktionsgemischen, wie z. B. natürliche Wässer (Abb.). Die Grenzen der Stabilitätsfelder werden meist innerhalb des Stabilitätsbereiches von Wasser unter der Annahme gleicher Aktivitäten der Reaktionspartner berechnet und sind entweder nur vom pH-Wert (Linien parallel zur pH-Abszisse) oder nur vom Eh-Wert abhängig (Linien parallel zur Eh-Ordinate) oder von beiden Größen beeinflußt (schräge Grenzlinien). Diese Grenzlinien können auch Übergänge von Aggregatzuständen sein. Die Berechnung der Diagramme erfolgt unter der Annahme thermodynamischer Gleichgewichte.

Ehwald, *Ernst*, deutscher Bodenkundler, * 11.8.1913 in Thal bei Eisenach, † 14.8.1986 in der Tschechoslowakei im Verlauf einer Reise. 1946–1951 Leiter der Versuchsabteilung für forstliche Standortkartierung in Jena, 1951–1960 Leiter des Instituts für Forstliche Bodenkunde und Standortlehre der Humboldt-Universität zu Berlin in Eberswalde, 1961–1970 Leiter des Instituts für Bodenkunde der Akademie der Landwirtschaftswissenschaften der DDR in Eberswalde, 1971–1978 Professor für Bodenkunde an den Sektionen Pflanzenproduktion und Gartenbau der Humboldt-Universität zu Berlin. Ehwald bestimmte v. a. in den bedeutenden Funktionen in Eberswalde wesentlich die Entwicklung der bodenkundlichen Forschung der DDR. Publikationsschwerpunkte: Bodenfruchtbarkeit und Pflanzenertrag, Geschichte der Bodenkunde.

Eh-Wert, bezeichnet das gegen eine Normalwasserstoffelektrode gemessene ↗Redoxpotential. Der Index h kennzeichnet dabei das Unterdrücken der Wasserstoff-Halbreaktion in der dann vereinfachten ↗Nernstschen Gleichung, da sowohl der Wasserstoffpartialdruck als auch die Wasserstoffprotonenaktivität in diesem Fall eins betragen. Der bei Normalbedingungen ($T = 298{,}15$ K, $P = 10^5$ Pa, Aktivität aller gelöster Stoffe = 1) gemessene Eh-Wert wird als *Normalpotential* bezeichnet.

Neben der Angabe eines Eh-Wertes wird zunehmend auch der *pe-Wert* berechnet, der ein Maß der nicht meßbaren Elektronenaktivität ist. Eh- und pe-Wert stehen in folgender Beziehung:

$$Eh = \frac{2{,}303 RT}{F} pe$$

mit R = Gaskonstante, T = absoluter Temperatur und F = Faraday-Konstante.

Eichen-Hainbuchenwald ↗Hainbuchenwald.

Eichkanal, mit stehendem Wasser gefüllter Kanal, durch den Strömungsmesser (Meßflügel) mit einer bekannten, konstanten Geschwindigkeit bewegt werden. Aus der dabei gleichzeitig durchgeführten Messung der Umdrehungszahl des Flügelrades des Meßflügels wird eine, nur für das geeichte Gerät gültige, Beziehung zwischen der Umdrehungszahl und der Bewegungsgeschwindigkeit aufgestellt, die der Fließgeschwindigkeit entspricht.

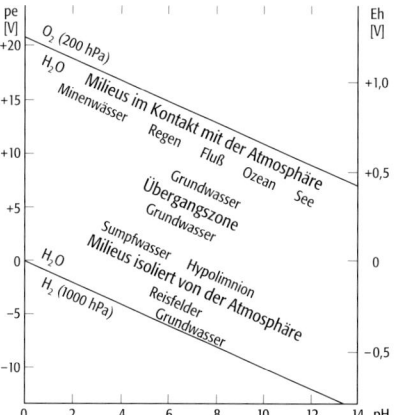

Eh-pH-Diagramme: Stabilitätsbereich von Wasser und Eh-pH-Bedingungen einiger natürlicher Wässer.

Eichlinie ↗Gravimetereichung.
Eifel, die vierte Stufe des ↗Devon, über ↗Ems und unter ↗Givet (Mitteldevon). Benannt nach den Eifel-Bergen im Rheinischen Schiefergebirge. ↗geologische Zeitskala.
Eigenbewegung, scheinbare Bewegung eines Sternes an der Himmelskugel, hervorgerufen durch seine Bewegung in einem Quasi-Inertialsystem und die Bewegung des Sonnensystems gegen die Sterne. Der Winkel der Eigenbewegung μ wird üblicherweise in ″/Jahr angegeben (Abb.). Die sichtbare Eigenbewegung ist bei den meisten Sternen sehr klein; nur wenige weisen einen μ-Wert von größer als 0,1″/Jahr auf. Einige »Schnellläufer« bilden dazu Ausnahmen (z. B. der Pfeilstern im Sternbild Ophiuchi mit $\mu \approx$ 10″/Jahr). Der astrometrische Satellit ↗Hipparcos hat die Eigenbewegungen von rund 118.000 Sternen mit einer Genauigkeit von etwa 1–2 Millibogensekunden/Jahr vermessen.
Eigenfrequenz, die Frequenz, mit der ein stoßförmig angeregter Körper nachschwingt. Jeder elastische Körper kann durch eine geeignete Störung in ↗Eigenschwingungen versetzt werden, so auch die Erde z. B. durch starke Erdbeben. Man unterscheidet Grundschwingung, 1. Oberschwingung, 2. Oberschwingung usw. Jede Schwingung hat eine bestimmte Form und eine charakteristische Eigenfrequenz oder Eigenperiode. ↗Erschütterung.
Eigenkapazität des Brunnens ↗Brunnenspeicherung.
Eigenkonsolidation ↗Eigensetzung.

Eigenpotential, *spontaneous potential*, *EP*, *SP*, elektrisches Potential, das durch elektrochemische und elektrokinetische Vorgänge im Untergrund entsteht und das mit Hilfe von nichtpolarisierbaren Sonden an der Erdoberfläche oder im Bohrloch gemessen werden kann (↗Eigenpotential-Verfahren). Entscheidend für das Auftreten einer starken *SP*-Anomalie ist entsprechend einer Theorie von Sato und Mooney (1960) das Vorhandensein eines verbundenen elektronischen Leiters (Erz- oder Graphitvorkommen), der zusammen mit einem vertikalen ↗Redoxgradienten im Erdboben einen dipolartigen elektrischen Stromfluß bewirkt (*Geobatterie*). Im oberen Bereich des Störkörpers kommt es zu einer Anhäufung von Elektronen, der Ladungsausgleich erfolgt über die Anionen und Kationen des Umgebungsgesteins. Die stärksten natürlichen *SP*-

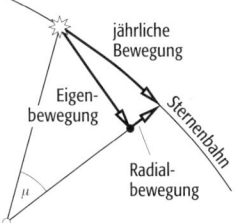

Eigenbewegung: scheinbare Bewegung eines Sternes an der Himmelskugel (μ = Winkel der Eigenbewegung).

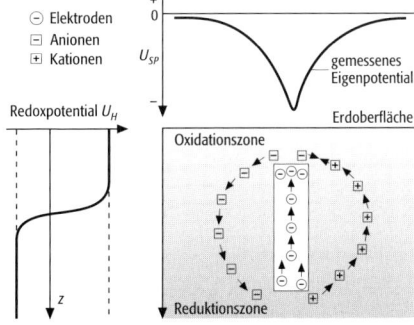

Eigenpotential: schematische Darstellung zur Entstehung eines Eigenpotentials (oben: gemessener Eigenpotential-Verlauf an der Erdoberfläche; links: Tiefenverlauf (z = Tiefe) des Redoxpotentials; rechts: Prinzip der Geobatterie).

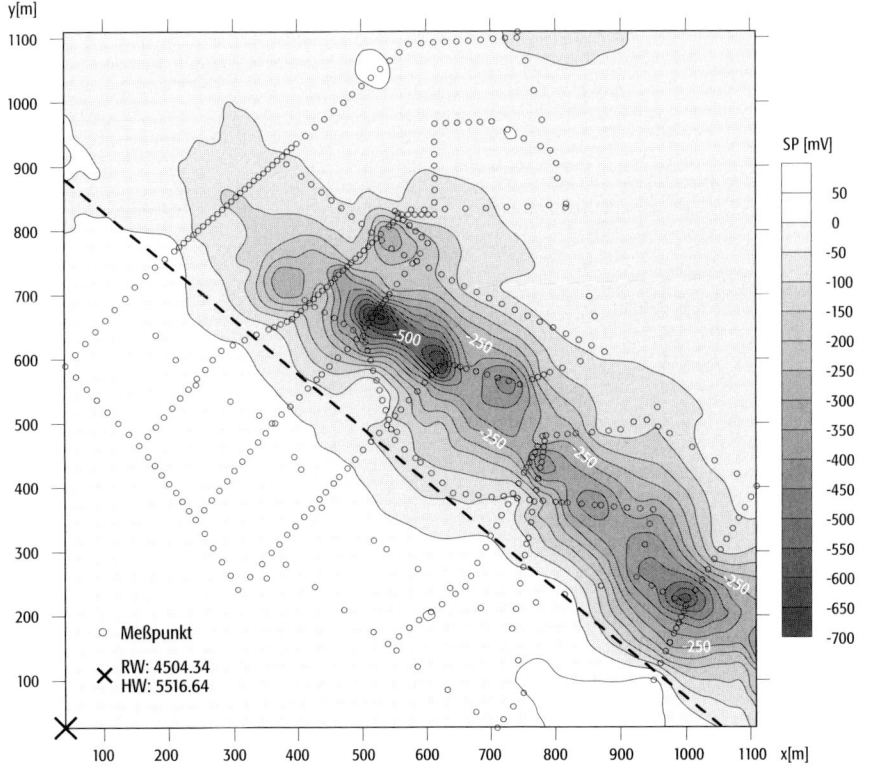

Eigenpotential-Verfahren 1: Kartierung einer Eigenpotential-Anomalie nahe der Fränkischen Linie (gestrichelt) in der Oberpfalz.

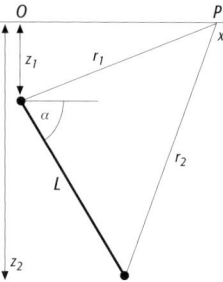

Eigenpotential-Verfahren 2: Modellvorstellung zur Erklärung von Eigenpotentialanomalien durch einen polarisierten Stab (r_1, r_2 = Abstände der Stabenden zum Aufpunkt (P) an der Oberfläche, L = Dipollänge, α = Neigungswinkel, z_1, z_2 = Tiefen der Endpunkte des Dipols, 0 = Nullpunkt auf der x-Achse).

Anomalien mit $|U_{SP}| > 1$ V werden an sulfidischen Erzlagerstätten und insbesondere an Graphiten als Elektronenleiter beobachtet (Abb.). Die durch Strömungspotentiale hervorgerufenen SP-Anomalien sind dagegen meist um eine Größenordnung geringer. Die Modellvorstellung der Geobatterie läßt sich auch auf die Verhältnisse z. B. in Deponien anwenden, wenn Salzlösungen unterschiedlicher Konzentration aneinandergrenzen (↗Eigenpotential-Verfahren). [HBr]

Eigenpotential-Log ↗SP-Log.

Eigenpotential-Verfahren, dient als eines der einfachsten und kostengünstigsten Verfahren der Angewandten Geophysik zur Messung des ↗Eigenpotentials im Untergrund. Zur Messung des Spannungsabfalls benutzt man nichtpolarisierbare Sonden, z. B. Kupfer-Kupfersulfatsonden (Cu/CuSO$_4$), die mit einem hochohmigen Voltmeter verbunden werden. Dabei bedient man sich entweder der Technik der ↗Wandersonde oder der ↗Leap-Frog-Methode. Eine gleichzeitige und flächenhafte Vermessung wird mit Sondenarrays ermöglicht. Die Wiederholungsgenauigkeit von Eigenpotentialmessungen (↗SP-Log) liegt bei einigen mV, allerdings können tellurische und vagabundierende Ströme technischen Ursprungs sowie bioelektrische Potentiale die Reproduzierbarkeit stark reduzieren. Aufgrund der auftretenden Strömungspotentiale besteht auch eine gewisse Topographieabhängigkeit. Die Aussagetiefen des SP-Verfahrens liegen bei einigen 10er Metern. Es wird zur Exploration von sulfidischen Erzen und Graphitvorkommen, aber auch zur Altlasten- und Deponieerkundung eingesetzt (Abb.1).

Häufig werden die gemessenen Eigenpotentialwerte lediglich in eine Isanomalenkarte eingetragen, um normale und anomale Bereiche voneinander abzugrenzen. Eine einfache Modelliermöglichkeit einer gemessenen SP-Anomalie bei der Prospektion von elektronischen Leitern besteht in der Annahme eines an den Enden mit gegensätzlichen Ladungen $\pm Q$ besetzten polarisierten Stabes (Dipols), dessen Potential sich zu

$$U_{SP} = \frac{+Q}{r_1} + \frac{-Q}{r_2} = Q\left(\frac{1}{r_1} - \frac{1}{r_2}\right)$$

berechnet; r_1 und r_2 sind die Abstände der Stabenden zum Aufpunkt P an der Oberfläche (Abb. 2). Mit $a = L\cos\alpha$ (L = Dipollänge, α = Neigungswinkel) folgt:

$$U_{SP} = Q\left\{\frac{1}{\left(x^2 + z_1^2\right)^{1/2}} - \frac{1}{\left((x-a)^2 + z_2^2\right)^{1/2}}\right\}$$

z_1 und z_2 sind die Tiefen der Endpunkte des Dipols; x ist die horizontale Koordinate. Realistischere Modelle berücksichtigen jedoch die Redoxpotentiale selbst und die Verteilung der elektrischen Umgebungsleitfähigkeit. [HBr]

Eigenschaftsrohstoffe, mineralische Rohstoffe, die sich hinsichtlich ihres chemischen Verhaltens, ihrer Reinheit, ihrer wärmetechnischen u. a. Eigenschaften für die wirtschaftlich-technische Verwendung eignen. Sie sind dadurch ausgezeichnet, daß bei ihnen die physikalischen Eigenschaften meist direkt (ohne eine »Wandlung« des Rohstoffes) genutzt werden und ihre eingesetzten Mengen oft wesentlich unter denen der Energie- und Inhaltsrohstoffe liegen. Durch mineralogische Untersuchungen können bekannte Industrieminerale oft mit wesentlich höherem Effekt genutzt und an bisher nicht genutzten Mineralen Eigenschaften entdeckt werden, die für eine neuartige Nutzung geeignet sind. Beispiele sind Zementmergel, hydraulische Kalke, Formgrundstoffe für die keramische und Feuerfestindustrie, Borate und Quarzsande für die Glasindustrie sowie Chromit-Olivin (Forsterit) und Zirkonsande.

Eigenschwingung, 1) *Allgemein*: Schwingung, die ein System nach einmaliger Anregung von außen ausführt. Die Frequenz dieser Schwingung nennt man Eigenfrequenz. 2) *Klimatologie*: In der Atmosphäre schwingt z. B. ein in der Vertikalen ausgelenktes Luftpaket mit der ↗Brunt-Väisälä-Frequenz. 3) *Ozeanographie*: eine freie Schwingung abgegrenzter Meeresgebiete oder des gesamten Weltozeans. Die möglichen Perioden und die zugehörigen räumlichen Abhängigkeiten der Wasserstände und der Strömungsgeschwindigkeiten der Eigenschwingungen eines Gebietes sind durch dessen Topographie und über die ↗Corioliskraft durch dessen geographische Lage bestimmt. Die für die ↗Gezeiten im Meer bedeutsamsten Eigenschwingungen sind durch die Corioliskraft beeinflußt und werden wesentlich durch die Schwerkraft über die Druckgradientkraft als wichtigste innere Kraft beherrscht. Sie besitzen für den globalen Ozean nach Modellrechnungen eine maximale Periode von etwas über 100 Stunden. Daneben treten in Meeren mit ausgeprägten Tiefenstrukturen und in den großen Ozeanen entscheidend durch die Corioliskraft geprägte Eigenschwingungen auf.

Eigensetzung, *Eigenkonsolidation*, Setzung eines geschütteten oder aufgehäuften Materials infolge des Eigengewichts oder bestimmter, im Material ablaufender Prozesse (z. B. Entwässerung). Bei Dammkörpern wird das Ausmaß der Eigensetzung von der Art des Dammschüttmaterials und seiner Schütthöhe sowie von seiner Verdichtung bestimmt. Je nach erfolgter Verdichtung können Eigensetzungen von bis zu 5 % der Dammhöhe auftreten, die erst nach mehreren Monaten beendet sind. Eigensetzungen können auch im Deponiekörper von Abfalldeponien, z. B. aufgrund von biochemischen Abbauprozessen, auftreten.

Eigenwert, Konzept in der ↗Raumplanung, welches über den alleinigen, anthropozentrischen Leistungsanspruch des Menschen an die Natur hinausgeht und den Eigenwert des Naturhaushalts in der Landschaft anerkennt. Dabei wird versucht, die ↗ökologischen Potentiale und das ↗Leistungsvermögen des Landschaftshaushaltes umfaßender darzustellen. Ein solches Vorgehen wird auch mit dem Begriff der ↗ökologischen Planung bezeichnet.

Eigenzeit, angezeigte Zeit einer idealisierten Atomuhr. In der ↗Einsteinschen Gravitationstheorie wird der Zusammenhang zwischen angezeigter Eigenzeit τ und Koordinatenzeit t durch die Komponenten des metrischen Tensors (↗Einsteinsche Gravitationstheorie) gegeben.

Eignungsbewertung, *Potentialbewertung*, ↗ökologische Bewertung von räumlichen Strukturmerkmalen im Rahmen der Ermittlung des ↗Leistungsvermögens des Landschaftshaushaltes.

Eignungskarte, ist die kartographische Umsetzung von ↗Eignungsbewertungen bei der Bestimmung des ↗Leistungsvermögens des Landschaftshaushaltes (z. B. durch ↗Umweltverträglichkeitsprüfungen). In der Karte wird in der Regel die Eignung eines Naturraumes für eine bestimmte Nutzung wiedergegeben. Dies kann ein Raum sein, der aufgrund seiner natürlichen Ausstattung, seiner Infrastruktur aber auch seiner Bevölkerung für eine intensive wirtschaftliche Nutzung geeignet ist. Eng verwandt mit Eignungskarten sind die ↗Potentialkarten, die das Leistungsvermögen einer Landschaft, unabhängig von einer vorgeschlagenen Nutzung, betrachten sowie Gefährdungskarten (z. B. Gefährdung einer Landschaft hinsichtlich Frost oder ↗Bodenerosion).

Eignungskriterien, Bewertungskenngrößen zur Bestimmung des ↗Leistungsvermögens des Landschaftshaushaltes.

einaxiale Druckfestigkeit, maximale Druckspannung, die ein Gestein bei einer axialen Belastung aufnehmen kann. Beim Überschreiten der Druckfestigkeit kommt es entlang einer Bruchfläche zum vollständigen Kohäsionsverlust. Die einaxiale Druckfestigkeit ist abhängig von folgenden Faktoren: a) der einaxialen Druckrichtung. In anisotropem Gestein (z. B. Schiefer) variiert die Druckfestigkeit in den verschiedenen Richtungen; b) der Geometrie des Prüfkörpers. Bei abnehmender Höhen/Durchmesser-Relation erhöht sich die Druckfestigkeit. In den Empfehlungen der International Society for Rock Mechanics (1972) wird ein Höhe/Durchmesser-Verhältnis von 2,5:1 bis 3:1 vorgeschlagen; c) der Eigenschaften der Endplatten, die durch die Verwendung bürstenartiger Druckkörper nahezu ausgeschaltet werden kann; d) der Steifigkeit der Prüfpresse.
Mißt man die Deformation während des Versuches, können außerdem die elastischen Gesteinsparameter wie Verformungsmodul (E-Modul) und Querdehnungsverhältnis (Poissonzahl) ermittelt werden. Die Durchführung und Auswertung von einaxialen Druckversuchen mit Böden ist in der DIN 18136 festgelegt. Der Maximalwert der Druckspannung in dem Druck-Stauchungsdiagramm gilt hier als Bruchkriterium. Wird bei der Deformation kein maximaler Wert erreicht, gilt die Stauchung von 20 % als Bruchkriterium. Der einfachste Versuch zur Ermittlung der einaxialen Druckfestigkeit eines Gesteins ist der ↗Punktlastversuch. Die dadurch ermittelte Druckfestigkeit in anisotropen Gestein wird als indirekte Druckfestigkeit bezeichnet. [NU]

Einbereichsteilchen, bestehen nur aus einer einzigen magnetischen ↗Domäne, die bis zur Sättigung in einer ↗leichten Richtung magnetisiert ist. Die von ihnen getragenen Anteile einer ↗remanenten Magnetisierung sind für den ↗Paläomagnetismus besonders wichtig.

Einbettungsmethode, *Immersionsmethode*, Verfahren zur Bestimmung von Mineralphasen und Gesteinen an Pulver- oder Streupräparaten sowie an ungedeckten Dünnschliffen. Für die Einbettungsmethode genügt ein winziger Splitter des zu untersuchenden Materials, der zwischen Objektträger und Deckglas eingebettet in verschiedene Einbettungsflüssigkeiten (Immersionsmedien, ↗Immersionsflüssigkeit) unter dem Polarisationsmikroskop untersucht wird. Ein eingebetteter, völlig durchsichtiger, ungefärbter Festkörper wird bei Anwendung von monochromatischem Licht und optischer Isotropie des Festkörpers unsichtbar, wenn die Brechungsindizes von Festkörper n_K und Einbettungsflüssigkeit n_F gleich sind. Mit zunehmender Übereinstimmung der Brechungsindizes verschwinden Relief (Chagrin) und Korngrenzen. Wenn die Dispersionen von Flüssigkeit und Festkörper nicht sehr stark differieren und die optische Anisotropie des Festkörpers gering ist, läßt sich die gleiche Erscheinung auch im Tages- oder polychromatischen Glühlicht beobachten. Die Bestimmungsgenauigkeit liegt bei ± 0,002, bei mäßiger Präzision bei ± 0,003, kann aber unter günstigen Bedingungen ± 0,001 bis ± 0,0005 erreichen. Die unterschiedliche Lichtbrechung eines Einzelkorns und der umgebenden Flüssigkeit macht sich unter dem Mikroskop durch die Stärke des Reliefs, Deutlichkeit der Konturen und bei Rauhigkeit der Kornoberfläche durch Chagrinierung kenntlich. Nach F. Becke und J. C. L. Schröder van der Kolk kann qualitativ entschieden werden, ob ein Korn oder die Einbettungsflüssigkeit den höheren oder niedrigeren Brechungsquotienten hat. Nach der Methode von Becke wird ein in eine Einbettungsflüssigkeit eingebettetes Korn scharf fokussiert, wofür stärkere Objektive notwendig sind. Beim Heben oder Senken des Tubus entsteht längs des Kornrandes ein heller Lichtsaum, die ↗Beckesche Linie. Als Ursache der Beckeschen Lichtlinie ist ein Zusammenwirken von Brechung, Totalreflexion und Beugung an der Grenze Korn zu Einbettungsflüssigkeit anzusehen. Monochromatisches Licht, speziell der Natrium-D-Linie, ergibt exaktere Resultate als polychromatisches Licht. Die Methode nach Becke ergibt nicht immer eindeutige Resultate, v. a. wenn die Grenzfläche Korn/Einbettungsflüssigkeit nicht genügend steil zur Objektträgerfläche verläuft. Vor allem für linsenförmige oder rundliche Körner kann dann das von J.C.L. Schröder van der Kolk entwickelte Verfahren angewandt werden. Hierbei fokussiert man das zu bestimmende Korn scharf und führt eine Blende einseitig so weit in den Mikroskoptubus ein, daß das Gesichtsfeld des Mikroskops bis fast an das Korn heran vignettiert wird. Statt einer besonderen Blende kann man die Fassung des Tubusanalysators benutzen. Ist $n_K > n_F$, dann erscheint der Teil des Kornes heller, welcher von der Blende abgewandt ist, bei $n_K < n_F$ ist es umgekehrt. Die Vorteile dieser Methode sind, daß man im scharf fokussierten Zustand des Objekts arbeiten kann und daß die Bedingung etwa in Durchstrahlungsrichtung verlaufender und scharfer Trennfläche zwischen Korn und Flüssigkeit nicht besteht. Besonders empfindliche Beobachtungsmethoden sind auch Grenz-Dunkelfeld und Phasenkontrast. [GST]

Einbildauswertung, Verfahren der photogrammetrischen Bildauswertung von Einzelbildern durch ↗Entzerrung und ↗Monoplotting.

Einbindeverfahren, Verfahren der Lagevermessung, bei dem die aufzunehmenden oder abzusteckenden Punkte in ein über das Messungsgebiet gelegtes Netz von ↗Messungslinien oder in gegebene Grundstücksgrenzen (Abb.) eingebunden werden. Es wird hauptsächlich bei der Aufmessung geometrisch-regelmäßig geformter Flächen, z. B. bei langgestreckten, rechtwinkligen Bauwerken, benutzt. Das Verfahren kann nur bei vorhandenem Liniennetz und in Verbindung mit anderen Lageaufnahmeverfahren, z. B. ↗Orthogonalverfahren angewandt werden. Das Einbindeverfahren ist mit einfachen Meßgeräten (↗Meßband, ↗Fluchtstab) ausführbar.

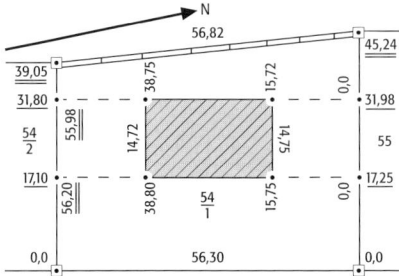

Einbindeverfahren: Einbindeverfahren bei gegebenen Grundstücksgrenzen.

Einbohrlochmethode, ein hydraulisches Meßverfahren zur Bestimmung der ↗Filtergeschwindigkeit v_f in einer einzigen ↗Grundwassermeßstelle bzw. in einem Brunnen. Hierzu wird das Grundwasser in dem zu untersuchenden Bereich des Filterrohrabschnittes mit einem Farbstoff, einer Salzlösung oder einem Radionuklid markiert. Anschließend wird die Verdünnung der eingegebenen Stoffe infolge des dem verfilterten Bereich zuströmenden natürlichen Grundwassers durch geeignete Meßverfahren bestimmt. Durch die Berücksichtigung von Korrekturwerten werden mögliche Meßwertverfälschungen, z. B. Verzerrungen des Grundwasserströmungsfeldes durch Bohrung und Ausbau sowie Dichteeffekte, eliminiert. Durch den Einsatz von Packern und Kontrolldetektoren werden störende Vertikalströmungen des Grundwassers im untersuchten Filterabschnitt vermieden bzw. können quantifiziert werden. Mit der Einbohrlochmethode können je nach Ausbau des Bohrloches Filtergeschwindigkeiten zwischen 1 cm/Tag und 100–300 m/Tag bestimmt werden. Sie besitzt darüber hinaus den Vorteil, daß mit ihr die Grundwasserströmung im Vertikalprofil eines Grundwasserleiters mit hoher Auflösung Schicht für Schicht gemessen werden kann. Die Übertragbarkeit der ermittelten Filtergeschwindigkeiten auf ein größeres Umfeld hängt stark von der Isotropie und der Homogenität des Untergrundes ab. Im allgemeinen ergibt sich bei der Anwendung der Einbohrlochmethode eine etwas höhere hydraulische Durchlässigkeit für den Grundwasserleiter als bei einem ↗Pumpversuch, da bei dieser Methode nur der meist größere horizontale ↗k_f-Wert in die Messung der Filtergeschwindigkeit einfließt. [WB]

Einbürgerung, *Naturalisation*, die beabsichtigte Ansiedlung von Pflanzen- oder Tierarten in Gebiete, in denen sie vorher nicht vertreten waren, im Gegensatz zur ungewollten ↗Einschleppung. Eingebürgert wurden v. a. Nutzarten, welche teilweise am Zielort zu einer erheblichen Verschiebung des Artenspektrums führten. In der Folge kann es zu beträchtlichen Störungen im ↗Ökosystem kommen, z. B. Vegetationsschäden sowie Verdrängung von Konkurrenten durch die rasche Vermehrung des Wildkaninchens in Australien. Um derartige Störungen des ökologischen Gefüges zu korrigieren, wurden in einigen Fällen weitere, absichtliche Einbürgerungen vorgenommen. Zudem wird diese Art der Ausbreitung heute durch gesetzliche Vorschriften geregelt (↗Artenschutz).

Eindringtiefe, *Skintiefe*, ist die Tiefe, in der der Betrag eines in einen elektrischen Leiter eindringenden elektromagnetischen Feldes auf den $1/e$-ten Teil des Wertes an der Oberfläche abgefallen ist:

$$\delta = \sqrt{\frac{2}{\mu_0 \omega \sigma}}.$$

Dabei ist μ_0 die ↗Induktionskonstante, ω die ↗Kreisfrequenz und σ die ↗elektrische Leitfähigkeit. Setzt man die üblichen Maßeinheiten ein, ergibt sich:

$$\delta[m] \approx 500\sqrt{\varrho/f}.$$

Die Eindringtiefe (Abb.), die etwa einer Aussagetiefe der ↗elektromagnetischen Verfahren entspricht, hängt somit von der Frequenz f und dem spezifischen Widerstand ϱ des Untergrundes ab und bestimmt den zu wählenden Frequenzbereich der Meßapparaturen. So ist z. B. $\delta \approx 500$ m (5 km) für ein Sediment mit $\varrho = 100$ Ωm bei einer Frequenz von 100 Hz (1 Hz).

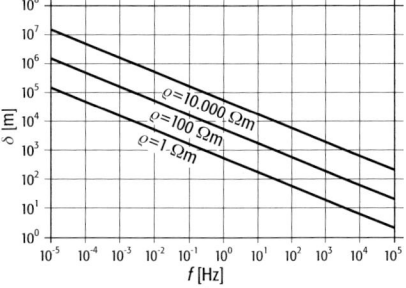

Eindringtiefe: Eindringtiefe elektromagnetischer Felder in einen leitfähigen Untergrund (δ = Eindringtiefe, f = Frequenz und ϱ = spezifischer Widerstand).

Eindringtiefe von Radar, *penetration depth, skin depth*, Tiefe, bis zu welcher der Energieimpuls eines bildgebenden Radar-Sensors unter die Oberfläche des abzubildenden Materials eindringt. Die Eindringtiefe ist abhängig von der ↗Wellenlänge und der komplexen ↗Dielektrizitätskonstante, welche wiederum vom Wassergehalt des Materials bestimmt wird. Je geringer die Dielektrizitätskonstante und je länger die Wellenlänge ist, desto größer ist die Eindringtiefe. Als aus komplexen empirischen Formeln abgeleitete Faustregel kann gelten, daß bei trockener Vegetation bzw. trockenem Boden die Eindringtiefe rund die halbe Wellenlänge beträgt (Abb.). Allerdings wurden bei sehr trockenen Sanden mit ↗L-Band-Radar bereits Eindringtiefen bis zu zwei, drei Metern erzielt. Dieses Phänomen konnte u.a. dazu verwendet werden, um mittels Weltraum-Radaraufnahmen vom Space Shuttle (Raumfähre Columbia) aus fossile Entwässerungssysteme unter der rezenten Sandbedeckung der Sahara zu kartieren. [MFB]

Eindringwiderstand, wichtiges Kriterium zur Beurteilung der Härte und Scherfestigkeit einer Schneedecke; wird am sichersten mit einer Rammsonde ermittelt, kann aber auch grob mit einfachen Hilfsmitteln in einer ausgehobenen Schneegrube per Handtest angesprochen werden.

Einengung, in der Geologie Begriff für die tektonische Verkürzung eines Krustensegmentes durch ↗Aufschiebungen, ↗Überschiebungen und/oder ↗Falten. Sie berechnet sich im Profilschnitt aus der Verkürzung zwischen zwei Punkten, deren Distanz vor der Einengung l_0 war und nach der Einengung l ist. Die Einengung ist somit $\Delta l = l_0 - l$, wird aber auch als relative Einengung $\varepsilon = (l - l_0)/l_0$ angegeben.

Einengungstektonik, *Kompressionstektonik*, tektonischer Baustil, bei dem die horizontale Verkürzung der ↗Erdkruste überwiegt. Die Strukturen sind ↗Aufschiebungen, ↗Überschiebungen, ↗Falten und ↗Decken.

einfache Form, Form, neben der keine weiteren Formen auftreten, also eine Form, die als einzige an einem Kristall ausgebildet ist. Ein Pyrit-Kristall in Gestalt eines Würfels besitzt eine einfache Form, die Form {100}.

einfache Scherung ↗Scherung.

Einfachextensometer ↗Extensometer.

Einfachkernrohr, Bohrwerkzeug, das die Gewinnung von Bohrkernen zur weiteren Untersuchung ermöglicht. Das Einfachkernrohr (Abb.) besteht aus einem Mantelrohr, welches am oberen Ende mit dem Bohrgestänge verbunden ist. Am unteren Ende befindet sich die ↗Bohrkrone. Beim Bohrvorgang wird von der Bohrkrone ein zylindrischer Bohrkern freigelegt und durch den Bohrvortrieb in das Einfachkernrohr geschoben. Füllt der Bohrkern das Einfachkernrohr aus, muß dieses aus dem Bohrloch gezogen und entleert werden. Der Kernfänger verhindert dabei das Zurückfallen des Bohrkerns ins Bohrloch. Der Bohrkern wird während des Bohrvorgangs stark von Kühl- und Spülflüssigkeit ausgewaschen und von der Drehbewegung des Mantelrohres in Mitleidenschaft gezogen. Einfachkernrohre werden daher fast nur noch bei Trockenbohrungen zum Durchbohren von Deckschichten und der entfestigten Oberzone von Festgesteinen verwandt. Ansonsten kommen ↗Doppelkernrohre und zum Teil Dreifachkernrohre zum Einsatz. [ABo]

Einfachooide ↗Ooide.

Einfachpackertest ↗Packertest.

Einfachregression, Beschreibung des Zusammenhanges zwischen einer abhängigen Kenngröße y und einer unabhängigen Kenngröße x (↗Regression). Diese wird mit Hilfe der Methode der kleinsten Quadrate berechnet. Für einen linearen Zusammenhang (lineare Einfachregression) gilt die Beziehung $y = a + b \cdot x$, wobei b der zu berechnende Regressionskoeffizient ist, a die Regressionskonstante. Bei nicht-linearem Zusammenhang (nicht-lineare Einfachregression) läßt sich mit Hilfe einer Transformation der Variablen ein linearer Zusammenhang zwischen den transformierten Variablen herstellen.

Einfachüberdeckung, seismisches Meßschema bei dem jeder Punkt entlang einer Grenzfläche nur einmal von einem reflektierten seismischen Strahl abgetastet wird. Die moderne ↗Reflexionsseismik benutzt das Schema der ↗Mehrfachüberdeckung.

Einfallen ↗Fallen.

Einfallswinkel, 1) *Fernerkundung*: auf der Erdoberfläche in einer Vertikalebene gemessener Winkel zwischen der Richtung einfallender ↗elektromagnetischer Strahlung oder kohärenter Radarpulse und der Vertikalen im Meßpunkt. Man unterscheidet einen nominalen Einfallswinkel, der sich auf die Vertikale in Bezug auf das Geoid und einen lokalen Einfallswinkel, der sich auf die lokale, die Geländeform berücksichtigende Vertikale bezieht. **2)** *Physik*: Winkel zwischen der ↗Wellennormalen der einfallenden Welle und dem Lot auf die Grenzfläche zweier Medien. Für Röntgenstrahlung wird meistens als Einfallswinkel der Winkel zwischen der Grenzfläche und der Wellennormalen definiert. Er wird dann auch Glanzwinkel genannt.

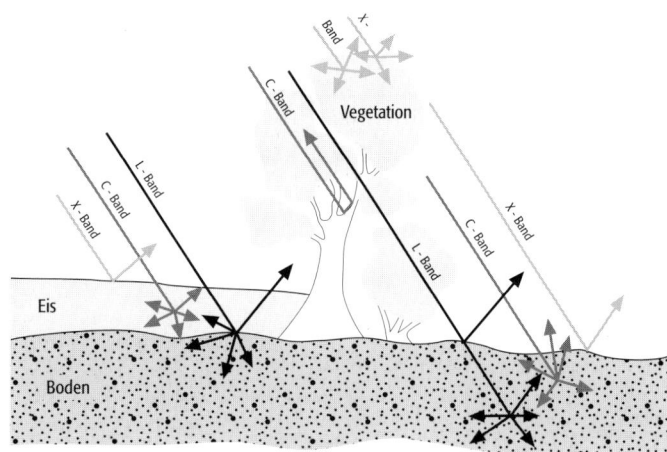

Eindringtiefe von Radar: unterschiedliche Eindringtiefen und Volumenstreuung von Radarwellen verschiedener Wellenlänge in Eis, Vegetation und Boden.

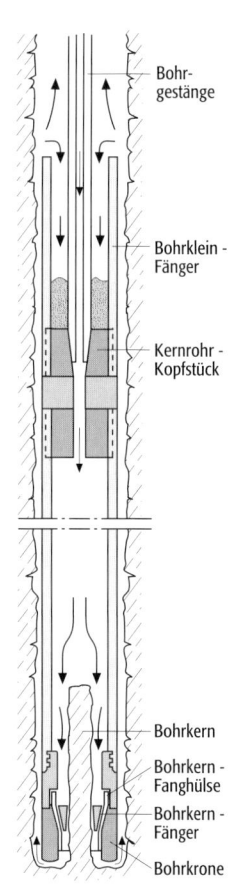

Einfachkernrohr: schematische Darstellung.

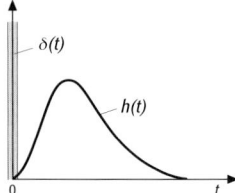

Einheitsganglinie: Einheitsganglinie als Impulsantwort $h(t)$ (Ausgabe) auf einen Momentaneinheitsimpuls $\delta(t)$ (Eingabe).

einfarbige Kartendarstellung, *monochrome Darstellung,* Darstellung des gesamten Kartenbildes in nur einer Druck-, Kopier-, Mal- oder Zeichenfarbe; i.d.R. auf weißem Untergrund. Es können sowohl Schwarz oder Grau als auch eine genügend dunkle ↗bunte Farbe verwendet werden. Einfarbige Karten werden aus unterschiedlichen Gründen hergestellt: a) wenn die Karte graphisch sehr einfach strukturiert ist, so daß die einfarbige Darstellung ausreicht; b) wenn aus Kostengründen nur eine Druckfarbe (meist Schwarz) zur Verfügung steht. Dies bedeutet, daß die Farbe durch andere ↗graphische Variablen bzw. ↗Flächenmuster und Linienmuster (↗Liniensignatur) ersetzt werden muß; c) als ↗Anhaltkopie in der herkömmlichen Kartentechnik oder Lichtpause (↗Diazotypie-Verfahren) für Korrekturzwecke. Einfarbige ↗Bildschirmkarten sind seit der allgemeinen Einführung des Farbbildschirms speziellen Zwecken vorbehalten, z. B. dienen binär gescannte Rasterbilder häufig als grauweißes *Hintergrundbild* bei der Kartenbearbeitung am Computer (↗zweifarbige Darstellung, ↗desktop mapping). [KG]

Eingabebild, digitales Bild, das in ein Bildverarbeitungssystem auf Basis entsprechender Hard- und Software eingelesen wird. Das Eingabebild besteht aus Rohdaten oder aufbereiteten Daten, die im Rahmen eines spezifischen Prozesses der ↗Bildanalyse verändert, klassifiziert und visualisiert werden.

eingehende Erkundung, *Sanierungsvorplanung,* Variantenstudium der Sanierungsverfahren, deren Anwendung in einem betrachteten Fall prinzipiell möglich erscheint. Zuvor ist in Abhängigkeit der geologisch-hydrogeologischen und schadstoffspezifischen Randbedingungen sowie der spezifischen Standortgegebenheiten (z.B. Überbauung) eine Verfahrensvorauswahl zu treffen. Dabei können auch Verfahrenskombinationen – beispielsweise eine Bodenluftabsaugung in Verbindung mit einer hydraulischen Maßnahme – anderen Verfahren gegenübergestellt werden. Parallel dazu müssen die Sanierungsziele geklärt werden. Anhand zunächst vorläufig festgelegter Sanierungsziele sind die vorausgewählten Verfahren nach nicht-monetären Kriterien zu beurteilen. Dann folgt eine Kostenwirksamkeitsabschätzung mit dem Ziel, das wirtschaftlichste Verfahren verbunden mit einer hinreichenden Sanierungsleistung herauszufiltern. Am Ende der eingehenden Erkundung steht die Gesamtbeurteilung, die die nicht-monetäre Verfahrensbeurteilung und die Kostenwirksamkeitsabschätzung verbindet und so zu einem Sanierungsvorschlag führt. Dieser sollte durch Voruntersuchungen, die die grundsätzliche Eignung des Sanierungsverfahrens belegen, abgesichert sein. Auf der Grundlage der Sanierungsvorplanung und dem Sanierungsvorschlag wird von den zuständigen Behörden eine Sanierungsentscheidung getroffen. Die Sanierungsentscheidung beinhaltet schließlich auch die behördliche Festlegung der Sanierungsziele und des Sanierungsverfahrens. ↗Altlastensanierung. [ME]

Einheitsganglinie, *Unit-Hydrograph,* Ganglinie des ↗Direktabflusses, der sich aus einem Niederschlagsereignis mit dem Einheitsbetrag (1 mm/Zeiteinheit) des ↗Effektivniederschlages ergibt, der während einer bestimmten Zeitspanne gleichmäßig verteilt über ein Einzugsgebiet fällt. Sie ist eine charakteristische Ganglinie, die das Abflußverhalten eines Gebietes kennzeichnet. Man erhält sie aus der Mittelung von einzelnen Ganglinien des Direktabflusses (Abflußganglinienseparation), die eindeutig zeitlich abgrenzbaren Niederschlägen zugeordnet und auf den Einheitsbetrag reduziert werden können. Dabei wird meist von der Annahme eines linearen Zusammenhanges zwischen Effektivniederschlag und der Einheitsganglinie ausgegangen. Entsprechend dem Superpositionsgesetz sind bei einem Vielfachen des Effektivniederschlages die Ordinaten der Einheitsganglinien zu vervielfachen. Die Einheitsganglinie kann als die Antwortfunktion eines Einheitsimpules verstanden werden (Abb.). Für den Rechteckimpuls $p(t)$ endlicher Dauer Δt gilt:

$$p(t) = \begin{cases} 0 \text{ für } t < 0 \\ 1 \text{ für } 0 \leq t \leq \Delta t \\ 0 \text{ für } t > \Delta t \end{cases}.$$

Der Momentaneinheitsimpuls (Diracsche Deltafunktion) ergibt sich aus einem Rechteckimpuls für $\Delta t \to 0$. Damit der Impuls den Inhalt eins behält, muß die Impulshöhe gegen unendlich gehen. Es gilt für den Momentaneinheitsimpuls:

$$\int_{-\infty}^{\infty} \delta(t)dt = 1$$

mit $\delta(t) = 0$ (für $t \neq 0$), $\delta(t) \to \infty$ (für $t = 0$) und für die Impulsantwort $h(t)$:

$$\int_{-\infty}^{\infty} h(t)dt = 1.$$

Die Einheitsganglinie spielt bei Hochwasserberechnungen mit Hilfe mathematischer Modelle (↗hydrologische Modelle, ↗Niederschlags-Abfluß-Modelle) eine große Rolle (↗Einheitsganglinienverfahren). [HJL]

Einheitsganglinienverfahren, Berechnung von Hochwasserganglinien mit Hilfe der ↗Einheitsganglinie, die als Impulsantwort $h(t)$ eines linearen zeitinvarianten Systems verstanden wird (↗hydrologische Systeme). Die Grundlage der Berechnung ist die Faltungsoperation, bei der die Eingabefunktion $p(\tau)$ in infinitisimale Streifen mit der Dauer τ und mit dem Inhalt $p(\tau) \cdot d\tau$ zerlegt wird. Die zu jedem Streifen (Einheitsimpuls) gehörende Impulsantwort ergibt sich nach dem Proportionalitätsprinzip als Produkt des Impulses $p(\tau)d\tau$ und der zum Zeitpunkt τ verschobenen Momentaneinheitsimpulsantwort $h(t-\tau)$. Die zur Gesamtzuflußfunktion $p(t)$ gehörende Ausflußfunktion $q(t)$ entsteht durch Superponierung aller zu den Einzelstreifen gehörenden Ausflußfunktionen, d. h. der Aufsummierung aller Produkte

$$p(\tau)d(\tau) \cdot h(t-0).$$

Das Faltungsintegral ist:

$$q(t) = \int_0^t p(\tau) h(t-\tau) d\tau.$$

In der praktischen Anwendung kann die Ganglinie des ↗Effektivniederschlages als eine Folge von Rechteckimpulsen mit gleicher Dauer Δt und der jeweiligen Impulsintensität p_i (meist in mm/h) verstanden werden (Abb.). Die Ganglinie des ↗Direktabflusses als Ausgangsfunktion kann in Abständen von Δt über die diskretisierte Form des Faltungsintegrals mit Hilfe der Impulsantwort $h(\Delta t, t)$ des Einzugsgebietes berechnet werden

$$q(t_m) = \sum_{i=1}^{n} p_{m-i+1} \cdot \Delta t \cdot h_i(\Delta t).$$

n bezeichnet dabei die Anzahl der Zeitintervalle Δt, während derer der Effektivniederschlag der Dauer Δt zum Abfluß gelangt. [HJL]

einjähriges Eis, ↗Meereis, das lediglich einen Winter alt ist; Weiterbildungsstadium des ↗Jungeises.

Einkanter ↗Windkanter.

Einkapselung, Sicherungsmaßnahme, um die Ausbreitung einer Kontamination in der Umgebung einzudämmen. Sie stabilisiert physikalische, chemische und biologische Prozesse innerhalb der Altlast. Die Sickerwassermenge wird durch die Errichtung einer Oberflächenabdichtung reduziert. Der laterale Zustrom von Grundwasser wird durch vertikale Dichtungswände unterbunden, die in einen grundwasserhemmenden Untergrund einbinden. Dadurch soll auch der Abstrom kontaminierten Wassers reduziert werden. Als häufiges Sanierungskonzept wird ein allseitiges Grundwassergefälle zu der Altlast hin erzeugt und somit ein Abstrom kontaminierten Grundwassers verhindert. Bei ungenügender Abdichtung des geologischen Untergrundes kann nachträglich eine Sohlabdichtung mittels Injektionen eingebracht werden. Diese sind durch begehbare Stollen oder auch durch Injektionsbohrungen einzubringen. Injektionsmittel sind hier schadstoffbeständige Silicatgelinjektionen. [NU]

Einkornbeton, ein Spezialbeton ohne Sand- bzw. Feinkornanteil. Der Zuschlag besteht im Unterschied zu normalem Beton aus einheitlich großen Kieskörnern. Auf diese Weise kann ein Beton hergestellt werden, der wasserdurchlässig ist und daher als Dränung verwendet werden kann. Einsatz findet der Einkornbeton z.B. bei der Dränung von Baugruben und Böschungen.

Einkristall, Festkörper, der nur aus einem Kristallindividuum besteht. Dies bedeutet, daß keine Korngrenzen mit großen Orientierungsunterschieden der angrenzenden Körner vorhanden sind. Die Bezeichnung »Einkristall« ist sehr fließend und hängt im wesentlichen vom Zusammenhang ab. Während die Subkörner oder Mosaikblöcke der einkristallinen Turbinenschaufelblätter eines Hochleistungsstrahltriebwerks noch Orientierungsunterschiede von mehreren Grad aufweisen können, sind die in der Halbleiterindustrie eingesetzten Einkristalle nahezu frei von ↗Versetzungen und ↗Kleinwinkelkorngrenzen. Derartige Kristalle kommen dem ↗Idealkristall am nächsten. Natürlich gewachsene Einkristalle sind meist Mosaikkristalle, d. h. Einkristalle mit einer Reihe von Kleinwinkelkorngrenzen, die i. d. R. jedoch nur kleine Winkelunterschiede der Kristallite in der Größenordnung von wenigen hundertstel bis zehntel Grad zeigen. [EW]

Einkristall-Diffraktometer ↗Diffraktometer.

Einmessung, Ermittlung von Meßwerten für ↗Vermessungspunkte oder -objekte in Bezug auf Punkte und Objekte der näheren Umgebung. Die Darstellung der Ergebnisse erfolgt in einer *Einmessungsskizze*. Diese wird in der Örtlichkeit angefertigt. Sie dient dem Wiederauffinden, der Wiederherstellung oder der Kontrolle der unveränderten Lage von Punkten oder Objekten.

Einmessungsskizze, *Festlegungsriß*, ↗Einmessung.

Einnordung, Orientieren bzw. Ausrichten der Karte nach den Himmelsrichtungen. Es ist Voraussetzung für richtiges und schnelles ↗Kartenlesen und Zurechtfinden im Gelände. Bei Verzicht auf die Orientierung müssen Richtungs- und Lageverhältnisse gedanklich umgedeutet werden. Dies kann zu Fehlinterpretationen führen. Deshalb werden die Ausgestaltung des Kartenrandes sowie die meisten Signaturen, Symbole, Zahlen und Namen in der Karte nordorientiert angeordnet. Das Einnorden der Karte erfolgt am präzisesten mit einem ↗Kompaß. Dazu wird die Anlegekante des Kompaßgehäuses an eine nach Norden weisende Netzlinie angelegt. In dieser Konstellation werden der Kompaß und die horizontal liegende Karte gedreht, bis die Magnetnadel auf die Kompaß-Nordmarke zeigt. Für präzise Anwendungen ist die ↗Nadelabweichung und/oder die ↗Deklination zu berücksichtigen. Die einfache und schnelle Orientierung der Karte kann mit Hilfe des Sonnenstandes, Vegeta-

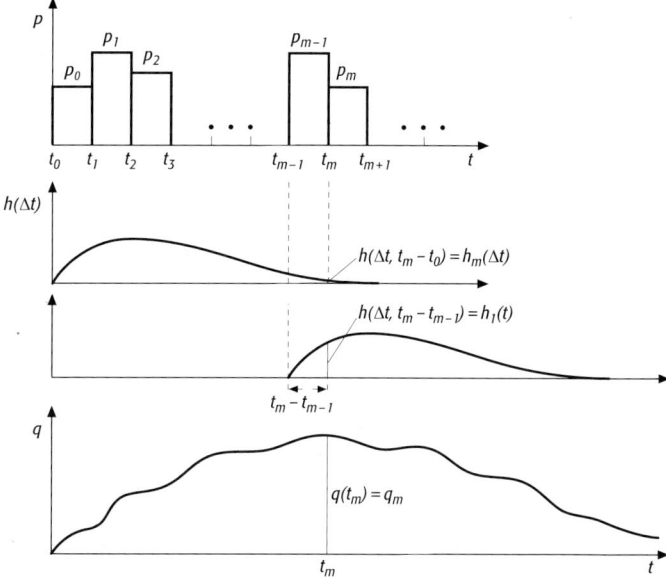

Einheitsganglinienverfahren: Berechnung der Ganglinie des Direktabflusses $q(t)$ aus dem Effektivniederschlag $p(t)$ durch Ordinatenaddition nach dem Impulsantwortverfahren.

Einschneideverfahren: a) Vorwärtseinschnitt, b) Seitwärtseinschnitt, c) Rückwärtseinschnitt, d) kombiniertes Verfahren.

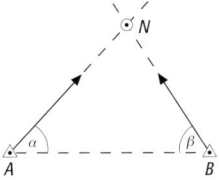

a Vorwärtseinschnitt

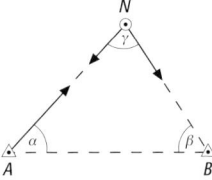

b Seitwärtseinschnitt

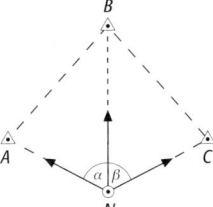

c Rückwärtseinschnitt

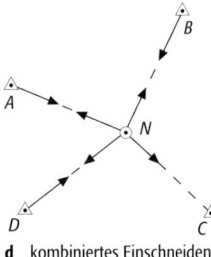

d kombiniertes Einschneiden

Einschwingverfahren 1: Grundwasserspiegel zu Beginn des Einschwingversuches; h_t = Amplitude zum Zeitpunkt t; h_0 = Amplitude zum Zeitpunkt $t = 0$, r_w = wirksamer Brunnenradius.

tionsmerkmalen, mechanischen Hilfsmitteln (z. B. einer analogen Uhr) oder topographischen Merkmalen erfolgen. Letzteres geschieht bei bekanntem eigenen Standpunkt mit Hilfe eines im Gelände sichtbaren Kartenpunktes. Standpunkt und Zielpunkt werden in der Karte z. B. durch ein Lineal verbunden. Die Karte und Lineal werden gemeinsam gedreht, bis der Zielpunkt in der Verlängerung des Lineals erscheint. [GB]

Einschleifenmethode, bezeichnet die Methode zur Vermessung eines gravimetrischen oder Eigenpotential-Profils oder Arrays, wobei in gewissen Abständen ein geeignet gewählter Bezugs- oder Basispunkt mehrfach vermessen wird, um zeitliche Variationen und Instrumentengänge zu kontrollieren und ggf. zu korrigieren (/Zweischleifenmethode).

Einschleppung, *Verschleppung*, unbeabsichtigte Ausbreitung von Mikroorganismen, Pflanzen und Tieren durch den Menschen, im Gegensatz zur bewußten /Einbürgerung. Pflanzensamen oder Sporen können mit Saatgut, Verpackungsmaterial oder in Wurzelballen verbreitet werden. Auch Tierarten, insbesondere Haus- und Vorratsschädlinge oder Hygieneschädlinge sind durch den Menschen weltweit verschleppt worden (z. B. Maiszünsler oder Kartoffelkäfer). Eine indirekte Rolle bei der Ausbreitung von Arten spielt der Mensch durch die Beseitigung ökologischer oder geographischer Schranken und durch Landschaftsveränderungen (z. B. mittelalterliche Rodungen). Rund 18 % der heutigen mitteleuropäischen Pflanzenarten sind durch beabsichtigte oder unbeabsichtigte Mitwirkung des Menschen eingewandert.

Einschlüsse, volumenartige Defekte in /Einkristallen. Beim Wachstum hat an der /Wachstumsfront eine große Störung des Wachstums stattgefunden, und der Kristall ist um das eingeschlossene Material herumgewachsen. Bei der Kristallzüchtung aus Lösungen kann eine Instabilität an der Wachstumsfront zum Einschluß von Lösungsmitteltropfen führen. Sind ungelöste Teilchen in der fluiden Phase vor der Wachstumsfront vorhanden und können während des Wachstums nicht abtransportiert werden, so kann dies ebenfalls zu eingeschlossener Fremdsubstanz führen.

Einschneideverfahren, *Einschneiden von Einzelpunkten*, *trigonometrisches Einschneiden*, vermessungstechnische Verfahren zur Bestimmung der Lagekoordinaten von Neupunkten N durch /Richtungsmessung und Bestimmung von /Winkeln. Man unterscheidet bei diesen trigonometrischen Verfahren Vorwärts-, Seitwärts-, Rückwärtseinschnitt und kombiniertes Einschneiden (Abb.). Beim *Vorwärtseinschnitt* (Vorwärtsschnitt) wird N von zwei koordinatenmäßig bekannten Punkten A und B (Basispunkte) aus, z. B. mit einem /Theodoliten, angezielt (eingeschnitten), d. h. die Richtungen gemessen. Mit den Koordinaten der Punkte A und B sowie den bestimmten Winkeln α und β lassen sich die Koordinaten des Neupunktes N berechnen. Kann man sich auf einen der beiden Basispunkte nicht aufstellen, so mißt man statt dessen auf N die Richtungen zu den Punkten A und B und ermittelt den Winkel γ. Für den Winkel β gilt: $\beta = 200$ gon-$(\alpha + \gamma)$. Dieses Verfahren wird als *Seitwärtseinschnitt* (Seitwärtsschnitt) bezeichnet. Nach der Berechnung des Basiswinkels β läßt sich der Seitwärtseinschnitt wie ein Vorwärtseinschnitt berechnen. Beim *Rückwärtseinschnitt* (Rückwärtsschnitt) werden auf N die Richtungen zu mindestens drei koordinatenmäßig bekannten Punkten A, B, C gemessen und die Winkel α und β bestimmt. Die Lage von N ergibt sich als Schnitt zweier Kreise durch A, B und B, C mit den Peripheriewinkeln α und β. Das kombinierte Einschneiden, die Bestimmung der Lagekoordinaten von N durch Richtungsmessungen und Winkelermittlungen sowohl auf N als auch auf den koordinatenmäßig bekannten Punkten A, B, C, D, ermöglicht aufgrund der Überbestimmung eine Ausgleichung und somit eine Genauigkeitssteigerung der Lage des Neupunktes. [KHK]

Einschnittböschung, /Böschungen, z. B. von Verkehrswegeeinschnitten, die Geländerücken und -nasen durchstoßen.

Einschwingverfahren, *Oszillationstest*, Verfahren, das zur Bestimmung der /Transmissivität T eines Grundwasserleiters in einem Brunnen oder einer Grundwassermeßstelle dient. Das Einschwingverfahren ist ein Sonderfall des /Slug-Tests, bei dem der ausgelenkte Grundwasserspiegel nicht gleich wieder auf sein Ausgangsniveau zurück geht, sondern einen Schwingungsverlauf um dieses Niveau herum zeigt. Zur Auslenkung des Grundwasserspiegels wird z. B. mit Hilfe eines Packers Luft von einem Kompressor in den Brunnen gepreßt, und zwar soviel, bis der Grundwasserspiegel um ca. 50 cm gesunken ist. Hierauf wird der Druck schlagartig durch das Öffnen eines Ventils abgebaut und das Grundwasser beginnt wieder anzusteigen (Abb. 1). Dies geht bei geringen hydraulischen Durchlässigkeiten so vor sich, daß sich die durch den Druck aufgebaute Absenkung wieder exponentiell gegen Null nähert. Bei hohen Durchlässigkeiten kommt es dagegen durch eine schnelle Ausgleichsbewegung

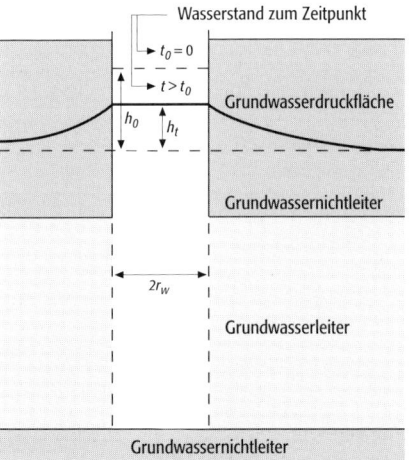

zu einer gedämpften harmonischen Schwingung um den Ruhewasserspiegel, bis sich dieser nach einiger Zeit wieder eingestellt hat (Abb. 2). Trägt man die gemessenen Wasserspiegelschwankungen gegen die Zeit auf, so erhält man eine Kurve, die die Form einer harmonischen, exponentiell gedämpften Schwingung hat, mit der Schwingungsgleichung:

$$h(t) = h_0 \cdot e^{-\beta \cdot t} \cdot \cos(\omega \cdot t)$$

(h = Amplitude zum Zeitpunkt t; h_0 = Amplitude zum Zeitpunkt $t = 0$). Die Schwingung ist durch zwei Parameter charakterisiert, die Eigen- oder Resonanzfrequenz ω und den ↗Dämpfungskoeffizient β, der die Anzahl der Schwingungsperioden, bis sich der Ruhewasserstand wieder eingestellt hat, bestimmt. Je größer er ist, desto schneller wird die Schwingung gedämpft. Für $\beta > 1$ ist die Schwingung praktisch nach einer Periode schon auf Null gedämpft, d. h. der Grundwasserspiegel stellt sich ohne Schwingung exponentiell wieder auf den Nullpunkt ein. Dies entspricht dem herkömmlichen ↗Slug-Test. Erst für $\beta < 1$ kommt es zu einer merklichen Schwingung von mehr als einer Periode um den Ruhewasserspiegel, und man kann von einem Einschwingen sprechen. Werte von $\beta < 1$ treten i. d. R. ab Transmissivitäten von $T > 10^{-3}$ m²/s auf. Die Auswertung eines Einschwingversuchs kann z. B. mit der Methode von Krauss (1977) durchgeführt werden. Sie hat allerdings den Nachteil, daß zur Berechnung der Transmissivität der Speicherkoeffizient S bereits bekannt sein oder abgeschätzt werden muß. Nach Krauss berechnet sich die Transmissivität aus den Schwingungsparametern:

$$T = \frac{r_w^2 \omega_w}{C(\beta)}.$$

Dabei ist r_w der wirksame Brunnenradius, ω_w die Eigenfrequenz des Brunnens, die sich aus der Eigenfrequenz der Schwingung ω und dem Dämpfungskoeffizienten β berechnet:

$$\omega_w = \frac{\omega}{\sqrt{1 - \beta^2}},$$

und $C(\beta)$ ein von β und dem Speicherkoeffizienten S abhängiger Korrekturwert, der aus einem Diagramm abgelesen wird. Die zur Berechnung nötigen Schwingungsparameter ω und β werden graphisch bestimmt. Man trägt dazu die auf h_0 normierten Amplituden halblogarithmisch gegen die Zeit auf, also lg h/h_0 gegen t. Die Eigenfrequenz ω berechnet sich aus:

$$\omega = \frac{2 \cdot \pi}{\tau},$$

wobei τ die mittlere Schwingungsdauer ist, die sich aus dem Verhältnis von gesamter Zeitdauer (t_n) zu Anzahl der Perioden n errechnet. t_n und n werden aus dem Diagramm abgelesen. Der Dämpfungskoeffizient β beträgt:

$$\beta = \frac{1}{\sqrt{1 + \left(\frac{\omega}{E}\right)^2}}.$$

E ist die sog. Abklingkonstante. Sie wird aus einem Diagramm bestimmt. Es gilt:

$$E = \frac{\ln\left(\frac{h_2}{h_1}\right)}{t_2 - t_1} = \frac{-2,3 \cdot \lg\left(\frac{h_2}{h_1}\right)}{\Delta t}.$$

Für eine logarithmische Dekade gilt:

$$\lg\left(\frac{h_2}{h_1}\right) = 1 \; ; \; E = \frac{-2,3}{\Delta t}.$$

Das Einschwingverfahren hat gegenüber dem ↗Pumpversuch den großen Vorteil, daß er mit geringem zeitlichen, personellen und materiellen Aufwand durchgeführt werden kann, daß keine nennenswerte Absenkung in der Umgebung des Brunnens auftritt, die z. B. Brunnen in der Nähe stören oder das Eindringen von Schadstoffen begünstigen könnte, und daß kein evtl. kontaminiertes Wasser entsorgt werden muß. Dafür sind die Ergebnisse nur für das direkte Brunnenumfeld gültig, können jedoch durch die Bauweise des Brunnens verfälscht werden und erfassen Inhomogenitäten schlechter als bei einem Pumpversuch. [WB]

Literatur: DAWSON, K. J. & ISTOK, J. D. (1991): Aquifer Testing. Design and Analysis of Pumping and Slug Tests. – Chelsea.

Einsprengling, *Phänokristall*, Phenocryst, Mineralphase in Magmatiten, deren Korngröße deutlich über der Durchschnittskorngröße der Grundmasse liegt (Abb. im Farbtafelteil). ↗Porphyr.

Einstein, *Albert*, deutsch-schweizerisch-amerikanischer Physiker, * 14.3.1879 in Ulm, † 18.4.1955 in Princeton (N. J., USA); einer der bedeutendsten theoretischen Physiker und eines der größten wissenschaftlichen Genies aller Zeiten; besuchte in München das Gymnasium; siedelte 1894 in die Schweiz über und machte in Aarau das Abitur; studierte an der Eidgenössischen TH in Zürich Mathematik und Physik (Studienabschluß 1900); erhielt 1901 die schweizerische Staatsbürgerschaft; 1902–1909 war er Mitarbeiter am schweizerischen Patentamt in Zürich, 1905 Doktor der Philosophie an der Universität Zürich, erhielt 1908 die Lehrbefugnis für theoretische Physik an der Universität Bern und 1909 einen Lehrstuhl an der TU Zürich; 1911–12 Professor an der deutschen Universität in Prag, danach wieder in Zürich; 1914 zum ordentlichen Mitglied der Preußischen Akademie der Wissenschaften gewählt, übersiedelte 1914 nach Berlin, 1914–34 Direktor des Kaiser-Wilhelm-Instituts für Physik in Berlin. Nach Hitlers Machtübernahme kehrte Einstein, der jüdischer Herkunft war, von Lehrveranstaltungen in den USA nicht mehr nach Deutschland zurück und legte seine Ämter am Kaiser-Wilhelm-Institut und an der

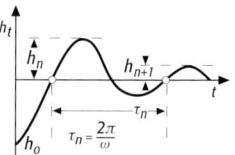

Einschwingverfahren 2: gedämpft harmonische Schwingung des Grundwasserspiegels um seine Ruhelage beim Einschwingversuch (h_t = Amplitude zum Zeitpunkt t, h_0 = Amplitude zum Zeitpunkt $t = 0$, ω = Eigenfrequenz, n = Anzahl der Perioden, τ = mittlere Schwingungsdauer).

Einstein, *Albert*

Preußischen Akademie der Wissenschaften nieder; 1933 erhielt er eine Professur am Institute for Advanced Study in Princeton und wurde 1940 amerikanischer Staatsbürger (Deutschland hatte ihm 1934 das Bürgerrecht entzogen).

Einstein entfaltete, zwischen 1905 bis zum Ende des Ersten Weltkriegs, eine vielseitige Forschertätigkeit, die ihn als einen der bedeutendsten Physiker des 20. Jahrhunderts kennzeichnet. 1905 veröffentlichte er die spezielle ↗Relativitätstheorie (↗Einsteinsche Gravitationstheorie), die von zwei Grundannahmen ausgeht (spezielles Relativitätsprinzip, dargestellt in »Zur Elektrodynamik bewegter Körper«): von der Konstanz der ↗Lichtgeschwindigkeit sowie von der ↗Lorentz-Transformation, die ↗Bewegungsgleichungen für raumfeste Bezugssysteme angibt (danach sind die physikalischen Gesetze in allen gleichförmig und geradlinig zueinander bewegten Koordinatensystemen gleich). Auf der Basis dieser Annahmen folgerte Einstein, daß es eine Zeitdilatation, eine Längenkontraktion des vierdimensionalen Raumes und eine Äquivalenz von Masse und Energie (1907 Einstein-Gleichung) gebe. Dies hatte grundlegende Neuorientierungen in Physik und Astronomie zur Folge. 1916 veröffentlichte er die allgemeine Relativitätstheorie, in der er unter anderem das empirische Äquivalenzprinzip der Gleichheit von schwerer und träger Masse sowie neue Feldgleichungen der Gravitation (↗Einsteinsche Feldgleichungen) formulierte und darlegte, daß die Raumgeometrie durch die Materie bestimmt wird (Machsches Prinzip). Daraus folgten das Postulat einer Raumkrümmung in der Nähe großer Massen (z. B. der Sonne) und die Vorhersage der Ablenkung des Sternlichts bei dessen Passage in der Nähe des Sonnenrands. Dieser Effekt wurde von A. S. Eddington 1919 bei der Beobachtung einer Sonnenfinsternis bestätigt. 1917 begründete Einstein die relativistische Kosmologie, die Lehre vom unbegrenzten, aber räumlich endlichen Weltall. Andere wichtige Untersuchungen betreffen insbesondere die Theorie der Brownschen Molekularbewegung (1905 Einstein-Relation, R. Brown), die Quantentheorie (1905 Lichtquantenhypothese, 1907 Theorie des lichtelektrischen Effekts und der spezifischen Wärme der Festkörper, 1912 Herleitung des photochemischen Quantenäquivalentgesetzes (Einsteinsches Äquivalentgesetz, Stark-Einstein-Prinzip)), den Einstein-de-Haas-Effekt (1915 W. J. de Haas), die Bose-Einstein Kondensation und Bose-Einstein-Statistik (1924/25 S. N. Bose). 1921 erhielt Einstein den Nobelpreis für Physik – bemerkenswerterweise nicht für die Entwicklung der Relativitätstheorie, sondern für seine Beiträge zur Quantentheorie, insbesondere die quantentheoretischen Arbeiten zum Photoeffekt. In Princeton versuchte Einstein eine vereinheitlichte Feldtheorie der Gravitation und des Elektromagnetismus zu entwickeln. Er veröffentlichte 1953 eine solche Theorie mit vier Grundgleichungen, die bis heute ein Hauptthema der Quantenphysik sind. Vor und während des Zweiten Weltkriegs setzte er sich für Friedensbemühungen ein, wies aber den amerikanischen Präsidenten Roosevelt (zusammen mit E. Fermi und N. H. D. Bohr) auch auf die Möglichkeit zur Herstellung einer Atombombe hin. Nach Einstein sind ferner benannt das künstliche radioaktive Element aus der Reihe der Actinoide mit der Ordnungszahl 99 (Einsteinium), der Einstein-Kosmos (»Zylinderwelt«) und Einstein-Ring, das Einstein-Observatorium (ab 1979 – anläßlich des 100. Geburtstags von Einstein – Bezeichnung des amerikanischen Röntgensatelliten HEAO-2) und der Einstein-Turm (Bezeichnung des 1920–21 erbauten Sonnenturms des Zentralinstituts für Astrophysik in Potsdam-Babelsberg).

Einsteinsche Dynamik, Dynamik astronomischer Körper, Lichtstrahlen, Satelliten usw., welche sich im Einklang mit der ↗Einsteinschen Gravitationstheorie befindet.

Einsteinsche Energieformel, sie besagt die Äquivalenz von Energie E und Masse M gemäß $E = Mc^2$, wobei c die ↗Lichtgeschwindigkeit ist.

Einsteinsche Feldgleichungen, Gleichungen des Gravitationsfeldes in der ↗Einsteinschen Gravitationstheorie. In der Newtonschen Gravitationstheorie (↗Gravitation) wird das Gravitationsfeld durch eine einzige Funktion $U(t, x)$, das Newtonsche Gravitationspotential, beschrieben. Die ↗Poisson-Gleichung $\Delta U = -4\pi G \varrho$, wobei ϱ die felderzeugende Massendichte bedeutet, stellt die Newtonsche Feldgleichung dar. In der Einsteinschen Gravitationstheorie wird das Gravitationsfeld durch den metrischen Tensor g beschrieben, welcher das Newtonsche Potential U verallgemeinert. Die Einsteinschen Feldgleichungen für g, $R = -\varkappa T$, stellen eine Verallgemeinerung der Poisson-Gleichung dar. Der Ricci-Tensor R enthält neben dem metrischen Tensor g dessen erste und zweite Ableitungen. Der Energie-Impuls-Tensor T enthält die felderzeugenden Quellen; er verallgemeinert die Massendichte ϱ. $\varkappa$ ist schließlich die ↗Einsteinsche Gravitationskonstante.

Einsteinsche Gravitationskonstante, tritt in der ↗Einsteinschen Feldgleichung auf:

$$\varkappa = \frac{8\pi G}{c^4}.$$

Einsteinsche Gravitationstheorie, Verallgemeinerung der Newtonschen Gravitationstheorie (↗Gravitation) im Einklang mit der speziellen ↗Relativitätstheorie und allen Versionen des Äquivalenzprinzips. Das Newtonsche Gravitationspotential

$$U(t, \vec{x}) = G \int \frac{\varrho(t, \vec{x}\,')}{|\vec{x} - \vec{x}\,'|} d^3 x'$$

wird durch den metrischen Tensor g verallgemeinert. Dieser ist ein symmetrischer Tensor zweiter Stufe und besitzt die Komponenten $g_{\mu\nu}$ ($\mu\nu = 0, 1, 2, 3$). Im Falle verschwindender Gravitationsfelder geht die Metrik in diejenige der speziellen ↗Relativitätstheorie über. In Inertialkoordinaten $x^\mu = (ct, \vec{x})$ lauten die Komponenten von g dann

$$g_{\mu\nu} = \text{diag}(-1, +1, +1, +1).$$

Der Zusammenhang von g mit dem Newtonschen Potential wird im Limes $c \to \infty$ erkennbar. In diesem Grenzfall wird

$$g_{00} = -1 + \frac{2U}{c^2} + O(c^{-4}).$$

Die Quelle des Gravitationsfeldes ist durch den Energie-Impuls-Tensor T gegeben. Auch er ist ein symmetrischer Tensor zweiter Stufe. In ihm ist die Massen- bzw. Energiedichte ϱ in der Zeit-Zeit-Komponente enthalten:

$$T^{00} = \varrho c^2,$$

wobei die Energiedichte von Geschwindigkeit und interner Energie (Wärmeenergie etc.) eines Massenelementes sowie vom Gravitationspotential abhängt. Druck und Koordinatengeschwindigkeit des Massenelementes bestimmen im wesentlichen die übrigen Komponenten von T, welche also ebenfalls gravitierend wirken. Der Zusammenhang zwischen den felderzeugenden Quellen T und dem metrischen Tensor g, ist durch die ↗Einsteinschen Feldgleichungen gegeben. Diese stellen partielle Differentialgleichungen zweiter Ordnung zur Bestimmung von sechs unabhängigen Komponenten von g dar. Vier weitere Komponenten des metrischen Tensors können mit Hilfe einer Koordinatenbedingung, auch Eichbedingung genannt, gewählt werden. Eine große Zahl exakter Lösungen der Einsteinschen Feldgleichung hat man unter Symmetrieannahmen gefunden. Am bekanntesten sind diejenigen, welche Schwarze Löcher beschreiben. Die Schwarzschild-Metrik beschreibt aber auch den Außenraum einer sphärisch symmetrischen Massenverteilung. Die sogenannte Robertson-Walker-Metrik spielt eine zentrale Rolle in der modernen Kosmologie. Für Anwendungen im Sonnensystem verwendet man die ↗Post-Newtonsche Approximation der Einsteinschen Gravitationstheorie. Die Bewegung von Probekörper und Lichtteilchen erfolgt in der Einsteinschen Gravitationstheorie entlang geodätischer Weltlinien. Hieraus ergibt sich z. B. die Lichtablenkung im Gravitationsfeld der Sonne (Ablenkungswinkel: 1,75" am Sonnenrand) sowie die anomale Perihelbewegung des Merkur von rund 43" pro Jahrhundert. [MHS]

Einsteinsche Raumzeit, vierdimensionales Raum-Zeit-Kontinuum, auf welchem die ↗Einsteinsche Gravitationstheorie aufbaut. In der ↗Relativitätstheorie sind Raum und Zeit keine unabhängigen Größen mehr. So hängt etwa die Erfahrung gleichzeitiger Ereignisse vom Bewegungszustand des Beobachters ab. Ein Koordinatensystem, welches einen gewissen Bereich der Raumzeit erfassen soll, umfaßt neben drei Raumkoordinaten, z. B. (x, y, z), auch immer eine Zeitkoordinate t.

Einsteinsches Additionstheorem der Geschwindigkeiten, Addition zweier Geschwindigkeiten v und v' im Rahmen der speziellen ↗Relativitätstheorie. Sind beide Geschwindigkeiten gleichgerichtet, so ergibt sich

$$v'' = \frac{v + v'}{1 + vv'/c^2}$$

anstelle des klassischen Resultates von $v'' = v + v'$. Dies verhindert das Auftreten von Überlichtgeschwindigkeiten ($v > c$).

Einsteinsches Äquivalenzprinzip ↗Äquivalenzprinzip.

Einsteinsche Summenkonvention, abkürzende Schreibweise von Summen, die insbesondere für ↗Tensoren angewendet wird. Ohne das Summenzeichen zu schreiben ist vereinbart, daß über gleichlautende Indizes summiert wird, z. B.: $a_j = t_{jkl} b_k b_l$ (abgekürzte Schreibweise) für $a_j \Sigma_k \Sigma_l t_{jkl} b_k b_l$ (ausführliche Schreibweise); dabei laufen die Summen unabhängig über die Indizes k und l.

Einstoffsysteme, Einstoffsysteme stellen in Zustandsdiagrammen entsprechend der ↗Gibbsschen Phasenregel $P + F = K + 2$ das Verhalten einer Komponente K dar. Diese ist entweder ein Element wie Kohlenstoff (C) oder Schwefel (S) oder eine Verbindung wie Wasser (H_2O) oder Siliciumdioxid (SiO_2). Dargestellt werden in einem Temperatur-Druck-Diagramm die Existenzbereiche der Phasen P, deren Grenzen und Schnittpunkte in Abhängigkeit von den Zustandsvariablen F (Temperatur und Druck). Im Einstoffsystem H_2O (Abb. 1) sind die Temperatur auf der Ordinate und der Druck auf der Abszisse festgelegt. In den jeweiligen Existenzbereichen von Wasser (I), Wasserdampf (II) und Eis (III) lassen sich Druck und Temperatur beliebig variieren. Hier ist jeweils nur eine Phase stabil, gemäß dem Phasengesetz $P + 2 = 1 + 2$, also $P = 1$. In diesem Fall ist das System divariant, man bewegt sich bei einer Änderung der Zustandsvariablen innerhalb einer Fläche, dem Existenzbereich der einen möglichen Phase. Ändert man den Druck oder die Temperatur entlang der Kurve, die der Grenze zwischen den Existenzbereichen zweier Phasen entspricht, dann wird das System univariant

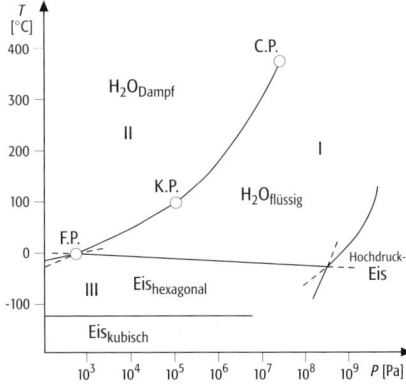

Einstoffsysteme 1: Phasendiagramm des Einstoffsystems von Wasser; C. P. = kritischer Punkt (bei 374 °C), K. P. = Kochpunkt bzw. Siedepunkt (bei ca. 100 °C), F. P. = Schmelzpunkt bzw. Festpunkt (bei ca. 0 °C).

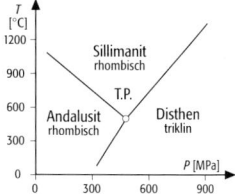

Einstoffsysteme 2: Stabilitätsbereich der Al-Silicate Sillimanit, Andalusit und Disthen im Einstoffsystem Al_2SiO_5. Die Stabilitätsgrenzen und damit auch der Tripelpunkt (T.P.) können sich durch den diadochen Einbau von Fe^{3+} für Al verschieben. Bei ca. 1000 °C erfolgt die Umwandlung von Sillimanit in Mullit.

und es können zwei Phasen im Bereich der Umwandlungskurven koexistieren, d. h. $P + 1 = 1 + 2$, also $P = 2$. Für den Fall, daß keine Zustandsvariable mehr frei wählbar ist, gilt $P + 0 = 1 + 2$, also $P = 3$. Temperatur und Druck liegen jetzt in einem Punkt fest, an dem die drei Phasen $H_2O_{flüssig}$, H_2O_{Dampf}, $H_2O_{krist.}$ nebeneinander koexistieren. Dieser Punkt wird als ↗Tripelpunkt bezeichnet, das System ist in diesem Punkt invariant. Häufig erfolgt eine Phasenumwandlung beim Überschreiten der Grenzen der Existenzgebiete, bedingt durch energetische Schwierigkeiten, oft nicht prompt. Am Beispiel des Einstoffsystems H_2O drückt sich dies z. B. in der Fortsetzung der univarianten Kurve, die die Existenzbereiche H_2O_{Dampf}–$H_2O_{flüssig}$ abgrenzt in das Existenzfeld des kristallisierten H_2O hinein, aus. So kann z. B. flüssiges Wasser bis -22 °C unterkühlt werden, es bildet dann eine ↗metastabile Phase. Tripelpunkte entsprechen Gefrierpunkten, Schmelzpunkten, kritischen Punkten oder Punkten, an denen drei kristalline Phasen, z. B. Sillimanit, Andalusit und Disthen im System Al_2SiO_5 (Abb. 2) nebeneinander koexistieren. Da an Tripelpunkten kein Freiheitsgrad mehr möglich ist, sind die Systeme hier stets invariant. Kurven entsprechen meist Dampfdruckkurven oder Grenzkurven zwischen zwei Mineralphasen, bei frei gewählter Temperatur ist hier z. B. der Dampfdruck kovariant, es existiert ein Freiheitsgrad, das System ist univariant. In Feldern, die den Existenzgebieten der Phasen entsprechen, sind Druck und Temperatur frei variabel, es existieren hier zwei Freiheitsgrade, das System ist divariant. Im Phasendiagramm des Einstoffsystems Al_2SiO_5 ist bemerkenswert, daß bei Zunahme des erzwungenen Druckes die Koordinationszahl des Aluminiums und die Dichte ansteigen (Buergesche Regel).

Die Kenntnis des Einstoffsystems H_2O ist für die Mineralogie aus zahlreichen Gründen von grundsätzlicher Bedeutung. Alle sich auf der Erde oder in der Erdkruste abspielenden mineralbildenden Prozesse finden entweder direkt aus wässrigen Lösungen oder aber zumindest in Anwesenheit von H_2O statt. Die Bildungstemperaturen variieren dabei zwischen 0 und 1000 °C, in vielen Fällen auch in noch viel größeren Temperaturbereichen. Der Dampfdruck des Wassers, der am Schmelzpunkt des Eises 0,567–1,03 MPa beträgt, wird mit zunehmender Temperatur größer. Damit erhöht sich auch die Dichte der Dampfphase, während die Dichte der flüssigen H_2O-Phase gleichzeitig kleiner wird. Bei einer Temperatur von 374 °C und einem Druck von 22 MPa erreichen die Dichten von flüssigem Wasser und von Wasserdampf denselben Wert. Das heißt, oberhalb dieses kritischen Punktes existiert nur noch eine H_2O-Phase, die auch als überkritische Phase bezeichnet wird. Bei tiefen Temperaturen kristallisiert H_2O als hexagonales Eis I zwischen 0 und -120 °C. Unterhalb -120 °C ist eine kubische Eisphase stabil und bei entsprechend hohen Drucken existieren auch noch einige Hochdruckphasen, so z. B. Eis VI bei 80 °C und 2 GPa. Alle diese Werte gelten allerdings nur für die chemisch völlig reine Verbindung H_2O. Sie verschieben sich z. T. erheblich bei Anwesenheit von gelösten Stoffen. So erhöht sich beispielsweise die kritische Temperatur des Wassers in Anwesenheit von NaCl, das bei allen mineralbildenden Prozessen, insbesondere unter hydrothermalen Bedingungen zu berücksichtigen ist, auf Temperaturen von über 500 °C.

Die Kenntnisse über das Phasendiagramm des Kohlenstoffs sind durch neue experimentelle Technologien in den vergangenen Jahren erheblich erweitert worden. Dieses System, in dem C kubisch als Diamant und hexagonal als Graphit kristallisiert, ist mineralogisch insofern von Bedeutung, als einerseits die natürliche Diamantentstehung in genetischer Hinsicht noch recht umstritten ist, andererseits Diamant und Graphit als wirtschaftlich wichtige Rohstoffe heute in großem Maße synthetisch hergestellt werden. Die Existenzbereiche der verschiedenen Kohlenstoffphasen und Modifikationen (Abb. 3) sind fast ausschließlich experimentell bestimmt. Der invariante Tripelpunkt, an dem Graphit, Diamant und Kohlenstoffschmelze koexistieren, liegt bei 3900 °C. Ein weiterer Tripelpunkt T_2 liegt unter Atmosphärendruck bei 3800 °C, wo Graphit, $C_{flüssig}$, C_{Dampf} miteinander koexistieren; und schließlich kennt man heute noch einen dritten Tripelpunkt bei 1000 °C und 63 GPa, bei dem Diamant, $C_{Schmelze}$ und eine Höchstdruckmodifikation des Kohlenstoffs, die metallische Eigenschaften aufweist, koexistieren. Sowohl Graphit (G) als auch Diamant (D) treten metastabil rechts bzw. links ihrer gemeinsamen Phasengrenze auf. Katalytische Diamantsynthesen, z. B. mit Ni als Katalysator, werden heute großtechnisch im Zustandsbereich (a), Direktsynthesen aus Graphit im Zustandsbereich (b) und Synthesen unter relativ niedrigen Temperaturen mit Hilfe von Explosionsdrucken im Zustandsbereich (c) durchgeführt.

Von außerordentlicher Bedeutung für geowissenschaftliche Probleme, aber auch für zahlreiche technologische Prozesse ist das Einstoffsystem SiO_2 (Abb. 4). Hier sind neben der SiO_2-Schmelze und dem SiO_2-Dampf heute insgesamt 8 kristalline Phasen mit zum Teil mehreren Strukturvarianten bekannt. Bei Raumtemperatur und Atmosphärendruck ist der trigonal-trapezoedrische Quarz stabil, er geht beim Erhitzen bei 573 °C ohne Verzögerung und reversibel in den

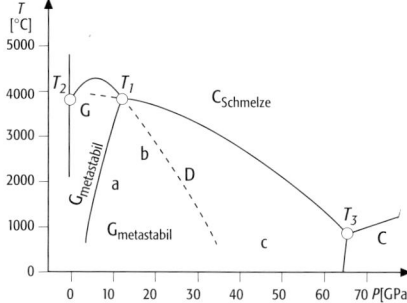

Einstoffsysteme 3: Phasendiagramm des Einstoffsystems C mit den Existenzbereichen von Diamant D, Graphit G und einer Höchstdruckmodifikation C_{III} sowie den Zustandsbereichen a, b und c der Diamantsynthese.

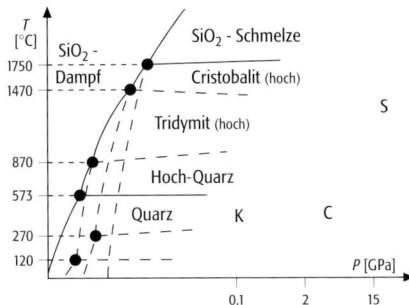

Einstoffsysteme 4: Phasendiagramm des Einstoffsystems SiO_2 mit den Existenzfeldern der Niederdruckmodifikationen und den Bildungsbereichen der Hochdruckmodifikationen Keatit (K), Coesit (C) und Stishovit (S).

hexagonal-trapezoedrischen Hoch-Quarz über. Diese Umwandlung macht sich durch eine sprunghafte Veränderung der Eigenschaften bemerkbar. Beim Abkühlen findet dann die reversible Umwandlungsreaktion ebenso prompt statt, wobei wieder Quarz auftritt, d. h. die Phasenumwandlung verläuft enantiotrop. Bei 870 °C wandelt sich der Hoch-Quarz in die hexagonale Hochtemperaturmodifikation des Tridymits, den Hoch-Tridymit, um. Diese Umwandlung, die mit einer starken Volumenzunahme verbunden ist, geht jedoch sehr träge vor sich, so daß Hoch-Quarz auch noch bei höheren Temperaturen metastabil bleibt und schließlich direkt, ohne vorher in Cristobalit überzugehen, schmilzt. Bei 1470 °C wandelt sich die Hochtemperaturmodifikation des Tridymits in den kubischen Hoch-Cristobalit um, der schließlich bei 1725 °C in eine SiO_2-Schmelze übergeht. Die Tridymit-Cristobalit-Umwandlung bei 1470 °C ist mit einer geringen Kontraktion verbunden.

Beim Abkühlen der SiO_2-Schmelze bleibt diese v. a. wegen ihrer hohen Viskosität als Kieselglas in einem isotropen, metastabilen Zustand, auch beim Abkühlen auf Raumtemperatur, erhalten. Dieses Kieselglas, fälschlicherweise meist als »Quarzglas« bezeichnet, spielt technisch-wirtschaftlich eine große Rolle, es kommt aber auch als Mineral Lechatelierit vor, z. B. bei der Aufschmelzung von Sanden durch Blitzeinschläge als sog. Blitzröhren. Auch Hoch-Cristobalit bleibt metastabil beim Abkühlen bis 270 °C erhalten, unterhalb dieser Temperatur wandelt er sich in den tetragonalen Cristobalit um und ebenso bleibt auch Hoch-Tridymit beim Abkühlen instabil erhalten, dieser wandelt sich unterhalb 120 °C in den rhombischen Tridymit um.

Hoch-Quarze, die oberhalb 575 °C gebildet wurden, zeigen auch noch bei Raumtemperatur, nachdem sie strukturell in Quarz umgewandelt wurden, häufig morphologische und kristalloptische Merkmale des Hoch-Quarzes. Insbesondere aus der Art der Zwillingsbildung läßt sich erkennen, ob es sich um Umwandlungszwillinge oder um Wachstumszwillinge der Tieftemperaturmodifikation handelt. So läßt sich Quarz als sog. ↗geologisches Thermometer zur Bestimmung der Bildungstemperaturen der Gesteine verwenden, wobei allerdings noch der Druck berücksichtigt werden muß, denn mit zunehmenden Drucken erhöht sich die Umwandlungstemperatur. Von technischer Bedeutung ist die Umwandlung von Hoch-Cristobalit, Hoch-Tridymit und Hoch-Quarz in die entsprechenden Tieftemperaturmodifikationen, da hierbei beträchtliche Volumenänderungen auftreten, was bei keramischen Erzeugnissen, insbesondere bei hochfeuerfesten Massen, berücksichtigt werden muß. Der erheblichen Volumenzunahme bei Hochquarz wird z. B. beim Bau von Siemens-Martin-Öfen aus Silicatsteinen durch entsprechend große Dehnungsfugen bei der Ausmauerung entgegengetreten. In der Keramik bezeichnet man die Quarz-Hochquarz-Umwandlung bei 573 °C als *Quarzsprung*, und da diese Phasenumwandlung mit einer beträchtlichen Volumenkontraktion bzw. Expansion der Quarzkörper verbunden ist, kann dies zu erheblichen Spannungen im Gefüge der keramischen Scherben führen. Quarzhaltige Produkte müssen deshalb über den Quarzsprung langsam abgekühlt bzw. aufgeheizt werden. Haarrisse in Glasuren auf keramischen Scherben, die Quarz enthalten, sind oft auf diese Phasenumwandlung zurückzuführen. Die Hochdruckmodifikation des SiO_2, der erst in den letzten Jahren in der Natur entdeckte und auch synthetisch hergestellte monokline Coesit, ist bei 800 °C und ca. 3,5 GPa stabil, besitzt aber auch die Fähigkeit, bei Atmosphärendruck und Raumtemperatur metastabil weiter zu existieren. Coesit hat naturgemäß, bedingt durch den extrem hohen Bildungsdruck, eine große Dichte, nämlich 3,01 g/cm³, gegenüber 2,65 g/cm³ des Quarzes und 2,21 g/cm³ des Kieselglases. Eine ausgesprochene Höchstdruckmodifikation des SiO_2, den ↗Stishovit, hat man ebenfalls erst vor wenigen Jahren bei 1000 °C und etwa 10 GPa synthetisch hergestellt. Sowohl Coesit als auch Stishovit finden sich in irdischen Gesteinen nur in der Nähe von Meteoritenkratern, wo zum Zeitpunkt des Aufschlages eines Meteoriten die zur Bildung dieser Modifikationen notwendigen Drucke und Temperaturen geherrscht haben. Schließlich ist noch eine Mitteldruckmodifikation Keatit bekannt, die unter hydrothermalen Bedingungen bei ca. 100 MPa tetragonal auftritt. [GST]

Einstrahlung ↗*Insolation*.

Einsturzdoline, *Cenote*, ↗*Doline*.

Eintauschstärke, beschreibt die Fähigkeit von gelösten ↗Ionen, adsorbierte Ionen aus ihren Bindungsstellen zu verdrängen. Diese Fähigkeit ist für jedes Ion verschieden (abhängig von Ionenradius, Wertigkeit und Hydrathülle) und bedingt somit die Reihenfolge, in der verschiedene Ionen aus der ↗Bodenlösung adsorbiert werden. ↗Adsorption.

Eintiefungsstrecke, Abschnitt eines Fließgewässers, in dem durch Tiefenerosion eine Eintiefung der Gewässersohle stattfindet. Es bildet sich eine Erosionsrinne. Die Eintiefung ist im wesentlichen abhängig von der Fließgeschwindigkeit des Wassers, vom Gefälle und von der Beschaffenheit der Gewässersohle. Häufig befindet sich eine Eintiefungsstrecke talab einer ↗Stauhaltung. Zur Stabilisierung wird z. B. eine Geschiebezugabe vorgenommen.

Einwohnergleichwert, *EGW*, Umrechnungsfaktor zur Bemessung von Anlagen zur ↗Abwasserreinigung. Dabei wird die Schmutzfracht von industriellen oder gewerblichen Abwässern bezogen auf die durchschnittliche Schmutzlast von häuslichem Abwasser je Einwohner. Bezugsgröße ist dabei der Gehalt an organischen Verschmutzungen, ausgedrückt als ↗biochemischer Sauerstoffbedarf in fünf Tagen (BSB_5). Zugrunde gelegt wird dabei ein BSB_5 von 60 g je Einwohner und Tag. Zur Herstellung von 1000 l Bier fallen in einer Brauerei beispielsweise Abwassermengen an, die 150–350 EWG entsprechen. Die in einer kommunalen Kläranlage zu behandelnde Schmutzfracht ergibt sich damit aus der Zahl der effektiv angeschlossenen Einwohner und den Einwohnergleichwerten des gewerblichen und industriellen Abwassers.

Einzelankerung, Verankerung einzelner Gesteinsblöcke, -keile oder -platten.

Einzelkorngefüge, *Singulargefüge*, Form des makroskopischen ↗Grundgefüges, bei der die festen Bodenbestandteile (Minerale, Gesteinsbruchstücke, organisches Material) lose nebeneinander liegen. Typisch ist diese Gefügeform für Sandböden.

Einzelooide ↗Ooide.

Einzelprobe, Probe, die während einer einzelnen Probenahme an einem einzigen Probenahmepunkt entnommen wird. Die Einzelprobe kann auch über eine längere Zeit und/oder über einen größeren räumlichen Bereich entnommen werden (integrierte Probe, Durchschnittsprobe). Einzelproben von Feststoffen (z. B. Sedimente) können zu Teilproben aufgeteilt werden, entweder nach der Vermischung der Einzelprobe als (gleichwertige) Aliquote oder ohne Vermischung, zur detaillierten Untersuchung von Teilbereichen (z. B. Unterteilung eines Bohrkerns). Die Randbedingungen der Probenahme sind wichtiger Teil eines Probenahmeprotokolls.

Einzugsgebiet, durch ↗Wasserscheiden begrenztes Einzugsgebiet, aus dem Wasser einen bestimmten Ort zufließt. Die jeweils zugeordnete Einzugsgebietsfläche AE wird in der Horizontalprojektion angegeben. Die wirkliche Größe des Einzugsgebietes [in km^2] ist jedoch meist größer als diese Projektion (so ist z. B. die Fläche bei 60° Neigung bereits doppelt so groß, wie die Projektion dieser Fläche). Von dem oberirdischen Einzugsgebiet AE_0 kann das unterirdische Einzugsgebiet AE_u, besonders in Karstgebieten, erheblich abweichen.

Eis, fester Aggregatzustand des Wassers, zu hexagonalen ↗Eiskristallen gefroren. Eis ist farblos, in größeren Mengen wird es bläulich, durch Trübung, z. B. bei ↗Eisbergen im Meer, grünlich, bei Lufteinschluß wird es wegen der Lichtbrechung in den enthaltenen Luftbläschen weiß. Deshalb ist auch ↗Schnee, ↗Graupel und ↗Firn weiß. Der Gefrierpunkt liegt bei Normal-Atmosphärendruck (1013,25 hPa) bei genau 0 °C (↗Frostpunkt). Seine Dichte ist mit 0,917 g/cm^3 geringer als die des Wassers. Eis gibt es ständig auf der Erde als ↗Schneedecke, ↗Gletscher, ↗Polareis oder als Eisdecke auf Seen und Flüssen. Seine plastischen und strukturviskosen Eigenschaften sind wichtig für die ↗Gletscherbewegung.

Die thermischen Eigenschaften von Eis zeichnen sich durch eine sehr geringe Wärmeleitfähigkeit aus, so daß der von der Eisoberfläche her gesteuerte Wärmetransport im ↗Gletschereis v. a. durch die Eisbewegung und die Verlagerung von Schmelzwasser erfolgt; je nach Temperaturprofil eines Gletschers lassen sich ↗kalte Gletscher und ↗temperierte Gletscher unterscheiden.

Eisabgang, Vorgang des an der Gletscherfront oder am Rande von ↗Eisschelfen oder ↗Eisbergen erfolgenden Abbrechens und Abstürzens von Eismassen (↗Kalbung).

Eisablation, ↗Ablation von ↗Gletschereis.

Eis-Albedo-Rückkopplung, bedeutsame positive ↗Rückkopplung, bei der sich durch eine Abkühlung der ↗Atmosphäre die Schnee- und Eisbedeckung auf der Erdoberfläche ausdehnt. Durch die erhöhte ↗Albedo wird die Abkühlung weiter verstärkt. Gilt als einer der wichtigsten Prozesse beim Übergang von einer ↗Warmzeit in eine ↗Kaltzeit und ist daher auch Bestandteil von Klimamodell-Rechnungen (↗Klimamodelle).

Eisansatz, erfolgt durch Ablagerung als ↗Klareis, ↗Rauheis oder ↗Rauhreif an Gegenständen oder an der Erdoberfläche. Es kann nicht nur die Vegetation und Stromleitungen durch ↗Eislast erheblich schädigen, auch Flugzeuge sind durch ↗Flugzeugvereisung und Schiffe durch ↗Schwarzen Frost gefährdet.

Eisaufbruch, Aufbrechen einer ↗Eisversetzung durch Schmelzvorgang, durch Druck des aufgestauten Wassers oder durch künstliche Maßnahmen wie Sprengung und Einsatz von Eisbrechern. Als Folge kommt es zu einem ↗Eisgang im unterliegenden Fließgewässerabschnitt.

Eisbank, Treibeisansammlung mit einer Größe von weniger als ca. 10 km im Durchmesser (↗Meereis).

Eisbarriere, *Eisfront, Schelfeisrand*, meerwärtiger Rand des ↗Eisschelfes, der an der ↗Aufsetzlinie den Kontakt mit dem Meeresboden verliert, aufschwimmt und in Form eines Eiskliffs unter Bildung von ↗Eisbergen im Bereich der Eisbarriere abbricht (↗Kalbung).

Eisbedeckung, Anteil der Bedeckung der Erdoberfläche mit Eis. Gletschereis bedeckt etwa 11 % der Landteile der Erde, der 29 % der Erdoberfläche ausmacht. Die Meere sind zu 7,5 % ständig mit Eis bedeckt und weitere 17,5 % mit ↗Packeis und ↗Eisbergen.

Eisbedeckungsgrad, Verhältnis zwischen eisbedeckter und gesamter Oberfläche eines betrachteten Gewässerabschnittes.

Eisberg, Bezeichnung für eine im Meer schwimmende, große zusammenhängende Eismasse, die nach einer ↗WMO-Definition wenigstens 5 m hoch aus dem Wasser ragt. Der Dichte des Eises entsprechend ragen sie nur mit etwa 1/9 ihrer Masse aus dem Wasser. Kleinere Abbrüche sind die *Eisschollen* oder *Growler*. Im Nordpolarbereich überwiegen unregelmäßig geformte Eisberge, die meist aus Abbrüchen (dem »Kalben«) der

Grönland-Gletscher entstanden sind. *Tafeleisberge* sind große Eisplatten mit ebener Oberfläche. Sie stammen meist von einem der ↗Schelfeise in der Antarktis. Diese Eisberge können über 100 km² groß sein und ragen 30 bis 40 m über die Wasserfläche empor. Eisberge stellen insbesondere im westlichen Nordatlantik eine Gefahr für die Schiffahrt und Ölförderung dar. Die wiederholte Freisetzung großer Eisbergflotten in den Nordatlantik während der ↗Weichsel-Kaltzeit war mit erheblichen Folgen für das Klimasystem und der großräumigen Verdriftung grobklastischer Sedimente verbunden (↗Heinrich-Event).
[HE, WW]

Eisbildung, vollzieht sich oberhalb der ↗Gleichgewichtslinie bzw. ↗Firnlinie durch mehrjährige Schneeanhäufung und deren thermisch und druckbedingte Umwandlung. Die wesentlichen Stadien sind die Verdichtung der Schneedecke und die Rekristallisation über Firn zu ↗Gletschereis, wobei die hierbei herrschenden Temperaturen und damit der Schmelzwassergehalt eine wesentliche Rolle spielen (↗Schneemetamorphose).

Eisblänke, eisfreie Fläche in einer sonst geschlossenen Eisdecke.

Eisblink, die durch (Mehrfach-) Reflektion aufgehellte Wolkenbasis über einer Meereisoberfläche. Bei Navigation im offenen Wasser weist der Eisblink am Horizont auf den nahen Eisrand oder isolierte Treibeisfelder hin. Der *Wasserhimmel* ist das vergleichbare Phänomen einer dunkel erscheinenden Wolkenbasis über Rinnen oder Polynjas innerhalb der Packeiszone. Neben dem ebenfalls über größere Entfernungen sichtbaren *Seerauch*, der durch die Kondensation von Wasserdampf in einer für Wasserdampf wenig aufnahmefähigen kalten Luftschicht entsteht, ist der Wasserhimmel wichtiger Anzeiger für den Verlauf von schiffbaren Rinnen in dichtem Packeis.

Eisbohrung ↗Eiskernbohrung.

Eisbrecher, Spezialschiff für den Einsatz in eisbedeckten Gewässern zur Öffnung von Schiffahrtswegen und Forschung. Bei der Eisfahrt schiebt sich der verstärkte, im Bereich des Vorderstevens flach ansteigende Schiffsrumpf auf die Eisdecke, die unter der Auflast bricht und evtl. unterstützt durch ein spezielles Bugdesign zu den Seiten verdrängt wird. Während allgemein dieselelektrische Antriebe vorherrschen, betreibt Rußland eine Atomkraft-Eisbrecherflotte für den Einsatz in der Nordostpassage und im arktischen Ozean. Leistungsfähige Eisbrecher können im Dauerbetrieb bis 2 m mächtiges, ebenes Eis brechen. Durch wiederholtes Rammen können Preßeisrücken (↗Meereis) bis mehr als 5 m Mächtigkeit durchfahren werden.

Eisbrei, bildet sich in einem frühen Stadium beim Gefrieren von Fluß- oder Meerwasser. Es handelt sich um eine Anhäufung von wenige Zentimeter großen, schwammigen Eisklümpchen im ansonsten noch ungefrorenen Wasser (↗Neueis).

Eisbruch, 1) durch übermäßigen Eisanhang bedingte Wald- bzw. Vegetationsschäden (↗Schneebruch). 2) Teilbereich eines ↗Gletschers, in dem dieser infolge starker Gefällsversteilung im Längsprofil in zahlreiche Schollen mit einem regellosen Gewirr von ↗Gletscherspalten zerbrochen ist (↗Gletscherbruch).

Eisbrücke, im Rahmen der ↗Schneemetamorphose erfolgt nach dem Setzen der Schneedecke weitere Verdichtung durch die Bildung von Eisbrücken zwischen den Firnkörnern (*Sinterung*).

Eisdecke, Bezeichnung für, über den Bereich des ↗Randeises hinausgehende, an der Wasseroberfläche gebildete, mehr oder weniger geschlossene Eisschicht auf dem Meer, auf Seen oder Flüssen.

Eisdicke ↗Eismächtigkeit.

Eisdom, gelegentlich gebrauchte Bezeichnung für den zentralen, höchstgelegenen Bereich einer ↗Eiskappe oder eines ↗Eisschildes.

Eisdruck, Druck, der auf den Boden bei dem Einwirken von Frost durch die Volumenzunahme gefrierenden ↗Porenwassers auf das Korngerüst ausgeübt wird. Führt eine andauernde Frosteinwirkung zu ↗Eislinsenbildung und ↗Frosthub, können durch den Eisdruck erhebliche ↗Frostschäden an Bauwerken entstehen.

Eisdruck-Strandwälle, *Eisschubberge*, ↗Strandwälle polarer Küsten, die durch die Schubwirkung von Eisbergen und Treibeis/Packeis überformt und zusammengestaucht wurden.

Eisen, chemisches Element aus der VIII. Nebengruppe des Periodensystems, chemische Formel: Fe. Für reines Eisen gelten folgende Eigenschaften: kubisch (holoedrisch), Gitter innenzentriert, stahlgrau, Metallglanz, Härte nach Mohs: 4–5, Dichte: 7,3–7,6 g/cm³, ferromagnetisch bis 769 °C, Schmelzpunkt: 1528 °C. Man unterscheidet zwischen terrestrischem und kosmisch-meteoritischem Eisen. Die Hauptmenge des elementaren Eisens, das in der (relativ) sauerstoffreichen Umgebung der Erdkruste nicht existenzfähig ist, wird von den Meteoriten gebildet. Terrestrisches Eisen findet sich selten in basischen bis ultrabasischen Gesteinen und ist oft unter besonderen Bedingungen gebildet (z. B. Resorption von Kohle durch Magma), selten exogen. Es ist chemisch relativ rein (max. 2 % Nickel, 0,3 % Kobalt, 0,4 % Kupfer, 0,1 % Platin und Kohlenstoff). Meteoritisches Eisen mit 24–37 % Nickel bildet in allen Oktaedriten als Taenit (Band-Eisen) dünne orientiert aufgewachsene Schichten auf beiden Seiten der Kamazitlamellen und kommt auch in einigen Ataxiten vor. Plessit (Füll-Eisen) ist eine sehr feinlamellare Verwachsung von Kamazit und Taenit (Abb.). Daneben unterscheidet man meteoritisches Eisen mit einem Nickelgehalt von 2–7 % (Dichte 7,3–7,87 g/cm³, magnetisch). Es bildet fast die ganze Masse der Eisenmeteorite mit hexaedrischer Struktur (Hexaedrite) und als Kamazit (Balken-Eisen) den Hauptbestandteil der Eisenmeteorite mit oktaedrischer Struktur (Oktaedrite). Kamazit ist auch der überwiegende metallische Bestandteil der Stein- und der Eisensteinmeteorite.

Während die obersten 16 km der festen Erdkruste nachweisbar zu nur 5 % aus Eisen bestehen, wird der Eisenanteil beim ganzen Erdball (infol-

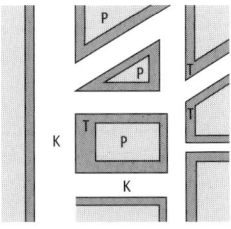

Eisen: schematische Darstellung der Struktur und des Mineralbestandes der oktaedritischen Eisenmeteoriten (K = Kamacit, T = Tänit, P = Plessit).

ge des eisenreichen Erdkerns) auf 37% geschätzt. Daß Eisen auch beim Aufbau der übrigen Himmelskörper in starkem Maße beteiligt ist, geht aus den ↗Meteoriten hervor, von denen etwa die Hälfte vorwiegend aus Eisen bestehen. Eisen ist ein uraltbekanntes Nutzmetall. Älteste Funde in Ägypten werden dem 4. vorchristlichen Jahrtausend zugerechnet. In Babylonien wird eine Eisenzeit um 2000 v. Chr. als sicher angenommen. Aus derselben Zeit datiert die Verwendung von Eisen in Indien und China. In Mitteleuropa war die frühe Eisenzeit, die Hallstattzeit, 800–500 v. Chr., während man als die eigentliche Eisenzeit die folgende Epoche, die Latènezeit, bezeichnet. Entsprechend alt ist der Eisenerzbergbau in Deutschland. Im Siegerland wurde Eisen schon in keltischer Zeit abgebaut, die erste urkundliche Erwähnung stammt aus dem Jahre 1298. Im Lahn-Dill-Gebiet bauten die Römer Eisenerz ab, wie auch z.B. am steirischen Erzberg in Österreich. Letzterer wird 1150 erstmals urkundlich erwähnt. Die Großentwicklung der Eisenindustrie begann mit der Verwendung von Koks im Hochofenbetrieb um 1710 in England. 1855 wurde das Bessemer-, 1869 das Siemens-Martin- und 1878 das Thomas-Gilchrist-Verfahren erfunden.

Eisenbakterien, Gruppe von chemolithotrophen und heterotrophen, aerob lebenden Mikroorganismen mit der Fähigkeit, in Gewässern und im oberflächennahen Bodenwasser vorhandenes Eisen-II-hydrogencarbonat zu Fe(III) zu oxidieren. Dabei dient den Organismen das Fe(II) als Elektronendonator und CO_2 als Kohlenstoffquelle. Bei pH-Werten < 3 läuft die anorganische Fe(II)-Oxidation extrem langsam ab. An dieses Milieu angepaßte Lebensformen wie *Thiobacillus ferrooxidans* sind in der Lage Fe(II) zu oxidieren. Diese Bakterien treten insbesondere in sauren Grubenwässern und in stark sauren Böden auf. Bei ansteigenden pH-Werten nimmt die abiotische Fe-(II)-Oxidation um das Hundertfache pro pH-Einheit zu. Deshalb ist der Anteil von in diesem pH-Bereich aktiven Mikroorganismen wie *Gallionella ferruginea* und *Leptothrix* am Oxidationsprozeß nur schwer abschätzbar. Bei der durch mikrobielle Oxidation gebildeten Eisenverbindung handelt es sich ausschließlich um Ferrihydrit ($5\ Fe_2O_3 \cdot 9\ H_2O$), das in Form kleiner Aggregate auf der Bakterienoberfläche abgelagert wird. Die Tätigkeit von Eisenbakterien führt zu den ockerfarbenen Niederschlägen, die häufig in Dränrohren auftreten und zur Verstopfung von Brunnenfiltern beitragen. [AH]

Eisenerzlagerstätten, natürliche, abbauwürdige Anreicherungen von Eisenerz. Von den Eisenmineralien sind für den Abbau bedeutend ↗Magnetit (Fe_3O_4) und ↗Hämatit (Fe_2O_3); weniger bedeutend sind ↗Titanomagnetit, ↗Limonit (FeOOH), ↗Siderit ($FeCO_3$) und Chamosit (ein eisenreicher Chlorit, ↗Chlorit-Gruppe). Von großer Wichtigkeit sind die im ↗Präkambrium (2,6–1,8 Mrd. Jahre) sedimentär entstandenen Quarzbändererze, die unter verschiedenen Namen bekannt sind (↗Banded Iron Formation, ↗Itabirit) und auf allen Kontinenten angetroffen werden. Bei Lagerstättengrößen von Hunderten Millionen bis Milliarden Tonnen beschränken sich die Abbaue bisher im wesentlichen auf die Reicherzzonen mit Eisen-Gehalten von meist deutlich über 60%. Eisenerze treten als liquidmagmatische Ausscheidungen von Magnetit bzw. Titanomagnetit in Schlieren, Linsen und Bändern bei der ↗Differentiation von basaltischen Schmelzen in größeren ↗Plutonen auf, wobei der Magnetit mehr an ↗Dunite bis Gabbros und der Titanomagnetit an Anorthosite gebunden ist. Der Titangehalt ist für die Verhüttung hinderlich, jedoch sind die Erze z.T. wegen ihres Vanadiumgehaltes wichtig (z.B. im ↗Bushveld-Komplex; ↗Vanadiumlagerstätten). Die Eisenerzgewinnung ist dann teilweise ein Nebenprodukt der Gewinnung von ↗Ilmenit (↗Titanerzlagerstätten). Zur liquidmagmatischen Lagerstättenbildung gehört auch die Anreicherung von Magnetit, der aus manchen ↗Carbonatiten gewonnen oder mitgewonnen wird (z.B. auf der Kolahalbinsel, Rußland). Weiterhin wird Magnetit in kontaktmetasomatischen (↗Kontaktmetasomatose) ↗Skarnlagerstätten abgebaut, z.B. seit über 250 Jahren in Cornwall, Pennsylvania (USA), dem ältesten Bergwerk Nordamerikas, und Sarbai in Kasachstan, der größten Skarnlagerstätte. Zu den vulkanogenen ↗Oxidlagerstätten zählen die metamorphen Magnetit-Hämatit-Apatit-Erze von Kiruna und Gällivara in Nordschweden mit einem phosphorarmen und einem phosphorreichen Erztyp im größten Untertagebetrieb (↗Tiefbau) der Welt, deren Deutung mehrfach gewechselt hat. Mit Vulkaniten verknüpft finden sich entsprechende Erze in Schlotform in verschiedenen Vorkommen im Bafq-Distrikt im Iran wie auch als Laven im Norden von Chile. Von den hydrothermalen Bildungen sind die Vererzungen mit ↗Siderit als ↗metasomatische Verdrängungen von Kalken, mit örtlichen Verwitterungsumbildungen zu ↗Limonit und ↗Hämatit, noch von lokaler Bedeutung (z.B. der Erzberg in der Steiermark). Nicht mehr abgebaut werden die ↗Ganglagerstätten mit Siderit (Siegerland) und Hämatit (in verschiedenen Bereichen des variszischen Grundgebirges, v.a. im Harz). Bei den sedimentären Eisenerzen stehen eisenreiche Laterit-Krusten teilweise in Abbau (wichtigste Lagerstätte Conakry, Guinea). Problematisch sind hierbei der hohe Al_2O_3- und Wassergehalt. Als Basalteisenstein wurden solche Erze früher im Vogelsberg abgebaut. Weiterhin werden magnetithaltige Strandseifen abgebaut (z.B. in Japan und Neuseeland). Wegen geringer Gehalte, einer z.T. komplizierten Mineralogie, die bei der Aufbereitung von Nachteil ist, und schwierigerer Abbaubedingungen haben die auf das Phanerozoikum beschränkten ↗oolithischen Eisenerze ihre Bedeutung verloren, wenn auch die nur noch als Ressourcen zu wertenden Vorräte mit vielen Milliarden Tonnen in einer den Quarzbändererzen vergleichbaren Größenordnung liegen. In Europa sind sie vor allem in Schichten des ↗Jura anzutreffen mit den bekannten Vorkommen der ↗Minette von Lothringen

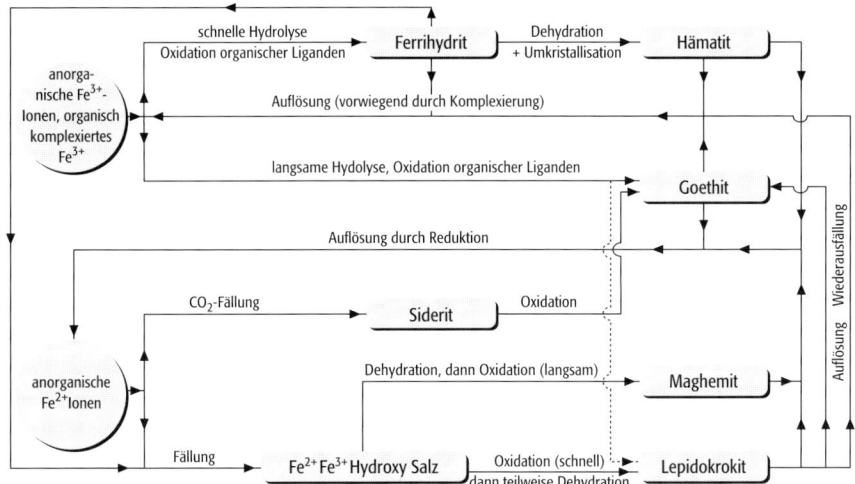

Eisenhydroxide: schematische Übersicht möglicher Genese von Fe(III)-Hydroxiden/Oxiden unter pedogenen Bedingungen.

und Luxemburg, in Deutschland u. a. an der Schwäbischen Alb und in Norddeutschland, dort auch in der ↗Kreide und z. T. in Übergängen zu den Trümmereisenerzen (aufgearbeitete limonitische ↗Konkretionen) von Salzgitter. Bedeutungslos sind inzwischen auch die Karst-Vererzungen mit limonitischen ↗Bohnerzen wie auch die an spilitisierte (↗Spilitisierung) Vulkanite des ↗Paläozoikums gebundenen Lahn-Dill-Erze. [HFl]

Eisenglanz ↗Eisenminerale.

Eisenhydroxide, Eisenverbindungen, die Hydroxylgruppen (OH)⁻ oder Wassermoleküle aufweisen. Man unterscheidet: a) Fe(II,III)-Hydroxid (sog. Grüner Rost), das möglicherweise farbgebend in Gr-Horizonten von Gley-Böden ist. b) Fe(III)-Oxihydroxide, die wiederum unterteilt werden in ↗Goethit, Akaganéit (β-FeO(OH, Cl); stabförmiges, eine Tunnelstruktur ausbildendes Mineral, das nur bei höheren Chloridkonzentrationen entsteht), ↗Lepidokrokit und *Ferroxyhit* (δ'-FeOOH; Bestandteil der marinen Manganknollen, entsteht als metastabiles Übergangsprodukt der Oxidation von Fe(OH)$_2$ zu Goethit im marinen Bodenschlamm). c) *Ferrihydrit* mit der Näherungsformel 5 · Fe$_2$O$_3$ · 9 H$_2$O: rotbraunes, geringkristallines Fe(III)-Mineral. Die Mineralstruktur des Ferrihydrit ist noch nicht entgültig geklärt; röntgenographisch ist er nur schwer zu bestimmen. Er wurde daher oft fälschlich als ↗amorph oder röntgenamorph angesprochen. Frisch gefällter Ferrihydrit zeigt zwei breite Linien im Röntgendiffraktogramm (2-Linien-Ferrihydrit), mit zunehmender Polymerisation treten bis zu sechs Linien (6-Linien-Ferrihydrit) auf, dazwischen alle Übergänge. Er entsteht bei der schnellen Hydrolyse (Abb.) von Fe(III), z. B. bei der Oxidation anaerober, eisenreicher Grundwässer an Quellaustritten und ist weit verbreitet auch in Böden. Ferrihydritausfällungen enthalten Wasser, adsorbierte Ionen sowie organisches Material und liegen in Form kleiner Aggregate mit großer Oberfläche (200–350 m^2/g) vor. In ↗B-Horizonten von ↗Podsolen ist Ferrihydrit das dominierende Eisenoxid, das unter Dehydratation und Umkristallisation in Hämatit umgewandelt wird und durch Auflösung und Wiederfällung in Goethit. d) *Schwermannit* (Fe$_8$O$_8$(OH)$_6$SO$_4$; nadeliges, gelbrotes Mineral geringer Kristallgröße mit Tunnelstruktur ähnlich Akaganéit; im Diffraktogramm acht breite Bänder; Bindeglied zwischen den Jarositen und den sulfatfreien Fe(III)-Hydroxiden; weit verbreitet als Präzipitat saurer Minenwässer; stabil nur im pH-Bereich 3,5 bis ca. 5, sonst Umwandlung zu Goethit. Eisenhydroxide sind die wichtigsten Verwitterungsminerale von primär Fe-haltigen Mineralen. So treten sie in ↗Oxidationslagerstätten auf (Eiserner Hut) sowie in tropischen Böden. Limonit bildet sedimentäre Eisenerze (↗Minette), ↗Bohnerze, ↗Raseneisenerze, Seerze etc.

Eisenjaspilit ↗Eisenminerale.

Eisenkonkretionen, bilden sich in zeitweilig luftarmen Böden bzw. Horizonten als ↗Rostflecken oder/und Konkretionen aus Fe(III)- und Mn(III,IV)-Oxiden neben Bleichzonen. In Bodenhorizonten mit hoher Wasser- und Luftleitfähigkeit bilden sich vornehmlich schwarz- bis rostbraune Konkretionen von wenigen mm bis cm groß bis zu durchgehend verfestigten ↗Anreicherungshorizonten wie bei ↗Gleyen, bekannt als ↗Raseneisenstein.

Eisenmeteorit ↗Meteorit.

Eisenminerale, Minerale mit unterschiedlichem Gehalt an Eisen. Am eisenreichsten ist der ↗Magnetit mit einem theoretisch möglichen Gehalt von 72,3 %, der jedoch in der Praxis kaum erreicht wird, da das Fe durch Mg, Mn, Ni, Al, Ti oder V ersetzt werden kann. Bei hoher Temperatur gebildete Magnetite, die viele Fremdatome aufgenommen haben, entmischen beim Abkühlen. Daher sind die Magnetite oft durchsetzt von Spinellmineralen oder häufig von Ilmenitlamellen. Reichlich Ti enthaltende Magnetite werden *Titaneisenerz* genannt. Magnetit verwittert meist zu ↗Limonit. Durch Oxidation gebildete Umwandlungen in ↗Hämatit sind oft pseudomorph und heißen ↗Martit. Charakteristisch für Magnetit und für die Aufbereitung wichtig ist der starke Magnetismus. Die Bildung ist vorwiegend magmatisch, kontaktpneumatolytisch oder metamorph.

Weiteres eisenreiches Mineral ist der Hämatit (Fe_2O_3, 70 % Fe), der häufig ↗Ilmenit enthält. Beide Verbindungen sind bei hoher Temperatur lückenlos, bei niedriger nur beschränkt mischbar. Deshalb sind in beiden Mineralen Entmischungslamellen der anderen Art beobachtbar. Der in deutlichen Kristallen ausgebildete Hämatit wird *Eisenglanz*, der derbe Roteisenerz, der dichte, faserige mit niedrigen Oberflächen *roter Glaskopf* genannt.

Zu den Eisenmineralen zählt auch der Limonit. ↗Goethit (Nadeleisenerz, α-FeOOH) ist der häufigste Bestandteil des Limonits (Brauneisenerzes). Er ist das normale Verwitterungsprodukt der Eisenminerale. Daneben besteht Limonit aus ↗Lepidokrokit (Rubinglimmer, γ-FeOOH, 62 % Fe), ist meist aus dem Gelzustand gebildet und enthält wechselnde Mengen Wasser und Fremdsubstanzen wie Mn, P, Al etc. Die niedrigen Massen werden als brauner Glaskopf bezeichnet. Häufige Varietäten sind Brauneisenoolithe und die ↗Bohnerze. Auch die meist noch amorphen ↗Raseneisenerze gehören hierher.

Der ↗Siderit ($FeCO_3$, 48 % Fe) oder Eisenspat besitzt meist einen Gehalt an Mn. Neben hydrothermaler Bildung ist die sedimentäre hervorzuheben. Hierbei ist der Siderit vielfach mit Limonit vermischt sowie häufig durch Ton, Quarz oder Kohle verunreinigt und bildet die Kohlen- bzw. Toneisensteine der Kohlenlagerstätten. Junge, gelförmige Bildungen unter Torfmooren werden als *Weißeisenerz* bezeichnet. Radial strukturierte Kugeln und Nieren heißen auch *Sphärosiderit*.

Von den vielen Eisensilicaten treten i. d. R. nur Chamosit und ↗Thuringit (30–40 % Fe) lokal in solcher Menge auf, daß sie gewonnen und zusammen mit anderen Erzen verhüttet werden können.

Neben den genannten eisenhaltigen Mineralen gibt es eine Reihe weiterer, die aber für die Eisengewinnung keine oder nur selten (lokal) untergeordnete Bedeutung haben: ↗Itabirite sind Eisenglimmerschiefer aus Hämatit, Quarz und Muscovit, *Eisenjaspilite* fein gebänderte Erze aus Hämatit, Silicate, Eisensilicaten und Kieselsäure. Skarnerze (↗Skarn) bestehen aus Magnetit mit Kalksilicaten wie Granat, Epidot, Augit, Hornblende u. a. ↗Laterit ist ein Verwitterungsprodukt eisenreicher, hauptsächlich basischer bis ultrabasischer Gesteine, das unter Einwirkung tropisch humiden Klimas entstanden ist, und besteht aus Hämatit, öfters mit beträchtlichen Gehalten an Cr_2O_3, TiO_2 und NiO. Eisenoolithe (↗Oolithe) sind kleine Eisenerzkügelchen aus Limonit, seltener Hämatit, in einem kalkigen bis kieseligen Bindemittel, während ↗Bohnerze aus größeren Konkretionen von Limonit bestehen, meist in Tonen.

Nicht alle Eisenminerale finden bei der Eisenherstellung Verwendung. Ilmenit ($FeTiO_3$, 36 % Fe) wird nicht als Eisenerz benutzt, da Titan die Schlackenbildung ungünstig beeinflußt. Ebenso ist ↗Pyrit (FeS_2, 40 % Fe) kein Eisenerzmineral, sondern wird zur Herstellung von Schwefelsäure gewonnen. Die Kiesabbrände jedoch werden als oxidische Zuschläge (purple ore) dem Eisenhüttenprozeß zugeführt. Und auch ↗Magnetkies (FeS, 61 % Fe) zählt nicht zu den Eisenerzmineralen, kann aber durch seinen Pentlanditgehalt zu einem wichtigen Nickelerz werden. [GST]

Eisenoxide, Sauerstoffverbindungen des Eisens. Sie werden unterschieden in: a) Fe(II)-Oxid ($Fe_{0,9-0,95}O$ Wüstit; schwarzes, metastabiles Mineral, das unterhalb 843 K in Fe und Fe(III)-Oxid disproportioniert; geogen höchst selten bei Einwirkung heißer, stark reduzierender Gase auf Fe(III)-Hydroxide), b) Fe(III)-Oxide, die wiederum unterteilt werden in ↗Hämatit und Maghemit, c) Fe(II,III)-Oxid, (↗Magnetit). In Böden liegen Eisenoxide meist als Gemisch von Oxiden und Hydroxiden (Oxihydroxide) vor. In gut durchlüfteten Böden ist Eisen(III) unlöslich, daher wird es bei der Verwitterung angereichert, während die löslichen Ionen weggeführt werden. Unter ↗anaeroben Bedingungen wird Eisen durch Reduktion in den löslichen, zweiwertigen Zustand umgewandelt und es kommt zur Entstehung von ↗Eisensulfiden, -phosphaten und -carbonaten. Durch die Bildung von ↗Chelaten kann Eisen innerhalb des Bodenprofils mobilisiert werden. Aufgrund der großen Oberfläche und des stöchiometrisch nicht ausgeglichenen Ladungsgleichgewichts, spielen frisch gefällte Eisenoxihydroxide eine wichtige Rolle bei der pH-abhängigen Bindung von Kationen (Schwermetalle) und Anionen (Sulfat, Phosphat etc.).

Eisenpodsol ↗Podsol.

Eisenquarzit ↗Itabirit.

Eisensulfide, Schwefelverbindungen des Eisens. Sie werden unterschieden in: a) Fe(II)-Sulfide, bei denen man wiederum Troilit (FeS; fast ideal zusammengesetztes Mineral vieler ↗Meteoriten) von Pyrrhotin (↗Magnetkies) unterscheidet, b) Fe(II)-Disulfide, bei denen man unterscheiden kann in ↗Markasit und ↗Pyrit. Letzteres ist mit Abstand das wichtigste Fe-Sulfid, das selten rein, sondern fast immer mit mechanischen Beimengungen von z. B. Kupferkies oder Gold auftritt. Pyrit bildet selbständige Lager, in hydrothermalen Sulfidlagerstätten, untergeordnet als spätes Gemengteil basischer Plutonite, als feine Imprägnationen in Sedimentiten (z. B. bituminöse Schiefer, Alaunschiefer) und in Stein- und Braunkohlen. Die Genese sedimentärer Pyrite in anaeroben Milieus erfolgt im Standardmodell durch Sulforierung von Monosulfid. Nach der bakteriell katalysierten Sulfatreduktion geht dieser Prozeß über die Fällung von extrem fein kristallinem FeS (evtl. auch Mackinawit) zur Bildung von Greigit (Fe_3S_4), der in stabilen Pyrit sulforiert (Abb.). In vielen anoxischen Grundwässern ist eine Übersättigung bezüglich Eisenmonosulfid gegeben. In Anlehnung zu Studien an Pyrrhotin wird auch eine Eisen-Abreicherung oberflächennaher Zonen der FeS-Kristalliten diskutiert, durch die

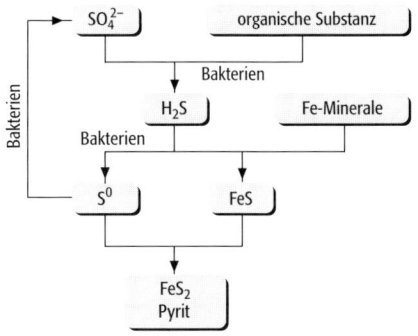

(passiv) die Schwefelanteile erhöht werden. Oberflächenüberzüge von Fe-Hydroxiden würden sich bei diesem Modell mechanisch ablösen oder unter reduzierenden Bedingungen auflösen. In Böden kommen unter den sulfidischen Eisenverbindungen die Minerale Pyrit sowie untergeordnet Markasit am häufigsten vor. Sie entstehen meist in redoximorphen Böden (z. B. ↗Gleye, ↗Faulschlämme und in ↗Marschen). In den ↗Gro-Horizonten dieser Bildungen kommt es durch Eisensulfide zu einer schwarzen bis graublauen Färbung. Das Vorkommen von Pyrrothin beschränkt sich auf frische Ablagerungen von anaeroben Böden und Sedimenten.

Eiserner Hut, *Gossan*, bezeichnet ein Gemenge von oxidierter Substanz und ↗Gangart, das als Verwitterungsrückstand in der sog. ↗Oxidationszone über einer ↗Erzlagerstätte verbleibt. Der Rückstand besteht überwiegend aus Eisenhydroxiden und enthält gelegentlich Spuren von anderen Metallen sowie sog. ↗boxworks, die ein Hilfsmittel bei der Prospektion darstellen. Ursprünglich für sulfidische Gangerzlagerstätten (↗Ganglagerstätten) geprägt, wobei die bergmännische Bezeichnung auf die gegenüber dem zersetzten (vertonten) ↗Nebengestein als Härtling herauspräparierte Anreicherung von ↗Brauneisenstein zurückgeht, wurde der Begriff für die Oxidationszonen anderer Sulfid- wie auch nicht sulfidischer Vererzungen, z. B. von Carbonaten, übernommen.

Eisernes Viereck, Lagerstättenprovinz im Staat Minas Gerais (Brasilien) mit besonderer Häufung von ↗Eisenerzlagerstätten vom Typ der Quarzbändererze (↗Banded Iron Formation, ↗Itabirit).

Eisfalte, im Zuge der ↗Gletscherbewegung in der Nähe der Gletscherbasis gebildete Falte im ↗Gletschereis.

Eisfeld, flächenhafte Vergletscherung so geringer Mächtigkeit, daß sich die Topographie des Ausgangsreliefs noch durch die Eisdecke hindurchpausen kann.

Eisflanke ↗Flankenvereisung.

Eisfront, *Schelfeisrand*, ↗Eisbarriere.

Eisfuß, am ↗Kliff polarer Küsten angefrorenes Küsteneis, das im Sommer abbricht oder schmilzt.

Eisgang, bezeichnet das massenhafte Abschwimmen von Treibeis in einem Fließgewässer nach Aufbrechen eines ↗Eisstandes durch den Schmelzvorgang oder nach ↗Eisaufbruch.

Eisglätte, entsteht durch Gefrieren von Nässe oder Schneematsch zu meist durchsichtigem Eis oder zu einer Schnee-Eis-Kruste. Die Nässe kann durch vorangehende Niederschläge entstanden sein, an der Bildung von Eisglätte ist jedoch lediglich der Temperaturrückgang unter 0 °C beteiligt. ↗Glatteis.

Eisgrenze, durch langjährige Beobachtungen berechnete, mittlere Lage des ↗Eisrandes in einem bestimmten Zeitraum.

Eisgruppe, benachbarte, kleine Vorkommen von ↗Gletschereis bilden eine Eisgruppe.

Eisgürtel, langgestrecktes Treibeisgebiet von wenigen bis mehr als 100 km Breite (↗Meereis).

Eishaut, bildet sich a) wenn kleine, feinverteilte Wassertröpfchen bei Kondensation an der Schneeoberfläche gefrieren, b) durch direktes Gefrieren aus dem ↗Eisschlamm auf einer ruhigen Wasserfläche.

Eisheilige, innerhalb des Jahresganges unregelmäßig auftretender ↗Witterungsregelfall (Singularität). Es handelt sich um eine früher in Deutschland um Mitte Mai (mittleres Eintrittsdatum 1946–1980: 12.–16. Mai) auftretende, relativ kalte Witterungsepisode mit Frostgefahr, die in den letzten Jahrzehnten offenbar durch einen mit größerer Häufigkeit auftretenden, konkurrierenden, relativ warmen Witterungsregelfall (»Spätfrühling«, um 7.–18. Mai) verdrängt wird. Nach früherer irriger Vorstellung (so z. B. in einer Chronik des Jahres 1788) sollten diese frostigen Tage mit fester Kalenderbindung in Norddeutschland an den Namenstagen der Heiligen Mamertus, Pankratius und Servatius (11.–13. Mai), in Süddeutschland etwas zeitverschoben auch zum Namenstag des Heiligen Bonifatius (12.–14. Mai) auftreten; daher der Name Eisheilige. Später kam noch die »Kalte Sophie« (15. Mai) hinzu.

Eishochwasser, durch Zusammentreffen von hoher Wasserführung und eisbedingter Durchflußbehinderung entstandenes ↗Hochwasser. Solche Durchflußbehinderungen entstehen durch ↗Eisversetzungen, wobei es stromaufwärts zu einem Stau von Wasser kommen kann, der zu einer Überflutung der Uferrandzonen führen kann. Bei Tauwetter oder zu starkem hydrostatischen Druck kann eine Eisversetzung plötzlich brechen und stromabwärts ein beträchtliches Hochwasser verursachen. Die Gefahr derartiger Hochwässer wird heute meist durch frühzeitige Sprengung der Eisversetzung abgewendet.

Eishorizont, Eislage in einer Schnee- oder Firndecke, die häufig der Oberfläche eines sommerlichen Schmelzhorizontes entspricht (Sommerschicht, ↗Bänder) und sich durch eine besonders hohe Dichte auszeichnet.

Eisinsel, Tafeleisberg (↗Eisberg) von ungewöhnlich großem Ausmaß (bis mehrere hundert km² Fläche). Eisinseln sind insbesondere bekannt vor dem ↗Schelfeis des Ellesmerelands im Nordpolarmeer.

Eiskalotte ↗Eisschild.

Eisensulfide: Bildung von Pyrit unter exogenen Bedingungen durch Sulforierung.

Eiskappe

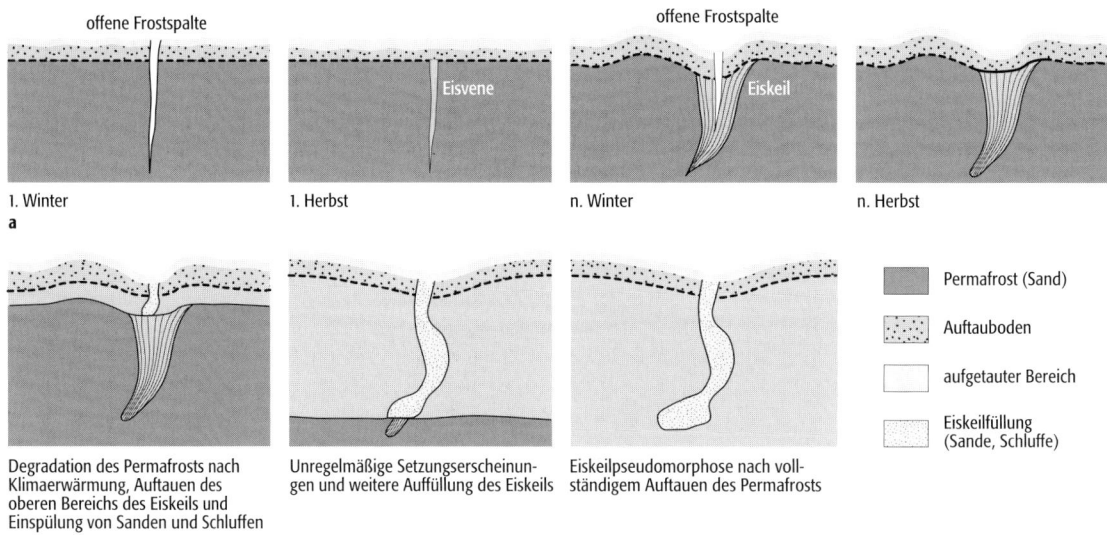

Eiskeil: schematische Darstellung der Entwicklung von Eiskeilen (a) und Eiskeilpseudomorphosen (b).

Eiskeilpseudomorphose: Lößkeil.

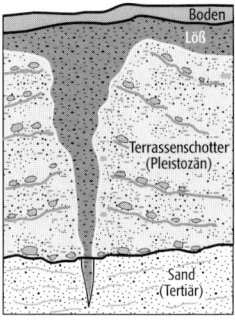

Eiskappe, flächenhafte, wie bei den allerdings deutlich größeren ↗Eisschilden, das Ausgangsrelief vollständig überdeckende ↗Vergletscherung. Eiskappen besitzen oft zentrale Firnhauben (↗Eiskuppeln), von denen meist miteinander verwachsene Gletscher in zahlreichen Richtungen abfließen (z. B. Vatnajökull auf Island, mit ca. 8500 km^2 größer als sämtliche Gletscher Europas zusammen).

Eiskeil, mit massivem Eis gefüllte vertikale Spalte unterschiedlicher Größe im ↗Permafrost. Diese Frostspalten entstehen durch Kontraktion des gefrorenen Bodens aufgrund starker Abkühlung. Eiskeile beginnen als schmale, senkrecht orientierte Eisvenen. In den Spalten bildet sich ↗Rauhreif und im Frühjahr dringt Schmelzwasser ein. Wiederholtes Öffnen der Spalte durch Kontraktion im Laufe der Jahre und gefrierendes Wasser in der Frostspalte führen zur allmählichen Verbreiterung und Vertiefung des Eiskeils, durch den auch die charakteristische Bänderung entsteht (Teil a der Abb.). Das Eis ist durch die darin enthaltenen kleinen Luftblasen normalerweise milchig-weiß. Die Größe von Eiskeilen variiert zwischen weniger als 10 cm und mehr als 3 m. Sie laufen spitz zu bis in eine Tiefe von normalerweise zwischen 1 und 10 m. Manche Eiskeile können bis in Tiefen von 25 m reichen. Epigenetische Eiskeile entstehen in bereits vorhandenem Untergrund, während syngenetische Eiskeile gleichzeitig mit neu sedimentiertem Material entstehen. Epigenetische Eiskeile sind normalerweise keilförmig; syngenetische Eiskeile haben typischerweise unregelmäßige Formen. An der Erdoberfläche formen Eiskeile normalerweise ↗Eiskeilpolygone. Eiskeile, die im Wachstum begriffen sind, werden als aktive Eiskeile bezeichnet. Sie kommen hauptsächlich in Gebieten mit kontinuierlichem Permafrost vor. Inaktive Eiskeile können über viele Jahrhunderte hinweg unverändert bleiben. Schmelzen Eiskeile endgültig ab, werden die Spalten mit Sedimenten verfüllt und es entstehen ↗Eiskeilpseudomorphosen (Teil b der Abb.). Besteht die *Eiskeilfüllung* aus ↗Löß, spricht man von ↗Lößkeilen. [SN]

Eiskeilgeneration, in manchen Profilen abzugrenzende, übereinander angeordnete *Eiskeilhorizonte*, aufgrund derer sich auf verschiedene, zeitlich getrennte *Dauerfrostphasen* schließen läßt.

Eiskeilhorizonte ↗Eiskeilgeneration.

Eiskeilnetz, Gruppe von ↗Eiskeilpolygonen.

Eiskeilpolygon, Gruppe von ↗Eiskeilen, die an der Erdoberfläche ein zumeist hexagonales Polygon bilden. Eiskeilpolygone sind besonders auf schlecht drainiertem Gelände verbreitet. Ihr Durchmesser variiert je nach Intensität und Häufigkeit der ↗Frost-Tau-Zyklen. Man unterscheidet Makro- und Mikroformen. Makroformen weisen typischerweise Durchmesser von ca. 15–30 m auf und entstehen durch thermische Kontraktionsspalten. Mikroformen sind normalerweise < 2 m im Durchmesser und entstehen durch Austrocknungsrisse. Durch den Druck des in den Eiskeilen gefrierenden Wassers wird Material an den Rändern zu Randwülsten aufgepreßt.

Eiskeilpseudomorphose, fossile Frostbodenerscheinung; mit ↗Sediment verfüllter ehemaliger ↗Eiskeil (Abb.). Eiskeilpseudomorphosen werden als eindeutige Anzeiger für ehemaligen ↗Permafrost und ↗periglaziale Klimabedingungen angesehen. Sie entstehen beim Auftauen des Permafrosts, indem Lockermaterial von oben in den Bereich des auftauenden Eiskeils fällt. Mit ↗Löß verfüllte ehemalige Eiskeile werden als ↗Lößkeile bezeichnet. Der Begriff *fossiler Eiskeil* sollte nicht verwendet werden, da das Eis nicht mehr vorhanden ist.

Eiskeime, *Eiskerne*, *Gefrierkerne*, *ice nuclei*, ↗Aerosole von zumeist mineralischer Natur mit einer den ↗Eiskristallen geometrisch ähnlichen Oberfläche, an denen sich Eiskristalle bilden. Drei heterogene Wirkungsmechanismen von Eiskeimen sind bekannt: a) Adsorption von Wasserdampf an der Oberfläche des Eiskeims und Gefrieren bei hinreichend niedrigen Temperaturen (/Sublimation), b) Auslösen des Gefrierprozesses eines unterkühlten Tröpfchens durch einen im Innern befindlichen Eiskeim, der dorthin während der /Kondensation oder durch Aufsammeln (/Scavenging) gelangte, c) Kontakt eines Eiskeims mit einem Tröpfchen.

Die Eigenschaft eines Aerosols als Eiskeim zu wirken, nimmt mit abnehmender Temperatur zu. Das Verhältnis von Eiskeimen zur Gesamtzahl an Aerosolen beträgt nur $1:10^6$. Mit nur einem Eiskeim pro Liter Luft (bei -20°C) besteht in der Atmosphäre daher ein Mangel an Eiskeimen, der die Existenz /unterkühlten Wassers bis -40°C und das Auftreten homogenen /Gefrierens erklärt. [TH]

Eiskernbohrung, *Eisbohrung*, glaziologische Untersuchungsmethode, bei der mittels spezieller Bohrtechniken ungestörte Eisbohrkerne aus dem Gletschereis gezogen werden, die je nach Tiefe Eis und damit atmosphärische Niederschläge aus unterschiedlich weit zurückreichenden Zeiträumen zu Tage fördern. So decken beispielsweise die Kerne der 1992 und 1993 bis 3028,6 m bzw. 3053,4 m Tiefe abgeteuften Eiskernbohrungen im zentralen Inlandeis (/Eisschild) Grönlands (Greenland Ice Core Project, GRIP und Greenland Ice Sheet Project 2, GISP2) die gesamte letzte /Kaltzeit und Teile der vorangegangenen /Warmzeit ab. Auch in der Antarktis wurden bereits zahlreiche Eiskernbohrungen niedergebracht, darunter die 1997 von einem französisch-russischen Team abgeteufte, die Rekordtiefe von 3300 m erreichende Bohrung nahe der Station Vostok. Eiskernbohrungen besitzen große Bedeutung für die geowissenschaftliche Forschung, da in den Isotopen der Wassermoleküle, den Gasen und Spurenstoffen des erbohrten Eises (am ehesten unverändert erhalten in /kalten Gletschern) Informationen gespeichert sind, die über entsprechende Analyseverfahren (Temperatur durch /Sauerstoffisotopenmethode, Vulkantätigkeit durch chemische Analyse bzw. Messung der elektrischen Leitfähigkeit, Zusammensetzung der /Atmosphäre durch Analyse der im Blasen im Eis eingeschlossenen Luft etc.) Aussagen über die Klima- und Umweltgeschichte (/Klimageschichte) zu bestimmten Zeiten und damit letztlich auch Aussagen über die derzeit viel diskutierten Auswirkungen menschlichen Handelns auf die Klimaentwicklung (/anthropogene Klimabeeinflussung) erlauben. [HRi]

Eiskerne /Eiskeime.

Eiskörner, weitgehend gefrorene, transparente Wassertropfen, deren Kern noch flüssig ist.

Eiskristalle, kristalline Eispartikel, /Hydrometeore, die durch drei Prozesse entstehen können: 1) durch heterogene Nukleation an /Eiskeimen; 2) durch homogene Nukleation (/Gefrieren) bei Temperaturen unter -40°C; 3) durch sekundäre Prozesse, durch welche die Zahl der nach 1) entstandenen Eiskristalle vervielfältigt wird und die Zahl vorhandener Eiskeime um den Faktor 10^4 übertreffen kann. Zu den sekundären Prozessen zählen das Aufplatzen gefrierender Tröpfchen größer 400 µm, das Abstoßen von Eispartikeln während des Bereifens von Eiskristallen (/Graupel) und das Auseinanderbrechen von Eiskristallen. Nach ihrer Entstehung durch einen dieser drei Prozesse wachsen Eiskristalle durch Wasserdampfdiffusion oder Bereifen weiter in ihrer Größe an. Das Kristallwachstum durch Diffusion von Wasserdampf erfolgt besonders in der Abwesenheit unterkühlten Wassers und führt zu vielfältigen Formen (Abb.) (hexagonale Plättchen, Dendriten, Säulen mit hexagonalem Querschnitt, Nadeln, u. a.). Die momentanen Werte von Temperatur und Feuchte bestimmen die jeweils begünstigte Wachstumsform. Die maximale beobachtete Größe von regelmäßigen Eiskristallen ist 5 mm. Eiskristalle können so zu /Schneekristallen anwachsen. In Anwesenheit unterkühlter Tröpfchen wird das Wachsen durch Bereifen zu Graupeln bevorzugt. Beide Wachstumsprozesse können, je nach atmosphärischen Bedingungen, auch gleichzeitig operieren oder mehrmals hintereinander zum Anwachsen eines Eiskristalls beitragen. Dies erklärt auch die große Fülle beobachteter unterschiedlicher Formen von Eiskristallen (/Niederschlagsbildung). [TH]

Eiskuppel, /Nährgebiet einer flächenhaften, das Ausgangsrelief überdeckenden /Vergletscherung (/Eiskappe), von der mehrere Gletscherzungen mehr oder weniger radial abfließen.

Eisküste, gänzlich aus Eis bestehende Küste, der infolge dauerhafter Meereisbedeckung die unmittelbare Welleneinwirkung fehlt, im Gegensatz zur /glazigenen Küste. Zu den Eisküsten gehören die weitesten Strecken der über 8000 km Länge umfassenden Schelfeisküsten der Antarktis. Die größten Eisschelfe sind hier der Ross-Eisschelf und der Filchner-Eisschelf, deren meerwärtiger Rand 2–50 m über den Meeresspiegel aufragt. An den Eisküsten entstehen durch Abbruch fortwährend /Eisberge.

Eislagenzählung, eine /absolute Altersbestimmung, bei der durch die Jahresschichtung in Eiskörpern eine Altersbestimmung möglich wird. Durch die saisonal in unterschiedlichen Mengen niedergehenden Schneemengen ist das Eis von Inlandeisgebieten geschichtet, wobei sich im Jahresrhythmus Parameter wie Staubkonzentration, Säuregehalt und Sauerstoffisotopie ändern. In Abhängigkeit von der Eismächtigkeit konnten auf dem grönländischen Inlandeis Alter bis etwa 10.000 Jahre erreicht werden.

Eislast, Gewicht des /Eisansatzes an Gegenständen wie Gebäuden, Freileitungen und Vegetation. Bei gefrierendem Regen und bei /Rauhreif kann die Eislast so groß werden, daß erhebliche Schäden auftreten, insbesondere, wenn durch die Vergrößerung der Oberfläche bei zunehmendem Wind sich die /Windlast erhöht.

Eislawine, *Gletscherlawine*, aus /Gletschereis bestehende /Lawine, die sich an steilen bis überhängenden Gletscherfronten oder an vereisten

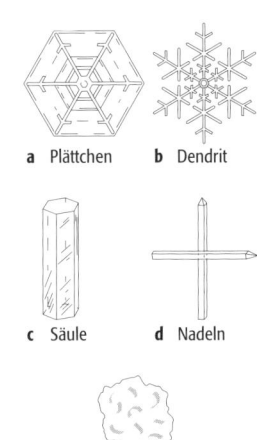

a Plättchen b Dendrit

c Säule d Nadeln

e Graupel

Eiskristalle: verschiedene Formen: a) hexagonale Plättchen, b) Dendriten, c) Säulen mit hexagonalem Querschnitt, d) Nadeln, e) Graupel.

Wänden (↗Flankenvereisung) löst und in Form und möglichen Folgen Ähnlichkeiten mit einem ↗Felssturz besitzt.

Eislinsenbildung, *nicht homogener Bodenfrost, geschichteter Bodenfrost, heterogener Bodenfrost,* Frost-Erscheinungsform, die bei Böden mit Kapillarwirkung, also bei bindigen Böden auftritt. Es bilden sich Eiskristalle, die durch den kapillaren Nachschub begünstigt, Wasser anziehen. Das Wasser kann hierbei aus der Umgebung (geschlossenes System) oder von einem Wasservorrat (offenes System) angesaugt werden. Die Dicke der Eislinsen hängt vom Wassernachschub ab und schwankt zwischen einigen Millimetern und Dezimetern. Es entstehen so getrennte Schichten aus Boden und Eis. Der Frost dringt etwa parallel zur Geländeoberfläche in den Boden ein. Die dadurch gebildeten Eislinsen oder Eisbänder liegen parallel zu den Isothermen (Linien gleicher Temperatur), also ebenso parallel zur Erdoberfläche. Senkrecht dazu erfolgt eine Hebung des Bodens. Durch die Eislinsen wird der Wassergehalt des Bodens stark vergrößert. Tauen sie, wird der Boden aufgeweicht. Bei Bodenfrost muß also zwischen zwei Schadensursachen unterschieden werden: a) Hebungsschäden bei Frost. b) Senkungs- oder Rutschungsschäden als Folge der Erhöhung des Wassergehalts im Boden durch die getauten Eislinsen. Vor Eintritt der Frostperiode ist eine bewährte Sicherheitsmaßnahme die Entwässerung des Bodens. [SRo]

Eisloben, breite und rundliche Gletscherfronten von ↗Eisschilden oder ↗Eiskappen im Gegensatz zu den schmalen ↗Gletscherzungen von Talgletschern.

Eismächtigkeit, *Eisdicke*, vertikale Mächtigkeit einer Eisschicht oder von ↗Gletschereis. Die Eismächtigkeit eines ↗Gletschers (*Gletschermächtigkeit*) wird durch Bohrungen oder seismische Lotungen ermittelt. Häufig genannte Maximal-Eismächtigkeiten von Alpengletschern liegen bei ca. 200 m, die größte Eismächtigkeit eines Alpengletschers wird vom Concordiaplatz des Aletschgletschers mit 792 m angegeben. Die Eismächtigkeiten der großen ↗Eisschilde Grönlands und der Antarktis betragen zwischen 3000 und 4000 m.

Eisnebel, Nebel, der entsteht bei Temperaturrückgang auf unter -15 bis -20 °C, wobei der Wasserdampf unmittelbar zu Eiskristallen sublimiert. Diese sind jedoch so klein, daß sie in der Luft in der Schwebe bleiben oder nur sehr langsam herabsinken. Sie beeinträchtigen die Sicht erheblich, im Gegensatz zum ↗Polarschnee. Eisnebel tritt meist über offenem (0 °C oder wärmerem) Wasser, z. B. vor Nordrußland oder Nordnorwegen auf.

Eispartikel, gefrorene, feste ↗Hydrometeore.

Eispunkt ↗*Frostpunkt*.

Eisrand, Grenze zwischen Gletscher- oder Meereis und nicht vergletschertem Gebiet oder Wasser.

Eisrandablagerung, Sammelbezeichnung für alles am oder nahe dem Eiskörper akkumulierte Material, z. B. ↗Moränen und ↗fluvioglaziale ↗Schmelzwasserablagerungen wie Schotter und Sande.

Eisregen, Niederschlag, bestehend aus von einer dünnen Eiskruste umgebenen Wassertropfen. Er entsteht während einer Wetterlage, bei der in den untersten etwa 500 m der ↗Atmosphäre Frost herrscht, darüber jedoch oberhalb einer ausgeprägten ↗Inversion die Temperatur über dem Gefrierpunkt liegt. Somit fällt Regen in die Frostluft und beginnt zu gefrieren. Derartiger Eisregen trifft meist auf gefrorenen Boden und verursacht somit sehr schnell gefährliches ↗Glatteis.

Eisrindeneffekt, entscheidender Prozeß bei der ↗exzessiven Talbildung in den ↗Periglazialgebieten nach J. ↗Büdel. Durch eine starke Eisansammlung unterhalb des ↗Auftaubodens im Bereich von Flüssen wird das unter dem Flußbett befindliche Gestein zerkleinert und die ↗fluviale Abtragung beschleunigt.

Eisrinne ↗*Rinnengletscher*.

Eisruck, streckenweises Zusammenschieben der Eisdecke in einem Fließgewässer, ohne daß es stromabwärts zum ↗Eisgang kommt.

Eissäule, senkrecht zur Abkühlungsfläche angeordnete Wachstumsform von Fluß- oder Seeeis; im Gegensatz zum körnigen ↗Gletschereis.

Eisscheide, reliefbedingte Erhebung zwischen Eismassen oder Gletschern, welche das Eis in verschiedene Richtungen fließen läßt.

Eisschelf ↗*Schelfeis*.

Eisschild, *Eiskalotte, Inlandeis, Landeis,* flächenhafte Vergletscherung kontinentaler Ausmaßes, die aufgrund ihrer Mächtigkeit von den Gefällsverhältnissen des Untergrundes weitestgehend unabhängig ist und das Ausgangsrelief bis auf wenige herausragende Gipfel (↗Nunatak) vollständig unter sich begräbt (Abb. im Farbtafelteil). Die größten Eisschilde sind das antarktische und das grönländische Inlandeis mit über 12,5 Mio. bzw. 1,7 Mio. km^2 Fläche und Mächtigkeiten zwischen 3 und 4 km. Diese beiden Eisschilde bedecken bereits über 96 % der gesamten vergletscherten Fläche der Erde. An den Rändern eines Eisschildes entspringen häufig deutlich schneller fließende, lineare Gletscherströme, die sogenannten *Auslaßgletscher* (*outlet glaciers*), die häufig in das Meer einmünden (↗Gletscher).

Eisschlamm, locker zusammengewachsene Eiskristalle, die im Wasser entstanden sind und an der Wasseroberfläche eine sehr dünne, matt aussehende Schicht bilden.

Eisschmelze, Anteil geschmolzenen Eises am ↗Gletscherabfluß.

Eisscholle ↗*Eisberg*.

Eisschürze, geringmächtige Eisdecke an steilen Gebirgshängen und -wänden (↗Flankenvereisung).

Eisstalagmit ↗*Eisstalagtit*.

Eisstalagtit, *Eiszapfen*, entstehen durch abfließendes und wiedergefrierendes Schmelzwasser an Überhängen jeglicher Art; *Eisstalagmiten* dagegen entstehen durch das Gefrieren auftreffenden Schmelzwassers am Boden von Überhängen.

Eisstand, *Eisstauung*, tritt ein, wenn sich Treibeisschollen, entweder an einem Hindernis beginnend oder sich aufgrund ihres eigenen Wachstums im Abfluß behindernd, über die gesamte Flußbreite stauen und zusammenfrieren, wodurch auf der Wasserfläche letztlich eine geschlossene Eisdecke entsteht (Festeis).

Eisstausee, *Gletscherstausee*, See in einer durch Eismassen des ↗Gletschers bzw. Eismassen und ↗Moränen abgedämmten Hohlform (↗Trompetentälchen Abb.). Häufig entstehen Eisstauseen an der Einmündung von eisfreien Nebentälern in das noch eiserfüllte Haupttal. In Eisstauseen werden sogenannte Bändertone (↗Warven) sedimentiert, die nach Verschwinden des Sees der einzige Hinweis auf seine frühere Existenz sind. Eisstauseen können überlaufen bei rascher Schneeschmelze, Eisabbruch vom Gletscher oder bei Starkniederschlägen, der Überlauf zerschneidet die abdämmende Moräne sehr schnell und es kann zu einer plötzlichen Entleerung des Sees kommen. Ähnliches gilt, wenn der Moränenwall dem großen Wasserdruck nicht standhält und durchbrochen wird. In beiden Fällen entsteht für die Siedlungen und ihre Bewohner talabwärts durch die Flutwelle eine hochgefährliche Situation. Eisstauseen bilden daher eines der bedeutendsten Gefahrenpotentiale in vergletscherten Gebieten, insbesondere im Hochgebirge. Sie müssen regelmäßig und sorgsam vermessen und bei Gefahr gegebenenfalls künstlich entwässert werden. [JBR]

Eisstauung ↗*Eisstand*.

Eisstromnetz, entsteht, wenn ↗Gletscher die Täler eines Gebirges so hoch mit Eis erfüllen, daß dieses über ↗Transfluenzpässe von einem Talsystem in andere fließt. Dabei entstehen ↗Konfluenzstufen und ↗Diffluenzstufen. Während der Kaltzeiten des ↗Pleistozäns waren die Alpen von einem Eisstromnetz überzogen. Viele Pässe sind durch die abschleifende Wirkung dieser Eisströme stark erniedrigt worden, z. B. Fern- und Reschenpaß.

Eistag, Tag, an dem alle Lufttemperaturwerte bei oder unter 0 °C liegen.

Eisturm, *Sérac*, Bezeichnung für einzelne Eisschollen oder Eispfeiler, die im Bereich von besonders stark durch Querspalten und Längsspalten (↗Gletscherspalten) zerlegten ↗Gletscherbrüchen zu beobachten sind.

Eisverdunstung, ↗Verdunstung von Eisflächen (↗Sublimation).

Eisversetzung, Einengung des Durchflußquerschnittes eines Fließgewässers durch Zusammenschieben von abtreibenden Eisschollen. Dies geschieht meist an solchen Fließgewässerabschnitten, bei denen sich die Fließgeschwindigkeit plötzlich stark vermindert, wie z. B. an der Tidegrenze.

Eisvorhersage, meist der Schiffahrt dienende Vorhersage von ↗Eisständen und ↗Eisaufbrüchen.

Eiswolke, aus Eispartikeln bestehende Wolke aus der ↗Wolkenfamilie der hohen Wolken. ↗Wolkenklassifikation.

Eiszapfen ↗*Eisstalagtit*.

Eiszeit, *Glazial*, allgemein eine Zeit, in der ↗Gletscher und Inlandeismassen große Teile sowohl der Süd- wie auch der Nordhalbkugel bedecken. Der Begriff Eiszeit wurde auch im Sinne von ↗Eiszeitalter für das pleistozäne Eiszeitalter verwendet. Der Nachweis der Eisverbreitung erfolgt über glaziale Formen wie ↗Gletscherschliff, ↗Rundhöcker, ↗Drumlin, Moränenwälle und über glazigene, glazifluviatile und glazilimnische Sedimente wie ↗Tillite, ↗Geschiebe (erratische Blöcke), ↗Warvite, glazifluviatile Sande und Kiese. Man unterscheidet Eiszeitalter mit einer Dauer von mehreren Millionen Jahren und Glaziale (Eiszeiten), die eine Dauer von weniger als 100.000 Jahre haben. Eiszeitalter sind eine Ausnahmeerscheinung in der Erdgeschichte. Die weitaus größte Zeit war die Erde auch an den Polen eisfrei. Die wichtigsten Eiszeitalter der Erdgeschichte sind das quartäre Eiszeitalter (Pleistozän, vor 2,4–0,1 Mio. Jahren), die permo-karbonische Vereisung (vor ca. 280 Mio. Jahren), die silurische Vereisung (vor ca. 430 Mio. Jahren), die eokambrische Vereisung (vor ca. 600–750 Mio. Jahren) und die huronische Vereisung (↗Präkambrium, vor ca. 2–2,5 Mrd. Jahren). Die Eiszeitalter sind in sich gegliedert in Glaziale (Eiszeiten) und Interglaziale (Zwischeneiszeiten). Die Interglaziale werden häufig auch – mißverständlich – als ↗Warmzeiten bezeichnet. Verglichen mit anderen warmen Zeitabschnitten der Erdgeschichte handelt es sich allerdings keineswegs um generell warme Zeitabschnitte. Die Interglaziale hatten ein gemäßigtes Klima, ein Klima, das dem heutigen entspricht. Die Glaziale werden noch weiter unterteilt in *Stadial, Phase, Staffel* und *Stadium*. Stadiale sind Kaltphasen mit deutlichem Gletschervorstoß, und *Interstadiale* sind klimatisch mildere Zeiten mit zeitweisem Rückschmelzen der Gletscher. Während der Stadiale war weltweit das Eisvolumen mehr als 2,5 mal größer als heute, und die eisbedeckte Fläche vergrößerte sich auf ca. 55 Mio. km^2 gegenüber derzeit 15 Mio. km^2. Während der Höhepunkte der Vereisungen in den verschiedenen Glazialen waren große Teile von Mitteleuropa mit Eis bedeckt. Während der ↗Elster-Kaltzeit und ↗Saale-Kaltzeit bedeckte das nordische Inlandeis, von Skandinavien kommend, ganz Norddeutschland bis an den Rand der Mittelgebirge. In Süddeutschland reichte die Vergletscherung weit in das Vorland hinaus. In den Mittelgebirgen Harz, Bayerischer Wald, Schwarzwald und Vogesen gab es zu diesen Zeiten Talgletscher. In den eisfreien Gebieten Mitteleuropas (Periglazial-Raum) herrschten Kältewüsten mit ↗Permafrost. Fluviatile und glazifluviatile Sande und Schotter sowie angewehter ↗Löß sind die Hauptsedimente dieser Zeit. Die Temperaturen lagen wesentlich niedriger als heute. Zum Höhepunkt der ↗Weichsel-Kaltzeit (20.000–18.000 Jahre v. h.) betrug die Absenkung der Mitteltemperaturen in Mitteleuropa je nach Position für den Januar -18 bis -24 °C, für den August -10 bis -12 °C und für das Jahresmittel -10 bis -15 °C. Die extrem kalten Stadiale waren ausgesprochen trockene Zeitabschnitte. In der Weichsel-Kaltzeit fielen in Mitteleuropa ca. 500 mm Niederschlag weniger als heute. Die Temperaturabsenkung ist weltweit zu beobachten, ist aber in den Tropen nicht so ausgeprägt. Man rechnet dort mit einer Absenkung der Jahresmitteltemperatur um 5 bis 8 °C. In den Interstadialen waren die klimatischen Verhältnisse ausgeglichener als in den Glazialen. Es konnte sich eine Tundrenvegetation, in kräftigen Interstadialen sogar ein Birken-Kiefern-Wald entwickeln.

Für kalte Zeitabschnitte, in denen keine Vereisungen nachgewiesen sind, wird der Begriff Eiszeit bzw. Glazial durch ↗Kaltzeit oder Kryomer ersetzt. Für die dazwischen liegenden wärmeren Zeitabschnitte wurde der Begriff *Thermomer* geprägt. Die Dauer eines Glazial-Interglazial-Zyklus beträgt im Mittel- und Oberpleistozän etwa 100.000 Jahre. Im Unterpleistozän scheint ein kürzerer Zyklus von ca. 40.000 Jahre vorzuherrschen. Die Glazial-Interglazial-Zyklen sind weltweit synchron. Als Ursachen für Eiszeiten und Eiszeitalter kommen terrestrische und extraterrestrische Faktoren in Frage (↗genetische Paläoklimatologie). Es werden als auslösende Faktoren diskutiert: a) Änderung der primären Sonnenstrahlung und der interstellaren Materie, b) Drift von Kontinenten, c) Gebirgsbildung, Änderung der Zusammensetzung der Atmosphäre, Vulkanismus und d) Änderung der Erdbahnelemente. Die einzelnen Faktoren jeder für sich erscheinen zu schwach für eine drastische Klimaänderung. Man geht daher von einer Koppelung von verschiedenen Faktoren und einer Verstärkung der Effekte durch Rückkoppelung aus, v. a. über die ↗Albedo. Die primäre Sonnenstrahlung ist der bei weitem kräftigste Parameter für das Klima der Erde. Geringe Änderungen können drastische Klimawechsel erzeugen. Für die Verknüpfung der langperiodischen Klimaänderungen des Eiszeitalters mit der Sonnenstrahlung sind die Meßreihen viel zu kurz, so daß keine Aussage gemacht werden kann. Kurzperiodische Änderungen wie der Sonnenfleckzyklus und das Maunder-Minimum (↗Kleine Eiszeit) werden als klimawirksam eingeschätzt. Die über Millionen von Jahren verlaufende Drift von Kontinenten in Polbereiche – heute die Antarktis – scheint ein wesentlicher Faktor für die Entstehung von Eiszeitaltern zu sein. Auch die Entstehung von durch Kontinente abgeschlossenen Meeresbereichen in Polnähe – heute Arktis – ist förderlich für die Akkumulation von Schnee und Eis, ebenso wie die Heraushebung in große Höhen durch Gebirgsbildung, z. B. Himalaya mit Tibet.

Für die Steuerung der Zyklizität innerhalb der Eiszeitalter, der wiederkehrende Wechsel von Glazial zu Interglazial, werden heute allgemein die Erdbahnparameter, Exzentrizität der Erdbahn mit Perioden von 413.000 und 95.000 Jahren, die Schiefe der Ekliptik mit einer Periode von 41.000 Jahren und die Präzessionsbewegung der Erdachse mit Perioden von 23.000 und 19.000 Jahren verantwortlich gemacht. Letztere führt zum Umlauf des Perihel. Die aus diesen Elementen berechnete Kurve der Schwankungen der Stärke der Sonneneinstrahlung wird als *Milanković-Kurve* bezeichnet. Weil die Perioden 100.000 und 41.000 Jahre auch in dem Glazial-Interglazial-Zyklus dominieren, wird ein enger Zusammenhang angenommen. Die Zusammensetzung der Atmosphäre ist ebenfalls ein wesentlicher Klimafaktor. Die Konzentration v. a. von Wasserdampf, gefolgt von Kohlendioxid und Ozon, hat Einfluß auf die Temperatur der Erdoberfläche. Es ist aber noch unklar, ob unter natürlichen Bedingungen eine Veränderung der Atmosphäre eintritt, die dann eine Klimaveränderung hervorruft, oder ob eine vorhandene Klimaänderung die Veränderung der Atmosphäre verursacht. Bei den vulkanischen Gasen ist neben CO_2 und H_2O die schwefelige Säure zu nennen. Die Klimawirksamkeit ist erwiesen, scheint aber nur kurzfristig und räumlich relativ begrenzt zu sein. [WBo]

Eiszeitalter, Epoche bzw. Zustand des Klimas, bei dem Eisbildungen auf der Erdoberfläche auftreten. Derzeit existiert das ↗quartäre Eiszeitalter (↗Klimageschichte). Die Eiszeitalter gliedern sich in relativ kalte Unterepochen, in denen die Eisbedeckung der Erdoberfläche relativ stark ausgedehnt ist (z. B. ↗Würm-Kaltzeit), und relativ warme Unterepochen, in denen dies nicht der Fall ist (wie z. B. heute, ↗Holozän). Gegensatz: ↗akryogenes Warmklima.

Eiszerfallslandschaft, vom Abschmelzen des ↗Toteises und der Sedimentation ↗fluvioglazialer Ablagerungen geprägte Landschaft in einem ehemals vergletscherten Gebiet. In eisfreien Bereichen, z. B. bei der Einmündung eines Seitengletschers oder eines Baches aus einem nicht vergletscherten Nebental, werden Sande und Schotter abgelagert. Dies kann auch in durch ↗Ablation entstandenen Vertiefungen auf der Gletscheroberfläche geschehen, wo supraglaziales Schmelzwasser Material anliefert. Vor dem Eisrand isolierte Toteisblöcke werden von fluvioglazialen Schmelzwassersedimenten überschüttet. Nach dem Abschmelzen des Eises bleiben ↗Kamesterrassen, ↗Kames, Oser (↗Os), ↗Toteislöcher und Reste von Spaltenfüllungen des Eises zurück und bilden ein sehr unregelmäßiges, unruhiges Relief mit einer Vielzahl unterschiedlich großer Voll- und abflußloser Hohlformen.

Eiszunge, durch Wind und/oder Strömung entstandener, langgestreckter Vorsprung des ↗Eisrandes gegen das Meer (Gegenteil: Eisbuchten).

Ekliptik, Koordinatenebene der Erdbahn um die Sonne. Sie verändert ihre Lage im Raum aufgrund von Störungen, hervorgerufen durch die gravitative Wirkung der anderen Planeten. Sie spielt bei der Definition klassischer Himmelskoordinaten eine bedeutende Rolle (↗Frühlingspunkt), die sie inzwischen aber wegen der Kompliziertheit ihrer Definition und Problemen mit der ↗Relativitätstheorie weitestgehend verloren hat.

ekliptikale Breite ↗ekliptikale Koordinaten.

ekliptikale Koordinaten, beziehen sich auf die ↗Ekliptik eines Gestirns als Referenzebene (x, y-Ebene). Die Richtung der z-Achse weist in die (nördliche) Richtung der Ekliptiknormalen. Es gibt zwei ekliptikale Koordinaten: Die *ekliptikale Breite* eines Gestirns wird von der Ekliptik aus längs eines ekliptischen Meridianbogens zu positiven z-Werten gezählt. Die *ekliptikale Länge* zählt in der Ekliptik vom Frühlingspunkt aus nach Ost.

ekliptikale Länge ↗ekliptikale Koordinaten.

Eklogit, massiges, feldspatfreies metamorphes Gestein (↗Metamorphit), das hauptsächlich aus rotem Granat (Almandin-Pyrop-Grossular) und grünem Omphacit (Jadeit-Diopsid-Hedenbergit) besteht (Abb. im Farbtafelteil). Weitere charakteristische Mineralphasen sind Disthen, Rutil und Quarz. Eklogite bilden sich in einem großen Temperaturbereich (400 bis 1200 °C) unter hohen Metamorphosedrücken (d. h. oberhalb den durch die ↗Mineralreaktion Albit = Jadeit + Quarz gegebenen) aus basischen Ausgangsgesteinen. Sie treten daher in sehr unterschiedlichen geologischen und petrographischen Zusammenhängen auf: a) als Bestandteil amphibolitfazieller Gesteinseinheiten mit Gneisen, Amphiboliten und Migmatiten, b) zusammen mit ↗Blauschiefern in Subduktions- und Kollisionszonen, c) als Lagen oder Linsen in ↗ultrabasischen Gesteinen, d) als z. T. diamantführende Mantel-Xenolithe in ↗Kimberliten und seltener ↗Alkalibasalten. Durch retrograde ↗Mineralreaktionen kann es zur Bildung von Amphibolen kommen; solche Gesteine heißen Eklogitamphibolite. [MS]

Eklogitamphibolit ↗Amphibolit.

Eklogitfazies ↗metamorphe Fazies.

Ekman, *Vagn Walfrid*, schwedischer Physiker und Ozeanograph, * 3.5.1874 Stockholm, † 9.3.1954 Gostad; Professor in Lund; Mitbegründer der modernen Ozeanographie; schuf 1905 bzw. 1923 Theorien der durch Erdrotation und Winde erzeugten Meeresströmungen. Nach ihm sind der Triftstrom (↗Ekmanstrom) und die ↗Ekmanspirale (aus der Windtheorie) benannt.

Ekmandivergenz, durch horizontal unterschiedliche Ekmantransporte (↗Ekmanstrom) in benachbarten Regionen oder durch laterale Berandungen des Strömungsregimes infolge von Küsten kommt es zu einer Divergenz des horizontalen Strömungsfeldes. Infolge der Massenerhaltung, wie sie durch die ↗Kontinuitätsgleichung beschrieben wird, resultiert eine vertikale Ausgleichsströmung. Wird Tiefenwasser in die ↗Ekman-Schicht »hineingesogen« spricht man von Ekman-Suction, im umgekehrten Fall von Ekman-Pumping.

Ekman-Schicht, **1)** *Klimatologie*: ↗atmosphärische Grenzschicht. **2)** *Ozeanographie*: Tiefenbereich, über den sich der ↗Ekmanstrom erstreckt.

Ekman-Spirale, idealisierte mathematische Beschreibung der durch Reibungs- und ↗Corioliskraft bestimmten Geschwindigkeitsverteilung in der ↗Grenzschicht der Atmosphäre oder des Ozeanes. **1)** *Klimatologie*: Beschreibung einer Windspirale in der ↗Atmosphäre. Während die Luftströmung in der ↗freien Atmosphäre fast parallel zu den ↗Isobaren verläuft, wird sie in der ↗Prandtl-Schicht durch die ↗Bodenreibung verlangsamt und folgt aufgrund der damit verbundenen kleineren Corioliskraft merklich dem Druckgefälle. In der dazwischen liegenden (atmosphärischen) Ekman-Schicht (↗atmosphärische Grenzschicht) geht der Bodenwind mit zunehmender Höhe stetig in den nahezu ↗geostrophischen Wind (Gradientwind) über. **2)** *Ozeanographie*: Das zuerst von F. Nansen Ende des 19. Jh. bei Fahrten ins Nordpolarmeer beobachtete Phänomen, daß die Richtung der Eisdrift um 20–40° von der Windrichtung abweicht, wurde von V. W. ↗Ekman 1905 erklärt. Aus der hydrodynamischen Bewegungsgleichung für die Wassermassen in einem homogenen, unendlich tiefen und ausgedehnten Ozean folgen bei Berücksichtigung der vom Wind erzeugten Oberflächenschubspannung, der Reibungs- und ↗Corioliskraft die Ekman-Gleichungen:

$$fv_v + A_z \frac{\partial^2 v_u}{\partial z^2} = 0 \;;$$

$$-fv_u + A_z \frac{\partial^2 v_v}{\partial z^2} = 0 \;;$$

($f = 2\Omega\sin\varphi$ = ↗Coriolisparameter; A_z = konstant angenommener Koeffizient für die turbulente Diffusion bezüglich vertikaler Reibung; z = Tiefenkoordinate; v_v, v_u = Geschwindigkeit parallel zu den Breiten- bzw. Längenkreisen). Stellt man die resultierenden Geschwindigkeitsvektoren räumlich dar, so bilden sie eine sich (im Ozean) nach unten verjüngende Wendeltreppe, die Ekman-Spirale (Abb.). Die Geschwindigkeit ist an der Oberfläche um 45° zur Windrichtung abgelenkt. Die Stromvektoren drehen auf der Nordhalbkugel mit zunehmender Tiefe nach rechts, auf der Südhalbkugel nach links. Als Ekmansche Reibungstiefe bezeichnet man die Tiefe, in der der Stromvektor um 180° zur Windrichtung gedreht ist. Der integrierte Massentransport in der darüberliegenden (ozeanischen) ↗Ekman-Schicht ist senkrecht zur Windrichtung gerichtet (Ekman-Drift). Er ist linear abhängig von der Schubspannung, aber unabhängig von der Reibungstiefe.

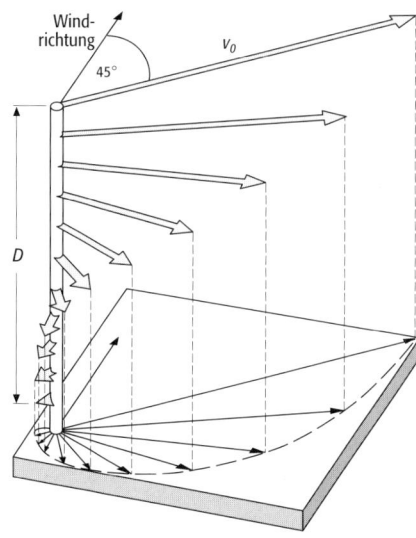

Ekman-Spirale: vertikale Verteilung des Ekmanstroms auf der Nordhemisphäre. Die Endpunkte der Strompfeile ergeben die Ekman-Spirale; D = Ekmantiefe, v_0 = Strömungsvektor.

Ekmanstrom, unter der Voraussetzung eines Gleichgewichtes von ↗Corioliskraft und interner vertikaler ↗Reibung entwickelt sich unter Einwirkung des Windes der erstmals 1905 vom schwedischen Ozeanographen V. W. ↗Ekman beschriebene Ekmanstrom. Die zugrundeliegenden Gleichungen haben für die West-Ost- bzw. Süd-Nord-Komponente der Bewegungsgleichung die Form:

$$-f \cdot v = A_v \cdot \frac{\partial^2 u}{\partial z^2} \,;$$
$$f \cdot u = A_v \cdot \frac{\partial^2 v}{\partial z^2}$$

mit z = vertikale Koordinate, f = Coriolisparameter, u, v = Strömungsgeschwindigkeit in West-Ost- und Süd-Nord-Richtung, A_v = vertikaler Austauschkoeffizient. Die Lösung dieses Gleichungssystems lautet wie folgt:

$$u = V_0 \cdot e^{-\frac{\pi \cdot z}{D}} \cdot \cos\left(45^0 - \frac{\pi}{D} \cdot z\right) \,;$$
$$v = V_0 \cdot e^{-\frac{\pi \cdot z}{D}} \cdot \sin\left(45^0 - \frac{\pi}{D} \cdot z\right) .$$

Dabei ist V_0 die durch den Wind erzeugte Strömungsgeschwindigkeit direkt an der Meeresoberfläche und D die ↗Ekmantiefe. Aus dieser Lösung folgt, daß die Strömungsgeschwindigkeit exponentiell mit der Tiefe abnimmt. Die Strömungsrichtung ist auf der Nord- bzw. Süd-Hemisphäre um 45° nach rechts bzw. links von der Windrichtung abgelenkt. Mit zunehmender Tiefe dreht die Strömung weiter nach rechts (links). Man spricht hier auch von der ↗Ekman-Spirale. Drehwinkel und Tiefenzunahme hängen linear zusammen. Sowohl die Geschwindigkeitsabnahme als auch die Änderung des Drehwinkels sind von der geographischen Breite und dem Austauschkoeffizienten abhängig. Der Ekmanstrom erstreckt sich per Definition über die ↗Ekman-Schicht. Wird er über diese Schicht integriert, ergibt sich der sogenannte Ekmantransport, der 90° nach rechts bzw. links zur Windrichtung gerichtet ist. Der Ekmantransport ist Ursache für diverse ozeanische Auf- und Abtriebsphänomene, z. B. im Bereich von Küsten.

Ekmantiefe, Tiefe ab der der ↗Ekmanstrom zu vernachlässigen ist. Exakt ist die Ekmantiefe D definiert als die Tiefe, in der sich der Ekmanstrom auf $e^{-\pi} \approx 1/23$ verringert hat. Mathematisch ist sie dargestellt durch:

$$D = \pi \cdot \sqrt{\frac{A_v}{f}}$$

mit f = ↗Coriolisparameter und A_v = vertikaler Austauschkoeffizient.

Ektohumus, [von griech. ektos = außen], organischer ↗Auflagehorizont. ↗O-Horizont.

Ektomykorrhiza, Wurzelsymbiose zwischen höheren Pflanzen und Pilzen, bei der ein i. d. R. dichtes Pilzmyzel die Wurzelspitze mantelartig umgibt (sog. Hyphenmantel). Die Hyphen dringen interzellulär in das Rindengewebe der Wurzel ein und verzweigen sich fingerförmig, wodurch das sog. Hartig-Netz entsteht. Hier findet der Stoffaustausch zwischen Pflanze und Pilz statt. Die häufigsten Pilzpartner sind fruchtkörperbildende ↗Ascomyceten und ↗Basidiomyceten. ↗Mykorrhiza.

elastic rebound, *elastisches Rückschnellen*. Theorie zur Entstehung von ↗Erdbeben.

Elastic-Rebound-Theorie ↗Erdbeben.

elastische Deformation, *elastische Dehnung, elastische Verformung*, linear elastische Reaktion eines Körpers auf z. B. eine einwirkende Spannung, eine Temperaturänderung, ein angelegtes elektrisches Feld (reziproker Piezoeffekt) oder ein magnetisches Feld (Magnetostriktion). Für einen isotropen, d. h. einen in allen Raumrichtungen sich gleich verhaltenden Körper reichen zur Beschreibung des elastischen Verhaltens zwei Kenngrößen aus. Dies ist zum einen der Elastizitätsmodul E, welcher über das Hookesche Gesetz $\sigma = E\varepsilon$ (σ entspricht einer Zug- oder Druckspannung in den Einheiten Pa = N/m², E dem Elastizitätsmodul in Pa und ε der Dehnung, d. h. der relativen Längenänderung $\Delta l/l$) eine linear aufgebrachte Spannung mit der ebenfalls dann linear auftretenden Dehnung verknüpft. Zum anderen benötigt man eine zweite Größe, den Torsionsmodul G, der den Widerstand eines Körpers gegen eine Scherspannung τ beschreibt. In diesem Fall gilt: $\tau = G\alpha$ mit dem Torsionswinkel α. Die Querkontraktion, d. h. die relative Änderung des Durchmessers, z. B. eines unter Zugbelastung stehenden Stabes, im Verhältnis zur relativen Längenänderung, wird durch die Poisson-Zahl ν beschrieben. Diese verknüpft den Elastizitäts- mit dem Torsionsmodul über:

$$G = \frac{E}{2(1+\nu)} \,.$$

Wegen der anisotropen elastischen Eigenschaften von ↗Einkristallen ist deren elastisches Verhalten komplizierter. Im allgemeinen muß sowohl der Spannungszustand σ_{kl} als auch der Dehnungszu-

Kristallsystem	Kristallklassen	Anzahl
triklin	alle	21
monoklin	alle	13
orthorhombisch	alle	9
trigonal	3, $\bar{3}$	7
	3 2, 3 m, $\bar{3}$ m	6
tetragonal	4, $\bar{4}$, 4/m	7
	4 mm, $\bar{4}$2m, 422, 4/mmm	6
hexagonal	alle	5
kubisch	alle	3
isotrop		2

elastische Deformation (Tab): Anzahl der unabhängigen elastischen Koeffizienten für die verschiedenen Kristallklassen.

stand ε_{ij} durch einen polaren Tensor zweiter Stufe beschrieben werden. Hierbei entsprechen die σ_{kk} (ε_{ii}) den Normalspannungen (Dehnungen) und die σ_{kUl} (ε_{iUj}) den Scherspannungen (Scherungen). Beide Tensoren sind symmetrisch, d. h. $\sigma_{kl} = \sigma_{lk}$ bzw. $\varepsilon_{ij} = \varepsilon_{ji}$ und besitzen demnach je sechs unabhängige Größen. Der Spannungstensor ist über den Tensor vierter Stufe der Elastizitätsmodule c_{ijkl} mit dem Dehnungstensor verknüpft:

$$\sigma_{kl} = \sum_{i,j} c_{ijkl} \varepsilon_{ij}.$$

Der Tensor c_{ijkl} besteht aus $3^4 = 81$ Koeffizienten. Diese Anzahl reduziert sich wegen der Symmetrie des Spannungs- und Dehnungstensors auf 36. Durch eine Umindizierung der jeweils sechs unabhängigen Koeffizienten von σ_{kl} und ε_{ij} nach σ_m und ε_n mit $m, n = 1 \dots 6$ und der entsprechenden Umindizierung der c_{ijkl} nach c_{mn} ergibt sich die Gleichung:

$$\sigma_m = \sum_n c_{mn} \varepsilon_n.$$

Die Indizes $m = 1 \dots 3$ beziehen sich dabei auf die Normalspannungen und $m = 4 \dots 6$ auf die Scherspannungen. Entsprechendes gilt auch für die Dehnungen und Scherungen. Diese anschauliche, auch in Matrixschreibweise darstellbare Form der Gleichung geht auf Voigt zurück. Durch die Betrachtung der Deformationsenergie läßt sich weiterhin zeigen, daß $c_{nm} = c_{mn}$. Damit verringert sich die Anzahl der unabhängigen Parameter von 36 auf 21. Dies ist exakt die Anzahl freier Parameter, die für die vollständige Beschreibung des elastischen Verhaltens eines triklinen Kristalls notwendig ist. Mit höherer Symmetrie erniedrigt sich diese Zahl weiter (Tab.). Selbst für kubische Kristalle werden noch drei Parameter benötigt. Dies ist ein Parameter mehr als bei vollständiger Isotropie der elastischen Eigenschaften. Die Abweichung des Elastizitätsmoduls vom isotropen Verhalten läßt sich durch sog. Elastizitätsmodulkörper veranschaulichen. So wie bisher die Spannung als Funktion der Dehnung betrachtet wurde, kann dies auch umgekehrt werden:

$$\varepsilon_m = \sum_n s_{mn} \sigma_m.$$

Die Größen s_{mn} (elastische Konstanten) stellen ebenfalls einen Tensor vierter Stufe mit maximal 21 unabhängigen Koeffizienten dar. [EW]

elastische Eigenschaften, stellen eine Beziehung zwischen der durch eine mechanische Spannung verursachten Verformung (S_{ijkl}, elastische Module) bzw. zwischen der Verformung und der daraus resultierenden mechanischen Spannung (C_{ijkl}, *elastische Konstanten*) her. Die durch einen Tensor vierter Stufe beschriebenen elastischen Eigenschaften gelten nur für den Fall, daß mechanische Spannung und elastische Verformung zueinander proportional sind (↗Hookesches Gesetz). Außerhalb der Gültigkeit des Hookeschen Gesetzes sind für die Beschreibung der elastischen Eigenschaften Tensoren höherer Ordnung (6. Stufe, 8. Stufe, …) notwendig (Abb. 1). Die maximal 36 unabhängigen Koeffizienten des s- und c-Tensors reduzieren sich für isotrope Festkörper auf zwei und werden durch verschiedene elastische Module und elastische Konstanten beschrieben (Tab. 1). Sind zwei unabhängige elastische Eigenschaften eines isotropen Festkörpers bestimmt, lassen sich die anderen elastischen Größen mathematisch ableiten (Tab. 2).

elastische Größe (Modul bzw. Konstante)		gebräuchliche Einheit
K	Kompressionsmodul	[GPa]
G	Scherungsmodul	[GPa]
σ	Poisson-Zahl	
E	Elastizitäts-Modul	[GPa]
λ	1. Lamé'sche Konstante (Modul)	[GPa]
μ	2. Lamé'sche Konstante (= G) (Modul)	[GPa]
β	Kompressibilität (1/K)	[1/MPa]

Die elastischen Größen lassen sich aus statischen Experimenten bestimmen. Meßtechnisch sind die aus entsprechenden Experimenten gewonnen elastischen Größen mit einem relativ großen Fehler behaftet. Die Untersuchung der elastischen Eigenschaften erfolgt deshalb heute überwiegend mit dynamischen Methoden (Schallgeschwindigkeiten, Brillouin-Spektroskopie). In anisotropen Festkörpern werden zur vollständigen Beschreibung der elastischen Eigenschaften bis zu 21 unabhängige Komponenten benötigt. Der entsprechende Tensor vierter Stufe läßt sich im zweidimensionalen nur unbefriedigend darstellen (3 × 3 × 3 × 3-Matrix). Voigt (1928) schlug deshalb die heute verbreitete Darstellung der elastischen Eigenschaften in einer 6 × 6-Ma-

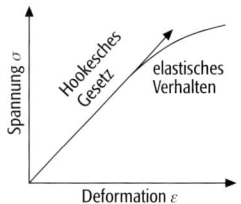

elastische Eigenschaften 1: Hookesches Gesetz: linearer Zusammenhang zwischen mechanischer Spannung σ und Deformation ε (Dehnungsexperiment).

elastische Eigenschaften (Tab. 1): elastische Module und Konstanten zur Beschreibung des elastischen Verhaltens isotroper Körper.

elastische Eigenschaften (Tab. 2): Verknüpfungen zwischen verschiedenen elastischen Größen für isotrope Medien.

Elastische Größe	Umrechnung	
K	$K = \lambda + \dfrac{2}{3}\mu$	$K = \dfrac{E}{3(1-\sigma)}$
G	$G = \dfrac{E}{2+2\sigma}$	$G = \mu$
σ	$\sigma = \dfrac{3K-2G}{2(3K+G)}$	$\sigma = \dfrac{\lambda}{2(\lambda+\mu)}$
E	$E = \dfrac{9KG}{3K+G}$	$E = \dfrac{3\lambda-2\mu}{\lambda+\mu}\mu$
λ	$\lambda = K - \dfrac{2}{3}G$	$\lambda = \dfrac{E\sigma}{(1+\sigma)(1-2\sigma)}$

elastische Eigenschaften

elastische Eigenschaften (Tab. 3): Umrechnung eines s- bzw. c-Tensors in eine Matrix.

Tensorkomponente mit den Indizes ij bzw. kl	Matrixkomponenten mit dem Indizes i bzw. j	Beispiel
11	1	$c_{1111} = C_{11}$
22	2	$c_{2222} = C_{21}$
33	3	$s_{1133} = S_{13}$
23 = 32	4	$c_{2332} = C_{44}$
13 = 31	5	$c_{1331} = C_{55}$
12 = 21	6	$s_{1221} = S_{66}$

$$\begin{pmatrix} 11 & 12 & 13 \\ 21 & 22 & 23 \\ 31 & 32 & 33 \end{pmatrix} \quad \begin{bmatrix} 1 & 6 & 5 \\ & 2 & 4 \\ & & 3 \end{bmatrix}$$

elastische Eigenschaften 2: Aufspaltung einer Scherwelle beim Eintritt in einen anisotropen Festkörper (shear-wave-splitting).

elastische Eigenschaften 3: Änderung der mittleren Schallgeschwindigkeiten von Mineralen mit dem Druck. Die P-Wellen-Geschwindigkeiten sind durch Kreise, die S-Wellen-Geschwindigkeiten durch Rechtecke dargestellt.

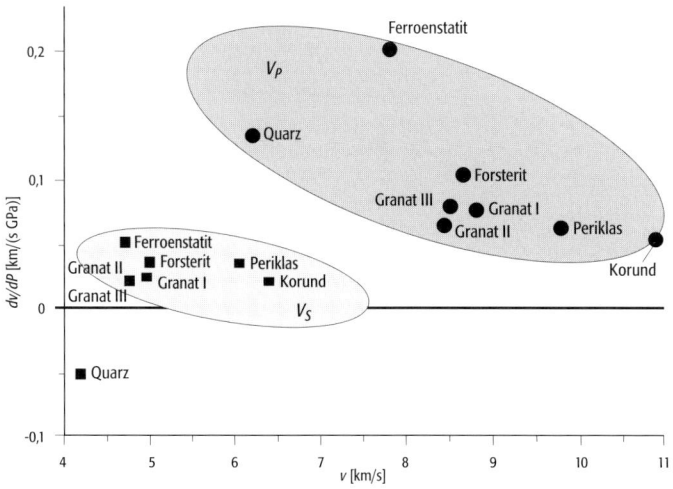

$$v_P = \sqrt{\frac{K + \frac{4}{3}G}{\varrho}}, \quad v_S = \sqrt{\frac{G}{\varrho}}.$$

Für anisotrope Festkörper können die elastischen Eigenschaften ebenfalls aus Messungen der Schallgeschwindigkeiten bestimmt werden. Aus den elastodynamischen Grundgleichungen folgt für die Ausbreitungsgeschwindigkeit v einer Schallwelle (ebene Welle) unter Annahme der Gültigkeit des ↗Hookeschen Gesetzes:

$$-\varrho v^2 \delta_{ik} + c_{ijkl} g_j g_l) \xi_k = 0.$$

Trifft eine Scherwelle auf einen anisotropen Körper, so werden im allgemeinen Fall – wenn die Polarität der eingestrahlten Schallwelle keinen Bezug zu den Polarisationsrichtungen des Festkörpers in dieser Richtung hat – zwei Scherwellen mit unterschiedlicher Schallgeschwindig-

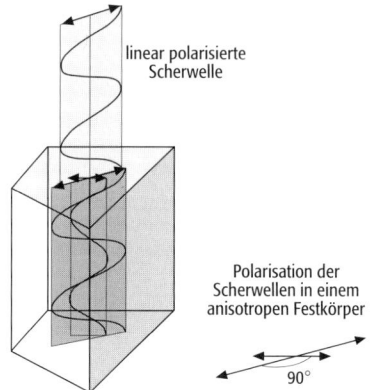

trix vor. Mit den Umrechnungsvorschriften können die Tensorkomponenten c_{ijkl} (s_{ijkl}) und Matrixkomponenten C_{ij} (S_{ij}) umgewandelt werden. Die resultierenden Matrizen sind symmetrisch und es gilt $C_{ij} = C_{ji}$ bzw. $S_{ij} = S_{ji}$ (Tab. 3).

Eine Schallwelle pflanzt sich durch die Deformation einzelner Bereiche in einem Festkörper fort. Die Fortpflanzungsgeschwindigkeit hängt von den elastischen Eigenschaften und der ↗Dichte ϱ des Körpers ab. Für isotrope Festkörper werden zwei unterschiedliche Schallgeschwindigkeiten beobachtet, eine longitudinale und eine transversale Schallwelle (↗seismische Wellen). Im isotropen Medium sind bei Kompressionswellen (longitudinale Schallwellen) Ausbreitungsrichtung und Verzerrungsvektor parallel zueinander, während bei einer Scherwelle (transversale Welle) Ausbreitungsrichtung und Verzerrungsvektor in einem Winkel von 90° zueinander stehen. ↗Scherwellen sind demnach polarisierte Schallwellen, während die longitudinalen Schallwellen nicht polarisiert sind. Für isotrope Festkörper lassen sich die Schallgeschwindigkeiten, aus den elastischen Eigenschaften und der Dichte, gemäß folgender Beziehungen berechnen (Gebrande):

keit den Körper durchschallen (ähnlich der optischen ↗Doppelbrechung). In Abbildung 2 ist die Aufspaltung einer Schallwelle (shear-wave-splitting) dargestellt. In ausgezeichneten Richtungen und in isotropen Medien werden nur zwei Schallwellen (Entartung) beobachtet (v_p und v_s). In Festkörpern werden mindestens zwei Schallwellen beobachtet.

Je nach Kristallklasse müssen bis zu 36 verschiedene Koeffizienten bestimmt werden, um die elastischen Eigenschaften vollständig zu beschreiben. In vielen Kristallklassen reduziert sich die Anzahl der unabhängigen Komponenten. Die elastischen Eigenschaften eines Kristalls können als Ergebnis der Wechselwirkungen (Bindungen) von Atomen betrachtet werden. Für die Beschreibung der Bindungsverhältnisse reicht im Bereich der Gültigkeit des Hookeschen Gesetzes die Annahme eines Potentials aus, welches durch eine quadratische lineare Gleichung beschrieben wird. Bei größeren mechanischen Spannungen, Druck- oder Temperaturänderungen müssen für die Beschreibung der beobachteten elastischen Eigenschaften die Asymmetrie des Potentials berücksichtigt werden. Die elastischen Eigenschaften werden damit vom Druck und der Temperatur abhängig. Die Druckabhängigkeit des

Kompressionsmoduls K wird oft über eine Birch-Murnaghan-Gleichung beschrieben:

$$K = K_0 + K'_{P0} P + \frac{1}{2} K''_{P0} P^2 ,$$

wobei K_0, K_{P0}' und K_{P0}'' Konstanten darstellen. Eine entsprechende Reihenentwicklung kann auch für die Temperaturabhängigkeit verwendet werden:

$$K = K_0 + K'_{T0} T + \frac{1}{2} K''_{T0} T^2$$

mit den Konstanten K_0, K_{T0}' und K_{T0}''. Ähnliche Reihenentwicklungen können auch für die anderen Module angewandt werden. Die aus den elastischen Eigenschaften abgeleiteten Schallgeschwindigkeiten zeigen ein ähnliches Verhalten (Abb. 3). Druck und Temperatur wirken auf die Schallgeschwindigkeiten in entgegengesetzter Richtung. Führt eine Druckzunahme zu einer Erhöhung der Schallgeschwindigkeit, so führt eine Erwärmung der Minerale zu einer Geschwindigkeitserniedrigung. Eine Ausnahme stellt dabei die S-Wellengeschwindigkeit von Quarz dar. Die bei Mineralen beobachtete Änderung der elastischen Module mit der Temperatur führt bei Gesteinen auch zu einer Abnahme der intrinsischen Schallgeschwindigkeiten (Abb. 5). Werden Gesteinseigenschaften bei höheren Drücken und Temperaturen untersucht, muß der Einfluß des Gefüges und des Mikrogefüges auf die elastischen Eigenschaften berücksichtigt werden. So ändert sich das elastische Verhalten (Schallgeschwindigkeit) von Gesteinen durch das Schließen von Mikrorissen und Poren (↗Porenraum) oft deutlich (Abb. 4).

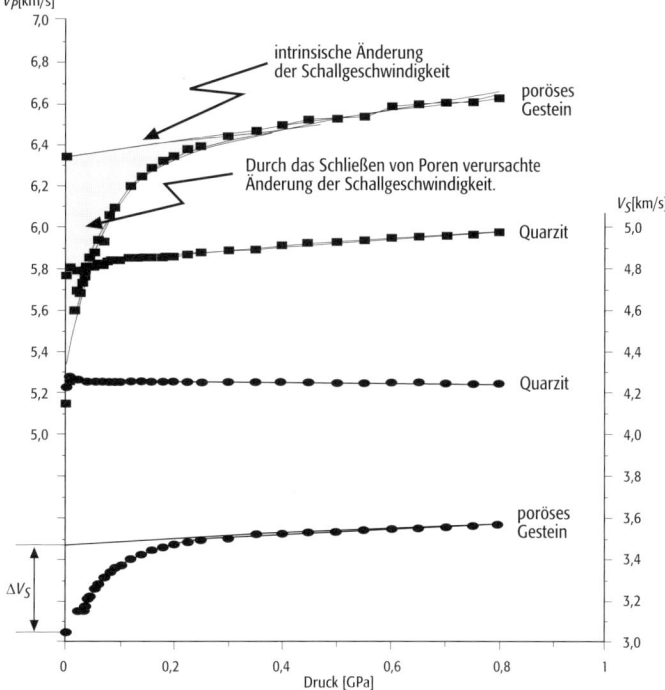

elastische Eigenschaften 5: Schallgeschwindigkeiten als Funktion des Druckes für Gesteine (quadratische Symbole repräsentieren gemessene P-, runde Symbole S-Wellen-Geschwindigkeiten; die durchgezogenen Geraden deuten das intrinsische Verhalten an, welches durch die Änderung der Schallgeschwindigkeit der Minerale verursacht wird).

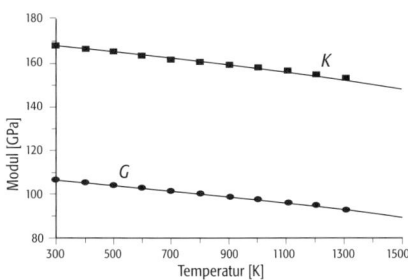

elastische Eigenschaften 4: Änderung der elastischen Module mit der Temperatur für einen Grossular (Granat).

Die meisten Gesteine zeigen eine Zunahme der Schallgeschwindigkeiten mit der Dichte. Auch innerhalb einzelner Gesteinsarten (z. B. Sandsteine) wird eine Zunahme der Schallgeschwindigkeit mit der Dichte beobachtet. Oft wird eine Dichte-Geschwindigkeits-Relation – auch Birch-Law genannt – zur Interpretation seismischer Beobachtungen verwendet. Der Zusammenhang zwischen Geschwindigkeit und Dichte ist in Abb. 6 schematisch dargestellt. Für detaillierte Studien muß die ↗Porosität, das ↗Gefüge, der Druck und die Temperatur sowie die chemische Zusammensetzung der Gesteine berücksichtigt werden (↗Petrophysik, ↗Mineralphysik).

elastische Konstanten ↗elastische Eigenschaften.

elastische Wellen ↗seismische Wellen.

elastisch-isotroper Halbraum, dient zur Erfassung der Spannungszustände im Boden bei einer Belastung. Er entsteht durch Zweiteilen des dreidimensionalen Raums entlang einer gedachten waagerechten Ebene, wenn man annimmt, daß die obere Hälfte leer, die untere dagegen mit einem homogenen, vollelastischen Stoff gefüllt sei. Der elastische-isotrope Halbraum (↗Poissonzahl gleich 0,5) hat nach allen Seiten gleiche ↗Elastizität. Lotrechte Lasten, die an der waagerechten Oberfläche des Halbraums wirken, breiten sich geradlinig in diesem aus. Dabei verursachen sie die Radialspannung σ_r und die Tangentialspannung σ_t (Abb. 1 a). Für die Bodenmechanik sind die lotrechten Spannungen σ_z von Interesse. Diese können aus den Radialspannungen und den Tangentialspannungen für jeden beliebigen Punkt im Halbraum berechnet werden. Verbindet man alle Punkte mit gleichen lotrechten Spannungen (Isobaren), so erhält man unter einer lotrechten Einzellast nahezu eine Kugelfläche (Abb. 1 b, 1 c). Für Böden gilt das ↗Hookesche

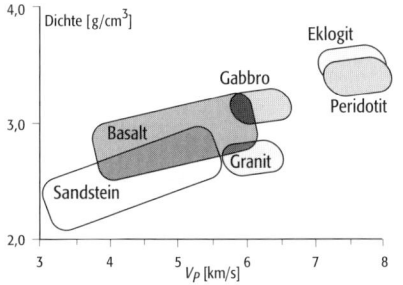

elastische Eigenschaften 6: schematische Darstellung der Änderung der Geschwindigkeit mit der Dichte für einige Gesteine.

Elastizität

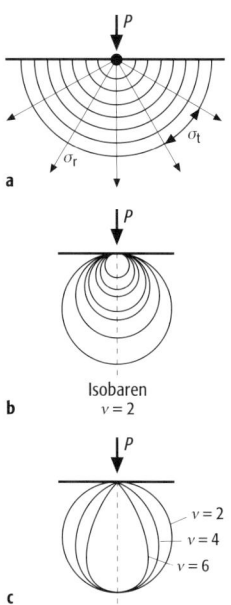

elastisch-isotroper Halbraum 1:
Kraftausbreitung im elastisch-isotropen Halbraum: a) geradlinige Druckausbreitung; b) und c) Isobaren (v = Poissonzahl, P = Druck, σ_r = Radialspannung, σ_t = Tangentialspannung).

elastisch-isotroper Halbraum 2:
Spannungsausbreitung im Baugrund unter einem Fundament: a) breites Fundament; b) schmales Fundament (σ_z = lotrechte Spannung, b = Breite des Fundaments).

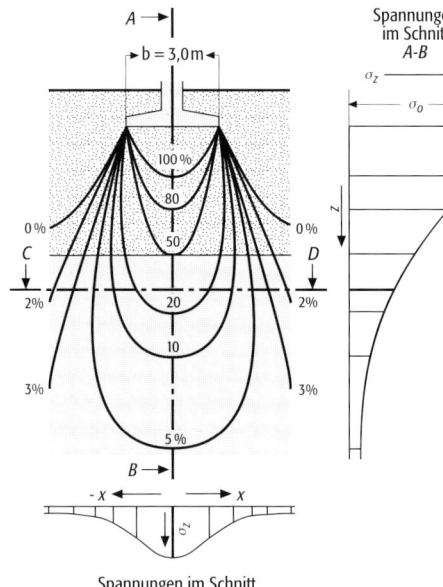

Gesetz zwar nur näherungsweise, ihm kommen aber die Eigenschaften des elastisch-isotropen Halbraums nahe. Die Isobaren erhalten daher eine mehr oder weniger gestreckte Form. Es entsteht die sog. Druckzwiebel (Abb. 2). [ERu]

Elastizität, 1) *Ingenieurgeologie*: bedeutet, daß ↗Deformationen bei Entlastung voll rückläufig sind, der Körper seinen ursprünglichen Zustand vor der Krafteinwirkung wieder einnimmt. Erst beim Überschreiten der ↗Elastizitätsgrenze treten bleibende Deformationen auf. Zur besseren Veranschaulichung kann das elastische Verhalten mit einer Feder verglichen werden, die nach Auslenkung stets ihre ursprüngliche Form wieder einnimmt, sofern sie nicht überdehnt wurde (Abb. a). Das elastische Verhalten entspricht in der Spannungs-Deformation-Kurve dem zweiten Stadium (Abb. b).

2) *Landschaftsökologie*: elastische Stabilität, Resilienz, die Fähigkeit eines ↗Ökosystems sich unverändert zu erhalten, trotz ungleichmäßigem Existieren der ↗Biozönosen infolge von externen Störungen variabler Dauer und Intensität. Elastizität gilt allgemein als charakteristisches Verhalten von »jungen« Ökosystemen (↗r-Strategie), während »reife« Ökosysteme bzw. höhere Sukzessionsstufen (↗Sukzession) mit persistenter Stabilität gleichgesetzt werden (↗Stabilität, ↗Regenerationsfähigkeit).

3) *Mineralogie*: bei der ↗elastischen Deformation nimmt ein Mineral nach Aufhören der einwirkenden Kraft seine ursprüngliche Form wieder an, im Gegensatz zur ↗plastischen Verformung, bei der die Elastizitätsgrenze überschritten wird und die eingetretene Verformung erhalten bleibt. Für die elastische Verformung gilt das ↗Hookesche Gesetz:

$$\alpha \cdot p = -\frac{\Delta L}{L}$$

(α = Dehnungskoeffizient, p = Zugspannung, ΔL = Längenänderung und L = Länge des Prüfkörpers). Das Elastizitätsverhalten ist auch bei kubischen Mineralen anisotrop und hängt eng mit der Kristallstruktur zusammen. Quantitativ läßt sich die Elastizität durch Elastizitätsfiguren, räumlich durch Elastizitätsmodulkörper darstellen. Wird die sog. Elastizitätsgrenze überschritten, so erfolgt entweder dauernde »plastische« Verformung oder völlige Aufhebung des Zusammenhalts, also Bruch bzw. Spaltung. ↗Plastizität der Minerale.

Elastizitätsgrenze, Grenze zwischen elastischem (↗Elastizität) und plastischem (↗Plastizität) Verhalten. Sie stellt den Übergang von bei Entlastung rückläufiger und bei Entlastung bleibender ↗Deformation dar (Abb.).

Elastizitätsmodul, *E-Modul*, die Kenngröße zur Beschreibung der Verformungseigenschaften von Gestein und Gebirge. Im einfachsten Fall wird die Kenngröße mit Hilfe eines einaxialen Druckversuches an einer zylindrischen Gesteinsprobe ermittelt. Dazu wird die axiale Spannung σ in der Probe mit einer konstanten Dehnungsrate zunächst gesteigert und anschließend entlastet. Aus der Steigung des Entlastungsastes der Spannungsdehnungslinie läßt sich an der Sekante vereinfachend ein Elastizitätsmodul E bzw. der *Entlastungsmodul* des Gesteins nach dem Hookeschen Gesetz

$$E = \frac{\Delta\sigma}{\Delta\varepsilon}$$

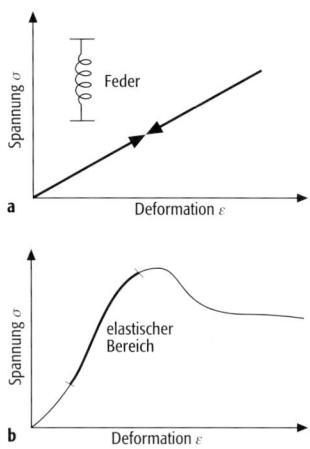

Elastizität: a) Modell zur Veranschaulichung der Elastizität, b) elastischer Bereich innerhalb der Spannungs-Deformation-Kurve.

bestimmen. Vereinfachend deshalb, weil sich genau genommen die Dehnungen ε bei der Gesteinsprüfung meistens aus reversiblen (elastischen) und irreversiblen (nicht-elastischen) Anteilen zusammensetzen (↗elastische Eigenschaften), also von einem elastischen Verhalten im Sinne der Elastizitätstheorie eigentlich nicht gesprochen werden kann. Um den Elastizitätsmodul des Gebirges – also eines geklüfteten, geschieferten oder geschichteten Körpers – zu bestimmen, sind Versuche an Gesteinsproben nur eine erste Orientierung. Soll der Elastizitätsmodul des Gebirges bestimmt werden, müssen die Probekörper eine statistisch hinreichende Zahl von Gefügeelementen enthalten, was meist nur an Probekörpern sehr großer Abmessungen mit Kantenlängen im Meterbereich gegeben ist. Solche Versuche werden dann nicht im Labor, sondern in situ ausgeführt, z. B. mit Hilfe des ↗Plattendruckversuches oder des Dilatometerversuches. [EFe]

elastooptischer Effekt, Änderung der ↗Dielektrizitätskonstanten und damit des ↗Brechungsindex durch Einwirkung einer mechanischen Dehnung. Der in Kristallen anisotrope Effekt wird in erster Ordnung (linearer Effekt) durch die folgende Gleichung beschrieben:

$$\Delta(\chi_{ij})^{-1} = \sum_k \sum_l p_{ijkl} \varepsilon_{kl} \, .$$

Die Koeffizienten $(\chi_{ii})^{-1}$ sind proportional zu den Hauptachsen der ↗Indikatrix. Also beschreibt die Gleichung die Änderung der Indikatrix durch mechanische Dehnung. p_{ijkl} ist ein polarer Tensor 4. Stufe, da er einen polaren Tensor 2. Stufe, den mechanischen Dehnungszustand (ε_{kl}), mit einem Tensor 2. Stufe, der inversen Dielektrizitätskonstanten (χ_{ij})$^{-1}$, in Beziehung setzt. Durch mechanische Beanspruchung (Dehnung oder Spannung) können somit optisch ↗isotrope Medien, wie z. B. Glas oder kubische Kristalle, doppelbrechend (↗Spannungsdoppelbrechung) und ↗optisch einachsige Kristalle ↗optisch zweiachsig werden.

elastoplastisches Verhalten, viskoplastisches Verhalten, Gestein reagiert bei einer Belastung meist sowohl elastisch (↗Elastizität) als auch plastisch (↗Plastizität), also elastoplastisch. Die durch die Entlastungslinie angezeigten bleibenden Formänderungen sind bereits von einer Schädigung des Materials begleitet. Diese leiten das Versagen durch Bruch ein. Auch nach dem Bruch zeigen viele Gesteine elastoplastisches Verhalten. Man spricht hierbei von ↗Restscherfestigkeit.

El Chichón, Berg in Mexiko, 17,3°N 93,2°W, 1350 m, vulkanisch aktiv, wobei der Ausbruch des Jahres 1982 besonders klimawirksam gewesen ist. ↗Vulkanismus, ↗Klimageschichte.

Elektrete, Ferroelektrika, ↗Ferroelektrizität.

elektrische Anisotropie, Abhängigkeit der Leitfähigkeit von der Stromflußrichtung, entsteht durch Feinschichtung bzw. Textur eines Gesteinskomplexes im mikroskopischen Bereich (Mikroanisotropie) oder durch Wechsellagerung bzw. Schieferung dünner Schichten, deren jeweilige individuelle Leitfähigkeit durch geoelektrische Verfahren nicht aufgelöst werden kann (Makro- oder Pseudoanisotropie). Sie tritt insbesondere bei feingeschichteten Sedimenten und vielen metamorphen Gesteinen auf. In isotropen Bereichen ist die Stromdichte $\vec{J}$ dem elektrischen Feld $\vec{E}$ proportional und die Leitfähigkeit ein Skalar: $\vec{J} = \sigma \vec{E}$ (↗Ohmsches Gesetz). Für anisotrope Bereiche wird die Leitfähigkeit zu einem (3 × 3)-Tensor, der durch eine Drehung des Koordinatensystems so transformiert werden kann, daß nur noch die Hauptachse von Null verschieden ist:

$$\underline{\sigma} = \begin{pmatrix} \sigma_1 & 0 & 0 \\ 0 & \sigma_2 & 0 \\ 0 & 0 & \sigma_3 \end{pmatrix} .$$

Die resultierende Stromflußdichte ist somit nicht mehr parallel zum elektrischen Feld. Die Leitfähigkeit parallel zur Schichtung wird als longitudinale, die senkrecht zur Schichtung als transversale Leitfähigkeit σ_l bzw. σ_t bezeichnet. Als *Anisotropiekoeffizienten* definiert man die Größe:

$$\eta = \sqrt{\sigma_l / \sigma_t}$$

($\eta \geq 1$), die in der Natur im Mikrobereich Werte zwischen etwa 1 und 2,5 annehmen kann. [HBr]

elektrische Bohrlochmessung, Sammelbegriff für geophysikalische Messungen in einer Bohrung zur Erfassung der elektrischen Eigenschaften der durchteuften Formation (Abb.). Zu den elektrischen Verfahren gehört die Bestimmung des Eigenpotentials (↗SP-Log) und des elektrischen Widerstandes der Formation (↗Widerstands-Log). Die teufenabhängige Registrierung des elektrischen Eigenpotentials (SP-Log) erfolgt zwischen einer im Bohrloch befindlichen beweglichen Meßelektrode und einer fest installierten übertägigen Bezugselektrode, die an einen hochohmigen Widerstand angeschlossen sind. Das Eigenpotential eines Gesteinsvolumens entspricht dabei der jeweiligen Spannung zwischen den beiden Elektroden und wird in Millivolt (mV) angegeben.

Bei den elektrischen Widerstandsverfahren wird unterschieden zwischen konventionellen Verfahren, fokussierten Verfahren und Mikrosonden. Die konventionelle Widerstandsmessung wird mit einer Vierelektrodenanordnung (Stromelektrode A, Bezugselektrode B und zwei Meßelektroden M, N) ausgeführt. Aus dem in die Bohrlochumgebung eingespeisten Strom und der an den Meßelektroden ermittelten Spannung wird der spezifische elektrische Widerstand m in Ohm ermittelt (↗Gleichstromgeoelektrik). Der Abstand zwischen der Stromelektrode A und der Meßelektrode M wird als Sondenlänge (Spacing) bezeichnet und ist ein Maß für die Erfassungstiefe senkrecht zur Bohrlochachse. Mit größerem Spacing wird die laterale Aufschlußtiefe größer und das vertikale Auflösungsvermögen nimmt deutlich ab. Zum Beispiel wird bei einer Sondenlänge von 40 cm eine vertikale Auflösung von ca. 0,5 m erreicht; bei einer 160 cm Anordnung nur

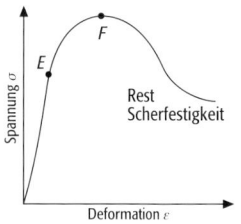

Elastizitätsgrenze: typische Spannungs-Deformations-Kurve bei einem Gestein (E = Elastizitätsgrenze, F = Bruchgrenze).

elektrische Doppelschicht

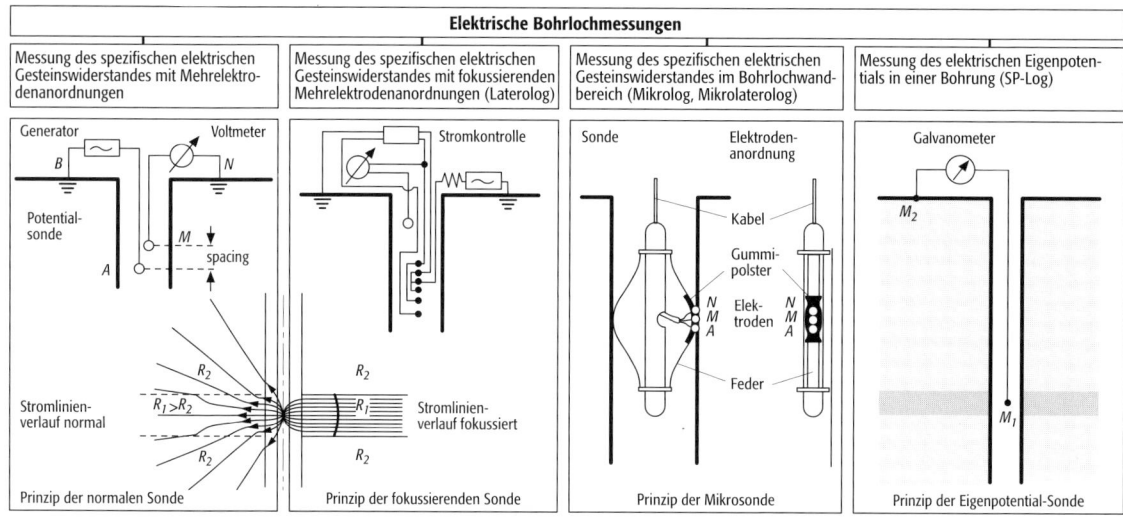

elektrische Bohrlochmessung: Übersichtsdarstellung der verschiedenen elektrischen Meßverfahren (A = Stromelektrode, B = Bezugselektrode, M, N = zwei Meßelektroden, R_1 = elektrischer Widerstand der von der Sonde zu vermessenden Schicht, R_2 = elektrischer Widerstand der umliegenden Schichten).

noch eine Auflösung von etwa 2 m. Moderne Sondenkonstruktionen basieren auf einer gerichteten (fokussierten) Widerstandsmessung. Der Stromfluß wird bei diesen als *Latero-Log* bezeichneten Sonden mit symmetrisch angeordneten Zusatzelektroden fokussiert und somit zum horizontalen Eintritt in das Gebirge gezwungen. Durch dieses Verfahren wird das vertikale Auflösungsvermögen und die Untersuchungstiefe der Messung erheblich erhöht (↗Delaware-Effekt Abb.). Auch hier kommen verschiedene Meßkonfigurationen zum Einsatz, die unterschiedliche Formationsvolumina erfassen. Aufschlußtiefen und vertikales Auflösungsvermögen der verschiedenen fokussierten Widerstandssonden variieren im Millimeter- bis Meterbereich. Messungen mit unterschiedlichen Aufschlußtiefen sind notwendig, um Informationen zur radialen Widerstandsverteilung um das Bohrloch (↗Infiltrationszone) zu erlangen. Nur tief eindringende Gerätekonfigurationen (z. B. Latero-Log-Deep) erfassen den Widerstand der von der Bohrung bzw. der Bohrspülung unbeeinflußten Formation. Sie liefern entscheidende Hinweise auf die Porenfüllung der Formation und dienen der Detektion von Öl- und Gashorizonten (↗Widerstands-Log). Auflösungen im cm-Bereich sind notwendig, um den Widerstand des ↗Filterkuchens bzw. der unmittelbaren Nähe der Bohrlochwand zu bestimmen. Diese Sondenkonstruktionen, werden als *Mikro-Log* bzw. *Mikrolatero-Log* bezeichnet und im Gegensatz zu den zentrisch im Bohrloch gefahrenen Latero-Logs mit einem Arm (Pad) an die Bohrlochwand gepreßt. Zur hochauflösenden Strukturaufnahme der Bohrlochwand existieren Geräte, bei denen mehrere solcher Arme orthogonal versetzte Mikrowiderstandskurven der Bohrlochwand liefern (↗Image-Log). Alle genannten Verfahren der konventionellen und gerichteten Widerstandsmessung können nur in wassererfüllten, unverrohrten Bohrungen durchgeführt werden. [JWo]

elektrische Doppelschicht ↗Grenzflächenleitfähigkeit.

elektrische Feldstärke, physikalische Größe, die die spezifische Kraft auf ein geladenes Teilchen im elektrischen Feld beschreibt: $\vec{E} = \vec{F}/q$. Die elektrische Feldstärke ist ein Vektor, die Maßeinheit im SI-System ist Volt pro Meter (V/m). Das ↗elektrische Feld der Atmosphäre ist im wesentlichen vertikal zur Erdoberfläche ausgerichtet und nimmt mit der Höhe ab. Unter ungestörten Bedingungen liegt der Wert der elektrischen Feldstärke in Bodennähe bei -100 V/m, in 30 km Höhe nur noch bei -30 mV/m. Unter Gewitterwolken können kurzzeitig Werte bis zu 5 kV/m auftreten.

elektrische Leiter ↗elektrische Leitfähigkeit.

elektrische Leitfähigkeit, 1) *Allgemein*: die Eigenschaft eines Körpers elektrische Ladungen zu transportieren. **2)** *Geophysik*: gibt an wie viele Ladungen bei gegebener elektrischer Feldstärke durch eine Fläche transportiert werden. Die elektrische Leitfähigkeit σ kann über die elektrische Stromdichte I und die elektrische Feldstärke E definiert werden:

$$I = \sigma E \quad (1).$$

Es ergibt sich als Einheit Siemens [S/m = A/(Vm) = 1/(Ohm m)]. Da es in der angelsächsischen Literatur z. T. unüblich ist, eine Firmenbezeichnung als Einheit zu verwenden, findet sich oft die reziproke Schreibweise für Ohm [mho]. Da die ↗SI-Einheit [S = Siemens] nach dem Forscher Siemens benannt ist, setzt sich die SI-Schreibweise auch hier langsam durch. Für niedere Spannungen ist die elektrische Leitfähigkeit proportional zur Feldstärke und kann durch das ↗Ohmsche Gesetz beschrieben werden (↗elektrischer Widerstand). Die elektrische Leitfähigkeit ist i. a. eine anisotrope Eigenschaft, die durch einen symmetrischen ↗Tensor zweiter Stufe beschrieben werden kann (↗elektrische Anisotropie). Substanzen, die eine geringe elek-

elektrische Leitfähigkeit (Tab.):
Leitfähigkeiten einiger Stoffe.

	10^{-9} S/m	10^{-6} S/m	10^{-3} S/m	10^{0} S/m	10^{3} S/m	10^{6} S/m	10^{9} S/m
	1 nS/m	1 μS/m	1 mS/m	1 S/m	1 kS/m	1 MS/m	1 GS/m
Gold						metallisch	
Aluminium						metallisch	
Silicium				elektronischer Halbleiter			
Al_2O_3			Isolator				
Luft		Isolator					
Magmatite			elektronischer Halbleiter				
Metamorphite		(trocken)	elektronischer Halbleiter				
Meerwasser					ionisch		
Sedimente				ionisch			
Schmelzen				ionisch			

trische Leitfähigkeit besitzen, werden als ↗Isolatoren, sehr gute elektrische Leiter als *elektrische Leiter* bezeichnet. Viele Substanzen zeigen eine Leitfähigkeit dazwischen und werden als *Halbleiter* bezeichnet (Tab.). Oft hängt der Leitungstyp von Festkörpern an der elektronischen Bandstruktur (*Valenzband*, Bereich in dem sich die äußeren Elektronen normalerweise aufhalten; *Leitungsband*, Bereich in welchem Elektronen transportiert werden können). Sind Valenz- und Leitungsband weit auseinander, können nur sehr wenige Elektronen ins Leitungsband gelangen (Isolator). Liegen Valenz- und Leitungsband nah beieinander, wird eine höhere Leitfähigkeit beobachtet (Halbleiter). Überschneiden sich Valenz- und Leitungsband, werden sehr hohe Leitfähigkeiten beobachtet (elektrischer Leiter). Wird die elektrische Leitfähigkeit durch Elektronen im Leitungsband dominiert, wird dies als elektronische Leitfähigkeit bezeichnet (Metalle und viele Halbleiter, z. B. Silicium). Sind die Elektronen nicht mehr lokalisierbar (Elektronenwolke), wird von metallischer Leitfähigkeit gesprochen (Metalle, Graphit in Richtung der a-Achse). Wird die Leitfähigkeit von einem Ladungstransport im Valenzband bestimmt, wird formal ein Transport von Fehlstellen (Löchern) beschrieben (Löcherleitung, z. B. Halbleitersensoren). Dominieren Ionen den Ladungstransport ergibt sich die ionare Leitfähigkeit (z. B. Salzlösungen, Schmelzen, Lambda-Sonde). Sind mehrere Mechanismen am Ladungstransport beteiligt, wird von gemischter Leitfähigkeit gesprochen.

Die Temperaturabhängigkeit der elektrischen Leitfähigkeit von Mineralen wird durch den dominierenden Leitfähigkeitsmechanismus bestimmt. Die meisten Minerale sind elektronische Halbleiter. Die elektronische Leitfähigkeit σ_{el} von Halbleitern kann durch einen Arrhenius-Ansatz beschrieben werden:

$$\sigma_{el} = \sigma_{0el} \exp\left(\frac{-E_{Ael}}{kT}\right) \quad (2),$$

wenn σ_{0el} eine Konstante und E_{Ael} die entsprechende Aktivierungsenergie darstellt. Handelt es sich um einen Ionentransport, ergibt sich die elektrische Leitfähigkeit σ_{ion} aus der Diffusion der Ladungsträger:

$$\sigma_{ion} = \frac{\sigma_{0ion}}{T} \exp\left(\frac{-E_{Aion}}{kT}\right) \quad (3)$$

mit σ_{0ion} einer Konstanten und E_{Aion} der Aktivierungsenergie für den Ionentransport (Ionendiffusion). In beiden Mechanismen führt eine Temperaturerhöhung zu einer Erhöhung der mobilen Ladungsträgerkonzentration. Die elektrische Leitfähigkeit von Schmelzen und Fluiden können mit Gleichung (3) beschrieben werden. Bei flüssigen Phasen, die im chemischen Gleichgewicht mit den festen Phasen stehen, muß im besonderen Maße die temperatur- und druckabhängige Änderung der chemischen Zusammensetzung berücksichtigt werden. Die Aktivierungsenergie liegt für die meisten Minerale und Schmelzen bei ca. 1 eV. In Metallen führt eine Erhöhung der Temperatur zu vermehrten Elektron-Elektron-Wechselwirkungen und damit zu einer Abnahme der elektrischen Leitfähigkeit σ_{Metall}:

$$\sigma_{Metall} = \sigma_{0Metall} / T \quad (4)$$

mit der Proportionalitätskonstante $\sigma_{0Metall}$. Wechselwirkungen mit Gitterschwingungen führen zu einer zusätzlichen Reduzierung der elektronischen Leitfähigkeit. Die Druckabhängigkeit der elektrischen Leitfähigkeit ist i. a. wesentlich geringer als die Temperaturabhängigkeit. Der Einfluß des Druckes auf die Lage der Energieniveaus und damit auf die elektronische Leitfähigkeit ist relativ gering. Bei ionischem Ladungstransport können durch den Druck die Ionen i. a. schwerer durch das Gitter oder durch die flüssige Phase wandern. Dies führt dann zu einer Erhöhung der Aktivierungsenergie mit dem Druck. Die Temperatur- und Druckabhängigkeit der elektrischen Leitfähigkeit hängt entscheidend von den Mechanismen des Ladungstransports ab.

Für die Modellierung der elektrischen Leitfähigkeit von Phasengemischen (↗Petrophysik) sind – abhängig vom ↗Gefüge – verschiedene Modelle bekannt. Das älteste isotrope Modell, unter der Annahme von Kugeln in einer homogenen Matrix, wurde von Maxwell (1881) beschrieben. Wagner und in jüngerer Zeit Hashin und Shtrikman sowie Waff erweiterten das Modell für komplexe Leitfähigkeiten (Abb. 1).

elektrische Leitfähigkeit 1:
geometrische Anordnungen binärer Mischungen, für die analytische Lösungen der elektrischen Kompositeigenschaften bekannt sind, wenn der Einfluß von Korngrenzen (z. B. p-n-Übergang, elektrische Doppelschicht) vernachlässigt wird. Die elektrische Leitfähigkeit σ für ein binäres System von sphärischen Einschlüssen (Phase II) in einer homogenen Matrix (Phase I) ergibt sich mit den elektrischen Leitfähigkeiten σ_I und σ_{II}.

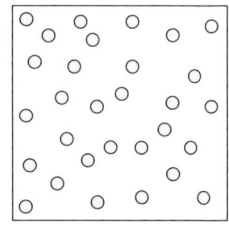

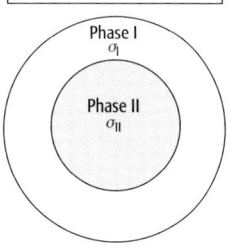

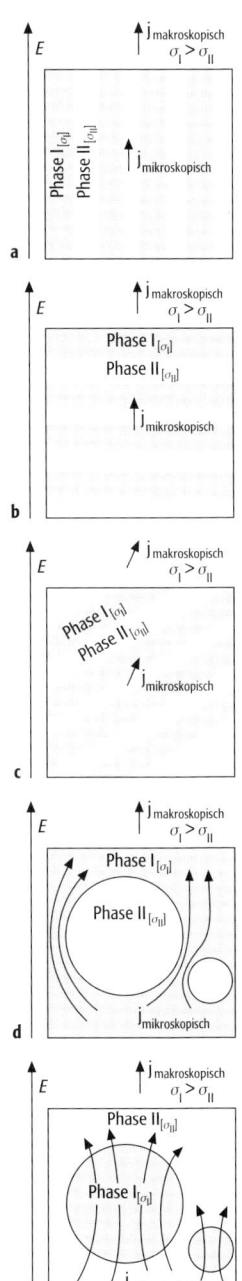

elektrische Leitfähigkeit 2: In diesem zweiphasigen Mineralgemisch besitzt die Phase I eine hohe elektronische Leitfähigkeit σ_I, während die zweite Phase einen Isolator mit geringer Leitfähigkeit σ_{II} darstellt. Die elektrische Leitfähigkeit soll für beide Phasen richtungsunabhängig sein. a) Sind die Phasen parallel zum vorgegeben E-Feld ($E =$

Die elektrische Leitfähigkeit σ für ein binäres System von sphärischen Einschlüssen (Phase II) in einer homogenen Matrix (Phase I) ergibt sich mit den elektrischen Leitfähigkeiten σ_I und σ_{II} nach Maxwell-Wagner (abgeleitet entsprechend der »Theorie des effektiven Mediums«) zu:

$$\sigma = \sigma_I \frac{2\sigma_I + \sigma_{II} - 2X_{II}(\sigma_I - \sigma_{II})}{2\sigma_I + \sigma_{II} + X_{II}(\sigma_I - \sigma_{II})} \quad (5),$$

wenn X_{II} den Volumenanteil der Phase II darstellt und der Einfluß von Korngrenzen vernachlässigt werden kann. Leitet die Matrix den Strom besser als die eingeschlossene Phase, ergibt sich in der Summe eine hohe elektrische Leitfähigkeit (obere Grenze nach Hashin-Shtrikman). Wird die gut leitende Phase von einem Isolator umgeben, ist bei gleichen Volumina die Leitfähigkeit des Komposits wesentlich geringer als im ersten Fall (untere Grenze nach Hashin-Shtrikman). Die elektrische Leitfähigkeit wird demnach nicht nur von der Orientierung und den Volumenanteilen der einzelnen Phasen bestimmt, sondern in einem entscheidenden Maß auch von der räumlichen Anordnung der Phasen. Entscheidend für die elektrische Leitfähigkeit ist die Vernetzung der gut leitenden Phase.

In einem zweiphasigen Mineralgemisch soll die Phase I eine hohe elektrische Leitfähigkeit σ besitzen, während die zweite Phase einen Isolator darstellt. Je nach der Anordnung der Phasen fließt der elektrische Strom j in unterschiedlicher Art und Weise. Die Ladungsträger müssen hierbei unterschiedlich weite Wege zurücklegen (Abb. 2). Die räumliche Verteilung der Mineralphasen und ihre Orientierung sind für die beobachtete Leitfähigkeit von großer Bedeutung. Der Stromfluß orientiert sich entlang von Pfaden mit hoher elektrischer Leitfähigkeit. Stromfluß und Elektrisches Feld müssen nicht parallel sein! An den Phasengrenzen können sich Kontaktpotentiale bilden, die sich dem äußeren E-Feld überlagern. Sind unterschiedliche Ladungsträger für die Leitfähigkeit der verschiedenen Phasen verantwortlich (z. B. Elektronen, Elektronenlöcher), kann es an den Phasengrenzen zu Sperrschichten kommen (z. B. p-n-Übergang), da die Ladungsträger nicht von einem Mineral in das andere gelangen können. Beide Effekte können die elektrische Leitfähigkeit von Phasengemischen erheblich beeinflussen. In heterogenen Proben kommt es an Korngrenzen und Poren bzw. Rissen zu Inhomogenitäten des elektrischen Feldes. So werden z. B. an Ecken, Kanten und Spitzen Extremwerte im elektrischen Feld beobachtet. Dies kann zu nichtlinearen Änderungen der elektrischen Leitfähigkeit (nicht-ohmsches Verhalten) in Bereichen anomaler E-Felder führen. Die elektrische Leitfähigkeit von /Sedimenten hängt v. a. vom Salzgehalt der Porenflüssigkeit, Geometrie und Verteilung der Poren und Risse und damit von der Permeabilität ab (/Petrophysik).

Durch die unterschiedlichen dielektrischen /Suszeptibilitäten von Fluiden und Matrix kommt es bei fluid gefüllten Poren zur Ausbildung einer dielektrischen Doppelschicht. Diese, auch elektrische Doppel- oder Sternschicht genannte Schicht (/Grenzflächenleitfähigkeit Abb.) ist durch die starken elektrostatischen Anziehungskräfte relativ stabil und wird durch einen Strom- oder Fluidfluß nur unwesentlich beeinflußt. Dies führt zu einer Reduzierung der für den Transport zur Verfügung stehenden Querschnitte. Dadurch wird die elektrische Leitfähigkeit der Probe beeinflußt und die /Permeabilität reduziert. Die verringerte Permeabilität führt zudem zu einem geringeren advektiven Wärmetransport bei einem Wärmetransport über die fluide Phase. Die elektrische Doppelschicht hat eine Dicke im Bereich einiger Atomlagen und beeinflußt deshalb v. a. kleine Röhren und Kanäle in der Probe, während der Einfluß bei großen Röhrendurchmessern vernachlässigt werden kann.

3) *Hydrologie*: elektrolytische Leitfähigkeit, Eigenschaft einer Wasserprobe, welche auf die in ihr enthaltenen Salze zurückgeht oder durch die bei der /Dissoziation des Wassers (Leiter 2. Ordnung) gebildeten Ionen bedingt ist. Die elektrische Leitfähigkeit hängt von der Art und Konzentration der Ionen, sowie von der Temperatur und der /Viskosität der Lösung ab. Sie wird als physikalische Kenngröße häufig herangezogen zur summarischen Erfassung von gelösten Ionen in Gewässerproben und Prozeßwasser (gemessen in Siemens/Meter).

4) *Klimatologie*: Eigenschaft eines Mediums, elektrischen Ladungsträgern die Bewegung unter dem Einfluß eines Feldes zu ermöglichen. Bei einer Leitfähigkeit σ gilt für die sich im Feld $\vec{E}$ einstellende Stromdichte $j = \sigma \cdot \vec{E}$. Die Leitfähigkeit der Atmosphäre wird durch die Konzentration und die Mobilität der negativen und positiven /Luftionen bestimmt. Am niedrigsten ist sie in Bodennähe ($3 \cdot 10^{-14}$ $\Omega^{-1} \cdot m^{-1}$) und steigt mit zunehmender Höhe bis auf Werte über 10^{-5} $\Omega^{-1} \cdot m^{1}$ in der /Ionosphäre an. In der Ionosphäre wird die Leitfähigkeit anisotrop infolge des Einflusses des Erdmagnetfeldes auf die Bewegung der Ladungsträger. Durch die Anlagerung der Luftionen an /Aerosole und Wolkentröpfchen wird die Leitfähigkeit erheblich reduziert.

elektrischer Widerstand, *Widerstand*, ist ein Maß für den Ladungstransport in einem Körper. Oft wird, in Abhängig von der Feldstärke, eine Proportionalität zwischen Strom I und Spannung U beobachtet. Die Proportionalitätskonstante wird als elektrischer Widerstand R [Ω (Ohm)] bezeichnet: $R = U/I$. Der /spezifische Widerstand ist eine Materialkonstante und reziprok zur /elektrischen Leitfähigkeit σ.

elektrisches Feld der Atmosphäre /Erde.

elektrische Tomographie, *Widerstandstomographie*, /geoelektrisches Verfahren, das durch eine Vielzahl von Messungen an der Erdoberfläche oder in Bohrungen Schnittbilder der Leitfähigkeitsverteilung liefert. Die notwendige große Zahl an Stromeinspeise- und Spannungsmeßpunkten wird üblicherweise durch Multielektrodenanordnungen realisiert. Im Unterschied zur Strahlentomographie sind die von den Stromsystemen im Untergrund erfaßten Bereiche meist sehr viel größer; ein geoelektrisches Tomogramm erreicht daher nicht das Auflösungsvermögen ↗seismischer Methoden.

elektrochemische Verfestigung, Verfahren zur Verfestigung des Untergrunds. Dabei werden Elektroden in den Boden gebracht und üblicherweise an eine Gleichstromquelle angeschlossen, wobei, basierend auf den elektrokinetischen Hauptphänomenen ↗Elektroosmose und ↗Elektromigration in Verbindung mit elektrochemischen Reaktionen an den Elektroden, der Untergrund verfestigt wird. Bei der Verwendung von Anoden aus Metall können durch Oxidationsprozesse an den Elektroden Metallionen freigesetzt werden, die dann infolge der Transportprozesse mit dem Boden reagieren können und somit zu einer Verfestigung führen. Ein Beispiel ist die Verfestigung mittels Aluminiumanoden. An der Anode bilden sich Aluminiumionen, diese reagieren mit den Ionen des Bodens und bilden unlösliche Aluminiumsalze, die sich im Boden absetzen und den Baugrund bleibend verbessern. Dieses Verfahren kann z. B. zur Verfestigung von Tonen mit hohem Wassergehalt angewendet werden. Ein weiteres Beispiel ist die Elektroinjektion. Das Injektionsmittel wird der als Filter ausgebildeten Anode zugegeben. Die Chemikalien wandern durch die elektrokinetischen Transportprozesse in den Boden. Dabei reagieren die Ionen der zugegebenen Lösung mit den Ionen des Bodens. Verwendet man Lösungen auf Silicatbasis, so bilden sich im Boden Gele, die den Baugrund verfestigen. [RZo]

Elektrodenabstand, der Abstand der Elektroden zur Stromeinspeisung bei den ↗geoelektrischen Verfahren.

Elektrodenpolarisation ↗induzierte Polarisation.

Elektroden-Sonden-Anordnung, Geometrie von Stromelektroden und Potentialsonden bei den ↗geoelektrischen Verfahren.

Elektrofazies, Begriff aus der Bohrlochgeophysik. Bezeichnung für eine spezifische Kombination an Log-Antwortsignalen, die einen Gesteinstyp bzw. Faziestyp individuell charakterisiert.

Elektrokristallisation, Abscheideverfahren aus Lösungen, wobei durch Anlegen einer Spannung an Elektroden in einer Lösung durch Stromtransport eine elektrolytische Abscheidung erfolgt. Es wird vorwiegend zur Beschichtung von unedlen Metallen mit hochwertigen Überzügen verwendet, aber auch zur Herstellung von Kristallen, die sich nicht einfach aus Lösungen erhalten lassen. Durch die Kontrolle von Strom und Spannung kann eine feine Steuerung der Wachstumsgeschwindigkeiten und der Abscheidedicken erfolgen.

Elektrolyt, Flüssigkeiten, die Ionen enthalten und dadurch eine ↗elektrische Leitfähigkeit aufweisen (Salzlösung, -schmelze). Je nach Ausmaß der ↗Dissoziation der Salze spricht man von starken bzw. schwachen Elektrolyten. Sie sind in wässriger Lösung, als Überträger und Lieferanten von Ionen, praktisch an allen biochemischen und geochemischen Prozessen in der belebten und unbelebten Natur beteiligt. In der Technik werden sie zum Aussalzen und Ausflocken von Substanzen aus Gemischen eingesetzt, z. B. bei der ↗Abwasserreinigung.

Elektromagnetik, umgangssprachlicher Sammelbegriff für ↗elektromagnetische Verfahren.

elektromagnetische Induktion ↗Induktion.

elektromagnetischer Bias, Hauptbestandteil des ↗Seegangsfehlers, der bei Altimetermessungen über dem Meeresspiegel auftritt. Wellentäler bilden sich parabolisch aus, sie reflektieren intensiver als Wellenspitzen. Die Altimetermessung wird deshalb länger, als es der ruhenden Meeresoberfläche entsprechen würde. Der elektromagnetischer Bias ist in erster Näherung proportional zur ↗signifikanten Wellenhöhe.

elektromagnetisches Spektrum, Verteilung der Strahldichte der ↗elektromagnetischen Strahlung als Funktion der Wellenlänge. Wegen der großen Bandbreite des Spektrums der vorkommenden elektromagnetischen Wellen werden verschiedene Teilbereiche des Spektrums wie eigene Strahlungsarten betrachtet, wie z. B. Radiowellen, Mikrowellen, Lichtwellen, Röntgenwellen. Die Abgrenzungen sind aus historischen Gründen nicht sehr scharf. Aufgrund des Welle-Teilchen-Dualismus besitzen die elektromagnetischen Wellen auch Teilcheneigenschaften; in letzterem Fall spricht man von Strahlung.
Der Spektralbereich, der in der Atmosphärenforschung am wichtigsten ist, wird in der Physik eingeteilt in ↗ultraviolette Strahlung (10 nm bis 400 nm), sichtbares (*VIS* von engl. visible = sichtbar) Licht (400 nm bis 750 nm) und Infrarot (750 nm bis 300 μm); in der Meteorologie ist es üblich, den solaren (ca. 0,3 bis 3,5 μm) vom terrestrischen Spektralbereich (ca. 3,5 μm bis 100 μm, u. a. auch als *Wärmestrahlung* bezeichnet) zu trennen. Man unterscheidet Emissionsspektren, bei denen die elektromagnetischen Wellen von einer Strahlungsquelle ausgesandt werden, und Absorptionsspektren, bei denen Teile eines kontinuierlichen Spektrums in einem Medium absorbiert werden (↗Absorptionsbande).

elektromagnetische Strahlung, ist eine Form der Energieausbreitung, die als Wellenstrahlung definiert werden kann. Das sich periodisch ändernde elektromagnetische Feld, das sich mit Lichtgeschwindigkeit ausbreitet, wird durch die Frequenz (in Hertz) oder durch die Wellenlänge λ beschrieben. Die elektromagnetische Strahlung, die an einem Körper auftrifft, wird in Abhängigkeit von seinen Material- und Oberflächeneigenschaften wellenlängenabhängig zu einem Teil an seiner Oberfläche reflektiert, zu einem anderen Teil absorbiert; geringe Teile durchdringen den Körper. Eine quantitative Beschreibung dieser Zusammenhänge liefern Reflexionsgrad, Absorptionsgrad und Transmissionsgrad. Die Aufzeichnung von Informationen in Fernerkundungsdaten ist an die elektromagnetische Strahlung gebunden, da die Übertragung der Information von Objekten und deren Merkmalen der Erdoberfläche (oder der Atmosphäre) zum Sensor durch die elektromagnetische Strahlung erfolgt. [CG]

elektrische Feldstärke) orientiert, ist der Stromfluß in der Probe parallel zum beobachteten Stromfluß außerhalb der Probe. b) Sind die Phasen senkrecht zum vorgegeben *E*-Feld orientiert, ist der Stromfluß in der Probe ebenfalls parallel zum makroskopisch beobachteten Stromfluß. c) Liegen die Schichtpakete schräg zum angelegten *E*-Feld, resultiert ein Stromfluß schräg zum *E*-Feld. Mikroskopischer und makroskopisch beobachteter Stromfluß verlaufen parallel. d) Wird der Isolator von einer gut leitenden Matrix umgeben, werden im mikroskopischen Bereich die Feldlinien und der Stromfluß von der Anordnung der Phasen beeinflußt. Der Strom fließt auf gekrümmten Bahnen um den Isolator herum. e) Werden die gutleitenden Phasen vom Isolator eingeschlossen, ergibt sich in der Summe eine geringere Leitfähigkeit als im Fall d). Das elektrische Feld in der Probe ist gestört und die Ladungsträger bewegen sich bevorzugt durch die guten Leiter.

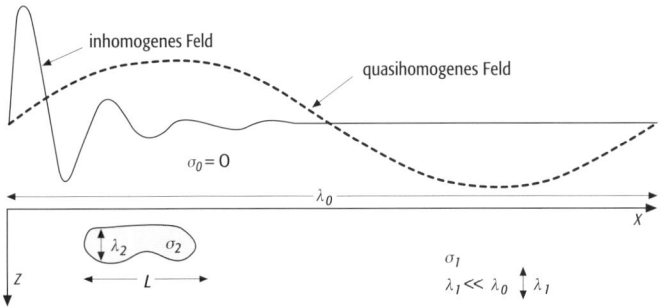

elektromagnetische Verfahren 1:
Veranschaulichung von quasihomogenen und inhomogenen Quellenfeldern über einer elektrisch leitfähigen Erde. Im Luftraum ist die Wellenlänge λ_0 sehr viel größer als im Untergrund (λ_1 bzw. λ_2).

elektromagnetische Verfahren, *EM-Verfahren*, i. w. S. alle geophysikalischen Methoden, welche die Erkundung der elektrischen Leitfähigkeitsverteilung im Untergrund zum Ziel haben. Dabei werden elektrische und/oder magnetische Feldgrößen an der Erdoberfläche, im Bohrloch oder in der Luft gemessen. Die Anwendungsgebiete der elektromagnetischen Verfahren reichen von Aufgaben im Umweltbereich und der Erzexploration über geologisch-tektonische Fragestellungen bis hin zu Studien der tiefen ↗Erdkruste und des oberen Erdmantels. Die gelegentlich schwer überschaubar wirkende Vielfalt an speziellen Methoden hat ihre Ursache in der Ausnutzung eines weiten Frequenzbereichs, der von $f \approx 0$ Hz (z. B. ↗Gleichstromgeoelektrik) bis zu einigen GHz (↗Bodenradar) reicht, und der Kombinationsmöglichkeit unterschiedlichster Sender-Empfänger-Anordnungen und damit Feldgeometrien (↗geoelektrische Verfahren).

Unter einem engeren Blickwinkel werden nur solche als EM-Verfahren bezeichnet, die den elektromagnetischen ↗Skineffekt direkt ausnutzen; als solche nennt man sie auch ↗Induktionsverfahren. Sie lassen sich noch einmal untergliedern in Frequenz- und Zeitbereichsverfahren; bei ersteren erhält man eine von der Leitfähigkeitsverteilung im Untergrund abhängige Übertragungsfunktion als Funktion der Frequenz, während man bei letzteren die endliche Abklingzeit elektromagnetischer Felder in elektrischen Leitern nach Abschalten einer Sendeeinrichtung untersucht (↗Transienten-Elektromagnetik). Im Frequenzbereich kennt man sowohl passive, d. h. rein beobachtende Verfahren – wobei das anregende Feld natürlichen Ursprungs ist (↗Magnetotellurik) bzw. von weit entfernten Sendern stammt, die primär anderen Zwecken dienen und lediglich für die geophysikalische Anwendung benutzt werden (↗VLF-Verfahren) –, als auch aktive Methoden, die den Betrieb eines eigenen Senders erfordern. Die Abgrenzung des Frequenzbereichs folgt aus den ↗Maxwellschen Gleichungen:

$$\nabla \times \vec{H} = \partial \vec{D}/\partial t + \vec{J} \quad (1)$$
$$\nabla \times \vec{E} = -\partial \vec{B}/\partial t \quad (2)$$

mit: $\vec{H}$ = magnetische Feldstärke, $\vec{D}$ = dielektrische Verschiebung, $\vec{J}$ = Stromdichte, $\vec{E}$ = elektrische Feldstärke und $\vec{B}$ = Induktionsflußdichte.

Für sehr hohe Frequenzen überwiegt der Anteil des Verschiebungsstroms $\partial D/\partial t$, der Leitungsstrom J kann vernachlässigt werden. Umgekehrt dominiert der Leitungsstrom bei niedrigen Frequenzen und im Extremfall der Gleichstromverfahren sind alle zeitlichen Ableitungen gleich 0. Aus (1) und (2) läßt sich die eindimensionale ↗Helmholtz-Gleichung:

$$\frac{\partial^2 \vec{F}}{\partial z^2} = \gamma^2 \vec{F} \quad (3)$$

für die gedämpfte Ausbreitung einer elektromagnetischen Welle mit der Lösung

$$F(z) = F_0 \exp(-\gamma z) \quad (4)$$

ableiten; dabei repräsentiert F die elektrische Feldstärke E oder die magnetische Induktionsflußdichte B mit einer zeitlichen Abhängigkeit proportional zu $\exp(i\omega t)$; t steht dabei für die Zeit und ω für die Kreisfrequenz; γ ist die komplexe Ausbreitungskonstante (»Wellenzahl«) mit:

$$\gamma^2 = \nu^2 + i\omega\mu\sigma - \mu\varepsilon\omega^2 = \nu^2 + k^2 - \varkappa^2. \quad (5)$$

Dabei bezeichnet $\nu = 2\pi/l$ die laterale Wellenzahl, l ist die Wellenlänge und damit ein Maß für die Veränderlichkeit des Feldes in lateraler Raumrichtung (x, y). Der größte der Terme in (5) bestimmt wesentlich die Größe von γ und damit den Charakter des Feldes:

a) $k \gg \nu, \varkappa$: Das Feld ist quasi-homogen (Fernfeldnäherung, die Felder verhalten sich ähnlich einer ebenen Welle) und der Leitungsstrom überwiegt gegenüber dem Verschiebungsstrom. Die Phasenvariation einer einfallenden ebenen Welle über einem Untersuchungsgebiet kann dabei vernachlässigt werden. Denn bei einer Frequenz von z. B. 1 kHz beträgt die Wellenlänge $\lambda = c_0/f = 10^5$ m, bei 1 Hz ist $\lambda = 10^8$ m. (Lichtgeschwindigkeit $c_0 \approx 3 \cdot 10^8$ m/s) und ist damit immer sehr viel größer als das betrachtete Target (Abb. 1). Dies ist der Fall der ↗Magnetotellurik, der ↗erdmagnetischen Tiefensondierung und auch des ↗VLF-Verfahrens bzw. ↗VLF-R-Verfahrens. Das elektromagnetische Feld diffundiert in den elektrisch leitenden Untergrund; es wird gedämpft und ist in der Skintiefe (↗Eindringtiefe)

$$\delta = \sqrt{\frac{2}{\mu_0 \omega \sigma}} \approx 503 \sqrt{\frac{\varrho}{f}} \; [m] \quad (6a)$$

auf den $1/e$-ten Teil seines Wertes an der Oberfläche abgefallen; dabei erfährt es auch eine Phasenverschiebung, die 1 rad in der Tiefe $z = \delta$ beträgt. Im Zeitbereich entsprechen die späten Zeiten der Fernfeldnäherung und

$$d = \sqrt{\frac{2t}{\mu_0 \sigma}} \approx 1262 \sqrt{\varrho t} \; [m] \quad (6b)$$

ist analog der Tiefe, bis in die das Feld zu einem Zeitpunkt t nach Abschalten eines Magnetfeldes diffundiert ist.

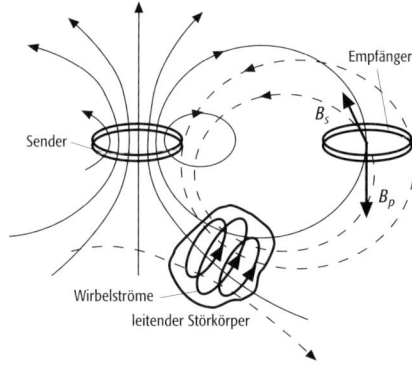

elektromagnetische Verfahren 2:
Prinzip der elektromagnetischen Induktionsverfahren, hier dargestellt für ein Zweispulensystem. B_p ist das primäre, B_s das sekundäre Feld am Ort der Empfängerspule.

b) $v \gg k$, $\varkappa$: Bei sehr niederfrequenter Anregung durch eine stark inhomogene Quelle (der Beobachtungspunkt befindet sich im ↗Nahfeld eines Sendedipols; die Gleichstromgeoelektrik stellt gewissermaßen einen Extremfall dar) wird $\gamma \approx \nu$, die Variation des Feldes also durch den nun rein geometrischen Term $\exp(-\gamma z)$ bestimmt. Das bedeutet, je inhomogener das Feld in horizontaler Richtung ist, desto schneller klingt es mit der Tiefe z ab. Das Magnetfeld trägt in diesem Fall keine Information über die ↗elektrische Leitfähigkeit des Untergrunds. Im Zeitbereich entspricht dieser Nahfeldbereich den frühen Zeiten nach Abschalten des Signals (Transienten).

3) $\varkappa \gg \nu$, k: Bei hohen Frequenzen und ebenen Wellen erfolgt die Ausbreitung in einem schlechten Leiter ungedämpft. Dies ist der Fall des Geo- oder ↗Bodenradars, wobei allerdings in der Praxis die Frequenzen nicht so hoch gewählt werden können, daß der Anteil von k völlig vernachlässigt werden kann.

Die Induktionsverfahren werden durch die Fälle a) und b) beschrieben, also einer Diffusion mit eventueller zusätzlicher geometrischer Dämpfung des Feldes. Diese bewirkt für die meisten aktiven Methoden, bei welchen der Abstand Sender-Empfänger häufig in der Größenordnung der Skintiefe liegt, eine geringere Eindringtiefe im Vergleich zu den Fernfeldmethoden in a) (Gleichung 6). Im Fernfeld eines Senders spielt die laterale Variation des Feldes keine Rolle mehr gegenüber der Eindringtiefe δ. Üblicherweise mißt man die Komponenten der magnetischen und auch – wie in der Magnetotellurik und im VLF-R-Verfahren – elektrischen Felder an der Erdoberfläche und bezieht sie aufeinander. Man berechnet Übertragungsfunktionen zwischen den Feldkomponenten, die Rückschlüsse auf die Leitfähigkeitsverteilung im Erdinnern erlauben. Die Stärke des Quellenfeldes spielt (bei ausreichendem Signal/Rausch-Verhältnis) keine Rolle. Da die Skintiefe von der Leitfähigkeit und der Frequenz abhängt, erreicht man durch Bestimmung der Übertragungsfunktionen bei verschiedenen Frequenzen eine Sondierung unterschiedlicher Tiefenbereiche. Im Nahfeld oder im Übergangsbereich Nahfeld/Fernfeld einer Quelle (z. B. eines magnetischen Dipols, der durch eine von einem elektrischen Wechselstrom der Frequenz ω durchflossenen Leiterschleife realisiert wird), ist die horizontale Variation des Feldes groß gegenüber bzw. vergleichbar der Wellenlänge λ im Untergrund. Daher muß hier das primäre Feld des Senders berücksichtigt werden. Dies erfordert die Berechnung des Feldes von magnetischen oder elektrischen Dipol- oder Linienquellen über einem leitfähigen Untergrund. Aufgrund des aufwendigen Formalismus wird häufig eine Wechselstromkreis-Analogie zur Erklärung des Anomalieverlaufs in den Frequenzbereichsmethoden gewählt. Dabei denkt man sich den im Vergleich zur Umgebung elektrisch besser leitfähigen Störkörper (dem Explorationsziel) im Untergrund durch eine Leiterschleife ersetzt. Das Wechselfeld des Sendedipols induziert in dieser Leiterschleife Wirbelströme, die wiederum ein sekundäres Magnetfeld B_s am Ort des Empfängers erzeugen (Abb. 2). Bezieht man nun dieses Sekundärfeld auf das primäre Feld B_p, das ohne den »Umweg« über den Störkörper direkt vom Sender zum Empfänger gelangt, so erhält man einen charakteristischen Anomalieverlauf des Verhältnisses B_s/B_p als Funktion der Profilkoordinate x über den Störkörper. Die Darstellung erfolgt meist getrennt in Realteil (In-Phase) und Imaginärteil (Out-of-Phase, Quadratur) und in Prozent oder ppm des Primärfeldes. Formal ersetzt man den Störkörper somit durch eine Reihenschaltung (Abb. 3) aus einem rein Ohmschen Widerstand R und einer Induktivität L mit einem resultierenden komplexen Widerstand $Z = R + i\omega L$. Das Verhältnis $p = \omega L/R$ (↗Induktionszahl) beschreibt den Anteil des induktiven Widerstandes gegenüber dem Gleichstromwiderstand R bei einer Frequenz ω. Ist L_{ij} die Gegeninduktivität zwischen den Leiterschleifen mit der Induktivität L_i bzw. L_j (also der Induktionsfluß, der in einer Leiterschleife j von einem Strom in der Schleife i hervorgerufen wird), so erhält man als Verhältnis aus sekundärer, vom Störkörper (L_2) in der Empfängerspule (L_3) induzierter Spannung U_{23} und vom Primärfeld (Induktivität des Senders L_1) im Empfänger induzierter Spannung U_{13}:

$$\Delta U = \frac{U_{23}}{U_{13}} =$$
$$-\frac{L_{12}L_{23}}{L_{13}L_2}\left(\frac{p^2 + ip}{1+p^2}\right) = -KW(p) \quad (7).$$

ΔU wird dann getrennt für Realteil (In-Phase) und Imaginärteil (Out-of-Phase) dargestellt. Der Kopplungskoeffizient K gibt das Verhältnis der magnetischen Flüsse an, die die Empfängerspule über den Untergrund bzw. direkt an die Senderspule ankoppeln. Während K nur von der Position und Größe der Leiterschleife im Untergrund abhängt, beschreibt die komplexwertige und dimensionslose Responsefunktion $W(p)$ die elektrischen Eigenschaften des Untergrunds. Für große Induktionszahlen ist $W(p \to \infty) = 1$ und reell, d. h. an dieser sog. induktiven Grenze existiert kein Quadraturterm. Umgekehrt überwiegt der Imaginärteil bei kleinen Induktions-

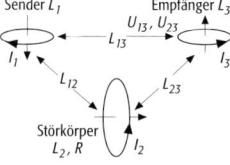

elektromagnetische Verfahren 3:
Kopplung eines Empfängers an einen Sender und den Untergrund, der durch eine Leiterschleife mit der Induktivität L_2 und dem Ohmschen Widerstand R realisiert wird.

Elektronenbeugung

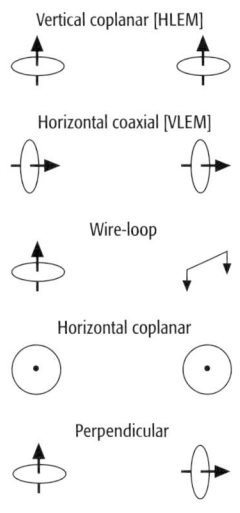

elektromagnetische Verfahren 5: gebräuchliche Anordnungen in der aktiven Elektromagnetik. Die Bezeichnungen vertikal/horizontal beziehen sich auf die Ausrichtung der Spulenachsen zur Erdoberfläche.

zahlen ($W(p) \to ip$) und $\Delta U = -i\omega K/R$; die Antwort des Systems ist proportional zur Frequenz und die Phasenverschiebung beträgt -90°.

In den aktiven Frequenzbereichs-Verfahren wird eine Tiefensondierung der elektrischen Leitfähigkeitsverteilung sowohl durch eine Veränderung des Sender-Empfänger-Abstandes, als auch der Frequenz erreicht, woraus die große Vielfalt an Methoden resultiert. Wichtige Beispiele sind die Zweispulen-, und hier insbesondere das *Slingram-Verfahren*, das meist mit horizontalen, koplanaren Spulensystemen realisiert wird (Abb. 4 im Farbtafelteil, Abb. 5). Je nach Durchmesser der verwendeten Spulen und geforderter Erkundungstiefe werden Sender-Empfängerabstände von einigen m bis etwa 200 m gewählt; der Frequenzbereich liegt zwischen etwa 100 Hz und 60 kHz. Daher wird das Verfahren insbesondere in der oberflächennahen Exploration ($z < 100$ m) eingesetzt. Da solche Systeme nur Magnetfelder messen, sind sie besonders für den Einsatz in der Aerogeophysik geeignet und ermöglichen damit eine schnelle und flächenhafte Kartierung eines Untersuchungsgebiets. Ein Nachteil der Zweispulen-Systeme ist ihre starke Abhängigkeit vom Sender-Empfänger-Abstand und auch von der Topographie des Untersuchungsgebietes.

Die Ergebnisse elektromagnetischer Messungen werden heute ausschließlich digital abgespeichert, wobei in einigen Verfahren erhebliche Datenmengen in der Größenordnung von vielen Gigabyte entstehen können. Zur Interpretation werden üblicherweise – so man sich nicht auf eine Kartendarstellung und qualitative Näherungsabschätzungen von Störkörpertiefe und -ausdehnung beschränkt – zwei- oder dreidimensionale Verfahren, wie die ↗Finite-Element-Methode oder Finite-Differenzen-Verfahren, angewandt, die häufig einen großen Aufwand an Rechenzeit und Speicherbedarf erfordern. Einfache eindimensionale Modell- oder Inversionsrechnungen gehören dagegen heute zum Standard der Datenevaluation, die bereits im Gelände durchgeführt wird. Obwohl die elektromagnetischen Verfahren im Prinzip eindeutig sind, führen große Änderungen der Modellparameter oftmals nur zu geringen Änderungen der Modellantwort (sog. schlecht gestelltes Problem der Inversionsaufgabe). Zur Einschränkung der möglichen Modellvielfalt werden häufig verschiedene Verfahren gemeinsam angewendet. So kann z. B. der Einfluß eines ↗static shift in der Magnetotellurik durch ergänzende Gleichstromgeoelektrik- oder TEM-Messungen (↗Transienten-Elektromagnetik) verkleinert werden. Sinnvoll ist auch eine Kombination elektromagnetischer mit seismischen Untersuchungen. Zwar bestehen keine eindeutigen Zusammenhänge zwischen elektrischer Leitfähigkeit und ↗seismischen Geschwindigkeiten, doch sind immer wieder Zonen erhöhter ↗Dämpfung seismischer Wellen und Reflektivität in der tiefen Kruste gefunden worden, die sich mit ausgeprägten ↗Anomalien der Leitfähigkeit korrelieren lassen. Die aktuelle theoretische Forschung auf dem Gebiet der elektromagnetischen Verfahren beschäftigt sich insbesondere mit den Problemen anisotroper Leitfähigkeit und der dreidimensionalen Vorwärts- und Inversionsrechnung. Die geowissenschaftlichen Probleme umfassen insbesondere das elektromagnetische Abbild von Störungszonen und die Korrelation von Laborbefunden mit Oberflächenmessungen. Ein sehr großes Gewicht hat die Elektromagnetik bei der Lösung umweltrelevanter Fragestellungen erlangt; hierbei stellen die gemeinsame Interpretation der Ergebnisse unterschiedlicher Methoden und die Überprüfbarkeit durch Bohrungen die größten Herausforderungen dar. [HBr]

Elektronenbeugung, bei gerichteter Bestrahlung von Kristallen mit Elektronen durch Interferenz entstehende räumliche Intensitätsverteilung (Beugungsmuster bzw. -diagramm, ↗Beugung), die für die Kristallstruktur charakteristisch ist. Die Beugung von Elektronen folgt den selben geometrischen Gesetzmäßigkeiten wie die Beugung von ↗Röntgenstrahlen an Kristallen (↗Laue-Gleichungen, ↗Braggsche Gleichung), da man nach Broglie einem Teilchen mit der Masse m und der Geschwindigkeit v eine Welle mit der (de Broglie-) Wellenlänge $\lambda = h/mv$ (h = Plancksches Wirkungsquantum) zuschreiben kann. Allerdings muß bei hohen Teilchengeschwindigkeiten, nahe der Lichtgeschwindigkeit, die relativistische Masse der Elektronen berücksichtigt werden:

$$\lambda = h\left(2m_0 E\left(1 + \frac{E}{2m_0 c^2}\right)\right)^{-\frac{1}{2}}.$$

Dabei ist c die Lichtgeschwindigkeit, m_0 die Ruhemasse, $E = eU$ ist die Energie der Elektronen, wenn sie mit der Spannung U beschleunigt werden. Das ergibt rund 122 pm für 100 eV, 12 pm für 10 keV und 4 pm für 100 keV Elektronen. Die Streuung der eingestrahlten Elektronen erfolgt sowohl an den Atomkernen als auch an den Elektronen des Kristalls (↗Atomstreufaktor für Elektronen). Allerdings erfordert die Berechnung der Beugungsintensitäten für langsame Elektronen im Bereich zwischen 10 und 200 eV eine andere theoretische Behandlung als bei hohen Energien. Die Beugung langsamer Elektronen wird wegen ihrer geringen Eindringtiefe in Materie und wegen der passenden Wellenlänge für die Untersuchung der zweidimensional periodischen Oberflächenstruktur von Kristallen eingesetzt (Low Energy Electron Diffraction: LEED). Die Beugung schneller Elektronen mit Energien im Bereich einiger Hundert keV wird im ↗Elektronenmikroskop benutzt. Die durch Elektron-Elektron-Wechselwirkung inelastisch gestreuten Elektronen (Compton-Effekt) sind inkohärent, haben also untereinander keine zeitlich konstante Phasendifferenz, und erzeugen so einen gleichmäßigen Streuuntergrund. Die Wellennatur der Elektronen wurde 1927 von C. J. Davisson und L. H. Germer durch Beugung an einer Nickelkristalloberfläche experimentell bewiesen. C. J. Davisson und G. P. Thomsson erhielten 1937 gemeinsam den Nobelpreis für Physik für die Entdeckung der Beugung von Elektronen durch Kristalle. [KH]

Elektronendichte, Anzahl Elektronen pro Volumeneinheit. Die dreidimensional periodische Elektronendichte eines Einkristalls läßt sich in einer Fourierreihe

$$\varrho(\vec{r}) = \frac{1}{V} \sum_H F(\vec{H}) \exp\left[-2\pi i \vec{r} \vec{H}\right]$$

$$= \frac{1}{V} \sum_{hkl} F(hkl) \exp\left[-2\pi i (hx + ky + lz)\right]$$

entwickeln, deren Fourierkoeffizienten die ↗Strukturfaktoren $F(\vec{H})$ sind. In der Praxis hat eine solche Synthese immer begrenzte Auflösung und zeigt ↗Abbrucheffekte. Summation dieser Fourierreihe erfordert die Kenntnis der Strukturfaktorphasen (↗Phasenproblem). Zur numerischen Berechnung der Elektronendichte faktorisiert man die dreidimensionale Synthese in ein Produkt dreier eindimensionaler Synthesen, die man üblicherweise mit dem FFT-Algorithmus (Fast Fourier Transform) berechnet.

Elektronengas, quasi frei bewegliche Valenzelektronen, die die elektrische und thermische Leitfähigkeit von Metallen bewirken (↗metallische Bindung).

Elektronenhülle, Gesamtheit der Elektronen, die den Atomkern umgeben.

Elektronenkanone, Apparatur zur Erzeugung eines Elektronenstrahls. Sie enthält eine Glühkathode oder eine Feldemissionskathode als Elektronenquelle und eine Anode, zwischen denen die Beschleunigungsspannung anliegt. Durch ein nachfolgendes elektronenoptisches System aus rohr- und blendenförmigen Elektroden wird ein nahezu paralleler Strahl mit einer Strahldivergenz von typischerweise 0,1 rad erzeugt.

Elektronenkonfiguration, Besetzung der aus den möglichen Kombinationen von ↗Quantenzahlen resultierenden Energieniveaus eines Atoms, Ions, Moleküls oder Festkörpers mit Elektronen. Die Verteilung der Elektronen auf die verschiedenen Bahnfunktionen erfolgt in Übereinstimmung mit dem Pauli-Prinzip: Es gibt keine zwei Elektronen mit derselben Kombination von Quantenzahlen; jedes Orbital nimmt maximal zwei Elektronen entgegengesetzten Spins auf. Die Reihenfolge (Abb.) der Besetzung der Bahnfunktionen für neutrale Atome ist, mit abnehmender Stabilität und Energie (Aufbauprinzip):

$1s < 2s < 2p < 3s < 3p < 4s < 3d < 4p < 5s$
$< 4d < 5p < 6s < 4f \approx 5d < 6p < 7s < 5f \approx 6d.$

Es gibt gewisse Anomalien und Abweichungen von dieser Reihenfolge, die vor allem dann auftreten, wenn alle d- oder f-Orbitale einer Schale genau halb besetzt werden können.

Elektronenlöcher, Elektronenleerstellen, die zur Leitfähigkeit von Halbleitern beitragen können.

Elektronenmikroskop, Mikroskop höchster Auflösung, bei dem das stark vergrößerte Bild eines Objektes durch Abbildung mit Hilfe von Elektronenwellen erzeugt wird. Ein Elektronenmikroskop entspricht in seinem prinzipiellen Aufbau dem eines Lichtmikroskops (Abb.). Die Auflösung einer wellenoptischen Abbildung hängt wegen der Beugungserscheinungen an den Strukturen des Objektes von der Wellenlänge ab. Für die Beugungsbegrenzung der Auflösung gilt die Faustregel: Das Auflösungsvermögen liegt in der Größenordnung der Wellenlänge. Deshalb sollte im Mikroskop möglichst kurzwellige Strahlung verwendet werden. Da jedoch für elektromagnetische Strahlung (Licht) im Bereich der ↗Röntgenstrahlung der Brechungsindex unabhängig vom Material sich nur um 10^{-5} von eins unterscheidet, die Brechung also vernachlässigbar klein ist (↗Snelliussches Brechungsgesetz), gibt es keine kommerziell verfügbaren Linsen für Röntgenlicht; allerdings wird an deren Entwicklung unter Verwendung von ↗Synchrotronstrahlung geforscht. Dagegen können Elektronen, die gleichfalls die erwünschte Wellenlänge im Bereich von unter 0,1 nm bei entsprechender Beschleunigungsspannung haben (↗Elektronenbeugung), durch elektrische und magnetische Felder abgelenkt und durch geeignet geformte elektrische und magnetische Linsen fokussiert werden. Dadurch kann eine direkte elektronenoptische Abbildung höchster Auflösung erreicht werden.

Die in einer ↗Elektronenkanone erzeugten monochromatischen Elektronen, bei konventionellen Elektronenmikroskopen bis 400 kV Anodenspannung und einer Energieunschärfe von rund 1 eV, werden durch Kondensorlinsen zu einem Strahl mit kleinem Öffnungswinkel (Apertur) von rund 10^{-1} bis 10^{-3} rad geformt, der das Objekt durchstrahlt. Typisch sind Strahlströme von 10^{-7}–10^{-6} A und Strahldurchmesser von 1–100 μm. Die Objektivlinse erzeugt ein vergrößertes Zwischenbild, das durch eine Zwischenlinse (evtl. auch Gruppe von Zwischenlinsen) weiter vergrößert wird. Die Projektivlinse bildet schließlich das Zwischenbild auf einen Leuchtschirm oder einer Photoplatte ab. Durch Änderung der Brennweite der Zwischenlinse kann aber auch das Beugungsbild, das in der hinteren Brennebene des Objek-

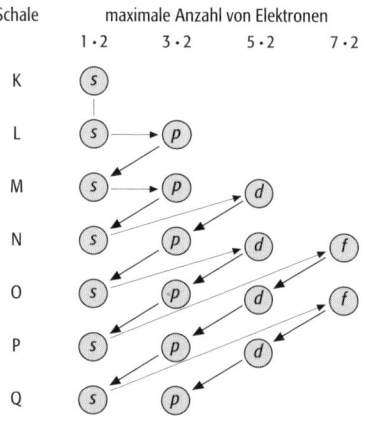

Elektronenkonfiguration: schematische Darstellung der Reihenfolge, in die der verschiedenen Orbitale eines wasserstoffähnlichen Atoms mit Elektronen aufgefüllt werden.

Elektronenmikroskopie

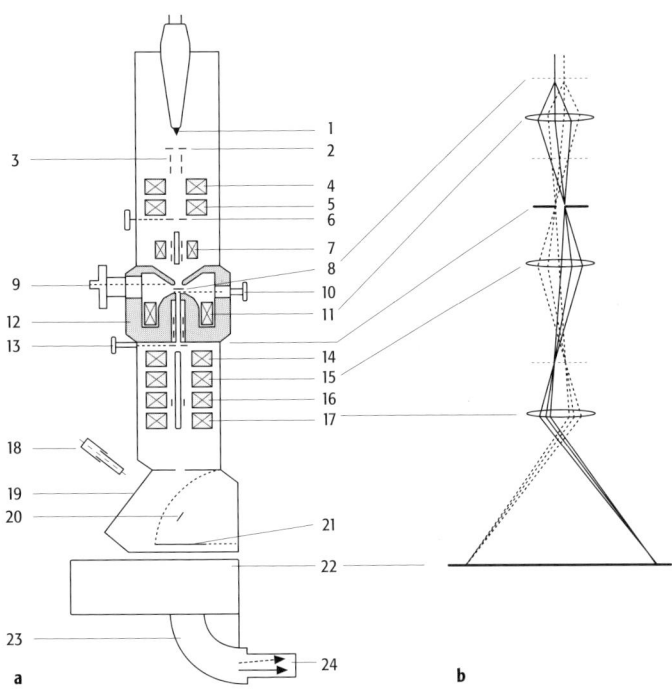

Elektronenmikroskop:
a) Aufbau (schematisch) eines modernen Transmissions-Elektronenmikroskops mit Kathode (1), Anode (2), Spulenpaar für Raster-Zusatz (3), Kondensorlinsen (4, 5, 7), Kondensor-Aperturblende (6), Objekt evtl. drehbar auf Goniometer (8, 9), Objektiv-Aperturblende (10), Objektivlinse (Spule und Polschuh) (11,12), Feinbereichs-Blende (selected area diaphragma) (13), Zwischenlinsen (14,15,16), Projektivlinse (17), Lupe zur Betrachtung des kleinen Leuchtschirms (18), Einblickfenster (19), Leuchtschirmen (20, 21), Photo-Platte oder elektronischem Flächendetektor (22), magnetischem Energiefilter (23), Detektoren (24). b) Schema des Strahlengangs.

tivs entsteht, abgebildet werden. In modernen Elektronenmikroskopen werden fast ausschließlich magnetische Linsen verwendet. Das Auflösungsvermögen ist jedoch durch die Abbildungsfehler der Linsen, insbesondere durch die Öffnungsfehler, begrenzt. Es liegt bei Hochleistungsgeräten bei 0,1 nm bei einer förderlichen Vergrößerung von rund 10^6. Spezielle Forschungsmikroskope mit Spannungen bis 1 MV, die als Elektronenkanone einen Beschleuniger anstelle einer einfachen Kathoden-Anoden-Strecke brauchen, sind Forschungszentren vorbehalten. Das oben beschriebene Verfahren, bei der alle Objektpunkte simultan oder parallel verarbeitet werden, wird im sog. *Transmissions-Elektronenmikroskop* (TEM) angewendet. Im sog. *Raster-Elektronenmikroskop* (*Scanning-Elektronenmikroskop*, SEM) wird dagegen ein serielles Verfahren verwendet. Dabei tastet man ohne optisches System ein Objekt mit einem feinen Elektronenstrahl Punkt für Punkt ab – man nennt dieses auch rastern – und steuert mit dem Meßsignal die Helligkeit der Bildpunkte einer Bildröhre, der sich synchron mit dem Rasterweg auf dem Objekt bewegt. Die Vergrößerung ist durch das Verhältnis der Rasterwege auf dem Objekt und der Bildröhre gegeben. So entsteht nacheinander ein vergrößertes Bild. Das Auflösungsvermögen bei den Rastermethoden hängt eng von dem Durchmesser des fein gebündelten Elektronenstrahls ab, der jedoch aus Intensitätsgründen nicht beliebig klein gemacht werden kann. Ein Hauptvorteil des SEM liegt in der Vielfalt von Meßsignalen, mit denen man das Objekt abbilden und analysieren kann. Neben den transmittierten Elektronen (STEM) kann man auch die rückgestreuten Elektronen selbst, die Sekundärelektronen, die durch inelastische Stöße entstehen und die meistens zur Oberflächenabbildung benutzt werden, das evtl. durch ↗Kathodolumineszenz entstehende sichtbare Licht, die ↗charakteristische Röntgenstrahlung (Mikrosonde) sowie Auger-Elektronen verwenden. Die Detektoren für das jeweilig gewählte Meßsignal liegen, in Strahlrichtung gesehen, unmittelbar hinter oder vor (Reflexions-Mikroskop, SREM) dem Objekt. Mit diesen Meßsignalen kann nicht nur eine Abbildung aufgebaut, sondern auch eine quantitative chemische Analyse mit guter Ortsauflösung durchgeführt werden (Mikrosonde). Ein weiterer Vorteil des SEM liegt darin, daß das Signal von Beginn an digital vorliegt und damit zur direkten Verarbeitung in Rechnern bereitsteht.

Zur Verbesserung der Abbildungseigenschaften, insbesondere der Brillanz, werden Energiefilter eingesetzt. Sie filtern z. B. nur die elastisch gestreuten Elektronen heraus, weil die inelastisch gestreuten Elektronen infolge des chromatischen Fehlers der Objektivlinse das Bild verschleiern. Sie bestehen aus speziell angeordneten elektrischen oder magnetischen Feldern oder einer Kombination aus beiden. In der Praxis unterscheiden sich die Filter durch die Art ihres Einbaus in das Mikroskop. Entweder ist der Filter am Ende der Mikroskopsäule angeflanscht, es besteht dann aus einem magnetischen 90° Sektorfeld (Abb.), oder der Filter ist in den Strahlengang der Projektivlinse eingefügt und muß dann Geradsichteigenschaften haben, d. h. die Strahlrichtung vor und nach dem Filter muß gleich sein. In modernen Mikroskopen ist dazu heute ein sog. Ω-Filter eingebaut, dessen Name auf den Strahlengang in Form eines um 90° gedrehten griechischen Ω zurückgeht. [KH]

Elektronenmikroskopie ↗ analytische Methoden.
Elektronenschale, Gesamtheit der Elektronen mit gleicher Hauptquantenzahl. Elektronenschalen mit der Hauptquantenzahl $n = 1, 2, 3, \ldots$ bezeichnet man auch mit den Großbuchstaben K, L, M, ... als K-Schale, L-Schale etc.
Elektronenspin, Drehimpuls des Elektrons, der sich anschaulich als eine Eigenrotation des Elektrons im oder gegen den Uhrzeigersinn verstehen läßt, was zwei verschiedene Quantenzustände ergibt. Mit dieser Rotation ist ein magnetisches Moment

$$\sqrt{s(s+1)}\, h/2\pi$$

($s = \pm 1/2$) verknüpft.
Elektronenspin-Resonanz-Datierung, *ESR-Datierung*, eine physikalische Datierungsmethode, die darauf beruht, daß die Menge magnetischer Anomalien im Probenmaterial proportional zur Lagerungszeit im Sediment ist. Die Elektronenspin-Resonanz-Datierung findet für sekundäre Kalkbildungen (Höhlensinter, Travertin), Molluskenschalen, Korallen, Zähne, Feuerstein und Quarz Verwendung. Durch den Zerfall instabiler Isotope wie U, Th und K ist das Probenmaterial

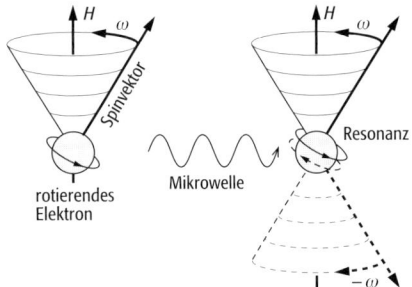

nach seiner Bildung bzw. seiner Einbettung ionisierender Strahlung ausgesetzt, deren Intensität durch die natürliche Dosisleistung D_0 angegeben wird. Die Wechselwirkung mit Strahlung führt in kristallinem Probenmaterial zur Ausbildung von magnetischen Anomalien, indem Elektronen angeregt werden und in energetisch höherem Niveau mit Ladungsdefekten zu sog. paramagnetischen Zentren rekombinieren. Diese entstehen primär durch Fremdatome im Kristall, Gitterschäden oder sekundär durch die Einwirkung von α-Strahlung.

Bei der ESR-Messung wird durch Anlegen eines Magnetfeldes sowie Einstrahlung von Mikrowellenenergie eine Resonanz mit dem Elektronenspin hervorgerufen. Die Resonanzfrequenz legt den dimensionslosen g-Wert fest, der den Energieinhalt der paramagnetischen Zentren charakterisiert. Der Grad der Mikrowellenabsorption spiegelt die Menge der Zentren mit zugehörigem g-Wert wider (Abb.) und ist damit ein Maß für die Menge an Strahlenschäden einer Probe (akkumulierte Dosis AD). Durch Verändern der Feldstärke wird ein ESR-Spektrum aufgezeichnet, von dem bestimmte Peaks zur Auswertung herangezogen werden.

Die ESR-Methode basiert darauf, daß die paramagnetischen Zentren durch Aufheizung, Sonnenbelichtung oder auch Druck ausheilen können und sich damit neben der Kristallneubildung auch Ereignisse wie Sedimentation, letzte Hitze- oder Druckeinwirkung datieren lassen. Bei der Altersbestimmung sind besonders der Homogenitätsgrad der Probe, die Gewährleistung eines ↗geschlossenen Systems und der Wassergehalt zu berücksichtigen. Für die Bestimmung der Dosisleistung D_0 sind die externe Dosisleistung aus dem umgebenden Sediment und die interne Dosisleistung zu bestimmen und mögliche radioaktive Ungleichgewichte zu berücksichtigen. Der Datierbereich liegt zwischen einigen hundert und ca. 2 Mio. Jahren. [RBH]

Elektronenstrahlmikrosonde, *EM*, *Mikrosonde*, *Mikroprobe*, ein analytisches Instrument, mit dem die chemischen Zusammensetzungen kleinster Teilbereiche (1–2 μm Durchmesser) von Feststoffen bestimmt werden können. Die Elektronenstrahlmikrosonde benutzt einen auf weniger als einen Mikrometer fokussierten Elektronenstrahl, um in dem ausgewählten Probenbereich die Aussendung von Röntgenstrahlung anzuregen. Aus dem emittierten Röntgenspektrum läßt sich durch Eichung mit Standardproben die chemische Zusammensetzung des Festkörpers ermitteln. Als zerstörungsfreie Analysemethode gehört die Elektronenstrahlmikrosonde zur Standardausrüstung aller geowissenschaftlichen Institutionen; sie findet aber auch in vielen anderen Bereichen, wie z. B. den Materialwissenschaften und der Industrie Anwendung. Die Abbildung 1 verdeutlicht den prinzipiellen Aufbau einer Elektronenstrahlmikrosonde mit Elektronenquelle (Wolframfaden-Filament zur thermischen Erzeugung der Elektronen), mit elektromagnetischen Linsensystemen zur Fokussierung des Elektronenstrahles und mit den zwei verschiedenen Analysesystemen: das wellenlängen-

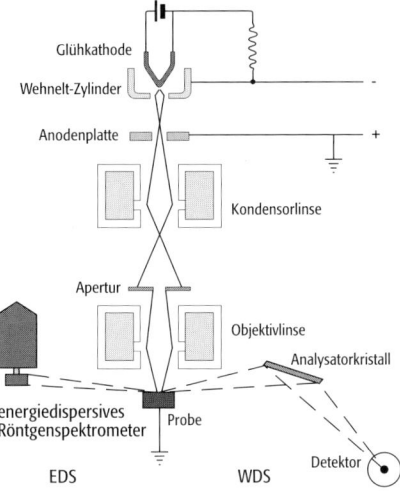

dispersive System (WDS), welches Kristallspektrometer zur Trennung der Röntgenstrahlung nach ihren Wellenlängen benutzt, und das energiedispersive System (EDS), welches einen Halbleiterdetektor zur Trennung der Röntgenstrahlung nach ihren Energien verwendet. Zusätzlich besitzt die Elektronenstrahlmikrosonde, zumindest wenn sie für geowissenschaftliche Fragestellungen benutzt werden soll, ein eingebautes optisches Mikroskop zur Auflicht- und Durchlichtbeobachtung der Proben. Die erste Elektronenstrahlmikrosonde wurde 1951 von Raymond Castaing entworfen und gebaut (Abb. 2). [MS]

elektronische Distanzmessung, *elektrooptische Distanzmessung*, bestimmt die direkte ↗Distanz mit Hilfe einer elektronischen Meßeinrichtung. Diese besteht aus Sender und Empfänger. Der Sender sendet eine sich mit definierbarer Geschwindigkeit ausbreitende modulierte Welle, die am ↗Zielpunkt empfangen und/oder mit optischen oder elektronischen Einrichtungen zum Instrument zurückgesandt und vom Empfänger aufgenommen und registriert wird. Sende- und Empfangsstation können identisch, mit Möglichkeit zum Funktionswechsel, sein. Man unterscheidet Mikrowellendistanzmesser (MD) und elektrooptische Distanzmesser (ED). Bei der

Elektronenspin-Resonanz-Datierung: Prinzip der Elektronenspin-Resonanz. Durch ein angelegtes Magnetfeld mit der Richtung H führt ein ungepaartes Elektron eines paramagnetischen Zentrums eine Präzissionsbewegung um H aus (links). Das Einstrahlen von Mikrowellenenergie bewirkt eine Resonanz mit dem Spin des Elektrons und führt zu einem Spinflip mit der Frequenz ω (rechts). Die Frequenz ω legt den g-Wert des Meßsignals fest.

Elektronenstrahlmikrosonde 1: prinzipieller Aufbau mit wellenlängen- (WDS) und energiedispersivem (EDS) System.

Elektronenstrahlmikrosonde 2: Eindringtiefe und angeregtes Probenvolumen in a) dicken und b) dünnen Proben.

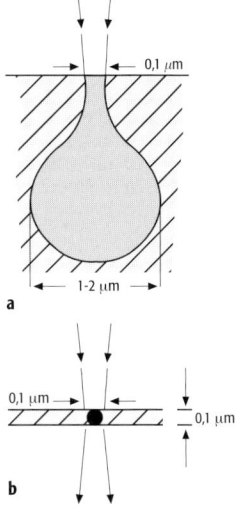

Mikrowellendistanzmessung werden als Trägerwellen 8–100 mm lange Mikrowellen verwendet. Wie der Ausgangspunkt der Strecke (Hauptstation) ist auch der Zielpunkt (Nebenstation) mit einem Gerät besetzt; dieses empfängt die Signale der Hauptstation, verarbeitet sie und sendet sie zurück. Der wesentliche Vorteil der MD besteht darin, daß ihre Reichweite von der Witterung weitgehend unabhängig ist. Das Meßverfahren der elektrooptischen Distanzmesser beruht auf dem Vergleich von modulierten (Licht-)Wellen, einer Strahlung im Bereich von 400–1000 nm. Der Sender besteht aus einer Strahlungsquelle und einem Oszillator, der die Strahlungsquelle direkt steuert oder mit Hilfe eines Modulators beeinflußt. Zum Zurücklenken der Strahlung am Zielpunkt werden ↗Reflektoren verwendet. Die Distanz kann entweder aus der Laufzeit (*Impulsverfahren*) oder aus dem Unterschied zwischen der Phasenlage beim Verlassen des Senders und der Phasenlage beim Empfang (*Phasenvergleichsverfahren*) der über die Distanz geschickten und reflektierten Strahlung abgeleitet werden. Die vom Instrument intern gemessene Distanz D^* ergibt sich nach dem Impulsverfahren zu

$$D^* = \frac{c}{2_n} \cdot \Delta t,$$

wobei Δt die Impulslaufzeit, c die Ausbreitungsgeschwindigkeit in der Atmosphäre und n der Brechungsindex der Atmosphäre ist. Die vorläufige Distanz D^* ergibt sich beim Phasenvergleichsverfahren zu

$$D^* = a \cdot \frac{\lambda_M}{2} + \frac{\Delta \varphi}{2\pi} \cdot \frac{\lambda_M}{2},$$

wobei λ_M die Modulationswellenlänge, a deren Anzahl und $\Delta \varphi$ die Phasendifferenz ist. Die Distanz D^* muß aufgrund der atmosphärischen und instrumentell bedingten Unsicherheiten korrigiert werden. Die Wellenlänge ist abhängig vom Brechungsindex der Atmosphäre und der Frequenz. Der Brechungsindex wird durch Messungen von Lufttemperatur und -druck sowie des Partialdrucks des Wasserdampfes bestimmt. Die Änderung der Frequenz bedeutet die Veränderung der Wellenlänge und umgekehrt. Als praktische Korrekturformel kann bei terrestrischen Messungen $D = k_0 + k \cdot D^*$ verwendet werden. Die ↗Additionskonstante k_0 berücksichtigt eine systematische Unsicherheit des Nullpunkts der Sende-, Empfangs- und Reflexionsebene. Die ↗Multiplikationskonstante kann mit $k = 1$ bei einem durchschnittlichen Brechungsindex bei normaler Temperatur und normalem Luftdruck sowie einer durchschnittlichen Modulationsfrequenz angenommen werden. Die elektrooptischen Distanzmesser, die in der terrestrischen ↗Geodäsie verwendet werden, haben eine durchschnittliche Reichweite von 1–3 km mit einer Genauigkeit von 5–10 mm. [KHK]

elektronische Karte, meist multimedial eingebundene, häufig interaktive Karte am Bildschirm; ist häufig zentrales Medium im Rahmen von elektronischen Auskunftssystemen, Navigationssystemen, Routenfindungssystemen sowie elektronischen Atlanten. Sie werden als Autokarten, Stadtpläne, Reiseführer sowie als elektronische Bürokarten für Standort-, Gebiets- und Objekteintragungen genutzt. Weiterhin unterstützen sie die Funktion von Leitsystemen, die z. B. bei der Polizei, Feuerwehr und in militärischen Institutionen eingesetzt werden. Sie werden überwiegend in Kombination mit Systemen für die elektronische Präsentation von Karten angeboten. Elektronische Karten werden auf der Grundlage von vorliegenden Karten, Atlanten, Bildern und Geoinformationen gewonnen, die gescannt oder vektorisiert werden bzw. die in Listenform vorliegen. Sie werden auf CD-ROM vertrieben oder auf Servern für die lokale oder weltweite Kommunikation in Netzen angeboten (↗Internet). [JB]

elektronischer Atlas, Atlasmedium in digitaler Technik, das im Sinne eines ↗Geoinformationssystem zielorientiert Atlasthema und Darstellungsgebiet durch unterschiedliche Darstellungsformen, besonders Karten, am Bildschirm (↗Bildschirmkarte) visualisiert. Elektronische Atlanten sind neue kartographische Medien, bei denen neben den optisch sichtbaren Informationen zusätzlich abrufbare Informationen über Graphiken, Bilder, Tabellen und ↗Animationen genutzt werden können. Zudem bieten elektronische Atlanten oft die Möglichkeit, durch interaktive Eingriffe kartographische Parameter zu verändern. Allgemein können drei Atlastypen unterschieden werden:
a) *View-Only-Atlas*, der ausschließlich Karten für die Bildschirmanzeige enthält, die dem Nutzer keine Interaktionsmöglichkeiten bieten, d. h. nicht verändert werden können.
b) *interaktiver Atlas*, der eine dialogorientierte ↗kartographische Kommunikation bzw. ↗Kartennutzung durch interaktives Arbeiten mit der Karte auf der Basis von Frage-Antwort-Sequenzen ermöglicht, in dem z. B. ausgewählte Kartenparameter wie Darstellungsfarben oder Klassifikation am Bildschirm verändert werden können.
c) *Analyseatlas*, der auf eine nutzerorientierte Kommunikation durch eine beliebige Kombination von Attributdaten ausgerichtet ist, um räumliche Zusammenhänge nach Ursachen und Wirkungen zu hinterfragen. Analyse-Werkzeuge dafür sind u. a. Exploration (Analyse von großen Datenmengen mit dem Ziel, Raummuster und Beziehungen herauszuarbeiten), Bestätigen oder Verwerfen von Hypothesen, Synthese (Zusammenführen zuvor gewonnener Thesen) und ↗kartographische Präsentation (Darstellung der gewonnenen Erkenntnisse mit multimedialer Technik). Die ↗Visualisierung von Zeichenmustern ist hier ein aktiver, kreativer Prozeß und geht über die traditionelle ↗Karteninterpretation hinaus. Die Karte soll nicht nur der Präsentation von Ergebnissen dienen, sondern v. a. im frühen Stadium des Forschungsprozesses für die graphische Datenexploration eingesetzt werden. Elek-

tronische Atlanten erscheinen auf Diskette, auf CD-ROM oder sind übers Internet als Online-Atlas zugängig. [WD]

elektronisches Feldbuch ↗Feldbuch.

elektronisches Tachymeter ↗Tachymeter.

elektrooptischer Effekt, Änderung der ↗Brechungsindizes eines Kristalls, d.h. Änderung seiner ↗Indikatrix, durch die Einwirkung eines elektrischen Feldes. Der in Kristallen anisotrope Effekt, auch *Pockels-Effekt* genannt, wird in erster Ordnung (linearer Effekt) durch die Gleichung:

$$\Delta(\chi_{ij})^{-1} = \sum_k z_{ijk} E_k$$

beschrieben. Die Koeffizienten $(\chi_{ii})^{-1}$ sind proportional zu den Hauptachsen der Indikatrix. Also beschreibt die Gleichung die Änderung der Indikatrix durch ein elektrisches Feld. z_{ijk} ist ein polarer Tensor 3. Stufe, da er einen Vektor, das elektrische Feld E_k, mit einem Tensor 2. Stufe, der inversen dielektrischen Suszeptibilität $(\chi_{ij})^{-1}$, in Beziehung setzt. Dieser Effekt ist daher an Kristallstrukturen der Kristallklassen gebunden, die ↗piezoelektrischen Effekt zeigen, da dieser ebenfalls durch einen polaren Tensor 3. Stufe beschrieben wird.

Die äußerst empfindlichen optischen Meßmethoden erlauben, sehr geringe Änderungen des Brechungsindex zu bestimmen. Piezoelektrische Kristalle werden durch ein elektrisches Feld zusätzlich deformiert, so daß sich dem eigentlichen elektrooptischen Effekt ein sekundärer überlagert, der etwa die gleiche Größenordnung des eigentlichen Effektes besitzt. Wird anstelle eines statischen elektrischen Feldes ein hochfrequentes Wechselfeld mit einer Frequenz weit oberhalb der Resonanzfrequenz des Kristalls gewählt, so bleibt der Kristall undeformiert und der wahre elektrooptische Effekt tritt in Erscheinung. Auch ↗isotrope Medien zeigen einen elektrooptischen Effekt, der unter der Bezeichnung *Kerr-Effekt* bekannt ist. Dieser Effekt entsteht durch die ↗Anisotropie, die das elektrische Feld in dem isotropen Material erzeugt, nämlich eine ↗dielektrische Polarisation in Richtung des Feldes, d.h. gewisse Gase und Flüssigkeiten werden unter dem Einfluß eines elektrischen Feldes doppelbrechend. Da in dem linearen Ansatz der Gleichung dieser Einfluß des Feldes nicht berücksichtigt ist – die Koeffizienten z_{ijk} beschreiben den Effekt auf ein bereits ohne Feld doppelbrechendes Material –, werden zur Beschreibung des Kerr-Effektes die weiteren Glieder der Potenzreihenentwicklung benötigt:

$$\Delta(\chi_{ij})^{-1} = \sum_k z_{ijk} E_k + \sum_k \sum_l z_{ijkl} E_k E_l + ...$$

z_{ijkl} besitzt als symmetrischer polarer Tensor 4. Stufe auch für ein isotropes Material nicht verschwindende Komponenten, die sich aus zwei unabhängigen Komponenten zusammensetzen:

$$\begin{pmatrix} z_{11} & z_{12} & z_{12} & 0 & 0 & 0 \\ z_{12} & z_{11} & z_{12} & 0 & 0 & 0 \\ z_{12} & z_{12} & z_{11} & 0 & 0 & 0 \\ 0 & 0 & 0 & z_{14} & 0 & 0 \\ 0 & 0 & 0 & 0 & z_{14} & 0 \\ 0 & 0 & 0 & 0 & 0 & z_{14} \end{pmatrix} ;$$

$$z_{14} = 2(z_{11} - z_{12}).$$

Dabei wurde die Matrixschreibweise für totalsymmetrische Tensoren der Stufen $s > 2$ benützt, d.h. jeder Index steht für einen Doppelindex nach folgender Vorschrift: $1 = 11, 2 = 22, 4 = 23, 32$. Für ein Feld $\vec{E} = (E_1, 0, 0)$ ergibt sich $\Delta(\chi_{11})^{-1} = z_{1111} E_1 E_1$ und ansonsten $\Delta(\chi_{ij})^{-1} = 0$. Die kugelförmige ↗Indikatrix des isotropen Materials wird zu einem Rotationsellipsoid, dessen Zylinderachse parallel zum Feld liegt. Diese Eigenschaft genügt dem ↗Symmetrieprinzip.

Durchstrahlt man eine elektrooptisch aktive Flüssigkeit, z.B. Nitrobenzol, die sich zwischen gekreuzten ↗Polarisatoren befindet, mit Licht, so kann man den zunächst unterbrochenen Lichtstrahl bei Anlegen eines elektrischen Feldes senkrecht zum Lichtstrahl einschalten. Es entsteht nämlich durch Doppelbrechung, außer die Polarisationsrichtung liegt parallel zu den Hauptachsen der Indikatrix, i.a. elliptisch polarisiertes Licht, das die gekreuzten Polarisatoren durchdringt. Eine solche Anordnung nennt man *Kerr-Zelle*. [KH]

Elektroosmose, wird in der Geotechnik zum einen zur Entwässerung von bindigen Böden genutzt. Dies findet v.a. bei der, meist schwierigen Entwässerung von Rutschungen Anwendung. Zum anderen wird sie zum Schadstoffaustrag kontaminierter bindiger Böden genutzt. Bei den auszutragenden Schadstoffen muß es sich ent-

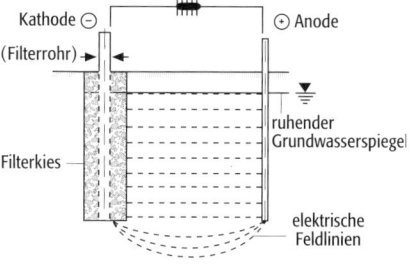

Elektroosmose 1: Elektrodenanordnung bei der Elektroosmose.

weder um wasserlösliche Stoffe handeln oder sie müssen in ionarer Form vorliegen (z.B. Schwermetalle). Durch zwei Elektroden, an die ein Gleichstrom angelegt wird, wird ein Potentialgefälle erzeugt. Der Elektrodenabstand darf nach dem derzeitigen Stand der Technik nicht größer als 3–5 m sein (Abb. 1). Durch das elektrische Gleichstromfeld wird ein Wasserfluß in Richtung Kathode erzeugt. An der Kathode kommt es zu folgender chemischen Reaktion:

$$2 H_2O + 2 e^- \rightarrow 2 OH^- + H_2.$$

Elektrophotographie

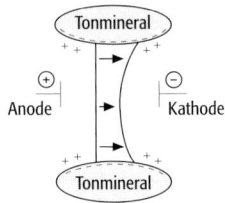

Elektroosmose 2: Funktionsprinzip der Elektroosmose.

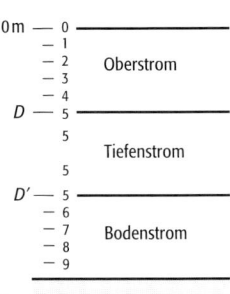

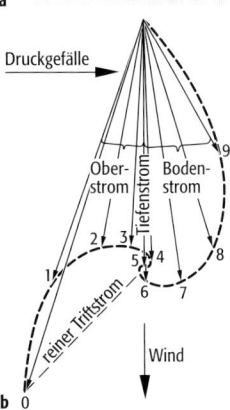

Elementarstrom: Aufbau des Elementarstroms: a) Vertikalschnitt (D = Ekmantiefe des Oberstroms, D' = Ekmantiefe des Bodenstroms, 1 bis 9 = Tiefenintervalle der Ekmantiefe); b) Horizontalschnitt (1 bis 9 = Tiefenintervalle der Ekmantiefe).

Elementarzelle (Tab. 1): Symmetriebedingungen der zweidimensionalen Elementarzellen. a und b sind die Beträge der Vektoren $\vec{a}$ und $\vec{b}$; $\gamma = \angle(\vec{a}, \vec{b})$ der Winkel zwischen dem Vektor-Paar.

An der Anode spielt sich folgender Vorgang ab:

$$2 H_2O \rightarrow 4 H^+ + O_2 + 4 e^-.$$

Der Wasserstrom ist in der Nähe der Tonmineraloberflächen am größten (Abb. 2). Die Elektroosmose arbeitet also um so effektiver, je kleiner der Porenraum ist. Daher funktioniert sie nur in schluffig-tonigem Untergrund. Die Durchflußmenge kann, ähnlich dem Gesetz von Darcy nach folgender Formel berechnet werden:

$$Q = k_e A i_e$$

mit Q = Durchflußmenge [m³/s]; k_e = elektroosmotische Konduktivität [m²/Vs]; i_e = elektrischer Gradient [V/m]. [ERu]

Elektrophotographie, Trockenkopierverfahren der Elektrographie, bei dem elektrostatische Kräfte zur schwarzweißen oder farbigen Bilderzeugung mit oder ohne Größenveränderung genutzt werden. Das nach Belichtung unsichtbare, latente elektrische Bild der Ladungsverteilung auf einer selenbeschichteten Platte wird mit Farbpulver eingestäubt und durch Infrarotstrahlung fixiert. Dieses ↗Kopierverfahren läßt sich auch für die Druckplattenkopie für den Kleinoffsetdruck (↗Kartendruck) verwenden.

Elektrostriktion erster Ordnung ↗piezoelektrischer Effekt.

elektrovalente Bindung ↗heteropolare Bindung.

elementares Geoökosystem, landschaftsökologischer Standort mit einem innerhalb definierter Grenzen einheitlich-strukturellen Aufbau und Funktionszusammenhang (↗Elementarlandschaft, ↗Ökotope). Elementare Geoökosysteme sind also alle Punkte der Erdoberfläche mit ihren verschiedenen Schichten oder Arealen. Sie stellen die Basiseinheiten der Landschaft dar, stehen untereinander durch ↗Nachbarschaftswirkungen (Stoff- und Energietransportprozesse) in funktionaler Beziehung. Zur modellhaften Beschreibung bzw. Abbildung des elementaren Geoökosystems wird ein ↗Prozeß-Korrelationssystem verwendet, das die besonders charakteristischen (biotischen und abiotischen) Wirkungsgefüge hervorhebt und die weniger relevanten Prozesse und Elemente unberücksichtigt läßt.

Elementargefüge, ↗Grundgefüge, Anordnung und gegenseitige Beziehung der grundlegenden Bodenbestandteile. Das Elementargefüge steht im Zusammenhang mit den Begriffen ↗Gefügeskelett und ↗Gefügeplasma, deren morphologische Ausprägung und gegenseitige Anordnung zu verschiedenen Typen von Elementargefügen führt, häufig verwendet zur näheren Charakterisierung von Böden aus sandigen Substraten (↗Einzelkorngefüge). Für tonreiche Böden sind nur wenige Elementargefügetypen ausgewiesen, die dann meist mit Skelettkörnern durchsetzt sind.

Elementarlandschaft, naturräumliche Grundeinheit ↗topischer Dimension, die aus nur einem ↗Top besteht oder aus mehreren Topen zusammengesetzt sein kann. Die Elementarlandschaft wird nach dem Prinzip der ↗Naturräumlichen Gliederung bestimmt und steht als Grundeinheit am Ende dieses deduktiven Gliederungsprozesses der Landschaft. Die Grenzen der Elementarlandschaft werden durch die Gliederungsmerkmale Relief, Gewässer, Vegetation und Boden bestimmt und formal begründet. Elementarlandschaften stehen als physiognomische und funktionale Einheiten für sich (z. B. Wassereinzugsgebiete topischer Größenordnung). Sie sind in der Landschaftsökologie von fundamentaler Bedeutung, weil in ihnen die Landschaftsökosysteme untersucht werden.

Elementarstrom, beschreibt den grundlegenden vertikalen Aufbau der ozeanischen Stromsysteme, wie er in großen Teilen der Weltmeere vorgefunden wird. Hierbei handelt es sich um eine Unterteilung der Wassersäule in drei Bereiche: Ober-, Tiefen- und Bodenstrom (Abb.). Der Oberstrom, der bis zur ↗Ekmantiefe reicht, ergibt sich aus der Überlagerung des ↗Ekmanstroms mit der ↗barotropen Strömung. Im Inneren befindet sich der Bereich des Tiefenwassers, in welchem der barotrope Grundstrom dominiert. In Bodennähe entwickelt sich entsprechend der durch Wind angetriebenen ↗Ekmanspirale an der Oberfläche (↗Ekmantransport) eine in entgegengesetzte Richtung drehende Boden-Ekmanspirale, deren Strömungsgeschwindigkeiten von Null am Meeresboden exponentiell auf den Wert des Tiefenstroms ansteigt.

Elementarzeichen, im ↗kartographischen Zeichenmodell die elementaren bzw. zeichenbildenden Elemente eines (kartographischen) ↗Zeichens, die in ihrer inneren Struktur nicht variiert werden können, jedoch in ihrer äußeren Struktur variabel sind. Kartographische Elementarzeichen sind unstrukturierte punktförmige, linienförmige und flächenförmige Zeichen.

Elementarzelle, endlicher Bereich einer Kristallstruktur, aus dem sich durch Anwendung von Translationen (Verschiebungen) die gesamte Struktur aufbauen läßt (Tab. 1, Tab. 2). Handelt es sich um einen kleinsten Bereich mit dieser Eigenschaft, dann spricht man von einer primitiven Elementarzelle, andernfalls von einer zentrierten Zelle. Es gibt in jeder Struktur unendlich viele Möglichkeiten, eine Elementarzelle (auch eine primitive) zu wählen. Es ist Konvention, ein Parallelepiped (bzw. Parallelogramm) zu wählen und darauf zu achten, daß die Zelle der Symmetrie der Kristallstruktur möglichst gut angepaßt ist und, insoweit die Symmetrie dies zuläßt, rechte Winkel zwischen den Kanten besitzt. So ist in dem zweidimensionalen Punktgitter der Symme-

Kristallsystem	Bravais-Gitter	Bedingungen
schiefwinklig	mp	keine
rechtwinklig	op, oc	$\gamma = 90°$
quadratisch	tp	$a = b, \gamma = 90°$
hexagonal	hp	$a = b, \gamma = 120°$

trie $c2\,mm$ die linke obere Elementarzelle wegen ihrer hohen Symmetrie und dem rechten Winkel zwischen den Kanten die in der Kristallographie bevorzugte (Abb.). In einer Kristallstruktur mit rhomboedrischem Gitter läßt sich stets auch eine hexagonale Elementarzelle wählen, wobei dann die kleinste hexagonale Zelle das dreifache Volumen der kleinsten rhomboedrischen Zelle besitzt. Umgekehrt läßt eine Struktur mit hexagonalem Gitter auch die Wahl einer dreimal so großen rhomboedrischen Zelle zu. Hiervon wird aber selten Gebrauch gemacht, da Berechnungen im hexagonalen Koordinatensystem als einfacher empfunden werden, als solche im rhomboedrischen. Ein ausgezeichneter Punkt in einer Elementarzelle ist der Ursprung, an den die drei Basisvektoren angeheftet sind. Es ist üblich, den Ursprung in einen Punkt möglichst hoher Symmetrie zu legen und bei zentrosymmetrischen Kristallen in ein Inversionszentrum. Bei einigen Raumgruppen schließen sich diese beiden Forderungen gegenseitig aus. Ein Beispiel ist die Raumgruppe $Fd\bar{3}m$ des Diamants. In der Diamantstruktur liegen die Inversionszentren auf den Mittelpunkten der C-C-Bindungen mit Lagesymmetrie $\bar{3}m$. Die C-Atome hingegen liegen auf Punkten höherer (aber die Inversion nicht enthaltender) Symmetrie, nämlich $\bar{4}3\,m$. In solchen Fällen läßt die Konvention beide Darstellungsweisen (im Beispiel: Ursprung in $\bar{3}m$ und Ursprung in $\bar{4}3\,m$) zu. In den niedersymmetrischen, d.h. den triklinen, monoklinen und orthorhombischen Kristallsystemen führen die durch die Symmetrie gegebenen Bedingungen noch nicht zu einer eindeutigen Wahl der Elementarzelle. Um dies zu erreichen, bedient man sich spezieller sogenannter Reduktionsverfahren. [WEK]

Literatur: HAHN, TH. (Hrsg.) (1992): International Tables for Crystallography, Volume A, Space-Group Symmetry. – Dordrecht (Holland).

Elementfraktionierung, 1) Veränderung der relativen Elementhäufigkeit durch geochemische Prozesse, z. B. in einer Schmelze durch bevorzugten Einbau bestimmter Elemente in bestimmten Mineralen. 2) /Differentiation. Bei der /Verwitterung der Gesteine bevorzugte Lösung bestimmter Minerale und ungleiche Wegfuhr der Elemente aus dem Gesteinsverband, verursacht durch unterschiedliche Löslichkeit.

Elementhäufigkeit des Sonnensystems /kosmische Elementhäufigkeit.

Elementkarte /Komplexkarte.

Element-Minerale, die als Minerale auftretenden Elemente finden sich fast ausschließlich in der VIII. Nebengruppe des Periodensystems und in den Unterperioden der rechts davon anschließenden Abteilungen. Unter den ca. 20 chemischen Elementen, die in der Erdkruste als Minerale auftreten, sind hauptsächlich Metalle, darunter auch Quecksilber und amalgamartige Minerale. Die Mineralklasse der Elemente läßt sich unterteilen in Metalle, Semimetalle und Nichtmetalle. Der Gesamtanteil an gediegenen Elementen in der Erdkruste ist mit 0,1 Gew.-%

Kristallsystem	Bravais-Gitter	Bedingungen
triklin	aP	keine
monoklin	mP, mC	$\alpha = \gamma = 90°$
orthorhombisch	oP, oC, oF, oI	$\alpha = \beta = \gamma = 90°$
tetragonal	tP, tI	$a = b, \alpha = \beta = \gamma = 90°$
trigonal	hR	$a = b = c, \alpha = \beta = \gamma$
	hP	$a = b, \alpha = \beta = 90°, \gamma = 120°$
hexagonal	hP	$a = b, \alpha = \beta = 90°, \gamma = 120°$
kubisch	cP, cF, cI	$a = b = c, \alpha = \beta = \gamma = 90°$

Elementarzelle (Tab. 2): Symmetriebedingungen der dreidimensionalen Elementarzellen. a, b und c sind die Beträge der Vektoren $\vec{a}$, $\vec{b}$ und $\vec{c}$; $\alpha = \angle(\vec{b}, \vec{c})$, $\beta = \angle(\vec{c}, \vec{a})$ und $\gamma = \angle(\vec{a}, \vec{b})$ die Winkel zwischen den Vektor-Paaren.

sehr gering und, obwohl Eisen im Kosmos und im Erdinnern mengenmäßig wahrscheinlich das häufigste Metall sein dürfte, tritt es in der Erdkruste und auf der Erdoberfläche als Mineral praktisch nicht in Erscheinung (/Eisenminerale).

Die Reihenfolge der Häufigkeit der metallischen Minerale ist Cu, Ag, Au, Pt, Zn, Hg, Sn und Pb. Häufigste Minerale nichtmetallischer Elemente sind Kohlenstoff, der als Graphit und Diamant auftritt sowie Schwefel. Die Semimetalle Arsen, Antimon und Wismut zeigen zwar äußerlich ausgesprochen metallische Eigenschaften, unterscheiden sich aber durch ihre Morphologie, ihre gute Spaltbarkeit, Gitterbau, Bindung u. a. Eigenschaften von den echten Metallen. Die Metalle weisen von allen mineralischen Stoffen die größten Leitfähigkeitswerte für Wärme und Elektrizität, ferner ein hohes Reflexionsvermögen und einen starken Metallglanz auf. Außerdem besitzen sie von allen Mineralen die größten Dichten, eine gute Dehnbarkeit, meist geringe Härte und ein Fehlen der Spaltbarkeit. Von den gediegenen Elementen der 6. Gruppe des Periodensystems Schwefel, Selen und Tellur ist nur Schwefel ein echtes Nichtmetall, während Selen und Tellur halbmetallische Eigenschaften besitzen. Eine besondere Stellung nehmen auch die Minerale des Kohlenstoffes, Diamant und Graphit, ein, die sich in ihren physikalischen Eigenschaften sehr stark unterscheiden. [GST]

Eliasfeuer /Elmsfeuer.

Élie de Beaumont, *Jean-Baptiste Armand Léonce*, französischer Geologe und Geomathematiker, * 25.9.1798 auf Schloß Canon (Calvados), † 21.9.1874 ebenda; bis 1821 Studium an der Ecole Polytechnique und an der Ecole des Mines, Paris; ab 1829 Professor an der Ecole des Mines, ab 1832 auch am Collège de France; ab 1835 Generalinspekteur der französischen Bergwerke und Mitglied der französischen Akademie der Wissenschaften, 1853–74 ihr ständiger Sekretär; 1852–70 Sénateur de l'Empire. Gemeinsam mit A. Dufrénoy nahm er 1825–42 die ersten, sehr beachteten geologischen Übersichtskarten von Frankreich auf; seit 1868 war er Leiter der neuen Geologischen Landeskartierung. Neben Untersuchungen zum Erzbergbau in Großbritannien, zur Geologie der Vogesen und der französischen Alpen, beschäftigte er sich v. a. mit theoretischen

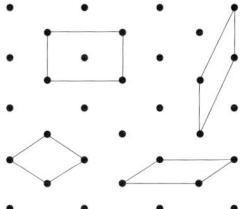

Elementarzelle: Elementarzellen im zweidimensionalen Punktgitter der Symmetrie $c2\,mm$.

Élie de Beaumont, *Jean-Baptiste Armand Léonce*

Studien. Basierend auf den Ideen C. L. ↗Buchs definierte er »Gebirgssysteme« als langgestreckte Gürtel mit Deformationsstrukturen, verteilt über den gesamten Erdball. Diese hätten sich in der Erdgeschichte als Folge der Erdkontraktion (↗Kontraktionstheorie) phasenhaft entwickelt. Für ihre Lage schlug er komplizierte geometrische Bezüge vor, die sich später aber nicht verifizieren ließen. Werke (Auswahl): »Recherches sur quelques-unes des révolutions de la surface du globe« (1830), »Explication de la carte géologique de la France« (1848), »Notice sur les systèmes de montagne« (1852). [MDD]

Elimination, *Beseitigung*.

Ellenberg, *Heinz*, deutscher Geobotaniker und Ökosystemforscher, * 1.8.1913 Hamburg, † 2.5.1997 Göttingen; Professor in Hamburg (ab 1953), Zürich (ab 1958) und ab 1966 in Göttingen (Institutsdirektor). Er führte geländeexperimentelle Untersuchungen in der ↗Geobotanik durch, insbesondere zur Erforschung des Verhaltens von Pflanzenarten mit und ohne Konkurrenz, ihrem ökologischen und physiologischen Maximum (welches sie jeweils auch bei Variation eines Standortfaktors zeigten) sowie den Informationsgehalten, die hinsichtlich der Verbreitung von Arten und Pflanzengemeinschaften daraus zu ziehen waren. Konsequenterweise übernahm er 1966 die Koordination des ↗Solling-Projektes als Beitrag Deutschlands zum »Internationalen Biologischen Programm« (↗IGBP). Im Rahmen dieses Pilotprojektes, an dem mehr als 120 Wissenschaftler aus unterschiedlichen naturwissenschaftlichen Disziplinen teilnahmen, wurden grundlegende Erkenntnisse zu Struktur, Dynamik und damit Belastung und ↗Belastbarkeit repräsentativer ↗Landschaftsökosysteme gewonnen. Ellenbergs Forschung war geprägt durch eine außerordentliche Themen- und Methodenbreite, dem Bestreben bio- und geowissenschaftliche Sachverhalte miteinander zu verbinden sowie dem Bemühung um die praktische Umsetzung von Resultaten aus der Grundlagenforschung. Seine Habilitationsarbeit bei H. ↗Walter über die Auswirkungen von Grundwasserabsenkungen auf die Zusammensetzung und die Leistungsfähigkeit von Grünlandflächen (1952) eröffnete die Anwendung von ↗Bioindikatoren zum Nachweis von Umweltveränderungen, die später nicht nur zu agrarökologischen Fragestellungen, sondern auch für die forstliche Standortkartierung eingesetzt wurden sowie bei Untersuchungen zum Stickstoffhaushalt und Aspekten des Naturschutzes. Eine erste Forschungsreise 1957 nach Peru bildete den Auftakt verschiedener Forschungsarbeiten in Südamerika zum Studium der verschiedenen Pflanzenformationen in Abhängigkeit von Höhenlage, Klimatyp und menschlichen Eingriffen. Seine wissenschaftlichen Leistungen wurden vielfach international ausgezeichnet (Ehrenpromotionen in München, Zagreb, Münster und Lüneburg; Ehrenmitglied der British Ecological Society, verbunden mit dem Abhalten der prestigeträchtigen »Tansley-Lecture« 1977). Zudem war Ellenberg Mitbegründer und Präsident (1976–1977) der ↗Gesellschaft für Ökologie. Werke (Auswahl): »Vegetation Mitteleuropas mit den Alpen« (5 Auflagen, 1963–1996; englische Ausgabe 1988), »Integrated Experimental Ecology« (1971), »Zeigerwerte der Gefäßpflanzen Mitteleuropas« (3 Auflagen, 1974–1992), »Aims and Methods of Vegetation Ecology (1974), «Ökosystemforschung – Ergebnisse des Solling Projekts 1966–1986« (1986). [DS]

Ellipsoid, Fläche zweiter Ordnung, die sich nach Wahl eines geeigneten Koordinatensystems durch die Gleichung:

$$x^2/a^2 + y^2/b^2 + z^2/c^2 = 1$$

beschreiben läßt. Hierbei sind x, y und z die Koordinaten der Punkte in der Fläche und a, b und c die halben Längen der Hauptachsen des Ellipsoids. Man unterscheidet im einzelnen dreiachsiges Ellipsoid ($a \neq b \neq c \neq a$), zweiachsiges Ellipsoid oder Rotationsellipsoid ($a = b$ oder $b = c$ oder $c = a$) und Kugel ($a = b = c$). Allgemein gilt, daß sich jeder symmetrische Tensor zweiter Stufe durch eine Fläche zweiter Ordnung (Ellipsoid oder Hyperboloid) darstellen läßt. Ellipsoide spielen eine Rolle als Bezugsflächen in der Kristallphysik. Eine der bekanntesten unter diesen ist das Indexellipsoid, die ↗Indikatrix.

ellipsoidische Höhe, fast ausschließlich verwendete ↗geometrische Höhe, die den Abstand eines Raumpunktes längs eines geradlinigen Lotes von einem geeignet gewählten ↗Rotationsellipsoid angibt. Ellipsoidische Höhen können in Prinzip mit Hilfe der ↗trigonometrischen Höhenbestimmung (unter Berücksichtigung der ↗Lotabweichungen) bzw. des ↗trigonometrischen Nivellements oder alternativ mit Hilfe des ↗geometrisch-astronomischen Nivellements bestimmt werden. Diese Verfahren sind nur mäßig genau und sehr aufwendig. Neuerdings können ellipsoidische Höhen mit Hilfe präziser Navigationsverfahren (z. B. GPS) verhältnismäßig schnell gemessen und bei Kenntnis des ↗Geoides bzw. des ↗Quasigeoides in ↗physikalische Höhen, wie z. B. in ↗orthometrische Höhen bzw. ↗Normalhöhen umgerechnet werden. Diese Vorgehensweise wird zunehmend zur Bestimmung von physikalisch definierten metrischen Höhen angewendet, auch wenn die Genauigkeit noch hinter der des ↗geodätischen Nivellements zurück-

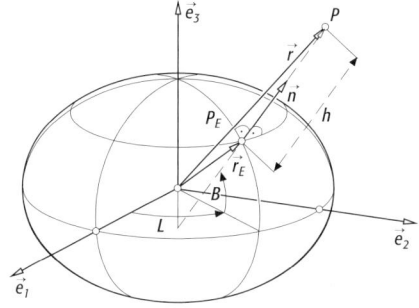

ellipsoidische Höhe 1: ellipsoidische Höhe h eines Punktes P, gemessen von der Oberfläche des Rotationsellipsoides (P = Raumpunkt, P_E = Ellipsoid-Projektionspunkt, L = ellipsoidische Länge, B = ellipsoidische Breite, $\vec{r}$ = Ortsvektor, $\vec{r}_E$ = Summe des Ortsvektors, $\vec{n}$ = Normalenvektor, h = ellipsoidische Höhe, $\vec{e}_1, \vec{e}_2, \vec{e}_3$ = globales geodätisches Koordinatensystem).

bleibt. Der Ortsvektor $\vec{r}$ eines beliebigen Raumpunktes P kann als Summe des Ortsvektors $\vec{r}_E$ zum Ellipsoid-Projektionspunkt P_E und dem Normalenvektor $\vec{n}$ in diesem Punkt, multipliziert mit der ellipsoidischen Höhe h, dargestellt werden (Abb. 1):

$$\vec{r} = \vec{r}_E + h\vec{n} = \begin{pmatrix} x \\ y \\ z \end{pmatrix} = \begin{pmatrix} (N+h)\cos B \cos L \\ (N+h)\cos B \sin L \\ \left(\dfrac{N}{1+e'^2}+h\right)\sin B \end{pmatrix}$$

mit der ellipsoidischen Breite B, der ellipsoidischen Länge L (↗ellipsoidische Koordinaten) sowie dem Querkrümmungshalbmesser N und der zweiten numerischen Exzentrizität e' (↗Rotationsellipsoid). Die Berechnung von ellipsoidischer Länge L, Breite B und Höhe h aus den rechtwinklig kartesischen Koordinaten erhält man in folgenden Schritten. Die Länge ergibt sich direkt aus der Formel:

$$L = \arctan\frac{y}{x} \quad bzw. \quad L = \begin{cases} \arccos\left(x/\sqrt{x^2+y^2}\right) \\ \arcsin\left(y/\sqrt{x^2+y^2}\right) \end{cases},$$

während die Breite B iterativ berechnet werden muß. Man beginnt die Iteration mit der Breite unter Vernachlässigung der ellipsoidischen Höhe

$$B_0 = \arctan\frac{z(1+e'^2)}{\sqrt{x^2+y^2}}$$

und führt die in Abbildung 2 aufgeführten Rechenschritte iterativ aus. [KHI]

ellipsoidische Koordinaten, *geodätische Koordinaten*, bevorzugte Koordinaten zur Durchführung geodätischer Berechnungen. Den ellipsoidischen bzw. geodätischen Koordinaten liegt ein nach gewissen Gesichtspunkten gewähltes ↗Rotationsellipsoid zugrunde. Der Koordinatensatz setzt sich aus der ellipsoidischen Breite B, der ellipsoidischen Länge L und der ↗ellipsoidischen Höhe h zusammen. Die ellipsoidische (geodätische) Meridianebene wird durch die (geradlinige) Ellipsoidnormale durch den betreffenden Punkt und die z-Achse des ↗konventionellen geodätischen Koordinatensystems gebildet. Die ellipsoidische Breite wird vom Äquator aus nach Norden positiv und nach Süden negativ gezählt. Die ellipsoidische Länge ist der Winkel zwischen den ellipsoidischen Meridianebenen von Greenwich und Punkt P und wird nach Osten positiv gezählt. Die ellipsoidische Höhe wird entlang der Ellipsoidnormalen, ausgehende von der Ellipsoidfläche positiv in Richtung des geodätischen Zenits gemessen. Rechtwinklig kartesische und ellipsoidische Koordinaten können einfach ineinander umgerechnet werden (↗ellipsoidische Höhe).
Ellipsoidische Breite und ellipsoidische Länge sind als Winkel definiert, können aber auch als

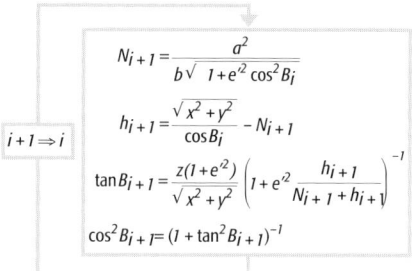

$$N_{i+1} = \frac{a^2}{b\sqrt{1+e'^2\cos^2 B_i}}$$

$$h_{i+1} = \frac{\sqrt{x^2+y^2}}{\cos B_i} - N_{i+1}$$

$$\tan B_{i+1} = \frac{z(1+e'^2)}{\sqrt{x^2+y^2}}\left(1+e'^2\frac{h_{i+1}}{N_{i+1}+h_{i+1}}\right)^{-1}$$

$$\cos^2 B_{i+1} = (1+\tan^2 B_{i+1})^{-1}$$

$i+1 \Rightarrow i$

ellipsoidische Höhe 2: iterative Berechnung der ellipsoidischen Höhe aus den rechtwinklig kartesischen Koordinaten.

↗Flächenkoordinaten auf dem Rotationsellipsoid betrachtet werden. Die Koordinatenlinien dieses krummlinig rechtwinkligen Koordinatensystems sind die geodätischen Meridiane ($L =$ const.) und die geodätischen Parallel- bzw. Breitenkreise ($B =$ const.). Insbesondere in diesem Zusammenhang versteht man unter den ellipsoidischen Koordinaten nur die beiden Größen B und L, während im Begriff der ellipsoidischen ↗Flächennormalkoordinaten noch die ↗ellipsoidische Höhe h enthalten ist. [KHI]

ellipsoidischer Zenit, *geodätischer Zenit*, Richtung der auf einen gegebenen Punkt bezogenen äußeren Ellipsoidnormalen. Die ellipsoidische Zenitrichtung wird durch die ↗geographischen Koordinaten beschrieben.

Ellipsoidnormale, geradliniges Lot auf die Oberfläche eines ↗Ellipsoides. Entlang der Ellipsoidnormalen von ↗Rotationsellipsoiden werden ↗ellipsoidische Höhen gemessen.

Ellipsoidübergang, Übergang von einem ↗Referenzellipsoid zu einem anderen Referenzellipsoid, das sich hinsichtlich der Wahl des Ursprungs (Lagerung), der Achsrichtungen (Orientierung), des Maßstabes und der Formparameter (Ellipsoidform) unterscheidet. Die Transformation ↗ellipsoidischer Koordinaten, die sich auf die beiden Referenzellipsoide beziehen, kann auf die ↗Transformation zwischen globalen ↗Koordinatensystemen in der Variante des Bursa-Wolf-Modells zurückgeführt werden, wobei als intermediäres Modell ein ↗globales geozentrisches Koordinatensystem eingeführt wird. Mit den in der

Ellipsoidübergang 1: Übergang von einem Referenzellipsoid zu einem anderen ($S_G =$ globales geozentrisches Koordinatensystem; $S_K =$ konventionelles globales geodätisches Koordinatensystem (ursprüngliches System) mit dem Ursprung O; $S_{\bar{K}} =$ konventionelles globales geodätisches Koordinatensystem (Zielsystem) mit dem Ursprung $\bar{O}$; $\varepsilon_x, \varepsilon_y, \varepsilon_z, \bar{\varepsilon}_x, \bar{\varepsilon}_y$ und $\bar{\varepsilon}_z =$ Drehwinkel, $\vec{R}, \vec{\bar{R}}$ und $d\vec{R} =$ Translationsvektoren; L, B, $\bar{L}$ und $\bar{B} =$ ellipsoidische (geodätische) Koordinaten; $x, \bar{x}$ und $X =$ Ortsvektoren des zu transformierenden Punktes).

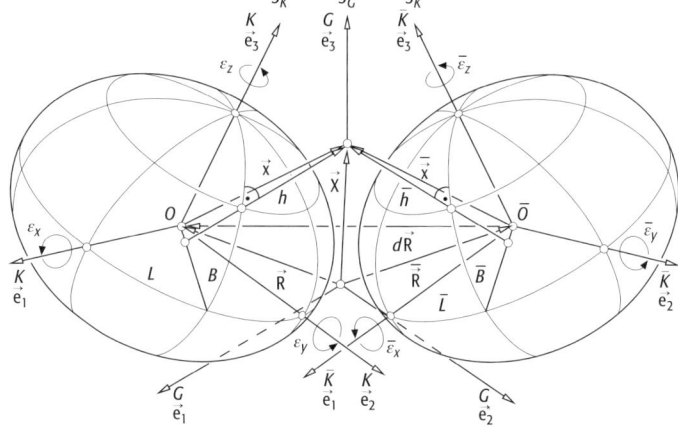

Ellipsoidübergang 2: Formeln für den Ellipsoidübergang (wobei

$$W = \sqrt{1 - e^2 \sin^2 B},$$

M = Meridiankrümmungsradius, N = Querkrümmungsradius, e = erste numerische Exzentrizität, f = geometrische Abplattung).

$$\begin{pmatrix} (M+h)dB \\ (N+h)\cos B\, dL \\ dh \end{pmatrix} = -\begin{pmatrix} \sin B \cos L & \sin B \sin L & -\cos B \\ \sin L & -\cos L & 0 \\ -\cos B \cos L & -\cos B \sin L & -\sin B \end{pmatrix} \begin{pmatrix} \bar{K} \\ dR_1 \\ \bar{K} \\ dR_2 \\ \bar{K} \\ dR_3 \end{pmatrix} +$$

$$\begin{pmatrix} (W^2 N + h)\sin L & -(W^2 N + h)\cos L & 0 \\ -\left(N(1-e^2)+h\right)\sin B \cos L & -\left(N(1-e^2)+h\right)\sin B \sin L & (N+h)\cos B \\ e^2 N \sin B \cos B \sin L & -e^2 N \sin B \cos B \cos L & 0 \end{pmatrix} \begin{pmatrix} d\varepsilon_x \\ d\varepsilon_y \\ d\varepsilon_z \end{pmatrix} -$$

$$\begin{pmatrix} e^2 N \sin B \cos B \\ 0 \\ -(W^2 N + h) \end{pmatrix} dm + \begin{pmatrix} e^2 \sin B \cos B & (W^2+1)\cos B \\ 0 & 0 \\ -W^2 & W^2 \sin B \end{pmatrix} \begin{pmatrix} \dfrac{N}{a} da \\ \dfrac{M \sin B}{1-f} df \end{pmatrix}$$

Abbildung 1 dargestellten Transformationsparametern zum Übergang von den Systemen S_K und $S_{\bar{K}}$ in das System S_G ergeben sich als Transformationsparameter für den Übergang von S_K nach $S_{\bar{K}}$:

$$d\vec{R} = \vec{R} - \vec{\bar{R}}, \quad d\varepsilon_x = \bar{\varepsilon}_x - \varepsilon_x,$$
$$d\varepsilon_y = \bar{\varepsilon}_y - \varepsilon_y, \quad d\varepsilon_z = \bar{\varepsilon}_z - \varepsilon_z.$$

Mit den Differenzen der Formparameter beider Referenzellipsoide und einem skalaren Faktor dm, der die Maßstabsunterschiede beider Systeme beschreibt,

$$da := \bar{a} - a, \quad df := \bar{f} - f,$$

erhält man in hinreichender Näherung die Koordinatenänderungen

$$dB := \bar{B} - B, \quad dL := \bar{L} - L, \quad dh := \bar{h} - h$$

in Abhängigkeit von den (kleinen) Änderungen $dR_i, d\varepsilon_i, dm, da, df$. Die Formeln für den Ellipsoidübergang zeigt Abbildung 2. [KHI]

Ellipsometrie, Meßmethode zur Bestimmung des ↗Brechungsindex und des ↗Absorptionskoeffizienten von Licht aus der ↗Elliptizität des bei Reflexion von schräg einfallendem, linear polarisiertem Licht entstehenden elliptisch polarisierten Lichts.

elliptische Polarisation ↗Polarisation.

Elliptizität, Verhältnis der Hauptachsen einer Ellipse.

Elmsfeuer, *Eliasfeuer, Sankt-Elms-Feuer, Spitzenentladung*, schwach leuchtende elektrische Entladung, die bei gewittrigem Wetter von aufragenden Spitzen und Kanten ausgeht. Das Elmsfeuer entsteht an diesen Objekten infolge der erhöhten Feldstärke (↗Spitzenentladung) und wird meist im Gebirge oder an Schiffen beobachtet.

El Niño, Klimaanomalie im tropischen ↗Pazifischen Ozean mit globalen Auswirkungen, die in den Tropen besonders stark ausgebildet sind (Abb.). Ursprünglich war El Niño nur die Bezeichnung für eine aus den Tropen nach Süden gerichtete ↗Meeresströmung vor der südamerikanischen Westküste, die um die Weihnachtszeit auftrat und mit der eine Erwärmung des Wassers verbunden war. Im Abstand von vier bis fünf Jahren übersteigt die Erwärmung die jahreszeitliche Variation um mehrere K, da die ↗Sprungschicht vor der südamerikanischen Küste durch eine von Westen einlaufende äquatoriale ↗Kelvinwelle abgesenkt wird. Dadurch erreicht der ↗Küstenauftrieb, der normalerweise kaltes Wasser an die Oberfläche bringt, die Sprungschicht nicht mehr und fördert warmes Wasser. Das Ausbleiben des kalten, nährstoffreichen Wassers aus den tieferen Schichten wirkt sich auf die marinen Organismen aus, was zu Störungen der Entwicklung oder der Abwanderung der Fischbestände und damit zum Zusammenbruch der Fischerei führt. Die volkswirtschaftlichen Auswirkungen haben großes Interesse an der Vorhersage eines El Niño geweckt. Den Auswirkungen an der Küste gehen

El Niño: schematische idealisierte Darstellung des El Niño-Phänomens. a) normale Zirkulation mit oberflächennahen Südostpassaten und Absenkung der Thermokline im Westpazifik und b) Höhepunkt der El Niño-Entwicklung: Absenkung der Thermokline im Ostpazifik, Umkehrung der atmosphärischen Zirkulation, Niederschläge und Erwärmung des Oberflächenwassers im Ostpazifik.

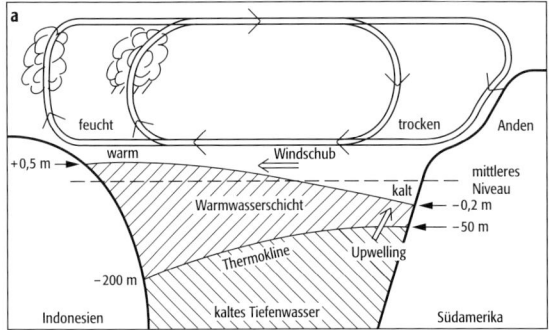
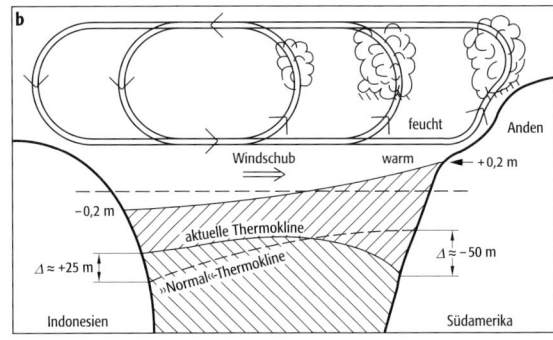

Vorläufer im zentralen bis westlichen Pazifik voraus, wie der Aufbau einer warmen Wassermasse durch veränderte Ozean-Atmosphären-Wechselwirkung und der Verlagerung der äquatorialen atmosphärischen Zirkulationszellen (↗Walker-Zirkulation). Sie führen zur Verlagerung von Niederschlags- und Trockengebieten entlang des Äquators, was erhebliche Schäden durch Überschwemmungen einerseits oder Brände andererseits verursachen kann. Die atmosphärischen Variationen werden in der großräumigen Luftdruckverteilung deutlich, die durch den Südlichen Oszillationsindex (SOI) gekennzeichnet ist. Der warmen Anomalie El Niño folgt häufig ein Kaltwasserereignis *(La Niña)* [EF].

Elongation, longitudinale ↗Verformung, ein Maß für die Längenänderung: $\varepsilon = (l-l_0)/l_0$, wobei l die Länge im verformten Stadium, l_0 die Länge im undeformierten Stadium bedeutet; im Falle von $-1 < \varepsilon < 0$ gibt es Kontraktion (Verkürzung, ↗Einengung), bei $0 < \varepsilon < \infty$ ↗Extension (Ausdehnung).

Elsonische Orogenese ↗Kanadischer Schild.

Elster-Kaltzeit, von K. Keilhack 1909 benannte, älteste (drittletzte) Vergletscherung in Nordeuropa. Sie reichte im Osten bis in ein Gebiet von Thüringen bis in die Ukraine und hatte nach Süden eine größere Ausdehnung als das Eis der ↗Saale-Kaltzeit. Im Westen (Münsterland, Emsland, Niederlande) ist die Verbreitungsgrenze sehr unsicher. Die ↗Grundmoränen der Elster-Kaltzeit zeigen weitverbreitet eine Zweiteilung an. In Sachsen werden die ↗Moränen der Zwickauer Phase und Markranstädter Phase zugeordnet. Die Elster-Eiszeit hat durch ausgeschürfte Wannen (Elbtal-Wanne 100 × 20 km) und Rinnen (100 × 5 km), die bis 500 m tief in den Untergrund reichen, eine völlige Umgestaltung von Norddeutschland bewirkt. Beim Abschmelzen des Eises haben sich große ↗Eisstauseen gebildet, in denen sich großflächig von Norddeutschland bis in die Niederlande Schluff und Ton bis zu 150 m Mächtigkeit (Lauenburger Ton) abgelagert haben. Die Korrelation mit den alpinen Vereisungen und den ↗OIS ist unsicher. ↗Quartär, ↗Kaltzeit. [WBo]

Eluatanalyse, Analyseverfahren, bei dem lösliche Stoffe durch Flüssigkeiten oder Gase aus der zu untersuchenden Feststoffprobe ausgewaschen werden. Danach wird die flüssige bzw. gasförmige Phase vom Feststoff durch Filtration, Sedimentation oder Zentrifugation abgetrennt. Das so gewonnene Eluat kann nun auf die gesuchten Substanzen analysiert werden.

Elution, *Eluierung*, Auslaugen eines festen Stoffes mit einem Lösemittel.

Eluvialböden, Böden mit ↗Eluvialhorizont, ↗Podsole, ↗Parabraunerden.

eluviale Seifen, Schwermineralanreicherungen (↗Seifen), die sich in situ ↗residual nach Erosion und Abtragung leicht verwitternder Gesteinspartien bilden.

Eluvialhorizont, *Auswaschungshorizont*, entsteht durch den profilprägenden Prozeß der vertikalen Stoffverlagerung durch ↗Lessivierung oder ↗Podsolierung im Oberboden; unterscheidet sich farblich sowie im Tongehalt deutlich vom darunter liegenden Einwaschungshorizont (↗Illuvialhorizont) und wird als ↗Al-Horizont bzw. ↗Ae-Horizont bezeichnet.

Eluviallagerstätten, sedimentäre Lagerstätten, entstanden als Rückstandsbildung aus der Anreicherung infolge selektiver Verwitterung und Abtransports weniger widerstandsfähiger und spezifisch leichter Mineralien des ↗Nebengesteins. ↗Seifen, ↗alluviale Lagerstätte.

EM, *Enriched Mantle*, Reservoir im Erdmantel mit gegenüber ↗CHUR erniedrigten Sm/Nd-Werten und erhöhten Rb-Sr-Werten (respektive niedrigeren ^{144}Nd/^{143}Nd-Werten und höheren ^{87}Sr/^{86}Sr-Werten).

Emagramm, ↗thermodynamisches Diagramm von A. Refsdal, mit der Temperatur T als Abszisse und dem Logarithmus des Luftdrucks log p als Ordinate. Das Emagramm ermöglicht bei der Auswertung ↗aerologischer Aufstiege die Bestimmung des Betrags der Energie pro Masseneinheit und damit eine Quantifizierung der Stabilität einer vertikalen Luftsäule.

Embryo, ist der ↗Sporophyt in einem frühen Entwicklungsstadium. Mit der ersten Mitose der diploiden Zygote der Embryophyten entstehen bei ↗Bryophyta, ↗Pteridophyta und ↗Spermatophyta zwei Zellen, die sich durch weitere Zellteilungen zum Embryo mit Sproß- und Wurzel-Vegetationspunkt sowie zum Embryoträger (Suspensor) entwickeln.

Embryophyten, sind ↗Plantae, deren Fortpflanzung in einem heterophasischen und heteromorphen Generationswechsel zwischen ↗Gametophyt und ↗Sporophyt verläuft und bei denen sich nach der Befruchtung die Zygote zu einem vielzelligen ↗Embryo entwickelt, der von der Mutterpflanze ernährt wird. Sowohl die ↗Bryophyta mit vorherrschender Gametophyten-Generation als auch ↗Pteridophyta und ↗Spermatophyta mit dominierender Sporophyten-Generation – die grünen Landpflanzen des allgemeinen Sprachgebrauchs – sind Embryophyten.

Emergenz, **1)** *Glaziologie*: Vertikalbewegung von Gletschereis aus dem Gletscherinneren in Richtung zur Gletscheroberfläche. Sie ist im ↗Zehrgebiet eines ↗Gletschers aufgrund der dort überwiegend herrschenden ↗Ablation zu beobachten. **2)** *Hydrologie*: Schlüpfen des adulten Insekts nach der Verpuppung und Verlassen des aquatischen Lebensraums. Die Emergenz ist Teil des Lebenszyklus der Wasserorganismen vieler Insekten.

emers, oberhalb des Wasserspiegels wachsend (Pflanzen), im Gegensatz zu ↗submers.

Emiliani-Kurve ↗Sauerstoffkreislauf.

Emission, **1)** *Allgemein*: Aussendung oder Abgabe von festen, flüssigen oder gasförmigen Stoffen und von Wärme, Geräuschen, Lärm oder Strahlung auf natürlichem oder unnatürlichem Weg. Im Umweltschutz spielen Emissionen im Sinne von Schadstoffen eine Rolle. Es gibt rechtlich festgelegte Emissionsgrenzwerte, welche die zugelassene Abgabe von Schadstoffen an die Umgebung festsetzen. Die Einwirkungen von Emissionen auf Organismen, Ökosysteme und auch Bau-

Oberfläche	ε
Schwarzkörper	1
Eis, Wasser	0,96–0,99
Schnee	0,85–0,99
Beton	0,92–0,97
Asphalt	0,96
Holz, Papier	0,92–0,94
Kies	0,91–0,92
Ziegel, Mörtel, Putz	0,91–0,93
Granit	0,89–0,90
Laubwald	0,95
Nadelwald	0,97
Wiese	0,99
trockenes Grasland	0,88
landwirtschaftliche Kulturen	0,94
Sandboden	0,90–0,95
Lehmboden	0,93–0,98

Emissionskoeffizient (Tab.):
Emissionskoeffizienten ε einiger Oberflächen im längerwelligen Spektralbereich (8–14 μm), nach Häckel (1990), Hildebrandt (1996).

werke werden als ↗Immissionen bezeichnet. **2)** *Physik*: Abstrahlung von elektromagnetischer Energie durch Körper, deren Temperatur über dem absoluten Nullpunkt liegt. Die ungeordnete Bewegungsenergie der Atome und Moleküle ist temperaturabhängig. Die elektrischen Ladungen der Teilchen werden beschleunigt, verzögert und aus der Bewegungsrichtung abgelenkt und geben daher elektromagnetische Energie ab. Je größer die Temperatur, in desto höhere Energieniveaus werden Elektronen gelangen, um dann unter Abgabe von Photonen auf nicht besetzte niedrigere Niveaus zurückzukehren. Die Intensität der von einem Körper ausgesendeten Strahlung hängt nicht nur von der Temperatur, sondern auch von den Materialeigenschaften und der Oberflächenbeschaffenheit ab. Unterschiedliche Körper mit gleicher Temperatur emittieren Strahlung in Proportionalität zum jeweiligen Absorptionsvermögen. Der spektrale Emissionsgrad $\varepsilon(\lambda)$ beschreibt die Material- und Oberflächenabhängigkeit der Emission von elektromagnetischer Strahlung. Es gilt:

$$\varepsilon(\lambda) = \alpha(\lambda).$$

Maximale Emission wird durch einen vollständig absorbierenden Körper (schwarzer Körper) erfolgen. Das Ausmaß der thermischen Emission eines schwarzen Körpers ist von der Temperatur des Körpers abhängig und wird durch das ↗Plancksche Strahlungsgesetz in bezug auf die ↗spektrale Strahldichte formuliert. Diagramme emittierter spektraler Strahldichtewerte für schwarze Körper mit Temperaturen, die der Oberflächentemperatur der Sonne bzw. der Erde entsprechen, zeigen, daß die Sonne bei einer Wellenlänge von 0,48 μm, also im Bereich des sichtbaren Lichtes, für die Erde bei einer Wellenlänge von ca. 10 μm liegt.

Nach Integration des Planckschen Strahlungsgesetzes über den gesamten Wellenlängenbereich zeigt das ↗Stefan-Boltzmann-Gesetz die starke Abhängigkeit der emittierten spektralen Strahldichte von der Temperatur. Eine weitere Umformung ergibt das ↗Wiensche Verschiebungsgesetz, das die Proportionalität von Wellenlänge maximaler Emission und Temperatur beweist.

Bei identischer Temperatur wird ein beliebiger Körper nun eine spektrale Strahldichte aufweisen, die um den Faktor $\varepsilon(\lambda)$ kleiner als jene des schwarzen Körpers ist. Für das Emissionsvermögen eines teilweise transparenten Körpers (z. B. Atmosphäre) gilt die Beziehung:

$$\varepsilon(\lambda) = 1 - \tau(\lambda),$$

mit $\tau(\lambda)$ für spektrale Transparenz.

Die Messung emittierter Strahlung kann mit Scannern erfolgen. Der auf die Detektorfläche auftreffende Strahlungsfluß ergibt sich mit Kenntnis von optischen Parametern des Sensorsystems und der emittierten Strahldichte, die dem Integral des Produktes aus spektraler Strahldichte des schwarzen Körpers mit der Temperatur des entsprechenden Bildelementes auf der Erdoberfläche und dem spektralen Emissionsgrad über den spektralen Empfindlichkeitsbereich des jeweiligen ↗Detektors entspricht. Der Meßvorgang erfolgt im Falle eines rotierenden optomechanischen Scanners durch Messen zweier eingebauter Referenzstrahler pro Scan bzw. im Falle eines Satellitensystems durch Messen der bekannten Hintergrundstrahlung des Weltalls und Berechnung der rohen Temperaturwerte durch lineare Interpolation auf Basis der gemessenen elektrischen Signale des Bodenelementes und der beiden Referenzstrahler sowie der bekannten Temperaturwerte der beiden Referenzstrahler.

Zufolge der Annahme von $\varepsilon(\lambda) = 1$ wird der rohe Temperaturwert nur im Falle der Ermittlung von Temperaturdifferenzen zufriedenstellende Ergebnisse liefern. Denn die gemessene Strahlungstemperatur unterscheidet sich von der wahren Temperatur der Geländeoberfläche zufolge eines Emissionsgrades kleiner 1, aber auch auf Grund atmosphärischer Einflüsse.

Emissionskoeffizient, ε, kennzeichnet das spezifische Emissionsvermögen von Oberflächen (Tab.). Er ist das Verhältnis der Ausstrahlung der Oberfläche bei einer bestimmten Temperatur T zur Ausstrahlung eines schwarzen Körpers mit der gleichen Temperatur. Zur Anwendung des ↗Stefan-Boltzmann-Gesetzes auf natürliche Oberflächen wird es um den jeweiligen Emissionskoeffizienten erweitert.

E-Modul ↗*Elastizitätsmodul.*

Empfindlichkeit, *Sensitivität*, **1)** *Allgemein*: Intensität der Antwortreaktion auf einen entsprechend stimulierenden Impuls oder der erforderliche Stimulanzwert, um eine Reaktion zu erzielen, die mit einem bestimmten Wert bereits bestehende Abläufe übertrifft. **2)** *Hydrologie*: Dieses Konzept wird für Meßgeräte, Einzugsgebietsmodelle etc. benutzt. **3)** *Photogrammetrie*: Maß für die erforderliche Bestrahlung zur Erzielung einer entsprechenden optischen Dichte (Kriteriumsdichte) in einer ↗photographischen Schicht. Für die Kennzeichnung der Empfindlichkeit werden unterschiedliche Maßsysteme verwendet. Die Empfindlichkeit ↗photogrammetrischer Aufnahmematerialien wird in der Regel in ASA und für ↗Luftbildfilme in AFS (aerial film speed) angegeben.

Empirische Kartographie, *Experimentelle Kartographie*, Teilgebiet bzw. Methodenrichtung der Allgemeinen ↗Kartographie. Aufgabe der Empirischen Kartographie ist die empirische Überprüfung von theoretischem und praktischem Wissen mit Hilfe von experimentell-psychologischen Untersuchungen sowie sozialwissenschaftlichen Befragungen. Die in der Empirischen Kartographie gewonnenen Erkenntnisse dienen der Optimierung oder Modellierung von kartographischen Abbildungs- oder Präsentationsformen. Dabei wird das untersuchte Verhalten bzw. die erbrachten gedanklichen Leistungen von Versuchspersonen als Indikator für die Wirkung von dargebotenen Zeichen, Zeichenmustern oder Karten gewertet. Ziel von Befragungen ist das

Herausfinden von Meinungen oder Einstellungen zur Anwendung oder Nutzung von Karten im weitesten Sinn. Schwerpunkte experimenteller Untersuchungen liegen u. a. beim Herausfinden von visuellen Wirkungen bei verschiedenen Zeichenarten, bei Größen-, Farb- und Helligkeitsabstufungen, bei graphisch geschichteten Karten sowie bei syntaktischen und semantischen Komplexitätsniveaus oder Wahrnehmungstäuschungen. Diese in der Mehrzahl die Syntax betreffenden Untersuchungen zielen auf eine unmittelbare Übertragung von Erkenntnissen auf den Bereich der Kartenkonzeption und -modellierung. Im Zusammenhang mit der Nutzung von Bildschirmkarten hat sich die graphisch-optische Reizsituation im Kartenbild und die damit verbundenen zielorientierten visuell-kognitiven Prozesse der Ableitung, Repräsentation und Weiterverarbeitung georäumlicher Informationen und Erkenntnisse erheblich verändert. Untersuchungen in der Empirischen Kartographie sind daher zunehmend auf das visuell-kognitve Prozeßgeschehen im kartographischen Kommunikationsprozeß ausgerichtet. Ausgehend von extra entwickelten Nutzungs- oder Kommunikationsmodellen werden Bedingungen von visuell-kognitiven Prozessen der Informationsgewinnung, von kognitiven Prozessen der Speicherung und zielorientierten Weiterverarbeitung von aus Karten abgeleiteten Erkenntnissen sowie von der Beeinflussung dieser Prozesse durch gesellschaftliche, motivationale und situative Faktoren untersucht. Ziel ist, die Unterstützungs- und Steuerungsfunktion von kartographischen Präsentationen im Rahmen dieser Prozesse herauszufinden und danach Präsentations- und Aktionswerkzeuge gezielt einsetzen zu können (↗Arbeitsgraphik). [JB]

empirischer Ionenradius, Abstand zwischen Atomschwerpunkt und dem Minimum der experimentell bestimmten Elektronendichte auf der Verbindungslinie zweier Ionen in einer Ionenstruktur. Weil eine derartig genaue Analyse der Elektronendichteverteilung aufwendig ist, sind bisher nur wenige zuverlässige Werte bekannt. Diese Radien sind für Anionen i. d. R. etwas kleiner und für Kationen etwas größer als die ↗effektiven Ionenradien.

Ems, die dritte Stufe des ↗Devons, über ↗Siegen und unter ↗Eifel (Unterdevon). Benannt von H. De Dorlodot (1900) nach der Ortschaft Bad Ems an der Lahn. ↗geologische Zeitskala.

EMS-98, *Europäische Makroseismische Skala 1998*. Sie klassifiziert die ↗makroseismische Intensität, wobei die Art der Baustrukturen und ihre Verletzlichkeit gegenüber Erdbeben ausführlich be-

EMS-98 Intensität	Definition	Beschreibung der maximalen Wirkung
I	nicht fühlbar	nicht fühlbar
II	kaum bemerkbar	nur sehr vereinzelt von ruhenden Personen wahrgenommen
III	schwach	von wenigen Personen in Gebäuden wahrgenommen, ruhende Personen fühlen leichtes Schwingen oder Erschüttern
IV	deutlich	im Freien vereinzelt, in Gebäuden von vielen Personen wahrgenommen; einige Schlafende erwachen; Geschirr und Fenster klirren; Türen klappern
V	stark	im Freien von wenigen, in Gebäuden von den meisten wahrgenommen; viele Schlafende erwachen; wenige werden verängstigt; Gebäude werden insgesamt erschüttert; hängende Gegenstände pendeln stark, kleine Gegenstände werden verschoben; Türen und Fenster schlagen auf oder zu
VI	leichte Gebäudeschäden	viele Personen erschrecken und flüchten ins Freie; einige Gegenstände fallen um; an vielen Häusern, vornehmlich in schlechterem Zustand, entstehen leichtere Schäden wie feine Mauerrisse und das Abfallen von kleinen Verputzteilchen
VII	Gebäudeschäden	die meisten Personen erschrecken und flüchten ins Freie; Gegenstände fallen in großen Mengen aus Regalen; an vielen Häusern solider Bauart treten mäßige Schäden auf (kleine Mauerrisse, Abfall von Putz, Herabfallen von Schornsteinteilen); vornehmlich Gebäude in schlechterem Zustand zeigen größere Mauerrisse und Einsturz von Zwischenwänden
VIII	schwere Gebäudeschäden	viele Personen verlieren das Gleichgewicht; an vielen Gebäuden einfacher Bauart treten schwere Schäden auf, d.h. Giebelteile und Dachgesimse stürzen ein; einige Gebäude sehr einfacher Bauart stürzen ein
IX	zerstörend	allgemeine Panik unter den Betroffenen; gut gebaute gewöhnliche Bauten zeigen sehr schwere Schäden und teilweisen Einsturz tragender Bauteile; viele schwächere Bauten stürzen ein
X	sehr zerstörend	viele gut gebaute Häuser werden zerstört oder erleiden schwere Beschädigungen
XI	verwüstend	die meisten Bauwerke, selbst einige mit gutem erdbebengerechtem Konstruktionsentwurf und -ausführung, werden zerstört
XII	vollständig verwüstend	nahezu alle Konstruktionen werden zerstört

EMS-98 (Tab.): Europäische Makroseismische Skala 1998, Kurzform.

rücksichtigt wird. Die EMS-98-Skala wurde in zehnjähriger Arbeit durch eine internationale Expertengruppe unter der Leitung des Potsdamer Seismologen G. Grünthal entworfen und 1998 eingeführt. Wie die ↗Mercalli-Skala und die ↗MSK-Skala umfaßt sie zwölf Stufen, die untereinander weitgehend kompatibel sind. Die EMS-98-Skala ordnet vier Bauweisen (Mauerwerk, Stahlbeton, Stahl und Holzkonstruktion, von denen die beiden zuerst genannten noch einmal in zahlreiche Unterklassen aufgeteilt sind) in sechs verschiedene Klassen der Verletzlichkeit (engl. vulnerability) ein. Die Kurzform von Grünthal (Tab.) stellt eine sehr starke Vereinfachung der ausführlichen Fassung dar.

Emulsion, 1) *Allgemein*: kolloidale Verteilung eines unlöslichen oder nur schwer löslichen Fluids (disperse Phase: Tröpfchendurchmesser 1–50 μm) in einer anderen Flüssigkeit (geschlossene Phase), z. B. Öl in Wasser. **2)** *Photogrammetrie*: ↗photographische Schicht.

Enantiomere ↗Stereoisomerie.

Enantiomorphie, [von griech. enantion = Gegenteil], *Enantiomerie*, Form der Stereoisomerie, die sich im spiegelbildlichen Bau von Kristallen ausdrückt. Beispiele sind Rechts- oder Linksquarz und die ↗optische Aktivität. Von den 32 Symmetrieklassen der Kristalle weisen 11 Klassen weder Inversionszentrum (Symmetriezentrum) noch Spiegelebenen (Symmetrieebenen) auf. In ihnen sind enantiomorphe Kristalle möglich, die sich wie linke und rechte Hand verhalten und durch keine Symmetrieoperation in eine kongruente Stellung zu bringen sind. Solche Kristalle können optische Aktivität aufweisen. Bei der Weinsäure ist diese Aktivität bereits Eigenschaft des Moleküls und somit auch in Lösung möglich, bei Quarz hingegen allein Eigenschaft des Raumgitters und somit in der Quarzschmelze und im SiO_2-Glas nicht vorhanden.

enantiotrope Umwandlung, reversibel oder umkehrbar verlaufende Phasenumwandlung, die sich nach beiden Richtungen beliebig oft wiederholen läßt; Beispiel ↗Quarz.

Enchyträen, *Borstenwürmer*, sind nahe Verwandte der Regenwürmer. Es sind kleine, 1–50 mm lange, weißliche Würmer, die v. a. von Mikroorganismen und abgestorbenem Pflanzenmaterial leben. Sie sind ↗Bodenwühler.

Endabbau, Überführung von ↗organischer Substanz in Mineralisationsprodukte wie CO_2, Wasser und anorganische Salze unter gleichzeitiger Bildung von ↗Biomasse. In dem häufig synonym gebrauchten Begriff ↗Mineralisation wird die ↗Biomasseproduktion nicht betrachtet.

Enddichte, Verdichtung einer Firndecke zu ↗Gletschereis (0,917 g/cm³).

Endemismus, *endemische Arten*, Bezeichnung für ↗Arten (Endemiten), die nur in natürlich abgegrenzten Räumen vorkommen. Diese Beschränkung der Ausbreitung gewisser Tier- oder Pflanzenarten ist die Folge von erdgeschichtlichen Entwicklungsprozessen (z. B. ↗Kontinentaldrift), die das Siedelgebiet abtrennten und z. T. auch besondere Herausbildungen ermöglichten (↗Konvergenz). Die Isoliertheit des Standortes kommt entweder dadurch zustande, daß eine junge Art dort entstanden ist und sich noch nicht weiter verbreitet hat (Neoendemismus) oder aber sie stellt ein Relikt eines ehemals größeren Verbreitungsgebietes dar (Paläoendemismus). Endemismus ist charakteristisch für Inseln, Gebirgstäler, Einzelberge, isolierte Seen etc. Das Gegenteil eines Endemiten ist ein ↗Kosmopolit.

Enderbit, Gestein mit tonalitischem Chemismus, aber trockenem Mineralbestand, d. h. Hauptminerale sind Quarz, Plagioklas und Orthopyroxene statt Amphibol oder Biotit (↗Charnockit); magmatisch und metamorph gebildet in regionalen Granulitarealen.

Enderby Land ↗Proterozoikum.

Endkonsument, bezeichnet das Glied in den ↗Nahrungsketten, welches als Nutznießer von Organismen niedrigerer Stufen selber kaum gefressen wird (↗Konsumenten, ↗Räuber-Beute-System).

Endlagerung, wartungsfreie, zeitlich unbefristete und sichere Beseitigung von ↗radioaktivem Abfall. Aufgrund der langen ↗Halbwertzeiten der radioaktiven Strahlung und ihrer schädigenden Wirkung auf Mensch und Umwelt, muß radioaktiver Abfall möglichst abgeschlossen von der Biosphäre gelagert werden. Die besten Voraussetzungen bildet hier die Lagerung in ↗Untertagedeponien. Bezüglich der Endlagerung konnte bisher noch keine internationale Einigung getroffen werden. Jedes Land muß daher, entsprechend seiner geologischen und hydrogeologischen Voraussetzungen, die beste Lösung dieser Aufgabe finden. Die Sicherheit des Gesamtsystems muß sowohl für die Betriebsphase als auch nach der Stillegung des Endlagerbergwerkes gewährleistet werden. Low active waste (LAW) und bestimmte Kategorien von middle active waste (MAW) werden in einigen Länder in Gruben an der Erdoberfläche gelagert, die nach ihrer Auffüllung mit Fässern z. T. aufbetoniert und mit Ton bedeckt werden. In bestimmten Tiefseegebieten wird durch die USA, Großbritannien, die Niederlande, Belgien und die Schweiz LAW versenkt. Für die sicherere Endlagerung von high active waste (HAW) sind ↗Multibarrierenkonzepte nötig. Die geologische Barriere dient der Isolierung von der Biosphäre und sollte einige hundert Meter mächtig sein. Die technische Barriere dient der Fixierung der Abfälle, als Behälter, der Umhüllung und beim Verfüllen und Verschließen der vorher errichteten Hohlräume. Entsprechend dem jeweiligen Wirtsgestein erhalten die einzelnen Barrieren eine unterschiedliche Wichtung. Für die Endlagerung radioaktiven Abfalls können Bergwerke, Tiefbohrlöcher und Kavernen dienen. In Bergwerken werden alle Arten festen und verfestigungsfähigen Abfalls endgelagert. Tiefbohrlöcher dienen nur der Endlagerung von HAW. In Kavernen wird nur LAW und MAW eingelagert, und es bietet sich die Möglichkeit, tritiumhaltiges Wasser als Anmachwasser von Beton zu verbringen. Formationen, die zur Endlagerung dienen können, sind: Tonsteine und Steinsalz als Sedimentgesteine, Granit, Diorit, Gabbro als kristalline Gesteine, Gneis als Beispiel für ein metamorphes Gestein. In der zu wählenden Formation muß es möglich sein, untertägige Hohlräume zu erstellen und zu nutzen. Gleichzeitig muß sie den besonderen Barriereanforderungen gerecht werden. Während in Steinsalz der Kontakt zwischen Abfall und Wasser unterbunden wird, ist ein Wasserkontakt in anderen Festgesteinen in bestimmten Grenzen möglich. LAW und MAW können in ehemalige Bergwerke eingelagert werden, die früher dem Rohstoffabbau dienten. HAW muß in eigens zur Endlagerung angelegten Bergwerken endgelagert werden. In der Bundesrepublik Deutschland werden v.a. die mächtigen Steinsalzablagerungen in Norddeutschland bezüglich einer potentiellen Endlagerung auch für HAW intensiv untersucht. [NU]

Endmoräne, wallartige Materialakkumulation in Form einer ↗Moräne vor der Stirn des ↗Gletschers (Abb. im Farbtafelteil). Beim Abtauen des Eises bleibt alles von ihm bis dahin mitgeführte Material, ↗Geschiebe der ↗Obermoräne, ↗Mittelmoräne und ↗Untermoräne, das Feinmaterial und der kantige Frostschutt der Gletscheroberfläche liegen (↗Moräne Abb.). Ist der Gletscherrand für längere Zeit stationär, so bildet er eine ↗Satzmoräne. Stößt er nach einer solchen Ruhelage wieder vor, dann schiebt er das vorher abgelagerte Material zu einer ↗Stauchmoräne zusammen. Beide Formen bilden Endmoränen, wobei der größte Teil und besonders die gut ausgebildeten Endmoränenzüge aus ↗Stauchendmoränen bestehen. Eine Endmoräne markiert den zu ihr gehörenden Eisrand. Endmoränen können, je nach Zahl der Gletschervorstöße, in Serien auftreten von parallel hintereinander gestaffelten Wällen verschiedener Größe und mit unterschiedlichem Abstand (↗Trompetentälchen Abb.). Sie sind Indikatoren für die Oszillation (Vorrück-, Stillstand- und Rückschmelzphasen) des Eisrandes. Endmoränen liegen bogenförmig um das Ende der Gletscherzunge (bei Gebirgsgletschern) oder den Gletscherlobus (bei der ↗Vorlandvergletscherung). Wenn der Eisrand zurückgeschmolzen ist, kann sich Schmelzwasser hinter der Endmoräne zu einem See, dem ↗Moränenstausee, aufstauen. [JBR]

Endobenthos, ↗Endobionth.

endobentisch, im Sediment lebend, ↗bentische Organismen.

Endobionth, ein ↗sessiler oder ↗vagiler, im Sediment vergraben oder in Hartsubstraten (Schalen, Festgestein, Fest- und Hartgründen) bohrend lebender, mikrobieller, pflanzlicher oder tierischer Organismus. Die Gesamtheit der Endobionthen in einer ↗Biozönose bilden das *Endobenthos* (↗Benthos). Gegenteil: ↗Epibionth.

Endoblastese, spätmagmatische Kristallisation in Plutoniten, meist aus angereicherten Restlösungen.

endogen, *innenbürtig*, von innen her kommend, Gegenteil von ↗exogen. **1)** *Geologie:* Begriff für geologische Erscheinungen, deren Ursache auf Kräfte des Erdinneren zurückzuführen sind. Dazu gehören alle Vorgänge des ↗Magmatismus, der ↗Tektonik und ↗Metamorphose. ↗endogene Dynamik. **2)** *Lagerstättenkunde:* die Bildung solcher Erzvorkommen, die ohne Stoffzufuhr von außen mehr oder weniger in-situ entstanden sind. Beispiel hierfür ist die Bildung von Siderit-Konkretionen in Sedimenten.

endogene Dynamik, *innenbürtige Dynamik*, geologische Prozesse, die auf Kräfte aus dem Erdinneren zurückzuführen sind. Die Ursachen liegen in den physikalischen und chemischen Eigenschaften des Erdinneren. Die im Erdkörper durch nukleare Aufheizung erzeugte Temperatur wird konstant in den Weltraum abgegeben. Da aber der obere ↗Erdmantel und die ↗Erdkruste keinen homogenen Aufbau aufweisen, treten durch Wärmestau bedingt Konvektionsströme auf, deren Bewegung sich auf die starre Kruste überträgt und dort Verformungen und Dislokationen bewirkt. Das Verständnis dieser vorwiegend zum Bereich der ↗Tektonik gehörenden Vorgänge wird heute vor allem durch die Vorstellungen der ↗Plattentektonik gestützt. Dies betrifft insbesondere die Verdriftung der Kontinente im Laufe der Erdgeschichte, die Öffnung und Schließung der Ozeane, den Prozeß der Gebirgsbildung (↗Orogenese), das Auftreten und die Verbreitung von ↗Erdbeben, langsame Hebungen und Senkungen von Krustenteilen (↗Epirogenese), das Aufdringen von magmatischen Schmelzen (↗Vulkanismus, ↗Plutonismus) sowie den Aufbau des irdischen Magnetfeldes einschließlich seiner zyklischen Umpolungen. Allerdings unterliegt die Außenhaut der Erde einer ständigen Wechselwirkung der endogenen und ↗exogenen Beanspruchung, so daß einige der angeführten Prozesse erst mit dem Zusammenwirken dieser Kräfte voll verständlich werden. [HK]

endogene Prozesse, in der ↗Geomorphologie jene Formungsprozesse, die durch Spannungen in der Erdkruste ausgelöst werden oder auf die Magmakern der Erde zurückgehen. Endogene Prozesse sind ↗Orogenese, ↗Epirogenese, ↗Tektonik, ↗Erdbeben sowie ↗Vulkanismus. Im Gegensatz zu den endogenen Prozessen, wirken die ↗exogenen Prozesse von außen auf die Erdoberfläche ein.

Endohumus, [von griech. *endon* = innen], an mineralische Bodenpartikel gebundene Huminstoffe.

Endokarst, die Gesamtheit der unterirdischen ↗Karstformen (Höhlen, ↗Karstschächte), im Gegensatz zum ↗Exokarst.

Endokontaktzone, der Bereich der ↗Kontaktmetamorphose am Rand von größeren in einer Schmelze schwimmenden Nebengesteinsbruchstücken; häufig mit ↗metasomatischen Veränderungen (z.B. Skarn-Bildung, wenn es sich um carbonatische Nebengesteine handelt) einhergehend (↗Kontaktaureole).

Endomykorrhiza, Wurzelsymbiosen zwischen Pflanzen und Pilzen, bei denen die Hyphen inter- und intrazellulär im Rindengewebe der Wurzel wachsen. Da kein Hyphenmantel ausgebildet wird, bleiben die Wurzelhaare erhalten. Hierher gehören die ↗Mykorrhizen der Orchideen und Ericaceen sowie die vesikulär-arbuskuläre Mykorrhiza zahlreicher Kulturpflanzen.

endorhëischer Fluß, [von griech. endon = nach innen; rhein = fließen], *endoräischer Fluß*, Bezeichnung für einen Fluß, der in einem Bereich humiden Klimas entspringt und dessen Lauf sich entweder in einem ariden Gebiet verliert oder in einen ↗Endsee mündet.

Endosphäre, zusammenfassender Begriff für alle Schalen und Bestandteile der Erde unterhalb der ↗Lithosphäre. ↗Schalenbau der Erde.

endotherm, nennt man physikalisch/chemische Prozesse, z. B. ↗Reaktionen, bei denen Wärme aufgenommen wird. Die Änderung der ↗Enthalpie einer endothermen Reaktion hat einen positiven Wert. Der Gegensatz ist exotherm.

Endrumpf, geomorphographisch-geomorphogenetischer Begriff für eine weitgehend ebene, als ↗Abtragungsfläche gestaltete Flachform, die nach W. M. ↗Davis durch Abtragung eines präexistenten, hohen Gebirges bis auf seinen Sockel oder Rumpf entstanden ist, daher auch der Begriff ↗Rumpffläche.

Endsee, See, der die Zuflüsse aus der ↗Binnenentwässerung aufnimmt, jedoch über keinen Abfluß verfügt. Die Mündungen der Zuflüsse können in Abhängigkeit von Sedimentführung und Schwankungen des Seespiegels als Binnendelta oder *Binnenästuar* entwickelt sein. Für die Entstehung von Endseen kommen sowohl tektonische (Beckenbildung) als auch klimatische (hohe ↗Evaporation) Ursachen in Frage. Die größten Endseen der Erde sind das Kaspische Meer mit ca. 390.000 km², der Aralsee mit ca. 66.000 km² und der Tschadsee mit ca. 30.000 km² Fläche.

Endstapelung, mit optimierten Parametern erstellte Stapelsektion (↗seismische Stapelsektion). Gegensatz: ↗brute stack.

en échelon, *Staffelstellung*, gestaffelte Anordnung von ↗Spalten, ↗Klüften, ↗Gängen, ↗Fiederspalten, Scherrissen (↗Riedel-Scherflächen) und Schleppfalten.

Energieanregung ↗seismische Tiefensondierung.

Energiebilanz, 1) Gegenüberstellung der Gleichungen für die Änderung der ↗kinetischen Energie, ↗potentiellen Energie und ↗inneren Energie der Atmosphäre sowie der Umwandlungen der Energiearten untereinander. 2) In der Mikrometeorologie die Messung oder Berechnung der einzelnen Energieströme in der Gleichung für die innere Energie (z. B. Strahlungsstrom, fühlbarer Wärmestrom).

energiedispersives Verfahren ↗analytische Methoden.

Energieeinheiten, die ↗SI-Einheit der verschiedenen Energieformen (potentielle Energie, kinetische Energie, Arbeit, Wärme) lautet *Joule* (J), nach J. P. Joule (1818–1889). Es gilt: 1 J = 1 kg m²/s² = 1 N m = 1 Ws. Nicht mehr gebräuchliche Energieeinheiten sind das erg (↗CGS-System, 1 erg = 1 g cm²/s = 10^{-7} J) und die *Kalorie* (1 cal = 4,1868 J).

Energieerhaltungssatz, in einem abgeschlossenen System ist die Summe aus ↗kinetischer Energie, ↗potentieller Energie und ↗innerer Energie zeitlich konstant. Die Änderung der Gesamtenergie kann nur durch Energieaustausch mit der Umgebung erfolgen (offenes System). Die relativen Anteile der einzelnen Energiearten werden durch die ↗Energiehaushaltsgleichung bestimmt.

Energieflüsse, Energietransport durch Molekularbewegung, Strömungen in Flüssigkeiten oder Gasen oder durch elektromagnetische Wellen (↗Strahlung).

Energiehaushalt, Bilanzierung der zeitlichen Änderung der Energiearten eines Systems aufgrund von Energieumwandlungen oder Energieaustausch mit der Umgebung. Die quantitative Beschreibung erfolgt über die ↗Energiehaushaltsgleichung. Dabei kann die Aufstellung eines Energiehaushaltes entweder für ein Luftvolumen, für die gesamte ↗Atmosphäre oder das System Erde insgesamt erfolgen.

Energiehaushaltsgleichung, Beschreibung von Energie und Energieänderung in einem System. Für ein Volumen in einem Fluid gilt allgemein:

$$\frac{\partial E}{\partial t} + \nabla \cdot \vec{v} E = Q_E + T_E$$

mit $\partial E/\partial t$ = lokale zeitliche Änderung der Energie (E), $\vec{v}E$ = Divergenz des Energieflusses, Q_E = Quellen und Senken der Energie, T_E = Transformation zu anderen Energiearten. Ein Beispiel ist die Umwandlung von ↗kinetischer Energie in ↗innere Energie durch Reibung. Für die Beschreibung des Energiehaushaltes der Atmosphäre lassen sich drei Gleichungen für die kinetische Energie, potentielle Energie und innere Energie aufstellen. Wegen des engen Zusammenhangs zwischen innerer und potentieller Energie in einem Luftvolumen lassen sich verschiedene Formen der Energiehaushaltsgleichungen angeben.

Energiehöhe, H, die Summe aus der Geschwindigkeitshöhe h_{kin}, der ↗Druckhöhe h_p und der Positionshöhe z, wie sie sich aus der Bernoulli-Gleichung ergibt:

$$h_{kin} = \frac{v^2}{2 \cdot g}, \quad h_p = \frac{p}{\varrho \cdot g},$$

$$H = h_{kin} + h_p + z$$

(v = Geschwindigkeit; g = Erdbeschleunigung; P = Druck; ϱ = Dichte der strömenden Flüssigkeit).

Energiekaskade, ↗Ökosysteme nehmen Energie in Form von Sonnenstrahlung auf und geben sie einseitig gerichtet über die ↗Nahrungsketten als Energieflüsse weiter. Der Begriff der Energiekaskade bezieht sich darauf, daß die Nahrungsketten unterschiedliche Niveaus mit in der ↗Biomasse der Organismen gespeicherter Energie besitzen, die von Stufe zu Stufe abnimmt (Abb.). Bei jeder Übertragung von energiehaltiger Substanz von einem Glied der Nahrungskette zum anderen, nimmt die verfügbare Energie ab, da Verluste durch Umwandlung in nicht weiter verwertbare

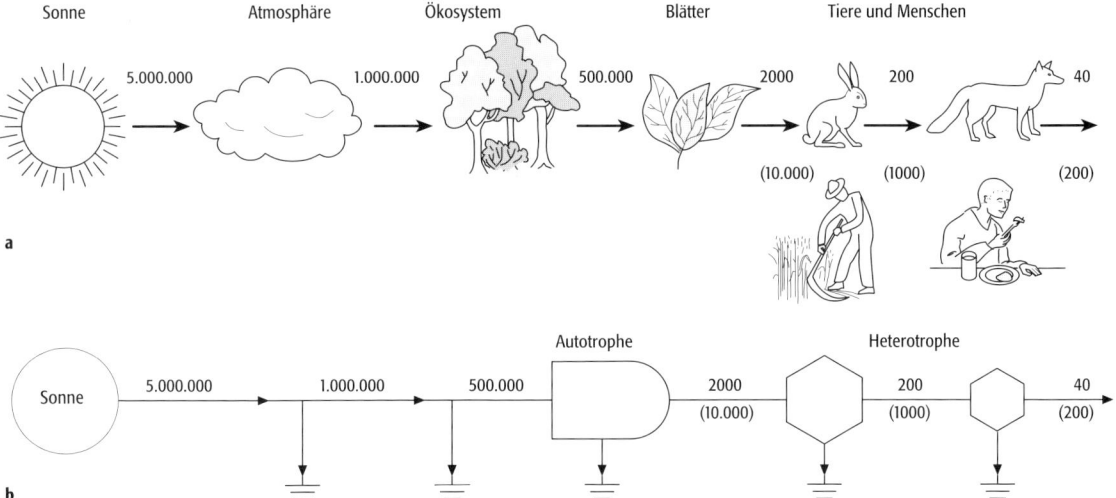

Energiekaskade: der Fluß der Sonnenenergie durch die Biosphäre (in kcal/m² · a) als bildhafte (a) und formale (b) Energiekaskade.

Wärme auftreten (↗Respiration). Dies kann auch als Nahrungspyramide ausgedrückt werden, welche die Verteilung der in der Biomasse von Organismen gespeicherten Energie darstellt. Das Maximum an gebundener Energie befindet sich an der Basis, das Minimum an der Spitze. Wegen des Zusammenhangs ökologischer Prozesse und Vorgänge mit Energieflüssen bauen viele Modelle zur Beschreibung von Ökosystemen auf Prinzipien der Thermodynamik auf. Die Energie gilt als gemeinsame »Währung« in der Ökologie. Ökosysteme sind demgemäß als ↗offene Systeme in der Lage, hochwertige Energieformen aufzunehmen und in nicht mehr verwertbare Energie (Entropie) zu transformieren, wobei der Überschuß in die Umgebung abgeführt wird. Die dadurch ermöglichte Erhaltung eines gleichgewichtsfernen Zustandes stellt eine wichtige Voraussetzung dar für den Ablauf einer selbstorganisierten Entwicklung. [DS]

Energie-Magnituden-Beziehung, von ↗Gutenberg und ↗Richter 1956 abgeleitete empirische Beziehung zwischen Oberflächenwellen-Magnitude M_S und der im Erdbeben freigesetzten seismischen Energie E (Einheit von E in erg = 10^{-7} Joule):

$$Log_{10} E = 11{,}8 + 1{,}5\, M_S.$$

Die elastische Energie einer ↗seismischen Welle ist proportional zum Quadrat der Partikelgeschwindigkeit und kann daher aus Seismogrammen abgeleitet werden. Die *Gutenberg-Richter-Beziehung* ergibt $E = 6{,}3 \cdot 10^{11}$ erg für ein Beben der Stärke $M_S = 0$ und $1{,}4 \cdot 10^{25}$ erg für eines der Stärke $M_S = 8{,}9$. Ein Anstieg von M_S um eine Einheit entspricht einem 32fachen Anstieg der abgestrahlten seismischen Energie. Die jährlich abgestrahlte seismische Energie beträgt nach einer Berechnung von Kanamori im Mittel $4{,}5 \cdot 10^{17}$ Joule, wobei Fluktuationen um eine Zehnerpotenz auftreten. Davon entfallen 90% auf Erdbeben der Magnitude $M_S \geq 7$. Die jährlich freigesetzte seismische Energie entspricht etwa 0,1% der jährlich aus dem Erdinnern strömenden Wärmeenergie. [GüBo]

enge Falte ↗Falte.

engere Schutzzone, die auch als Zone II eines ↗Wasserschutzgebietes benannte engere Schutzzone soll den Schutz vor Verunreinigungen durch pathogene Mikroorganismen (z. B. Bakterien oder Wurmeier) sowie vor sonstigen Beeinträchtigungen gewährleisten, die bei geringer Fließdauer und -strecke zur Trinkwassergewinnungsanlage gefährlich sind. Die Zone II reicht von der Grenze der Zone I bis zu einer Linie, von der aus das Grundwasser mindestens 50 Tage bis zum Eintreffen in der Fassungsanlage benötigt (50-Tage-Linie). Zur Festlegung der 50-Tage-Linie muß die Grundwasserabstandsgeschwindigkeit v_a bekannt sein. In Lockergesteinen kann die Grundwasserabstandsgeschwindigkeit durch Pumpversuche oder Markierungsversuche ermittelt werden. Zwar ist zur Bemessung der engeren Schutzzone die 50-Tage-Linie maßgebend, jedoch soll eine oberstromige Ausdehnung von 100 m ab der Trinkwassergewinnungsanlage nicht unterschritten werden. Für die Ausweisung und Bemessung der Schutzzone II müssen in Gebieten hoher Grundwasserdurchlässigkeiten (z. B. Karstgebiete der Schwäbischen Alb, Muschelkalk-, Zechsteinkarstgebiete) hydrogeologische Kriterien berücksichtigt werden, damit es in diesen Gebieten nicht zu unrealisierbaren Nutzungsbeschränkungen kommt. Bei ausreichender Schutzwirkung der Grundwasserüberdeckung kann für Kluft-Grundwasserleiter zur Berechnung der verbleibenden horizontalen Ausdehnung E_{min} die *Zylinder-Formel* angewandt werden:

$$E_{min} = \sqrt{\frac{Q_{25}}{M \cdot P_n \cdot \pi}}$$

(E_{min} = Grenzabstandsweite der Zone II ab Gewinnungsanlage [m], Q_{25} = Entnahmemenge in 25 Tagen [m³], M = Grundwassermächtigkeit [m], P_n = geschätzter nutzbarer Hohlraumanteil

ensemble prediction system 1:
EPS des Europäischen Zentrums für mittelfristige Wettervorhersagen vom 11. Juni 1997, 144-stündige Vorhersagen der Höhenwetterkarte (Geopotentialfeld 500 hPa) im Europaausschnitt. Dargestellt sind nur die Ensemble-Mitglieder Nr. 11–15, 21–25, 31–35; L = niedriger Druck, H = hoher Druck.

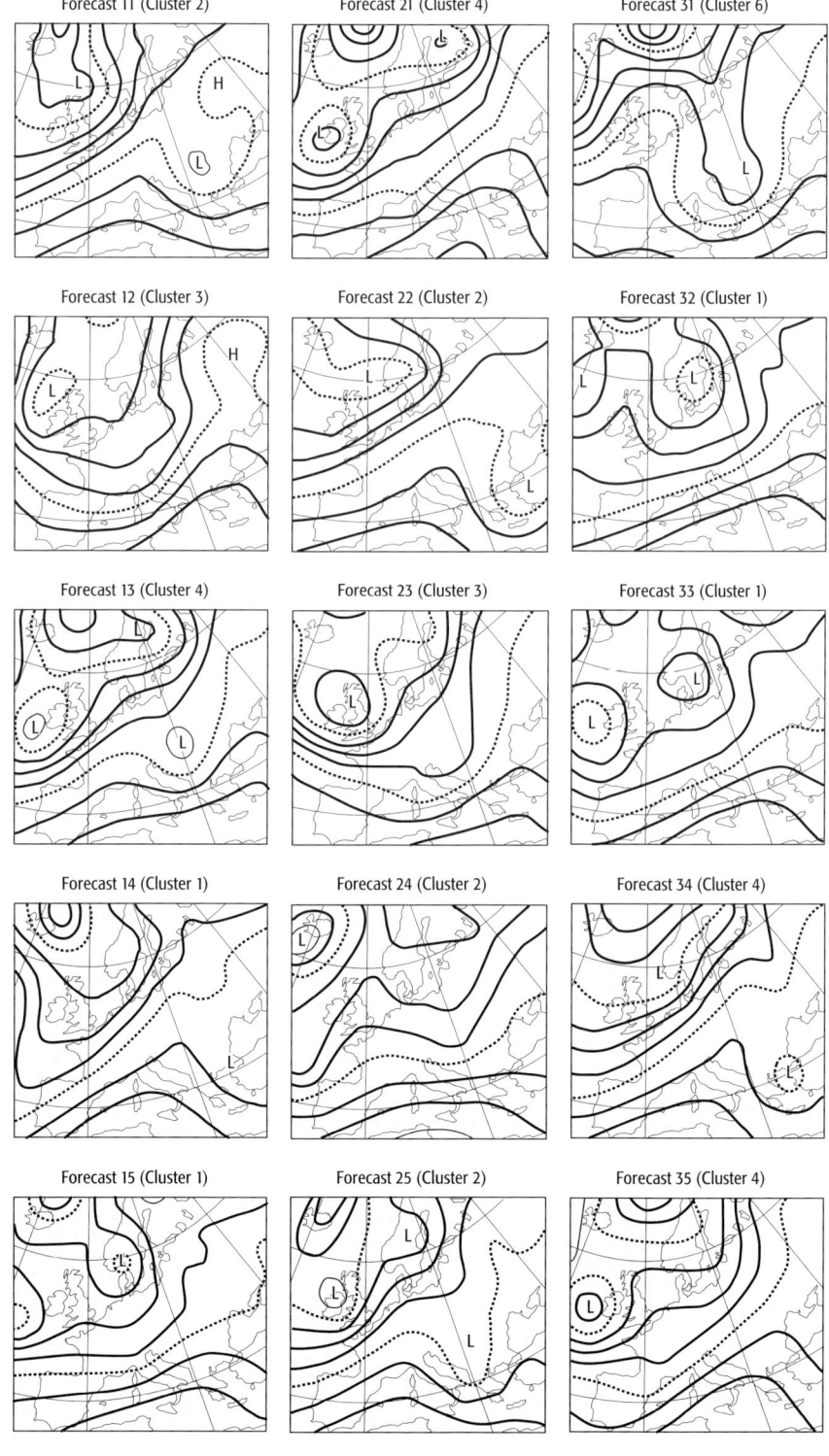

des Grundwasserleiters). Für die engere Schutzzone gelten z. T. erhebliche Nutzungsbeschränkungen. Für alle Bundesländer außer Hamburg ist in dieser Zone das Umfüllen, der Transport und die Lagerung wassergefährdender Stoffe und Flüssigkeiten untersagt. [ME]

engscharig, *engständig*, dicht nebeneinander verlaufend, z. B. Kluft- oder Schieferungsflächen.

ensemble prediction system, *EPS*, *Ensemblevorhersage*, ein seit Dezember 1992 am ↗Europäischen Zentrum für mittelfristige Wettervorhersagen (EZMW), Reading, England und in Washington beim amerikanischen Wetterdienst unter Real-time-Bedingungen laufendes Routinesystem der probabilistischen Wettervorhersage mit deterministischen Mitteln.

Seit der amerikanische Meteorologe E. N. Lorenz Anfang der 1960er Jahre erkannte und nachwies, daß die Lösungen selbst einfachster, nicht-linearer Gleichungen infolge kleiner »Störungen« nach einer endlichen Anzahl von Rechenschritten unvorhersehbar chaotisch werden, eröffnete sich ein praktischer Zugang zur Symbiose von Dynamik und Stochastik. Die ab 1974 von Pitcher und Leith initiierten Vorhersagen nach der ↗Monte-Carlo-Methode bedienten sich zufällig verteilter kleiner, d. h. unterhalb der Meßgenauigkeit liegenden Abweichungen im globalen Anfangszustand der ↗Atmosphäre, um einen Satz (verschiedener) Lösungen zu berechnen. Mit diesen epochalen Experimenten gewann die Meteorologie tiefere Kenntnis von einer grundsätzlich nur endlichen Vorhersagbarkeit atmosphärischer Prozesse.

Dieses Insiderwissen einiger weniger Meteorologen wurde erst Mitte der 1980er Jahre weltweit aufgegriffen und führte zum Begriff des *deterministischen Chaos*. Im Laufe der weiteren experimentellen Forschung wurde klar, daß die beliebige zufällige Anordnung der Anfangsstörungen im Rahmen der Monte-Carlo-Methode zu einer unerwünschten Reduktion der Mannigfaltigkeit der Lösungen führte. Man fand heraus, daß gezielt eingebrachte Störungen sich nur dort unterschiedlich entwickelten, wo die Atmosphäre sensibel (instabil) genug ist, um wie gewünscht zu reagieren. Also mußte in einem vorausgehenden Arbeitsschritt erst einmal geklärt werden, ob und wenn ja, wo solche empfindlichen Gebiete existieren. Das ensemble prediction system, als Nachfolger der Monte-Carlo-Idee, identifiziert sie (am EZMW) beispielsweise dort, wo die (sehr kleinen) Störungen in den ersten 48 Stunden maximal anwachsen. In diesem Zeitabschnitt kann das Fehlerwachstum adäquat linear beschrieben werden. Ende 1992 wählte man am EZMW 16 solcher entwicklungsfähigen Störungsfelder aus; weitere 16 entstanden durch einfache Umkehr der Vorzeichen, so daß schließlich ein ganzes Ensemble von 32 verschiedenen, aber möglichen Lösungen der künftigen Wetterentwicklung zur Verfügung stand. Ab Dezember 1996 sind es sogar 50 (Abb. 1); außerdem konnte ein Modell höherer räumlicher Auflösung eingesetzt werden: die Anzahl der Rechenflächen in der Vertikalen wuchs von 19 auf 31 und die Ordnung des Spektralmodells von 63 auf 159, d. h. das jetzige EPS-Modell ist »feiner« als das Routinemodell am Anfang der 1990er Jahre – die immer noch ungebremste Computerentwicklung machte es möglich. Das deterministische »Einzel«-Modell ist zur Zeit von der Ordnung 319; es benötigt nur 9 % der gesamten Computerleistung, während für EPS etwa 50 % aufgebracht werden müssen (Abb. 2).

Ende der 1990er Jahre griff man die Lorenzsche Erkenntnis wieder auf, wonach die Quelle, der Sitz der »Störungen«, letztlich belanglos wird, da genausogut kleine Abweichungen in der ↗Parametrisierung, der Modell-Orographie, ja sogar der Computer-Trunkation zu einem stochastisch strukturierten Ensemble unterschiedlicher, aber nicht beliebiger Lösungen führen.

Die Methode, geeignete »Anfangsstörungen« zu finden, unterscheidet sich in den USA und Kanada (bisher nur Experiment) vom EZMW-Ansatz. Es wird vermutet, daß eine Kombination der Lösungen verschiedener meteorologischer (Rechen-)Zeiten zu einer Verbesserung des ensemble prediction system insgesamt beitragen kann. Die ursprünglich auf die mittelfristige Wettervorhersage (↗Scale) konzentrierten EPS-Aktivitäten wurden inzwischen auf die Kurzfrist, die probabilistische Vorhersage der Verlagerungen aktueller ↗tropischer Wirbelstürme, die ↗ENSO- und Klimavorhersage erfolgreich ausgeweitet. [KB]

Enslin-Gerät, Wasseraufnahmegerät nach Enslin/Neff (Abb.). Es wird zur Feststellung des Wasseraufnahme- und Wasserbindevermögens verwandt. Das Gerät muß per Wasserwaage genau horizontal ausgerichtet sein. Die Probe selbst muß vorbereitet werden und wird dafür durch ein Sieb von 0,4 mm Maschenweite gegeben. Ein Gramm getrocknete Probe wird über ein normgerecht (DIN 18132) gefaltetes Papier über den Einfülltrichter auf die Glasfilterplatte (Fritte) gegeben. Auf der Fritte soll sie die Form eines Kegels annehmen. Dieser Vorgang muß möglichst schnell vonstatten gehen, da das Wasser über die

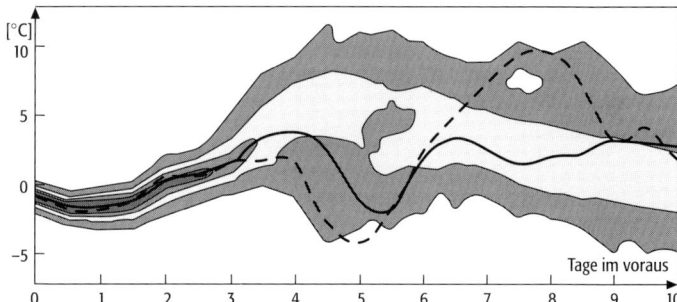

ensemble prediction system 2: EPS-Ergebnisse des EZMW vom 13. November 1997 für Neubrandenburg. Vorhersagen der Temperatur in 850 hPa (Ordinate, °C) für 10 Tage im voraus. Die »Rauchfahne« läßt an eine turbulente Diffusion einer idealen, kategorischen Lösung in einer realen, probabilistischen Welt erinnern. Die dicken Kurven repräsentieren die herkömmlichen deterministischen Einzel-Lösungen, die sich – innerhalb gewisser Grenzen – durchaus als zufällig erweisen.

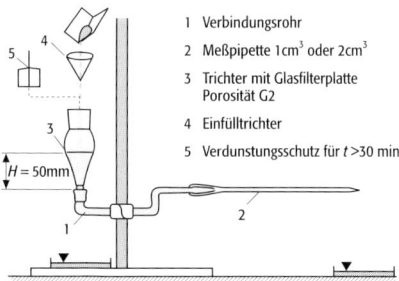

1 Verbindungsrohr
2 Meßpipette 1 cm³ oder 2 cm³
3 Trichter mit Glasfilterplatte Porosität G2
4 Einfülltrichter
5 Verdunstungsschutz für $t > 30$ min

Enslin-Gerät: Nach der DIN 18132 wird das Enslin-Gerät zur Feststellung des Wasseraufnahme- und Wasserbindevermögens verwandt.

vorher gefüllte Meßpipette sofort angesaugt wird. Die Zeit muß ab dem Zeitpunkt der Eingabe gemessen werden. Die hydraulische Spannung der Fritte wird über die Höhendifferenz der höher gelegenen Probe ausgeglichen, so daß die hydraulische Spannung gleich Null ist. Dauert der Versuch länger als 30 Minuten an, muß der Verdunstungsschutz aufgesetzt werden. Ansonsten könnte schon angesaugtes Wasser verdunsten und das Ergebnis verfälschen. Die Auswertung erfolgt nach DIN 18132. ↗Wasseraufnahmevermögen. [SRo]

ENSO, Abkürzung für die gekoppelten Phänomene ↗El Niño und ↗southern oscillation.

Enstatit, [von griech. enstates = Gegner], *Chladnit, Grüner Granat, Peckhamit, Victorit*; $Mg_2[Si_2O_6]$; Mineral mit rhombisch-dipyramidaler Kristallstruktur; Farbe: farblos, grau, weiß, grünlich bis bräunlich, zuweilen auch dunkelgrün; Glasglanz; durchscheinend bis undurchsichtig; Strich: weiß; Härte nach Mohs: 5–6; Dichte: 3,20–3,25 g/cm^3; Spaltbarkeit: ziemlich deutlich nach (210); Bruch: uneben; Aggregate: körnig, spätig; vor dem Lötrohr fast unschmelzbar, daher der Name aus dem Griechischen; in Säuren unlöslich; Begleiter: Apatit, Phlogopit, Olivin, Bronzit; Vorkommen: gesteinsbildend in Apatit-Pegmatiten, akzessorisch in Porphyriten, Nephelinsyeniten, Andesiten, Noriten, Gabbros und Peridotiten, aber auch in Meteoriten; Fundorte: Schillerfels der Baste bei Bad Harzburg (Harz), Kjörrestad in Bamle (Norwegen) und Transkaukasien. ↗Pyroxene.

Entbasung, Abfuhr von basischen Kationen durch die Prozesse der ↗Entkalkung und ↗Versauerung. Bei der chemischen Verwitterung von Carbonaten werden vor allem Ca- und Mg-Ionen freigesetzt, die mit dem Sickerwasser weggeführt werden. Die im Rahmen der ↗Bodenversauerung eingetragenen Protonen ersetzen am ↗Austauscher die Ca-, Mg-, Na- und K-Ionen, die anschließend ausgewaschen werden.

Enteisenung, *Fällungsverfahren*, bei dem Eisen aus dem geförderten Grundwasser entfernt wird, z. B. für die Aufbereitung zu Trinkwasser (↗Wasseraufbereitung). Als Verfahren wird häufig eine Oxidierung des zweiwertigen Eisen-Ions mit Luftsauerstoff (↗Belüftung) durchgeführt. Das entstehende Mischoxihydroxid des dreiwertigen Eisens wird ausgefällt und abgetrennt.

Entfernungsmessung ↗Distanzmessung.

Entgasung, das Entfernen oder Entweichen von Gasen aus Feststoffen oder Flüssigkeiten. In der Technik gibt es verschiedene Verfahren zur Entgasung wie z. B. Erhitzen, das Anwenden von Ultraschall, Anlegen eines Vakuums oder die Bindung des Gases durch eine chemische Reaktion.

Entglasung, *Umstehung*, Umwandlung von ↗Gläsern in den stabilen kristallinen Zustand.

Enthalpie, thermodynamischer Wärmeinhalt eines Systems (Einheit Joule *J*), spezifische Enthalpie (Einheit J/kg). Die Enthalpie einer Substanz ist die Summe ihrer inneren Energie U und der verrichtbaren Volumenarbeit $P \cdot V$. Ihr Symbol ist H. Daraus ergibt sich: $H = U + P \cdot V$. Unter Enthalpie versteht man i. e. S. die bei einer Reaktion unter konstantem Druck umgesetzte Wärme (Reaktionswärme). Absolute Werte können für die Enthalpie nicht bestimmt werden, sondern nur ihre Änderung ΔH bei der Bildung von Verbindungen aus reinen Elementen (↗Bildungsenthalpie) oder bei chemischen Reaktionen (Reaktionsenthalpie).

Entisols, [von engl. recent = jung], Ordnung der ↗Soil Taxonomy, schwach oder nicht entwickelte Rohböden, ohne eine makroskopisch sichtbare Abfolge von Horizonten.

Entkalkung, 1) *Bodenkunde*: Bezeichnung für die Lösung und mit dem ↗Sickerwasser erfolgende Auswaschung von Calcium- und Magnesiumcarbonaten. Ausmaß und Geschwindigkeit des Entkalkungsprozesses werden dabei begünstigt durch hohe Sickerwassermengen, hohe CO_2-Gehalte des Niederschlags- bzw. Bodenwassers und niedrige ↗pH-Werte, d. h. durch den Gehalt der im Sickerwasser enthaltenen Säuren (↗Bodenacidität). Insbesondere Kohlensäure (H_2CO_3) spielt bei der Entkalkung von Böden eine zentrale Rolle. Sie bildet sich bei der Reaktion von Wasser mit CO_2 aus der ↗Bodenatmung und/oder der Atmosphäre und kann durch Dissoziation H^+-Ionen abgeben (siehe Teilreaktion a). Der eigentliche Lösungsvorgang beruht auf der Umwandlung des schwerlöslichen Carbonats, z. B. des Calcits ($CaCO_3$), in leichtlösliches Hydrogencarbonat (HCO_3^-) und Ca^{2+} mit Hilfe der Kohlensäure (siehe Teilreaktion b):

$$\text{a) } H_2O + CO_2 \leftrightarrow H_2CO_3 \leftrightarrow H^+ + HCO_3^-$$
$$\text{b) } CaCO_3 + H_2CO_3 \leftrightarrow Ca(HCO_3)_2$$

Die gelösten Ca^{2+}- und Mg^{2+}-Ionen können in tieferen Bodenhorizonten z. B. an der ↗Kalklösungsfront wieder als Carbonate ausgefällt werden, oder sie werden bis ins Grundwasser verlagert, wo sie für die ↗Wasserhärte maßgeblich verantwortlich sind. Neben der in Böden natürlicherweise stattfindenden Entkalkung erfahren Böden zunehmend eine zusätzliche Entkalkungsdynamik durch die anthropogen bedingte Versauerung der Niederschläge (↗saurer Regen). Säurebildner wie SO_2, NO_x, F, Cl und Br beschleunigen die Entkalkung und damit die ↗Entbasung i. w. S., wodurch die Böden ihre Pufferkapazität verlieren (↗Pufferung). 2) *Hydrologie*: Entkalkung bezeichnet die Freisetzung des im Wasser gelösten Calciumcarbonats durch den Entzug von Kohlensäure (H_2CO_3). Calciumcarbonat liegt im Wasser als dissoziiertes Hydrogencarbonat vor ($Ca(HCO_3)_2$), welches mit dem Kohlensäure-Gehalt des Wassers im Gleichgewicht steht (Gleichgewichtskohlensäure). Sinkt der Gehalt an Kohlensäure im Wasser, so findet eine Nachlieferung aus dem Hydrogencarbonat statt, solange bis wieder, dem Gleichgewicht entsprechend, genügend freie Kohlensäure in Lösung ist. Dieser Vorgang vollzieht sich unter Ausfällung von schwerlöslichem Calciumcarbonat ($CaCO_3$), das betroffene Gewässer wird hierbei alkalisch (↗pH-Wert: 8–9). Der Entzug der Kohlensäure, genauer der Entzug des CO_2, kann dabei auf physikalischem oder biologischem Wege (biogene Entkalkung) erfolgen. Die CO_2-Löslichkeit im Wasser hängt entscheidend von den Temperatur- und Druckverhältnissen ab. Eine Veränderung dieser physikalischen Parameter (erniedrigter Druck und/oder erhöhte Temperatur) führt zur Entkalkung, z. B. an Ausgängen von Höhlen. Derart abgelagerte Kalke werden etwas uneinheitlich als ↗Travertin, Quellkalk, Kalktuff, Kalksinter oder Sinterkalk bezeichnet. CO_2 kann dem Wasser darüber hinaus biogen durch die ↗Photosynthese von Wasserpflanzen entzogen werden. Beispielsweise verdankt die ↗Seekreide der Alpenseen, Ablagerungen von mehreren Metern Mächtigkeit, ihre Bildung der biogenen Entkalkung. [HP, MW]

Entkalkungsfront, meist scharfe Untergrenze eines durch Lösung und vollständige Abfuhr des Calciumcarbonats entkalkten Bodenhorizonts (z. B. Tonanreicherungshorizont) zum kalkhaltigen Ausgangssubstrat (z. B. Löß, Geschiebemergel).

Entkeimung, *Sterilisation*, Verfahren zur Entfernung lebender ↗Mikroorganismen oder deren Ruhestadien z. B. durch Hitze, Filtration, Strahlung oder chemische Mittel. Das Abtöten pathogener Mikroorganismen wird in der Hygiene als Desinfektion bezeichnet.

Entkieselung ↗*Desilifizierung*.

Entladungskanal ↗Blitz.

Entladungsprozesse, Vorgänge, die durch den Transport von elektrischen Ladungen zum Ausgleich von Potentialdifferenzen führen. Sie lassen sich unterteilen in unselbständige Entladungen, bei denen bewegliche Ladungsträger vorhanden sein müssen und selbständige Entladungen, bei denen die erforderlichen Ladungsträger im Verlauf des Entladungsprozesses erzeugt werden. Zu den in der ↗Atmosphäre stattfindenden Entladungsprozessen gehören der Leitungsstrom, Korona- und Blitzentladungen (↗Korona, ↗Blitz). Der Leitungsstrom wird durch die Bewegung der Luftionen unter dem Einfluß des Feldes realisiert und ist abhängig von der ↗elektrischen Leitfähigkeit. Bei der Korona- und Spitzenentladung (↗Elmsfeuer) werden in Gebieten hoher Feldstärke durch Stoßionisation zusätzliche Ladungsträger in einem Teil des Entladungsraumes erzeugt, während sich bei der Blitzentladung ein ionisierter Entladungskanal über die gesamte Entladungsstrecke ausbildet. Durch die Anregung der Atome und Ionen treten in Abhängigkeit von der verfügbaren Energie verschiedene Leuchterscheinungen auf. [UF]

Entlastungskluft ↗Kluft.

Entlastungsmodul ↗Elastizitätsmodul.

Entmagnetisierung, *magnetische Reinigung*, Verfahren, mit deren Hilfe die ↗remanente Magnetisierung eines Gesteins schrittweise entfernt und damit auf der Basis unterschiedlicher ↗Blockungstemperaturen und ↗Koerzitivfeldstärken analysiert werden kann. Die wichtigsten Entmagnetisierungsverfahren sind: ↗thermische Entmagnetisierung, ↗Wechselfeld-Entmagnetisierung und ↗chemische Entmagnetisierung. Andere Verfahren zur Entmagnetisierung, wie z. B. mit Hilfe von Stoßwellen oder Mikrowellen, spielen eine ganz untergeordnete Rolle.

Entmagnetisierungsfaktor, das von der mittleren ↗Magnetisierung M eines Körpers erzeugte magnetische Streufeld ist der Magnetisierung entgegengerichtet. Das entmagnetisierende Feld H_e im Innern eines Ellipsoids kann mit Hilfe des Entmagnetisierungsfaktors N durch folgende Beziehung beschrieben werden:

$$H_e = -N \cdot M / \mu_0.$$

N ist ein Tensor zweiter Stufe. Die Summe seiner Hauptkomponenten: $N_a + N_b + N_c = 1$. Bei einer Kugel ist $N_a = N_b = N_c = 1/3$. Durch Abweichungen von der Kugelgestalt erhöhen sich bei ferromagnetischen und ferrimagnetischen Teilchen sowohl die ↗Blockungstemperaturen, als auch die ↗Koerzitivfeldstärken. Dies hat sowohl größere ↗Relaxationszeiten der ↗remanenten Magnetisierung, als auch größere Resistenz gegenüber den Verfahren der ↗Entmagnetisierung zur Folge.

Entmanganung, *Fällungsverfahren*, bei dem Mangan aus dem geförderten Grundwasser entfernt wird, z. B. für die Aufbereitung zu Trinkwasser (↗Wasseraufbereitung). In der Regel wird eine Oxidierung des zweiwertigen Mangan-Ions mit Luftsauerstoff (↗Belüftung) durchgeführt. Das entstehende Hydrat $MnO(OH)_2$ des vierwertigen Mangans geht in der schwerlöslichen Braunstein MnO_2 über und kann abgetrennt werden.

Entmischung, Mischkristallbildung und ↗Diadochie finden bevorzugt bei höheren Temperaturen statt, da hier infolge größerer Beweglichkeit der Atome und Ionen Fehlordnungen besser erzwungen werden können, als bei niedrigen Temperaturen. Solche Mischkristalle sind häufig jedoch nur unter den Entstehungsbedingungen stabil und zerfallen bei Abkühlung in die Ausgangsphasen. Bei der dabei stattfindenden Entmischung bilden sich typische *Entmischungsgefüge* durch die Abscheidung einer Phase in Form von Lamellen, Tröpfchen, Spindeln etc., die bei erz- und gesteinsbildenden Mineralen sehr häufig anzutreffen sind. Aus ihnen können oft wichtige Hinweise auf die genetischen Bedingungen abgeleitet werden, z. B. als geologische Thermometer, aber auch zur Entscheidung der Mineralnutzung, z. B. bei der Aufbereitung von Erzen. Die entmischten Mineralphasen können regellos verteilt sein, aber auch bei genügender Abkühlungszeit einen hohen Ordnungsgrad erreichen. Beispiele sind Entmischungsspindeln von Hämatit in einer Grundmasse aus Ilmenit oder der Lamellenbau der Nickel-Eisen-Meteoriten, die als ↗Oktaedrite bezeichnet werden, weiterhin Entmischungslamellen von Granat in Klinopyroxen, in Granatpyroxeniten oder Perlitlamellen in legierten Stählen. Im ↗binären System $NaAlSi_3O_8$-$KAlSi_3O_8$ (Abb.) sind Albit und Anorthit nur unter hohen Temperaturen unbegrenzt mischbar. Bei einer Abkühlung unter 650 °C er-

Entmischungsgefüge

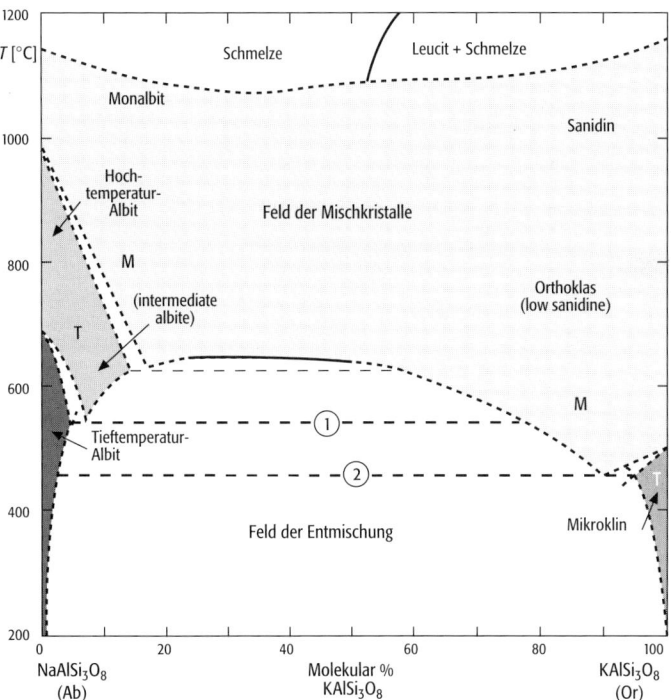

Entmischung: detailliertes schematisches Phasendiagramm des binären Systems NaAlSi$_3$O$_8$ (Albit) – KAlSi$_3$O$_8$ (Kalifeldspat) mit der Bezeichnung der verschiedenen Phasen und einer weiten Mischungslücke unterhalb 600 °C (M = monoklin, T = triklin als Zustand der betreffenden Phase, 1 = 540 °C-Grenze (Bereich, in dem Orthoklas neben Tieftemperatur-Albit koexistiert), 2 = 460 °C-Grenze (Bereich, in dem Mikroklin neben Tieftemperatur-Albit koexistiert)).

Entnahmebreite: Entnahmebreite einer Grundwasserförderung.

folgt ein Zerfall in zwei Teilkomponenten entsprechend der Entmischungskurve (Solvus). Bei 540 °C (1) liegt Orthoklas neben Tiefalbit und bei 460 °C (2) Mikroklin neben Tiefalbit vor. Je nach Ausgangszusammensetzung spricht man von perthitischer Entmischung, wenn sich K-haltige Albitlamellen innerhalb eines Na-haltigen Kalifeldspat-Wirtskristalls absondern oder von antiperthitischer Entmischung bei der Ausscheidung von Lamellen von Na-haltigem Kalifeldspat innerhalb eines Wirtskristalls von K-haltigem Albit. Typisch ist dadurch eine porzellanartige Trübung der Feldspäte. Je nach Größe der Entmischungskörper spricht man von makroskopisch sichtbarem Makroperthit, mikroskopisch erkennbarem Mikroperthit oder von Kryptoperthit, der nur röntgenographisch oder elektronenmikroskopisch nachweisbar ist. Bei sehr rascher Abkühlung, z. B. bei den an der Erdoberfläche schnell erstarrenden Ergußgesteinen, unterbleibt bei den Kalifeldspäten trotz relativ hoher Na-Gehalte eine Entmischung. Vielmehr bildet sich eine glasig aussehende, monokline Varietät von Orthoklas, die als Sanidin bezeichnet wird und die sich vom Orthoklas durch die Hochtemperaturoptik unterscheidet; ↗Feldspäte.

Zwischen Magmen kann es begrenzte Mischbarkeiten geben (z. B. silicatische und sulfidische, oxidische oder carbonatische Schmelze). Bei der Abkühlung einer bei hohen Temperaturen homogenen Schmelze kommt es zur Bildung von zwei nicht mischbaren Teilschmelzen (*flüssig-flüssige-Entmischung*). Aufgrund dieses Entmischungsvorganges kann es zur Bildung bedeutender Erzkörper kommen (Merensky Reef im Bushveld-Komplex, Südafrika oder Sudbury, Kanada). Im Bereich der hydrothermalen Lagerstätten kann es ebenfalls zu Entmischungen eines primär homogenen Fluids kommen; beispielsweise kann sich durch Druck- und/oder Temperaturabnahme eines Fluidsystems aus einem homogenen Fluid ein H$_2$O-reiches und ein CO$_2$-reiches bilden (↗fluide Phase); dieser Mechanismus ist häufig verantwortlich für die Ausfällung von Erzmineralen aus dem transportierenden Medium.

Entmischungsgefüge ↗Entmischung.
Entnahmebereich ↗*Grundwasserentnahmebereich*.
Entnahmebreite, der Abstand zwischen den beiden Schnittpunkten der ↗Grenzstromlinie einer Grundwasserentnahme mit einer ↗Grundwassergleichen, entlang ihrem Verlauf gemessen (Abb.). Die für praktische Fragestellungen interessantere Entnahmebreite auf Fassungshöhe B berechnet sich nach Todd (1964) über folgende Beziehung:

$$B = \frac{Q}{k_f \cdot M \cdot I_0}$$

(Q = Förderrate [m^3/s]; k_f = Durchlässigkeitsbeiwert [m/s]; M = wassererfüllte Mächtigkeit [m]; I_0 = hydraulischer Gradient vor Aufnahme der Grundwasserförderung).

Entnahmetrichter ↗*Absenktrichter*.
Entrainment, 1) *Klimatologie:* Einmischung von Umgebungsluft in eine vorherrschende Strömungsstruktur. Damit wird unterschiedlich temperierte Luft mit anderen Eigenschaften in die Struktur eingemischt und verändert deren Verhalten. In den Randbereichen einer Cumuluswolke (↗Wolkenart) wird trockene und kühlere Umgebungsluft mit der Wolkenluft verwirbelt und führt somit zu einer Verdunstung von Wolken- und Niederschlagströpfchen und zu einer Verminderung des Auftriebes. Ähnliches gilt für große ↗Abgasfahnen aus Industrieanlagen. **2)**

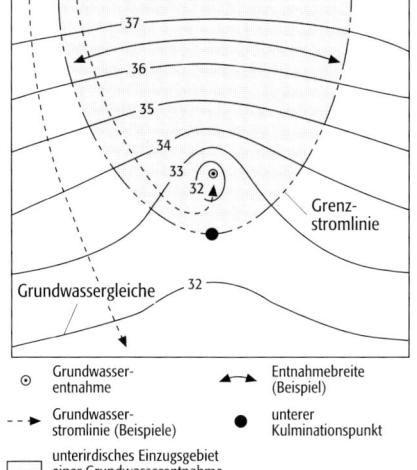

Ozeanographie: Vermischungsvorgänge und Einlagerungen zweier Wasserkörper mit unterschiedlichen Charakteristika in den jeweils benachbarten Wasserkörper. Die Stärke der Vermischung und damit auch die Geschwindigkeit der Einlagerungen hängt u. a. vom Grad der ↗Turbulenz und der Stabilität der Wassersäule ab.

Entropie, Maß für die Wahrscheinlichkeit des Auftretens eines thermodynamischen Zustandes. Die Entropie ist eine der wichtigsten Größen der Thermodynamik und geht zurück auf die Arbeiten des deutschen Physikers Rudolf Clausius (1822–1888). Nach dem ↗Zweiten Hauptsatz der Thermodynamik besitzen alle Systeme eine Entropie. Ihr Symbol ist S. Der Wert der Entropie eines Systems kann absolut bestimmt werden und ist Null bei einer Temperatur von $0\,°K$. In Form des Dritten Gesetzes der Thermodynamik bedeutet dies, daß alle reinen kristallinen Substanzen bei $0\,°K$ eine Entropie von Null haben. Mit der Wahrscheinlichkeit p ist die Entropie S verknüpft über: $S = k \cdot ln p$ (k = Boltzmann-Konstante). Im Zusammenhang mit dem ↗Ersten Hauptsatz der Thermodynamik wird die Änderung der Entropie mit der einem System bei der Temperatur T zugeführten oder entzogenen Wärmemenge δQ verknüpft durch: $TdS = \delta Q$. Für irreversible Prozesse gilt, daß $dS \geq 0$, also die Entropie eines Systems nicht abnehmen kann. In der Meteorologie kann die Entropie für ein Luftpaket mit der Masse m über die potentielle Temperatur θ quantifiziert werden durch: $\theta dS = m c p \, d\theta$. Aus diesem Grund werden die Linien θ = konstant (Adiabaten) auch als ↗Isentropen bezeichnet.

Entsalzung, *Bodenentsalzung*, gezielte Auswaschung von Salzen aus unerwünscht versalzten Böden (↗Bodenversalzung) z. B. durch das Aufbringen salzarmen Bewässerungswassers auf landwirtschaftlich genutzte Böden (↗Bewässerung).

Entsättigung, Mischung einer ↗bunten Farbe mit einer ↗unbunten Farbe. Für die verschiedenen Arten der Entsättigung sind die in der Tabelle genannten Begriffe üblich.
Getrübte Farben entstehen ebenso durch *Verschwärzlichung* einer *hellklaren Farbe* oder bei *Aufhellung* einer *dunkelklaren Farbe*. Gelegentlich wird ungenau die Aufhellung als *Trübung* bezeichnet. Für geringfügig entsättigte Farben wird auch der Begriff gebrochene Farben verwendet. In gedruckten Karten wird die Aufhellung durch Rasterung, d. h. durch die Mischung mit dem Papierweiß erreicht. Verschwärzlichung entsteht beim Übereinanderdrucken der drei bunten Grundfarben des Vierfarbendrucks (gerastert oder ungerastert) oder durch Überdrucken mit einem schwarzen Raster, d. h. mit Grau. ↗Farbordnung, ↗Farbsättigung.

Entsäuerung, Aufbereitungsverfahren bei der Trinkwassergewinnung (↗Wasseraufbereitung). Hierbei wird Kohlensäure aus dem geförderten Grundwasser (Rohwasser) durch Belüftung teilweise entfernt, oder es wird durch Kontakt mit alkalisierendem Material (z. B. Dolomit) ein neues Kalk-Kohlensäure-Gleichgewicht eingestellt. Bei einem Überschuß an gasförmig gelöster Kohlensäure im Rohwasser ist der ↗pH-Wert niedriger als bei einem vergleichbaren, im Kalk-Kohlensäure-Gleichgewicht befindlichem Wasser. Die Entsäuerung führt zu einer Anhebung des pH-Wertes.

Entsiegelung, Beseitigung bzw. Verringerung der ↗Bodenversiegelung durch Rücknahme infiltrationsverhindernder baulicher Strukturen; bedeutsame dezentrale Maßnahme zur Hochwasserminderung.

Entsorgung, Beseitigung von ↗Abfall, Abgasen und ↗Abwässern. Gesetzliche Vorschriften (z. B. ↗TA Abfall) regeln eine umweltverträgliche und gesundheitsschonende Entsorgung durch Lagerung auf ↗Deponien, Reinigung in ↗Kläranlagen oder durch Verbrennen in Verbrennungsanlagen. Eine weitere Art der Entsorgung ist die Wiederaufbereitung von Brennelementen aus der Kernenergienutzung oder der Möglichkeiten der Wertstoffwiederverwertung (↗Recycling), wie sie in der BRD durch die Einführung des grünen Punktes gehandhabt wird. Die Entsorgung von abgebrannten Brennelementen durch Entlagerung bringt nach wie vor große gesellschaftliche wie auch umweltpolitische Probleme mit sich und birgt unkalkulierbare Gefahren für zukünftige Generationen.

Entsorgungsbergbau, Bergbau, der nicht zur Gewinnung von Rohstoffen, sondern zur Schaffung von Hohlräumen in der Erdkruste dient. Die Hohlräume sind vom Kreislauf des Wassers, speziell des Grundwassers, und damit von der ↗Hydrosphäre und ↗Biosphäre abgeschirmt, um hochtoxische und in erster Linie radioaktive Reststoffe langfristig zu lagern (↗Endlagerung). Dieser Bergbau befindet sich noch mehr oder weniger im Versuchsstadium, wobei vor allem Erkundungen in Salzstöcken (z. B. Gorleben), ehemaligen Eisenerzbergwerken oder Granitformationen betrieben werden.

Entsorgungskonzept, *Abfallwirtschaftskonzept*, Konzept zur Vermeidung, Verwertung und Beseitigung von Abfällen. In Deutschland verlangt das Kreislaufwirtschafts- und Abfallgesetz von Unternehmen die Entwicklung von Entsorgungskonzepten und die Wiederverwertung ihrer Abfälle. Das Entsorgungskonzept dient als internes Planungsinstrument und enthält Angaben über Art, Menge und Verbleib der Abfälle, Darstellung der getroffenen und geplanten Maßnahmen zur Vermeidung, Verwertung und Beseitigung von Abfällen, Begründung der Notwendigkeit der

Arten der Entsättigung von Farben

Mischung mit	Art der Entsättigung	Ergebnis
Weiß	Aufhellung, Verweißlichung	hellklare Farben
Schwarz	Verschwärzlichung	dunkelklare Farben
Grau	Trübung	trübe Farben

Entsättigung (Tab.): Arten der Entsättigung von Farben.

Abfallbeseitigung, insbesondere Angaben zur mangelnden Verwertbarkeit von Abfällen und Darlegung der vorgesehenen Entsorgungswege für die Zukunft; bei Eigenentsorgern Angaben zur notwendigen Standort- und Anlagenplanung sowie ihrer zeitlichen Abfolge, Darstellung des Verbleibs von Abfällen bei der Verwertung oder Beseitigung im Ausland. [ABo]

Entspannungsbrunnen, Brunnen zur Ableitung erhöhten hydraulischen Drucks, z. B. unter einer Baugrubensohle, um einen befürchteten ↗hydraulischen Grundbruch zu vermeiden.

Entwässerung, 1) *Allgemein*: Ableitung von Flüssigkeit aus Körpern oder Materialien (z. B. Gestein, Boden, Erdstoff) durch natürliche Prozesse oder künstliche Maßnahmen. Wichtige Einsatzgebiete der Entwässerung sind Landwirtschaft, Bauwesen und Rohstoffgewinnung. 2) *Bodenkunde*, *Hydrologie*: Im landwirtschaftlichen Wasserbau die Ableitung von überschüssigem, frei beweglichem Bodenwasser (↗Grundwasser, ↗Stauwasser) oder Oberflächenwasser mittels offener Gräben (↗Grabenentwässerung) oder unterirdischer Dräne (↗Dränung). Entwässerung dient der Verbesserung der allgemeinen Bedingungen für das Pflanzenwachstum und für die Bewirtschaftung. So werden durch die Entwässerungsmaßnahmen beispielsweise der Wasser-, Luft- und Wärmehaushalt des Bodens günstig beeinflußt, die Gefügestruktur verbessert und Vernässungsschäden (↗Vernässung) vorgebeugt. Vernässungsschäden können z. B. verursacht werden, durch hohe Grundwasserstände bei nicht ausreichender ↗Vorflut, durch Stauwasser oder ↗Haftnässe sowie durch den Zustrom von Fremdwasser in Form von Hangwasser oder ↗Drängewasser. Darüber hinaus ist Entwässerung in Bewässerungsgebieten (↗Bewässerung) von großer Bedeutung, zur Ableitung von Überschußwasser und zur Verhinderung von ↗Bodenversalzung. Unter humiden Klimabedingungen ist Entwässerung die älteste und verbreitetste Maßnahme der ↗Melioration.
Voraussetzung für die Entwässerung ist eine ausreichende Vorflut, um das Wasser aus den Entwässerungsflächen sicher abzuleiten. Die Wahl des Systems und die technischen Daten wie z. B. Dräntiefe, Dränabstand und Abmessung der Gräben hängen in erster Linie von der Bodenart, den hydrometeorologischen Randbedingungen, der Form und Neigung des Geländes sowie der Landnutzung ab. Zumeist werden einfache Techniken der Schwerkraftentwässerung genutzt, z. B. Mulden, Furchen, Gräben oder ↗Rohrdränung. Das in Gräben oder Dräns gefaßte Wasser wird dabei in freiem Gefälle dem Vorfluter zugeführt (natürliche Vorflut). In Niederungen ist teilweise künstliche Vorflut durch Pumpbetrieb (↗Schöpfwerke) erforderlich. Bei der Durchführung von Entwässerungsmaßnahmen hat sich heute aus betriebswirtschaftlichen Gründen fast ausschließlich die Dränung gegenüber der Grabenentwässerung durchgesetzt.
Entwässerung kann in tonreichen und organischen Böden mittel- und langfristig die Bodenentwicklung positiv beeinflussen und den Anteil an ↗Grobporen erhöhen, sowie den Anteil wasserspeichernder Poren vermindern. Tiefreichende Entwässerung beinhaltet jedoch das Risiko einer zu intensiven Austrocknung von Böden mit weitreichenden Konsequenzen wie Trockenschäden der Pflanzen, Nährstoffverluste und Abbau der organischen Substanz des Bodens, Verlust an Feuchtbiotopen, Bauwerksschäden durch Bodensackungen. Während früher weitgehend bedenkenlos zu Gunsten einer immer intensiveren Landnutzung in den Wasserhaushalt eingegriffen worden ist, sind heute eine Reihe von Schutzmaßnahmen und Einschränkungen zu beachten. Dazu gehört u. a., daß Feuchtbiotope nicht mehr entwässert und schützenswerte Gebiete nicht mehr beeinträchtigt werden dürfen. So sind z. B. in Trinkwasserschutzgebieten Entwässerungsmaßnahmen nicht zulässig, wenn damit anschließend eine intensivere Flächennutzung verbunden ist. 3) *Geomorphologie*: ↗konsequente Entwässerung. 4) *Hydrotechnologie*: ↗Stadtentwässerung. [EWi, LM]

Entwässerungsbohrung, Horizontal- oder Schrägbohrung, die zur Entwässerung oder Trockenlegung des Untergrundes (z. B. von Baugruben) bzw. an Rutschhängen zur Umlenkung des Strömungsdruckes abgeteuft wird.

Entwässerungsreaktion ↗*Dehydratisierungsreaktion*.

Entwässerungsstollen, Stollen mit leichtem Gefälle zur Entwässerung wasserführender Schichten. Anwendung findet er z. B. im Tunnelbau zur Grundwasserabsenkung während des Tunnelvortriebs oder zur ↗Tiefdränung bei der Stabilisierung von Rutschungen. Es ist ein sehr kostenaufwendiges Verfahren und wird daher heute v. a. durch den Einsatz von Horizontalbohrungen ersetzt.

Entwässerungsstrukturen, Oberbegriff für verschiedene Erscheinungen, die durch Wasserentzug z. B. zu ↗Schrumpfrissen, zu Injektionsstrukturen oder zu ↗Wickelschichtung führen.

Entwicklungsdarstellung, *dynamische Darstellung*, *Genesedarstellung*, Darstellung zeitlicher

Entwicklungsdarstellung 1: Möglichkeiten der Darstellung räumlich-zeitlicher Entwicklungen mit kartographischen Mitteln; 1) Kartengegenüberstellung: Die Entwicklung einer Stadt wird in vier Phasen veranschaulicht, von denen jede die Stadt vollständig zeigt. 2) Mehrphasendarstellung: Die vier Entwicklungsphasen werden als Zeitpunktfolge in einem Kartenbild veranschaulicht. 3) Die Bilanzmethode veranschaulicht das Maß der Veränderung zwischen zwei Zeitpunkten bezogen auf Standorte. 4) Mit Isolinien läßt sich das Ausmaß einer Veränderung (z. B. Hebung und Senkung in einem bestimmten Zeitabschnitt) flächig erfassen. 5) Diagramme mit Zeitachse eignen sich zur Gestaltung von Kartodiagrammen: a) Wachstumskurve, b) Säulen für Zeitreihe, c) Klimadiagramm in Bandform, d) Klimadiagramm in Polarkoordinaten, e) gekoppelte Diagramme für vier Phasen. 6) Vektormethode: Der Pfeil verdeutlicht Ortsveränderungen auf Trassen und Flächen nach Richtung und Ausmaß.

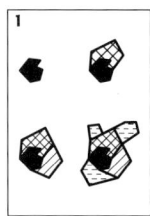 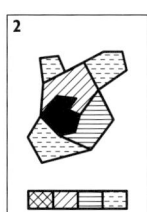 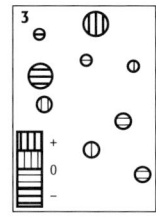 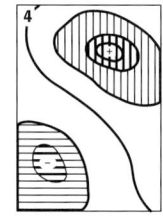

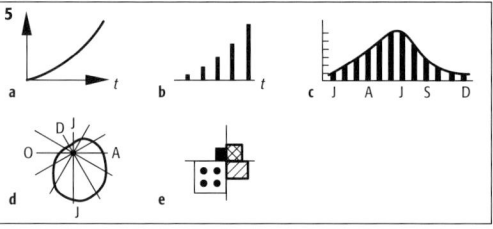 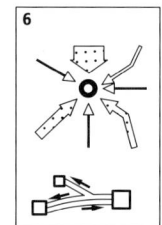

Entwicklungsdarstellung

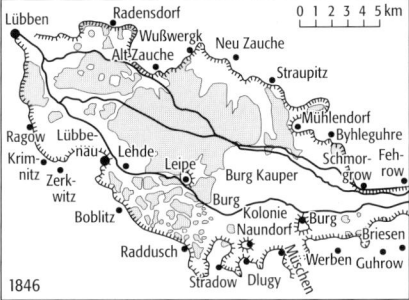

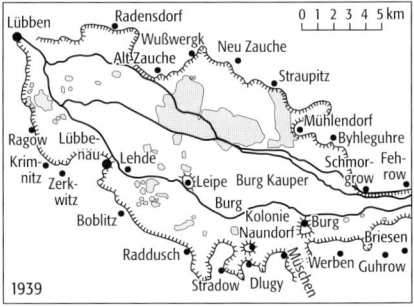

Entwicklungsdarstellung 2: Zeitpunktfolge: Waldrückgang im Spreewald in drei Zeitschnitten.

Veränderungen mit graphischen Mitteln, um auf diese Weise in Natur und Gesellschaft ablaufende Prozesse bzw. temporale ↗Geodaten zu visualisieren. Jede Form der an traditionelle ↗Zeichnungsträger gebundenen graphischen Abbildung ist ihrem Wesen nach statisch. Nur die ↗Animation ermöglicht auf dem Bildschirm die dynamische Darstellung und die unmittelbare Wahrnehmung von Entwicklung und Bewegung als spezielle Erscheinungsform der ↗Bildschirmkarte. Bei herkömmlichen graphischen Darstellungen läßt sich Entwicklung auf einfache Weise durch eine *Zeitachse* zum Ausdruck bringen (Entwicklungsdiagramm, z. B. in Form von Säulen oder Kurven). Dabei bezieht sich die Darstellung i. d. R. auf eine Örtlichkeit (z. B. Klimastation) oder auf ein Gebiet (z. B. Staat). Die gleichzeitige Darstellung von räumlicher (regionaler) Differenzierung und zeitlicher Entwicklung ist in kartographischen Darstellungen durch Anwendung der folgenden Methoden möglich: a) *Kartengegenüberstellung* (Abb. 1.1), die es gestattet, für das gleiche Gebiet den gleichen Sachverhalt für zwei, drei, vier und auch mehr Zeitpunkte in einer entsprechenden Anzahl von Einzelkarten darzustellen. Zwischen zwei Zeitpunkten eingetretene Veränderungen können dann durch visuellen Kartenvergleich festgestellt werden. Diese auch als Zeitpunktfolge oder Zeitreihe bezeichnete Methode eignet sich besonders für punkthafte Verteilungen und lineare Netze sowie für die Veränderung einer flächenhaften Erscheinung (Abb. 2). Schwierigkeiten bereitet hierbei die Darstellung rückläufiger Entwicklungen. Diese Methode setzt kleine Kartenformate (Gegenüberstellung von zwei oder vier Karten auf einer Seite bzw. einem Kartenblatt) und möglichst einfach gehaltene Karteninhalte voraus. Bei komplexer Darstellung in größeren Formaten ist beim visuellen Vergleich das Erfassen der Veränderungen erschwert. Häufig auftretende Beispiele sind Entwicklung der Bevölkerung, flächenmäßige Erweiterung von Städten (Abb. 3) und Veränderungen im Flußnetz. b) ↗Mehrphasendarstellung (Abb. 1.2). c) *Bilanzmethode* (Abb. 1.3), auch als *Zeitraumbilanz* bezeichnet, mit der sich das Ausmaß einer Veränderung zwischen zwei Zeitpunkten graphisch direkt erfassen läßt, indem das Ausmaß der Veränderungen absolut mit ↗Mengensignaturen oder relativ bezogen auf die Ausgangswerte mit einer zweipoligen Intensitätsskala (für Zu- und Abnahme) dargestellt wird. Zum Beispiel kann auf diese Weise die Bevölkerungsveränderung von Gemeinden zwischen zwei Volkszählungen in absoluten Werten

Entwicklungsdarstellung 3: Flächenwachstum von Paris.

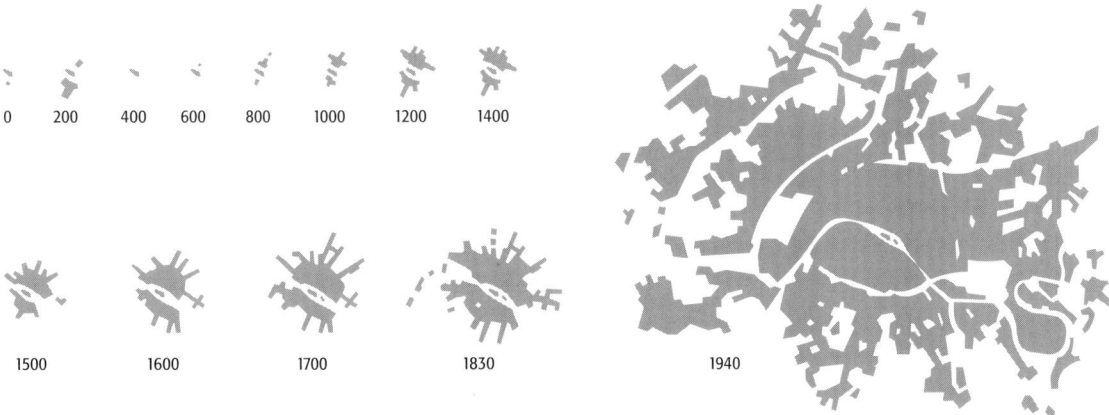

dargestellt werden oder die Zu- und Abnahme in Prozent, wobei die gewählten Zu- und Abnahmestufen nicht auf die administrativen Flächen, sondern auf Mengensignaturen der Ausgangsbevölkerung zu beziehen sind. d) Diagramm mit *Zeitachse* (Abb. 1.5), das sowohl auf Orte als auch auf Gebiete bezogene Sachverhalte als kontinuierliche Entwicklung mittels Kurven oder als *Zeitpunktfolgen* (z. B. als Säulenreihe) darstellt. Auch zyklische Abläufe, z. B. der Jahresgang von Klimaelementen, können mittels Säulen oder als Kurve in rechtwinkligen oder Polarkoordinatennetzen ausgedrückt werden. Gekoppelte Diagramme eignen sich zur Veranschaulichung von zwei oder vier Zeitpunkten einer Entwicklungsreihe. e) ↗Vektorenmethode (Abb. 1.6). Zusätzlich zu den genannten fünf Möglichkeiten lassen sich Bewegung und Veränderung auch durch die Dynamik kennzeichnende Begriffe bzw. durch einen die Entwicklung zum Ausdruck bringenden Legendenaufbau kartographisch erfassen. So kann aus geologischen Karten und Profilen die geologische Entwicklung eines Gebietes aus der Altersfolge erkannt werden. Auch mit ↗Isolinien (Abb.1. 4) lassen sich die in einem Zeitraum eingetretenen Veränderungen in ihrer unterschiedlichen Intensität erfassen. Unmittelbar sichtbar können Veränderungen und Bewegungsabläufe kartographisch mittels ↗kartographischer Animation gestaltet werden. [WSt]

Entwicklungsdiagramm ↗ *Isotopenentwicklungsdiagramm*.

Entwicklungshilfe, alle Maßnahmen, welche die wirtschaftliche und soziale Entwicklung eines ↗Entwicklungslandes fördern. Entwicklungshilfe wird von den Industrienationen auf bilateralem Wege oder multilateral, durch nicht staatliche Organisationen auf internationaler Ebene gewährt. Bei der Entwicklungshilfe, sollten die soziokulturellen, ökologischen und verwaltungsstrukturellen Aspekte der Entwicklungsländer unbedingt berücksichtigt werden. In der Regel handelt es sich bei der Entwicklungshilfe um Kapitalhilfe, Handelshilfe oder technische Hilfe. Wünschenswert ist eine Entwicklungshilfe welche »Hilfe zur Selbsthilfe« bietet und keinen Eigennutzen der Geberländer (Produktabsatz, Aufbau ökonomischer Abhängigkeiten) zum Ziel hat.

Entwicklungsland, *Dritte-Welt-Land*, Staat der Erde, welcher im Vergleich mit den sog. Industrieländern »unterentwickelt« ist. Die Unterentwicklung bezieht sich nicht nur auf die wirtschaftlichen Faktoren des Landes, wie z. B. das Bruttoinlandsprodukt, sondern auch auf Faktoren wie Gesundheitsversorgung und Bildungsstand. Charakteristische Merkmale eines Entwicklungslandes sind relativ hohe Bevölkerungswachstumsraten, hohe Kindersterblichkeit, Unterversorgung mit Nahrungsmitteln, niedriger Bildungsstand einhergehend mit hoher Analphabetenrate, Kapitalmangel und oft auch eine schlechte soziale Stellung der Frauen. Eine international gültige Definition eines Entwicklungslandes gibt es allerdings nicht. Verschiedene Organisationen (UN, Weltbank, Entwicklungshilfeausschuß) bewerten die genannten Kriterien zum Teil sehr unterschiedlich. Zwischen den Entwicklungsländern und den Industrieländern stehen die sog. Schwellenländer, die sich in ihrer Entwicklung auf dem Weg zur Industrienation befinden. [SMZ]

Entwicklungsplanung, Planung von Maßnahmen zur Entwicklung eines bestimmten Raumes. Im Entwicklungsplan werden der zeitliche Rahmen für die Durchführung der Entwicklungsmaßnahmen und die zur Verfügung stehenden finanziellen und technischen Mittel festgelegt. Entwicklungspläne beziehen sich nicht notwendigerweise auf Maßnahmen, die in einem ↗Entwicklungsland erfolgen, sondern werden z. B. ebenfalls für ↗Biosphärenreservate erstellt.

Entwicklungspotential, wird von den natürlichen ↗Ausstattungsmerkmalen einer landschaftlichen Einheit bestimmt. Zu den Ausstattungsmerkmalen zählen im wirtschaftlichen Sektor Bodenschätze und Rohstofflagerstätten. Ein günstiges Entwicklungspotential eines Raumes ist auch durch ein hohes ↗Leistungsvermögen des Landschaftshaushaltes auf verschiedenen Ebenen gegeben (landwirtschaftliche Ertragsfähigkeit oder hohes Regenerationsvermögen des Raumes nach anthropogenen Eingriffen). Die Planung und Abschätzung des Entwicklungs- und damit verbunden auch des Nutzungspotentials in ↗Entwicklungsländern muß, durch die zum Teil starke Reduktion auf die Nutzung von Ressourcen, auf naturwissenschaftlicher Basis erfolgen.

Entwicklungsreihen, von Bodenbildungsprozessen ausgelöste, zeitliche Abfolge der Entwicklung von Böden an einem Standort vom Rohbodenstadium bis zum Klimaxstadium eines Bodentypes; z. B. die im Verlauf von vielen Jahrhunderten bis mehreren Jahrtausenden aufeinanderfolgende Entwicklung von ↗Syrosemen, ↗Pararendzinen, ↗Braunerden und ↗Parabraunerden in Löß an trockenen Hangstandorten in den Beckenlandschaften Mitteleuropas.

Entwicklungstiefe, Tiefenerstreckung der ↗Bodenbildung unterhalb der Geländeoberfläche, gleichbedeutend mit der kumulierten Mächtigkeit aller ↗Bodenhorizonte oberhalb des ↗C-Horizontes.

Entzerrung, in der Photogrammetrie Sammelbegriff für die ↗Einbildauswertung analoger (photographischer) oder digitaler Bilder durch eine geometrische Bildtransformation auf eine ausgezeichnete Ebene des Objektraumes. Mit Hilfe der Entzerrung werden die durch die Bildneigung verursachten projektiven und i. d. R. die durch Höhenunterschiede des Geländes bedingten perspektiven Verzerrungen eines ↗Luftbildes mit ausreichender Genauigkeit eliminiert. Die Entzerrung schließt die Umbildung in einen vorgegebenen runden Entzerrungs- bzw. Kartenmaßstab ein. Die geometrische Bildtransformation kann durch eine graphische, numerische oder optisch-mechanische Entzerrung (↗Entzerrungsgerät), ↗Differentialentzerrung oder ↗digitale Entzerrung erfolgen.

Entzerrungsgerät, in der Photogrammetrie Gerät zur optisch-mechanischen ↗Entzerrung von analogen, photographischen Luftbildern. Das Entzerrungsgerät ist ein spezieller Projektor, bestehend aus dem Projektionsobjektiv mit einer meist ortsfesten, vertikal stehenden, optischen Achse, dem Bildträger, der Beleuchtungseinrichtung und dem Projektionstisch. Das Gerät besitzt fünf unabhängige Freiheitsgrade (Einstellmöglichkeiten). Das sind i. a. die Änderung der Projektionsentfernung (Maßstabsänderung der Projektion), die kardanische Neigung des Projektionstisches und zwei normal zueinander stehende Translationen des Bildträgers in seiner Ebene. Weitere Einstellgrößen zur Gewährleistung einer automatischen Scharfabbildung werden durch Steuerungen berücksichtigt. Der Entzerrungsvorgang erfolgt empirisch, indem vier im Bild gekennzeichnete ↗Paßpunkte mit den auf einem Einpaßblatt im Objektkoordinatensystem kartierten identischen Paßpunkten zur Koinzidenz gebracht werden. Wenn entsprechende Vorrichtungen am Entzerrungsgerät vorhanden sind, kann auch eine direkte Eingabe der numerisch aus den Daten der ↗inneren Orientierung und ↗äußeren Orientierung des Bildes berechneten Einstellwerte vorgenommen werden. Das Ergebnis der optisch-mechanischen Entzerrung ist ein entzerrtes photographisches Einzelbild im gewünschten Kartenmaßstab. Da das Bild in seiner Gesamtheit optisch umgebildet wird, ist eine Eliminierung der durch die Höhenunterschiede des Geländes verursachten perspektivischen Verzerrungen des Bildes im Prinzip nicht möglich. Optisch-mechanische Entzerrungsgeräte können deshalb nur für die Entzerrung von Bildern genähert ebenen Geländes eingesetzt werden (Abb.). [KR]

Entzugsdüngung, bemißt den Düngebedarf an den, auf das jeweilige Ertragsniveau bezogenen, durchschnittlichen Mindestentzügen an Nährstoffen, die zur Erzeugung dieses Ertragsziels unter Annahme voller Nährstoffausnutzung angegeben werden. Entzugsdüngung wird v. a. für die Versorgung mit Phosphat und Kalium praktiziert.

Entzug von Nährstoffen ↗*Nährstoffentzug*.

Enzymaktivität, Maß für die Menge eines Enzyms, das v. a. bei der Enzymdiagnostik und der Enzymreinigung verwendet wird. Nach der international gültigen Definition durch die Enzymkommission der »International Union of Pure and Applied Chemistry« von 1972 ist die Einheit der Enzymaktivität das Katal (kat). Dabei entspricht 1 kat derjenigen Enzymmenge, die unter definierten Standardbedingungen 1 Mol Substrat pro Sekunde umsetzen kann. Da dies eine sehr große Einheit ist, werden für gebräuchliche Enzymmengen die Einheiten μkat, nkat und pkat verwendet. Davon abgeleitete Einheiten sind die spezifische Enzymaktivität (Katals pro kg Protein), die molare Aktivität (Katals pro Mol Enzym) und die Konzentration der Enzymaktivität (Katals pro Liter).

Eophytikum, die Ären ↗Kryptophytikum und ↗Archäophytikum zusammenfassendes Äon von ca. 3,6 Mrd. Jahren Dauer. In dieser Zeit fand die Evolution von molekularen Vorstadien des Lebens (↗Abioten) bis hin zu hochentwickelten ↗Algen statt. Das Eophytikum endet im ↗Silur mit der Besiedlung des Landes durch ↗Pteridophyta.

Eosin, Fluoreszenzstoff, chemischer Name: 2,4,5,7-Tetrabromfluoreszeinnatrium, chemische Summenformel: $C_{20}H_6O_5Br_4Na_2$. Eosin entsteht durch Bromierung von Fluoreszein. Es ist gut wasserlöslich und hat sein Extinktionsmaximum bei 516 nm und sein Fluoreszenzmaximum bei 538 nm. Der unter anderem zur Herstellung roter Tinte oder zur Färbung von Wolle genutzte Stoff wird in der Hydrogeologie zur Markierung von Grundwässern (↗Tracerhydrologie) verwendet.

Eötvös, *Lorand Baron* von, ungarischer Physiker, *27.7.1848 Pest (heute Budapest), †8.4.1919 Budapest; ab 1873 Professor in Budapest, 1889–1905 Präsident der ungarischen Akademie der Wissenschaften, 1894–95 Minister für Kultus und Unterricht, seit 1896 wieder Professor für Physik in Budapest; bedeutende Beiträge zur theoretischen und praktischen Erforschung der Gravitation; konstruierte hochpräzise Drehwaagen (Eötvös-Drehwaage, Schwerevariometer) und führte mit ihnen ab 1886 Schwerkraftmessungen zur Prüfung der Übereinstimmung (Äquivalenz) von schwerer und träger Masse aus – bedeutend unter anderem für die allgemeine ↗Relativitätstheorie; 1909 konnte er im berühmten Eötvös-Versuch die Äquivalenz von schwerer und träger Masse (Äquivalenzhypothese) mit einer Genauigkeit von 10–9 bestätigen; untersuchte ferner die räumlichen Variationen des Erdmagnetfelds, die Oberflächenenergien bei Flüssigkeiten (stellte die Eötvös-Regel auf, nach der die Oberflächenspannung mit zunehmender Temperatur abnimmt) und den kritischen Punkt bei Gasen. Auch nach ihm benannt sind die geophysikalische ↗Eötvös-Einheit und der ↗Eötvös-Effekt.

Eötvös-Effekt, Änderung der Schwerebeschleunigung in einem gegenüber der Erdoberfläche bewegten System, verursacht durch die auftretende ↗Corioliskraft.

Eötvös-Einheit, *E. U.* (engl. Eötvös unit), SI-fremde Einheit der zweiten Ableitung des Newtonschen Raumpotentials (↗Gravitationspotential), die sich aus der ↗SI-Einheit der Zeit mit

$$1\,E.U. = 10^{-9} \cdot 1/s^2$$

ergibt.

Eötvös-Reduktion, *Eötvöskorrektion*, Reduktion von Schweremessungen mit einem ↗Gravimeter auf bewegtem Träger, verursacht durch die der gegenüber einem auf der Erde ruhenden Gravimeter zusätzlich erfahrene Inertialbeschleunigung durch die Horizontalgeschwindigkeit.

EOX, *extrahierbare organische Halogenverbindungen*, wobei »X« für »Halogenverbindung« steht. Mit diesem Summenparameter werden die mittels eines Kohlenwasserstoffes (Pentan, Hexan,

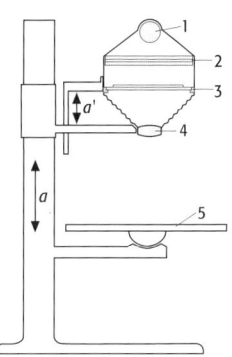

Entzerrungsgerät: Grundaufbau: Lichtquelle (1), Kondensor (2), Bildträger (3), Projektionsobjektiv (4), Projektionstisch (5).

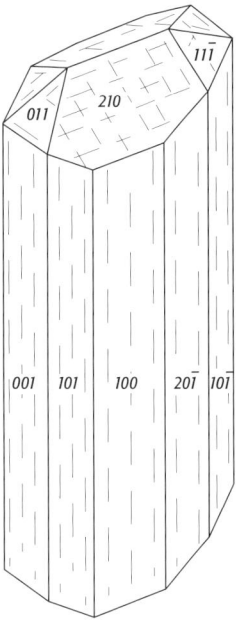

Epidot: Epidotkristall, Spaltbarkeit nach (001) und (100), säulig gestreckt nach der b-Achse.

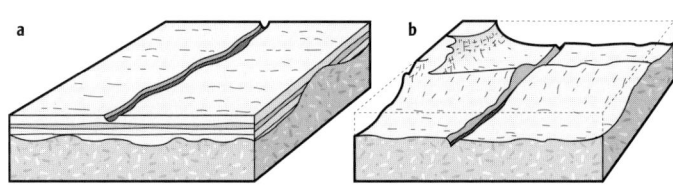

Epigenese: a) in leicht erodierbaren Gesteinen angelegte Landoberfläche, die der fluvialen Abtragung unterliegt; b) fortschreitende Erosion führt zur Exhumierung abtragungsresistenterer Gesteine und zur Ausbildung eines epigenetischen Durchbruchtals.

Heptan) aus Wasser extrahierbaren Halogenverbindungen erfaßt. Dies sind hauptsächlich die lipophilen, bioakkumulierbaren leicht- und schwerflüchtigen organischen Halogenverbindungen. Die anschließende analytische Bestimmung der extrahierten Halogenverbindungen erfolgt in der Feststoffanalytik nach DIN 38409-H8 (9/84). Bei wässrigen Lösungen bzw. Lösungen in organischen Lösungsmitteln wird die Analyse nach DIN 38414-S17 (11/89) durchgeführt. Dabei wird der Extrakt in einer Knallgasflamme mineralisiert. Anschließend erfolgt die Halogeniddetektion entweder mikrocoulometrisch, photometrisch oder mittels ionensensitiver Elektrode. Leichte flüchtige Halogenverbindungen werden mittels Ausblasen (↗POX) oder Adsorption (↗AOX) aus der Probe gewonnen. Die Summe aus EOX und POX wird als *OX* (»organische Halogenverbindungen«) bezeichnet. [ABo]

Eozän, [von griech. Eos = Morgenröte und kainos = neu], international verwendete stratigraphische Bezeichnung für das mittlere Alttertiär. ↗Paläogen, ↗geologische Zeitskala.

EPA-Liste, von der US-Umweltbehörde EPA (Environmental Protection Agency) herausgegebene Liste der »Priority Pollutants« (Schadstoffe mit hoher Priorität). Häufig werden Schadstoffgruppen auf die in der EPA-Liste aufgeführten Einzelsubstanzen bezogen, z. B. die 16 ↗PAK (Polycyclische Aromatische Kohlenwasserstoffe) der EPA-Liste oder die 11 Phenole der EPA-Liste.

ephemer, zeitweilig und zufällig.

Ephemeride, errechneter scheinbarer Ort eines Gestirns an der Himmelskugel.

Ephemeridenzeit, *ET*, alte Bezeichnung für ↗dynamische Zeit.

Epibenthos ↗Epibionth.

epibentisch, auf dem Sediment lebend. ↗bentische Organismen.

Epibionth, ein ↗sessiler oder ↗vagiler, auf der Sedimentoberfläche oder auf Hartsubstraten lebender mikrobieller, pflanzlicher oder tierischer Organismus. Die Gesamtheit der Epibionthen in einer ↗Biozönose bilden das *Epibenthos* (↗Benthos). Gegenteil: ↗Endobionth.

Epidaphon, *Epiedaphon*, bodengebundene, wenigstens gelegentlich in die oberste Boden- oder Streuschicht eindringende Fauna der Bodenoberfläche, vorwiegend Arten der ↗Makrofauna.

Epidermis, Oberflächenzellschicht, die zusammen mit der auflagernden ↗Cuticula das Abschlußgewebe von ↗Sproßachse und ↗Blatt der ↗Embryophyten bildet. Sie hat die Pflanze v. a. vor unkontrolliertem Wasserverlust und Austrocknung zu schützen, indem sie die Transpiration drosselt. Das wird durch dichte Zellpackung und durch Verdickung und Imprägnieren der äußeren Zellwände mit Wachsen und Cutin erreicht. Auf der anderen Seite muß die Epidermis aber auch die Aufnahme von Sauerstoff für die Zellatmung und von CO_2 für die Assimilation sowie die regulierte Abgabe von Wasser zulassen. Deshalb ist die Epidermis von Poren (Stomata) durchbrochen. Spezialisierte Epidermiszellen um jede Spaltöffnung herum ermöglichen ein geregeltes Öffnen und Schließen des ↗Stoma.

Epidot, [von griech. epidosis = hinzugeben], *Allochit*, *Beustit*, *Delphinit*, *Escherit*, *Orendalit*, *Pistazit*, *Thallit*, $Ca_2(Fe^{3+}, Al)Al_2[O|OH|SiO_4|Si_2O_7]$; Mineral mit monochromatisch-prismatischer Kristallform; Farbe: dunkelblau, schwärzlich-, gelb- bis pistaziengrün; Glasglanz; selten durchsichtig, meist durchscheinend; Strich: weiß bis grau; Härte nach Mohs: 6–7; Dichte: 3,38–3,49 g/cm³; Spaltbarkeit: gut nach (001), weniger gut nach (100) (Abb.); Bruch: muschelig, uneben; Aggregate: säulig, nadelig, derb, plattig, strahlig, büschelig, körnig; Kristalle vielfach quergestreift; vor dem Lötrohr aufblähend und dann schmelzend; in HCl unter Kieselgallerte-Ausscheidung löslich; Genese: hydrothermal (auch metamorph); Begleiter: Granat, Vesuvian, gediegen Kupfer, Chlorit, Adular, Albit, Akmit, Diopsid, Quarz; Vorkommen: weltweit als gesteinsbildendes Mineral in Ca-Al-reichen Paragenesen der Kontakt- u. Regionalmetamorphosen; Fundorte: St. Gotthard, Graubündner und Walliser Alpen (Schweiz), Bourg d'Oisans (Dauphiné, Frankreich), Arendal (Norwegen), Sulzer (Alaska), Nazjamsker Berge (Ural). [GST]

Epigenese, fluvialer Eintiefungsprozeß, in dessen Folge ältere, erosionsresistentere Gesteine exhumiert werden, in die sich ein bestehendes Fließgewässer unter Beibehaltung seiner Fließrichtung sukzessive einschneidet (Abb.). Dabei entsteht ein epigenetisches Durchbruchstal, im Gegensatz zum antezedenten Durchbruchstal (↗Antezedenz). Epigenetische Durchbruchstäler können mit den gegenwärtigen Abdachungsverhältnissen und der ↗Tektonik des Gebietes in Widerspruch stehen.

epigenetisch, [von griech. epi = darauf und genesis = Schöpfung], *superimposition* (engl. = Darüberlegung), jünger als seine Umgebung (z. B. Lagerstätten, Bodeneis, Täler).

epigenetische Lagerstätten, Lagerstätten, deren Bildung jünger ist als das ↗Nebengestein.

epikontinentale Carbonatplattform ↗Carbonatplattform.

Epilimnion, obere Wasserschicht in einem geschichteten See, über dem ↗Metalimnion (↗See Abb. 4).

epilithisch, auf Steinen wachsend.

Epimere ↗Stereoisomerie.

epipedon, diagnostischer Oberbodenhorizont der ↗Soil Taxonomy, beginnend innerhalb der obersten 50 cm des Bodens. Man unterscheidet: ↗histic epipedon, ↗mollic epipedon, ↗umbric epipedon, ↗ochric epipedon und ↗anthropic epipedon.

Epipelagial, der Pelagialbereich oberhalb der ↗Kompensationsebene.

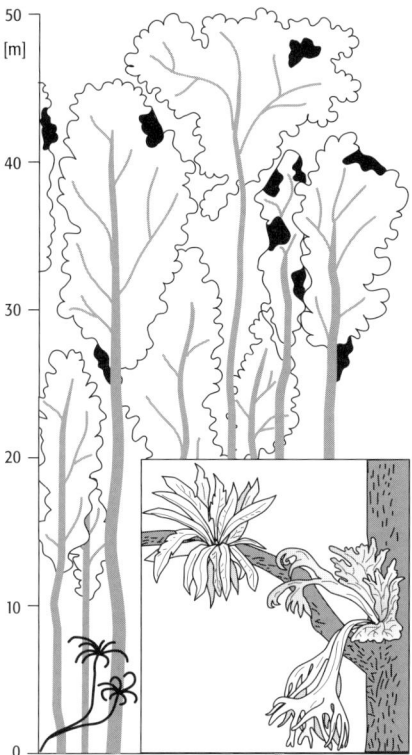

epipelisch, auf Schlamm wachsend.
Epiphyten, *Luftpflanzen*, besondere Art von Pflanzen, die auf Bäumen wachsen und diesem exponierten ↗Standort durch ökophysiologische und morphologische Merkmale angepaßt sind (Abb.). Es handelt sich dabei nicht um eine Form von ↗Parasitismus, denn die Unterpflanze dient nur als Substrat zur besseren Ausnutzung des Lichtes. Die Wasserversorgung erfolgt über Regen, Tau oder Nebel. Nährstoffe werden aus den Niederschlägen und durch die Mineralisierung von Bestandsabfall im Wurzelgeflecht der Epiphyten aufgenommen. Zu den Epiphyten zählen v. a. Farne, *Bromeliaceen* (Ananasgewächse) und zahlreiche Orchideen, deren Verbreitung sich in der ↗Hyläa und im immerfeuchten ↗Nebelwald findet.
epiphytisch, auf Pflanzen wachsend.
Epipolargeometrie, *Kernstrahlgeometrie*, Darstellung der Orientierung zentralperspektiver Bilder durch Kernstrahlen. Elemente der Kernstrahlgeometrie (Abb.) sind die Kernachse als Gerade durch die zwei Projektionszentren O_1 und O_2. Die Kernachse durchstößt die Bildebenen in den Kernpunkten K' und K''. Die Kernachse ist Schnittgerade aller Kernebenen K_i, welche die jeweiligen Objektpunkte P_i enthalten. Die Schnittgeraden der Kernebene mit den Bildebenen sind die Kernstrahlen zu den zugeordneten Bildpunkten P' und P''. Sind die ↗Aufnahmeachsen eines ↗Bildpaares parallel, so sind die Kernstrahlen ebenfalls parallele Geraden. Liegt eine Bildneigung vor, so bilden die Kernstrahlen ein Strahlenbüschel mit dem Scheitel im Kernpunkt des Bildes. Die Kernstrahlgeometrie hat Bedeutung für das ↗stereoskopische Sehen, da eine Betrachtung der Bilder in Kernebenen erfolgen muß. Für eine störungsfreie stereoskopische Betrachtung eines komplanar angeordneten Bildpaares müssen homologe Kernstrahlen in einer Geraden liegen. Dies kann durch optische Kantung der Bilder oder durch Transformation in ein ↗Normalbildpaar erreicht werden. Die Kollinearität der Kernstrahlen bewirkt eine wesentliche Vereinfachung der Methoden der ↗Bildzuordnung. [KR]
Epipolarpyramide, ↗Bildpyramide aus digitalen ↗Normalbildpaaren.
Epirogenese, Bildung sehr weitgespannter, flacher Aufwölbungen oder Einsenkungen der Erdkruste mit einer Ausdehnung von Zehnern bis zu mehreren tausend Kilometern (z. B. ↗Baltischer Schild). Bei der Epirogenese entstehen im Gegensatz zur ↗Orogenese außer ↗Klüften keine beobachtbaren Deformationen (↗Schild). Epirogenetische Bewegungen können, im Zusammenhang mit klimatisch bedingten ↗eustatischen Meeresspiegelschwankungen, marine ↗Transgressionen und ↗Regressionen von großem Ausmaß verursachen.
Epirovarianz, der steuernde Einfluß weiträumiger Vertikalbewegungen der Kruste auf das Formungsgeschehen, auch als ↗Tektovarianz im Zusammenhang mit den Begriffen ↗Klimavarianz und ↗Petrovarianz vor allem von J. ↗Büdel im Rahmen seiner ↗klimagenetischen Geomorphologie verwendet.
episodisch, *aperiodisch*, Ereignisse, die sich nach längeren, überwiegend zufälligen Zeitabständen wiederholen. Zu den typischen episodischen Ereignissen zählen u. a. Niederschläge in Wüsten und Wasserführung in Wadis.
episodische Quelle, *Hungerquelle* (volkstümliche Bezeichnung), Quelle mit episodischer, d. h. nicht ganzjähriger ↗Quellschüttung. Sie unterscheiden sich von ↗periodischen Quellen durch teilweise jahrelanges Versiegen mit plötzlichen hohen Quellschüttungen.
Epitaxie, Aufwachsen eines Kristalls auf einer kristallinen Unterlage, bei dem eine eindeutige Beziehung zwischen der Kristallstruktur der Unterlage und der des aufwachsenden Materials be-

Epiphyten: verschiedene Arten von Epiphyten im Dipterocarpaceen-Regenwald (Borneo).

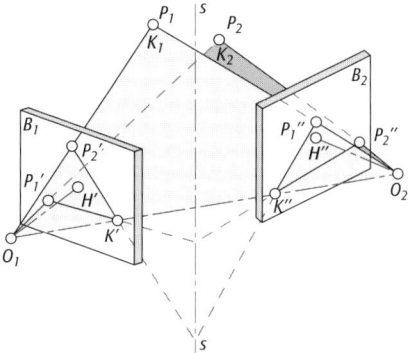

Epipolargeometrie: Kernachse, Kernpunkte, Kernstrahlen und Kernebene.

steht. In diesem Sinne ist das Weiterwachsen eines Kristalls als ↗Homoepitaxie zu verstehen, während das Aufwachsen auf einer chemisch verschiedenen Unterlage ↗Heteroepitaxie genannt wird. Oft wird die Epitaxie verwendet, um auf Substraten hoher kristalliner Perfektion epitaktische Schichten von elektrisch, optisch oder magnetisch aktivem Material aufzubringen, wenn davon perfekte ↗Einkristalle anderweitig schwer zu erhalten sind. Dazu gibt es eine ganze Reihe von spezifischen Verfahren, wie z. B. ↗LPE, ↗MBE, ↗VPE, ↗MOMBE.

epithermale Lagerstätten, nicht mehr gebräuchlicher Begriff für hydrothermale (Gang-)Lagerstätten mit Bildungstemperaturen zwischen 100 und 200°C. Der Begriff geht zurück auf die Vorstellung einer Bindung der hydrothermalen ↗Erzlagerstätten an einen ↗Pluton in einer magmatischen Abfolge (↗Gesteins-Assoziation) und daraus folgender Klassifikation mit abnehmender Temperatur.

Epizentrum, Punkt auf der Erdoberfläche, der sich direkt oberhalb des ↗Hypozentrums befindet. Die Epizentralentfernung zwischen Epizentrum und einem anderen Punkt auf der Erdoberfläche wird häufig in Winkelgrad angegeben. Zur Umrechnung in km multipliziert man den Gradwert mit 111,1.

Epizone, oberste Tiefenstufe der ↗Metamorphose nach Grubenmann (1904). Heute dank des Konzeptes der ↗metamorphen Fazies überflüssig. Typische Minerale in Gesteinen der Epizone sind: Chlorit, Serizit, Antigorit, Talk, Aktinolith, Glaukophan, Albit, Epidot und Zeolithe.

EP-Log ↗SP-Log.

Epoche, Zeiteinheit der ↗Geochronologie, entspricht der Einheit der ↗Serie innerhalb der ↗Chronostratigraphie und umschreibt den Begriff der ↗Gruppe innerhalb der ↗Lithostratigraphie. Mehrere Epochen werden innerhalb einer ↗Periode zusammengefaßt.

E-Polarisation ↗Magnetotellurik.

EPS, 1) ↗ensemble prediction system. 2) ↗EUMETSAT Polar System.

ε-Nd-Wert ↗Neodymisotope.

ε-Notation, Notierungsweise in der ↗Isotopengeochemie, bei welcher die Häufigkeit eines ↗radiogenen ↗Isotops aus Gründen der besseren Handhabbarkeit nicht als ↗Isotopenverhältnis, sondern als relativer Abstand zu einem Referenzwert oder einer Referenzentwicklungslinie angegeben wird. ↗Sm-Nd-Methode.

Epsomit, *Bittersalz, Gletschersalz, Magnesium-Fauserit, Reichardtit, schwefelsaure Talkerde, Sedlitzer Salz, Seelandit*, nach der Mineralquelle von Epsom (England) benanntes Mineral; $Mg[SO_4] \cdot 7 H_2O$; rhombisch-disphenoidische Kristallstruktur (Abb.); Farbe: weiß, bisweilen farblos, aber auch rötlich, gelblich, grünlich; Glasglanz; meist durchsichtig; Strich: weiß; Härte nach Mohs: 2–2,5 (sehr spröd); Dichte: 1,68–1,75 g/cm³; Spaltbarkeit: sehr vollkommen nach (010), schlecht nach (011); Aggregate: körnig, faserig, erdig, radialstrahlig, stalaktitisch, krustig; Kristalle oft haarig, säulig, nadelig; in H_2O leicht und schnell löslich; Vorkommen: als normale Primärausscheidung $MgSO_4$-haltiger Salzseen, örtlich massig in dünnen Lagen im Carnallit, aber auch als Ausblühungen bzw. auf Oxidationszonen von sulfidischen Erzen oder als Verwitterungsneubildung Mg-reicher, silicatischer Gesteine; Fundorte: Epsom (England), Spania Dolina und Kremnica (Slowakei), untere Wolga, Kasachstan und Aralsee, Death Valley (USA). [GST]

EPT, *electromagnetic propagation tool*, Bohrlochmeßsonde, mit der die Ausbreitungsgeschwindigkeit und Absorption elektromagnetischer Wellen in der Formation bestimmt wird. Die Ausbreitungsgeschwindigkeit hängt primär von der ↗Dielektrizitätskonstante der durchteuften Formation ab. Die Dielektrizitätskonstante von Wasser ist ungefähr 10mal so groß wie die der Gesteinsmatrix; somit ist die Ausbreitungsgeschwindigkeit elektromagnetischer Wellen ein direktes Maß für den wassererfüllten ↗Porenraum der Formation. Die Einflüsse von Salinität und Temperatur des Formationswassers sind von geringer Bedeutung. Das EPT besteht aus zwei abwechselnd sendenden Mikrowellensendern (1,1 GHz) und zwei Empfängern, die sowohl Amplitude und Phase der ankommenden Welle registrieren. Aus den beiden Amplituden und der Phasendifferenz werden eine gemittelte Ausbreitungsgeschwindigkeit und der Dämpfungsgrad (↗Dämpfung) bestimmt. Das EPT ist ein häufig genutzes Tool in der Kohlenwasserstoffexploration. [JWo]

equation of equinoxes, Gleichung des Äquinoktiums (*Eq. E*). Sie ist gegeben durch die Differenz von ↗Sternzeit *ST* und ↗mittlerer Sternzeit *MST*, *Eq. E = ST-MST*.

equigranular, *gleichkörnig*, Gefüge in dem alle beteiligten Phasen etwa gleiche Korngröße besitzen.

Equilibrichnion, *Ausgleichsspur*, ↗Spurenfossilien.

Equisetopsida, *Articulatae, Schachtelhalmgewächse, Sphenopsida*, Klasse der ↗Pteridophyta. Der mit Wurzeln verankerte Sproß der iso- oder heterosporen Equisetopsida ist in Knoten (Nodien) mit wirtelig angeordneten Stengelgliedern (Mikrophyllen) und lange Blätter (Internodien) gegliedert. ↗Sporophylle sind von ↗Trophophyllen unterschieden. Die Equisetopsida, rezent nur noch mit der einzigen Gattung *Equisetum* vertreten, hatten ihre Blüte mit maximaler Diversität im Jungpaläozoikum, als auch baumförmiger Wuchs weit verbreitet war. Sie kommen seit dem Mitteldevon vor und werden wie folgt unterschieden:
a) Bei den Protarticulales (Mitteldevon) beginnt erstmals die Gliederung der ↗Sproßachse durch stockwerkartig in Quirlen angeordnete mikrophylle ↗Trophophylle sowie Sporenträger, an denen die ↗Sporangien stammwärts gekrümmt hängen. b) Die Pseudoborneales (Oberdevon) hatten große, stark zerschlitzte Blätter und gelten als Vorläufer der Calamitaceae. c) Die isosporen Sphenophyllales (Keilblattgewächse, Oberdevon bis ↗Perm) waren krautige, maximal 1 m hohe

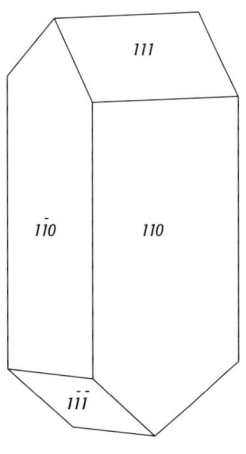

Epsomit: Epsomitkristall mit sphenoidischen Endflächen.

Spreizklimmer. Der dünne, langgliedrige Sproß trug gegabelte oder im Verlauf der Erdgeschichte zunehmend zu keilförmigen Flächen mit vielen Gabelnerven verwachsene Blätter an meist sechszähligen Quirlen und hatte ein charakteristisches, im Querschnitt dreieckiges Leitbündel mit Sekundärzuwachs. d) In der Sproßachse der Ordnung Equisetales (Karbon bis rezent) umschließt ein Kranz von ↗Leitbündeln den charakteristischen Markhohlraum. Die Calamitaceae (Röhrenbaum, Karbon bis Perm) wuchsen baumförmig mit bis zu 30 m Höhe und 1 m Stammdurchmesser. Der Stamm stand tief im Wasser, entsprang mit konischer Basis einem kriechenden, gegliederten ↗Rhizom, das an den Nodien mit ↗Rhizoiden besetzt war, und hatte einen Markhohlraum (von dem als häufige Fossilien Steinkerne erhalten sind), an den sich nach außen eine Eustele mit alternierendem Leitbündelverlauf an den Nodien sowie Sekundärholz anschlossen. Die Stämme der meisten Arten trugen an den Nodien wirtelig angeordnete Äste, an denen wiederum quirlig stehende Mikrophylle entsprangen. In Sporangienständen, die an den Nodien inseriert waren, wechselten Wirtel schildförmiger Sporenträger (Sporangiophoren) und lanzettförmiger, steriler Blätter (Bracteen) ab. Isosporie und Heterosporie kamen vor. Die Calamitaceae besiedelten Sümpfe in hoher Artendiversität und trugen neben den Lepidodendrales (↗Lycopodiopsida) wesentlich zur Kohlebildung bei. Die Archaeocalamitaceae (Unterkarbon) hatten gegabelte Blätter und an den Nodien unverzweigte, geradlinig über die Nodien verlaufende Leitbündel. Auch die Equisetaceae (Trias bis rezent) des ↗Mesozoikums waren noch wesentlich größer, als die krautigen Arten der Gattung *Equisetum*, hatten aber kein sekundäres Dickenwachstum wie die Calamitaceae und auch keine sterilen Bracteen in ihren endständigen, zapfenförmigen Sporophyllständen. Diese Sporophyllstände entstehen durch Internodialverkürzung zwischen mehreren aufeinanderfolgenden nodialen Sporangiophoren-Quirlen. Die an den Knoten wirtelig angeordneten Mikrophylle umfassen aufgrund seitlicher Verwachsung der Blattscheiden den Stamm bzw. den Stengel. [RB]

Eratosthenes, *Eratosthenes von Kyrene*, griechischer Naturforscher und Schriftsteller, * um 284 (274?) v. Chr. in Kyrene (heute Schahhat, Libyen), † um 202 (194?) v. Chr. in Alexandria; Freund von ↗Archimedes und Schüler des Kallimachos, seit 246 v. Chr. Leiter der großen Bibliothek in Alexandria. Er war einer der bedeutendsten Astronomen und Geographen seiner Zeit, bestimmte erstmals die Größe des kreisförmig gedachten Erdumfangs durch eine ↗Gradmessung zwischen Alexandria und Syene (heute Assuan), indem er den Zentriwinkel des Bogens aus Sonnenständen und die Bogenlänge aus der Geschwindigkeit von Kamelkarawanen ableitete, und fand mit 46.661 km einen erstaunlich richtigen Wert für den Erdumfang (40.000 km). Er schuf durch die Festlegung eines Koordinatensystems die Voraussetzung für den Entwurf einer Gradnetzkarte der antiken Welt; schrieb Arbeiten zur Mathematik (z. B. Sieb des Eratosthenes zum Auffinden von Primzahlen), Astronomie (berechnete Schiefe der scheinbaren Sonnenbahn (↗Ekliptik), Sternkatalog mit 675 Sternen) und Geschichte; verfaßte zahlreiche mathematische, geographische und literaturgeschichtliche Schriften, von denen jedoch nur wenige Fragmente erhalten sind. [EB]

Erdachsenneigung, Neigung der Erdachse gegenüber der Ebene der Erdbewegung um die Sonne (↗Ekliptik), derzeit 23° 26′ 23″, d. h. rund 23,5°. Die gedachte Verlängerung der Erdachse ist derzeit zum Himmelspol (Polarstern) gerichtet. Beides, Erdachsenneigung und Orientierung der Erdachsenneigung im Raum, unterliegen langfristigen Variationen. ↗Erde.

Erdalbedo, Reflexion der auf die Erde auftreffenden Sonnenstrahlung durch den Erdkörper selbst. Die Erdalbedo beeinflußt die Bewegung des Satelliten auf seiner Umlaufbahn. ↗Albedo.

Erdalkalimetalle, die in der II. Hauptgruppe des ↗Periodensystems zusammengefaßten Elemente Beryllium, Magnesium, Calcium, Strontium, Barium und Radium. Mit Ausnahme des Radiums sind die Erdalkalimetalle Leichtmetalle. Innerhalb der Hauptgruppe werden die Erdalkalimetalle im eigentlichen Sinne (Calcium, Strontium, Barium) von Beryllium unterschieden, da Beryllium ein deutlich abweichendes chemisches Verhalten (Neigung zu kovalenten Bindungen) zeigt und eher dem Aluminium der III. Hauptgruppe nahe steht. Magnesium nimmt eine Zwischenstellung ein. Die Erdalkalimetalle sind stark elektropositive Elemente und treten stets mit der Oxidationszahl 2^+ auf. Erdalkalimetalle sind starke Basenbildner, wobei der basische Charakter der Oxide und Hydroxide mit steigender Atommasse zunimmt. Die Löslichkeit der Hydoxide und Oxalate steigt mit zunehmender Atommasse, während in gleicher Reihenfolge die Löslichkeit der Carbinate, Sulfate und Chromate sinkt. Mit einem Anteil von 1,9 % bzw. 3,4 % sind Magnesium und Calcium erheblich am Aufbau der Erdkruste beteiligt. Erdalkalien finden sich in zahlreichen Mineralen als Carbonate, Sulfate, Silicate und Chloride. Radium ist ein Folgeprodukt des Zerfalls des Urans und ist so mit uranführenden Mineralen vergesellschaftet.

Erdatlas ↗Weltatlas.

Erdaushub, *Bodenaushub* (neuere Bezeichnung), natürlich anstehendes und umgelagertes Locker- und Festgestein (DIN 18196), das i. d. R. bei Baumaßnahmen ausgehoben oder abgetragen wird. Nicht zum Bodenaushub gehört der als Mutterboden bezeichnete humose Oberboden. Für diesen gelten im Hinblick auf den Verwendungszweck besondere Schutzbestimmungen. Bodenaushub soll soweit möglich wiederverwendet werden. Aufgrund seiner Herkunft oder Vorgeschichte kann Bodenaushub mit sehr unterschiedlichen Stoffen belastet sein. Die Belastung kann seine bautechnische Verwertbarkeit einschränken, aber auch eine Gefahr für die Umwelt darstellen. Die Verwertbarkeit des Bodens hängt von seinem Schadstoffgehalt, der Mobilisierbarkeit der Schadstoffe, der vorgesehenen Nutzung und den Einbaubedingungen ab. Es können u. U. Einzelbestandteile, wie Sande und Kiese, verwertet werden, während der Rest entsorgt wird. [ABo]

Erdbahn ↗Erde.

Erdbau, *Bauen mit Erdstoffen*, bezeichnet sowohl das Abtragen von Untergrund (z. B. ↗Baugruben, Straßeneinschnitte) wie auch das Aufbringen auf der Erdoberfläche (z. B. Erddamm und andere). Der Erdbau beinhaltet generell das Planen, Erstellen und Erhalten von Erdbauwerken. Er ist von großer Bedeutung für den Tiefbau sowie den Straßen-, Eisenbahn-, Wasser-, Kanal-, Grund-, Tunnel- und Tagebau. Bedeutung findet der Erdbau auch im Hoch-, Industrie- und Wohnungsbau, da der ↗Baugrund die Basis und als Erdstoff das Fundament für alle Bauwerke bildet. Bei der Beurteilung und Gewinnung von Erdbaustoffen (↗Baustoffe) wird die Klassifikation der Erdstoffe, die Eignung der Erdstoffe für Erdbauwerke und das Prozeßverhalten der Erdbaustoffe einbezogen. Zur Klassifikation der Erdstoffe gehört die Einteilung in Locker- und Festgestein (↗Felsklassen), Bestimmung von Korngrößen (↗Körnungslinie), ↗Plastizität und Festigkeitseigenschaften und die Einstufung der Gewinnungsfestigkeit (↗Gewinnungsklassen). Die Prüfung von Erdstoffen für Erdbauwerke beinhaltet neben der Untersuchung allgemein bautechnischer Eigenschaften wie Bindigkeit auch das Bemessen von Dichtegrad und Verdichtungsfaktor (↗Verdichtung) sowie Frostverhalten (↗Frostbeständigkeit). Im Prozeßverhalten der Erdstoffe werden die Kennwerte der Erddynamik wie Grabwiderstand, Faktoren, die das schürfende Lösen und Transportieren betreffen, und die Verdichtbarkeit untersucht. Zu den Vorbereitungen eines Erdbauvorhabens gehört die Baugrunduntersuchung, Baugrubenplanung einschließlich der Wasserhaltung in ↗Baugruben, Gestaltung von ↗Böschungen und Standsicherheitsberechnungen. Dem Erdbau voran gehen einleitende Maßnahmen wie das Entfernen des Bewuchses bzw. Schutz der übrigen Vegetation und allgemeine Oberbodenarbeiten. Das Gewinnen von Erdstoffen erfolgt generell durch Lösen und Abtragen. Das Lösen von Lockergesteinen geschieht durch Bagger, Schaufel, Löffel oder Greifer, bei schwieriger Gewinnbarkeit durch Auflockerung mittels Sprengen, Aufreißen und Brechen. Die Gewinnung von Erdstoffen als Baustoffe erfolgt typischerweise in Steinbrüchen und z. B. Kiesgruben. Transportiert werden kann der Erdstoff über verschiedene Fördergeräte. Erdstoffe können in besonderen Fällen auch durch ↗Spülverfahren gewonnen werden. Der Einbau von Erdstoffen beinhaltet das Schütten (↗Schüttmaterial) z. B. von ↗Dämmen, Hinterfüllung von Bauwerken, Verfüllen (z. B. Baugruben und Gräben), Verteilen, Planieren und die Verdichtung. Als Verdichtungsgeräte fungieren Stampfgeräte wie Rüttelstampfer, Walzen und Rüttelplatten. Das Erhalten von Erdbauwerken umfaßt ingenieurbiologische Maßnahmen wie ↗Lebendverbau, Entwässerungsmaßnahmen, Versiegelung (↗Oberflächenversiegelung) und Sichern des Bauwerkkörpers wie z. B. einer Böschung. Zum Erdbau gehören auch Maßnahmen zur Verbesserung des Baugrundes (Baugrundvergütung) wie Bodenaustausch und mechanische Bodenverbesserung (↗mechanische Stabilisierung). [AWR]

Erdbaumechanik ↗Bodenmechanik.

Erdbeben, werden durch plötzliche Freisetzung von Deformationsenergie, die sich in begrenzten Bereichen der Lithosphäre angestaut hat, verursacht. Dieser Vorgang erzeugt kurzzeitige Erschütterungen, die sich als seismische Impulse oder ↗Wellen vom ↗Erdbebenherd ausbreiten und von ↗Seismographen aufgezeichnet werden. Ist das Erdbeben stark genug und liegt das ↗Hypozentrum des Bebens in der Nähe bewohnter Gegenden, können die Erschütterungen direkt vom Menschen gespürt werden sowie Schäden oder Zerstörungen an Bauwerken bewirken (↗seismisches Risiko). Die Stärke eines Erdbebens wird durch die ↗Magnitude angegeben. Sie kann aus den Amplituden von ↗seismischen Wellen bestimmt werden. Dagegen beschreibt die ↗makroseismische Intensität die Auswirkungen eines Erdbebens im unmittelbaren Herdgebiet auf Mensch, Bauwerke und Natur. Erdbeben treten nur in Tiefen bis etwa 700 km auf. Bei Herdtiefen von 0–70 km spricht man von Flachbeben, bei 70–300 km von mitteltiefen Beben und ab 300 km von Tiefherdbeben. Erdbeben sind nicht gleichmäßig verteilt. Ihre geographische Verteilung zeigt Häufungen in *Erdbebengebieten*. Die meisten Erdbeben (etwa 95 %) treten an den Rändern von tektonischen Platten auf (↗Tektonik Abb. im Farbtafelteil); man bezeichnet diese auch als Interplatten-Erdbeben. Etwa 70 % aller Erdbeben konzentrieren sich auf den zirkumpazifischen Gürtel, hier beobachten wir auch die meisten mitteltiefen und ↗Tiefherdbeben. Etwa 25 % der Erdbeben liegen in dem Bereich, der sich von den Alpen über den Mittelmeerraum und Vorderasien bis zum Himalaya erstreckt. Die übrigen Beben verteilen sich vorwiegend auf ↗mittelozeanische Rücken und kontinentale ↗Riftzonen. Die Erdbebengebiete stellen sich zumeist als linear ausgeprägte Gürtel dar. Lediglich im östlichen Mittelmeerraum und in Zentralasien ist die räumliche Verteilung der Erdbeben diffuser. Flache Erdbeben treten seltener auch im Innern von Lithosphärenplatten auf. Diese Erdbeben (Intraplatten-Beben) haben sehr lange Wiederholungsperioden (möglicherweise tausende von Jahren), und sie sind besonders heimtückisch, wenn sie in irrtümlicherweise als erdbebenfrei geltenden Zonen auftreten. Ein dramatisches Beispiel ist das Killari-Beben vom 29.9.1993 in Zentralindien, in einem bis dahin als ↗aseismische Region angesehenen Gebiet, das viele Menschenleben forderte.

Die meisten Flachbeben sind tektonischen Ursprungs. Wie aus tausenden von Untersuchungen bestätigt wurde, haben sie die für einen Scherbruch typische ↗Abstrahlcharakteristik. Sie

Verwerfungstyp	Verschiebung	Spannungen
Horizontalverschiebung	horizontal, sinistral oder dextral	σ_1 und σ_3 horizontal, σ_2 vertikal
Abschiebung	horizontal und vertikal	σ_1 vertikal, σ_2 und σ_3 horizontal
Aufschiebung	horizontal und vertikal	σ_1 und σ_2 horizontal, σ_3 vertikal

Erdbeben (Tab.): Verwerfungstypen und dazugehörige Verschiebungs- und Spannungstypen.

werden entweder durch Brüche im ungebrochenen Gestein (selten) oder an bereits existierenden Verwerfungen verursacht. Abhängig vom Spannungsfeld, beschrieben durch die ↗Hauptspannungen σ_1, σ_2 und σ_3 (σ_1 ist die größte und σ_3 die kleinste Kompressionsspannung), unterscheidet man drei grundlegende Verwerfungstypen (↗sinistral, ↗synthetische Abschiebung, ↗antithetische Abschiebung) oder Herdmechanismen (Tab.). Neben diesen reinen Verschiebungsformen gibt es auch noch gemischte Formen, z. B. schräge Auf- oder Abschiebungen (oblique slip), bei denen sich eine Horizontalverschiebung mit einer Auf- oder Abschiebung überlagert. Die Herdflächenlösung eines Erdbebens enthält Informationen über den Herdmechanismus und das lokale Spannungsfeld in der Umgebung des ↗Erdbebenherdes. Mit der Verwendung von standardisierten und gut geeichten Seismographensystemen im World Wide Standardized Seismograph Network (↗seismographische Netze) Ende der fünfziger und zu Beginn der sechziger Jahre war es endlich möglich, neben verbesserten Lokalisierungen von Erdbeben auch zuverlässige Herdflächenlösungen von weltweit registrierten Erdbeben der Magnitude $M \geq 6$ zu erhalten. Diese Untersuchungen trugen wesentlich zur Hypothese der ↗Plattentektonik bei. Viele Flachbeben im Bereich der zirkumpazifischen Konvergenzzonen werden durch Aufschiebungen der Oberplatte über die abtauchende ozeanische Unterplatte verursacht. Beispiele sind die bisher stärksten instrumentell registrierten Erdbeben 1960 in Chile (Magnitude $Mw = 9{,}5$) und 1964 in Alaska ($Mw = 9{,}2$). Das deutlich schwächere Antofagasta-Beben in Chile ($Mw = 7{,}8$) vom 30.7.1995 war ebenfalls ein Aufschiebungsbeben, für das GPS-Messungen eine koseismische Verschiebung von 0,8 Meter in Ost-West Richtung ergaben. Erdbeben im Bereich von Transform-Störungen (z. B. San Andreas, nordanatolische Verwerfung) sind durch Horizontalverschiebungen gekennzeichnet. Klassische Beispiele sind das San Francisco-Beben von 1906 ($Mw = 7{,}9$) und das Erzincan-Erdbeben vom 13.3.1992 in der Türkei ($Mw = 6{,}7$). Abschiebungsbeben treten in Zerrungsgebieten auf, z. B. entlang mittelozeanischer Rücken und kontinentaler Riftsysteme. Auch im Gebiet des Rheingrabens und der niederrheinischen Bucht werden Abschiebungsbeben beobachtet, z. B. das Roermond Erdbeben vom 13.4.1992 ($M_L = 5{,}9$) in 18 km Tiefe. Mitteltiefe und Tiefherdbeben treten überwiegend in planar in den Mantel abtauchenden, ozeanischen Lithosphärenplatten auf (↗Wadati-Benioff-Zone). Ihre Mechanismen weisen darauf hin, daß die abtauchende Platte entweder komprimiert wird (σ_1 parallel zur Abtauchrichtung) oder unter Zugspannung steht (σ_3 parallel zur Abtauchrichtung). Nahe beieinanderliegende Zonen von Kompressions- und Zugspannungen werden in seismischen Doppelzonen unterhalb von Japan in 50–200 km beobachtet. Eine mögliche Erklärung geht davon aus, daß es durch Biegung der Platte zur Ausbildung einer neutralen Spannungszone kommt, die Gebiete mit Kompressions- und Zugspannungen voneinander trennt.

Die *Elastic-Rebound-Theorie* beschreibt den zeitlichen und räumlichen Deformationsprozeß im Bereich von Flachbeben. Sie wurde 1910 von dem amerikanischen Geologen Reid aufgrund von geodätischen Beobachtungen vor und nach dem San Francisco-Beben von 1906 aufgestellt und ist auch heute noch in ihren grundlegenden Zügen akzeptiert. Ihre wesentlichen Merkmale sind (Abb. 1): Eine Verwerfung trennt zwei Lithosphärenplatten; im Beispiel der San Andreas Verwerfung sind dies die pazifische und die nordamerikanische Platte. Diese beiden Platten gleiten langsam aneinander vorbei. Entlang von Teilen der Verwerfungsfläche wird stetiges Gleiten durch den hohen Reibungswiderstand vorübergehend blockiert. In größerer Entfernung von der Verwerfung kommt es dann zur Deformation innerhalb der beiden Blöcke, die zu einer Verformung der geodätischen Linien führt und gemessen werden kann. Vor dem San Francisco-Beben betrug die gemessene Verformung 3,2 m über einen Zeitraum von 50 Jahren. Die Deformation schreitet solange fort, bis die Scherspannungen an einem Punkt der Verwerfungsfläche einen kritischen Wert erreichen, der der Scherfestigkeit zwischen den festgehakten Lithosphärenplatten auf der Verwerfungsfläche entspricht. Die beiden Blöcke beginnen aneinander vorbeizuschnellen, wobei der Ausgangspunkt des Bruches das ↗Hypozentrum des Erdbebens darstellt. Der Bruch breitet sich vom Hypozentrum mit einer Geschwindigkeit von 1–3 km/s aus, und er endet erst dort, wo die Scherspannungen die Scherfestigkeit unterschreiten. Bei sehr starken Erdbeben erstreckt sich der Bruch über sehr große Entfernungen. So betrug beim Erdbeben 1964 in Alaska ($Mw = 9{,}2$) die Längsausdehnung der

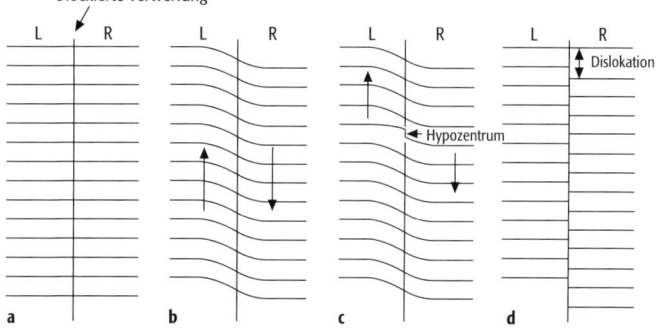

Erdbeben 1: Elastic-Rebound-Theorie nach Reid (1910); a–d zeigen vier Momentbilder von geodätischen Linien (L, R = linke bzw. rechte Lithosphärenplatte).

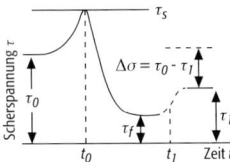

Erdbeben 2: schematischer Verlauf der Scherspannung an einem Punkt der Bruchfläche im Erdbebenherd. Beim Nahen der Bruchfront steigt die Scherspannung zur Zeit t_0 von einem regionalen Wert τ_0 auf den Wert τ_s, der Scherfestigkeit an diesem Punkt. Mit dem Bruch geht eine Reduzierung der Scherspannung auf τ_f einher, die etwa der Gleitreibungsspannung entspricht. Nach Ende des Bruchvorgangs zur Zeit t_1 beträgt die Scherspannung τ_1. Nach Ende des Bruchvorgangs zur Zeit t_1 beträgt die Scherspannung τ_1. Die Differenz $\tau_0 - \tau_1$ ist der statische Spannungsabfall $\Delta\sigma$.

Bruchfläche 1000 km und beim San Francisco-Beben von 1906 400 km. Während des Bruchvorgangs ändern sich die Scherspannungen dynamisch; dies ist schematisch in Abb. 2 für einen Punkt auf der Bruchfläche gezeigt. Beim Nahen der Bruchfront steigt die Scherspannung zur Zeit t_0 von einem regionalen Wert τ_0 auf den Wert τ_s, der Scherfestigkeit an diesem Punkt. Es kommt zum Bruch, wobei der Punkt um einen bestimmten Betrag verschoben wird. Diese Verschiebung wird als Dislokation des Punktes bezeichnet. Damit geht eine Reduzierung der Scherspannung auf τ_f einher, die etwa der Gleitreibungsspannung entspricht. Nach Ende des Bruchvorgangs zur Zeit t_1 beträgt die Scherspannung τ_1. Die Differenz $\tau_0 - \tau_1$ ist der statische Spannungsabfall (static stress drop) im Erdbebenherd, dessen Durchschnittswert für viele Flachbeben bei etwa 300 MPa (30 bar) liegt, mit großen Variationen nach oben und unten. Dieser Wert scheint unabhängig von der Stärke des Erdbebens zu sein. Die Stärke eines Erdbebens ergibt sich in erster Linie aus dem mittleren Dislokationsbetrag und aus der Dimension der Herdfläche (↗seismisches Moment). Der eigentliche Dislokationsvorgang bei großen Erdbeben ist oft sehr komplex, wie aus der Analyse von Beschleunigungsseismogrammen, die in Herdnähe registriert worden sind, und Breitbandregistrierungen (↗Breitband-Seismometer), die in größerer Entfernung vom Herd registriert werden, hervorgeht. Demnach erfolgt die Bruchausbreitung oft ungleichmäßig mit variablen Bruchgeschwindigkeiten und in mehreren Bruchepisoden. Der Grund ist, daß die rheologischen und physikalischen Eigenschaften entlang der Verwerfungsfläche variieren oder die Struktur der Herdfläche einen einfachen Bruch verhindert. Diese Barrieren können im Laufe des Erdbebens überwunden werden; sie können aber auch so stark sein, daß sie überhaupt nicht oder erst später durch die vom Erdbeben verursachten Spannungsumlagerungen brechen (↗Nachbeben). Mitteltiefe und Tiefherdbeben haben zwar auch die für einen Scherbruch typische Abstrahlcharakteristik, doch es scheint zweifelhaft, ob Sprödbruchverhalten (↗Sprödigkeit) bei den Umgebungsdrucken in Tiefen ab etwa 70 km noch möglich ist. Auslösender Faktor bei mitteltiefen Erdbeben sind wahrscheinlich Entwässerungsreaktionen und Phasenumwandlungen (Green und Houston, 1995). Vor allem die Mechanismen von Tiefherdbeben werden kontrovers diskutiert und stellen aktive Forschungsschwerpunkte in der ↗Seismologie und in der ↗Mineralphysik dar. Die mittlere zeitliche Verteilung von Erdbeben ist über den Zeitraum instrumenteller Beobachtungen seit über hundert Jahren konstant geblieben. Die jährliche Häufigkeit von Flachbeben der Magnitude m_b oder größer ergibt sich aus

$$logN = 7{,}8 - 1{,}0\, m_b.$$

Danach treten im jährlichen Mittel etwa 60 Erdbeben mit $m_b \geq 6$ und 6 Erdbeben mit $m_b \geq 7$ auf.

Periodizitäten oder langfristige Änderungen hat man nicht eindeutig nachweisen können. Hiervon ausgenommen sind Vor- und Nachbebenserien, sowie Beobachtungen an einigen Erdbebenschwärmen, bei denen man glaubt, eine Korrelation mit den Gezeiten der festen Erde (↗Erdgezeiten) festgestellt zu haben. Gezeitenkräfte werden als Ursache von Mondbeben angesehen, spielen aber bei der Auslösung von mittleren bis größeren Erdbeben keine Rolle.

Neben tektonischen Erdbeben gibt es noch weitere Klassen von Erdbeben: vulkanische und vom Menschen verursachte Erdbeben (induzierte ↗Seismizität). Vulkanische Erdbeben treten oft in großer Zahl in aktiven Vulkangebieten auf. Sie können unterschiedliche Ursachen haben. Relativ schwache ($M < 5$) Erdbeben stellen wahrscheinlich Scherbrüche dar, die durch Änderungen des lokalen Spannungsfeldes als Folge von Magmenbewegungen in der Erdkruste verursacht werden. Daneben gibt es Erdbeben, die durch niedrig-frequente Signale (kleiner als 5 Hz) gekennzeichnet sind. Diese »langsamen« Erdbeben sind die Folge von Eruptionen und Entgasungsprozessen. Die Hypozentren dieser Ereignisse sind wegen emergenter P-Welleneinsätze und schwacher oder gänzlich fehlender S-Wellen schwer zu bestimmen. Harmonische Beben (harmonic tremors) sind seismische Ereignisse mit nahezu monochromatischem Signal zwischen 1 und 5 Hz, die Stunden oder sogar Tage andauern können. Ursachen hierfür sind wahrscheinlich Oszillationen von Gasen und Flüssigkeiten in Magmakammern und Magmenfluß durch permeables Gestein. Induzierte Seismizität wird durch vom Menschen verursachte Modifikationen des Spannungsfeldes und der Scherfestigkeit in der Erdkruste erzeugt. Erdbeben können durch Be- und Entlastungen an der Erdoberfläche und unter Tage im Bergbau, durch Einpressen von Flüssigkeiten in tiefe Bohrlöcher und durch unterirdische Explosionen induziert werden. Beim Einpressen von Flüssigkeiten in ein 3 km tiefes Bohrloch bei Denver (USA) traten in der Nähe des Bohrloches Erdbeben bis zur Magnitude $M = 4$ auf. Die eingepresste Flüssigkeit setzte die ↗Scherfestigkeit im Gestein herab, was zur Rißbildung im Nachbargestein und damit zu den beobachteten Erdbeben führte. An der kontinentalen Tiefenbohrung hat man durch kontrolliertes Einpressen von Wasser Mikroerdbeben bis zur Magnitude $M = 1{,}2$ induzieren können. Die Verminderung der Scherfestigkeit durch erhöhten Porenwasserdruck ist auch bei der stauseeinduzierten Seismizität von großer Bedeutung, obwohl die zusätzlich aufgebrachten Porenwasserdrücke von etwa 1 MPa (10 bar) erheblich niedriger als die beim Abpressen von Flüssigkeiten in Bohrlöchern sind. Dafür kann der Effekt einen wesentlich größeren Bereich erfassen, was zu größeren Erdbeben führen kann. Das gilt ebenfalls für die durch die zusätzliche Wasserauflast verursachte Modifikation des Spannungsfeldes in der Erdkruste, die ebenfalls als Auslöser stauseeinduzierter Seismizität in Frage kommt.

Beobachtungen von stauseeinduzierten Erdbeben gibt es u. a. von folgenden Orten: Lake Mead (USA), Koyna (Indien), Nurek (frühere Sowjetunion), Hsinfengkiang (China) und Kremasta (Griechenland). Bei dem bis jetzt stärksten stauseeinduzierten Erdbeben ($M_L = 6,5$) am 10.12.1967 am Koyna Stausee südöstlich von Bombay fanden nahezu 200 Menschen den Tod; außerdem verursachte das Beben erhebliche Schäden. In Bergbaugebieten können sich Scherbrüche, ausgelöst als Folge von Spannungsumlagerungen in der Nähe von Hohlräumen ebenfalls als Erdbeben bemerkbar machen. Der Zusammenbruch von Hohlräumen unter Tage hat in den Kaliabbaugebieten von Mitteldeutschland zu weithin spürbaren Einsturzbeben geführt, u. a. bei Sünna am 23.6.1975, bei Völkershausen am 13.3.1989 und bei Halle am 11.9.1996. Erdbeben als Folge von unterirdischen Nuklearexplosionen sind im amerikanischen Testgelände in Nevada beobachtet worden. Hierbei handelt es sich ebenfalls um Scherbrüche, die durch die von der Detonation verursachten tektonischen Spannungsumlagerungen im unmittelbaren Sprenggebiet zum Zeitpunkt der Zündung oder kurz danach ausgelöst worden sind. Dies erschwert unter Umständen die Diskriminierung von ↗nuklearen Sprengungen gegenüber Erdbeben.
Literatur: [1] BULLEN, K.E. & BOLT, B.A. (1985): An introduction to the theory of seismology. – Cambridge. [2] JOST, M.L., BÜSSELBERG, T., JOST, Ö. & HARJES, H.-P. (1998): Source parameters of injection-induced microearthquakes at 9 km depth at the KTB deep drilling site. – Germany. Bull. Sesim. Soc. Am. 88. [3] LAY, T., WALLACE, T.C. (1995): Modern global seismology. – San Diego. [4] NEUMANN, W., JACOBS, F. & Tittel, B. (1989): Erdbeben. – Leipzig. [5] WALLACE, T.C., HELMBERGER, D.V. & Engen, G.R.(1983): Evidence of tectonic release from underground nuclear explosions in long-period P waves. – Bull. Seism. Soc. Am. 73.
Erdbebenenergie, die gesamte in einem Erdbeben freigesetzte Energie, die sich vor dem Erdbeben als Deformationsenergie im Bereich des Herdes angestaut hat. Ein Teil dieser Energie wird in seismische Energie umgesetzt, die in die ↗Energie-Magnituden-Beziehung als Parameter eingeht. Der Anteil der seismischen Energie an der Gesamtenergie ist schwer abzuschätzen, er beträgt wahrscheinlich nur 10–30 % der gesamten freigesetzten Energie. Der restliche Energiebetrag wird für Reibungswärme, petrologische Veränderungen in der Bruchzone und Spannungsumlagerungen im Herdgebiet (↗Nachbeben) aufgebraucht.
Erdbebengebiete ↗Erdbeben.
Erdbebenhäufigkeit, Häufigkeit von Erdbeben in einer bestimmten Region in Abhängigkeit von der Magnitude. Empirisch wird sie in der ↗Magnituden-Häufigkeits-Beziehung angegeben. Weltweit werden im jährlichen Mittel etwa 1 Mio. Erdbeben beobachtet, darunter sind 10.000 Erdbeben der Magnitude $m_b = 4,5$ und größer. Nach Gutenberg ergibt sich eine Statistik für die Häufigkeit von Flachbeben (Tab.). Die kleinsten, instrumentell registrierbaren Erdbeben haben negative Magnituden bis $M \approx -2$. Die schwächsten, in unmittelbarer Herdnähe fühlbaren Erdbeben haben $M \approx 1,5$. Erdbeben mit $M \approx 3$ werden bis in etwa 20 km Herdentfernung gespürt. Leichte Schäden im Epizentralgebiet von Flachbeben treten bei etwa $M = 4,5$ auf, Erdbeben mit $M = 6$ verursachen in begrenzten Gebieten nahe des Epizentrums größere Zerstörungen.
Erdbebenherd, Ort eines Erdbebens. Das ↗Hypozentrum beschreibt den Punkt, an dem das Erdbeben begonnen hat. Bei der Angabe des Hypozentrums wird die räumliche Ausdehnung des Erdbebenherdes vernachlässigt. Die Bestimmung des Hypozentrums und der Herdzeit ist eine der wichtigsten Aufgaben in der ↗Seismologie. Es gibt zahlreiche graphische Verfahren, mit deren Hilfe diese Aufgabe gelöst werden kann. Von praktischer Bedeutung ist heute die Lokalisierung von Hypozentren nach der Methode von H.W. Geiger (1910). Hierzu benötigt man die Ankunftszeiten von verschiedenen seismischen Phasen an möglichst vielen, azimutal gut verteilten seismischen Stationen. Für ein Versuchshypozentrum und eine geschätzte Herdzeit (letztere kann z.B. mit Hilfe eines ↗Wadati-Diagramms erhalten werden) berechnet man die Verbesserungen für die Schätzwerte derart, daß die Unterschiede zwischen den beobachteten und theoretischen Laufzeiten ein Minimum erreichen. Die Verbesserungen hängen linear von den Differenzen zwischen den beobachteten und den für das Versuchshypozentrum berechneten Laufzeiten ab, wobei vorausgesetzt werden muß, daß das Versuchshypozentrum nicht zu weit vom wahren Hypozentrum entfernt ist. Die Verbesserungen können mit der Methode der kleinsten Fehlerquadrate berechnet werden. Damit können die Schätzwerte für das Hypozentrum und die Herdzeit korrigiert werden. Der Vorgang wird solange wiederholt, bis die berechneten Verbesserungen einen vorgegebenen Grenzwert unterschreiten. Die Geschwindigkeit, mit der die Methode konvergiert, hängt u.a. von der Genauigkeit der Schätzwerte ab. Bei ungünstiger Stationsverteilung ist es oft nicht möglich, eine genaue Angabe über die Herdtiefe zu erhalten. Während die Lage des Hypozentrums und die Herdzeit aus den Einsatzzeiten von ↗P-Wellen und anderen seismischen Phasen bestimmt werden kann, nutzt man für die Bestimmung der räumlichen Ausdehnung des Herdes eines Erdbebens die Anpassung der beobachteten Wellenformen an theoretische Seismogramme, die für räumlich und zeitlich ausgedehnte Herdmodelle berechnet werden können. Die Verteilung von ↗Nachbeben erlaubt es ebenfalls, die räumliche Ausdehnung des Erdbebenherdes zu bestimmen. [GüBo]
Erdbebenintensität ↗makroseismische Intensität.
Erdbebenmagnitude ↗*Magnitude*.
Erdbebenvorhersage, Vorhersage von Erdbeben nach Ort, Zeit und Magnitude. In Abhängigkeit von der Genauigkeit, mit der v. a. die Zeit vorher-

Magnitude M_S	Zahl pro Jahr
≥ 8,0	0,1–0,2
≥ 7,4	4
7,0–7,3	15
6,2–6,9	100
5,5–6,1	500
4,9–5,4	1400
4,3–4,8	4800
3,5–4,2	30.000
2,0–3,4	800.000

Erdbebenhäufigkeit (Tab.): Anzahl von Erdbeben bestimmter Stärken pro Jahr.

gesagt werden kann, unterscheidet man drei Kategorien: a) langfristige Vorhersagen viele Jahre im Voraus, b) mittelfristige Vorhersagen Wochen bis Monate im Voraus und c) kurzfristige Vorhersagen Stunden oder wenige Tage im Voraus. Langfristige Vorhersagen beruhen auf langjährigen Beobachtungen von Erdbeben und der Auswertung von historischen Erdbeben, deren Ergebnisse in Erdbebenkatalogen festgehalten werden. Die Angaben, die gemacht werden können, sind vorwiegend statistischer Natur (↗Magnituden-Häufigkeits-Beziehung, ↗seismisches Risiko). Die Identifizierung von ↗seismischen Lücken ist ein weiteres Beispiel einer Beobachtung, die der langfristigen Vorhersage dienen kann. ↗Erdbebenvorläufer sind die Grundlage von mittel- und kurzfristigen Vorhersagen. Der am leichtesten zu beobachtende Parameter ist die Verteilung von Erdbeben in Raum und Zeit. Man hat in einigen Gegenden beobachtet, daß die Erdbebenaktivität vor einem großen Beben sehr niedrig ist. Diese seismische Ruhe kann Monate oder Jahre anhalten. Ihr Ende wird häufig, aber nicht immer, durch Vorbeben angekündigt. Es ist meist nicht möglich zu entscheiden, ob die Vorbeben in der Tat Vorläufer eines starken Erdbebens sind. Leider zeigen diese und andere mögliche Erdbebenvorläufer eine außerordentliche Variationsbreite und sind häufig überhaupt nicht zu erkennen, so daß eine gesicherte Methode der Erdbebenvorhersage trotz vielfältiger Bemühungen, v. a. in den USA und Japan, bis jetzt noch nicht gefunden werden konnte. Das Haicheng Erdbeben ($M = 7,3$) im Nordosten von China war das erste und bis jetzt einzige starke Erdbeben, das kurzfristig zum Nutzen der dort lebenden Bevölkerung vorhergesagt werden konnte. Vorausgegangen waren Änderungen des Grundwasserspiegels, Neigungsänderungen der Erdoberfläche, Vorbeben und seltsames Verhalten von Tieren. Als die Zahl der Vorbeben am 4.2.1975 dramatisch zunahm, gab das regionale Büro des Chinesischen Seismologischen Dienstes eine Erdbebenwarnung heraus. Diese veranlaßte die Behörden, die schnelle Evakuierung der Bevölkerung aus den Gebäuden der Stadt anzuordnen. Das am gleichen Tag folgende Erdbeben verursachte an 90 % der Gebäude schwere Schäden und Zerstörungen, forderte aber dank der Evakuierung kaum Menschenleben in der Millionenstadt. Nach der anfänglichen Euphorie unter Seismologen wurden die Schwierigkeiten der Erdbebenvorhersage 18 Monate später durch ein noch stärkeres Erdbeben ($M = 7,7$) bei Tangshan, etwa 200 km südwestlich von Haicheng gelegen, leider sehr deutlich gemacht. Wahrscheinlich über 200.000 Menschen fanden bei dem Erdbeben den Tod. In diesem Fall wurden keine Vorläufer beobachtet und deshalb auch keine Warnungen veröffentlicht. Das Problem der mittel- bis kurzfristigen Vorhersage von Erdbeben ist eines der bedeutendsten Forschungsthemen in der ↗Seismologie. Solange es nicht gelöst ist, muß man, ausgehend von der statistischen Analyse der Seismizität in einem Gebiet (↗seismisches Risiko), die seismische Gefährdung durch erdbebensichere Bauweise so weit wie möglich vermindern. [GüBo]

Erdbebenvorläufer, *Vorläuferaktivitäten*, Änderungen der ↗Seismizität und von physikalischen Größen, die durch die Akkumulation von Deformationsenergie im Herdgebiet vor einem bevorstehenden Erdbeben verursacht werden können. Das Dilatanz-Modell bietet eine physikalische Grundlage, um das Verhalten von Erdbebenvorläufern zu untersuchen. Gesteinsproben, die im Labor in Druckpressen bis zum Bruch belastet werden, zeigen deutliche Abweichungen von den linearen Spannungs-Dehnungs-Beziehungen, sobald etwa die halbe Bruchspannung erreicht ist. Das Volumen vergrößert sich, da sich Mikrorisse schon vor dem Bruch öffnen. Diese Volumenvergrößerung wird als *Dilatanz* bezeichnet. Das Modell kommt allerdings nur für Flachbeben in Frage, da bei größeren Tiefen der Überlagerungsdruck Dilatanz verhindert. In Übertragung der Laborergebnisse auf seismogene Zonen, geht man davon aus, daß sich bei zunehmender Akkumulation von Deformationsenergie im Herdgebiet eines zukünftigen Erdbebens Mikrorisse im Gestein öffnen. Damit ändern sich auch viele physikalische Parameter, wie z. B. die elektrische Leitfähigkeit, magnetische Eigenschaften des Gesteins oder die seismischen Geschwindigkeiten, und es kann zur Erhöhung seismischer Aktivität in Form von Vorbeben kommen. An der Erdoberfläche kann sich die Volumenzunahme durch Hebungen und Neigungsänderungen sowie durch Änderungen im Grundwasserspiegel bemerkbar machen. Anomalien geochemischer Parameter, wie z. B. die erhöhte Emission von Radon vor einem Erdbeben, hat man ebenfalls mit dem Dilatanz-Modell erklärt. Mit geophysikalischen Methoden kann man versuchen, Änderungen dieser und anderer physikalischer Parameter im Herdgebiet zu identifizieren und zu überwachen. Die Frage allerdings, ob beobachtete Änderungen physikalischer Parameter eindeutig als Erdbebenvorläufer interpretiert werden können, wird sich meistens nicht mit Sicherheit beantworten lassen. Ein häufig erwähnter Vorläufer ist abnormales Verhalten von Tieren vor einem Erdbeben, für das es keine generell akzeptierte wissenschaftliche Erklärung gibt. Leider gibt es bis jetzt noch keine gesicherte Grundlage für eine zuverlässige ↗Erdbebenvorhersage aus der Beobachtung von Vorläufern.

Erdbeobachtung ↗Fernerkundung.

Erdbeschleunigung, *Schwerebeschleunigung*, die durch die Gravitationskraft hervorgerufene Beschleunigung eines Massenpunktes auf der Erde, üblicherweise mit g bezeichnet. Der mittlere Wert beträgt $g = 9,8$ m/s.

Erdbewegung, ↗Erdrotation und Erdrevolution (↗Erde) um die Sonne.

Erdbodentemperatur, *Bodentemperatur*, Temperatur im Erdboden. Die Messung der Erdbodentemperatur erfolgt üblicherweise unter einer vegetationsfreien Fläche in 2, 5, 10, 20, 50 und 100 cm

Tiefe (Abb.). Die tagsüber starke Aufheizung der Bodenoberfläche aufgrund der einfallenden Sonnenstrahlung wird teilweise über den ↗Bodenwärmestrom in den Erdboden weitergeleitet. Da es sich hierbei um einen größtenteils molekularen Transport handelt, benötigt die in den Boden eindringende Wärme eine gewisse Zeit, bis sie eine bestimmte Tiefe erreicht. Während das Temperaturmaximum an der Erdoberfläche mit dem Sonnenhöchststand zusammenfällt, verzögert es sich um so mehr, je tiefer man im Boden mißt. Ab etwa 50 cm Tiefe beträgt die Phasenverschiebung fast zwölf Stunden. Gleichzeitig nimmt die Amplitude des Tagesganges mit der Tiefe ab, da ein immer größeres Bodenvolumen erwärmt werden muß. Ab etwa 1 m Tiefe ist kein Tagesgang mehr vorhanden. Eine Veränderung im Jahresgang verschwindet erst ab einer Tiefe von 10–15 m. Die Erdbodentemperatur im Laufe eines Tages und eines Jahres hängt von der Bodenbedeckung, der ↗Bodenart und damit der ↗Wärmeleitfähigkeit und der ↗Wärmekapazität, sowie von der ↗Bodenfeuchte ab. [GG]

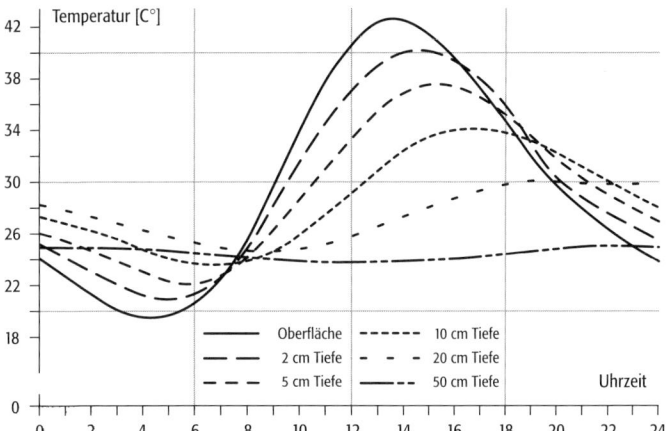

Erdbodentemperatur: Tagesgang der Temperatur in unterschiedlicher Tiefe im Erdboden.

Erdbodenzustand, Zustand der Erdoberfläche in der Umgebung einer Beobachtungsstation zur Zeit der Beobachtung. Die Beobachtung erstreckt sich auf den Zustand der Oberfläche in Bezug auf Trockenheit, Nässe, Überschwemmung, Schneedecke, Höhe der Schneedecke, Gefrierung und andere charakteristische Merkmale.

Erddamm, 1) ↗Fangdamm. 2) ↗Staudamm aus feinkörnigem Erdbaustoff.

Erddeformation ↗Erde.

Erddruck, E, ist die resultierende Kraft zwischen einem Baukörper und dem Erdreich, wenn die Kontaktfläche nicht waagerecht ist. Je nachdem, ob sich der Baukörper vom Erdreich weg oder zu ihm hin bewegt, entwickeln sich Grenzfälle, bei denen zwischen den *Erddruckarten* aktiver und passiver Erddruck unterschieden wird. Bewegt sich die Wand vom Erdreich weg und bildet sich hinter der Wand eine Bruchfläche aus, so rutscht ein Erdkeil nach, der die Wand belastet, also aktiv auf diese wirkt. In diesem Fall spricht man vom *aktiven Erddruck* E_a. Bewegt sich die Wand gegen das Erdreich und schiebt dabei einen Erdkeil ab, so steigert sich der Druck bis zu einem Höchstmaß, dem *Erdwiderstand* oder *passiven Erddruck* E_p, das nicht mehr überschritten werden kann. Ohne Bewegung spricht man vom ↗Erdruhedruck E_0 (Abb.). Die Größe, Richtung und Verteilung des Erddrucks hängen von den Bodenkenngrößen, dem ↗Wandreibungswinkel, der Geometrie des Bauwerkes, den Lasten, Verformungen und Verschiebungen der Konstruktion sowie von den Wasserständen vor und hinter dem Bauwerk ab. Die Berechnung des Erddrucks erfolgt nach DIN 4085. Nach der Erddrucktheorie von Coulomb wird der Gleichgewichtszustand an einem begrenzten Erdkörper betrachtet. Es gelten die folgenden Annahmen: Das Erdreich ist kohäsionslos (trifft nur für nichtbindige Böden zu); die Wand dreht sich um den hinteren, unteren Fußpunkt und hinter der Wand rutscht ein Erdkeil nach; die Gleitfläche ist eine Ebene; die Größe des Wandreibungswinkels ist bekannt; in der Gleitfläche wirkt die volle Reibungskraft. Die Grundformel der Erddrucktheorie für Böden ohne Kohäsion lautet:

$$E = \gamma \cdot h^2 / 2 \cdot K$$

mit γ = Wichte des Bodens, h = Höhe der Mauer und K = Erddruckbeiwert.
Der ↗Erddruckbeiwert K wird üblicherweise aus Tabellen abgelesen. [CSch]

Erddruckart ↗Erddruck.

Erddruckbeiwert, K, Beiwert zur Berechnung des ↗Erddrucks, der sich aus dem Reibungswinkel φ, Wandneigungswinkel α, Geländeneigungswinkel β und Wandreibungswinkel δ errechnet. Üblicherweise werden die Erddruckbeiwerte Tabellen entnommen. Nur bei einem Wandreibungswinkel $\delta = 0$ ist der Erddruck waagerecht ausgerichtet. Bei aktivem Erddruck ist er schräg nach unten und bei passivem Erddruck schräg nach oben gerichtet. Da in beiden Fällen die Horizontalkomponente entscheidend für die Erddruckwirkung ist, werden in den meisten Tabellen die Erddruckbeiwerte (K_{ah}, K_{ph}) für die Horizontalkomponenten des aktiven bzw. passiven Erddrucks angegeben.

Erddruckmessung, Messung des ↗Erddrucks zwischen einem Bauwerk und dem Erdreich mit Hilfe von Meßdosen. Wenn diese meßtechnisch fehlerfrei sind und mechanisch interpretiert werden können, erreichen sie große Beweiskraft.

Erddruckverteilung, im Idealfall ist die Verteilung des ↗Erddrucks zwischen einer Wand und dem Erdreich über die Wandhöhe dreiecksförmig und die resultierende Kraft greift im Schwerpunkt des Dreiecks an. Dies gilt aber strenggenommen nur für eine Drehung der Wand um den Fußpunkt. In allen anderen Fällen liegt keine geradlinige Verteilung vor. Die sich aus der Verteilung ergebenden horizontalen Erddruckkomponenten werden mit e bezeichnet. Bei dreieckiger Verteilung beträgt die waagerechte Komponente infolge der Bodeneigenlast bei aktivem Erddruck E_a: $e_{agh} = \gamma \cdot h \cdot K_{ah}$ bzw. $e_{pgh} = \gamma \cdot h \cdot K_{ph}$ bei passivem Erddruck E_p. Dabei ist γ die Wichte des Bodens, h die Höhe der Mauer und K der ↗Erddruckbeiwert.

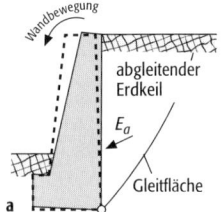

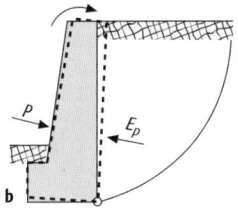

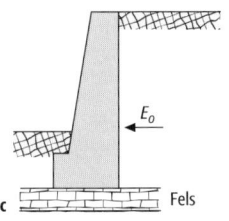

Erddruck: Grenzfälle des Erddrucks, a) aktiver Erddruck E_a, b) passiver Erddruck E_p (P = Druck), c) Erdruhedruck E_0.

Erde

Die Erde ist von der Sonne aus gesehen der dritte Planet im Sonnensystem, hinter Merkur und Venus. Danach folgen Mars, Jupiter, Saturn, Uranus, Neptun und Pluto (Abb. 1 im Farbfarbteil). Ihre Entfernung zur Sonne beträgt ca. 149,6 · 10^6 km. Der *Erdumfang*, um die Pole gemessen, beträgt ca. 40.000 km. Der aus den Pol- und Äquatorradien gemittelte *Erdradius* beträgt ca. 6378 km. Die Oberfläche umfaßt 510 · 10^6 km², von der ca. 71 % von Wasser bedeckt sind.

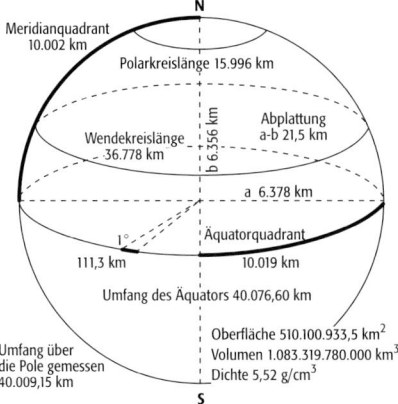

Erde 2: physikalische Maße der Erde.

Erde 3: Schema der Erdumlaufbahn um die Sonne.

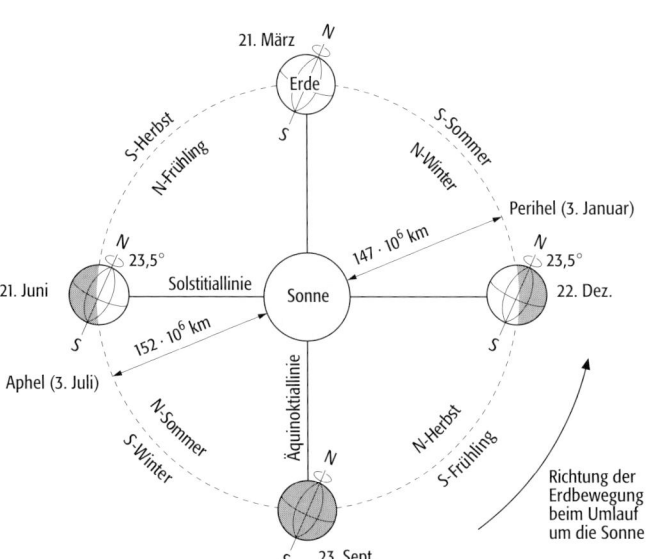

Die Verteilung von Land und Wasser ist auf den beiden Hemisphären unterschiedlich. Auf der Nordhalbkugel beträgt der Wasseranteil ca. 61 %, während er auf der Südhalbkugel ca. 81 % erreicht. Von den Landmassen sind 11 % ständig mit Eis bedeckt. Das Volumen der Erde beträgt 1,083 10^{21} m³ und die *Erdmasse* entspricht 5,973 · 10^{24} kg (Abb. 2).

Das Alter der Erde

Die ersten Angaben über das *Alter der Erde* stammen aus der Bibel. J. Usher (1581–1656) errechnete aus der Abfolge im Alten Testament ein Erdalter von ca. 6000 Jahren. Im 19. Jh. kam es zu den ersten physikalischen und geologischen Überlegungen. Solche Überlegungen waren z. B. ein Abkühlungsmodell der Sonne des Physikers Helmholtz (1821–1894). Er ging von einem Maximalalter der ↗Sonne von ca. 19 Mio. Jahren aus, wodurch das Maximalalter der Erde ebenfalls bei ca. 19 Mio. liegen mußte. Lord Kelvin (1824–1907) (W. ↗Thomson) kam über den ↗geothermischen Gradienten auf ein Alter von ca. 100 Mio. Jahren. Erste, aus heutiger Sicht zuverlässige, Ergebnisse brachte die Entdeckung der natürlichen Radioaktivität durch ↗Becquerel im Jahre 1896. Durch die quantitative Bestimmung der radioaktiven Zerfallsprodukte und den Vergleich mit der Ausgangsmenge, kommt man zu Ergebnissen über die Dauer, und damit auch zum Beginn des Zerfalls. Für die Ermittlung des Erdalters sind insbesondere die Elemente mit großen Halbwertszeiten (↗radioaktive Eigenschaften) aus der Uran- und Thorium-Reihe von Wichtigkeit. Prinzipiell stehen Gesteine aus drei unterschiedlichen Quellen für diese Untersuchungen zur Verfügung: irdische Gesteine, ↗Meteorite und Mondproben (↗Mondgestein). Gesteine aus den verschiedenen Schildgebieten (↗Schild) der Erde zeigen ein Uran-Blei-Alter von 3,4–3,9 Mrd. Jahren. Vereinzelt sind auch schon Alter von 4,0 Mrd. Jahren gefunden worden. Das Entstehungsalter von Meteoriten ergibt Werte zwischen 4,4–4,5 Mrd. Jahren. An Gesteinsproben vom ↗Mond (↗Minerale im extraterrestrischen Raum) wurde ein maximales Alter von 4,5 Mrd. Jahren bestimmt. Aus der Gesamtheit dieser Daten resultiert für die Erde ein Alter von 4,5–4,6 Mrd. Jahren. Es gibt zwei Modelle zur Entstehung der Erde. Beim homogenen Akkretionsmodell (↗Akkretion, ↗Differentiation) ist vor ca. 4,46 Mrd. Jahren eine gravitative Trennung durch Differentiation von ↗Erdkern und ↗Erdmantel erfolgt. Beim heterogenen Modell ist zuerst der siderophile Erdkern und später der silicatische Erdmantel entstanden. Das homogene Akkretionsmodell wird heute von vielen Wissenschaftlern favorisiert. Bei beiden Modellen entstand im Anschluß daran durch Differentiation aus dem Erdmantel die ↗Erdkruste (mindestens 3,9 Mrd. Jahre alt), die im Laufe der geologischen Entwicklung Veränderungen unterlegen war. Etwa zur gleichen Zeit entstanden die Vorstufen der heutigen Hydrosphäre und ↗Atmosphäre, die aber unterschiedlich von den jetzigen chemischen Zusammensetzungen sind.

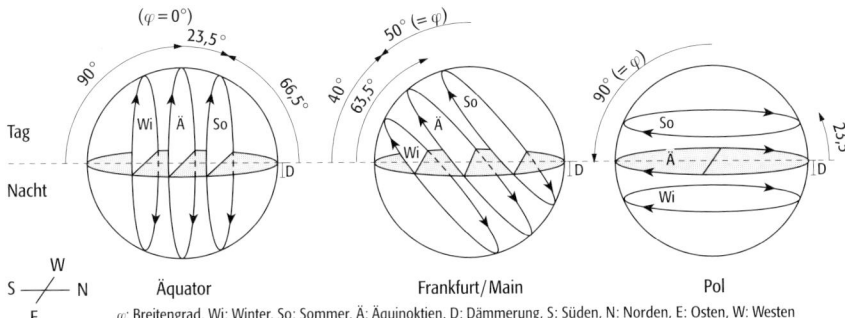

Erde 4: scheinbare Bewegung der Sonne um die Erde an unterschiedlichen Orten.

φ: Breitengrad, Wi: Winter, So: Sommer, Ä: Äquinoktien, D: Dämmerung, S: Süden, N: Norden, E: Osten, W: Westen

Die Lage und die Bahn der Erde im Raum

Die *Erdumlaufbahn*, eine leicht elliptische Bahn, beschreibt die *Erdbahn* um die Sonne (Abb. 3) (Exzentrizität, derzeit 0,0167). In einem Brennpunkt dieser Erdbewegung steht die Sonne (gemäß den ↗Keplerschen Gesetzen). Dabei befindet sich die auf die Erde wirkende Gravitationskraft (↗Gravitation) und die ↗Zentrifugalkraft der Erde im Gleichgewicht. Ein Umlauf dauert 365 d 5 h 48 min 46 s (tropisch, siderisch 365 d 6 h 9 min 9 s). Die Rotation der Erde wird durch einen Rotationsvektor dargestellt, der die Richtung der momentanen Drehachse der Erde hat, und dessen Länge dem Betrag der Drehgeschwindigkeit entspricht. Die maximale Entfernung Erde-Sonne (*aphel*, zur Zeit am 3. Juli) beträgt 152,099 Mio. km, die minimale (*perihel*, zur Zeit am 2. Januar) 147,096 Mio. km. Die mittlere Umlaufgeschwindigkeit liegt bei 29,78 km/s. Die Erdumlaufbahn bewirkt in Zusammenhang mit der ↗Erdachsenneigung die ↗Jahreszeiten. Zur Zeit der ↗Äquinoktien, d. h. der Tag- und Nachtgleiche (21. März und 23. September) werden Nord- und Südhalbkugel gleichmäßig von der Sonne beschienen und unterliegen aufgrund der ↗Erdrotation nur dem Tagesgang. Zu anderen Zeiten überwiegt die Besonnung auf einer der beiden Halbkugeln deutlich (Abb. 4). Der Sonnenhöchststand liegt im Sommerhalbjahr auf der Nordhalbkugel am 21. Juni (Sommerpunkt, Südwinter) und der niedrigste Sonnenstand im Winterhalbjahr in der Südhemisphäre am 21. Dezember (Südsommer) (↗Solstitien). Die Erdumlaufparameter (Orbitalparameter) unterliegen bestimmten langfristigen Variationen. Und zwar variiert die Exzentrizität der Umlaufbahn mit einer Periode von 95.000 Jahren zwischen den Werten 0,0005 und 0,0607 (derzeit 0,0167 abnehmend). Die Erdachsenneigung (welche die Intensität der Jahreszeitenausprägung steuert) variiert mit einer Periode von 21.000 Jahren zwischen rund 22° 2' und 24° 30' und das Datum von Aphel bzw. Perihel wegen der Präzessionsbewegung (↗Präzession) der Erdachse mit einer Periode von 21.700 Jahren. Dies führt zu Variationen der Sonneneinstrahlung (Abb. 5). Bereits im Jahr 1930 hat M. ↗Milankovič versucht, aufgrund dieser Variationen, in diesem Zusammenhang auch Milankovič-Zyklen genannt, das Kommen und Gehen der ↗Eiszeiten und Warmzeiten zu erklären. Ein Konzept, das modifiziert im Rahmen der ↗Paläoklimatologie auch heute in Klimamodell-Rechnungen ↗Klimamodell verwendet wird. Über die Untersuchung der Erdrotationsparameter erhält man auch Informationen über den Aufbau des Erdkörpers und über das dynamische Verhalten von ↗Atmosphäre, ↗Hydrosphäre, ↗Kryosphäre (↗Klimasystem) und über anthropogene Einflüsse, wie z. B. Massenverlagerungen oder CO_2-Ausstoß.

Die Form der Erde

Die Form wird allgemein als Erdkugel bezeichnet, obwohl sie genau genommen ein ↗Ellipsoid (↗mittleres Erdellipsoid), bzw. ein ↗Geoid ist. Die Form des Geoids wird durch einen idealisierten ↗Meeresspiegel, der die Oberfläche der Ozeane nach Erreichen des Gleichgewichtszustandes zeigt und der sich unter den Kontinenten fortsetzt, dargestellt. Das Geoid ist kein starrer Körper, so daß an ihm ↗endogene, und ↗exogene Kräfte wirken können. Diese *Erddeformationen* lassen sich nach ihren räumlichen Ausdehnungen (global, regional, lokal), nach ihren zeitlichen Abläufen (lang andauernd, periodisch, vorübergehend) sowie nach dem physikalischen Materialzustand (elastisch, viskos, plastisch) unterscheiden. Unter lang andauernden, globalen *Deformationen der Erde* versteht man das Wirken der Kräfte im Erdinnern (↗Geodynamik), die die ↗Plattentektonik (↗Tektonik) in Gang bringen.

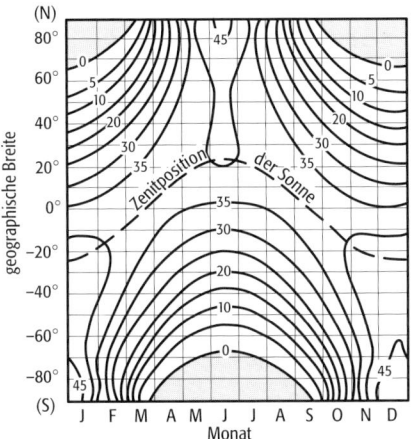

Erde 5: Jahresgang der extraterrestrischen Sonneneinstrahlung (Insolation) in W/m² in verschiedenen geographischen Breiten im Jahresgang.

Erde 6: Erdmagnetfeld [nT].

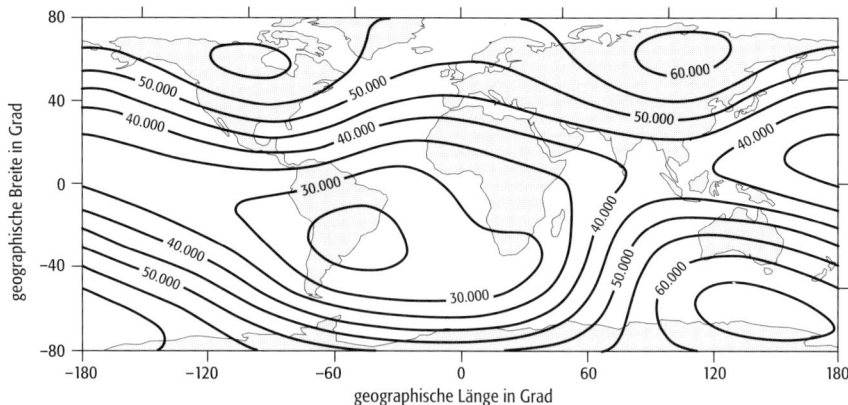

Die exogenen Kräfte dagegen wirken mit langer Dauer vor allem bei Klimavariationen durch die veränderte atmosphärische Auflast oder durch Schmelz- und Gefrierprozesse in den Polargebieten und den damit verbundenen Änderungen des ↗Meeresspiegels.

Globale periodische Deformationen werden in erster Linie durch äußere Kräfte in Form der ↗Erdgezeiten (Anziehungskraft von Sonne, Mond und Planeten) sowie durch die jahreszeitliche Variation der atmosphärischen Auflast und des Wasserkreislaufes (oceanische Zirkulation) erzeugt. Regionale bzw. lokale lang andauernde Deformationen sind dagegen häufig die Folge eines anthropogenen Einflusses, wie z. B. durch den Abbau von Rohstoffen oder die Akkumulation von Massen. Periodische regionale Deformationen ergeben sich durch jahreszeitlich bedingte meteorologische und hydrologische Variationen. Die episodischen Deformationen entstehen hauptsächlich regional bzw. lokal nach einem ↗Erdbeben, ↗Vulkanismus oder ↗Bergsturz. Betrachtet man also die Erde als Ganzes und will ihre Deformation realistisch beschreiben oder modellieren, so muß eine Kombination des unterschiedlichen Materialverhaltens (elastisch-viskos-plastisch) berücksichtigt werden. Deformationen im Erdinneren sind langsame Fließvorgänge, denen ein viskoses Materialverhalten zugrunde liegt. Prozesse und Auswirkungen der Deformationen können mit ↗geodätischen Raumverfahren beobachtet und präzise gemessen werden. Bei den meßbaren Effekten handelt es sich einerseits um eine geometrische Veränderung der Form der Erdoberfläche (↗Erdkrustenbewegungen, ↗Plattenkinematik) in horizontaler und vertikaler (Gebirgsbildung) Richtung. Andererseits sind auch die daraus resultierenden Variationen der ↗Rotation der Erde und der Erdanziehungskraft (↗Schwere) mit den Methoden der ↗Geodäsie meßbar.

Die Eigenschaften physikalischer Felder der Erde
Der Aufbau der Erde ist konzentrisch schalenförmig (↗Schalenbau der Erde) und wird deshalb in einzelne ↗Geosphären untergliedert. Die äußerste Schale bildet die gasförmige Atmosphäre, gefolgt von der ↗Biosphäre und ↗Hydrosphäre. Im Erdinneren setzt sich der Schalenbau fort und ist im Prinzip dreigeteilt, in ↗Erdkruste (bis max. 70 km), ↗Erdmantel (70–2898 km) und ↗Erdkern (2898–6371 km). Der Chemismus der Erde (↗chemische Zusammensetzung der Erde) ist sehr heterogen. Zirka 90 % der Erde sind aus den vier Elementen Eisen, Sauerstoff, Silicium und Magnesium aufgebaut.

Das an der Oberfläche gemessene *Erdmagnetfeld* setzt sich seiner Herkunft nach aus dem Erdinnenfeld und dem Außenfeld zusammen. Das magnetische Erdinnenfeld, dessen Quellen sich im Erdkörper befinden, besteht aus dem Haupt- oder Kernfeld, dem Feld der magnetisierten Gesteine der Erdkruste sowie aus dem Anteil, der durch elektrische Induktion in der Kruste erzeugt wird. Bei der Polarität des erdmagnetischen Hauptfeldes wird die gegenwärtige Orientierung des Dipolmoments (↗Dipolfeld) der Erde als normal definiert. Bei einer um 180° verschobenen Polarität spricht man von einer inversen Polarität. Zur Zeit befinden wir uns im ↗Brunhes-Chron normaler Polarität, das vor 0,78 Mio. Jahren begann. Diese Zeit wurde mehrfach von ↗Exkursionen des Erdmagnetfeldes unterbrochen. Dieses Erdmagnetfeld (Abb. 6) ist die Vektorsumme aller Felder natürlichen irdischen Ursprungs. Hierzu gehören die magnetischen Felder, die durch den ↗Geodynamo im Erdkern modelliert werden, die magnetischen Felder der magnetisierten Gesteine der Erdkruste (↗Gesteinsmagnetismus) und die magnetischen Felder der elektrischen Ströme in ↗Ionosphäre und ↗Magnetosphäre. Das Geodynamofeld ist das Hauptfeld, es beträgt an den magnetischen Polen etwa 60.000 nT (↗Magnetfeld), am magnetischen Äquator etwa 30.000 nT. Es ändert sich zeitlich nur langsam (↗Säkularvariation) und hat angenähert die Geometrie eines Dipolfeldes (↗Dipolfeld). Das Magnetfeld der Erdkruste ist über geologische Zeitskalen konstant und hat die Größenordnung von 0 bis einige 1000 nT, in extremen Fällen, z. B. einer Blitzschlagmagnetisierung von Bergkuppen, können auch Feldstärken vergleichbar oder stärker als das Hauptfeld auftreten. Das erdmagnetische Außenfeld entsteht

durch Stromsysteme außerhalb des Erdkörpers. Diese Ionosphärenströme erzeugen tägliche Variationen von etwa 50 nT in mittleren Breiten, ↗Polarlichter sind mit magnetischen Variationen von einigen 1000 nT am Erdboden und Frequenzen zwischen 1–0,001 Hz verbunden, ↗magnetische Stürme im Frequenzbereich 1–0,0001 Hz können Werte zwischen 100 und 1000 nT erreichen. Sie werden von intensiven und zeitlich variablen Strömen in Ionosphäre und Magnetosphäre hervorgerufen. Erdmagnetische Stürme werden ausgelöst durch ↗Sonneneruptionen wie z. B. den ↗CME (coronal mass ejections), deren Häufigkeit mit dem elfjährigen Zyklus der ↗solaren Aktivität korreliert. Sie sind Teil der Prozesse, die man unter dem Begriff ↗solar-terrestrische Beziehungen zusammenfaßt. Solche Stürme lassen sich bisher nur ungenau ankündigen. Ausbrüche auf der Sonne lassen sich ca. zwei Tage bevor ihre Wirkung die Erde erreicht z. B. vom Satelliten SOHO aus beobachten. Die nächste noch konkrete Vorwarnstufe ist die Ankunft der von der Sonne ausgestoßenen Partikelwolke bei den zwischen Sonne und Erde stehenden Satelliten (WIND, ACE). Danach verbleiben noch etwa 40 Minuten bis zum Sturmbeginn. Auf der Erde kündigt er sich typischerweise mit dem ↗ssc (sudden storm commencement), einem plötzlichen Anstieg der Feldstärke an, der durch das Auftreffen der solaren Partikelwolke auf die ↗Magnetopause erzeugt wird. Nach einigen Stunden erreicht der Sturm seine Hauptphase, die sich durch eine starke Intensivierung des ↗Ringstroms und der damit verbundenen Absenkung des Magnetfeldes bemerkbar macht. Die sich anschließende Erholungsphase, während der Ringstrom und damit auch die Depression des geomagnetischen Feldes wieder abklingt, kann Tage bis Wochen dauern. Neuerdings bezeichnet man die verschiedenen Arten der magnetischen Aktivitäten auch als ↗Weltraumwetter. Einflüsse auf technische Systeme sind u. a. Störungen des Funkverkehrs, Generierung starker parasitärer Ströme in Pipelines und Überlandleitungen, Beschädigung von Kommunikationssatelliten und überproportionale Abbremsung niedrig fliegender Satelliten. Wegen der gesamten Gefährdungen technischer Systeme, dürfte die Vorhersage von magnetischen Stürmen, ihre Anfangszeit, Dauer, Intensität und räumliche Ausdehnung in Zukunft merklich an Bedeutung gewinnen.
Ein anderes Phänomen ist das *elektrische Feld der Atmosphäre*, ein infolge der Potentialdifferenz zwischen Ionosphäre und Erdoberfläche bestehendes elektrisches Feld. Bei ungestörtem Wetter ist das Feld vertikal nach unten ausgerichtet (↗Schönwetterfeld der Erde). Die Erdoberfläche bildet dabei den negativen Pol. Die Änderung der Feldstärke mit der Höhe verläuft im wesentlichen invers zur ↗elektrischen Leitfähigkeit, die ihrerseits von der Ionisationsrate und der Mobilität der Ladungsträger abhängt. Das Feld ist nahe der Erdoberfläche am stärksten mit -100 bis -150 V/m und nimmt mit der Höhe annähernd logarithmisch ab. In einer Höhe von 30 km beträgt die Feldstärke nur noch etwa -30 mV/m. Das Feld verursacht einen Entladungsstrom von Luftionen und wird durch die weltweite Gewittertätigkeit aufrechterhalten. Variationen des Feldes im Tages- und Jahresverlauf treten vor allem in Abhängigkeit von der globalen Gewittertätigkeit auf. Außerdem beeinflußt die Sonnenaktivität die ↗Ionisation und damit die Leitfähigkeit. In Bodennähe werden lokale horizontale Variationen des Feldes insbesondere durch Nebel, Wolken, Turbulenz und andere die elektrische Leitfähigkeit beeinflussende meteorologische und geophysikalische Faktoren verursacht. Die Bildung von negativen Raumladungsgebieten im unteren Teil von Gewitterwolken (↗Gewitterelektrizität) führen zu einer Umkehr des Feldes bei gewittrigem Wetter. Unter Gewitterwolken werden dabei Feldstärken bis zu 5 kV/m erreicht.

Dynamik des Erdinneren
Die Dynamik wird durch *Konvektionswalzen* im Mantel, bedingt durch thermische Unterschiede, erzeugt. Sie läßt Materialtransporte von unten nach oben und umgekehrt zu. Mehrere unterschiedliche Modelle werden in der Fachliteratur diskutiert. Prinzipiell gibt es zwei unterschiedliche Vorstellungen. Ein sog. Einschicht-Modell und ein Zweischicht-Modell. Das Zweischicht-Modell (Abb. 7) geht von der Annahme aus, daß der untere und der obere Mantel zwei voneinander unabhängige Konvektionssysteme (Konvektionszellen) bilden, die durch eine Grenzschicht in 640 km Tiefe voneinander getrennt werden. Es gibt keinen Stoffaustausch zwischen diesen beiden Mantelzonen. Der obere Mantel ist verarmt an inkompatiblen Elementen und stellt die Quelle für die mittelozeanischen Rückenbasalte und andere Vulkanite und damit im Prinzip die Quelle der Kruste dar. Die ↗Subduktionszonen der ↗ozeanischen Erdkruste werden nur bis zu der 640 km tief liegenden Grenzschicht herab gezogen. Der untere Mantel wird in diesem Modell als chemisch primitiv angenommen, das heißt er ist

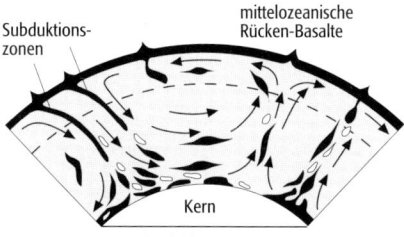

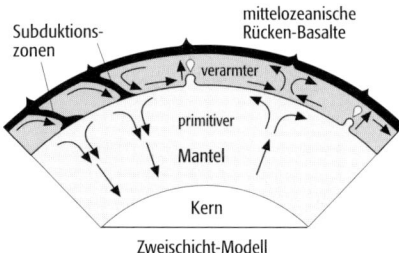

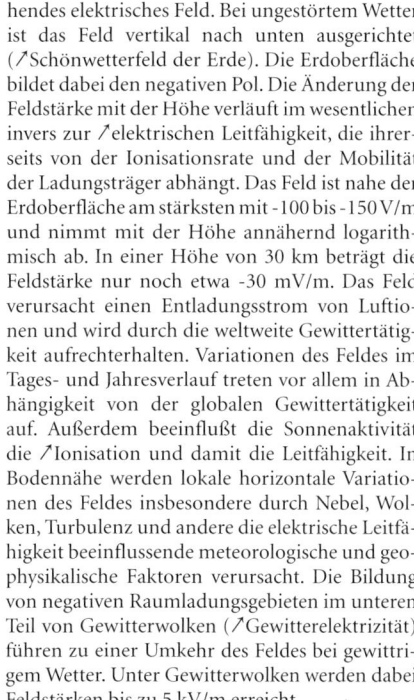

Erde 7: Einschicht- bzw. Zweischicht-Modell für Konvektionwalzen im Erdmantel.

noch nicht verarmt an inkompatiblen Elementen bzw. ihm sind noch keine basaltischen Schmelzen entzogen worden. Der obere Mantel ist also im Laufe der Zeit auf Kosten des unteren gewachsen, unter Bildung der Kruste. Die Konvektionswalzen des unteren Mantels treiben die Konvektion des oberen Mantels an, bedingt durch die thermische Inhomogenität an der Grenze äußerer Kern bzw. unterer Mantel, und sind somit gekoppelt. Das Einschicht-Modell geht von einer Konvektionszelle aus, die den gesamten Mantel einschließt. Bei diesem Modell findet auch ein Stoffaustausch, über die Diskontinuität in 640 km Tiefe, statt. Die einzelne Konvektionswalze bewirkt, daß die, an den Subduktionszonen abtauchende ozeanische Kruste, bis zur Kern-Mantel Grenze gelangen kann. Dabei wird sie sowohl physikalisch wie chemisch verändert. Durch thermische Gradienten an der Kern-Mantel Grenze kann das Material in der Konvektionswalze wieder aufsteigen. Der gesamte Zyklus soll ca. 1,8 Mio. Jahre dauern (↗Plattentektonik).

erdelektrische Gezeiten, die durch Gezeitenströmung im Meer hervorgerufenen ↗tellurischen Ströme.

Erdfall, *Sackungsdoline*, im Bauwesen üblicher Begriff für Einbrüche an der Erdoberfläche als Folge von Hohlraumbildungen im Untergrund. Primäre Ursache der Hohlraumbildung ist die lösende Wirkung des Wassers, wobei die Tiefenwirkung der Korrosion von der Mächtigkeit des verkarstungsfähigen Gesteins, der Lage der Vorflut und den Strömungsverhältnissen unterhalb des Grundwasserspiegels abhängig ist. Zusammenhänge und Vorgänge bei der Entwicklung der Karstformen bis zum Erdfallstadium zeigen eine Abhängigkeit von der Gesteinsbeschaffenheit, sowohl des Karstgesteins als auch des Deckgebirges. Die Korrosion führt zunächst zu ↗Kluftaufweitungen, ↗Karren, ↗Schlotten und Hohlräumen, meist in Anpassung an das vorherrschende Kluftsystem. Bricht die Decke eines solchen Hohlraumes ein, spricht man an der Erdoberfläche von Erdfall- oder Dolinenbildung. Erdfallähnliche Formen (sog. *Schwunddolinen*) entstehen, wenn z. B. Lößlehm durch versickerndes Wasser von der Oberfläche über breite Klüfte in Höhlen verfrachtet wird. ↗Doline. [WK]

Erdfallgefährdung, zur Abschätzung des Gefährdungsgrades in Erdfallgebieten sind Kenntnisse über die Tiefenlage des verkarsteten Gesteins, die Erdfallhäufigkeit (bezogen auf km^2), eine Zeitangabe (Jahr, Jahrzehnt, Jahrhundert) sowie Anfangsdurchmesser der Einbrüche Voraussetzung. Geländebegehungen und Befragung der Bewohner sind für die Beurteilung solcher Gebiete unverzichtbar. Das Niedersächsische Landesamt hat zur Bestimmung des Gefährdungsgrades ein Schema mit acht Gefährdungskategorien entwickelt:
Kat. 0: kein lösliches Gestein im Untergrund; Kat. 1: lösliches Gestein liegt sehr tief; Kat. 2: irreguläre Auslaugung kann nicht ausgeschlossen werden; Kat. 3: reguläre Auslaugung möglich; Kat. 4–6: werden nach Erdfallhäufigkeit festgelegt; Kat. 7: Überbauung eines jungen oder aktiven Erdfalls.
Die Kategorien 1–3 gelten für Gebiete, in denen (noch) kein Erdfall aufgetreten ist.

Erdfallpegel, eine Pegelstange, die in eine Bohrung eingelassen wird. Durch periodisches Nivellement können Erdfälle früherkannt werden.

erdfeste Koordinatensysteme, ↗Koordinatensysteme zur Beschreibung von Positionen des Erdraumes. Man unterscheidet globale Koordinatensysteme (↗globale geozentrische Koordinatensysteme, ↗konventionelle geodätische Koordinatensysteme) und lokale Koordinatensysteme (↗lokale ellipsoidische Koordinatensysteme, ↗topozentrische astronomische Koordinatensysteme).
Koordinatensysteme, die ermöglichen, das Erdschwerefeld zu beschreiben, sind das globale geozentrische Koordinatensystem und das topozentrische astronomische Koordinatensystem. Dabei spielen ↗natürliche Koordinaten eine wichtige Rolle. Geodätische Berechnungen werden i. a. in konventionellen geodätischen Koordinatensystemen bzw. in lokalen ellipsoidischen Koordinatensystemen durchgeführt. Eine wichtige Rolle spielen dabei die ↗ellipsoidischen Koordinaten und die ↗ellipsoidische Höhe.

erdfestes Bezugssystem, *Terrestrial Reference System*, TRS, ↗Bezugssystem.

Erdfließen, *Erdschlipf, Frana*, Fließbewegung des wassergesättigten Bodens oder oberflächennahen Untergrundes an Hängen über kurze Distanzen. Bei ↗Übersättigung, oft in Verbindung mit durch Frostwechsel aufgelockertem Bodengefüge, kann es zu Fließbewegungen des wasserdurchtränkten Materials kommen. Die Materialverlagerung führt zur Instabilität des sich oberhalb anschließenden Hanges, so daß dort Bodenschollen nachrutschen. Erdfließen führt zu einer typischen Gliederung des betroffenen Hangabschnittes. An die konkave Abrißkante schließen sich rückwärts geneigte Schollen an (↗Blockrutschung), worauf der zungenförmige Akkumulationsbereich folgt (*Erdgletscher*). Am Hangfuß schließt sich häufig ein kleiner ↗Schwemmfächer an, der durch austretendes Wasser geschüttet wird.

Erdgas, natürliches Gasgemisch, bestehend aus gasförmigen ↗Kohlenwasserstoffen wie ↗Methan (↗Methanreihe) und Anteilen anderer Gase, insbesondere Kohlendioxid, Stickstoff und Schwefelwasserstoff, daneben selten in Promille-Anteilen Edelgase wie Helium. Erdgas ist i. d. R. ein Produkt von Abbauprozessen organischer Substanzen unter anaeroben Bedingungen (vergleichbar Deponiegas). Es entsteht im wesentlichen in Abhängigkeit von den Temperaturen, die mit der Versenkung der Schichtenfolge erreicht werden, auf zwei Wegen: zum einen in Zusammenhang mit dem Vorgang der ↗Inkohlung aus vorzugsweise höheren Pflanzen, beginnend mit der Vertorfung (Sumpfgas) bis zum Metaanthrazitstadium, zum anderen in Zusammenhang mit dem Prozeß der Erdölbildung aus ↗Kerogen, das wiederum im wesentlichen aus Mikroorganismen gebildet wird. Im letzteren Fall läuft die Erdgasbildung über eine größere Temperaturspanne ab (↗Erdöl Abb.) und liegt in ihrer Hauptphase bei z. T. deutlich höheren Temperaturen als für das Erdöl.

Durch seine hohe Beweglichkeit im Gestein kann Erdgas über größere Entfernungen wandern (migrieren), weshalb der Zusammenhang mit dem ↗Muttergestein (»drainage area«) nicht immer erkennbar ist. Die Entstehungsbedingungen können dann u. a. aus der Zusammensetzung und der Isotopen-Analyse (↗$^{12}C/^{13}C$) ermittelt werden. Zur Lagerstättenbildung kommt es, wenn Erdgas bei der Wanderung nach oben an Fallenstrukturen mit ↗Speichergestein und abdichtenden Deckschichten gefangen wird, vergleichbar zum Erdöl, weshalb es häufig mit diesem zusammen auftritt (↗Erdölfallen Abb.). Ob die Deckschichten das Erdgas in der Struktur festhalten (z. B. durch Salz) oder nur in der Migration bremsen (z. B. durch Tonstein), hängt von deren ↗Porosität ab. Erdgas kann auch aus Speichergesteinen gewonnen werden, die eine zu geringe Porosität für die Förderung von Erdöl aufweisen. [HFl]

Erdgeschichte ↗*Historische Geologie.*

Erdgezeiten, Gezeitenwirkungen auf die feste Erde, die wegen deren viskoelastischen Eigenschaften den Gezeitenkräften teilweise folgen. Die Ausmaße haben z. B. in der Höhe eine tägliche Variation im dm-Bereich. Diese Massenverlagerungen, zusammen mit denen der Meeresgezeiten (↗Gezeiten) und der Atmosphärengezeiten, sowie deren Auflasteffekten, erzeugen selbst sekundäre Gezeitenbeiträge (indirekte Gezeiteneffekte). Betrachtet man eine passend ausgewählte Fläche konstanten Erd-Schwerepotentials (↗Äquipotentialfläche), so wird diese durch das Gezeitenpotential deformiert. Die Systemantwort der viskoelastischen Erde auf das gesamte gezeitenerzeugende Potentialfeld mit seinen Kräften läßt sich beobachten als geometrische Deformation, (mittelbar) als Gezeitenpotential außerhalb der Erde und als Schwerevariation. Die Übertragungsfunktion des gezeitenerzeugenden Potentialfeldes auf diese Größen wird beschrieben durch die Loveschen Zahlen (Koeffizienten) *h* für die radiale Verlagerung der Erdoberfläche im Verhältnis zum Gezeitenpotential *k* für das Potential der gezeitenbedingten Massenverlagerungen im Verhältnis zum primären Gezeitenpotential und *l* (auch Shida-Zahl) zur Kennzeichnung der gezeitenbedingten Lotschwankung. Der Amplitudenfaktor δ als Verhältnis der beobachtbaren gezeitenbedingten Schwerevariation (in Lotrichtung) zu der des gezeitenerzeugenden Potentialfeldes ist für eine vereinfachende Kugelfunktion zweiten Grades für das gezeitenerzeugende Potentialfeld wie folgt:

$$\delta = 1 - \frac{3}{2}k + h.$$

Er liegt bei 1,16 für die Hauptwellen, während die gezeitenbedingten Lotrichtungsschwankungen um den Faktor $\gamma = 1 + k - h$, oder ungefähr 0,7 für die Hauptwellen, verkleinert beobachtet werden. Für eine elliptische rotierende Erde sind die Loveschen Zahlen jedoch abhängig von geographischer Breite und Wellenlänge. Gezeitenbedingte Schwereänderungen erreichen ca. ± 1 μm/s², die Lotschwankungen ca. *± 0,02″.*

Erdgezeitenbeobachtungen der Schwerewirkung (mit Hilfe von Erdgezeitengravimetern mit einer Auflösung von etwa 1 nm/s²; ↗supraleitende Gravimeter), der geometrischen Deformation (cm-Genauigkeit mit ↗Radiointerferometrie), der Dehnung (mit ↗Extensometern), der Lotschwankungen (mit Neigungsmessern) tragen zur Erforschung der physikalischen Eigenschaften der Erde bei. So ermöglicht der äußere flüssige ↗Erdkern ein gegenüber ↗Erdkruste und ↗Erdmantel z. T. unabhängiges Verhalten, das sich in Erdgezeitenbeobachtungen als freie Kernnutation (↗free core nutation) zeigt und Aussagen über Rotationsvektor und Ellipsoidfigur des Erdkerns zuläßt. Erdmodelle wie das ↗PREM können durch Erdgezeitenbeobachtungen weiterentwickelt werden. Auch ↗Polschwankungen sind in den Registrierungen erfaßbar. Die Beobachtungen werden dadurch erschwert, daß z. B. die Wasser- und Atmosphärenmassen vielfältigen externen Einflüssen (z. B. Strömungen, Winde, Wetter) unterliegen und daher die gesamte Übertragungsfunktion des gezeitenerzeugenden Potentialfeldes zu den beobachtbaren Erdgezeitenwirkungen sehr komplex ist.

Erdgezeitenbeobachtung ↗Erdgezeiten.

Erdgletscher ↗Erdfließen.

Erdinduktor, Gerät zur Bestimmung der magnetischen Inklination.

Erdkarte ↗*Weltkarte.*

Erdkern, bezeichnet das tiefere Erdinnere ab einer Tiefe von 2900 km. Bereits aus dem Unterschied zwischen der mittleren Dichte der gesamten Erde von 5,5 g/cm³ (5500 kg/m³) und der mittleren Dichte der Gesteine der ↗Erdkruste von etwa 2,7 g/cm³ (2700 kg/m³) kann geschlossen werden, daß im Erdinnern ein dichter Erdkern existieren muß. Der erste direkte Beweis für die Existenz eines Erdkerns kam aus der ↗Seismologie. B. ↗Gutenberg (1889–1960) ermittelte im Jahre 1914 aus seismologischen Beobachtungen die Tiefe der Grenze zwischen Erdmantel und Erdkern, die daher auch als ↗Gutenberg-Diskontinuität bezeichnet wird, mit 2900 km. Dieser Wert hat auch heute noch seine Gültigkeit. Die Grenze zwischen ↗Erdmantel und ↗Erdkern ist die abrupteste Diskontinuität im Erdinnern. Der Temperaturkontrast an der Kern/Mantel-Grenze beträgt etwa 700 °C, und die ↗Viskosität fällt zum äußeren Kern um 24 Größenordnungen ab. Die

Konvektionsgeschwindigkeiten im flüssigen äußeren Erdkern (Eisenlegierungen) liegen in der Größenordnung von Kilometern pro Jahr, während im Erdmantel (Silicatgestein) die Bewegungen mit einigen Zentimetern pro Jahr erfolgen. Der Kern umfaßt 16 % des Erdvolumens, aber 31 % der gesamten Erdmasse.

Der nächste Schritt zur Untergliederung des Erdkerns erfolgte im Jahre 1936. I. ↗Lehmann leitete ebenfalls aus seismologischen Beobachtungen die Existenz eines inneren Erdkerns in ca. 5000 km Tiefe ab, so daß jetzt zwischen einem äußeren und einem inneren Erdkern unterschieden werden muß. Die Oberfläche der Grenze zwischen Erdmantel und Erdkern weist Undulationen mit Amplituden von 10–20 km auf. Durch den äußeren Erdkern laufen keine ↗Scherwellen, so daß der Schluß gezogen werden kann, daß diese Schale die Eigenschaften einer Flüssigkeit aufweisen muß. Man hat abgeschätzt, daß die Viskosität des äußeren Kerns mit der von Wasser vergleichbar ist. Der innere Erdkern dagegen muß sich wieder als fester oder quasi-fester Körper verhalten, da sich in ihm ↗Scherwellen ausbreiten. Die seismologischen Beobachtungen zeigen, daß an der Grenze zwischen Erdmantel und äußerem Erdkern die Geschwindigkeit der Kompressionswellen innerhalb einer Zone von ca. 10 km von ca. 14 km/s auf 7,9 km/s abfällt. Die Dichte nimmt dagegen von ca. 5 g/cm^3 auf über 10 g/cm^3 (5000 auf 10 000 kg/m^3) zu. Im äußeren Erdkern nimmt die Kompressionswellen-Geschwindigkeit bis zur Grenze des inneren Erdkerns auf etwa 10 km/s zu und steigt an dieser Grenze in einer Übergangszone von ca. 10 km Dicke auf 11,3 km/s an. Im inneren Erdkern wird eine annähernd konstante Geschwindigkeit der Kompressionswellen von 11,3–11,4 km/s postuliert. Als Scherwellengeschwindigkeit wird ein Wert von knapp 4 km/s angegeben. Die Dichte im inneren Erdkern beträgt 13–14 g/cm^3 (13.000–14.000 kg/m^3). Die Existenz eines flüssigen äußeren Erdkerns resultiert auch aus der Analyse der ↗Erdgezeiten. Wichtiger aber sind die Aussagen, die sich aus der Interpretation für den Ursprung des erdmagnetischen Innenfeldes ergeben. Die Dynamotheorie (↗Dynamomodell des Erdkerns) fordert, daß Strömungen mit elektrisch leitfähigen Komponenten im flüssigen äußeren Erdkern existieren müssen, um das erdmagnetische Innenfeld zu erzeugen. Auch wenn Details noch umstritten sind, so zeigt die ↗Magnetohydrodynamik, daß Konvektionsströmungen im flüssigen, elektrisch gut leitenden äußeren Erdkern einen selbsterregenden Dynamo entstehen lassen. Turbulente Vielzellenkonvektion mit Variationen des Strömungsmusters kann den Zusammenhang der Dipolachse des erdmagnetischen Feldes zur Rotationsachse der Erde erklären. Auch die Beobachtung der ↗Säkularvariationen und der ↗Feldumkehrungen finden mit dieser Theorie eine prinzipielle Interpretation. Rätselhaft bleibt jedoch die quasi-chaotische Folge der Feldumkehrungen. Möglicherweise besteht hier ein Zusammenhang mit den Konvektionsströmen im Erdmantel. Fluktuationen in der Wärmeabfuhr im Mantel und damit auch im äußeren Erdkern könnten ein Umklappen der Polarität zur Folge haben. Doch sind dies bislang Spekulationen.

An der Grenze zwischen Erdmantel und Erdkern wird eine Temperatur von ca. 3000 °C berechnet. Im äußeren Erdkern nimmt die Temperatur adiabatisch zu. Hinweise über die Zusammensetzung des Kerns erhält man aus dem Studium der Eisen-Meteorite (↗Meteorit). Der äußere Erdkern besteht im wesentlichen aus Eisen, das einzige Element, das die erforderliche Dichte um 10–12 g/cm^3 und die hohe elektrische Leitfähigkeit aufweist. Im äußeren Kern muß die Temperatur oberhalb der Schmelztemperatur von Eisen liegen. Um die Schmelztemperatur von Eisen auf 3000–4500 °C herabzusetzen, muß zum Eisen eine Beimengung von 10–15 Gewichtsprozenten Schwefel und/oder Sauerstoff als Flußmittel (Eisenoxyde, Eisensulfide) gefordert werden. An der Grenze zwischen innerem und äußerem Erdkern wird eine Temperatur von 4500–4600 °C errechnet. Innerhalb des inneren Erdkerns liegt die Temperatur bei ca. 4600–4700 °C. Für den inneren Kern wird angenommen, daß zum Eisen eine Beimengung von Nickel tritt. In jedem Fall muß die Temperatur im inneren Kern unterhalb der Schmelztemperatur liegen. Man geht von der Vorstellung aus, daß im Laufe der Erdgeschichte das Volumen des inneren Erdkerns zu Lasten des äußeren Erdkerns wächst. Die dabei freiwerdende Energie könnte den erdmagnetischen Dynamo erhalten. Es ist umstritten, wie hoch der Gehalt an radioaktiven Elementen im Erdinnern ist und inwieweit die beim radioaktiven Zerfall freiwerdende Energie zur Aufrechterhaltung des erdmagnetischen Dynamos beiträgt. [PG]

Erdkrümmung, hat erheblichen Einfluß in der Fernerkundung. Infolge der Größe des Flächenäquivalents, das bei einer Fernerkundungsaufnahme aus dem Weltraum abgebildet wird, spielt der Einfluß der Erdkrümmung bei sämtlichen Überlegungen zur Bild- und Stereomodellgeometrie eine wesentliche Rolle. Er ist vergleichbar mit den Verhältnissen bei der Abbildung der Kugeloberfläche in die Landkartenebene. Um den Projektionsfehler des Einflusses der Erdkrümmung auf Lage- und Höhenwerte einfach darstellen zu können, kann die Auswerteebene im einfachen Fall als Tangentialebene im Nadirpunkt der Aufnahme angenommen werden.

Bei photographischen und optoelektronischen Scanneraufnahmen ergibt sich ein lateraler Verschiebungsbetrag ΔR, welcher durch die Beziehung:

$$\Delta R(km) = \frac{R^3}{12.740 km \cdot H}$$

bestimmt wird, wobei R der Radialabstand vom Nadirpunkt und H die Flughöhe der Aufnahmeplattform ist.

Der Einfluß der Erdkrümmung auf die Höhe wirkt sich durch den Höhenunterschied ΔH aus. Er wird beschrieben durch die Gleichung:

$$\Delta H(km) = \frac{R^2}{12.740\,km}.$$

Erdkruste, *Kruste*, äußere Erdschale (↗Schalenbau der Erde), deren häufigste Elemente O, Si, Al, Fe, Ca, Na, K, Mg sind (Tab.). Gemeinsam mit der ↗Atmosphäre und der ↗Hydrosphäre bietet die Erdkruste die Lebensgrundlage des Menschen. Die Schale der Erdkruste hat eine Mächtigkeit von nur wenigen Zehnerkilometern. Um die Dimensionen im Vergleich zum gesamten Erdkörper zu demonstrieren, sei der Vergleich einer Briefmarke als Erdkruste auf einem Fußball als Erdkörper angeführt. Man unterscheidet in eine ↗kontinentale Erdkruste und eine ↗ozeanische Erdkruste. Für beide Bereiche ist jedoch gemeinsam, daß die Grenze zwischen Erdkruste und Erdmantel von der ↗ Mohorovičić-Diskontinuität, benannt nach dem kroatischen Seismologen A. ↗Mohorovičić, (1857–1936) gebildet wird.

Element	Gewichts-%	Atom-%	Volumen-%
O	46,60	62,55	93,8
Si	27,72	21,22	0,9
Al	8,13	6,47	0,5
Fe	5,00	1,92	0,4
Ca	3,63	1,94	1,0
Na	2,83	2,64	1,3
K	2,59	1,42	1,8
Mg	2,09	1,84	0,3
Summe	98,59	100,00	100,0

Erdkrustenbewegungen, *Krustenbewegungen*, die Bewegungen von Teilen der ↗Erdkruste, die durch Prozesse der ↗Geodynamik oder durch anthropogene (von Menschen verursachte) Eingriffe hervorgerufen werden. Sie lassen sich in zwei Arten unterteilen: die gleichförmige Bewegung größerer Teile (Blöcke) der Erdkruste, die in sich als undeformierbar angesehen werden können, so daß sie sich wie starre Kugelkappen über die Erde bewegen, und die kontinuierliche Deformation der ↗Erde, bei der Teile der Erdkruste verformt werden.
Die großräumigen Bewegungen ausgedehnter Teile der äußeren Erdschichten können im Sinne der ↗Plattentektonik durch die ↗Plattenkinematik dargestellt werden. Kontinuierliche Deformationen entstehen dabei vor allem an den ↗Plattenrändern, wo durch ↗Erdbeben auch sprunghafte Bewegungen auftreten können. Anthropogene Erdkrustenbewegungen werden vor allem durch Bergbau, Erdölförderung, Grundwasserspiegeländerungen usw. hervorgerufen, wobei es besonders zu vertikalen Bewegungen kommt. Die großräumigen (bis zu globalen) Erdkrustenbewegungen können durch ↗geodätische Raumverfahren in Lage und Höhe mit Genauigkeiten von unter einem Zentimeter gemessen werden. Bei kleinräumigen Bewegungen kommen auch klassische Vermessungsverfahren wie Trilateration und Nivellement in Betracht, die über kleine Flächen die gleiche Genauigkeit erreichen. Lokal werden die Bewegungen z. B. mit dem ↗Extensometer gemessen.

Erdkugel, globale Approximation des ↗mittleren Erdellipsoides durch eine Kugel. Als Radius der Erdkugel kann entwerder der gewählt werden, für den sich gleiche Oberfläche oder gleiches Volumen wie für das ↗Ellipsoid ergibt. Eine weitere Möglichkeit besteht darin, für den Radius das geometrische Mittel der Halbachsen des Ellipsoides zu wählen (↗Rotationsellipsoid).

Erdmagnetfeld ↗Erde.

erdmagnetischer Sturm ↗Weltraumwetter.

erdmagnetische Tiefensondierung, *ETS*, *geomagnetic deep sounding* (GDS), ein ↗elektromagnetisches Verfahren, das wie die ↗Magnetotellurik natürliche zeitliche Variationen des Erdmagnetfeldes zur Erkundung der Leitfähigkeitsstruktur des Erdinnern ausnutzt. Dazu wird das Verhältnis der Vertikalkomponente H_z zu den Horizontalkomponenten H_x und H_y des erdmagnetischen Variationsfeldes gebildet; die komplexwertige Übertragungsfunktion T im Frequenzbereich mit den Komponenten (T_x, T_y) heißt Tipper:

$$H_z(\omega) = T_x(\omega)H_x(\omega) + T_x(\omega)H_y(\omega).$$

Für eine zweidimensionale Leitfähigkeitsverteilung spiegelt T die E-Polarisation oder TE-Mode wider, in der B-Polarisation oder TM-Mode (↗Magnetotellurik) existiert kein vertikales magnetisches Feld (↗Maxwellsche-Gleichungen). Die Erdmagnetische Tiefensondierung erfordert gegenüber der Magnetotellurik nur die Messung einer zusätzlichen magnetischen Vertikalkomponente, daher werden beide meist zusammen angewendet. Ein Mittel der Veranschaulichung der so abgebildeten lateralen Leitfähigkeitskontraste sind die *Induktionspfeile*, die für Real- und Imaginärteile von T getrennt berechnet werden:

$$\vec{P} = \begin{pmatrix} ReT_x \\ ReT_y \end{pmatrix}, \quad \vec{Q} = \begin{pmatrix} ImT_x \\ ImT_y \end{pmatrix}.$$

Man trägt meistens nur die Realpfeile P als Funktion der Frequenz in einer Stationskarte entlang eines Profils oder ↗Arrays auf; sie zeigen dann von einem guten Leiter weg. Aus Gründen der Anschaulichkeit werden sie auch häufig invertiert dargestellt. Die Imaginärpfeile Q haben eine kompliziertere Frequenzabhängigkeit, d.h. sie ändern in einem von den Leitfähigkeitsverhältnissen abhängigen Frequenzbereich ihr Vorzeichen und sind daher weniger intuitiv interpretierbar. [HBr]

Erdmantel, *Mantel*, bildet den größten Anteil der Erde mit etwa 84 Volumen-% und 68 Gewichts-% ($4{,}06 \cdot 10^{24}$ kg). Er wird prinzipiell in einen oberen und einen unteren Mantel eingeteilt. Seine chemische Zusammensetzung ist silicatisch. Bei der ↗Akkretion der ↗Erde aus dem solaren Urnebel können zwei Modelle zur Entstehung unterschieden werden. Bei der homogenen Akkretion trennt sich durch ↗Differentiation aus einer homogenen Ur-Erde der Erdkern vom Erdmantel. Die dabei frei werdende Gravationsenergie

Erdkruste (Tab): die acht am häufigsten vertretenen Elemente der Erdkruste (Die Summe aller anderen Elemente liegt unter 1,0 Gew.-%).

Erdmantel

war so groß, daß der Mantel wahrscheinlich ganz aufgeschmolzen worden ist. Ein Teil dieser Wärmemenge ist bis heute noch vorhanden. Beim heterogenen, von vielen Wissenschaftlern nicht mehr favorisierten Akkretionsmodell kondensiert zuerst der eisenreiche Mantel aus dem solaren Urnebel und danach der silicatische Mantel. Dies geschah vor etwa 4,46 Mrd. Jahren. Daran anschließend differenzierte infolge ständiger vulkanischer Aktivität die ↗Erdkruste aus dem Mantel. Die Entfernung der basaltischen Teilschmelzen aus dem peridotitischen Mantelgestein verdrängt die ↗inkompatiblen Elemente vom Mantel in die Kruste. Teile des Mantels, insbesondere der obere Mantel, verarmen daher an diesen Elementen. Eine Abschätzung ergibt, daß sich jetzt etwa 30 % der höchst inkompatiblen Elemente (z. B. K, Rb, U) des Mantels in der kontinentalen Kruste befinden. Ob der obere Mantel jemals homogen war, ist nicht sicher, seine heutige Inhomogenität steht aber außer Frage. Die Geochemie der heutigen vulkanischen Gesteine zeigt die chemischen Inhomogenitäten des oberen Mantels deutlich. So stammen die meisten Basalte des ↗mittelozeanischen Rückens (MORB) aus Manteldomänen, die an inkompatiblen Elementen verarmt sind.

Nach modernen seismischen und petrologischen Gesichtspunkten gliedert sich der Aufbau des Mantels wie folgt (Abb. 1): Zone (a) ist die ↗Lithosphäre, max. 70 km mächtig, in der die Kontinente eingebettet sind. Die Lithosphäre ist aus ca. 10 sog. Platten (↗Plattentektonik) aufgebaut, die an den ozeanischen Rücken gebildet und in ↗Subduktionszonen wieder zerstört werden. Die ozeanische bzw. kontinentale Kruste (↗Erdkruste) liegt auf der Lithosphäre, getrennt durch die sog. Moho (↗Mohorovičić-Diskontinuität). Die Lithosphäre ist als eine starre, nicht duktile Zone zu betrachten. Zone (b) ist die ↗Asthenosphäre, auch »low velocity zone« (↗Niedriggeschwindigkeits-Zone) genannt, weil die seismischen Wellengeschwindigkeiten in dieser Zone reduziert sind. Diese Reduzierung wird von vielen Wissenschaftlern durch die Annahme erklärt, daß es sich hierbei um eine Mischung aus kristallinen Phasen und Schmelze handelt. Andere wiederum glauben, daß es sich um eine Änderung in der chemischen Zusammensetzung handelt. Allgemein kann davon ausgegangen werden, daß sich die Asthenosphäre duktil verhält und nicht starr wie die Lithosphäre. Die seismischen Wellengeschwindigkeiten und die Dichten der beiden Zonen lassen auf eine peridotitische Zusammensetzung schließen. Sie bestehen aus den Mineralphasen ↗Olivin, ↗Orthopyroxen, Klinopyroxen und Spinell. Die Hauptphasen sind Olivin (↗Forsterit, Mg_2SiO_4) und Orthopyroxen (↗Enstatit, $MgSiO_3$). Die chemische Zusammensetzung der Lithosphäre und der Asthenosphäre ist im Vergleich zu den physikalischen Eigenschaften sehr ähnlich. Von vielen Geowissenschaftlern wird diese Zone als die Quelle für die basaltischen Magmen angesehen. Die Asthenosphäre endet in einer Tiefe von ca. 200–250 km. In der Zone (c), die sich von etwa 200 km bis in 400 km Tiefe erstreckt, sind aufgrund der seismischen Daten keine Schmelzanteile mehr zu erwarten. Das peridotitische Gestein ist fest und ist in den Hauptelementen chemisch identisch mit der Zone (b). Zone (d), ca. 400–450 km, ist eine schmale Übergangszone (auch transition zone genannt), weil sich in diesem Bereich die seismischen Wellengeschwindigkeiten drastisch ändern. Dieses Verhalten ist zu abrupt für eine reine kompositionelle Änderung der chemischen Zusammensetzung. Eine strukturelle Änderung einer Phase ist eine wesentlich bessere Erklärung für dieses Verhalten der seismischen Wellen. Experimentelle Untersuchungen zum Verhalten von Olivin bei hohen Drucken und Temperaturen ergaben eine Strukturumwandlung von einer orthorhombischen Struktur bei etwa 14 GPa, die *Wadsleyite* genannt wird (Abb. 2). Bei genau den Drucken, wie sie für Tiefen von ca. 400–450 km angenommen werden, wandelt sich die orthorhombische Struktur des Wadsleyite in eine dichter gepackte Spinellstruktur um, wobei die chemische Zusammensetzung des Olivins nicht geändert wird. Diese Phase, Olivin in Spinellstruktur, wird *Ringwoodit* genannt, nach dem Wissenschaftler E. A. ↗Ringwood, der 1969 zusammen mit S. Akitmoto die ersten Versuche zur Stabilität von Olivin bei hohen Drucken unternommen hat. Der Orthopyroxen wird bei ca. 16 GPa in Wadsleyite und ↗Stishovite, der Hochdruckmodifikation von SiO_2, umgewandelt und bei ca. 19 GPa in eine Ilmenitstruktur. In Zone (e)

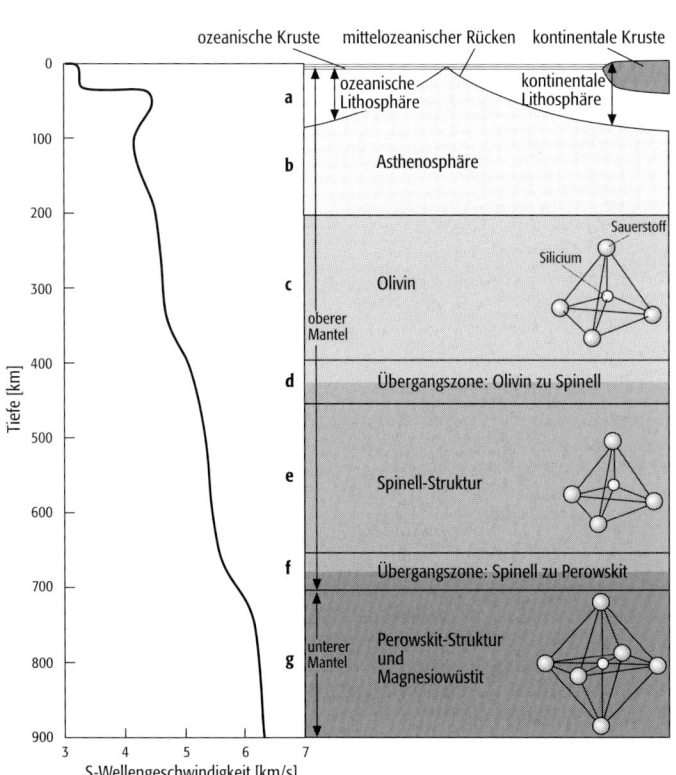

Erdmantel 1: Aufbau und Struktur des Erdmantels.

bleibt die Spinellstruktur des Olivins und die Ilmenitstruktur des Orthopyroxens erhalten. Sie reicht von ca. 450 km bis in eine Tiefe von etwa 670 km. Daran schließt sich Zone (f) an, wieder eine schmale Übergangszone (ca. 670 km–700 km). In dieser Zone ist wie in Zone (d) wieder eine strukturelle Änderung der Hauptphasen des peridotitischen Gesteins experimentell nachgewiesen. Zusätzlich wird in dieser Zone aber auch eine Veränderung des Pauschalchemismus erwartet, denn diese Zone grenzt den oberen vom unteren Mantel ab. Die strukturellen Änderungen betreffen die Mineralphasen Olivin (in Spinellstruktur) und Orthopyroxen. Beide Phasen nehmen den Strukturtyp des Perowskites an. Dieser Strukturtyp hat ein verzerrtes kubisches Kristallgitter und ist noch dichter gepackt als der Spinellstrukturtyp. Der Olivin bildet zusätzlich noch Magnesiowüstit. In der Fachliteratur wird im Zusammenhang mit den Mineralen im Erdmantel allgemein von »Perowskit« als Magnesiumsilicat gesprochen. Er sollte auf keinen Fall mit dem Mineral Perowskit ($CaTiO_3$) verwechselt werden, der nur eine geringe Druckstabilität besitzt. Im Falle von »Mantel-Perowskit« meint man immer nur Orthopyroxen ($MgSiO_3$) oder Olivin (Forsterit, Mg_2SiO_4) in Perowskit-Struktur. Die chemischen Änderungen, die in dieser Zone erwartet werden, werden in der Fachliteratur kontrovers diskutiert.

Die Zonen (a) bis einschließlich Zone (f) werden zusammen als der obere Mantel bezeichnet, die Zone (g) als der untere Mantel. Er erstreckt sich bis in 2898 km Tiefe, der Grenze des unteren Mantels zum äußeren Kern. Die chemische Zusammensetzung wird als peridotitisch angenommen. Gesteinsproben des unteren Mantels stehen nicht zur Verfügung, so daß alle Daten auf kosmologische Modellrechnungen oder seismischen Daten beruhen. Gesteinsproben des oberen Mantels (↗Peridotite) werden als ↗Xenolithe (Fremdgesteinseinschlüsse) in basaltischen oder kimberlitischen Gesteinen von Vulkanen mit an die Erdoberfläche gebracht und stehen damit für Untersuchungen zur Verfügung.   [TK]

Erdmasse ↗Erde.

Erdöl, Erdöl ist ein natürliches flüssiges Gemisch aus ↗Kohlenwasserstoffen mit darin gelösten Anteilen von Gas (↗Erdgas). Es entsteht in überwiegend marinen, lokal aber auch ↗lakustrischen feinkörnigen Sedimenten, d. h. Silt- bis Tonsteinen, Mergeln oder ↗mikritischen Kalksteinen, die einen hohen Gehalt an organischer Substanz, im wesentlichen von Mikroorganismen (Plankton), aufweisen. Bedingungen zur Ablagerung von Sedimenten reich an organischem Material befinden sich auf dem Kontinentalabhang, in Gebieten mit ruhigem Wasser, z. B. Lagunen, Deltas und tiefen Becken mit eingeschränkter Wasserzirkulation. Durch reduzierende Bedingungen (Sauerstoffdefizit) in diesem Sediment (↗Erdölmuttergestein) wird der Abbau der organischen Substanz (im wesentlichen Oxidation zu Kohlendioxid und Wasser) verhindert. Diese reduzierenden Bedingungen haben eventuell bereits während des Ablagerungsvorganges im Wasserkörper vorgelegen (↗euxinisches Milieu), oder sie sind erst nach Ablagerung innerhalb des Sedimentes entstanden, begünstigt durch dessen Feinkörnigkeit, die die Beweglichkeit von Stoffen im Sediment und damit den Zugang von Sauerstoff erschwert.

Das geförderte und mehr oder weniger entgaste Erdöl (Rohöl) wird aus einigen hundert verschiedenen organischen Verbindungen aufgebaut und enthält durchschnittlich 83–87 Gew.-% Kohlenstoff sowie 11–14 Gew.-% Wasserstoff. Dazu kommt Schwefel – bei 1 Gew.-% wird die Grenze zwischen schwefelreichen und -armen Rohölen gezogen –, 2 Gew.-% Sauerstoff und 1,5 Gew.-% Stickstoff, die in Verbindungen wie z. B. Fett- und aromatischen Säuren und Thioalkanen auftreten. Die Kohlenwasserstoffverbindungen gehören zu den drei homologen Reihen der ↗Alkane (↗Paraffine, ↗Methanreihe), Cycloalkane (Naphtene) und Aromate, die den Hauptanteil des Rohöles ausmachen und durch ihre unterschiedlichen Verhältnisse je nach Vorkommen den Charakter des jeweiligen Öles bestimmen. Weiterhin sind halbfeste bis feste Bestandteile, z. B. ↗Asphaltene, ↗Harze und Wachse enthalten.

Als Spurenelemente sind für Erdöl die Schwermetalle Vanadium, Molybdän und Nickel typisch, die in metallorganischen Porphyrin-Verbindungen auftreten, wobei noch nicht klar ist, ob sie vom organischen Ausgangsmaterial geerbt, wegen ihrer katalytischen Eigenschaften für die Bildung der Kohlenwasserstoffverbindungen konzentriert oder beim Aufstieg durch Kationenaustausch aus den Porenwässern aufgenommen wurden. Bei der Entstehung von Erdöl kommt es im Zuge der mit der Versenkung der Schichten einhergehenden Temperaturerhöhung zu diagenetischen (↗Diagenese) Veränderungen im Gestein, bei denen durch Abbauprozesse in der organischen Substanz (organische Metamorphose) über Zwischenstufen (Protobitumen) ↗Kerogen entsteht. Daneben bleiben durch Pflanzen und Tiere gebildete organische Moleküle als sog. geochemische Fossilien erhalten, die zwar für die Entstehung von Erdöl nur eine geringe Bedeutung haben, aber für Korrelationen und Rekon-

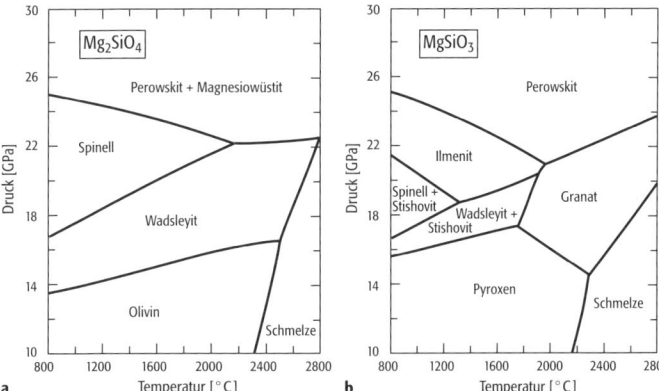

Erdmantel 2: Druck-Temperatur-Phasendiagramm der Mineralphase (a) Forsterit (Mg_2SiO_4) und (b) Enstatit ($MgSiO_3$).

Erdölbildung

struktion des Ablagerungsraumes wie auch der weiteren Prozesse wichtig sind.

Im Stadium der Ablagerung bis früher Diagenese des Sedimentes bildet sich durch biochemische (mikrobiologische) Prozesse ein sog. unreifes Gas aus Methan und untergeordnet Kohlendioxid (Diagenese-Stadium, bis 50–60 °C). Mit weiterer Versenkung wird im Katagenese-Stadium (bis 175–200 °C) aus dem Kerogen in zunehmenden Maße Rohöl zusammen mit zunächst untergeordneten Mengen von sog. Naßgas gebildet. Das Optimum liegt hierfür bei Temperaturen zwischen 70 und 100 °C, entsprechend einer Tiefe zwischen 2000 und 3000 m. Dabei hängt die Menge des generierten Öls im wesentlichen von der Muttergesteins-Fazies bzw. dem daraus resultierenden Kerogentyp, von den Temperaturen, die durchlaufen werden und von der Absenkungsgeschichte ab. Bei weiterem Temperaturanstieg – in erster Linie durch weitere Versenkung – nimmt die Ölbildung wieder ab, wohingegen die Gasmenge gegenläufig ansteigt, um schließlich im Metagenese-Stadium (über 200 °C) als sog. Trockengas das einzige Produkt darzustellen (Abb.). Die Bildung der Kohlenwasserstoffe aus dem Kerogen ist nur abhängig von der Versenkungsgeschichte und nicht davon, wann die einschließenden Sedimente (↗Erdölmuttergesteine) entstanden sind.

Neben den Temperaturbedingungen ist der Kerogentyp, der wiederum von der Zusammensetzung des Ausgangsmaterials abhängt, für die abgeschiedenen Anteile von Öl und Gas entscheidend. So begünstigt aus Algen hervorgegangenes Kerogen die Entstehung von Öl, aus höheren Pflanzenresten die Entstehung von Gas. Bei geeigneten Diagenesebedingungen kann Erdöl auch aus Humus- und ↗Sapropelkohlen gebildet werden. Erst die Trennung vom Erdölmuttergestein (»Expulsion«) läßt aus den Kohlenwasserstoffen Erdöl und Erdgas werden. Gefördert durch zunehmende Versenkung wird die Trennung durch die ↗Kompaktion (Verdichtung) der Sedimente, d. h. Verminderung des Porenraums, und die höhere Mobilität der Kohlenwasserstoffe bei steigenden Temperaturen gesteuert. Zusammen mit dem Porenwasser wandern (migrieren) die Kohlenwasserstoffe in Abhängigkeit vom Druckgefälle ab, wobei die gegenüber Wasser geringere Dichte die Migration nach oben begünstigt. Man unterscheidet eine primäre Migration mit Abwandern vom feinkörnigen Muttergestein in die nächste Sedimentschicht mit hoher Durchlässigkeit (↗Permeabilität) von einer sekundären Migration innerhalb hochpermeabler Schichten. Ohne abdichtende Deckschichten können die Kohlenwasserstoffe die Erdoberfläche erreichen und austreten. Auf diese Weise kommt es z. B. zu Naturgasfackeln, die schon seit der Antike bekannt sind, und Asphaltseen oder, wenn durch Trennung und Abwandern der leichten Fraktion die schwerere Fraktion nicht mehr migrationsfähig ist, zu ↗Teersanden.

Beim Aufstieg werden die Kohlenwasserstoffe i. a. jedoch durch undurchlässige Deckschichten, meist Ton- oder Salzgesteine, zurückgehalten und sammeln sich darunter in den Hohlräumen eines ↗Speichergesteins, wo sie – meist in den morphologisch höchsten Bereichen – durch sog. ↗Erdölfallen am Weiteraufstieg gehindert werden und eine Lagerstätte bilden können. Dort wird das als Formationswasser bezeichnete und stark salzhaltige Porenwasser verdrängt, wobei entsprechend der Dichte das Erdöl den Raum über dem Formationswasser einnimmt, abhängig vom Lösungsdruck häufig überlagert vom Erdgas als eigenständiger Phase (Gaskappe).

In Abhängigkeit von den Druckverhältnissen in der Lagerstätte, dem sog. Lagerstättendruck, erfolgt die Förderung des Erdöles entweder eruptiv, d. h. das Öl tritt nach Anbohren der Lagerstätte frei aus, oder es muß gepumpt werden. Das wird bestimmt vom Verhältnis des vom Gas aufgebauten Druckes zum ↗hydrostatischen Druck. Mit der Migration des Erdöls löst sich ein Teil des darin enthaltenen Gases entsprechend dem Druckabfall beim Aufstieg und trägt so zur Gaskappe über dem Erdöl in der Lagerstätte bei. Das neben dem Rohöl in größerer Tiefe gebildete Gas, das sich ebenfalls in der Gaskappe sammelt, kann einen Überdruck aufbauen, der zu eruptiver Förderung beiträgt. [HFl]

Erdölbildung, Entstehung von ↗Erdöl durch diagenetische (↗Diagenese) Prozesse (»Reifung«) in ↗Erdölmuttergesteinen.

Erdölexploration, das Erschließen von Erdöllagerstätten. Zuvor führt die systematische Anwendung der Kenntnisse über Erdölentstehung, Migration und Anreicherung zur Auffindung erdölgefüllter Gesteinsfallen (*Erdölprospektion*). In ein mutmaßliches Muttergestein werden Probebohrungen abgeteuft und das Kohlenwasserstoffpotential des Sedimentgesteins ermittelt. Mit Hilfe geophysikalischer Methoden wird der Bereich flächendeckend untersucht und die bevorzugten Zonen für die Erdölansammlung (↗Erdöl, ↗Speichergestein, ↗Erdölfallen) ermittelt. Die erhaltenen Informationen werden in Karten und

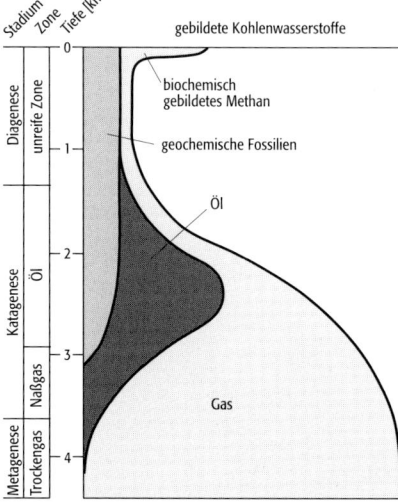

Erdöl: Bildung von Kohlenwasserstoffen in Abhängigkeit von der Versenkungstiefe und damit einhergehender Temperaturerhöhung der Erdölmuttergesteine; die genaue Tiefenlage wird bestimmt vom geothermischen Gradienten, von der Versenkungsgeschichte und vom Kerogentyp.

Profilen festgehalten. Jedes Muttergestein mit seinen verschiedenen Stadien innerhalb der Beckenentwicklung wird verglichen mit dem Auftreten und Abtauchen von porösen, permeablen Gesteinsschichten, um so mögliche Migrationswege aufzuspüren.

Erdölfallen, geometrisch definierte Gesteinskörper, in denen sich, weil sie allseitig abgeschlossen bzw. abgedichtet sind, ↗Erdöl und ↗Erdgas fangen. Eine Falle beinhaltet auf der einen Seite die ↗Kohlenwasserstoffe sammelnden durchlässigen und auf der anderen Seite die den weiteren Aufstieg hindernden überlagernden oder lateral abdichtenden Schichten. Es läßt sich eine größere Anzahl von Fallen unterscheiden, die auf wenige Grundtypen zurückzuführen sind: zu den strukturellen (tektonischen) Fallen gehören Antiklinalen (↗Falten), störungskontrollierte Schollen (z. B. ↗Horste) oder Salzstockflanken, zu den stratigraphischen Fallen Riffe, faziell auskeilende Schichten (Sandlinsen) oder auskeilende Schichten unter ↗Diskordanzen (Abb.).

Erdölfenster, Reifestadium des Kerogens zwischen 0,4 und 1,0 % Rm Vitrinitreflexion. Das ↗Erdölmuttergestein befindet sich in einem Tiefen- und Temperatur-Abschnitt (60–160 °C), in dem das meiste Öl gebildet wird. Die Fluoreszenz-Intensität des Kerogens steigt stark an und die Fluoreszenzfarbe wechselt zu rot. ↗Erdöl.

Erdölmuttergestein, *Petroleum-Muttergestein*, *source rock*, feinkörniges, tonig bis siltiges, siliciklastisches oder auch carbonatisches Sedimentgestein, aus dem Erdöl hervorgeht oder hervorgehen wird, meist feingeschichtet (↗Ölschiefer), aus überwiegend marinem, aber auch terrestrischem Milieu. Erdölmuttergesteine wurden häufig unter ↗anoxischen Bedingungen sedimentiert und haben einen hohen Anteil an organischer Substanz, woraus durch diagenetische (↗Diagenese) Umwandlungsprozesse in Zusammenhang mit einer Temperaturerhöhung erst ↗Kerogen und dann ↗Kohlenwasserstoffe entstehen, die von dort abwandern und sich zu Lagerstätten anreichern können. Der Begriff Muttergestein wird angewandt unabhängig davon ob das organische Material reif oder unreif ist. Um ein Muttergestein zu identifizieren, ist es wichtig den Anteil am organischen Material, sowohl lösliches (Bitumen) als auch unlösliches (Kerogen), zu ermitteln. Ebenso bedeutsam ist es, den Kerogentyp und die Zusammensetzung der löslichen extrahierbaren Kohlenwasserstoffe und Nichtkohlenwasserstoffe zu bestimmen. Letztlich sollte aus optischen und/oder physikochemischen Eigenschaften das Entwicklungsstadium des Kerogens ermittelt werden.

Erdöl-Muttergestein-Korrelation, geochemische Korrelation, die auf der Erkennung der Ähnlichkeiten zwischen Erdöl und Muttergestein basiert. Entsprechende Verteilungsmuster von Kohlenwasserstoffen und Nichtkohlenwasserstoffen werden typischerweise als Korrelationsparameter benutzt, besonders solche mit sehr speziellen chemischen Strukturen wie die Verbindungen der Steroid- und Terpenoidklassen. Das $^{12}C/^{13}C$-Isotopenverhältnis (↗$^{12}C/^{13}C$) wird insbesondere zur Korrelation von Öl und Bitumen zu einem bestimmten Kerogen benutzt. Sowohl bei sehr reifem als auch durch Biodegradation verändertem Öl sind die Korrelationsmöglichkeiten stark eingeschränkt.

Erdölprospektion ↗Erdölexploration.

Erdölprovinzen, Regionen mit Erdöllagerstätten vergleichbarer Herkunft und Position (z. B. Arabische Halbinsel, Nordsee, Niedersächsisches Becken).

Erdölreserven, bereits erkundete, förderfähige Erdölmengen. Sie liegen global etwa in der Größenordnung des 30fachen derzeitigen Jahresverbrauchs. Unterschieden werden sichere, wahrscheinliche und mögliche Reserven (»proven«, »probable« und »possible reserves«), deren Klassifizierung vor allem die Wahrscheinlichkeit ihrer Förderbarkeit widerspiegelt.

Weltweit bewiesene Erdölreserven Mitte der 90er Jahre beliefen sich laut Energie Informations Verwaltung der USA auf ca. 996 Mrd. Barrels. Dreiviertel der Reserven befinden sich im Besitz der OPEC-Länder. Die Reserven verteilen sich wie folgt: Saudi Arabien 260, Irak 100, Vereinigte Arabische Emirate 98, Kuweit 97, Iran 93, Venezuela 63, frühere UdSSR 57, Mexiko 51, China 24, USA 24, Lybien 23 und andere Länder 106 Mrd. Barrels.

Erdölspeichergestein, das Gestein, in das ↗Erdöl oder ↗Erdgas nach der Entstehung im ↗Erdöl-

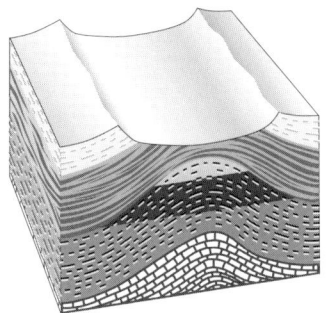
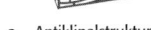
a Antiklinalstruktur

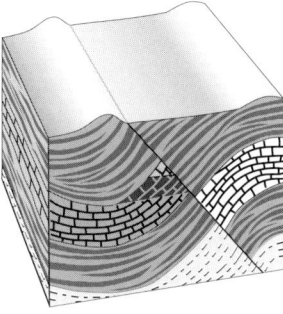
b störungskontrollierte Scholle

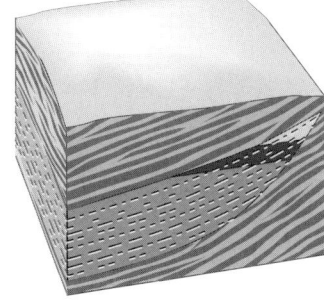

c stratigraphische Falle (Sandlinse)

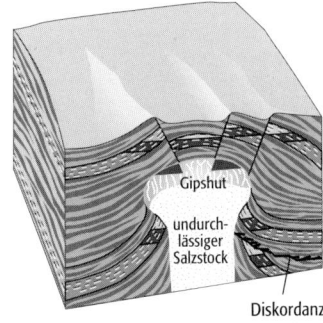
d verschiedene Strukturen an einem Salzstock

 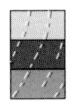 Erdgas / Erdöl / Wasser   undurchlässiger Schieferton    Speichergestein

Erdölfallen: wichtige Typen von Erdölfallen.

muttergestein hineinwandert, gespeichert wird, und aus dem es gewonnen werden kann (↗Erdölexploration). Gute Erdölspeichergesteine zeichnen sich durch eine große Porosität oder Klüftung und Permeabilität (Durchlässigkeit) aus und durch eine sedimentär oder tektonisch gebildete Barriere, an der das Erdöl gestaut und gesammelt wird (↗Erdölfallen). Auch die Wassersättigung (Benetzung) ist für die Qualität eines Erdölspeichergesteins ausschlaggebend.

Erdöltypen, Klassifizierung der Erdöle, basierend auf dem Gehalt an n+Isoalkanen (↗Paraffine), Cycloalkanen (Naphthene) und aromatischen Komponenten (aromatische Kohlenwasserstoffe, Resins und ↗Asphaltene). Die Haupttypen von normalem Erdöl sind: a) *Paraffinöl*: Inhalt hauptsächlich aus normalen (nicht degradierten) und Isoalkane, sein Schwefelgehalt ist kleiner als 1 %. b) *Paraffin-Naphthen-Öl*: Inhalt besteht etwa in gleichen Teilen aus gradkettigen und ringförmigen Kohlenwasserstoffen, sein Schwefelgehalt ist kleiner als 1 %. c) *Aromatisch-Zwischenöl*: Als Inhalt findet sich weniger als 50 % gesättigte Kohlenwasserstoffe und i. d. R. mehr als 1 % Schwefel. Während der Entwicklung verändert sich die Zusammensetzung eines Erdöls. Zum Beispiel wird aus einem Paraffin-Naphthen-Öl durch thermischen Abbau ein Paraffinöl. Im allgemeinen verändern sich schwere Öle zu Aromat-Naphthen-Ölen oder Aromat-Asphalt-Ölen. [AHW]

Erdöl-Zusammensetzung, Hauptgruppen der Erdölbestandteile sind gesättigte Kohlenwasserstoffe, aromatische Kohlenwasserstoffe, ↗Resinite und ↗Asphaltene. ↗Erdöl.

Erdpyramiden, Sammelbegriff für steile, säulen- bis kegelförmige, fluviatile Abtragungsformen, die an steilen Hängen durch sich miteinander verschneidende Erosionsrinnen sukzessive aus Lockersedimenten (z. B. ↗Moränen, ↗Tuffe) herauspräpariert werden (Abb. im Farbtafelteil). Die Entstehung von Erdpyramiden wird durch eine heterogene ↗Korngrößenverteilung im Ausgangsmaterial begünstigt. So führt ein hoher Tongehalt in der Feinbodenfraktion einerseits zu einer großen Standfestigkeit der Formen in trockenem Zustand, andererseits bewirkt er bei Durchfeuchtung eine rasche ↗Dispergierung des Materials, wodurch in Verbindung mit starken Niederschlägen Gleit- und Fließprozesse auftreten. Die gröberen Komponenten im Sediment werden bei der Abtragung selektiv freigelegt und können als ↗Decksteine an der Spitze einer Sedimentsäule zurückbleiben, so daß diese eine Zeit lang vor weiterer Durchfeuchtung und Erosion bewahrt wird. Der Verlust des Decksteins zieht meist eine baldige Zerstörung der Form nach sich, die im Endstadium ihrer Entwicklung als Erdnadel oder Erdkegel bezeichnet wird. [KMM]

Erdradius ↗Erde.

Erdrotation, Drehbewegung (Rotation) der Erde um ihre eigene Achse von West nach Ost. Eine Umdrehung dieser *Erdbewegung* dauert 24 h, gemessen an der Kulmination der Sonne (gemessen an der Kulmination eines Sterns, sog. Sternentag = siderisch, 23 h 56 min 4,09 s). Das ergibt, bezogen auf den mittleren Erdradius am Äquator, eine *Rotationsgeschwindigkeit der Erde* von 464,6 m/s. Die Erdrotation unterliegt sehr kleinen unregelmäßigen Schwankungen, die ihre Ursache in Gezeitenreibung (↗Gezeiten verlangsamen die Erdrotation), Verlagerungen im Erdinneren und meteorologischen Einflüssen auf die Erdoberfläche haben. ↗Erde.

Erdrotationsparameter, sind die Größen, mit denen die Änderung der ↗Orientierung der Erde dargestellt werden kann, und zwar sowohl Änderungen der Richtung der momentanen Drehachse der Erde (↗Präzession, ↗Nutation, ↗Polbewegung) wie auch Variationen der Drehgeschwindigkeit der Erde (Weltzeit, ↗UT, ↗Tageslänge).

Erdruhedruck, ↗Erddruck, der hinter starren und unverschieblichen Erdstützwänden auftritt. Der Erdruhedruck wird zur Bemessung von sehr biegesteifen Bauwerken, bei denen eine ersichtliche Verschiebung ausgeschlossen werden kann, zugrunde gelegt. Außerdem wird er bei steifen und unbeweglichen Bauteilen mit stark verdichteter Hinterfüllung oder ↗Gründung auf Fels angewendet. Der Erdruhedruck liegt zwischen dem aktiven und passiven Erddruck.

Erdrutsch, Ausdruck für hangabwärts gerichtete Bewegung von Gesteinsmassen, die entweder gleitend oder in Form eines stark durchfeuchteten Gesteinsbreis fließend vonstatten geht. ↗Massenbewegungen.

Erdschlipf, *Frana*, Prozeß und Form des ↗Erdfließens.

Erdstoff, allgemeine Bezeichnung für ein ↗Substrat, ein ↗Lockergestein oder einen ↗Boden.

Erdströme, bezeichnen die durch Induktion oder galvanische Ankopplung im Untergrund fließenden elektrischen Stromsysteme natürlichen oder künstlichen Ursprungs (↗Magnetotellurik).

Erdteilkarte, *Kontinentkarte*, beinhaltet die kleinmaßstäbige Darstellung eines Erdteils als Atlaskarte mit Maßstäben zwischen 1 : 15.000.000. und 1 : 40.000.000 oder als ↗Handkarte mit Maßstäben von 1 : 7.500.000 bis 1 : 20.000.000, was einen hohen Verallgemeinerungsgrad bedingt. Solche Erdteilübersichten sind meist als politische oder als Höhenschichtenkarte gestaltet; weitere, meist noch kleinmaßstäbigere thematische Erdteilkarten ergänzen oft die Aussage.

Erdumfang ↗Erde.

Erdumlaufbahn ↗Erde.

Erdungswiderstand, *Kontakt-* oder *Übergangswiderstand*, der Ohmsche Widerstand, der aufgrund der Ankopplung von Elektroden an den Erdboden entsteht. ↗Geoelektrik, ↗Gleichstromgeoelektrik, ↗Innenwiderstand.

Erdwachs, *Ozokerit*, Festbitumen mit einer Reflexion (%) zwischen 0,01 und 0,02 %. Erdwachs ist ein natürliches wachsartiges, hochmolekulares Gemisch (cremig bis spröde) aus ↗Kohlenwasserstoffen der ↗Methanreihe von gelber bis brauner Farbe. ↗Bitumen.

Erdwiderstand ↗Erddruck.

Ereigniswasser, *event water*, *neues Wasser*, Anteil des Niederschlagswassers, das direkt, ohne längere Zwischenspeicherung und Zeitverzögerung, im Boden als Boden- oder Grundwasser dem Fließgewässer zufließt. ↗Landoberflächenabfluß und der schnell abfließende Teil des ↗Zwischenabflusses bestehen aus Ereigniswasser.

Erfassungsgeneralisierung, Methode der ↗Objektgeneralisierung, die bereits allen Verfahren der Primärdatenerfassung für Karten innewohnt, d. h. der topographischen oder thematischen Aufnahme im Gelände, aber auch der Auswertung von ↗Luftbildern und anderen digitalen und analogen Quellen. Sie beinhaltet die ↗Objektauswahl auf Grundlage einer Klassifizierung, u. U. ↗Zusammenfassungen sowie die ↗Formvereinfachung der aufzunehmenden Objekte. Die Erfassungsgeneralisierung kann auch durch die Auflösung bzw. die Meßgenauigkeit der verwendeten Gerätesysteme beeinflußt sein. In vergleichbarer Weise werden für die Darstellung in Karten verwendete statistische Daten bei ihrer Erhebung in sachlicher Hinsicht ausgewählt, zusammengefaßt und klassifiziert sowie durch den Bezug auf die Erhebungseinheit (↗Bezugsfläche) räumlich verallgemeinert. Die Erfassungsgeneralisierung kommt damit einer primären Informationsreduzierung und -veränderung gleich und bestimmt wesentlich den Charakter der ↗Karte als Modell, das nur ausgewählte, dem Verwendungszweck dienliche Elemente und Relationen der realen Welt wiedergibt. Beispielsweise werden bei der Geländeaufnahme bzw. bei der Auswertung von Luftbildern für den größten Maßstab topographischer Karten (↗topographische Grundkarten) Gebäudegrundrisse nicht in allen Details sondern nur in ihrer typischen Form erfaßt; die Kartierung von Böden stützt sich auf punkthafte Probeentnahmen, aus denen auf Grundlage einer entsprechenden Klassifikation und von Indikatoren im Gelände ihre flächenhafte Verbreitung abgeleitet wird. [KG]

Erg, *Sandwüste*, *Nefud* (Arabien), *Kum* (Asien), *Edeyen* (Ostsahara), ursprünglich arabische Bezeichnung für Dünenmassive unterschiedlicher Ausdehnung. Von der Geomorphologie inzwischen jedoch übertragen auf alle großen Dünengebiete in Trockengebieten, in denen äolische Sande mindestens 20 % des Bodens bedecken. Daneben können auch ↗Sandtennen und sandfreie Areale vorkommen. Die dominierende äolische Akkumulationsform (↗äolische Akkumulation) in Ergs ist die ↗Draa. Ergs kommen in allen größeren Wüsten der Erde vor, wo durch mächtige ↗alluviale Aufschüttungen und/oder Zerfall von Sandstein große Sandmengen für den äolischen Transport bereitgestellt wurden. Die meisten Ergs sind daher in ihrer Anlage Paläolandschaften, die zurückgehen auf Zeiten größerer ↗fluvialer Dynamik und/oder intensiverer ↗Verwitterung, und die erst unter ↗aridem Klima äolisch überformt wurden. Der Rub' al Khali auf der arabischen Halbinsel ist mit 650.000 km² der größte Erg der Erde. Daneben gibt es zahlreiche fixierte Ergs (↗Altdüne) z. B. in der Sahelzone, im südlichen Afrika oder im Prärigebiet von Nebraska (USA), die während der Trockenperioden des ↗Pleistozäns entstanden. [KDA]

Ergiebigkeit, *Wasserandrang*, diejenige Wassermenge pro Zeiteinheit, die ein Grundwasserleiter maximal an einen Brunnen abgeben kann. Für einen gespannten Grundwasserleiter berechnet sich die Ergiebigkeit:

$$Q_a = \frac{2\pi \cdot m \cdot k_f \cdot (H-h)}{\ln R - \ln r}$$

(Q_a = Entnahmerate, m = wassererfüllte Mächtigkeit, H = Standrohrspiegelhöhe am Rand des Absenktrichters, h = Standrohrspiegelhöhe im Brunnen, R = Radius des Absenktrichters, r = Brunnenradius, k_f = Durchlässigkeitsbeiwert). In einem Grundwasserleiter mit freier Grundwasseroberfläche ist die Ergiebigkeit

$$Q_a = \frac{\pi \cdot k_f \cdot (H^2 - h^2)}{\ln R - \ln r}.$$

Setzt man die Formeln zur Berechnung der Ergiebigkeit eines Grundwasserleiters und die zur Bestimmung des ↗Fassungsvermögens eines Brunnens gleich, so kann hiermit der wirtschaftlich günstigste Durchmesser für einen Förderbrunnen berechnet werden. [WB]

Ergiebigkeitsziffer, Maß für den Wasserfall in einem Tunnel. Die Ergiebigkeitsziffer wird in l/s · 100 m Tunnellänge angegeben. Unterschieden wird zwischen dem anfänglichen Wasseranfall während der Bauzeit und dem fortlaufenden Wasseranfall im Betonier- bzw. Betriebsstadium.

Ergostan, 24-Methylcholestan, $C_{28}H_{50}$, als ↗Biomarker eingesetztes, aus dem Ergosterol stammendes ↗Steran.

Ergußgestein ↗Vulkanit.

Erhaltungsdüngung ↗Ersatzdüngung.

Erhaltungskalkung, die Anwendung von Kalkdüngern mit dem Ziel der Aufrechterhaltung des bodenart- und standortspezifischen pH-Optimums. Zur Erhaltungskalkung eignen sich sowohl schnell als auch langsam wirkende Kalkformen, letztere besonders auf Sandböden. Die Bemessung erfolgt i. d. R. nach der Kalkbedarfsbestimmung. Erhaltungskalkung muß nicht jährlich betrieben werden, sondern wird bevorzugt zu kalkliebenden Kulturen wie Rüben, Raps etc., zu Hackfrüchten und nach Grünlandumbruch (stärkere Bodenbearbeitung) eingebracht.

Erholung, 1) *Kristallographie*: Ausheilen von ↗Kristallbaufehlern, die sich nicht im thermodynamischen Gleichgewicht befinden. Durch verschiedene Prozesse wie z. B. durch ↗Strahlungseinwirkung oder durch ↗plastische Deformation werden Störstellen in Kristallen erzeugt. In vielen Fällen können diese durch thermische Aktivierung, welche die ↗Diffusion erleichtert, wieder ausgeheilt werden. Für die bei Bestrahlung auftretenden ↗Frenkel-Defekte bedeutet dies, daß ein Zwischengitteratom mit einer Leerstelle rekombiniert. Mehrere Erholungsprozesse gibt es für die bei der plastischen Verformung erzeugten ↗Versetzungen. Bei hinreichenden Temperaturen wirkt der Versetzungskern einer Stufenversetzung je nach Spannungszustand als Quelle

oder als Senke für Leerstellen. Durch diesen mit *Versetzungsklettern* benannten Prozeß vergrößert bzw. verkleinert sich die eingeschobene Halbebene und die Stufenversetzung kann sich senkrecht zu ihrer Gleitebene bewegen. Durch diesen Prozeß können zwei Stufenversetzungen unterschiedlichen Vorzeichens sich aufeinanderzubewegen und gegenseitig annihilieren. Da der Burgers-Vektor einer Schraubenversetzung parallel zur Versetzunglinie liegt, kann diese sehr leicht in eine andere Gleitebene, die ebenfalls ihren Burgers-Vektor enthält, wechseln. Dafür muß die i. a. jedoch in zwei Partialversetzungen aufgespaltene Schraubenversetzung rekombinieren. Dies kann thermisch aktiviert erfolgen. Die dazu notwendige Aktivierungsenergie hängt von der wirkenden Spannung und der Stapelfehlerenergie des Materials ab. Dieser *Quergleiten* genannte Prozeß ermöglicht die Annäherung und gegenseitige Annihilation von Schraubenversetzungen unterschiedlichen Vorzeichens. Während dieser Erholungsvorgänge bilden sich i. d. R. durch übrig gebliebene Versetzungen eines Vorzeichens ↗Kleinwinkelkorngrenzen, an denen weitere Versetzungen vernichtet bzw. erzeugt werden können. Falls die thermische Aktivierung ausreicht, kann es bei höheren Versetzungsdichten bereits während des Verformungsprozesses zur Erholung kommen. Bei diesem dynamische Erholung genannten Vorgang stellt sich oft ein Gleichgewicht der Erzeugungs- und Vernichtungsrate von Versetzungen und damit eine konstante Verformungsrate ein. Nicht mehr zur eigentlichen Erholung gehört die ↗Rekristallisation. Diese hat jedoch einen ähnlichen Effekt, nämlich den Abbau von Störstellen und Versetzungsdichte. Für Materialien mit einer sehr niedrigen Stapelfehlerenergie sind die einzelnen Versetzungen sehr weit in ihre Partialversetzungen aufgespalten. Die thermische Aktivierung für Gleit- und Kletterprozesse ist dementsprechend hoch. Dadurch können sich während einer plastischen Verformung sehr hohe Versetzungsdichten ausbilden. Damit verbunden ist eine relativ hohe im Kristall gespeicherte Energie verglichen zum thermodynamischen Gleichgewichtszustand. Mit diesem Energieüberschuß als treibende Kraft ist es möglich, daß sich innerhalb des Materials Keime versetzungsfreien Materials bilden und wachsen. Das Material rekristallisiert. Dieser Vorgang kann sich auch dynamisch während einer Verformung abspielen. Man spricht dann von dynamischer Rekristallisation.
2) *Petrologie*: recovery, Begriff aus der Materialkunde. Durch Deformation erzeugte hohe Versetzungsdichten werden bei höheren Temperaturen erniedrigt, die Versetzungen arrangieren sich in einzelnen Ebenen zu Netzwerken (↗Subkorngrenzen). In den Bereichen zwischen den Ebenen ist die Versetzungsdichte (↗Versetzung) deutlich erniedrigt, die Gitter zu beiden Seiten dieser Ebenen sind um geringe Winkelbeträge (häufig 5–10°) gegeneinander verkippt. Als typisches Mikrogefüge resultiert Subkornbau (Polygonisation). [EW, RK]

Erholungsgebiet, Landschaftsausschnitt oder Landschaftsraum, der dem Menschen die Erholung, also die Wiederherstellung seiner physischen und psychischen Kräfte ermöglicht. Im Erholungsgebiet wird die Landschaft voll oder mindestens teilweise für die Erholung beansprucht. Die Erholung kann somit auch als eine Form der Bodennutzung (↗Erholungsnutzung) aufgefaßt werden. Gebiete mit monofunktionaler Erholungsnutzung (z. B. ↗Freizeitparks) sind nur kleinräumig anzutreffen, mehrheitlich werden Erholungsgebiete multifunktional genutzt und überlagern sich mit land- und forstwirtschaftlichen Gebieten, Wasserschutzgebieten, Natur- und Landschaftsschutzgebieten. Erholungsgebiete können nach Lage- und Erschließungsmerkmalen, nach ihrer natürlichen und infrastrukturellen Ausstattung sowie nach der Nutzungsdauer der Erholungsuchenden unterschieden werden. Nächsterholungsgebiete sind stadtnahe Erholungsgebiete, die kurzzeitig für einige Stunden benutzt werden. ↗Naherholungsgebiete werden tagesweise oder übers Wochenende aufgesucht und Fernerholungsgebiete sind Ferienerholungsgebiete, die im Tourismus eine wichtige Rolle spielen. Die vermehrte Beanspruchung der freien Landschaft für Erholungsnutzung führt zu Konflikten mit anderen Nutzungsformen (land- und forstwirtschaftliche Nutzung, Natur- und Landschaftschutz), die in der ↗Erholungsgebietsplanung berücksichtigt werden müssen. Vor allem in stadtnahen Kurzzeit-Erholungsgebieten haben der Nutzungsdruck und die resultierenden ökologischen Belastungen stark zugenommen. In Ferienerholungsgebieten haben sich infolge der touristischen Nutzung die ehemaligen Dörfer zu Siedlungen mit städtischem Charakter entwickelt und die ehemalige Naturnähe sich in eine technisierte Freizeitlandschaft umgewandelt. [SR]

Erholungsgebietsplanung, Teilgebiet der ↗Landschaftsplanung, das sich mit der Ausscheidung und künftigen Entwicklung der ↗Erholungsgebiete beschäftigt. Die Ansprüche der Erholungsgebietsplanung an die ↗freie Landschaft müssen mit den anderen ↗Fachplanungen koordiniert werden, um Konflikte zu minimieren. Nutzungskonflikte entstehen aus der Überlagerung der ↗Erholungsnutzung mit anderen Nutzungsformen (z. B. Landwirtschaft, Forstwirtschaft, Naturschutz) im unbesiedelten Bereich.

Erholungsnutzung, Fähigkeit einer Landschaftsfläche oder eines Landschaftsraumes, aufgrund seiner natürlichen und infrastrukturellen Ausstattungsmerkmale die körperliche und geistige Regeneration des Menschen zu fördern (↗Erholungsgebiet). Zur Erholungsnutzung gehören im allgemeinen Freizeitaktivitäten, die der menschlichen Gesundheit nicht abträglich sind, so z. B. Wandern, Baden, Radfahren, Campen, Spazierengehen und Ski fahren. Durch die zunehmende Zahl an Erholungsuchenden hat der Nutzungsdruck in Erholungsgebieten sowie der dadurch initiierte Freizeitverkehr stark zugenommen.

Erkundung, 1) *Angewandte Geologie*: Die Erkundung hat vorrangig die Bewertung der Kontamination (Gefährdungspotential) sowie die Planung und Dimensionierung der geeigneten Beseitigungsmaßnahme zum Ziel. Nach der historischen Erkundung beinhaltet die technische Erkundung drei Stufen, die schrittweises Vorgehen veranlassen (orientierende, nähere und eingehende Erkundung). Der Umfang ergibt sich aus dem Gefährdungspotential und dem gefährdeten Schutzgut. Für die Kenntnis des geologischen Baues und der Grundwassersituation sind Daten über das weitere Umfeld und über ein genau abgrenzbares Schadensareal nötig. Die zur gewünschten Auflösung führende Intensität einer letzten eingehenden Erkundung wird auch durch die absehbare Sanierungsmethode bestimmt (z. B. Brunnendichte). Je genauer die hier gewonnenen Informationen sind, um so energiesparender, kürzer und kalkulierbarer ist die Sanierung. Zielvorgaben für die Erkundung von ↗Altlasten (↗Altlastenerkundung) sind: a) Art der vorkommenden Schadstoffe und Schadstoffgemische (↗hydrochemische Erkundung), b) Kenntnis der geologischen und hydrogeologischen Verhältnisse (↗hydrogeologische Erkundung und ↗geophysikalische Erkundung), c) Kenntnis über die räumliche Schadstoffverteilung und den Stofftransport, d) Kenntnis des resultierenden Gefährdungspotentials (↗eingehende Erkundung), e) Wahl, Planung und Dimensionierung der Sicherungs- bzw. Sanierungstechnik, f) Abschätzung von Sanierungszeiten und -kosten.

a) Art der Schadstoffe und Schadstoffgemische: Mit der Detektion der Schadstoffe werden auch die Aggregatzustände und Stoffeigenschaften erkannt. Die relevanten Stoffeigenschaften sind u. a. Dichte, Wasserlöslichkeit, Dampfdruck, Mischbarkeit, Molekulargewicht, Oberflächenspannung, Polarität, Viskosität und Flüchtigkeit. In Zusammensicht der Stoffeigenschaften mit jenen des Untergrundes ergibt sich die Kenntnis über die Verteilung und den Transport der Schadstoffe.

b) geologische und hydrogeologische Verhältnisse: Zur Aufnahme der Untergrundverhältnisse gehören u. a. die allgemeine Kenntnis der geologischen Verhältnisse, Kenntnisse über ↗ungesättigte Zone und ↗Aquifer, das Fließfeld des Grundwassers, über Auswirkungen der Fließfelddynamik auf den Schadstofftransport und über anthropogen bedingte Auswirkungen auf Durchlässigkeiten.

c) Schadstoffverteilung und -transport: Die von den Chemikalien ausgehenden Überlegungen führen zur Bewertung von Transportprozessen in und zwischen den Kompartimenten Boden, Bodenluft, Sicker- und Grundwasser.

d) Gefährdungspotential: Die Kenntnis des Gefährdungspotentials ergibt sich aus Schadstoff, Stoffverteilung und Emissions- bzw. Immissionslage in Abhängigkeit vom gefährdeten Schutzgut. Über die Gefährdung werden die Intensität und die Dringlichkeit der Erkundung sowie nötige Sofort- und Schutzmaßnahmen vorgegeben. Bereits für die ersten technischen Erkundungen (Begehung, Sondierung, Schurf, Pumpversuch) können aufwendige Sicherheitsvorkehrungen nötig sein.

e) Wahl, Planung, und Dimensionierung der Sicherungs- bzw. Sanierungstechniken: Die Dimensionierung von Techniken und Verfahren erfolgt aufgrund der Erkundungsergebnisse und der Erkenntnisse aus Vor- und Anfahrversuchen. Die Ergebnisse der Erkundung werden mit jenen der Überwachung und Erfolgskontrolle verglichen. Die Erkundungstechniken sollten deswegen über eine ausreichende Dokumentation reproduzierbar sein. Diese Dokumentation beinhaltet auch Angaben über die Bedingungen während der Erkundung (Wetter, Bauzustand usw.). Zur Überwachung und Nachjustierung eines Sanierungsverfahrens sind speziell für dieses Verfahren angeordnete Meßstellen hilfreich. Dies kann bereits bei der Erkundung berücksichtigt werden (z. B. durch den Ausbau einer Sondierung zur permanenten Meßstelle oder zur tiefenhorizontierten Mehrfachmeßstelle).

f) Abschätzung von Sanierungszeiten: Da in den meisten Fällen die Ausbreitung von Schadstoffen über längere Zeiträume erfolgt ist, liegen die Stoffe z. T. gut sorbiert oder bereits weiträumig verfrachtet vor. Für die Desorption der Schadstoffe und deren Förderung aus dem Untergrund kann die Zeitreduktion nur über erhöhtes Energieaufkommen erzielt werden. Einsparungen lassen sich über den zeitlich und räumlich sehr gezielten Energieeinsatz erreichen. Die Abschätzung der Sanierungsdauer ändert sich mit dem Stand der Erkundung. Die zeitlichen Vorgaben vom Planer einer Baumaßnahme können durch eine Sanierung verändert werden. In vielen Fällen richtet sich auch der Sanierer nach engen zeitlichen Vorgaben (z. B. Umbau einer Tankstelle). Der Stofftransport kann meist nur durch Überlagerung unterschiedlicher Transportprozesse beschrieben werden. Zeit- oder ortsabhängige Voraussagen der Konzentrationsentwicklung sind deshalb über nichtlineare Funktionen zu beschreiben. Für Energie- und Ökobilanzen sowie als Basis vergleichender Kostenbetrachtungen sind Zeitangaben erforderlich. Dies ist bei In-situ-Maßnahmen schwierig und ist um so mehr Grund für detaillierte Erkundungsmaßnahmen. Bei Unfällen und Neuschäden sind die Erfolgsaussichten einer Sanierung um so günstiger, je schneller die Sanierungsmaßnahme begonnen wird. Die Wahl der geeigneten Sanierungstechnik bedarf der kurzfristigen vorhergehenden und fachtechnischen Bewertung der Schadenssituation.

Die technische Erkundung von Altlasten und Schadensfällen umfaßt i. d. R. die Erkundung des Gefahren- bzw. Schadensherdes und die Erkundung der betroffenen Schutzgüter. Die Erkundung des Gefahren- bzw. Schadensherdes kann direkt erfolgen oder indirekt über die betroffenen Schutzgüter. Im Hinblick auf das Schutzgut Grundwasser ist die entscheidende Beurteilungsgröße für den Gefahren- bzw. Schadensherd der Volumenstrom und die Schadstoffkonzentration des Sickerwassers bzw. Kontaktgrundwassers, das dem Grundwasser zugeführt wird. Die direkte Emissionserkundung (Gefahren- bzw. Schadensherderkundung) beinhaltet daher, je nach Möglichkeit des Einzelfalles, eine Untersuchung von Sickerwasser und/oder Kontaktgrundwasser. Daneben besteht die Möglichkeit des Laborversuches zur Sickerwasser- bzw. Kontaktgrundwasserprognose. Bedingt durch die heterogene Schadstoffverteilung im Boden bzw. im Altlagerungsgut, ist es erfahrungsgemäß schwierig, repräsentative Einzelproben zu gewinnen. Durch die Untersuchung eines Probenkollektivs kann ein Werteintervall angegeben werden. Anhand der Ergebnisse der direkten Emissionserkundung wird eine quantitative Bewertung der Gefährdung des Grundwassers möglich. Durch die Grundwassererkundung werden die hydrogeologischen Verhältnisse und die bereits eingetretene Schädigung des Grundwassers erfaßt. Zu erkundende Beurteilungsgrößen sind die Schadstoffkonzentration im Grundwasser und der durch die Emission beeinflußte Grundwasservolumenstrom. Anhand der Höhe der Grundwasserbelastung und einer Quantifizierung des Volumenstroms ist eine Rückrechnung auf Volumenstrom und Schadstoffkonzentration des Sicker- bzw. Kontaktgrundwassers aus dem Gefahren- bzw. Schadensherd möglich. Zwischen Altablagerungen, Altstandorten und Schadensfällen wird nicht unterschieden. Bei der Durchführung von Sofortmaßnahmen bei Schadensfällen ergeben sich aufgrund des Zeitbedarfes Abweichungen von der systematischen Vorgehensweise. **2)** *Lagerstättenkunde*: alle Maßnahmen zum Aufsuchen (Prospektion) und Erschließen (↗Exploration) einer Lagerstätte mit dem Ziel der wirtschaftlichen Gewinnung eines Rohstoffes aus der Erdkruste. Die Erkundung erfolgt in abgestuften und aufeinander abgestimmten Schritten unter dem Einsatz unterschiedlicher auf den gesuchten Rohstoff hin ausgerichteter Methoden, wobei nach jedem Schritt geprüft wird, ob die gewonnenen Erkenntnisse den nächsten Schritt wirtschaftlich rechtfertigen. Zu den eingesetzten Methoden gehören die Auswertung älterer Unterlagen (»arm-chair geology«), Satelliten- und Luftbildauswertung, ↗geologische Kartierung, der Einsatz verschiedener geophysikalischer und geochemischer Methoden (geochemische bzw. geophysikalische Prospektion), Aufschlußarbeiten mit Anlegen von Schürfen, Stollen und/oder Durchführen von Bohrungen bis zu Aufbereitungsversuchen und Versuchsbergwerk. Die Erkundung endet mit der Wirtschaftlichkeitsstudie (Feasibility-Studie), die aufgrund der nachgewiesenen Reserven und der vorhandenen oder zu schaffenden Infrastruktur gegebenenfalls die Aufnahme der entsprechenden Rohstoffgewinnung empfiehlt. [ME, HFl]

Erkundungsschacht, direkte Aufschlußmethode, die aufgrund des hohen Kostenaufwandes nur dann zum Einsatz kommt, wenn die gewünschten Informationen über das anstehende Gebirge nicht ausreichend durch andere Methoden, beispielsweise Aufschlußbohrungen, gewonnen werden können. Einsatz fand die Methode z. B. bei der Erkundung des Salzstocks bei Gorleben bezüglich seiner Eignung als Endlager für radioaktive Stoffe.

Erkundungsstollen, *Sondierstollen*, *Richtstollen*, *Pilotstollen*, direkte Aufschlußmethode, die v. a. im ↗Tunnelbau und Talsperrenbau zur Erkundung der geologischen und hydrogeologischen Verhältnisse sowie der Abbaubarkeit und Standfestigkeit des Gebirges eingesetzt wird. Die lichte Innenhöhe von Erkundungsstollen beträgt i. a. mindestens 2 m. Unter den direkten Aufschlußmethoden liefert der Erkundungsstollen den besten Einblick in die Gebirgsbeschaffenheit, da die geologischen Verhältnisse und das ↗Trennflächengefüge des Gebirges großflächig aufgenommen werden können. Zudem können felsmechanische Großversuche wie z. B. Spannungsmessungen, ↗Scherversuche und Kluftreibungsversuche direkt am anstehenden Fels durchgeführt werden.

Erkundungsstufe, das stufenweise Vorgehen bei der Altlastenbearbeitung ist eng verknüpft mit einer der jeweiligen Erkundungsstufe angeschlossenen Bewertung. Dadurch wird garantiert, daß für jede Stufe im Einzelfall genau bestimmt werden kann, wie vorzugehen ist. Der Handlungsbedarf wird hier über Risikofaktoren festgelegt. Aufgrund dieser, nach einem einheitlichen Schema vorzunehmenden Bewertung, läßt sich der Handlungsbedarf ermitteln und landesweite Dringlichkeitsliste erstellen. Beim stufenweisen Vorgehen werden Erkundungsstufen unterschieden, die mit einer Bewertung auf dem jeweiligen Beweisniveau (BN) abgeschlossen werden: historische Erhebung (HistE, BN 0), historische Erkundung (E_{0-1}, BN 1), orientierende Erkundung (E_{1-2}, BN 2) nähere Erkundung (E_{2-3}, BN 3), eingehende Erkundung/Sanierungsvorplanung (E_{3-4}, BN 4).

Erkundungstiefe, der Tiefenbereich, der von einer geophysikalischen Sondierung noch erfaßt werden kann. In den ↗geoelektrischen Verfahren können dazu Faustregeln aufgestellt werden, wie etwa 1/3 der Auslagenweite der Stromelektroden oder die Skintiefe (↗Eindringtiefe) bei gegebener Frequenz.

Erlebniswert, Potential einer Landschaft und somit das Leistungsvermögen eines kleineren oder größeren Landschaftsraumes, dem Menschen psychische und physische Anregungen und Erholung zu bieten. Der Erlebniswert einer Landschaft wird subjektiv sehr unterschiedlich bewertet. Eine Rolle spielen hierbei sowohl die natürliche und infrastrukturelle Ausstattungsqualität, als auch die Einzigartigkeit, Seltenheit, Zugänglichkeit, Diversität und Abwechslungsintensität der verschiedenen Landschaftselemente.

Ermüdung, Materialschädigung durch Wechselbelastung. Wird ein Festkörper einer wechselnden Belastung einer bestimmten Spannungsamplitude ausgesetzt, so kann er bei einer hinreichend

Catenatyp (CT)	CT I	CT II	CT III	CT IV	CT V	CT VI
Bezeichnung	Steil-Catena der Sandhügel und Hänge mit anhydromorphen Böden	Flach-Catena der stark übersandeten Grundmoränen mit anhydromorphen Böden	Flach-Catena der mäßig bis schwach übersandeten Grundmoränen mit vorwiegend anhydromorphen Böden	Steil-Catena der lehmigen Grundmoränen mit vorwiegend anhydromorphen Böden	Flach-Catena der mäßig bis schwach übersandeten Grundmoränen mit vorwiegend hydromorphen Böden	Steil-Catena der lehmigen Grundmoränen mit vorwiegend hydromorphen Böden
Bodenformen	Ranker/Braunerde	Sand-Braunerde/ Tieflehm-Fahlerde	Tieflehm-Fahlerde/ Lehm-Parabraunerde	Lehm-Parabraunerde/ Kolluvisol	Parabraunerde, Hanggley	Parabraunerde-Hanggley/Kolluvisol-Gley
Hangform	hängig	flachhängig	flachhängig	steilhängig	flachhängig	steilhängig
Anteil in %: erodierte Böden	10	5	10	60	20	50
kolluviale Böden	20	10	20	30	20	30

Legende:
A - Abtragsposition
T - Transitposition
Z - Zuflußposition

Kolluvium — Sanddecke — Lehmkörper — Geschiebemergel — Kiese und Sande — Vergleyung

großen Zahl von Lastwechseln schon bei Spannungen zerstört werden, die weit unterhalb der Streckgrenze liegen. Dies ist auf die Akkumulation von ↗Versetzungen auch schon bei sehr kleinen plastischen Dehnungsamplituden während jedes einzelnen Lastzyklus zurückzuführen.

Ernteentzug ↗Nährstoffentzug.

Ernterückstände, umfassen die Pflanzenteile, die nach der Ernte auf dem Feld oder im Boden verbleiben. Hierzu gehören Wurzeln und Stoppelreste, ferner Stroh, das nicht als Einstreu im Stall verwendet wird oder Blattmasse von z. B. Zuckerrüben, die nicht als Futter in Form von Frischmasse oder Silage genutzt werden.

Erodierbarkeit, stellt den Grad oder die Intensität des Bodenzustands, seiner Anfälligkeit oder seiner Bedingungen dar, im Erosionsprozeß bei entsprechender Konstellation mehr oder weniger dem Abtrag durch Wasser oder Wind zu widerstehen. Geringe Bindungskräfte, hohe Zerfallsbereitschaft sowie höhere Schluffgehalte tragen zur hohen Erodierbarkeit schluffiger und sandig-lehmiger Böden bei. Erodierbarkeit durch Wasser wird häufig nach Erodierbarkeit in Rillen und der dazwischenliegenden Flächen unterschieden. Die Erodierbarkeit wechselt im Jahresverlauf in Abhängigkeit von Witterung, Bodenleben und -bewuchs.

Erosion, 1) i. e. S. Oberbegriff für die Abtragungsprozesse, bei denen Material durch die ↗Agenzien verlagert wird (↗fluviale Erosion, ↗glaziale Erosion, ↗Winderosion, ↗marine Erosion). Erosion tritt ein, wenn die vom Agens ausgeübten Kräfte (Scher-/Schubspannungen) Partikel aufnehmen und transportieren können. Manche Autoren zählen daher die Prozesse der ↗Massenbewegungen nicht zur Erosion hinzu. 2) i. w. S. Oberbegriff für alle zur Abtragung der Erdoberfläche beitragenden Vorgänge, die Boden- und Gesteinsmaterial aus ihrem Verband lockern, lösen und verlagern (inklusive ↗Verwitterung und Massenbewegungen). Diese Definition entspricht der für ↗Denudation im engl. Sprachraum. 3) Im deutschen Sprachraum hingegen war früher die Beschränkung des Begriffes Erosion auf die Prozesse der linienhaften, fluvialen Erosion üblich. Diesem Erosionsbegriff wurde die mehr flächenhaft wirksame ↗Denudation (flächenhafte Erosion) gegenübergestellt. [PH]

Erosionsbasis, Niveau, bis zu dem ↗Erosion durch fließendes Wasser wirken kann. Unterhalb der Erosionsbasis kann sedimentiert werden, über ihr ist Sedimentation in einem Ablagerungsraum nur ein temporärer Vorgang und es findet Erosion statt. Die *Haupterosionsbasis* (allgemeine Erosionsbasis) aller Abtragungsvorgänge ist der Meeresspiegel. Dieser kann jedoch nicht eine absolute Erosionsbasis darstellen, da das Meeresniveau in geologischen Zeiträumen schwankt. Eine lokale Erosionsbasis kann z. B. eine Mündung eines Nebenflusses in einen Hauptfluß sein, der Eintritt in ein ↗Durchbruchstal, ein See, ein Wasserfall usw., d. h. sie gilt nur für das stromaufwärts gelegene Gebiet (↗Flußlängsprofil Abb., ↗Sequenzstratigraphie).

Erosionsdiskordanz, eine durch erosive Ausräumung der Liegendserie hervorgerufene Schichtlücke (↗Hiatus). Die Schichten unterhalb und überhalb einer Erosionsdiskordanz haben gleiches Einfallen. ↗Diskordanz.

Erosionsgrad, Grad der kurz- und mittelfristigen nachweisbaren Veränderung der Bodenprofile durch Bodenabtrag und Bodenauftrag im Vergleich zu unbeeinflußten Normalprofilen unter gleicher Landnutzung sowie der langfristigen Veränderungen der ↗Bodenprofile von agrarisch genutzten Böden im Vergleich zu nicht erodierten Profilen unter Waldnutzung. Daraus ableitbar ist der Erosionsgrad von Landschaftseinheiten (Abb.).

Erosionskompetenz, Ausdruck für die Fähigkeit fließenden Wassers, in Abhängigkeit von der Fließgeschwindigkeit, eine bestimmte ↗Korngröße des im ↗Gerinnebett befindlichen Materials aufzunehmen und zu transportieren.

Erosionsgrad: Herausbildung unterschiedlicher Catenatypen durch langfristige Bodenverlagerungen.

Erosionsrinne ↗Gully erosion.
Erosionsverzweigung ↗Flußverzweigung.
Erosivität, potentielle Fähigkeit von Wasser (Niederschlag, Abfluß), Wind, Gravitation o. a. durch ihre kinetische Energie ↗Erosion auszulösen. Diese Kraft kann gemessen oder berechnet werden. Im Wassererosionsprozeß stellt üblicherweise ein Komplexfaktor, der die Spitzenintensität (I) und die Energiesumme (E) einzelner Breakpoint-Intervalle (Ei) zusammenfaßt, die Regenerosivität dar, wodurch unterschiedliche Niederschlagstypen charakterisiert werden können. Bei der ↗Winderosion geht die Windgeschwindigkeit nach Überschreiten eines Schwellenwertes als Erosivitätsparameter in Berechnungsformeln ein.
Erratika, *erratische Geschiebe*, Blöcke, die vom Gletscher als ↗Geschiebe transportiert wurden. Die Gesteinsart oder die Mineralzusammensetzung von Erratika steht im Ursprungsgebiet der Gletscher an, ist aber am Fundort des »Irrblockes« sonst nicht zu finden. Große Erratika werden als *Findlinge* bezeichnet. Die aus Skandinavien nach Mitteleuropa transportierten Feuersteine sind ein bekanntes Beispiel für erratische Geschiebe. In der glazial-geomorphologischen Forschung spielen Erratika für den Nachweis von ↗Vergletscherung, Reichweite von Gletschereis, Fließrichtung etc. eine große Rolle, sind sie doch oft der einzige Hinweis auf die ehemalige Existenz von Gletschern.
Errorchrone ↗Isochronenmethode.
ERS, ERS-1 und ERS-2, *European Remote Sensing Satellite* der Europäischen Weltraumbehörde ↗ESA, selten auch zur Unterscheidung vom japanischen JERS als EERS (europäisch) bezeichnet; europäische Erdbeobachtungssatelliten auf sonnensynchroner polarer Umlaufbahn mit der sog. Active Microwave Instrumentation (AMI) bestehend aus einem abbildenden (bildgebenden) ↗Synthetic Aperature Radar (SAR) und einem sog. Wave Mode SAR für die Meereswellenbeobachtung, ferner einem ↗Scatterometer und einem Radar-↗Altimeter (RA) als Hauptsensoren. Weitere Instrumente sind das Along-Track Scanning Radiometer with Microwave Sounder (ATSR-M), ein hochgenaues Lasermeßgerät, PRARE (Precise Range and Rate Equipment) und ein Laser-Retroreflektor (*LRR*) für die Bahnvermessung. Das SAR-Instrument arbeitet in beiden Modi im ↗C-Band und hat jeweils eine ↗geometrische Auflösung von < 30 m. Die Höhengenauigkeit des Altimeters beträgt 10 cm. Mit PRARE können die Entfernungen bis auf 5–10 cm genau gemessen werden. ERS-1 wurde am 17.7.1991 gestartet (Missionsbeginn 8.8.1991). ERS-2, der die Datenkontinuität sichern wird und zusätzlich den Sensor des Global Ozone Monitoring Experiment (GOME) sowie das Advanced Along-Track Scanning Radiometer (AATRS) trägt, startete am 20.4.1995 (Missionsbeginn 9.7.1995). [MFB]
Ersatzdüngung, orientiert die Höhe der Düngung am Entzug von Nährstoffen, einschließlich der Kompensation von Nährstoffverlusten, die durch Auswaschung entstehen.

Ersatzgesellschaft, ↗Pflanzengesellschaft, die sich ausbildet nach anthropogenen Veränderungen der ursprünglichen, natürlichen Lebensgemeinschaften. Typische Eingriffe sind Rodungen, Trockenlegung von Feuchtgebieten oder Umbruch von Grünland. Forst-, Trockenwiesen- und Ackerunkrautgesellschaften stellen daher häufige Ersatzgesellschaften dar. Gewisse Ersatzgesellschaften (z. B. Trockenwiesen) sind wegen ihrer großen Artenvielfalt aus der Sicht des Naturschutzes besonders wertvoll.
Ersatzreibungswinkel, ↗Reibungswinkel, der aus den effektiven (wirksamen) Scherparametern φ' (wirksamer Reibungswinkel) und c' (wirksame Kohäsion), bezogen auf den aktuellen Spannungszustand σ, berechnet wird. Der Ersatzreibungswinkel φ_1 wird in Berechnungsfällen, bei denen eine Verwendung von c' problematisch ist, verwendet.
Erschöpfung, bei Lagerstätten das Zuendegehen einer ↗Vererzung.
Erschütterung, niederfrequente Vibrationen, die von Dauererschütterungen durch Maschinen, Rammgeräte, Verdichter etc. oder von kurzzeitigen Erschütterungen durch Sprengarbeiten, Abbrucharbeiten u. ä., oder von ↗Erdbeben ausgehen und zu Schäden an Bauwerken bis zu deren vollständiger Zerstörung führen können. In Europa wird die *Erschütterungswirkung* von Erdbeben durch die Intensitäten I in der 12teiligen ↗MSK-Skala, welche mit der 12stufigen ↗Mercalli-Skala vergleichbar ist, ausgedrückt. Die MSK-Skala umfaßt die Wirkung aufgrund menschlicher Eindrücke, wie nicht fühlbar (d. h. nur über Instrumente zu erfassen: $I = 1$) bis über weitgehend fühlbar ($I = 4$) zu aufweckend ($I = 5$) und erschreckend ($I = 6$); sie umfaßt weiterhin Wirkungen auf Gebäude, wie Gebäudeschäden ($I = 7$) über allgemeine Gebäudezerstörungen ($I = 10$) zu Katastrophe mit schweren Schäden ($I = 11$) und Landschaftsveränderungen ($I = 12$). Diese Skala entspricht der Richter-Skala (↗Richter-Magnitude) mit einer Magnitude zwischen 1 und 8,6. Erschütterungen werden im Untergrund durch Raum- und Oberflächenwellen übertragen. Treffen sie auf Bauwerke, kann die Erschütterungswirkung durch die Messung der Schwinggeschwindigkeit (in mm/s) erfaßt werden. Die Wellenausbreitung im Untergrund und die damit verbundene Übertragung von Erschütterungen auf Bauwerke hängt u. a. vom Aufbau des Untergrundes, dem Zustand des Bauwerkes, den dynamischen Eigenschaften der Erschütterungsursache sowie der Wellenüberlagerung und den Resonanzerscheinungen ab. Letztere können Boden- und Bauwerkserschütterungen deutlich verstärken, insbesondere wenn die Hauptfrequenz mit der Eigenfrequenz des Bodens bzw. Bauwerkes zusammenfällt. [AWR]
Erschütterungswirkung ↗Erschütterung.
Erschütterungszahl ↗Erschütterungsziffer.
Erschütterungsziffer, *Erschütterungszahl*, Kennwert zur Beschreibung der Stärke von ↗Erschütterungen durch ↗Erdbeben. Die Erschütterungsziffer läßt sich aus den während eines Erdbebens

aufgezeichneten Seismogrammen ableiten. Sie wird aus dem Verhältnis der maximalen waagerechten Erdbebenbeschleunigung *max b* zur Schwerebeschleunigung *g* berechnet, und wird gewöhnlich in Prozent der Schwerebeschleunigung angegeben. Die Erschütterungsziffer wird auch zur Berechnung des Einfluß von Erdbeben auf /Erddruck und Erdwiderstand benutzt. Durch das Erdbeben wird eine zusätzliche Kraft erzeugt, die das Produkt aus der Erschütterungsziffer und der Gewichtskraft des betrachteten Gleitkörpers ist.

Erstarrungsmittelbeschleuniger, Betonmittelzusatz, der den Abbindevorgang von Zement beschleunigt. Erstarrungsmittelbeschleuniger sind z. B. Alkalicarbonate (Soda), Aluminiumverbindungen, Wasserglas, Tonerdezement und manche organischen Stoffe. Verwendung finden diese Erstarrunsmittelbeschleuniger v. a. in der Herstellung von /Spritzbeton. Nachteil der Zusätze ist die Herabsetzung der Endfestigkeit gegenüber zusatzmittelfreien Zementen.

Erstbesiedler, meist niedere Organismen, die neu entstandene, noch unbelebte Lebensräume erobern (/Pionierpflanzen, /Sukzession).

Ersteinsatz /Refraktionsseismik.

Erster Hauptsatz der Thermodynamik, verknüpft Wärmefluß und verrichtbare Arbeit mit der inneren Energie eines Systems. Der Erste Hauptsatz der Thermodynamik besagt, daß bei einer reversiblen Reaktion die Zunahme an innerer Energie *U* eines Systems gleich dem Wärmeaustausch mit der Umgebung *q* minus der verrichteten Arbeit *w* ist. Die absolute Änderung der inneren Energie ist dann: $\Delta U = q - w$. Eine der wichtigsten Formen von Arbeit ist die Volumenarbeit, also die Expansion eines Systems gegen den konstant angenommenen Außendruck. Daneben treten bei chemischen Reaktionen Oberflächenarbeit und elektrische Arbeit auf.

erster Vertikal, der /Vertikalkreis, der sich von Ost nach West erstreckt. Er steht senkrecht auf dem Meridian.

Erstzersetzer /Primärzersetzer.

Ertel, *Hans Richard Max*, deutscher Geophysiker, * 24.3.1904 in Berlin, † 2.7.1971 in Berlin (Ost); 1943 Professor in Innsbruck, 1946 Direktor des Instituts für Meteorologie und Geophysik an der Humboldt-Universität Berlin (Ost); seit 1949 Leiter des Instituts für physikalische Hydrographie der Deutschen Akademie der Wissenschaften; wichtige Beiträge zur mathematisch-physikalischen Behandlung meteorologischer Probleme und zur theoretischen /Hydrodynamik, insbesondere zur Strömungslehre, prägte den »Ertelschen Wirbelsatz« (/Wirbelgleichung). Werke (Auswahl): »Methoden und Probleme der dynamischen Meteorologie« (1938), »Ein neuer hydrodynamischer Wirbelsatz« (1942).

Ertrag, *Naturalertrag*, z. B. Getreideertrag in dt/ha gemessen, Milchertrag in kg/Jahr Laktationsperiode oder monetärer Ertrag. Der Ertrag in der Buchführung beinhaltet den gesamten geldwerten Wertzugang in einer Abrechnungsperiode in einem Unternehmen mit den Leistungsgrößen Einkommen und Vermögensbestände wie Gebäude, Vieh und Vorräte. Der Zweckertrag bezeichnet den Wertzugang, der sich nur aus den erzeugten Naturalleistungen, Dienstleistungen und Rechten zusammensetzt.

Ertragsfähigkeit, die Ertragfähigkeit eines Raumes wird i. d. R. auf die Nutzung von Rohstoffen oder auf die Land- und Forstwirtschaft bezogen. Durch verschiedene /Bewertungsverfahren läßt sich das /Ertragspotential eines Raumes ermitteln und damit auch die Ertragsfähigkeit gegenüber bestimmten Nutzungen. Die Ertragsfähigkeit ist in großem Maße von der naturräumlichen Ausstattung und dem auf den Raum ausgeübten Nutzungsdruck abhängig.

Ertragsmeßzahl, *EMZ*, ergibt sich aus der Multiplikation der einzelnen Flächen eines landwirtschaftlichen Betriebes mit der jeweiligen /Ackerzahl und /Grünlandzahl.

Ertragspotential, 1) *Allgemein*: Bezeichnung für die Aussicht, bei einer wirtschaftlichen Tätigkeit einen vorbestimmten finanziellen Ertrag zu erzielen. 2) *Landschaftsökologie*: Möglichkeit eines frei definierbaren Raumausschnittes über einen bestimmten Zeitabschnitt hinweg an /Biomasse zuzulegen. Das Ertragspotential ist somit ein Ausdruck der /Produktivität eines /Ökosystems. Diese hängt stark von der naturräumlichen Ausstattung und der Steuerung von außen ab.

ertrunkene Landformen /Ingressionsküste.

Eruptionsform /Vulkanismus.

Eruptionssäule, *Eruptionswolke*, entsteht über dem Vulkanschlot bei einer explosiven Eruption (/Vulkanismus). Die Eruptionssäule ist vertikal gegliedert in die untere Gasschubregion und den oberen konvektiven Teil (/Vulkanismus Abb. 1). In der Gasschubregion bewegt sich eine heiße Dispersion aus Magmafetzen, Kristallen, Gesteinsbruchstücken und Gas nach oben. Dort werden große Mengen an Umgebungsluft eingesaugt und aufgeheizt. Als Folge hiervon expandiert die Dispersion, bis sie in den konvektiven Teil der Eruptionssäule übergeht, dessen Dynamik von Auftrieb und konvektiver Turbulenz gekennzeichnet ist. Die konvektive Eruptionssäule wächst bis zu einer Höhe, in der die Dichte der Dispersion derjenigen der Umgebungsluft entspricht. Die Eruptionswolke wird von den Winden der jeweiligen Atmosphärenstockwerke verdriftet. Je größer die Mündungsgeschwindigkeit am Top des Vulkanschlotes ist, desto höher ist die Gasschubregion und desto mehr Umgebungsluft kann eingesaugt werden. Entsprechend weist die Dispersion im konvektiven Teil eine geringere Dichte auf und kann somit höher in der Atmosphäre aufsteigen. [CB]

Eruptionswolke /Eruptionssäule.

Erwartungstreue, *statistische Stabilität*, *overfitting*, *artificial skill*, von einem Modell hoher statistischer Stabilität spricht man, wenn die Eigenschaften des Modells, insbesondere seine Vorhersagegüte, auch bei Anwendung auf (zukünftige) Fälle erhalten bleibt, die nicht zum sogenannten Entwicklungskollektiv gehören. Ohne besondere

Vorkehrungen tendieren statistische Modelle dazu, ihren geschätzten (Qualitäts-) Erwartungen nicht gerecht zu werden.
Die Ursache liegt in der Dialektik von Zufall und Notwendigkeit, d. h. in der Tatsache, daß im Einzelfall (Element einer Stichprobe) notwendige (gesetzmäßige) und zufällige Prediktor-Prediktanden-Beziehungen nicht getrennt werden können. Bekanntlich wächst das Risiko einer statistischen Instabilität mit abnehmendem Stichprobenumfang. Besonders in der Meteorologie mit ihren unübersehbaren, vierdimensionalen, globalen Datensätzen, die sehr rasch zu Tausenden von potentiellen Prediktoren (mögliche Einflußfaktoren) führen können, existiert eine zweite, wichtige Quelle von mangelnder Erwartungstreue, eben diese Anzahl potentieller Prediktoren selbst. Je größer sie ist, um so größer auch die Gefahr, Zufälliges als Gesetzmäßiges zu modellieren. [KB]

Erwartungswert, beste Annäherung an den wahren Wert einer Kenngröße, z. B. den ⁄Mittelwert der Grundgesamtheit.

Erweichbarkeit, Parameter der Felsklassifikation zur Abschätzung des Verhaltens des Gesteins unter Wasser. Im Felsbau dient die Erweichbarkeit zusammen mit anderen Parametern wie mineralogische Gesteinszusammensetzung, ⁄Gesteinsdruckfestigkeit, ⁄Sprödigkeit und Zerspanbarkeit zur Beurteilung der Lösbarkeit des Gebirges. Die Erweichbarkeit wird im ⁄Wasserlagerungsversuch bestimmt.

Erz, 1) Gestein, aus dem ein Wertstoff, das ⁄Erzmineral, gewonnen werden kann. Der Begriff wird oft auch nur auf den Wertstoff bezogen, i. a. wird der Begriff mit dem des Wertstoffes gekoppelt, z. B. Eisenerz. Die Gewinnung (⁄Bergbau) erfolgt mit bergmännischen Verfahren in einem Bergwerk, übertage im ⁄Tagebau oder untertage im ⁄Tiefbau. Für die Weiterverarbeitung muß das Erz in den allermeisten Fällen erst über Verfahren der ⁄Aufbereitung aufkonzentriert werden, bevor es in notwendig reiner Qualität zur Verfügung steht. Manche Rohstoffe können dann bereits genutzt werden, bei anderen muß erst durch weitere Verfahren, wie bei den Metallen durch die Verhüttung, der gewünschte Wertstoff rein dargestellt werden. 2) Begriff für die ⁄opaken Nebengemengteile (z. B. ⁄Magnetit, ⁄Ilmenit) in magmatischen Gesteinen.

Erzader ⁄Ader.

Erzart, Zuordnung des Erzes nach Art seiner chemischen bzw. mineralogischen Bindung wie sulfidisches, oxidisches oder silicatisches Erz.

Erzeugendensystem ⁄erzeugende Symmetrieoperationen.

erzeugende Symmetrieoperationen, Elemente einer Symmetriegruppe, aus denen sich durch Verknüpfung die ganze Gruppe aufbauen läßt. Das bedeutet, daß jedes Element der Symmetriegruppe als Produkt einer endlichen Zahl von erzeugenden Symmetrieoperationen darstellbar ist. Eine Menge von erzeugenden Elementen einer Gruppe nennt man auch ein *Erzeugendensystem*. Kann man aus einem solchen System kein Element weglassen, wenn noch die ganze Gruppe erzeugt werden soll, dann spricht man von einem minimalen Erzeugendensystem. Erzeugendensysteme und auch minimale Erzeugendensysteme sind i. a. nicht eindeutig bestimmt. So läßt sich die Punktgruppe 6 (C_6) aus einer einzigen Symmetrieoperation, einer 6zähligen Drehung, erzeugen, aber natürlich auch aus dieser Drehung zusammen mit beliebigen weiteren Elementen der Gruppe. Im erstgenannten Fall liegt ein Minimalsystem von Erzeugenden vor, im zweiten Fall nicht. Ein weiteres (minimales) Erzeugendensystem für diese Gruppe besteht aus einer 3zähligen zusammen mit einer 2zähligen Drehung. Die Beispiele zeigen, daß nicht alle Minimalsysteme die gleiche Anzahl von Elementen haben müssen. Auch zur Erzeugung der kristallographischen Raumgruppen, die ja unendliche Gruppen sind, genügt eine jeweils kleine Zahl von Symmetrieoperationen. Zum Beispiel läßt sich eine Raumgruppe P aus einer Translation in $\vec{c}$-Richtung, einer Translation in $\vec{a}$-Richtung und einer 4zähligen Drehung um eine $\vec{c}$-Achse erzeugen. Die Hermann-Mauguin-Symbole für Punktgruppen und Raumgruppen sind so aufgebaut, daß man (unter Beachtung bestimmter Regeln für die Orientierung der Symmetrieelemente) die einzelnen Bestandteile als Erzeugende der jeweiligen Gruppe auffassen kann. [WEK]

Erzfall, *bonanza* (engl. = sehr einträglich), Erzkörper oder Teil bzw. diskontinuierliche Zone eines Erzkörpers mit hohen Metallgehalten, z. B. in der ⁄Zementationszone einer ⁄Ganglagerstätte (⁄Reicherz).

Erzführung, Vorhandensein von Erz in einem Gestein.

erzgebirgische Streichrichtung, *variszische Streichrichtung*, im variszischen Orogenzyklus angelegte NE-SW-Streichrichtung, benannt nach dem Verlauf des Erzgebirges.

Erzgefüge, Verwachsung der ⁄Erzminerale untereinander oder mit dem ⁄Nebengestein.

Erzindikator, nicht-mineralischer Anzeiger für das Vorhandensein von i. a. spezifischen Erzen im Untergrund, der die erhöhten Metallgehalte toleriert bzw. sie zum Leben braucht und der für die Prospektion (⁄Erkundung) als spezielles Verfahren der Geochemie genutzt werden kann. Bekannt sind vor allem höhere Pflanzen als Anzeiger für Zinkmineralisationen im Untergrund wie das Galmeiveilchen (Zinkveilchen, *Viola lutea*, var. *calaminaria*).

Erzlagerstätten, Anhäufung von metallischen Rohstoffen in der Erdkruste oder an der Erdoberfläche, die bei technischer Erreichbarkeit in solchen Mengen und/oder Konzentrationen vorkommen, daß eine Gewinnung unter wirtschaftlichen Aspekten durchführbar ist.

Erzlagerstättenklassifikation, Einteilung der Erzlagerstätten in ein Ordnungsschema, das nach v. a. genetischen Gesichtspunkten für die ⁄Erzminerale und der Verbandsverhältnisse des einschließenden oder begleitenden ⁄Nebengesteins durchgeführt wird. Neue Erkenntnisse, z. B. aus der Konzeption der ⁄Plattentektonik, aus der Erforschung der Ozeanräume oder aus Tiefbohrungen, sowie neue Untersuchungsmethoden (z. B. ↗Isotopengeochemie oder Untersuchung der ↗Flüssigkeitseinschlüsse) haben in den letzten Jahren und Jahrzehnten häufig zu neuen, allerdings nicht immer widerspruchsfreien genetischen Vorstellungen geführt, z. B. hinsichtlich ↗syngenetischer oder epigenetischer (↗Epigenese) ↗Mineralisationen. So gehen die Bemühungen in der Lagerstättenkunde inzwischen dahin, von einer genetisch betonten zu einer stärker deskriptiven Klassifikation zu kommen.

Die traditionelle Einteilung entsprach der Klassifikation der Gesteine und unterschied magmatische, sedimentäre und ↗metamorphe Erzlagerstätten. Die magmatischen wurden hierbei nach den Vorstellungen einer ↗paragenetischen Abfolge mit abnehmenden Temperaturverhältnissen weiter untergliedert. In diese Abfolge gehörten die ↗hydrothermalen Lagerstätten, die wiederum nach verschiedenen Temperaturbereichen unterteilt wurden (kata-, meso-, epi- und telethermal). Heute weiß man, daß die hydrothermalen Lagerstätten nur noch untergeordnet aus magmatischen Lösungen abgeleitet werden können.

Konsequenz dieser Neuerkenntnisse ist eine weniger starke Schematisierung mit einer Klassifikation der Erzlagerstätten auf der Grundlage von ↗endogenen und ↗exogenen Vorgängen.

Zu den Lagerstätten der endogenen Prozesse gehören: a) intramagmatische Lagerstätten (↗liquidmagmatische Lagerstätten), z. B. Chromit-, Platin-, Nickelmagnetkies-Vererzungen, b) pegmatitische Lagerstätten, z. B. Vererzungen von Uran, c) (epigenetische) hydrothermale Lagerstätten (↗Ganglagerstätten), z. B. ↗Gänge, Stockwerk- oder porphyrische Vererzungen (↗porphyrische Lagerstätten) mit Gold, Buntmetallen u. a., d) metamorphen Bildungen, z. B. kontaktmetasomatische Vererzungen (↗kontaktmetasomatische Lagerstätten) mit Buntmetallen u. a.

Zu den Lagerstätten der exogenen Prozesse gehören: a) mechanische Anreicherungen, z. B. Seifen-Lagerstätten für Gold, Titanerze u. a., b) Residualbildungen, z. B. Bodenbildungsprozesse, Nickellaterite, ↗Bauxite, c) sedimentäre Abscheidungen, z. B. Eisen- und Mangan-Vererzungen, sekundäre Anreicherungen, z. B. Reicherz-Bildungen bei Quarz-Bändererzen (↗Banded Iron Formation) oder ↗Zementationszonen, d) sedimentär-exhalative bzw. ↗syngenetische hydrothermale Bildungen, z. B. ↗Red-Bed-Lagerstätten, Sedex-Typ (↗sedimentär-exhalative Lagerstätten) mit massiven ↗stratiformen Sulfid-Vererzungen, ↗Erzschlämmen, ↗black smoker. [HFl]

Erzlagerstättenkunde, Teil der Lagerstättenkunde, der sich speziell mit den Gesetzmäßigkeiten der Entstehung von Erzen befaßt. Die Erzlagerstättenkunde ist aus den Traditionen des Erzbergbaus heraus erwachsen, insbesondere im Bemühen um eine Lagerstättenklassifikation, wobei zu erkennen ist, wie sich im Laufe der Jahrhunderte bis Jahrzehnte die genetischen Anschauungen durch die Art der Beobachtung und die Untersuchungsmöglichkeiten sowie durch Denkschulen entwickeln und wandeln.

Erzmikroskopie, befaßt sich mit der mikroskopischen Untersuchungen von opaken (nicht lichtdurchlässigen) Mineralen bzw. Phasen im auffallenden Licht (Auflicht). Die Verwendung erzmikroskopischer Methoden bei der Untersuchung von feuerfesten Baustoffen und Keramik in der Gesteinshüttenkunde (engl. refractories technology) und in der Metallkunde läßt die Erzmikroskopie als Teilgebiet der Auflichtmikroskopie erscheinen; jedoch wird der Begriff Erzmikroskopie z. T. auch als Sammelbegriff für auflichtmikroskopische Methoden verwendet. Gewisse methodische Gemeinsamkeiten bestehen auch mit der ↗Kohlenpetrographie. Die Erzmikroskopie wurde in den 20er und 30er Jahren dieses Jahrhunderts in Deutschland von ↗Schneiderhöhn und ↗Ramdohr (1931), in den USA und Kanada von Murdoch (1916), Davy und Farnham (1920) und Short (1940) entwickelt. Ziel war es, die im petrographischen Mikroskop (Durchlichtmikroskop) schwarz erscheinenden, nicht lichtdurchlässigen (opaken) Phasen und Minerale und deren Gefüge einer optischen Beschreibung und Diagnose zugänglich zu machen. Dies war und ist, besonders bei der Untersuchung von ↗Erzlagerstätten, von großer wissenschaftlicher und wirtschaftlicher Bedeutung. Wesentliche Baueinheiten des Erzmikroskopes sind die Lichtquelle, die in den Anfangszeiten der Erzmikroskopie oft außerhalb des Mikroskopes angebracht war, der im Mikroskop-Tubus untergebrachte Opak-Illuminator (ein Prisma oder ein Glasplättchen), der das Licht von der Lichtquelle durch das Objektiv auf die Probe lenkt, und der Drehtisch, der die Bestimmung von Parametern im polarisierten Licht (Bireflexion, ↗Anisotopie) ermöglicht. Der Strahlengang eines Auflicht-Mikroskopes ist in der Abb. dargestellt.

Es sind qualitative und quantitative Arbeitsmethoden in der Erzmikroskopie zu unterscheiden: Erstere ermöglichen die Bestimmung von Kornform, Farbe, relativem Reflexions-Vermögen, Isotopie/Anisotopie und relativer Härte. Diese reichen in vielen Fällen zur Diagnose von Mineralen aus. Verläßliche quantitative Methoden wurden erst zwischen 1960 und 1970 entwickelt,

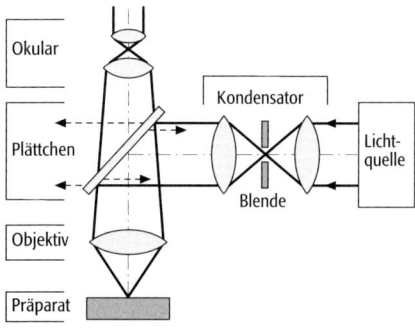

Erzmikroskopie: Strahlengang im Erzmikroskop mit Glasplättchen.

obwohl Ansätze dazu bereits in der Vorkriegszeit bestanden. Wesentliche Anstöße gingen von der Commission on Ore Microscopy (später: Ore Mineralogy), COM und der International Mineralogical Association (IMA) aus. Dabei spielten N. Henry und S. H. U. Bowie in England und H. Piller in Deutschland eine besondere Rolle. Diese Entwicklungen gingen mit der ständig zunehmenden Zahl neu entdeckter Erzminerale, besonders auf dem Gebiet der Sulfosalze und der Platingruppen-Minerale einher. Heute ist es möglich, die Vickers-Härte, VHN (quantitativ in Beziehung zur Eindringtiefe einer Diamant-Pyramide) und das spektrale Reflexionsvermögen mit Zusatzeinrichtungen quantitativ zu messen und eindeutige Diagnosen auch seltener Minerale zu erstellen.

Im Gegensatz zur ↗Durchlichtmikroskopie erfordert die Herstellung geeigneter Proben für die Untersuchung im Auflicht (Anschliffe) besondere Aufmerksamkeit und Erfahrung. Die in Kunstharz eingebetteten, auf rotierenden Metall- oder Plastikscheiben mit Diamantpulver verschiedener Körnung (bis zu 0,5 µm) polierten Anschliffe sollen möglichst kein Relief (durch Härteunterschiede verursacht) und keine Kratzer (stören bei Messung des Reflexionsvermögens) aufweisen.

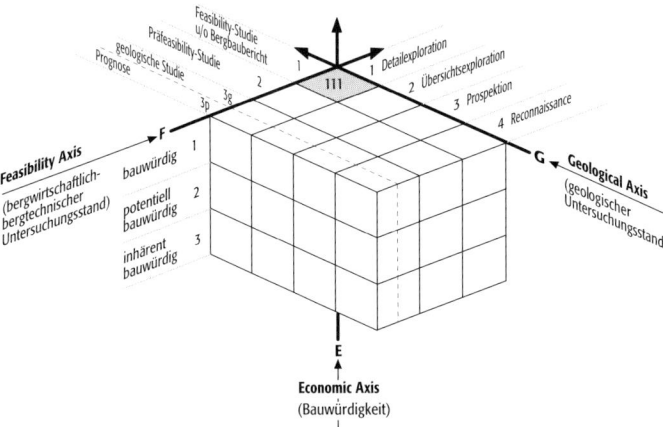

Erzreserven: dreidimensionales Schema der UN (1996) zur Lagerstättenklassifikation für Mineral- und feste Brennstoffe.

Wichtigste Anwendungsgebiete der Erzmikroskopie sind heute die Petrographie (Bestimmung der opaken Komponenten in Gesteinen), die Lagerstättenforschung, die Exploration, die Umwelt-Mineralogie (opake Phasen in Böden und im Schnee) sowie die Gesteinshüttenkunde. Dazu kommt die kosmische Mineralogie: Mondproben und Mikrometeoriten sind meist zu klein, um traditionelle ↗Dünnschliffe für die Durchlichtuntersuchung herzustellen – wohl aber können diese in Kunstharz eingebettet und poliert werden. Besonders die inzwischen zur Routine gewordene Anwendung der ↗Mikrosonde in der Mineral-Analytik hat zu einer Renaissance der Mikroskopie im Auflicht in verschiedenen Wissensgebieten geführt, da hier jeweils polierte An- oder Dünnschliffe erforderlich sind, deren Qualität zunächst im Auflicht überprüft wird. Durch- und Auflicht-optische Systeme bilden daher integrale Bauteile von Mikrosonden. [EFS]
Literatur: [1] CRAIG, J. R. and VAUGHAN, D. J. (1994): Ore Microscopy and Ore Petrography. – New York. [2] MÜCKE, A. (1989): Anleitung zur Erzmikroskopie. – Stuttgart.

Erzmineral, metallhaltiges Mineral, unabhängig davon, ob ihm eine wirtschaftliche Bedeutung zukommt. ↗Erz.

Erzparagenese, Begriff für die Vergesellschaftung von ↗Erzmineralen in einer ↗Erzlagerstätte. Das gleichzeitige Vorkommen von Mineralen in einer Lagerstätte kann entweder zufällig, d. h. durch Einflüsse bedingt sein, die nicht wesentlich mit der Entstehung der Lagerstätte zu tun haben, oder gesetzmäßig mit ihr verknüpft und für sie charakteristisch sein. Es werden häufige, seltene und unwahrscheinliche Erzparagenesen unterschieden, deren Zustandekommen geochemisch begründet ist. Häufige Paragenesen bilden die geochemisch zusammengehörenden Elemente, wie z. B. ↗Bleiglanz und Zinkblende. Die Minerale einer Paragenese sind nicht ganz gleichaltrig, sondern zeigen eine Altersfolge (Sukzession). Oft tritt dasselbe Mineral in der Altersfolge ein und derselben Paragenese mehrfach, d. h. in mehreren Generationen, auf.

Erzreserven, die zum Zeitpunkt der Erhebung wirtschaftlich gewinnbare (abbauwürdige) Erzmenge in einer Lagerstätte oder einem Lagerstättenbezirk, je nach Umfang der Erschließungs- und Erkundungsarbeiten herkömmlich unterteilt in sichere, wahrscheinliche und mögliche Vorräte. In einer neuen Klassifikation durch die UN (1996) werden drei Ebenen mit jeweils drei bis vier Stufen eingeführt (Abb.), die der ökonomischen Achse (Bauwürdigkeit), der Feasibility-Achse (bergwirtschaftlich-bergtechnischer Untersuchungsstand) und der geologischen Achse (geologischer Untersuchungsstand).

Erzschlamm, *Erzschlämme*, unverfestigtes Gemisch aus Wasser mit feinstkörnigen Erzpartikeln in Ton-, Silt- oder Feinsandfraktion, mehr oder weniger verdünnt durch siliciklastische Beimengungen (Tontrübe). Meist handelt es sich um ein Sulfidgemisch, wobei die unterschiedlichen ↗Erzmineralien z. T. noch nicht in kristallisierter, sondern in kolloidaler Form vorliegen, wie sie von Hydrothermen an die Oberfläche transportiert werden. Erzschlamm ist Ausgangsbasis für die Lagerstätten vom Sedex-Typ (↗sedimentär-exhalative Lagerstätten). Rezente Beispiele sind aus dem Roten Meer bekannt.

Erzschlot, *Erzpipe*, Anreicherung von ↗Erz in schlauch- bis schlotförmigen, dabei meist nach oben sich erweiternden Strukturen, Entstehung in Zusammenhang mit ↗hydrothermaler Brekziierung.

Erztyp, Kennzeichnung des Erzes entsprechend der durch das Bildungsmilieu bestimmten Bindungsart, wie sulfidisch, oxidisch oder silicatisch, oder bestimmter genetischer Zuordnung. ↗Lagerstättentyp.

Erzverwachsung, die Erze der meisten Lagerstätten sind nicht monomineralisch, sondern kleinmaßstäbliche Verwachsungen von unterschiedlichen ↗Erzmineralen. Die Erzverwachsungen haben unterschiedlichste Formen, Gefüge und Bildungsmechanismen, wie z. B. Zonarbau, ↗Zwillinge, ↗Entmischung, Aufwachsung, ↗Verdrängung oder Bildung später Gängchen etc. (Abb.). Erzverwachsungen spielen für die Lösung genetischer Fragen, vor allem aber bei der ↗Aufbereitung von Erzen eine große Rolle. Dort bedeutet jede unnötige Vermahlung vermeidbare Kosten, jedes unzureichende Mahlen aber schlechte Trennung der einzelnen Mineralkomponenten.

ESA, *European Space Agency*, *Europäische Weltraumagentur*, europäische Raumfahrtagentur mit Sitz in Paris. Sie ist überwiegend zuständig für Satellitenmissionen mit Forschungscharakter und Entwicklung neuer ↗Satelliten.

Esch, in Ortsnähe gelegene, als Dauerackerland genutzte Kernflur v. a. in Nordwest-Deutschland, auf die wiederholt zur Verbesserung der Fruchtbarkeit z. B. nährstoffarmer, sandiger Böden ortsfern abgestochene und mit Stalldung vermischte humose ↗Plaggen aufgebracht wurden; dadurch wurde die Bodenoberfläche allmählich erhöht, der anthropogene Bodentyp ↗Plaggenesch entstand.

Escherichia coli, gramnegatives, nicht sporenbildendes, gerade stäbchenförmiges Bakterium der Familie Enterobacteriaceae, das in großer Zahl im Darminhalt des Menschen und warmblütiger Tiere angetroffen wird. Es ist in der hygienischen Bewertung von Wässern ein wichtiger Verschmutzungsindikator. Der Nachweis im Wasser gilt als Zeichen einer fäkalen Verunreinigung.

E-Schicht, Schicht der ↗Ionosphäre im Höhenbereich zwischen etwa 90–170 km, die auch Heavyside-Schicht genannt wird. Das Maximum der Elektronendichte wird mittags in etwa 110–120 km Höhe mit 10^{11} m^{-3} erreicht. Nachts ist die Elektronendichte um eine Größenordnung niedriger. Ionisierend wirkt UV-Strahlung der Wellenlänge 90–100 nm auf das O_2 sowie weiche Röntgenstrahlung. Die E-Schicht weist oft eine Feinstruktur aus weiteren Zwischenschichten auf. Darüber hinaus werden *sporadische E-Schichten* erhöhter Elektronenkonzentration beobachtet, die durch Transportprozesse hervorgerufen werden. ↗Atmosphäre.

Esker ↗Os.

Eskola, *Pentti Eelis*, finnischer Mineraloge, * 8.1.1883 Lellainen (Provinz Turku-Pori), † 14.12.1964 Helsinki; ab 1924 Professor in Helsinki; erforschte unter anderem die metamorphen Gesteine Skandinaviens; bekannt vor allem als Begründer des Mineralfazies-Prinzips. Werke (Auswahl): »Die Entstehung der Gesteine« (mit T. F. W. Barth und C. W. Correns; 1939).

ESOC, *European Space Operation Centre*, europäisches Operationszentrum für Weltraumforschung mit Sitz in Darmstadt, bis 1995 zuständig für den Betrieb der Wettersatelliten ↗METEOSAT. Satellitenbetriebszentrum der Europäischen Weltraumagentur (↗ESA).

ESR-Datierung ↗Elektronenspin-Resonanz-Datierung.

ESSC, *European Society for Soil Conservation*, 1988 gegründete, gemeinnützige Europäische Bodenschutzgesellschaft, deren Hauptaufgabe die Erforschung und Umsetzung von Bodenschutz in Europa ist und die außerdem die Untersuchung der Bodendegradierung und der Bodenerosion unterstützt.

essentielle Klasten ↗*juvenile Klasten*.

essentielle Nährstoffe, unentbehrliche Stoffe (von Elementen bis zu komplexen Molekülen), die dem Organismus mit der Nahrung zugeführt werden müssen und die er nicht selbst synthetisieren kann. Dies sind hauptsächlich Kohlenhydrate, Fette, Proteine, Vitamine und Mineralstoffe (↗Nährelemente). Die essentiellen Nährstoffe können einander nicht ersetzen. Ihr Fehlen ruft spezifische Krankheiten hervor.

essentielles Fragment ↗*juveniles Fragment*.

essentielles Gas ↗*juveniles Gas*.

Essexit, ein plutonisches Gestein, das zwischen 10 und 60 Vol.-% Foide (meist Nephelin) sowie mehr Plagioklas als Alkalifeldspat enthält (↗QAPF-Doppeldreieck Abb.).

Eßkohle, ↗Steinkohle aus der Reihe der ↗Humuskohlen mit einer ↗Vitrinit-Reflexion von 1,5–1,9% R$_r$ und einem korrespondierenden Gehalt an ↗flüchtigen Bestandteilen von ca. 20–15% (waf).

Estavelle, Karsterscheinung mit zeitlich wechselnder Quelle- und Schwinde-Funktion (↗Schwinde). Durch veränderte Druckbedingungen in einem System von Karströhren kann eine an der Oberfläche als Wasserspeier fungierende Karströhre (↗Karstquelle) zu einer aktiven Schwinde (Schluckloch) umfunktioniert werden; häufige Erscheinung in Poljen mit episodischen und periodischen Überschwemmungen.

Estherien ↗Conchostraca.

ET, *Ephemeris Time*, ↗*Ephemeridenzeit*.

Etang, (franz.) ↗*Lagune*.

Etesien, regelmäßig wiederkehrende, trockene Nordwest-Winde, die von April bis Oktober in der Ägäis und in dem östlichen Mittelmeer sehr gleichmäßig, mitunter auch heftig wehen. Die Etesien verdanken ihre Entstehung dem über Vorderasien ausgebildeten ↗Tiefdruckgebiet. Das Etesienklima ist ein Teil der ↗Monsunzirkulation Südasiens.

Etesienklima, von den ↗Etesien beeinflußte mediterrane Klimazone. ↗Klimaklassifikation.

Ethan, chemische Formel C_2H_6, nach Methan das zweithäufigste atmosphärische ↗Spurengas aus der Gruppe der ↗Kohlenwasserstoffe.

Ethmolith, [von griech. ethmos = Sieb, Durchschlag], *Trichterpluton*, ein sich trichterartig nach unten verjüngender subvulkanischer ↗Pluton.

Etroeungt, *Etroeungtium*, regional verwendete stratigraphische Bezeichnung für das höhere Oberdevon. Das Etroeungt ist Teil des Famenne der internationalen Stratigraphie und entspricht dem Dasberg/Wocklum der rheinischen Gliederung.

ETRS, *Europäisches Terrestrisches Referenzsystem* (European Terrestrial Reference Frame), ein vereinbartes erdfestes ↗Bezugssystem, das von den

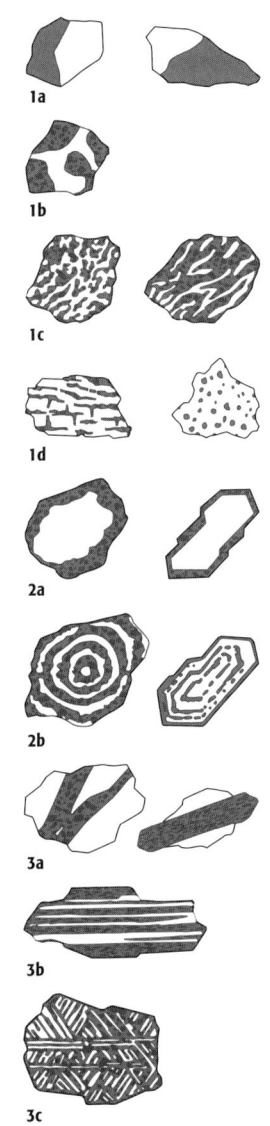

Erzverwachsung: verschiedene Typen: 1 a) einfache Verwachsung mit geradlinigen oder schwachgebogen Grenzen; 1 b) gefleckte, punktförmige oder amöbenartige Verwachsung; 1 c) graphischer, myrmekitischer oder eutektischer Typ, z. B. Bornit und Kupferglanz; 1 d) emulsionsartiger oder tropfenförmiger Typ, z. B. Kupferkies in Zinkblende; 2 a) Typ der umhüllungsartigen oder ring-/atollförmigen Ver- und Umwachsungen, z. B. Kupferglanz um Pyrit; 2 b) konzentrischer Sphärolith- oder Mehrfachschalentyp, z. B. viele Mn- und Fe-Oxide; 3 a) gangartiger, schnurförmiger oder lagenweiser Typ, z. B. jüngere Gängchen von Gold in Pyrit; 3 b) lamellenartig und lagenförmig in oft vielfacher Wiederholung, z. B. Pentlandit in Magnetkies; 3 c) Netz- oder Maschenwerk, z. B. Ilmenit in Magnetit.

beteiligten europäischen Ländern als Grundlage für ihre Landesvermessungen offiziell eingeführt wurde. Es ist in seinen Definitionen kompatibel mit dem globalen ↗IERS Terrestrial Reference System (↗ITRS). Die Koordinaten von Punkten des ETRS (auf der Erdoberfläche) sind definitionsgemäß im ITRS zu einer festen Epoche (z. B. 1.1.1989) festgelegt (ETRS89). Die Realisierung des ETRS geschieht in erster Stufe durch den Europäischen Referenzrahmen (↗EUREF), der auf nationaler Ebene durch Landesnetze (im allgemeinen durch Messungen mit dem GPS) verdichtet wird (in Deutschland ↗DREF).

Ettringit, *Calciumaluminatsulfat*, wasserhaltiges Ca-Al-Sulfat der Formel $Ca_6Al_2[(OH)_4/SO_4)]_3 \cdot 24\,H_2O$. Das als Zementbazillus bekannte Mineral entsteht als erstes Kristallisationsprodukt beim Aushärten sulfathaltiger Zemente oder nachträglich bei der Reaktion von sulfathaltigem Wasser mit Zement. Die beim Ettringitwachstum entstehenden Drücke können den Beton zerstören. Grenzwerte zur Beurteilung des Angriffsgrades von Wässern gegenüber Zement sind in der DIN 4030 geregelt.

Etzlaub, *Erhard*, Kompaßmacher, Astronom, Kartograph und Arzt, * um 1460 in Erfurt, † 1532 in Nürnberg. Er ist seit 1484 als Bürger in Nürnberg erwähnt, wo er Sonnenkompasse und Landkarten herstellte, zuerst 1492 eine kreisrunde Umgebungskarte von Nürnberg, 1500 folgte für das Heilige Jahr »Rom-Weg-Karte« (ca. 1 : 5,3 Mio.) und 1501 die Straßenkarte, auf der die Entfernungen durch Punkte dargestellt sind, die jeweils eine geographische Meile markieren. Dargestellt sind 820 Städte mit Nürnberg im Zentrum. Die Karte wurde nachgeahmt von G. Erlinger (Ausgaben 1515, 1524 und 1530) und benutzt von M. ↗Waldseemüller. Die kleine Erdkarte auf dem Deckel seines Sonnenkompasses in Zylinderentwurf weist wachsende Breiten auf, was als Vorwegnahme des Mercatorentwurfs gelten kann.

Eu-Edaphon, Fauna der unteren Bodenschichten, aquatische Bodenfauna (↗Bodenschwimmer) und ein Teil der ↗Mesofauna.

Eugeosynklinale ↗Geosynklinale.

euhedral ↗idiomorph.

Euhemerobie, stark kulturbeeinflußte, naturferne Stufe der ↗Hemerobie, unterteilt in Alpha- und Beta-Euhemerobie. Der menschliche Einfluß auf den Standort ist mäßig stark bis stark, zeitweise auch sehr stark. Als Nutzung kommen ↗Intensivkulturen vor oder besondere Flächen im ↗Stadtökosystem (z. B. Rieselfelder, Zierrasen usw.). In der Vegetationsdecke dominieren Kulturpflanzen, wobei 13–20 % ↗Neophyten auftreten und ein Verlust von über 6 % der ursprünglichen Pflanzenarten feststellbar ist. Mäßige Reliefveränderungen sind verbreitet. Die Gewässer sind eutrophiert (↗Eutrophierung) und stärker ausgebaut. Es können deutliche Bodenveränderungen auftreten, als Folge von Düngung, Kalkung und Entwässerung.

Eukaryonten ↗*Eukaryoten*.

Eukaryoten, *Eukaryonten*, Organismen (Animalia, ↗Protista, ↗Plantae, ↗Fungi), deren Zelle (Eucyt) einen durch Doppelmembran begrenzten Zellkern mit Chromosomen-DNA besitzt (im Gegensatz zum kernlosen Procyt der ↗Prokaryota mit ringförmiger DNA). Die Zelle ist durchschnittlich 10–100 µm groß. Der Eucyt von ↗Foraminiferen des Alttertiärs erreichte bis zu 18 cm Durchmesser, Nervenzellen sind über 1 m lang. Die viskose bis gallertartige Grundmasse der Zelle (Cytoplasma) kann lokal durch ein Cytoskelett aus Mikrotubuli und Actin-Microfibrillen verfestigt sein, die an Bewegungsvorgängen innerhalb des Cytoplasmas mitwirken. Im Cytoplasma liegen durch eine Membran oder durch doppelte Membranhüllen abgegrenzte subzelluläre Funktionseinheiten (Organellen), die komplexe biologische Aufgaben übernehmen: Mitochondrien bei der Zellatmung und ATP-Synthase, Plastiden bei der Photosynthese. Ribosomen sind Organellen für die Protein-Biosynthese, und das endoplasmatische Reticulum durchzieht als verzweigtes Membransystem für Transport und Sekretion das Zellplasma. Dictyosomen und Vesikel des Golgi-Apparat, Vesikel, Vakuolen und Peroxisomen dienen der Biosynthese, dem Materialumbau, dem Stoff-Transport oder der Speicherung verschiedenster Substanzen. Der Eucyt kann Cilien und Flagellen tragen, die immer aus zwei zentralen Mikrotubuli innerhalb eines Kranzes von neun Doppeltubuli aufgebaut sind. Außerhalb des Plasmalemmas können Zellwände aus Cellulose (Fungi, Protista, Plantae) oder Chitin (Fungi) gebildet werden. Auch Endoskelette aus mineralischer oder organischer Substanz innerhalb des Cytoplasma sind weit verbreitet. Die Energie-/Stoffwechsel der Eukaryota sind von wenigen Ausnahmen abgesehen aerob. Die Fortpflanzung geschieht asexuell und/oder sexuell. Die eukaryotische Zelle hat sich nach der Endosymbiose-Theorie aus Prokaryota entwickelt, indem größere Procyten wiederholt unterschiedlichste, ehemals freilebende Prokaryota phagotroph als intrazelluläre Symbionten inkorporierten. Während einer langdauernden Co-Evolution von Wirtszelle und Endosymbionten haben sich die Symbionten zu den Organellen umgewandelt. Dieser Prozeß war vor ca. 2 Mrd. Jahren abgeschlossen. Seitdem entwickelten sich Eukaryota zunächst nur als Einzeller, seit ca. 1 Mrd. Jahren auch als Vielzeller mit zunehmender Komplexität von niedrigen zu höheren Organisationsstufen. Diese Differenzierungsvorgänge optimierten zunehmend die Existenzmöglichkeiten des Lebens auf der Erde, machten es unabhängiger von den Bedingungen der anorganischen Umwelt und lassen es die gegebenen Ressourcen vielfach ökonomischer und auch mit vermehrter Produktivität nutzen. Anderseits gewinnen dadurch v. a. die Eukaryota zunehmend an Einfluß auf verschiedenste Stoff- und indirekt auch Energie-Kreisläufe des Systems Erde. Ein Bestandteil der Zellwand der Eukaryoten sind die ↗Sterole, welche Ausgangsverbindungen für die Bildung verschiedener ↗Biomarker, der ↗Sterane, ↗Diasterane und von ihnen abgeleiteter Verbindungen sind.

Euler, *Leonhard*, schweizerischer Mathematiker, Physiker und Astronom, * 15.4.1707 in Basel, † 18.9.1783 in St. Petersburg; einer der bedeutendsten Mathematiker des 18. Jh.; studierte in Basel Mathematik (bei Johann Bernoulli), Theologie, orientalische Sprachen und Physiologie; erhielt bereits 1727 durch Vermittlung Bernoullis einen Ruf an die Akademie in St. Petersburg, lehrte dort ab 1730 als Professor für Physik und übernahm 1733 den Lehrstuhl für höhere Mathematik als Nachfolger Bernoullis; 1741 wurde er durch Friedrich den Großen als Professor an die Akademie der Wissenschaften in Berlin berufen, wo er nach deren Neuordnung zum Direktor der mathematischen Klasse ernannt wurde. 1755 wurde er Mitglied der Pariser Akademie der Wissenschaften, 1766 folgte er erneut einem Ruf nach St. Petersburg. Zahlreiche nach Euler benannte Formeln, Sätze und Begriffe belegen seine Fruchtbarkeit auf nahezu allen Gebieten der Mathematik und Teilbereichen der Physik, insbesondere der analytischen Mechanik und Himmelsmechanik. Geowissenschaftlich von besonderem Interesse sind die Grundlagen für die Kreiseltheorie (1758) (↗Eulersche Gleichungen, Eulersche Winkel), die Postulierung der ↗Polbewegung (1765) als Wanderung der Rotationsachse der Erde um die Hauptträgheitsachse einer starren Erde mit der Eulerschen Periode, die mathematische Formulierung des Zusammenhangs zwischen der Größe der ↗Abplattung der Erdfigur und der Parallaxe des Mondes. Auch befaßte er sich mit den mathematischen Grundlagen der Kartenentwürfe. Sein außergewöhnliches Gedächtnis befähigte ihn, auch nach seiner totalen Erblindung im Jahre 1766 die wissenschaftliche Arbeit fortzusetzen; bei seinem Tod hinterließ er nahezu 870 Werke. Seine Veröffentlichungen wurden in 46 Bänden der Petersburger Akademie von 1727–83 herausgegeben. [EB]

Euler-Pol, Pol zur Winkelrotation, die nach dem Eulertheorem eine sich auf der Kugeloberfläche bewegende Kugelkalotte beschreibt. Die Bewegung einer Lithosphärenplatte gegenüber einem beliebigen Punkt auf der Erdoberfläche oder gegenüber einer zweiten Platte läßt sich damit immer als Rotation um einen Euler-Pol sehen, dessen Lage unabhängig von der Rotationsachse der Erde ist. Der Plattenbewegung kann damit eine Winkelgeschwindigkeit zugeordnet werden, wobei Punkte auf dieser Platte sich auf Kleinkreisen um den Euler-Pol bewegen. Die Winkelgeschwindigkeiten sind für diese Punkte gleich, nicht aber die Streckengeschwindigkeiten, die von einem Maximum am Euler-Äquator auf Null am Euler-Pol abnehmen. Der Euler-Pol kann außerhalb oder innerhalb der betrachteten Platte liegen. Die unterschiedlichen Bewegungen von *n* Platten gegeneinander sind durch *1/2 n(n-1)* Rotationspole und entsprechend viele Winkelgeschwindigkeiten charakterisiert. Transformstörungen an divergenten Plattengrenzen (↗Plattenrand) liegen auf Kleinkreisen um den Euler-Pol, seinen Meridianen folgen annähernd die Teilstücke der ↗Mittelozeanischen Rücken. [KJR]

Eulersche Bewegungsgleichungen, Form der ↗Bewegungsgleichungen, welche die Bewegung einer reibungsfreien, inkompressiblen Flüssigkeit wie z. B. (näherungsweise) Wasser beschreibt. Diese ↗Bewegungsgleichungen entstehen aus der Navier-Stokesschen Bewegungsgleichung (↗hydrodynamische Bewegungsgleichung) durch Vernachlässigung des Reibungstermes und werden für ein räumlich festes Koordinatensystem formuliert. Der Beschleunigungsterm $d\vec{v}/dt$ wird dann aufgespalten in eine lokale Änderung der Geschwindigkeit und einen Advektionsterm:

$$\frac{d\vec{v}}{dt} = \frac{\partial \vec{v}}{\partial t} + \vec{v} \cdot \nabla \vec{v}$$

In der numerischen Modellierung entspricht dieses raumfeste Koordinatensystem dem Modellgitter.

Eulersche Drehmatrix, ↗Drehmatrix zur Drehung zweier rechtwinkliger Dreibeine mit Hilfe der Eulerschen Winkel ψ, φ und θ. Die Hintereinanderschaltung der Elementardrehungen geschieht in der folgenden Reihenfolge: Zunächst erfolgt eine Drehung um die ursprüngliche $\vec{e}_3$-Achse um den Winkel ψ. Dann folgt eine Drehung um die neu entstandene $\vec{e}_1$-Achse um den Winkel θ. Eine Drehung um die wiederum neu entstandene $\vec{e}_3$-Achse um den Winkel φ schließt die Gesamtdrehung ab.

Eulersche Gleichungen, erhält man ausgehend von der Gleichung $\vec{L} = \partial \vec{H}/\partial t + \vec{\omega} \times \vec{H}$, die die zeitliche Änderung des ↗Drehimpulses $\vec{H}$ in einem körperfesten System in bezug bringt zum ↗Drehmoment $\vec{L}$. Für ein Hauptträgheitsachsensystem mit den ↗Trägheitsmomenten A, B, C gilt:

$$A\dot{\omega}_1 + (C-B)\omega_2\omega_3 = L_1$$
$$B\dot{\omega}_2 + (A-C)\omega_3\omega_1 = L_2$$
$$A\dot{\omega}_3 + (B-A)\omega_1\omega_2 = L_3.$$

Die Eulerschen Gleichungen sind der Ausgangspunkt für die Beschreibung einer Kreiselbewegung. Sie bilden ein System gewöhnlicher, gekoppelter Differentialgleichungen erster Ordnung für die Koordinaten $\omega_i(t)$ des Drehvektors eines als starr angenommenen Teilchensystems. Als solches wird, in erster Näherung, die Erde betrachtet.

Eulersche Periode ↗Polbewegung.

Eulerscher Wind, Wind, der nur durch die Druckkraft hervorgerufen wird. Er weht vom hohen zum tiefen Druck. In der Praxis findet man den Eulerwind nur für kurze Zeiträume, da Reibungskräfte der Bewegungsrichtung entgegenwirken.

Euler-Wiege, Kombination von zwei senkrecht zueinander stehenden Drehkreisen, wobei einer als Voll- oder Teilring ausgeführt ist, auf dem sich der zweite, mit seiner Achse parallel zur Ringebene bewegt. Die Drehwinkel entsprechen den Eulerschen Winkeln. Mit dieser Kombination kann jeder beliebig orientierte Richtungsvektor in eine definierte Lage gebracht werden. Die Euler-Wie-

Euler, *Leonhard*

ge findet z. B. bei Einkristall-Diffraktometern Verwendung.

eulitoral, Küstenbereich, der im Einfluß von Gezeiten und Wellenschlag steht, im Gegensatz zum ↗sublitoralen und ↗supralitoralen Bereich.

EUMETSAT, *Europäische Organisation zur Nutzung meteorologischer Satelliten*, 1983 gegründete und 1986 ratifizierte Behörde mit Sitz in Darmstadt. EUMETSAT gehören 17 europäische Staaten an. Sie setzt das von der ↗ESA 1977 begonnene ↗METEOSAT-Programm fort und ist zuständig für die Einrichtung und den Unterhalt eines europäischen Systems von operationellen ↗Wettersatelliten sowie die Vermittlung von Satellitendaten an die Verbraucher (nationale Wetterdienste, Forschung und Lehre oder kommerzielle Organisationen). Als wichtiger Partner neben den USA und Rußland sorgt EUMETSAT für die Überwachung des globalen Wetters und des Klimas. Der Betrieb von EUMETSAT erfolgte bis Ende 1995 durch die ↗ESOC.

EUMETSAT Polar System, *EPS*, Programm von ↗EUMETSAT für das europäische System polarumlaufender ↗Wettersatelliten (↗polarumlaufender Satellit) mit dem Namen ↗METOP im Rahmen des globalen ↗meteorologischen Satellitensystems. Es beinhaltet Entwicklung, Bau, Start und Betrieb der Satelliten und der erforderlichen Bodeneinrichtung und die Datenaufbereitung.

euphotisch, *photisch*, aquatische Tiefenzone, in die genügend Licht für die Photosynthese eindringt, meist identisch mit der ↗trophogenen Schicht. Die Eindringtiefe des Lichtes ist vom Trübungsgrad des Wassers durch Nährstoffe und anorganisch eingetragene Sinkstoffe (Abb.) sowie von der geographischen Breite (Sonnenhöhe) abhängig. Die Untergrenze der photischen Zone variiert damit beträchtlich; als Durchschnitt wird 80 m Wassertiefe angegeben. Bereits in Wassertiefen von weniger als 20 m werden 50 % des eindringenden Lichtes resorbiert. Nennenswerte Produktion pflanzlicher Substanz ist nur in Wassertiefen oberhalb von 50 m möglich.

EUREF, *Europäischer Referenzrahmen*, *European Reference Frame*, ein mit dem Global Positioning System (GPS) beobachteter vereinbarter erdfester ↗Bezugsrahmen aus vermarkten Punkten an der Erdoberfläche als Realisierung des Europäischen Terrestrischen Referenzsystem (↗ETRS). Die dreidimensionalen Koordinaten sind in einem ↗globalen geozentrischen Koordinatensystem innerhalb des ↗IERS Terrestrischen Referenzrahmens (↗ITRF) mit Lagegenauigkeiten von wenigen Zentimetern festgelegt. Die erste GPS-Meßkampagne des EUREF im Jahre 1988 erstreckte sich nur über die westeuropäischen Länder. Nach der Öffnung der Grenzen zu den ehemals sozialistischen Ländern wurden diese durch einzelne GPS-Meßkampagnen in den neunziger Jahren angeschlossen. EUREF dient heute in den einbezogenen europäischen Ländern als offizieller Bezugsrahmen der Landesvermessungen, der durch nationale Bezugsrahmen verdichtet wird, z. B. in Deutschland durch ↗DREF.

Europäische Organisation zur Nutzung Meteorologischer Satelliten ↗*EUMETSAT*.

Europäisches Mittelmeer, ↗Nebenmeer des ↗Atlantischen Ozeans, das als interkontinentales ↗Mittelmeer zwischen Südeuropa, Nordafrika und Vorderasien liegt (Abb.). Durch die ↗Straße von Gibraltar erfolgt ein Zustrom atlantischen Wassers. Durch den Verdunstungsüberschuß wird der ↗Salzgehalt angereichert, so daß bei winterlicher Abkühlung in den Becken des westlichen und östlichen Mittelmeers durch tiefe ↗Konvektion Zwischenwasser entstehen kann, das in den Atlantik zurückströmt und dort ein Salzgehaltsmaximum in 1000 bis 1250 m Tiefe bildet. Die Tiefenwasserbildung erfolgte früher vorwiegend im ↗Adriatischen Meer. Seit den neunziger Jahren ist das ↗Ägäische Meer auch daran beteiligt.

Europäisches Nordmeer, als Teil des Arktischen Mittelmeers (↗Arktisches Mittelmeer Abb.) ein ↗Nebenmeer des Atlantiks. Es umfaßt die ↗Grönlandsee, die ↗Norwegensee und die ↗Islandsee.

Europäisches Zentrum für Mittelfristige Wettervorhersage, *EZMW*, *ECMWF*, *European Center for Medium range Weather Forecasts*, zwischenstaatliche europäische Organisation von 18 europäischen Staaten mit Sitz in Reading, England. Gegründet 1973. Primär zuständig für Entwicklung und Betrieb von numerischen Wettervorhersagemodellen für den Mittelfristzeitraum (↗Scale), also Wettervorhersagen für den Zeitraum von einigen Tagen bis zu ca. zwei Wochen voraus. Die wichtigsten Ziele sind: Entwicklung numerischer Verfahren für mittelfristige Wettervorhersagen, regelmäßige Erstellung mittelfristiger Vorhersagen zur Verteilung an ↗Wetterdienste der Mitgliedsstaaten, wissenschaftliche und technische Forschung zur Verbesserung dieser Vorhersagen, Sammlung und Speicherung geeigneter meteorologischer Daten.

Europäische Weltraumagentur ↗*ESA*.

Europaskala, *Euroskala*, Kurzbezeichnung der »Europäischen Farbskala für den Offsetdruck, Normdruckfarben«. Die Europaskala (↗Farbskala) legt die Druckfarben Cyan, Magenta und Gelb hinsichtlich ihrer optischen Erscheinung fest. Vorgegeben werden die Farbmaßzahlen für die auf genormtem Papier gedruckten ↗Grundfarben und die Mischfarben.

euphotisch: Eindringtiefe des Lichtes in Wasser verschiedener Reinheit.

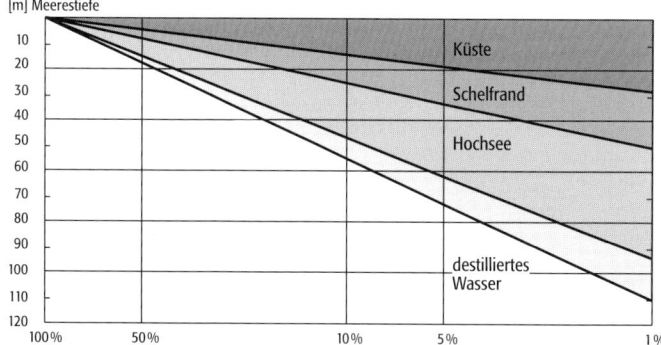

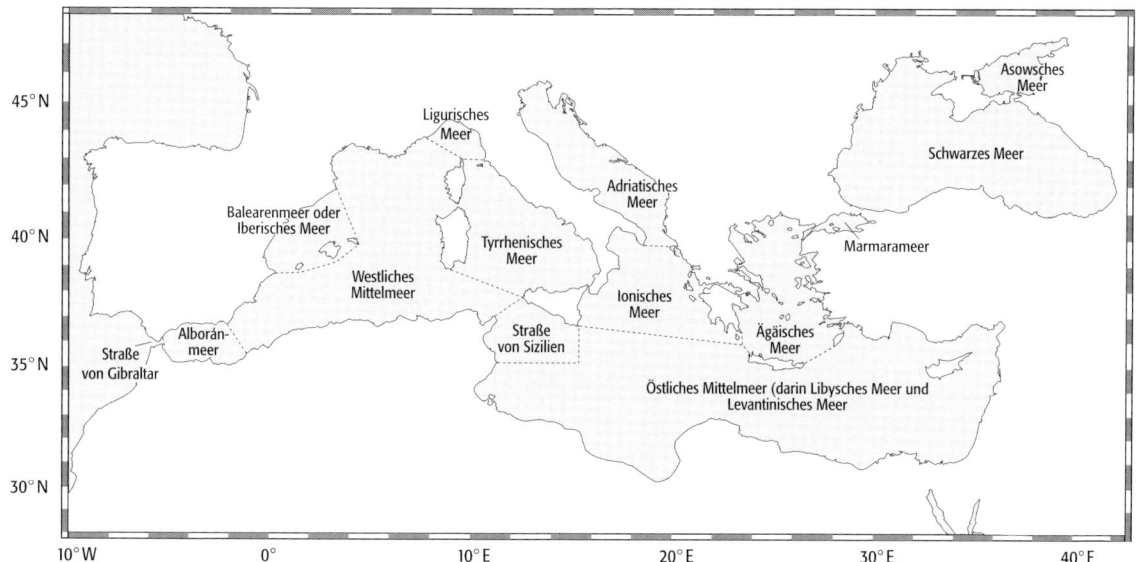

Europäisches Mittelmeer: Europäisches Mittelmeer mit den Grenzen der Teilmeere und den benachbarten Binnenmeeren.

European Center for Medium range Weather Forecasts ↗ *Europäisches Zentrum für Mittelfristige Wettervorhersage*.
European Space Agency ↗ *ESA*.
European Space Operation Centre ↗ *ESOC*.
eurybath, eine weite Spanne von Tiefenzonen tolerierend.
euryhalin, weite Salinitätsspannen tolerierend.
euryök, [von griech. eury = breit, weit; oikos = Haus], Bezeichnung für Organismen, die allgemein große Schwankungen der für sie wichtigen ökologischen Randbedingungen ertragen können, im Gegensatz zu ↗ stenöken Organismen (Abb.). Sie sind daher potentiell in sehr unterschiedlichen Ökosystemtypen (↗ Ökosystem) zu finden. Je nach betrachtetem Faktor, kann die Bezeichnung konkretisiert werden, beispielsweise euryhydrisch (tolerant bezüglich des Wasserpotentials), euryhalin (bezüglich des Salzgehaltes) oder eurytherm (bezüglich der Temperatur).
eurytherm, weite Temperaturspannen tolerierend.
eurytop, eine weite Spanne von Biotopen besiedeln könnend.
Eustasie, Bezeichnung für ↗ Landschaftsökosysteme wie Seen, Wälder, Höhlen usw., in denen die Bedingungen im ökologischen Sinne mittelfristig relativ stabil sind (↗ Stabilität), im Gegensatz zur *Astasie*.
eustatische Meeresspiegelschwankung, weltweit wirksame Meeresspiegeländerungen, die entweder auf Volumenänderungen der Meeresbecken beruhen oder auf Massenverlagerungen des Wassers infolge klimabedingter Veränderungen des Wasserhaushalts. So bewirkte beispielsweise während des letzten ↗ Glazials die Bindung des Wassers in Eismassen eine weltweite Meeresspiegelabsenkung von mehr als 100 m. Das völlige Abschmelzen der heutigen Gletscher würde einen Meeresspiegelanstieg um ca. 60 m nach sich ziehen.

Eutektikum, *eutektischer Punkt*, bezeichnet den Punkt, an dem sich in einer magmatischen Schmelze zwei Komponenten (z. B. Diopsid und ↗ Anorthit) gleichzeitig ausscheiden. Bei ihrer gleichzeitigen Kristallisation entstehen häufig innig verschränkte Verwachsungen, sog. Eutektstrukturen. Bezeichnet gleichzeitig die niedrigsterreichbare Aufschmelztemperatur in einem ↗ Zweistoffsystem oder ↗ Mehrstoffsystem.
eutroph, bezeichnet Nährstoffreichtum, meist bezogen auf Gewässer (↗ Eutrophierung), im Gegensatz zu ↗ oligotroph.
eutropher See, nährstoffreicher und produktiver See. Die ↗ Biomasse des ↗ Bakterioplanktons ist höher als die des ↗ Phytoplanktons. Eine Remobilisierung von Nährstoffen aus den Sedimenten ist zu Zeiten der Vollzirkulation möglich (↗ Wärmehaushalt der Gewässer). Nach der Vollzirkulation beträgt die Produktivität 30–100 µg/l, der Gesamtphosphor-Gehalt 30–100 mg/m³ Wasser. Eutrophe Seen haben meist eine geringe Wassertiefe, die Sichttiefe ist mit 1–3 m ebenfalls gering. Ihr hydrologisches ↗ Einzugsgebiet ist relativ groß. Eutrophe Seen sind meist fischreiche Gewässer. Nährstoffeinleitungen aus Landwirt-

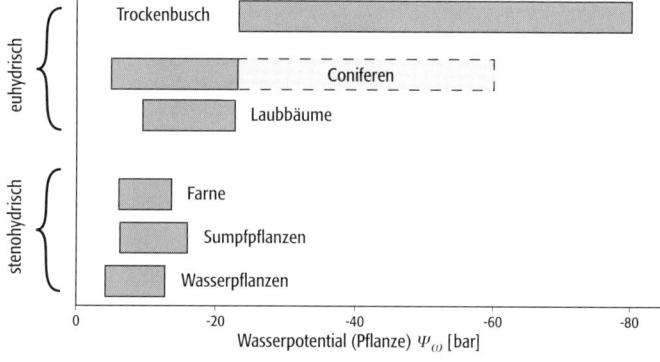

euryök: Anpassungsbreite von Wasserpotentialen in Pflanzen.

schaft, Kommunen oder Gewerbe führen auf Dauer zu einer Überdüngung (/Eutrophierung) mit nachteiligen Folgen (/Umkippen des Sees).

Eutrophierung, Begriff aus der /Ökologie für natürliche, meist jedoch künstliche Anreicherung von Nährstoffen (v. a. Nitrat und Phosphat), insbesondere in stehenden oder langsam fließenden Gewässern. Die Nährstoffe stammen einerseits aus gewerblichen, industriellen und häuslichen Abwässern (Phosphate in Waschmitteln), andererseits aus Oberflächenabfluß von überdüngten, landwirtschaftlich genutzten Gebieten (Nitrate in Jauche). Die normalerweise als /Minimumfaktor vorhandenen Nährstoffe erhöhen die /Primärproduktion im Gewässer (v. a. die des /Planktons), was speziell im Sommer zu Massenvermehrungen von Algen führt (/Algenblüten). Die Nettoproduktion an /Biomasse (in mg Kohlenstoff pro m^2 und Tag) beträgt in einem eutrophen See etwa 600–8000 mgC/m^2 · d, in einem /oligotrophen See dagegen nur 50–300 mgC/m^2 · d. Die im Herbst abgestorbene Biomasse sinkt auf den Grund ab und wird unter hohem Sauerstoffverbrauch von Bakterien mineralisiert. Dies führt zu Faulschlammbildung und im Extremfall zu /anaeroben Verhältnissen im ganzen Gewässer (»/Umkippen von Seen«), was ein Absterben aller höherer Organismen (obligate /Aerobier) zur Folge hat. Die Eutrophierung von Seen wird seit den 1970er Jahren mittels mechanischer Belüftung des Wassers aber auch politischer und gesetzlicher Anstrengungen zur Senkung der Nährstoffeinträge in Gewässer bekämpft. [DR]

EUVN, *European Vertical GPS-Reference Network*, Europäisches Höhenreferenznetz, bestehend aus 195 Punkten über Europa verteilt (Lage-, Höhen- und Pegelpunkte), für die mit Hilfe von GPS Koordinaten und /ellipsoidische Höhen bestimmt wurden und für die nivellitische Höhenangaben (/UELN) vorliegen. EUVN ist eine Initiative im Rahmen von /EUREF.

euxinisch, Begriff für /anaerobe Bedingungen in einem begrenzt zirkulierenden Wasserkörper. Durch fehlende Oxidation bleibt organisches Material erhalten und es bilden sich H$_2$S-haltige Faulgase. Bei fehlender Wasserbewegung steigt der H$_2$S-Spiegel aus dem Sediment in die Wassersäule auf. Es entwickeln sich schwarze oder dunkelgraue Faulschlämme (auch /Sapropel) mit einem hohen Anteil (1–10 Gew.-%) an organischer Substanz. Diagenetisch verfestigt werden sie als /Schwarzschiefer bezeichnet.

Euxinische Sedimentationsbedingungen gibt es heute z. B. im Schwarzen Meer. Fossile Beispiele sind der oberpermische /Kupferschiefer Zentraleuropas sowie der unterjurassische /Posidonienschiefer Nord- und Süddeutschlands.

Evaporation, 1) setzt sich zusammen aus der /Verdunstung der unbewachsenen Landoberflächen (/Bodenverdunstung, /Sublimation von Schnee- und Eisflächen), des auf Pflanzenoberflächen zurückgehaltenen Niederschlages (/Interzeptionsverdunstung) und von freien Wasserflächen. Dabei sind biotische Vorgänge (/Transpiration) ausgeschlossen, im Gegensatz zur /Evapotranspiration. 2) Verdunstung des auf Land- und Pflanzenoberfläche nach Niederschlägen, Schneeschmelze oder Überschwemmungen vorübergehend gespeicherten Wassers (z. B. Pfützen) sowie des im Boden aus dem Grundwasser kapillar aufsteigenden Wassers.

Evaporationsmethode /U-Pb-Methode.

Evaporimeter, Gerät zur Messung der örtlichen /potentiellen Verdunstung mit Hilfe von feuchten Probekörpern. Dabei unterscheidet man zwischen Geräten, bei denen feuchte Papierproben (Atmometer) oder Keramikplatten (Evaporometer) der /Verdunstung ausgesetzt werden (Abb.). Diese Probekörper werden mit einem mit Wasser gefüllten Gefäß verbunden, das über Skalen verfügt, an der die durch die Verdunstung bedingte Wasserabnahme abgelesen werden kann.

Evaporite, *Salzgesteine*, /chemische Sedimente und Sedimentgesteine, die durch intensive Verdunstung oder gar Eindunstung saliner wässriger Lösungen entstehen. Salinare Lösung kann dabei Meerwasser (Bildung von marinen Evaporiten) oder aber Grundwasser bzw. Porenwasser (Bildung von terrestrischen Evaporiten) sein. Terrestrische Salzbildungen entstehen durch Ausfällung von Mineralen aus kapillar aufsteigenden Grundwässern (/semiarides und vollarides Klima) oder in abflußlosen Konzentrationsseen (arides Klima); der Salzgehalt ist von den anstehenden Gesteinen und Böden beeinflußt. In terrestrischen Evaporiten kommt es zur Bildung von Carbonaten, Chloriden, Nitraten, Sulfaten und Boraten.

Marine Evaporite bilden häufig eine Ausscheidungsabfolge, die den jeweiligen Grad der Eindampfung widerspiegelt. Auf eine klastische, tonige Sedimentation folgt die chemische oder bio-

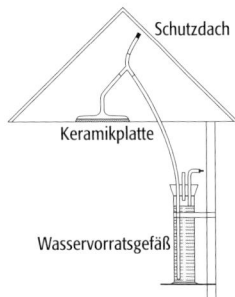

Evaporimeter: Evaporimeter nach Ceratzki.

Evaporite (Tab. 1): Zusammenstellung einiger der wesentlichen evaporitischen Mineralien des marinen und kontinentalen Bereichs, hinzugefügt sind die Borate und Nitrate.

Mineral	marin	kontinental
Carbonate:		
Natrit (Soda)		●
Trona		●
Sulfate:		
Gips	●	●
Anhydrit	●	●
Kieserit	●	●
Polyhalit	●	
Chloride:		
Halit	●	●
Sylvin	●	
Carnallit	●	
Borate:		
Borax		●
Colematit		●
Ulexit		●
Nitrate:		
Nitronatrit (Natronsalpeter)		Verwitterung
Nitrokalit (Kalisalpeter)		

gesteinsbildend	nicht gesteinsbildend
marin: subtropische Meeresbuchten und Lagunen kontinental: subtropische Seen Polargebiete Abscheidungen aus Grundwasser	Ausblühungen in Tunnels, Höhlen oder Bergwerken, in Hohlräumen und Spalten von Bauwerken in Laven und metamorphen Gesteinen, an Fumarolen

chemische Carbonatbildung (Aragonit, Calcit, Dolomit, der größtenteils allerdings erst diagenetisch aus $CaCO_3$ entsteht), Gipsbildung (Eindampfung von 70 % eines Meerwassers mit heutigen Salzgehalten), Halitfällung (89 % Eindampfung) und Kalisalzbildung (Sylvin, Carnallit, etc.). Den Abschluß der Ausfällung bildet Bischoffit ($MgCl_2 \cdot 6\,H_2O$). Zu mächtigen Salzablagerungen kann es in abgeschnürten Becken kommen, in die regelmäßig Meerwasser nachströmen kann; Flüsse dürfen nicht in das Becken eintreten; ebenso muß ein regenarmes Klima herrschen.
Wegen ihrer bedeutend geringeren Löslichkeit werden die Erdalkali-Carbonatminerale (z. B. ↗Calcit, ↗Aragonit, ↗Dolomit, ↗Magnesit), die Carbonate aufbauen, nicht zu den eigentlichen Evaporiten gezählt (Tab. 1). Evaporitische Minerale können in allen Bereichen auf oder nahe der Erdoberfläche auftreten (Tab. 2). [DM]

Evapotranspiration, Summe von ↗Evaporation (↗Bodenverdunstung und ↗Interzeptionsverdunstung) und ↗Transpiration. Die Verdunstungskomponenten werden beeinflußt von Boden- und Pflanzenart, Pflanzenentwicklung und Witterung. Bei Transpiration und Evaporation muß man zwischen Zeitabschnitten unterscheiden, in denen die Verdunstung gleich dem potentiellen Wert ist (↗potentielle Verdunstung) und solchen, wo die ↗tatsächliche Verdunstung gegenüber dem potentiellen Wert reduziert ist.

Event, in der Geophysik ein kurzer Zeitabschnitt mit einer global nachgewiesenen ↗Feldumkehr innerhalb eines ↗Chrons. Neuere Begriffe dafür sind Subchron oder Microchron. Beispiele sind der ↗Jaramillo-Event und ↗Olduvai-Event normaler Polarität im ↗Matuyama-Chron inverser Polarität.

Eventstratigraphie, eine Methode der zeitlichen Einordnung und der überregionalen Korrelation von Gesteinsschichten mittels im Gestein nachweisbarer Ereignisse (engl. event) oder Katastrophen. Biologische Ereignisse können sein: bedeutende Faunenwechsel, Faunenschnitte, Aussterbeereignisse, ↗Massensterben und Massenaussterben etc. Abiologische Ereignisse können z. B. weithin korrelierbare Vulkanoklastika einer Eruption, Iridium-Anomalien durch Meteoriteneinschläge o. ä. sein. Biologische Ereignisse gehen oft einher mit deutlichen lithologischen Wechseln. ↗Cuvier benutzte dominante biologische und lithologische Wechsel, um seine Katastrophentheorie zu etablieren. Bereits die Geologen des 19. Jh. unterschieden zwischen größeren und kleineren Einheiten (heute System, Serie und Stufe genannt), je nach Bedeutsamkeit des Faunenwechsels.

Event-Timer, elektronisches Zeitmeßsystem, das es erlaubt, Ereignisse (Start- bzw. Stopimpulse bei der ↗Laser-Entfernungsmessung) auf eine lokale Zeitskala zu beziehen und ihnen Zeitpunkte zuzuordnen. Die Ereignisse (Laserimpulse) werden von ↗Detektoren in elektronische Impulse umgewandelt. Die Laufzeit ergibt sich aus der Differenz der registrierten Zeiten für Stop- und Startereignisse. Event-Timer liefern heute bereits Zeitmeßgenauigkeiten bis etwa 5 ns. Event-Timer werden statt ↗Laufzeitzähler in der Laser-Entfernungsmessung eingesetzt, wenn der zeitliche Abstand der ausgesendeten Laserimpulse kürzer ist als die Laufzeit zum Satelliten und zurück.

Evolution, [von lat. evolvere = ab-, entwickeln], 1) umgangssprachlich: Entwicklung, Umwandlung, auch Höherentwicklung; 2) im engeren Sinne: die Biosphäre verändert sich ständig, weil das Erbgut in einem gewissem Maße instabil ist. Bei der Weitergabe der Erbinformationen, die in den Genen lokalisiert und durch die DNS codiert sind, schleichen sich Kopierfehler ein, die einen permanenten Umbau des Genoms (Mutationen) und der Steuermechanismen ermöglichen und so zu einem ständigen Wandel führen. Damit ist die Voraussetzung für eine Evolution gegeben. Der Umbau des Genoms führt nicht zu einem Chaos, weil strenge Kontrollen den Veränderungen enge Grenzen setzen. Schon bei der Rekombination der Chromosomen in der Eizelle wird die Entwicklung des Keims bei großen Veränderungen im Genom abgebrochen. Ein Individuum kann auch später nur überleben, wenn es in jeder Phase lebensfähig ist, d. h. es wird in jedem Stadium einer strengen Funktionskontrolle durch die Umwelt unterworfen. Die genetischen Veränderungen sind zunächst ungerichtet und auf dem molekularen Niveau auch reversibel. Bislang sind keine inneren Vorgänge bekannt, die der Evolution eine Richtung geben. Von außen wirken allerdings Selektionsmechanismen, die aus der Variabilität zwischen den Individuen einer Population diejenigen bevorzugen, die in dem entsprechenden System besser angepaßt sind. Das bedeutet, daß sie über ein besseres Ressourcen/Leistungsverhältnis verfügen. Dadurch wird eine Richtung vorgegeben, in der die Leistungssteigerung als Selektionsvorteil eine wesentliche Komponente bildet. Eine Umkehr größerer Evolutionsschritte würde eine Verringerung der Leistung bedeuten und ist damit unwahrscheinlich. Da nicht alle Leistungssteigerungen in der gleichen Richtung verlaufen müssen, wird eine stärkere Differenzierung der Lebensformen möglich, die sich in einer immer größeren Diversität äußert.
Evolutionsvorgänge wurden seit dem Beginn des 19. Jh. vielfach diskutiert, doch erst in der Evolutionstheorie, die Charles ↗Darwin 1859 formu-

Evaporite (Tab. 2): Bildungsbereiche von Evaporiten.

Evolution: Die Klassen der Wirbeltiere treten nacheinander im Fossilbericht auf und lassen eine Entwicklung zu komplexeren Strukturen erkennen.

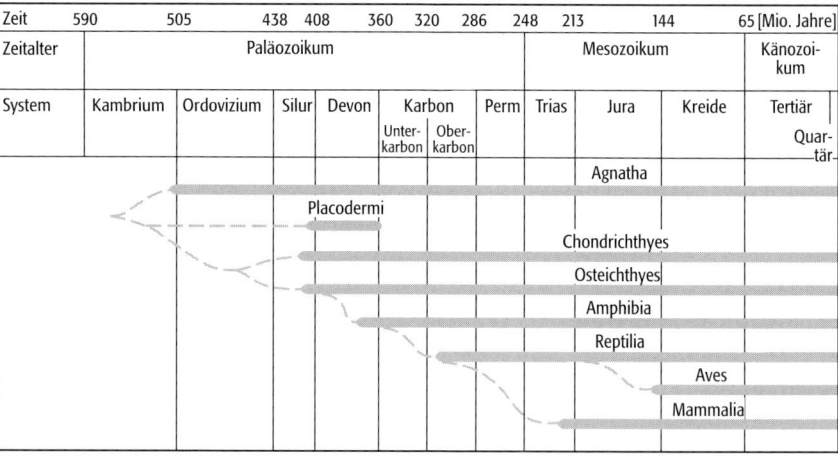

lierte, wurde der Mechanismus für die Evolution im Zusammenspiel von angebotener Vielfalt und Selektion erkannt. Seit Darwin sind viele Ergänzungen und Detailaspekte hinzugekommen, aber seine Grundidee bildet noch immer die beste Möglichkeit, die umfangreichen Befunde aus Biologie und Paläontologie sinnvoll zu erklären. Allerdings kann und will diese Evolutionstheorie keine Antworten auf die Sinnfragen geben, wie sie von Religion und Philosophie gestellt werden, weil die Naturwissenschaften den Menschen zwar in ihr Weltbild einschließen, ihn aber nicht zum Ausgangspunkt der Betrachtung machen und ihm nicht die zentrale Stellung einräumen. Die Evolution der einzelnen Tier- und Pflanzengruppen ist an einen konkreten zeitlichen und räumlichen Rahmen gebunden und damit ein historischer Vorgang, der nur anhand von ↗Fossilien überprüft werden kann.

Schon die Tatsache, daß die einzelnen Wirbeltierklassen in der Erdgeschichte nacheinander auftreten, bietet einen unübersehbaren Hinweis auf die Evolution. Die meisten Tierstämme haben erst im ↗Kambrium mineralisierte Hartteile entwickelt und sind von diesem Zeitpunkt an im Fossilbericht erkennbar. Ihre frühe Evolution muß daher weitgehend nach der Methode der vergleichenden Anatomie erschlossen werden. Die Wirbeltiere erscheinen erst im ↗Paläozoikum. Der Fossilbericht zeigt sehr eindrucksvoll das Auftreten immer höher differenzierter Klassen in einer zeitlichen Abfolge (Abb.). Im ↗Ordovizium treten die Fische auf, zuerst kieferlos, später kiefertragend. Im Oberdevon lassen sich die ersten Amphibien und im ↗Karbon die ersten Reptilien nachweisen. Aus der Obertrias sind die ersten Säugetiere bekannt, während die Vögel erst seit dem Oberjura belegt sind. Diese Höherentwicklung kann jeweils mit der Eroberung neuer Lebensräume gleichgesetzt werden. So gelingt den Amphibien der Schritt auf das Land. Die Reptilien sind auch bei der Eiablage nicht mehr an das Wasser gebunden. Die Säugetiere können als warmblütige Tiere auch nachts aktiv sein, und die Vögel erobern den Luftraum. Der Begriff »Höherentwicklung« muß stark relativiert werden, weil Vögel und Säugetiere sich aus unterschiedlichen Reptilgruppen in verschiedene Richtungen entwickelt haben. Daher kann sich ein sinnvoller Vergleich der Entwicklungshöhe stets nur auf einzelne Organe, nicht aber auf den ganzen Organismus beziehen.

Das zeitliche Auftreten der einzelnen Wirbeltierklassen ist nur ein gewisser Hinweis auf die Evolution, überzeugender ist der Nachweis von Übergangsformen in der entsprechenden stratigraphischen Position. Die berühmteste Zwischenform ist der Urvogel *Archaeopteryx* aus der Lagune von Solnhofen. Dieses Tier besitzt mit der Bezahnung und dem langen Schwanz typische Reptilmerkmale, während die Flugfedern typisch für Vögel sind. *Archaeopteryx* bietet mit diesem Merkmalsmosaik ein gutes Modell für einen Übergang. Allerdings ist Vorsicht geboten, in *Archaeopteryx* den Stammvater aller Vögel zu sehen, weil der Fossilbericht recht lückenhaft ist. Es ist durchaus denkbar, daß die Vögel etwas früher entstanden sind, und im Oberjura an anderer Stelle bereits höher entwickelte Formen existierten. Dennoch bleibt *Archaeopteryx* das beste Modell für den Übergang von den Reptilien, speziell den theropoden Dinosauriern, zu den Vögeln, bis weitere Funde die bestehenden Lücken verringern.

Die Evolution läßt sich im Fossilbericht noch eindrücklicher auf dem Gattungs- bzw. Artniveau verfolgen. Mikrofossilien oder Kleinsäuger sind besonders geeignet, weil sie in großen Zahlen vorliegen. Betrachtet man Populationen aus einer zeitlichen Abfolge, dann läßt sich eine Merkmalsverschiebung statistisch verdeutlichen. So verändern die ↗Foraminiferen der Oberkreide Norddeutschlands ihre Breite und die Höhe kontinuierlich. Gelegentlich wird dabei auch die Aufspaltung in verschiedene Taxa deutlich. Bei den ursprünglichen Primaten, die im Alttertiär von Nordamerika sehr häufig sind, kann man eine systematische Verschiebung der Merkmalsvariabilität am schrittweisen Umbau des Gebisses ablesen. Daraus ergibt sich sowohl die Abgrenzung aufeinanderfolgender Arten, wie die Aufspaltung in verschiedene Entwicklungslinien. Ähnliche Umkonstruktionen werden überall sichtbar, sobald die Fossilien von Tier- oder Pflanzengruppen aus einem längeren Zeitraum miteinander verglichen werden.

In den letzten Jahren wurde intensiv diskutiert, ob die Evolution sprunghaft größere Veränderungen hervorbringt (Punktualismus) oder ob sich die Formen gleichmäßig verändert haben (Gradualismus). Der Fossilbericht zeigt meist einen gleichmäßigen Umbau. Aus der Gesamtsicht lassen sich jedoch große Unterschiede in der Entwicklungsgeschwindigkeit zwischen den Taxa postulieren. »Lebende Fossilien«, wie der Pfeilschwanzkrebs *Limulus*, sind durch eine sehr geringe Veränderungsrate charakterisiert. Obwohl die Evolutionsgeschwindigkeit schwer zu quantifizieren ist, kann sie selbst innerhalb einer Evolutionslinie sehr erheblich wechseln. Fledermäuse tauchen im ↗Eozän nahezu fertig evoluiert auf, wie die vorzüglichen Funde aus der Grube ↗Messel bei Darmstadt zeigen. Ihre Evolution in diese spezielle Nische hinein dürfte relativ schnell erfolgt sein, danach aber waren die Möglichkeiten für eine leistungssteigernde Umkonstruktion sehr begrenzt. Deswegen zeigen sie in den letzten 45 Mio. Jahren fast keine weiteren Veränderungen mehr. Andere Säugetiergruppen entwickeln sich erst in diesem Zeitraum und zeigen ganz andere Phasen gesteigerter Entwicklung. Die Primaten beginnen z. B. relativ langsam und weisen erst in der jüngsten Erdgeschichte eine höhere Evolutionsgeschwindigkeit auf. Die Evolution scheint sich als historischer Vorgang aller Schematisierung zu entziehen. Die ↗Biostratigraphie benutzt den sich ständig wechselnden Artbestand in Fauna und Flora, um aus dem Vergleich relative Altersangaben zu gewinnen. Besonders hilfreich sind dabei jene Arten, die sich sehr schnell entwickelten und gleichzeitig eine sehr weite Verbreitung hatten (↗Leitfossil).

Für die Rekonstruktion der Phylogenie (Stammesgeschichte) einzelner Gruppen gibt es sehr unterschiedliche Verfahren. Der stratigraphische Ansatz erscheint zunächst logisch. Wenn in einer Gegend eine ältere und eine jüngere Form der gleichen Gruppe vorliegen, dann sollte die jüngere höher evoluiert sein und von der älteren abstammen. Dieser Ansatz ist aber nur begrenzt brauchbar, weil der lokale Aspekt zu sehr im Vordergrund steht und mögliche Arealverschiebungen unberücksichtigt läßt. Da Entwicklungsfortschritte oft in kleineren Randpopulationen zu erwarten sind, muß man auch damit rechnen, daß eine evoluiertere Form einwandert, ohne daß sie von der primitiveren Form der betrachteten Region abstammt. Bei den tertiären und pleistozänen Pferdeverwandten aus Europa zeigen die Gattungen *Anchitherium*, *Hipparion* und *Equus* jeweils ein höheres Evolutionsniveau. Dennoch bilden sie keine echte Evolutionsreihe, weil jede dieser Gattungen zu anderen Zeiten aus Nordamerika eingewandert ist. Die eigentliche Evolution der Pferde fand nämlich in Nordamerika statt, von wo sich mehrfach Formen über Asien nach Europa ausgebreitet haben. Grundsätzlich läßt sich aus der Ähnlichkeit zwischen Taxa der Verwandtschaftsgrad ablesen. Die vergleichende Anatomie hat seit dem frühen 19. Jh. mit diesem Ansatz ganz grundlegende Erkenntnisse über die Verwandtschaftsverhältnisse geliefert. Bis etwa 1960 betrachtete man vorwiegend die allgemeine Ähnlichkeit, dabei blieb es der Erfahrung überlassen, welchen Merkmalen ein besonderes Gewicht beigemessen wurde. Wesentliche systematische Fortschritte wurden dadurch erzielt, daß man streng zwischen gemeinsamen Merkmalen, die primitiv (plesiomorph) sind und deswegen in einer größeren Verwandtschaftsgruppe auftreten, und abgeleiteten (apomorphen) Merkmalen, die nur ein Taxon kennzeichnen, unterschied. Die Merkmale, die eine eng verwandte (monophyletische) Gruppe gegenüber anderen Formen abgrenzen, sind synapomorph. Nur die gemeinsamen abgeleiteten (synapomorphen) Merkmale können eine engere Verwandtschaft belegen. Dabei ist allerdings die Unterscheidung von plesiomorphen und apomorphen Merkmalen keineswegs einfach, manchmal sogar etwas subjektiv, und hängt immer von den betrachteten Arten ab. Etwa seit 1990 kann man nicht nur morphologische Strukturen, sondern auch die molekularen Sequenzen aus der DNS vergleichen. Es lassen sich damit auch weiter voneinander entfernt stehende Gruppen vergleichen, zwischen denen ein morphologischer Vergleich nicht mehr sinnvoll ist. Zwar kann man bei der molekularen Konfiguration nur selten zwischen primitivem und abgeleitetem Zustand unterscheiden, aber wegen der großen Zahl der Daten ist es möglich, einen hypothetischen Entwicklungsweg zu berechnen, der die wenigsten Änderungen erfordert (Sparsamkeitsprinzip). Dabei werden die Regeln des Kladismus angewendet. Die sich ergebenden Stammbäume müssen jedoch stets sorgfältig geprüft werden, weil der sparsamste Weg zwar logisch zu ermitteln ist, aber nicht unbedingt dem historischen Weg zu entsprechen braucht.

Alle diese Methoden setzen voraus, daß Konvergenzen, das sind die Ähnlichkeiten, die nicht auf Verwandtschaft beruhen, unberücksichtigt bleiben. Konvergenzen sind besonders dann auffallend, wenn einfache biomechanische Gegebenheiten zur Selektion ähnlicher Formen geführt haben. Eine hydrodynamisch günstige Körperform ist mehrfach entwickelt worden, wenn ein schnelles, dauerhaftes Schwimmen vorteilhaft war. Bei komplizierteren Strukturen, wie etwa dem Flügel, den Flugsaurier, Vögel und Fledermäuse unabhängig voneinander aus der Vorderextremität entwickelt haben, läßt sich der unterschiedliche Ursprung an den abweichenden Konstruktionen erkennen. Die Evolution ist ein historischer Vorgang, d. h. eine Veränderung in Zeit und Raum. Die einzelnen Schritte in der Evolution von Pflanzen und Tieren erfolgen nicht isoliert, sondern sind in hohem Maße vom biologischen Umfeld abhängig. Zum einen be-

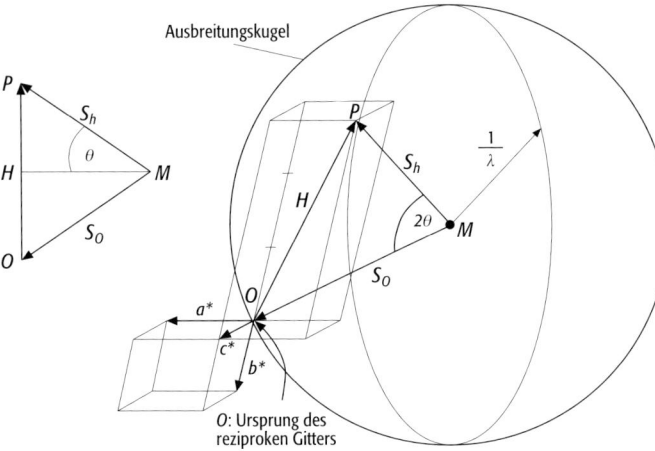

Ewald-Konstruktion: geometrische Lösung für den Vektor des reziproken Gitters: $\vec{H} = -1\vec{a}^* - 3\vec{b}^* + 1\vec{c}^*$, also für den Braggreflex $(hkl) = (-1\ -3\ 1)$ (θ = halber Beugungswinkel, λ = Wellenlänge, S_0 = einfallende Welle, S_h = gestreute Welle; Punkte $M0P$ stellen ein gleichschenkliges Dreieck dar).

dingen sich Taxa gegenseitig, wie Blütenpflanzen und Insekten (Co-Evolution), zum anderen gibt es einmalige Evolutionssituationen. Dazu gehört die Eröffnung eines neuen Lebensraumes. Als die Quastenflosser das Land erstmals besiedelten, gab es dort noch keine Konkurrenten. Bei jedem späteren Versuch das Land erneut zu besiedeln, warteten dort bereits räuberische Tiere. Auch geographische Voraussetzungen führen zur Einmaligkeit der Evolution. Die Abgeschlossenheit von Inseln oder isolierten Kontinenten schafft für Landtiere besondere Verhältnisse. In Madagaskar und Südamerika haben sich über lange Zeit stark endemische Formen entwickelt. Deswegen ist die Evolution zwar ein überall wirkender Prozeß, der sich aber in seinen Ergebnissen sehr stark in Raum und Zeit differenziert. Für dieses historische Geschehen bildet der Fossilbericht die wichtigste Quelle. [WvK]

Evorsion, Kolkbildung, ↗Kolk.

Ewald, Peter Paul, deutscher Physiker, * 23.1.1888 Berlin, † 22.8.1985 Ithaca (New York); 1921–37 Professor in Stuttgart, 1939–49 in Belfast, danach am Polytechnical Institute in Brooklyn (New York); bedeutende theoretische Untersuchungen (1917) zur Streuung von Röntgenstrahlen an Kristallgittern; fand eine geometrische Methode (↗Ewald-Konstruktion, Ewald-Kugel) zur Ermittlung der Richtungen und Wellenvektoren der bei der Kristallstrukturanalyse an den Netzebenen des Kristallgitters reflektierten Strahlen. Werke (Auswahl): »Kristalle und Röntgenstrahlen« (1923), »Fifty Years of X-Ray Diffraction« (1962).

Ewald-Konstruktion, Konstruktion im reziproken Ortsraum (Einheiten: 1/m) zur geometrischen Lösung der ↗Braggschen Gleichung. Schreibt man die Braggsche Gleichung in der Form:

$$\frac{2\sin\Theta}{\lambda} = \frac{n}{d_{h'k'l'}}$$

(θ = halber Beugungswinkel, λ = Wellenlänge, n = Beugungsordnung, $d_{h'k'l'}$ = Abstand der Netzebenen des Kristallgitters mit den ↗Millerschen Indizes $h'k'l'$), so stellt die linke Seite der Gleichung die Bedingung für elastische Streuung dar, d. h. die Endpunkte der Wellenvektoren der einfallenden Welle $\vec{S}_0$ und der gestreuten Welle $\vec{S}_h$ liegen auf einer Kugel mit dem Radius $|\vec{S}_0| = |\vec{S}_h| = 1/\lambda$ (Ewald-Kugel, Ausbreitungskugel), wie aus dem gleichschenkligen Dreieck $M0P$ der Abb. hervorgeht. Der Mittelpunkt der Kugel M ist der Fußpunkt von $\vec{S}_0$ bzw. $\vec{S}_h$. Die rechte Seite der Gleichung stellt das ↗reziproke Gitter dar, da man $n/d_{h'k'l'}$ als ganzzahliges Vielfaches der Beträge der Vektoren des reziproken Gitters

$$\vec{H} = h'\vec{a}^* + k'\vec{b}^* + l'\vec{c}^* \left(\frac{1}{d} = |H|\right),$$

die senkrecht auf den entsprechenden Netzebenen stehen, interpretieren darf. Der Ursprung 0, von dem die Vektoren des reziproken Gitters aus abgetragen werden, ist der Endpunkt von $\vec{S}_0$, da nach den ↗Laue-Gleichungen $h = 0$, $k = 0$, $l = 0$, d. h. $\vec{H} = \vec{0}$, sich immer eine Lösung darstellt, nämlich den immer auftretenden, nicht abgebeugten Strahl nullter Ordnung.

Weitere Lösungen gibt es, wenn weitere Vektoren des reziproken Gitters auf der Ewald-Kugel enden, d. h. wenn die Ewald-Kugel weitere Punkte P des reziproken Gitters schneidet. Dann ist durch geometrische Konstruktion sichergestellt, daß die linke und rechte Seite der obigen Braggschen Beziehung gleich sind. Das ist gleichbedeutend mit der Aussage, daß der Differenzvektor $\vec{S}_0 - \vec{S}_h = \vec{H}$ zur Entstehung eines Beugungsmaximums (Braggreflexes) ein Vektor des reziproken Gitters sein muß. Mit Hilfe der Ewald-Konstruktion kann man auch sofort ermitteln, welche Braggreflexe bei einer vorgegebenen Wellenlänge beobachtbar sind. Es können nämlich nur diejenigen Punkte des reziproken Gitters auf der Ewald-Kugel liegen, die innerhalb einer Grenzkugel um den Ursprung des reziproken Gitters mit dem Radius $2/\lambda$ liegen. [KH]

Ewald-Kugel ↗Ewald-Konstruktion.

exaerob [von lat. ex = aus und griech. aira = Luft], 1) Bezeichnung für durchlüftete ↗Grabgänge in sauerstofffreiem Sediment (↗Bioturbation); 2) eine Biofazies mit völligem Fehlen von Bioturbation.

Exaration, glaziale Erosion von Locker- und Festgesteinen durch die vorrückende Gletscherstirn, wobei das Material ausgeschürft und zusammengeschoben wird. ↗glaziale Erosion.

Exfiltration, auf der Landoberfläche als Quellwasser oder ↗returnflow austretendes sowie das dem Wasserlauf aus dem Grundwasser direkt zufließende Wasser (↗Grundwasserabfluß, ↗Abflußprozeß).

Exfoliation, Prozeß (überwiegend durch mechanische ↗Verwitterung), der zur Ablösung von gekrümmten Lagen von großen Gesteinsmassiven führt. Diese können wenige Zentimeter bis mehrere Meter mächtig sein. Die Ablösungsflächen (↗Kluftflächen) verlaufen i. d. R. subparallel zur Erdoberfläche. Exfoliation ist besonders häufig in Graniten entwickelt, wo sie zu rundlichen und domartigen Oberflächenstrukturen führt. Ein

Beispiel ist die Flossenbürger Granitkuppel in der Oberpfalz.

Exhalationen, heute nicht mehr so gebräuchlicher Begriff für Gasaustritte aus ↗Vulkanen, Lavaströmen und ↗pyroklastischen Strömen. Exhalative Vorgänge finden bei Temperaturen statt, die i. a. höher sind als die Lufttemperatur. Sie gehören genetisch zum Vulkanismus und führen in der Umgebung ihrer Austrittsstellen, v. a. durch Sublimation, zur Neubildung von Mineralen. Zu den Exhalationen zählen ↗Fumarolen, Solfataren und ↗Mofetten.

exhalative Lagerstätten, durch ↗Exhalation gebildete Lagerstätten, ↗Massivsulfidlagerstätten.

Exinit, *Liptinit*, wasserstoffreiche Bestandteile von organischen Resten wie Pollen, Kutikeln, Algencysten in der Kohle; leicht entzündlich, enthält einem hohen Volatilanteil und hinterläßt wenig Rückstände bei der Verbrennung (↗Maceral)

Exkursion, stark ausgeprägte Form der ↗Säkularvariation, die örtlich ähnliche Werte der ↗Deklination und ↗Inklination aufweisen kann, wie bei einer echten ↗Feldumkehr, nämlich eine Änderung der Deklination um 180° und ein Vorzeichenwechsel der Inklination. Die Exkursionen

Exkursion	Alter vor heute in Jahren
Mono Lake	27.000 – 28.000
Laschamp	42.000
Blake	108.000 – 112.000
Pringle Falls	218.000 ± 10.000
Big Lost	565.000

während des normalen ↗Brunhes-Chrons von 0–0,78 Mio. Jahre sind besonders gut dokumentiert (Tab.). In den davor liegenden Zeiten kamen solche Erscheinungen wahrscheinlich ebenfalls vor. Sie können aber wegen ihrer kurzen Dauer in Gesteinen vielfach nicht zweifelsfrei nachgewiesen werden.

Exner von Ewarten, *Felix Maria* Ritter, österreichischer Meteorologe, * 23.8.1876 in Wien, † 7.2.1930 in Wien; 1910–1916 Professor in Innsbruck; 1917–1930 Direktor der ↗Zentralanstalt für Meteorologie und Geodynamik in Wien, seinerzeit führender theoretischer Meteorologe; bedeutende Arbeiten zur Theorie der synoptischen Luftdruckänderungen, zur Dynamik der Atmosphäre und über meteorologische Optik; führt die Korrelationsrechnung in die Meteorologie ein. Werke (Auswahl): »Grundzüge einer Theorie der synoptischen Luftdruckänderungen« (1906, 1907, 1910), »Dynamische Meteorologie« (1917), »Meteorologische Optik« (1922 mit J. M. Pernter).

exogen, *außenbürtig,* von außen her stammend, Gegenteil von ↗endogen. **1)** *Geologie*: Begriff für geologische Erscheinungen, deren Ursache auf erdäußere Kräfte zurückzuführen ist. Exogen gesteuerte Vorgänge wirken durch Abtragung, Transport und Ablagerung ausgleichend auf das Relief der Erde; ↗exogene Dynamik. **2)** *Lagerstättenkunde*: die Bildung solcher Erzvorkommen, bei denen der Stoffbestand von außen zugeführt wurde. Beispiele sind epigenetische ↗Ganglagerstätten.

exogene Dynamik, *außenbürtige Dynamik,* geologische Prozesse im Bereich der Erdoberfläche und der Erdkruste, die auf von außen einwirkende Kräfte zurückzuführen sind. Es handelt sich um allgemein kosmische Kräfte, insbesondere um die Anziehungskraft der Sonne und des Mondes sowie um Sonneneinstrahlung. Ebbe und Flut, die wichtige Transportsysteme der Meere darstellen, werden durch die Gravitation der Gestirne angetrieben. Die exogene Wärmezufuhr durch die Sonne setzt komplizierte Kreisläufe der Luft und des Wassers auf der Erde in Bewegung und bewirkt damit auf der Erdoberfläche Massenverlagerungen wie den ↗Kreislauf der Gesteine. Durch klimagesteuerte ↗Verwitterung wird festes Gestein chemisch gelöst oder physikalisch in Teilchen zerlegt. Wasser, Eis oder Wind führen zu Abtragung, Transport und Ablagerung der Partikel – bzw. Fällung der im Wasser chemisch gelösten Verbindungen – in morphologischen Senken der Kontinente oder in den ozeanischen Becken. Durch Überlagerung mit weiteren Sedimenten verfestigen sich die Lockersedimente im Zuge der ↗Diagenese. Würden ausschließlich exogene Kräfte auf die Erde einwirken, so müßten alle Auftragungen abgetragen und alle Senken mit Schutt verfüllt und die Erdoberfläche eine morphologische Peneplain (Fastebene) werden. Einen solchen Gleichgewichtszustand verhindern jedoch die Kräfte der gleichzeitig wirkenden ↗endogenen Dynamik. [HK]

exogene Prozesse, in der ↗Geomorphologie jene Formungsprozesse, die, im Gegensatz zu den ↗endogenen Prozessen, von außen auf die Gestalt der Erdoberfläche einwirken. Sie beruhen vor allem auf der Schwerkraft, der Sonnenenergie und der Rotation der Erde. Wichtige exogene Prozesse sind die Abtragungsvorgänge (↗Erosion) durch Wind, Wasser und Eis.

exogene Puffersysteme, chemische Reaktionen, die in Böden, Sedimenten, Oberflächenwässern und Grundwässern den ↗pH-Wert des Systems durch Abfangen von Säuren bzw. Basen innerhalb eines Pufferbereiches konstant halten. Entsprechend der bodenkundlichen Klassifizierung kann unterschieden werden in:
1) Carbonat-Pufferbereich (pH 8,6–6,2): $CaCO_3 + H^+ \rightarrow Ca^{2+} + HCO_3^-$
2) Silicat-Pufferbereich (pH 6,2–5,0): $CaAl_2Si_2O_8 + 2 H^+ + 6 H_2O \rightarrow Ca^{2+} + 2Al(OH)_3 + 2 H_4SiO_4$
3) Austauscher-Pufferbereich (pH 5,0–4,2):
$(X-Ca_{0,5}) + H^+ \rightarrow (X-H) + 0,5 Ca^{2+}$
$(X_2-AlOH) + H^+ + H_2O \rightarrow 2(X-H) + [Al(OH)_2]^+$
4) Aluminium-Pufferbereich (pH 4,2–3,0):
$AlOOH + 3 H^+ \rightarrow Al^{3+} + 2 H_2O$
5) Eisenpufferbereich (pH < 3,0):
$FeOOH + 3 H^+ \rightarrow Fe^{3+} + 2 H_2O$
Diesen schematisierten Reaktionen ist gemeinsam, daß sie den Eintrag von Protonen in exogene Systeme durch Mineralauflösung abfangen. Die ↗Pufferkapazität ist dann durch das Dargebot der entsprechenden Minerale begrenzt. Da die Mineralauflösung i. d. R. in offenen Systemen er-

Exkursion (Tab.): einige Exkursionen im Brunhes-Chron.

folgt, sind diese exogenen Puffer – im Gegensatz zu den meisten Puffern im Laboratorium – nicht reversibel. Im Falle der Silicatpuffer erfolgt die Pufferung zudem unter inkongruenter Lösung der Silicate, verbunden mit der Bildung neuer Minerale (z. B. Al-Hydroxide). Die Zusammenstellung der Puffersysteme erfolgt nach ihrem Pufferbereich unter thermodynamischem Gleichgewicht. Dabei bleibt die Reaktionskinetik unberücksichtigt, die bei den genannten Puffersystemen sehr unterschiedlich ist. Während die Carbonatpuffer meist unter Gleichgewichtsbedingungen gelöst werden, ist die Lösung der Silicate sehr viel langsamer. Die ↗Versauerung von silicatreichen Böden oder die Ausbreitung ↗saurer Wässer sind deutliche Belege dafür, daß die Pufferung von Protonen durch Silicate oft mit dem Protoneneintrag insbesondere aus anthropogenen Quellen nicht Schritt halten kann. [TR]

Exokarst, die Gesamtheit der an der Oberfläche auftretenden ↗Karstformen, im Gegensatz zum ↗Endokarst.

Exokontaktzone ↗*Kontaktaureole*.

Exosphäre, bei der Einteilung der Neutralgas-Atmosphäre in Tropo-, Strato-, Meso- und Thermosphären ist die Exosphäre die oberste Schicht (↗Atmosphäre). Ihre Teilchen bewegen sich unabhängig voneinander, wodurch es zu einer Entmischung der einzelnen Gassorten kommt. Die thermische Geschwindigkeit einzelner Teilchen übersteigt die erste kosmische Geschwindigkeit (7,6 km/s), so daß sie dem Gravitationsfeld der Erde entfliehen können.

exotherm, nennt man physikalisch/chemische Prozesse z. B. ↗Reaktionen, bei denen Wärme abgegeben wird. Die Änderung der ↗Enthalpie einer exothermen Reaktion hat einen negativen Wert. Der Gegensatz ist ↗endotherm.

exotisch, in der Geologie verwendeter Begriff für fremdartig in Bezug auf die Gesteine oder Fossilien der Umgebung. So sind z. B. Schichtfolgen und Fossilien der Terranes am Westrand des nordamerikanischen Kratons exotisch in bezug zu den auf dem Kraton sedimentierten Einheiten und den enthaltenen Biota.

Expansionsanker, *Reibrohranker*, ↗Anker, bei dem der Kontakt mit dem Gebirge durch das Aufpressen eines eingestülpten, hochfesten Stahlrohres im Bohrloch mittels Wasserdruck vollzogen wird.

Expansionstheorie, ausgehend von Gedanken von J. D. ↗Dana und F. v. ↗Richthofen sucht die Expansionstheorie die globalen geotektonischen (↗Geotektonik) Phänomene auf eine Expansion des Erdkörpers mit der Zeit zurückzuführen. Diese Ausdehnung wurde ursprünglich durch zunehmende Erwärmung infolge des radioaktiven Zerfalls im Erdinneren erklärt, später durch Umwandlung von sehr dichten Hochdruck-Mineralen in weniger dichte Minerale, was zu Volumenzuwachs führe (O. C. Hilgenberg), oder aber durch eine Abnahme der Gravitationskonstante mit der Zeit (P. A. M. Dirac, P. Jordan). Heute ist die Expansionstheorie nicht mehr aktuell.

experimentelle Hydrologie, Teilbereich der ↗Hydrologie, in dem versucht wird, theoretisch gefundene Zusammenhänge im Experiment nachzuweisen oder zu quantifizieren. Sie gliedert sich in den physikalischen Modellversuch und den Naturversuch.

experimentelle Kartographie, Teilgebiet bzw. Methodenrichtung der Allgemeinen ↗Kartographie im Sinne der ↗Empirischen Kartographie. Der Ausdruck Experimentelle Kartographie ist im deutschsprachigen Raum relativ weit verbreitet, obwohl er nur einen speziellen Bereich des Teilgebietes, nämlich den der psychisch-experimentellen Methoden bezeichnet. Da auch mit anderen empirischen Methoden wie Befragungen, Interviews, Expertengespräche, Beobachtungen und dem sog. lauten Denken gearbeitet wird, ist es sinnvoll, eher den ebenfalls gebräuchlichen Ausdruck Empirische Kartographie zu nutzen.

experimentelle Mineralogie, physikalisch-chemische Mineralogie zur Klärung der Entstehung, Existenz und Umwandlung der Minerale durch Temperatur, Druck, Konzentration, Volumen etc. Arbeiten zur ↗Mineralsynthese sind Inhalte aktueller Forschung, reichen aber weit in die Vergangenheit der Mineralogie zurück. Versuche über die Beeinflussung der Kristalltracht verschiedener Minerale durch Zusetzung von Lösungsgenossen zu mineralbildenden Lösungen und ↗Mitscherlichs Arbeiten zur Isomorphie erbrachten erste Erfahrungen zur Mineralsynthese. Klassische Beiträge leistete auch G. A. ↗Daubrée, dem erste ↗Hydrothermalsynthesen an silicatischen Mineralen gelangen. Arbeiten zur experimentellen Mineralogie sind nicht nur für die Klärung natürlicher Mineralbildungsprozesse von Bedeutung. Die Erfordernisse der Technik führten zur synthetischen Produktion von Mineralen unter Laborbedingungen, zu sonderkeramischen Werkstoffen, wie Supraleitern, neuen Baustoffen und Bindemitteln. ↗Angewandte Mineralogie, ↗Technische Mineralogie. [GST]

experimentelle Petrologie, der Teilbereich der Geowissenschaften, der versucht, in Laborexperimenten die in der Erde ablaufenden gesteinsbildenden Prozesse zu reproduzieren, mit dem Ziel, sie besser zu verstehen. Als Begründer der experimentellen Petrologie gilt Sir James Hall, der

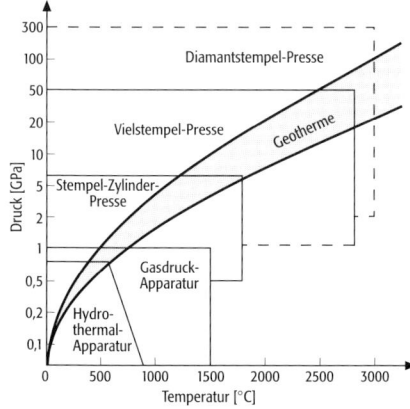

experimentelle Petrologie: Druck-Temperatur-Bereiche der häufig angewendeten Methoden. Zum Vergleich ist der ungefähre Verlauf der Geotherme angegeben.

schon zu Beginn des 19. Jahrhunderts in Edinburgh Versuche zur Umwandlung von Kalkstein in ↗Marmor und zum Schmelzverhalten von ↗Basalt machte. Heutzutage wird das gesamte Spektrum der physikalischen und chemischen Eigenschaften von Mineralen, Gesteinen, Schmelzen, Gasen und Lösungen sowie ihre Reaktionen untereinander untersucht. Es lassen sich u. a. folgende Arten von Experimenten unterscheiden:
– Bestimmung von physikalischen Eigenschaften wie z. B. elastische Konstanten, seismische Geschwindigkeiten, elektrische und thermische Leitfähigkeiten von Festkörpern oder Viskositäten von Schmelzen oder Volumendaten von Gasen,
– Synthese von reinen Mineralen oder Mischphasen für die Bestimmung von thermodynamischen Eigenschaften,
– Bestimmung der Druck-Temperatur-Stabilitätsbereiche eines Minerals oder einer Mineralvergesellschaftung,
– Bestimmung der Elementverteilungen zwischen zwei Phasen (Mineralen, Fluiden oder Schmelzen),
– Feststellung der Schmelztemperaturen (↗Solidus und ↗Liquidus) von Mineralen oder Gesteinen,
– In-situ-Bestimmung von strukturellen Daten mit Hilfe von spektroskopischen oder röntgenographischen Methoden,
– kinetische Versuche zur Bestimmung der Wachstumsgeschwindigkeit von Kristallen oder zur Diffusion in Kristallen oder Schmelzen.
Dabei sind die Wissenschaftler in der Lage, fast den gesamten Druck-Temperatur-Bereich, der innerhalb der Erde verwirklicht ist, durch die verschiedensten, z. T. sehr aufwendigen Methoden zu simulieren (Abb.). Da dies nur für wenige Sekunden, Stunden, Tage oder Wochen gelingt und nicht für Tausende oder Millionen von Jahren wie in der Natur, ist es sehr wichtig, die Frage nach dem chemischen und physikalischen Gleichgewicht zu klären. Zu diesem Zweck können verschiedene Arten von Ausgangsmaterialien wie z. B. Gläser, Gele, Oxidmischungen oder natürliche Minerale verwendet werden. Außerdem kann versucht werden, den Gleichgewichtszustand von zwei Seiten (hoher und niedriger Temperatur, hohem und niedrigem Druck, verschiedenen Fluid- oder Mineralzusammensetzungen) einzugrenzen. Wenn keine In-situ-Messungen vorgenommen werden sollen oder können, muß das Experiment möglichst rasch abgekühlt werden (den Vorgang nennt man ↗Quenchen). [MS]

experimentelle Tektonik, Deformation künstlicher oder natürlicher Materialien unter geologisch relevanten Randbedingungen. Man unterscheidet drei Arten tektonischer Experimente: a) Deformation künstlicher, aber geologisch »realistischer« Modellkörper. Durch einen äußeren Kraftansatz werden Relativbewegungen induziert, welche wiederum zur Ausbildung von Strukturen führen, die denen der Natur ähneln. b) numerische Modellierung mit der ↗Finite-Element-Methode, in denen die Deformation komplexer geologischer Körper als Summe der Deformation kleiner Teilbereiche dargestellt wird, auf die man Kräfte einwirken läßt. Voraussetzung, damit die numerische Simulation geologisch sinnvolle Ergebnisse liefert, ist eine möglichst genaue Kenntnis oder Abschätzung der mechanischen Parameter des simulierten Materials. c) Deformation natürlicher Gesteinsproben unter gut definierten physikalischen Randbedingungen. In cm- bis dm-großen Probenkörpern wird durch einen von außen wirkenden Kraftansatz eine interne Differentialspannung (↗Spannung) erzeugt. Ein seitlich aufgebrachter Manteldruck wirkt als Umlagerungsdruck. Die Temperatur kann ebenfalls in weiten Bereichen variiert werden (bis über 1200 °C). Die Art, wie sich im Experiment die Differentialspannungen und Verformungsraten entwickeln, ist materialspezifisch und ergibt Parameter des rheologischen (↗Rheologie) Verhaltens der Gesteine. Eine mikroskopische Analyse der Proben gibt Auskunft über die wirksamen Verformungsmechanismen. Obwohl die tektonischen Experimente im Labor Beschränkungen unterliegen, insbesondere hinsichtlich der Verformungsraten, die allgemein um 6–7 Größenordnungen größer als in der Natur sind, hinsichtlich der kurzen Versuchsdauer von einigen Stunden bis zu einigen Wochen und hinsichtlich der geringen Größe der Gesteinsproben, liefern die experimentell ermittelten rheologischen Materialparameter die Grundlage für alle dynamischen Modellierungen der ↗Erdkruste und des ↗Erdmantels. [ES]

Expertensystem, Datenbanksystem, in dem neben umfangreichen Daten das Spezialwissen einer Fachdisziplin gespeichert ist, und das mit Hilfe eines Dialogsystems diese Informationen für Diagnose- und Entscheidungshilfen zur Verfügung stellt.

explizite Darstellung ↗Transkriptionsform.

Exploration, **1)** *Allgemein*: Erforschung von Naturvorkommen, z. B. ↗Grundwasser, ↗Bodenschätze, Vorkommen von ↗Erdöl und ↗Erdgas. **2)** *Lagerstättenkunde*: Untersuchung von mineralhöffigen (↗Höffigkeit) Gebieten und die Abgrenzung einer Lagerstätte mit der Kalkulation von sicheren Vorräten. Sie läuft in zwei Phasen ab, wobei die einleitende Exploration mit der Umgrenzung eines Vorkommens und der Kalkulation wahrscheinlicher Vorratsmengen abschließt, die Detail-Exploration zu einer Umgrenzung der Lagerstätte und der Kalkulation sicherer Vorratsmengen führt. Der Exploration geht i. d. R. die *Prospektion* voraus, die das Aufsuchen von mineralhöffigen Gebieten zum Ziel hat. ↗Erkundung.

Explorationsmethoden, Methoden, bevorzugt in der Lagerstättenkunde, zur Auffindung (↗Exploration) und Eingrenzung von ↗Lagerstätten und Vorkommen meist mineralischer Rohstoffe. Dazu zählen klassische geologische Arbeitsmethoden wie z. B. ↗geologische Kartierungen, aber auch verschiedene ↗Bohrverfahren sowie die geochemische und die ↗geophysikalische Prospektion. Alle diese Methoden finden sowohl auf der Erdoberfläche, aber auch in Bohrlöchern, untertägig in Bergwerken sowie auf See Anwendung.

In den letzten Jahrzehnten ist die Exploration mineralischer Rohstoffe in Gebiete vorgedrungen, in denen die Rohstoffe nicht mehr direkt an der Erdoberfläche zugänglich sind. Vielmehr sind sie durch dichte Vegetation, tiefgründige Verwitterung und Überlagerung von nicht höffigem (↗Höffigkeit) ↗Deckgebirge oder jüngeren Sedimenten verborgen. Bei der Exploration solcher Lagerstätten sowie bei der Exploration großflächiger Gebiete haben sich moderne geophysikalische Prospektionsmethoden wie ↗Geo-

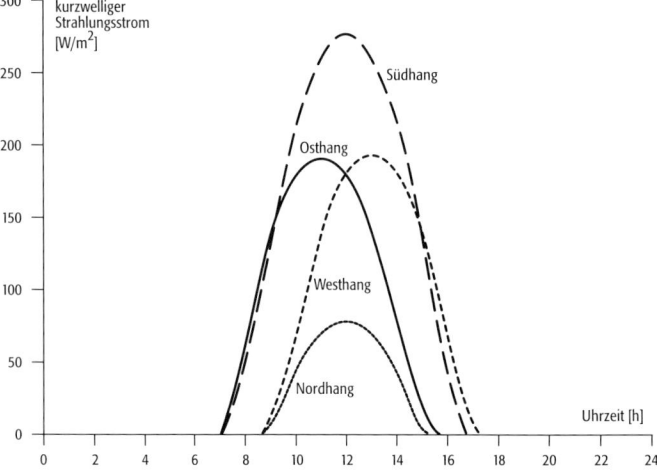

Exposition: Tagesgang des kurzwelligen Strahlungsstromes an unterschiedlich exponierten Hängen (Hangneigung 10°, Januar).

elektrik, ↗Seismik, ↗Gravimetrie, ↗Geomagnetik, ↗Geothermik und ↗Radiometrie durchgesetzt. Einige dieser Methoden lassen sich kosten- und zeitsparend sowie umweltschonend von Flugzeugen bzw. Satelliten aus anwenden (↗Fernerkundung).

Exponentialverteilung, Gruppe von Wahrscheinlichkeitsverteilungen verschiedener ↗Schiefe und anderer Eigenschaften. Man unterscheidet zwischen der einfachen und der doppelten Exponentialverteilung. Die Wahrscheinlichkeitsdichte $f(x)$ für die einfache Exponentialverteilung (auch Fuller-Verteilung) wird beschrieben durch die Beziehung:

$$f(x) = a \cdot e^{-a(x-x_0)} \; \mathit{mit} \; x \geq 0,$$

wobei a eine Konstante und x_0 eine Nullpunktverschiebung darstellen. Die allgemein doppelte Exponentialverteilung lautet

$$f(x) = c \frac{b^{\frac{a+l}{c}}}{\Gamma(\frac{a+l}{c})} e^{(a+l)x} e^{-be^{cx}}$$

für $-\infty < x < \infty$. Sie wird z. B. für hydrologische Daten zur Berechnung von Wahrscheinlichkeiten des Auftretens von Niedrigwasser eingesetzt.

exponentielles Wachstum, Begriff aus der ↗Populationsökologie, der einen Grundtyp des Wachstums einer ↗Population bezeichnet, bei dem eine konstante Vermehrungsrate herrscht. Solange keine äußeren Beschränkungen vorliegen, folgt das Wachstum den Gesetzmäßigkeiten einer Exponentialfunktion. Hat die Population eine lebensnotwendige Ressource aufgebraucht oder eine andere Begrenzung erreicht (↗Tragfähigkeit), kommt das Wachstum zu einem rapiden Stillstand oder die Populationsdichte nimmt rapide ab. In komplexen ↗Biozönosen weisen Populationen meist eine Rate zwischen schnellem (exponentiellem) und gemäßigtem (logistischem) Wachstum auf (↗Population Abb 1.).

Exposition, Ausrichtung und Neigung einer Fläche in bezug auf Sonnenstrahlung und Wind (Abb.). Beim ↗Geländeklima und dem ↗Gebäudeklima spielt die Exposition eine wichtige Rolle als Kenngröße, da auf unterschiedlich geneigten und gegenüber der Sonne unterschiedlich orientierten Flächen der Strahlungsgewinn deutlich unterschiedlich ist. Auch für die Aufstellung von Sonnenkollektoren und Windkraftanlagen ist die Berücksichtigung der Exposition von großer Bedeutung.

Expositionsalter, ein mit einer ↗Altersbestimmung datiertes Alter, das die Dauer der ungestörten Oberflächenexposition einer Probe angibt. Als Methoden eigenen sich u. a. die ↗Aluminium-Datierung und die ↗Beryllium-Datierung, z. B. für Moränen, Muren oder Festgesteinsoberflächen.

Ex-situ-Verfahren, Sanierungsverfahren von Böden, welche im Gegensatz zum ↗In-Situ-Verfahren nicht vor Ort ausgeführt werden. Die Böden werden ausgehoben, wegtransportiert, je nach Kontamination gereinigt und weiter verwandt.

Extension, *Verlängerung, Ausdehnung,* Deformationsbegriff der a) generell eine Längenänderung beschreibt und b) den Deformationswert = Extensionswert der Längenänderung einer Linie bezeichnet, der sich aus dem Verhältnis der Längenänderung Δl zur Ursprungslänge l_u ergibt. Gegenteil: *Kontraktion* (Verkürzung, ↗Einengung). ↗Verformung.

Extensionsklüfte ↗Klüfte.

Extensivierung, bewußter Verzicht auf die volle Ausnutzung des möglichen ↗Ertragspotentials einer Landschaft. Dies gilt insbesondere für Agrarflächen, bei denen, im Zuge der Neuorientierung der Landwirtschaft zu einer vermehrt ökologisch orientierten Produktion (u. a. mittels ↗Direktzahlungen) die Extensivierung gefördert wird. Mit der flächenhaften Extensivierung werden die durch den Landwirt geregelten Stoff- und Energiedurchflüsse (z. B. Düngermitteleinsatz, Bodenbearbeitung) im Agrarökosystem verringert. Der Agrarraum erfährt eine Entlastung vom Nutzungsdruck, sein Natürlichkeitsgrad wird erhöht sowie die durch Austauschvorgänge (z. B. Auswaschung, Bodenerosion, Abschwemmung) hervorgerufenen negativen Auswirkungen auf angrenzende Ökosysteme vermindert.

Extensometer, Längenmeßgerät, mit dem über kurze Strecken eine Längenänderung (Ausdehnung oder Verkürzung) gemessen wird. Es gibt mechanische, elektrische und elektrooptische Extensometer. Bei den mechanischen Extensometern werden die Enden der Strecke mit einer Stange oder einem Draht verbunden und die Längen zu verschiedenen Zeiten abgelesen. Für Präzisionsmessungen eignen sich besonders elektrische Ableseverfahren, bei denen die Längenänderungen in elektrische Signale (Spannungen, Ströme, Frequenzen, etc.) umgewandelt werden. Bei den elektrooptischen Extensometern wird die Strecke mit Lasern als Interferometer wiederholt gemessen. Extensometer werden z. B. zur Durchführung von ↗Bewegungsmessungen zwischen Meßpunkten im Gebirge längs der Achse einer Bohrung verwendet. Die Abstandsänderungen zwischen den Meßpunkten werden entweder mit Hilfe von stationär eingebauten Stangen oder Drähten gemessen, man spricht dann auch von *Stangenextensometern* oder *Drahtextensometern*. Die Messung kann am Bohrlochmund mit einer mechanischen Meßuhr oder einem elektrischen Wegaufnehmer vorgenommen werden. Die Bewegungsgröße ergibt sich durch Vergleich von Anfangs- und Folgemessung. Werden die Abstandsänderungen mit einer mobilen Sonde gemessen (z. B. ↗Gleitmikrometer), so wird der Extensometer als *Sondenextensometer* bezeichnet. Der Abstand von Meßmarken im Gebirge wird dabei von der Sonde elektrisch erfaßt und an einem Anzeigegerät abgelesen. Durch Vergleich von Anfangs- und Folgemessung wird die Bewegungsrate ermittelt. Sind in der Bohrung nur zwei Meßpunkte installiert (Abb.), so handelt es sich um *Einfachextensometer*. Sind längs des Bohrlochs mehrere Meßpunkte angeordnet, so bezeichnet man die Meßeinrichtung als *Mehrfachextensometer*. Des weiteren werden Extensometer in den Geowissenschaften v. a. bei der Überwachung lokaler ↗Erdkrustenbewegungen verwendet. [HD, EFe]

externes Wasser, Grund-, See-, Meer- oder Schmelzwasser, das kurz vor und während einer ↗vulkanischen Eruption mit dem Magma in Kontakt gelangt. ↗Vulkanismus.

Extinktion, Oberbegriff für die Abnahme der Strahlungsleistung elektromagnetischer Strahlung – speziell des sichtbaren Lichts – bei Durchgang durch Materie. a) Extinktion von Licht: Abnahme der Strahlungsleistung eines Lichtstrahls bei Durchgang durch Materie. Die Schwächung hat i. a. zwei Ursachen: zum einen Absorption, d. h. die Umwandlung des Lichts in eine andere Energieform (z. B. in Wärme), zum anderen Streuung des Lichts in eine andere Richtung als seine ursprüngliche. Die Extinktion der Sonnenstrahlung in der Atmosphäre wird durch das ↗Bouguer-Lambert-Beersche Gesetz beschrieben. b) Extinktion von Röntgenstrahlung: intensitätsabhängige Verringerung der Intensität gestreuter Röntgenstrahlung durch dynamische Beugungseffekte in Einkristallen (↗Extinktionsfaktor).

Extinktionsfaktor, Korrekturfaktor y von der kinematischen zur tatsächlich gemessenen Intensität eines Röntgenreflexes:

$$F_o^2 = y \cdot F_{kin}^2 ; \ 0 < y \le 1.$$

Extinktion beruht auf zwei Ursachen: Primär- und Sekundärextinktion, wobei die letztere normalerweise dominiert.

a) *Primärextinktion*: Wenn die Größe perfekt gebauter Kristallbereiche die sog. Extinktionslänge überschreitet, kommt es durch Mehrfachreflexion zur Ausbildung dynamischer Beugungseffekte, die zur Verringerung der integralen Intensität relativ zum kinematisch erwarteten Wert führen.

b) *Sekundärextinktion* (Abb.): Reale Kristalle sind meist nicht perfekt, sondern bestehen aus kleinen, perfekten Bereichen (< 1 µm; »Mosaikkristall«). Diese perfekten Bereiche sind gegeneinander verkippt und durch »Korngrenzen« voneinander getrennt. Für starke Reflexe streuen die nahe der Oberfläche liegenden Mosaikblöcke bereits einen merklichen Anteil der Primärintensität, so daß tiefer liegende Blöcke abgeschattet sind und nicht mehr von der vollen Primärintensität erreicht werden. Im Zachariasen-Formalismus (Primärextinktion vernachlässigt) ist:

$$y = \left[1 + 2x_o\right]^{-1/2} ; \ x_o = Q_o \, \overline{T} \, g ;$$

$$Q_o = r_e^2 \left(|F|/V\right)^2 \lambda^3 \left(P/\sin 2\theta\right)$$

(Reflektivität für Röntgenstrahlung), P ist der ↗Polarisationsfaktor, $\bar{r}$ die mittlere Weglänge des Strahls im Kristall; g ist der ↗Extinktionskoeffizient. [EH]

Extinktionsgesetz, physikalisches Gesetz, das die Schwächung von Strahlung beim Durchgang durch ein homogenes Medium beschreibt:

$$L = L_0 e^{-\sigma_e \cdot m} ,$$

wobei L die ↗Strahldichte und L_0 die Strahldichte vor dem Eintritt in das Medium, σ_e der ↗Extinktionskoeffizient und m die absorbierende und streuende Masse entlang des Lichtstrahls im Medium ist.

Extinktionskoeffizient, Maß für die Schwächung von Strahlung durch ↗Absorption und ↗Streuung beim Durchgang durch ein Medium. Der Extinktionskoeffizient ist durch die Materialeigenschaften des Mediums festgelegt. In der wolkenfreien ↗Atmosphäre setzt sich der Extinktionskoeffizient aus den Streu- und Absorptionskoeffizienten der Luft und des ↗Aerosols zusammen, ↗Absorptionskoeffizient. Der Extinktionskoeffizient für Röntgenstrahlung ist ein zur Berechnung des ↗Extinktionsfaktors verwendeter Koeffizient, der entweder die mittlere Größe perfekter Kristallbereiche (primäre Extinktion) oder das Ausmaß der relativen Verkippung der Mosaikblöcke (sekundäre Extinktion) beschreibt. Der Extinktionskoeffizient wird üblicherweise bei der Strukturverfeinerung als freier Parameter behandelt.

Extraklasten ↗Lithoklasten.

Extraktionsverfahren ↗Bodenwaschverfahren.

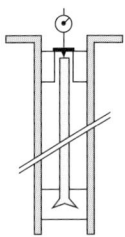

a Stangen-Extensometer

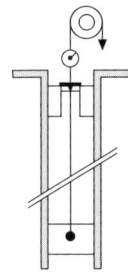

b Draht-Extensometer

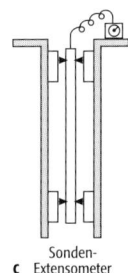

c Sonden-Extensometer

Extensometer: Extensometer-Meßprinzipien.

Extinktionsfaktor: Sekundärextinktion: Ein realer Kristall besteht aus vielen kleinen, perfekt gebauten Bereichen, die gegeneinander verkippt sind (»Mosaikkristall«). Durch Abschattung tiefer liegender Mosaikblöcke kommt es zu einer Schwächung des einfallenden Strahls, die einem intensitätsabhängigen Absorptionsfaktor ähnelt.

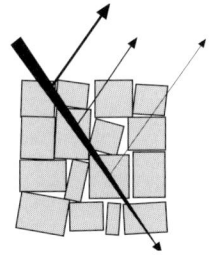

exzentrische Anomalie: Bahnellipse. a = große Halbachse, b = kleine Halbachse, e = Exzentrizität, r = Radiusvektor, v = wahre Anomalie, E = exzentrische Anomalie, p = Ellipsenparameter, S = Planet oder Satellit, O = Zentralkörper (Sonne oder Erde) im Brennpunkt, P = Perizentrum (Perihel oder Perigäum), A = Apozentrum (Aphel oder Apogäum).

Extrapolation, mathematisch-statistische Methode zur Schätzung eines oder mehrerer unbekannter Datenwerte aufgrund eines bekannten bzw. vermuteten Funktionsverlaufs, wobei dieser Datenwert (im Gegensatz zur ↗Interpolation) außerhalb der durch vorliegende Daten gestützten Funktion liegt, z. B. in der Zukunft.

Extrembiotop, Lebensraum (↗Biotop), der extreme abiotische Umweltbedingungen aufweist. »Extrem« kann sich dabei sowohl auf konstante absolute Werte einzelner Faktoren beziehen (z. B. ganzjährig tiefe Temperaturen in polaren Gebieten), als auch auf große Schwankungen (z. B. täglicher Temperaturverlauf auf südexponierten Hängen im Hochgebirge). In Extrembiotopen sind die ↗Biozönosen meist arten- und/oder individuenarm und oft auf die ↗Spezialisten beschränkt, die sich an diese besonderen Verhältnisse anpassen können.

Extremwert, Maximum bzw. Minimum eines Datensatzes.

Extremwertreihe, Zeitreihe, bestehend aus den größten oder kleinsten Werten einer Beobachtungsreihe. Sie können jeweils die Extreme aus gleich langen Zeitabschnitten sein (Jahre, Monate) oder ober- bzw. unterhalb bestimmter Grenzwerte liegen.

Extremwertstatistik, statistische Bearbeitung von Extremwerten, wobei nicht nur die absoluten, sondern auch relative Extrema – meist anhand von Schwellenvorgaben definiert, die über- bzw. unterschritten werden – in die Berechnung eingehen. Weiterhin lassen sich aus den Extremwerten zeitlicher Subintervalle, z. B. für jedes Jahr, die mittleren absoluten Extremwerte (z. B. für 390 Jahre, ↗CLINO) berechnen. Weitergehend beschäftigt sich die Extremwertstatistik mit der zeitlichen und räumlichen ↗Varianz der Extremwerte und deren ↗Häufigkeitsverteilung (wobei es spezielle theoretische Häufigkeitsverteilungen, genauer ↗Wahrscheinlichkeitsdichtefunktionen der Extremwertstatistik gibt). Daraus lassen sich mittlere Wiederkehrzeiten von Extremwerten für die Zukunft abschätzen.

Extrusion, umfaßt alle effusiven und explosiven Prozesse (↗Vulkanismus) des Austritts von Magma an der Erdoberfläche bzw. am Meeresboden; im Gegensatz zu ↗Intrusion.

Extrusionsalter, durch ↗Geochronometrie bestimmter Alterswert, welcher die Kristallisation eines Mineralsystems in einem vulkanischen Extrusivgestein erfaßt. ↗Schließtemperatur, ↗Mineralalter.

Extrusivgestein ↗ *Vulkanit.*

exzentrische Anomalie, Winkel in der Bahnebene vom Mittelpunkt der Bahnellipse zum fiktiven Punkt S', der durch Projektion der tatsächlichen Satellitenposition S auf einen die Bahnellipse umschreibenden Kreis mit dem Radius a entsteht, gezählt mathematisch positiv vom Perizen-

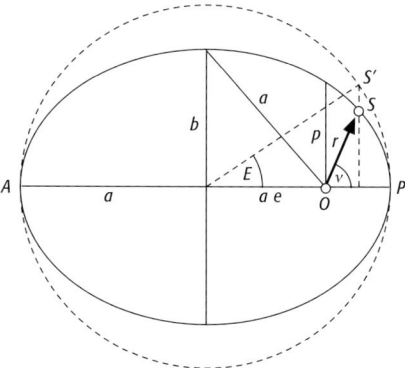

trum aus (Abb.). Durch die Keplergleichung $M = E - e\sin E$ wird eine Verbindung zur mittleren Anomalie M (↗Keplersche Bahnelemente) hergestellt.

Exzeß, *Kurtosis, Wölbung,* Maß einer ↗Häufigkeitsverteilung, das im Vergleich zur ↗Gauß-Kurve angibt, ob die entsprechende Verteilung einen relativ höheren Gipfel (positiver Exzeß, leptokurtisch, steilerer Verlauf) oder einen relativ niedrigeren Gipfel (negativer Exzeß, platykurtisch, flacherer Verlauf) aufweist; läßt sich durch den entsprechenden Momentkoeffizienten quantitativ angeben.

exzessive Talbildung, Theorie der Talbildung in ↗Periglazialgebieten nach J. ↗Büdel, wonach sich Täler durch den sog. ↗Eisrindeneffekt beschleunigt bilden. Unterhalb des sommerlichen ↗Auftaubodens bildet sich eine Eisrinde im oberen Bereich des ↗Permafrosts. Dort werden ↗Frostspalten mit ↗Kammeis gefüllt, wodurch diese Zone extrem mit Eis angereichert wird und das Gesteins- und/oder Bodenmaterial aufgelockert wird. Diese eisreiche Zone zieht sich nach J. Büdel auch unterhalb von Flußläufen entlang. Die Tiefenerosion der Flüsse wird durch sie erleichtert, da das Gestein nicht mehr aufgelockert, sondern das Eis nur noch durch thermische ↗Erosion geschmolzen werden muß. Nach J. Büdel werden durch diesen Eisrindeneffekt auch die Unterschiede zwischen morphologisch harten und weichen Gesteinen aufgehoben. Nach A. Semmel (1994) gibt es jedoch keine eindeutigen Geländebefunde zur Stützung dieser Theorie, vor allem nicht in Festgesteinen. [SN]

Eytelwein, *Johann Albert,* deutscher Wasserbauingenieur, *1.1.1765 in Frankfurt, †18.8.1849, regulierte zahlreiche ostdeutsche Flüsse und führte Hafenbauten aus, verfaßte die erste Pegelvorschrift (13.02.1810). Autor wesentlicher fachwissenschaftlicher Werke über angewandte Mathematik, Mechanik und Wasserbaukunst. Seit 1803 Mitglied der Preußischen Akademie der Wissenschaften.

EZMW ↗ Europäisches Zentrum für Mittelfristige Wettervorhersage.

3 F, Akronym für die Trinität von Fremderkundung – Fernerkundung – Felderkundung, welches von Ende der 1980er Jahre intern eingeführt und 1994 erstmals publiziert wurde. Gemeint ist damit die Tatsache, daß üblicherweise Fernerkundungsaktivitäten die Sammlung von Kollateralinformation (*Fremderkundung*), die eigentliche Analyse der Fernerkundungsbilddaten (*Fernerkundung*) sowie die Interpretation von Befunden durch Geländeverifikation (*Felderkundung*) umfassen.

Fachatlas, ein thematischer ↗Weltatlas oder ↗Regionalatlas zu einem speziellen Sachbereich in detaillierter Darstellung. Fachatlanten wenden sich mehr an Experten als an Laien und erscheinen deshalb meist in relativ kleinen Auflagen. Herausgeber ist meist die staatliche Kartographie (amtliche Stellen, wissenschaftliche Institute) und seltener die gewerbliche Kartographie. Fachatlanten besitzen oft einen einheitlichen Maßstab und erfassen mit Einzelkarten, vorzugsweise ↗synoptischen Karten, meist das gesamte Darstellungsgebiet. Typische Beispiele für Fachatlanten sind: Geologischer Atlas, ↗Klimaatlas, Geomedizinischer Atlas, Sprachatlas, Verkehrsatlas, Wirtschaftsatlas, Verwaltungsatlas, aber auch Atlas zur Kirchengeschichte und Geschichtsatlas bzw. historischer Atlas.

Fächerlot ↗Echolot.

Fachinformationssystem, *FIS*, ↗Geoinformationssystem.

Fachkataster, systematisches Bestands- und Nachweisverzeichnis einer großen Anzahl gleichartiger, fachspezifischer Gegenstände, Objekte und Sachverhalte im Georaum. Sie werden von Aufgabenträgern in der öffentlichen Verwaltung oder Institutionen verwendet, die die Entwicklung, Gestaltung und Erhaltung für bestimmte fachspezifische Teilbereiche auf kommunaler Ebene oder Landes- oder Bundesebene, wie Ver- und Entsorgung, Verkehr, Umwelt, Bauleitplanung, zu bestimmen und zu organisieren haben. Arten von Fachkatastern sind z. B.: ↗Liegenschaftskataster, Leitungskataster als Verzeichnis der Versorgungsleitungen, Grünflächenkataster und Baumkataster, Altlastenkataster, ↗Raumordnungskataster und Planungskataster als Verzeichnis der die Planung der Flächennutzung und Gebietsentwicklung beeinflussenden Faktoren, Wirtschaftskataster usw. Fachkataster bestehen in der Regel aus Bestandsverzeichnissen von Objekten und Sachverhalten, verbunden mit der graphischen Repräsentation von Objektgrundrissen und weiteren Informationen in topographischen Karten in den Maßstäben 1 : 5000 bis 1 : 50.000 als bezeichneter Nachweis. In letzter Zeit werden auch zunehmend Fachkataster in digitaler Form geführt. [ADU]

Fachplanung, die auf einen sachlichen Schwerpunkt gerichtete, spezialisierte, »sektorale« Planung, im Gegensatz zur »querschnittsorientierten« räumlichen Gesamtplanung (↗Raumplanung). Zu den Bereichen der Fachplanung gehören die Agrar-, Forst-, Verkehrs-, Siedlungs-, Industrie-, Wasserwirtschafts- und ↗Landschaftsplanung. Die Fachplanung ist administrativ auf verschiedenen Ebenen institutionalisiert (Bund, Länder, Regionen, Bezirke, Kantone, Gemeinden) und soll der räumlichen Gesamtplanung zuarbeiten. Sie verteilt i. a. auch die zur Ausführung ihrer Belange erforderlichen Finanzmittel. In einzelnen Bereichen der Fachplanung wird bereits seit langem das Prinzip der ↗Nachhaltigkeit verfolgt (z. B. Forstwirtschaft, Wasserwirtschaft). Allerdings werden diese ökologischen Komponenten im Zielsystem der Fachplanung (↗Leitbild) immer wieder als zu unverbindlich kritisiert. Als Konsequenz ergibt sich, daß die Fachplanung ihre Sachverhalte zu separativ behandelt, ohne auf die Einbindung in das ↗Landschaftsökosystem zu achten. Eine ungenügend koordinierte Fachplanung kann daher zur ↗Zufallslandschaft führen. [DS]

Fadenkreuz ↗Strichkreuz.

Fadenwürmer ↗Nematoden.

Faecichnion, [von lat. faeces = Kot und griech. ichnos = Spur], *Kotspur*, ↗Spurenfossilien in Form mineralisierter Exkremente. ↗Koprolith.

Fahlbänder, alte komplexe sulfidische Erzanreicherungen, die sich durch metamorphe Umbildung in kristalline Schiefer eingelagert haben und mit diesen gemeinsam umkristallisiert sind. Die ↗Metamorphose bewirkt dabei eine Zerstreuung des Metallgehaltes durch mechanische Zerreibung und Vermengung mit den Nebengesteinskomponenten und durch Umkristallisation gemeinsam mit diesen.

Fahle, Gruppenbezeichnung für Minerale der Mineralklassen ↗Sulfide, Arsenide und komplexe Sulfide (Sulfosalze) aufgrund äußerer Kennzeichen (↗Fahlerze). Die Einteilung dieser Mineralklassen in ↗Kiese, Glanze, ↗Blenden und Fahle ist eine aus der Bergmannssprache übernommene und früher im deutschen Sprachraum bewährte Untergliederung.

Fahlerde, Bodentyp nach der ↗deutschen Bodenklassifikation mit Ah/Ael/Ael + Bt/Bt/C-Profil und somit stärkerer vertikaler Tonverlagerung als beim Bodentyp ↗Parabraunerde; Tongehaltsdifferenz zwischen ↗Ael-Horizont und ↗Bt-Horizont beträgt mindestens 9 bis 12 Masse-%; der Ael-Horizont ist meist fahlgrau oder gefärbt durch überlagernde Pedogenese; der Übergang zum Bt-Horizont ist meist scharf und/oder verzahnt; Subtypen: (Norm-)Fahlerde, Bänderfahlerde, Braunerde-Fahlerde, Podsol-Fahlerde, Pseudogley-Fahlerde, Gley-Fahlerde; Podsoluvisols der ↗FAO-Klassifikation.

Fahlerz, aus der Bergmannssprache übernommene Bezeichnung für Sulfide unterschiedlicher Zusammensetzung, jedoch mit kristallographisch und physikalisch ähnlichen Merkmalen, welche die wichtige diagnostische Eigenschaft, den »fahlen« Glanz, ausdrückt. Alle Fahlerze sind grau bis schwarz mit olivfarbenem Strich, ohne Spaltbarkeit und einer Dichte von 4,6–5,2 g/cm³. Ihre Bildung ist hauptsächlich hydrothermal, je nach Zusammensetzung werden sie als Kupfer-, Silber-, Quecksilber- und gelegentlich auch als Arsenerze genutzt. Wichtigste Fahlerze sind Tetraedrit (An-

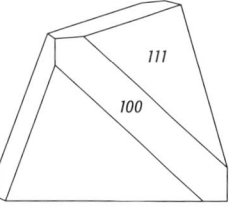

Fahlerz 1: Kristallform von Tetraedrit: Kombination von Tetraeder und Würfel.

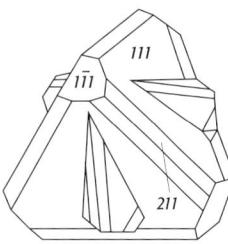

Fahlerz 2: Kristallform von Tetraedrit: Durchwachsungszwilling.

timonfahlerz, $Cu_{12}Sb_4S_{13}$) und Tenantit (Arsenfahlerz, $Cu_{12}As_4S_{15}$) und deren Mischkristalle (Abb. 1 u. 2). Sie sind meist tetraedrisch ausgebildet. Durchkreuzungszwillinge sind nicht selten. Weitere Fahlerze sind: Freibergit (silberreiches CuSb-Fahlerz), Schwazit (Hermesit, quecksilberreiches CuSb-Fahlerz), Annivit (Cu-As-Bi-Fahlerz) und Goldfieldit (tellurreiches Fahlerz). Zur Fahlerzgruppe gehören außerdem Germanit ($Cu_3(Ge,Fe)S_4$), Colusit ($Cu_3(Fe,As,Sen)S_4$), Hakit (($(Cu,Hg)_3Sb(Se,S)_{3,25}$ bzw. $(Cu,Hg)_3SbS_3$) und Skinnerit (Cu_3SbS_3). [GST]

Fahrenheit, *Daniel Gabriel,* dt. Instrumentenbauer und Physiker, *24.5.1686 Danzig, †16.9.1736 Den Haag; Begründer der Thermometrie, erfand das Alkohol- und Quecksilberthermometer und führte eine erste geeichte Temperaturskala (↗Fahrenheit-Skala) mit der Einheit »Grad Fahrenheit« (°F) ein.

Fahrenheit-Skala, eine von D. ↗Fahrenheit eingeführte Temperaturskala, die v. a. noch in den USA und Großbritannien gebräuchlich ist, mit den Fixpunkten 0 °F = -17,8 °C und 100 °F = 37,8 °C.

Fährte, nach Krejci-Graf (1932) die zusammenhängenden Spuren(-fossilien) der Tätigkeit von Bewegungsorganen beim Gehen, Springen, Krabbeln, Schwimmen oder auch Kriechen; in der ↗Ichnologie als Repichnia bezeichnet. ↗Ichnofazies, ↗Spurenfossilien.

Fahrzeugnavigation, Komplex aus Echtzeit-Positionsbestimmung und Führung eines Fahr- oder Flugzeuges. Wegen der breit gefächerten Anwendungen besteht Fahrzeugnavigation meist aus Integrationslösungen mehrerer Sensoren mit Rechner und Daten, z. B. Verkehrswege- und Geländedaten (digitale Karten). Für die Kfz-Navigation findet meist das ↗Global Positioning System Verwendung, häufig integriert mit (Kreisel-) Kompaß, Radsensoren (Weg, Geschwindigkeit), teils auch mit ↗Trägheitsnavigation. Teilweise findet auch ein Abgleich mit digitalen Karten zur Positionsbestimmung statt, z. B. durch Identifizierung von Kreuzungen, womit sich je nach GPS-Empfangsmöglichkeit und Nutzung von differentiellen GPS-Daten typische Genauigkeiten zwischen 1 und 100 m erreichen lassen (Abb.).

Fahrzeugnavigationssystem, System, das eine zielgerichtete Navigation von Fahrzeugen im Straßenverkehr ermöglicht. Grundlegende Bestandteile von Fahrzeugnavigationssystemen sind als zentrale Komponente einerseits eine ↗digitale Karte mit darin enthaltenen Straßen und Adressen und andererseits ein Ortungssystem, das die aktuelle Fahrzeugposition in Relation zu dieser digitalen Karte referenziert, ein Algorithmus zur Routenberechnung zwischen Ausgangs- und Zielpunkt sowie ein Zielführungssystem. Neben den fest in Fahrzeugen eingebauten Fahrzeugnavigationssystemen sind auch mobile Systeme auf PC-Basis verfügbar. Die in Fahrzeugnavigationssystemen verwendete digitale Karte ist als topologische Knoten-Kantenstruktur entsprechend den Straßenzügen und Kreuzungen aufgebaut. Um eine korrekte Routenberechnung und Zielführung zu ermöglichen sind, Knoten und Kanten ↗raumbezogene Attribute wie Straßenart, Einbahnstraßenrichtung, Abbiegeverbote, Zufahrten, Sperrungen, Brücken, Tunnels, Über- und Unterführungen zugewiesen. Um die Ermittlung von zeitoptimierten Routen zu ermöglichen, sind die Straßen zudem hierarchisch in Autobahnen, Bundesstraßen, Hauptstraßen etc. klassifiziert. Daneben sind in der digitalen Karte Objekte wie politische Grenzen, Wasserläufe, Bahnlinien, Bahnhöfe und Flughäfen, Autobahnkreuze und -ausfahrten oder Landnutzungen enthalten. Diese dienen nicht unmittelbar der Fahrzeugnavigation, sind aber unter topologischen Aspekten für die Orientierung von Bedeutung. Die für Fahrzeugnavigationssysteme verwendeten Ortungssysteme kommen als gestützte oder autonome bzw. autarke Systeme oder als Kombinationen daraus zum Einsatz. Bei gestützten Systemen findet ein ↗Datenaustausch zwischen externen Positionsgebern wie Satelliten, Induktionsschleifen oder Funkbaken und dem Navigationssystem statt. In der Regel sind die Informationen, die diese Systeme zur Verfügung stellen nicht flächendeckend vorhanden bzw. es kommt bei der Satellitennavigation insbesondere in städtischen Gebieten zu Abschattungseffekten. Autonome Ortungssysteme dagegen verzichten auf eine Stützung von außen. Es werden hierbei u. a. Tachometerimpulse und Radsensoren zur Bestimmung der zurückgelegten Strecke und der eingeschlagenen Richtung sowie ein elektronischer Kompaß zur Bestimmung der absoluten Richtung gegenüber der magnetischen Nordrichtung eingesetzt. Der Einsatz einer Kombination aus gestützter und autonomer Ortung ermöglicht die zuverlässigsten Ortungsergebnisse. Durch den Vergleich der ermittelten Position mit dem Straßenverlauf einer digitalen Karte, dem

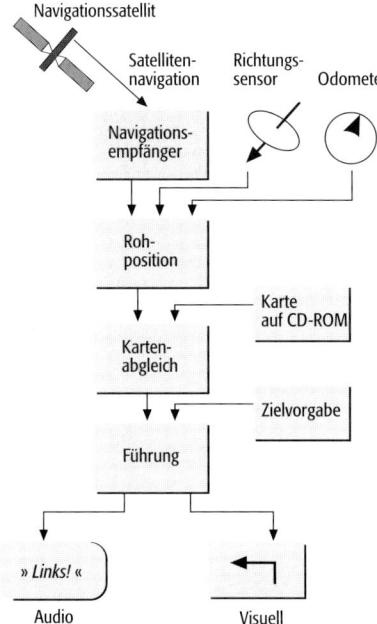

Fahrzeugnavigation: Beispiel zur Integration verschiedener Positionsinformationen.

sogenannten mapmatching, kann die Genauigkeit einer Positionsmeldung zusätzlich erhöht werden. Die Routenberechnung in Fahrzeugnavigationssystemen setzt voraus, daß digitale Karteninformationen als bewertete gerichtete Graphen vorliegen. Auf dieser Grundlage ist in Kombination mit individuell einstellbaren Fahrzeugparametern und Fahrgewohnheiten wie Geschwindigkeit, Kraftstoffverbrauch oder der Bevorzugung von Autobahnen die Ermittlung der kürzesten, schnellsten oder kostengünstigsten Verbindung vom Ausgangs- zum Zielpunkt möglich. Ein Verlassen der ermittelten Route hat in der Regel eine unmittelbare Neuberechnung einer Alternativroute zur Folge. Bei der Verwendung einer dynamischen Routenberechnung werden zusätzlich aktuelle Verkehrsinformationen über Staus und Behinderungen berücksichtigt. Diese werden, auch während der Fahrt, über Funkbaken oder das Radio Data System (RDS) in das Fahrzeugnavigationssystem eingespeist (↗Verkehrsleitsystem). Die unmittelbare Integration dieser Informationen in die Routenberechnung erlaubt somit eine variable und dynamische Zielführung, die als Ergebnis der Routenberechnung dem Fahrzeugführer Fahrtrichtungsanweisungen gibt. Sie erfolgt bei Fahrzeugnavigationssystemen in der Regel in einer Kombination aus sprachlicher und graphischer Ausgabe. In Kombination mit weiteren Telematikanwendungen bilden Fahrzeugnavigationssysteme eine wichtige Grundlage für zahlreiche kartenbasierte Anwendungen im Transportbereich, etwa in Form von Fracht-, Logistik-, Flotten- oder Fahrzeugmanagementsystemen. Ergänzend zum Fahrzeugnavigationssystem ist bei derartigen Systemen eine Kommunikation mit einer Dienstleistungszentrale möglich, von der aus die Fahrzeuge z. B. flexibel an zusätzliche aktuelle Ziele gesteuert oder Frachten für die Weiterleitung auf unterschiedliche Fahrzeuge verteilt werden können. [TB]

Faksimile, eine originalgetreue reproduktionstechnische Nachbildung einer Graphik. Erfolgt eine Vervielfältigung des Faksimiles durch Druck, wird von Fasimiledruck oder Faksimileausgabe gesprochen. Bei Karten und Atlanten handelt es sich entweder um den Nachdruck seltener, kulturgeschichtlich bedeutender, gedruckter historischer Karten (↗Kartengeschichte), die neben dem gedruckten Grundriß oft handkolorierte Elemente enthalten, oder um die erstmalige Herausgabe historischer ↗Manuskriptkarten. Eine Faksimileausgabe im strengen Sinn schließt die Reproduktion in der Größe des Originals ein und strebt in Farbgebung und Aussehen die Wirkung des Originals an. Nicht als Faksimile zu bezeichnen sind Neudrucke alter Karten, die unter Verwendung erhaltener Originaldruckplatten erstellt wurden.

Faktor, in der ↗Landschaftsökologie eine allgemeine Bezeichnung für alle Arten von Einflußgrößen in einem ↗Ökosystem (↗Ökofaktor). Ausgewählte Faktoren können als wichtige Indikatoren zur Quantifizierung des ↗Landschaftshaushaltes herangezogen werden.

N [mm/a]	Ton [%]	AK [mval/100g]	pH	Bodentyp
370	15	12	7,8	Kastanozem
500	19	16	7,0	Chernozem
750	23	24	5,2	Phaeozem
900	26	27	5,2	

Faktorenanalyse, multivariates statistisches Verfahren. Das Hauptziel besteht darin, eine große Zahl vorhandener Variablen auf eine möglichst kleine, überschaubare Zahl neuer und voneinander unabhängiger, hypothetischer Größen, sog. Faktoren, zu reduzieren. Bei der Bildung der Faktoren geht man von der Vorstellung aus, daß bei multivariaten Analysen i. a. Gruppen von Variablen untereinander hoch korreliert sind.

Faktoren der Bodenbildung, *bodenbildende Faktoren*, sind das Klima, das Ausgangsgestein, die von der Erdanziehung verursachte Schwerkraft, das Relief als Position in der Landschaft, Flora und Fauna, Grundwasser oder Fluß-, See- oder Meerwasser und anthropogene Beeinflussungen. Klimafaktoren sind speziell die Sonnenenergie, Intensität und jährliche Verteilung der Strahlungsbilanz, die von dieser abhängige Bodentemperatur, die durch Niederschläge ermöglichten Sickerwasser- und Durchfeuchtungsbewegungen sowie der Wind (Tab.). Das Ausgangsgestein

Faktoren der Bodenbildung (Tab.): Beziehungen zwischen Niederschlagsmenge (N) und einigen Bodeneigenschaften. Gestein: Löß; mittl. Jahrestemperatur: 11,1°C.

Faktoren der Bodenbildung 1: Bodengesellschaft eines zum Teil mit Löß überdeckten Kalkstein-Hanges (Unterer Muschelkalk) in Norddeutschland (Hildesheimer Wald; Schema nicht maßstabsgerecht).

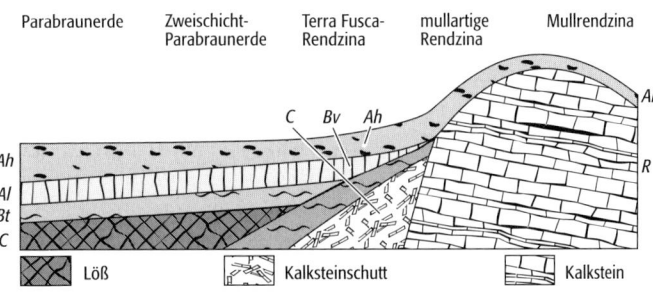

kann Fest- oder Lockergestein sein, sich in der Qualität der Mineralbestandteile unterscheiden sowie in Form von periglaziären Lagen oder Basislagen allein aus dem Liegenden vorkommen (Abb. 1). Unter dem Einfluß der Schwerkraft versickert das Wasser mit den Inhaltsstoffen. Durch das Relief wird das Klima differenziert und laterale Prozesse werden verstärkt, differenzierte Grundwasserführung bewirkt stark differenzierte Bodenentwicklung (Abb. 2). Die Vegetations-

Faktoren der Bodenbildung 2: Bodengesellschaft in Abhängigkeit vom Grundwassser (Schema stark überhöht).

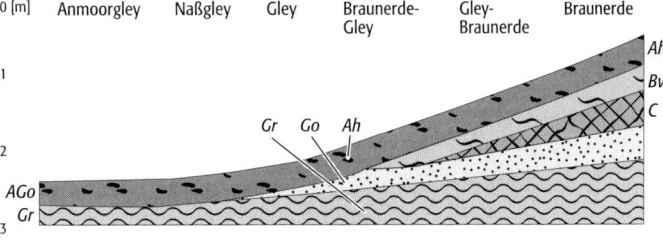

Kessel (Hohlform)

Kuppe (Vollform)

Fallstrich: Fallstriche und Kesselpfeil bei Kleinformen einer Höhenliniendarstellung.

decke und der im Boden lebende Anteil von Flora und Fauna entwickelt den Boden zum funktionalen Bestandteil der Ökosysteme, die menschliche Tätigkeit bestimmt die jüngere Entwicklung und Veränderung von Böden bis hin zur ↗Bodendegradierung. [MFr]

Falkenauge ↗Banded Iron Formation.

fallen ↗Hangbewegungen.

Fallen, *Einfallen*, Bestimmungselement einer geologischen Fläche im Raum. Diese Fläche besteht aus ↗Fallinie, ↗Fallrichtung und ↗Fallwinkel.

Fallgeschwindigkeit, die Sinkgeschwindigkeit von Hydrometeoren in ruhender Luft. Sie resultiert aus dem Kräftegleichgewicht von auftriebskorrigiertem Gewicht und Widerstand. Typische Werte: Nebeltropfen 5 cm/s, Wolkentropfen 10–25 cm/s, Nieseltropfen 25–500 cm/s, Regentropfen 5–10 m/s, Eiskristalle 10–80 cm/s, Schneeflocken 10–200 cm/s, Graupel 0,5–3 m/s, Hagel 3–30 m/s.

Fallgewicht ↗seismische Quelle.

Fallgewichtsseismik, geophysikalische Methode, die zusammen mit der Hammerschlagseismik den refraktionsseismischen Verfahren angehört. Während mit der Hammerschlagseismik oberflächennahe Strukturen bis zu einer Tiefe von ca. 10 m erfaßt werden, kann die Fallgewichtsseismik zur Erkundung von Strukturen bis in eine Tiefe von ca. 60–100 m eingesetzt werden. Dabei wird die Laufzeit von Longitudinalwellen gemessen, die, angeregt durch ein Fallgewicht, in den Untergrund geschickt werden. Im Untergrund werden die Wellen an den Grenzflächen zu Schichten höherer Dichte und damit höherer seismischer Laufgeschwindigkeit gebrochen und zur Oberfläche zurückgeworfen, wo sie in einer Reihe von in verschiedenen Abständen zur Anregungsquelle aufgestellten Geophonen aufgezeichnet werden. Die Auswertung der refraktionsseismischen Verfahren erfolgt durch sog. Laufzeitkurven, bei denen die Zeit des Eintreffens der Wellen bei den einzelnen Geophonen gegen den Abstand der Geophone zur Anregungsquelle abgetragen wird. So können Lockergesteinsmächtigkeiten, Tiefenlagen von anstehendem Fels u. ä. erfaßt werden. In nichtbindigen Lockersedimenten kann auch die Grundwasseroberfläche lokalisiert werden. [AWR]

Fallinie, die in einer geneigten geologischen Fläche gelegene Linie stärkster Neigung.

Fallou, *Friedrich Albert*, deutscher Jurist und Bodenkundler, * 11.11.1794 in Zörbig bei Dessau, † 6.9.1877 in Dietenhain in Sachsen; ab 1850 intensive Beschäftigung mit der Bodenkunde als Privatgelehrter, Mitbegründer der Bodenkunde als wissenschaftliche Disziplin. In den bedeutenden Lehrbüchern über »Die Ackererden des Königreichs Sachsen, geognostisch untersucht und classificirt. Eine bodenkundliche Skizze« (1853, 2. Aufl. 1855), »Anfangsgründe der Bodenkunde« (1857, 2. Aufl. 1986) und »Pedologie oder allgemeine und besondere Bodenkunde« (1862) hat er das bodenkundliche Wissen der Zeit systematisch zusammengefaßt.

fallout, Ablagerung von Staub, der infolge starker Explosionen und Vulkanausbrüche in die Atmosphäre gelangte, und anderen Stoffen auf Oberflächen. Besonders wird dieser Begriff für die Ablagerung von künstlichen radioaktiven Stoffen benutzt, die bei Kernwaffenexperimenten und Kraftwerkszwischenfällen emittiert wurden.

Fallrichtung, Richtung der ↗Fallinie, stets senkrecht zur Streichrichtung.

Fallstreifen, *Virga*, Menge der aus einer Wolke fallenden, dabei teilweise oder vollständig verdunstenden Niederschlagspartikel. Diese bilden ein räumlich zusammenhängendes Gebiet in Form eines Vorhanges, Schleiers oder Streifens. Oftmals sind die Fallstreifen am unteren Ende gekrümmt, bedingt durch Windscherung und die verringerte Fallgeschwindigkeit der verdunstenden und damit schrumpfenden Niederschlagspartikel.

Fallstrich, ein kurzer, meist 1 mm langer Strich, der in Gefällrichtung an ausgewählte ↗Höhenlinien oder andere ↗Isolinien gesetzt wird, um die Lesbarkeit einer solchen Darstellung zu verbessern bzw. zu sichern. Zur Unterscheidung kleiner Kuppen und Kessel im Relief wird er paarweise angebracht, im übrigen Höhenlinienbild einzeln und in größeren Anständen. Der Fallstrich ist ein indexikalisches Kartenzeichen (↗Indexikalität), da er hinweisenden Charakter hat. Eine ähnliche Funktion wie der Fallstrich, der durchweg in den amtlichen ↗topographischen Karten der neuen deutschen Bundesländer und der Länder Osteuropas verwendet wird, hat der *Kesselpfeil*, der in den topographischen Karten der alten Bundesländer üblich ist. Der Kesselpfeil wird nur bei Hohlformen gesetzt und schneidet die tiefste Höhenlinie dieser Kleinformen (Abb.).

Fallstufe, nach DIN 4054 Unterbrechung eines Wasserspiegels durch eine natürliche oder künstliche Stufe (↗Staustufe).

Fällungsmittel, chemischer Stoff, der einer Lösung zugesetzt wird, um einen darin befindlichen gelösten Stoff in eine schwerlösliche Verbindung zu überführen (auszufällen). Als Fällungsmittel können Gase, z. B. Schwefelwasserstoff, Lösungen, z. B. Natronlauge, oder feste Stoffe eingesetzt werden.

Fällungsverfahren, Verfahren zur Fällung und Abtrennung von Stoffen aus Flüssigkeiten. Dabei werden zunächst ↗Fällungsmittel eingesetzt und dann mit technischen Mitteln (z. B. Zentrifuge, ↗Absetzbecken, ↗Filter) die festen Bestandteile aus der Lösung entfernt. ↗Flockung.

Fallwasser, eine von vier Abflußkomponenten bei der Beschreibung der Trockenwetterlinie einer Abflußganglinie (↗Durchflußganglinie). Als Fallwasser wird der Abfluß der oberirdisch, meist im Flußbett gespeicherten Wassermengen bezeichnet, der schnell abfließt.

Fallwind, absteigende Winde an Gebirgshängen, die teilweise sehr kräftig und stark böig sein können. Wird eine Luftmasse durch eine synoptische Strömung über ein Gebirge geführt, so kann die auf der Leeseite absteigende Luft als warmer Fallwind (↗Föhn) oder als kalter Fallwind (↗Bora) in Erscheinung treten. Im allgemeinen treten die

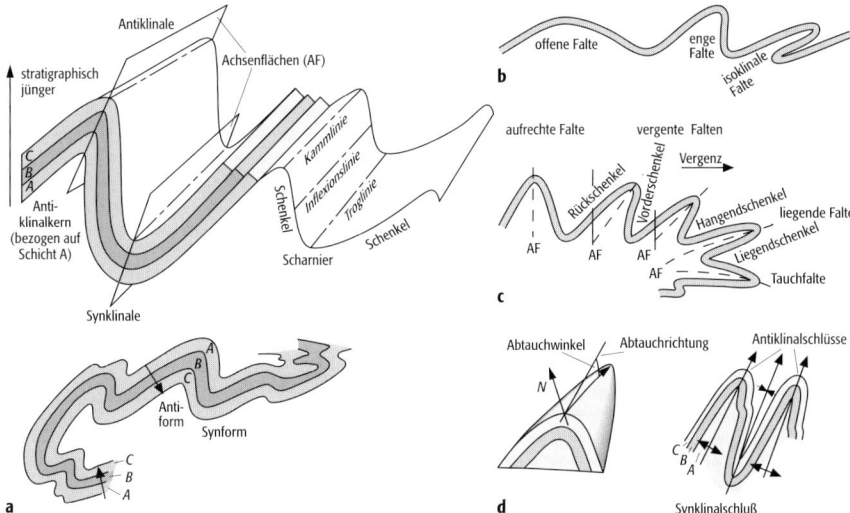

Falte 1: a) geometrische Elemente von Falten; b) Klassifikation von Falten nach dem Öffnungswinkel; c) Klassifikation von Falten nach dem Lauf der Achsenfläche; d) Abtauchen einer Falte (links) sowie Faltenschlüsse abtauchender Falten im Kartenbild (rechts).

Fallwinde aufgrund adiabatischer Erwärmung als warme Winde in Erscheinung. Wenn aber die Ausgangstemperatur der Luft besonders niedrig ist, reicht diese Erwärmung nicht aus, um ihre Temperatur über die Lufttemperatur hinter dem Gebirge zu erhöhen. Je nachdem, ob die hinter dem Berg ankommende Luft wärmer oder kälter als die ursprünglich dort lagernde ist, wird eine Unterscheidung zwischen den beiden Fallwinden gemacht. Fließt die Luft bei nur schwachem synoptischen Wind an den Hängen ab, so können ebenfalls kräftige Fallwinde entstehen. ↗Gletscherwind, ↗katabatischer Wind. [GG]

Fallwinkel, Winkel zwischen der ↗Fallinie und der Horizontalebene.

Falschfarbenkomposite ↗Farbcodierung.

Falte, Struktur, die durch Verbiegung geologischer Vorzeichnungen, v.a. von Schichtung (↗Schicht) oder ↗Foliation, entstanden sind. Die Verbiegung kann rhythmisch sein und eine gut definierte ↗Wellenlänge und Amplitude aufweisen, oder sie kann nur isolierte Zonen erfassen, die von nicht gefalteten Bereichen umgeben sind. Falten treten in Größenmaßstäben vom submikroskopischen Bereich bis zu Wellenlängen von Zehner Kilometern auf. Die meisten Falten entstehen durch Einengung, aber es können sich auch Falten im Zusammenhang mit Dehnungsstrukturen bilden. Bei der Beschreibung von Falten (Abb. 1a, 1b, 1c und 1d) unterscheidet man in Richtung des stratigraphisch Jüngeren konvexe *Antiklinalen* (Antiklinen, *Sättel*) und konkave *Synklinalen* (Synklinen, *Mulden*). Ist die Richtung der stratigraphischen Verjüngung unklar oder ist die gefaltete Abfolge insgesamt überkippt, dann unterscheidet man entsprechend nach oben konvexe Antiformen von nach oben konkaven Synformen. Bezogen auf jeweils eine bestimmte Lage läßt sich ein *Faltenkern* (z. B. Antiklinal- oder Sattelkern bzw. Synklinal- oder Muldenkern) definieren, der von dieser Lage umschlossen wird. Eine einzelne gefaltete Lage zeigt meistens wenig gekrümmte *Faltenschenkel* (*Faltenflügel*) und *Faltenscharniere* mit engem Krümmungsradius. Parallel zum Faltenscharnier verläuft die *Faltenachse*. Die Linie, an der die Krümmung der Schenkel von konvex nach konkav wechselt, ist die *Inflexionslinie*; sie ist in Falten mit ebenen Schenkeln und engen Scharnieren nicht deutlich ausgebildet. Die Fläche, in der die Achsen mehrerer gemeinsam gefalteter Lagen liegen, heißt *Achsenfläche*; sie kann eben sein (*Achsenebene*) oder gekrümmt. Falten können mehr als eine Achsenfläche haben. Die topographisch höchste Linie einer Antiklinale ist die *Kammlinie* oder der *Scheitel* (*Sattelscheitel*), die topographisch tiefste Linie einer Synklinale die *Troglinie*. Der Winkel, den die Faltenschenkel einschließen, heißt Öffnungswinkel. Nach abnehmendem Öffnungswinkel unterscheidet man *offene Falten*, *enge Falten* und schließlich ↗Isoklinalfalten mit nahezu parallelen Schenkeln (Abb. 1b). Nach Lage der Achsenfläche im Raum unterscheidet man aufrechte Falten (*stehende Falten*, *symmetrische Falten*) mit senkrechter Achsenfläche, *geneigte Falten* (*vergente Falten*, *asymmetrische Falten*) mit geneigter Achsenfläche und *liegende Falten* mit etwa horizontaler Achsenfläche (Abb. 1c). In *Tauchfalten* fallen die Achsenflächen von Antiklinalen in Richtung der stratigraphischen Verjüngung ein. Die ↗Vergenz ist die Richtung, in die die Achsenfläche geneigter und liegender Falten von der Vertikalen abweicht. Der Faltenschenkel, der von der Achsenfläche aus in Richtung der Vergenz liegt, heißt *Vorderschenkel*, der entgegengesetzte *Rückschenkel* oder Hinterschenkel. Ist der Vorderschenkel einer Falte um mehr als 90° aus der Horizontalen rotiert, spricht man von einem *überkippten Faltenschenkel* (*Inversschenkel*); der nicht überkippte Schenkel ist der *Normalschenkel*. In liegenden Falten kann man einen oberen *Hangendschenkel* und unteren *Liegendschenkel* unterscheiden. Bei nicht horizontaler Faltenachse wird das Abtauchen einer Falte angegeben durch den Winkel der Faltenachse gegen die Horizontale und ihre Richtung gegen Nord

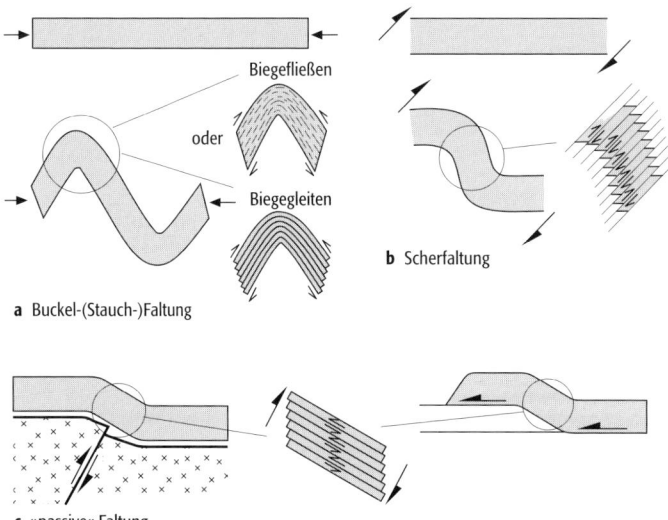

Falte 2: Endglieder von Faltungsmechanismen: a) Buckel- oder Stauchfaltung, b) Scherfaltung und c) »passive« Faltung.

(Abb. 1d). Das durch Abtauchen erzeugte Ende einer Falte heißt *Faltenschluß*.

Wechselt die Abtauchrichtung entlang einer Faltenachse, entstehen ↗Achsendepressionen und Achsenkulminationen. Durch Verbinden jeweils gleicher Elemente in einem Faltenzug, also z. B. der Kammlinien der Antiklinalen, erhält man den ↗Faltenspiegel, der selbst in größere Falten gelegt sein kann (↗Antiklinorium, ↗Synklinorium). Kleinere Falten, die einer größeren Falte überlagert sind, werden als *Spezialfalten* bezeichnet. Wird ein Gestein mehrfach (polyphas) gefaltet, dann ergeben sich v. a. bei wechselnder Einengungsrichtung komplizierte Überfaltungsmuster (Faltenvergitterung, ↗Querfaltung, Kreuzfaltung).

Die Formen natürlicher Falten sind sehr variabel. Es gibt zahlreiche beschreibende Begriffe für Faltenformen (z. B. *Knickfalte*, ↗Kofferfalte), die z. T. aber auch komplex gebaute Sonderfälle bezeichnen (z. B. ↗Beutelmulde, ↗Pilzfalte), für die anstelle eines Sammelbegriffs eine genaue Beschreibung mit Hilfe der oben definierten Elemente vorzuziehen ist. Die Faltenform ergibt sich aus dem Zusammenspiel der mechanischen Eigenschaften gefalteter Gesteine mit verschiedenen Mechanismen der ↗Faltung. Die mechanischen Eigenschaften von Gesteinen werden bestimmt von Mineralzusammensetzung und Korngröße sowie durch den Grad und Größenmaßstab von Inhomogenitäten (Materialwechsel) und Anisotropien (richtungsabhängige Parameter). Sie ändern sich ebenso wie die Faltungsmechanismen abhängig von Temperatur und Druck.

Kinematisch und dynamisch lassen sich die verschiedenen Mechanismen der Faltenbildung zwischen den Endgliedern *Stauchfaltung* (Buckelfaltung) und ↗Scherfaltung einordnen (Abb. 2a). Stauch- oder Buckelfalten entstehen bei Einengung parallel zum Lagenbau durch das rhythmische Ausknicken der festeren (↗kompetent) Lagen in einer weniger kompetenten Matrix. Wellenlänge, Amplitude und Form der Falten werden von der relativen Dicke der kompetenten und inkompetenten Lagen und der Größe des Kompetenzkontrastes bestimmt (Abb. 3). Bei hohem Kompetenzkontrast wird die Faltung eines Stapels von Lagen dadurch ermöglicht, daß die einzelnen Lagen in den Faltenschenkeln gegeneinander gleiten (↗Biegegleitfaltung). Bei geringerem Kompetenzkontrast oder in dicken inkompetenten Lagen kommt es zu penetrativer Scherung parallel zum Lagenbau (Biegefließfaltung). ↗Scherfalten entstehen durch ungleichmäßige (nicht affine) Scherung im Winkel zu einem Lagenbau, der dabei nur die Rolle einer mechanisch nicht wirksamen Markierung hat (Abb. 2b). Ein Mechanismus der Faltung, bei dem Scherung im Winkel zum Lagenbau mit Biegegleiten oder Biegefließen zusammenwirkt, ist die sog. *passive Faltung* von geschichteten Gesteinen über Sockelstörungen oder ↗Rampen (Abb. 2c), die v. a. in oberflächennahen Stockwerken stattfindet. Der Übergang von Buckelfalten und passiven Falten zu Scherfalten spiegelt einerseits die Veränderung der mechanischen Eigenschaften der gefalteten

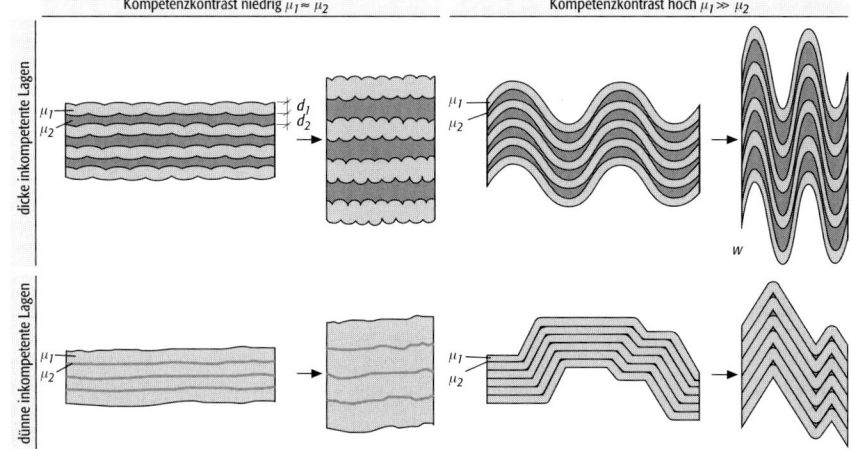

Falte 3: Abhängigkeit der Faltengröße und der Faltenform vom Kompetenzkontrast und der relativen Dicke kompetenter (μ_1) und inkompetenter (μ_2) Lagen (d_1 = Mächtigkeit der kompetenten Lage, d_2 = Mächtigkeit der inkompetenten Lage).

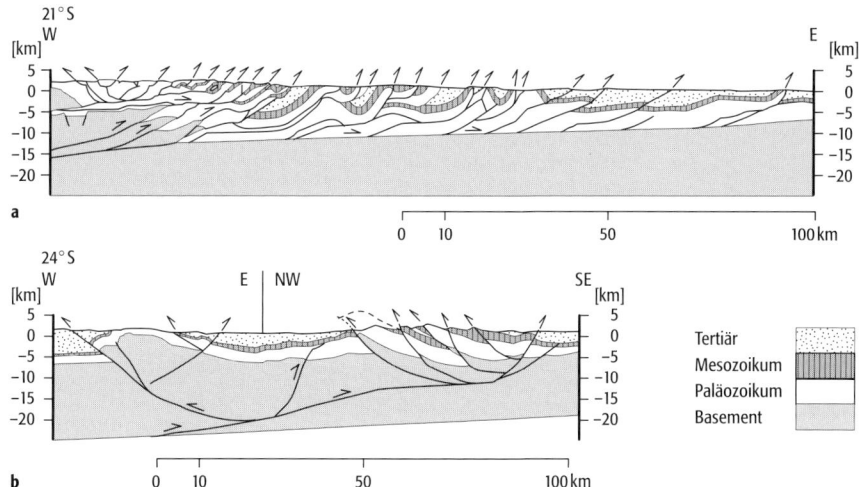

Falten- und Überschiebungsgürtel 1: a) Profil eines flach abgescherten Überschiebungsgürtels (basale Abscherung in silurischen Tonsteinen); b) Profil eines Überschiebungsgürtels mit beteiligtem Sockel durch tektonische Inversion älterer Abschiebungen (Nordargentinien).

Gesteine unter zunehmender Temperatur und erhöhtem Druck wider, andererseits aber eine zunehmende Komponente einfacher Scherung bei der Deformation in großer Tiefe unter hoher Auflast. Buckelfalten sind deshalb charakteristisch für nicht bis schwach metamorphe Gesteine in den oberen Stockwerken der Kruste, während Scherfalten mittel- bis hochgradig metamorphe Gesteine in größerer Tiefe kennzeichnen. [JK]
Literatur: RAMSAY, J.G. and HUBER, M.I. (1987): The Techniques of Modern Structural Geology, Vol. 2: Folds and Fractures. – London.
Faltenabschiebung, ↗Abschiebung im Normalschenkel einer vergenten ↗Falte; früher als ↗Untervorschiebung bezeichnet.
Faltenachse ↗Falte.
Faltenbau, 1) tektonischer Stil, der durch Falten geprägt ist; 2) die Geometrie und Anordnung der Falten in einer Region.
Faltenflügel ↗Falte.
Faltengebirge, an konvergierenden ↗Plattenrändern durch Einengung und Hebung (↗Orogenese) entstandene Gebirge, deren Bau überwiegend durch ↗Faltung, meist aber auch durch Deckenüberschiebungen (↗Deckenbau) gekennzeichnet ist. Alte Faltengebirge sind weitgehend abgetragen und nur noch geologisch-stratigraphisch definierbar (z B. ↗Variszíden). Die plattentektonische Konstellation der Erdneuzeit (↗Känozoikum) führte zur Entstehung eines Faltengebirgsgürtels (engl. alpine chain) entlang konvergierender Plattenränder, wobei der Baustil echter Faltengebirge nur teilweise verwirklicht ist. ↗Orogen.
Faltenkern ↗Falte.
Faltenmolasse, *subalpine Molasse,* der verschuppte und gefaltete Bereich des Molassebeckens, der den ↗Alpen unmittelbar vorgelagert ist. ↗nordalpines Molassebecken.
Faltenrumpf, weitgehend abgetragenes ↗Faltengebirge. Durch die Prozesse der ↗Erosion und ↗Denudation wurde über geologische Zeiträume hinweg das durch die ↗Orogenese geschaffene Relief weitgehend abgetragen. ↗Rumpfflächen kappen den Schichtbau, wobei Resistenzunterschiede der gekappten Schichtserien nur geringe Höhenunterschiede verursachen (↗Skulpturfläche). Erneute tektonische Impulse können zur Entstehung eines Rumpfschollen- respektive ↗Bruchschollengebirges führen. Faltenrümpfe treten auch als Auflagefläche von jüngeren, nicht gefalteten Sedimentserien in Erscheinung (↗Diskordanz). Man benutzt dann die Begriffe Grundgebirge für die gekappten Faltenstrukturen und Deckgebirge für das überdeckende, in Mitteleuropa meist aus dem ↗Mesozoikum stammende Sedimentpaket.
Faltenscharnier ↗Falte.
Faltenschenkel ↗Falte.
Faltenschluß ↗Falte.
Faltenspiegel, gedachte Fläche, die in einer Gruppe von parallelen ↗Falten die Kammlinien der Antiklinalen oder die Troglinien der Synklinalen verbindet. ↗Antiklinorium, ↗Synklinorium.
Falten- und Überschiebungsgürtel, *Vorland-Überschiebungsgürtel,* Bereich in der Außenzone eines ↗Orogens, der durch Falten und weite Überschiebungen (↗Deckenbau) in nicht metamorphen Sedimentgesteinen geprägt ist. Nach innen grenzt der Vorland-Überschiebungsgürtel an einen Zentralgürtel, in dem kristalline Gesteine in die Überschiebungen einbezogen sind. In aktiven Orogenen fällt der Übergang vom Vorland-Überschiebungsgürtel zum Zentralgürtel i.d.R. mit einem deutlichen topographischen Anstieg zusammen. Die Außengrenze des Falten- und Überschiebungsgürtels ist die ↗Deformationsfront. Im Kartenbild bilden Falten- und Überschiebungsgürtel gegen das undeformierte Vorland oft konvexe Bögen und zeigen eine regelmäßige Struktur mit parallelen, lang aushaltenden Antiklinal- und Überschiebungsstrukturen, die in gleichmäßigen Abständen angeordnet und durch breitere Synklinalzonen voneinander getrennt sind. Die Antiklinalzonen können intern

Faltenvergitterung

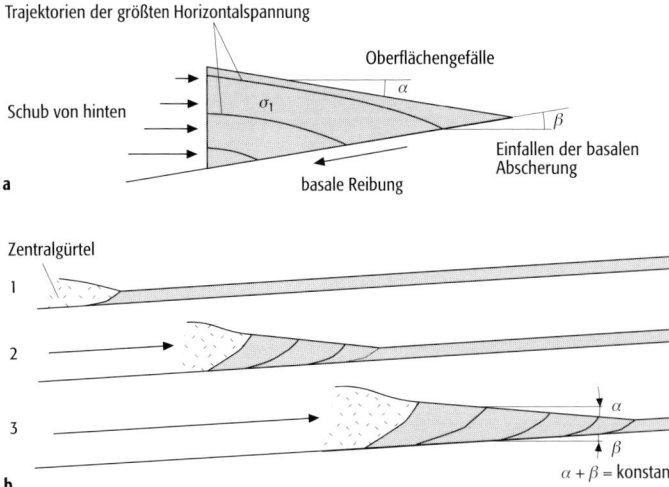

Falten- und Überschiebungsgürtel 2: Theorie der kritischen Keilform: a) Kraftansatz und Spannungstrajektorien in einem keilförmigen Überschiebungsgürtel. b) Die Theorie sagt das Wachstum eines Überschiebungsgürtels mit konstantem Zuschnitt voraus, wenn das Verhältnis von innerer zu basaler Festigkeit gleich bleibt.

sehr kompliziert gebaut sein. Strukturelles Hauptelement vieler Falten- und Überschiebungsgürtel ist ein basaler, etwa schichtparalleler Abscherhorizont, an dem ein Teil der sedimentären Hülle von ihrer Unterlage abgeschert wird, und aus dem sich die an die Oberfläche durchbrechenden Überschiebungen (/Rampen) entwickeln (flach abgescherte Überschiebungsgürtel, thin-skinned fold-and-thrust belts, Abb. 1a). Der Abscherhorizont liegt meist in einigen Kilometern Tiefe in Gesteinen geringer Scherfestigkeit, wie z. B. in Tonsteinen oder Evaporiten. Häufig ist die Scherfestigkeit des Abscherhorizontes durch abnormalen Druck der Porenfluide noch weiter erniedrigt (/Deckenbau). Es können mehrere Abscherhorizonte in verschiedenen stratigraphischen Niveaus entwickelt sein. Die Deformationsfront breitet sich i. d. R. in Richtung auf das undeformierte Vorland aus. Jüngere Überschiebungen werden unter und außerhalb von älteren Überschiebungen angelegt, die dann von der jüngeren Überschiebung weitgehend passiv mittransportiert werden (Huckepack- oder Piggyback-Sequenz der Deformationsausbreitung). Spätere, weiter intern angelegte Überschiebungen, die ältere Strukturen schneiden, heißen durchbrechende Überschiebungen (out-of-sequence thrusts). In manchen Vorland-Überschiebungsgürteln ist der kristalline Sockel in verschiedenem Umfang an den Überschiebungen beteiligt (thick-skinned thrust belts, Abb. 1b). Der Grund für die Beteiligung des Sockels ist häufig die Reaktivierung älterer Abschiebungen (/tektonische Inversion).
Die Mechanik von Falten- und Überschiebungsgürteln versucht die Theorie der kritischen Keilform zu erklären: Falten- und Überschiebungsgürtel haben insgesamt die Form von Keilen, deren Spitze in Transportrichtung zeigt, und befinden sich in einem Kräftegleichgewicht von Schub an ihrer Rückseite und Reibung entlang ihrer Basis (Abb. 2a). Der Zuschnitt (taper) des Keils aus dem Oberflächengefälle α und dem Einfallen β der basalen Scherfläche wird dabei vom Verhältnis der Scherfestigkeit der Gesteine in seinem Inneren zur Scherfestigkeit der Gesteine an seiner Basis bestimmt und ist eben so groß (»kritisch«), daß der Keil als Ganzes ohne zu brechen geschoben werden kann. Ein Keil aus sehr festem Material auf einer sehr schwachen Basis kann sehr spitz sein ($\alpha + \beta$ sehr klein), während ein Keil mit ähnlichen Materialeigenschaften von Basis und Innerem eine gedrungene Form haben muß ($\alpha + \beta$ hoch). Die kritische Keilform organisiert sich selbst im Laufe der Deformation: Eine Schicht konstanter Mächtigkeit, die vor einem Rückhalt zusammengeschoben wird, bildet beim Einsetzen der Deformation einen zunächst sehr kleinen kritischen Keil, der dann selbstähnlich weiterwächst, während neues Material an seiner Spitze angelagert wird (Abb. 2b). Das Anlagern von Material an der Spitze und stärkere Erosion der höher gelegenen internen Teile des Keils verringern das Oberflächengefälle und bringen den Zuschnitt in den unterkritischen Bereich. Der kritische Zuschnitt sollte deshalb durch anhaltende innere Deformation des gesamten Keils aufrechterhalten werden. Diese Voraussage der Theorie steht in gewissem Widerspruch zu der in vielen Fällen dokumentierten vorherrschenden Huckepack-Deformationsabfolge natürlicher Überschiebungsgürtel, bei der die älteren, mehr internen Überschiebungen weitgehend passiv bleiben. Auch das inhomogene Substrat natürlicher Überschiebungsgürtel mit verschiedenen Gesteinen, faziellen Wechseln und älteren Strukturen läßt erhebliche Abweichungen von der idealen gleichmäßigen Keilform erwarten. [JK]

Faltenvergitterung /Querfaltung.

Faltung, 1) *Geologie*: Vorgänge, die zur Bildung von /Falten führen. Abhängig vom Druck und von der Temperatur, unter der eine Falte entsteht, wirken viele verschiedene Vorgänge bei der Faltung mit: starre Blockrotation, /Sprödbrüche, Drucklösung und /Ausfällung, Einregelung und Neubildung von Mineralen sowie duktiles Fließen. **2)** *Kristallographie*: *Faltungsintegral*, Operation zweier Funktionen $f(x)$ und $g(x)$:

$$f(x) * g(x) = \int_{-\infty}^{+\infty} f(u)\, g(x-u)\, du,$$

die man durch den Operator ∗ symbolisiert. Dieses Faltungsintegral ist von fundamentaler Bedeutung für die Beschreibung der Röntgen-, Neutronen- und Elektronenbeugung an Einkristallen. Man kann es wie folgt interpretieren: a) Man invertiert $g(u)$ und verschiebt die Funktion nach $u = x$ (dieses »Herumfalten« der Funktion $g(u)$ um $u = x$ gibt der Faltung ihren Namen) b) Man multipliziert $g(x-u)$ mit $f(u)$ und integriert über den Wertebereich. c) Man wiederholt Schritte a) und b) für alle Werte des Definitionsbereichs (in der Praxis ist das der Bereich, in dem $f(u)$ und $g(x-u)$ überlappen). Das Resultat ist – Punkt für Punkt – ein mit $f(x)$ gewichtetes Integral der Funktion $g(x)$. **3)** *Photogrammetrie*: *Filterung*, *Faltungsintegral*, Funktion, die das Eingangssignal in ein System mit dem Ausgangssignal verbindet. Das funktionale Modell einer Faltung ist entweder eine Integralfunktion oder bei diskreten Werten eine Summenbildung. In der Photogrammetrie und Fernerkundung ist das Eingangssignal die Intensitätsmatrix eines zu filternden ↗digitalen Bildes und das Ausgangssignal das Ergebnisbild. Die Faltung im Objektraum besteht in der Verknüpfung der Intensitätswerte innerhalb eines Operatorfensters. Mathematisch und rechentechnisch einfacher kann eine Faltung nach Transformation des Bildes in den Frequenzraum vollzogen werden (Abb.). Im Objektraum gilt für die Faltung die symbolische Schreibweise:

$$G' = W * G,$$

wobei G die Matrix des Eingabebildes ist, W der Faltungsoperator bzw. die Filtermatrix und G' die Matrix des Ausgabebildes. Nach einer ↗Fouriertransformation des Bildes vereinfacht sich die Faltung im Frequenzraum auf die Beziehung:

$$A' = H \cdot A,$$

wobei A das Amplitudenspektrum des Eingabebildes, H die Transferfunktion und A' das Amplitudenspektrum des Ausgabebildes ist. Durch eine inverse Fouriertransformation kann sowohl die Transferfunktion H in die Filtermatrix W als auch das Amplitudenspektrum A' des Ausgabebildes in die Matrix des Ausgabebildes G' überführt werden.

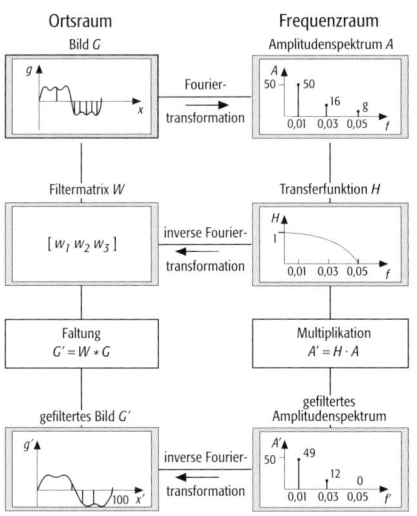

Faltungssatz, *Faltungstheorem*, besagt, daß die Fouriertransformierte (Operator: F) eines Faltungsintegrals gleich dem Produkt der Fouriertransformierten (↗Fouriertransformation) der zu faltenden Funktionen (und umgekehrt) ist:

$$F(f * g) = F(f) \cdot F(g),$$
$$F(f \cdot g) = F(f) * F(g).$$

Faltungs-Test, Test zur Überprüfung, ob eine ↗remanente Magnetisierung älter oder jünger ist als ein tektonisches Ereignis, das zu einer Verkippung oder Faltung einer geologischen Einheit führte. Der Faltungs-Test ist positiv, wenn die Richtungen der remanenten Magnetisierung in situ eine große bzw. nach der Rückrotation der Schichten in die ehemalige Position durch die ↗tektonische Korrektur eine kleine Streuung und eine der ↗Fisher-Statistik entsprechende Verteilung aufweisen. Die remanente Magnetisierung ist dann nicht durch den Faltungsprozeß oder die tektonische Beanspruchung beeinflußt worden und muß also älter als die Faltung sein, sie ist wahrscheinlich primär (Abb.). Im umgekehrten Fall ist der Faltungstest negativ und die Magnetisierung jünger als die Faltung und durch ↗Remagnetisierung entstanden. Der Faltungs-Test liefert ein wichtiges Argument zur Eingrenzung des Alters einer remanenten Magnetisierung in Gesteinen. Die paläomagnetischen Ergebnisse von Gesteinen mit einem negativen Faltungs-Test werden i. a. verworfen. [HCS]

Famenne, *Famennium*, international verwendete stratigraphische Bezeichnung für die obere Stufe des Oberdevons, benannt von H. A. Dumont (1855) nach dem Gebirge Famenne in Südbelgien. ↗Devon, ↗geologische Zeitskala.

Fangbauwerk, Bauwerk am Fuß von ↗Böschungen, das zur Hangsicherung errichtet wird. Hierunter fallen insbesondere *Fangmauern*, *Fangwände*, *Fangmulden* und *Fangzäune*, die dem Auffangen von abgebrochenem und herunterfallendem Gestein dienen. Bei niedrigen Böschungen werden meist Fangzäune, bei höheren Böschungen eher Fangwände eingesetzt.

Fangdamm, *Fangedamm*, temporäres Bauwerk zur Umleitung eine Flusses oder zur Einengung des Flußquerschnitts. Im Schutze des Fangdammes können Vorhaben wie z. B. der Bau von Staumauern und -dämmen, Wehr- und Kraftwerksanlagen, Brückenpfeilern und Uferböschungsbefestigungen durchgeführt werden. Fangdämme können als *Erddamm*, Spundwand, Kasten- oder Zellenfangdamm ausgeführt werden.

Fangmauer ↗Fangbauwerk.
Fangmulde ↗Fangbauwerk.
Fangwand ↗Fangbauwerk.
Fangzaun ↗Fangbauwerk.

fanning, Form einer ↗Abgasfahne, bei der die Ausdehnung quer zur Ausbreitungsrichtung deutlich größer ist als in vertikaler Richtung. Diese Form entsteht bei stark stabilen Schichtungsverhältnissen (↗Inversion). Noch in weiter Entfernung von der Quelle können relativ hohe Schadstoffkonzentrationen im Boden auftreten.

FAO-Bodenklassifikation, *Bodenklassifikation der FAO* (Food and Agricultural Organization = Welternährungsorganisation) der Vereinten Nationen mit einer einheitlichen, international gültigen Nomenklatur von 28 Bodenklassen (major soil groups), die in 153 soil units untergliedert sind (↗WRB).

Faraday-Effekt, Drehung der Polarisationsebene des Lichts bei Transmission in Richtung eines

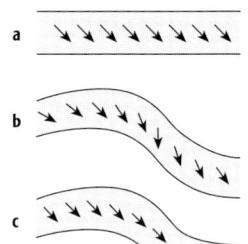

Faltungs-Test: a) Magnetisierung in einer Schicht vor der Faltung, b) positiver und c) negativer Faltungs-Test.

Faltung: Faltung im Orts- und Frequenzraum.

Farbassoziation (Tab.):
Farbassoziationen in Karten.

Assoziationen der Hell-Dunkel-Wirkung

hell	dunkel
leicht	schwer
wenig	viel
schwach	stark

Assoziationen der Warm-Kalt-Wirkung

Rot, Orange	Blau, Blaugrün
warm, heiß	kühl, kalt
positiv (Zunahme)	negativ (Abnahme)
trocken	feucht
gefährlich	ungefährlich
unruhig	ruhig

Magnetfeldes. Die Drehung der Polarisationsebene ist auf die unterschiedlichen Phasengeschwindigkeiten für rechts und links zirkular polarisiertes Licht zurückzuführen. Bei Umkehr der Strahlrichtung ändert sich der Drehsinn, im Gegensatz zur ↗optischen Aktivität. Der Effekt ist nicht an Kristalle gebunden.

Faraday-Konstante, gibt die Ladungsmenge an, die erforderlich ist, um 1 Mol eines einwertigen Stoffes (1 val) elektrolytisch abzuscheiden: $F = 96.487$ C/val (C = Coulomb).

Farbart ↗ *Farbton*.

Farbassoziation, gedankliche Verknüpfung einer Farbe, eines Farbpaars oder einer ↗Farbreihe mit ihrer Bedeutung im Alltag oder Beruf. Die Farbassoziation wird stark von der Wahrnehmungssituation und den Erfahrungen des ↗Kartennutzers beeinflußt. Als relativ beständig gelten innere (psychische) Farbassoziationen. Sie beruhen auf den grundlegenden ↗Farbwirkungen hell – dunkel, warm – kalt (Tab.).

Die auf Seherfahrungen zurückgehenden äußeren Assoziationen (↗Ikonizität) werden in Karten vor allem als ↗Naturfarbenskalen und als ↗Luftperspektive (klar – nah; getrübt – fern) berücksichtigt. Darüber hinausgehende Farbassoziationen hängen vom kulturellen und beruflichen Umfeld ab, in dem Farbe benutzt wird. Da keineswegs sicher ist, ob die verwendeten Farben die beabsichtigte oder gar eine gegenteilige Assoziation hervorrufen, kann dennoch auf ihre Erklärung in der ↗Legende einer Karte nicht verzichtet werden. [KG]

Farbauszug, *Farbseparierung*, *Farbseparation*, Prozeß, der aus einem farbigen Original Bilder ableitet, wobei jedes Bild nur jeweils eine Druck- oder Bildschirmfarbe repräsentiert, sowie das Ergebnis dieses Prozesses. Das farbige Original ist i. a. ein Gemälde, eine Photographie oder ein Farbdruck, in der Kartographie eine gemalte Karte, ein Luft- bzw. Satellitenbild oder eine gedruckte Karte. Farbauszüge werden benötigt, wenn ein Abbild des Originals gedruckt oder auf dem Bildschirm sichtbar gemacht werden soll. Der Farbauszug erfolgt heute rechnergestützt. Er wird mittels Farbscanner erzeugt, wobei das Original von einem Lichtstrahl abgetastet wird; dieser passiert nachfolgend einen entsprechenden Farbfilter oder ein Prisma und wird auf einen Sensor gelenkt, der dessen Intensität mißt und in ein digitales Signal umgewandelt. Für den Druck von farbigen Originalen werden für die Druckfarben Cyan (C), Magenta (M), Gelb (Y) und Schwarz (K), ggf. auch für ↗Schmuckfarben, Farbauszüge benötigt. Von den gerasterten Farbauszügen werden ↗Druckformen hergestellt, die im anschließenden Druckprozeß ein Abbild garantieren, das dem Farbeindruck des Originals weitgehend entspricht. Die einzelnen Farbauszüge weisen Farbfehler auf, die durch die Eigenschaften der Körperfarben des Originals, der Farbfilter und der Sensoren des Farbscanners bedingt sind. Diese Fehler führen zu Farbverfälschungen, Verschwärzlichung oder Verweißlichung des Farbdruckes und müssen durch eine Farbkorrektur weitgehend behoben werden. Eine Verschwärzlichung des Drucks entsteht, wenn die Farbauszüge Farbanteile enthalten, die gegenüber der Vorlage zu hoch sind. Hier ist eine Minuskorrektur notwendig, die den Farbüberschuß reduziert. Eine Verweißlichung des Druckes tritt auf, wenn der Farbauszug zu wenig Farbe ausweist. Dies wird durch eine Pluskorrektur behoben. Aus den digitalen Farbinformationen wird der Schwarzauszug berechnet. Die Farbkorrektur wird auf Grund von sog. Farbprofilen vorgenommen. Dazu wird von einer genormten Farbtafel, die dem Auflagendruck entspricht und deren Farbwerte (Sollwerte) bekannt sind, ein Farbauszug hergestellt. Die Werte des Farbauszugs bilden die Istwerte. Die Differenz zwischen Soll- und Istwert eines jeden Feldes der Farbtafel stellt den Korrekturwert einer Farbe dar. Für Farben, die nicht in der Farbtabelle enthalten sind, werden die Korrekturen aus den Farbkorrekturwerten der nächstliegenden Farben interpoliert. Mit dem Farbauszug kann gleichzeitig die Schärfe des Bildes erhöht werden, u.a. durch eine sog. Unscharfmaskierung. Der Trommelscanner besitzt deshalb zwei Abtastlichtpunkte, einen kleineren für den Bildpunkt, einen größeren für den Umfeldlichtpunkt. Die Differenz dieser Abtastwerte wird zum Bildpunkt addiert, wodurch der Kontrast an Kanten erhöht und dadurch die Schärfe eines Bildes gesteigert wird. Die Erhöhung der Schärfe kann auch im gescannten Bild durch ein Scharfzeichnungsfilter eines Bildverarbeitungsprogrammes erfolgen. Gerasterte Originale, z. B. Drucke, bedürfen einer Entrasterung, um die Bildung eines Moirés zu verhindern. Dies kann im Prozeß des Farbauszugs durch eine leichte Unscharfeinstellung des Objektivs eines Trommelscanners oder durch eine Bearbeitung des Rasterbildes mit einem Weichzeichnungsfilter erfolgen. Die Qualität eines Farbauszugs kann an einem Bildschirm höchster Farbgenauigkeit oder mittels eines ↗Farbprüfverfahrens kontrolliert werden. Für ein Bildschirmbild werden Farbauszüge für die Primärfarben der additiven Farbmischung, Rot (R), Grün (G) und Blau (B), benötigt. Da jeder Bildschirm seinen eigenen Farbraum besitzt, ist, im Gegensatz zu den weitgehend standardisierten Druckverfahren, eine allgemeingültige Farbkorrektur kaum durchführbar. Digitale Vektor- und Rasterbilder werden z. B. für den Druck ebenfalls farbsepariert benötigt. Die Graphiken können deshalb in Postscriptdateien mit DCS-Spezifikation (Desktop Color Separations) umgewandelt werden, wobei entweder je Farbauszug eine Datei und zusätzlich eine Vorschaudatei mit geringer Auflösung des Farbbildes entsteht oder eine einzige DCS-Datei erstellt wird, in der die einzelnen Farbauszüge und die Vorschau gespeichert sind. Farbverwaltungssysteme (Color Management System, CMS) unterstützen den Anwender durch Farbprofile bei der Berücksichtigung geräteabhängiger Farbräume, z. B. von Farbscannern, Farbmonitoren, Farbdruckern und Druckmaschinen. Bei der Konvertierung von Bildern aus dem RGB- in das CMYK-Farbmodell dienen Separationstabellen dazu, die Geräteabhängigkeit des Farbraums zu berücksichtigen, wobei u. a. die Eigenschaften von Bedruckstoff und Druckfarben und die Druckbedingungen berücksichtigt werden können. [IW]

Farbbalance ↗ *Graubalance*.

Farbbezeichnung, verbale oder formelhafte Benennung der Farben. Die Umgangssprache kennt etwa zehn Farbbezeichnungen, die u. U. durch Zusätze zur Kennzeichnung von Zwischentönen, der ↗Farbhelligkeit oder Vergleiche (Ziegelrot, Himmelblau) ergänzt werden (Tab.). Sie sind im künstlerischen, gewerblichen und wissenschaftlichen Bereich nicht ausreichend.

In Malerei und Handwerk gehen viele Farbbezeichnungen auf die zur Farbherstellung verwendeten Ausgangsstoffe (Bleiweiß, Chromgelb, Kobaltblau) oder die charakteristische Färbung natürlicher Objekte zurück (Elfenbein, Smaragdgrün) zurück. Verbunden mit den verschiedenen ↗Farbordnungen, haben sich in Wissenschaft und Technik sowie im graphischen Gewerbe eigenständige Systeme der Farbbezeichnung (Farbschlüssel) herausgebildet.

Kartographiespezifische Bezeichnungen wie Gewässerblau (verwendet für das Gewässernetz, Ufer-, Küsten- und Tiefenlinien) und andere gesondert gedruckte Strichfarben (↗Flächenfarben) verlieren beim Vierfarbendruck an Bedeutung. Heute dominieren in der Kartographie die Farbbezeichnungen des graphischen Gewerbes und der Video- bzw. Computertechnik. Dies sind zum einen die Farbbezeichnungen der ↗Europaskala, in der auch die Prozeßfarben des Vierfarbendruckes ↗CMYK definiert sind. Zum anderen sind es die Bildschirmfarben des ↗RGB-Farbraumes. In manchen technischen Systemen wird Cyan als Aquamarin und Magenta als Lila bezeichnet. Aus den ↗Grundfarben aufgebaute Mischfarben werden durch den Kennbuchstaben der Grundfarbe und ihren Anteil als nachgestellte Prozentzahl oder den in der ↗Bildverarbeitung gebräuchlichen Wert für die Helligkeit eines Bildpunktes von 0 (schwarz) bis 255 (weiß) gekennzeichnet. In ↗Farbmenüs sind zur Erleichterung der Kommunikation den durch Prozentzahlen definierten Farben verbale Bezeichnungen oder besondere Farbschlüssel zugeordnet. Die Farbschlüssel im ↗digitalen Farbmanagement bestimmen und bezeichnen die Farben nach den Merkmalen der ↗Farbordnung »lightness« L (Farbhelligkeit), »hue« H (Farbton) und »chroma« C (Farbsättigung). Im HSB-Modell benutzt man außer dem Farbton H die Sättigung gegenüber Weiß (»saturation« S) und die als Ergänzung zum Schwarzanteil definierte Helligkeit (»brightness« B).

Die von einem Softwarehersteller als Leuchtendgrün bezeichnete Farbe hat folgende Farbschlüssel: Prozeßfarben: C40, M0, Y100, K0 (engl.); C40, M0, G100, S0 (deutsch); Bildschirmfarben: R153, G255, B0 (R60 %, G100 %, B0 %); im HSB-Modell: H84°, S255, B255; im Farbmanagement: L75, H110° (a -26, b 70), C75.   [KG]

Farbcodierung, entsteht, wenn beliebige Bilddaten eines mehrkanaligen Bildes im RGB-System (↗RGB-Farbraum) dargestellt werden und diese nach der additiven ↗Farbmischung gestaltet bzw. umgesetzt werden. Mit der Farbcodierung lassen sich neben mehrkanaligen Datensätzen auch einzelne Bänder darstellen. Die Farbcodierung einzelner Bänder hat zum Ziel, objekttypische bzw. klassentypische Grauwerte durch entsprechende Farbgebungen visuell hervorzuheben, sowie die Informationen verschiedener ↗Spektralbereiche zu verknüpfen. Zur Herstellung einer solchen *Farbkomposite* werden die Datensätze aus drei oder z. T. mehrerer ↗Spektralbänder verwendet. Die Darstellung kann in Echtfarbbildern und Falschfarbbildern erfolgen. Oft findet bei den Falschfarbbildern die Einbeziehung des nahen Infrarotbandes statt. Eine *Echtfarbenkomposite* entsteht, wenn man nur die Spektralbereiche des sichtbaren Lichtes benutzt. Jede Einbeziehung

möglicher Zusatz	Farbbezeichnung	Synonym
hell-, dunkel-	rot	rosa (für hellrot)
	orange	
	gelbgrün	
hell-, dunkel-	grün	
	blaugrün	
hell-, dunkel-	blau	
	violett	lila
	weiß	
hell-, dunkel-	grau	
	schwarz	
hell-, dunkel-	braun	

Farbbezeichnung (Tab.): umgangssprachliche Farbbezeichnungen.

von Spektralbereichen, welche außerhalb des sichtbaren Lichtes liegen, bzw. künstliche Bänder (↗Ratiobildung) ergeben *Falschfarbenkomposite*. Farbcodierung ist ein wesentlicher Bestandteil in der ↗digitalen Bildverarbeitung von Satellitenaufnahmen. Sie ist auch eine oft angewendete Methode zur Verbesserung der visuellen Interpretation von Fernerkundungsdaten unter Verwendung eines ↗Farbmischprojektors. [CG]

Farbenkörper, körperhafte oder graphisch-dreidimensionale Veranschaulichung der ↗Farbordnung. Davon zu unterscheiden sind Farbkörper, die in Farbstoffen enthaltenen Pigmente.

Farbenlehre, *Farbentheorie*, systematische graphische und verbale, auch formelhafte, seltener zahlenmäßige Darstellung der Merkmale, Beziehungen und Wirkungen der Farben. Seit dem Altertum war das Phänomen der Farbe Untersuchungsgegenstand von Künstlern und Wissenschaftlern, darunter ↗Newton, Goethe, Ostwald. Auch heute liefern Farbenlehren in Kunst und Gestaltung, Technik und Wissenschaft die theoretische Grundlage für die Beschreibung und Beherrschung der Farbenvielfalt. Daraus ergibt sich ihre Bedeutung für die Kartographie. Wichtigster Bestandteil der Farbenlehren ist die Darstellung der ↗Farbordnung, die graphisch als flächenhafte Farbfigur oder als ↗Farbenkörper veranschaulicht wird. Als Ordnungsmerkmale dienen der ↗Farbton, die ↗Farbsättigung und die ↗Farbhelligkeit. Aus unterschiedlich festgelegten Urfarben oder ↗Grundfarben werden ↗Mischfarben abgeleitet (↗Farbmischung). Des weiteren werden, basierend auf Regeln der ↗Farbharmonie, Grundsätze der Farbanwendung formuliert. Eine alle Aspekte der ↗Kartengestaltung und ↗Kartennutzung, der Bildschirmarbeit sowie der Reproduktions- und Drucktechnik umfassende Farbenlehre für die Kartographie existiert derzeit nur in Ansätzen. [KG]

Farbenplastik, von K. ↗Peucker 1898 als Alternative zur ↗Schattenplastik entwickelte Theorie zur Erzielung einer räumlichen Wirkung von ↗Höhenschichten. Die in sich widersprüchliche Theorie ging von folgenden Thesen aus: a) Helle Farben wirken näher als dunkle Farben (je höher, desto heller). b) Trübe Farben treten gegenüber satten Farben zurück (je höher, desto klarer). c) Die Farben der spektralen ↗Farbreihe werden wegen ihres von Rot aus zunehmenden Brechungswinkels vom Auge hintereinanderliegend (Rot – nah, Violett – fern) wahrgenommen. Die aus den Thesen abgeleitete Helligkeitsreihe, Sättigungsreihe und die spektrale Farbreihe wurden zu einer 15-stufigen, von grünlichem Grau über Grün – Gelb – Orange zu Rot reichenden Skala vereinigt; anzuwenden von der Küste bis ins Hochgebirge. Entsprechend gefärbten Höhenschichten schrieb Peucker Meßbarkeit zu und wollte sie (ggf. mit Zwischentönen) generell für Höhenschichtenkarten genutzt wissen, unabhängig von ↗Maßstab und dargestellter Region. Die auf der Peuckerschen Theorie beruhende farbenplastische Skala konnte sich aufgrund ihrer Widersprüche und teilweise falscher Annahmen nicht durchsetzen. Unter anderem ist die tatsächliche Raumwirkung (*Farbenstereoskopie*) der ↗Farbtöne gering und vor allem bei farbigem Licht, weniger in der Aufsicht, zu beobachten. Jedoch beeinflußten Peuckers Arbeiten die Farbgebung späterer Höhenschichtenkarten; z. B. wurden Gelbtöne für die mittleren Höhenstufen üblich. Teilaspekte der Theorie, u. a. die mit der Höhe zunehmende ↗Farbsättigung (↗Luftperspektive), wurden in nicht wenigen gelungenen farbigen Reliefdarstellungen berücksichtigt. Nicht zuletzt war die Theorie der Farbenplastik Impuls für die Einführung der farbtheoretischen Sichtweise in die Kartographie. [KG]

Farbenstereoskopie ↗Farbenplastik.

Farbentheorie ↗Farbenlehre.

Farbfilm, *Colorfilm*, photographischer Film zur Aufnahme eines Objektes in seinen natürlichen Farben. Der Farbfilm besteht aus drei für die Grundfarben Blau, Grün, Rot sensibilisierten ↗photographischen Schichten. Durch die photographische Bearbeitung werden beim Farbnegativfilm im Tonwert komplementärfarbige Abbildungen erzeugt. Durch nachfolgende Kopie können farbrichtige Bilder auf Farbphotopapier oder Farbdiapositivfilm hergestellt werden. Die direkte farbrichtige Aufzeichnung der Objektfarben ist auf Farbumkehrfilm möglich. Der Farbfilm wird unter anderem als ↗photogrammetrisches Aufnahmematerial für ↗Luftbilder eingesetzt, um das ↗Merkmal der Farbe für eine sicherere Objektansprache bei der Luftbildinterpretation und der ↗photogrammetrischen Bildauswertung zu nutzen.

Farbgewicht ↗Farbhelligkeit.

Farbgruppen, Gruppen von Symmetrieoperationen, deren Abbildungen mit Permutationen charakteristischer Eigenschaften der abgebildeten Objekte verknüpft sind. Besonders anschaulich sind Permutationen von Farben, daher der Name. Ein Beispiel für ein Muster mit Farbsymmetrie ist das vierfarbige Mosaik der Abbildung. Hier sind die Operationen einer Ebenengruppe *p4mm* mit Permutationen der vier Farben gekoppelt. Die farberhaltenden Operationen bilden eine Untergruppe vom Typ *c2mm* mit um den Faktor 2 ausgedünnten Translationen. Der Index der Untergruppe in der Obergruppe ist 4, entsprechend der Anzahl der Farben. Mit Hilfe gruppentheoretischer Überlegungen lassen sich Farbgruppen systematisch erzeugen. Dabei ist zu beachten, daß es unterschiedliche Definitionen des Begriffes »Farbgruppe« gibt. Die übliche und zugleich restriktivste Definition verlangt die Normalteiler-Eigenschaft von der Untergruppe der farberhaltenden Abbildungen. Farbgruppen mit zwei Farben sind die Schwarz-Weiß-Gruppen (↗Antisymmetriegruppen). [WEK]

Farbharmonie, das als ästhetisch empfundene Zusammenwirken gleichzeitig wahrgenommener Farben. Diese Empfindung und das daraus abgeleitete Werturteil sind stark subjektiv geprägt. Sie werden von kulturellen Faktoren, d. h. von traditionellen oder der Mode unterliegenden Sehgewohnheiten, aber auch vom individuellen

Farbgruppen: Beispiel einer Farbgruppe.

Geschmack und der psychischen Verfassung beeinflußt. Da Farben immer an Objekte und im kartographischen Umfeld an Inhalte gebunden sind, lassen sich Aussagen über Farbharmonie nur mit entsprechenden Einschränkungen treffen. Dennoch sind die in ↗Farbenlehren aufgestellten, aus der ↗Farbordnung abgeleiteten Regeln eine wichtige Orientierungshilfe bei der farblichen Gestaltung von Karten.

Farbharmonie ist stets als widersprüchliche Einheit von Ähnlichkeit und Gegensatz (↗Farbkontrast) zu verstehen. So werden einerseits die entlang von Leitlinien in ↗Farbenkörpern verlaufenden ↗Farbreihen (Farbtonreihe, Helligkeitsreihe, Sättigungsreihe) bzw. die in Schnittebenen liegenden Farben als harmonisch aufgefaßt (1. Regel). Andererseits liefern kontrastierende, im Farbtonkreis meist gleichabständige Farben grundlegende Harmonien (2. Regel). Dies gilt in erster Linie für ↗Komplementärfarben und die durch gleichseitige Dreiecke verbundenen Farben, z. B. die ↗Grundfarben. Auch durch gleichschenklige Dreiecke und durch Vierecke bestimmte Farben sollen sich harmonisch kombinieren lassen. Im Farbkreis nicht unmittelbar benachbarte, aber nahe Farben »beißen sich«, z. B. Blau und Grün, Rot und Violett. Derartige Dissonanzen lassen sich durch ↗Entsättigung einer dieser oder beider Farben abschwächen. Die 3. Regel der Farbharmonie besagt, daß ↗bunte Farben mit Schwarz, Weiß und Grautönen harmonieren. Davon auszunehmen ist die Kombination von Gelb mit Weiß.

Regel 1 bis 3 abstrahieren insofern, als sie für alle zusammenwirkenden Farben gleichgroße Flächen voraussetzen. Die nicht unmittelbar aus der Farbordnung ableitbare 4. Regel betrifft die Flächenverhältnisse der Farben. Nach ihr trägt die Aufhellung großer Flächen und die Verwendung satter Farben für kleine Flächen entscheidend zum harmonischen Gesamteindruck bei. Die Harmonie der Farbflächen ist für die Farbanwendung in der Kartographie von außerordentlicher Bedeutung. Bei isolierter Betrachtung der ↗Legende können harmonisch wirkende Farben im Zusammenspiel der graphischen Elemente zu einem unharmonischen, ja unästhetischen ↗Kartenbild führen. Dies betrifft besonders ↗Farbskalen für ↗Flächenkartogramme, ↗Schichtstufenkarten und grundrißliche Darstellungen (↗Flächenmethode). Da sich die Größe und Verteilung der Flächen infolge ihrer ↗Georeferenzierung nicht verändern läßt, kann man eine farbharmonische Lösung häufig nur schrittweise, d. h. in mehreren Gestaltungsversuchen erzielen, nach denen jeweils das Gesamtbild beurteilt wird. [KG]

Farbhelligkeit, *Helligkeit*, *Helligkeitswert*, *brightness*, *lightness*, *value*, Merkmal der Farben, das die Empfindung der Gesamtenergie des auf das Auge treffenden Lichtreizes ausdrückt. Die Helligkeit einer Farbe wird bestimmt von der Eigenhelligkeit des reinen ↗Farbtons (Abb.) und von ihrer Sättigung, d. h. der Aufhellung durch Weiß und/oder der Verschwärzlichung. Die Farbhelligkeit einer ↗bunten Farbe läßt sich durch den als gleichhell empfundenen Grauton der ↗Grauskala beschreiben (↗Tonwert). Seltener und in umgekehrten Sinne verwendete Begriffe zur Kennzeichnung der Helligkeit einer Farbe sind *Farbgewicht* (da man Farben auch als schwer oder leicht beschreibt) und Dunkelstufe. Als ↗graphische Variable hat die Helligkeit vor allem eine ordnende Funktion, d. h. in Karten lassen sich durch die Abwandlung der Farbhelligkeit von Signaturen und Flächen quantitativ bestimmte Abfolgen ausdrücken. [KG]

Farbkomposite ↗Farbcodierung.

Farbkontrast, *Kontrast*, 1) der Unterschied zweier Farben, der ihrem Abstand im ↗Farbenkörper gleichkommt. In der Technik wird der Kontrast als Unterschied der Schwärzung (Reproduktionstechnik) bzw. der Leuchtdichte (Videotechnik) zweier benachbarter Flächen definiert. Dem entspricht weitgehend der Unterschied der ↗Farbhelligkeit im Sinne der ↗Farbordnung mit Schwarz und Weiß als größtem Gegensatz. Bezogen auf den ↗Farbton verkörpern Komplementärkontraste die größtmöglichen Unterschiede. Auch unterschiedliche ↗Farbsättigung kann zum Farbkontrast beitragen. 2) die Veränderung der Wahrnehmung einer Farbe in Abhängigkeit von mehreren farbigen Lichtreizen, die gleichzeitig nebeneinander oder nacheinander auf die Netzhaut einwirken. Der Simultankontrast oder Nebenkontrast verändert den Farbeindruck unter dem Einfluß der benachbarten Farbfläche in Richtung des größten Gegensatzes und steigert die Wirkung der beteiligten Farben. Eine graue Fläche erscheint auf weißem Grund dunkler als auf schwarzem Grund. Neutrales Grau auf farbigem Grund neigt zur ↗Komplementärfarbe seiner Umgebung, z. B. wirkt Grau auf Grün rötlich. ↗Bunte Farben beeinflussen sich in Richtung der Hauptkontraste hell/dunkel und warm/kalt. Sukzessivkontraste beruhen auf der Tendenz des Gesichtssinns, zu jeder Farbe deren Komplement zu erzeugen. Gegenstände oder Bilder mit starken Helligkeitsunterschieden erscheinen nach dem Schließen der Augen als negatives Nachbild. Das Nachbild farbiger Flächen nimmt ihre Komplementärfarbe an.

Für die Farbgestaltung von Karten sind sowohl die farbtheoretischen als auch die psychologischen Aspekte des Farbkontrasts zu berücksichti-

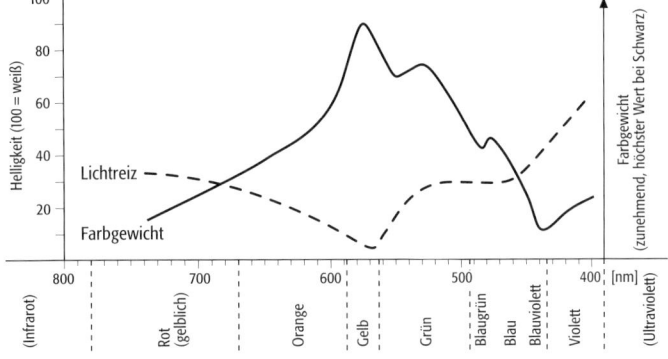

Farbhelligkeit: Helligkeit (Lichtreiz) und Farbgewicht der reinen Farben.

gen. Ein Beispiel seiner bewußten Ausnutzung sind dunkle Strichfarben auf hellen Flächenfarben, die das Kartenbild klar gliedern. Andererseits kann die Nachbarschaft von Farben in der Karte durch den Simultankontrast zu ihrer ungewollten Verfälschung gegenüber den in der Legende (meist auf weißem Grund!) ausgewiesenen gleichen Farben führen. [KG]

Farbkonvention, Übereinkunft über die einheitliche Verwendung bestimmter Farben und ↗Farbskalen in Karten gleichen Inhalts. Farbkonventionen können auf nationaler Ebene, aber auch international gelten. Meist werden sie in Verbindung mit anderen zu standardisierenden Elementen der ↗Legende vereinbart. Farbkonventionen entstehen nicht selten im Zuge der Schaffung von größeren ↗Kartenwerken durch entsprechende Festlegungen. Andererseits kann der herkömmliche und häufige Gebrauch gleicher und ähnlicher Farben ohne ausdrückliche Festlegung zur Farbkonvention führen, so im Falle des Grundaufbaus der ↗Farbreihen für ↗Höhenschichten. Als älteste Farbkonvention in der Thematischen Kartographie gilt die Ende des 19. Jahrhunderts international beschlossene Farbgebung in ↗geologischen Karten. Des weiteren ist die durch ↗Farbassoziation begünstigte, relativ einheitliche Farbanwendung in Klimakarten anzuführen. Farbkonventionen erleichtern die Nutzung von Karten. [KG]

Farbkugel, traditioneller, auf Ph. O. Runge zurückgehender ↗Farbenkörper zur Veranschaulichung der ↗Farbordnung.

Farbleiter ↗Farbreihe.

Farbmenü, in Graphik- und Kartographieprogrammen enthaltenes Menü zur Festlegung der Farben für Linien und Flächen auf dem Bildschirm und zugleich für die spätere Ausgabe auf Farbdruckern oder -plottern sowie für den ↗Auflagendruck. Farbmenüs enthalten in der Regel als Untermenüs eine oder mehrere Farbpaletten und ein interaktives Werkzeug zur ↗Farbmischung. Das der Mischung zugrundeliegende Farbmodell (↗Farbraum) ist wählbar. Standardisierte Farbpaletten stellen die Verbindung zu gedruckten ↗Farbmustertafeln her, so daß die Farbauswahl anhand der im Druck zu erwartenden Farben erfolgen kann. Die Farbmenüs moderner Graphiksoftware ermöglichen die Definition von ↗Farbverläufen.

Farbmischprojektor, dient der Auswertung von Multispektralaufnahmen und erlaubt eine Überlagerung von bis zu vier Aufnahmen unterschiedlicher ↗Spektralbänder. Mittels wählbarer Filterkombinationen und variabler Beleuchtungsstärke können schwarzweiße Diapositive der einzelnen Spektralbilder überlagert werden. Basierend auf einer additiven Mischung werden die relativen Dichteunterschiede der schwarzweißen Spektralbilder in Farbdifferenzen dargestellt. Die Wiedergabe der Farbdifferenzen ist im ↗RGB-Farbraum und in Falschfarbkomposite möglich. Durch Variieren der Filter-, Film- und Beleuchtungskomponenten können Kontraste in den Spektralbildern visuell hervorgehoben werden. Der Farbmischprojektor ist ein wesentlicher Bestandteil der visuellen Interpretation von Aufnahmen einer ↗Multispektralkamera.

Farbmischung, allgemein die Herstellung einer ↗Mischfarbe durch Mischung von zwei oder mehreren Ausgangsfarben; im engeren Sinne die Erzeugung einer Mischfarbe aus definierten ↗Grundfarben. Alle ↗Farbordnungen sind Darstellungen eines Systems von Farbmischungen. Für die Erklärung der Farbmischung sind die physiologisch-psychischen Aspekte des Farbensehens ebenso von Bedeutung wie die Gesetze der physikalischen Optik. Die Netzhaut des menschlichen Auges ist für drei Wellenlängenbereiche des sichtbaren Spektrums empfindlich, für: R (Rotorange; langwellig), G (Grün; mittelwellig) und B (Blauviolett; kurzwellig). Diese Farben werden mitunter als »Urfarben« bezeichnet. Alle Farbempfindungen beruhen auf einer physiologisch-psychischen Synthese der Lichtintensitäten der genannten Spektralbereiche.

Licht eines oder mehrerer definierter Wellenlängenbereiche läßt sich auf zwei Wegen erzeugen (Abb.1 im Farbtafelteil): zum einen als *additive Farbmischung* (eigentlich Lichtmischung), d. h. durch Überlagerung von Licht aus zwei oder mehreren farbigen Lichtquellen. Entsprechen die Lichtquellen weitgehend den Urfarben RGB, so mischen sich die Farben höchster ↗Farbsättigung wie folgt:

R + G wird zu Y (Yellow = Gelb),
G + B wird zu C (Cyan = Blau),
R + B wird zu M (Magenta = Rot),
R + G + B wird zu W (Weiß),
r + g + b wird zu Grau,
kein Licht wird zu S (Schwarz).

Strahlen die R-, G-, B-Lichtquellen mit gleichmäßig verringerten Intensitäten (r, g, b), so entstehen Grautöne. Das Fehlen jeglichen Lichts ergibt S (Schwarz). Alle anderen Farben lassen sich mit ungleichen Intensitäten von R, G und B ermischen.

Zum anderen werden bei der *subtraktiven Farbmischung* aus weißem Licht (d. h. aus dem Mischlicht aller Spektralbereiche) Farbanteile heraus gefiltert oder absorbiert. Den verbleibenden, d. h. reflektierten Anteilen des Tages- oder Kunstlichts entsprechend, werden alle nicht strahlenden Objekte in ihrer typischen Farbe wahrgenommen. Die Grundfarben der subtraktiven Farbmischung C, M, Y sind die Mischungen aus den gesättigten additiven Grundfarben. Die subtraktive Farbmischung (Absorption) unterliegt folgenden Regeln:

C + M wird zu B (Blauviolett),
M + Y wird zu R (Rotorange),
C + Y wird zu G (Grün),
C + M + Y wird zu S (Schwarz),
c + m + y wird zu Grau,
keine Absorption wird zu W (Weiß).

Wird das Licht aller Wellenlängen von einer Fläche quasi unverändert reflektiert, erscheint diese dem Auge als W (Weiß). Grautöne entstehen aus den zu gleichen Teilen mit Weiß aufgehellten, d. h. schwächer reflektierten Grundfarben. Alle

anderen Farben lassen sich durch verschieden starke Aufhellungen, d. h. ungleiche Anteile der Grundfarben gewinnen.
Die beschriebenen Beziehungen gelten für schmale Wellenlängenbereiche, die genau mit der Empfindlichkeit des menschlichen Auges für die drei Urfarben übereinstimmen (ideale Farben). Diese lassen sich weder an Farbbildschirm noch beim Kartendruck erreichen. Für die kartographische Praxis sind folgende Verfahren der Farbmischung von Bedeutung:
a) das Mischen von Druckfarben vor dem Mehrfarbendruck (↗Farbskala), gleichzusetzen mit dem Mischen von Malmitteln für das manuelle Kolorieren (↗Kolorierung). Gemischt werden die in den Bindemitteln oder -flüssigkeiten verteilten Farbkörper (Pigmente). Obwohl die Farben scheinbar addiert werden, entsteht die Farbmischung subtraktiv: Die hinzugefügten Pigmente absorbieren weitere Wellenlängenbereiche des auftreffenden Lichtes.
b) Die Mischfarben des Drei- und Vierfarbendrucks sowie in farbigen Tintenstrahl- und Laserausdrucken kommen ebenfalls auf subtraktivem Wege zustande. Das Übereinanderdrucken von zwei lasierenden (durchscheinenden) Druckfarben als Volltöne (d. h. ungerastet) führt zum gleichen Farbeindruck wie das Mischen dieser Farben nach der unter a) beschriebenen Technik. Die zahlreichen Farbnuancen im Vierfarbendruck entstehen durch ↗Rasterung. Bereits auf dem Papier können sich Rasterpunkte überlappen (Abb. 2 im Farbtafelteil). Zusätzlich überlagern sich im Auge – auflösungsbedingt – nebeneinanderliegende Rasterpunkte. Die auflösungsbedingte Farbmischung wird auch als optische Farbmischung bezeichnet. Für das Zusammenwirken beider bei Betrachtung von Vierfarbendrucken wirkenden Mischeffekte steht der Begriff autotypische Farbmischung.
c) Auf dem Farbbildschirm werden die Farben additiv gemischt (Abb. 3 im Farbtafelteil). Eine Lochmaske gibt die dreieckförmig nebeneinander liegenden Leuchtpunkte für die Grundfarben RGB frei. Trifft einer der drei in ihrer Helligkeit variierbaren Elektronenstrahlen auf einen der Punkte, leuchtet dieser entsprechend intensiv in der betreffenden Grundfarbe. Wird der zweite und/oder der dritte Punkt zum Leuchten angeregt, kommt es im Auge zu einer auflösungsbedingten Farbmischung. Die wahrgenommene Farbe entspricht jener, die bei Bestrahlung einer weißen Fläche mit gleichen grundfarbigen Lichtanteilen entsteht.
Aus den dargestellten Farbmischverfahren resultieren unterschiedliche Farbumfänge, die in der kartographischen Praxis zu beachten sind. [KG]
Farbmodell ↗Farbraum.
Farbmustertafel, *Farbtafel, Farbschema, Farbkatalog*, im graphischen Gewerbe und in der Kartographie benutztes Hilfsmittel zur Farbgestaltung und ↗Farbmischung basierend auf den Druckfarben des Vierfarbendrucks oder einer anderen ↗Farbskala. Eine Farbmustertafel stellt die systematische, schrittweise Abwandlung (bis zu zehn Stufen) des ↗Farbtons und der ↗Farbsättigung in der Fläche dar. Erst neuere Farbtafeln ordnen die Farben auch ausdrücklich nach der ↗Farbhelligkeit. Theoretisch betrachtet entsprechen die in einer Farbmustertafel wiedergegebenen Farben einer bestimmten Schnittebene durch den ↗Farbenkörper. Die Farbmodulationen werden durch ↗Rasterung der Grundfarben erzeugt. Während Zweifarbmischungen weitgehend unproblematisch zu verwenden sind, bedürfen Mischungen aus den drei bunten Druckfarben besonders für ↗Flächenfarben einer sorgfältigen Auswahl, da die dritte Druckfarbe stets eine Trübung (↗Entsättigung) verursacht, die u. U. unästhetisch wirkt. Zur Erfassung aller im Druck realisierbaren Farbstufen werden mehrere Tafeln, geordnet nach den ↗Grundfarben, zu einem Farbatlas oder Farbmusterbuch zusammengestellt. Die Darstellung erfolgt meist in Form von matrizenartig angeordneten Quadraten oder Rechtecken von 1 bis 4 cm² Größe. Dadurch ergeben sich waagerecht und senkrecht, aber auch diagonal verlaufende ↗Farbreihen. In den Farbfeldern oder am Rande der Tafel werden die Prozentwerte der verwendeten Raster oder Farbschlüssel (↗Farbbezeichnung) angegeben. [KG]
Farbordnung, *Farbsystem*, in ↗Farbenlehren vorgenommene Systematisierung und Diskretisierung des Farbkontinuums nach den Ähnlichkeiten und Unterschieden der Farben, die das menschliche Auge wahrnimmt. Die für die Farbwahrnehmung bedeutsamen Eigenschaften und Beziehungen werden durch die Merkmale ↗Farbton, ↗Farbsättigung und ↗Farbhelligkeit beschrieben. Zugleich werden die Farben auf Mischungen aus ↗Grundfarben zurückgeführt (↗Farbmischung).
Die Darstellung der Farbordnung erfolgt vornehmlich in graphischer Form, schließt aber die verbale Erläuterung und u. U. die formelhafte oder mathematische Beschreibung ein. Bei Beurteilung der verschiedenen Farbordnungen aus kartographischer Sicht sind zu berücksichtigen: die Entstehungszeit, der ursprüngliche Verwendungszweck, die Definition der Grundfarben und die benutzten Ordnungsmerkmale.
Die älteste und bekannteste farbordnende Figur ist der *Farbtonkreis* (Abb. 1 im Farbtafelteil), der Anfangs- und Endpunkt der spektralen ↗Farbreihe zur Kreisform schließt. Der Farbtonkreis ordnet nur die reinen ↗bunten Farben und betont deren kontinuierliche Abfolge, aber auch die Gegensätze der diametral liegenden ↗Komplementärfarben. Die Darstellung der reinen Farben in Vielecken (meist als Dreieck oder Sechseck) dient der Unterscheidung der Grundfarben (in den Ecken) und Mischfarben (an den Seiten) der betreffenden Farbordnung.
Farbordnungen, die als zweites Merkmal die Farbsättigung berücksichtigen, werden zumeist als Farbenkörper (Abb. 2) veranschaulicht, deren Grundaufbau sich nur unwesentlich unterscheidet. Herkömmliche Farbenkörper sind die ↗Farbkugel, der Doppelkegel und der Zylinder. In der zentralen horizontalen Schnittebene liegt

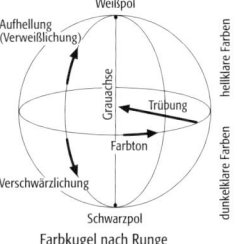

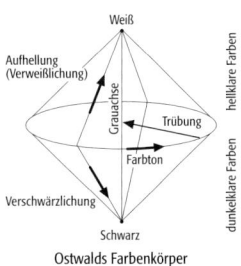

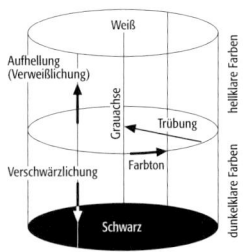

Farbordnung 2: schematische Darstellung herkömmlicher Farbenkörper.

Bezeichnung	konstantes Merkmal	veränderliche Merkmale	Leitlinie in Farbenkörpern	
			Farbkugel	Farbwürfel
FARBTONREIHE	Farbsättigung			
Spektralfarbenreihe [(1)]		Farbton + Farbhelligkeit	Äquator	Kanten zwischen den bunten Grundfarben
sättigungsgleiche Farbtonreihen [(1)]		Farbton + Farbhelligkeit	Parallelkreise und kleinere Kreise	Parallelen zu den Kanten der gesättigten Farben
HELLIGKEITSREIHEN				
Grauskala	(Farbton)	Farbhelligkeit	senkrechte Körperachse	senkrechte Körperachse
Sättigungsreihen	Farbton			
hellklare Farbreihen		Farbsättigung (Weißanteil) + Farbhelligkeit	Meridiane der Nordhälfte	Geraden vom Weißpunkt zu den Kanten der gesättigten Farben
dunkelklare Farbreihen		Farbsättigung (Schwarzanteil) + Farbhelligkeit	Meridiane der Südhälfte	Geraden vom Schwarzpunkt zu den Kanten der gesättigten Farben
vollständige Sättigungsreihen		Farbsättigung + Farbhelligkeit	Meridiane	Geraden vom Weißpunkt über die Kanten der gesättigten Farben zum Schwarzpunkt
Sättigungs-Farbton-Reihen	Farbton (in Abschnitten Farbsättigung)	Farbsättigung o. Farbton; stets Farbhelligkeit	meist Meridian- und Äquatorabschnitte	mehrere zusammenhängende Linienabschnitte auf oder nahe der Körperoberfläche
helligkeitsgleiche Farbreihen	Farbhelligkeit	Farbton u. -sättigung	nicht definierbar	Geraden oder Kurven in horizontalen Ebenen

[(1)] zwischen Gelb und Violett zugleich Helligkeitsreihe

Farbreihe (Tab.): konstante und veränderliche Merkmale in Farbreihen der Kartographie.

stets der Farbtonkreis. So reihen sich auf dem Äquator der Farbkugel die reinen Farben aneinander. Weiß wird dem Nordpol bzw. der oberen Spitze (Deckfläche) der Farbenkörper zugewiesen; Schwarz dem Südpol bzw. der unteren Spitze (Grundfläche). Ausgehend vom Ring der reinen Farben sind auf der Körperoberfläche nach oben die Reihen der durch Aufhellung entstehenden hellklaren Farben und nach unten die zunehmend verschwärzlichten, dunkelklaren Farben angeordnet. Durch die Mischung mit einem Grauton entsättigte Farben liegen im Körperinneren. Mit Annäherung an die Körperachse wächst die ∕Entsättigung bis ein neutraler Grauton der ∕Grauskala erreicht ist. Diese verbindet Weiß und Schwarz auf gerader Linie.

Die beschriebenen, traditionellen Farbenkörper veranschaulichen die Farbhelligkeit nur unzureichend. Als geeigneter hierfür erweisen sich der Farbwürfel (Abb. 3 im Farbtafelteil) und ihm ähnliche Farbmodelle.

Prinzipiell lassen sich alle komplexen Farbordnungen auch verebnet darstellen. In der kartographischen Praxis findet man die flächenhafte Darstellung der Farbordnung als ∕Farbmustertafeln und Farbpaletten (∕Farbmenü).

Angesichts der Dreidimensionalität jedes Farbproblems bildeten sich mit der Entwicklung der Farbmetrik (Farbmessung) und der graphischen Technik, später mit der Computergraphik, die Begriffe ∕Farbraum und Farbmodell heraus. Diese werden gelegentlich synonym zu Farbordnung und Farbsystem verwendet und dienen vorwiegend der digitalen Beschreibung der Farbmischungen. [KG]

Farbproofverfahren ∕Farbprüfverfahren.

Farbprüfverfahren, *Farbproofverfahren*, Verfahren, mit dem die Genauigkeit der Farbwiedergabe im Auflagendruck bereits vor dem Auflagendruck beurteilt werden kann. Das Ergebnis wird als Farbprobedruck oder Farbproof bezeichnet und dient auch als farbverbindliche Vorlage für die Druckerei. Die Forderungen der Farbtreue erfüllen der Andruck, der Digitaldruck und einige kopiertechnische Prüfverfahren. Je ähnlicher die Bedingungen des Farbprüfverfahrens dem des Auflagendrucks sind, um so genauer kann das zu erwartende Druckergebnis des Auflagendrucks beurteilt werden. Der Andruck kommt den Bedingungen des Auflagendrucks am nächsten durch identischen Bedruckstoff und Druckfarbe und ist deshalb den kopiertechnischen Verfahren, die mit Film oder Plastfolie und speziellen Farben arbeiten, überlegen. In der Kartographie wird auf Grund eines Farbprobedrucks die Richtigkeit der Karte und deren Farb- und Schriftgestaltung überprüft, die Imprimatur für eine Karte erteilt und der Druckerei eine weitgehend farbtreue Karte zur Beurteilung der Farben und Registergenauigkeit übergeben. [IW]

Farbraum, *Farbmodell*, der mathematischen Beschreibung der ↗Farbordnung dienende Abstraktion. Entsprechend dem Anwendungsbereich sind farbmetrische sowie auf technische Systeme und Verfahren bezogene Farbräume zu unterscheiden.

Die Farbräume der Farbmetrik erfassen den gesamten vom menschlichen Gesichtssinn wahrnehmbaren Farbumfang. Sie basieren auf den Empfindungskurven des Auges für die additiven Grundfarben Rotorange, Grün und Blauviolett. Der CIE-Farbraum (Commission Internationale de l'Eclairage – Internationale Beleuchtungskommission) wurde 1931 als Standard vereinbart. In dreidimensionaler Darstellung ähnelt er einem umgekehrten, längs abgeschnittenen Zuckerhut mit der von der Spitze (Schwarz) zum Zentrum der Deckfläche (Weiß) führenden Grauachse. Er wird durch einen komplizierten Formelapparat beschrieben. Meist wird wegen der geringen Anschaulichkeit der 3-D-Darstellung nur ihre Deckfläche als CIE-Normfarbtafel dargestellt.

Im Bereich der Computertechnik und der Drucktechnik, damit für das kartographische Anwendungsgebiet, sind der ↗RGB-Farbraum (Farbbildschirme), der CMYK-Farbraum (Proofs, Drucke) und der LHC-Farbraum von Bedeutung. Farbräume lassen sich ineinander transformieren. Die Hauptprobleme der *Farbraumtransformation* ergeben sich aus den Unterschieden der additiven und der subtraktiven ↗Farbmischung sowie den geräte- und verfahrenstechnisch bedingt unterschiedlichen Farbumfängen (Farbprofilen) von Scanner, Bildschirm, Farbproof und Druck. So läßt sich ein auf dem Bildschirm erzeugtes Gelb höchster Sättigung im Druck nicht erreichen. Es wirkt dort stets matter und rötlicher. Eine entsprechende Interpolation ist erforderlich. Bei der mathematischen Transformation zwischen den Farbräumen ist der direkte Weg von Farbraum zu Farbraum oder das Zwischenschalten eines Standards wie LHC möglich. [KG]

Farbraumtransformation ↗Farbraum

Farbreihe, *Farbleiter*, durch schrittweise Veränderung eines oder mehrerer Merkmale einer Farbe entstehende neue Farben, die aneinandergereiht werden. Wichtige Forderungen an Farbreihen sind die deutliche Unterscheidbarkeit von Nachbarfarben (was die Anzahl der Stufen begrenzt) und die visuelle Gleichabständigkeit zwischen den Farbstufen. Bei ungleichen Abständen wirkt eine Farbreihe unharmonisch (↗Farbharmonie). Durch Verfolgen von Leitlinien (Geraden oder Kurven) auf oder im Farbenkörper lassen sich aus der ↗Farbordnung Farbton-, Sättigungs- und Helligkeitsreihen ableiten (Tab., Abb. im Farbtafelteil)).

Die Spektralfarbenreihe zerlegt das Kontinuum der Spektralfarben in wahrnehmbare Abstufungen. Sie wird am Beginn oder am Ende um das im natürlichen Spektrum nicht enthaltene Purpur (entspricht dem Magenta) ergänzt.

Die ↗Grauskala verkörpert die wichtigste Helligkeitsreihe. Die Reihen der hellklaren und dunkelklaren Farben sind zugleich Helligkeitsreihen. Nicht immer kann eine der genannten Farbreihen in ursprünglicher Form in Karten verwendet werden. Besonders in langen Farbreihen (bis zu 15 Stufen) werden sowohl der Farbton als auch die Farbsättigung verändert, womit zwangsläufig die Helligkeit variiert. Entsprechende Beispiele sind Farbreihen für ↗Höhenschichten (↗Farbenplastik) und bipolare Werteskalen. [KG]

Farbrichtung ↗Farbton.

Farbsättigung, *Sättigung, Buntgrad, Buntheit, Farbkraft, chroma, saturation*, Merkmal der Farben, das ihre Reinheit, d. h. den Grad der Beimischung von Weiß und/oder Schwarz beschreibt. Reine Farben werden als satte Farben bezeichnet. Die Farbsättigung ergibt sich aus den Energieunterschieden der dominierenden zu den übrigen Wellenlängenbereichen des auf das Auge einwirkenden Lichtes. In den ↗Farbenkörpern wird die Farbsättigung durch den Abstand einer Farbe von der Körperachse veranschaulicht. Mit schrittweiser ↗Entsättigung der reinen Farbe entstehen spezifische ↗Farbreihen.

Die Farbsättigung ist keine graphische Variable, da auch bei Kenntnis farbtheoretischer Zusammenhänge vor allem die ↗Farbhelligkeit und der ↗Farbton wahrgenommen werden. Allein auf Entsättigung beruhende Farbreihen wirken durch die Helligkeitsunterschiede ihrer Stufen. Satte Farben werden in der Kartographie vornehmlich als Füllung in Positionssignaturen und Diagrammen sowie als Strichfarben verwendet, während man aufgehellte Farben in erster Linie für den flächenhaften Untergrund einsetzt. Gleichermaßen kann der Gegensatz zwischen klaren (satten) und trüben (entsättigten) Farben zur ↗Farbenplastik beitragen. [KG]

Farbskala, 1) in der Kartographie häufig sinnverwandt zu ↗Farbreihe verwendet. Im Unterschied zu Farbreihen sind Farbskalen nicht zwangsläufig gleichabständig, da sie auch Qualitäten im Sinne nominalskalierter Daten darstellen können, z. B. die ↗Naturfarbenskala.

2) im graphischen Gewerbe die Gesamtheit der hinsichtlich ihrer Farbeigenschaften und Druckreihenfolge aufeinander abgestimmten Druckfarben, z. B. die ↗Europaskala. Außer der kurzen Skala des Vierfarbendrucks werden im Kartendruck Farbskalen verwendet, die bis zu acht Druckfarben mehr aufweisen können. Ein solcher Mehrfarbendruck wird vornehmlich bei großen Formaten ausgeführt, um Paßungenauigkeiten zu begegnen. Vor allem Strichelemente und Schriften erhalten eine eigene Druckfarbe (↗Flächenfarben).

3) Zusammenstellung von Blättern der einzeln gedruckten und schrittweise bis zum vollständigen Bild zusammengedruckten Farben. Die vollständige Farbskala einer neunfarbig gedruckten Karte hat 9 + 8 Blätter. Beim Andruck hergestellte Farbskalen dienen der Farbabstimmung und Farbkorrektur für den späteren ↗Auflagendruck. In diesem Zusammenhang werden auch am Blattrand mitgedruckte Farbstreifen zur Farbkontrolle als Farbskala bezeichnet. [KG]

Farbsystem ↗Farbordnung.

Farbtafel, Normfarbtafel, 1) ↗Farbmustertafel, 2) graphische Darstellung von ↗Farbordnungen der Farbmetrik. Am bekanntesten ist die CIE-Farbtafel. ↗Farbraum.

Farbton, Farbart, Farbrichtung, Buntart, Buntton, hue, Merkmal der ↗bunten Farben, das sie einem Abschnitt der spektralen ↗Farbreihe bzw. einem Sektor des Farbtonkreises oder eines ↗Farbenkörpers zuweist. Der Farbton hängt von den dominierenden Wellenlängenbereichen des Lichtes ab, das die Farbwahrnehmung hervorruft. Der in ↗Farblehren und ↗Farbordnungen verwendete Begriff ist vom alltagssprachlichen zu unterscheiden. So ist z. B. ein »Braunton« im farbtheoretischen Sinne ein verschwärzlichtes Rot oder Orange. Die Fachsprache benutzt daher zunehmend die Begriffe Farbart, Buntton oder Buntart. Der ältere Begriff Farbrichtung weist auf die Richtung im Farbtonkreis hin. Als graphische Variable wirkt der Farbton vorrangig selektiv und dient in Karten der Wiedergabe qualitativ bestimmter Merkmale bzw. nominalskalierter Daten. Jedoch ist zu beachten, daß jeder Farbton eine Eigenhelligkeit (↗Farbhelligkeit) aufweist, d. h. ein vornehmlich zur Darstellung ordinalskalierter Daten zu benutzendes Farbmerkmal. [KG]

Farbtonkreis ↗Farbordnung.

Farbtransformation, Farbraumtransformation, basiert auf der Grundlage des 1. Graßmannschen Gesetzes, wonach sich jede Farbe durch additive Farbmischung dreier Grundfarben darstellen läßt. Durch folgende Vektorgleichung kann dies mathematisch beschrieben werden:

$$F = R_F \cdot \vec{r} + G_F \cdot \vec{g} + B_F \cdot \vec{b}$$

$\vec{r}, \vec{g}$ und $\vec{b}$ sind hierbei die Einheitsvektoren des ↗RGB-Systems und R_F, G_F und B_F die Farbwerte der entsprechenden Grundfarben Rot, Grün, Blau. Neben dem ↗RGB-Farbraum findet der CMY-Farbraum breite Anwendung, welcher durch die Grundfarben Cyan (C), Magenta (M) und Gelb (Y) definiert ist. Beide Farbräume lassen sich mit folgenden Vektorgleichungen ineinander umrechnen:

$$\begin{pmatrix} R \\ G \\ B \end{pmatrix} = \begin{pmatrix} S \\ S \\ S \end{pmatrix} - \begin{pmatrix} C \\ M \\ Y \end{pmatrix}$$

und

$$\begin{pmatrix} C \\ M \\ Y \end{pmatrix} = \begin{pmatrix} W \\ W \\ W \end{pmatrix} - \begin{pmatrix} R \\ G \\ B \end{pmatrix}.$$

Dabei sind die Vektoren (S,S,S) im CMY-Farbraum sowie (W,W,W) im RGB-Farbraum gleich (1,1,1). Bei den Farbraum-Modellen RGB und CMY nimmt man Farben wahr, die sich hinsichtlich ihres Farbtones (↗hue), ihrer Sättigung (saturation) und ihrer Helligkeit (intensity) unterscheiden. Diese Farbraum-Modell wird als ↗IHS-Farbraum bezeichnet. [CG]

Farbumfang ↗Farbraum.

Farbverlauf, stufenloser Übergang einer Farbe in eine andere Farbe. Dabei ändern sich der ↗Farbton und/oder die ↗Farbsättigung. Im Normalfall ist damit eine Änderung der ↗Farbhelligkeit verbunden. Bezogen auf den ↗Farbenkörper folgen Farbverläufe gleichen Linien wie die ↗Farbreihen, können aber auch Ebenen oder gekrümmte Flächen einnehmen. Die in der Kartographie seit langem praktizierte ↗Reliefschummerung entspricht kleinflächigen Farbverläufen durch Verschwärzlichung und Aufhellung (↗Entsättigung). In Graphikprogrammen lassen sich Farbverläufe durch Angabe von zwei Farben und der Anzahl dazwischen liegender Farben definieren. Die Computerkartographie hat die Herstellung von verlaufenden Farben wesentlich erleichtert. Allerdings sollten sie der stufenlosen Darstellung von ↗Kontinua und der Füllung von ↗Pfeilen vorbehalten bleiben. Die exakte Erklärung von Farbverläufen in der Legende ist schwierig. [KG]

Farbwirkung, selektive Wirkung der ↗Farbtöne und Wirkung der grundlegenden ↗Farbkontraste hell/dunkel, warm/kalt und klar/trüb, die in der ↗Kartengestaltung genutzt werden. Mit der Hell-Dunkel-Wirkung, der Warm-Kalt-Wirkung von Rot/Orange gegenüber Blau/Blaugrün sowie Unterschieden der ↗Farbsättigung sind zugleich relativ starke ↗Farbassoziationen verbunden. Helligkeitsunterschiede bestimmen die Wahrnehmung der graphischen Strukturen nicht nur in einfarbigen, sondern auch in mehrfarbigen Karten. Mit der Verwendung dunkler Strichfarben und hellerer ↗Flächenfarben, aber auch als Helldunkelskala wird die Hell-Dunkel-Wirkung in der Kartographie gezielt eingesetzt.

Die Warm-Kalt-Wirkung wohnt den ↗bunten Farben als zweiter starker Gegensatz inne. Entsprechende ↗Farbreihen, z. B. Rot – Hellrot – Weiß – Hellblau – Blau, werden häufig zur eindrucksvollen Wiedergabe bipolarer Werteskalen benutzt. Für die Ausnutzung der Warm-Kalt-Wirkung der Farben, aber auch für Gestaltung farbiger Karten allgemein, ist zu beachten, daß bunte Farben um so mehr zur kalten (Blau) oder zur warmen Seite (Rot) tendieren, je kleiner ihre Fläche, je mehr sie entsättigt, aber auch je weiter sie vom Betrachter entfernt sind. Gleiches gilt für schlechte Beleuchtungsbedingungen. Unter sehr schlechten Lichtverhältnissen wird die Warm-Kalt-Wirkung von der Hell-Dunkel-Wirkung abgelöst, weshalb z. B. in einigen ↗topographischen Karten Siedlungsflächen gelb dargestellt sind.

Die in ↗Reliefdarstellungen ausgenutzte ↗Farbenplastik, besonders die Luftperspektive, beruht überwiegend auf der gegensätzlichen Wirkung klarer und getrübter Farben. Die Gegensätze heller und dunkler, ungesättigter und gesättigter Farben können sowohl für sich als auch gemeinsam die Wahrnehmung von ↗Darstellungsschichten unterstützen. [KG]

Farbwürfel, räumliche Darstellung der ↗Farbordnung idealer Farben. Die im Farbwürfel verkörperte Farbordnung basiert auf den ↗Grundfarben der additiven und der subtraktiven

↗Farbmischung. Schwarz (S) und Weiß (W) werden im Farbwürfel zumeist als unbunte Grundfarben betrachtet.

Um eine Analogie zu anderen ↗Farbenkörpern herzustellen, steht der Würfel auf einer Ecke (Abb. im Farbtafelteil). In dieser unteren Ecke liegt Schwarz. Die drei von Schwarz ausgehenden Kanten sind den additiven Grundfarben Rotorange (R), Grün (G), Blauviolett (B) zugeordnet, die mit dem größten Abstand von der Schwarzecke ihre höchste ↗Farbsättigung erreichen. Vom Weiß der oberen Ecke führen die Kanten zum reinen Magenta (M), Yellow, (Y), Cyan (C), den subtraktiven Grundfarben. Die senkrechte Körperachse wird von der ↗Grauskala eingenommen.

Die Draufsicht zeigt das Sechseck der bunten Grundfarben, die zum Weißpunkt im Zentrum hin aufgehellt werden (subtraktive Perspektive). Die oberen drei Flächen des Würfels stellen damit alle hellklaren Farben dar. Aus der Sicht senkrecht von unten (additive Perspektive) leitet sich das Sechseck der dunkelklaren Farben mit dem Schwarzpunkt in der Mitte ab.

Die Farbsättigung nimmt mit wachsendem Abstand von der Körperachse zu. Von herkömmlichen Farbordnungen abweichend, ergibt jeder waagerechte Schnitt durch den Würfel eine Figur (Dreiecke, Sechsecke) mit Farben von theoretisch gleicher ↗Farbhelligkeit. Zu je zwei Würfelflächen parallele Ebenen enthalten eine Vielzahl systematisch geordneter Mischfarben, die als entsprechende ↗Farbmustertafeln dienen können. In den ↗Farbmenüs einiger Graphikprogramme findet man die Hauptperspektiven des Farbwürfels als Hilfsmittel für die Farbmischung. [KG]

Farbzahl, Volumenanteil der dunklen (↗mafischen) Minerale (z. B. Olivin, Pyroxen, Amphibol, Biotit, Erze) in einem Gestein. Die Farbzahl wird als Prozentwert angegeben und dient hauptsächlich zur Beschreibung der ↗Magmatite. Mit sinkender Farbzahl nimmt der SiO_2-Gehalt des Gesteins sowie der Anteil der hellen Minerale (z. B. Feldspäte, Quarz) zu.

Farbzentrum ↗F-Zentrum.

Faros, bei großen ↗Atollen, die auch in ihrem Inneren der ↗Brandung ausgesetzt sind, entwickeln einzelne ↗Riffe ihre eigene ↗Lagune und werden dann Faros genannt.

Faschine, ingenieurbiologische Bauweise, mit Draht gesichertes, walzenförmiges Reisigbündel (vorzugsweise aus Weiden- oder Haselholz) mit einer Stärke bis zu 50 cm und einer Länge bis zu 6 m. Faschinen werden im Rahmen des ↗Lebendbaus zur Sicherung von rutschungsgefährdeten Hängen, aber auch im See- und Flußbau zur Herstellung von ↗Buhnen und zur Befestigung von Böschungen verwendet. Unter Wasser werden Senkfaschinen eingesetzt, die mit Steinen beschwert sind.

Faserkohle ↗Fusain.

faseroptische Temperaturmessung, *Laser-Radar-Temperaturmessung*, Verfahren zur Temperaturmessung unter Nutzung der Eigenschaften optischer Fasern. Die faseroptische Temperaturmessung ermöglicht die zeitgleiche Temperaturmessung mit einer hohen Ortsauflösung (z. B. 0,5 m) entlang von optischen Fasern. Das Verfahren wird daher als verteilte Temperaturmessung bezeichnet (Distributed Temperature Sensing, DTS). Die Entwicklung erfolgte Anfang der 1980er Jahre an der Universität Southampton (UK). Das Verfahren basiert auf der OTDR-Methode (Optical Time Domain Reflectometry). Das Licht eines Impulslasers wird in einen Lichtwellenleiter eingekoppelt. Bei der Ausbreitung des Laserlichtimpulses wird das Licht an den Molekülen des Lichtwellenleiters gestreut. Diese Moleküle und deren Verhalten bestimmen die Intensität und spektrale Zusammensetzung des Rückstreulichtes. Die Wechselwirkung des Laserlichtes mit optischen Phononen ist die Ursache für das Raman-Rückstreulicht. Seine Intensität hängt von der Temperatur ab. Auf Grund des Entstehungsmechanismus setzt sich das Raman-Rückstreulicht aus zwei Komponenten, der Stokes-Linie und der Anti-Stokes-Linie, zusammen. Während die Stokes-Linie nur schwach temperaturabhängig ist, zeigt die Intensität der kürzerperiodischen Anti-Stokes-Linie eine starke Temperaturabhängigkeit. Über die bekannte Ausbreitungsgeschwindigkeit des emittierten Lichtes in der Faser ist eine genaue Ortszuordnung möglich. Der Lichtwellenleiter wird dadurch selbst zum sensitiven Element. Das Meßprinzip besteht darin, aus dem Spektrum des Rückstreulichtes die Stokes- und die Anti-Stokes-Linie herauszufiltern. Durch eine Verhältnisbildung der Intensitäten der beiden Linien werden mit Ausnahme der Temperatur alle anderen Einflüsse auf den Lichtwellenleiter eliminiert. Damit läßt sich die Temperatur für einen kleinen Lichtwellenleiterabschnitt bestimmen, während sich die zugehörige Ortskoordinate aus der entsprechenden Laufzeit des rückgestreuten Lichtimpulses ergibt. Mit der faseroptischen Temperaturmessung wird die mittlere (integrale) Temperatur für einen kleinen Abschnitt (z. B. 0,5 m) des Lichtwellenleiters bestimmt, während mit ↗Widerstandsthermometern die Temperatur an einem diskreten Punkt gemessen wird.

Wesentliche Eigenschaften der faseroptischen Temperaturmeßtechnik sind: gleichzeitige Messung von Temperatur und Ort entlang der Meßstrecke mit einer Ortsauflösung ≥ 0,5 m, Meßlänge bis zu 30 km, Temperaturauflösung bis zu 0,02 K, Absolutgenauigkeit der Temperaturmessung bis zu ± 0,1 K, Meßbereich -140 °C bis +460 °C, keine Beeinflussung des Temperaturfeldes durch den Meßvorgang, Nutzung von Spezialkabelkonstruktionen entsprechend den Meßanforderungen, beliebige Verlegung des Meßkabels (z. B. entlang einer Strecke, flächenhaft, räumlich), stationärer Einbau des Meßkabels auch an später nicht mehr zugänglichen Stellen, besonders geeignet für Langzeitmonitoring. Durch Weiterentwicklung der Meßtechnik können die Meßparameter verbessert werden. [EH]

Fassungsbereich, der Fassungsbereich eines Entnahmebrunnens beschreibt im Zusammenhang

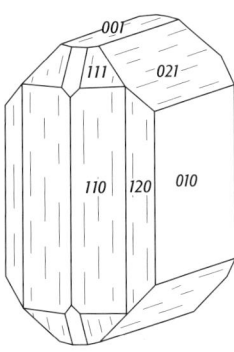

Fayalit: Fayalitkristall, Spaltbarkeit nach (001) und (010).

mit einem ↗Trinkwasserschutzgebiet das unmittelbare Umfeld einer ↗Grundwassergewinnungsanlage (Zone I). Er sollte allseits mindestens 10 m um die Fassungsanlage ausgedehnt und eingezäunt sein, da er den Schutz vor jeglicher Beeinträchtigung bzw. Verschmutzung gewährleisten soll.

Fassungsvermögen, diejenige Wassermenge pro Zeiteinheit, die ein Brunnen entsprechend seiner durchströmten Filterfläche aufnehmen kann, wenn das Grundwasserspiegelgefälle am Brunnenrand ein Maximum besitzt (↗Grenzgefälle). Das Fassungsvermögen beschreibt die Eigenschaft eines gegebenen Brunnens in einem bestimmten Grundwasserleiter (↗Ergiebigkeit). Das Fassungsvermögen Q_F ergibt sich (empirisch) nach Sichardt (1928) aus:

$$Q_F = 2\pi \cdot r \cdot h \cdot \frac{\sqrt{k_f}}{15}.$$

Hierbei ist r der Bohrradius, k_f der Durchlässigkeitsbeiwert und h die Wasserspiegelhöhe im Brunnen.

Fata Morgana ↗Luftspiegelung.

Faulgas, beim Abbau ↗organischer Substanz unter Luftabschluß (↗Gärung) durch ↗Anaerobier gebildete Gase. Je nach verwendetem Ausgangssubstrat (Energiequelle) entsteht: a) Methan (CH_4) durch ↗Methanbakterien aus der Reduktion von Kohlendioxid, durch Abspaltung von Methylgruppen und reduzierten C-Atomen organischer Säuren; b) Schwefelwasserstoff (H_2S) durch Sulfatreduzierer; c) Ammoniak (NH_3) durch ↗Ammonifikation von organisch gebundenem Stickstoff durch aerobe und anaerobe Bakterien sowie Pilze; d) Wasserstoff (H_2) aus wasserhaltigen Substraten. Faulgas besteht i. d. R. überwiegend aus Methan. Es erlangt technische Bedeutung als energiereiches Nebenprodukt bei der Abwasserreinigung (Faultürme), der Produktion von Biogas und fällt darüber hinaus als ↗Deponiegas an.

Fäulnis, *Verwesung*.

Faulschlamm ↗*Sapropel*.

Faulschlammkohle ↗*Sapropelkohle*.

Faulung, technisches Verfahren zur Aufbereitung von Schlämmen unter ↗anaeroben Bedingungen. Dabei werden organische Inhaltsstoffe von Bakterien abgebaut (↗Gärung) und ↗Faulgas gebildet.

Fauna, (benannt nach Fauna, der Tochter des röm. Wald- und Wiesengottes Faunus), 1) *Tierwelt*, Gesamtheit der Tierarten eines Gebiets. Die Fauna kann nach drei Gesichtspunkten unterschieden werden: a) nach der Größe in: Mikrofauna (mikroskopisch kleine Lebewesen), Mesofauna (Organismen von nur wenigen mm Länge), Makrofauna (mit größeren Tieren wie Würmern, Schnecken, größere Gliederfüßler) und Megafauna mit ↗Vertebraten; b) nach der Organismengruppe: z. B. in Vögel (= Avifauna), Fische (= Ichthyofauna); c) nach dem ↗Lebensraum, v. a. im Meer ist die Einteilung gebräuchlich in: Infauna (im Sediment lebende Tiere) und Epifauna (an der Sedimentoberfläche lebende Tiere), im Boden wird unterschieden: Edaphon (Bodenorganismen), Epigaion (an der Bodenoberfläche lebende Tiere). 2) wissenschaftliches Werk über die systematische Zusammenstellung der Tierarten eines bestimmten Gebiets. [DR]

Fayalit, *Eisenglas*, *Eisen-Peridot*, *Eisen-Chrysolith*, *Neochrysolith*, nach der Azoreninsel Fayal benanntes eisenreiches Endglied der Olivin-Mischkristallreihe mit der chemischen Formel $Fe_2[SiO_4]$; rhombisch-dipyramidale Kristallform; Farbe: weingelb bis olivgrün (verwittert: braunrot und metallisch schimmernd); Glasglanz; undurchsichtig; Strich: weiß; Härte nach Mohs: 6,5; Dichte: 4,2 g/cm³; Spaltbarkeit: deutlich nach (010) (Abb.); Aggregate: locker- bis feinkörnig; Kristalle: dicktafelig und kurzsäulig; Begleiter: Pyroxen, Hornblende, Biotit, Plagioklas; K-Feldspat, Quarz; Vorkommen: in Syenit, Gabbro, Rhyolith, Obsidian und Andesit, als Kontaktprodukt eisenreicher Sedimente, künstlich in Schlacken; Fundorte: Radautal bei Bad Harzburg (Harz), Mansjö-Berge (Mittelschweden), Mourne Mounts (Irland), Insel Fayal (Azoren).

Fazies, auf A. ↗Gressly (1838) zurückgehender Begriff und von Haug (1907) definiert als »Summe aller primären organischen und anorganischen Charakteristika einer Ablagerung an einem Ort«. Damit umschließt der Begriff Fazies alle während der Sedimentation gebildeten strukturellen und texturellen Merkmale (z. B. Mineralgehalt, Korngröße, Schichtung) sowie den Fossilinhalt eines Gesteins, schließt aber die postsedimentären diagenetischen Veränderungen aus. Fazies charakterisiert so die Umweltbedingungen in einem konkreten Ablagerungsraum, die zur Bildung eines speziell aussehenden Gesteinskörpers führten. Die Haugsche Definition impliziert ebenfalls, daß sich mit der Veränderung eines Ablagerungsraumes in Raum und Zeit auch die Fazies entsprechend ändert. Wie im Rezenten sind nach dem Prinzip des ↗Aktualismus auch im Fossilen Sedimentations- und Lebensräume in natürlichen Assoziationen angeordnet. Entsprechend ergeben sich natürliche Faziesassoziationen, die als lateral und vertikal ineinander übergehende Gesteinseinheiten ausgebildet sind. Vielfach sind solche Gesteinseinheiten gleicher Fazies als lithostratigraphische Einheiten (Formationen, Schichtglieder, etc.) benannt. Die allmähliche Veränderung von Faziesräumen in der Zeit, z. B. durch ↗Transgressionen oder ↗Regressionen, führt deshalb i. d. R. zu ↗diachronen Grenzen von Fazieseinheiten bzw. lithostratigraphischen Einheiten. Solche Fazieswanderung wird durch die ↗Walthersche Faziesregel beschrieben. Faziesräume bilden entweder parallel zueinander angeordnete Faziesgürtel oder ein fleckenhaftes Faziesmosaik. Vielfach ist dies nur eine Frage der Dimension, unter der Fazieseinheiten zusammengefaßt werden (überregionale Megafazies). Unter dem Mikroskop beobachtbare Faziesmerkmale werden als ↗Mikrofazies bezeichnet. Hinsichtlich der Charakterisierung fossiler Lebens- und Ablagerungsräume wird der Faziesbegriff genetisch interpretativ benutzt. Weniger umfassende Begriffe wie ↗Lithofazies oder ↗Biofazies können dagegen auch rein deskriptiver Natur sein, um eine einheitlich ausgebildete Gesteinseinheit (z. B. Grünsandfazies) bzw. einheitlich ausgebildete Organismenassoziation (z. B. Austernfazies) zu charakterisieren. [HGH]

Faziesprinzip, Konzept zur Korrelation von metamorphen Ereignissen mit Hilfe der metamorphen ↗Fazies; von dem finnischen Petrologen P. E. ↗Eskola am Anfang des 20. Jh. eingeführt. ↗Metamorphose.

Faziesserie, eine im Gelände zu beobachtende Abfolge von metamorphen ↗Fazies; nach dem Konzept, das zwischen 1960 und 1970 von dem japanischen Petrologen Akiho Miyashiro entwickelt wurde, lassen sich drei Serien (Hochdruck-, Mitteldruck- und Niederdruck-Fazies) unterscheiden, die durch unterschiedliche tektonische Prozesse hervorgerufen werden. ↗Metamorphose.

F-Bande ↗F-Zentrum.

FCHKW, ↗halogenierte Kohlenwasserstoffe, die im Unterschied zu den ↗FCKW neben Fluor- und Chloratomen auch Wasserstoffatome im Molekül enthalten. Sie dienen als Ersatzstoffe für Fluorchlorkohlenwasserstoffe.

FCKW, _Fluorchlorkohlenwasserstoffe_, eine Teilgruppe der ↗halogenierten Kohlenwasserstoffe, welche die ↗Halogene, Chlor und/oder Fluor enthalten. Die ersten FCKW wurden 1928 als Kältemittel für Kühlaggregate entwickelt. Als chemisch inerte, ungiftige, nichtkorrosive und unbrennbare Stoffe waren sie außerdem als Lösungsmittel, zum Aufschäumen von Kunststoffen und als Treibgas für Sprühdosen geeignet, um die bis dahin gebräuchlichen, gesundheitsgefährdenden Stoffe zu ersetzen. Die industrielle Produktion und Verwendung haben seit Anfang der 60er Jahre zu starken Emissionen geführt. Die FCKW wurden in der globalen Atmosphäre als ausschließlich anthropogene ↗Spurengase mit rasch wachsenden Mischungsverhältnissen nachgewiesen. Die Erkenntnis, daß sie als ↗Quellgase für reaktive Chlorverbindungen in der Stratosphäre anzusehen sind (↗Ozonschicht, ↗Ozonloch), führte zu internationalen politischen Vereinbarungen zur Einschränkung von Produktion und Verbrauch (↗Montreal-Protokoll). Das Mischungsverhältnis einiger FCKW nimmt als Folge dieser Regulierung seit 1990 nicht mehr weiter zu (Abb.). FCKW werden, ebenso wie die ↗FCHKW, häufig durch den Buchstaben F bzw. R in Verbindung mit einer dreistelligen Code-Zahl des Typs $N_{C-1}N_{H+1}N_F$ gekennzeichnet (bei ↗Chlorfluormethanen wird die Ziffer N_{C-1} jedoch nicht angegeben). Die einzelnen Ziffern geben die Anzahl der Kohlenstoff-, Wasserstoff- und Fluoratome im Molekül an. Alle restlichen Bindungen des gesättigten ↗Kohlenwasserstoffes sind immer durch Chloratome ersetzt (Tab.). ↗Treibhauseffekt. [USch]

FD-Finite-Differenzen, mathematisches Werkzeug zur Modellierung von Prozessen in der Geophysik, der Ozeanographie und der Meteorologie.

FDM ↗_Finite-Differenzen-Methode_.

FDVK ↗dynamische Verdichtungskontrolle.

Federal Radionavigation Plan, FRP, offizielle Quelle für Politik und Planung der U. S. Bundesregierung auf dem Gebiet der ↗Radionavigation. Der FRP wird alle zwei Jahre vom Verkehrs- und Verteidigungsministerium verabschiedet und ist die wichtigste offizielle Quelle hinsichtlich der zivilen Verfügbarkeit des ↗Global Positioning System.

Federgravimeter ↗Relativgravimeter.

Fedorow, (Fjodorow), _Jewgraf Stepanowitsch_, russischer Kristallograph und Petrograph, *10.12.1853 Orenburg, †28.5.1919 Petrograd (heute St. Petersburg); Professor in Moskau, seit 1905 in St. Petersburg; bestimmte 1891 (unabhängig von A. M. ↗Schoenflies) die 230 möglichen Raumgruppen der Kristallgitter und erfand 1893 den ↗Universaldrehtisch (Fedorowscher Drehtisch) für kristalloptische Untersuchungen und das Zweikreisgoniometer.

Feed-Back-System ↗Rückkopplungssystem.

Fehler, Abweichung eines gemessenen oder geschätzten Datenwertes vom (unbekannten) rea-

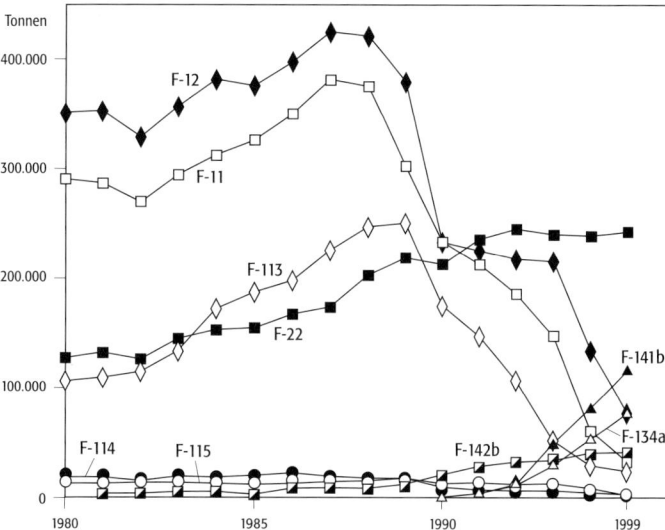

FCKW: jährliche Produktionsraten der wichtigsten FCKW und FCHKW im Zeitraum 1980–1999.

Molekül	Typ	chemische Formel
F 11	FCKW	CCl_3F
F 12	FCKW	CCl_2F_2
F 22	FCHKW	$CHClF_2$
F 113	FCKW	CCl_3CF_3
F 114	FCKW	CCl_2FCF_3
F 115	FCKW	$CClF_2CF_3$
F 141	FCHKW	CH_3CCl_2F
F 142	FCHKW	CH_3CClF_2
F 134	FCHKW	CH_2FCF_3

FCKW (Tab.): die wichtigsten FCKW und FCHKW.

len Wert. Dieser reale Wert wird in den Grenzen vermutet, welche die Unschärferelationen der ↗Fehlerrechnung liefern.

Fehlerrechnung, statistische Abschätzung des Ausmaßes der zufälligen (im Gegensatz zu den systematischen) Fehler einer Meßreihe, um die Unschärfe des Meßergebnisses (Mittelwert, sog. Bestwert) angeben zu können. Im einfachsten Fall ist dies:

$$f = \pm \sqrt{\frac{1}{n(n-1)} \cdot \sum (a_i - \mu)^2}$$

mit n = Anzahl der Messungen, a_i = Meßdaten und μ = Mittelwert der Meßreihe. Als Schätzung für die Unschärfe eines Einzelwertes wird u. a. die Formel für die ↗Standardabweichung benutzt und als Standardfehler (auch mittlerer quadratischer Fehler) bezeichnet. Bei aus mehreren Meßreihen zusammengesetzten Ergebnissen sind die Gesetze der Fehlerfortpflanzung zu berücksichtigen.

Fehlordnung, Abweichung vom idealen, dreidimensionalen, periodischen Gitteraufbau in realen Kristallen. Diese Fehlordnungen können zum einen nicht substanziell sein und betreffen innere Spannungen, Phononen oder Elektronenstörstellen. Zum anderen können sie aber auch substanziell sein und betreffen dann Mischkristallstrukturen, ↗Stöchiometrie, ↗Punktdefekte, Fremdatome, Zentren, Verteilungsinhomogenitäten, Cluster, Agglomerate, Fremdphasen, Liniendefekte, ↗Versetzungen, Flächendefekte, ↗Korngrenzen, Domänenwände und ↗Stapelfehler. Die dreidimensionale Periodizität wird eingeschränkt von ↗Kristalloberflächen, Mikrokristallen und Subkristallen sowie von ↗Parakristallen (Kristalle aus großen Molekülen mit schlechter Gitterordnung), Metakristallen (besitzen eine gewisse Variation in der Bauordnung, z.B. polytype Strukturen), Mesophasen (↗Flüssigkristalle) und ↗Quasikristallen (Kristalle mit Symmetrieelementen, die normalerweise keine lückenlose Füllung des Raumes erlauben, z.B. fünfzählige Symmetrien). [GMV]

Fehnkultur, *Holländische Fehnkultur*, ist seit Ende des 16. Jahrhunderts als Verfahren zur Hochmoorkultivierung bekannt. Die älteste deutsche Fehnsiedlung, die heutige Stadt Papenburg, wurde 1633 gegründet. Bei der Fehnkultur wurde der stärker zersetzte ↗Schwarztorf bis auf den sandigen Untergrund abgegraben und als Brenntorf in die Städte verschifft. Die Bunkerde (ca. 30 cm mächtige, meist vererdete obere Torfschicht mit Resten der Moorvegetation) und der schwach zersetzte ↗Weißtorf hingegen wurden vorher abgeräumt, um dieses Material nach der ↗Abtorfung wieder auf den durchmischten Untergrund (Gemisch aus Schwarztorf, Pechsand und Ortstein) aufzubringen. Anschließend wurde der ↗Torf noch mit einer 10 bis 14 cm mächtigen Schicht Sand bedeckt, den man aus dem Untergrund hochgrub. Teilweise wurde durch tieferes Pflügen der Sand mit Torf durchmischt. So entstanden sehr fruchtbare Ackerböden. [AB]

Feinboden, Anteil fester Bodenbestandteile mit einem ↗Äquivalentdurchmesser < 2 mm, aus deren Größen- und Mengenverhältnis untereinander die ↗Bodenart abgeleitet wird. Er wird vom ↗Bodenskelett durch ↗Trockensiebung getrennt.

Feinfokusröhre ↗Röntgenröhre.

Feingefüge *↗Mikrogefüge.*

Feinheit, Bezeichnung für das Gold/Silber-Verhältnis von natürlichen Goldpartikeln oder von künstlichen Gold-Silber-Legierungen, da in der Natur vorkommendes Gold ist fast immer mit einem geringen Anteil von Silber legiert. Die Feinheit f wird nach der Formel

$$f = [Au/(Au + Ag)] \cdot 1000$$

berechnet. Ein Goldpartikel, das beispielsweise 80 % Au (Gold) und 20 % Ag (Silber) enthält, hat eine Feinheit von 800. In der Lagerstättenkunde wird die Feinheit von natürlichen Goldpartikeln für die Klassifizierung und Charakterisierung von ↗Goldlagerstätten und für die Lösung genetischer Fragestellungen verwendet.

Feinheitsgrad, *Feinheit der Kartendarstellung*, bei ↗Karten und anderen ↗kartographischen Darstellungsformen der graphisch-visuelle Charakter des Kartenbildes hinsichtlich seiner Struktur. Darstellungen vom gleichen Gebiet im gleichen Maßstab können sehr unterschiedliche Feinheitsgrade aufweisen. Die Feinheit hängt im einzelnen von der Dimensionierung der ↗Kartenzeichen und von der ↗Kartenbelastung insgesamt ab. Mit zunehmendem Feinheitsgrad nimmt der Informationsgehalt der Karte zu, kann jedoch bei zu fein strukturiertem Kartenbild vom Kartennutzer nicht mehr visuell-kognitiv aufgenommen werden, da die Lesbarkeit mehr oder weniger stark beeinträchtigt ist. Als optimaler Feinheitsgrad für gedruckte Karten auf Papier gilt i.a. eine solche graphische Struktur, bei der alle Einzelheiten des Kartenbildes mit normalem Augenabstand unter günstigen Lichtverhältnissen klar wahrgenommen werden können. Es ergibt sich durch lineare Verkleinerung dieser optimalen Struktur auf etwa 80% ein sehr feines Kartenbild. Durch Vergrößerung auf 120 bis 125% entsteht ein gröberes Kartenbild (↗Schulatlanten). Vergrößerung auf 140 bis 150% führt zu einem groben Kartenbild (bestimmte Typen von Touristenkarten). Wandkartenähnliche Wirkung wird erzielt bei Vergrößerung auf 300 bis 500 %. Aus diesen Angaben ist ersichtlich, daß der bei ↗Kartenentwurf und ↗Kartenbearbeitung zu wählende Feinheitsgrad erheblich von der Funktion der jeweiligen Karte abhängt. Bei ↗Bildschirmkarten ergeben sich aufgrund technischer Parameter, die die Auflösung bestimmen, eingeschränkte Feinheitsgrade.

Feinhumus, ↗Humusform ohne makroskopisch erkennbare pflanzliche Gewebereste. Der Feinhumus besteht zum großen Teil aus Kleintierlosung. Eine Unterteilung wird nach Aggregatgröße und Konsistenz vorgenommen. So lassen sich *Wurmhumus* (mit eingeschlossenen Mineralkör-

nern), *Moderhumus* (Feinhumus von griesiger Struktur, der hauptsächlich aus der Losung von Gliederfüßern und Enchytraeiden besteht) und *Pechhumus* (völlig zerfallene Losung von Würmern und anderen kleinen Bodentieren) unterscheiden.
Feinhumushorizont ↗Oh-Horizont.
Feinkies ↗Kies.
feinkörnig ↗Korngröße.
Feinmoder, ↗Moder. Der ↗Oh-Horizont (↗Bodenkundliche Kartieranleitung) ist 2–3 cm mächtig und seine Grenzen zu anderen Horizonten erscheinen diffus. Feinmoder entsteht bei der Aufbereitung pflanzlicher Rückstände in humose Exkremente durch kleine Bodentiere (Milben und Collembolen).
Feinporen, *Mikroporen*, Hohlräume mit einem ↗Äquivalentporendurchmesser < 0,2 µm. Feinporen halten das Wasser mit Kräften > 1,5 MPa. Das Bodenwasser ist daher definitionsgemäß (↗Äquivalentwelkepunkt) nicht pflanzenverfügbar und nur schwer beweglich. Mikroorganismen können in Feinporen nicht eindringen.
Feinsand ↗Sand.
Feinschichtung ↗Horizontalschichtung.
Feinsilt ↗Silt.
Feinwurzeln, *Haarwurzeln*, kleinste Teile des Wurzelsystems von Pflanzen. Feinwurzeln weisen Durchmesser von < 2 mm auf und dringen axial im Boden vor. Dadurch erschließen sie Wasser, Luft und Nährstoffe in der Bodenmatrix und schaffen Leitbahnen für den Gas-, Wasser- und Stoffaustausch.
Feld, Gesamtheit der Werte einer bestimmten physikalischen oder mathematischen Eigenschaft an den Punkten eines Raumes. Die Feldgrößen können sehr unterschiedlicher Natur sein. Ein skalares Feld (↗Skalar) wird durch einen Wert für jeden Punkt beschrieben. Als Beispiel können das Temperaturfeld oder eine Karte mit Höhenwerten genannt werden. Kraftfelder sind vektorielle Felder, die für jeden Punkt mit drei Werten beschrieben werden müssen. Die nächste Stufe sind Tensor-Felder. Bekannte Felder sind das Gravitationsfeld und das erdmagnetische Feld. Bei zeitlich veränderlichen Feldern ist der Zeitpunkt anzugeben oder man muß von vierdimensionalen Feldern sprechen.
Feldbrand, durch Blitzschlag oder von Menschenhand, meist nach längerer Trockenheit, fahrlässig oder mit Absicht ausgelöstes ↗Feuer in angebauten landwirtschaftlichen Feldern (↗Naturgefahren).
Feldbuch, Sammelbegriff für die unterschiedlichen Arten der analogen und digitalen Dokumentation von Meßergebnissen in alphanumerischer oder graphischer Form; ursprünglich ein bei Vermessungsarbeiten im Gelände mitgeführtes Notizbuch zur Niederschrift der Meßwerte; heute eine dokumentenecht zu führende Niederschrift der Meßergebnisse in Form von Formularen, Tabellen und zugehörigen Skizzen (↗Feldriß). In jüngerer Zeit werden diese analog geführten Feldbücher zunehmend durch *elektronische Feldbücher* in Form von ↗Feldcomputern oder elektronischen Speichereinrichtungen ersetzt, die einen automatisierten Datenfluß von der Datenerfassung bis zum Endprodukt ermöglichen.

Feldcomputer, *Feldrechner*, tragbarer und netzunabhängiger sowie wetterfester und stoßunempfindlicher Computer zur Datenerfassung und -verarbeitung im Felde. Als zentrale Komponente eines *Felderfassungssystems* ermöglichen Feldcomputer durch integrierte Schnittstellen den automatisierten Datenfluß zwischen elektronischen Vermessungsinstrumenten (z. B. ↗Tachymeter), Peripheriegeräten und stationären Computern/CAD-Systemen. Aufgabenspezifische Softwarepakete erschließen vielfältige Einsatzbereiche, wobei je nach Hardware-Ausstattung des Feldrechners nur alphanumerische oder auch graphische Informationen verarbeitet werden können (↗Pentop).

Felderfassungssystem ↗Feldcomputer.
Felderkundung ↗3 F.
Feldgehölz, kleine baum- und/oder buschbestockte Fläche im Agrarraum. Feldgehölze sind naturnahe bis natürliche ↗Ökotope und wichtige Bestandteile einer traditionellen Agrarkulturlandschaft. Bioökologisch wertvoll ist die Diversität in den Grenzsäum zwischen umgebenden Agrarflächen und dem Feldgehölz. Feldgehölze nehmen wichtige Funktionen wahr, sowohl als Rückzugsrefugium für die Tierwelt des Agrarraumes als auch als ↗Trittsteinbiotope in einem größeren ↗Biotopverbundsystem. Geoökologisch wichtig ist der Boden- und Windschutz sowie die ausgleichende Wirkung auf Wasserhaushalt und Mikroklima (↗Hecke). Feldgehölze erhöhen die landschaftliche Diversität und steigern den Erhohlungs- und ↗Erlebniswert des Agrarraumes. Ursprüngliche Feldgehölze sind infolge der Meliorationsbestrebungen (↗Flurbereinigung) nur noch selten vorhanden. ↗Ausräumung der Kulturlandschaft. [SR]

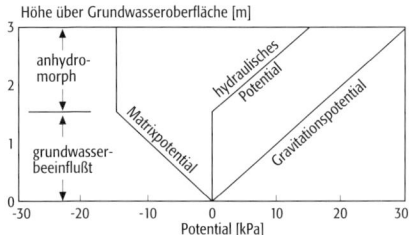

Feldkapazität: Potentialverteilung oberhalb der Grundwasseroberfläche in einem schluffigen Feinsandboden.

Feldkapazität, *FK*, Kennwert für die Wasserspeicherfähigkeit eines durchlässigen anhydromorphen Bodens (Abb.). Die Feldkapazität gibt etwa den Wassergehalt an, der gegen die Schwerkraft auf durchlässigen anhydromorphen Standorten im Boden gehalten werden kann. Sie wird für praktische Belange (z. B. Beregnungssteuerung) als Wassergehalt eines Bodens verstanden, den er 2 bis 3 Tage nach einer längeren Niederschlagsperiode (vorzugsweise im Frühjahr ohne Beeinflussung durch Evapotranspiration) aufweist. Sie ist abhängig von der Bodenart und den Klimabedingungen und entspricht einem ↗pf-Wert zwi-

Feldlinie

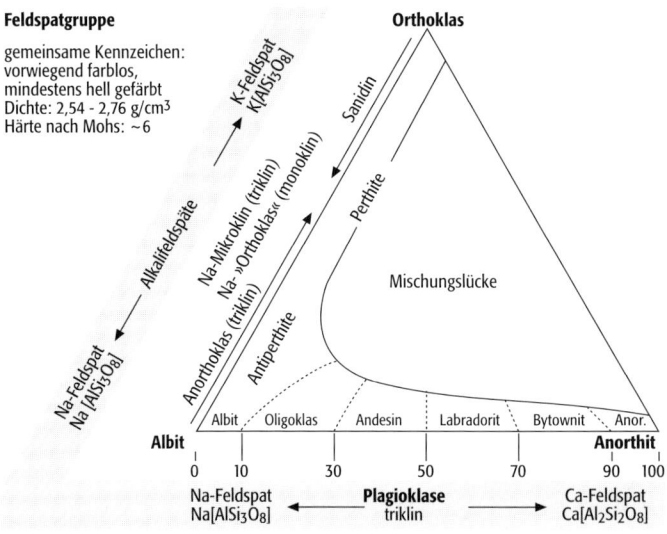

Plagioklase:	Na[AlSi$_3$O$_8$] ↔ Ca[Al$_2$Si$_2$O$_8$]	triklin
Alkalifeldspäte:	(Na,K)[Si$_3$O$_8$]	
Antiperthit:	Albit mit K-Feldspateinlagerungen (Entmischungsstruktur)	
Orthoklas: Varietäten Adular: Sanidin: Eisenorthoklas: Perthit:	oft Na-haltig Kluftmineral in jungen Eruptiva, meist Na-haltig in Pegmatiten, Al$_2$O$_3$ z.T. durch Fe$_2$O$_3$ ersetzt Orthoklas mit einheitlich orientieren Albit-Entmischungslamellen	Spaltbarkeit gut nach (001) und (010) Spaltwinkel: 90° (»Ortho-klas«) monoklin
Mikroklin: Varietäten Amazonenstein: Mikroklinperthit: Anorthoklas:	polysynthetische Zwillingsbildung nach sich kreuzenden Systemen Syn.: Amazonit: grün gefärbter Mikroklin Mikroklin mit einheitlich orientierten Albiteinlagerungen, wahrscheinlich oft Entmischungsstruktur oft polysynthetische Verzwilligung ähnlich dem Plagioklas	Spaltbarkeit nach (001) und (010) Spaltwinkel ~90°, (»Plagio-klas« = schiefspaltend, da Spaltwinkel ≠ 90°) triklin

Feldspäte: Übersicht über die Feldspatgruppe.

schen 1,8 und 2,7, wobei die zugehörigen Wassergehalte je nach den Klimabedingungen unterschiedlich sein können. Die Feldkapazität ist in niederschlagsreichen Regionen höher als in niederschlagsarmen.

Feldlinie, Begriff zur Beschreibung von physikalischen Feldern. Mathematisch sind Feldlinien Kurven, deren Tangentenvektoren jeweils mit den Vektoren der Feldstärke (z. B. des Schwerefeldes, des elektrischen oder des magnetischen Feldes) übereinstimmen. Die Kurvenschar der ↗Äquipotentiallinien steht senkrecht auf den Feldlinien.

Feldmessung, Messung einer topographischen, geophysikalischen oder anderen Kenngröße an einem Meßpunkt in der Natur, z. B. Erfassung des Schwerefeldes von geologischen Körpern im Gelände. Jede geophysikalische Arbeitsrichtung hat ihre spezifische Meßtechnik. Im Gegensatz zu den permanenten Messungen an ↗Observatorien sind Feldmessungen zeitlich begrenzt. Feldmessungen werden entweder auf Profilen (Linien), oder flächenhaft durchgeführt. Der Abstand der Meßpunkte richtet sich nach der verlangten Auflösung. Eine ↗Anomalie sollte wenigstens durch 5–10 Meßpunkte belegt sein. Feldmessungen können auf der festen Erdoberfläche oder aber in Bohrlöchern (↗Bohrlochgeophysik) durchgeführt werden. Bei der Airborne-Geophysik dienen Hubschrauber oder Flugzeuge als Meßträger. Im weiteren Sinne können zur Airborne-Geophysik auch Messungen mit Hilfe von ↗Satelliten gerechnet werden. Werden geophysikalische Messungen auf dem Meer durchgeführt, spricht man von Shipborne-Geophysik.

Feldriß, *Riß*, *Handriß*, *Messungsriß*, *Vermessungsriß*, eine während der Vermessungsarbeiten im Felde angefertigte, näherungsweise maßstäbliche Skizze, welche u. a. die Situation (z. B. Grenzverlauf, Bebauung, ↗Topographie), das Messungsliniennetz mit allen Messungszahlen und die Art der ↗Vermarkung der ↗Vermessungspunkte enthält. Die Nordrichtung wird durch einen Pfeil gekennzeichnet und erläuternde oder rechtliche Hinweise können ergänzend notiert werden. Die Darstellung der Messungszahlen, -linien, Signaturen und Schrift ist in der DIN 18702 festgelegt. Der Feldriß ist insbesondere bei großmaßstäbigen Detailaufnahmen nach dem ↗Orthogonalverfahren, ↗Einbindeverfahren oder ↗Polarverfahren und der tachymetrischen Geländeaufnahme von Bedeutung.

Feldspäte, gehören zu den Silicaten mit Gerüststrukturen (↗Tektosilicate), die sich aus SiO$_2$-Strukturen ableiten lassen, indem ein Teil des SiO^{4+} durch Al^{3+} ersetzt wird (↗Alumosilicate). Sie sind die häufigste Mineralgruppe und mit mehr als 60 % am Aufbau der Erdkruste beteiligt. Aufgrund ihres ähnlichen Kristallbaues unterscheiden sie sich in ihren physikalischen und chemischen Eigenschaften nur wenig. Ihre Zusammensetzung kann im Rahmen des ↗ternären Systems KAlSi$_3$O$_8$ (↗Orthoklas, Kalifeldspat) – NaAlSi$_3$O$_8$ (↗Albit, Natronfeldspat) – CaAl$_2$Si$_2$O$_8$ (↗Anorthit, Kalkfeldspat) beschrieben werden (Abb.). Mischkristalle zwischen Orthoklas und Albit werden als ↗Alkalifeldspäte, diejenigen zwischen Albit und Anorthit als ↗Plagioklase bezeichnet. Zwischen Orthoklas und Anorthit besteht eine ausgedehnte Mischungslücke (↗Mischkristalle, ↗Entmischung).

Bei hohen Temperaturen besteht bei den Plagioklasen und den Alkalifeldspäten lückenlose Mischbarkeit. Mit abnehmender Temperatur läßt dagegen die Mischbarkeit in der Alkalifeldspat-Reihe nach. Bei langsamer Abkühlung von Mittel- bis Hochtemperaturmodifikation tritt Entmischung zu ↗Perthiten und Antiperthiten ein. Bei den Plagioklasen finden nur bei tiefen Temperaturen Entmischungen statt.

In begrenztem Maße können Feldspäte Eisen enthalten. Die rote Farbe mancher Feldspäte, besonders der Orthoklase, beruht auf mikroskopischen bis submikroskopischen Einlagerungen von ↗Hämatit. Die Unterscheidung der Feldspäte erfolgt aufgrund ihrer charakteristischen kristalloptischen Eigenschaften polarisationsmikroskopisch an Dünnschliffpräparaten. Feldspäte treten in fast allen magmatischen und metamorphen Gesteinen auf, häufig auch in Sedimentgesteinen: Sanidin v. a. in Vulkaniten, ↗Adular und ↗Periklin auf alpinen Klüften und in hydrothermalen Alterationszonen (↗Albitisierung), ↗Labradorit u. a. in Gabbros und wie auch Anorthit in Basalten. Alkalifeldspat, ↗Mikroklin und Mikroklinperthit, v. a. aus Pegmatiten, sind wichtige mineralische Rohstoffe für die keramische Industrie (Porzellan, Steinzeug und Steingut). Feldspäte von Edelsteinqualität (↗Edelsteine) sind Amazonit (Mondstein), die grüne Mikroklin-Varietät Aventurin-Feldspat (Sonnenstein) u. a.   [GST]

Feldspatvertreter, *Feldspatoide*, *Foide*, wie die ↗Feldspäte zu den Gerüstsilicaten (↗Tektosilicate) gehörende Mineralgruppe, die sich jedoch durch ihren geringen SiO_2-Gehalt von den ↗Alkalifeldspäten unterscheiden und sich aus alkalireichen, SiO_2-armen silicatischen Schmelzen bilden. Die weitmaschigen Gerüststrukturen bieten teilweise Platz für zusätzliche tetraederfremde Anionen. Die häufigsten Feldspatvertreter sind a) ohne tetraederfremde Anionen: ↗Leucit ($K[AlSi_2O_6]$) und ↗Nephelin ($(Na,K)[AlSiO_4]$), b) mit tetraederfremden Anionen: Sodalith ($Na_8[(AlSiO_4)_6/Cl]$), Nosean ($Na_8[(AlSiO_4)_6/(SO_4)]$), Hauyn ($(Na,Ca)_{8-4}[AlSiO_4)_6/(SO_4)]_{2-1})$, ↗Lapislazuli ($(Na,Ca)_8[(Si,SO_4,Cl)/AlSiO_4)_6])$ und ↗Analcim ($Na[AlSi_2O_6] \cdot H_2O$).

Feldtransformation, beschreibt mathematische Prozeduren, die es erlauben, aus einem Feld (Netz) von Meßwerten andere Darstellungen abzuleiten. Bekannt sind die Berechnungen für die Ableitungen höherer Ordnung (die 1. Ableitung ist z. B. das Gradientenfeld). Weitere Beispiele für Feldtransformation stellen die Berechnung von Feldfortsetzungen nach oben oder unten dar. Die Berechnung des Temperaturfeldes von der Erdoberfläche her in das Erdinnere ist eine derartige Feldtransformation. Die harmonische Analyse (Fourier-Analyse), eingeführt von dem franz. Mathematiker und Physiker J. B. Fourier (1768–1830), zerlegt eine beliebige und komplizierte Funktion $x(t)$ mit der Periode T in eine Summe (Überlagerung von Teilschwingungen von trigonometrischen Funktionen sin und cos mit unterschiedlicher Frequenz und Amplitude):

$$x(t) = \sum_{n=0}^{\infty} (a_n \cos \frac{2\pi n}{T} t + b_n \sin \frac{2\pi n}{T} t)$$

mit a_n und b_n als Amplituden

$$a_0 = \frac{1}{T} \int_0^T x(t)\, dt,$$

$$a_n = \frac{2}{T} \int_0^T x(t) \cos \frac{2\pi n}{T} t\, dt$$

und

$$b_n = \frac{2}{T} \int_0^T x(t) \sin \frac{2\pi n}{T} t\, dt,$$

T = Länge (Periode) des zu analysierenden Vorganges. n läuft von 1 bis ∞. Der Parameter $2\pi n/T$ wird als Kreisfrequenz ω_n bezeichnet. Die Gesamtamplitude c_n und die Phasenverschiebung φ_n resultieren aus den Beziehungen:

$$c_n = \sqrt{a_n^2 + b_n^2} \quad \text{und} \quad \tan \varphi_n = \frac{b_n}{a_n}.$$

Die Darstellungen der Größen c_n und φ_n in Abhängigkeit der Frequenz ω_n werden als Amplituden- bzw. als Phasenspektrum bezeichnet. T kann als Zeit-, aber auch als Ortskoordinate gesehen werden. Das Zusammensetzen von Sinus- und Cosinus-Schwingungen mit unterschiedlichen Frequenzen und Amplituden wird als harmonische Synthese bezeichnet. Die harmonische Analyse findet in der Geophysik eine weite Anwendung. Viele Prozesse, z. B. die ↗Gezeiten, haben Komponenten mit periodischem Verlauf, die sich überlagern. Die harmonische Analyse erlaubt die Trennung und Erkennung dieser einzelnen Komponenten. Die Methodik der harmonischen Analyse und Synthese kann auch auf die Oberfläche einer Kugel angewendet werden (↗Kugelfunktionen).   [PG]

Feldtrennung nach Gauß, Verfahren zur Trennung von Innenfeld und Außenfeld. Nach der Maxwellschen Theorie kann ein stationäres bzw. quasistationäres Magnetfeld wie das geomagnetische Hauptfeld sowohl von permanenter Magnetisierung als auch von elektrischen Strömen herrühren. Wenn man somit für ein konservatives Kraftfeld wie das Magnetfeld die Existenz eines Potentials V auf der Erdoberfläche voraussetzen kann, kommen als Sitz der Quellen des Feldes sowohl das Erdinnere als auch die höhere Atmosphäre in Frage. Hieraus ergibt sich die von C. F. ↗Gauß aus der Potentialentwicklung hergeleitete Feldtrennung nach Innenfeld und Außenfeld (Abb.). Bereits das deutlich unterschiedliche Zeitverhalten beider Feldanteile, das Innenfeld unterliegt einer langsamen zeitlichen Variation mit langen zeitlichen Perioden (↗geomagnetische Säkularvariation), das Außenfeld hingegen ist kurzperiodisch, führt zu wichtigen Fragen wie z. B. der Frage zum Zeitpunkt der Gültigkeit des Modells oder inwieweit es sich beim Außenfeld nur um zeitliche Mittelungen handelt und über welchen Zeitraum. Selbst für die Modellierung des Innenfeldes ist es notwendig, deren Gültigkeit zu einer definierten Epoche zu beachten (↗International Geomagnetic Reference Field). Insofern ist die Gaußsche Auftrennung beider Feldanteile zwar hilfreich, stellt aber keineswegs die vollständige Lösung dieses Problems dar. Insbesondere seit dem Einsatz von Satelliten zur

Feldtrennung nach Gauß: Feldtrennung mit $r = a$, wobei der erste Summenausdruck für das Innenfeld steht, der zweite für das Außenfeld, so daß bei der Bestimmung der Gaußschen Koeffizienten g_n^m, h_n^m die Berechnung der Innenfeldkomponenten ermöglichen, γ_n^m, σ_n^m die des Außenfeldes.

$$V(a, \theta, \lambda) = a \sum_{n=1}^{\infty} \sum_{m=0}^{n} \left(\frac{a}{r}\right)^{n+1} \left(g_n^m \cos m\lambda + h_n^m \sin m\lambda\right) P_n^m (\cos \theta)$$

$$+ a \sum_{n=1}^{\infty} \sum_{m=0}^{n} \left(\frac{r}{a}\right)^n \left(\gamma_n^m \cos m\lambda + \sigma_n^m \sin m\lambda\right) P_n^m (\cos \theta)$$

Feldumkehr

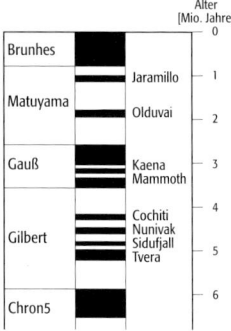

Feldumkehr 1: Feldumkehrungen der letzten sechs Mio. Jahre mit dem Brunhes-Chron (0–0,78 Mio. Jahre), dem Matuyama-Chron (0,78–2,58 Mio. Jahre), dem Gauß-Chron (2,58–3,58 Mio. Jahre) und dem Gilbert Chron (3,58–5,89 Mio. Jahre) sowie den nach den Typlokalitäten benannten Mikrochrons (Events) kurzer Dauer (normale Polarität = schwarz, inverse Polarität = weiß).

Messung des Magnetfeldes von außerhalb des Erdkörpers schließen sich detailliertere Fragen an. Es eröffnen sich aber auch ganz neue Möglichkeiten. [VH, WWe]

Feldumkehr, eine durch paläomagnetische Untersuchungen nachgewiesene vollständige Umpolung des Erdmagnetfeldes (*magnetische Feldumkehr*). Über den Mechanismus einer Feldumkehr herrscht noch Unklarheit. Es ist jedoch wenig wahrscheinlich, daß das Feld während dieser Zeit als ↗Dipolfeld ungeschmälert erhalten bleibt und sich nur die Dipolachse um 180° dreht. Unwahrscheinlich ist auch, daß der Dipolanteil bei einer Feldumkehr ganz verschwindet und nur noch die Felder der höheren Momente (Quadrupolfeld, Oktopolfeld usw.) dominieren. Das Feld nimmt während einer Feldumkehr auf etwa 20 % der Ausgangsintensität ab und erholt sich anschließend wieder auf den ursprünglichen Wert. Daraus und aus den beobachteten Feldrichtungen während einer Feldumkehr wird geschlossen, daß noch ein Dipolanteil neben den Feldanteilen der höheren Momente erhalten bleibt.

Häufig wird bei Feldumkehrungen der letzten etwa fünf Millionen Jahre beobachtet, daß die mit Hilfe der Formel für einen ↗Dipol berechneten virtuellen geomagnetischen Pole (VGP) längs zweier sich um etwa 180° unterscheidender Pfade von einem Pol zum anderen wandern. Ein Pfad verläuft über Nord- und Südamerika, ein zweiter über Ostasien. Für eine Feldumkehr wird eine mittlere Dauer von etwa 5000 Jahren angenommen, es werden aber auch wesentlich kürzere Zeiten (< 1000 Jahre) diskutiert. Die Zahl der Feldumkehrungen pro 10^6 Jahre war in der Erdgeschichte nicht konstant. In den letzten etwa 80 Mio. Jahre (Abb. 2) hat die Häufigkeit von Feldumkehrungen stetig von 0–5 pro 1 Mio. Jahre zugenommen. Ähnlich häufige Feldumkehrungen gab es auch im Zeitintervall von vor 260–120 Mio. Jahre (Abb. 3). In der mittleren Kreide (120–80 Mio. Jahre) dominierte normale (d. h. die heutige) Polarität, im oberen Paläozoikum (310–260 Mio. Jahre) jedoch inverse Polarität. Dieser Zeitabschnitt wird auch als ↗Kiaman-Intervall bezeichnet. Die Gründe für so lang andauernde Zeiten gleicher *Polarität des Erdmagnetfeldes* sind nicht bekannt. Für die Zeit vor etwa 350 Mio. Jahre ist das Umkehrverhalten des Erdmagnetfeldes für weitere Analysen noch nicht ausreichend gut erforscht. Die Zeiten normaler oder inverser Polaritäten oder auch gleicher Struktur des Erdmagnetfeldes (typische Häufigkeiten von Feldumkehrungen) sind unterschiedlich lang und zur Charakterisierung ihrer Dauer hat sich eine besondere Nomenklatur eingebürgert, die auch bei der ↗Magnetostratigraphie verwendet wird. Ein Zeitintervall zwischen 1–10 Mio. Jahre mit vorwiegend einer einzigen Polarität wird als ↗Chron bezeichnet. Die jüngsten der vier Chrons (Abb. 1) wurden nach den Namen berühmter Geomagnetiker benannt (↗Brunhes-Chron, ↗Matuyama-Chron, ↗Gauß-Chron, ↗Gilbert-Chron). Die älteren Chrons werden mit der Zahl fünf beginnend durchnummeriert. Sie werden von kürzer dauernden Feldumkehrungen (↗Event) unterbrochen, die je nach Länge Subchron (0,1–1 Mio. Jahre) oder Mikrochron (< 0,1 Mio. Jahre) genannt werden. Viele besitzen den Namen des locus typicus, wie zum Beispiel das in Südafrika gefundene ↗Olduvai Subchron normaler Polarität (1,77–1,95 Mio. Jahre v. h.) zu Beginn des inversen Matuyama-Chrons. Eine noch kürzer dauernde Feldumkehrung mit einer Dauer von wesentlich weniger als 0,1 Mio. Jahre ist wird als ↗Cryptochron bezeichnet. Sie werden teilweise noch umstritten und sind eventuell zu den ↗Exkursionen zu zählen. Längere Zeiten vergleichbarer Feldstruktur mit einer Länge von 10–100 Mio. Jahre heißen Superchron (z. B. Kiaman-Intervall im oberen Paläozoikum) oder Megachron mit einer Länge von 100–1000 Mio. Jahre. [HCS]

Feldvergleich, in der Photogrammetrie Vergleich, Ergänzung und Korrektur photogrammetrisch gewonnener Karten und ↗Geodaten. Ein Feldvergleich ist fester Bestandteil der photogrammetrischen Kartenherstellung, da in der Regel bei der Auswertung von ↗Luftbildern keine Vollständigkeit der zu erfassenden Daten erreicht werden kann.

Feldwaage, heute veraltetes Magnetometer, das einen auf einer Achatfläche ausbalancierten Waagebalken enthält, der durch Schwerkraft und eine magnetische Kraftkomponente, z. B. der Z-Komponente, im Gleichgewicht gehalten wird; nach A. Schmidt auch als Schmidtsche Feldwaage bezeichnet.

Fellenius-Regel, Definition des Sicherheitsbeiwertes v als das Verhältnis der maximal aktivierbaren (vorhandenen) Scherkräfte zu den erforderlichen Scherkräften:

$$v = \frac{\tan \varphi_{vorhanden}}{\tan \varphi_{erforderlich}} = \frac{c_{vorhanden}}{c_{erforderlich}},$$

wobei φ dem inneren Reibungswinkel und c der Kohäsion [kN/m²] entspricht.

Fels, ist nach DIN 4022 ein Verband von gleichartigen oder ungleichartigen Gesteinen. Dieser Verband ist kein monolithischer Körper, sondern durch Trennflächen mehr oder weniger stark zerlegt. Durch Entfestigung (Verwitterung) kann Fels die Eigenschaften von Boden annehmen. In der Regel ist Fels inhomogen und anisotrop. Die jeweiligen Eigenschaften können daher immer nur für einen bestimmten Gültigkeitsbereich angegeben werden, dem *Homogenbereich*. Kriterien zur Abgrenzung von Homogenbereichen sind das Richtungsgefüge der Trennflächen, die Lithologie sowie der Verwitterungszustand des Gebirges.

Feldumkehr 3: Zahl der Feldumkehrungen pro eine Million Jahre in den letzten 250 Mio. Jahre.

Felsabbau, Gewinnung von Felsgestein zur Herstellung von Einschnitten oder ↗Böschungen, oder zur weiteren Verwendung des Felsgesteines, z. B. als ↗Baustoff. Generell lassen sich drei Phasen unterscheiden: Lösen, Laden und Transportieren. Die Abbaumethoden im Fels werden durch die physikalischen und mechanischen Eigenschaften der Gesteine und des Gebirges, wie sie durch die Felsklassen bzw. Gebirgsklassen (↗Ausbruchsklasse) beschrieben werden, bestimmt. Der Felsabbau erfolgt durch mechanisches Lösen (Reißen) oder durch Sprengen.

Felsanker, ↗Anker, dessen Krafteintragungslänge l_0 (↗Verpreßanker) im Fels liegt. Im Bereich der Krafteintragungslänge dürfen keine Kluftverschiebungen auftreten. Weiterhin müssen Kluftverschiebungen im Bereich der freien Ankerlänge kleiner als die Querbeweglichkeit des Ankers sein.

Felsböschung, ↗Böschung im ↗Fels. Felsböschungen werden in der Ingenieurgeologie u. a. nach folgenden Kriterien unterteilt: Standsicherheit (freie, verkleidete, gestützte und gesicherte Felsböschungen), Anlageform (Anschnitt, Einschnitt, Nische, Grube) und Neigung (Flach-, Steilböschung, Überhang). Die Standfestigkeit von Felsböschungen hängt von der Ausrichtung der Böschung, dem Bergwasser, der Ausbildung des Felses, dem Verwitterungsgrad und v. a. dem Flächengefüge, insbesondere der Ausrichtung mechanisch wirksamer Klüfte, ab. Eine Verbesserung der Standfestigkeit kann über bautechnische Sicherungsmaßnahmen (z. B. ↗Stützmauern, ↗Fangbauwerke, ↗Stützpfeiler, Verankerung, Stützknaggen, Bölzungen), Entwässerung, Beräumung und ingenieurbiologische Maßnahmen erfolgen.

Felsburg, geomorphographischer Begriff für Verwitterungsformen (↗Verwitterung) kristalliner Massengesteine und Schiefergesteine. Felsburgen entstehen unter wechselfeucht-tropischen oder ↗periglazialen Klimabedingungen, bedingt durch Spalten und Klüfte, entlang derer die Verwitterungsfront tiefer in das Gestein eindringt. Unter wechselfeucht-tropischen Klimabedingungen können die Felsburgen aus »Grundhöckern« (↗doppelte Einebnungsfläche) entstehen, die unter einer Verwitterungsdecke liegen. Erst nach dem Freispülen gelangen diese an die Geländeoberfläche und bilden dort ↗Inselberge, häufig mit ↗Wollsäcken. Im periglazialen Klimabereich entstehen Felsburgen an der Geländeoberfläche durch die Prozesse der Frostverwitterung.

Felsdarstellung, *Felszeichnung*, die Wiedergabe von Felsen, insbesondere der Felsregionen des Hochgebirges in ↗topographischen Karten sowie in ↗Hochgebirgs-, ↗Relief- und Touristenkarten. Die üblichen Methoden der ↗Reliefdarstellung eignen sich für die steilen, schroffen, scharfkantigen und stark gegliederten Felspartien nicht oder nur bedingt, so daß sich seit der zweiten Hälfte des 19. Jh. hierfür besondere Darstellungsformen herausgebildet haben. In der Schweiz wurde die Felsschraffe entwickelt und von E. ↗Imhof vervollkommnet. Für sie ist kennzeichnend, daß die Grate und Kanten als sichtbare Gerippelinien des Reliefs betont werden. Mit darin eingefügten Felsschraffuren läßt sich der Charakter der Felsen, d. h. das Vorherrschen von horizontalen oder vertikalen Strukturen, Bändern und Stufen, gut zum Ausdruck bringen. Seitdem es mittels der ↗Photogrammetrie möglich ist, auch im Fels exakte ↗Höhenlinien zu konstruieren, wird angestrebt, diese mit Kanten- und Graddarstellungen zu verbinden. Sehr dichte Höhenlinien im Fels allein ergeben aber meist nur ein schwer lesbares Liniengewirr. In großen Maßstäben, z. B. in Alpenvereinskarten, ist eine die individuellen Eigenarten zum Ausdruck bringende Felszeichnung möglich. In mittleren topographischen Maßstäben können sie noch angedeutet werden; auf topographischen ↗Übersichtskarten schrumpfen die Felsregionen der Gebirgsstücke zu so kleinen Flächen zusammen, daß nur noch eine mehr oder weniger schematische Felsdarstellung möglich ist. Besondere Felsformen, wie der Karst oder gerundete Sandsteinfelsen mit Bändern und Klüften, verlangen besondere Formen der Felszeichnung. Die manuelle Herstellung einer Felsdarstellung mittels Zeichnung oder Gravur (↗Zeichenverfahren, ↗Gravierverfahren) verlangt viel Erfahrung und Geschick. Digitale Verfahren befinden sich noch im Versuchsstadium. [WSt]

Felsenmeer ↗*Blockmeer*.

Felsfußfläche ↗*Pediment*.

Felsgleitung ↗*Bergrutsch*.

Felshumusboden, Bodentyp nach der ↗deutschen Bodenklassifikation, der zur Klasse der ↗O/C Böden gehört und wegen der Humusdominanz der Feinerde als Humusboden bezeichnet wird. Er weist ein O/mC-Profil aus bzw. auf massivem Festgestein auf; das Humusmaterial (O) liegt dem festen Gestein auf und/oder durchsetzt < 3 dm mächtiges Grobskelett über festem Gestein. Als Subtyp wird der (Norm)-Felshumusboden ausgewiesen. Sind Felsklüfte tiefer als 3 dm mit Humus verfüllt, liegt ein *Klufthumusboden* vor; ist das humusdurchsetzte Grobskelett mächtiger als 3 dm handelt es sich um einen ↗Skeletthumusboden; in der ↗WRB handelt es sich um Folic Histosols oder Histic-lithic Leptosols.

felsisch, *salisch*, Bezeichnung für die hellen Minerale der magmatischen Gesteine (im wesentlichen Feldspäte, Feldspatvertreter, Quarz, Muscovit); mnemotechnischer Begriff für Feldspat (-Vertreter) + Silica (Kieselsäure) bzw. Silicium + Aluminium als die Hauptelemente der hellen Minerale; ebenfalls verwendet für magmatische Gesteine, die überwiegend aus einem oder mehreren dieser Minerale bestehen.

Felsklassen, im Erdbau die Einteilung von Boden und Fels in Klassen entsprechend ihrem Zustand beim Lösen. Oberboden wird unabhängig von seinem Zustand als eigene Klasse aufgeführt:
Klasse l: Oberboden: oberste Schicht des Bodens, die neben anorganischen Stoffen, z. B. Kies-, Sand-, Schluff- und Tongemischen, auch Humus und Bodenlebewesen enthält.

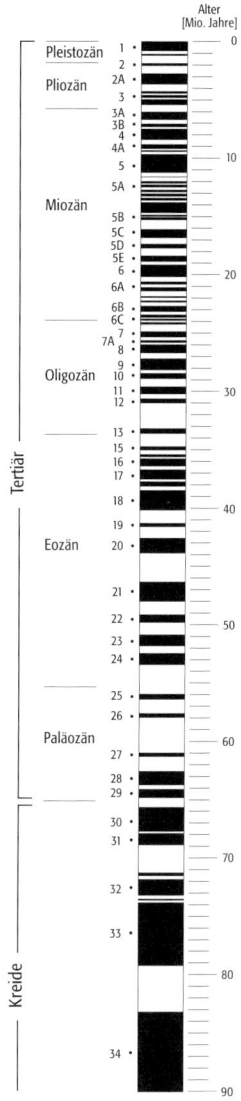

Feldumkehr 2: Feldumkehrungen der letzten etwa 90 Mio. Jahre. Sehr kurze Feldumkehrungen (Cryptochrons, Mikrochrons) sind nicht dargestellt. Untereinheiten (Anomalien) sind mit Zahlen gekennzeichnet (normale Polarität = schwarz, inverse Polarität = weiß).

Klasse 2: fließende Bodenarten: Bodenarten, die von flüssiger bis breiiger Beschaffenheit sind und die das Wasser schwer abgeben.

Klasse 3: leicht lösbare Bodenarten: nicht-bindige bis schwachbindige Sande, Kiese und Sand-Kies-Gemische mit bis zu 15 % Beimengungen an Schluff und Ton und mit höchstens 30 % Steinen von über 63 mm Korngröße und maximal 0,01 m^3 Rauminhalt; organische Bodenarten mit geringem Wassergehalt, z. B. feste Torfe.

Klasse 4: mittelschwer lösbare Bodenarten: Gemische von Sand, Kies, Schluff und Ton mit mehr als 15 % Schluff und Ton; bindige Bodenarten von leichter bis mittlerer Plastizität, die je nach Wassergehalt weich bis halbfest sind und die höchstens 30 % Steine von über 63 mm Korngröße und maximal 0,01 m^3 Rauminhalt enthalten.

Klasse 5: schwer lösbare Bodenarten: Bodenarten nach den Klassen 3 und 4, jedoch mit mehr als 30 % Steinen von über 63 mm Korngröße und maximal 0,01 m^3 Rauminhalt; nicht-bindige und bindige Bodenarten mit höchstens 30 % Steinen von über 0,01–0,1 m^3 Rauminhalt; ausgeprägt plastische Tone, die je nach Wassergehalt weich bis halbfest sind.

Klasse 6: leicht lösbarer Fels und vergleichbare Bodenarten: Felsarten, die einen inneren, mineralisch gebundenen Zusammenhalt haben, jedoch stark klüftig, brüchig, bröckelig, schiefrig, weich oder verwittert sind, sowie vergleichbare feste oder verfestigte bindige oder nicht-bindige Bodenarten, z. B. durch Austrocknung, Gefrieren, chemische Bindungen; nicht-bindige und bindige Bodenarten mit mehr als 30 % Steinen von über 0,01–0,1 m^3 Rauminhalt.

Klasse 7: schwer lösbarer Fels: Felsarten, die einen inneren, mineralisch gebundenen Zusammenhalt und hohe Gefügefestigkeit haben und die nur wenig klüftig oder verwittert sind; festgelagerter, unverwitterter Tonschiefer, Nagelfluhschichten, Schlackenhalden der Hüttenwerke und dergleichen; Steine von über 0,1 m^3 Rauminhalt.

Auch Stoffe, die keinen natürlichen Ursprung haben, wie z. B. Recyclingstoffe, industrielle Nebenprodukte oder Abfall, werden (soweit möglich) nach den obigen Boden- und Felsklassen eingestuft. Andernfalls werden Stoffe im Hinblick auf ihre Eigenschaften bei erdbautechnischen Arbeiten spezifisch beschrieben. [ABo]

Felsmechanik, Lehre vom mechanischen Verhalten von Felsgesteinen, v. a. in Bezug auf die Herstellung von Bauwerken und Hohlräumen (↗Hohlraumbau). Sie gehört zusammen mit der ↗Bodenmechanik zur Geomechanik und bildet die wissenschaftliche Grundlage zum Felsbau. Die Felsmechanik beinhaltet alle Bestimmungen von Gebirgskennwerten, die zu Standsicherheitsuntersuchungen, Planung und Durchführung von Bauverfahren, zur Ermittlung der freien Standzeit des Gebirges und zum Festigkeits- und ↗Verformungsverhalten, v. a. durch Spannungszustände aufgrund künstlicher Eingriffe hervorgerufen, zur Berechnung von Auskleidungs- und Sicherheitsmaßnahmen usw. herangezogen werden. Die wichtigsten felsmechanischen Kennwerte sind: ↗Verformbarkeit (↗Gebirgsverformbarkeit), ↗Festigkeit (↗Gesteinsfestigkeit, ↗Gebirgsfestigkeit), Spannungszustände (↗primärer Spannungszustand und ↗sekundärer Spannungszustand), Wasserdurchlässigkeit, Quellvermögen, Lösbarkeit und Bestimmung von ↗Auflockerungszonen. [AWR]

Felsnagel, Stahlstab von 20 mm Durchmesser, der ähnlich dem ↗Felsanker zur Sicherung z. B. von Baugrubenwänden oder gegen Gesteinsverbruch dient.

Felsriff ↗Riff.

Felsrutschung ↗Bergrutsch.

Felsschlipf ↗Felssturz.

Felsschorre, Teilbereich der ↗Schorre, auf dem weitestgehend ↗Abrasion erfolgt.

Felsspion, ein Gerät zur Durchführung von ↗Bewegungsmessungen an absturzgefährdeten Felsblöcken. Das Gerät besteht aus einem Meßanschlag, der in einem solchen Felsblock verankert ist. Der Meßanschlag wird von einem elektrischen Wegaufnehmer abgetastet, der unterhalb des Felsblockes im standfesten Fels angebracht ist. Beim Überschreiten eines einstellbaren Verschiebungsweges wird ein Grenzwertschalter betätigt, welcher einen akustischen oder optischen Alarm auslöst, der vor dem möglichen Abgleiten oder Abstürzen des Felsblockes warnt.

Felsstrand, flaches Felsufer ohne auflagerndes Lockermaterial, strenggenommen kein ↗Strand.

Felssturz, *Felsschlipf*, Absturz von Felsmassen mittlerer Dimensionen, die im Gelände deutlich zu erkennende Sturzbahnen hinterlassen. Beim Auftreffen auf die Hangoberfläche kann die Bewegung übergehen in den Schiefen Wurf oder Rollen. Felsstürze nehmen bezüglich ihrer Dimension eine Mittelstellung in der Reihe ↗Steinschlag – Felssturz – ↗Bergsturz ein. ↗Massenbewegung.

Felswüste ↗Hammada.

Felszeichnung ↗Felsdarstellung.

FEM ↗*Finite-Elemente-Methode*.

femisch ↗*mafisch*.

Femtoplankton, ↗Plankton unter 0,2 µm.

Fen, *Fene*, sind Niedermoorböden, die infolge von Entwässerungen im Oberboden durch ↗aerobe Umwandlungsprozesse geprägt sind. Sie sind Bodenentwicklungsstufen der ↗Niedermoore zwischen Ried und Mulm. Kennzeichnend für Fen bzw. Rohfen ist ein krümeliger Verdungshorizont (Tv bzw. nHv) über unverändertem Torf. Wird der Tv-Horizont von einem Torfschrumpfungshorizont (Ts bzw. nHts) mit Prismen- oder dichtem Kohärentgefüge unterlagert, spricht man vom Erdfen. In stark entwässerten Fenen (Mulmfen) kann der obere Teil des Tv-Horizontes in einen pulvrigen, aus Feinaggregaten bestehenden Vermulmungshorizont (Tm bzw. nHmu) verändert sein. In vermulmten Niedermoorböden kann zwischen dem Tv- und dem Ts-Horizont auch noch ein Torfbröckelhorizont (Ta bzw. nHag) eingelagert sein. In der englischsprachigen Literatur findet man fen oder fen soil für Niedermoor. [AB]

Fenit, ein feldspatreiches Gestein, das sich durch ↗Alkalimetasomatose am Kontakt von Carbonatit- oder Alkaligesteinsintrusionen aus Graniten, Gneisen, Migmatiten und anderen Gesteinen des umgebenden Grundgebirges gebildet hat; typischer Mineralbestand: Alkalifeldspäte, Ägirin und Na-Amphibole, seltener dagegen sind Quarz, albitreicher Plagioklas, Nephelin oder Biotit.

Fenitisierung, Prozeß der Fenitbildung am Kontakt von Carbonatit- und Alkaligesteinsintrusionen. ↗Fenit.

Fennosarmatia ↗Archaeoeuropa.

Fennoskandia ↗Baltischer Schild.

Fenstergefüge, im ↗Intertidal und ↗Supratidal gebildete ↗Hohlraumgefüge in arenitisch-pelmikritischen und mikritischen Kalken. Es sind synsedimentär bis sehr frühdiagenetisch gebildete Hohlräume in Kalken, die synsedimentär bis postsedimentär mit mechanisch abgelagertem Internsediment und/oder mit ↗Sparit ausgefüllt wurden oder noch offene Poren darstellen. Nach der Form unterscheidet man kleine (1–3 mm große), kugelförmige, eiförmige oder unregelmäßig geformte, irregulär im Sediment verteilte Hohlräume (↗birdseyes) sowie laminare und irreguläre Fenstergefüge. Letztere Gruppe bildet größere zusammenhängende Hohlräume, die nicht durch das Korngerüst abgestützt werden. Wie Stromatactis besitzen laminare Fenstergefüge oft einen relativ ebenen Boden, mechanisch eingefülltes geopetales Internsediment und ein unregelmäßig gezacktes Dach. Jedoch sollte der Begriff Stromatactis wegen prinzipiell anderer Genese und Faziesbindung auf die in ↗mud mounds vorkommenden Hohlraumgefüge beschränkt bleiben. Die Genese von Fenstergefügen ist vielfältig, wie z.B. durch Gas- und Wasserblasenbildung im Sediment, mikrobielle Tätigkeit, mikrobielles Wachstum von »Algenmatten« (↗Mikrobialithe) oder Schrumpfungs- und Trockenrisse. Gesteine, die durch Fenstergefüge charakterisiert sind, werden als *Loferit* bezeichnet (Abb.). [HGH]

Fergusit, ein ↗Foidolith mit ↗Leucit und 30–50 % ↗Pyroxen und ↗Olivin.

Fermatsches Prinzip, besagt, daß der ↗Wellenstrahl zwischen zwei Punkten A und B unter allen möglichen Nachbarwegen so verläuft, daß die Laufzeit der zugehörigen ↗Wellenfront von A nach B einen Extremwert erreicht. Der Extremwert ist normalerweise das Minimum der Laufzeit. Bei konstanter Geschwindigkeit zwischen A und B ist der Strahl geradlinig, bei stetiger Geschwindigkeitsänderung hingegen ist er gekrümmt.

Fermentation, technologischer Begriff für mikrobielle Produktionsprozesse, Ab- oder Umbau organischer Stoffe durch Mikroorganismen oder chemische Veränderungen durch isolierte Enzyme zur Bildung bestimmter organischer Produkte. Man unterscheidet zwischen ↗aerober Fermentation, bei der Sauerstoff notwendig ist, und ↗anaerober Fermentation, die ohne Sauerstoff abläuft. Die Fermentation sollte daher nicht mit dem biochemischen Begriff ↗Gärung gleichgesetzt werden, der für anaerobe energieliefernde Stoffwechselprozesse steht.

Fermentationshorizont ↗Of-Horizont.

Fernerkundung, *remote sensing* (engl.), *télédétection* (franz.), umfaßt den Komplex der berührungsfreien quantitativen und qualitativen Aufzeichnung, Speicherung, thematischen Verarbeitung und ↗Interpretation bzw. ↗Klassifikation von objektbeschreibender ↗elektromagnetischer Strahlung mittels geeigneter abbildender oder nichtabbildender ↗Sensoren, analoger oder digitaler Datenträger und analoger oder digitaler ↗Bildanalyse. Die Aufzeichnung von Gravitationsfeldern, magnetischen oder elektrischen Feldern sowie von akustischen Wellen (Sonar) wird i.d.R. nicht dem Terminus Fernerkundung zugeordnet.

Objektbeschreibende elektromagnetische Strahlung setzt sich in Funktion der Wellenlänge aus spezifischen Anteilen reflektierter, gestreuter und/oder emittierter Strahlung (↗Reflexion, ↗Streuung, ↗Emission) zusammen. Interaktionsmedien sind die ↗Atmosphäre und die Erdoberfläche im Sinne aller natürlichen und künstlichen Oberflächen. Daher wird ein zentraler Bereich der Fernerkundung auch als *Erdbeobachtung* (earth observation) bezeichnet.

Die Parameter der Fernerkundung werden durch den Verlauf des Strahlungspfades von der Strahlungsquelle bis zur Strahlungsaufzeichnung festgelegt.

Elektromagnetische Strahlung wird von Energiequellen ausgesendet, breitet sich in der Atmosphäre aus, tritt in Interaktion mit den atmosphärischen Teilchen und mit der Erdoberfläche, wird von Sensoren innerhalb oder außerhalb der Atmosphäre aufgezeichnet und in analoger und/oder digitaler Form gespeichert. Mittels eines geeigneten Systems zur Bilddatenanalyse und Bilddatenausgabe erfolgt eine Bearbeitung, Klassifikation und Visualisierung der Bilddaten.

Energiequellen wie Sonne und Erde emittieren elektomagnetische Strahlung in wellenlängenabhängigen Intensitäten (Plancksches Strahlungsgesetz, ↗Stefan-Boltzmann-Gesetz, ↗Wiensches Verschiebungsgesetz). ↗Passive Fernerkundungsverfahren zeichnen elektromagnetische Strahlung auf, die von der Erdoberfläche reflektiert und/oder emittiert wird. ↗Aktive Fernerkundungsverfahren wie ↗Radar oder ↗Laser (Lidar) senden kohärente Strahlungspulse aus und registrieren die Laufzeit bzw. die Amplituden- und Phasendifferenz der von der Erdoberfläche rückgestreuten/reflektierten Signale. ↗Radiometrische Korrekturen berücksichtigen die Strahlungscharakteristika der jeweiligen Energiequellen.

Die Atmosphäre vermindert die Intensität der Sonnenstrahlung durch ↗Streuung und ↗Absorption in Funktion der Streupartikelgröße und der Wellenlänge (atmosphärische Extinktion). Große Transparenz besteht in sog. ↗atmosphärischen Fenstern im sichtbaren Bereich des Spektrums, im nahen, im mittleren und im thermalen Infrarot sowie in hohem Maße im Mikrowellen-

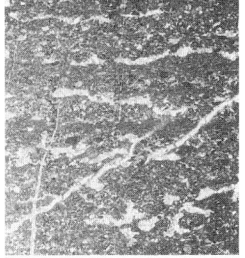

Fenstergefüge: laminare Fenstergefüge in einem Loferit aus dem Visé der Betischen Kordillere (Südspanien); Dünnschliff, Bildbreite 16 mm.

bereich (↗elektromagnetisches Spektrum). Atmosphärische Korrekturen der Bilddaten sollen störende Einflüsse zufolge Extinktion minimieren.

Bei Interaktion der Strahlung mit der Erdoberfläche werden je nach Art der Landbedeckung (landcover) gewisse Strahlungsanteile reflektiert, andere absorbiert. Die Variation der Reflexion in Funktion der Wellenlänge wird objektspezifische ↗Spektralsignatur genannt und ist Kenngröße für die spektrale (thematische) Differenzierbarkeit von Objekttypen.

Sensoren zeichnen spektrale Strahldichtewerte in Funktion von Zeit, Ort und Oberflächenart auf. Geeignete Methoden der Datenerfassung und Datenspeicherung ermöglichen die topographische und thematische Charakterisierung des erfaßten Geländeausschnittes. Sensoren besitzen begrenzte ↗radiometrische Auflösung, ↗spektrale Auflösung und ↗geometrische Auflösung. Meßbildkameras nehmen photographische (analoge) Bilder mit spektraler Auflösung im Wellenlängenbereich des sichtbaren Lichtes und im nahen Infrarot auf, während ↗optomechanische Scanner und ↗optoelektronische Scanner sowie abbildende Spektrometer und ↗Radiometer mit spektraler Auflösung im Sichtbaren, im nahen, mittleren und thermischen Infrarot sowie im Mikrowellenbereich und Radarantennen mit spektraler Auflösung im Mikrowellenbereich der Gewinnung von digitalen Bildern in Form von zeilen- und spaltenweise angeordneten, grauwertcodierten ↗Bildelementen dienen. Im allgemeinen besitzen photographische Systeme hohe geometrische und geringe spektrale Auflösung, während nichtphotographische Systeme hohe spektrale aber geringere geometrische Auflösung haben. Trägerplattformen für die jeweiligen Sensoren können Stative, Flugzeuge oder Satelliten sein (↗Luftbild, ↗Satellitenbild).

Das erste dokumentierte photographische Luftbild aus dem Jahr 1858 nahm Gaspard Félix Tournachon (genannt Nadar, 1820–1910) in der Nähe von Paris von einem Ballon aus auf. Das erste Luftbild aus dem Flugzeug aus dem Jahr 1909 stammt von Wilbur Wright (1867–1912), das erste photographische Satellitenbild von der amerikanischen Explorer-6-Mission im Jahre 1959. Das erste digitale Satellitenbild der Erderkundung aus dem Jahr 1972 stammt von dem Scanner an Bord des amerikanischen ERTS-1-Satelliten (Earth Resources Technology Satellite, ab 1975 ↗Landsat), nachdem bereits 1960 der für meteorologische Erkundungen genutzte amerikanische Satellit TIROS-1 (Television Infrared Observation Satellite) erste nicht photographische Satellitenbilder aufgenommen hatte.

Systeme zur Verarbeitung und Analyse der Bilddaten beruhen auf der jeweils spezifischen Konstellation Experte-Hardware-Software. Bei visueller Interpretation analoger photographischer Bilder dominiert das geschulte Wahrnehmungsvermögen des Experten gegenüber der Gerätekonfiguration, die durch analoge optische Bildauswertegeräte wie ↗Spiegelstereoskope oder Interpretoskope bestimmt wird. Hauptaugenmerk wird in diesem Fall auf die visuelle stereoskopische Interpretation (↗Stereoskopie) von Bildpaaren gelegt. Bei der digitalen multispektralen Klassifikation und digitalen texturellen Klassifikation von Bildern dominiert der Hardware- und Software-Anteil, ohne daß die Intervention des Experten an Bedeutung verliert. Typische Hardware-Software-Konfigurationen sind graphische Computer-Arbeitsplätze auf Basis von Personal Computer oder Workstation mit großer Speicherkapazität, hoher Datenverarbeitungsrate, hochauflösender Graphik sowie ausreichender Input- und Output-Peripherie für Einlesen und Drucken bzw. Plotten von Bilddaten.

Wichtigste Ziele der Bildanalyse in der Fernerkundung sind ↗Bildverbesserung, ↗geometrische Rektifizierung der perspektiv und projektiv verzerrten Bilder (↗Geocodierung), Klassifizierung nach multispektralen, textur- und musterabhängigen Parametern, Einbeziehung von Expertenwissen, multitemporale Vergleiche sowie Integration in ↗Geoinformationssysteme (GIS). Produkte der Fernerkundung der Erde sind (geo)codierte originäre und/oder klassifizierte Bilddaten in digitaler und/oder analoger Form (↗Orthobild), meist als kombinierte Bild-Strich-Karten (↗Bildkarte) mit Koordinatenbezug, des weiteren flächenbezogene Statistiken in Tabellen- oder Diagrammform sowie objektspezifische spektrale Signaturenkataloge.

Aktuelle Trends in der Fernerkundung gehen einerseits in Richtung Operationalisierung geometrisch hochauflösender satellitengestützter Sensorsysteme (optoelektronische Scanner) und ↗hyperspektraler Scanner (abbildende Spektrometer), andererseits in Richtung Integration nichtabbildender Daten der Fernerkundung, insbesondere zur Generierung digitaler Geländemodelle der Erdoberfläche, wie z. B. Radar-Interferometrie und flugzeuggestütztes Laser-Scanning, und schließlich auch in Richtung verstärkter Nutzung wissensbasierter Bildanalyseverfahren. [EC]

Fernerkundung des Meeres, Erkundung des Meeres bzw. die Messung ozeanographischer Parameter aus der »Ferne«. Das Meßinstrument befindet sich dabei nicht vor Ort im Wasserkörper, von dem ozeanographische Daten gewonnen werden sollen, sondern kann sowohl im Wasser als auch darüber plaziert sein. Zu den Fernerkundungsmethoden des Meeres zählt auch die Vermessung des Ozeans mit akustischen Instrumenten, die sich im Wasser befinden (↗Hydrophonen). Über dem Wasser können Fernmeßinstrumente an der Küste oder auf Meeresplattformen, Schiffen, Hubschraubern, Flugzeugen oder Satelliten installiert sein. Insbesondere die Fernerkundung von Satelliten aus, die weltweite Messungen von ozeanographischen Parametern ermöglicht, hat in den letzten Jahren in der Ozeanographie eine große Bedeutung erlangt (Satellitenozeanographie).

Folgende ozeanographische Größen können gemessen werden: die Rauhigkeit und die Neigung der Wasseroberfläche, die Temperatur der obersten Wasserschicht, die Wasserfarbe und die Oberflächenströmung. Es werden große Forschungsanstrengungen unternommen, um ein Fernerkundungsgerät zu entwickeln, das in der Lage ist, auch den ↗Salzgehalt der obersten Wasserschicht zu messen. Diese direkt meßbaren ozeanischen Größen enthalten jedoch Informationen, die nicht nur die Eigenschaften der Wasseroberfläche wiedergeben. So kann man aus Veränderungen der Rauhigkeit der Wasseroberfläche auch Informationen über Phänomene im Inneren des Ozeans erhalten, z. B. über interne Wellen, und aus Veränderungen der Neigung Rückschlüsse über das ozeanische Strömungsfeld ziehen.

Die elektromagnetischen Wellen, die zur Fernerkundung des Meeres von Satelliten aus verwendet werden, reichen von ultravioletten bis zu Mikrowellen mit Wellenlängen im Bereich von Zentimetern bis Dezimetern. Von der Küste aus werden jedoch auch Hochfrequenz-Radare zur Messung von Meeresoberflächenströmungen eingesetzt. Diese Radargeräte arbeiten mit Wellenlängen im Bereich 5–20 m. Weiterhin werden sowohl passive als auch aktive Sensoren eingesetzt. Zu den passiven Sensoren gehören photographische Kameras, multispektrale Scanner und Radiometer, die sowohl im infraroten, sichtbaren und ultravioletten Wellenlängenbereich als auch im Mikrowellenlängenbereich arbeiten. Photographische Kameras und multispektrale Scanner werden zur Messung der Wasserfarbe verwendet und Radiometer zur Messung der Wassertemperatur und Windgeschwindigkeit über dem Ozean. Zu den aktiven Sensoren gehören das Windscatterometer, das Radaraltimeter und die abbildenden Radargeräte wie das Radar mit realer Apertur (Real Aperture Radar; RAR) und das Radar mit synthetischer Apertur (Synthetic Aperture Radar; SAR).

Das Windscatterometer ist ein aktives Mikrowellengerät, das über mehrere Antennen (meistens 3) mit unterschiedlichen Blickrichtungen zur Flugrichtung die Wasseroberfläche mit Radarpulsen bestrahlt und dann die rückgestreute Radarintensität, eine Funktion der kurzskaligen Rauhigkeit der Wasseroberfläche und damit der Windgeschwindigkeit, mißt. Auf den Europäischen Fernerkundungssatelliten ↗ERS-1 und 2 befindet sich ein solches Windscatterometer, das in Auflösungszellen von 50 × 50 km in einem 500 km breiten Streifen rechts zur Satellitenlaufbahn die Windgeschwindigkeit in Betrag und Richtung mißt.

Das Radaraltimeter ist ebenfalls ein aktives Mikrowellengerät, das im Gegensatz zum Windscatterometer die Wasseroberfläche nicht unter einem schrägen Einfallswinkel (Winkel zwischen Nadir und Antennenblickrichtung) bestrahlt, sondern unter dem Einfallswinkel Null (in Nadirrichtung). Aus der Zeitdifferenz zwischen Aussendung und Empfang der extrem kurzen Radarimpulse kann der Abstand zur Wasseroberfläche mit einer Genauigkeit im Zentimeterbereich gemessen werden. Aus den Radaraltimeterdaten lassen sich dann globale Karten über die Verformung des Meeresspiegels erstellen. Diese Verformung wird verursacht durch das räumlich-variable Schwerekraftfeld der Erde und durch Ozeanströmungen, die aufgrund der Corioliskraft eine Neigung der Wasseroberfläche verursachen. So fällt der Wasserspiegel z. B. am Puertorikanischen Graben, der mit einer starken Schwerkraftanomalie verbunden ist, auf einer Entfernung von 100 km ungefähr 15 m ab. Der Golfstrom, dessen Geschwindigkeit etwa 1–1,5 m/s beträgt, verursacht am Rand einen Sprung im Wasserspiegel um etwa 1 m. Außerdem kann man aus den Radaraltimeterdaten auch die mittlere Wellenhöhe und den Betrag der Windgeschwindigkeit erhalten. Die Information über die mittlere Wellenhöhe erhält man aus der Verformung des rückgestreuten Radarsignals und die Windgeschwindigkeit aus der Intensität des rückgestreuten Radarpulses.

Die abbildenden Radarsysteme (RAR und SAR) senden ebenfalls kurze Radarpulse seitlich zur Flugrichtung aus. Die rückgestreute Radarintensität von kleinen Flächen auf der Wasseroberfläche (Auflösungszellen) wird mit möglichst großer Genauigkeit gemessen und dann zu einem Radarbild zusammengefügt. SARs, die auf Satelliten installiert sind, liefern Bilder von der Wasseroberfläche mit hoher geometrischer Auflösung (bis zu 25 m). Da die Intensität des rückgestreuten Radarpulses von der kurzskaligen Rauhigkeit der Wasseroberfläche abhängt, können atmosphärische Phänomene (Grenzschichtrollen, konvektive Zellen, Fronten, Land-Seewinde, katabatische Winde in Küstennähe und Regenzellen), die diese Oberflächenrauhigkeit verändern, mit Hilfe von abbildenden Radars detektiert werden. Zu den ozeanischen Phänomenen, die mittels Fernerkundung untersucht werden können, zählen langwelliger Seegang, Unterwasserbänke in Tidengewässern, interne Wellen, ozeanische Fronten, ozeanische Wirbel und Ölflecken auf dem Meer. [WAlp]

Fernfeld, Feldverlauf in großer Entfernung eines verursachenden ↗Störkörpers. Die Wirkung des Störkörpers nimmt mit zunehmender Entfernung gegen Null ab. Im allgemeinen ist der Störkörper in ein Medium mit eigenständigem Feld eingelagert, so daß das Fernfeld des Störkörpers sich diesem überlagernden Feld auf einem konstanten Niveau annähert.

Fernordnung, Eigenschaft, bei der sich in einer Struktur in regelmäßigen Abständen gleiche oder ähnliche Anordnungen von Atomen wiederholen. Als Folge der Invarianz gegenüber Translationen besitzt jede Kristallstruktur eine Fernordnung, aber ebenso die ↗Quasikristalle. Ein Charakteristikum von Strukturen mit Fernordnung ist ihre Eigenschaft, bei Beugung von Strahlung geeigneter Wellenlänge scharfe Reflexe zu liefern. Amorphen Substanzen fehlt eine Fernordnung.

Fernrohr, *Zielfernrohr*, optische Zielvorrichtung, die im wesentlichen aus Objektiv, Fokussiereinrichtung und einstellbarem Okular besteht.

Fernrohr: Strahlenverlauf im astronomischen Fernrohr (y = betrachteter Gegenstand; y' = reeles, verkleinertes, umgekehrtes Bild des Gegenstandes; y'' = virtuelles, vergrößertes, umgekehrtes Bild des Gegenstandes; F_{Ob} = Brennpunkt des Objektivs; F_{Ok} = Brennpunkt des Okulars).

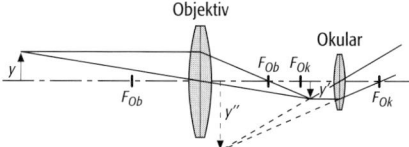

Für geodätische Zwecke wurde früher stets ein *astronomisches Fernrohr* oder *Keplersches Fernrohr*, das aus einem konvexen Objektiv mit großer Brennweite sowie einem konvexen Okular mit kleiner Brennweite besteht und ein umgekehrtes Bild des betrachteten Gegenstandes erzeugt, verwendet (Abb.). Im modernen Instrumentenbau verwendete Fernrohre besitzen zwischen Objektiv und Okular zusätzliche Linsen und Prismen, die die Bilder aufrecht und seitenrichtig erscheinen lassen.

Das *Objektiv* besteht aus einer Kombination mehrerer zentrierter Einzellinsen in einer gemeinsamen Fassung. Es erzeugt vom angezielten Gegenstand ein verkleinertes umgekehrtes Bild in einer Ebene, deren Bildweite abhängig von der Objektivbrennweite und der Gegenstandsweite ist. Das *Okular* ist eine mehrlinsige, einstellbare und stark vergrößernde Lupe zur Betrachtung des Zielbildes in der Bildebene. In modernen geodätischen Instrumenten ist zwischen Objektiv und Okular innerhalb der Brennweite des Objektivs eine Konkavlinse als bewegliche *Fokussierlinse* angeordnet. Durch Verschieben der Fokussierlinse wird erreicht, daß das Bild des Gegenstandes in einem festen Abstand vom Objektiv in der vorderen Brennebene des Okulars erscheint. Somit kann auch das Okular, im Abstand der Okularbrennweite von der Bildebene, fest im Tubus installiert werden (Fernrohr mit Innenfokussierung). Durch Einbau eines Strichkreuzes in der vorderen Brennebene des Okulars wird das Fernrohr zum *Meßfernrohr* und erhält eine ↗Zielachse. Das von Objektiv und Fokussierlinse entworfene Bild wird zusammen mit dem ↗Strichkreuz durch das Okular betrachtet. Zur Einstellung eines Zielfernrohrs ist zuerst das Strichkreuz durch Drehen an der Schraubfassung des Okulars scharf einzustellen. Dabei richtet man das Fernrohr am besten gegen einen farblich neutralen Hintergrund. Danach stellt man das Zielbild durch Betätigen des Fokussiertriebes scharf ein. [DW]

Fernsicht ↗meteorologische Sichtweite.

ferralic horizon, ↗diagnostischer Horizont der ↗Cambisols und ↗Arenosols ↗WRB. Der ferralic horizon entsteht unter tropischen Bedingungen und ist so stark verwittert, daß die Struktur des Ausgangsgesteins nicht mehr erkennbar ist. Er ist mehr als 30 cm mächtig, durch Eisenoxide deutlich rot gefärbt und hat eine geringe Kationenaustauschkapazität (unter 24 cmol(+)/kg Ton). In der ↗deutschen Bodenklassifikation wird der ferralic horizon als ↗Bu-Horizont bezeichnet, in der ↗Soil Taxonomy als *oxic horizon*.

Ferralisation, *Ferralitisierung*, Kombinationswirkung bodenbildender Prozesse in stark verwitterten Böden der humiden Tropen: der ↗Desilifizierung (Verwitterung von Silicaten und Abfuhr der Kieselsäure), der relativen Anreicherung von Sesquioxiden als Neubildungen der Verwitterung und von verwitterungsstabilen Mineralen (z. B. Kaolinit, Zirkon, Turmalin) und vor allem an konkaven Unterhängen der lateralen Zufuhr von Sesquioxiden.

ferralitische Paläoböden, fossile oder reliktische Böden mit ↗Ferralisation, die z. B. in den heutigen Außertropen auftreten und als Zeugen für vorzeitliches (z. B. tertiäres) tropisches Klima zu interpretieren sind.

Ferrallit, Bodentyp nach der ↗deutschen Bodenklassifikation (↗ferralitische Paläoböden) bzw. sesquioxidreicher, gelbroter bis roter, tropischer Boden.

Ferrallitisierung ↗Ferralisation.

Ferralsols, *Gelberden* (veraltet), Bodeneinheit der ↗WRB; intensiv gelbe bis rote, oft mächtige, über lange Zeiträume stark verwitterte Böden der Tropen mit Sesquioxidanreicherung und ↗Desilifizierung. Ferralsols sind den ↗Oxisols der ↗Soil Taxonomy vergleichbar.

Ferrelzirkulation, eine im Breitenkreismittel in einem Meridionalschnitt der mittleren Breiten auftretende Zirkulation. Dabei befindet sich die aufsteigende Luft im Bereich der ↗subpolaren Tiefdruckrinne, die absinkende Luft im Bereich der ↗Subtropenhochs. Im Gegensatz zur ↗Hadley-Zirkulation ist die Ferrel-Zirkulation nur sehr schwach ausgeprägt. ↗allgemeine atmosphärische Zirkulation.

ferric properties, *ferrische Eigenschaften*, gelbe bis rote Flecken und Konkretionen durch Eisenanreicherungen in den Bodeneinheiten ↗Acrisols, ↗Alisols, ↗Lixisols und ↗Luvisols der ↗WRB.

Ferricrete, *ferriferous concrete*, 1) von Lamplugh (1902) vorgeschlagener Begriff zur Beschreibung eines an der Oberfläche gebildeten ↗Konglomerates, bei dem Sand und Kies durch Eisenoxid zementiert wurde. Ursprung des Eisenoxids sind zirkulierende eisenhaltige Lösungen des oberflächennahen Porenraumes. 2) eisenhaltige ↗Duricrust; zu den terrestrischen Böden gezählte Kruste, die in ariden Klimaten mit fehlender Vegetation und hoher Verdunstungsrate entsteht. Dabei werden eisenhaltige Lösungen aus tieferen Bodenbereichen nach oben geführt und bei Verdunstung des Wassers ausgeschieden.

Ferrielektrizität, spontane antiparallele Ausrichtung elektrischer Dipole verschiedener Größe. ↗Ferroelektrizität.

Ferrihydrit ↗Eisenhydroxide.

Ferrimagnetismus, Spezialfall des ↗Antiferromagnetismus mit paarweise antiparallel ausgerichteten, magnetischen Elementardipolen, die entweder unterschiedlich groß sind und daher nicht kompensieren, oder bei denen ↗spin canting (keine exakte Antiparallelstellung der Elementardipole) auftritt. Als parasitärer Ferrimagnetismus gilt, wenn einzelne Kationen mit magnetischen Momenten durch Leerstellen, diamagnetische Kationen (↗Diamagnetismus) oder durch Kationen mit einer anderen Anzahl von magnetischen Momenten substituiert sind (Defektmoment). Ferrimagnetische Substanzen werden auch als *Ferrite* bezeichnet. Die Kristallite besitzen meistens Spinellstrukur der chemischen Zusammensetzung $Me^{II}Fe_2O_3$ mit Me^{II} = Mn, Co, Cu, Mg, Zn, Cd, Fe^{2+}. Bei Raumtemperatur besitzen sie eine materialspezifische ↗spontane Magnetisierung, die ↗Sättigungsmagnetisierung M_S. Die ferrimagnetische Ordnung der magnetischen Elementardipole und damit M_S nimmt mit steigender Temperatur ab und verschwindet bei der ↗Curie-Temperatur T_C. Oberhalb von T_C ist die Substanz dann paramagnetisch und ihre magnetische ↗Suszeptibilität χ kann mit dem ↗Curie-Weiss-Gesetz beschrieben werden. Gesteine mit ferrimagnetischen Mineralen (Tab.) können eine ↗remanente Magnetisierung erwerben. Ferrite sind praktisch elektrisch nichtleitend, und daher sind die magnetischen Verluste bei der Verwendung als Kerne in Hochfrequenztransformatoren sehr gering. Magnetisch harte Ferrite sind wegen ihrer hohen Koerzitivfeldstärke zur Herstellung von Permanentmagneten geeignet, die wenig Alterung zeigen.

Ferrite ↗Ferrimagnetismus.

ferroelastischer Effekt, Auftreten einer spontanen ↗elastischen Deformation in Kristallen ohne Einwirkung einer mechanischen Spannung. In diesem Fall hängt die elastische Deformation nicht mehr linear (↗Hookesches Gesetz) von der mechanischen Spannung ab, sondern der Zusammenhang wird durch eine Hystereseschleife (↗Ferroelektrizität) beschrieben. Der Orientierungszustand der spontanen Deformation kann durch eine angelegte mechanische Spannung umgepolt werden. Die Bezeichnung leitet sich aus dem analogen Verhalten im magnetischen Fall (↗Ferromagnetismus) ab und hat nichts damit zu tun, daß ferroelastische Substanzen etwa Eisen enthielten. Analog zu den ↗Weissschen Bereichen im ferromagnetischen Fall gibt es auch hier Domänen mit unterschiedlicher Orientierung der spontanen Deformation. Sie entstehen meistens bei einer strukturellen ↗Phasenumwandlung in Kristallen beim Übergang der Kristallstruktur aus einer höheren in eine niedrigere Symmetrie. [KH]

Ferroelektrizität, spontane dielektrische Polarisation, d. h. Auftreten eines makroskopischen elektrischen Dipolmoments ohne äußeres elektrisches Feld, unterhalb einer bestimmten Übergangstemperatur, der ↗Curie-Temperatur oder des Curie-Punktes. Die Bezeichnung leitet sich aus dem analogen Verhalten im magnetischen Fall (↗Ferromagnetismus) ab und hat nichts damit zu tun, daß ferroelektrische Substanzen etwa Eisen enthielten. Es handelt sich dabei um eine spontane Ausrichtung der elementaren elektrischen Dipole durch ein inneres, durch elektrische Dipole selbst erzeugtes elektrisches Feld. Durch ein äußeres elektrisches Feld steigt die dielektrische Polarisation stark an und erreicht einen Sättigungswert, wenn alle Dipole ausgerichtet sind. Beim Abschalten des Feldes verschwindet die Polarisation nicht völlig. Sie wird erst durch ein Gegenfeld von rund 10^5 V/m beseitigt. Durch weitere Erhöhung des Gegenfeldes wird die Polarisationsrichtung umgedreht. Diesen Verlauf der Feldabhängigkeit nennt man *Hystereseschleife*. Sie ist das Kennzeichen für ferroelektrische Substanzen, die auch Ferroelektrika oder *Elektrete* genannt werden. Sie verlieren diese Eigenschaft oberhalb der Curie-Temperatur und gehen in die normale paraelektrische Phase über, in der keine spontane Polarisation vorliegt, jedoch durch Anlegen eines elektrischen Feldes eine dielektrische Polarisation erzeugt werden kann. Starke Ferroelektrika sind z. B. Salze der Weinsäure und Bariumtitanat, die hohe Werte der ↗Dielektrizitätskonstanten von über 1000 aufweisen.

Bei der ↗Antiferroelektrizität richten sich gleichstarke elektrische Dipole, analog den magnetischen Dipolen beim ↗Antiferromagnetismus, spontan gegenseitig antiparallel aus. Wenn die antiparallelen Paare aus zwei Dipolen verschiedener Größe bestehen, entsteht, in Anlehnung an den magnetischen Fall, ↗Ferrielektrizität. [KH]

Ferrofluid, magnetische Flüssigkeit bestehend aus kolloidal suspendierten kleinen (≤ 10 nm) superparamagnetischen, ferromagnetischen oder ferrimagnetischen Teilchen in einer Trägerflüssigkeit. In den Geowissenschaften dienen Ferrofluide der Sichtbarmachung von ↗Blochwänden und damit der magnetischen ↗Domänen sowie der Identifizierung magnetischer Minerale in einem Gesteinsanschliff.

Ferromagnetismus, Erzeugung einer ↗Magnetisierung durch ein Magnetfeld, die dem Magnetfeld gleichgerichtet, jedoch bei mittleren Temperaturen sehr viel größer als in paramagnetischen Stoffen (↗Paramagnetismus) bei gleicher Feldstärke und der Feldstärke nicht mehr proportional ist. Bei ferromagnetischen Substanzen ist die ↗magnetische Suszeptibilität nicht mehr eine Konstante, sondern eine Funktion des Magnetfeldes und der »Vorgeschichte« der Magnetisierung. Eine typische ferromagnetische Substanz ist Eisen, das dem Effekt auch seinen Namen gegeben hat. Die Abhängigkeit der ferromagnetischen Magnetisierung vom Magnetfeld wird durch eine Hystereseschleife beschrieben (Abb. 1). Sie ist das Kennzeichen ferromagnetischer Stoffe. Dabei wächst die Magnetisierung bei kleinen Feldern zunächst stärker als die Feld-

Kristallstruktur	Substanz, Mineral	M_S [10^3 A/m]
kubisch	Fe_3O_4, Magnetit	480
rhomboedrisch	α-Fe_2O_3, Hämatit	0,4
kubisch	γ-Fe_2O_3, Maghemit	420
kubisch	Titanomagnetite	0…480
kubisch	Titanomagnetit, TM 60	100
monoklin	Fe_7S_8, Magnetkies	62
rhombisch	α-FeO(OH), Goethit	0,05…5
kubisch	Fe_3S_4, Greigit	100…150

Ferrimagnetismus (Tab.): die häufigsten natürlichen ferrimagnetischen Minerale.

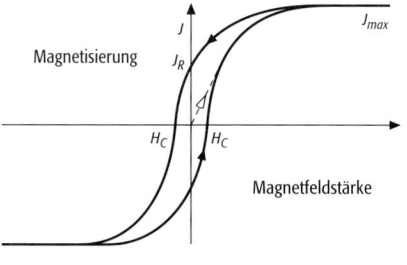

Ferromagnetismus 1: Hystereseschleife der Magnetisierung. Die gestrichelte Kurve ist die sog. Neukurve, die durchlaufen wird, wenn an ein entmagnetisiertes Ferromagnetikum ein Magnetfeld angelegt wird (H_C = Koerzitivfeldstärke, J_R = Remanenz).

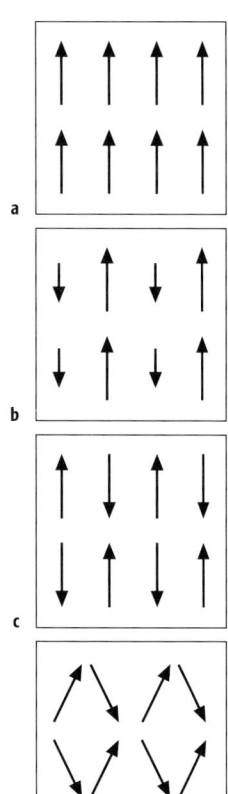

Ferromagnetismus 2: Anordnung der magnetischen Elementardipole bei a) Ferromagnetismus, b) Ferrimagnetismus, c) Antiferromagnetismus und d) schwachem Ferrimagnetismus durch spin canting.

stärke proportional an, nimmt dann weniger steil zu und führt schließlich zu einer Sättigung J_{max}. Nimmt die Feldstärke dann wieder ab, so bleibt die beobachtete Magnetisierung bei gleicher Feldstärke größer als zuvor, nimmt also mit kleinerer Steigung ab, als sie zuvor zugenommen hat. Bei Magnetfeldstärke $H = 0$ behält J einen endlichen Wert, die sog. *Remanenz* J_R. Es muß ein Magnetfeld entgegengesetzter Richtung angelegt werden, um die Magnetisierung auf den Wert 0 zu bringen. Die Stärke des dazu notwendigen Feldes nennt man *Koerzitivfeldstärke* H_C oder *Koerzitivkraft*. Steigert man nun das Feld weiter in dieser Richtung, so wächst die Magnetisierung und erreicht bei hinreichend hohem negativen Feld wieder eine Sättigung, die dem Betrag nach gleich der Sättigung bei hohen positiven Werten von H ist. Je nach der Breite der Hystereseschleife unterscheidet man »magnetisch weiche« und »magnetisch harte« Stoffe. Je größer die Koerzitivfeldstärke, desto »härter« ist das Material.

Außer Eisen zeigen Kobalt und Nickel sowie die seltenen Erden Gadolinium, Dysprosium und Erbium ferromagnetische Eigenschaften, daneben bestimmte Legierungen von Mangan mit Zinn, Aluminium, Arsen, Antimon, Bismut oder Bor. Ferromagnetismus tritt nur in Kristallen auf. So verhält sich z. B. Eisendampf wie andere paramagnetische Gase.

Alle ferromagnetischen Substanzen verlieren diese Eigenschaft oberhalb einer definierten Temperatur δ, der ↗Curie-Temperatur, und werden paramagnetisch. Ihre magnetische Suszeptibilität χ gehorcht oberhalb des Curie-Temperatur dem ↗Curie-Weissschen Gesetz: $\chi = C/(T-\delta)$. Für Eisen ist $\delta = 774\,°C$, für Kobalt $\delta = 1131\,°C$ und für Nickel $\delta = 372\,°C$.

Der Ferromagnetismus beruht auf dem Vorhandensein atomarer magnetischer Dipole, die durch den Eigendrehimpuls (Spin) der ungepaarten Elektronen in inneren unabgeschlossenen Elektronenschalen verursacht werden. Durch Austauschwechselwirkung zwischen den Elektronenspins benachbarter Atome werden sie in makroskopischen Bereichen parallel ausgerichtet. Diese sog. ↗Weissschen Bereiche sind stets bis zur Sättigung magnetisiert, sie zeigen also eine spontane Magnetisierung auch ohne Magnetfeld. An den sog. ↗Blochwänden, d. h. den Grenzen der Weissschen Bereiche, erfolgt der Übergang in die verschiedenen Spinorientierungen nicht sprunghaft, sondern kontinuierlich, und erstreckt sich über eine große Zahl von atomaren Abständen. Beim Eisen z. B. sind das rund 300 Abstände. Beim Überschreiten der Curie-Temperatur wird diese Ausrichtung durch thermische Bewegung vernichtet. Man beobachtet eine *magnetischen Phasenumwandlung* von der ferromagnetischen in die paramagnetische Phase. Ohne äußeres Magnetfeld existieren viele Weissche Bereiche mit gegeneinander unterschiedlich ausgerichteter Magnetisierung. Wird ein Magnetfeld erregt, so wachsen günstig orientierte Bereiche, d. h. mit einem kleinen Winkel zwischen Magnetisierung und Magnetfeld, durch Verschieben der Blochwände auf Kosten ungünstig orientierter. Bei weiterer Steigerung des Magnetfeldes kann das magnetische Moment eines ganzen Bereiches aus seiner ursprünglichen Richtung in die Orientierung kleinster potentieller Energie umspringen, das sind die sog. *Barkhausen-Sprünge*. Die Sättigungsmagnetisierung wird bei vollständiger Ausrichtung aller Bereiche erreicht. Die Magnetisierung in ferromagnetischen Kristallen ist ausgesprochen anisotrop. Für Eisen z. B. ist die Reihenfolge der Richtungen zunehmender Magnetisierbarkeit: $[100]>[110]>[111]$. Unterarten des Ferromagnetismus sind: ↗Antiferromagnetismus und ↗Ferrimagnetismus (Abb. 2).

Ferroxyhid ↗Eisenhydroxide.

Fersiallit, *Graulehme* oder *Grauplastosole* (veraltet), Bodentyp der ↗deutschen Bodenklassifikation (↗fersiallitische Paläoböden) bzw. kieselsäurearmer und sesquioxidreicher, gelber bis rotbrauner, tropischer Boden.

fersiallitische Paläoböden, fossile oder reliktische Böden mit Kieselsäureabfuhr und Sesquioxidanreicherung (↗Ferralisation), die z. B. in den heutigen Außertropen auftreten und als Zeugen für vorzeitliches (z. B. tertiäres) tropisches Klima zu interpretieren sind.

Fertigpfahl ↗Pfähle.

Festeinschluß, *solid inclusion*, ↗Flüssigkeitseinschluß.

Festeis, an der Küstenlinie (Festland, Inseln, Schelfeis) oder an auf Grund liegenden ↗Eisbergen verankerte Meereisdecke oder Eisdecke an der Wasseroberfläche eines Fließgewässers. Festeis wächst meist direkt am Ort als ebene, undeformierte Platte, kann aber auch aus zusammengefrorenem Treibeis bestehen. Mehrjähriges, mehrere Meter dickes Festeis wird als *Sikussak* oder bei mehr als 2 m Höhe über dem Meeresspiegel auch als Schelfeis bezeichnet. Unter günstigen Voraussetzungen (z. B. Inselgruppen, erhöhtes Eiswachstum) können sich große zusammenhängende Festeisflächen ausbilden, wie in der Laptewsee (sibirische Arktis, z. T. mehr als 200 km breit) oder vor dem ostantarktischen Schelfeis. Als küstennahe Plattform ist das Festeis von großer ökologischer Bedeutung z. B. für Brut und Aufzucht von Jungtieren.

Festgesteinsgrundwasserleiter, wasserführende Festgesteine; Sammelbegriff für ↗Kluftgrundwasserleiter und ↗Karstgrundwasserleiter.

Festigkeit, der Grenzwert der ↗Spannung, bei dem es zum Versagen und zu irreversibler Verformung kommt. Je nach Materialverhalten ist eine spröde ↗Bruchfestigkeit (Scherfestigkeit) von einer duktilen Fließfestigkeit (↗duktile Verformung) zu unterscheiden. Weiterhin unterscheidet man im Falle der Bruchfestigkeit Druckfestigkeit von Zugfestigkeit. *Druckfestigkeit* ist diejenige Differentialspannung (σ_1-σ_3, wobei σ_1>0>σ_2>σ_3, σ_1 = größte, σ_2 = intermediäre, σ_3 = kleinste Hauptnormalspannung), bei der ein Material entlang einer Bruchfläche völligen Kohäsionsverlust erleidet. Die Druckfestigkeit von Gesteinen liegt in der Größenordnung von 100 MPa. *Zugfestigkeit* bezeichnet die Festigkeit eines Materials bei Zugspannung ($\sigma_1 = \sigma_2 = 0, \sigma_3 < 0$). Wird ein bestimmter Grenzwert von σ_3 überschritten, kommt es zum Versagen durch Extensionsbruch, das Material reißt entlang einer Bruchfläche vollständig durch. Die Zugfestigkeit von Gesteinen liegt normalerweise bei 1–4 MPa. Die gängigen Standardversuche zur Bestimmung der Festigkeit sind einachsige Druck- und Zugversuche, ↗dreiaxiale Druckversuche und ↗Scherversuche.

Festkörperreaktion, chemische Reaktion, die zwischen festen Phasen abläuft, ohne Beteiligung von Fluiden oder Schmelzen. In der Natur sind solche Reaktionen bei der Gesteinsmetamorphose (↗Metamorphose) verbreitet. Da sie nur durch Ionendiffusion in Festkörpern und bei z. T. niedrigen Temperaturen ablaufen, liegen ihre Reaktionsgeschwindigkeiten um Größenordnungen unterhalb derer in magmatischen Systemen. In der Technik (Materialherstellung und Kristallzüchtung) ist meist eine vorgesinterte feste Probe aus den verschiedenen Reaktionspartnern Ausgangsmaterial, bei der durch Temperaturbehandlung die Festkörperreaktion abläuft und dabei ein Wachstum innerer Körner unterstützt wird.

Festlegekraft, ↗Ankervorspannkraft.

Festpunkt, Oberbegriff für vermarkte ↗Vermessungspunkte, deren Koordinaten, Höhen oder Schwerewerte durch geodätische Verfahren bestimmt wurden. Festpunkte dienen als Ausgangspunkte für weitere Vermessungsarbeiten und bilden die Grundlage der Landesvermessung, der topographischen Landeskartenwerke, der Liegenschaftskataster sowie technischer und wissenschaftlicher Vermessungen. Die Menge aller Festpunkte einer Art bildet das entsprechende ↗Festpunktfeld.

Festpunktbeschreibung, ↗Einmessungsskizze eines Lage-, Höhen- oder Schwerefestpunktes, die zugleich Auskunft gibt über die Lage des Punktes zu seiner topographischen Umgebung, die Sicherungsmarken und ggf. exzentrische Festlegungen. Ein Foto oder eine Ansichtsskizze des Festpunktes kann der Festpunktbeschreibung beigefügt sein.

Festpunktfeld, Gesamtheit der Festpunkte, durch die ein ↗geodätisches Bezugssystem realisiert wird. Beispiele sind ↗Lagefestpunktfeld, ↗Höhenfestpunktfeld und ↗Schwerefestpunktfeld zur Realisierung von ↗Lagebezugssystem, ↗Höhenbezugssystem und ↗Schwerebezugssystem.

Festschneelawine, *Schneebrettlawine*, Lawinentyp (↗Lawine), der dadurch charakterisiert ist, daß der Lawinenanriß linienhaft an einer ausgedehnten Anrißfront erfolgt, im Gegensatz zur ↗Lockerschneelawine. Darüber hinaus bilden Festschneelawinen nach dem Stillstand oft eine schollenförmige Ablagerung. Nasse Festschneelawinen, deren Ablagerung gelegentlich gefaltet ist, werden auch *Schneetuchlawinen* genannt.

Feststoff, Sammelbezeichnung für alle festen, also nicht gelösten Stoffe, die erodiert, transportiert, sedimentiert und remobilisiert werden können durch fließendes Wasser, Eisbewegung und Wind. Feststoffe können als ↗Schwebstoffe, als Schwimmstoffe und als Geröll bzw. ↗Geschiebe vorliegen. Gewöhnlich stellen Schwebstoffe den Hauptanteil der Feststoffe dar. Sie stehen mit dem Wasserkörper im Gleichgewicht. Die Turbulenzen in der fließenden Welle sorgen dafür, daß die Teilchen in Schwebe gehalten werden. Bei fehlender Turbulenz sinken die Schwebstoffe ab und werden dann als Sinkstoffe bezeichnet.

Die quantitative Erfassung der Feststoffbewegung im Fließgewässerquerschnitt erfolgt mittels des *Feststofftransportes* [kg/s], definiert als die Feststoffmasse, die während einer Zeiteinheit durch den gesamten Fließgewässerquerschnitt transportiert wird. Bezieht man den Feststofftransport auf einen Meter Flußbreite, so erhält man den *Feststofftrieb* [kg/(s · m)]. Summiert man den Feststofftransport über eine bestimmte Zeitspanne (Einzelereignis, Jahr, mehrere Jahre), so ergibt sich die *Feststofffracht* [z. B. in t/a]. Die *Feststoffdichte* [kg/m^3] erhält man aus dem Quotienten von Feststoffmasse und Feststoffvolumen. Der *Feststoffgehalt* bzw. die Feststoffkonzentration ergibt sich als Quotient aus der Feststoffmasse und dem Volumen des Wassers [g/m^3 oder ppm]. Für die Geschiebe- bzw. die Schwebstofffracht existieren die entsprechenden Parameter als zusammengesetzte Begriffe. Darüber hinaus muß besonders der Geröllabrieb [kg] erwähnt werden, als Massenverlust des Gerölls auf einer bestimmten Laufstrecke. Schwebstoff- und Geschiebekonzentrationen sind in erheblichem Maße von der Wasserführung abhängig. Bei ansteigendem Hochwasser nimmt die Konzentration stark zu, was an der Flußtrübung mit bloßem Auge zu erkennen ist. Bei den Hochwasserperioden können innerhalb weniger Tage große Anteile der jährlichen Frachten transportiert werden. Die Abgrenzung zwischen Geschiebe und Schwebstoffen ist problematisch, da diese in Abhängigkeit von den beträchtlich unterschiedlichen Fließgeschwindigkeiten und Turbulenzen bei der jeweiligen Wasserführung nur augenblickliche Bewegungszustände darstellen. Die Absetzgeschwindigkeit oder Sinkgeschwindigkeit eines Korns hängt einerseits von Fließgeschwindigkeit, Turbulenzen, Temperatur und Wassertiefe, aber auch von Gewicht und Form des Schwebstoffpartikels ab. Wegen unterschiedlicher Fließgeschwindigkeiten und Turbulenzen, müssen zur *Feststoffmessung* die Probentnahmen für die Schwebstoffe und das Geschiebe über dem Gerinnequerschnitt und über die Gewässersohle, ähnlich wie bei der ↗Durchflußmessung, verteilt und in unterschiedlicher Höhe entnommen werden. Die Verfahren zur Geschiebe- und Schwebstoffmessung sind in DVWK-Regelheften zusammengefaßt. Schwimmstoffe, auch als Treibsel und Treibzeug bezeichnet, bestehen meist aus organischem Material wie Wasserpflanzen und Baumteile. Bei Ausuferung markieren die liegengebliebenen Schwimmstoffe durch die Geschwemmsel-Linie die räumliche Ausdehnung eines Hochwassers.

Die quantitative Erfassung der Schwebstoff- und Geschiebebewegung in Gewässern ist aus mancherlei Gründen wichtig. Durch die Schwebstoff- und Geschiebemessung erhält man Hinweise auf die erosiven Vorgänge in einem Einzugsgebiet. Der *Feststoffabtrag* oder -austrag [t/km^2] wird aus dem Quotienten von Feststofffracht und 1 km^2 des oberirdischen Einzugsgebietes berechnet und dient zu Vergleichszwecken von Einzugsgebieten, aber auch zur Bewertung von erosionshemmenden Maßnahmen. Kenntnisse über Erosion, Transport und Sedimentation von Feststoffen in Bächen, Flüssen und Seen sind eine wesentliche Voraussetzung zur Lösung von Aufgaben in den Bereichen Wasserbau, Bewirtschaftung von Reservoiren, Schiffahrt, Wasserversorgung, Wasserkraftnutzung und Umweltschutz. Eine Kontrolle der Gerinnestabilität und der Erosionsrinne ist durch Beobachtungen der Flußbettgeometrie möglich. Grundsätzlich kann mit Hilfe von Modellen und Analysen des Sohlmaterials abgeschätzt werden, ob das Transportvermögen eines Gerinnes der Feststoffzufuhr entspricht, oder ob es zu Auflandungen oder Erosionen kommt. Feststoffe spielen auch in natürlichen Seen und Reservoiren eine wichtige Rolle. Die Feststoffe werden den Seen vornehmlich durch einmündende Fließgewässer zugetragen. Geschiebe lagert sich i. d. R. unmittelbar nach der Einmündung ab, was zur Bildung eines ↗Deltas führt. Mit abnehmender Korngröße wird das Material weiter in den See verfrachtet. Durch den Eintrag der Feststoffe wird das Seevolumen vermindert, was in kürzeren oder längeren Zeiten zur ↗Auflandung oder ↗Verlandung im Bereich des Oberwassers führt. Bei der Bewirtschaftung von Reservoiren und Stauhaltungen kann das Auffüllen des Seebeckens zu Problemen führen, weil die Speicherkapazität verringert wird (bei Reservoiren im globalen Durchschnitt etwa 1 % pro Jahr), und es können technische Einrichtungen, z. B. Grundablässe an Staumauern, eingesandet werden. Schwebstoff- und Geschiebesperren können für kurze Zeit diese Probleme vermindern. Im Unterwasser von Stauhaltungen kommt es dagegen häufig zu verstärkter Erosion. Der Gewässerschutz ist ebenfalls sehr stark an den Feststoffen in den Gewässern interessiert, da diese kolloidale oder gelöste Wasserinhaltsstoffe absorbieren können. Feststoffe sind ferner für die Kolomatierung (oder Sohlpanzerung) von Flußbettsohlen innerhalb bestimmter Strecken verantwortlich. [KHo]

Feststoffabtrag, *Feststoffaustrag*, ↗Feststoff.
Feststoffdichte ↗Feststoff.
Feststoffgehalt, *Feststoffkonzentration*, ↗Feststoff.
Feststoffmessung ↗Feststoff.
Feststofffracht ↗Feststoff.
Feststofftransport ↗Feststoff.
Feststofftrieb ↗Feststoff.
Feststoffvolumen, Anteil des Volumens der Festsubstanz in Böden am Gesamtvolumen in Prozent; wird es als Dezimalbruch angegeben, spricht man von Feststoffanteil. Es ist abhängig von der ↗Textur, dem Anteil an ↗organischer Substanz und der Lagerungsdichte und beträgt in Mineralböden gewöhnlich zwischen 30 und 60 Vol.-%. Es ist in der Ackerkrume meist geringer als im Unterboden und bei grober Textur des Lockergesteins (z. B. Sand, Kies) höher als bei feiner Textur (z. B. Ton und Schluff). In gering zersetzten Torfen kann es weniger als 10 Vol.-% betragen. Es verändert sich in quellungs- und schrumpfungsaktiven Böden (z. B. Ton- und Moorböden) gegenläufig zum Wassergehalt.
Fetch ↗Wirklänge des Windes.
Fettkohle, ↗Steinkohle aus der Reihe der ↗Humuskohlen mit einer ↗Vitrinit-Reflexion von 1,1–1,5 % R_r und einem korrespondierenden Gehalt an ↗flüchtigen Bestandteilen von ca. 20–29% (waf).
Fettsäuren, *Alkansäuren*, *Alkensäuren*, langkettige, ↗aliphatische, gesättigte oder ungesättigte Säuren. Fettsäuren besitzen eine lange Kohlenwasserstoffkette und eine terminale ↗Carboxylgruppe. Fettsäuren unterscheiden sich hauptsächlich durch ihre Kettenlänge und die Anzahl der ungesättigten Bindungen. In der Natur am häufigsten verbreitet sind Fettsäuren mit gerader Kohlenstoffanzahl und Kettenlängen zwischen 12 und 22 Kohlenstoffatomen. Fettsäuren kommen in Zellen und Geweben nicht in freier Form vor, sondern entstehen durch ↗Hydrolyse aus ↗Lipiden. In den als Fette bezeichneten Verbindungen sind die Fettsäuren über Esterbindungen als Bausteine enthalten.
Fettwiese, allgemeiner Begriff für eine i. d. R. pflanzenartenarme ↗Wiese mit hoher ↗Produktivität auf nährstoffreichen (= »fetten«) Böden. Fettwiesen können, im Gegensatz zur ↗Magerwiese, mindestens dreimal im Jahr gemäht werden, daneben ist auch ↗Beweidung möglich. Zu ihrer dauerhaften Erhaltung erfordern Fettwiesen eine regelmäßige, starke ↗Düngung, wobei mit zunehmender Düngung und Nutzung eine Artenverarmung einsetzt, da nur die Pflanzen überleben können, welche auf diese Extrembedingungen spezialisiert sind (besonders schnell- und starkwüchsige Gräser wie Knäuelgras, *Dactylis glomerata* und Englisches Raygras, *Lolium perenne*). Mit zunehmender Meereshöhe werden die Wiesen artenreicher, da der Anteil an Kräutern und weniger wüchsigen Mittelgräsern zunimmt. Dies ist bedingt durch eine kürzere Vegetationsperiode, höhere Niederschläge und Bodenauswaschung (damit Nährstoffverluste) sowie meist geringere Bewirtschaftungsintensität infolge der schwierigeren Reliefverhältnisse. Als ↗Charakterarten der Fettwiese gelten in Mitteleuropa in Tieflagen der Glatthafer (*Arrhenathe-

rum elatius) in Wiesen und Englisches Raygras und der Weißklee (*Trifolium repens*) in Fettweiden, in höheren Lagen der Goldhafer (*Trisetum flavescens*). [DR]

Feuchtadiabate, Kurve von Temperatur, Druck oder Dichte in einem ↗thermodynamischen Diagramm, die sich ergibt, wenn in einem mit Wasserdampf gesättigten Luftvolumen Kondensation durch einen ↗adiabatischen Prozeß erfolgt. Die dabei frei werdende latente Wärme führt dazu, daß der feuchtadiabatische vertikale Temperaturgradient in der Atmosphäre stets geringer als der trocken-adiabatische Temperaturgradient von 0,98 K pro 100 m Vertikaldistanz ist. Der genaue Wert hängt vom ↗Sättigungsdampfdruck und somit von der Temperatur selbst ab.

Feuchtbiotop, ein zeitweilig oder ständig von hohem Feuchtegehalt dominierter ↗Lebensraum, in welchem ↗Biozönosen vorkommen, die auf hohe Feuchte angewiesen sind, um sich dauerhaft in einem Gebiet halten zu können. ↗Feuchtgebiet.

Feuchte ↗*Luftfeuchte*.

Feuchteäquivalent, *Feuchtigkeitsäquivalent*, an ungestörten Bodenproben im Labor bestimmter reproduzierbarer Äquivalentwert für die ↗Feldkapazität, der die Grenze zwischen ↗Sickerwasser und ↗Haftwasser markieren soll. Die ihm entsprechenden Saugspannungen (↗pF-Werte) sind je nach der ↗Textur des Bodens (Bodenart) unterschiedlich: Sandböden (pF = 1,8), lehmige Sandböden (pF = 2,1), sandige Lehm- und lehmige Schluffböden (pF = 2,4), Lehm- und Schluffböden (pF = 2,5) und lehmige Ton- und Tonböden (pF = 2,7).

Feuchtediagramm ↗*thermodynamisches Diagramm*.

Feuchtemaße ↗*Luftfeuchte*.

Feuchtemessung, *Hygrometrie*, dient der Bestimmung des Wasserdampfgehaltes in der Luft. Die Methoden sind sehr vielfältig. Eines der genauesten Instrumente zur Feuchtemessung ist das ↗Psychrometer. Es nutzt den Effekt der Verdunstungsabkühlung, die von der Lufttemperatur und der relativen Feuchte abhängt. Andere Verfahren beruhen auf der Eigenschaft hygroskopischer Materialien, in Abhängigkeit von der relativen Feuchte zu quellen oder ihre Länge zu ändern. Die Ausdehnung wird entweder mechanisch gemessen (↗Haarhygrometer) oder über die elektrische Kapazität bestimmt, wenn der quellende Stoff zwischen zwei Kondensatorplatten eingelagert ist. Auch die Fähigkeit mancher Stoffe ihre ↗elektrische Leitfähigkeit auf Grund der Wasseraufnahme aus der umgebenden Luft zu ändern, wird zur Feuchtemessung herangezogen (z. B. Lithium-Clorid-Hygrometer). *Taupunktspiegel* erlauben die direkte Bestimmung des ↗*Taupunkts*. Bei ihnen wird eine polierte Platte abgekühlt, bis ihre Oberfläche mit Wassertröpfchen beschlägt. Das Beschlagen kann mit Hilfe einer Fotozelle kontrolliert werden, so daß die Temperatur der Platte automatisch auf dem Wert des Taupunkts gehalten wird. Beim *Lyman-Alpha-Verfahren* wird die feuchte Luft mit einem UV-Licht bestrahlt, wobei angeregte Hydroxyl-Radikale entstehen, die ihrerseits floureszieren. Die Fluoreszenzstrahlung, die vom ↗Mischungsverhältnis abhängt, wird mit einer Fotozelle gemessen. [DH]

feuchte Metamorphose, Form der ↗Schneemetamorphose, bei der Schmelzvorgänge und der Transport von flüssigem Wasser wesentlich beteiligt sind. Feuchte Metamorphose findet insbesondere bei Temperaturen um und wenig unter dem Gefrierpunkt statt, wohingegen die Umlagerung des Wassers bei sehr niedrigen Temperaturen ausschließlich in dampfförmiger Phase (*trockene Metamorphose*) erfolgt.

feuchter Dunst ↗*Dunst*.

Feuchtgebiet, *wetland*, 1) Gebiete, in denen Wasser in kleineren oder größeren Mengen, stehend oder fließend, oberirdisch oder als bis in den Wurzelraum der Pflanzen reichendes Grundwasser periodisch oder dauerhaft angesammelt ist, z. B. Sümpfe, ↗Moore, ↗Auen. In ihnen tritt Wasser als primärer Kontrollfaktor für die Umwelt und die darin lebenden Pflanzen und Tiere auf. Feuchtgebiete sind Übergangsbereiche zwischen dem Hinterland und aquatischen Lebensräumen. Man unterscheidet marine, estuarine, lakustrine, riverine und palustrine Feuchtgebietssysteme. Meist handelt es sich um Hohlformen im Gelände (Täler, Senken, Becken). Beispiele sind die Everglades in Florida (USA) und der Pantanal (Brasilien). Feuchtgebiete nehmen eine wichtige Funktion bei der ↗Selbstreinigung der Gewässer ein und bieten durch eine hohe Standortvarianz und Grenzliniendichte einen sehr vielfältigen ↗Lebensraum für zahlreiche Tier- und Pflanzenarten. Insbesondere weisen intakte Flußauen mit Abstand die höchste ↗Biodiversität aller in Mitteleuropa vorkommenden Lebensräume auf. Im Zuge der Bevölkerungszunahme, der Industrialisierung und der Intensivierung der Landwirtschaft sind allerdings viele der ehemals vorhandenen Feuchtgebiete durch Trockenlegung, Flußregulierung, Torfabbau und ↗Eutrophierung bereits in hohem Masse zerstört worden. 2) *Ramsarschutzgebiete*, Feuchtgebiete von internationaler Bedeutung im Sinne des 1971 in Ramsar (Iran) geschlossenen Übereinkommens (»Ramsarkonvention«). Darin sind Feuchtgebiete als ↗Landschaftsökosysteme mit Feuchtwiesen, Mooren, Sümpfen oder Gewässern definiert, die natürlich oder künstlich, dauernd oder zeitweise, stehend oder fließend, süß oder brackig sind, einschließlich jener Meeresgebiete, die bei Niedrigwasser eine Tiefe von 6 m nicht überschreiten (↗Litoraea). 1998 existierten weltweit 957 Ramsarschutzgebiete mit einer Fläche von 704.295 km^2, davon in der BRD 31 Gebiete (6067 km^2), in der Schweiz 8 Gebiete (705 km^2) und in Österreich 9 Gebiete (1028 km^2).

Feuchthumusformen, gehören zu den hydromorphen Humusformen, die sich unter dem Einfluß meist saisonbedingter Vernässung des Oberbodens entwickeln. Man unterscheidet: ↗Feuchtmull, ↗Feuchtmoder, ↗Feuchtrohhumus. Die Grund-, Stau- oder Hangwasservernässung beschränkt sich meist auf das Winterhalbjahr. Feuchthumusformen sind von aeromorphen Humusformen nach makroskopischen Merkmalen kaum zu unterscheiden. Die Übergänge zwischen beiden Humusformen sind fließend. Feuchthumusformen sind häufig in Mittelgebirgen anzutreffen, wo relativ geringe Temperaturen mit hohen Niederschlägen gekoppelt sind.

Feuchtigkeit ↗ *Luftfeuchte*.

Feuchtmoder, ↗ Feuchthumusform bzw. ↗ Moder, der sich unter Einfluß von Grund- oder Stauwasser im meist basenarmen Milieu gebildet hat. Im feuchten Zustand ist sein ↗ Oh-Horizont von schmieriger Konsistenz.

Feuchtmull, ↗ Feuchthumusform bzw. ↗ Mull, der sich unter lang anhaltendem Einfluß einer Hang- oder Grundwasservernässung gebildet hat. Wo Feuchtmull entsteht, herrschen im Gegensatz zum ↗ Feuchtmoder basenreichere Bedingungen vor. Der Anteil ↗ organischer Substanz im meist 10–20 cm mächtigen ↗ Ah-Horizont beträgt zwischen 8 und 15 Masse-%.

Feuchtrohhumus, ↗ Feuchthumusform bzw. ↗ Rohhumus, der sich unter lang anhaltendem Einfluß einer Stau- oder Grundwasservernässung gebildet hat. Im Gegensatz zum ↗ Feuchtmull entsteht Feuchtrohhumus im basenarmen bzw. sauren Milieu.

Feuchtsavanne, von Hochgräsern beherrschte, anthropogene oder natürliche, durch ↗ Feuer oder Baumverbiß (z. B. durch Elefanten) geschaffene ↗ Ersatzgesellschaft der halbimmergrünen oder laubabwerfenden Wälder im tropisch-subtropischen Bereich (↗ Savanne Abb.).

Feuchttemperatur, Gleichgewichtstemperatur, die sich infolge der Verdunstung an einer feuchten Oberfläche einstellt. Ist die Luft über der Oberfläche mit Wasserdampf gesättigt, so findet keine Verdunstung statt und die Feuchttemperatur entspricht der ↗ Lufttemperatur. Bei Untersättigung führt die Verdunstung zur Abkühlung (Verbrauch von ↗ Verdunstungswärme) und die Feuchttemperatur liegt unter der Lufttemperatur. Lufttemperatur und Feuchttemperatur werden mit einem ↗ Psychrometer gemessen. Zusammen mit dem Luftdruck lassen sich alle anderen Feuchtemaße (↗ Luftfeuchte) ableiten.

Feuer, natürliche Vegetationsbrände beeinflussen die Vegetation und Atmosphäre der Erde als ökologischer Faktor seit ca. 350 Mio. Jahren. Seit 1,5 Mio. Jahren greift der Mensch in natürliche Feuerregime ein. Mittlerweile haben anthropogene Feuer in den meisten Regionen der Erde eine größere Bedeutung als natürliche Feuer. Vegetationsbrände kommen unter den heutigen Klimabedingungen in allen großräumigen Pflanzenformationen mit Ausnahme der Wüsten und Polargebiete vor und sind, neben anderen ↗ abiotischen Faktoren, ein wichtiger Selektionsfaktor in der Ausbildung standörtlicher Tier- und Pflanzengemeinschaften. Grasreiche Pflanzengesellschaften werden gefördert, während Holzgesellschaften zurückgedrängt werden, es kommt zur Auslese von ↗ Pyrophyten. Naturwaldgesellschaften wie die meisten ↗ borealen Nadelwälder, die ↗ nemoralen Laubwälder, viele tropische und subtropische montane und subalpine ↗ Nadelwälder und ↗ Laubwälder sowie Moor- und Sumpfwälder werden i. d. R. durch seltene, bestandserneuernde Vollfeuer erfaßt. Das mittlere Feuerintervall beträgt 100 bis über 300 Jahre. Trockene und feuchte ↗ Hartlaubwälder mit einem mittleren Feuerintervall von 10–50 Jahren gehören ebenfalls zu den natürlichen Feuerklimax-Gesellschaften. Natürliche Brände sind in ungestörten immergrünen tropischen ↗ Regenwäldern äußerst selten. In genutzten Wäldern hingegen werden die Waldflächen aufgrund des Bevölkerungswachstums und des Druckes von multinationalen Unternehmungen durch Brandrodung in landwirtschaftliche Nutzflächen umgewandelt (v. a. große Plantagen, z. B. für Bananen in Mittelamerika und Palmen in Indonesien). Im Gegensatz zum traditionellen ↗ Wanderfeldbau ist die permanente Waldumwandlung gekennzeichnet durch die Verdrängung der ursprünglichen Arten, den Rückgang der Biomassendichte und einen Nettofluß an Kohlenstoff in die Atmosphäre (CO_2-Freisetzung) sowie durch Nährstoffverluste wegen Erosion. Anthropogen bedingt sind die gegenwärtigen Feuerintervalle in den saisonal laubabwerfenden Regen- und Trockenwälder der Tropen und Subtropen mit oft zwei- bis dreimaligem Brennen pro Jahr. Zu diesen anthropogenen Feuerklimax-Waldgesellschaften gehören auch die Kiefernwälder im Südosten der USA und den submontanen und montanen Regionen der Tropen und Subtropen. Erosion sowie die zunehmende Reduktion der bodenbedeckenden Vegetation durch Feuer und Beweidung führen zu degradierten anthropogenen Feuerklimax-Gesellschaften wie z. B. die ↗ Macchie und die ↗ Garigues des Mittelmeerraumes. Die Artenzusammensetzung und Entwicklungsdynamik der ↗ Savannen werden heute weitgehend durch Feuer, Beweidung und Brennholznutzung bestimmt, so daß viele stabile Gras-, Busch- und Baumsavannen heute als natürliche oder anthropogene Feuersavannen bezeichnet werden können. ↗ Feuchtsavannen werden im Mittel alle 1–2 Jahre, ↗ Trockensavannen alle 4–10 Jahre überbrannt, wobei die Bedeutung natürlicher Feuer rückläufig ist. Die zur Zeit oft zu beobachtende Entwicklung von geschlossenem Wald zur Savanne wird als *Savannisierung* bezeichnet. Eine weitere Verkürzung des Feuerintervalls und erhöhte Beweidungsintensität in Verbindung mit Viehtritt und vermehrter Erosion bewirkt eine ↗ Desertifikation des entsprechenden Gebietes. ↗ Feuerökologie. [DR]

Feuerökologie, relativ junges Teilgebiet der ↗ Ökologie, das sich mit den Auswirkungen von *Bränden* auf einzelne ↗ Biozönosen oder ganze ↗ Ökosysteme befaßt. Sie schließt als multidisziplinäres Fachgebiet sowohl Wissen aus naturwissenschaftlichen Disziplinen wie Ökologie, Forstwissenschaft, Botanik, Zoologie, Bodenkunde, Geologie und Klimatologie als auch aus der Sozialwissenschaft, einschließlich der Anthropologie, ein. In der Feuerökologie wird den Wechselwirkungen zwischen natürlichen oder anthropogenen Vegetationsbränden einerseits und der Vegetation bzw. dem Klima andererseits zur Zeit größere Bedeutung beigemessen als den Einflüssen des Feuers auf die Tierwelt. Seit 1970 werden Ursachen und Auswirkungen der Vegetationsbrände in den Tropen und Subtropen verstärkt untersucht. Insbesondere die ↗Brandrodung trägt, neben der Verbrennung fossiler Energieträger, zum gegenwärtigen Anstieg des atmosphärischen CO_2-Gehalts bei. Seit dem Ende der 1980er Jahre wurde die Erforschung der Vegetationsbrände nochmals intensiviert, als die Bedeutung der Biomassenverbrennung für die Produktion weiterer klimarelevanter atmosphärischer Spurengase (CO, CH_4, N_2O, NO_x, O_3) und Partikel (Aerosole) sowie die Rolle des ↗Feuers in der Dynamik von Ökosystemen erkannt wurde. [DR]

Feuerstein, *Flint*, ↗Chert.

F-Feld ↗B-Feld.

FGGE, *First GARP Global Experiment*, erstes globales Experiment des Global Atmospheric Research Programme (↗GARP). Das Experiment dauerte vom 1.12.1978 bis zum 30.11.1979 mit einer speziellen Beobachtungsperiode von zwei Monaten (01.05.–30.06.1979). Mit diesem Experiment sollten v. a. die Lücken des meteorologischen Meßnetzes im Bereich der tropischen Ozeane geschlossen werden, um die atmosphärischen Bewegungen besser zu erfassen. Die Ergebnisse gingen in verbesserte Vorhersagemodelle ein. ↗Wettervorhersage.

F-Horizont, ↗Bodenhorizont entsprechend der ↗Bodenkundlichen Kartieranleitung, subhydrischer Horizont am Gewässergrund mit in der Regel > 1 Masse-%, aber < 30 % ↗organischer Substanz. Dem Hauptsymbol können folgende Zusatzsymbole vorangestellt werden: bF = brakisch (tidal-brakisch), eF = mergelig, mF = marin (tidal marin), pF = perimarin (tidal-fluviatil) oder zF = salzhaltig.

Fiamme, durch ↗Verschweißungskompaktion zusammengedrückte Bimslapilli und -blöcke in verschweißten ↗Ignimbriten.

Ficker, *Heinrich* von, dt. Meteorologe, *22.11.1881 in München, †29.4.1957 in Wien; 1911–23 Professor in Graz; 1923–33 Direktor des Preußischen Meteorologischen Instituts in Berlin und 1933–37 Professor an der dortigen Universität; 1937-53 Direktor der ↗Zentralanstalt für Meteorologie und Geodynamik in Wien; zusammen mit A. ↗Defant Gründer der österr. Meteorologenschule; bedeutende Beiträge zum ↗Föhn, zur synoptischen Meteorologie und zur Entstehung von Gewittern; richtungsweisende Forschungen über die ↗Dynamik der Atmosphäre. Werke (Auswahl): »Wetter und Wetterentwicklung« (1932), »Föhn und Föhnwirkungen« (1943).

Ficksche Gesetze, das 1. Ficksche Gesetz besagt, daß sich ein in einem Gas oder in einer Flüssigkeit vorhandener diffundierender Stoff (↗Diffusion) aus Bereichen höherer Konzentration in solche mit geringerer ausbreitet (↗Dispersion). Diese Ausbreitung ist proportional dem räumlichen Gradienten der Stoffkonzentration. Die Proportionalitätskonstante ist der ↗Diffusionskoeffizient in der Einheit Fläche pro Zeit. Die Beziehung zwischen der Konzentration *c* eines diffundierenden Stoffes und seiner Verlagerung mit der Zeit *t* in eine Richtung *x* wird durch das 2. Ficksche Gesetz dargestellt:

$$\partial c/\partial t = D \cdot \partial c^2/\partial x^2.$$

Dabei steht *D* für den Diffusionskoeffizienten des Materials. Dieses Beziehung wird auch einfach als Ficksches Gesetz oder *Diffusionsgleichung* bezeichnet.

Fiederspalte, *Fiederkluft*, *Fiederbruch*, Extensionsspalte (↗Extension), die in Scherzonen entsteht, an denen sich zwei Schollen gegeneinander bewegen (Abb.). Fiederspalten sind diagonal zur Hauptverschiebungsrichtung etwa unter 45° angeordnet. Aus der Orientierung der Fiederspalten kann auf die Verschiebungsrichtung und den relativen Bewegungssinn der beiden Schollen geschlossen werden. Die Bewegung verläuft in Richtung des spitzen Winkels, welchen die Fiederspalten mit der Schollengrenze bilden. Andauernde Scherung führt zur Rotation der Fiederspalten und zur Anlage von neuen, wieder unter 45° zur Scherzone geneigten Fiederspalten, welche die zuvor gebildeten überlagern. ↗en échelon.

field of view ↗FOV.

Figur, 1) allgemein Zeichen mit hohem Grad an ↗Ikonizität; 2) im ↗kartographischen Zeichenmodell die Menge von Zeichenelementen bzw. ↗Elementarzeichen, die mindestens aus einem Zeichenelement besteht, die äußerlich veränderbar sind und neben dem Zeichenelement das kartographische Zeichen bilden. Dabei kann neben frei definierten zwischen ikonischen und indexikalischen Figuren unterschieden werden. So besteht beispielsweise in topographischen Karten das ↗Kartenzeichen für Nadelwald aus einem flächenförmigen Zeichenelement und einer Menge von ikonischen Zeichenfiguren, die die ↗graphische Substanz für die Abbildung des Nadelwaldes durch Formassoziation bilden. Indexikalische Figuren in kartographischen Zeichen sind beispielsweise kennzeichnende Pfeile und hervorhebende Farbtöne, die auf Objekte in ↗kartographischen Medien hinweisen.

Figur-Grund-Unterscheidung, Auftrennung eines Musters in eine Figur und einen Hintergrund. Bei optischen Wahrnehmungsakten hebt sich ein Teil des Wahrnehmungsfeldes als Figur vom Grund (Hintergrund) ab. Damit ist eine erste grundlegende Gliederung des ↗Blickfeldes gegeben. Diese Beziehung ist nicht statisch. Da in der Regel derjenige Teil des Blickfeldes Figur ist, dem die besondere ↗Aufmerksamkeit des Wahrnehmenden gilt, kann ein Aufmerksamkeitswechsel auch eine Änderung der Figur-Grund-Organisation zur Folge haben, so daß der Grund plötzlich als Figur hervortritt (Kippfiguren, Vexierbilder,

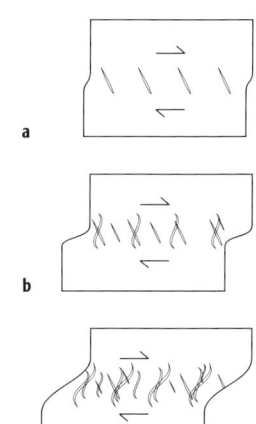

Fiederspalte: a) Fiederspalte mit Relativbewegungen; b), c) kinematische Entwicklung staffelförmig angeordneter Fiederspalten in einer Scherzone.

Inversionsfiguren). Die Beachtung dieser Prozesse im Rahmen der graphischen Gestaltung ↗kartographischer Medien, z. B. bei der Modellierung komplexer Mehrschichtenkarten, erleichtert Suchprozesse und ermöglicht eine klare Trennung unterschiedlicher thematischer Ebenen (↗Gestaltgesetze). [FH]

Fi-Horizont, ↗F-Horizont der ↗Bodenkundlichen Kartieranleitung, ohne sichtbaren Humus, jedoch durch ↗Mikroorganismen besiedelt.

Filmbelichter, *Belichter, Laserbelichter, Rasterimagesetter*, Gerät zur hochauflösenden Informationsaufzeichnung, in der Kartographie von ↗Karten, Texten, Bildern und anderen ↗kartographischen Darstellungen auf Film im Rahmen der Druckvorstufe. Filmbelichter erzeugen in der Regel Kopiervorlagen für die Herstellung von ↗Druckformen und belichten in diesem Falle auf phototechnischen Schwarz-Weiß-Film sehr hoher Gradation. Wichtige Bauteile eines Filmbelichters sind Lichtquelle sowie ein hochgenaues optisches und Filmtransportsystem. Als Lichtquelle wird ein Laser eingesetzt, daher auch die Bezeichnung Laserbelichter. Der Belichtungsstrahl muß mit sehr hoher Lagegenauigkeit auf den Film treffen, um insbesondere die Registergenauigkeit farbseparierter Filme zu garantieren. Die Belichtung erfolgt mit Auflösungen zwischen etwa 1200 und 3600 Belichtungspunkten pro Inch (dpi). Die Belichtungssteuerung wird mittels eines Postscript-Raster-Image-Prozessors (RIP), als Hardware oder Software ausgeführt, errechnet. Außerdem gibt es Filmbelichter zur Aufzeichnung auf Farbfilm sowie Plattenbelichter zur direkten Herstellung von Druckformen. [IW]

Filmdeformation, geometrische Verformung des ↗Schichtträgers photographischen Aufnahmematerials durch physikalische Einflüsse und Alterung in der Zeit nach der Belichtung der photographischen Schicht. Die Verformung weist systematische und unregelmäßige Anteile auf. Die systematischen Verformungen werden bei der ↗photogrammetrischen Bildauswertung über die Abbildung der Rahmenmarken, deren Lage im unverformten Bild bekannt ist, erfaßt und numerisch korrigiert.

Film-Filter-Kombination, Kombination optischer ↗Filter mit dem photographischen Aufnahmematerial bei der Bildaufnahme mit einer Kamera. Die Verwendung optischer Filter mit ausgewählten Transmissionseigenschaften in Verbindung mit photographischen Aufnahmematerialien unterschiedlicher ↗Sensibilisierung ermöglicht die Gewinnung von Bildern in ausgewählten Wellenlängenbereichen (Kanälen).

Filter, 1) *Geophysik*: Verfahren der Signalanalyse und der ↗seismischen Datenbearbeitung. Filter sind lineare oder auch nicht lineare Systeme zur Transformation eines ↗Signals, das in analoger oder digitaler Form vorliegt, in ein anderes Signal mit den gewünschten Eigenschaften. Die Umwandlung kann im Zeit-, Orts- oder im Frequenzbereich vorgenommen werden. Das primäre Signal kann als Zeitfunktion (z. B. als ↗Seismogramm) oder als Ortsfunktion (z. B. als Höhenprofil) vorliegen. Von Seiten der Meßtechnik sind Filter Teile eines Meßsystems, die es ermöglichen, definierte Anteile von gemessenen Signalen oder Meßwerten herauszutrennen. Für die Zerlegung in die einzelnen Signalbestandteile werden unterschiedliche Parameter wie ↗Frequenz, ↗Wellenlänge, ↗Phase, ↗Kohärenz, Amplitude, Geschwindigkeit etc. genutzt. So werden mittels Filter z. B. unerwünschte Signalanteile eliminiert, wie die Einstreuung von elektrischen Versorgungsleitungen. Bei der seismischen Datenverarbeitung (engl. processing) wird eine Vielfalt unterschiedlicher *Filtermethoden* angewandt. Analog-Filter sind Filter, die zeitkontinuierliche Daten transformieren. Bereits ein Seismometer kann als Analog-Filter betrachtet werden, da es i. a. die Bodenbewegung in mehr oder minder veränderter Form aufzeichnet. Bei der Übertragung elektrischer Signale kommen als Filterelemente elektrische Komponenten wie Widerstände, Kapazitäten, Induktivitäten und Operationsverstärker zum Einsatz. Der Gegensatz dazu sind Digital-Filer Systeme, die binäre Zahlensysteme in eben solche transformieren. Diese Systeme werden aus digitalen Signalprozessoren, d. h. digitalen Rechnern, aufgebaut. Alle seismischen oder elektrischen Signale, welche die Erde durchlaufen, unterliegen bereits einem mehr oder minder komplizierten Filterprozeß. Aus dem Vergleich des Ausgangssignals mit dem registrierten Signal kann umgekehrt auf die unbekannten Eigenschaften des Filters »Erde« geschlossen werden. Im weiteren Sinne ist auch die ↗Fourier-Analyse ein Filterverfahren, das systematisch ein Signal in seine einzelnen Frequenzen zerlegt. **2)** *Hydrologie*: a) im Wasserbau verwendete Schichten aus rolligem Bodenmaterial mit definierter Kornverteilung, die so aufgebaut ist, daß keine Ausspülung erfolgen kann. Gelegentlich werden auch Kunststoffe (Geotextilien) verwendet. Neben der Verhinderung von Ausspülungen feineren Materials, z. B. aus den Dichtungskernen von ↗Staudämmen, haben Filter auch die Aufgabe, aufgrund ihrer Durchlässigkeit Sickerwasser schnell abzuführen. Sie werden daher im Dammbau an den Begrenzungsflächen zwischen ↗Dichtung und Stützkörper eingebaut. b) in der ↗Wasserversorgung Anlage zur ↗Wasseraufbereitung durch ↗Filtration. Dabei werden Schichten aus Sand und Kies oder anderen Filtermaterialien eingesetzt, die mit einer Geschwindigkeit von mehreren Metern pro Stunde (Schnellfilter) bzw. mit 0,05–0,25 m pro Stunde (Langsamfilter) durchflossen werden.

Filterasche, meist über Elektrofilter gewonnener Verbrennungsrückstand von Steinkohle, Braunkohle, Erdöl, Torf sowie von zahlreichen anderen Stoffen, z. B. im Rahmen der thermischen Entsorgung, der in Form von Aschen und Sintern vorliegt. Sie lassen sich z. T. als Sekundärrohstoffe nutzen, z. B. zur Gewinnung von Metallen, als hydraulische Zusätze für Baustoffe oder Bodenverbesserer. Filteraschen aus Großkraftwerken werden auch zur Wiederauffüllung ausgekohlter Förderstrecken oder Braunkohletagebaue eingesetzt. Auch werden Prozeßwässer aus Rauchgasentschwefelungsanlagen in die Filteraschen eingebunden und damit stofflich verwertet. Die mengenmäßig häufigsten Braunkohle-Filteraschen bestehen überwiegend aus SiO_2, CaO, Al_2O_3, Fe_2O_3, MgO, Alkalien und Sulfat. Sie enthalten im Gegensatz zu ↗Portlandzement (↗Zement) keine hydraulischen Calciumsilicate, jedoch latent hydraulische Glas- und Ferritpartikel, kombiniert mit Kalk und Calciumsulfat sowie Quarzsand. [GST]

Filterdurchmesser, Durchmesser, der bei Brunnen so zu wählen ist, daß Einströmung in das Filter laminar erfolgt. ↗Brunnenfilter.

Filtereintrittsfläche, *offene Filterfläche*, Fläche bei ↗Brunnenfiltern, die so zu wählen ist, daß die kritische Filtereintrittsgeschwindigkeit $v_{krit} = 3 \cdot 10^{-2}$ m/s nicht überschritten wird. Erfahrungsgemäß beträgt die offene Filterfläche zwischen 15 und 25% der Filterfläche.

Filterfaktor, Verhältniszahl zwischen engstem Durchgang der Kiesschüttung bei einem verkiesten Brunnen und der Kornfraktion des Grundwasserleiters, die noch zurückgehalten werden soll. Der Filterfaktor liegt zwischen vier und fünf.

Filterfestigkeit, *Filterstabilität*, um bei Dränmaßnahmen und bei Brunnen zu gewährleisten, daß kein Feinkornmaterial aus dem zu entwässernden Boden ausgewaschen wird, müssen die aneinandergrenzenden Bereiche filterstabil zueinander sein. Die Bemessung der dazu nötigen Kornverteilung des ↗Filtermaterials erfolgt mit Hilfe von ↗Filterregeln.

Filterflies, *Filtergaze*, ↗Geotextil zur Ummantelung von Brunnen- und Dränrohren, um das Einschlämmen von Feinkornmaterial zu verhindern und damit die ↗Filterfestigkeit zu gewährleisten.

Filterfluorimetrie ↗Fluorimeter.

Filtergaze ↗Filterflies.

Filtergeschwindigkeit, v_f, Quotient aus Grundwasserdurchflußmenge Q und der zugehörigen Fläche eines Grundwasserquerschnittes F:

$$v_f = \frac{Q}{F} = k_f \cdot \frac{h}{l} = k_f \cdot i \quad [m/s]$$

mit Q = Wasservolumen [m³/s], F = durchströmte Fläche [m²], i = hydraulischer Gradient [1], k_f = Durchlässigkeitsbeiwert [m/s], h = Standrohrspiegelhöhe [m] und l = Fließstrecke [m]. Die Filtergeschwindigkeit v_f ist eine fiktive Geschwindigkeit, die sich aus dem ↗Darcy-Gesetz ableitet und dem spezifischen Durchfluß (q) entspricht. Sie wird daher auch als *Durchgangsgeschwindigkeit* oder *Darcy-Geschwindigkeit* bezeichnet.

Filterkies, Bezeichnung für gut gerundete, überwiegend aus Quarzkörnern bestehende Sand- und Kiesfraktionen, die zur Vermeidung eines Sandeintrags in einen Brunnen in den Ringraum zwischen Bohrloch und Filter geschüttet oder eingepumpt werden. Die Bestimmung der geeigneten Korngröße (Schüttkorn) erfolgt nach verschiedenen empirischen Verfahren.

Filterkuchen, Spülungskruste, die an der Bohrlochwand durch Infiltration der Bohrlochspülung in poröse und permeable Gesteine entsteht. Der Filterkuchen besteht vorwiegend aus den Feststoffen der Bohrlochspülung sowie gebundenem Wasser.

Filtermaterial, Sand, Kies, Splitt und Schotter zum Herstellen von Filtern, die ein Einschlämmen von feinkörnigem Boden in Dränagerohre und Brunnen verhindern sollen. Der Anteil des Korns < 0,08 mm soll kleiner als 5% sein. Für eine genaue Bemessung wird die Kornverteilung des Filters mit Hilfe der ↗Filterregeln auf die des zu entwässernden Bodens abgestimmt. Zur Ausführung von ↗Filterschichten werden die Vorgaben der DIN 4095 herangezogen.

Filtermethoden ↗Filter.

Filterregeln, Regeln, die zur Bemessung der Kornverteilung eines Filters angewendet werden, um dessen Filterstabilität gegenüber dem zu entwässernden Bodens zu gewährleisten. Die Regeln sind entweder theoretisch von Kugelmodellen abgeleitet oder empirisch mit Hilfe von hydraulischen Filterversuchen ermittelt worden. In der Praxis wird am häufigsten die Filterregel nach Terzaghi angewendet, die für Böden mit einer ↗Ungleichförmigkeitszahl $U < 2$ gültig ist. Sie besagt, das zwischen zwei Böden eine Filterwirkung besteht, wenn D_{15} des gröberen Bodens (Filtermaterial) kleiner ist als $4 \cdot d_{85}$ des feineren, zu entwässernden Bodens ist (d_{85} ist die Korngröße in mm, bei denen die Summenkurve (↗Körnungslinie) die 85%-Linie schneidet, D bezieht sich auf den groben Boden, d auf den feinen):

$$\frac{D_{15}}{d_{85}} < 4 < \frac{D_{15}}{d_{15}}.$$

Die erweiterte Filterregel von Terzaghi (Abb.) berücksichtigt in gewissem Maß die Ungleichförmigkeit des Filtermaterials:

$$\frac{D_{15}}{d_{85}} \leq 4, \frac{D_{15}}{d_{15}} \geq 4, \frac{D_{50}}{d_{50}} \approx 10.$$

Für Ungleichförmigkeitszahlen $2 < U < 25$ kann die Filterwirkung durch die Filterregel nach Cistin/Ziems beschrieben werden. Als *filtertech-*

Filterkies (Tab): zulässige Filterkies- und -sandfraktionen im Brunnenbau nach DIN 4924.

	Körnung [mm]	zusammengehörige Körnungen bei mehrfacher Abstufung der Brunnenfilter	Unterkorn zul. Höchstanteil Gewichtsprozent	Überkorn zul. Höchstanteil Gewichtsprozent	Siebgutmenge für Probe [g]
Filtersand	über 0,25 – 0,50	*	15	15	500
	über 0,50 – 1,00	*			500
	über 0,71 – 1,40	*			1000
	über 1,00 – 2,00	* *			1000
Filterkies	über 2,0 – 3,15	* *	10	10	1000
	über 3,15 – 5,60	*			1000
	über 5,60 – 8,00	* *			5000
	über 8,00 – 16,00	* *			5000
	über 16,00 – 31,50	* * *			10.000

Filterregeln: Anwendung der sog. erweiterten Filterregel von Terzaghi.

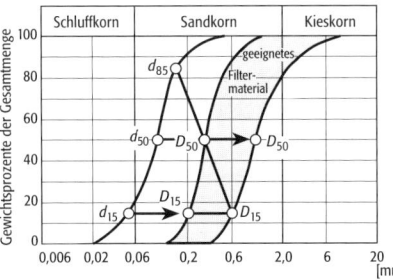

nisch schwierige Böden werden Schluffe und Fein- bis Mittelsande mit mehr als 10 % Schluffanteil und einer Ungleichförmigkeit $U < 15$ bezeichnet. Bei diesen Böden kann die ↗Filterfestigkeit durch den Einsatz von ↗Geotextilien erreicht werden. [CSch]

Filterrohr, Rohr, das in Brunnen, Grundwassermeßstellen und Drainagen zur Verrohrung eingesetzt wird. Filterrohre sollen im wesentlichen den Eintritt von Sand in den jeweiligen Innenraum verhindern und dabei dem Wasserstrom möglichst wenig Widerstand entgegensetzen. Sie müssen daher eine maximale offenen Filterfläche besitzen und beständig gegen Korrosion und Inkrustationen sein. Beispiele für verschiedene Filterrohre sind Gewebefilter, Schlitzfilter und Schlitzbrückenfilter.

Filterschicht, Schichten unterschiedlicher Korngröße, die das Zuschlämmen von Dränage- und ↗Filterrohren verhindern. Sie besteht aus ↗Filtermaterial, das mit Hilfe der ↗Filterregeln auf die Körnung des zu entwässernden Bodens abgestimmt ist. In DIN 4095 finden sich Angaben zur Ausführung (Körnung) und Dicke von Filterschichten.

filtertechnisch schwierige Böden ↗Filterregeln.

Filterung, 1) *Allgemein:* Separation von Daten oder Phänomenen nach bestimmten quantitativen Kriterien. 2) *Fernerkundung:* ↗Glättung. 3) *Optik:* Separation eines bestimmten Wellenlängenbereiches des ↗elektromagnetischen Spektrums (entspricht im sichtbaren Bereich dieses Spektrums, z. B. einer Farbe). 4) *Photogrammetrie:* ↗Faltung eines ↗digitalen Bildes im Objekt- oder Frequenzraum. In digitalen Bilder können mit Hilfe von Tiefpaßfiltern eine Reduktion des Rauschanteils sowie eine Unterdrückung feiner Bildstrukturen erreicht werden. Die Tiefpaßfilterung ist deshalb Bestandteil beim Aufbau einer ↗Bildpyramide, um das ↗Abtasttheorem bei der Verringerung der Auflösung einzuhalten. Hochpaßfilter bewirken eine Verstärkung hoher ↗Ortsfrequenzen und damit die Hervorhebung von Kanten und linienförmigen Bildelementen. Rangordnungsfilter gestatten die Beseitigung von Störstellen (Pixel mit fehlerhaften Intensitätswerten) im Bild.

Filtervermögen, *Filtereigenschaft,* Fähigkeit des Bodens, grobdisperse Stoffe aus Dispersionen mechanisch, kolloiddisperse Stoffe aus Dispersionen mechanisch oder physikochemisch und ionendisperse Stoffe aus echten Lösungen physikochemisch, chemisch oder biologisch so festzulegen, auszufällen oder umzuformen, daß sie nicht in Pflanzen, Grund- oder Oberflächenwasser gelangen und nicht auf Bodenorganismen wirken können.

Filtration, Verfahren zur ↗Wasseraufbereitung, bei dem auf mechanische Art und Weise (Passage durch körnige oder poröse Materialien) feste Stoffe aus dem Wasser entfernt werden. Man erhält eine Lösung (Filtrat) und den Filterrückstand. Der Anteil des Feststoffes, der bei der Filtration zurückgehalten wird, hängt wesentlich von der Porengröße des Filters ab. Die Filtration ist eine häufig verwendete Trennmethode vom Labor- bis zum großindustriellen Maßstab. Nach der Filtergeschwindigkeit wird zwischen Schnell- und Langsamfiltern unterschieden. *Langsamfilter* bestehen als Einschichtfilter aus einer mindestens 1 m mächtigen Schicht Feinsand (Körnung 0,5–1,0 mm), die mit einer Geschwindigkeit von 0,05–0,25 m pro Stunde durchsickert wird. Die Reinigungswirkung beruht auf einer Kombination von physikalischen, chemischen und biologischen Prozessen. Eine Reinigung des Filters, die i. d. R. nach mehrmonatigem Betrieb erforderlich ist, erfolgt durch Entfernung der obersten Sandschicht. Langsamfilter haben eine Reihe von Nachteilen. Dazu gehören der erhebliche Platzbedarf, die Anfälligkeit der in dem Filter sich entwickelnden Biozönosen gegen Giftstoffe sowie die Gefahr des Algenwachstum v. a. in der warmen Jahreszeit. Aus diesem Grunde haben sie in den vergangenen Jahren gegenüber dem Schnellfilter an Bedeutung verloren. *Schnellfilter* können entweder offen betrieben werden, als Gravitationsfilter unter Einfluß der Schwerkraft oder geschlossen als Druckfilter. Sie enthalten entsprechend der Qualität des Rohwassers und dem Aufbereitungsziel eine Füllung aus Sand und Kies oder anderem Filtermaterial (Anthrazit, Aktivkohle, Kunststoffe), die bei einem Mehrschichtenfilter lagenweise eingebaut sind. Häufig werden Schnellfilter mit Flockungseinrichtungen kombiniert (↗Flockung). Zur Entnahme organischer und anorganischer Verbindungen in gelöster Form werden Aktivkohlefilter eingesetzt. Die Filtergeschwindigkeit kann je nach Filterart bis zu 20 m Stunde betragen. Eine Reinigung erfolgt durch Rückspülen.

Filtrattrockenrückstand ↗Abdampfrückstand.
finaler Magmatismus ↗Orogenese.
final warming ↗Stratosphärenerwärmung.
Findling ↗Erratika.
Fingerdelta, *Vogelfuß-Delta,* Deltatyp (↗Delta), dessen Vorkommen auf wellen- und gezeitenschwache Küstenbereiche beschränkt ist, und bei dem mehrere sedimentreiche Deltaarme Flußdämme in das Meer vorbauen (↗Delta Abb. 2). Ein Beispiel stellt das Mississippi-Delta dar.

Fingerprobe, Abschätzung von Bodenartengruppen ohne technische Hilfsmittel im Gelände. Das feuchte Bodenmaterial (gegebenenfalls ist der Boden anzufeuchten) wird zwischen Daumen und Zeigefinger gerieben und geknetet. Anhand der Erkennbarkeit der Sandkomponente in Verbindung mit Bindigkeit (Klebrigkeit, Zusammenhalt der Probe) und Formbarkeit (Ausrollbarkeit einer Probe auf halbe Bleistiftstärke) erfolgt die Zuordnung zu den Bodenartengruppen. Ausführliche Beschreibungen finden sich in der ↗Bodenkundlichen Kartieranleitung.

fining upward, beschreibt die Korngrößenabnahme in einer Sedimenteinheit von einer zu definierenden Bank im ↗Liegenden bis zu einer zu definierenden Bank im ↗Hangenden. Die Korngrößenabnahme zum Hangenden kann sich auf alle Bänke der Schichtenfolge oder nur auf die grobkörnigeren Bänke der Abfolge beziehen. Gegenteil: ↗coarsening upward.

Finite-Differenzen-Methode, *FDM*, *Methode der finiten Differenzen*, verbreitetes Näherungsverfahren in der Naturwissenschaft. Bei der FDM wird über das Berechnungsgebiet ein numerisches Gitter gelegt, dessen Linien den Koordinatenlinien entsprechen. Die Beziehungen zwischen den Gitterknoten werden unter Verwendung einer Taylorreihe hergestellt. Dies läuft letztlich darauf hinaus, daß die partiellen Ableitungen in der dem Problem zugrundeliegenden Differenzialgleichung im Bereich jedes Gitterpunktes durch eine Annäherung mit endlichen Differenzenquotienten ersetzt werden. Die FDM ist das meist verbreitete Näherungsverfahren, was in der einfachen Anwendbarkeit dieser Methode begründet ist. Die Nachteile liegen in den begrenzten Möglichkeiten der Diskretisierung, da das Gitter stets regelmäßig sein muß, so daß irreguläre Geometrien schwer oder ungenau erfaßt werden.

Finite-Elemente-Methode, *FEM*, *Methode der finiten Elemente*, eine der wichtigsten Näherungsmethoden zur Lösung von Feldproblemen der Naturwissenschaft und Technik; findet in der Geologie u. a. Anwendung in der physikalischen Beschreibung geklüfteten Felsgesteins. Bei der FEM wird das Berechnungsgebiet in Teilbereiche, die sog. finiten (endlichen) Elemente, unterteilt. Die unbekannte Funktion, z. B. die ↗Standrohrspiegelhöhe h, wird innerhalb jedes Elementes durch eine Interpolationsfunktion beschrieben, die einschließlich ihrer Ableitungen bis zu einer bestimmten Ordnung innerhalb des Elementes stetig ist. Die Herleitung von Beziehungen bei der FEM erfolgt ausgehend vom Einzelelement. Die Vorteile dieser Methode liegen in der Anwendung unregelmäßiger Elemente, die eine genaue Beschreibung unregelmäßiger Geometrien erlaubt. Die Lage der Gitterknoten ist im Modellgebiet frei wählbar, im zweidimensionalen Fall werden die Knoten durch drei- oder viereckige Elemente miteinander verknüpft.

Finsterwalder, *Richard*, deutscher Geodät und Kartograph, Sohn von S. Finsterwalder, * 7.3.1899 München, † 28.10.1963 München; ab 1930 Professor in Hannover und München; entwickelte den Phototheodoliten und verbesserte die terrestrisch-photogrammetrische Aufnahmemethode; veröffentlichte zahlreiche Karten der Ostalpen und fertigte 1928 auf der Alai-Pamir-Expedition eine Karte des Fedschenko-Gletschers an; entwickelte eine noch heute international verbreitete photogrammetrische Methode zur Ermittlung von Gletscherbewegungen; leitete 1934 die deutsche Himalaya-Expedition und 1958–60 die internationale Grönland-Expedition.

Firn, Bezeichnung für den bereits länger liegenden Schnee, v. a. im Bereich von Gebirgen, in dem durch den Druck des darüberliegenden Neuschnees und durch gelegentliches Tauwetter nach und nach größere Eiskristalle entstehen (Verfirnung). Die ursprünglich im Schnee enthaltenen zahlreichen Lufteinschlüsse entweichen allmählich, und der Firn wird immer grobkörniger, bis aus dem noch wasserdurchlässigen Firneis das wasserundurchlässige ↗Gletschereis wird. ↗Schneemetamorphose.

Firnbecken ↗Firnfeld.

Firnbildung ↗Firnifikation.

Firnfeld, Firnbecken, Firnmulde, von Berggraten und -gipfeln umgebenes, muldenförmiges Firnsammelbecken, gespeist von Schneefall, ↗Triebschnee und Lawinenablagerungen.

Firnifikation, *Firnbildung*, Umwandlung von Neuschnee zu ↗Firn durch die Prozesse der ↗Schneemetamorphose.

Firnkessel, von steilen Fels- und Firnwänden umschlossenes, eng begrenztes ↗Firnfeld.

Firnkesseltyp, *Mustagh-Typ*, Gletschertyp (↗Gletscher), der aus hochgelegenen, relativ kleinen und überwiegend durch Schnee- und ↗Eislawinen gespeisten Firnkesseln entspringt.

Firnkörner, entstehen im Rahmen der ↗Schneemetamorphose aus der Verdichtung zunächst locker gepackter Neuschneekristalle.

Firnlinie, Grenze zwischen körnigem ↗Firn, der bereits mindestens eine ↗Ablationsperiode überdauert hat, und der Eisphase an der Gletscheroberfläche am Ende einer Ablationsperiode.

Firnmulde ↗Firnfeld.

Firnmuldengletscher ↗Firnmuldentyp.

Firnmuldentyp, Gletschertyp (↗Gletscher), der sich generell durch ein in einer Firnmulde (*Firnmuldengletscher*) liegendes, weitgehend durch Schneefall gespeistes ↗Nährgebiet auszeichnet, wobei er entweder auf die Firnmulde selbst begrenzt ist (z. B. ↗Karglestscher) oder aber, bei positiver Massenbilanz, eine ↗Gletscherzunge ausbildet.

Firnschichten, entstehen im Zuge der ↗Schneemetamorphose und Verdichtung zu ↗Firn aus der Aufeinanderfolge von lufreicheren Winterschichten und durch Schmelzwasserwirkung feuchteren, luftärmeren Sommerschichten. Sie stellen das Ausgangsstadium für die Bänderung im ↗Gletschereis dar (↗Bänder, ↗Ogiven).

Firnspiegel, Bezeichnung für ein großflächiges Glänzen der Schneeoberfläche, das insbesondere im Spätwinter und Frühjahr an sonnenbeschienenen Bergflanken nach Sonnenaufgang zu beobachten ist und durch eine nur wenige Millimeter dünne Eisschicht mit hohem Reflexionsvermögen verursacht wird.

Firnstromgletscher ↗Firnstromtyp.

Firnstromtyp, *Firnstromgletscher*, ↗Gletscher vom ↗Firnmuldentyp mit besonders ausgedehnter ↗Gletscherzunge, die in ihrem oberen Bereich noch zum ↗Nährgebiet des Gletschers gehört.

Fische 1: stratigraphisches Auftreten und relative Häufigkeit der verschiedenen Fischformen. Die Agnathen sind vorwiegend paläozoisch verbreitet, und rezent nur noch mit *Petromyzon* und *Myxine* vertreten. Alle großen Gruppen der kiefertragenden Fische sind ab dem Devon nachweisbar, ausgestorben sind die Placodermen und die Acanthodii. Die dominierenden Fische sowohl im marinen Bereich als auch im Süßwasser sind heute die Teleostier, die zu den Strahlenflossern gehören. Aus den Rhipidistiern sind im Oberdevon die landlebenden Tetrapoden hervorgegangen.

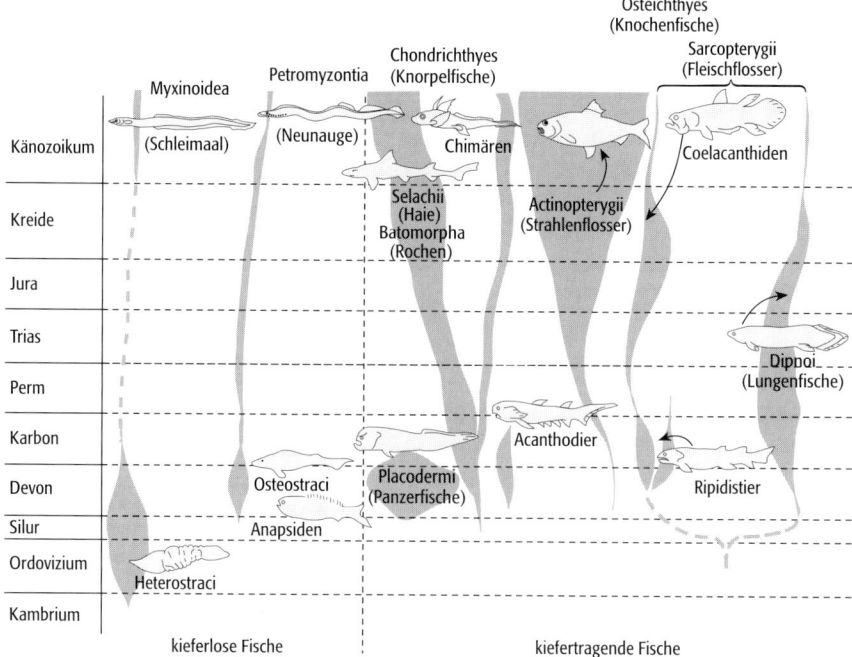

Firnzone, Bereich einer Schneedecke, in dem Firnbildung stattfindet.

First, *Stufenfirst*, *Kammfirst*, höchster Bereich im Profil einer ↗Schichtstufe oder eines ↗Schichtkammes. Übergang vom ↗Stirnhang in die Stufenfläche; nicht unbedingt mit dem ↗Trauf einer Stufe identisch (↗Schichtstufe Abb. 1 u. 2, ↗Schichtkamm Abb., ↗Schichtkammlandschaft Abb.).

Firstenstoßbau ↗Abbaumethoden.

Firstkarren ↗*Rillenkarren*.

Firstrillen ↗*Rillenkarren*.

FIS ↗Geoinformationssysteme.

Fischabstieg, ↗Fischweg, der die katadrome Wanderung von Fischen und benthalen Makroinvertebraten ermöglicht. An Wehren hat die Fischabstiegsanlage in erster Linie die Aufgabe, Fische daran zu hindern, in die Turbineneinläufe zu schwimmen und ihnen einen geeigneten Weg ins Unterwasser zu bieten. Die hierfür eingesetzten Scheuchanlagen arbeiten i. d. R. auf der Basis von Elektro-, Licht- oder Schallimpulsen. Gelegentlich werden auch Luftblasenschleier verwendet.

Fischaufstieg, *Fischtreppe*, technische Einrichtung (↗Fischweg), mit der Fischen und benthalen Makroinvertebraten die Möglichkeit gegeben wird, eine künstliche Fallstufe (z. B. ↗Wehre) zu überwinden. Damit wird ein Beitrag zur Wiederherstellung der linearen Durchgängigkeit und zur Wiedervernetzung ursprünglich durchgehender Gewässerökosysteme geleistet. Die Anordnung im Gewässer muß so erfolgen, daß der Fischaufstieg von der Mehrzahl der wandernden Organismen aufgrund der Strömungsbedingungen erkannt werden kann, d. h. er muß im Bereich der Hauptströmung angelegt werden. Im Falle von Wasserkraftanlagen, insbesondere Laufwasserkraftwerken, ist das i. d. R. das kraftwerksseitige Ufer. Schiffahrtsschleusen sind dazu nicht oder nur in sehr begrenztem Maße in der Lage. In Einzelfällen muß eigens eine geeignete Leitströmung oder Lockströmung erzeugt werden. Naturnahe Fischaufstiegsanlagen können z. B. in Form eines mit Stromschnellen versehenen Gerinnes (Fischrampe) im Hauptgewässer ausgebildet werden oder außerhalb als Umgehungsgerinne. Wesentlich ist, daß bestimmte, vom jeweiligen Arteninventar abhängige Fließgeschwindigkeiten nicht überschritten werden, da andernfalls eine Durchwanderung nicht möglich ist. Das gilt auch für technische Fischaufstiegsanlagen, zu denen Beckenpaß und Aalleiter gehören. Ein Beckenpaß besteht aus einem Ober- und Unterwasser verbindenden Kanal, der durch Einbauten in mehrere Einzelbecken aufgeteilt wird. Als Einbauten können z. B. senkrechte Wände in Frage kommen, die entweder überströmt werden oder mit senkrechten Schlitzen versehen sind (Vertical-Slot-Paß). Eine Sonderform ist die Aalleiter, die entweder aus einem Rohr in der Nähe der Gewässersohle bestehen kann, das mit Reisigbündeln versehen wird, oder aus einem flachen Gerinne, in welchem durch geeignete, häufig bürstenförmige Einbauten dem Aal eine kriechende Aufwärtsbewegung ermöglicht wird. Als weitere Möglichkeit kommt die nach dem Prinzip einer Schiffahrtsschleuse arbeitende Fischschleuse in Frage, bei Stauhöhen über 8 m auch Fischaufzüge. [EWi]

Fischbauchklappe ↗*Klappenwehr*.

Fische, aquatische, kaltblütige Wirbeltiere, die mit Hilfe von Kiemen atmen. Systematisch teilt

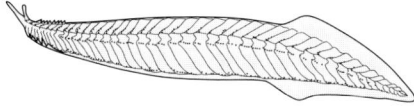

man die Fische in mehrere Klassen, wobei grundsätzlich die kieferlosen Fische (Agnatha) von den kiefertragenden Fischen (Gnathostomata) unterschieden werden (Abb. 1). Diese beiden Hauptgruppen haben sich bereits im ↗Kambrium getrennt. Im Fossilbericht sind bisher keine Zwischen- oder Übergangsformen bekannt geworden. Auch der grundsätzlich verschiedene Bau des Kiemenapparates macht verwandtschaftliche Beziehungen von kieferlosen und kiefertragenden Fischen sehr unwahrscheinlich.

Der Ursprung der Fische liegt innerhalb der Chordatiere (Chordata). Neben den Wirbeltieren (Vertebrata) werden zu dieser auch die Hemichordata (Eichelwürmer), die Urochordata (Manteltiere = Tunicata) und die Cephalochordata (z. B. *Branchiostoma*, das Lanzettfischchen) gezählt. In allen diesen Gruppen treten (z. T. nur in den Larval- oder Embryonalstadien) Organisationsmerkmale wie ein versteifendes, rohrförmiges Stützorgan (Chorda dorsalis), ein dorsal gelegenes Neuralrohr sowie Kiemenspalten und V-förmige Muskelsegmente (Myomere) auf, die anderen Tierstämmen fehlen. Ein kleines, nur etwa 5 cm langes Fossil aus dem berühmten mittelkambrischen ↗Burgess Shale in British Columbia, Kanada, gilt als der älteste Chordate: Die fischchenförmige *Pikaia* (Abb. 2) zeigt eine als Chorda interpretierte Struktur sowie segmentierte Muskeln. Neue Funde von Agnathenresten aus dem chinesischen Unterkambrium machen dem bisher als ältestes Wirbeltier angesehenen *Anatolepis* Konkurrenz, das aus dem Oberkambrium Wyomings (USA) stammt. Die überlieferten kleinen Schuppenteile mit einer charakteristisch genoppten Oberfläche bestehen aus biologischem ↗Apatit, dem Baustoff von Knochen und Zähnen der Vertebrata. Zwischen diesen frühesten Wirbeltierresten und der diversen Fischfauna aus dem Zeitbereich Silur/Devon (»Zeitalter der Fische«) ist der Fossilbericht sehr spärlich.

Die Agnatha, in älterer Literatur auch als Ostracodermen bezeichnet, erscheinen im oberen Kambrium und entwickeln im ↗Silur und ↗Devon eine erstaunliche Formenfülle. Die allermeisten Gruppen kieferloser Fische sterben jedoch zum Ende des Devons wieder aus, wobei sicherlich der Konkurrenzdruck der sich nun stark diversifizierenden kiefertragenden Fische eine entscheidende Rolle gespielt hat. Rezent sind nur noch die Petromyzontia und die Myxinoidea vorhanden. Im Devon des ↗Baltischen Schildes dienen die Agnatha als Zonenfossilen. Morphologisch zeichnen sich die fossilen Vertreter der kieferlosen Fische durch einen kräftigen Knochenpanzer oder zumindest ein knöchernes Schuppenkleid aus, das große Teile des Körpers bedeckte.

Eine der drei großen Gruppen innerhalb der Agnatha sind die Osteostraci. Im Fossilbericht erscheinen sie im Obersilur und haben meist einen dorsoventral abgeplatteten Körper und einen asymmetrischen Ruderschwanz zur Fortbewegung. Kennzeichnende Merkmale dieser Gruppe sind paarige Flossen und ein knöchernes Innenskelett im Schädelbereich, wo elektrische Sinnesorgane vermutet werden. Ökologisch werden die Osteostraci als träge, bodenbewohnende Strudler gedeutet, die sowohl in küstennahen marinen Sedimenten als auch in Süßwasserablagerungen vorkommen. Eine im Silur und Devon, vorwiegend im Süßwasser auftretende Gruppe sind die spindelförmigen Anaspida, die als aktive Schwimmer betrachtet werden. Ihr Besatz mit Knochenschuppen wird von stratigraphisch älteren zu jüngeren Formen zunehmend abgebaut. Aus ihnen könnten die rezenten Neunaugen hervorgegangen sein. Die Heterostraci sind die älteste Gruppe innerhalb der kieferlosen Fische. Sie erscheinen bereits im Kambrium und weisen in der vorderen Körperhälfte eine kräftige Knochenpanzerung auf, während der hintere Körper mit Knochenschuppen bedeckt ist. Von der vierten Agnathen-Gruppe, den Coelolepida, ist nur wenig bekannt, da sie ihre Knochenpanzerung bis auf kleine, in der Haut gelegene Schüppchen reduziert haben und daher fossil nur schlecht erhaltungsfähig sind. Die Galeaspida mit ihren bizarren Körperformen sind vom Untersilur bis Mitteldevon in China und Nordvietnam verbreitet und haben sich dort vermutlich isoliert entwickelt. Eine weitere Gruppe eigenartig gestalteter Fische sind die erst in den letzten Jahren beschriebenen Thelodontier, die vom oberen ↗Ordovizium bis zum Ende des Devons nachgewiesen sind.

Im unteren Silur treten im Fossilbericht die ersten kiefertragenden Fische (Gnathostomata) auf, die in die ausgestorbenen Placodermen (Panzerfische), die Chondrichthyes (Knorpelfische), die Osteichthyes (Knochenfische) und die eigentümlichen Acanthodii (»Stachelhaie«) gegliedert werden (Abb. 1). Der Erwerb von Kiefern stellt innerhalb der Wirbeltiere einen einschneidenden Evolutionsschritt dar. Er ebnete den Weg zu einer räuberischen Ernährungs- und Lebensweise und damit die ↗Radiation in bis dahin von Fischen unbesetzte ökologische Nischen. Die Kiefer entwickelten sich aus transformierten

Fische 2: Rekonstruktion des ältesten bekannten Chordaten, *Pikaia gracilens*, aus dem mittelkambrischen Burgess Shale (Kanada). Das Vorderende weist nach rechts, Länge ca. 5 cm.

Fische 3: Vertreter der Placodermen (Panzerfische): a) *Bothriolepis* (Ordnung Antiarchi). Der massive Kopfpanzer und Rumpfpanzer sind über ein Nackengelenk beweglich miteinander verbunden, Länge ca. 40 cm; b) *Coccosteus cuspidatus* (Ordnung Arthrodira), eine schwächer gepanzerte Form, Länge ca. 35 cm.

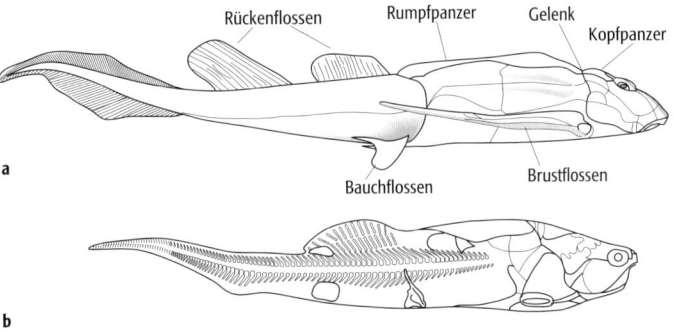

Fische

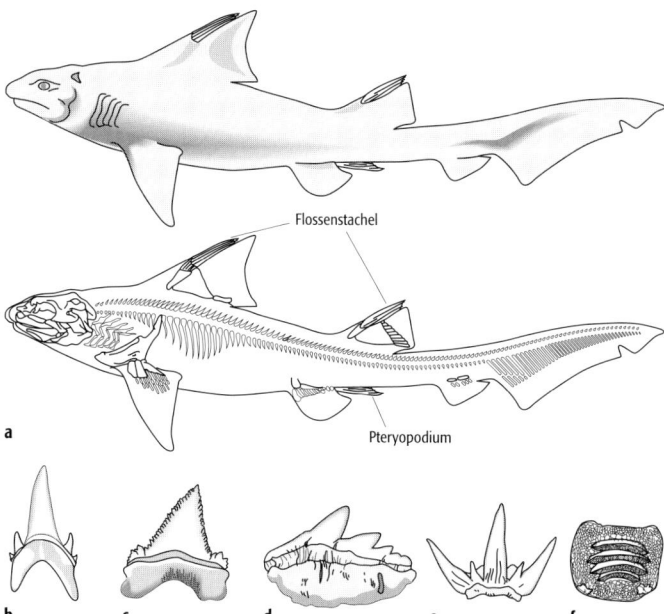

Fische 4: Vertreter der Chondrichthyes (Knorpelfische): a) mesozoische Haigattung *Hybodus*. Beachtenswert sind die kräftigen Flossenstacheln sowie die paarigen Kopulationsorgane (Pteryopodien); b-f) Beispiele unterschiedlicher Morphologien bei Haizähnen: b) *Palaeohypotodus*, Untereozän, c) *Palaeocarcharodon*, Paläozän, d) *Eonotidanus*, Unterkreide, e) *Chlamydoselachus*, rezent, Nordatlantik, f) Quetschzahn von *Hylaeobatis*, Unterkreide. Größen nicht maßstäblich.

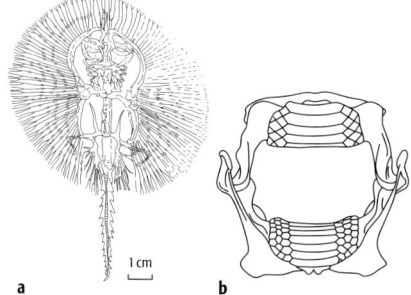

Fische 5: Vertreter der Batomorpha (Rochen): a) *Cyclobatis*, Oberkreide; b) schematische Darstellung des Kiefers und der Bezahnung von *Mylobatis*. Gut erkennbar ist die regelmäßige Anordnung der einzelnen Quetschzähne zu Reihen.

Kiemenbögen: Mit der Ausdehnung der Mundhöhle gingen die vordersten zwei bis drei Kiemenbögen verloren, während sich das nachfolgende Paar vergrößerte und zu Kiefern umbildete.

Die Placodermen sind oft sehr eigenartig gestaltete Fische mit einem massiven, panzerartigen Exoskelett aus Knochenplatten. Sie gelten als die primitivsten kiefertragenden Wirbeltiere. Die meisten Panzerfische sind marin, die Vertreter der Ordnung Antiarchi (Abb. 3a) kommen jedoch überwiegend in Süßwasserablagerungen vor. Placodermen treten erstmals an der Wende Silur/Devon auf und haben ihre Blütezeit während des Devons. Bereits im Unterkarbon sterben sie ohne rezente Nachkommen aus. Placodermen besaßen einen starren, unbeweglichen Unterkiefer, so daß zum Öffnen des Mauls der gesamte Kopf gehoben werden mußte. Daher waren Kopf- und Rumpfpanzer der Placodermen über ein Nackengelenk beweglich miteinander verbunden. Vermutlich waren nur diejenigen Formen gute Schwimmer, die eine vergleichsweise geringe Panzerung aufwiesen (z.B. *Coccosteus*, Abb. 3b). Vor allem innerhalb der Ordnung Arthrodira gab es aktive Räuber mit furchterregenden Dimensionen, wie z.B. *Dunkleosteus*, der über 10 m lang werden konnte.

Das Skelett der Chondrichthyes ist aus Knorpelgewebe aufgebaut, weshalb sie ein wesentlich schlechteres Fossilisationspotential haben als Fische, deren Stützorgane aus Knochen bestehen. Die Chondrichthyes gliedern sich zum einen in die Elasmobranchii, zu denen die rezenten Haie (Selachii, Abb. 4) und Rochen (Batomorpha, Abb. 5) sowie deren fossile Vertreter gehören. Zum anderen zählen die bizarren Chimären (Holocephali) zu dieser Klasse. Entgegen älterer Annahmen stammen die Chondrichthyes nicht von den Placodermen ab. Vor allem durch Gemeinsamkeiten im Kieferbau und beim Zahnersatz lassen sie sich mit den Osteichthyes (Knochenfischen) von einem gemeinsamen, fossil bisher nicht belegten Vorfahren herleiten. Bereits im Untersilur zeigen die Haie eine rasche Radiation in viele Familien. Die meisten Entwicklungslinien erlöschen jedoch an der Perm/Trias-Grenze, lediglich die Hybodontoidea bestehen weiter bis ins Alttertiär fort. Eine zweite Radiationsphase erleben die Elasmobranchii im älteren ↗Mesozoikum. Vermutlich aus den Ctenacanthoidea gehen die modernen Haie (Neoselachii) hervor, und im unteren ↗Jura Norddeutschlands können die frühesten bekannten Rochen nachgewiesen werden. Bereits in der ↗Kreide sind die Elasmobranchier weitgehend in die rezent vorkommenden Gruppen differenziert. Gemeinsames Merkmal aller Chondrichthyes ist das knorpelige Endoskelett, das bei erwachsenen Exemplaren auch prismatisch calcifizierten Knorpel enthalten kann. Die männlichen Tiere haben ein äußeres, paariges Kopulationsorgan, die Pterygopodien, die sich aus einem Teil der Bauchflossen differenziert haben (Abb. 4a). Es dient der bei Fischen ungewöhnlichen inneren Befruchtung. Fast alle Formen sind marin, nur wenige Arten sind Süßwasserbewohner. Die Außenhaut der Elasmobranchii ist mit winzigen schmelzüberzogenen Hautzähnchen bedeckt, die im Bautyp den »echten« Zähnen homolog sind. Diese auch fossil nachgewiesenen Placoidschuppen setzen den Wasserwiderstand beim Schwimmen beträchtlich herab. Einige Haie haben Stacheln an Flossen oder Kopf ausgebildet. Die charakteristischen, meist mehrspitzigen und/oder mit Sägekanten versehenen Haizähne (Abb. 4b-e) werden im Rhythmus von meist wenigen Wochen ersetzt. Bedingt durch diesen raschen Zahnwechsel sind die mancherorts massenhaft überliefern Haizähne die häufigsten Chondrichthyer-Reste im Fossilbericht. Viele der modernen und fossilen Haie sind torpedoförmig gebaut und haben eine räuberische Lebensweise. Daneben gibt es aber immer Formen, die durophag sind, d. h. sich mit flachen Knackzähnen (Abb. 4f) von Mollusken ernähren. Rochen sind dorsoventral stark abgeflacht, zeigen besonders vergrößerte, flügelartige Brustflossen, wohingegen die Flossen der Bauch- und Schwanzregion stark reduziert sind (Abb. 5). Ihre Lebensweise ist meist bodenbezogen, und mit ihren Quetschzähnen ernähren

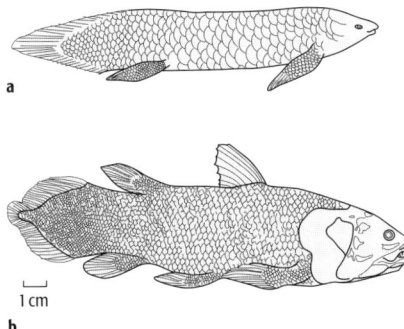

Fische 6: Vertreter der Sarcopterygii (Fleischflosser, Osteichthyes): a) *Epiceratodus* (rezenter australischer Lungenfisch, Dipnoi); b) *Latimeria* (rezenter Quastenflosser, Coelacanthidae, Indischer Ozean). Größen nicht maßstäblich.

sie sich bevorzugt von hartschaligen Meeresorganismen.

Eine Gruppe niederer Gnathostomata mit unsicherer systematischer Zuordnung sind die Acanthodier. Sie weisen sowohl auf der Dorsal- als auch auf der Ventralseite des Körpers kräftige Stacheln auf (»Stachelhaie«). Diese meist räuberisch lebenden Fische sind bereits im Untersilur nachgewiesen und haben ihre Blütezeit im Devon. Aus permischen Süßwasserablagerungen gibt es jedoch auch zahnlose Gattungen (z. B. *Acanthodes*), die ökologisch als Strudler interpretiert werden. Die Acanthodier sterben ohne rezente Nachfahren im ↗Perm aus.

Die Osteichthyes (Knochenfische) sind seit dem Obersilur durch Schuppen belegt und treten damit sehr früh im Fossilbericht der Vertebraten auf. Sie sind charakterisiert durch ein verknöchertes Innenskelett und die Ausbildung einer Schwimmblase als hydrostatisches Organ. Dies macht sie fossil und rezent zur erfolg- und formenreichsten Fischklasse. Die Actinopterygii teilen sich zum einen in die altertümlichen Chondrostei, die im ↗Paläozoikum ihre Blütezeit hatten, und zum anderen in die Neopterygii. Der überwiegende Teil der heutigen Fische gehört in letztere, gegen Ende des Paläozoikums erscheinende Gruppe. Aus dem Obertrias entwickeln sich die ersten Teleostier. Im Jura und in der Kreide sind v. a. die primitiveren Teleostier verbreitet. Die Euteleostier, zu denen von der Forelle bis zum Seepferdchen alle modernen Knochenfische gehören, dominieren ab dem ↗Tertiär. Für den Stammbaum der Wirbeltiere sind jedoch die Sarcopterygii das wichtigere Taxon innerhalb der Knochenfische, da sich aus ihnen die landlebenden Tetrapoden entwickelt haben. Zu den Fleischflossern zählen die Dipnoi (Lungenfische), die Coelacanthiformes sowie die paläozoischen Rhipidistia. Gemeinsame Merkmale sind v. a. die namengebenden fleischigen Flossen sowie innere Nasenöffnungen (Choanen). Die frühesten Lungenfische aus dem Unterdevon Chinas bekannt, in der rezenten Fauna sind sie nur noch mit drei Gattungen vertreten. Die Dipnoi (Abb. 6a) sind gekennzeichnet durch Spezialisierungen im Schädelbau und die lungenartige Ausstülpung ihres Darmes. Die Coelacanthiformes erscheinen im Mitteldevon in Süßwasserablagerungen, sind aber ab der ↗Trias auch im marinen Bereich heimisch. Als wissenschaftliche Sensation wurden Ende der 30er Jahre rezente Exemplare dieser seit der Oberkreide als ausgestorben geglaubten Gruppe als *Latimeria* beschrieben (Abb. 6b). Aus den Rhipidistiern sind im Oberdevon die ↗Amphibien hervorgegangen. Die Baupläne beider Gruppen zeigen viele Gemeinsamkeiten: Insbesondere die paarigen Rhipidistierflossen sind bereits in diejenigen Knochenelemente differenziert, die eine Tetrapodenextremität ausmachen. Die anatomisch gut bekannte, oberdevonische Gattung *Eusthenopteron* (Abb. 7) sowie die weniger vollständig überlieferte Gattung *Panderichthyes* gelten zur Zeit als die besten Modelle derjenigen Fischgruppe, die an der Schwelle zwischen Wasser und Land steht. [DK]

Literatur: [1] BENTON, M. J. (1997): Vertebrate Palaeontology. – London u. a. [2] CARROLL, R. L. (1993): Paläontologie und Evolution der Wirbeltiere. – Stuttgart/New York. [3] LONG, J. A. (1995): The rise of fishes: 500 million years of evolution. – Baltimore/London. [4] ROMER, A. S. & PARSONS, T. S. (1991): Vergleichende Anatomie der Wirbeltiere. – Hamburg/Berlin.

Fischereihydrographie, Teilgebiet der ↗Ozeanographie, das die Untersuchung der physikalischen und chemischen Schichtungsverhältnisse im Meer sowie der Strömungsmuster und Durchmischungszustände beinhaltet. Sie dient der Informationsgewinnung hinsichtlich Fortpflanzungs- und Aufwuchsbedingungen sowie zum Wanderverhalten von kommerziell nutz-

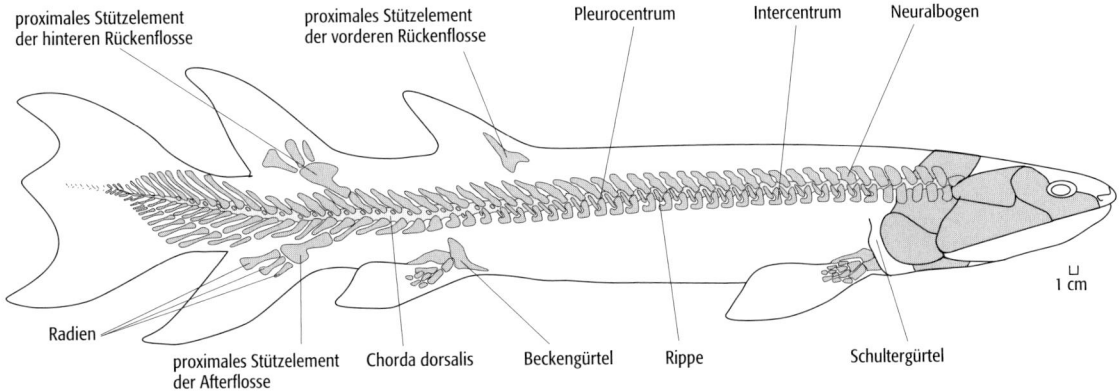

Fische 7: Skelettrekonstruktion der oberdevonischen Rhipidistiergattung *Eusthenopteron*. Der Becken- und Schultergürtel zeigen bereits die Differenzierung in Ober- und Unterschenkel bzw. Ober- und Unterarm, wie sie für Tetrapoden üblich ist.

baren Fischbeständen und ihren Beuteorganismen.

Fischregion, Abschnitt eines Fließgewässers, der durch eine typische Fischart (↗Indikatorenorganismen) gekennzeichnet wird. Je nach dominierender Fischart erfolgt eine Einteilung in: ↗Forellenregion, ↗Äschenregion, ↗Barbenregion, Blei- und ↗Brachsenregion, ↗Kaulbarsch-Flunder-Region.

Fischtoxizität, ↗Toxizität eines Stoffes gegenüber dem Fisch als Testorganismus. ↗Biotest.

Fischtreppe ↗*Fischaufstieg.*

Fischweg, technische Einrichtung zur Wiederherstellung der linearen Durchgängigkeit von Fließgewässern. Mit Hilfe von Fischwegen soll Fischen und benthalen Makroinvertebraten die Überwindung einer künstlichen Fallstufe (z.B. ↗Wehr) ermöglicht werden. Der Oberbegriff Fischweg umfaßt sowohl ↗Fischaufstiege als auch ↗Fischabstiege.

Fisher-Statistik, bewährtes Verfahren für die statistische Behandlung paläomagnetischer Daten und die Berechnung der Mittelwerte von Richtungen der ↗remanenten Magnetisierung und von virtuellen paläomagnetischen Pollagen. Die remanente Magnetisierung eines geologischen Körpers, die an einer Vielzahl von orientiert entnommenen Einzelproben gemessen wird, ist nicht einheitlich, sondern mit einer mehr oder weniger großen Streuung behaftet. Die wichtigsten Ursachen dafür sind: a) die ↗Säkularvariation des erdmagnetischen Feldes während des Erwerbs einer Remanenz, b) lokal verschieden große Anteile der einzelnen Remanenztypen an der natürlichen remanenten Magnetisierung (NRM) sowie c) kleine Orientierungsfehler bei der Probenentnahme. Die Daten, wie z.B. ein Satz von Deklinations- und Inklinationswerten (↗Deklination, ↗Inklination), können nicht einzeln arithmetisch gemittelt werden, weil sie als Meßgrößen eines Vektors im dreidimensionalen Raum betrachtet werden müssen. Der Mittelwert zweier Richtungen liegt stets auf dem beiden Richtungen gemeinsamen Großkreis. Bei der Fisher-Statistik wird vorausgesetzt, daß die an einzelnen Gesteinsproben ausgeführten Messungen alle unabhängig von der Intensität der remanenten Magnetisierung, von gleicher Genauigkeit und praktisch fehlerfrei sind. Die ermittelten Richtungen werden daher ohne Bewichtung der Intensität der Remanenz und der Fehler der Einzelmessung als gleichwertige und fehlerfreie Einheitsvektoren betrachtet. Gegeben seien i Wertepaare (Deklination D_i, Inklination I_i), welche die fehlerfreien Remanenzrichtungen von i Proben in Form von i Einheitsvektoren darstellen. Die orthogonalen Vektorkomponenten der i Einheitsvektoren sind:

Nordkomponente: $l_i = \cos D_i \cdot \cos I_i$
Ostkomponente: $m_i = \sin D_i \cdot \cos I_i$
Vertikalkomponente: $n_i = \sin I_i$.

Die Nord-, Ost- und Vertikalkomponenten (X, Y, Z) des Mittelwertes erhält man durch folgende Rechenoperationen:

$$X = R^{-1} \cdot \Sigma l_i;\ Y = R^{-1} \cdot \Sigma m_i;\ Z = R^{-1} \cdot \Sigma n_i,$$

mit:

$$R = [(\Sigma l_i)^2 + (\Sigma m_i)^2 + (\Sigma n_i)^2]^{1/2}$$

als Vektorsumme der i Einheitsvektoren. Deklination D und Inklination I der mittleren Remanenzrichtung können mit folgenden Beziehungen ermittelt werden: $D = \arctan(Y/X)$ mit $0° \leq D \leq 180°$; $I = \arcsin Z$ mit $-90° \leq I \leq +90°$.
Die Statistik von Fisher bietet auch die Möglichkeit, die Streuung von Richtungen zu quantifizieren. Dabei wird davon ausgegangen, daß alle Richtungen gemäß einer Gauß-Verteilung um eine mittlere Richtung gruppiert sind (Fisher-Verteilung). Die Spitzen der Einheitsvektoren erscheinen auf einer Kugel mit dem Einheitsradius als Punkte. Die Verteilung der Meßpunkte um einen Mittelwert läßt sich mit einer Wahrscheinlichkeitsdichte-Funktion $P(\Phi)$ beschreiben. Es ist:

$$P(\Phi) = (k'/4\pi \cdot \sinh k') \cdot e^{k' \cdot \cos \Pi},$$

dabei ist Π der Raumwinkel zwischen einem Datenpunkt auf der Einheitskugel und dem Mittelwert der Punktgruppe und k' der ↗Präzisionsparameter. Dieser variiert zwischen $k' = \infty$ bei identischen Punkten bzw. Richtungen bis zu $k' = 0$ bei einer vollständig regellosen Verteilung der Punkte auf der Kugeloberfläche. Dies entspricht einer ganz ungeordneten Verteilung der Remanenzrichtungen. Für die Praxis reicht die näherungsweise Berechnung des Präzisionsparameters aus. Für $k' \geq 3$ ergibt sich folgender Näherungswert für den Präzisionsparameter, der dann mit k bezeichnet wird:

$$k = (N-1) / (N-R).$$

Dabei ist N die Anzahl der verwendeten Richtungen (oder Punkte auf der Einheitskugel) und R der nach der oben genannten Formel berechnete Wert für die Vektorsumme der Einheitsvektoren. Wegen der möglichen Streuung der Einheitsvektoren ist stets $R \leq N$. Bei Werten für $k \leq 10$ ist die Streuung der Richtungen schon recht erheblich, paläomagnetische Daten mit $k \leq 3$ sind weitgehend unbrauchbar. Hier läßt sich höchstens noch der Quadrant angeben, in dem wahrscheinlich die mittlere Remanenzrichtung liegt.
Bei paläomagnetischen Messungen hat sich neben dem leicht zu berechnenden Präzisionsparameter k noch eine andere Größe eingebürgert, mit der man bei einer vorgegebenen Wahrscheinlichkeitsschranke die Zuverlässigkeit eines Mittelwertes angeben kann. Es ist die Größe α (in Grad) des Radius eines Kreises (Konfidenzkreis) auf der Einheitskugel um den berechneten Mittelwert, innerhalb dessen sich mit einer gewissen Wahrscheinlichkeit (i.d.R. wird die Wahrscheinlichkeit $W = 1 - P = 0{,}95 = 95\%$ verwendet) der wahre Mittelwert befindet. Für die Berechnung von α_{95} (dies entspricht $P = 0{,}05 = 5\%$) gilt folgende Beziehung:

$$\cos \alpha_{(1-P)} =$$
$$\cos \alpha_{95} = \{1 - [(N-R)/R] \cdot [(1/P)^{1/(N-1)} - 1]\}.$$

Für eine Probenanzahl $N \leq 5$ kann man auch folgende Näherungsformel verwenden:

$$\alpha_{95} \cong 140 / (k \cdot N)^{1/2}.$$

Kleine Werte für den Radius α_{95} des Konfidenzkreises können auch dadurch erhalten werden, daß man die Anzahl N der untersuchten Proben erhöht. Deshalb ist bei der Beurteilung der Streuung und damit der Qualität und Zuverlässigkeit eines paläomagnetischen Ergebnisses auch auf den Präzisionsparameter k zu achten. [HCS]

Fission-Track-Methode ↗Spaltspurdatierung.

Fitneß, *genetische Eignung*, ↗Konkurrenzkraft eines Organismus. Die Fitneß ist der Fortpflanzungserfolg eines Individuums innerhalb einer ↗Population. Manche Individuen hinterlassen mehr Nachkommen als andere und bestimmen daher zu einem verhältnismäßig größeren Anteil die Eigenschaften zukünftiger Generationen. Die Zahl der von einer Pflanze produzierten Samen oder der von einem Fisch gelaichten Eier ist kein direktes Maß der Fitneß dieser Individuen. Die Individuen mit der größten Fitneß hinterlassen lediglich relativ zu anderen Individuen einer Population die größte Anzahl an Nachkommen. Fitneß ist daher eine relative Größe. Es findet eine natürliche ↗Selektion der am besten den Umweltbedingungen angepaßten Individuen statt, perfekt an die Umweltbedingungen angepaßte Organismen gibt es nicht.

fixierter Kohlenstoff, Kohlenstoff, der im Mineralreich (↗Lithosphäre), in der Tier- und Pflanzenwelt (↗Biosphäre), in der Luft (↗Atmosphäre) und im Wasser (↗Hydrosphäre) gebunden vorkommt. In der Lithosphäre ist der Kohlenstoff in erster Linie in Sedimenten anzutreffen (↗Kohlenstoff in Sedimenten). Kohlenstoff ist einer der Hauptbestandteile in allen organischen Molekülen wie Aminosäuren, Zucker u. a. Er ist somit zusammen mit Wasserstoff, Stickstoff, Sauerstoff und Phosphor die wichtigste Komponente des Lebens (↗Kohlenstoff in Organismen). Die bis jetzt bekannten und definierten (natürlichen und künstlichen) organischen Verbindungen (>4 Mio.) übertreffen weit die Zahl der Verbindungen aller übrigen 105 Elemente (ca. 100.000). Aus diesem Grund spricht man bei den Kohlenstoffverbindungen des Lebens von »Organischer Chemie«, im Gegensatz zur »Anorganischen Chemie«. Neben den mannigfaltigen Oxidationsstufen und Verbindungsformen des Kohlenstoffs ist das gasförmige Kohlendioxid das Hauptreservoir des Kohlenstoffs. Dieses CO_2 ist besonders wichtig für den Aufbau von Kohlenstoffverbindungen durch autotrophe und auf diesem Umweg auch für heterotrophe Organismen. Das CO_2-Reservoir, die Atmosphäre, ist in einem stetigen Austausch mit dem CO_2-Reservoir Hydrosphäre. In einer aquatischen Umgebung können Carbonate anorganisch gefällt werden oder sie werden von Organismen (Schalen, Skelette u. a.) als Carbonatsedimente abgelagert. Primäres organisches Material wird direkt in der Form von terrestrischen Pflanzen aus dem atmosphärischen Reservoir gebildet oder durch Photosynthese der aquatischen Pflanzen und Cyanobakterien aus dem gelösten CO_2 der Hydrosphäre aufgebaut. Dadurch wird der Kohlenstoff aus diesen Reservoirs entzogen und organisch fixiert. Der größte Teil des terrestrischen und marinen organischen Materials wird durch Oxidation wieder verbraucht. Auf diese Weise wird CO_2 wieder dem ↗geochemischen Kreislauf zugeführt. Ein vernachlässigbar kleiner Teil des organischen ↗Kohlenstoffs in der Erdkruste, einschließlich der Hydrosphäre, befindet sich in lebenden Organismen und in einem gelösten Zustand. Der größte Teil des organischen Kohlenstoffs ($5 \cdot 10^{15}$ t) ist in Sedimenten fixiert (↗fossiler Kohlenstoff). Ein weiterer beachtlicher Teil des organischen Kohlenstoffs ($1,4 \cdot 10^{15}$ t) ist hauptsächlich in Form von graphitähnlichem Material oder als ↗Meta-Anthrazit in metamorphen Sedimenten fixiert. Als Produkte der Umwandlung urweltlicher pflanzlicher und tierischer Organismen finden sich in der Natur die ↗Kohlen, die ↗Erdöle und die ↗Erdgase. Von den insgesamt in der Biosphäre vorhandenen $2,7 \cdot 10^{11}$ t Kohlenstoff entfallen mehr als 99 % auf die Pflanzenwelt und weniger als 1 % auf die Tierwelt. Der Gehalt der Luft an Kohlendioxid beträgt gegenwärtig durchschnittlich nur 0,03 Vol.-%. Wegen der großen räumlichen Ausdehnung der Atmosphäre übersteigt aber der in der Luft vorkommende Kohlenstoff ($6,0 \cdot 10^{11}$ t) den im Tier- und Pflanzenreich enthaltenen um mehr als 100 %. In noch stärkerem Maße gilt dies für das Meerwasser, das durchschnittlich 0,005 Gew.-% Kohlendioxid enthält. Das entspricht einer Gesamtmenge von $2,7 \cdot 10^{13}$ t Kohlenstoff, d. h. dem Hundertfachen des im Tier- und Pflanzenreichs gespeicherten Kohlenstoffvorrats. Die vorhandene Kohlenstoffmenge in der Biosphäre, Atmosphäre und Hydrosphäre zusammengenommen macht weniger als $1/1000$ des Kohlenstoffgehalts der Lithosphäre aus. Der anorganisch gebundene Kohlenstoff (Lithosphäre + Atmosphäre + Hydrosphäre) verhält sich mengenmäßig zum organisch gebundenen (Biosphäre) wie 100.000 : 1. [AHW]

Fixierung, irreversible Festlegung von Stoffen im Boden. Sie tritt häufig durch irreversible ↗Adsorption oder ↗Absorption, aber auch durch Ausfällung der betroffenen Substanzen in Form schwerlöslicher Verbindung ein. Organische Schadstoffe werden häufig an ↗Huminstoffe gebunden und bilden dabei die sogenannten ↗bound residues. ↗K-Fixierung

fixistische Theorien ↗geotektonische Theorien.

Fjärdenküste, [von schwed. Fjärd = langgestreckte, breite Bucht], Typ der ↗glazigenen Küste, bei der ein durch flächenhafte Glazialerosion entstandenes Relief mit ↗glazial ausgeschürften, flachen Rinnen überflutet wurde (↗Ingressionsküste). Es entstehen Fjärde, flache Felsküsten und Inseln, sog. Schären (↗Schärenküste). ↗Küstenklassifikation Abb.

Fjord: schematische Darstellung.

Fjord, durch postglazialen Meeresspiegelanstieg ertrunkenes, ↗glazial geformtes und meist stark übertieftes ↗Trogtal mit steil abfallenden Flanken (Abb.). Die Wassertiefen in Fjorden können mehrere 100 m betragen, z. B. im Sognefjord in Norwegen 1308 m. Die Verbindung zum Meer ist häufig durch eine untermeerische Schwelle eingeengt, die meist aus einem Felsriegel besteht und mit Material einer ↗Moräne bedeckt sein kann. Fjordküsten finden sich v. a. in jungvereisten Gebieten. ↗glazigene Küsten, ↗Küstenklassifikation.

FK4, *Fundamentalkatalog 4*, vom Astronomischen Recheninstitut Heidelberg veröffentlichter Katalog präzise bestimmter Fundamentalsterne mit Eigenbewegungen zur Epoche ↗B1950.0. Das Nachfolgewerk ist der ↗FK5. ↗Fundamentalkatalog.

FK5, *Fundamentalkatalog 5*, Nachfolger des ↗FK4 mit der neuen Fundamentalepoche ↗J2000. ↗Fundamentalkatalog.

FKW, *Fluorkohlenwasserstoffe*, fluorierte Kohlenwasserstoffe, ↗Kohlenwasserstoffe, bei denen der Wasserstoff ganz oder teilweise durch Fluor ersetzt wurde. FKW sind unbrennbar und resistent gegen Säuren und Laugen. Bis in jüngster Zeit wurden FKW als Kältemittel (Frigene, Freone) in Kühlanlagen eingesetzt. Der Einsatz von ↗halogenierten Kohlenwasserstoffen wurde wegen ihrer Mitwirkung an ↗Treibhauseffekt und ↗Ozonabbau in der Atmosphäre stark eingeschränkt. Die nicht flüchtigen FKW finden Verwendung als chemisch indifferente Schmiermittel und als Kunststoffe (u. a. Teflon, Hostaflon).

Flachbahn ↗Rampe.

Flächenabspülung ↗*Flächenspülung*.

Flächenabtrag, geomorphologischer Begriff für die Abtragungsleistung, die durch ↗flächenhafte Erosion erfolgt. Durch die Prozesse der Flächenspülung entstehen über lange Zeiträume ↗Abtragungsflächen.

Flächenbestimmung, in Karten konventionell mit ↗Planimeter, rechnerisch aus den Koordinaten x_i, y_i diskreter Randpunkte P_i (Vektordaten) oder aus den Pixeln des Randes oder aus allen zum Flächenobjekt gehörenden Pixeln (Rasterdaten). Außer dem Zählen der Pixel beruhen alle Verfahren auf dem Umlaufintegral, wonach sich der Flächeninhalt A einer ebenen Figur mit Rand C aus:

$$A = \frac{1}{2}\oint_C (x\,dy - y\,dx)$$

ergibt. Die Diskretisierung nach den Randpunkten führt auf:

$$\hat{A}_0 = \frac{1}{2}\sum_{i=1}^{n}(x_i y_{i+1} - y_i x_{i+1})$$

mit $x_{n+1} = x_1$ und $y_{n+1} = y_1$ für Polygone. Mit geeigneter Umindizierung im ersten und zweiten Produkt ergeben sich daraus die (gleichwertigen) Gaußschen Flächenformeln:

$$\hat{A}_0 = \frac{1}{2}\sum_{i=1}^{n}x_i(y_{i+1} - y_{i-1}) =$$

$$-\frac{1}{2}\sum_{i=1}^{n}y_i(x_{i+1} - x_{i-1}).$$

An konvexen (eiförmigen) Figuren fällt $\hat{A}_0$ zu klein aus. Unter der Annahme, daß der Rand zwischen zwei benachbarten Punkten konstant gekrümmt ist, erhält man die verbesserte Schätzung:

$$\hat{A}_1 \approx \frac{1}{2}\sum_{i=1}^{n}\frac{x_i y_{i+1} - y_i x_{i+1}}{\operatorname{sinc}\left[(\Delta\varphi_i + \Delta\varphi_{i+1})/2\right]},$$

analog zur Schätzung $\hat{L}_1$ der Linienlänge und mit gleicher Bedeutung der Symbole (↗Längenbestimmung). An nicht konvexen Figuren mit vielen Ein- und Ausbuchtungen des Randes heben sich positive und negative Teilfehler in $\hat{A}_0$ weitgehend gegenseitig auf. Sind die Randpixel konturkodiert abgelegt, kann A aus einem Durchlauf der Kode-Zeile des Randes ermittelt werden, andernfalls zählt man die zur Figur gehörenden Pixel. Sind I die Anzahl der inneren Pixel, B die Anzahl der Randpixel und Δ die Rasterweite, so gilt die Picksche Zählformel:

$$\hat{A}_2 = (I + B/2 - 1)\Delta^2.$$

Zur Auswertung benutzt man zweckmäßig Software der digitalen Bildverarbeitung. [SM]

Flächenbilanz ↗*bilanziertes Profil*.

Flächenbildung, geomorphogenetischer Begriff, der alle geomorphologischen Prozesse umfaßt, die zur Entstehung von ebenen oder flach gewellten Flächen führen, sowohl ↗Abtragungsflächen als auch Aufschüttungsflächen. Letztere können durch die Aufschotterung von Strömen in großen Flußtälern entstehen (z. B. Oberrheinebene) oder durch die Ablagerung von ↗Suspensionsfracht in einer Schwemmlandebene (z. B. Gangestiefebene). Flächenbildung durch Abtragung kann durch ↗Kryoplanation im ↗periglazialen Bereich, durch ↗Abrasion der Meeresbrandung, durch Seitenerosion schuttreicher, periodisch fließender Gewässer bei der Bildung von ↗Pedimenten in semiariden Regionen und besonders durch die ↗Flächenspülung in den wechselfeuchten Tropen erfolgen. Die mit der Flächenbildung verbundenen Prozesse werden in ihrem Zusammenwirken in verschiedenen geomorphogeneti-

Flächenblitz, Blitzentladung, die zum Aufleuchten ganzer Wolkenflächen führt. ↗Blitz.

flächendetailliertes Modell, *flächenverteiltes Modell*, ↗hydrologisches Modell, bei dem ein Gebiet entsprechend besonderer Merkmale räumlich untergliedert wird. Eine solche Unterteilung kann anhand verschiedener Kriterien vorgenommen werden, z. B. nach Höhenlage, Hangneigung, Landnutzung, Bodeneigenschaften. Oft werden aus Kombinationen vorgenannter Kriterien Flächen ähnlicher Abflußbildungseigenschaften (hydrologische Einheiten) gebildet. Vielfach erfolgt auch eine Gebietsaufgliederung durch ein über das Einzugsgebiet gelegtes quadratisches Flächenraster. Dabei werden jedem Flächenelement eigene Kennwerte zugewiesen. Dem flächendetaillierten Modell wird das ↗Block-Modell gegenüber gestellt.

Flächendiagrammkarte, abgeleitet aus der kartographischen Zeichen-Objekt-Referenzierung ein ↗Kartentyp zur Repräsentation von ratio- oder intervallskalierten Daten mit Bezug zu zweidimensional definierten Arealen, wie beispielsweise forstlichen Verwaltungseinheiten. Die Repräsentation der Daten in der Flächendiagrammkarte erfolgt auf der Grundlage des ↗kartographischen Zeichenmodells durch punktförmige Zeichen, die mit Hilfe der ↗graphischen Variablen Größe variiert und im Unterschied zur ↗Punktzeichenkarte oder Punktdiagrammkarte im Mittel- oder Schwerpunkt des jeweiligen Flächenobjektes verortet werden. Typische Flächendiagrammkarten bilden Daten ab, die sich auf administrative Einheiten beziehen. ↗Diakartogramm.

Flächendichtekarte ↗*Choroplethenkarte*.

Flächendränung, flächenhaftes Entwässern zur ↗Dränung von Bauwerken, die im allgemeinen unterhalb von Gebäuden durch Einbau einer Kieslage vorgenommen wird. ↗Dränung.

Flächenerhebung, *Flächeninventur*, auf der Basis von ↗Klassifikationen von Fernerkundungsbilddaten durchgeführte ↗Kartierung von thematischen Flächeneinheiten einer ↗Landschaft, welche auf Grund der digital vorliegenden Ergebnisse unmittelbar in eine Flächenstatistik überführt werden kann. ↗Landnutzungskartierung.

Flächenerosion, spezifischer Fall der auf geneigten Flächen stattfindenden ↗Bodenerosion durch Wasser. Im Gegensatz zur ↗Rillenerosion erfolgt die Flächenerosion bei räumlich quasi homogener Abflußtiefe und Abflußgeschwindigkeit, wobei die ↗Planschwirkung der Regentropfen wesentlichen Anteil an der Ablösung und Suspendierung von Partikeln aus dem Bodenverband hat.

Flächenfarben, als ↗Flächenfüllung oder ↗flächenhafter Untergrund verwendete Farben. Im Unterschied zu den Flächenfarben zählen die Farben von ↗Liniensignaturen, Umriß- und Grenzlinien, Schriften, Punkten (↗Punktmethode) sowie kleiner, punkthafter Signaturen und Symbole, aber auch von ↗Flächenmustern zu den *Strichfarben*. Die Unterscheidung von Flächenfarben und Strichfarben hat einen kartengestalterischen und einen drucktechnischen Aspekt. Strichfarben müssen immer einen hinreichenden ↗Farbkontrast zu Flächenfarben aufweisen, damit lineare und punkthafte Signaturen sowie die Schriften lesbar sind. Auf Flächen großer bis mittlerer Helligkeit kommen für sie nur reine und dunkle Farben, vor allem Schwarz, in Betracht. Des weiteren eignen sich als Strichfarbe dunkles Grau, verschwärzlichtes oder rötliches Blau (Gewässerblau), Violett, Rot, Grün und Braun, nicht aber Gelb.

Flächenfüllung, graphisches Mittel zur Kennzeichnung von Flächen. Unmittelbar als Flächen werden wahrgenommen a) der Flächenton, d. h. die homogene, in Sonderfällen auch verlaufende Farbfläche (↗Farbverlauf) und b) das ↗Flächenmuster. Beide Füllungen sind auch ohne ↗Kontur verwendbar. Flächen können auch durch ein zentral innerhalb der geschlossenen Kontur plaziertes alphanumerisches oder ein anderes, meist bildhaftes Zeichen markiert werden. Nahezu alle ↗kartographischen Darstellungsformen bedienen sich der Flächenfüllung. Lediglich die ↗Punktmethode sowie die Methode der ↗Linearsignaturen und ↗Pfeile geringer Breite lassen keine Flächenfüllung zu. Flächenfüllungen der genannten Arten lassen sich miteinander kombinieren. Zweck einer solchen Kombination kann einerseits die mehrschichtige Darstellung, andererseits eine die Wahrnehmung begünstigende Redundanz sein. Deshalb werden häufig in schwer unterscheidbare Flächentöne die Nummern von Legendeneinheiten eingetragen, z. B. in ↗geologischen Karten. [KG]

Flächengefüge, *planares Gefüge*, ein Gefüge, welches durch die Anordnung von Komponenten in kontinuierlichen, mehr oder weniger parallelen Lagen (↗Foliationen, S-Flächen) gebildet wird. Man unterscheidet primäre Flächengefüge (primäre Foliation, s_o), z. B. Schichtung, Bankung oder magmatischer Lagenbau, von sekundärem, tektonisch-metamorph gebildetem Flächengefüge (sekundäre Foliation, s_n). Bei letzterem läßt sich mit zunehmendem metamorphen Grad unterscheiden: a) Bruchschieferung (dicht angeordnete parallele Bruchflächen ohne Mineralregelung und Rekristallisation), b) *Tonschieferung* oder Schieferung (entstanden durch parallele Anordnung von Tonmineralen, z. B. Chlorit oder Serizit), c) *Schistosität* (kristalline Schieferung, entstanden durch die parallele Anordnung von Schichtmineralen, z. B. Glimmerschiefer) und d) *metamorphe Lagengefüge*, ein stoffliches Lagengefüge, das aus einer feinschichtigen Wechsellagerung (weniger als 1 cm) von bestimmten Mineralassoziationen besteht, z. B. aus Quarz-Albit-Lagen, die mit Chlorit-Muscovit-Epidot-Lagen abwechseln. Hinsichtlich der kinematischen Bedeutung können Flächen, die sich senkrecht zu Einengungsrichtung anordnen (*S-Flächen*, bilden sich senkrecht zur z-Achse des ↗Verformungsellipsoides), von solchen unterschieden werden, an denen primär Scherung stattfindet (C-Flächen, Scherbänder). ↗S-C-Gefüge. [ES]

Flächenkartogramm: Darstellung des Anteils der bebauten Fläche als Flächenkartogramm auf der Basis von a) administrativen Einheiten (Gemeinden), b) eines Feldernetzes und c) von schematisierten Grenzen.

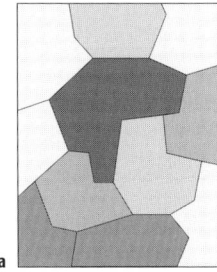
a

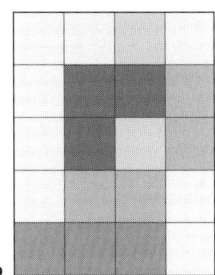
b

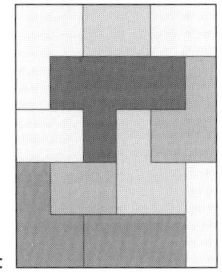
c

Flächengründung ↗ Gründung.

flächenhafte Bodenerosion, Prozeß, bei dem durch häufigen schwachen Abfluß eine geneigte Bodenoberfläche über längere Zeiträume flächenhaft ungleichmäßig tiefer gelegt wird. Exakte Untersuchungen belegen, daß während des Abflußes auf geneigten Äckern meist eine Vielzahl von wenige Millimeter bis einige Zentimeter tiefen Rillen entsteht: Es tritt schwache ↗ linienhafte Bodenerosion auf. Die kleinen Rillen werden jährlich durch Bodenbearbeitung wieder ausgeglichen, die Geländeoberfläche wird dadurch langfristig gesehen flächenhaft tiefergelegt. Flächenhafte Bodenerosion wird auch als schleichende Bodenerosion bezeichnet. ↗ Bodenerosion.

flächenhafte Erosion, in der deutschsprachigen ↗ Geomorphologie als Synonym zu ↗ Denudation verwendet. Entgegen der angelsächsischen Literatur wird in der deutschen Literatur streng in linienhafte Abtragung (↗ Erosion) und flächenhafte Abtragung (Denudation) unterschieden. Allerdings setzt sich auch hierzulande durch prozeßorientierte Erosionsforscher die Vorstellung durch, daß erosive und denudative Abtragungsprozesse beim ↗ Oberflächenabfluß ineinander übergehen (engl. »rill and interrill erosion«). Der Wasserfilm konzentriert sich in kleinen Rillen und Rinnen, die sich verbreitern und eintiefen, sich verzweigen oder auf kleinen ↗ Schwemmfächern wieder auslaufen. Diese linearen Erosionsformen bewirken letztendlich auch flächenhafte Abtragung.

flächenhafter Untergrund, in mehrschichtigen Darstellungen die untere bzw. hintere ↗ Darstellungsschicht flächenhaften Charakters. Im Sinne der Bildkomposition läßt sich der flächenhafte Untergrund auch als Hintergrund bezeichnen. Alle Darstellungen nach der ↗ Flächenmethode, ↗ Flächenkartogramme (↗ Choroplethekarten) und ↗ Schichtstufenkarten eignen sich als flächenhafter Untergrund. Dieser sollte immer mit den Inhalten darüberliegender Schichten korrespondieren, d. h. mit ↗ Diagrammen, ↗ Positionssignaturen und ↗ Linearsignaturen oder ↗ Pfeilen. Dafür ist es unerheblich, ob der flächenhafte Untergrund einen Hintergrund im übertragenen Wortsinn darstellt, also lediglich ergänzende Informationen liefert, oder ob er stärker im Sinne einer Grundlage (↗ Basiskarte) verwendet wird. Die Hintergrundfunktion kommt häufig Flächenkartogrammen zu, z. B. der Bevölkerungsdichte, die eine Ergänzung zu den in Positionsdiagrammen oder ↗ Diakartogrammen ausgedrückten Sachverhalten liefern. Schichtstufenkarten der Klimaelemente dagegen enthalten meist das Titelthema als Untergrund (z. B. die mittlere Jahrestemperatur), während die an den Standorten einiger Meßstationen plazierten Klimadiagramme ergänzenden Charakter haben. Unabhängig vom Rang, den der gestaltende Kartograph oder der Kartennutzer dem flächenhaften Untergrund beimessen, ergibt sich durch seine Aufnahme in die Darstellung stets die Tendenz zur ↗ Komplexkarte. Zur Unterstützung der Schichtenwahrnehmung wird er meist in helleren Farben als die darüberliegenden Schichten dargestellt. [KG]

Flächenhäufigkeitszahl, Anzahl der Flächen bzw. Netzebenenscharen einer Form, d. h. einer Menge symmetrisch äquivalenter Flächen bzw. Netzebenenscharen. In den kubischen Kristallklassen zum Beispiel ist die Flächenhäufigkeitszahl der Form {100} gleich 6, denn es gibt sechs symmetrisch äquivalente Würfelflächen. Die Flächenhäufigkeitszahl ist von Bedeutung in der Röntgenbeugung. Hier fallen bei Pulververfahren die Reflexe aller Netzebenenscharen einer Form zusammen. Um die Intensität des Reflexes einer einzigen Netzebenenschar zu erhalten, ist die gemessene Intensität durch die Flächenhäufigkeitszahl zu dividieren. Koinzidenzen von Reflexen treten auch beim ↗ Drehkristallverfahren auf.

Flächenkartenzeichen, *Grundrißkartenzeichen*, die zur Darstellung von grundrißlichen Flächen (↗ Grundriß) verwendeten ↗ Kartenzeichen als Gesamtgestalt bzw. ↗ Superzeichen. Sie bilden den individuellen Grundriß der betreffenden Objekt- oder Verbreitungsfläche maßstäblich bzw. maßstäblich vereinfacht ab. Mit ihrer Anwendung ist als kartographische Darstellungsmethode die ↗ Flächenmethode (Arealmethode) verbunden. Die qualitative Charakterisierung der in der Regel durch eine Kontur begrenzten Fläche zur Wiedergabe nominalskalierter Daten erfolgt mittels Flächensignaturen als ↗ Flächenfüllung bzw. ↗ Flächenmuster oder durch ein spezielles Zeichen (Symbol). Da das Gesamtzeichen in seiner Größe und seinem Umriß sich aus der maßstäblichen Darstellung ergibt und somit das Geoobjekt nicht typisiert im Sinne einer Gattungssignatur wiedergibt, kann der Begriff der ↗ Signatur (Flächensignatur) nur für die charakterisierende Füllung angewendet werden. [WGK]

Flächenkartogramm, eine auf die topologische Raumstruktur Fläche bezogene ↗ kartographische Darstellungsmethode. Bei dieser gelangen die statistischen Werte auf die reale Fläche bezogen als Dichtewerte in relativer Darstellung zur graphischen Abbildung. Die sich aus dieser häufig benutzten Darstellungsmethode ergebenden kartographischen Strukturformen werden verschiedentlich unter dem Begriff ↗ Kartogramm zusammengefaßt, doch wird heute mehr und mehr auch hier von ↗ Karten gesprochen (↗ Choroplethenkarte). Die Werte werden, meist in 3 bis 15 Dichtestufen (Wertgruppen) zusammengefaßt, in die Darstellungseinheiten flächendeckend mit Schraffur, Flächenmuster oder Farbtönen, die in Intensitätsskalen geordnet sind, eingetragen. Mit einfachen Schraffuren und Kreuzschraffuren ist auch eine stufenlose Dichtedarstellung möglich (Intensitässkala). Neben administrativen Einheiten können beim Flächenkartogramm auch naturräumliche Einheiten, regelmäßige Gitternetze (Felderkartogramm; ↗ Feldermethode) oder schematisierte Grenzen als Bezugsgrundlage für die statistischen Werte benutzt werden (Abb.). Dichtedarstellungen sind nur sinnvoll, wenn der darzustellende Sachverhalt in einer realen Beziehung zur Fläche steht. Anteile von statistischen Gesamtheiten sollten, um graphische Verfälschungen durch unterschiedlich große Bezugseinheiten zu vermeiden, nicht auf die administrative Fläche, sondern jeweils auf eine im Schwerpunkt der Fläche angeordnete Mengensignatur bezogen werden, die der jeweiligen Gesamtheit proportional ist, z. B. Altersanteile der Wohnbevölkerung auf die jeweilige Wohnbevölkerung, Anteile der Altersklasse von Wohngebäuden auf die Wohngebäude insgesamt. Teilweise wird unter Flächenkartogramm auch eine Kartogrammform verstanden, in der die statistischen Werte mittels flächiger Figuren (Kreisscheiben, Kreisringe, Quadrate, Rechtecke) wiedergegeben werden. Da diese Figuren ungegliederten Flächendiagrammen entsprechen, ist es richtiger, solche Kartogramme zur ↗Diakartogrammen zu rechnen (↗Mengensignatur). [WSt]

Flächenkeim, zusammenhängende Anzahl von Teilchen in einer neuen Schicht auf einer bestehenden ↗Kristalloberfläche. Auf atomar glatten Kristallflächen mit großer Bindungsenergie innerhalb der Schicht ist die Anlagerung eines Bausteines in einer neuen Schicht mit einem relativ geringen Energiegewinn verbunden, verglichen mit dem Einbau in eine Halbkristallage. Die Wahrscheinlichkeit einer Wiederabtrennung, bevor weitere Bausteine angelagert werden, ist daher sehr groß. Erst eine kritische Anzahl von Bausteinen, vergleichbar dem ↗kritischen Keimradius im Dreidimensionalen, ergibt eine stabile Anordnung, so daß für solche Flächen das Wachstum einer neuen Schicht mit der Bildung eines zweidimensionalen Flächenkeims beginnt. Die Bildung von Flächenkeimen wurde in einzelnen Fällen nachgewiesen. Sie erfolgt aber durchweg bei sehr hohen ↗Übersättigungen. Reale Kristalle oder ↗Whiskers wachsen i. d. R. bei niedrigeren Übersättigungen. Flächen, die ↗Versetzungen mit Schraubenanteil enthalten, bieten Stufen, die sich während des Wachstums fortwährend generieren und ohne die Bildung von Flächenkeimen ein Spiralwachstum ermöglichen, das auch in der Modellbildung bei Übersättigungen stattfindet, wie sie experimentell gefunden wurden. [GMV]

Flächenkoordinaten, *geodätische Flächenkoordinaten*, Paar von Parametern u_1, u_2, welche die Position eines Punktes auf einer Fläche vorgegebener Größe und Form beschreiben. In der Geodäsie sind diese Bezugsflächen (↗Referenzfläche) i. d. R. ein ↗Rotationsellipsoid oder Kugeln, deren Größe und Form den Dimensionen der Erde entsprechen. Wichtige Flächenkoordinaten sind die ↗geographischen Koordinaten (ellipsoidische Koordinaten) B, L, die ↗Gaußschen Koordinaten und die ↗geodätische Parallelkoordinaten. Wenn sich die Parameterlinien $u_1 =$ const. und $u_2 =$ const. rechtwinklig schneiden, nennt man (u_1, u_2) orthogonale Flächenkoordinaten. Die Parameter u_1, u_2 werden entweder im Winkelmaß (z. B. B, L) oder im Längenmaß (Linearkoordinaten) angegeben.

Flächenkurve, Kurve auf einer Fläche vorgegebener Größe und Form, z. B. auf einer Kugel oder einem ↗Rotationsellipsoid. ↗Kurventheorie.

Flächenlage, die Lage oder Orientierung der Fläche an einem Kristall, die durch ↗Flächensymbole oder durch Projektionspunkte in einer der ↗Kristallprojektionen spezifiziert wird.

Flächenlawine ↗Lawine.

Flächenmaßstab, eine für kleinmaßstäbige Karten geeignete Form, das Verkleinerungsverhältnis auszudrücken. Da auf solchen Karten der übliche lineare Kartenmaßstab entsprechend dem benutzten Kartennetzentwurf nur entlang bestimmter Linien, meist dem Äquator und/oder dem Mittelmeridian, oder nur für das Entwurfszentrum gilt, ist es insbesondere bei flächentreuen Entwürfen zweckmäßiger, einen Flächenmaßstab derart anzugeben, daß für das Naturmaß das entsprechende Kartenmaß in Flächeneinheiten genannt wird, z. B. 10.000 km^2 = 1 mm^2 oder 1 Mio. km^2 = 1 cm^2, was einem Längenmaßstab von 1:100.000.000 entspricht. Zusätzlich sollte eine entsprechende Vergleichsfläche, der das Naturmaß angeschrieben ist, solchen Karten als graphischer Ausdruck des Flächenmaßstabs beigegeben werden.

Flächenmethode, *Arealmethode*, eine auf die topologische Raumstruktur Fläche bezogene ↗kartographische Darstellungsmethode, bei der Flächenobjekte (↗Diskreta) als ↗qualitative Darstellung mittels ↗Flächenkartenzeichen wiedergegeben werden. Sie führt zum ↗Kartentyp der ↗Mosaikkarte. Verschiedentlich wird der Begriff der Flächenmethode auf die Darstellung wirklicher (absoluter) Vorkommen (Objektflächen) eingegrenzt und die Darstellung von nur als Fläche aufgefaßten (relativen) Vorkommen (Verbreitungsflächen, Pseudoarealen) als Flächenmittelwertmethode bezeichnet. Auch die definitionsmäßige Eingrenzung auf Strukturen inselhaft isolierter Areale ist üblich. Im Sinne der Gattungsmosaiken nach Eduard ↗Imhof (↗kartographische Gefüge) bezieht sich die Flächenmethode auf die Darstellung aller qualitativ flächenhaften Diskreta, wobei entsprechend den unterschiedlichen flächenhaften Erscheinungen des ↗Georaums durchaus Differenzierungen möglich sind. Viele geowissenschaftliche Karten sind nach der Flächenmethode gestaltet. Die ↗Gestaltungsmittel für die Flächenmethode sind vielfältig. Neben der Begrenzung mittels ↗Kontur kommen verschiedene Arten der ↗Flächenfüllung zum Einsatz, die von Farbflächen über ↗Flächenmuster bis zur Bezeichnung des Flächenobjekts mittels eines Namens in Arealstellung (↗Schriftplazierung) reichen. Bei Überlagerung verschiedener Inhaltsmerkmale lassen sich diese kombinieren. Für die klare, verständliche und logische Wiedergabe der Flächengefüge sind bestimmte Regeln einzuhalten. So sind kleine Flächenstücke mit intensiveren Farben bzw. Tonwerten zu belegen, großflächige Bereiche hingegen mit blasseren (↗Farbhelligkeit). Ist die sachliche Abgrenzung der Merkmale der Einzelflächen nicht exakt möglich, so sollte diese Un-

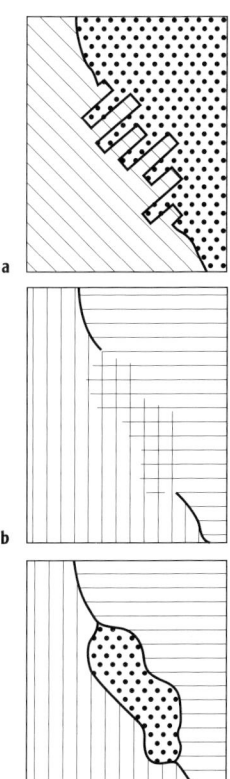

Flächenmethode: Möglichkeiten zur Darstellung von Mischgebieten: a) streifenartige Durchdringung, b) Überlappung, c) gesonderte Ausgrenzung des Mischgebietes.

Flächenmittelwertmethode

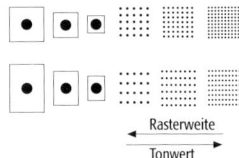

Flächenmuster 1: Einheitsflächen verschiedener Größe und Form und ihr Einfluß auf die Rasterweite und den Tonwert.

Flächenmuster 3: Wirkung der Skalierung von Flächenmustern auf den Tonwert und den Feinheitsgrad.

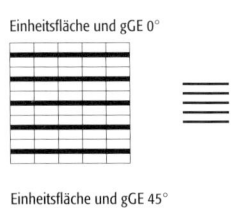

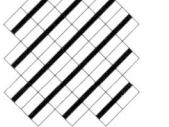

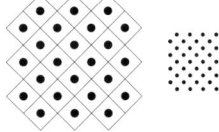

Flächenmuster 5: Änderung der Orientierung von Einheitsfläche (Versatz) und graphischem Grundelement.

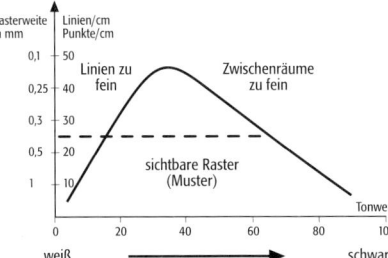

Flächenmuster 2: Variationsbreite der Raster für sichtbare Flächenmuster.

schärfe durch Weglassen der Kontur, Farbübergänge u. ä. ausgedrückt werden. Für echte Durchdringungs- und Mischgebiete kommen graphische Lösungen von sich durchdringenden geometrischen Figuren, zumeist Streifen, oder die gesonderte Ausgrenzung des Mischgebietes in Frage (Abb.). Über die unterschiedliche Breite der Streifen eines Mischgebiets können Informationen zu den quantitativen Anteilen der Einzelkomponenten ausgedrückt werden. Die ↗Generalisierung von Flächen und Flächengefügen kann nach unterschiedlichen Aspekten erfolgen. Flächenproportionalität sollte möglichst erhalten bleiben. Thema und Zweck der Karte stehen bei der ↗thematischen Generalisierung von Karten nach der Flächenmethode im Vordergrund. Der Flächenmethode verwandt ist die Anwendung von flächenproportionalen Mengenpunkten für flächenhafte Objekte (↗Punktmethode). [WGK]

Flächenmittelwertmethode, eine auf die topologische Raumstruktur Fläche bezogene kartographische Darstellungsmethode qualitativer Flächenfärbung, bei der sporadisch über die Fläche verteilte Objekte und sich auf diese stützende Raumgliederungen als zusammenhängende Flächen mittels ↗Flächenkartenzeichen dargestellt werden. Zur Verdeutlichung des unscharfen Charakters der Grenzen solcher ↗Pseudoareale sollten derartige Flächen möglichst unkonturiert, aber graphisch strukturiert wiedergegeben werden. Die Flächenmittelwertmethode ist zwar mit der ↗Flächenmethode verwandt, ist jedoch methodisch von dieser trotz der bestehenden Übergänge zu unterscheiden.

Flächenmosaik, *Mosaik*, *Gattungsmosaik*, flächendeckende Darstellung grundrißlich bestimmter Flächen (z. B. der Landnutzung) oder einer Raumgliederung (z. B. Naturraumtypen) nach der ↗Flächenmethode bzw. als ↗Mosaikkarte. Der Begriff bezieht sich vor allem auf Karten, in denen Flächentöne als ↗Flächenfüllung benutzt werden.

Flächenmuster, 1) *Kartographie*: *Graphikmuster*, *Rastermuster*, *Strukturraster*, neben der Farbfläche das wichtigste graphische Mittel zur Darstellung von Flächen (↗Flächenfüllung). Sein Hauptmerkmal ist die regelhafte, jedoch nicht zwangsläufig gleichabständige Anordnung zahlreicher, meist identischer graphischer Grundelemente (gGE) in einer Fläche. Die gGE sind klein, aber noch einzeln wahrnehmbar. Sie können äußerst vielgestaltig sein. Dem auszudrückenden Sachverhalt entsprechend, wird die Fläche mit oder ohne Kontur dargestellt. Allgemeine Merkmale von Flächenmustern sind die Helligkeit bzw. der ↗Tonwert, die Feinheit, die Winkelung und die Farbe. Diese allgemeinen Merkmale hängen direkt oder indirekt von folgenden Parametern der gGE ab, die weitgehend den ↗graphischen Variablen entsprechen: a) Abstand der gGE (Rasterweite, Rasterperiode), der sich aus den Seitenlängen der sie umschließenden, auch als Kachel bezeichneten Einheitsfläche (Quadrat,

Skalierung der gGE bei konstanter Einheitsfläche

Skalierung von gGE und Einheitsfläche

Rechteck, Dreieck) ergibt (Abb. 1). Muster werden in Papierkarten bei Abständen der gGE von mehr als 0,5 mm wahrgenommen. Zwischen 0,5 und 0,3 mm Abstand tritt als Sekundärwahrnehmung der Tonwert hinzu, der bei weiterer Verringerung der Rasterweite dominiert (Abb. 2). Flächenmuster mit unregelmäßigem Abstand der gGE sind wegen ihrer aufwendigen Herstellung seltener anzutreffen (z. B. Punktmuster für Sand, Laubwald).
b) Größe des gGE bei konstanter oder veränderter Einheitsfläche (Abb. 3).
c) Form des gGE (Abb. 4).
d) Anordnung und Orientierung von Einheitsfläche und/oder gGE, die sich wechselseitig beeinflussen (Abb.4 und 5). Die gGE lassen sich in Form von Quadraten (auch Rechtecken), versetzten Quadraten oder dreieckförmig anordnen. Als Sonderfall ist die Kombination mehrerer gGE in einer Einheitsfläche (alternierende Muster) anzusehen (Abb. 6).
e) Farbe des gGE, die als Strichfarbe (↗Flächenfarbe) wirkt und in dunklen Flächen auch negativ verwendet werden kann.
Die Abwandlung eines oder mehrerer Merkmale beeinflußt die o.g. allgemeinen Merkmale des Flächenmusters. Zum Beispiel hat die Maßstabsänderung von Einheitsfläche und gGE eine Vergrößerung oder Verfeinerung bei gleichbleibendem Tonwert zur Folge (Abb. 3). Die 45°-Winkelung von Einheitsfläche und punkthaftem gGE bewirkt einen Versatz (Abb. 6). Wegen der komplexen Wechselbeziehungen der Merkmale existieren kaum empirisch abgesicherte Anwendungsregeln. Als Faustregel kann gelten, ordinalskalierte Werte durch den Tonwert (Dichte), qualitative Unterschiede (nominale Skalierung) durch Farbe, Form oder Orientierung der gGE wiederzugeben. Zweckmäßig abgestufte Flächenmuster eignen sich als Ergänzung oder als Ersatz für ↗Grauskalen in einfarbigen Darstellungen. Ebenso vermögen sie farbige Flächentöne zu er-

setzen. Dabei erreichen sie nicht immer deren trennende Wirkung; als gefügegerechte Flächenmuster von hohem Ikonizitäts- bzw. Assoziationsgrad machen sie jedoch natürlich gegebene Strukturen sehr anschaulich (Abb. 6). Auf Farbflächen gedruckt, ermöglichen Flächenmuster die mehrschichtige Darstellung deckungsgleicher oder sich schneidender Flächen. In einigen geowissenschaftlichen Fachbereichen, z. B. in der Geologie, werden sie in standardähnlicher Weise verwendet. In der konventionellen Kartographie kann man meist auf Kollektionen vorgefertigter Flächenmuster (Filme) zurückgreifen, die einkopiert werden. ⁊Kartenkonstruktionsprogramme verfügen häufig über ein entsprechendes, anwendungsbereites Zeichenrepertoire.

2) *Landschaftsökologie*: ⁊Ökotope oder andere abgrenzbare Raumeinheiten ergeben ein landschaftstypisches Flächenmuster. Dies wird durch die Form und Größe der Flächen hervorgerufen. Das Flächenmuster spielt bei der visuellen Ausscheidung höherrangiger naturräumlicher Einheiten (z. B. ⁊Geoökosysteme) eine herausragende Rolle. Naturräumliche Einheiten lassen sich durch bestimmte Flächenmuster charakterisieren. Diese Flächenmuster spiegeln auch die naturräumliche Ausstattung des entsprechenden Raumes wider.

Flächenniederschlag, *Landregen*, Niederschlag in einem großräumigen Gebiet mit einem Durchmesser von 200 bis 1000 km.

Flächennivellement, auf dem Nivellierprinzip basierende Methode zur Bestimmung der Höhenunterschiede flächenhaft angeordneter ⁊Objektpunkte. Hierbei werden Punkte höhenmäßig bestimmt, indem die dort aufgehaltene ⁊Nivellierlatte als ⁊Zwischenblick abgelesen wird. Das Flächennivellement wird z. B. zur höhenmäßigen Aufnahme mäßig geneigten Geländes für die Herstellung von Lage- und Höhenplänen, bei Ergänzungsmessungen für ⁊topographische Karten und zur Erdmassenberechnung angewandt. Die übliche Methode des Flächennivellements ist die *Rostaufnahme*, bei der die Lage der aufzumessenden Punkte durch die Schnittpunkte eines über das Gelände abgesteckten rechtwinkligen Gitters (Rost) festgelegt wird.

Flächennormalenkoordinaten, dreidimensionale krummlinige Koordinaten u_1, u_2, u_3 zur Beschreibung der Position eines Punktes im Raum, welche sich auf eine Fläche vorgegebener Größe und Form, der ⁊Referenzfläche beziehen. Während zwei der Flächennormalenkoordinaten (u_1, u_2) einen Punkt auf der Bezugsfläche festlegen, gibt die dritte Koordinate u_3 den kürzesten Abstand zur Bezugsfläche an, der mit dem Abstand des Raumpunktes vom Lotfußpunkt auf der Bezugsfläche identisch ist. Als Bezugsflächen werden in der Geodäsie häufig ⁊Rotationsellipsoide oder Kugeln verwendet, deren Größe und Form der Di-

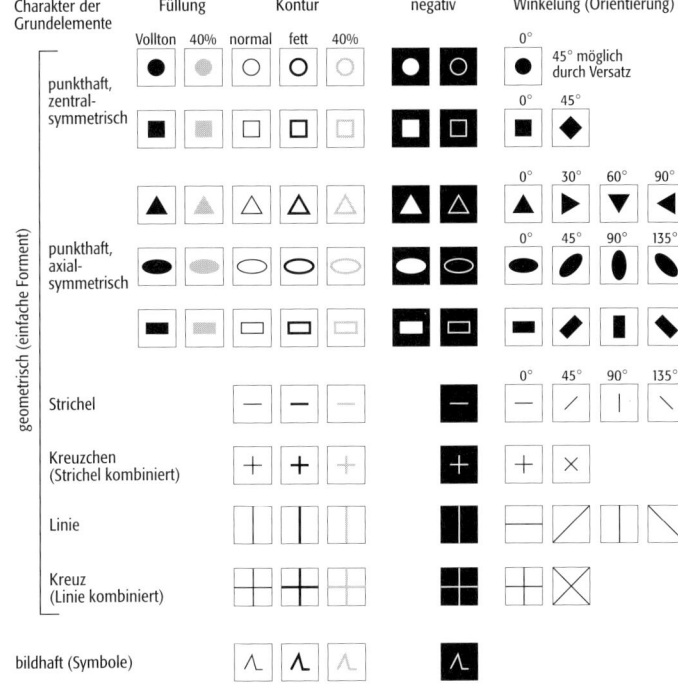

Flächenmuster 4: Formen graphischer Grundelemente und Abwandlung ihrer graphischen Variablen.

Flächenmuster 6: Beispiele bildhafter, alternierender und unregelmäßiger Flächenmuster.

mension der Erde entsprechen. Die flächennormale Koordinate u_3 wird in diesen Fällen als ↗ellipsoidische Höhe bzw. sphärische Höhe bezeichnet; die beiden Koordinaten u_1, u_2, welche die Lage des Lotfußpunktes beschreiben, werden ↗Flächenkoordinaten genannt. In einem System von Flächennormalenkoordinaten ist die dritte (flächennormale) Koordinate u_3 immer orthogonal zu u_1 und u_2. [BH]

Flächennutzungsplan, *FNP*, vorbereitender ↗Bauleitplan in der zweistufig angelegten Bauleitplanung auf kommunaler Ebene. Der Flächennutzungsplan wird für das gesamte Gemeindegebiet aufgestellt und besitzt lediglich eine interne Verbindlichkeit für die Einpassung von Fachplanungen. Er enthält Aussagen über die sich aus der beabsichtigten und langfristigen städtebaulichen Entwicklung ergebende Art der künftigen Bodennutzung nach den voraussehbaren Bedürfnissen der Gemeinde sowie Aussagen über Bauflächen, Baugebiete, Verkehrsflächen und Grünanlagen. Der Flächennutzungsplan besteht in der Regel aus einer Plandarstellung auf der Grundlage topographischer Karten (↗Stadtkartenwerke) im Maßstab 1:25.000 bis 1:50.000, der Baunutzungsverordnung und der Planzeichenverordnung sowie einem Erläuterungsbericht. Aus dem Flächennutzungsplan wird der ↗Bebauungsplan (BBP) für Teilbereiche eines Gemeindegebietes abgeleitet. [ADU]

Flächennutzungsplanung, beinhaltet die gesamten Planungsvorhaben einer Gemeinde, abgestimmt auf die zukünftige Entwicklung der Gemeinde und deren Umfeld unter Einbeziehung von Nachbargemeinden. Hierzu zählt die Planung von Baugebieten, Verkehrsplanung, Versorgungsplanung, ↗Freiraumplanung, Planung von ↗Grünflächen und Flächen der Land- und Forstwirtschaft. Das kartographische Produkt der Flächennutzungsplanung ist der gemeindliche ↗Flächennutzungsplan (FNP). Für die darin ausgewiesenen Baugebiete werden zusätzlich detailliertere ↗Bebauungspläne (BBP) und für die Frei- und Grünraumplanung häufig Grünordnungspläne verfaßt. Die Flächennutzungsplanung muß sich den übergeordneten Zielen der ↗Landesplanung und ↗Regionalplanung anpassen. ↗Raumplanung.

Flächenrandkarte, abgeleitet aus der kartographischen ↗Zeichen-Objekt-Referenzierung ein ↗Kartentyp zur Repräsentation von nominal- oder ordinalskalierten Daten mit Bezug zu zweidimensional definierten Arealen, wie beispielsweise Schwerpunkt-, Vorrang- oder Schutzgebieten in der Planung. Die Repräsentation der Daten in der Flächenrandkarte erfolgt auf der Grundlage des ↗kartographischen Zeichenmodells durch linienförmige Zeichen für den Flächenrand, die mit Hilfe der ↗graphischen Variablen Form, Farbe und Richtung bei Vorliegen nominalskalierter Daten oder Korn und Helligkeit bei ordinalskalierten Daten variiert werden. Typische Beispiele für Flächenrandkarten finden sich als Kartenschichten in Planungskarten.

Flächenreduktion, die Verkleinerung der Flächen von ↗Kartenblättern, bestimmten Gebieten oder Objekten, die beim Übergang von größeren zu kleineren Kartenmaßstäben auftritt. Jede Fläche f_A im Ausgangsmaßstab $1:M_A$ wird beim Übergang zu dem Folgemaßstab $1:M_F$ verkleinert auf:

$$f_F = f_A \cdot (MA / MF)^2.$$

Der Flächenreduktion steht die *Längenreduktion* gegenüber, die die Verkleinerung der Längen l (in der Karte) im Maßstabsverhältnis beschreibt:

$$l_F = l_A \cdot M_A / M_F.$$

Die Flächenreduktion ist Grundlage und Ursache vieler Generalisierungsmaßnahmen (↗Generalisierung). Gelegentlich werden als Flächenreduktion auch Korrekturen bezeichnet, die sich mathematisch aus den Abbildungsgesetzen der Kartennetzentwürfe ableiten lassen. Sie sind zur Ausschaltung der Verzerrung zu berechnen und an den in der Karte gemessenen Flächen (↗Flächenbestimmung) anzubringen, um die wirkliche Flächengröße zu erhalten. [GB]

Flächenrichtungskarte, abgeleitet aus der kartographischen ↗Zeichen-Objekt-Referenzierung ein ↗Kartentyp zur Repräsentation von nominal- oder ordinalskalierten Daten mit Bezug zu künstlich definierten Netzzellen eines regelmäßigen Rasternetzes. Die Repräsentation der Daten in der Flächenrichtungskarte erfolgt auf der Grundlage des ↗kartographischen Zeichenmodells durch punktförmige Pfeilzeichen, die mit Hilfe der ↗graphischen Variablen Richtung und Größe variiert werden können. Flächenrichtungskarten bilden für jede Netzzelle neben einem beliebigen Meßwert einen Richtungsvektor ab, wie beispielsweise für Abflußrichtungen von Niederschlagsmengen oder für Windrichtungen. ↗Vektormethode.

Flächensanierung, mit Flächensanierung befaßt sich die Stadt- und Raumplanung. Flächensanierung wird meist als ↗Stadtsanierung verstanden, wobei eine völlige Neugestaltung ganzer Straßenzüge oder Stadtviertel erfolgt, meist durch totalen Abriß und anschließenden Neuaufbau. Der Flächensanierungen kommt im Zuge einer ökologischen ↗Stadtplanung große Bedeutung zu. Sie ermöglicht eine entscheidende Verbesserung des ↗Stadtklimas und der städtischen Lebensqualität. Aus rein wirtschaftlichen Gründen erscheint eine Flächensanierung jedoch oft unrentabel.

Flächenschutz, Schutz des Bodens vor Flächenverlusten (z.B. Versiegelung); Prinzip des ↗Bodenschutzes.

Flächenseismik, *3D-Seismik*, flächenhafte seismische Messung zur Bestimmung der dreidimensionalen Strukturen, im Gegensatz zu Messungen auf einzelnen Linien oder Profilen. Verschiedene Anordnungen von Schußpunkten und Empfängern werden verwendet, um eine flächenhafte Überdeckung des Untergrunds zu erzielen.

Flächensignatur ↗Signatur.

Flächenspülung, *Flächenabspülung*, Prozesse der flächenhaften Abtragung (↗flächenhafte Erosion), hervorgerufen durch Wasser in Form eines dünnen Wasserfilmes, häufig auch als ↗Schichtflut bezeichnet. Das flächenhaft abfließende Wasser kann sich dabei hangabwärts in kleinen, netzartig verzweigten Rillen und Rinnen konzentrieren, die durch Seitenerosion letztlich auch eine flächenhafte Abtragung bewirken. Voraussetzungen für Flächenspülung sind ergiebige ↗Starkniederschläge, schwache Hangneigung, feinkörniges Substrat an der Geländeoberfläche und geringe Deckungsgrade der Vegetation. Die Flächenspülung als dominierender Abtragsprozeß ist daher v. a. in den semiariden Subtropen und den wechselfeuchten Randtropen mit ihren periodischen Niederschlägen zu finden.

Flächenstillegung, ist eine in den 1980er Jahren eingeführte agrarpolitische Maßnahme in den EU-Mitgliedstaaten, um die Überproduktion zu reduzieren. Der Umfang der Flächenstillegung wird in der EU in Abhängigkeit von den Überschüssen festgelegt und beträgt im Rahmen der AGENDA 2000 10 % der Flächen. Für die Mitgliedsstaaten ist die Stillegung obligatorisch, für die Landwirte ist die Teilnahme freiwillig. Der Produktionsausfall wird mit einer Flächenprämie in Abhängigkeit von der Bodenproduktivität kompensiert. Unterschieden wird zwischen der Rotationsbrache mit jährlich wechselnden Feldern und der Dauerbrache, die die Stillegung eines Feldes für mindestens 5 Jahre vorsieht. Schläge mit ↗Brache werden gezielt begrünt oder der freien Sukzession überlassen. Der Aufwuchs darf in keiner Form genutzt werden, kommt aber aufgrund der ↗Bodenruhe und der möglichen Ansaat mit Leguminosen der Folgefrucht aufgrund der N_2-Fixierung zugute. [HPP]

Flächensymbol, Symbol, das zur Angabe der Orientierung einer Fläche an einem Kristall dient. Von den zahlreichen Arten von Flächensymbolen, die v. a. im 19. Jh. in der Kristallographie verbreitet waren, sind heute nur noch die ↗Millerschen Indizes in Gebrauch.

Flächensymbole nach Miller und Weiss, ↗Flächensymbole, welche Kristallflächen durch die Verhältnisse ihrer Achsenabschnitte (Weisssche Indizes) bzw. deren Reziprokwerte (Millersche Indizes) an einem kristallographischen (symmetriebezogenen) Achsenkreuz beschreiben, da nach dem Gesetz der Winkelkonstanz nicht ihre exakte Position, sondern nur ihre gegenseitige Orientierung kristallographisch relevant ist. Die Kombination dieser Flächenbeschreibung mit dem Symmetriebezug der Koordinatenachsen führt direkt zum ↗Rationalitätsgesetz, der historischen Grundlage für die Entdeckung des gitterhaften Aufbaus der Kristalle. ↗Millersche Indizes.

Flächensymmetrie, Teilmenge der Symmetrieoperationen eines Kristalls, die eine bestimmte Fläche auf sich selbst abbilden. Die ↗Symmetriegruppe einer Fläche ist folglich eine Untergruppe der Punktgruppe des Kristalls. Die Ordnung der Flächensymmetriegruppe ist so oft in der Ordnung der Kristallsymmetriegruppe enthalten wie die Flächenhäufigkeitszahl beträgt. Die Würfelfläche (*100*) von ↗Halit, der in der ↗Kristallklasse $m\bar{3}m$ (O_h) kristallisiert, besitzt die Flächensymmetrie $4mm$ (C_{4v}). Die Ordnung von $4mm$ ist 8, diejenige von $m\bar{3}m$ ist 48, und die Form {100} besteht aus 48/8 = 6 Würfelflächen.

Flächentheorie, *Differentialgeometrie gekrümmter Flächen*, ein von C. F. ↗Gauß geschaffener Formalismus zur Beschreibung der inneren und äußeren Geometrie von Flächen im $\mathbb{R}^3$ sowie der Eigenschaften von Flächenkurven (↗Kurventheorie). Fundamentale Grundlage der Flächentheorie sind die Ableitungsgleichungen, die das Änderungsverhalten des Ortsvektors einer Flächenkurve sowie eines mit dieser verbundenen begleitenden ↗Dreibeins beschreiben. Maßgeblich für die Flächengeometrie ist das Gaußsche Dreibein mit den Basisvektoren:

$$\vec{g}_1 = \partial \vec{x}/\partial u, \ \vec{g}_2 = \partial \vec{x}/\partial v,$$
$$\vec{g}_3 = \vec{n} = (\vec{g}_1 \times \vec{g}_2)/|\vec{g}_1 \times \vec{g}_2|$$

mit (*u,v*) = Flächenkoordinaten, $\vec{x}$ = Ortsvektor der Fläche, $\vec{g}_3 = \vec{n}$ = Flächennormalenvektor. Die Differentiale der Basisvektoren können in der Basis ($\vec{g}_1, \vec{g}_2, \vec{g}_3$) dargestellt werden; man nennt diese Darstellung für $\vec{g}_1, \vec{g}_2$ die Ableitungsgleichungen von Gauß, für $\vec{g}_3$ die Ableitungsgleichungen von Weingarten.

Aus den Ableitungsgleichungen folgen die ↗Fundamentalformen der Flächentheorie, die erste Fundamentalform:

$$\mathrm{I} = ds^2 = E \cdot du^2 + 2\,F \cdot du dv + G \cdot dv^2,$$

die mit dem Quadrat des ↗Bogenelements identisch ist, und die zweite Fundamentalform:

$$\mathrm{II} = L \cdot du^2 + 2\,M \cdot du dv + N \cdot dv^2,$$

welche sich aus dem Skalarprodukt von $d\vec{x}$ (Differential des Ortsvektors) und $-d\vec{g}_3$ (Differential des Flächennormalenvektors) ergibt. Während die Gaußschen Fundamentalgrößen erster Art *E,F,G* die innere Flächengeometrie oder Metrik einer Fläche festlegen, sind die Gaußschen Fundamentalgrößen zweiter Art *L,M,N* für die Krümmungsverhältnisse auf einer Fläche bezüglich des einbettenden Raumes (äußere Flächengeometrie) maßgeblich. Die Gaußsche Flächentheorie wird in der Mathematischen Geodäsie (Theorie der Landesvermessung) bei der Beschreibung der ↗Flächenkoordinaten und Flächenkurven (↗Kurventheorie) auf einer Kugel oder einem ↗Rotationsellipsoid verwendet. [BH]

Flächentreppe, 1) allgemein deskriptiver Begriff für Flächen in verschiedenen Höhenniveaus, die in einer regelhaften Abfolge stehen (z. B. ↗Strandterrassen oder ↗Flußterrassen). 2) i. e. S. wird der Begriff geomorphogenetisch auf ↗Rumpftreppen angewendet, für deren Bildung das mehrfache Aufeinanderfolgen von Phasen tektonisch bedingter Hebung (↗endogene Prozesse) und Phasen mit ↗Flächenbildung (↗exogene Prozesse) angenommen wird.

Flächentreue

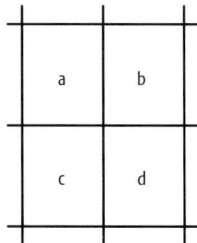

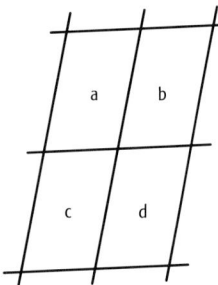

Flächentreue: schematische Darstellung der Flächentreue.

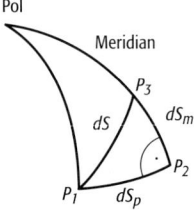

Flächenverzerrung 1: Berechnung der Flächenverzerrung.

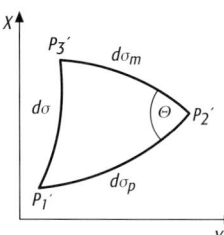

Flächenverzerrung 2: Tissotsche Verzerrungsellipsen der quadratischen Plattkarte.

Flächentreue, die Eigenschaft eines Kartennetzentwurfs, beliebige Teilflächen der ganzen Bezugsfläche (Kugel oder Ellipsoid) in konstantem Verkleinerungsverhältnis in der Abbildungsfläche (Ebene) darzustellen (Abb.). Es ist also bei diesen Entwürfen keine ↗Flächenverzerrung vorhanden. Während bei ↗konformen Abbildungen eine Flächentreue, gebunden an gleichzeitige ↗Längentreue und ↗Winkeltreue nur für unendlich kleine Flächenelemente existiert, haben flächentreue Abbildungen in beliebig großen Teilbereichen und für die ganze Kugel einen konstanten Flächenmaßstab, wie in der Abbildung dargestellt ist. Beispiele für flächentreue Abbildungen sind der flächentreue Kegel-, Zylinder- und Azimutalentwurf nach Lambert. Unter den unecht kegeligen ↗Kartennetzentwürfen gibt es zahlreiche flächentreue Varianten, die meist den Vorteil besitzen, die ellipsoidförmige Erde vorstellungsfreundlich abzubilden. Beispiele hierfür sind ↗Aïtow-Hammers flächentreuer Entwurf, ↗Mollweides unechter Zylinderentwurf, ↗Bonnes unechter Kegelentwurf, Mercator-Sansons unechter Zylinderentwurf. Flächentreue Kartennetzentwürfe werden auch als äquivalent bezeichnet. [KGS]

Flächenverbrauch ↗Landschaftsverbrauch.

Flächenverzerrung, Verhältnis v_f der Größe einer differentiellen Fläche auf der Kugel als Bezugsfläche zur entsprechenden differentiellen Fläche in der Kartenebene als Abbildungsfläche. Praktikabler als die Formeln der ↗Verzerrungstheorie zur Berechnung der Flächenverzerrung sind Formeln, die das Flächenverhältnis mit Hilfe verschiedener Längenverzerrungsausdrücke ergeben. In der Abbildung 1 ist oben ein differentielles sphärisches Dreieck in der Bezugsfläche und unten seine Abbildung in der Ebene dargestellt. dS, dS_m und dS_p sind die differentiellen Bogenstücke zwischen den Punkten P_1, P_2 und P_3. Die mit einem Strich versehenen Stücke und Punkte sind die Entsprechungen in der Ebene, wobei der rechte Winkel bei P_2 in den Winkel θ bei P_2' verzerrt wird. Aus dem Verhältnis der differentiellen Flächen auf der Kugel und in der Ebene ergibt sich unter Anwendung der Formel für die Dreiecksfläche:

$$v_f = \frac{\frac{1}{2} \cdot d\sigma_m \cdot d\sigma_p \cdot \sin\theta}{\frac{1}{2} \cdot dS_m \cdot dS_p}. \quad (1)$$

Nach der Verzerrungstheorie, Gleichungen (8) und (10), gilt für die Längenverzerrung im Meridian m_m und im Parallel m_p:

$$\frac{d\sigma_m}{dS_m} = m_m$$

und

$$\frac{d\sigma_p}{dS_p} = m_p.$$

Damit erhält die Gleichung (1) die einfache Form

$$v_f = m_m \cdot m_p \cdot \sin\theta. \quad (2)$$

Unter Verwendung der Fundamentalgrößen der Gaußschen Flächentheorie (Verzerrungstheorie) gilt:

$$v_f = \frac{\sqrt{E \cdot G}}{R^2 \cdot \cos\varphi} \cdot \sin\theta. \quad (3)$$

Für unecht kegelige ↗Kartennetzentwürfe gilt $\theta \neq 90°$. Setzt man in (2) für m_m und m_p die aus der Verzerrungstheorie bekannten Ausdrücke (8) und (10) und für $\sin\theta$ die aus der ↗Verzerrungstheorie Gleichung (41) durch Umformung von $\tan\theta$ erhaltene Beziehung ein, so hat man für den allgemeinen Fall der Flächenverzerrung:

$$v_f = \frac{f_\lambda \cdot g_\varphi - f_\varphi \cdot g_\lambda}{R^2 \cdot \cos\varphi}. \quad (4)$$

Darin sind f_φ, f_λ, g_φ und g_λ die partiellen Ableitungen der Funktionen $f(\varphi,\lambda)$ und $g(\varphi,\lambda)$ in den allgemeinen ↗Abbildungsgleichungen.

Für alle echt kegeligen, aber auch für einige unecht kegeligen ↗Kartennetzentwürfe in ↗normaler Abbildung (in polarer Lage der Kegelachse) gilt $\theta = 90°$ (↗Winkelverzerrung Gleichung (13)). Die Rechtschnittigkeit zwischen Meridianen und Parallelkreisen auf der Kugel bleibt also in der Abbildung erhalten. In diesem Fall wird die Flächenverzerrung mit den Ausdrücken (19) der Verzerrungstheorie so errechnet:

$$v_f = m_m \cdot m_p = \frac{\sqrt{\left(f_\varphi^2 + g_\varphi^2\right) \cdot \left(f_\lambda^2 + g_\lambda^2\right)}}{R^2 \cdot \cos\varphi} \quad (5)$$

oder mit den Fundamentalgrößen (Verzerrungstheorie Gleichung (6)):

$$v_f = m_m \cdot m_p = \frac{\sqrt{E \cdot G}}{R^2 \cdot \cos\varphi}. \quad (6)$$

Erheblichen Flächenverzerrungen unterliegen winkeltreue Kartennetzentwürfe an den Rändern des dargestellten Gebietes. Das trifft besonders für die Abbildung sehr großer Teile des Globus in die Ebene zu.

Eine Vorstellung von der Flächenverzerrung der quadratischen Plattkarte, einem Zylinderentwurf, vermitteln die Tissotschen Verzerrungsellipsen, die in Abbildung 2 mit 15° Abstand voneinander bis 90° nördlicher und südlicher Breite und für 180° in Länge dargestellt sind. Die großen Halbachsen a für $\varphi = 90°$ würden

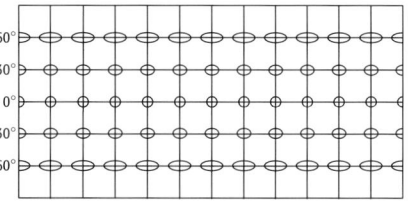

unendlich groß, während die kleinen *b* verschwinden. [KGS]

flächenzentriertes Gitter, ↗Gitter, bei dem die kristallographische Elementarzelle Gitterpunkte auf Flächenmitten aufweist. Man nennt diese Flächen dann zentriert. Sind im dreidimensionalen Raum alle sechs Flächen einer Elementarzelle zentriert, dann spricht man von einem allseitig flächenzentrierten Gitter (*F*-zentriertes Gitter). Sind zwei gegenüberliegende Flächen zentriert, dann liegt ein *A*-, *B*- oder *C*-zentriertes Gitter vor. In der Ebene gibt es als einzigen Typ den des flächenzentrierten *c*-Gitters.

Flachgründung, eine Ausbildung von Fundamenten, bei der die Bauwerkslast über flach liegende Einzel-, Streifen-, Streifenrost- oder Plattenfundamente auf oberflächennahe, ausreichend tragfähige und standfeste Bodenschichten übertragen wird. ↗Gründung.

Flachküste, an schwach reliefiertes Land grenzende, häufig aus Lockermaterial bestehende Küste (↗Lockermaterialküste) ohne nennenswerte Kliffbildung (↗Kliff). Flachküsten reichen bis zum äußersten, durch ausgeprägte Sturmfluten noch erreichbaren Punkt und fallen sanft geneigt unter den Meeresspiegel ein. Die charakteristischen Formen der Flachküste, ↗Schorre und ↗Strand, entstehen i. d. R. durch die ↗Brandung. ↗litorale Serie Abb. 1.

Flachmoor, *fen* (engl.), veralteter Begriff für ↗Niedermoor. Typ eines ↗Moores, das durch ↗Verlandung ↗eutropher Gewässer oder aus versumpften Mineralböden entstanden ist und mit torfbildender Vegetation bewachsen ist. Flachmoore sind, im Gegensatz zu ↗Hochmooren, minerotroph, d. h. das zugeführte Wasser besteht aus Grundwasser und war im Kontakt mit Boden und Gestein, bevor es den Torfkörper erreichte. Der ↗Torf ist daher sauer bis neutral. Die Vegetation besteht v. a. aus Ried- und Süßgräsern sowie Binsen. Die Grenze zwischen Flach- und Hochmoor wird durch das äußerste Vorkommen von Mineralbodenwasserzeigern markiert (z. B. *Menyanthes trifoliata*, *Molinia coerulea*). Als Endstufe der Verlandung eines Gewässers kann sich auf eutrophen Böden über das Stadium des Flachmoores ein ↗Bruchwald ausbilden. Ein Flachmoor kann sich über das Stadium des ↗Übergangsmoores zum Hochmoor weiterentwickeln. [DR]

Flachmoortorf ↗Niedermoortorf.

Flachmuldental, *Spülmuldental*, nach J. ↗Büdel und H. ↗Louis die charakteristische ↗Talform für die Zone der ↗Flächenbildung in den wechselfeuchten Tropen. Flachmuldentäler besitzen einen weitgespannten, muldenförmigen Querschnitt (Spülmulde), haben ein unregelmäßiges Gefälle und sind nicht durch deutliche Talhänge von ihrer Umgebung abgesetzt. ↗doppelte Einebnungsfläche Abb.

Flachseismik, spezielle Anwendung seismischer Methoden zur Erkundung der obersten Schichten der Erdkruste bis in Tiefen von wenigen hundert Metern, z. B. zur Suche von Grundwasser oder als ingenieurgeophysikalische und geotechnische Anwendungen; beinhaltet oft schwierige meßtechnische Probleme durch den starken Einfluß der Verwitterungszone und durch die Präsenz von starken Störwellen (Oberflächenwellen, Luftschall). ↗Wellenausbreitung, ↗Optimum-Window.

flagship species ↗Symbolart.

Flammenschmelzverfahren, *Verneuilverfahren*, Methode zur Kristallzüchtung aus der Schmelze, das um die Jahrhundertwende von Verneuil zur Herstellung von Rubin-Einkristallen eingeführt wurde. Hauptbestandteil ist ein nach unten gerichteter Brenner (Abb.) mit einem Sauerstoff-Wasserstoffgemisch als Brenngas. Im mittleren, sauerstoffführenden Rohr des Brenners wird ein feinkörniges Pulvergemisch aus Aluminiumoxid und Chromoxid zugeführt, das auf dem Weg durch die Flamme aufgeschmolzen und auf dem Keramikstab im Muffelofen als kleine Tröpfchen niedergeschlagen wird. Somit bildet sich ein dünner Schmelzfilm aus, von dessen Unterseite das Kristallwachstum ausgeht. Die Wachstumsgeschwindigkeit liegt bei etwa 10 mm pro Stunde, die Wachstumsdauer je nach Länge der Schmelzbirne bei 5–25 Stunden. Durch Verwendung von Ammonium-Aluminium-Alaun zur Herstellung des Al_2O_3-Pulvers gelang es Verneuil, ein Pulver mit porösen Körnern zu präparieren, das gute Fließeigenschaften mit Körnern geringer Masse verbindet. Das Verfahren kann für verschiedenste Materialien angewendet werden. Durch die Zusammensetzung der Knallgasflamme kann sowohl in oxidierender als auch in reduzierender Atmosphäre bei Temperaturen bis 2500 °C gearbeitet werden. Wenn statt des Sauerstoff-Wasserstoff-Heizgases Plasma-Fackeln verwendet werden, können 3000 °C in neutraler Atmosphäre erreicht werden.

Nachteile sind große innere Spannungen der gezüchteten Kristalle infolge der großen Temperaturunterschiede während des Wachstums und der schnellen Abkühlung. Die große Bedeutung der Lasertechnik und ihrer hohen Ansprüche an die Qualität der Rubinkristalle haben heute zu einer weitgehenden apparativen Verbesserung und Automatisierung der Verneuiltechnik geführt. So wird die Knallgasflamme durch optische Systeme mit fokussierter Wärmestrahlung oder Elektronenstrahlung ersetzt. Auch Plasmastrahlen, d. h. Strahlen sehr heißen, teilweise ionisierten Gases und Sonnenöfen werden für die modernen Verneuil-Techniken eingesetzt. Eine Verminderung der inneren Spannung erreicht man durch Nachtempern der gezüchteten Kristalle.

Flammkohle, ↗Steinkohle aus der Reihe der ↗Humuskohlen mit einer ↗Vitrinitreflexion von 0,60–0,75 % R_r und einem korrespondierenden Gehalt an ↗flüchtigen Bestandteilen von ca. 40,5–43,5% (waf).

Flankeneruption, Eruption am Hang des Vulkangebäudes, im Gegensatz zu *Gipfeleruption*.

Flankenvereisung, *Wandgletscher*, *Eisschürze*, *Eisflanke*, Vergletscherung von steilen Hängen oder Wänden, die bei ausreichender Haftung auch ohne Firnmulden auftreten können. Wegen der gro-

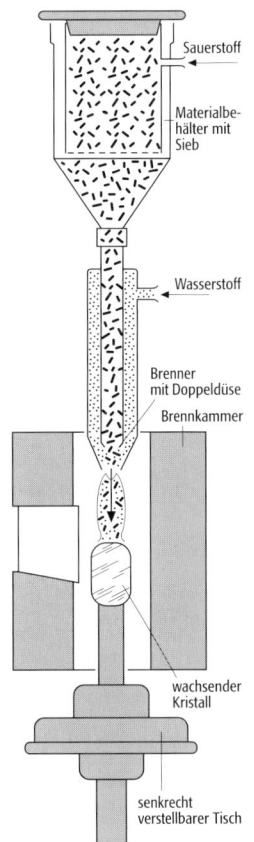

Flammenschmelzverfahren: Querschnitt einer Verneuil-Kristallzüchtungsanlage.

Flasergefüge

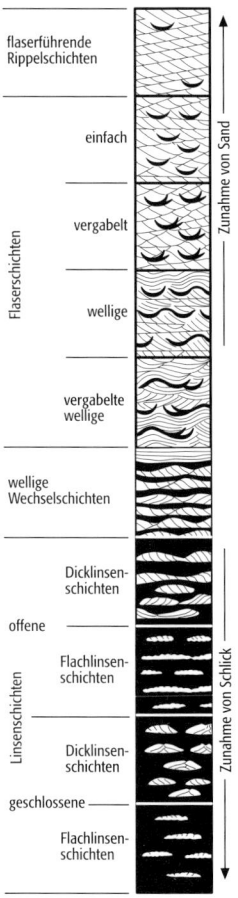

Flaserschichtung: Abfolge von Flaserschichtung über wellige Wechselschichtung hin zur Linsenschichtung.

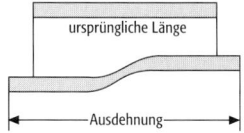

Flatiron: Flatirons (Rampenstufen) auf dem Rückhang eines Schichtkammes.

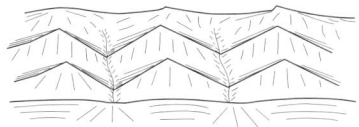

Flexur: schematische Darstellung.

ßen Verbreitung von Flankenvereisungen in den Anden wird diese Art der Vergletscherung gelegentlich auch als *zentralandiner Gletschertyp* bezeichnet. Der ↗Hängegletscher besitzt im Gegensatz zur Flankenvereisung ein ↗Nährgebiet in höherem und flacherem Gelände.

Flasergefüge, Gefüge in plastisch deformierten magmatischen Gesteinen, wobei linsige Reliktdomänen des magmatischen Mineralbestandes in einer straff lagig geregelten, rekristallisierten Matrix angeordnet sind, z. B. Flasergranit, Flasergabbro.

Flaserschichtung, rippelgeschichtete Grobsilte (↗Silt) und ↗Sande mit eingeschalteten Tonflasern in den Rippeltälern. Flaserschichtung, ↗Linsenschichtung sowie wellige Wechselschichtung entwickeln sich in Ablagerungsräumen mit periodisch wechselndem Strömungsregime, wo die Ablagerung rippelgeschichteter Sande regelmäßig während Stillwasserphasen durch pelitische Sedimentation abgelöst wird. Flaser-, Linsen- und die wellige Wechselschichtung sind typische Strukturen von Gezeitenebenen, Deltafront- und Prodelta-Bereichen. Entsprechend des Ton- und Sandgehaltes lassen sich Flaser-, Linsen- und wellige Wechselschichtung nach Reineck & Wunderlich (1968) noch weiter differenzieren (Abb.).

Flatiron, [von engl. = Bügeleisen], *Rampenstufen*, auf den Rückhängen von ↗Schichtkämmen herauspräparierte kleine Geländestufen, die aus härteren Gesteinspartien gebildet werden (Abb.). Sind die Rückhänge durch Erosionsrinnen gegliedert, so erscheint der Verlauf der Meso- und Mikrostufen im Grundriß in der Form eines Bügeleisens. Flatirons treten nur bei geringer oder fehlender Vegetationsbedeckung und Bodenbildung an der Oberfläche in Erscheinung.

Flechten, Pflanzengruppe, welche durch eine hochentwickelte ↗Symbiose zwischen Pilzen (Ascomyceten) und ↗Cyanobakterien charakterisiert ist und etwa 25.000 bekannte Arten umfaßt. Die ↗Symbionten leben in engem Kontakt miteinander und bilden einen dauerhaften spezifisch gebauten Thallus, der eine morphologisch-anatomische und physiologische Einheit darstellt. Die Algen versorgen die Pilze mit durch die ↗Photosynthese gewonnenen organischen Nährstoffen (Kohlenhydrate), während die Pilze Niederschlagswasser speichern und Mineralstoffe erschließen. Flechten sind ↗Pionierpflanzen, reagieren jedoch empfindlich auf Luftverschmutzung (v. a. SO_2). Sie werden deshalb auch als ↗Bioindikatoren verwendet. Flechten können anhand ihrer unterschiedlichen Wuchsform klassifiziert werden (Abb.).

Fleckenzone, *mottled zone*, gelbrote bis rote, auf lokale Eisen- und Aluminiumoxidanreicherung durch Bodenfeuchtewechsel zurückzuführende Flecken in hellen, kaolinitreichen Horizonten tropischer Böden, insbesondere bei ↗Ferralsols.

Fletcher-Ellipsoid ↗Indikatrix.

Flexur, Verbiegung von Gesteinsschichten durch gegenläufige relative Verschiebung zweier ↗Schollen ohne die Bildung größerer Brüche (Abb.). Zur Tiefe hin kann die Flexur in eine ↗Verwerfung übergehen. Im engen Sinne entsteht eine Flexur genetisch durch Ausweitung (↗Dehnungstektonik). Die ↗Monokline oder Monoklinalfalte ist im Erscheinungsbild ähnlich, sollte aber begrifflich auf durch Einengung entstandene Schichtverbiegungen angewandt werden.

Flexurstufe, Geländestufe, die durch eine ↗Flexur entstanden ist, d. h. durch eine Verbiegung der Schichtfolge und eine damit verbundene vertikale Dislokation, ohne daß ein bruchartiger Versatz (↗Verwerfung) erfolgt ist. ↗Bruchstufe Abb.

Fliese, von J. ↗Schmithüsen geprägter Begriff für eine landschaftliche Raumeinheit, die dem ↗Ökotop entspricht (↗Dimension landschaftlicher Ökosysteme).

fließen ↗Hangbewegungen.

Fließerde, überwiegend feinkörniges Material, das, nach oberflächlichem Auftauen von ↗Permafrost oder jahreszeitlich gefrorenem Untergrund, infolge starker Durchfeuchtung bereits bei geringer Hangneigung durch ↗Gelifluktion verlagert wird. Dadurch werden abhängig von der Hangneigung ↗Girlandenböden oder ↗Fließerdezungen gebildet.

Fließerdegirlanden, *Fließerdeterrassen*, ↗*Girlandenboden*.

Fließerdeterrassen, *Fließerdegirlanden*, ↗*Girlandenboden*.

Fließerdezungen, *Fließerdeloben*, hangabwärts gestreckte Formen, die bei stärkerer Hangneigung aus der Auflösung von isohypsenparallelen ↗Girlandenböden hervorgehen.

Fließfalte, ↗Falte, die unter duktilem Fließen (↗duktile Verformung) des Materials entstanden ist (Abb.). Fließfalten entstehen in Materialien geringer ↗Festigkeit (z. B. wenig verfestigte Sedimente, ↗Evaporite) schon bei niedrigen Temperaturen, in verfestigten silicatischen Gesteinen dagegen erst bei Temperaturen von einigen hundert Grad Celsius.

Fließfestigkeit ↗duktile Verformung.

Fließformeln, *allgemeines Fließgesetz*, empirische Formeln zur Berechnung von ↗Gerinneströmungen. Die Grundform der auch heute noch gebräuchlichen Formeln wurde von A. ↗de Chezy und Brahms entwickelt:

$$v = c \cdot \sqrt{r_{hy} \cdot J} \, ,$$

wobei v die ↗Fließgeschwindigkeit, r_{hy} den ↗hydraulischen Radius, J das Gefälle und c einen Proportionalfaktor mit der Einheit $m^{1/2}/s$ darstellen. Für stationären gleichförmigen Abfluß ist das Sohlgefälle J_s näherungsweise gleich dem Wasserspiegelgefälle J_w:

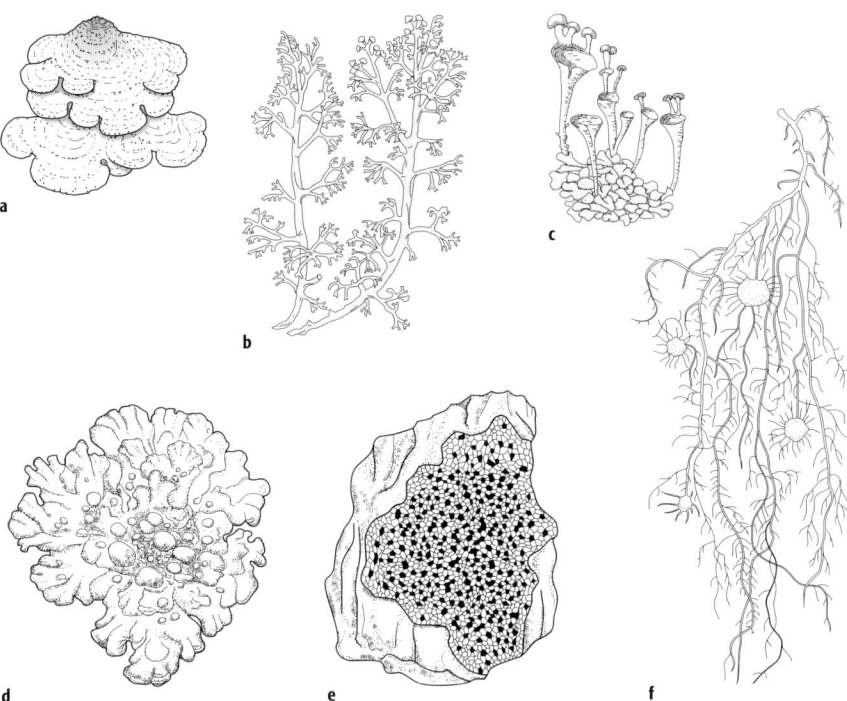

Flechten: Wuchsformen von Flechten. Porlingsflechte (a), Strauchflechte (b), Becherflechte (c), Laubflechte (d), Krustenflechte (e), Bartflechte (f).

$$J = J_s = J_w.$$

Aus dieser Grundformel sind viele Fließformeln entstanden, am weitesten verbreitet ist aufgrund ihrer einfachen Handhabung die nach Manning-Strickler:

$$v = k_{st} \cdot r_{hy}^{\frac{2}{3}} \cdot J^{\frac{1}{2}}.$$

Ein wesentlicher Nachteil dieser Fließformel besteht darin, daß der Rauheitsbeiwert k_{st} nicht dimensionslos ist und die physikalischen Verhältnisse nicht immer korrekt beschrieben werden. Daher wird heute in der offenen Gerinnehydraulik zunehmend das Fließgesetz nach Darcy-Weisbach verwendet, bei dem diese Einschränkungen nicht gelten:

$$v = \frac{\sqrt{2 \cdot g \cdot J \cdot d}}{\sqrt{\lambda}},$$

wobei g die Erdbeschleunigung, d den hydraulischen Durchmesser ($d = 4 \cdot r_{hy}$) und λ den Reibungsbeiwert (Darcy-Weisbach-Koeffizient) darstellen. Letzterer hängt sowohl von der Gerinnebeschaffenheit als auch vom Fließzustand (↗Reynoldsche Zahl) ab. Besondere Bedeutung auf die Größenordnung von λ hat die Strömungsform (laminar oder turbulent). Für offene Gerinne kann λ mit dem für Rohrströmungen hergeleiteten Widerstandsgesetz nach Colebrook-White bestimmt werden, mit der Beziehung:

$$\frac{1}{\sqrt{\lambda}} = -2{,}03 \lg \cdot \left(\frac{2{,}51}{f \cdot R_e \cdot \sqrt{\lambda}} + \frac{\varepsilon}{3{,}71} \right).$$

Dabei ist f ein die Gerinnegeometrie beschreibender Faktor, R_e die Reynoldszahl und $\varepsilon = k_s/d$ die relative Rauheit; k_s stellt die äquivalente ↗Sandrauheit dar. Im Bereich $5 \cdot 10^{-4} < \varepsilon < 5 \cdot 10^{-2}$ stellt die Formel von Manning-Strickler im rauhen Abflußbereich eine gute Näherung der Formel von Darcy-Weisbach dar. Der Zusammenhang zwischen den Formeln von Manning-Strickler, de Chezy-Brahms und Darcy-Weisbach ergibt sich durch:

$$c = k_{st} \cdot r_{hy}^{\frac{1}{6}} = \sqrt{\frac{8 \cdot g}{\lambda}}.$$

Zwischen der äquivalenten Sandrauheit k_s und dem Rauheitsbeiwert nach Manning-Strickler k_{st} besteht die Beziehung:

$$k_{st} = 8{,}2 \cdot \sqrt{g} \cdot k_s^{-\frac{1}{6}} \left[\frac{m^{\frac{1}{3}}}{s} \right].$$

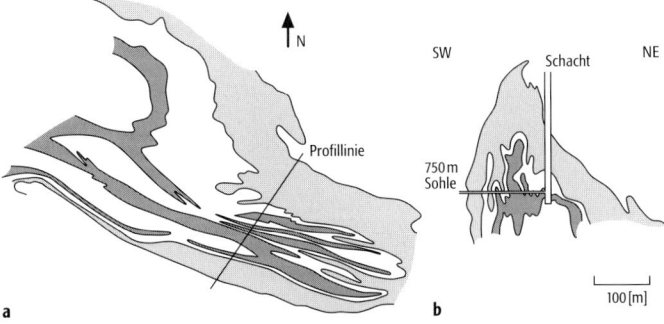

Fließfalte: Fließfalten im Salz der Salzstruktur Asse (Norddeutschland): a) Kartenbild auf der 750 m-Sohle; b) Profil.

Fließgefüge

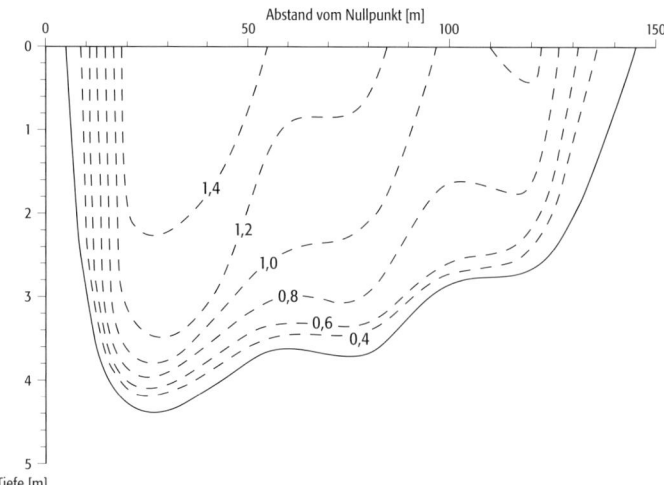

Fließgeschwindigkeit: Geschwindigkeitsverteilung in m/s in einem Meßquerschnitt.

Fließgeschwindigkeitsmessung 1: schematische Darstellung der Durchflußermittlung bei Punktmessung, z. B. mit dem Meßflügel: Längsschnitt. Die höchsten Fließgeschwindigkeiten finden sich knapp unter der Wasseroberfläche.

Fließgeschwindigkeitsmessung 2: schematische Darstellung der Durchflußermittlung bei Punktmessung, z. B. mit dem Meßflügel: Gewässerquerschnitt.

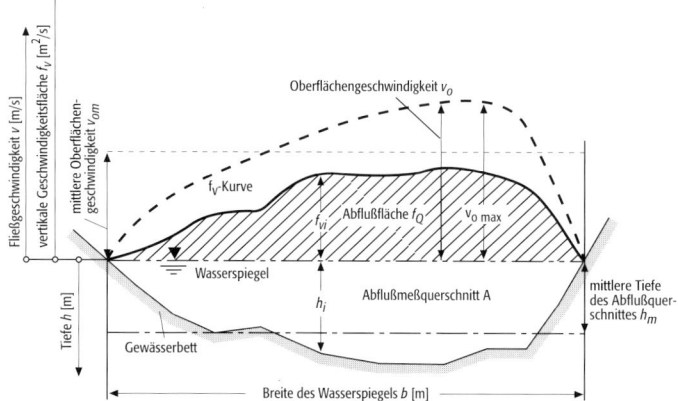

Aus den Fließformeln folgt, daß die Fließgeschwindigkeit neben dem Reibungsbeiwert auch vom Gefälle und dem hydraulischen Radius abhängt. Der hydraulische Radius ist wiederum an die Wasserführung gebunden. Damit ist die Fließgeschwindigkeit um so größer, je größer der Abfluß ist. [HJL]

Fließgefüge, *Fluidalgefüge, Fließtextur*, ↗Foliation in Laven, ↗Intrusionen und ↗rheomorphen Ignimbriten, die durch laminares Fließen entsteht. Fließgefüge kann durch Einregelung und/oder Konzentrationsunterschiede von Fragmenten (z. B. Bims, Kristalle) oder Blasen hervorgehoben sein.

Fließgerinne ↗Gerinne.

Fließgeschwindigkeit, Geschwindigkeit, mit der sich ein Wasserteilchen oder ein Wasserkörper unter der Wirkung der Schwerkraft in Fließrichtung in einem ↗Fließgewässer oder einem ↗Gerinne bewegt. Die Fließgeschwindigkeit nimmt mit der Wassertiefe ab. Diese Abnahme erfolgt bei laminarer Strömung parabolisch, bei turbulenter Strömung zunächst langsam, dann an der Gerinnesohle schneller (↗Gerinneströmung). Die Fließgeschwindigkeit hängt weiter vom Sohlgefälle und der Rauheit der Gewässersohle ab (↗Fließformeln). Die Verteilung der Fließgeschwindigkeit in einem Meßquerschnitt ist unregelmäßig (Abb.). Im Fließgewässer von besonderer Bedeutung ist die sog. kritische Fließgeschwindigkeit, definiert als Geschwindigkeit, bei der ein bestimmter Vorgang einsetzt oder endet, wie z. B. Beginn des Feststofftransportes (↗Hjulström-Diagramm). ↗Fließgeschwindigkeitsmessung. [HJL]

Fließgeschwindigkeitsmessung, Ermittlung der ↗Fließgeschwindigkeit in Fließrichtung. In der ↗Hydrometrie erfolgt die Bestimmung mit Hilfe des ↗Meßflügels, bei dem aus der Anzahl der Umdrehungen des Rotors (einer Schaufel) in einer bestimmten Zeitspanne die Geschwindigkeit errechnet wird. Die mittlere Geschwindigkeit im Meßquerschnitt ergibt sich aus Geschwindigkeitsmessungen an einzelnen Punkten von Meßlotrechten. Zahl, Lage und Abstand der Meßlotrechten richtet sich nach der Form des Querschnittes (Abb. 1 u. 2). Ausführliche Beschreibungen zur Durchführung und Auswertung sind in den »Richtlinien für Abflußmessungen« von den Gewässerkundlichen Anstalten veröffent-

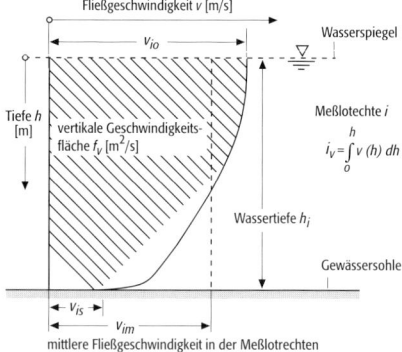

licht. In der ↗Hydrogeologie erfolgt die Ermittlung der Fließgeschwindigkeit des Grundwassers mit Hilfe von Tracerversuchen (↗Tracer). Hierbei wird die ↗Abstandsgeschwindigkeit berechnet. [RO]

Fließgesetz 1) *Allgemeine Geologie*: ↗duktile Verformung. 2) *Hydrogeologie*: ↗Darcy-Weisbachsches Fließgesetz.

Fließgewässer, *Wasserlauf*, Sammelbegriff für alle oberirdischen Binnengewässer mit ständig oder zeitweise fließendem Wasser wie Graben, Bach, Fluß, Strom und Kanal. Durch die Einwirkung der Sonnenenergie findet über die Prozesse Verdunstung, Wasserstofftransport und Niederschlagsbildung ein kontinuierlicher Wassertransport auf die Höhenlagen der Erdoberfläche statt (↗Wasserkreislauf). Nach dem Abregnen beginnt das Wasser dem Gefälle folgend abzufließen (↗Abfluß) und sorgt damit für die Speisung der Fließgewässer. Das Gebiet, aus dem ein Fließgewässer bis zu seiner Mündung mit Wasser versorgt wird, bezeichnet man als ↗Einzugsgebiet. Es wird durch seine ↗Wasserscheiden begrenzt. Die im Fließgewässer gespeicherte potentielle

Energie wird nur zu einem kleinen Teil für den eigentlichen Fließvorgang benötigt, während der größte Teil der Energie für Reibungskräfte zur Verfügung steht. Diese sind letztendlich die Ursache für Erosion (↗fluviale Erosion) und Materialtransport (↗fluvialer Transport) durch das Fließgewässer. Durch die ↗Fließgeschwindigkeit, die sich in Abhängigkeit von Gefälle und Gerinnebettform verändert, wird bestimmt, welche Korngrößen jeweils erodiert bzw. sedimentiert werden (↗Hjulström-Diagramm). Nach dem Volumen des abfließenden Wassers pro Zeiteinheit (↗Durchfluß), lassen sich Fließgewässer einteilen in: a) ↗Bäche (mittlerer Durchfluß bis zu 20 m^3/s), b) kleine ↗Flüsse (mittlerer Durchfluß von 20–200 m^3/s), c) große Flüsse (mittlerer Durchfluß 200–2000 m^3/s) und d) Ströme (mittlerer Durchfluß > 2000 m^3/s). [KHo]

Fließgewässerabschnitt, *Flußabschnitt*, Stromabschnitt in einem größeren ↗Fließgewässer. Der Fließgewässerverlauf wird von der Quelle bis zur Mündung meist durch den Oberlauf, den Mittellauf und den Unterlauf gekennzeichnet (↗Flußlängsprofil). Im *Oberlauf* sorgen starkes Gefälle, niedrige Wassertemperaturen und gewöhnlich geringe, nur punktförmige Schadstoffeinleitungen für hohe Fließgeschwindigkeiten und klares, sauerstoffreiches Wasser. Entsprechend der hohen Fließgeschwindigkeit werden hier die meisten Korngrößen erodiert, so daß die Gewässersohle von grobem Material gebildet wird. Mit abnehmendem Gefälle im *Mittellauf* verringert sich auch die Fließgeschwindigkeit und läßt die Besiedlung mit Wasserpflanzen zu. Sauerstoff und Wassertemperatur sind größeren Schwankungen unterlegen. Steinige bis sandige Fraktionen werden sedimentiert und bilden die Gewässersohle. Meist ist eine Talsohle ausgebildet, die von Menschen besiedelt oder landwirtschaftlich genutzt wird. Im *Unterlauf* gewinnt das Fließgewässer an Breite und Tiefe. Die Fließgeschwindigkeit ist hier nur noch gering, so daß sandige Fraktionen die Gewässersohle bilden. Der Sauerstoffgehalt unterliegt sehr starken tages- und jahreszeitlichen Schwankungen. Mit der Veränderung der Talform entlang eines Fließgewässers variiert auch der bei ↗Hochwasser überschwemmte Bereich und damit die Vegetationsform an den Ufern. Typische, an zeitweise oder dauerhafte Überschwemmung angepaßte, natürliche Vegetationsformen entlang der Fließgewässer sind die Auenwälder (↗Aue). Die Wassertemperatur spielt für die biologische Entwicklung und den Sauerstoffgehalt eine primäre Rolle. Kaltes Wasser hat eine höhere Löslichkeit für Gase als wärmeres Wasser, so daß der Sauerstoffgehalt im kühleren Wasser der Quellflüsse höher liegt als in den Unterläufen der Fließgewässer mit höheren Wassertemperaturen (Abb.). Das Beispiel der Elz zeigt, daß sich das aus der Quelle abfließende, relativ kühle Flußwasser in den Sommermonaten zunächst rasch erwärmt und dann stetig ansteigt bis zum Unterlauf. Im Winter dagegen ist das Quellwasser gegenüber der Lufttemperatur relativ warm, da es nur eine kleine jahreszeitliche

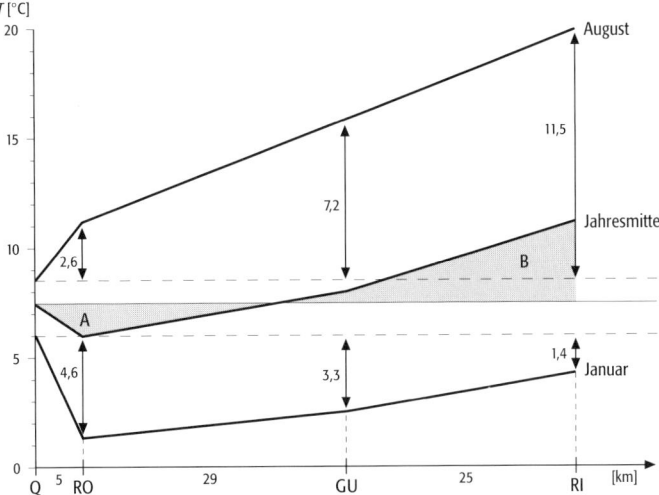

Temperaturamplitude aufweist. Auf den ersten Laufkilometern kühlt es sich rasch und erheblich ab, im weiteren Verlauf nimmt die Temperatur dann wieder zu. Ursächlich beteiligt an diesem Verhalten der Wassertemperatur der Elz sind zum einen die Lage in einem ausgeprägten Jahreszeitenklima, zweitens die Höhendifferenz von ca. 900 m zwischen der Elzquelle und Riegel im Oberrheintal und schließlich Grundwasserzuflüsse im Mittel- und besonders im Unterlauf. Die Fläche A in der Kurve der Jahresmittel verdeutlicht das Maß der Temperaturabnahme in den oberen Laufabschnitten, Fläche B zeigt den Wärmegewinn flußabwärts. [KHo]

Fließgewässerbiozönose, nach der Bodenbeschaffenheit lassen sich in Flüssen vier Typen von ↗Biozönosen unterscheiden: Lithorheobiozönose auf Hartboden (Stein), Psammorheobiozönose auf Sand, Pelorheobiozönose auf Schlamm und Phytorheobiozönose auf dicht von Pflanzen überwachsenem Grund. Im freien Wasser ist die Abnahme der Strömungsgeschwindigkeit für die Zusammensetzung der Lebensgemeinschaften entscheidend. Für die Charakterisierung der fischereilich bedeutsamen Abschnitte und auch bei der praktischen Gewässercharakterisierung werden (in Mitteleuropa) die einzelnen Fließgewässerbiozönosen nach typischen Fischarten benannt: Der an die Quelle (↗Krenal) anschließende Abschnitt ist die ↗Salmonidenregion (↗Rhitral), daran schließt die ↗Cyprinidenregion an (↗Potamal).

Fließgewässerforschung, ↗Limnologie der Fließgewässer.

Fließgleichgewicht, *dynamisches Gleichgewicht*, *Homöorhese*, in einem ↗Rückkopplungssystem regulierter Stoff- und Energiefluß, wodurch der dynamische Systemprozeß aufrecht erhalten bleibt. Das System reagiert auf Umwelteinflüsse zwar mit Fluktuationen, aber in seiner Struktur bleibt es unverändert. In der Landschaftsökologie erwuchs diese Erkenntnis aus der Tatsache, daß manche natürliche Systeme ihre Funktion auf-

Fließgewässerabschnitt: Temperaturverhalten der Elz (Schwarzwald) von der Quelle bis zur Mündung für die Monate August und Januar sowie im Jahresmittel. Q = Quelle, RO = Station Rorhardsberg, GU = Gutach und RI = Riegel.

recht erhalten, auch wenn sie großen Fluktuationen unterliegen. Das Fließgleichgewicht bleibt aufgrund negativer Rückkopplung erhalten, auch wenn Umwelteinflüsse das System vom Gleichgewicht wegtreiben. Natürliche und biologische Systeme bewegen sich i. d. R. weit entfernt von stabilen thermodynamischen Zuständen. Übersteigt eine Störung aus der Umwelt eine bestimmte Größe, entstehen in solchen Systemen geordnete Strukturen. Diese Strukturen halten ihre Ordnung aufrecht, indem sie, durch Stoff- und Energieaustausch mit ihrer Umwelt, ↗Entropie abgeben. Daher nennt man sie auch »dissipative Strukturen«. Wenn aber Fluktuationen von außen oder positive Rückkopplungen von innen eine kritische Größe überschreiten, wechseln diese Strukturen über einen Schwellenwert in ein neues Fließgleichgewicht über. Ein qualitativer Wechsel der Systemdynamik hat stattgefunden. So entsteht aus Fluktuationen eine neue Ordnung. Ein bekanntes Beispiel ist das mediterrane Wald-Weideland. Dieses System konnte seine Funktion dank negativer Rückkopplung über viele Jahrhunderte aufrecht erhalten, in denen es stetigen Klimaschwankungen und unterschiedlichem Weidedruck unterlag. In der Gegenwart aber treiben Überweidung oder vollständige Unter-Schutz-Stellung das System aus seinen Bahnen. ↗Stabilität von Ökosystemen, ↗Homöostase. [MSch]

Fließgrenze, w_L, Bestandteil zur Bestimmung der Konsistenz eines Bodens. Eine Bodenprobe wird viermal bei jeweils unterschiedlichem Wassergehalt in eine Schlagschale gestrichen. Mit einem sog. Furchenzieher wird eine Furche in die zuvor glattgestrichene Masse gezogen. Nun wird an der Kurbel solange gedreht, bis sich die Furche auf einer Länge von 10 mm geschlossen hat. Die Schlagzahl wird in einem speziellen Diagramm eingetragen. Derjenige Wassergehalt, der 25 Schlägen entspricht, ist als Fließgrenze definiert.

Fließlawine ↗Lawine.

Fließrichtung, in der ↗Hydrogeologie oft synonym zu ↗Grundwasserfließrichtung verwendet.

Fließsand ↗Schwimmsand.

Fließtextur ↗Fließgefüge.

Fließwechsel, Übergang eines ursprünglich strömenden Abflusses in einen schießenden und umgekehrt. Derartige Fließwechsel treten z. B. bei der Überströmung eines ↗Wehres i. d. R. zweimalig auf. Während der Zufluß meist strömend erfolgt, d. h. mit geringer Fließgeschwindigkeit und großer Wassertiefe, findet die Überströmung selbst schießend statt (geringe Wassertiefe und hohe Fließgeschwindigkeit), wohingegen im Unterwasser schließlich der Durchfluß wieder in den strömenden Zustand übergeht. Während ein Übergang vom Strömen zum Schießen kontinuierlich erfolgt, gibt es im umgekehrten Falle eine Diskontinuität (↗Wechselsprung). In der dabei entstehenden Deckwalze wird die kinetische Energie in Wärme- und Schallenergie umgewandelt. Je nach Wassertiefe im Unterwasser des Wehres kann es auch zu einem gewellten Wechselsprung kommen, bei dem sich die Energieumwandlung über eine größere Gewässerstrecke hinzieht. ↗Gerinneströmung. [EWi]

Fließweg, Weg, den ein bestimmtes Wasserteilchen in einer definierten Zeitspanne zurücklegt.

Fließwülste, bilden sich am talwärtigen Ende von ↗Blockzungen oder ↗Blockgletschern, wo das Moränen- oder Schuttmaterial in quer zum Gefälle verlaufenden Wülsten hangabwärts verlagert wird.

Fließzeit, Zeitspanne, in der ein bestimmtes Wasserteilchen eine definierte Wegstrecke zurücklegt.

Flimmern, scheinbare Bewegung eines bodennahen Sichtzieles. Flimmern tritt auf, wenn der Boden deutlich wärmer ist als die darüberliegende Luft, z. B. durch starke Sonneneinstrahlung, insbesondere über wenig bewachsenem Boden (Heide, Sand, Straßen). Infolge der vom Boden aufsteigenden, warmen Luftpakete (Turbulenz) mit anderer Dichte und damit im Vergleich zur umgebenden Luft anderem ↗Brechungsindex, ändert sich der Lichtweg längs des Blickstrahls. Es entstehen Schwankungen des von der Luft beim Beobachter ankommenden gestreuten Sonnenlichtes. Das Flimmern von Sternen infolge atmosphärischer Turbulenz heißt ↗Szintillation.

Flimmerschnee, in der Luft schwebende, kleinste Eiskristalle, die bei Temperaturen unter -12 °C durch Kondensation von Luftfeuchtigkeit entstehen und bei bestimmtem Sonneneinfallswinkel als Lichtsäule in der Luft schwebend erscheinen.

Flinn-Diagramm, Diagramm, in dem der ↗Lineationsfaktor $L = \chi_{max} / \chi_{int}$ und der ↗Foliationsfaktor $F = \chi_{int} / \chi_{min}$ gegeneinander aufgetragen werden. Die beiden Größen beschreiben den Grad der Anisotropie der magnetischen ↗Suszeptibilität.

Das Verhältnis:

$$K = L / F = \chi_{max} \cdot \chi_{min} / \chi_{int}^2$$

ermöglicht sowohl eine Unterscheidung von prolaten ($L > F$), oblaten ($L < F$) und neutralen ($K = L / F = 1$) Formen des Suszeptibilitäts-Ellipsoids als auch die Darstellung der Anisotropiegrade selbst (Abb.).

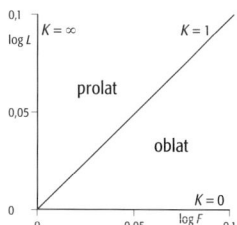

Flinn-Diagramm: Flinn-Diagramm mit Darstellung des Lineationsfaktors L als Funktion des Foliationsfaktors F.

Flint, *Feuerstein*, ↗Chert.

Flinz, sehr feinkörnige, dünnbankige und eben spaltende, mergelig-kalkige Gesteine: a) im Devon des Harzes und des Rheinischen Schiefergebirges hemipelagische Abfolgen von ↗Calciturbidit, z. T. mit zwischenlagernden dunklen Tonschiefern (»Flinzkalke« bzw. »Flinzschiefer«); b) von mergeligen Zwischenlagen (»Fäulen«) getrennte, feinlaminierte Kalksteine des ↗Solnhofener Plattenkalks; c) die Schichten der ↗Oberen Süßwassermolasse in Oberbayern.

Flocker, Gerät oder Anlage, in welchem eine ↗Flockung durchgeführt wird.

Flockung, 1) *Bodenkunde*: Vorgang bei dem sich aus der in der ↗Bodenlösung vorliegenden ↗Bodenkolloiden mit zunehmender Salzkonzentration und Temperatur größere Einheiten von aneinanderhaftenden Partikeln bilden (↗Bodenaggrega-

te, ⁄Koagulation). Die Bildung von sekundären ⁄Bodenmineralen wie Al- und Fe-Hydroxiden, Carbonaten und Silicaten wird durch Flockung ausgelöst.
2) *Hydrologie*: Überführung von ⁄Kolloiden oder feinstverteilten, nicht absetzbaren Stoffen in eine filtrierbare oder absetzbare Form. Die Flockung dient der Aufbereitung von Trink- und Kühlwasser, wird aber auch zur Reinigung von Abwasser eingesetzt (⁄Wasseraufbereitung). Zur Förderung der Flockenbildung werden Flockungsmittel eingesetzt (z. B. Aluminium- oder Eisen(III)-Salze) sowie Flockungshilfsmitteln zugegeben (z. B. Polyelektrolyte). Faktoren, die den Flokkungsprozeß beeinflussen sind der Salzgehalt, der ⁄pH-Wert, die Art der Kolloide sowie Art und Menge des Flockungsmittels. Beispielsweise wird die Bildung von Flocken durch das Einstellen bestimmter pH-Werte unterstützt oder gar erst ermöglicht. Die Klärung erfolgt schließlich durch eine Verkettung der Schmutzteilchen mit dem Polyelektrolyten und den dreiwertig positiv geladenen Metall-Ionen. Es entstehen großvolumige, die Schmutzteilchen umhüllende Hydroxidflocken, welche durch die Polymerketten vernetzt werden und im anschließenden Reinigungsverfahren (Sedimentation in ⁄Absetzbekken, ⁄Filtration oder ⁄Flotation) entfernt werden. Flockungsanlagen bestehen demnach i. a. aus Mischbecken, Flockungsbecken und nachgeschaltetem Absetzbecken bzw. Filter. Für die Ausbildung der Flocken ist eine ausreichende Reaktionszeit im Misch- und Flockungsbecken entscheidend. Durch Schlammkreislaufführung läßt sich die Flockenbildungsgeschwindigkeit erhöhen. Bei der Schnellflockung werden Misch-, Flockungs- und Klärvorgänge in einem einzigen Reaktor durchgeführt.
Flockungsreihe, Reihenfolge von Kationen, die in Abhängigkeit von ihrer Wertigkeit eine ⁄Flokkung von ⁄Bodenkolloiden bewirken. Nach der Regel von Schulze-Hardy steigt die flockende Wirkung der Ionen in der Abfolge: $Me^+ < Me^{2+} < Me^{3+}$ (Me = Metallionen). Die Flockungsfähigkeit zweiwertiger Ionen ist 20 bis 80 mal und die der dreiwertigen Ionen 600 bis 10.000 mal größer als die der einwertigen Ionen.
Flohn, *Hermann*, dt. Meteorologe und Klimaforscher, * 19.2.1912 in Frankfurt a. M., † 23.6.1997 in Bonn; 1941 Habilitation in Würzburg, 1954–61 Leiter der Forschungsabteilung des ⁄Deutschen Wetterdienstes, 1961–77 Professor in Bonn; bedeutende Arbeiten über atmosphärische Zirkulation, Klimatologie, tropische Starkwinde (⁄Strahlstrom) und den ⁄Monsun. Werke (Auswahl): »Witterung und Klima in Deutschland« (1942), »Tropical circulation paterns« (1955), »Vom Regenmacher zum Wettersatelliten« (1968), »Arbeiten zur allgemeinen Klimatologie« (1971), »Das Problem der Klimaänderungen in Vergangenheit und Zukunft« (1985).
Floodrouting-Verfahren, *Wellenablaufberechnung*, Methoden zur Berechnung des Wellenablaufes in ⁄Gerinnen. Grundlage der Berechnung sind meist die ⁄Saint-Venant-Gleichungen.

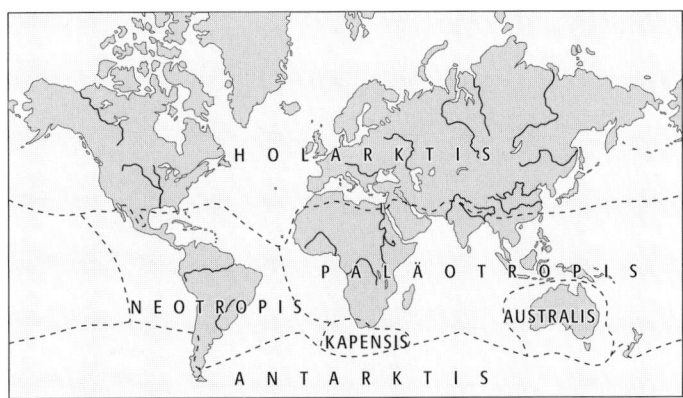

Florenreiche: Florenreiche der Erde.

Flora, [von lat. flos = Blüte], 1) Gesamtheit aller innerhalb eines ⁄Areals vorkommenden Pflanzenarten. Die Flora unterscheidet sich damit von der ⁄Vegetation, welche die Gesamtheit aller ⁄Pflanzengesellschaften eines Gebietes darstellt. 2) Wissenschaftliches Werk, das die Taxa eines Gebietes systematisch auflistet und mittels eines Bestimmungsschlüssels zur Artenbestimmung eingesetzt werden kann.
Florenreiche, in der ⁄Geobotanik Bezeichnung für die umfaßendste Einheit einer räumlichen Gliederung der Pflanzen auf der Erde. Die Florenreiche unterscheiden sich voneinander durch eine jeweils andere Geschichte und Entwicklung der Pflanzensippen, so daß sich charakteristische Differenzen in ihrem Florenbestand (⁄Flora) ergeben. Ein Florenreich ist in sich floristisch homogen und hebt sich, wegen der anderen erdgeschichtlichen Entwicklung und unterschiedlichen Klimabedingungen, durch das Auftreten oder Fehlen bestimmter Pflanzengruppen (v. a. Familien) von anderen Florenreichen ab. Typisch sind starke Florengefälle im Grenzbereich zweier Florenreiche. Aufgrund dieser Kriterien lassen sich sechs grundsätzlich voneinander abweichende Florenreiche abgrenzen: Antarktis, Australis, ⁄Kapensis, ⁄Holarktis, ⁄Neotropis und ⁄Paläotropis (Abb.).
Floridastraße, Meeresstraße zwischen Florida und Kuba. Durch sie fließt der Floridastrom, der den Ursprung des ⁄Golfstroms darstellt.
Floridastrom, ⁄Meeresströmung durch die Floridastraße im ⁄Atlantischen Ozean, die den ⁄Golfstrom speist.
Flotation, [von franz. flot = Flut bzw. lat. fluere = fließen], *Schwimmaufbereitung, Schaumaufbereitung*, physikalisches Verfahren der ⁄Wasseraufbereitung, um im Wasser enthaltene, feindisperse Stoffe (Mineralien, Gesteine, Schmutzstoffe) durch Aufschwimmen einer Abtrennung zugänglich zu machen. Dabei wird die unterschiedliche Benetzbarkeit der Partikeloberfläche durch Wasser und Luft genutzt. Durch dosiertes Einblasen von Druckluft oder durch Entspannung eines übersättigten Wasser/Luftgemisches steigt die Luft feinperlig auf. Schwebstoffe werden an den Grenzflächen der Bläschen angereichert und zur Wasseroberfläche transportiert, wo

Flotation: Prinzip der Flotation.

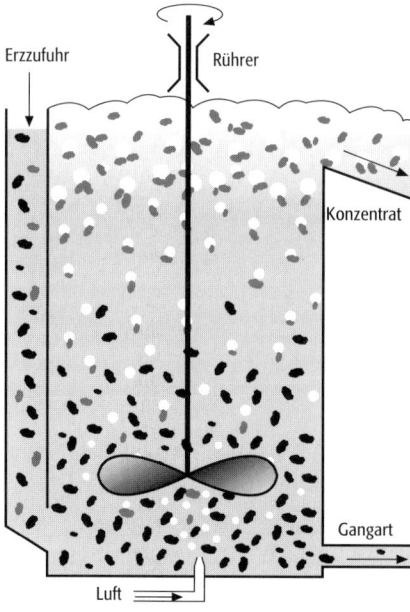

sie mit dem Schaum entfernt werden. Die Benetzbarkeit der Partikel kann durch bestimmte oberflächenaktive Chemikalien unterstützt werden. Die Flotation stellt das wichtigste Verfahren zur Anreicherung von sulfidischen und nichtmetallischen Erzen dar. Dabei wird das Erz gebrochen und je nach dem Grad der Verwachsung der mineralischen Bestandteile gemahlen. Das gemahlene Erz wird mit Wasser und Chemikalien versetzt und in eine mit einem Rührwerk versehene Flotationszelle gegeben (Abb.). Die Bewegungen des Rührwerks und die eingeblasene Luft bewirken, daß wie oben beschrieben die schwer benetzbaren Metallteilchen aufschwimmen und an der Oberfläche einen Schaum bilden. Dieser wird abgezogen. Die leicht benetzbare ↗Gangart sammelt sich am Boden der Flotationszelle. Das abgezogene, feinkörnige Konzentrat wird durch Filtration vom Wasser getrennt. Hierbei fallen die ↗Konzentrate als Filterkuchen mit Feuchtigkeitsgehalten um 10 % an.
Des weiteren wird die Flotation zur Aufbereitung feinster Eisen- und Kalierze eingesetzt. In der Klärtechnik kann die Flotation zur Reinigung von Prozeßwasser und Abwasser verwendet werden.

Flotationsanlage, Anlage zur Trennung feindisperser Stoffe aus dem Wasser mittels ↗Flotation. Eine Flotationsanlage besteht aus dem Reaktionsgefäß mit Zu- und Ablauf, der Belüftungseinheit, einer Dosiereinheit für Chemikalien, dem Abstreifer, der Schwimmschicht und dem Aufnahmebecken für das abgetrennte Material. Moderne Anlagen fügen dem zu klärenden Wasser in einem vorgeschalteten, geschlossenen Gefäß Druckluft zu, so daß es zu einer Sättigung der Gase bei dem eingestellten Überdruck kommt. Nach Einleitung des Wassers in das Reaktionsgefäß findet eine Entspannung auf atmosphäri-

schen Druck statt und die übersättigte Luft wird freigesetzt.

Flourierte Kohlenwasserstoffe ↗ FKW.

flow crystallization, ein Prozeß der zur ↗Differentiation eines Magmas führt. An den kühleren Wänden eines Magma-Aufstiegkanals scheiden sich infolge von thermischen Unterschieden zwischen dem Nebengestein und dem Magma Liquidusphasen ab.

Flowmeter, geophysikalisches Gerät zur Untersuchung vertikaler und horizontaler Wasserströmungen in Bohrlöchern durch Messung der Umdrehungsgeschwindigkeit eines sich im Wasserstrom drehenden Flügelrades. Gemessen wird bei Stillstand der Sonde im Bohrloch (Punktmessung) oder bei bewegter Sonde (kontinuierliche Messung). Zur Ermittlung der Zu- und Abflußmengen muß zunächst der Durchmesser des Bohrloches durch Kalibermessung ermittelt werden.

Flowmeter-Log, geophysikalisches Bohrlochverfahren zur Ermittlung der vertikalen Strömungsgeschwindigkeiten der Flüssigkeiten in einer Bohrung. Die Messung wird mit einem an der Sonde befindlichen Meßflügel durchgeführt, der durch die vorbeiströmende Flüssigkeit in Rotation versetzt wird. Flowmetermessungen müssen immer zusammen mit dem ↗Kaliber–Log interpretiert werden, da die Strömungsgeschwindigkeiten im Bohrloch maßgeblich durch den Bohrlochdurchmesser bestimmt werden. Flowmetermessungen dienen der Detektion von permeablen Horizonten, die Wasserzutritts- oder Abflußstellen in der Bohrung darstellen.

Flow-Tex-Verfahren, ein verlaufsgesteuertes Horizontal-Spülbohrverfahren. Bei diesem Horizontalbohrverfahren handelt es sich um eine Spülbohrtechnik, die für das Verlegen von Versorgungsleitungen entwickelt und für den Einsatz im Bereich des Horizontalbrunnenbaus und der ↗Altlastensanierung optimiert wurde. Bei der Bohrung schneidet ein rotierender ferngesteuerter Bohrkopf von einer Startgrube ausgehend mit einem Hochdruckwasserstrahl einen Pilottunnel (Mikrotunnel) in den Boden. Das im Bereich des Tunnels herausgelöste Bodenmaterial wird mit der Bohrspülung abtransportiert oder in die angrenzenden Bodenbereiche verdrängt. In den Bohrkopf ist eine elektronische Schaltung integriert, welche elektromagnetische Wellen aussendet, die mit Hilfe eines Ortungsgerätes über Tage registriert werden. Somit ist der Verlauf der Bohrung und die genaue Tiefe des Bohrkopfes dezimetergenau feststellbar. Eine gebogene Streckenführung unter Einhaltung entsprechender minimaler Radien stellt technisch kein Problem dar. An einer festzulegenden Stelle, der Zielgrube, tritt der fernsteuerbare Bohrkopf wieder aus. In einem zweiten Arbeitsschritt wird nun der Bohrkopf durch einen Aufweitkopf (backreamer) ersetzt und fest mit dem einzuziehenden Hüllrohr verbunden. Dann wird das Bohrgestänge zurückgezogen, wobei der Aufweitkopf den Durchmesser des Pilottunnels aufweitet und somit Platz für das unmittelbar folgende Hüllrohr schafft. In das

Hüllrohr wurde zuvor der eigentliche Brunnenstrang mit Rohrtour und Filterstrecke eingezogen. Nach dem Einziehen des Hüllrohres in den Untergrund wird als dritter Arbeitsschritt der innenliegende Filterstrang an einem Ende arretiert und das Hüllrohr am anderen Ende aus dem Erdreich gezogen. [WB]

Flöz, bergmännischer Ausdruck für eine Schicht mit nutzbarem Rohstoffinhalt wie Kohle (↗Kohleflöz), Erz (z. B. ↗Kupferschiefer) oder Salz. Ursprünglich wurde der Begriff generell für flachliegende Schichten verwendet, wie z. B. »Flözgebirge« (alter Ausdruck für das ↗Mesozoikum).

Flözwellenseismik, spezielle ↗seismische Methode zur Messung mit Quellen und Empfängern im Kohleflöz. Die seismischen Geschwindigkeiten in der Kohle sind geringer als im Nebengestein, daher wirkt das Flöz als Wellenleiter, es bilden sich dispersive Kanalwellen. Flözwellen werden in Reflexions- und Transmissionsmessungen zur Bestimmung der Kontinuität des Flözes und der Planung des weiteren Abbaus eingesetzt. Die sog. Krey-Welle (nach T. C. Krey, 1910–1992) stellt einen wichtigen Typ von Kanalwellen dar.

flüchtige Bestandteile, 1) *Allgemein:* durch Ausgasung aus der festen, gelösten oder flüssigen Stoffphase überführte Chemikalien. Die Ausbreitung von Chemikalien im Untergrund wird von folgenden komplexen physikochemischen Eigenschaften gesteuert: a) Fließeigenschaften flüssiger Schadstoffphasen, b) Löslichkeitsverhalten der Schadstoffe und c) Flüchtigkeit der Chemikalien (Reinphase oder aus der wäßrigen Lösung). Die Flüchtigkeit ist dabei eine komplexe Eigenschaft und beschreibt die Möglichkeit eines Stoffes, in die Dampfphase überzugehen. Dabei sind zwei Prozesse zu unterscheiden, die von verschiedenen physikochemischen Parametern gesteuert werden: a) Stoffübergang von der gelösten, adsorbierten oder reinen Schadstoffphase in die Dampfphase, b) Ausbreitung in der Gas- bzw. Dampfphase. Der Stoffübergang von der reinen Schadstoffphase in die Dampfphase wird meist über den Dampfdruck der Substanz abgeschätzt. Die Flüchtigkeit eines Stoffes wird jedoch im wesentlichen neben seinem Dampfdruck durch die Dampfdichte und die Henry-Konstante K_H bestimmt. Der Dampfdruck hängt von der mittleren kinetischen Energie und der Konzentration der Dampfteilchen ab, die beide nur über die Temperatur gesteuert werden. Er nimmt bei den meisten organischen Chemikalien mittleren Molekulargewichtes um das 3 bis 4fache zu, wenn die Temperatur um 10 °C steigt. Eine Temperaturerhöhung hat eine erhöhte Verdampfungsgeschwindigkeit zur Folge, wodurch es zu einer Konzentrationserhöhung der Dampfmoleküle kommt. Dies und die erhöhte kinetische Energie der Dampfmoleküle bei Temperaturerhöhung führen zu einer Zunahme des Dampfdruckes. So beträgt z. B. der Dampfdruck von Wasser bei 20 °C 2330 Pa, bei 100 °C 101.300 Pa. Flüssigkeiten mit schwachen intermolekularen Anziehungskräften besitzen relativ hohe Dampfdrücke. Das Lösungsmittel Diethylether weist beispielsweise bei 20 °C einen Dampfdruck von 58.900 Pa auf. Generell gilt, je höher der Dampfdruck einer Flüssigkeit ist, desto höher ist seine Flüchtigkeit. Substanzen mit einem Dampfdruck von mehr als 70 Pa sind als gut flüchtig einzustufen. In der Regel liegen im Boden Schadstoffgemische mit Komponenten unterschiedlicher Löslichkeit und Flüchtigkeit vor. Der Dampfdruck einer Komponente über dem Schadstoffgemisch ist eine Funktion ihres Anteiles am Gemisch (Molenbruch) und ihres Dampfdruckes in Reinphase. Bei guter Durchmischung ist keine nennenswerte Verringerung bzw. Erhöhung der Verdunstungsraten im Vergleich zur Verdunstung der reinen Substanz zu erwarten. Theoretisch ist allerdings eine Einkapselung der leichtflüchtigen Komponente möglich, wenn an der Phasengrenze ein im Schadstoffgemisch gelöster Feststoff geringer Flüchtigkeit durch Überschreiten der Sättigungskonzentration infolge verstärkter Ausdampfung der leichtflüchtigen Lösung ausfällt. Dieser Effekt dürfte für Schadstoffphasen im Porenraum des Bodens nur eine untergeordnete Rolle spielen, könnte aber bei Schadstoffanreicherungen in größeren Hohlräumen (z. B. Rinnen, Klüfte) des Untergrundes von Bedeutung werden. Generell gilt, daß eine Substanz mit hohem Dampfdruck und hoher Wasserlöslichkeit weniger zur Ausdampfung neigt als eine Chemikalie mit hohem Dampfdruck, aber geringer Wasserlöslichkeit. Der Einfluß der Wasserlöslichkeit auf die Verdampfungsneigung kann über die Henry-Konstante erfaßt werden, in der die Flüchtigkeit als Funktion von Wasserlöslichkeit und Dampfdruck beschrieben wird. Substanzen mit hoher Wasserlöslichkeit und hohem Dampfdruck haben eine geringere Flüchtigkeit als Substanzen mit geringer Wasserlöslichkeit und hohem Dampfdruck. Der Zusammenhang zwischen Wasserlöslichkeit und Dampfdruck auf die Flüchtigkeit über die *Henry-Konstante* wird folgendermaßen beschrieben:

$$K_H = \frac{P}{c_W} v \cdot \gamma \cdot P_L \quad [Pa \cdot m^3 / mol],$$

wobei K_H = Henry-Konstante (beschreibt das Verhältnis zwischen Partialdruck in der Luft und der Gleichgewichtskonzentration im Wasser), P = Partialdruck der Substanz in der Gasphase [Pa], c_W = Konzentration der Substanz im Wasser = Wasserlöslichkeit [mol/m^3], v = molares Volumen der Lösung [mol/m^3], γ = Aktivitätskoeffizient in der flüssigen Phase und P_L = Dampfdruck der Reinsubstanz [Pa] ist.

Da in der Praxis normalerweise Schadstoffkonzentrationen anstelle von Partialdrücken gemessen werden, wird die dimensionslose Form der Henry-Konstante bevorzugt angegeben:

$$K_H = \frac{c_A}{c_W} = \frac{v \cdot \gamma \cdot P_L}{R \cdot T},$$

wobei K_H = Henry-Konstante (beschreibt das Verhältnis der Gleichgewichtskonzentration der

Substanz in Luft zu der im Wasser), c_A = Konzentration der Substanz in der Luft [mol/m³], c_W = Konzentration der Substanz im Wasser [mol/m³], R = Gaskonstante = 8,314 Pa·m³/ (mol·K), T = Temperatur [K].
Die stoffspezifische Henry-Konstante ist relativ konzentrationsunabhängig, wird aber von der Temperatur, dem Druck und der Ionenstärke beeinflußt. Bei fallender Temperatur, steigendem Druck und hohen Gehalten an potentiellen Absorbenten sinkt K_H, d.h. das Gleichgewicht verschiebt sich in Richtung des Wassers. Von Substanzen mit Henry-Konstanten größer 1 Pa·m³/mol kann eine signifikante Verflüchtigung erwartet werden. Nach der Henry-Konstanten können Stoffe in folgende Flüchtigkeitsstufen eingeteilt werden: a) gering flüchtig: K_H < 0,003 Pa·m³/mol, b) mittel flüchtig: K_H = 0,003–100 Pa·m³/mol, c) stark flüchtig: K_H > 100 Pa·m³/mol. Die wichtigsten flüchtigen Schadstoffe sind: ↗LCKW, ↗LHKW, ↗VOC, ↗VOX, ↗FCKW, ↗BTEX, ↗Methan u.a.
Der Eintrag von Gasen in den Boden wird maßgeblich von der relativen Dampfdichte gesteuert. Die relative Dampfdichte ist eine dimensionslose Vergleichszahl bezogen auf die Dichte von Luft. Sie ist proportional der molaren Masse. Diese bezeichnet die Masse eines chemischen Elementes oder einer Verbindung, die 1 mol ($6 \cdot 10^{23}$) Atome bzw. Moleküle enthält und wird in g/mol angegeben. Die molare Masse dividiert durch 29 ergibt die relative Dampfdichte. Gase, die schwerer als Luft sind, können selbst bei absoluter Windstille mit der Bodenoberfläche in Kontakt kommen und entsprechend der Schwerkraft in den Porenraum des Bodens eindringen. Dagegen können Gase, die leichter als Luft sind, nur über Diffusion und eine rasche Adsorption an der Bodenoberfläche in den Untergrund eingetragen werden. Für die Ausbreitung in der Bodenluft spielt die Dampfdichte infolge der raschen Diffusion in der Gasphase nur eine untergeordnete Rolle. Als Maß für die Beweglichkeit der Gase können die Diffusionskoeffizienten herangezogen werden. Diese erreichen bei Gasen Werte in der Größenordnung 10^{-4} bis 10^{-5} m²/s. Bei Flüssigkeiten sind die Diffusionskoeffizienten mit Werten um 10^{-9} m²/s um drei Zehnerpotenzen niedriger. Die Diffusionsgeschwindigkeit der Gasmoleküle ist um so höher, je kleiner die molaren Massen und je höher die Temperaturen sind. Nach dem Grahamschen Gesetz sind die Geschwindigkeiten ($v_1, v_2, \ldots$), mit denen Gase durch eine poröse Wand diffundieren, den Quadratwurzeln aus ihren molaren Massen umgekehrt proportional. In erster Näherung können somit über die molaren Massen (m) der Verbindungen ihre relativen Geschwindigkeiten (v) abgeschätzt werden:

$$\frac{v_1}{v_2} = \frac{\sqrt{m_2}}{\sqrt{m_1}}.$$

Die diffusive Ausbreitung im Untergrund wird maßgeblich von pedogenen Parametern gesteuert. Im Vergleich zu diesen haben die substanzspezifischen Größen einen vergleichsweise geringen Einfluß auf die Diffusionskoeffizienten im Boden. 2) *Lagerstättenkunde*: beim Erhitzen einer Kohle unter Luftabschluß gas- und dampfförmig entweichende Zersetzungsprodukte der organischen Kohlesubstanz. Sie sind ein wichtiger Qualitätsparameter bei ↗Steinkohlen. Wenn der Begriff als Inkohlungsparameter verwendet wird, erfolgt die Angabe bezogen auf wasser- und aschefreie Substanz [% (waf)].

Fluchtspur, *Fugichnion*, ↗Spurenfossilien.

Fluchtstab, *Fluchtstange*, ist ein runder aus Holz, Kunststoff, Stahl oder Aluminium gefertigter 2 oder 3 m langer und im Durchmesser 27 mm betragender Vermessungsstab. Er ist abwechselnd halbmeterweise rot-weiß lackiert oder mit dem entsprechenden farbigen Kunststoff überzogen. Am unteren Ende trägt der Fluchtstab einen spitzen Eisenschuh zum Feststecken im Boden. Sogenannte Teleskopfluchtstäbe lassen sich aus jeweils zwei Meterteilen zusammenstecken. Fluchtstäbe dienen der Signalisierung von Bodenpunkten sowie zur Kennzeichnung von Fluchtungs- und ↗Messungslinien.

Fluchtung, das Einweisen von Punkten in eine Gerade, deren Anfangs- und Endpunkt signalisiert sind. Man fluchtet mit den Augen oder einem geodätischen Instrument (z.B. ↗Theodolit). Dabei unterscheidet man Fluchten vom Endpunkt aus oder aus der Mitte heraus. Bei der Fluchtung aus der Mitte muß der Anfangs- und Endpunkt gegenseitig nicht sichtbar sein. Man kann auch z.B. durch Spannen einer Schnur bzw. eines Drahtes oder durch das Einrichten eines Laserstrahles eine Fluchtlinie herstellen.

Flügeldelta, *Schaufeldelta*, Weiterentwicklung eines ↗Spitzdeltas, bei welcher der sedimentliefernde Fluß seinen Damm so weit in das Meer hinaus vorbaut, daß die an der Mündungsspitze erfolgende, seitliche Verlagerung der Sedimente nicht bis zur Küste zurückreicht, sondern vorgelagerte ↗Sandhaken entstehen läßt. ↗Delta Abb. 2.

Flügelmessung, Verfahren zur Ermittlung des ↗Durchflusses an einer Meßstelle (↗Durchflußmessung). Dabei wird im Meßquerschnitt an einzelnen Punkten die ↗Fließgeschwindigkeit mit Hilfe eines ↗Meßflügels gemessen (Punktmessung). Der Flügel wird dabei je nach Wassertiefe und Fließgeschwindigkeit entweder an einer Stange geführt oder über eine Seilkrananlage in die gewünschte Meßposition gebracht. Die Auswertung erfolgt graphisch oder numerisch. Bei der graphischen Auswertung wird zunächst die in den einzelnen Meßlotrechten von den gemessenen Geschwindigkeiten gebildete Fläche ermittelt (Geschwindigkeitsfläche f_{vi}) und der so gewonnene Wert in einem zweiten Schritt über der jeweiligen Meßlotrechten aufgetragen. Die so entstandene durch die f_{vi}-Werte gebildete Fläche entspricht dem Durchfluß Q. Statt an einzelnen Meßpunkten zu messen, kann der Flügel auch mit konstanter Geschwindigkeit bis zur Flußsohle abgesenkt und auf diese Weise die mittlere

Fließgeschwindigkeit in der Meßlotrechten in einem Durchgang ermittelt werden (Ablaufmessung). Wo aufgrund der örtlichen Bedingungen eine Flügelmessung nicht möglich ist, werden alternative Verfahren eingesetzt (/Schwimmermessung, /Tracermessung). [EWi]

Flügelradanemometer, Gerät zur Messung der Windgeschwindigkeit mit Hilfe eines auf einer horizontalen Achse drehenden Flügelrads (Propeller). Eine am Ende der Achse angebrachte Windfahne sorgt dafür, daß das Flügelrad stets in die Richtung weist, aus welcher der Wind kommt.

Flügelscherfestigkeit /Flügelsonde.

Flügelsonde, Stab, an dessen Spitze sich vier um 90° versetzte Flügel befinden (Abb.). Die Flügelsonde dient zur Bestimmung der Scherfestigkeit in bindigen Lockergesteinen bei schneller Belastung. Zur Messung wird die Sonde in den Untergrund gedrückt und mit einer Geschwindigkeit von 0,5°/s gedreht. Gemessen wird das zum Drehen der Sonde erforderliche Drehmoment M. Der zugehörige Scherwiderstand, die *Flügelscherfestigkeit* τ_{FS}, errechnet sich aus:

$$\tau_{FS} = \frac{6M}{7\pi d^3},$$

wobei M das Drehmoment [kN·m] und d der Durchmesser der Flügelsonde [m] ist.

Flügelsondierung, /Sondierung zur Ermittlung der /Scherfestigkeit von nicht-rissigen, bindigen Böden nach DIN 4096. Sie dient dem Erkennen von Schwächezonen mit geringer Scherfestigkeit mit Hilfe einer /Flügelsonde. Die Sonde wird in den Boden geschlagen und mit gleichmäßiger Winkelgeschwindigkeit bis zum Versagen des Bodens durch Bruch gedreht. Dabei muß die Sonde mindestens von 30 cm Boden bedeckt sein. Gemessen wird das maximale Drehmoment M, welches kurz vor dem Bruch auftritt und woraus sich der Scherwiderstand τ_{FS} berechnen läßt. Bei wassergesättigten, bindigen Böden entspricht der Maximalwert τ_{FS} der scheinbaren Kohäsion c_u (/Scherfestigkeitsparameter). Das Verhältnis von Höhe zu Durchmesser der Sondenspitze muß 2 betragen, d. h. daß die Sonde doppelt so hoch wie breit sein muß. Durch mehrmaliges Drehen nach dem Bruch kann die Gleitfestigkeit ermittelt werden. [ERu]

Fluggravimeter, /Gravimeter auf bewegtem Träger für Anwendung im Flugzeug.

Flughöhe über Grund, in der Photogrammetrie vertikaler Abstand des Aufnahmeortes eines /Satellitenbildes oder /Luftbildes von einer Bezugsebene in mittlerer Höhe des erfaßten Geländeabschnittes.

Flugprofilmessung, *airborne profiling*, Messung von linienhaften Daten bzw. von flächenhaften Daten in einem Linienraster von einem Flugzeug aus. Hierzu gehören insbesondere die Abtastung der Erdoberfläche mit Radar oder Laserpulsen. Erreicht werden Genauigkeiten von einigen Dezimetern. Die durch eine Einzelmessung repräsentierte Fläche (»footprint«) hängt von der Fluggeschwindigkeit, -höhe und anderen Parametern ab und liegt typisch im Bereich von einigen Metern, ebenso der mögliche Abstand der Einzelmessungen.

Flugsand, äolisches Sediment von der /Korngröße des /Sandes mit überwiegend Korndurchmesser zwischen 0,125 und 0,25 mm. Aufgrund der Transport- und Ablagerungsbedingungen (/Saltation, /Reptation, /äolische Akkumulation) sind Flugsande i. d. R. gut sortiert und besitzen charakteristische Oberflächeneigenschaften. Neben der typischen Korngrößenverteilung gehören hierzu v. a. die Kornrundung und das mattierte Aussehen des Kornes. /Flugsandfeld.

Flugsandfeld, wenig reliefiertes Sandgebiet aus /Flugsanden, ohne Bildung von /Dünen. Flugsandfelder kommen rezent in /ariden Gebieten vor sowie als Flugsanddecken in den /Periglazialgebieten des /Pleistozäns.

Fluid, 1) *fluide Phase*, nicht kristalline Phase. Bei relativ niedrigen Drücken und Temperaturen wird zwischen gasförmiger und flüssiger Phase unterschieden. Bei Drücken und Temperaturen oberhalb des kritischen Punktes gibt es keine Unterscheidung zwischen Gas und Flüssigkeit, daher spricht man von überkritischem Fluid oder einfach Fluid bzw. /fluider Phase.

Fluidalgefüge /Fließgefüge.

Fluideinschluß, *fluid inclusion*, /Flüssigkeitseinschluß.

fluide Phase, da oberhalb der /kritischen Temperatur eines Systems die flüssige Phase nicht mehr aufgrund ihres Aggregatzustandes von der Gasphase zu unterscheiden ist, wird im überkritischen Bereich von fluider Phase oder /Fluid gesprochen. Fluide Phase wird verallgemeinernd auch für hydrothermale Phasen, die definitionsgemäß unterhalb ihres kritischen Punktes liegen, verwendet.

fluid inclusions, /Flüssigkeitseinschlüsse, abgeschlossene und stofflich selbständige Einschlüsse, die während des Wachstums oder der Rekristallisation von Mineralen eingeschlossen werden.

Fluid-Logging, Bohrlochmeßverfahren zur Bestimmung der physikochemischen Eigenschaften der Bohrspülung bzw. des Formationswassers. Die kontinuierliche Erfassung der chemischen Eigenschaften des Grundwassers, wie die Änderung des Sauerstoffgehalts, des Redoxpotentials, des pH-Wertes, der elektrischen Leitfähigkeit (Salinitätsmessung), ermöglicht ein In-situ-Monitoring in Grundwassermeßstellen und kann somit z. B. zur Überwachung von Altstandorten genutzt werden.

Fluor, Element aus der Gruppe der /Halogene mit dem chemischen Symbol F.

Fluorchlorkohlenwasserstoffe /FCKW.

Fluoreszenz, vom Mineral /Fluorit abgeleitete Bezeichnung für eine Art der /Lumineszenz, die dadurch gekennzeichnet ist, daß Kristalle und Minerale, aber auch gasförmige und flüssige anorganische und organische Verbindungen innerhalb von 10^{-10}–10^{-7} s nach Anregung durch sicht-

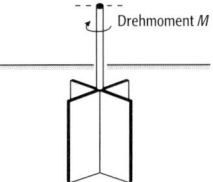

Flügelsonde: schematische Darstellung der Flügelsonde nach DIN 4096.

bares oder ultraviolettes Licht (bzw. Röntgen- oder Elektronenstrahlen) die absorbierte Energie in Form von Strahlung gleicher, längerer oder kürzerer Wellenlänge wieder abgeben. Liegt die emittierte Strahlung im sichtbaren Bereich des Spektrums, so spricht man von optischer Fluoreszenz, im Gegensatz zur UV- oder Röntgen-Fluoreszenz. Anwendung findet die Fluoreszenz z. B. in der Fluoreszenzspektroskopie, wo zur Anregung Festkörperlaser eingesetzt werden (laserinduzierte Fluoreszenz), in der Laserspektroskopie und für spezifische Nachweismethoden in der sog. Fluoreszenzanalyse.

Fluoreszenztracer, fluoriszierender Stoff (z. B. ↗Uranin, ↗Eosin), der zur Markierung von Fließbewegungen eingesetzt wird. Häufigstes Anwendungsgebiet in den Geowissenschaften ist die Markierung des Grundwasserstroms (↗Tracerhydrologie). Zum Teil wird auch parallel der Ausdruck Fluoreszenzfarbstoff gebraucht, doch sind nicht alle Fluoreszenztracer tatsächlich echte Farbstoffe.

Fluoride, zur Mineralklasse der ↗Halogenide gehörige Fluorverbindungen der Elemente. Wichtigster Vertreter ist der ↗Fluorit (CaF_2), ferner Yttrofluorit, ein Additions-Mischkristall mit YF_3, und Cerfluorit (»Yttrocerit«), der neben Yttrium noch Cer, Erbium und H_2O enthält. Weitere Fluoride sind Frankdicksonit (BaF_2), Gagarinit ($NaCaYF_6$), Tysonit (Fluocerit, $(Ce,La,SE)F_3$), Ferruccit ($NaBF_4$), Avogadrit ($(K,Cs)BF_4$), Malladrit (Na_2SiF_6), Hieratit (K_2SiF_6), Kryolithionit ($Na_3Al_2Li_3F_{12}$), Kryolith (Na_3AlF_6), Elpasolith ($K_2Na[AlF_6]$), Jarlit ($NaSr_2[AlF_6]_2$), Usovit ($Ba_2Mg[AlF_6]_2$), Weberit (Na_2MgAlF_7), Neighborit ($NaMgF_3$) und Rinneit ($K_3NaFeCl_6$).

Fluorimeter, Meßgerät zur quantitativen Bestimmung der Fluoreszenzintensität von Proben oder in situ in Flüssigkeiten. Verwendung finden insbesondere zwei Meßtechniken, die *Filterfluorimetrie* und die *Spektralfluorimetrie*. Erstere benützt Filter, um die anregende Wellenlänge des Lichtes sowie das emittierte Fluoreszenzlicht möglichst auf die stoffspezifischen Wellenlängen des zu untersuchenden Stoffes abstimmen zu können und das übrige Licht aus dem Strahlengang der Lichtquelle auszusondern. Spektralfluorimeter verwenden einen oder zwei Monochromatoren. Sie erlauben wahlweise die Anregungs- oder die Emissionswellenlänge zu verändern, wobei moderne Spektralfluorimeter zumeist über Rechner bedient werden.

Fluorit, *Androdamant, Cheneutitcit, Erzblume, Flußspat, Glasspat*, nach dem chemischen Element Fluor benanntes Mineral (Abb.) mit der chemischen Formel: CaF_2; kubisch-hexoktaedrische Kristallform; Farbe: farblos, gelb, grün, violett, blau, rosa; Glasglanz; durchsichtig bis undurchsichtig; Strich: weiß; Härte nach Mohs: 4 (spröd); Dichte: 3,1–3,2 g/cm³; Spaltbarkeit: vollkommen nach (*111*); Bruch: muschelig, splittrig; Aggregate: grob- bis feinkörnig, ganz dicht, chalcedonartig, stengelig, radialstrahlig, gebändert, oft mit Einschlüssen, selten erdig; oft verzwillingt nach (*111*); vor dem Lötrohr wird er rissig, leuchtet und schmilzt etwas an den Rändern; nur in konzentrierter Schwefelsäure restlos löslich, wobei Glas ätzende Flußsäure entweicht; Begleiter: Quarz, Galenit, Sphalerit, Chalkopyrit, Baryt, Fahlerze, Silberminerale, Molybdänit, Apatit; Genese: Durchläufermineral, entsteht aber hauptsächlich hydrothermal, metasomatisch; Vorkommen: als Übergemengteil in sauren magmatischen Restdifferentiaten sowie in Pegmatiten aller Art; Verwendung: als Flußmittel bei Hüttenprozessen (Flüssigmachen der Schlacke, Entfernung von Schwefel und Phosphor, künstlicher Kryolith für die Aluminiumelektrolyse), in der optischen Industrie, zur Emailherstellung und in der Glasfabrikation, zur Herabsetzung der Garbrandtemperaturen bei Zement, zur Herstellung von Flußsäure, zum Ätzen von Glas und Entkieseln von Graphit, in der Fluorchemie als reinste Kristalle für Mikroskoplinsen; Fundorte: Wölsendorf (Bayern), Pare/Val-Sarentino (Südtirol, Italien), New Foundland (USA), ansonsten weltweit. [GST]

Fluoritlagerstätten, natürliche Anhäufung von Fluorit (CaF_2), die entstanden sein kann: a) schichtgebunden (↗stratabound) durch syn- bis epigenetische Abscheidung von Fluorit in flachmarinen Kalkfolgen (z. B. Mississippi-Valley, USA; ↗alpine Blei-Zink-Erzlagerstätten), b) durch ↗epigenetische Abscheidung in hydrothermalen Gangerzlagerstätten mit Fluorit als Hauptgemengteil (z. B. Wölsendorfer Revier, Oberpfalz) oder als Nebengemengteil auf Blei-Zink-Erzgängen. Untergeordnet kommt Fluorit in ↗Pegmatiten (optischer Fluorit) und als Nebenprodukt von Zinn-Stockwerkvererzungen vor.

Fluorkohlenwasserstoffe ↗*FKW*.

Flur, ein im ↗Liegenschaftskataster abgegrenzter, eine Anzahl zusammenhängender ↗Flurstücke umfassender Bereich einer ↗Gemarkung.

Flurabstand ↗*Grundwasserflurabstand*.

Flurbereinigung, beinhaltet die Um- bzw. Zusammenlegung weit verstreuter kleiner Flurelemente. Bei der Flurbereinigung handelt es sich um eine Umgestaltung der Landschaft zum Zwecke der Rationalisierung in der Landwirtschaft, da viele kleine, weit auseinanderliegende Parzellen wirtschaftlich unrentabel sind. Diese Arrondierung von einzelnen kleinen Ackerschlägen zu großen zusammenhängenden Blöcken macht eine ↗Bodenschätzung nötig, um die Besitzverhältnisse vor der Flurbereinigung in den neu entstehenden Ackerflächen richtig wiederzugeben und im Bedarfsfall einen Wert- oder Flächenausgleich zu gewähren. Den wirtschaftlichen Vorteilen durch die Flurbereinigung stehen aber auch ökologische Probleme gegenüber. Oft kommt es zur Zerstörung der alten Kulturlandschaft (↗Ausräumung der Kulturlandschaft) und zum Verschwinden von Tier- und Pflanzenarten im betreffenden Gebiet. Andere Probleme sind die Zunahme der Erosionsgefährdung (Wind, Wasser) durch die Vergrößerung der Ackerschläge. Im Weinbau führt die Flurbereinigung häufig zu Problemen mit Kaltluftstau in den großen Rebhängen. [SMZ]

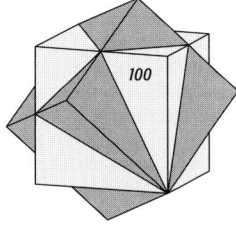

Fluorit: Fluorit-Durchkreuzungszwilling nach (*111*) (Penetrationszwilling).

Flurbereinigungsgesetz, *FlurBG*, Gesetz zur Durchführung der ↗Flurbereinigung, d. h. Neueinteilung land- und forstwirtschaftlicher Grundstücke nach betriebswirtschaftlichen und landeskulturellen Gesichtspunkten vom 16.03.1976. Besonders vor der Neufassung des FlurBG 1976 wurde das Verfahren aufgrund der mit ihm verbundenen großflächigen Zerstörung naturnaher Bereiche zugunsten verbesserter betriebswirtschaftlicher Strukturen in der Öffentlichkeit stark kritisiert.
Flurkarte ↗*Liegenschaftskarte*.
Flurname, eine historisch überlieferte und meist in einer Flurkarte enthaltene Namensangabe für einen unterschiedlich großen, oft nicht eindeutig abgrenzbaren Teil einer ↗Gemarkung bzw. eine im ↗Liegenschaftskataster festgelegte ↗Flur. Die Erforschung der Flurnamen hat sich zu einer eigenen Disziplin der Sprachwissenschaft, der Onomastik, entwickelt. Die Verbreitung der Flurnamen ist Gegenstand von onomastischen Karten und Atlanten.
Flurstruktur, gibt die für eine Landschaft typische Abfolge von Flurelementen wieder. Dazu gehören alle außerhalb geschlossener Ortschaften vorkommende Flurelemente (Wege, Straßen, Bäume, Hecken, landwirtschaftliche Nutzflächen, Wirtschaftsgebäude, Gewässer). Die Flurstruktur kann natürlich oder anthropogen bedingt sein.
Flurstück, der kleinste selbständige, räumlich abgegrenzte Teil der Erdoberfläche, der zur Nutzung und lagemäßigen Darstellung des Grundeigentums gebildet und durch eine Flurstücksnummer gekennzeichnet wird. Die Flurstücksgrenzen sind in der Flurkarte festgelegt und in der Natur meist durch Grenzzeichen vermarkt. Ein Flurstück kann nur einer ↗Flur, einer ↗Gemarkung und einem Gemeindebezirk angehören.
Flurwind, lokale Luftströmung zwischen einer Stadt und deren Umland, die aufgrund der Temperaturunterschiede hervorgerufen wird. Dieses nur wenige Meter mächtige Windsystem tritt bei großräumig geringen Windgeschwindigkeiten und autochthonen Bedingungen auf und erreicht Geschwindigkeiten von weniger als 1 m/s. Hindernisse können die Strömung stark verzögern. Da die größten Temperaturunterschiede zwischen der Stadt und dem Umland in den Nachtstunden auftreten, erreicht auch der Flurwind zu dieser Zeit seine größte Intensität. Tagsüber ist dieses Phänomen nicht zu beobachten.
Fluß, ↗Fließgewässer mittlerer Größe bezogen auf seine Länge, die Größe des ↗Einzugsgebietes, die Wasserführung, den Reifheitsgrad und die Gefällsverhältnisse. Flüsse werden in Haupt- und Nebenflüsse unterteilt. Hauptflüsse erreichen das Meer oder einen See. Bei sehr großen Einzugsgebieten haben Ströme ebenfalls Hauptflüsse als Zubringer. Als Nebenflüsse werden alle Zuflüsse in einen Hauptfluß bezeichnet. Flüsse werden in mehrere ↗Fließgewässerabschnitte unterteilt. Je nachdem, welchen Verlauf ein Fluß in dem jeweiligen Flußabschnitt nimmt, erfolgt eine Unterscheidung in gestreckte Flüsse, gewundene (↗mäandrierender Fluß) und sich verzweigende Flüsse (↗anastomosierender Fluß). Bezüglich der Wasserführung wird zwischen ständig wasserführenden (↗kontinuierlicher Fluß), regelmäßig zeitweise wasserführenden (↗intermittierender Fluß) und unregelmäßig zeitweilig wasserführenden (↗episodischen) Flüssen unterschieden. Weiterhin wird je nachdem, ob ein Fluß Wasser längs seines Laufes aufnimmt oder abgibt, eine Einteilung in effluente (wasseraufnehmende) und influente (wasserabgebende) Flüsse vorgenommen. Eine weitere Unterscheidung der Flüsse erfolgt bezüglich ihrer Lage in Klimazonen. Autochthone (eigenbürtige) Flüsse liegen in einem Klimabereich. Im humiden Klima sind sie perennierende Wasserläufe, deren Abfluß laufabwärts i. a. zunimmt. Autochthone Flußbetten in ariden und semiariden Gebieten führen nur periodisch oder episodisch Wasser. Sie beginnen und enden in Trockengebieten, wobei sich der Abfluß nach einer Kulminationsstrecke wieder verringert, um schließlich gänzlich zu versiegen. Allochtone Flüsse entspringen in humiden und nivalen Gebieten und fließen in Trockengebiete hinein. Dort enden sie entweder (↗endorhëischer Fluß wie z. B. Wolga, Amudarja) oder sie durchströmen die Trockengebiete und werden dann diaräische Flüsse genannt (z. B. Nil, Niger, Indus). Für die autochthonen Flußbetten der ariden Gebiete wird auch die Bezeichnung areisch (nicht fließend) gebraucht. Eine weitere Klassifikation kann auch erfolgen unter Berücksichtigung der Topographie und der geologischen Struktur in ↗konsequente Flüsse, insequente, obsequente, resequente und subsequente Flüsse. [HJL, KHo]
Flußabschnitt ↗*Fließgewässerabschnitt*.
flußabwärts, von einem, an einem ↗Fließgewässer liegenden Referenzpunkt aus gesehen in Richtung Mündung.
Flußanzapfung, durch rückschreitende ↗fluviale Erosion verursachter Prozeß, bei dem ein Fließgewässer seine bisherige ↗Wasserscheide durchbricht und ein Fließgewässer aus einem benachbarten ↗Einzugsgebiet aufgrund seines größeren Gefälles umlenkt (Abb. 1 u. Abb. 2). Der angezapfte Fluß läßt wegen der fehlenden Wasserführung ein Stück seines bisherigen Tales als ↗Trok-

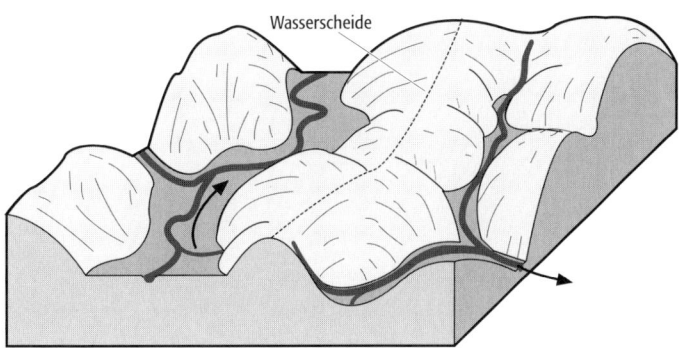

Flußanzapfung 1: Situation vor der Anzapfung.

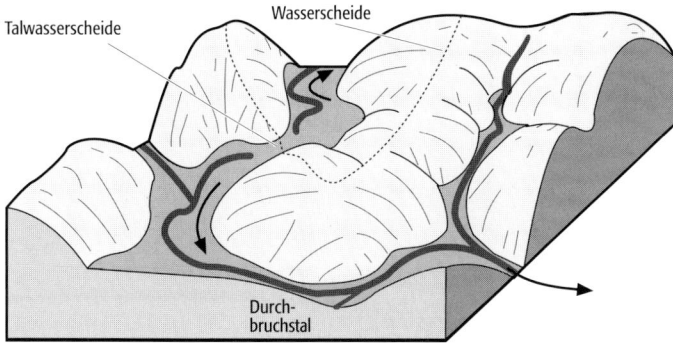

Flußanzapfung 2: nach der Anzapfung mit Durchbruchstal, Laufumkehr und ausgebildeter Talwasserscheide.

kental zurück. Durch die fortschreitende Eintiefung des anzapfenden Flusses im ↗Durchbruchstal verliert die ↗Tiefenlinie des Trockentals ihr gleichsinniges Gefälle, wodurch eine flache Talwasserscheide entsteht. Da der ehemalige Oberlauf nun dem anzapfenden Fluß tributär ist, endet das Tal fortan am Anzapfungsknie als geköpftes Tal (↗Talköpfung). Infolge einer Anzapfung vergrößert sich das Einzugsgebiet des anzapfenden auf Kosten des angezapften Flusses.

flußaufwärts, von einem, an einem ↗Fließgewässer liegenden Referenzpunkt aus gesehen in Richtung Quelle.

Flußbau, Eingriff in ein Fließgewässer mit dem Ziel, dessen Wasserstands- und Durchflußverhältnisse zu beeinflussen (↗Gewässerausbau, ↗Wildbachverbauung, ↗Verkehrswasserbau).

Flußbett ↗Gerinnebett.

Flußdichte, 1) *Geomorphologie, Hydrologie*: Quotient, der sich aus der Lauflänge aller ↗Fließgewässer [km] in einem betrachteten ↗Einzugsgebiet und der Fläche des Einzugsgebiets [km²] errechnet:

$$d_F\left[km/km^2\right] = \frac{\sum l_F\left[km\right]}{A_E\left[km^2\right]}$$

mit d_F = Flußdichte, Σl_F = Summe aller Fließgewässer, A_E = Fläche des Einzugsgebietes.
Werden zusätzlich noch die Talabschnitte, die aktuell kein Fließgewässer aufweisen, mit in die Auswertung einbezogen, kann analog auch die *Taldichte d_T* bestimmt werden. Bei morphologischen Analysen ermöglicht der Dichtewert eine vergleichende Beurteilung des Zertalungsgrades verschiedener Gebiete. Da die Flußdichte neben klimatischen Faktoren v.a. durch naturräumliche Parameter wie Gesteine, Böden, Vegetationsbedeckung und Landnutzung bestimmt wird, stellt sie auch eine wichtige hydrologische Kenngröße dar. Je höher die Niederschläge sind und je undurchlässiger der Untergrund, desto höher ist die Flußdichte und um so schneller erfolgt der ↗Abfluß aus einem Gebiet. **2)** *Geophysik*: *magnetische Induktionsflußdichte* ($\vec{B}$), *magnetische Induktion*, gibt die Stärke eines Magnetfelds an, die in der Maßeinheit Tesla (T) gemessen wird, wobei $1T = 1 Vs/m^2$.

flußdominiertes Delta, durch einen sedimentreichen und mit großer Transportkraft ausgestatteten Fluß gebildetes ↗Delta, mit starkem Deltawachstum gegen das gezeitenarme Meer oder einen See. Ein Beispiel für ein flußdominiertes Delta stellt das ↗Fingerdelta dar. (↗Delta Abb. 2).

Flußfracht, das gesamte, vom Fließgewässer transportierte, mineralische und organische Material, sowohl ↗Feststoffe als auch gelöste Stoffe. Die Maßangabe bei Feststoffen erfolgt in Gewichtseinheit pro Zeiteinheit (z. B. in t pro Jahr), bei gelösten Stoffen in Gewichtseinheit pro Volumeneinheit (z. B. mg pro Liter, g pro m³). Die Flußfracht unterteilt man nach der Art des ↗fluvialen Transportes im fließenden Wasser in ↗Lösungsfracht, ↗Suspensionsfracht und ↗Geschiebefracht.

Flußgebiet, Fläche, die den ihr zugeführten Niederschlag unter Berücksichtigung von Verlusten und einer Verzögerung einem Ausflußpunkt (Mündung) zuführt. Neben dieser rein hydrologischen Definition bezeichnen Flußgebiete in Verbindung mit dem Namen des ↗Flusses landschaftliche Einheiten oder Wirtschaftsräume, z. B. Rheingebiet oder Ruhrgebiet.

Flußgebietskommission, von den Anrainerstaaten eines grenzüberschreitenden ↗Fließgewässers gebildete Kommission, in der Hydrologen und Wasserwirtschaftler zusammenarbeiten. Ziel ist es, gemeinsame Wasserprobleme sowohl hinsichtlich der Wassermenge (z. B. ↗Hochwasser) als auch hinsichtlich der Wasserbeschaffenheit (Gewässerbelastung) zu behandeln und einvernehmliche Lösungen anzustreben. Die wichtigsten internationalen Flußgebietskommissionen, an denen die BRD beteiligt ist, sind die Internationale Kommission zum Schutze des Rheins (IKSR), die Internationale Kommission zum Schutze der Mosel und der Saar (IKSMS), die Internationale Kommission zum Schutze der Elbe (IKSE), die Internationale Kommission zum Schutze der Oder (IKSO) und die Internationale Kommission zum Schutze der Donau (IKSD).

Flußgebietsmodell, hydrologisches, ↗flächendetailliertes Modell für ein größeres Einzugsgebiet. Flußgebietsmodelle dienen der Berechnung von ↗Durchflußganglinien, wobei das Einzugsgebiet in mehrere Teilgebiete unterteilt wird. Es besteht meist aus ↗Niederschlags-Abfluß-Modellen der Teileinzugsgebiete, ↗Wellenablaufmodellen für die Fließstrecken und Simulation des Betriebes von Stauanlagen.

Flußgold ↗Seifengold.

Flußgrundrißtypen, Art der ↗Flußklassifikation nach dem Grundrißmuster des Gerinnelaufes (Abb. 1). Dies impliziert zugleich einen bestimmten lithofaziellen Sedimentaufbau, d. h. der differenzierten morphologischen Ausprägung entspricht ein jeweils charakteristisches zugehöriges Sedimentationsverhalten im Gerinnebett- und Hochflutbereich (↗fluviale Sedimentation). Grundsätzlich unterscheidet man in vier bzw. fünf Haupttypen: ↗braided river system (Abb. 2a), ↗mäandrierender Fluß (Abb. 2b u. Abb. 2c), ↗anastomosierender Fluß, ↗straight river mit gelegentlicher Ergänzung um den Typ

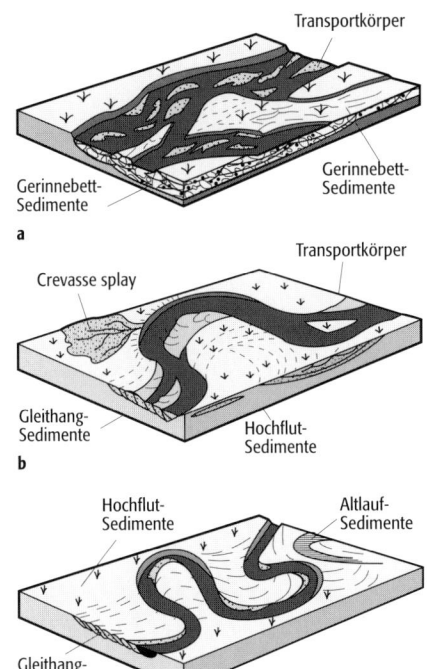

des ↗wandering river. Die Ausbildung bestimmter Flußgrundrißtypen geschieht in Abhängigkeit von der herrschenden Konstellation der ↗Geofaktoren. Aufgrund der Vielgestaltigkeit naturräumlicher Determinanten, zuzüglich ihrer Variabilität in der Zeitebene, muß sich die spezifische Adaption des ↗fluvialen Systems vor dem Hintergrund eines Kontinuums möglichen sedimentär-geomorphodynamischen Verhaltens abspielen. Daher sind die genannten Haupttypen eher als Leittypen unter zahllosen Übergangstypen aufzufassen, strikt definierte Fixpunkte wären in diesem Kontinuum nicht haltbar. Demgemäß besteht der sedimentäre Aufbau des fluvialen Environments aus einem Gefüge verschiedener lithofazieller Einheiten, die für sich genommen mehreren Flußgrundrißtypen zugeordnet werden könnten. Die Rekonstruktion eines ehemaligen fluvialen Environments mit Hilfe sogenannter Faziesmodelle kann daher nur unter Berücksichtigung von Textur, Geometrie und räumlicher Vergesellschaftung der lithofaziellen Einheiten geleistet werden. ↗Flußtypen [PH]

Flüssigdünger, nährstoffhaltige Flüssigkeiten, die als Lösungen (N-, NP- oder NPK-Lösung) oder Suspensionen (mineralische NPK-Dünger oder organische Dünger, wie Gülle und Jauche) auf Boden oder Pflanzen ausgebracht werden oder als Ammoniak-Wasser-Lösung in den Boden injiziert werden. Auch wasserfreies Ammoniak, das als Gas in den Boden eingebracht wird, zählt dazu. Flüssigdünger werden in Tanks gelagert, mittels Pumpen umgelagert und mittels Spritzung appliziert. Hohe Flächenleistung und Ausbringgenauigkeit bei Lösungen sind arbeitswirtschaftlich günstig. Auch ist eine Ausbringung als Beregnungs- oder Bewässerungsdüngung möglich.

flüssige Kristalle, *Flüssigkristalle, Mesophasen, mesomorphe Phasen, kristalline Flüssigkeiten*, Bezeichnung für Ordnungszustände flüssiger Materie im Bereich zwischen isotropem Flüssigzustand und kristalliner Ordnung. Die von Bernal (1959) angegebene Systematik unterscheidet Kristalle mit dreidimensionaler Translationssymmetrie, Flüssigkristalle mit ein- bzw. zweidimensionaler Ordnung und Flüssigkeiten ohne strukturelle Ordnung. Das Charakteristikum der Flüssigkristalle ist die Anisotropie (Richtungsabhängigkeit) ihrer physikalischen Eigenschaften.

Man unterscheidet: *thermotrope* flüssige Kristalle (Schmelzen aus reinen Stoffen oder aus Gemischen) und *lyotrope* flüssige Kristalle (kolloidale Lösungen polarer Stoffe in bestimmten Lösungsmitteln und Konzentrationsbereichen). Nach G. Friedel (1922) zerfallen flüssige Kristalle in drei strukturelle Phasen:

a) *nematische Phase*: Die Flüssigkristalle weisen eine Orientierungsordnung mit langer Reichweite auf. Die Längsachsen der Moleküle sind nahezu parallel zu einer ausgezeichneten Richtung, in der sie auch leicht beweglich sind (Abb. 1). b) *cholesterische Phase*: Auch hier wird eine Orientierungsordnung beobachtet, allerdings tritt zusätzlich eine Schichtstruktur auf. Nur Moleküle in einer Schicht besitzen die gleiche Orientierung; die Orientierungen der Nachbarschichten sind aber nicht entkoppelt, sondern erzeugen eine schraubenförmige Anordnung, die sogar periodisch sein kann (Abb. 2). Diese Struktur verursacht ↗optische Aktivität und selektives Refle-

Flußgrundrißtypen 2: Beispiele für Faziesmodelle eines braided river systems (a), eines in grobkörnigen Alluvionen (b) und eines in sehr feinkörnigen Alluvionen (c) angelegten mäandrierenden Flusses.

Flußgrundrißtypen 1: vereinfachte Darstellung der Entwicklung verschiedener Flußgrundrißtypen in Abhängigkeit von fluvialmorphologischen und sedimentären Parametern.

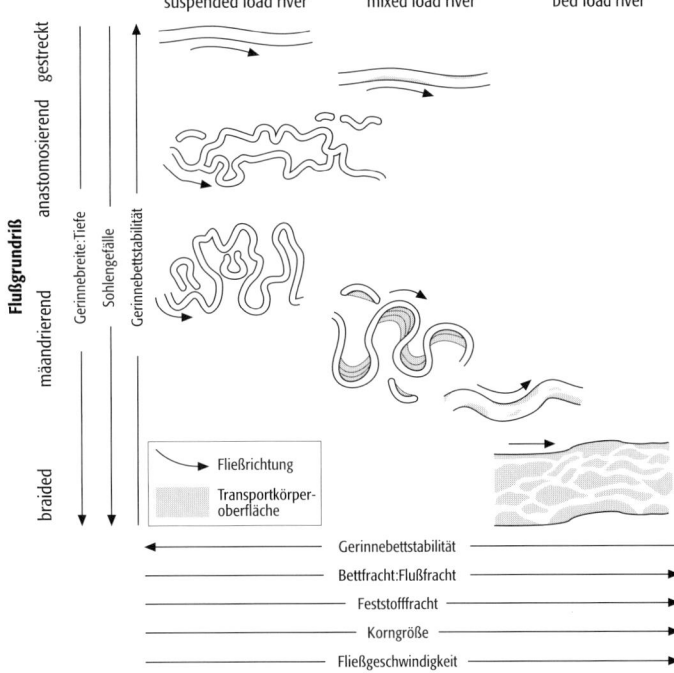

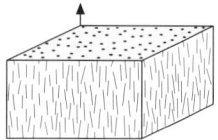

flüssige Kristalle 1: Prinzipskizze des nematischen Zustands.

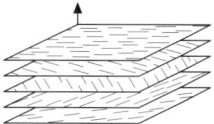

flüssige Kristalle 2: Prinzipskizze des cholesterischen Zustands.

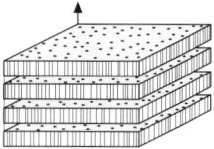

flüssige Kristalle 3: Prinzipskizze des smektischen Zustands.

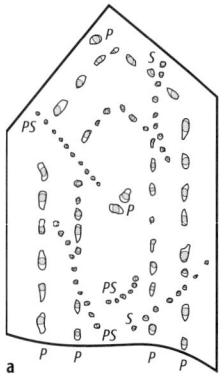

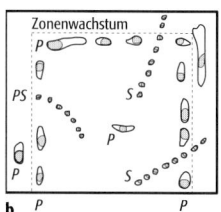

Flüssigkeitseinschluß 1: Anordnung primärer (P), sekundärer (S) und pseudosekundärer (PS) Flüssigkeitseinschlüsse in a) Quarz (Schnitt parallel zur c-Achse) und b) Fluorit (Schnitt parallel zur Würfelfläche).

xionsvermögen zirkular polarisierten Lichts für Wellenlängen, die der Schraubenperiode entsprechen. c) *smektische Phase*: Die Flüssigkeitskristalle bestehen wiederum aus Schichten parallel (aber nicht in der Ebene) orientierter Moleküle. Die Schichten können untereinander noch verschiedene Korrelationen aufweisen. In der smektischen A-Modifikation stehen die Längsachsen senkrecht zu den Schichten, die eben (Abb. 3) oder gekrümmt sein können. Innerhalb der Schicht zeigt die Molekülanordnung keine Periodizität. In der smektischen B-Modifikation sind die Molekülquerschnitte nach einer (hexagonal) dichtesten Kreispackung verteilt. Die smektische C-Phase gleicht der A-Phase mit dem Unterschied, daß die Orientierung der Moleküle einen nichtrechten Winkel mit der Schichtebene bildet.

Es gibt darüber hinaus noch weitere Formen teilweise geordneter Flüssigkristalle. Die leichte Beweglichkeit der ausgerichteten Moleküle oder der Schichten bedingt ein Verhalten, das dem einer Flüssigkeit vergleichbar ist. Allerdings können ↗Viskosität und ↗Oberflächenspannung extreme Werte annehmen.

Durch magnetische oder elektrische Felder oder mechanische Einwirkungen können Flüssigkristalle einheitlich orientiert werden und nehmen unterschiedliche Reflektionseigenschaften an. Es lassen sich mit Lösungen von Farbstoffen in Flüssigkristallen Kontraste von mehr als 100:1 erzeugen, was ihre Anwendung in der bildmäßigen Darstellung von elektrischen Feldverteilungen bei außerordentlich kleinen Steuerleistungen ermöglicht. Diese Farberscheinungen sind weiterhin empfindlich von der Temperatur abhängig, was zur Bestimmung von Oberflächentemperaturen in der Medizin und als Nachweis für Infrarot- und Mikrowellenstrahlung eingesetzt wird.

flüssiges Wasser, Wasser ist Hauptbestandteil der Hydrosphäre und wichtigster Reaktionspartner bei allen mineralbildenden Prozessen auf der Erde, die entweder im weitesten Sinne unter hydrothermalen Bedingungen, stets aber in Anwesenheit von Wasser (oder Wasserdampf) ablaufen. Dabei spielt das flüssige Wasser durch seine Sonderstellung unter den Flüssigkeiten eine besondere Rolle, denn ohne die Eigenschaft des flüssigen Wassers, das sich beim Abkühlen in der Nähe des Gefrierpunktes ausdehnt, wäre Leben auf der Erde nicht möglich, da sonst alle Gewässer nicht an der Oberfläche, sondern vom Grunde her einfrieren würden.

Von entscheidender Bedeutung ist dabei die zwischenmolekulare Wasserstoffbrückenbindung, ein Sonderfall der Van-der-Waalschen Bindung (↗Bindung, ↗Einstoffsysteme). Hier bilden die Wasserstoffatome zwischen zwei Sauerstoffatomen eine Art Brücke, was in Verbindung mit der geometrischen Kristallstruktur die Hauptursache des ungewöhnlichen Verhaltens von Eis und Wasser ist. Selbst im kristallisierten Zustand findet bei dieser Art von Bindung im Eis, durch Öffnen und Schließen der schwachen Brücken, eine Verschiebung der H_2O-Moleküle statt, woraus die gute Verformbarkeit des Eises, z. B. beim Fließen der Gletscher, resultiert (↗Gleitung). Beim Schmelzen des Eises bleibt die Struktur der Wassermoleküle weitgehend erhalten, ebenso wie sich die gesamte Gitterstruktur des flüssigen Wassers in der Nähe des Schmelzpunktes zunächst nur auflockert. Dabei schieben sich einzelne, aus dem Gitterverband herausgelöste Wassermoleküle in die relativ großen Gitterhohlräume, so daß das flüssige Wasser bis zu einer Temperatur von 4 °C eine größere Dichte aufweist als das kristallisierte Eis. Erst bei höheren Temperaturen (> 4 °C) zerfällt dann der gesamte Gitterverband in einzelne Wassermoleküle und Molekülgruppen, wodurch die Dichte wieder abnimmt. ↗Wasser [GST]

flüssig-flüssige Entmischung ↗Entmischung.

Flüssigkeitschromatographie ↗analytische Methoden.

Flüssigkeitseinschluß, *Fluideinschluß, fluid inclusion*, Einschluß in natürlichen oder technisch kristallinen Aggregaten, der verschiedene Füllungen aufweisen kann. Flüssigkeitseinschlüsse kommen in Mineralen vor, die durch Wachstum aus ↗fluider Phase entstehen. Die fluide Phase kann dabei sowohl eine Schmelze (silicatisch, carbonatisch etc.) als auch eine pneumatolytische oder hydrothermale Lösung sein. Bei Prozessen des Mineralwachstums können auf verschiedene Weise gewisse Mengen des fluiden Mediums eingeschlossen und als Flüssigkeitseinschluß erhalten werden. Frakturen in Mineralen können ebenfalls durch Kristallisation aus fluiden Phasen verheilen; auch dabei kann es zur Bildung von Flüssigkeitseinschlüssen kommen.

Die Anzahl und Größe von Einschlüssen ist sehr unterschiedlich. Sie besitzen normalerweise einen Durchmesser von < 1 µm bis 0,1 mm. Größere Einschlüsse (Enhydros) sind selten, treten aber in Salzen oder in Drusenhohlräumen auf. Als Richtwert gilt, daß in 1 cm³ Mineral durchschnittlich 10^6-10^{11} mikroskopisch erkennbare Einschlüsse auftreten. Die Zahl erhöht sich auf 10^{14}, wenn man Einschlüsse in elektronenoptischer Dimension berücksichtigt.

Der Inhalt von Einschlüssen kann bei Raumtemperatur aus festen, flüssigen und gasförmigen Phasen bestehen. Flüssige Phasen bestehen aus wäßrigen Lösungen verschiedener Salze (NaCl, KCl, $NaHCO_3$, $CaCl_2$, $MgCl_2$, u. a.), aus flüssigem CO_2, CH_4, H_2S sowie aus Bitumina. Gasphasen sind H_2O, CO_2, N_2, CH_4, Ethan, Propan, H_2, O_2, H_2S, Edelgase und Halogenkohlenwasserstoffverbindungen. Oft besteht die Einschlußfüllung aus einer Flüssigkeit und einer Gasblase, die sich durch Volumenkontraktion der Flüssigkeit beim Abkühlen des Gesteins gebildet haben. Die Flüssigkeit ist häufig eine wäßrige Lösung, in der Na, K-, Ca-, und Mg-Chloride gelöst sind. Häufig beobachtet werden auch Einschlüsse von reinem CO_2 oder CO_2-H_2O, während CH_4-Einschlüsse seltener sind. ↗Tochterminerale kristallisieren in den Einschlüssen aus übersättigten Lösungen. H_2O und CO_2 sind vollständig mischbar bei Temperaturen über 374 °C. Unterhalb dieser Temperatur koexistieren eine H_2O-reiche und eine CO_2-reiche fluide Phase (↗Fluid) im Einschluß. Kristalle dagegen, die während der Bildung des Flüssigkeitseinschlusses eingeschlossen wurden, heißen *Festeinschlüsse* (solid inclusions). Festeinschlüsse können auch Minerale, Gläser, feste Gele und Bitumina sein. Ein Einschluß mit mehreren Phasen wird ↗Mehrphaseneinschluß genannt. *Schmelzeinschlüsse* kommen in schnell erstarrten magmatischen Gesteinen (↗Magmatite) vor und beinhalten neben glasig erstarrtem ↗Magma auch eine Gasphase.

Eine Klassifizierung von Einschlüssen erfolgt i. d. R. nach genetischen Aspekten. Dabei werden primäre, sekundäre und pseudosekundäre Einschlüsse unterschieden (Abb. 1). Primäre Einschlüsse sind kogenetisch dem Wirtsmineral, d. h. gleichzeitig mit dessen Wachstum eingeschlossen worden. Demnach repräsentiert ihr Inhalt das mineralisierende Fluid, vorausgesetzt, das Fluid wurde homogen eingeschlossen. Häufig geschieht allerdings eine Einschlußbildung aus einem heterogenen Fluid. Dabei können Silicatschmelze/Gas, wäßrige Lösung/Gas oder wäßrige Lösung/Öl unmischbar nebeneinander vorliegen. Feste Partikel in der flüssigen Phase können ebenfalls eingeschlossen werden. Sekundäre Einschlüsse werden nach der Kristallisation des Wirtsminerals gebildet. Sie sind meistens kleiner als primäre Einschlüsse und treten zahlreich an Bruchflächen im Kristall auf. Derartige Mikrorisse können im Kristall durch thermische und mechanische Beanspruchung entstehen. Chemische Lösung ist ebenfalls eine Bildungsmöglichkeit für Wegsamkeiten fluider Phasen. Bei der Verheilung dieser Wegsamkeiten kann es zur Bildung von sekundären Einschlüssen kommen. Pseudosekundäre Einschlüsse sind Einschlüsse, die während des Kristallwachstums entlang von Bruchflächen im bereits gebildeten Mineral eingeschlossen werden. Sie repräsentieren das mineralisierende Fluid, erscheinen allerdings äußerlich als sekundär. Primäre und pseudosekundäre Flüssigkeitseinschlüsse repräsentieren die physikalisch-chemischen Bedingungen zur Zeit der Entstehung des Wirtminerals. Da sekundäre Einschlüsse erst nach der Kristallisation des Wirtminerals gefangen werden, spiegeln sie spätere Einflüsse auf das Mineral bzw. auf das Gestein wider. Um Aussagen über die Entwicklungsgeschichte eines Minerals machen zu können, ist deshalb eine Unterscheidung der verschiedenen Einschlußtypen, die oft nebeneinander vorkommen, unerläßlich.

Untersuchungen an Flüssigkeitseinschlüsse umfassen i. d. R. die Bestimmung der Homogenisierungstemperatur, die unter bestimmten Umständen die Einschlußtemperatur der Lösung anzeigt, der ↗Salinität, des Dampfdrucks sowie der Zusammensetzung von gasförmigen Phasen. ↗Mikrothermometrie eines Flüssigkeitseinschlusses wird mit einem Heiz-Kühltisch durchgeführt, um die Druck-Temperatur-Zusammensetzung zu ermitteln. Voraussetzung hierfür sind: a) die stoffliche Homogenität der Flüssigkeit zum Zeitpunkt des Einschließens, b) die Erhaltung des Einschlußinhaltes während der weiteren geologischen Entwicklung und c) ein konstantes Volumen der Flüssigkeitseinschlüsse seit dem Zeitpunkt des Einschließens. Sind die Punkte nicht oder nur teilweise erfüllt, so muß dies bei der Interpretation der P-T-X-Daten berücksichtigt werden. Sind z. B. die Punkte b) und c) nicht oder nur teilweise erfüllt, dann spricht man von Reäquilibrierung der Flüssigkeitseinschlüsse. Ist diese Voraussetzung gegeben, kann man bei bekannter Zusammensetzung eine ↗Isochore in einem P-T-Diagramm konstruieren (Abb. 2). An einem bestimmten P-T-Punkt der Isochore wurde der Einschluß eingefangen. Die Dichte des Einschlusses wird während eines Heizvorganges durch ↗Homogenisierung der verschiedenen Phasen des Einschlusses bestimmt. So homogenisiert die Gasblase eines Zweiphaseneinschlusses, der aus einer Flüssigkeit und einer Gasblase besteht, je nach Dichte entweder in die flüssige oder in die Gasphase. Die Zusammensetzung des Einschlusses wird durch eine ↗kryometrische Messung bestimmt. Die durch den Kühlvorgang ermittelten Gefrierpunktserniedrigungen geben Informationen über den Inhalt des Einschlusses, da unterschiedliche Flüssigkeiten und Gase unterschiedliche Gefrierpunkte besitzen. Für eine genaue Bestimmung des Einschlußgehaltes sind aufwendigere Methoden wie Ultramikroanalyse, Lasermikroanalyse oder Ramanspektroskopie notwendig. Die auf diese Art gewonnenen Erkenntnisse sind nicht oder nur schwer durch andere Untersuchungsmethoden zu erhalten, denn Flüssigkeitseinschlüsse sind oft die einzigen Relikte mineralbildender Lösungen.

Flüssigkeitseinschlüsse stellen einen integralen Bestandteil moderner lagerstättenkundlicher Untersuchungen dar, da sie Rückschlüsse auf Bildungstemperatur und Zusammensetzung der mineralisierenden Fluide zulassen. Auch ↗Edelsteine lassen sich aufgrund der Flüssigkeitseinschlüsse hinsichtlich ihrer Echtheit und Herkunft beurteilen. Flüssigkeitseinschlüsse bestimmter

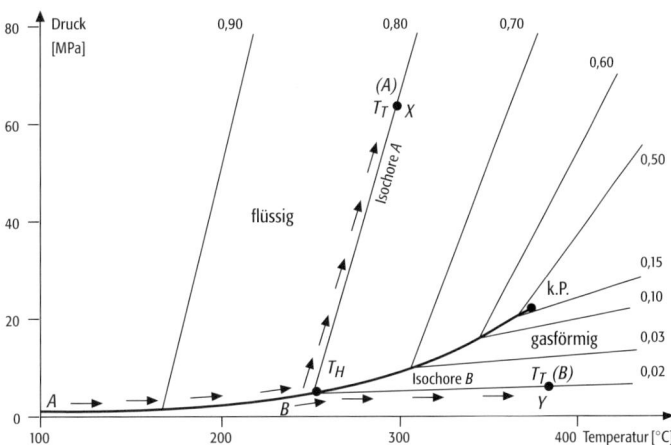

Flüssigkeitseinschluß 2: P-T-Diagramm mit den Isochoren für H_2O. Der Aufheizungsvorgang der Einschlüsse *A* und *B* wird dargestellt. Obwohl die Einschlüsse dieselbe Homogenisierungstemperatur (T_H) besitzen, kommt es aufgrund der unterschiedlichen Dichten zu unterschiedlichen Einschließungstemperaturen (T_T), und die Homogenisierung findet sowohl in die flüssige (*A*) als auch in die gasförmige Phase (*B*) statt (Dichten in g/cm³, k.P. = kritischer Punkt).

Flüssigkeitsthermometer

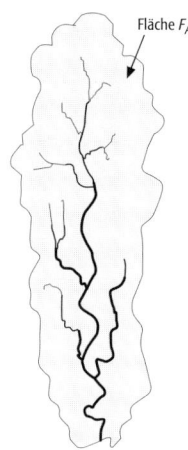

a   längliches Einzugsgebiet

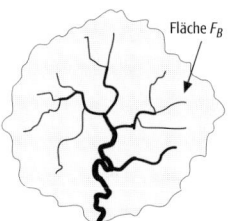

b   rundliches Einzugsgebiet

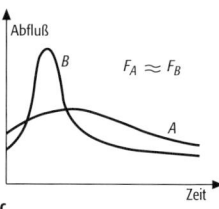

c

Flußkunde: Beziehung zwischen der Form eines Einzugsgebietes und dem Abflußgang (Prinzipskizze).

Flußlängsprofil: idealtypisches Flußlängsprofil (a) und Abweichungen von der parabelförmigen Ausgleichskurve aufgrund veränderter Abtragungsresistenzen bei wechselndem geologischem Untergrund (b) bzw. dem Vorhandensein lokaler Erosionsbasen (c).

Dichte und Zusammensetzung können unter Umständen als Pfadfinder bei der Mineralprospektion eingesetzt werden; z.B. scheint im frühen ↗Proterozoikum Westafrikas die Unterscheidung von goldführenden und sterilen Quarzgängen anhand des Vorhandenseins oder Fehlens von hochdichten CO_2-(N_2)-Flüssigkeitseinschlüssen möglich zu sein.

Flüssigkeitsthermometer, Meßgerät zur ↗Temperaturmessung, das auf der thermischen Ausdehnung einer Flüssigkeit, z.B. Alkohol, Toluol oder flüssigem Quecksilber (*Quecksilberthermometer*) beruht. Der Stand der Flüssigkeit in einer Kapillare zeigt an einer Gradskala die Temperatur an.

Flußklassifikation, Einteilung der ↗Flüsse unter Aspekten von Topographie, Klima, Morphologie, Böden, Sediment- und Wasserführung, Qualität des Wassers und Art der biologischen Besiedlung. Weitere Klassifikationsmerkmale ergeben sich aus der Nutzung des Flusses bezüglich Trinkwassergewinnung, Schiffahrt, Energienutzung und Erholung. Bei der Wasserführung ist die Anzahl der Maxima und Minima im Jahresgang und ihr Auftreten ebenfalls ein wichtiges Kriterium. Vor allem im tropischen und subtropischen Bereich werden auch die Schwebstoff- und Geröllführung sowie biologische und chemische Charakteristika für eine Klassifizierung der Flüsse herangezogen (Weiß-, Schwarz- und Braunwasserflüsse). Innerhalb eines Einzugsgebietes werden alle Fließgewässer in einem Entwässerungsnetz zusammengefaßt. Die Fließgewässer in einem solchen Netz haben unterschiedliche Länge, Wasserführung und verschiedene Beziehungen untereinander. Daher sind verschiedene Klassifizierungssysteme vorgeschlagen worden. Das bekannteste geht auf R. E. ↗Horton zurück. Er weist dem elementaren Fließgewässer die Ordnungszahl 1 zu. Jedes Fließgewässer mit einem Nebenlauf erhält die Ordnungszahl 2. Jedem Fließgewässer mit einem Nebenlauf der Ordnung x wird die Ordnungszahl $x+1$ zugeteilt. Dies hat zu einigen Ungenauigkeiten geführt, die vermieden werden können, indem man systematisch die Ordnung x den Strecken zuteilt, die sich aus zwei Nebenläufen der Ordnung $x-1$ zusammensetzen. [KHo]

Flußkunde, *Potamologie*, Teilgebiet der ↗Hydrologie, in dem die ↗Flußgebiete und ↗Fließgewässer systematisch behandelt werden. Bei der Angabe der Größe eines Flußgebietes spielt es eine Rolle, ob das Niederschlagsgebiet (morphologische Wasserscheide) mit dem hydrologischen ↗Einzugsgebiet übereinstimmt. In Karstgebieten mit erheblicher unterirdischer Entwässerung beispielsweise stimmt das Niederschlagsgebiet gewöhnlich nicht mit dem tatsächlichen Wassereinzugsgebiet überein. Die Größe eines Flußgebietes wird in km² als Projektion der Oberfläche angegeben. Die tatsächliche Oberfläche vergrößert sich mit dem Neigungswinkel; bei einer Neigung von 60° ist z.B. die Oberfläche doppelt so groß wie deren Projektion. Für die ↗Verdunstung spielt dies eine erhebliche Rolle, während

die Niederschlagshöhen auch auf die horizontale Fläche bezogen werden. Die Längen- und Umfangsentwicklung eines Flußgebietes hat Einfluß auf die Abflußentwicklung. Ein Flußgebiet wird morphometrisch beschrieben durch Koeffizienten zur Laufentwicklung (L), Flußentwicklung (F) und Talentwicklung (T):

$$L = \frac{l-t}{t}, \quad F = \frac{l-d}{d}, \quad T = \frac{t-d}{d},$$

wobei l die Flußlänge, t die Tallänge und d die Luftlinie sind. Die Gestalt der Flußgebiete und ihre Größe nehmen Einfluß auf die Form der Hochwasserwelle. Die Form des Einzugsgebietes wird charakterisiert, indem sein Umfang mit dem Umfang eines gleichgroßen Kreises verglichen wird (Abb.). Ist A die Fläche eines Einzugsgebietes und P sein Umfang, dann stellt die Beziehung dieser zwei Größen den Gravelius-Koeffizienten C dar, der ausgedrückt wird durch:

$$C = 0,282 \cdot P \cdot \sqrt{A}.$$

In der allgemeinen Flußkunde werden auch Fragen der Klassifizierung von Fließgewässern behandelt. Für die Namensgebung eines Flusses spielt es eine Rolle, Haupt- und Nebenfluß festzulegen. Das Profil eines Flusses ergibt sich aus der Verbindung der Punkte des Talwegs eines Fließgewässers. Durch ein Profil werden topographische Besonderheiten, wie Schwellen, Becken, Stromschnellen, Wasserfälle und Gefälleveränderungen wiedergegeben (↗Flußlängsprofil). Das mittlere Gefälle eines Fließgewässers ist die Höhendifferenz zwischen dem höchsten Punkt und einem beliebigen Punkt unterhalb, dividiert durch die Gesamtlänge des Fließgewässers bis zu diesem Punkt. [KHo]

Flußlängsprofil, Gefällslinie des Wasserspiegels von der Quelle bis zur Flußmündung. Wegen des gewundenen Fließgewässerlaufes ist diese Linie länger als das ↗Tallängsprofil. In humiden Klimaten nimmt, infolge des kleiner werdenden Ge-

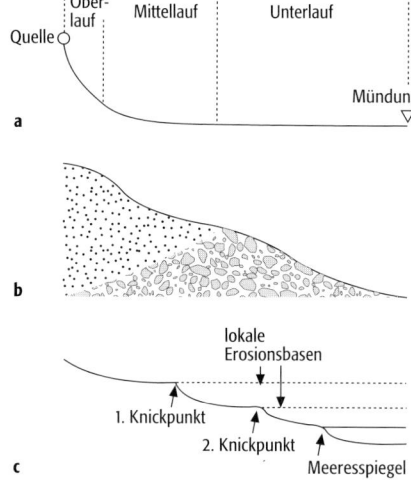

fälles und der steigenden Abflußmenge, die Spiegelbreite des Fließgewässers mit der Lauflänge zu. Die schematische Untergliederung des Profils (Abb.) in einen Oberlauf mit überwiegender Tiefenerosion, einen Mittellauf mit verringertem Gefälle, niedrigerer Strömungsgeschwindigkeit und einem ausgeglichenen Verhältnis von ↗Erosion zu ↗Akkumulation sowie einen Unterlauf, in dem schließlich die Akkumulation überwiegt, ist stark idealisiert und kommt in der Natur nur selten vor. Besonders bei Flüssen, die geologisch vielgestaltige oder tektonisch aktive Gebiete durchfließen, wechseln sich Erosions- und Akkumulationsstrecken ab. Auch die Profilentwicklung ist dabei unausgeglichen und kann durch Gefällsbrüche zahlreiche *Knickpunkte* aufweisen, die durch einmündende Nebenflüsse oder lokale ↗Erosionsbasen hervorgerufen werden. Eine ideale, parabelförmige *Ausgleichskurve* ist zwar theoretisch denkbar, aber bei keinem natürlichen Flußlängsprofil nachzuweisen. ↗Fließgewässerabschnitt [KMM]

Flußmarschen, Subtypen der ↗Marschen; Vertreter sind die Flußrohmarsch (↗Rohmarsch) mit einem (e)pGo-Ah/(e)pGo/(e)pGr-Profil, die Flußkalkmarsch (↗Kalkmarsch) mit einem (e)pAh/epGo/epGr-Profil, die Flußkleimarsch (↗Kleimarsch) mit einem pAh/pGo/(e)pGr-Profil und die Flußhaftnässemarsch (↗Haftnässemarsch) mit einem pAh/pSg-Go/pGr-Profil. Im Ah/Go/Gr-Profil der typischen Flußmarsch liegt die Obergrenze des Gr-Horizontes >8 dm unter Geländeoberfläche. Die Flußmarsch im Deichvorland ist durch regelmäßige Überflutung reich an Überschlickungskalk und Nährstoffen. Nach der Eindeichung kann sie sich zur Flußkalkmarsch entwickeln, die ein gutes Krümelgefüge in der Krume besitzt und somit einen hochwertigen Ackerboden darstellt. Die Nutzbarkeit des reichlich gespeicherten Wassers ist auch im Untergrund gut, wenn nicht Dwog-Horizonte die Durchwurzelung behindern. ↗Brackmarsch Abb. [AB]

Flußmündung, Einmündung eines Flusses in das Meer, einen See oder einen Fluß nächsthöherer Ordnung (↗Vorfluter). An der Mündung in das Meer oder einen See nimmt mit sinkender Fließgeschwindigkeit auch die Transportkapazität des Flusses ab (↗Kapazität), wodurch ein Teil der ↗Flußfracht abgesetzt wird. Hierbei führen geringe Wasserbewegung zum Aufbau eines ↗Deltas, treten hingegen Querströmungen auf, können die ↗fluvialen Sedimente derart verlagert werden, daß sie als ↗Mündungsbarre mehr oder weniger quer zur Fließrichtung des Flusses akkumulieren (↗Ausgleichsküste). Gezeiteneinfluß mit kräftigem Tidenhub bewirkt schließlich, daß Flußmündungen, Ästuare und Mündungstrichter offen gehalten werden, da durch die starke Gezeitenströmung die Sedimente immer wieder weit ins Meer verfrachtet werden. Auch bei der Einmündung von sedimentreichen Nebenflüssen in einen größeren Fluß, kann es zu Sedimentakkumulation kommen. Wenn das Tal des Hauptflusses ein geringeres Gefälle als das Seitental aufweist, und der Hauptfluß die zusätzliche Fracht nicht abführen kann, wird durch den Nebenfluß an der Mündung ein ↗Schwemmfächer aufgebaut, was i.d.R. eine Laufverlegung des Hauptflusses zur Folge hat. Eine ↗*Mündungsverschleppung* entsteht, wenn ein sedimentreicher Hauptfluß einen Uferwall aufgeschüttet hat. Dann kann der Nebenfluß nicht auf kürzestem Wege einmünden und fließt in der ↗Aue so lange parallel zum Hauptfluß, bis günstige Gefällsverhältnisse eine Einmündung ermöglichen.

Flußnetz, räumliches Muster, das von Gewässerläufen verschiedener Größenordnung innerhalb eines bestimmten Ausschnittes der Erdoberfläche gebildet wird. In Abhängigkeit vom Niederschlagsangebot, den morphologischen Verhältnissen sowie der geologischen Beschaffenheit des Untergrundes kann ein Flußnetz verschiedene Muster annehmen, die innerhalb eines größeren Flußgebietes gewöhnlich mehrfach wechseln. Daher setzen sich natürliche Flußnetze meist aus einer Kombination verschiedener Flußnetztypen zusammen (Abb.). Darüber hinaus kann ein Flußnetz auch durch anthropogene Eingriffe und wasserbauliche Maßnahmen verändert sein. Werden ↗Trockentäler in eine solche Betrachtung einbezogen, gilt analog der Begriff ↗Talnetz.

Flußschwinde ↗Schwinde.

Flußspat ↗*Fluorit*.

Flußspiegelgefälle, Höhenunterschied zweier Punkte des Gewässerspiegels im Verhältnis zur zwischen den Punkten liegenden Fließgewässerlänge. Das Spiegelgefälle hängt außer vom ↗Sohlengefälle auch noch von der jeweiligen Wasserführung ab.

Flußterrassen, ↗fluvial gebildete ↗Terrassen. Man unterscheidet a) Felsterrassen (Erosionsterrassen), die durch ↗fluviale Erosion entstehen (Abb.) von b) *Akkumulationsterrassen* (Schotterterrassen), welche sich durch ↗fluviale Sedimentation bilden. Letztere gehen in Mitteleuropa i.a. auf Sedimentation durch ein ↗braided river system während des ↗Pleistozäns zurück. Durch einen Wechsel von effektiven Akkumulations- und Erosionsphasen bei gleichzeitiger Tieferlegung der ↗Erosionsbasis entstanden markante ↗Terrassentreppen.

Flußtypen, neben der hydrologisch begründeten ↗Flußklassifikation gibt es sedimentologisch-geomorphologisch definierte Flußtypen. Die Klassifikation dient der Vergleichbarkeit der Gerinnebetten verschiedener Räume, der Untersuchung und Deutung von Gerinnebettentwicklungen und ist somit auch Voraussetzung für die Prognose des zukünftigen geomorphologischen Verhaltens von Gerinnebetten. Die am häufigsten angewandten Klassifikation von Flußtypen beruhen auf a) den geomorphologischen Merkmalen des ↗Flußnetzes, b) auf der Einteilung nach dem Grundrißmuster des Gerinnelaufes in ↗Flußgrundrißtypen und c) auf der Einteilung nach der dominanten ↗Flußfracht in *gravel-bed river* (Geschiebefrachtfluß), suspen-

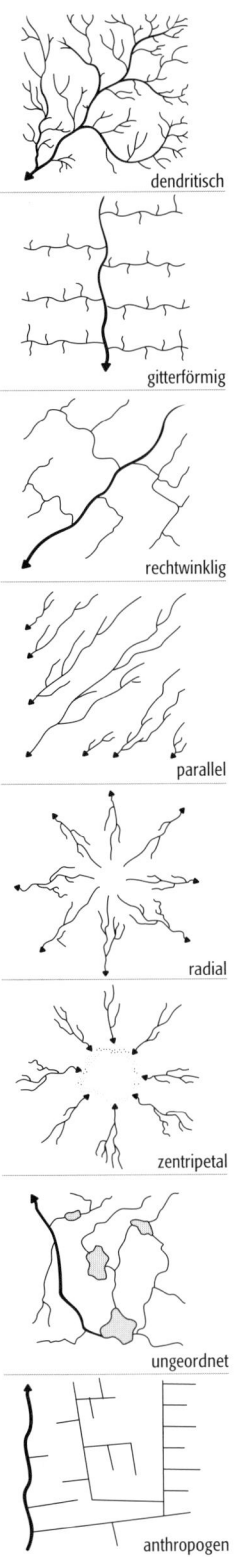

Flußnetz: Flußnetztypen.

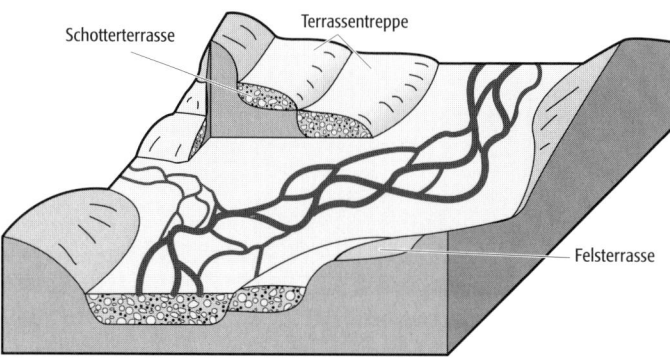

Flußterrassen: Felsterrasse, Schotterterrasse, Terrassentreppe.

ded-load river (Suspensionsfrachtfluß) sowie mixed-load river.

Flußverwilderung, zusammenfassende Bezeichnung für durch Breitenverzweigung (↗Flußverzweigung) und die Bildung von ↗Transportkörpern auftretende Phänomene im Flußbett.

Flußverzweigung, Aufteilung eines Flußlaufes in mehrere Arme. Man unterscheidet: 1) *Erosionsverzweigung,* die aufgrund von Inhomogenitäten in der ↗Abtragungsresistenz der anstehenden Gesteine gebildet wird. Dabei können in der Felssohle eines breiten Gerinnebetts nebeneinander liegende Rinnen ausgeschürft werden. Fortschreitende Tiefenerosion führt zur Exposition des dazwischen liegenden Felsrückens über den Flußwasserspiegel, wodurch der Gerinnelauf in mehrere Arme aufgeteilt wird. 2) *Uferwallverzweigung* (Dammuferflußverzweigung), die sich bei Gerinneläufen mit ausgeprägten ↗Uferwällen ausbilden kann (z. B. ↗anastomosierender Fluß, ↗Dammuferfluß), wenn es bei steigenden Abflußmengen zur Ausuferung an den niedrigen Stellen des Uferwalls kommt. Außer einem ↗crevasse splay bildet sich ein temporärer ↗Dammufersee, da das in den tieferliegenden Auenbereich einströmende Wasser flußabwärts von einem staudammähnlich positionierten Uferwall des aktiven oder eines ehemaligen Flußlaufs aufgestaut wird. Während an der Durchbruchstelle Spiegelgleichheit herrscht, tritt flußabwärts ein wachsender Niveauunterschied zwischen dem horizontal gestauten Dammuferseespiegel und dem Flußspiegelgefälle auf. Schließlich wird der stauende Uferwallbereich überstaut und ein zweiter Uferwalldurchbruch etabliert sich, mit Gefälle vom Dammufersee zum Gerinnelauf. Die zerschnittenen Uferwälle ermöglichen ein häufigeres Fluten auch bei mittleren Abflußmengen, wodurch entlang der bevorzugt benutzten Tiefenlinie allmählich ein zusätzliches Gerinnebett mit Uferwällen entsteht (↗Avulsion). 3) *Breitenverzweigung* entsteht bei Flüssen mit periodisch bis episodisch auftretenden Hochwasserspitzen, grobkörniger (sandig-kiesiger) ↗Flußfracht, breiter Talsohle und relativ hohem ↗Sohlengefälle. Bei Hochwasserereignissen bilden sich an der Flußsohle Sand- und Kiesbänke, sog. mid channel bars (↗Transportkörper). Fallender Wasserstand bedingt die Aufteilung des ↗Abflusses in verschiedene Arme. Die über- und umflossenen Transportkörper werden dabei durch die Prozesse der ↗fluvialen Erosion und ↗fluvialen Sedimentation weiter verändert. Abnehmende Abflußmenge führt bei zunehmender Exposition der Sand- und Kiesbänke zur Konzentration des Abflusses auf immer weniger Flußarme. Die Breitenverzweigung selbst ist somit kein Prozeß wie jener der Erosions- oder Uferwallverzweigung. Sie ist Ausdruck eines temporären Systemzustandes, für den die quantitative Fluktuation von Abflußmenge, fluvialer Erosion, ↗fluvialem Transport und fluvialer Sedimentation bezeichnend ist. Breitenverzweigung ist typisch für ein ↗braided river system (verflochtener Fluß) bei niedrigem Abfluß. [PH]

Flußwasser-Inhaltsstoffe, gelöste Stoffe in Flußwässern. Flußwässer enthalten global zwischen 100 und 800 mg/l gelöste Stoffe. Das dominierende Anion ist Hydrogencarbonat, und Calcium ist meist das wichtigste Kation. In rund 30 % der Flußwässer dominiert Natrium über Calcium. Gegenüber der Meerwasserzusammensetzung ist v. a. die Vormacht von Calcium über Magnesium und die höheren Konzentrationen von Kieselsäure, Aluminium und Eisen in Flußwässern hervorzuheben. Viele Flüsse haben einen im Vergleich zur Atmosphäre erhöhten CO_2-Partialdruck von bis zu 10 hPa, der durch den Abbau organischer Substanz und die Infiltration CO_2-reicher Grundwässer verursacht wird. Hierdurch wird die Löslichkeit von Calcit in Flußwässern deutlich heraufgesetzt (↗Calcit-Löslichkeit in Wasser). Die Gehalte an gelösten Schwermetallen sind in unbelasteten Flüssen sehr gering und betragen nur wenige ng/l bis ca. 1 μg/l.

Die chemische Zusammensetzung von Flußwässern wird durch eine Vielzahl von Prozessen beeinflußt. Dazu gehören Eintrag aus dem Nieder-

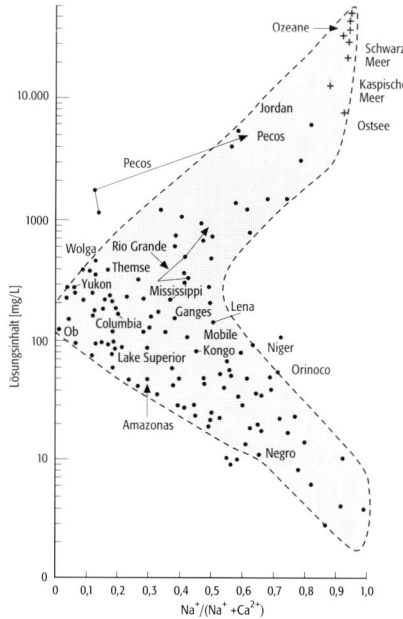

Flußwasser-Inhaltsstoffe: Einflußfaktoren der Zusammensetzung von Flußwässern, dargestellt am Gewichtsverhältnis $Na^+/(Na^+ + Ca^{2+})$ zum gelösten Stoffinhalt (Kreise = Seen und Flüsse, Kreuze = Ozeane).

schlag, Aufkonzentrierung durch Evaporation bzw. Evapotranspiration, Partikeleintrag durch Erosion, Gesteinslösung, Lösungs-Fällungsreaktionen, Einflüsse der Biosphäre und anthropogene Stoffeinträge. Gibbs (1970) hat in einem nicht unumstrittenen Modell versucht, die chemische Zusammensetzung von Flüssen in Abhängigkeit von Niederschlag, Gesteinslösung und Evaporation darzustellen (Abb.). Niederschlagsdominierte Flüsse sind dabei durch geringe Stoffgehalte bei NaCl-Vormacht geprägt, während die rasche Lösung der Carbonatgesteine Ca-dominierte Wässer mit einem mittleren Stoffgehalt bewirkt. Durch Evaporation verbunden mit Fällungsreaktionen nähert sich die Flußwasserchemie der Zusammensetzung der Ozeanwässer an. Die Belastung der bundesdeutschen Flüsse mit Nährstoffen wie Phosphat und Ammonium ist seit Anfang der 1990er Jahre zurückgegangen. Die Qualitätsziele von < 0,15 mg/l Gesamtphosphor und < 0,3 mg/l Ammoniumstickstoff (Gewässergüteklasse II) werden aber noch teilweise überschritten. Hingegen sind die Nitratbelastungen, die zu über 50% durch die Landwirtschaft verursacht werden, unverändert hoch. Die Schwermetallbelastungen sind ebenfalls stark zurückgegangen. Problematisch ist im wesentlichen noch Cadmium und hier insbesondere im Elbeeinzugsgebiet (dort auch Quecksilber). Für die Beurteilung der Belastungssituation mit Schwermetallen werden die Gehalte in der partikulären Fracht (< 20 µm) herangezogen, da dies der Haupttransportmechanismus der Schwermetalle in Fließgewässern ist. [TR]

Flußwatt, *perimariner Wattboden*, semisubhydrischer Wattboden, ↗Watt im Gezeitenrückstaubereich der Flüsse mit einem pFo/pFr-Profil. Das »p« steht für perimarin (tidal-fluviatil). Die Gezeitensedimente sind meist tonig und carbonathaltig, können jedoch auch carbonatfrei sein.

Flut ↗Gezeiten.

Flutbasalt ↗Flutlava.

Flutlava, *Flutbasalt, Trappbasalt, Plateau-Basalt*, entsteht bei rascher Effusion großer Mengen niedrigviskosen Magmas (meist basaltisch). Sie können ausgedehnte mächtige Abfolgen von ↗Lavadecken auf kontinentaler ↗Lithosphäre aber auch auf ozeanischer Lithosphäre (↗ozeanische Plateaus) über ↗Manteldiapiren aufbauen. ↗Continental-Flood-Basalt.

Flutmühle, Wassermühle, welche die einfachste Form der Nutzung der Gezeitenenergie darstellt (↗Gezeiten). Die Existenz von Flutmühlen, die als Korn-, Gips- und Sägemühlen dienten, ist für die Zeit ab dem 11. Jh. verbürgt. Von Bischof Veranzio stammt aus dem Jahre 1605 die Beschreibung einer Flutkraftanlage, deren Tore sich bei Ebbe selbsttätig schließen und dem in einem Becken während der Flut gesammelten Wasser den Rücklauf verwehren. Über einen separaten Ausfluß wird der Rücklauf zum Antrieb der Mühlräder genutzt. Solche Anlagen waren seit dem 17. Jh. an der Atlantikküste Nordamerikas in Betrieb. Im 18. Jh. legte der Zimmermann Perse bei Dünkirchen Flutmühlen an, die sowohl vom Ebbe- als auch vom Flutstrom in Bewegung gesetzt wurden.

Flutmulde, Eintiefung in der Landoberfläche, welche die Möglichkeit zur ↗Umflut bietet.

Flutstundenlinie ↗Gezeiten.

fluvial, *fluviatil*, in der ↗Geomorphologie gebraucht für Formen und Prozesse, die in Zusammenhang mit der Tätigkeit fließenden Wassers stehen. ↗fluviale Erosion, ↗fluvialer Transport, ↗fluviale Sedimentation.

fluviale Erosion, bezeichnet die ↗Erosion, Partikelaufnahme und -verlagerung (↗fluvialer Transport) durch das fließende Wasser sowie ↗Korrasion durch mitgeführte Feststoffe. Die Intensität der fluvialen Erosion wird bestimmt durch Abflußmenge, ↗Sohlengefälle, Fließgeschwindigkeit, mitgeführte ↗Flußfracht und ↗Abtragungsresistenz des Gesteins. Fluviale Erosion findet sowohl außerhalb als auch innerhalb von ↗Gerinnebetten statt. Zur fluvialen Erosion außerhalb von Gerinnebetten zählen die Prozesse der mehr flächenhaft wirksamen ↗Abspülung durch ↗Oberflächenabfluß auf geneigten Flächen (↗Denudation). Präexistente Geländedepressionen führen zur Konzentration des Oberflächenabflusses in Rillen, Rinnen und schließlich in Gerinnebetten, wodurch eine eher linienhafte fluviale Erosion wirksam wird. Die in einem Gerinnebett kanalisierte Abtragung kann lateral, als Seitenerosion, und/oder vertikal als Tiefenerosion (Sohlenerosion) wirken. Im Flußlängsprofil betrachtet, entwickelt sich die Tiefenerosion als flußaufwärts gerichtete, *rückschreitende Erosion* weiter (↗Resistenzstrecke). Im ↗fluvialen System sind die Erosions- und Transportprozesse i.d.R. räumlich und zeitlich eng gekoppelt, d.h. sie finden z.T. gleichzeitig statt (↗Hjulström-Diagramm). [PH]

fluvialer Transport, durch ↗endogene Prozesse und ↗Verwitterung aufbereitete Stoffe und Materialien werden in Fließgewässern als ↗Flußfracht transportiert. Morphodynamische Wirksamkeit entfalten nur ↗Suspensionsfracht und ↗Geschiebefracht, nicht die ↗Lösungsfracht. Je nach ↗Flußtyp variiert die Spannweite des vom Fluß transportierten Korngrößenspektrums. Während die gröbsten Partikel (Blöcke, Steine, Kiese, Sande) i.d.R. nur als Geschiebefracht bewegt werden, umfaßt die Suspensionsfracht Korngrößen von Ton bis hin zu feineren Sanden. Hohe Konzentrationen an Suspensionsfracht schwächen strömungsbedingt auftretende Turbulenzen ab, der innere Reibungsverlust wird herabgesetzt, die ↗Schleppkraft des Flusses wird erhöht und damit die Transportweite verlängert. Aufnahme sowie Transport verschiedener Partikelgrößen sind in hohem Maße von der Fließgeschwindigkeit abhängig (↗fluviale Erosion, ↗Hjulström-Diagramm). Die Menge der als Suspensions- und Geschiebefracht transportierten Feststoffe, die sog. »sediment discharge«, wird durch mehrere interdependente Faktoren gesteuert. Hierzu zählen Sedimentzufuhr, sowohl die passive von den Hängen, als auch die aktive Aufnahme im ↗Gerinnebett, Gerinneform, Bodenrauhigkeit, ↗Abfluß, Fluidität und Viskosität des Wassers sowie Kornvolumen, -form und spezifische Dichte der Partikel. Die höchsten Konzentrationen transportierten Materials, insbesondere der Suspensionsfracht, werden bei ↗Hochwasser erreicht. [PH]

fluviale Sedimentation, setzt durch eine Verminderung der ↗Kapazität und/oder ↗Kompetenz ein. Die mittelbare Ursache kann ein sich abschwächendes ↗Sohlengefälle sein, eine geringere Abflußmenge und/oder ein im Verhältnis zur Abflußmenge überreichlicher Sediment-Input durch eine quantitative Sedimentzunahme und/oder größere Sedimentpartikel. Diesen Veränderungen liegen Modifikationen von zumeist mehreren Einflußgrößen zugrunde (z. B. veränderte geologisch-tektonische Situation, veränderter ↗Wasserhaushalt, ↗Klimaänderung, Änderungen in der Vegetationsbedeckung oder der Nutzungsstrukturen), die durch komplexe Wechselwirkungen räumlich und zeitlich miteinander gekoppelt sind. Fluviale Sedimentation findet sowohl im Gerinnebett selbst als ↗Geschiebefracht und ↗Suspensionsfracht statt, als auch außerhalb des Gerinnebettes, als Suspensions- und ↗Lösungsfracht in der ↗Aue. Weitere Ablagerungsmöglichkeiten bestehen in ↗Altlaufseen und topographischen Geländedepressionen wie z. B. temporär benutzte Hochwasserrinnen, Stillwasserseen und Niedermoore. Das eigentliche Absetzen eines Partikels ist im wesentlichen eine Funktion seiner Sinkgeschwindigkeit, die ihrerseits hauptsächlich von der Korngröße, der Partikeldichte und der Dichte der Flüssigkeit bestimmt werden. ↗fluviale Sedimente. [PH]

fluviale Sedimente, durch Ablagerung (↗fluviale Sedimentation) aus einem fließenden Wasser heraus entstandene Gesteine, sowohl unverfestigter als auch verfestigter Art (↗Diagenese). Die vorkommenden ↗Korngrößen reichen von sehr feinen Tonen im Rückstaubereich (backflooding), in Altlaufseen oder im Hochflutbereich (↗Aue, ↗Hochflutsedimente) bis hin zu großen Blöcken, die bei ↗Hochwässern im Gerinnebett abgesetzt werden. In Abhängigkeit vom abgelagerten Korngrößengemisch, den Strömungsbedingungen (↗fluvialer Transport) und der Position zum aktiven Gerinnebett, können fluviale Sedimente ungeschichtet (massiv) bis deutlich texturiert (↗Textur) sein und in verschiedenen geometrischen Formen erscheinen z. B. Flußterrasse, Hochflutlehmdecke, Uferwall oder Altlauffüllung. Da fluviale Sedimente mithin milieuspezifische Ablagerungen sind, kann man durch die Ansprache der ↗Fazies die ablagernden Prozesse rekonstruieren. Dies erlaubt Rückschlüsse auf das ablagernde fluviale Environment (↗Flußgrundrißtypen) und dessen paläohydrologischen Bedingungen. Wichtige Anwendungsgebiete sind Erdölgeologie, ↗Paläogeographie, ↗Paläoklimatologie und Paläoökologie. [PH]

fluviales System, Haupttyp der ↗exogenen geomorphodynamischen Prozeß-Response-Systeme im Sinne von S. A. Schumm (1977). Es stellt ein komplexes Ursachen-Wirkungsgefüge dar, bestehend aus Prozeß-, Material- und Formvariablen innerhalb eines ↗Einzugsgebietes, in dem die wesentlichen Prozeßfunktionen durch die ↗Fließgewässer gesteuert werden. Das Ausmaß der fluvialen Prozesse wird dabei durch die Rückkopplung mit den Prozeßkomponenten bestimmt. Hierzu gehören u. a. das durch ↗Verwitterung aufbereitete und dem Fließgewässer zugeführte Material, das durch ↗fluviale Erosion aufgenommene Material, sowie alle Transportvorgänge (↗fluvialer Transport) und Akkumulationsvorgänge (↗fluviale Sedimentation) innerhalb des Fließgewässers. Die Prozeßabläufe im fluvialen System führen mit der Zeit zu einer Veränderung der Oberflächenformen, was wiederum auf die Materie und die Energieumsätze innerhalb des Fließgewässers rückwirkt. [KMM]

Fluvialmorphologie, Zweig der ↗Geomorphologie, der sich mit Form, Aufbau, Vorkommen, Entstehung, Entwicklung und der Rolle der kontrollierenden Faktoren des ↗fluvialen Systems beschäftigt, sowohl mit dem ↗Gerinne als auch mit den assoziierten ↗fluvialen Sedimenten. Fluvialmorphologie wird meist unter Bezug auf abgegrenzte ↗Einzugsgebiete betrieben, in jüngerer Zeit auch unter wachsender Berücksichtigung der Methoden aus der klastischen ↗Sedimentologie.

fluviatil ↗*fluvial*.

fluvic properties, Feinschichtung in Kolluvien, fluvialen, limnischen oder marinen Sedimenten, die mindestens ein Viertel der oberen 1,25 m in ↗Fluvisols der ↗WRB einnimmt.

fluvioglazial, *glazifluvial*, Sedimente und Formen, die vom Schmelzwasser des Eises gebildet oder abgelagert wurden und daher sowohl ↗glaziale als auch ↗fluviale Eigenschaften aufweisen. Im engeren Sinne bezeichnet fluvioglazial alle Ablagerungen ↗glazigenen Materials, die unmittelbar durch das abfließende Schmelzwasser entstehen. Das unter dem Eis (subglazial) abfließende Schmelzwasser tritt am sog. Gletschertor aus. Es führt Suspensionsfracht, die ↗Gletschermilch, und Geröllfracht mit kantengerundetem, evtl. auch ↗gekritztem Geschiebe aus der ↗Untermoräne mit. Nach dem Austritt lagern die Bachläufe ihre Geröllfracht in Schwemmkegeln, den ↗Sandern, vor dem Eisrand ab. Da die Wasserführung der Gletscherbäche und somit ihre Transportkapazität starken tages- und jahreszeitlichen Schwankungen unterliegt, sind in diesen Schwemmkegeln Schichten sehr unterschiedlicher Korngröße zu finden. Im Alpenvorland werden die fluvioglazialen ↗Schmelzwasserablagerungen als Schotterflächen bezeichnet, da ihre Hauptbestandteile Kiese, gerundete Steine und kantengerundete bis gerundete Blöcke sind. Fluvioglaziale Sedimente sind aber nicht nur auf die nähere Eisrandlage beschränkt, sondern können durch den fluvialen Transport auch weit ins ehemalige Gletschervorland gelangen. Im allgemeinen nehmen mit Abstand vom Gletscherrand Korngröße und Rundungsgrad ab, der Sortierungsgrad nimmt dagegen zu, da die Sedimente zunehmend vom fluvialen Transport geprägt werden. ↗fluvioglaziale Schotter Abb. [JBR]

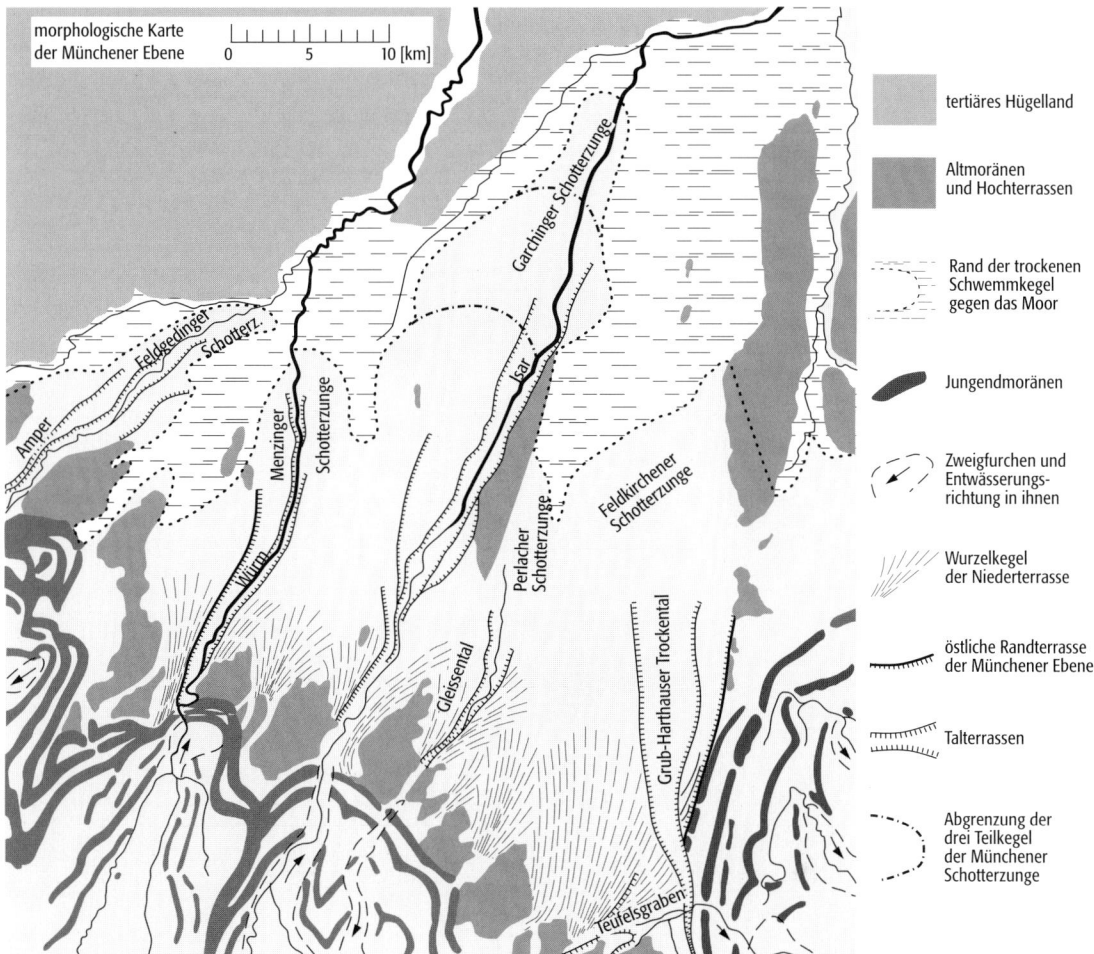

fluvioglaziale Schotter, durch Schmelzwasser transportiertes ↗glazigenes Material, das entweder als ↗Schmelzwasserablagerung in Osern (↗Os), ↗Kames oder ↗Kamesterrassen abgelagert wird oder vor dem Eisrand eines ↗Gletschers bzw. ↗Eisschildes Schotterfelder bildet (Abb.).

Fluvisols, Bodeneinheit der ↗WRB; ↗Auenböden und ↗Marschen der deutschen Bodenklassifikation; ↗Entisols der ↗Soil Taxonomy; geschichtete Böden aus fluvialen, limnischen oder marinen Sedimenten mit schwachen pedogenen Überprägungen ohne ↗B-Horizonte.

Flux, *Flußmittel*, Substanz, die bei der ↗Hochtemperaturschmelzlösungszüchtung eingesetzt wird. Im allgemeinen handelt es sich um eine anorganische Verbindung, die mit niedrigem Schmelzpunkt und hohem Siedepunkt ein breites Flüssigkeitsgebiet ausweist, in dem sich die zu kristallisierende Substanz lösen und ausscheiden läßt. Ein geeignetes Flußmittel sollte folgende Bedingungen erfüllen: a) Die Löslichkeit der zu kristallisierenden Substanz sollte groß sein und eine starke Temperaturabhängigkeit aufweisen. b) Nach der Züchtung sollte eine leichte Trennung von Matrix und Kristall möglich sein. c) Es sollte sich nicht mit der Kristallphase mischen, es sei denn das Flußmittel ist gleichzeitig Konstituent des Kristalls. d) Es sollte chemisch inaktiv sein, sowohl gegenüber den gelösten Komponenten als auch dem Tiegelmaterial. e) Es sollte eine geringe Viskosität aufweisen (1 bis 10 Centipoise). f) Es sollte eine geringe Benetzung der Tiegelwand aufweisen, damit es nicht aus dem Tiegel kriecht. Häufig verwendete Verbindungen sind: Alkali- und Erdalkalihalogenide, Alkalicarbonate und Alkalihydroxide, Borate, PbO, PbF$_2$, Bi$_2$O$_3$, BiF$_3$, sowie Vanadate, Molybdate und Wolframate. [GMV]

Fluxgate-Magnetometer, *Förstersonde*, *Saturationskern-Magnetometer*, Magnetometer, das die an den Enden nicht lineare Magnetisierungskurve der $B(H)$-Beziehung eines ferromagnetischen Spulenkerns (magnetische Hysteresekurve) benutzt. Ein sinusförmiges Erregerfeld im kHz-Bereich wird dem zu messenden konstanten Erregerfeld H überlagert. Über die Induktionsspule, die den Kern umgibt, erhält man ein induziertes Signal, das nicht mehr sinusförmig ist, sondern Oberwellen enthält. Die Amplitude der 2. Har-

fluvioglaziale Schotter: Würmkaltzeitliche Schotterfelder der Münchener Ebene, mit Schwemmkegeln und Trompetentälchen.

Flysch

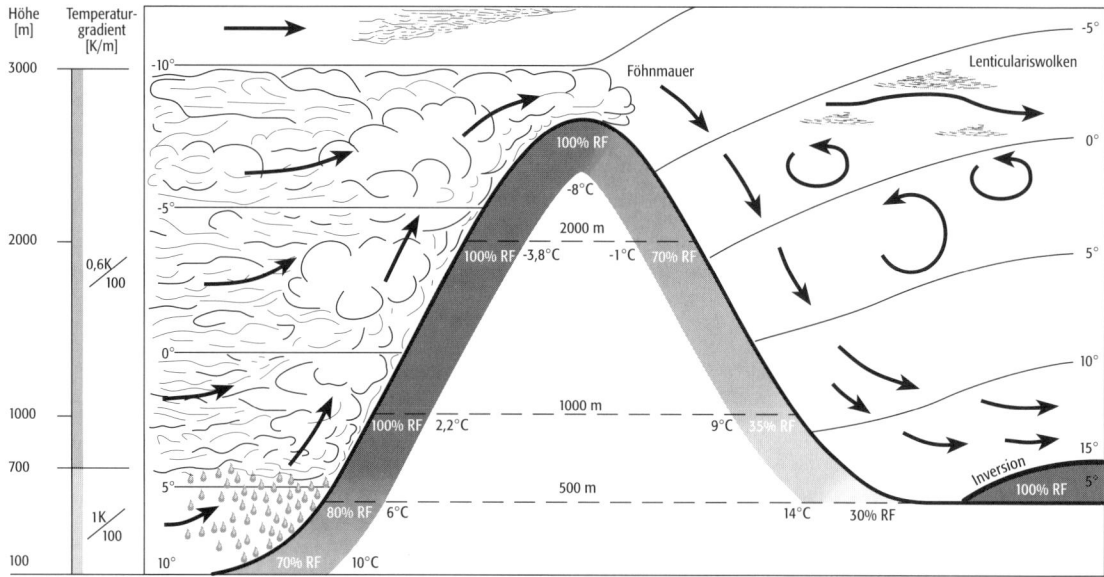

Föhn: schematische Darstellung des Föhns (RF = relative Feuchte).

monischen ist hierbei direkt proportional dem zu messenden Feld B. Gewöhnlich ist der Kern noch von einer Spule umgeben, die das umgebende starke Magnetfeld kompensiert. Damit ist es möglich, sehr kleine (bis 0,1 nT) und langsame zeitliche Änderungen aufzulösen (↗Magnetogramm). Die Vorteile der Fluxgate-Magnetometer liegen in ihrer Fähigkeit, die drei Komponenten des Magnetfeldvektors kontinuierlich zu messen, der Nachteil liegt in ihrer begrenzten Auflösung von etwa 0,1–1 nT und ihrer Temperaturempfindlichkeit. Die Magnetfeldsonden bestehen entweder aus kleinen umwickelten Stabkernen, für jede Komponente eines, oder bei *Ringkern-Magnetometern* aus je drei ringförmigen Kernen. Das von einem dänischen Observator entwickelte Rasmussen-Magnetometer ist ein Doppelstabkernmagnetometer mit einer kardanischen Aufhängung, was eine sehr konstante und saubere Trennung der Komponenten ermöglicht. [VH, WWe]

Flysch, marine Sedimentabfolgen, die überwiegend aus ↗Turbiditen bestehen und auch ↗Olisthostrome enthalten können. Flysch bildet sich während der Faltung intrakratonischer ↗Orogene vor deren Front, wird anschließend meist selbst noch gefaltet. ↗orogene Sedimente.

FMS, *Formation Micro Scanner*, Gerätebezeichnung für eine hochauflösende Widerstandssonde (↗Image-Log).

F-Mull, *Of-Mull*, Auflagehumus, dem ↗L-Horizont und dem ↗Ah-Horizont ist flächenhaft ein ↗Of-Horizont zwischengelagert. Der F-Mull kann locker lagern oder lagig verbunden bis verklebt sein. Oft ist der F-Mull von Wurzeln und Pilzhyphen durchzogen. Je nach Aktivität von Bodenwühlern sind mehr oder weniger mineralische Anteile in den ↗Of-Horizont eingemischt.

Fodinichnion, *Freßbau*, ↗Spurenfossilien.

Foggara, ein vornehmlich im Bereich der westlichen Sahara (Marokko und Mauretanien) gebrauchter Ausdruck für im Untergrund horizontal oder leicht im Gefälle verlegten Sickerleitungen bzw. Sickerstollen zur Gewinnung von Grundwasser. ↗Qanat.

Föhn, warmer, trockener, oft böiger ↗Fallwind auf der Leeseite von hohen Gebirgen, wie z. B. auf der Nordseite (*Südföhn*) oder der Südseite (*Nordföhn*) der Alpen oder am Ostabhang der Rocky Mountains (*Chinook*). Er entsteht dadurch, daß eine Luftmasse aufgrund der Druckverteilung gezwungen wird, ein Gebirge zu überströmen. Beim Aufstieg im Luv kühlt sich die Luft trockenadiabatisch mit 1 K pro 100 m ab (↗adiabatischer Prozeß). Nach Erreichen der ↗Kondensationshöhe setzt Wolkenbildung ein. Durch die dabei freiwerdende latente Wärme kühlt sich die Luft beim weiteren Aufstieg unter Ausfall des kondensierten Wassers nur noch feuchtadiabatisch ab. Nach Erreichen des Gipfels strömt die Luft auf der Leeseite in Richtung Gebirgsfuß und erwärmt sich dabei wieder trockenadiabatisch. Die Luft ist in der gleichen Höhe hinter dem Gebirge somit wärmer als im Ausgangsniveau auf der Luvseite. Dieser Effekt ist um so ausgeprägter, je höher das zu überströmende Hindernis ist. In den Alpen sind aufgrund der höheren Ausgangstemperatur die Effekte, die der Südföhn mit sich bringt, ausgeprägter als beim Nordföhn. Weil die Luft schon sehr schnell hinter dem Gipfel nicht mehr wasserdampfgesättigt ist, lösen sich die Wolken nach kurzer Distanz auf (Abb.). Von der Leeseite aus betrachtet kann man eine mächtige Wolkenwand im Gipfelbereich erkennen, die durch die Stauwirkung entstanden ist (*Föhnmauer*). Ist durch die allgemeine Wettersituation hinter dem Gebirge bereits eine Wolkendecke vorhanden, so kann durch den Föhn eine teilweise Auflösung erfolgen (Föhnlücke). Bei einer relativ trockenen und stabil geschichteten Atmosphäre im Lee kann es in Zusammenhang mit dem Föhn auch zur Ausbildung von /Leewellen mit *Föhnwolken* (*Lenticularis-Wolken*, /Wogenwolken) kommen. Diese linsenförmigen Wolken können sich in mehreren Schichten übereinander bilden. Sie sind ortsfest und parallel zum Gebirgszug angeordnet. Wetterfühlige Menschen reagieren beim Auftreten von Föhn mit Gesundheits- und Befindungsstörungen (Föhnkrankheit). Diese Beschwerden sind unmittelbar vor Beginn des Föhns am schwersten und klingen nach seinem Durchzug am Boden wieder ab.

Föhnmauer /Föhn.

Föhnwolken /Föhn.

Fo-Horizont, /F-Horizont der /Bodenkundlichen Kartieranleitung mit Oxidationsmerkmalen am Grunde sauerstoffreicher Gewässer bzw. durch zeitweiliges Trockenfallen; Farbe olivgrün, grau oder grau-braun.

Foide /*Feldspatvertreter*.

Foidit, ein vulkanisches Gestein, das zu mehr als 60 Vol.-% aus Foiden (/Feldspatvertreter), meist Nephelin und Leucit, besteht. /QAPF-Doppeldreieck.

Foidolith, ein plutonisches Gestein, das zu mehr als 60 Vol.-% aus Foiden (/Feldspatvertreter) besteht. /QAPF-Doppeldreieck.

Foid-Plagisyenit, ein plutonisches Gestein, das zwischen 10 und 60 Vol.-% Foide (/Feldspatvertreter) und mehr /Alkalifeldspat als /Plagioklas führt. /QAPF-Doppeldreieck.

Foidsyenit, ein /Syenit, der mehr als 10 Vol.-% Foide (/Feldspatvertreter) enthält (/QAPF-Doppeldreieck).

Fokussierlinse /Fernrohr.

Fokussonen, durch /Strahlungseinwirkung mit energiereichen Teilchen auftretender stoßartiger Energieübertrag entlang dicht gepackter Gittergeraden.

Folgemaßstab /Maßstab.

Folgenutzung, Nutzung einer Landschaft, nachdem die bisherige Nutzung z. B. als Rohstofflagerstätte aufgegeben wurde. Im Zuge der /Rekultivierung von Bergbaulandschaften wird oft eine Folgenutzung angestrebt. Zunächst muß eine /Nutzungseignung bestimmt werden. Eine Auswahl geeigneter Folgenutzungen anhand verschiedener Eignungskriterien wird getroffen. Dies geschieht durch eine landschaftsökologische Bestandsaufnahme (/komplexe Standortanalyse) und anschließende Bewertung durch ein /Bewertungsverfahren. Nach Abklärung eventueller Nutzungskonflikte wird eine mögliche Folgenutzung realisiert.

Foliation, [von lat. folium = Blatt], Überbegriff für jede Art von penetrativem Flächengefüge, das nicht durch Sedimentation entstanden ist. Foliation entsteht in einem anisotropen Spannungszustand, z. B. durch Einregelung nicht isometrischer Minerale oder durch scherende /Deformation. Die Foliationsflächen können durch parallele Ausrichtung von planaren Elementen (z. B. Schichtsilicate) erzeugt werden (Abb. a) oder durch eine zweidimensionale Einregelung von stengeligen Objekten, z. B. Amphibolen (Abb. b). Spezielle Formen der Foliation sind /Schieferung, metamorphes Lagengefüge (/Flächengefüge) und *mylonitische Foliation* (penetratives Gefüge von Scherflächenscharen in einer duktilen Scherzone). Foliation kann außerdem durch Drucklösung entstehen.

Foliationsfaktor, Faktor (F), der das Verhältnis der intermediären (χ_{int}) zur minimalen (χ_{min}) /Suszeptibilität beschreibt $F = \chi_{int} / \chi_{min}$ und die oblate Form des Suszeptibilitätsellipsoids charakterisiert.

folic horizon, /diagnostischer Horizont der /WRB; ist ein Oberbodenhorizont oder ein in geringer Tiefe unter der Bodenoberfläche befindlicher Unterbodenhorizont, der sich aus gut durchlüftetem organischem Bodenmaterial aufbaut; kommt vor in /Histisols.

Foraminiferen, *Foraminiferida, Kammerlinge*, eine Klasse der /Rhizopoda (Wurzelfüßer) und daher verwandt mit den Actinopoda (hier v. a. /Radiolarien). Es handelt sich dabei um eine Gruppe formenreicher, heterotropher, überwiegend mariner Einzeller (Abb. 1). Foraminiferen sind schalentragende Amöben, die mit ihren Nahrungsvakuolen direkte Phagocytose ausführen können. Das Cytoplasma ist von einem Außenskelett umgeben. Dieses kann einkammerig (monothalam) oder mehrkammerig (polythalam) ausgebildet sein und besteht aus organischer Grundsubstanz (Tektin) mit eingelagerten Calciumverbindungen (hauptsächlich Calcit, selten Aragonit), Fremdkörpern, kleinen Steinen oder Silicaten. Kalkgehäuse variieren in ihrer Feinstruktur. Durch eine größere Öffnung und feine Poren können Pseudopodien herausgestreckt werden. Das Ektoplasma umfließt von der Mündung ausgehend das Gehäuse und kann zwischen 0,05 und 150 mm groß sein. Bei den mehrkammerigen Gehäusen sind die Kammern durch Septen getrennt. Die Verbindung der Septen mit der Gehäusewand läßt sich meist als Sutur erkennen. Die Anfangskammer wird als Proloculus bezeichnet. Eingerollte Gehäuse der Foraminiferen heißen advolut, wenn sich die Umgänge entlang einer Linie berühren, evolut, wenn sich die Umgänge entlang einer Fläche berühren, involut, wenn die jüngeren Umgänge nur teilweise die älteren umgreifen, und convolut, wenn die Umgänge ganz umfaßt werden.

Im Zuge eines Generationswechsels treten bei Foraminiferen von ein und derselben Art häufig mindestens zwei in der Gehäusegestalt unterschiedliche Typen (Dimophismus) auf. Ein megalosphärisches Gehäuse (= A-Form) kennzeichnet ein ungeschlechtlich reproduziertes Individuum mit haploidem Gensatz (= Gamont), das durch eine große Anfangskammer und ein kleines Gehäuse mit wenigen Kammern gekennzeichnet ist. Das mikrosphärische Gehäuse (= B-Form) ist charakteristisch für ein geschlechtlich reproduziertes Individuum mit entsprechend diploidem Gensatz (Schizont), das durch eine kleine Anfangskammer und ein großes, vielkammeriges Gehäuse gekennzeichnet ist. Bei rezenten

Foliation: verschiedene Gefüge.

a parallelles Gefüge von plattigen Materialien

b in einer Ebene geregelte stengelige Minerale

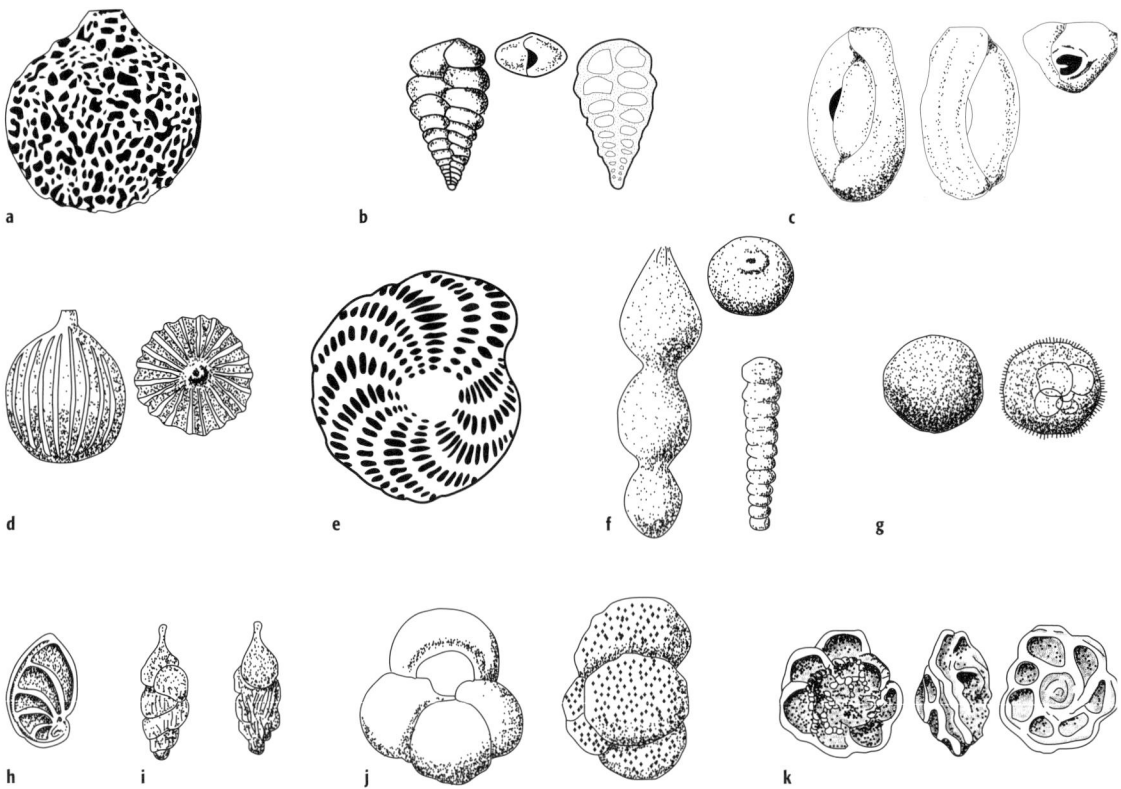

Foraminiferen 1: Gehäuse verschiedener Foraminiferen-Gattungen: Ordnung Textulariida: a) *Saccammina*, b) *Textularia*; Ordnung Miliolida: c) *Quinqeloculina*; Ordnung Rotaliida: d) *Lagena*, e) *Elphidium*, f) *Nodosaria*, g) *Orbulina*, h) *Lenticulina*, i) *Uvigerina*, j) *Globigerina*, k) *Globotruncana*.

Foraminiferen liegt das Zahlenverhältnis der mikrosphärischen und der megalosphärischen Individuen einer Art zwischen 1:2 und 1:30 und mehr.

Foraminiferen leben zwar überwiegend im marinen Milieu, einige Spezialisten (verschiedene Sandschaler, Milioliden) tolerieren aber auch Brackwasser. Im Süßwasser finden sich nur einige Vertreter der Allogromiina. Die Symbiose vieler Arten mit photosynthetisierenden Zooxanthellen beschränkt das Vorkommen der Großforaminiferen auf den Flachschelfbereich und der planktonischen Formen auf die oberen, gut durchlichteten Schichten des offenen Ozeans. Die benthonisch lebenden Foraminiferen sind teils sessil, teils vagil. Sie leben im und auf dem Boden und an Wasserpflanzen. In Riffen können inkrustierende Foraminiferen durch Zementation ihres Gehäuses auf dem Substrat zur Festigung des Riffgerüstes und zur Bindung des Sediments beitragen. Kalkschaler dominieren in warmen Klimazonen, Sandschaler-Assoziationen sind dagegen für kühleres und/oder tieferes Wasser typisch. Eine Verschlechterung von Lebensbedingungen spiegelt sich bei vielen Kalkschalern in Zwergenwuchs und einer zunehmenden Unterdrückung von Oberflächenskulptur wider. Da die verschiedenen Arten Änderungen der Umweltfaktoren (Licht, Salinität, Substrat, Wasserenergie etc.) unterschiedlich tolerieren, eignen sich Foraminiferen-Vergesellschaftungen als gute Faziesindikatoren. Das Zahlenverhältnis von planktonischen zu benthonischen Arten beträgt in bathyalen Ablagerungsbereichen bei mehr als 10:1, am Schelfrand etwa 1:1 und nimmt zu den Küsten hin weiter ab.

Seit dem Altpaläozoikum treten Foraminiferen sehr häufig auf und sind dabei gelegentlich gesteinsbildend. In den pelagischen Ablagerungsräumen sind planktonische Foraminiferen wichtig, z. B. Globotruncanen-Kalke in der Oberkreide, Globorotalien-Kalke im Tertiär, Globigerinen-Schlamm im Tertiär und rezent. Besondere Bedeutung kommt in den Flachschelfgebieten den ↗Großforaminiferen zu, z. B. Fusulinenkalke im Karbon/Perm, Orbitolinen-Kalke in der Unterkreide sowie Alveolinen- und Nummulitenkalke im Alttertiär. Als stratigraphische Leitfossilien sind einige Großforaminiferen-Gruppen (seit dem Jungpaläozoikum) und seit der Kreide die planktonischen Foraminiferen wichtig. Auch mit benthonischen Kleinforaminiferen läßt sich vielfach aufgrund der kontinuierlichen Veränderung von Gehäusemerkmalen (z. B. Gehäusewinkel) in der vertikalen Faunenabfolge eine lokale Feinstratigraphie aufstellen.

Kriterien für die Taxonomie der Foraminiferen sind Baumaterial der Schale, Lage und Skulptur der Gehäusemündung, Zahl, Form und Größe der Kammern sowie Skulptur des Gehäuses. Daraus ergibt sich folgende Systematik fossiler und rezenter Foraminiferen:

1. Ordnung: Allogromiida (»Tektinschaler«, Unterkambrium bis rezent): Allogromiida besitzen

primitive Formen, das Gehäuse besteht aus einer chitinähnlichen, organischen Substanz (Tektin). Geologisch sind sie unbedeutend.

2. Ordnung: Textulariida (»Sandschaler«, Kambrium bis rezent) (Abb. 1): Häufig sind es benthisch lebende Formen. Das Gehäuse erscheint vielfach langgestreckt und biserial, frei oder festgeheftet, kugelig, röhrenförmig, verschieden gewunden. Die Wand ist einfach gestaltet, mit einer tektinigen Innen- und einer agglutinierten Außenschicht. Die Mündung ist rund, einfach und terminal gelegen, oft aber auch fehlend. Textulariida besitzen z. T. ein kompliziertes Porensystem und gliedern sich in zwei Überfamilien: die überwiegend einkammerigen Ammodiscacea und die mehrkammerigen Lituolacea. Die Ammodiscacea (Kambrium bis rezent) untergliedern sich wiederum in die Gattungen *Saccammina* (kugelig, mit endständiger Mündung, Silur bis rezent), *Rhabdammina* (röhrenförmig, mehrere von einem Zentralpunkt ausstrahlende Mündungen, Ordovizium bis rezent) und *Ammodiscus* (planspiral aufgerollt, Silur bis rezent). Die Lituolacea hingegen weisen extrem variable Formen auf. Konische Formen der Familie Orbitolinidae (Unterkreide bis Obereozän) entwickeln nach einem ersten trochospiralen Stadium einen komplizierten Septenbau. Die Kammern des abgeflacht kegelförmigen Gehäuses werden durch radiale Septulen am Rande in zahlreiche röhrenförmige Kämmerchen geteilt.

3. Ordnung: Fusulinida (»Kalkschaler«, Ordovizium bis Trias) (Abb. 2): Es handelt sich um meist größere Foraminiferen mit mikrogranularer Calcitschale, teils perforat, teils imperforat. Die Kammern sind planspiral zu diskus- oder spindelförmiger Gestalt angeordnet. Geologisch bedeutsam ist die Unterordnung Fusulinina mit vorwiegend großen Formen, sie sind Leitfossilien im ausgehenden Karbon und v. a. im Perm. Das Gehäuse ist meist unregelmäßig spindelförmig, von 0,5 mm bis einige cm lang. Auch eine kugelige, linsenförmige und subzylindrische Gestalt ist möglich. Im typischen Fall sind die Gehäuse planspiral und convolut. Die Aufrollungsachse fällt meist mit dem größten Durchmesser des Gehäuses zusammen. Große Vielfalt erfahren sie durch den unterschiedlichen Bau der Gehäusewand (Spirotheka) und den Verlauf der flachen oder gewellten Septen. Die Kammern stehen durch Poren und Tunnel miteinander in Verbindung. Die Schale ist körnig-kalkig, perforiert und ein- bis vierschichtig. Die Spirotheka besteht bei einfachen Formen aus einer einzigen undifferenzierten Schicht, der Protheka. Darüber kann eine dünne äußere Schicht, das Tectum, entwickelt sein, darüber wieder ein äußeres Tectorium. Bei hochdifferenzierten Fusuliniden (Gattung: *Fusulina*) ersetzt die Diaphanotheka (eine helle, durchscheinende Schicht) die Protheka; unter ihr entsteht sekundär das dunkle, dünne innere Tectorium. Die typische vierschichtige Fusulinenwand besteht also aus dem äußeren Tectorium, dem Tectum, der Diaphanothek und dem inneren Tectorium. Ökologisch waren die Fusulinen rein marine, benthische Bewohner der flachen, küstenferneren Zonen mit klarem Wasser. Sie werden überwiegend in reinen Kalksteinen gefunden und sind häufig mit Kalkalgen vergesellschaftet. Die Fusulinen kommen seit dem Unterkarbon vor; im Perm waren sie besonders häufig und weit verbreitet (hauptsächlich im Bereich der ↗Tethys). Die wichtigsten Leitfossilien dieser Ordnung sind *Fusulina* (mittleres Oberkarbon), *Schwagerina* (Perm), *Neoschwagerina* (oberes Perm).

4. Ordnung: Miliolida (»Porzellanschaler«, Karbon bis rezent) (Abb. 1): Miliolida sind Hochmagnesium-Calcitschaler, das Gehäuse ist gewunden, entweder planspiral oder unregelmäßig, die imperforate Wand besteht aus überwiegend tangential orientierten, dicht verfilzten Carbonatkristalliten (= porzellanschalig) und die Mündung ist terminal, einfach, mit Zähnchen oder siebförmig. Die meisten Miliolida gehören überwiegend zwei Familien an, den Soritidae und den Alveolinidae. Die Alveolinidae sind vermutlich polyphyletisch entstanden und seit dem Alb bekannt, ihre Blüte finden sie in der Oberkreide und im Eozän. Es sind Bewohner tropischer Flachmeerbereiche in Symbiose mit Zooxanthellen. Durch Symbionten sind sie völlig unabhängig von Nährstoffarmut (Oligotrophie) und wechselnder Salinität.

5. Ordnung: Rotaliida (»Hyalinschaler«, Perm bis rezent) (Abb. 1): Rotaliida sind Tiefmagnesium-Calcitschaler. Das Gehäuse ist frei, nur selten festgewachsen, gekammert, ursprünglich trochospiral gebaut, besitzt aber auch andere Bauformen. Die Wandung ist lamellar, aus überwiegend radial orientierten Kristalliten (Calcit oder Aragonit) und perforiert. Die Mündung ist ursprünglich schlitzförmig, später kann sie durch Poren ersetzt sein. Zu dieser Ordnung gehört die Mehrzahl der rezenten Foraminiferen. Einige wichtige Gattungen sind: *Globotruncana* (Gehäuse trochospiral, Mündung basal, umbilikal, doppelter Kiel), *Globorotalia* (Gehäuse trochospiral, Mündung einfach, groß und ventral, einfacher Kiel, verdickte Suturen), *Globigerina* (Gehäuse trochospiral, Mündung basal und umbilikal, Kammern gebläht). Auch unter den Rotaliida gibt es Großforaminiferen. Hierzu zählt die Familie Nummulitidae. Ihre planspiralen Gehäuse sind linsen- oder scheibenförmig, vielkammerig und haben ein fein verzweigtes Kanalsystem; die Schale ist kalkig-perforat. Nummulitidae kommen seit der

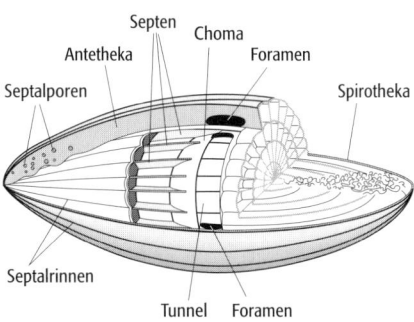

Foraminiferen 2: schematische Rekonstruktion der Gattung *Fusulina* (Ordnung Fusulinida).

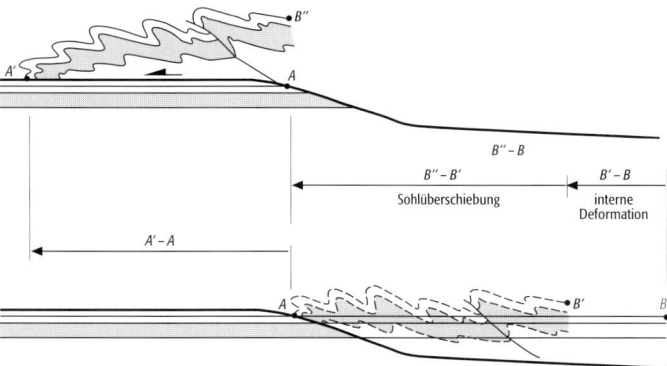

Förderweite: Durch Faltung und kleinere Überschiebungen in einer Decke ist die Förderweite für Punkt *B* größer als für Punkt *A*.

obersten Kreide vor und stellen im Alttertiär viele Leitformen. Es sind benthische Bewohner der neritischen Regionen tropischer und subtropischer Meere. Das Zentrum der Entwicklung war die ⁄Tethys. Rezente Nummulitidae leben in tropischen Meeren. Eozäner Nummulitenkalk diente in Ägypten zeitweilig als Baumaterial für die Pyramiden. Bekannte Gattungen sind *Nummulites* (Paläozän bis Unteroligozän) und *Operculina* (Oberkreide bis rezent). Auch Arten der Familie Orbitoididae besitzen große scheiben- oder linsenförmige, bikonkave Gehäuse mit einschichtiger Wand. Sie lebten von Campan bis Maastricht in wärmeren Flachwasserregionen, z. B. die Gattung *Orbitoides*. [RKo]
Literatur: MOORE, R. (1952 ff.): Treatise on Invertebrate Paleontology.

Forchheimer, *Philip*, österr. Bauingenieur, *7.8.1852 in Wien, †2.10.1933, Studium in Zürich mit Erwerb des Ingenieurdiploms 1873, Promotion in Tübingen, Habilitation 1878 an TH Aachen auf dem Gebiet der ⁄Hydraulik. Er lehrte an den Hochschulen von Aachen, Graz und Konstantinopel. Seine Arbeiten waren von durchdringender Analyse und gewissenhafter Beobachtung gekennzeichnet. Zunächst (1882–1885) befaßte er sich mit Erddruckproblemen und dem Tunnelbau. 1886 wandte er sich der Grundwasserhydraulik zu. Er untersuchte die Ergiebigkeit von Brunnenanlagen. Seine theoretischen Untersuchungen über die Grundwasserströmungen nach Senken lieferten die Grundlagen der Bewegungsgesetze für die Wirkung von örtlichen Grundwasserabsenkungen. Die 1903 erschienene Arbeit über die Wasserbewegung in Wanderwellen war der Beginn einer Reihe wertvoller Veröffentlichungen über die Strömungsvorgänge in offenen Gerinnen. Ab 1906 widmete er sich ausschließlich der Hydraulik. Im Band Hydraulik der Enzyklopädie der mathematischen Wissenschaften stellte er das damalige Wissen auf diesem Gebiet zusammen. 1914 folgte sein Standardwerk »Hydraulik«, in dem er die Anwendung der theoretischen Hydraulik auf wasserbauliche Probleme beschrieb. In diesem Werk, das 30 Jahre das deutschsprachige Standardwerk darstellte, faßte er das damals international vorhandene Wissen auf diesem Gebiet zusammen und ergänzte es durch eigene Untersuchungsergebnisse. Bahnbrechend war seine Übertragung der Theorie der Grundwasserströmung auf Sikkerungsvorgänge im Jahr 1917. Dies ermöglichte die mathematische Behandlung von Grundwasserströmungen unter den Fundamenten von Wehren. 1930 ehrte ihn die TH Wien durch Verleihung des Ehrendoktortitels. [HJL]

Förde, langgestreckte, z. T. gewundene Buchten im Bereich überfluteter ⁄glazialer Akkumulationslandschaften, die durch das Eindringen des Meeres in ehemalige subglaziale ⁄Schmelzwasserrinnen oder ⁄Zungenbecken entstanden sind (⁄Ingressionsküste). Typisches Beispiel für eine Fördenküste ist die schleswig-holsteinische Ostseeküste. ⁄Küstenklassifikation Abb.

Förderbrunnen, *Entnahmebrunnen*, Brunnen, der zur Entnahme von Wasser aus dem Untergrund dient. Die ⁄spezifische Ergiebigkeit *C* eines Förderbrunnens ist ein Maß für die Leistungsfähigkeit (⁄Fassungsvermögen).

Förderhöhe, bei der Förderhöhe einer Pumpe wird zwischen der manometrischen und der geodätischen Förderhöhe unterschieden. Die *manometrische Förderhöhe* bezeichnet die Gesamthöhe, das das zu fördernde Wasser von einer Pumpe gedrückt bzw. gesaugt werden muß. Die *geodätische Förderhöhe* ist die Höhendifferenz zwischen dem Austrittsquerschnitt der Pumpe und dem Austrittsquerschnitt der Wasserableitung. Addiert man zur geodätischen Förderhöhe die Verlusthöhe, die sich durch Reibungsverluste in der Förderleitung ergibt, erhält man die für die Auslegung einer Förderanlage ausschlaggebende manometrische Förderhöhe.

Förderweite, *Schubweite, Transportweite*, die Strecke, um die ein ⁄allochthoner Gesteinskörper (meistens eine ⁄Decke) aus seiner Ausgangslage bewegt wurde. Da allochthone Körper fast immer erheblich intern deformiert sind, variiert die Förderweite von Punkt zu Punkt innerhalb des Körpers (Abb.).

forearc, Rand der Oberplatte zwischen der Plattengrenze in der Tiefseerinne und der ⁄vulkanischen Front. Meist grenzt ein Gefälleknick einen steileren und tektonisch aktiveren Teil am inneren Hang der Tiefseerinne (⁄Subduktionskomplex) von einem flacheren vor dem ⁄magmatischen Bogen liegenden Teil ab. In diesem ist vielfach ein ⁄Forearc-Becken eingesenkt. Bei schiefer Subduktion können sich Teile des forearcs oder auch der ganze forearc entlang großer, parallel zum magmatischen Bogen verlaufender Seitenverschiebungen gegenüber der im ⁄backarc anschließenden Hauptmasse der Oberplatte bewegen (forearc sliver).

Forearc-Becken, Sedimentationsbecken im Bereich des ⁄forearc. Kleinere Becken können sich im Bereich des ⁄Subduktionskomplexes entwickeln, ein großes Forearc-Becken liegt meist zwischen dem Gefälleknick des forearcs und dem magmatischen Bogen. Dieser dominiert auch die je nach Höhenlage marine oder terrestrische Sedimentation.

forecaster, *Wetterberater*, vorhersagender Meteorologe.

Forel, *Françoise-Alphonse*, schweizerischer Mediziner und Naturforscher, *22.2.1841 in Morges (Waadt), †8.8.1912 am selben Ort. Professor für Anatomie und Physiologie in Lausanne, Begründer der wissenschaftlichen Seenforschung, für die er den Begriff ↗Limnologie prägte. In seinem Arbeitsgebiet, dem Genfer See, erklärte er 1869 die Entstehung der dort auftretenden Schaukelwellen (Seich). Forel befaßte sich auch mit der ↗Gletscherkunde. Zu seinen Hauptwerken zählen: »Le Léman – Monographie limnologique« (3 Bände, 1892–1904), »Handbuch der Seenkunde – Allgemeine Limnologie« (1901).

Forellenregion, ↗Fischregion mit dem Leitfisch Forelle. Der ↗Fließgewässerabschnitt ist gekennzeichnet durch niedrige Temperaturen und hohen Sauerstoffgehalt des Wassers. Der Gewässergrund besteht aus Sand und Kies.

Forellenstein ↗Troktolith.

forensische Geochemie, Arbeitsgebiet, welches sich mit dem Einsatz von geochemischen Erkenntnissen und Methoden zur Klärung eines gerichtsrelevanten Sachverhalts beschäftigt. Die forensische Geochemie wird z.B. zur Ermittlung des Verursachers einer Kontamination von Boden oder Wasser durch Erdöl oder Erdölprodukten herangezogen.

Foreset-Ablagerungen, deutlich beckenwärts einfallende Lagen einer ↗Schrägschichtung, die vor einem progradierenden Abhang angelegt werden. Dies können z.B. der äußere Rand eines ↗Deltas oder die Leeseite einer ↗Rippel sein.

Foreshortening, in der Fernerkundung Bezeichnung für die durch die Bildgebungsgeometrie bedingte Verkürzung von dem Sensor zugewandten Hängen in Radarbilddaten. Sensorabgeneigte Hänge werden hingegen verlängert abgebildet. Diese Phänomene sind vom Einfallswinkel, der Flughöhe und der Topographie abhängig. Wegen der großen Flughöhe tritt Foreshortening bevorzugt bei kosmischen SAR-Systemen auf. Die Flächenanteile von Foreshortening bzw. ↗Layover und ↗Radarschatten verhalten sich komplementär.

Form, Gesamtheit der Flächen, die zu einer vorgegebenen Fläche symmetrisch gleichwertig sind. In der Kristallklasse $m\bar{3}m$ (O_h) beispielsweise bilden die Würfelflächen (100), $(\bar{1}00)$, (010), $(0\bar{1}0)$, (001) und $(00\bar{1})$ eine Form. Zur Bezeichnung einer Form wählt man eine ihrer Flächen aus und setzt deren ↗Millersche Indizes zwischen geschweifte Klammern. Die hier angesprochene Form ist also die Form $\{100\}$, die aber ebenso als $\{001\}$ usw. bezeichnet werden kann.

Auf Grund ihrer topologischen Eigenschaften unterscheidet man offene und geschlossene Formen. Man nennt eine Form geschlossen, wenn sie bei hinlänglicher Ausdehnung der Flächen eine Begrenzung des Raumes bewirkt, andernfalls offen. Das Hexaeder (der Würfel) ist ein Beispiel für eine geschlossene Form. Beispiele für offene Formen sind das ↗tetragonale Prisma $\{100\}$ und das ↗Pinakoid $\{001\}$ in der Kristallklasse $4/mmm$. Diese beiden Formen unterscheiden sich untereinander noch dadurch, daß die vier Prismenflächen zusammenhängend sind, die beiden Pinakoidflächen hingegen nicht. Offene Formen können für sich alleine an Kristallen nicht vorkommen, sondern müssen mit anderen zugleich auftreten und bilden dann eine Kombination. Man unterscheidet insgesamt 47 verschiedene Formen, darunter 18 offene und 29 geschlossene.

Auf Grund ihrer Symmetrie differenziert man ferner allgemeine und spezielle Formen. Wenn die Flächen einer Form lediglich von der identischen Symmetrieoperation festgelassen werden, dann spricht man von einer ↗allgemeinen Form, sonst von einer *speziellen Form*. Die Symmetriegruppe einer Fläche einer allgemeinen Form ist demnach 1 (C_1) und die Anzahl ihrer Flächen gleich der Ordnung der Punktgruppe des Kristalls. Die allgemeine Form ist für die Kristallklassen charakteristisch und gibt ihnen den Namen. So ist die Kristallklasse des Halits die hexakisoktaedrische Kristallklasse. Allgemeine Formen, die zugleich als spezielle Formen in Kristallklassen höherer Symmetrie auftreten, nennt man *Grenzformen*. So ist das ↗Rombendodekaeder $\{110\}$ mit seinen zwölf Flächen in der Kristallklasse 23 (T) eine Grenzform, in den kubischen Kristallklassen höherer Symmetrie aber eine spezielle Form.

Beim Übergang von einer höheren zu einer niedrigeren Kristallsymmetrie kann eine Form in mehrere sog. ↗korrelate Formen aufspalten. In Bariumtitanat beispielsweise spaltet beim Übergang von der kubischen Kristallklasse $m\bar{3}m$ (O_h) in die tetragonale Kristallklasse $4\,mm$ (C_{4v}) das Rhombendodekaeder 110 in drei Formen auf, nämlich die beiden tetragonalen Pyramiden $\{101\}$ und $\{10\bar{1}\}$ sowie das tetragonale Prisma $\{110\}$.

In den Kristallklassen 32 (D_3), 422 (D_4), 622 (D_6), 23 (T) und 432 (O) treten enantiomorphe Formen auf (↗Enantiomorphie). Das sind Paare von Formen, die sich zueinander wie Bild und Spiegelbild verhalten (wie etwa ein linker und rechter Handschuh), ohne deswegen deckungsgleich zu sein. Bekannt sind die linken und rechten Trapezoeder beim Quarz, der in der Kristallklasse 32 (D_3) kristallisiert. [WEK]

formale Umweltqualität, Begriff aus der Praxis der ↗Raumplanung, der die Summe der Eigenschaften umfaßt, die sich aus Form und materieller Ausstattung der natürlichen und bebauten Umwelt ergeben. Diese Eigenschaften bilden die Voraussetzung für das physische Wohlbefinden des Menschen in seinem Lebensraum. Im Gegensatz zur *funktionalen Umweltqualität*, welche die Summe der subjektiven Ansprüche des Menschen an die Umwelt beschreibt, sind die formalen Aspekte der Umweltqualität besser objektivierbar, weil sie aus Wahrnehmungen und Empfindungen resultieren, die in einheitlich ausgestatteten Lebensräumen gleichartig sind. Dies gilt besonders für klimatische Größen wie Lufttemperaturen, Sonneneinstrahlung oder Schwüleempfinden; mit Einschränkungen auch für das Raumgefühl und für das Verständnis bezüglich

↗Landschaftsästhetik, ↗Landschaftsdiversität und ↗Landschaftsschäden. Zur Erfassung der formalen Umweltqualität wurden ↗Bewertungsverfahren auf der Basis additiver Punktevergabe entwickelt. [DS]

Formanisotropie, Einfluß der Körperform auf die magnetischen Eigenschaften. Sie wird vom ↗Entmagnetisierungsfaktor N bestimmt.

Format, 1) genormte Maße flächiger Materialien, auch der Arbeitsflächen und -breiten von Geräten für die Computerausgabe, reproduktionstechnischen Geräten und Druckmaschinen. Die wichtigsten Materialformate im Bereich der Kartographie sind a) *Papierformate*, b) Filmformate, (nach DIN 4513 und DIN 4515) sowie c) Formate von Kopiermaterial (↗Kartenformat). 2) Formate von Datenträgern, betreffen deren Maße und physische Struktur. 3) Das ↗Datenformat, kennzeichnet die Struktur von Datensätzen, d. h. die Anordnung der Daten in der Datei; häufig ausgewiesen durch die Dateierweiterung (z. B. doc, txt). In der Kartographie sind als grundlegende graphische Datenformate vor allem das Vektorformat und das Rasterformat sowie softwarespezifische Datenformate zu unterscheiden. 4) Die Begriffe Format und Formatierung werden in Bezug auf Text-, Tabellen-, Graphikdateien als unscharfe Sammelbegriffe für die Gestaltung, das ↗Layout, ↗Schriften sowie für die Parameter von graphischen Elementen (Strichbreite, Füllung, Farbe) verwendet. [KG]

Formation, 1) *Historische Geologie*: Einheit der ↗Lithostratigraphie, entspricht der Zeiteinheit der ↗Stufe innerhalb der ↗Chronostratigraphie. Mehrere Formationen werden zu einer ↗Gruppe zusammengefaßt. ↗Stratigraphie. 2) *Landschaftsökologie*: a) ↗Pflanzenformation. b) *Tierformation*, Gruppierung von Tieren in einer Lebensgemeinschaft (↗Biozönose) und in einem bestimmten ↗Lebensraum.

Formationsfaktor, dimensionalitätsloser Proportionalitätsfaktor in der ↗Archie-Gleichung.

Formationswasser, in den Gesteinsporen enthaltenes Wasser oder allgemein für Fluide. Es bestimmt maßgeblich z. B. die elektrischen Eigenschaften eines Gesteins.

Formlinien, 1) *Kartographie*: *Reliefformlinien*, eine Schar von quasihorizontalen Linien, die auf Geländeskizzen zum Erfassen der Oberflächenformen mit Augenmaß dienen und im Gegensatz zu den ↗Höhenlinien keine exakte Höhenlage markieren. Formlinien können willkürlich ein- und wieder aussetzen und müssen nicht in jedem Fall wieder in sich zurückführen. Eine gewisse Schattenverstärkung erhöht die plastische Wirkung einer solchen Horizontalschraffur, die häufig von Forschungsreisenden bei ↗Routenaufnahmen praktiziert wurde. Manchmal werden auch stark generalisierte Höhenlinien, z. B. auf ↗Höhenschichtenkarten, als Formlinie bezeichnet. 2) *Photogrammetrie*: höhenlinienartige Darstellungen der Geländeoberfläche, die mit ↗Stereometergeräten durch Auswertung nicht exakt orientierter Bildpaare gewonnen werden. Photogrammetrisch ermittelte Formlinien weisen Verzerrungen in der Lage und Höhe auf. [WSt, KR]

Formvereinfachung, ↗Generalisierungsmaßnahme, die notwendig ist, da Linien zur Erhaltung der Lesbarkeit im ↗Folgemaßstab – bezogen auf die Natur und den Ausgangsmaßstab – breiter dargestellt werden. Bei Anwendung gleicher Zeichenschlüssel entspricht die relative Verbreiterung dem Verhältnis der Maßstabszahlen von Folge- zu Ausgangsmaßstab, z. B. bei Ableitung einer Karte 1:500.000 aus 1:200.000 dem Zweieinhalbfachen. Die Formvereinfachung betrifft ↗Liniensignaturen und ↗Konturen von Flächen (Umrißvereinfachung) und ist immer eine Reduzierung der Anzahl von Stützpunkten. Entsprechend dem Liniencharakter lassen sich unterscheiden: a) die Vereinfachung von Polygonen (d. h. von Geraden mit Knickpunkten; z. B. von Gebäudegrundrissen), bei der sowohl unter das Mindestmaß fallende negative Formen geschlossen, als auch positive Formen begradigt werden. b) Vereinfachung von *Kurven* (mathematisch meist als ↗Bézier-Kurven beschrieben, z. B. von Flüssen), für die eine einfache Linienglättung zumeist nicht ausreicht, die vielmehr eine Windungsgeneralisierung mit Glättung und übertreibender Betonung charakteristischer Windungen verlangt (↗Zusammenfassung). In beiden Fällen kommt es darauf an, trotz Vereinfachung des Linienverlaufs bzw. des Umrisses die charakteristischen Formen für den Folgemaßstab herauszuarbeiten. Lassen sich Umrisse nicht weiter vereinfachen, erfolgt ein ↗Darstellungsumschlag. [KG]

Förna ↗L-Horizont.

Forschungsschiffe, bemannte und bewegliche Meßplattformen, die an der Meeresoberfläche operieren. Je nach Aufgabenbereich sind sie für den Einsatz in Küstennähe, auf den Schelfmeeren, im offenen Ozean oder in den eisbedeckten Polargebieten konstruiert und für multi-disziplinäre bis hochspezialisierte Arbeiten ausgerüstet.

Forst, planmäßig durch den Menschen gepflegter und bewirtschafteter Wald. Im Gegensatz zum ↗Urwald bildet der Forst durch die regelnden Eingriffe des Menschen kein natürliches ↗Ökosystem mehr, sondern, je nach ↗Nutzungsintensität, ein naturnahes bis naturfernes Ökosystem. Zur wirtschaftlicheren Nutzung des Forstes wird dieser von zahlreichen Erschließungsstraßen (Forstwege) durchzogen. Die Pflanzengesellschaften im Forst unterscheiden sich vom ursprünglichen Wald durch einen geringeren Anteil von Altholz und einen höheren Anteil von schnell wachsenden Arten. ↗Forstwirtschaft, ↗Forstökosystem.

Forsterit, *Boltenit*, *Magnesia-Olivin*, nach J. R. Forster benanntes Mg-reiches Endglied der Olivin-Mischkristallreihe (↗Olivin) $MgSiO_4$-Fe_2SiO_4 (Abb.); chemische Formel: $Mg_2[SiO_4]$; rhombisch-dipyramidale Kristallform; Farbe: gelb, grau, grün, auch farblos; Glasglanz; durchsichtig, aber auch trüb; Strich: weiß; Härte nach Mohs: 6,5–7; Dichte: 3,3 g/cm^3; Spaltbarkeit: deutlich nach (010); Bruch: muschelig; Aggrega-

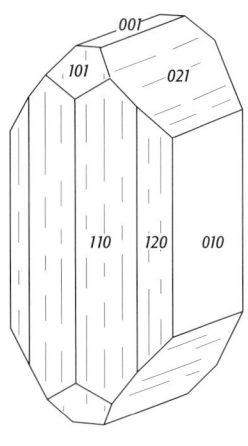

Forsterit: Forsteritkristall mit Spaltbarkeit nach (*010*).

te: locker- bis feinkörnig, auch dicht; vor dem Lötrohr unschmelzbar; in Salzsäure unlöslich; Begleiter: Serpentin, Chondrodit, Klinohumit, Brucit, Spinell; Vorkommen: in kontaktmetamorphen Gesteinen (Dolomit und Kalke) sowie in Marmoren; Fundorte: Snarum (Norwegen), in Auswürflingen des Monte Somma (Italien), Nasjam (Ural). Ausschließlich aus Olivin bestehende Gesteine mit geringem Eisengehalt, die unverändert oder nur teilweise serpentinisiert sind, bilden einen hochwertigen Rohstoff für die Herstellung feuerfester Erzeugnisse. Da bei ihrer Herstellung unter den Bedingungen des oxidierenden Röstens Eisen als Magnetit abgetrennt wird, ist es sehr wichtig, daß im Ausgangsstoff nur eine minimale Menge Eisen vorhanden ist und daß das Mol-Verhältnis $MgO:SiO_2$ dem Wert 2 nahekommt. Anderenfalls bildet sich beim Rösten neben dem Forsterit der kieselsäurereichere Enstatit, der eine geringere Feuerfestigkeit besitzt. [GST]

Förstersonde ↗ Fluxgate-Magnetometer.

Forsthydrologie, Teilbereich der ↗ Hydrologie, der sich mit dem ↗ Wasserhaushalt von natürlichen Wäldern und Forsten befaßt (↗ Landschaftswasserhaushalt). Insbesondere werden ↗ Bestandesniederschlag, Schneeverteilung, ↗ Interzeption, ↗ Verdunstung, ↗ Grundwasserneubildung, Abflußverhalten (↗ Abfluß, ↗ Abflußprozeß) und ↗ Stoffhaushalt in Abhängigkeit von Bestandsart, Bestandsalter und von forstlichen Bewirtschaftungsmaßnahmen behandelt. Eine besondere Bedeutung hat die Untersuchung der Auswirkungen von ↗ neuartigen Waldschäden auf den Wasserhaushalt gewonnen.

Forstinformationssystem, Analyse- und Fachinformationssystem, das mit Hilfe von Kartierungs-, Analyse-, Präsentations- und Berichtsfunktionen eine wirtschaftliche Nutzung und Planung von Waldbeständen ermöglicht. Ergänzt werden Forstinformationssysteme häufig durch Funktionen für betriebliche Organisation und Verwaltung. In der Regel basieren Forstinformationssysteme auf DV-Standardanwendungen, wie ↗ Geoinformationssystemen, Tabellenkalkulationssystemen und Datenbanken, die um fachspezifische Komponenten etwa für die Forsteinrichtung, die Waldinventur oder die automatisierte Herstellung von Forstbetriebskarten erweitert werden. Forstinformationssysteme werden überwiegend in Forstämtern und privatwirtschaftlichen Forstbetrieben eingesetzt. Daneben existieren Forstinformationssysteme, die im Sinne eines kartographischen Auskunftssystems Fachinformationen für externe Nutzer abrufbar vorhalten. [TB]

Forstkarten, in der Forstverwaltung und der Forstwirtschaft verwendete ↗ thematische Karten, die Zustand, Zusammensetzung, Erhaltungs- und Nutzungsbedingungen, wirtschaftliche Nutzbarkeit, Gliederung oder Eigentumsverhältnisse des bewirtschafteten Waldes abbilden. Die wichtigsten Forstkarten sind a) Forstgrundkarte (FGK), in der Eigentumsnachweise, Grenzen, räumliche Einteilungen, Straßen, Wege und Gebäude abgebildet sind, b) Forstbetriebs- oder Wirtschaftskarte mit Baumarten, Bestandsaufbauformen und Altersklassen, c) Wegekarte, in der der Zustand des Wegenetzes und Wegebauplanung dargestellt sind, d) Standortkarte zur Kennzeichnung der Lage und Verteilung der forstökologischen Einheiten sowie e) Waldfunktionenkarte, in der Waldgebieten bestimmte Funktionen wie Erholungswald, Wasserschutzgebiet, Erholungseinrichtungen etc. zugewiesen sind. Daneben existieren weitere Forstkarten wie Forstamtskarte, Bestandstypen-, Pflege-, Ästungs-, Planungs-, Zäunungs-, Landschaftspflege- oder Produktionskarten. Nahezu alle Forstkarten werden als ↗ großmaßstäbige Karten im ↗ Maßstabsbereich von 1:5.000 bis 1:25.000 hergestellt. [TB]

forstliche Standortkartierung, dient der Erfassung aller waldbaulich-ökologisch wichtigen Faktoren, um schlußendlich im Gelände forstökologische Grundeinheiten (Standorttypen, Standorteinheiten) auszuscheiden und nach ökologischen Gesichtspunkten zu beschreiben. Ziel der forstlichen Standortkartierung ist die Optimierung der ↗ Forstwirtschaft. Forstökologisch relevante Merkmale, die zur Beschreibung und Ausscheidung berücksichtigt werden, sind u.a. Geländeklima, Lage im Relief, Vegetation, Boden, Wasserhaushalt und Waldgeschichte. Die Ausscheidung der ↗ Standorttypen erfolgt durch ein Vorgehen »von oben«, indem zuerst Wuchsgebiete, Wuchsbezirke, darin Ökoserien und endlich die forstökologischen Grundeinheiten bestimmt werden. Die forstliche Standortkartierung geht ähnlich vor wie die ↗ komplexe Standortanalyse.

forstliche Standortkunde, Teilgebiet der ↗ Forstwirtschaft und der ↗ Forstökologie, das sich der Beschreibung der geoökologischen Umwelt von forstlichen Standorten und der Ausweisung von standortgerechter Forstgesellschaften widmet. Ziel ist die Optimierung der Forstwirtschaft durch eine standortgerechte Bewirtschaftung. Die systematische Erfassung der geoökologischen Umwelt der Forstgesellschaften erfolgt mit der ↗ forstlichen Standortkartierung und beinhaltet primär die Bodenbeschaffenheit, den Wasserhaushalt, die klimatischen Bedingungen, die Vegetation und die Ausprägung des Reliefs.

Forstmeteorologie, Teil der ↗ Biometeorologie, der sich analog zur ↗ Agrarmeteorologie mit den Auswirkungen der atmosphärischen Gegebenheiten und Veränderungen auf den Wald beschäftigt. So sind auch hier die meteorologisch beeinflußten Stoff- und Energieflüsse im Tages-, Jahresgang sowie über längere Zeiträume von Interesse. Aus den langzeitlich ermittelten Baumdaten lassen sich mit Hilfe der ↗ Dendroklimatologie ggf. Rückschlüsse auf die ↗ Klimageschichte ziehen. Ein besonderer Problemkreis sind die ↗ Waldschäden, die auf natürliche oder anthropogene Schadstoffemissionen zurückzuführen sind.

Forstökologie, Teilgebiet der ↗ Landschaftsökologie, welches ↗ Forstökosysteme untersucht. Die Forstökologie beschäftigt sich mit den ökologischen Eigenschaften und Funktionen der forstwirtschaftlich genutzten Flächen, wobei die gleichen Methoden, wenn auch fachspezifisch angepaßt, wie in der Landschaftsökologie verwendet werden. Ziel ist es, durch die geoökologische Betrachtung der forstlichen Standorte, eine optimale, standortgerechte und ökonomisch nachhaltige ↗Forstwirtschaft zu ermöglichen. Dies vollzieht sich immer unter dem Gesichtspunkt, das Ökosystem Wald als selbstregulierendes, ohne ständige energieaufwendige anthropogene Außensteuerung auskommendes System zu erhalten. Die betrachteten Forstökosysteme, manifestieren sich räumlich als ↗Forstökotope. Weil auch der Forstökologie ein landschaftsökologisches Modell zugrunde gelegt wird, entsprechen die Arbeitsweisen jenen, die auch bei anderen landschaftsökologischen Gegenständen (z. B. ↗Agrarökologie) eingesetzt werden. Es wird also die landschaftsökologische ↗komplexe Standortanalyse zur Erfassung statischer und dynamischer Größen und das darin enthaltene Konzept zur Verknüpfung der Details mit dem Ziel der Kennzeichnung der Forstökosysteme eingesetzt. Mit der durch die ↗forstliche Standortkunde entwickelten, ursprünglich sehr innovativen, ↗forstlichen Standortkartierung werden die forstlichen Standorte aufgrund ihrer ökologischen Umwelt charakterisiert. Damit werden aber primär nur die strukturellen und statischen Merkmale der Forststandorte behandelt. Um die forstlichen Standorte integrativer, mit einem ↗holistischen Ansatz zu erfassen, sollten auch die prozessualen und dynamischen Komponenten mittels den in der Landschaftsökologie verwendeten Arbeitsweisen berücksichtigt werden. Aus Sicht der Forstökologie sind die weit verbreiteten anthropogen angepflanzten Monokulturen problematisch, da sie i. d. R. nicht standortgerecht sind und v. a. bei Fichtenmonokulturen zu einer Degradation des Standortes durch Podsolierung führen. Die forstökologisch sinnvollste Nutzung des Waldes folgt dem Prinzip der Nachhaltigkeit und wäre ein standortgerechter, artenreicher Forst, aus dem jeweils nur einzelne Bäume entnommen werden. [SR]

Forstökosystem, eine mit Wald bestockte, sich selbst regulierende Funktionseinheit aus der Geobiosphäre, die der anthropogenen Nutzung untersteht und von ihr geregelt wird. Räumlich manifestiert sich das Forstökosystem als ↗Forstökotop. Das Forstökosystem kann als energetisch und stofflich offenes System mit abiotischen und im Idealfall darauf abgestimmte biotische Komponenten beschrieben werden. Durch die ↗Forstwirtschaft wird in das Forstökosystem eingegriffen, was im Extremfall (z. B. bei Fichtenmonokulturen) zu einem Verlust der Selbstregulationsfähigkeit (↗Selbstregulation) führen kann und eine ständige energieaufwendige anthropogene Außensteuerung erfordert.

Forstökotop, das ↗Forstökosystem wird räumlich als Forstökotop angesprochen. Er ist eine forstökologisch abgrenzbare, nach Struktur und haushaltlichen Prozessen homogene Raumeinheit der ↗topischen Dimension. Die darin stattfindenden Stoff- und Energieflüsse verlaufen der Dimensionsstufe entsprechend einheitlich. Das Forstökotop wird mehr oder weniger stark mit forstwirtschaftlichen Nutzungseingriffen (↗Forstwirtschaft) durch den Menschen geregelt. Das Forstökotop ist einer der Grundbausteine der ↗Kulturlandschaft.

Forstpedologie ↗*Waldbodenkunde*.

Forstwirtschaft, beschäftigt sich mit dem wirtschaftlichen Anbau, der Pflege und der Nutzung von Wäldern zur Erzeugung von Holz und anderen forstlichen Produkten. Neben diesen produktionsgebundenen Aspekten sind auch die Schutz- und zunehmend die Erholungsfunktionen des Waldes bzw. des ↗Forstes durch die Forstwirtschaft zu gewährleisten. Die Forstwirtschaft ist deshalb sowohl dem primären Bereich einer Volkswirtschaft (Urproduktion) als auch teilweise dem tertiären Sektor (Dienstleistungssektor) zuzuordnen. Die Nutzung des Forstes kann unter starker Berücksichtigung der ökologischen Aspekte erfolgen (nachhaltige Nutzung) oder v. a. an ökonomischen Gesichtspunkten orientiert sein (Monokultur). Die Forstwirtschaft ist neben der Landwirtschaft die bedeutendste Flächennutzung in der BRD.

Fortführung, *Laufendhaltung*, *Aktualisierung*, Prozeß der Erfassung und von Veränderungen des ↗Georaumes und deren Übertragung in vorhandene ↗GIS-Datenbanken oder ↗Karten. Der Fortführung geht der Prozeß des ↗topographischen Informationsmanagements voraus. Da die Wirklichkeit hauptsächlich durch die Arbeit des Menschen (neue Gebäude, Straßen usw.), aber auch durch Naturkräfte (Windbruch, Küstenanlandung usw.) ständig verändert wird, bedürfen sowohl GIS-Datenbanken für GIS-Anwendungen und für die automatisierte Kartenherstellung als auch analoge Karten einer ständigen Fortführung. Um den aktuellen Zustand der Wirklichkeit zeigen zu können, müssen GIS-Datenbanken und Karten modifiziert und ergänzt werden. Die wichtigsten Geo-Datenbanken des öffentlichen Vermessungswesens sind integriert in die Geo-Informationssysteme ↗ALK und ↗ATKIS. ALK-Datenbanken werden kontinuierlich von den Katasterämtern fortgeführt. Die auftretenden Veränderungen werden gemeldet, sofort erfaßt und in die Datenbanken übernommen. Die topographischen ATKIS-Datenbanken befinden sich derzeit noch im Aufbau bei den ↗Landesvermessungsämtern. Sich ergebende Änderungen werden aus turnusmäßig aufgenommenen ↗Luftbildern digitalisiert (↗Digitalisierung) und in die bestehenden Datenbestände integriert. Mittels ↗GIS-Software können aus ihnen z. B. ↗topographische Karten unterschiedlicher Maßstäbe abgeleitet werden. Für die Fortführung analoger Karten werden die Veränderungen sofort nachgetragen, so daß jederzeit ein Folienoriginal mit dem aktuellen Karteninhalt vorhanden ist. Bei ↗Atlanten und ↗thematischen Karten erfolgt die Fortführung nach Bedarf, bei Veröffentlichungen im allgemeinen bei jeder neuen ↗Auflage, z. B. bei ↗Schulatlanten jährlich.

Für ↗topographische Karten hat die Fortführung besondere Bedeutung, weil ständig aktuelle topographische Karten u. a. für politische, militärische und Planungszwecke benötigt werden. Die Fortführung erfolgt hier periodisch entweder in einheitlichem Turnus oder entsprechend der auftretenden Veränderungen. Dementsprechend kann die Fortführung in Gebieten mit vielen Veränderungen pro Jahr (z. B. in Industrie- und Ballungsgebieten) in kürzeren und bei sich wenig verändernden Gebieten (z. B. in Waldgebieten) erst nach längeren Zeitabschnitten erforderlich sein. Ein konstanter Turnus wird auf den durchschnittlichen Veränderungsgrad abgestimmt, so daß alle topographischen Karten in gleichen Perioden fortgeführt werden.

Für das Eintragen neuer Objekte sowie für lagemäßige Objektveränderungen sind Luftbilder oder Karten größeren Maßstabes erforderlich. Ausgangs- und Zusatzmaterial werden meist zu Fortführungsoriginalen bzw. Änderungsoriginalen kombiniert. Diese Originale enthalten auf der Grundlage des alten Karteninhalts eine mehrfarbige, lagerichtige graphische Darstellung aller einzuarbeitenden Veränderungen. Sie bilden das Ausgangsmaterial für die kartographischen Herausgabearbeiten zur Fortführung oder Erneuerung der kartographischen Originale. In methodischer Hinsicht werden die kartographischen Originale zeichnerisch oder mit Gravurtechniken korrigiert und ergänzt. Die Zeichentechniken können auch digital mit Methoden der graphischen Datenverarbeitung vorgenommen werden. Bei sehr vielen Veränderungen kann auch die gesamte Karte neu bearbeitet werden. [GB]

Fortführungsgrad, die Intensität der ↗Fortführung von ↗Karten. Nach Art und Umfang der erfaßten Veränderungen werden vier Fortführungsgrade unterschieden: a) Redaktionelle Änderungen dienen der Erhöhung des Gebrauchswertes der Karte und werden allein aufgrund redaktioneller Festlegungen realisiert Dies betrifft kartengestalterische Änderungen von Karteninhalt, Kartenrand, Kartenspiegel und Farbgebung. Redaktionelle Änderungen werden im allgemeinen mit einem der folgenden Fortführungsgrade verbunden. b) Nachträge erfassen nur bestimmte, für die Kartennutzung besonders wichtige Veränderungen. Dies sind Eintragungen einzelner wichtiger neuer Objekte (Eisenbahnen, Kanäle usw.), Änderungen wichtiger Bezeichnungen (Staaten, Siedlungen usw.) sowie einzelne Änderungen im Verlauf von Grenzen. c) Bei der Berichtigung werden alle Einzelheiten des Karteninhalts systematisch überprüft und alle Veränderungen erfaßt. Dabei werden zugleich festgestellte Fehler berichtigt. Nach der Berichtigung muß die Karte in ihrer Aktualität, Vollständigkeit und Richtigkeit einer Neuherstellung entsprechen. d) Die Erneuerung erfolgt dort, wo der Umfang der Veränderungen sehr groß ist (z. B. mehr als 40 %) oder wo die erforderliche Lagegenauigkeit und Höhengenauigkeit nicht gewährleistet ist. Dabei wird der gesamte Karteninhalt neu bearbeitet, und alle kartographischen Originale werden neu hergestellt. [GB]

Fortinbarometer ↗Barometer.

fossil, [von lat. fossilis = ausgegraben], bedeutet u. a. in früheren Zeiten entstanden und von jüngeren Ablagerungen überlagert; Gegensatz: ↗rezent.

Fossil, [von lat. fossilis = ausgegraben], *Versteinerung*, *Petrefakt*, über längere Zeiträume überlieferungsfähige und überlieferte Organismenreste. Dazu zählen: a) Körperfossilien: ganz oder teilweise erhaltene Hartteile von Tieren oder Pflanzen, seltener auch Weichteile. Unabhängig von der Stellung im System der Organismen unterscheidet man aufgrund unterschiedlicher Bearbeitungstechniken ↗Makrofossilien, ↗Mikrofossilien und ↗Nannofossilien; b) ↗Spurenfossilien: Lebensspuren wie Fährten, Grab- und Wohnbauten (↗Ichnologie); c) Chemofossilien (↗Biomarker): nachweisbar organogene, meist im Gestein feinverteilte organische Substanzen. Obwohl Fossilien in manchen Lokalitäten in riesigen Mengen auftreten, ist der Anteil der Organismen, welche fossil geworden sind, verschwindend gering im Verhältnis zur übrigen Menge aller Pflanzen und Tiere, die jemals gelebt haben. Diesbezügliche Schätzungen bewegen sich oft in der Größenordnung 1 ‰ bis 1 %. Der weitaus größte Teil aller Organismenreste geht in den globalen Stoffkreislauf ein, ohne Spuren zu hinterlassen. Fossilien dienen als wichtigste Grundlage zur ↗relativen Altersbestimmung von Gesteinsschichten (↗Biostratigraphie, ↗Leitfossil). Sie sind Voraussetzung zur Rekonstruktion fossiler Ablagerungs- und Lebensräume (Fazieskunde, Paläoökologie). Weiterhin dokumentieren sie als Zeugnisse vergangenen Lebens die ↗Evolution sowie stammesgeschichtlichen Beziehungen der heute lebenden Organismen (↗Phylogenie). [MG]

Fossilabdruck, *Abdruck*, das Abbild der Fossilaußenseite im umgebenden Sediment (↗Fossildiagenese).

Fossildiagenese, beschreibt die im Lauf der ↗Fossilisation nach der endgültigen Einbettung ablaufenden Prozesse. Sie folgt damit auf ↗Nekrose und ↗Biostratonomie. Die Fossildiagenese ist eng verbunden mit der ↗Diagenese der umgebenden Sedimente und den darin zirkulierenden Porenwasserlösungen sowie einer Vielzahl weiterer physikochemischer Parameter.

Abbauprodukte tierischer und pflanzlicher Weichteile unterliegen diagenetischen Veränderungen, welche von der organischen Geochemie hinsichtlich lagerstättenkundlicher Aspekte (Erdgas-, Erdölbildung) inzwischen gut erforscht sind und als Chemofossilien bzw. ↗Biomarker Rückschlüsse auf die ursprünglich vorhandenen Organismen zulassen. Besonders empfindlich auf die mit der Diagenese einhergehende Temperaturerhöhung reagieren bestimmte pflanzliche Stoffe, die als ↗Vitrinite fein verteilt in nahezu allen klastischen Gesteinen (ab oberem Silur) untersucht werden können. Sie verändern ihre physikalischen Eigenschaften (Glanz, Reflexionsver-

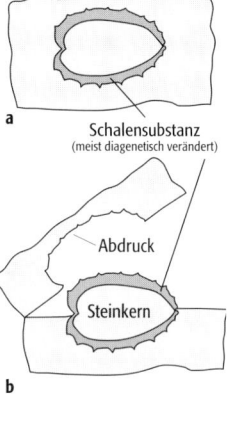
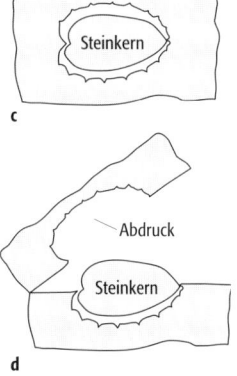

Fossildiagenese 1: a), b) Substanzerhaltung; c), d) Steinkernbildung.

Fossildiagenese 2: Deformation von Fossilien durch Kompaktion.

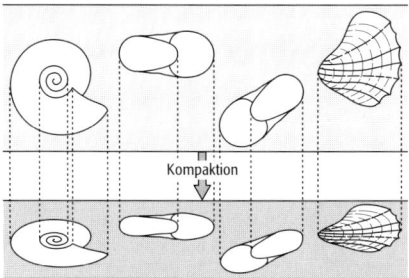

mögen) so regelmäßig, daß man sie seit langem als zuverlässige Reifegradparameter bzw. Geothermometer nutzt.

Tierische Hartteile werden i. d. R. nach ihrer Einbettung hinsichtlich Chemismus und/oder Gefüge verändert. Echte Substanzerhaltung (Abb. 1a, 1b) ist die Ausnahme. Sie tritt in geologisch relativ jungen Gesteinen auf, und besonders in solchen mit minimalen Wegsamkeiten für Porenwässer, also in äußerst feinkörnigen Gesteinen (Beispiel: Aragoniterhaltung bei Mollusken aus Jura, Kreide und Tertiär). Häufiger kommt es zu chemischem Austausch zwischen Fossil und Umgebung oder aber zur Auflösung der Organismenreste.

Die Lösung erfolgt selektiv, d. h. manche Organismenreste bleiben erhalten, während andere verschwinden. Ein Beispiel ist die Periost-Erhaltung bei Mollusken bzw. die Sipho-Erhaltung bei Ammoniten: Während die carbonatischen Anteile in dunklen, bituminösen Sedimenten häufig in Lösung gehen, bleibt das Periostracum bzw. der organische Siphostrang erhalten. Solche Fossilien sind oft völlig verdrückt und wirken schemenhaft. Sehr häufig sind stoffliche Veränderungen durch molekulare Umsetzungen. Erfolgen diese ohne Veränderung des Stoffbestandes, so nennt man sie ↗isochemisch. Die Umwandlung instabiler Mineralmodifikationen in stabile (z. B. Aragonit-Calcit-Transformation) gehört dazu ebenso wie die Sammelkristallisation (Wachstum größerer auf Kosten kleinerer, aufgelöster Kristalle) oder die frühdiagenetisch einsetzende ↗Mikritisierung. ↗Allochemische molekulare Umsetzungen (Stoffaustausch, ↗Metasomatose) gehen auf die Einwirkungen chemisch abweichender Porenwasserlösungen zurück. Sehr häufig sind ↗Verkieselung (Austausch der ursprünglichen Substanz gegen SiO_2) und Verkiesung (Austausch gegen Metallsulfide, z. B. Pyrit = Pyritisierung). Bei der ↗Dolomitisierung werden Mg-Ionen in das Carbonatgitter eingebaut. Eine damit verbundene Volumenänderung sowie der Umstand, daß dabei das umgebende Carbonatgestein gleichermaßen betroffen ist, wirken sich negativ auf die Bestimmbarkeit dolomitisierter Reste aus. Zirkulierende Porenwässer können über einen reinen Stoffaustausch hinaus poröse Organismenreste isochemisch oder allochemisch mit Fremdionen anfüllen (Imprägnation), beispielsweise spongiöse Wirbeltierknochen. Hohlräume in Schalen oder Gehäusen werden normalerweise nach Verwesung des Weichkörpers rasch mit feinkörnigem Sediment ausgefüllt, wenn solches Material durch irgendwelche Öffnungen eindringen kann. Ist das nicht der Fall, so bleibt der Hohlraum bestehen, bis er dem zunehmenden Druck des in Kompaktion befindlichen Gesteins nicht mehr standhalten kann und kollabiert. Aus diesem Grund sind die hinter der Wohnkammer liegenden Kammern von ↗Cephalopoda häufig flachgedrückt, während die Wohnkammer mit Sediment gefüllt und daher vollständig erhalten ist. Die Innenausfüllungen solcher Hohlräume nennt man ↗Steinkerne (Abb. 1c, 1d). Sie bilden für gewöhnlich die Innenmerkmale einer Schale/eines Gehäuses gut ab, v. a. wenn sie aus sehr feinkörnigem Material bestehen. Unvollständig ausgefüllte Hohlräume, die sog. *fossilen Wasserwaagen*, sind wichtige Geopetalgefüge. Als ↗Fossilabdruck (Abb. 1b) wird bezeichnet, was die Gehäuseaußenseite im umgebenden Gestein hinterläßt. Selbst nach völliger Auflösung läßt sich die Form der Hartteile bei Vorhandensein guter Steinkern- und Abdruckfossilien vollständig rekonstruieren. Bei dünnschaligen Organismen bzw. an dünnen Außenrändern von Schalen kommt es manchmal zu einer Überprägung der Innenmerkmale am Steinkern durch Skulpturmerkmale der Außenseite (↗Skulptursteinkern, Prägekern).

Im Verlauf der Gesteinsdiagenese erfolgt durch Entwässerung des Sediments und gleichzeitig steigender Auflast eine ↗Kompaktion. Dadurch verlieren die eingeschlossenen Fossilien ihre ursprüngliche Form, werden sie je nach Einbettungslage flachgedrückt bzw. gestaucht (Abb. 2). Infolge tektonischer Bewegungen erfolgen Verzerrungen. Die dabei erzeugten Formveränderungen lassen auf die Richtung des tektonischen Stresses rückschließen.   [MG]

Literatur: [1] MÜLLER, A. H. (1976): Lehrbuch der Paläozoologie, Bd. I: Allgemeine Grundlagen. – Jena. [2] ZIEGLER, B. (1980): Einführung in die Paläobiologie, Teil 1: Allgemeine Paläontologie.- Stuttgart.

fossile Böden, unter jüngerer Schicht liegende Böden, deren Profilentwicklung durch die Überlagerung von Sedimenten gestoppt oder teilweise konserviert wurden (↗Paläoböden). Die fossilen Böden sind wichtig für die Rekonstruktion von Sedimentationszyklen und Klimaabfolgen sowie zur Altersbestimmung von Erosions- und Akkumulationsvorgängen. Fossile A- und B-Horizonte können Spuren von menschlicher Tätigkeit und Besiedlung nachzeichnen. Fossile Horizonte werden mit einem vorangestellten f gekennzeichnet, z. B. fAh als fossiler Ah-Horizont. Eine Abfolge von fossilen Böden kann Auskunft über die Landschaftsentwicklung eines Gebietes geben (Paläopedologie). Beispiele für fossile Böden sind ↗ferrallitische Paläoböden und ↗fersiallitische Paläoböden.

fossiler Brennstoff, Sammelbezeichnung für die aus diagenetisch (↗Diagenese) veränderter Biomasse hervorgegangenen Energierohstoffe. Fossile Brennstoffe können in fester (↗Kohle), flüssiger (↗Erdöl) oder gasförmiger Form (↗Erdgas) vorliegen. Durch Veredelung können sie z. B. in Koks oder Benzin umgewandelt werden. Mittels Verbrennung werden sie zur Energiegewinnung (Prozeßwärme, Gebäudeheizung, Verkehr usw.) verwendet.

fossiler Eiskeil ↗ Eiskeilpseudomorphose.

fossiler Kohlenstoff, gesamter Kohlenstoff, der während der Erdgeschichte direkt oder indirekt durch den Metabolismus von Organismen entstanden ist. Die ersten Organismen waren wahrscheinlich ↗ autotrophe ↗ Prokaryota, sie haben also wie Pflanzen CO_2 als einzige Quelle für Kohlenstoffaufnahme genutzt. Mit der Entwicklung der sauerstoffproduzierenden ↗ Photosynthese durch die Cyanobakterien, wahrscheinlich schon vor 3,5 Mrd. Jahren und dem dadurch gestiegenen Verbrauch von CO_2, aber v. a. durch das Binden von CO_2 in Sedimenten als organische Reste und als $Ca(Mg)CO_3$-Carbonatgesteine, sank der CO_2-Partialdruck in der Hydro- und Atmosphäre. Diese Entwicklung führte folglich zu einer Zunahme von Sauerstoff und einer Abnahme von CO_2 in der ↗ Atmosphäre. Ein Teil des ursprünglich in der Atmosphäre vorhandenen CO_2 wurde im Laufe der Zeit in Carbonatgesteine überführt und nur zu einem geringen Teil in biogenen, kohlenstoffführenden Lagerstätten (fossile Energieträger) konserviert. Die gesamte errechnete Menge an organischem Kohlenstoff und Graphit beträgt ungefähr $6,4 \cdot 10^{15}$ t. Andere Berechnungen sind fast doppelt so hoch angesetzt, da sie zusätzlich den Gehalt an Kohlenstoff in Basalten und anderen vulkanischen Gesteinen, Granit und allen metamorphen Gesteinen beinhalten. [AHW]

fossile Seife, *Paläoseife*, ↗ Seife, die sich in zurückliegenden Epochen der Erdgeschichte (z. B. im ↗ Präkambrium) gebildet hat und heute aufgrund erfolgter Lithifizierung als Festgestein vorliegt.

fossiles Grundwasser ↗ fossiles Wasser.

fossiles Wasser, *fossiles Grundwasser*, 1) in früheren erdgeschichtlichen, oft niederschlagsreicheren Zeiten in seine jetzige, meist in großen Tiefen liegende Lagerstätte gelangtes Wasser, das z. T. nicht mehr durch die aktuellen Niederschläge erneuert wird und daher über geologische Zeiträume nicht mehr am atmosphärischen Wasserkreislauf teilgenommen hat. 2) synsedimentär im Grundwasserleiter eingeschlossenes Wasser (↗ konnate Wasser). Der Nachweis von fossilem Wasser erfolgt durch die Bestimmung von im Wasser vorhandenen Isotopen (z. B. Tritium, ^{14}C) entsprechender ↗ Halbwertszeit. Fossile Wässer haben sich in größerer Menge v. a. in weitgespannten Beckenstrukturen der alten Kontinentalschilde erhalten. Bekannte und wasserwirtschaftlich bedeutende Vorräte mit einem Alter bis >40.000 Jahre finden sich in den Sedimentationsbecken des Sahararaumes, wo sie zunehmend zur Wasserversorgung der dichter besiedelten nordafrikanischen Küstenregionen oder zur landwirtschaftlichen Bewässerung genutzt werden. Beispiel hierfür sind die Grundwasservorkommen in den nubischen Sandsteinen der Ostsahara, die aufgrund von ^{14}C-Datierungen feuchteren Perioden des Neolithikums bzw. generell des Pleistozäns zugeordnet werden. Findet keine oder eine nur teilweise Erneuerung der entnommenen Vorräte durch Grundwasserneubildung statt, spricht man von *Grundwasserabbau* (z. T. auch Grundwasserraubbau).

fossile Wasserwaage ↗ Fossildiagenese.

Fossilisation, Übertritt eines Körpers aus der Biosphäre in die Lithosphäre. Die Fossilisation von Organismen ist abhängig von den Prozessen der ↗ Nekrose, d. h. den Ursachen und dem Verlauf des Todes, den Prozessen der ↗ Biostratonomie (Vorgänge zwischen Tod und Einbettung) und der ↗ Fossildiagenese.

Fossillagerstätten, sind bezüglich Qualität und/oder Quantität der überlieferten Organismen außerordentliche Fundorte (Abb.). Es sind stets räumlich und stratigraphisch begrenzte Gesteinskörper, welche sich durch spezielle Fossilgenesen auszeichnen und für Fragestellungen unterschiedlichster Art besonders geeignetes Untersuchungsmaterial bereitstellen. Die Fragestellungen können u. a. paläobiologisch, paläoökologisch, taphonomisch, faziell, aber auch sedimentologisch, diagenesekundlich oder geochemisch ausgerichtet sein. Dafür müssen die Lagerstätten hinsichtlich ihres Fossilinhaltes eines oder mehrere folgender Kriterien erfüllen: a) Häufigkeit, b) Diversität, c) Erhaltungsqualität. Als genetische Haupteinheiten werden Konzentrat- und Konservatlagerstätten unterschieden.

Konzentratlagerstätten enthalten oft einzelne Fossilgruppen mit besonderer Häufigkeit (Ammoniten-, Mollusken-, Trilobiten-, Brachiopoden- oder Echinodermen-Coquinas). Obwohl die Erhaltungsqualität häufig limitiert ist, sind

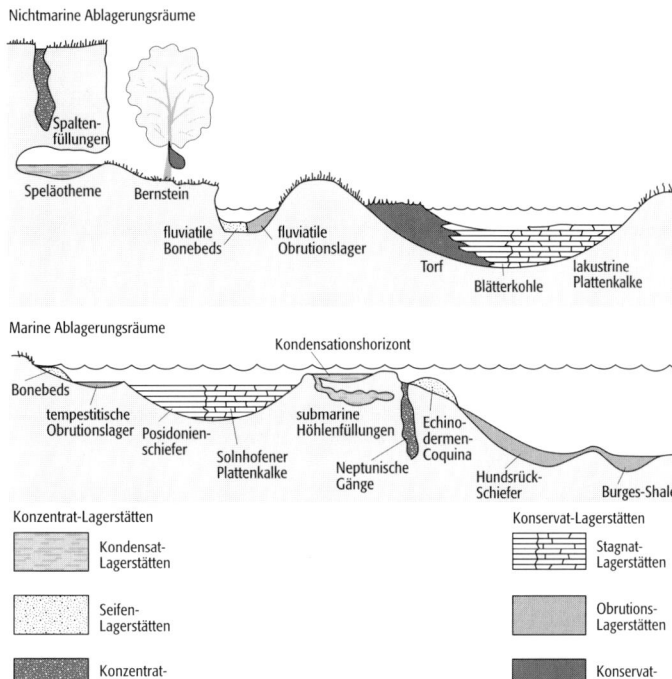

Fossillagerstätten: Ablagerungsräume und Lagerstättentypen.

Konzentratlagerstätten wegen ihrer besonderen Genese von Interesse. Ihre Entstehung erfordert i. d. R. chemischen oder mechanischen Schutz vor Fossilzerstörung, Präfossilisation und multiple Aufarbeitung mit einhergehender Fossilkonzentration. Dabei unterliegt das primäre Organismenspektrum starker Veränderung. Von besonderer Bedeutung sind durch Mangelsedimentation, ↗Ommission und ↗Subsolution gebildete Kondensatlagerstätten (insbesondere Ammoniten-Coquinas) sowie durch multiple Sturmereignisse (↗Tempestit) gebildete Schalenanreicherungen. Auch ↗bonebeds entstehen am Ende regressiver Zyklen oder zu Beginn von Transgressionen als tempestitische Konzentratlagerstätten. Aufgrund des spezifisch hohen Gewichts der phosphatischen Überreste werden sie als Seifenlagerstätte (»placer deposit«) bezeichnet. Ähnliche Wirbeltierseifen können fluviatil entstehen. Schichtungebundene Konzentratfallen sind an Hohlräume gebunden, welche v. a. Schutz vor mechanischer Zerstörung, aber ggf. durch Pufferung der Porenwässer auch vor chemischer Korrosion bieten. Dazu gehören Karstschlotten, ↗neptunische Spalten, aber auch Grabgangfüllungen und Hohlräume in Fossilschalen, z. B. in Wohnkammern von Ammoniten. Konservatlagerstätten zeichnen sich durch die besondere Qualität der Fossilerhaltung aus. Demgegenüber ist die Fossilhäufigkeit oft gering. Man unterscheidet Obrutions- und Stagnatlagerstätten als Endglieder einer Mischungsreihe. Obrutionslagerstätten (Verschüttungslagerstätten) entstehen durch schnelle Verschüttung mit Sediment, welches von gravitativ verfrachteten Resedimenten (z. B. ↗Turbiditen) und beckenwärts gerichteten Tempestit-Rückströmungen stammt. Die beste Erhaltungsqualität garantieren tonig-siltige Sedimentschüttungen, insbesondere wenn sie einen dysaeroben (↗dysaerobe Fazies) oder ↗anoxischen Einschluß der organischen Reste gewährleisten. Ein solcher kann durch den (zumindest teilweise mikrobiell beeinflußten) Zerfall der organischen Reste eine frühdiagenetische Mineralisierung oder Konkretionsbildung bewirken. Typischerweise führen Obrutionslagerstätten auf Schichtflächen weitgehend artikulierte, unter anderen Einbettungsumständen jedoch i. d. R. zerfallene Multielement-Skelette, z. B. ↗Trilobiten oder ↗Echinodermata. Vor allem Echinodermata sind wegen der leichten Verstopfung ihres mit dem Meerwasser kommunizierenden Ambulacral-Systems in Obrutionslagerstätten stets überrepräsentiert. Sessiles Epibenthos (↗Epibionth) ist in situ überliefert, ebenso Endobenthos (↗Endobionth) in seinen Grabbauen. Besonders bekannte Obrutionslagerstätten sind der ↗Hunsrückschiefer und der ↗Burgess Shale.

Stagnatlagerstätten sind mit Anoxia im Bodenwasser und/oder der Wassersäule verknüpft, die einerseits Bodenleben, ↗Bioturbation und Saprophagie (↗Saprophage), andererseits Verwesungsprozesse verhindern und so eine Überlieferung artikulierter Skelette inklusive von »Weichteilen« als organische Filme oder frühdiagenetische Mineralimprägnationen (Pyrit, Phosphat) ermöglichen. Stagnatlagerstätten können limnischen und marinen Ursprungs sein. Schwarzschiefer, wie z. B. der oberliassische ↗Posidonienschiefer oder auch die eozäne Ölschieferlagerstätte ↗Messel, sind typische Beispiele. Lithographische Kalksteine (Plattenkalke) wie der ↗Solnhofener Plattenkalk sind ebenfalls Stagnatlagerstätten, wobei anoxische Bedingungen durch saline Dichteschichtungen in austauscharmen, lokalen Becken hervorgerufen werden.

Schichtungebundene Konservatfallen sind an lokale Phänomene geknüpft, die durch Luftabschluß oder den Entzug von Feuchtigkeit eine Verwesung verhindern. Besonders erwähnenswert sind Bernstein-Lagerstätten sowie die Überlieferung von Wirbeltieren in Asphalt-Seen sowie in Permafrost-Spalten oder als Höhlenmumien. [HGH]

Fossilüberlieferung, Fossilüberlieferung ist aus verschiedensten Gründen lückenhaft. Nur ein verschwindend geringer Prozentsatz aller Organismen bleibt nach Durchlaufen des taphonomischen Filters fossil erhalten (↗Taphonomie). Zahlreiche höhere ↗Taxa (Stämme, Klassen) des Tierreiches sind fossil vollständig unbekannt oder nur durch Einzelfunde oder unsichere Funde belegt. Dies betrifft v. a. Gruppen ohne mineralisierte oder überlieferungsfähige organische Hartteile wie verschiedene höhere Taxa der Einzeller, der ↗Cnidaria, ↗Mollusca, ↗Arthropoda, die vielen Stämme der »Würmer« (↗Annelida) und einige weitere kleinere Gruppen. Dies ist besonders bei der Beschreibung fossiler ↗Biozönosen problematisch, weil Weichkörperorganismen bis zu 60 % einzelner Lebensgemeinschaften ausmachen. Solche Organismen lassen sich nur in ↗Fossillagerstätten mit speziellen Einbettungsumständen finden. Entsprechend groß sind die zwischenliegenden Überlieferungslücken. So ist die als ↗missing link zwischen Annelida und Arthropoda stehende und deshalb phylogenetisch bedeutsame Gruppe der Onychophora (Stummelfüßer) nur aus unter- und mittelkambrischen Fossillagerstätten (↗Chengjian-Fauna, ↗Burgess Shale), aus dem Oberkarbon von Mazon Creek (Chicago) und rezent bekannt. Struktur, Mikrostruktur und Mineralogie von Skeletten beeinflussen ebenfalls die Überlieferungsfähigkeit. Dazu gehören v. a. a) Dicke bzw. Zerbrechlichkeit von Schalen, b) der Grad der organischen Artikulation von Skelettelementen, welcher einen schnellen Zerfall in undifferenzierte Ossikel begünstigt, sowie c) das Verhältnis zwischen organischen und mineralischen Stoffen in Schalen. So sinkt mit abnehmender Mineralisation in Crustaceen-Carapaxen deren Überlieferungswahrscheinlichkeit. Wegen der differentiellen Fossildiagenese sind Aragonitschaler gegenüber Calcitschalern in Fossilgemeinschaften unterrepräsentiert.

Diverse Habitate und ihre Bewohner sind aufgrund sedimentologischer oder biologischer Prozesse kaum überlieferungsfähig. Dazu gehören z. B. hochenergetische Brandungsbereiche an Felsküsten, die kontinuierlicher und ausgedehnter Erosion unterliegenden Hochgebirgsregionen sowie tropische Urwälder mit ihren schnellen Verwesungsprozessen.

Eine weitere Begrenzung der Fossilüberlieferung liegt im Alter der Schichten. Ältere Schichten werden immer seltener, weil sie entweder bereits abgetragen, von jüngeren überlagert oder durch Versenkung in große Erdtiefe metamorphisiert oder subduziert wurden. So bleiben wegen genereller Subduktion ozeanische Faunen vor dem Jura unbekannt.

Form, Größe, morphologische Auffälligkeit und Häufigkeit eines Taxon beeinflußen ebenfalls die Fundhäufigkeit und damit die Relativität der Fossilüberlieferung. Die Häufigkeit eines Fossils in einer ↗Taphozönose ist grundsätzlich kein Maß ihrer tatsächlichen Häufigkeit, sondern i. d. R. eine Funktion ihrer Erhaltungsfähigkeit. Die Häufigkeit der höheren Taxa variiert im Laufe der Erdgeschichte infolge von Aussterbeereignissen (↗Massensterben und Massenaussterben) und ↗Radiationen. Generell scheinen jedoch viele Gruppen zur Gegenwart hin häufiger zu werden. [HGH]

Fouriersynthese, *Fourierreihe*, Entwicklung einer periodischen Funktion in ein trigonometrisches Polynom. Eine periodische Funktion der Periode $2L$ läßt sich in eine Summe harmonischer Wellen mit diskreten Frequenzen

$$f(x) = a_o + \sum_{n=1}^{N} a_n \cos\left(\frac{n\pi}{L}x\right) + \sum_{n=1}^{N} b_n \sin\left(\frac{n\pi}{L}x\right)$$

entwickeln, wenn sie die Dirichlet-Bedingungen erfüllt, die ein hinreichendes, aber nicht notwendiges Kriterium für die Darstellbarkeit einer periodischen Funktion als Fourierreihe sind: a) $f(x)$ ist in jedem Punkt des Intervalls ($L \leq x \leq +L$) definiert; b) $f(x)$ ist eindeutig, endlich und stückweise glatt; c) $f(x)$ hat eine endliche Zahl Extrema in diesem Bereich.

Das trigonometrische Polynom konvergiert an allen Stetigkeitsstellen gegen den Funktionswert $f(x)$. An Unstetigkeitsstellen nimmt es das arithmetische Mittel aus links- und rechtsseitigem Grenzwert an. Die Koeffizienten a_n und b_n erhält man durch Integration:

$$a_n = \frac{1}{L}\int_{-L}^{+L} f(x)\cos\left(\frac{n\pi}{L}x\right)dx,$$

$$b_n = \frac{1}{L}\int_{-L}^{+L} f(x)\sin\left(\frac{n\pi}{L}x\right)dx.$$

Mit den Beziehungen

$$\cos x = \frac{1}{2}\left(e^{+ix} + e^{-ix}\right),$$

$$\sin x = \frac{1}{2i}\left(e^{+ix} - e^{-ix}\right)$$

zwischen Sinus-, Cosinus- und Exponentialfunktion folgt die äquivalente Darstellung in komplexer Schreibweise:

$$f(x) = \sum_{n=-\infty}^{+\infty} c_n \exp\left[i\frac{n\pi}{L}x\right]$$

mit Fourierkoeffizienten

$$c_n = \begin{cases} (a_n - ib_n)/2, & n > 0 \\ (a_n + ib_n)/2, & n < 0 \\ a_o/2, & n = 0 \end{cases}$$

bzw.

$$c_n = \frac{1}{2L}\int_{-L}^{+L} f(x)\exp\left[-i\frac{n\pi}{L}x\right]dx.$$

In drei Dimensionen lautet die Fourierreihe

$$f(\vec{r}) = \sum_{n=-\infty}^{+\infty}\sum_{m=-\infty}^{+\infty}\sum_{p=-\infty}^{+\infty} c_{nmp} \exp\left[i\vec{r}\vec{k}_{nmp}\right]$$

mit Koeffizienten

$$c_{nmp} = \left(\frac{1}{V}\right)\int_V f(\vec{r}) \exp\left[-i\vec{r}\vec{k}_{nmp}\right]d^3\vec{r}.$$

[KE]

Fouriertransformation, 1) *Allgemein*: Fourieranalyse, eingeführt von dem französischen Mathematiker und Physiker J. B. Fourier (1768–1830), ermöglicht die Darstellung periodischer und aperiodischer Funktionen (Signale) mit Hilfe einer Integraltransformation mit dem komplexen Kern $e^{2\pi ixt}$. Die Fouriertransformation ist eine Erweiterung der *harmonischen Analyse* durch den Übergang von einer Fourierreihe zu einem Integral zur Zerlegung der Funktionen in ihre spektralen Komponenten (Spektralanalyse). Aperiodische Funktionen lassen sich dabei als periodische mit unendlich langer Grundperiode T auffassen. Die Fouriertransformierte F erhält man nach:

$$\boldsymbol{F}\{F(t)\} = f(x) = \int_{-\infty}^{+\infty} F(t)e^{2\pi ixt}dt,$$

wobei i die imaginäre Einheit ($i^2 = -1$) und x und t kontinuierliche Variable, z. B. Zeit und Frequenz, mit zueinander inverser Dimension sind. Die inverse Funktion

$$F(t) = \int_{-\infty}^{+\infty} f(x)e^{-2\pi ixt}dx = \boldsymbol{F}^{-1}\{f(x)\}$$

gestattet die Ableitung der Ausgangsfunktion (des Ausgangssignals) aus der Fouriertransformierten. Sie hat die Eigenschaften:

$$\boldsymbol{F}^{-1}\boldsymbol{F}\{F(t)\} = F(t)$$
$$\boldsymbol{F}\,\boldsymbol{F}^{-1}\{f(x)\} = f(x).$$

Geht man von der Exponentialfunktion zur äquivalenten Darstellung mit trigonometrischen Funktionen über, so läßt sich jede auf dem Intervall [$-T, +T$] periodische Funktion x als Überlagerung von Sinus- und Cosinusschwingungen darstellen:

$$x(t) = a_0 + \int_0^\infty \left[a_k \cdot \cos(\omega_k t) + b_k \cdot \sin(\omega_k t) \right] d\omega.$$

Die Amplituden a_k und b_k (Fourierkoeffizienten) erhält man aus:

$$a_k = \frac{1}{\pi} \int_{-\infty}^{+\infty} x(t) \cos(\omega_k t) dt$$

und

$$b_k = \frac{1}{\pi} \int_{-\infty}^{+\infty} x(t) \sin(\omega_k t) dt$$

mit der Kreisfrequenz $\omega = 2\pi n$ und der Frequenz $n = 1/T$.
Analog zur harmonischen Analyse gelten auch hier die Beziehungen für die Gesamtamplitude

$$c_k = \sqrt{a_k^2 + b_k^2}$$

und die Phasenverschiebung

$$\tan(\varphi_k) = b_k/a_k.$$

2) In der *Geophysik* findet die Fouriertransformation eine breite Anwendung für die Transformation von Zeitfunktionen (Zeitebene) oder von Koordinaten (Ortsebene) in die Frequenzebene.
3) In der *Klimatologie* findet die Fouriertransformation bei der Zerlegung von exakt oder annähernd periodischen Zeitfunktionen $f(t+T)$ Anwendung, wobei T die Periode der Funktion, z.B. des mittleren Jahrganges eines ↗Klimaelementes ist. Die ↗Variation in eine Reihe von Sinus- und Cosinusfunktionen, harmonische Analyse, ergibt bei deren Überlagerung exakt (im Fall einer streng periodischen Zeitfunktion) oder annähernd die ursprüngliche Zeitfunktion. Dabei werden im allgemeinen ganzzahlige Teile der Grundperiode T (bzw. ganzzahlige Vielfache der entsprechenden Frequenz $f = 1/T$ verwendet.
Auch im Fall einer ↗Zeitreihe $f_i(t_i)$ anstelle einer Zeitfunktion $f(t)$ ist diese Methode einsetzbar, man spricht dann von der genäherten oder verallgemeinerten Fouriertransformation. Insbesondere führt in diesem Fall die Fouriertransformation einer Autokorrelationsfunktion zum ↗Varianzspektrum. Alternativ führt ein entsprechend vereinfachtes Verfahren zur sog. schnellen Fouriertransformation (engl. Fast Fourier-Transformation, FFT).
4) In der *Kristallographie* nutzt man die Fouriertransformation als Beziehung zwischen Funktionen im direkten und reziproken Raum v. a. zur Analyse von Beugungsphänomenen.
5) In der *Photogrammetrie* und *Fernerkundung* wird die Fouriertransformation zur Überführung der diskreten Intensitätswerte eines ↗digitalen Bildes in eine Funktion der ↗Ortsfrequenzen der Elementarwellen der ↗Bildfunktion angewandt (Spektralanalyse). Die Anwendung der Fouriertransformation auf die diskreten Intensitätswerte eines digitalen Bildes mit $n.n$ Pixeln erfordert die Transformation durch die Beziehung:

$$F\{f(x',y')\} = F(u,v)$$
$$= n^{-2} \sum_{x=0}^{n-1} \sum_{y=0}^{n-1} f(x',y') e^{-2i(ux+vy)/n},$$

wobei x', y' die Bildkoordinaten im Ortsraum und u, v die Frequenzen der Bildfunktion im Frequenzraum sind. Als Ergebnis erhält man das Amplituden-Ortsfrequenzspektrum C_{kl} als Funktion der (normierten) Ortsfrequenzen U_k und U_l in Richtung der Bildkoordinatenachsen in der komplexen Zahlenebene. In einer zweidimensionalen Darstellung in der u_k-u_l-Ebene werden die Amplituden C_{kl} durch abgestufte Helligkeiten wiedergegeben (große Amplituden hell, kleine Amplituden dunkel). Die Bildverarbeitung im Frequenzraum vereinfacht Arbeitsgänge wie die ↗Filterung, die im Ortsraum nur genähert und mit größerem Aufwand ausgeführt werden können.

FOV, *field of view*, der gesamte Aufnahmebereich eines Sensorsystems, der aus dem maximalen Auslenkwinkel des Scanners folgt. Die crosstrack-Komponente des FOV entspricht der Streifenbreite der Datenaufzeichnung.

Foyait, ein nephelinführender ↗Syenit.

Fraas, *Eberhard*, deutscher Geologe und Paläontologe, * 26.6.1862 Stuttgart, † 6.3.1915 Stuttgart. Sein Studium in Leipzig und München schloß Fraas 1886 an der Universität München ab, wo er bei K. A. v. ↗Zittel promovierte. Im Jahr 1894 wurde er Professor für Geologie und Paläontologie. Im selben Jahr übernahm er auch die Nachfolge seines Vaters Oskar Fraas am Naturalienkabinett in Stuttgart. In erster Linie verstand sich Fraas als Wirbeltierpaläontologe, jedoch beschränkten sich seine Arbeiten nicht nur auf diesen Bereich. Er arbeitete im Wendelsteingebirge (Alpen), von dem er eine geologische Karte (1:25.000) anfertigte. Er vollendete den »Geognostischen Atlas von Württemberg« und publizierte Werke über die historische Geologie des Schwäbischen Juras und der Trias. Daran schloß sich die Erforschung des Vulkanismus in Schwaben an (Nördlinger Ries, Steinheimer Becken). Auch legte er Arbeiten über die Geologie Afrikas und Nordamerikas vor. Die paläontologischen Arbeiten Fraas' schließen eine Vielzahl von Untersuchungen zu verschiedenen Gruppen von Wirbeltieren ein. Erwähnenswert sind seine systematischen Studien über fossile Reptilien Württembergs (z. B. Ichtyosaurier, Pseudosuchier, Krokodile, Plesiosaurier, Dinosaurier, Schildkröten), daneben beschäftigte er sich aber auch mit pleistozänen Höhlenfunden Schwabens. Durch die Teilnahme an Expeditionen zu Dinosaurierfundstellen in Deutsch-Ostafrika wurde seine Aufmerksamkeit auf afrikanische Säugetiere gelenkt. Eine der theoretischen Fragen, denen er sich widmete, war die Anpassung der Vierfüßler an das Leben im Meer. Bei seinen Publikationen legte Fraas Wert auf eine allgemeine Verständlichkeit und Gültigkeit seiner Schriften. Er arbeitete mit schwäbischen Sammlern und dem Pfarrer und Paläontologen Theodor Engel (1842–1933) zusammen. Der »Petrefaktensammler« (1910) und der »Führer durch das königliche Naturalienkabinett zu Stuttgart« (1903, 1919) waren seinerzeit populäre Werke, die auch von Laien gelesen wurden. [EHa]

fracture zone, ausgeprägte Bruchzonen auf den Ozeanböden in direkter Verlängerung der Transformstörungen (↗Seitenverschiebung) an den Segmenten der ↗Mittelozeanischen Rücken (Abb.). Diese Bruchzonen erreichen Längen von mehreren 1000 km (z. B. Clippertone fracture zone im Ostpazifik), sie können submarine Hänge von >2000 m zeigen und langgestreckte Becken von 100 km Breite bilden. Anders als die Transformstörungen sind sie keine Plattengrenzen. Es finden auch keine Seitenverschiebungen an ihnen statt, sondern nur langsame Vertikalbewegungen, da hier ozeanische ↗Lithosphäre unterschiedlichen Alters aneinandergrenzt, deren ursprünglich unterschiedliche Tiefenlage sich mit zunehmendem Alter ausgleicht.

Fragipan, dichter und daher wasserstauender, oft stark verfestigter, meist lehmiger Unterbodenhorizont der ↗Soil Taxonomy.

Fragmentgefüge, Form des ↗Aggregatgefüges (↗Makrofeingefüges), bei der durch mechanische Zerlegung des Bodens unregelmäßige, mit rauhen Bruchflächen versehene Fragmente unterschiedlicher Größe entstehen. Zum Fragmentgefüge gehören ↗Bröckelgefüge und ↗Klumpengefüge.

fraktionierte Differentiation, ein Prozeß bei dem einem Magma Liquidusphasen (↗Liquidus) entzogen (fraktioniert) werden und dadurch ein chemisch unterschiedliches Magma entsteht. ↗Differentiation.

fraktionierte Kristallisation, Prozeß der ↗magmatischen Differentiation, bei dem während der Abkühlung und Erstarrung eines ↗Magmas die einzelnen Minerale nacheinander kristallisieren und physikalisch vom Magma getrennt werden. Dadurch wird die Reaktion zwischen Magma und Kristallen sowie die Gleichgewichtseinstellung verhindert. Das Restmagma kann wesentlich extremere Zusammensetzungen erreichen als bei der ↗Gleichgewichtskristallisation. Dieser Prozeß hat große Bedeutung für die Entstehung verschieden zusammengesetzter ↗Magmatite aus einem ↗Stamm-Magma.

fraktioniertes Schmelzen, ein Aufschmelzprozeß, bei dem die neu entstandene Schmelze vom Residuum getrennt wird und so eine Reaktion und Gleichgewichtseinstellung zwischen beiden verhindert wird; umgekehrter Prozeß der ↗fraktionierten Kristallisation.

Fraktionierung, die Änderung der chemischen Zusammensetzung, insbesondere von Elementverhältnissen (z. B. der ↗Seltenen Erden), eines Magmas oder Gesteins durch ↗fraktionierte Kristallisation oder ↗partielle Aufschmelzung.

Fraktionierungstrend, die systematische Veränderung der chemischen Zusammensetzung innerhalb einer ↗komagmatischen Gesteinsreihe infolge ↗fraktionierter Kristallisation. Ein Beispiel ist der ↗tholeiitische und ↗kalkalkalische Fraktionierungstrend im ↗AFM-Diagramm.

Fra Mauro, Kamaldulensermönch, * um 1400, † ca. 1460; betätigte sich seit ca. 1433 im Kloster San Michele auf der Insel Murano bei Venedig mit Kartenherstellung. Nach seiner Weltkarte von 1448/49 fertigte er für König Alfons V. von Portugal 1457–59 eine weitere, im Original nicht erhaltene, an. Eine vielleicht von Admiral und Kartograph Andrea Bianco 1460 hergestellte Kopie kam in das Kloster Murano, von dort in den Dogenpalast und 1812 in die Biblioteca Marciana in Venedig. Die kreisrunde, farbig auf Pergament gezeichnete Karte von 195 cm Durchmesser steht in einem quadratischen Holzrahmen auf Füßen, in den Ecken finden sich kosmologische Darstellungen und Textlegenden. Der Inhalt dieser reichhaltigsten Weltkarte des Spätmittelalters vereint bei kritischer Haltung antikes, arabisches und portugiesisches Wissen. Die Darstellung folgt dem Schema der ↗Radkarten und ähnelt der Karte von P. Vesconte (1320). [WSt]

Framstraße, Meeresstraße zwischen Grönland und Spitzbergen. Stellt mit einer Schwellentiefe von 2600 m die einzige Tiefwasserverbindung zwischen dem ↗Nordpolarmeer und dem Atlantik dar. Mit dem ↗Westspitzbergenstrom dringt warmes Wasser aus dem Atlantik in das zentrale Nordpolarmeer vor. Im ↗Ostgrönlandstrom werden kaltes, verhältnismäßig salzarmes Wasser und ↗Meereis nach Süden transportiert. Die Fluktuationen der Transporte durch die Framstraße können als Anomalien des Salzgehalts Auswirkungen auf weite Teile des Nordatlantiks und die ↗thermohaline Zirkulation haben.

Frana, [pl. Frane], *Erdschlipf*, ↗*Erdfließen*.

Frankia, Gattung der Strahlenpilze (Aktinomyceten), die in Endosymbiose befähigt sind, molekularen Stickstoff (symbiontische Stickstoff-Fixierung) an den Wurzeln von 17 Pflanzengattungen aus 8 Familien zu binden. Im Boden frei lebend, können sie entweder über die Wurzelhaare oder interzellulär in das Rindenparenchym der Wirtspflanzen eindringen und die Bildung von Wurzelknöllchen induzieren, innerhalb derer in speziellen Zellclustern (Vesikel) die ↗Nitrogenase aktivitätslokalisiert ist. In Mitteleuropa ist die Symbiose von *Frankia alni* mit Erlen (*Alnus*) bekannt, an denen oft faustgroße Frankiaknollen zu finden sind. Weitere effektive Symbiosen werden mit dem Rutenstrauch (*Casuarina equisetifolia*) und Sanddorn (*Hippophaë*) eingegangen. Der Stickstoffgewinn kann 150–300 kg N pro Hektar und Jahr betragen.

Franklin, *Benjamin*, amerikan. Politiker, Naturwissenschaftler und Schriftsteller (Abb.), *17.1.1706 in Boston, †17.4.1790 in Philadelphia; zunächst Buchdrucker, dann Zeitungsverleger; Wegbereiter des amerikan. Pressewesens; veröffentlichte zahlreiche philosophische und naturwissenschaftliche Schriften (»The Papers of Benjamin Franklin«, 40 Bände, herausgegeben von L. W. Labaree, 1959); entscheidend an der Ausarbeitung der amerikanischen Verfassung beteiligt;

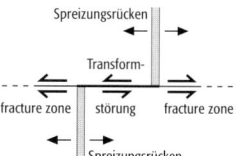

fracture zone: fracture zones in Verlängerung einer Transformstörung.

Franklin, *Benjamin*

Fraunhofer, *Joseph* von

genoß als Politiker wie als Wissenschaftler internationales Ansehen; war Mitglied der französischen Akademie und erhielt 1753 die Copley-Medaille der Royal Society; schuf eine Theorie der Elektrizität; führte die Bezeichnungen »positiv« (plus) und »negativ« (minus) für unterschiedliche elektrische Ladungen ein, definierte den Begriff der Ladung und prägte die Bezeichnung »Batterie«; konstruierte einen Vorläufer des Plattenkondensators (Franklin-Tafel); erforschte mit Drachenversuchen die elektrische Natur des Blitzes (Gewitterelektrizität) und erfand 1752 den Blitzableiter; entwickelte 1761 die Glasharmonika; führte Untersuchungen zum Verlauf des Golfstroms durch und regte mit seiner ersten Karte des Golfstroms (1786) dessen navigatorische Nutzung an; ferner Forschungen auf den Gebieten der Hydrodynamik, der Wärmelehre (insbesondere zur Wärmeleitfähigkeit), des Magnetismus und der Meteorologie. Nach ihm ist die (nicht-gesetzliche) Einheit der elektrischen Ladung (Franklin) benannt.

Frank-Read-Quelle ↗Versetzungsquelle.

Frasne, die sechste Stufe des ↗Devon, über ↗Givet und unter ↗Famenne (Oberdevon), benannt von J.B. D'Omalius D'Halloy (1862) nach der Ortschaft Frasne in Belgien.

Fraßspur ↗Spurenfossilien.

Fraunhofer, *Joseph* von, deutscher Physiker und Glastechniker, * 6.3.1787 Straubing, † 7.6.1826 München; hervorragender Glasschmelzer und Optiker; ab 1806 Mitarbeiter in der mechanisch-optischen Werkstätte von G.F. von ↗Reichenbach, J. Liebherr und J. von Utzschneider in München, in der geodätische und astronomische Instrumente gefertigt wurden; ab 1809 Teilhaber der Werkstätte und ab 1813 Leiter der optischen Abteilung, die sich 1807–19 in Benediktbeuern befand; ab 1819 Professor in München, seit 1823 Konservator des Physikalischen Kabinetts der Bayerischen Akademie; führte um 1817 Untersuchungen zur Beugung paralleler Lichtstrahlen (Fraunhofersche Beugung) durch; Erfinder des Beugungsgitters (300 Striche pro mm) zur absoluten Messung von Lichtwellenlängen; Entdecker (1814, unabhängig von W.H. Wollaston) der nach ihm benannten Fraunhoferschen Absorptionslinien, dunklen Absorptionslinien im Sonnenspektrum, die er mit einzelnen Buchstaben bezeichnete. Diese Absorptionslinien wurden später auch bei den irdischen Substanzen gefunden und dienen zur Unterscheidung und Identifizierung der Stoffe. Bis 1814 bestimmte er mit Beugungsgittern die Wellenlängen von etwa 1500 Absorptionslinien und benutzte sie zur Definition monochromatischer Strahlung sowie zur Messung von Brechzahlen. Er erfand ferner die Deutsche Montierung und stellte auf der Grundlage von ihm eingeführter neuer Schleif-, Berechnungs- und Prüfmethoden hervorragende achromatische Linsen her, die als Refraktorobjektive (z.B. im 24-cm-Dorpat-Refraktor oder im Königsberger 15,8-cm-Heliometer, mit dem F.W. ↗Bessel seine erste Sternparallaxenbestimmung machte) berühmt wurden. Nach ihm ist die 1949 gegründete Fraunhofer-Gesellschaft zur Förderung der angewandten Forschung e.V. mit Sitz in München benannt, die (1995) in 46 (Haupt-)Instituten in Deutschland im wesentlichen anwendungsorientierte Forschung auf natur- und ingenieurwissenschaftlichem Gebiet betreibt.

free core nutation, *FCN*, ist eine freie ↗Nutation, die durch Richtungsunterschiede der Rotationsachsen des inneren ↗Erdkerns und des ↗Erdmantels bedingt ist. Während erste theoretische Berechnungen eine Periode der FCN von ungefähr 460 Tagen ergaben, zeigen die Radiointerferometrie-Messungen, daß die FCN-Periode bei etwa 430 Tagen liegt. ↗Präzession.

Freibord, *Sicherheitsüberhöhung*, gibt beim Entwurf von Bauwerken an, um wieviel höher z.B. die Dammkrone oder die Unterkante einer Brückenkonstruktion im Vergleich zum Wasserspiegel des Bemessungsdurchflusses sein muß. So stellt der Freibord beispielsweise in einer Stauhaltung den Anteil des Stauraums (die Überhöhung des Dammes) dar, welcher für die Wasseraufnahme von besonderen hydrologischen Ereignissen, wie Starkniederschlägen, Schnee- und Gletscherabfluß freigehalten wird. Je genauer der Freibord bemessen werden kann, um so sicherer und wirtschaftlicher kann der Betrieb der Stauhaltung vorgenommen werden.

freie Atmosphäre, die oberhalb der ↗atmosphärischen Grenzschicht gelegenen und daher von Einflüssen der Bodenreibung weitgehend unbeeinflußten Schichten der Atmosphäre.

freie Düne, Sammelbezeichnung für ↗Dünen, die nicht an Hindernisse gebunden sind, im Gegensatz zur ↗gebundenen Düne. Freie Dünen können als initiale Bildung entstehen durch die selbstverstärkende Akkumulation aus Prozessen der ↗Saltation. Des weiteren bilden sie sich durch Auswandern aus gebundenen Dünen, z.B. aus ↗Kupsten nach dem Absterben der Vegetation oder aus ↗Leedünen.

freie Enthalpie, *freie Gibbs-Energie*, *Gibbssche Enthalpie*, bezeichnet die maximal aus einer Reaktion gewinnbare Arbeit (ohne Volumenarbeit). Ihr Symbol ist G. Absolute Werte können für die freie Enthalpie nicht bestimmt werden, sondern nur ihre Änderung ΔG bei der Bildung von Substanzen aus reinen Elementen (freie Gibbs-Energie der Bildung) oder bei chemischen Reaktionen (freie Gibbs-Energie der Reaktion). Die freie Enthalpie ist mit der ↗Enthalpie und der ↗Entropie in der Gibbs-Helmholtz-Gleichung gekoppelt:

$$\Delta G = \Delta H - T \cdot \Delta S$$

mit ΔH = Änderung der Enthalpie, ΔS = Änderung der Entropie und T = absoluter Temperatur.

Die Enthalpie ist auch Maß für die Neigung einer Reaktion, spontan zu verlaufen. Ein negativer Wert für die Enthalpie kennzeichnet spontane Reaktionen, ein positiver Wert solche Reaktionen, die eine Energiezufuhr benötigen. Der Betrag der Enthalpie strebt bei Reaktionen ein Minimum an; im thermodynamischen Gleichgewicht hat die Enthalpie einen Wert von Null. [TR]

freie Gibbs-Energie ↗ *freie Enthalpie.*

freie Kohlensäure, wird durch das gelöste Kohlenstoffdioxid (CO_2) gebildet, das praktisch in allen natürlichen Wässern vorkommt. Den Anteil an freier Kohlensäure, der zur Aufrechterhaltung des Kalk-Kohlesäure-Gleichgewichtes benötigt wird, bezeichnet man als *zugehörige freie Kohlensäure,* der darüberliegende Anteil wird als freie überschüssige oder als *aggressive Kohlensäure* bezeichnet. Letztere ist vielfach maßgeblich für Korrosionsprobleme in Leitungssystemen.

freie Landschaft, *Ruralraum,* wird dem Begriff Siedlungsraum gegenübergestellt und beinhaltet alle Flächen außerhalb der überbauten Gebiete. Auch nur dünn besiedelte Gebiete werden zur freien Landschaft gezählt. Wenn die Siedlungsfläche der Baubereich ist, so ist die freie Landschaft der Außenbereich, also i. w. S. die ↗ Kulturlandschaft mit agrarisch oder forstwirtschaftlich geprägter Nutzung.

freie Mäander, *Flußmäander,* ↗ *mäandrierender Fluß.*

freie Nehrung ↗ *Nehrung.*

freier Grundwasserleiter ↗ *freies Grundwasser.*

freier Kohlenstoff, Kohlenstoff, der im Gegensatz zum ↗ fixierten Kohlenstoff nicht an organische oder anorganische Verbindungen gebunden ist. Elementarer Kohlenstoff kommt in der Natur als ↗ Graphit und selten als ↗ Diamant vor.

freies Grundwasser, *ungespanntes Grundwasser, Grundwasser mit freier Oberfläche, freier Grundwasserleiter, ungespannter Grundwasserleiter,* eine Bezeichnung für ↗ Grundwasser, dessen ↗ Grundwasseroberfläche und ↗ Grundwasserdruckfläche im betrachteten Bereich identisch sind.

freie Standpunktwahl, *freie Stationierung,* Vermessungsverfahren, bei dem der Instrumentenstandpunkt entsprechend den örtlichen Erfordernissen so frei gewählt werden kann, daß gute Sichtmöglichkeiten zu den aufzunehmenden oder abzusteckenden Punkten existieren. Die Koordinatenbestimmung des frei gewählten ↗ Standpunktes kann vor oder nach der Aufnahme oder ↗ Absteckung durch ↗ Richtungsmessungen und Streckenmessungen zu koordinatenmäßig bekannten Punkten erfolgen. Dieses Verfahren setzte sich mit der Einführung elektrooptischer ↗ Tachymeter und der Möglichkeit die Koordinaten des Standpunktes in der Örtlichkeit zu berechnen in der Praxis durch.

Freifallgravimeter, ↗ *ballistisches Gravimeter,* bei dem die Trajektorie (lotrecht) abwärts gerichtet ist.

Freifläche, mehr oder weniger bewußt unbebaute Fläche in oder am Rande eines Siedlungsgebiets sowie zwischen Siedlungen. Im Gegensatz zu den großflächigen ↗ Freiräumen, die außerhalb dicht bebauter Gebiete liegen, sind Freiflächen Gebiete geringerer Ausdehnung in und in der Nähe des Siedlungsraumes. Beispiele für Freiflächen sind Familiengärten, Parkanlagen, stadtnahe ↗ Erholungsgebiete, Sportanlagen, Friedhöfe, botanische Gärten. Die Freiflächen erfüllen wichtige Funktionen. Erstens übernehmen sie stadt- und raumplanerische Leistungen wie die optische Trennung von Siedlungen im Agglomerationsbereich, sie dienen der Stadtgestaltung und -verschönerung, der Auflockerung von dicht überbauten Gebieten, der Nutzung im Rahmen von Freizeitaktivitäten und der sozialen und psychischen Erholung der Stadtbevölkerung. Zweitens übernehmen sie ökologische Leistungen durch Ausgleichs- und Regenerationsfunktionen, da die natürlichen ökologischen Prozesse auf Freiflächen weniger gestört werden als auf bebauten Flächen. Beispiele sind die mikroklimatisch ausgleichende Wirkung der erhöhten Wasserspeicherfähigkeit und Verdunstung, die höhere Grundwasserneubildungsrate durch bessere Versickerung, die Funktion als Rückzugsrefugium und Trittsteinbiotop für die städtische Flora und Fauna. Der Nutzungsdruck auf die noch vorhandenen Freiflächen wird einerseits durch die Bautätigkeit und den erhöhten Wohnflächenbedarf immer größer, andererseits wird der ökologische und stadtplanerische Nutzen erkannt und die Freiflächen v. a. von einer ökologisch orientierten Stadtplanung in Schutz genommen. Teilweise werden auch versiegelte, aber nicht bebaute Flächen zu den Freiflächen gezählt. Diese haben aber nicht mehr die gleichen positiven ökologischen Ausgleichs- und Regenerationsfunktionen. [SR]

Freigold, ↗ *Gold* in Form von Flittern, Körnern, Nuggets oder ähnlichem, das mit dem bloßen Auge sichtbar und per Amalgamation gewinnbar ist; im Gegensatz zu Gold, das submikroskopisch fein in ↗ Erzmineralen eingeschlossen oder in das Kristallgitter dieser Minerale eingebaut ist. Eine scharfe Abgrenzung im wissenschaftlichen Sinne ist nicht möglich. Freigold kann in primären sowie sekundären ↗ Goldlagerstätten auftreten.

Freiheitsgrade, 1) *Allgemein:* Möglichkeiten eines Massenpunktes oder Systems, in Raum und Zeit unterschiedliche Positionen bzw. Zustände einzunehmen. 2) *Physik:* Anzahl der Freiheitsgrade gleich der Anzahl voneinander unabhängiger Zuordnungskriterien, meist Koordinaten, die zur eindeutigen Bestimmung des Massenpunktes bzw. Systems notwendig sind. So besitzt z. B. ein freier starrer Körper im Raum drei Freiheitsgrade der Translation, entsprechend dem dreidimensionalen Raum, in dem er sich befindet, und zusätzlich drei Freiheitsgrade der Rotation (um drei mögliche voneinander unabhängige Achsen). 3) *Statistik:* Anzahl der Freiheitsgrade gleich der Anzahl der sukzessiven Schritte, aus einem oder mehreren Datensätzen bestimmte gegenseitig unabhängige (unkorrelierte) Werte auszuwählen. Im einfachsten Fall mit einem Datensatz und elementarer Problemstellungen $\Phi = n-1$ mit Φ = Anzahl der Freiheitsgrade und n = Anzahl der Daten (Stichprobenumfang).

Freilandniederschlag, ↗ *Niederschlag* unmittelbar über einem Pflanzenbestand.

Freiluft-Anomalie, leitet sich aus der Freiluftschwere durch Abzug der ↗ Normalschwere ab:

$$\Delta g_F = g_F - g_{normal}$$

mit g_F = Freiluftschwere und g_{normal} = Normalschwere.

Freiluft-Reduktion, bezeichnet in der Gravimetrie die rechnerische Verschiebung des Meßpunktes auf ein i. a. tieferliegendes Bezugsniveau.

Freiluft-Schwere, durch die Quasi-Kondensierung der Masse zwischen dem Meßpunkt und dem Bezugsniveau, (dem ↗Geoid) kann diese erhalten bleiben. Soll die mögliche Meßgenauigkeit von 0,01 mgal (= 0,1 µm/s²) eines modernen ↗Gravimeters ausgenutzt werden, muß die Höhe des Meßpunktes mit einer Genauigkeit von 3 cm bekannt sein.

Freiräume, großflächige unbebaute oder gering bebaute, natürliche bis naturnahe Gebiete, für welche nach raumplanerischer Vorstellung keine Erhöhung der Siedlungstätigkeit vorgesehen ist. Neben land- und forstwirtschaftlich dominierten Gebieten sowie locker bebauten ländlichen Gebieten eignen sich Naturräume mit hohem Ausgleichs- und Regenerationspotential als ökologisch leistungsfähige Freiräume. Vor allem in Gebieten mit hoher Bevölkerungsdichte muß die Ausweisung von angrenzenden Freiräumen durch die Regionalplanung so koordiniert werden, daß der ↗Lastraum Stadt von den ökologischen Funktionen des Freiraums profitieren kann. Im Gegensatz zu den Freiräumen handelt es sich bei ↗Freiflächen i. d. R. um kleinräumigere Flächen. In der Stadtplanung werden sie zuweilen dennoch als Freiraum bezeichnet, wenn es darum geht, den durch die Freifläche unverbauten Raum als solchen hervorzuheben. ↗Ausgleichsraum. [SR]

Freiraumplanung, Teilbereich der ↗Landschaftsplanung und der ↗Stadtplanung, der sich mit den Fragen einer optimalen Ausweisung und Gestaltung von ↗Freiräumen sowie ↗Freiflächen innerhalb und außerhalb des Siedlungsgebietes befaßt. Freiräume im ↗ländlichen Raum werden auf der Ebene der ↗Regionalplanung behandelt und stellen als regionale Grünzüge oder land- und forstwirtschaftliche Flächen nicht einen planerischen Restraum dar, sondern sind natürliche bis naturnahe Gebiete, welche ökologische Ausgleichsfunktionen übernehmen und dadurch die Ökosysteme der ↗Lasträume unterstützen (↗Ausgleichsraum). Im Siedlungsgebiet erfolgt die Freiraumplanung auf der Ebene der ↗Ortsplanung durch die Ausweisung von für eine ökologische Stadtentwicklung und -erhaltung besonders bedeutsamen unüberbauten Flächen. Die Freiraumplanung hat hier viele unterschiedliche Interessen zu berücksichtigen: Fragen der Stadtgliederung, des Erscheinungsbildes der Stadt, historische und kulturgeschichtliche Entwicklung der freien sowie überbauten städtischen Flächen, Freiräume als öffentliche Begegnungs- und Erholungsstätten, die ökologischen Funktionen der Freiflächen (↗Stadtökologie) aber auch den stetigen Druck vor der Überbauung für Wohnungs-, Geschäfts- oder Verkehrszwecke. [SR]

Freispiegelleitung, *Freispiegelgerinne*, Rohrleitungen oder andere Fließgerinne, in denen der Durchfluß, anders als in einer Druckleitung, mit freiem Wasserspiegel erfolgt.

Freispielanker, ↗Anker, bei dem die zwischen Ankerkopf und Haftstrecke liegende Vorspannstrecke nicht mit dem Gebirge verbunden ist, also elastisch gedehnt werden kann. Bei der Vorspannung des Ankers können die Kräfte direkt in die am Ende des Ankers befindliche Haftstrecke eingeleitet werden.

Freizeitpark, Parkanlage, die primär für intensive Freizeitaktivitäten genutzt wird. Freizeitparks sind i. d. R. detailliert geplante und anthropogen durchgestaltete Gelände mit guter Infrastruktur. Neben den mit vielen künstlichen Attraktionen ausgerüsteten Vergnügungsparks, können auch die mit mehr natürlichen Elementen ausgestatteten Erholungsparks zu den Freizeitparks gezählt werden.

Fremderkundung ↗3 F.
Fremdgesteinseinschluß ↗Xenolith.
Fremdstoffe ↗Schadstoffe.
Frenkel-Defekt, punktförmiger Kristalldefekt, bei dem ein Atom durch eine Anregung von seiner Position auf einen Zwischengitterplatz (↗Zwischengitteratom) wechselt. An der Gitterposition des Atoms entsteht dadurch eine Leerstelle.

Freon, Handelsbezeichnung für ↗FCKW.
Frequenz, bezeichnet bei einem periodisch ablaufenden Vorgang die Anzahl der Schwingungen pro Zeiteinheit. Die Einheit Hertz [Hz = 1/s] bezeichnet die Anzahl von Schwingungen pro Sekunde. Die reziproke Größe der Frequenz ist die Schwingungsdauer T einer Periode. Das Produkt von ↗Wellenlänge λ und Frequenz ν ergibt die ↗Ausbreitungsgeschwindigkeit v einer Welle: $v = \lambda \cdot \nu$.

Frequenzabhängigkeit, 1) Das Ausmaß der Emission von Wärmestrahlung der Erdoberfläche und/oder der Atmosphäre im Mikrowellenbereich des elektromagnetischen Spektrums ist direkt proportional zum Emissionsvermögen $\varepsilon(\lambda)$ und zur Frequenzbandbreite $\Delta\nu\nu$ der Antennenmessung. Frequenzabhängigkeit besteht somit in bezug auf das objektspezifische Emissionsvermögen, das nicht nur von der Beschaffenheit der Oberfläche, den Materialeigenschaften der Oberflächenschicht abhängt, sondern auch eine komplizierte Funktion der Frequenz, der Beobachtungsrichtung sowie der Polarisationsrichtung ist. Die wichtigste Materialeigenschaft für das Emissionsvermögen wird durch die komplexe relative ↗Dielektrizitätskonstante angegeben, die sich aus einem reellen Teil und einem imaginären Teil zusammensetzt. Der Imaginärteil ist ein Maß für die frequenzabhängige elektrische Leitfähigkeit des emittierenden Materials.
2) In Abhängigkeit von der Frequenz werden Fernerkundungssysteme im Mikrowellenbereich (passive oder aktive Mikrowellensysteme) in unterschiedlichen Bandbereichen arbeiten. In der Fernerkundung kommen vor allem L-Band (390 MHz–1,55 GHz), S-Band (1,55 GHz–4,20 GHz),

C-Band (4,20 GHz–5,75 GHz) und X-Band (5,75 GHz–10,90 GHz) zum Einsatz. Insbesondere der Transmissionsgrad der Atmosphäre und die Eindringtiefe von Mikrowellen in die Oberflächenschicht des Geländes nehmen mit abnehmender Frequenz zu. Auch die elektrischen Materialeigenschaften, repräsentiert durch die komplexe relative Dielektrizitätskonstante, besitzen ausgeprägte Frequenzabhängigkeit. [EC]

Frequenzbereich, 1) Darstellung von Meßgrößen und Übertragungsfunktionen als Funktion der Frequenz oder Periodendauer (↗Zeitbereich). 2) Die Frequenz f im Bereich $f_{min} < f < f_{max}$, in dem ein Meßgerät Daten aufzeichnet bzw. die Daten dargestellt werden. Er wird durch die Aufgabenstellung, die Art der aufzuzeichnenden Signale und die Charakteristik des Meßsystems vorgegeben.

Frequenzcharakteristik, *Frequenz-Spektrum*, Darstellung der Phasenverschiebung der einzelnen harmonischen Komponenten eines Signals in Abhängigkeit der Frequenz (Fourieranalyse).

Frequenzeffekt, abgeleitete Größe in der Methode der ↗Induzierten Polarisation im Frequenzbereich:

$$FE = \frac{\varrho_{AC} - \varrho_{DC}}{\varrho_{AC}},$$

dabei ist ϱ_{DC} der (scheinbare spezifische) Gleichstromwiderstand und ϱ_{AC} der Wechselstromwiderstand (*AC*: engl. alternate current, *DC*: engl. direct current). In der Praxis benutzt man meist ein niederfrequentes Signal (z. B. $f = 1\,Hz$) als Annäherung an den *DC*-Fall und ein nur geringfügig höherfrequentes Signal (z. B. $f = 10\,Hz$) für die Bestimmung des Wechselstromwiderstandes. Die Größe $PFE = 100\,FE$ wird prozentualer Frequenzeffekt genannt. In der Erzexploration wird aus dem Frequenzeffekt noch ein *Metallfaktor MF* (in S/m) abgeleitet:

$$MF = 2\pi \cdot 10^5 \, \frac{FE}{\varrho_0}.$$

Frequenznormal, Quelle für eine hochstabile Frequenz, die als Referenz für Frequenz- und Zeitmessungen dienen kann. Heutzutage kommen im wesentlichen ↗Atomuhren zum Einsatz. Eine weitere Möglichkeit bieten Pulsare (↗Radioquellen), deren Rotation ausgesprochen regelmäßig verläuft, wenn auch relativistische Effekte (Gravitationswellenabstrahlung) eine Periodendehnung bewirken.

Frequenzsondierung, *parametrische Sondierung*, Methode in den ↗elektromagnetischen Verfahren, wobei eine Tiefensondierung über eine Variation der Frequenz erreicht wird.

Fresnelellipsoid, dreidimensionale Fläche, welche die Strahlgeschwindigkeit für die möglichen Schwingungsrichtungen des elektrischen Feldes des Lichts in beliebigen Strahlrichtungen in einem Kristall angibt. Es ist durch folgende Gleichung beschrieben:

$$n_\alpha^2 x^2 + n_\beta^2 y^2 + n_\gamma^2 z^2 = 1.$$

Die Halbmesser der Hauptachsen des Ellipsoids,

$$\frac{1}{n_\alpha}, \frac{1}{n_\beta}, \frac{1}{n_\gamma},$$

sind proportional den sog. *Hauptlichtgeschwindigkeiten*,

$$v_a = \frac{c}{n_\alpha}, \quad v_b = \frac{c}{n_\beta}, \quad v_c = \frac{c}{n_\gamma}$$

(c = Lichtgeschwindigkeit im Vakuum), die den Schwingungsrichtungen in den Hauptachsen zugeordnet sind. Die Strahlgeschwindigkeiten für eine beliebige Strahlrichtung erhält man durch folgende Konstruktion: Man legt senkrecht zur Strahlrichtung eine Ebene durch den Mittelpunkt des Fresnelellipsoid und betrachtet die Schnittfigur. Die Halbmesser der Achsen der Schnittellipse geben die beiden möglichen, senkrecht zueinander linear polarisierten Schwingungsrichtungen des Lichts und deren Strahlengeschwindigkeiten an. Die durch die Kristallsymmetrie bedingte Form und Orientierung des Fresnelellipsoids entspricht der Form und Orientierung der ↗Indikatrix. [KH]

Fresnel-Zone ↗seismische Auflösung.

Freßbau, *Fodinichnion*, ↗Spurenfossilien.

Freundlich-Adsorptionsisothermen, empirische Beschreibung der Beziehung zwischen ↗Sorbent (↗Tonminerale, ↗Metallhydroxide, ↗Huminstoffe) und einer adsorbierten Stoffmenge (Sorbat). Zwischen Sorbent und Sorbat besteht keine lineare Beziehung, da mit zunehmender Konzentration des Sorbats die adsorbierte Stoffmenge abnimmt. Mit Hilfe der ↗Adsorptionsisothermen läßt sich das Adsorptionsverhalten verschiedener ↗Bodenkolloide gegenüber Anionen und Kationen, vor allem organischer und anorganischer Schadstoffe, miteinander vergleichen. Diese Aussagen sind für die Nährstoffversorgung sowie für das ↗Filtervermögen des Bodens von entscheidender Bedeutung.

Fr-Horizont, ↗F-Horizont der ↗Bodenkundlichen Kartieranleitung entsprechend; mit meist schwärzlicher bis dunkelgrauer Farbe durch reduzierte Bedingungen am Grunde sauerstoffarmer, eutropher Gewässer, meist mit viel organischer Substanz. ↗Sapropel.

Friedelsches Gesetz, bei der Beugung an Kristallen gesetzmäßiges Auftreten eines zentrosymmetrischen Beugungsmusters:

$$I(hkl) = I(\bar{h}, k, l).$$

Die Intensität I des Braggreflexes mit den Indizes (hkl) ist gleich der Intensität des zentrosymmetrisch äquivalenten Braggreflexes mit den Indizes $(\bar{h}, k, l)$ (↗Röntgenstrukturanalyse). Das Friedelsche Gesetz gilt streng nur dann, wenn die ↗Atomstreufaktoren rein reell sind, wenn also die Absorption vernachlässigbar ist. Andererseits kann es erhebliche Abweichungen vom Friedel-

Front 1: vereinfachtes Modell der troposphärischen Front im Meridionalschnitt (100-fach überhöht) und am Boden, mit Θ_i = Isentropen (Gleitflächen) in 5 K-Intervallen, T_i = Isothermen am Boden in 1 °C-Intervallen, FL = Frontlinie.

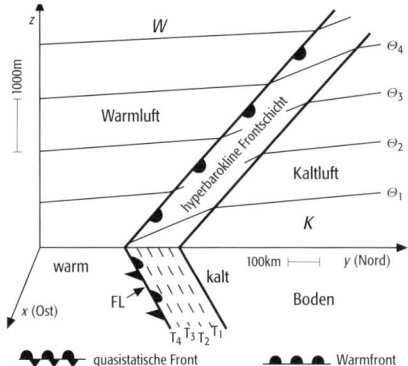

Front 2: troposphärische (Warm-)Front, schematischer Meridionalschnitt mit Isothermen (gestrichelte Linie in °C); Isotachen (dünne Linie in 2 Kn = 1 m/s); Strahlstromachse im Westwindgürtel (S); Tropopause bzw. Begrenzung der Frontschicht (dicke Linien).

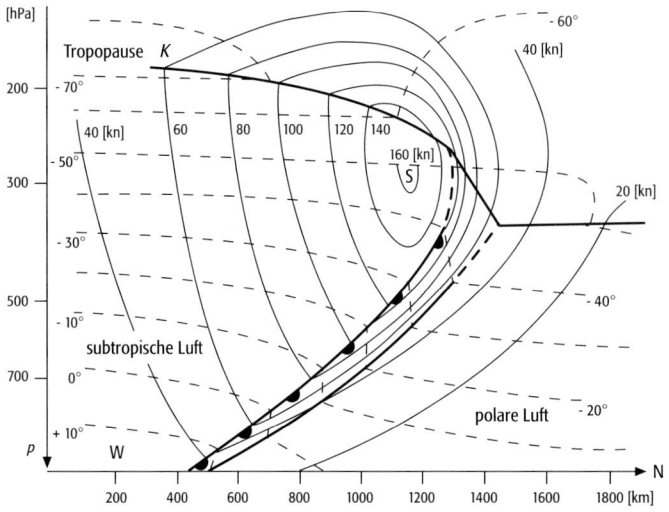

schen Gesetz geben, wenn die Wellenlänge mit einer Absorptionskante einer Atomart des Kristalls übereinstimmt, so daß Effekte der ↗anomalen Dispersion eine Rolle spielen.

Frigen, Handelsbezeichnung für ↗FCKW.

Frischluft, die während der Nacht aus dem kälteren Umland durch ↗Flurwinde in die wärmeren Siedlungsgebiete transportierte Luft, die nicht durch Luftschadstoffe belastet ist.

Frischluftschneise, zusammenhängendes, hindernisfreies Gebiet vom Umland bis ins Stadtgebiet, in dem ↗Frischluft verfrachtet werden kann. Die Frischluftschneise muß möglichst weit weg von Straßen und Industriegebieten verlaufen, damit die Luft auf ihrem Weg in die Innenstadt sich nicht mit Schadstoffen anreichert.

Frittung, metamorphe Überprägung im unmittelbaren Kontakt mit Magma, sei es an den Wänden eines magmatischen Ganges oder Schlotes oder bei sedimentären ↗Xenolithen. Frittung führt zu einer Härtung und teilweise zu einer Schmelzung von kalkig-tonigen Gesteinen. Sandsteine bekommen durch Frittung ein glasiges Erscheinungsbild, Tone ähneln gebrannter Keramik, Kalke erfahren eine leichte Kornvergröberung. Häufig ist auch eine Rotfärbung der betroffenen Gesteine durch Oxidation von Eisen. Bilden sich, besonders in feldspatführenden Sandsteinen, geringe Schmelzanteile entlang von Korngrenzen, so entstehen ↗Buchite.

FROGEX, offizieller Name der *Bomb Shelter Gang,* leistete in Genf wichtige operationelle und soziale Unterstützung während der ↗SOP von ↗ALPEX.

Front, schmale Grenzzone, an der Luftmassen verschiedenen Ursprungs und verschiedener Eigenschaften (Dichte, Temperatur) gegeneinander geführt werden. Fronten wurden erstmals 1918 von der ↗Bergener Schule in Bodenwetterkarten und als ↗Frontpassage an einzelnen Wetterstationen nachgewiesen. Frontendefinitionen der Bergener Schule hielten daran fest, daß die beteiligten Luftmassen am Boden nur durch eine Frontlinie getrennt seien. Dort müßten Temperatur- und Dichtefeld jeweils einen Sprung aufweisen. Daraus folgte als räumliche Erweiterung die troposphärische ↗Frontfläche mit den gleichen Diskontinuitäten: ein Modell, mit dem die Bergener Schule bei der Anwendung auf räumliche Gleitprozesse (↗Aufgleitflächen) und auf die Frontzyklogenese in stark baroklinen Strömungen (↗barokline Instabilität) letztlich scheiterte. Troposphärische Fronten sind, von mesoskaligen Fronten (Seewindfront, Böenfront) innerhalb der ↗atmosphärischen Grenzschicht abgesehen, raumerfüllende ↗synoptische Wettersysteme. Das vereinfachte Modell der troposphärischen Front ist eine formal von zwei Flächen begrenzte, geneigte ↗hyperbarokline Schicht, welche zwei quasi barotrope Luftmassen mit unterschiedlicher Dichte und Temperatur trennt. Je nach Richtung der frontsenkrechten Bewegung handelt es sich dann um eine ↗Kaltfront oder eine ↗Warmfront. In der atmosphärischen Grenzschicht (insbesondere am Boden) zeigt sich die warmseitige Grenzfläche der troposphärischen Front als Frontfläche bzw. als Frontlinie, und zwar mit einer Diskontinuität nullter Ordnung für das Windfeld (↗Konvergenzlinie), aber erster Ordnung für Dichte- und Temperaturfeld. Gut ausgeprägte Warm- und Kaltfronten reichen als hyperbarokline Schichten vom Boden bis nahe an die Tropopause. Sie sind mehrere 1000 km lang und haben in der Troposphäre eine vertikale Ausdehnung von tausenden von Metern. Bei einer typischen Neigung von 1 % in einer Niveaufläche sind sie einige 100 km breit (horizontal). In dieser ↗Frontschicht ist der horizontale Temperaturgradient deutlich (1 °C pro 100 km). In der atmosphärischen Grenzschicht, insbesondere am rauhen Erdboden, wird die Frontschicht infolge der reibungsbedingten Konvergenz des Windfeldes am schmalsten, der horizontale Temperaturgradient kann dort maximal 3–8 °C pro 100 km erreichen. Ebenfalls reibungsbedingt erscheinen Warmfronten in der atmosphärischen Grenzschicht noch weitergehend, Kaltfronten dagegen deutlich weniger in die Horizontale geneigt als in der freien Troposphäre. Die ↗Zyklogenese an einer troposphärischen Front entwickelt das typische synoptische Wettersystem der ↗Frontenzyklone (Abb. 1 u. 2). ↗Polarfront. [MGe]

Frontalzone, ein von der ↗Bergener Schule geprägter Begriff, der in der freien Troposphäre die stark barokline Übergangszone zwischen ↗Warmluft und ↗Kaltluft im Bereich einer vorhandenen oder entstehenden ↗troposphärischen Front kennzeichnet. Heute wird der Begriff Frontalzone bevorzugt auf stark barokline Strukturen in Höhenwetterkarten (↗Wetterkarte) angewendet. Wichtige thermodynamische Aspekte der Frontalzone sind der dazu parallele, maximale ↗thermische Wind, die entsprechend starke tropopausennahe ↗Höhenströmung und der darin eingebettete ↗Polarfrontstrahlstrom.

Frontbewölkung, a) *Kaltfrontbewölkung*: An einem Ort ist bei Durchgang einer ↗Kaltfront erster Art (Ana-Kaltfront) die nachfolgende Verdichtung der Schichtbewölkung in verschiedenen Höhenstufen typisch, bei Annäherung und Durchgang einer Kaltfront zweiter Art (Kata-Kaltfront) ist dagegen die rasche Zunahme der überwiegend ↗konvektiven Bewölkung mit zügig folgendem Aufklaren die Regel. Die großräumige Kaltfrontbewölkung erkennt man im zeitgerafften Satellitenfilm daran, daß sich die frontparallele, streifige obere Wolkenstruktur rasch in Richtung auf das zugehörige Wirbelzentrum bewegt. Außerdem zeichnet sich die nachfolgende ↗Kaltluft zumeist durch deutliche konvektive Bewölkungsmuster aus. b) *Okklusionsbewölkung*: An einem Ort richtet sich die Abfolge der Bewölkung beim Durchgang einer ↗Warmfrontokklusion oder ↗Kaltfrontokklusion nach dem Überwiegen der Kaltfront- oder Warmfront-Eigenschaft und zugleich nach der Abfolge der beiden beteiligten Fronten, was Auf- und Abgleiten betrifft. Die großräumige Okklusionsbewölkung erkennt man im Satellitenbild daran, daß sie geometrisch eine das Wirbelzentrum umfassende Wolkenspirale bildet, die sich vom Gebiet des Zusammenfließens von Warmfront- und Kaltfrontbewölkung (↗Okklusionsfront) ins Wirbelzentrum wickelt. Außerdem zeigt sich eine streifige Struktur der darüber liegenden Cirruswolken, die mit erkennbarer antizyklonaler Krümmung quer über die Wolkenspirale hinweg verlaufen. c) *Warmfrontbewölkung*: Bei Annäherung einer Ana-Warmfront ist ein Bewölkungsaufzug typisch, der sich zusehends zu Schichtwolken in verschiedenen Höhenstufen verdichtet. Nach dem ↗Warmfrontdurchgang lockert die Bewölkung oft auf. Dagegen ist bei Annäherung einer Kata-Warmfront nur ein Aufzug von Cirruswolken zu beobachten. Großräumige Warmfrontbewölkung erkennt man im zeitgerafften Satellitenfilm daran, daß sich die frontparallele, zumeist antizyklonal gebogene, streifige obere Wolkenstruktur rasch vom zugehörigen Wirbelzentrum weg bewegt. [MGe]

Frontenbildung ↗Frontogenese.

Frontensymbole, Zeichen zur Darstellung und Unterscheidung der ↗Fronten auf der ↗Wetterkarte (Abb.).

Frontenwelle ↗Wellentief.

Frontenzyklogenese ↗Frontenzyklone.

Frontenzyklone, an der ↗Polarfront entstandene ↗Zyklone, ein typisches ↗synoptisches Wettersystem in der Westwindzone der mittleren Breiten (Abb.). Die *Frontenzyklogenese* wurde von der ↗Bergener Schule aus der Sicht der Bodenwetterkarte erstmals vollständig beschrieben. Heute weiß man, daß die Eigenschaften der Höhenströmung bei der Einleitung und Umsetzung der Frontenzyklogenese entscheidend sind: Die stark barokline troposphärische Hauptfrontalzone (↗Polarfrontalzone) und der zugehörige ↗Polarfrontstrahlstrom sind von sich aus instabil. In ihrem Bereich wandern bzw. entwickeln sich Wellen und Wirbel (Zentren der ↗Vorticity), welche die Initialpunkte für die Frontenzyklogenese markieren. Dazu muß die obere Troposphäre auf der Kaltluftseite konzentrierte Vorticity bereitstellen, während die unteren Luftschichten mit einem konzentrierten Warmluft- und Feuchteangebot die Frontenzyklogenese beschleunigen. Die in der mäandrierenden Polarfront gebildeten Wellentiefs werden unter Einengung des Warmsektors abgeschnürt (↗cut-off). Dabei okkludiert der Warmsektor weitgehend (↗Okklusionsfront) und die beteiligten Fronten und Luftmassen werden aufgrund der ↗Corioliskraft spiralförmig verwirbelt. [MGe]

Frontfläche, nach der ↗Bergener Schule die räumliche Extrapolation der ↗Frontlinie vom Boden in die Troposphäre als Diskontinuität nullter Ordnung für Dichte- und Temperaturfeld. Nach heutigem Verständnis die warmseitige Begrenzung der ↗Frontschicht in der unteren Troposphäre als Diskontinuität erster Ordnung für Dichte- und Temperaturfeld. Der Schnitt mit einer horizontalen Fläche (z. B. die Darstellung auf einer Wetterkarte) ergibt die Frontlinie. ↗Front, ↗Atmosphäre.

Frontgewitter, ↗Gewitter, die an eine ↗Front gebunden erscheinen und direkt durch frontale Hebungsvorgänge induziert worden sind. Je nach Fronttyp unterscheidet man die relativ häufigen Kaltfrontgewitter von den seltenen ↗Warmfrontgewittern; auch im Bereich einer ↗Okklusionsfront können typische Gewitter auftreten. *Kaltfrontgewitter*, die an eine ↗Kaltfront gebunden sind, entstehen bevorzugt an Kaltfronten zweiter Art, die oft in der Höhe vorauseilen und dabei die vorgelagerte Warmluft zusätzlich labilisieren. Die typische Auslösung der Gewitter ge-

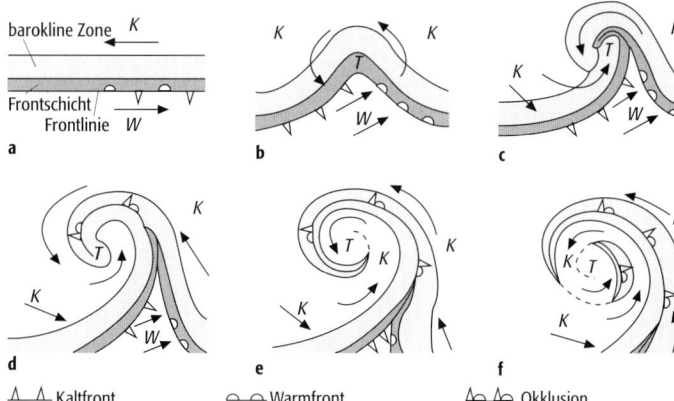

Frontenzyklone: schematischer Lebenslauf der Frontenzyklone aus Sicht der Wetterkarte (K = Kaltluft, W = Warmluft, T = Tief-Zentrum, Pfeile = Luftströmung): a) schleifende Front, b) instabiles Wellentief, c) Beginn der Zyklogenese, d) Reifestadium I, e) Reifestadium II, f) Auflösungsstadium.

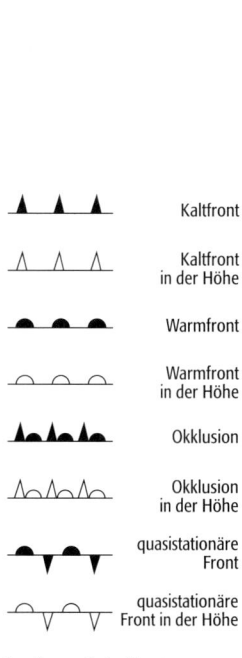

Frontensymbole: Frontensymbole auf der Wetterkarte.

schieht dann an der Kante der Warmluft durch die mit steiler ↗Frontfläche vorstoßende Kaltfront. Frontgewitter werden immer in der beteiligten Warmluft ausgelöst, die dazu bedingt instabil (↗bedingte Instabilität) geschichtet sein muß. Diese notwendige Voraussetzung ist in mittleren Breiten v. a. im Sommerhalbjahr erfüllt. [MGe]

Frontinversion, Bereich, in dem mit zunehmender Höhe die Temperatur in der Atmosphäre ansteigt. Frontinversionen kommen durch Aufgleitvorgänge an einer ↗Warmfront zustande. ↗Inversion.

Frontlinie, horizontaler Schnitt bzw. unteres Ende der ↗Frontfläche, dargestellt auf einer ↗Wetterkarte.

Frontnebel ↗Nebelklassifikation.

Frontneigung, die Neigung der ↗Frontschicht und der zugehörigen ↗Frontfläche im Raum. Sie entspricht in der Praxis nahezu der Neigung der feuchtadiabaten Flächen in der Frontschicht, die im Falle von Wolkenluft potentielle ↗Aufgleitflächen darstellen. In der freien Troposphäre beträgt die Frontneigung ca. 1 %, in der ↗atmosphärischen Grenzschicht ändert sich dieser Wert infolge der vom Boden ausgehenden Reibung. Bei Warmfronten beträgt die Neigung bis zu 0,3 %, andererseits ist bei in der Höhe voraneilenden Kaltfronten die Neigung gänzlich aufgehoben.

Frontogenese, *Frontenbildung*, a) anfängliche oder erstmalige Bildung einer ↗Front. b) Anwachsen des horizontalen Temperaturgradienten, auch im Bereich einer schon vorhandenen Front. Mit der frontogenetischen Funktion kann diese Gradientverschärfung in der Troposphäre z. B. auf ↗Druckflächen durch die Komponenten konvergentes oder scherendes Windfeld sowie durch unterschiedliche Vertikalbewegung und durch unterschiedliche diabatische Erwärmung (↗diabatische Prozesse) dargestellt werden.

Frontolyse, a) Auflösung einer ↗Front oder einer Frontalzone. b) Abnahme des horizontalen Temperaturgradienten und damit auch die Abschwächung einer vorhandenen Front infolge der Umkehr der mit der frontogenetischen Funktion (↗Frontogenese) dargestellten Vorgänge.

Frontpassage, Frontdurchgang an einem Ort oder in einem Gebiet. ↗Kaltfrontdurchgang, ↗Warmfrontdurchgang.

Frontschicht, die zu einer ↗Front gehörende, ca. 1 % geneigte ↗hyperbarokline Schicht. Sie trennt in der Troposphäre und in der ↗atmosphärischen Grenzschicht die zumeist quasi barotrope Warmluft von der mitunter mäßig baroklinen Kaltluft. Die in der Frontschicht nach der kalten Seite ansteigenden ↗Isentropenflächen (sichtbar im Vertikalschnitt) stellen bei passender Windrichtung eine Serie von ↗Aufgleitflächen dar. Die Frontschicht bildet den zentralen Bereich einer ↗Frontalzone.

Frontstufe, ↗Schichtstufe in normaler Ausbildung, d. h. die Stufenstirn ist entgegen dem Einfallen der Schichten exponiert. Frontstufe wird im Zusammenhang mit ↗Achterstufe verwendet. ↗Schichtstufenlandschaft.

Frost, Absinken der Temperatur auf 0 °C oder weniger, am Erdboden als Bodenfrost oder in der Atmosphäre.

Frostaufbruch, durch den Kristallisationsdruck wachsender Eiskristalle in Eislinsen (↗Eislinsenbildung) hervorgerufene Brüche und/oder Hebungen (↗Frosthub). Der Kristallisationsdruck von Eis ist relativ niedrig. Er kann sich nur auswirken, wenn durch die Porengestaltung der regelmäßige Kristallaufbau des Eises behindert ist. Immerhin ist bei -5 °C ein Kristallisationsdruck >130 kPa möglich, ausreichend, um eine Bodenschicht von mehreren Metern Mächtigkeit zu heben.

Frostbodendynamik, alternierendes Frieren und Tauen des Untergrundes und die daraus resultierenden Prozesse, z. B. ↗Frostverwitterung, ↗Frosthub und ↗Frostschub, ↗Gelifluktion und ↗Kryoturbation. Von besonderer Bedeutung für die Frostbodendynamik ist der Wasser- bzw. Eisgehalt im Boden, da die meisten Reliefformen in Gebieten mit Bodenfrost auf die Wirkung des sich beim Gefrieren ausdehnenden ↗Bodenwassers zurückgehen.

Frostdruck, *Gefrierdruck*, der positive Druck an der Grenze zwischen Eis und Wasser in einem gefrierenden Boden. Dieser Druck kann so groß werden, daß Fundamente oder der Belag von Straßen angehoben werden können. ↗Auffrieren.

Frosteindringtiefe, Tiefe, bis zu der kurz- oder langfristig Frost in den Untergrund eindringen kann.

Frostempfindlichkeit, als frostempfindlich gelten Böden, die beim Gefrieren des Porenwassers ihr Volumen vergrößern, wobei sich zunehmend dicke Eislinsen bilden (Abb.). Die Volumenzunahme führt zu Hebungen (↗Frosthub), die beim Auftauen nicht immer voll zurückgehen. Die Auswirkungen dieses Vorgangs sind sehr stark von der Geschwindigkeit der Frosteinwirkung abhängig sowie von dem Wasser, das in der Gerfrierzone bewegt wird. Die Frostempfindlichkeit eines Bodens ist von verschiedenen physikalischen und mineralchemischen Faktoren abhängig, von denen aber in der Praxis meist nur die kritischen Korngrößenbereiche im Feinkornanteil berücksichtigt werden. Neben der Schluff- und Tonfraktion muß aber zumindest auch der sog. Feinkornanteil (0,02–0,125 mm) Beachtung finden. Um eine Aussage über die Frostempfindlichkeit und Frostbeständigkeit machen zu können, wurden ↗Frostempfindlichkeitsklassen und ↗Frostkriterien eingeführt. [RZo]

Frostempfindlichkeitsklasse, die Einstufung des Bodens nach dem Grad der ↗Frostempfindlichkeit (F1 = nicht frostempfindlich bis F3 = sehr frostempfindlich). Sie ist ein wichtiges ↗Frostkriterium in der Bautechnik. Näherungsweise kann die Beurteilung der Frostempfindlichkeit nach der Korngrößenverteilung, d. h. auch unter Berücksichtigung der ↗Ungleichförmigkeitszahl, und der mineralogischen Zusammensetzung erfolgen.

Frost-Filter, ein klassischer, richtungsunabhängiger digitaler Filter, der in erster Linie für Radar-

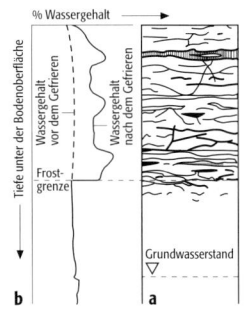

Frostempfindlichkeit: Profil eines Frostbodens mit Eislinsenbildung (a) und Verteilung des Wassergehaltes im Boden (b) vor und nach dem Gefrieren.

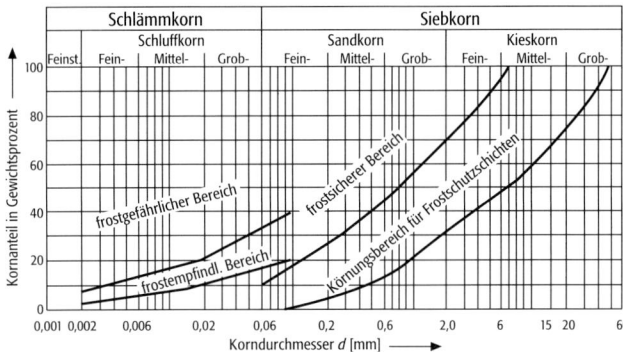

Frostkriterien 1: Frostkriterium nach Schaible.

Bilddaten (SAR) verwendet wird, um hochfrequentes ↗Rauschen in Form des sog. ↗Speckle wegzufiltern, während gleichzeitig hochfrequente Bildmerkmale erhalten bleiben. Der Filter hat üblicherweise eine Dimension von 1 × 3 bis zu 33 × 33 ↗Pixel.

Frostgare, ist eine Form der Gefügeentwicklung, bei der durch Gefrieren die größten vorhandenen Eiskristalle wachsen, wobei eine Entwässerung der Umgebung der Eiskristalle erfolgt. Die damit verbundene Bildung und Schrumpfung von Aggregaten ist in tonreichen Böden häufig die einzige Form der Ausbildung eines bestellfähigen Oberbodens. Dieses Krümelgefüge ist instabil, wenn Feuchtigkeit nach Abtauen zur Übernässung und damit Zerstörung der Krümel führt (↗Minutenböden).

Frostgehalt, *cold content*, *Frostinhalt*, *Kälteinhalt*, bezeichnet die von der Tiefe der Schnee- oder Eistemperatur abhängige Summe an negativer Wärmeenergie (*Kältereserve*) in einer Schneedecke oder einem ↗Gletscher. Der Frostgehalt ist definiert als die Wärmemenge, die benötigt wird, um eine Schneedecke oder Gletschereis auf Schmelztemperatur zu bringen.

Frostgraupel, Graupelform, meist runde ↗Graupel von 3–5 mm Durchmesser mit trübem, milchigem Kern und dünner Hülle aus ↗Klareis.

Frostgrenze, Linie bezüglich eines geographischen Bezugssystems (i. a. die Höhe über dem Meeresspiegel), die Temperaturwerte von weniger oder gleich 0 °C von höheren Werten abgrenzt.

Frosthebung ↗*Frosthub*.

Frosthebungstheorie ↗*Frosthub*.

Frosthub, *Frosthebung*, Anhebung des Untergrundes senkrecht zur Erdoberfläche durch Volumenzunahme gefrierenden Wassers. Das Ausmaß des Frosthubs hängt vom Substrat, insbesondere seiner Wasserkapazität, und der Häufigkeit der ↗Frost-Tau-Zyklen ab. Frosthub in feinklastischem Bodenmaterial wird nicht nur durch das Gefrieren von ↗Poreneis (ca. 9 % Volumenzunahme) verursacht, sondern aufgrund eines Dampfdruckgefälles in der Bodenluft zusätzlich durch das Anziehen von Wasser zur Frostfront (hygroskopische Wirkung des Eises), wo sich Eislinsen bilden (↗Eislinsenbildung). Sie liegen meist parallel zu den Isothermen, d. h. etwa parallel zum Gelände (Abb.). Die *Frosthebungstheorie* besagt, daß die Hebung des Bodens senkrecht zu den Isothermen erfolgt und gleich der Summe der Dicke der Eislinsen ist. Frosthub kann sich negativ auf z. B. Fundamente oder andere Strukturen im oder auf dem ↗Permafrost auswirken. Unregelmäßiger Frosthub ist einer der wichtigsten Frosteinwirkungen und reflektiert die Heterogenität der meisten Substrate. Frosthub kann saisonal auftreten oder kontinuierlich, wenn der Untergrund über mehrere Jahre ohne Unterbrechung gefriert. ↗Auffrieren.

Frostinhalt ↗*Frostgehalt*.

Frostkriechen, hangabwärts gerichtete Verlagerung von Material während eines ↗Frost-Tau-Zyklus. Durch die Expansion des Materials senkrecht zur Erdoberfläche während des Gefrierens und seiner gravitativen Setzung beim Tauen resultiert eine Materialbewegung in Richtung des Gefälles. Voraussetzungen sind hierfür das Vorhandensein von Lockermaterial, eine ausreichende Durchfeuchtung und Hangneigung sowie Frost-Tau-Zyklen. ↗Kammeis.

Frostkriterien, Kriterien zur Bestimmung der ↗Frostempfindlichkeit von Böden. Ein wesentliches Kriterium stellt die Korngrößenverteilung dar. Nach Schaible ist ein Boden frostgefährdet bzw. frostempfindlich, wenn seine Körnungslinie den im Frostkriterium als frostgefährdet bzw. frostempfindlich bezeichneten Bereich schneidet. Liegt die Körnungslinie außerhalb, so sind keine Schäden durch Bodenfrost zu erwarten (Abb. 1). Nach Casagrande sind für die Frostgefährlichkeit eines Bodens die Korngrößen um 0,02 mm maßgebend. Je nach ↗Ungleichförmigkeitszahl ist der Anteil kleiner als 0,02 mm, bei dem der Boden noch nicht als frostsicher anzusehen ist, verschieden: Bei $U>15$ ist der Boden frostgefährdet, wenn der Anteil der Komponenten < 0,02 mm mehr als 3 % beträgt; er ist auch bei $U<5$ frostgefährdet, wenn der Anteil < 0,02 mm mehr als 10 % beträgt. Für Zwischenwerte, also für U zwischen 5 und 15, muß bezüglich der kritischen Prozentzahlen geradlinig interpoliert werden (Abb. 2). Ein weiteres Frostkriterium stellen die ↗Frostempfindlichkeitsklassen nach den Zusätzlichen Technischen Vorschriften und Richtlinien für Erdarbeiten im Straßenbau (ZTVE-StB 93 Entwurf) dar. [RZo]

Frostmusterboden, *Strukturboden*, allgemeine Bezeichnung für alle Oberflächenformen mit sichtbaren regelhaften Strukturen, die durch die Einwirkung von Bodenfrost entstehen. Es findet eine Sortierung von Boden- bzw. Sedimentpartikeln

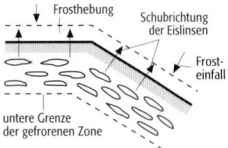

Frosthub: Hebung des Bodens infolge Eislinsenbildung.

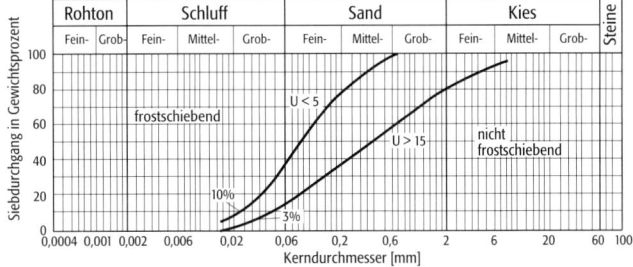

Frostkriterien 2: Frostkriterium nach Casagrande.

statt, gesteuert durch die Kräfte, welche bei der Volumenänderung von gefrierendem Wasser entstehen (/Frosthub, /Frostschub). Frostmusterböden sind nicht auf /Periglazialgebiete beschränkt, jedoch am besten in Gebieten mit ehemaliger oder aktueller intensiver Frosteinwirkung ausgebildet. Eine beschreibende Klassifizierung verschiedener Formen von Frostmusterböden unterscheidet z. B. sortierte und unsortierte /Steinringe, /Steinnetze, /Steinpolygone, /Streifenböden und Solifluktionsformen. In /Permafrostgebieten sind die verbreitetsten Formen der Frostmusterböden die /Eiskeilpolygone (/Eiskeil). Die Genese vieler Formen von Frostmusterböden ist bis heute noch nicht vollständig geklärt. Sie beinhaltet unterschiedliche Prozesse wie differenzierenden Frosthub, /Kryoturbation, /kryostatischen Druck und diapirartige Verlagerung von wassergesättigtem Material. Frostmusterböden formen sich auch in torfigem Gelände, beispielsweise in Form von /Strangmooren. [SN]

Frostperiode, Zeitspanne, in der /Frost auftritt.

Frostpunkt, *Eispunkt*, Zeitpunkt, zu dem bei Abkühlung die 0 °C-Grenze erreicht oder unterschritten wird; Übergangspunkt von Eis zu Wasser und umgekehrt bei dem Normal-Atmosphärendruck von 1013,25 Hektopascal. Der Frostpunkt wird auch als Fixpunkt für die Temperaturskala nach A. /Celsius benutzt.

Frostschaden, Schaden, der aufgrund von Frost eintritt, z. B. Erfrieren von Pflanzenteilen während der /Vegetationsperiode oder Materialschaden (Tab.). Davon sind Schäden zu unterscheiden, die bei der Vegetation außerhalb der Vegetationsperiode auftreten, weil dann eine gewisse Frostresistenz zur Absenkung der Temperatur führt, bei der Frostschäden auftreten.

Frostschub, lateral wirksamer /Frostdruck. /Frosthub und Frostschub führen zur Bildung von /Frostmusterböden.

Frostschutt, durch /Frostverwitterung entstandenes grobes /Sediment mit unterschiedlichen Korngrößenkomponenten. Frostschutt wird besonders dort verstärkt gebildet, wo häufige Frostwechselbedingungen (/Frost-Tau-Zyklen) herrschen, z. B. an /Schwarz-Weiß-Grenzen. Frostschutt wird rezent in den Höhenstufen der Hochgebirge sowie in den Zonen der Frostklimate gebildet.

Frostschutz, Maßnahmen, die das Eintreten von Frost bzw. /Frostschäden verhindern, z. B. in der /Agrarmeteorologie Abdecken oder Beheizen von Vegetation.

Frostschutzberegnung /Beregnung.

frostsichere Lockergesteine, *nicht frostempfindliche Böden*, /Lockergesteine von vernachlässigbarer /Frostempfindlichkeit bzw. der /Frostempfindlichkeitsklasse F1. Dabei handelt es sich um Kiese und Sande mit nicht zu hohem Ton- und Schluffanteil. /Frostkriterien.

Frostspalten, lineare Schrumpfrisse in gefrorenem Boden, die durch Kontraktion bei sehr tiefen Temperaturen gebildet werden, besonders bei schneller Abkühlung und hohem Gehalt an /Bodeneis. An der Bodenoberfläche bilden sie oft ein Polygonnetz. Durch Gefrieren von eindringendem Schmelzwasser werden /Eiskeile gebildet.

Frostsprengung, *Gelivation*, *Kongelifraktion*, Form der physikalischen /Verwitterung. Wenn in /Klüften, /Spalten und anderen unterirdischen Hohlräumen stehendes Wasser gefriert, üben die wachsenden Eiskristalle zunehmend Druck auf das umgebende Gestein aus, was zur Erweiterung der Hohlräume, damit zur Auflockerung und schließlich zum Zerfall des Gesteinskörpers führen kann. Besonders intensiv ist die Frostsprengung wegen des dort häufigen Frostwechsels in /Periglazialgebieten.

Frosttag, Tag, an dem das Lufttemperaturminimum kleiner oder gleich 0 °C ist.

Frost-Tau-Zyklus, *Frostwechselzyklus*, Schwankung der Lufttemperatur durch den Nullpunkt. Die Frost-Tau-Zyklen im oberflächennahen Untergrund sind von entscheidender Bedeutung für die /Frostverwitterung, /Frostkriechen, die /Frostbodendynamik und die Entstehung von /Frostmusterböden.
Im Boden bewirkt Frost irreversible Änderungen der Bodeneigenschaften. Bei frostempfindlichen Böden (/Frostempfindlichkeit) findet während des Gefrierprozesses eine Unterteilung des Wassergehaltsprofils in Richtung der Frostausbreitung statt. Selbst nach dem Tauen des Bodens stellt sich nicht wieder die ursprüngliche Wassergehaltsverteilung ein. Während des Kühlens können zudem Kontraktionsrisse entstehen, die während des Tauens unter Umständen mit Erosionsmaterial gefüllt werden und zu Inhomogenitäten im Boden führen. Infolge der geringen Durchlässigkeit und der dadurch eingeschränkten Wasserzufuhr in den gefrierenden Bereich stellen sich nach einem Frost-Tau-Wechsel noch keine stabilen Verhältnisse ein. Vielmehr treten während mehrerer aufeinanderfolgender Frost-Tau-Zyklen weitere Änderungen in den Bodeneigenschaften auf. Zum Beispiel kann sich die Scherfestigkeit über mehrere Jahre hinweg signifikant ändern.

Frostverwitterung, wichtige Form der physikalischen /Verwitterung, bei der es durch Volumenzunahme des in Gesteinsspalten und Klüften vorhandenen, gefrierenden Wassers zur /Frostsprengung kommt. Frostverwitterung ist besonders wirksam bei häufigen Frostwechseln.

Frostzug, Teilprozeß beim /Auffrieren von Steinen nach der Theorie von Beskow (1930). Danach frieren bei einem Vordringen der /Gefrierfront von der Oberfläche nach unten Steine mit ihrer Oberseite im gefrorenen Boden fest und werden dabei durch den /Frosthub angehoben. Der dabei entstehende Hohlraum wird durch ungefrorenes Substrat gefüllt oder verkleinert, wodurch ein Zurücksinken des Steins verhindert wird. Durch mehrfache Wiederholung des Prozesses ergibt sich eine Einregelung der Steine mit ihrer Längsachse in der Senkrechten.

Froude-Zahl, ein numerischer, dimensionsloser Index, welcher der Beschreibung von hydrodynamischen Strömungsbedingungen dient. Er gibt

Pflanze	kritische Temperatur[1]
Orange	−2 °C
Weinrebe	−21 °C
Buche	−25 °C
Kirsche	−31 °C
Apfel	−33 °C
Fichte	−40 °C
Lärche	−70 °C

[1] Mittelwerte

Frostschaden (Tab.): Frostresistenz einiger Pflanzenarten außerhalb der Vegetationsperiode.

Wassertiefe	Strömungsgeschwindigkeit [m/s]	Froude-Zahl
1 cm	0,31	1
10 cm	0,99	1
1 m	3,12	1
10 m	9,90	1
100 m	31,32	1

Froude-Zahl (Tab.): Beziehungen zwischen Wassertiefe, Strömungsgeschwindigkeit und Froude-Zahl.

das Verhältnis zwischen Trägheitskraft und der Schwerkraft in einer Strömung an (Tab.):

$$Froude - Zahl\ (Fr) = \frac{V}{\sqrt{gh}},$$

wobei V die Strömungsgeschwindigkeit, g die Erdbeschleunigung und h die Tiefe des Strömungsmediums (↗hydraulischer Radius) darstellen. Die Froude-Zahl dient der Kennzeichnung kritischer Fließzustände: $Fr < 1$ kennzeichnet ruhige Fließbedingungen (»Strömen«), während $Fr > 1$ für turbulentes Fließen steht (»Schießen«). ↗Gerinneströmung.

Frucht, Organ der ↗Angiospermophytina, das mit seiner Fruchtwand (Perikarp) reifende und reife ↗Samen umschließt und deren Verbreitung dient. Dazu ist das funktionsmorphologisch an die jeweilige Verbreitungsstrategie angepaßte Perikarp u. a. mit Haft-, Schwebe- und Flugeinrichtungen ausgestattet, oder es lockt zum Verzehr Animalia an, die dann den widerstandsfähigen Samen im Verdauungstrakt transportieren. Fossile Früchte (Karpolithe) sind seit der Unterkreide bekannt, im Gegensatz zu den Samen jedoch selten. Sie sind Studiengegenstand der ↗Karpologie.

Fruchtfolge, in der Landwirtschaft Bezeichnung für eine bestimmte zeitliche Aufeinanderfolge und die regelmäßige Wiederkehr der Feldfrüchte auf dem gleichen Schlag. Für die konkrete Abfolge der Fruchtarten ist das jeweilige Zusammenspiel ökologischer und ökonomischer Faktoren ausschlaggebend (Tab. 1). Neben den Nährstoff-, Wasser- und Klimaansprüchen der Pflanzen, der Vorfrucht- und Intervallansprüche der einzelnen Fruchtarten sind auch Saatzeiten, Arbeitsaufwand, Maschineneinsatz und Marktansprüche zu berücksichtigen sowie die Verträglichkeit der Pflanzenarten mit sich selber. Kulturpflanzen, die aus phytosanitären Gründen längere Anbaupausen verlangen, sind nicht mit sich selbst verträglich. Ziel der Fruchtfolgewirtschaft ist es, Ertragsverluste durch Fruchtfolgeschäden zu vermeiden. Diese treten z. B. auf beim häufigen Anbau der gleichen Kultur (↗Monokultur) in Form von Anreicherung pilzlicher und tierischer Schaderreger. Hierzu zählen beispielsweise Fußkrankheiten des Getreides, die nicht vollständig durch ↗Fungizide eliminiert werden können, oder Nematoden (Fadenwürmer) im Zuckerrüben- und Kartoffelanbau, welche den Einsatz von Nematiziden erfordern. Diese bodenbürtigen Schaderreger werden im Unterglasanbau durch aufwendige Verfahren der Bodendämpfung und ↗Bodenbegasung kontrolliert. Des weiteren führt die einseitige Ausrichtung auf wenige oder nur eine Kultur zu einer stärkeren Verunkrautung, da durch die Ansprüche an die Keimungsbedingungen die Mehrzahl der Samenunkräuter in bestimmten Feldfrüchten besonders häufig vorkommen, z. B. Flughafer in Sommergetreide oder Windhalm und Ackerfuchsschwanz in Wintergetreide. Die Kenntnis über die Wachstumsbedingungen kann genutzt werden, um in sog. Reinigungsfruchtfolgen die Unkrautkonkurrenz ohne den Einsatz von ↗Herbiziden zu reduzieren. Angebaut werden besonders konkurrenzstarke Getreidearten (z. B. Winterroggen) mit anschließendem Futterbau (z. B. Kleegras) mit mehrfacher Schnittnutzung und nachfolgend Hackfruchtanbau (z. B. Kartoffel) mit intensiver mechanischer Unkrautkontrolle. Neben dem genannten biologischen Zwang zur Fruchtfolge müssen auch die einseitige Beanspruchung des Bodens hinsichtlich der mechanischen Belastung und der einseitigen Ausschöpfung der Bodenressourcen genannt werden. So ist ein hoher Anteil an Hackfrüchten (Rüben, Kartoffeln) mit dem Einsatz schwerer Maschinen verbunden, die zu Bodendruckschäden führen können. Gleichzeitig wird die ↗Bodenfruchtbarkeit durch die intensive Bodenbearbeitung (Häufeln, Striegeln) beeinträchtigt, da die ↗Mineralisierung angeregt wird, was zum Humusabbau (↗Humus) beiträgt. Als Fruchtfolgesysteme (Tab. 2) unterscheidet man die Felderwirtschaften (Dreifelderwirtschaft, verbesserte Dreifelderwirtschaft, Mehrfelderwirtschaften), die Fruchtwechselwirtschaften (einfacher Fruchtwechsel, Doppelfruchtwechsel, Überfruchtwechsel) und die Wechselwirtschaften oder Feldgras-Kleegrassysteme (Kleegras-Wechselwirtschaften, Luzerne-Wechselwirtschaften, Gras-Wechselwirtschaften). Bei Monokulturen handelt es sich um den alleinigen Anbau einer Kultur, demzufolge nicht um eine Fruchtfolge.

Fruchtwechsel	Doppelfruchtwechsel	verbesserte Dreifelderwirtschaft	Vierfelderwirtschaft	Überfruchtwechsel
Halmfrucht	Blattfrucht	Blattfrucht	Blattfrucht	Blattfrucht
Blattfrucht	Blattfrucht	Halmfrucht	Halmfrucht	Blattfrucht
	Halmfrucht	Halmfrucht	Halmfrucht	Halmfrucht
	Halmfrucht		Halmfrucht	Blattfrucht
				Blattfrucht
				Halmfrucht
				Blattfrucht
				Halmfrucht

Fruchtfolge (Tab. 2): verschiedene Fruchtfolgesysteme (Halmfrucht = Getreide; Blattfrucht = z.B. Rüben, Kartoffeln, Leguminosen).

Fruchtfolge

gemäßigte Zone

	ozeanische Gebiete				kontinentale Gebiete				
	Mitteleuropa				ehemalige Sowjetunion			USA	
Körnerbau	Hackfruchtbau	Nadelwald	Mischwald	Waldsteppe	Steppe (bew.)	Milchwirtschaft	Mais-Gebiet	Weizen-Gebiet
1. Spätmais	1. Kartoffel, Gemüse	1. Feldgras	1. Feldgras	1. Zuckerrüben, Kartoffel, Mais	1. Luzerne	1. Kleegras	1. Soja	1. Brache
2. So-Gerste, Hafer	2. Zuckerrüben	2. Feldgras	2. Feldgras	2. So-Weizen	2. Luzerne	2. Kleegras	2. Mais	2. Wi-Weizen
3. Wi-Weizen	3. So-Gerste, So-Weizen	3. Lein	3. Lain	3. So-Weizen	3. Baumwolle	3. Kleegras	3. Mais	3. Wi-Weizen, Sorghum
4. Frühmais	4. Wi-Weizen	4. Kartoffel, Leguminosen	4. Frühkartoffel		4. Baumwolle	4. Silomais	4. Mais	
5. Wi-Weizen	5. Zuckerrüben	5. Hafer	5. Wi-Weizen		5. Baumwolle	5. Hafer	5. Hafer	
6. So-Gemüse	6. Wi-Weizen	6. Brache	6. Kartoffel		6. Leguminosen, Mais			
		7. Wi-Weizen, Wi-Roggen	7. Hafer		7. Baumwolle			
		8. So-Getreide			8. Baumwolle			
					9. Baumwolle			
					10. Baumwolle			

subtropische Zone

		winterfeucht				sommer-, immerfeucht	
	mit Bewässerung		ohne Bewässerung			Südjapan	Mittelchina
Ägypten		Pakistan	Tunesien	Australien			
1. Sommer: Reis; Winter: Getreide, Leguminosen, Feldfutter, Gemüse	1. Baumwolle	1. Zuckerrohr	1. Brache	1. Klee	1. Frühjahr: Gemüse; Sommer: Gemüse; Winter: Wi-Getreide	1. Winter: Raps; Sommer: Reis	1. Wi-Weizen, Mais	1. Sommer: Reis; Winter: Weizen
	2. Gemüse, Bohnen, Klee, Brache	2. Zuckerrohr	2. Weizen	2. Klee		2. Winter: Wi-Getreide Sommer: Reis	2. Baumwolle	
	3. Weizen, Gerste, Mais, Zw.frucht	3. So: Mais; Wi: Tabak	3. Gerste, Hafer, Feldfutter	3. Weizen				
		4. So: Baumw.; Wi: Weizen	4. Hülsenfrüchte	4. Weizen				
		5. So: Mais; Wi: Zuckerrüben						

tropische Zone

Feld-Wald-W.	Feld-Gras-Wirtschaft		Regenfeldbau				Bewässerungsfeldbau	
Westafrika	Kenya		Malawi	Senegal	Sudan	Indien	Südchina	Taiwan
	Kleinbetriebe	Großbetriebe						
1.–15. Waldbrache	1. Naturgras	1. Feldgras	1. Feldgras	1. Erdnuß	1. Brache	1. Zuckerrohr	1. Reis, Reis, Weizen	1. Zuckerrohr
16. Bergreis	2. Naturgras	2. Feldgras	2. Feldgras	2. Hirse	2. Brache	2. Gemüse		2. Batate, Erdnuß
17. Bohnen, Jucca	3. Naturgras	3. Feldgras	3. Feldgras	3. Erdnuß	3. Baumwolle	3. Reis		3. Erdnuß, Reis
	4. Naturgras	4. Kartoffel, Bohnen	4. Tabak	4. Hirse	4. Brache			
	5. Naturgras	5. Weizen	5. Baumwolle	5. Hirse	5. Sorghum			
	6. Mais	6. Weizen	6. Erdnuß	6. Brache	6. Bohnen			
	7. Mais	7. Gerste	7. Baumwolle	7. Brache	7. Brache			
	8. Mais		8. Mais	8. Brache	8. Baumwolle			
	9. Hirse		9. Mais	9. Brache				
	10. Batate, Gemüse			10. Brache				

Monokulturen mit beispielsweise Weizen oder Mais haben ihre Verbreitung unter günstigen Klimabedingungen und mit der Entwicklung des chemisch-synthetischen Pflanzenschutzes gefunden. [HPP, SR]

Fruchtschiefer ↗Kontaktmetamorphose.

Frühjahrsblüte, Massenentfaltung von ↗Plankton im Frühjahr (↗Algenblüte).

Frühjahrsfeuchte, *FF*, Feuchtegehalt bei Vegetationsbeginn im Frühjahr unter Feldbedingungen. Sie wird wie die ↗Feldkapazität ebenfalls nach Abfluß des schnell beweglichen Sickerwassers bestimmt, schließt aber vorhandenes Grund- oder Stauwasser mit ein. Sie ist abhängig von der Entfernung zur Grund- bzw. Stauwasseroberfläche. Bei gleicher Textur ist der Wassergehalt des Bodens bei Frühjahrsfeuchte unter Grund- oder Stauwassereinfluß gewöhnlich höher als auf anhydromorphen Böden.

Frühkristallisation, Mineralbildung im ↗liquidmagmatischen Stadium bei Temperaturen im Bereich von 1200–900 °C. Die Hauptmasse der Magmen, bei denen es sich normalerweise um silicatische Schmelzen handelt, erstarrt im liquidmagmatischen Stadium. Die entstehenden Gesteine werden aus den gesteinsbildenden Mineralen ausgebaut. Da jedes Magma einen unterschiedlich hohen Anteil an ↗leichtflüchtigen Bestandteilen enthält, wird dieser z. T. in die Minerale der liquidmagmatischen Phase eingebaut oder bildet nach der Erstarrung der Gesteine in deren Umgebung postmagmatische Mineralaggregate und Erze.

Die kristallchemische Gesetzmäßigkeit der Auskristallisation der gesteinsbildenden Minerale erfolgt in Form der sog. ↗Bowenschen Reihe, wobei sich die Minerale entsprechend ihrer Gitterstruktur und der Höhe ihrer Gitterenergie aus dem Magma ausscheiden. Bei der sog. Kristallisationsdifferentiation basisch bis ultrabasischer Magmen sinken die Minerale der Frühkristallisation (insbesondere Olivin, ↗Chromit, ↗Magnetit, Spinell und ↗Apatit) im Schwerefeld der Erde nach unten und bilden ein ultrabasisches Differentiat, das hauptsächlich aus Olivin besteht, und in dem Minerale wie Chromit, unter besonderen Bedingungen auch ↗Diamant, und Elemente wie ↗Platin angereichert sind. [GST]

Frühling ↗Jahreszeit.

Frühlingspunkt, Tag im Jahresablauf, an dem der Frühling (↗Jahreszeit) beginnt (21. März); Schnittpunkt des Himmelsäquators mit der Ekliptik. Bei den klassischen astronomischen Koordinatensystemen dient er der Festlegung der *x*-Achse. ↗Erde.

frühorogenes Stadium ↗Orogenese.

F-Schicht, *Appleton-Schicht* (veraltet), Schicht der ↗Ionosphäre über etwa 170 km. In der F-Schicht werden die höchsten Elektronenkonzentrationen (10^{12} m^{-3}) erreicht. Quelle ist die Photoionisation durch solare Strahlung im Bereich von 10–100 nm. Im oberen Teil der F-Schicht und in den hohen Breiten findet zusätzlich Stoßionisation durch hochenergetische Teilchen aus der ↗Magnetosphäre statt. An Sommertagen bildet sich zwischen der E- und F-Schicht ein sekundäres Maximum aus. ↗Atmosphäre.

FT-IR-Spektroskopie ↗Infrarotspektroskopie.

Fugichnion, *Fluchtspur*, ↗Spurenfossilien.

fühlbare Wärme, diejenige Wärmemenge, die bei einer Temperaturänderung durch eine Substanz absorbiert oder molekular oder turbulent weitertransportiert wird. Dabei dürfen keine ↗Phasenübergänge stattfinden. Die Effekte der fühlbaren Wärme können über Meßgeräte (z. B. Thermometer) erfaßt werden.

Fujita-Scale, *F-Scale*, gebräuchlichste Skala zur Einstufung von Windstärke und Schäden bei ↗Tornados (Tab.). Die Schadensmerkmale setzen voraus, daß in der Spur der Tornados eine entsprechende Vegetation bzw. Bebauung vorhanden ist. Eine Anwendung auf Schäden durch Gewitterböen (inklusive Microbursts) ist ebenfalls möglich. ↗Windstärke.

Fulgurit, *Blitzverglasung*, *Blitzsinter*, *Blitzröhren*, vom Blitzeinschlag im Gestein entstandene Röhren, deren Wandungen durch Schmelzerscheinungen verglast sind. Die Röhren sind i. d. R. 2 cm weit, bis zu mehreren Metern lang und verzweigen sich häufig zum Ende hin. Nach den betroffenen Gesteinen werden Sand- und Felsfulgurite unterschieden. Paläofulgurite haben ein nachweislich höheres Alter. Als Pseudofulgurite bezeichnet man ähnlich aussehende Gebilde, die aber auf andere Ursachen zurückgehen.

Fülldichte ↗Dichte.

Füller, *Füllstoff*, Zusatz aus feinkörnigen mineralischen Materialien zur Verbesserung der mechanischen Eigenschaften von Baustoffen. Beispiele sind Gesteinsmehle (vorwiegend Kalksteinmehl), Schlacken und Aschen, die als Füller bei

Fruchtfolge (Tab. 1): Fruchtfolgewechselsysteme in verschiedenen Klimazonen. Die Zahlen bezeichnen die Jahre des Fruchtwechsels, Wi = Winter-, So = Sommer-, Zw = Zwischenfrucht, bew. = bewirtschaftet.

Fujita-Scale (Tab.): Skala zur Einstufung der Stärke von Tornados.

Kategorie	Bezeichnung	Windstärke	Schadenscharakteristik
F0	sehr schwacher Tornado	18 bis 32 m/s, Beaufort 8 bis 11 (stürmischer bis orkanartiger Wind)	einzelne Schäden an Fernsehantennen und Schornsteinen; abgebrochene Baumäste; umgeworfene flachwurzelige Bäume; alte, ausgehöhlte Bäume brechen zusammen; beschädigte Schilder und Tafeln
F1	schwacher Tornado	33 bis 50 m/s, ≥ Beaufort 12 (Orkan)	abgedeckte Dächer; Fensterschäden; umgestürzte Wohnwagen; Bäume auf weichem Boden entwurzelt; einzelne umgeknickte Bäume; fahrende Autos werden von der Straße gestoßen
F2	starker Tornado	51 bis 70 m/s	umgekippte Bäume; Gemäuer stark beschädigt
F3	schwerer Tornado	71 bis 92 m/s	umgekippte Züge; Autos vom Boden abgehoben; die meisten Bäume von Wäldern entwurzelt; Häuserblocks häufig völlig zerstört
F4	verwüstender Tornado	93 bis 116 m/s	Kies und Schotter fliegen durch die Luft; Autos werden durch die Luft gewirbelt
F5	unglaublich starker Tornado	117 bis 142 m/s	Stahlbetonbauten schwer beschädigt; Geschosse von Autogröße fliegen bis 100 m und mehr durch die Luft; Bäume vollständig entrindet
F6–F12	unvorstellbar starker Tornado	143 bis 333 m/s (= Schallgeschwindigkeit oder 1 Mach)	Ausmaß und Formen der Schäden sind nicht vorstellbar und vermutlich bisher noch nicht beobachtet worden; Abschätzung kann nur auf der Basis von bautechnischen und aerodynamischen Berechnungen sowie meteorologischen Tornadomodellen erfolgen

Fuller-Kurven: Fuller-Kurven für unterschiedliche maximale Korngrößen.

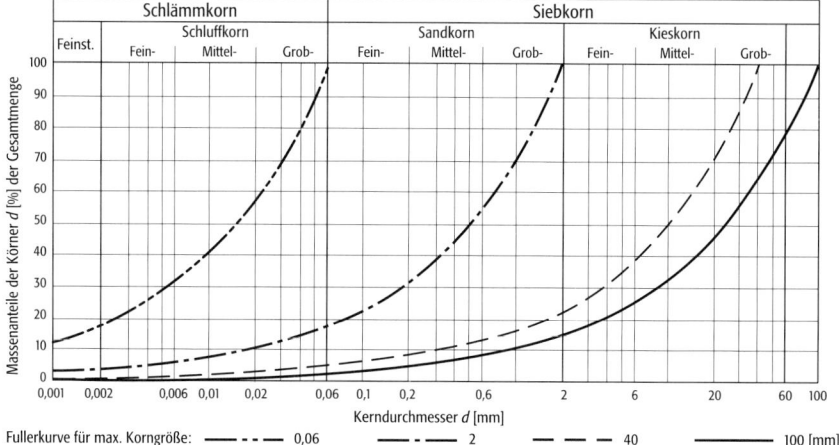

Zementsuspensionen eingesetzt werden, um deren Festigkeit zu verringern und auch um die Kosten zu reduzieren. Zur Erhöhung der Fließeigenschaften von Zement kann Ton zugesetzt werden. **Fuller-Kurven**, eine in ein Korngrößendiagramm eingezeichnete Kurvenschar, die Aussagen über den ↗Porenanteil n einer Bodenprobe zuläßt (Abb.). Entspricht die Körnungslinie der Bodenprobe dem Verlauf einer Fuller-Kurve, so besitzt sie den kleinstmöglichen Porenanteil. Die in der Betontechnik verwendeten Fuller-Kurven besitzen eine ↗Ungleichförmigkeitszahl U von ca. 36.
Füllstoff ↗ *Füller.*
Full-Waveform-Logs ↗akustische Bohrlochmessungen.
Fulvate, Salze der ↗Fulvosäuren. In den Fulvaten sind die hydrolysierbaren Protonen durch Kationen ersetzt. Sie treten bei ↗Podsolisierung als Eisen- und Aluminiumfulvate (Kationen = Eisen- bzw. Aluminiumionen) auf.
fulvic horizon, [von lat. fulvus = dunkel, braun], ↗diagnostischer Horizont der Böden der ↗WRB, schwarz gefärbter Horizont an oder nahe der Bodenoberfläche. Er enthält gewöhnlich Allophane oder organische Aluminiumkomplexverbindungen, hat niedriges Raumgewicht und hohe Anteile an organischem Kohlenstoff und kommt vor in ↗Andosols, ↗Fluvisols, ↗Regosols.
Fulvosäure, Anteil der ↗Huminstoffe, der sowohl in Natronlauge als auch in Salzsäure löslich ist. Da sie löslicher sind als ↗Huminsäuren, unterliegen sie einer leichteren Verlagerung, können aber auch einfacher (aufgrund ihrer geringere Größe), z. B. an ↗Tonminerale, adsorbiert werden.
Fumarole, [von lat. fuma = Rauch, Dampf] nach A. Rittmann vulkanische Gas- und Dampf-Exhalation (↗exhalativ), die bei vulkanischen Ereignissen aus Spalten und Löchern ausströmt und deren Temperatur wesentlich höher ist als die Lufttemperatur. Heiße Fumarolen mit Temperaturen zwischen 1000 und 250°C treten nur in Kratern und Spalten von tätigen oder kurz vorher tätig gewesenen Vulkanen auf. In Nachbarschaft der Austrittsstellen der Fumarolen sublimieren verschiedene Minerale. Es sind Elemente oder Verbindungen, die unter höherer Temperatur und höherem Druck vorher in den geförderten Gasen gelöst waren. Bei diesem Gastransport heißer Fumarolen kommt es zur Sublimation von Schwefel und Chloriden der Alkalien (NaCl, KCl) und des Eisens ($FeCl_3$), das auch im aktiven Stadium des Vulkans die Eruptionswolke zeitweise orangerot färbt. $FeCl_3$ wird durch Wasserdampf oft zu ↗Hämatit umgesetzt, der sich in schwarzglänzenden, tafeligen Kriställchen krustenartig auf zersetzter Lava abscheidet. Bei etwas niedrigerer Temperatur unterhalb von etwa 650 °C sind es vorwiegend Sulfate der Alkalien und des Calciums.
↗Solfataren sind H_2S-haltige, kühle Fumarolen mit Temperaturen zwischen etwa 250 und 100°C. Sie setzen elementaren Schwefel ab, wie die Solfatara bei Pozzuoli in der Nähe von Neapel, die sich seit dem Altertum im gleichen Zustand befindet. Dort bestehen die ausströmenden Gase aus überhitztem Wasserdampf mit relativ geringen Beimengungen von H_2S und CO_2. Die Temperatur schwankt zwischen 165 und 130°C. Der Luftsauerstoff oxidiert den Schwefelwasserstoff zu schwefeliger Säure. Dabei wird als Zwischenprodukt freier Schwefel gebildet, der sich rund um die Austrittsstellen als monokline Kriställchen abscheidet. Die sauren Fumarolengase zersetzen die umgebenden vulkanischen Gesteine, deren Kationen teilweise ausgelaugt werden, es bilden sich Sulfate wie Gips und Alaun. Borhaltige Fumarolen werden als ↗Soffionen bezeichnet. Sie setzen flüchtige Borsäure (H_3BO_3) als weiße Schüppchen ab, das Mineral Sassolin. Lokal kommt es dabei zur Bildung von Borlagerstätten. Untermeerige Fumarolen sind die sog. ↗black smoker, die 1977 erstmalig in 2600 m Meerestiefe am Boden der Ostpazifischen Schwelle beobachtet wurden. [GST]
Fumigantien, Pflanzenschutzmittel zum Räuchern (Feinverteilung fester Teilchen < 20 μm) in der Luft und Begasen im Boden. Anwendung zum Vorratschutz in geschlossenen Räumen oder zur Bodenentseuchung.
fumigation, ein Vorgang, bei dem ↗Luftbeimen-

gungen in einer bodennahen Schicht unterhalb einer abgehobenen Inversion freigesetzt werden und durch konvektive Durchmischung zum Boden gelangen. Da die Schadstoffe nicht nach oben in die stark stabile Schicht vermischt werden, können kurzfristig hohe Belastungen in Bodennähe auftreten. Diese Situation stellt sich in den Morgenstunden nach Sonnenaufgang ein, wenn die bodennahe Schicht stark aufgeheizt wird, während die darüberliegende Atmosphäre noch stabil geschichtet ist. In Städten und Industriegebieten können solche Schichtungsverhältnisse während der gesamten Nacht angetroffen werden. ↗Abgasfahne.

Fundament, konsolartige Verbreiterung des lastabtragenden Bauteils zur Verminderung der Pressung auf den ↗Baugrund. Es werden folgende Fundamente unterschieden: Streifenfundamente (unter durchlaufenden Konstruktionen), Einzelfundamente (unter Einzellasten), Streifenrostgründungen (ein Raster sich kreuzender Streifenfundamente) und Plattengründung (eine unter dem gesamten Bauwerk durchgehende Lastübertragungsplatte, die je nach Konstruktionshöhe verhältnismäßig biegsam ist). Fundamente gehören zu den Flachgründungen (↗Gründung). Diese werden bei gutem Baugrund eingesetzt. Bei schlechtem Baugrund werden Tief- bzw. ↗Pfahlgründungen eingesetzt oder der Boden ausgetauscht bzw. verbessert. Durch horizontale Sohlflächen werden Bauwerkslasten auf oberflächennahe Baugrundschichten übertragen. Durch statische Bewehrung des Fundaments können Biegespannungen aufgenommen und die Fundamenthöhe wesentlich reduziert werden. Um ein statisch nicht bewehrtes Fundament in Längsrichtung steifer auszubilden, wird eine konstruktive Längsbewehrung eingelegt. Die ↗Gründungstiefe hängt von Frostfreiheit, Standsicherheit und Konstruktion (z. B. Kellertiefe) ab. Nach DIN 1054 muß die Gründungssohle frostfrei liegen, mindestens aber 0,8 m unter Geländeoberkante. [ERu]

Fundamentalformel der Physikalischen Geodäsie, Beziehung zwischen der ↗Schwereanomalie und dem Störpotential (↗Molodensky-Problem, ↗Stokes-Problem).

Fundamentalkatalog, Katalog hochgenauer mittlerer Örter und Eigenbewegungen, welcher der Festlegung eines fundamentalen astronomischen Referenzsystems dient. Im Jahr 1938 empfahl die ↗Internationale Astronomische Union (IAU) die Annahme des Fundamentalkataloges FK3, welcher 1950.0 Koordinaten und Eigenbewegungen von 1535 Basissternen enthält. Der 1964 angenommene ↗FK4 enthält B1950.0 Koordinaten und Eigenbewegungen der FK4-Sterne sowie von 1987 weiteren. Der 1988 gedruckte ↗FK5 enthält J2000.0 Koordinaten und Eigenbewegungen der Basissterne sowie von 3117 weiteren Fundamentalsternen. Die Positionsfehler des FK5 werden auf etwa 0,03" geschätzt. Seit 1997 dient ein Katalog extragalaktischer Radioquellen der Realisierung eines astronomischen Referenzsystems (↗ICRS). Hier erfolgt die Ausrichtung der Koordinatenachsen unabhängig von der Bewegung der Erde im Raum, d. h. nicht mehr nach (Himmels-) Äquator und Äquinoktium. [MHS]

Fundamentalstation, geodätisches Observatorium, auf dem Beobachtungen mehrerer ↗geodätischer Raumverfahren wie radiointerferometrische Messungen (↗Radiointerferometrie), Laserentfernungsmessungen und Beobachtungen zu Satelliten der satellitengestützten Navigations- und Positionssysteme (↗Global Positioning System, ↗GLONASS, ↗DORIS) ausgeführt werden. Durch die Konzentration der Meßsysteme an einem Ort sind die geometrischen Beziehungen (Exzentrizitäten) zwischen den Referenzpunkten der Meßsysteme mit terrestischen Meßverfahren sehr genau bestimmt. Die Ergebnisse der einzelnen Raumverfahren können daher verglichen und kontrolliert werden. Neben den Raumverfahren werden lokale Messungen (↗Gravimetrie, meteorologische Beobachtungen zur ↗Refraktion) durchgeführt. Raumverfahren und lokale Messungen ergänzen sich. Fundamentalstationen tragen durch kontinuierliche Beobachtungen einen bedeutenden Anteil bei, das terrestrische Referenzsystem ↗ITRF zu realisieren und laufend zu halten.
Ein Beispiel für eine Fundamentalstation ist die Station Wettzell im Bayerischen Wald bei Kötzting. [WoSch]

Fundybay, Meeresbucht des ↗Atlantischen Ozeans an der Küste Kanadas, in der mit 21 m der größte Tidenhub (↗Gezeiten) des Weltmeers auftritt.

Fünf-b-Wetterlage, *V-b-Tief*, Wetterlage mit einem ↗Tiefdruckgebiet auf der Zugstraße Vb (nach van Bebber), die vom nördlichen Mittelmeer östlich der Alpen zum Baltikum weist. Dabei wird feucht-warme Mittelmeerluft nach Norden gelenkt und dann verwirbelt, was zu langanhaltenden Starkniederschlägen und gefährlichem Hochwasser im östlichen Mitteleuropa führen kann.

Fungi, *Pilze*, Regnum mit heterotroph-saprophytischen und heterotroph-parasitären, mehrzelligen Organismen. Obwohl die ↗Ontogenie der Pilze mit oft sehr typischen Generationswechseln in vielen Einzelheiten denen von ↗Plantae nahesteht, erfolgt aus ernährungsphysiologischer Sicht eine Abgrenzung der mangels Chromatophoren nicht photosynthesefähigen Fungi als Zersetzer (Destruenten) von Biomasse gegenüber den photoautotrophen Plantae als Primärproduzenten und den organische Nahrung konsumierenden Animalia mit verdauender Lebensweise. Der Vegetationskörper (Mycel) ist aus Pilzfäden (Hyphen) aufgebaut, deren Zellwand aus Chitin besteht. Neben der meist vegetativen Vermehrung werden bei geschlechtlicher Fortpflanzung fossilisationsfähige ↗Sporen in großer Zahl gebildet. Während Pilzhyphen seit dem ↗Devon bekannt sind, findet man diese Pilzsporen erst seit dem Oberjura (↗Jura). In der Lichenes-Gemeinschaft (↗Lichenes) mit ↗Algen reicht das Vorkommen von Pilzen aber sicherlich weit ins ↗Präkambrium zurück. Die erdge-

schichtliche Bedeutung der Fungi liegt in ihrer überragenden Beteiligung bei:
a) Bodenbildungsprozessen: In Flechten-Gemeinschaften können nur die Fungi Mineralstoffe der Gesteine aufschließen und als nährstoffreiches Bodensubstrat für die Landbesiedlung durch Pflanzen vorbereiten; b) der Nährstoffversorgung von Pflanzen: Schon bei den frühesten Landpflanzen bestand eine Symbiose zwischen Pilzen und den ↗Wurzeln der Landpflanzen, bei welcher der Pilzpartner die Aufnahme von Wasser und Nährsalzen aus dem Boden und deren Weitergabe an die Wurzeln der Wirtspflanze übernahm, die Pflanze aber mit ihren Photosyntheseprodukten den Pilz versorgte; c) der Vollendung von Stoffkreisläufen der ↗Biosphäre: Die Zersetzungstätigkeit der Pilze und ↗Bakterien setzt anorganische Nährstoffe, die zur Primärproduktion dem Boden entnommen worden waren, aus toter Biomasse wieder frei und führt sie dem Substrat und damit dem Stoffkreislauf erneut zu. [RB]

Fungizide, Stoffe, welche bereits in niedriger Konzentration für die Vernichtung schädlicher Pilze und ihrer Sporen eingesetzt werden. Gelangen Fungizide in den Wasserkreislauf, so werden auch andere biotische Bestandteile von Ökosystemen vergiftet bzw. vernichtet, was letztlich über die Nahrungskette auch zu Folgen für den Menschen führen kann.

Funknavigation ↗Navigation.

Funktion, in der ↗Landschaftsökologie die Bedeutung von Einzelprozeßgrößen für das Gesamtökosystem. Dies können sowohl biotische (Organismen) als auch abiotische Systemkomponenten (Speicher-, Regler- und Prozeßgrößen) sein. Als funktionale Relationen werden entsprechend die Beziehungen zwischen Systemelementen bezeichnet, die auf den ablaufenden Prozessen beruhen (Gesamtheit der Prozesse des Stoff- und Energieumsatzes in einem Ökosystem). Sie stellen die Kennwerte des Landschaftshaushaltes dar.

funktionale Umweltqualität ↗formale Umweltqualität.

Funktionsbibliothek, *Programmbibliothek*, Sammlung von programmierten Funktionen als Subroutinen in einer Datei. Funktionsbibliotheken sollen von mehreren Anwendungsprogrammen gemeinsam genutzte Subroutinen bündeln und einem Programmierer als Werkzeug zur Verfügung stehen. Es wird von Objektbibliotheken gesprochen, wenn die Bibliotheken, entsprechend des objektorientierten Paradigmas, Programmierobjekte mit Eigenschaften und Methoden bereitstellen. Zur Programmierung von kartographischer Software existieren solche Werkzeuge in unterschiedlichen Bereichen, z. B. zur ↗Koordinatentransformation oder im Bereich ↗interaktiver Graphik.

Furane, ringförmige, organische Verbindungen mit einem Sauerstoffatom im Ring. ↗Polychlorierte Dibenzfurane.

Furt, in Höhe der Gewässersohle angelegte Kreuzung eines Verkehrsweges mit dem Gewässer.

Fusain, *Faserkohle*, spröde, tiefschwarze, seidig glänzende Linsen oder dünne Lagen, die leicht zerfallen und durch Abrieb stark schwärzen, hervorgegangen aus fossiler Holzkohle. Es ist ein in allen ↗Steinkohlen auftretender ↗Lithotyp, der jedoch in manchen Flözen angereichert ist (z. B. »Rußkohlen-Flöz« im Zwikkauer Revier).

Fusinitisierung ↗Maceral.

Fußhöhle, Höhlentyp im tropischen ↗Kegelkarst. Fußhöhlen entstehen an der Basis von ↗Karsttürmen, dort wo diese in der Ebene aufsetzen. Durch ↗Korrosion werden Fußhöhlen weiter gebildet und tragen somit zur Zerstörung der Türme bei.

Fußregion, unterer Teil der ↗Kontinentalränder.

Fw-Horizont, ↗Bodenhorizont entsprechend der ↗Bodenkundlichen Kartieranleitung; ↗F-Horizont; zeitweilig vollständig mit Wasser gefüllt (↗Watt).

F-Zentrum, punktförmiger Kristalldefekt, bei dem zur Erhaltung der Ladungsneutralität auf einer Anionen-Leerstelle eines Ionenkristalls ein Elektron festgehalten wird (Abb.). In diesem Zustand kann das Elektron nur ganz bestimmte Energiezustände annehmen, die sich bei einer optischen Anregung durch das Auftreten bestimmter Absorptionslinien, sog. *F-Banden*, bemerkbar machen. Im allgemeinen werden alle lokalisierten, spektroskopisch anregbaren Zentren als *Farbzentren* bezeichnet.

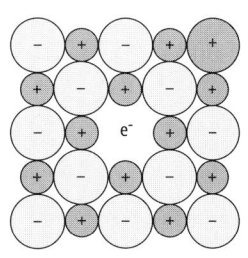

F-Zentrum: Ein Elektron wird auf einer Anionenleerstelle festgehalten.

Gabbro, ein ↗basisches, plutonisches Gestein, das überwiegend aus Klinopyroxen und ↗Plagioklas (mit Anorthitgehalten von mehr als 50 Molekularprozenten) besteht (plutonisches Äquivalent von ↗Basalt, ↗QAPF-Doppeldreieck). Durch zunehmende Gehalte an Plagioklas ergeben sich Übergänge zu ↗Anorthositen, durch zunehmende Orthopyroxengehalte zu ↗Gabbronoriten oder ↗Noriten und durch zunehmenden Olivin zu ↗Olivingabbros und ↗Troktolithen. In Assoziation mit ultrabasischen Gesteinen bilden Gabbros häufig lagig aufgebaute Intrusionskörper im kontinentalen Bereich (↗Lagenintrusionen) und die unterste Lage der Ozeankruste (↗Ophiolith).
gabbroid, Bezeichnung für ↗Plutonite mit der Zusammensetzung eines ↗Gabbros.
Gabbronorit, ein ↗Gabbro, der mehr als 10 Vol.-% ↗Orthopyroxen enthält.
Gabione, *Drahtschotterkasten*, quaderförmiger oder mattenförmiger Körper aus versteiftem Drahtgeflecht mit 4 cm oder 6 cm Maschenweite, der mit Steinen, Schotter oder grobem Kies gefüllt ist. Die prinzipiell ähnlich aufgebauten Drahtsenkwalzen haben einen Durchmesser bis zu 80 cm.
GAFOR, *General Aviation Forecast*, Vorhersage für die allgemeine Luftfahrt nach Sichtflugbedingungen.
GAG ↗*geoökologischer Arbeitsgang*.
Gaia-Theorie, [von griech. Gaia = Erdgöttin], umstrittene Hypothese, welche Anfang der 1970er Jahre vom Mediziner Lovelock und der Biologin Margulis entwickelt worden ist. Die Gaia-Theorie ist ein Versuch, die Erde nicht als eine größtenteils von Salzwasser bedeckte Steinkugel mit etwas ↗Atmosphäre und ↗Biosphäre zu betrachten, sondern als einen einzigen großen Organismus zu sehen. Dabei steht die abiotische Umwelt (↗abiotischer Faktor) zusammen mit den Lebewesen in einem sehr engen Verbund- und ↗Rückkopplungssystem und bildet eine sich selbst regulierende Einheit (↗Selbstregulation). Diese Einheit steuert auf die optimalen Bedingungen für das Leben auf diesem Planeten zu und erhält sie aufrecht. Die ursprüngliche Theorie basierte auf dem sehr einfachen Modell der »Daisyworld«, wurde aber in den letzten Jahren umfassend weiterentwickelt (Abb.). ↗Geophysiologie. [DR]

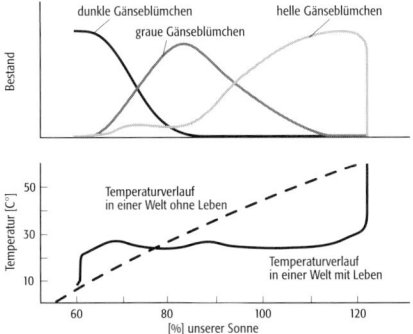

Gal, *gal*, veraltete Einheit für die Beschleunigung in der ↗Gravimetrie: 1 gal = 10^3 mgal = 1 cm/s². ↗Schwereeinheiten.
Galenit ↗*Bleiglanz*.
Galeriewald, 1) i. w. S. bach- oder flußbegleitender Wald, der sich als schmales Band von der umgebenden Vegetation abhebt. 2) i. e. S. Vegetationsform in den wechselfeuchten Tropen, die als Waldstreifen entlang von Tälern mit oder ohne fließendes Wasser auftritt, im zweiten Fall ist der Galeriewald durch hochstehenden Grundwasserspiegel bedingt. Galeriewälder weisen immer eine feuchtere Variante der Vegetation ihres Umlandes auf, z. B. in der ↗Trockensavanne ein Ga-

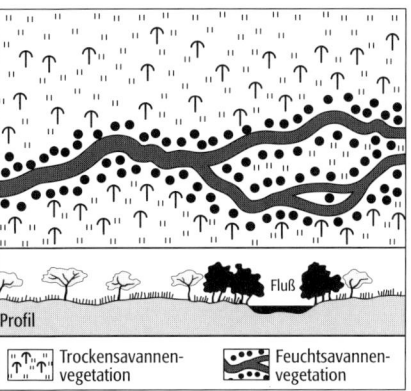

Galeriewald: schematische Darstellung.

leriewald vom Typ der ↗Feuchtsavanne (Abb.). In der ↗Dornsavanne findet sich der einzige geschlossene Baumbestand nur als Galeriewald der Täler und Tiefenlinien.
Galilei, *Galileo*, italienischer Mathematiker, Physiker und Astronom, * 15.2.1564 Pisa, † 8.1.1642 Arcetri bei Florenz; der neben J. ↗Kepler bedeutendste Physiker und Astronom seiner Zeit; wandte sich nach einem Medizinstudium unter dem Eindruck der Bücher des Euklid der Mathematik und Physik zu; ab 1589 Professor der Mathematik an der Universität Pisa, ab 1592 (nach Zwischenaufenthalt in Florenz) Professor in Padua, 1610 Hofmathematiker in Florenz. Die Naturwissenschaft verdankt Galilei die Begründung der induktiven Methode. Durch seine Forschungen, insbesondere durch die Einführung des systematischen Experiments, gilt er als Begründer der neueren Naturwissenschaften. Galilei schuf wichtige Grundlagen zur Physik, insbesondere zur klassischen Mechanik. Er begründete die Kinematik und Dynamik, formulierte wesentliche Teile des Trägheitsgesetzes (Galileisches Trägheitsgesetz), untersuchte die gleichförmige und die gleichmäßig beschleunigte Bewegung, studierte 1589 die Fallgesetze (»De motu«) und später den Wurf (womit er die Parabel in die Kinematik einführte); entdeckte mit 18 Jahren im Dom zu Pisa das Gesetz der Schwingungsdauer des Pendels und nutzte später die Konstanz kleiner Pendelschwingungen zur Zeitmessung aus; erfand 21jährig die hydrostatische Waage (Wasserwaage; beschrieben in »La bilancetta«, 1586),

Galilei, *Galileo*

Gaia-Theorie: die Entwicklung des Klimas auf einer Daisyworld mit drei Arten (dunkle, graue und weiße Gänseblümchen). Die gestrichelte Linie im unteren Diagramm zeigt zum Vergleich den Temperaturverlauf in einer Welt ohne Leben.

das Thermoskop und den Proportionalzirkel; erkannte in der Akustik neben M. Mersenne den Zusammenhang zwischen Tonhöhe und Frequenz; untersuchte in der Festigkeitslehre das Verhalten belasteter elastischer Körper; versuchte sich an einer Bestimmung der Lichtgeschwindigkeit. Die Astronomie verdankt ihm zahlreiche Entdeckungen mit dem 1609 nachgebauten holländischen Fernrohr (Galileisches Fernrohr), dessen erstes eine neunfache (später 30fache) Vergrößerung hatte: er entdeckte am 7.1.1610 die vier hellsten Jupitermonde (Galileische Monde), bemerkte den Saturnring (ohne allerdings seine wahre Ringnatur zu erkennen), beobachtete als erster Mondgebirge und -krater sowie 1611 (nach J. Fabricius) die ↗Sonnenflecken, die Phasenwechsel der Venus und des Merkur (die ihm als Beweis für die Richtigkeit der kopernikanischen Lehre galten) und die Zusammensetzung der Milchstraße aus unzähligen Sternen; beobachtete (wie erst seit 1980 bekannt ist) als erster mit dem Fernrohr den Planeten Neptun, ohne allerdings seine wahre Natur zu erkennen; veröffentlichte seine astronomischen Beobachtungen 1610 in »Sidereus nuncius« (»Sternenbotschaft«). Als Anhänger der kopernikanischen (heliozentrischen) Lehre und aufgrund seines öffentlichen Eintretens für das System des ↗Kopernikus geriet er mit der damaligen kirchlichen Auffassung in Widerstreit. Von der römischen Inquisition 1616 angeklagt, versprach er, das neue Weltsystem, das von der Inquisition als »töricht« und »schrift widrig« erklärt worden war, weder zu lehren noch zu verteidigen. Dennoch verfaßte er 1626–30 eine Verteidigungsschrift des heliozentrischen Systems (»Dialogo sopra i due massimi sistemi …«, »Dialog über die beiden hauptsächlichsten Weltsysteme, das ptolemäische und das kopernikanische«), in der er die Richtigkeit des kopernikanischen Systems zu beweisen versuchte. Papst Urban VIII. beauftragte im Jahr des Erscheinens dieses Werkes (1632) eine Kommission mit dessen Begutachtung; es wurde im gleichen Jahr wieder eingezogen, und Galilei wurde in einem Prozeß am 22.6.1633 gezwungen, dieser Lehre öffentlich und feierlich abzuschwören (der Ausspruch, »und sie bewegt sich doch«, ist legendär). Die letzten Lebensjahre verbrachte er als Gefangener der Inquisition in seinem Landhaus zu Arcetri (bei Florenz). Trotz seiner Erblindung (1637) arbeitete er noch an seinem letzten Werk »Discorsi e dimostrazioni matematiche …« (»Unterredungen und mathematische Demonstrationen über zwei neue Wissenszweige, die Mechanik und die Fallgesetze betreffend«), das 1638 in Leiden erschien und v. a. physikalische Probleme (z. B. Fallgesetze, Pendelschwingungen) behandelt. Die aus Zeit und Umständen erklärbare Galilei-Frage hat lange das Verhältnis der Kirche zur Naturwissenschaft belastet. 1992 wurde Galilei formell vom Vatikan rehabilitiert. Nach Galilei sind einige weitere Begriffe aus der Physik und Astronomie benannt, so die Beschleunigungseinheit Galilei, die Galilei-Invarianz, das Galileische Bezugssystem (↗Galilei-System), die Galilei-Transformation, ferner die Galileo Regio (eine große kraterreiche Region auf dem von ihm entdeckten Jupitermond Ganymed) und die am 18.10.1989 gestartete Jupiter-Raumsonde Galileo, die den Riesenplaneten Ende 1995 erreicht hat.

Galilei-System, beliebig rotierendes ↗Bezugssystem mit beliebig beschleunigtem Ursprung. Das Galilei-System ist ein ↗Nichtinertialsystem.

Galliumlagerstätten, natürliche Anreicherung von Gallium. Gallium wird aus der einzig bekannten Germanium-Gallium-Lagerstätte in der Apex-Mine (Utah, USA) gewonnen, wo es zusammen mit Germanium als Anreicherung in ↗Eisenhydroxiden eines ↗Eisernen Hutes auftritt. Ansonsten wird es als Beimengung aus ↗Bauxit bei der Aluminiumproduktion, als Nebengemengteil im Sphalerit (ZnS) aus ↗Blei-Zink-Erzlagerstätten und aus der Flugasche von ↗Steinkohlen gewonnen.

Galmei, technischer Sammelbegriff für carbonatische und silicatische Zinkerze, die in der ↗Oxidationszone von sulfidischen Zinkvererzungen auftreten.

Galvanoplastik, historisches technisches Verfahren zur Druckplattenherstellung. Das Verfahren, in einem stromdurchflossenen Bad metallische Niederschläge auf Gegenständen zu erzielen, um die Oberfläche zu veredeln oder um Kopien zu gewinnen, wurde 1837 von M. H. Jacobi (1801–1874) in Tartu und unabhängig davon von Spencer in Liverpool entwickelt. Es wurde seit 1840 in der Kartographie bei Justus Perthes in Gotha zum Duplizieren von Kupferstichplatten eingesetzt, wodurch von einem Originalstich auf galvanischem Wege über eine erhabene Positivplatte beliebig viele Tiefplatten gewonnen und damit auch große Auflagen gedruckt werden konnten (↗Kupferstich). Jacquin führte 1859 in Paris die galvanische Verstählung von Kupferstichplatten ein, die ebenfalls eine wesentliche Steigerung der Auflage ermöglichte. Auch von Hochdruckformen können über mechanische Abdrücke mit anschließender galvanischer Behandlung Galvanos hergestellt werden. [WSt]

Gametangium, ein- bis mehrzelliges, ↗Gameten bildendes und aufbewahrendes Geschlechtsorgan. Bei den ↗Algen wird das männliche Gametangium Spermatangium (Spermatogonium), das weibliche Gametangium Oogonium genannt. Die multizellulären ↗Gametophyten der ↗Bryophyta und der ↗Pteridophyta tragen das Antheridium als männliches (Mikro-)Gametangium für die begeißelten, beweglichen Spermatozoide (männliche Mikrogameten) und das Archegonium als weibliches (Makro-)Gametangium für die größeren, aber unbeweglichen Eizellen. ↗Sporangium.

Gameten, weibliche und männliche Geschlechtszellen mit haploidem Chromosomensatz, die bei der Meiose gebildet werden. Bei der Isogamie sind männliche und weibliche Gameten meist in Größe und Gestalt gleich (Isogameten), bei der Anisogamie hingegen unterschiedlich groß. Der kleinere, bewegliche Gamet wird als männlicher

Mikrogamet, der größere und weniger bewegliche Gamet als weiblicher Makrogamet definiert. Dieser ist schließlich bei der Oogamie unbeweglich und wird zu einer Eizelle, die um ein vielfaches größer ist als die männlichen, unbegeißelten Spermazellen (Spermatozoide) bzw. begeißelten Spermien (Spermatozoide). Bei der Befruchtung verschmelzen weibliche und männliche Geschlechtszellen zur Zygote.

Gametophyt, haploider Organismus, der im Generationswechsel der ↗Plantae die ↗Gameten bildet.

Gamma, γ, veraltete Untereinheit der magnetischen Induktionsflußdichte mit 1 $\gamma = 10^{-5}$ G (Gauß) im cgs-Maßsystem. 1 γ entspricht 1 nT im SI-System.

Gamma-Gamma-Log ↗Dichte-Log.

Gamma-Ray-Log, bohrlochgeophysikalische Aufzeichnung der natürlichen Radioaktivität in einer Bohrung (↗kernphysikalische Bohrlochmessung). Die natürliche Gamma-Strahlung der Gesteine wird in erster Linie durch den radioaktiven Zerfall des ^{40}K-Isotopes und der radioaktiven Elemente der Uran- und Thoriumreihe verursacht. Das Gamma-Ray-Log zeigt die gesamte natürliche Radioaktivität (Meßgröße API), die Aufzeichnungen des ↗Spectral-Gamma-Ray-Logs zusätzlich die Anteile der Elemente Kalium, Thorium und Uran. Das Gamma-Ray-Log sowie die Gamma-Spektroskopie werden in erster Linie zur lithologischen Untergliederung der durchteuften Schichten genutzt. Die Radioaktivität in Sedimenten korreliert i. d. R. mit dem Anteil des Tongehaltes. Dies ist auf den erhöhten Kaliumgehalt der Tonminerale und die hohe Adsorptionskapazität feinkörnigen Materials für Thorium und Uran zurückzuführen. In kristallinen Gesteinen korreliert die Radioaktivität mit der chemischen Zusammensetzung und nimmt von basischen zu sauren Gesteinen hin zu. Die Zusatzinformationen des Spectral-Gamma-Ray-Logs zu den Absolutgehalten von Kalium, Thorium und Uran erlauben z. B. Aussagen über die Art der Tonminerale. Standardmäßig kommt das Gamma-Ray-Log zum Einsatz, da es die zuverlässigsten Basisinformationen zum Bohrprofil liefert und somit als Bezugsmessung für die anderen bohrlochgeophysikalischen Verfahren herangezogen wird. [JWo]

Gamma-Sonde, *Gamma-Gamma-Verfahren*, Gerät zur Messung der Dichte und des Wassergehaltes des Bodens. Das Prinzip der Gamma-Sonde basiert auf der Absorption der von einer γ-Strahlungsquelle ausgehenden Strahlung durch die Wechselwirkung mit der Bodenmatrix. Als radioaktive Strahlungsquelle wird meist Cäsium-137 oder Kobalt-60 verwendet. Das Verfahren wird im Durchstrahl- oder im Rückstreuverfahren angewandt. Beim Durchstrahlverfahren wird eine Einstich- oder eine Doppelrohrsonde verwendet. Die Einstichsonde besteht aus einem Stab, der die radioaktive Quelle enthält. Er wird in den Boden eingetrieben. Zwei Strahlungsdetektoren registrieren an der Bodenoberfläche die den Boden durchdringende γ-Strahlung. Bei der Doppelrohrgammasonde werden zwei parallel angeordnete Rohre in den Boden eingetrieben, wobei ein Rohr die Strahlungsquelle und das andere den Strahlungsdetektor enthält. Quelle und Detektor befinden sich in gleicher Tiefe und können auf und ab bewegt werden. In größeren Tiefen wird das Rückstreuverfahren mit einer Tiefensonde eingesetzt. Sie enthält sowohl die Strahlungsquelle als auch den Detektor, die jedoch durch Blei voneinander abgeschirmt sind. Der Zusammenhang zwischen der Dichte und der gemessenen Zählrate muß durch Eichmessungen im Labor hergestellt werden. Die Gamma-Sonde wird auch zur Erstellung von ↗Gamma-Ray-Logs in Bohrlöchern oder an der Oberfläche verwendet.

Gamma-Strahlung, ein Strahl hochenergetischer Photonen, der beim radioaktiven Zerfall entstehen kann.

Gang, 1) *Allgemeine Geologie*: eine tafelförmige magmatische ↗Intrusion (↗Lagergang, ↗Dike). 2) *Bergbau/Lagerstättenkunde*: *Erzgang*, (seltener: *Ader, Erzader*), im Bergbau jedes Erz, das tafel- oder schichtförmige Geometrie aufweist, selbst wenn es sich um eine stratigraphische Einheit handelt, d. h. selbst wenn das Erz ↗syngenetisch entstanden ist. In der Lagerstättenkunde ist der Begriff Gang enger definiert, d. h. mit einer ↗epigenetischen Platznahme des Erzes (gewöhnlich an oder auf tektonischen Trennflächen, wie z. B. Spalten) assoziiert. In der Regel durchschneiden Gänge ihre Nebengesteine diskordant zu deren Streichen und/oder Fallen. Steht ein Gang vertikal im Schichtverband, so steht er ↗saiger, hat er ein Einfallen, spricht man vom Hangenden und Liegenden des Ganges. Bezüglich ihrer Geometrie und Genese werden verschiedene Typen von Gängen unterschieden (↗Ganglagerstätten).

Gangart, die Gesteins- oder Mineralkomponenten eines ↗Erzes oder ↗Konzentrates, die unter den jeweils spezifischen Rahmenbedingungen wertlos sind und deshalb weitmöglichst entfernt werden (z. B. Quarz in einem Zinkblendekonzentrat).

Ganggestein, 1) subvulkanisches (↗Subvulkanit) oder ↗hypabyssisches Gestein, d. h. in geringer Tiefe der Erdkruste erstarrter ↗Magmatit. Die im allgemeinen kleinkörnigen Gesteine nehmen eine vermittelnde Stellung zwischen ↗Plutoniten und ↗Vulkaniten ein. 2) Magmatite, die nach oder in der Endphase der Platznahme von Plutoniten gangförmig in den Pluton oder seine Rahmengesteine eindringen, z. B. ↗Aplite oder ↗Lamprophyre.

Ganglagerstätten, wichtigste geologische Erscheinungsform ↗epigenetischer Lagerstätten. Eine Vielzahl von ↗Erzmineralen wird aus ihnen gewonnen. Die Erzgänge mancher Ganglagerstätten erstrecken sich über eine Länge von mehreren Kilometern und eine Tiefe von mehr als 1000 Metern. Ihre Mächtigkeit beträgt dagegen i. d. R. nur wenige Meter oder weniger. Ganglagerstätten können als Spaltengänge, Verdrängungsgänge oder Kontaktgänge ausgebildet sein. Bezüglich ihrer Geometrie werden in Ganglagerstätten folgende Gangtypen unterschieden: a) Bändergang: Gang, der aus Lagen verschiedener Minerale besteht, die parallel zu den seitlichen Kontakten des Ganges mit dem ↗Nebengestein angeordnet sind; b) Kammergang: Gang, dessen seitliche Begrenzungen unregelmäßig und/oder brekzienähnlich ausgebildet sind; c) Quergang: Gang, dessen Streichen im Winkel zur Richtung des Hauptgangs verläuft; d) Leitergang: quer verlaufende Spaltenfüllungen, die in etwa gleichmäßigen, kurzen Abständen angeordnet sind; e) Linsengang: Aneinanderreihung von linsenartigen Erzkörpern, vorwiegend in schiefrigen Gesteinen; f) Kettengang: System von einzelnen, parallel verlaufenden Gängen, die durch kleine Quergänge miteinander verbunden sind; g) Stufengang: Gang, der abwechselnd senkrecht und parallel zur Schichtung des ↗Nebengesteins verläuft; h) Sattelgang: sattelförmiger Erzkörper, der im Bereich von Faltungsspitzen einer Antiklinalstruktur gebildet wurde; i) Muldengang: trogförmiger Erzkörper, der im Bereich der Faltungsmulden von Synklinalstrukturen gebildet wurde. Typische Beispiele für Ganglagerstätten sind an ↗Scherzonen gebundene Gold-Quarz-Gänge, die Blei-Zink-Erzgänge des Oberharzes oder die Fluorit- oder Barytgänge des Schwarzwalds.   [WH]

Gangletten, toniges Material am Kontakt eines Erzkörpers mit seinem ↗Nebengestein. ↗Salband.

Ganglinie, graphische Darstellung von gemessenen Werten in der Reihenfolge ihres zeitlichen Auftretens.

Gangnetz ↗Gangzug.

Gangschwarm, *Gangschar*, eine große Anzahl von magmatischen Gängen, die entweder unterschiedlich oder in bestimmten regelmäßigen Mustern angeordnet sind.

Gangtrum ↗Trum.

Gangzug, Anzahl von Gängen, die in einemGanggebiet parallel oder subparallel streichen. Kreuzen sich mehrere unterschiedlich streichende Gänge, spricht man von einem *Gangnetz*. Häufig sind Gangzüge einer Streichrichtung gleichaltrig und weisen ähnliche Mineralführung auf.

ganzheitlicher Ansatz ↗holistischer Ansatz.

Garbenschiefer, 1) ↗Kontaktmetamorphose. 2) ein regionalmetamorphes Gestein, das durch mehrere zentimetergroße, divergentstrahlige ↗Blasten von ↗Hornblende gekennzeichnet ist.

Gariden ↗Garigues.

Garigues, *Garrigues*, [von provenzalisch garric = Kermeseiche], lückige, mediterrane Gebüschformation aus niedrigen (bis max. 2 m hohen) Sträuchern auf flachgründigen Böden, die in Frankreich und Nordafrika vorkommt und mit der ↗Macchie verwandt ist. Sie besteht v. a. aus der Kermeseiche (*Quercus coccifera*), meist hartlaubigen Sträuchern (↗Hartlaubwald), Euphorbien und stark ätherisch duftenden Stauden (z. B. Lavendel, Rosmarin) sowie zahlreichen ↗Geophyten (z. B. *Iris*, *Gladiolus*). Die Garigues entstanden wahrscheinlich aus durch Bodenabtrag und jahrhundertelange Überweidung degradierten Formen des ursprünglichen mediterranen Steineichenwalds und sind stark vom ↗Feuer geprägt. Gemeinsam mit ähnlichen Erscheinungsformen der *Phyrgana* in Griechenland oder den ↗Tomillares in Spanien werden sie unter dem Namen *Gariden* (Felsenheide) zusammengefaßt.   [DR]

Garnierit, *Nickel-Chrysotil*, *Nickel-Talk*, *Noumeait*, nach dem franz. Geologen J. Garnier benanntes Mineral mit der chemischen Formel: $(Ni,Mg)_6[(OH)_8|Si_4O_{10}]$; monoklin-prismatische Kristallform; Farbe: grün, blaugrün; matt und undurchsichtig; Strich: hellgrün; Härte nach Mohs: 2–4; Dichte: 2,2–2,8 g/cm^3; Aggregate: dichte kryptokristalline Massen, krustig, derb, traubig, nierig, erdig, oft mit achatartigen Bänderungen; vor dem Lötrohr unschmelzbar; Zersetzung nur in konzentrierter Salzsäure bei gleichzeitiger Erwärmung; Vorkommen: bildet sich bei schneller Verwitterung ultrabasischer Gesteine (Dunite, Peridotite, Serpentinite) in tropischem und subtropischem Klima; Fundorte: Abkerman bei Orsk (Rußland), Nouméa (Neu-Kaledonien).

GARP, *Global Atmospheric Research Programme*, globales Atmosphärenforschungsprogramm zur internationalen Erforschung der Erdatmosphäre. Nach den Resolutionen der Vereinten Nationen (1961 und 1962) wurde GARP im Oktober 1967 auf die Dauer von 15 Jahren als gemeinsame Aufgabe der ↗Weltorganisation für Meteorologie und des International Council of Scientific Union beschlossen. Mit GARP wurden dynamische und physikalische Prozesse in der Troposphäre und Stratosphäre untersucht, die für großräumige Schwankungen in der ↗Atmosphäre verantwortlich sind. Damit sollte der Zeitraum für sinnvolle ↗Wettervorhersagen erweitert werden. Außerdem wurden die mittleren Verhältnisse der ↗Allgemeinen atmosphärischen Zirkulation bestimmt, die zur Beschreibung des Klimas wichtig sind. Zur Erfassung verschiedener Datenkollektive wurden große internationale Beobachtungskampagnen und Experimente durchgeführt (↗ALPEX, ↗FGGE, ↗GATE, MONEX). Es wurden mathematisch-physikalische Modelle der allgemeinen Zirkulation entwickelt und mit den gemessenen Daten geprüft. Sie werden nun in der numerischen Wettervorhersage verwendet.   [CL]

Garten, mehrheitlich für den Privatgebrauch intensiv ackerbaulich genutztes Stück Land mit vielen verschiedenen Anbaufrüchten auf engstem Raum. In ländlichen Gebieten liegt der Garten infolge des hohen Pflege- und Arbeitsbedarfs direkt beim oder in der Nähe des Hauses. In städtischen Siedlungen werden zur gärtnerischen Nutzung von der städtischen Verwaltung größere ↗Freiflächen verpachtet (Familiengärten). Neben der teilweisen Selbstversorgung mit Gemüse (eher ländliche Gebiete) dienen die Gärten heutzutage v. a. als Freizeit- und Erholungsstätte (eher städtische Gebiete). Aus landschaftsökologischer Sicht problematisch ist die Tatsache, daß in den Gärten ein überdurchschnittlich hoher Einsatz von Dünger- und Pflanzenschutzmitteln und ein hoher Wasserverbrauch herrschen.

Gartenstadt, auf Erbpachtbasis bei niedrigen monatlichen Belastungen basierende, durchgrünte Siedlung. Dabei sollen Einwohner aller sozialer Schichten ohne räumliche Segregation in einer mit der Landwirtschaft verflochtenen Mittelstadt in gesunder, »grüner« Umwelt wohnen und arbeiten. Die Idee einer Gartenstadt geht auf Fritsch 1895 in Deutschland und Howard 1898 in England zurück. Ziel war es, die übermäßige Landflucht zu verhindern und dem Großstadtwachstum Einhalt zu gebieten. Die ersten Gartenstädte entstanden 1903 im 60 km von London entfernten Letchworth und 1907 in Deutschland in Hellerau bei Dresden.

Gärung, ↗Abbau von ↗organischen Substanzen unter ↗anaeroben Bedingungen durch Mikroorganismen (Bakterien, Hefepilze). Die Gärung liefert den Zellen die Energie für den Stoffwechsel. Nach den charakteristischen Ausscheidungsprodukten unterscheidet man Alkohol-, Milchsäure-, Propion-, Ameisensäure- und Essigsäuregärung sowie Methanbildung. ↗Atmung.

Gas, Materie im gasförmigen Aggregatzustand. Der Zustand eines Gases wird durch den Druck, die Temperatur und das Volumen beschrieben.

Gaschromatographie, *GC*, ↗analytische Methode zur Trennung von flüssigen und gasförmigen Stoffgemischen. Das Trennprinzip beruht auf den unterschiedlichen Wechselwirkungen der verschiedenen Substanzen der mobilen Phase mit der stationären Phase, der Trennsäule. Dabei dient ein Trägergas (oft Helium) als mobile Phase zum Transport des zu trennenden Stoffgemisches durch eine Säule. Je größer die Wechselwirkung einer Substanz der mobilen Phase mit der stationären Phase ist, desto länger benötigt sie für den Transport durch die Trennsäule. Nach Austritt (Elution) aus der Säule werden die Verbindungen mittels unterschiedlicher Detektoren (Massenspektrometer (↗Massenspektrometrie), Flammenionisationsdetektor) registriert. Die zeitabhängige Aufzeichnung des Auftretens der eluierten Verbindungen wird als Chromatogramm bezeichnet.

Gasdrainage, Bestandteil des Oberflächenabdichtungssystems (↗Oberflächendichtung) einer Deponie. Eine Gasdrainage wird in das Oberflächenabdichtungssystem eingebaut, wenn durch die vorherige Deponierung organischen, abbaubaren Materials ↗Deponiegas gebildet wird. Würde die Oberflächenabdichtung (Ton-/Schluffschicht, Folie oder Bentonitmatten) ohne Gasdrainage aufgebracht werden, würde sich durch aufsteigendes Deponiegas eine Gasblase entwickeln, und das Gas könnte unkontrolliert entweichen. Die Gasdrainage wird zwischen dem Müllkörper und der eigentlichen Oberflächenabdichtung aufgebracht. Sie besteht i. d. R. aus einer mehrere Dezimeter mächtigen Schicht Sand bis Feinkies, je nach Angebot auch aus Bauschutt. Sie dient oft gleichzeitig als Ausgleichsschicht. Das in der Gasdrainage gesammelte Deponiegas wird über Dränrohre abgesaugt und einer weiteren Behandlung zugeführt bzw. verwertet. [ABo]

Gasdruck-Apparatur, *intern beheizte Gasdruck-Apparatur*, ein Gerät, das in der ↗experimentellen Petrologie verwendet wird, wenn bei hohen Temperaturen (bis 1500 °C) im Druckbereich zwischen ↗Hydrothermal-Apparaturen und ↗Stempel-Zylinder-Pressen (0,5 bis 1,0 GPa, seltener bis 2,0 GPa) gearbeitet werden soll. Außerdem lassen sich Reaktionen unter Beteiligung einer ↗fluiden Phase besonders gut mit Gasdruck-Apparaturen untersuchen, da das zur Verfügung stehende Probenvolumen deutlich größer ist als bei den anderen experimentellen Verfahren. Die Apparatur besteht aus einem spezial-legierten Edelstahl-Autoklaven, der eine zylindrische Form (Durchmesser bis 40 cm) mit zentraler Bohrung besitzt, in der sich der Probenraum und der Heizofen mit Thermoelementkontrolle befindet. Zur Erhöhung der Festigkeit wird der Autoklav von außen mit Wasser gekühlt. Als druckübertragendes Medium wird meist das Edelgas Argon verwendet, welches über hydraulische Druckverstärker komprimiert wird. [MS]

Gasdruckpotential ↗*Gaspotential*.

Gasflammkohle, ↗Steinkohle aus der Reihe der ↗Humuskohlen mit einer ↗Vitrinitreflexion von 0,75–0,90 % R_r und einem korrespondierenden Gehalt an ↗flüchtigen Bestandteilen von ca. 36–40 % (waf).

gasführende Quelle, ↗aufsteigende Quelle mit kontinuierlicher Schüttung. Der Gasanteil (↗Quellgase, Kohlendioxid, Kohlenwasserstoffe, Stickstoff) vermindert die Wichte des Gas-Wasser-Gemisches. Der Quellmechanismus beruht auf dem Gaslift infolge der Einmündung einer gasführenden Quelle im steigenden Ast einer aufsteigenden Quelle oder durch Gasausscheidung entsprechend der Druckabnahme beim Aufstieg eines Gas-Wasser-Gemisches aus der Tiefe.

Gasgeothermometer ↗*Geothermometer*.

Gasgesetz ↗*Gaszustandsgleichung*.

Gasgeysir, Springquelle mit periodischem oder unregelmäßigem, fontänenartigem Wasserausstoß. Im Gegensatz zu den heißen Quellen der herkömmlichen ↗Geysire, bei denen der Druckaufbau über Wasserdampf zur Eruption führt, ist es bei Gasgeysiren i. d. R. vulkanisches Kohlendioxid, das durch Grundwasser im Sinne einer darüberliegenden Wassersäule zurückgestaut wird und nach Überschreiten des Druckgleichgewichtes eruptiv Wasser fördert. Gasgeysire entstehen meist durch künstliche Bohraufschlüsse, wie z. B. die Sodasprings in Idaho (USA).

Gaskohle, ↗Steinkohle aus der Reihe der ↗Humuskohlen mit einer ↗Vitrinitreflexion von 0,90–1,1 % R_r und einem korrespondierenden Gehalt an ↗flüchtigen Bestandteilen von ca. 29–36 % (waf).

Gaskonstante, die in der ↗Gaszustandsgleichung auftretende Konstante (R) für die Verknüpfung von Druck, Temperatur und Dichte eines idealen Gases. Jedes Gas hat dabei einen eigenen Wert von R. Für das Gasgemisch »trockene Luft« ergibt sich: $R = 287$ J/(kg · K). Die allgemeine Gaskonstante R ist das Produkt aus Boltzmannkonstante k und Avogadrozahl N_A; $R = 8{,}3143$ J/(K mol).

Gasmigration, Bewegung von Gasen. 1) Unter Gasmigration wird hauptsächlich das Wandern von ↗Erdgas vom Muttergestein zum Speichergestein verstanden. 2) Das in den ↗Deponien durch Abbau entstandene Deponiegas bewirkt den Aufbau eines Gasdruckes, der dann eine Gasmigration zur Folge hat. Über bevorzugte Gaswege kann eine Entgasung über die Deponieoberfläche erfolgen, falls die Deponie nicht entsprechend abgedichtet ist. Auch eine seitliche Gasmigration ist möglich.

Gasöl, Fraktion im ↗Rohöl, die eine Viskosität von weniger als 50 Sekunden S. U. (Saybolt Universal) bei 38 °C und einen Siedepunkt zwischen 260 und 320 °C aufweist.

Gasphasenzüchtung, *Kristallzüchtung aus der Gasphase*, liegt vor, wenn die Nährphase zur Kristallzüchtung gasförmig ist. In einem Gasraum mit dem Druck P und gefüllt mit Molekülen der Masse M besteht nach der kinetischen Gastheorie eine Stromdichte von Teilchen in eine Richtung von:

$$J = P\sqrt{\frac{M}{2\pi RT}}.$$

Das ist die maximale Lieferrate bei der Gasphasenzüchtung. Da die Dichte im gasförmigen Zustand etwa 1000 mal kleiner ist als im flüssigen oder festen Zustand, ist die maximal erreichbare Wachstumsgeschwindigkeit aus der Gasphase erheblich kleiner als bei der Züchtung aus der flüssigen Phase. Das Grundschema der Kristallzüchtung aus der Gasphase kann aus der Abbildung ersehen werden. Die Ausgangssubstanz wird in einem Verdampfungsraum bei einer Temperatur T_2 in die gasförmige Phase übergeführt und nach dem Transport über die Gasphase im Wachstumsraum bei einer Temperatur T_1 wieder als Kristallphase ausgeschieden. Das kann entweder in einem offenen System, durch das ein Trägergas hindurchströmt, oder in einem geschlossenen System geschehen. Häufig wird der Verdampfungsraum und der Wachstumsraum in einem Gefäß realisiert, das in einem Temperaturgradienten plaziert ist. Je nachdem, ob Verdampfung und Abscheidung rein physikalisch oder mittels chemischer Reaktionen erfolgen, spricht man von Sublimation (↗PVD, ↗PVT) bzw. ↗Kristallisation durch chemische Reaktion (↗chemischer Gasphasentransport, ↗chemische Gasphasenabscheidung). Das thermische Gleichgewicht zwischen Kristall und Gasphase hängt von der Temperatur, der Zusammensetzung und, stärker als bei Schmelzen und Lösungen, vom Dampfdruck ab. [GMV]

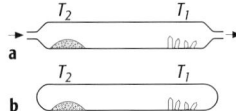

Gasphasenzüchtung: Schema der Gasphasenzüchtung: a) in einem offenen System mit Trägergas; b) in einem geschlossenen System. Das Ausgangsmaterial wird vom Bereich mit der Temperatur T_2 zum Bereich mit der Temperatur T_1 transportiert und als Kristall abgeschieden.

Gaspotential, *Gasdruckpotential*, ein Teilpotential des ↗Gesamtpotentials des Bodens. Eine Störung des Gashaushalts des Bodens durch die Behinderung der Gaswegsamkeit kann zu einer meist kurzzeitigen Erhöhung des Gaspotentials in den lufterfüllten Poren gegenüber dem atmosphärischen Druck führen. Der erhöhte Druck lastet dann auch auf den Bodenwassermolekülen, wodurch das ↗Matrixpotential mit beeinflußt wird.

GAST, <u>G</u>reenwich <u>A</u>pparent <u>S</u>idereal <u>T</u>ime, ↗scheinbare Sternzeit für den Ort Greenwich bzw. aller Orte der geographischen Länge Null unter Berücksichtigung der ↗Nutation.

Gastrolith, [von griech. gaster = Bauch und lithos = Stein], *Magenstein*, ein v. a. von Vögeln oder Reptilien (z. B. Krokodile, Schwimmsaurier, Dinosaurier) zur mechanischen Zerkleinerung der Nahrung aufgenommer, bis etwa faustgroßer, meist quarzreicher Stein. Durch ihr Aneinanderreiben werden die Oberflächen der harten Steine regelrecht poliert, und dieser starke Glanz bleibt auch fossil deutlich sichtbar.

Gastropoda, *Schnecken*, ↗Molluska.

Gaszustandsgleichung, *Gasgesetz*, Zusammenhang zwischen Druck, Temperatur und Dichte eines Gases. Für ideale Gase lautet diese:

$$p = R\varrho T,$$

mit p = Druck, T = Temperatur, ϱ = Dichte, R = Gaskonstante.

GATE, <u>G</u>ARP <u>A</u>tlantic <u>T</u>ropical <u>E</u>xperiment, Atlantisches Tropenexperiment vom 17.6. bis 23.9.1974 im Rahmen von ↗GARP für meteorologischen Erforschung des Tropengürtel, um den Mechanismus zu finden, durch den die Sonnenenergie die ↗Allgemeine atmosphärische Zirkulation antreibt.

Gatt, Bezeichnung der Durchlässe in einer der Küste vorgelagerten Inselkette. Hohe Gezeitenströmungen und ↗Grundsee bei starkem Wind erschweren die Durchfahrt.

Gattungsmosaik ↗Flächenmosaik.

Gault, *Gaultium*, regional verwendete stratigraphische Bezeichnung für die höhere Unterkreide (↗Kreide). Das Gault umfaßt das ↗Apt und das ↗Alb der internationalen Gliederung. ↗geologische Zeitskala.

Gauß, *Carl Friedrich*, deutscher Mathematiker, Physiker und Astronom, * 30.4.1777 Braunschweig, † 23.2.1855 Göttingen; besuchte dank eines Stipendiums des Herzogs von Braunschweig 1792–95 das Collegium Carolinum in Braunschweig und studierte 1795–98 an der Universität in Göttingen; promovierte 1799 in Helmstedt mit einem exakten Beweis des Fundamentalsatzes der Algebra; 1807–55 Professor für Astronomie in Göttingen und Direktor der dortigen, nach seinen Plänen gebauten Sternwarte. Gauß gilt als einer der bedeutendsten Mathematiker aller Zeiten (»Princeps mathematicorum«), der aber auch bedeutende Beiträge zur Geodäsie (etwa ab 1820) und zur Physik (etwa ab 1830) lieferte. Er entwickelte unabhängig von A.-M. Legendre die »Methode der kleinsten Quadrate«, welche den Einfluß zufälliger Meßfehler möglichst klein zu halten erlaubt (↗Ausgleichungsrechnung) und wandte sie selbst mehrfach in Astronomie und Geodäsie an. Das von ihm angegebene Gaußsche Fehlerverteilungsgesetz (Normalverteilung, Gaußsche Glockenkurve) ist von hoher Bedeutung. Geodätisch zukunftsweisend sind seine praktischen und theoretischen Arbeiten zur ↗Gradmessung und Landesvermessung

Gauß, *Carl Friedrich*

im Königreich Hannover (1821–25). Dabei erfand er das Heliotrop, ein mit beweglichen Spiegeln ausgerüstetes Gerät zur Sichtbarmachung von Zielpunkten. Fundamental für die weitere Entwicklung der Geodäsie war die Definition der »geometrischen« bzw. »mathematischen« (eigentlich: »physikalischen«) Erdgestalt (1828) als Fläche, »welche überall die Richtung der Schwere senkrecht schneidet« (1872 von Listing ↗Geoid genannt). Gauß erdachte die konforme (winkeltreue) querachsige Zylinderprojektion zur Abbildung der Ellipsoidoberfläche in die Ebene, die später von L. J. H. ↗Krüger zum ↗Gauß-Krüger-Koordinatensystem erweitert wurde. Er erdachte den Gaußschen Algorithmus zur Auflösung linearer Gleichungssysteme. Bedeutend sind ferner seine Untersuchungen zu Grundlagen der nichteuklidischen Geometrien (1816), zur Flächentheorie (1827), zur Geometrie mehrdimensionaler Räume und zur Potentialtheorie (1840). Grundlegende Arbeiten zum Erdmagnetismus schrieb er zusammen mit W. E. Weber (Bifilar-Magnetometer 1832, »Göttinger Magnetischer Verein« 1837, Phänomenologische Theorie des Erdmagnetismus 1838). Gauß war Mitglied nahezu aller namhaften Akademien. [EB]

Gauß-Chron, Zeitabschnitt von 2,58–3,58 Ma (Mio.-Jahre) mit überwiegend normaler Polarität des Erdmagnetfeldes. Es enthält von 3,04–3,11 Ma das ↗Kaena Event und von 3,22–3,33 Ma das ↗Mammoth Event inverser Polarität. ↗Feldumkehr.

Gauß-Krüger-Abbildung, ↗konforme Abbildung der Oberfläche eines ↗Rotationsellipsoids in die Ebene unter der Bedingung, daß ein vorgegebener Hauptmeridian längentreu abgebildet wird. Die Koordinaten der Bildebene werden als ↗Gauß-Krüger-Koordinaten bezeichnet. Äquivalent der Interpretation der Gauß-Krüger-Koordinaten als Parameter der Bildebene ist deren Deutung als Flächenparameter auf dem Rotationsellipsoid.

Gauß-Krüger-Koordinaten, *GK-Koordinaten*, ↗Gaußsche Koordinaten (X,Y) auf einem ↗Rotationsellipsoid in der von C. F. ↗Gauß und L. J. H. ↗Krüger angegebenen Anordnung. Neben der allgemeinen Bedingung, daß das ↗Bogenelement der Fläche die isotherme Form besitzt, wird hierbei gefordert, daß ein vorgegebener ↗Meridian $L = L_0$ const, der sog. Grund- oder *Hauptmeridian*, die Abszissenlinie $Y = 0$ bildet, wobei deren Abszissenwert $X(Y = 0)$ mit der Bogenlänge des vom Äquator aus gezählten Meridianbogens identifiziert wird. Die Ordinatenlinien $X = $ const eines Gaußschen Systems auf der Ellipsoidoberfläche sind im Allgemeinfall weder geschlossene noch ebene Kurven und unterscheiden sich von geodätischen Linien. Die Koordinatenlinien $Y = $ const sind zwar geschlossene, aber keine ebenen Kurven. Die sich orthogonal schneidenden Parameterlinien $X = $ const, $Y = $ const werden als Gauß-Krüger-Gitterlinien bezeichnet.

Der Winkel, den die durch einen Punkt P der Ellipsoidoberfläche verlaufende Linie $Y = $ const mit dem Meridian in P einschließt, heißt Gaußsche oder ebene Meridiankonvergenz c. Diese wird von der Nordrichtung des Meridians ausgehend im Uhrzeigersinn positiv gezählt, so daß die Vorzeichen von Y und c immer übereinstimmen. Der Winkel zwischen der Linie $Y = $ const durch P und der durch P und einen Zielpunkt Q verlaufenden geodätischen Linie wird als Gaußscher Richtungswinkel bezeichnet. Dieser wird von der Richtung wachsender X-Werte ausgehend im Uhrzeigersinn positiv gezählt, so daß für das auf den Meridian bezogene ↗Azimut der geodätischen Linie gilt: $A = T + c$.

Der Ausdruck:

$$\mu_G = \frac{\sqrt{dX^2 + dY^2}}{ds}$$

gibt das Vergrößerungsverhältnis bezüglich der Gaußschen Parameter an, für das in erster Näherung:

$$\mu_G \approx 1 + \frac{Y^2}{2\varrho_G}$$

($\varrho_G = $ ↗Gaußscher Krümmungsradius) gilt.

Um die mit der Entfernung zum Hauptmeridian betragsmäßig größer werdenden Richtungs- und Streckenreduktionen klein zu halten, wird der Gültigkeitsbereich der GK-Koordinaten bei der Bearbeitung trigonometrischer Netze der Landesvermessung auf eine Längenausdehnung von 1,5° beiderseits des Hauptmeridians begrenzt. Den hiermit entstehenden 3° breiten *Meridianstreifensystemen* werden auf beiden Seiten des Hauptmeridians jeweils ca. 0,5° breite Überlappungszonen angeschlossen, so daß die Streifensysteme faktisch eine Längenausdehnung von etwa 4° besitzen.

Mit Meridianstreifensystemen lassen sich größere Gebiete der Erdoberfläche bis hin zur gesamten Erde konsistent darstellen. Die in den Überlappungszonen liegenden Punkte erhalten doppelte Koordinatensätze, die sich jeweils auf das rechte und linke Streifensystem beziehen.

In der Gauß-Krügerschen Anordnung werden den einzelnen Streifen Kennziffern (*Kz*) zugeordnet, die sich aus der (vom Meridian von Greenwich ausgehend nach Osten positiv gezählten) geographischen Länge L_0 der entsprechenden Hauptmeridiane ergeben (L_0 in Grad):

$$Kz = L_0 / 3.$$

Um negative Werte der Ordinaten Y zu vermeiden, werden zu diesen 500.000 m addiert und die Kennziffer Kz vorangestellt. Somit entstehen die auf das Meridianstreifensystem mit dem Hauptmeridian $L = L_0$ bezogenen GK-Koordinaten:

$$R = Y + (Kz + 0{,}5) \cdot 10^6 \, m \text{ und } H = X.$$

Der vom Äquator aus nach Norden positiv gezählte Abszissenwert wird *Hochwert*, der modifizierte Wert der Ordinate *Rechtswert* genannt. Auf Vorschlag des Beirats für Vermessungswesen

Gauß-Kurve: Gaußsche Normalverteilung bei verschiedenen Werten der Standardabweichung σ. Die gepunktete Linie ist hinsichtlich der Gauß-Kurve σ = 1 jeweils die Tangente an den Wendepunkten (kleine ausgefüllte Kreise), sie schneidet die Abszisse jeweils im Abstand 2σ vom Mittelwert µ.

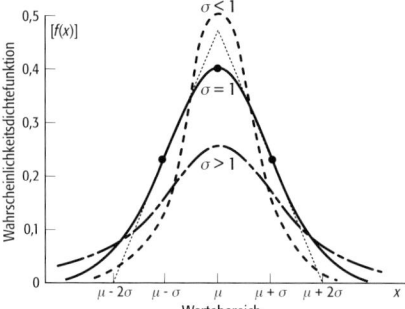

im Jahre 1923 wurde das GK-System in Deutschland eingeführt und bildet in Verbindung mit dem ↗Bessel-Ellipsoid und dem Zentralpunkt (Datum) Rauenberg das amtliche Koordinatensystem der Landesvermessungen in den alten Bundesländern. Sämtliche amtlichen Kataster- und topographischen Karten aller Maßstäbe größer oder gleich 1:200.000 haben das GK-System als Grundlage. [BH]
Literatur: HECK, B. (1995): Rechenverfahren und Auswertemodelle der Landesvermessung. – Heidelberg.

Gauß-Kurve, *Gaußsche Normalverteilung, Normalverteilung*, nach C. F. ↗Gauß (1777–1855) benannte, aber schon von A. de Moivre (1667–1754) definierte Häufigkeitsverteilung bzw. ↗Wahrscheinlichkeitsdichtefunktion, welche die Form einer symmetrischen Glockenkurve besitzt (Abb.) und der Funktion:

$$f(x) = \frac{1}{\sigma \cdot \sqrt{2\pi}} \exp\left\{-\frac{1}{2}\left(\frac{x-\mu}{\sigma}\right)^2\right\}$$

folgt. Dabei ist µ = Mittelwert und σ = Standardabweichung des betreffenden Datensatzes. Für µ = 0 und σ = 1 geht die Gauß-Kurve in die standardisierte Normalverteilung über (auch z-Verteilung genannt), die man in Statistik-Büchern tabelliert vorfindet. Die Gauß-Kurve ist allgemein und speziell in den Geowissenschaften sehr häufig anzutreffen und hat daher eine hervorgehobene Bedeutung erlangt, u. a. in der ↗Fehlerrechnung. Das sog. Wahrscheinlichkeitspapier ist so eingerichtet, daß sich beim graphischen Auftragen der Häufigkeiten als Funktion der gewählten Klassen (Werte-Intervalle) eine Gerade ergibt.

Gauß-Markov-Modell, lineares Modell der Mathematischen Statistik der Form:

$$E(\vec{l}) = A \cdot \vec{x}, D(\vec{l}) = \sigma^2 \cdot Q_{ll}.$$

E(·) bezeichnet den Erwartungswert, D(·) die Dispersion des Spaltenvektors $\vec{l}$ der Beobachtungen (Dimension n), A eine Matrix gegebener Koeffizienten (↗Designmatrix der Dimension $n \cdot u, n > u$), $\vec{x}$ den Spaltenvektor der unbekannten, festen Parameter (Dimension u), Q_{ll} die bekannte $n \cdot n$-Matrix der Kofaktoren ($Q_{ll} = P^{-1}$ Inverse der Gewichtsmatrix P) und σ^2 den unbekannten Varianzfaktor; bezüglich des Rangs der Matrizen A und Q_{ll} wird vorausgesetzt, daß Q_{ll} regulär ist und A vollen Spaltenrang besitzt. Das statistische Konzept der besten linearen erwartungstreuen Schätzung im Gauß-Markov-Modell führt exakt auf die mit Hilfe der ↗Ausgleichungsrechnung nach der Methode der kleinsten Quadrate erhaltenen Ergebnisse. Unter der zusätzlichen Bedingung, daß der Spaltenvektor $\vec{l}$ der Beobachtungen eine multivariate Normalverteilung aufweist, führt auch die Anwendung der Maximum-Likelihood-Methode (↗Maximum-Likelihood-Klassifizierung) zu denselben Resultaten. Neben Parameterschätzungen können auch statistische Hypothesentests auf der Grundlage des Gauß-Markov-Modells durchgeführt werden. Verallgemeinerungen des oben genannten linearen Modells betreffen die Einbeziehung von Restriktionen (Bedingungsgleichungen), Modelle mit nicht vollem Rang sowie die Erweiterung des fixen Parametervektors $\vec{x}$ auf Zufallsvariable (Regressionsmodelle und gemischte Modelle, ↗Kollokation). [BH]

Gauß-Modell, ein ↗Ausbreitungsmodell, das auf der analytischen Lösung der Bilanzgleichung für einen Schadstoff c basiert (Abb.). Das Gauß-Modell bildet die Grundlage der Berechnung der Schadstoffausbreitung nach der ↗TA Luft. Die stationäre Konzentrationsverteilung einer kontinuierlich emittierenden Punktquelle der Quellstärke Q kann beschrieben werden durch:

$$c(x,y,z) = \frac{Q}{2\pi u \sigma_y(x)\sigma_z(x)}$$
$$\exp\left(-\frac{y^2}{2\sigma_y^2(x)}\right)\exp\left(-\frac{(z-h)^2}{2\sigma_z^2(x)}\right).$$

Dabei bezeichnet h die effektive Quellhöhe, u die Windgeschwindigkeit in dieser Höhe und σ_y und σ_z den horizontalen bzw. den vertikalen Ausbreitungsparameter. Diese geben die Verbreitung der Rauchfahne mit zunehmender Entfernung von der Quelle an. Eine Anwendung des Gauß-Modells in der realen Atmosphäre ist aufgrund der gemachten Voraussetzungen nur bedingt möglich.

Gaußsche Koordinaten, *isotherme Flächenkoordinaten, konforme Koordinaten*, ↗Flächenkoordi-

Gauß-Modell: Abgasfahne und Darstellung durch das Gauß-Modell. Vertikalprofile der Konzentration einer Luftbeimengung in Quellnähe (x_1) und in weiterer Quellentfernung (x_2).

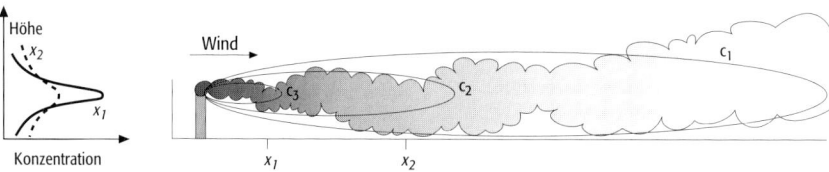

naten (u,v) auf der Oberfläche einer Kugel oder eines ↗Rotationsellipsoids, für die das ↗Bogenelement die isotherme Form:

$$ds^2 = \lambda^2(u,v) \cdot (du^2 + dv^2)$$

mit dem von den Parametern u,v abhängigen Faktor $\lambda^2(u,v)$ annimmt. Ein aus Gaußschen Koordinaten gebildetes isothermes Parameternetz zerlegt, wenn man die Koordinatendifferentiale du, dv gleichsetzt, die Fläche in infinitesimale Quadrate mit der Seitenlänge:

$$ds_1 = ds_2 = \lambda(u,v) \cdot du = \lambda(u,v) \cdot dv$$

und ist somit orthogonal. Kleinräumig können Gaußsche Koordinaten deshalb wie geradlinige, ebene orthogonale Koordinaten (zweidimensionale kartesische Koordinaten) behandelt werden. Wichtige Spezialfälle Gaußscher Koordinaten sind die ↗Gauß-Krüger-Koordinaten und die ↗UTM-Koordinaten.
Werden auf derselben Fläche zwei verschiedene Systeme Gaußscher Koordinaten (u,v) und $(\bar{u},\bar{v})$ eingeführt, so gelten für die Transformationsbeziehungen:

$$u = f(\bar{u},\bar{v}), v = g(\bar{u},\bar{v})$$

die ↗Cauchy-Riemannschen Differentialgleichungen:

$$\frac{\partial f}{\partial \bar{u}} = \frac{\partial g}{\partial \bar{v}}, \quad \frac{\partial f}{\partial \bar{v}} = -\frac{\partial g}{\partial \bar{u}};$$

entsprechende Beziehungen gelten auch für die Umkehrtransformation. Aufgrund dieser Eigenschaft können f und g als Real- und Imaginärteile einer analytischen Funktion der komplexen Veränderlichen $\bar{w} = \bar{u} + i\bar{v}$ mit $i = \sqrt{-1}$ aufgefaßt werden:

$$w = u + iv = f(\bar{u},\bar{v}) + i \cdot g(\bar{u},\bar{v}) = F(\bar{u} + i\bar{v}) = F(\bar{w}).$$

Jede Transformation zwischen zwei Systemen Gaußscher isothermer Flächenkoordinaten auf einer reellen analytischen Fläche kann deshalb durch eine analytische Funktion F dargestellt werden. Umgekehrt können aus einem vorgegebenen isothermen Parametersystem sämtliche anderen isothermen Parametersysteme der Fläche mit Hilfe analytischer Funktionen gewonnen werden.
Neben der Interpretation von Gaußschen Koordinaten als Flächenparameter können diese formal auch als ebene kartesische Koordinaten gedeutet werden, die aus einer Abbildung der Fläche auf die Ebene entstanden sind. Identifiziert man die Zahlenwerte der Gaußschen Koordinaten $(\bar{u},\bar{v})$ mit den kartesischen Koordinaten (X,Y) der euklidischen Ebene $X = \bar{u}, Y = \bar{v}$, so wird durch diese isothermen Parameter eine ↗konforme Abbildung der Fläche auf die Ebene vermittelt. Aus diesen Gründen werden Gaußsche Koordinaten (z.B. Gauß-Krüger- oder UTM-Koordinaten) oft wie ebene kartesische Koordinaten behandelt. Handelt es sich jedoch wie bei Kugel- und Ellipsoidflächen um Flächen, die nicht in die Ebene abwickelbar sind, so entstehen durch die konforme Abbildung Verzerrungen, die in Form von Reduktionen (Streckenreduktion, Richtungsreduktion) berücksichtigt werden. [BH]

Gaußscher Integralsatz, *Gaußscher Satz*, Integralsatz von Gauß-Ostrogradski, Spezialfall des allgemeinen Stokesschen Satzes. Dabei ist τ ein geschlossenes, beschränktes Gebiet im dreidimensionalen euklidischen Raum, σ und $\bar{v}$ der Rand von τ, $\vec{n}$ der stetige Einheitsvektor der nach außen gerichteten Normalen von σ und $\vec{v}$ ein stetig differenzierbares Vektorfeld.
Der Gaußsche Integralsatz leistet die Umwandlung eines Volumenintegrals in ein Flächenintegral:

$$\iiint_\tau \operatorname{div} \vec{v} \, d\tau = \iint_\sigma \vec{v} \vec{n} \, d\sigma.$$

Eine einfache hydrodynamische Interpretation ergibt sich, wenn man $\vec{v}$ als Geschwindigkeitsfeld einer strömenden Flüssigkeit versteht. Das Volumenintegral gibt dann die Ergiebigkeit im Raumgebiet τ an. Das Flächenintegral mißt den Fluß über die Begrenzungsfläche σ. Ist $\vec{v}$ quellenfrei, also $\operatorname{div} \vec{v} = 0$, so verschwindet das Flächenintegral, es fließt durch σ keine Masse ab. Aus dem Gaußschen Integralsatz erhält man eine koordinatenfreie Darstellung der Divergenz, also der Quelldichte im Punkt P, indem das Gebiet τ, indem P liegt, auf P zusammengezogen wird:

$$\operatorname{div} \vec{v}(P) = \lim_{\tau \to 0} \frac{1}{\tau} \iint_\sigma \vec{v} \vec{n} \, d\sigma.$$

[MSc]

Gaußscher Krümmungsradius, positive Quadratwurzel aus dem Kehrwert der Gaußschen Krümmung. Für das ↗Rotationsellipsoid liegen die Hauptkrümmungsradien in der Meridianebene (Meridiankrümmungsradius M) und in der dazu senkrechten Normalebene (Querkrümmungsradius N). Damit folgt für den Gaußschen Krümmungsradius: $\varrho = \sqrt{MN}$.

Gaußscher Satz, ↗*Gaußscher Integralsatz*.

Gaußsche Schmiegkugel, regionale Approximation des ↗Referenzellipsoides in einem Bezugspunkt durch eine Kugel. Die Gaußsche Schmiegkugel hat im Bezugspunkt dieselbe Gaußsche Krümmung wie das Referenzellipsoid. Der Radius der Gaußschen Schmiegkugel ist der Gaußsche Krümmungsradius im Bezugspunkt (↗Rotationsellipsoid).

Gawler-Block ↗Proterozoikum.

GC, ↗*Gaschromatographie*.

Gco-Horizont, oxidierter ↗G-Horizont entsprechend der ↗Bodenkundlichen Kartieranleitung; erkennbar mit Carbonat angereichert, Gehalt an Sekundärcarbonat < 5 Masse-%.

Gcor-Horizont, ↗Gor-Horizont entsprechend der ↗Bodenkundlichen Kartieranleitung mit erkennbarer Carbonatanreicherung als Übergangs-Gr-Horizont.

GCOS, *G*lobal *C*limate *O*bserving *S*ystem, von der ↗Weltorganisation für Meteorologie und einigen UN-Partnerorganisationen eingerichtetes Beobachtungssystem zur systematischen Erfassung klimarelevanter Phänomene der Atmosphäre, des Ozeans und der Landoberfläche. ↗Weltwetterüberwachung.

Gcr-Horizont, ↗Gr-Horizont entsprechend der ↗Bodenkundlichen Kartieranleitung mit erkennbarer Carbonatanreicherung.

GDV ↗*G*raphische *D*aten*v*erarbeitung.

Geantiklinale, veralteter Begriff für eine großräumige, langgestreckte Aufwölbung der ↗Erdkruste, bedingt durch die früher angenommene Kontraktion des Erdkörpers (↗Kontraktionstheorie).

gebänderte Eisensteine ↗*Banded Iron Formation*.

Gebäudebegrünung, gezielte Begrünung von Gebäuden mit Kletterpflanzen (Fassadenbegrünung) oder mit Pflanzen auf den Dächern (Dachbegrünung). Neben dem ästhetischen Effekt hat die intensive Gebäudebegrünung in der Stadt auch positive ökologische Funktionen: Auf begrünten Dächern wird Niederschlagswasser gespeichert und steht der Verdunstung zur Verfügung (verminderte lokale Wärmebelastung, weniger Meteorwasser in der Kanalisation). Gebäudebegrünungen bieten ökologische ↗Nischen für die städtische Flora und Fauna und helfen mit, als ↗Trittsteinbiotope die städtischen ↗Freiräume zu vernetzen. Die Gebäudebegrünung bewirkt zudem durch den isolierenden Effekt einen ausgeglicheneren Wärmehaushalt des Gebäudes.

Gebäudeklima, ↗Klima, das sich in Gebäuden ohne künstliche Klimatisierung (z. B. Heizung) einstellt, insbesondere bezüglich Lufttemperatur und Luftfeuchte. Zum Gebäudeklima gehören auch Schadstoffkonzentrationen und durch das Gebäude bewirkte Veränderungen des magnetischen sowie luftelektrischen Feldes. ↗Behaglichkeit.

Gebietsabfluß, stellt die ↗Abflußhöhe in mm eines Gebietes, meist bezogen auf eine Pegelanlage und einen bestimmten Zeitraum (Tage, Monate, Jahr oder Periode – z. B. die Standardklimaperioden: 1891–1930, 1931–1960, 1961–1990) dar. Dem Gebietsabfluß wird der ↗Gebietsniederschlag mit den gleichen zeitlichen und räumlichen Merkmalen gegenübergestellt.

Gebietsbilanz, ↗Bilanz einer naturräumlichen Einheit.

Gebietsenklave, Einschluß eines Gebietes mit eigenen Merkmalen, die sich von denen des einschließenden Gebietes unterscheiden. Unterscheidungsmerkmale können z. B. die politische Zuordnung oder auch die Art der Flächennutzung sein.

Gebietsexklave, Ausschluß eines Gebietes mit eigenen Merkmalen (↗Gebietsenklave).

Gebietskarte, *Regionalkarte*, die zusammenhängende kartographische Darstellung eines kleineren oder größeren Landesteiles in Form einer chorographischen Karte bzw. einer geographischen Detailkarte. Gebietskarten schließen als Maßstabsbereich an ↗topographische Übersichtskarten an, unterscheiden sich von diesen durch die andersartige ↗Reliefdarstellung. Statt ↗Höhenlinien werden ↗Höhenschichten, ↗Reliefschummerung, Gebirgsschraffen (↗Schraffen) oder Reliefstypen mit oder ohne Darstellung der Bodenbedeckung bevorzugt.

Gebietsmittel, aus Punktmessungen einer Kenngröße (z. B. Niederschlag) durch die Ermittlung des arithmetischen bzw. gewichteten Mittels oder anderen Verfahren (z. B. ↗Polygon-Methode, ↗Isohyeten-Methode, ↗Raster-Methode) abgeleitete Flächenmittelwerte für ein Einzugsgebiet oder ein anderweitig abgegrenztes Gebiet. Ein Beispiel für ein Gebietsmittel stellt der ↗Gebietsniederschlag dar.

Gebietsniederschlag, *Flächenniederschlag*, über ein Gebiet, meist ein ↗Einzugsgebiet eines Flusses, für eine bestimmte Zeitspanne gemittelte Niederschlagshöhe (↗Gebietsmittel). Dem Gebietsniederschlag wird der ↗Gebietsabfluß mit den gleichen zeitlichen und räumlichen Merkmalen gegenübergestellt.

Gebietsniederschlagshöhe-Dauer-Flächen-Kurve, Kurvenschaft, welche die Beziehung zwischen der mittleren Niederschlagshöhe oder -intensität in einem bestimmten Gebiet und der Dauer des Starkregens darstellt (Abb.).

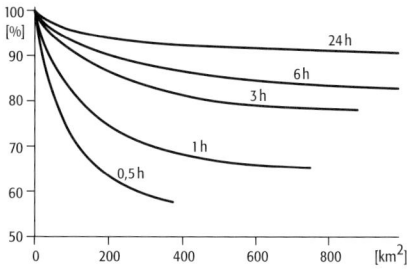

Gebietsniederschlagshöhe-Dauer-Flächen-Kurve: Abnahme der Gebietsniederschlagshöhe in % des Punktniederschlages mit zunehmender Gebietsfläche für verschiedene Niederschlagsdauer.

Gebietsrückhalt, Teil des ↗Gebietsniederschlages, der nicht unmittelbar zum ↗Abfluß gelangt, sondern im Einzugsgebiet an der Oberfläche (↗Interzeption, ↗Muldenrückhalt, ↗Schnee) und im Boden (↗Bodenwasser, ↗Grundwasser) zurückgehalten wird oder durch ↗Verdunstung in die Atmosphäre zurückgelangt.

Gebietsstoffumsatz, ↗Stoffhaushalt im ↗Geoökosystem.

Gebietsverdunstung, ↗Verdunstungshöhe, gemittelt über ein bestimmtes Gebiet für eine bestimmte Zeitspanne.

Gebirge, bergmännischer Ausdruck für das die Lagerstätte von der Tagesoberfläche nach unten unbeschränkt umschließende Gestein; bei manchen Lagerstättentypen auch für die Lagerstätte selber im Gebrauch (z. B. Haselgebirge).

Gebirgsböden, Böden der ↗FAO-Klassifikation und ↗Weltbodenkarte, umfaßt den Teil der ↗Leptosols, die in Gebirgen verbreitet sind und mit ↗Regosols und ↗Cambisols vergesellschaftet sind.

Gebirgsbogen, *Orogenbogen*, der in der Aufsicht bogenförmige Verlauf von Gebirgen oder Gebirgsabschnitten, z. B. der Westalpenbogen oder der Karpatenbogen. Gelegentlich sind Gebirgsbögen über eine »Syntaxis« (z. B. Himalaya-Syntaxis) girlandenförmig aneinandergereiht. Die Bogenform entspricht, im Gegensatz zur ↗Orokline, der ursprünglichen Anlage des ↗Orogens. Da dessen endgültiger Ausprägung ein Inselbogenstadium vorausgehen kann und ↗Inselbögen z. T. im Streichen in Gebirge übergehen, kann die gleiche Ursache der Bogenentwicklung angenommen werden, nämlich Flächenerhalt des unter das Orogen abtauchenden Vorlandes, das dementsprechend den konvexen Rand des Gebirgsbogens säumt.

Gebirgsdruck, Druck, der die Lastgröße eines Gebirges bezeichnet. Der Gebirgsdruck wird nach Art der Entstehung eingeteilt in: a) ↗Überlagerungsdruck infolge des Eigengewichts, b) tektonischer Druck, ausgelöst durch tektonische Bewegungen, c) ↗Auflockerungsdruck, hervorgerufen durch natürliche oder künstliche Auflockerung (Tunnelbau) und d) Umlagerungsdruck, ein aufgrund von Spannungsumlagerungen beim ↗Hohlraumbau entstandener Druck. ↗primärer Spannungszustand, ↗sekundärer Spannungszustand.

Gebirgsdruckfestigkeit, Druckfestigkeit von Gebirge (↗Gebirgsfestigkeit). Sie wird als ↗einaxiale Druckfestigkeit oder dreiaxiale Druckfestigkeit (↗Triaxialversuch) an Großbohrkernen bestimmt. Meist wird jedoch die Gebirgsdruckfestigkeit über die ↗Gesteinsdruckfestigkeit abgeschätzt: In einem massigen, vereinzelt geklüfteten Gebirge beträgt die einaxiale Gebirgsdruckfestigkeit etwa 80–90 %, in einem homogenen Gebirge mit wenigen Trennflächen 40–60 % und in einem Gebirge mit deutlichem Trennflächengefüge 10–20 % der Gesteinsdruckfestigkeit.

Gebirgsdurchlässigkeit, Summe aus ↗Trennfugendurchlässigkeit und ↗Matrixdurchlässigkeit.

Gebirgsfestigkeit, mechanische Eigenschaft, die sich aus der ↗Gesteinsfestigkeit und der Beschaffenheit von Trennflächen zusammensetzt. Da ein Gebirge i. d. R. geklüftet ist, beeinflußt das Festigkeitsverhalten der Trennflächen die Gebirgsfestigkeit. Die Gebirgsfestigkeit ist daher als Diskontinuumsparameter anzusehen und hängt damit vom Betrachtungsmaßstab ab.

Gebirgsfußgletscher ↗*Vorlandgletscher*.
Gebirgsgüteklasse ↗*Ausbruchsklasse*.
Gebirgsklasse ↗*Ausbruchsklasse*.
Gebirgsklassifikation, Einteilung des Gebirges in Gebirgs(güte)-klassen. ↗*Ausbruchsklassen*.

Gebirgsklima, ↗Klima, das sich im Gebirge einstellt, je nach ↗Klimazone sehr unterschiedlich. Häufige Kennzeichen des Gebirgsklimas sind relativ niedrige Temperaturen, hohe Windgeschwindigkeiten, starke Sonneneinstrahlung einschließlich UV-Strahlung und ggf. geringe Sauerstoffkonzentration. Je nach Strömungsverhältnissen (Luv- und Lee-Effekte) kann der Niederschlag deutlich erhöht oder vermindert sein. Im einzelnen kann das Gebirgsklima in das Klima seiner Teilregionen mit ihren Besonderheiten unterteilt werden, z. B. Hangklima, Talklima, ↗Berg- und Talwind.

Gebirgsqualität, Parameter der ↗Gebirgsklassifikation. Zur Beschreibung der Gebirgsqualität ist der ↗RQD-Zahl (Rock Quality Designation) verbreitet, der auf der Auswertung von Bohrproben beruht und die Anteile an unzerbrochenen Kernstücken >10 cm in Prozent der Kerngesamtlänge angibt. Ein RQD-Wert von 100 % entspricht einem sehr standfestem Gestein, ein Wert von 0 % dagegen einem Gestein ohne Standfestigkeit. Ein weiterer Parameter zur Beschreibung der Gebirgsqualität ist der Q-Gebirgsqualitätswert, der aus einer Verknüpfung des RQD-Werts mit verschiedenen anderen Gebirgscharakteristika, z. B. Anzahl der Klüfte, Kluftrauhigkeit und Gebirgswasserzufluß, gebildet wird.

Gebirgsraupen, die zur vereinfachten Wiedergabe von Gebirgszügen in kleinmaßstäbigen Karten benutzte doppelte Schraffenreihe. Sie löste am Ende des 18. bzw. Anfang des 19. Jahrhunderts die Darstellung der Gebirge als Bergketten in Ansichtszeichnungen ab. Ihr Verlauf folgte anfangs aus Unkenntnis der wahren Großformen des Reliefs meist den Wasserscheiden, die eine Zeitlang generell als Gebirge aufgefaßt wurden. Mit dem Fortschreiten der geologischen und topographischen Kenntnisse weichen die Gebirgsraupen einer wirklichkeitsnäheren Gebirgsschraffendarstellung (↗Reliefdarstellung).

Gebirgsscherfestigkeit, ↗Scherfestigkeit von Gebirge (↗Gebirgsfestigkeit). Sie wird meist im ↗Triaxialversuch oder Großscherversuch ermittelt. Die Gebirgsscherfestigkeit hängt neben der ↗Gesteinsscherfestigkeit von den vorherrschenden Kluftrauhigkeiten, der Ausbildung vorhandener Materialbrücken sowie dem Einfallen der Trennflächen ab.

Gebirgsschlag ↗*Bergschlag*.

gebirgsschonendes Sprengen, spezielle Sprengtechnik bei dem Auffahren von Tunneln oder Böschungsanschnitten *(böschungsschonendes Sprengen)* in Felsgestein. Durch die Anordnung der Bohrlöcher, die Stärke der Sprengladungen und die Abfolge der einzelnen Sprengungsschritte soll die Auflockerung des Teils des Gebirges, der nach den Ausbrucharbeiten erhalten bleiben soll, möglichst gering gehalten werden.

Gebirgstragring, Zone tragfähigen Gebirges um einen Hohlraum (z. B. Tunnel) im Fels. Der Gebirgstragring entsteht durch eine Spannungsumlagerung beim Auffahren des Hohlraumes. Durch das Fehlen der Radialspannung wird der Spannungszustand von einem dreiaxialen in einen zweiaxialen über, die Tangentialspannungen nehmen zu und können bei nicht vorhandener Randverstärkung des Gebirges größer als die Gebirgsdruckspannungen werden. Allgemein wird die Bildung eines Gebirgstragringes erwünscht, z. B. bei Tunnelbauverfahren nach der ↗Neuen Österreichischen Tunnelbauweise, da dadurch eine mittragende Wirkung des Gebirges angeregt wird. Die bei der Ausbildung eines Gebirgstragringes entstehenden Verformungen dürfen nicht zu hoch sein, sonst bilden sich Scherzonen aus. Dies kann v. a. bei Hohlräumen mit geringer Überlagerungshöhe oder bei hoher Gebirgsauflockerung der Fall sein. [AWR]

Gebirgsverformbarkeit, ↗Verformbarkeit von Fels. Das Verformungsverhalten von Gebirge wird von der vorherrschenden Spannungsverteilung und dem Verformungsmodul des Gebirges bestimmt. Im Hohlraumbau wird die Gebirgsverformbarkeit als ein Maß zur Standzeit des Gebirges und der Gebirgsqualität angesehen. Sie wird im Gelände mittels ↗Plattendruckversuche, Radialpressenversuche, ↗Druckkissenversuche oder durch ↗Bohrlochaufweitungsversuche bestimmt, im Labor durch Plattendruckversuche an Großproben gemessen (↗Verformungsmessungen). Geklüftete bis stark geklüftete Gebirge können aufgrund von Beweglichkeit an Trennflächen eine relativ hohe Verformbarkeit zeigen.

Gebirgsvergletscherung, bezeichnet im Gegensatz zur ↗Vorlandvergletscherung die ↗glaziale Überformung eines Gebirges; häufig und etwas mißverständlich auch als eine, »dem Relief untergeordnete« ↗Vergletscherung bezeichnet. Die Gebirgsvergletscherung ist durch ↗Talgletscher und ↗Eisstromnetze, kleinere ↗Kargletscher, Hanggletscher, Wandvergletscherungen, Firnmuldengletscher (↗Firn) und Firnflecken geprägt. Diese Art der Vergletscherung ist typisch für Hochgebirge. Charakteristischer glazial-geomorphologischer Formenschatz der Gebirgsvergletscherung sind ↗Kare, ↗Rundhöcker, ↗Trogtäler, ↗Transfluenzpässe und ↗Moränen aller Art.

Gebirgswald, Wälder, die sich an die generellen ökologischen Standortbedingungen in Gebirgsregionen angepaßt haben (Temperaturabnahme und meist Niederschlagszunahme mit zunehmender Höhe) und für einzelne ↗Höhenstufen typisch sind. Die Höhenstufen wiederum können aber abhängig von der Lage des Hochgebirges und der Klimazone ganz unterschiedlich ausfallen.

Gebirgswurzel ↗Orogen.

Gebirgszugfestigkeit, Zugfestigkeit von Gebirge (↗Gebirgsfestigkeit). Die Gebirgszugfestigkeit ist deutlich geringer als die ↗Gesteinszugfestigkeit, da der Zusammenhalt des Gesteins im Gebirge durch Klüfte und andere Trennflächen durchbrochen wird. Senkrecht zu Trennflächen kann sie gegen Null gehen.

gebräches Gebirge ↗Ausbruchsklasse.

gebundene Düne, *Hindernisdüne*, ↗Düne, die durch ↗äolische Akkumulation an einem Hindernis entsteht und deren Relief von der Art des Hindernisses und den dadurch induzierten Strömungsverhältnissen abhängig ist. So entstehen an pflanzlichen Hindernissen ↗Kupsten bzw. ↗Nebkas, bei Untergrundfeuchte und/oder disperser Vegetation ↗Bogendünen und ↗Paraboldünen und vor topographischen Hindernissen (Hügeln, Stufen etc.) ↗Sandrampen oder ↗Echodünen. Auf der windabgewandten Seite von Hindernissen entstehen ↗Leedünen. Im Gegensatz zur gebundenen Düne steht die ↗freie Düne.

gebundene Kohlensäure, der Anteil an Kohlenstoffdioxid, der im Wasser als dissoziierte Carbonat- oder Hydrogencarbonat-Ionen vorliegt.

gebundene Rückstände ↗bound residues.

Gedächtnis, aktives kognitives System, das Informationen aufnimmt, enkodiert, modifiziert und wieder abruft. Der Gedächtnisbegriff bezeichnet die Fähigkeit, Sinneswahrnehmungen, Erfahrungen und Bewußtseinsinhalte zu registrieren, über längere oder kürzere Zeit zu speichern (Repräsentation) und bei geeignetem Anlaß kontextspezifisch zu reproduzieren (Externalisierung und Wiedergabe). Dabei können die Wissensverarbeitung beschreibenden Prozesse in erster Linie als Änderung von internen und externen Wissensstrukturen, d. h. als ein Vorgang der Angleichung von extern vorliegenden Wissensstrukturen und dem Grundmuster bereits im Gedächtnis vorhandener Wissensstrukturen verstanden werden.

Die Anforderungen an das Gedächtnis spielen bei der ↗Kartennutzung eine entscheidende Rolle. Aus diesem Grund ist ein weitgehendes Verständnis der Vorgänge im und um das Gedächtnissystem zur Gestaltung nutzerorientierter Karten- und Mediensysteme äußerst hilfreich, z. B. wenn es darum geht, graphische Mittel zu finden, die unter anderem dazu eingesetzt werden, Schranken der menschlichen Gedächtnisleistung zu überwinden sowie für den aktuellen Problemlöseprozeß benötigtes Vorwissen im Gedächtnis zu aktivieren.

Das menschliche Gedächtnis wurde ursprünglich aus zwei Teilen zusammengesetzt angenommen: Dem Kurzzeitgedächtnis (KZG) und dem Langzeitgedächtnis (LZG). Dabei hatte das Kurzzeitgedächtnis die Aufgabe, Information kurzfristig und durchlässig zu behalten, während das Langzeitgedächtnis die Funktion der ständigen Speicherung von Wissen erhielt. Heute wird in der Kognitiven Psychologie das Gedächtnis als ein System aufgefaßt, das zwei funktionale Zustände annehmen kann. Dabei wird das Kurzzeitgedächtnis häufig als Arbeitsspeicher oder Arbeitsgedächtnis definiert, in welchem sich Wissen zeitweilig zur unmittelbaren Anwendung und Verarbeitung befindet. Die Notwendigkeit einer kurzfristigen Speicherung ist schon deshalb erforderlich, weil die einzelnen Informationen auch beim Kartenlesen größtenteils zeitlich nacheinander eintreffen, zu ihrer Verknüpfung aber simultan verfügbar sein müssen. Generell werden die durch die unterschiedlichen Sinneskanäle aufgenommenen Informationen im Arbeitsgedächtnis in einem sprachlichen und einem räumlichen Speicher (visuell-räumliches Gedächtnis) aktiv gehalten. Durch Wiederholung und Elaboration der so aufgenommenen Information werden Informationselemente dauerhaft enkodiert und bilden sowohl nach sprachlichen und visuell-räumlichen Informationen getrennte als auch gemeinsame Informationen ab. Für viele kognitive Anforderungen im Rahmen der Nutzung kartographischer Medien ist die Kapazität des Arbeitsgedächtnisses entschieden zu klein, so z. B. bei der Arbeit mit schnell wechselnden Bildschirmkarten, bei denen immer wieder Zwischenresultate, Werte von Variablen oder Systemzustände kurzzeitig präsent gehalten werden müssen.

Die langfristige Speicherung des menschlichen Wissens findet in einer weiteren Gedächtnisstruktur statt, dem Langzeitgedächtnis (LZG). Die Kapazität des LZG ist nach bisherigen Erkenntnissen praktisch unbegrenzt. Die Organisation des LZG scheint vor allem auf der Basis von Assoziationen (visuelle Assoziationen) zu beruhen. Diese Assoziationen kann man sich als gerichteten Zeiger von Wissenseinheiten auf andere Wissenseinheiten vorstellen. Die Assoziationen sind von unterschiedlicher Bedeutung und können Generalisierungen, Spezialisierungen, Ähnlichkeiten, Ausnahmen, Teilbeziehungen, aber auch beliebige, semantisch kaum greifbare Zusammenhänge darstellen. Die große Bedeutung des LZG für die Kartennutzung macht dessen Grundfunktion deutlich, die in der dauerhaften Abbildung besteht, d.h. in der zeitstabilen und störresistenten Repräsentation von Informationen. Die vorbezeichnete Grundfunktion des LZG ist die Basis für drei wesentliche Leistungen: a) das Identifizieren, d.h. Erkennen oder Wiedererkennen aktueller Sinnesempfindungen durch Vergleich und Abgleich mit bestehendem Gedächtnisbesitz, z.B. eines bestimmten Zeichenmusters in der Karte; b) das Reproduzieren, d.h. Wiedergewinnen durch Anregung, Formierung oder motorische Aktualisierung von Speicherinhalten, z.B. der Funktion einer bestimmten Leitfarbe in der Karte; c) das Produzieren, d.h. Umformen von Gedächtnisinhalten bzw. die Kombination oder Konstruktion neuer Einheiten sowie Verbindungen zu bestehendem Gedächtnisbesitz, z.B. die Gewinnung indirekter Informationen.

Neben der temporal-funktionalen Gliederung der Gedächtnissysteme werden verschiedene Teilsysteme unterschieden, die auf die Verarbeitung spezifischer Informationen spezialisiert sind. Gegenwärtig werden vier miteinander vernetzte Gedächtnisarten diskutiert – zwei deklarative und zwei nicht deklarative: a) das episodische Gedächtnis für autobiographische, größtenteils singuläre Ereignisse sowie nach Ort und Zeit bestimmte Fakten; b) das semantische Gedächtnis für Weltkenntnisse, Schulwissen, Wissen um generelle Zusammenhänge sowie semantisch-grammatikalische Kenntnisse; c) das prozedurale Gedächtnis für mechanische und motorische Fertigkeiten und Handlungsabläufe; d) das sogenannte Priming für erleichtertes Erinnern von ähnlich erlebten Situationen oder früher wahrgenommenen Reizmustern.

Das komplexe Zusammenspiel der Gedächtnissysteme bildet die Grundlage für eine erfolgreiche Nutzung kartographischer Medien. Sind bestimmte für die Informationsauswertung benötigte Gedächtnissysteme nicht verfügbar, kommt es zu Fehlern bei der Decodierung der in der Karte abgebildeten Zeichenmuster. Beispiele für kognitive Systeme, die beim Kartennutzer verfügbar sein müssen, sind die Skalierungsniveaus bei statistischen Daten oder geometrische Eigenschaften von kartesischen Koordinatenwerten. Bei undifferenzierten Wertungen von nominalskalierten Daten können z.B. hierarchische statt kategoriale Informationseigenschaften interpretiert werden. Bei kartesischen Koordinatenwerten können deren Eigenschaften mit Eigenschaften von geographischen Koordinatenwerten verwechselt werden. Fehlt das benötigte Kontextwissen oder kann es aus unterschiedlichen Gründen nicht aktiviert werden, kommt es zu Fehlschlüssen oder zu einer Situation, in der die in der Karte abgebildeten Informationen nicht umfassend für die Beantwortung der aktuellen Fragestellung genutzt werden. Die Aktivierung von in den dargestellten Gedächtnissystemen repräsentiertem Wissen sowie der Ausgleich von Wissensdefiziten sind grundlegende Aufgaben kartographischer ↗Arbeitsgraphik.

Zusammengefaßt zeigen die Erkenntnisse die Bedeutung einer zielgerichteten, auf ↗visuell-kognitive Prozesse ausgerichtete Präsentation kartographischer Informationen. Besonders hervorgehoben werden muß vor allem die Notwendigkeit, die syntaktische und semantische Komplexität sowohl in Papierkarten als auch im besonderen in Bildschirmkarten zu verringern, um eine kognitiv plausible, das heißt der menschlichen Gedächtnisleistung angemessene Präsentation zu gewährleisten. Gleichzeitig ist es die Aufgabe jeder Kartenmodellierung, möglichst viele Anknüpfungspunkte für die effektive Aktivierung von aufgabenrelevantem Kontextwissen zu ermöglichen. [FH]

gediegene Metalle, natürliche, in elementarer Form vorliegende Metalle, die nicht in oxidischen, sulfidischen oder anderen Mineralstrukturen gebunden sind. Beispiele sind ↗gediegen Gold oder ↗Freigold.

gediegen Gold, Bezeichnung für »rein« vorliegendes ↗Gold, d.h. daß das Gold nicht mit einem Anion (z.B. Tellur) eine Verbindung zu einem Goldmineral (z.B. Goldtellurid) eingegangen ist.

Gedinne, *Gedinnium*, international verwendete stratigraphische Bezeichnung für die unterste Stufe des ↗Devons, über ↗Silur, unter ↗Siegen; benannt von A. Dumont (1848) nach der Ortschaft Gedinne in Südbelgien. ↗geologische Zeitskala.

Geest, typische ↗Altmoränenlandschaft der vorletzt-kaltzeitlichen Saale-Vereisung im nordwestlichen Mitteleuropa (↗Saale-Kaltzeit). Ein Beispiel stellt die schleswig-holsteinische Geest dar, welche sich in die höher gelegene sog. hohe Geest und die niedere Geest untergliedern läßt. Während die hohe Geest aus den ↗periglazial überprägten ↗Altmoränen mit flachem Kuppenrelief besteht, wird die niedere Geest von Sanderflächen (↗Sander) der letzt-kaltzeitlichen Weichselvereisung gebildet (↗Weichsel-Kaltzeit), welche in die Senken zwischen den Altmoränen geschüttet wurden. Geestböden sind entsprechend ihrem Ausgangssubstrat überwiegend sandige Böden, weitgehend entkalkt, nährstoffarm und haben daher eine geringe Ertragsfähigkeit. Hauptbodentyp ist der ↗Podsol. Nach Rodung und Verdrängung des natürlichen Laubmischwaldes haben sich auf den nährstoffarmen Standorten, unter dem Einfluß der Weide- und Plaggenwirtschaft (↗Plaggen), Zwergstrauchheiden und Kiefernheiden ausgebreitet. Sie repräsentieren den Typ der ↗Heidelandschaft, der als alte und bedrohte Kulturlandschaft unter Schutz gestellt ist, wie z. B. die Lüneburger Heide. Große Teile der Geest sind heute mit Kiefernforsten bestanden. [JBR]

Gefährdungsmatrix ↗*Konfliktmatrix.*

Gefällwechselpunkt, ein Geländepunkt, in dem sich die Neigung der Geländeoberfläche ändert. Als Gefällwechselpunkte werden i. a. nur jene Punkte bezeichnet, in denen die ↗Geländeneigung zunimmt oder abnimmt, aber nicht ihre Richtung ändert. Tal-, Mulden-, Kamm-, Rückenpunkte usw. werden daher nicht als Gefällwechselpunkte bezeichnet. Zeigt der Geländeverlauf deutliche Unstetigkeitsstellen (Knick, Kante), so wird von Kantenpunkten gesprochen.

Gefäßbarometer ↗*Barometer.*

gefrieren, *Gefriervorgang*, Übergang einer Flüssigkeit in den festen ↗Aggregatzustand, z. B. der Übergang von Wasser zu Eis. Gefrieren ist der Umkehrprozeß des ↗Schmelzens. Die Temperatur, bei der Übergang von flüssig zu fest stattfindet, ist der ↗Gefrierpunkt. Durch die Umstrukturierung des Molekülverbands, beispielsweise von Wasser, in die hexagonalen Struktur der ↗Eiskristalle, wird Gefrierwärme freigesetzt (bei Wasser: 340 J/g Wasser) und an die kältere Umgebung abgegeben, und zwar solange bis der Gefrierprozeß abgeschlossen ist. Dadurch bleibt die Temperatur des gefrierenden Wassers während des Gefriervorganges konstant. Bei natürlichem Wasser und Normalluftdruck liegt der Gefrierpunkt bei 0 °C. Er sinkt zum einen mit zunehmendem Druck, zum anderen für eine wässerige Lösung proportional zur molaren Konzentration, aber unabhängig von der Art des gelösten Stoffes (Gefrierpunkterniedrigung).

Die kristalline Struktur des Eises verursacht eine Volumenzunahme um ca. 9 % auf das spezifische Volumen von Eis (1,09051 cm^3/g) und eine entsprechende Dichteabnahme (0,9168 g/cm^3). Der Wert der Gefrierenthalpie (↗Enthalpie) ist 6,12 kJ/mol. Lösungen führen zur Erniedrigung des Gefrierpunktes um ΔT_g, die sich mit dem Gesetz von Raoult (↗Raoultschen Gesetz) beschreiben lassen:

$$\Delta T_g = \frac{A_g \cdot m}{m \cdot M},$$

wobei m die Masse des gelösten Stoffes und M das Molekulargewicht des gelösten Stoffes darstellt. Die Konstante A_g ist vom Lösungsmittel abhängig und beträgt für Wasser 1680 °C/mol. Bei der Kältemischung von drei Teilen Wasser und einem Teil Kochsalz (Natriumchlorid, NaCl) beträgt die Gefrierpunktserniedrigung 22 °C. Für NaCl gilt allgemein $\Delta T = 3,4$ °C für 58 g NaCl pro Liter Wasser.

Das Gefrieren ist zumeist ein heterogener Prozeß und erfordert zur Auslösung geeignete ↗Eiskeime oder Oberflächen. Bei ↗unterkühltem Wasser bis -40 °C, insbesondere in Wolken, ist der Gefrierprozeß gehemmt, kann aber spontan ausgelöst werden. Bei -40 °C erfolgt homogenes Gefrieren. Darunter wird kein flüssiges Wasser beobachtet. In Lösungen ist das Einsetzen des homogenen Gefrierens zu tieferen Temperaturen hin verschoben. ↗Wasser, chemische und physikalische Eigenschaften, ↗Eisbildung, ↗Eisdruck, ↗Eislinsenbildung, ↗Frostsprengung, ↗Wasserkreislauf.

gefrierender Niesel, unterkühlter ↗Niesel aus ↗unterkühltem Wasser gefriert bei Kontakt. Gefrierender Niesel kann im Gegensatz zu ↗gefrierendem Regen vollständig bei Temperaturen unter 0 °C entstanden sein. Gefrierender Niesel führt zu besonders gefährlicher Flugzeugvereisung und wird in diesem Zusammenhang als *supercooled large drops* (SLD), »große unterkühlte Tropfen«, bezeichnet. Der Tropfendurchmesser beträgt 50–300 μm. ↗Gefrieren.

gefrierender Regen, Regentropfen, die aus einer wärmeren in eine kältere Luftschicht mit $T < 0$ °C fallen und dort gefrieren (↗Eisregen) oder als unterkühlte Tropfen (↗unterkühltes Wasser) beim Auftreffen auf den Boden oder exponierte Objekte gefrieren und diese mit einer Eisschicht bedecken (↗Glatteis) oder umhüllen.

Gefrierfront, *Frostfront*, die fortschreitende Grenze zwischen gefrorenem oder teilweise gefrorenem und ungefrorenem Untergrund. Normalerweise bilden sich während des jährlichen Gefrierens des ↗Auftaubodens zwei Gefrierfronten aus: eine von der Geländeoberfläche nach unten gerichtet und eine von der Permafrostobergrenze nach oben gerichtet. Die Gefrierfront muß nicht mit der 0 °C-Isotherme übereinstimmen.

Gefrierkerne ↗*Eiskeime.*

Gefrierpunkt, Temperatur, bei der flüssiges Wasser zu Eis erstarrt. Der Gefrierpunkt liegt bei 273,15 K (0 °C). Es handelt sich um die Gleichgewichtstemperatur zwischen der flüssigen und festen Phase. Bei Seewasser ist der Gefrierpunkt abhängig von ↗Salzgehalt und Druck.

Gefrierverfestigung, Injektionsverfahren (↗Injektion) zur temporären Verfestigung von Böden (z. B. beim Aushub von Baugruben) oder Fels (z. B. beim Tunnelbau), um im Schutz der Frostwand arbeiten zu können. Dabei wird Porenraum oder Kluftwasser gefroren. Über eine Lanze wird ein Gefriermedium (z. B. flüssiger Stickstoff) in das zu behandelnde Gestein eingebracht und somit zeitweise versteift. Um die Lanze herum bildet sich ein Gefrierzone unterschiedlicher Mächtigkeit von ungefähr 1,5 m, die auf 2–3 m ausgedehnt werden kann, wobei ein hoher Energieaufwand notwendig ist.

Probleme bereiten sog. Frostlücken. So gefrieren z. B. ↗bindige Böden (↗bindige Lockergesteine) wegen ihres Porenwasserchemismus erst bei -4 °C. Sie enthalten erhöhte Elektrolytwerte, was sich gefrierpunktsenkend auswirkt. Es bilden sich Eiskristalle, die, durch den kapillaren Nachschub begünstigt, Wasser anziehen. Durch ↗Eislinsenbildung zeigen sich getrennte Schichten aus Boden und Eis. Der Boden gefriert heterogen. Vollgefüllte Poren gefrieren schneller als halbgefüllte Poren. Bei nichtbindigen Böden (↗nichtbindige

Lockergesteine) bilden sich um jedes einzelne Korn Frosthüllen, welche die Körner miteinander verkitten. Der Boden gefriert homogen. Eine mögliche Meßmethode, um das Gefrierverfahren zu überprüfen, ist die Ultraschallmessung. Die Fortpflanzung von Ultraschallwellen beträgt im Wasser ca. 1500 m/s, im Eis etwa 3600–3800 m/s. Anhand dieses Geschwindigkeitssprungs wird das Verfahren der Gefrierverfestigung kontrolliert. [SRo]

Gefriervorgang ↗gefrieren.

Gefüge, 1) *Bodenkunde:* ↗*Bodengefüge*. **2)** *Petrologie/Mineralogie:* Summe der Raumdaten über Form, Verteilung und Regelung von Mineralen und ihrer Grenzflächen in einem Gestein. Im modernen Gebrauch und in Analogie zur Materialkunde läßt sich Gefüge unterteilen in *Gesteinsstruktur* und *Gesteinstextur (Textur)*. Die Gesteinsstrukturen umfassen dabei sowohl den makroskopischen Bereich (Falten, Scherzonen) als auch die nur im Dünnschliff unter dem optischen Mikroskop oder mit dem Elektronenmikroskop erkennbaren Mikrostrukturen. Wichtige Parameter sind dabei Art und Anzahl der Phasen, intrakristalline Strukturen der beteiligten Phasen (z. B. ↗Versetzungen, ↗Subkörner, ↗Entmischung, ↗Zwillinge), Verteilung der Phasen im Raum (z. B. Domänenstruktur oder isotrope Verteilung), ↗Korngröße und ↗Korngrößenverteilung, ↗Kornform, Kornformregelung, Art und Ausbildung von Korn- und Phasengrenzflächen (gerade, suturiert). Texturen entsprechen der kristallographischen Vorzugsregelungen (↗Regelung) der beteiligten Phasen. Der Textur-Begriff wurde (und wird z. T. auch noch) synonym mit dem Begriff Mikrostruktur verwandt.

In Gesteinen und Erzen, die körnige, kompakte Mineralaggragate bilden, entstehen zunächst ↗idiomorphe (eigengestaltige, freischwebende) Minerale. Im Endstadium der Erstarrung behindern sie sich gegenseitig und werden ↗xenomorph (allotriomorph, fremdgestaltig) und bilden sog. Pflastergefüge. Xenomorphe Entwicklung liegt fast immer bei rascher Kristallisation aus Schmelzen vor, nur teilweise idiomorphe Kristallite entstehen beim Abbinden von Zement, Mörtel und Gips, weitgehend xenomorph sind die Kristalle in magmatischen, sedimentären und metamorphen Gesteinen. Ein ↗porphyrisches Gefüge liegt bei Ergußgesteinen vor, wenn frühzeitig ausgeschiedene große idiomorphe Kristalle als ↗Einsprenglinge (engl.: phenocrysts) in einer feinkörnigen oder glasigen Grundmasse (↗Matrix) liegen. Zeigt die Grundmasse einen Fließvorgang, spricht man vom Fluidalgefüge (↗Fließgefüge). Metamorphe Gesteine zeigen durch die Einwirkung von zeitlichem Druck bei der Metamorphose schiefrige, plattige oder gefaltete Gefüge. Wenn in Metamorphiten einzelne große Kristalle (Idioblasten) wachsen, liegt ein ↗porphyroblastisches Gefüge vor (↗blastisches Wachstum).

Gefügediagramm, *Regelungsdiagramm, Richtungsdiagramm, Stereonetz,* Diagramm zur Veranschaulichung der räumlichen Verteilungen von Gefügeelementen in einer zweidimensionalen graphischen Form. Nach der Definition von Bruno ↗Sander (1934), der neben Walter Schmidt maßgeblich an der Entwicklung der Gefügekunde beteiligt war, versteht man unter dem ↗Gefüge des Gesteins alle Raumdaten, die sich auf kleinere oder größere, im Gestein reell unterscheidbare Bereiche beziehen. Die einfachste Darstellung von Gefügeelementen erfolgt in ↗Richtungsrosen, in denen nur Streichwerte aber keine Fallwinkel eingetragen werden können. Da für diese Darstellung die Lineare oder Flächennormalen annähernd in einer Ebene liegen müssen, wird diese Art der Gefügediagramme vorwiegend für senkrecht ausgerichtete Klüfte in ungefalteten Gesteinen verwendet.

Zur Darstellung der räumlichen Orientierung von Gefügeelementen in einem Lagenkugeldiagramm (↗Lagenkugel, ↗Lagenkugelprojektion) bezieht man deren Position auf das Zentrum einer Halbkugel, deren Innenseite dann von den Linearen durchstoßen und von den Ebenen in Großkreise geschnitten wird. Die Ebenen lassen mit Hilfe der Flächennormalen auch in Form von Polen darstellen. Zur zweidimensionalen Darstellungen von Orientierungen und Winkelbeziehungen, wird die Halbkugel auf die Zeichenebene projiziert. Für die stereographische Projektion wird zur Bestimmung von Winkelbeziehungen zwischen Flächen bzw. Linearen das winkeltreue Wulffsche Netz verwendet. Für die statistische Auswertung der bevorzugten Orientierung von Gefügeelementen und zur konstruktiven Ermittlung der statistischen Schnittlinie verschiedener Flächensysteme wird das flächentreue Schmidtsche Netz eingesetzt. Beide Netze sind äquatorständige Projektionen (Abb. 1 u. Abb. 2). Das Wulffsche Netz wird vornehmlich in der Kristallographie eingesetzt, das Schmidtsche Netz dagegen überwiegend zur Auswertung von tektonisch-gefügekundlichen Daten. Zur schnelleren Eintragung von Punktlagen wird oft auch die flächentreue, polständige Projektion verwendet. [CSch]

Gefügekompaß, ein ↗Geologenkompaß, der 1954 von E. ↗Clar entwickelt wurde und bei gefügekundlichen Arbeiten im Gelände zur Messung von Streich- und Fallwerten dient. Um ein direktes Ablesen der Streichwerte zu ermöglichen, sind auf dem Horizontalkreis (Bussole) die Himmelsrichtungen Osten und Westen vertauscht. Zur Bestimmung planarer Gefügeelemente wird der Gehäusedeckel so an die entsprechende Schicht

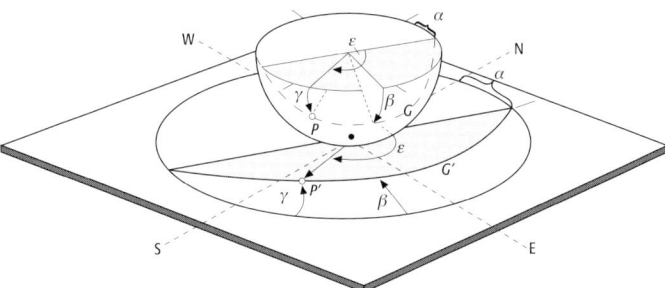

Gefügediagramm 2: schematische Darstellung von Ebenen und Linearen bei äquatorständiger Projektion (Ebenen: α = Streichen, β = Fallen; Lineare: γ = Abtauchen, ε = Richtung) G = Großkreis, P = beliebiger Punkt.

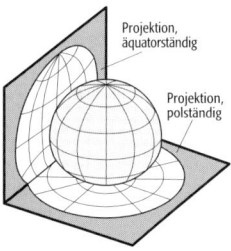

Gefügediagramm 1: äquator- und polständige Projektion einer Halbkugel.

gelegt, daß sich der Horizontalkreis in der waagerechten befindet (die Überprüfung erfolgt über eine eingebaute Wasserwaage). Die N-S-Kante des Gehäusedeckels weist dann in Richtung des Einfallens. Mit dem Horizontalkreis wird die Richtung der Horizontalen, die senkrecht zum Streichen verläuft, gemessen. Das Einfallen der entsprechenden Fläche wird mit Hilfe des Vertikalkreises, ein am Scharnier des Gehäuses angebrachter Neigungsteilkreis, ermittelt. Der Richtungswinkel der Horizontalen senkrecht zum Streichen ist zwischen 0° und 360° eindeutig festgelegt. Es bedarf demnach keiner zusätzlichen Angabe der Himmelsrichtung. Der Einfallwinkel liegt zwischen 0° und 90°. Notiert wird üblicherweise zuerst der Richtungswinkel und dann der Neigungswinkel, wobei die beiden Angaben durch einen Schrägstrich voneinander getrennt werden (z. B. 178/25). Um Verwechslungen zu vermeiden, sollte der Richtungswinkel immer dreistellig und der Neigungswinkel immer zweistellig angegeben werden. Die Bestimmung der Ausrichtung von linearen Gefügeelementen erfolgt, indem die N-S-Kante des Gehäusedeckels an das Linear gelegt und der Horizontalkreis in die Horizontale gebracht wird. Im Gegensatz zu den planaren Gefügeelementen entspricht bei den Linearen die Fallrichtung der Streichrichtung. [CSch]

Gefügekunde, der Teil der ↗Tektonik, der sich mit der Beschreibung, Klassifizierung und Entstehung von ↗Gefügen befaßt.

Gefügemelioration, *Gefügeverbesserung*, *Unterbodenmelioration*, Maßnahme zur Änderung des Gefüges im Unterboden mit dem Ziel der Erhöhung der Ertragsfähigkeit (↗Ertrag) des Bodens in der Landwirtschaft. Gefügemelioration soll den Wasser-, Luft- und Wärmehaushaltes, zum Teil auch den Nährstoffhaushalt des Bodens im Wurzelbereich der Kulturpflanzen verbessern. Verfahren der Gefügemelioration sind unter anderem Tieflockerung (↗Tiefenlockerung, ↗Unterbodenlockerung) oder Tiefpflügen. Die beabsichtige nachhaltige positive Wirkung einer Gefügemelioration tritt in Gebieten mit gemäßigtem Klima oft nicht bzw. nicht mehr ein. Es können negative Neben- oder Folgewirkungen vorkommen, z. B. Umweltbelastungen durch unkontrollierte Mineralisierungsschübe und Stoffausträge. Gefügemelioration ist daher z. B. in Mitteleuropa oder Nordamerika kaum noch gebräuchlich. [LM]

Gefügemuster, Umschreibung des räumlichen Musters von Landschaftseinheiten, wie es beispielsweise auf einem Luftbild erkennbar ist (↗Raummuster). Anhand des Gefügemusters wird versucht, Regelhaftigkeiten in der Anordnung naturräumlicher Einheiten zu erkennen und für die Anwendung der ↗naturräumlichen Gliederung auszunutzen. Dabei wird von einer charakteristischen »inneren Ordnung« größerer naturräumlicher Einheiten ausgegangen, welche für die Typisierung und Klassifikation verwendet werden kann. Diese Struktur ist gegeben durch a) die Anzahl der räumlichen Grundeinheiten, den ↗Topen, durch welche der größere Ausschnitt zusammengesetzt ist, b) die Flächenanteile der einzelnen Tope und c) deren mosaikartigen räumlichen Anordnung und Kombination (↗Topengefüge).

Gefügeplasma, umfaßt den fein dispergierten Teil des Bodenmaterials, der durch den Prozeß der Bodenbildung sehr viel leichter bewegt, in seiner Zusammensetzung verändert und umgelagert werden kann oder wurde als das ↗Gefügeskelett. Es beschreibt die feine (meist tonige, aber auch carbonatische, eisenhaltige oder organische) Grundmasse (Matrix) und ist nicht zu verwechseln mit dem Plasmagefüge, das die Anordnung von Plasmabestandteilen und assoziierten Hohlräumen charakterisiert und mit polarisationsmikroskopischen und submikroskopischen (z. B. elektronenmikroskopischen) Untersuchungen beschrieben werden kann (optische Anisotropie, ↗Isotropie, Doppelbrechung, Kristallorientierung usw.).

Gefügeregelung, Ausrichtung von Gefügeelementen (↗Gefüge) in Gesteinen unter dem Einfluß ↗exogener oder ↗endogener Kräfte.

Gefügerelikt, in bestimmten Bereichen erhaltene Merkmale früherer ↗Gefüge in einem ansonsten umgestalteten (umkristallisierten, deformierten) Gestein, z. B. magmatisch gebildete Minerale in Augengneis- oder ↗Flasergefügen.

Gefügeskelett, besteht aus gröberen Mineral- und Gesteinskörnern, die chemisch und physikalisch relativ stabil sind und noch nicht verlagert oder umgewandelt wurden, und ist zusammen mit dem ↗Gefügeplasma Bestandteil des ↗Elementargefüges.

Gefügestabilität, Widerstand des ↗Bodengefüges gegen Volumenveränderung (↗Verdichtung) bzw. die Veränderung der Anordnung und relativen Phasenanteile von Gas, Wasser und Festsubstanz unter dem Einfluß mechanischer Beanspruchung (Druck- und/oder Scherkräfte) bzw. chemischer Prozesse.

gefüllter Standortregelkreis, ein Syntheseziel des ↗geoökologischen Arbeitsganges.

Gegenfilter, beim Brunnenbau ein Sand mit geringerem Korndurchmesser als der des Filtersandes (abgestufte Korngrößen), der zwischen einer Abdichtung (↗Quellton) und dem Filterkies bzw. Filtersand eingebaut wird, damit keine Feinanteile in den Filterbereich eindringen können.

Gegenionen, sind solche Ionen, die eine bezogen auf eine fixierte Ladung (z. B. Oberflächenladung) entgegengesetzte Ladung tragen. Sie gleichen den Ladungsüberschuß der entsprechenden Oberflächen aus, indem sie in ausreichender Menge adsorbiert, gebunden oder in der näheren Umgebung angereichert werden. Die Gegenionen sind positiv geladen, wenn die Oberfläche eine negative Ladung (z. B. ↗Tonminerale in Böden) aufweist. Ist die ↗Oberflächenladung positiv, sind die Gegenionen negativ geladen.

Gegensonne, heller Fleck am Himmel gegenüber der Sonne in gleicher Höhe, eine spezieller ↗Halo.

Gegenstandsmarken, Gruppe von ↗Sedimentstrukturen, die durch Kontakt von Gegenständen

(Steine, Tonscherben, Holzreste, Schalenreste etc.) mit der Sedimentoberfläche erzeugt werden. Man unterscheidet nach Art des Kontaktes ↗Schleifmarken (Rillenmarke), ↗Stoßmarken (↗Prallmarken) und Liegendmarken (Blasen- oder Schaumabdrücke). Gegenstandsmarken gehören zu den ↗Sohlmarken.

Gegenstrom, intensive Meeresströmung, die aufgrund nichtlinearer Effekte als System von Strom-Gegenstrom auftritt.

Gehlenit, *Fuggerit, Stilobit, Stylobat, Stylobit*, nach dem deutschen Chemiker Gehlen benanntes Mineral der Melilith-Gruppe (↗Melilith); chemische Formel: $Ca_2(Al,Mg)[(Al,Si)SiO_7]$; tetraedrisch-skalenoedrische Kristallform; Farbe: weißgrau, weißlichgelb, gelb, braun, seltener farblos klar; Fettglanz; Härte nach Mohs: 5–5,5; Dichte: 3,04 g/cm³; Spaltbarkeit: deutlich nach (001); Aggregate: körnig und fast immer eingewachsen (Gesteinsmengteil); Begleiter: Perowskit; Vorkommen: als typisches Kontaktmineral stets in Kalken eingewachsen sowie auch in Hüttenschlacken; Fundorte: Monzoni/Fassata (Italien), Oravica (Rumänien).

Geiger, *Rudolf Oskar R. W.*, dt. Physiker und Meteorologe, * 24.8.1894 in Erlangen, † 22.1.1981 in München, ab 1937 Professor in Eberswalde bei Berlin und Direktor des dortigen Meteorologisch-Physikalischen Instituts der Forstlichen Hochschule, 1948–58 Vorstand der Meteorologischen Institute der Universität und der Forstlichen Versuchsanstalt München; begründete und förderte die Mikroklimatologie. Werke (Auswahl): »Das Klima der bodennahen Luftschicht« (1927), »Handbuch der Klimatologie« (5 Bände, 1930–40 mit W. P. ↗Köppen).

gekapptes Bodenprofil, *geköpftes Profil*, durch Bodenerosion am Hang oder anthropogene Eingriffe (Abgrabungen) verkürzte Böden (Abb. im Farbtafelteil). Oftmals ist der Oberbodenhorizont vollständig und der Unterbodenhorizont nur teilweise abgetragen und am Unterhang als

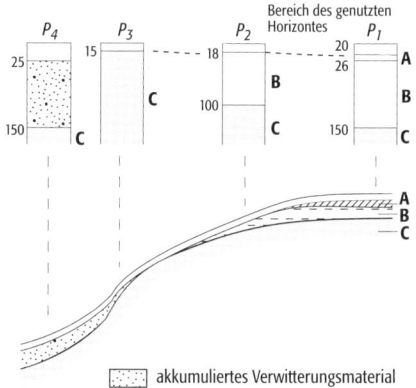

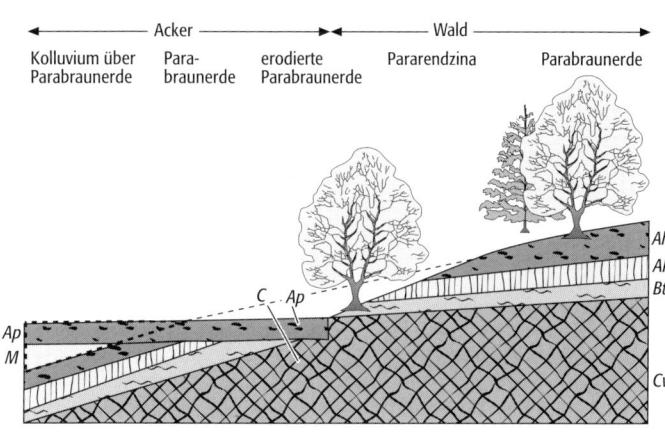

gekapptes Bodenprofil 1: Vergleich vollständig ausgebildeter und gekappter Bodenprofile am Hang unter Wald- und Ackernutzung.

↗Kolluvium und in der Talaue als Auensediment invers (Horizontfolge auf den Kopf gestellt) abgelagert (Abb. 1 und Abb. 2).

geköpftes Bodenprofil ↗gekapptes Bodenprofil.

gekritzte Geschiebe, ↗Geschiebe, die durch den Transport mit Gletscher- oder Inlandeis Schrammen und Kratzer aufweisen. Gekritzte Geschiebe sind Indikatoren für die ↗glaziale Prägung eines Sediments. Handelt es sich bei den gekritzten Geschieben um ↗Erratika, so können sie für die glazial-geomorphologische Forschung wichtige Zeugen sein, um die Verbreitung ehemaliger ↗Vergletscherungen festzustellen.

Gel, bezeichnet ein formbeständiges, leicht deformierbares disperses System aus mindestens zwei Komponenten. Diese sind meist ein kolloid dispers zerteilter Feststoff und ein Dispersionsmittel. In den meisten Fällen ist das Dispersionsmittel Wasser (↗Hydrogele), doch kann dies allgemein jede Flüssigkeit (*Lyogele* oder Gallerte) oder auch Luft (Aerogele) sein. Im Falle der *Xerogele* haben die Gele ihre Flüssigkeit verloren. Hierdurch ändert sich die Struktur der Gele, die dann einen Grenzzustand zum Festkörper bilden. Xerogele können z. T. durch Quellung wieder in den Zustand der Lyogele überführt werden (z. B. Kieselgele). Der Feststoff bildet in den Gelen ein weitmaschiges, vom Dispersionsmittel durchdrungenes Gerüst aus kolloidalen Bauteilchen, die an einzelnen Punkten durch Van-der-Waals-Kräfte oder chemische Kräfte verbunden sind. Besondere Bedeutung haben die Gele, die durch Koagulation (↗Flockung, ↗Ausflockung) aus hydrophilen Kolloiden bzw. ↗Solen entstehen, z. B. Kieselgele, Aluminiumhydroxidgele oder Bentonitgele. Die geringe Zahl der Verknüpfungsstellen und ihre schwachen Bindungskräfte erlauben es, die Gele auch durch schwache mechanische Kräfte (z. B. bloßes Schütteln) zu peptisieren, d. h. das Gel zu verflüssigen. Diese ↗Thixotropie genannte Eigenschaft der Gele ermöglicht ihren Einsatz als Bohrspülungen, die bei Bohrstillstand koagulieren und dadurch die Bohrspülung im Ringraum stabilisieren, oder in der Bautechnik, z. B. im Schlitzwandbau (↗Schlitzwand), oder bei der Herstellung von ↗Dichtungssohlen für ↗Baugruben im Injektionsverfahren.

In der Natur ist das Auftreten der Gele stets an die Nähe zur Erdoberfläche gebunden. Sie sind charakteristisch für die Verwitterungszonen, besonders im ↗Eisernen Hut von ↗Erzlagerstätten. Ih-

gekapptes Bodenprofil 2: Entstehung eines gekappten Bodenprofils.

re Formen sind traubig, nierig oder schalig. Diese Texturmerkmale kennzeichnen auch gealterte Gele, wie z. B. Zinkblende in Form der Schalenblende oder der verbreitete Melnikovitpyrit (Gelpyrit). [TR]

Gelände, die Gesamtheit der Objekte und Erscheinungen des begehbaren Teils der Erdoberfläche. Das Gelände ist wesentlicher Bestandteil der Geo- und Biosphäre (↗Georaum) und gehört zur natürlichen Umwelt. In dieser Eigenschaft ist es das Hauptobjekt geodätischer, geographischer, topographischer und kartographischer Arbeiten.

Geländeansichtsdarstellung, eine perspektivische graphische Darstellung eines Geländeabschnittes. Sie kann manuell als Zeichnung oder computergestützt generiert werden.

Geländeklima, Klimabesonderheiten in einem räumlich begrenzten Gebiet um einen Geländepunkt. Die Ursachen des Geländeklimas liegen in der Geländeposition (Tal- oder Hanglage), der Gestaltung der Bodenoberfläche (Rauhigkeit, ↗Albedo) und dem ↗Erdbodenzustand. Während einer ↗autochthonen Witterung kann sich das Geländeklima besonders gut ausbilden. Es stellt sich in Tälern und an Hängen ein, in Städten und in Wäldern sowie an den Ufern von Wasserflächen. Aufgrund der großen praktischen Bedeutung für die Land- und Forstwirtschaft, aber auch für die Beurteilung menschlicher Lebensräume, werden spezielle Geländeklimauntersuchungen durchgeführt. Zur Beschaffung der hierfür notwendigen Daten werden topographische Karten ausgewertet, Messungen und Beobachtungen im Gelände durchgeführt sowie die Ergebnisse ↗numerischer Modelle herangezogen. Damit gelingt es beispielsweise, ↗Frischluftschneisen festzulegen oder die Frostgefährdung eines Gebietes zu kartieren. Bei der Planung und Durchführung von Flächennutzungsänderungen (Bebauung, Aufforstung oder Rodung von Waldgebieten) können mit Hilfe numerischer Rechenmodelle mögliche negative Auswirkungen auf das Geländeklima erkannt und optimierte Lösungen erarbeitet werden.

Geländelinie, *Gerippline*, eine Linie im Gelände, die sich aufgrund unterschiedlicher benachbarter Reliefformen (↗Relief) oder sich ändernder Reliefmerkmale ergibt. Zu den Geländelinien gehören Rücken- oder Kamm-, Mulden- oder Tal- sowie Gefällwechsellinien und Bruchkanten. Ihre Berücksichtigung ist für eine morphologisch hochwertige ↗digitale Geländemodellierung unerläßlich.

Geländeneigung, Gefälle eines homogenen Geländeabschnitts, bezogen auf eine ↗Höhenbezugsfläche.

Geländeprofil, zu den ↗kartenverwandten Darstellungen gerechnet, oft kurz Profil genannt, Schnittlinie einer lotrechten, auch geknickten oder gekrümmten (z. B. einem Flußtal folgenden) Bildebene mit der Erdoberfläche. Es kann ohne und mit ↗Überhöhung entworfen werden. Werden auf der Schnittfläche die geologischen Verhältnisse eingetragen, so entsteht ein geologisches Profil. Bei Profilen in kleinen Längenmaßstäben (etwa ab 1:1.000.000) kann auch die Erdkrümmung des Schnittes gezeigt werden. Eine Richtung der Darstellungsebene entspricht der Himmelsrichtung, die zweite der Höhe, die hier maßstäblich wiedergegeben wird.

Geländereduktion, in der Angewandten Gravimetrie die rechnerische Beseitigung der Schwerewirkung der Topographie rund um den Meßpunkt. Dazu werden Erhebungen über dem Meßniveau abgetragen und Täler aufgefüllt. Zu diesem Zweck wird die Morphologie durch eine Summe einfacher geometrischer Körper (Sektoren auf Kreisringen um den Aufpunkt oder vertikale Säulen), deren Schwerewirkung sich berechnen läßt, angenähert. Die Beseitigung von Bergen und Tälern erhöht die Schwerewirkung am Meßpunkt. Es hängt von der Morphologie ab, bis zu welcher Entfernung das Relief zu berücksichtigen ist. Als Richtwerte gelten folgende Werte: 5 km im Bergland mit Höhenunterschieden bis zu 200 m, 20 km im Mittelgebirge mit Höhenunterschieden bis zu 800 m und 50 km im Hochgebirge.

Geländeschrägschnitt-Darstellung, ↗Reliefdarstellung aus einer Kombination von Grundriß und Profil (↗Tanaka-Methode, ↗kartenverwandte Darstellung). Für diese Darstellungsmethode hat sich bis jetzt keine einheitliche Bezeichnung durchgesetzt. ↗Imhof nennt solche Zeichnungen Profilschraffur-Schnittkarte. Eine solche entsteht, wenn eine ↗Höhenlinien-Darstellung mit einer dichten Schar gleichabständiger horizontal verlaufender Geraden überzogen wird und auf jeder Linie, von einer mittleren Geländehöhe ausgehend, das Profil mit oder ohne ↗Überhöhung konstruiert wird. Die Darstellung bleibt insgesamt ein Grundriß. Das Relief tritt als Profillinienschar hervor, wobei die einzelnen Geländepunkte der Profillinien gegenüber dem Grundriß mehr oder weniger versetzt erscheinen.

Geländeverifikation, Feldvergleich, dient der Überprüfung der Auswertungsergebnisse, wobei meist nur Stichproben herangezogen werden. Sie ist wesentlicher Bestandteil der Fernerkundungsanwendungen, da durch sie die Qualität der Bildinterpretation oder der Datenklassifizierung bestimmt werden kann.

Geländeverifizierung, *field check, Geländeüberprüfung*, beim Auftreten vieler neuer Merkmale in komplexen Gebieten durchgeführte Verifikation. Die zu überprüfenden Änderungen werden in eine mittelmaßstäbige Karte (meist 1:250.000) übertragen und danach eine optimale Flugroute festgelegt. Diese Flugroute kreuzt bzw. folgt den zu verifizierenden Merkmalen, die als Farbdiapositive zu Dokumentationszwecken aufgenommen werden. Eine Geländeverifizierung wird nur dazu benutzt, das Merkmal zu verifizieren, ein Attribut des Merkmals oder die relative Position von Merkmalen, z. B. untereinander verschlungene Gruppen von linearen Merkmalen wie Straße und Stromleitungen, zu bestimmen. Die absolute Position der Merkmale wird dagegen von anderen hochgenauen und verläßlichen Quellen (z. B. Landsat-Bilder) bestimmt.

Farbtafelteil

Einsprengling: zonierter Titanaugit-Einsprengling in glasiger Gesteinsmatrix (Dünnschliff unter gekreuzten Polarisatoren).

Eisschild: Beispiel für dem Relief übergeordnete, flächenhafte Vereisung im küstennahen Randbereich des grönländischen Inlandeises.

Eklogit: roter Granat und grüner Omphacit als sichtbare Hauptbestandteile des Eklogits.

Farbtafelteil II

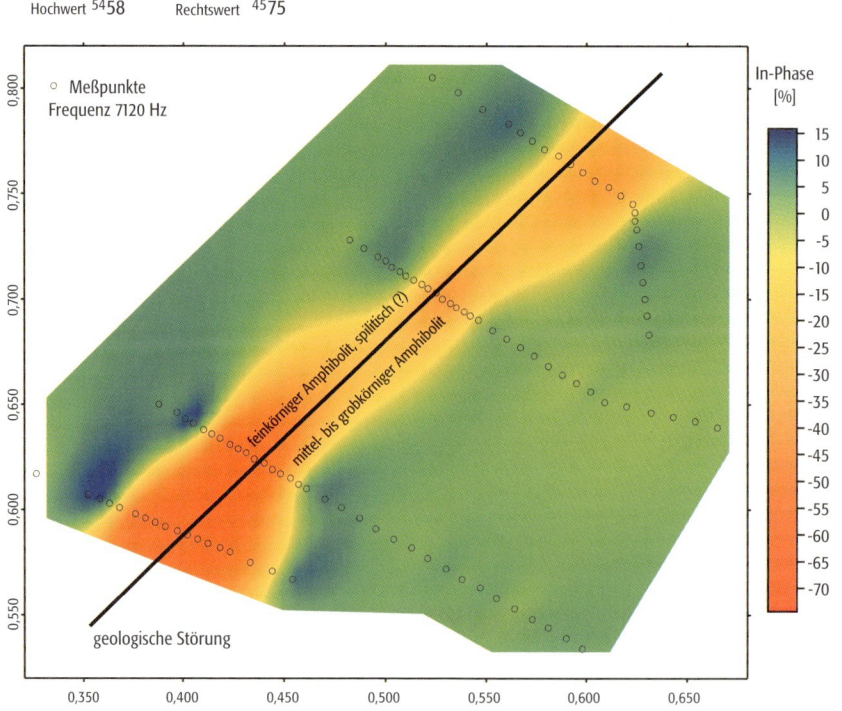

elektromagnetische Verfahren 4: Slingram-Kartierung einer graphitisierter Störungszone bei Rittsteig im Böhmerwald.

Endmoräne: Endmoränenbildung direkt am Gletscherrand (Ötztaler Alpen).

Erdpyramiden: Erdpyramiden am Ritten bei Bozen (Alpen).

Erde 1: Planetenkonstellation unseres Sonnensystems.

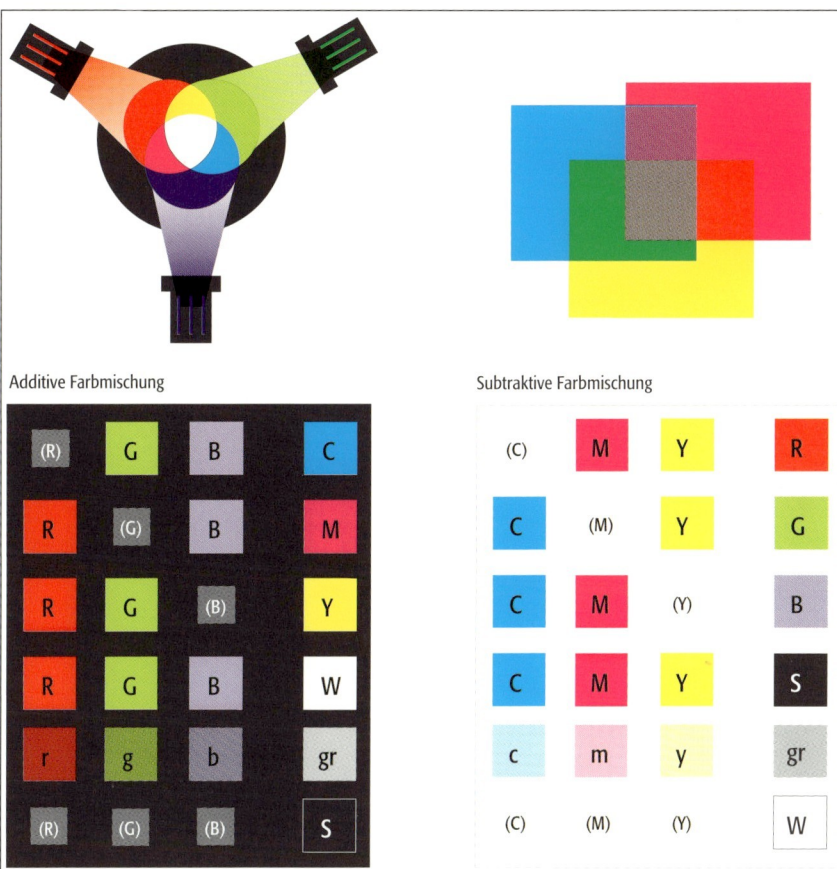

Farbmischung 1: additive und subtraktive Farbmischung der Grundfarben.

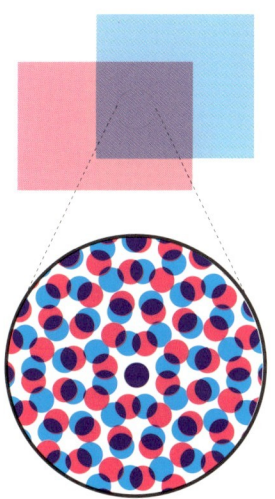

Farbmischung 2: subtraktive und auflösungsbedingte Farbmischung des Vierfarbendrucks bei der Wahrnehmung gedruckter Raster

Farbmischung 3: additive und auflösungsbedingte Farbmischung des Farbmonitors.

Farbtafelteil

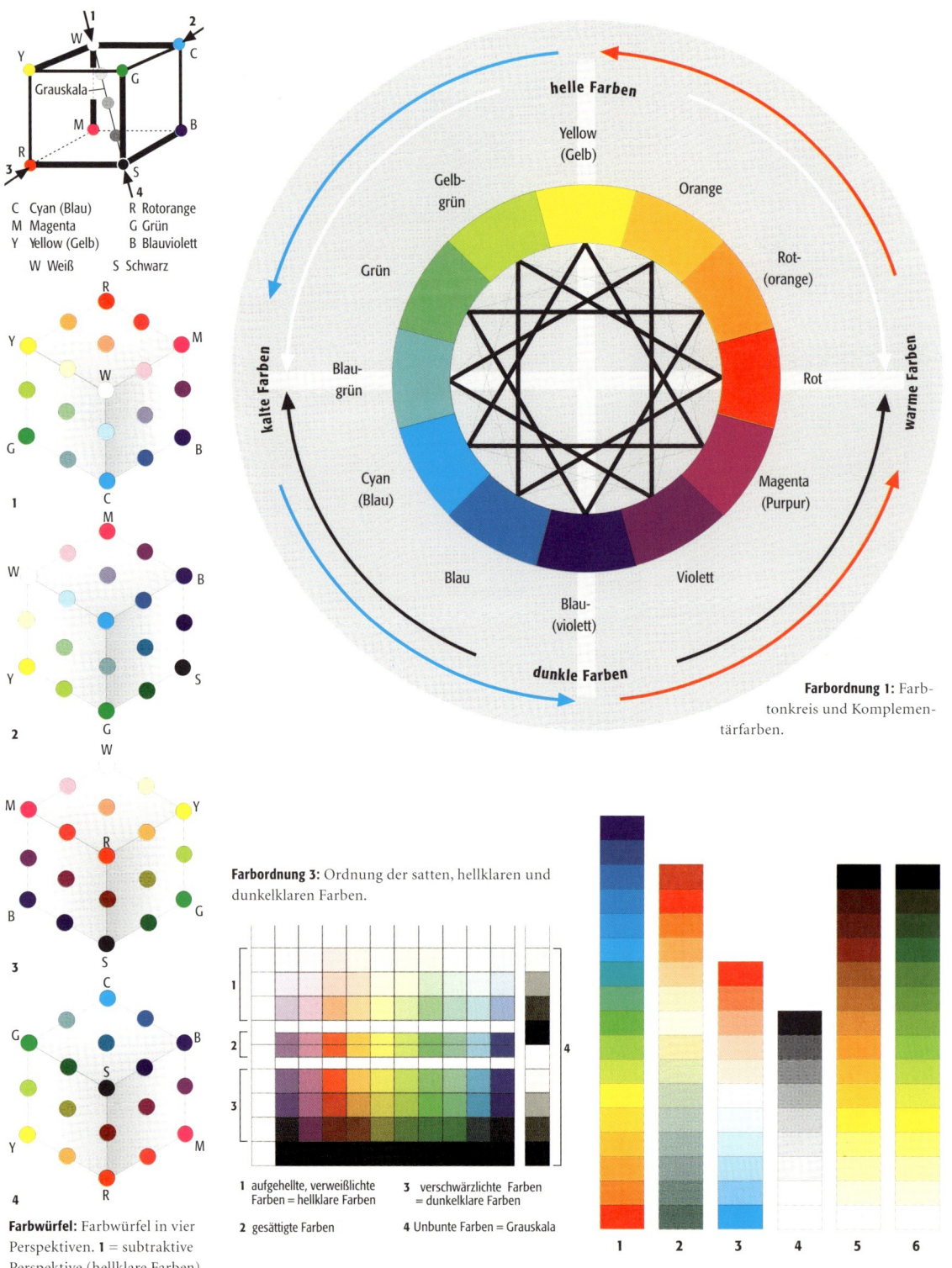

C Cyan (Blau)   R Rotorange
M Magenta   G Grün
Y Yellow (Gelb) B Blauviolett
W Weiß   S Schwarz

Farbordnung 1: Farbtonkreis und Komplementärfarben.

Farbordnung 3: Ordnung der satten, hellklaren und dunkelklaren Farben.

1 aufgehellte, verweißlichte Farben = hellklare Farben
2 gesättigte Farben
3 verschwärzlichte Farben = dunkelklare Farben
4 Unbunte Farben = Grauskala

Farbwürfel: Farbwürfel in vier Perspektiven. **1** = subtraktive Perspektive (hellklare Farben), **2** = blaue Perspektive (kalte Farben), **3** = rote Perspektive (warme Farben), **4** = additive Perspektive (dunkelklare Farben).

Farbreihe: Farbreihen der Kartographie (typische Beispiele: **1** = Spektralfarbenreihe, **2** = Peuckers farbenplastische Reihe, **3** = bipolare Reihe, **4** = Grauskala, **5** = 15-stufige Reihe, **6** =15-stufige Reihe.

gekapptes Bodenprofil 3: Pararendzina (aus Parabraunerde durch Kappung des Al- und des Bt-Horizontes um insgesamt 2 m).

Geoid 2: überhöhte Falschfarbendarstellung des Erdkörpers, beruhend auf Satellitenvermessungen der Ozeanoberflächen. Die »Eindellungen« geben die Abweichung von einem idealen Referenzellipsoid wieder. Die Abweichung reicht von −105 m (blau) bis hin zu +85 m (pink).

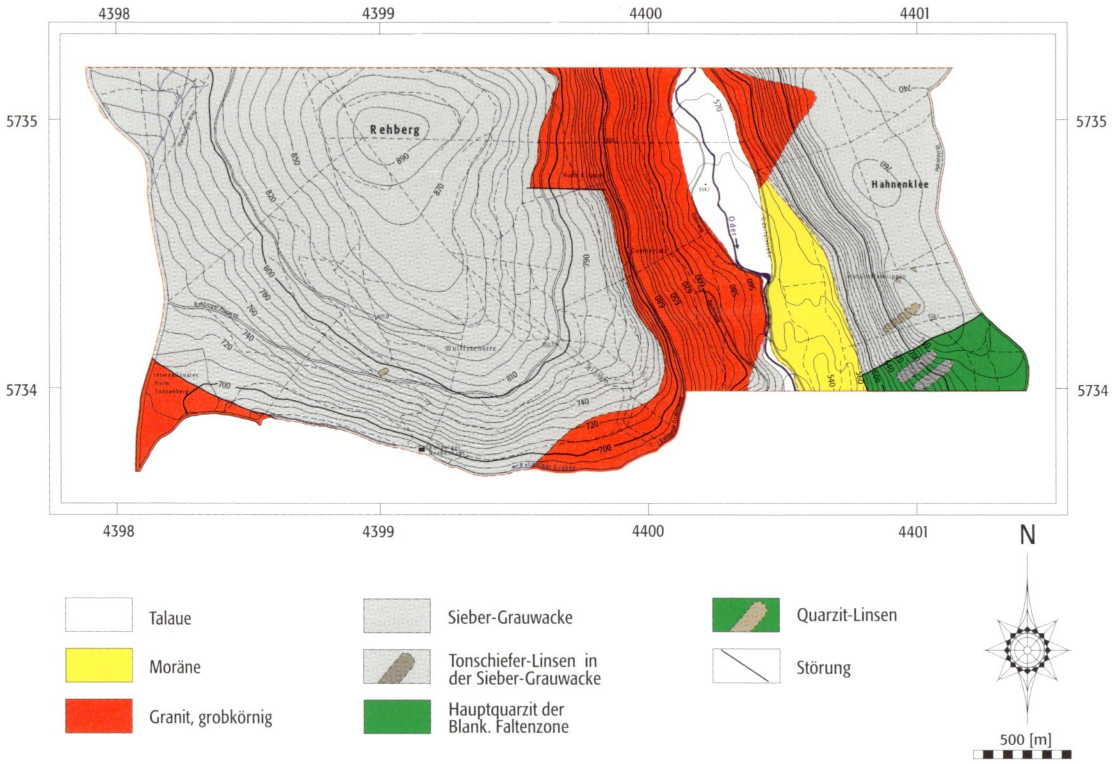

Farbtafelteil　　VI

	Talaue		Sieber-Grauwacke		Quarzit-Linsen
	Moräne		Tonschiefer-Linsen in der Sieber-Grauwacke		Störung
	Granit, grobkörnig		Hauptquarzit der Blank. Faltenzone		

geologische Karte: Ausschnitt aus einer geologischen Karte (Harz).

Geschiebe: Geschiebe in einer Grundmoräne (Größenvergleich Taschenmesser). Die Geschiebe sind in Fließrichtung des ehemaligen Gletschers eingeregelt.

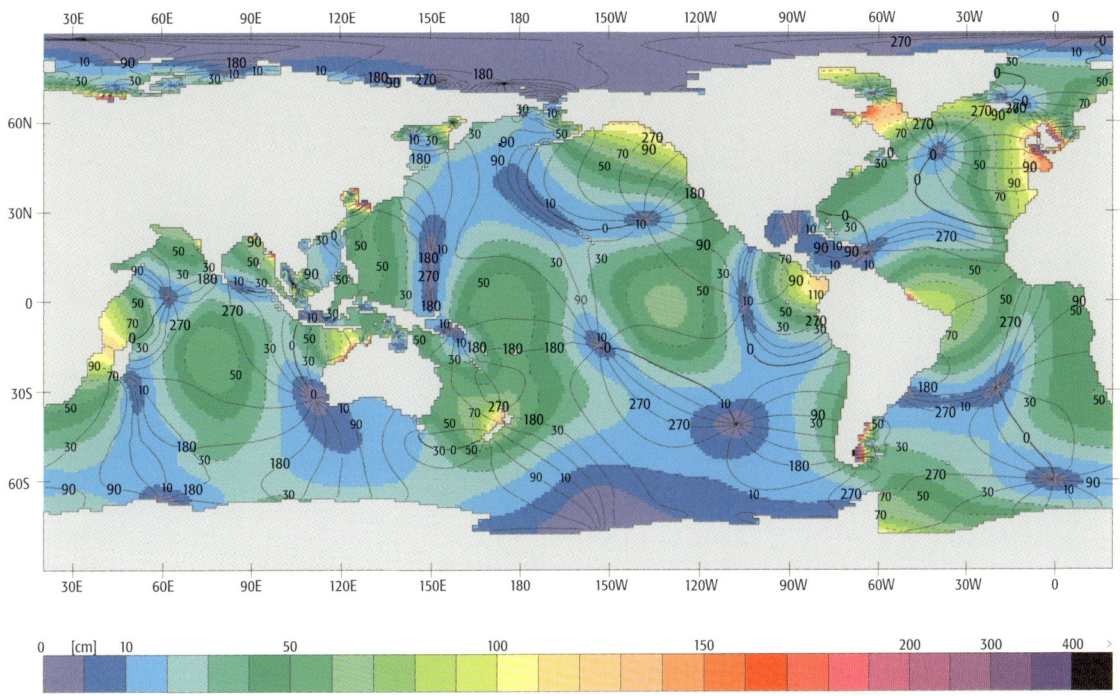

Gezeiten 3: Ozeangezeiten mit Darstellung der Schwingungscharakteristika wie Amphidromien, fortschreitende und stehende Wellen. Linien gleicher Amplituden sind durchbrochen, Flutstundenlinien durchgezogen dargestellt. Die Skala gibt eine genauere Abstufung der Amplituden des Wasserstandes an.

Gletscher 1: Beispiel für einen Talgletscher mit markanten Innenmoränen aus den Nordwest-Territorien (Kanada).

Farbtafelteil VIII

Gletscher 2: Nährgebiet mit Übergang zum spaltenreichen Gletscherbruch.

Gletscherbruch: oberer Bereich des Gletscherbruchs an einer Gefällsversteilung.

Gletscherrückgang: Beispiel für jungen Gletscherrückgang. An der Seitenmoräne auf der linken Bildseite ist deutlich die größere Gletscherausdehnung des Hochstandes aus der zweiten Hälfte des 19. Jh. zu erkennen (Athabasca-Gletscher, Alaska).

Farbtafelteil

Gletscherschliff: Gletscherschliff auf einem Rundhöcker. Gut zu erkennen sind die polierte Oberfläche und die Gletscherschrammen, die Fließrichtung des Eises verlief parallel zum abgebildeten Schuh.

Gletschertisch: Gletschertisch links im Bildvordergrund auf dem mit Obermoräne bedeckten Khumbu-Gletscher (Nepal).

Gletschertor: Gletschertor, Karakorum.

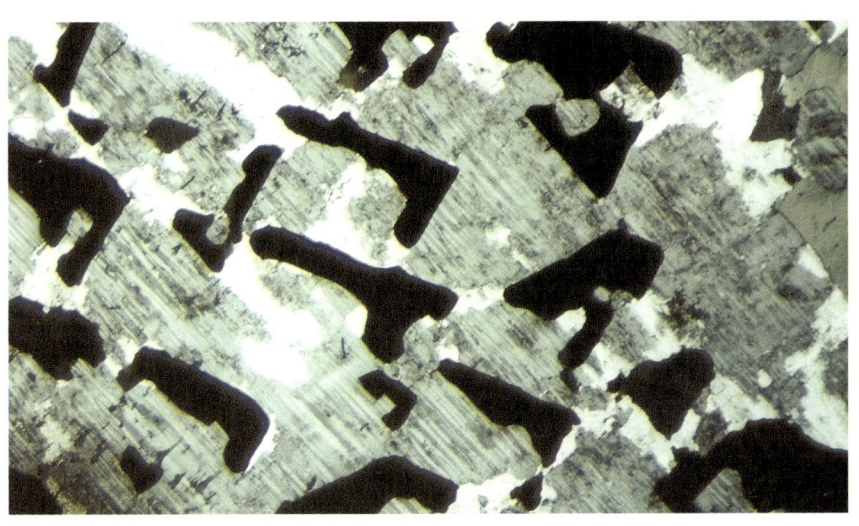

graphisch: Gefüge mit graphischen Verwachsungen von Quarz (schwarz) und Alkalifeldspat (Dünnschliff unter gekreuzten Polarisatoren, Bildbreite 10,6 mm).

Farbtafelteil

Grünsteingürtel 2: nadelige Spinifex Strukturen in Komatiiten des Barberton Mountain Land.

helizitisch: Granat-Poikiloblast mit helizitischem Einschlußgefüge (Dünnschliff unter gekreuzten Polarisatoren, Bildbreite 4,2 mm).

Härtling: als Härtling (Inselberg) aus einer Fläche aufragender Granitkomplex (Burkina Faso).

Herzynische Fazies: Knotenkalk (hohes Oberdevon, Thüringen).

Hochmoor 3: Hochmoorvegetation mit Rundblättrigen Sonnentau (*Drosera rotundifolia*).

Hyaloklastit: Hyaloklastit aus dem Archaikum (Nulagine, Region Pilbara in Westaustralien).

Ichnofazies 3: Psilonichnus-Fazies: Wurzelspuren als Abdruck auf der Schichtfläche eines Dünen-Kalksandes (Pleistozän; Rice Bay, San Salvador, Bahamas).

Farbtafelteil

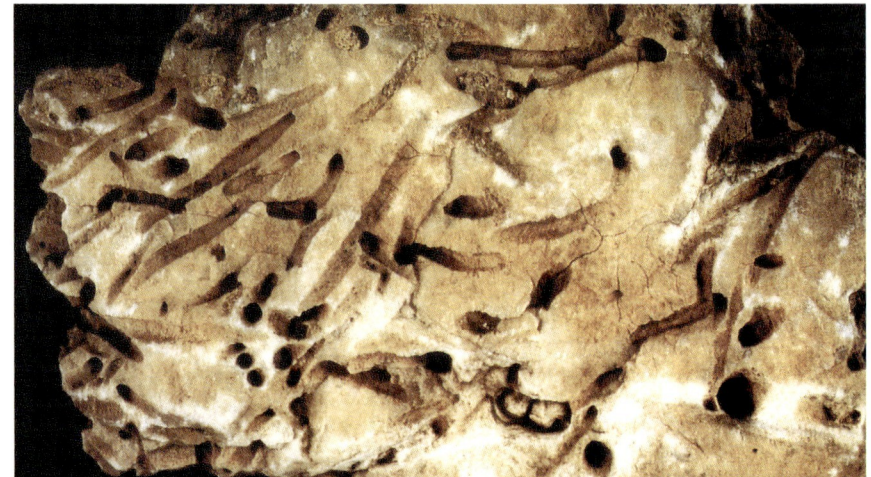

Ichnologie 2: Bohrspuren (Trypanites) von Spritzwürmern, einem Stamm, von dem keine Körperfossilien bekannt sind (Oxford, Oberjura; Ahlem bei Hannover).

Ichnologie 3: steilgestellte Schichtfläche mit Dinosaurierfährten als Geopetalgefüge.

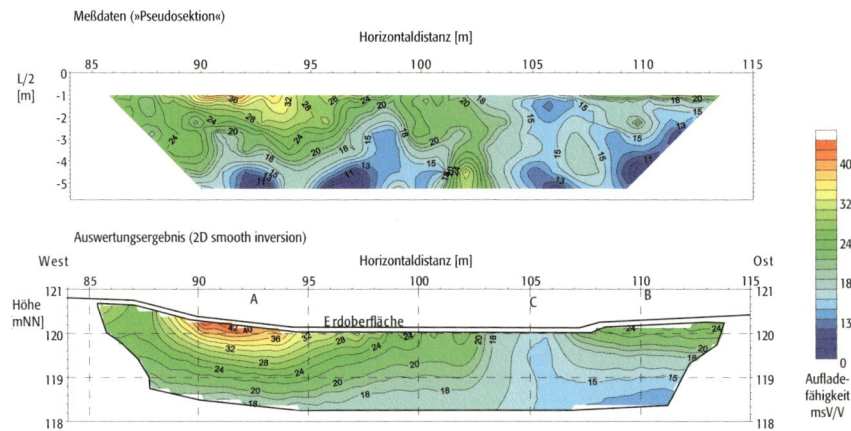

induzierte Polarisation 2: IP-Pseudosektion und Modell der Chargeability auf einer Schlackenhalde. Diese Halden bilden Krusten, die sehr hart werden und das Eindringen von Niederschlagswasser weitgehend verhindern können. Im vorliegenden Fall befindet man sich an der Grenze zwischen zwei Haldenbereichen, älter mit dicker Kruste links (A) und jünger mit dünner Kruste rechts (B). Es befindet sich hoher Metallgehalt in der Kruste, daher hohe Chargeability. In der Mitte gibt es einen Grenzbereich ohne oder mit sehr dünner Kruste, an dem Niederschlagswasser eindringen kann (C).

Gelberden, veraltete Bezeichnung für gelbe ↗Ferralsols.

Gelbes Meer, Randmeer des ↗Pazifischen Ozeans zwischen China und der Koreanischen Halbinsel.

Gelbsand, *yellow sand*, Anreicherung von sulfidischen ↗Schwermineralen, meist ↗Pyrit. Die Bildung und Erhaltung von derartigen pyritischen ↗Seifen war nur bei den extrem sauerstoffarmen Bedingungen der archaischen (↗Archaikum) Erdatmosphäre möglich; bei den heutigen atmosphärischen Bedingung würden Sulfidmineralablagerungen an der Erdoberfläche rasch verwittern. Gelbsande sind folglich immer ↗fossile Seifen.

Gelbstoffe, hochmolekulare Substanzen von unterschiedlicher, bisher nicht aufgeklärter Struktur im Süß- und ↗Meerwasser. Als Hauptbestandteile werden Fulvin- und Huminsäuren angenommen (Abb.). Sie entstammen terrestrischen Quellen und Sedimenten (durch Diffusion aus Porenwässern) oder entstehen nach dem Absterben der Organismen direkt in der Wassersäule. Die am häufigsten angewendete Bestimmungsmethode ist die Fluoreszenzspektrometrie. ↗Huminstoffe.

Gelenkquarzit, *Itacolumit*, ein niedrigmetamorphes, quarzreiches Gestein, das in zentimeterdünnen Platten biegsam ist. Ursache ist die mangelnde Kornbindung der mäßig verzahnten Quarze und der Hellglimmerkörner.

Gelifluktion, *Gelisolifluktion, periglaziale Solifluktion, periglaziales Bodenfließen*, langsames, hangabwärts gerichtetes Fließen von ungefrorenem Material auf einem gefrorenen Substrat. Gelifluktion ist nach H. ↗Baulig (1956) eine Form der ↗Solifluktion, welche die Anwesenheit entweder von saisonalem Bodenfrost oder ↗Permafrost erfordert. Die Übersättigung des fließenden Materials wird durch die stauende Wirkung des Permafrosts verursacht. Eine verlangsamte Gelifluktion unter einer geschlossenen Vegetationsdecke wird als gebundene Gelifluktion bezeichnet, ungebundene Gelifluktion hingegen findet auf vegetationsarmen bzw. -freien Hängen statt.

gelisolifluidal, durch Gelisolifluktion entstanden (↗Gelifluktion).

Gelisolifluktion ↗*Gelifluktion*.

Gelisols, Ordnung (order) der ↗Soil Taxonomy, Böden der Hochgebirge und der hohen Breiten mit im Sommer oberflächlich auftauendem Dauerfrost.

Gelivation ↗*Frostsprengung*.

Gelmagnesit, dichter kryptokristalliner ↗Magnesit mit der chemischen Formel: $MgCO_3$, im Gegensatz zum grobkristallinen Spatmagnesit. Er entsteht durch die Zufuhr von Kohlensäure zu Magnesiumsilicaten, wobei das Magnesiumcarbonat anfangs in kolloidaler Form als Gel ausgeschieden wird, wie die blumenkohlähnlichen Knollen und die Schrumpfungsrisse senkrecht zu den Rändern oberflächennaher Gänge erkennen lassen. Der Transport erfolgte als wasserhaltiges Mg-Carbonat (Nesquehonit). Gelmagnesit tritt meist gangförmig in Mg-reichen Gesteinen, insbesondere in Serpentiniten und in Duniten, auf. Er kommt vor auf Chalchidike und Eubea (Griechenland), Eskishehir (Anatolien) und Kraubath (Österreich). Wirtschaftliche und technische Bedeutung hat er als refraktärer Sintermagnesit und zur Herstellung von Estrichen.

Gelosols, veraltete Bezeichnung für dauerfrostbeeinflußte Böden.

Gelzüchtung, *Kristallzüchtung aus Gelen*, Verfahren für die Kristallisation von Substanzen, die in Lösungen ein extrem niedriges Löslichkeitsprodukt haben und damit beim Zusammenfügen aus unterschiedlichen Lösungen Fällungsreaktionen zeigen (z. B. $AgNO_3$-Lösung und NaCl-Lösung, Fällungsprodukt AgCl). Das Gel ist ein Stoff, der aufgrund seines variablen Zustandes zwischen Flüssigkeit und Feststoff einen rein diffusiven Transport der Komponenten ermöglicht und weich genug ist, um an den Stellen, an denen sich wegen der Überschreitung des Löslichkeitsproduktes Kristalle ausscheiden, durch den Kristall verdrängt werden zu können. Verwendet werden durchweg wäßrige Gele entweder organischer Art, wie z. B. Gelatine, bzw. anorganischer Art, meist Silicatgele. Bei der Kristallzüchtung aus Gelen ist die ↗Diffusion langsamer und besser kontrollierbar als in bewegliche Lösungen. [GMV]

Gemarkung, ein in der Liegenschaftsdokumentation abgegrenztes, räumlich geschlossenes Gebiet, das eine zusammenhängende Menge von ↗Flurstücken, die im Bereich einer Gemeinde liegen, umfaßt. Die Gemarkung ist im allgemeinen eine Untergliederung der Stadt- oder Gemeindebezirke und kann ihrerseits in mehrere Fluren aufgeteilt werden.

gemäßigte Breiten, *mittlere Breiten*, hohe Mittelbreiten, liegen im Wirkungsbereich der außertropischen Westwinde, deren Einfluß mit zunehmender Kontinentalität jedoch abnimmt. Daher werden sie unterteilt in drei große Klimaregionen: solche mit zyklonalem Westwindklima, sol-

Fulvin-Säure

Humin-Säure

Gelbstoffe: Strukturvorschlag für marine Fulvin- und Huminsäuren.

che mit Kontinentalklima und solche mit ozeanischem Ostseitenklima. Allen dreien ist gemein, daß sie im jahresrhythmischen Wechsel einen positiven oder negativen Energiehaushalt aufweisen, was zur Ausbildung der typischen vier Jahreszeiten führt.

Gemeinlastprinzip, Prinzip, nach welchem Aufwendungen zur Verminderung von Umweltbelastungen an die Gesellschaft übertragen werden, im Gegensatz zum ↗Verursacherprinzip. Auf eine Haftung von Seiten des Produzenten bzw. auf eine Produkthaftung wird in diesem Fall verzichtet.

Genehmigungsverfahren, *Bewilligungsverfahren*, Prüfung durch Behörden und evtl. der Öffentlichkeit, ob Bauprojekte den rechtlichen und öffentlichen Anforderungen betreffend der Umweltverträglichkeit genügen. In Deutschland gibt es drei Arten von Genehmigungsverfahren. a) Beim vereinfachten Verfahren werden Anlagen ohne Beteiligung der Öffentlichkeit genehmigt. b) Das förmliche Verfahren fordert, daß die Genehmigungsunterlagen öffentlich ausgelegt werden. Einwendungen Betroffener fließen in die Entscheidung der Genehmigungsbehörde ein. c) Beim förmlichen Verfahren mit integrierter ↗Umweltverträglichkeitsprüfung müssen dem Antrag die entscheidungserheblichen Unterlagen der Umweltverträglichkeitsuntersuchung (UVU) beigefügt sein, um der Behörde die umfassende Bewertung der vorhabensbezogenen Umweltauswirkungen zu ermöglichen.

geneigte Falte ↗Falte.

Generalisierung, kartographische Methoden und Verfahren sowie Vorgang zur Reduzierung und Verallgemeinerung von ↗kartographischen Informationen. Die Reduzierung ist erforderlich, weil aufgrund der maßstäblichen Verkleinerung der georäumlichen Realität in der Karte vor allem die grundrißbezogenen Merkmale in ihren richtigen Relationen abgebildet werden müssen. Darüber hinaus hat die Reduzierung das Ziel, daß Informationen aus Karten schnell und richtig übermittelt und abgeleitet sowie das daraus resultierende Wissen, ausgerichtet auf allgemeine kognitive Fähigkeiten und bestimmte Fragestellungen, gedanklich adäquat repräsentiert und weiterverarbeitet werden kann. Bei der kartographischen Generalisierung werden prinzipiell aus einer Informationsmenge, die in der Realität angeboten ist oder in Form von Daten oder ↗Kartenzeichen vorliegt, entweder eine bestimmte Teilmenge zur Abbildung ausgewählt oder invariante Merkmale bestimmt, die zur Bildung übergeordneter Einheiten zusammengefaßt bzw. durch allgemeine Merkmale ersetzt werden.

Die kartographische Generalisierung ist ursprünglich im Zusammenhang mit den Maßstabsreihen der amtlichen topographischen Kartenwerke systematisch untersucht und entwickelt worden. Dabei werden aus Karten in einem relativ größeren ↗Maßstab (Ausgangsmaßstab) Abbildungsstrukturen für Karten mit kleinerem Maßstab (Folgemaßstab) abgeleitet. Zur Zeit wird die kartographische Generalisierung vor allem im Zusammenhang mit der Nutzung von ↗digitalen Karten und ↗graphischen Karten am Bildschirm im Rahmen von Informationssystemen untersucht und weiterentwickelt.

Bei der kartographischen Generalisierung werden ähnliche Transformationen vorgenommen, wie sie auch in Sprach-, Kodierungs- oder generell gedanklichen Erkenntnisprozessen eine Rolle spielen. Generalisierung ist dabei ein wichtiger Aspekt von Abstraktionsprozessen, mit deren Hilfe aus wahrgenommenen situations- oder objektbezogenen Wissensstrukturen allgemeine Begriffsstrukturen abgeleitet werden (↗kartographische Abstraktion). Auf vier grundlegende Ziele sind Generalisierungsmaßnahmen ausgerichtet: Erstes und grundlegendes Ziel ist die Angleichung von Informations- und Graphikstrukturen an die maßstabsbedingte Dimension von Objektgrundrissen, da bei kleiner werdendem Maßstab graphisch repräsentierte Objekte größenproportional nur bis zu einer bestimmten Grenze verkleinert werden können (Minimaldimension) und sie danach aus technischen und visuellen Gründen relativ vergrößert werden müssen. Die daraus entstehende Ungleichheit von Relationen geometrischer und substantieller Objektmerkmale wird durch Generalisierungsmaßnahmen ausgeglichen oder zumindest maßstabsbezogen vergleichbar gemacht. Zweites Generalisierungsziel ist die Ausrichtung von Informationsstrukturen auf bestimmte Ziele der visuellen Kartenpräsentation (kartographische Präsentation). Betroffen von dieser Ausrichtung ist u. a. die graphische Dimension von Kartenzeichen und -mustern. So werden zur raschen Unterrichtung oder zur Vermittlung von einfachen Sachverhalten Zeichen und Zeichenmuster z. B. relativ vergröbert, d. h. grundrißlich vergrößert dargestellt, was gegenüber »feineren« Zeichenstrukturen weitergehende Generalsierungsmaßnahmen erforderlich macht. Drittes Generalisierungsziel ist die Ausrichtung von Informationen auf ein bestimmtes Aggregationsniveau oder einen vorgegebenen Komplexitätsgrad von abzubildendem Wissen. So sind beispielsweise bei der Generalisierung von ↗Bodenkarten flächenbezogene Aggregationsniveaus und bei ↗Planungskarten den Planungsebenen zugeordnete Objektstrukturen unabhängig vom Kartenmaßstab zu erhalten. Viertes Generalisierungsziel führt zur Angleichung von Informationen und Kartenzeichen an eine fragestellungs- und themenspezifische Ausrichtung von Karten. Dabei wird eine fachspezifische Ungleichheit in der Repräsentation von Informationen angestrebt, indem z. B. fachlich relevante Informationen graphisch und informationell herausgestellt und fachlich irrelevante Informationen vernachlässigt werden.

Kartographische Generalisierung bestimmt den gesamten Bereich der kartographischen Informationsverarbeitung, von der Datenerfassung über die Kartenherstellung und -nutzung bis hin zur gedanklichen Verarbeitung aufgenommenen georäumlichen Wissens. So werden im Rahmen der ↗Erfassungsgeneralisierung als erster Bereich bei der topographischen Geländeaufnahme oder bei der fachwissenschaftlichen Kartierung und Messung vom Angebot der georäumlichen Realität nur Teilmengen von Objekten und von denen nur ausgewählte Merkmale und grundrißbezogene Stützpunkte bzw. Teilaspekte des Georaumes erfaßt. Im zweiten Bereich, der Datengeneralisierung, werden z. B. Rohdaten für bestimmte Aufgabenfelder statistisch komprimiert und mit allgemeinen Bedeutungen belegt. Bei der Generalisierung von kartographischen Modelldaten, wie z. B. von ↗ATKIS-Daten des Digitalen Landschaftsmodells (DLM25), werden für die sog. Fachdatenintegration fachlich relevante Objektklassen ausgewählt oder zur Abbildung in kleineren Maßstäben u. a. klassenlogische Zusammenfassung durchgeführt (↗Modellgeneralisierung). Der dritte Bereich Kartengeneralisierung umfaßt die Reduzierung und Vereinfachung graphischer Elemente in Karten in Verbindung mit den repräsentierten Daten und Informationen. Im Vordergrund stehen die Beziehungen zwischen georäumlichen Grundrißformen und -relationen sowie die zugeordneten Graphikmuster, die bei kleiner werdendem Maßstab überproportional vergrößert werden müssen. Als vierter Bereich wirken die visuell-kognitiven Prozesse der Informationsverarbeitung quasi als gedankliche Generalisierung durch den Kartennutzer. Sowohl die visuelle Informationsentnahme aus Karten als auch die kognitive Weiterverarbeitung führt zu einschneidenden Selektionen und begrifflichen Transformationen. So werden die relativ genauen Grundrißrelationen in der Karte u. a. aufgrund eingeschränkter Wahrnehmungs- und Gedächtnismöglichkeiten auf einfach euklidische oder fachlich Merkmale reduziert.

Die konkreten Methoden und Verfahren der Generalisierung lassen sich im wesentlichen auf allgemeine Vorgänge der Vereinfachung, Vergrößerung, Zusammenfassung, Auswahl, Klassifikation und Bewertung rückführen. Hinzu kommen die Vorgänge der Visualisierung als Verbindung zwischen Information und Zeichen sowie die Vorgänge der Induktion als Erkennen von ganzheitlichen Strukturen. Die Methoden und Verfahren sind überwiegend auf die verschiedenen Grundriß- und Inhaltskategorien von Karten ausgerichtet. So stehen bei der ↗geometrischen Generalisierung grundrißbezogene Vereinfachungen, Zusammenfassungen sowie georäumliche Verdrängungen im Vordergrund. Verfahren zur Vereinfachung bzw. Glättung von Linien reichen von systematischen Stützpunktselektionen, z. B. bei Fluß- oder Straßennetzen, über die Berechnung von Distanzen und Winkeln zwischen Nachbarsegmenten bis zu statistischen Verfahren, nach denen der Informationsgehalt von Stützpunkten berechnet und dadurch über deren Elimination entschieden wird (Liniengeneralisierung). Bei der Zusammenfassung und Vereinfachung von Flächen, wie z. B. Landnutzungsflächen, muß neben der Umrißlinie die Gesamtform betrachtet werden (Flächengeneralisierung). Dies wird häufig mit Hilfe von Rastermethoden versucht, wobei z. B. Kleinstflächen oder Korridore durch Verdickungen und Verdünnungen systematisch bearbeitet werden. Geländeoberflächen in Form von Höhenlinien, Schummerungen oder auf der Basis von digitalen Geländemodellen werden mit Hilfe von Glättungsalgorithmen unter Berücksichtigung von benachbarten Linien vereinfacht (Geländegeneralisierung). Oder es kommen integrierte Filterprozesse und heuristische Verfahren zur Anwendung, bei denen Kammlinien und Tallinien vereinfacht und daraus neue Oberflächen abgeleitet werden. Ein weiterer Bereich sind die Methoden und Verfahren der Siedlungsgeneralisierung. Diese umfassen vor allem die Vereinfachung von Häusergrundrissen und die Zusammenfassung von sog. Einzelhäusern. Für die geometrische Generalisierung hat sich das Problem der Verdrängung von Objekten, z. B. als Folge der graphischen Verbreiterung von Straßen, als besonders komplexe Aufgabe herausgestellt. Dazu sind Spezialverfahren entwickelt worden, die allerdings in der praktischen Anwendung noch nicht genutzt werden.

Insgesamt zielt die Forschung und Entwicklung in der Generalisierung auf den Einsatz von integrierten Verfahren und Systemen. Mit deren Hilfe sollen verschiedene Kartenelemente im Zusammenhang generalisiert werden. Dazu existieren Ablaufschemata und System-Prototypen, in denen einzelne Phasen der Generalisierung wie etwa der Analyse der Ausgangsinformationen, der Aufbau topologischer Strukturen, die Festlegung von Maßnahmenprioritäten oder die Auswahl von Prozeduren festgelegt werden. Ein zusätzliches Problem der geometrischen Generalisierung ist dabei, neben den geometrischen Merkmalen die semantisch-begrifflichen Bedeutungen von Grundrissen zu berücksichtigen.

Bei der Generalisierung von inhaltlich-substantiellen Informationen, z. B. in ↗thematischen Karten, wird zum einen auf die Methoden und Verfahren der geometrischen Generalisierung zurückgegriffen und zum anderen Aggregationsmethoden bzw. Verfahren der Begriffsgeneralisierung (semantische Genaralisierung) angewendet. Neben der Reduzierung von Klassenabstufungen, verbunden mit Objektreduzierungen und -vereinfachungen, werden graphische Zeichenüberdeckungen u. a. durch die Optimierung der Zeichenplatzierung nivelliert.

Die kartographische Generalisierung ist ein zentrales Forschungs- und Anwendungsgebiet der ↗Kartographie. Die notwendige Weiterentwicklung von Methoden und Verfahren muß in methodologischer und technologischer Hinsicht in zweierlei Hinsicht betrachtet werden. Historisch gesehen besteht Generalisierung darin, daß im Kartenherstellungsprozeß von einem Kartenbearbeiter aufgrund seiner individuellen Fähigkeiten und Fertigkeiten konzeptionell vorbereitete ↗Generalisierungsmaßnahmen unmittelbar durchgeführt werden. Früher manuell, heute am Bildschirm mit Hilfe von DDP- oder CAD-Systemen, wird z. B. als typischer Generalisierungsvorgang eine maßstabsbedingte Überlagerung von Kartenzeichen interaktiv durch Verdrängungsoperationen nivelliert (↗Interaktive Generalisierung).

Parallel zur praktischen Generalisierung haben sich zuerst Generalisierungsgrundsätze und praktische Regeln und danach ein eigener Methoden- und Verfahrensbereich entwickelt. Aufgrund der Komplexität der zu lösenden Aufgaben wird diskutiert, inwieweit es realistisch ist, vollautomatische Generalisierungsprozeduren zu entwickeln. Mit dieser Frage hängen mehrere grundsätzliche Probleme der Funktion, Wirkung und des Modellcharakters von Karten zusammen. So muß in der Zukunft davon ausgegangen werden, daß die Herstellung von Karten zum größten Teil von regelbasierten Systemen vollautomatisch übernommen wird, was bei fehlenden automatischen Generalisierungsverfahren dazu führt, daß Karten mit Hilfe interaktiver Eingriffe z. B. nachbearbeitet werden müßten. Der Modellcharakter von Karten ist allerdings nur dann gegeben (↗Kartenmodell), wenn der individuelle und prinzipiell nicht nachvollziehbare Eingriff durch den Kartenbearbeiter so gering wie möglich gehalten wird. Insofern verbirgt sich hinter den Bemühungen zur vollautomatischen Generalisierung ein grundsätzliches methodologisches Problem der Kartographie, daß sowohl aus wissenschaftstheoretischer Sicht als auch aus Sicht der Kartenanwendung diskutiert und gelöst werden muß. [JB]

Generalisierungsgrad, der aus der ↗Generalisierung, d. h. aus den durchgeführten ↗Generalisierungsmaßnahmen und den hierbei angewendeten Generalisierungsregeln (↗regelhafte Generalisierung) resultierende Grad der Verallgemeinerung einer kartographischen Darstellung gegenüber der Wirklichkeit oder im Vergleich zu anderen Karten. Er umfaßt den Grad der Vollständigkeit und der geometrischen Genauigkeit bzw. Ähnlichkeit eines kartographischen Modells, ebenso die graphische und begriffliche Abstraktion der ↗Kartenzeichen bzw. ihrer Erklärung in der ↗Legende.

Der Generalisierungsgrad ist primär abhängig vom ↗Maßstab einer Karte und nimmt allgemein mit kleiner werdendem Maßstab zu. Des weiteren steht er im umgekehrten Verhältnis zur ↗Kartenbelastung und zum ↗Feinheitsgrad der Darstellung. Der Vergleich des Generalisierungsgrades von Karten desselben Maßstabs oder ↗Maßstabsbereichs muß sowohl die ↗Objektauswahl, die ↗Formvereinfachung, ↗Zusammenfassungen und den ↗Darstellungsumschlag einbeziehen. In thematischen Karten sind die Generalisierungsgrade von ↗Basiskarte und thematischen Darstellungsschichten aufeinander abzustimmen. Das betrifft die Auswahl der Basiselemente, die in sog. Auswahlstufen vorgenommen wird, sowie deren ↗geometrische Generalisierung. [KG]

Generalisierungsmaßnahmen, Gesamtheit der Maßnahmen bei der ↗Generalisierung, die zu der für die Darstellung im Folgemaßstab erforderlichen Verringerung der inhaltlichen und graphischen Komplexität und damit zur Verallgemeinerung von Inhalt und graphischem Ausdruck der ↗Karte führen. Die Darstellung des Ausgangsmaßstabs wird dabei vereinfacht und verallgemeinert, Elemente werden weggelassen oder hervorgehoben, die Geometrie wird unter Erhaltung der topologischen Strukturen verändert. Generalisierungsmaßnahmen werden unter strenger Einhaltung redaktionell festgelegter Regeln (↗regelhaftes Generalisieren) ausgeführt. Zu unterscheiden sind: die ↗Objektauswahl, der ↗Darstellungsumschlag, die ↗Formvereinfachung und die ↗Verdrängung.

Die Reihenfolge der Generalisierungsmaßnahmen entspricht weitgehend der obigen Aufzählung. Sie tritt in der konventionellen Kartographie mitunter weniger deutlich hervor, da die Generalisierung in relativ komplexen Arbeitsgängen erfolgt (z. B. wird die Vereinfachung und Verdrängung eines Gebäudes im selben Arbeitsgang ausgeführt). Hingegen sind Hierarchie und Abfolge der Generalisierungsmaßnahmen wesentliche Voraussetzung und Grundlage der ↗rechnergestützten Generalisierung.

Generalisierungsmaßnahmen kommen einerseits bei der Schaffung von Grundkarten und andererseits bei der Ableitung der Folgemaßstäbe sowohl ↗topographischer Karten als auch ↗thematischer Karten zur Anwendung. Jedoch weisen sie für letztgenannte in der Regel fachspezifische Aspekte auf, die von der Klassifizierung (↗semantische Generalisierung) bis zur Herausarbeitung typischer Umrißformen und Linienverläufe (z. B. für geologische und tektonische Karten) reichen, so daß in die Ausarbeitung entsprechender redaktioneller Richtlinien Fachwissenschaftler einzubeziehen sind. [KG]

Generalisierungsregel ↗regelhaftes Generalisieren.

Generalisten, Arten, die unter verschiedenen Umweltbedingungen überleben, ohne auf eine spezifische Ressource spezialisiert zu sein. Sie haben eine weitere ökologische ↗Nische und treten im Gegensatz zu ↗Spezialisten in verschiedenartigen Lebensräumen auf. Generalisten sind i. d. R. weiter verbreitet als Spezialisten. Bei der Vegetation sind Generalisten an ein breiteres Spektrum von ökologischen ↗Standortfaktoren angepaßt und können sich z. B. in verschieden warmen Klimazonen ansiedeln, sind jedoch gegenüber Spezialisten häufig an ↗Konkurrenzkraft unterlegen. So tritt die Kiefer (*Pinus sylvestris*) als Generalist an besonders trockenen und feuchten Standorten auf, während sie im mittleren Feuchtebereich von der spezialisierten Buche (*Fagus sylvatica*) verdrängt wird (↗Pflanzenverband d. B.).

generalized reciprocal method, *GRM*, Auswertungsmethode der Refraktionsseismik, die auf gegengeschossenen Profilen basiert und eine Weiterentwicklung der ↗Plus-Minus-Methode ist.

Generalstabskarte, 1) im weiteren Sinne im 19. Jh. eine topographische Karte mittleren Maßstabs mit ↗Reliefdarstellung in Schraffenmanier

(↗Schraffe), die zur Planung und Durchführung militärischer Operationen bestimmt war. 2) im engeren Sinne die »Karte des Deutschen Reiches« 1:100.000, die – ausgehend von Preußen – seit 1878 für das Deutsche Reich bearbeitet und 1910 vollendet wurde. Die relativ kleinen Blätter in preußischer Polyederprojektion (↗polyedrische Entwürfe) umfassen jeweils 15 Breitenminuten und 30 Längenminuten. Das Kartenwerk besteht aus mehreren Teilen und wurde als einfarbige Kupferdruckausgabe, in dreifarbigem Kupferdruck, als billige, einfarbige schwarze Umdruckausgabe und durch Zusammendruck von vier Blättern als Großblatt (Einheitsblatt) in ein- und fünffarbiger Ausgabe vertrieben. [WSt]

Generalstreichen, *Hauptstreichen, Hauptstreichrichtung*, allgemein vorherrschende Streichrichtung (↗Streichen) geologischer Strukturen in einer bestimmten Region.

Generation, in der Petrologie Bezeichnung für Kristalle einer Mineralart in einem magmatischen oder metamorphen Gestein, die gleichzeitig gebildet wurden, was an entsprechenden Gefügemerkmalen zu erkennen ist. Tritt beispielsweise Olivin in einem ↗Basalt sowohl als ↗Einsprengling wie auch in der ↗Grundmasse auf, dann spricht man von zwei Olivin-Generationen. In ↗Glimmerschiefern und ↗Gneisen beobachtet man häufig zwei oder mehr Generationen von Glimmern, z. B. älteren, in die Schieferungsebene eingeregelten und jüngeren, quer zur Schieferung gesproßten Muscovit.

Genesedarstellung ↗Entwicklungsdarstellung.

genetische Bodenserie, durch bodenbildende Prozesse bedingte, zeitlich zu differenzierende ↗Entwicklungsreihen von Böden.

genetische Klimaklassifikation, ↗Klimaklassifikation, die sich an den Ursachen der Klimagegebenheiten orientiert, d. h. an den Strahlungsprozessen und der ↗allgemeinen atmosphärischen Zirkulation.

genetische Mineralogie, Erforschung der Entstehung der Minerale und Mineralaggregate sowie geologisch-chemischer Prozesse durch experimentelle Untersuchungen der physikochemischen Bedingungen bei Bildung, Wachstum und Auflösung der Minerale, der Mineralbildung im extraterrestrischen Raum und der Mineralsynthese. ↗fluid inclusions, ↗Mineraleinschlüsse, ↗Minerale im extraterrestrischen Raum, ↗experimentelle Mineralogie.

genetische Paläoklimatologie, Teildisziplin der ↗Paläoklimatologie, die versucht, die Ursachen von Klimaveränderungen aufzuzeigen und deren Effekte auf einzelne Klimafaktoren sowie das Globalklima zu quantifizieren. Dabei ist zu berücksichtigen, daß die einzelnen Faktoren in unterschiedlichen Zeitmaßstäben wirken und regional (breitengradabhängig, hemisphärenabhängig, topographiebedingt etc.) unterschiedliche Effekte hervorrufen können. Die zeitliche Skala reicht dabei vom Tagesrhythmus der ↗Insolation bis zu mehreren hundert Mio. Jahren bei den ↗Wilson-Zyklen, die u. a. die Land-Meer-Verteilung steuern. Eine besondere Schwierigkeit stellt

genetische Paläoklimatologie
Die wichtigsten Klimafaktoren und ihre Bedeutung für das Klima
1) astronomische Faktoren
a) Sonnenaktivität: Die Sonnenflecken-Relativzahl (standardisierte, mittlere Anzahl der Flecken pro Jahr) ändert sich mit einer Periode von 22–25 Jahren, wobei zu Zeiten hoher Fleckenzahl (dunkle Sonnenflecken und helle Sonnenfackeln) die Gesamthelligkeit ansteigt. Diesem Zyklus überlagert ist eine 90–110 Jahresschwankung. Da die nur geringe primäre Erwärmung, die während erhöhter Aktivität auftritt, durch die Ozeane gepuffert wird, liegt der Einfluß auf das Klima insgesamt bei nur wenigen hundertstel Grad. In regionalen sowie globalen Meßreihen der Temperatur-, Luftdruck- und Niederschlagswerte finden sich Zyklen, die sich auf die Sonnenaktivität zurückführen lassen.
b) interstellare Wolken: Das unperiodische oder periodische Durchqueren von interstellaren Wolken kann bei Materiedichten von mehr als 150 Atomen/cm^3 zu einer Zufuhr von Wasserstoff in die obere Atmosphäre führen. Der dort gebildete Wasserdampf erhöht über vermehrte Wolkenbildung die ↗Albedo, was zu Abkühlung führen kann.
c) Meteoriteneinschlag: Die in geologischen Zeitmaßstäben statistisch in Abhängigkeit von der Größe auftretenden ↗Impakte von ↗Meteoriten wirken unterschiedlich auf das globale Klima, je nachdem, ob sie auf Land oder im Meer erfolgen. Der bei einem Einschlag auf Land bis in große Höhen ausgeworfene Staub führt tendenziell zur Abschirmung von Sonnenlicht (Abkühlung), während möglicherweise auftretende Waldbrände zur Freisetzung von CO_2 führen (Erwärmung). Fand der Einschlag auf See statt, so ist nach anfänglicher Abkühlung mit einer Aufheizung durch den Treibhauseffekt des Wasserdampfes zu rechnen.
2) Erdbahnparameter
a) Exzentrizität der Erdbahn: Sie verändert sich mit Perioden von 95.000 und 413.000 Jahren und verändert die saisonale Energieaufnahme der Erde, indem eine größere Exzentrizität die Insolationsunterschiede verstärkt. Veränderte Werte wirken sich dabei besonders auf die Klimazonierung der niedrigen Breiten aus. Bei geringer Exzentrizität wird die Wirkung der Neigung der Erdachse verstärkt.
b) Neigung der Erdachse gegenüber der ↗Ekliptik (= Schiefe der Ekliptik): Die Neigung der Erdachse ist gegenwärtig um 23°27' gegenüber der Ekliptik geneigt und verändert sich mit einer Periode von 41.000 Jahren. Der Parameter bestimmt die Menge der oberhalb des Polarkreises eingestrahlten Energie und besitzt daher besonders für das Klima der hohen Breiten Bedeutung. Ferner wird die Lage der breitenabhängigen Maxima und Minima der Energieaufnahme bestimmt. Das sich derzeit auf 66,5° N und S befindliche Minimum hat u. a. die Lage der Hauptvereisungszentren des Laurentischen sowie Skandinavischen Eisschildes während der ↗Weichsel-Kaltzeit beeinflußt.
c) Präzession der Achsneigung (= Umlauf des Perihels = Präzession der ↗Äquinoktien): Die Erdachse führt eine Rotation mit Perioden von etwa 19.000 und 23.000 Jahren durch, die auf der gravitativen Wechselwirkung der irdischen Äquatorwulst mit der Sonne beruht. Die Präzession besitzt einen großen Einfluß auf die Energieverteilung und bestimmt den Zeitpunkt des Perihels (derzeit am 3. Januar). Dessen Änderung hat die Präzession der Äquinoktien zur Folge, die festlegt, ob die aufgrund der Neigung der Erdachse ausgeprägten Jahreszeiten verstärkt oder abgeschwächt werden.
Die aus den drei zuletzt aufgeführten Parametern errechnete Insolationskurve wird als Milanković-Kurve bezeichnet.
3) Strahlungshaushalt
Albedo-Effekt: Der Albedo-Effekt wirkt verstärkend auf eine gegebene Klimasituation, denn bei Annahme schneebedeckter Polarregionen werden die Eiskappen wegen der erhöhten ↗Albedo weiter aufgebaut bzw. erhalten. Werden die Polargebiete hingegen eisfrei, erniedrigt sich die Albedo und der Eisabbau wird unterstützt. Ebenso wird eine Vereisung eisfreier Pole erschwert.
4) Gashaushalt
a) H_2O: Wasserdampf stellt das effektivste Treibhausgas dar, dessen Konzentration in der Atmosphäre streng temperaturabhängig verläuft. Da eine Erwärmung die Wasserdampfkonzentration erhöht, die ihrerseits das Absorptionsvermögen der Atmosphäre für die

die gegenseitige Beeinflussung der Klimafaktoren dar, welche die Ausbildung von Regelkreisen mit selbstverstärkenden oder dämpfenden Wirkungen auf das Klimasystem auslösen kann. Zu betrachten sind dabei allgemeine Klimafaktoren, d. h. Prozesse, die das globale Klima beeinflussen: primäre Insolation, die durch solare und astronomische Effekte gesteuert wird, geophysikalische Parameter (Erdbahnparameter), ↗Geosphäre (Paläogeographie, Topographie), ↗Atmosphäre und ↗Hydrosphäre (Stoff- und Energiehaushalt), ↗Kryosphäre, ↗Biosphäre (vgl. Kleindruck).
Wenngleich der Zustand mit oder ohne polaren Eiskappen stabil ist, besitzt das Klimasystem eine Eigendynamik, die Modellrechnungen zufolge einen Klimagang hervorrufen kann, der dem beobachteten ähnlich ist. Externe Steuerungsmechanismen, die Beobachtungsreihen erklären

rückgestrahlte Infrarot-Strahlung erhöht, wirkt H_2O selbstverstärkend bei Erwärmung. H_2O ist jedoch in niedrigen Breiten angereichert, womit die Auswirkungen breitenabhängig sind.
b) CO_2: CO_2 wirkt wie H_2O als effektives Treibhausgas, dessen Wirkung jedoch breitenunabhängig ist und damit die für die Entstehung von ∕Eiszeiten wichtige Polarregionen beeinflußt. In Eisbohrkernen wurde ein nahezu synchroner Verlauf von Daten von ∕Sauerstoffisotopen und der CO_2-Konzentration beobachtet und auf einen ursächlichen Zusammenhang von globalem Temperaturgang und atmosphärischem CO_2-Gehalt geschlossen. Modellrechnungen ergaben, daß der CO_2-Spiegel während des letzten Hochglazials jedoch nicht die gesamte Temperaturerniedrigung hervorgerufen haben kann, womit dem Gas hauptsächlich eine Verstärkerrolle für externe Faktoren zugesprochen wird. Zu berücksichtigen ist ferner die Wechselbeziehung des atmosphärischen CO_2-Gehaltes mit Bioproduktion, terrestrischer ∕Verwitterung und dem Stoffaustausch mit den Ozeanen.
5) geologische Faktoren
a) Eis-Isostasie: Durch die Auflast von Eisschilden gibt der Untergrund mit einer Verzögerung von mehreren Tausend Jahren isostatisch nach (∕Isostasie). Dadurch können distale Eisgebiete unter die Gleichgewichtslinie geraten und verstärkt abschmelzen. Die während eisfreier Perioden auftretende Anhebung von Plateaus (heute z. B. in Skandinavien zu beobachten) könnte deren Wieder-Vereisung begünstigen.
b) Paläogeographie: Für das globale Klima ist die Größe und Lage von Landmassen wesentlich, da sie Meeres- und Luftströmungen kontrollieren und damit den Energiehaushalt beeinflussen. Generell führen große Landmassen, wie z. B. früher ∕Gondwana, global zu ungleichmäßiger Temperatur- und Niederschlagsverteilung, wodurch bei äquatornaher Lage des Kontinents ein Eisaufbau erschwert wird. Auf die Ausbildung von Eiszeitaltern könnten die orogenen Großzyklen (∕Wilson-Zyklus) einen Einfluß haben, indem verringerter ∕Vulkanismus weniger CO_2 freisetzt und ∕Regressionen die zur Fixierung von CO_2 durch Verwitterung nötigen Landflächen vergrößert. Demgegenüber scheinen geotektonisch aktive Zeiten mit warmem Klima einherzugehen, jedoch ist eine strenge zeitliche Korrelation bisher nicht gegeben.
Neben diesen weltweiten Effekten sind eine Vielzahl regional und lokal wirkender Faktoren bekannt wie Plateau-Uplift, Rifting, Gebirgsgürtel u. a. Am Beispiel der Rolle des tibetischen Hochlandes konnte gezeigt werden, daß ein hochgelegenes Plateau den Eisaufbau fördert, indem die Abkühlung in den Aufbau großer Eisflächen umgesetzt wird und der Albedo-Effekt durch die Höhenlage verstärkt wird. Hingegen läßt ein hochgelegenes steiles Relief (wie in den ∕Alpen) einen selbstverstärkenden, großflächigen Eisaufbau und -abbau nicht zu, da die Verlagerung der Schneegrenze nicht flächenwirksam umgesetzt wird. Ein flaches, tiefliegendes Relief fördert den Eisabbau, da eine Erwärmung zu großflächigem Eisrückzug führt.
c) Vulkanismus: Die Klimawirksamkeit vulkanischer Eruptionen hängt vom Chemismus der Eruptiva (besonders der Menge von Schwefel), der Jahreszeit und insbesondere von der Höhe der Eruptionswolke ab. Verbleibt sie innerhalb der Troposphäre, werden große Anteile der Asche und der Schwefelverbindungen rasch abgesetzt und die Auswirkungen sind regional. Gelangt die Eruptionswolke in die Stratosphäre, so bilden Asche und Schwefel hohe Aerosolwolken, die mehrere Jahre stabil bleiben können und abkühlend wirken.
6) Ozean
Der Ozean stellt eine wesentliche Komponente des Klimageschehens dar, da er einerseits die globale Energieverteilung durch Meeresströmungen reguliert und andererseits wichtige Treibhausgase aufnehmen oder freisetzen kann, wobei jeweils eine enge Kopplung von Atmosphäre und Ozean besteht. Die große Wärmekapazität und hohe Aufnahmefähigkeit für bestimmte Gase bewirkt allgemein eine Dämpfung externer Prozesse durch die Ozeane. Die Verlagerung von Strömungen wird dabei als wichtig für geänderte Temperatur- und Niederschlagswerte sowie atmosphärische Zirkulationsmuster während der Eiszeiten angesehen. Es besteht hierbei aufgrund eustatischer Meeresspiegelschwankungen mit Trockenfallen oder Überfluten von Meeresschwellen eine enge Wechselbeziehung zwischen Klima und Ozean.

sollen, müssen in erster Linie periodisch auftreten, weswegen derzeit besonders die Erdbahnparameter als Auslöser von ∕Eiszeiten diskutiert werden. Als deren wirksamste werden die Exzentrizität der Erdbahn und die Neigung der Erdachse gegenüber der ∕Ekliptik angesehen, jedoch hat sich der Einfluß der Bahnparameter im Laufe der Zeit geändert. Während des ∕Känozoikums überwog bis etwa 2,4 Mio. Jahren die Präzession der Achsneigung und die Exzentrizität, bis ca. 800.000 Jahren die Neigung der Erdachse und seitdem die Exzentrizität. Durch die gravitative Wechselwirkung der Erde mit dem Mond haben sich langfristig die Perioden der Bahnparameter verlängert. Da die Bahnparameter kontinuierlich wirken, ∕Eiszeitalter jedoch nur phasenweise auftreten, wird von ihrer Wirksamkeit besonders bei bereits abgesenkten Temperaturen ausgegan-

gen, indem sie die globale Energieverteilung beeinflussen. Als langperiodisch wirkende, übergeordnete Einflüsse könnten z. B. die Verteilung von Land und Meer oder astronomische Ursachen wie interstellare Wolken und große Meteoriteneinschläge wirken.
Generell gilt, daß sämtliche Klimaelemente variabel sind, sich gegenseitig beeinflussen, teilweise ein nichtlineares Verhalten zeigen oder ihren Zustand erst bei Überschreiten eines Schwellenwertes ändern. Eine einzige Ursache kann zudem zu antagonistischen Effekten (z. B. erwärmend und abkühlend zugleich) führen, deren Gesamtbilanz von den herrschenden Umgebungsfaktoren beeinflußt wird und zeitlich oder regional in unterschiedlicher Weise auftreten können. Kurzfristige Wirkungen und Langzeitprozesse sind zu unterscheiden und in jedem Einzelfall zu untersuchen. Als globale Kennzeichen für kaltes Klima gelten wenig ausgeprägte saisonale Klimaunterschiede in mittleren und hohen Breiten mit milden Wintern und kühlen Sommern. Diese führen zu ausreichend hohen Niederschlägen im Winter und dazu, daß der Schnee den Sommer überdauern kann. Eine geringe Neigung der Erdachse, das Eintreten des Aphels (∕Erde) im Sommer und maritime Klimaverhältnisse sind hierfür Voraussetzung. Große Landflächen in Polnähe ermöglichen die Bildung von Inlandeismassen, die selbstverstärkend, z. B. über den Albedo-Effekt, wirken und den Meeresspiegel eustatisch absenken, womit weitere klimawirksame Änderungen der Meeresströmungen eintreten können.
Treibhausgase wie CO_2 oder CH_4 machen insgesamt nur 0,1 % an der Atmosphärenzusammensetzung aus, ihre spezifische Wirksamkeit führt jedoch dazu, daß geringe Konzentrationsänderungen große klimatische Auswirkungen besitzen. [RBH]

genetische Sequenz ∕Sequenzstratigraphie.
genetische Wolkenklassifikation, Einteilung der Wolken nach ihren physikalischen Entstehungsprozessen: Aufgleitbewölkung, ∕Konvektionswolken, Turbulenzwolken, orographische Wolken. Diese Einteilung wird für die morphologische Wolkenklassifikation genutzt, nicht im praktischen Wetterdienst. ∕Wolkenklassifikation.
Genotyp, *Erbgut*, *Erbinformation*, Gesamtheit der im Genom vorhandenen Erbanlagen. Der Genotyp, gespeichert in der Desoxiribonukleinsäure (DNS), wird mit den Chromosomen von Generation zu Generation weitergegeben. Er prägt, im Zusammenwirken mit den Umweltbedingungen, den ∕Phänotyp. Durch natürliche ∕Selektion der besser angepaßten Phänotypen findet entsprechend eine Selektion der Genotypen statt.
Genua-Zyklone, *Genuatief*, Tiefdruckwirbel (∕Zyklone), der bei starker westseitiger Umströmung der Alpen im Golf von Genua entsteht und in manchen Fällen eine ∕Fünf-b-Wetterlage einleitet.
Geobarometer, *geologisches Barometer*, System, das die Bestimmung bzw. Abschätzung des Druckes, der bei der Entstehung einer Mineralphasenassoziation (Gestein) geherrscht hat, erlaubt. Die Bestimmung kann anhand von druckabhängiger

Stabilitätsbedingungen einzelner Phasen geschehen (z. B. Al$_2$SiO$_5$-Modifikationen Andalusit, ↗Sillimanit, ↗Disthen) oder anhand von interkristallinen Austauschreaktionen zwischen zwei oder mehreren Mineralphasen. ↗Geothermobarometrie.

Geobarometrie ↗Geothermobarometrie.

Geobasisdaten, amtliche ↗Geodaten die für die digitale Modellierung der Landschaft und ihrer Objekte zum Zwecke der automatisierten Herstellung amtlicher topographischer Karten erfaßt worden sind. In der Bundesrepublik Deutschland werden die Daten des ↗ATKIS als Geobasisdaten bezeichnet, da sie über ihren eigentlichen Verwendungszweck hinaus als Bezugs- oder Basisdaten für die Integration weiterer raumbezogener Fachdaten für den Aufbau umfassender Datenmodelle für ↗Geoinformationssysteme genutzt werden können.

Geobatterie ↗Eigenpotential.

Geobiosphäre, belebter Raum der ↗Lithosphäre und ↗Pedosphäre. ↗Biosphäre.

Geobotanik, Teilgebiet der ↗Botanik, das sich mit der gegenwärtigen und früheren Verbreitung der Pflanzenarten und ↗Pflanzengesellschaften auf der Erde und ihrer Abhängigkeit von den Geoökofaktoren beschäftigt. Die Geobotanik wird in vier Teilbereiche unterschieden: a) floristische Geobotanik (Arealkunde, Chorologie), welche die Verbreitungsgebiete von Pflanzensippen untersucht; b) coenologische Geobotanik (Vegetationskunde, ↗Pflanzensoziologie), welche das Artengefüge innerhalb bestimmter Pflanzengemeinschaften studiert; c) ökologische Geobotanik (Standortslehre), welche versucht, das Vorkommen von Pflanzenarten und -gesellschaften aufgrund der Standortbedingungen (Klima, Boden) zu erklären; d) historische Geobotanik (Vegetationsgeschichte), welche die heutige Vegetation und Artenverbreitung aus historischen Wurzeln erklärt und die frühere erdgeschichtliche Verbreitung von Arten zu rekonstruieren versucht. [DR]

Geochemie, Wissenschaft von der Verteilung der Elemente und Elementverbindungen in allen Bereichen der Geosphäre, also in Gesteinen, Böden, Mineralen, Gesteinsschmelzen, im Wasser und in der Atmosphäre etc. (↗geochemischer Charakter der Elemente). Die Geochemie befaßt sich mit chemischen Prozessen und der Verteilung und Zirkulation der Elemente (↗geochemischer Kreislauf), ihrer Isotope und Verbindungen in allen natürlichen Systemen der Erde. Die Bilanzierung von Elementen in unterschiedlichen Stoffen und Sphären (Lithosphäre, Hydrosphäre etc.) erlaubt es, *geochemische Anomalien*, d. h. im Vergleich zur Umgebung ungewöhnliche Konzentrationen, zu erkennen und diese evtl. für den Menschen nutzbar zu machen. Traditionell befaßt sich die Geochemie v. a. mit toter Materie und mit der anorganischen Chemie. Organische Geochemie und ↗Biogeochemie gewinnen jedoch besonders in der Bewahrung der Umwelt, aber auch in der Sicherung und Ausbeutung von Lagerstätten eine immer größere Rolle. Mit den zunehmenden Möglichkeiten der Raumfahrt gerät immer häufiger auch die Chemie anderer erdähnlicher Planeten und Monde unseres Sonnensystems in ihren Blick.

Die geowissenschaftliche Teildisziplin Geochemie entstand am Anfang des 20. Jh. Grundlage der Entwicklung der Geochemie, wie sie heute betrieben wird, war zum einen die Entwicklung der Chemie v. a. im 19. Jh., zum anderen die Entwicklung der Atomphysik zu Beginn des 20. Jh. Davor liegt jedoch bereits eine lange Vorgeschichte der Ansammlung geochemischer Daten und Beobachtungen.

Ab etwa 1800 wurde damit begonnen, die chemische Zusammensetzung einer großen Zahl von Mineralen zu bestimmen, so daß in dieser Zeit die Mineralogie als Chemie der Erdkruste und Zweig der Chemie betrachtet wurde. Im Jahr 1838 wurde der Begriff »Geochemie« durch den Chemiker Ch. F. Schönbein (1799–1868) eingeführt, der darunter »die Untersuchung der chemischen Aspekte des geologischen Regimes der Erde verstand«. J. B. ↗Élie de Beaumont (1798–1874) entwickelte 1846 aus dem Datenmaterial erste Erkenntnisse über grundlegende Muster, wie z. B. die relative Häufigkeit von Elementen und ihre chemischen Affinität, d. h. ihr chemisches Verhalten in Beziehung zu ihrer Umgebung. Im Jahr 1849 erkannte F. A. ↗Breithaupt (1791–1873) Beziehungen zwischen den Elementen in Erzmineralen, die er »Paragenesen« nannte, ein Begriff, der heute in veränderter Bedeutung verwendet wird, und 1847–1855 lehrte K. G. ↗Bischof (1792–1870) Kreisprozesse in der unbelebten Natur und begriff so die Erde als ein dynamisches System.

In der zweiten Hälfte des 19. Jh. ergaben sich durch die Entwicklung der Spektralanalyse schnell und einfach durchzuführende und dennoch genaue Analysemethoden, die zu einer Vervielfachung der Datenmenge führten. Mittlerweile war die Kenntnis der Elemente und ihrer chemisch-physikalischen Eigenschaften soweit angewachsen, daß 1868 D. I. Mendelejef (1834–1907) und J. L. Meyer (1830–1895) das Periodensystem der Elemente zusammenstellen konnten. Dies war die Grundlage für die Erkenntnis von Zusammenhängen zwischen den Eigenschaften der Elemente. Zu dieser Zeit beschäftigte sich die Geochemie noch im wesentlichen mit der Bestandsaufnahme und Datensammlung, d. h. der chemischen Analyse von Mineralen und Gesteinen. Zusammengefaßt wurden diese Daten in Publikationen wie »The Data of Geochemistry« durch F. W. Clarke (1847–1931) im Jahr 1908 (↗Clarke-Werte).

Ab den 1920er Jahre begann die Suche nach wiederkehrenden »Mustern« in der Datenfülle, nach Gesetzmäßigkeiten im Verhalten von Haupt- und Spurenelementen, die zu einer Ordnung der Daten führen sollten. Damit verknüpft sind besonders die Namen von V. M. ↗Goldschmidt (1888–1947) und V. I. Vernadskij (1863–1945). Goldschmidt entwickelte in Anlehnung an das Verhalten der Elemente bei Verhüttungsprozessen die heute noch verwendbaren Begriffe siderophil, chalkophil, lithophil und athmophil (↗geochemischer Charakter der Elemente) zur Einteilung von Elementen unterschiedlicher Verhaltensweisen. Für eine Reihe von beobachteten Gesetzmäßigkeiten wurden Regeln und Prinzipien formuliert, zum Beispiel die ↗Oddo-Harkinssche Regel (1914). Ab den 1920er und 1930er Jahren bildeten sich eigene Begriffe, womit sich eine eigene geochemische Fachsprache entwickelte. Dies läßt auf ein zu dieser Zeit bereits vorhandenes spezifisch geochemisches Denken schließen und führte zur Abgrenzung von anderen Disziplinen. In diese Zeit fällt auch die Etablierung der geochemischen Lehre und von spezifischen Forschungseinrichtungen. Mitte des 20. Jahrhunderts war das chemische Verhalten der Elemente soweit verstanden, daß aus der Beobachtung der Veränderungen im Chemismus der Erde im Laufe ihrer Geschichte Schlußfolgerungen und Interpretationen möglich waren. Damit wandelte sich die Geochemie von einer rein deskriptiven-quantifizierenden zu einer interpretierenden Wissenschaft. Ab den 1970er und 1980er Jahren erlebte die Geochemie einen gewaltigen Schub nach vorne, weil nun mit der Anerkennung der Theorie der ↗Plattentektonik ein taugliches Modell zur Erklärung geochemischer Phänomene v. a. im Bereich der Magmagenese und der chemischen Evolution des ↗Erdmantels, vorhanden war. Es war nun möglich, für bestimmte chemische Phänomene konkrete geologische Ursachen anzugeben.

Neben der Chemie hatte besonders die Entwicklung der Atom- und Kernphysik ab dem Beginn des 20. Jh. prägenden Einfluß auf die Geochemie, zum einen durch die Bereitstellung von physikalischen Analyseverfahren wie ↗Röntgenfluoreszenz oder ↗Massenspektrometrie, zum anderen eröffnete die Physik neue Forschungsrichtungen wie ↗Isotopengeochemie und ↗Geochronologie. Im Jahr 1897 entdeckte H. ↗Becquerel (1832–1908) die Radioaktivität, ein bisher unbekanntes physikalisches Phänomen. Um 1900 waren erste Zerfallskonstanten radioaktiver Elemente bekannt und bereits um 1905 erkannten E. Rutherford (1871–1937) und B. B. Boltwood die Möglichkeit, Gesteine über den Zerfall radioaktiver Elemente zu datieren und damit geologischen Phänomenen einen absoluten Zeitrahmen zu geben. Damit entschied sich auch ein jahrzehntelang schwelender Zwist zwischen Geologie und klassischer Physik über das Alter der Erde zugunsten der Vorstellungen der Geologie. Um das Jahr 1913 fällt die Entdeckung der ↗Isotope durch Experimente mittels eines Vorläufers des Massenspektrometers. Dadurch verbesserte sich natürlich die Qualität der ↗radiometrischen Altersbestimmungen. Ihre Präzision wuchs im Laufe der Jahrzehnte stetig an, während immer neue Methoden für spezielle Fragestellungen entwickelt wurden. Mit dem Anwachsen der Datenmenge im Bereich der Isotopenmessungen ergaben sich auch hier zusätzliche Anwendungsmöglichkeiten. So wird eine ständig wachsende Zahl von Isotopenverhältnissen v. a. im magmatischen Bereich als ↗Tracer für das Gebiet des Magma-Ursprungs und für Kontaminationsvorgänge verwendet. Sie sind dabei der mittlerweile klassischen Spurenelementgeochemie überlegen, da die Isotopenverhältnisse anders als der Gehalt an Spurenelementen nicht durch die chemische Evolution eines kristallisierenden Magmas beeinflußt werden. Anders ist dies bei Prozessen, die unter niedrigen Temperaturen ablaufen. Im Jahr 1931 sagte H. C. Urey (1893–1981) voraus, daß der Dampfdruck der verschiedenen Wasserstoff-Isotope verschieden sei. Nach dem Zweiten Weltkrieg begann die Forschung zur ↗Fraktionierung von (leichten) ↗stabilen Isotopen durch natürliche Prozesse. Bald gelangte man zu der Erkenntnis, daß die Fraktionierung temperaturabhängig ist. Hieraus ergibt sich beispielsweise die Möglichkeit zur ↗Paläotemperaturmessung, wodurch die Geochemie Zutritt zur ↗Klimaforschung erhielt, die in den letzten Jahren zunehmend an Bedeutung gewonnen hat.

Die heutigen geochemischen Inhalte werden davon bestimmt, daß viele der Regeln und Gesetzmäßigkeiten, nach denen sich Elemente im geologischen Milieu verhalten, bekannt sind und nun zur Interpretation herangezogen werden können. Damit einher ging eine Aufspaltung der Geochemie in weitere Teildisziplinen. Heutige Arbeitsgebiete umfassen vor allem die Magmenentwicklung/Mantelevolution, die ↗Lagerstättenbildung/Prospektion, die Geochronologie, die Umweltgeochemie und die Klimaforschung.

Die Geochemie befindet sich weiter in einer Phase der Differenzierung und des Wachstums. Zukünftige Entwicklungen reichen derzeit v. a. in zwei Richtungen: einerseits die ↗Isotopengeochemie mit immer neuen Isotopen beziehungsweise Isotopenpaaren, deren Möglichkeiten untersucht werden. Darunter befinden sich beispielsweise auch exotische Isotope, die in der irdischen Atmosphäre durch Reaktionen mit der kosmischen Strahlung entstehen (^{10}Be), oder anthropogene Isotope wie Tritium aus Atombombenversuchen, die als Tracer verwendet werden können. Das zweite Feld stellen neue, hochpräzise ortsauflösende Analyseverfahren dar, die der Geochemie Zugang zu völlig neuen Gebieten liefern werden, deren Ausdehnung und Bedeutung noch nicht abzusehen ist. [WAl, MKE]

Literatur: MASON, BRIAN & MOORE, CARLETON B. (1985): Grundzüge der Geochemie, Kapitel 1.2: Geschichte der Geochemie. – Stuttgart.

geochemische Anomalie ↗Geochemie.
geochemische Differentiation ↗*Differentiation*.
geochemische Fossilien ↗*Biomarker*.
geochemische Häufigkeit, die chemische Zusammensetzung und relative Häufigkeit der Elemente. In der Erdkruste ist sie durch eine Vielzahl von Gesteins- und Mineralanalysen heute recht genau bekannt (Tab.). Die Erdkruste ist damit zu fast 75 Gew.-% aus Sauerstoff und Silicium aufgebaut. Bezogen auf das Volumen beträgt der Sauerstoffanteil fast 95 %, während alle übrigen Elemente um oder weit unter 1 % liegen. Die Erdkruste kann daher als eine dichte Sauerstoffpak-

	Häufigkeit der Mineralarten [%]	Mineralmenge in der Erdkruste [Masse-%]	Häufigkeit bei Mineralbildungsprozessen [%]					
			endogen			exogen		metamorph
			magmatisch	pegmatitisch	pneumatolytisch und hydrothermal	Verwitterung	sedimentär	
Element-Minerale	3,3	0,1	22	–	44	24	2	8
Sulfide	13,0	1,2	5	–	89	5	1	–
Oxide u. Hydroxide	12,5	17,0	6	22	20	36	2	14
Silicate	25,0	75,0	21	16	25	10	1	27
Sulfate	9,0	0,5	–	–	8	72	20	–
Phosphate	17,7	0,7	2	12	10	71	1	4
Carbonate	4,5	1,7	–	12	21	44	22	1
Halogenide	5,7	0,5	2	10	41	35	12	–
Borate	2,8		–	12	12	23	48	5
Wolframate, Molybdate	1,0		–	–	43	57	–	–
Chromate	0,3	3,3	–	–	–	100	–	–
Nitrate	0,5		–	–	–	100	–	–
organische Substanzen	4,7		–	–	9	91	–	–

kung angesehen werden, in deren Lücken spärlich verteilt die Metalle sitzen. Allein 99,4 Gew.-% der Erdkruste werden von den zwölf häufigsten Elementen des Periodensystems vertreten. ↗Clarke-Werte.

geochemische Klassifikation, 1) geochemische Klassifikation der Elemente: ↗geochemischer Charakter der Elemente. 2) geochemische Klassifikation der Gesteine: Benennung der Gesteine aufgrund ihres Chemismus. Traditionell erfolgt die Nomenklatur von Gesteinen über den Mineralbestand und das Gefüge eines Gesteines. Aufgrund der hohen Feinkörnigkeit bis hin zur glasigen Ausbildung ist bei vulkanischen Gesteinen eine Angabe des Mineralbestandes schwierig, wenn nicht sogar unmöglich. Deshalb ist es zweckmäßig, diese Gesteine mit Hilfe ihres Chemismus zu klassifizieren (↗TAS-Diagramm Abb.).
Literatur: LEMAITRE, R.W. (Hrsg.) (1989): A Classification of Igneous Rocks and Glossary of Terms. – Oxford.

geochemische Normierung, Vergleichsmethode der chemischen Zusammensetzung einer Probe mit der Zusammensetzung eines geeigneten, geochemischen Standards. Dabei werden üblicherweise die Elementgehalte der Probe durch die Gehalte des jeweiligen Elements des Standards dividiert. ↗chemische Gesteinsstandards.

geochemischer Charakter der Elemente, vorrangige Neigung der Elemente zu einer in der Tab. aufgeführten Phasen. Der norwegische Geochemiker V.M. ↗Goldschmidt (1888–1947) stellte diese *geochemische Klassifikation* der Elemente auf. Sie geht von einer weitgehend geschmolzenen Urerde aus und untersucht die Separierung der Elemente in eine Metallphase (*siderophil*), eine Sulfidphase (*chalkophil*, chalkogen) und eine Silicatphase (*lithophil*) beim Abkühlungsprozeß der Urerde. Ergänzt wird die Einteilung durch eine Gasphase (*atmophil*). Siderophile Elemente sind in metallischen Phasen von ↗Meteoriten

geochemische Klassifizierung	Elemente
siderophil	Fe Co Ni Ru Rh Pd Re Os Ir Pt Au Mo Ge Sn C P (Pb) (As) (W)
chalcophil	Cu Ag (Au) Zn Cd Hg Ga In Tl (Ge) (Sn) Pb As Sb Bi S Se Te (Fe) (Mo) (Re)
lithophil	Li Na K Rb Cs Be Mg Ca Sr Ba B Al Sc Y REE (C) Si Ti Zr Hf Th (P) V Nb Ta O Cr W U (Fe) Mn F Cl Br I (H) (Tl) (Ga) (Ge) (N)
atmophil	H N (C) (O) F (Cl) (Br) (I) Edelgase

geochemische Häufigkeit (Tab.): Verteilung der zwölf häufigsten Elemente in der Erdkruste.

geochemischer Charakter der Elemente (Tab.): Goldschmidts geochemische Klassifizierung der Elemente. Die Klammern signalisieren, daß ein Element überwiegend in eine andere Gruppe gehört (SEE = Seltene Erdelemente).

und möglicherweise auch im metallischen ↗Erdkern angereichert. Dagegen finden sind chalkophile Elemente vermutlich im ↗Erdmantel, während der Erdkern und die ↗Erdkruste an diesen Elementen verarmt ist. Der Begriff lithophil bzw. oxyphil wiederum wird mittlerweile fast ausschließlich verwendet, um ↗Spurenelemente zu charakterisieren, die inkompatibel mit den gesteinsbildenden Mineralen des Erdmantels (↗Olivin, ↗Pyroxene, Spinell, ↗Granat) sind, daher bei Schmelzbildungsprozessen bevorzugt in die Schmelze übergehen und letztendlich in der Erdkruste angereichert werden.

geochemischer Kreislauf, Weg der chemischen Elemente, Isotope und Verbindungen von den Stadien ↗Magma über ↗Intrusion und Erstarrung zum Gestein und der folgenden ↗Verwitterung oder Metamorphose bis zu Migmatisierung und zurück zum Magma. Der Stoffaustausch findet nicht nur innerhalb und zwischen der ↗Erdkruste und der ↗Hydrosphäre und ↗Atmosphäre statt. An den ↗Subduktionszonen und entlang der ↗Mittelozeanischen Rücken kommt es auch zwischen der Erdkruste und dem ↗Erdmantel zum Austausch der Elementkonzentrationen (↗Kreislauf der Gesteine). Im Gegensatz zu ↗biogeochemischen Prozessen erfolgen die Stoffumsätze im geochemischen Stoffkreislauf verhältnismäßig langsam. ↗Kohlenstoffkreislauf, ↗Sauerstoffkreislauf, ↗Schwefelkreislauf.

geochemischer Kreislauf des Kohlenstoffs ↗*Kohlenstoffkreislauf.*

geochemischer Kreislauf des Sauerstoffs ↗*Sauerstoffkreislauf.*

geochemischer Kreislauf des Schwefels ↗*Schwefelkreislauf.*

geochemische Spurenelemente, Elemente, die in einem Gestein oder einer Gesteinsschmelze mit einen Gehalt von weniger als 0,1 Gew.-% bzw. kleiner als 1000 ppm vertreten sind. Die Spurenelemente könne nach ihrem geochemischen Verhalten in verschiedene Gruppen aufgeteilt werden, z. B. ↗Seltene Erden, ↗Platingruppen-Elemente und ↗Übergangselemente bzw. ↗inkompatible Elemente und ↗kompatible Elemente.

Geochore, homogene Raumeinheit der ↗chorischen Dimension aus der ↗Theorie der geographischen Dimensionen, die sich funktional oder auch strukturell nach physiogeographischen Gesichtspunkten nach außen abgrenzen läßt. Geochore setzen sich aus niederrangigeren Geotopen (↗Tope) zusammen und lassen sich zu ↗Georegionen aggregieren. Die Geochore steht in der ehemals sowjetischen Landschaftsökologie für heterogen strukturierte ↗Geosysteme egal welcher Dimensionsstufe und werden dem ↗Geomer gegenüber gestellt.

Geochronologie, die zeitliche Dimension der Entwicklung der Erde oder eines Teilgebietes, erschlossen aus der Verbindung der relativen zeitlichen Abfolge geologischer Ereignisse (↗Stratigraphie) mit numerischen Zeitmarken, welche durch ↗Geochronometrie ermittelt wurden; wird häufig mit Geochronometrie gleichgesetzt. Je nach Datenbais unterscheidet man die ↗Lithostratigraphie, ↗Chronostratigraphie und die ↗Biostratigraphie. ↗Altersbestimmung, ↗geologische Zeitskala.

geochronologische Einheit, innerhalb der ↗Stratigraphie eine der hierarchischen Gliederungseinheiten der Erdgeschichte (↗Lithostratigraphie, ↗Chronostratigraphie und ↗Biostratigraphie).

Geochronometrie, quantitative Zeitbestimmung (*Chronometrie*) in den Geowissenschaften mittels zeitabhängiger physikalischer und/oder chemischer Prozesse. Häufigster verwendeter Prozeß ist die Radioaktivität (↗isotopische Altersbestimmung).

Geocodierung, *Bildrektifizierung*, ↗geometrische Rektifizierung eines digitalen Bildes in bezug auf ein Koordinatensystem, das meist dem Landeskoordinatensystem entspricht, bzw. in bezug auf eine vorgegebene Kartenprojektion. Die mittels Fernerkundungssensoren aufgenommenen ↗Bildelemente müssen so umgeordnet werden, daß die Bildelemente der rektifizierten Bilder im Landeskoordinatensystem angeordnet sind.

Die Methoden der geometrischen Rektifizierung hängen davon ab, ob photographische oder digitale Bilder, von Flugzeug- oder Satellitenplattformen aufgenommen, vorliegen und welche mathematischen Ansätze zur Anwendung kommen. Die Rektifizierung der durch Digitalisierung von Photographien gewonnenen digitalen Bilder erfolgt durch Definition einer Bildmatrix im Landeskoordinatensystem und durch Transformation der Mittelpunkte der Bildelemente im Landeskoordinatensystem in das Bildkoordinatensystem. Die Zuordnung von Grauwerten zu den i. d. R. zwischen den Bildelementmittelpunkten des digitalisierten Bildes liegenden transformierten Mittelpunkten erfolgt über Algorithmen nach dem »Prinizp der nächsten Nachbarschaft« (↗Nearest-Neighbour-Verfahren), durch bilineare Interpolation oder Interpolation höherer Ordnung. Die Methode der Rektifizierung von originären Scannerbildern wird davon abhängen, ob die Datengewinnung vom Flugzeug oder vom Satelliten aus erfolgt. Nach der Korrektur der ↗Panoramaverzerung und Elimination des Einflusses der Zeilenschiefe ist für jede Bildzeile des optomechanischen Scanners exakte Zentralprojektion hergestellt. Diese Bedingung ist bei zeilenweiser Datengewinnung mit optoelektronischen Scannern erfüllt. Die nichtparametrische Rektifizierung stellt die Beziehung zwischen dem Scannerbild und dem rektifizierten Bild im Landeskoordinatensystem durch einen zweidimensionalen Interpolationsansatz her, dessen Koeffizienten aus ↗Paßpunkten ermittelt werden. In einer ersten Stufe wird durch ebene ↗Ähnlichkeitstransformation oder Affintransformation ein näherungsweiser Zusammenhang zwischen Bildkoordinaten und (zweidimensionalen) Landeskoordinaten hergestellt. In einer zweiten Stufe werden die an den Paßpunkten auftretenden Residuen durch Polynominterpolation (↗Polynomentzerrung) für jede Koordinatenrichtung oder durch Interpolation nach kleinsten Quadra-

ten weitgehend minimiert. Die nichtparametrische Rektifizierung wird v. a. für die Geocodierung von Scannerbildern, die von Satellitenplattformen aus aufgenommen werden, benutzt.
In der Regel werden vom Flugzeug aus aufgenommene Scannerbilder zufolge niedriger Flughöhen und Geländehöhenunterschieden unter Einbeziehung von Parametern der Flugbahn zu rektifizieren sein. Dieser parametrische Ansatz beruht auf der Bestimmung von Querneigung d_ω, Längsneigung d_φ, Kantung d_χ und Koordinaten des Projektionszentrums X_0, Y_0 und Z_0 pro Bildzeile mittels Paßpunkten. Geeignete Algorithmen, die auf ausreichende Korrelation der äußeren Orientierungselemente innerhalb einer Folge von Bildzeilen aufbauen, werden durch die Methode der Differenzengleichungen oder die Methode der Polynomapproximation bereitgestellt. Generell bedarf es im Falle der parametrischen Rektifizierung auch der Kenntnis von Geländehöhen in dem definierten X,Y-Raster im Landeskoordinatensystem. Damit ist die Anwendung dieser Methode der Rektifizierung nur bei Vorhandensein eines digitalen Geländemodelles möglich.
Die geometrische Rektifizierung von Radaraufnahmen wird im Falle geringer Höhenunterschiede nach Umwandlung von Schrägentfernungen in Grundrißentfernungen mittels nichtparametrischer Rektifizierung durchgeführt. Geringe Höhenunterschiede verursachen jedoch im Radarbild bereits große Bildversetzungen, so daß auch in diesem Fall die Nutzung eines digitalen Geländemodelles unerläßlich ist. Im allgemeinen erfolgt die Geocodierung von Radarbildern nach der Methode der parametrischen Rektifizierung, die in etwas abgewandelter Form dem Ansatz bei der geometrischen Rektifizierung von Scannerbildern entspricht. [EC]

Geodäsie, [griech. = Erdteilung], die Geodäsie ist eine der Naturwissenschaften von der Erde (Geowissenschaften) mit besonders umfangreichen praktischen Anwendungen (Angewandte Geodäsie) in der Wirtschaft (↗Ingenieurgeodäsie), der Verwaltung und Gesellschaft (Vermessungs-, Karten-, Liegenschaftswesen, ↗Geoinformationssysteme), im Bergbau (Markscheidewesen) und der Seevermessung.
Ein großer Teil der praktischen Belange wird am besten wiedergegeben durch die Definition von F. R. ↗Helmert (1880): »Die Geodäsie ist die Wissenschaft von der Ausmessung und Abbildung der Erdoberfläche«. Die physikalischen Aspekte greift E. H. ↗Bruns (1878) auf: »Das Problem der wissenschaftlichen Geodäsie ist die Ermittlung der Kräftefunktion der Erde«, womit das Vektorfeld der Erdschwerkraft, der Resultierenden aus Anziehungs- und Fliehkraft, gemeint ist. Eine verallgemeinernde und zugleich wissenschaftstheoretisch vertiefte Definition gibt E. Buschmann (1992): »Geodäsie ist die Wissenschaftsdisziplin vom Erkennen von Raum und Zeit im Bereich des Planeten Erde an den Strukturen geeigneter Materieverteilungen und deren zeitlichen Änderungen«; solche Strukturen sind insbesondere die Erdoberfläche und das Erdschwerefeld.

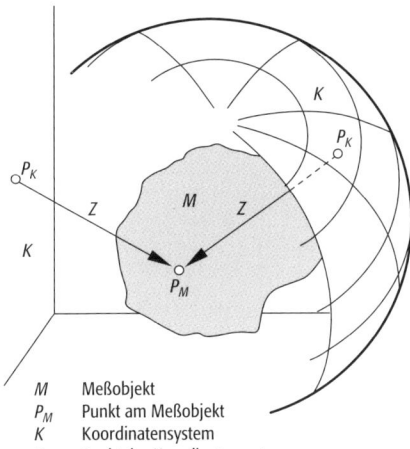

Geodäsie: metrologisches Prinzip für die Ausmessung unregelmäßig geformter Körper.

M   Meßobjekt
P_M Punkt am Meßobjekt
K   Koordinatensystem
P_K Punkt des Koordinatensystems
Z   Zeiger, Meßfühler

Das Hauptziel der Geodäsie, die »Bestimmung der Erdfigur«, ist vieldeutig. Im Altertum standen die Menschen noch vor der Frage »Scheibe oder Kugel und wie groß sind sie?« (↗Eratosthenes). Heute sollen unter »Erdfigur« verstanden werden: a) die topographische Oberfläche in ihrer Gesamtheit und Detailliertheit des Reliefs, b) das ↗Geoid als eine ausgewählte ↗Äquipotentialfläche (Niveaufläche) des Erdschwerefeldes, c) ↗Ellipsoide unterschiedlicher Eigenschaften als vorwiegend geometrische Modelle der Erde, d) ↗Sphäroide als vorwiegend physikalische Modelle oder auch e) Mischformen, die weder mathematisch noch physikalisch, sondern nur punktweise als Körper darstellbar sind, wie z. B. ↗Quasigeoid oder ↗Telluroid.
Wie in jeder Wissenschaftsdisziplin gründet sich auch in der Geodäsie die Erkenntnistätigkeit sowohl auf die bisherigen eigenen Aussagen, als auch auf die Theorien anderer Disziplinen. Für die Geodäsie sind das v.a.: a) Mathematik (besonders ↗Geometrie, Differentialgeometrie, mathematische Statistik), b) Physik (besonders Newtonsche Mechanik, Gravitation, Optik), c) ↗Relativitätstheorie (besonders Einheit von Geometrie und Physik, Konstanz der Lichtgeschwindigkeit – auch bei Bewegung der Strahlungsquelle, relativistische Mechanik bei bewegten Meßpunkten), d) ↗Metrologie (Meßkunde, Meßtechnik) und e) ↗Astronomie (↗Astrometrie, ↗Bezugssystem für Raum und Zeit).
Im Bereich des Planeten Erde sind Erdoberfläche und Erdschwerefeld geeignete Materiestrukturen, die meßtechnisch erfaßt und wiedererkennbar abgebildet werden können. Ihre Strukturen spiegeln jeweils die räumliche Komponente, deren Änderungen die zeitliche Komponente wider. Wiedererkennbare Zeichen der Erdoberfläche sind die sog. topographischen (d. h. ortsbeschreibenden) Objekte, wie z. B. Berge, Flüsse, Verkehrswege, Bauwerke. Ihrer gemessenen und in ↗Koordinatensystemen beschriebenen Lage

können Höhen als Merkmal des Reliefs und gemessene Werte der Schwerkraft als Merkmal des Erdschwerefeldes zugeordnet werden. Die Abbildungen können je nach Problem und Bedarf analog oder digital auf verschiedene Weise erfolgen, z. B. mit Ausdrucksmitteln der ↗Kartographie, in Dateien oder speziell in Geoinformationssystemen.

An Änderungen der genannten Materiestrukturen wird die zeitliche Komponente zwar erkennbar, zur Ableitung eines Zeitmaßes sind sie aber ungeeignet. Das ist z. B. beim Phänomen der Erdrotation anders. Sie läßt sich hochauflösend aus der Relativbewegung zweier ↗Bezugssysteme erkennen, eines mit dem Erdkörper gekoppelten und eines außerhalb von ihm existierenden. Das können z. B. die Fixsterne sein (geodätische Astronomie). Auch andere außerirdische Objekte kommen als Bezugssystem in Frage (↗geodätische Raumverfahren, ↗Satellitengeodäsie). Lange bestimmte die Geodäsie so auch die gesetzliche Zeit (↗Zeitskala), heute braucht sie diese Erkenntnisse zur Realisierung der Raumverfahren. Die Strukturparameter des Erdschwerefeldes sind die Äquipotentialflächen (Niveauflächen) und deren Orthogonalen, die Lotlinien mit ihren lokalen Tangenten, den Lotrichtungen (geodätisch für: Richtung des Schwerevektors).

Das geodätische Meßwesen ist Jahrtausende alt. Es entwickelte sich hauptsächlich aus der Geometrie, eine andere Wurzel liegt in der mathematischen Geographie. Frühere Definitionen und Realisierungen von Maßeinheiten für die Länge (Meter m) und die Zeit (Tag d, Sekunde s) wurden durch geodätische Messungen aus Größen des Erdkörpers und seiner Rotation abgeleitet. Die Einheit der Beschleunigung Gal (nach G. ↗Galilei) bezog sich auf die Fallbeschleunigung der Erde.

Bei den metrologischen Aspekten der Geodäsie sind zwei Grundrichtungen zu unterscheiden: a) die mehr physikalische bei der Bestimmung der Parameter des Erdschwerefeldes und b) die mehr geometrische bei der Ausmessung der Erdoberfläche. Die Methoden zur Bestimmung von Schwerefeldparametern sind Methoden der ↗Gravimetrie, die in ihrer Genauigkeit gesteigert und für globale Anwendung weiterentwickelt wurden. Neue Möglichkeiten erschlossen sich mit der Entwicklung von ↗Absolutgravimetern und Gradiometern sowie von Geräten zum Einsatz in Flugzeugen und auf Schiffen. Äquipotentialflächen der Schwerkraft lassen sich als inverses Problem durch die Lösung von Randwertaufgaben aus geeignet reduzierten gemessenen Schwerewerten ableiten, neuerdings auch nach Methoden der Satellitengeodäsie, da die Bahnen der künstlichen Erdsatelliten sowohl Anomalien des Erdschwerefeldes als auch die Lage des Massenmittelpunktes der Erde widerspiegeln und damit dessen Nutzung als Ursprung des ↗globalen geozentrischen Koordinatensystems möglich machen. Die Lotrichtungen (↗natürliche Koordinaten) lassen sich direkt nach Methoden der geodätischen Astronomie messen.

Differenzen des Schwerepotentials sind als physikalische Größe an der Erdoberfläche meßbar als Produkt aus vertikaler Strecke (↗geodätisches Nivellement) und Schwerewert (Fallbeschleunigung). Diese als ↗geopotentielle Kote bezeichneten Werte sind die Ausgangsgrößen für die Bildung von ↗Höhensystemen. Die Differenzen zwischen den Parametern des realen Schwerefeldes (Äquipotentialflächen und Lotlinien) und den Parametern eines Modells (Ellipsoid, Sphäroid) werden mittels der Höhenunterschiede vergleichbarer Flächen (Geoidundulationen) bzw. der Winkel zwischen den Flächennormalen (↗Lotabweichungen) abgebildet.

Es ist kennzeichnend für die klassische Methodik der Geodäsie, daß die dreidimensionalen Strukturen der Erdoberfläche mittels zweier grundverschiedener Meßanordnungen ermittelt werden: zwei geometrische Lagekoordinaten auf einer ↗Bezugsfläche werden bestimmt, denen eine physikalisch begründete Koordinate der Höhe zugeordnet wird (↗physikalische Höhe); dafür wird gelegentlich die Bezeichnung »zwei- + eindimensionale Geodäsie« (*Mehrdimensionale Geodäsie*) gebraucht. Wenn die drei räumlichen Koordinaten und der Zeitpunkt der Bestimmung abgebildet werden, spricht man sogar von der *Vierdimensionalen Geodäsie* (besser drei + eindimensionale Geodäsie). Diese Bezeichnungen sind nicht im Sinne der n-dimensionalen Räume der Mathematik zu verstehen und sind insofern irreführend, da die Geodäsie nur innerhalb der drei räumlichen und der einen zeitlichen Dimension beschreibend arbeiten kann. Die schnelle Entwicklung der Erdsatelliten und der Entfernungsmessung mittels Laser und Sensoren ab der Mitte der fünfziger Jahre des 20. Jahrhunderts brachte auch für das geodätische Meßwesen eine Revolution. Seitdem ist die dreidimensionale Positionsbestimmung mittels einer einzigen Meßanordnung möglich. Die Raum-Zeit-Funktion der Bahnparameter der künstlichen Erdsatelliten (Bahnelemente, Keplerelemente) dienen als erdoberflächenfernes räumliches Bezugssystem. Elektromagnetische Wellen außerhalb des sichtbaren Teils des Spektrums und Impulse mit großer Reichweite wurden durch neue Sensoren und hochauflösende Zeitmeßeinrichtungen für die Messung von großen Längen und Längenunterschieden nutzbar (↗Laserentfernungsmessung, ↗Radiointerferometrie). Es entstanden die Methoden der Satellitengeodäsie und der geodätischen Raumverfahren, die heute bestimmend sind für das geodätische Meßwesen. Die indirekte Längenmessung mittels Winkelmessung (Triangulation) und die netzartige Anordnung der Bezugspunkte (↗geodätisches Netz) wurden durch freie Gruppierungen von Bezugspunkten in problemabhängiger Dichte ersetzt, da die Länge einer Strecke als raumaufspannendes Element in der Dreiecksungleichung der Metrik direkt meßbar geworden war, selbst in früher geodätisch unvorstellbaren Dimensionen, z. B. Erde-Satellit (SLR) und Erde-Mond (LLR), und mit früher unvorstellbar hoher Genauigkeit. Nur bei der örtlichen Detailaufnahme dominiert noch das lotrichtungsorientierte Meßinstrument, wobei auch dabei die frühere Messung von Horizontalwinkeln durch die Messung horizontaler Streckenkomponenten weitgehend ersetzt ist.

Eine sehr wesentliche Rolle im geodätischen Meßwesen spielen Modelle unterschiedlicher Art und Zielstellung. Die Modellierung kann der meßtechnischen Erfassung der strukturellen bzw. physikalischen Realität dienen, sie kann auch angebracht sein zur Ableitung der gesuchten Informationen aus den Meßdaten und auch bei der Interpretation der Informationen; der Begriff »Modell« wird heute auch in der Geodäsie sehr viel weiter gefaßt als früher. Geodätische Informationen sind metrische Informationen mit drei räumlichen Dimensionen (Koordinaten), einer Zeitangabe (Epoche, Datum, Zeitpunkt) und einer die Art der erfaßten Materie charakterisierenden Angabe (z. B. topographisches Objekt). Diesen Raum und Zeit beschreibenden geodätischen Informationen können andere Informationen zugeordnet werden, z. B. geologische oder geophysikalische, und es entstehen fachspezifische Karten oder neuerdings Geoinformationssysteme.

Das allgemeine metrologische Prinzip für die Ausmessung und Abbildung unregelmäßig geformter Körper ist folgendes (Abb.): Das Meßobjekt M wird in starre Verbindung mit einem Koordinatensystem K gebracht, dessen Metrik bekannt ist. Dann wird die Oberfläche von M in ihren typischen geometrischen Formen durch Meßpunkte P_M modelliert, und schließlich werden diese von Punkten P_K des Koordinatensystems aus mittels Zeigern Z, d. h. mittels Meßfühlern in Richtung oder Strecke oder einer Kombination davon abgetastet. Prinzipiell nicht anders verfährt die Geodäsie bei der Vermessung der Figur der Erde, ihrer Oberfläche oder Teilen davon. Nur sind dabei trotz der anscheinenden Einfachheit der Aufgabe ganz beträchtliche Schwierigkeiten zu überwinden: a) ein Koordinatensystem K existiert nicht. Es muß als Bezugssystem erst geschaffen, d. h. durch geeignete Erscheinungen (z. B. Quasare, Fixsterne, Erdsatelliten, Äquipotentialflächen der Erdschwerkraft, mit der Erdoberfläche verbundene Markierungen) realisiert und hinsichtlich zeitlicher Veränderungen überwacht werden. Dabei sollte stets bewußt sein, daß Begriffe wie »Festpunkt« oder »Fixstern« frühere Auffassungen widerspiegeln und nicht mit unseren heutigen Erkenntnissen vereinbar sind. b) Das Meßobjekt ist nicht handhabbar und nicht überschaubar. Es hat unvergleichlich große Dimensionen und Detailliertheit, so daß eine außerordentlich große Zahl von Messungen nötig ist, die auf einheitlichen Maßeinheiten und Meßregeln beruhen müssen. Deshalb hat die Geodäsie seit jeher die Vereinheitlichung von Maßsystemen über Ländergrenzen hinweg aktiv gefordert und gefördert. c) Das Meßobjekt ruht nicht. Es rotiert nach den Kreiselgesetzen im Kosmos und unterliegt außerdem wechselnden Krafteinwirkungen, z. B. von Himmelskörpern des Sonnensystems (↗Gezeiten) oder von erdkörpereigenen Reibungen (Gezeitenreibung, Kern-Mantel-Kopplung). d) Das Meßobjekt ist auch nicht starr, sondern deformabel, so daß die Punkte P_M infolge der Festerdegezeiten und erdinnerer Einflüsse (Plattentektonik, Erdbeben) ständig bewegt sind. e) Die Meßfühler Z sind wegen physikalischer Einflüsse (z. B. atmosphärische Refraktion, relativistische Effekte) meist nicht als einfache geometrische Elemente, z. B. als Geraden, realisierbar bzw. modellierbar. Die Wahl eines geeigneten Bezugssystems und seine Realisierung durch die Bezugsdaten der Bezugsobjekte (z. B. Örter von Quasaren oder Fixsternen, Bahndaten von Erdsatelliten, Koordinaten terrestrischer Bezugspunkte) ist eine grundlegend wichtige Frage der Geodäsie, weil davon zugleich die Qualität der naturwissenschaftlichen Aussage abhängt, die aus den Messungen abgeleitet wird. Anzustreben sind ↗Inertialsysteme, weil sie höchstens noch eine prinzipiell nicht erkennbare, lineare Eigenbewegung ausführen. Die auf Eigenschaften des Erdkörpers gegründeten Bezugssysteme beruhen auf der Geometrisierung physikalischer Erscheinungen. So wird z. B. der Massenschwerpunkt der Erde (↗Geozentrum) von Erdsatelliten als Brennpunkt ihrer Bahn erfaßt und zum Ursprung des geozentrischen Koordinatensystems geometrisiert. Die lokale Lotrichtung kann durch ein Fadenlot zur vertikalen Geraden und durch Libellen (Wasserwaagen) zu einer horizontalen Ebene geometrisiert werden; die Himmelspole als Punkte der verlängert gedachten Rotationsachse der Erde spiegeln sich in den scheinbaren Bahnen der Fixsterne und anderer Himmelskörper wider.

Einige der für die geodätische Erkenntnistätigkeit grundlegenden Wissenschaftsdisziplinen spiegeln sich in den Namen von größeren und bedeutenden Teilgebieten wider: a) Mathematische Geodäsie, für grundlegende theoretische Aufgaben z. B. der Geometrie oder Statistik, b) Physikalische Geodäsie, zur Berücksichtigung der im irdischen Raum wirkenden physikalischen Kräfte (z. B. Gravitation, Fliehkraft) auf die mit geodätischen Mitteln meßbaren Objekte und Phänomene (z. B. Erdfigur, Erdschwerefeld, Erdrotation, …), c) ↗geodätische Astronomie (benutzen als irdisches Bezugssystem die Lotrichtungen des Erdschwerefeldes und als außerirdisches Bezugssystem die astronomisch bestimmten Koordinaten (Örter) von Himmelskörpern, vorzugsweise von Fixsternen und von der Sonne) sowie ganz allgemein d) die Theoretische Geodäsie (Sammelbegriff für unterschiedliche Forschungen in der Geodäsie, z. B. Modellbildung, Datenanalyse und Interpretation), die als Begriffsgegensatz zur Angewandten Geodäsie und deren praxisbezogenen Modellbildungen und Rechnungen zu sehen ist.

Andere Bezeichnungen betonen die eingesetzten Erkenntnismittel: e) ↗Satellitengeodäsie, f) Kosmische Geodäsie (Nutzung von durch im Kosmos befindlichen Objekten gebildeten Geraden zur Ortsbestimmung auf der Erde, z. B. auch

Sonnen- oder Mondfinsternis), die heute durch die präziseren g) *geodätischen Raumverfahren* abgelöst wurde sowie h) *Planetare Geodäsie* (wenn betont werden soll, daß alle auf den Planeten wirkenden Kräfte beachtet werden sollen).

Auch bestimmte Auffassungen, methodische Richtungen bzw. Entwicklungsetappen haben sich in Termini niedergeschlagen, doch sind Zweifel erlaubt, ob sie auf Dauer sinnvoll und förderlich sind: i) *Mehrdimensionale Geodäsie*, k) *Integrierte Geodäsie* (vorübergehende Bezeichnung für die verknüpfende Betrachtung raumgeometrischer- und erdschwerefeldbezogener Meßdaten nach der Entwicklung der Satellitengeodäsie), l) *Dynamische Geodäsie* (Beschreibung dynamischer Prozesse; ↗*Geodynmaik*) sowie m) *Ellipsoidische Geodäsie* und n) ↗*geodesia intrinseca* (Innere Geodäsie). Objektbezogene Bezeichnungen sind: ↗*Meeresgeodäsie*, *Selenodäsie* und ↗*Glazialgeodäsie*. In diesen Aufgabenfeldern gibt es signifikante methodische und meßtechnische Besonderheiten. Die früher üblichen Bezeichnungen *Höhere Geodäsie* (geometrische bzw. geodätische Theorien von Kurven und gekrümmten Flächen) und *Niedere Geodäsie* (geometrische bzw. geodätische Theorie der Geraden und ebenen Flächen) nach F. R. Helmert waren der Geometrie entlehnt und durchaus sinnvoll, haben durch Bedeutungswandel aber ihre Berechtigung verloren.

Die Erkenntnisse der Geodäsie werden in verschiedener Form abgebildet als mathematisch-physikalische Modelle, mit Ausdrucksmitteln der ↗*Kartographie*, zunehmend auch in Dateien und ↗*Geoinformationssystemen*, für die sie zugleich die Raumordnung bereitstellen. Damit bieten sie die Grundlage für räumliche Zuordnungen von Erkenntnissen und Daten zahlreicher Zweige von Wissenschaft, Wirtschaft und Verwaltung. Geodätische Erkenntnisse sind Eingangsgrößen in weitere Erkenntnisprozesse, einerseits der Geodäsie selbst und andererseits der benachbarten Geowissenschaften, z. B. ↗*Geologie* (globale Plattentektonik, Intraplattentektonik, lokale Erdkrustenbewegungen), ↗*Geophysik* (Massen- und Dichteverteilungen in Erdmodellen, Festerdegezeiten und deren räumliche Anomalien (Viskosität), Erdkrustenbewegungen, Erdrotationsschwankungen und Schwereänderungen als Vorboten von Erdbeben, Koppelung zwischen Erdkern- und -mantelrotation) und ↗*Ozeanographie* (Struktur von Äquipotentialflächen der Schwerkraft und Relief in Meeresgebieten). [EB]

Geodaten, sind ↗*Daten*, die einen Raumbezug aufweisen, über den ein Lagebezug zur Erdoberfläche hergestellt werden kann. Sie beschreiben Objekte der Realität entsprechend des ↗*Geoobjektmodells* durch geometrische und inhaltliche Attribute. Geodaten lassen sich mit Hilfe von raumbezogenen Informationssystemen (↗*Geoinformationssysteme*) im Sinne der Funktionskomplexe der ↗*Datenverarbeitung* erfassen (↗*Datenerfassung*), speichern und weiterverarbeiten (↗*Datenanalyse*). Wichtigstes Kriterium von Geodaten ist der Raumbezug, der i. d. R. auf zwei- oder dreidimensionale Koordinaten beruht. Geodaten unterliegen immer einer ↗*Datenqualität* als Kriterium, u. a. der Lagetreue, Genauigkeit der Koordinaten. Ihre Güte basiert auf dem zugrundeliegenden Erfassungsverfahren bzw. den Eigenschaften einer durchgeführten Datentransformation. Geodaten gelten als maßstabsfrei, wenn sie nicht auf Basis geometrischer Generalisierungkriterien verändert wurden (↗*Generalisierung*). Weltweit existiert ein großer Markt für Geodaten, dem in den Nationalstaaten und Staatenverbünden durch Standardisierungen und öffentliche Angebote von Geodaten eine Grundlage geschaffen wird. Ein Beispiel hierfür ist das Amtliche Topographisch-Kartographische Informationssystem (↗*ATKIS*) der deutschen Landesvermessung. Vom deutschen Städtetag ausgehend regeln die Empfehlung des ↗*MERKIS* den kommunalen Einsatz von raumbezogenen Informationssystemen, auf europäischer Ebene ist das ↗*CERCO* für die Koordinierung und Bereitstellung von Geodaten zuständig. [AMü]

Geodatenbank, eine ↗*Datenbank*, die durch die Einbindung spezieller Datentypen, Datenstrukturen und Operatoren in der Lage ist, ↗*Geodaten* effizient zu verwalten. Geodatenbanken verfügen vor allem über geeignete Sortier- und Suchverfahren, die eine effektive und schnelle Abfrage des Datenbestandes ermöglichen. Hierzu stellt sie für den Zugriff eine ↗*raumbezogene Abfragesprache* bereit, die räumliche Operatoren verfügt. Da Standarddatenbanken diese Anforderungen nicht erfüllen, gibt es in der Praxis drei Arten der Umsetzung von Geodatenbanken: als spezialisiertes Modul zur ↗*Datenverwaltung* innerhalb von raumbezogenen Informationssystemen (↗*Geoinformationssysteme*), als erweiterte relationale Datenbanken und als objektorientierte Datenbanken

geodätische Astronomie, Methoden, die als irdisches Bezugsystem die *Lotrichtungen* des Erdschwerefeldes und als außerirdisches Bezugsystem die astronomisch bestimmten Koordinaten (Örter) von Himmelskörpern, vorzugsweise von Fixsternen und von der Sonne nutzen (astronomische *Lotrichtung*, ↗*natürliche Koordinaten*). Früher auf Expeditionen die einzige Möglichkeit zur Ortsbestimmung, mit der Nutzung künstlicher Erdsatelliten (↗*Satellitengeodäsie*) und anderer ↗*geodätischer Raumverfahren* mit zurückgehender Bedeutung.

geodätische Flächenkoordinaten ↗*Flächenkoordinaten*.

geodätische Förderhöhe ↗*Förderhöhe*.

geodätische Hauptaufgaben, allgemein die Transformation zwischen ↗*Flächenkoordinaten* und ↗*geodätischen Polarkoordinaten* auf der Oberfläche eines Erdellipsoids, speziell die Transformation zwischen ↗*geographischen Koordinaten* (B_1,L_1), (B_2,L_2) zweier Ellipsoidpunkte P_1,P_2 und geodätischen Polarkoordinaten S,A_1,A_2 (Länge der ↗*geodätischen Linie* zwischen P_1 und P_2 mit den ↗*Azimuten* A_1,A_2). Das Problem, aus gegebenen Anfangswerten B_1,L_1,A_1,S die Parameter

B_2, L_2, A_2 zu bestimmen, bezeichnet man als erste geodätische Hauptaufgabe oder Anfangswertproblem der geodätischen Linie. Die hierzu inverse Aufgabe, aus den geographischen Koordinaten $(B_1, L_1), (B_2, L_2)$ der Endpunkte P_1, P_2 die Länge S und die Azimute der geodätischen Linie in P_1 und P_2 zu bestimmen, heißt zweite geodätische Hauptaufgabe oder Randwertproblem der geodätischen Linie. Beide Hauptaufgaben sind der Differentialgleichung der geodätischen Linie zugeordnet. Da dieses Differentialgleichungssystem (↗geodätische Linie) für eine Ellipsoidfläche auf elliptische Integrale führt, sind die geodätischen Hauptaufgaben nicht elementar lösbar. In der klassischen Theorie der Landesvermessung werden deshalb i. d. R. Reihenentwicklungen verwendet. [BH]

geodätische Koordinaten ↗ellipsoidische Koordinaten.

geodätische Linie, Kurve, deren geodätische Krümmung $\varkappa_g$ (↗Kurventheorie) in jedem Punkt verschwindet. Durch jeden Punkt einer stetig gekrümmten Fläche F verläuft genau eine geodätische Linie mit vorgegebener Richtung. Die kürzeste, stetig gekrümmte Verbindungslinie zwischen zwei Punkten auf F ist stets ein Stück einer geodätischen Linie. Bezeichnet man die Flächenkoordinaten auf F mit $(u,v) = (u^1, u^2)$, so entspricht die Forderung $\varkappa_g = 0$ der Differentialgleichung der geodätischen Linie:

$$\frac{d^2 u^\gamma}{ds^2} + \Gamma^\gamma_{\alpha\beta} \cdot \frac{du^\alpha}{ds} \cdot \frac{du^\beta}{ds} = 0 \,,$$

wobei d/ds die Ableitung nach der Bogenlänge s bezeichnet. Entsprechend der Einsteinschen Summationskonvention wird über gleiche Indizes ($\alpha, \beta, \gamma \varepsilon \{1,2\}$) summiert. $\Gamma^\gamma_{\alpha\beta}$ sind die ↗Christoffelsymbole.

In der Theorie der Landesvermessung treten geodätische Linien als Flächenkurven auf der Fläche eines ↗Rotationsellipsoids oder einer Kugel auf; geodätische Linien auf der Kugeloberfläche sind immer Bogenstücke von Großkreisen. Identifiziert man die Flächenparameter (u^1, u^2) mit den ↗geographischen Koordinaten (B, L), so wird die geodätische Linie durch das Differentialgleichungssystem zweiter Ordnung:

$$\frac{d^2 B}{ds^2} + 3 \frac{e'^2 \sin B \cdot \cos B}{V^2} \cdot \left(\frac{dB}{ds}\right)^2 +$$
$$V^2 \cdot \sin B \cdot \cos B \cdot \left(\frac{dL}{ds}\right)^2 = 0 \,,$$
$$\frac{d^2 L}{ds^2} - 2 \frac{\tan B}{V^2} \cdot \left(\frac{dB}{ds}\right) \cdot \left(\frac{dL}{ds}\right) = 0$$

beschrieben. Mit dem Azimut der geodätischen Linie sind diese Formeln dem Differentialgleichungssystem erster Ordnung:

$$\frac{dB}{ds} = \frac{\cos A}{M}, \quad \frac{dL}{ds} = \frac{\sin A}{N \cdot \cos B},$$
$$\frac{dA}{ds} = \frac{\tan B \cdot \sin A}{N}$$

äquivalent. In diesen Gleichungen bezeichnen M und N den Meridian- bzw. Querkrümmungsradius:

$$M = \frac{c}{V^3}, \quad N = \frac{c}{V}$$

im betrachteten Punkt der geodätischen Linie mit:

$$V^2 = 1 + e'^2 \cos^2 B, \quad e'^2 = (a^2 - b^2)/b^2, \quad c = a^2/b$$

für das Rotationsellipsoid mit der großen (äquatorialen) Halbachse a und der kleinen (polaren) Halbachse b. Die erste ↗geodätische Hauptaufgabe ist das Problem, aus gegebenen Anfangswerten einer geodätischen Linie die geographischen Koordinaten des Endpunktes sowie das Azimut derselben geodätischen Linie zu bestimmen, (Anfangswertproblem der geodätischen Linie). Die hierzu inverse Aufgabe, aus gegebenen Größen die Länge der geodätischen Linie sowie deren Azimute abzuleiten, heißt zweite geodätische Hauptaufgabe oder Randwertproblem der geodätischen Linie. [BH]

geodätische Modellbildung, Formulierung mathematisch-physikalischer Modelle zur Bestimmung der Gestalt der physischen Erdoberfläche und des äußeren Schwerefeldes sowie der zeitlichen Änderungen dieser Zielgrößen aus geodätischen Beobachtungen. Die zusätzliche Erfassung charakteristischer Merkmale (Attribute) von Elementen des Erdraumes führt zum Begriff der mehrdimensionalen Geodäsie (↗Geodäsie). Geodätische Beobachtungsgrößen sind geometrischer, kinematischer und dynamischer Natur. Damit ist grundsätzlich eine integrierte Modellbildung möglich, also eine gemeinsame Bestimmung von dreidimensionalen Positionen und des Schwerefeldes. Wegen der Größe der entstehenden Gleichungssysteme zur Bestimmung der Modellparameter und der daraus resultierenden numerischen Probleme ist eine integrierte Modellbildung nur für verhältnismäßig kleine regionale Gebiete möglich. Aus diesem Grunde ist eine Aufteilung in eine dreidimensionale Positionsbestimmung und eine Schwerefeldbestimmung i. a. sinnvoller. Soll neben der Erfassung der dreidimensionalen Positionen die Zeitabhängigkeit mitbestimmt werden, so spricht man von der sog. vierdimensionalen Geodäsie bzw. der drei- + eindimensionalen Geodäsie. Eine dreidimensionale Punktbestimmung im Rahmen der Modelle der Dreidimensionalen Geodäsie war erst durch die Erfolge der ↗Satellitengeodäsie bzw. der ↗geodätischen Raumverfahren in den letzten drei Jahrzehnten möglich geworden. Die klassische Modellbildung, die in ihren Anfängen bis in den Beginn des 19. Jahrhunderts zurückreicht, läßt sich durch die Aufteilung in Lage- und Höhenbestimmung charakterisieren (zwei- + eindimensionale Geodäsie). Diese Aufspaltung in eine zweidimensionale Lagebestimmung und eine eindimensionale Höhenbestimmung war durch die Eigenschaften der damals verfügbaren Meßverfahren bedingt. Die Meßmethoden zur Bestimmung der Lagekoordinaten auf einer zweidimensionalen Bezugsfläche unterliegen verhältnismäßig wenig dem Einfluß des Schwerefeldes und der Atmosphäre. Restliche Effekte konnten im Prinzip durch Reduktionen erfaßt werden oder führten, wenn dies nicht möglich war, zu Verfälschungen, die i.a. hingenommen werden konnten. Dagegen hängen die Methoden zur genauen Höhenbestimmung sehr viel stärker vom Schwerefeld und auch von den Einflüssen der Atmosphäre ab. Dies führte zur Wahl verschiedener Bezugsflächen für Lage und Höhe, deren gegenseitige Lage nur genähert bekannt war. Die verschiedenen ↗geodätischen Bezugsysteme als Ergebnisse der klassischen Landesvermessungen weisen fast ausschließlich diesen Nachteil auf. Erst die Methoden der Satellitengeodäsie und der geodätischen Raumverfahren werden in der Lage sein, diesen Mißstand zu verbessern. Allerdings wird der Prozeß der Integration des geodätischen Grundlagenwerkes noch einige Jahrzehnte andauern. [KHI]

geodätische Parallelkoordinaten, geodätische ↗Flächenkoordinaten u,v mit der Eigenschaft, daß die (geodätischen) v-Linien eine fest vorgegebene geodätische Linie der Fläche, die Abszissenlinie, rechtwinklig schneiden, und daß der Parameter u mit der Bogenlänge der Abszissenlinie $v = 0$ identisch ist, so daß gilt: $n(u,0) = 1$. Die v-Linien werden als Ordinatenlinien bezeichnet. Beide Flächenparameter (u,v), in der Landesvermessung mit (x,y) bezeichnet, geben die Längen von ↗geodätischen Linien auf der Fläche an.

In der Landesvermessung werden geodätische Parallelkoordinaten (x,y) auf einer Kugel oder einem ↗Rotationsellipsoid meist in der von J. G. ↗Soldner definierten Anordnung benutzt. Abszissenlinie $y = 0$ der $Soldner$-Koordinaten ist der durch den Koordinatenanfangspunkt P_0 und den Nordpol P_N verlaufende Meridian; P_0 sind die Parameterwerte $x = y = 0$ zugeordnet. Der Wert der Abszisse x wird von P_0 ausgehend nach Norden, der Ordinate y vom Fußpunkt P_f der durch den beliebigen Punkt P verlaufenden geodätischen Linie x = const. nach Osten positiv gezählt (Abb.). Als Bogenlängen von geodätischen Linien haben x und y eine unmittelbare geometrische Bedeutung. Auf der Kugeloberfläche sind die Ordinatenlinien x = const. Großkreise, die sich in den zur Abszissenlinie $y = 0$ gehörenden Querpolen der Kugel schneiden; auch die Abszissenlinie ist ein Großkreis, während die geodätischen Parallelen y = const. Kleinkreise um die Querpole darstellen. Im Gegensatz zur Kugel sind die Soldnerschen Ordinatenlinien x = const. auf dem Rotationsellipsoid im Allgemeinfall weder geschlossene noch ebene Kurven. Diese schneiden sich auch nicht mehr in punktförmigen Querpolen, sondern innerhalb eines zum Äquator symmetrischen Gebiets. Die geodätischen Parallelen eines ellipsoidischen Soldner-Systems sind zwar geschlossene, aber keine ebenen Kurven.

Da Soldner-Koordinaten geodätische Flächenkoordinaten sind, besitzt das ↗Bogenelement die Darstellung:

$$ds^2 = n^2 \cdot dx^2 + dy^2$$

mit den Gaußschen Fundamentalgrößen $E = n^2(x, y)$, $F = 0$, $G = 1$. Die Größe n bezeichnet man als *Abszissenverjüngungsfaktor*. Bezogen auf eine Kugel mit dem Radius R besitzt n die Darstellung:

$$n = \cos\frac{y}{R},$$

während der Abszissenverjüngungsfaktor im ellipsoidischen Fall durch eine Reihenentwicklung dargestellt wird.

Der Winkel, den die durch einen Punkt P der Kugel- oder Ellipsoidfläche verlaufende geodätische Parallele mit dem Meridian in P einschließt, heißt Meridiankonvergenz γ; diese wird von der Nordrichtung des Meridians ausgehend im Uhrzeigersinn positiv gezählt, so daß die Vorzeichen von y und γ immer übereinstimmen. Der Winkel zwischen der geodätischen Parallelen durch P und der durch P und einen weiteren Flächenpunkt Q verlaufenden geodätischen Linie wird als sphärischer bzw. ellipsoidischer Richtungswinkel t bezeichnet. Dieser wird von der Richtung wachsender x-Werte ausgehend im Uhrzeigersinn positiv gezählt, so daß für das auf den Meridian bezogene ↗Azimut der geodätischen Linie A gilt: $A = t + \gamma$.

Der Ausdruck:

$$\mu_s = \frac{\sqrt{dx^2 + dy^2}}{ds}$$

gibt das sog. *Vergrößerungsverhältnis* an. Für sphärische Soldnerkoordinaten gilt:

$$\mu_s = \sqrt{1 + \tan^2\frac{y}{R}\cdot\cos^2 t} \approx 1 + \frac{y}{2R^2}\cdot\cos^2 t,$$

während μ_s im ellipsoidischen Fall durch eine Reihenentwicklung dargestellt wird.

Geodätische Parallelkoordinaten besitzen die für die Praxis bemerkenswerte Eigenschaft, daß sie sich in der Nähe der Abszissenlinie kleinräumig wie rechtwinklige kartesische Koordinaten verhalten. Damit ist es möglich, mit den aus geodätischen Beobachtungen abgeleiteten ↗geodätischen Polarkoordinaten nach den Gesetzen der ebenen Euklidischen Geometrie zu rechnen, wenn die Punkte nicht allzu weit von der Abszis-

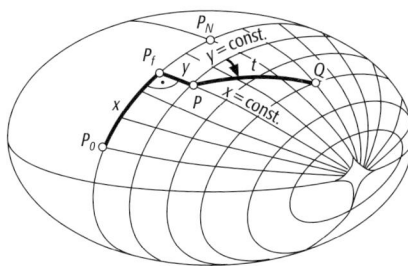

geodätische Parallelkoordinaten: schematische Darstellung (P_0 = Koordinatenanfangspunkt, P_N = Nordpol, P_f = Fußpunkt, P, Q = Flächenpunkte, t = ellipsoidischer Richtungswinkel, x, y = Parallelkoordinaten).

senlinie entfernt liegen und die Strecken kurz sind. Der Gültigkeitsbereich dieser »ebenen Approximation« kann stark ausgedehnt werden, wenn die geodätischen Polarkoordinaten S,t jeweils durch Reduktionen (Streckenreduktion, Richtungsreduktion) abgeändert werden, die einfach zu berechnen bzw. aus Tafeln zu entnehmen sind. Mit dem Abstand zur Abszissenlinie wachsen jedoch die Reduktionsbeträge rasch an, so daß es sinnvoll ist, die Breite der Soldnerschen Parallelkoordinatensysteme auf 60–90 km beiderseits der Abszissenlinie zu beschränken. Parallelkoordinatensysteme in Soldnerscher Anordnung wurden im 19. Jh. in vielen deutschen Ländern für die Zwecke der Landes- und Katastervermessung benutzt, sind heute jedoch kaum noch in Gebrauch. [BH]

geodätische Polarkoordinaten, geodätische ↗ Flächenkoordinaten, deren v-Koordinate mit der Länge S der von einem festen Flächenpunkt P_0, dem Pol, ausgehenden ↗ geodätischen Linie identisch ist. Als u-Koordinate wird der Winkel zwischen den v-Linien und einer fest vorgegebenen Tangentenrichtung auf der Fläche gewählt. Die auf den festen Pol P_0 bezogenen geodätischen Polarkoordinaten bilden ein orthogonales Parameternetz auf der Fläche, wobei die v-Linien ein Büschel geodätischer Linien darstellen. Im Falle geschlossener Flächen sind die u-Linien (Orthogonaltrajektorien) geschlossene Flächenkurven, die geodätische Kreise genannt werden. Die Lage eines beliebigen Flächenpunktes P wird durch die Länge der durch P_0 und P verlaufenden geodätischen Linie und deren Richtung in P_0 beschrieben.

In der klassischen Landesvermessung werden geodätische Polarkoordinaten auf die Oberfläche einer Kugel oder eines ↗ Rotationsellipsoids bezogen. Als Ausgangsrichtung für die Zählung der u-Linien wird entweder die Richtung des durch den Pol P_0 und den Nordpol P_N verlaufenden ↗ Meridians oder der Abszissenlinie eines Systems ↗ geodätischer Parallelkoordinaten verwendet; im ersten Fall ist der Flächenparameter u mit dem Azimut der geodätischen Linie A, im zweiten Fall mit dem ↗ Richtungswinkel t der geodätischen Linie identisch (Abb.):

$$u = A \text{ bzw. } u = t$$
$$v = S.$$

Auf der Kugeloberfläche sind die Linien A = const. (bzw. t = const.) Großkreise, die sich im Pol P_0 bzw. in dem P_0 diametral gegenüberliegenden Kugelpunkt schneiden; die geodätischen Kreise S = const. sind hier Kleinkreise um P_0. Im Gegensatz dazu sind die Parameterlinien A = const. und S = const. auf der Ellipsoidoberfläche i. a. keine ebenen Kurven, wenn auch die geodätischen Kreise geschlossene Linien sind.

Wie alle geodätischen Flächenkoordinaten sind die geodätischen Polarkoordinaten orthogonal. Das ↗ Bogenelement besitzt deshalb die geodätische Form:

$$ds^2 = m^2 \cdot dA^2 + dS^2$$

mit den Gaußschen Fundamentalgrößen $E = m^2$, $F = 0$ und $G = 1$. Die Größe m bezeichnet man als die reduzierte Länge der geodätischen Linie.

Die Transformationen zwischen geodätischen Polarkoordinaten (A,S) und anderen Flächenkoordinaten, insbesondere den ↗ geographischen Koordinaten, werden ↗ geodätische Hauptaufgaben genannt. Anstelle der ursprünglichen Parameter A und S werden in den Transformationsbeziehungen oft die daraus abgeleiteten Riemannschen Normalkoordinaten:

$$u = S \cdot \cos A, \; v = S \cdot \sin A$$

verwendet.

Geodätische Polarkoordinaten bezüglich des Referenzellipsoids einer Landesvermessung entstehen aus den auf Punkte der Erdoberfläche bezogenen geodätischen Winkel- und Streckenmessungen nach mehreren Reduktionsschritten. Einer gemessenen Schrägstrecke zwischen P_1 und P_2 entspricht nach Durchführung dieser Reduktionen die Bogenlänge der geodätischen Linie zwischen den Lotfußpunkten auf der Ellipsoidoberfläche. Ebenso wird ein gemessenes astronomisches Azimut (↗ astronomische Azimutbestimmung) auf das Azimut der zwischen den Lotfußpunkten verlaufenden geodätischen Linie und ein gemessener Horizontalwinkel auf den Winkel zwischen geodätischen Linien reduziert. Aus den geodätischen Polarkoordinaten ergeben sich schließlich die in Koordinatenverzeichnissen abgelegten Gebrauchskoordinaten, wie z.B. Soldner-Koordinaten, ↗ Gauß-Krüger-Koordinaten oder ↗ UTM-Koordinaten. [BH]

geodätische Raumverfahren, ein Sammelbegriff für mehrere neuere geodätische Meßanordnungen, die Objekte oder Strahlungsfelder außerhalb des Erdkörpers nutzen und auf Strecken- oder Streckendifferenzmessung beruhen. Die Meßanordnungen benutzen als irdisches Bezugssystem die Positionen der Instrumentenstandorte und als außerirdisches z. B. die Positionen von Quasaren (↗ Radiointerferometrie) oder die Bahndaten von Mond (LLR) bzw. künstlichen Satelliten (↗ Satellitengeodäsie). Es können Positionen auf der Erde bestimmt werden, es kann aber auch die Relativbewegung beider Bezugssysteme gemessen werden (↗ Rotation der Erde, ↗ Polbewegung, ↗ Zeit, ↗ IERS). Oft sind Effekte der ↗ Relativitätstheorie zu beachten.

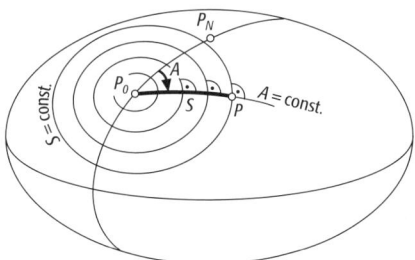

geodätische Polarkoordinaten: schematische Darstellung (P_0 = Pol, P = beliebiger Flächenpunkt P_N = Nordpol, A = Azimut, S = Länge der geodätischen Linie, die vom Pol P_0 zu einem anderen Flächenpunkt verläuft).

geodätischer Bezugsrahmen, Realisierung eines ↗geodätischen Bezugssystems durch ↗Festpunktfelder. Beispiele solcher Realisierungen sind das ↗ITRF als Realisierung eines vereinbarten erdfesten Bezugssystems (↗CTRS), das ↗DHDN 1990 als Realisierung eines Lagebezugssystems, das ↗DHHN92 als Realisierung eines Höhenbezugssystems und das ↗DSGN94 als Realisierung eines Schwerebezugssystems.

geodätischer Zenit ↗*ellipsoidischer Zenit*.

geodätisches Bezugssystem, ↗Bezugssystem zur Beschreibung der räumlichen Position, der zweidimensionalen Lage, der Höhe oder der Schwere von Punkten. Durch den Bezug zum Erdraum und durch die Einschränkung auf geodätisch bedeutsame Größen ist der Begriff des »Geodätischen Bezugssystems« enger zu sehen als der allgemeinere Begriff des »Bezugssystems«. Man unterscheidet erdfeste Bezugssysteme bzw. ↗erdfeste Koordinatensysteme zur Beschreibung der dreidimensionalen Positionen von Punkten des Erdraumes, ↗Lagebezugssysteme zur Beschreibung der Lage von Punkten auf einer zweidimensionalen ↗Bezugsfläche, eindimensionale ↗Höhenbezugssysteme und ↗Schwerebezugssysteme. Die Begriffe »geodätisches Bezugssystem« und »geodätisches Referenzsystem« sind zu unterscheiden, obwohl sie im Wortsinn dasselbe aussagen. Unter einem ↗geodätischen Referenzsystem versteht man einen Satz von vier Parametern zur Definition einer rotationsellipsoidischen Näherung für Figur und Schwerefeld der Erde. Geodätische Bezugssysteme werden durch ↗Festpunktfelder realisiert und dann als ↗geodätische Bezugsrahmen bezeichnet. [KHI]

geodätisches Datum, Menge von Parametern bzw. Konstanten, die die Lagerung und Orientierung eines ↗geodätischen Netzes festlegen. Mittels geodätischer Beobachtungen auf geodätischen Punkten wird i. a. lediglich die innere Geometrie (Form und Größe) des Netzgebildes festgelegt, während der Bezug zu einem ↗Koordinatensystem nicht oder nur unvollständig in den Beobachtungen enthalten ist. Um den Punkten eines geodätischen Netzes Koordinaten zuweisen zu können, ist das Netzgebilde mit Hilfe einer Anzahl von Datumsbedingungen bezüglich des Koordinatensystems zu lagern und zu orientieren.

Zur Festlegung des geodätischen Datums eines Netzgebildes im dreidimensionalen Raum sind mindestens sechs ↗Datumsparameter notwendig: drei Parameterwerte, um die Position des Koordinatenursprungs zu fixieren (Verschiebungsparameter) und drei Parameterwerte, um die Orientierung der drei Koordinatenachsen zu spezifizieren (Orientierungsparameter). In geodätischen Richtungsnetzen ist ferner die Festlegung eines Maßstabsparameters erforderlich. Die Gesamtheit dieser Datumsparameter entspricht den Parametern einer räumlichen ↗Ähnlichkeitstransformation, so daß der Übergang von einem geodätischen Datum auf ein zweites im Allgemeinfall ebenfalls durch eine Ähnlichkeitstransformation hergestellt wird. Die Transformationsparameter für die Umrechnung der Koordinaten vom ersten ins zweite System werden aus den in beiden Systemen gegebenen Koordinatensätzen von mindestens drei Punkten (»homologe Punkte«, »identische Punkte«) mittels einer räumlichen ↗Helmert-Transformation berechnet. Vielfach werden dem geodätischen Datum darüber hinaus auch die Werte der großen und kleinen Halbachsen eines ↗Rotationsellipsoids zugeordnet, da anstelle von dreidimensionalen kartesischen Koordinaten oft ↗ellipsoidische Koordinaten benutzt werden. Der Mittelpunkt des Ellipsoids wird hierbei mit dem Koordinatenursprung identifiziert, die kleine Ellipsoidhalbachse verläuft in Richtung der z-Achse des Koordinatensystems. Die Umrechnung der ellipsoidischen Koordinaten, bezogen auf ein vorgegebenes Ellipsoid, auf ein zweites Ellipsoid mit anderer Lagerung, Orientierung bzw. Form bezeichnet man als Datumsübergang oder ↗Datumstransformation bzw. als ↗Ellipsoidübergang. Bevor Satellitenbeobachtungen möglich waren, war es üblich, das Datum eines terrestrischen ↗Lagenetzes durch fünf Parameter zu beschreiben: die ↗geographische Länge und ↗geographische Breite eines Anfangs- oder Zentralpunktes P_0, das Azimut einer von P_0 ausgehenden und durch einen Zielpunkt Q_0 verlaufenden ↗geodätischen Linie auf einem Referenzellipsoid sowie die Werte der großen und kleinen Halbachse dieses Referenzellipsoids. Darüber hinaus wurden die ↗Lotabweichungskomponenten in P_0 festgelegt oder die Bedingung eingeführt, daß die kleine Ellipsoidhalbachse parallel zur Erdrotationsachse ausgerichtet ist, was zwei weitere Datumsbedingungen liefert. Diese Art der Festlegung eines Netzdatums wurde jeweils in den klassischen Netzen der Landesvermessungen benutzt und führte zu den heute noch vielfach verwendeten amtlichen Koordinatensystemen. Da sich der Ursprung des Koordinatensystems immer noch in einer Richtung frei verschieben kann, ist das solchermaßen festgelegte Datum eines Lagenetzes unvollständig. Nachdem auf der Grundlage von Satellitenbeobachtungen ein geodätisches Netz geozentrisch gelagert werden kann, wird diese Art der Datumsfestlegung heute nicht mehr benutzt. [BH]

geodätisches Netz, Feld von Festpunkten, die durch geodätische Messungen netzartig miteinander verknüpft sind. Geodätische Messungen können beispielsweise Strecken, Winkel, Richtungen, Höhenunterschiede, Schwereunterschiede oder Koordinatenunterschiede sein. Netze sind meist hierarchisch in Ordnungen gegliedert, wobei i. d. R. Netze niedrigerer Ordnung mit Zwangsanschluß in Netze höherer Ordnung eingeschaltet werden. Der Anlage geodätischer Netze liegt das Prinzip des Arbeitens vom »Großen ins Kleine« zugrunde, wobei die Netze der höchsten Genauigkeitsstufe die Netze 1. Ordnung sind und die Netze der geringsten Genauigkeitsstufe die Netze 4. Ordnung. Mit zunehmender Anwendung absoluter Meßverfahren und mit den Fortschritten auf dem Gebiet der geodätischen Meßtechnik hat die Anlage hierarchischer Netzstrukturen an Bedeutung verloren, wenngleich sie in den amtlichen Grundlagennetzen auch in der Zukunft noch weiterbestehen wird. Man unterscheidet insbesondere ↗Lagenetze, ↗Höhennetze und ↗Schwerenetze. [KHI]

geodätisches Nivellement, ↗geometrisches Nivellement, ergänzt um punktweise gemessene Vertikalkomponenten g des Schwerkraftvektors $\vec{g}$ (↗Schwere) entlang des Meßweges. Das geodätische Nivellement dient zur Bestimmung des Unterschiedes des ↗Schwerepotentials W zweier Punkte A und P bzw. des Unterschiedes der ↗geopotentiellen Koten C dieser beiden Punkte. Es stellt eine Diskretisierung des folgenden Wegintegrals mit dem Streckenelement $d\vec{r}$ dar:

$$\int_A^P dW = \int_A^P \vec{g} \cdot d\vec{r} = \int_A^P g\,dn = W_A - W_P$$
$$= C_P - C_A \approx \sum_A^P \bar{g}_i \Delta n_i \,.$$

In dieser Formel bedeutet $\bar{g}_i$ den mittleren Oberflächenschwerewert zwischen zwei hinreichend nahe beieinander liegenden Oberflächenpunkten $i-1$ und i sowie Δn_i das Ergebnis des geometrischen Nivellements zwischen diesen beiden Punkten. Das Ergebnis des geodätischen Nivellements hängt im Unterschied zum Ergebnis des geometrischen Nivellements nicht vom Meßweg ab. [KHI]

geodätisches Observatorium, Einrichtung mit mindestens einem Beobachtungssystem für geodätische Raumverfahren wie ↗Radiointerferometrie, SLR und GPS. Durch kontinuierliche Beobachtungen liefert ein geodätisches Observatorium einen signifikanten Beitrag zur Realisierung und Laufendhaltung des terrestrischen Referenzsystems ↗ITRF. Bei gleichzeitigem Betrieb von mehreren Beobachtungssystemen wird das geodätische Observatorium zu einer ↗Fundamentalstation.

geodätisches Randwertproblem, *GRWP*, *geodätische Randwertaufgabe*, das mathematische Problem, das ↗Schwerepotential im Außenraum der Erdoberfläche aus meßbaren, auf der Erdoberfläche in kontinuierlicher Form gegebenen Randwerten zu bestimmen. Neben dem unbekannten Schwerepotential können in den verschiedenen Formulierungen des GRWP weitere unbekannte Funktionen auftreten, die ebenfalls aus den Randwerten zu bestimmen sind. Beim fixen geodätischen Randwertproblem wird der Ortsvektor der Randfläche als vollständig bekannt vorausgesetzt. Im Gegensatz dazu ist dieser beim freien geodätischen Randwertproblem entweder völlig unbekannt oder nur bezüglich der horizontalen Koordinaten festgelegt. Weitere Unterschiede bestehen hinsichtlich der Annahmen über die vorgegebenen Randwerte: Das *gravimetrische Randwertproblem* beruht auf der Vorgabe von Schwerewerten auf der Erdoberfläche, aus denen das Schwerepotential auf und im Außenraum der Erdoberfläche bestimmt wird. Im altimetrisch-gravimetrischen Randwertproblem, das zur Klasse der gemischten Randwertaufgaben gehört, sind Schwerewerte im kontinentalen Bereich der Erdoberfläche gegeben, während im ozeanischen Bereich mit den Methoden der ↗Satellitenaltimetrie bestimmte ↗Geoidhöhen als bekannt vorausgesetzt werden. Ferner unterscheiden sich die Formulierungen des GRWP bezüglich der Wahl der Randfläche: im ↗Molodensky-Problem dient die topographische Erdoberfläche, im ↗Stokes-Problem das ↗Geoid als Randfläche. [BH]

geodätisches Referenzsystem, *GRS*, *geodetic reference system*, konsistentes System von vier Fundamentalparametern zur Definition einer rotationsellipsoidischen Näherung für Figur und ↗Schwerefeld der Erde. Mit den vier Fundamentalparametern ist neben der Geometrie des ↗Rotationsellipsoides auch ein ↗Schwerepotential in der Weise festgelegt, daß die Ellipsoidoberfläche ↗Äquipotentialfläche eines Normalschwerefeldes ist (↗Niveauellipsoid). Diese Fundamentalparameter werden offiziell von der ↗IAG (International Association of Geodesy) festgelegt. Geodätische Referenzsysteme mit jeweils aktualisierten Parametern stammen aus den Jahren 1930, 1967 und 1980. Zur Unterscheidung werden die Geodätischen Referenzsysteme mit der Jahreszahl versehen: ↗GRS30, ↗GRS67 sowie das derzeit neueste System ↗GRS80. Die definierenden Parameter dieser Referenzsysteme sowie einige abgeleitete Größen sind in der Tab. zusammengefaßt. Die Begriffe ↗geodätisches Referenzsystem und ↗geodätisches Bezugssystem sind zu unterscheiden. [KHI]

geodätische Weltlinie, Trajektorie eines ungeladenen Massenpunktes oder eines Lichtteilchens in einer vierdimensionalen Raumzeit, welche die Kurvenlänge bezüglich des metrischen Tensors g stationär werden läßt, d. h.:

$$\delta \int ds = 0 \,,$$

wobei $ds^2 = s_{\mu\nu} g_{\mu\nu} dx^\mu dx^\nu$.
Bezüglich eines affinen Kurvenparameters λ kann die Geodätengleichung in der Form:

$$\frac{d^2 x^\mu}{d\lambda^2} + \Gamma^\mu_{\alpha\beta} \frac{dx^\alpha}{d\lambda} \frac{dx^\beta}{d\lambda} = 0$$

Geodätisches Referenzsystem (GRS)	Fundamentalparameter	abgeleitete Größen
1930	$a = 6.378.388,0$ m $f = 1/297,0$ $\gamma_A = 978.049,00$ mgal $\omega = 0,72921151 \cdot 10^{-4}$ rad/s	$b = 6.356.911,9$ m $GM = 398.632,9 \cdot 10^9$ m^3/s^2
1967	$a = 6.378.160,0$ m $GM = 398.603,0 \cdot 10^9$ m^3/s^2 $J_2 = 0,0010827$ $\omega = 0,72921151467 \cdot 10^{-4}$ rad/s	$f = 1/298,2471674273$ $\gamma_A = 978.031,84558$ mgal $\gamma_P = 983.217,72792$ mgal
1980	$a = 6.378.137,0$ m $GM = 398.600,5 \cdot 10^9$ m^3/s^2 $J_2 = 0,00108263$ $\omega = 0,7292115 \cdot 10^{-4}$ rad/s	$f = 1/298,257222101$ $\gamma_A = 978.032,67715$ mgal $\gamma_P = 983.218,63685$ mgal

geodätisches Referenzsystem (Tab.): Fundamentalparameter und abgeleitete Größen geodätischer Referenzsysteme (a = große Halbachse, b = kleine Halbachse, f = Abplattung, GM = geozentrische Gravitationskonstante, J_2 = dynamischer Formfaktor der Erde, ω = Winkelgeschwindigkeit der Erdrotation, γ_A = Normalschwere am Äquator, γ_P = Normalschwere am Pol).

(Summation über α und β) angegeben werden. Hierin sind $\Gamma^\mu_{\alpha\beta}$ die Christoffel-Symbole des metrischen Tensors:

$$\Gamma^\mu_{\alpha\beta} = \frac{1}{2} g^{\mu\sigma} \left(g_{\sigma\alpha,\beta} + g_{\sigma\beta,\alpha} - g_{\alpha\beta,\sigma} \right).$$

Das Komma bezeichnet hierbei die partielle Ableitung, z. B. $X_{\alpha,\beta} = \partial X_\alpha / \partial x^\beta$.

Geode, nicht einheitlich verwendeter Begriff, z. T. für Hohlraumausfüllungen (Mandeln) durch Mineralaggregate überwiegend kolloidaler Entstehung oder für kugel-, knollen- oder wulstige ↗Konkretionen in Sedimenten.

geodesia intrinseca, (ital.) *Innere Geodäsie*, eine von italienischen Mathematiker und Geodät A. Marussi (1908–1984) entwickelte differentialgeometrische Lösung der Dreidimensionalen Geodäsie (↗Geodäsie). Danach könnte die Geometrie eines aus den Parametern des Erdschwerefeldes (↗Äquipotentialflächen, ↗Lotlinien) gebildeten, »erdinneren« ↗Bezugssystems hypothesenfrei aus den Beträgen der örtlichen Schwerevektoren, ihrer Gradienten und höheren Ableitungen bestimmt werden. Die praktische Ausführung scheiterte an der immensen Zahl der nötigen Messungen und den Schwierigkeiten, die Ableitungen zu messen. Schließlich wurde der theoretisch interessante Lösungsvorschlag überholt durch die neuen Möglichkeiten, dreidimensionale »erdäußere« Bezugssysteme nach Methoden der ↗geodätischen Raumverfahren, insbesondere der ↗Satellitengeodäsie, zu schaffen. [EB]

Geodesign, Ansatz zu einer synthetisierenden ↗Kartengestaltung in der ↗Planungskartographie. Ziel des Geodesigns ist es, inhaltlich und räumlich übergeordnete Aussagen der großräumigen Planung in nachvollziehbarer Form in ↗Karten darzustellen. Das Geodesign greift den Choreme-Ansatz von R. Brunet auf und versucht, die vielschichtigen und komplexen Aussagen der Raumplanung in einer inhaltlichen abstrahierten und geometrisch generalisierten Karte als Synthese zu vereinen. Durch die damit verbundenen inhaltlichen und geometrischen Unschärfen ist die Nutzbarkeit von Geodesign-Karten in konkreten Entscheidungssituationen eingeschränkt. Bekanntestes Beispiel des Geodesigns ist die »Blaue Banane«.

Geodynamik, 1) die Lehre von den Kräften in der Erde und den dadurch hervorgerufenen Bewegungen. Die verursachenden Kräfte sind v. a. thermodynamischer (Konvektionsströme) und gravitativer (Massenanziehung) Art. Thermodynamik entsteht durch die große Hitze im ↗Erdkern sowie durch den radioaktiven Zerfall im ↗Erdmantel. Sie erzeugt einen Konvektionsstrom der viskosen (zähflüssigen) Massen im Erdmantel. Heißes Material (mit geringerer Massendichte) steigt nach oben, kühlt sich ab, driftet unter der erstarrten äußeren Gesteinsschicht der Erde (↗Lithosphäre) seitwärts ab und sinkt an anderer Stelle wieder abwärts. Durch diesen Prozeß entstehen gewaltige Massenverlagerungen, die Variationen der Bewegungen des gesamten Erdkörpers (↗Rotation der Erde) oder von Teilen davon (↗Deformationen) hervorrufen.

Die Erdrotation wird v. a. durch die Bewegungen des Erdkerns beeinflußt. Durch die Massenverlagerungen im flüssigen äußeren Kern wird einerseits ein Drehimpuls erzeugt und andererseits das Trägheitsmoment der Erde verändert. Als Folge davon verlagert sich die Erdrotationsachse relativ zum festen Erdkörper (↗Polbewegung) und es ergibt sich eine Variation der Rotationsgeschwindigkeit.

Die Deformationen der Erde infolge der Geodynamik betrifft neben der Massenverlagerung im Erdmantel durch die Konvektion v. a. die feste äußerste Schicht der Erde, die ↗Lithosphäre. Durch die thermodynamischen Kräfte der aufsteigenden Konvektionsströme bricht die Lithosphäre linienhaft in einigen Gebieten auf (↗Mittelozeanische Rücken) und taucht bei den absinkenden Strömen aufgrund der gravitativen Kräfte ab (↗Subduktionszonen). Daraus folgt die ständige Bewegung der Lithosphärenplatten, die ↗Plattenkinematik.

Die Effekte der Geodynamik lassen sich mit ↗geodätischen Raumverfahren beobachten. Die unterschiedliche Massendichte der aufsteigenden und absinkenden Konvektionsströme hat wegen der Massenanziehung (↗Gravitation) einen Einfluß auf die ↗Schwereanomalien und das ↗Geoid. Aus deren Interpretation können somit Rückschlüsse auf die Geodynamik gezogen werden.

Die Auswirkung der Geodynamik auf die Änderung der Erdrotation (↗Polbewegung und Variation der Geschwindigkeit der ↗Rotation der Erde) läßt sich mit ↗geodätischen Raumverfahren, v. a. ↗Radiointerferometrie und ↗Global Positioning System, messen. Die Variationen haben die Größenordnung von Tausendstel Bogensekunden (marc sec) in der Richtung der Rotationsachse (entsprechend einigen Zentimetern in der Lage des Erdrotationspols) und Hunderttausendstel Zeitsekunden in der Tageslänge (Änderung der Rotationsgeschwindigkeit pro Tag).

Die Deformationen der Erde aufgrund der Geodynamik können ebenfalls mit geodätischen Raumverfahren gemessen werden. Die Plattenkinematik, d. h. die Bewegung der festen Lithosphärenplatten, die maximal etwa 15 cm/Jahr beträgt, läßt sich mit Genauigkeiten von Millimeter pro Jahr durch GPS und SLR zu Satelliten sowie ↗Radiointerferometrie bestimmen. 2) in der Geologie häufig ungenau verwendeter Begriff im Sinne von Geotektonik und/oder (Geo-) Kinematik (*Kinematische Geodäsie*), also der Bewegungsabläufe, denen geologische Körper unterworfen waren.

Literatur: [1] SCHEIDEGGER, A.E. (1982): Principles of Geodynamics. – Berlin. [2] TURCOTTE, D.L., SCUBERT, G. (1982): Geodynamics-Application of Continuum Physics to Geological Problems. – New York.

Geodynamo, physikalischer Prozeß, der das Magnetfeld der Erde erzeugt (Dynamotheorie, ↗$\alpha\omega$-Dynamo). ↗Scheibendynamo.

Geoelektrik, bezeichnet die Gesamtheit der ↗geoelektrischen Verfahren und ↗elektromagnetischen Verfahren. Häufig wird der Begriff allerdings nur für die ↗Gleichstromgeoelektrik verwendet.

geoelektrische Verfahren, Vielzahl von Methoden zur Erkundung der Verteilung der ↗elektrischen Leitfähigkeit im Untergrund. Sie lassen sich z. B. in aktive und passive Verfahren oder auch bezüglich des verwendeten Frequenzbereichs einteilen, wobei häufig Überlappungen vorkommen; z. B. kann eine gleichstromgeoelektrische Sondierung auch mit sehr niedrigen Frequenzen durchgeführt werden. Viele dieser Methoden lassen sich auch in der ↗Bohrlochgeophysik und der Aerogeophysik einsetzen. Die verschiedenen Verfahren (Tab. 1) haben z. T. sehr unterschiedliche Aussagetiefen und damit außerordentlich vielfältige Anwendungsmöglichkeiten. So werden die Gleichstrommethoden für oberflächennahe Erkundungen, die Magnetotellurik dagegen auch für das Studium der tiefen Kruste und des oberen Mantels eingesetzt. Eine Renaissance haben die geoelektrischen Verfahren in jüngerer Zeit durch die Anforderungen des Umweltschutzes erfahren (Tab. 2). [HBr]

Geoelement, Grundbestandteil des Modells ↗Geoökosystem. Ein Geoelement tritt als Speicher, Regler oder Prozeß auf. Die einzelnen Geoelemente können durch einen ↗Standortregelkreis in ihrem Funktionszusammenhang dargestellt werden. In der Forschung werden die Geoelemente i. d. R. jedoch qualitativ und quantitativ isoliert betrachtet.

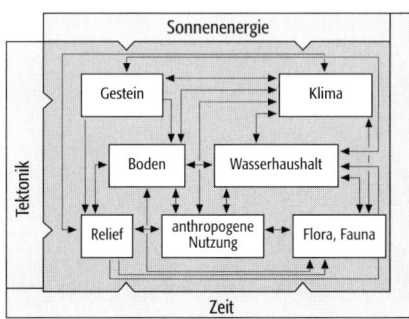

Geofaktor, Bezeichnung für Sachverhalte, die im Wirkungsgefüge der Landschaft funktionieren. Zu den Geofaktoren zählen Relief, Klima, Gestein, Boden, Wasserhaushalt, Vegetation und Zeit. Neben diesen natürlichen Geofaktoren werden zunehmend auch vom Menschen geschaffene Faktoren mit in die Betrachtung des Gesamtökosystems einbezogen, z. B. Siedlung und Infrastruktur (Abb.). In der ↗Geofaktorenlehre der Physischen Geographie geht man i. d. R. von vier einzelnen abiotischen Geofaktoren aus, die zum ↗Geosystem aggregiert werden, aber auch einzeln modelliert werden können. Das Gesamtgeoökosystem besteht dabei aus der jeweils spezifischen Ausprägung der Subsysteme: Morphosystem, Hydrosystem, Pedosystem und Klimasystem und deren interdependente Wirkung auf andere Geofaktoren. Mittels der Geofaktoren können Aufbau, Eigenschaften und Funktionen der ↗Geosphäre beschrieben werden.

Geofaktorenlehre, Aufgliederung der Allgemeinen Geographie nach Teilgebieten, in denen die einzelnen ↗Geofaktoren behandelt werden, z. B. das ↗Relief in der ↗Geomorphologie.

geogene Grundbelastung, Anteil der stofflichen Belastungen von Umweltmedien, der natürliche Ursachen hat und nicht durch Einwirkung des Menschen entstanden ist. Die natürlichen Schadstoffgehalte (z. B. Schwermetallgehalte) in Böden hängen vom Ausgangsgestein, der Entwicklungsgeschichte des Bodens und den chemischen Eigenschaften des jeweiligen Schadstoffes ab. Bei Grundwasser hängt die geogene Belastung im wesentlichen vom durchsickerten bzw. durchströmten Gestein ab (z. B. Salzgehalt). Auch biologische Ursachen können zu stofflichen Belastungen führen. Auf Extremstandorten können allein durch die geogene Belastung bereits Orientierungswerte überschritten sein, die im allgemeinen auf Kontaminationen hindeuten.

Geogenie ↗Geognosie.

Geognosie, veraltete Bezeichnung für ↗Geologie, von A. G. ↗Werner 1780 zum Ersatz für den vormals gebrauchten Begriff Gebirgskunde eingeführt. Geologen wurden seinerzeit als Geognosten bezeichnet. Abweichend unterschied C. F. Naumann 1850 Geognosie als Naturbeschreibung von *Geogenie* als Naturgeschichte der Erde. Beide Definitionen sind heute ungebräuchlich.

Gleichstrommethoden	– Gleichstromgeoelektrik (DCR, VES) – Induzierte Polarisation (IP) – Eigenpotential-Methoden (EP, SP)
elektromagnetische Methoden mit niedrigen Frequenzen	– passive Unduktionsverfahren 　Magnetotellurik (MT), Erdmagnetische Tiefensondierung (ETS, GDS) 　speziell: Audiomagnetotellurik (AMT), Controlled Source AMT (CSAMT), VLF, VLF-R, Radiomagnetotellurik (RMT) 　heute ohne Bedeutung: Tellurik, AFMAG – aktive Induktionsverfahren, unterteilt in Frequenz- und Zeitbereichs-Verfahren (FD, TD) 　HLEM (Slingram), VLEM, usw. 　TEM- oder TD- (»Transienten«-EM) Methoden 　SNMR – sonstige Verfahren (z.T. Spezialfälle von I): MMR, SIP
Hochfrequenzmethoden	– Boden- oder Georadar (EMR, GPR)

geoelektrische Verfahren (Tab. 1): Einteilung nach verwendeten Frequenzen.

Geofaktor: Beziehungsgefüge der Geofaktoren.

Umweltgeophysik	– Deponiestandortvorerkundung – Dichtigkeit von Deponien, Schadstoffausbreitung im Grundwasser – Altlastenkartierung – Baugrunduntersuchung
Exploration	– hydrogeologische Fragestellungen (Aquiferoberkante und -mächtigkeit, Permeabilitäten, Versalzungsgrad) – mineralische Erze – Kohlenwasserstoffe
Grundlagenforschung	– Kartierung von tektonischen Störungszonen – Studium von tiefer Kruste und oberem Mantel, Plattentektonik – Vulkanismus und Seismoelektromagnetik – Archäologie

geoelektrische Verfahren (Tab. 2): Anwendungsgebiete.

Geographie, [von griech. geo = Erde und graphi = Schrift; in etwa: »Erd-Beschreibung«], eine der klassischen Erdwissenschaften, die sich mit der dreidimensionalen Struktur und Entwicklung der Landschaftshülle der Erde beschäftigt. Wichtig ist dabei die integrative Betrachtungsweise der Landschaft als ein von physischen, biotischen und anthropogenen Sachverhalten geprägter Wirkungskomplex (↗Mensch-Umwelt-System).

Geographie kann in die zwei Teildisziplinen untergliedert werden: ↗Physische Geographie und Anthropogeographie. Die Forschungsobjekte der Physischen Geographie sind qualitative und quantitative Zusammenhänge von Material-, Massen-, Stoff- und Energiehaushalten, d.h. die Analyse der Systemzusammenhänge der ↗Geosphäre. Zum Einsatz kommen naturwissenschaftliche Methodiken, insbesondere die empirische Feldforschung und ↗analytische Methoden. Die Anthropogeographie betrachtet primär den Menschen in seinem sozial-kulturellen Kontext sowie Werden und Zustand sozio-ökonomischer Strukturen, wobei v.a. sozialwissenschaftliche Ansätze und Methoden Anwendung finden.

Die Anfänge einer wissenschaftlichen Geographie reichen in die griechische Antike zurück. Damals bedeutete Geographie eine universale Beschreibung der erfahrbaren Umwelt. Erste schriftliche Zeugnisse stammen von Herodot (484–425 v. Chr.), der kultur- und physisch-geographische Beschreibungen der Regionen des Perserreiches lieferte. Als Urvater einer Allgemeinen Geographie kann B. Varenius (1622–1650/51) gelten, der 1651 eine »Geographia generalis« veröffentlichte. Er unterschied darin bereits in die zwei Teildisziplinen der Physischen Geographie als dem Studium der in der Natur gegebenen Umwelt und der Anthropogeographie als dem Studium der kulturell bedingten Aspekte der menschlichen Umwelt. Die Allgemeine Geographie wurde im 19. Jh. als eine Wissenschaft der Verbreitungsmuster der Phänomene der Erdoberfläche, ihrer Ursachen und Entwicklungen neu begründet (A. ↗Humboldt, C. Ritter). Bis dahin beschäftigte sie sich als rein deskriptive »Erdkunde« mit der universalen Beschreibung der Erde in ihrer Unterschiedlichkeit.

Mit der Entwicklung der Naturwissenschaften etablierte sich ab der Mitte des 19. Jahrhunderts der positivistische Ansatz (Positivismus). Die hergebrachte Auffassung von Geographie genügte nicht mehr den Idealen einer allgemein anerkannten methodischen Wissenschaftlichkeit, die nun linear-kausales Denken mit nomologischer Zielsetzung favorisierte. Folglich nahm die Geographie vermehrt die zur Verfügung stehenden naturwissenschaftlichen Ansätze auf, wobei sich ab etwa 1875 zwei unterschiedliche Schwerpunkte in der Fachinterpretation herausbildeten: Parallel zur Aufteilung der Erfahrungswissenschaften in Natur- und Geisteswissenschaften entwickelten geologisch vorgebildete Geographen (z. B. F. v. ↗Richthofen, A. ↗Penck) die Grundlagen der Physischen Geographie, insbesondere der ↗Geomorphologie. Auf der anderen Seite entstand durch die Integration des positivistisch-materialistischen Forschungsansatzes eine umweltdeterministische Anthropogeographie (z. B. F. Ratzel, W. M. ↗Davis, E. C. Semple), welche von der Darwinschen Evolutionstheorie beeinflußt mit Mensch-Umwelt-Kausalmechanismen argumentierten (Umweltdeterminismus). Im folgenden entwickelten sich die Physische Geographie bzw. die Anthropogeographie aufgrund der inhaltlichen und methodischen Divergenzen zu in der Praxis nahezu selbständigen Wissenschaften.

1) In der Physischen Geographie entwickelte sich bis in die 1920er Jahre zunehmend ein »Beziehungsdenken«. Nicht mehr isolierte, lineare Kausalitäten sollten analysiert werden, sondern in Analogie zu den pluralistischen Beobachtungen die Komplexe der angetroffenen Sachverhalte in deren regelhaftem Strukturzusammenhang (Geofaktorensystem). In den letzten Jahrzehnten bildete sich einerseits eine zunehmende Spezialisierung in den Teildisziplinen der Physischen Geographie heraus, die sich durch eine enge Beziehung zu den benachbarten Geowissenschaften (Bodenkunde, Geobotanik, Geochemie, Geologie, Meteorologie, Klimatologie, Mineralogie) kennzeichnet. Andererseits wurde ab den 1970er Jahren mit der ↗Landschaftsökologie der Versuch unternommen, die physisch-geographischen Teildisziplinen wieder stärker in einem gemeinsamen inhaltlichen Forschungsansatz zu integrieren. Heute sind inhaltliche Schwerpunkte der Physischen Geographie Geosystemforschung, ↗Geoökologie, Landschaftsökologie, Umweltforschung, insbesondere die Grundlagenforschung zu den Themen Wasser, Luft, Boden, ↗Umweltverträglichkeitsprüfungen, ↗Altlastenerkundung und Umweltgutachten. Methodisch werden verstärkt Fernerkundungssysteme (↗Fernerkundung) und ↗Geoinformationssystemen (GIS) sowie die numerische Modellierung umweltverändernder Prozesse ihre Anwendung. Sie dienen der Prozeßforschung in Gegenwart und Vergangenheit (Paläoumweltforschung) und stellen zugleich Basisdaten für Prognosen der zukünftigen Entwicklung des Naturraumes bereit. Bedingt durch historische sowie aktuelle Eingriffe des Menschen in den Naturhaushalt steht die Physische Geographie auch im Zusammenhang mit den Geschichtswissenschaften (v. a. Archäologie) und weiteren Fächern der Sozial- und Kulturwissenschaften.

2) In der Anthropogeographie z. T. synonym als Kulturgeographie, Humangeographie oder human geography bezeichnet, verlief die Theoriebildung hingegen weitgehend analog zur allgemeinen Entwicklung der Geistes- und Sozialwissenschaften. Die Anthropogeographie läßt sich in drei große sog. Paradigmen gliedern: a) länderkundlicher Ansatz, b) Anthropogeographie als Raumwissenschaft, c) Anthropogeographie als handlungszentrierte Sozialgeographie.

a) Länderkundlicher Ansatz: Das länderkundlich-idiographische Paradigma entwickelte sich aus den anthropogeographischen Ansätzen des 19. Jahrhunderts. Der Umweltdeterminismus wurde durch den Possibilismus (P. H. Vidal de la Blache) abgelöst, der dem Menschen unter Beibehaltung des Mensch-Natur-Antagonismus eine stärkere autonome Bewältigung seines Lebens und seiner Kultur zubilligte. Aus den Nachbarwissenschaften Ethnographie und Kulturanthropologie herrührende Einflüsse wurden in einer Kulturgeographie i. e. S. verarbeitet, die bevorzugt Völker aus Übersee geographisch betrachtete. Durch A. ↗Hettners maßgeblichen Einfluß auf die fachtheoretische Diskussion etablierte sich die Länderkunde als oberstes Ziel geographischer Forschung. Ab den 1920er Jahren führten Versuche, den Dualismus in der Allgemeinen Geographie zu überbrücken, in Deutschland zur sog. »Kulturlandschaftsgeographie«. Dazu wurden der Physischen Geographie die Feldmethoden der empirischen Geländebeobachtung entlehnt und in Analogie zur Geomorphologie die materiellen Kulturtatbestände landschaftlicher Größenordnung als »Morphologie der Kulturlandschaft« aufgenommen (O. Schlüter). In der Folgezeit führte das Defizit in der Erklärung sozioökonomischer Strukturen zum zunehmenden Einsatz sozialwissenschaftlicher Empirie. Damit verlagerte sich die Auffassung von Kulturlandschaft mehr in Richtung eines harmonischen Funktionsgefüges. Der Aufstieg der Sozialwissenschaften nach dem 2. Weltkrieg, v. a. mit strukturell-funktionalen Gesellschaftstheorien, induzierte in der Kulturgeographie die Konzentration auf eine sozial orientierte Geographie des Menschen, in deren Verlauf sich Wirtschafts- und Sozialgeographie als eigenständige Disziplinen etablierten (z. B. E. Otremba, H. Bobek, W. Hartke, K. Ruppert, F. Schaffer).

b) Anthropogeographie als Raumwissenschaft: Gegen Ende der 1960er Jahre trat die Unvereinbarkeit der überkommenen länderkundlichen Tradition der deutschen Hochschulgeographie mit den modernen sozialwissenschaftlichen Forschungsansätzen immer deutlicher zutage. D. Bartels leitete einen Paradigmenwechsel in der Anthropogeographie ein, indem er die Gedanken des kritischen Rationalismus auf die Anthropogeographie übertrug und sie als handlungsorientierte Raumwissenschaft neu definierte. Mit der methodologischen Revolution ging die sog. »Quantitative Revolution« einher, in der verstärkt die Methoden der sozialwissenschaftlichen Statistik angewendet wurden. Die Länderkunde, v. a. in Gestalt einer regionalen, genetischen Kulturlandschaftsgeographie, spielt seither in der anthropogeographischen Praxis keine Rolle mehr. Eine disziplinpolitische Konsequenz war, daß mit dem endgültigen Wegfall des »Landschaftskonzeptes«, das den traditionalistischen Gedanken vom Landschaftsraum als dem gemeinsamen Forschungsobjekt einer Geographie in sich trug, die gelegentlich geforderte Re-Integration von Physischer Geographie und Anthropogeographie in der Praxis aufgegeben wurde. Seit Bartels' Arbeiten wird auch die Bedeutung der abstrakten und formalisierten Theoriebildung für die anthropogeographische Praxis allgemein erkannt. Jene kennzeichnet sich mittlerweile durch den konsequenten Import sozialwissenschaftlicher, ökonomischer und insbesondere handlungsorientierter Theorien, die ab den 1990er Jahren das dritte Paradigma in der Anthropogeographie auf den Plan riefen.

c) Anthropogeographie als handlungszentrierte Sozialgeographie: Der noch von Bartels postulierte Raumbezug tritt für den Erkenntnisgewinn zunehmend in den Hintergrund, da räumliche Strukturen Ergebnisse autonomen, sozialen Handelns, aber nicht dessen Ursache sind. Raum oder Distanz können demnach kein Forschungsgegenstand eo ipso sein. Im Mittelpunkt des jüngeren sozialgeographischen Forschungsinteresses stehen nicht mehr die Raumwirksamkeit menschlichen Handelns, sondern »Raum als Element sozialer Kommunikation« bzw. als »Komplexitätsreduzierung sozialer Wirklichkeit« (H. Klüter) sowie das »alltägliche Geographie-Machen« (z. B. B. Werlen). In der inhaltlichen Praxis der letzten 2–3 Jahrzehnte zeichnet sich ein Schwerpunkt ab, der auf der Erarbeitung der Grundlagen der ↗Raumplanung und die praktische Zuarbeitung zu diesem Komplex ruht. Hierbei findet methodisch eine zunehmende Gewichtung zugunsten qualitativer Methoden empirischer Sozialforschung statt. [PH]

geographische Breite, die sphärische Polarkoordinate zur Festlegung der Position eines Punktes der Erdoberfläche bezüglich des Erdäquators (↗Gradnetz der Erde, ↗geographische Koordinaten).

geographische Dimension ↗Theorie der geographischen Dimension.

geographische Koordinaten, beruhen auf einem sphärischen Polarkoordinatensystem, in dem durch zwei Winkelangaben die Position eines Punktes der Erdoberfläche festgelegt wird. Diese Winkel sind die ↗geographische Breite φ und die ↗geographische Länge λ (↗Gradnetz der Erde). Geographische Koordinaten φ, λ sind ein übergeordneter allgemeiner Begriff, der nichts Definitives über die Dimensionen des Erdkörpers aussagt. Approximiert man die Erde durch eine Kugel vom mittleren Radius $R = 6377{,}22$ km, so werden gelegentlich sphärische geographische Koordinaten mit Φ und Λ bezeichnet. Bei der Verwendung eines Ellipsoids als Bezugsfläche werden die geodätische Breite und die geodätische Länge durch B und L bezeichnet (↗Gradnetz der Erde). Wird die Position eines Punktes A auf der Erdoberfläche durch astronomische Beobachtungen bestimmt, so spricht man von astronomischer Breite und Länge und verwendet dafür wiederum φ und λ. Dabei ist die astronomische Breite φ der Winkel zwischen der Lotrichtung in A und der Äquatorebene. Die astronomische Länge λ ist der Winkel zwischen der natürlichen Meridianebene von P und dem Greenwicher Nullmeridian. Die natürliche Meridianebene enthält den Punkt A sowie die Lotrichtung in A und steht senkrecht auf der Äquatorebene.

geographische Landschaftsökologie

geographische Koordinaten 1: rechtwinklige Koordinaten eines Kugelpunktes.

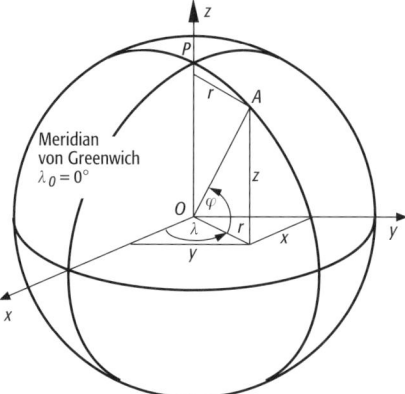

Die Unterschiede zwischen den geodätischen (ellipsoidischen) und den astronomischen (geoidischen) Koordinaten sind Elemente für die punktweise Konstruktion der physischen Erdoberfläche, des ↗Geoids. Die als Lotabweichungen bezeichneten Differenzen zwischen geodätischen und astronomischen (auch natürlichen) Koordinaten liegen in der Regel unter 10''.
Für geographische und kartographische Zwecke (↗Kartennetzentwürfe) werden die sphärischen geographischen Koordinaten den astronomischen gleichgesetzt, weshalb zur Vereinfachung die Symbole φ für die Breite und λ für die Länge verwendet werden können. Für die praktische rechnerische Handhabung ist es oft zweckmäßig, die sphärischen Polarkoordinaten durch räumliche kartesische Koordinaten zu ersetzen. Es gelten dann die aus Abbildung 1 ablesbaren Beziehungen für den Vektor $\vec{x}$, dessen Betrag gleich dem Kugelradius R ist:

$$\vec{x} = \begin{pmatrix} x \\ y \\ z \end{pmatrix} = R \cdot \begin{pmatrix} \cos\varphi \cos\lambda \\ \cos\varphi \sin\lambda \\ \sin\varphi \end{pmatrix}$$

mit $r = R\cos\varphi$.
Durch Anwendung von Beziehungen der sphärischen Trigonometrie kann man bei Kenntnis der geographischen Koordinaten mehrerer Punkte der Kugeloberfläche grundlegende Aufgaben der Nautik lösen. Sind die Koordinaten φ_1, λ_1 des Punktes A_1 und φ_2, λ_2 des Punktes A_2 gegeben, so kann man mit dem Pol P als drittem Punkt ein sphärisches Dreieck (Poldreieck) bilden, in dem Entfernungen und Winkel auf der Kugeloberfläche berechenbar sind. In Abbildung 2 gelten die bereits verwendeten Symbole. Der Bogen s, der sphärische Abstand zwischen A_1 und A_2, ist ein Teil des ↗Großkreises und damit die kürzeste Verbindung der beiden Punkte, die als ↗Orthodrome bezeichnet wird. Die Bogenlänge wird mit dem sphärischen Kosinussatz berechnet:

$$\cos s = \sin\varphi_1 \cdot \sin\varphi_2 + \cos\varphi_1 \cdot \cos\varphi_2 \cdot \cos\Delta\lambda$$

mit $\Delta\lambda = \lambda_2 - \lambda_1$.
Die Kurswinkel (Abb. 2) sind die Schnittwinkel k_1 und k_2 des Großkreisbogens mit den Meridianen von A_1 und A_2. Sie können mit dem sphärischen Sinussatz berechnet werden:

$$\sin k_1 = \cos\varphi_2 \cdot \frac{\sin\Delta\lambda}{\sin s},$$

$$\sin(180° - k_2) = \cos\varphi_1 \cdot \frac{\sin\Delta\lambda}{\sin s}.$$

[KGS]

geographische Landschaftsökologie, Hinweis auf die Beiträge der Allgemeinen Geographie zum umfassender definierten Fachbereich ↗Landschaftsökologie. Neben der eigentlichen Namensgebung durch C. ↗Troll ist v.a. die noch weiter zurückführende Entwicklung der Landschaftslehre innerhalb der Geographie zu nennen (↗Landschaftsphysiologie). Eine spätere Phase war durch die Diskussion um den Landschaftsbegriff (Typ oder Individuum) gekennzeichnet (J. ↗Schmithüsen). Bis heute ist das zentrale Anliegen der geographischen Landschaftsökologie die Erfassung des Verbreitungsmusters der ↗Ökosysteme und deren räumlich-funktionales Zusammenwirken, welches unter dem Blickwinkel von »Nachbarschaftswirkungen« v.a. in der Planungspraxis von Bedeutung ist. Methodisch gehört dazu insbesondere die Entwicklung von Standards und Normen, z. B. Kartier- und Bewertungsanleitungen. [DS]

geographische Länge, die sphärische Polarkoordinate zur Festlegung des ↗Meridians eines Punktes der Erdoberfläche bezüglich des Nullmeridians von Greenwich (↗Gradnetz der Erde, ↗geographische Koordinaten).

geographische Namen, Eigennamen der Gebiete und Orte sowie natürlicher und künstlicher Einzelobjekte auf der Erdoberfläche. Diese treten in der Karte als Kartennamen in Erscheinung. Die Gesamtheit der in Karten enthaltenen geographischen Namen wird auch als geographisches Namengut bezeichnet und u. U. in Registern erfaßt (↗Registerherstellung). Darüber hinaus verfügen die meisten Länder über geographische Namensbücher, die vor allem über die Gattung und die

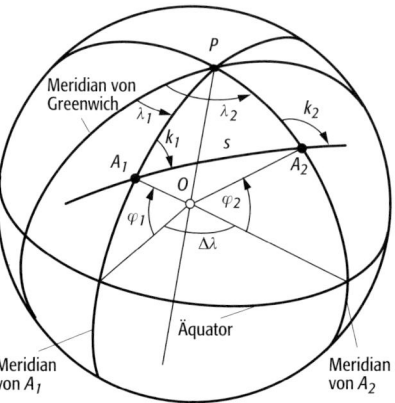

geographische Koordinaten 2: sphärisches Dreieck.

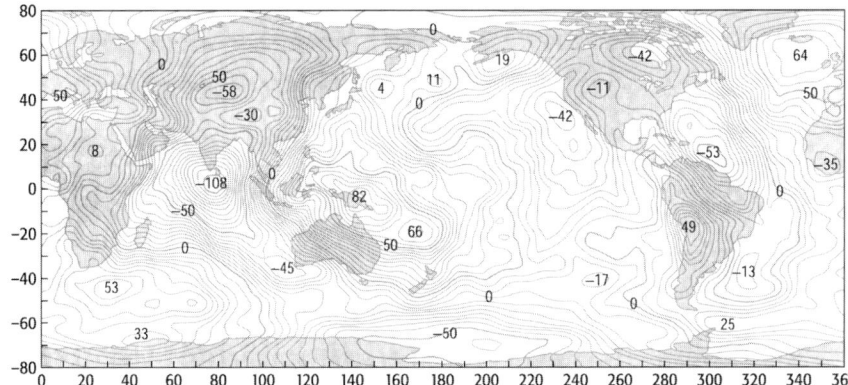

Geoid 1: Abweichung der tatsächlichen Erdoberfläche (GRIM2-Geoid) vom Referenzellipsoid in Metern (Höhenabstand = 5 m).

Schreibweise der geographischen Namen Auskunft geben, z. B. das Gemeindeverzeichnis.
Geographische Namen bezeichnen u. a.: Meere und Meeresteile wie Buchten, Meerengen, auch das submarine Relief; Inseln, Halbinseln, Kaps, Küstenabschnitte; Binnengewässer: Flüsse und Kanäle sowie Stromschnellen, Wasserfälle; Seen und Stauseen, Staudämme; Reliefformen: Gebirge, Berge, Gletscher, Täler, Niederungen, Ebenen; Gebiete nach der Bodenbeschaffenheit bzw. -bedeckung: Sümpfe, Wälder, Steppen, Wüsten; Natur- und Kulturlandschaften; Siedlungen (Ortsnamen); Landverkehrswege, Pässe, Tunnel; Staaten und Verwaltungseinheiten, u. U. mit Angabe des Status; Schutzgebiete.
Die Einhaltung der Schreibweise der geographischen Namen gewährleistet die Unverwechselbarkeit der bezeichneten Objekte und dient damit der Unterscheidung, der Orientierung und der Kommunikation. Vor allem in mehrsprachigen Gebieten weist die Schreibweise geographischer Namen auch politische Aspekte auf. In zahlreichen Staaten befassen sich Gremien mit der Vereinheitlichung der Schreibweise und der Ausarbeitung entsprechender Empfehlungen und Richtlinien. In Deutschland ist dies der 1959 aus einem Arbeitskreis der Deutschen Gesellschaft für Kartographie hervorgegangene ständige Ausschuß für geographische Namen (StAGN). Auf internationaler Ebene wird die Standardisierung geographischer Namen durch die UNGEGN (United Nations Group of Experts on Geographical Names) koordiniert. Ausländische geographische Namen in exakter Schreibweise erfordern die Verwendung von Sonderzeichen und diakritischen Zeichen, soweit die betreffenden Schriftsprachen auf erweiterten lateinischen Alphabeten beruhen. Geographische Namen aus Staaten, die nicht lateinische Buchstabenschriften benutzen (z. B. Kyrillisch, Griechisch), werden entweder transkribiert oder transliteriert. Wortzeichenschriften wie das Chinesische lassen sich nur durch Umschriftsysteme übertragen, die die Phonetik berücksichtigen. Für einen Teil der geographischen Namen des Auslands existieren deutsche Exonyme, d. h. von den fremdsprachlichen amtlichen Namen abweichende deutsche Namen. Sie werden wiedergegeben, sofern sie für das Verständnis der Karte wichtig sind. Die ausschließliche Verwendung von Exonymen oder fremdsprachlicher Namen kann die Verwendbarkeit der Karte einschränken.
Die in Atlanten und Karten angewendeten Regeln der Schreibweise sollten im Einführungstext, u. U. in der Legende ausgewiesen werden. [KG]

Geographisches Informationssystem ↗ Geoinformationssystem.

Geohydrologie, ein Teilgebiet der ↗ Hydrologie, das sich mit dem Vorkommen von Wasser und seiner Bewegung in der ↗ Erdkruste befaßt. Häufig wird Geohydrologie auch als Synonym für die Bezeichnung ↗ Hydrogeologie verwendet. Je nach dem ob der Schwerpunkt mehr auf hydrologischen oder auf geologischen Aspekten liegt, sollte die Bezeichnung Geohydrologie oder Hydrogeologie verwendet werden.

geohydrologische Markierungstechnik, umfaßt die Durchführung von Markierungsversuchen (↗ Tracer) primär zur Verfolgung der Wasserausbreitung, z. B. zur Ermittlung der Abstromrichtung bei Grundwässern, im weiteren aber auch, um daraus hydraulische Parameter bestimmen zu können oder das Ausbreitungsverhalten beim Stofftransport zu untersuchen.

Geoid, ↗ Äquipotentialfläche im Schwerefeld der Erde, welche den ↗ mittleren Meeresspiegel bestmöglich approximiert (Abb. 1, Abb. 2 im Farbtafelteil). Betrachtet man das Meerwasser als frei bewegliche Masse, welche nur der aus Gravitation und Zentrifugalkraft zusammengesetzten Schwerkraft unterworfen ist, so bildet sich die Oberfläche der Ozeane nach Erreichen des Gleichgewichtszustandes als Niveaufläche des ↗ Schwerepotentials aus. Diesen idealisierten Meeresspiegel kann man sich (etwa durch ein System kommunizierender Röhren) unter den Kontinenten fortgesetzt denken, so daß eine geschlossene Fläche entsteht, die das Geoid veranschaulicht. Mit dem auf einen Raumpunkt mit dem Ortsvektor $\vec{x}$ bezogenen Schwerepotential $W(\vec{x})$ lautet die Gleichung des Geoids:

$$W(\vec{x}) = W_0 = \text{const.}$$

Das Geoid als eine teilweise im Innern der Erdmasse verlaufende Fläche ist stetig und stetig differenzierbar, besitzt jedoch Unstetigkeiten in der Flächenkrümmung an allen Unstetigkeitsstellen der Massendichte und ist somit keine analytische Fläche. Aufgrund der unregelmäßigen Verteilung der Massendichte im Erdkörper kann das Geoid nicht durch eine algebraische Flächengleichung beschrieben werden, sondern muß mit terrestrischen oder satellitengestützen Methoden der Geodäsie bestimmt werden. Das Geoid ist Bezugsfläche für die ↗orthometrischen Höhen.

Die nach J. B. Listing (1872) als Geoid bezeichnete Äquipotentialfläche wurde erstmals von C. F. ↗Gauß (1828) definiert und mathematisch beschrieben. Genauere Definitionen berücksichtigen die direkten und indirekten Wirkungen der Erd- und Meeresgezeiten, die im wesentlichen durch die Meeresströmungen entstehende ↗Meerestopographie sowie die aus nichtperiodischen, von Sonne und Mond auf die Erde ausgeübten Anziehungskomponenten resultierende permanente Deformation des Erdkörpers. Eine exakte Bestimmung des Geoids als eine teilweise im Erdinnern verlaufende Äquipotentialfläche ist wegen der Abhängigkeit vom Verlauf der Massendichte nicht möglich; da man die Massendichte nur ungenau kennt und deshalb Hypothesen einführen muß, ist jede Geoidbestimmung mit Unsicherheiten behaftet. Aufgrund dieser praktischen Schwierigkeiten benutzt man in der modernen Geodäsie mehr und mehr das ↗Quasigeoid als Höhenbezugsfläche, welches das Geoid approximiert, aber keine Äquipotentialfläche ist. [BH]

Geoidbestimmung aus Altimetrie, Verbesserungen des ↗Geoids aus Altimetermessungen heraus. Unter der Voraussetzung, daß die Meeresoberfläche sich in erster Näherung senkrecht zur Lotrichtung ausrichtet und unter Vernachlässigung der ↗Meerestopographie, die 1–2 m beträgt, ist der Meeresspiegel bereits eine gute Approximation des Geoids. Erste ↗Altimetermissionen konnten deshalb durch eine Kartierung des Meeresspiegels unmittelbar zu einer Geoidverbesserung beitragen. Da die ↗Meerestopographie jedoch schwer bestimmbar ist, können weitere Verbesserungen des Geoids heute nur indirekt erzielt werden: Aus Altimetermessungen werden entlang der ↗Bahnspuren Lotabweichungskomponenten abgeleitet. Diese können dann durch Inversion der ↗Vening-Meinesz-Integralformeln in ↗Schwereanomalien umgerechnet werden und ergänzen so terrestrisch bestimmte Schwereanomalien. Aus den »geodätischen« Phasen der Altimetermissionen Geosat und ERS-1 konnten für Breiten bis ± 81,5° Schwereanomalien mit hoher räumlicher Auflösung und homogener Genauigkeit abgeleitet werden. [WoBo]

Geoidhöhe, Abstand des ↗Geoids von einem mittels einer geodätischen ↗Datumsfestlegung gelagerten und orientierten Erdellipsoid, gemessen längs der ↗Ellipsoidnormale (↗Stokes-Problem). Die Geoidhöhe nimmt global Werte zwischen -110 m und +70 m an.

Geoikonik, von dem russischen Kartographen A. M. Berljant geprägter Begriff für das interdisziplinäre Arbeits- und Forschungsgebiet, das die Herstellung von ↗kartographischen Darstellungen aus kartographischen ↗Geodaten und aus Geodaten der ↗Photogrammetrie und ↗Fernerkundung zum Gegenstand hat (↗Bildkarte, ↗Satellitenbildkarte). Neben der Herstellung neuartiger ↗kartographischer Medien ist ein wesentliches Ziel der Geoikonik die Erarbeitung einer Theorie und Methodik der Nutzung geoikonischer Erzeugnisse.

Geoinformatik, Fachdisziplin zwischen Geowissenschaften und Informatik zur Entwicklung und Anwendung von Systemen zur Verarbeitung georäumlicher Daten. Ursprünglich hervorgegangen aus dem Bedarf, georäumliche Daten (Geodaten) für den Einsatz in der Datenverarbeitung in physikalischer, logischer und semantischer Hinsicht zu vereinheitlichen, umfaßt sie sämtliche Bereiche der Anwendung von Hard- und Software in den Geowissenschaften. Hauptgegenstand sind der Entwurf und die Einführung von Geoinformations-, Kartierungs-, Simulations- und anderen Systemen, die die Erfassung, Verwaltung, Verarbeitung und Ausgabe von georäumlichen Daten unterstützen. Wesentliche Aufgaben sind zur Zeit die Entwicklung von Systemen zur verteilten Arbeit in Netzen, die Modellierung von georäumlichen Daten mit Multimedia und VR-(virtuelle Realität)Werkzeugen sowie die Entwicklung von Fachinformationssystemen für die Wissenschaft und Verwaltung. [JB]

Geoinformation ↗georäumliche Information.

Geoinformationssystem, GIS, Geographisches Informationssystem, ein System, in dem Systembetreiber auf Anforderungen von Systembenutzern Informationen mit Raumbezug unter Anwendung technischer Hilfsmittel produzieren und bereitstellen. Unter Einsatz von digitalen Technologien werden objektstrukturierte Modelle der Umwelt erzeugt und fortgeführt (z. B. ↗ATKIS). Aus ihnen werden automatisiert und z. T. durch Analyse Geo-Informationen abgeleitet und dargestellt. GIS werden betrieben mit ↗GIS-Technologie. Sie umfaßt Komponenten für die digitale ↗Datenerfassung und ↗Datenverwaltung, die numerische und ↗graphische Datenverarbeitung, die ↗Datenmodellierung und ↗Datenanalyse und die ↗Visualisierung. Die Komponenten können sowohl zentral als auch dezentral organisiert und über Netzwerke zugänglich sein.

Hardwareseitig sind für den GIS-Betrieb ein oder mehrere graphische Workstations erforderlich, die für die genannten Zwecke eingesetzt werden. Sie sind die Grundlage des digitalen Betriebs und miteinander vernetzt. Nach Bedarf können periphere Geräte für die ↗Dateneingabe und ↗Datenausgabe integriert sein, z. B. Bildschirme, Digitalisiergeräte, Scanner, Plotter und Belichter. Für den praktischen Systembetrieb wird ↗GIS-Software eingesetzt. Sie wird u. a. für die Mensch-Computer-Interaktion benötigt und umfaßt eine flexibel gestaltbare Benutzeroberfläche, prozedurale oder objektorientierte Programmiersprachen für die Automatisierung, die bildschirmbe-

zogene Graphikausgabe und das Datenbanksystem.
Die praktische Nutzung eines derartigen Systems ist i. d. R. Fachleuten vorbehalten. Nicht-Fachleuten kann der Zugriff auf Geo-Informationen durch Auskunftssysteme ermöglicht werden, die durch intuitive Bedienbarkeit und leicht verständliche Datenpräsentation gekennzeichnet sind.
Der wesentliche Kern eines GIS ist sein ↗Datenmodell. Es beschreibt in digitaler Form raumbezogene Objekte, Prozesse und ihre Relationen. Zweckmäßig für ein allgemeines Verständnis ist die weitere Differenzierung in das topographiebezogene digitale Landschaftsmodell (z. B. ↗ATKIS-DLM), bestehend aus dem digitalen Situationsmodell (z. B. ATKIS-DSM) und dem digitalen Geländemodell (z. B. ATKIS-DGM). Die Integration von weiteren thematischen Informationen führt zu digitalen Fachdatenmodellen (DFM), die für spezielle Anwendungen, z. B. den Umweltschutz, benötigt werden. Durch digitale Verarbeitung werden aus den digitalen Datenmodellen durch automatisierte Signaturierung digitale kartographische Datensätze für die Ausgabe auf peripheren Ausgabegeräten (z. B. Plotter, Belichter) hergestellt. Sie dienen der effizienten Vermittlung von Geo-Informationen unter Zuhilfenahme von graphischen Zeichensystemen. Darüber hinaus besteht die Möglichkeit der Nutzung multimedialer Formen der Informationsdarstellung.
GIS werden zunehmend in allen Aufgabengebieten mit Raumbezug verwendet. Im Bereich öffentlicher Aufgaben sind Beispiele für GIS das Automatisierte Liegenschaftskataster (↗ALK), das Amtlich-Topographisch-Kartographische Informationssystem (ATKIS) sowie das ↗Statistische Informationssystem zur Bodennutzung (↗STABIS). Weitere, meist fachspezifische GIS sind im Einsatz bei Energieversorgern, der Raumordnung, der Verteidigung, der Landschafts- und Regionalplanung, dem Umweltschutz sowie für Navigations-, Transport-, Telekommunikations- und Gesundheitszwecke. Aufgrund ihrer speziellen Aufgaben und den enger begrenzten Themenbereich werden sie auch als *Fachinformationssysteme* (*FIS*) bezeichnet. [GB]

Geokomplex, *geographischer Komplex*, v. a. in landschaftsökologischen Arbeiten der DDR häufig verwendete Bezeichnung für einen Ausschnitt der ↗Biogeosphäre mit homogener natürlicher und anthropogener Ausstattung. Die im Geokomplex auftretenden Prozesse stehen in einem funktionalen Zusammenhang (↗Funktion) und bilden daher ein als Ganzes, einheitlich reagierendes Wirkungsgefüge. Dieses Gefüge soll mit der landschaftsökologischen Standortanalyse (↗komplexe Standortanalyse) erfaßt werden. Der Geokomplex entspricht daher weitgehend dem ↗Geoökosystem.

Geokomponenten, in der ↗Landschaftsökologie der ehemaligen sozialistischen Länder Osteuropas gebräuchlicher Begriff für die meßbaren, zusammengesetzten (»integrativen«) Bestandteile des ↗Geokomplexes, beispielsweise Mikroklima, Bodenfeuchteregime oder Relief. Die Geokomponenten sind nach Größe, Umfang und Inhalt darstellbar und können in verschiedenen Größenordnungen differieren.

Geokratie, *Epirokratie*, Zeit niedriger Meeresspiegelstände, in der die Kratone weitgehend trokkenliegen und nur von schmalen Schelfmeeren umgeben sind.

Geologenkompaß, *Bergmannskompaß*, Kompaß, der zur Bestimmung der Raumlage von Flächen (Schicht-, Schieferungs-, Störungs- und Kluftflächen) durch ↗Streichen und ↗Fallen und zur Vermessung von Linearen (Faltenachsen, Gleitstriemen, Strömungsmarken) dient. Die notwendige horizontale Lage des Kompasses zur Ermittlung des Streichens kann mit einer eingebauten Libelle (Wasserwaage) kontrolliert werden. Der Streichwert wird auf einem feststehenden Ablesekreis von 360° (bzw. 400 Neugrad) im Uhrzeiger von Nord über Ost nach Süd gemessen. Da allerdings die Kompaßnadel beim Drehen des Gerätes auf N gerichtet stehenbleibt und daher gegen den Drehsinn ausweicht, sind, um die Ablesung zu vereinfachen, die Himmelsrichtungen Ost und West auf der Skala vertauscht; d. h. im Vergleich zum normalen Kompaß läuft die Gradeinteilung linkssinnig gegen den Uhrzeigersinn. Zur Messung des Fallens verfügt das Gerät über ein Pendel-Klinometer mit einer Skalenteilung von 0° bis 90° (bzw. 100 Neugrad). Die Himmelsrichtung des Einfallens (Einfallsrichtung) ist zusätzlich anzugeben. Nachteilig ist, daß dieser zweikreisige Geologenkompaß zeitaufwendig zu handhaben ist, weil jede Bestimmung von Streichen und Fallen stets mit einem zweifachen Anlegen an die zu vermessende Fläche verbunden ist. Daher wurde insbesondere für gefügekundliche Geländeuntersuchungen nach Vorschlägen von E. ↗Clar ein einkreisiger ↗Gefügekompaß entwickelt, mit dem der Einfallswinkel und die Richtung des Einfallens in einem Meßvorgang ermittelt werden können (Abb.). Da andererseits mit dem Gerät auch zweikreisig gemessen werden kann, arbeiten die meisten Geologen heute we-

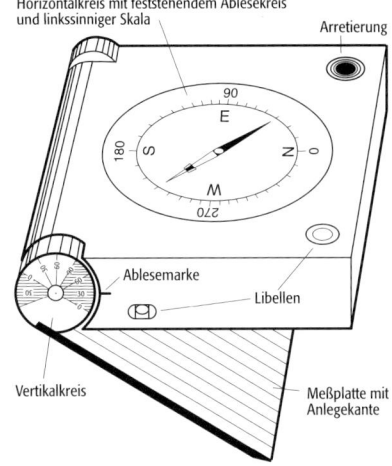

Geologenkompaß: Gefügekompaß nach Clar.

Geologie (Tab.): Gliederung der Fachdisziplin Geologie.

Historische Geologie		Allgemeine Geologie		Angewandte Geologie
Paläontologie		Geomorphologie		Ingenieurgeologie
Stratigraphie		exogene Dynamik		Hydrogeologie
Geochronologie	geol. Kartierung	Sedimentologie	Geoinformatik	Lagerstättengeologie
Paläogeographie		endogene Dynamik		Erdölgeologie
Regionale Geologie		Strukturgeologie		Geoökologie
		Petrologie		geol. Fernerkundung
		Geochemie		
Zoologie		Mineralogie		Geophysik
Botanik				Bergbau
				Bauingenieurwesen

wichtige Kooperationsfächer

gen der erweiterten Möglichkeiten mit dem Gefügekompaß, der deshalb inzwischen auch als Geologenkompaß bezeichnet wird. [HK]

Geologie, *geologische Wissenschaften,* Naturwissenschaft, die in ihrem Kern historisch orientierte ist und die sich einerseits mit der Geschichte der Erde und der Entwicklung des Lebens auf der Erde beschäftigt und sich andererseits um die Kenntnis der dafür verantwortlichen Prozesse und Gesetzmäßigkeiten bemüht. Mit den benachbarten Fächern der Geowissenschaften (↗Mineralogie, ↗Petrologie, ↗Geophysik, ↗Botanik, Zoologie) bearbeitet sie vielfach den gleichen Stoff und Raum, aber während jene allgemeine, zeitlos gültige Aussagen anstreben, sucht die Geologie ihre Erkenntnisse in einen zeitlich geordneten, geschichtlichen Zusammenhang zu bringen.

Die Vorstellungen über die Entstehung der Erde wurden bis zum Ende des Mittelalters von den Berichten des Alten Testamentes beherrscht und nur zögernd im 17. und 18. Jh. aufgeben. ↗Agricola (1494–1555) nutzte Erfahrungen aus dem Bergbau, um Schlüsse auf das Erdinnere zu ziehen. Auf N. ↗Steno (1638–1687) geht das sog. *Stratigraphische Grundgesetz* zurück, nach dem in einer Sedimentfolge die älteren Schichten von jüngeren überlagert werden. Etwa 200 Jahre später wurde die Stenosche Aussage durch die ↗Waltersche Faziesregel erweitert, welche besagt, daß sich nur solche Sedimente überlagern können, deren Bildungsräume vormals nebeneinander lagen (J. ↗Walther 1893/94). J. ↗Hutten (1726–1797) löste sich vollständig von der biblischen Schöpfungsgeschichte und sah in den Naturgesetzen, die er zu erforschen suchte, den maßgeblichen Einfluß auf die Erdentwicklung. Einerseits beobachtete er die Wirkung von an- und abschwellenden Wasserfluten auf die Gestaltung der Erdoberfläche, andererseits mußte er aus der Beobachtung von aufsteigenden glutflüssigen Schmelzen schließen, daß die wesentlichen Gestaltungskräfte im Erdinnern zu suchen sind. Er erkannte die Entstehung der ↗Magmatite und entwickelte erste Vorstellungen über den Aufbau der ↗Erdkruste. Im Gegensatz dazu standen die Ansichten von A. G. ↗Werner (1749–1817), der alle Gesteine auf eine aquatische Entstehung zurückführte und u. a. den Granit als Abscheidung eines heißen Urozeans ansah. Diese unvereinbaren Vorstellungen waren Anlaß zum klassischem Streit der Plutonisten (↗Plutonismus) und Neptunisten (↗Neptunismus) (1800–1820). W. ↗Smith (1761–1839) erkannte beim Studium von Sedimentfolgen das systematische Auftreten von Fossilien, die vormals als Zufallsprodukte der Natur oder als Relikte der Sintflut angesehen wurden, und nutzte sie zur Korrelation in räumlich getrennten Profilen. Als der Begründer des Prinzips des ↗Aktualismus gilt Ch. ↗Lyell (1797–1757). Dieses grundlegende Konzept der geologischen Arbeitsweise besagt, daß die Naturgesetze immer gültig waren, weshalb die gegenwärtigen geologischen und biologischen Vorgänge in gleicher Weise in der erdgeschichtlichen Vergangenheit abgelaufen sein müssen. Während die Deutung der Genese fossiler geologischer Zeugnisse zunächst noch relativ hypothetischen Charakter hatte, liefert heute die ↗Aktuogeologie, die sich der Untersuchung von rezenten Sedimenten widmet, mit modernen analytischen Arbeitsmethoden verläßliche Daten zur Deutung fossiler Erscheinungen. Trotzdem sind der uneingeschränkten Gültigkeit des Aktualistischen Prinzips auch Grenzen gesetzt, weil die heute auf der Erde beobachtbaren Prozesse möglicherweise nicht alle Ereignisse der Erdgeschichte repräsentieren, insbesondere bezogen auf die Urzeit der Erde.

Mit Lyell ist das sog. Heroische Zeitalter der Geologie abgeschlossen und es erfolgt der Ausbau des Faches in Verbindung mit der Einrichtung von universitären Lehrstühlen und Geologischen Landesanstalten sowie mit Gründungen der geologischen Gesellschaften. Im Vordergrund stand die Landesaufnahme mit der Erstellung geologischer Karten, die Beschreibung und taxonomische Ordnung der fossilen Faunen und Floren und eine detaillierte stratigraphische Gliederung der Erdgeschichte. Starke Anregungen lieferten die naturwissenschaftlich/geologisch orientierten Reisen von A. v. ↗Humboldt (1769–1859) und L. v. ↗Buch (1774–1852). Im Bereich der Paläontologie gelang G. ↗Cuvier (1769–1832) durch vergleichend anatomische Untersuchungen eine Gliederung der fossilen Fauna, und Ch.

↗Darwin (1809–1882) entwickelte seine Deszendenzlehre, die heute als Grundkonzeption aller biologischen Wissenschaften gilt. Die wachsenden Anforderungen der Industriegesellschaft im 20. Jh. führten zu starken Spezialisierungen der geologischen Wissenschaften, die heute eine Gliederung in drei Großbereiche aufweisen (Tab.):

a) Die ↗Historische Geologie beschäftigt sich mit der räumlichen und zeitlichen Entwicklung der Erde und der Entfaltung des Lebens. Für diese Zielsetzung steht in der ↗Paläontologie die fossile Tier- und Pflanzenwelt, in der ↗Geochronologie die relative und absolute Zeitbestimmung im Vordergrund der Betrachtung. Die ↗Stratigraphie ordnet die Gesteine nach ihrer zeitlichen Bildungsfolge, datiert alle geologischen Ereignisse und erstellt daraus eine umfassende erdgeschichtliche Zeittafel (↗geologische Zeitskala). In der ↗Paläogeographie werden die geographischen Verhältnisse früherer Abschnitte der Erdgeschichte, in erster Linie die Verteilung von Land und Meer, dargestellt. Die ↗Regionale Geologie liefert Informationen über alle relevanten geologischen Erkenntnisse eines begrenzten Raumes.

b) Die ↗Allgemeine Geologie erarbeitet Grundlagen, indem sie Stoffbestand und Aufbau der Erdkruste sowie die geologischen Vorgänge der Erde erforscht. Im Mittelpunkt stehen die Prozesse, welche die Erde formen und einer ständigen Veränderung unterwerfen. Nach dem Bewegungsantrieb werden die geologischen Vorgänge entweder der ↗exogenen Dynamik oder der ↗endogenen Dynamik zugeordnet. Exogene Kräfte (kosmische Kräfte, Sonneneinstrahlung) wirken von außen auf die Erde ein, initiieren den Wasserkreislauf und haben Einfuß auf Verwitterung, Erosion, Transport, Sedimentation und Diagenese. Auch die Transportkräfte der Ozeane wie Meeresströmungen, Ebbe und Flut sowie Meereswellen sind exogenen Ursprungs. Da all diese Erscheinungen aufs engste mit der Bildung von Sedimenten verbunden sind, wird die exogene Dynamik vorzugsweise von der ↗Sedimentologie in Kooperation mit der Meeresgeologie wahrgenommen. Endogene Kräfte wirken aus dem Erdinneren. Sie gehen auf den Wärmeabfluß der Erde zurück und sind verbunden mit Konvektionsströmen des oberen Erdmantels, die eine Verformung der starren Erdkruste verursachen. Zu den Vorgängen, die von den Stoffströmen und Krustenbewegungen beeinflußt werden, gehören die ↗Metamorphose, die ↗Anatexis, der Magmaaufstieg und die vielfältigen Erscheinungen der ↗Tektonik. Die Erforschung der endogenen Prozesse ist v.a. Aufgabe der ↗Petrologie und Strukturgeologie.

Durch die Wechselwirkung der exogenen und endogenen Dynamik entsteht der ↗Kreislauf der Gesteine, der die drei großen Gesteinsgruppen genetisch miteinander verbindet. Sedimente, die im exogenen Einflußbereich entstehen, geraten durch endogene Kräfte in größere Tiefe, werden durch Druck und Temperatur zu Metamorphiten, die mit weiterer Steigerung der Belastung einer Aufschmelzung unterliegen. Mit der Abkühlung der aufsteigenden Schmelzen entstehen durch Kristallisation die Magmatite, entweder als ↗Plutonite in der Tiefe oder ↗Vulkanite im Oberflächenbereich. Werden diese wieder an der Erdoberfläche exponiert, treten sie erneut in den exogenen und damit sedimentären Kreislauf ein. Die angesprochenen Prozesse sind verbunden mit der Bewegung der Lithospärenplatten, führen zur Entstehung von Ozeanen und Gebirgen und haben starke Auswirkungen auf die morphologische Gestaltung der Erdoberfläche. Die Vorstellungen zur Genese dieser komplexen Vorgänge basieren auf den Erkenntnissen der ↗Plattentektonik. Zunehmend größere Bedeutung erhalten heute Versuche, mit denen durch den Einsatz moderner technischer Geräte und Computer auch langzeitige geologische Prozesse simuliert werden können. Das fördert das Verständnis der Vorgänge und bietet v.a. eine Kontrollmöglichkeit von Forschungsergebnissen, die bisher nur auf Feldbeobachtungen, Strukturanalysen und petrologischen Untersuchungen beruhten.

c) Die ↗Angewandte Geologie, die im vorigen Jahrhundert fast ausschließlich auf die Bedürfnisse des Bergbaus ausgerichtet war, ist inzwischen eine wichtige Basis der Weltwirtschaft geworden und zeichnet sich durch große Fachbreite aus. Dabei sind die Grenzen zu den grundlagenorientierten Disziplinen fließend geworden, und zwar sowohl zur Allgemeinen Geologie als auch zur Historischen Geologie. Das betrifft v.a. die Aufbereitung von Daten, welche bei der Geländearbeit und den Laboranalysen in großer Fülle anfallen und durch statistische und graphische Methoden, besonders durch Bearbeitung in den Fachzweigen ↗Geoinformatik und Mathematische Geologie, zur weiteren Auswertung überschaubar werden. Die klassische und wichtigste Darstellung geologischer Ergebnisse liefert die ↗geologische Kartierung, die eng mit fast allen Fachzweigen der Geologie verbunden ist.

Die Suche und Erschließung von Rohstoffen durch die Lagerstättengeologie ist weiterhin eine wesentliche Aufgabe. Dabei geht es sowohl um nutzbare Mineralien als auch um Steine und Erden. Für die Exploration der i.d.R. komplexen Erdöl- und Erdgaslagerstätten und im Bereich Wasserhaushalt/Wassergewinnung entwickelten sich eigenständige Fachzweige (Erdölgeologie, ↗Hydrogeologie). Ohne direkten Kontakt zu den Untersuchungsobjekten arbeiten die Photogeologie und ↗Fernerkundung mit Hilfe von Luft- und Satellitenbildern und dem Einsatz von Radargeräten, Lasern und Infrarot-Detektoren, um Informationen über Morphologie, Struktur, Lithologie und chemische Zusammensetzung der obersten Erdkruste zu erhalten. Eine andere Aufgabe wird von der *Ingenieurgeologie* wahrgenommen, die sich mit der Beurteilung der technischen Eigenschaften des Untergrundes für Bauwerke (Gebäude, Straßen, Tunnel, Talsperren usw.) befaßt. Die ↗Geoökologie widmet sich der Erhaltung unseres Lebensraumes, nutzt dabei

u. a. die Erkenntnisse aus der paläoökologischen Geschichte der Erde und gewinnt damit eine Möglichkeit zur Abschätzung künftiger ökologischer Entwicklungen.

Das starke Wachstum der geologischen Wissenschaften in den letzten 40 Jahren lief synchron mit neuen geowissenschaftlichen Erkenntnissen, die zu einem völlig neuen Verständnis der Entwicklung des Planeten Erde führten. So stand noch in der ersten Hälfte des 20. Jh. die geologische Erforschung der Festländer im Vordergrund, weil sie am besten zugänglich waren. Aus den Beobachtungen wurde ein fixistisches Bild der Erde entworfen, das von stationär verteilten Kontinenten ausging. Zwar leitete Alfred ↗Wegener schon 1912 aus der morphologischen Begrenzung der Kontinente und anderen geologischen Beobachtungen ab, daß alle heutigen Landmassen als verdriftete Großschollen eines ursprünglichen Großkontinentes (Pangäa) zu deuten sind. Aber die ↗Kontinentalverschiebungstheorie fand zunächst keine Anerkennung, weil zu Wegners Zeiten keine Kraft vorstellbar war, die zur Bewegung der Kontinente fähig gewesen wäre. Erst mit der Intensivierung der Ozeanforschung und den Erkenntnissen der Meeresgeologie und Meeresgeophysik Anfang der 1960er Jahre über Morphologie, Struktur und Petrologie der ozeanischen Kruste mußte gefolgert werden, daß sich konvektive Materialströme aus dem Erdinneren in die Bewegung der Kontinente umsetzen. Der Beweis lag insbesondere in den aufgefundenen ↗Mittelozeanischen Rücken, die als aktive Spreizungszonen der Erdkruste erkannt werden konnten. Diese Erkenntnisse der ↗Plattentektonik leiteten eine Revolution der Geowissenschaften ein, denn das neue Weltbild wurde im Gegensatz zu früheren Vorstellungen durch die Mobilität des Systems Erde geprägt. Die geologische Forschung konzentrierte sich zunehmend auf die Prozesse, welche die Erde formen und einer ständigen Veränderung unterwerfen. Während früher die geologischen Untersuchungen vorwiegend von einzelnen Geowissenschaftlern getragen wurden, erfordern die neuen Fragestellungen interdisziplinäre Forschungsansätze, welche eine breite Kooperation aller Fachzweige der geologischen Wissenschaften häufig mit Beteiligung benachbarter Fächer (z. B. Zoologie, Botanik, Meteorologie) zwingend fordert. Die geowissenschaftliche Forschung sucht ihre Themen heute nicht nur in ihren klassischen Stammgebieten, sondern sieht den Schutz des menschlichen Lebensraumes als große Aufgabe an. Dies betrifft einerseits geogen bedingte Gefahren und Risikovermeidung im Zusammenhang z. B. mit Vulkaneruptionen, Erdbeben und erdrutschartigen Massenbewegungen. Andererseits werden geologische Prozesse angesprochen, bei denen das Wirken des Menschen ein möglicher Faktor ist. Es geht um die Kontamination der Hydrosphäre und Atmosphäre durch Schadstoffe, insbesondere um den Anstieg des CO_2-Gehaltes und dem damit verbundenen Treibhauseffekt, sowie um die mögliche Klimaerwärmung, die einen für den menschlichen Siedlungsraum bedrohlichen Anstieg des Meeresspiegels zur Folge hätte. Da das anhaltende Wachstum der Erdbevölkerung mit einer erheblichen Belastung der Erde verbunden ist, wird die drohende globale Umweltveränderung einer der wichtigsten Schwerpunkte der geologischen/geowissenschaftlichen Forschung der Zukunft sein. [HK]

geologische Barriere, geologische Gegebenheiten, die eine Ausbreitung von Schadstoffen (z. B. bei einer ↗Deponie) oder schädlicher Strahlung unterbinden soll. Die geologische Barriere ist ein Bestandteil des aus drei Teilen bestehenden ↗Multibarrierekonzepts, das zur Verbesserung der Sicherheit von Deponien entwickelt wurde. Die geologische Barriere soll auf lange Sicht die Hauptlast für den Rückhalt der Schadstoffe aus dem Deponiekörper übernehmen. Sie muß bestimmte Anforderungen bezüglich ihrer Mächtigkeit, Durchlässigkeit, Homogenität und Mineralogie erfüllen, die sich v. a. nach der Abfallart richten. Allgemein sollte sie ein schwaches oder latent ausgebildetes Trennflächengefüge, keine oder nur geringe fazielle und tektonische Anisotropien, eine geringe ↗Gebirgsdurchlässigkeit und eine möglichst hohe Mächtigkeit besitzen. Letztere soll gewisse Inhomogenitäten im Gestein ausgleichen. Für Deponien der Deponieklassen I und II eignen sich insbesondere tonig-schluffige Wirtsgesteine. Diese besitzen häufig einen hohen Tonmineralgehalt mit einem hohen Retardationspotential für Schadstoffe. Außerdem sollten sie eine geringe Grundwasserneubildungsrate besitzen. In der TA Siedlungsabfall (1993) sind k_f-Werte von 10^{-6} bis 10^{-8} m/s festgelegt. In Bereichen mit unzureichender geologischer Barriere kann eine zusätzliche mineralische Barriere über der geologischen Barriere eingebaut werden. [NU]

geologische Karte, thematische Karte, die in unterschiedlichen Maßstäben die Geologie eines Teiles der Erdkruste darstellt (Abb. im Farbtafelteil). Auf der geologischen Karte werden die mit Hilfe einer ↗geologischer Kartierung planmäßig aufgenommenen geologischen Daten auf einer topographischen Basis nach graphischen Darstellungsregeln visualisiert.

Die sich im 19. Jh. aus der geognostischen Karte entwickelte geologische Karte diente ursprünglich dem Versuch, alle geologischen Sachverhalte auf einer Karte darzustellen. Inzwischen haben sich viele geologische und geowissenschaftliche Spezialkarten entwickelt, wobei hierfür die geologische Karte auch heute noch meist die Grundlage bildet.

Wichtige Inhalte der geologischen Karte sind z. B. Grenzen von Gesteinskörpern, bruchtektonische Spuren, Streichen und Fallen von Schichten, z. T. auch Fossilfundpunkte und Mineralanreicherungen. Je nach regionalen geologischen Besonderheiten werden Sediment-, magmatische oder metamorphe Gesteine differenziert oder generalisiert dargestellt. Die Lagerungsverhältnisse und Mächtigkeiten von Schichten sowie der allgemein strukturelle Bau werden oft durch zusätzliche Säulenprofile und Vertikalschnitte (/Profil) erklärt.

Sedimentgesteine werden überwiegend stratigraphisch gegliedert. Die lithologischen Unterschiede werden meist in großmaßstäbigen geologischen Karten oder Spezialkarten dargestellt. Dagegen erfolgt die Differenzierung von magmatischen Gesteinen hauptsächlich lithologisch, stratigraphisch nur in der Verzahnung mit Sedimentgestein oder durch absolute Altersbestimmung. Bei metamorphen Gesteinen erfolgt die Gliederung je nach Matamorphosegrad eher stratigraphisch oder lithologisch.

Die Darstellung der Inhalte einer geologischen Karte folgt eigentlich nach international meist anerkannten Grundregeln, z.B. alt = dunkel / jung = hell; Gesteine des Devons werden als braune, des Juras als blaue, der Kreide als grüne und des Tertiärs als gelbe Farbflächen dargestellt; saure Gesteine sind rot, basische Gesteine grün abgebildet. Doch lassen die regionalen Besonderheiten noch große Spielräume in der Farbgebung und der Auswahl von Strukturen und Signaturen zu. Strukturgeologische Signaturen wie /Streichen und Einfallen von Schichtgrenzen werden dagegen meist sehr ähnlich dargestellt. [BM]

geologische Kartierung, graphische Erfassung geologischer Daten sowie deren räumliche Zuordnung innerhalb einer Basiskarte. Die geologische Datenerfassung erfolgt durch geologische Geländeaufnahmen, die durch Laboruntersuchungen von Gesteinsproben unterstützt werden. Diese klassische geologische Kartierung kann durch Auswertung von Luft- und Satellitenbildern ergänzt und z.T. ersetzt werden. Die geologische Kartierung dient als Vorlage zur Herstellung der /geologischen Karte oder anderer Spezialkarten, wie z.B. der /Struktur-, /tektonischen, /Streichkurven- und /paläogeographischen Karte.

geologische Orgel, *Erdorgel*, säulenartige Gesteinsformen, die meist vollständig von Boden oder Sedimenten bedeckt ist (Abb.). Bei den dazwischenliegenden, sedimentverfüllten Hohlformen handelt es sich meist um /Kluftkarren und /Schlotten. Sie gelten als Ergebnis warmzeitlicher /Verwitterung und sind besonders in den unterpleistozänen kalkalpinen Schottern des Alpenvorlandes verbreitet. Geologische Orgeln sind eine /Karstform, die als Sonderform zu den bedeckten /Karren gerechnet wird.

geologischer noise, umgangssprachliche Bezeichnung für kleinräumige Störkörper, die in geoelektrischen Messungen verborgen bleiben (räumliches aliasing) und dadurch die Interpretation erschweren. /static shift.

geologisches Barometer /Geobarometer.

geologisches Thermometer, thermisch bedingte und nachweisbare Effekte der Minerale, die es erlauben, die bei der Bildung herrschenden Temperaturen zu bestimmen; wird auch /Geothermometer genannt.

geologische Vorbelastung, ehemalige Gewichtsbelastung eines Bodens, abzulesen an dem Knickpunkt zwischen dem flachen und steilerem Ast der /Drucksetzungslinie.

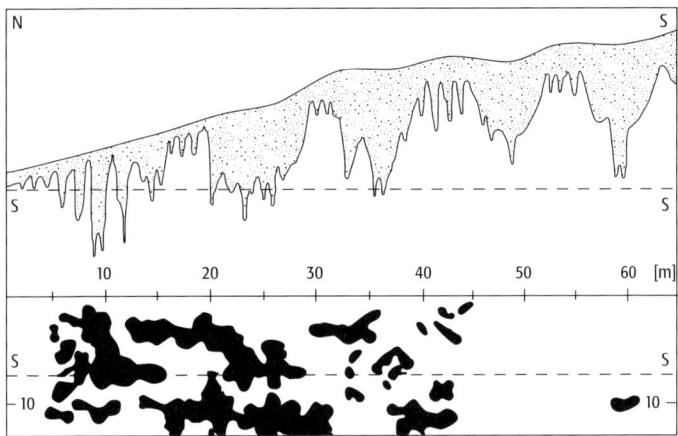

geologische Orgel: geologische Orgel im bedeckten Karst; oberer Bildteil: grau = boden- und sedimentgefüllte Karstspalten, weiß = geologische Orgel aus Gipsgestein; unterer Bildteil: horizontaler Schnitt durch das obere Profil entlang der gestrichelten Schnittlinie(S-S). Die lehmgefüllten Karstschlotten sind schwarz dargestellt.

geologische Wissenschaften /Geologie.

geologische Zeitskala, auf einer Skala dargestellte stratigraphischen Gliederung der Erdgeschichte (Beilage). /Stratigraphie.

Geom, entsprechend dem /Biom in der /Biogeographie die Bezeichnung für großräumige /Geosysteme zwischen /chorischer Dimension und /regionaler Dimension. /Dimension landschaftlicher Ökosysteme.

Geomagnetik, Wissenschaft vom Magnetfeld der Erde.

geomagnetische Auslese, Auslese der Kristalle aufgrund ihres magnetischen Verhaltens. Sie werden eingeteilt in diamagnetische, paramagnetische und ferromagnetische Kristalle.

geomagnetische Breite, Breite, welche die /geomagnetischen Pole als Bezugspunkt hat.

geomagnetische Landesvermessung, Bestimmung der Komponenten des geomagnetischen Feldes für ein begrenztes Territorium zu einer gegebenen Epoche und bezogen auf ein /Normalfeld. Die Vermessung stützt sich auf ein oder mehrere /geomagnetische Observatorien im oder nahe dem zu vermessenden Gebiet und verwendet zudem Säkularpunkte, d.h. zusätzliche Meßpunkte, die eine gewünschte Meßdichte gewährleisten. Die Messungen werden bezüglich der kurzperiodischen Außenfeldanteile, wie sie am Observatorium zum Meßzeitpunkt registriert wurden, korrigiert. Der Verlauf der Feldkomponenten wird in Isolinienkarten für das Meßgebiet dargestellt. Der Vergleich von geomagnetischen Landesvermessungen zu verschiedenen Epochen ermöglicht Rückschlüsse auf die langperiodischen Änderungen des Magnetfeldes. /geomagnetische Säkularvariation.

geomagnetische Länge, Länge, welche die /geomagnetischen Pole als Bezug hat. Der Null-Meridian verläuft sowohl durch den geomagnetischen als auch (im Bereich des amerikanischen Kontinents) durch den geographischen Pol.

geomagnetische Observatorien, etwa 200 ungleich über die Erde verteilte Observatorien. Hiervon sind die meisten in Europa und in Nordamerika, einige existieren bereits seit über 150 Jahren. Sie bestehen aus dem Absoluthaus, in

geomagnetische Pole

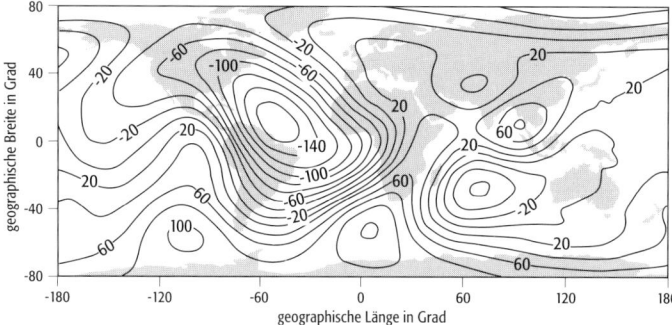

geomagnetische Säkularvariation 1: Linien gleicher zeitlicher Änderungen der vertikalen Komponente des Erdmagnetfeldes in nT/Jahr für 1990.

geomagnetische Säkularvariation 2: Abnahme des magnetischen Dipolmoments der Erde von 1900 bis 1995 mit linearer Interpolation.

geomagnetische Säkularvariation 3: Zunahme des deutlich schwächeren magnetischen Quadrupolmoments von 1900 bis 1995 mit linearer Interpolation.

dem ein bis mehrmals wöchentlich die Absolutwerte der erdmagnetischen Elemente (↗Magnetfeldkomponenten), meist F, D, I, gemessen werden, und dem Variationshaus, in dem der zeitliche Gang dieser Elemente registriert wird. Hieraus werden Stunden- und Tagesmittelwerte berechnet, ebenso die erdmagnetischen Aktivitätsindizes (Kennziffern Kp). In Deutschland existieren die drei Observatorien Fürstenfeldbruck (bei München), Niemegk (bei Potsdam) und Wingst (bei Hamburg). Zusätzlich führen die Observatorien Landesvermessungen und Säkularpunktmessungen durch, um zusammen mit den Observatoriumsmessungen das erdmagnetische Normalfeld und seine zeitlichen Änderungen zu bestimmen. ↗Isogonen, ↗Isodynamen, ↗Säkularvariation. [VH, WWE]

geomagnetische Pole, Orte an der Erdoberfläche, durch welche die Achse des geomagnetischen Dipols (Kugelfunktionsanalyse) stößt. Nord- und Südpol liegen adjungiert gegenüber und stellen die beste Dipol-Approximation an das tatsächlich vorhandene Erdmagnetfeld dar. Da das Restfeld sehr rasch nach außen abnimmt, ist in Magnetosphärenhöhe der geomagnetische Pol gleich dem magnetischen Pol.

geomagnetischer Äquator, ein gegen den geographischen Äquator um etwa 11° verkippter Großkreis, auf dem bei einem geneigten geozentrischen ↗Dipolfeld die ↗Inklination $I = 0°$ ist. Er stellt die beste Großkreis-Näherung an den ↗Dip-Äquator dar.

geomagnetische Säkularvariation, SV, Änderung des geomagnetischen Hauptfeldes mit der Zeit (Abb. 1). Es sind zeitlich periodische und aperiodische Variationen der Dauer von einigen Jahren bis zu Tausenden von Jahren. Es handelt sich hierbei um langsame (säkulare) Änderungen der magnetischen Polstärken; seit einigen hundert Jahren nimmt das Dipolmoment um 5%/100 Jahre ab (Abb. 2), während Quadrupol- und Oktupolmomente zunehmen (Abb. 3). Gleichzeitig handelt es sich um die Drift des Restfeldes (Nichtdipolanteils) mit ca. 30 km/Jahr nach Westen (↗Westdrift). Die Ursache wird in einer unterschiedlichen Rotationsgeschwindigkeit des flüssigen Erdkerns gegenüber dem Erdmantel gesehen. Der Begriff SV grenzt begrifflich ab gegenüber den kurzperiodischen Variationen des magnetischen Außenfeldes und des induzierten Feldes mit Perioden von einigen Jahren bis in den Sekundenbereich. ↗Jerks sind vermutlich die schnellsten Säkularvariationen. Da regelmäßige Messungen des geomagnetischen Feldes an Observatorien kaum länger als 100 bis 150 Jahre zurückreichen, müssen darüber hinaus archäomagnetische, paläomagnetische und geologische Daten herangezogen werden. Zudem werden andere physikalische Phänomene wie periodische Vorgänge im Zusammenhang mit der Sonne und den Planeten bezüglich ihrer Einflüsse auf das Erdinnenfeld ausgewertet. Insofern sind Aussagen zu den längeren Perioden unsicherer als zu denen im Bereich der Observatoriumsdatenreihen. Hier zeigen sich signifikant regionale Besonderheiten in den ermittelten Perioden und zugehörigen Amplituden. Diskutiert werden Periodenlängen von 3,6–5,6; 8,8; 16,6–18,6; 30; 40; 64; 88 und 125 Jahren mit entsprechenden Schwankungsbreiten. Säkularvariationen sind keineswegs ausreichend bekannt. Dies zeigt allein schon die Tatsache, daß die zu dem ↗International Geomagnetic Reference Field zusätzlich zu den Gaußschen Koeffizienten berechneten Koeffizienten der Säkularvariationen von Epoche zu

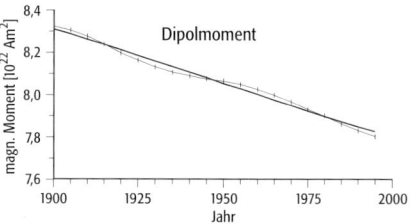

Epoche verschieden sind und bisher weder analytisch erfaßbar noch vorhersagbar gewesen wären. [VH, WWe]

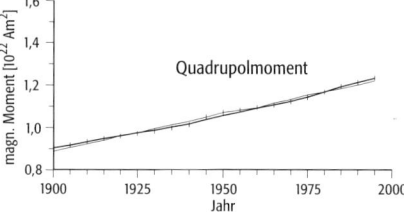

Geomatik, *geomatics*, Bezeichnung für den technologischen Bereich der georäumlichen Datenverarbeitung (↗Geoinformatik, ↗kartographische Informatik).

Geomechanik, Wissenschaftszweig, der sich mit dem mechanischen Verhalten von Böden und Festgestein aufgrund von natürlicher (z. B. Tektonik) oder künstlicher Beanspruchung (z. B. ↗Hohlraumbau) befaßt. Sie beinhaltet ↗Bodenmechanik und ↗Felsmechanik.

Geomedizin, *medizinische Geographie*, Wissenschaft, die sich sowohl mit dem Einfluß von ↗Geofaktoren auf Krankheiten als auch mit der räumlichen Verteilung und Ausbreitung von Krankheiten befaßt. Entsprechende Forschungen konzentrierten sich bislang v. a. auf die gesundheitlichen Belastungen in Abhängigkeit der klimaökologischen Situation (↗Klimaökologie). Zunehmend wird jedoch der Gesamtzustand der ↗Landschaftsökosysteme in die Betrachtungen miteinbezogen, wie beispielsweise in der 1998 gestarteten schweizerischen Langzeitstudie »Aktionsplan Umwelt und Gesundheit«. Die Geomedizin steht der ↗Humanökologie nahe und basiert auf dem ↗Anthroposystem im naturwissenschaftlichen Sinne.

geomedizinische Karte, *medizingeographische Karte*, ↗thematische Karte, die die Verbreitung oder die räumliche und zeitliche Entwicklung von Krankheiten und Seuchen abbildet. In Kombination mit korrelationsstatistischen Analysen und Migrationsstudien versucht die Geomedizin und die Epidemiologie mit Hilfe von geomedizinischen Karten Krankheitsherde und Krankheitsursachen zu erforschen. Daneben werden geomedizinische Karten in der medizinischen Vorsorge z. B. in Form von Impfkarten eingesetzt sowie im Gesundheitswesen für die Planung der Anzahl und Verteilung von Krankenhäusern, Ärzten, Apotheken und anderen Gesundheitseinrichtungen.

Geomer, beliebig abgrenzbarer Ausschnitt der ↗Landschaftshülle der Erde und daher als räumlicher Repräsentant des ↗Landschaftsökosystems zu betrachten. In diesem Sinne ist Geomer ein Synonym für die weitaus gebräuchlichere Bezeichnung ↗Landschaft. In der Landschaftsökologie der ehemaligen sozialistischen Staaten Osteuropas wurde unter Geomer diejenige Fläche verstanden, die streng den Definitionskriterien und gesetzten Toleranzbedingungen eines Geosystemtyps entspricht (↗Geosystem, ↗Geokomplex). Ein Geomer entspricht in diesem Sinne einem monomorphen, d. h. vollkommen homogenen, ↗Geotop.

Geometrie, (griech.) Erdmessung, ein großes Teilgebiet der Mathematik mit weiterer Untergliederung (z. B. analytische-, darstellende-, ebene-, elliptische-, sphärische-, stereometrische-, Differentialgeometrie), das sich mit der Erfassung und Abbildung modellierter räumlicher Strukturen befaßt. Je nach den zugrunde gelegten Axiomen wird die euklidische Geometrie (Euklid, griechischer Mathematiker, ca. 365–300 v. Chr.), die unserem quasistationären irdischen Anschauungsraum entspricht, unterschieden von den etwa seit Beginn des 19. Jh. entstandenen sog. nichteuklidischen Geometrien, die z. B. in der modernen Physik (Relativitäts- und Gravitationstheorie) benötigt werden, um deren Erkenntnisse beschreiben zu können. Den antiken Ursprung geometrischer Theorien und darauf gegründeter Messungen sieht man in den praktischen Bedürfnissen der Menschen in den fruchtbaren Überschwemmungsgebieten großer Flüsse, z. B. Nil, Euphrat, Tigris, Indus, die Eigentumsgrenzen in ihren Feldfluren wiederholt neu vermessen mußten (Geometer). Die ↗Geodäsie [griech. = Erdteilung] ist aus der Geometrie hervorgegangen und beruht in großem Umfang auf den Theorien der euklidischen Geometrie. [EB]

Geometriedaten, Teil der ↗Geodaten; Daten, die geometrische Elemente beschreiben. In raumbezogenen Informationssystemen können Geometriedaten gemäß dem ↗Vektordatenmodell oder dem ↗Rasterdatenmodell strukturiert sein.

Geometriefaktor, *Konfigurationsfaktor*, Korrekturterm in den ↗geoelektrischen Verfahren, der die Anordnung von Stromelektroden und Sonden zur Berechnung eines scheinbaren spezifischen Widerstands berücksichtigt:

$$\varrho_a = G \frac{\Delta U}{I}.$$

Dabei ist I der eingespeiste Strom und ΔU der gemessene Spannungsabfall. Die Einheit von G ist m. Für die gebräuchlichsten Anordnungen erhält man nach:
Wenner: $G = 2\pi a$,
Schlumberger:

$$G = \frac{\pi}{a}\left[\left(\frac{L}{2}\right)^2 - \left(\frac{a}{2}\right)^2\right]$$

oder

$$G = \frac{\pi}{a}\left(\frac{L}{2}\right)^2$$

für $L \gg a$,
Dipol-Dipol: $G = \pi n(n+1)(n+2)a$,
Pol-Dipol: $G = 2\pi n(n+1)a$.

geometrisch-astronomisches Nivellement, Methode zur Bestimmung des Unterschiedes der ↗ellipsoidischen Höhen zweier Punkte A und P aus dem Ergebnis des (rohen) ↗geometrischen Nivellements und der ↗astrogeodätischen Lotweichungen längs des Meßweges. Es stellt eine Diskretisierung des folgenden Wegintegrals dar:

$$h_{AP} = \int_A^P dn - \int_A^P (\xi \cos \alpha + \eta \sin \alpha) ds \approx \sum_A^P \Delta n_i - \sum_A^P (\xi_i \cos \alpha_i + \eta_i \sin \alpha_i) \Delta s_i.$$

In dieser Formel bedeuten Δs_i die Horizontalentfernung, α_i das ellipsoidische Azimut und Δn_i das Ergebnis des geometrischen Nivellements zwischen den beiden Oberflächenpunkten $i-1$ und i. Die Komponenten der astrogeodätischen Lotweichungen ξ_i, η_i, in den Diskretisierungspunkten ergeben sich als Differenzen der Zenitrichtungen:

$$\vec{e}_3^{\,T} - \vec{e}_3^{\,L} = \xi \vec{e}_1^{\,L} + \eta \vec{e}_2^{\,L}$$

des ↗topozentrischen astronomischen Koordinatensystems und des ↗lokalen ellipsoidischen Koordinatensystem mit den Ursprüngen in den hinreichend nahe beieinander liegenden Punkten des Profils von A nach P. [KHI]

geometrische Abplattung, *Polabplattung*, Verhältnis der Differenz von großer und kleiner Halbachse zur großen Halbachse eines ↗Rotationsellipsoides.

geometrische Analyse, Verfahren zur Auswertung von Geometriedaten in einem raumbezogenen Informationssystem (↗Geoinformationssystem). Die grundlegenden Funktionen hierzu sind das Zählen von Geoobjekten aufgrund geometrischer Eigenschaften, das Berechnen geometrischer Größen aus Koordinaten (↗Kartometrie) und die Ableitung neuer Objekte durch ↗Verschneidung oder Zonenbildung. Das Zählen erfolgt durch Überprüfung topologischer Bedingungen (↗topologische Analyse), wie dem Enthaltensein, der Berührung, der Identität oder der Parallelität. Zu den geometrischen Größen zählen z. B. Längen- und Flächengrößen oder Entfernungen. Eine Zone (auch Puffer) entspricht einem Objekt, das die Fläche innerhalb einer Distanz um ein Ausgangsobjekt umschließt. Je nach Dimension des Ausgangsobjektes können Punkt-, Linien- und Flächenzonen unterschieden werden. Bei einer Verschneidung werden alle Schnittflächen gebildet, die sich aufgrund von Überlagerungen zwischen Objekten ergeben. Neben diesen Grundfunktionen bieten viele Systeme weiterreichende Analysemöglichkeiten, die ↗Sachdaten und ↗Geometriedaten zusammen auszuwerten. Dazu zählen Modellberechnungen (Ausbreitung, Erreichbarkeit usw.), ↗Simulationen und Verfahren der ↗3D-Analyse. [AMü]

geometrische Auflösung, *räumliche Auflösung*, *spatiale Auflösung*, bei Fernerkundungsdaten Maß für den Abstand gerade noch getrennt wahrnehmbarer Objekte, also für die höchste erkennbare ↗Ortsfrequenz. Diese kann aus der ↗Modulationsübertragungsfunktion abgeleitet werden. Bei digitalen Bilddaten entspricht die geometrische Auflösung, welche abhängig vom Detektormechanismus ist, in der Regel der Bodenabdeckung eines Bildpunktes der Originalaufnahme.

geometrische Dämpfung, Abnahme der Amplitude von seismischen Wellen mit zunehmender Entfernung R von der seismischen Quelle, da sich die von der seismischen Quelle abgestrahlte Energie mit zunehmendem R über eine größere Fläche verteilt. Die Amplitudenabnahme für ↗Raumwellen ist proportional zu $1/R^2$ und proportional zu $1/R$ für ↗Oberflächenwellen.

geometrische Genauigkeit, *Kartographie*: metrischer Qualitätsaspekt von Karten, speziell von ↗topographischen Karten, hängt wesentlich von den Aufnahmeverfahren und ihren (Erfassungs-) Fehlern sowie von der kartographischen Bearbeitung ab. Besonders ↗Generalisierungsmaßnahmen wie ↗Verdrängung und ↗Formvereinfachung führen zu Lageverschiebungen und Formänderungen der Objekte. Dagegen sind Verzerrungen in Abhängigkeit vom gewählten Kartennetzentwurf von geringerem Einfluß, obwohl auch sie in der ↗Kartometrie ggf. berücksichtigt werden müssen. Generell unterscheidet man zwischen ↗Lagegenauigkeit und ↗Höhengenauigkeit in Karten, ferner zwischen absoluter Genauigkeit eines Objektes bezüglich des Koordinatensystems (Kartennetz, Höhenbezug) und der relativen bezüglich benachbarter Objekte. Letztere bezeichnet man auch als Nachbarschaftsgenauigkeit. In der Herstellung von Papierkarten wird eine absolute Lagegenauigkeit von 0,2 mm angestrebt, doch kann diese Vorgabe schon wegen der o. a. Bearbeitungszwänge nicht durchwegs eingehalten werden. Die absolute Genauigkeit kann aus dem Vergleich von digitalisierten mit geodätisch gemessenen Punktkoordinaten abgeschätzt werden. Letztere können praktisch als fehlerfreie Soll-Koordinaten gelten. In ↗Bildschirmkarten kann und muß die o. a. Lagegenauigkeit nicht eingehalten werden. Dem Operateur steht bei Bedarf, z. B. für Meßzwecke der Kartometrie, der Datensatz, welcher der Graphik zugrunde liegt, zur Verfügung. [SM]

geometrische Generalisierung, Lageveränderung der Objekte bzw. ↗Kartenzeichen im Folgemaßstab gegenüber dem Ausgangsmaßstab. Jede absolute Lageveränderung eines Objektes, d. h. seiner Koordinaten in der Karte, bewirkt eine Änderung seiner relativen Position gegenüber anderen Objekten. Umgekehrt läßt sich eine relative Lageveränderung nur durch die Änderung seiner Koordinaten herbeiführen. Aus dieser Sicht haben alle ↗Generalisierungsmaßnahmen eine unmittelbare oder mittelbare Lageveränderung der Objekte zur Folge. Objektauswahl und Darstellungsumschlag vereinfachen die topologischen Strukturen, d. h. die relativen Lagebeziehungen; zum einen durch den Wegfall einer Anzahl von Objekten und der damit verknüpften Topologien, zum anderen durch die Umwandlung von ↗Flächenkartenzeichen in punktbezogene ↗Signaturen oder umgekehrt. Bei der ↗Formvereinfachung werden topologische Strukturen weitgehend erhalten, während aus der ↗Zusammenfassung neue, einfachere Topologien hervorgehen. Maßnahmen der ↗Verdrängung verändern nicht die Lage jener Objekte, von denen die Verdrängung ausgeht (primäre Objekte). Verdrängte Objekte erfahren eine Veränderung ihrer absoluten Lage, während die topologischen Beziehungen von lageveränderten zu verdrängungsverursachenden Objekten gezielt erhalten werden. [KG]

geometrische Höhe, Höhe eines geometrisch definierten ↗Höhensystems. Man versteht darunter den Abstand eines Raumpunktes von einer geometrisch definierten ↗Höhenbezugsfläche längs eines geradlinigen Lotes oder einer krummlinigen Koordinatenlinie. Eine wichtige geometrische Höhe ist die ↗ellipsoidische Höhe.

geometrische Höhenmessung ↗geometrisches Nivellement.

geometrische Informationen, spezieller Aspekt von ↗kartographischen Informationen; betrifft den Grundriß von abgebildeten Objekten und deren geometrischen und topologischen Relationen.

geometrische Kristallklasse, nach der makroskopischen Symmetrie der Kristalle vorgenommene

Einteilung. Die 32 geometrischen Kristallklassen werden meist einfach ↗»Kristallklassen« genannt. Eine feinere Einteilung, die auch den Gittertyp berücksichtigt, ist diejenige mit 73 arithmetischen Kristallklassen. Diese stehen in einem umkehrbar eindeutigen Verhältnis zu den symmorphen ↗Raumgruppen.

geometrische Methoden der Satellitengeodäsie ↗Satellitengeodäsie.

geometrische Rektifizierung, Beseitigung von Verzerrungen, die auf Grund von Geländehöhenunterschieden und Bildneigungen auf zentralperspektivisch aufgenommenen Luftbildern (Meßbilder) auftreten. Dies erfolgt durch Bestimmung der Elemente der ↗äußeren Orientierung durch räumlichen Rückwärtsschnitt aus Paßpunkten oder durch ↗Bildtriangulation und anschließender Transformation der Rastereckpunkte eines digitalen Geländemodelles im Landeskoordinatensystem in das Meßbild mittels der Kollinearitätsbeziehungen. Das deformierte Raster im Bild kann nun durch digital gesteuerte Differentialumbildung in ein quadratisches Raster und damit in ein ↗Orthophoto umgewandelt werden. Die Rektifizierung von Weltraumphotographien bedarf eines etwas komplexeren Prozesses der Umwandlung von Landeskoordinaten, die in großräumigen Gebieten kompliziertere mathematische Eigenschaften aufweisen, in ein für die Orthophotoherstellung taugliches Referenzsystem. Nach Transformation der Landeskoordinaten (↗Gauß-Krüger-Koordinaten) eines Quadratrasters in geographische Koordinaten auf Basis des jeweils genutzten Ellipsoids und unter Integration der entsprechenden Ellipsoidhöhen in ein dreidimensionales geozentrisches Koordinatensystem erfolgt schlußendlich die Umwandlung in ein dreidimensionales System ↗kartesischer Koordinaten, dessen x,y-Ebene das Ellipsoid im Mittelpunkt des überdeckten Gebietes berührt. Die folgenden Schritte entsprechen dem Vorgehen im Falle der Rektifizierung von Luftbildern. Das Satelliten-Orthophoto wird durch Umbildung des verzerrten Rasters in dem photographischen Satellitenbild in ein im Landeskoordinatensystem referenziertes quadratisches Raster entstehen.
Unter der Annahme, das Orthophoto nicht durch Orthogonalprojektion, sondern durch schräge Parallelprojektion zu erzeugen, werden in linearer Abhängigkeit von den Geländehöhen in X-Richtung Horizontalparallaxen auftreten. Das aus schräger Parallelprojektion gewonnene Bild wird als Stereopartner bezeichnet. Orthophoto und Stereopartner bilden ein ↗Stereo-Orthophoto. ↗Differentialentzerrung, ↗Geocodierung. [EC]

geometrische Signatur ↗Positionssignatur.

geometrisches Nivellement, *Nivellement*, Verfahren der *geometrischen Höhenmessung*, das der Ermittlung des Höhenunterschiedes zwischen zwei oder mehreren Punkten dient. Das Prinzip des geometrischen Nivellements (*Nivellierprinzip*) beruht auf der Messung des vertikalen Abstandes der zu bestimmenden Punkte von einem horizontalen Zielstrahl. Der Zielstrahl wird dabei i. d. R. durch die ↗Zielachse eines ↗Nivellierinstrumentes realisiert. Der Abstand der Punkte vom Zielstrahl wird mittels lotrecht auf den Punkten aufgehaltener, metrisch geteilter oder codierter Maßstäbe (↗Nivellierlatten) bestimmt. Der Höhenunterschied (Δh) ergibt sich aus der Differenz der Ablesungen an der Nivellierlatte im ↗Rückblick (r) und im ↗Vorblick (v). Das Nivellierprinzip kann den Anforderungen der Aufgabenstellung entsprechend variiert werden, so daß verschiedene Methoden des geometrischen Nivellements (z. B. ↗Liniennivellement, ↗Flächennivellement) zu unterscheiden sind. [DW]

geometrische Sondierung, Methode in den ↗geoelektrischen Verfahren und ↗elektromagnetischen Verfahren, wobei eine Tiefensondierung über eine Variation der Auslagenweite bzw. des Sender-Empfänger-Abstands erreicht wird.

geometrisches Referenzsystem, findet Anwendung in der kartographischen und rechnerischen Behandlung von Thermalaufnahmen. Bei der sogenannten Bildgitterung wird einer Thermalaufnahme ein entsprechend verzerrtes Linienmuster (Küstenlinie, Grenzen, Gewässer usw.) eingeblendet. Durch dieses geometrische Referenzsystem wird der Zusammenhang visuell sichtbar gemacht. Sinnvoll ist dieses Verfahren vor allem dann, wenn für eine große Zahl von Bildern eine relativ grobe geometrische Einordnung verlangt wird.

Geomonitoring ↗Angewandte Geothermik.
Geomorphochronologie ↗Geomorphologie.
Geomorphodynamik, *Morphodynamik*, ↗Geomorphologie.
Geomorphogenese, *Morphogenese*, auf die Entwicklung (Genese) einer Reliefform bezogener Teilbereich der ↗Geomorphologie. ↗Reliefgeneration.
Geomorphographie, *Morphographie*, auf die äußere Erscheinungsform (Gestalt) bezogener Teilbereich der ↗Geomorphologie.
Geomorphologie, Lehre von den Oberflächenformen der Erde (Relief), mit deren exakter qualitativer (*Geomorphostruktur*) und quantitativer Beschreibung (*Geomorphometrie*), deren Klassifizierung, der Erklärung der Formungsvorgänge (*Geomorphodynamik*) und der Formenentwicklung (Geomorphogenese) sowie der Erarbeitung der zeitlichen Stellung der Formen (*Geomorphochronologie*) (Abb.). Da die genetisch, funktional und räumlich zu untersuchenden Objekte der Geomorphologie im Überschneidungsbereich von Teilsphären der ↗Geosphäre verortet sind (↗Lithosphäre, ↗Atmosphäre, ↗Hydrosphäre, ↗Pedosphäre, ↗Biosphäre, ↗Anthroposystem),

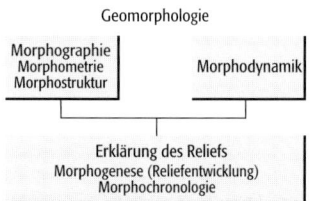

Geomorphologie: System der Geomorphologie.

ergibt sich ein starker methodischer und inhaltlicher Bezug zu den Nachbarwissenschaften (↗Geologie, ↗Klimatologie, ↗Meteorologie, ↗Hydrologie, ↗Bodenkunde, ↗Landschaftsökologie), was der Geomorphologie einen generell interdisziplinären Charakter verleiht. Institutionell ist die Geomorphologie meistens in der ↗Physischen Geographie verankert und stellt dort einen der zentralen Schwerpunkte dar. Der Begriff Geomorphologie wird im innerdisziplinären Sprachgebrauch oft verkürzt (Morphologie, Morphostruktur), in der Praxis findet man häufig auch eine weiterführende Differenzierung nach der dominierenden Einflußgrößen der Formung (Strukturgeomorphologie), nach Prozeßbereichen (↗Fluvialmorphologie, ↗Karstmorphologie, ↗Glazialmorphologie, ↗Küstenmorphologie), nach dem vertretenen Interpretationsansatz (↗klimagenetische Geomorphologie) oder bezugnehmend auf das Forschungsziel (allgemeine, historisch-geomorphogenetische, quantitative, qualitative, theoretische und ↗Angewandte Geomorphologie). Wissenschaftshistorisch entwickelte sich die Geomorphologie in der letzten Hälfte des 19. Jh. zunächst als Ableger der ↗Geologie, wobei geomorphologische Aspekte nur im Zusammenhang mit den Erklärungsversuchen der Gesteinsentstehung (↗Neptunismus, ↗Plutonismus, ↗Vulkanismus) betrachtet wurden. Insbesondere die zunehmende Anwendung des ↗Aktualismus basierte auf der Beobachtung der gesteinsbildenden und gleichermaßen landschaftsverändernden Prozesse und der resultierenden Landformen (K. ↗Hoff, C. ↗Lyell). Dadurch rückten die Formen und die sie schaffenden Prozesse mehr und mehr in das Interesse der erdwissenschaftlichen Forschung. Im folgenden erwuchs eine eigenständige Forschungsrichtung, mit der erstmaligen Erwähnung des Begriffs »Morphologie« 1850 durch C. F. Naumann, dann 1894 in A. ↗Pencks Lehrbuch »Morphologie der Erdoberfläche«. Die Grundlagen der Physischen Geographie und damit auch der Geomorphologie wurden von meist betont geologisch vorgebildeten Geographen (F. ↗Richthofen, A. Penck) geschaffen, welche sich, gemäß der damaligen allgemeinen Methodologie der Naturwissenschaften, eines streng positivistisch-materialistischen Forschungsansatzes bedienten. Wie jede Wissenschaftsdisziplin unterliegt die Geomorphologie einer der eigenen Tradition historisch verhafteten Entwicklung, in der sich Inhalte, Techniken, Fachsprache und Theoriebildung etablieren, Gegenentwürfe provozieren und abgelöst werden. Maßgebliche historische Forschungsansätze (z. B. ↗Zyklentheorie, ↗Klimageomorphologie) sind eng mit den Namen der sie vertretenden akademischen Lehrer verbunden (W. M. ↗Davis, W. ↗Penck, J. ↗Büdel).

geomorphologische Karten, ↗thematische Karten, in denen das Relief der Erdoberfläche (Georelief), z. T. einschließlich des Meeresbodens (die geomorphologische Ausstattung eines Raumes) dargestellt wird. Während allgemeine geomorphologische Karten vorrangig von der wissenschaftlich-geomorphologischen Grundlagenforschung genutzt werden, dienen spezielle geomorphologische Karten den Belangen anderer ↗Geowissenschaften. Angewandte geomophologische Karten sind vorrangig für die Praxisnutzung (Agrar- und Forstökologie, Naturschutz, Landschaftspflege, Raumplanung usw.) konzipiert, wobei die Karten direkt genutzt werden oder nach Umsetzung in Auswertekarten. In Abhängigkeit vom fachlichen Ansatz und inhaltlichen Kartierungsziel unterscheidet man geomorphographische Karten, geomorphogenetische Karten, und morphologisch-ökologische Karten. Im engen Zusammenhang mit geomorphologischen Regionaluntersuchungen sind zahlreiche geomorphologische Grundkarten (Maßstab 1:10.000) und Detailkarten (Maßstäbe 1:25.000 bis 1:100.000, z. T. bis 1:200.000) entstanden. Die Aufnahme der Grundkarten erfolgt im Gelände auf der Grundlage ↗topographischer Karten und unter Verwendung großmaßstäbiger ↗Luftbilder. In diesem Zusammenhang spielen auch Digitale Geländemodelle bzw. DGM-Daten eine zunehmende Rolle. Landesweite geomorphologische Kartenwerke in großen Maßstäben sind noch sehr selten. In der Bundesrepublik Deutschland wurden im Zuge eines Modellversuchs ca. 40 ↗Kartenblätter einer komplexen geomorphologischen Karte im Maßstab 1:25.000 (GMK 25 BRD) und einer morphologischen Übersichtskarte (GMK 100 BRD) nach Vorgabe eines einheitlichen Legendenschlüssels bearbeitet. In diesen Karten wurde die Standardlegende entwickelt, erprobt und verbessert. Dargestellt werden in einer einzigen Farbkarte Reliefformen (Hangneigung, Wölbung, Formengenese, Hydrographie, Substrate und geomorphologische Prozesse).

Geomorphometrie, *Morphometrie*, ↗Geomorphologie.

Geomorphostruktur ↗Geomorphologie.

Geoobjektmodell, *digitales Objektmodell*, *DOM*, entspricht einem Modell, das die Realität aufgrund von semantischen Kriterien in Objekte gliedert. Ein Geoobjektmodell ist in diesem Sinne immer eine fachliche Abstraktion der Realität unter Herausstellung fachspezifischer Klassen, Objekte, Eigenschaften und Beziehungen. Geoobjektmodelle definieren insbesondere, wie die Ableitung von Objekten als Einheit von Daten vollzogen werden soll. In der Kartographie wird häufig von Objektteilen ausgegangen, die als elementare Objekte durch Aggregation zu komplexen Objekten (↗Komplexobjekt) zusammengefaßt werden können (↗Datenaggregation). Im Sinne des objektorientierten Paradigmas in der Informatik wird in diesem Zusammenhang von der Vererbung gesprochen. Ein Beispiel für ein Geoobjektmodell ist das Digitale Landschaftsmodell (DLM) in ↗ATKIS, dessen Objektartenkatalog die hierarchische Klassenstruktur zum Ausdruck bringt. [AMü]

Geoökofaktoren, auf das ↗Geoökosystem, bezogene naturbürtige Faktoren (↗Geofaktoren).

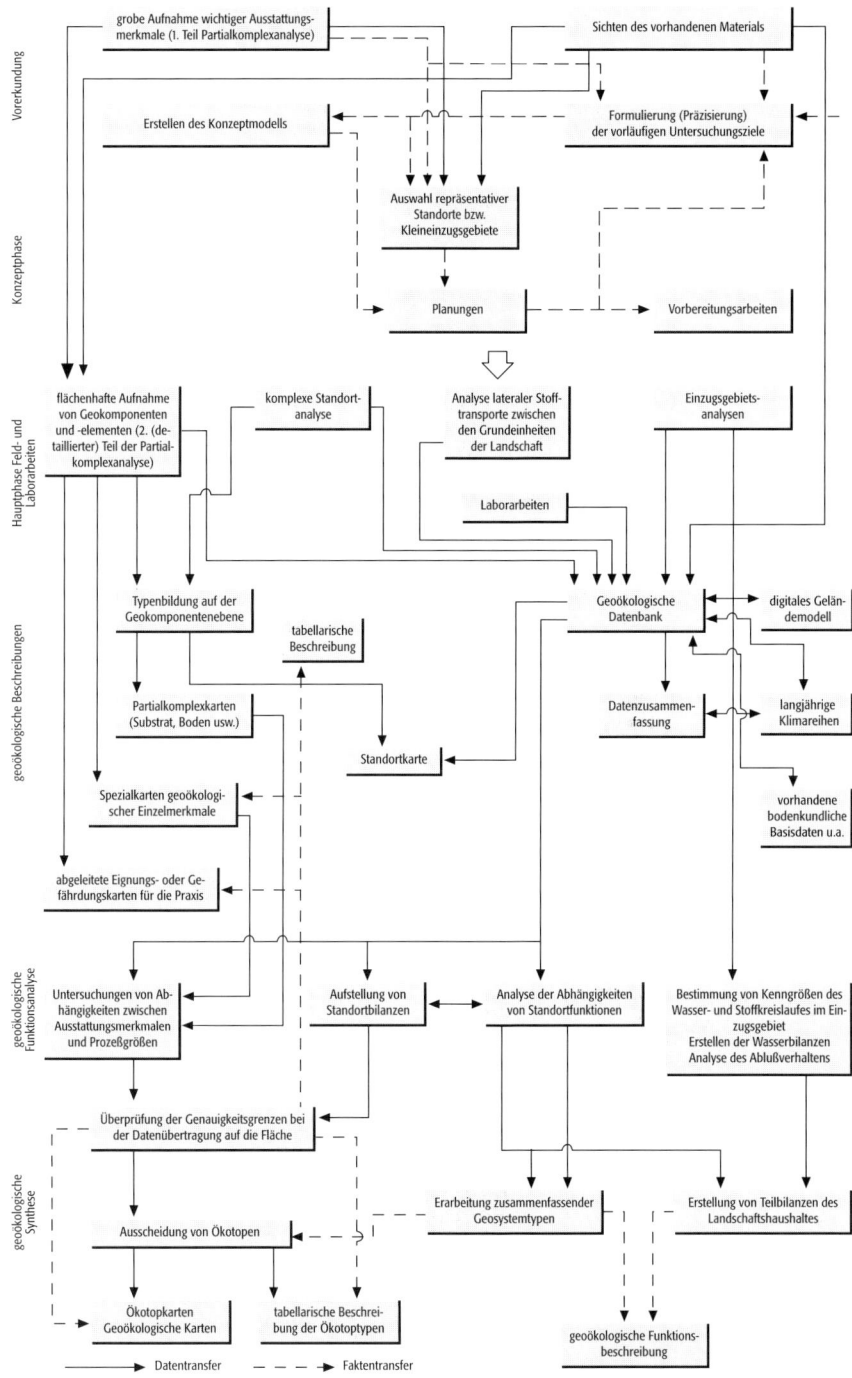

geoökologischer Arbeitsgang: Strukturplan des geoökologischen Arbeitsgangs.

Geoökologie, Wissenschaftsbereich der sich mit dem ↗Landschaftshaushalt und seiner räumlichen Ausprägung beschäftigt. Im Vordergrund steht dabei die aus geographisch-geowissenschaftlicher Sichtweise durchgeführte Untersuchung des Wirkungsgefüges und den dadurch verursachten Stoff- und Energieflüssen der ↗abiotischen Faktoren mit den darauf eingestellten ↗biotischen Faktoren. Betrachtungsgegenstand der Geoökologie ist die Funktionseinheit eines Landschaftsausschnittes. Funktional wird dieser durch das ↗Geoökosystem (wenn biotische und abiotische Faktoren berücksichtigt werden) bzw. das ↗Geosystem (wenn primär abiotische Faktoren berücksichtigt werden) repräsentiert. Räumliche Repräsentanten sind das ↗Geoökotop beziehungsweise das ↗Geotop. [SR]

geoökologische Karte, Produkt der ↗geoökologischen Kartierung.

geoökologische Kartierung, führt zur kartographischen Darstellung geoökologischer Sachverhalte. Das Produkt, die geoökologische Karte, stellt ökologische Raumeinheiten dar, die in Struktur und Wirkungsweise annähernd einheitlich sind. Bei der geoökologischen Raumbetrachtung spielt die Flächenaussage ein große Rolle. Die geoökologische Kartierung soll dem Praktiker geoökologisch einheitliche Strukturen aufzeigen und Grundlagen für die Kennzeichnung des ↗Leistungsvermögens des Landschaftshaushaltes bereitstellen. Die geoökologischen Kartierungen werden meist groß- und größtmaßstäbig durchgeführt, in ↗topischer Dimension, so daß man, je nach Maßstab, eine punkt- bzw. parzellenscharfe Aussage erhält. Die durch eine geoökologische Kartierung erhobenen Sachverhalte lassen sich oftmals direkt in der Praxis anwenden. Sie dienen aber auch als Grundlage für die Ableitung von ↗Potentialkarten, welche mit Hilfe von ↗Bewertungsverfahren aus den geoökologischen Karten abgeleitet werden. Auch Gefährdungs- und ↗Eignungskarten können das Ergebnis einer geoökologischen Kartierung sein, entstehen jedoch eher durch Kombination bzw. durch Ableiten aus im großen Maßstab aufgenommenen geoökologischen Karten. Für die geoökologische Kartierung gibt es im deutschen Sprachraum die Kartieranleitung zur geoökologischen Karte 1:25.000, welche das Gemeinschaftsprodukt vieler Physiogeographen ist und auf einem mehrstufigen Methodikkonzept aufbaut, das auf der Kartierung von Geoökofaktoren basiert. [SMZ]

geoökologischer Arbeitsgang, *GAG*, Methodik der ↗Landschaftsökologie, zur Erfassung naturhaushaltlicher Funktionszusammenhänge in der Landschaft (Abb.). Spezifisch für die Methodik ist der Raumbezug, welcher auf der ↗Theorie der geographischen Dimensionen beruht. Der GAG bezieht sich auf das ↗Landschaftsökosystem und ist eine spezifisch landschaftökologische Arbeitsmethodik, setzt sich jedoch aus Einzelarbeitsweisen aus dem interdisziplinären Raum zusammen. Der GAG geht vom Modell des ↗Regelkreises aus, welches einen landschaftsökologischen Standort repräsentiert. Folgende meß- und beobachtungstechnische Grundprinzipien machen den GAG aus: Messungen am Standort, Vergleich von Standorten, das Kompartimentieren des Untersuchungsobjektes in einzelne »Schichten« sowie ein flächenhaftes Vorgehen mit den Methoden der Kartierung und Messung von Geoökofaktoren. Der GAG ist eine komplexe Methodik, welche sich aus einzelnen, zeitlich aufeinanderfolgenden Phasen zusammensetzt. In der Vorerkundungsphase werden Grobaufnahmen des Untersuchungsgebiets und Materialsichtungen vorgenommen. Diese Arbeiten fließen anschließend in die Konzeptphase ein, in der i. d. R. ein Standortregelkreismodell aufgestellt wird und die Arbeit zeitlich, inhaltlich und räumlich geplant wird. In der Hauptphase des GAG stehen Feld- und Laborarbeit als Kernstücke geoökologischen Arbeitens im Mittelpunkt. Anschließend folgt die Auswertungsphase, wo in einem ersten Schritt eine graphische Auswertung der Daten erfolgt. Es werden anschließend geoökologische Funktionsanalysen in Form von Standort- und Einzugsgebietsbilanzen erstellt sowie Beziehungen zwischen gemessenen Prozeßgrößen und den kartierten statischen Ausstattungsmerkmalen aufgezeigt. Im letzten Schritt des GAG wird die geoökologische Synthese erarbeitet. Dazu zählen die »Typenbildung«, der gefüllte Standortregelkreis sowie verschiedene Arten von quantitativen Modellen. Der GAG nimmt damit einen zentralen Platz in der Methodik der Geoökologie und der Landschaftsökologie ein. [SMZ]

geoökologischer Regelkreis, ↗Prozeß-Korrelations-System des ↗Geoökosystems.

Geoökosystem, Untersuchungsgegenstand der ↗Geoökologie. Das Geoökosystem stellt die Funktionseinheit eines real vorhandenen Ausschnittes der Geobiosphäre dar. Es kann als ein stofflich und energetisch offenes System mit einem dynamischen Gleichgewicht bezeichnet werden, das ein sich selbst regulierendes Wirkungsgefüge ↗abiotischer Faktoren und darauf eingestellter ↗biotischer Faktoren besitzt. Räumlich manifestiert sich das Geoökosystem im ↗Geoökotop (Abb.). In Ergänzung zum Geoökosysteme wird im ↗Bioökosystem die Funktionseinheit pflanzlicher und tierischer Lebensgemeinschaften stärker berücksichtigt. Beide Systeme sind in einem viel höheren Maße integrativ als das ↗Geosystem oder das ↗Biosystem. Bioökosystem und Geoökosystem sind wichtige Teil-

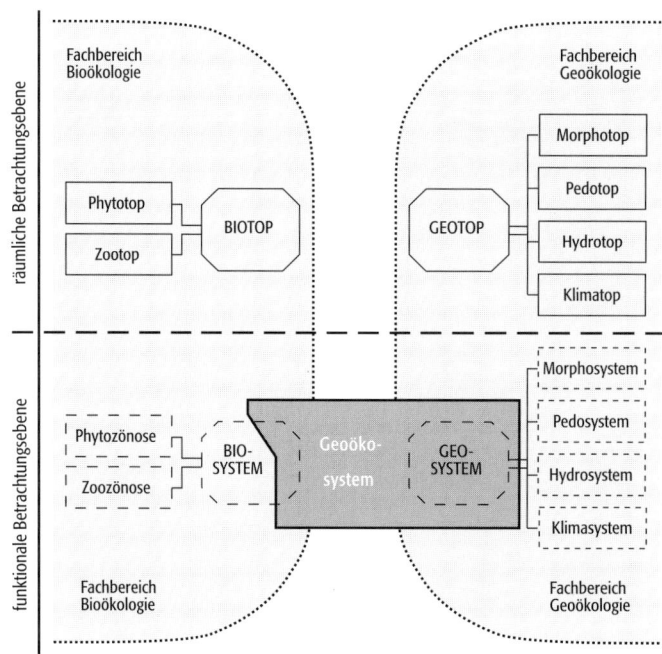

Geoökosystem: fächerübergreifendes Teilmodell des Landschaftsökosystems.

systeme und Bausteine des ↗Landschaftsökosystems. Das Geoökosystem kann in verschiedenen Dimensionsstufen betrachtet und modelliert werden, wobei zur Untersuchung geoökologisch relevanter Größen vorzugsweise in der ↗topischen Dimension gearbeitet wird. Die vielfältige Ausprägung der Geoökosysteme in der landschaftlichen Realität bedingt eine große Vielfalt der Untersuchungsmethoden, die sich im ↗geoökologischen Arbeitsgang widerspiegeln. [SR]

Geoökosystemcharakterisierung, Syntheseziel des ↗geoökologischen Arbeitsganges zur Ausscheidung von ↗Geoökotypen.

Geoökotop, haushaltlich homogen funktionierender, räumlicher Ausschnitt aus der Geobiosphäre. Das Geoökotop ist der räumliche Repräsentant der Funktionseinheit ↗Geoökosystem. Das Geoökotop wird, in ↗topischer Dimension betrachtet, von einheitlich verlaufenden Stoff- und Energieprozessen bestimmt und kann daher in diesem Maßstabsbereich als inhaltlich und strukturell homogene geoökologische Raumeinheit betrachtet werden. Beispiele für Geoökotope können Mulden, Kuppen, Kleineinzugsgebiete, Schwemmfächer, kleine Seen, Terrassenkanten, Schuttkegel u. ä. sein, unabhängig davon, ob sie natürlich, anthropogen verändert oder künstlich entstanden sind (z. B. Steinbruch, Fußballplatz). Aus dem Geoökotop als Grundbaustein werden im Verfahren der ↗ökologischen Raumgliederung naturräumliche Einheiten und ökologische Raumeinheiten der verschiedenen Dimensionsstufen aggregiert. Die Erfassung der innerhalb eines Geoökotops einheitlich verlaufenden Prozesse erfolgt mit der ↗komplexen Standortanalyse. Da Geoökotope nicht alleine vorkommen, sondern gleichartig und in Wiederholung, lassen sich regelhaft auftretende Geoökotope als ↗Geoökotypen ausscheiden. [SR]

Geoökotyp, Begriff aus der ↗Landschaftsökologie, der ↗Geoökotope mit ähnlichen strukturellen und funktionellen Merkmalen zu einem Typus zusammenfaßt. Die Bildung von Geoökotypen ist eines der Ziele innerhalb einer geoökologischen Untersuchung (↗geoökologischer Arbeitsgang, ↗komplexe Standortanalyse). Aus den Ergebnissen der vorangegangenen Arbeitsschritte (Felddatenerhebung, geoökologische Beschreibung und geoökologische Funktionsanalyse) werden im darauffolgenden Syntheseschritt die verschiedenen Geoökotope charakterisiert, zu Geoökotypen zusammengefaßt und flächenhaft auf Geoökotypenkarten festgehalten.

Geopetalgefüge ↗Ichnologie.

Geophon, Instrument zur Messung seismischer Bodenbewegung. Im allgemeinen registriert das Geophon die vertikale Komponente der Geschwindigkeit der Bewegung, doch stehen auch Geophone zur Messung von Verschiebung oder Beschleunigung sowie der horizontalen Komponenten zur Verfügung (↗Dreikomponenten-Geophon). Der gebräuchlichste Typ besteht aus einer Spule, die sich, an Federn aufgehängt, im Feld eines mit dem Gehäuse starr verbundenen Magneten bewegen kann. Die Bewegung des Magneten relativ zur Spule erzeugt eine Spannung, die proportional zur Geschwindigkeit der Bewegung ist. Wie bei jedem mechanischen oder elektrodynamischen Schwingungssystem hat das Geophon eine charakteristische Eigenfrequenz, die der Resonanzfrequenz entspricht und gedämpft werden muß.

Geophonkette, Anordnung von Geophonen zur Erleichterung des Feldbetriebs. Die Geophone sind mit Kabeln vorgegebener Länge zu einer Gruppe verbunden (z. B. Zwölferkette).

Geophysik, Lehre von der Anwendung der Physik auf die Erforschung der Erde, ihrer Figur, ihres Aufbaus, der inneren und äußeren Felder und der Prozesse, die im Erdinnern ablaufen. Das Wort Geophysik tauchte im dt. Sprachgebrauch zum ersten Mal in der ersten Hälfte des 19. Jh. auf; 1898 wurde in Göttingen der weltweit erste Lehrstuhl für Geophysik eingerichtet, welcher der Physiker J. E. ↗Wiechert (1861–1928) inne hatte. Die Geophysik gehört vom Forschungsobjekt her zu den Geowissenschaften wie z. B. die Geologie und Mineralogie, von der Arbeitsmethodik gesehen jedoch zur Physik (Klassische und Angewandte). Im allgemeinen Sinne ist die Geophysik die Wissenschaft von den physikalischen Erscheinungen des Planeten Erde, der aus dem festen Erdkörper, der Wasserhülle und der gasförmigen Hülle besteht. In dieser sehr weiten Definition umfaßt die Geophysik folgende Teildisziplinen: a) Physik des Erdkörpers oder Geophysik i. e. S., b) Physik der ↗Hydrosphäre oder ↗Ozeanographie (Meeresforschung), c) Physik der ↗Atmosphäre oder ↗Meteorologie und d) Physik der Hochatmosphäre und der ↗Magnetosphäre oder Aeronomie. Da sich jedoch die Teilgebiete Ozeanographie und Meteorologie zu eigenen Disziplinen entwickelt haben, wird dementsprechend der Begriff Geophysik im heutigen Sprachgebrauch i. a. auf die Physik des Erdkörpers bezogen. Das Gebiet der Physik in der Hochatmosphäre und der Magnetosphäre wird z. T. von der Meteorologie behandelt, z. T. aber auch von der Geophysik. Die elektrischen Wechselströme in der Hochatmosphäre und die mit ihnen verbundenen magnetischen Felder sind eng mit dem Gebiet des Erdmagnetismus verbunden. In den folgenden Beschreibungen wird also der Begriff Geophysik i. e. S. als Physik des Erdkörpers verstanden. Sie gliedert sich in folgende Teildisziplinen, die sich an die Einteilung der Klassischen Physik anlehnt:

a) Physikalische ↗Geodäsie und ↗Gravimetrie: Bestimmung der Gestalt des Erdkörpers und seines Schwerefeldes durch Messungen am Erdboden und mit Hilfe von Satelliten, mit dem Ziel, die Verteilung der Dichte im Erdinnern zu ermitteln. In dieser Teildisziplin besteht ein enger Zusammenhang und Überlappungen zwischen Geophysik und Geodäsie.

b) ↗Seismologie und Struktur des Erdinnern: zur Erforschung der Prozesse, die mit ↗Erdbeben verbunden sind. Hierzu zählen die Vorgänge im Herdgebiet selbst und die Ausbreitung der angeregten ↗seismischen Wellen selbst. Zur Seismologie i. w. S. muß auch die Anwendung von Sprengungen als künstliche Erdbeben zur Erforschung des Untergrundes gesehen werden.

c) Erdmagnetismus und Aeronomie: die Messung des ↗Magnetfeldes der Erde und Erforschung seiner intra- und extraterrestrischen Ursachen.

d) ↗Geoelektrik: Messung elektrischer Felder im Erdkörper. Über die Induktionsgesetze sind Geoelektrik und Erdmagnetismus eng verbunden.

e) ↗Geothermik: Messung der Temperatur des Erdkörpers und Bestimmung von ↗Wärmequellen im Erdinnern.

Zur modernen Geophysik können i. w. S. noch folgende weitere Arbeitsgebiete gezählt werden:

f) ↗Geodynamik: Studium von Bewegungsvorgängen im Erdinnern und an der Erdoberfläche, insbesondere im Zusammenhang mit der ↗Plattentektonik. Hier ist der Übergang zur ↗Tektonik fließend.

g) ↗Petrophysik: Studium der physikalischen Eigenschaften von Gesteinen durch Messungen im Laboratorium. Es besteht eine enge Verbindung zur Festkörperphysik.

h) ↗Geoinformatik: als Arbeitsrichtung, die heute in allen geowissenschaftlichen Disziplinen zum Einsatz kommt. Da in der Geophysik die Mathematik als Arbeitsmethodik einen breiten Raum einnimmt, hat die Geoinformatik hier einen besonderen Stellenwert.

Unter dem Gesichtspunkt der Anwendung und des Einsatzes der Geophysik wird ab und zu auch eine andere Untergliederung gebraucht, welche die Begriffe Allgemeine Geophysik und Angewandte Geophysik verwendet. Die ↗Angewandte Geophysik hat die Aufgabe, mit geophysikalischen Methoden oberflächennahe Strukturen zu erforschen, die aus der Sicht der Lagerstättenerforschung von Interesse sind. Demgegenüber ist es die Aufgabe der Allgemeinen Geophysik, in der einleitend beschriebenen Weise die Struktur, die Prozesse und die Felder des gesamten Erdkörpers zu erforschen.

Mitunter wird auch zwischen einer experimentellen Geophysik und einer theoretischen Geophysik unterschieden. Diese Untergliederung lehnt sich an die in der Physik übliche Aufgliederung in Experimental-Physik und Theoretische Physik an. Gezielte Experimente im Sinne der Experimental-Physik lassen sich zur Untersuchung des Erdkörpers nur selten durchführen. Meist ist man auf die Beobachtung natürlicher Ereignisse angewiesen. Da aber die natürlichen Erscheinungen meist in komplizierter Weise miteinander verknüpft sind, gelingt es im Gegensatz zur Laboratoriumsphysik nur durch eine mathematisch-statistische Analyse, die verschiedenen Einflußgrößen voneinander zu trennen. Die statistische Analyse ist ein typisch geophysikalisches Arbeitsverfahren, dessen Bedeutung oft verkannt wird, weil es in vielen anderen Disziplinen nicht erforderlich ist.

Zwischen der Allgemeinen und der Angewandten Geophysik steht ein Aufgabenbereich, der sich mit Vorhersagen von und Warnungen vor Naturkatastrophen beschäftigt. Oftmals wird hierzu der Begriff »Dienst« verwendet. Bekannt sind die meteorologischen Dienste mit der Aufgabe der Wettervorhersage. In der Geophysik gibt es eine Reihe von Institutionen oder Observatorien, die verschiedene geophysikalische Parameter kontinuierlich aufzeichnen. Diese Registrierungen können dazu genutzt werden, um möglicherweise gefährliche Naturkatastrophen vorherzusagen. Beim Vorhersageproblem muß man zwischen sicheren und wahrscheinlichen Vorhersagen unterscheiden. Z. B. können aus seismologischen Registrierungen mit großer Sicherheit die Ankunftszeiten der durch Erdbeben im Ozeanbereich ausgelösten Flutwellen, der sog. ↗Tsunamis, für gefährdete Küstenbereiche vorhergesagt werden. In erdmagnetischen Registrierungen treten zeitweise erdmagnetische Stürme auf, die den Einfall solarer Wellen- und Korpuskularstrahlung in die ↗Ionosphäre anzeigen. Diese erdmagnetischen Stürme können mit einer Störung des Funkverkehrs v. a. im Kurzwellenbereich verbunden sein. In Extremfällen kann es zu starken Induktionseffekten in langen Hochspannungsleitungen kommen und hier ebenfalls Kosten verursachende Störungen erzeugen. Auch hier können sichere Vorhersagen und Warnungen gegeben werden. Anders ist die Situation bei der Erdbebenvorhersage. Hier spielen eine ganze Reihe von Parametern eine Rolle, die im einzelnen schwer zu erfassen sind. Aus langjährigen Beobachtungen ist bekannt, welche Regionen auf der Erde stärker durch Erdbeben gefährdet sind und welche weniger. Das Auftreten eines Erdbebens in solchen Gebieten wird um so wahrscheinlicher, je länger die Ruhezeit andauert. Auch wenn das Problem der Erdbebenvorhersage von größter wirtschaftlicher Bedeutung ist, so wird hier trotz intensiver Bemühungen hinsichtlich einer verbesserten und sicheren Vorhersage eine Unsicherheit bestehen bleiben, auch wenn in vereinzelten Fällen bereits Erfolge zu verzeichnen sind.

Die Geophysik beschäftigt sich nicht nur mit dem gegenwärtigen Zustand der Erde. Ähnlich wie die Geologie muß auch die Geophysik die Entwicklung der Erde im Auge haben. So gibt es eine Reihe von geophysikalischen Arbeitsrichtungen, die sich mit Zuständen und Prozessen in der geologischen Vergangenheit beschäftigen. Am bekanntesten ist die Paläomagnetik, die versucht aus der Messung der ↗Magnetisierung von Gesteinen Rückschlüsse auf die ursprüngliche Lage von Platten bzw. Plattenfragmenten und ihrer Bewegungen im Laufe der Erdgeschichte zu schließen. Die Paläo-Geothermik hat die Aufgabe die thermische Entwicklungsgeschichte aufzuhellen. Die Paläo-Seismologie versucht aus Störungen in der Lagerung von Gesteinen auf starke Erdbeben der Vergangenheit zu schließen.

Um Antworten auf die vielfältigen skizzierten Fragestellungen zu finden, muß die Geophysik von verschiedenartigen Beobachtungen ausgehen, die mit Hilfe der modernen Meßtechnik erfaßt werden können. Ohne die Entwicklungen in

der modernen Digitaltechnik ist die Geophysik nicht mehr denkbar. Zur Analyse und Interpretation der Meßergebnisse werden spezielle Methoden entwickelt, die sich von denen anderer physikalischer Disziplinen teilweise wesentlich unterscheiden. Das liegt an der äußerst komplexen Struktur der physikalischen Zustände und Prozesse im Erdkörper. In der Regel muß eine außerordentlich große Zahl von Meßdaten ausgewertet werden, aus denen physikalische Modelle zu konzipieren sind, die mit den Befunden anderer Wissenschaftszweige verglichen und in Einklang gebracht werden müssen. Erst das in sich widerspruchsfreie Gesamtbild aus möglichst vielen unabhängig voneinander beobachteten Einzelerscheinungen kann als ein Baustein für das schrittweise zu formende Erkenntnisbild angesehen werden. Damit ergeben sich für die Physik des Erdkörpers sehr enge Beziehungen zu anderen Wissenschaften. Geologie und Geophysik ergänzen sich in fruchtbarer Weise. So kann der Geologe seine Vorstellungen vom Bau eines tektonischen Komplexes erst dann schlüssig beweisen, wenn ihm die Resultate geophysikalischer Messungen vorliegen. Andererseits kann der Geophysiker erst dann zu einer richtigen Deutung seiner Meßergebnisse kommen, wenn ihm die Erfahrungen der Geologen über die möglichen Gesteine und Lagerungen im Untergrund zur Verfügung stehen. Nicht nur bei den kleineren Aufgaben des Geophysikers von mehr lokaler Bedeutung, sondern auch, und in besonderem Maße, bei den Großprojekten ist die Zusammenarbeit mit dem Geologen von entscheidender Wichtigkeit. [PG]
Literatur: [1] BERCKHEMER, H. (1990): Grundlagen der Geophysik. – Darmstadt. [2] KERTZ, W. (1999): Geschichte der Geophysk. [3] LILLIE, R. J. (1999): Whole Earth Geophysics. An Introductory Textbook for Geologists and Geophysicists. – London. [4] SLEEP, N. H. and FUJITA, K. (1997): Principles of Geophysics. – London. [5] STROBACH, K. (1991): Unser Planet Erde. – Stuttgart.

geophysikalische Erkundung, ↗Erkundung mit Hilfe geophysikalischer Verfahren. Sie ist im Bereich der ↗Altlastenerkundung schwerpunktmäßig ausgelegt auf: a) Lokalisierung und Abgrenzung von Altlasten, b) Hinweise über geologische/hydrogeologische Strukturierung des Untergrundes und des Umfeldes von Altlasten, c) Detektion von Kontaminationszonen und bevorzugten Wegigkeiten, d) Leckagendetektion in Dichtwänden bzw. Langzeitbeobachtungen von Abdichtungsmaßnahmen, e) Festlegung von Bohransatzpunkten (Erkundung, Sanierung, Wassergewinnung). Die Einsetzbarkeit geophysikalischer Verfahren ergibt sich aus den natürlichen Unterschieden der petrophysikalischen Parameter des Untergrundes und deren Veränderungen durch anthropogene Störungen. Durch parallele Anwendung unterschiedlicher geophysikalischer Verfahren sowie durch interdisziplinäre Interpretation der Meßergebnisse kann die Mehrdeutigkeit der Daten eingeschränkt bzw. ausgeschlossen werden. Die am häufigsten angewandten geophysikalischen Verfahren zur Erkundung von Altlasten sind: ↗Widerstandkartierung, elektromagnetische Kartierung, ↗induzierte Polarisation, ↗VLF-R-Verfahren, ↗Eigenpotential-Verfahren, thermometrische- und infrarotthermographische Verfahren sowie ↗Geomagnetik.

geophysikalische Prospektion, Durchführung und Interpretation von Messungen physikalischer Eigenschaften der Erdkruste zur Bestimmung von geologischen Strukturen, gesteinsphysikalischen Eigenschaften und Lagerstättenpotential des Untergrundes. Verschiedene Zweige der Angewandten Geophysik verwenden spezielle physikalische Verfahren: Seismik, Geoelektrik und Elektromagnetik, Magnetik, Gravimetrie, Geothermie und Radiometrie. Die Verfahren werden von der Erdoberfläche, in Bohrlöchern und untertage in Bergwerken, auf See und in der Luft angewendet. Der Interpretation geht meistens eine aufwendige Aufbereitung und Bearbeitung der Meßdaten voraus. Häufig werden Inversionsverfahren eingesetzt, um aus den Daten auf ein Erdmodell zu schließen, das die Meßdaten innerhalb von Fehlergrenzen erklärt.

Geophysiologie, »*Erdheilkunde*«, Wissenschaft für Funktionen der lebendigen Erde im Sinne der ↗Gaia-Theorie. Die Geophysiologie befaßt sich mit den Eigenschaften globaler oder universaler Systeme und sieht beispielsweise die Steuerung von Klima und Temperatur als evolutiven Prozeß an. Wegen der holistischen Betrachtungsweise (↗holistischer Ansatz) besteht eine gewisse Verwandtschaft mit dem sehr viel älteren Ansatz der ↗Landschaftsphysiologie, welcher jedoch über die kleinräumige Funktionslehre der Landschaft hinaus erweitert wurde.

Geophyten, *Kryptophyten*, *Erdpflanzen*, Bezeichnung für die Lebensform ausdauernder, krautiger Gewächse, welche die (thermisch oder hygrisch) ungünstige Jahreszeit mit Hilfe unterirdischer Organe überdauern. In diesen befinden sich einerseits Nährstoffe, andererseits die Erneuerungsknospen, die infolge ihrer weit fortgeschrittenen Entwicklung beim Eintritt von Gunstbedingungen sofort reagieren können. Unterschieden werden Knollen-, Zwiebel- und Rhizomgeophyten.

Geopolymer, während der ↗Diagenese aus dem ↗Biopolymer gebildete makromolekulare Verbindung. Die Geopolymere werden aufgrund ihrer unterschiedlichen Löslichkeit in organischen Lösungsmitteln oder wässerigen alkalischen Lösungen in zwei Klassen aufgeteilt: Der lösliche Anteil wird als ↗Bitumen und der überwiegende, unlösliche Anteil als ↗Kerogen bezeichnet.

Geopotential, Φ, Maß für die Arbeit pro Einheitsmasse, die benötigt wird, um diese eine vertikale Distanz $z = z_2-z_1$ gegen die Gravitation zu bewegen:

$$\Phi = \int_{z_1}^{z_2} g_{eff}\, dz\,.$$

Die effektive Gravitationsbeschleunigung g_{eff} setzt sich aus der durch Massenanziehung be-

geopotentielle Höhe

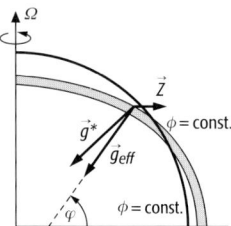

Geopotential: Linien gleichen Geopotentials für die ruhende und rotierende Erde. Verhältnisse sind stark überhöht gezeichnet.

wirkten Gravitation g^* und der Zentrifugalbeschleunigung $\Omega^2 R$ zusammen. Die Richtung der einzelnen Beschleunigungen ist der Abb. zu entnehmen. Eine Geopotentialfläche, die willkürlich den Wert 0 zugewiesen bekommt, ist die Oberfläche des ruhenden Ozeans.

geopotentielle Höhe, in der ↗Aerologie übliche Angabe der Höhe von Druckflächen in Einheiten des ↗geopotentiellen Meters.

geopotentielle Kote, Differenz des ↗Schwerepotentials eines Punktes P im ↗Schwerefeld der Erde mit dem Potentialwert W_P, bezogen auf eine ↗Äquipotentialfläche mit dem Potentialwert W_0 (Abb.):

$$C_P = W_0 - W_P$$

Die geopotentielle Kote ist die ideale ↗physikalische Höhe. Die Bestimmung der geopotentiellen Kote des Punktes P, ausgehend von einem beliebigen Punkt P_0 auf der Äquipotentialfläche W_0 erfolgt entlang eines (beliebigen) Weges mit Hilfe des ↗geodätischen Nivellements. Zumeist wählt man als Höhenbezugspunkt P_0 einen geeigneten Punkt auf dem ↗Geoid. Im allgemeinen handelt es sich dabei um einen über einen langen Zeitraum beobachteten Pegel, wie z. B. dem Amsterdamer Pegel (↗Vertikaldatum). Geopotentielle Koten werden als Potentialdifferenzen in Potentialeinheiten ↗gpu gemessen.

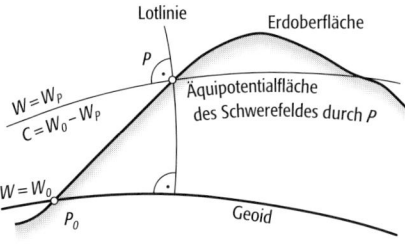

geopotentielle Kote: geopotentielle Kote eines Punktes P.

geopotentielles Meter, *gpm*, Einheit des ↗Geopotentials. Mit der Festlegung der Erdbeschleunigung zu $g = 9{,}8062$ m/s² ergibt sich:

$$1\,\text{gpm} = 9{,}8062\ \text{J/kg}.$$

Geopsychologie, *Geopsyche*, Wissenschaft, die den Wirkungszusammenhang zwischen der menschlichen Seele und der ↗Umwelt untersucht. Vorgehen, Methodik und Schwerpunkte sind mit denjenigen in der ↗Geomedizin verwandt. Trotz der Bedeutung hinsichtlich von Erfassung und Bewertung der ↗Lebensqualität ist die Geopsychologie ein wenig systematisch erforschtes Feld.

Georadar ↗*Bodenradar*.

Georaum, der die gesamte Erde umhüllende, die Erdoberfläche und die oberflächennahen Bereiche einschließende Raum (Erdhülle). Der Begriff des Georaums bezieht sich auf den geometrisch-räumlichen Aspekt der ↗Geosphäre, deren Ausdehnung durch die ↗Lithosphäre, die ↗Hydrosphäre und ↗Atmosphäre bestimmt ist, die einander z. T. durchdringen. Er abstrahiert damit von den stofflichen und strukturellen Merkmalen und den Bewegungsformen in der Geosphäre. Das Attribut georäumlich bedeutet allgemein »auf den Georaum bezogen«, im engeren Sinne aber die auf die Erdoberfläche bzw. eine ↗Bezugsfläche projizierende Betrachtung der Geosphäre, d. h. ihrer lateralen (horizontalen) Ausprägung. Diese Betrachtungsweise ist in den Geowissenschaften, den Raumwissenschaften und teilweise in den Sozialwissenschaften üblich. Wichtige Erkenntnis- und Darstellungsmittel entsprechender Untersuchungen sind daher ↗Karten, ↗kartenverwandte Darstellungen sowie entsprechende digitale Modelle. Der beschriebene, auf die Erdhülle bezogene Raumbegriff ist zu unterscheiden von den Raumbegriffen anderer Wissenschaften, z. B. der Mathematik, der Physik, der Astronomie. [KG]

georäumliche Informationen, *Geoinformationen*, ↗Informationen, die die Zustände und Relationen des ↗Georaumes betreffen. Sie bilden die Grundlage für ↗kartographische Informationen, die aufgrund der Merkmale und Eigenschaften von kartographischen Abbildungen in Karten nur spezielle Aspekte von georäumlichen Informationen beinhalten.

Georeferenzierung, Einordnen von Karten in ein georäumliches Koordinatensystem durch Zuordnung von Koordinatenwerten. Speziell wird dies erforderlich, wenn ↗digitalen Karten ein Bezug zu einem georäumlichen Koordinatensystem fehlt. Technisch werden bestimmten Bildpunkten in Karten im Rasterformat Koordinatenwerten zugeordnet. Bei Karten im Vektorformat, die z. B. in sog. Weltkoordinaten oder Tischkoordinaten digitalisiert wurden, werden dem Nullpunkt des zugrundeliegenden Systems georäumliche Koordinatenwerte zugeordnet. Die Einordnung von Luftbildern oder Satellitenbildern in Koordinaten geodätischer Koordinatensysteme wird als ↗Geocodierung bezeichnet. Allgemein ist jede Einbindung von in Karten abgebildeten Punkten und Relationen in ein georäumliches Koordinatensystem ein Vorgang der Georeferenzierung.

Georegion, homogene Raumeinheit der ↗regionischen Dimension aus der ↗Theorie der geographischen Dimensionen, die sich funktional oder auch strukturell unter physiogeographischen Gesichtspunkten nach außen abgrenzen läßt.

Georgium, *Georgian*, *Wacubian*, nach dem amerikanischen Bundesstaat Georgia benannte, regional verwendete stratigraphische Bezeichnung für das tiefere ↗Kambrium.

Geosphäre, den gesamten festen Erdkörper umfassender Bereich und seine bis zur ↗Exosphäre reichende gasförmige Hülle (↗Atmosphäre). Der feste Erdkörper untergliedert sich in den inneren und äußeren ↗Erdkern, den ↗Erdmantel und die ↗Erdkruste. Die oberste dünne Schicht der Erdkruste wird als ↗Pedosphäre bezeichnet. Große Teile der Erdoberfläche sind mit Wasser in flüssiger und fester Phase bedeckt. Dieser Bereich wird

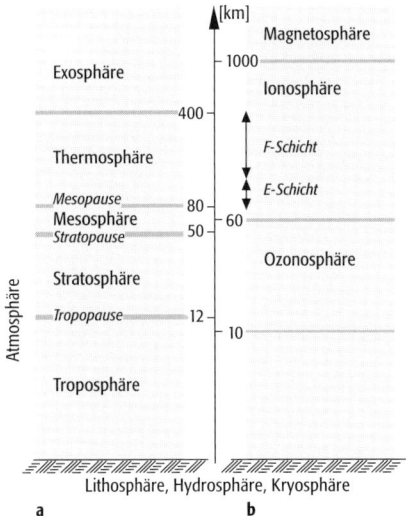

Geosphäre: Vertikalgliederung der Atmosphäre nach Temperaturschichtung (a) und nach geladenen Teilchen (b).

der ↗Hydrosphäre und der ↗Kryosphäre zugeordnet. Pedosphäre, Hydrosphäre und ↗Troposphäre gehören zugleich zur ↗Biosphäre. Die Atmosphäre umfaßt die Troposphäre, Stratosphäre, Mesosphäre, Thermosphäre und die Exosphäre. Teile der Mesosphäre, die gesamte Thermosphäre und der untere Teil der Exosphäre enthalten ionisierte Luftteilchen. Dieser Bereich wird als ↗Ionosphäre bezeichnet. Ihm schließt sich die ↗Magnetosphäre an (Abb.). Der Bereich von 10 km Höhe bis zur Untergrenze der Ionosphäre ist die Ozonosphäre (↗Ozonschicht). [HJL]

geosphärische Dimension, Dimension, in der planetarisch-zonale, planetarisch-kontinentale oder gesamtirdische Sachverhalte aus landschaftsökologischer Sicht untersucht werden. Die betrachteten Phänomene werden von planetar wirksamen Prozessen (z. B. ↗allgemeiner atmosphärischer Zirkulation, globaler ↗Strahlungshaushalt) bestimmt und drücken sich schließlich in einer einheitlichen Ausprägung der betreffenden ↗Georegion aus, welche sich von benachbarten Georegionen unterscheidet. Die geosphärische Dimension ist Bestandteil der ↗Theorie der geographischen Dimensionen.

geostationärer Satellit, Satellit mit Umlaufbahn in der Äquatorebene in ca. 35.800 km Höhe, wo Zentrifugalkraft und Erdanziehungskraft im Gleichgewicht stehen. Die Winkelgeschwindigkeit des Satellitenumlaufs ist mit derjenigen der Erdrotation synchron, daher auch die Bezeichnung erdsynchrone oder geosynchrone Satelliten. Von der Erde aus betrachtet scheinen die geostationären Satelliten fix über demselben Punkt der Erde zu stehen. Von dieser Position aus können sie daher stets dieselben Gebiete der Erde beobachten und Daten in diese Gebiete übermitteln. Sie gestatten somit eine zeitlich kontinuierliche Beobachtung von ca. einem Drittel der Erde. Allerdings können sie keine Daten von den Polregionen empfangen oder dorthin übermitteln. Die geostationären Satelliten werden insbesondere für die Wetterbeobachtung (↗Wettersatellit, ↗METEOSAT, ↗GOES) oder die Telekommunikation genutzt.

Geostationary Earth Radiation Budget ↗GERB.
Geostationary Meteorological Satellite ↗GMS.
Geostationary Operational Meteorological Satellite ↗GOMS.

geostatischer Druck, *Gesamtdruck*, Druck, der in wassererfüllten Lockergesteinen durch die überlagernden Schichten aufgebaut wird. Er setzt sich zusammen aus dem ↗hydrostatischen Druck, der durch die Höhe der überlagernden Wassersäule verursacht wird, und dem *intergranularen Druck* (Korn-zu-Korn) innerhalb des Korngerüstes.

geostatistische Verfahren, zusammenfassender Begriff für räumliche, statistische Verfahren zur Übertragung von Punktmessungen auf die Fläche bzw. der räumlichen Interpolation (↗Regionalisierung). Zu den geostatistischen Verfahren gehören u. a. das ↗Variogramm und das ↗Kriging-Verfahren.

Geostrophie, in weiten Bereichen des Ozeans herrscht ein Gleichgewicht zwischen der Druckkraft und der ↗Corioliskraft. Man spricht von einem geostrophischen Gleichgewicht oder von Geostrophie. Für die West-Ost- bzw. Süd-Nord-Komponente der Bewegungsgleichung ergibt sich:

$$fv = \frac{1}{\varrho} \frac{\partial p}{\partial x}$$

und

$$fu = -\frac{1}{\varrho} \frac{\partial p}{\partial y}$$

mit f = Coriolisparameter, p = Druck, x, y und u, v = Raumkoordinaten und Geschwindigkeiten in West-Ost- bzw. Süd-Nordrichtung. Die Annahme von Geostrophie ist Voraussetzung für die dynamische Methode.

geostrophischer Strom, Strömung, die sich aufgrund der ↗Geostrophie ergibt. Die Strömungsrichtung ist senkrecht zum Druckgradienten. In Strömungsrichtung geblickt befindet sich auf der Nord (Süd)-Hemisphäre das Gebiet höheren Druckes zur Rechten (Linken).

geostrophischer Wind, der Wind, der sich unter dem Gleichgewicht von Druckkraft und ↗Corioliskraft einstellt. Die Beziehung für den mit v_g bezeichneten geostrophischen Wind lautet:

$$v_g = \frac{1}{\varrho f} k \times \nabla p \, ,$$

mit p = Druck, ϱ = Dichte, f = Coriolisparameter, k = vertikaler Einheitsvektor. Der Wind weht dabei parallel zu den Isobaren. Der tiefe Luftdruck liegt auf der Nordhalbkugel links, auf der Südhalbkugel rechts von der Windrichtung (Abb.).

Geosynchronous Operational Environmental Satellite ↗GOES.

Geosynergetik, *geographische Landschaftslehre* vom deutschen Vegetationsgeographen J.

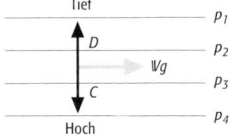

geostrophischer Wind: Zusammenhang zwischen geostrophischem Wind (v_g), Druckkraft (D), Corioliskraft (C) und Isobaren (p) auf der Nordhemisphäre.

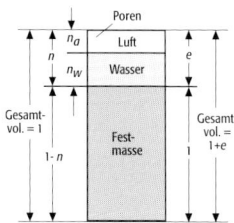

geotechnische Porosität: Zusammenhang zwischen Festmasse und Poren, ausgedrückt durch n und e (n_a = Luftporenanteil, n_w = Wasserporenanteil).

↗Schmithüsen begründete Lehre des ökologisch-funktionalen und des räumlich-strukturellen Gesamtzusammenwirkens in der ↗Landschaft. Die Geosynergetik betreibt die Analyse des Systemzusammenhangs im Stoff- und Energiehaushalt der ↗Geosphäre, einschließlich aller Fragen der Beeinflussung dieses Systems. Obwohl der Begriff der Geosynergetik heute nur noch wenig gebräuchlich ist, sind wesentliche Konzepte daraus in die moderne ↗geographische Landschaftsökologie eingeflossen.

geosynergetische Landschaftsforschung, auf dem Prinzip der ↗Geosynergetik beruhende, eher praktisch auf Maßnahmen der ↗Landeskultur ausgerichtete Untersuchung der Regelung und Steuerung von energetischen und stoffhaushaltlichen Prozessen in der ↗Landschaft. Grundlage der geosynergetischen Landschaftsforschung ist die Übernahme des Ökologiekonzeptes der Biowissenschaften (↗Bioökologie) in das Landschaftskonzept der Physiogeographie, was die Betrachtung als ↗Geosystem mit der Erfassung der darin enthaltenen Wirkungszusammenhänge ermöglichte.

Geosynklinale, von J. D. ↗Dana (1878) geprägter Begriff für ein langgestrecktes, sehr ausgedehntes Meeresbecken, das sich über erdgeschichtlich lange Zeiten rasch abgesenkt hat und daher ungewöhnlich mächtige Sedimente aufnehmen konnte; daraus entwickele sich dann ein ↗Orogen. H. ↗Stille benutzte dafür den Begriff *Orthogeosynklinale*, im Gegensatz zu den *Parageosynklinalen*, kontinentalen Becken mit hoher Sedimentmächtigkeit, aber ohne nachfolgende ↗Orogenese. Bereits Dana hatte in den Geosynklinalen ein Anzeichen der Erdkontraktion gesehen (↗Kontraktionstheorie). In der Folge wurden viele Typen von Geosynklinalen definiert. Häufig genannt wurden die *Eugeosynklinalen*, die durch einen hohen Anteil von Tiefwasserablagerungen (insbesondere von ↗Turbiditen) sowie Einschaltungen von Pillow-Basalten gekennzeichnet seien. *Miogeosynklinalen* seien dagegen von Flachmeerablagerungen erfüllt und frei von Vulkaniten. Mit der Formulierung der ↗Plattentektonik hat der Begriff Geosynklinale seine Bedeutung verloren. [VJ]

Geosynklinal-Stadium ↗Orogenese.

Geosystem, in der ↗Physischen Geographie und ↗Geoökolgie anzusiedelnder Begriff, der einen beliebig abgrenzbaren Raumausschnitt definiert, welcher sich skalenmäßig zwischen der ↗Geosphäre und dem ↗Geoökosystem befindet. Nach seiner Bedeutung wird der Begriff für unterschiedliche Sachverhalte angewendet: 1) Zusammenwirken der ↗abiotischen Faktoren im ↗Landschaftsökosystem; 2) Funktionseinheit, der im Geotop zusammenwirkenden Geofaktoren (z. B. Georelief, Wasser), die als Morphosystem, Hydrosystem usw. modelliert werden und im Geosytem ein Wirkungsgefüge bilden, das durch einen charakteristischen Haushalt gekennzeichnet ist; 3) natürliche Physiosysteme, denen die biotischen Geofaktoren fehlen.

geotechnische Porosität, wird durch den Porenanteil n und die Porenzahl e ausgedrückt. Poren entstehen aus der grundlegenden Eigenschaft von Lockersedimenten mit einem Einzelkorn-, Waben- oder Flockengefüge. Der Porenanteil n ist das Volumen der Poren geteilt durch das Gesamtvolumen, die Porenzahl e ist das Volumen der Poren geteilt durch das Volumen der Festmasse (Abb.). Zur Berechnung der Raumgewichte und der zu erwartenden Setzungen werden e und n benötigt (Tab.).

geotechnische Textilien ↗Geotextilien.

Geotektonik, Forschungsgebiet der Geologie, das große strukturelle Einheiten der ↗Erdkruste kennzeichnet, weltweit vergleicht und die Prozesse aufklärt, die zu deren Entstehung geführt haben. In der ersten Hälfte des 20. Jh. galt der tektonische Baustil gut untersuchter Regionen als typisierendes Kriterium (z. B. Gebiete mit ↗germanotyper Tektonik, ↗alpinotyper Tektonik, juratyper oder andinotyper Tektonik nach H. ↗Stille). Heute befaßt sich die Geotektonik v. a. mit den größten Bauelementen der Erde: Kontinente, Ozeane, ↗Kratone, ↗Orogene und deren Vorländer, ↗Riftzonen, ↗Tiefseerinnen etc.). Dabei werden nicht nur tektonische oder andere geologische Vorgänge, sondern ebenso ↗magmatische und ↗metamorphe Entwicklungen in die Betrachtung einbezogen.

geotektonische Theorien, Theorien, welche versuchen, die grundlegende Erkenntnisse der ↗Geologie, der ↗Petrologie, der ↗Geochemie und der ↗Geophysik in einer erdumspannenden Synthese zusammenzufassen und die so großen Baueinheiten der ↗Lithosphäre auf globale Prozesse im Erdkörper zurückzuführen. Da jene letztlich geothermischer Natur sind und ihren Ursprung unterhalb der Lithosphäre (in der ↗Asthenosphäre, in tieferen Bereichen des ↗Erdmantels oder im ↗Erdkern) haben, muß dabei in einem weiten Sinne die erdgeschichtliche Entwicklung des gesamten Planeten in Betracht gezogen werden. Vor allem die älteren Theorien setzten voraus, daß die relativen Lagebeziehungen zwischen den Kontinenten und Ozeanen im Lauf der Erdgeschichte immer konstant geblieben sind; sie werden daher als *fixistische Theorien* zusammengefaßt (z. B. ↗Kontraktionstheorie, ↗Expansionstheorie, ↗Undationstheorie). Mo-

geotechnische Porosität (Tab.): mittlere Porenanteile n und mittlere Porenzahlen e verschiedener Bodenarten.

Bodenart	n	e
Faulschlamm und Torf	0,70 bis 0,90	2,33 bis 9,0
Tonablagerungen, geologisch sehr jung	0,60 bis 0,90	1,5 bis 9,0
Tone, weich	0,50 bis 0,70	1,0 bis 2,33
Tone, steif	0,35 bis 0,50	0,54 bis 1,00
Tone, fest	0,20 bis 0,35	0,25 bis 0,54
Lehm und Geschiebemergel	0,25 bis 0,30	0,33 bis 0,43
Sande, gleichförmig	0,30 bis 0,50	0,43 bis 1,00
Sande und Kiese, ungleichförmig	0,25 bis 0,35	0,33 bis 0,54

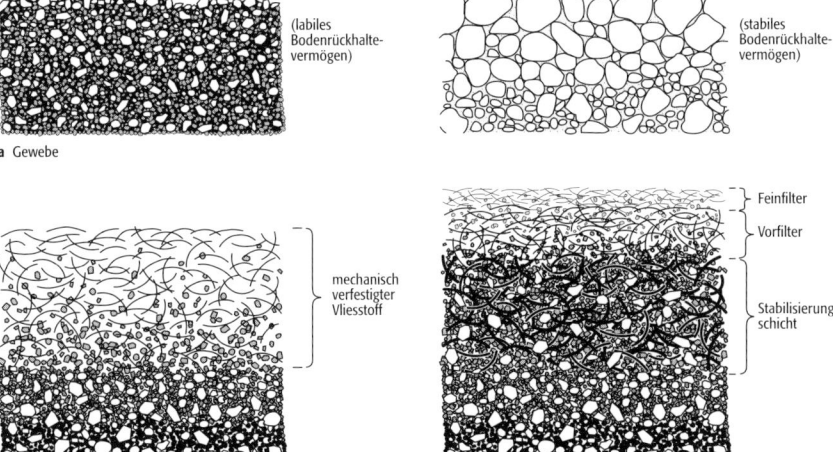

Geotextilien: Filterwirkung von Geotextilien mit unterschiedlichen Strukturen.

bilistische Theorien gehen dagegen von Wanderungen der Kontinente aus (↗Kontinentalverschiebungstheorie, ↗Plattentektonik). [VJ]

Geotextilien, *geotechnische Textilien*, aus synthetischen Fasern hergestellte, wasserdurchlässige Vliesstoffe, Gewebe oder Verbundstoffe, die zum Filtern, Dränen, Trennen, Bewehren, Verpacken und Schützen eingesetzt werden. Als Rohstoffe zur Herstellung von langzeitbeständigen Geotextilien werden Polyacrylnitril, Polyamid, Polyester, Polyethylen und Polypropylen verwendet. Wenn der Abbau der Fasern erwünscht ist, kommen auch natürliche Rohstoffe (Kokos, Jute) zum Einsatz. Vliesstoffe werden durch die Verfestigung flächenhaft aufeinander abgelegter, ungeordneter Fasern gebildet, die Verfestigung erfolgt durch vernadeln, verkleben oder verschmelzen. Sie zeichnen sich durch hohe Dehnbarkeit aus und werden im wesentlichen zum Trennen und Filtern eingesetzt. Gewebe sind aus sich kreuzenden Garnen gewebt. Die Art der Verkreuzung kann die technischen Eigenschaften des Gewebes erheblich beeinflussen. Gewebe besitzen hohe Zugfestigkeiten und eignen sich bei statischer Belastung für den Einsatz auf ungleichkörnigen Böden. Verbundstoffe sind flächenhaft miteinander verbundene Geotextilien (Gewebe und Vliesstoffe oder andere Flächengebilde mit Sonderstrukturen). Durch die Kombination der günstigen Eigenschaften verschiedener Geotextilien wird eine Verbesserung einer oder mehrerer Eigenschaften erreicht (Abb.). [CSch]

geothermales Wasser, bezeichnet geogen erwärmtes Grundwasser, dessen Wassertemperatur am Quellort deutlich über der Jahresmitteltemperatur liegt. In Mitteleuropa wird eine Mindesttemperatur von 293,15 K (20 °C) gefordert. In Spanien z. B. liegt diese Schwelle bei 313,15 K (40 °C). ↗terrestrisches Wasser.

Geotherme, Modell der Temperatur-Tiefenverteilung für die Erdkruste oder die Lithosphäre. Kontinentale Geothermen werden unter Annahme stationärer Bedingungen sowie von Modellen für Wärmeleitfähigkeit $\lambda(z)$ und Wärmeproduktion $H(z)$ in der Erdkruste berechnet. Geothermen für tektonische Provinzen in Nordamerika zeigen die möglichen lateralen Temperaturunterschiede im Bereich der Kruste-Mantel-Grenze in

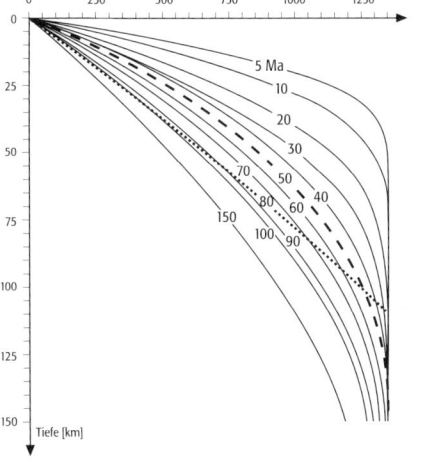

Geotherme 2: Geothermen für eine ozeane Lithosphäre mit unterschiedlichem Alter (Ma = Mio. Jahre). Geotherme für stationäre Bedingungen (Oberflächenwärmestromdichte 40 mW/m²).

Geotherme 1: Geothermen für verschiedene Wärmestromdichteprovinzen in den USA. Erstarrungstemperatur-Kurven (Solidus) und Schmelztemperatur-Kurven (Liquidus) für wassergesättigten Granodiorit (GSS, GSL), für trockenen Granodiorit (GDS, GDL) und für trockenen Basalt (BDS, BDL).

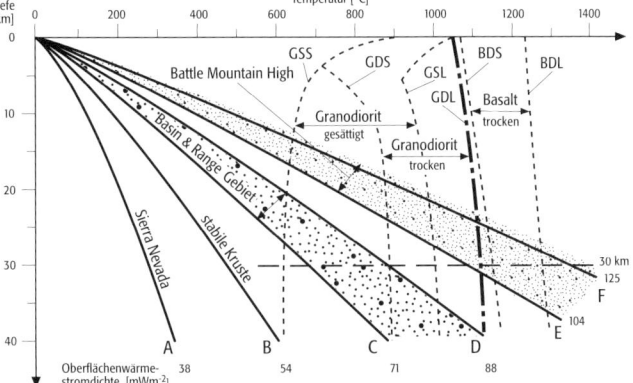

30 km Tiefe (Abb. 1). Bei der Berechnung von Geothermen für eine ozeanische Lithosphäre ist die Abhängigkeit von ihrem Entstehungsalter (Entfernung vom Spreading-Zentrum) zu berücksichtigen. Eine junge ozeane Lithosphäre (Alter 5 Ma) hat bereits in geringen Tiefen hohe Temperaturen (Abb. 2). Mit zunehmendem Alter kühlt die ozeane Lithosphäre aus.

Geothermie, Wärmelehre des Erdkörpers, häufig synonym verwandt für ↗Geothermik und ↗geothermische Energiegewinnung.

Geothermik, Wissenschaftszweig der Geophysik, der sich mit der Entstehung, der Verteilung und dem Transport von Wärme in der Erde und deren energetischen Nutzung beschäftigt. Die Temperatur ist zusammen mit dem Druck die thermodynamische Größe, die den stofflichen Zustand und die physikalischen Eigenschaften der Materie in der Erde bestimmt. Temperatur und Temperaturgradient bilden die Antriebskräfte für Prozeßabläufe und für tektonische Bewegungen in globalem Rahmen (z. B. ↗Plattentektonik), aber auch in regionalem und lokalem Maßstab (Schollentektonik, Regionalmetamorphose).

Die Geothermik kann in eine Reihe, nicht immer eindeutig voneinander getrennter Teilgebiete untergliedert werden: a) die Untersuchung grundsätzlicher geophysikalisch-geologischer Fragen der Erde, auch reine Geothermik genannt. Schlüsselparameter sind die Temperatur-Tiefenverteilung in der Erde, der ↗geothermische Gradient und die ↗Wärmestromdichte. Ziel ist die Erfassung, Beschreibung, Analyse und Interpretation des geothermischen Feldes der Erde. b) Die ↗Angewandte Geothermik befaßt sich mit räumlichen und zeitlichen Änderungen der Temperatur in Oberflächennähe, v. a. im Rahmen hydrogeologischer, geotechnischer, bergbaulicher, technischer und umweltrelevanter Fragestellungen. c) Die Nutzung der Erdwärme für die Energiegewinnung ist Gegenstand der ↗geothermischen Energiegewinnung. d) Die Untersuchung von Temperatur und Wärmestromdichte in der geologischen Vergangenheit wird durch die ↗Paläogeothermie untersucht.

Schon in der Antike waren Luft, Erde, Feuer und Wasser die bestimmenden Elemente in der Natur. Frühzeitig wurden vulkanische Erscheinungen wie Vulkanausbrüche, Fumarolen und heiße Quellen beschrieben (Plinius). Agricola beschrieb 1530 die Temperaturzunahme in tiefen Erzgruben. Einen wichtigen Einfluß auf die weitere Entwicklung hatte A. v. Humboldt. Er führte bei der Beschreibung der Lufttemperatur den Begriff der ↗Isotherme ein, der von Kupffer 1829 auf die Bodentemperatur erweitert und als Isogeotherme bezeichnet wurde. Humboldt führte zusammen mit Freiesleben 1791 im Freiberger Revier Untersuchungen über die Temperatur in der Grubenluft durch. Diese Arbeiten setzte er während seiner Südamerikareise fort (Silbergruben in Mexiko und Peru). Er erhielt einen geothermischen Gradienten von ca. 3,8 °C pro 100 m und errechnete daraus die Schmelztiefe für Granit. Im 19. Jh. wurde in verschiedenen Ländern mit einer systematischen Untersuchung der Temperatur und des geothermischen Gradienten begonnen. In Großbritannien bildete die »British Association for the Advancement of Science« ein Komitee »for the purpose of investigation the rate of increase of underground temperature in various localities, of dry land and under water«, das zahlreiche Temperaturmessungen zusammenstellte. In den Gruben des Sächsischen Erzgebirges führte Reich sorgfältige Temperaturmessungen durch. In der Folgezeit sind die Temperaturmessungen im Bohrloch Rüdersdorf bei Berlin (1831–1833), die Untersuchungen der Mineralquellen am Laacher See, im Siebengebirge und in der Eifel, die Temperaturmessungen in der Bohrung Neuffen (1839) und in Bohrungen in der Nähe der Salinen bei Artern, Staßfurt, Dürrenberg und Schönebeck (1831–1844) zu erwähnen. Große Bedeutung haben die Untersuchungen von Dunker in der bis zu einer Endteufe von 1272 m abgeteuften Bohrung Sperenberg bei Berlin (1869 bis 1871) und in der Bohrung Schladebach westlich von Leipzig, mit über 1700 m die seinerzeit tiefste Bohrung.

Die erste Bestimmung der Wärmestromdichte führte Benfield 1939 durch. Das theoretische Fundament für die Geothermik wurde v. a. durch die Arbeiten von Carslaw und Jaeger gelegt. Von großem Einfluß auf die weitere Entwicklung der Geothermik im 20. Jh. war das Konzept der Plattentektonik. So wurden die Beziehungen zwischen Wärmestromdichte und dem Alter der kontinentalen und ozeanischen Lithosphäre, die thermischen Effekte bei der Subduktion und Kollision kontinentaler Platten sowie die Beziehungen zwischen Wärmestromdichte und Lithosphärendicke erkannt und es wurde das Konzept kontinentaler Wärmestromdichteprovinzen abgeleitet. Auch die Arbeiten zur geothermischen Energiegewinnung haben die geothermischen Untersuchungen in großem Maße gefördert. Die Wärmeleitungsgleichung

$$q = \lambda \cdot \Gamma + H / \varrho c$$

ist das theoretische Fundament der Geothermik (λ = Wärmeleitfähigkeit, Γ = geothermischer Gradient (Zunahme der Temperatur mit der Tiefe), H = Wärmeproduktion, ϱ = Gesteinsdichte, c = spezifische Wärme). Der Wärmetransport kann durch Wärmeleitung (Konduktion), ↗Konvektion und Wärmestrahlung erfolgen. Die Wärmeleitung bestimmt die thermischen Bedingungen in der festen Erde, Wärmetransport durch Wärmestrahlung wird bei Temperaturen > 800 °C wichtig, ein konvektiver Wärmetransport erfolgt im Erdinnern, wenn der adiabatische Gradient überschritten wird (freie Konvektion). Eine erzwungene Konvektion (↗Advektion) beeinflußt das thermische Feld besonders in der oberen Erdkruste.

Für Untersuchungen zum thermischen Feld der Erde werden Temperaturmessungen auf dem Kontinent fast ausschließlich in Bohrungen durchgeführt. Man erhält die Temperatur in Abhängigkeit von der Tiefe und damit dem geothermischen Gradienten. Auch Temperaturmessungen in Tunneln und Bergwerken können genutzt werden. Die Temperaturmessungen in Bohrungen erfolgen i. d. R. als sog. kontinuierliche Bohrlochtemperaturmessungen. Hierbei wird eine Temperatursonde mit einer bestimmten Geschwindigkeit in das Bohrloch gelassen, wobei eine hohe vertikale Auflösung erreicht werden kann. Besonders in Erdöl- und Erdgasbohrungen werden zusätzlich auch Messungen an der Bohrlochsohle (Bottom-Hole-Temperature, BHT) durchgeführt. Temperaturmessungen in Seen und Meeren erfolgen mit Hilfe von Sonden, die auf Grund ihres Eigengewichtes in den weichen Untergrund eindringen. Die Eindringtiefe hängt von den Eigenschaften der Meeresbodensedimente ab, beträgt aber nur in Ausnahmefällen 15–20 m. Temperaturmessungen bis in größere Tiefen des Meeresboden sind nur in Bohrungen möglich (Erdöl-Erdgas-Bohrungen im Offshore-Bereich, Tiefseebohrungen im Rahmen des Ocean-Deep-Drilling-Programms). Bohrungen können nur bis in Tiefen von ca. 10 km abgeteuft werden. Aussagen über die Temperatur in größeren Tiefen lassen sich über die Temperaturabhängigkeit von Reaktionsabläufen mit Hilfe sog. ↗Geothermometer ableiten (Temperatur im Erdinnern).

Die Wärmeleitfähigkeit von Gesteinen wird mit unterschiedlichen Methoden bestimmt. Bei der Divided-Bar-Methode wird die Wärmeleitfähigkeit an Gesteinsproben im Labor gemessen. Die Wärme-Impuls-Methode ist ein instationäres Verfahren, bei dem ein Wärmeimpuls auf eine Gesteinsprobe gegeben und die Temperaturentwicklung in einigem Abstand von der Quelle gemessen wird. Da Kernproben in vielen Bohrungen nicht zur Verfügung stehen, wurde eine Methode entwickelt, die Wärmeleitfähigkeit an dem Bohrklein (Cuttings) zu bestimmen, das über die Bohrspülung nach oben gefördert wird. Diese Methode hat sich z. B. bei der Kontinentalen Tiefbohrung (KTB) gut bewährt. Labormessungen der Wärmeleitfähigkeit haben stets den Nachteil, daß sie nicht unter Bohrlochbedingungen erfolgen (Druck, Temperatur, Wassersättigung). Es gibt aber Entwicklungen von Bohrlochsonden zur In-situ-Messung der Wärmeleitfähigkeit. Die Wärmeleitfähigkeit λ_G eines Gesteins läßt sich aus

$$\lambda_G = \lambda_M \cdot (1 - \varphi(z)) + \lambda_W \cdot \varphi(z)$$

auch indirekt bestimmen ($\varphi(z)$ = Porosität in Abhängigkeit von der Tiefe, λ_M = Wärmeleitfähigkeit der Gesteinsmatrix, λ_W = Wärmeleitfähigkeit des porenfüllenden Mediums). Bei Sedimenten (z. B. Sandsteine mit einer Porosität φ) können Matrix und Porosität aus geophysikalischen Bohrlochmessungen ermittelt werden. Damit ist es möglich, kontinuierliche Profile der Wärmeleitfähigkeit zu berechnen. Der Fehler kann allerdings beträchtlich sein, wenn die Zusammensetzung der Matrix nicht hinreichend bekannt ist.

Die Bestimmung der Wärmestromdichte auf der Grundlage von

$$q = \lambda \cdot \Gamma$$

geht von idealen stationären Bedingungen aus (Wärmetransport über Wärmeleitung, keinerlei stoffliche Inhomogenitäten, keine lateralen Temperaturvariationen und keine zeitlichen Änderungen der Temperatur). In der Natur gibt es zahlreiche Effekte, die das Temperaturfeld beeinflussen. Am schwerwiegendsten ist der Einfluß durch den Bohrprozeß sowie anschließende technische Arbeiten (z. B. Zementierung), da das Temperaturgleichgewicht stark gestört wird. Gesicherte Temperaturdaten können aber nur erhalten werden, wenn die Temperatur in einem Bohrloch wieder im Temperaturgleichgewicht mit der Umgebung steht (wahre Gebirgstemperatur). Wenn mehrere Messungen in zeitlicher Folge vorliegen, kann die Gebirgstemperatur auch nach dem sog. Horner-Verfahren bestimmt werden. Klimaänderungen führen zu Temperaturänderungen an der Erdoberfläche, die sich in die Tiefe ausbreiten. Jahreszeitliche Schwankungen lassen sich bis zu Tiefen von 10–20 m nachweisen. Die pleistozäne Vereisung beeinflußte das Temperaturfeld bis in Tiefen von einigen 1000 m, die Klimaänderungen der letzten 1000–2000 Jahre sind bis zu Tiefen von ca. 500 m nachgewiesen worden. Dieser paläoklimatische Effekt kann mit Hilfe einer Paläoklimakorrektur beseitigt werden. Auch Hebungen und Senkungen der Erdoberfläche beeinflussen das thermische Feld. Gesteine mit einer höheren Temperatur können aufsteigen, wodurch sich der geothermische Gradient in Oberflächennähe erhöht. Umgekehrt verringert sich der geothermische Gradient bei einer Absenkung (z. B. Beckenbildung) und einer Sedimentation. Eine rechnerische Korrektur dieser Prozesse ist möglich, bedarf aber genauer Kenntnisse über die Senkungs- bzw. Hebungsgeschichte.

Wärmeleitfähigkeitsanomalien haben lokal einen deutlichen Einfluß auf die Verteilung von Temperatur und Wärmestromdichte. So bilden im Norddeutsch-Polnischen Becken die Strukturen des Zechsteinsalzes (↗Salztektonik) Inhomogenitäten mit einer sehr guten Wärmeleitfähigkeit (Abb. 2 u. b). Der Salzstock wirkt wie ein Schornstein, der die Wärme nach oben führt. Unter dem Salzstock kommt es zur Auskühlung. Durch Magmenintrusionen wird das Temperaturfeld ebenfalls stark gestört. Der Einfluß auf die Wärmestromdichte klingt infolge der Abkühlung jedoch relativ schnell ab (Abb. 1 a u. b.). Konvektionssysteme in hydrothermalen geothermischen Lagerstätten führen bereits in geringen Tiefen zu hohen Temperaturen. Für die Wärmestromdichtebestimmung eignen sich daher nur Bohrungen, die nicht durch konvektiven Wärmetransport gestört sind. Die Beeinflussung des thermischen Feldes durch einen advektiven Wärmetransport

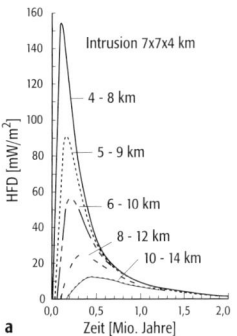

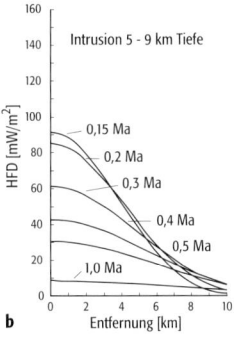

Geothermik 1: Einfluß abkühlender Magmenkammern auf die Wärmestromdichte an der Erdoberfläche: a) quaderförmige Intrusion $7 \times 7 \times 4$ km in unterschiedlichen Tiefenlagen, b) Intrusion in 5–9 km Tiefe und ihr regionaler und zeitlicher Einfluß auf die Oberflächenwärmestromdichte. Nullpunkt der Entfernungsskala entspricht dem Zentrum der Intrusion (Ma = Mio. Jahre).

Geothermik 2: a) Temperaturfeld und b) Wärmestromdichte (Salzstock Peckensen, Altmark).

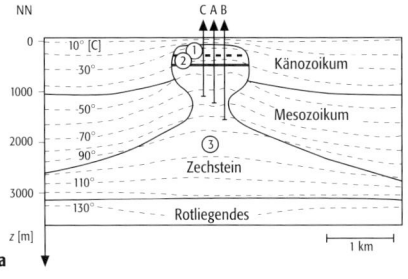

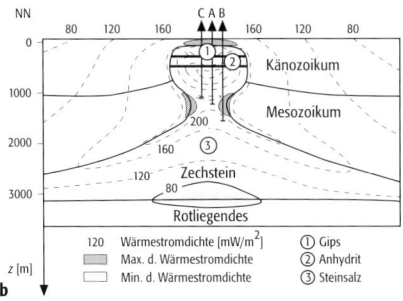

geothermische Energiegewinnung (Tab. 1): Klassifikation der Vorkommen aufgrund der Temperatur und der Art, in der das Medium die Wärme für die Nutzung an die Erdoberfläche verfügbar macht. Typ 1: Das Medium (Wasser, Dampf) steht in einem Speicherhorizont (geothermisches Reservoir) zur Verfügung und tritt in Bohrungen direkt an der Erdoberfläche aus (z. B. Dampf, artesisch gespanntes Wasser) oder wird nach oben gepumpt. Typ 2: die Wärme wird dem Gestein über eine Wärmetauscherflüssigkeit entzogen und nach oben transportiert (w = geothermische Energie kann nur mittels erdgekoppelter Wärmepumpen genutzt werden, b = direkte Nutzung der geothermischen Energie ist möglich).

entlang von Störungszonen erfolgt z. B. durch aufsteigendes Grundwasser. Dabei kommt es zu einer Beeinflussung des geothermischen Gradienten.

Das Temperatur- und Wärmestromdichtefeld wird in Form von Karten und Profilschnitten für eine geologisch-tektonische Analyse dargestellt. Aus der oberflächennahen Wärmestromdichte kann unter Beachtung der radioaktiven Wärmeproduktion in der Erdkruste die Wärmestromdichte an der Kruste-Mantel-Grenze abgeschätzt werden. Die Wärmestromdichte zeigt eine deutliche Beziehung zum Alter der jeweiligen tektonischen Einheit. Die proterozoischen und archaischen Schild- und Plattformgebiete der Erde haben niedrige Wärmestromdichtewerte (40–50 mW/m²), gegenüber einer deutlich höheren Wärmestromdichte in tektonisch jungen Gebieten. Untersuchungen zeigen die Beziehung $q = q_r + DH_0$ zwischen Wärmestromdichte und Wärmeproduktion (q = gemessene Wärmestromdichte, H_0 = radioaktive Wärmeproduktion und q_r = reduzierte Wärmestromdichte), die man erhält, wenn der Einfluß der radioaktiven Wärmeproduktion in der oberen Erdkruste abgezogen wird. Da diese Beziehungen für bestimmte Gebiete charakteristisch sind, wurde daraus das Konzept der Wärmestromdichte-Provinzen abgeleitet.

Im Modell der Plattentektonik entsteht ozeanische Lithosphäre an den Mittelozeanischen Rücken und fließt nach den Seiten (Spreading-Prozeß). Mit zunehmender Entfernung vom Spreading-Zentrum tritt eine Abkühlung ein, wobei die ozeanische Platte dicker wird. Wärmestromdichtemessungen zeigen, daß die ozeanischen Rücken positive Anomalien darstellen. An den Flanken der Rücken fällt die Wärmestromdichte zunächst deutlich ab. Dies wird durch eine starke hydrothermale Zirkulation und das Eindringen von Meerwasser in die frisch gebildete, poröse und permeable ozeanische Kruste verursacht. Sobald die Sedimentschicht eine Mächtigkeit von ca. 200–300 m erreicht hat, werden das Eindringen des Meerwassers und die hydrothermale Zirkulation unterbrochen. Zu diesem Zeitpunkt steigt die Wärmestromdichte wieder an und folgt dann einem für einen konduktiven Wärmetransport typischen Abfall. In alten Ozeanbecken beträgt die Wärmestromdichte ca. 40–50 mW/m².

Die Berechnung von Modellen über die Temperatur-Tiefenverteilung ermöglicht eine geodynamische Analyse. Derartige Modelle geben einen Einblick in die geodynamischen Prozesse der Erde. [EH]

Literatur: [1] HURTIG, E., CERMAK, V., HAENEL, R. und ZUI, V. (1992): Geothermal Atlas of Europe. [2] JESSOP, A. M. (1990): Thermal Geophysics. Developments in Solid Earth Geophysics 17. – Amsterdam, Oxford, New York, Tokyo. [3] UYEDA, S.: Geodynamics. In: HAENEL, R., RYBACH, L., STEGENA, L. (1988): Handbook of Terrestrial Heat-Flow Density Determination. – Amsterdam.

geothermische Energiegewinnung, Nutzung der in Form von Wärme gespeicherten Energie unterhalb der Erdoberfläche. In der Erde ist insgesamt eine Energie von 10^{31} J gespeichert, davon $4{,}3 \cdot 10^{25}$ J in bis 3 km Tiefe und davon wiederum $3{,}6 \cdot 10^{25}$ J mit T < 100 °C. Von der gespeicherten Wärme kann nur ein geringer Teil tatsächlich genutzt werden. Man unterscheidet dabei zwischen Ressourcen und Reserven. Ressourcen sind der Teil des geothermischen Potentials, der einschließlich der Reserven in der nahen Zukunft wirtschaftlich gewonnen werden kann. Als Reserven bezeichnet man den Teil, der bereits jetzt wirtschaftlich gewinnbar ist. Derzeit liegt die Grenze für eine wirtschaftliche Gewinnung bei 3000 m Tiefe. Eine Klassifikation der Vorkommen erfolgt auf Basis der Temperatur und der Art, in der das Medium die Wärme für die Nut-

System/Speicher	Temperatur	Typ
oberflächennah, untief	< 20 °C	
– offene Systeme (z.B. Brunnen)		1w
– geschlossene Systeme (Erdwärmesonden, Erdkollektoren)		2w
hydrogeothermisch (niedrigthermal, niedrige Enthalpie)	25 °C–40 °C	1 w, b
– Niedrigtemperaturwasser	40 °C–100 °C	1b
– Warmwasser	> 100 °C	1b
– Heißwasser		
– Thermalquellen	> 20 °C	
hydrothermal (hohe Enthalpie)		
– Heißwasser, Dampf	> 150 °C	1b
petrophysikalisch		
– hot dry rock	> 150 °C	2
– Vulkane, Magmakörper	> 150 °C	2

zung an die Erdoberfläche verfügbar macht (Tab. 1).
Die in den oberflächennahen Bodenschichten gespeicherte Wärme ist praktisch an jeder Stelle verfügbar. Die Temperatur des Bodens ist jedoch zu niedrig, um direkt für die Raumheizung eingesetzt werden zu können. Mit Hilfe von erdgekoppelten Wärmepumpen wird daher die im Boden vorhandene Wärme unter Zufuhr von elektrischer Antriebsenergie auf ein für die Raumheizung nutzbares Temperaturniveau (40 °C–50 °C) »gepumpt«. Neben dieser klassischen Nutzung können im Sommer die niedrigen Bodentemperaturen zur Raumkühlung eingesetzt werden. Darüber hinaus kann der Boden auch als saisonaler Energiespeicher für anfallende Überschußwärme im Sommer (z. B. Wärme aus solarthermischen Anlagen) verwandt werden. Das Prinzip der erdgekoppelten Wärmepumpe wurde erstmals 1945 in Indianapolis (USA) zum Heizen und Kühlen eines Wohnhauses eingesetzt. In Europa erfolgte der erste Einsatz einer erdgekoppelten Wärmepumpe unter Nutzung von Grundwasser um das Jahr 1970. Erdwärmesonden werden in Mitteleuropa seit 1980 eingesetzt. Die Kombination von Wärmeentzug, Kühlung und Energiespeicherung ist umweltschonend und wirtschaftlich. Der Einbau erdgekoppelter Wärmepumpen hat sich in den letzten Jahren auch in Deutschland positiv entwickelt (zur Zeit über 20.000 Anlagen). In den USA ist das System der »geothermal heat pumps« ein rasch wachsender Wirtschaftszweig, das Geothermal Heat Pump Consortium (von US-Bundesbehörden und Stromversorger gegründet) geht von der Installation von 140.000 Neuanlagen im Jahre 2000 aus. Erdgekoppelte Wärmepumpen gibt es in verschiedenen Varianten: a) offene Systeme nutzen Grundwasser (Brunnen, Bohrungen), Oberflächenwasser (Seen, Teiche, Flüsse) oder Wasser, das aus Bergwerken oder Tunnelanlagen ausfließt. b) in geschlossenen Kreislauf-Systemen nimmt eine durch Rohrleitungen gepumpte Wärmetauscherflüssigkeit (Sole, Kältemittel) in der Erde Wärme aus dem Boden auf und gibt diese über Wärmepumpen zur Raumheizung ab (Erdkollektoren oder Erdwärmesonden). Die Erdkollektoren werden im Boden in einer Tiefe von ca. 1,2–2 m verlegt. In dieser Tiefe führt in Mitteleuropa die jahreszeitliche Temperaturwelle zu starken saisonalen Temperaturschwankungen, welche die Effizienz dieser Anlagen beeinträchtigen. Bevorzugt werden hier daher vertikal 50–100 m tief in den Boden eingebrachte Erdwärmesonden. Die Wärmeentzugsleistungen schwanken, je nach Untergrundbedingungen, zwischen 40–80 W/m Wärmesonde. Heute gewinnen erdgekoppelte Wärmepumpsysteme, die Teile eines Baukörpers als Wärmetauscher nutzen, an Bedeutung. So können Gründungspfähle aus Beton mit Wärmetauschern bestückt werden.
Der Einsatz von erdgekoppelten Wärmepumpen erfolgt monovalent (nur auf der Basis der Erdwärme) oder bivalent (Einbindung in integrierte Heizungssysteme, z. B. Gas- oder Ölheizanlagen). Besonders große Anlagen sind ökologisch und ökonomisch effizient zur Raumklimatisierung (Heizung und Kühlung) genutzt, können aber auch bei der Sanierung von Altbauten und der Umstellung von Heizsystemen vorteilhaft eingesetzt werden. Bei dem Trend zur Niedrigenergiehausbauweise bieten erdgekoppelte Wärmepumpensysteme ideale Lösungen. In der Landwirtschaft und im Gemüseanbau kann die oberflächennahe Geothermie ebenfalls zur kostengünstigen Klimatisierung von Gewächshausanlagen oder Stallungen eingesetzt werden.
Die Möglichkeiten, dem Boden Wärme zu entziehen, werden durch die Eigenschaften des Untergrundes bestimmt. Günstig sind grundwasserführende grobe Sande und Kiese (strömendes Grundwasser führt Wärme advektiv an die Wärmesonden heran). Die Wirtschaftlichkeit erdgekoppelter Wärmepumpen wird mit deren Leistungszahl ausgedrückt (Verhältnis abgegebene Nutzwärme zu benötigter elektrischer Antriebsenergie). Die Leistungszahl muß einen Wert >3,0 aufweisen, um eine positive Energiebilanz zu erhalten. In Verbindung mit einer Niedertemperaturheizung können erdgekoppelte Wärmepum-

Staat	1985	1990	1995
Argentinien	–	0,7	0,7
Australien	–	–	0,2
China	–	19	29
Costa Rica	–	–	55
El Salvador	95	95	105
Frankreich (Guadeloupe)	4	4	4
Griechenland	–	2	2
Indonesien	32	145	310
Island	41	45	49
Italien	459	545	632
Japan	215	215	414
Kenia	45	45	45
Mexiko	425	700	753
Neuseeland	167	283	286
Nicaragua	35	35	35
Philippinen	894	891	1227
Portugal (Azoren)	–	3	5
Rußland	11	11	11
Thailand	–	0,3	0,3
Türkei	20	21	21
USA	1444	2775	2817
gesamt	3887	5833	6799

geothermische Energiegewinnung (Tab. 2): installierte elektrische Leistung in MW.

geothermische Energiegewinnung

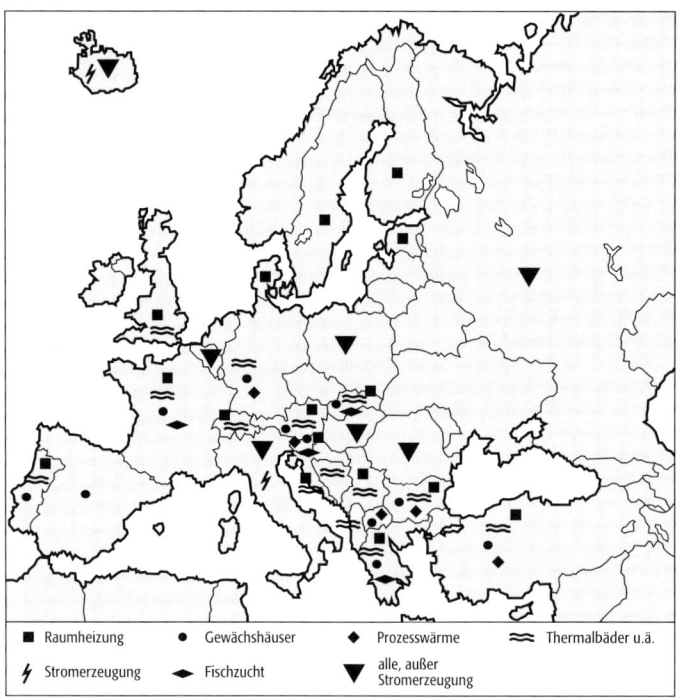

geothermische Energiegewinnung 1: Nutzung geothermischer Energievorkommen in Europa.

geothermische Energiegewinnung 2: Prinzip einer hydrogeothermischen Anlage mit Förder- und Reinjektionsbohrung.

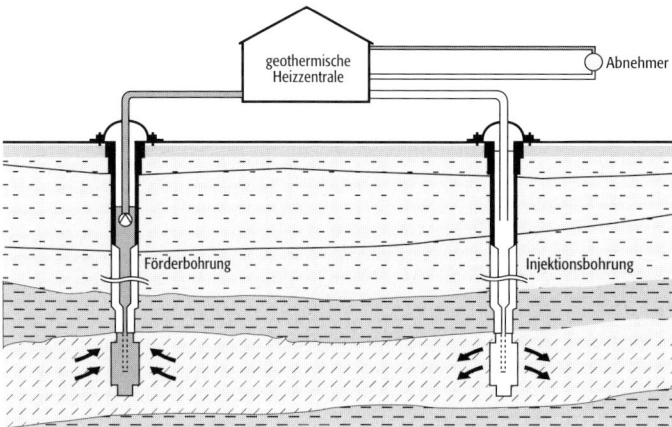

penanlagen Leistungszahlen von 4,0 bis >5 erreichen, bei einer Kombination von Heizung und Kühlung sind Leistungszahlen von 15 bis 20 realisierbar. Damit führen erdgekoppelte Wärmepumpensysteme zu deutlichen ökologischen Effekten mit einer Einsparung an Primärenergie bis zu 40 % und einer Verminderung von CO_2-Emissionen bis zu 50 % im Vergleich zu konventionellen Systemen. Der Einsatz erdgekoppelter Wärmepumpen ist auch im Vergleich zu anderen regenerativen Energien sehr günstig.

Hydrothermale Geothermie nutzt das energetische Potential von natürlichen Dampf- und Heißwasservorkommen (T > 150 °C). Die hochthermalen Systeme können für die elektrische Energieerzeugung eingesetzt werden. Ihr Auftreten ist an die tektonisch aktiven Gebiete der Erde gebunden, z. B. im zirkumpazifischen Gürtel (Neuseeland, Philippinen, Indonesien, Japan, westliches Nordamerika, Mittelamerika und westliches Südamerika), entlang des Mittelatlantischen Rückens (Island) und in der mediterranen Zone (Italien, Griechenland, Türkei). Die weltweit installierte elektrische Leistung aus geothermischen Kraftwerken betrug 1995 ca. 6800 MW (Tab. 2). In Europa finden sich hochthermale Lagerstätten nur in Italien (Lardarello), Island, Portugal (Azoren), Griechenland und in der Türkei.

Hydrogeothermische Systeme (Niedrigthermale Systeme, Low-Enthalpie-Systeme) mit Wassertemperaturen zwischen 20 °C und 150 °C treten verbreitet auf. Das warme Wasser kann i. d. R. direkt genutzt werden. Nur bei Wassertemperaturen unterhalb 40 °C kann es notwendig werden, die Temperatur über Wärmepumpen anzuheben. Weltweit liegt die Nutzung hydrogeothermischer Systeme in der Größenordnung von 15.000–20.000 MWh. Die größten installierten Leistungen haben die USA, China und Island. In Europa (Abb. 1) sind hydrogeothermische Systeme v. a. für die Raumheizung, für Thermalbäder und für die Beheizung von Gewächshäusern in Nutzung.

Bevorzugte Speicher sind poröse Sandsteine, sowie klüftige Kalksteine, Evaporite (Anhydrit, Gips) und kristalline Gesteine (Granite, Gneise). Verbreitet treten hydrogeothermische Lagerstätten in Sedimentbecken auf. Ein typisches Beispiel ist das Pariser Becken: Von den hochliegenden Rändern des Beckens (z. B. Vogesen, Ardennen) fließt das Wasser zum Beckenzentrum und nimmt dabei Wärme aus dem umgebenden Gestein auf. In Deutschland sind nur niedrigthermale Lagerstätten vorhanden. Die wichtigsten Gebiete sind das Norddeutsche Becken (einschließlich Münsterländer Becken und Niederrheinischer Bucht), das Thüringer Becken, das Molassebecken (Voralpengebiet) und das Oberrheintal. Im Norddeutschen Becken ist das warme Wasser hochmineralisiert (Salzkonzentration bis über 300 g/l), so daß das Wasser nach Durchlaufen eines Wärmetauschers wieder über eine Injektionsbohrung in die Entnahmeschicht zurückgebracht werden muß (Abb. 2). Demgegenüber kann das aus dem Molassebecken geförderte warme Wasser nach seiner Abkühlung auch als Trinkwasser verwendet werden.

Vom Los Alamos National Laboratory wurde 1970 das Konzept des sog. »Hot-Dry-Rock-Verfahrens« entwickelt, das die Wärmegewinnung aus heißen, trockenen Gesteinen ermöglicht. Dadurch kann das in der Tiefe verfügbare geothermische Energiepotential für die Stromerzeugung genutzt werden. Das Grundprinzip besteht darin, ein künstliches geothermisches System zu schaffen. Zwei Bohrungen werden in einem geringen Abstand voneinander abgeteuft und zwischen beiden Bohrungen wird künstlich eine hydraulische Verbindung hergestellt (Man-Made-Geothermal-Systems). Über diese hydraulische Verbindung nimmt kühles Wasser, das in eine der beiden Bohrungen eingepumpt wird, Wärme aus dem heißen Gestein auf. Über die zweite Bohrung wird das aufgeheizte Wasser an die Erdoberfläche transportiert und für die Stromerzeugung genutzt. In Fenton Hill bei Los Alamos wurde das System ab 1970 erstmals mit dem Ziel errichtet, die technische Durchführbarkeit nachzuweisen und bis 1999 zu zeigen, daß elektrische Energie über ein HDR-System mit Kosten von 5–8 C/kWh erzeugt werden kann. Zwei Bohrungen bis ca. 3000 m Tiefe (Gebirgstemperatur ca. 185 °C) förderten 1979 (Abschluß der ersten Phase) Heißwasser mit 135–140 °C an die Erdoberfläche. In einer zweiten Phase ab 1979 wurden zwei neue Bohrungen bis zu einer Tiefe von 4390 m abgeteuft. Die Gebirgstemperatur war hier 327 °C. Zur Herstellung einer hydraulischen Verbindung zwischen den beiden Bohrungen wurden 1983 ca. 21.300 m³ Wasser mit 48 MPa in den Tiefenbereich 3529 m bis 3550 m eingepreßt und das Gestein zwischen den beiden Bohrungen aufgebrochen. Damit war die prinzipielle Machbarkeit für ein HDR-System nachgewiesen. Auch in anderen Ländern wurde an HDR-Projekten gearbeitet. Die wichtigsten Projekte sind Hijori (Japan), Camborne (England) und Soultz (Frankreich, EU-Projekt). In Deutschland ist das HDR-Projekt bei Urach von Bedeutung.

Das Konzept von Los Alamos ging davon aus, daß die Gesteine in größeren Tiefen dicht und trocken sind. Neue Untersuchungsergebnisse (z. B. Kontinentale Tiefbohrung in Deutschland, Projekt Soultz) haben gezeigt, daß auch in großen Tiefen Fluide auftreten, die in offenen Kluftsystemen offensichtlich auch über größere Entfernungen zirkulieren können. So bot es sich an, das Hot-Dry-Rock-Konzept zu erweitern und die vorhandenen tektonischen Bedingungen mit Kluft-, Störungs- und Verwerfungszonen sowie erhöhten Wegsamkeiten bewußt in Systeme zur Gewinnung geothermischer Energie einzubinden. Damit gelingt es, den Einzugsbereich für zirkulierende Fluide und für Wärmeaustauschvorgänge um mindestens zwei Zehnerpotenzen zu erhöhen: Während die Wärmeaustauschfläche in der ersten Phase des Los Alamos Projektes noch eine Größe von ca. 8000 m² hatte, erreichte die in den Wärmeaustausch einbezogene künstlich geschaffene und natürliche Rißfläche bei der Projektphase Soultz II eine Größe von ca. 3000.000 m². Die Nutzung der im Gestein gespeicherten Energie gewinnt eine neue Dimension, man spricht auch von petrophysikalischen Systemen zur geothermischen Energiegewinnung. Derartige Systeme können unter Beachtung der geothermischen, tektonischen und hydrogeologischen Standortbedingungen ebenfalls verbreitet eingesetzt werden. [EH]

Literatur: [1] DUCHANE, D. V. (1995): Hot Dry Rock Geothermal Development Program. Progress Report Fiscal Year 1993. – Los Alamos. [2] HAENEL, R. und STAROSTE, E. (Editors) (1988): Atlas of Geothermal Resources in the European Community, Austria and Switzerland. – Hannover.

geothermischer Gradient, *thermischer Gradient, geothermische Tiefenstufe, Γ*, die Änderung der Temperatur mit der Tiefe $\Gamma = dT/dz$ (↗Wärmeleitungsgleichung). Horizontalgradienten in x- oder y-Richtung werden i. d. R. nicht betrachtet. Der geothermische Gradient wird in K/m, K/100 m oder K/1000 m angegeben. Geothermische Gradienten liegen in einem Bereich zwischen 278 K/km (5 °C/km) und 353 K/km (80 °C/km), der weltweite mittlere geothermische Gradient liegt bei etwa 298 K/km (25 °C/km). Aus der Gleichung für die Bestimmung der Wärmestromdichte

$$q = q_z = \lambda_{zz} dT / dz = \lambda_{zz} \Gamma$$

folgt, daß sich bei konstanter Wärmestromdichte der geothermische Gradient in Abhängigkeit von der Wärmeleitfähigkeit ändert. Steigt die Wärmeleitfähigkeit, so fällt der geothermische Gradient ab und umgekehrt. Der geothermische Gradient reagiert sehr empfindlich auf Änderungen der Wärmeleitfähigkeit und damit auf Änderungen der Gesteinszusammensetzung. Auch Beeinflussungen des Temperaturfeldes in Bohrungen durch Wasserzufluß können über den geothermischen Gradient deutlich erfaßt werden. Er ist also keine Hilfsgröße für die Bestimmung der Wärmestromdichte, sondern ein eigenständiger Parameter, aus dem wesentliche Aussagen zum geothermischen Feld abgeleitet werden können. Untersuchungen in Einzelbohrungen (Abb.) gestatten z. B. Aussagen über die Beeinflussung des Temperaturfeldes durch einen advektiven Wärmetransport (↗Advektion) oder durch paläoklimatische Effekte (↗Paläogeothermie). Die Bestimmung des Verlaufs des geothermischen Gradienten für bestimmte geologisch-tektonische Einheiten ermöglicht eine großräumige Analyse des Temperaturfeldes. So verdeutlichen die geothermischen Gradienten für das Böhmische Massiv und die Vorsenke der Karpaten die großen regionalen Unterschiede. Auch in flachen Grundwasserbohrungen kann die Untersuchung des Gradienten detaillierte Aussagen über die Lage von Grundwasserhorizonten ermöglichen.

geothermische Tiefenstufe ↗*geothermischer Gradient.*

Geothermobarometrie, *Thermobarometrie*, wird als Oberbegriff für die Bestimmung der Temperatur- und Druckbedingungen verwendet, unter denen geologische Proben bei ihrer Bildung oder danach gestanden haben. Wenn nur die Temperatur von Interesse oder bestimmbar ist, spricht man von *Geothermometrie*; bei der *Geobarometrie* ist der Druck Gegenstand der Betrachtung. In den allermeisten Fällen basieren ↗Geothermometer und ↗Geobarometer auf chemischen (inklusive isotopengeochemischen) Gleichgewichten zwischen festen (Minerale eines Gesteins) und/oder flüssigen Phasen (z. B. Wasser und Minerale). Die theoretische Basis für diese Geothermobarometer liegt in der Temperatur- und Druckabhängigkeit der Gleichgewichtskonstanten K einer Reaktion, die mehrere Phasen des zu

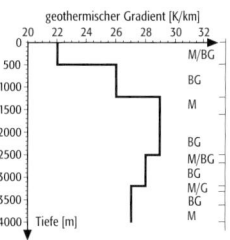

geothermischer Gradient: geothermischer Gradient in der KTB-Vorbohrung (M = Metabasite, BG = Biotit-Sillimanit-Gneise, G = Gneise).

Geothermobarometrie 1: Isotopenaustauschthermometer am Beispiel des Austausches der Sauerstoffisotope zwischen Mineralen. Für experimentell nicht belegte Temperaturbereiche sind die Kurven gestrichelt dargestellt. Das schwere Sauerstoffisotop ^{18}O wird in Bindungen an kleine und hochgeladene Kationen besonders stark angereichert. Die Fraktionierungsfaktoren α sind daher zwischen Quarz und Magnetit oder Plagioklas und Magnetit besonders hoch.

untersuchenden Systems miteinander in Beziehung setzt. In einem sich im thermodynamischen Gleichgewicht befindenden System nimmt bei gegebenem Druck und gegebener Temperatur die Gibbssche freie Energie G (↗freie Enthalpie) den minimalen Wert an. Die Temperatur- und Druckabhängigkeit von K wird beschrieben durch:

$$\Delta G = 0 = -\Delta S^{T,P} dT + \Delta V^{T,P} dP + (RT \cdot \ln(K))dT + (RT \cdot \ln(K))dP,$$

wobei ΔS für die Änderung der Entropie bei der Reaktion steht, ΔV für die Änderung des Volumens (beides bei P und T der Gleichgewichtseinstellung), R ist die Gaskonstante. Aus dieser Gleichung lassen sich die partiellen Differentiale für konstanten Druck bzw. konstante Temperatur ableiten zu:

$$\left(\frac{\partial \ln(K)}{\partial T}\right)_P = \frac{-R\ln(K) + \Delta S^{T,P}}{RT} = \frac{\Delta H^{T,P,X}}{RT^2}$$

(H = Enthalpie der Reaktion, X = chemische Zusammensetzung der Phasen) und

$$\left(\frac{\partial \ln(K)}{\partial P}\right)_T = \frac{-\Delta V^{T,P}}{RT}.$$

Aus der ersten der beiden Gleichungen läßt sich ablesen, daß Reaktionen mit einer großen Änderung von ↗Entropie oder ↗Enthalpie eine große Temperaturabhängigkeit von K zeigen werden, mithin als Geothermometer geeignet sein sollten. Die letzte Gleichung zeigt, daß Reaktionen, bei denen sich das Volumen stark ändert, eine große Druckabhängigkeit von K zeigen werden und daher potentiell als Geobarometer nutzbar sind. ↗Metamorphite sind in besonderem Maß Gegenstand geothermometrischer und geobarometrischer Betrachtungen. Die Methodik läßt sich aber auch auf magmatische oder sedimentäre Systeme anwenden. Probleme in der Anwendung von Reaktionen als Geothermometer oder Geobarometer liegen unter anderem darin, daß in die Gleichgewichtskonstante die Aktivitäten der beteiligten Phasen eingehen, wobei die Beziehung zwischen Aktivität und Konzentration nicht immer gut bekannt ist. Außerdem sind zur Kalibrierung oft Experimente bei hoher Temperatur nötig, die bei Anwendung zu niedrigerer Temperatur extrapoliert werden müssen. Die Geschwindigkeit von chemischen und Isotopenaustauschreaktionen ist exponentiell von der Temperatur abhängig. Bei Aufheizung eines Gesteins wird eine Reaktion zu einem bestimmten Zeitpunkt beginnen, bei seiner Abkühlung zu einem bestimmten Zeitpunkt zum Erliegen kommen, und verschiedene Reaktionen werden bei unterschiedlichen Temperaturen einsetzen bzw. einfrieren. In vielen metamorphen Gesteinen geben Minerale wie Granate oder Plagioklase durch chemische Zonierungen Hinweise darauf. Zu den Reaktionen, die für die Geothermometrie und Geobarometrie nutzbar sind, gehören:

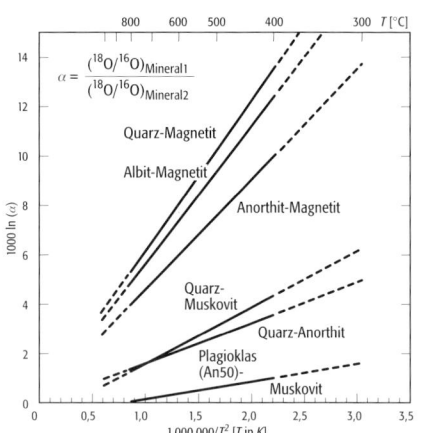

a) Austauschreaktionen: Sie sind durch den Austausch sich chemisch ähnlich verhaltender Atome zwischen verschiedenen Phasen (interkristalliner Austausch) oder auch zwischen zwei kristallographisch unterschiedlichen Positionen innerhalb desselben Minerals (intrakristalliner Austausch) gekennzeichnet. Da bei solchen Reaktionen Phasen weder abgebaut werden noch neu entstehen, sind die damit verbundenen Volumenänderungen im Gegensatz zu Änderungen in Entropie und Enthalpie gering. Solche Reaktionen zeigen daher i. d. R. nur eine geringe Druckabhängigkeit, eignen sich aber potentiell als Geothermometer. Die am häufigsten angewandten Geothermometer dieser Art beruhen auf dem Austausch zwischen Mg^{2+} und Fe^{2+} zwischen Mineralen wie Granat, Ortho- und Klinopyroxen, Amphibol, Olivin, Biotit, Chlorit, Cordierit und Ilmenit. Strukturell ähnliche Minerale wie Ortho- und Klinopyroxen, Chalkopyrit und Sphalerit oder der Feldspäte Anorthit, Albit und Kalifeldspat zeigen eine starke temperaturabhängige gegenseitige Löslichkeit ineinander, wobei die Mischungslücke mit sinkender Temperatur größer wird. Dies ist die Grundlage für *Solvusthermometer*. Zur Kategorie der Austauschthermometer gehören auch solche, die auf dem Austausch zweier stabiler Isotope leichter Elemente (insbesondere Sauerstoff, Kohlenstoff, Schwefel) zwischen Phasen beruhen (*Isotopenthermometer*, Abb. 1). Während auf chemischem Austausch basierende Geothermometer und Geobarometer gemäß der ersten Gleichung eine Variation der Gleichgewichtskonstanten mit der reziproken Temperatur zeigen, variiert die Gleichgewichtskonstante (hier als Fraktionierungsfaktor α) bei Isotopenaustauschreaktionen mit $1/T^2$:

$$1000 \cdot \ln(\alpha) = A/T^2 + B.$$

A und B sind Konstanten, $\alpha = R_1/R_2$, wobei R das Verhältnis des schwereren zum leichteren Isotop eines Elementes ist, z. B. $^{18}O/^{16}O$. Die Indizes *1* und *2* stehen für verschiedene Phasen, T für die absolute Temperatur. Beim Austausch der Wasserstoffisotope zwischen Mineralen und wäßri-

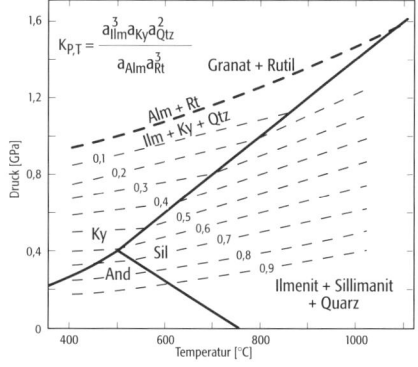

die Temperatur, denen das Sediment ausgesetzt war. Bei der Diagenese und im unteren Bereich der ↗Metamorphose nimmt die Kristallinität von ↗Illit mit steigender Temperatur zu (*Illitkristallinität*), quantitativ bestimmbar durch die Breite der Basisreflexe in Röntgenaufnahmen. In paläozoischen bis triadischen Sedimenten kann die Farbe von ↗Conodonten als Indikator der Temperatur von Diagenese und schwacher Metamorphose dienen (Conodont Color Index). ↗Flüssigkeitseinschlüsse können in metamorphen Gesteinen Druck und Temperatur ihrer Einschließung aufgezeichnet haben; zumeist entspricht dies Bedingungen der retrograden Metamorphose (↗Mikrothermometrie). Und schließlich ist es möglich, geothermische Wässer und ↗Formationswässer anhand verschiedener gelöster Ionen bezüglich der Bildungstemperatur zu charakterisieren (↗hydrochemische Thermometer). [HGS]
Literatur: [1] BUCHER, K. & FREY, M. (1994): Petrogenesis of Metamorphic Rocks. – Berlin. [2] FAURE, G. (1986): Principles of Isotope Geology. – New York. [3] SPEAR, F.S. (1993): Metamorphic Phase Equilibria and Pressure-Temperature-Time Paths. – Washington.

Geothermometer, *geologisches Thermometer*, System, das eine Aussage über die Temperaturen bei der Bildung oder Umbildung von Stoffsystemen ermöglicht. Das Grundprinzip basiert darauf, daß bestimmte Stoffsysteme und Phasen nur in einem begrenzten Temperatur- oder Druck-Temperatur-Bereich im Gleichgewicht sind. Wenn die Phasengleichgewichtsbeziehungen von Druck und Temperatur abhängig sind, können Aussagen auch zu beiden Parametern gemacht werden (↗Geothermobarometrie). Von besonderer Bedeutung sind die Temperaturen von Schmelzpunkt (↗Temperatur im Erdinnern), Umwandlung und Entmischung. Es gibt ein sehr breites Spektrum von Geothermometern. Bekannt sind die reversiblen Umwandlungen von SiO_2. So findet z.B. die Umwandlung von β-Quarz zu α-Quarz bei 573°C statt. Bei 840°C wird der α-Tridymit stabil, der bei 1470°C in α-Cristobalit übergeht. Aus dem Nachweis derartiger Phasen kann eine Aussage gemacht werden, welchen Temperaturen das Gestein unterworfen war. Geothermometer für große Tiefen beruhen auf der Druck-Temperatur-Abhängigkeit des Verhaltens v.a. von Ca und Al in Pyroxenen (Pyroxen-Geothermometer) oder der Olivin-Spinell-Transformation des Mg_2SiO_4-Fe_2SiO_4-Systems (Forsterit-Fayalit). So konnte daraus eine Temperatur von 1400°C in 380 km Tiefe, von 1550°C in 520 km und von 1610°C in 610 km Tiefe abgeleitet werden. In Sedimenten bietet die Untersuchung des Inkohlungsgrades die Grundlage für die Bestimmung der Temperatur bei bestimmten Versenkungstiefen (↗Paläogeothermie). Der ↗Inkohlungsgrad kann charakterisiert werden durch das mittlere Reflexionsvermögen Rm des Vitrinits (↗Vitrinit-Reflexion). Der Rm-Wert steigt in Abhängigkeit von der Temperatur. Am höchsten ist er bei Graphit. Von großer Bedeutung sind Geothermometer auch für die Be-

gen Lösungen ist zusätzlich noch eine signifikante Druckabhängigkeit möglich.
b) polymorphe Umwandlungen: Sie vollziehen sich in einem Druck-Temperatur-Diagramm entlang univarianter Reaktionskurven (↗Gibbssche Phasenregel). Da die Gleichgewichtseinstellung in einem Gestein nur selten exakt auf einer derartigen Kurve eingefroren vorliegt, gestatten in mehreren Modifikationen vorkommende Verbindungen i.d.R. nur eine grobe Festlegung von *P* und *T*. Wichtige Mineralgruppen, die in mehreren Modifikationen auftreten, sind die Al_2SiO_5-Phasen (Andalusit, Sillimanit, Disthen), SiO_2 (Tiefquarz, Hochquarz, Tridymit, Cristobalit, Coesit, Stishovit), $CaCO_3$ (Calcit, Aragonit) und C (Graphit, Diamant).
c) Nettotransferreaktionen (Abb.2): Dies sind Reaktionen, bei denen Minerale abgebaut werden und neue Minerale entstehen. Wenn sie mit signifikanten Volumenänderungen verbunden sind, können sie als Geobarometer geeignet sein. Wenn an der Reaktion Minerale teilhaben, die Mischkristalle bilden, sind die Reaktionen multivariant (↗Gibbssche Phasenregel), d.h. je nach der chemischen Zusammensetzung kann die Paragenese über einen beträchtlichen Druck-Temperatur-Bereich koexistieren. Nettotransferreaktionen zeigen i.d.R. auch eine erhebliche Temperaturabhängigkeit. Um den Bildungsdruck für ein Gestein zu berechnen, ist es dann nötig, zunächst mit einer anderen Methode die Temperatur zu bestimmen. Die Bildungsbedingungen metamorpher Gesteine werden vorzugsweise durch eine Kombination verschiedener Thermometer und Barometer der Typen a) bis c) ermittelt. Mit intern konsistenten thermodynamischen Datensätzen lassen sich für ein Gestein mit den darin auftretenden Mineralen alle möglichen Gleichgewichte berechnen, deren Schnittpunkt in einem Druck-Temperatur-Diagramm der Gleichgewichtseinstellung des Metamorphits entspricht. Ein oft einfacherer Weg ist der Vergleich der Mineralparagenese mit einem Druck-Temperatur-Diagramm, in das viele univariante Reaktionskurven eingetragen sind, welche Bildung und Zerfall der im Gestein auftretenden Minerale wiedergeben (↗petrogenetisches Netz).
d) andere Verfahren: Bei der ↗Diagenese gibt das Reflexionsvermögen von ↗Vitrinit Hinweise auf

Geothermobarometrie 2: Die Reaktion Almandin + 3 Rutil = 3 Ilmenit + Al_2SiO_5 + 2 Quarz als Beispiel einer Nettotransferreaktion, die als Geobarometer geeignet ist. Der Granat in Metapeliten, auf die sich dieses Geobarometer anwenden läßt, ist kein reiner Almandin, sondern ein Mischkristall; dies trifft mit Einschränkungen auch auf Ilmenit zu. Die Reaktion ist daher nicht univariant, sondern vollzieht sich über einen Druck-Temperatur-Bereich. Die Zahlen an den gestrichelten Kurven stehen für Werte von $_{10}\log(K)$, a in der Gleichgewichtskonstanten steht für Aktivität. Zusätzlich sind in das Diagramm die Phasengrenzen der polymorphen Al_2SiO_5-Minerale Andalusit (And), Sillimanit (Sil) und Disthen (Ky) eingetragen. Die Anwesenheit eines dieser drei Minerale erlaubt nur eine grobe Einordnung eines Metapelits bezüglich *P* und *T*.

Geotropismus: Schwerereaktionen von Pflanzen.

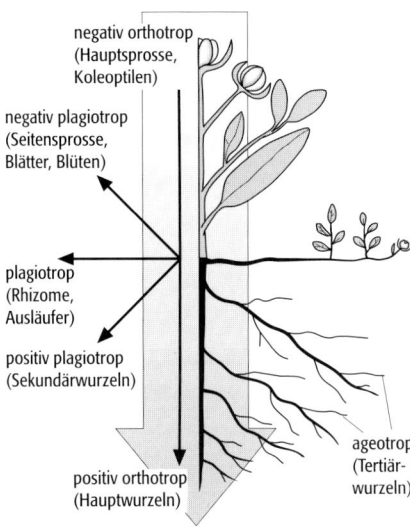

stimmung der Reservoir-Temperatur von geothermischen Systemen (geothermische Lagerstätten, ↗hydrothermale Geothermie,). Man unterscheidet hier drei Klassen: Lösungsgeothermometer, *Gasgeothermometer* und Isotopengeothermometer. Zu den *Lösungsgeothermometern* gehört das SiO_2-Geothermometer. Es beruht auf dem Zusammenhang zwischen der Temperatur in einem Heißwasser/Dampf-Reservoir und dem im Wasser gelösten SiO_2-Gehalt. Die Obergrenze für dieses Geothermometer liegt bei 250 °C. Eine typische Beziehung für gelösten Quarz ist $t°C = [1309/(5{,}19-\log SiO_2)]-273$. Weitere für Geothermometer geeignete Beziehungen sind: Na/K, Na-K-Ca, Na/Li, K/Mg, Li/Mg, Na-K-Mg, Ca/Mg. Das SO_4/F-Geothermometer wurde erfolgreich in den italienischen geothermischen Feldern von Lardarello eingesetzt, in denen die Speichergesteine aus Carbonaten und Evaporiten bestehen. Die *Isotopengeothermometer* basieren auf Isotopenaustauschreaktionen. Erfahrungen gibt es mit Geothermometern auf der Grundlage von Isotopen von Sauerstoff, Wasserstoff, Kohlenstoff und Schwefel. [EH]

Geothermometrie ↗Geothermobarometrie.

Geotop, physiogeographische, räumliche Grundeinheit der ↗topischen Dimension, mit einem charakteristischen Stoff- und Energiehaushalt. Die im ↗Geosystem wirksamen physikalischen und chemischen Prozesse verlaufen im Geotop einheitlich. Der Geotop ist räumlicher Repräsentant des Geosystems und stellt die Lebensgrundlage für die Existenz und das Funktionieren der ↗Biozönosen dar. Der Geotop wird zum ↗Ökotop, wenn die Biozönosen in die Betrachtung miteinbezogen werden. Hierbei müssen die Grenzen nicht unbedingt räumlich mit denen des Geotops übereinstimmen, vielmehr werden, nach dem Zweckmäßigkeitsgrundsatz, bestimmte Areale mit homogenem Inhalt und gleichen ökologischen Verhaltensweisen ausgewiesen.

Geotraverse, ein ideal-typischer Ausschnitt von mehreren Kilometern Breite und erheblicher Länge über einem geowissenschaftlich zu untersuchendem Bereich. Zur vollständigen Erfassung des geowissenschaftlichen Potentials eines solchen Raumes einschließlich seiner Entwicklungsgeschichte ist die interdisziplinäre Zusammenarbeit von Geologen, Paläontologen, Tektonikern, Petrologen, Geochemikern, Geomorphologen, Geophysikern und Geodäten erforderlich. Neben den Erkenntnissen aus den oberflächennahen Zonen sind Aufbau und Struktur der tieferen ↗Erdkruste bis zum oberen ↗Erdmantel Schwerpunkt der Forschungen.

Geotropismus, *Geotaxis*, *Gravitropismus*, Reaktionsweise der höheren Pflanzen auf den Schwerereiz der Erdanziehung. Die Hauptwurzel wächst positiv orthotrop senkrecht nach unten, der Hauptsproß negativ orthotrop senkrecht nach oben (Abb.). Der Geotropismus ist für die harmonische Ausrichtung der einzelnen Organe der Pflanze im Raum von fundamentaler Bedeutung. So können sich von ↗Hangkriechen und Schneedruck schräggestellte Bäume wieder zur Senkrechten krümmen (↗Hakenschlagen Abb.). Die Schwerewahrnehmung findet in den Zellen der Bildungsgewebe mittels Statotythen (meist Stärkekörner) statt.

Geowissenschaften

Jörg F. W. Negendank, Potsdam

Geowissenschaften bzw. Erdwissenschaften sind einerseits ein Wissensfeld, bei dessen Untersuchung die zeitliche Dimension seit Entstehung der Erde und der terrestrischen Planeten eine grundlegende Rolle spielt. Andererseits steht dabei immer mehr das Verständnis der laufenden aktiven Prozesse auf und in unserem aktiven (»lebenden«) Planeten im Vordergrund, für das die klassischen Disziplinen Biologie, Chemie, Physik und Mathematik die Grundlagen liefern. Man könnte die Geowissenschaften also als eine systemorientierte (problemorientierte) integrierende Überdisziplin (»Superdisziplin«) bezeichnen.

Klassische geowissenschaftliche Disziplinen wie Geologie, Paläontologie, Stratigraphie, Strukturgeologie, Tektonik, Mineralogie, Kristallographie, Geochemie, Petrologie, Lagerstättenkunde, Geophysik, Bodenkunde, Geomorphologie, Glaziologie und Meteorologie, die sich als Wissensbereiche z. T. unabhängig voneinander entwickelt haben, sind dabei immer enger verknüpft mit z. B. der Geodäsie, Fernerkundung, Kartographie und Geographie, mit der Klimatologie, Hydrologie und Hydrogeologie, Ozeanographie, Landschafts- bzw. Geoökologie, Bergbau, Ingenieurgeologie und Geotektonik.

Die historische Wissenschaftentwicklung verlief dabei in den USA und Europa z. T. unterschiedlich, so ist in den USA der Ausdruck Geowissenschaften als System z. T. synonym mit Geologie. Geowissenschaften studieren die Erde als Ganzes und die Vorgänge auf den terrestrischen Planeten. Ursprung, Struktur, Zusammensetzung und Geschichte – einschließlich der Entwicklung des Lebens und der natürlich ablaufenden Prozesse sind Untersuchungsgegenstände. Die räumliche und materielle Struktur der Erde und der Planeten in zeitlicher Dimension sind Grundlage der Untersuchungen.

Traditionell untergliedern sich die Geowissenschaften im Sinne der Wissenschaften der festen Erde in die oben genannten Disziplinen, die jeweils zunehmende netzwerkartige Verflechtungen mit anderen Fächern und Subdisziplinen im Sinne multi- und interdisziplinärer Studien aufweisen, wie das z. B. an der Entwicklung der Sedimentologie, der Beckenanalyse und –modellierung, der Geochronologie und Isotopengeochemie, der Klimatologie/Paläoklimatologie einschließlich Modellierung, der Paläomagnetik, der Vulkanologie oder der vergleichenden Planetologie zu erkennen ist. Diese Entwicklung verläuft zukünftig in die Etablierung sog. Erdsystemwissenschaften, die Verbindungen zwischen Kosmologie und Alltagsumweltgeologie, Atmosphärenphysik, -chemie und Ozeanographie herstellen und die Erde als Gesamtsystem verstehen.

Daraus ist zu erkennen, daß sich die Geowissenschaften in den letzten 3 bis 4 Jahrzehnten stärker von Zustände beschreibenden zu erklärenden, quantifizierenden Wissenschaften in dem Sinne entwickelt haben, daß das Studium der Prozesse im Mittelpunkt steht, bei dem aufgrund der experimentell nicht nachzuvollziehenden langen Zeiträume Computermodelle in den Vordergrund rücken. Die Entwicklung realitätsnaher Modelle aufgrund von Prozeßstudien und ihre schrittweise Anpassung an die beobachtbaren Tatbestände soll helfen, die Regelmäßigkeiten zu erkennen, die zu den beobachtbaren Tatbeständen geführt haben.

Das System Erde wird heute als ganzes von Satelliten »gemonitort«, mit geophysikalischen Verfahren durchleuchtet, um die tieferen Strukturen zu erkennen, und durch Bohrungen in Ozeanen und Kontinenten erkundet, um die oberflächennahen Strukturen und Abläufe zu verstehen. Dabei basieren alle Studien auf dem Grundsatz »Vergangenheit ist der Schlüssel zu Gegenwart und Zukunft«. Das bedeutet, geowissenschaftliche Prozesse in der Vergangenheit sind analog zu den heutigen verlaufen.

In der Geschichte der Geologie hatte sich daraus der wissenschaftliche Streit der Katastrophisten und Uniformitarianisten entwickelt, der sich heute in Form einer Kombination auflöst, denn man entdeckte, daß es neben dem normalen Verlauf auch katastrophenartige Ereignisse gegeben hat und gibt, wie z. B. Erdbeben, Vulkaneruptionen und besonders Meteoriteneinschläge, die so massiv waren, daß sie für das eventartige Auftreten von Faunensterben in der Erdgeschichte verantwortlich gemacht werden. Geowissenschaften entwickeln sich zunehmend zu bedeutenden Zukunftswissenschaften, was zusätzlich dadurch verstärkt wird, daß seit vier Jahrzehnten der Einfluß des Menschen auf die natürliche Umwelt so gravierend geworden ist, daß er z. T. natürliche Prozeßeinflüsse übersteigt. Der Mensch verbraucht so viel Rohstoffe, daß der Impakt auf die Umwelt, so z. B. die Belastung der Flüsse, größer ist als die naturgegebenen Prozesse es verursachen würden.

Den Geowissenschaften fällt also zukünftig die Rolle zu, gesellschaftliche Beiträge zur Lösung vieler Themen beizusteuern, wie:
a) die Auffindung natürlicher Ressourcen und die Einschätzung ihres Verbrauchs,
b) die Steuerung von umweltverträglichen Prozessen zur Garantie nachhaltiger Entwicklungen (z. B. Gewässerschutz, Abfallbeseitigung und Deponien, Tieflagerung z. B. nuklearer Abfälle),
c) die Erkennung von Naturgefahren und ihres Managements (Naturkatastrophen: Erdbeben, Massenbewegungen, Tsunamis etc.),
d) das Studium des globalen Wandels und resultierender Maßnahmen,
e) der Klimawandel und Klimaschutz,
f) das Studium der Biodiversität und des Faunen- und Florensterbens.

Damit ist offensichtlich, daß in den Geowissenschaften Grundlagenwissenschaften und angewandte Wissenschaften eng verwoben sind. Institutionell ist in Deutschland, Europa und den USA eine Diskussion der Strukturierung inter- und multidisziplinärer Studien und Fragenkomplexe zugange. In Deutschland fand dies z. B. in der Gründung von Institutionen von u. a. Alfred-Wegener-Institut (Bremerhaven), GEOMAR (Forschungszentrum für marine Geowissenschaften, Kiel) und Geo-Forschungszentrum (Potsdam) Niederschlag. In den USA wird die Frage der Strukturierung in Richtung der Earth System Sciences diskutiert.

---

geozentrische Gravitationskonstante, GM, ↗Gravitationskonstante.

geozentrische Koordinaten, ein System sphärischer Koordinaten von natürlichen und künstlichen Himmelskörpern, bei dem der Erdmittelpunkt den Ursprung bildet. Die geozentrische Breite eines Oberflächenpunktes A der Erde ist der Winkel zwischen der Äquatorebene des Ellip-

Geradenschnitt: Bestimmung der Koordinaten eines Neupunktes N.

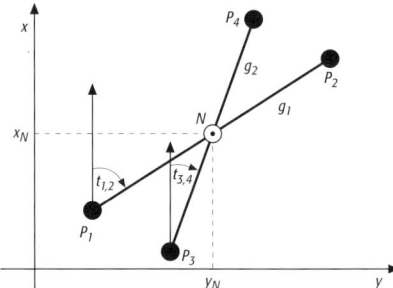

soids und dem Radiusvektor vom Ellipsoidmittelpunkt nach A. Geozentrische Koordinaten von Himmelskörpern unterscheiden sich von topozentrischen durch die jährliche ↗Parallaxe.

geozentrische Koordinatenzeit ↗TCG.

Geozentrum, *Erdschwerpunkt*, Massenmittelpunkt der Erde.

gerade Auslöschung, Auslöschungslage bei der polarisationsmikroskopischen Untersuchung von Kristallen, bei denen Kristallkanten, Spaltrisse, Zwillingsebenen und andere morphologische Kennzeichen parallel zu den Schwingungsrichtungen des polarisierten Lichtes verlaufen. ↗Auslöschung, ↗Polarisationsmikroskopie.

Geradenschnitt, dient der Bestimmung der Lagekoordinaten eines einzelnen ↗Neupunktes N als Schnitt zweier Geraden (Abb.). Dazu müssen die zwei Geraden g_1 und g_2 durch folgende Größen eindeutig bestimmt sein:
Für die Gerade g_1 die Koordinaten der Punkte P_1 und P_2 oder die Koordinaten eines Punktes, z. B. P_1, und der ↗Richtungswinkel $t_{1,2}$ und für die Gerade g_2 die Koordinaten der Punkte P_3 und P_4 oder die Koordinaten eines Punktes von g_2, z. B. P_3, und der Richtungswinkel $t_{3,4}$.

Geradlinienverfahren, von Cooper & Jacob 1946 entwickelt, beinhaltet einfache graphische Methoden, um Pumpversuche in gespannten Grundwasserleitern auszuwerten und somit die Transmissivität T und den Speicherkoeffizient S zu berechnen. Sie basieren auf der Vereinfachung der ↗Brunnenformel von Theis. Die ↗Theissche Brunnenfunktion:

$$W(u) = \int_u^\infty \frac{e^{-u}}{u} du$$

mit

$$u = \frac{r^2 S}{4tT}$$

(r = Abstand Brunnen Meßstelle [m], S = Speicherkoeffizient, t = Zeit seit Pumpbeginn [s], T = Transmissivität [m²/s]) kann durch eine konvergierende Reihenentwicklung ersetzt werden:

$$W(u) = (-0,5772 - \ln u + u - \frac{u^2}{2 \cdot 2!} + \frac{u^3}{3 \cdot 3!} - \frac{u^4}{4 \cdot 4!} + \ldots).$$

Für $u \leq 0,02$ können alle Reihenglieder nach $\ln u$ vernachlässigt werden, da ihre Summe gegen Null geht. Somit erhält man die vereinfachte Theissche Brunnenformel:

$$s = \frac{Q}{4\pi T}(-0,5772 - \ln u)$$

(s = Absenkung des Wasserspiegels [m], Q = Pumprate im Entnahmebrunnen [m³/s]), die sich umformen und vereinfachen läßt zu:

$$s = \frac{2,3Q}{4\pi \cdot T} \lg \frac{2,25Tt}{r^2 S}.$$

Diese Gleichung ist die Grundlage für die drei Geradlinienverfahren.

a) *Zeit-Absenkungsverfahren:* Für eine Grundwassermeßstelle wird die gemessene Absenkung s gegen $\lg t$ auftragen. Für die praktische Anwendung ist es einfacher s gegen t auf halblogarithmischem Papier aufzutragen. Da alle in der Gleichung vorkommenden Variablen bis auf s und t bei einem Pumpversuch konstant sein müssen, gibt es einen linearen Zusammenhang zwischen diesen beiden Größen, so daß man eine Ausgleichsgerade durch die eingezeichneten Meßwerte legen kann. Für eine logarithmische Dekade (z. B. zwischen 100 s und 1000 s) wird nun die Absenkungsdifferenz Δs bestimmt und hiermit die Transmissivität nach:

$$T = \frac{2,3 \cdot Q}{4\pi \cdot \Delta s}$$

berechnet. Verlängert man nun die Ausgleichsgerade, bis sie die Zeitachse bei $s = 0$ schneidet, so erhält man den Zeitpunkt t_0. Setzt man den abgelesenen Wert für t_0 in die Gleichung:

$$S = \frac{2,25 \cdot T \cdot t_0}{r^2}$$

ein, so läßt sich hiermit der Speicherkoeffizient S bestimmen. Am Schluß der Auswertung muß nun mit den ermittelten Werten für S und T die Bedingung $u \leq 0,02$ überprüft werden. Ist sie nicht erfüllt, wird das Verfahren für kleinere Abstände r oder spätere Zeitpunkte wiederholt.

b) *Abstand-Absenkungsverfahren:* Gibt es mehrere Grundwassermeßstellen, die bei der Durchführung des Pumpversuchs eine Absenkung des Wasserspiegels aufweisen, kann das Abstand-Absenkungs-Verfahren angewendet werden. Hierbei werden für einen bestimmten Zeitpunkt t die Absenkungsbeträge s der einzelnen Meßstellen gegen den Abstand r der jeweiligen Meßstelle vom Entnahmebrunnen auf halblogarithmisches Papier aufgetragen und eine Ausgleichsgerade durch die Meßwerte gelegt. Für eine logarithmische Dekade wird dann die Absenkungsdifferenz Δs bestimmt und hiermit die Transmissivität:

$$T = \frac{2,3 \cdot Q}{2\pi \cdot \Delta s}$$

berechnet. Diese Gleichung ist identisch mit der Brunnengleichung von G. Thiem für gespannte Grundwasserleiter und stationäre Strömungsbedingungen. Verlängert man nun die Ausgleichsgerade, bis sie die Abstandsachse bei $s = 0$ schneidet, so erhält man den Abstand r_0. Setzt man den abgelesenen Wert für r_0 in die Gleichung:

$$S = \frac{2{,}25 \cdot Tt}{r_0^2}$$

ein, so kann hiermit der Speicherkoeffizient S berechnet werden. Auch bei diesem Verfahren muß man am Ende der Berechnung die Bedingung $u \leq 0{,}02$ überprüfen.

c) *Abstand-Zeit-Absenkungsverfahren*:
Da zwischen der Absenkung s und dem Logarithmus der Zeit t als auch dem Logarithmus des Abstandes r bzw. r^2 ein linearer Zusammenhang besteht, so existiert dieser auch zwischen s und dem Logarithmus von t/r^2. Wird s gegen t/r^2 für mehrere Meßstellen auf halblogarithmischem Papier aufgetragen so kann für alle Meßwertpaare eine gemeinsame Ausgleichsgerade eingezeichnet werden. Genau wie bei den beiden ersten Verfahren wird nun für eine logarithmische Dekade die Absenkungsdifferenz Δs bestimmt und hiermit die Transmissivität:

$$T = \frac{2{,}3 \cdot Q}{4\pi \cdot \Delta s}$$

berechnet. Verlängert man die Ausgleichsgerade bis sie die t/r^2-Achse bei $s = 0$ schneidet, erhält man den Wert für $(t/r^2)_0$, der mittels der Gleichung:

$$S = 2{,}25 \cdot T \left(\frac{t}{r^2} \right)_0$$

die Berechnung des Speicherkoeffizienten S ermöglicht. Abschließend ist die Bedingung $u \leq 0{,}02$ zu überprüfen. [WB]

Literatur: [1] DAWSON, K. J. & ISTOK, J. D. (1991): Aquifer Testing. Design and Analysis of Pumping and Slug Tests. – Chelsea. [2] LANGGUTH, H.-R. & VOIGT, R. (1980): Hydrogeologische Methoden. – Berlin, Heidelberg, New York.

GERB, *Geostationary Earth Radiation Budget*, Instrument zur Messung der Strahlungsbilanz am Oberrand der Atmosphäre an Bord der ↗Zweiten Generation Meteosat.

gerichtetes Erstarren, Verfahren, bei dem die Schmelze in einem länglichen Tiegel senkrecht in einem Ofen gehalten und von unten zuerst abgekühlt wird, so daß die ↗Kristallisation von unten nach oben im Tiegel fortschreitet. Es ist dem Bridgman-Stockbarger-Verfahren (↗Bridman-Verfahren) vergleichbar. Da das normalerweise in einem vertikalen Temperaturgradienten erfolgt, heißt dieses Verfahren auch *VGF* (*vertical gradient freezing*). Im Prinzip kann die Erstarrungsfront auch horizontal wandern, doch sind dabei durch eventuelle ↗Konvektionen die ↗Wachstumsfronten nicht einfach stabil zu halten.

geric properties, Bodenhorizonte mit effektiver Kationenaustauschkapazität unter 1,5 cmol$_c$/kg Ton oder mit einem pH-Wert, der in KCl gemessen höher ist als in H$_2$O (↗diagnostische Eigenschaften nach ↗WRB).

Geringleiter ↗*Aquitarde*.

Gerinne, *Fließgerinne*, in Anlehnung an DIN 4044 seitliche und untere Begrenzung einer Strömung (↗Gerinneströmung) mit freier Oberfläche, wobei die Ausdehnung des Gerinnes in der Hauptströmungsrichtung sehr viel größer als senkrecht zur Hauptströmungsrichtung ist. Gerinne können natürlich entstanden sein (↗Gewässerbett) oder künstlich erschaffen werden, wie zum Beispiel ↗Kanal oder künstliches Gerinne zu Versuchszwecken.

Gerinneabfluß, 1) Abfluß (↗Durchfluß) in einem ↗Fließgewässer. 2) Abfluß, der eine Landschaft durch ein linienförmiges System (↗Gewässernetz) entwässert.

Gerinnebett, *Flußbett*, *Bachbett*, langgestreckte Hohlform, durch die das Wasser eines Flusses abfließt. Das Gerinnebett besteht aus der Gerinnesohle und dem die Sohle begrenzenden Ufer (↗Talquerprofil Abb.). Es kann in Lockergesteinen (v. a. in ↗fluvialen Sedimenten) oder in Festgesteinen angelegt sein. An der Gerinnesohle können Akkumulationen aus ↗Geschiebefracht vorliegen. Fehlen letztere, spricht man von einem Felsbett. ↗Gerinne.

Gerinnebettformen, im ↗Gerinnebett durch ↗fluviale Erosion und ↗fluviale Sedimentation gebildete Formen. Durch die starke zeitliche und räumliche Nähe von fluvialer Sedimentation und Erosion umfassen Gerinnebettformen verschiedene Erosions- und Akkumulationsformen, z. B. ↗Pool, ↗Riffle, ↗Kolk, ↗Transportkörper.

Gerinnerückhalt, *Gerinnespeicherung*, *Gerinneretention*, Wasservolumen, das während eines Wellendurchlaufes (↗Hochwasser) vorübergehend im ↗Gerinne zurückgehalten wird, z. B. zwischen Buhnen oder überfluteten Uferzonen. Durch die Retentionswirkung (↗Retention) findet beim Durchlauf einer Hochwasserwelle längs des Flußlaufes eine Verformung der Hochwasserwelle (Hochwasserverformung) statt, wobei eine Abflachung des Wellenscheitels und eine Verbreiterung der Hochwasserwelle eintritt (Abb.). Durch Eindeichung eines Fließgewässers wird der Gerinnerückhalt verringert. In solchen Flußstrecken ist die Abflachung der Hochwasserscheitel vermindert, es treten höhere Scheitelwasserstände auf.

Gerinneströmung, *Gerinneabfluß*, Strömung in einem ↗Gerinne. Je nach Vorhandensein oder Nichtvorhandensein der lokalen Beschleunigung $\partial v/\partial t$ (v = Fließgeschwindigkeit, t = Zeit) wird zwischen instationärer und stationärer Strömung unterschieden. Ferner können bei jedem beliebigen Fließvorgang einerseits konvektiv beschleunigte oder verzögerte Strömungen auftreten (ungleichförmige Strömungen) und andererseits solche, bei denen die konvektive Beschleuni-

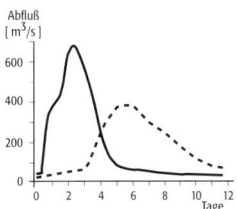

Gerinnerückhalt: Durchgang einer Hochwasserwelle mit Retentionswirkung des überfluteten Vorlandes (gestrichelte Linie) und ohne Retention (durchgezogene Linie).

germanisches Becken

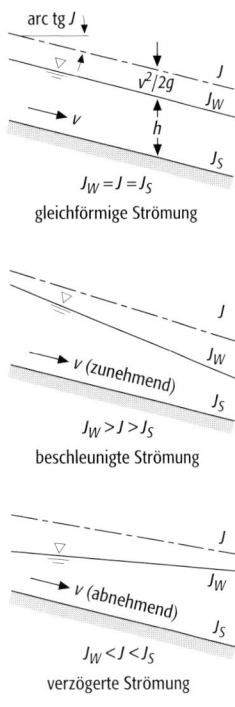

Gerinneströmung 1: Formen des Abflusses bei stationärer Gerinneströmung $\partial v/\partial t = 0$ (gleichförmige Strömung) und instationärer Gerinneströmung (beschleunigte $\partial v/\partial t > 0$ und verzögerte Strömung $\partial v/\partial t < 0$), mit J = Gefälle, J_w = Wasserspiegelgefälle, J_s = Sohlgefälle.

Gerinneströmung 2: schematische Darstellung der Fließwege benachbarter Wassermoleküle bei laminarer (a) und turbulenter (b) Strömung.

gung Null wird (gleichförmige Strömung) (Abb. 1). Die Bewegung einer Flüssigkeit kann als laminare oder turbulente Strömung vor sich gehen (Abb. 2). Bei der laminaren Strömung bewegt sich jedes Wasserteilchen entlang eines speziellen Weges mit einer einheitlichen Geschwindigkeit. Zwischen benachbarten Stromlinien, Schichten oder fließenden Elementen findet kein Austausch (/Diffusion) statt, d.h. es ist keine Turbulenz vorhanden. Die Energie, die für die Aufrechterhaltung des viskosen Fließens nötig ist, wird innerhalb der Flüssigkeit durch die innere Reibung in Wärme umgesetzt. Bei laminarer Strömung schwankt die /Schubspannung τ gleichmäßig zwischen Null an der Oberfläche und einem Maximalwert an der Grenzfläche. Als Folge hiervon ergibt sich eine parabolische Abhängigkeit der /Fließgeschwindigkeit v von der Wassertiefe h. In den Flußläufen sind meist Verwirbelungen größeren Umfangs vorhanden, so daß ein laminares Strömen nur in sehr langsam fließenden Flüssen angetroffen wird. Wenn die Fließgeschwindigkeit oder die Wassertiefe in einem Wasserlauf steigen, kann eine vorhandene laminare Strömung einen kritischen Wert erreichen und in turbulente Strömung übergehen. Der Übergang von der laminaren in die turbulente Strömung wird durch die /Reynoldsche Zahl gekennzeichnet. Turbulenz verursacht kleine Geschwindigkeitsfluktuationen, die kohärent (in Wirbeln) und zufällig in alle Richtungen verteilt sind. Das Mittel dieser Geschwindigkeiten über einen längeren Zeitraum ist Null. Die Energieumsätze bei turbulentem Fließen sind hoch. Dies ist durch den ständigen Austausch finiter Massenelemente in der Flüssigkeit zwischen benachbarten Fließzonen bedingt. Der Widerstand gegen das Fließen steigt mit dem Quadrat der Fließgeschwindigkeit. Aus den genannten Gründen besteht bei turbulentem Fließen ein besonderer Zusammenhang zwischen Wassertiefe und Fließgeschwindigkeit. Zunächst nimmt die Fließgeschwindigkeit mit zunehmender Wassertiefe nur langsam ab. In der Nähe der Gewässersohle erfolgt dann eine plötzlich einsetzende starke Abnahme (Abb. 3). Weiterhin wird bei den Bewegungsarten zwischen /Strömen und /Schießen unterschieden. Beim Strömen verläuft die Fließbewegung ruhig, beim Schießen schneller und heftiger. Bei kleinen Wassertiefen mit kleiner potentieller Energie ist bei einer bestimmten Wasserführung die kinetische Energie groß, d.h. die Bewegung des Wassers erfolgt bei geringer Wassertiefe mit großer Fließgeschwindigkeit. Diese Bewegungsart wird daher als schießend bezeichnet. Ist dagegen bei gleicher Wasserführung die Wassertiefe groß und die Fließgeschwindigkeit klein, d.h. die potentielle Energie groß gegenüber der kinetischen Energie, erfolgt der Fließvorgang strömend. Ein Kriterium dafür, ob eine Strömung schießend oder strömend erfolgt, bildet die /Froude-Zahl. Das Strömen oder Schießen des Wassers im Gerinne ist unabhängig von der laminaren oder turbulenten Strömungsform. Der Übergang vom Strömen zum Schießen (/Grenztiefe) im Gerinne vollzieht sich stetig, der Übergang vom Schießen zum Strömen dagegen mit unstetigem Wasserspiegel, d.h. sprungartig (/Wechselsprung). [HJL]

germanisches Becken, ein intrakratonales Becken, welches sich nach dem variszischen Orogenzyklus im nördlichen Mitteleuropa entwickelte (/Vindelizische Schwelle). Es läßt sich zwischen /Zechstein und /Neogen nachweisen. Sein zentraler Senkungsraum war E-W (baltisch) ausgerichtet und betraf die südliche Nordsee sowie Nord- und Mitteldeutschland und große Teile Polens (Mitteleuropäische Senke bzw. Norddeutsch-Polnische Senke). Andererseits erstreckte sich ein in /rheinischer Streichrichtung ausgerichteter Senkungsraum über Hessen bis nach Südwestdeutschland. Hinzu kommen in /herzynischer Streichrichtung ausgerichtete Elemente. Im Nordwesten war das germanische Becken von den kaledonisch konsolidierten Gebieten der Britischen Inseln begrenzt, im Norden und Osten durch den Baltischen Schild bzw. dessen Abbruch in der Tornquist-Teisseyre-Zone. Im Süden und Südwesten bilden in der Zeit variierend unterschiedliche Elemente die Grenze zur /Tethys, d.h. zum alpidischen Europa. Das während seiner gesamten Geschichte von Festländern umgebene germanische Becken war ein wechselnd kontinental-flachmariner Senkungsraum, in dem sich wegen der Abgeschlossenheit vom Weltmeer i.d.R. spezielle Faziesausbildungen entwickelten. Sie erschweren v.a. in der permisch-triadischen Entwicklung eine interkontinentale biostratigraphische (/Biostratigraphie) Korrelation (z.B. mit den weltumspannenden Tethys-Abfolgen) oder machen sie gar unmöglich. Als spezielle Entwicklungen müssen insbesondere der /Kupferschiefer, die überlagernden Evaporitfolgen des Zechsteins sowie die Schichtfolgen der /Germanischen Trias genannt werden. Bis zum Ende der Trias bildete von der Böhmischen Masse nach Südwesten verlaufende Vindelizische Schwelle (Vindelizisches Land) eine wirkungsvolle Abgrenzung zur Tethys. Zum Ende des mittleren Jura hin verlor sie sukzessive ihre Bedeutung. Gleichzeitig wuchs im Lauf des Doggers unter Schließung der Hessischen Straße (/Hessische Senke) die /Rheinische Masse und die Böhmische Masse zusammen (= Rheinischer Schild). Das Süddeutsche Becken wurde im Oberjura so zu einem Randmeer der Tethys. Nachdem sich bereits zu Beginn des Jura das Anglo-Gallische Becken als eigenständige Senkungszone südwestlich des London-Brabant-Massivs entwickelt hatte, war der verbleibende Rest des Germanischen Beckens ab der Wende Jura/Kreide durch den Festlandsriegel London-Brabanter-Massiv – Rheinische Masse – Böhmische Masse in seiner weiteren Entwicklung auf die Norddeutsch-Polnische Senke beschränkt. Nur im Mittel- und Oberoligozän wurde über die Grabensysteme der Hessischen Senke kurzfristig die rheinische Senkungsrichtung reaktiviert und eine direkte marine Verbindung zwischen dem norddeutsch-polnischen Becken und der Tethys hergestellt. [HGH]

Germanische Trias, ↗Trias in Mitteleuropa, welche im Gegensatz zur Alpinen Trias (↗Tethys) eine Dreigliederung aufweist. Die Germanische Trias ist eine Supergruppe (↗Stratigraphie) und besteht aus den Gruppen ↗Buntsandstein, ↗Muschelkalk und ↗Keuper, die wiederum in jeweils drei Subgruppen (z. B. unterer, mittlerer und oberer Buntsandstein) untergliedert werden. Eine weitere Untergliederung in einzelne Formationen ist möglich.

Sedimentationsraum der Germanischen Trias war das weitgehend vom Weltmeer abgeschnürte ↗germanische Becken, das sich in Zentraleuropa als epikontinentales Becken im Anschluß an die variszische Orogenese (↗Variszeiden) während des ↗Perms bildete. Das Becken wird begrenzt durch das Fennoskandisch-Baltische Hoch im Norden, das Gallische Hoch im Westen und die Böhmisch-Vindelizische Schwelle im Süden und Südosten, die klastisches Material lieferten. Vor allem während des Muschelkalks bestand über verschiedene »Pforten« eine Anbindung an das weltumspannende Tethys-Meer. In Norddeutschland wurden bis zu 3000 m mächtige Sedimente abgelagert. Schwankende Mächtigkeiten sind auf ↗Halokinese der unterlagernden Zechsteinsalze zurückzuführen. Die Mächtigkeiten im süddeutschen Raum liegen bei 500–1000 m. Die triassischen Ablagerungen entsprechen einem transgressiv/regressiven Zyklus, bei dem die kontinentalen Rotsedimente des Buntsandsteins in die marinen Carbonate und Evaporite des Muschelkalks übergehen und schließlich in wiederum kontinentalen Schichtfolgen (Deltaschüttungen, Sequenzen von ↗Sabkha bzw. ↗Playa) des Keupers enden. Charakteristisch ist eine in unterschiedlichem Maßstab vorhandene Zyklizität der Sedimente. Aufgrund der kontinentalen ↗Fazies während Buntsandstein und Keuper sowie der speziellen paläoökologischen Bedingungen des marinen Muschelkalks ist eine biostratigraphische Korrelation der Germanischen Trias mit den offenmarinen Sedimenten der Alpinen Tethys schwierig. Sequenzstratigraphische Ansätze eröffnen jedoch Vergleiche beider Faziesräume. [ShN]

Germano-Andalusische Trias, die wie im ↗germanischen Becken als ↗Buntsandstein, ↗Muschelkalk und ↗Keuper entwickelten epikontinentalen Triasabfolgen der Iberischen Halbinsel und der Balearen. Ausgenommen sind die tieferen, tethyal entwickelten Deckeneinheiten in der Betischen Kordillere (Südspanien). Wegen fehlender paläogeographischer Barrieren, wie z. B. dem Festlandsrücken des Vindelizischen Landes (↗Vindelizische Schwelle), ist der Tethyseinschlag der Fauna (insbesondere Ammoniten und Conodonten) stärker als in der ↗Germanischen Trias. Eng vergleichbar ist die ↗Sephardische Trias am Südrand der ↗Tethys.

germanotype Tektonik, tektonischer Baustil von ↗Bruchschollengebirgen und ↗Bruchfaltengebirgen, d. h. das Vorherrschen von Bruchtektonik und schwacher, weitspanniger Faltentektonik in tektonisch konsolidierten intrakratonischen Gebieten. Der Begriff wurde von ↗Stille für die postvariszische tektonische Entwicklung im außeralpinen Mitteleuropa, d. h. im wesentlichen für das ↗germanische Becken geprägt. Er ist im wesentlichen synonym zu ↗saxonischer Tektonik.

Geröll ↗Kies.

Gerüstsilicate ↗Tektosilicate.

Gesamtacidität, Summe aus aktueller und potentieller ↗Bodenacidität. Die Bestimmung erfolgt durch Aufschlämmung einer Bodenprobe bei Zusatz von 0,01 M $CaCl_2$ oder 0,1 M KCl um an den ↗Austauschern fixierte Protonen in Lösung zu bringen.

Gesamtdruck ↗geostatischer Druck.

Gesamtgesteinsalter, durch ↗Geochronometrie bestimmter Alterswert, welcher auf der Bestimmung ↗radiogener Isotope in mehreren Gesamtgesteinsproben nach der ↗Isochronenmethode beruht (↗Anreicherungsuhr). Ein Gesamtgesteinsalter datiert den letzten Zeitpunkt einer homogenen Verteilung der Isotope des Elementes mit den Tochterisotopen in den analysierten Proben über den betrachteten Probenahmebereich. Eine *Isotopenhomogenisierung* kann z. B. in einer Magmenkammer, durch Fluidtransport während einer Metamorphose oder durch mechanische Durchmischung bei der Sedimentation erreicht werden. Die Größe der Proben (g bis 10er kg) und die Entfernung der Probenahmepunkte (dm bis km) bestimmen das Zustandekommen von Isochronen (*Gesamtgesteinsisochrone*) und die Interpretation von Gesamtgesteinsaltern entscheidend.

Gesamtgesteinsisochrone ↗Gesamtgesteinsalter.

Gesamthärte, in einem Wasser die Summe der Erdalkaliionen (↗Wasserhärte).

Gesamthohlraumanteil ↗Porenvolumen.

Gesamtozon, die ↗Säulendichte des ↗Ozons in der Atmosphäre, Maßeinheit ist die ↗Dobson-Unit.

Gesamtpotential, ψ, die Summe der einzelnen Teilpotentiale, die durch die unterschiedlichen im Boden auftretenden Kräfte hervorgerufen werden:

$$\psi = \psi_z + \psi_m + \psi_o + \psi_g.$$

(ψ = Gesamtpotential, ψ_z = Gravitationspotential, ψ_m = Matrixpotential, ψ_o = osmotisches Potential, ψ_g = Gaspotential). Bezieht man das Gesamtpotential ψ auf das Gewicht (Gewichtskraft) des Bodenwassers, so besitzt es die Dimension einer Länge und wird in cm Wassersäule angegeben.

Gesamtschneehöhe, vertikale Ausdehnung einer Schneedecke von der Schneebasis bis zur Schneeoberfläche.

Gesamttrockenrückstand ↗Abdampfrückstand.

gesättigte Bodenzone, Bereich im Erdstoff in dem alle Poren mit Wasser gefüllt sind (wassergesättigte Bodenzone), im Gegensatz zur ↗ungesättigten Bodenzone; trifft zu für Grund- und Stauwasserbereich einschließlich darüber befindlichem geschlossenem Kapillarsaum. Im Bohrloch bildet sich ein Wasserspiegel aus, der die Lage der

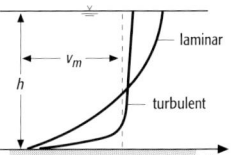

Gerinneströmung 3: Fließgeschwindigkeit v (v_m = mittlere Fließgeschwindigkeit) in Abhängigkeit von der Wassertiefe h für laminare und turbulente Strömung.

gesättigte Bodenzone: schematische Darstellung der gesättigten und ungesättigten Bodenzone.

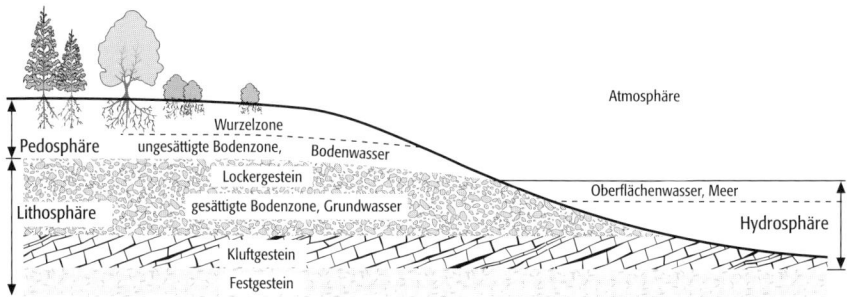

Grund- bzw. Stauwasseroberfläche kennzeichnet (Abb.).

gesättigte Kohlenwasserstoffe, *Paraffine,* ↗*Alkane.*

gesättigte Wasserbewegung, Bewegung des ↗Bodenwassers wenn alle ↗Poren (Hohlräume) des Bodens mit Wasser gefüllt sind, wie z.B. im Grund- oder Stauwasser. Der Boden ist dann gesättigt. Treibende Kraft der Wasserbewegung ist der Potentialgradient. Wasser bewegt sich dabei immer in Richtung des geringsten Potentials. Unter gesättigten Bedingungen besitzt der Boden seine größte ↗hydraulische Leitfähigkeit.

geschichteter Bodenfrost ↗*Eislinsenbildung.*

Geschiebe, 1) *Geomorphologie:* alle vom Eis (↗Gletscher oder ↗Eisschild) bearbeitete und bewegte Grobsedimentkomponenten, die beim Eistransport einer charakteristischen Oberflächenbearbeitung unterlagen. Kennzeichnend für Geschiebe ist, daß die ursprünglich scharfen Kanten des ↗Frostschuttes abgeschliffen wurden, die Geschiebe daher kantengerundet sind, und daß sie, eingefroren an der Unterseite des Gletschers durch die Schleifwirkung des sich bewegenden Eises, trapezförmige Grund- und Aufrisse erhalten, sogenannte Facettengeschiebe (Abb. im Farbtafelteil). Wenn Geschiebe Kritzungen und Schrammen aufweisen, werden sie als ↗gekritzte Geschiebe bezeichnet. Geschiebe sind in den rezenten Gletschervorfeldern, in ↗Moränen und ↗Sandern zu finden und dort Indikatoren für die ehemalige ↗Vergletscherung bzw. für den ↗fluvialen Weitertransport ↗glazigenen Materials. **2)** *Fluvialmorphologie, Hydrologie, Ingenieurgeologie, Wasserbau: Geröll,* der Begriff Geschiebe wird für rein fluvial transportiertes Material verwendet. Das Geschiebe stellt den Anteil an den ↗Feststoffen eines Fließgewässers dar, welcher an der Gewässersohle durch das fließende Wasser rollend fortbewegt wird. Durch diese Rollbewegung wird das größere, grobe Gesteinsmaterial abgerundet. ↗*Geschiebefracht.*

Geschiebeabrieb, Massenverlust der bewegten und abgelagerten Geschiebekörner (↗Geschiebe) auf einem bestimmten Flußabschnitt.

Geschiebefracht, *Geröllfracht, Gerölltrieb, Bettfracht, Bodenfracht,* in der Fluvialmorphologie Masse des ↗Geschiebes, das in einem bestimmten Zeitabschnitt durch den gesamten Gewässerquerschnitt transportiert wird. Die Geschiebefracht stellt den Teil der ↗Flußfracht dar, welcher im ↗Gerinnebett schiebend, flottierend, rollend und/oder saltierend mitgeschleppt wird. Die Bewegung wird durch die ↗Kapazität des Flusses bestimmt, welche wiederum v.a. von gepulsten Änderungen der ↗Fließgeschwindigkeit abhängt (↗Transportkörper). Mit zunehmender Transportstrecke tritt eine von der Quelle zur Mündung wachsende Zurundung und Verkleinerung des groben Materials ein (↗Geschiebeabrieb).

Geschiebelehm, *Blocklehm,* ↗glaziales, überwiegend feinkörniges, sandig bis schluffiges, ungeschichtetes, von wenigen groben Blöcken durchsetztes Sediment, das als ↗Moräne, vorwiegend als Grundmoräne von ↗Gletschern und ↗Eisschilden abgelagert wurde. Geschiebelehm geht auch aus ↗Geschiebemergel hervor, wenn dieser durch Verwitterung entkalkt wird.

Geschiebemergel, ↗glaziales, überwiegend feinkörniges, sandig bis schluffiges, ungeschichtetes, von wenigen groben Blöcken durchsetztes, im Gegensatz zum ↗Geschiebelehm aber kalkhaltiges Sediment, das als ↗Moräne, vorwiegend als Grundmoräne von ↗Gletschern und ↗Eisschilden abgelagert wurde. Der Geschiebemergel von ↗Jungmoränenlandschaften ist Ausgangssubstrat für ertragreiche Böden. Aus Geschiebemergel wird durch ↗Entkalkung Geschiebelehm.

Geschiebemessung, Verfahren zur Massenermittlung des transportierten ↗Geschiebes (in kg/s) in ausgewählten Flußabschnitten. Für die Ermittlung des Geschiebetransportes sind noch keine zuverlässigen Verfahren zur direkten Messung verfügbar, eine Bestimmung ist lediglich über Hilfsverfahren möglich. Dazu gehört der Einsatz spezieller Geschiebefanggeräte, die für sandige bis kiesige Flußsohlen durchgesetzt, werden. Zur Messung des Feingeschiebes dient die Sandfalle, für gröberes Geschiebe spezielle Geschiebefänger (Fangkörbe). Der Wirkungsgrad des Fangkorbes ist in Abhängigkeit von Füllungsgrad und Strömungsverhältnissen meist deutlich kleiner als 100 %. Auch durch eine große Anzahl derartiger Messungen können nur Anhaltswerte für den Geschiebetransport gewonnen werden.

Geschiebesperre, ↗Stauanlage zum Rückhalt von Feststoffen, v.a. bei der ↗Wildbachverbauung. Geschiebestausperren wirken nach Auffüllung mit Geschiebe als ↗Abstürze bzw. Absturzkette. Sie vermindern Fließgeschwindigkeit und ↗Schleppspannung und damit die Erosion. Geschiebeentleerungssperren sind so angelegt, daß das dort zurückgehaltene Geschiebe nach Rückgang des Hochwassers gezielt abgeleitet werden kann. Die Herstellung erfolgt meist aus Beton oder ↗Gabionen.

Geschiebetransport, Masse des ↗Geschiebes, das je Zeiteinheit durch den gesamten Gewässerquerschnitt transportiert wird (in kg/s).

Geschiebetrieb, Masse des ↗Geschiebes, das je Zeiteinheit durch einen Querschnittstreifen von einem Meter Breite treibt (in kg/s · m).

geschlossener See, *abflußloser See*, See mit Zufluß, aber ohne Abfluß.

geschlossenes System, ein System, das ohne Stoffaustausch mit der Umgebung existiert und eine wichtige Voraussetzung für ↗Altersbestimmungen darstellt. Durch das Vorhandensein eines geschlossenen Systems wird gewährleistet, daß die meßbaren Stoffkonzentrationen nur durch die physikalisch oder chemisch vorgegebenen Bildungs- oder Zerfallsraten bestimmt sind. Ein Öffnen des Systems (Kristall, Fossil, Sedimentkörper etc.) kann durch Umkristallisation, Einwirken chemischer Agentien, Druckbeanspruchung, biologischen Abbau u. a. erreicht werden.

geschützte Landschaftsbestandteile, in der BRD durch Gesetzesgrundlage (Natur- und Landschaftsschutzgesetze) unter Schutz gestellte Bestandteile der Natur und Landschaft. Die Schutzwürdigkeit ergibt sich aus der großen Bedeutung der Landschaftsbestandteile für das ↗Leistungsvermögen des Landschaftshaushaltes (z.B Erholungsfunktion), in der optischen Erhaltung eines bestimmten Landschaftsbildes und zur Abwehr schädlicher, meist anthropogener, Eingriffe. Es kann sich bei den geschützten Landschaftsbestandteilen um Einzelobjekte (z. B. Einzelbaum, Heckenreihe) oder um ganze Landschaftsbestandteile (z. B. Auenwald) handeln.

Geschwemmsellinie, *Treibselkante*, Grenze des bei Hochwasser überschwemmten Gebietes, welche angezeigt wird durch linienhafte Ablagerungen von Treibgut und ↗Schwebstoffen.

Geschwindigkeitsanalyse, Verfahren in der Reflexionsseismik zur Bestimmung von Stapelgeschwindigkeiten (↗seismische Geschwindigkeit) mit Hilfe von ↗dynamischen Korrekturen. Weitgehend automatisierte Methoden berechnen die Kohärenz der Reflexion über die Auslage und variieren die Korrektur, bis die Kohärenz maximiert ist.

Geschwindigkeits-Dichte-Relation, empirisch ermittelte Beziehungen zwischen der Ausbreitungsgeschwindigkeit seismischer ↗Kompressionswellen v_p und der Dichte ϱ (z. B. Gardner: $\varrho \approx v_p^{1/4}$).

Geschwindigkeitsdivergenz, in der Meteorologie Bezeichnung für die Änderung des Geschwindigkeitsbetrags in Strömungsrichtung; formal: $\nabla \cdot \vec{v}$. ↗Divergenz.

Geschwindigkeitsgradient, in der ↗Seismologie werden konstante und variable Gradienten für die kontinuierliche Zu- oder Abnahme der Wellengeschwindigkeit von Schichten benutzt. Diese Arbeit steht im Gegensatz zur Annahme von Schichten mit jeweils konstanter Wellengeschwindigkeit.

Geschwindigkeitsmodell, Verteilung der Ausbreitungsgeschwindigkeit seismischer Wellen als Funktion der Tiefe. Das Modell kann Endergebnis einer Auswertung von seismischen Laufzeiten sein oder ein Zwischenergebnis zur weiteren Bearbeitung von Daten (z. B. ↗Stapelung und ↗Migration seismischer Daten in der Reflexionsseismik). Basierend auf einem Geschwindigkeitsmodell können ↗synthetische Seismogramme zur Simulation des seismischen Respons berechnet werden.

Geschwindigkeitspotential, ergibt sich für Grundwässer als Produkt aus dem ↗k_f–Wert und der ↗Standrohrspiegelhöhe h:

$$\Phi^* = k_f \cdot h.$$

Diese Beziehung gilt jedoch nur exakt für isotrope und homogene Medien mit konstantem k_f-Wert sowie einer strömenden Flüssigkeit mit konstanter Viskosität und Dichte.

Gesellschaft, 1) ↗*Pflanzengesellschaften*. 2) *Tiergesellschaft*, *Tierformation*, *Tiergemeinschaft*, ↗Biozönose von Tieren innerhalb eines ↗Lebensraumes. 3) *menschliche Gesellschaft*, in soziologischem und humangeographischem Sinne die zwischenmenschlichen Ordnungen eines bestimmten Zeitalters und Raumes. Die ↗Landschaftsökologie interessiert sich bei gesellschaftlichen Prozessen für deren räumliche und landschaftsökologische Wirkungen. ↗Humanökologie.

Gesellschaft für Ökologie, *GfÖ*, 1970 gegründete wissenschaftliche Gesellschaft, die heute rund 2000 Mitglieder aus dem gesamten deutschsprachigen Raum umfaßt. Ziel der GfÖ ist die Förderung der ökologischen Ausbildung und Forschung als naturwissenschaftliches Arbeitsgebiet, das die Zusammenhänge zwischen allen Lebewesen, einschließlich der Menschen, in und mit ihrer Umwelt unvoreingenommen und fächerübergreifend zu verstehen versucht. Dies umfaßt neben der ↗Bioökologie auch die ↗Geoökologie, sowie Aspekte der ↗Bodenkunde, der ↗Landespflege und der ↗Landesplanung bis hin zur ↗Humanökologie. Seit 1972 werden ausgesuchte Referate der jährlichen einwöchigen Tagung der GfÖ in den »Verhandlungen der Gesellschaft für Ökologie« veröffentlicht.

Gesellschaft für Photogrammetrie und Fernerkundung der DDR, *GPF DDR*, 1960 in Dresden als Gesellschaft für Photogrammetrie der DDR (PfPh DDR) gegründete wissenschaftlich-technische Vereinigung der Photogrammeter der DDR; seit 1960 Mitglied der ↗Internationalen Gesellschaft für Photogrammetrie und Fernerkundung; 1985 umbenannt in Gesellschaft für Photogrammetrie und Fernerkundung der DDR. Nach der Wiedervereinigung Deutschlands erfolgte 1990 die Auflösung der Gesellschaft und der Beitritt der Mehrzahl der Mitglieder in die ↗Deutsche Gesellschaft für Photogrammetrie und Fernerkundung.

Gesellschaftszonierung, in der ↗Geobotanik und der ↗Pflanzensoziologie geprägter Begriff für die standörtlichen Differenzierungen von ↗Biozönosen aufgrund des Reliefs. Primär geht es um die regelhafte Abfolge von Pflanzengesellschaften vom Tal über den Hangfuß bis zum Oberhang. Das Prinzip der Gesellschaftszonierung entspricht somit dem Prinzip der ↗Catena in der Bodenkunde.

gesetzmäßiges Generalisieren ↗regelhaftes Generalisieren.

Gesichtsfeld, Sehfeld, Ausschnitt der visuellen Umwelt, der ohne Augen- und Kopfbewegung mit einem Auge (monokulares Gesichtsfeld) oder beiden Augen (binokulares Gesichtsfeld) gesehen werden kann. Das Gesichtsfeld ist abhängig von der Lage der Rezeptoren in der Netzhaut und der Behinderung des Lichteinfalls durch Nasenrücken und Orbitalrand. Durch Augenbewegungen kann das Gesichtsfeld nach beiden Seiten um maximal etwa 60°, sowie nach oben und nach unten um etwa je 40° verschoben werden. Bei unbewegtem Kopf ist also das ↗Blickfeld in horizontaler Richtung insgesamt um 120° und in vertikaler Richtung um etwa 80° größer als das Gesichtsfeld. Jede darüber hinausgehende Verschiebung des Gesichtsfeldes muß durch Kopf- oder Körperbewegungen erfolgen. Das Gesichtsfeld für die Hell-Dunkel-Wahrnehmung ist größer als für die Farbwahrnehmung. Auch für verschiedene Farben zeigen sich Unterschiede. Das Gesichtsfeld für Rot ist im Allgemeinen größer als das für Grün. Wie beim Blickfeld ist die Ausdehnung des Gesichtsfeldes für die Ausdehnung kartographischen Präsentationsformen, insbesondere das Kartenformat, die Anordnung von Zeichenerklärung und Kartentitel bedeutsam, aber auch die Position bei der Nutzung, z. B. als Wandkarte, die Entfernung zum Kartennutzer u. a. sind hier zu nennen. [FH]

gespanntes Grundwasser, *gespannter Grundwasserleiter*, eine Bezeichnung für ↗Grundwasser, dessen ↗Grundwasserdruckfläche im betrachteten Bereich über der ↗Grundwasseroberfläche liegt.

Gestaltgesetze, Satz von Regeln, die beschreiben, wie Elemente in der ↗Wahrnehmung zu größeren Konfigurationen gruppiert werden. Nach gestaltpsychologischen Vorstellungen führen visuelle Reize zu zentralnervösen Erregungen, die nach eigenen Gesetzen, ähnlich denen elektromagnetischer Felder, einer Selbstorganisation unterworfen sind. Variiert man unterschiedliche Eigenschaften eines Reizmusters, so ändert sich die perzeptuelle Disposition für die Wahrnehmung der alternativen Organisationsmöglichkeiten. Dabei ist der entscheidende, dynamische Prozeß die Aufgliederung des ↗Blickfeldes in zwei fundamentale Bestandteile, Figur und Grund (↗Figur-Grund-Unterscheidung). Sehr früh in der visuellen Wahrnehmung wird das Blickfeld in einen Hintergrund und davor befindliche Figuren eingeteilt. Die Figuren kommen durch ein Prinzip der gleichförmigen Verbindung zustande: Verbundene Regionen mit gleichförmigen visuellen Merkmalen wie Helligkeit, Farbe, Textur, Bewegung werden zu einer visuellen Einheit zusammengefaßt. Der Hintergrund verläuft hinter den Figuren. [FH]

Gestaltsystem, gemäß der amerikanischen ↗Landschaftsökologie sind Gestaltsysteme »umfassende« ↗Ökosysteme, in welche die Betrachtung der anthropogenen Nutzung vollständig integriert ist (↗total human ecosystem). Räumliche Repräsentanten solcher Systeme sind daher v. a. die ↗Kulturlandschaften. »Gestalt« bezieht sich dabei sowohl auf die Form als auch auf die Tätigkeit des Gestaltens. Neben den Stoff- und Energieflüssen bestimmen auch ethische, ästhetische und spirituelle Werte die Entwicklung und Evolution eines Gestaltsystems. Da der Begriff auf erkenntnistheoretische Ansätze der deutschen Psychologie zurückgeht, wird auch in der englischen Literatur der deutsche Ausdruck verwendet.

Gestaltungskonzeption, *Strukturniveau*, die bei der Erarbeitung des Karteninhalts und seiner kartographischen Gestaltung verfolgten Leitgedanken für die Übertragung der Inhalte in das graphische System, die unter anderem die beabsichtigte Nutzung der Karte berücksichtigen. Durch die Gestaltungskonzeption werden allgemeine Typen von Strukturbeziehungen zwischen dem Modell Karte und der Wirklichkeit sowie innerhalb des kartographischen Modells festgelegt, die zusammenfassend auch als Strukturniveau der Darstellung bezeichnet werden. Die Gestaltungskonzeption ist zugleich eines der Hauptmerkmale für die ↗Kartenklassifikation. Bei der Planung der Entwurfsarbeiten bzw. zur Einordnung vorliegender Karten können folgende Kriterien herangezogen werden: a) der Komplexitätsgrad, der zwischen elementar und komplex liegen kann (↗Komplexkarte), b) der Synthesegrad, von analytisch bis synthetisch reichend (↗Synthesekarte), c) die ↗Transkriptionsform, zwischen explizit und implizit liegend, d) die Ein- oder Mehrschichtigkeit der Karte (↗Darstellungsschicht).

Gestaltungsmittel, in der ↗Kartographie die für die ↗Kartengestaltung eingesetzten graphischen Grundelemente Punkt, Linie und Fläche sowie die daraus geformten und zusammengesetzten ↗Kartenzeichen einschließlich ↗Diagrammen und ↗Kartenschrift. Sie sind durch unterschiedliche Aggregations- bzw. Superisationsniveaus (↗Superzeichen) charakterisiert und bilden in ihrer Gesamtheit das ↗kartographische Zeichensystem.

Gesteine, natürliche Bildungen, die aus ↗Mineralen, ↗Gesteinsglas, ↗Mineralkörnern, Fragmenten von Organismenskeletten, organischen Substanzen (z. B. ↗Bitumen) und Gesteinsbruchstücken zusammengesetzt sein können. Gesteine bauen die ↗Erdkruste und den ↗Erdmantel auf. Nach ihrer Enstehungsweise werden drei Hauptgruppen unterschieden: a) ↗Magmatite haben sich bei der Erstarrung von Gesteinsschmelzen (↗Magma) an der Erdoberfläche oder in der Erdkruste gebildet. b) ↗Sedimente werden am Boden fließender oder stehender Gewässer bzw. des Meeres abgelagert, auf den Landoberflächen durch den Wind oder unter ↗Gletschern. c) ↗Metamorphite entstehen durch Gesteinsumwandlung bei erhöhten Drucken und/oder erhöhten Temperaturen (↗Metamorphose). Die meisten Sedimente sowie bei den Magmatiten ein großer Teil der ↗Pyroklastite werden zunächst als *Lockergesteine* abgesetzt und später meistens durch Prozesse der ↗Diagenese in *Festgesteine* (↗Sedimentgesteine) überführt. *Monomineralische Gesteine* bestehen aus nur einer Mineralart, *polymineralische Gesteine* aus mehreren. ↗Hauptgemengteile heißen diejenigen Bestandteile, welche wesentliche Anteile eines Gesteins ausmachen; ↗Nebengemengteile treten dahinter zurück, *akzessorische Gemengteile* sind mit < 1 % darin vertreten. [VJ]

Gesteinsabfolge ↗*Gesteinsassoziation*.

Gesteinsassoziation, *Gesteinsabfolge*, *Gesteinsprovinz*, *Gesteinssequenz*, *komagmatische Region*, *magmatische Abfolge*, *magmatische Assoziation*, *magmatische Provinz*, *magmatische Reihe*, *magmatische Sequenz*, *magmatische Sippe*, *magmatische Suite*, *petrogenetische Assoziation*, *petrogenetische Abfolge*, *petrogenetische Sequenz*, *petrogenetische Suite*, *petrographische Provinz*, weitgehend synonyme Begriffe zur Charakterisierung magmatischer Gesteinsverbände, bei denen das räumliche Auftreten, die Altersbeziehungen sowie die petrographische und chemische Verwandtschaft (belegt durch eindeutige Trends in geochemischen Variationsdiagrammen, z.B. ↗AFM-Diagramm) auf ein gemeinsames ↗Stamm-Magma schließen lassen (z. B. ↗Alkalimagmatite, ↗Kalkkali-Magmatite, ↗Komatiite, mafisch-ultramafische Intrusionen). Solche Assoziationen wurden seit jeher bestimmten geologischen Szenarien zugeordnet oder nach ihrer geographischen Verbreitung benannt (z. B. veraltet: ↗atlantische Sippe, pazifische Sippe, ↗mediterrane Sippe). Heute kann in den meisten Fällen die Entstehung unterschiedlicher Stamm-Magmen und die anschließende Bildung ↗komagmatischer Gesteinsverbände durch Differentiationsprozesse (sowie ggf. auch das zusätzliche Auftreten charakteristischer Metamorphite oder Sedimente, z.B. bei ↗Ophiolithen) im Rahmen der verschiedenen geo- oder petrotektonischen Situationen der modernen ↗Plattentektonik (z.B. Mittelozeanische Rücken, Subduktionszonen, kontinentale Riftzonen etc.) erklärt werden. Viele der aufgeführten Begriffe sind veraltet oder überflüssig, werden aber von verschiedenen Autoren immer wieder aufgegriffen. [RH]

gesteinsbildene Minerale, Minerale, die hauptsächlich am Aufbau der Gesteine der ↗Erdkruste und des ↗Erdmantels beteiligt sind. Die gesteinsbildenen Minerale sind überwiegend ↗Silicate. Carbonate, Phosphate, Oxide, Halogenide, Sulfate und Sulfide spielen nur eine untergeordnete Rolle. Von den ca. 400 am Gesteinsaufbau der Erdkruste in nennenswertem Umfang beteiligten Mineralen sind nur etwa 40 häufig, von denen nach Ronow und Jaroschewski wiederum nur 13 rund 95,1 Vol.-% der Erdkruste aufbauen: Kalifeldspat und Plagioklas: 51 %, Pyroxen und Amphibol: 16 %, Quarz: 12 %, Glimmer: 5 %, Tonminerale und Chlorit: 4,6 %, Olivin: 3 %, Calcit und Aragonit: 1,5 %, Magnetit und Titanomagnetit: 1,5 %, Dolomit: 0,5 %, übrige Minerale: 4,9 % (z.B. Apatit, Granat, u.a.). ↗Hauptgemengteile, ↗Gesteine, ↗Mineralhäufigkeit.

Gesteinsbruchstück, *Gesteinsfragment*, 1) Partikel von Sandkorngröße, welches aus unterschiedlichen Mineralen zusammengesetzt ist, oder aus mindestens drei Kristallindividuen der gleichen Mineralart besteht. Häufig vorkommende Gesteinsbruchstücke in Sandsteinen sind neben polykristallinen Quarzkörnern und Chert-Fragmenten Bruchstücke von ↗Gneisen, ↗Glimmerschiefern, Metaquarziten und verschiedenen ↗Magmatiten sowie Fragmente von ↗Carbonaten, ↗Tonsteinen und ↗Sandsteinen. 2) vom eruptierenden Magma mitgeführter oder von ↗pyroklastischen Strömen und ↗Surges an der Landoberfläche aufgelesener Gesteinspartikel, das nicht dem eruptierenden Magma entstammt (nicht-juvenile Klasten, ↗juveniles Gas).

Gesteinsdichte, *spezifische Masse*, *density* (engl.), im ursprünglichen Sinn der mit ϱ [g/cm³] bezeichnete Quotient aus der Masse m und dem Volumen V eines Körpers: $\varrho = m/V$. Bei Gesteinen wird zwischen der Dichte der festen Matrix (ohne Poren) sowie der Dichte des Gesteins mit luft- bzw. wassergefüllten Poren unterschieden. Mit der Dichte ϱ^P der Porenfüllung (Fluid, Schmelze etc.) und der Dichte der festen Phasen $\varrho_{feste\,Phasen}$ ergibt sich die Dichte des Gesteins:

$$\varrho = V^P \varrho^P + \left(1 - V^P\right)\varrho_{feste\,Phasen}.$$

Die Dichte eines Gesteins hängt u.a. von der Temperatur (↗thermische Ausdehnung), vom Druck (↗Kompressibilität) und der chemischen Zusammensetzung ab. Die Änderung des Volumens mit dem Druck läßt sich direkt aus der Kompressibilität β bzw. dem Kompressionsmodul berechnen. Die Änderung der Dichte mit dem Druck $\varrho(P)$ ergibt:

$$\varrho(P) = \varrho_0 \, \exp\left(\int_P \beta(P)\,dP\right)$$

mit ϱ_0 der Dichte bei Normalbedingungen. Für die Änderung der Dichte mit der Temperatur $\varrho(T)$ gilt entsprechend:

$$\varrho(T) = \varrho_0 \, \exp\left(-\int_T \alpha(T)\,dT\right).$$

Es muß die Druck- und Temperaturabhängigkeit der thermischen Ausdehnung $\alpha(P,T)$ berücksichtigt werden. Zunehmender Druck führt zu einer Zunahme der Dichte, die thermische Ausdehnung führt dagegen zu einer Verringerung der Dichte. Abhängig vom ↗geothermischen Gradienten und der Zusammensetzung eines Gesteins kann dies sowohl zu einer Zunahme als auch zu eine Abnahme der Dichte mit der Tiefe führen. Für viele Gesteine und übliche geothermische Gradienten wird die Dichte der Gesteine

Gesteinsdichte (Tab.): Dichte bei Normalbedingungen.

Mineral	Dichte [g/cm³]	Gestein	Dichte [g/cm³]		Dichte [g/cm³]
Quarz	2,65	Sandstein	Ø 2,4	Sand (ohne Wasser)	~ 2,0
Biotit	3,05	Tonstein	Ø 2,7		
Feldspat	~ 2,5–2,8	Granit	Ø 2,7	Sand (mit Wasser)	~ 2,3
Granat	~ 3,1–4,2	Gabbo	Ø 3,0		
Olivin	~ 3,2–4,4	Basalt	Ø 2,8	Erde (Mittelwert)	5,52
Diamant	3,52	Pyroxenit	Ø 3,2		
Graphit	2,2	Eklogit	Ø 3,4	Mond (Mittelwert)	3,33
Eisen	7,86	Peridotit	Ø 3,3		

in der Erdkruste mit zunehmender Tiefe nur gering beeinflußt. Einen wesentlichen Einfluß auf die Dichte haben Mineralreaktionen und Mineralumwandlungen, z. B. Amphibolit-Eklogit-Umwandlung (Tab.). ↗Dichte.   [FRS]

Gesteinsdruckfestigkeit, Druckfestigkeit (↗Festigkeit) von Gesteinen. Sie wird als ↗einaxiale Druckfestigkeit oder dreiaxiale Druckfestigkeit (↗Triaxialversuch) ermittelt. Die sog. indirekte Gesteinsdruckfestigkeit wird im ↗Punktlastversuch bestimmt.

Gesteinsfestigkeit, ↗Festigkeit von Gesteinen. Sie hängt von der mineralogischen Zusammensetzung des Korngerüsts und des Bindemittels sowie vom Gefüge des Gesteins ab, und ist somit ein anisotroper Wert. Die Gesteinsfestigkeit wird auch vom Verwitterungsgrad bestimmt. ↗Gesteinsdruckfestigkeit.

Gesteinsfragment ↗ *Gesteinsbruchstück*.

Gesteinsglas, *Glas, vulkanisches Glas*, ein amorphes Produkt, das bei der schnellen Abkühlung von silicatischer Schmelze (↗Magma) insbesondere im vulkanischen Bildungsbereich entsteht. Die chemische Zusammensetzung kann von basisch (↗Tachylit) bis sauer (↗Obsidian) variieren. Gesteinsglas kann in Form ↗holohyaliner Gesteine oder als Bestandteil ↗hyaliner oder ↗hypokristalliner Magmatite auftreten. Mit zunehmendem Alter rekristallisieren Gesteinsgläser unter Aufnahme von Wasser.

Gläser verhalten sich überwiegend optisch isotrop und lassen sich aufgrund ihrer ↗Dichte D und ihrer Lichtbrechung n auch bei komplizierter chemischer Zusammensetzung polarisationsmikroskopisch nachweisen und diagnostizieren. Bei den Mineralen und Gesteinsgläsern nehmen Dichte und Lichtbrechung mit zunehmendem Eisengehalt signifikant zu. Wichtige Gläser mit zunehmender Dichte und Lichtbrechung von Opal ($D = 2{,}1$ g/cm³, $n = 1{,}4$) bis Basaltglas ($D = 2{,}8$ g/cm³, $n = 1{,}56$) sind Borosilicatgläser, Obsidian, Rhyolith-Glas, Trachyt-Glas, Dacit-Glas, Normalglas, Weichglas, Keramikfasern, Eisenhüttenschlacken. ↗Aggregatzustand.

Gesteinshärte, Maß für den Widerstand, den das Gestein einem mechanischen Eingriff in seine Oberfläche entgegensetzt. Die Gesteinshärte ist eine Kombination von Mineralhärte, Härte des Bindemittels zwischen den Mineralen und der ↗Kornbindung. Bei der Mineralhärte bzw. Mineralkornhärte unterscheidet man je nach Art des mechanischen Eingriffs (ritzen, drücken, bohren, schleifen) verschiedene Härtearten. Die am einfachsten zu ermittelnde ist die Ritzhärte nach Friedrich Mohs (↗Mohssche Härteskala). Bestimmt wird die Ritzhärte mit sog. Härtestiften oder durch Anritzen mit Mineralproben unterschiedlicher bekannter Härte. Das ↗Sklerometer (Härtemesser) stellt eine genauere Methode zur Ermittlung der Ritzhärte dar. Das Mineral wird unter einer Diamant- oder Stahlspitze durchgezogen und dabei so belastet, daß noch eben eine mikroskopisch feststellbare Ritzspur erzeugt wird. Die Höhe der Belastung liefert die Höhe der Ritzhärte.

Die Bohrhärte wird aus der Anzahl der Umdrehungen eines Diamantbohrers ermittelt, mit denen man bei konstantem Bohrdruck ein Loch von bestimmter Tiefe ausbohren kann.

Die Intervalle zwischen den einzelnen Härtegraden dieser Skala sind ungleich; z. B. ist der Abstand zwischen den Härten 3, 4 und 5 sehr gering, der zwischen Härte 9 und 10 jedoch größer als der zwischen 1 und 9. Nach DIN 4022, Teil 1, wird die Mineralkornhärte bei voll- und teilkörnigem Gestein an möglichst großen Einzelkörnern durchgeführt. Bei nichtkörnigen Gesteinen kann sie auch an Probeflächen vorgenommen werden (Tab.). ↗Härte.

Gesteinshärte (Tab.): Härteskala nach DIN 4022, Teil 1.

Härtegrad	einfacher Test
1 und 2	mit Fingernagel leicht ritzbar
3	mit Messer leicht ritzbar
4	bei starkem Druck des Messers noch gut ritzbar
5	mit Messer nur schwer, mit guter Feile ritzbar
6 und größer	gibt beim Anschlagen mit Stahl Funken und ritzt Fensterglas

Gesteinsklassifikation ↗ *Klassifikation der Gesteine*.

Gesteinskunde ↗ *Petrologie*.

Gesteinsmagnetismus, Zweig des Geomagnetismus, der sich mit den magnetischen Eigenschaf-

ten der Gesteine beschäftigt. Diese werden ganz überwiegend vom Gehalt an ferrimagnetischen, paramagnetischen und antiferromagnetischen Mineralen bestimmt. Die wichtigsten natürlichen ferrimagnetischen Minerale sind der ↗Magnetit, die ↗Titanomagnetite und der ↗Magnetkies. Bereits winzige Spuren dieser stark ferrimagnetischen Minerale dominieren die magnetischen Eigenschaften der Gesteine. Der Gehalt an stark magnetischen Mineralen hängt von der ↗Lithologie ab. Am stärksten magnetisch sind neben den Eisenerzen mit hohen Konzentrationen an Magnetit die magmatischen Gesteine, allen voran die Basalte, die in den Ozeanen riesige Flächen bedecken. Basisches Gestein (Basalt, Gabbro, Serpentinit, Grünschiefer, Amphibolit) ist stärker magnetisch als saure Gesteine (Granit, Syenit). Rote Sandsteine können durch ihren Eisengehalt auch recht stark magnetisch sein. Sehr viel schwächer magnetisch sind Sedimente (Kalkstein, heller Sandstein) und die meisten metamorphen Gesteine (Gneis).
Aufgrund der magnetischen ↗Suszeptibilität χ besitzen die Gesteine im Erdmagnetfeld F eine induzierte ↗Magnetisierung $M_i = \chi \cdot F$, welche parallel zum äußeren Feld gerichtet ist. Daneben enthalten Gesteine mit ferrimagnetischen Mineralien zusätzlich noch eine natürliche ↗remanente Magnetisierung M_r (NRM), die vom ↗Paläofeld der Erde abhängt und beliebig orientiert sein kann. Nur die obersten etwa 20 km der Erdkruste (↗Curie-Tiefe) sind hinreichend stark magnetisch, um in Form ↗magnetischer Anomalien das Erdmagnetfeld nennenswert zu beeinflussen. Darunter sind die Gesteine paramagnetisch und ihre Suszeptibilität nimmt nach dem ↗Curie-Gesetz bzw. nach dem ↗Curie-Weiss-Gesetz mit zunehmender Tiefe und damit steigender Temperatur ab. [HCS]
Gesteinsmatrix ↗*Matrix*.
Gesteinsmetamorphose ↗*Metamorphose*.
Gesteinsprovinz ↗*Gesteinsassoziation*.
Gesteinsscherfestigkeit, ↗Scherfestigkeit von Gesteinen (↗Gesteinsfestigkeit). Die Gesteinsscherfestigkeit wird im ↗Rahmenscherversuch oder im ↗Triaxialversuch bestimmt.
Gesteinssequenz ↗*Gesteinsassoziation*.
Gesteinsstruktur ↗*Gefüge*.
Gesteinstextur ↗*Gefüge*.
Gesteinszugfestigkeit, Zugfestigkeit (↗Festigkeit) von Gesteinen (↗Gesteinsfestigkeit). Die Gesteinszugfestigkeit wird meist als Spaltzugfestigkeit (↗Spaltzugversuch) ermittelt.
gestörtes Grundwasser, Teil des ↗Grundwassers, dessen Übertritt (↗Effluenz) in einen Fluß aufgrund eines hohen Flußwasserstandes vorübergehend verhindert wird und erst bei fallenden Flußwasserständen in das Oberflächengewässer abfließen kann. Das gestörte Grundwasser ist eine von vier Abflußkomponenten bei der Beschreibung der ↗Trockenwetterauslauflinie.
gestrickt, Bezeichnung für Kristallskelettformen von oft erheblicher Größe in feinkörnig-traubigem ↗Sphalerit, z.B. eingewachsener ↗Bleiglanz.
Gewässer, Sammelbezeichnung für oberirdische Wasseransammlungen wie z. B. ↗Fließgewässer, natürliche und künstliche stehende Gewässer (Meere, Seen, Talsperren, Stauseen, Tümpel, Teiche etc.), in denen das Wasser als geschlossener Wasserkörper auftritt. Je nach Lage und klimatischen Gegebenheiten kann ein Gewässer ständig oder zeitweilig, aber auch in unterschiedlichen Zustandsformen vorkommen. Die Gewässer werden in der ↗Hydrologie und in der ↗Gewässerkunde behandelt. ↗Wärmehaushalt.
Gewässerausbau, Gesamtheit der an einem Fließgewässer durchgeführten Baumaßnahmen, mit dem Ziel, dessen Linienführung, Querschnitt und Gefälleverhältnisse zu beeinflussen und ein Gleichgewicht zwischen Erosion und Anlandung herzustellen. Ein Ausbau kann entweder parallel zur Strömungsrichtung des Flusses durch ↗Längswerke (↗Deckwerk, ↗Leitwerk) erfolgen oder durch Querbauwerke (Querverbau, ↗Absturz, ↗Buhne, ↗Schwelle). In Gebirgsregionen kommt dem Erosionsschutz durch ↗Wildbachverbauungen eine besondere Bedeutung zu. Maßnahmen des Gewässerausbaus stehen meist im Spannungsfeld konkurrierender Nutzungsinteressen. Wesentliche wasserwirtschaftliche Gesichtspunkte sind dabei ↗Hochwasserschutz und die Sicherung der Grundwasserverhältnisse. Dazu kommen Interessen der Landwirtschaft hinsichtlich der Schaffung ausreichender Vorflutverhältnisse (↗Vorflut), um Vernässungsschäden zu vermeiden. Der Forderung der Schiffahrt nach ausreichenden Wassertiefen sowie nach Sicherheit und Leichtigkeit des Schiffsverkehrs ist bei der Mehrzahl der großen Fließgewässer nur durch eine Stauregelung nachzukommen. Das Gleiche gilt für die Erzeugung von elektrischer Energie. Neben diesen klassischen Zielen des Gewässerausbaus gewinnen heute zunehmend auch ökologische Ziele an Bedeutung, die oft im Widerspruch zu den ökonomischen Aspekten und denen der Wassermengenwirtschaft stehen. Da aquatische Lebensräume (einschließlich der Wasserwechselzone) meist wesentlich komplexer sind als terrestrische Lebensräume, können bereits kleinere bauliche Maßnahmen einen erheblichen Einfluß ausüben. Ziel des Gewässerausbaus aus ökologischer Sicht ist daher eine möglichst naturnahe Gestaltung unter Berücksichtigung des »potentiell natürlichen Zustandes« als ökologischem Leitbild. Das bedeutet, daß die natürlichen Strömungsverhältnisse möglichst beibehalten bzw. wiederhergestellt oder wenigstens angestrebt werden. Wo dies aufgrund der bestehenden oder beabsichtigten Nutzungsinteressen nicht möglich ist, z. B. in Ausleitungsstrecken von Wasserkraftanlagen, ist, durch eine entsprechende Festlegung des im Gewässer zu verbleibenden Mindestabflusses und die Gestaltung der Ausleitungsstrecke, die Erhaltung der ökologischen Funktionen sicherzustellen. Maßnahmen des Gewässerausbaus unterliegen dem Wasserhaushaltsgesetz (WHG), beim Ausbau von ↗Wasserstraßen dem Wasserstraßengesetz (WStrG). Sie stellen in vielen Fällen einen erheblichen Eingriff in das Gewässerökosystem und in die ↗Aue dar.

Sofern die Maßnahmen planfeststellungspflichtig sind, was für größere Vorhaben regelmäßig anzunehmen ist, muß hierfür eine ↗Umweltverträglichkeitsprüfung (UVP) durchgeführt werden, in welcher die durch die Maßnahme bewirkten Veränderungen von Natur und Landschaft festgestellt werden. Sofern diese »erheblich« und »nachhaltig« sind, wird vom Bundesnaturschutzgesetz (BNatSchG) ein Ausgleich oder Ersatz gefordert (↗Landschaftspflegerischer Begleitplan). [EWi]

Gewässerbelastungen, temporäre oder andauernde, nachteilige Wirkungen auf ein Gewässer. Solche Belastungen betreffen das ↗Biotop und seine Leistung. Sie werden hervorgerufen durch natürliche Vorgänge (z. B. geogen, biogen) oder anthropogen durch die Einleitung von ↗Abwässern, wasserbauliche Maßnahmen (↗Gewässerausbau), diffuse Quellen, Unfälle und illegale Verunreinigungen. Die stofflichen Einträge erfolgen hauptsächlich durch das Wasser oder die Luft. Auch die vom Menschen verursachte Aufwärmung oder Abkühlung eines Gewässers kann dessen ↗Wärmehaushalt übermäßig beanspruchen und so aquatische ↗Biozönosen verändern.

Gewässerbeschaffenheit, Beschreibung der physikalischen, chemischen und biologischen Eigenschaften eines ↗Gewässers.

Gewässerbett, zu einem oberirdischen ↗Gewässer gehörende natürliche oder künstliche Eintiefung oder Abdämmung der Landoberfläche. ↗Gerinnebett.

Gewässerbewirtschaftung, Abstimmung der Gewässernutzungen auf die verschiedenen Nutzungserfordernisse und Nutzungsmöglichkeiten (↗Gewässernutzung) nach den Zielvorstellungen der ↗Wasserwirtschaft und unter Beachtung der Erfordernisse des Naturhaushaltes.

Gewässerbiozönose, *Wasserbiozönose*, Lebensgemeinschaft stehender und fließender ↗Gewässer. Zur Gewässerbiozönose werden auch solche Organismen gerechnet, deren Lebenszyklus nur teilweise an ein Gewässer gebunden ist.

Gewässer-Front, Zone in Gewässern mit starker horizontaler Veränderung der Wassermasseneigenschaften wie Temperatur, ↗Salzgehalt und ↗Dichte, die von Zonen gleichmäßiger Eigenschaften getrennt wird (Abb.). Verbunden mit der Dichteveränderung sind ↗Druckgradienten, die zu starken Strömungen (Strombänder) entlang der Fronten (Frontaljets) führen, wie z. B. im ↗Antarktischen Zirkumpolarstrom. Schwächere Querströmungen sind mit Vertikalbewegungen, ↗Konvergenzen, ↗Divergenzen und Überschiebungen verbunden. Dadurch entstehen vorteilhafte Bedingungen für die Produktivität des Planktons. Fronten sind häufig durch Ansammlungen von treibendem Gut und durch vermehrtes Auftreten von Organismen aller Stufen bis zu Meeressäugern und Vögeln sichtbar. ↗Frontogenese kann durch konvergente oder divergente Wasserbewegung, durch räumlich veränderliche, vertikale Vermischung bedingt durch den Wind oder die Form des Meeresgrundes und durch horizontale Veränderung der Wassermasseneigenschaften z. B. durch Flußeinstrom, Schmelzwasserzufuhr oder atmosphärischer Einflüsse wie Niederschlag hervorgerufen werden. [EF].

Gewässergüte, Bewertung der ↗Gewässerbeschaffenheit aufgrund von Qualitätskriterien oder Zielvorgaben (↗Wassergüte). Die Darstellung der Gewässergüte in Kartenform erfolgt meist farblich differenziert nach Güteklassen. Gewässergütelängsschnitte stellen die Gewässergüte eines Fließgewässers als schematischen Längsschnitt dar.

Gewässergütewirtschaft, zielbewußte Ordnung aller menschlichen Einwirkungen auf die ↗Gewässerbeschaffenheit.

Gewässerkunde, Bezeichnung für die Wissenschaft und Teilgebiet der ↗Hydrologie, das sich mit den Gewässern befaßt. In ihr werden die Gewässer (Flüsse, Seen, Stauseen, Teiche, Tümpel usw.) systematisch nach morphometrischen, hydrologischen, biologischen, chemischen und physikalischen Bedingungen untersucht. Die Gewässerkunde unterteilt sich in die ↗Flußkunde und in die Seenkunde, wobei die ↗Limnologie jeweils die biologischen Aspekte von Flüssen und Seen behandelt.

gewässerkundliche Dienste, in die Verwaltungen der ↗Wasserwirtschaft eingebundene, nationale institutionelle Einrichtungen. Die gewässerkundlichen Dienste tragen zur Erhebung und Bereitstellung der erforderlichen quantitativen und qualitativen ↗hydrologischen Daten und Informationen bei, welche für die Planung und Bewirtschaftung wasserwirtschaftlicher Systeme sowie zur Überwachung der Gewässer, einschließlich der Bewertung von Gewässerzuständen benötigt werden. Hierzu gehört im einzelnen a) die Definition der Standards von Daten zur Erfüllung der Anforderungen derzeitiger und künftiger Nutzer (z. B. Meßgenauigkeit, Meßhäufigkeit), b) die Planung, Einrichtung und der Betrieb ↗hydrologischer Meßnetze, c) die Sicherstellung der Datenqualität einschließlich der Gerätekalibrierung, Datendokumentation und Schulung des Personals, d) die Übertragung, Aufbereitung, Sammlung, Archivierung und Speicherung der Daten, einschließlich der Durchführung von Plausibilitätsprüfungen und die Sicherung der Datenbestände, e) die Entwicklung von Methoden und Modellen zur zeitlichen und räumlichen Inter- und Extrapolation von Daten, einschließlich kartographischer Darstellungen,

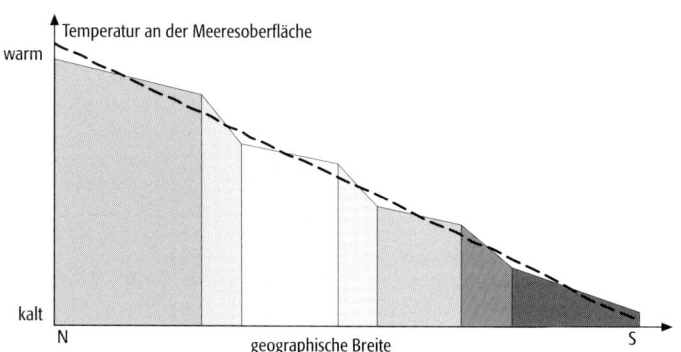

Gewässer-Front: schematische Darstellung des Temperaturverlaufs durch eine Serie von Frontalzonen wie sie z. B. im Antarktischen Zirkumpolarstrom auftreten.

Benennung	Zeichen	Einheit	Zeichen für niedrigste, mittlere und höchste Werte							Zeichen für sonstige statistische Werte		
			NN…	N…	MN…	M…	MH…	H…	HH…	Z…	z.B. an 10 Tagen	
			niedrigster bekannter Wert	niedrigster Wert	mittlerer niedrigster Wert in einer Zeitspanne	arithmetischer Mittelwert	mittlerer höchster Wert	höchster Wert	höchster bekannter Wert	Median	unterschrittener Wert	überschrittener Wert
Wasserstand	W	m, cm	NNW	NW	MNW	MW	MHW	HW	HHW	ZW	$\underline{10}\,W$	$\overline{10}\,W$
Durchfluß	Q	l/s, m³/s	NNQ	NQ	MNQ	MQ	MHQ	HQ	HHQ	ZQ	$\underline{10}\,Q$	$\overline{10}\,Q$
Abflußspende	q	l/(s km²)	NNq	Nq	MNq	Mq	MHq	Hq	HHq	Zq	$\underline{10}\,q$	$\overline{10}\,q$
Tideniedrigwasser	Tnw	cm	NNTnw	NTnw	MNTnw	MTnw	HHTnw	HTnw	HHTnw	–	$\underline{10}\,Tnw$	$\overline{10}\,Tnw$
Tidehochwasser	Thw	cm	NNThw	NThw	MNThw	MThw	MHThw	HThw	HHThw	–	$\underline{10}\,Thw$	$\overline{10}\,Thw$
Tidehalbwasser	$T_{\frac{1}{2}}w$	cm	–	–	–	$MT_{\frac{1}{2}}w$	–	–	–	–		
Tidemittelwasser	Tmw	cm	–	–	–	MTmw	–	–	–	–		
Tidehub	Thb	cm	–	NThb	–	MThB	–	HThb	–	–	sinngemäß zu bilden, wenn dafür Häufigkeitswerte vorhanden sind	
Tidedauer	T_T	h, min	–	–	–	MT_T	–	–	–	–		
Ebbedauer	T_E	h, min	–	–	–	MT_E	–	–	–	–		
Flutdauer	T_F	h, min	–	–	–	MT_F	–	–	–	–		
Ebbestromdauer	T_e	h, min	–	–	–	MT_e	–	–	–	–		
Flutstromdauer	T_f	h, min	–	–	–	MT_f	–	–	–	–		

f) die Verarbeitung von Primärdaten und die Veröffentlichung von Daten in ↗gewässerkundlichen Jahrbüchern oder in anderen Formen, g) die Analyse der Daten und Durchführung von Bewertungen, h) die Entwicklung von Vorhersagemodellen und die Durchführung von Vorhersagen, i) die Bereitstellung der Daten zur Planung wasserwirtschaftlicher Systeme und für andere Nutzer und schließlich j) die Beratung von Entscheidungsträgern und anderen potentiellen Datennutzern.
Von den gewässerkundlichen Diensten werden hydrologische Meßnetze für die Messung bzw. Bestimmung von ↗Durchflüssen, (Grund-)Wasserständen und ↗Wasserinhaltsstoffen betrieben. In Deutschland unterhalten der Bund für die Wasser- und Schiffahrtsverwaltung (WSV) und die Länder für die allgemeine Wasserwirtschaft gewässerkundliche Dienste. Zur Beratung dieser Dienste und anderer staatlicher Einrichtungen, wie Ministerien, haben Bund und Länder spezielle Fachinstitutionen eingerichtet (Bundes- und Landesanstalten). Für die hydrologischen Fragen der Bundeswasserstraßen ist die Bundesanstalt für Gewässerkunde in Koblenz zuständig. [HJL]
gewässerkundliche Hauptwerte, *gewässerkundliche Hauptzahlen*, *hydrologische Hauptwerte*, Sammelbegriff für die in der ↗Hydrologie gebräuchlichsten, auf eine Zeitspanne (Monate, hydrologische Halbjahre, ↗hydrologisches Jahr, Mehrjahresreihe) bezogene statistische Werte. Sie werden in den ↗gewässerkundlichen Jahrbüchern meist in Form von Tabellen veröffentlicht (Tab.). Zu den Hauptwerten gehören z. B. Mittelwerte, Extremwerte, unter- oder überschrittene Werte von Wasserständen, Tidewasserständen (↗Tidekurve, ↗Tidestrom), ↗Durchflüssen, ↗Abflußspenden und andere hydrologische Meßgrößen bzw. Kennwerte.
gewässerkundliche Jahrbücher, jährliche Veröffentlichungen der ↗gewässerkundlichen Dienste von den gemessenen Wasserständen im Binnen- und Küstenbereich und ermittelten ↗Durchflüssen. ↗Deutsches Gewässerkundliches Jahrbuch.
Gewässerlandschaft, 1) *Hydrologie*: durch ober- oder unterirdische Wasserscheiden abgegrenztes Gebiet (↗Einzugsgebiet). 2) *Landschaftsökologie*: Landschaft, welche sich durch eine hohe Anzahl und Dichte von unter- und/oder oberirdischen Gewässern auszeichnet, so daß diese landschaftsprägend sind. Dabei kann es sich auch um künstlich angelegte Gewässer handeln.
Gewässermengenwirtschaft, die zielbewußte Ordnung aller menschlichen Einwirkungen auf den ↗Wasserkreislauf und die ↗Wasservorräte.
Gewässernetz, Gesamtheit aller oberirdisch fließenden Bäche, Flüsse und Ströme (↗Fließgewässer). Die Landflächen der Erde führen über das Gewässernetz überschüssiges Wasser (↗Abflußbildung) ab. Die Flüsse und Ströme entwässern etwa 80 % der Fläche des Festlandes (exorhäische Gebiete) in die Weltmeere. 20 % des Festlandes sind sogenannte zentrale (endorhäische) Gebiete, deren überschüssiges Wasser in abflußlosen Seen gesammelt wird. 97,7 % des gesamten Wassers des Festlandes fließt in die Ozeane, nur 2,3 %

gewässerkundliche Hauptwerte (Tab.): gewässerkundliche Hauptwerte für Wasserstände, Durchflüsse, Abflußspenden und Tidewasserstände.

in abflußlose Seen. Das Gewässernetz wird v. a. geprägt von der Morphologie, den geologischen und klimatischen Gegebenheiten. Dichte und Laufrichtung der Fließgewässer können Hinweise auf die geologischen und morphologischen Verhältnisse geben. Ein unregelmäßiges Gewässernetz findet man beispielsweise in Jungmoränengebieten, ein sehr regelmäßiges in Bereichen der Schmelzwasserrinnen ehemals vergletscherter Gebiete. In Karstgebieten der Kalkgesteine ist wegen der vorwiegend unterirdischen Entwässerung nur ein schwach ausgeprägtes Gewässernetz vorzufinden. Die Dichte D des Gewässernetzes, auch als ↗Flußdichte bezeichnet, ergibt sich aus der Gesamtlänge L aller Fließgewässer einer Einheitsfläche des Einzugsgebietes A aus: $D = (\Sigma L) / A$. ↗Flußnetz. [KHo]

Gewässernutzung, Inanspruchnahme eines Gewässers durch den Menschen z. B. für Trink- und Brauchwassergewinnung, Be- und Entwässerung, Abwasserableitung, Schiffahrt, Energiegewinnung, Erhaltung und Entwicklung naturnaher Lebensräume, Fischerei sowie Freizeit, Erholung und Sport.

Gewässerschädigung, schwerwiegende Schädigung des Gewässerzustandes, welche das Ökosystem oder die wirtschaftlichen Nutzungen des Gewässers nachteilig beeinflußt.

Gewässerschutz, alle Maßnahmen, die geeignet sind, ↗Gewässerbelastungen oder ↗Gewässerschädigungen zu vermeiden und festgelegte Schutzziele zu erreichen.

Gewässersohle, zwischen den Ufern liegender Teil des ↗Gerinnebettes.

Gewässerstruktur, räumliche und materielle Differenzierungen des Gewässerbetts und seines Umfeldes im Hinblick auf die hydraulischen, morphologischen und hydrobiologischen Eigenschaften, soweit diese für den Lebensraum des Gewässers und der angrenzenden Aue von Bedeutung sind. Wasserqualität und Gewässerstruktur sind für die Funktionsfähigkeit eines aquatischen Ökosystems gleichermaßen relevant. Das Vorkommen von standorttypischen Gewässerorganismen ist eng mit den vorgefundenen hydraulischen und morphologischen Verhältnissen verbunden, wobei eine gewisse Varianz toleriert wird. Durch Eingriffe des Menschen werden Fließgewässer für bestimmte Funktionen einseitig verändert (z. B. Speicherbecken zur Trinkwassernutzung oder als Hochwasserschutz). Die Verarmung an Gewässerstrukturen beeinträchtigt die Funktionen des Gewässerökosystems. Um den Zustand zu dokumentieren, versucht man die *Gewässerstrukturgüte* durch nachvollziehbare Parameter zu beschreiben, in funktionalen Einheiten zusammenzufassen und zu bewerten. Ein von der Wasserwirtschaft der Länder (LAWA) verwendetes Verfahren faßt 25 Einzelparameter nach ihren Indikatoreigenschaften zusammen und ordnet sie sechs Hauptparametern zu: Laufentwicklung, Längsprofil, Querprofil, Sohlenstruktur, Uferstruktur und Gewässerumfeld. Die Bewertung erfolgt durch Kombination einer »indexgestützten Parameterbewertung« und einer Bewertung an Hand »funktionaler Einheiten«. Hierdurch soll eine größere Sicherheit bei der Beurteilung erreicht werden. Eine Gesamtbewertung in sieben Strukturgüteklassen wird analog zur biologischen ↗Wassergüte kartographisch dargestellt. Das heißt, der Grad der Beeinträchtigung der Gewässerstruktur wird in Karten farbig von dunkelblau über grün und gelb bis rot wiedergegeben, wobei der Zustand von »unverändert« über Zwischenstufen bis hin zu »vollständig verändert« beschrieben wird. Falls eine differenzierte Darstellung notwendig ist, so kann eine Bewertung für Sohle, Ufer und Land farblich getrennt erfolgen (dreibändige Darstellung). Weitergehende Anwendungen können eine stärkere Aufgliederung erfordern. So lassen sich auch die sechs Hauptparameter oder nur ausgewählte Einzelparameter abbilden. Die Bereiche der Sohle, des Ufers und des Landes werden systematisch in Hauptparameter, funktionale Einheiten und Einzelparameter gegliedert (Tab.). Eine Veränderung der Struktur oder Funktionalität wird an

Bereich	Hauptparameter	funktionale Einheit	Einzelparameter
Sohle	Laufentwicklung	Krümmung	Laufkrümmung, Längsbänke, besondere Laufstrukturen
		Beweglichkeit	Krümmungserosion, Profiltiefe, Uferverbau
	Längsprofil	natürl. Längsprofilelemente	Querbänke, Strömungsdiversität, Tiefenvarianz
		anthropogene Wanderbarrieren	Querbauwerke, Verrohrungen, Durchlässe, Rückstau
	Sohlenstruktur	Art und Verteilung der Substrate	Substrattyp, Substratdiversität, besondere Sohlstrukturen
		Sohlverbau	Sohlverbau
Ufer	Querprofil	Profiltiefe	Profiltiefe
		Breitentwicklung	Breitenerosion, Breitenvarianz
		Profilform	Profiltyp
	Uferstruktur	naturraumtypische Ausprägung	besondere Uferstrukturen
		naturraumtypischer Bewuchs	Uferbewuchs
		Uferverbau	Uferverbau
Land	Gewässerumfeld	Gewässerrandstreifen	Gewässerrandstreifen
		Vorland	Flächennutzung, sonstige Umfeldstrukturen

Gewässerstruktur (Tab.): Übersicht über die Aggregationsebenen der Strukturgüteerhebung und -bewertung.

Hand von regionalspezifischen Leitbildern festgestellt. [MW]

Gewässerstrukturgüte ↗Gewässerstruktur.

Gewässerumfeld, ein Hauptparameter bei der Bewertung der ↗Gewässerstruktur, welcher den Gewässerrandstreifen und die Nutzungen des gewässernahen Vorlandes beschreibt. Hierzu gehören naturbelassene Geländeflächen oberhalb der Uferböschung, die uneingeschränkt für die Gewässerentwicklung zur Verfügung stehen. Ferner werden Art und Umfang an Nutzungen im unmittelbaren Gewässerumfeld berücksichtigt, soweit dieses natürlicherweise als Gewässerniederung oder Überschwemmungsgebiet anzusehen ist.

Gewässerverschmutzung, übermäßige ↗Gewässerverunreinigung.

Gewässerverunreinigung, *Kontamination, Wasserverschmutzung*, Anwesenheit eines ↗Schadstoffes in einem Gewässer oder Gewässerorganismus. Abhängig vom Grad der Gewässerverunreinigung wird das Ökosystem im Gewässer (zumeist negativ) verändert. Bei übermäßiger Gewässerverunreinigung spricht man i.a. auch von Gewässerverschmutzung.

Gewässerwärmehaushalt ↗Wärmehaushalt.

Gewässerzustand, Gesamtheit aller Eigenschaften eines Gewässers zum Zeitpunkt der Beobachtung.

gewerbliche Kartographie, *Privatkartographie*, die Bearbeitung, Herstellung und Herausgabe von kartographischen Erzeugnissen jeder Art für den freien Markt, oder im Auftrag und auf Kosten der öffentlichen Hand oder im Benehmen mit ihr (z.B. Schulkartographie) durch Gewerbebetriebe vor allem kleiner und mittlerer Größe.

Gewichtsmauer, *Gewichtstaumauer*, eine der drei Grundtypen von ↗Staumauern. Die resultierenden Kräfte aus der Mauerlast und dem Wasserdruck werden unmittelbar in die Gründungssohle geleitet. Die Sohle der Gewichtsmauer muß deshalb eine hohe ↗Scherfestigkeit besitzen, damit die entstehenden Horizontalkräfte von ihr aufgenommen werden können.

gewinnen, bergmännischer Ausdruck für den Abbauvorgang.

Gewinnung im Streb ↗Abbaumethoden.

Gewinnungsklassen, Einteilung von Locker- und Festgesteinen nach ihrer mechanischen Abbaubarkeit. Nach DIN 18 300 werden 7 Klassen unterschieden:
a) Schöpfboden: nahezu flüssig (z.B. Schlick), mit dem Bagger gewinnbar; b) Stichboden: unverfestigte Böden (z.B. Sand und Kies), mit dem Bagger gewinnbar; c) leichter Hackboden (z.B. Tone und stark verwittertes Gestein), mit dem Bagger gewinnbar; d) schwerer Hackboden (z.B. Tone, Mergel, leicht verwittertes Gestein), mit dem Reißgerät gewinnbar; e) Hackfelsen: Gesteine geringer Härte (z.B. Ton- und Mergelsteine, Kalksteine), mit dem Reißgerät gewinnbar; f) leichter Sprengfels: Gesteine mittlerer Härte, durch Sprengung gewinnbar; g) schwerer Sprengfels: Gesteine großer Härte (z.B. unverwitterte Magmatite), durch Sprengung gewinnbar.

Gewitter, mesoskaliges Wettersystem, das sich bei hochreichender feuchtlabiler Schichtung entwickelt und aus einer oder mehreren ↗Gewitterzellen besteht. Gewitter gehen einher mit elektrischen Prozessen (Ladungstrennung, Ausbildung von Raumladungen, elektrischen Entladungen, ↗Blitz), Schallphänomenen (↗Donner), starkem Niederschlag mit Graupel und Hagel sowie lokalen Fallwinden (engl. *downbursts*) als Teil eines Kaltluftausflusses aus der Wolke mit Ursprung in mittleren Höhen (3–6 km). Sie sind mit erhöhter Turbulenz und böigen Winden, gelegentlich ↗Tornados, und zumeist bis zur Tropopause reichenden Wolken (Cumulonimben) verbunden. Gewitter und ihre Begleiterscheinungen (Überschwemmungen, Hagelschlag etc.) stellen eine der in Mitteleuropa bedeutendsten Naturkatastrophen dar. Starke Gewitter werden begünstigt durch hochreichende und stark konvektive Instabilität, großes Feuchteangebot in den unteren Luftschichten und Windscherung mit der Höhe. Tornados bilden sich an Scherzonen am Rand des Hauptaufwindgebietes oder darin wie in einer Superzelle, wenn der ganze Aufwind rotiert. Die luftelektrischen Phänomene resultieren aus der dynamischen Entwicklung der Gewitterwolke und sind insbesondere an die Eisbildung gekoppelt, beeinflussen aber die Gewitterdynamik nicht. Die für die Entstehung der Gewitter erforderliche ↗Labilisierung der Luftschichten kann durch mehrere z.T. zusammenwirkende Ursachen hervorgerufen werden: 1) durch starke Erwärmung der unteren Luftschichten (*Wärmegewitter*), 2) durch Hebung der Luftschichten an ↗Fronten (↗Frontgewitter) oder an Gebirgen (orographische Gewitter), 3) durch Verstärkung des vertikalen ↗Temperaturgradienten am Oberrand einer schon bestehenden Wolke durch Kaltluftadvektion in der Höhe oder durch langwellige Ausstrahlung. Der Tagesgang der Gewitter folgt dem der Konvektion mit einem Minimum kurz vor Sonnenaufgang, einem deutlichen Anstieg am späten Morgen, zeigt ein erstes Maximum gegen 17 Uhr und ein zweites, schwächer ausgeprägtes Maximum am späten Abend, das durch langlebige Gewitter hervorgerufen wird. In Deutschland beginnt die Gewittersaison im April mit einem Maximum gegen Ende Juli und einem deutlichen Abfall in August und September. Frontgewitter können zu jeder Tages- und Jahreszeit auftreten. In Süddeutschland gibt es an ca. 30 Tagen im Jahr Gewitter, an der Küste nur noch an 15 Tagen. Bevorzugte Gewittergegenden sind die Schwäbische Alb, der Bodenseeraum, der nördliche Alpenrand und allgemein die deutschen Mittelgebirge. ↗Gewitterarten. [TH]

Gewitterarten, Einteilung der ↗Gewitter nach Zahl der beteiligten ↗Gewitterzellen in Einzelzellen- und Multizellengewitter. Besteht das Gewitter nur aus einer einzigen Zelle von wenigen Kilometern Durchmesser, wie bei einem Wärmegewitter, so ist die Lebensdauer nur kurz (20–60 min.), und die Begleiterscheinungen des Gewitters (Starkniederschlag, Turbulenz, Blitzzahl) sind schwach ausgeprägt. Extreme Wettererschenungen mit Hagel, Starkniederschlag und ggf. Tornados findet man hingegen in Gewittern, die aus einer sehr großen sog. Superzelle bestehen mit einem bis zu 15 km großen Durchmesser des Hauptaufwindgebietes. Während ein Wärmegewitter eine begrenzte Menge feuchter Luft umsetzt und abstirbt, wenn dieser Vorrat erschöpft ist, bewegt sich die Superzelle deutlich nach links oder rechts von der mittleren Windrichtung, führt dabei dem Hauptaufwind immer neue feuchte Luft zu und erreicht so Lebenszeiten von mehreren Stunden. Multizellengewitter können ungeordnet in Clustern auftreten oder linienförmig zu ↗Böenwalzen angeordnet sein. Ihre Struktur begünstigt die ständige Ausbildung neuer Zellen, im Luv des Hauptaufwindes oder hebungsbedingt im Kaltluftausfluß. Multizellengewitter können dadurch über sechs Stunden leben, dabei mehrere 100 km zurücklegen und ähnlich einer Superzelle mit extremem Wetter verbunden sein. Tropische Gewitter unterscheiden sich von denen mittlerer Breiten durch eine größere vertikale Erstreckung bei geringerer Labilität und dadurch bedingt geringere Vertikalgeschwindigkeiten sowie geringere Blitzfrequenz von Wolke-Boden-Blitzen, stärkerer Niederschlagsrate und erheblich größere vom Amboß überdeckte Flächen von 50.000 km^2. [TH]

Gewitterelektrizität, elektrische Prozesse und Erscheinungen in ↗Gewittern. In Gewitterwolken kommt es durch verschiedene Prozesse, deren Zusammenwirken noch nicht vollständig geklärt ist, zur großräumigen *Ladungstrennung*. Von Bedeutung sind dabei insbesondere die vielfältigen Kollisionsprozesse der Eis- und Wasserteilchen, das Gefrieren unterkühlter Wassertröpfchen sowie die Polarisation der Teilchen im elektrischen Feld der Wolke. Im Ergebnis dieser Prozesse tragen kleine Eisteilchen überwiegend positive Ladungen, während größere Wolkenpartikel negativ geladen sind. Unter der Wirkung der Schwerkraft findet in den Luftströmungen der Wolke eine Separation der geladenen Teilchen nach ihrer Masse statt, die zu einer höhenabhängigen Verteilung von Raumladungsgebieten in der Wolke führt. Die elektrische Struktur einer Gewitterwolke zeigt Gebiete negativer Raumladung vorwiegend im unteren Teil der Wolke bei Temperaturen über $-20\,°C$. Darüber erstreckt sich der positive Raumladungsbereich. An der Wolkenbasis wird in Verbindung mit Niederschlag ein kleines Gebiet positiver Raumladung beobachtet. Zwischen den Bereichen unterschiedlicher Raumladungen können Feldstärken über 100 kV/m auftreten. Überschreitet die lokale Feldstärke in der Wolke den Durchschlagswert, so finden Entladungen in Form von ↗Blitzen statt, die einen Ladungsausgleich zwischen Raumladungsgebieten innerhalb der Wolke oder zur Erde bewirken. Zwischen der Gewitterwolke und der Erdoberfläche besteht ein dem ↗Schönwetterfeld entgegengerichtetes elektrisches Feld mit Feldstärken bis zu 5 kV/m. Unter dem Einfluß dieses Feldes fließt ein Koronastrom, der negative Ladung zur Erde führt. Daneben findet ein Leitungsstrom durch Luftionen von der Gewitterwolke in Richtung Ionosphäre statt. Ein Transport von Ladungen erfolgt außerdem mit fallenden Niederschlagsteilchen. Die Summe der Ladungsströme eines Gewitters realisiert einen Stromfluß von etwa 1 A und erhöht effektiv die negative Ladung der Erdoberfläche. Die Gesamtheit der weltweiten Gewittertätigkeit hält als Teil des globalen elektrischen Stromkreises die Potentialdifferenz zwischen Erdoberfläche und ↗Ionosphäre aufrecht. [UF]

Gewitterhäufigkeit, zeigt weltweit eine starke Abhängigkeit von der geographischen Breite und vom Untergrund. Am häufigsten sind Gewitter über dem tropischen Festland und Inselgruppen. Der Tagesgang der globalen Gewitterhäufigkeit wird dominiert durch die Gewitter über den tropischen Landmassen Afrikas und Amerikas und erreicht sein Maximum gegen 13:00–20:00 GMT. Globale Schätzungen ergeben eine Zahl von weltweit 1000 gleichzeitig existierenden Gewittern, die zu einer globalen Blitzrate von etwa 100 s^{-1} führen.

Gewitterzelle, anhand eines deutlich ausgeprägten Hauptaufwindgebietes identifizierbare, minimale räumliche Elementarstruktur eines ↗Gewitters (Konvektionszellen). Eine Gewitterzelle setzt sich zusammen aus dem Hauptaufwindgebiet, dem unmittelbar benachbarten Gebiet starken Niederschlags und dem Amboß, als Ausflußgebiet der im Hauptaufwindgebiet aufsteigenden Luft. Die Breite des Hauptaufwindgebietes variiert zwischen 3 km bei einer gewöhnlichen Zelle und 15 km bei einer Superzelle. Gewitter reichen i. a. bis zur Tropopause, die genaue Höhe wird durch die Höhe feuchtlabiler Schichtung gut repräsentiert. Über dem Hauptaufwindgebiet kann die Luft aufgrund ihrer kinetischen Energie 2–4 km über dieses Niveau hinaus schießen und in die untere Stratosphäre eindringen. Die Wolkenobergrenze findet man daher in mittleren Breiten zwischen 8 und 15 km Höhe, in tropischen Gewittern bis 20 km. In dem überschießenden Gewitterturm werden sehr niedrige Temperaturen beobachtet, in tropischen Gewittern bis unter $-80\,°C$. Der Lebenszyklus einer Gewitterzelle gliedert sich in drei Phasen: Wachstum, Reifestadium und ihre Auflösung. In der Wachstumsphase dehnt sich der Hauptaufwind immer weiter nach oben aus. Die Wolke wächst rasch und Niederschlag entwickelt sich über die Eisphase. Der fallende Niederschlag verdunstet und führt zu ersten Abwinden (engl. downdrafts), die zumeist unmittelbar neben dem Hauptaufwind lokalisiert sind und charakteristisch für das Reifestadium sind. Niederschlag (Regen, ↗Graupel, ↗Hagel) erreicht den Boden, die kühlere Luft des Abwindes breitet sich als Kaltluftausfluß horizontal divergierend mit den typischen Merkmalen einer ↗Dichteströmung aus. Die Abwindgeschwindigkeiten können bis zu 25 m/s erreichen und beträchtlichen Schaden am Boden anrichten. Es bildet sich eine als Böenfront bezeichnete ↗Kaltfront aus, die oftmals von hebungsbedingter Bewölkung in Form eines Böenkragens oder einer

Böenwalze begleitet wird und dem Gewitter bis zu 100 km vorauseilen kann. Die starken Abwindgebiete (engl. downbursts) sind für hindurchfliegende Flugzeuge extrem gefährlich, da zusammen mit abrupten Windrichtungsänderungen das Flugzeug rasch an Höhe verliert (↗Scherung, engl. shear). Während des Reifestadiums werden die kräftigsten Aufwinde von maximal 60 m/s beobachtet. Niederschlagsrate und Blitzrate erreichen dann ebenfalls ihr Maximum. Wird das Hauptaufwindgebiet zunehmend durch Abwinde verdrängt, so beginnt die Zelle zu zerfallen, der Wind schwächt sich ab und der Niederschlag läßt nach. Der Lebenszyklus einer Gewitterzelle beträgt 20–60 Minuten. Eine gewöhnliche Gewitterzelle verlagert sich mit den Höhenwinden, in die sie eingebettet ist, um typischerweise 20 km. Ein Gewitter setzt sich aus einer oder mehreren Zellen zusammen, die sich immer wieder erneuern und so zu einer wesentlich längeren Lebensdauer des Gewitters von mehreren Stunden führen können. [TH]

gewundene Kristalle, eigentümliche Wachstumserscheinung, z.B. bei alpinen Quarzen, in den sog. gewundenen ↗Quarzen. Es sind nach einem Paar Prismenflächen plattig verbreiterte und zugleich windschief gedrehte Kristalle, aufgebaut aus zahlreichen nicht exakt parallelen Subindividuen, bei denen die Vertikalachsen der aneinanderstoßenden Komponenten immer im selben Sinn um einen kleinen Winkel gegeneinander geneigt sind. Gewundene Kristalle finden sich nur bei rechten oder nur bei linken Quarzen. Die windschiefe Drehung erfolgt entsprechend nach rechts oder nach links (Abb.).

Geysir, Thermalquelle in Geothermalfeldern, die periodisch ihr Wasser springquellenartig auswirft. Das Thermalwasser im Zufuhrsystem des Geysirs erhitzt sich an heißem Gestein. Wird an einer Stelle eine bestimmte Temperatur (weit über 100 °C) überschritten, bildet sich Dampf. Die damit einhergehende Schockwelle breitet sich im überhitzten Wasser aus und führt zu weiterer Dampfbildung. Der sich ausdehnende Dampf drückt die darüber stehende Wassersäule rasch nach oben.

Gezeiten, periodische Bewegungen des Meeres, der festen Erde und der Atmosphäre, die durch die *gezeitenerzeugenden Kräfte* hervorgerufen werden. Diese sind durch das Zusammenwirken der Anziehungskräfte zwischen Erde, Mond und Sonne und der mit den Bewegungen dieser Himmelskörper verbundenen Fliehkräfte bestimmt. Die vom Mond ausgeübte Anziehungskraft ist überall auf der Erde zum Mond gerichtet, und ihre Größe ist umgekehrt proportional zum Quadrat des Abstandes vom Mond. Aus der Addition von Fliehkraft und Anziehungskraft des Mondes ergeben sich die gezeitenerzeugenden Kräfte. Entsprechende etwas weniger als halb so große Kräfte ergeben sich durch die Bewegungen des Systems Sonne-Erde.

Die gezeitenerzeugenden Kräfte (Abb. 1) lassen sich als eine unendliche Summe von Sinus- und Kosinusgliedern konstanter Amplitude und Frequenz angeben (sechsdimensionale Fourierreihe), deren einzelne Glieder (harmonische Bestandteile) als Partialtiden bezeichnet werden. Diese erzeugen als massenproportionale Kräfte periodische Bewegungen, die Gezeiten, die sich als Wasserstandsschwankungen, mit ihnen verbundene Strömungen und im Falle ausgeprägter Schichtungen auch als Salzgehalts- und Temperaturänderungen infolge etwa bodentopographiebedingter vertikaler Bewegungen (interne Gezeiten) bemerkbar machen können. Die von einer einzelnen Partialtide im Meer erzeugte erzwungene Schwingung gleicher Frequenz wird ebenfalls als Partialtide bezeichnet. Die Eigenschaften des örtlichen gezeitenbedingten Wasserstandsverlaufes sind zunächst gekennzeichnet durch das Steigen (*Flut*) und Fallen (*Ebbe*) des Wasserstandes. Der Gezeitenverlauf von einem einzelnen Niedrigwasser bis zum folgenden Niedrigwasser wird als eine Tide bezeichnet. Die Höhendifferenz zwischen Niedrigwasser und Hochwasser, der *Tidenhub*, verändert sich i. a. von Tide zu Tide wie auch die anderen Eigenschaften der Tidenkurve (Abb. 2). Abweichungen eines Gezeitenwertes vom entsprechenden Mittelwert, oder *Ungleichheiten der Gezeit*, können z. B. zurückgeführt werden auf unterschiedliche Entfernungen zwischen Erde und Mond, die Mondphasen oder die Deklinationen von Mond und Sonne. Bei halbtägiger Gezeitenform überlagern sich an den meisten Orten ein bis zwei Tage nach Voll- und Neumond die mond- und sonnenerzeugten Gezeiten so, daß sich besonders starke Gezeiten, die ↗Springtiden, ergeben. 7,4 Tage später führt die Überlagerung zu besonders schwachen Tiden, den ↗Nipptiden.

An den meisten Orten wird auch eine etwa eintägige Verspätung des maximalen ganztägigen Tidenhubes gegenüber der maximalen Deklination des Mondes beobachtet. Diese Zeitdifferenzen werden als halb- bzw. ganztägiges Alter der Gezeit bezeichnet. In weiten Teilen des globalen Weltozeans dominieren die halbtägigen *Ozeangezeiten* (*Meeresgezeiten*); das gilt z. B. für den gesamten Atlantik und die angrenzenden Nebenmeere wie die Nordsee. Im Pazifik gibt es v. a. im nördlichen und westlichen Teil ausgedehnte Gebiete mit starkem ganztägigen Gezeiteneinfluß. Die Ursache für diese Erscheinungen läßt sich aus theoretischen Überlegungen und mit Hilfe von Modellen ermitteln, die auf den hydrodynamischen Gleichungen und, zu deren näherungs-

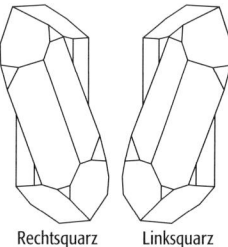

gewundene Kristalle: Rechts- und Linksquarz.

Gezeiten 1: gezeitenerzeugende Kräfte als Vektoren, das gezeitenerzeugende Gestirn (*B*), der Erdmittelpunkt *C* und der sublunare bzw. subsolare Punkt (*B'*).

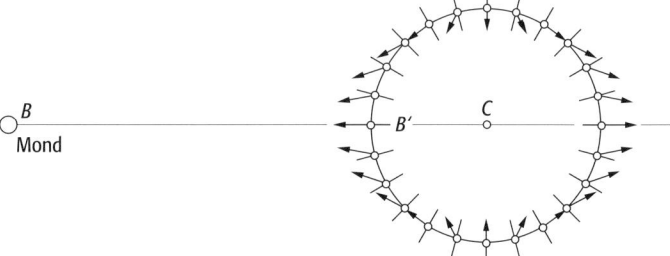

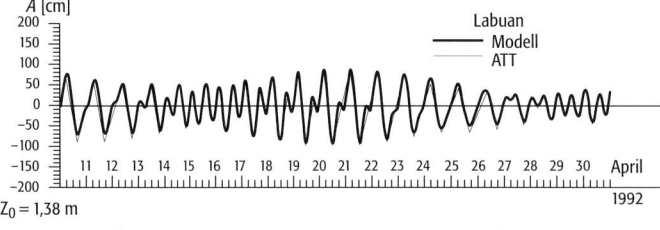

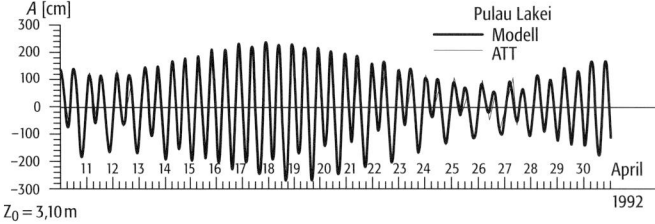

Gezeiten 2: Die Wasserstandskurven für zwei Häfen am Südchinesischen Meer zeigen die Überlagerung verschiedener Partialtiden zu einer gemischten bzw. halbtägigen Gezeit. Vollmond tritt am 17. April um 4.42 Uhr Weltzeit ein, das Schwebungsmaximum in Pulau Lakei verzögert sich gegenüber Vollmond. Das halbtägige Alter berechnet sich für diesen Ort zu 42 Stunden.

weisen Lösung, auf numerischen Algorithmen basieren. Danach besitzen die Ozeane ein mittels der ↗Eigenschwingungen anzugebendes freies Schwingungsverhalten, das abhängig von der Periode und der räumlichen Verteilung der jeweiligen gezeitenerzeugenden Kräfte (Partialtiden) durch letztere eine stärkere (resonanznahe) oder weniger starke Anregung von Gezeiten zuläßt. Mit Hilfe von mathematischen *Gezeitenmodellen* kann eine Approximation der theoretischen an die beobachtbaren Gezeiten erstellt werden. Die *Gezeitenreduktion* ist eine rechnerische Eliminierung der Gezeitenwirkung aus Beobachtungen, so z.B. für ↗Schweremessungen, Meeresspiegelhöhen aus Meeresgezeiten, Punkthöhen auf der festen Erde aus ↗Erdgezeiten, Lotrichtung etc. mit Hilfe von Gezeitenmodellen.

Die Gezeiten der Nebenmeere, die ein eigenes Verhalten besitzen, werden durch die Gezeiten der angrenzenden Ozeane als *Mitschwingungsgezeiten* erzeugt. In den Flachwassergebieten der Nebenmeere oder deren ausgedehnten Schelfe entstehen aus der nichtlinearen Wechselwirkung der Partialtiden mit sich selbst oder untereinander sog. *Seichtwassertiden*, deren Frequenzen sich als Summen ganzzahliger Vielfacher der Frequenzen der beteiligten Partialtiden ergeben. Daher werden in solchen Gebieten z.B. auch Gezeiten mit viertel-, sechstel- oder achteltägiger Periode angetroffen. Ergebnis dieser Wechselwirkungen der Partialtiden sind weiterhin zu den Frequenzdifferenzen gehörige langperiodische und stationäre (zeitunabhängige) Phänomene, wie die stationären Restströme. Sie können in Küstennähe bei starken räumlichen Änderungen der Stromvektoren der Partialtiden, etwa im Bereich von Landspitzen, Wirbel mit Stromgeschwindigkeiten von mehr als 20 cm/s bilden. Durch das Auftreten von Seichtwassertiden werden v.a. in Gezeitenflüssen Verformungen der Tidekurve verursacht, die mit einer Verkürzung der Steigdauer und einer Verlängerung der Falldauer des Wasserstandes verknüpft sind. In manchen Flüssen verkürzt sich die Steigdauer so stark, daß der Anstieg sprunghaft als ↗Bore erfolgt. Die Pororocá-Bore des Amazonas steigt bis zu 5 m hoch und wandert mit 6,5 m/s flußaufwärts. Die geographische Verteilung der Gezeiten wird durch Linien gleicher Tidenhübe und gleicher Eintrittszeiten des Hochwassers (*Flutstundenlinien*) dargestellt (Abb. 3 im Farbtafelteil). Die Gezeitenströme, welche die ganze Wassersäule erfassen, werden im Falle der streng periodischen Partialtiden und Seichtwassertiden durch die *Stromellipsen* in den einzelnen Tiefenhorizonten dargestellt. Die Überlagerung der Partial- und ggf. der Seichtwassertiden liefert verwickelte Gezeitenkurven und Stromfiguren. Dabei besitzt der *Gezeitenstrom*, bedingt durch den Einfluß der Bodenreibung in flacheren Schelfgebieten eine starke Tiefenabhängigkeit (Abb. 4), die im Falle der Existenz interner Gezeiten sogar zu ausgeprägten Maxima der Strömungsgeschwindigkeit im Inneren der Wassersäule führen kann. Bei halbtägiger Periode besitzen die Gezeiten, wenn sie als fortschreitende barotrope *Gezeitenwellen* angeregt werden, Wellenlängen und Phasengeschwindigkeiten von ca. 30 m/s bzw. 1400 km auf dem Schelf und von bis zu 220 m/s bzw. 10.000 km im offenen Ozean. Infolge des Einflusses von Küsten- und Bodentopographie, der Corioliskraft und von Reibungseffekten stellen die Gezeiten ein komplexes Gemisch von fortschreitenden und stehenden Wellen verschiedener Natur dar, das von ↗Amphidromien beherrscht wird.

Wegen der – im Vergleich zu denen der erzeugenden Kräfte - geringen Phasengeschwindigkeiten der Gezeitenwellen kann die Oberfläche des Ozeans nicht die Figur einer Niveaufläche annehmen, die für die *Mondgezeiten* insgesamt einen maximalen Hub von 55 cm und für die *Sonnengezeiten* einen solchen von 25 cm auf einer als

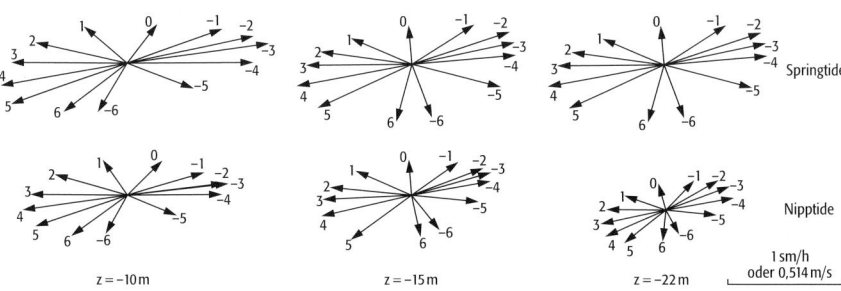

Gezeiten 4: Die zeitliche Veränderung des Gezeitenstromvektors in verschiedenen Tiefen (-22 m: bodennahe Tiefe) in der Deutschen Bucht zeigt eine ausgeprägte Tiefenabhängigkeit und damit den Einfluß der Bodenreibungsgrenzschicht. Ganze Zahlen an den Vektoren geben die Zeitdifferenz in Stunden gegenüber dem Hochwasser in Helgoland an.

starr angenommenen festen Erde aufwiese. Für die reale deformierbare Erde verringern sich diese Werte jeweils um etwa 30 %. Modellrechnungen für den globalen Ozean erlauben es, Bilanzen für Energie und Drehimpuls aufzustellen. Bei einer gleichbleibenden Höhe des Energieinhaltes wird im wesentlichen im offenen Ozean Energie durch die gezeitenerzeugenden Kräfte zugeführt, die in ausgedehnte Schelfgebiete und Nebenmeere transportiert und vorzugsweise dort durch Reibungsprozesse z. B. am Meeresboden vernichtet wird.

Die Reibungskräfte bewirken über die mittlere Verzögerung der realen Gezeit gegenüber der Gleichgewichtsgezeit und ein dadurch hervorgerufenes Drehmoment eine säkulare Verlangsamung der Erdrotation und eine Ausweitung der Mondbahn. Derzeit beträgt diese durch *Gezeitenreibung* verursachte Vergrößerung der Tageslänge zwei Millisekunden pro Jahrhundert und die zugehörige Vergrößerung des Abstandes Erde-Mond 3,7 cm pro Jahr. Je nach Resonanz- und Energiezuflußbedingungen werden im einzelnen sehr unterschiedliche Tidenhübe und Geschwindigkeiten und damit auch Energieflüsse festgestellt. So betragen in der Ostsee, im Europäischen Mittelmeer und im Japanischen Meer die halbtägigen Springtidenhübe weniger als 50 cm und die ganztägigen weniger als 20 cm. Dagegen betragen die maximalen mittleren Springtidenhübe der halbtägigen Gezeit 4 m an der deutschen Nordseeküste, 6,5 m an der englischen und in der Fundy-Bay an der Atlantikküste Nordamerikas wird der weltweit höchste Wert von 14,5 m beobachtet. Auch die Gezeitenströme können in flacheren Gewässern und in Meerengen bedeutend stärker sein als im ozeanischen Mittel. Schon in der Deutschen Bucht treten maximale Gezeitenstromgeschwindigkeiten von mehr als 1 m/s auf. In *Gezeitenkraftwerken* werden die Energien der Gezeitenströme zur Erzeugung von elektrischer Energie genutzt. Schon im Mittelalter nutzte man die Energie der Gezeitenströme in ↗Flutmühlen. *Sturmflutwarndienste* berechnen die Überlagerung von Wind- und Gezeiteneinfluß im Falle von ↗Sturmfluten. Eine reine *Gezeitenvorhersage* für Orte in Küstennähe oder in Gezeitenflüssen wird wegen der strengen Periodizität auf der Grundlage von langjährigen Beobachtungen von hydrographischen Ämtern durchgeführt und in jährlich erscheinenden *Gezeitentafeln* beschrieben. Zwei empirische Verfahren zur Vorhersage von Gezeitenwasserständen sind im Gebrauch, die sich auf zumeist mindestens einjährige Wasserstandsregistrierungen stützen. Das neuere Verfahren liefert die ganze Gezeitenkurve und basiert auf der ↗harmonischen Analyse von Beobachtungsreihen unter Einschluß der Seichtwassertiden. Mit Hilfe der einmal ermittelten *harmonischen Konstanten* kann dann umgekehrt durch Zusammensetzen der Partialtiden der Gezeitenverlauf für den betreffenden Ort vorausberechnet werden. Die in den Gezeitentafeln enthaltenen Wasserstandsangaben werden auf eine bestimmte Höhe bezogen, das *Kartendatum*. Auf dieses beziehen sich die Wassertiefen und es ist so festgelegt, daß es möglichst selten vom Wasserstand unterschritten wird. In den einzelnen Ländern ist diese Höhe verschieden definiert. Die in den Gezeitentafeln aufgeführten Hoch- und Niedrigwasser setzen sich zusammen aus den Gezeiten und dem monatlichen mittleren Wasserstand Z_0 als statistischem Mittelwert der örtlichen Wasserstandsschwankungen. Die Schwankungen von Z_0 werden v. a. durch die jahreszeitlichen Änderungen der vorherrschenden Winde, des Luftdruckes und des festländischen Abflusses verursacht. [WZ]

Literatur: [1] DIETRICH, G. et al. (1975): Allgemeine Meereskunde. [2] ZAHEL, W. (1986): Astronomical Tides, in: Zahlenwerte und Funktionen aus Naturwissenschaften und Technik, Gruppe 5, Bd. 3, Springer. [3] SAGER, G. (1987): Mensch und Gezeiten in zwei Jahrtausenden.

gezeitendominiertes Delta, ↗Ästuardelta.
gezeitenerzeugende Kräfte ↗Gezeiten.
Gezeitenkraftwerk ↗Gezeiten.
Gezeitenküste, ↗Küste, an der die ↗Gezeiten wesentlichen Anteil an den Formungsprozessen haben und es hierdurch zur Ausbildung charakteristischer Formen kommt (↗Ästuar, ↗Watt). ↗Küstenklassifikation Abb., ↗Küstentypen.
Gezeitenmarsch ↗Salzmarsch.
Gezeitenmodell ↗Gezeiten.
Gezeitenreduktion, *Gezeitenkorrektur*, ↗Gezeiten.
Gezeitenreibung ↗Gezeiten.
Gezeitenriß, Öffnung im ↗Meereis, die an der Grenze zwischen dem an der Küste angefrorenen ↗Eisfuß und dem mit den ↗Gezeiten bewegten Meereis entsteht.
Gezeitenschorre, zwischen dem mittleren Tideniedrigwasser und dem mittleren Tidehochwasser liegender Bereich der ↗Schorre an ↗Gezeitenküsten.
Gezeitenstrom ↗Gezeiten.
Gezeitentafel ↗Gezeiten.
Gezeitenvorhersage ↗Gezeiten.
Gezeitenwellen ↗Gezeiten.
Ghats-Orogense ↗Proterozoikum.
Ghibli, Sandsturm, der von der Sahara in Richtung zur libyschen Küste weht. Er entsteht im Zusammenhang mit einem Tiefdruckgebiet über dem Mittelmeer und kann als Teil des ↗Schirokko angesehen werden. Aufgrund der föhnigen Erwärmung beim Überströmen von Gebirgen ist dieser Wind mit über 40 °C besonders heiß und recht trocken (↗Föhn).
G-Horizont, ↗Bodenhorizont entsprechend der ↗Bodenkundlichen Kartieranleitung, Mineralbodenhorizont mit Grundwassereinfluß (G = Grundwasser) und in der Regel dadurch verursachten hydromorphen Merkmalen. Dem Hauptsymbol G können folgende Zusatzsymbole vorangestellt werden: aG = durch periodisch schwankendes Grundwasser im Auenbereich geprägt und mit dem Flusswasser in Verbindung stehend, bG = brakisch (tidal-brakisch), eG = mergelig, jG = anthropogen umgelagertes Natursubstrat, mG = marin (tidal-marin), oG =

durch sedimentäre organische Substanz geprägt, pG = perimarin, tidal-fluviatil, qG = durch Quellwasser beeinflußt oder sG = durch Hangwasser beeinflußt.

Ghourd ↗ *Sterndüne*.

Ghr-Horizont, ↗Bodenhorizont entsprechend der ↗Bodenkundlichen Kartieranleitung, ↗Gr-Horizont mit Anreicherungen an Humusstoffen.

Giant podzols, bis mehrere Zehnermeter mächtige, in sandigen Substraten entwickelte tropische Böden, die Podsolen ähneln; ↗Arenosols nach der ↗WRB.

Gibbs, *Josiah Willard*, amerikanischer Mathematiker und Physiker, * 11.2.1839 New Haven (USA), † 28.4.1903 New Haven; von 1871–1903 Professor für mathematische Physik am Yale College in New Haven. Gibbs lieferte bahnbrechende Arbeiten zur Thermodynamik (nach ihm benannt sind unter anderem die Gibbssche Energie oder Gibbs-Funktion = ↗freie Enthalpie und die Gibbssche Wärmefunktion = Enthalpie), statistischen Mechanik *(Gibbssche Statistik)* und zur Theorie des chemischen Gleichgewichts. Er führte mehrere thermodynamische Funktionen (mit und mit ihnen die Gibbsschen Fundamentalgleichungen) sowie die Begriffe »thermodynamisches Potential« und »Phase« ein, lieferte graphische Verfahren zur Berechnung von Anteilen aus Stoffmengen *(Gibbssches Dreieck)* und entwickelte 1876 die ↗Gibbssche Phasenregel. Im gleichen Jahr leitete er das Gibbssche Adsorptionsgesetz ab, das den Zusammenhang zwischen der Konzentration und der Oberflächenspannung einer Lösung angibt. Zusammen mit H. L. F. von Helmholtz stellte er die Gibbs-Helmholtz-Gleichungen auf, welche den Zusammenhang zwischen der Änderung der freien Energie, der inneren Energie und der Temperatur angeben. Werk (Auswahl): »Elementary Principles in Statistical Mechanics …« (1902).

Gibbsit, *Hydrargillit*, [von griech. hydor = Wasser und orgilos = weißer Ton], nach dem amerikanischen Sammler Oberst G. Gibbs benanntes Mineral mit der Formel γ-Al_2O_3; wichtiges Verwitterungsprodukt aller Al-haltigen gesteinsbildenden Minerale, Hauptkomponente in ↗Bauxiten. ↗Hydroxide, ↗Aluminiumminerale.

Gibbssche Enthalpie ↗ *freie Enthalpie*.

Gibbssche Phasenregel, *Gibbsches Phasengesetz, Phasenregel*, eine erstmals von J.W. ↗Gibbs aufgestellte Regel, die heute thermodynamisch untermauert als Phasengesetz für Kristallchemie, Mineralogie und Petrologie von grundlegender Bedeutung ist. Sie gestattet es, die Anzahl der in einem System auftretenden Phasen bei bekannten physikalisch-chemischen Bedingungen exakt vorauszusagen. Die maximale Anzahl der Phasen P ergibt sich als die Summe der Komponenten K plus dem Zahlenwert 2, vermindert um die Anzahl der Zustandsvariablen bzw. Freiheiten F, gemäß der Gleichung:

$$P = K + 2 - F.$$

In zahlreichen mineralogischen Systemen, insbesondere bei den Gesteinen, wo die Zustandsvariablen Druck und Temperatur in weiten Grenzen variieren, entspricht die Anzahl der Phasen der Anzahl der Mineralarten und im allgemeinen auch der Anzahl der stofflichen Komponenten, so daß hier die Phasenregel $P = K$ gilt. Liegt in einem System nur eine einzige Phase vor, z. B. im überkritischen Zustandsbereich des H_2O, dann bezeichnet man es als homogenes System. In Mehrstoffsystemen kann die Anzahl der Phasen dagegen sehr groß sein, solche Systeme mit mehreren Phasen bezeichnet man als heterogene Systeme. Gemäß dem Phasengesetz ist die Anzahl der in einem System möglichen Phasen bei freier Wahl der Zustandsvariablen gleich der Anzahl der vorhandenen Komponenten. Liegt dagegen eine Zustandsvariable, z. B. der Druck oder die Temperatur, fest, dann kann eine weitere Phase auftreten, liegen sowohl Druck als auch Temperatur fest, treten zwei Phasen mehr auf. ↗Phasenbeziehungen, ↗Einstoffsysteme, ↗binäre Systeme, ↗tenäre Systeme. [GST]

Gifteinwirkung, ↗Toxizität eines Stoffes auf einen Organismus oder eine ↗Biozönose. Die quantitative Angabe erfolgt als Konzentration im Medium (mg/l) oder als Dosis bezogen auf das Körpergewicht (mg/kg) eines Testorganismus.

Giftigkeit ↗ *Toxizität*.

Giftmüll, für die Umwelt und den Menschen hochgradig schädliche Abfallprodukte aus der Chemie-, Farben-, Papier- und Rohstoffindustrie. Giftmüll muß als ↗Sondermüll getrennt vom übrigen Abfall entsorgt werden. Giftmüll kann entweder verbrannt oder in durch spezielle Umweltauflagen gekennzeichneten ↗Sonderabfalldeponien gelagert werden.

Gilbert, *Grove Karl*, amerikan. Geologe, *6.5.1843 Rochester (N. Y.), †1.5.1918 Jackson (Mich.); arbeitete seit 1869 an verschiedenen geologischen Institutionen der USA. Begleitete 1871 als Geologe eine geographische Expedition in die Gebiete westlich des 100. Breitengrades der Vereinigten Staaten und nahm 1874 an der zweiten Forschungsreise J.W. ↗Powells zum Coloradoplateau teil. Er wurde 1892 und 1909 zum Präsidenten der Geological Society of America gewählt. Seine geowissenschaftlichen Forschungen zeichnen sich durch die konsequente Anwendung quantitativer Arbeitsweisen aus. Er erkannte als einer der ersten die enorme Bedeutung von Umwelteinflüssen auf geomorphologische Prozesse. Neben Studien zur Hydraulik und zum fluvialen Sedimenttransport entdeckte und benannte er die Lakkolithe. Viele der später von W. M. ↗Davis entwickelten Modellvorstellungen zur Reliefgenese gehen auf Erkenntnisse Gilberts zurück.

Gilbert, *William*, engl. Physiker und Arzt, *24.5.1544 in Colchester, †30.11.1603 in London; ab 1573 praktischer Arzt in London, 1600 zum Präsidenten des »College of Physicians« ernannt, später Leibarzt der Königin Elisabeth I. und des Königs Jakob I.; Mitbegründer der Lehre des Erdmagnetismus (sah die Erde als großen Kugelmagneten an und vermutete eine Ausrichtung der Kompaßnadel zu den erdmagnetischen Polen); entdeckte viele Erscheinungen der Elektrizität

Gibbs, *Josiah Willard*

und des Magnetismus, z. B. die magnetische Inklination; studierte die elektrostatischen Kraftwirkungen von Stoffen (z. B. Bernstein) nach Reibung und prägte den Begriff »Elektrizität«; stellte auch Überlegungen zur Kraft an, welche die Himmelskörper in ihren Bahnen hält, und nahm eine besondere Form der magnetischen Anziehung als Ursache an. Nach ihm sind das Gilbert (Einheit der magnetischen Spannung) und die Gilbert-Epoche (paläomagnetische Epoche vor ca. 4,5–3,3 Mio. Jahren mit im Vergleich zum heutigen Erdmagnetfeld umgekehrter Richtung) benannt. Werke (Auswahl): »De magnete magneticisque corporibus et de magno magnete Tellure physiologia nova« (1600), »De mundo nostro sublunari philosophia nova« (1651, postum).

Gilbert-Chron, Zeitabschnitt von 3,58–5,89 Mio. Jahre v. h. mit überwiegend inverser Polarität des Erdmagnetfeldes. Im Gilbert-Chron enthalten sind folgende ↗Events normaler Polarität: das ↗Cochiti Event (4,18–4,29 Mio. Jahre v.h.), das ↗Nunivak Event (4,48–4,62 Mio. Jahre v.h.), das ↗Sidufjall Event (4,80–4,89 Mio. Jahre v. h.) und das ↗Thvera Event (4,98–5,23 Mio. Jahre v.h.). ↗Feldumkehr.

Gilgai-Musterboden, australischer Begriff für einen mit Mikrorelief versehenen Musterboden, der den ↗Frostmusterböden ähnelt, jedoch in den wechselfeuchten Gebieten der Tropen und Subtropen vorkommt. Gilgai-Musterboden entstehen durch unterschiedliche Quellfähigkeit tonreicher Substrate infolge eines häufigen Wechsels von Austrocknung (↗Schrumpfung) und Befeuchtung (↗Quellung), und sind damit den ↗Vertisolen zuzuordnen. Die ring-, polygon- oder streifenförmigen Reliefformen können Größenordnungen im Meter- bis Dekameterbereich erlangen.

Gilsa Event, Zeitabschnitt normaler Polarität von sehr kurzer Dauer ($\approx 30 \cdot 10^3$ Jahre) vor etwa 1,62 Mio. Jahre im inversen Matuyama-Chron. ↗Feldumkehr.

Ginkgoopsida, Klasse der ↗Coniferophytina. Es sind ↗gymnosperme, gabelblättrige ↗Spermatophyta mit Tracheidenholz, deren ↗Blüte im Gegensatz zu den ↗Pinopsida keine sterilen Blattorgane trägt. An sehr langen Achsen sitzen gestielte Staubblätter oder Samenanlagen locker verteilt. Sehr charakteristische Pflanzenfossilien sind die streng dichotom gabeladrigen, flachen, breiten, fächerförmigen, bei den Taxa des ↗Mesophytikums auch gelappten, stark zerschlitzten ↗Trophophylle. Die Ginkgoopsida sind seit dem Unterperm bekannt, sie entfalteten sich weltweit im Jura und in der Unterkreide. Danach erfolgte eine kontinuierliche Arealschrumpfung auf subrezente Reliktvorkommen in Ostasien, von wo aus *Ginkgo bilboa* als einzige Art und lebendes Fossil anthropogen als Kulturbaum wieder weltweit verbreitet wurde.

Gipfeleruption ↗Flankeneruption.

Gipfelflur, Relikt eines ehemals flachen Ausgangsreliefs vor einer starken Hebung und Zertalung. Meist sehr rudimentär erhalten und nur aus übereinstimmenden Grat-, Gipfel- und Wasserscheidenhöhen rekonstruierbar.

Gips, *Fraueneis, Frauenglas, Gipsspat, Glinzerspat, Marieneis, Montmartrit, Sandrose, Selenit, Spiegelstein, Wüstenrose*, Mineral mit monoklin-prismatischer Kristallstruktur und der chemischen Formel: $Ca[SO_4] \cdot 2\,H_2O$; Farbe: farblos, weiß, gelb, grau, braun, schwarz, seltener blau; Glas-, Seiden- oder Fettglanz; durchsichtig, durchscheinend oder undurchsichtig; Strich: weiß; Härte nach Mohs: 1,5–2 (mild bis spröd, unelastisch biegsam); Dichte 2,2–2,4 g/cm^3; Spaltbarkeit: sehr vollkommen nach (*010*); Aggregate: säulige, tafelige (Abb. 1, nadelige Kristalle, vielfach Zwillinge (»Schwalbenschwanzzwilling«, Abb. 2), ansonsten grobspätig bis feinkörnig, dicht, faserig (Fasergips); vor dem Lötrohr Wasserverlust und nach Zersetzung schmilzt er zu weißer Emaille; in Wasser löslich, in Salzsäure wenig löslich; Begleiter: Halit, Anhydrit, Aragonit, Schwefel, Pyrit; Vorkommen: als Primärausscheidung in Evaporiten, bildet sich bei der Eindunstung von Meerwasser nach der Carbonatausscheidung oder mit Tonmineralen oft in feinrhythmischer Wechsellagerung, aber auch im Bereich von ↗Fumarolen in kleinen Mengen aus basischen Laven entstehend; Fundorte: Harz, Krölpa bei Sallfeld (Österreich), Duchcov (Dux) in Böhmen und Presov (Preschau) in der Slowakei, ansonsten weltweite Verbreitung. [GST]

Gipsböden, Gruppe der Böden, die aus sulfatreichen Gesteinen entstanden sind.

Gipshut, *Hutgestein, Salzstockdach, anhydritischer Hut, Residualgebirge*, Kappe auf einem ↗Salzdiapir, der im wesentlichen aus Gips besteht. Es bildet sich bei der ↗Subrosion des Salzdiapirs aus den un- bzw. schwerlöslichen Bestandteilen der salinaren Formation (z. B. Tonstein, Anhydrit).

Gipskeuper, unterer Teil des mittleren ↗Keupers, benannt nach der verbreiteten Einschaltungen gipsführender Schichten und evaporitisch betonter Tonsteine. ↗Germanische Trias.

Gipswässer, calcium- und sulfatreiche Grundwässer, die durch Auslaugung von Sulfatgesteinen, insbesondere Gipsgesteinen, entstehen. ↗Grundwasserbeschaffenheit.

Girlandenboden, *Feinerdegirlanden, Fließerdegirlanden, Feinerdeterrassen*, ↗Frostmusterboden in Hanglage, ausgebildet als Steinstreifen und Feinerdestreifen mit girlandenartigen Ausbuchtungen. Girlandenböden entstehen durch ↗Kryoturbation und unregelmäßige, gebundene ↗Solifluktion unter Vegetationsbedeckung und dem Einfluß der Hangneigung.

GIS ↗*Geoinformationssystem*.

Gischt, Schaum von brechenden Seegangswellen (↗Seegang), der vom Wind über das Wasser geweht wird.

GIS-Datenbank, digitale Datenbank, die als Komponente eines ↗Geoinformationssystems eingesetzt wird. Sie dient der Speicherung, Verwaltung und Abfrage von ↗Geodaten.

GIS-Management, Koordination aller Aufgaben, die für den Betrieb eines ↗Geoinformationssystems notwendig sind.

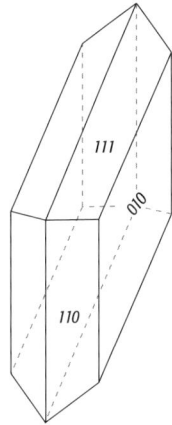

Gips 1: Gipskristall: tafeliger Habitus nach (*010*).

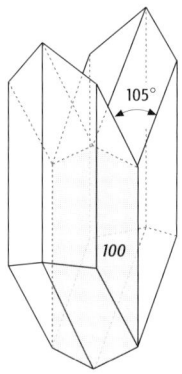

Gips 2: Gipskristall: »Schwalbenschwanzzwilling« mit (*100*) als Zwillingsebene.

GIS-Methoden, Funktionen und prozedurale Strukturen die für die digitale Datenverarbeitung mit GIS-Software eingesetzt werden.

GIS-Software, Software für den Betrieb von ↗Geoinformationssystemen.

GIS-Technik, die für den Betrieb von ↗Geoinformationssystemen notwendige Technik, z. B. Hardware, Software, Ein- und Ausgabegeräte, Datennetze.

GIS-Technologie, umfaßt in ihren Zusammenhängen die Komponenten für die Erfassung und Verwaltung von ↗Geodaten, ihre numerische und graphische Verarbeitung, die ↗Visualisierung und die ↗Datenkommunikation. Im weiteren Sinne können auch gesellschaftliche Zusammenhänge berücksichtigt werden.

Gitter, kristallographisch unterscheidet man unterscheidet Punktgitter (bzw. Atomgitter), Vektorgitter und Translationsgitter. Ein *Punktgitter* besteht aus einer Menge von translatorisch gleichwertigen Punkten, deren gegenseitiger Abstand (zwecks Abgrenzung von Kontinua) nicht beliebig klein sein darf. Eine aus Atomen bestehende Kristallstruktur ist gitterartig, wenn alle Atome untereinander translatorisch gleichwertig sind. Gitterartige Kristallstrukturen können also nur von Elementen gebildet werden, doch sind keinesfalls alle Elementstrukturen gitterartig. Die Cu-Atome in einem Kupferkristall bilden ein Gitter, nicht aber die C-Atome im Diamant, der aus zwei ineinander gestellten gitterartigen Teilstrukturen besteht. Jedem Punktgitter ist ein *Vektorgitter* zugeordnet. Dessen Vektoren lassen sich als Punktpaare $\vec{OP}$ auffassen, wobei O ein beliebig gewählter Punkt des Punktgitters ist und P alle Punkte des Gitters durchläuft. In einem Vektorgitter läßt sich stets derart eine ↗Basis finden, daß das Gitter aus allen ganzzahligen Linearkombinationen der ↗Basisvektoren besteht. Eine Menge von Translationen, deren Translationsvektoren ein Vektorgitter bilden, nennt man ein *Translationsgitter*. Die Menge aller Translationen einer Raumgruppe bildet ein Translationsgitter. ↗Bravais-Gitter. [WEK]

Gitterdüne, morphographischer Begriff, der das Verteilungsmuster sich kreuzender ↗Dünen in einem ↗Erg beschreibt. In der Regel handelt es sich dabei um Dünen unterschiedlichen Alters, die unter verschiedenen Windregimes gebildet wurden, wobei die älteren Formen meistens ↗Draa sind.

Gitterenergie, Energie, die aufgewendet werden muß, um 1 Mol einer Kristallstruktur in die einzelnen Ionen oder Atome zu zerlegen.

Gitterkomplex, Klasse von ↗Punktlagen in ↗Raumgruppen. Untersucht man alle Punktlagen in den 230 Raumgruppen, so findet man in verschiedenen Raumgruppen geometrisch gleichartige Punktlagen, durch deren Klassifikation die Übersicht über alle möglichen Punktanordnungen von Atomen in Kristallen wesentlich vereinfacht wird. Dazu betrachtet man für eine Punktlage nicht nur die Symmetrieoperationen der Raumgruppe, in der sie erzeugt wurde, sondern alle Symmetrieoperationen, unter denen die Punktlage bei beliebiger symmetrieverträglicher Parameterwahl invariant ist. Diese Gruppe wird als Eigensymmetrie-Raumgruppe dieser Punktlage bezeichnet. Formal werden zwei Punktlagen zum gleichen Gitterkomplex gerechnet, wenn sie in ihrer Eigensymmetrie-Raumgruppe zu einer Punktlage der gleichen Konfigurationslage gehören, d. h. wenn sie sich durch eine Operation des affinen Normalisators (d. h. derjenigen Untergruppe der Gruppe der affinen Transformationen, welche die Eigensymmetrie-Raumgruppe unter Konjugation invariant läßt) aufeinander abbilden lassen. Auf diese Weise werden die 1731 Punktlagen der Raumgruppen in 402 geometrisch gleichartige Gitterkomplexe eingeteilt. Für diese wurde eine spezielle Nomenklatur entwickelt, die für die Beschreibung von ↗Kristallstrukturen verwendet wird. [HWZ]

Gitterkonstante ↗Gitterparameter.

Gitternetzkarte, abgeleitet aus der kartographischen ↗Zeichen-Objekt-Referenzierung ein ↗Kartentyp zur Repräsentation von nominal- oder ordinalskalierten Daten mit Bezug zu zweidimensional definierten Arealen. Die Repräsentation der Daten in der Gitternetzkarte erfolgt auf der Grundlage des ↗kartographischen Zeichenmodells durch flächenförmige Zeichen, die mit Hilfe der ↗graphischen Variablen Form, Farbe oder Richtung variiert werden. Im Unterschied zur ↗Mosaikkarte und zur ↗Choroplethenkarte ist die Gitternetzkarte ein Kartentyp, in dem nicht im Diagramm sondern die Schraffurelemente der Zeichen proportional zum Werteverlauf variiert werden.

Gitterparameter, Parameter (a, b, c, α, β, γ), welche die Gestalt der durch die Basisvektoren $\vec{a}$, $\vec{b}$ und $\vec{c}$ aufgespannten ↗Elementarzelle einer Kristallstruktur charakterisieren. Dabei sind $a = |\vec{a}|$, $b = |\vec{b}|$ und $c = |\vec{c}|$ die Beträge der Vektoren und $\alpha = \angle(\vec{b},\vec{c})$, $\beta = \angle(\vec{c},\vec{a})$ und $\gamma = \angle(\vec{a},\vec{b})$ die Winkel zwischen den Vektoren. Bei trikliner Kristallen ist die Angabe aller sechs Werte erforderlich, beim kubischen System genügt die Angabe einer Länge, der Kantenlänge der kubischen Elementarzelle. Die Gitterparameter werden auch als *Gitterkonstanten* bezeichnet, doch ist die erstgenannte Bezeichnung vorzuziehen, da die Parameter Funktionen beispielsweise der Temperatur und des Drucks sind. Die Gitterparameter sind weitgehend charakteristisch für eine Kristallstruktur. Ihre Bestimmung stellt eine wichtige Methode zur Identifikation von kristallinen Substanzen dar.

Gitterpunkthöhenberechnung ↗digitale Geländemodellierung.

Gitterpunktsystem, *Rechengitter*, auf dem Simulationen mit ↗numerischen Modellen durchgeführt werden (Abb.). Bei den ↗numerischen Simulationen wird meistens das Rechengebiet mit einem Netz überzogen, an dessen Knotenpunkten die meteorologischen Variablen definiert und mit dem zugrundeliegenden Gleichungssystem berechnet werden. Der horizontale Abstand Δx und Δy zwischen zwei Knoten ist die Gitterweite, die bei ↗Klimamodellen 100–500 km beträgt, bei

Wettervorhersagemodellen 5–50 km und bei Modellen für die Mikro- und die Mesoskala 10 m–5 km. Während diese horizontalen Abstände ausreichen, um die auf der entsprechenden Skala relevanten meteorologischen Vorgänge darzustellen und zu berechnen, müssen in der vertikalen Richtung die Knotenpunkte dichter beisammen liegen. Typische Abstände Δz in Erdbodennähe sind dabei 5–50 m und im Bereich der planetaren Grenzschicht 100–400 m. Aus Gründen, die mit der mathematischen Lösung des verwendeten Gleichungssystems zu tun haben, wird häufig nicht nur ein Gitterpunktsystem benutzt, sondern zwei gegeneinander um eine halbe Maschenweite verschobene Gitter. Dabei werden die Geschwindigkeitskomponenten u, v und w in die drei Raumrichtungen x, y und z auf eine bestimmte Art um einen zentralen Knotenpunkt angeordnet, an dem die anderen meteorologischen Variablen (z. B. der Luftdruck p) definiert sind. [GG]

Givet, *Givetium*, international verwendete stratigraphische Bezeichnung für die obere Stufe des Mitteldevons, über ↗Eifel, unter ↗Frasne, benannt von J.B. D'Omalius D'Halloy (1839) nach der Ortschaft Givet in Nordfrankreich. ↗Devon, ↗geologische Zeitskala.

GK-Koordinaten ↗*Gauß-Krüger-Koordinaten*.

Gkso-Horizont, ↗Bodenhorizont entsprechend der ↗Bodenkundlichen Kartieranleitung, ↗Go-Horizont, mit Brauneisen als Raseneisensteinkonkretionen.

glacier surges, *glacial surge*, *Gletscherwoge*, periodisch auftretende, sehr schnelle und oft katastrophale ↗Gletschervorstöße, wobei über einen Zeitraum von bis zu mehreren Jahren mögliche Gletschergeschwindigkeiten von einigen km in wenigen Monaten beobachtet wurden (z. B. Kutiah-Gletscher im Karakorum: 12 km in drei Monaten, Atabaska-Gletscher in Kanada: 120 m an einem Tag bzw. 8 km in einem Jahr). Als wesentliche Entstehungsursache für glacier surges, die meist nur Teilbereiche eines ↗Gletschers erfassen, wird eine stark erhöhte Gleitfähigkeit des Gletschers durch Anstieg des Schmelzwasserdrucks, Wasserstau und die Entstehung regelrechter Wasserpolster an der Gletschersohle diskutiert.

Glacis, *Akkumulationsfußfläche*, *Fußfläche*, wenig scharfe Bezeichnung für eine Abdachungsfläche, welche in einer idealtypischen morphologischen ↗Catena die Stellung zwischen ↗Pediment und ↗Vorfluter einnimmt (↗Bolson Abb.). Im Gegensatz zum Pediment setzt sich der oberflächennahe Untergrund des Glacis i. d. R. aus umgelagerten Lockersedimenten zusammen.

Glaisher, James, engl. Meteorologe, * 7.4.1809 in London, † 7.2.1903 in Croydon (Surrey), 1838–74 Vorstand der Magnetisch-Meteorologischen Abteilung des Observatoriums in Greenwich; Pionier der meteorologischen Freiballonfahrten (1862) veröffentlicht in »Travels in the Air« (1871).

Glanz, wichtige diagnostische Eigenschaft der Minerale, die von der Lichtbrechung, der Absorption und der Beschaffenheit der Mineraloberfläche abhängt. Der Diamantglanz bei ↗Diamant, ↗Sphalerit usw. wird durch die sehr hohe Lichtbrechung verursacht sowie auch der Metallglanz der meisten ↗Sulfide und ↗Oxide, die zusätzlich noch eine hohe Absorption aufweisen. Dagegen zeigen durchsichtige Minerale mit niedrigem Brechungsindex meist Glasglanz. Feinfaserige und feinschuppige Minerale sowie Mineralaggregate wie ↗Asbest haben einen Seiden- oder Prozellanglanz (↗Feldspäte). Durch Interferenz des Lichtes an dünnen Blättchen entsteht der Perlmuttglanz bei ↗Gips und ↗Glimmer.

Glanzbraunkohle ↗*Lithotyp*.

Glanze, auf die Bergmannssprache zurückführende Bezeichnung für Minerale, insbesondere Erze, die sich durch ihren hohen ↗Glanz auszeichnen, z. B. Eisenglanz, Bleiglanz, Silberglanz, Antimonglanz, Kupferglanz etc. In der Mineralklasse der ↗Sulfide zeichnen sich die Glanze durch ein deutlich metallisches Aussehen aus, haben jedoch im Gegensatz zu den ↗Kiesen eine meist graue bis dunkle Farbe, einen schwärzlichen ↗Strich und eine geringe ↗Härte sowie eine gute ↗Spaltbarkeit.

Glanzkohle ↗*Vitrain*.

Glanzwinkel, Einfallswinkel bei Verwendung von Röntgenstrahlen, jedoch nicht, wie in der Optik üblich, gegen die Flächennormale, sondern gegen eine Fläche, gemessen für den Fall, daß die ↗Braggsche Gleichung erfüllt ist und somit Braggreflexe beobachtbar sind.

Glas ↗*Gesteinsglas*.

Glashauseffekt ↗*Treibhauseffekt*.

Glasmeteorit ↗*Tektite*.

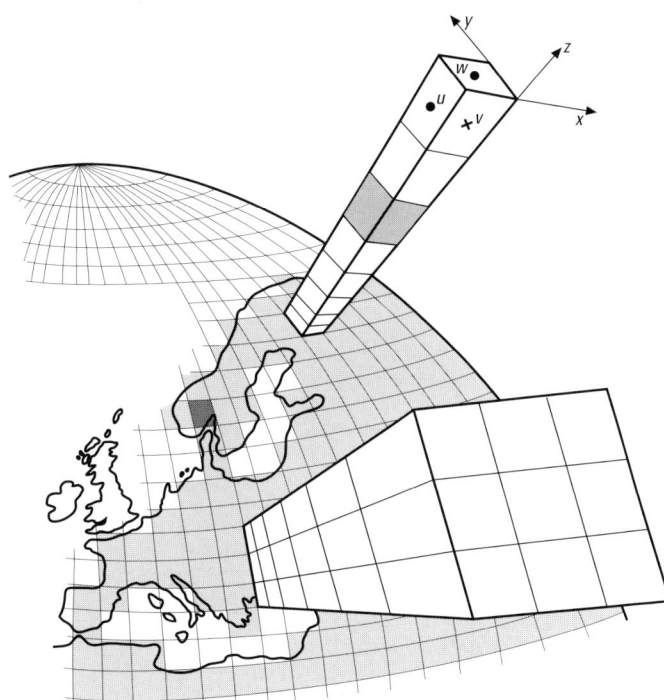

Gitterpunktsystem: schematische Darstellung eines Gitterpunktsystems.

Glätte, ist die Folge von Eisablagerungen, die durch ↗Schnee, ↗Eis, ↗Reif und Gefrieren von Nässe entstehen.

Glatteis, entsteht bei folgenden Bedingungen: a) Regen fällt in Frostluft und wird zu ↗Eisregen, der unterkühlt ist und beim Auftreffen auf den Boden sofort gefriert. b) Glatteis kann auch entstehen, wenn die Lufttemperatur durchweg über dem Gefrierpunkt liegt, der Boden jedoch noch gefroren ist und auch die Oberfläche eine Temperatur unter 0 °C aufweist, auf die dann der Regen fällt. Hierbei entsteht durchsichtiges Eis, das auf dem Boden schwarz wirkt.

Glatthang, wenig gegliederter, in der Regel zwischen 25° und 35° geneigter Felshang, der entweder völlig frei liegt oder nur von einem sehr geringmächtigen Schuttschleier bedeckt wird. Glatthänge entstehen durch intensive ↗Verwitterung (insbesondere ↗Frostverwitterung) im Zusammenhang mit flächenhafter ↗Denudation (sog. Versatzdenudation).

Glättung, *smoothening*, Filterung eines Bildes mit hohem Rauschen (unerwünschte Störsignale) durch Ersetzen des jeweiligen Pixelwertes durch das arithmetische Mittel der umgebenden Pixel. Dabei handelt es sich um keine echte ↗Bildverbesserung, da sie zu Informationsverlusten bzw. zu einem künstlichen Auffüllen von Daten führt. Sie ist daher ein kosmetisches Verfahren, welches zu einer optisch besseren Bildqualität führt, aber keinen zusätzlichen Informationsgewinn bringt.

Glaukonit, [von griech. glauko = grau], *Chlorphanerit*, Mineral mit monoklin-prismatischer Kristallform und der chemischen Formel: $(K,Na,Ca)_{<1}(Al,Fe^{2+},Fe^{3+},Mg)_2[(OH)_2|Al_{0,35}Si_{3,65}O_{10}]$; Farbe: dunkelgrün bis grünlich-schwarz; matter Glanz; Härte nach Mohs: 2–3 (spröd); Dichte: 2,2–2,8 g/cm³; Spaltbarkeit: sehr selten und nur bei großen Stücken vollkommen nach (001); Aggregate: eingesprengt, gerundete Körnchen oder Kügelchen; erdig; Kristalle sind selten; vor dem Lötrohr schwer schmelzbar, zersetzt sich in konzentrierter Salzsäure; Begleiter: Phosphate; Vorkommen: marine Entstehung in Sedimentgesteinen wie Sandsteinen, Mergeln und Tonen in relativ geringen Tiefen und vorwiegend in Küstenzonen; Fundorte: Münsterland, Osttirol (Österreich), Kasachstan.

Glaukophanschiefer ↗Blauschiefer.

Glazial, ↗Eiszeit, Epoche wesentlich kälteren Klimas.

glazial, vom Eis geschaffen, im Zusammenhang mit ↗Gletschern oder ↗Eisschilden entstanden. Der Begriff ist somit vorrangig auf glazial-geomorphologische Prozesse, Sedimente und Formen ausgerichtet, findet darüber hinaus aber auch klimatisch Verwendung (im Gegensatz zu ↗subglazial oder nival), zeitlich (im Gegensatz zu prä- oder postglazial) und räumlich (im Gegensatz zu ↗periglazial). Geowissenschaftlich wird der Begriff meist in Bezug auf Prozesse, Formen, Sedimente und Klima angewendet. Da diese aktuell oder vergangen sein können, verbietet sich eine einfache Übersetzung wie eis- oder kaltzeitlich. Es existieren begriffliche Spezifikationen für glaziale Formen und Sedimente, die direkt vom Eis geschaffen wurden, sie werden als ↗glazigen bezeichnet (z. B. ↗Geschiebemergel, ↗Geschiebelehm, ↗Moränen), solche, die in der direkten Eisumgebung, aber noch im Kontakt mit dem Eis (und daher nicht periglazial) entstanden sind, als glaziäre Formen (↗Schmelzwasserablagerungen). Im Übergang zu anderen geomorphologischen Prozessen und Formen gibt es weitere Begriffe, wie z. B. ↗fluvioglazial, ↗glazilimnisch. [JBR]

Glazialakkumulation ↗glaziale Geomorphodynamik.

glaziale Erosion, *Glazialerosion*, *Gletschererosion*, ↗Erosion durch ↗Gletschereis. Glaziale Erosion erfolgt durch die Vorgänge der ↗Detraktion, ↗Detersion (auch Gletscherschliff) und ↗Exaration. Dabei bezeichnet die Detraktion das Herausbrechen von infolge ↗Regelation an der Gletscherunterseite angefrorenen Fragmenten des Felsuntergrunds (insbesondere im Lee von Hindernissen), Detersion die Schleifwirkung von am Gletscherboden mitgeführten und angefrorenen Gesteinskomponenten am Felsuntergrund (mit typischer Entstehung von Gletscherschrammen) und Exaration das Ausschürfen und die Auffaltung nicht glazigener Sedimente an der ↗Gletscherfront. Charakteristische Landschaftsformen der glazialen Erosion, welche häufig zu ↗glazialer Übertiefung führt, sind z. B. ↗Kare, ↗Trogtäler und ↗Rundhöcker.

glaziale Geomorphodynamik, durch Eis (↗Gletscher oder ↗Eisschild) hervorgerufene Prozesse, die auf Sedimente und Relief wirken. Durch *Glazialakkumulation* werden ↗glaziale Sedimente (z. B. ↗Geschiebelehm, ↗Geschiebemergel) hervorgebracht. Glazialerosion (↗glaziale Erosion) und Akkumulation schaffen verschiedenste glaziale Formen (z. B. ↗Kar, ↗Trogtal, ↗Moränen).

glaziale Meeresspiegelschwankung, ↗Meeresspiegelschwankungen im Zusammenhang mit den ↗Eiszeiten.

glazialer Formenschatz, Bezeichnung für die Gesamtheit der durch glaziale Geomorphodynamik geschaffenen Formen. Hierzu zählen sowohl Erosionsformen (z. B. ↗Kar, ↗Trogtal, ↗Rundhöcker, ↗Schmelzwasserrinnen) als auch Akkumulationsformen (z. B. ↗Moränen, ↗Sander).

Glazialerosion ↗glaziale Erosion.

glaziale Sedimente, Ablagerungen, die direkt im Zusammenhang mit Eis (↗Gletscher oder ↗Eisschild) entstanden sind, insbesondere ↗Geschiebemergel, ↗Geschiebelehm und alle Arten von ↗Moränen (glazigene Sedimente), oder Ablagerungen, die am Eisrand im Kontakt mit dem Eis entstanden sind (glaziäre Sedimente). Sedimente die glazialen und fluvialen Prozessen unterlagen, werden als fluvioglaziale Sedimente bezeichnet (z. B. ↗Sander). Glaziale Sedimente können, in einer regelhaften Abfolge angeordnet sein und bilden dann die sog. ↗Glaziale Serie.

Glaziale Serie, regelhafte Abfolge von Sedimenten und geomorphologischen Formen, welche durch ↗glaziale (Gletschereis) und fluviale (Schmelzwässer) Geomorphodynamik am Glet-

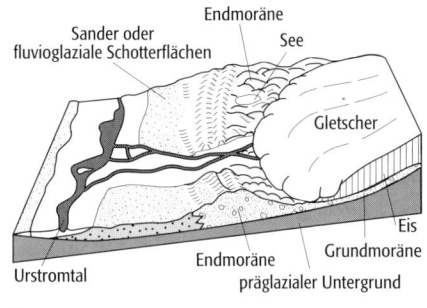

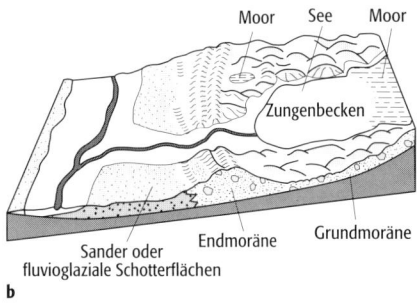

scherrand und im Vorland des ↗Gletschers entstanden ist. Der von A. ↗Penck eingeführte Begriff umfaßt im Idealfall: ↗Grundmoräne mit ↗Zungenbecken und ↗Zungenbeckensee, Wälle der ↗Endmoräne, die fluvioglazialen Ablagerungen der ↗Sander und das ↗Urstromtal (Abb.). Durch die Oszillation des Eisrandes und die Dynamik des fluvioglazialen ↗Schmelzwassers entstehen im Wechsel und Zusammenspiel von Glazialerosion und Glazialakkumulation diese Sedimente und Formen in einer räumlichen Anordnung, die einen genetischen Bezug von glazialen und fluvioglazialen Sedimenten erlauben. Die Glaziale Serie wie oben beschrieben ist in den ↗Jungmoränenlandschaften im Norden Mitteleuropas als Folge der Inlandvereisung (↗Eisschild) zu finden. Bei der ↗Vorlandvergletscherung der Alpen im heutigen Alpenvorland sind die Sander aufgrund des geringen Transportweges als fluvioglaziale Schotterflächen ausgebildet und das Urstromtal, als der Eisrand umfließende, große fluvioglaziale Entwässerungsrinne, fehlt hier. Am Besten zu beobachten ist die Glaziale Serie in rezenten Gletschervorfeldern, wo die zeitliche und räumliche Ausprägung der glazialen und fluvialen Geomorphodynamik die Sediment- und Formenbildung erkennen läßt. [JBR]

glaziale Übertiefung, durch die Prozesse der ↗glazialen Erosion erfolgte intensive Überformung, Erweiterung und Ausschürfung bereits zuvor bestehender Mulden oder Tiefenlinien des Reliefs, wobei aus ehemals ausschließlich gleichsinnigem Gefälle auch regional rückläufige Gefälle im Tallängsprofil entstehen können.

Glazialgeodäsie, ein objektgerichtetes, auf Vereisungsgebiete der Erde bezogenes Aufgabenfeld der ↗Geodäsie. Ihre Ziele sind die Vermessung und Abbildung der Formen und Veränderungen von Oberfläche und Schwerefeldparametern, insbesondere in Gletscherregionen im Rahmen der ↗Glaziologie. Die besonderen Eigenschaften des Objekts bedingen methodische und meßtechnische Besonderheiten im Vergleich zu Vermessungen auf dem Festland.

Glazialmorphologie, Teilgebiet der ↗Geomorphologie, das sich mit Prozessen (↗glaziale Erosion), Sedimenten (↗glaziale Sedimente), Formen und deren Genese im Zusammenhang mit Eis (↗Gletscher und ↗Eisschilde) befaßt. Die Glazialmorphologie ist eine Nachbardisziplin der Periglazialmorphologie. Es bestehen enge Verbindungen zur ↗Glaziologie und zur Quartärgeologie.

Glazialrelikte, Überreste der am Ende der letzten ↗Kaltzeit noch weit verbreiteten, pleistozänen Tier- und Pflanzenarten an hierfür klimatisch und edaphisch begünstigten Standorten (Refugien) außerhalb der rezenten Glazial- oder Periglazialräume.

glaziär, Sedimente und Formen, die im direkten Umfeld des Eisrandes (↗Gletscher oder ↗Eisschild), noch im Kontakt mit dem Eis entstanden sind, aber nicht dem periglazialen Formenschatz zuzurechnen sind, da sie nicht dem Einfluß des ↗Permafrosts und der ↗Gelifluktion unterlagen. Glaziäre Sedimente sind z. B. die glaziären ↗Schmelzwasserablagerungen, die vielfach auch als fluvioglaziale Ablagerungen (↗fluvioglazial) bezeichnet werden. Der von H. Liedtke in die Diskussion gebrachte Begriff setzt sich bei Forschungen zum Eisrand und seinen Ablagerungen vermehrt durch und dient der Präzisierung des Begriffes ↗glazial.

glazifluvial ↗fluvioglazial.

glazigen, unmittelbar vom Gletscher- oder Inlandeis abgelagerte Sedimente und geschaffene Formen, z. B. ↗Geschiebemergel und ↗Moränen. Glazigen ist eine Präzisierung des Begriffes ↗glazial.

glazigene Küste, 1) ↗Küste, die rezent von Eis geformt wird u. a. durch die Bildung von ↗Eisdruck-Strandwällen. Im Gegensatz zur ↗Eisküste liegt sie allerdings nicht unter permanenter Eisbedeckung. 2) Küste, die entstanden ist, durch das postglaziale Eindringen des Meeres in ein glazial überformtes Relief (↗Ingressionsküste). Hierunter fallen sowohl Küsten in Gebieten glazialer Erosion (↗Fjord, ↗Schärenküsten, ↗Fjärdenküsten) als auch Küsten mit glazialer Akkumulation (↗Förde, ↗Boddenküsten). ↗Küstenklassifikation Abb.

glazigener Formenschatz, Einengung des ↗glazialen Formenschatzes auf die unmittelbar vom ↗Gletschereis geschaffenen Formen (z. B. ↗Kare, ↗Moränen). Der glazigene Formenschatz schließt die im weiteren Gletscherumfeld entstandenen Formen, z. B. die glazifluvial gebildeten ↗Sander, nicht mit ein.

glazilimnisch, Prozesse und Formen, die durch fluvioglaziale Schmelzwässer (↗fluvioglazlal) und Sedimente in einem See entstehen. Es kann sich um einen ↗Eisstausee handeln oder um Seen

Glaziale Serie: idealtypische Darstellung in einem rezenten Gletschervorfeld (a) und in einer Jungmoränenlandschaft (b).

im Umfeld des Eisrandes. Typische glazilimnische Sedimente sind Seetone und ↗Seekreide, die als Bändertone mit ↗Warven ausgebildet sind. Bei Eisstauseen kommt es infolge der starken Geröllführung oft zur Bildungen eines ↗Deltas, dessen Schichtung durch die sich verlagernden Schmelzwasserzuflüsse und den oszillierenden Eisrand häufig gestört ist.

Glaziologie, *Kryologie*, die Lehre vom gefrorenen Wasser der Erde in allen seinen Erscheinungsformen wie ↗Schnee, ↗Gletschereis, ↗Meereis oder ↗Bodeneis. Die Glaziologie beschäftigt sich mit der Entstehung des Eises, den Eigenschaften und Erscheinungsformen des Eises, der Bewegung und des Transportes von Eis (↗Gletscher, ↗Eisschild), der Verbreitung des Eises sowie der Bedeutung des Eises als Gestaltungsfaktor der Landoberfläche. ↗glaziale Erosion, ↗glaziale Sedimente.

glaziologisches Thermometer ↗Sauerstoffisotopenmethode.

Gleichförmigkeit, Parameter, der die Korngrößenverteilung rolliger Erdstoffe beschreibt. Die Gleichförmigkeit ergibt sich aus der Steigung der ↗Körnungslinie (Summenkurve) einer ↗Siebanalyse bzw. ↗Sedimentationsanalyse und läßt sich durch die ↗Ungleichförmigkeitszahl U ausdrücken. Als gleichförmig werden nach DIN 18 196 rollige Erdstoffe mit $U < 6$ bezeichnet.

Gleichgewicht, der Zustand eines Systems, bei dem sich die wirkenden Kräfte oder Flüsse gegenseitig kompensieren. In der Meteorologie von besonderer Bedeutung bei der Beurteilung der vertikalen Schichtung der Atmosphäre (↗Stabilität). Wird ein Luftpaket vertikal ausgelenkt und es kehrt wieder in seine Ausgangslage zurück, so spricht man von einem stabilen Gleichgewicht. Entfernt es sich dagegen immer weiter davon, liegt ein labiles Gleichgewicht vor. Bleibt ein Paket immer in der Höhe, in die es verschoben wird, so wird diese Situation als indifferentes Gleichgewicht bezeichnet. Eine Maßzahl für den Gleichgewichtszustand der Atmosphäre ist der Vertikalgradient der ↗potentiellen Temperatur.

Gleichgewichtsform, Form, die sich herausbildet, wenn sich der Kristall im thermodynamischen Gleichgewicht mit seiner Umgebung befindet, also die im System Kristall+Umgebung thermodynamisch stabilste Form der Flächen des Kristalls. Bei aus wäßriger Lösung gezüchteten Halitkristallen beispielsweise ist das die Form des Hexaeders (Würfel).

Gleichgewichts-Isotopieeffekt ↗Isotopenfraktionierung.

Gleichgewichtskristallisation, der Prozeß der Erstarrung eines Magmas, bei dem die ausgeschiedenen Minerale im Kontakt mit der Restschmelze bleiben und bei dem durch Reaktionen oder diffusiven Stoffaustausch ein chemisches Gleichgewicht aufrecht erhalten bleibt. So entstandene Magmatitkörper sind homogen, die einzelnen Minerale unzoniert und das Gestein entspricht in seiner Zusammensetzung dem Ursprungsmagma. Die Gleichgewichtskristallisation stellt einen in der Natur selten verwirklichten Idealfall dar. Der Gegensatz dieses Prozesses ist die ↗fraktionierte Kristallisation. Bei der Erstarrung vieler natürlicher Systeme wirkt eine Mischung aus Gleichgewichts- und fraktionierter Kristallisation.

Gleichgewichtslinie, bei der Untersuchung des Massenhaushalts von ↗Gletschern verwandte Bezeichnung für die Grenzlinie zwischen Gebieten positiver (↗Nährgebiet) und negativer Massenbilanz (↗Zehrgebiet). Die Gleichgewichtslinie entspricht bei ↗temperierten Gletschern in etwa der ↗Firnlinie, wohingegen sich bei ↗kalten Gletschern aus Schmelzwasser entstandenes aufgefrorenes Eis (↗Aufeisbildung, ↗Infiltrations-Aufeiszone) im Massenhaushalt zusätzlich niederschlägt und die Gleichgewichtslinie in Richtung des Zehrgebiets (zugunsten des Nährgebiets) von der Firnlinie weg verschiebt.

Gleichgewichtsreaktion, chemische Reaktion, die im thermodynamischen Gleichgewicht ($\Delta G = 0$) abläuft.

Gleichgewichtsverteilungskoeffizient, Koeffizient, der den Einbau einer Komponente aus der flüssigen in die feste Phase beschreibt. Bei Mischungen aus mehreren Komponenten kann eine flüssige Phase mit einer festen Phase im Gleichgewicht stehen. Aus der Bedingung, daß das chemische Potential einer Komponente in beiden Phasen gleich ist und die gesamte freie ↗Enthalpie ein Minimum hat, folgt i. a., daß die Zusammensetzungen der beiden Phasen ungleich sind. Das Verhältnis der Konzentration einer Komponente in der festen Phase zu der in der flüssigen Phase wird Gleichgewichtsverteilungskoeffizient genannt. Während der Kristallisation ist bei einem Verteilungskoeffizienten ungleich eins eine Erhöhung oder Erniedrigung der Konzentration an der ↗Wachstumsfront zu erwarten, wodurch sich die Problematik der ↗konstitutionellen Unterkühlung ergibt. Gleichzeitig ergibt sich bei endlichen Volumina im Kristall durch ↗Makrosegregation eine Anreicherung oder Verarmung einer Komponente. Dieser Umstand wird beim ↗Zonenschmelzen zum Reinigen verwendet. Die Höhe der Konzentrationsänderung an der Wachstumsfront ist abhängig von der Wachstumsgeschwindigkeit und dem Diffusionswiderstand der haftenden Randschicht vor dem Kristall. Damit wird die Konzentration der Komponente im Kristall entsprechend verändert. Da die Konzentration direkt vor der Wachstumsfront normalerweise nicht bekannt ist, nimmt man die Konzentration in der ursprünglichen flüssigen Phase. Das Verhältnis der Konzentration in der festen zu der in der Tiefe der flüssigen Phase bei Kristallwachstum mit der Geschwindigkeit v wird effektiver Verteilungskoeffizient genannt und berechnet sich nach Burton, Prim und Slichter für den Fall reiner ↗Diffusion in einer Randschicht mit der Dicke δ, den Dichten von Kristall ϱ_S bzw. flüssiger Phase ϱ_l und der Wachstumsgeschwindigkeit v zu:

$$k_{eff} = \frac{k_0}{k_0 + (1-k_0)\, e^{-\frac{\varrho_S v \delta}{\varrho_l D}}}.$$

Der effektive Verteilungskoeffizient ist für sehr kleine Wachstumsgeschwindigkeiten gleich dem Gleichgewichtsverteilungskoeffizienten und geht für sehr große Wachstumsgeschwindigkeiten gegen eins. Schwankungen in der Wachstumsgeschwindigkeit verursachen ↗Streifenbildung in der Konzentrationsverteilung. [GMV]

gleichkörnig ↗*equigranular*.

gleichortiges Ereignis, findet in unmittelbarer räumlicher Nachbarschaft zu einem anderen Ereignis statt. Für derartige Ereignisse ist die raumzeitliche Beziehung einfach zu klären.

Gleichstromgeoelektrik, eines der klassischen Verfahren der Angewandten Geophysik, das sich Anfang des Jahrhunderts aus dem ↗Eigenpotential-Verfahren etwa zeitgleich in Nordamerika und Europa entwickelte. Auf F. Wenner (1916) geht die Idee der Verwendung einer 4-Punkt-Anordnung zur Bestimmung eines (scheinbaren) spezifischen elektrischen Widerstands zurück. J. N. W. Hummel berechnete 1929 Kurven des scheinbaren spezifischen Widerstands für geschichtete Halbräume. C. Schlumberger setzte die Methode bei geoelektrischen Messungen in Bohrungen ein (1927) und entwickelte die nach ihm benannte Variante der 4-Punkt-Anordnung (Abb. 1). Lag das ursprüngliche Anwendungsgebiet der Gleichstromgeoelektrik in der Erkundung von Erzlagerstätten, wird sie heute v. a. bei hydrogeologischen, archäologischen und insbesondere auch umweltrelevanten Fragestellungen eingesetzt. Aus der klassischen Gleichstromgeoelektrik zur Tiefensondierung und Kartierung des spezifischen Widerstands entstand durch Verfeinerung der Meßtechnik und Einbeziehung weiterer physikalischer Parameter ein ganzes Spektrum von Verfahren, wobei die ↗induzierte Polarisation ein besonderes Gewicht erlangt hat (Abb. 2 u. 3).

Das zugrundeliegende Prinzip besteht auf der Tatsache, daß über zwei Elektroden A und B ein elektrischer Strom I in den Erdboden eingespeist und der daraus resultierende Spannungsabfall ΔU, z. B. an der Erdoberfläche oder im Bohrloch, gemessen wird. Bei Annahme eines homogenen und isotropen Halbraums mit dem spezifischen Widerstand (Resistivität) ϱ erhält man aus der ↗Gleichstrom-Grundgleichung das elektrische Potential $U(P)$ im Aufpunkt P zu:

$$U(P) = \frac{I\varrho}{2\pi}\left(\frac{1}{r_1} - \frac{1}{r_2}\right),$$

r_1 und r_2 sind dabei die Abstände von P zu den Elektroden A und B. Mißt man den Spannungsabfall ΔU ebenfalls zwischen den Elektroden A und B (sog. 2-Punkt-Anordnung) erhält man aus dem Quotienten $R = \Delta U / I$ (Ohmscher Gesamtwiderstand zwischen A und B) den spezifischen Widerstand des Untergrunds:

$$\varrho = G \frac{\Delta U}{I}$$

mit

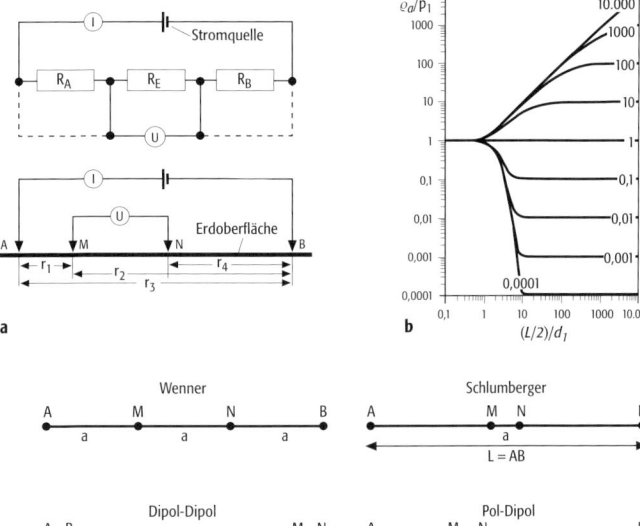

$$G = 2\pi \left(\frac{1}{r_1} - \frac{1}{r_2}\right)^{-1}$$

als ↗Geometriefaktor oder Konfigurationsfaktor. Das sich im Untergrund ausbreitende Stromsystem ist dabei skaleninvariant, d. h. mit einer Erhöhung des Elektrodenabstands erreicht das Stromsystem immer größere Tiefen, womit eine Tiefensondierung möglich wird. Der Anteil I_f des eingespeisten Stroms I, der oberhalb einer Tiefe z fließt, berechnet sich aus:

$$I_f = \frac{2}{\pi} \arctan\left(\frac{z}{L/2}\right).$$

Damit fließen 50 % des Gesamtstromes I im Bereich zwischen der Erdoberfläche und der Tiefe $z = L/2 = A\bar{B}/2$ (Abb. 5).

Aufgrund der unvermeidlichen Übergangswiderstände an den Elektroden ergibt eine Spannungsmessung in der 2-Punkt-Anordnung nur ein verfälschtes Bild; dies wird umgangen durch Realisierung eines separaten Kreises für die Messung von ΔU mittels eines Voltmeters mit hohem Eingangswiderstand, das an unpolarisierbare Sonden M und N angeschlossen wird. Als Geometriefaktor dieser 4-Punkt-Anordnung erhält man:

$$G = 2\pi \left(\frac{1}{r_1} - \frac{1}{r_2} - \frac{1}{r_3} + \frac{1}{r_4}\right)^{-1}.$$

Im Falle eines inhomogenen (geschichteten und/oder lateral variablen) und/oder anisotropen Untergrunds ergibt sich aus der zweiten Formel lediglich ein scheinbarer spezifischer Widerstand ϱ_a als Funktion der Abstände r_1 bis r_4.

Die 4-Punkt-Anordnung wird mit einer Vielzahl von Konfigurationen realisiert, die jeweils spezi-

Gleichstromgeoelektrik 1: a) Ersatzschaltbild für die 2- und 4-Punkt-Anordnung. R_A und R_B sind die Übergangswiderstände an den Elektroden A und B, R_E ist der Ohmsche Widerstand des Untergrunds. Darunter sind die geometrischen Verhältnisse in einer 4-Punkt-Anordnung dargestellt (M, N = Sonden zur Messung des Spannungsabfalls). b) gebräuchliche 4-Punkt-Anordnungen in der Gleichstromgeoelektrik (a = jeweiliger Elektrodenabstand). c) geoelektrische Masterkurven für den 2-Schichtfall in der Schlumberger-Anordnung (Abszisse: halber Elektrodenabstand $L/2$ normiert auf Dicke d_1 der Deckschicht, Ordinate: scheinbarer spezifischer Widerstand ϱ_a normiert auf den spezifischen Widerstand ϱ_1 der Deckschicht). Als Parameter ist das Verhältnis ϱ_2/ϱ_1 (ϱ_2 = spezifischer Widerstand des Substrats) an den Kurven aufgetragen.

Gleichstromgeoelektrik

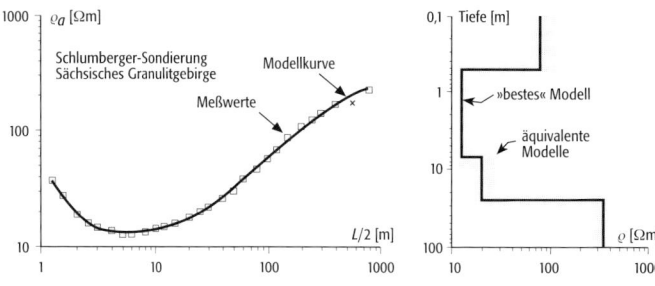

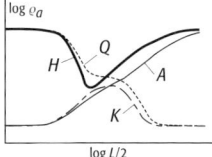

Gleichstromgeoelektrik 2: Beispiel einer geoelektrischen Tiefensondierung mit Angabe des Bereichs äquivalenter Modelle, die innerhalb einer vorgegebenen Anpassungsfehlergrenze (hier 4 %) die Daten ebenso gut erklären wie das beste Modell (L = Elektrodenabstand, ϱ_a = scheinbarer spezifischer Widerstand, ϱ = spezifischer Widerstand).

Gleichstromgeoelektrik 3: Kurvenformen geoelektrischer Tiefensondierungen bei einem 3-Schichtfall. H = gutleitende 2. Schicht (Minimumtyp) mit $\varrho_1 > \varrho_2 < \varrho_3$, K = schlechtleitende 2. Schicht (Maximumtyp) mit $\varrho_1 < \varrho_2 > \varrho_3$, $A = \varrho_1 < \varrho_2 < \varrho_3$, $Q = \varrho_1 > \varrho_2 > \varrho_3$, L = Elektrodenabstand, ϱ_a = scheinbarer spezifischer Widerstand.

Gleichstromgeoelektrik 4: Pol-Dipol-Kartierung mit Sondenabstand 12,5 m bzw. 25,0 m an der Böhmischen Scherzone in Rittsteig (Böhmischer Wald). Das Minimum in den ϱ_a-Kurven (ϱ_a = scheinbarer spezifischer Widerstand) bildet eine nach Nordosten einfallende, graphitisierte Störungszone ab.

fische Vor- und Nachteile bezüglich der praktischen Durchführbarkeit und des Signal-Rausch-Verhältnisses haben. Gebräuchliche Konfigurationen in der geoelektrischen Tiefensondierung (Vertical Electrical Sounding, VES) sind die Wenner- und die Schlumberger-Anordnung, wobei die Wenner-Anordnung wegen des vergleichsweise größeren Potentialsondenabstands ein besseres Signal-Rauschverhältnis aufweist. In dieser Aufstellung wird der scheinbare spezifische Widerstand $\varrho_a(a)$ als Funktion des Abstandes $a = \overline{AM} = \overline{MN} = \overline{NB}$ doppelt-logarithmisch aufgetragen. Für eine Tiefensondierung wird der Abstand a schrittweise vergrößert. Dies bedeutet jeweils ein Umsetzen des gesamten Arrays. Eine Schlumberger-Sondierung, hier trägt man ϱ_a als Funktion der halben Auslagenweite $L/2 = \overline{AB}/2$ ebenfalls doppelt-logarithmisch auf, erfordert dagegen nur ein gelegentliches Umsetzen der Potentialsonden (wenn die Größe des Spannungsabfalls unter die Meßgenauigkeit der Apparatur fällt), ist also weniger aufwendig. Allerdings kommt es bei einem Sondenversatz häufig zu einem Sprung in der scheinbaren Widerstandskurve aufgrund oberflächennaher Leitfähigkeitsanomalien (vergleichbar dem ↗ static shift in der Magnetotellurik), der schwer zu kontrollieren und meist nur mit ad-hoc-Annahmen zu korrigieren ist, etwa daß die Werte bei einer langen Auslage »richtiger« seien als bei einer kurzen Auslagenweite $a = \overline{MN}$. Dieser Versatz tritt auch in der Wenner-Anordnung auf, ist hier jedoch schwerer vom Einfluß des ebenfalls geänderten Stromelektrodenabstands zu trennen. Bei sehr kleinen Auslagenweiten stimmen die einfachen Formeln für die Geometriefaktoren nicht mehr, da die endliche Größe der Elektroden berücksichtigt werden muß. Die Vergrößerung der Auslage $\overline{AB}$ erfolgt vorzugsweise logarithmisch äquidistant (z. B. 8 Punkte/Dekade), um eine Interpolation für die spätere Modellrechnung zu umgehen.

Die Gültigkeit der Annahme eines eben geschichteten Untergrunds ist aus den ϱ_a-Kurven von Tiefensondierungen oft nicht zu erschließen. Daher sollte mindestens eine Kreuzsondierung, bei der die gesamte Auslage um 90° um den Mittelpunkt geschwenkt wird, durchgeführt werden. Eine Erweiterung stellt die allerdings sehr aufwendige Kreissondierung dar, die u. a. erlaubt, Einfallsrichtungen geneigter Schichten zu erfassen; hierbei wird die Auslage um einen festen Winkel rotiert. Die Kartierung lateraler Leitfähigkeitskontraste

erfolgt meist mit Pol-Dipol-, Dipol-Dipol- oder auch Pol-Pol-Anordnungen (Abb. 2). In Bohrungen werden spezielle Varianten eingesetzt (↗ geoelektrische Bohrlochverfahren). Man erhält scheinbare spezifische Widerstände $\varrho_a(r)$ als Funktion der Ortskoordinate r; dabei bezieht man sich stets auf den Mittelpunkt der Sondenstrecke $\overline{MN}/2$, deren Länge entsprechend der gewünschten Tiefenaussage gewählt werden muß. Stand der Technik sind heute jedoch Multi-Elektrodenanordnungen, womit eine simultane Tiefensondierung und Kartierung (↗ Sondierungskartierung) erreicht wird. Die Ansteuerung der bis zu 256 Elektroden verläuft dabei mikrocomputergesteuert.

Je nach geologischer Fragestellung und Leistungsfähigkeit des Senderteils einer Geoelektrikapparatur werden bei Tiefensondierungen Auslagenweiten $L = \overline{AB}$ von bis zu einigen km erreicht, was maximalen Aussagetiefen von etwa 1 km entspricht. Als Signalform wird entweder ein gepulster Gleichstrom (Abb. 6) oder ein Wechselstrom niedriger Frequenz (etwa 0,1–1 Hz) verwendet, um Polarisationseffekte zu vermeiden. Die an den Einspeiseelektroden (üblicherweise Stahlspieße) anliegende Spannung liegt meist im Bereich von einigen Hundert V bis hin zu einigen kV, womit man je nach Übergangs- und Untergrundwiderstand eine Stromstärke von einigen mA bis zu vielen Hundert mA erreicht. Spezielle Apparaturen ermöglichen Stromstärken bis zu 20 A (»Strombooster«); damit werden auch Dipol-Dipol-Sondierungen über größere Entfernungen möglich. Die Übergangswiderstände sollten einige kΩ nicht übersteigen, sie können jedoch z. B. in ariden Gebieten erheblich größer sein; man behilft sich mit Elektrodenbündelungen oder auch Wässerung zur Erhöhung der Ankopplung. Die an den Potentialsonden gemessenen Spannungen liegen üblicherweise nur bei einigen mV. Die Signalform $\Delta U(t)$ unterscheidet sich dabei oft von der Signalform $I(t)$ des eingespeisten Stroms; dies wird auf Aufladungserscheinungen des Untergrundes zurückgeführt und ist Grundlage des Verfahrens der induzierten Polarisation.

Die Berechnung eines scheinbaren spezifischen Widerstands $\varrho_a(r)$ aus einer vorgegebenen Wi-

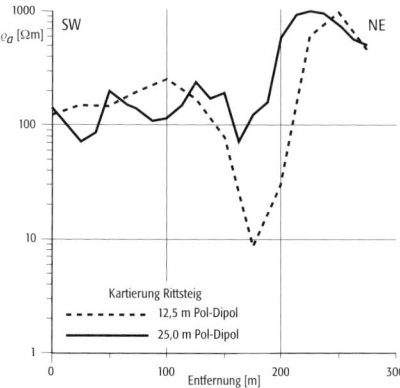

derstandsverteilung $\varrho(x,y,z)$ in einer bestimmten Konfiguration ist nur für einfache geometrische Verhältnisse analytisch möglich. Für einen geschichteten Halbraum läßt sich $\varrho_a(L)$ über eine Hankeltransformation berechnen. Ergebnisse einer zwei- oder dreidimensionalen Vermessung werden häufig in Form von Pseudosektionen dargestellt, wobei der scheinbare spezifische Widerstand als Parameter in einem Diagramm mit der horizontalen Koordinate als x-(oder y-)Achse und der Auslagenweite als Ordinate positiv nach unten aufgetragen wird. Die Modellierung erfolgt meist mit Hilfe von Finite-Elemente- oder Finite-Differenzen-Verfahren.

Während früher zur Interpretation der Meßergebnisse auf den Abgleich mit Masterkurven bzw. auf sog. Hilfspunktverfahren zurückgegriffen wurde, geschieht die Datenaufnahme und Darstellung der Meßergebnisse (z. B. ϱ_a-Kurven oder auch Pseudosektionen) heute mit einem tragbaren oder in das Meßgerät eingebauten Kleincomputer; die Leistungsfähigkeit moderner PC erlaubt oft schon eine Modellrechnung oder Inversion der Daten im Gelände.

Bei der Interpretation muß eine mögliche Vieldeutigkeit in Betracht gezogen werden (↗Äquivalenzprinzip, Schichtunterdrückung). Eine weitere Erschwernis stellt ein anisotroper Untergrund dar: Bei horizontaler Schichtung bewirkt ein unterschiedlicher spezifischer Widerstand in horizontaler bzw. vertikaler Richtung (↗elektrische Anisotropie) eine Überschätzung der Schichtmächtigkeiten, was nur über eine Heranziehung anderer Methoden, z. B. von ↗Induktionsverfahren, erkannt und korrigiert werden kann. Wie stets sollten grundsätzlich verschiedene Verfahren zur Anwendung kommen, um die Sicherheit der Interpretation so hoch wie möglich zu machen. [HBr]

Gleichstrom-Grundgleichung, beschreibt das elektrische Potential in der ↗Gleichstromgeoelektrik. Ist J_s die Quellstromdichte (z. B. die Stromdichte an einer Speiseelektrode) und σ die elektrische Leitfähigkeit, gilt für das Potential U:

$$\nabla \cdot (\sigma \nabla U) = \nabla \cdot \vec{J}_s.$$

Wird am Aufpunkt $\vec{r}_0$ ein Strom der Stärke I eingespeist, gilt:

$$\nabla \cdot (\sigma \nabla U) = -I \delta(\vec{r} - \vec{r}_0).$$

Dabei ist δ die Delta-Funktion. Für einen Einspeisepunkt $\vec{r}_0$ an der Oberfläche eines homogenen Halbraums folgt dann für das Potential:

$$U(r) = \frac{1}{2\pi} \frac{1}{\sigma(\vec{r} - \vec{r}_0)},$$

woraus sich wiederum die Potentiale in einer 2- und 4-Punktanordnung ableiten lassen.

gleichzeitiges Ereignis, findet in einem gewissen Koordinatensystem gleichzeitig mit einem anderen statt. In der ↗Relativitätstheorie hängt die Gleichzeitigkeit zweier Ereignisse vom Bewegungszustand des Beobachters ab. Spielen Gravitationsfelder eine Rolle, so kann der Begriff »gleichzeitige Ereignisse« i. a. nur mit Hilfe gewisser Koordinatensysteme eingeführt werden. Zwei Ereignisse mit Zeitkoordinaten t_1 und t_2 heißen dann gleichzeitig, falls $t_1 = t_2$ gilt.

Gleisschotter, ↗Schotter aus witterungsbeständigem Hartgestein (Basalt, Diabas, Quarzporphyr, Grauwacke), der als Bettungsmaterial für Eisenbahngleise eingesetzt wird. Gleisschotter muß fest, zäh, scharfkantig, nicht spaltbar und frei von lehmigen oder tonigen Bestandteilen sein. Die Korngröße soll zwischen 32 und 63 mm liegen.

Gleitbahn ↗Abrißnische.

Gleitdecke ↗Deckenbau.

Gleitebene ↗Versetzung.

gleiten, Vorgang, der entlang einer diskreten ↗Gleitfläche stattfindet und zu einer der Rutschungstypen gehört (↗Hangbewegungen). Es werden zwei Grundtypen beim Gleiten unterschieden: das Blockgleiten im Festgestein und das Schollengleiten im Lockergestein. Zu den Gleitbewegungen werden die ↗Translationsrutschung, die ↗Rotationsrutschung, die kombinierte Rutschung und die zusammengesetzte Rutschung gezählt.

gleitender Maßstab ↗Maßstab.

Gleitfläche, diskrete Fläche, entlang der eine ↗Gleitung stattfindet. Gleitflächen können unterschiedlichste Dimensionen besitzen. Diese reichen bis in den Bereich des Kristallgitters hinab. Potentielle Gleitflächen sind Schwächezonen, wie z. B. tonige, weiche Lagen, wasserstauende Schichten oder geologische Trenn- oder Grenzflächen. Gleitflächen können einen kreisförmigen Verlauf haben, flachgekrümmt, langgestreckt oder ebenflächig sein. In mächtigen homogenen Böden finden sich häufig stärker gekrümmte, kreisförmige Gleitflächen. In Verwitterungsböden, die mit zunehmender Tiefe fester werden, bilden sich vornehmlich abgeflachte Gleitflächen aus. Und in geschichteten Gesteinen gibt es fast nur ebenflächige oder kombinierte Gleitflächen. Die Neigung der Gleitfläche relativ zur Horizontalen wird durch den *Gleitflächenwinkel* ausgedrückt. Die Tiefenlage läßt sich am leichtesten mit Hilfe eines ↗Inklinometers lokalisieren. ↗Rotationsrutschung, ↗Translationsrutschung. [ERu]

Gleitflächenwinkel ↗Gleitfläche.

Gleithang, *Gleitufer*, i. a. flachere Uferböschung der Flußinnenkurve, die dem ↗Prallhang (Außenkurve) gegenüber liegt. Da im Vergleich zum ↗Stromstrich im Innenbereich der Flußkurve eine geringere Fließgeschwindigkeit vorherrscht, wird die mitgeführte ↗Flußfracht seitlich an der Uferböschung, durch lateral fortschreitende Akkumulation, sedimentiert. ↗Mäander.

Gleithorizont, in der Lawinenkunde gebräuchliche Bezeichnung für Schichtoberflächen in einer Schneedecke, die das Auslösen einer Oberlawine (↗Lawine) erleichtern. Hierzu zählen z. B. ↗Harschschichten, welche durch das Gefrieren von Schmelzoberflächen entstand sind.

Gleitkörperverfahren, Verfahren zur Bestimmung der Standsicherheit von ↗Böschungen

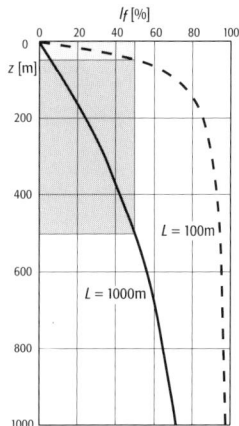

Gleichstromgeoelektrik 5: Verteilung des Stromes mit der Tiefe für Elektrodenauslagen von $L = 100$ m und $L = 1000$ m für einen homogenen Halbraum. Oberhalb der Tiefe $z = L/2$ (grau schraffierte Bereiche) fließen jeweils 50 % des Gesamtstroms.

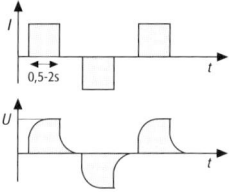

Gleichstromgeoelektrik 6: schematischer zeitlicher Verlauf eines gepulsten Gleichstroms (oben) und Verlauf der Spannung an den Sonden M, N (unten). Durch Aufladungseffekte im Untergrund wird das Maximum erst nach einer gewissen Zeit erreicht.

β [°] \ φ_1 [°]	15	20	25	30	35	40	45
5	3,0	2,5	2,0	1,7	1,4	1,1	0,9
10	6,4	5,2	4,2	3,4	2,8	2,2	1,7
15	13,2	8,5	6,7	5,4	4,3	3,4	2,7
20		16,1	9,9	7,7	6,0	4,7	3,7
25			18,0	10,8	8,2	6,3	4,8
30				19,1	11,1	8,2	6,2
35					19,5	11,0	7,9
40						19,2	10,5
45							18,4

Gleitsicherheit (Tab.): für eine Sicherheit $\eta = 1$ erforderlicher Reibungswinkel φ_2 des Untergrundes unter einer Böschung der Neigung β aus einem Dammbaustoff der Scherfestigkeit φ_1.

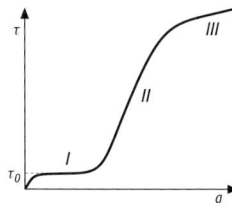

Gleitkurve: schematischer Verlauf der Schubspannung τ als Funktion der Abgleitung a. Mit τ_0 ist die kritische Schubspannung, die zum Einsetzen von Gleitvorgängen notwendig ist, bezeichnet.

und Geländestufen. Bei diesem Verfahren wird auf das Einteilen in Lamellen, wie dies beispielsweise beim ⁄Gleitkreisverfahren der Fall ist, verzichtet. Die Verteilung der Normalspannungen wird meist entsprechend typischen Normalspannungsverteilungen in der Geländefläche mathematisch berücksichtigt. Die ungünstigste Gleitfläche muß durch Probieren gefunden werden.

Gleitkreisverfahren, Verfahren zur Bestimmung der Standsicherheit von Böschungen oder Geländestufen. Das Gleitkreisverfahren wird v. a. in homogenen, bindigen Böden angewendet, die zur Ausbildung einer kreisförmigen ⁄Gleitfläche führen. Es gehört zu den Standsicherheitsnachweisen nach dem Lamellenverfahren. Die Berechnung wird nach DIN 4084 durchgeführt. Dabei werden die rückhaltenden Scherkräfte den abschiebenden Momenten gegenübergestellt. Die rückhaltenden Scherkräfte gliedern sich in die Reibungskraft T und die Kohäsionskraft C. Die abschiebenden Momente erhält man durch Multiplikation der Kraft G mit dem Hebelarm x. Zur Berechnung der Standsicherheit müssen alle Lamellen addiert werden:

$$\eta = \frac{\sum (T+c) \cdot r}{\sum G \cdot x},$$

mit r = Radius des Gleitkreises. Der Standsicherheitsfaktor η muß größer als 1 sein.

Gleitkurve, Verfestigungskurve, Kurve, die den Verlauf der Schubspannung als Funktion der ⁄Abgleitung eines ⁄Einkristalls bei vorgegebener konstanter Verformungsgeschwindigkeit zeigt (Abb.). Nach einem kurzen elastischen Anstieg setzt nach einer kritischen Schub- oder Scherspannung τ_0 der Gleitvorgang auf dem primären ⁄Gleitsystem ein. Dieser setzt sich über den mit I gekennzeichneten Bereich bei nur geringer Erhöhung der Schubspannung fort. Beim Übergang von Bereich I nach II wird die kritische Schubspannung auch für sekundäre Gleitsysteme überschritten. Durch diese Mehrfachgleitung kommt es zu einer Behinderung der ⁄Versetzungen der verschiedenen Gleitsysteme, wodurch sich der Kristall verfestigt. Dies äußert sich in einem linearen Anstieg der Schubspannung mit zunehmender Abgleitung. Die Steigung $d\tau/da$ der Kurve in diesem Bereich wird als Verfestigungskoeffizient bezeichnet. In manchen Fällen kann noch ein dritter Bereich (III) mit einer wieder geringeren Steigung beobachtet werden, der dann zum Bruch des Kristalls führt. [EW]

Gleitlawine ⁄Lawine.

Gleitmikrometer, ein mobiler ⁄Extensometer oder Sondenextensometer, mit dem Verschiebungen längs der Achse einer Bohrung erfaßt werden. Dazu werden in die Bohrung gemuffte Meßrohre eingebaut, die jeden Meter einen Meßanschlag besitzen. Zur Messung wird der Gleitmikrometer mit einem Führungsgestänge in das Meßrohr eingefahren und schrittweise zwischen zwei benachbarten Meßanschlägen positioniert. Ein elektrischer Wegsensor innerhalb des teleskopierbaren Gerätes erlaubt hochpräzise Abstandsmessungen. Aneinandergereiht ergeben die Messungen beim Vergleich mit der Anfangsmessung eine lückenlose Verteilung der Bewegungen entlang der Meßlinie.

Gleitrichtung ⁄Versetzung.

Gleitschuh, technisches Hilfsmittel zur Erfassung langsamer Hangabbewegungen einer Schneedecke.

Gleitsicherheit, η, eines der Kriterien für den Standsicherheitsnachweis bei ⁄Flachgründungen und ⁄Dämmen. Dieser Nachweis ist für Gleitvorgänge zu führen, wenn auf ein Fundament oder einen Damm Horizontalkräfte oder schräge Kräfte wirken. Die Gleitsicherheit wird dabei nach DIN 1054 bestimmt. Sie ist das Verhältnis der Resultierenden aller horizontalen Reaktionskräfte zur Resultierenden der horizontalen Aktionskräfte:

$$\eta = \frac{G \cdot \cos\beta \cdot \tan\varphi + c \cdot l}{G \cdot \sin\beta}$$

mit η = Gleitsicherheit, G = Eigenlast des Gleitkörpers, β = Böschungswinkel, φ = Reibungswinkel, c = Kohäsion, l = Bogenlänge des Gleitkörpers. Den für die Gleitsicherheit $\eta = 1$ erforderlichen ⁄Reibungswinkel φ_2 des Untergrundes erhält man aus der Tabelle. Der Wert ergibt sich aus dem Böschungswinkel β (⁄Böschung) des Dammes und dem Reibungswinkel φ_1 des Schüttmaterials. [ERu]

Gleitstufe, mikroskopisch sichtbare Stufe, die entsteht, wenn eine größere Anzahl von ⁄Versetzungen eines ⁄Gleitsystems an der Oberfläche eines Kristalls austritt. Aus deren Größe kann auf die Anzahl der beteiligten Versetzungen zurückgeschlossen werden.

Gleitsystem, jede ⁄Versetzung ist durch ihren Burgers-Vektor $\vec{b}$, d. h. den kürzesten Gittervektor in Gleitrichtung und durch ihre Gleitebene mit zugehörigem Normalvektor $\vec{n}$ charakterisiert. Beide zusammen bilden das Gleitsystem. Bei Raumtemperatur treten in Metallen z. B. folgende Kombinationen auf: $\vec{b} = a/2 <110>$, $\vec{n} = \{111\}$ für kubisch flächenzentrierte Gitter; $\vec{b} = a/2 <111>$, $\vec{n} = \{110\}$, aber auch $\vec{n} = \{112\}$ für kubisch innenzentrierte Gitter; $\vec{b} = a/2 <\bar{2}110>$,

$\vec{n} = \{0001\}$ für hexagonale Kugelpackungen mit $c/a > (c/a)_{ideal}$. Bei Metallen zeigt im allgemeinen $\vec{b}$ entlang der kürzesten Gitterrichtung, und $\vec{n}$ entspricht der Normalenrichtung der dichtest belegten Ebene, da hier die Potentialmulden für den Gleitprozeß am niedrigsten sind. Bei höheren Temperaturen können jedoch auch neben den eben diskutierten primären Gleitsystemen sekundäre Systeme aktiv werden, die dann eine höhere kritische Schubspannung besitzen. Für Kristalle, in denen die Bindungsverhältnisse stark anisotrop oder gerichtet sind, kann keine allgemeingültige Regel für mögliche Gleitsysteme angegeben werden. [EW]

Gleitufer ↗*Gleithang*.

Gleitung, 1) *Ingenieurgeologie*: Bewegung eines Körpers entlang einer ↗*Gleitfläche*. Gleitung findet beim Verformungsvorgang der plastischen ↗*Deformation* statt. Der Zusammenhang des gleitenden Materials bleibt weitestgehend bestehen. 2) *Mineralogie*: plastische Verformung der Kristalle und Minerale, bei der sich die Einzelindividuen durch einseitige mechanische Beanspruchung ohne Bruch oder Spaltung deformieren. Diese Verformung ist eine homogene Gitterdeformation, unterscheidbar als ↗*Translation* und Zwillingsgleitung. Das Translationsvermögen nimmt mit der Temperatur stark zu. Bei tiefer Temperatur ist die Translation besonders gering (z. B. Knirschen des Schnees), bei Temperaturen nahe dem Schmelzpunkt sehr gut (z. B. Gletscherbewegungen, Lawinenabgänge etc.). Die Eiskristalle, die man sich als Teilbereiche parallel der Basis (*0001*) vorstellen kann, lassen sich dabei relativ leicht gegeneinander verschieben, ohne daß dabei der Zusammenhang des Gitters verloren geht (Abb.). Die besonders gute Verformbarkeit der Metalle durch Ziehen, Walzen und Hämmern beruht auf Translationsvorgängen der Kristalle.

Bei der Gleitzwillingsbildung wird ein Teilkomplex des Gitters durch mechanische Einwirkung längs einer Gleitebene in eine andere Stellung (Zwillingsstellung) versetzt. Bekanntestes Beispiel ist Calcit (CaCO$_3$). Mechanische Beanspruchung von α-Eisen führt ebenfalls zur Zwillingsgleitung mit Drucklamellierung (Neumannsche Linien der Meteoriten). Die Gleitzwillingsbildung läßt sich auch mehrfach durchführen, so daß polysynthetische Druckzwillinge entstehen. Typisch ist dies neben den Carbonaten für Plagioklase (Albitlamellen), Hämatit, Magnetit, Korund und Salzminerale. Druckzwillinge zeigen an, daß die Minerale einem erhöhten und gerichteten Gebirgsdruck ausgesetzt waren. Er kann bis zur Verformung und tektonischen Einregelung führen. Ein Sonderfall sind Rekristallisationszwillinge, die auch polysynthetisch aufgebaut sein können.

Gleitungskluft, ↗*Trennfläche*, die bei fortgesetzter Beanspruchung aus einer ↗*Verschiebungskluft* hervorgehen kann. Fortgeschrittene Gleitungsklüfte zeichnen sich durch ihre glatten Oberflächen, z. T. auch durch Bewegungsspuren, aus.

Gleitvorgang, Sohlgleitung, ↗*Gletscherbewegung*.

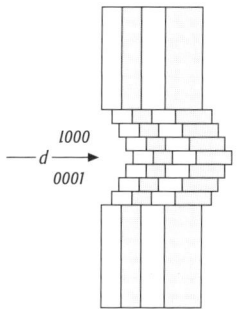

Gleitung: Translation von Eis (schematisch), Translationsebene ist die hexagonale Basis (*0001*), Belastung senkrecht zur *c*-Achse (*p* = Druck).

Gletscher

Holger Riedel, Wetter

Wenn die Summe der winterlichen, festen Niederschläge das sommerliche Abtauen über mehrere Jahre bzw. bei sehr niedrigen Temperaturen über mehrere Jahrzehnte überwiegt, entsteht durch die kontinuierliche Anhäufung von Schnee im Zuge der ↗*Schneemetamorphose* Eis. Dies beginnt ab einer Mächtigkeit von mehreren Zehner Metern, sich unter seinem Eigengewicht gravitativ zu bewegen. Bezeichnet man das sich bewegende Eis, wird von Gletschereis gesprochen, der gesamte zusammenhängenden Eiskörper wird Gletscher genannt und ist ein Forschungsgegenstand der ↗*Glaziologie*.

Die gesamte, von Gletschern eingenommene Fläche auf der Erde beträgt derzeit etwa 14,9 Mio. km^2, entsprechend rund 10 % der Land- und 3 % der Erdoberfläche. Davon entfallen allein ca. 12,5 Mio. km^2 auf die Antarktis, 1,7 Mio. km^2 auf Grönland und lediglich knapp 4 % der gesamten vergletscherten Fläche verteilen sich auf die übrigen Polargebiete und die Gebirge der Erde. Die Ozeane der Erde werden zusätzlich zu über 7 % ihrer Fläche von ↗*Meereis* bedeckt. Die Eismächtigkeiten der Gletscher liegen bei den Gebirgsgletschern zwischen mehreren Zehnern bis Hundertern Meter und bei den zentralen Teilen der kontinentalen ↗*Eisschilde* bei über 3000–4000 m. In den Gletschern sind 1,2 % des irdischen Oberflächenwassers und über 98 % der gesamten Süßwassermenge der Erde gebunden. Ihre Bildung ist zum einen an niedrige Temperaturen gebunden, v. a. während der sommerlichen Ablationsperiode, und zum anderen an ausreichende Niederschlagsmengen. Insbesondere ↗*Firnfelder* oder andere geschützte Lagen in Gebirgen oberhalb der ↗*orographischen Schneegrenze* begünstigen die initiale Gletschereisentstehung. In den polaren Regionen ist die ↗*klimatische Schneegrenze* bis zum Meeresspiegel abgesenkt, so daß hier Gletscher als Eisschelfe meerwärts über die Küstenlinie hinausreichen. Für die Konservierung einmal gebildeter Eismassen sind bei ausreichend niedrigen Temperaturen nur noch geringste Niederschläge erforderlich, woraus sich die rezente Erhaltung der großen antarktischen Inlandeismassen in einem der aridesten Gebiete der Erde erklärt.

Die in mannigfachen Formen auftretenden Gletscher der Erde werden im Rahmen von ↗*Gletscherklassifikationen nach unterschiedlichen Kriterien zu übergeordneten Gletschertypen zusammengefaßt, wobei allerdings zahlreiche Übergangsformen zwischen den einzelnen Typen bestehen. Die wichtigste Gletscherklassifikation erfolgt nach den geomorphologischen Gegebenheiten: a) dem Relief übergeordnete flächenhafte Vereisungen, auch Deckgletscher genannt, (z.B. ↗Eisschilde, ↗Eiskappen, ↗Plateaugletscher), b) die dem Relief untergeordneten ↗Talgletscher (auch Gebirgsgletscher) mit deutlich umgrenztem Einzugsgebiet bzw. c) ↗Eisstromnetze, die gewissermaßen als Zwischenstufe durch eine über die Wasserscheiden hinweg erfolgende Vereinigung zahlreicher Talgletscher (↗Transfluenzpaß) gebildet werden (Abb. 1 im Farbtafelteil). Eine weitere Gliederungsmöglichkeit besteht nach thermischen Kriterien in ↗temperierte Gletscher und ↗kalte Gletscher. Idealtypisch gliedern sich temperierte Talgletscher etwa im Größenverhältnis zwei zu eins in ein ↗Nährgebiet, in welchem über ein Massenhaushaltsjahr gesehen ↗Akkumulation überwiegt, und in ein ↗Zehrgebiet mit vorherrschender ↗Ablation. Nähr- und Zehrgebiet werden durch die sog. ↗Gleichgewichtslinie getrennt (Abb. 2 im Farbtafelteil). Die kalten Gletscher der schildförmig gewölbten, polaren Inlandeismassen dagegen besitzen erheblich größere Nährgebiete, ihre Ablation erfolgt zu einem wesentlichen Teil durch ↗Kalbung ihrer zahlreichen Auslaßgletscher in das Meer.

Zu den Mechanismen der ↗Gletscherbewegung wurden in den vergangenen zwei Jh. eine ganze Reihe von *Gletschertheorien* entwickelt. Heute gelten als wesentliche Bewegungsmechanismen sowohl das basale Gleiten des Gletschers über seine Felsbasis, welches durch einen als Schmierschicht wirkenden Schmelzwasserfilm ermöglicht wird, als auch die gletscherinterne Bewegung durch plastisches Fließen. In jüngerer Zeit wird als Erklärung für besonders hohe Gletschergeschwindigkeiten auch der sog. verformbare Untergrund, eisfreies Moränenmaterial zwischen Gletscher und Felsuntergrund mit hohem Wasserdruck an der Gletscherbasis, herangezogen. Bezüglich der Art der Bewegung wird zwischen der bei kalten Gletschern wesentlichen ↗Blockschollenbewegung von Gletschern und der bei temperierten Gletschern dominierenden, langsameren strömenden Bewegung unterschieden. Die Blockschollenbewegung ist charakterisiert durch in Gletscherrandnähe abrupt zunehmende Geschwindigkeiten und relativ rascher, blockartiger Bewegung des gesamten Gletscherzentrums, während bei der strömenden Bewegung im Idealfall eine kontinuierliche Geschwindigkeitszunahme zur Gletschermitte und -oberfläche hin vorliegt. Die von den Gletschern im Normalfall erreichten Geschwindigkeiten liegen je nach Eismächtigkeit, Gletschergröße, Massenbilanz, Gefälle, Temperatur etc. in einer Spanne von 30–200 m/Jahr bei den Alpengletschern und erreichen bis zu 800 m/Jahr bei den asiatischen Hochgebirgsgletschern. Im Innern von Eisschilden beträgt die Fließgeschwindigkeit lediglich wenige m/Jahr, wohingegen bei ihren Auslaßgletschern die höchsten bekannten Gletschergeschwindigkeiten auftreten, z.B. am Jacobshavn-Gletscher in Westgrönland mit einem Mittelwert von ca. 20 m/Tag im Bereich der Gletscherfront. Im Zuge der Gletscherbewegung kommt es im oberen, starren Bereich des Gletschereises und in den Gletscherrandbereichen zu Scherspannungen, wodurch Risse und die für die Gletscheroberfläche typischen ↗Gletscherspalten entstehen. Weitere, das Fließverhalten der Gletscher widerspiegelnde Oberflächencharakteristika stellen die häufig im Bereich der ↗Gletscherzunge zu beobachtenden ↗Ogiven dar. Eine Sonderform der Gletscherbewegung sind die bei manchen Gletschern auftretenden sog. Gletscherwogen (↗glacier surges), in deren bis zu mehrjährigem Verlauf Teilbereiche von Gletschern episodisch (etwa alle 10–100 Jahre) um das zehn- bis über hundertfache ihrer normalen Geschwindigkeit annehmen. ↗Gletscherkatastrophen drohen in diesem Zusammenhang, wenn die Surge-Welle die Gletscherfront erreicht und diese sich dann beispielsweise rasch auf Siedlungen zubewegt. Infolge ihrer großen Erosionskraft besitzen Gletscher bedeutende geomorphologische Wirkung, die durch mannigfache Formen der ↗glazialen Erosion und Akkumulation dokumentiert wird. Eindrucksvolle Beispiele hierfür sind u.a. die durch ↗glaziale Übertiefung entstandenen ↗Trogtäler als Erosionsformen und die verschiedenen Ausbildungen von ↗Moränen als Akkumulationsformen. Während der Hochstände der pleistozänen ↗Kaltzeiten besaßen die Gletscher weltweit eine deutlich größere Ausdehnung, insgesamt waren in diesen Phasen über 30% der Festlandfläche der Erde vergletschert. Noch vor ca. 20.000–18.000 Jahren v.h., zum Hochstand (LGM) der ↗Weichsel-Kaltzeit, dehnten sich große Inlandeismassen über weite Teile Nordamerikas aus. In Nordeurasien reichten sie bis ins heutige Norddeutschland, Sibirien und Zentralasien und auch in der Antarktis und in deutlich geringerem Maße in Bereichen Südamerikas und Südafrikas bedeckten Eismassen das Festland. Die zahlreichen kleineren Gebirgsgletscher vereinigten sich zu großen Eisstromnetzen, die aus den Gebirgen ausströmten und schließlich auch zur Gebirgsvorlandvereisung (↗Vorlandgletscher) führten. Aus diesen Gründen sind deutliche ↗Vereisungsspuren heute weit über die rezenten Glazialräume hinaus verbreitet. Gletscher waren weder in der geologischen Vergangenheit (↗historische Paläoklimatologie) noch heute stabile Gebilde. Sie reagieren, wenn auch zeitlich verzögert, auf Änderungen ihrer Massenbilanz durch Gletschervorstöße und -rückgänge. Diese ↗Gletscherschwankungen, welche in ihrer Gesamtheit die *Gletschergeschichte* ausmachen, können überregional gleichgerichtet oder aber auch regional bzw. sogar zwischen benachbarten Gletschern verschieden sein. Auf die Gletscherschwankungen nehmen neben den klimatischen Faktoren auch eine ganze Reihe lokaler Gegebenheiten Einfluß, z. B. sind Gletscherfläche und -volumen entscheidend hinsichtlich der Reaktionsgeschwindigkeit des Gletschers auf veränderte Massenbilanzen. Die Geschichte der Alpengletscher ist z. B. in den vergangenen Jahrhunderten durch überregional zu verzeichnende, klimatisch bedingte Vorstoßphasen gekennzeichnet, v. a. zwischen 1570–1650 und 1770–1860 n. Chr. (↗Kleine Eiszeit). Seit der Mitte des 19. Jh. ist die vergletscherte Fläche in den Alpen bis heute allerdings um rund 40 % zurückgegangen, wobei um 1890, 1920 und zwischen 1960–1980 n. Chr. wiederum überregionale, kleinere Vorstöße eingeschaltet waren. Derzeit befinden sich viele Alpengletscher in einer Rückzugsphase.

Der aktuellen Klima- und Umweltforschung dienen Gletscher als wichtige Archive, die mittels der Analyse von Eisbohrkernen (↗Eiskernbohrung) vielfältige Aussagen zu Klima- und Temperaturschwankungen im Jungquartär erlauben. Besondere Bedeutung kommt hierbei der ↗Sauerstoffisotopenmethode und der Analyse von in den Luftblasen des Gletschereises gespeicherten atmosphärischen Gasen zu, insbesondere der sog. Treibhausgase CO_2 und Methan. Sie ermöglichen Vergleiche mit der heutigen Atmosphärenzusammensetzung und evtl. in der Zukunft wissenschaftlich abgesicherte Aussagen über den menschlichen Einfluß auf das Klima und die zukünftige Klimaentwicklung.

Literatur: [1] EHLERS, J. (1994): Allgemeine und historische Quartärgeologie. – Stuttgart. [2] KLOSTERMANN, J. (1999): Das Klima im Eiszeitalter. – Stuttgart. [3] KUHLE, M. (1991): Glazialgeomorphologie. – Darmstadt. [4] LIEDTKE, H. (Hrsg.) (1990): Eiszeitforschung. – Darmstadt. [5] PATERSON, W. S. B. (1994): The physics of glaciers. – Oxford. [6] PRESS, F., SIEVER, R. (1995): Allgemeine Geologie. – Heidelberg, Berlin, Oxford. [7] RÖTHLISBERGER, F. (1986): 10.000 Jahre Gletschergeschichte der Erde. – Aarau, Frankfurt am Main, Salzburg. [8] STRASSER, S., WÜRKER, W. (1998): Schnee und Eis. – München. [9] WILHELM, F. (1975): Schnee- und Gletscherkunde. – Berlin, New York.

Gletscherabbruch, *Gletschersturz*, plötzlich als ↗Eislawine abgehender Abbruch eines Gletscherteils an vom ↗Gletscher überfahrenen Steilwandabbrüchen, an steilwandigen ↗Gletscherfronten oder im Bereich von ↗Flankenvereisungen.

Gletscherabfluß, sämtliches aus dem Bereich eines ↗Gletschers abfließendes Wasser. Dieses Wasser setzt sich aus der Schnee- und Eisschmelze sowie subglazialem Quell- und Hangzugwasser zusammen und bildet den aus dem ↗Gletschertor austretenden ↗Gletscherbach.

Gletscherbach, aus dem ↗Gletschertor austretendes Sammelgerinne für den ↗Gletscherabfluß. Er besteht überwiegend aus Schmelzwasser und besitzt infolge seines hohen Anteils an Gesteinsmehl eine trübe Färbung (↗Gletschermilch).

Gletscherbewegung, *Gletscherkinematik*, Eis beginnt nach Erreichen einer Eismächtigkeit von mehreren Zehner Metern, bedingt durch sein Eigengewicht, in Richtung des Oberflächengefälles (gravitativ) zu fließen. Die Gletscherbewegung basiert dabei auf zwei wesentlichen, nicht zwangsläufig stets gemeinsam wirksamen Vorgängen, zum einen der Prozeß der internen Verformung infolge der strukturviskosen (plastischen) Eigenschaften des Eises und zum anderen der Vorgang des basalen Gleitens. Die gletscherinterne Deformation erfolgt als plastisches Fließen (Kriechen), wobei es unter dem durch das Eigengewicht des Eises bedingten großen Druck in einem Gletscher zu einer kristallinternen Verformung innerhalb der Eiskörner und zu einer Verschiebung der einzelnen Eiskörner untereinander kommt. Das basale Gleiten des Gletschers (*Gleitvorgang*, *Sohlleitung*) ist auf das Vorhandensein von einem durch Druckverflüssigung entstandenen, als Schmiermittel wirkenden Schmelzwasserfilm an der Gletscherbasis zurückzuführen, wobei auch dem Prozeß der ↗Regelation und hohen Scherspannungen sowie Stauchungs- und Streckungszonen in Längsrichtung des Gletschers Bedeutung zukommt. Die Geschwindigkeit der Gletscherbewegung hängt von der Gletschermächtigkeit, dem Gefälle und von der Gletschertemperatur ab. Bezüglich der Art der Gletscherbewegung wird übergeordnet zwischen ↗Blockschollenbewegung von Gletschern und der strömenden Bewegung unterschieden. Bei der strömenden Bewegung liegt infolge der plastischen Eigenschaften des Gletschereises eine kontinuierliche Geschwindigkeitszunahme von den Rändern eines Gletschers zu seiner Mitte sowie von seiner Basis zur Oberfläche hin vor, vergleichbar dem laminaren Strömen viskoser Flüssigkeiten. Sie ist insbesondere an ↗temperierten Gletschern und damit an den in geringerer Höhe gelegenen Gletschern gemäßigter Breiten bzw. der Subtropen und Tropen zu beobachten. Eine Sonderform der Gletscherbewegung sind ↗glacier surges. [HRi]

Gletscherbruch, entsteht, wenn ein ↗Gletscher bei einer starken Gefällsversteilung in ein Gewirr von durch ↗Gletscherspalten getrennte ↗Eistürme und Eisschollen aufgespalten wird (Abb. im Farbtafelteil). Unterhalb des Gletscherbruchs bei Gefällsverminderung schließen sich die entstandenen Spalten meist wieder.

Gletscherdynamik, Gesamtheit der Vorgänge, die einen ↗Gletscher als dynamisches Gebilde charakterisieren. Hierzu zählen insbesondere das Gletscherwachstum durch ↗Akkumulation, die Gletscherabnahme durch ↗Ablation und die ↗Gletscherbewegung.

Gletschereis, durch die Prozesse der ↗Schneemetamorphose und ↗Eisbildung entstandenes Eis,

Gletscherernährung

das nach Erreichen einer Mächtigkeit von mehreren Zehnern Meter durch sein Eigengewicht plastisch (strukturviskos) zu fließen beginnt (↗Gletscher).

Gletscherernährung, beinhaltet sämtliche Vorgänge, durch die ein ↗Gletscher Massenzuwachs erfährt. Wichtigste aber nicht zwangsläufig bei jedem Gletscher auftretende Formen der Gletscherernährung sind die Akkumulation fester Niederschläge in einem ↗Nährgebiet, die Speisung durch ↗Lawinen und die ↗Aufeisbildung im Bereich der ↗Infiltrations-Aufeiszone.

Gletschererosion ↗glaziale Erosion.

Gletscherflecke, kleine Eismassen in geschützter Lage, denen erkennbare Fließstrukturen fehlen und die kaum von perennierenden ↗Schneefeldern zu unterscheiden sind.

Gletscherform, Ausgliederung von unterschiedlichen Gletschertypen (↗Gletscherklassifikation) nach der äußeren Form (z. B. ↗Eisstromnetz, ↗dendritischer Gletscher).

Gletscherforschung ↗Gletscherkunde.

Gletscherfront, Gletscherstirn, vorderer Grenzbereich eines ↗Gletschers zum nicht vereisten Gelände oder einer Wasserfläche (See, Meer). Dieser Bereich ist gekennzeichnet durch intensive ↗Ablation durch Abschmelzen des ↗Gletschereises, ↗Gletscherabbrüche, ↗Eislawinen oder ↗Kalbung.

Gletschergarten ↗Gletschermühle.

Gletschergeschichte ↗Gletscher.

Gletschergeschwindigkeit, Geschwindigkeit der Vorstoßbewegung eines ↗Gletschers. Sie steht in direkter Abhängigkeit von Oberflächengefälle, Eismächtigkeit, Gletscherbreite und Temperaturen. Die Gletschergeschwindigkeit der Alpen-Gletscher wird im Mittel mit 20 bis 200 m pro Jahr angegeben.

Gletscherhydrologie, befaßt sich mit dem Wasserhaushalt von ↗Gletschern, der insbesondere durch oberflächlich, im Gletscherinneren oder an der Gletschersohle abfließendes Schmelzwasser bestimmt wird.

Gletscherkalbung ↗Kalbung.

Gletscherkartierung, kartographische Erfassung vergletscherter Gebiete oder von Einzelgletschern.

Gletscherkatastrophen, zu den durch ↗Gletscher ausgelösten Katastrophen gehören insbesondere Menschen und Kulturland schädigende ↗Gletscherabbrüche größeren Ausmaßes, durch Gletscher verursachte Stauseebildungen und -ausbrüche sowie ↗Gletscherläufe mit einhergehenden Hochwässern. Größte bekannte Gletscherkatastrophe ist der am 31. Mai 1970 erfolgte Gletscherabbruch am Huascaran in Peru, bei dem eine abstürzende Eismasse von 85 Mio. m³ noch in der über 15 km entfernten Stadt Yungay über 20.000 Menschen tötete.

Gletscherkinematik ↗Gletscherbewegung.

Gletscherklassifikation, Gletschertypen, Vergletscherungstypen, typisierende Ordnung der weltweit in mannigfachsten Erscheinungsformen auftretenden ↗Gletscher nach unterschiedlichen, übergeordneten Kriterien. Die wesentlichen Merkmale zur Typisierung sind a) die geomorphologischen Gegebenheiten (z. B. Deckgletscher wie ↗Eisschilde und ↗Plateaugletscher bzw. dem Relief untergeordnete Gebirgsgletscher oder ↗Eisstromnetze), b) die Art der ↗Gletscherbewegung (strömende Bewegung oder ↗Blockschollenbewegung von Gletschern), c) die Gletscherthermik (↗temperierte Gletscher, ↗kalte Gletscher), d) die Massenbilanz (z. B. ↗inaktiver Gletscher) oder e) die Ernährungsweise eines Gletschers (z. B. ↗Firnmuldentyp, ↗Lawinengletschertyp). Häufig können die genannten Gletschertypen noch in eine ganze Reihe von Subtypen untergliedert werden. ↗Gletschersystem. [HRi]

Gletscherkunde, Gletscherforschung, Teildisziplin der ↗Glaziologie, die sämtliche Erscheinungsformen, die physikalischen Eigenschaften und, in Überschneidung mit der ↗Geomorphologie, die vielfältigen landschaftsgestaltenden Wirkungen der ↗Gletscher untersucht.

Gletscherlauf, Jökulhlaup, plötzlicher Wasserausbruch aus einem ↗Gletscher. Gletscherläufe entstehen beispielsweise, wenn in vergletscherten Gebieten mit rezentem Vulkanismus durch verstärkte vulkanische Aktivität episodisch oder periodisch besonders große Mengen an Schmelzwasser gebildet und dadurch Hochwässer katastrophalen Ausmaßes verursacht werden. Bekannt sind Gletscherläufe insbesondere von Island, wo beispielsweise der Grimsvotn-Vulkan unter Islands größtem Gletscher Vatnajökull, etwa alle fünf Jahre eine bis zu 1000 km² Fläche bedeckende Schmelzwasserflut verursacht.

Gletscherlawine ↗Eislawine.

Gletschermächtigkeit ↗Eismächtigkeit.

Gletschermilch, Gletschertrübe, Bezeichnung für die Trübung des ↗Gletscherabflusses infolge hoher ↗Suspensionsfracht.

Gletschermühle, Kolkbildung (↗Kolk) im Gletschereis. Auf und im ↗Gletscher abfließendes ↗Schmelzwasser, welches in ↗Gletscherspalten stürzt, kann durch das spiralförmige Umherwirbeln von mitgeführtem Sand und Steinen (sog. Mahlsteine) den fluvialen Kolken ähnliche Formen ausbilden, die Gletschermühlen. Durch die Mahlsteine werden die Gletschermühlen sukzessive erweitert und vertieft, wobei die Mahlsteine stark gerundet und zerkleinert werden. Erreichen Gletschermühlen die Gletschersohle und greifen sie auf den Felsuntergrund über, wird von *Gletschertöpfen* gesprochen. Die teilweise metertiefen Einschleifungen im Fels zeugen nach dem Abschmelzen des Eises von der Aktivität ehemaliger Gletschermühlen und beweisen, daß durch die Gletscherbewegung Spalten immer wieder am gleichen Ort aufreißen. Von der ↗Obermoräne und der ↗Innenmoräne gelangen immer neue Blöcke in den Kolk. Besonders eindrucksvolle Gletschertöpfe sind z. B. im Naturdenkmal des *Gletschergartens* von Luzern (Schweiz) zu beobachten.

Gletscherrandlagen, Bereiche maximaler Eisausdehnung im Zuge einzelner Phasen von ↗Gletschervorstößen. Gletscherrandlagen sind häufig gekennzeichnet durch Endmoränenzüge (↗Moräne).

Gletscherregime, je nachdem, ob sich ein ↗Gletscher rezent im Vorstoß (↗Gletschervorstoß) oder Rückzug (↗Gletscherrückgang) befindet, wird auch von positivem oder negativem Gletscherregime gesprochen.

Gletscherrückgang, liegt vor, wenn im Bereich eines ↗Gletschers die ↗Ablation über längere Zeit hinweg der ↗Akkumulation überwiegt und damit eine negative Massenbilanz des ↗Gletschereises entsteht. Das Abschmelzen an der ↗Gletscherfront wird nicht durch nachrückendes Eis aus dem ↗Nährgebiet kompensiert, wodurch sich der Gletscher relativ gesehen zurückzieht (zurückschmilzt), wofür auch der Begriff einer *Rückzugsphase* gebräuchlich ist (Abb. im Farbtafelteil). Gletscherrückgang ist seit Ende des 19. Jh. (unterbrochen durch kleinere Vorstoßphasen) weltweit an zahlreichen Gletschern zu beobachten.

Gletscherschliff, Schleifwirkung (↗Detersion) der im und am Eis von ↗Gletschern oder ↗Eisschilden ein- und angefrorenen Fein- und Grobkomponenten der ↗Untermoräne, die auf die Gletschersohle, die Wände des ↗Trogtales oder den festen Untergrund des Inlandeises ausgeübt wird. Durch diese Form der glazialen Erosion wird die Felsoberfläche geglättet und poliert, die mitgeführten ↗Geschiebe kritzen den Untergrund, was Striemen und Schrammen am Fels und am Geschiebe hinterläßt (Abb. im Farbtafelteil). Aus dem Verlauf der Gletscherschrammen im Fels kann die Fließrichtung des Eises rekonstruiert werden.

Gletscherschmelze ↗*Gletscherschmelzwasser*.

Gletscherschmelzwasser, *Gletscherschmelze*, durch Abschmelzen der Schneedecke auf einem ↗Gletscher und von ↗Gletschereis entstandenes ↗Schmelzwasser.

Gletscherschwankungen, Wechsel von Phasen mit ↗Gletschervorstoß und ↗Gletscherrückgang, bedingt durch Massenbilanzänderungen von ↗Gletschern. Je nach Dauer der Flächen- und Volumenänderung der Gletscher unterscheidet man jahreszeitliche (= witterungsabhängige) Oszillationen sowie klimaabhängige kurz-, mittel- und langfristige Gletscherschwankungen. Zu den kurzfristigen Gletscherschwankungen zählen z. B. die Vorstöße vieler Alpengletscher um 1890, 1920 und zwischen 1960–1980 mit anschließenden Rückzugsphasen. Mittelfristige Gletscherschwankungen dauern hingegen über Jh. an wie beispielsweise das überregionale Gletscherwachstum während der ↗Kleinen Eiszeit. Langfristige Gletscherschwankungen schließlich entsprechen den ↗Kaltzeiten und ↗Warmzeiten in der Erdgeschichte und zeichnen sich durch die Bildung von ↗Eisstromnetzen und ↗Vorlandgletschern aus. [HRi]

Gletschersee, Schmelzwasseransammlung in Hohlformen der Gletscheroberfläche.

Gletschersondierung, ↗Eiskernbohrung oder seismische Sondierung zur Feststellung der ↗Eismächtigkeit.

Gletscherspalte, Bezeichnung für Risse und Spalten im Eis, die im Rahmen der ↗Gletscherbewegung an der Gletscheroberfläche entstehen, wenn auftretende Zerrkräfte die Scherfestigkeit des Eises überschreiten. Gletscherspalten treten besonders häufig auf a) an Gefällsversteilungen in Form von zahlreichen *Querspalten*, im Extremfall auch als ↗Eisbruch, b) zum Gletscherrand hin als *Randspalten*, bei reibungsbedingten Fließgeschwindigkeitsunterschieden, c) nach dem Passieren von Engstellen als *Längsspalten*, im Rahmen verstärkter Querbewegungen und d) am divergierenden Gletscherende als *Radialspalten*. Die maximale Tiefe von Gletscherspalten beträgt rund 30 m, da sich das tiefere Eis bedingt durch den zunehmenden Druck plastisch fließend bewegt und daher weitestgehend spaltenfrei ist. Ortsfeste Gletscherspalten sind der ↗Bergschrund und die an der ↗Schwarz-Weiß-Grenze zwischen Fels und Gletschereis entstehende, bewegungsunabhängige *Randkluft*. [HRi]

Gletscherstausee ↗*Eisstausee*.

Gletscherstirn ↗*Gletscherfront*.

Gletschersturz ↗*Gletscherabbruch*.

Gletschersystem, im Rahmen der ↗Gletscherklassifikation kann nach der Ernährungsweise des ↗Gletschers zwischen geschlossenen und offenen Gletschersystemen unterschieden werden, je nachdem, ob ↗Nährgebiet und ↗Zehrgebiet eines Gletschers unmittelbar zusammenhängen (wie z. B. bei den Talgletschern der Alpen) oder ob aus einem großen Nährgebiet zahlreiche ↗Gletscherzungen entspringen (Auslaßgletscher), die nicht mehr in unmittelbarem räumlichem Zusammenhang mit ihrem Nährgebiet stehen (wie z. B. bei den polaren ↗Eisschilden).

Gletschertal, durch ↗glaziale Erosion geformtes Tal (↗Trogtal).

Gletschertheorien ↗*Gletscher*.

Gletschertisch, besondere Ausprägung der ↗Obermoräne. Ein im Idealfall flacher Gesteinsblock (Platte), der auf einem Eissockel (Fuß) aufliegt, bildet eine tischartige Form auf der Gletscheroberfläche (Abb. im Farbtafelteil). Gletschertische entstehen häufig auf subtropischen Gletschern, wo Obermoränenmaterial das darunter befindliche Eis vor direkter Sonneneinstrahlung abschirmt. Durch das im Vergleich zur umliegenden, unbedeckten Eisoberfläche verzögerte Abschmelzen entsteht unter dem Material der Obermoräne ein Eissockel. Der Gletschertisch zeigt die Abschmelzrate der ↗Gletscherzunge auf der Eisoberfläche.

Gletschertopf ↗*Gletschermühle*.

Gletschertor, Austrittsstelle des zum ↗Gletscherbach vereinten Schmelzwassers am Ende einer ↗Gletscherzunge. (Abb. im Farbtafelteil.)

Gletschertrübe ↗*Gletschermilch*.

Gletschertypen ↗*Gletscherklassifikation*.

Gletschervorfeld, unmittelbar an das untere Ende einer ↗Gletscherfront angrenzendes Gelände.

Gletschervorstoß, Wachstum eines ↗Gletschers im Bereich der ↗Gletscherfront infolge mehrerer oder zahlreicher aufeinander folgender, positiver Massenhaushaltsjahre (↗Gletscherschwankun-

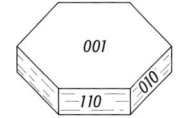

Glimmergruppe

Kristallform:	monoklin, pseudohexagonal
Spaltbarkeit:	ausgezeichnet nach (001)
Härte nach Mohs:	2 - 2,5
Dichte:	2,8 - 3,2 g/cm³

Muscovit-Reihe dioktaedrisch	Biotit-Reihe trioktaedrisch	Lithionit-Reihe trioktaedrisch
Muscovit $KAl_2[(OH)_2/AlSi_3O_{10}]$ Fe-arm, farblos Sericit feinschuppige Aggregate	Phlogopit $KMg_3[(F,OH)_2/AlSi_3O_{10}]$ Fe-arm, bräunlich	Zinnwaldit $K(Li,Fe^{II},Al)_3[(OH)_2/AlSi_3O_{10}]$ blaßviolett, bräunlich
Paragonit $(Na,K)Al_2[(OH)_2/AlSi_3O_{10}]$ weiß oder grün	Biotit $K(Mg,Fe^{II})_3[(OH)_2/(Al,Fe^{III})Si_3O_{10}]$ dunkelbraun bis schwarz	Lepidolith $KLiAl[(F,OH)_2/Si_4O_{10}]$ rosarot bis weiß
Roscoelith ±V_2O_3, MgO, FeO	Lepidomelan Fe-reich, Ti-haltig	Taeniolith (Li-Mn-Glimmer) $KLiMg_2[F_2/Si_4O_{10}]$
Fuchsit ± Cr_2O_3, grün	Manganophyllit Mn^{II} statt Mg, Mn^{III} statt Al	
Margarit (Sprödglimmer); $CaAl_2[(OH)_2/Al_2Si_2O_{10}]$; Härte nach Mohs: 3,5 - 4,5; Dichte: 3,0 - 3,1 g/cm³		

Glimmer: Übersicht über die wichtigsten Glieder der Glimmergruppe.

gen). Der Zeitraum eines Gletschervorstoßes ist die *Vorstoßphase* oder ↗Vereisungsphase.

Gletscherwind, besondere Form des thermisch erzeugten Hangabwindes (↗Hangwind). Gletscherwind entsteht, wenn die Luft über einem ↗Gletscher aufgrund des schlechten Vermögens zur ↗Wärmeleitung und der hohen ↗Albedo von Eis und Schnee vom Boden her stark abgekühlt wird. Bei einer geringen Gebietsausdehnung zeigt der Gletscherwind einen Tagesgang mit höheren Geschwindigkeiten in den Nachmittagsstunden aufgrund des zu dieser Zeit größeren Temperaturgegensatzes zur umgebenden Luft in der gleichen Höhe. Auf größeren Skalen bilden sich solche kalten ↗Fallwinde auch an den ausgedehnten Abhängen des Inlandeises in den Polargebieten. Hier kann die bodennahe Luft unter dem Gletscher während eines Großteils des Jahres stark abgekühlt werden und es bilden sich sehr kräftige Gletscherwinde, die nach allen Seiten zur Küste strömen. Durch ↗orographische Effekte und durch überlagerte Winde können diese Fallwinde verstärkt werden.

Gletscherwoge ↗*glacier surges*.

Gletscherzunge, der untere, zum ↗Zehrgebiet gehörende oder mit diesem identische, zungenförmig ausgebildete Teil von ↗Talgletschern (Abb. im Farbtafelteil). ↗Gletscher.

Gleye, [von dtsch. Klei = entwässerter Schlick, Schlamm] bilden eine der Klassen der Abteilung ↗Semiterrestrischer Böden der ↗Deutschen Bodenklassifikation; ↗Grundwasserböden; Horizontfolge: oben vom Grundwasser unbeeinflußter ↗Ah-Horizont, darunter der ↗Go-Horizont (Oxidationshorizont), darunter der stets nasse, fahlgraue bis graugrüne oder blauschwarze ↗Gr-Horizont als Reduktionshorizont. Der relativ hohe mittlere Grundwasserstand über 80 cm unter Flur bewirkt Sauerstoffmangel, der wiederum zur Lösung von Eisen- und Manganverbindungen führt, die mit dem Grundwasser kapillar aufsteigen und im Go-Horizont als Oxide gefällt werden. Die wichtigsten ↗Bodentypen sind der Gley, der ↗Naßgley, der ↗Anmoorgley, der ↗Moorgley; jeder Typ umfaßt zahlreiche Subtypen. Diese Böden sind weitverbreitet, meist aber kleinflächig und in grundwassernahen Bereichen der Landschaft zu finden. Sie entsprechen der ↗Gleysols der ↗WRB. [MFr]

gleyic properties, auf Grundwassereinfluß in den oberen 0,5 Metern eines Bodens zurückzuführende Reduktions-Oxidationsmerkmale (diagnostische Eigenschaften nach der ↗WRB).

Gleysols, Bodengruppe der ↗WRB; haben im Gegensatz zu anderen Böden keinen ↗diagnostischen Horizont, Gleysols umfassen Cryic, Thionic, Plinthic, Tephric, Arenic, Mollic, Umbric, Fluvic, Calcic und Haplic Gleysols; Vorkommen auf etwa 720 Mio. Hektar, davon die Hälfte in subarktischen Regionen von Nordrußland, Sibirien, Kanada und Alaska.

Glimmer, *Glimmergruppe*, Schichtsilicate (↗Phyllosilicate) mit einem wesentlichen Anteil am Aufbau der magmatischen Gesteine, kristallinen Schiefer und mancher Sedimentgesteine (Abb.). Sie sind z.T. aus dem Schmelzfluß entstanden oder, wie in Hornfelsen und Sericitschiefern, Produkte der Kontakt- und Tiefenmetamorphose sowie der pneumatolytischen und hydrothermalen Umwandlung. In den physikalischen Eigenschaften herrscht große Übereinstimmung. Alle Glimmer sind nach (001) höchst vollkommen spaltbar, die Spaltplättchen sind elastisch biegsam. Aufgrund ihrer kristalloptischen Eigenschaften lassen sich die Glimmer sehr gut unterscheiden. Der Winkel der optischen Achsen ist bei den unterschiedlichen Glimmern sehr verschieden, fast 0° bei ↗Biotit, 15° bei ↗Phlogopit und 55–75° bei den übrigen Glimmern. Alle Glimmer sind optisch negativ, man unterscheidet Glimmer I. und II. Art, je nachdem, ob die Achsenebene senkrecht (010) oder parallel (010) verläuft. Wie bei den Amphibolen (↗Amphibolgruppe) und den ↗Zeolithen hat die International Mineralogical Association (I.M.A.) auch für die Gruppe der Glimmer eine neue Nomenklatur vorgeschlagen. Nicht mehr in der neuen Systematik erscheinen drei wichtige, bei Sammlern wie in der mineralogischen Literatur seit langem gebräuchliche Mineralnamen: Biotit, Lepidolith und ↗Zinnwaldit. Sie stehen jetzt für Mischkristallreihen zwischen verschiedenen, teilweise neu definierten Endgliedern. Es wurden jedoch auch einige Glimmernamen wieder eingeführt, deren kristallchemische Endglieder noch nicht bekannt sind. Dies gilt für Montdorit, Trilithionit und Wonesit. [GST]

Glimmerperidotit, *Phlogopitperidotit*, metasomatisch veränderter ↗Peridotit.

Glimmerschiefer, ein regionalmetamorphes (↗Regionalmetamorphose) Gestein, das sich durch eine sehr gute Teilbarkeit in millimeter- bis zentimeterdicke Lagen auszeichnet, hervorgerufen durch die parallele Anordnung von blättchenförmigen Hellglimmerkristallen. Als weitere Hauptgemengteile können Quarz, Chlorit oder Biotit auftreten.

Global 2000, globale Umweltstudie, die im Auftrag des früheren amerikanischen Präsidenten J. Carter erstellt wurde und aufgrund des von ihr ausgelösten Echos 1980 auch in deutscher Sprache veröffentlicht wurde. Die Studie hatte das Ziel, die Entwicklung der Erdbevölkerung, der Umweltsituation und des Zustandes der weltweiten Ressourcen bis zum Jahr 2000 vorherzusagen. Bezüglich der dazu eingesetzten Modellrechnungen stellte sie ein methodisches Pionierwerk dar. Die aus damaliger Sicht teilweise sehr pessimistischen Prognosen führten zu heftigen öffentlichen Debatten.

Globalansicht, perspektive ↗ kartenverwandte Darstellung großer Räume mit gekrümmten Horizont (↗ Vogelschaubild). Solche Globalansichten wirken wie Erdansichten aus kosmischer Perspektive; sie werden als photographische Aufnahmen großer Reliefgloben oder als zeichnerische Konstruktion nach Karten bzw. nach Satellitenbildern erstellt.

Global Atmospheric Research Programme ↗ GARP.

global change, interdisziplinäre Sammelbezeichnung für weltweite (globale) Änderungen der ↗ Umwelt des Menschen. Im Vordergrund steht die anthropogene Beeinflussung der geosphärischen Synergismen, d. h. der Interaktion der einzelnen globalen Kreisläufe von Stoffen und Energie (↗ Stoffkreislauf). Hierbei wirkt der Mensch in vielfältiger Weise auf das ↗ Ökosystem Erde ein, passiv durch das Bevölkerungswachstum und aktiv durch die landwirtschaftliche Nutzung, Oberflächenversiegelung, Zersiedelung und Industrialisierung. Die Konsequenzen sind mannigfaltig. Gewässerverschmutzung, Abholzung, troposphärische Schadstoffbelastung (↗ Smog, ↗ Saurer Regen) oder das ↗ Ozonloch können direkt auf anthropogene Aktivitäten zurückgeführt werden. Bei vielen gegenwärtigen Umweltproblemen wie Klimaveränderung, anthropogen verstärkter ↗ Treibhauseffekt, ↗ neuartige Waldschäden oder dem Rückgang der ↗ Biodiversität ist der anthropogene Einfluß jedoch wegen vielfältiger Rückkopplungen und Zwischenreaktionen nur noch schwer nachzuweisen oder kann gar nur vermutet werden. Die Komplexität der gesamtirdischen Funktionszusammenhänge erschwert die Einleitung von wirksamen Maßnahmen zur Verminderung dieser Umweltprobleme. [SMZ]

Global Change and Terrestrial Ecosystems, GCTE, *Globale Änderungen und terrestrische Ökosysteme*, Kernprojekt des Internationalen Geosphären-Biosphären Programmes (↗ IGBP). Es wird untersucht, wie globale Veränderungen die terrestrischen Ökosysteme beeinflussen.

Global Climate Observing System ↗ GCOS.

Global Data Processing System ↗ Weltwetterüberwachung.

globale Dimension, *planetarische Dimension*, Begriff für die Größenordnung, in der zonale bis gesamtirdische Zusammenhänge beschrieben werden. Die globale Dimension entspricht der Größenordnung der ↗ geosphärischen Dimension aus der ↗ Theorie der geographischen Dimensionen.

globale Erwärmung, Hypothese zur Auswirkung anthropogener Emissionen auf das Weltklima. Der Gesamtgehalt an Kohlenstoff in der Atmosphäre betrug in der vorindustriellen Zeit rund 600 Gt C (1 Gt = 10^{12} Tonnen) und ist mit den wachsenden anthropogene Emissionen auf 750 Gt C angestiegen. Fossile Brennstoffe führen der Atmosphäre jährlich rund 5 Gt C zu, die Abholzung der Wälder rund 2 Gt C. Neben dem Treibhausgas CO_2 (↗ Kohlendioxid) hat sich der Anteil am Treibhausgas Methan mehr als verdoppelt. Daneben wird der Einfluß von Luftfeuchtigkeit, Wolkenintensität und wärmeabstrahlenden Eisflächen diskutiert. Bisher erlauben die Abweichungen der aus Direktmessungen und Modellberechnungen resultierenden Werte keine sichere Ausweisung einer Änderung der globalen Temperaturwerte gegenüber natürlichen Klimaschwankungen. Bis zum Jahr 2030 werden deutliche Anstiege um mehrere Grad Celsius erwartet. [AA]

globales geozentrisches Koordinatensystem, erdfestes ↗ Koordinatensystem mit dem Ursprung im ↗ Geozentrum. Die z-Achse $\overset{G}{e_3}$ weist zur mittleren Rotationsachse der Erde. Sie ist operationell durch die Beobachtungsstationen des Internationalen Erdrotationsdienstes ↗ IERS als IERS-Referenz Pol (↗ IRP) in weitgehender Übereinstimmung mit dem Conventional Terrestrial Pole (↗ CTP) bzw. dem Conventional International Origin (↗ CIO) definiert. Damit ist gleichzeitig die mittlere Äquatorebene ($\overset{G}{e_1}$, $\overset{G}{e_2}$-Ebene) definiert, die durch die x- und y-Achsen aufgespannt wird. Die x-z-Ebene ist die Parallelebene zur mittleren Meridianebene von Greenwich, definiert durch den IERS-Referenz-Meridian. Das so realisierte globale geozentrische Koordinatensystem ist dem Wesen nach ein vereinbarter erdfester Bezugsrahmen. Die Koordinatenachsen des Koordinatensystems bilden ein Rechtssystem (Abb.).

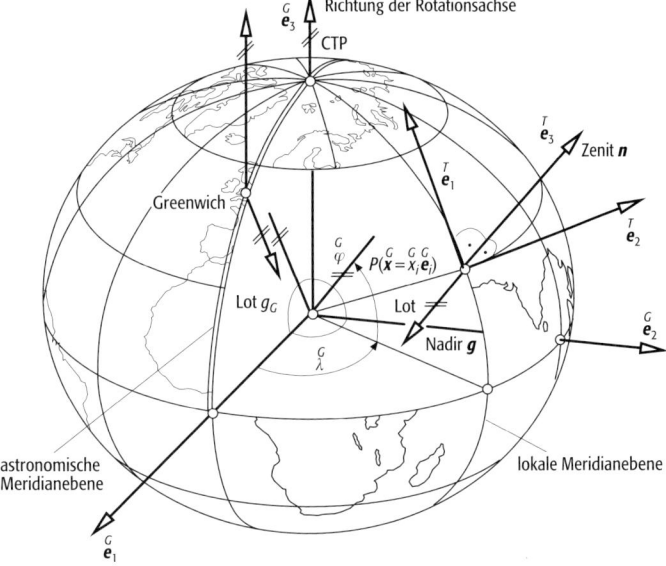

globales geozentrisches Koordinatensystem: globales geozentrisches Koordinatensystem und astronomische Koordinaten.

Globalklima

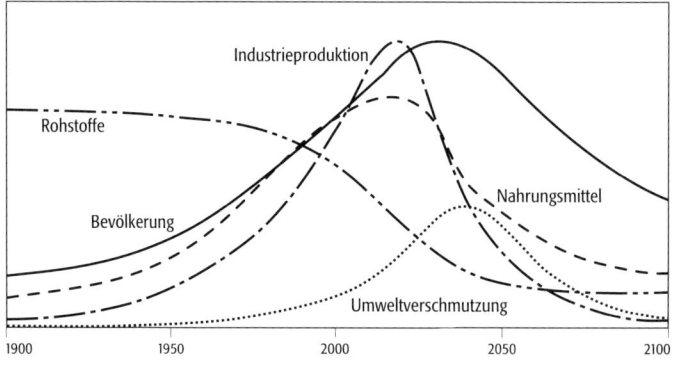

Globalmodel: Weltmodell von Meadows, Wachstums- und Entwicklungsprognose bei einem Standarddurchlauf.

Globale geozentrische Koordinatensysteme haben insbesondere in der ↗Satellitengeodäsie und für die ↗geodätischen Raumverfahren Bedeutung. Zur Beschreibung der Positionen von Punkten des Erdraumes werden rechtwinklig kartesische bzw. rechtwinklig krummlinige Koordinaten (z.B. Kugelkoordinaten) und ↗natürliche Koordinaten verwendet. Die natürlichen Koordinaten eines Punktes legen die Zenitrichtung fest und damit die z-Achse eines ↗topozentrischen astronomischen Koordinatensystems $(\vec{e}_1, \vec{e}_2, \vec{e}_3)$. [KHI]

Globalklima, ↗Klima, das beschrieben wird entweder anhand globaler Mittelwerte oder regional aufgeschlüsselter, aber auf die gesamte Erde bezogener Werte der ↗Klimaelemente.

Globalmodell, *Weltmodell,* Modell, das klimatische, ökologische oder ökonomische Prozesse in einem weltweiten System zu erklären versucht. Gegenwärtige Vorgänge sollen dabei adäquat erfaßt und wenn möglich deren zukünftige Entwicklung vorausgesagt werden. Gebräuchliche Globalmodelle sind globale ↗Klimamodelle und Modelle zur Entwicklung des Ressourcenverbrauchs durch die Menschheit. Umfassende Globalmodelle hat der ↗Club of Rome mit seinen Berichten eingeführt. Sie beinhalten Szenarien für die globale Bevölkerungs-, Ressourcen-, Wirtschafts-, Technologie- und Umweltentwicklung. Diese Globalmodelle sollen Gefahren, aber auch Steuerungsmöglichkeiten der zukünftigen Entwicklung sichtbar machen. Wachstum der Bevölkerung und der Industrieproduktion findet demnach nur so lange statt, bis die Umweltverschmutzung und der Rohstoffverbrauch ihre Grenzen erreicht haben und der auftretende Mangel nicht mehr über zusätzliche Investitionen auszugleichen ist (Abb.). Auch die ↗Gaia-Theorie beinhaltet ein Globalmodell. [MSch]

Global Navigation Satellite System, *GNSS,* allgemeine Bezeichnung für ein weltweit verfügbares System zur Positions- und Zeitbestimmung, das aus einer oder mehreren Satellitenkonstellationen sowie weiteren Komponenten besteht. Die erste Stufe (GNSS 1) basiert auf den vorhandenen Systemen ↗Global Positioning System und ↗GLONASS und bezieht ergänzende zusätzliche Maßnahmen ein, um für eine bestimmte Region die Situation für die zivile Navigation zu verbessern. In Europa werden dazu unter dem Namen EGNOS (European Geostationary Navigation Overlay Service) Transponder auf geostationären Kommunikationssatelliten (INMARSAT) installiert, um vorrangig Sicherheits- und Zuverlässigkeitsinformationen (Integrity) über den Systemzustand zu übermitteln. Für einen späteren Zeitpunkt (bis etwa 2008) ist daran gedacht, im Rahmen von GNSS 2 ein eigenständiges ziviles europäisches Satellitennavigationssystem unter der Bezeichnung Galileo aufzubauen. [GSe]

Global Observing System ↗Weltwetterüberwachung.

Global Ozone Monitoring Experiment ↗*GOME.*

Global Positioning System, *GPS,* satellitengestütztes Radionavigationssystem. GPS wird unter der vollständigen Bezeichnung *NAVSTAR-GPS* (Navigation System with Time and Ranging) als Nachfolgesystem für ↗TRANSIT unter der Verantwortung des US Verteidigungsministeriums seit Mitte der 1970er Jahre aufgebaut, unterhalten und weiterentwickelt. Für zivile Nutzer ist eine ständige Verfügbarkeit im Rahmen des ↗Standard Positioning Service (SPS) garantiert.

GPS hat sich wegen seiner globalen Einsatzmöglichkeit, Allwettertauglichkeit, einfachen Handhabung und des hohen Genauigkeitspotentials zu dem wichtigsten Verfahren der Positionsbestimmung und Navigation entwickelt. Das Meßprinzip ermöglicht einen Einsatz sowohl für feste Beobachtungsaufstellung (statisches GPS) als auch für bewegte Meßträger wie Personen, Land-, Wasser-, Luftfahrzeuge und Satelliten (↗kinematisches GPS).

Die Satellitenkonfiguration (↗GPS-Raumsegment) besteht nominell aus 24 Satelliten in einer

Global Positioning System 1: NAVSTAR Global Positioning System (GPS). 24 Satelliten sind in ca. 20.000 km Höhe angeordnet.

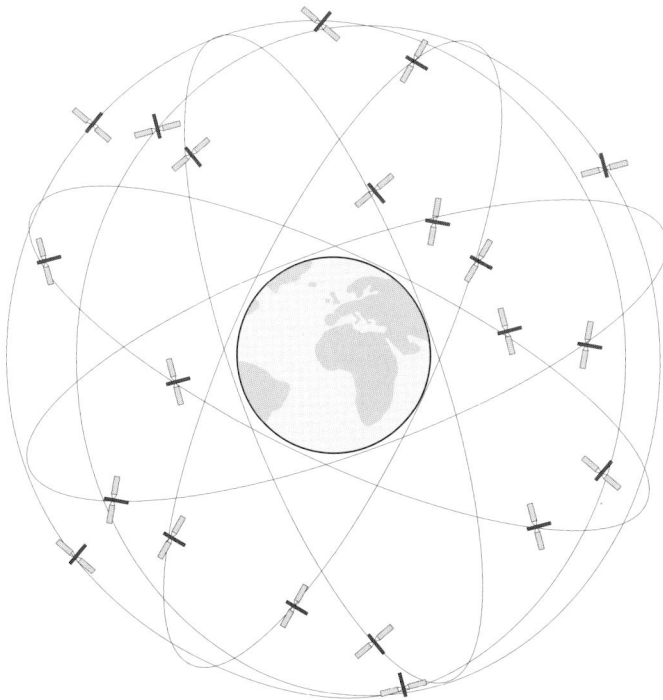

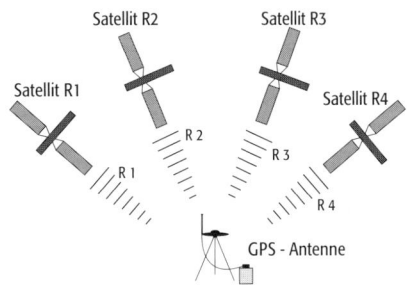

Bahnhöhe von 20.200 km, und ist so gestaltet, daß von jedem Punkt der Erde aus gesehen jederzeit mindestens vier Satelliten über dem Horizont stehen (Abb. 1 u. 2). Das Navigationsprinzip beruht auf der gleichzeitigen Messung sog. Pseudoentfernungen zwischen mindestens vier Satelliten und einem ↗GPS-Empfänger auf der Nutzerseite. Dazu senden die Satelliten auf zwei Trägerfrequenzen ($L1 = 1{,}57$ GHz; $L2 = 1{,}23$ GHz) codierte Signale (↗P-Code, ↗C/A-Code) sowie die vom ↗Kontrollsegment bestimmten ↗Broadcastephemeriden zur Berechnung der Satellitenpositionen aus. Aus den jeweiligen Satellitenpositionen und den aus der Laufzeitmessung durch Multiplikation mit der Ausbreitungsgeschwindigkeit ermittelten Pseudoentfernungen wird empfängerintern in Echtzeit oder durch nachträgliche Bearbeitung der aufgezeichneten Daten (Postprocessing), ggf. gemeinsam mit den Daten anderer Beobachtungsstationen (↗GPS-Mehrstationslösung), die Nutzerposition berechnet.

GPS-Ergebnisse sind dreidimensionale, kartesische oder ellipsoidische ↗geozentrische Koordinaten im globalen Bezugssystem ↗WGS84, die über geeignete Transformationsformeln in lokale Koordinaten umgewandelt werden können (↗Datumstransformation). Je nach Meßanordnung, Satellitenkonfiguration (↗dilution of precision), Signalnutzung und Fehlermodellierung lassen sich sehr unterschiedliche Genauigkeiten erzielen (Tab.). Wesentliche Fehlerquellen beim GPS sind die verfügbaren Bahninformationen und die ↗GPS-Signalausbreitung in der Atmosphäre (Troposphäre, Ionosphäre) sowie in der Antennenumgebung (↗Multipath). Hinzu kommen die aus militärischen Gründen eingeführten ↗GPS-Sicherungsmaßnahmen zur Signalverschlechterung (↗Selective Availability (SA), ↗anti-spoofing). Mit einem einzelnen Empfänger (↗GPS-Einzelpunktbestimmung) wird für zivile Nutzer im Rahmen des ↗Standard Positioning Service (SPS) lediglich eine Genauigkeit von etwa 100 m garantiert. Seit Abschalten von SA am 1. Mai 2000 ist die erzielbare Genauigkeit für zivile Nutzer mit Zweifrequenzsystem besser als 15 m. Durch Relativmessungen zu bestehenden oder gesondert eingerichteten ↗GPS-Referenzstationen läßt sich ein bedeutender Anteil der wirksamen Fehler durch Differenzbildung der Beobachtungsgrößen eliminieren (↗Differential-GPS, DGPS). In Deutschland haben die Landesvermessungsverwaltungen dazu den Dienst ↗SAPOS in unterschiedlichen Genauigkeitsklassen aufgebaut. Standardmäßig wird mit DGPS bei Nutzung der Codes eine Genauigkeit von 2 bis 5 m erzielt, bei ↗trägergeglätteten Codemessungen auf der Nutzerseite 0,5 bis 1 m. Bei Verwendung der Trägerphasen (↗GPS-Beobachtungsgrößen) läßt sich eine Genauigkeit von wenigen cm erreichen. Voraussetzung dazu ist die Lösung der ↗Phasenmehrdeutigkeiten, d. h. der vollen Anzahl von Wellenzügen (ca. 20 cm Wellenlänge) zwischen Satellit und Empfänger. Über kurze Entfernungen (bis zu 10 km von den Referenzstationen) lassen sich Mehrdeutigkeiten durch Suchalgorithmen bereits nach wenigen Sekunden Meßdauer lösen. Typische Anwendungen finden sich z. B. im Geoinformations- und im Vermessungswesen. Die Industrie stellt hierzu echtzeitfähige Gerätekonfigurationen zur Verfügung (↗Echtzeitkinematik, RTK). Bei größeren Entfernungen und hohen Genauigkeitsansprüchen sind Beobachtungszeiten von mehreren Stunden bis Tagen erforderlich. Dies gilt insbesondere für die Anlage globaler, kontinentaler oder nationaler Kontrollnetze (z. B. ↗ITRF, ↗EUREF, ↗SIRGAS) sowie für die Überwachung von rezenten Krustenbewegungen (z. B. ↗Plattentektonik, ↗Erdbeben, ↗Vulkanismus) oder der ↗Erdrotationsparameter. Hierbei ist es üblich, in Netzen mit mehr als zwei simultan arbeitenden Empfängern zu beobachten (GPS-Mehrstationslösung).

In der russischen Föderation (früher in der UdSSR) wird ein vergleichbares Satellitensystem unter der Bezeichnung ↗GLONASS aufgebaut und betrieben. Die gleichzeitige Nutzung beider Satellitensysteme ist mit kombinierten GPS/GLONASS Empfängern möglich. [GSe]

Globalstrahlung, die bei der photogrammetrischen Aufnahme von ↗Satellitenbildern und ↗Luftbildern wirksame Beleuchtung der Erdoberfläche als Summe der ↗direkten Sonnenstrahlung und der durch Absorption und Streuung in der Atmosphäre entstehenden diffusen ↗Himmelsstrahlung.

Globalstrahlungsverteilung, die ↗direkte Sonnenstrahlung und die ↗Himmelsstrahlung in der wolkenfreien Atmosphäre. Durch die ↗Mie-Streuung in der Atmosphäre an den Aerosolen ergibt sich eine Aufhellung des Himmels in der Sonnenumgebung, die sogenannte Aureole. In der nahezu dunstfreien Luft des Hochgebirges ist diese Aureole nur schwach ausgebildet. Die ↗Rayleigh-Streuung führt zu einem Minimum

Global Positioning System 2: Meßprinzip beim GPS: aus gleichzeitiger Entfernungsmessung zu vier Satelliten wird die 3D-Nutzerposition und eine Uhrkorrektur bestimmt.

Einzelmessung	
SA eingeschaltet	100 m – 250 m
SA ausgeschaltet	10 m – 30 m
Relativmessung (bewegt)	
DGPS mit Code-Streckenkorrekturen	2 m – 5 m
DGPS mit trägergeglätteten Codes	0,5 m – 1 m
PDGPS mit Mehrdeutigkeitslösung	1 cm – 5 cm
Relativmessung (statisch)	
Standardprozeduren, Basislinien	1 cm – 3 cm
Nahbereich, Netzlösung, Langzeitmessung	< 1 cm

Global Positioning System (Tab.): erzielbare Genauigkeit beim GPS (Übersicht).

der Himmelsstrahlung in einem Winkelabstand von 90° von der Sonneneinfallsrichtung. Durch die starke Wellenlängenabhängigkeit des Rayleigh-Streukoeffizienten wird blaues Licht stärker gestreut als gelbes oder rotes (/Himmelsblau, /Dämmerungserscheinungen).

Global Stratotype Section and Point /GSSP.

Global Telecommunication System /Weltwetterüberwachung.

Globigerinen, [von lat. globus = Kugel und gerere = tragen], Klasse Foraminiferida (/Foraminiferen), Ordnung Rotaliida, Unterordnung Globigerinina, eine Gruppe fossiler und rezenter, /planktischer, /stenohaliner Foraminiferen (Lochträger, Kammerlinge) mit zuerst trochospiralem, später planspiralem bis involutem Gehäusebau. Die Kammern der erwachsenen Formen sind meist kugelig aufgebläht, die Wände sind dünn und oft grob perforiert. Globigerinen kommen seit dem /Dogger vor. /Globigerinenschlamm ist ein carbonatisches Tiefseesediment das heute große Teile des Ozeanbodens bedeckt.

Globigerinenschlamm, unverfestigtes, marines /pelagisches Sediment, das v. a. aus planktonischen /Foraminiferen besteht.

Globularprojektion, einem transversalen Azimutalentwurf ähnliche Abbildung einer Halbkugel des Globus. Der unechte Entwurf wird dem Italiener G.B. Nicolosi um 1660 zugeschrieben. Später sind noch von anderen Autoren Globularentwürfe angegeben worden. Es handelt sich weder um eine Projektion, noch gibt es mathematisch formulierte /Abbildungsgleichungen. Zur Konstruktion des Kartennetzes von Nicolosi wird der Umkreis in gleiche Teile geteilt, die konstanten Breitendifferenzen entsprechen. Ebenso werden die beiden senkrecht zueinander stehenden Kreisdurchmesser als Abbilder des Äquators und des Mittelmeridians in gleiche Abschnitte geteilt. Damit sind für jeden /Parallelkreis drei Punkte festgelegt, durch die jeweils ein Kreis gelegt werden kann. Auch das Bild des Äquators wird in gleiche Abschnitte geteilt. Die Kreise durch die Pole und durch die Teilungspunkte auf dem Äquatorbild sind die Abbildungen der Meridiane. Der Entwurf ist ein vermittelnder Kartennetzentwurf. Sein Kartennetz ist leicht zu konstruieren. Für die Mitte des Kartenbildes sind die Verzerrungen gering. Die Einfachheit der Konstruktion ist in der Gegenwart kein attraktives Argument mehr für die Verwendung der Globularprojektion. (/Planiglobus Abb.). [KGS]

Globus, maßstabsgerechtes verkleinertes kugelförmiges, unverzerrtes, d. h. längen-, flächen- und winkeltreues Modell der Erde (Erdglobus), des Mondes (Mondglobus) oder eines anderen Himmelskörpers aus Kunststoff, Pappe, Holz, Metall oder Glas. Der Erdglobus ist bei der Befestigung auf einem Fuß mit einem halbkreisförmigen Meridianteiler um eine mit 23°27' gegen die Senkrechte geneigte Achse (/Inklination), die durch die Pole verläuft, drehbar gestaltet. Rollgloben sind, auf Kugellagern oder Filzstreifen gelagert, in alle Richtungen drehbar und mit zwei gekreuzten Quadrantenbögen mit Gradeinteilung versehen. Himmelsgloben geben das Bild der scheinbaren Himmelskugel wieder, wobei wegen der Betrachtungsweise die Sternbilder seitenverkehrt dargestellt werden. Globen werden meist in sehr kleinen Maßstäben von 1 : 50.000.000 bis 1 : 25.000.000 hergestellt, da die entsprechenden praktikablen Globendurchmesser zwischen 25 und 50 cm liegen. Erdgloben stellen vor allem die politische Gliederung der Erde (*politische Globen*) und allgemeingeographische Elemente mit starker Betonung der physischgeographischen Komponenten (physisch-geographische Globen) dar. Duogloben (Leuchtgloben) zeigen in von innen beleuchtetem und in unbeleuchtetem Zustand je einen unterschiedlichen Gegenstand, meist unbeleuchtet die politische Gliederung und beleuchtet ein physisch-geographisches Bild. Bei einer dreidimensionalen Darstellung des Reliefs spricht man von Reliefgloben. Diese erfordern allerdings eine außerordentlich starke Überhöhung (bei 1 : 40.000.000 hätte z. B. der Mt. Everest ohne Überhöhung eine Höhe von nur 22 mm). Ferner gibt es thematische Globen, meist geowissenschaftlichen Inhalts. Induktionsgloben sind meist schwarze Kugeln (z. B. Schiefergloben) mit oder ohne Gradnetz für Lehrzwecke. Im allgemeinen wird der 1492 in Nürnberg auf Initiative von Martin /Behaim hergestellte Erdglobus als der erste (in der westlichen Welt produzierte) angesehen.

GLONASS, *Global'naya Navigatsionnaya Sputnikova Sistema*, ein dem NAVSTAR-GPS (/Global Positioning System) sehr ähnliches globales Satellitennavigationssystem der früheren Sowjetunion, das jetzt von der russischen Föderation weiter betrieben wird. Das Raumsegment umfaßt im vollen Ausbau 24 Satelliten in drei Bahnebenen mit einer Bahnneigung von 64,8° und einer Bahnhöhe von etwa 19.200 km. Der wesentliche technische Unterschied gegenüber GPS besteht darin, daß jeder GLONASS-Satellit auf etwas unterschiedlichen Frequenzen sendet, aber den gleichen Code verwendet. Die Unterschiede im /Bezugssystem und im Zeitsystem lassen sich durch Transformationen berücksichtigen. /GPS-Sicherungsmaßnahmen wie SA (/Selective Availability) und A-S (/anti-spoofing) sind nicht vorgesehen. Die gemeinsame Nutzung von GPS und GLONASS mit kombinierten Empfängern führt zu einer höheren Zahl verfügbarer Satelliten und damit zu einer geringeren Empfindlichkeit gegenüber Signalabschattungen sowie zu einer Beschleunigung bei der Lösung der /Phasenmehrdeutigkeiten. [GSe]

Glorie, [von lat. gloria = Ruhm, Ehre, Zierde], System farbiger Ringe um den Schatten des Kopfes eines Beobachters (sitzt er im Flugzeug, wird der Schatten vom Flugzeug gebildet) auf einer Wolkenoberfläche oder Nebelwand mit der Farbfolge rot, grün, blau von außen nach innen und mit typisch 5–15° Radius. Die Glorien entstehen durch /Streuung des Lichtes der Sonne nach rückwärts an Wolkentropfen oder Eiskristallen, wenn diese alle etwa gleich groß sind. Die Glorie kann nicht mit geometrischer Optik sondern nur mit der Mie-Theorie (↗Mie-Streuung) erklärt werden. Eine Glorie ist um so größer, je kleiner die Streuteilchen sind. Erscheint die Glorie um den Schatten des Kopfes eines Beobachters auf einer Nebelwand, handelt es sich um ein ↗Brokkengespenst.

Glossiols, Hauptbodeneinheit der ↗WRB (früher Podzoluvisols ↗Fahlerde); lessivierte und podsolierte Böden mit keil- oder zungenförmigem Verlauf der Grenze zwischen Auswaschungs- und Anreicherungshorizont.

Glühverlust, Bezeichnung für die Gewichtsdifferenz zwischen Abdampf- bzw. Trockengewicht und Glührückstand (600 °C). Darunter wird in der Bodenkunde der Gewichtsverlust, der beim Glühen von trockenen Bodenproben entsteht, verstanden. Dieses Verfahren wurde früher häufig eingesetzt, um den Gehalt an organischer Bodensubstanz zu ermitteln. Allerdings kann man den Gehalt an organischer Bodensubstanz nur dann mittels Glühverlust ermitteln, wenn die Bodenprobe keine Tonminerale und Carbonate enthält. Diese Bodenkomponenten geben beim Glühen gleichfalls Stoffe (Kristallwassers bzw. Kohlendioxid) ab, erhöhen also den Gewichtsverlust. Dies führt zu entsprechend überhöhten Werten für die organische Bodensubstanz. Daher wird der Gehalt an organisch gebundenem Kohlenstoff nach trockener Verbrennung aus dem Gesamt-Kohlenstoffgehalt bestimmt (Elementaranalyse). [RE]

Glutwolke ↗nuée ardente.

GMS, *Geostationary Meteorological Satellite*, ↗geostationärer Satellit, NASDA, Japan, Teil des ↗meteorologischen Satellitensystems.

Gmso-Horizont, ↗Bodenhorizont entsprechend der ↗Bodenkundlichen Kartieranleitung, ↗Go-Horizont mit Brauneisen als gebankter ↗Raseneisenstein ausgebildet.

GMST, *Greenwich Mean Sidereal Time*, ↗mittlere Sternzeit für die Orte, die auf dem gleichen Meridian wie Greenwich liegen.

GMT, *Greenwich mean time*, mittlere Greenwichzeit, mittlere Sonnenzeit des durch Greenwich bei London verlaufenden Nullmeridians.

Gneis, ein regionalmetamorphes (↗Regionalmetamorphose) Gestein, das in zentimeter- bis dezimeterdicke Platten teilbar ist, hervorgerufen durch einen charakteristischen parallelen Lagenbau aus Quarz-Feldspat-reichen mit glimmer- oder amphibolreichen Lagen. Ein »normaler« Gneis führt als ↗Hauptgemengteile neben Quarz beide Feldspäte (Alkalifeldspat und Plagioklas) und Biotit. Treten weitere Minerale in nennenswerten Mengenanteilen auf, so spricht man z. B. von ↗Sericitgneisen oder ↗Hornblendegneisen. Ausgangsgesteine können sowohl saure bis intermediäre magmatische Gesteine (man spricht dann von *Orthogneisen*) als auch klastische Sedimente (*Paragneise*) sein. Aufgrund der Texturen lassen sich im Gneisgefüge z. B. ↗Augengneis, Plattengneis oder ↗Stengelgneis unterscheiden.

gnomonische Projektion, **1)** *Kartographie*: ↗azimutaler Kartennetzentwurf. **2)** *Kristallographie*: Projektion von Kristallflächen oder Netzebenenscharen auf eine Ebene (↗stereographische Projektion). Vom Zentrum des Kristalls aus konstruiert man die Flächennormalen und bringt sie zum Schnitt mit einer Ebene im vorgegebenen Abstand vom Zentrum. Die Durchstichpunkte sind die Projektionspunkte der einzelnen Flächen. Die gnomonische Projektion ist weder flächen- noch winkeltreu. Sie hat jedoch den Vorteil, daß die Projektionspunkte ↗tautozonaler Flächen auf Geraden liegen. Die gnomonische Projektion wird vornehmlich bei der Indizierung von Laue-Aufnahmen (↗Laue-Gleichung) verwendet.

Gnomonogramm, Bild einer ↗gnomonischen Projektion (Abb.).

GNSS ↗*Global Navigation Satellite System*.

GNSS Receiver for Atmospheric Soundings ↗GRAS.

GOCE, *Gravity Field and Steady-State Ocean Circulation Explorer*, für 2003 geplante europäische Satellitenmission zur Bestimmung eines räumlich hochauflösenden Erdgravitationsfeldes durch ↗Satellitengradiometrie und Hoch-Niedrig-SST.

GOES, *Geosynchronous Operational Environmental Satellite*, geostationärer Wettersatellit (↗geostationärer Satellit), Teil des ↗meteorologischen Satellitensystems.

Goethit, *Allcharit, Chileit, Eisensamterz, Fullonit, Mesabit, Nadeleisenerz, Onegit, Pyrosiderit, Pyrrhosiderit, Xanthosiderit*, nach J. W. v. Goethe benanntes Mineral mit der chemischen Formel: α-FeOOH; rhombisch-dipyramidale Kristallstruktur; Farbe: gelb, ockergelb, bräunlich-gelb; diamantartiger Seidenglanz; Strich: dunkel- bis braungelb; Härte nach Mohs: 5–5,5 (spröd); Dichte: 4,3 g/cm³; Spaltbarkeit: vollkommen nach (010), gut nach (100); Aggregate: frei aufgewachsen, häufig samtartig, faserig, krustig, strahlig (Brauner Glaskopf), erdig, derb; vor dem Lötrohr schwarz und magnetisch werdend; in HCL löslich; Begleiter: Hämatit, Limonit, Pyrit, Siderit, Quarz, Achat, Calcit; Vorkommen: als Produkt der hydrischen Phase tritt er bei der Verwitterung aller Fe-haltigen Minerale und Gesteine in den Böden, bei der Diagenese von Sedimenten sowie bei der Oxidation des Fe-Carbonats in Sümpfen und Seen auf; verleiht den Böden der gemäßigten Klimate ihre gelb-braune Farbe (Verbraunung); Fundorte: Príbam (Böhmen), Lostvithiel (Cornwall, England), ansonsten weltweit. Goethit hat einem schwachen parasitären ↗Ferrimagnetismus (↗Sättigungsmagnetisierung M_S = $0{,}05 - 5 \cdot 10^3$ A/m) und eine ↗Curie-Temperatur T_C von etwa 110 °C. Er zeichnet sich durch sehr hohe Werte für die ↗Koerzitivfeldstärke ($H_C >$ 1 T) aus. Die spezifische ↗Suszeptibilität χ_{spez} liegt mit etwa 10^{-6} m³/kg im Bereich der Werte schwach paramagnetischer Minerale. Goethit wird meist bei der Verwitterung von Gesteinen gebildet und verursacht dort i. d. R. eine sekundäre ↗remanente Magnetisierung, die im Zuge einer ↗Wechselfeld-Entmagnetisierung nicht zu entfernen ist, sondern nur durch eine ↗thermische Entmagnetisierung mit Temperaturen bis 110 °C.

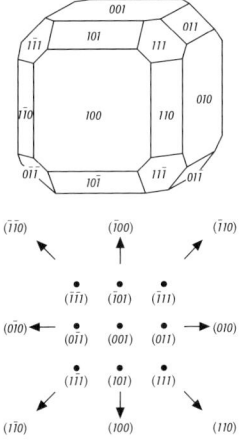

Gnomonogramm: Gnomonogramm eines Galenit-Kristalls.

Go-Horizont, ↗Bodenhorizont entsprechend der ↗Bodenkundlichen Kartieranleitung; oxidierter ↗G-Horizont; > 10 % der Profilfläche mit Rost- und Carbonatflecken bedeckt; besonders an Aggregatoberflächen zu finden; Merkmale entstehen im Grundwasserschwankungsbereich sowie an der Obergrenze des geschlossenen Kapillarraumes oder in sauerstoffreichen gesättigten Bereichen.

Goias-Massiv ↗Proterozoikum.

Gold, 1) chemisches Element der I. Nebengruppe des Periodensystems, chemisches Zeichen: Au; 2) Mineral mit kubisch-hexoktaedrischer Kristallform; Farbe: leuchtend- bis lichtgoldgelb; Metallglanz; undurchsichtig; Strich: goldgelb; Härte nach Mohs: 2,5–3 (sehr geschmeidig); Dichte: 15,5–19,3 g/cm^3; Spaltbarkeit: keine (hämmerbar, biegsam, hakig); Aggregate: derb, als Bleche, Platten, Körner, dendritische Skelette, fieder-, baum-, haar-, draht-, blech- oder moosförmig; Kristalle meist würfelig und dodekaedrisch; vor dem Lötrohr schmelzbar; nur in Königswasser löslich; Begleiter: Limonit, Azurit, Pyrit, Arsenopyrit, Chalkopyrit, Telluride; Vorkommen: hydrothermal und in Gefolgschaft saurer bis intermediärer Tiefengesteine bzw. entsprechender Ergußgesteine und sekundär in rezenten und fossilen ↗Seifen; Fundorte: Südafrika, Kanada, Alaska, Kalifornien, Ural, Brasilien, Australien, ansonsten weltweit.

Neben Kupfer ist Gold das älteste vom Menschen benutzte Metall. Älteste Funde sind aus Ägypten vom Ende des 4. Jahrtausends v. Chr. bekannt. Goldgewinnung in Europa fand als Goldwäschereien am Rhein und an der Rhône sowie als Berggold in den Hohen Tauern statt.

Gold ist meist mit Silber legiert (bis 20 %, ↗Gold-Silber-Lagerstätten). Liegt ein höherer Silbergehalt (bis etwa 50 %) vor, so spricht man von Elektrum. Die typische Goldfarbe wird dann heller bis fast silberweiß. Die Reindarstellung von Gold aus Elektrum gelang bereits im 7. Jh. v. Chr. den Lydern in Kleinasien, die auch die ersten, für Zahlungen verwendeten Metallstücke zu Münzen geprägt haben und den heute noch gebräuchlichen Probierstein der Juweliere, den Lydit, für die quantitative Analytik der Edelmetalle eingeführt haben.

Gold, das durch Umwandlung aus ↗Goldtelluriden entstanden ist, sieht dunkelbraun pulvrig aus (Senfgold). Als ↗Freigold bezeichnet man das im Erz mit bloßem Auge sichtbare ↗gediegene Gold, im Gegensatz zu dem sehr feinverteilten oder in andere Minerale eingebauten Gold. Berggold wird aus primären Lagerstätten gewonnen, Seifengold aus sekundären.

Die wichtigsten *Goldminerale* sind: Gold (Au, kubisch, 100 % Au), Sylvanit (AuAgTe$_4$, rhombisch, 25–27 % Au), Krennerit ((Au,Ag)Te$_2$, rhombisch, < 44 % Au), Calaverit (AuTe$_2$, monoklin, bis 44 % Au) und Nagyait (Pb$_5$Au(Te,Sb)$_4$S$_{5-8}$, rhombisch, wechselnder Goldgehalt). ↗Goldseifen, ↗Gold-Nugget, ↗Goldlagerstätten. [GST]

Goldader, allgemein verwendeter Begriff für ↗Goldquarzgänge oder schichtgebundene ↗Goldlagerstätten.

Goldlagerstätten, natürliche Anreicherung von Gold. Gold ist in der Erdkruste, wenn auch nur in Spuren, weit verbreitet, meist als ↗Freigold oder an ↗Sulfide gebunden. Erhebliche chemische oder mechanische Konzentrationsprozesse sind notwendig, um es zu abbauwürdigen Lagerstätten anzureichern. In diesen kann es Haupt- oder Nebenkomponente sein. Goldlagerstätten werden in primäre und sekundäre unterteilt. Den bedeutendsten primären Goldlagerstättentypus stellen ↗Goldquarzgänge dar, von denen die präkambrischen mesothermalen sowie die tertiären epithermalen, die beide Gold als Hauptkomponente führen, die wirtschaftlich wichtigsten sind. Primäres Gold kommt weiterhin als Nebenbestandteil in einer Vielzahl von anderen Lagerstättentypen vor, so z. B. in ↗Porphyry-Copper Lagerstätten oder in massiven Sulfidlagerstätten. Häufig entscheidet erst der Nebenbestandteil Gold über die Abbauwürdigkeit (↗Bauwürdigkeit) derartiger Lagerstätten. Sekundäre Goldlagerstätten entstehen durch ↗Verwitterung von dispers goldführenden Gesteinen oder von primären Goldlagerstätten. Werden diese Goldpartikel nach Erosion und meist fluviatilem Transport bei nachlassender Strömungsenergie zusammen mit anderen ↗Schwermineralen abgelagert, entstehen ↗Goldseifen. Ein in den letzten Jahren aufgrund der Weiterentwicklung des Haufenlaugungsverfahrens an Bedeutung zunehmender sekundärer Goldlagerstättentypus ist das in ↗Lateriten auftretende Gold. Derartige Lagerstätten bilden sich über verschiedenartigen Primärvorkommen aufgrund von residualer In-situ-Anreicherung des verwitterungsresistenten Goldes; dieses ist generell extrem feinkörnig (↗Edelmetall-Lagerstätten). Den wirtschaftlich wichtigsten und bisher ergiebigsten Goldlagerstättentyp stellt die fossile ↗Witwatersrand-Gold-Uran-Seifenlagerstätte in Südafrika dar. Bis heute wurden daraus in etwas mehr als hundert Jahren rund 47.000 Tonnen Gold gefördert, etwa ein Drittel des in der gesamten Menschheitsgeschichte gewonnenen Goldes. Aufgrund dieser Lagerstätte war und ist Südafrika der weltgrößte Goldproduzent (1997: 489 t Gold), allerdings inzwischen dicht gefolgt von USA, Australien, Kanada und China. Die weltweite Goldgesamtproduktion (alle Lagerstättentypen) betrug 1997 2464 t Gold. ↗Gold-Silber-Lagerstätten. [WH]

Goldminerale ↗Gold.

Gold-Nugget, ↗gediegenes Gold in unregelmäßig ellipsoidischen, löcherigen Klumpen und Körnern aus Seifenlagerstätten mit z. T. beträchtlichem Gewicht bis über 100 kg. ↗Gold, ↗Goldseifen.

Goldquarzgänge, nach der fossilen ↗Witwatersrand-Gold-Uran-Seifenlagerstätte der weltweit zweitwichtigste Goldlagerstättentyp (↗Goldlagerstätten). Die meisten und bedeutendsten Goldquarzgänge sind mesothermal und treten gebunden an Störungs- und ↗Scherzonen in präkambrischen (archaischen und paläoproterozoischen; ↗Präkambrium) ↗Grünsteingürteln auf, wie z. B. im Barberton Mountain Land in Südafrika, dem Ashantigürtel in Ghana oder in der Superior Province auf dem kanadischen Schild. Präkambrische mesothermale Goldquarzgänge treten i. d. R. in grünschiefer- bis amphibolitfaziell-metamorphen Gebieten auf, die von Granitoid-Batholithen intrudiert wurden. Sie führen ausschließlich Gold als wirtschaftlich wichtige Komponente, eine Carbonatisierung des ↗Nebengesteins ist die Regel. Daneben sind sie durch ein hohes Gold/Silber-Verhältnis, große vertikale Kontinuität ohne vertikale Zonierung und eine etwa syntektonische (↗posttektonisch) Platznahme charakterisiert. Häufige Begleitminerale können Pyrit, Arsenkies, Zinkblende, Kupferkies, Bleiglanz, Molybdänit und Turmalin sein. Die erzbringenden Lösungen der präkambrischen mesothermalen Goldquarzgänge waren CO_2-reich; es besteht derzeit keine Einigkeit darüber, ob diese magmatogen sind, direkt aus dem Erdmantel stammen oder aus metamorpher Devolatilisation (↗Devolatilisationsreaktion) von ↗suprakrustalen Gesteinen in tieferen Krustenbereichen herrühren. Eine andere wirtschaftlich wichtige Variante von Goldquarzgängen (zumindest i. w. S.) sind die tertiären ↗epithermalen Lagerstätten (z. B. im Westen der USA oder in Mexiko), in denen der ↗Quarz nicht nur kristallin, sondern auch als ↗Chalcedon vorliegen kann. [WH]

Goldschmidt, *Victor Moritz*, * 27.1.1888 Zürich, † 20.3.1947 Vestre Aker (bei Oslo), norwegischer Geochemiker; ab 1914 Professor in Oslo, ab 1929 in Göttingen, nach Emigration 1936–41 erneut in Oslo, danach in Aberdeen, 1946 Rückkehr nach Oslo; Mitbegründer der modernen Geochemie; erstellte Tabellen von Atom- und Ionenradien; befaßte sich mit der Bildung von Mischkristallen, der relativen Häufigkeit der seltenen Erden (1924 Bestätigung der Harkinsschen Regel), geochemischen Verteilungsgesetzen, dem schichtenförmigen Aufbau der Erde und untersuchte das Vorkommen der Elemente in Meteoriten und lebenden Organismen; prägte die Bezeichnung »Silicathülle« für den Gesteinsmantel der Erde; schrieb auch Arbeiten zur Kontakt- und Regionalmetamorphose in Norwegen; das nach ihm benannte Goldschmidt-Diagramm stellt die Häufigkeit der chemischen Elemente (bzw. Atomarten) in der Erdkruste in Abhängigkeit von der relativen Atommasse dar; entwickelte in Anlehnung an das Verhalten der Elemente bei Verhüttungsprozessen eine geochemische Klassifizierung der Elemente (↗geochemischer Charakter der Elemente). Werk (Auswahl): »Geologisch-petrographische Studien im Hochgebirge des südlichen Norwegens« (5 Bände, 1912–21).

Goldseifen, ↗Seifen, in denen aus erodierten Primärlagerstätten oder –vorkommen stammendes Gold in abbauwürdigen (↗Bauwürdigkeit) Konzentrationen sekundär angereichert wird. Derartiges Alluvialgold ist silberarm, da Silber im Verlauf seines fluviatilen Transportes und/oder im Ablagerungsmilieu der Alluvionen in Lösung geht. Weiterhin kommt es durch Auflösung der Primärgoldpartikel und Wiederausfällung zur Bildung von ↗Nuggets, die in seltenen Fällen ein Gewicht von mehreren Kilogramm erreichen können. Aus Chile ist z. B. der extreme Fall eines Nuggets von 153 kg Gewicht bekannt. Goldseifen sind in vielen Entwicklungsländern die Grundlage des artesanalen Kleinbergbaus. Wenn großtechnische Verfahren (z. B. Schwimmbagger) eingesetzt werden können, sind Goldgehalte von < 0,5 g/t abbauwürdig.

Gold-Silber-Lagerstätten, natürliche abbauwürdige Anreicherung von Gold und Silber. In der Natur tritt Gold so gut wie immer als Legierung mit Silber auf. Allgemein enthält Gold zwischen 2 und 20 % Silber, wobei Gold in Seifenlagerstätten reiner ist, da Silber während des fluviatilen Transportes in Lösung geht. Streng genommen ist daher fast jede, insbesondere primäre ↗Goldlagerstätte also auch eine Gold-Silber-Lagerstätte. Daneben treten in den jungen (meist tertiären) ↗epithermalen Lagerstätten, in denen der Silbergehalt den Goldgehalt häufig um ein Vielfaches übersteigt, Silberminerale (Sulfide und Sulfosalze) neben ↗gediegen Gold auf. Weiterhin sind in diesen immer oberflächennah, im Gefolge von Vulkanismus hydrothermal gebildeten Gold-Silber-Lagerstätten Goldtelluride und gelegentlich –selenide anzutreffen. Neben Silber treten in Gold-Silber-Legierungen oft auch andere ↗Spurenelemente auf.

Goldtelluride, typische Minerale subvulkanischer Goldlagerstätten. Dazu zählen Sylvanit, Krennerit und Calaverit (silberweiße bis gelbliche, metallisch glänzende Minerale) und Nagyait (bleigrau, von variabler Zusammensetzung). ↗Gold.

Gold-Uran-Seifen, fossile ↗Seifen, meist in Verbindung mit Quarzgeröllkonglomeraten, in denen die ↗Schwerminerale ↗Gold und ↗Uraninit, dazu in der Regel ↗Pyrit, angereichert wurden. Ihre Entstehung war nur unter den weitgehend sauerstofffreien atmosphärischen Bedingungen des Archaikums möglich, da sowohl Uraninit als auch Pyrit unter den heutigen atmosphärischen Bedingungen nicht stabil sind. Prominentestes Beispiel ist die ↗Witwatersrand Gold-Uran-Seifenlagerstätte in Südafrika.

Golez-Terrasse, [russ. =] *Altiplanationsterrasse, Kryoplanationsterrasse*, unter Frostwechselbedingungen in ↗Permafrostgebieten entstandene Terrasse.

Golfstrom, ↗Meeresströmung vor der nordamerikanischen Ostküste von Kap Hatteras zur Neufundlandbank. Er verbindet den ↗Floridastrom und den ↗Nordatlantischen Strom, die häufig in die Bezeichnung Golfstrom mit einbezogen werden, und stellt den westlichen ↗Randstrom des subtropischen Strömungswirbels im Nordatlantik dar. Der Volumentransport nimmt von $60 \cdot 10^6$ m³/s bei Cape Hatteras auf $150 \cdot 10^6$ m³/s bei 55°W zu. Damit gehört der Golfstrom zu den stärksten Meeresströmungen. Landwärts strömt unter dem Golfstrom der ↗Tiefe Westliche Randstrom nach Süden, der einen Hauptarm der globalen ↗thermohalinen Zirkulation darstellt.

Golf von Aden, Meeresbucht des ↗Indischen Ozeans zwischen der Arabischen und der Somali-Halbinsel mit Verbindung zum ↗Roten Meer durch die Straße von Bab el Mandeb.

Golf von Akaba, zum ↗Indischen Ozean zählende Meeresbucht des ↗Roten Meeres zwischen der Arabischen und der Somali-Halbinsel.

Golf von Alaska, nordöstliches ↗Randmeer des ↗Pazifischen Ozeans zwischen dem nordamerikanischen Festland und der Alaska-Halbinsel.

Golf von Bengalen, ↗Randmeer des ↗Indischen Ozeans, im Westen durch die Vorderindische, im Osten durch die Hinterindische Halbinsel und die Inselkette der Andamanen und Nicobaren begrenzt.

Golf von Biskaya, Meeresbucht des ↗Atlantischen Ozeans zwischen Nordspanien und Westfrankreich.

Golf von Guinea, Meeresbucht des ↗Atlantischen Ozeans, die im Norden durch Oberguinea, im Westen durch Niederguinea begrenzt wird.

Golf von Kalifornien, ↗Nebenmeer des ↗Pazifischen Ozeans zwischen der Kalifornischen Halbinsel und Mexiko.

Golf von Mexiko, als westlicher Teil des ↗Amerikanischen Mittelmeers ↗Nebenmeer des ↗Atlantischen Ozeans.

Golf von Oman, Meeresbucht im Nordwesten des ↗Indischen Ozeans, die das ↗Arabische Meer und den ↗Persischen Golf verbindet.

Golf von Suez, als nordwestlicher Ausläufer des ↗Roten Meeres Teil des ↗Indischen Ozeans, der durch den Suezkanal mit dem ↗Europäischen Mittelmeer verbunden ist.

Golf von Thailand, *Golf von Siam*, in die Hinterindische Halbinsel einschneidende Meeresbucht des ↗Australasiatischen Mittelmeers im Nordwesten des ↗Südchinesischen Meeres.

GOME, *Global Ozone Monitoring Experiment*, Instrument zur Bestimmung der Ozonverteilung der Atmosphäre, zunächst an Bord von ERS-2 (↗ERS-1 und 2) der Europäischen Weltraumagentur (↗ESA), langfristig an Bord der ↗METOP-Satelliten von ↗EUMETSAT im Rahmen des ↗EUMETSAT Polar Systems.

GOMS, *Geostationary Operational Meteorological Satellite*, geostationärer Wettersatellit (↗geostationärer Satellit), Rußland, Teil des globalen ↗meteorologischen Satellitensystems.

Gon, *Neugrad*, Einheitenzeichen: gon, der 400. Teil eines Vollwinkels. Es gilt:

$$1\,gon = \frac{1}{400}\,Vollwinkel = \frac{\pi}{200}\,rad.$$

Die Gon-Teilung des Vollwinkels wird auch als Zentesimalteilung bezeichnet. Ein Gon wird dezimal unterteilt in Zentigon (Einheitenzeichen: cgon):

$$1cgon = \frac{1}{100}\,gon$$

und Milligon (Einheitenzeichen: mgon)

$$1mgon = \frac{1}{10}\,cgon = \frac{1}{1000}\,gon\,.$$

Gondwana, [»Land der Gond«, nach dem alten Königreich der Gonden in Zentralindien], erstmals 1872 von H. B. Medlicott vorgeschlagen, von O. Feistmantel 1876 eingeführt und v. a. von E. ↗Sueß inhaltlich diskutiert, bezeichnet er die Landmasse, welche die Kontinente Südamerika, Afrika inklusive Madagaskar, Vorderindien, Australien und Antarktis beinhaltet. Der Zusammenhalt dieser Massen, der seit dem späten ↗Paläozoikum (Karbon) nachweisbar ist, hielt bis zur beginnenden Atlantiköffnung in Jura und Kreide an. Der nachfolgende Zerfall setzte sich bis in das Alttertiär fort, als die endgültige Trennung von Australien und der Antarktis (im Eozän) erfolgte. Kennzeichnend ist der gemeinsame Floren- und Faunenbestand in den überwiegend nicht-marinen Ablagerungsräumen. Die Landpflanzen Gangamopteris, Glossopteris, Schizoneura und Phyllotheca sind auf vielen Gondwana-Ablagerungen verbreitet, ebenso einige nicht-marine ↗Ostracoden und terrestrische und limnische Wirbeltiere (Lystrosaurus, Mesosaurus). Charakteristische Sedimentabfolgen sind die in Südafrika ausgebildete Karoo-Supergroup (Oberkarbon-Mitteljura), die unteren und oberen Gondwana-Schichten in Indien, die Passa-Dois-Gruppe in Brasilien und andere, vergleichbare Sedimente in Chile und Argentinien. [RKo]

Gondwana-Vereisung ↗Historische Paläoklimatologie.

Goniometer, *Winkelmesser*, allgemeine Bezeichnung für Geräte, mit denen man Winkel messen kann. Häufig sind sie mit Detektoren für die Strahlungsart, die zur Winkelmessung benützt wird, ausgestattet. Diese sind meistens auf Drehkreisen montiert, deren Winkelstellung automatisch von einem Rechner kontrolliert wird. Dann kann die Winkelmessung automatisch erfolgen (automatisches Goniometer). Bei Beugungsexperimenten werden i. a. die Winkel und die Intensität der gestreuten oder abgebeugten Strahlung automatisch gemessen. Diese Geräte werden als ↗Diffraktometer bezeichnet.

Gosau, [nach dem Ort Gosau im Salzkammergut, Österreich], fazieller Begriff für flyschoide (↗Flysch) Abfolgen von Mergeln, Sandsteinen, Kalken und Konglomeraten des Zeitraumes Oberkreide bis Alttertiär (↗Eozän) in den Ostalpen. Die Sedimentation erfolgte in sog. »intramontanen Becken«, die, von West nach Ost fortschreitend, in der hohen Oberkreide schnell in tiefmarine Bereiche abgesenkt wurden. Es läßt sich eine untere, überwiegend landnah abgelagerte Einheit (»Untere Gosau«, ↗Coniac bis ↗Campan) unterscheiden, die neben molasseartigen Konglomeraten vielfach von randlich marinen, siliciklastischen Abfolgen dominiert wird. Diese Gesteine sind lokal reich an Schnekken (Acteonellen-Sandstein), zwischengeschaltet sind örtlich kleine Rudisten-Fleckenriffe. Der höhere Abschnitt (»Obere Gosau«, Campan bis Eozän) wird vielfach beherrscht von wildflyschartigen Abfolgen (↗Olisthostrom), denen tiefmarine Sandsteine und Mergel zwischengeschaltet sind. Ihre flachmarinen Äquivalente sind fast vollständig erodiert und treten in Gestalt von Gleitblöcken innerhalb der Flyschabfolge auf. Über den Bereich der Ostalpen hinaus wird der Begriff Gosau in jüngerer Zeit auch für entsprechende Sedimente in benachbarten Regionen (z. B. Karpaten) verwendet. ↗Kreide. [HT]

Gossan ↗Eiserner Hut.

Gothan, *Walther Ulrich Eduard Friedrich*, deutscher Paläobotaniker, * 26.8.1879 Woldegk (Mecklenburg), † 30.12.1954 Berlin. Gothan promovierte 1905 in Jena und habilitierte 1908 in Berlin. 1910 erhielt er eine Assistentenstelle an der Preußischen Geologischen Landesanstalt. Er wurde 1915 Dozent, 1919 Titularprofessor, 1926 außerordentlicher Professor, 1927 Honorarprofessor und schließlich 1947 Professor mit vollem Lehrauftrag an der Technischen Hochschule Berlin. Daneben wurde er vom Bezirksgeologen (1927) zum Landesgeologen (1929) und Abteilungsleiter (1938) der Preußischen Geologischen Landesanstalt befördert. Gothan arbeitete besonders auf dem Gebiet der Stratigraphie des Karbons und Perms mittels Pflanzenfossilien. Er erarbeitete eine einheitliche Nomenklatur der Steinkohleschichten und legte eine morphologisch-systematische Beschreibung der Steinkohleflora vor. [EHa]

Gotlandium, [benannt nach der Insel Gotland/Schweden], traditionelle, heute ungebräuchliche stratigraphische Bezeichnung für das ↗Silur. ↗geologische Zeitskala.

Gowganda-Eiszeit ↗Proterozoikum.

GPR, <u>G</u>round <u>P</u>enetrating <u>R</u>adar, ↗Bodenradar.

GPS ↗<u>G</u>lobal <u>P</u>ositioning <u>S</u>ystem.

GPS-Auswerteprogramme, Softwaresysteme zur nachträglichen Bearbeitung von ↗GPS-Beobachtungsgrößen. Die meisten von Geräteherstellern angebotenen Programme beruhen auf dem Konzept der ↗GPS-Basislinie und bearbeiten jeweils die Daten von zwei Stationen. In der Regel werden aus den ursprünglichen Trägerphasenbeobachtungen doppelte Differenzen zwischen je zwei Stationen und zwei Satelliten gebildet. Die Ergebnisse der Basislinienauswertung können in Netzausgleichungsprogrammen zu größeren Einheiten zusammengefaßt werden. Wissenschaftliche Auswerteprogramme erlauben die simultane Bearbeitung der Beobachtungsdaten aller in einem Projekt gleichzeitig eingesetzten Empfänger (↗GPS-Mehrstationslösung). Zu unterscheiden ist das Konzept der Parameterelimination und der Parameterschätzung. Bei der Parameterelimination werden vorab einige systematische Fehler wie Uhrfehler der Satelliten und Empfänger durch Differenzbildung eliminiert. Als Eingangsgrößen werden i. d. R. doppelte Differenzen verwendet. Bei der Parameterschätzung werden die Originalbeobachtungen als undifferenzierte Trägerphasen genutzt. Neben den Koordinaten der Beobachtungsstationen werden sämtliche den Meßprozeß beeinflussende Größen im Ausgleichungsmodell geschätzt, z.B. Satelliten- und Empfängeruhrfehler, Bahnparameter, Parameter der ↗GPS-Signalausbreitung. Zu den am meisten verbreiteten wissenschaftlichen Auswerteprogrammen, die weltweit für geowissenschaftliche Fragestellungen eingesetzt werden, gehört die an der Universität Bern entwickelte »Bernese Software«. [GSe]

GPS-Basislinie, Ergebnis der Auswertung zwei gleichzeitig operierender ↗GPS-Empfänger. Bestimmt werden kartesische ↗relative Koordinaten ΔX, ΔY, ΔZ zwischen den beteiligten Stationen. In der Regel werden die ↗absoluten Koordinaten einer Station als bekannt vorausgesetzt. Bei nur unzureichender Kenntnis der absoluten Position verbleiben Restfehler in den Relativkoordinaten. Die kartesischen Koordinatendifferenzen können (häufig empfängerintern) in Breiten-, Längen- und Höhenunterschiede umgerechnet werden. Mehrere Basislinien lassen sich zu Netzen zusammenfügen. Bei n simultan in einem Projekt arbeitenden GPS-Empfängern muß bei der Auswertung darauf geachtet werden, daß nur $n-1$ Basislinien voneinander unabhängig sind. Die meisten ↗GPS-Auswerteprogramme der Gerätehersteller beruhen auf dem Konzept der Basislinien.

GPS-Beobachtungsgrößen, *GPS-Signale*, von einem ↗GPS-Empfänger aufgezeichnete und ggf. umgewandelte Meßgrößen, die zur Navigation und zur Positionsbestimmung mit GPS herangezogen werden. Originale Meßgrößen sind die Codephasen des ↗C/A-Codes und des ↗P-Codes sowie die Trägerphasen der $L1$-Trägerwelle (19,05 cm) und $L2$-Trägerwelle (24,45 cm). Das Meßrauschen beträgt 0,5 bis 1 m beim P-Code, etwa 10 cm beim C/A-Code und etwa 1–3 mm bei den Trägerphasen. Hochwertige GPS-Empfänger bieten ein etwa 10fach geringeres Meßrauschen. Wichtigste abgeleitete Beobachtungsgrößen sind die Linearkombinationen Wide Lane $L\Delta = L1-L2$ mit einer Wellenlänge von 86,2 cm, die Narrow Lane $L\Sigma = L1+L2$ mit 10,7 cm und das ionosphärenfreie Signal $L0 = (L\Delta+L\Sigma)/2$ mit 5,4 cm. Die Wide Lane ist wegen der größeren Wellenlänge für Mehrdeutigkeitslösungen gut geeignet, besitzt aber gegenüber den Originalbeobachtungen ein erhöhtes Meßrauschen. Die Narrow Lane liefert wegen eines geringeren Meßrauschens die genauesten Resultate, kann jedoch wegen der kürzeren Wellenlänge nur für sehr kurze Entfernungsbereiche (wenige km) genutzt werden. Das ionosphärenfreie Signal beseitigt den Einfluß der Ionosphäre auf die Meßgrößen, es erlaubt aber keine ganzzahlige Festsetzung von Mehrdeutigkeiten. [GSe]

GPS-Einzelpunktbestimmung, dreidimensionale Positionsbestimmung mit Hilfe eines einzelnen ↗GPS-Empfängers. Sofern Signale von wenigstens vier GPS Satelliten empfangen werden, steht das Ergebnis i. d. R. in Echtzeit zur Verfügung und wird am Empfänger angezeigt (Empfängerlösung). Das Ergebnis wird in ↗absoluten Koordinaten angegeben und bezieht sich auf das Bezugssystem ↗WGS84, in dem die Satellitenbahnen (↗Broadcastephemeriden) gerechnet werden. Da alle Fehlereinflüsse des ↗GPS-Fehlerbudgets wirksam sind, beschränkte sich die Positionsgenauigkeit bei aktivierter ↗Selective

Availability bis zum 1. Mai 2000 auf etwa 100 m. Bei ungünstiger Satellitenkonstellation können die Fehler, insbesondere in der Höhenkomponente, kurzzeitig auch wesentlich höher ausfallen. Am 1. Mai 2000 wurde die SA (↗Selective Availability) auf Dauer abgeschaltet. Seither beträgt die Positionsgenauigkeit bei der Einzelpunktbestimmung etwa 15 m und ist deshalb für viele Navigations- und Ortungsaufgaben ausreichend. Bei ruhigen ionosphärischen Verhältnissen genügt die Verwendung von preiswerten Empfängern (z. B. Handgeräte). Autorisierte (militärische) Nutzer erreichen im Rahmen des ↗Precise Positioning Service (PPS) ebenfalls eine Genauigkeit von etwa 15 m. Bei der nachträglichen Verwendung von ↗präzisen Ephemeriden (z. B. des ↗Internationaler GPS-Dienstes) sowie der Nutzung von leistungsfähigen geodätischen ↗GPS-Auswerteprogrammen kann bei längerer Beobachtungsdauer auch für Einzelpunkte eine den Relativverfahren vergleichbare Genauigkeit erzielt werden. [GSe]

GPS-Empfänger, *Nutzersegment*, Geräte, die Signale der Satelliten des ↗Global Positioning System empfangen, daraus Positions- und Navigationsinformationen berechnen und anzeigen können sowie evtl. die Meßgrößen aufzeichnen. Die Hauptkomponenten eines GPS-Empfängers sind: die Antenne mit Vorverstärker, ein Hochfrequenzteil für die Signalverarbeitung, der Mikroprozessor für Kontrolle, Datenerfassung und Navigationsrechnung, ein Datenspeicher, das Bedien- und Anzeigefeld der Präzisionsoszillator und die Stromversorgung. Häufig sind Antenne und Empfangsteil einerseits sowie Rechner, Datenspeicher, Stromversorgung, Bedien- und Anzeigefeld andererseits in Einheiten integriert.

Eine allgemeine Einteilung erfolgt danach, welche der ↗GPS-Beobachtungsgrößen ↗C/A-Code, ↗P-Code, L1-Trägerphase, L2-Trägerphase empfangen und verarbeitet werden. Die einfachsten und preiswertesten Empfänger nutzen lediglich den C/A-Code. Die erzielbare Genauigkeit ist unter SA-Bedingungen (↗Selective Availability) für einen einzelnen Empfänger auf 100 m und für den Modus des ↗DGPS auf 2–5 m begrenzt. Seit dem Abschalten von SA am 1. Mai 2000 ist bei ruhigen ionosphärischen Ausbreitungsbedingungen eine Genauigkeit von besser als 15 m erzielbar. Eine Genauigkeitssteigerung auf 0,5–1 m ist durch die Option der ↗trägergeglätteten Codemessung möglich. Hierbei wird das höhere Meßrauschen der Codemessungen durch das weit geringere Meßrauschen der Trägerphasen im Nutzerempfänger herabgesetzt. Auf eine Lösung der ↗Phasenmehrdeutigkeiten wird dabei verzichtet. Diese Option hat für Anwendungen im Geoinformationswesen weite Verbreitung gefunden.

Für höhere Genauigkeitsansprüche im Zentimeterbereich ist zumindest die Lösung der Trägerphasenmehrdeutigkeiten auf L1 erforderlich. Diese sogenannten Einfrequenzempfänger (C/A Code, L1-Trägerphase) sind für Anwendungen über kurze Entfernungen bis zu etwa 10 km Abstand von einem Referenzempfänger geeignet. Bei stärkeren Störungen der Ionosphäre können aber fehlerhafte Ergebnisse auftreten; auch wird die Lösung der Mehrdeutigkeiten erschwert und verlangsamt. Für höchste Genauigkeitsansprüche, z. B. für geodynamische Fragestellungen, in der Grundlagenvermessung oder beim ↗kinematischen GPS ist die Nutzung eines Zweifrequenzempfängers mit beiden Codes erforderlich.

Die Empfängerentwicklung zeigt eine starke Tendenz zur Miniaturisierung und zu geringerem Stromverbrauch. Hochwertige Systeme werden vielfach als Komplettsensoren mit einer Vielzahl an softwareorientierten Optionen angeboten. [GSe]

GPS-Fehlerbudget, Zusammenfassung der bei der Positionsbestimmung und Navigation mit GPS (↗Global Positioning System) auf die Meßgrößen wirkenden genauigkeitsbegrenzenden Einflüsse. Als Hauptfehlerursachen gelten die Bahn- und Uhrfehler am Satelliten, Fehler der ↗GPS-Signalausbreitung in der ↗Ionosphäre, ↗Troposphäre und in der Antennenumgebung (↗Multipath) sowie Fehler im Empfängersystem (Verzögerungen in den Empfangskanälen sowie Variationen der Antennenphasenzentren). Die Projektion aller Fehlerkomponenten auf die einzelne Entfernungsmessung heißt User Equivalent Range Error (UERE). Die Auswirkung auf das Positionsergebnis hängt von der jeweiligen geometrischen Anordnung der verwendeten Satelliten ab und berechnet sich über den zugehörigen DOP Faktor (↗Dilution of Precision) (Tab.).

GPS-Fehlerbudget (Tab.): Fehlerbudget bei GPS.

Fehlerquelle	2-Frequenz P-Code	1-Frequenz C/A Code
Bahn/Uhr		
– SA aus	5 – 10	5 – 10 m
– SA ein	10 – 100 m	10 – 100 m
Signalausbreitung		
– Ionosphäre	cm – dm	2 – 100 m
– Troposphäre (Modell)	dm	dm
Mulitpath Code	1m	5 m
Multipath Träger	cm	cm
Empfänger		
– Meßrauschen Code	0,1 – 1 m	1 – 10 m
– Meßrauschen Träger	mm	mm
– Signalverzögerung	dm – m	m
– Antennenphasenzentrum	mm – cm	mm – cm

GPS-Kontrollsegment, Einrichtung zur Überwachung und zur Berechnung der operationellen Bahndaten (↗Broadcastephemeriden) von GPS-Satelliten. Auf der Grundlage von Beobachtungen aller GPS-Satelliten auf global verteilten Monitorstationen bestimmt die Hauptkontrollstation (Master Control Station) die GPS-Systemzeit, führt eine Vorausberechnung der Bahnen und des Uhrverhaltens der einzelnen GPS-Satelliten durch und überträgt diesen Navigationsdatensatz über Bodenantennen zu den Satelliten. Die Satelliten senden die Bahndaten in einem wohldefinierten Format (Broadcastmessage) kontinuierlich auf beiden Trägerfrequenzen aus.

GPS-Mehrstationslösung, Beobachtungs- und Auswertestrategie, um das Genauigkeitspotential von GPS (↗Global Positioning System) voll auszuschöpfen. Die gleichzeitig auf mindestens zwei Stationen ausgeführten GPS-Beobachtungen werden gemeinsam ausgewertet. Dadurch lassen sich die wirksamen Fehler (↗GPS-Fehlerbudget) eliminieren oder modellieren. Im Falle von nur zwei Stationen spricht man von ↗GPS-Basislinien. Als Ergebnis liegen nicht ↗absolute Koordinaten, sondern ↗relative Koordinaten oder Koordinatendifferenzen vor. Die Verknüpfung des Ergebnisses mit einem gewünschten ↗Bezugssystem erfolgt entweder durch Einbeziehung eines koordinatenmäßig bereits bekannten Punktes in die Beobachtungsanordnung oder durch Anbindung an ↗Referenzstationen (z.B. ↗Internationaler GPS-Dienst, ↗SAPOS). Die Auswertung der auf den Stationen aufgezeichneten Beobachtungsdaten erfolgt nachträglich (postprocessing) mit ↗GPS-Auswerteprogrammen der Gerätehersteller oder wissenschaftlicher Institutionen. [GSe]

GPS-Raumsegment, nominell aus 24 Satelliten bestehende Satellitenkonfiguration des ↗Global Positioning System. Diese *GPS-Satelliten* sind in nahezu kreisförmigen Bahnen in einer Bahnhöhe von etwa 20.200 km mit einer Bahnneigung von 55° angeordnet. Die Umlaufzeit beträgt zwölf Stunden in Sternzeit, so daß sich für einen gegebenen Beobachtungsort die Satellitenkonfiguration täglich mit einer zeitlichen Differenz von vier Minuten wiederholt. 1989 begann der Start der operationellen Block-II-Satelliten. Seit 1997 wird das Raumsegment durch die Block-IIR-Satelliten (R = Replenishment) ergänzt. Voraussichtlich nach 2004 werden die Block-IIF-Satelliten (F = Follow-on) mit erweiterten Funktionen, z.B. einer dritten Frequenz und der Fähigkeit zur selbständigen Bahnberechnung, gestartet.

GPS-Referenzstation, Station, auf der ein ↗GPS-Empfänger betrieben wird, um für GPS-Beobachtungen auf anderen Punkten Relativinformationen zur Erhöhung der Genauigkeit vorzuhalten. Die Stationen können permanent oder temporär eingerichtet werden. Permanente Stationen zeichnen die Daten entweder für eine nachträgliche Verwendung auf (z.B. der ↗Internationaler GPS-Dienst) oder/und sie übertragen die Daten in Echtzeit an mögliche Nutzer (z.B. ↗DGPS, ↗SAPOS). In vielen Ländern stellen die von den Landesvermessungsbehörden betriebenen Permanentstationen in zunehmendem Maße das amtliche ↗Bezugssystem dar. Temporäre Referenzstationen werden i.d.R. für einzelne Projekte von den Nutzern eingerichtet. Die Geräteindustrie bietet hierfür komplette Systeme mit Funkübertragung und Software an (↗Echtzeitkinematik, RTK).

GPS-Satelliten ↗GPS-Raumsegment.

GPS-Sicherungsmaßnahmen, Beschränkung des Genauigkeitspotentials von GPS (↗Global Positioning System) für zivile Nutzer. Dazu werden im Rahmen des ↗Standard Positioning Service (SPS) die Maßnahmen ↗Selective Availability (SA) und ↗Anti-Spoofing (A-S) aktiviert. SA wurde am 1. Mai 2000 auf Dauer abgeschaltet. Für autorisierte (vorwiegend militärische) Nutzer steht das volle Genauigkeitspotential von GPS im Rahmen des ↗Precise Positioning Service (PPS) zur Verfügung. Offizielle Hinweise sind im ↗Federal Radionavigation Plan enthalten.

GPS-Signalausbreitung, Ausbreitungsverhalten der GPS-Signale (Code, Träger) in der ↗Ionosphäre, ↗Troposphäre und der Antennenumgebung (↗Multipath). Die Ionosphäre ist für Mikrowellen ein dispersives Medium, d.h. die Signalausbreitung hängt von der Frequenz ab. Codemessungen werden verlangsamt (Gruppengeschwindigkeit) und Trägerphasenmessungen beschleunigt (Phasengeschwindigkeit). Durch Nutzung beider Trägerfrequenzen L1 und L2 kann der Ionosphäreneinfluß nahezu vollständig korrigiert werden. Stehen nur Einfrequenzempfänger zur Verfügung, dann muß in Zeiten einer ruhigen Ionosphäre mit einem Restfehler von 1 cm je 10 km (1 ppm) in den Relativkoordinaten gerechnet werden. Dieser Fehler kann bei stark angeregter Ionosphäre, d.h. in Zeiten erhöhter Sonnenaktivität, auf ein Vielfaches ansteigen, insbesondere im Bereich des geomagnetischen Äquators.

Die Troposphäre ist für die Mikrowellenausbreitung ein neutrales Gas und muß deshalb durch Zustandsparameter (Druck, Temperatur, Wasserdampfgehalt) beschrieben werden. In der Regel wird das Ausbreitungsverhalten von GPS-Signalen (ebenso bei ↗GLONASS, ↗TRANSIT, ↗DORIS) durch Modelle hinreichend beschrieben. Bei hohen Genauigkeitsansprüchen, insbesondere bei ↗GPS-Mehrstationslösungen, können troposphärische Parameter im Ausgleichungsmodell mitgeschätzt werden. Unzureichend erfaßte Troposphäreneinflüsse wirken sich insbesondere auf die Höhenkomponente aus.

In der Antennenumgebung kann es durch reflektierende Oberflächen zu Umwegsignalen und Signalüberlagerungen kommen (↗Multipath). Dadurch können Signalverluste und Ergebnisverfälschungen entstehen, die bei Trägerphasenmessungen einige Zentimeter und bei Codemessungen einige Meter erreichen. Bei längerer Meßdauer mitteln sich die Effekte heraus. [GSe]

GPS-Zeit, GPS-Satelliten (↗GPS-Raumsegment) sind mit Atomuhren bestückt und daher in der Lage, eine eigene Zeitskala zu realisieren. An der GPS-Zeit werden keine Schaltsekunden angebracht. Am 5.Januar 1980 waren GPS-Zeit und ↗UTC identisch, am 1.1.1999 erhöhte sich die Differenz von 12 s auf 13 s.

gpu, *geopotential unit*, 1 gpu = 10 m^2/s^2, Maßeinheit der ↗geopotentiellen Koten. Geopotentielle Koten, gemessen in gpu, entsprechen etwa den Höhen, gemessen in Metern.

Grabau, *Amadeus William*, amerikanischer Geologe und Paläontologe, * 9.1.1870 Cedarburgh (Wisconsin), † 20.3.1946 Peking. Nach einer Buchbinderlehre und intensiver Beschäftigung mit Botanik und Mineralogie, erhielt Grabau auf

Graben: schematische Darstellung.

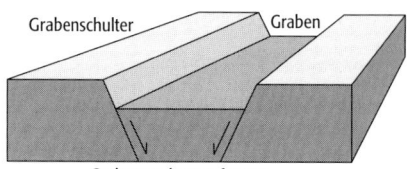

Vermittlung von W. O. Crosby eine Stelle im Mineral Supply Deptartement der Bostoner Society of Natural History. Grabau wurde zunächst Gasthörer am Massachusetts Institute of Technology (M. I. T.). Nach Abschluß der Hochschulreife an der Bostoner Lateinschule immatrikulierte er sich 1891 am M. I. T. und erwarb 1896 den akademischen Grad eines Bachelors. Den Mastergrad erwarb er 1889 in Harvard, wo er 1900 auch promovierte. In der Endphase seiner Studien unterrichtete er bereits Geologie am Tufts College und am Rensselaer Polytechnikum, wo er von 1900 bis 1901 als Professor der Geologie angestellt war. 1902 wurde er außerordentlicher Professor und 1905 ordentlicher Professor für Paläontologie an der Columbia Universität.

Während seiner Jahre an der Columbia Universität forschte er besonders auf dem Gebiet der ↗Stratigraphie des ↗Silurs und ↗Devons der nordöstlichen USA, speziell im Gebiet der Niagara Fälle. Daneben befaßte er sich mit der ↗Phylogenie der Gastropoda. Er versuchte die These C. ↗Darwins zu untermauern, nach der die ↗Ontogenie eine Reflektion in der Phylogenie erfährt. Da Grabau während des 1. Weltkrieges (auf Grund der Herkunft seiner Familie) pro-deutsche Erklärungen von sich gab, fühlte er sich nach Ende des Krieges und der aufkommenden antideutschen Stimmung im Land veranlaßt, die Columbia Universität zu verlassen. Er wanderte 1919 nach China aus. 1920 siedelte er sich in Peking an und wurde Professor der Paläontologie in der National Universität in Peking. Außerdem wurde er zum Chefpaläontologen des Geologischen Dienstes von China ernannt. Neben seiner Lehrtätigkeit schrieb er mehrere umfangreiche Standardwerke, so z. B. die 500 Seiten umfassende »Stratigraphy of China« (1923) oder die ebenso umfangreichen Monographien über devonische (1931) und permische Brachiopoden (1934). Daneben schrieb er eine Vielzahl von Publikationen z. B. über paläozoische Korallen, silurische und ordovizische Faunen, über das Perm der Mongolei oder Studien zu den Gastropoda. In seinen späten Jahren war er hauptsächlich mit Arbeiten zu seiner Pulsations-Hypothese beschäftigt. Dieser Hypothese nach sind die herausragenden Wechsel in der stratigraphischen Säule auf globale Meeresspiegelschwankungen zurückzuführen. Auch die Kontinentalmassen würden sich pulsartig auf die Pole zu und von ihnen weg bewegen, wodurch auch der Wechsel zwischen Eis- und Warmzeiten zu erklären sei. Sein letztes großes Werk »The Rhythm of the Ages« (1940) ist im Licht der später entdeckten Milanković-Zyklen (↗Eiszeit) völlig neu zu bewerten. [EHa]

Graben, 1) relativ abgesunkenes langgestrecktes Krustensegment, das an den Längsseiten von gegeneinander geneigten Abschiebungen (Grabenrandverwerfungen) begrenzt wird (Abb.). Sofern der Graben nicht durch Abtragung der Grabenschultern eingeebnet wurde, bildet er morphologisch eine Senke (↗Dehnungstektonik). Durch ↗Reliefumkehr kann ein tektonischer Graben jedoch auch einen Höhenzug bilden (z. B. Hohenzollern-Graben).

2) offener künstlicher Wasserlauf mit einer Sohlbreite von kleiner als zwei Metern. Ein Graben kann verschiedene Funktionen erfüllen. Er dient vor allem der ↗Entwässerung oder Vorflut, d. h. dem Ableiten und Weiterleiten von Wasser aus kleineren Gräben oder Dränen. Ein Graben kann auch unmittelbar zur ↗Bewässerung oder als Zuleiter dienen.

Grabenentwässerung, Verfahren zur großflächigen ↗Entwässerung von Böden durch ein System künstlicher Wasserläufe (Gräben, ↗Grüppen). Je nach Größe und Funktion werden die Gräben unterteilt in Hauptgräben (Sohlbreite über 0,5 m) sowie in Nebengräben. Die Abstände und Abmessungen der Gräben werden bestimmt durch die abzuführende Wassermenge, die Bodenart und das Gefälle. Sie werden mittels hydraulischer Fließformeln berechnet. Die Grabentiefe hängt von der erforderlichen Entwässerungstiefe ab und liegt bei Grünland bei 0,6–0,9 m bei Ackerland ist sie um ca. 50 % größer. Während in der Vergangenheit über Jahrhunderte eine Entwässerung ausschließlich mit Hilfe von offenen Grabensystemen durchgeführt worden ist, hat sich wegen der damit verbundenen betriebswirtschaftlichen Nachteile heute allgemein die ↗Dränung durchgesetzt. Zu den Nachteilen der Grabenentwässerung gehören u. a. ein Verlust von landwirtschaftlicher Nutzfläche, der bis zu 15 % betragen kann, Erschwernisse bei der Bewirtschaftung, die notwendige Anlage von Brücken und Durchlässen sowie ein erhöhter Unterhaltungsaufwand. [EWi]

Grabenerosion ↗gully erosion.

Grabgang, *Grabspur,* von Krejci-Graf 1932 geprägter Begriff, der eine aus einem geformten Hohlraum bestehende Sedimentstruktur beschreibt, die durch die aktive Bewegung ihres tierischen Erzeugers in weichem Substrat verursacht wurde; ein Grabgang ist gleichzeitig ein ↗Spurenfossil. ↗Bioturbation, ↗Ichnologie.

GRACE, *Gravity Recovery and Climate Experiment,* für 2002 geplante deutsch-amerikanische Satellitenmission zur Bestimmung des ↗Erdgravitationsfeldes und dessen zeitlicher Variation durch Niedrig-Niedrig-SST.

Grad, *Altgrad,* Einheitenzeichen: °, der 360. Teil eines Vollwinkels. Es gilt:

$$1° = \frac{1}{360}\text{Vollwinkel} = \frac{\pi}{180}\text{rad}.$$

Die Grad-Teilung des Vollwinkels wird auch als Sexagesimalteilung bezeichnet. Ein Grad wird sexagesimal unterteilt in die Minute (Einheitenzeichen: '):

Gradfeld (Tab.): Fläche eines Gradfeldes in Quadratkilometern.

Breitenzone [°]	Fläche [km²]
0/1	12.364
10/11	12.158
20/21	11.582
30/31	10.654
40/41	9402
48/49	8193
49/50	8030
50/51	7865
51/52	7697
52/53	7527
53/54	7355
60/61	6089
70/71	4128
80/81	2041
89/90	108

$$1' = \left(\frac{1}{60}\right)°$$

und die Sekunde (Einheitenzeichen: "):

$$1'' = \left(\frac{1}{60}\right)' = \left(\frac{1}{3600}\right)°.$$

Gradabteilungskarte, eine ↗topographische Karte mit Blattschnitt nach ↗geographischen Koordinaten. Prinzipiell ist eine Gradabteilung die von ↗Meridianen und ↗Breitenkreisen mit je 1° Abstand begrenzte Fläche. Die Kartenblätter einer Gradabteilungskarte sind durch Meridiane und Breitenkreise begrenzt, deren Abstand auch größer oder kleiner als 1° sein kann.

Gradation, beschreibt den funktionalen Zusammenhang zwischen der Belichtung $\lg(E \cdot t)$ und der optischen Dichte D einer ↗photographischen Schicht im Bereich der Normalbelichtung (Abb.). Die Gradation $\gamma = \tan\alpha$ kennzeichnet die Wiedergabe der ↗Objektkontraste durch mehr oder weniger große ↗Bildkontraste. Eine Gradation $\gamma > 1$ wird als hart bezeichnet und führt zu einer Kontrastverstärkung, im Gegensatz zu einer weichen Gradation $\gamma < 1$ mit der Wirkung einer Kontrastminderung. Die Gradation kann durch die photographische Entwicklung des Aufnahmematerials beeinflußt werden.

Gradfeld, Fläche, die von zwei ↗Parallelkreisen und zwei ↗Meridianen begrenzt ist. Man spricht von einem Eingradfeld, wenn die Fläche gleichzeitig ein 1°-Element eines Breitengrads und eines Längengrads ist. Entsprechend werden Zweigradfelder, Zehngradfelder usw. definiert. Gradfelder unterschiedlicher Seitenlänge sind die Grundlage für die ↗Kartennetze ↗topographischer Karten (↗Gradabteilungskarten), die im wesentlichen ↗polyedrische Entwürfe sind. Die Flächengröße der Gradfelder hängt von der geographischen Breite ihres Mittelpunktes ab. Vom Äquator zum Pol nimmt die Fläche proportional zum Cosinus der Breite ab. Die Tabelle weist die Flächengröße ausgewählter Eingradfelder in Abhängigkeit von der geographischen Breite φ für einen Kugelradius von 6371,22 km aus.

Gradient, mathematisch: räumliche Ableitung einer skalaren Feldgröße: $\nabla\Phi$, Φ = Skalarfeld. In der Meteorologie werden die Begriffe ↗Druckgradient (∇p) und ↗Temperaturgradient (∇T) häufig verwendet, in der Geophysik ist der Horizontalgradient ein wesentlicher Begriff. Ein Gradient kann aus einem skalaren Feld durch Ableitung nach den drei Koordinatenrichtungen gewonnen werden:

$$\mathrm{grad}\,\Phi = i \cdot \frac{\partial\Phi}{\partial x} + j \cdot \frac{\partial\Phi}{\partial y} + k \cdot \frac{\partial\Phi}{\partial z}$$

mit $\Phi(x, y, z)$ als Skalarfeld und x, y, z als kartesische Koordinaten.

Gradientansatz, Zusammenhang zwischen dem molekularen bzw. turbulenten Fluß einer Eigenschaft und deren Gradienten. So gilt beispielsweise für den turbulenten Temperaturfluß:

$$\overline{v'T'} = -K_T \nabla\overline{T}.$$

Hierbei ist K_T der turbulente ↗Diffusionskoeffizient für die mittlere Temperatur. Gelegentlich wird der Gradientansatz auch in der massenbezogenen Form:

$$\overline{\varrho v'T'} = -A_T \nabla\overline{T}$$

verwendet. Hierbei ist $\bar\varrho$ die mittlere Dichte und $A_T = \bar\varrho K_T$ der ↗Austauschkoeffizient.

Gradienten-Anordnung, Variante der Schlumberger-Anordnung in der ↗Gleichstromgeoelektrik, wobei das Potential auf einem rechteckigen Gitter zwischen den Stromelektroden gemessen wird.

Gradientenoperator, *Kompaßgradient*, richtungsabhängiger Differenzenoperator, der aus insgesamt acht Masken für acht Richtungen besteht (Abb.). Sie sind nach den Himmelsrichtungen benannt, in deren Richtung der Gradient verlaufen muß, damit er dargestellt wird.

Gradientkraft, die Kraft, die auf eine Masse aufgrund des Druckgradienten wirkt.

Gradientsonde, mißt die Differenz einer Größe, z. B. die Laufzeit, zwischen zwei Detektoren, die in einem festen Abstand in einer Bohrlochsonde übereinander angeordnet sind.

Gradientstrom, starke Strömung, die eine zusätzlich starke Krümmung aufweist, mit einem Gleichgewicht zwischen der Druck-, Zentrifugal- und ↗Corioliskraft. Hier gilt das geostrophische Gleichgewicht (↗Geostrophie) nicht mehr, sondern es muß zusätzlich die Wirkung der Zentrifugalkraft berücksichtigt werden.

Gradientwind, Oberbegriff für einen Gleichgewichtswind, bei dem die Druckkraft als Antrieb wirkt. Hierzu zählen der ↗geostrophische Wind und der zyklostrophische Wind.

Gradientzone, begrenzte Zone, innerhalb der sich ein Parameter stetig ändert. Im eingeschränkten Sinne wird unter Gradientzone auch ein Bereich verstanden, in dem sich der betrachtete Parameter stärker ändert als darüber und darunter. Im Gegensatz zur Gradientzone steht die ↗Diskontinuität.

gradierte Schichtung, *Gradierung*, bezeichnet die Abnahme oder Zunahme der Korngröße innerhalb einer ↗Bank. Die Korngrößenänderung kann alle Partikel einer Bank, nur die gröbsten Partikel einer Bank oder nur die Matrix betreffen. Bei der normal gradierten Schichtung kommen die gröbsten Partikel an der Basis vor, und zum Top nimmt die Korngröße ab. Bei der *inversen Gradierung* oder inversen Schichtung nimmt die Korngröße innerhalb einer Bank oder häufiger nur an der Basis einer Bank nach oben hin zu.

Gradierung ↗gradierte Schichtung.

Gradiometer, 1) *Geodäsie: Gravitationsgradiometer*, Anordnung mehrerer ↗Beschleunigungsmesser, die je nach Bauart zwischen 10 cm und 1 m voneinander entfernt sind. Die Differenz der Ablesungen zweier Beschleunigungsmesser in eine Raumrichtung, dividiert durch ihren Abstand, entspricht der Messung einer Komponente des ↗Gravitationstensors. Ein Instrument, das

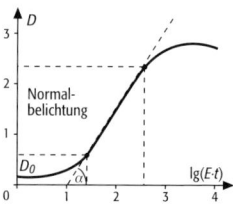

Gradation: charakteristische Kurve einer photographischen Schicht (D = optische Dichte, D_0 = Schleier, E = Beleuchtungsstärke, t = Belichtungszeit).

$$H_0 = \begin{pmatrix} -1 & 1 & 1 \\ -1 & -2 & 1 \\ -1 & 1 & 1 \end{pmatrix} \quad H_1 = \begin{pmatrix} 1 & 1 & 1 \\ -1 & -2 & 1 \\ -1 & -1 & 1 \end{pmatrix}$$

Ost   Nordost

$$H_2 = \begin{pmatrix} 1 & 1 & 1 \\ 1 & -2 & 1 \\ -1 & -1 & -1 \end{pmatrix} \quad H_3 = \begin{pmatrix} 1 & 1 & 1 \\ 1 & -2 & -1 \\ 1 & -1 & -1 \end{pmatrix}$$

Nord   Nordwest

$$H_4 = \begin{pmatrix} 1 & 1 & -1 \\ 1 & -2 & -1 \\ 1 & 1 & -1 \end{pmatrix} \quad H_5 = \begin{pmatrix} 1 & -1 & -1 \\ 1 & -2 & -1 \\ 1 & 1 & 1 \end{pmatrix}$$

West   Südwest

$$H_6 = \begin{pmatrix} -1 & -1 & -1 \\ 1 & -2 & 1 \\ 1 & 1 & 1 \end{pmatrix} \quad H_7 = \begin{pmatrix} -1 & 1 & 1 \\ -1 & -2 & 1 \\ 1 & 1 & 1 \end{pmatrix}$$

Süd   Südost

Gradientenoperator: Masken für acht verschiedene Richtungen.

Gradiometrie

erlaubt, alle neun Komponenten des Gravitationstensors zu messen, wird *Volltensor-Gradiometer* genannt.

Es wurden verschiedene Meßsysteme entwickelt: das *kapazitive Gradiometer* besteht aus der Anordnung mehrerer kapazitiver Beschleunigungsmesser; Genauigkeiten von 10^{-3} E werden unter den günstigen Frei-Fall-Bedingungen im Satelliten erwartet. Das *supraleitende Gradiometer* besteht aus einer Anordnung supraleitender Beschleunigungsmesserpaare, wobei die differentiell und gleichgerichtet auftretenden Beschleunigungen direkt supraleitend detektiert werden. Mit diesem Verfahren werden Genauigkeiten von bis zu 10^{-4} E im Satelliten erwartet. Beim *rotierenden Gradiometer* sind die Beschleunigungsmesser auf einer rotierenden Scheibe angeordnet; diese Konfiguration ist besonders geeignet zur Messung von Nebendiagonalelementen des Gravitationstensors. **2)** *Geophysik*: Magnetometer mit zwei gleichen Sensoren im Abstand von etwa 1 m. Die Meßgröße ist die Differenz des Magnetfeldes an beiden Sensoren. Gradiometer werden in der Angewandten Magnetik, z. B. in der Archäomagnetik, eingesetzt. Da es nur sehr inhomogene Magnetfelder mißt, sprechen Gradiometer nur auf sehr flachliegende (1 m) magnetischen Quellen an. Homogene räumliche und zeitliche Änderungen werden nicht wahrgenommen und müssen deshalb nicht korrigiert werden.

Gradiometrie, Bestimmung des ↗Gravitationstensors, meist durch Beobachtung von differentiellen Beschleunigungen über kurze Basislinien (zwischen 10 cm und 1 m). Bei Betrachtung im rotierenden System haben die ↗Trägheitsbeschleunigungen einen großen Einfluß. Die Grundgleichung der Gradiometrie lautet:

$$\Gamma_{ik} = V_{ik} + \Omega_{ij}\Omega_{jk} + \dot{\Omega}_{ik}.$$

V_{ik} ist der symmetrische Gravitationstensor, $\Omega_{ij}\Omega_{jk}$ der ebenfalls symmetrische Anteil der Winkelgeschwindigkeiten und $\dot{\Omega}_{ik}$ der antisymmetrische Tensor der Winkelbeschleunigungen. Mit einem ↗Gradiometer werden gravitative und nicht-gravitative Anteile gleichzeitig beobachtet. Die Trennung der verschiedenen Anteile kann durch Ausnutzung der (anti-)symmetrischen Tensoreigenschaften erfolgen oder durch unabhängige Messung der Winkelbeschleunigungen und Winkelgeschwindigkeiten.

Gradmessung, Methode, aus der Länge eines Bogens auf der Erdoberfläche die Geometrie des Erdkörpers abzuleiten. Der Begriff Gradmessung entstand, weil ursprünglich eine Bogenlänge gemessen werden sollte, die, unter Voraussetzung der Kugelgestalt der Erde, im Erdmittelpunkt einem Zentriwinkel von einem Grad entsprach. Nachdem vor mehr als 500 Jahre v. Chr. die Erde von Pythagoras als Kugel erklärt worden war, versuchten Gelehrte den Erdradius zu bestimmen (Abb. 1). Aus den ↗astronomischen Breitenbestimmungen in A und B und dem Abstand m_{AB} folgt für den Radius R einer kugelförmig gedachten Erde:

$$R = \frac{m_{AB}}{arc(\varphi_B - \varphi_A)}.$$

Der bekannteste Versuch wurde von Eratosthenes (276–195 v. Chr.) zwischen Assuan und Alexandria erfolgreich ausgeführt.

Breitengradmessungen: Die Weiterentwicklung der Methode durch die Verwendung von Dreiecksketten (Triangulation nach Sellius, 1615) erlaubte eine genauere Entfernungsbestimmung, als es vorher möglich war. So wiesen die Gradmessungen französischer Gelehrter (Picard, Lahire, Cassini) im 17. Jh. darauf hin, daß die Erdform elliptisch ist. Allerdings deuteten die Messungen ein »eiförmiges« Ellipsoid an. Dieses Ergebnis widersprach der Beobachtung J. Richers (1672), daß eine in Paris richtig gehende Penduhr in Cayenne nachging. Die Eiform widersprach auch den theoretischen Überlegungen I. Newtons (1687) und C. Huygens' (1690). Erst als die französische Akademie zwei Expeditionen ausrüstete und eine 1736/37 unter Maupertuis

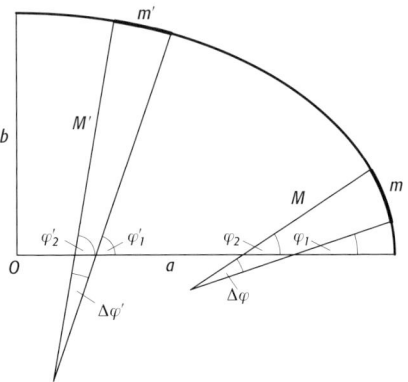

und Clairaut nach Lappland (+66°20′ Breite) und die andere 1735/41 unter Godin, La Condamine und Bouguer nach Peru (–1°31′ Breite) entsandte, konnte die am Pol abgeplattete, ellipsoidische Form des Erdkörpers prinzipiell nachgewiesen werden (Abb. 2). Die metrischen Längen der aus den Dreiecksketten abgeleiteten Meridianbögen entsprachen in Lappland einem Breitenunterschied von 57°5′ und in Peru von 3°07′. Mit den Ergebnissen dieser beiden Gradmessungen war das an den Polen abgeplattete ↗Rotationsellipsoid mit seinen Halbachsen a und b nachgewiesen, wenn auch die Abplattung mit:

$$f = \frac{a-b}{a} = \frac{1}{215}$$

wesentlich zu groß erhalten worden war. Wegen der Formunterschiede zwischen dem damals noch nicht erkannten ↗Geoid und einem Ellipsoid (↗Lotabweichungen) ergab sich eine Achsenverkürzung des Ellipsoids. Die jeweils vermessenen Dreiecksketten verliefen nur etwa längs eines Meridians. Durch astronomische Azimutmessungen in ihren Endpunkten war es

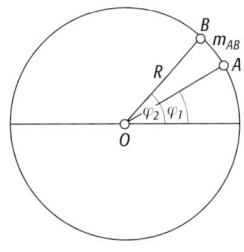

Gradmessung 2: Breitengradmessungen zur Bestimmung des ellipsoidischen Erdgestalt (a, b = Halbachsen, M, M' = Meridiankrümmungsradien, m, m' = Kreisbogenstücke, φ_1, $\varphi_2, \varphi_1', \varphi_2'$ = geographische Koordinaten, $\Delta\varphi, \Delta\varphi'$ = Differenzen zwischen φ_1 und φ_2 bzw. φ_1' und φ_2', 0 = Koordinatenursprung).

Gradmessung 1: Prinzip der Breitengradmessung (m_{AB} = Kreisbogenstück zwischen den Punkten A und B, R = Radius, φ_1, φ_2 = Koordinaten der Punkte A und B, 0 = Koordinatenursprung).

möglich, eine Reduktion der Längen auf den Meridian vorzunehmen.
Längengradmessungen: Dreiecksketten, die unter einem kleinen Winkel zu einem Parallelkreis verlaufen, können nicht auf einen Meridian reduziert werden. Die Reduktion auf einen Parallelkreis erfordert aber neben den astronomischen Azimutmessungen α_1, α_2 und den astronomischen Breitenmessungen φ_1, φ_2 auch genaue astronomische Zeit- und Längenbestimmungen. Aus Längengradmessungen können ebenfalls die große und kleine Halbachse der Meridianellipse oder die große Halbachse und die Abplattung $(a-b)/a$ bzw. die Exzentrizität:

$$\sqrt{\frac{a^2-b^2}{a^2}}$$

abgeleitet werden. Dreiecksketten längs eines Parallels erfordern astronomische Bestimmungen der Ortszeit zumindest am Anfangs- und am Endpunkt, als deren Differenz sich der Längenunterschied $\Delta \lambda$ (Abb. 3) ergibt. Solche Zeitübertragungen mußten bis zur Einführung der über Rundfunk ausgestrahlten Zeitzeichen etwa um 1930 durch sorgfältig ausgeführte Uhrentransporte realisiert werden.
Gradmessungen schief zum Meridian: Wenn an den Endpunkten eines Bogens die Breiten und Längen und damit der Längenunterschied gemessen sind, kann die Kette sowohl als Meridian-, wie als Parallelbogen berechnet werden. Diese Gradmessung schief zum Meridian wurde erstmals von Bessel bei seiner Gradmessung in Ostpreußen angewendet.
Mitte des 19. bis Mitte des 20. Jh. sind global zahlreiche großräumige Gradbogenmessungen ausgeführt und zu Ketten von Dreiecksnetzen oder zu Flächennetzen zur Ableitung bestanschließender Ellipsoide und zur Bestimmung des ↗Geoids weiterentwickelt worden (Bessel, Hayford, Krasovskij). In die Triangulation wurden zahlreiche Basisnetze und Laplacepunkte eingeschlossen. Wegen der großen Ozeangebiete war ein globales Triangulationsnetz nicht realisierbar, so daß die Ableitung eines mittleren Erdellipsoids erst mit Hilfe der Satellitengeodäsie möglich geworden ist. [KGS]

Gradnetz der Erde, System zur eindeutigen Festlegung der Position eines Punktes auf der Erdoberfläche. Zur Begriffsbestimmung wird zunächst die Erde als homogene Kugel angesehen. Das Gradnetz ist ein sphärisches Polarkoordinatensystem mit den Koordinaten ↗geographische Breite φ und ↗geographische Länge λ (Abb. 1). Die Lage eines Punktes A wird durch zwei Winkel fixiert. Die Grundebene des Gradnetzes ist die Äquatorebene. Der Schnittpunkt des Äquators mit dem Meridian von Greenwich (↗Großkreis zwischen Nordpol P und Südpol P') ist nach internationaler Konvention von 1884 der Nullpunkt P_0 dieses Koordinatensystems. Die geographische Breite φ ist der Winkel zwischen der Äquatorebene und dem Kugelradius OA. Alle Kugelpunkte der Breite φ liegen auf einem ↗Parallelkreis. Die geographische Länge λ ist der Winkel, der zwischen der Ebene des Meridians von Greenwich und der Ebene des Meridians von A oder am Pol im Parallelkreis von A oder in der Ebene des Äquators als Winkel im Kugelmittelpunkt gezählt wird. Die geographische Länge wird zweckmäßig westlich und östlich des Greenwicher Meridians von 0° bis 180° gezählt. Für geodätische Berechnungen reicht das Modell einer Kugel mit dem Radius R = 6371 km nicht aus. Vielmehr muß die Erdoberfläche durch ein ↗Rotationsellipsoid approximiert werden, welches im Geodetic Reference System 1980 definiert ist mit den Maßen:
a = 6.378.137 m,
b = 6.356.752 m.

$$f = \frac{a-b}{a} = 1/298,26.$$

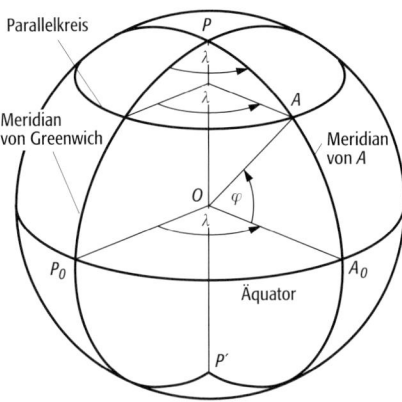

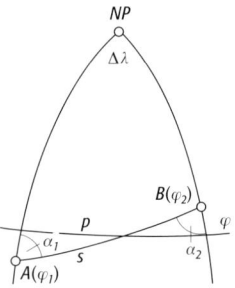

Gradmessung 3: Gradmessung schräg zum Meridian (*NP* = Nordpol, *p* = Parallelkreis der Breite φ, *s* = Großkreisbogen zwischen A und B, α_1, α_2 = Schnittwinkel von *s* mit dem Meridian, $\Delta\lambda$ = Differenz der Koordinaten).

Gradnetz der Erde 1: sphärische Polarkoordinaten φ und λ auf der Kugeloberfläche.

a ist die große Halbachse, b die kleine Halbachse und f die Abplattung. Auf dem Ellipsoid werden die Polarkoordinaten geodätische Breite B und geodätische Länge L zur Positionierung eines Punktes A auf der Ellipsoidfläche verwendet (Abb. 2). Jetzt ist die Breite B der Winkel, den die Ellipsoidnormale in A mit der Rotationsachse des Ellipsoids einschließt. Die Verbindung von A mit dem Ellipsoidmittelpunkt schließt den Winkel β mit der Äquatorebene ein (↗geozentrische Koordinaten). Die Länge L ist wiederum als Winkel zwischen der Meridianebene von Greenwich und derjenigen des Punktes A festgelegt.
Bei der Festlegung einer Position auf der Oberfläche eines zweiachsigen Ellipsoids ist zu berücksichtigen, daß in jedem Punkt die Krümmung der Bezugsfläche von der Richtung abhängt. Entsprechend wählt man anstelle des konstanten Kugelradius R für jeden Oberflächenpunkt zwei ausgewählte Krümmungsradien, den einen im Meridian (Meridian- oder Hauptkrümmungsradius) M (Abb. 3) und senkrecht zum Meridian den Querkrümmungsradius N (Abb. 4). Der Meridiankrümmungsradius M liegt in der Zeichenebene und stellt im betrachteten Punkt die Ellipsoidnormale dar. M nimmt in Abhängigkeit von der geodätischen Breite B sowie von den Ellipso-

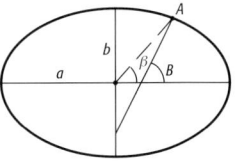

Gradnetz der Erde 2: geodätische Breite B und geozentrische Breite β.

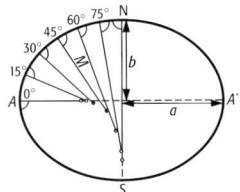

Gradnetz der Erde 3: Meridiankrümmungsradius M.

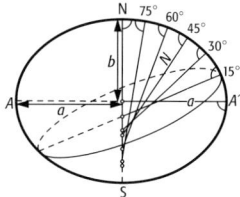

Gradnetz der Erde 4: Querkrümmungsradius N.

idhalbachsen a und b für $B = 0$ den kleinsten und für $B = 90°$ den größten Wert an. Für Äquator und Pol sind die Längen der Meridiankrümmungsradien gleich den Radien der Scheitelkreise, wie sie bei der geometrischen Konstruktion einer Ellipse verwendet werden (Abb. 3). N nimmt in der Äquatorebene den Wert der großen Ellipsoidhalbachse a an und weist für die Pole den gleichen Wert auf wie der Meridiankrümmungshalbmesser M. In Abbildung 4 ist die Konstruktion des Querkrümmungsradius für $B = 15°$ dargestellt. In linearem Maß entsprechen einem Äquatorgrad 111,3 km, einem Meridiangrad am Äquator 110,6 km und an den Polen 111,7 km (↗Gradfeld). [KGS]

Gradvarianzen, Koeffizienten σ_n^2, die sich bei der Reihenentwicklung der (Auto-) Kovarianzfunktion eines homogen-isotropen Prozesses auf der Kugel nach ↗Legendreschen Polynomen ergeben:

$$K(\psi) = \sum_{n=0}^{\infty} \sigma_n^2 P_n(\cos\psi), \quad \sum_{n=0}^{\infty} \sigma_n^2 < \infty.$$

Der Winkel ψ ist der sphärische Abstand zweier Punkte auf der Einheitskugel. Die Gradvarianzen treten auch in der Norm der ↗Laplaceschen Kugelflächenfunktionen vom Grad n auf:

$$\iint_\Phi Y_n(\theta,\lambda) Y_{n'}(\theta,\lambda) d\Phi = 4\pi\, \sigma_n^2 \delta_{nn'}.$$

Sie stehen damit in enger Beziehung zur Spektraldarstellung einer Funktion auf der Kugel. Stellt man beispielsweise das Gravitationspotential in einer Reihe nach vollständig normierten ↗Kugelflächenfunktionen $\bar{C}_{nm}(\theta,\lambda), \bar{S}_{nm}(\theta,\lambda)$:

$$V(\theta,\lambda) = \sum_{n=0}^{\infty} Y_n(\theta,\lambda) =$$

$$\sum_{m=0}^{\infty} \left(\bar{c}_{nm} \bar{C}_{nm}(\theta,\lambda) + \bar{s}_{nm} \bar{S}_{nm}(\theta,\lambda) \right)$$

mit den vollständig normierten ↗Potentialkoeffizienten:

$$\bar{c}_{nm} = \frac{1}{4\pi} \iint_\Phi f(\theta',\lambda') \bar{C}_{nm}((\theta',\lambda')) d\Phi,$$

$$\bar{s}_{nm} = \frac{(1-\delta_{0m})}{4\pi} \iint_\Phi f(\theta',\lambda') \bar{S}_{nm}((\theta',\lambda')) d\Phi$$

dar, so ergeben sich die Gradvarianzen aus der Formel:

$$\sigma_n^2 = \sum_{m=0}^{n} \left(\bar{c}_{nm}^2 + \bar{s}_{nm}^2 \right).$$

Damit kann die Kovarianzfunktion des Gravitationspotentials, betrachtet als homogen-isotroper Prozeß auf der Kugel, nach der anfangs gegebenen Formel dargestellt werden.
Modelle der Gradvarianzen sind bedeutsam bei der Approximation und Prädiktion physikalischer Feldfunktionen, wie beispielsweise des Gravitationspotentials. Häufig verwendet wird das von Kaula 1959 angegebene empirische globale Modell der Gradvarianzen für das Gravitationspotential (»Kaula's rule of thumb«):

$$\sigma_n^2 = \frac{1{,}6 \cdot 10^{-10}}{n^3}.$$

[KHI]

Grammatit, *Calamit, Hoepfnerit, Kalamit, Karamsinit, Nordenskiöldit, Rhaphilit, Rhaphyllit, Sebesit, Tremolit,* Mineral mit monoklin-prismatischer Kristallform und der chemischen Formel: $Ca_2Mg_5[(OH,F)|Si_4O_{11}]_2$; Farbe: weiß, grau, lichtgrün; Glas- bis Seidenglanz; durchscheinend bis undurchsichtig; Strich: weiß; Härte nach Mohs: 5,5–6; Dichte: 2,9–3,0 g/cm³; Spaltbarkeit: vollkommen nach (*110*); Aggregate: breitstengelig, stengelig bis faserig, strahlig, asbestartig; vor dem Lötrohr schmilzt er schwer zu einem farblosen durchsichtigen Glas; gegen Säuren fast resistent, jedoch in Flußsäure löslich; Fundorte: Grampielhorn bei Domodossola (Italien), Farm Hohewarte bei Windhuk (Namibia), Sludjanka im Baikalgebiet (Rußland). ↗Amphibolgruppe.

Grampische Orogenese ↗Iapetus.

Granat, [von lat. *granum* = Korn], Mineralgruppe (Abb.) mit der Formel: $A_3^{2+}B_2^{3+}[SiO_4]_3$ (mit A^{2+} = Mg, Fe^{2+}, Mn^{2+}, Ca und B^{3+} = $Al^{[6]}$, Fe^{3+}, Cr^{3+}, V^{3+}); Härte nach Mohs: 6,5–7,5; Dichte: 3,5–4,5 g/cm³; Farbe: unterschiedlich. Eine gewisse Sonderstellung nimmt mit ihrem Titangehalt die Varietät Melanit ein: makroskopisch erscheint sie tiefschwarz gefärbt, im Dünnschliff unter dem Mikroskop dunkelbraun durchscheinend; Glas- bis Fettglanz, auch Diamantglanz, kantendurchscheinend.
Die Granatstruktur ist recht kompliziert. Experimentelle Untersuchungen haben gezeigt, daß die relativ dichtgepackte Granatstruktur bei sehr hohen Drucken stabil ist. Das gilt besonders für die pyrop- und grossularreichen Granate. Sie sind auch unter Druck-Temperatur-Bedingungen des oberen Erdmantels existenzfähig. Granate sind wichtige gesteinsbildende Minerale, vorzugsweise in metamorphen Gesteinen. Melanit ist auf alkalibetonte magmatische Gesteine beschränkt. Topa-

Granat: Übersicht über die Granatgruppe.

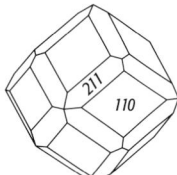

Granatgruppe
kubisch
$A_3^{2+}B_2^{3+}[SiO_4]_3$
(A^{2+} = Ca, Mg, Fe^{II}, Mn; B^{3+} = Al, Fe^{III}, Cr, V^{III})
Kristallformen: Rhombendodekaeder und Ikositetraeder, Kombinationen
Härte nach Mohs: 6,5 - 7,5
Dichte: 3,5 - 4,3 g/cm³

Pyralspit-Reihe			Grandit-Reihe		
Almandin	$Fe_3Al_2[SiO_4]_3$	rot, braun, schwarz	Grossular	$Ca_3Al_2[SiO_4]_3$	farblos, hellgrün, bernsteinfarben
			Hessonit: ± Fe^{III}		rot
Pyrop	$Mg_3Al_2[SiO_4]_3$	rot	Andradit	$Ca_3Fe_2[SiO_4]_3$	braun, grün, schwarz
Spessartin	$Mn_3Al_2[SiO_4]_3$	gelb, rotbraun	Uwarowit	$Ca_3Cr_2[SiO_4]_3$	grün
			Goldmanit	$Ca_3V_2^{III}[SiO_4]_3$	dunkelgrün bis braungrün

zolith ist ausschließlich Kluftmineral. Klare Granate sind gelegentlich geschätzte Edelsteine, so der pyropreiche böhmische Granat (Karfunkelstein), von Südafrika fälschlich als Kaprubin bezeichnet; seltener ist der gelbgrüne Demantoid wegen seines fast diamantähnlichen Glanzes. [GST]

Granatfels, ein metamorphes Gestein, das überwiegend aus ↗Granat besteht. Durch höhere Biotit- und Plagioklasgehalte ergeben sich Übergänge zu ↗Kinzigiten.

Granat-Lherzolith ↗Mantelperidotit.

Granat-Peridotit ↗Peridotit.

Granat-Pyroxenit, ↗Pyroxenit mit hohem Anteil an ↗Granat (bis über 50%), so daß der nach der allgemeinen Nomenklatur der ↗Ultramafitite geforderte Pyroxenanteil unterschritten werden kann; meist mit Mantelgesteinen (↗Peridotiten) assoziiert (z. B. ↗Ariégit). Bei Vorherrschen von Klinopyroxen (↗Griquait) auch als »Manteleklogite« bezeichnet, leiten die Granat-Pyoxenite zu den ↗Eklogiten über.

Granatzone ↗Barrow-Zonen.

Granit, ein weit verbreitetes, wollsackartig verwitterndes, plutonisches Gestein, das neben 20 bis 60 Vol.-% Quarz Alkalifeldspäte und Plagioklase in Verhältnissen von 90:10 bis 35:65 enthält (↗QAPF-Doppeldreieck). Häufig auftretende mafische Minerale sind Biotit, Hornblende und Muscovit. Der Name Granit leitet sich vom lateinischen Wort »granum« = Korn ab und weist auf das richtungslose, klein- bis grobkörnige Gefüge hin. Granite können tausende Quadratkilometer große magmatische Körper bilden. Zusammen mit den ↗Granodioriten und deren Gneis-Äquivalenten bauen sie große Teile der kontinentalen ↗Erdkruste auf. Granite bilden sich durch langsame Kristallisation saurer Schmelzen, die durch ↗Anatexis aus verschiedensten Ausgangsgesteinen entstanden sein können. Je nach Art der Ausgangsgesteine unterscheidet man heute vier Haupttypen von Graniten, wobei die beiden ersten Typen am häufigsten sind:

I-Typ-Granit: Charakteristisches mafisches Mineral ist die Hornblende. Die SiO_2-Gehalte variieren stark; die initialen Strontium-Verhältnisse $(^{87}Sr/^{86}Sr)_i$ liegen i. d. R. unter 0,706. I-Typ-Granite entstehen durch Anatexis von magmatischen Edukten (Granite, Granodiorite, Diorite) und sind an aktive, konvergierende Kontinentalränder vom Kordillerentyp gebunden.

S-Typ-Granit: Typische mafische Minerale sind Muscovit, Alumosilicate, Granat und Cordierit. Die SiO_2-Gehalte sind relativ hoch; die chemische Zusammensetzung ist peralumisch; $(^{87}Sr/^{86}Sr)_i > 0,706$. Die Edukte sind sedimentärer Herkunft (Gneise, Glimmerschiefer und andere metapelitische Gesteine). S-Typ-Granite sind kollisionsgebunden.

A-Typ-Granit: Typische mafische Minerale sind grüner Biotit, Alkaliamphibole und -pyroxene. Die SiO_2-Gehalte sind hoch; die Zusammensetzung ist häufig ↗peralkalin; $(^{87}Sr/^{86}Sr)_i$ variiert stark (0,703–0,720). Die wahrscheinlichsten Edukte sind Granulite. A-Typ-Granite sind anorogene Intraplattengranite.

M-Typ-Granit: Typische mafische Minerale sind Hornblende und Klinopyroxen. Die SiO_2-Gehalte variieren stark; die K_2O-Werte sind sehr niedrig; $(^{87}Sr/^{86}Sr)_i$ um 0,704. Die Edukte stammen aus dem Erdmantel. M-Typ-Granite kommen in ozeanischen Inselbögen vor.

Granit-Gneis, (Ortho-)Gneis, durch ↗Metamorphose aus ↗Granit gebildet. ↗Gneis.

Granitisierung, *Granitisation*, ein Begriff für die Bildung von ↗Graniten durch ↗metamorphe oder ↗metasomatische Prozesse ohne nennenswerte Beteiligung einer Schmelzphase.

Granitkarren, Lösungsformen an der Gesteinsoberfläche von Graniten, die v. a. in tropischen Klimaten auftreten. Da typische ↗Karren als ↗Karstformen an leicht lösliche Gesteine gebunden sind, wird bei Karren, die in Massengesteinen ausgebildet sind, die Gesteinsbezeichnung vorangestellt. Strenggenommen handelt es sich bei Granitkarren um ↗Pseudokarren.

Granitoid, Überbegriff für die Gesteinsgruppe im ↗QAPF-Doppeldreieck mit einem Quarz-Anteil von 20–60 Vol.-%. Sie umfaßt Alkalifeldspatgranit, Granit, Granodiorit und Tonalit.

Granitpegmatit ↗Ytterby.

granoblastisch, Gefügebegriff zur Charakterisierung von metamorph gewachsenen, gleichkörnigen, ungeregelten Kornaggregaten mit durch den Einfluß der Grenzflächenspannung equilibrierten, planaren Korngrenzen der einzelnen Körner.

Granodiorit, ein plutonisches Gestein, das neben 20–60 Vol.-% Quarz mehr Plagioklas als Alkalifeldspat führt (↗QAPF-Doppeldreieck). Häufig auftretende mafische Minerale sind Biotit und Hornblende.

Granophyr, saures, klein- bis feinkörniges magmatisches Gestein mit einer mikrographischen Verwachsung von Quarz und Feldspat. Granophyre erscheinen entweder als ↗Vulkanite oder als ↗Ganggesteine. Sie treten sowohl in Verbindung mit basaltischen Intrusionen als auch mit granitischen Plutonen auf.

Granulit, ein regionalmetamorphes (↗Regionalmetamorphose), gneisiges Gestein, das in seiner chemischen Zusammensetzung von sauren und basischen Magmatiten bis zu Metapsammiten und ↗Metapeliten reicht. Neben Quarz und beiden Feldspäten (häufig perthitisch und antiperthitisch entmischt) sind wasserfreie mafische Minerale wie Orthopyroxen, Granat oder Disthen charakteristisch. Granulite bilden sich unter Bedingungen der *Granulitfazies* bei Temperaturen von mehr als 700 °C und erniedrigten H_2O-Aktivitäten in der fluiden Phase (↗Metamorphosegrad).

Granulitfazies ↗Granulit.

Grapestone ↗Aggregatkörner.

Graph, aus der Graphentheorie abgeleitete mathematische Beschreibung der Topologie in einem Netz aus Kanten und Knoten. Die Graphentheorie läßt sich unmittelbar auf die topologische Strukturierung raumbezogener Daten (↗Geodaten) anwenden. Eine Kante entspricht einer Verbindung zwischen zwei Knoten als Anschlußpunkte der Kanten. Graphen haben spezifische

Eigenschaften (topologische Konsistenzbedingungen), die Möglichkeiten der Auswertung festlegen (↗topologische Analyse). So ist ein planarer Graph dadurch gekennzeichnet, daß er keine sich überschneidenden Kanten enthält, in einem zusammenhängenden Graphen existiert zwischen zwei beliebigen Knoten mindestens ein Weg. Ein zyklischer Graph kennt mehrere Wege zwischen zwei Knoten. In einem gerichteten Graph weisen alle Kanten dieselbe Richtung auf. In raumbezogenen Informationssystemen (↗Geoinformationssyteme) werden Verfahren zur Verwaltung und Auswertung von Graphen zur Abbildung von Linien- und Flächennetzen eingesetzt. Liniennetze dienen zur Abbildung von Versorgungs-, Kommunikations- oder Verkehrsnetzen, im Zusammenhang mit Flächennetzen sind Graphen die Grundlage zur topologischen Strukturierung von Vektordaten allgemein. [AMü]

Graphikmuster ↗Flächenmuster.

graphisch, Bezeichnung für schriftzeichenartige (hieroglyphen- oder keilschriftartige) Verwachsungen zweier Mineralphasen, i. d. R. Quarz und Feldspat (Abb. im Farbtafelteil), in Graniten und Pegmatiten (Beispiel: ↗Schriftgranit).

graphische Benutzeroberfläche, Benutzeroberfläche als Schnittstelle zwischen Benutzer und Programmsystemen auf der Basis von ↗interaktiver Graphik. Eine graphische Benutzeroberfläche setzt sich aus unterschiedlichen ↗Steuerelementen zusammen, die einzelne Systemfunktionen repräsentieren. Typische Steuerelemente dienen der Auswahl und dem Auslösen von Kommandos in Form von Menüs und ↗interaktiven Schaltflächen, der Anzeige von Daten in Form von Listen, Tabellen und Textfeldern und der Einstellung von Parameterwerten etwa durch ↗interaktiven Schieberegler. Die Verwendung graphischer Benutzeroberflächen hat die Akzeptanz von Softwaresystemen durch die angestrebte intuitive Bedienbarkeit stark vergrößert, da auch komplexe, schwer bedienbare Software für ungeübte DV-Anwender schneller erlernbar wird. Graphische Benutzeroberflächen haben daher kommandoorientierte Benutzeroberflächen weitgehend abgelöst. Auch im Bereich raumbezogener Informationssysteme (↗Geoinformationssysteme) ist eine parallele Entwicklung zu beobachten, insbesondere der Einsatz von ↗interaktiven Karten und ↗interaktiven Legenden ermöglicht neue Formen der Kommunikation zwischen dem Benutzer und den Funktionen eines Geoinformationssystems. [AMü]

graphische Darstellung, die Veranschaulichung von Werten und Größen in maßgebundener graphischer Form, wobei die beiden Richtungen (Dimensionen) der Zeichenebene in bestimmter, definierter Weise als rechtwinklige Koordinaten für Mengen-, Zeit- und Sachgliederungen bzw. geographisch für Länge und Breite benutzt werden. In der Statistik wird im Gegensatz zur Tabelle jede graphische Veranschaulichung statistischer Werte in Form einer Zeichnung als graphische Darstellung bezeichnet. Solche in graphische Dimensionen umgesetzten Werte verdeutlichen das Wesentliche der Erscheinung in leicht auffaßbarer Weise. Es lassen sich ↗Diagramme und ↗Kartogramme sowie Netze und ↗Nomogramme unterscheiden. Mit speziellen Computerprogrammen lassen sich auch die graphisch komplizierten Formen dreidimensionaler Darstellung vergleichsweise einfach realisieren.

graphische Datenverarbeitung, *GDV*, umfaßt alle Datenverarbeitungsprozesse, die im weitesten Sinne ein graphisches Produkt digital erstellen und verwalten. Es gehören die Vektor-, die Raster- und die hybride Datenverarbeitung dazu einschließlich der Konvertierung ihrer Formate (↗Datenkonvertierung). Der Vektordatenverarbeitung (computer graphics) kommt in der Kartographie eine dominierende Rolle zu, da mit den Vektoren auch zugehörige Sach- oder Graphikformate verwaltet werden können. Die Vektordaten sind ein wesentlicher Bestandteil eines ↗Geoinformationssystems, in Deutschland beispielsweise des Amtlichen Topographisch-Kartographischen Informationssystems (↗ATKIS). Karten, die mittels ↗desktop mapping bearbeitet werden, enthalten Vektoren, verbunden mit graphischen Formaten. Vektordaten können problemlos in Rasterdaten konvertiert werden. Bei der Belichtung von Kopiervorlagen bzw. Druckplatten für den Druck von Karten übernimmt dies der Raster-Image-Prozessor. Die Bedeutung der Rasterdatenverarbeitung (image processing) ist mit der Steigerung der Leistungsfähigkeit der Rechner und der Verfügbarkeit digitaler Bilder und Fernerkundungsdaten gestiegen. Das Rasterbild besteht aus Pixeln, die einen Farb- bzw. Helligkeitswert besitzen, der verändert werden kann, der zur Klassifizierung von Bildern geeignet ist und der einer Mustererkennung zugänglich gemacht werden kann. Eine hybride Datenverarbeitung liegt vor, wenn ein Verarbeitungsprogramm sowohl Raster als auch Vektoren bearbeiten kann. [IW]

graphische Karte ↗analoge Karte.

Graphische Semiologie, ist ein eigenständiger wissenschaftlicher Theorieansatz und eine allgemeine Graphiklehre des französischen Kartographen, Wirtschaftswissenschaftlers und Statistikers J. Bertin und basiert auf erkenntnistheoretischen und sprachwissenschaftlichen Ansätzen des französischen Strukturalismus. Die graphische Semiologie wurde an dem 1954 gegründeten kartographischen Labor der École Pratique des Hautes Études in Paris entwickelt. Als Hauptformen des graphischen Ausdrucks unterscheidet Bertin zwischen Diagrammen, Netzen und Karten. Diese Einbeziehung kartographischer Zeichen in ein übergeordnetes graphisches System führte erstmals zu einem weltweit akzeptierten Graphikansatz in der ↗Kartographie. Der Theorieansatz der graphischen Semiologie geht davon aus, daß in Karten nur Gleichheiten, Unterschiede und Ähnlichkeiten zwischen Zeichen eindeutig wahrgenommen werden können und daß diese Zeichenbeziehungen aufgrund von entsprechenden Denkkategorien des Menschen verständlich sind und damit auch den logischen Kategorien der Unterscheidung von Zeichenbedeutungen entsprechen. Die generelle Gültigkeit dieses Theorieansatzes ist bislang allerdings noch nicht empirisch nachgewiesen worden. Realisiert wird der Theorieansatz u. a. durch die ↗graphischen Variablen als graphische Mittel zur Variation eines gestaltlosen Fleckens und zur Einordnung des Fleckens nach den beiden Richtungen der Zeichenebene. Ein Flecken kann danach graphisch in der Größe, der Form, der Helligkeit (Tonwert), dem Muster (Struktur der Flächenfüllung), der Richtung und der Farbe variiert werden. Beide Richtungen der Zeichenebene können im graphischen System für sach-, wert-, zeit- und raumbezogene Abbildungen eingesetzt werden. Auf der Grundlage der jeweiligen Gliederungsstufe bzw. des jeweiligen statistischen Skalenniveaus von abzubildenden (Geo-)Daten werden dabei Variablentypen unterschieden. Sie gliedern die graphischen Variablen zur Variation kartographischer Zeichen erstens in Variablen zur Repräsentation von nominalskalierten Objektbeziehungen, zweitens in Variablen zur Repräsentation von ordinalskalierten Objektbeziehungen und drittens in Variablen zur Repräsentation von ratio- und intervallskalierten Objektbeziehungen (Zeichenreferenzierung). Die hier implizierte Differenzierung der Gliederungsstufen für Daten sowie der graphischen Variablen selbst hat sich mit der Einführung der DV-Technologie und den damit verbundenen Erfordernissen der Datenstrukturierung etabliert. Die graphische Semiologie stellt hiermit in der Kartographie den ersten umfassenden Regelansatz zur logischen Zuordnung von einheitlich strukturierten Zeichen zu einheitlich strukturierten Daten dar. Der formale Aufbau des strukturalistischen Regelansatzes der graphischen Semiologie berücksichtigt allerdings noch keine Ausrichtung von Karten auf spezifische Funktionen und Nutzer von Karten und vernachlässigt die mit den einzelnen Zeichen erzeugbare Übereinstimmung mit der unmittelbaren Zeichenbedeutung, beispielsweise durch Analogien oder Assoziationen. [PT]

graphisches Kernsystem, *GKS*, ist die Definition eines internationalen Standards, der eine Menge von Funktionen der zweidimensionalen graphischen Datenverarbeitung spezifiziert. Es beinhaltet Funktionen aus den Bereichen Eingabe, Dialog, Geräteschnittstellen, Import und Export von anderen Graphikformaten sowie die eigentlichen graphischen Funktionen, wie z. B. das Zeichen von Linien, Mustern, Flächenfüllungen. Die Implementierung als Programmbibliothek existiert für verschiedene Programmiersprachen, häufig verwendet werden die FORTRAN- und C-Sprachschalen.

graphische Substanz, im ↗kartographischen Zeichenmodell Mittel zur Variation von ↗Zeichen, Zeichenfiguren und Zeichenelementen. Graphische Substanzen werden danach unterschieden, ob sie bedeutungstragend Attributwerte, also Ausprägungen bzw. Werte von Objektmerkmalen repräsentieren oder aber lediglich diese Repräsentation durch Trennungs-, Betonungs- oder Gliederungsfunktionen unterstützen. ↗Figur, ↗graphische Variablen.

graphische Variablen, nach der ↗graphischen Semiologie graphische Mittel zur Variation von (karto-)graphischen Zeichen auf der Grundlage der Gliederungsstufen bzw. der Skalenniveaus der abzubildenden (Geo-)Daten. Unterschieden werden vor allem die graphischen Variablen Farbe, Form, Richtung (Orientierung), Helligkeit, Muster (Korn) und Größe. Die ersten drei genannten dienen der Variation (karto-)graphischer Zeichen auf der Grundlage nominalskalierter Objektbeziehungen, wie beispielsweise den qualitativen Unterschieden zwischen Meßparametern verschiedener Meßstationen. Die graphischen Variablen Helligkeit und Muster (Korn) dienen der Variation (karto-)graphischer Zeichen auf der Grundlage von ordinalskalierten Objektbeziehungen, wie beispielsweise geordneten Unterschieden zwischen Waldschadensklassen. Die graphische Variable Größe dient der Variation (karto-)graphischer Zeichen auf der Grundlage von intervall- und ratioskalierten Objektbeziehungen, wie beispielsweise den quantitativen Unterschieden zwischen verschiedenen Meßwerten im Emissionsschutz. ↗kartographisches Zeichenmodell. [PT]

graphische Workstations, sind auf hohe Rechenleistung und besondere Graphikfähigkeiten ausgerichtete Arbeitsplatzrechner. Die Rechenleistung wird durch den Einsatz von einem oder mehreren Prozessoren mit hohen Taktraten erreicht. In graphischen Workstations werden spezialisierte Graphikprozessoren eingesetzt, die komplexe 2D- und 3D-Graphikoperationen berechnen. Sie sind die bevorzugten Geräte für Einsatzbereiche wie ↗Kartographie, ↗GIS und ↗Fernerkundung, da sie eine zeitlich angemessene Durchführung von Berechnung und Darstellung ermöglichen. An derartige Systeme werden großformatige Farbmonitore mit hohen Auflösungen betrieben, die eine detailgetreue Darstellung erlauben. Auch werden an graphischen Workstations oft Geräte zur ↗Dateneingabe, wie z. B. Farbscanner oder Digitalisiertabletts, angeschlossen, da sie eine gute graphische Kontrolle der Eingabeergebnisse ermöglichen. [WWb]

Graphit, [von griech. *grápho* = ich schreibe], *Reißblei*, *Tremenbeerit*, Mineral mit der chemischen Formel: C (Kohlenstoff) und unterschiedlicher Kristallform (α-C = dihexagonal-dipyramidal, α'-C = ditrigonal-skalenoedrisch); Farbe: stahlgrau bis eisenschwarz; glänzend und undurchsichtig; Strich: stahlgrau bis schwarz; Härte nach Mohs: 1 (sehr mild und fettig); Dichte: 2,08–2,23 g/cm^3; Spaltbarkeit: sehr vollkommen nach (*0001*); Aggregate: eingewachsene undeutliche Kristalle, ansonsten derb, eingesprengt, blättrige bis spätige Massen, auch stengelig, radialstrahlig, kugelig, dicht, nadelig, feinste Pigmente; vor dem Lötrohr unschmelzbar; in Säuren unlöslich; Begleiter: Pyrit, Granat, Spinell; Vorkommen: in Gesteinen aus kohligen Substanzen hervorgegangen bildet sich Graphit durch Kontakt-

Graptolithen 1: Lebensbild eines dendroiden Graptolithen.

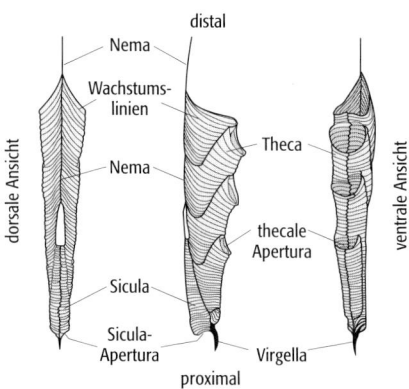

metamorphose in Chiastolith-Schiefern und Graphit-Quarziten oder unter Einwirkung der Regionalmetamorphose in manchen Paragneisen und Marmoren bzw. aus organogenem Kohlenstoff in Magmatiten; Fundorte: Pfaffenreuth bei Passau, České Budejovice (Budweis) in Böhmen, bei Kaisersberg (Österreich), Sonora (Mexiko), Sri Lanka. Graphit ist ein guter Leiter für Elektrizität und Wärme und wird zur Herstellung feuerfester Produkte und auch als industrieller Schmierstoff verwendet. ↗Graphitisierung. [GST]

Graphitisierung, partielle Entstehung von Graphit in Kohlen im Stadium des ↗Meta-Anthrazits, hervorgerufen durch Scherbewegungen bei gleichzeitigen hohen Temperaturen und Überlagerungsdrücken. Ein rapider Anstieg der Bireflexion (↗Pleochroismus) ist die Folge.

Graptolithen, sind die fossilen Überreste von kolonialen marinen Organismen, die vom ↗Kambrium bis zum ↗Karbon existierten. Da keinerlei Weichteile erhalten sind, ist ihre Stammeszugehörigkeit unsicher. Möglicherweise handelt es sich bei den Graptolithina um eine Klasse, die dem Stamm Hemichordata zuzuordnen ist. Diese Vermutung beruht auf der Ähnlichkeit mit Skeletten der Hemichordaten Pterobranchen (Flügelkiemern). Die Graptolithen bauten röhrenförmige Skelette aus Skleroprotein. Die Anfangskammer der Kolonien (Rhabdosome) wird als Sicula bezeichnet. Aus ihr gehen röhren- oder becherförmige Theken hervor, in denen die Einzeltiere (Zooide) saßen, die untereinander durch Stolone (Weichteilstränge) verbunden waren. Bei den frühesten Graptolithen waren noch zwei Arten von Theken ausgebildet: größere Autotheken und kleinere Bitheken. Letztere verschwanden bei der Entwicklung zur planktischen Lebensweise. Basierend auf ihrer scheinbaren Lebensform unterscheidet man sessile, planktische oder hemiplanktische und inkrustierende Formen.

Die frühesten Graptolithen waren sessil und erschienen im Kambrium mit der Ordnung Dendroidea (Abb. 1). Die buschförmigen Kolonien der meisten Dendroidea waren mit einer Haftscheibe oder direkt mit der Sicula am Substrat befestigt. Eine Ausnahme bildete die wichtige Gattung Dictyonema, die im ↗Ordovizium zu einer hemiplanktischen Lebensweise überging und von der die Entwicklung zu planktischen Formen ausging. Durch Reduktion der Anzahl der Theken und der Arme entwickelte sich aus den Dendroidea die Ordnung Graptoloidea, deren Angehörige ausnahmslos planktisch oder hemiplanktisch waren. Die Entwicklung der Graptoloidea erfolgte in vier Stadien: a) Zu Beginn des Ordoviziums erfolgte der Übergang von sessiler zu planktischer Lebensweise. b) Gegen Ende des ↗Tremadoc erfolgte der Übergang von den dimorphen Theken der Dendroidea zu den monomorphen Theken der Graptoloidea. c) Im ↗Arenig entstanden Formen mit zweizeiligen axonophoren Rhabdosomen. d) Im frühen ↗Silur entstanden die einzeiligen axonophoren Rhabdosome (z. B. *Monograptus*, Abb. 2).

Die Wichtigkeit der Graptolithen beruht auf der Kurzlebigkeit vieler Gattungen und Arten, die oft nur zwischen ein und fünf Mio. Jahre existierten, wodurch eine sehr genaue Zonierung möglich ist. Viele Graptolithen waren aufgrund ihrer planktischen Lebensweise weit verbreitet. Mit ihrer Hilfe sind daher auch überregionale Korrelationen möglich. So charakterisiert das erste Erscheinen von *Parakidograptus acuminatus* weltweit den Beginn des Silurs und das von *Monograptus uniformis* den Beginn des Devons. [SP]

GRAS, *G*NSS *R*eceiver for *A*tmospheric *S*oundings, GNSS-Empfänger an Bord von ↗polarumlaufenden Satelliten, z. B. ↗METOP, zur Bestimmung von Zustandsparametern der Atmosphäre unter Nutzung der Radio-Okkultationstechnik. ↗Global Navigation Satellite System.

Grasbrand, durch Blitzschlag oder von Menschenhand, meist nach längerer Trockenheit, fahrlässig oder mit Absicht ausgelöstes ↗Feuer in der Graslandschaft.

Grasland-Ökosysteme, ↗Ökosysteme, die gekennzeichnet sind durch eine gehölzarme bzw. -freie Vegetationsformation und die durch ihre Baumfreiheit charakteristische Ökosystemmerkmale für baumfreie Vegetation aufweisen. Zu ih-

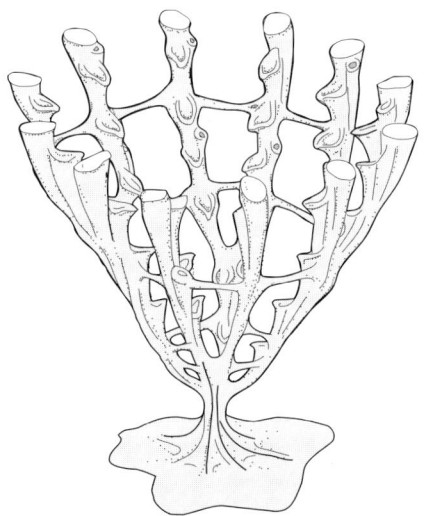

Graptolithen 2: Bau der Sicula eines *Monograptus*.

nen gehören ↗Steppen, ↗Savannen, ↗Weideland und ↗Wiesen.

Grasreferenzverdunstung, zu Vergleichszwecken dienende, rechnerische ↗Verdunstung, die mit Hilfe der ↗Penman-Monteith-Formel für eine ständig feuchte, mit 12 cm hohem Gras bewachsene Fläche ermittelt wird.

Graubalance, *Farbbalance*, ein Vierfarbendruck befindet sich in Graubalance, wenn gleiche Farbanteile von Cyan, Magenta und Gelb im Übereinanderdruck einen farbneutralen Grauton ergeben. Besteht bei einem Druckerzeugnis Graubalance, sind auch die farbigen Partien ohne wesentliche Farbverfälschungen gedruckt. Mittels Farbkontrollstreifen außerhalb des Satzspiegels wird die Farbbalance überprüft.

Grauerdeboden, *grauer Wüstenboden*, veraltet für ↗*Greysems*.

Grauer Waldboden, veraltete Bezeichnung für ↗*Brunizems*.

Grauer Wüstenboden, *Grauerdeboden*, veraltet für ↗*Greysems*.

Grauhuminsäuren, der mit Natronlauge aus dem Boden extrahierbare Anteil der organischen Bodensubstanz, der sich aus der Natronlauge mit höheren Elektrolytkonzentrationen (Natriumchlorid-Zusatz) ausfällen läßt. Die Grauhuminsäuren stellen eine Teilmenge der ↗Huminsäuren da. Sie zeichnen sich im allgemeinen durch eine graue Färbung aus, weisen einen höheren C-Gehalt als die ↗Braunhuminsäuren auf und lassen sich schwerer dispergieren. Sie sind typisch für ↗Chernozems und ↗Rendzinen.

Graukeil ↗Grauskala.

Graulehme, veraltete Bezeichnung für ↗*Fersiallite*.

Graupel, *Hydrometeore*, treten nur in Wolken auf, die ↗Eispartikel und ↗unterkühltes Wasser enthalten. Graupel entstehen aus ↗Eiskristallen, ↗Schneekristallen, ↗Schneeflocken oder gefrorenen Tröpfchen (↗gefrieren) durch Aufsammeln und spontanem Gefrieren unterkühlter Wolkentropfen. Diesen Vorgang nennt man Vergraupelung oder Bereifen von Eispartikeln. Die Struktur der Graupel ist irregulär, oftmals konisch. Sie haben eine typische Größe von 0,5–8 mm, bei längeren Wachstumszeiten im Aufwind wachsen sie zu ↗Hagel an.

Grauplastosole, veraltete Bezeichnung für ↗*Fersiallite*.

Grauschlammboden, veraltete Bezeichnung für ↗*Gyttja*.

Grauskala, *Grauleiter*, *Graureihe*, ↗Farbreihe der visuell gleichabständig gestuften Grautöne zwischen Weiß und Schwarz, die sich nur durch die Abnahme der ↗Farbhelligkeit unterscheiden. Im ↗Farbenkörper bildet die Grauskala die senkrechte Achse. Sie ist Maßstab der Farbhelligkeit aller anderen Farben. Im Druck lassen sich zehn bis zwölf unterscheidbare Graustufen erreichen. Jedoch existiert bislang keine allgemein anerkannte Norm für visuell gleichabständige ↗Tonwerte. Zahlreiche Experimente ergaben infolge von Unterschieden im theoretischen Ansatz, im Versuchsaufbau und in der Auflösung der verwendeten Raster widersprüchliche Ergebnisse, so daß für die Gleichabständigkeit Logarithmusfunktionen, Exponetialfunktionen, aber auch Polynome angegeben werden. In der Kartographie sind Skalen mit exponentiell zunehmendem Tonwert am weitesten verbreitet. Grauskalen werden vornehmlich zur Darstellung ordinalskalierter Daten verwendet. Sie sollten jedoch nicht mehr als sieben Stufen aufweisen, da Kleinflächigkeit und Kontrasterscheinungen (↗Farbkontrast) im Kartenbild die Zuordnung zu den Grautönen der Legende erschweren. Im graphischen Gewerbe dienen genormte Grauskalen und stufenlose Graukeile der Kontrolle von Kopier- und Druckergebnissen. [KG]

Grauwacke, in der Literatur mehrdeutig verwendeter Begriff. Als Feldbezeichnung beschreibt die Grauwacke einen meist dunkel-(grün-)grauen Sandstein mit einem hohen Matrixanteil. Sie sind reich an ↗Gesteinsbruchstücken bei wechselndem Feldspatgehalt. In der Regel sind Grauwakken schlecht sortiert und die Komponenten weisen eine schlechte Rundung auf. Entsprechend der auf den Modalbestand beruhenden Klassifikation der Sandsteine nach Pettijohn et al. (1987) (↗Sandstein Abb.) werden Sandsteine mit einem Matrixgehalt von mehr als 15 % als (Grau-)Wakken definiert. Je nach Anteil an Feldspat, Gesteinsfragmenten oder Quarz unterscheidet man feldspatführende und lithische Grauwacken sowie Quarzwacken. Viele Grauwacken entstanden durch ↗Suspensionsströme, die in tektonisch aktiven Gebieten abgelagert wurden.

Grauwert, *grey value*, die einem Bildpunkt (Rasterfläche) zugeordnete Intensität ist der Grauwert des Bildpunkts. Im allgemeinen arbeitet man heute mit 256 möglichen Grauwertstufen (8-bit-Darstellung).

Grauwertdynamik, Häufigkeitsverteilung der einzelnen ↗Grauwerte in einem Bild, veranschaulicht durch das ↗Grauwerthistogramm, welches Rückschlüsse auf Dynamikbereich und Kontrast eines Bildes erlaubt. Die Grauwertdynamik kann zur Beurteilung einer Digitalisierung herangezogen werden.

Grauwerthistogramm, Häufigkeitsdarstellung der ↗Grauwerte eines Bildes, die zusammen mit den statistischen Parametern »mittlerer Grauwert« und Standardabweichung« die Statistik eines Bildes beschreibt.

Grauwertstreckung ↗Kontrastverstärkung.

Grauwerttransformation, allgemeine Bezeichnung für alle digitalen Bildoperationen, bei denen ursprünglich vorliegende ↗Grauwerte in neue Grauwerte transformiert werden.

Grauwertverteilung, räumliche Verteilung der einzelnen ↗Grauwerte im Bild, die zu charakteristischen Verteilungsmustern, sog. Texturen, im Bild führen. Die Oberflächenstrukturen sind im Bild nicht mehr wahrnehmbar, bewirken jedoch die charakteristischen Grauwertverteilungen.

gravel-bed river ↗Flußtypen.

Gravierverfahren, Sammelbegriff für historische Arbeitstechniken zur Herstellung von Kartenoriginalen, die mit Graviergeräten auf speziellen Trägermaterialien ausgeführt werden. Zu den lithographischen Verfahren zählt die Steingravur. Für die analoge ↗Kartenherstellung wurde die Schichtgravur zur Herstellung der Kartenoriginale entwickelt. Das Graviermaterial besteht aus einem maßbeständigen, transparenten Schichtträger Glas oder Plastfolie, auf dem maschinell die Gravierschicht aufgetragen wird. Die Gravierschicht ist eine dünne Schicht, die spezielle, den Verfahren angemessene Eigenschaften besitzen muß. Als Gravierverfahren unterschieden werden Negativgravierverfahren und Positivgravierverfahren. Beim Negativgravierverfahren wird an den Zeichnungsstellen die Gravierschicht entfernt, so daß als Ergebnis ein negatives Kartenoriginal entsteht. Die Gravierschicht muß sich mit den Graviergeräten entfernen lassen und für aktinisches Licht undurchlässig sein, damit eine reproduktionstechnische Weiterverarbeitung des Kartenoriginals möglich ist. Beim Positivgravierverfahren wird die Schicht zuerst ebenfalls an den Zeichnungsstellen entfernt, anschließend erfolgt eine Einfärbung der Zeichnungsstellen mit für aktinisches Licht undurchlässiger Kopierfarbe. Danach wird die restliche Gravierschicht entfernt. Als Ergebnis entsteht ein transparentes positives Kartenoriginal, das reproduktionstechnisch weiterverarbeitet werden kann (↗Reproduktionstechnik). Zur Ausführung der Gravur werden je nach ↗Kartenzeichen spezielle Graviergeräte verwendet. Der Gravurring mit dazugehörigen Stichelsatz ermöglicht die Gravur unterschiedlicher Strichstärken, in dem die Stichelbahnen unterschiedlich breit sind, aber auch als doppel- oder mehrlinige Stichel mit unterschiedlichen Stärken und Abständen ausgeführt sein können. Als Material für die Stichel wird Stahl oder Saphir verwendet. Stahlstichel nutzen sich ab, so daß ein wiederholtes Anschleifen notwendig ist. Weitere Geräte, die zur Gravur spezieller Kartenzeichen angewendet werden, sind Gravierpantograph mit Schablonen, Kreisziehgerät, Punktiergerät und Böschungsgerät. Alle Graviergeräte liegen in unterschiedlichen Ausführungen vor, von der einfachen bis zu teilweise mechanisiert arbeitenden Variante, aber auch als Spezialausführung für die Positivgravur. Die ↗Vorlage wird unter der transparenten Gravierfolie befestigt oder kopiertechnisch als ↗Anhaltkopie aufgebracht. Die Einführung des Verfahrens der Schichtgravur führte neben einer Verbesserung der Qualität in der graphischen Ausführung der Kartenelemente zu einer deutlichen Steigerung der Wirtschaftlichkeit des Kartenherstellungsprozesses.   [CR]

Gravimeter, ↗Beschleunigungsmesser spezieller Auslegung zur Messung der ↗Schwere, i. a. in Lotrichtung. Durch hohe Spezialisierung wird eine Auflösung von 10^{-9} der Erdschwere erreicht. ↗Absolutgravimeter arbeiten nach dem Prinzip des ↗ballistischen Gravimeters mit bewegter Masse, ↗Relativgravimeter i. a. als Federgravimeter mit ruhender Masse.
Ab etwa der Mitte des 17. Jh. wurden Pendel als (Absolut-) Gravimeter genutzt (*Pendelgravimeter*). Seit ca. 1930 wurden sie für Relativmessungen weitgehend von Federgravimetern abgelöst, seit ca. 1950 für Absolutmessungen von ↗ballistischen Gravimetern. Heute haben Pendelgravimeter z. B. wegen kleiner Gangwerte über längere Zeiten nur noch Bedeutung für Spezialfälle. Erdgezeiten-Gravimeter haben ein besonders hohes Auflösungsvermögen und gutes Langzeitverhalten wie linearen Gang. Absolut- und Relativschweremessungen werden insbesondere durch ↗Schwerereferenznetze verknüpft.   [GBo]

Gravimeter auf bewegtem Träger, sind insbesondere Seegravimeter und Fluggravimeter, meist Federgravimeter. Die Gravimeter werden für den Einsatz auf bewegten Trägern mehrfach spezialisiert durch: a) Robustheit gegenüber hoher Dynamik, b) konstruktive oder rechnerische Berücksichtigung der ↗Kreuzkopplung, c) die Änderung der Sensorrichtung (Input-Achse) wird entweder (konventionell) durch eine kreiselstabilisierte Plattform eliminiert, (fahrzeugfest) rechnerisch berücksichtigt oder es wird (rotationsinvariant) nur der Betrag des 3D-Vektors bestimmt, d) Trägheitsbeschleunigungen werden teils (hochfrequent) durch Feder/Dämpfung, teils (niederfrequent) numerisch herausgefiltert und/oder aus Positionsänderungen im Inertialraum bestimmt. Bei Bezug auf die rotierende Erde ist die ↗Eötvösreduktion zu berücksichtigen. Die hierzu notwendigen Positions- und Geschwindigkeitsdaten werden durch verschiedene Präzisionsnavigationsverfahren ermittelt, zur Zeit insbesondere durch GPS (↗Global Positioning System).
Die instrumentelle Lösung für Gravimetrie auf bewegten Trägern kann z. B. konventionell von einem Land-Federgravimeter abgeleitet werden. Möglich ist auch die Verwendung von genauen Beschleunigungsmessern aus der Trägheitsnavigation.   [GBo]

Gravimetereichung, Bestimmung der Eichfunktion zur Umrechnung der Geräteablesungen von Federgravimetern in ↗Schwereeinheiten. Bekannte Werte (Sollwerte) über den gewünschten Bereich werden den tatsächlichen Ablesungen gegenübergestellt und die Umrechnungsfunktion diesen Wertepaaren angepaßt. Die Sollwerte sind z. B. durch Veränderung der Probemasse, durch kinematische Beschleunigung, meist aber durch bekannte Schwerewerte auf Referenzpunkten verfügbar. Um einen sinnvollen Meßbereich zu überdecken, wird entweder die Variation der ↗Schwere mit der Höhe (in Hochhäusern, entlang Bergstraßen) oder mit der geographischen Breite als Nord-Süd-*Eichlinie* ausgenutzt. Bei Anlage eines ↗Schwerereferenznetzes wird die Gravimetereichung zweckmäßig in die Netzbearbeitung integriert.

Gravimetergang, *Drift*, zeitliche Änderung der Ablesung eines ↗Relativgravimeters, meist ein Federgravimeter, ohne Änderung der Schwere, verursacht durch kriechende Längenänderung der Feder, hauptsächlich abhängig vom Material und von der dynamischen Belastung (Stöße) etc; wurde früher bei geringeren Genauigkeitsanforderungen nicht immer von der Gezeitenwirkung unterschieden und gemeinsam mit dieser reduziert. Die Bestimmung des Ganges erfolgte durch je nach Anforderung und Gravimetertyp unterschiedlich häufige Messung auf einem Punkt bekannter Schwere. Die Reduktion des Ganges sollte vorab oder besser in einem umfassenden Ausgleichungsmodell durch (über Stunden) lineare Regression erfolgen.

Gravimetrie, Wissenschaft von den Verfahren und Geräten zur Ausmessung des ↗Schwerefeldes, hauptsächlich der Erde. Sie beinhaltet die Weiterverarbeitung (Berechnung von ↗Schwereanomalien, Interpolationsverfahren, Darstellungsmethoden), z. T. der Analyse und Interpretation der Meßwerte. Die Gravimetrie dient als Hilfswissenschaft z. B. der physikalischen ↗Geodäsie, der ↗Geophysik einschließlich der ↗Exploration, der ↗Metrologie und der ↗Geologie.

gravimetrische Abplattung, *Schwereabplattung*, ↗Niveauellipsoid.

gravimetrische Geoidbestimmung ↗Stokes-Problem.

gravimetrische Lotabweichung, mittels der ↗Vening-Meinesz-Integralformel berechnete Komponenten der ↗Lotabweichung.

gravimetrisches Randwertproblem, ↗geodätisches Randwertproblem.

Gravitation, universelle Wechselwirkungserscheinung der gegenseitigen Anziehung zwischen zwei beliebigen Massenpunkten. Das *Newtonsche Gravitationsgesetz* besagt, daß die auftretenden Gravitationskräfte (Anziehungs- oder Attraktionskräfte) dem Produkt der Massen m_1 und m_2 direkt und dem Quadrat des Abstandes r der Massenpunkte indirekt proportional sind:

$$\vec{F} = -G \cdot \frac{m_1 \cdot m_2}{r^2} \frac{\vec{x}}{r}.$$

Dabei bezeichnet G die ↗Gravitationskonstante. Betrachtet man das Gravitationsfeld eines Massenpunktes der (aktiven) schweren Masse $m_1 = M$, erhält man aus dem Gravitationsgesetz die *Gravitationsfeldstärke* in vektorieller Form:

$$\vec{F}_M = -\frac{G \cdot M}{r^3}\vec{x},$$

wobei $\vec{x}$ den Punkt bezeichnet, in dem die Gravitationsfeldstärke betrachtet wird, und $r = |\vec{r}|$ der Betrag des Positionsvektors ist. Die Anziehungswirkung auf einen beliebigen Massenpunkt m wird durch $\vec{F} = m \cdot \vec{F}_M$ beschrieben; m wird in diesem Zusammenhang als (passive) *schwere Masse* bezeichnet, die ein Maß für die erfahrene Anziehungswirkung ist. Die Bewegung eines beliebigen Massenpunktes m im Gravitationsfeld des Massenpunktes M wird in einem Inertialsystem durch das 2. Newtonsche Gesetz bestimmt. Ein beliebiger Massenpunkt m erhält dabei eine Beschleunigung (die Beschleunigung des freien Falls), die der Gravitationsfeldstärke gleich ist: $\vec{a} = m \cdot \vec{F}_M$. Nach dem 1. Newtonschen Gesetz besitzen alle Körper die dynamische Eigenschaft der Trägheit, wofür die träge Masse m ein Maß ist. Schwere Masse und träge Masse erweisen sich als gleich (↗Äquivalenzprinzip). [MSc]

Gravitationsbewässerung, ↗Bewässerungsverfahren, bei dem das Wasser den Pflanzen in freiem Gefälle zugeführt wird (↗Staubewässerung, ↗Rieselbewässerung). Im Gegensatz dazu erfolgt bei der ↗Beregnung oder bei der ↗Tropfbewässerung die Zuleitung unter Druck.

Gravitationsdifferentiation ↗*gravitative Kristallisationsdifferentiation*.

Gravitationsfeldbestimmung mittels Satellitenmethoden, Bestimmung der ↗Kugelfunktionsentwicklung von Satelliten aus (↗Laserentfernungsmessung, ↗Global Positioning System) oder zwischen Satelliten (↗SST). Satelliten werden als Probemasse im Gravitationsfeld der Erde betrachtet und helfen, die in der ↗Bewegungsgleichung wirkenden Kräfte zu parametrisieren, z. B. durch eine Kugelfunktionsentwicklung des ↗Gravitationspotentials. Nach Messungen (z. B. Entfernungen oder Entfernungsänderungen) können im Zuge einer differentiellen Bahnverbesserung die Parameter der Kugelfunktionsentwicklung bestimmt werden. Eine zweite Möglichkeit besteht darin, im Satelliten spezielle Meßgeräte mitzuführen, die Funktionale des Gravitationsfeldes entlang der Satellitenbahn messen. Das können ↗Gradiometer sein, die die Komponenten des ↗Gravitationstensors messen. Weiterhin kann mittels ↗Altimeter die Meereshöhe bestimmt werden, die eine Näherung des ↗Geoids als ↗Äquipotentialfläche des ↗Schwerepotentials der Erde darstellt. [RD]

Gravitationsfeldstärke ↗Gravitation.

Gravitationsgradient ↗Gravitationstensor.

Gravitationskonstante, Proportionalitätsfaktor, der bei der Formulierung des Newtonschen Gravitationsgesetzes auftritt (↗Gravitation). Die Gravitationskonstante G ist betragsmäßig gleich der Anziehungskraft zweier Massenpunkte mit der Masseneinheit (1 kg), die voneinander den Abstand einer Längeneinheit (1 m) haben. Der Wert der Gravitationskonstante beträgt $G = 6,6720 \pm 0,0041 \cdot 10^{-11}$ m^3/(s^{2}kg). Die *geozentrische Gravitationskonstante* GM ist das Produkt aus der Gravitationskonstanten G und der Gesamtmasse M der Erde. Ihr Wert wird durch internationale Vereinbarung als definierende Konstante eines ↗geodätischen Referenzsystems festgelegt und beträgt für das ↗GRS80 $GM = 3.986.005 \cdot 10^8$ m^3/s^2.

Gravitationspotential, *Newtonsches Raumpotential*, Bezeichnung für das *Potential V*, der aus dem Newtonschen Gravitationsgesetz (↗Gravitation) folgenden konservativen Gravitationsfeldstärke eines anziehenden Massenpunktes. Für ausgedehnte (nicht notwendigerweise sphärisch-homogene) Körper (und damit für die Erde) läßt sich die Quellendarstellung des Gravitationspotentials in einem dreidimensionalen, kartesischen Koordinatensystem angeben:

$$V(\vec{x}) = G \iiint_\tau \frac{\varrho(\vec{x}')}{l(\vec{x},\vec{x}')} d\tau.$$

Dabei ist τ das geschlossene, beschränkte Raumgebiet (Volumen des betrachteten Körpers), $P(\vec{x})$ der Aufpunkt (der bei der Berechnung feste Punkt), $Q(\vec{x}')$ der Quellpunkt (der unter der Integration laufende Punkt), $\varrho(\vec{x}')$ die auf τ beschränkte Dichteverteilung, $l(\vec{x}, \vec{x}') = |\vec{x}-\vec{x}'|$ der Abstand zwischen Auf- und Quellpunkt und $\varrho(\vec{x}')d\tau = dm$ das differentielle Massenelement (die Massenbelegung). Die Funktion $1/l(\vec{x}, \vec{x}')$ wird als Newtonscher Kern bezeichnet und spielt eine herausragende Rolle in der ↗ Potentialtheorie.

Das Gravitationspotential ist im Außenraum einschließlich seiner ersten und zweiten partiellen Ableitungen endlich und stetig. V ist regulär im Unendlichen:

$$\lim_{\tau \to \infty} V = 0, \quad \lim_{\tau \to \infty} (rV) = G \cdot M,$$

wobei M die Gesamtmasse auf τ (z. B. die Erde) ist. Physikalisch ist damit das Gravitationspotential äquivalent der potentiellen Energie, deren Nullreferenzniveau ins Unendliche verlegt ist. Da die Dichteverteilung im Außenraum von τ verschwindet, bildet der Gravitationsvektor *gradV* ein quellenfreies Vektorfeld, es gilt damit im Außenraum die ↗ Laplace-Gleichung $\Delta V = 0$. Im Innenraum erfüllt V die ↗ Poisson-Gleichung $\Delta V = -4\pi G\varrho$. Das Gravitationspotential kann im Außenraum durch Lösen eines ↗ geodätischen Randwertproblems bestimmt werden, im Innenraum nur bei bekannter Dichteverteilung $\varrho(\vec{x}')$. Eine bevorzugte Methode zur Bestimmung des Gravitationspotentials im Außenraum ist die Kugelfunktionsentwicklung des Gravitationspotentials.

Die Quellendarstellung der ↗ Potentialkoeffizienten des Gravitationspotentials ist durch Volumenintegrale über die Erde möglich. Die differentialgeometrischen Eigenschaften des Gravitationspotentials können mit Hilfe des Eötvös-Tensors beschrieben werden. Dazu wird dieser in einem lokalen Tangentialsystem wie folgt geschrieben (Ursprung im Punkt P der ↗ Äquipotentialfläche $V(P)$ = const. des Gravitationspotentials V, lokale z-Achse als Normale der Äquipotentialfläche entgegengesetzt zur Richtung des Gravitationsvektors $\vec{g} = gradV$, lokale x-Achse (Nordrichtung) und lokale y-Achse (Westrichtung) spannen die Tangentialebene an die Äquipotentialfläche in P auf):

$$\left(\frac{\partial^2 V}{\partial x_i \partial x_j} \right) = -g \begin{pmatrix} \varkappa_1 & \tau_1 & \varphi_1 \\ \tau_1 & \varkappa_2 & \varphi_2 \\ \varphi_1 & \varphi_2 & -2H \end{pmatrix}.$$

Dabei sind $\varkappa_1$ bzw. $\varkappa_2$ die Krümmung der Äquipotentialfläche $V(P)$ = const. in Nord-Süd- bzw. West-Ost-Richtung, τ_1 die Torsion des Meridians sowie φ_1 bzw. φ_2 die Krümmung der durch P verlaufenden Lotlinie in Nord-Süd- bzw. West-Ost-Richtung. Die mittlere Krümmung wird durch H und die Gaußsche Krümmung durch $K = \varkappa_1 \varkappa_2$ beschrieben. [MSc]

Gravitationstensor, Tensor der zweiten Ableitungen des ↗ Gravitationspotentials V in alle drei Raumrichtungen; die Tensorkomponenten werden auch als *Gravitationsgradienten* bezeichnet. Der Tensor:

$$V_{ik} = \begin{pmatrix} V_{xx} & V_{xy} & V_{xz} \\ & V_{yy} & V_{yz} \\ symm. & & V_{zz} \end{pmatrix}$$

hat neun Komponenten, von denen fünf linear unabhängig sind, da V_{ik} symmetrisch und spurfrei ist. Der Gravitationstensor beschreibt die lokale Geometrie des Gravitationsfeldes; die einzelnen Komponenten können als Krümmungs- bzw. Torsionsgrößen interpretiert werden. Gravitationsgradienten bzw. Änderungen der Gravitationsbeschleunigung werden meist in ↗ Eötvös-Einheiten gemessen: 1E = 10^{-9} s^{-2}.

Gravitationswasser, *Schwerewasser*, Sammelbezeichnung für unterirdisches Wasser, das in seiner Bewegung nur der Schwerkraft folgt. Hierzu zählt neben dem ↗ Sickerwasser auch das ↗ Grundwasser.

gravitative Akkumulation, *Akkumulation*, in einem Magma der Prozeß der gravitativen Trennung von Kristallen und Schmelze, der zur Bildung von ↗ Kumulaten führt. Die meisten Minerale haben eine höhere Dichte als das Magma und sollten daher in einer ↗ Magmakammer auf den Boden absinken und sich dort in Lagen anreichern, wie dies typisch in ↗ Lagenintrusionen entwickelt ist. Plagioklas kann allerdings auch etwas weniger dicht sein als ein mafisches Magma, aus dem er kristallisiert, und sollte dann auf dem stationären Magma schwimmen. Die Hypothese eines frühen Magmenozeans auf dem Mond erklärt die Gesteine der Hochländer als derartige Kumulate von Plagioklas. Die Interpretation eines Absinkens oder Aufschwimmens der Kumuluskristalle in einem stationären Magma ist wohl zu vereinfacht, weil man in den Lagenintrusionen eine vergleichbare Kristallisation auch an den Wänden der Magmenkammern findet, zu deren Erklärung Konvektionsprozesse im Magma geeignet erscheinen. ↗ gravitative Kristallisationsdifferentiation. [HGS]

gravitative Differentiation ↗ Differentiation.

gravitative Fraktionierung ↗ Differentiation.

gravitative Kristallisationsdifferentiation, *Gravitationsdifferentiation*, der Prozeß der ↗ magmatischen Differentiation, der auf der ↗ fraktionierten Kristallisation beruht. Da die Kristalle i. d. R. schwerer sind als die koexistierende Schmelze, können sie in dieser absinken (Bildung von ↗ liquidmagmatischen Lagerstätten) und dadurch eine Änderung in der chemischen Zusammensetzung der Restschmelze verursachen. In großen ↗ Magmakammern kommt es durch ↗ gravitative Akkumulation zu einer schichtigen Anreicherung einzelner oder weniger Minerale, den ↗ Kumulaten.

gravitative Massenbewegungen, *gravitative Massenversetzungen*, in der ↗ Geomorphologie Prozeß der Materialverlagerung durch den Einfluß der Schwerkraft, ohne daß ein Transport durch Agenzien (Wasser, Eis, Luft) stattgefunden hätte.

Dies wird durch die i. d. R. fehlende ↗Sortierung der verlagerten Massen belegt. Zu den gravitativen Massenbewegungen zählen ↗Sturzdenudation (↗Felssturz, ↗Bergsturz, ↗Steinschlag), Rutschungen und ↗Gleitungen (↗Blockrutschung, ↗Bergrutsch, ↗Erdrutsch) sowie Fließ- und ↗Kriechdenudation (↗Mure, ↗Erdfließen, ↗Solifluktion). Wasser ist durch Änderungen des Porenwasser- und Aggregatzustandes (Frostwechsel) maßgeblicher Auslöser vieler gravitativer Massenbewegungen. Daneben gibt es alle Übergangsformen zwischen gravitativer Massenbewegung und ↗Massentransport. ↗Hangbewegungen.

gravitative Tektonik, ein tektonischer Stil, bei welchem die Deformationen hauptsächlich durch hangabwärts gerichtetes Gleiten infolge der Schwerkraft hervorgerufen werden. Wahrscheinlich sind alle Prozesse gravitativer Tektonik Folge von Massenbewegungen im Erdinnern, die ja erst zur Entstehung eines topographischen Reliefs führen. Weiterhin ist davon auszugehen, daß die meisten tektonischen Massenbewegungen durch die Gravitation modifiziert werden.

gravitomagnetisches Feld, Komponente des Gravitationsfeldes der ↗Einsteinschen Gravitationstheorie, welche von Massenströmen herrührt (↗Post-Newtonsche Approximation). Aufgrund des gravitomagnetischen Feldes bewirkt eine rotierende Masse wie die Erde, daß ein drehmomentenfreier Kreisel (inertiale Achse) gegen die Fixsterne präzediert (Mitführung von Inertialsystemen, Lense-Thirring Effekt).

grazing, Fraß von Phytoplanktern und Bakterien durch Zooplankter.

Green, *George*, englischer Mathematiker und Physiker, getauft 14.7.1793 Sneinton (heute zu Nottingham), † 31.5.1841 Sneinton; war Autodidakt; machte sich verdient um die mathematische Theorie der Elektrizität und des Magnetismus; führte die nach ihm benannte ↗Greensche Integralformel (Einflußfunktion) in die Theorie der elektrischen und magnetischen Felder (↗Potentialtheorie) ein; die Greenschen Integralsätze oder Green-Formeln stellen Beziehungen zwischen bestimmten Oberflächen- und Volumenintegralen dar und spielen unter anderem in der theoretischen Physik bei ↗Randwertproblemen eine Rolle. Werk (Auswahl): »An Essay on the Application of Mathematical Analysis to the Theories of Electricity and Magnetism« (1828).

Greeness Index, aus spektralen Bilddaten der Fernerkundung gewonnenes Maß für die photosynthetische Aktivität von Vegetation (↗Vegetationsindex). Aus den Werten kann näherungsweise auf die in dem entsprechenden Bodenelement vorhandene Biomasse geschlossen werden. ↗Tasseled Cap Transformation.

Greensche Integralformeln, *Greenscher Integralsatz*, wichtige Formeln zur Bestimmung des ↗Gravitationspotentials und Grundlage zur Lösung des Geodätischen ↗Randwertproblems. Der 1. Greensche Satz beruht auf den Annahmen, daß τ ein geschlossenes, beschränktes Gebiet im dreidimensionalen Raum ist, σ der Rand von τ und $\vec{n}$ der stetige Einheitsvektor der nach außen gerichteten Normalen von σ. Seien u und w zweimal stetig differenzierbare Skalarfelder, $\vec{v}$ ein stetig differenzierbares Vektorfeld mit $\vec{v} = u \cdot \mathrm{grad}\, w = u \cdot \nabla w$, dann ergibt sich der 1. Greensche Satz aus dem ↗Gaußschen Integralsatz:

$$\iiint_\tau (u\Delta w + \nabla u \nabla w)\,d\tau = \iint_\sigma u\,\frac{\partial w}{\partial \vec{n}}\,d\sigma.$$

Eine weitere Form des Greenschen Integralsatzes (2. Greenscher Satz) erhält man, indem man im 1. Greenschen Satz u und w vertauscht und die so erhaltene Beziehung von der ersten subtrahiert:

$$\iiint_\tau (u\Delta w - w\Delta u)\,d\tau = \iint_\sigma \left(u\,\frac{\partial w}{\partial \vec{n}} - w\,\frac{\partial u}{\partial \vec{n}}\right)d\sigma.$$

Unter der Voraussetzung, daß $w = V$ das ↗Newtonsche Gravitationspotential einer Massenbelegung ϱ im Raumgebiet τ ist (wobei die ↗Poisson-Gleichung $\Delta V = -4\pi G \varrho$ in τ gilt, $u = 1/l$ der inverse Abstand zwischen ↗Aufpunkt P und ↗Quellpunkt Q ($l = |\vec{x}-\vec{x}'| = l(P,Q)$), wobei für u die Laplace-Gleichung $\Delta u = 0 (\vec{x} \neq \vec{x}')$ gilt), erhält man aus dem 2. Greenschen Satz eine Darstellung für das Newtonsche Gravitationspotential $V(\vec{x})$ im Aufpunkt P des Außenraumes von τ:

$$V(\vec{x}) = -\frac{1}{4\pi} \iint_\sigma \left(\frac{1}{l}\,\frac{\partial V}{\partial \vec{n}} - V\,\frac{\partial}{\partial \vec{n}}\left(\frac{1}{l}\right)\right)d\sigma.$$

Diese Greensche Darstellungsformel gibt das ↗Gravitationspotential in P als Summe der Potentiale zweier ↗Schichtbelegungen an (Einfachschicht- und Doppelschichtpotential). Die rechte Seite ist auf dem Rand σ auszuwerten, so daß die Greensche Darstellungsformel eine Grundlage für die Lösung der Geodätischen ↗Randwertproblems bereitstellt. [MSc]

greenstone belt ↗*Grünsteingürtel*.

Greenwich, Ort in England, durch den der nullte Längengrad verläuft. Greenwich wurde wegen der dortigen Sternwarte, des Royal Greenwich Observatory, als Synonym für den Nullmeridian auserkoren.

Greenwich mean time ↗*GMT*.

Gregorianischer Kalender, heutzutage weltweit anerkannter Kalender, 1582 durch Papst Gregor eingeführt. Frühlingsanfang ist stets der 21. März, das Jahr beginnt am 1. Januar, die Jahreslänge beträgt 365 Tage, außer in Schaltjahren, in denen sie 366 Tage umfaßt. Während im vorher gültigen ↗Julianischen Kalender (eingeführt von Julius Cäsar) jedes durch vier teilbare Jahr ein Schaltjahr war, werden im gregorianischen Kalender die durch 100 teilbaren Jahre als Gemeinjahre zu 365 Tagen gezählt, außer sie sind auch durch 400 teilbar. Das Jahr 2000 war demnach ein Schaltjahr, 1900 war keines.

Greiferbohrung, Trockenbohrverfahren mit intermittierender Bohrgutförderung, bei dem ein an einem Seil befestigter, geöffneter Greifer zur Bohrlochsohle abgelassen wird, Bohrgut aufnimmt, schließt und anschließend zutage befördert. Das Verfahren ist v. a. in rolligen Lockergesteinen einsetzbar und wegen der einfachen Tech-

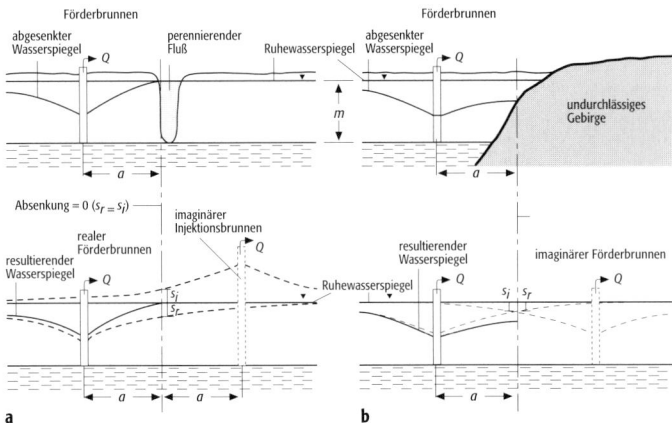

Grenzbedingungen: a) Absenktrichter bei positiver Grenzbedingung (oben) und hydraulisches Ersatzsystem (unten); b) Absenktrichter bei negativer Grenzbedingung (oben) und hydraulisches Ersatzsystem (unten) (m = wassererfüllte Mächtigkeit, Q = Entnahmerate, a = Abstand zwischen Förderbrunnen und Randbedingung, s_i = Aufhöhungskomponente des Imaginärbrunnens, s_r = Absenkungskomponente des Realbrunnens).

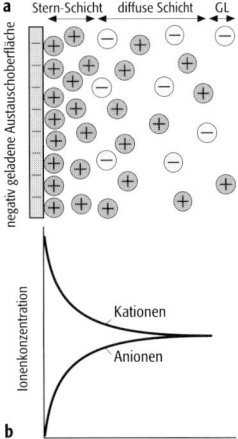

Grenzflächenleitfähigkeit: Ionenverteilung in einer Bodenlösung in unmittelbarer Umgebung einer Austauschoberfläche: a) im Modell von Stern-Gouy, b) im Versuch (GL = Gleichgewichtslösung).

nik bei geringtiefen Brunnenbohrungen in wasserarmen Entwicklungsländern. In den Industrieländern wird das Greiferbohren ebenfalls noch zur Herstellung großvolumiger Brunnen und im Spezialtiefbau für Tiefgründungen eingesetzt.

Greigit, ausschließlich in Sedimenten vorkommendes ferrimagnetisches Eisensulfid der Zusammensetzung Fe_3S_4. Es ist kubisch mit einer Gitterkonstante a_0 = 0,9875 nm. Die ↗Curie-Temperatur beträgt T_C = 270–300 °C, für die ↗Sättigungsmagnetisierung wurden Werte von M_S = 100–150 · 10^3 A/m gemessen.

Greisen, durch spätmagmatische ↗Fluide im ↗pneumatolytischen Stadium veränderter Granit (Greisenbildung, Vergreisung), bestehend hauptsächlich aus Quarz, Hellglimmer (Muscovit oder Lepidolith) und Topas, daneben Turmalin, Fluorit, Apatit, Zinnstein, Wolframit und Sulfide. An Greisen gebunden sind die früher wichtigen Zinnerzlagerstätten im Erzgebirge. ↗hydrothermale Alteration.

Grenzband ↗Band.

Grenzbedingungen, Randbedingungen, sind im hydrogeologischen Sinne hydraulische Begrenzungen (Grenzflächen) eines ↗Grundwasserleiters, z. B. Flüsse und Seen, Änderungen der Mächtigkeit eines Grundwasserleiters oder tektonische Störungen. Prinzipiell lassen sich positive oder ernährende Grenzbedingungen, wie z. B. Flüsse und Seen, die Wasser in einen Grundwasserleiter abgeben, von negativen oder nicht ernährenden Grenzbedingungen, z. B. ein weitgehend wasserundurchlässiges Festgesteinsmassiv als Grenze eines ↗Porengrundwasserleiters, unterscheiden (Abb.). Bei der Auswertung von Pumpversuchen in Grundwasserleitern mit Grenzbedingungen ist nun eine wichtige und grundlegende Annahme, nämlich die unendliche laterale Ausdehnung des Grundwasserleiters, nicht mehr erfüllt. Breitet sich der Absenktrichter einer Grundwasserförderung bis zu einer positiven Randbedingung, z. B. dem Ufer eines Flusses, aus, so kommt es zur ↗Infiltration von Flußwasser in den Grundwasserleiter, die eine weitere Absenkung des Wasserspiegels im Bereich der Grenzbedingung verhindert. Der Absenktrichter entwickelt sich nun so, als ob ein spiegelbildlich (mit dem Fluß als Spiegelfläche) zum Förderbrunnen gelegener Brunnen (imaginärer Injektionsbrunnen) Wasser in den Grundwasserleiter mit der gleichen Rate wie der Förderbrunnen einspeisen würde. Bei einer negativen Grenzbedingung tieft sich ein Absenktrichter beschleunigt ein, nachdem er an einer hydraulischen Barriere angelangt ist. Dieses reale System läßt sich durch ein hydraulisches System ersetzen, bei dem ein spiegelbildlich zum realen Förderbrunnen angeordneter Förderbrunnen (↗imaginärer Brunnen) mit derselben Förderrate Grundwasser aus dem Untergrund entnimmt. Stallman hat 1963 ein ↗Typkurvenverfahren entwickelt, das auf hydraulischen Ersatzsystemen mittels imaginärer Brunnen basiert und eine Auswertung von Pumpversuchen in Grundwasserleitern mit Grenzbedingungen ermöglicht. [WB]

Grenzertragsböden, Böden, die aufgrund ihrer geringen Ertragsfähigkeit unter aktuellen Marktbedingungen nicht gewinnbringend bewirtschaftet werden können oder die aufgrund ihrer Anfälligkeit für besondere Gefährdungen (z. B. ↗Erosion) für bestimmte Nutzungen nicht geeignet sind.

Grenzfläche, bezeichnet eine Fläche, an der sich die Werte der die Wellenausbreitung bestimmenden Parameter sprunghaft ändern. Bekannt ist die Brechung des Lichtes beim Übergang von Luft in Glas oder Wasser. An einer seismischen Grenzfläche (↗Diskontinuität) ändert sich die ↗akustische Impedanz (Produkt aus Wellengeschwindigkeit und Dichte), es entstehen reflektierte und gebrochene Wellen (↗Reflexionsgesetz und ↗Snelliussches Brechungsgesetz). Auch die Feldlinien des elektrischen und des magnetischen Feldes werden beim Übertritt in ein Medium mit anderen spezifischen Parametern gebrochen.

Grenzflächenleitfähigkeit, Oberflächenleitfähigkeit, Überschußleitfähigkeit, entsteht durch Wechselwirkung der Porenflüssigkeit mit der Gesteinsmatrix, wobei sich eine *elektrische Doppelschicht* (Abb.) bildet. Diese spielt insbesondere bei Tonen eine große Rolle und bewirkt hier auch den Effekt der ↗induzierten Polarisation. An der Grenzfläche zum Fluid bildet sich durch isomorphen Austausch von Gitteratomen eine negative Oberflächenladung aus, die eine Anlagerung von Kationen des Elektrolyten zur Folge hat (Stern-Schicht). In der sich daran anschließenden diffusen oder Gouy-Schicht bewirkt die Diffusion der Ionen eine allmähliche Erniedrigung der Kationen- und Erhöhung der Anionenkonzentration. Erst in einiger Entfernung von dieser elektrischen Doppelschicht stellt sich wieder ein Gleichgewicht zwischen Anionen und Kationen ein. Die Mächtigkeit d (in nm) der diffusen Schicht berechnet sich aus:

$$d = \sqrt{\frac{\varepsilon_r \varepsilon_0 kT}{2 \cdot 10^3 e_0^2 n^2 N_A}} \sqrt{\frac{1}{C}}$$

mit ε_r = Permittivität, ε_0 = Influenzkonstante (8,859 · 10^{-12} As/Vm), k = Boltzmannkonstante

($1{,}3807 \cdot 10^{-23}$ J/K), T = absolute Temperatur (in K), e_0 = Elementarladung ($1{,}602 \cdot 10^{-19}$ As), n = Wertigkeit der Ionen, N_A = Avogadrozahl ($6{,}0252 \cdot 10^{23}$) und C = Konzentration des Elektrolyten (in mol/l). Die Grenzflächenleitfähigkeit σ_0 selbst, um welche die ↗Archie-Gleichung für tonhaltige Gesteine zu ergänzen ist, entsteht durch die Ionenkonzentration in der Doppelschicht, ihr Leitwert liegt relativ konstant in der Größenordnung von 10^{-9} S. [HBr]

Grenzflächenwellen, ↗Wellen, die von Grenzflächen zwischen zwei Medien geführt werden, z. B. interne ↗Schwerewellen im Ozean oder seismische Scholte-Wellen im Erdmantel.

Grenzflurabstand, lotrechter Abstand zwischen Geländeoberfläche und Grundwasseroberfläche (↗Grundwasserflurabstand), bei dem gerade keine ↗Evapotranspiration mehr aus dem Grundwasser stattfinden kann. Der Grenzflurabstand ergibt sich aus der Addition der ↗kapillaren Steighöhe und der Wurzeltiefe der Pflanzen in einem betrachteten Bereich. Über den Grenzflurabstand kann näherungsweise bestimmt werden, bis zu welcher Tiefe unter der Geländeoberfläche mit der Evapotranspiration von Grundwasser zu rechnen ist.

Grenzform ↗Form.

Grenzgefälle, *kritisches Gefälle*, nach Sichardt das Maximalgefälle I_{max} am Rand eines Brunnens in einem Grundwasserleiter mit freier Grundwasseroberfläche bei starker Absenkung des Wasserspiegels. Empirisch abgeleitet definiert er (nicht dimensionsgerecht):

$$I_{\max} = \frac{1}{15\sqrt{k_f}}.$$

Das Grenzgefälle wird zur Berechnung des ↗Fassungsvermögens eines Brunnens benutzt.

Grenzgürtelmethode, Arbeitsweise der älteren geographischen Länderkunde zur Klassifikation und Ausscheidung »komplexer« Landschaftseinheiten. Der Name ist von der Erkenntnis abgeleitet, daß sich Merkmalsunterschiede (z. B. Bodenformen, Pflanzengesellschaften, Reliefeinheiten) zwischen Landschaftsräumen nicht als Linien, sondern stets als Übergangssäume ausprägen (Abb.). Allerdings sind die Areale der einzelnen Merkmale trotz gewisser korrelativer Zusammenhänge (z. B. ↗Catena) nur in Ausnahmefällen deckungsgleich, so daß sich ihre Grenzlinien genaugenommen nicht in einem Gürtel bündeln lassen. Die Grenzgürtelmethode ist damit zwar didaktisch anschaulich, jedoch nur in Ausnahmefällen wirklichkeitsgetreu und daher in der modernen ↗Landschaftsökologie kaum mehr anwendbar.

Grenzlast ↗Tragfähigkeit.

Grenzsaum, Übergangsbereich zwischen geographischen Merkmalsbereichen. ↗Grenzgürtelmethode.

Grenzschicht, Übergangsbereich an der Grenzfläche zwischen zwei Medien. Hier sind die im Inneren gültigen Gesetze außer Kraft gesetzt. Für Ozeane gibt es zwei relevante Grenzflächen, die Meeresoberfläche als Grenzschicht zwischen Meer und Atmosphäre und der Meeresboden zwischen Meer und festem Erdkörper. Dementsprechend gibt es eine Oberfächen- und Bodengrenzschicht. Ihre Tiefe entspricht der jeweiligen ↗Ekmantiefe (↗Elementarstrom). Bezüglich der Dynamik sind die ↗Reibungskräfte in der Grenzschicht dominierend.

Grenzschichtdicke, vertikale Mächtigkeit der ↗atmosphärischen Grenzschicht. Sie schwankt je nach thermischer Schichtung zwischen etwa 500 und 2000 m.

Grenzschichtreibung, ergibt sich aus der Differenz der Schubspannungen τ, die an gegenüberliegenden Seiten eines Volumenelementes angreifen. An den Grenzflächen selbst, also an der Meeresoberfläche und am Meeresboden, werden verbreitet quadratische Reibungsansätze verwendet, bei denen die tangentiale Schubspannung an der Grenzfläche aus dem Wind bzw. der Strömung am Meeresboden abgeleitet wird:

$$\tau_{Oberfläche} = c_D \cdot \vec{W} \cdot |\vec{W}|$$

und

$$\tau_{Boden} = r \cdot \vec{u}_{Boden} \cdot |\vec{u}_{Boden}|,$$

hierbei sind $\tau_{Oberfläche}$, τ_{Boden} die Schubspannung an der Meeresoberfläche bzw. am Boden, $\vec{W}$ ist die Windgeschwindigkeit auf Meeresniveau, u_{Boden} die Strömungsgeschwindigkeit am Boden, c_D der Windreibungsfaktor, auch Dragkoeffizient genannt, γ der Bodenreibungskoeffizient. Für die Dynamik der ↗Grenzschicht spielen somit ↗Reibungskräfte die dominierende Rolle.

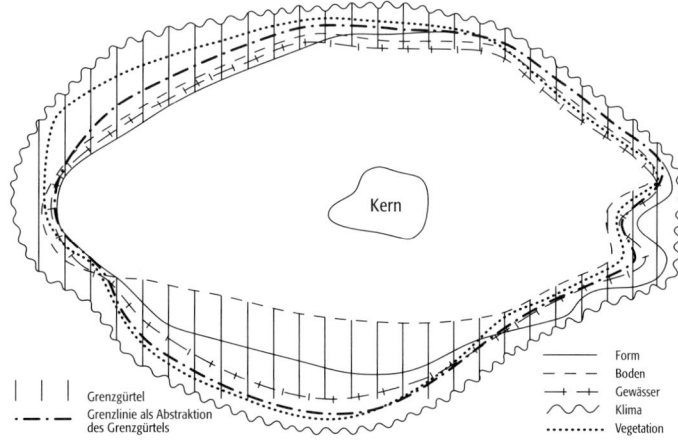

Grenzgürtelmethode: Merkmalsgrenzlinien einer Landschaftseinheit bündeln sich in einem gürtelartigen Saum.

Grenzschichtstrahlstrom, Starkwindphänomen in den untersten 200–400 m der ↗atmosphärischen Grenzschicht, das besonders bei stark stabiler Schichtung in der Nacht beobachtet werden kann. Die dabei auftretenden hohen Windgeschwindigkeiten bei großer Windscherung sind auf einen engen vertikalen Bereich von 100–200 m beschränkt und können für Luftfahrzeuge sehr gefährlich werden. Als Folge einer Trägheitsschwingung, verursacht durch die Rotation der

Erde (↗Corioliskraft), kann der Grenzschichtstrahlstrom die doppelte Geschwindigkeit des ↗geostrophischen Windes erreichen.

Grenzsignatur ↗Linearsignatur.

Grenzstratotypus-Punkt ↗GSSP.

Grenzstromlinie, *Trennstromlinie, neutraler Wasserweg*, Bezeichnung für die hydraulische Begrenzung eines ↗unterirdischen Einzugsgebietes. Der tiefste Punkt der Grenzstromlinie wird als ↗unterer Kulminationspunkt einer ↗Grundwasserentnahme bezeichnet (↗Entnahmebreite. Abb.).

Grenztiefe, Wassertiefe bei ↗Durchflüssen mit minimaler Energiehöhe. Die Gesamtenergiehöhe H (↗Bernoullische Energiegleichung) setzt sich zusammen aus der Summe der kinetischen Energiehöhe (Geschwindigkeitshöhe) $h_k = v^2/(2 \cdot g)$, der Druckhöhe $h_D = p/(\varrho \cdot g)$ und der geodätischen Höhe z, wobei v = ↗Fließgeschwindigkeit, g = Erdbeschleunigung, p = Druck und ϱ = Dichte. H läßt sich für einen Rechteckquerschnitt mit der Breite b, dem gleichbleibenden Durchfluß Q und mit $h_D = h$ in die Beziehung:

$$H = h + \frac{Q^2}{2 \cdot g \cdot b^2 \cdot h^2}$$

umwandeln. Es ergibt sich eine parabolische Kurve (Abb.) mit einem Minimum bei der Grenztiefe h_{gr}, bei der ein Übergang vom Schießen zum Strömen stattfindet (↗Gerinneströmung). Beim Strömen ist $h > h_{gr}$, d.h. große Wassertiefe und geringe Fließgeschwindigkeit; beim Schießen ist $h < h_{gr}$, d.h. geringe Wassertiefe und große Fließgeschwindigkeit. [HJL]

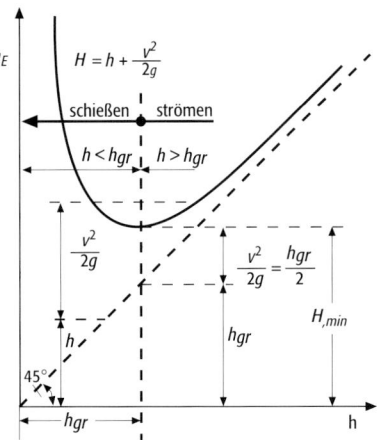

Grenztiefe: Abhängigkeit der Gesamtenergiehöhe H von der Wassertiefe h am Beispiel eines Rechteck-Gerinnes.

Grenzwert, Wert, der in der Toxikologie die Konzentrationen von Schadstoffen in der Umwelt limitieren und damit Mensch und Umwelt vor schädlichen Einwirkungen von Chemikalien oder Strahlen schützen soll. Die Festlegung von Grenzwerten basiert grundsätzlich auf den Erkenntnissen von P. ↗Paracelsus: Alle Dinge sind Gift, allein die Dosis macht, daß ein Ding kein Gift ist. Dies bedeutet, daß die Intensität biologischer Wirkungen von der Dosis bzw. Höhe und Dauer der Exposition bestimmt wird. Der Verlauf der Dosis-Wirkungsbeziehung impliziert, daß bei Stoffen mit reversibler Wirkung unterhalb einer bestimmten Dosis, dem no observable effect level (NOEL), kein Effekt zu erwarten ist. Für die besonders problematischen kanzerogenen oder mutagenen Stoffe, die zu Veränderungen des genetischen Materials (DNS) führen, lassen sich keine Wirkungsschwellen definieren. Bei solchen Stoffen ist davon auszugehen, daß auch kleinste Dosen zu Schädigungen führen können, die nicht vollständig reversibel sind. Dementsprechend summieren sich solche Schäden bei wiederholtem Kontakt und können letztlich in Abhängigkeit von Gesamtdosis und Zeit zur Entstehung von Tumoren bzw. genetischen Schäden führen. Grenzwerte von kanzerogenen bzw. mutagenen Chemikalien können daher das Risiko, durch die bestimmte Substanz an Krebs zu erkranken bzw. genetische Schäden zu erleiden, nur vermindern, jedoch nicht ausschließen. Wichtige Voraussetzung für die Festlegung und Bedeutung von Grenzwerten sind daher Informationen über den Wirkungsmechanismus einer Substanz. Grundsätzlich ist zwischen drei Arten von Grenzwerten zu unterscheiden: Die toxikologisch begründeten Grenzwerte, die Richtwerte und die vorsorglichen Minimalwerte. Toxikologisch begründete Grenzwerte sind das Ergebnis einer eingehenden toxikologischen Bewertung eines Stoffes. Dazu werden sämtliche Informationen über die Wirkungseigenschaften, die Dosis-Wirkungsbeziehung (v.a. bei Langzeitbelastung) und zum Wirkungsmechanismus einer Substanz zusammengestellt und die Dosis ohne erkennbare Wirkung (NOEL) ermittelt. Der NOEL wird stets an der empfindlichsten Versuchstierspezies ermittelt. Diese Dosis wird um einen Sicherheitsfaktor, häufig Faktor 100, gemindert, um unterschiedliche Empfindlichkeiten zwischen Tier und Mensch zu berücksichtigen sowie interindividuelle Empfindlichkeiten innerhalb der Bevölkerung (alte Menschen, Säuglinge). Toxikologisch begründete Grenzwerte sind z.B. die Höchstmengen für Pflanzenschutzmittel in Nahrungsmitteln und für Nahrungsmittelzusatzstoffe, die ausschließlich für Substanzen ohne kanzerogene Wirkung unter Berücksichtigung einer Dauerexposition der Bevölkerung gelten. Auch die maximalen Immissionskonzentrationen (↗MIK-Werte), die maximalen Arbeitsplatzkonzentrationen (↗MAK-Werte) oder die maximalen Raumluftkonzentrationen gehören zu dieser Gruppe von Grenzwerten (↗Immissionen).

Richtwerte gelten für Schwermetalle in und auf Lebensmitteln oder im Boden. Sie stellen die durchschnittliche Belastung der Nahrungsmittel oder des Bodens bzw. deren Perzentile dar. Sie sind also toxikologisch nicht begründet.

Vorsorgliche Minimalwerte gelten für unerwünschte Stoffe, z.B. im Trinkwasser. Sie werden so niedrig wie möglich angesetzt. So wird für ↗Atrazin im Trinkwasser die Nachweisgrenze als

Grenzwert festgelegt. Das bedeutet ein Minimieren auf niedrige Konzentrationen, die weit unterhalb von Wirkungsschwellen liegen. Überschreitungen sind nicht zu tolerieren, aber toxikologisch irrelevant. Selbst bei zehn- oder mehrfacher Überschreitung sind keine gesundheitlichen Konsequenzen zu befürchten. [ME]

Grenzwinkel, *kritischer Winkel*, bezeichnet bei der Brechung seismischer Strahlen den Einfallswinkel i, für den der durchgehende Strahl unter dem Winkel von 90° gebrochen wird. Aus dem ↗Snelliusschen Brechungsgesetz folgt: $\sin\alpha_1/\sin\alpha_2 = v_1/v_2$ mit $\alpha_2 = 90°$. Daraus ergibt sich: $\sin i = v_1/v_2$ (mit v_1 und v_2 = Geschwindigkeiten in den beiden Medien). Der kritische Winkel i ist für die Ausbildung der refraktierten Wellen (↗Wellenausbreitung, ↗Refraktionsseismik) von grundlegender Wichtigkeit.

Gressly, *Amanz*, schweizerischer Geologe und Paläontologe, * 17.7.1814 Schmelzi bei Bärschwil, † 12.4.1865 Waldau. Bereits während seines Medizinstudiums in Straßburg (ab 1834) beschäftigte sich Gressly mit Geowissenschaften, besonders mit den Solothurner Juragesteinen. In Vorträgen vor der Naturforschenden Gesellschaft Straßburg 1834 prägte er den Begriff der ↗Fazies. Im Jahr 1837 wurde Gressly Mitarbeiter von ↗Agassiz in dessen Fossiliensammlung. In seinen »Observations géologiques sur le Jura Soleurvis« (1838–41) deutete er die Entstehung der Jurafalten durch sich erhebende oder explodierte Krater. Agassiz ging 1846 mitsamt seiner Sammlung nach Amerika, wodurch Gressly seiner Hauptaufgabe enthoben wurde. Er erstellte danach geologische Gutachten, nahm an verschiedenen Expeditionen teil und unternahm weitere Studien über oberjurasische Gesteine. Durch seine aktualistische Methode wurde er zu einem der Begründer der modernen ↗Stratigraphie. [EHa]

grey value ↗Grauwert.

Greyzems, *grauer Wüstenboden* (veraltet), *Grauerdeboden* (veraltet), Bodeneinheit der ↗WRB, verbraunte oder lessivierte Schwarzerden in Löß am Übergang der Laubwälder zur Langgrassteppe.

Gr-Horizont, ↗Bodenhorizont entsprechend der ↗Bodenkundlichen Kartieranleitung; ↗G-Horizont mit reduzierenden Verhältnissen, fast keine Rostflecken erkennbar, naß an über 300 Tagen im Jahr.

Griesel ↗Schneegriesel.

Griffelschiefer, ↗Schiefer, der durch den Verschnitt zweier Schieferungsscharen entsteht.

Grimm-Sommerfeldsche Regel, besagt, daß die interatomaren Abstände isoelektronischer Verbindungen gleich sind.

Griotte ↗Cephalopodenkalk.

Griquait, grobkörniger ↗Granat-Pyroxenit mit nur 40 % Klinopyroxen (Diopsid) und 50 % pyroxreichem Granat (Rest: Olivin, Phlogopit); tritt vorwiegend als Einschluß in Kimberlit- und Nephelinit-Brekzien auf. Er wird von der Entstehung her heute teilweise als Hochtemperatur-Eklogit gedeutet.

Griserde, durch Entkalkung, pH-Erniedrigung, Verwitterung primärer Silicate sowie Tonverlagerung degradierte ↗Schwarzerde. Die Degradierung erfolgt über die Stufen Braunerde-Tschernosem, Parabraunerde-Tschernosem und Tschernosem-Braunerde. Letztere weist einen fahlgrauen, teilweise lessivierten ↗Ah-Horizont auf und wird auch als Griserde bezeichnet. Vorkommen finden sich in Randgebieten der Schwarzerdezone.

GRM ↗generalized reciprocal method.

Grobboden ↗Bodenskelett.

Grobgefüge ↗Makrogefüge.

Grobhumushorizont ↗Of-Horizont.

Grobkies ↗Kies.

grobkörnig ↗Korngröße.

Grobmoder, ↗Moder. In der Auflage des Grobmoders sind im Gegensatz zum ↗Feinmoder noch relativ viele Streurückstände vertreten. Der Oh-Horizont ist 0,5–2 cm mächtig und von bröckeliger Struktur.

Grobporen, *Makroporen*, Hohlräume mit einem Äquivalentporendurchmesser >50 µm. Sie werden unterteilt in a) weite (schnell dränende) Grobporen (GP I): >50 µm und b) enge (langsam dränende) Grobporen (GP II): 50–10 µm. Das dränende Wasser wird als ↗Sickerwasser bezeichnet; in den Poren >50 µm als Senkwasser (spezielle Form des Sickerwassers). Grobporen halten das Wasser mit Kräften < 60 hPa (GP I) bzw. 60–300 hPa (GP II). Sie dienen vor allem der Wasserbewegung und der Durchlüftung. Aufgrund schneller Entwässerung der Poren ist das Wasser in ihnen nur bedingt pflanzenverfügbar (teilweise in GP II). Je höher der Anteil an Grobporen ist und je größer die Porendruchmesser sind, desto größer ist auch die gesättigte ↗hydraulische Leitfähigkeit.

Grobsand ↗Sand.

Grobsilt ↗Silt.

Gro-Horizont, ↗Bodenhorizont entsprechend der ↗Bodenkundlichen Kartieranleitung, ↗Go-Horizont, teilweise reduziert, mit 5–10 % Rostflecken auf der Fläche.

Groningen-Effekt, Störeffekt bei Latero-Log-Messungen (↗elektrische Bohrlochmessung), ähnlich dem ↗Delaware-Effekt. Es ist eine Erhöhung des Widerstands unterhalb schlecht leitender Schichten zu beobachten ab einem Abstand von ca. 30 m im Liegenden durch Aufbau eines negativen Potentials an der Null-Referenz-Elektrode des Latero-Logs.

Grönländischer Schild ↗Proterozoikum.

Grönlandsee, Teil des ↗Arktischen Mittelmeers und des ↗Europäischen Nordmeers nördlich des Jan-Mayen-Rückens zwischen der grönländischen Ostküste und Spitzbergen. Teilweise wird im engl. Sprachgebrauch auch das an Grönland angrenzende Seegebiet südlich Islands, die Irmingersee, damit bezeichnet.

Großbohrkern, Bohrkern (↗Kernbohrung) mit einem Durchmesser bis 60 cm, an dem auch bei eng geklüftetem Fels geringer Festigkeit die ↗Gebirgsfestigkeit bestimmt werden kann. Dazu werden im Labor ein- und mehrachsige Druckversuche durchgeführt (↗dreiaxialer Druckversuch). Der Großbohrkern wird zuerst mittels einer

Großbohrkrone freigelegt. Prismatische Prüfkörper werden durch Sägen oder »Loch-an-Loch«-Bohren gewonnen. Zur Entnahme wird eine Blechhülle über den Großbohrkern gestülpt. Der Zwischenraum zwischen Blechhülle und Bohrkern wird mit Spezialgips verfüllt. Nach dem Aushärten des Gipses kann die Probe abgelöst, entnommen und transportiert werden. Im Labor wird der Großbohrkern in ein Prüfgerät mit ausreichend großen Abmessungen und Pressenkapazität eingebaut. Blech und Gipshülle werden vor dem Einbau der Probe entfernt.

Großbohrpfahl ↗Pfähle.

Große Australische Bucht, Meeresbucht des Indischen Ozeans an der Südküste Australiens.

große Kerne, Aerosolpartikel im Größenbereich zwischen ↗Aitkenkernen und ↗Riesenkernen. ↗Kondensationskerne.

Größenellipsoid ↗Tensorfläche.

großer Ring, ein heller Ring mit 46° Radius um die Sonne, ein spezieller ↗Halo aus der Fülle der Halo-Erscheinungen.

Großflächenbewirtschaftung, Form der landwirtschaftlichen Flächennutzung, bei der ausgedehnte Agrarflächen einheitlich und rationeller durch Großbetriebe bewirtschaftet werden. Großflächenbewirtschaftung ist in den von Europäern besiedelten Überseegebieten (z. B. Hacienda, Fazenda) und in den früheren sozialistischen Ländern (z. B. Landwirtschaftliche Produktionsgemeinschaften) am stärksten verbreitet. Aber auch bei uns nimmt die Großflächenbewirtschaftung durch Güterzusammenlegung und Maßnahmen der ↗Flurbereinigung zu. Durch diese Zusammenlegung von kleinstrukturierten Agrarwirtschaftsgebieten kommt es zu nachteiligen Nebenwirkungen wie der ↗Ausräumung der Kulturlandschaft, der ↗Kultursteppe oder der erhöhten ↗Bodenerosionsgefährdung durch ausgedehnte Ackerschläge.

Großforaminiferen, künstlich zusammengefaßte Gruppe von ↗Foraminiferen, die aufgrund ihrer Größe (bis zu 15 cm Durchmesser) statt durch Schlämmen durch Dünnschliffe untersucht werden. Die Symbiose vieler Großforaminiferen mit Algen beschränkt ihr Vorkommen auf Flachschelfbereiche. Als stratigraphische Leitfossilien sind einige Großforaminiferen wichtig, verschiedenen Gruppen kommt eine besondere Bedeutung als Gesteinsbildner zu (Fusulinenkalke im Karbon/Perm, Orbitolinen-Kalke in der Unterkreide, Alveolinen- und Nummulitenkalke im Alttertiär). Zu Großforaminiferen zählen: a) einige Textulariida (Sandschaler) wie die Familie Orbitolinidae (Unterkreide bis Obereozän) der Überfamilie Lituolacea, b) Fusulinida (Kalkschaler), c) einige Miliolida (Porzellanschaler) wie die Familie Alveolinidae, d) einige Rotaliida (Hyalinschaler) wie die Familie Nummulitidae.

Großklima, ↗Klima, das für ein relativ großes Gebiet der Erde gilt, meist gleichbedeutend mit ↗Makroklima, mit einem horizontalen Ausdehnungsbereich von mindestens 2000 km.

Großkreis, Darstellung von geologischen Flächen oder Schnitten in der ↗Lagenkugel. ↗Lagenkugelprojektion, ↗Gefügediagramm, ↗Orthodrome.

großmaßstäbige Karte, eine Karte mit weitgehend grundrißtreuer Darstellung der Kartenobjekte (↗Maßstabsbereiche). Beispiele dafür sind ↗Liegenschaftskarten (1 : 1000 und größer) oder topographische Grundkarten (1 : 5000).

Großraum, ausgedehntes, nach einem geographischen oder geologischen Merkmal einheitliches Gebiet in der Größenordnung der ↗regionalen Dimension (z. B. der Großraum des Oberrheingrabens). Landschaftsgroßräume, zu welchen auch die ↗Landschaftsgürtel und ↗Landschaftszonen zählen, werden durch die geotektonische Grundlage, die klimatischen Verhältnisse und die darauf abgestimmte Vegetation auf kontinentaler Ebene gekennzeichnet.

Großraumkarte, eine kleinmaßstäbige Karte des ↗Maßstabsbereiches, der es ermöglicht, Räume von der Größenordnung mehrerer Länder bis zu Subkontinenten zusammenhängend abzubilden. Oft werden Großraumkarten aus mehreren ↗Atlasblättern zu großformatigen ↗Handkarten zusammengestellt.

Großstadt, in der deutschen Gemeindestatistik Städte mit mehr als 100.000 Einwohnern. Da diese Definition jedoch wenig über die funktionale Stellung einer Stadt aussagt, wird in der Geographie Großstadt auch als multifunktionales Oberzentrum definiert, mit einer deutlich ausgeprägten City und der Entwicklung von Subzentren in den Vororten. ↗Ballungsgebiet, ↗Stadt.

Großtrombe ↗Tromben.

Großvieheinheit, *GVE*, Wertzahl für Nutztiere in der Nahrungsmittelproduktion bezogen auf den unterschiedlichen Arbeitsaufwand und den Ertrag. Ein Rind mit 500 kg Lebendgewicht entspricht einer GVE, ebenso wie fünf Schweine, zehn Schafe oder 250 Hühner.

Großwetterlage, *Zirkulationsmuster, Witterungstypen*, besondere Erscheinungsform atmosphärischer Luftströmungen, die zwischen der einzelnen ↗Wetterlage und dem allgemeinen ↗Klima existiert. Sie repräsentiert eine über mehrere Tage und größere Teile der Erde (z. B. Mitteleuropa, Europa) ähnliche Luftdruckverteilung auf Meeresniveau und in der mittleren Troposphäre. Das ↗Wetter kann dabei räumlich und zeitlich durchaus wechseln, der Charakter der großwetterlagentypischen ↗Witterung bleibt jedoch erhalten. Erste Versuche einer *Großwetterlagen-Klassifikation* gehen zurück bis auf L. P. Kämtz (um 1830), T. de Bort (1881), van Bebber (1882) und Abercromby (1887). Am bekanntesten wurden jedoch die 29 Großwetterlagen Mitteleuropas nach Baur, Hess und Brezowsky, die in den 1930er/40er Jahren am Institut für langfristige Wettervorhersagen in Bad Homburg entwickelt wurden (Tab.). Alle historischen Versuche basierten auf mehr oder weniger subjektiven Einschätzungen v. a. der Bodenwetterlage. Noch heute werden vom Deutschen Wetterdienst in monatlicher Folge »Die Großwetterlagen Europas« editiert, um die seit Januar 1881 bestehende Reihe fortzusetzen und sie dadurch für Untersuchungen zur Klimavariabilität und -änderung nutzbar zu halten. Inzwischen existieren unzählige Ansätze einer algorithmisierten, automatisierten Bestimmung einer Großwetterlage, nicht nur für Europa. Die Hoffnungen, mit ihrer Hilfe das Problem der Langfristvorhersage erfolgreich in den Griff zu bekommen, haben sich jedoch in der Praxis nicht bewahrheitet.

Großwetterlagen-Klassifikation ↗Großwetterlage.

Großwinkelkorngrenze ↗Korngrenze.

Groth, *Paul Heinrich* Ritter von, deutscher Mineraloge und Kristallograph, * 23.6.1843 Magdeburg, † 1.12.1927 München; ab 1872 Professor in Straßburg, ab 1883 in München und Direktor der Bayerischen Staatssammlung; gründete in Straßburg ein bedeutendes mineralogisch-kristallographisches Institut mit einer außergewöhnlichen Mineraliensammlung; veröffentlichte einen beispielhaften mineralogischen Katalog; entdeckte die Zusammenhänge zwischen chemischer Zusammensetzung und Kristallform; prägte 1870 den Ausdruck »Morphotropie« (Änderung der morphologischen und physikalischen Eigenschaften eines Kristalls in Abhängigkeit von Substitutionen) und stellte die morphotrope Reihe des Mono-, Di- und Trinitrophenols auf; veröffentlichte in dem Werk »Chemische Krystallographie« (5 Bände, 1906–19) ausführliche kristallographische Daten chemischer Substanzen; definierte 1878 die »Isomorphie« neu als die Fähigkeit von Substanzen, miteinander homogene Mischkristalle zu bilden; befaßte sich ab 1924 ausschließlich mit Wissenschaftsgeschichte; gab 1877–1920 die »Zeitschrift für Krystallographie und Mineralogie« heraus. Weitere Werke (Auswahl): »Übersicht der Mineralien« (1874), »Physikalische Krystallographie …« (1876), »Entwicklungsgeschichte der mineralogischen Wissenschaften« (1926).

ground surge, heiße asche- und gasreiche, turbulente Dispersion, die an der Front eines ↗pyroklastischen Stromes austreten kann. Aus ihr lagern sich einige Zentimeter dicke, parallel- bis flachwinklig-schräggeschichtete Aschen ab. Ground-surge-Ablagerungen treten oft an der Basis von pyroklastischen Stromablagerungen auf.

Growler ↗Eisberg.

GRS30, *Geodetic Reference System 1930*, vereinbartes ↗geodätisches Referenzsystem des Jahres 1930.

GRS67, *Geodetic Reference System 1967*, vereinbartes ↗geodätisches Referenzsystem des Jahres 1967.

GRS80, *Geodetic Reference System 1980*, vereinbartes ↗geodätisches Referenzsystem des Jahres 1980.

GRSN, *German Regional Seismic Network*, deutsches Regionalnetz seismischer Stationen, ↗seismographische Netze.

Grubendeponie, ↗Deponie, die in einer grubenhaften Vertiefung im Gelände angelegt ist, im Gegensatz zur ↗Haldendeponie.

Grubenwetter, im Bergbau unter Tage vorkommende Gasgemische, die je nach Zusammensetzung atembar (gute oder frische Wetter), nicht atembar (matte oder stickende Wetter), giftig (böse oder giftige Wetter) oder explosiv (↗schlagende Wetter) sind.

Grumusol, veraltete Bezeichnung für einen Subtyp der ↗Vertisols.

Grünalgen, ↗Algen, die als photosynthetisch wirksame Pigmente ↗Chlorophyll a und b enthalten und deren Pigmente nicht durch andere

Bezeichnung der Großwetterlage (GWL)	Abkürzung	Großwettertyp (GWT)
Großwetterlagen der zonalen Zirkulationsform		
Westlage, antizyklonal	WA	
Westlage, zyklonal	WZ	West
Südliche Westlage	WS	
Winkelförmige Westlage	WW	
Großwetterlagen der gemischten Zirkulationsform		
Südwestlage, antizyklonal	SWA	Südwest
Südwestlage, zyklonal	SWZ	
Nordwestlage, antizyklonal	NWA	Nordwest
Nordwestlage, zyklonal	NWZ	
Hoch über Mitteleuropa	HM	Hoch Mitteleuropa
Hochdruckbrücke (Rücken) über Mitteleuropa	BM	
Tief Mitteleuropa	TM	Tief Mitteleuropa
Großwetterlagen der meridionalen Zirkulationsform		
Nordlage, antizyklonal	NA	
Nordlage, zyklonal	NZ	
Hoch Nordmeer-Island, antizyklonal	NHA	Nord
Hoch Nordmeer-Island, zyklonal	NNZ	
Hoch Britische Inseln	HB	
Trog Mitteleuropa	TRM	
Nordostlage, antizyklonal	NEA	Nordost
Nordostlage, zyklonal	NEZ	
Hoch Fennoskandien, antizyklonal	HFA	
Hoch Fennoskandien, zyklonal	HFZ	Ost
Hoch Nordmeer-Fennoskandien, antizyklonal	HNFA	
Hoch Nordmeer-Fennoskandien, zyklonal	HNFZ	
Südostlage, antizyklonal	SEA	Südost
Südostlage, zyklonal	SEZ	
Südlage, antizyklonal	SA	
Südlage, zyklonal	SZ	Süd
Tief Britische Inseln	TB	
Trog Westeuropa	TRW	

Großwetterlage (Tab.): Übersicht der Großwetterlagen-Klassifikation nach Hess und Brezowsky (1969), die den Kriterien vorherrschender Strömungsrichtung und Luftdruckkonstellation folgt (antizyklonal = Hochdruckeinfluß, zyklonal = Tiefdruckeinfluß).

Farbpigmente überdeckt werden. Als Reservestoff wird hauptsächlich Stärke gebildet.

Grünanlage, ↗Grünflächen im Siedlungsgebiet, die i. d. R. der öffentlichen Hand gehören und mit den Mitteln der Garten- und ↗Landschaftsplanung gestaltet sowie durch ↗Landschaftsbau baulich realisiert wurden. Die Grünanlage dient der psychischen und physischen Erholung der Bevölkerung (z. B. Sport- und Spielplätze), hat ausgleichende Wirkung auf das ↗Stadtklima und ist ein Element der städtebaulichen Gestaltung.

Grünbrache, ↗Brache mit selbstentwickelter oder aus Gründen des ↗Bodenschutzes initial angesäter Vegetationsdecke.

Grundablaß, tiefstgelegene Rohrleitung an einer ↗Talsperre zum Entleeren des Nutzraumes. Unterhalb des Grundablasses befindet sich der nicht mehr entleerbare ↗Totraum.

Grundbau, ein Teilbereich des Bauingenieurwesens, insbesondere des ↗Erdbaus, welcher die Planung, Berechnung, Durchführung und Sicherung aller den ↗Baugrund betreffenden Arbeiten umfaßt. Die wissenschaftliche Grundlage zum Grundbau bildet die ↗Bodenmechanik. Zum Grundbau gehören Untersuchungen und Arbeiten zum Baugrund, Baugrundverbesserungen, ↗Baugruben, Grundwasserhaltung, ↗Böschungen, das Erstellen von ↗Gründungen (↗Flachgründungen und ↗Pfahlgründungen), Verankerungen (↗Anker) und andere Sicherheitsmaßnahmen, das Anbringen von Stützbauwerken (↗Stützmauer), Spannungs- und Setzungsberechnungen, die Ermittlung des ↗Erddrucks, Untersuchungen zu Einflüssen von Erdbeben und anderen Erschütterungen, Frosteinwirkungen (Frostbeständigkeit, ↗Frostempfindlichkeit, ↗Frostkriterien) u. a.

Grundbelastung, ständig vorhandene Belastung von Ökosystemen oder Teilen davon. Im Zusammenhang mit Bodenschutzproblemen wird oft von der ↗geogenen Grundbelastung des Bodens gesprochen. Anthropogen bedingte Grundbelastungen sind z.B landwirtschaftliche Nutzung oder auch ständiger Schadstoffeintrag durch Kraftfahrzeugferntransport. Die Grundbelastung bildet einen konstanten Belastungspegel, der ein Funktionieren des Ökosystems aber nicht unbedingt gefährden muß, solange sich die Grundbelastung unterhalb der ↗Belastungsgrenze befindet.

Grundbruchsicherheit, η, Sicherheitswert, für dessen Ermittlung eine als starr angenommene Scheibe des in Bewegung kommen den Erdkörpers betrachtet wird. Alle auf diese Scheibe wirkenden Kräfte werden bestimmt und die Sicherheit der Scheibe gegen Verdrehen untersucht. Die Grundbruchsicherheit η ergibt sich damit aus der Summe der rechtsdrehenden Momente geteilt durch die Summe der linksdrehenden Momente. Sie hängt wesentlich von der angenommenen Gleitlinie ab. Um die kleinste, also maßgebende Grundbruchsicherheit festzustellen, sind Versuchsrechnungen mit verschiedenen angenommenen Gleitflächen erforderlich. Als Gleitlinien werden Kreislinien, logarithmische Spiralen und Geraden bzw. Kombinationen aus diesen gewählt. Das Ergebnis sind Gleichungen zur Berechnung der Grundbruchlast V_b bzw. der lotrechten Komponente der Grundbruchlast. Für den Nachweis der Grundbruchsicherheit kann als Bezugsgröße entweder die Last oder die Scherbeiwerte gewählt werden. [RZo]

Grunddaseinsfunktionen, *Daseinsgrundfunktionen*, Tätigkeiten und Leistungen, die der Mensch zur Lebensbewältigung benötigt. Es sind dies die sechs Funktionen: Arbeiten, Wohnen, sich Bilden, am Verkehr teilnehmen, sich Erholen und in Gemeinschaft leben. Die Grunddaseinsfunktionen stehen untereinander in einem Wirkungsgefüge und sind infolge ihres spezifischen Raumanspruches raumwirksam, es kann zu raumplanerischen Nutzungskonflikten kommen. Die Grunddaseinsfunktionen manifestieren sich in anthropogenen Nutzungen, die den Siedlungsraum strukturieren und prägen. Die Stadt und ihre unterschiedlichen Raumstrukturen können somit als Ergebnis der Raumwirksamkeit der Grunddaseinsfunktionen gesehen werden.

Grundeis, Eis, das sich am ↗Gewässerbett oder an festen Gegenständen unter Wasser gebildet hat und dort verbleibt. Grundeis entsteht insbesondere als initiale Eisbildung bei hohen Strömungsgeschwindigkeiten.

Grundfarben, *Primärfarben*, Ausgangsfarben der ↗Farbmischung, aus denen sich andere Farben als ↗Mischfarben erzeugen lassen. Umgekehrt können aus farbtheoretischer Sicht auf Basis einer ↗Farbordnung alle Farben auf Grundfarben zurückgeführt werden. Die Festlegung von Farben als Grundfarben wird in älteren ↗Farbenlehren keineswegs einheitlich vorgenommen. Zuweilen werden sie dort als *Urfarben* bezeichnet. Heute unterscheidet man die Grundfarben der additiven ↗Farbmischung Rotorange, Grün und Blauviolett und die Grundfarben der subtraktiven Farbmischung Cyan, Magenta, Yellow, (Blau, Rot, Gelb). Der Begriff der Urfarben wird in neueren Arbeiten mitunter für die additiven Grundfarben verwendet, um hervorzuheben, daß das Farbensehen auf einer additiven Farbmischung im Auge beruht. Des weiteren werden in modernen Farbordnungen Weiß und Schwarz als Grundfarben angesehen. Diese Betrachtungsweise findet im ↗Farbwürfel ihren markanten Ausdruck, dessen Ecken ist jeweils eine der genannten Grundfarben zugeordnet. [KG]

Grundgebirge ↗Kraton.

Grundgefüge, ungegliederte Gefügeform, bei der im Gegensatz zum ↗Aggregatgefüge makroskopisch keine Aggregierung oder Absonderung von Gefügeelementen zu beobachten ist. Man unterscheidet ↗Einzelkorngefüge, ↗Kittgefüge und ↗Kohärentgefüge. Diese Gliederung dokumentiert unterschiedliche Arten der Bindungen zwischen den Bodenteilchen und deren Verfestigungsgrad.

Grundgehalt ↗*Hintergrundwert*.

Grundgesamtheit ↗*Population*.

Grundgleichung der geometrischen Satellitengeodäsie, verknüpft den Ortsvektor $\vec{r}$ eines Beobachtungspunktes P auf der Erde mit dem Ortsvektor $\vec{x}$ des Satelliten S. Dabei stellt $\vec{s}$ den Vektor von P nach S dar, dessen Elemente durch Messungen bestimmt werden können (Abb.). Es gilt:

$$\vec{x} = \vec{r} + \vec{s}.$$

Dabei wird $\vec{s}$ auch als topozentrischer und $\vec{x}$ als geozentrischer Ortsvektor des Satelliten bezeichnet. Je nach Problemstellung können entweder $\vec{r}$ gegeben und $\vec{x}$ gesucht sein (Bahnbestimmung) oder $\vec{x}$ gegeben und $\vec{r}$ gesucht sein (/Positionsbestimmung). Wichtig ist, daß $\vec{x}$ und $\vec{r}$ im gleichen /Bezugssystem (erdfesten oder raumfesten) darzustellen sind.

Gründigkeit, Mächtigkeit des Lockermaterials über festen Schichten, in das die Pflanzenwurzeln ohne Schwierigkeiten eindringen können Physiologische Gründigkeit bezeichnet die /Durchwurzelbarkeit. Die Einstufung erfolgt in 6 Klassen von Wp1 = sehr flach bis Wp6 = äußerst tief.

Grundlagenelement, Basiselement, /Basiskarte.
Grundlagenkarte /Basiskarte.
Grundlawine, Bodenlawine, /Lawine.
Grundlinie /Basis.
Grundluft, Gas in der ungesättigten Zone. Im Boden wird die Grundluft als /Bodenluft bezeichnet. Die Entnahme und Messung von Bodenluftproben wird bei der /Altlastenerkundung häufig angewandt. Neben der direkten Entnahme mit Hilfe einer Probennahme-Spritze kann auch ein Adsorberrohr zur Anreicherung der Spurengase eingesetzt werden. Die Entnahme sollte im gasgesättigten Bodenluftkörper kurz oberhalb des Kapillarsaumes erfolgen, wobei das Eindringen von Bodenwasser zu vermeiden ist. Zur Kontrolle, ob unverdünnte Bodenluft abgesaugt wird, ist es zweckmäßig, vor der eigentlichen Probennahme nach Beginn des Abpumpens den Konzentrationsverlauf des Kohlendioxids in der Bodenluft in Abhängigkeit von der Absaugzeit zu messen. Man kann davon ausgehen daß bei Erreichen oder Überschreiten des Maximums der CO_2-Konzentration unverdünnte Bodenluft entnommen werden kann. Die erforderlichen Probennahme-Volumina richten sich nach der Art und nach der Nachweisgrenze der zu untersuchenden Stoffe. [ME]

Grundmasse, zusammenfassende Bezeichnung für /Zement und /Matrix eines /Gesteins.
Grundmaßstab /Maßstab.
Grundmoräne, vom Eis (/Gletscher oder /Eisschild) abgelagerte /Untermoräne (/Moräne Abb.). Die Ablagerung erfolgt, wenn die Eisbewegung im Zungenrandgebiet zum Stillstand kommt oder bei starker Anreicherung des Eises mit Untermoränenmaterial, was fast ausschließlich beim Inlandeis vorkommt. Bestandteile der Grundmoräne sind Korngrößen aller Klassen, die gemischt, d. h. weitgehend unsortiert und ungeschichtet vorkommen. Diese bilden den /Geschiebelehm oder /Geschiebemergel, in die die /Geschiebe eingebettet sind. Die Grundmoräne tritt nach dem Abschmelzen des Eises zu Tage und bildet, wenn das Eis über der Grundmoräne nahezu bewegungslos niedertaut, eine schwach reliefierte /Grundmoränenlandschaft aus, die sog. flache Grundmoräne. Im Gegensatz dazu entsteht die *kuppige Grundmoräne*, wenn Stauchungen, Überfahrungen kleinerer älterer /Endmoränen und Einlagerung von /Toteis vorkommen. Kuppige Grundmoräne bildet sich auch, wenn beim Überfahren älterer Grundmoränen mit erneut vorstoßenden Eismassen /Drumlins entstehen. Häufig bilden sich zahlreiche Wasserflächen unterschiedlichster Größe in den mit Geschiebelehm abgedichteten, flachen Mulden oder den Hohlformen des ausgetauten Toteises (/Soll). Die Grundmoräne ist der am weitesten verbreitete Moränentyp und bildet zusammen mit der Endmoräne die charakteristische Form der glazialen Akkumulation in Moränenlandschaften. [JBR]

Grundmoränenlandschaft, Landschaft, die von flacher oder kuppiger /Grundmoräne geprägt ist. Daneben weisen Grundmoränenlandschaften /fluvioglaziale Ablagerungen, sog. /Schmelzwasserablagerungen, der subglazialen Gerinne und der Schmelzwasserabflüsse des abtauenden Eises auf.

Grundnährstoffe /Makroelemente.
Grundpegel, ein Meßgerät, um Setzungen einer Dammaufstandsfläche zu messen. Das Gerät besteht aus einer Pegelstange, die auf einer ca. 50 × 50 cm großen Stahlplatte steht. Die Pegelstange ist aus Schüssen von ca. 1,5 m Länge zusammengesetzt und wird aus Stahlrohr von ca. 2,5 cm Durchmesser gefertigt. Zur Messung der Setzung einer Dammaufstandsfläche wird die Oberkante der Pegelstange nivelliert und die Setzung durch Vergleich mit der Anfangshöhenlage berechnet. Mit dem Höherschütten des Dammes wird die Pegelstange jeweils um einen Rohrschuß verlängert. Damit das Schüttgut nicht an die Pegelstange angeschüttet wird, muß eine Schutzverrohrung aus Kunststoff von ca. 200 mm Durchmesser um den Pegel herum eingebaut werden, so daß sich der Pegel in der Schüttung reibungsfrei bewegen kann.

Grundquelle, Grundwasseraustritt in einem Gewässerbett unterhalb des Wasserspiegels. Unter Wasser austretende Quellen sind in fließenden Gewässern zumeist nur erkennbar, wenn durch die Quellschüttung eine erhebliche Abflußerhöhung erfolgt, ansonsten sind sie nur durch exakte Abflußmessungen feststellbar.

Grundriß, 1) die senkrechte Projektion eines Gegenstandes auf eine waagerechte Ebene. Bei der Abbildung der georäumlichen Wirklichkeit in /Karten ist die *Grundrißdarstellung* ein wesensbestimmendes Prinzip, dessen Verwirklichung jedoch stark vom jeweiligen /Kartenmaßstab abhängig ist. So lassen sich Inhaltselemente /topographischer Karten in großen Maßstäben (etwa bis 1 : 25.000) grundrißtreu, in mittleren Maßstäben (etwa 1 : 50.000 bis 1 : 200.000) grundrißähnlich und in kleineren Maßstäben nur noch lage- bzw. raumtreu oder lageähnlich wiedergeben. Wird bei Geoobjekten, die im Kartenmaßstab eine Fläche ergeben, die Lesbarkeitsgrenze unter-

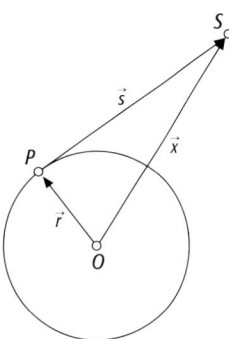

Grundgleichung der geometrischen Satellitengeodäsie: schematische Darstellung (P = Beobachtungspunkt, S = Satellit, $\vec{r}$ = Ortsvektor, $\vec{s}$ = topozentrischer Ortsvektor, $\vec{x}$ = geozentrischer Ortsvektor).

schritten, so erfolgt deren Darstellung durch ↗Positionssignaturen. In ↗thematischen Karten kleinerer Maßstäbe ist Grundrißtreue weder möglich noch notwendig, und vielfach wird der Zweck der Karte bereits bei hinreichender Lagetreue erfüllt. Durch noch stärkere Vereinfachungen sind schematische Karten und Kartengraphiken (↗kartographische Darstellungsformen) gekennzeichnet, deren Linienführung und Zeichenverortung nur noch topologisch richtig sind. In ↗Kartenanamorphoten wird der Grundriß gezielt verzerrt.

2) Situation in der ↗topographischen Kartographie; die Gesamtheit der Kartenzeichen für geodätische Festpunkte, Siedlungen, Verkehrswege und Verkehrsobjekte, Bodenbewachsung (Vegetation) und Bodenbeschaffenheit, Grenzen sowie sonstige punkt- und linienhafte topographische Objekte (Denkmale, Bergwerke, Türme, Leitungen usw.), i. d. R. mit Ausnahme der Gewässerdarstellung, beim topographischen Informationssystem der Bundesrepublik Deutschland als ATKIS-DSM (↗ATKIS-DLM) einschließlich der Objektartenklasse Gewässer. [WGK]

Grundrißdarstellung ↗Grundriß.

Grundrißkartenzeichen ↗*Flächenkartenzeichen*.

Grundschwelle, im ↗Gewässerausbau verwendetes ↗Sohlenbauwerk, das als Schwelle in die Gewässersohle zur Sicherung gegen Erosionen eingebaut ist und etwas über die Sohle hinausragt. Sie dient sowohl der punktweisen Sicherung der Sohle als auch einer Anhebung der Niedrigwasserstände. Bei geringen Abflüssen tritt ein ↗Fließwechsel auf, bei höheren Abflüssen ist die Schwelle hydraulisch unwirksam.

Grundsee, ↗Seegang, dessen Wellentäler bis nahe an den Meeresboden reichen und damit die Schiffahrt gefährden.

Grundspalte, lediglich bei geringen Eismächtigkeiten auftretende ↗Gletscherspalten am Gletscherboden.

Grundstück, ein begrenzter Teil der Erdoberfläche, der im Grundbuch an besonderer Stelle nachgewiesen wird und meist aus einem oder mehreren ↗Flurstücken besteht.

Gründung, Vorgang, bei dem die Lasten des Bauwerks über das Grundbauwerk (die Grundbauten) auf den tragfähigen Baugrund übertragen werden. Da die zulässige Belastung der Baustoffe (Beton, Mauerwerk, Stahlbeton, Stahl etc.) größer ist als diejenige der Böden, müssen die Lasten von Wänden und Stützen auf größerer Fläche abgetragen werden. Dies kann durch Flächengründungen oder Pfahlgründungen erfolgen. Bei *Flächengründungen* werden die Lasten durch das Grundbauwerk (Einzel-, Streifenfundament, Gründungsbalken (-streifen) oder Gründungsplatte) auf eine größere Fläche verteilt und in der Gründungssohle unmittelbar auf den Baugrund übertragen. Durch die Flächengründung können in der Sohlfuge senkrechte, geneigte, mittige und ausmittige Kräfte abgetragen werden. Flächengründungen im Sinne der DIN 4018 sind Gründungsplatten und Gründungsbalken, bei denen ein Nachweis der Biegemomente erforderlich ist.

Bei ↗Pfahlgründungen werden die Gebäudelasten durch Pfähle aufgenommen und durch Spitzendruck und (oder) Mantelreibung in den umgebenden Boden abgetragen.

Nach der Lage der tragfähigen Schicht unterscheidet man Flachgründung, Tiefgründung und schwimmende Gründung (schwebende Gründung). Bei ↗Flachgründung werden die Gebäudelasten direkt unter dem Gebäude durch Flächengründung auf tragfähigen Baugrund abgetragen. Bei ↗Tiefgründung liegt die tragfähige Gründungsschicht weit unterhalb der Bauwerkssohle. Meist erfolgt die Lastübertragung auf die tieferliegende, tragfähige Schicht durch Pfähle. Bei Wahl einer Flächengründung werden i. d. R. besondere Gründungsverfahren (wie z. B. Senkkastengründung) angewendet, da die Herstellung von Pfeilern o. ä. in offener Baugrube kostspielig ist. Die *schwimmende Gründung* (Gründung auf Hohlkästen) kann angewendet werden, wenn der tragfähige Baugrund nicht mit wirtschaftlich vertretbaren Maßnahmen erreicht wird. Das Grundbauwerk ist ein Hohlkasten. Seine erforderliche Größe errechnet sich aus der Forderung, daß die Belastung aus der ursprünglichen Erdauflast gleich der Belastung aus dem Hohlkasten und den Bauwerkslasten wird. Da mit Neigungen des Hohlkastens zu rechnen ist, sollten bei dieser Lösung Möglichkeiten zum Nachrichten des Gebäudes (z. B. Pressenkammern) vorgesehen werden. Angewendet wird diese Gründungsmethode sehr selten.

Die im Einzelfall zu wählende *Gründungsart* wird durch die Baugrundverhältnisse, insbesondere die zu erwartenden Setzungen und die Grundbruchsicherheit, durch die Größe der Belastung und von wirtschaftlichen Gesichtspunkten bestimmt. [RZo]

Gründungsart ↗Gründung.

Gründungstiefe, Tiefe, in der eine ↗Gründung durchgeführt wird. Nach DIN 1054 muß die Gründungssohle frostfrei liegen, mindestens aber 0,8 m unter Gelände. Die frostfreie Gründungstiefe hängt von den klimatischen Verhältnissen, der ↗Frostempfindlichkeit des Bodens und dem Vorhandensein von Wasser ab. Die allgemeine Regel, daß im Flachland 0,8 m und in höheren Lagen 1,2 m frostfrei sind, gilt nur für normale Winter. Untersuchungen in strengen Wintern zeigen, daß auch im Flachland häufig Frosteindringtiefen von 1 m und mehr auftreten. Als frostfreie Gründungstiefe sollte daher 1,0–1,2 m angenommen werden. Die Zone der jahreszeitlichen Volumenänderungen durch Auffrieren oder Austrocknung von 0,6–0,8 m muß aber auf jeden Fall durchgründet werden. Das gleiche gilt auch für die Zone der größeren Wurzellöcher und Hohlräume durch wühlende Tiere. In Gebieten mit tonigen Böden hat sich in niederschlagsarmen Sommern wiederholt gezeigt, daß das durch Niederschlagsarmut bedingte Schrumpfen solcher Böden bis 1,5 m reicht, und in 1 m Gründungstiefe noch ↗Schrumpfsetzungen bis 1 cm auftreten können. Bei Brücken und anderen Uferbauwerken ist eine mögliche Kolkgefahr (↗Kolk) der Ufer bzw. der Flußsohle zu berücksichtigen. [RZo]

Gründüngung, Düngung einer Ackerfläche durch den Anbau von Leguminosen wie Lupinen, Senf, usw. Die stickstoffreichen Pflanzen werden meist als Zwischenfrucht angebaut und in den Boden eingearbeitet.

Grundwasser, nach der in Deutschland gültigen DIN 4049, Teil 3 wird Grundwasser als ↗unterirdisches Wasser bezeichnet, das die Hohlräume der ↗Lithosphäre zusammenhängend ausfüllt und dessen Bewegungsmöglichkeit ausschließlich durch die Schwerkraft bestimmt wird (Abb.). Gesteinskörper, die Hohlräume enthalten und damit geeignet sind, Grundwasser weiterzuleiten, werden als ↗Grundwasserleiter bezeichnet. Hierbei werden ↗Porengrundwasserleiter (Locker- oder Festgestein mit überwiegend durchflußwirksamen Porenanteilen), ↗Kluftgrundwasserleiter (Festgesteine mit überwiegend durchflußwirksamen Trennfugen) und ↗Karstgrundwasserleiter (Festgesteine mit überwiegend durchflußwirksamen Karsthohlräumen) unterschieden. Hingegen werden Gesteine, die Grundwasser nicht weiterleiten, da sie wasserundurchlässig sind, als ↗Grundwassernichtleiter bezeichnet.

Der ↗Grundwasserkörper ist ein ↗Grundwasservorkommen oder Teil eines solchen, das eindeutig abgegrenzt oder abgrenzbar ist. Unter ↗Grundwasserraum wird der Gesteinskörper verstanden, der mit Grundwasser gefüllt ist. Grundwasserkörper werden nach unten von einer schwerer durchlässigen oder undurchlässigen Gesteinsschicht, der ↗Grundwassersohle, begrenzt. Die obere Begrenzungsfläche des Grundwasserkörpers ist die ↗Grundwasseroberfläche. Die ↗Grundwassermächtigkeit ergibt sich als der lotrechte Abstand zwischen Grundwassersohle und Grundwasseroberfläche.

Die ↗Standrohrspiegelhöhe ist die Summe aus geodätischer Höhe und Druckhöhe eines Punktes in einem betrachteten Grundwasserkörper. Die gedachte Fläche durch die Endpunkte aller Standrohrspiegelhöhen ergibt die ↗Grundwasserdruckfläche. Grundwasser, bei dem Grundwasseroberfläche und Grundwasserdruckfläche zusammenfallen, wird als ↗freies Grundwasser (ungespanntes Grundwasser) bezeichnet. An der freien Grundwasseroberfläche ist der Wasserdruck gleich dem Luftdruck der Atmosphäre. Häufig fallen jedoch Grundwasseroberfläche und Grundwasserdruckfläche nicht zusammen. Dies ist der Fall, wenn der Grundwasserleiter von schlecht durchlässigen Grundwasserhemmern (↗Aquitarde) oder Grundwassernichtleitern abgeschlossen wird, das Grundwasser also nicht so hoch ansteigen kann, wie es seinem hydrostatischen Druck entspricht. Unter diesen Verhältnissen liegt ein ↗gespanntes Grundwasser vor. Der Druck an der Grundwasseroberfläche ist größer als der atmosphärische Druck. Liegt die Grundwasserdruckfläche höher als die Geländeoberkante, so handelt es sich um ↗artesisch gespanntes Grundwasser und das Grundwasser läuft aus einer Bohrung frei aus.

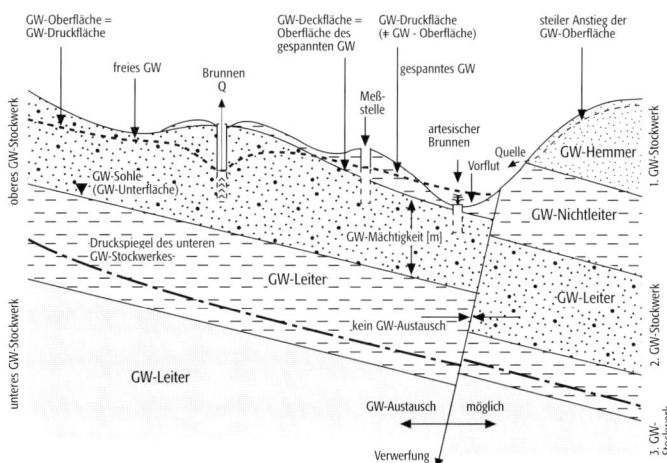

Grundwasser: hydrogeologische Begriffe des Grundwassers (GW = Grundwasser).

Die in ↗Brunnen oder ↗Grundwassermeßstellen zu beobachtende, druckmäßig ausgeglichene Grenzfläche des Grundwassers gegen die Atmosphäre wird als ↗Grundwasserspiegel bezeichnet. Die Höhe des Grundwasserspiegels über oder unter einer waagerechten Bezugsebene, z. B. der Geländeoberkante oder NN, stellt den ↗Grundwasserstand dar. Treten infolge mehrfacher Wechsellagerung von besser und schlechter wasserdurchlässigen Gesteinen mehrere eindeutig abgrenzbare Grundwasserkörper übereinander auf, so bezeichnet man diese als ↗Grundwasserstockwerke, die von oben nach unten gezählt werden. Des öfteren befindet sich das oberste freie Grundwasser oberhalb der allgemeinen grundwassererfüllten Zone als mehr oder weniger isolierter Grundwasserkörper. Derartige Vorkommen werden als schwebendes Grundwasser (↗schwebender Grundwasserleiter) bezeichnet. Die Grundwasserbewegung verläuft stets senkrecht zu den ↗Grundwassergleichen, die als Linien gleicher Standrohrspiegelhöhen konstruiert werden können. Grundwasser, das meist aus niederschlagsreichen Perioden vergangener Zeiten stammt und nicht am Wasserkreislauf teilnimmt, bezeichnet man als fossiles Grundwasser oder ↗fossiles Wasser. Natürliche, räumlich begrenzte Grundwasseraustritte heißen ↗Quellen. Die Bewegung des Grundwassers läßt sich über eine Reihe verschiedener Methoden und Verfahren messen. Hierzu zählen z. B. Markierungsversuche (↗Tracer), ↗Einbohrlochmethoden und die Messung von ↗Quellschüttungen.

In der Bundesrepublik Deutschland stellt Grundwasser mit einem Anteil von rund 70 % das wichtigste Reservoir für die Trinkwassergewinnung dar. Aus diesem Grund ist dem ↗Grundwasserschutz eine große Bedeutung beizumessen. Die chemische Beschaffenheit des Grundwassers hängt stark von der Art und dem Aufbau des durchströmten Untergrundes ab. Daneben spielt auch die Kontaktzeit zwischen dem Grundwasser und dem durchflossenen Gestein eine entscheidende Rolle. Neben der direkten Auflösung von Mineralien im Untergrund ist die Beladung des

Grundwassers mit Inhaltsstoffen oft mit chemischen Reaktionen sowie mit Sorptions- und Desorptionsprozessen verbunden. Die Entstehung des Grundwassers wird als ↗Grundwasserneubildung bezeichnet. Über die Entstehung des Grundwassers gibt es schon seit der Antike eine ganze Reihe von unterschiedlichen Vorstellungen. Diese reichen von der Annahme, daß alle Gewässer der Erde von einem riesigen unterirdischen Wasserreservoir gespeist werden (Reservoirtheorie) bis zur heute allgemein anerkannten und durch Beobachtungen und Messungen in der Natur bestätigten Versickerungstheorie, die besagt, daß das Grundwasser zum größten Teil aus atmosphärischen Niederschlägen gespeist wird. [WB]

Literatur: [1] HÖLTING, B. (1996): Hydrogeologie. – Stuttgart. [2] MATTHESS, G. (Hrsg.) (1983): Lehrbuch der Hydrogeologie, Band 1. – Berlin, Stuttgart. [3] MATTHESS, G. (Hrsg.) (1990): Lehrbuch der Hydrogeologie, Band 2. – Berlin, Stuttgart.

Grundwasserabfluß, *Grundwasserabstrom*, Wasser, das einem Fließgewässer über die ↗Grundwasserneubildung und horizontale Wasserflüsse in der ↗gesättigten Bodenwasserzone (Grundwasserspeicher) zufließt. Dabei bewegt es sich, dem größten Gefälle des Grundwasserleiters folgend, dem Fließgewässer zu und trägt hier zur Bildung des ↗Durchflusses im Gerinnebett bei. Die Fließzeit des Grundwasserabflusses ist deutlich länger als die des ↗Zwischenabflusses. Daher setzt die durch den Grundwasserabfluß bedingte Zunahme des Durchflusses im Fließgewässer mit einer erheblichen zeitlichen Verzögerung ein. Der Anstieg verläuft wesentlich flacher, der Scheitel ist weniger stark ausgeprägt und tritt zeitlich stark verzögert ein. Nach Erreichen des Scheitels klingt der Grundwasserabfluß nur sehr langsam ab. Der Grundwasserabfluß hat von allen ↗Abflußkomponenten die größte Bedeutung, denn er bestimmt im wesentlichen die Wasserführung eines Fließgewässers in niederschlagsarmen Zeiten. In den gemäßigten humiden Breiten wie z.B. Mitteleuropa kommt etwa 80 % aus dem Grundwasserbereich. Grundwasserabfluß besteht fast ausschließlich aus ↗Vorereigniswasser. Eine besondere Form des Grundwasserabflusses ist der Abfluß aus sog. Grundwasserhügeln bzw. Grundwasserbergen (engl.: groundwater ridging) in der Talaue. Dabei wird in vorfluternahen Talaquiferen gespeichertes Grundwasser ausgedrückt (Abb.). Dieser Vorgang wird durch die Infiltration in solchen Gebieten begünstigt, deren Kapillarsaum bis nahe an die Erdoberfläche reicht, da hier das infiltrierte Wasser nur eine relativ kurze Strecke in der ungesättigten Bodenzone zurücklegen muß. Bei einem bedeutendem Kapillarsaum in feinkörnigen Böden kann ein überproportionaler Grundwasseranstieg durch Umwandlung von Boden- in Grundwasser bewirkt werden. ↗Abflußprozeß. [HJL]

Grundwasserabschnitt, Teil eines ↗Grundwasserkörpers, der durch hydrogeologische Grenzen oder ↗Grundwasserlängsschnitte und ↗Grundwasserquerschnitte eindeutig bestimmt ist.

Grundwasserabsenkung, *Absenkung*, das Absenken einer ↗Grundwasserdruckfläche aufgrund anthropogener Maßnahmen, z. B. der Förderung von ↗Grundwasser über einen ↗Brunnen.

Grundwasserabsenkungsbereich, *Absenkungsbereich*, der Bereich, in dem eine ↗Grundwasserabsenkung meßbar ist, daß heißt die ↗Grundwassergleichen beeinflußt werden. Hierbei bezieht man sich i. d. R. auf einen Ausgangswasserstand, wobei auch andere Änderungen des ↗Grundwasserstandes zu berücksichtigen sind.

Grundwasserabstrom ↗*Grundwasserabfluß*.

Grundwasserader, wissenschaftlich nicht korrekte Bezeichnung für einen eng begrenzten Bereich im Untergrund, der ↗Grundwasser leitet. Auf die Verwendung dieses Begriffes sollte deshalb verzichtet werden.

Grundwasser-Altersbestimmung, *Grundwasserdatierung*, Datierung, die zur Ermittlung der Infiltrationszeit und der klimatischen Infiltrationsbedingungen erfolgt. Bevorzugt werden dazu radiometrische Methoden eingesetzt. Diese gründen sich auf dem Zerfallsgesetz für Radionuklide mit der für jedes Nuklid charakteristischen ↗Halbwertszeit. Von den radioaktiven Umweltisotopen werden v. a. Kohlenstoff-14 (^{14}C) und Tritium (^{3}H) für die Datierung herangezogen. Durch Kernwaffenversuche stieg der Tritiumgehalt in den Niederschlägen von 1953 bis 1963, danach erfolgte ein langsamer Abbau. Unter Berücksichtigung des natürlichen Zerfalls kann dann für Grundwasserproben das Alter abgeschätzt werden. Wässer, die vor den Kernwaffenversuchen in den Untergrund infiltrierten, sind heute tritiumfrei. Kohlenstoff-14 wird hauptsächlich zur Datierung von Wässern zwischen ca. 1000 und einigen 10.000 Jahren eingesetzt. Für den Übergangsbereich von einigen 10–1000 Jahren hat man zum Teil auf ^{32}Si und ^{39}Ar zurückgegriffen, die jedoch aus verschiedenen Gründen in der Hydrogeologie weniger geeignet sind. Da die Tritiumwerte der Niederschläge in den letzten 20 Jahren auf einen saisonal stark schwankenden, geringen Hintergrundwert mit geringer Aussage-

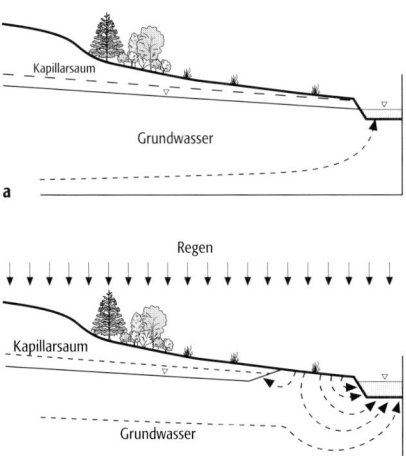

Grundwasserabfluß: Wasserflüsse durch groundwater riding, a) in niederschlagsfreien Zeiten, b) nach starken Niederschlägen.

kraft abgesunken sind, wird für solche jüngere Wässer eine zeitliche Differenzierung mit ^{85}Kr versucht. Bei der Interpretation der Isotopenwerte für die Altersbestimmung ist zu beachten, daß die meisten Grundwässer von ihrer zeitlichen Infiltration Mischwässer darstellen. Das aus den Isotopenwerten errechnete Alter ist dann als mittlere Verweilzeit im Untergrund anzugeben. [HH]

Grundwasseranreicherung, *Grundwasserzufuhr*, anthropogene Maßnahme, die zu einer Erhöhung der ↗Grundwasserneubildung führt. Dies kann z. B. mittels Infiltration in künstlich angelegten Sandbecken, durch überstaute Grünlandflächen, über Versickerungsschächte, Gräben oder Schluckbrunnen erreicht werden. Grundwasseranreicherungen werden u. a. zur Verhinderung von Salzwasserintrusionen in küstennahen Grundwasserleitern, zur Erhöhung des Niedrigwasserabflusses in Oberflächengewässern und v. a. zur Erhöhung der natürlichen Grundwasserneubildung bei ungenügendem ↗Grundwasserdargebot durchgeführt.

Grundwasseraufhöhung, die Erhöhung der ↗Grundwasserdruckfläche durch eine technische Maßnahme, z. B. über die Einleitung von Wasser mittels eines ↗Injektionsbrunnens.

Grundwasseraustritt, Ausfließen von Grundwasser, das z. B. über ↗Quellen, durch künstliche Grundwasserförderung oder durch Pflanzenverdunstung erfolgen kann.

Grundwasserbeobachtungsbrunnen ↗*Beobachtungsbrunnen*.

Grundwasserbeobachtungsnetz, allgemein eine größere Anzahl von ↗Grundwassermeßstellen bzw. Grundwasserbeschaffenheitsmeßstellen, die eine großflächige Beobachtung des Grundwassers und seiner Beschaffenheit ermöglichen. In der Bundesrepublik Deutschland besteht ein Grundwasserbeobachtungsnetz, das von Dienststellen des Bundes und der Länder betrieben wird. Die hierbei gewonnenen Daten werden jährlich im Gewässerkundlichen Jahrbuch veröffentlicht.

Grundwasserbeschaffenheit, Summe der sich aus den Inhaltsstoffen ergebenden Eigenschaften und Merkmale eines Grundwassers.
Die natürliche Beschaffenheit der Grundwässer zeigt eine große Variationsbreite. Chemisch reines Wasser ist in der Natur nicht anzutreffen. Natürliche Wässer weisen hingegen eine große Zahl verschiedenster Inhaltsstoffe auf, die in unterschiedlichsten Konzentrationen vorliegen können. Ursache hierfür ist die Wechselwirkung des Wassers mit der Umwelt, wobei deren Intensität abhängig von physikalischen, chemischen und biogenen Prozessen sowie von verschiedensten Einflußgrößen ist (Abb. 1). Das Wasser, das am Wasserkreislauf teilnimmt, ist als Lösungs- und Transportmittel eines der wichtigsten Agenzien für die sich laufend verändernde Stoffverteilung in der Umwelt. Die Ursache dafür liegt in der charakteristischen Molekülstruktur des Wassers, die mit ihrer polaren Anordnung der Ladungsverteilung, der hohen Dielektrizitätskonstanten und

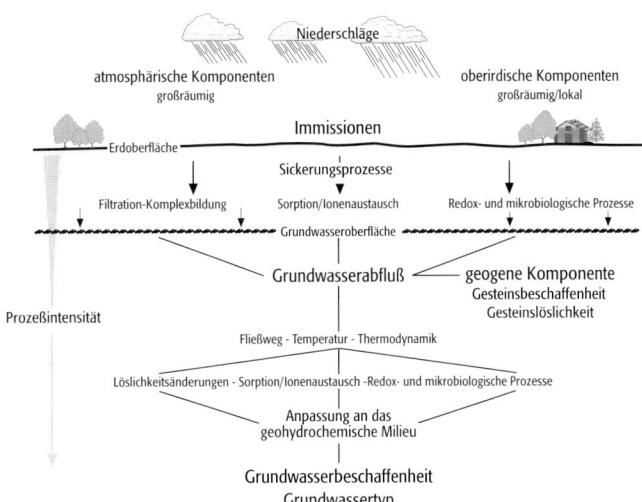

der hohen Oberflächenspannung Wasser zum bevorzugten Lösungsmittel macht.
Der natürliche Stoffgehalt eines Grundwassers (*Grundwasserinhaltsstoffe*) resultiert meist nur zu einem geringen Anteil aus Einträgen aus der Atmosphäre. Einsickernde Niederschlagswässer weisen meist nur wenige mg/l an Inhaltsstoffen auf. Der überwiegende Anteil der Inhaltsstoffe folgt aus der schon angesprochenen Wechselwirkung mit den Gesteinen während der Untergrundpassage. Maßgeblich ist zunächst der Chemismus und Mineralbestand der Gesteine. Das intensive Ineinandergreifen verschiedenster geochemischer Vorgänge wie Lösung und Ausfällung, Sorption und Ionenaustausch sowie Oxidation und Reduktion kann dann in Abhängigkeit von den jeweiligen Gleichgewichtsbedingungen zur Anreicherung bestimmter Inhaltsstoffe führen. Der Lösungsinhalt natürlicher Grundwässer beträgt i. a. wenige hundert bis einige tausend mg/l. Doch können auch Konzentrationen im Solebereich von mehr als 100.000 mg/l auftreten. Neben den natürlichen geogenen Stoffkomponenten werden Grundwässer in ihrer Zusammensetzung immer stärker durch anthropogene Eingriffe verändert (Abb. 2, Tab. 1). Dies kann zu einer Veränderung in der Verteilung der bestehenden Inhaltsstoffe, aber auch zum Eintrag neuer Inhaltsstoffe führen. Erwähnenswert sind v. a. verschiedene organische Stoffgruppe, wie z. B. ↗Chlorkohlenwasserstoffe, polycyclische aromatische Kohlenstoffe (↗PAK) oder die BTEX-Gruppe (↗BTEX), die zu einer Beeinträchtigung der Grundwässer führen. Von einer Verunreinigung durch anthropogene Veränderungen wird dann gesprochen, wenn sie die Nutzungsmöglichkeit des Grundwassers völlig oder teilweise aufheben.
Inhaltsstoffe können im Grundwasser in gelöster Form, als Kolloide oder als ungelöste Schwebstoffe auftreten. Mit zunehmender Undergrundpassage und Verweilzeit treten die nicht gelösten Stoffe zurück. Das mögliche Spektrum der in Grundwäs-

Grundwasserbeschaffenheit 1: Prozesse im Sicker- und Grundwasserbereich, die die Grundwasserbeschaffenheit beeinflussen.

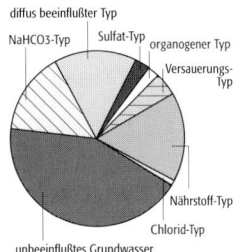

Grundwasserbeschaffenheit 2: Verteilung unterschiedlich anthropogen beeinflußter Grundwassertypen eines nordostdeutschen Einzugsgebietes.

Herkunft	Bestandteile der Emissionen
Kraftwerke	SO_2, NO_2, CO_2, Kohlenwasserstoffe (u.a. Benzpyren, Phenole), Asche, Staub, Fluoride, Chloride
Baustoffindustrie	Kalkstaub, SO_2, Chloride, NO_2, NO, CO_2
chemische Industrie	Stickstoff- u. Schwefelverbindungen, Chloride, Kohlenwasserstoffe, (u.a. Phenole, chlorierte KW, u.a.), Fluoride, Spurenelemente, Staub, HCl u.a. Säuren
Metallurgie	SO_2, NO_2, CO_2, Staub, Schwermetalle und andere Spurenelemente, H_2S, HF
Müllverbrennungsanlagen	Kohlenwasserstoffe, Stickstoffverbindungen, Chloride, Fluoride, Phosphorverbindungen
Hausbrand	SO_2, NO_2, CO_2, Asche, Schwermetalle und Spurenelemente, Kohlenwasserstoffe
Zellulosefabrikation bzw. Zellstoffindustrie	SO_2, H_2S, Kohlenwasserstoffe
Landwirtschaft	PBSM[(1)], Phosphor-, Schwefel- u. Stickstoffverbindungen
Straßenverkehr und städtische Emissionen außer Hausbrand	Blei, Cd, CO_n, Staub (Silicate, Sulfate, Eisenoxide, u.a.), Kohlenwasserstoffe, Mo_n
Kernwaffentests	Staub, radioaktives Spaltgemisch

[(1)] PBSM = Pflanzenbehandlungs- und Schädlingsbekämpfungsmittel

Grundwasserbeschaffenheit (Tab. 1): anthropogene Emissionen: Herkunft und Hauptbestandteile, die zur Veränderung der Grundwasserbeschaffenheit führen.

Süßwasser	0–1000 mg/l
Brackwasser	1000–10.000 mg/l
Salzwasser	10.000–100.000 mg/l
Sole	> 100.000 mg/l

Grundwasserbeschaffenheit (Tab. 2): Klassifikation der Grundwässer nach der Gesamtkonzentration der gelösten Inhaltsstoffe.

Grundwasserbeschaffenheit 3: Dreiecksdiagramme mit getrennter Darstellung von Kationen und Anionen am Beispiel von Grundwässern aus dem Mainzer Becken (1 = tertiäre NaCl-Wässer, 2 = permische NaCl-Wässer, 3 = $NaHCO_3$-haltige Wässer, 4 = Wässer aus dem vorwiegend kalkig ausgebildeten Tertiär und dem Pleistozän, 5 = Wässer aus dem kalkig ausgebildeten Tertiär bzw. aus dem Pleistozän mit mergeligem Einzugsgebiet).

sern auftretenden gelösten Inhaltsstoffe umfaßt fast das gesamte Periodensystem. Die meisten von ihnen treten, wenn überhaupt, nur in geringen Konzentrationen von ng/l bis µg/l auf. Den Hauptanteil der im Wasser gelösten Stoffe nehmen analog zu den Gesteinen nur wenige Hauptelemente ein. Sie können in dissoziierter ionarer Form oder als nicht-dissoziierte Verbindungen vorliegen. Wichtige Hauptinhaltsstoffe der Grundwässer sind: a) dissoziierte Stoffe (Kationen: Na^+, K^+, NH_4^+, Ca^{2+}, Mg^{2+}, Fe^{+2}, Mn^{2+}; Anionen: Cl^-, NO_2^-, NO_3^-, HCO_3^-, SO_4^{2-}, PO_3^{2-}), b) nicht-dissoziierte Stoffe (SiO_2, BO_2), c) gelöste Gase (O_2, CO_2). Wichtige physikalische und chemische Parameter sind Temperatur, spezifische elektrische Leitfähigkeit, ↗pH-Wert und ↗E_H-Wert, und wichtige mikrobiologische Parameter sind Koloniezahl, ↗Escherichia coli und coliforme Bakterien.

Die Klassifikation der Grundwässer nach chemischen Kriterien bietet verschiedene Möglichkeiten. Ein übergeordnetes Schema beruht auf der Gesamtkonzentration der gelösten Inhaltsstoffe (Tab. 2). Verbreitet sind jedoch Klassifikationen nach der chemischen Zusammensetzung, wobei die Inhaltsstoffe absolut oder in Prozenten der jeweiligen Stoffmasse (mg-%) oder Stoffmenge (meq-%) angegeben werden. So kann die Kennzeichnung der Wässer durch Angabe der Hauptinhaltsstoffe in der Reihenfolge ihrer Häufigkeit und getrennt nach Kationen und Anionen erfolgen. Darüber hinaus gibt es zahlreiche Klassifikationsschemata, die meist auf graphischen Gliederungen von Drei- oder Vierstoffdiagrammen beruhen (Abb. 3). Die genetische Klassifikation der Grundwässer erfolgt aufgrund der Parallelität zwischen dem Chemismus der Grundwässer und den von diesen durchflossenen Gesteinen. In Anlehnung an die für den Chemismus dominanten Gesteine werden dann Bezeichnungen, wie z. B. Kristallingesteinswässer, Kalkgesteinswässer oder Gipswässer, gebraucht. [HH]

Grundwasserbeschaffenheitsmeßstelle ↗Grundwassermeßstelle.

Grundwasserbewirtschaftung, Sicherung, Nutzung und Schutz von Grundwasservorkommen im Sinne der Wasserwirtschaft als zielbewußte Ordnung aller menschlichen Einwirkungen.

Grundwasserbilanz, bilanzartige Erfassung der Grundwasserzuflüsse (Grundwasserneubildung, zufließendes Uferfiltrat, oberstromiger Zufluß, künstliche Grundwasseranreicherung) und der Grundwasserabflüsse (Grundwasserabstrom, kapillarer Aufstieg und Evapotranspiration, künstliche Grundwasserentnahme) sowie der Vorratsänderung für ein Betrachtungsgebiet innerhalb einer Betrachtungszeitspanne.

Grundwasserbilanzgleichung, *Bilanzgleichung für Grundwasser*, mathematische Formulierung der ↗Grundwasserbilanz. Ausgedrückt in Form der Grundwasservorratsänderung (ΔG_V) lautet sie:

$$\Delta G_V = G_{V1} - G_{V2} = NB_N + GZ_O + GZ_V + NB_{KA} - GA - K_{UZ} - E_K,$$

mit G_{V1} = Grundwasservorrat zum Beginn des Bilanzzeitraumes, G_{V2} = Grundwasservorrat zum

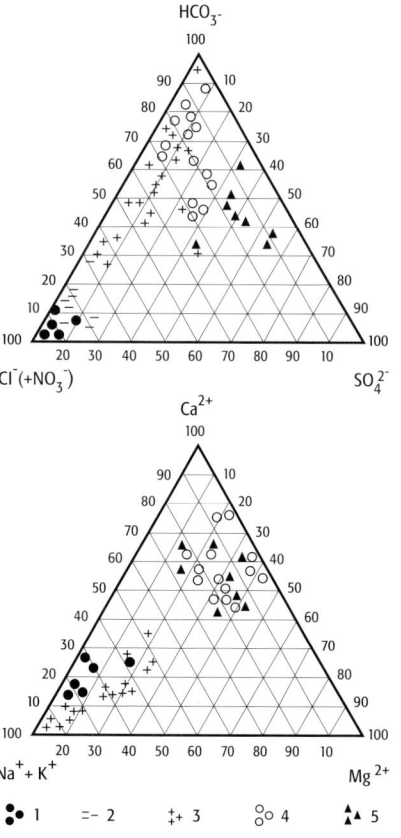

Ende des Bilanzzeitraumes, NB_N = Grundwasserneubildung aus Niederschlag, GZ_O = oberstromiger Grundwasserzustrom in das Betrachtungsgebiet, GZ_V = Versickerung von Oberflächengewässern, NB_{KA} = Grundwasserneubildung durch künstliche Grundwasseranreicherung GA = Grundwasserabstrom aus dem Betrachtungsgebiet, K_{ZU} = kapillarer Aufstieg in die ungesättigte Zone und EK = künstliche Grundwasserentnahme.

Grundwasserblänke, häufig künstlich angelegte Vertiefung im Gelände, z. B. eine Kiesgrube, die denselben Wasserspiegel wie das umgebende Grundwasser aufweist und keinen nennenswerten oberirdischen Zufluß bzw. Abfluß besitzt. Durch das Fehlen einer schützenden Deckschicht ist das Grundwasser in diesem Bereich direkt äußeren Einflüssen ausgesetzt, was zu einer negativen Beeinflussung insbesondere der ↗Grundwasserbeschaffenheit führen kann.

Grundwasserböden, ↗semiterrestrische Böden, die sich unter dem Einfluß von Grundwasser entwickelt haben. Der geschlossene Kapillarwassersaum des Grundwassers reicht zeitweilig bis mindestens 4 dm unter die Bodenoberfläche und führt dort zu ↗redoximorphen Spuren wie z. B. bei ↗Gleyen und ↗Marschen. Im Gegensatz dazu gehören alle Böden mit einem stetigen Kapillarobersaum unter 4 dm zu den ↗terrestrischen Böden, die allerdings semiterrestrische Subtypen entwicken können (z. B. Gley-Braunerde). Die Böden entsprechen den ↗Fluvisols und ↗Gleysols der ↗WRB.

grundwasserbürtiger Abfluß, derjenige Teil des ↗Basisabflusses, der dem ↗Vorfluter aus dem ↗Grundwasser zufließt. ↗Exfiltration.

Grundwasserdargebot, Summe aller positiven Wasserbilanzglieder, z. B. ↗Grundwasserneubildung aus Niederschlag und die ↗Zusickerung aus einem oberirdischen Gewässer, für einen Grundwasserabschnitt. Der Teil des Grundwasserdargebots, der durch technische Maßnahmen gefördert werden kann, wird als gewinnbares Grundwasserdargebot bezeichnet. Das nutzbare Grundwasserdargebot ist dagegen der Teil des gewinnbaren Grundwasserdargebots, der für Wasserversorgungszwecke unter Berücksichtigung bestimmter Randbedingungen, z. B. ökonomischer oder ökologischer Art, genutzt werden kann.

Grundwasserdatierung ↗*Grundwasser-Altersbestimmung.*

Grundwasserdeckfläche, Grenzfläche zwischen einem ↗Grundwasserleiter mit ↗gespanntem Grundwasser und der überlagernden undurchlässigen Schicht. Die Grundwasserdeckfläche stellt also die Oberfläche des gespannten Grundwassers dar (↗Grundwasser Abb.).

Grundwasserdeckschicht, ein häufig im Zusammenhang mit dem ↗Grundwasserschutz genannter Begriff, der in der Hydrogeologie jedoch nicht einheitlich gebraucht wird. In der Regel bezeichnen Grundwasserdeckschichten quartäre Ablagerungen oberhalb der Grundwasseroberfläche. Wenn möglich sollte die genauere Bezeichnung ↗Grundwasserüberdeckung verwendet werden.

Grundwasserdefizit ↗*Grundwasservorratsdefizit.*

Grundwasserdelle, Teilbereich eines ↗Grundwasserkörpers, der eine konkave Ausbildung der ↗Grundwasserdruckfläche aufweist.

Grundwasserdiagenese, *Grundwassermetamorphose*, von einzelnen Autoren gebrauchte Bezeichnung zur Veränderung der Grundwasserbeschaffenheit in Abhängigkeit von der unterschiedlichen Löslichkeit der Wasserinhaltsstoffe sowie von den dabei wirksam werdenden geochemischen Prozessen. Dabei ergeben sich charakteristische geochemische Zonierungen nach den vorherrschenden Kationen:

$$Ca_2^+ \rightarrow Ca_2 + Mg_2^+ \rightarrow Na^+$$

oder den vorherrschenden Anionen:

$$HCO_3^- \rightarrow HCO_3^- + SO_4^{2-} \rightarrow SO_4^{2-} + Cl^- \rightarrow Cl^- + SO_4^{2-} \rightarrow Cl^-.$$

Die genannten Vorgänge können die Beschaffenheit eines Grundwassers so stark verändern, daß Aussagen über die Herkunft eines Wassers allein anhand des Chemismus nicht möglich sind. Zum Teil wird die Bezeichnung der Diagenese eines Grundwassers auch im Zusammenhang mit diagenetisch veränderten Sedimentationswässern gebraucht.

Grundwasserdichte, Dichte des Grundwassers, die wie bei allen Fluiden von Druck und Temperatur abhängig ist. Im Vergleich zum reinen Wasser (maximale Dichte bei 3,98 °C und bei 101,324 kPa Druck) wird die Dichte der Grundwässer von den gelösten Inhaltsstoffen mitbestimmt.

Grundwasserdruckfläche, *Druckfläche*, gedachte Fläche, die die Endpunkte aller ↗Standrohrspiegelhöhen einer ↗Grundwasseroberfläche miteinander verbindet. Liegt die Grundwasserdruckfläche oberhalb der Grundwasseroberfläche, so ist das Grundwasser gespannt (↗gespanntes Grundwasser). Befindet sich die Grundwasserdruckfläche oberhalb der Geländeoberfläche, dann spricht man von ↗artesisch gespanntem Grundwasser.

Grundwasserdurchfluß, das Grundwasservolumen, welches einen gegebenen ↗Grundwasserquerschnitt in einer Zeiteinheit durchströmt. Aus dem Grundwasserdurchfluß und der durchströmten Grundwasserquerschnittsfläche läßt sich die ↗Filtergeschwindigkeit als Quotient der beiden Größen berechnen.

Grundwassereinspeisung, die Zugabe von Wasser in den Untergrund durch technische Maßnahmen, z. B. über ↗Schluckbrunnen.

Grundwassereinzugsgebiet ↗*unterirdisches Einzugsgebiet.*

Grundwasserentnahme, das Fördern von Grundwasser durch technische Maßnahmen. Die Reichweite der Grundwasserentnahme wird definiert als der horizontale Abstand zwischen dem Entnahmebrunnen und dem äußeren Rand des ↗Absenktrichters. Sie ist bei konstanter Entnah-

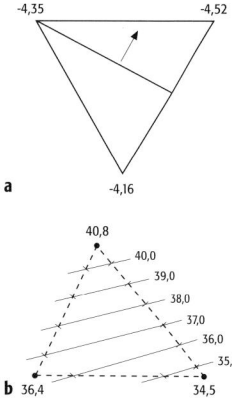

Grundwasserfließrichtung 1: hydrologische Dreiecke aus drei Beobachtungsbrunnen zur Bestimmung der Grundwasserrichtung. Der Abstand zwischen den Brunnen sollte mehrere 100 m betragen; Höhenangabe in m unter Bezugspunkt (a) oder in m über NN (b).

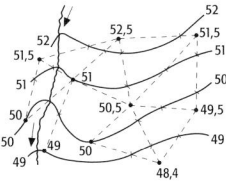

Grundwasserfließrichtung 2: Konstruktion von Grundwasserhöhengleichen mit Hilfe hydrologischer Dreiecke (Höhenangabe in m über NN).

merate und ↗instationären Strömungsverhältnissen eine Funktion der Zeit seit Pumpbeginn und der Beschaffenheit des Grundwasserleiters, bei (quasi-) ↗stationären Strömungsbedingungen nur eine Funktion der Grundwasserleiterbeschaffenheit. Sichardt (1928) hat eine in Deutschland häufig angewendete Näherungsformel für Porengrundwasserleiter vorgestellt, mit der die Reichweite R der Grundwasserentnahme berechnet werden kann:

$$R = 3000 \cdot s \cdot \sqrt{k_f}\,[\text{m}]$$

mit s = Absenkung des Brunnenwasserspiegels [m] und k_f = Durchlässigkeitsbeiwert [m/s] (↗k_f-Wert). [WB]

Grundwasserentnahmebereich, Entnahmebereich, Teilgebiet des ↗Grundwasserabsenkungsbereichs, aus dem alles Grundwasser dem Förderbrunnen zufließt. Er umfaßt also den Bereich, in dem sich das Einzugsgebiet und der Absenkungsbereich einer Grundwasserentnahme überlagern.

Grundwassererschließung, Begriff, der alle Maßnahmen bezeichnet, die der Grundwassergewinnung für Trink-, Brauch- und Beregnungswasserzwecke dienen. Bei der Grundwassererschließung arbeiten Fachleute unterschiedlicher Disziplinen, z. B. Hydrogeologen, Ingenieure und Chemiker, mit den zuständigen Vertretern staatlicher Aufsichtsbehörden und der Wasserwirtschaft zusammen. Vor der eigentlichen Grundwassererschließung, z. B. über Bohrungen und dem Errichten von Förderbrunnen, sind meist ausgedehnte Voruntersuchungen durchzuführen. Am Beginn dieser Voruntersuchungen steht die Ermittlung des Wasserbedarfs, also der Wassermenge, die pro Zeiteinheit im Mittel benötigt wird. Im kommunalen Bereich geht man hierbei i. d. R. von 200 l pro Einwohner und Tag aus. Aus der Feststellung des Wasserbedarfs und unter Berücksichtigung technischer Vorgaben ergibt sich das Erschließungsziel, welches durch geologische und insbesondere durch hydrogeologische Untersuchungen auf seine Realisierung hin zu überprüfen ist. Letztendlich ist das Ziel der Voruntersuchungen die Ermittlung des nutzbaren ↗Grundwasserdargebotes. Konnte im Rahmen der Voruntersuchungen das Erschließungsziel und nutzbare Grundwasserdargebot in Einklang gebracht werden, so kann mit der technischen Erschließung des Grundwassers begonnen werden (↗Grundwassergewinnung).

Die Art der technischen Erschließung ist in erheblichem Maße von den gegebenen geologischen und hydrogeologischen Verhältnissen abhängig. Prinzipiell lassen sich drei Grundwassererschließungsarten unterscheiden: a) die Errichtung von ↗Brunnen zur Grundwasserförderung, b) die Grundwassergewinnung über ↗Quellfassungen und c) das Anlegen von Sickerschächten und bergmännisch errichteten ↗Trinkwasserstollen. Die Grundwassergewinnung in Deutschland erfolgt am häufigsten über Brunnen, da mit ihnen am zuverlässigsten die benötigten Entnahmeraten realisiert werden können. [WB]

Grundwasserfließrichtung, Grundwasserstromrichtung, Richtung der Grundwasserbewegung. Für Grundwasserleiter mit ausreichend homogener Durchlässigkeit und nahezu gleicher Mächtigkeit ergibt sich die Richtung der Grundwasserbewegung bei nahezu horizontalem Fluß als Senkrechte zur Grundwasserhöhengleichen (↗Grundwassergleiche). Diese kann aus drei Beobachtungsbrunnen bestimmt werden, die ein sog. hydrologisches Dreieck bilden (Abb. 1). Ein größeres Netz von Beobachtungsbrunnen ermöglicht die Konstruktion von Grundwasserhöhengleichenkarten (Abb. 2), auf denen bei freiem Grundwasser die Höhenlage des Grundwasserspiegels, bei gespannten Grundwasser die Druckspiegelhöhen (piezometrische Oberfläche) dargestellt ist. Bei der Konstruktion von Grundwasserisopotentialen ist zu prüfen, ob die verwendeten Potentialhöhen dem gleichen zusammenhängenden Grundwasserstockwerk angehören.

Die Fließrichtung des Grundwassers kann in einem einzigen Bohrloch durch radioaktive Markierung der Wassersäule in der Bohrung bestimmt werden. Nach angemessener Zeit wird von dem Bohrloch aus die Verteilung des Markierungsstoffes mit einem richtungsempfindlichen Detektor gemessen. Bei kontrollierter Drehung des Detektors um eine senkrechte Achse zeigt die Richtung maximaler Strahlung die Richtung der abfließenden radioaktiven Wolke des Tracers an. In Karst-, Kluft- und Porengrundwasserleitern können die Grundwasserfließrichtungen ebenfalls durch Tracerversuche ermittelt werden. [RO]

Grundwasserflurabstand, Flurabstand, lotrechter Abstand zwischen der ↗Grundwasseroberfläche des oberen ↗Grundwasserstockwerkes und einem Punkt der Geländeoberfläche.

Grundwasserganglinie, Kurve, in der die gemessenen ↗Grundwasserstände einer ↗Grundwassermeßstelle gegen die Zeit aufgetragen werden. Der Verlauf und das Aussehen dieser Kurve wird maßgeblich durch die Größen ↗Grundwasserzufluß bzw. -abfluß und ↗Grundwasserneubildung bestimmt. Meist untergeordnet können noch Schwankungen des Luftdruckes und des Auflastdruckes, insbesondere in gespannten Grundwasserleitern, Einflüsse von Erd- und Meeresgezeiten sowie seismische Aktivitäten den Verlauf der Grundwasserganglinie beeinflussen. In oberflächennahem Grundwasser ist häufig eine direkte Abhängigkeit der Grundwasserstandsschwankungen von Niederschlagsereignissen zu beobachten. In tieferen ↗Grundwasserstockwerken tritt diese Abhängigkeit nur noch mehr oder weniger abgeschwächt und mit zeitlicher Verzögerung auf.

Grundwassergefährdung, entsteht durch die von einer Kontamination (z. B. ↗Altlasten) ausgehenden Emissionen. Eine wichtige Emission ist Sickerwasser. Für die Grundwassergefährdung sind die Ausgangsmengen der Schadstoffe, ihre Zustandsformen (gelöst, suspendiert oder emulgiert) und ihr Reaktionsverhalten maßgebend. Eine Vielzahl von Reaktionsmechanismen, die teilweise auch reversibel sein können, kann sich auf die Freisetzung und auf die Ausbreitung im Grundwasser auswirken. Zu diesen Mechanismen zählen u. a. chemische ↗Ausfällung, Komplexbildung, ↗Ionenaustausch, ↗Adsorption, ↗Absorption, Verflüchtigung, ↗Hydrolyse, ↗Bioakkumulation, aerober und anaerober Abbau. Weitere wichtige Einflußfaktoren sind der Aufbau und die Struktur der wassergesättigten und der ungesättigten Zone. Weiterhin entscheidend sind die Grundwasserbewegung und -beschaffenheit, die Art der vorliegenden Stoffe im Grundwasser und die ↗Grundwasserneubildung. [ME]

Grundwassergefälle ↗hydraulischer Gradient.

Grundwassergeringleiter ↗Aquitarde.

Grundwassergewinnung, technische Entnahme von ↗Grundwasser. Zur Gewinnung von Grundwasser werden verschiedenste technische Verfahren angewandt:

a) ↗Quellfassungen: Sie dienen der Fassung und Ableitung von ↗Grundwasseraustritten unter oder an der Geländeoberfläche und bestehen aus einem oder mehreren, i. d. R. etwa quer zur Anströmrichtung verlegten, gelochten oder geschlitzten Sickerrohren mit einem Mindestinnendurchmesser von 150 mm aus Kunststoff gemäß DIN 1185–1187 oder Steinzeug nach DIN 1230. Sie sind umgeben von einer entsprechend der ↗Filterregel von außen nach innen abgestuften Kiesschüttung, welche die maximale Quellschüttung bei einer Fließgeschwindigkeit $v = 0{,}2$–$0{,}4$ m/s ohne Aufstau der Quellstube zuführen.

b) Sickerleitungen: Sie bestehen aus gelochten oder schlitzten Beton-, Kunststoff-, Stahl- und Steinzeugrohren mit Filterkiesumhüllung und werden in offener Baugrube auf der Sohle von geringmächtigen ↗Grundwasserleiter mit kleinem Flurabstand (bis ca. 10 m) und in ufernahen Ablagerungen von Kiesen und Sanden entlang von Gewässern (z. B. im Ruhrtal) oder unterhalb von Versickerungsbecken und -gräben zur Gewinnung von uferfiltriertem und angereichertem Grundwasser verlegt (Abb. a). Es werden auch unterirdisch verlegte Sickerrohrleitungen ähnlicher Ausführung oder überdeckte (begehbare) Sickerkanäle (Abb. b) neben vertikalen Schluckbrunnen zur Infiltration von ggf. vorbehandeltem Anreicherungswasser in den Grundwasserleiter verwendet. Die bei zahlreichen Wasserwerken zur ↗Grundwasseranreicherung betriebenen Versickerungsbecken (wegen ihrer langgestreckten Form häufig auch als Versickerungsgräben bezeichnet) werden in die aus Auelehm gebildete Deckschicht so tief eingeschnitten, daß ihre Sohle die Oberfläche des Grundwasserleiters erreicht. Die Beckensohle wird gemäß DIN 2000 mit einer als Langsamsandfilter wirkenden und nach Verstopfung abzuschälenden Sandschicht von 0,5–1,0 m Höhe abgedeckt. Beschickt werden sie mit einem flächenbezogenen Sickerwasserabfluß von 0,5–2 Meter pro Tag.

c) Flachbrunnen oder Schachtbrunnen, in kleinerer Ausführung auch Kesselbrunnen genannt: Sie sind als älteste Brunnenart in Deutschland nur noch bei Einzelversorgungen isolierter Gehöfte in Gebrauch. Sie werden durch Absenken vorgefertigter Brunnenringe aus Beton gemäß DIN 4034 oder Aufmauern eines kreisförmigen Brunnenschachtes aus Klinker- oder Betonwerksteinen im Durchmesser von 1 bis zu 6 m hergestellt. Schachtbrunnen dienen bei der Erschließung von Grundwasservorkommen geringer Mächtigkeit und Tiefe zugleich als Ausgleichsbehälter für Schwankungen zwischen Zufluß und Entnahme. Das Grundwasser tritt durch die offene Sohle, die zur Einhaltung der zulässigen Eintrittsgeschwindigkeit und zur Vermeidung von Versandung mit Filterkies entsprechend der Filterregel abzudecken ist, und durch Öffnungen in der Mantelfläche ein. ↗Vollkommene Brunnen reichen bis auf die Sohle des Grundwasserleiters. Bei ↗unvollkommenen Brunnen liegt die Unterkante innerhalb des Grundwasserleiters.

d) ↗Abessinierbrunnen oder Rammbrunnen: Sie werden durch Einschlagen oder Einspülen geschlitzter Stahlfilterrohre mit Rammspitze gemäß DIN 4920 in den Grundwasserleiter zur Gewinnung kleiner Zuflüsse bei Einzelanwesen, für vorübergehende oder Notversorgungszwecke hergestellt.

e) ↗Bohrbrunnen als Vertikalbrunnen sind die bei weitem häufigste, von der Tiefe des ↗Grundwasserspiegels und den Eigenschaften des Grundwasserleiters weitgehend unabhängige Art der Grundwassergewinnung. Horizontalfilterbrunnen eignen sich besonders zur Gewinnung großer Grundwasservolumen auf recht kleinem Raum aus verhältnismäßig geringmächtigen, aber grobdurchlässigen Grundwasserleitern. ↗Brunnen. [ME]

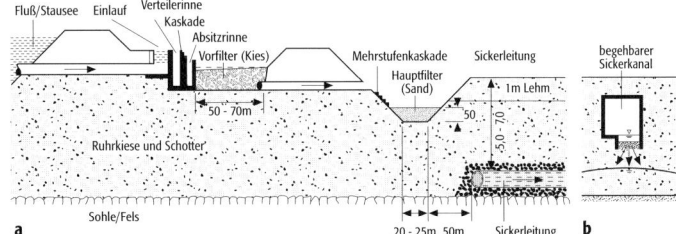

Grundwassergewinnungsanlage, technische Einrichtung zur Förderung von Grundwasser. ↗Grundwassergewinnung.

Grundwasserglide: künstliche Grundwasseranreicherung über a) Sickerrohrleitungen und b) Sickerkanäle.

Grundwassergleiche, *Grundwasserhöhengleiche*, *Grundwasserisohypse*, Verbindungslinie gleicher ↗Standrohrspiegelhöhen einer ↗Grundwasserdruckfläche. Alle Punkte auf einer Grundwassergleichen besitzen das gleiche Potential, so daß sie gleichzeitig einer ↗Äquipotentiallinie entspricht. Senkrecht zu den Grundwassergleichen verlaufen die ↗Grundwasserstromlinien, die den Fließweg des Grundwassers abbilden. Werden mehrere Grundwassergleichen konstruiert und gezeichnet, so spricht man von einer *Grundwassergleichenkarte*. Sie spiegelt die flächenhafte Ausprägung der Grundwasserdruckfläche wider (↗Isolinienkarte).

Grundwassergleichenkarte ↗Grundwassergleiche.

Grundwasserhaushalt, früher Synonym für ↗Grundwasserbilanz, sollte aber zur Vermeidung von Mißverständnissen mit dem rechtlich belegten Begriff ↗Wasserhaushalt vermieden werden.

Grundwasserhemmer ↗*Aquitarde*.

Grundwasserhöffigkeit, bezeichnet in Anlehnung an den entsprechenden bergmännischen Ausdruck (↗Höffigkeit) die Menge an ↗Grundwasser, die pro Zeiteinheit aufgrund von Erfahrungswerten mit einer gut ausgebauten Grundwasserförderanlage voraussichtlich auf Dauer realisiert werden könnte. Die Grundwasserhöffigkeit kann aber keine Aussage dazu treffen, ob diese Grundwasserförderrate an einem bestimmten Ort auch tatsächlich ökonomisch zu erzielen ist, da diese maßgeblich davon abhängt, welches ↗Einzugsgebiet die Grundwasserförderanlage erschließt.

Grundwasserhöhengleiche ↗*Grundwassergleiche*.

Grundwasserhydrologie, Teilbereich der ↗Hydrologie, der sich mit dem Wasser in der ↗gesättigten Bodenzone (↗Grundwasser) befaßt und zwar hinsichtlich seines Volumens, der Verteilung und der Bewegung. ↗Hydrogeologie.

Grundwasserinhaltsstoffe ↗Grundwasserbeschaffenheit.

Grundwasserisohypse ↗*Grundwassergleiche*.

Grundwasserkörper, ein abgegrenztes ↗Grundwasservorkommen bzw. ein abgrenzbarer Teil davon. Die Potentialfläche eines Grundwasserkörpers ist der geometrische Ort aller Punkte in einem betrachteten Grundwasserkörper, die die gleiche ↗Standrohrspiegelhöhe aufweisen.

Grundwasserkuppe, Teilbereich eines ↗Grundwasserkörpers, der eine konvexe Ausbildung der ↗Grundwasserdruckfläche aufweist.

Grundwasserlandschaft, *Grundwasserregion*, größerer Naturraum, der durch einheitlichen geologischen und tektonischen Bau sowie durch einheitliche morphologische Entwicklung und klimatische Gegebenheiten eine hydrogeologisch einheitliche Prägung und Strukturierung der Grundwasservorkommen aufweist. Beispiele sind die Schwäbische Alb und der Oberrheingraben.

Grundwasserlängsschnitt, Schnitt durch einen ↗Grundwasserkörper normal zu dessen Linien gleicher ↗Standrohrspiegelhöhe. Er entspricht häufig in guter Näherung einem senkrechten Schnitt entlang einer ↗Grundwasserstromlinie der ↗Grundwasseroberfläche.

Grundwasserleiter, *Aquifer*, ein Gesteinskörper, der Hohlräume aufweist und daher geeignet ist ↗Grundwasser weiterzuleiten. Entsprechend der Beschaffenheit der Grundwasserleiter lassen sich drei Grundtypen unterscheiden: a) ↗Porengrundwasserleiter, die aus Locker- oder Festgesteinen aufgebaut sind und einen überwiegend durchflußwirksamen Porenanteil aufweisen, b) ↗Kluftgrundwasserleiter, in Festgesteinen mit überwiegend durchflußwirksamen Klüften und anderen Trennfugen, und c) ↗Karstgrundwasserleiter, deren durchflußwirksamen Hohlräume überwiegend durch Verkarstungsprozesse entstanden sind. Neben diesen drei Grundtypen sind in der Natur auch Zwischentypen anzutreffen, wie z. B. ein geklüfteter Sandstein, der neben der Kluft- bzw. Trennfugendurchlässigkeit noch eine deutliche Porendurchlässigkeit aufweisen kann.

Die Elastizität des Grundwasserleiters wird von der Kompressibilität des Grundwassers sowie der Kompressibilität des Korngerüstes bestimmt und steht damit im direkten Zusammenhang mit dem ↗Speicherkoeffizienten in einem ↗gespannten Grundwasser. ↗Aquifer. [WB]

Grundwasserleiter mit verzögerter Entleerung, *halbfreies Grundwasser, verzögerte Porendränung*, ein ↗Grundwasserleiter, der von einer geringer wasserleitenden Schicht überlagert wird. Die horizontale Strömungskomponente in dieser halbdurchlässigen Schicht darf deshalb bei der Auswertung von Pumpversuchen in halbfreien Grundwasserleitern nicht mehr vernachlässigt werden. Bei der ↗Grundwasserentnahme gleichen sich die Absenkungsbeträge mit zeitlicher Verzögerung an die eines freien Grundwasserleiters an. Unter idealen Bedingungen gliedert sich die Entleerung in drei Phasen: a) Die Absenkung verläuft wie im gespannten Grundwasserleiter (↗gespanntes Grundwasser). Das geförderte Wasser stammt aus der Druckentlastung des Grundwassers und aus der Kompression des Korngerüstes. Diese Phase dauert meist nur einige Minuten. b) Danach stellt sich durch ein der Leckage im halbgespannten Grundwasserleiter vergleichbares Nachtropfen der überlagernden Schicht ein pseudostationärer Zustand ein; die Absenkungskurve verflacht immer mehr, daher die Bezeichnungen »Grundwasserleiter mit verzögerter Entleerung« und »verzögerte Porendränung«. Diese Phase dauert im Bereich von Minuten bis zu einigen Stunden. c) Der Einfluß der verzögerten Entleerung wird zunehmend geringer, so daß die Absenkungskurve wieder steiler wird und nur noch horizontale Strömungskomponenten wirksam sind. Die Absenkung verläuft nun wie in einem freien Grundwasserleiter (↗freies Grundwasser) und die Werte müssen bei hohen Absenkungsbeträgen zur Auswertung korrigiert werden (↗korrigierte Absenkung). Pumpversuche in Grundwasserleitern mit verzögerter Entleerung können mit dem Typkurvenverfahren nach Boulton (↗Boulton-Verfahren) oder nach Neuman ausgewertet werden. [WB]

Grundwassermächtigkeit, der lotrechte Abstand zwischen der ↗Grundwassersohle und der ↗Grundwasseroberfläche (↗Grundwasser Abb.).

Grundwassermarkierungsversuch, Zugabe von künstlichen Markierungsstoffen (↗Tracer) zur Verfolgung unterirdischer Wässer und zur Bestimmung hydraulischer Parameter (↗Tracerhydrologie).

Grundwassermehrfachmeßstelle, *Grundwassermeßgruppe*, 1) zwei oder mehrere ↗Grundwassermeßstellen, die jeweils einen Grundwasserleiter erfassen und in geringer Entfernung voneinander (Abstände im Meterbereich) errichtet werden. 2) Bohrung größeren Durchmessers, in die zwei oder mehrere Peil- oder Beobachtungsrohre eingebracht werden, die getrennte Grundwasserleiter über ihre jeweilige Filterstrecke erfassen. Da die Wiederherstellung der sicheren Trennung der einzelnen Grundwasserleiter im Ringraum und Bohrlochumfeld mit Unsicherheiten behaftet ist, werden i. a. Mehrfachmeßstellen heute nach 1) angelegt.

Grundwassermeßstelle, Anlage zur Erfassung hydrologischer und hydrochemischer Daten des Grundwassers (Abb.). Im weitesten Sinne umfaßt der Begriff ↗Quellen, ↗Brunnen sowie speziell zur Beobachtung des Grundwassers abgeteufte Schächte und Bohrungen. Im engeren Sinne werden darunter nur die speziell abgeteuften Bohrungen verstanden. Sie haben i. d. R. einen Innendurchmesser von 50–150 mm und können im Bereich der gesättigten Zone in Teilabschnitten, durchgehend verfiltert oder als tiefenabhängige ↗Grundwassermehrfachmeßstelle ausgebaut sein. Verschiedene ↗Grundwasserstockwerke sind durch gesonderte Meßstellen zu erfassen, hydraulische Kurzschlüsse sind auszuschließen. Nach dem Hauptverwendungszweck wird zwischen *Grundwasserstandsmeßstellen* und *Grundwasserbeschaffenheitsmeßstellen* unterschieden. Grundwasserstandsmeßstellen dienen der Messung des Grundwasserstandes. Im Vergleich zu Grundwasserbeschaffenheitsmeßstellen ist die Verwendung von engeren Rohrdurchmessern möglich. Im Hinblick auf besondere Fragestellungen wird auch zwischen Vorfeldmeßstellen im Einzugsgebiet von Wasserwerken oder Emittentenmeßstellen im Grundwasserabstrom potentieller Grundwasserverschmutzer unterschieden. Der Meßpunkt einer Grundwassermeßstelle ist ein festgelegter Punkt, z. B. die Rohroberkante oder die geöffnete Verschlußkappe, als Bezugspunkt für die Messung von Höhenunterschieden des ↗Grundwasserspiegels.

Grundwassermetamorphose ↗*Grundwasserdiagenese.*

Grundwassermodell, Modell zur Berechnung des Grundwasserhaushaltes und zur Prognose der Auswirkungen wasserwirtschaftlicher Maßnahmen. Sie werden eingeteilt in ↗Strömungsmodelle und ↗Stofftransportmodelle. Beide gehören zur Gruppe der numerischen Modelle, welche weiterhin nach ihrer Dimensionalität in 1-D-, 2-D- oder 3-D-Modelle sowie nach ihrem zeitlichen Verhalten in stationäre und instationäre Modelle unterteilt werden. Numerische Lösungsverfahren erfordern eine räumliche und bei instationären Modellen eine zeitliche ↗Modelldiskretisierung. Nach Art der Diskretisierung des Raumes können die ↗Finite-Differenzen-Methode oder die ↗Finite-Elemente-Methode zur Anwendung kommen.
Eindimensionale Modelle sind z. B. zur Interpretation von Säulenexperimenten geeignet. 2-D-Modelle werden zur Beschreibung der regionalen Grundwasserströmung und des Stofftransports eingesetzt. Eine 3-D-Betrachtung ist z. B. notwendig bei kleinräumigen Problemen im Falle einer Sanierung, bei ↗unvollkommenen Brunnen in ↗Aquiferen großer Mächtigkeit, beim Vorhandensein mehrerer ↗Grundwasserstockwerke, beim Auftreten von Dichteeffekten sowie für den Fall, daß die vertikalen Komponenten der Filtergeschwindigkeit in der Größenordnung der horizontalen sind.

Grundwasserneubildung, Zufluß von infiltriertem Wasser zum Grundwasser, i. d. R. das an der Oberfläche einsickernde Niederschlagswasser abzüglich des Evapotranspirationsverlustes; wichtige Einzelgröße der ↗Grundwasserbilanz.

Grundwasserneubildungsrate ↗*Grundwasserneubildungsspende.*

Grundwasserneubildungsspende, *Grundwasserneubildungsrate*, der Quotient aus dem Volumen an Grundwasser, das in einer gegebenen Zeitspanne auf einer bestimmten Fläche neu gebildet wird (↗Grundwasserneubildung), und dem Produkt aus dieser Zeitspanne und dieser Fläche. So beträgt z. B. die Grundwasserneubildungsspende für die Oberrheinebene 4,9 l/(s · km^2).

Grundwassernichtleiter, ↗*Aquifuge*, ↗*Aquiclude*, *Grundwassersperrer* (veraltet), ein Gesteinskörper, der wasserundurchlässig ist bzw. je nach Betrachtungsweise als wasserundurchlässig bezeichnet werden kann.

Grundwassernutzung, Grundwasser nimmt an der gesamten Wassermenge der Erde von etwa 1,4 Mrd. km^3 nur 1,7 % ein. Zusammen mit dem Wasser der Seen, Sümpfe, Flüsse, Permafrostböden und der Atmosphäre beträgt die Gesamtwassermenge an Süßwasser nur 31,1 Mio. km^3 (2,5 %). Nach der Statistik des BMU wurden in der BRD im Jahre 1991 47,8 Mrd. m^3 Wasser gefördert, wobei der größte Teil (29,1 Mrd. m^3) als Kühlwasser von Kraftwerken genutzt wurde. Für die Landwirtschaft wurden 8,1 Mrd. m^3 Wasser und für die öffentliche Wasserversorgung etwa 6,5 Mrd. m^3 Wasser benötigt. An Haushalte und Kleingewerbe wurden allerdings nur 4,1 Mrd. m^3 Wasser abgegeben. Nach der Statistik des Bundesverbandes der deutschen Gas- und Wasserwirtschaft (BGW) wurden in der BRD im Jahre 1991 etwa 41 Mrd. m^3 Wasser gefördert und zwar etwa 26 Mrd. m^3 »echte« Grundwässer (Brunnenwasserförderung) (63,8 %), 0,4 Mrd. m^3 Quellwässer (8,6 %) und 11 Mrd. m^3 Oberflächenwässer (Uferfiltrat, angereichertes Grundwasser, Fluß- und Seewasser, Talsperrenwasser) (27,6 %). Rechnet man die Gewinnung an Uferfiltrat (0,3 Mrd. m^3) und angereichertem Grundwasser (0,4 Mrd. m^3) ebenfalls zur Grundwassergewinnung, ergibt sich eine Grundwasserförderung über Brunnen von 33 Mrd. m^3 (80,5 %), zuzüglich der auch aus Grundwasser genährten Quellen sogar von 36 Mrd. m^3 (89,1 %). [ME]

Grundwasseroberfläche, die obere Begrenzungsfläche eines ↗Grundwasserkörpers (↗Grundwasser Abb.).

Grundwasserquerschnitt, Schnitt durch einen ↗Grundwasserkörper senkrecht zu dessen ↗Grundwasserstromlinien. Er entspricht häufig in guter Näherung einem senkrechten Schnitt entlang einer ↗Grundwassergleichen.

Grundwasserraum, ein mit Grundwasser gefüllter Gesteinskörper.

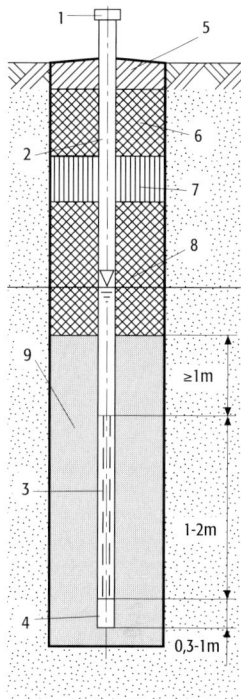

Grundwassermeßstelle: Ausbauplan von Grundwassermeßstellen im unbedeckten Grundwasserleiter (1 = Kappe, 2 = Aufsatzrohr, 3 = Filterrohr, 4 = Sumpfrohr, 5 = Betonabdeckung, 6 = frostsicherer Boden, 7 = Abdichtung, 8 = Bohrgut, 9 = Filtersand).

Grundwasserregion ↗ *Grundwasserlandschaft*.

Grundwasserscheide, die Begrenzungslinie zwischen ↗ unterirdischen Einzugsgebieten. Der räumliche Verlauf einer Grundwasserscheide wird durch geologische, hydrologische und anthropogene Einflußgrößen bestimmt und unterliegt häufig zeitlichen Veränderungen.

Grundwasserschirmfläche, die Grenzfläche zwischen einem liegenden ↗ Grundwasserleiter und einem hangenden ↗ Grundwassernichtleiter, wobei der Grundwasserleiter nicht vollständig bis zur Grenzfläche mit Grundwasser erfüllt ist.

Grundwasserschutz, Grundwasser ist ein »Bodenschatz«, der sich zwar erneuert, gerade dadurch aber den vielfältigsten Gefährdungen ausgesetzt ist und eines angemessenen Schutzes bedarf. Diese Gefährdung kann sich sowohl auf den qualitativen Zustand des Grundwassers beziehen als auch auf seine Quantität.

Beim Grundwasserschutz müssen die Besonderheiten von Grundwasser und Grundwasservorkommen berücksichtigt werden. Grundwasser ist durch die überdeckenden Böden und Gesteine keineswegs immer und unbegrenzt vor anthropogenen Beeinträchtigungen geschützt. Leider sind Ursache und Ausmaß von Beeinträchtigungen häufig nur schwer zu ermitteln. Im Grundwasser laufen abiotische und mikrobielle Prozesse i. d. R. viel langsamer ab als in Oberflächengewässern. Die Beseitigung eingetretener Beeinträchtigungen mittels Grundwassersanierungen ist meist schwierig, langwierig, kostenintensiv und häufig wenig wirksam. Schadstoffe können zudem über das Grundwasser weiträumig verteilt werden.

Die Bedeutung des nachhaltigen Grundwasserschutzes kommt sowohl in supranationalen Maßnahmen, z. B. EG-Richtlinien, als auch in der Gesetzgebung der einzelnen Länder, z. B. im Wasserhaushaltsgesetz, im Umwelthaftungsgesetz und in den Regelwerken der Wasserverbände, zum Ausdruck. Grundwasserschutz umfaßt neben der Bewirtschaftung der Grundwassermengen insbesondere die Sicherung der Grundwasserqualität. Dies bedeutet, daß anthropogene Belastungen möglichst zu vermeiden sind. Das geltende Recht entspricht mit dem Wasserhaushaltsgesetz (Verschlechterungsverbot) und den Landesgesetzen bereits weitgehend diesem Vorsorgegrundsatz. Obwohl der Grundwasserschutz allgemein anerkannt ist, ist er in der Praxis jedoch überwiegend nutzungsbezogen ausgerichtet, d. h. das größte Gewicht wird im wesentlichen auf die Ausweisung von Trinkwasserschutzgebieten für die Einzugsgebiete von Gewinnungsanlagen gelegt, um die Wasserversorgung gefährdende Nutzungen zu verhindern.

Trotz der zahlreichen Schutzansätze sind Grundwasservorkommen und -gewinnungsgebiete durch stoffliche Einträge in Boden und Grundwasser häufig beeinträchtigt. Besonders problematisch sowohl für den Erhalt der ökologischen Funktionen als auch für die wasserwirtschaftliche Nutzung sind diffuse stoffliche Einträge. Wie stark Grundwasservorkommen durch Stoffeinträge und nicht-stoffliche Beeinträchtigungen gefährdet sind, hängt von den jeweiligen Standortverhältnissen (Boden- und Untergrundeigenschaften) sowie von Art, Ausmaß und Dauer anthropogener Einflüsse ab. Der allgemeine qualitative Grundwasserschutz wird gegenwärtig überwiegend ordnungsrechtlich durch das Wasserhaushaltsgesetz und die Landeswassergesetze sowie andere medien- und stoffbezogene Umweltgesetze geregelt. [WB]

Grundwassersohle, *Grundwasserunterfläche*, *Grundwassersohlfläche*, die untere Grenzfläche eines ↗ Grundwasserkörpers.

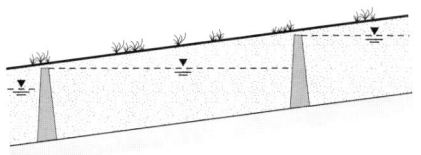

Grundwasserspeicherung, eine technische Maßnahme zur Verminderung des Grundwasserabflusses und somit zur Erhöhung des ↗ Grundwasserdargebotes in einem betrachteten Gebiet. Insbesondere in Karstgebieten mit ihrem meist großen nutzbaren unterirdischen Speicherraum kann durch geeignete technische Maßnahmen, z. B. das Verschließen von Quellaustritten, der Karstwasserspiegel deutlich angehoben und somit eine größere Grundwassermenge bewirtschaftet werden. In semiariden Gebieten kann in tief eingeschnittenen Trockentälern, die undurchlässige Talflanken und eine undurchlässige Basis besitzen und mit gut durchlässigen Lockersedimenten verfüllt sind, durch das Errichten von unterirdischen Sperrbauwerken, z. B. Spund- oder Schlitzwände, das meist nur kurzzeitig vorhandene Grundwasser zurückgestaut und gespeichert werden (Abb.).

Grundwassersperrer, veralteter Begriff für ↗ Aquiclude, ↗ Aquifuge oder ↗ Grundwassernichtleiter.

Grundwasserspiegel, die gegen die Atmosphäre druckmäßig ausgeglichene Grenzfläche des ↗ Grundwassers, wie sie z. B. in ↗ Brunnen oder ↗ Grundwassermeßstellen bestimmt werden kann.

Grundwasserspiegeldifferenzenplan, *Differenzplan*, zeichnerische Darstellung der Veränderung des ↗ Grundwasserspiegels im Betrachtungsgebiet innerhalb eines gegebenen Zeitabschnittes. Bei der Planerstellung werden für alle ↗ Grundwassermeßstellen die Grundwasserspiegeldifferenzen berechnet, aus diesen Werten Linien gleicher Spiegeldifferenz ermittelt und in den Plan eingezeichnet (Abb.). Grundwasserspiegeldifferenzenpläne eignen sich besonders zur Dokumentation der Auswirkungen von ↗ Grundwasserentnahmen bzw. -anreicherungen, da sie auch geringe Veränderungen des Grundwasserspiegels deutlich zeigen, die in Grundwassergleichenplänen nur als kleine Verschiebungen der ↗ Grundwassergleichen zu erkennen sind.

Grundwasserspeicherung: Beispiel für eine technische Maßnahme zur Erhöhung der Speicherung von Grundwasser in Talschottern.

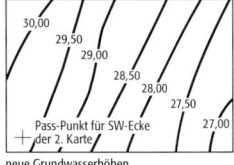

neue Grundwasserhöhen

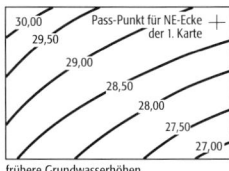

frühere Grundwasserhöhen

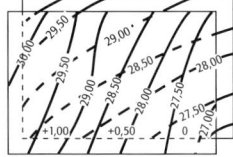

Überlagerung beider Karten

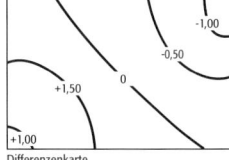

Differenzenkarte

Grundwasserspiegeldifferenzenplan: Konstruktion eines Grundwasserdifferenzplanes.

Grundwasserspiegelgefälle ↗*Standrohrspiegelgefälle*.
Grundwasserstand, die Höhe des ↗Grundwasserspiegels über oder unter einer waagrechten Bezugsfläche, z. B. Geländeoberfläche oder fest definierte Bezugsfläche für Höhenmessungen. In Deutschland wird der Grundwasserstand meist in Meter über bzw. unter NN angegeben.
Grundwasserstandsmeßstelle ↗Grundwassermeßstelle.
Grundwasserstauer ↗Aquiclude, ↗Aquifuge.
Grundwasserstockwerk, die Bezeichnung für einen ↗Grundwasserleiter einschließlich seiner oberen und unteren Begrenzung als Betrachtungseinheit innerhalb der lotrechten Gliederung des Untergrundes. Mehrere Grundwasserstockwerke können auftreten, wenn infolge mehrfacher Wechsellagerungen mehrere Grundwasserleiter übereinander existieren, die durch undurchlässige Gesteine voneinander getrennt sind (Abb.). Besteht jedoch eine direkte hydraulische Verbindung, dürfen auch mehrere Grundwasserleiter zu einem Grundwasserstockwerk zusammengefaßt werden. Die Grundwasserstockwerke werden von oben nach unten mit

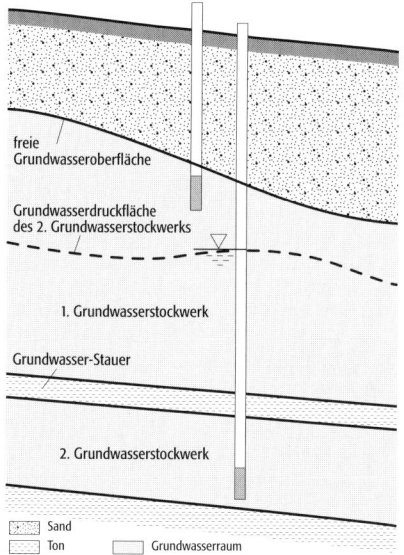

Ordnungszahlen gezählt. Tritt der Fall auf, daß das oberste Grundwasserstockwerk von einer ungesättigten Zone unterlagert wird, so wird es als schwebendes Grundwasserstockwerk (↗schwebendes Grundwasser) bezeichnet.
Grundwasserstromlinie, *Strömungslinie, Stromlinie*, Abbildung einer idealisierten Bewegungsspur von Grundwasserteilchen im Potentialfeld eines ↗Grundwasserkörpers. Grundwasserstromlinien stehen immer senkrecht auf den Äquipotentialflächen eines Grundwasserkörpers bzw. verlaufen immer senkrecht zu den ↗Grundwassergleichen (Äquipotentiallinien). Sie bilden somit den Fließweg des Grundwassers ab (Abb.).

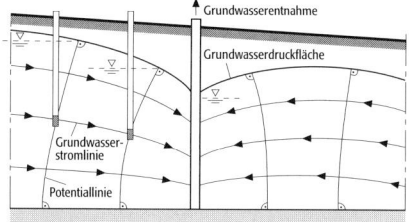

Grundwasserstromrichtung ↗*Grundwasserfließrichtung*.
Grundwasserstromstreifen, Teil eines ↗Grundwasserkörpers, der durch ↗Grundwasserlängsschnitte begrenzt ist.
Grundwasserströmung, *Sickerströmung*, Wasserbewegungen, die sich in einem durchlässigen Untergrund (Sand, Kies u. ä., jedoch nicht klüftiger Fels) beim Zulauf zu Wasserentnahmen, bei der Unter- und Umströmung von Stauanlagen und bei Durchsickerung von Erddämmen aus durchlässigem Material infolge einer Wasserspiegeldifferenz einstellen. Eine genaue Bestimmung der praktisch auftretenden Strömungsvorgänge ist durch die schwankenden Bodenwerte und die oft nicht vorhandene Homogenität des durchströmten Bodenkörpers schwierig. Erschwerend wirkt auch, daß die Durchlässigkeit in waagerechter und senkrechter Richtung verschieden ist. Idealisiert man jedoch die Verhältnisse für die rechnerische Behandlung, so läßt sich die Mehrzahl der auftretenden Probleme lösen. Die rechnerische und experimentelle Behandlung der Grundwasserströmung setzt voraus, daß ein homogener Untergrund für den gesamten Bereich des Strömungsfeldes vorliegt oder mit genügender Genauigkeit angenommen werden kann. Im Untergrund herrscht allgemein ein ↗laminares Fließen, so daß mit hinreichender Genauigkeit das ↗Darcy-Gesetz gilt, d. h. die Strömungsverluste sind proportional zur Geschwindigkeit. [RO]
Grundwassertyp, nach gemeinsamen charakteristischen Merkmalen, i. d. R. nach der hydrochemischen Beschaffenheit, abgrenzbare Gruppe von Grundwässern. Zur Klassifikation werden unterschiedliche Schemata auf der Basis der Konzentration gelöster Stoffe oder der Verteilung der Inhaltsstoffe verwendet. Von einer genetischen Typisierung oder Klassifikation wird gesprochen, wenn zwischen den Beschaffenheitsmerkmalen und dem zugehörigen Grundwasserleiter eine eindeutige Beziehung besteht (↗Grundwasserbeschaffenheit).
Grundwassertypisierung, Zusammenfassung der Wässer nach ihrer chemischen Beschaffenheit oder geologischen Herkunft (↗Grundwasserbeschaffenheit).
Grundwasserüberdeckung, *Deckschicht, Grundwasserdeckschicht*, Gesteinskörper, der sich oberhalb der ↗Grundwasseroberfläche befindet.
Grundwasserüberfall, bei ↗freiem Grundwasser der Bereich, der eine örtlich begrenzte Zunahme des Grundwassergefälles aufgrund einer Schwelle oder Stufe in der ↗Grundwassersohle aufweist.

Grundwasserstromlinie: Grundwasserstromlinien in einen Grundwasserlängsschnitt. Die Grundwasserdruckfläche ist hier gleichzeitig die freie Grundwasseroberfläche.

Grundwasserstockwerk: Auftreten von Grundwasser in mehreren Grundwasserstockwerken.

Ein Grundwasserüberfall führt dazu, daß z. B. eine ↗Grundwasserentnahme stromabwärts keine oder nur eine sehr geringe Auswirkung auf die stromaufwärtige ↗Grundwasseroberfläche hat.

Grundwasserübernutzung, bezeichnet den Vorgang, mehr Grundwasser zu entnehmen als neu gebildet wird. Die Grundwasservorräte der Erde (bis in eine Tiefe von 2000 m) werden auf 23,4 Mio. km³ und der Süßwasseranteil auf ca. 45 % geschätzt. In vielen Gebieten der Erde fallen die ↗Grundwasserspiegel um bis zu mehrere Meter pro Jahr, weil die Wasserentnahme vornehmlich zu Zwecken der Bewässerung (USA, China, Indien, Arabische Halbinsel) und auch des Tourismus (viele Inselstaaten, insbesondere die Karibik) die Erneuerungsrate übersteigt. Fossile Wasservorräte (↗fossiles Wasser) sind nicht oder nur sehr langsam erneuernde Grundwasservorräte. Damit sind sie nicht, oder bestenfalls nur bei sehr geringfügiger Entnahmerate, nachhaltig nutzbar. Die Grundwasservorräte auf der Arabischen Halbinsel werden beispielsweise zügig abgebaut. Alle Staaten der Region außer Oman entnehmen mehr als das erneuerbare Dargebot. Saudi-Arabien nutzt zu 80 % nicht-erneuerbare Wasservorräte. Die tiefen ↗Aquifere, auf die jetzt zugegriffen wird, wurden vor mehr als 10.000 Jahren aufgefüllt. Zwischen 1985 und 2010 haben sich die Vorräte wahrscheinlich halbiert. [ME]

Grundwasserübertritt, Vorgang bei dem ↗Grundwasser von einem ↗Grundwasserleiter in einen anderen fließt.

Grundwasserunterfläche ↗*Grundwassersohle.*

Grundwasserverunreinigung, Verunreinigung des Grundwassers durch die Einwirkungen des Menschen. Dabei kann die Nutzbarkeit des Grundwassers als Trinkwasser durch Zufuhr wassergefährdender Stoffe oder durch sonstige Einwirkungen, die eine nachteilige Veränderung des Wassers hervorrufen, beeinträchtigt werden. Nachteilige Veränderungen des Grundwassers ergeben sich v. a. durch pathogene Viren und Bakterien sowie durch organische und anorganische Stoffe, z. B. Halogenkohlenwasserstoffe, Mineralölprodukte (u. a. Heizöle und Treibstoffe), Farbstoffe, Geruchs- und Geschmacksstoffe, giftige Schwermetalle sowie radioaktive Stoffe. Neben diesen häufig unmittelbar gefährlichen Einwirkungen sind physikalische Veränderungen der Temperatur und der Oberflächenspannung, des Gesamtsalzgehaltes und die Ausbildung reduzierender Bedingungen mit charakteristischen Gehalten an Fe^{2+}, Mn^{2+}, H_2S, NO_2 und NH_4^+ zu nennen. Die auffälligsten nachteiligen Veränderungen gehen von typischen Gefahrenherden wie Industrie- und Gewerbebetriebe, menschliche Ansiedlungen, Abfallbeseitigungsanlagen, Erdaufschlüsse und Bergbau aus. Von hier gelangen die Verunreinigungen durch Versickern, Versinken, Auslaugen, Einspülen oder Aufsteigen aus tieferen Schichten in das Grundwasser. Neben diesen Punkt- und Linienquellen machen sich seit einigen Jahren flächenhafte, regionale Verunreinigungen bemerkbar, die durch das Ausbringen von Düngemitteln und Pflanzenschutzmitteln in der Land- und Forstwirtschaft, aber auch durch Ausbildung reduzierenden Grundwassers durch die zunehmende Versiegelung bestimmter Landesteile bei der Urbanisierung und Industrialisierung eine nachteilige Veränderung der Wasserbeschaffenheit bewirken. Die Grundwasserverunreinigung durch Altlasten erfolgt durch Sickerwassereintrag, durch Einsickerung flüssiger Schadstoffe oder durch Schadstoffbereiche, die vom Grundwasser um- oder durchströmt werden. Niederschlagswasser kann als Transportmedium Schadstoffe aus einer Altlast aufnehmen und gelangt durch Versickerung über die ungesättigte Bodenzone und über den Kapillarsaum in die gesättigte Zone und belastet als Sickerwassereintrag das Grundwasser.

Nach dem Gesetz können zum Wohl der Allgemeinheit ↗Wasserschutzgebiete eingerichtet werden, um Gewässer im Interesse der Wasserversorgung vor nachteiligen Einwirkungen zu schützen, Grundwasser anzureichern oder das schädliche Abfließen von Niederschlagswasser sowie das Abschwemmen und den Eintrag von Bodenbestandteilen, Dünge- oder Pflanzenschutzmitteln zu verhüten. ↗Grundwassergefährdung. [ME]

Grundwasservorkommen, räumlich begrenztes Auftreten von ↗Grundwasser.

Grundwasservorrat, die Menge an Grundwasser (Grundwasservolumen), welche zu einem gegebenen Zeitpunkt in den speichernutzbaren Hohlräumen eines ↗Grundwasserkörpers enthalten ist.

Grundwasservorratsdefizit, *Grundwasserdefizit*, der Differenzbetrag zwischen der ↗Grundwasserneubildungsspende und der Grundwasserentnahmerate im Einzugsgebiet einer ↗Grundwasserentnahme. Solange ein Grundwasservorratsdefizit anhält, d. h. die Grundwasserentnahmerate größer als die Grundwaserneubildungsrate ist, verringert sich der ↗Grundwasservorrat.

Grundwasserzone, nicht einheitlich definierter Begriff für den grundwassererfüllten Bereich unterhalb des Kapillarwassersaumes. Anstatt Grundwasserzone sollte die Bezeichnung ↗Grundwasserraum verwendet werden.

Grundwasserzufluß, *Grundwasserzustrom*, das Volumen von Grundwasser, das pro Zeiteinheit in einem ↗Grundwasserstockwerk einem ↗Grundwasserabschnitt von einem anderen Grundwasserabschnitt zufließt.

Grundwasserzufuhr ↗*Grundwasseranreicherung.*

Grundwasserzustrom ↗*Grundwasserzufluß.*

Grüne Charta, Manifest für ↗Landespflege und naturverträgliche ↗Raumordnung, das 1961 auf der Insel Mainau von Umweltvertretern aus den Bereichen Kultur, Politik und Wirtschaft beschlossen wurde. Die Grüne Charta erhält u. a. Forderungen zur Entwicklung eines nachhaltigen ↗Landbaus, zur Vermeidung und Wiedergutmachung landschaftsschädigender Eingriffe, zum Aufbau und Sicherung einer gesunden Wohn- und Erholungslandschaft, zur Erhaltung eines funktionierenden ↗Naturhaushaltes sowie allgemein Forderungen zum Auf- und Ausbau gesetzlicher Maßnahmen in den Bereichen Natur-, Umweltschutz und naturverbundene Raumordnung. In der BRD ging der »Deutsche Rat für Landespflege« aus der Grünen Charta hervor.

Grüneisenparameter, anharmonisches Verhalten der Gitterschwingungen kann durch den thermodynamischen Grüneisenparameter γ_{th} beschrieben werden, welcher die auf anharmonischen Wechselwirkungen beruhende thermische Volumenausdehnung α_{Vol} in Beziehung zum Kompressionsmodul K, zur Dichte ϱ und zur Wärmekapazität setzt:

$$\gamma_{th} = \frac{\alpha K_S}{\varrho C_P} = \frac{\alpha K_T}{\varrho C_V},$$

K_S = Kompressionsmodul bei konstanter Entropie (adiabatisch), K_T = Kompressionsmodul bei konstanter Temperatur (isotherm), C_P = Wärmekapazität bei konstantem Druck, C_V = Wärmekapazität bei konstantem Volumen.

Grünelemente, allgemeine Bezeichnung aus dem Planungsbereich für Bäume, Sträucher und Rasen, wenn deren siedlungs- oder landschaftsgestalterische Funktion im Vordergrund stehen.

grüne Pflanzen, ↗Pflanzen, die in der Lage sind ↗Photosynthese zu betreiben. Sie enthalten den grünen Farbstoff Chlorophyll, der es ihnen ermöglicht, Lichtenergie in chemische Bindungsenergie umzuwandeln (↗Chlorophyll Abb.). Das befähigt grüne Pflanzen, organische Verbindungen aus anorganischen zu synthetisieren (↗Autotrophie). Grüne Pflanzen sind die ↗Primärproduzenten in allen Ökosystemen.

Grüner Bericht, agrarpolitischer Bericht in der BRD, der über die Situation in der ↗Landwirtschaft berichtet und die Verflechtungen zur Wirtschafts-, Sozial-, Umwelt- und Bildungspolitik verdeutlicht. Er wird dem Bundesrat von der Bundesregierung vorgelegt. Seit 1970 wird der, durch das Landwirtschaftsgesetz (1995) gesetzlich verankerte Grüne Bericht als Agrarbericht bezeichnet. Für diesen Agrarbericht muß, zusätzlich zum Grünen Bericht, von der Bundesregierung auch ein ↗Grüner Plan erstellt werden, in dem aus dem Grünen Bericht resultierende Maßnahmen vorgeschlagen werden.

Grüne Revolution, Nahrungsmittelproduktionssteigerung durch innovative Entwicklungen im Anbau von Nutzpflanzen. Seit den 1930iger Jahren erfolgte in den USA, Mexiko und den Philippinen die Züchtung und Erprobung neuer, ertragsfähigerer Weizen-, Mais- und Reisvarietäten. Damit einhergehend erfolgte der Einsatz neuer Bodenbearbeitungs-, Aussaats-, Düngungs-, Bewässerungs- und Schädlingsbekämpfungsmethoden (Pestizideinsatz). Da mit der Verwendung der neuen Sorten die Erträge um mehr als verdoppelt werden konnten, sollte das neu entdeckte Know-how an die Bauern weitergegeben werden, um eine ständige, konstante Erhöhung der Nahrungsmittelproduktion zu gewährleisten. Als problematisch erwies sich, v. a. für Kleinbetriebe, der erhöhte Kapitalaufwand der neuen Anbauverfahren. Kleinbetriebe konnten meist nicht von der Grünen Revolution profitieren. Insgesamt führten die Ertragssteigerungen der Grünen Revolution zu großen Exportüberschüssen in Nordamerika, zur verbesserten Selbstversorgung in Westeuropa und bezüglich der Reisversorgung auch in manchen Entwicklungsländern, v. a. in Südostasien.

Grüner Plan, faßt jährlich die in der Agrarpolitik der BRD notwendigen Maßnahmen zur Verbesserung der landwirtschaftlichen Situation zusammen. Der Grüne Plan ergänzt den ↗Grünen Bericht zum Agrarbericht. Er wird von der Bundesregierung jährlich dem Bundesrat vorgelegt.

Grüner Strahl, bei sehr klarer Atmosphäre kommt es vor, daß ein Beobachter den oberen Rand der gerade hinter einem ebenen Horizont auf- oder untergehenden Sonne höchstens einige Sekunden lang in grüner Farbe sieht. Durch astronomische ↗Refraktion wird beim Durchgang durch die Atmosphäre blaues Licht stärker angehoben als grünes und rotes Licht, und zwar liegen am Horizont der blaue und der rote Sonnenrand um ½' (Bogenminute) auseinander. Jedoch könnte das Auge die Farben nicht unterscheiden, weil sein Winkelauflösungsvermögen unter diesen Umständen höchstens 1' beträgt. Die grüne Farbe blitzt vielmehr nur dann auf, wenn der rote Sonnenrand noch vom Horizont verdeckt ist. Der blaue Oberrand der Sonne kann nicht gesehen werden, weil das blaue Licht auf dem Weg durch die Atmosphäre stärker geschwächt wird als das grüne und das rote Licht, so daß das blaue Licht beim Beobachter nicht mehr ankommt. Mit einem Teleskop läßt sich die Farbfolge blau, grün, rot auch am Mond und an den Planeten sehen. [HQ]

Grünflächen, vorwiegend durch Pflanzenbewuchs charakterisierte, den Siedlungsbereichen zugeordnete ↗Freiflächen, die stadtökologische, stadtgliedernde, stadtästhetische sowie Erholungs- und Freizeit-Funktionen besitzen. Zu den Grünflächen zählen die ↗Grünanlagen der öffentlichen Hand (Parks, Stadtwälder, Stadtgärten, Friedhöfe, Spiel- und Sportplätze, Verkehrsbegleitgrün) sowie die privaten ↗Gärten, Industriegrün, land- und forstwirtschaftliche Flächen im Siedlungsbereich und das Schutzgrün (z. B. Lärm-, Sicht- und Böschungsschutzbepflanzung). Grünflächen werden in der Bauleitplanung dargestellt, wo neben den ökologischen Faktoren auch Vorstellungen über Flächenansprüche der Grünflächen von Bedeutung sind.

Grüngürtel, zusammenhängende, im Idealfall ringförmig angeordnete ↗Grünflächen, welche die Stadt umgeben (Grünring), beispielsweise direkt anschließend oder auf ehemaligen Befestigungsanlagen. Der Grüngürtel besteht aus mehreren ausgedehnten Grünflächen, hauptsächlich Wäldern, ↗Parks sowie landwirtschaftlichen Flächen. Er dient der Naherholung der städtischen Bevölkerung und besitzt wertvolle, stadtökologisch ausgleichende Funktionen.

Grünland, als Wiesen, Weiden oder Mähweiden genutzte landwirtschaftliche Flächen. Obwohl

Grünordnung: Grünordnung als Teil der Landespflege.

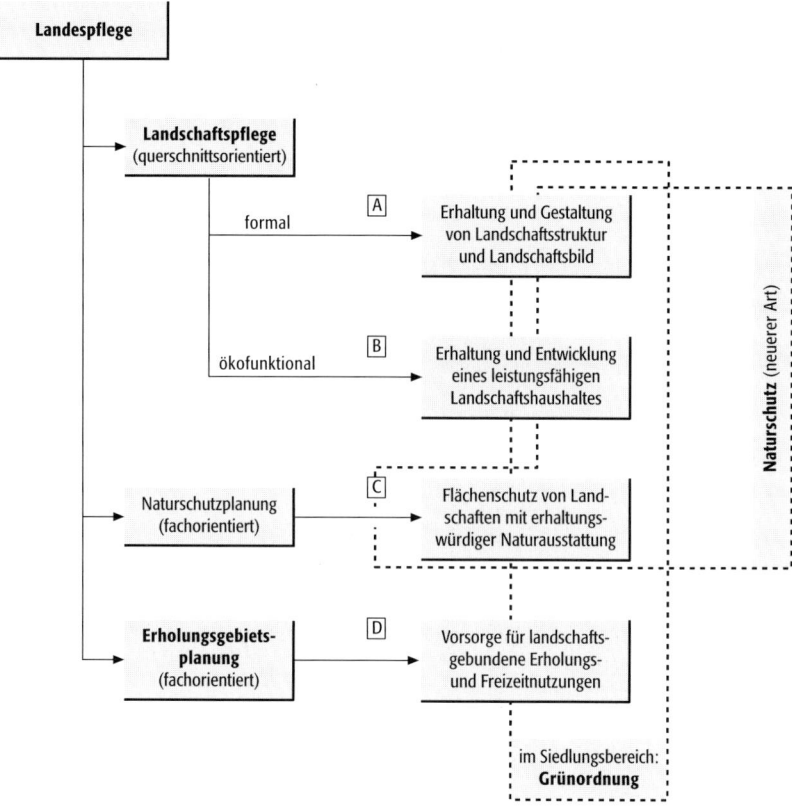

Grünland nahezu ausschließlich kulturbedingt ist, funktionieren diese Flächen bei der üblichen extensiven Nutzung noch sehr naturnah und besitzen wichtige landschaftsökologische Wirkungen (↗Regenerationsfunktion, ↗ökologische Ausgleichswirkungen). Je nach abiotischen Standorteigenschaften und landwirtschaftlicher Nutzungsintensität unterscheiden sich die auf dem Grünland gebildeten, durch mehrjährige Gräser und Kräuter gekennzeichneten Biozönosen. So dominieren auf den durch Düngung ertragreich gemachten ↗Fettwiesen hochwertige Futtergräser und auf Weideflächen mit permanenter Beweidung dominieren Trittpflanzengesellschaften. Wird das Grünland über mehrere Jahre hinweg kontinuierlich für die ↗Grünlandwirtschaft genutzt spricht man von ↗Dauergrünland. [SR]

Grünlandgrundzahl, Bewertungszahl für die relative Ertragsfähigkeit eines Grünlandbodens nach dem ↗Grünlandschätzungsrahmen der ↗Bodenschätzung.

Grünlandschätzungsrahmen, Bewertungssystem der ↗Bodenschätzung für Grünlandböden mit den Parametern ↗Bodenart, Bodenstufe (I = gut, II = mittel, III = schlecht) und Klimastufe (a ≥ 8 °C, b = 7,9–7,0 °C, c ≤ 6,9 °C) und Wasserstufe (1 = sehr gut bis 7 = zu trocken/zu naß). Bewertet wird der Einfluß dieser Parameter auf die relative Ertragsfähigkeit eines Grünlandstandortes. Die besten Grünlandböden (Lehmböden mit guter Wasserversorgung) erhalten ↗Grünlandgrundzahlen um 80. Anschließend erfolgt eine Korrektur, schlechte geländeklimatische Verhältnisse und reliefabhängige Schwierigkeiten bei der Heuernte und -bergung bewirken Abschläge. Daraus resultiert die ↗Grünlandzahl.

Grünlandwirtschaft, landwirtschaftliche Bodennutzung in Form von ↗Dauergrünland und/oder ↗Grünland zum Zweck der Futtergewinnung (Futterbau). Die Grünlandwirtschaft dient der Viehhaltung. Der Arbeitseinsatz pro Flächeneinheit liegt i.d.R. tiefer als beim Ackerbau (z.B. durch geringeren Düngermitteleinsatz und fehlender Bodenbearbeitung). Grünlandwirtschaft kann selbständig oder mit anderen Agrarwirtschaftszweigen im Verbund auftreten (z.B. sehr häufig in Kombination mit der ↗Viehwirtschaft).

Grünlandzahl, nach dem ↗Grünlandschätzungsrahmen anhand von Ortsklima- und Geländeverhältnissen (z.B. Relief) korrigierte ↗Grünlandgrundzahl.

Grünordnung, Begriff aus der ↗Landespflege für einen in Deutschland gesetzlich verankerten Vorschriftenkatalog zur Festlegung, Erhaltung und Pflege von ↗Grünflächen und Gartenanlagen im öffentlichen und privaten Bereich. Die von einer Gemeinde festgelegte Grünordnung wird im Grünordnungsplan dargelegt. Ziel dieser Planung ist es, auf kommunaler Ebene günstige ökologische Verhältnisse zu erhalten oder nach Möglichkeiten und Bedarf neu zu schaffen. Dem Grünordnungsplan liegt ein Konzept zugrunde, welches die Rahmenbedingungen durch gestalterische Maßnahmen so verbessert, daß das Gemeindegebiet /ökologische Ausgleichsflächen als Gegengewicht zu den Industrie- und Siedlungsflächen ausweisen kann. Im Grünordnungsplan einer Gemeinde werden daher diejenigen Flächen ausgewiesen, welche schützenswerte Grünflächen und Parkanlagen enthalten und Flächen, die für weitere Grüngürtel zur Verfügung stehen. Der Grünordnungsplan wird zusammen mit dem Flächennutzungsplan (/Flächennutzungsplanung) zur /Raumplanung eines Gemeindegebiets herangezogen. Die Erarbeitung einer Grünordnungsplanung nimmt in der Landespflege und im Baubereich eine zentrale Stellung ein. Grundlage dazu ist die Analyse der räumlichen und funktionellen Ordnung aller Grünelemente unter Berücksichtigung von ökonomischen, sozialen und technischen Erkenntnissen. Die Grünordnung ist somit auch ein wichtiges Feld der /Landschaftsplanung im Wirkungsbereich der Siedlungsfläche und trägt i. w. S. zum /Naturschutz bei. (Abb.). [SMZ]

Grünsand, *Grünsandstein*, durch hohe Gehalte an Mineralen der Glaukonit-Gruppe (/Glaukonit) grünliche, verwittert aber braun bis orange-rote gefärbte klastische Sedimente. Grünsande sind u. a. in küstennahen kretazischen Schichtfolgen Nordwesteuropas weit verbreitet und werden z. T. zur Ausscheidung lithostratigraphischer Einheiten benutzt.

Grünschiefer, ein schiefriges regionalmetamorphes (/Regionalmetamorphose) Gestein aus Chlorit, Epidot, Aktinolith und Albit. Nichtschiefrige Gesteine heißen /Grünsteine oder Prasinite. Als Edukte kommen meist basaltische Magmatite in Frage.

Grünschieferfazies /metamorphe Fazies.

Grünstein, *Prasinit*, ein massiger /Grünschiefer.

Grünsteingürtel, *greenstone belt* (engl.), ausgedehnte Vorkommen archaischer Gesteine (/Archaikum), die aus meist schwach metamorphen (/Grünschieferfazies), basischen, Mg-reichen /Vulkaniten und vulkano-sedimentären Serien bestehen. Es kommen jedoch auch metamorphe Grünsteingürtel der /Granulitfazies vor. Grünsteingürtel gehören zu den ältesten suprakrustalen Gesteinen der Erde. Der Name kommt von der auffallenden grünlichen Färbung dieser chloritreichen Gesteinsserien, zu der auch andere Minerale wie z. B. Serpentinminerale, Aktinolith oder Epidot beitragen.

Grünsteingürtel sind typischer Weise in großräumige Muldenstrukturen gefaltet (Abb. 1). Das Ausstreichen dieser Mulden an der Erdoberfläche formt langgezogene Gürtel von deformierten vulkano-sedimentären Gesteinsserien. Die generelle stratigraphische Abfolge innerhalb der Grünsteingürtel besteht aus /Ultramafiten (/Komatiiten), gefolgt von basischen, intermediären und selten bis zu rhyolitischen Vulkaniten (/Rhyolith), in die /Tonsteine, /Grauwacken, /Sandsteine, /Banded Iron Formations und /Kieselschiefer eingeschaltet sind. Zu diesen Tiefwassersedimenten kommen seltener auch Flachwasserablagerungen (/Konglomerate, /Siltsteine und Sandsteine) hinzu. Ultramafische und /mafische Gänge sind häufig. Vulkanische Serien dominieren v. a. im unterem Bereich der Grünsteingürtel, sedimentäre Serien überwiegen im oberen.

Die Komatiite treten als Flows (Ergüsse), selten mit Pillowstrukturen auf. Diese Flows sind vertikal zoniert, wobei der MgO-Gehalt nach oben hin abnimmt. Spinifexstrukturen (Olivinausbildung als lange, nadelige Kristalle in einer glasigen Matrix) sind häufig und typisch für diese mafischen Ergussgesteine. Der hohe MgO-Gehalt der Komatiite ist ein Hinweis auf /Mantelperidotite als Ursprung der komatiitischen Schmelzen und auf Schmelztemperaturen von bis zu 1650 °C.

Lithologische Kontakte innerhalb der Grünsteingürtel und zum Nebengestein sind tektonisch mehrfach überprägt und stratigraphische Abfolgen lassen sich meist nicht mehr rekonstruieren. In vielen Fällen ist Deckentektonik (/Decke) interpretiert worden. Umstritten ist, ob die Grünsteingürtel archaische Ozeanböden darstellen. Viele Charakteristika, wie z. B. die vorwiegend mafische Zusammensetzung der Vulkanite sowie das Vorhandensein von Tiefwassersedimenten sprechen jedoch dafür. Die Grünsteingürtel sind mit Granulitgesteinen, mit Tonalit-Trondhjemit-Gneisen (TTG) und /Graniten assoziiert. Aus dem Vorkommen von Tonalit-Trondhjemit-Graniten (Na-betonte Biotit-Granodiorite, die als Teilschmelzen von Eklogiten und Amphiboliten interpretiert werden) schließt man, daß auch ozeanische Krustenfragmente in den Grünsteingürteln eingeschlossen sind. Vergleiche zum Inselbogenvulkanismus und zur Subduktion an /Inselbögen sind durchaus möglich. Zusammen mit den Intrusivgesteinen bilden die Grünsteingürtel die archaischen Schilde. Granitische und granodioritische Intrusionen und Gneise sind z. T. für älter datiert worden als die Grünsteingürtel, die jedoch auch mit jüngeren Intrusivgesteinen in die typischen Muldenstrukturen eingefaltet sind. Die Basis der Grünsteingürtel ist nicht bekannt.

Weltweit sind über 260 Grünsteingürtel bekannt. Einer der am besten untersuchten Grünsteingürtel ist der Barberton Greenstone Belt in Südafrika (Abb. 2 im Farbtafelteil). Er ist mehr als 3,5 Mrd. Jahre alt und beinhaltet drei lithostratigraphische Gruppen, die Onverwacht-Gruppe, die Fig-Tree-Gruppe und die Moodies-Gruppe. Alle drei sind

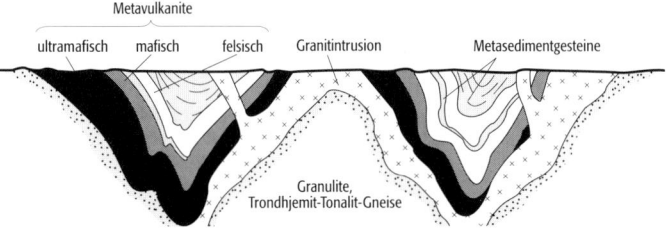

Grünsteingürtel 1: typische Muldenstruktur der archischen Grünsteingürtel.

tektonisch von einander getrennt, jedoch interpretativ zu einer sinnvollen stratigraphischen Abfolge zusammengesetzt worden. Demnach ist die auf 3,53 Mrd. Jahre datierte Onverwacht-Gruppe die älteste in diesem Verband. Sie besteht aus ultramafischen bis mafischen, submarinen Vulkaniten und eingeschalteten Gängen sowie TTG-Plutonen. Ebenfalls eingeschaltet sind felsische Laven, Tuffe und Tiefwassersedimente (Kieselschiefer). Die darüber liegende Fig-Tree-Gruppe besteht v. a. aus Turbiditen-Grauwacken, Sandsteinen, Tonschiefern und Banded Iron Formations. Die wahrscheinlich jüngste der Gruppen, die Moodies-Gruppe, besteht aus Konglomeraten mit Quarz und Kieselschiefergeröllen sowie aus gerippelten Flachwasser-Sandsteinen und siltigen Schiefern. Die Datierung dieser Gruppen ist problematisch, da nur selten geeignete Gesteine gefunden werden und sich die Fehlergrenzen der Altersdaten überlagern können.

Obwohl es in den Grünsteingürteln untergeordnet auch Flachwassersedimente gibt, sind diese auffällig selten. Der Grund dafür liegt v. a. in dem Fehlen von ausgedehnten Schelfgebieten im Archaikum. Im unterem und mittlerem Archaikum waren die Kratone extrem klein. Die Protokontinente waren wahrscheinlich nur von schmalen, steilen Schelfgebieten und von ausgedehnten Becken ozeanischer Kruste (die Grünsteingürtel) umgeben. Flachwassersedimente wurden also nur selten abgelagert. Evaporite fehlen völlig.

Zwischen archaischen Kratonen wurden Grünsteingürtel auch noch im unteren ↗Proterozoikum gebildet, unterscheiden sich jedoch von den archaischen Grünsteingürteln erheblich. Es fehlen ihnen v. a. die ultramafischen Abfolgen, und ihre Sedimente sind im Flachwasser gebildet worden. Zum einen nahm der Wärmefluß mit der Bildung großer und mächtiger Kontinente im Proterozoikum stark ab, andererseits wurden um die Kontinente ausgedehnte Schelfgebiete mit mächtigen Sedimenten gebildet.

Mit den archaischen Grünsteingürteln sind zahlreiche Lagerstätten verbunden. Zu den mit ultramafischen Gesteinen assoziierten Mineralisationen gehören Nickel, Kupfer, Chromit, Asbest (Chrysotil) Magnesit und Talk. Mit mafischen und felsischen Vulkaniten assoziiert sind Sulfid-Mineralisationen. Und mit den Intrusivgesteinen kommen größtenteils nicht-metallische Mineralisationen wie Li, Bi, Beryll und Korund vor. Typisch für die Grünsteingürtel sind auch berühmte Goldvorkommen, in denen meist sekundäre Vorgänge, verbunden mit Granitintrusionen, eine große Rolle bei der Mineralisation spielen (↗hydrothermale Alteration). [WAl]
Literatur: [1] CONDIE, K.C. (1994): Greenstones through time. – Amsterdam. [2] DE WIT, M.J. & ASHWAL, L.D. (1996): Greenstone Belts. – Oxford.

Grün-Stimulierte Lumineszenz, *GSL*, ↗Optisch-Stimulierte Lumineszenz-Datierung.

Gruppe, Einheit der ↗Lithostratigraphie. ↗Stratigraphie.

Grüppe, flacher Graben, im Küstengebiet zur Entwässerung von Deichvorländern oder bedeichten Marschgebieten.

Gruppengeschwindigkeit, die Geschwindigkeit, mit der sich Wellengruppen konstanter Frequenz ausbreiten. Zwischen Gruppen- und ↗Phasengeschwindigkeit besteht folgende Beziehung:

$$U(\omega) = c(\omega) / \{1 - [\omega/c(\omega)][dc/d\omega]\}.$$

Ist $dc/d\omega$ negativ, wird $U(\omega) < c(\omega)$. Dieser Fall ist bei seismischen ↗Oberflächenwellen die Regel (normale Dispersion). Bei anormaler Dispersion wird $U(\omega)>c(\omega)$. Anormale Dispersion tritt z. B. bei ozeanischen Rayleigh-Wellen im Periodenbereich von 30–70 s auf.

Gruppensilicate ↗*Sorosilicate*.

Grus ↗Kies.

GSL, *Grün-Stimulierte Lumineszenz*, ↗Optisch-Stimulierte Lumineszenz-Datierung.

GSN, *Global Seismograph Network*, ↗seismographische Netze.

Gso-Horizont, ↗Bodenhorizont entsprechend der ↗Bodenkundlichen Kartieranleitung, ↗Go-Horizont mit unverfestigten Absätzen von Brauneisen.

GSSP, *Global Stratotype Section and Point*, *Grenzstratotypus-Punkt*, der in einem Typus-Profil (Stratotyp) international verbindlich festgelegte Grenzpunkt zwischen zwei chronostratigraphischen Einheiten (↗Stufe, ↗Serie oder ↗System; ↗Chronostratigraphie). Auswahl und Festlegung erfolgt durch Arbeitsgruppen der »International Commission on Stratigraphy« (ICS). Der GSSP wird von ICS und der »International Union of Geological Sciences« (IUGS) formell ratifiziert. GSSPs sollten mit global erkennbaren, signifikanten Chronohorizonten zusammenfallen (z. B. deutlichen Faunen-/Florenwechseln). Im ↗Phanerozoikum werden GSSPs bevorzugt durch das evolutive Ersttauftreten eines Taxons in einer phylogenetischen Entwicklungslinie definiert. Um versteckte Schichtlücken oder ein faziesbedingtes, ökostratigraphisches Ersttauftreten auszuschließen und damit dem Anspruch als chronostratigraphischem Grenzpunkt zu genügen, muß ein GSSP in einer möglichst isofaziellen Abfolge mit kontinuierlicher Sedimentation liegen, die keine Umlagerung oder Aufarbeitung zeigt (z. B. die Existenz von Konglomeraten, Turbiditen etc.). Neben dem den GSSP definierenden Taxon sollen gut erhaltene, diverse und häufige Fossilien auftreten, um die Grenze zusätzlich fixieren und bei Abwesenheit des Indexfossil auch andernorts erkennen zu können. [HGH]

Guano, [von Quechua huano = (Vogel-)Mist], aus verwitterten Exkrementen von Seevögeln entstandener, trockener, organischer Dünger, der sich an den regenarmen Felsküsten von Chile und Peru viele Meter hoch angesammelt hat. Er besteht vorwiegend aus Calciumphosphat (bis 30 %) und Stickstoff (bis 15 %). Ähnliche Düngemittel werden heute aus Seefischen, Fischabfällen oder Garnelen hergestellt.

Guineastrom, entlang der westafrikanischen Küste nach Osten gerichtete ↗Meeresströmung im ↗Atlantischen Ozean, die in den ↗Nordäquatorialen Gegenstrom übergeht und einen Teil des ↗äquatorialen Stromsystems darstellt.

Guinier-Kamera ↗analytische Verfahren.

Guinier-Methode, Röntgenbeugungsverfahren für Pulverproben unter Verwendung eines fokussierenden Monochromators. Die vom Monochromatorkristall gebeugten, konvergenten Strahlen, z. B. mit der Wellenlänge $K_{\alpha 1}$ der Röntgenquelle, werden auf dem Film fokussiert, der an der Innenseite des Kamerazylinders liegt. Die Fokussierungsbedingung beruht auf dem geometrischen Satz, daß die Scheitelwinkel aller Dreiecke, die über einer gemeinsamen Sehne als Basis einem Kreis beschrieben sind, den gleichen Wert besitzen. Die zu untersuchende Pulverprobe wird deshalb im Gegensatz zum ↗Debye-Scherrer-Verfahren am Umfang des Filmzylinders angebracht. Dadurch wird vom Film nur ein beschränkter Bereich vom Beugungswinkel 2Θ erfaßt. Man muß in Abhängigkeit vom Beobachtungsbereich verschiedene Kamera-Anordnungen wählen. Die symmetrische Durchstrahlanordnung gestattet die Beobachtung sehr kleiner Beugungswinkel bis zu maximal $2\Theta = 90°$, die symmetrische Rückstrahlanordnung dagegen einen 2Θ-Bereich von $90° < 2\Theta < 190°$. Zur Registrierung der Röntgenreflexe mit Beugungswinkeln von ungefähr $2\Theta = 90°$, wählt man zweckmäßig eine asymmetrische Durch- oder Rückstrahlanordnung. Der Vorteil der Guinier-Methode im Vergleich zur Debye-Scherrer-Methode liegt zum einen im größeren Auflösungsvermögen, bedingt durch die Fokussierung und bei gleichen Beugungswinkeln durch den doppelten Abstand der Beugungslinien auf dem Film. Zum anderen ist der Streuuntergrund wegen der Monochromatisierung sehr klein, so daß auch schwache Röntgenreflexe beobachtet werden können. Dieser Vorteil muß mit längeren Belichtungszeiten erkauft werden. Für genaue Messungen und digitale Datenverarbeitung werden heute Guinier-Diffraktometer verwendet, bei denen der Film durch einen auf dem Fokussierungskreis umlaufenden elektronischen Detektor oder durch eine Bildplatte, die elektronisch ausgelesen werden kann, ersetzt wird. [KH]

Guinier-Preston-Zone, Bereich in Legierungen mit inhomogener Zusammensetzungsverteilung. Bei Entmischungsvorgängen können sich ↗Punktdefekte, Fremdatome oder Mischkristallkomponenten unter bestimmten Temperaturbedingungen zu Agglomeraten von atomarer Größe bis zu mikroskopischen ↗Ausscheidungen zusammenlagern. Hierzu gehören auch die Guinier-Preston-Zonen, die als flächen- oder plättchenförmige Bereiche aus angereicherten Atomen einer Metallegierungskomponente bei entsprechenden Temperaturbehandlungen oder beim Altern entstehen und für das Ansteigen der Härte oder Sprödigkeit mancher Legierungen verantwortlich sind.

Gülle, *Flüssigmist*, ↗Düngemittel, aus Ausscheidungsprodukten der Viehhaltung, Gemisch aus Kot und Harn und ggf. geringem Einstreuanteil, das bis zum 5fachen mit Wasser versetzt ist. Die durchschnittlichen Nährstoffgehalte liegen für Rindergülle bei 0,4 %N, 0,1 %P, 0,4 %K, 5,5 % org. Substanz und bei Schweinegülle 0,6 %N, 0,2 %P, 0,2 %K, 6,0 % org. Substanz jeweils bezogen auf 7,5 % Trockensubstanz. Durch vorwiegend anaerobe mikrobielle Umsetzungen bei der Lagerung liegt etwa die Hälfte des Stickstoffs in Form von Ammonium-N vor. Teils geruchsbelästigende Entgasung von Ammoniak, Schwefelwasserstoff und Methan tritt bei der Lagerung und Ausbringung auf. Zur Vermeidung von Verlusten ist eine witterungsgerechte Ausbringung und zügige Einarbeitung in den Boden vorzunehmen.

Gully ↗Runse.

gully erosion, *Grabenerosion*, lineare Einzelformen (*Erosionsrinne*) der ↗Wassererosion, die nach der Entstehung meist langfristig vorhanden sind (= ephemeral gullies) mit einer Mindesttiefe von >40 cm. Ihre Entstehung ist das Resultat von konzentriertem Oberflächenabfluß; Vorrangige Bedeutung haben hydrologische Komplexgrößen, die von der Breite des konzentrierten Abflußstromes, der Intensität des konzentrierten Abflusses und der Stabilität des Bodenmaterials in den einzelnen, untereinander liegenden ↗Bodenhorizonten bestimmt werden. Die Ausräumvolumina werden mit 25 bis 45 m³ angegeben. Sie sind besonders auf Lößstandorten in Belgien verbreitet, wo eine Unterscheidung zu dauerhaft vorhandenen »bank gullies« trifft, die im Laufe der Landschaftsentwicklung entstanden sind (z. B. Hohlwege). Gräben entstehen infolge der Wassererosion vielfach in Tiefenlinien der Landschaft und werden durch Fahrspuren begünstigt. [MFr]

Gümbel, *Carl Wilhelm* von, deutscher Geologe, * 11.2.1823 Dannenfels (Pfalz), † 18.6.1898 München. Gümbel studierte von 1842 bis 1848 Chemie, Botanik, Zoologie, Mineralogie und Geognosie in München und Heidelberg. Im Jahr 1851 wurde er als leitender Geognost mit den Arbeiten für eine neue geognostischen Landesuntersuchung von Bayern betraut, für die er ab 1856 die alleinige Führung übernahm. Ab 1879 bis zu seinem Tod war er Leiter des bayerischen Oberbergamtes. An der Universität München war er Honorarprofessor für Geognosie und Markscheidekunde. Gümbel verfaßte eine Vielzahl von »Geognostischen Beschreibungen« verschiedener Landesteile, er publizierte eine zweibändige »Geologie von Bayern« (1888–94) und fertigte 17 geologische Blätter 1:100.000 an, u. a. der mesozoisch-tertiären Faltengebirge, der Kristallin-Massive, des paläozoischen Grundgebirges und der schwäbisch-fränkischen Schichtstufenlandschaft. [EHa]

Günz-Kaltzeit, eine unterpleistozäne, mehrfach gegliederte ↗Kaltzeit des Alpenvorlandes, die morphostratigraphisch definiert ist. Sie entspricht der Baventian-Kaltzeit in England, Nebraska-Kaltzeit in Amerika und der Odessa-Kaltzeit in Rußland, wurde von Penck und Brückner

Gürtelgefüge

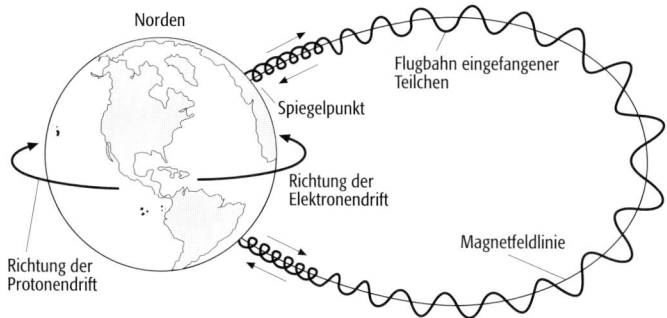

Gyration: Bahnen eingefangener Teilchen (Gyrationen, Driften) im Erdmagnetfeld.

(1901–1909) eingeführt und nach dem Fluß Günz in Bayern benannt. Durch den Nachweis ↗glazialer Serien ist die Entwicklung von Vorlandgletschern während der Günz-Kaltzeit gesichert. Im östlichen Alpenvorland erreichten zu dieser Zeit die ↗Gletscher ihre größten Vorstoßweiten während des ↗Pleistozän. Die Günz-Kaltzeit wird mit den älteren Abschnitten des ↗Cromer-Komplex korreliert, da im Rheingletschergebiet in günz-zeitlichen Ablagerungen die jüngsten Bereiche der Matuyama-Epoche überliefert sind. ↗Kaltzeit, ↗Klimageschichte, ↗Quartär, ↗Eiszeit, ↗Eiszeitalter.

Gürtelgefüge, Begriff der ↗Gefügekunde, der die Anordnung von linearen Elementen oder Flächenpolen auf der ↗Lagenkugel bzw. ihrer Projektion (↗Lagenkugelprojektion) auf einem Großkreis bezeichnet (z. B. Quarz-c-Achsen).

Gusts, (engl.) *Windböen*.

Güteklasse, *Gewässergüteklasse*, Klassifizierung der ↗Gewässergüte nach bestimmten Kriterien.

Gutenberg, *Beno*, dt.-amerikan. Geophysiker, *4.6.1889 in Darmstadt, †25.1.1960 in Los Angeles (Kalifornien); ab 1926 Professor in Frankfurt a. M., 1930–57 am California Institute of Technology in Pasadena (Californien), 1936 naturalisiert; bahnbrechende Arbeiten zur ↗Seismologie; postulierte 1913 die Existenz eines Erdkerns (die Grenze Erdkern-Erdmantel in etwa 2900 km Tiefe, ↗Gutenberg-Diskontinuität) und klärte den Verlauf von Erdbebenwellen im Erdinnern, insbesondere die Ursache der sogenannten Schattenzone, in der keine seismischen Wellen auftreten; als Gutenberg-Zone wird die von ihm entdeckte Asthenosphäre (Zone des oberen Erdmantels unterhalb der Lithosphäre) bezeichnet. ↗Wiechert.

Gutenberg-Diskontinuität, *Gutenberg-Wiechert-Diskontinuität*, bildet die Grenze zwischen ↗Erdmantel und ↗Erdkern in 2900 km Tiefe.

Gutenberg-Richter-Beziehung ↗Energie-Magnituden-Beziehung.

Güterzusammenlegung, Zusammenlegung von kleinen, teilweise weit zerstreuten landwirtschaftlichen Gütern im Rahmen der ↗Flurbereinigung, mit der Absicht einer rationelleren Bearbeitung.

Guttation, Vorgang, bei dem bestimmte Pflanzenarten Wassertropfen infolge erhöhten Wurzeldruckes aus besonderen Wasserspalten der Blätter (Hydatoden) ausscheiden. Dieser Vorgang ist besonders an Wasser- und Urwaldpflanzen zu beobachten. ↗Verdunstungsprozeß, ↗Transpiration.

Guyot, untermeerische Kuppe vulkanischen Ursprungs mit abgeplatteten Gipfelplateau.

Gw-Horizont, ↗Bodenhorizont entsprechend der ↗Bodenkundlichen Kartieranleitung, ↗G-Horizont zeitweilig grundwassererfüllt, im Grundwasserschwankungsbereich entstanden, ohne Oxidationsmerkmale z. B. bei eisenfreien Sanden oder Kiesen.

GWL ↗*Großwetterlage*.

Gymnospermae, *Nacktsamer*, ↗Spermatophyta, deren Samenanlage und ↗Samen offen auf den Fruchtblättern liegen, also nicht wie bei den ↗Angiospermophytina von einem Fruchtblattgehäuse umgeben sind. Der meist windtransportierte ↗Pollen bestäubt die Empfängnisstelle (Mikropyle) direkt. Die ↗Gametophyten sind noch nicht so stark reduziert wie bei den Angiospermophytina. Dieser ursprünglichere ↗Organisationstyp der Samenpflanzen leitet sich von ↗Progymnospermen des ↗Devons ab und wurde unabhängig durch die ↗Coniferophytina und die ↗Cycadophytina erreicht, die jeweils ausschließlich mehrjährige Holzpflanzen mit sekundärem Dickenwachstum zählen.

Gypcrete, durch Gipsanreicherung verkitteter, harter Bodenhorizont.

gypsic horizon, [von lat. gypsum = Gip], ↗diagnostischer Horizont der ↗WRB, ist ein nicht zementierter, also in Veränderung befindlicher Bodenhorizont, der sekundäre Anreicherungen von Gips ($CaSO_4 \cdot 2\,H_2O$) in unterschiedlichen Ausbildungsformen enthält und oberhalb von 100 cm im Bodenprofil vorkommt; kommen in ↗Calcisols, ↗Gleysols, ↗Gypsisols, ↗Kastanozems und ↗Solonchaks vor.

Gypsisols, Böden der ↗WRB, mit einem ↗gypsic horizon oder ↗petrogypsic horizon als ↗diagnostischem Horizont; liegen innerhalb der obersten 100 cm des Bodens. Diese Bodengruppe umfaßt etwa 90 Mio. Hektar und ist in Wüsten und in semiariden Gebieten verbreitet und vergesellschaftet mit ↗Calcisols.

Gyration, Bewegungsform von elektrisch geladenen Teilchen im Magnetfeld. In der einfachsten Form umkreisen die Teilchen in einer Kreisbahn mit dem Gyrationsradius $r = mv/qB$ und der Frequenz $\omega = qB/m$ die Magnetfeldlinie. Eine weitere wichtige Bewegungsart ist die Schraubenbahn entlang der Magnetfeldlinien. Bewegen sich die Teilchen in ein Gebiet steigender Feldstärke, erreichen sie einen Punkt, an dem sie zur Umkehr gezwungen werden. Beim Erdmagnetfeld befinden sich diese ↗Spiegelpunkte typischerweise oberhalb von 500 km. Wirken weitere Kräfte auf das geladene Teilchen, beschreibt es eine Trochoiden- bzw. Zykloidenbahn, die eine Nettobewegung senkrecht zur wirkenden Kraft und zum Magnetfeld zur Folge haben. Wird die Kraft hervorgerufen durch ein elektrisches Feld, spricht man von der *ExB*-Drift. Die Geschwindigkeit des Führungszentrums beträgt dann $V = (ExB)/|B|^2$. Typische Zahlenwerte für Gyrationsfrequenzen sind beim Elektron 1,4 Mhz, beim Proton 800 Hz. Typische Zeiten für die Laufzeit von Teilchen zwischen den Spiegelpunkten liegen zwischen 0,1–1000 s, für eine Drift um die Erde 10 min. bis mehrere Tage (Abb.). [VH, WWe]

Gyttja, schwed. Bezeichnung für *Grauschlammboden* (veraltet), auch als ↗Mudde bezeichnet, Bodentyp der Klasse der ↗subhydrischen Böden der ↗deutschen Bodenklassifikation, bildet sich in gut durchlüfteten, nährstoffreichen Gewässern. Der ↗Fo-Horizont besteht aus Mineralpartikeln und koprogenen Aggregaten von graugrüner bis rotbrauner Farbe und elastischer Konsistenz. Kalkreiche Formen mit Fco-Horizont, der kalkangereichert ist und Oxidationsmerkmale aufweist, heißen Kalkgyttja (↗*Kalkmudde*). Unterschieden werden weiterhin Grob-, Mittel-, Feindetritus-Gyttja, Algen-, Diatomeen-, Laub-Gyttja sowie Watt-Gyttja und limnische Gyttja.

Gzhel, *Gzhelium*, international verwendete stratigraphische Bezeichnung für die oberste Stufe des ↗Karbons. ↗geologische Zeitskala.

Gzor-Horizont, ↗Bodenhorizont entsprechend der ↗Bodenkundlichen Kartieranleitung, ↗Gor-Horizont, mit Salzanreicherung.

H

Haack, *Hermann*, deutscher Kartograph und Geograph, * 29.10.1872 Friedrichswerth bei Gotha, † 22.2.1966 Gotha; nach Geographiestudium in Halle und Göttingen Assistent in Berlin bei Ferdinand von ↗Richthofen; daneben kartographische Ausbildung bei ↗Justus Perthes in Gotha; seit 1897 dort als wissenschaftlicher Kartograph tätig; leitete bis 1942 und erneut von 1945 bis 1952 die Geographische Anstalt des Verlages. Durch sein Wirken wurde der Kartenfundus des damals bedeutendsten deutschen kartographischen Privatbetriebes zeitgemäß erneuert und um neue Titel und Reihen erweitert. Haack wirkte an der 9. Auflage des von A. ↗Stieler begründeten Handatlas mit und leitete die Bearbeitung der 10. Auflage (100-Jahr-Ausgabe) und der Internationalen Ausgabe (1934–42). Er gestaltete den »Deutschen Schulatlas« neu und schuf neue Ober- und Unterstufen-Schulatlanten, betreute von 1907 bis 1944 mit H. Wagner und H. Lautensach 10 Ausgaben von »Sydow-Wagners Methodischem Schulatlas« und gab 1914 Globen mit 21, 32 und 64 cm Durchmesser heraus. Über Jahrzehnte erstreckten sich Bearbeitung und Herausgabe von Schulwandkarten. Von 1936 bis 1940 erfolgte die Neubearbeitung von »Vogels Karte des Deutschen Reiches 1:500.000« (Erstausgabe 1893). Aus der praktischen Arbeit erwuchsen theoretische Beiträge zur Farbentheorie, ↗Reliefdarstellung und Kartengestaltung. Haack begründete und betreute Publikationsreihen des Hauses Justus Perthes zur Schulkartographie, brachte die bibliographische Erfassung des kartographischen Schrifttums auf ein neues Niveau und machte sich nach 1945 als Wiederbegründer und Herausgeber von »Petermanns Geographischen Mitteilungen« einen Namen. In der im Betrieb durchgeführten Kartographenausbildung vermittelte er sein Wissen und seine Erfahrungen an mehrere Schülergenerationen. Von einem geplanten Lehrbuch der Kartographie in 10 Bänden erschienen nur Einzeltitel. Haacks Leistungen wurden gewürdigt: 1920 von der Landesregierung Thüringen mit Titularprofessor, 1932 Ernennung zum Korrespondierenden Mitglied der Geographischen Gesellschaft der UdSSR, 1942 Goethe-Medaille für Kunst und Wissenschaft, 1952 Dr. h. c der Math.-Nat. Fakultät der Universität Jena, 1953 Nationalpreis 1. Klasse, 1960 stiftete die Geographische Gesellschaft der DDR die Hermann-Haack-Medaille. Von 1953 bis 1990 trug der Gothaer Betrieb den Namen »VEB Hermann Haack«. [WSt]

Haareis ↗*Kammeis*.

Haarhygrometer, Meßgerät zur Bestimmung der relativen Feuchte (↗Luftfeuchte). Es beruht auf der Eigenschaft entfetteter Haare Wasser aufzunehmen und dabei länger zu werden. Die Länge der mit einer Feder aufgespannten Haare hängt von der relativen Feuchte der Luft ab und wird zumeist mechanisch auf Zeiger übertragen.

Haarwurzeln ↗*Feinwurzeln*.

Habitat, [von lat. habitare = wohnen], Kennzeichnung des Ortes, an dem eine ↗Art oder eine ↗Biozönose vorkommt. Das mitteleuropäische Habitat des Schmetterlings *Zygaena carniolica* ist beispielsweise der Enzian-Halbtrockenrasen. Der Begriff Habitat umfaßt in diesem Fall die Gesamtheit der ↗biotischen Faktoren und der ↗abiotischen Faktoren eines Standortes. Wird der Begriff zur Charakterisierung des Ortes einer ganzen Lebensgemeinschaft verwendet, beziehen sich die ökologischen Angaben v. a. auf die abiotischen Faktoren, z. B. ist das Habitat des Bergfichtenwaldes (Hochlandfichtenwald) im Nationalpark Bayerischer Wald die Region oberhalb von 1150 m NN. Habitat ist eine von verschiedenen Bezeichnungen für den Lebensraum von Organismen und Organismengemeinschaften. Mit der Bedeutung »Lebensstätte« wird Habitat als Synonym zu ↗Biotop verwendet, meist ist die Bezeichnung jedoch allgemeiner. Soll die Stelle bezeichnet werden, an der eine Art tatsächlich gefunden wurde, dann spricht man zweckmäßiger von einem Fundort, im Sinne einer geographischen Ortsangabe. Das ↗Areal dieser Art entspricht dann dem Raum, der von ihrer ↗Population besiedelt wird; es ist also gewissermaßen die Summe der Fundorte. [DS]

Habitus, [von lat. habitus = äußere Erscheinung], **1)** *Mineralogie*: Kristall-Habitus, bezeichnet die verschiedenartige äußere Gestalt von Kristallen, welche Kristalle gleicher ↗Tracht (Gesamtheit aller Formen und Flächen), bedingt durch unterschiedliche Wachstumsbedingungen und die relative Flächenentwicklung, aufweisen. Als extreme Formen unterscheidet man einen planaren Habitus, der tafelig bis blättrig sein kann (Abb. a) und einen prismatischen Habitus, der strahlig, stengelig, säulig oder auch faserig ausgebildet sein kann (Abb. b). Tritt keine bevorzugte Richtung auf, spricht man von isometrischen Formen (Abb. c). **2)** *Ökologie*: das Gesamterscheinungsbild von Lebewesen. Hierzu zählen die Gestalt, Färbung, Zeichnung, Oberflächenbeschaffenheit und das Verhalten.

Hackfrüchte, agrarische Nutzpflanzen, die während der Wachstumsphase durch Hackkultur gepflegt werden, damit sie besser gedeihen. Zwischen den Pflanzen wird die oberste Bodenschicht durch Hacken oder ähnliche Bearbeitungsmaßnahmen gelockert. Das Hacken dient der Bodenlockerung, dem Lösen von Verkrustungen und der Unkrautbekämpfung. Voraussetzung ist ein großer Abstand zwischen den einzelnen Pflanzen. Zu den Hackfrüchten zählen Knollengewächse (z. B. Kartoffeln), Rübengewächse (z. B. Futter-, Zuckerrübe) und Feldgemüse (Kohl, Ackerbohnen). Bei entsprechendem Reihenabstand können auch Mais und Raps gehackt werden. Der Anbau von Hackfrüchten (Hackfruchtanbau) bedeutet, wegen des erhöhten Einsatzes von Arbeit, Maschinen und Düngemittel auch eine Intensivierung des landwirtschaftlichen Nutzungsgrades (↗Intensivkulturen).

Hadäikum, die »vorgeologische« Ära von vor 4,65 bis 4,0 Mrd. Jahren. ↗Archaikum, ↗Präkambrium.

Hadal, Tiefenstufe des ↗Meeresbodens unterhalb von 6000 m, Teilbereich des ↗Benthals, umfaßt die tiefsten Bereiche der Ozeane im Bereich der

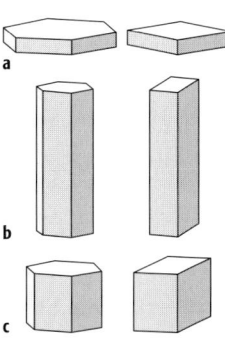

Habitus: unterschiedlicher Habitus bei gleicher Kristalltracht. Kombination von Prisma und Basis bei hexagonalen und tetragonalen Kristallen: a) planarblättrig, b) prismatisch, c) isometrisch.

↗Tiefseegräben. Der Begriff wird uneinheitlich gehandhabt.

Hadley-Zirkulation, nach dem engl. Meteorologen G. Hadley benannte großräumige Vertikalzirkulation in den Tropen. Der aufsteigende Ast der Zirkulation befindet sich im Äquatorbereich, das Absinken der Luftmassen findet im ↗subtropischen Hochdruckgürtel bei etwa 30 Grad nördlicher und südlicher Breite statt. In der oberen Troposphäre findet ein polwärts gerichteter Transport der warmen Äquatorialluft statt, in Bodennähe erfolgt eine kompensierende Ausgleichsströmung in Richtung Äquator. Dieser Ast der Hadley-Zirkulation bildet die ↗Passate, welche in der Zone ↗innertropischer Konvergenz aufeinandertreffen. Die Hadley-Zirkulation ist ein wichtiger Bestandteil der allgemeinen atmosphärischen Zirkulation (↗allgemeine atmosphärische Zirkulation Abb. 4).

Haeckel, *Ernst Heinrich Philipp August*, deutscher Zoologe, Arzt und Naturphilosoph, * 16.2.1834 Potsdam, † 9.8.1919 Jena. Nach seinem Studium der Medizin in Berlin, Würzburg und Wien, promovierte Haeckel 1857. Als Arzt praktizierte er nur ein Jahr und entschloß sich zu einer meeresbiologischen Studienreise (1859–60), die ihn an den Golf von Messina (Italien) führte. Nach seiner Rückkehr habilitierte er sich (1861). Die Ergebnisse seiner Studienreise legte er in einer ersten großen Monographie »Die Radiolarien« (1862) vor, in der er 144 neue Arten beschrieb. Die wissenschaftliche Anerkennung seiner Forschung erbrachte ihm die Ernennung zum außerordentlichen Professor für Zoologie und Direktor des Zoologischen Museums in Jena. 1865 erfolgte der Ruf zum außerordentlichen Professor auf den neugegründeten Lehrstuhl für Zoologie an der Philosophischen Fakultät der Universität Jena. Berufungen an andere Universitäten lehnte Haeckel stets ab und lehrte zu seiner Emeritierung 1909 in Jena.

In seinem theoretischen Hauptwerk »Generelle Morphologie der Organismen« (1866) versuchte er ein natürliches System zu schaffen, das die ↗Phylogenie (stammesgeschichtliche Abstammung der Organismen) wiedergeben sollte. Durch den morphologischen Vergleich stellte er fest, welche Arten näher oder ferner miteinander verwandt sind und stellte die Verwandtschaftsverhältnisse als erster in Stammbäumen dar. Alle Lebewesen auf der Erde, den Menschen eingeschlossen, leitete er von hypothetischen Ur-Organismen (»Monera«) ab, die durch Selbstzeugung aus anorganischer Materie hervorgegangen seien. Haeckel war ein entschiedener Verfechter des Darwinismus (C. ↗Darwin). Er lehnte eine übernatürliche Schöpferkraft ab und stellte dem seine Lehre vom Monismus gegenüber (1906 Gründung des Monistenbundes). Für ihn war Gott identisch mit der Natur; Kraft, Materie und Geist seien nicht voneinander zu trennen. Das Einbeziehen des Menschen in seinen Stammbaum hat ihm viel Kritik von Klerikern, Philosophen und anderen Wissenschaftlern eingetragen. In seinem »Biogenetischen Grundgesetz« (1872) beschrieb er das allgemeine »Gesetz von der Rekapitulation«, wonach ein Individuum während seiner Ontogenese (Individualentwicklung) eine kurze, gedrängte Wiederholung der langen Formenreihe durchläuft, welche die Vorfahren oder Stammformen seiner Art von den ältesten Zeiten bis in die Gegenwart durchlaufen haben. Dieses »Gesetz« ist schon zu Haeckels Lebzeiten umstritten gewesen, da es bei strikter Anwendung zu Fehldeutungen führen kann, weshalb man heute eher von einer »Regel« spricht.

Haeckel unternahm weitere Forschungsreisen nach Norwegen, Rußland, Indien, Indonesien, ans Rote Meer und in den Mittelmeerraum. Auf diesen Reisen führte er u.a. entwicklungsgeschichtliche und systematische Untersuchungen an Korallen, Medusen und Schwämmen durch. Seine Ergebnisse stellte er in mehreren Monographien dar. In dem Buch »Die Kalkschwämme« (1872) formulierte er seine »Gastraea-Theorie«, nach der die Gastrula (Becherkeim) ein Abbild einer hypothetischen Stammform aller Metazoen (Vielzeller) sei.

Haeckel schrieb eine Vielzahl von Büchern und Schriften, u.a. die »Natürliche Schöpfungsgeschichte des Menschen« (1868), »Keimes- und Stammesgeschichte« (1874) und die »Systematische Phylogenie. Entwurf eines natürlichen Systems der Organismen auf Grund ihrer Stammesgeschichte« (1894–96). Mit seinen späten Schriften wie »Die Welträthsel« (1899) oder der künstlerisch orientierten Darstellung »Kunstformen in der Natur« (1899–1904) versuchte er seine Ideen populär zu machen. Haeckel erhielt mehrere Ehrendoktorwürden und war Mitglied von etwa 90 Wissenschaftlichen Gesellschaften und Akademien. [EHa]

Haeckel, *Ernst Heinrich Philipp August*

Hafen, natürliches oder künstliches Wasserbecken mit Anlagen für das Festmachen von Schiffen, den Verkehr zwischen Schiff und Land, den Umschlag, die Lagerung und den Transport von Gütern sowie für die Ausbesserung von Schiffen. Die Gestaltung eines Hafens richtet sich nach Verkehrsart (Seehäfen, Binnenhäfen), nach Lage (Küstenhäfen, Flußhäfen, Kanalhäfen) und Zweck der Anlage (Schutzhäfen, Nothäfen, Handelshäfen sowie Werk- und Industriehäfen). Die Gestaltung hängt auch von den jeweiligen Umschlagsgütern und den dafür erforderlichen Anlagen ab. So wird z.B. ein Ölhafen aus Sicherheitsgründen getrennt von den anderen Umschlagsbecken angelegt und mit besonderen Einrichtungen zur Gefahrenabwehr versehen. Containerhäfen zeichnen sich durch besonders umfangreiche Freiflächen und mobile Ladegeräte aus. Form und Größe eines Hafens werden durch die örtlichen Verhältnisse bestimmt sowie durch die zu erwartenden Umschlagsleistungen. Parallelhäfen und Dreieckshäfen grenzen unmittelbar an die jeweilige Wasserstraße, während der Molenhafen durch eine meist parallele ↗Mole von der Wasserstraße teilweise getrennt ist. Stichhäfen sind größere Anlagen, die nicht unmittelbar an der Wasserstraße liegen, sondern mit dieser durch einen Stichkanal verbunden sind (z.B. Hafen Duisburg). Dockhäfen sind durch doppelkehrende Schleusentore (Tore, die Wasserdruck von beiden Seiten standhalten) gegen starke Wasserstandsschwankungen gesichert. [EWi]

Haff, von der Ostseeküste stammende Bezeichnung für eine durch eine ↗Nehrung fast vollständig abgeschnürte ehemalige Meeresbucht.

Hafniumisotop ↗Lu-Hf-Methode.

Haftanker, ↗Anker, bei dem im Gegensatz zum ↗Spreizanker die Ankerkraft durch die Verzahnung von Verpreßkörper (↗Verpreßanker) und Gebirge ohne besonderen Andruck an die Bohrlochwand übertragen wird.

Haftnässe, Vernässung der Bodenmatrix verursacht durch eine relativ geringe und hydraulische Leitfähigkeit in schlecht strukturierten und nicht oder nur schwach durchwurzelten Bodenhorizonten. Der Wassergehalt geht über das ↗Haftwasser hinaus und die Entwässerung aufgrund der Gravitation bis zur Saugspannung bei ↗Feldkapazität erfolgt relativ langsam. Haftnässe unterscheidet sich von der ↗Staunässe dadurch, daß sie nicht durch Entfernen einer unterlagernden Stauschicht beseitigt werden kann. Sie ist typisch für die ↗Haftnässemarsch und den ↗Haftnässepseudogley. Haftnässe erschwert die ↗Bodenbewirtschaftung und schränkt vor allem in Gebieten mit häufigen Niederschlägen die Zeitspannen für die ↗Bodenbearbeitung ein und kann durch in der Landwirtschaft gebräuchliche Verfahren der ↗Entwässerung nicht direkt gemindert werden.

Haftnässemarsch, ↗Bodentyp innerhalb der Klasse der ↗Marschen der ↗deutschen Bodenklassifikation aus schluffreichem Gezeitensediment. Aufgrund des hohen Schluffanteils weist der Boden ↗Haftnässe auf. Die Haftnässemarsch ist schwierig bewirtschaftbar und neigt zur ↗Verschlämmung.

Haftnässepseudogley, *Haftpseudogley*, ↗Bodentyp innerhalb der Klasse der ↗Stauwasserböden der ↗deutschen Bodenklassifikation. Der hohe Anteil von ↗Schluff und Feinstsand bewirkt langanhaltende ↗Haftnässe. Die für Stauwasserböden typische Unterscheidung zwischen ↗Stauwassersohle und Stauwasserleiter ist im Haftnässepseudogley nicht erkennbar.

Haftrippeln ↗Adhäsionsrippeln.

Haftwasser, Teil des ↗Bodenwassers, wird durch die Wirkung von Adsorptionskräften (↗Adsorptionswasser) und Kapillarkräften (↗Kapillarwasser) gegen die Schwerkraft gehalten und hat keine scharfe Abgrenzung zum Gravitationswasser. Haftwasser ist bis zu einer Saugspannung von < 1,5 MPa (↗permanenter Welkepunkt) pflanzennutzbar. Bei hohem Anteil von Haftwasser, z. B. in schluff- und tonreichen Böden, spricht man von ↗Haftnässe.

Hagel, a) *Hagelkorn, Hagelstein, Hydrometeore*, fester ↗Niederschlagspartikel. ↗Graupel, der durch längere Verweilzeiten im Hauptaufwind einer ↗Gewitterzelle auf Größen von einigen Zentimetern angewachsen ist. Vereinzelt werden Durchmesser von mehr als 10 cm beobachtet. Ein Hagelkorn entsteht als Hagelembryo in einer benachbarten, meist kleineren Zelle stromauf und gelangt von dort in den oberen Bereich des Hauptaufwindes der Gewitterzelle. Lange Verweil- und damit Wachstumszeiten werden durch Ausschweben im Hauptaufwind erreicht, die Fallbewegung wird dabei durch den Aufwind kompensiert. Bei niedrigen Temperaturen kann eine deutlich ausgeprägte Schalenstruktur des Hagelkorns (trockenes Wachstum) beobachtet werden, bei wärmeren Temperaturen nahe dem Gefrierpunkt eine weniger deutliche Schalenstruktur durch eingelagertes, nicht sofort gefrorenes Wasser (nasses Wachstum). b) Menge der als Niederschlag fallenden Hagelkörner. Hagel fällt nahe dem Hauptaufwindgebiet eines Gewitters in abgegrenzten Gebieten von ca. 1–2 km Breite. Hagel zieht mit dem Gewitter mit und bildet so einen Hagelzug oder ↗Hagelschlag. Die hohe Fallgeschwindigkeit der Hagelkörner kann zu bedeutenden Hagelschäden an Autos und Flugzeugen führen, Glasdächer zerstören, Bäume entlauben und ganze Ernten, insbesondere im Obst- und Weinbau, vernichten. [TH]

Hagelbekämpfung, in der Vergangenheit zumeist wirkungslos angewandte Verfahren (z. B. Hagelschießen), um ↗Hagel abzuwehren. Gängige Verfahren wollen die Hagelbildung durch vermehrte Niederschlagsbildung reduzieren, indem von Flugzeugen gezielt zusätzliche ↗Eiskeime in den Hauptaufwind einer Gewitterzelle eingebracht werden (Wolkenimpfen). Aussichtsreich sind diejenigen Verfahren, bei denen die sich entwickelnde Gewitterwolke durch in-situ Messungen und Fernerkundungsverfahren untersucht und gleichzeitig numerisch simuliert wird. Daraus können Impfgebiet und -zeitpunkt bestimmt und der Impferfolg kontrolliert werden.

Hagelschlag, zumeist streifenförmiges Gebiet mit gefallenem ↗Hagel. Kräftige ↗Gewitter einer ↗Böenwalze können Hagelschläge von einigen hundert Kilometern Länge und einigen Kilometern Breite erzeugen.

Hagen, *Gotthilf Heinrich Ludwig*, dt. Wasserbauingenieur, * 3.3.1797 Königsberg (Preußen), † 3.2.1884 Berlin; Lehrer für Wasserbau an der Bauakademie und der Artillerie- und Ingenieurschule in Berlin; bedeutende Arbeiten zum Wasserbau, u. a. Leitung des Wasserbaus an vielen deutschen Flüssen; entwickelte die Arbeiten von J. L. M. ↗Poiseuille über die Flüssigkeitsströmung durch sehr enge Röhren (Kapillaren) weiter und veröffentlichte 1839 das ↗Hagen-Poiseuillesche Gesetz. Hauptwerk: »Handbuch der Wasserbaukunst« (8 Bände, 1841–65).

Hagerhumus, *untätiger Humus*, oft Folge von Kahlflächen an Süd- und Westhängen, die ungeschützt vor extremen Witterungsverhältnissen, wie starker Sonneneinstrahlung, Wind und Regen »aushagern«. Die Bodenorganismen werden geschädigt und die Nährstoffe ausgewaschen. Derartige Böden werden auch als Hagerböden bezeichnet.

Hahnenkämme, *Kammkies, Speerkies*, tafelige oder flachprismatische subparallel verwachsene Kristalle, typisch für ↗Markasit (Abb.).

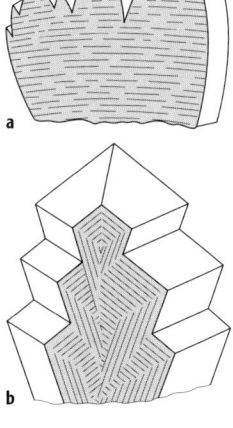

Hahnenkämme: a) und b) polysynthetische Zwillingsbildungen bei Markasit.

Hainbuchenwald, Bestandteil des ↗Laubwaldes der gemäßigten Klimazone Europas mit der dominierenden Hainbuche (*Carpinus betulus*). Diese kommt aber selten als Reinbestand vor, sondern v. a. als subatlantischer *Eichen-Hainbuchenwald*, der meist reich an Unterwuchs ist (v. a. ↗Geophyten). Natürliche Eichen-Hainbuchenwälder stocken auf tonreichen Böden, die durch Grund- oder Stauwasser zeitweise im Untergrund vernäßt und schlecht durchlüftet sind. Hier ist die Konkurrenzkraft der Buche geschwächt (↗Pflanzenverband Abb.). Auf Buchenaltstandorten (ehemals natürlicherweise von Buchen bestockte Flächen) konnte der Hainbuchenwald die Buche verdrängen und sich als Ersatzgesellschaft etablieren, da Eichen und Hainbuchen die frühere anthropogene Nutzung als ↗Mittelwald oder ↗Niederwald besser ertrugen als die Buche (↗Forstwirtschaft).

Haken, marine Anlandungsform, die als schmale Landzunge ins Meer oder in einen ↗Bodden hineinwächst. ↗Sandhaken.

Hakenschlagen, *Hakenwerfen*, Umbiegung von ausstreichendem verwittertem oder anstehendem Gesteinsmaterial in Richtung des Hanggefälles (Abb.). Hakenschlagen erfolgt aufgrund

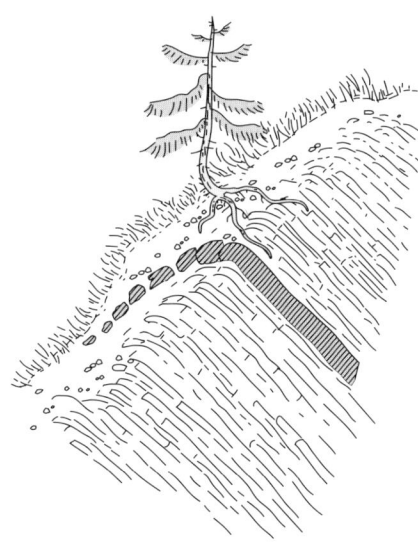

↗gravitativer Massenbewegungen, hauptsächlich ↗Kriechdenudation, teilweise auch infolge von ↗Gelifluktion von Hangschuttdecken unter ↗periglazialen Bedingungen. Bäume auf Hängen mit Hakenschlagen zeigen oft Säbelwuchs.

Hakenschütz, ↗Schütz dessen Oberkante nach hydrodynamischen Gesichtspunkten hakenförmig ausgebildet ist, um die Überleitung größerer Wassermengen zu ermöglichen. Das Hakendoppelschütz besteht aus zwei Schützen, von denen das Oberschütz als Hakenschütz ausgebildet ist.

Halbfenster ↗tektonisches Fenster.

Halbfestgestein, *veränderlich festes Gestein*, Gestein, das bei Lagerung in Wasser Veränderungen aufweist. Halbfestgesteine zeigen feste bis halbfeste ↗Konsistenz und Festigkeitseigenschaften zwischen denen der ↗Lockergesteine und der Festgesteine. Der Übergang zu Locker- und Festgesteinen ist fließend. Halbfestgesteine können sowohl teilverfestigte Lockergesteine als auch angewitterte Festgesteine mit verringerter ↗Kornbindung sein. In der DIN 4022 T1 wird im Gegensatz zu früheren Ausgaben der Begriff Halbfestgestein nicht mehr benutzt. An seine Stelle tritt die »Veränderlichkeit in Wasser«.

halbfreies Grundwasser ↗*Grundwasserleiter mit verzögerter Entleerung*.

halbgespannter Grundwasserleiter ↗*Leaky-Aquifer*.

Halbglanzkohle ↗*Clarain*.

Halbgraben, relativ abgesunkenes langgestrecktes Krustensegment, das an der einen Längsseite von einer Abschiebung begrenzt wird und an der gegenüberliegenden Seite in eine Schichtenverbiegung übergeht (Abb.). ↗Flexur.

Halbhorst, langgestrecktes Krustensegment, das gegenüber den angrenzenden Krustensegmenten gehoben erscheint, an der einen Längsseite durch eine vom Horst weg einfallende Abschiebung begrenzt wird und an der gegenüberliegenden Seite in eine Schichtenverbiegung übergeht.

halbjährliche Variation, Wiederholungsneigung erdmagnetischer Aktivität, die ihre Ursachen in der Lage der Dipolachse zur Ekliptik hat und damit eine Variation der Kopplungsbedingungen zwischen Erdmagnetfeld und ↗IMF bewirkt.

Halbkristall-Lage, Bezeichnung für die Anlagerung von Ionen an eine Kristallwachstumsstelle als häufigste Fortsetzung einer ↗Netzebene.

Halbleiter ↗elektrische Leitfähigkeit.

Halbmetalle, *Semimetalle*, *Metalloide*, veraltete Bezeichnung für Elemente, die in der III. bis VI. Gruppe des Periodensystems stehen. Bei den gediegen als Minerale auftretenden Elementen handelt es sich v. a. um Arsen, Antimon und Bismut. Halbmetalle haben meist ein verzerrtes kubisches Gitter, mit einer trigonalen Symmetrie und einer ähnlichen Kristallform. Mischkristallbildung ist selten, eine Folge dieser strukturellen Besonderheit ist die größere Sprödigkeit, bessere Spaltbarkeit und relativ geringe Dichte. An metallische Eigenschaften erinnern nur relativ hoher Glanz und die z. T. hellen Farben. Genetisch bestehen große Unterschiede. ↗Element-Minerale.

Halbmondooide ↗Ooide.

Halbraum, Begriff zur Beschreibung mathematischer Modelle. Er bezeichnet den unterhalb einer unendlich ausgedehnten Ebene liegenden Raum, der sowohl ↗homogen als auch inhomogen aufgebaut sein kann.

Halbton ↗Halbtonvorlage.

Halbtonvorlage, eine ↗Vorlage (Reproduktionsvorlage) mit verschiedenen Ton- oder Farbwerten, deren Umfang zwischen den Lichtern (helle Stellen der Vorlage) und den Schatten (dunkle Stellen der Vorlage) mehrere verlaufende ↗Tonwert-Abstufungen umfaßt. Beispiele für Halbtonvorlagen in der ↗Kartographie und ↗Photogrammetrie sind ↗Reliefschummerungen und

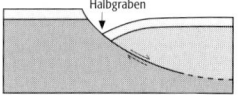

Halbgraben: schematische Darstellung.

Hakenschlagen: Hakenschlagen von Gesteinsschichten und Säbelwuchs bei Bäumen (Hangknie).

/Luftbilder. Für die meisten drucktechnischen Bearbeitungen ist es notwendig, die echten *Halbtöne* in Rasterelemente und somit in unechte Halbtöne zu zerlegen. /Rasterung.

Halbtrockenrasen, trockenwarme /Standorte mit dichten, relativ nährstoffarmen und daher i. d. R. sehr artenreichen, wiesenähnlichen Pflanzenbeständen. In Mitteleuropa sind Halbtrockenrasen v. a. durch das Mesobrometum charakterisiert: ungedüngte, wenig gemähte, früher meist beweidete, bunte und orchideenreiche Trespenhalbtrockenrasen, die von der Aufrechten Trespe (*Bromus erectus*) dominiert werden. Die extensive Bewirtschaftung der Halbtrockenrasen ist heute meist nicht mehr rentabel. Häufig werden die Bestände daher gedüngt und intensiver genutzt (/Fettwiese), aufgeforstet oder überbaut und gehen so verloren. Aber auch dort, wo die Bewirtschaftung ersatzlos aufgegeben wurde, führte die /Sukzession sehr schnell zu einer Verbuschung und anschließender Bewaldung. Wegen der aufgezeigten Entwicklung gehören die Halbtrockenrasen zu den gefährdeten /Pflanzengesellschaften der mitteleuropäischen /Kulturlandschaft. Der Schutz der wenigen noch verbliebenen Vorkommen ist deshalb besonders dringlich. [DR]

Halbwertsbreite, Begriff aus der /Potentialtheorie. Trägt man z. B. längs eines Profils die gemessenen Schwerewerte auf und legt eine zur Profilachse parallele Gerade durch den halben Wert des Extremwertes an, so ergibt sich die Halbwertsbreite (gemessen auf der Profilachse) aus den beiden Schnittpunkten der Geraden mit der Meßkurve. Aus der Halbwertsbreite lassen sich Abschätzungen über die Tiefenlage des Mittelpunktes bzw. des Schwerpunktes des /Störkörpers machen. Generell gilt, daß sich mit zunehmender Halbwertsbreite auch die Tiefenlage des verursachenden Störkörpers vergrößert (Abb.). Der Begriff der Halbwertsbreite läßt sich auch auf flächenhafte Darstellungen übertragen.

Halbwertszeit, *HWZ*, $T_{1/2}$, die Zeit, in der die Aktivität eines radioaktiven Stoffes auf die Hälfte abgeklungen ist. Der zeitliche Verlauf der Aktivität A wird durch das Zerfallsgesetz beschrieben:

$$A(t) = A(0) \cdot e^{-\lambda t}$$

woraus sich die Halbwertszeit nach:

$$T_{1/2} = ln2/\lambda$$

ergibt (e = 2,718, λ = nuklidabhängige Zerfallskonstante, t = Zeit [s] und A = Aktivität [Bq]).

Halbwüste, Übergang zwischen der /Dornsavanne bzw. /Steppe und der eigentlichen /Wüste. Im Gegensatz zur vegetationsfreien oder nur punktuell von Pflanzen besiedelten Vollwüste trägt die Halbwüste eine mehr oder weniger gleichmäßig verteilte Vegetation, deren Bodenbedeckungsgrad jedoch selten 25 % übersteigt. Die Niederschläge erreichen zwischen 150 bis 300–400 mm im Jahr. (/Wüste Abb.).

Halbwüstenböden, veraltet für /Aridisols der /Soil Taxonomy sowie für /Calcisols und /Gypsisols der /WRB; humusarme Böden mit Ton-, Kalk- oder Gipsanreicherungen und /aridic soil moisture regime.

Halde, Aufhäufung von Stoffen oberhalb der Geländeoberfläche zur vorübergehenden oder permanenten Lagerung. Dabei kann es sich um Abbauprodukte wie Salz, Kohle und Erz, um Restprodukte des Abbaus wie Abraum und Bergematerial oder um Reststoffe wie Schlacke oder Abfall handeln.

Haldenbegrünung, Form der /Rekultivierung im /Bergbau.

Haldendeponie, *Hochdeponie*, Bautyp für eine Abfalldeponie (/Deponie). Es handelt sich um eine Aufschüttung auf mehr oder weniger ebenem, geradem Gelände, die bis Mitte der 1970er Jahre wenig verbreitet war. Durch die Konzentration auf wenige, große Zentraldeponien hat diese Art von Deponiebauwerk stark an Bedeutung gewonnen. Vorteile sind: a) übersichtlicher Einbau; b) einfache Anlage von Deponiestraßen, gut zu befahren; c) selten Probleme mit Gasmigration in die Seitenbereiche. Nachteile sind: a) hoher Flächenbedarf, da die seitlichen Böschungen aus Gründen der Standfestigkeit nur eine begrenzte Steilheit aufweisen dürfen; b) großflächiges, unkontrolliertes Ausgasen des Abfalls. Moderne Deponien sind allerdings i. d. R. mit einer aktiven Gaserfassung ausgestattet; c) Windverfrachtung von Deponat (Staub, Papier etc.); d) bei großen Bauhöhen und/oder instabilem Untergrund kann sich die Deponiebasis um mehrere Meter setzen. Als Folge kann die unter der Aufschüttung angebrachte Basisabdichtung reißen und die Dränage kann in ihrer Gefällerichtung verändert oder gar zerstört werden; e) Eingriff in das Landschaftsbild. [ABo]

Haldenlaugung, *Haufenlaugung, heap leaching*, Verfahren zur Gewinnung von niedriggehaltigen Erzen, insbesondere von Gold. Das seit etwa Mitte der 1980er Jahre verbreitet zum Einsatz kommende Verfahren erlaubt es, Lagerstätten bis hinunter zu einem Goldgehalt von 1 Gramm pro Tonne wirtschaftlich rentabel abzubauen. Dazu wird das im /Tagebau gewonnene, i. d. R. lateritisch verwitterte, nur grob zerkleinerte Erz auf abdichtenden Folien aufgehäuft und mit Zyanidlösung beregnet. Das im Erz fein verteilte Gold geht als Zyanidkomplex in Lösung. Die goldangereicherte Lösung wird in Tanks aufgefangen und das Gold ausgefällt, häufig adsorptiv an Aktivkohlepartikeln. Diese Methode ist für sulfidische Erze nicht geeignet, da die Zyanidlösung in der Regel nicht in der Lage ist, Gold aus Sulfiden herauszulösen.

Halit, [von griech. halos = Meersalz], *Bergsalz, Chlornatrium, Knistersalz, Kochsalz, Steinsalz*, Mineral aus der Gruppe der /Halogenide mit der chemischen Formel: NaCl und kubisch-hex'oktaedrischer Kristallform; Farbe: farblos, weiß, grau, gelblich, rötlich, blau bis violett; fettiger Glasglanz; Strich: weiß; Härte nach Mohs: 2 (etwas spröd); Dichte: 2,1–2,2 g/cm³; Spaltbarkeit: vollkommen nach (100); Bruch: muschelig; Aggregate: meist grob- bis muschelkörnig, fein-

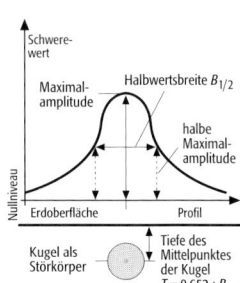

Halbwertsbreite: Halbwertsbreite und Tiefe des Mittelpunktes am Beispiel einer Kugel.

körnig, spätig, dicht, parallelfaserig, auch stalaktitisch, manchmal mit Flüssigkeitseinschlüssen; vor dem Lötrohr auf Kohle leicht schmelzbar (gelbe Flammenfärbung); in Wasser löslich; salziger Geschmack; hohe Wärmeleitfähigkeit; Begleiter: Anhydrit, Gips, Sylvin, Dolomit u. a.; Vorkommen: als wichtigstes Mineral mariner Salzlagerstätten entstand Halit durch Wasserverdunstung an der Lösungsoberfläche oder durch Abkühlung gesättigter Lösungen. Weiterhin kommt es in terrestrischen Salzseen, als Ausblühungen (Verdunstung von aufsteigendem Grundwasser in ariden Gebieten) und als vulkanisches Sublimationsprodukt vor; Fundorte: Bad Reichenhall, Schwäbisch Hall und Heilbronn, Fulda-Werragebiet in Norddeutschland, Wieliczka (Polen), Chesbin (England), im Pandschab (Indien), Solikamsk (Rußland), ansonsten weltweit.

NaCl bildet ein Ionengitter, welches sich durch Ineinanderstellen von zwei kubisch flächenzentrierten Gittern (Na^+-Gitter und Cl^--Gitter), die um halbe Kantenlänge gegeneinander verschoben sind, aufbaut. Dabei wird jedes Ion von sechs anderen oktaederförmig umgeben. Die geringe Härte läßt sich durch schwache heteropolare Bildungskräfte zwischen zwei große einwertigen Ionen erklären. Verwendet wird Halit als Ausgangsstoff für chemische Produkte (metallisches Na, Soda, Chlorgas, Salzsäure), als Speisesalz und Industriesalz sowie als Konservierungssalz. Aufgrund der guten Wärmeleitfähigkeit von Halit sowie den hygroskopischen Eigenschaften werden Salzstöcke als geeigneter Ort zur Endlagerung atomaren Abfalls diskutiert, zudem sind Salzstöcke durch eine umliegende Tonhülle von Wasserzutritten geschützt.

Halley, *Edmond*, engl. Mathematiker und Astronom, * 8.11.1656 Haggerston (bei London), † 25.1.1742 Greenwich; Professor und ab 1720 zweiter Astronomer Royal und Direktor des Greenwich-Observatoriums; beobachtete als erster einen vollständigen Vorübergang des Merkurs (Merkurdurchgang) vor der Sonne; veröffentlichte 1679 nach Beobachtungen auf Sankt Helena einen Katalog mit 341 Sternen des südlichen Himmels bis zur sechsten Größenklasse (»Catalogus stellarum australium«); gab im gleichen Jahr eine Methode zur Bestimmung der Sonnenparallaxe aus Venusdurchgängen an; stellte 1686 eine Formel zur barometrischen Höhenbestimmung auf; führte 1698–1700 zwei Reisen über den Atlantik zum Studium des Erdmagnetismus durch und gab 1701 die erste Karte der magnetischen Deklination heraus; veröffentlichte 1705 sein berühmtestes Werk (»Synopsis of Cometary Astronomy«), in dem er die Berechnung der Bahnen von 24 Kometen angab; drei von ihnen, die Kometen von 1531, 1607 und 1682, waren so ähnlich, daß er in ihnen einen einzigen Kometen sah, der mit einer Periode von 76 Jahren in einer Ellipsenbahn um die Sonne läuft; sagte dessen Wiederkehr für 1759 voraus, erlebte dieses Ereignis aber nicht mehr; untersuchte ferner die Bewegung von Mond und Planeten (1676: »Methodus directa et geometrica investigandi aphelia, excentricitates proportionesque orbium planetarum primariorum«) und stellte bei ersterem regelmäßige Abweichungen von der vorausberechneten Bahn fest (1693: Entdeckung der säkularen Akzeleration); erkannte 1716 den Zusammenhang zwischen Polarlichtern und Erdmagnetismus; entdeckte 1718 an den Sternen Sirius, Aldebaran und Arktur die Eigenbewegung der Sterne. Die ersten quantitativen Bestimmungen von Elementen des Wasserkreislaufs durch P. ↗Perrault und E. ↗Mariotte ergänzte er durch Betrachtungen über den atmosphärischen Teil der Wasserzirkulation. Von Bedeutung waren seine Experimente über die Verdunstung. Er untersuchte diese unter kontrollierten Laboratoriumsbedingungen. In diesem Zusammenhang betrachtete er auch den Zufluß und die Verdunstung bei den abflußlosen Binnenseen Kaspisches Meer, Totes Meer, Mexikanischer See und Titicaca-See. [HJL]

Hall-Leitfähigkeit, die elektrische Leitfähigkeit, die sich aufgrund des Hall-Effekts (benannt nach E. H. Hall 1879) z. B. im Ionosphärenplasma ergibt (↗Ionosphäre). Der Hall-Effekt beschreibt die Ablenkung von bewegten elektrischen Ladungsträgern in einem Magnetfeld.

Halloysit, Zweischichtmineral aus der Gruppe der ↗Kaolinite, verbreitet in den tiefgründig verwitterten Böden der Tropen (↗Ferralsols).

Halmyrolyse, eine Reaktion zwischen Sediment und Meerwasser in Bereichen geringer (langsamer) Sedimentation. Zu den bei der Halmyrolyse entstehenden Mineralen gehören v. a. ↗Glaukonit, Phillipsit und ↗Palagonit.

Halo, [von griech. halos = runde Fläche], *Halo-Erscheinungen*, mehr oder weniger helle, farbige oder nicht-farbige Ringe, vertikale und horizontale Streifen, auch Flecken am Himmel, die durch ↗Refraktion oder durch ↗Spiegelung des Lichtes von der Sonne an ↗Eiskristallen oder Wolkenteilchen in der Atmosphäre entstehen. Die Eiskristalle sind hexagonale Säulen und wirken deshalb wie 60°- oder 90°-Prismen (Abb. 1). Durch Strahlenbrechung an diesen Säulen, wenn sie in der Atmosphäre beliebig orientiert sind, entsteht bei 60° Brechungswinkel der häufigste, farbige Halo, der ↗kleine Ring, der 22°-Ring, und bei 90° Brechungswinkel entsteht ein ebenfalls häufiger farbiger Halo, der ↗große Ring, der 46°-Ring. Alle anderen ↗Brechungs-Halos entstehen an zu komplizierten Kristallformen zusammengelagerten Eiskristallen oder auch durch einfache Kristalle, wenn sie gleichartig (horizontal oder vertikal) orientiert sind, oder um solche Richtungen pendeln. Durch Spiegelung an den Flächen gleichartig orientierter Eiskristalle entstehen nicht-farbige Halos (↗Spiegelungs-Halos) wie z. B. ↗Horizontalkreis, ↗Lichtsäule, ↗Gegensonne, ↗Untersonne. Halos sind meist nur stückweise ausgebildet, weil die Wolken, welche die halobildenden Eiskristalle enthalten, selten im gesamten überschaubaren Himmelsbereich homogen sind, d.h. die Wolke ist horizontal und vertikal gleichmäßig und enthält die gleichen

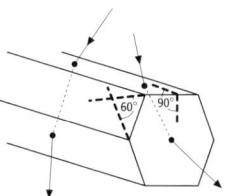

Halo 1: der hexagonale Eiskristall als 60°- und 90°-Prisma.

Halobionten

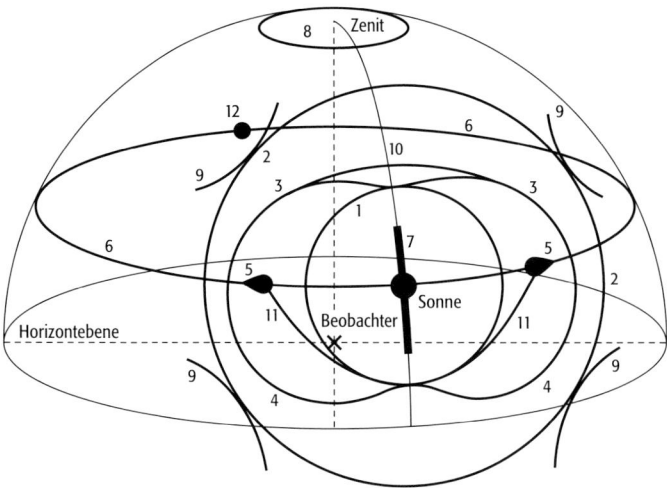

Halo 2: schematische Darstellung der Lage der häufigsten Halos am Himmel: 1 = kleiner Ring, 2 = großer Ring, 3 und 4 = obere und untere Berührungsbogen, 5 = Nebensonnen, 6 = Horizontalkreis, 7 = Lichtsäule, 8 = Zirkumzenitalbogen, 9 = seitliche obere und untere Berührungsbogen, 10 = Parry-Bogen, 11 = Lowitz-Bogen, 12 = Gegensonne.

Halogenide (Tab.): die wichtigsten Halogenide.

Eiskristalle. Die häufigsten halobildenden Wolken sind die Cirrus-Wolken. Die Lage der häufigsten Halos am Himmel ist in Abb. 2 dargestellt. Halos waren bereits Aristoteles (384–322 v. Chr.) bekannt.

Halobionten, ↗ Indikatororganismen, die erhöhte Salzgehalte im Gewässer anzeigen.

Halo-Erscheinungen ↗ Halo.

Halogene, Bezeichnung für die Elemente der VII. Hauptgruppe des Periodensystems. Dazu gehören Fluor, Chlor, Brom, Iod und Astat.

Halogenide, Mineralklasse, zu der die Verbindungen von Metallen mit F, Cl, Br und I zählen (Tab.). Als gemeinsame Eigenschaft weisen die Halogenidminerale im allgemeinen eine geringe Härte auf, viele sind wasserlöslich, die meisten farblos oder durch Spurenelemente besonders auffällig gefärbt. Es handelt sich fast ausschließlich um Kristalle mit Ionenbindung. Im Periodensystem stehen die Kationen der Halogenide Na, K, Mg und Ca i. d. R. in der linken Hälfte in den Gruppen I oder II, während Schwermetallhalogenide als Minerale äußerst selten sind. Daraus erklärt sich auch die relativ geringe Dichte, die niedrigen Brechungsquotienten und die leichte Löslichkeit der meisten Halogenidminerale. Dem gegenüber zeigen die wenigen Schwermetallminerale in dieser Klasse mit überwiegend homöopolarer Bindung hohe Dichten und Brechungsindizes sowie eine geringere Löslichkeit. Die Halogene F, Cl, Br und I spielen eine große Rolle als flüchtige Bestandteile der magmatogenen leichtflüchtigen Phasen und sie finden sich v. a. auch in vulkanischen Dämpfen und ↗ Exhalationen und führen dort zur Bildung entsprechender Minerale.

Die Hauptmenge der Haloidsalze bildet sich bei marin-sedimentären Prozessen. Während das Ozeanwasser zwei Drittel des gesamten auf der Erde vorhandenen Chlors enthält, ist sein Gehalt an Fluor relativ gering, was mit der Affinität von F zu Ca zusammenhängt, wodurch sich ↗ Fluorit in allen Abfolgen leicht und häufig als schwerlösliche Verbindung bildet. Auch im biomineralogischen Kreislauf spielt Fluor eine bedeutende Rolle, z. B. beim Skelettaufbau höherer Tiere und im Zahnschmelz, der z. T. aus CaF_2 besteht. Fluorit bildet sich überwiegend bei hydrothermalen Prozessen, er findet sich aber auch in Sedimenten und als Neubildung in den Oxidationszonen von Erzlagerstätten. Fluorit wird in der Metallurgie als Flußmittel eingesetzt, für die elektrolytische Gewinnung von Al werden große Mengen von Fluorit zur Erzeugung von synthetischem Kryolith verbraucht. In der Keramik dient Fluorit zur Erzeugung von Glasuren und Emaillen, in der optischen Industrie zur Herstellung von Prismen, Linsen und Mikroskopobjektiven.

Kryolith (Na_3AlF_6) bildet sich ausschließlich pegmatitisch aus fluorhaltigen Lösungen. Er wird in der Aluminiummetallurgie, in der Keramik für Emaillen und zur Herstellung von Milchglas verwandt. Im Gegensatz zu den Fluoriden treten Chloride als Minerale sehr viel häufiger auf und bilden mächtige, sedimentäre Salzlagerstätten, wohingegen Bromide und Iodide als Minerale äußerst selten sind.

↗ Halit (NaCl) entsteht überwiegend aus wäßriger Lösung in exogenen Prozessen in austrocknenden Meeresbecken. Fossile Salzlager in Sedimentgesteinen haben sich in geologischen Zeiten durch plastische Deformation zu ↗ Diapiren verformt. Bei metamorphen Prozessen bildet Halit grob kristalline Massen. Er wird überwiegend von der chemischen Industrie zur Erzeugung von HCl, Cl_2, Soda, NaOH und metallischem Natrium gebraucht. Wie Steinsalz tritt auch *Sylvin* (KCl) in zahlreichen Salzlagerstätten auf. Er kristallisiert aus den eindunstenden Lösungen erst

Mineral	Kristallsystem Schoenflies-Symbol internat. Symbol	Härte nach Mohs	Dichte [g/cm³]	Spaltbarkeit
Halit (NaCl)	kubisch O_h^5 $Fm3m$	2	2,17	{100} vollkommen
Sylvin (KCl)	kubisch O_h^5 $Fm3m$	2	1,99	{100}
Chlorargyrit (AgCl)	kubisch O_h^5 $Fm3m$	1,5	5,5	– schneidbar
Salmiak (NH_4Cl)	kubisch-gyriodisch T_d^1 u. O_h^1 $P43m$ u. $Pm3m$	1,5	1,53	–
Fluorit CaF_2	kubisch O_h^5 $Fm3m$	4	3,15	{111} vollkommen
Kryolith (Na_3AlF_6)	monoklin C_{2h}^5 $P2_1/n$	2,5–3	2,97	{001} {110} {$\bar{1}01$}
Carnallit ($KMgCl_3 \cdot 6H_2O$)	rhombisch D_{2h}^4 $Pban$	1–2	1,60	muschelig

zum Schluß aus und findet sich daher stets im Hangenden der Salzlagerstätten unter den Abraumsalzen. Sylvin dient vornehmlich als Düngemittel, ein Teil auch der chemischen Industrie zur Herstellung von Kaliumverbindungen.
In den Oxidationszonen von Lagerstätten silberhaltiger Erze bildet sich aus chlorhaltigen Wässern, die mit oxidierten Silbermineralen reagieren, Chlorargyrit (AgCl) in Krusten oder hornwachsartigen Massen, ein wichtiges Silbererz, das teilweise auch als Imprägnation von Sandsteinen auftritt. Ähnliche Aggregate bildet auch Bromargyrit (AgBr). Iodargyrit (AgI) findet sich in dünnen Plättchen.
Kalomel (Hg_2Cl_2) bildet scharlachrote Krusten als Sublimationsprodukte in Quecksilberlagerstätten. Als Sublimationsprodukt bei vulkanischen Vorgängen und vielfach auf brennenden Kohlehalden oder Flözen findet sich in der Natur auch Salmiak (NH_4Cl).
Zu den Doppelhalogeniden zählen die Minerale der Carnallitgruppe, unter denen sich der ↗Carnallit ($KMgCl_3 \cdot 6 H_2O$) als eines der letzten Minerale bei der Kristallisation verdunstender Salzseen ausscheidet und sich daher stets in den hangenden Schichten sedimentärer Salzlager über den Sylvinschichten findet. Wie Sylvin ist auch Carnallit ein wichtiger Düngemittelrohstoff. Durch die Elektrolyse wird aus Carnallit auch metallisches Magnesium gewonnen.

halogenierte Kohlenwasserstoffe, *Halogenkohlenwasserstoffe*, *HKW*, übergreifende Bezeichnung für eine Gruppe von Stoffen, bei denen die Wasserstoffatome von Kohlenwasserstoffen ganz oder teilweise durch Halogenatome (insbesondere Fluor, Chlor, Brom) ersetzt sind. Zu den HKW gehören u. a. die ↗Chlorkohlenwasserstoffe (CKW), Fluorchlorkohlenwasserstoffe (↗FCKW) und halogenierte makromolekulare Stoffe, wie z. B. Polyvinylchlorid (PVC) und Polytetrafluorethylen (PFTE). HKW werden mit höherem Halogenanteil zunehmend stabiler. So zählen hoch- bzw. vollständig fluorierte ↗Alkane zu den stabilsten organischen Stoffen überhaupt. Diese Eigenschaften begründen auch die weite Verbreitung von HKW in unterschiedlichen Einsatzgebieten. HKW weisen nach ihrer Freisetzung verglichen mit anderen organischen Stoffen häufig relativ lange Lebensdauern in der Umwelt auf. Dies bedingt u. a. ihr ökologisches Schädigungspotential. [ME]

Halokinese, Begriff, mit dem von Trusheim (1957) alle ursächlich mit der autonomen Salzbewegung verknüpften Vorgänge zusammengefaßt wurden. Trusheim hat die Halokinese als reines Schwerkraftphänomen ohne zusätzliche Energiezufuhr von außen verstanden. Salzstrukturen, bei deren Entstehung Halokinese und Tektonik zusammengewirkt haben, bezeichnet er als halotektonische Strukturen. Diese strengen Definitionen stoßen in der Praxis auf Schwierigkeiten, denn die so definierten Strukturen lassen sich häufig nur schwer unterscheiden. In Norddeutschland haben tektonische Anstöße und Einflüsse auf die Strukturbildung in sehr unterschiedlichem Ausmaß gewirkt, so daß bei manchen Strukturen die halokinetische Prägung überwiegt, bei anderen die tektonische. Der typische Formenschatz, den halokinetische Abläufe erzeugen, ist auch bei tektonisch beeinflußten Strukturen häufig gut ausgeprägt.
Eine der Voraussetzungen für das Ablaufen halokinetischer Prozesse ist eine instabile Dichteschichtung (Rayleigh-Taylor-Instabilität). Bei der Absenkung eines Beckens tritt diese in bezug auf Steinsalzschichten ein, wenn die Deckschichten infolge der ↗Kompaktion eine durchschnittliche Dichte von 2,2 g/cm³ erreicht haben. Das ist der Fall bei einer Überdeckung durch klastische Sedimente von wenigen hundert Metern, bei Mitwirkung carbonatischer oder sulfatischer Ablagerungen bereits ab etwa 100 m. Die potentielle Energie aus der instabilen Dichteschichtung, die für den Ablauf der Bildung von Salzstrukturen

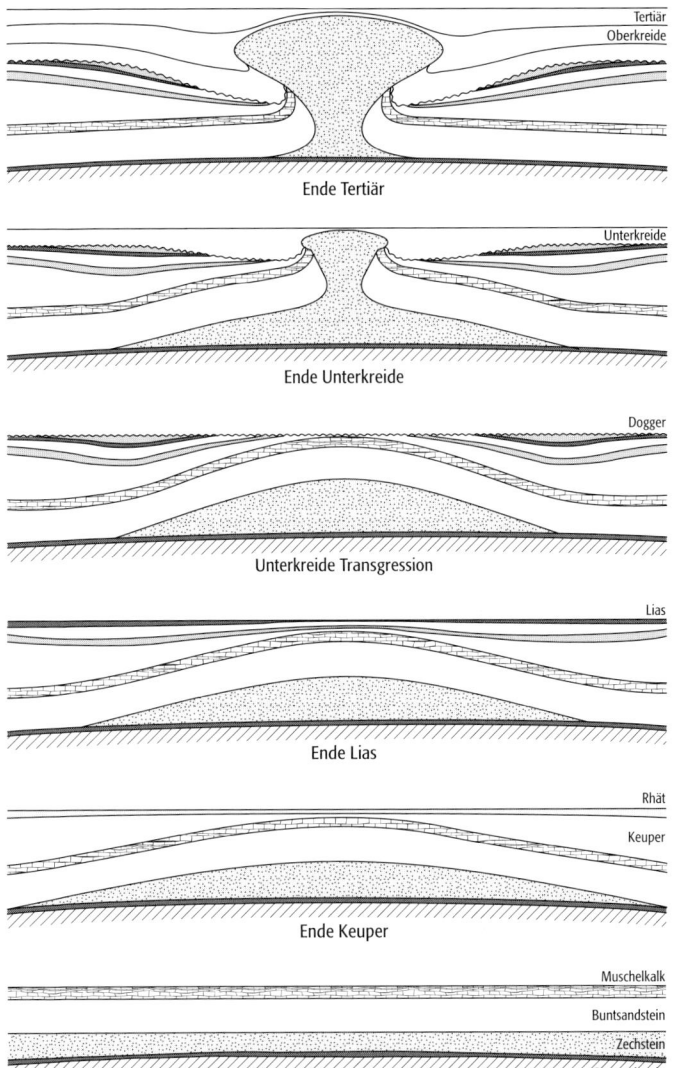

Halokinese: Entwicklungsschema eines nordwestdeutschen Salzstocks und seiner Randsenken.

zur Verfügung steht, hängt von Mächtigkeit und Fazies der salinaren Formation sowie von Mächtigkeit und Fazies der Deckschichten ab.

Die zweite Voraussetzung für die Bildung von Salzstrukturen ist das Vorhandensein eines Druckgradienten. Stetige Deformationen des Untergrundes wie ungleiche Absenkungen oder Hebungen können ungleiche Überlagerungen der salinaren Formation und damit Druckgradienten in ihr zur Folge haben. Prinzipiell haben unstetige Deformationen wie Ab- oder Aufschiebungen die gleiche Wirkung wie die stetigen. Da bei ihnen jedoch Bereiche unterschiedlicher Sedimentation bzw. Abtragung unmittelbar aneinanderstoßen, treten besonders starke Druckgradienten auf. Die Folge ist ein starker Anstoß zur Salzbewegung.

Eine weitere Voraussetzung schließlich für die Bildung von Salzstrukturen ist die Kriechfähigkeit der Salzgesteine. Prinzipiell liegt diese bereits bei Normalbedingungen vor. Sie nimmt infolge ihrer starken nichtlinearen Temperaturabhängigkeit durch Versenken der Schichten in größere Tiefe stark zu, was für das Wirksamwerden des Kriechens in den zur Verfügung stehenden geologischen Zeitspannen von erheblicher Bedeutung ist. Die Formen der Salzstrukturen, die durch die Halokinese entstehen können (↗Salzkissen, ↗Salzstöcke, ↗Salzmauern), hängen hauptsächlich von der primären Mächtigkeit der salinaren Formationen ab.

Die Entwicklungsgeschichte (Abb.) der Strukturen, in denen sich das Salz anreichert und aufsteigt, hat ihre Entsprechung in den Salzabwanderungsgebieten. Wo Salz abwandert, sinken die Deckschichten nach, und es entstehen Senken, in denen verstärkt sedimentiert wird. Für die Senkungsgebiete hat Trusheim die Begriffe primäre und sekundäre Randsenke eingeführt. Die *primäre Randsenke* ist an die Entstehung eines Salzkissens geknüpft. Die *sekundäre Randsenke* entspricht dem Diapirstadium einer Salzstruktur. Die Mächtigkeitsanomalien sind bei primären Randsenken nicht immer sehr auffällig, bei den sekundären Randsenken jedoch sehr groß, denn in diesem Stadium wandert das Salz aus Bereichen ab, in denen es durch die vorangegangene Akkumulation sehr mächtig geworden war. Der Salzaufstieg geht auch nach Abschluß des Diapirstadiums und der Überlagerung des Diapirs durch Deckschichten weiter. Wenn im Salzstockgebiet die Sedimentation anhält, ist die Sedimentmächtigkeit neben dem Salzstock größer als über ihm. Es bildet sich eine (salz-)nachschubbedingte ↗Randsenke. Die naheliegende Bezeichnung »tertiäre« Randsenke verbietet sich wegen der Verwechslungsmöglichkeit mit Vorgängen, die im Tertiär stattgefunden haben. Die strenge Kopplung der Entwicklung von Salzstrukturen und Randsenken gestattet eine recht genaue Datierung der Entwicklungsgeschichte der Salzstrukturen.

Das Salzkissenstadium kann unterschiedlich lang andauern (10–200 Mio. Jahre). Das Diapirstadium hält selten mehr als 50 Mio. Jahre an, im Falle stärkerer tektonischer Mitwirkung sogar nur einige wenige Millionen Jahre. Auf der Basis der Bilanzierung halokinetischer Vorgänge läßt sich auch die Geschwindigkeit des Salzaufstiegs bzw. der Salzwanderung berechnen. In Norddeutschland wurde für die überwiegend laterale Wanderung in Richtung auf die Salzkissen die Geschwindigkeit auf 0,3 mm/a geschätzt. In diesem Bereich (0,1–0,5 mm/a) liegen auch die für den Salzaufstieg in den Diapiren ermittelten Werte. Im Nachbewegungsstadium von Diapiren geht die Aufstiegsgeschwindigkeit rasch auf einige Hundertstel Millimeter pro Jahr und später auf noch kleinere Werte zurück. Die ursprünglich vorhandene instabile Dichteschichtung ist in diesem Spätstadium der Strukturentwicklung weitgehend abgebaut. [WJ]

Halokline, *halocline* (engl.), *Salzgehaltssprungschicht*, Schicht einer sprungartigen Veränderung der vertikalen Salzgehaltsverteilung.

Halone, 1) Abk. für halogenated hydrocarbons (↗halogenierte Kohlenwasserstoffe) (Tab.). 2) gebräuchlicher Handelsname für die ↗halogenierten Kohlenwasserstoffe, die ↗Brom enthalten. Diese werden generell durch Codezahlen des Typs $N_C N_F N_{Cl} N_{Br}$ gekennzeichnet, welche die Anzahl der verschiedenen Halogen-Atome im Molekül angeben. Halone sind anthropogene ↗Spurengase. Als ↗Quellgase für reaktive Bromverbindungen in der Stratosphäre tragen Halone zum ↗Ozonabbau bei (↗Ozonloch). Ihre industrielle Produktion und Verwendung sind deshalb durch politische Regelungen eingeschränkt worden (↗Montreal-Protokoll).

Halone (Tab.): die wichtigsten Halone.

Molekül	chemische Formel
Halon – 1211	$CBrClF_2$
Halon – 1301	$CBrF_3$
Halon – 2402	$CBrF_2CBrF_2$

halophile Organismen, Organismen, die erhöhte Salzgehalte im Gewässer benötigen.

Halophyten, [von griech. halos = Salzkorn und phyton = Pflanze], *Salzpflanzen*, Pflanzen, die an ↗Standorten leben können, deren Salzgehalt (bei Kochsalz = NaCl) die Menge von 0,5 Gew.% NaCl in der Bodenlösung übersteigt. Man unterscheidet obligate Halophyten, die nur bei hoher Salzkonzentration wachsen können von fakultativen Halophyten, welche sich durch eine hohe Salztoleranz auszeichnen. Halophyten können die Salzaufnahme in den Wurzeln durch Ultrafiltration einschränken, aufgenommenes Salz in den Zellvakuolen deponieren und anschließend mit abfallenden Blättern eliminieren (z. B. ↗Mangroven). Einige der Halophyten können aufgenommenes Salz aktiv über Salzdrüsen wieder ausscheiden (z. B. Mangroven, Tamarisken) oder durch Erhöhung der Sukkulenz (↗Sukkulenten) ausgleichen (z. B. Queller). Standorte der Halophyten finden sich in ↗Salzwiesen entlang von Meeresküsten (Watt), an Salzseen im Binnenland und in ariden, abflußlosen Gebieten, wo neben NaCl oft auch Gips ($CaSO_4$) und Soda (Na_2CO_3) angereichert werden. Pflanzen, die auf salzhaltigen Böden nicht gedeihen, werden als Glykophyten bezeichnet. [DR]

Hamada, [von arab. hamada = die Unfruchtbare], *Hammada, Felswüste*, ausgesprochen ebener Landschaftstyp der ↗Wüste mit flächenhaftem Steinpflaster. Hamada entsteht unter ariden Klimabedingungen. Durch vorwiegend physikalische ↗Verwitterung (Salzsprengung, Frost- und Insolationsverwitterung) werden Gesteinsbruchstücke (Faust- bis Kopfgröße) gebildet. Das ebenfalls anfallende Feinmaterial wird durch Windeinwirkung ausgeblasen oder durch Spülprozesse während der seltenen Gewitter fortgeschwemmt, das Grobmaterial wird also relativ an der Oberfläche angereichert. Häufig wird nach dem Ausgangsgestein in Basalt-Hamada, Sandstein-Hamada usw. unterschieden. Der Begriff Hamada prägte sich in der Sahara, wo der entsprechende Landschaftstyp besonders häufig auf den Flächen von Stufenlandschaften auftritt, wurde jedoch später auf alle Wüsten mit gleichem Oberflächentyp übertragen. Der Hamada werden ↗Serir und ↗Erg gegenübergestellt.

Hämatit, $\alpha\text{-}Fe_2O_3$, rhomboedrisches Eisenoxid, in der Mineralogie auch unter den Namen *Eisenglanz, Spekularit* und *Roteisenstein* bekannt. Es tritt sowohl grobkörnig auf als auch als Pigment in sehr feinkörniger Form. Hämatit ist antiferromagnetisch, besitzt aber durch ↗spin canting und Gitterdefekte einen schwachen ↗Ferrimagnetismus. Die ↗Curie-Temperatur T_C beträgt 675 °C. Die spezifische ↗Suszeptibilität χ_{spez} hat Werte von 10^2 bis $10^3 \cdot 10^{-8}$ m³/kg und liegt damit in der Größenordnung der rein paramagnetischen Substanzen. Die ↗Sättigungsmagnetisierung M_S beträgt nur $0{,}4 \cdot 10^3$ A/m. Hämatit zählt daher zu den schwach magnetischen Ferriten. Die ↗Koerzitivfeldstärke H_C kann Werte bis zu 1 T erreichen. Hämatithaltige Gesteine besitzen eine ↗remanente Magnetisierung, die im Zuge einer ↗Wechselfeld-Entmagnetisierung nur schwer zu entfernen ist. Wesentlich wirksamer ist eine ↗thermische Entmagnetisierung (Temperaturen bis 675 °C) oder (bei roten Sandsteinen mit pigmentärem Hämatit) eine ↗chemische Entmagnetisierung. ↗Eisenminerale. [HCS]

Hammada ↗*Hamada*.

Hammerbohren, *hammer-drill, Imlochhammer-Bohren*, modernes Drehbohrverfahren mit normaler (= direkter) Spülung, bei dem das im Bohrgestänge abgepreßte Spülmedium Luft einen Schlagantrieb auf einen ↗Imlochhammer überträgt, der auf der Bohrlochsohle aufsteht, und so die Gesteinszertrümmerung bewirkt. Der aus dem Hammer ausströmende Luftstrom bewirkt den Austrag des Bohrkleins durch den Ringraum und dient gleichzeitig zur Kühlung des Bohrwerkzeugs. Wegen der benötigten hohen Luftvolumina und -drücke ist das Hammerbohren zumeist auf Bohrdurchmesser < 350 mm beschränkt, erlaubt aber insbesondere in harten Festgesteinen ein schnelles Bohren. Es ist weniger geeignet für Lockergesteine. Das Bohrklein ist vorwiegend staubfein bis kleinstückig. Falls notwendig, werden dem Spülstrom Schaumzusätze beigemischt, um die Austragseigenschaften zu erhöhen. Bei der Erkundung von Grundwasservorkommen in Festgesteinen bietet das Hammerbohren den Vorteil, daß Wasserzutritte unmittelbar beim Bohrvorgang erkannt werden können. ↗Bohrverfahren. [BK]

Hämo-Ilmenite, rhomboedrische Minerale der Mischreihe ↗Hämatit-↗Ilmenit [$(\alpha\text{-}Fe_2O_3)$-$(FeTiO_3)$]. Sie können durch die Mischformel x $FeTiO_3 \cdot (1-x)Fe_2O_3$ beschrieben werden. Oberhalb etwa 1000 °C ist eine vollständige Mischung der beiden Komponenten möglich, bei tieferen Temperaturen bilden sich im Intervall $0{,}1 < x < 0{,}9$ Entmischungslamellen von Ilmenit und Hämatit aus. Im Intervall $0 \leq x \leq 0{,}5$ sind die Hämo-Ilmenite antiferromagnetisch ausgeprägt mit einem schwachen ↗Ferrimagnetismus durch ↗spin canting, während im Intervall $0{,}5 \leq x \leq 1$ ein starker Ferrimagnetismus mit einer ↗Sättigungsmagnetisierung M_S bis zu $100 \cdot 10^3$ A/m auftritt, mit ↗Curie-Temperaturen von -100 °C bis +200 °C. Insgesamt variieren die Curie-Temperaturen längs der Hämo-Ilmenit-Mischreihe von 675 °C für $x = 0$ (Hämatit) bis -200 °C für $x = 1$ (Ilmenit) nahezu linearer. Für die magnetischen Eigenschaften von Gesteinen sind besonders die Hämo-Ilmenite der Zusammensetzung $0{,}5 \leq x \leq 0{,}8$ mit ihrem Ferrimagnetismus und Curie-Temperaturen oberhalb der Raumtemperatur interessant. Hämo-Ilmenite im Intervall $0{,}45 \leq x \leq 0{,}6$ zeigen eine ↗Selbstumkehr der Magnetisierung, die antiparallel zum äußeren Magnetfeld orientiert ist. [HCS]

Handatlas, ein dem Umfang nach herausragender, bedeutender ↗Weltatlas, der bis in die Mitte des 20. Jahrhunderts fast ausschließlich aus jeweils einem Typ geographischer bzw. chorographischer Karten besteht. Der Handatlas vermittelt damit auf kleinmaßstäbigen Karten weltweit das topographische Wissen seiner Zeit. Er stellt von wenigen Ausnahmen abgesehen das Heimatland und die umliegenden Staaten ausführlicher und in größeren Maßstäben vor als entfernter liegende Gebiete. Während das Heimatland oft im Maßstab um 1 : 1 Mill. im Typ einer chorographischen Übersichtskarte, benachbarte Staaten in 1 : 2,5 oder 1 : 3 Mill. im Typ geographischer Länderkarten vorgestellt werden, erscheinen die überseeischen Gebiete meist nur in Maßstäben zwischen 1 : 6 und 1 : 15 Mill., also im Maßstabsbereich von ↗Großraumkarten. Auch die Weltmeere werden meist nur auf kleinmaßstäbigen ↗Übersichtskarten geboten. Dieses Maßstabsgefälle hatte und hat bedeutende Auswirkungen auf die sich in breiten Bevölkerungsschichten herausbildenden Vorstellungen des Erdbildes. Von den in Atlanten nur stark verallgemeinert abgebildeten Gebieten entsteht bei den Nutzern eine unzutreffend vergrößerte Vorstellung von den realen geographischen Bedingungen. Einige Handatlanten enthalten Serien thematischer Karten, meist als Erd-, teilweise auch als ↗Erdteilkarten. Relativ häufig werden auf Nebenkarten oder auf besonderen Kartenblättern ausgewählte Weltstädte und manchmal auch Regionen von besonderer Bedeutung in wesentlich größeren Maßstäben dargestellt. Im Unterschied zu den mittleren Weltatlanten wird bei Handatlanten zumeist auf einen statistischen Teil sowie auf einen Text- und Bildteil verzichtet, jedoch existiert meist ein Register, und zu einigen wurden ausführliche geographische Beschreibungen verfaßt. Die historischen Handatlanten des 16. bis 18. Jahrhunderts bestehen ausschließlich aus einfarbigen Kupferstichkarten mit manuell angelegtem farbigem Grenzkolorit und einer Reliefdarstellung in Maulwurfshügelmanier. In den klassischen Handatlanten des 19. Jahrhunderts beruhen die meisten Karten bereits auf Ableitungen aus ↗topographischen Übersichtskarten. Sie erhielten ihr Gepräge durch die Gebirgsschraffendarstellung (↗Schraffen); an die Stelle der Aufrißsignaturen für Siedlungen trat der einfache Ortsring, größengestuft nach Einwohnergrößenklassen eingesetzt. Die Stelle der einfarbigen Kupferstichkarte nahm seit den 70er Jahren des 19. Jahrhunderts die mehrfarbige Steindruckkarte mit braunem ↗Relief und blauem Gewässernetz. Farbige Höhenschichten (↗Höhenschichtenkarten) wurden erst nach dem zweiten Weltkrieg zum vorherrschenden Darstellungsprinzip moderner Handatlanten. Erst in jüngster Zeit wurde die Eintönigkeit der älteren Atlanten durch Aufnahme thematischer Karten und anderer Darstellungsformen (z. B. ↗Satellitenbildern) sowie graphische Übersichten überwunden. Seit 1990 werden einige Handatlanten auch in digitaler Version (↗elektronischer Atlas) angeboten. ↗Andrees Handatlas, ↗Stielers Handatlas. [WSt]

Handsondierung, einfache Erkundungsmethode im Bereich oberflächennaher Lockergesteine. Handsondierungen unter Verwendung eines ↗Bohrstocks nach Pürckhauer werden zur Aufnahme und Beschreibung von Bodenprofilen durchgeführt. Dabei können je nach Bodenart üblicherweise Tiefen von mehreren Metern, in torfhaltigem Untergrund bis zu >10 m erreicht werden.

Handstück, mit dem Hammer formatisierte Gesteinsprobe, die bei einer Größe von ca. 8 × 12 cm mit der Hand zu greifen ist.

Handzeichnung ↗Zeichenverfahren.

Hang, eine geneigte Fläche der Geländeoberfläche, die einer Hohlform wie einer Vollform zugeordnet sein kann. Nach der Hangform (Gestaltung des Hangprofils) unterscheidet man stetige, konvexe (gewölbte), konkave (hohle) und wechselnde konvex-konkave Hänge.

Hangabspülung, Gesamtheit der an einem Hang durch ↗Oberflächenabfluß stattfindenden ↗Abspülung in Form von ↗Flächenerosion und/oder ↗Rillenerosion.

Hangabwind ↗Hangwind.

Hangaufwind ↗Hangwind.

Hangbewegungen, *Massenbewegungen*, schwerkraftbedingte Massenverlagerungen aus einer höheren Hanglage in eine tiefere, welche durch Veränderung des Hanggleichgewichts ausgelöst werden und häufig mit Brucherscheinungen einher gehen. Obwohl damit nur ein spezieller Bewegungstyp gekennzeichnet ist, wird für solche Bewegungen häufig auch der Begriff *Rutschung* (*Hangrutschung*) gebraucht. Ursache für Hangbewegungen ist stets eine Störung des Kräftegleichgewichts im Hang. Häufig entstehen Hangbewegungen im Zusammenhang mit gut wasserwegsamen Schichten wie Sande oder klüftige Sand- und Kalkgesteine, die auf einer tonigen oder tonig-mergeligen Unterlage liegen. Auch Störungen können sich zu bevorzugten Gleitflächen entwickeln. Auslöser sind i. d. R. Veränderungen in der Neigung oder Höhe eines Hangs bzw. einer Böschung (z. B. der Abtrag von Material am Hangfuß) und die Wirkung des Wassers (v. a. nach langen Niederschlagsperioden und dem Abschmelzen großer Schneemassen), die zu einer Verminderung der Scherfestigkeit im Boden oder eine zusätzliche Auflast führen. Wasser kann als ↗Grundwasser die Standfestigkeit des Hanges durch Druck auf die einzelnen Körner von Lockergesteinen herabsetzen. Am Hangfuß kann ein Grundwasseranstieg durch Auftrieb zur Verminderung der rückhaltenden Kräfte führen, während eine Grundwassersättigung in höhergelegenen Bereichen des Hangs eine zusätzlichen Auflast bedeutet. Auch Erdbeben und Sprengungen kommen als Auslöser in Frage. Die Geschwindigkeit solcher Bewegungen kann von Millimetern pro Jahr bis zu mehrere Metern pro Sekunde variieren und durch ↗Bewegungsmessungen ermittelt werden. In der Literatur wird unterschieden zwischen den initialen Bewegungsmechanismen fallen, kippen, gleiten und fließen. Oft können in der Natur Kombinationen dieser Bewegungsmechanismen innerhalb einer Hangbewegung auftreten.

Beim *fallen* geht man vom Absturz losgelöster Bereiche an einer Steilwand oder Klippe aus. Die Bewegung führt je nach Größenordnung der bewegten Masse zu ↗Steinschlag, ↗Felssturz oder ↗Bergsturz, wobei letzterer nicht zwangsläufig den freien Fall einschließen muß.

Beim *kippen* geht man von einer Rotationsbewegung um eine an der Basis befindliche Rotationsachse aus. Solche Bewegungen treten v. a. bei steil in den Hang einfallenden Haupttrennflächen auf. Die Kluftkörper erfahren aufgrund ihres Eigengewichts eine Biegebeanspruchung, die zur Bildung vom Biegezugrissen senkrecht zu den Haupttrennflächen führt. Nach dem Initialstadium kann ein Kippen in Fallen übergehen.

↗Gleiten führt zu Rutschungen i. e. S. Diese bewegen sich entlang einer diskreten ↗Gleitfläche ohne Verlust des Kontakts zum unterlagernden Gestein, wobei man je nach Material Blockgleiten (Festgestein) und Schollengleiten (Lockergestein) und bei der Form der Gleitfläche bzw. dem Bewegungsmechanismus zwischen ↗Rotationsrutschung und ↗Translationsrutschung unterscheidet. Auf einer sehr schmalen Zone erfolgen Scherverschiebungen zwischen dem von der

Hangbewegung nicht erfaßten Bereich und dem bewegten Bereich. Je nach Tiefenlage der Gleitfläche kann man Oberflächenrutschungen (bis 1,5 m), flache Rutschungen (5–10 m), tiefe Rutschungen (10–20 m) und sehr tiefe Rutschungen (mehr als 20 m) unterscheiden. Während Rotationsrutschungen eine listrische Gleitfläche besitzen, erfolgen Translationsrutschungen entlang planar ausgebildeter Gleitflächen. Rotationsrutschungen zeigen meist deutliche ↗Rutschungsmerkmale, die sich im Gelände gut festhalten lassen. Sie treten in Lockergesteinen, stark geklüfteten Festgestein und in Wechsellagerungen verschieden durchlässiger Gesteine auf. Translationsrutschungen bewegen sich entlang von Schwächezonen im anstehenden Gestein. Es kann sich dabei um ungünstig orientierte Kluftsysteme und Störungen sowie geneigte oder subhorizontale Schichtung handeln. Häufig treten kombinierte Rutschungen auf, bei denen die Gleitfläche sowohl gekrümmte als auch ebene Bereiche aufweisen kann.

Beim *fließen* bewegen sich die einzelnen Partikel frei innerhalb der bewegten Masse. ↗Schuttströme (↗Muren), Schlammströme und ↗Lahare sind Mischungen aus Gestein und Wasser, die unter Umständen kilometerlange Strecken zurücklegen können. Dabei bewegen sie sich bevorzugt in vorgegebenen Einkerbungen (z. B. Bachläufen) und erreichen teilweise hohe Fließgeschwindigkeiten. Schuttströme und Schlammströme unterscheiden sich durch Korngröße des transportierten Materials, wobei jene beim Schlammstrom feiner ist. Beide treten meist an Hängen mit einer dünnen Hangschuttdecke und geringer Vegetationsbedeckung auf. Sie können immer wieder an der selben Stelle vorkommen und am Hangfuß große Schuttmengen hinterlassen. In den Alpen liegen die Liefergebiete für Muren häufig in Bereichen, in denen sich der Verwitterungsschutt steiler Hangpartien ansammelt. Bei Laharen handelt es sich um Schlammströme, die bei Vulkanausbrüchen entstehen. Sehr langsame Fließvorgänge sind das ↗Hangkriechen und der ↗Talzuschub. Hierbei handelt es sich um Kriechbewegungen im Lockermaterial und tieferliegenden Festgestein. Bei diesen Vorgängen sind Trennflächen nicht zwangsläufig dominierend und die Bewegungen sind meist kontinuierlich. Die Kriechbewegungen werden durch die mit der Talausräumung verbundenen Entlastung des Bodens verursacht. Manchmal geht die langsame Deformation des Hanges in eine schnellere Bewegung über. ↗Massenbewegung. [WK]

Hängegletscher, mit seinem Ende über einen Wandabbruch hinausragender und in einer Wand hängender oder aus flacherem Gelände in einen Steilhang mündender ↗Gletscher. Im Gegensatz zur ↗Flankenvereisung besitzt der Hängegletscher ein ↗Nährgebiet in höherem und flacherem Gelände.

Hangendes, ursprünglich bergmännischer Ausdruck für das eine Bezugsschicht überlagernde Gestein. Im Bergbau steht i. d. R. die heutige Lagerung im Vordergrund, d. h. das Gestein im ↗First einer Strecke wird als das Hangende bezeichnet. Im Gegensatz dazu bevorzugt die Geologie den Begriff des stratigraphisch Hangenden. In diesem Falle ist die jüngere Schicht grundsätzlich das Hangende einer unterlagernden älteren Folge, die diesbezüglich das stratigraphisch ↗Liegende darstellt. Die Definition ist damit unabhängig von tektonischen Verstellungen der Gesteinsschichten. Wenn in der Beschreibung einer Schichtfolge von den Hangendenschichten gesprochen wird, handelt es sich nicht um den oberen Teil der Folge, sondern um die überlagernden Gesteine der Folge, was leider häufig verwechselt wird. ↗Liegendes.

Hangendschenkel ↗Falte.

Hangendscholle, Krustenblock oberhalb einer geneigten Verwerfungsfläche (Abb.). Die Art der Verschiebung auf dieser Verwerfungsfläche (↗Aufschiebung oder ↗Abschiebung) wird basierend auf der Relativbewegung zwischen der Hangendscholle und der Liegendscholle, die unterhalb der geneigten Verwerfungsfläche liegt, definiert.

Hängetal, von einem kleineren Nebengletscher, meist als kleines, ↗glazial überformtes ↗Trogtal, ausgebildetes Seitental, das hoch über dem Talbodenniveau des Haupttales in dieses einmündet (↗Trogtal Abb.). Infolge geringerer Eismächtigkeit konnte sich der ↗Gletscher des Nebentals nicht so stark eintiefen wie der im Haupttal. Da das Haupttal, durch die intensivere und länger wirksame glaziale Überformung, zu einem tieferen Trogtal mit steilen Trogwänden ausgebildet wurde, kann die »hängende« Mündung (*Mündungsstufe*) des Nebentales hoch oben an der Trogtalwand oft gut erkannt werden. Hängetäler sind v. a. in den kristallinen Zentralalpen zu finden. Die Bäche dieser Nebentäler haben sich aufgrund der hohen Reliefenergie in Form einer Schlucht oder Klamm tief eingeschnitten (rückschreitend Erosion).

Hangfaktor ↗LS-Faktor.

Hangfuß, Bereich des Unterhanges, der den Übergang zur an der Basis des ↗Hanges angrenzenden Flachform bildet und durch ein mehr oder weniger gleichförmiges Gefälle gekennzeichnet ist. Am Hangfuß erfolgt ein Typuswechsel im Verwitterungs- und Materialtransport, weshalb ihm besondere geomorphologische und landschaftsökologische Bedeutung zukommt.

Hanggleye, gehören zu den ↗Gleyen; gebildet durch Quellaustritte in Hanglagen; in niederschlagsreichen Gebieten wie Mittelgebirgshochlagen oder Hochgebirgen; oft ganzjährige Wassersättigung als Ursache für ↗Vergleyung; daher werden Böden an Hängen mit > 9 % Neigung als Hanggleye bezeichnet.

Hanggrundwasser, das ↗Grundwasser im Bereich eines Hanges. Hohe Hanggrundwasserstände können je nach geologischem Untergrundaufbau deutlich negative Auswirkungen auf die Stabilität eines Hanges besitzen. ↗Hangbewegungen.

Hangkriechen, langsame (mm/a bis dm/d), über längere Zeiträume (Jahre bis Jahrzehnte) ablaufende Bewegung in Locker- oder Festgesteinen.

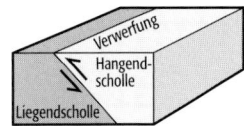

Hangendscholle: schematische Darstellung.

Die Verlagerung der Masse erfolgt über Internverformung unter hohem Energieverbrauch, da die innere Reibung voll wirksam ist. Beispiel für Hangkriechen in großem Maßstab ist der ↗Talzuschub.

Hanglehm, gehört zu den ↗Fließerden, die in Europa während des Pleistozäns entstanden und heute Bestandteil der 1 bis 4 m mächtigen, aus mehreren Lagen bestehenden Decke über den verschiedenen Locker- und Festgesteinen der meisten Mittelgebirge sind.

Hangmoor, *soligenes Moor*, ↗Moore, die sich infolge ständig zufließenden Hangwassers an geneigten Mineralbodenhängen ausbilden. Unter Hangmooren ist die Versickerung meist durch hohe Schluff- und Tonanteile im Untergrund eingeschränkt. Der Torfbildungsprozeß verläuft semiaquatisch durch Überrieselung mit Wasser. Es bilden sich in der Regel nur gering mächtige Torfkörper (unter 1 m) aus, die teilflächig auch ↗ombrogen aufgewachsen sein können. Hangmoore kommen relativ häufig im Mittelgebirgsraum auf dem Grundgestein der submontanen Stufe vor, aber auch im Bereich des Altpleistozäns. Die torfbildende Vegetation besteht meist aus Torfmoos-Seggenrieden oder Bruchwäldern mit Fichten, Kiefern, Erlen oder Birken. Hangmoore zählen zu den mesotroph-sauren bzw. mesotroph-subneutralen Mooren.

Hangprofil, vertikale Schnittlinie durch einen ↗Hang, die den Neigungsverlauf des Hanges abbildet. Neben den Neigungswinkeln zeigt sie die Wölbung des Hanges. Hangprofile sind häufig durch konvexe Oberhänge, gestreckte Mittelhänge und konkave Unterhänge gekennzeichnet.

Hangrost, ingenieurbiologische Bauweise, die bei der Sicherung erosionsgefährdeter Hänge angewendet wird (↗Wildbachverbauung, ↗Lebendbau). Dabei werden die Felder einer auf den Hang aufgelegten Gitterkonstruktion mit boden- und bewurzelungsfähigen Gehölzteilen aufgefüllt.

Hangrutschung, *Rutschung*, ↗Hangbewegungen.

Hangschutt, *Gehängeschutt*, Bezeichnung für ↗Schuttdecken an ↗Hängen, unabhängig von Materialart und Genese (Verwitterungs- und Transportprozesse) des ↗Schuttes. Hangschutt ist eine weit verbreitete Form eines Lockersediments; hierunter fallen sowohl rezente Schuttdecken, als auch die unter ↗periglazialen Bedingungen gebildete Wanderschuttdecken (↗Deckschutt, ↗Mittelschutt, ↗Basisschutt).

Hangschuttfächer, Akkumulationskörper aus umgelagertem ↗Hangschutt, meist unterhalb von Tiefenlinien wie Dellen oder Rinnen.

Hangwasser ↗Hangzugwasser.

Hangwind, lokales, thermisch verursachtes Windsystem, das tagsüber hangaufwärts als *Hangaufwind* und nachts hangabwärts als *Hangabwind* weht. Aufgrund der Sonneneinstrahlung wird tagsüber die Luft am Hang stärker erwärmt als in der gleichen Höhe in der Atmosphäre weiter weg vom Hang. Dadurch entstehen Druckunterschiede, welche die Luft zum Gipfel hin beschleunigen. Während der Nachtstunden wird dagegen die hangnahe Luft stärker abgekühlt, die sich dann zum Talboden hin in Bewegung setzt. Die Windgeschwindigkeit bei den Hangwinden ist vom Temperaturunterschied zwischen der hangnahen Luft und der Umgebung sowie von der Steilheit des Geländes abhängig. Da selten mehr als 2–3 m/s erreicht werden, können sich die Hangwinde am besten während einer ↗autochthonen Witterung ausbilden. Im Gebirge sind die Hangwinde vom ↗Berg- und Talwind überlagert.

Hangzugwasser, *Stauwasser am Hang* oder *Hangwasser*, unterirdisches Wasser (↗Stauwasser) über schwer durchlässigen Boden- oder Substratschichten, das sich durch die Wirkung der Schwerkraft hangabwärts bewegt. Es sättigt den Boden/das Substrat, so daß ein Wasserspiegel ausgebildet wird, und tritt häufig temporär im Winter und Frühjahr auf hängigen Stauwasserstandorten auf. Hangwasser kann den Wasser- und Stoffhaushalt insbesondere von Söllen maßgeblich beeinflussen und ist als Komponente des Gebietsabflusses in Lockergesteinsbereichen von geringer bis mäßiger Bedeutung, kann jedoch in Gebirgsregionen eine Hauptkomponente im Gebietswasserhaushalt bilden.

Hann, *Julius Ferdinand* Edler von, österr. Meteorologe und Klimatologe, * 23.3.1839 im Schloß Haus, Pfarre Wartberg ob der Aist, † 1.10.1921 in Wien, 1874 Professor für physikalische Geographie in Wien; 1877–1897 Direktor der ↗Zentralanstalt für Meteorologie und Geodynamik in Wien; 1897–1900 Professor für Meteorologie in Graz, 1900–1910 Professor für kosmische Physik an der Universität in Wien, zahlreiche Arbeiten über tägliche ↗Luftdruckschwankungen, statistische Arbeiten zur ↗allgemeinen atmosphärischen Zirkulation, lieferte 1866 eine richtige Erklärung des ↗Föhns und 1874 eine neue Theorie der ↗Berg- und Talwinde. Werke (Auswahl): »Atlas der Meteorologie« (1877), »Handbuch der Klimatologie« (1883; 3 Bände, 1897), »Lehrbuch der Meteorologie« (1901) Herausgeber der »Zeitschrift der Österreichischen Gesellschaft für Meteorologie« (1866–85) und der »Meteorologischen Zeitschrift (1886–1920).

Haptophyta, Abteilung der ↗Protista mit der einzigen Klasse Haptophyceae. Die photoautotrophe Zelle ist zweigeißlig und besitzt ein zusätzliches fadenförmiges Anhängsel (Haptonema). Die Chloroplasten sind gelb, gelbbraun oder braun, da das grüne Chlorophyll a und c durch akzessorische Pigmente maskiert wird. Die Zelloberfläche ist mit 0,5–15 µm großen, zweischichtigen Schüppchen aus Polysacchariden bedeckt. In der Ordnung ↗Coccolithophorales folgt nach außen eine dritte Schicht aus calcitischen Schälchen, Plättchen oder Stäbchen (Coccolithen), die seit der Obertrias aus marinen Ablagerungen bekannt sind.

hard copy, Hartkopie, im Gegensatz zu den nur in digitaler Form vorliegenden Daten einer soft copy, gedruckte oder belichtete Ausgabe einer Fernerkundungsaufnahme oder einer Bildkarte. Geräte zur Erstellung von hard copys unterscheidet man neben Fotoapparaten nach dem Funktionsprinzip in Tintenstrahl-, Laser-,Thermosublimationsdrucker bzw. Laserfilmbelichter. Diese Reihenfolge entspricht auch der Wiedergabequalität, allerdings auch der Kosten der hard copys und der Hard-Copy-Geräte selbst.

hardpan, *Petroplinthite, petroferric pan*, Bodenhorizont der ⁄Plinthosols der ⁄WRB in den wechselfeuchten Tropen; auf Verkittung von Bodenbestandteilen durch Sesquioxide zurückzuführende und durch Austrocknung irreversible, starke Verhärtung.

Harmattan, trocken-heißer, überwiegend aus Nordost wehender Wind in der Sahara und der südlichen Randgebiete. Dieser oft mit rotem Sand aus der Wüste beladene Wind weht aus den nördlichen ⁄Roßbreiten in Richtung Äquator und stellt somit einen Teil des ⁄Passates dar.

Harmonie der Landschaft, optimale Anpassung der Bodennutzung und Infrastruktur an das ⁄Naturraumpotential der Landschaft. Der Begriff wurde von der klassischen ⁄Landschaftskunde geprägt und wird heute z. T. unterschiedlich gehandhabt. Dem Konzept zu Folge soll der Mensch seine Nutzungsformen möglichst den natürlichen Gegebenheiten wie Relief, Wasserhaushalt und Mikroklima anpassen, indem die Kulturlandschaft die Grundzüge des Musters der ⁄naturräumlichen Gliederung widerspiegelt. Neue Bedeutung erlangte dieser Ansatz mit der Planung und Pflege der Landschaft unter dem Gesichtspunkt der ⁄Raumordnung.

Harmonische Analyse ⁄Fouriertransformation.

Harmonische Analyse der Gezeiten, ein Verfahren zur Untersuchung der ⁄Gezeiten mittels ihrer Zerlegung in eine größere Anzahl streng periodischer Teiltiden der Form $A \cdot \cos U$. Die Winkel U der einzelnen harmonischen Tiden nehmen gleichmäßig mit der Uhrzeit t am Ort zu, da sie sich aus der Summe $P + T + i \cdot t$ mit festen Werten P, T, i zusammensetzen. Die verschiedenen Perioden der einzelnen Tiden sowie die verschiedenen Werte T ergeben sich aus den Gesetzmäßigkeiten der Bewegungen von Mond und Sonne und stimmen für alle Orte der Erde überein. Die Amplituden A und die Phasen P der einzelnen Tiden sind dagegen i. a. von Ort zu Ort verschieden und charakterisieren den verschiedenartigen Verlauf der Gezeiten an den einzelnen Orten. Die harmonische Analyse der Gezeiten stellt eine Beziehung her zu einer gleichartigen Zerlegung der gezeitenerzeugenden Kräfte in harmonische Bestandteile.

harmonische Funktionen, *Potentialfunktionen*, Funktionen mit stetigen ersten und zweiten Ableitungen, die der ⁄Laplace-Gleichung genügen.

harmonische Konstanten ⁄Gezeiten.

harmonische Wellen, ⁄Wellen, die sich mathematisch durch eine Sinusfunktion darstellen lassen.

Harnisch, 1) *Geologie*: eine durch Bewegung Gestein gegen Gestein geglättete Gesteinsfläche (*Verwerfungsfläche*), meist mit Rutschstreifen, Schrammen oder Riefen (⁄Striemung). Spiegelglatte Harnische werden als Spiegelharnisch oder ⁄Spiegel bezeichnet. 2) *Glaziologie*: steilstehende, auseinanderklaffende Fuge im ⁄Gletschereis, an der die Eisschichten untereinander verschoben sind.

Harsch, verfestigter und z. T. körniger Schnee als Folge wechselnder Frost- und Tauperioden.

Harschschichten, Firnschichten über einer Schneeoberfläche, die entstehen durch das Antauen der Schneeoberfläche infolge kurzfristiger Wärmeeinwirkung (z. B. Sonnenstrahlung) und anschließendem Wiedergefrieren (*Schmelzharsch*). Von Bruchharsch wird gesprochen, wenn die Harschschicht beim Betreten durch einen Menschen bricht.

Härte, 1) *Hydrologie*: ⁄Wasserhärte. 2) *Mineralogie*: Widerstand, den ein Kristall einer mechanischen Einwirkung entgegensetzt. Am bekanntesten ist die *Ritzhärte* nach Mohs (⁄Mohssche Härteskala), bei der festgestellt wird, welchen Widerstand ein Kristall dem Anritzen entgegensetzt. Bei der Ritzhärte wird geprüft, von welchem der Standardmineralien sich der zu untersuchende Kristall gerade noch ritzen läßt. Mit dem Fingernagel lassen sich Materialien bis zur Härte zwei, mit einem Messer bis zur Härte fünf ritzen. Alle Kristalle ab Härte sechs können Fensterglas ritzen. Wegen der Anisotropie der mechanischen Eigenschaften kann sich die Härte in verschiedenen Richtungen eines Kristalls deutlich unterscheiden. Die Richtungsabhängigkeit der Härte ist eine für viele Minerale recht charakteristische Eigenschaft, z. B. beim ⁄Disthen (Abb.). Unterschiedliche Härtewerte in verschiedenen Richtungen zeigen auch die kubischen Kristalle. Diese Tatsache ist besonders wichtig beim Diamant, der als härtestes Mineral in seinem eigenen Pulver geschliffen wird und dessen Schleifbarkeit letztlich auf die Härteanisotropie zurückzuführen ist (⁄Schleifresistenz). Trägt man die Härte für verschiedene Richtungen eines Kristalls auf, dann erhält man die sog. Härtekurve. Eine verbesserte Methode ist die Bestimmung der Ritzhärte mit einem ⁄Sklerometer. Dabei wird der zu untersuchende Kristall unter einem Diamantstift hindurchgezogen. Die Belastung, die erforderlich ist, um dabei eine gerade noch erkennbare mikroskopische Ritzspur zu erzeugen, liefert das Maß für die Ritzhärte. Durch solche sklerometrische Messungen kann man Härteanisotropien exakt bestimmen. Vergleicht man die Werte der Ritzhärten in der Mohsschen Härteskala mit Werten aus quantitativen Methoden, dann zeigt es sich, daß die Differenzen zwischen den Härtegraden sehr unterschiedlich groß sind. Eine dieser quantitativen Methoden ist die Bestimmung der sog. *Schleifhärte*, die den Widerstand eines Kristalls gegen Abschleifen angibt. Bei der Bohrhärte wird die Anzahl der Umdrehungen einer Diamantschneide angegeben, die nötig ist, um aus einer Kristallfläche ein Loch bestimmter Tiefe auszubohren. Bei der praktischen Anwendung spielen verschiedene Eindruckhärten eine große Rolle. Hierbei bringt man einen Eindruckkörper mit einer standardisierten Prüflast auf eine Oberfläche stoßfrei auf und läßt ihn eine festgelegte Zeit einwirken. Aus der Größe der bleibenden Eindruckfläche

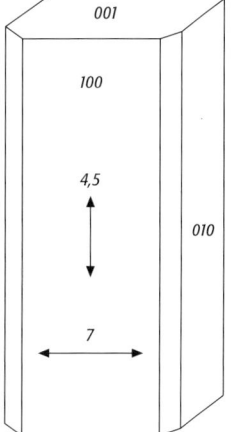

Härte: Härteanisotropie beim Disthen. Unterschied der Ritzhärte in Vertikalrichtung und Querrichtung.

wird dann auf die Härte zurückgeschlossen. Der Eindruckkörper bei der Brinell-Härte besteht aus einer Kugel mit 1, 2,5, 5 oder 10 mm Durchmesser, die je nach der Härte des zu untersuchenden Materials aus gehärtetem Stahl, Hartmetall (Wolfram-Carbid) oder Diamant bestehen kann. Bei der *Vickershärte* besteht der Eindruckkörper aus einer Diamantpyramide mit einem Spitzenwinkel von 136°. Hier können im Mikrobereich Härtemessungen mit einer Treffsicherheit von ± 0,3 μm durchgeführt werden. Dieses Pyramidendruckverfahren liefert besonders für kubische Minerale sehr genaue quantitative Werte und spielt daher in der Metallographie für Materialprüfungen eine große Rolle. Im Gegensatz zu den beiden genannten Verfahren wird bei der *Rockwell-C-Härte* nicht die Eindruckfläche, sondern die bleibende Eindrucktiefe eines Diamantkegels mit 120° Spitzenwinkel und 0,2 mm Abrundungsradius bestimmt.

Schließlich läßt sich die *Pendelhärte* an Kristallen und an Stoffen mit ebenen Flächen mit einem Pendelsklerometer bestimmen. Als Maß für die Härte dient dabei die Geschwindigkeit eines mit einer Schneide versehenen Pendels, das in Schwingungen versetzt wird und durch Reibung auf der zu untersuchenden Kristallfläche zur Ruhe kommt. Die Dämpfung des Pendels ist dabei um so geringer, je härter der Kristall ist.

Vergleicht man die nach den verschiedenen Methoden gefundenen Härtewerte zahlenmäßig und trägt man sie im logarithmischen Maßstab bis zum Korund auf, dann zeigen die Mittelwerte aller Meßdaten nahezu den Verlauf einer geometrischen Reihe, in der Quarz den Wert 100 einnimmt. Dagegen sind die Meßwerte für die einzelnen Methoden untereinander schlecht vergleichbar. Die Härte von Diamant liegt bei allen Meßverfahren sehr viel höher.

In bezug auf den Gitterbau der Minerale ergeben sich eine Reihe gesetzmäßiger Beziehungen zwischen Härte und Kristallstruktur. Untersucht man Kristalle verschiedener Verbindungen vom gleichen Gittertyp, dann zeigt es sich, daß die Härte um so größer ist, je kleiner die Abstände der Bausteine sind. Hinsichtlich der Wertigkeit der Ionen wird die Härte mit zunehmender Ladung größer. Von großem Einfluß auf die Härteeigenschaften ist außerdem die Art der ↗Bindung in den Kristallgittern. Minerale mit van-der-Waalsscher Bindung wie H_2O und Schwefel zeigen niedrige, solche mit homöopolarer Bindung, wie z. B. der Diamant, dagegen z. T. eine extrem hohe Härte. Hauptursache der großen Härte vieler ↗Edelsteine ist ihre große Packungsdichte. So weist z. B. der Rubin eine annähernd hexagonal dichteste Sauerstoffpackung auf. Dagegen ist die Packungsdichte von Smaragd zwar relativ locker, da aber das Be^{2+} einen sehr kleinen Ionenradius hat, ist die Härte mit 7,5–8 trotzdem recht groß. ↗Gesteinshärte.

Härtebereich, Abstufung der ↗Wasserhärte für technische Belange.

Härtegrad, Abstufung zur Kennzeichnung der ↗Wasserhärte.

harte Komponente, energiereiche Komponente (μ-Mesonen) in der Sekundärstrahlung der ↗kosmischen Strahlung.

Härter, Zusatzstoffe, die zur Verfestigung von Chemikalinjektionen (z. B. ↗Joosten-Verfahren) dienen. Als Härter werden u. a. Natriumaluminat und verschiedene Ester verwendet. Bei diesen Substanzen muß auf die Umweltverträglichkeit geachtet werden, da sie möglicherweise ins Grundwasser gelangen können.

Hartflora, ↗emerse höhere Pflanzen des ufernahen ↗Litorals, z. B. Schilf.

Hartgrund, meist dünne, harte Kruste, die durch Verfestigung von Sediment, i. a. einige Zentimeter unter der Sedimentoberfläche, im Rahmen der frühdiagenetischen Zementation in Zeiten fehlender bis stark verlangsamter Sedimentation entstehen kann. Vom überlagernden, noch lockeren Sediment befreit, kann diese Kruste exponiert und dann wiederum angelöst, von Organismen angebohrt und inkrustiert und/oder von mineralischen Krusten überzogen werden. Durch Aufarbeitung entstehen ↗Lithoklasten.

Hartlaubwald, immergrüne Vegetationsform der Winterregengebiete mit kühlen, niederschlagsreichen Wintern und trocken-heißen Sommern. Hartlaubwälder kommen v. a. im Mittelmeergebiet, im ↗Chapparral und in der ↗Kapensis vor. Charakteristisch ist der sklerophytische Bau der Pflanzen (↗Sklerophyten) mit kleinen, lederartigen, harten und oft mit Wachs oder Haaren überzogenen Blättern. In der Trockenzeit sorgt ein hoher Anteil an versteifendem Festigungsgewebe für Stabilität bei nachlassendem Zellinnendruck. Zu den Hartlaubgewächsen gehören z. B. Zistrosen, Lorbeer und Myrte. Die Bäume des Hartlaubwaldes erreichen Höhen von max. 10–15 m, sind aber normalerweise kleiner und bilden weitständige, lichtdurchflutete Bestände. Die ursprünglichen Hartlaubwälder (z. B. die Stein- und Korkeichenwälder des Mittelmeergebiets) sind heute durch den Eingriff des Menschen (↗Feuer, ↗Beweidung) in Degradationsstadien umgewandelt (↗Macchie, ↗Garigues), die in stärkerer Ausprägung schließlich in offenen Felsenheiden (↗Heidelandschaft) übergehen und keinen Hartlaubcharakter mehr zeigen. [DR]

Härtling, *Monadnock*, durch höhere Abtragungsresistenz gegenüber der Umgebung herauspräparierter Gesteinskomplex (Abb. im Farbtafelteil). Härtlinge können sehr unterschiedlich in Erscheinung treten, z. B. als langgestreckte Höhenrücken, wie etwa die an ausstreichende Quarzite gebundenen Gipfelzonen im Rheinischen Schiefergebirge, als aus ↗Rumpfflächen aufragende ↗Inselberge aus widerständigen Graniten, als herauspräparierte Schlotfüllungen von Vulkanen (↗Vulkanruine). ↗Strukturformen wie ↗Schichtstufen und ↗Schichtkämme werden dagegen nicht als Härtlinge bezeichnet.

Hartmetallbohrkrone, ↗Bohrkrone mit Widia-Besatz (Hartmetallegierung) für den Einsatz in weichem bis mittelhartem Gestein (z. B. bindige Böden, Ton- und Kalksteine). Man unterscheidet Hartstiftkronen, bei denen Widia-Stifte in die

Bohrkrone (*Widiabohrkrone*) eingearbeitet sind, und Zahnkronen mit Widia-Besatz. Die Widia-Stifte können senkrecht zur Drehrichtung oder schräggestellt sein. Beide Typen von Hartmetallbohrkronen sind relativ grob und bewirken eine zerspanende Gesteinszerkleinerung.

Hartwasser, Süßwasser mit relativ hoher Ca- und Mg-Konzentration.

Harzburgit, ↗Peridotit mit weniger als 5 % Klinopyroxen, der nach einem Vorkommen bei Bad Harzburg im Harz benannt wurde; als ↗Mantelperidotit Hauptbestandteil des oberen ↗Erdmantels unter ozeanischer Kruste (↗Ophiolithe).

Harze, Kohlenwasserstoffe mit ↗Molekularmassen über 500 ↗amu; Bestandteile des ↗Erdöls und des ↗Bitumens.

Haselgebirge, lokale Formationsbezeichnung des oberen ↗Zechsteins und der basalen ↗Trias (unteres Skyth) in den Nördlichen Kalkalpen, insbesondere der Hallstatt-Fazies. Der alte Bergmannsausdruck bezeichnet ein ungeschichtetes, brekziös erscheinendes, aus wechselnden Anteilen von Steinsalz, Anhydrit, Gips und Ton zusammengesetztes Gestein, welches als ↗Kollapsbrekzie entstanden ist.

Haslach-Kaltzeit, im Rheingletschergebiet definierte nächstältere ↗Kaltzeit zur ↗Mindel-Kaltzeit. Durch ↗Pedostratigraphie ist die Hangend- und Liegendgrenze am Profil von Unterpfauzenwald definiert, Typlokalität ist die Schmelzwasserterrasse der Haslach in Baden-Württemberg, wobei Moränenverzahnungen der ↗Terrasse (↗glaziale Serie) den eiszeitlichen Charakter dieser Akkumulationsperiode belegen. ↗Eiszeit, ↗Quartär.

Haufenlaugung ↗*Haldenlaugung*.

Haufenwolke ↗*Konvektionswolken*.

Häufigkeitsanalyse, Verfahren zur Interpretation von Aufzeichnungen vergangener hydrologischer Ereignisse, im Hinblick auf die zukünftige Wahrscheinlichkeit ihres Auftretens. Zu den Häufigkeitsanalysen zählen z. B. Schätzungen von Hoch- und Niedrigwasserhäufigkeiten, Niederschlägen, Dürren, Wasserinhaltsstoffen und Wellenhöhen.

Häufigkeitsverteilung, Angabe der Häufigkeit des Auftretens bestimmter Zahlenwerte eines Datensatzes. Diese Angabe erfolgt als Funktion der Zahlenwerte oder bestimmter, i.a. regelmäßig und sukzessiv aufsteigend geordneter Zahlenwertbereiche (Klassen) in tabellarischer oder graphischer Form (↗Histogramm), absolut, relativ oder relativ prozentual. Werden die Häufigkeiten stufenweise aufaddiert, spricht man von der kumulativen oder Summen-Häufigkeitsverteilung oder empirischen Verteilungsfunktion. Von solchen empirischen Häufigkeitsverteilungen sind theoretische Häufigkeitsverteilungen wie z. B. die Gaußsche Normalverteilung (↗Gauß-Kurve) zu unterscheiden. Unter Nutzung der Kenngrößen wie Mittelwert und Standardabweichung einer empirischen Häufigkeitsverteilung kann die vermutete zugehörige, zunächst normierte Häufigkeitsverteilung (↗Wahrscheinlichkeitsdichtefunktion) berechnet und durch Multiplikation mit dem Stichprobenumfang der empirischen Häufigkeitsverteilung an diese angepaßt werden.

Hauptachsentransformation ↗*Hauptkomponententransformation*.

Hauptausdehnungskoeffizient ↗*thermische Ausdehnung*.

Hauptbindung ↗*Hauptvalenzbindung*.

Hauptbrechungsindex, ↗Brechungsindex bei Schwingung der dielektrischen Verschiebung (↗Dielektrizitätskonstante) des Lichts in Richtung der Hauptachsen der ↗Indikatrix.

Hauptdruckflächen ↗*Druckflächen*.

Haupterosionsbasis, *absolute* ↗*Erosionsbasis*.

Hauptfeld, Teil des erdmagnetischen Innenfeldes, der durch den ↗Geodynamo modelliert wird (Tab.).

Hauptfrontalzone ↗*Polarfrontzone*.

Hauptgemengteil, *Hauptmineral*, ein Mineral, das am Aufbau eines ↗Gesteins mit mindestens fünf Prozent beteiligt ist. Insbesondere bei den Plutoniten dienen die Hauptminerale zur Benennung (↗IUGS-Klassifikation). Hauptminerale, welche zur Klassifikation nicht erforderlich sind, können dem Gesteinsnamen vorangestellt werden, z. B. Biotitgranit. ↗QAPF-Doppeldreieck.

Hauptgitter, das im Blattspiegel ↗topographischer Karten dargestellte Gitternetz der rechtwinkligen, ebenen ↗Gauß-Krüger-Koordinaten des Meridianstreifens, in dem das ↗Kartenblatt liegt.

Hauptgrundwasserleiter, meist mächtiger und ausgedehnter ↗Grundwasserleiter unter einem geringmächtigen bzw. schwebenden Grundwasserleiter.

Hauptkomponententransformation, *Hauptachsentransformation*, Verfahren der ↗Bildverbesserung, vorrangig zur Datenreduktion ohne ent-

Satellit	Inklination	Höhe [km]	Zeitraum	Meßart
Cosmos 49	50°	261–488	Oktober 1964 – November 1964	Skalar
POGO-2	87°	413–1510	Oktober 1965 – September 1967	Skalar
POGO-4	86°	412–908	Juli 1967 – Januar 1969	Skalar
POGO-6	82°	397–1098	Juni 1969 – Juli 1971	Skalar
MAGSAT	97°	325–550	November 1979 – Mai 1980	Vektor
Ørsted	97°	600–850	ab Februar 1999	Vektor
CHAMP	87°	300–450	ab Dezember 1999	Vektor
SAC-C	97°	700	ab 2000	Vektor

Hauptfeld (Tab.): Satellitenmissionen, die zu Hauptfeldstudien beitragen.

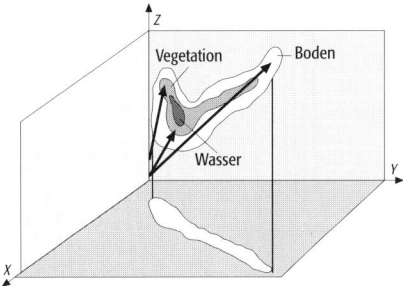

Hauptkomponententransformation 1: Datencluster einer Szene im dreidimensionalen Raum und Projektion des Clusters auf eine der Ebenen aus zwei Kanälen.

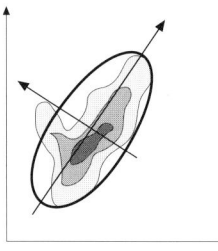

Hauptkomponententransformation 2: Datencluster im zweidimensionalen Raum. Eingezeichnet ist eine Ellipse, die ca. 95 % der Daten umfaßt. Ihre Hauptachsen entsprechen den Hauptkomponenten.

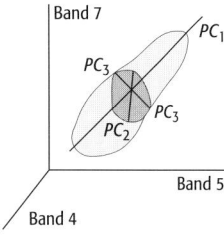

Hauptkomponententransformation 3: Datencluster im dreidimensionalen Raum. Eingezeichnet sind die Hauptkomponenten (PC = principal components).

Hauptschnitt: Schnitt durch das Rotationsellipsoid eines einachsigen Kristalles (o. A. = optische Achse = Rotationsachse, n_o = Brechungsindex des ordentlichen Strahles, n_e = maximaler Brechungsindex des außerordentlichen Strahls, n_e' = Brechungsindex des außerordentlichen Strahls entsprechend der Schnittlage, $n_e - n_o$ = Differenz der Brechungsindizes = maximale Doppelbrechung = Hauptdoppelbrechung).

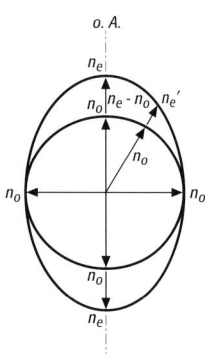

scheidenden Informationsverlust. Mit der Hauptkomponententransformation wird die Abhängigkeit von Spektralbändern untereinander untersucht. Besteht eine starke Grauwertkorrelation zwischen den Spektralbändern, so liegt Redundanz vor, was in diesem Fall bedeutet, daß mehr Daten verwendet werden, als zur Übermittlung von Informationsgehalten notwendig sind. Fernerkundungsdaten liegen im allgemeinen in mehreren Spektralbändern vor und lassen sich daher als Daten in einem mehrdimensionalen Merkmalsraum (feature space) auffassen. Die Achsen dieses Raumes sind durch die Spektralbänder bestimmt. Die Lage jedes Pixels in diesem Raum wird durch seine Grauwerte in den verschiedenen Wellenlängen festgelegt. Der Gesamtdatensatz einer Szene wird sich in diesem Raum als mehr oder weniger dichter Cluster darstellen, der je nach den auftretenden Oberflächencharakteristika in kleinere, besonders dichte Subcluster zu unterteilen ist. Die Form des Clusters hängt zum einen von den Reflexionseigenschaften der abgebildeten Oberflächen ab, zum anderen von den Spektralbändern, die den Merkmalsraum aufbauen. Eine besonders wichtige Rolle spielt dabei die Korrelation zwischen diesen. Sind sie besonders hoch korreliert, so wird der Datencluster relativ eng um die Hauptdiagonale durch den Merkmalsraum (von Punkt 0,0,0 zu Punkt 255,255,255) gruppiert sein, was gleichbedeutend ist mit einer relativ geringen Informationsdichte (Abb. 1). Wenn zwei Spektralbänder hoch korreliert sind, so bringt das zweite Band nur relativ wenige neue Information zur Information des ersten hinzu. Der Anteil an redundanter Information ist in diesem Fall sehr hoch. Bei Fernerkundungsdaten liegen im allgemeinen hohe Korrelationen vor, besonders innerhalb der Spektralbänder im sichtbaren Bereich, im nahen und im mittleren Infrarot. Diese hohe Korrelation erklärt sich aus den Spektraleigenschaften der Oberflächen. Somit ist zum einen die Varianz eines Spektralbandes ein Maß für seinen Informationsgehalt (sie ist ein Maß für die Streuung der Daten in diesem Band). Zum anderen ist die Kovarianz zwischen zwei Kanälen ein Maß für die Korrelation zwischen den Datensätzen und damit für den Informationsgewinn bei einer Kombination beider Spektralbänder. Hier setzt die Hauptkomponententransformation an. Über die Berechnung der Varianz-Kovarianz-Matrix eines Datensatzes wird das gesamte Koordiantensystem so gedreht, daß die neuen Koordinatenachsen jeweils in die Richtung der maximalen Streuung (= Varianz) des Datenclusters zeigen. Dies geschieht über die Berechnung der Eigenwerte und Eigenvektoren der gegebenen Varianz-Kovarianz-Matrix. Die Grundvoraussetzung für die neuen Kanäle, die sog. Hauptkomponeneten, ist, daß sie untereinander nicht korreliert sind, d.h. ihre Kovarianz ist gleich Null. Die erste Hauptkomponente zeigt demnach in die Richtung der größten Ausdehnung des Datenclusters (= Hauptachse eines Rotationsellipsoids); die zweite Hauptkomponente in die Richtung der zweitgrößten Ausdehnung des Datenclusters und zwar orthogonal zur Richtung der ersten Hauptkomponente. Die erste Hauptkomponente enthält somit ein Maximum an Information (sie beinhaltet die größtmögliche Varianz des gesamten Datenclusters). Die zweite Hauptkomponente bietet den statistisch größtmöglichen Informationszuwachs (Abb. 2 und Abb. 3). [MN]

Hauptkrater, großer ↗Krater von ↗Zentralvulkanen, meist am Gipfel gelegen.

Hauptkristallisation, Bezeichnung für die Phase der ↗magmatischen Differentiation einer (SiO₂-reichen) Schmelze, während welcher oberhalb von ca. 650 °C der Großteil der Minerale (v. a. Olivin, Pyroxene, Amphibole, Glimmer, Feldspäte, Quarz) kristallisiert (↗liquidmagmatisches Stadium). Die Hauptkristallisation führt zu einer Konzentration flüchtiger Komponenten und inkompatibler Elemente in der Restschmelze. ↗Differentiation.

Hauptlichtgeschwindigkeit ↗Fresnelellipsoid.

Hauptmeridian ↗Gauß-Krüger-Koordinaten.

Hauptmineral ↗*Hauptgemengteil*.

Hauptnährelemente, Hauptnährstoffe, ↗Makroelemente.

Hauptnormalspannung ↗Spannung.

Hauptquantenzahl ↗Quantenzahl.

Hauptregenbogen ↗Regenbogen.

Hauptschnitt, der Schnitt durch das ↗Rotationsellipsoid einachsiger Kristalle, welcher die Rotationsachse enthält (Abb.). In dieser Richtung herrscht maximale Doppelbrechung. Bei optisch zweiachsigen Kristallen hat die ↗Indikatrix selbst als dreiachsiges Ellipsoid drei Symmetrieachsen, neben Hauptschnitte auch optische Symmetrie-Ebenen genannt. ↗Polarisationsmikroskopie

Hauptspannungen, beschreiben die drei aufeinander senkrecht stehenden *Normalspannungen* unter der Bedingung, daß die ↗Tangentialspannungen null werden. ↗Spannungstensor.

Hauptstreichen ↗Generalstreichen.

Hauptsymbol, zur Charakterisierung der ↗Bodenhorizonte in der ↗Bodenkundlichen Kartieranleitung; Hauptsymbole sind F, O, A, B, C, H, S, G, zu denen obligatorisch pedogene ↗Zusatzsymbole, gegeben werden; Horizonte mit mehreren Merkmalen (Übergangshorizonte, Verzahnungshorizonte) werden durch Kombination von Hauptsymbolen und/oder Zusatzsymbolen gekennzeichnet.

Hauptterrasse, über ↗Niederterrasse und ↗Mittelterrasse gelegene, höchste pleistozäne ↗Flußterrasse. In größeren Flußtälern mit differenzierten ↗Terrassentreppen sind oft mehrere Hauptterrassen entwickelt. Anhand der Verbreitung und Lage der Hauptterrassen läßt sich nachweisen, daß vor der starken altpleistozänen Taleintiefung die Flußtäler der Mittelgebirgsregionen einen breiteren Talboden hatten.

Hauptvalenzbindung, *Hauptbindung*, Oberbegriff für ionare Bindung (↗heteropolare Bindung), kovalente Bindung (↗homöopolare Bindung) und ↗metallische Bindung. Daneben gibt es noch eine Reihe von schwächeren ↗Nebenvalenzbindungen, zu denen die ↗van-der-Waals-

Bindung und die Wasserstoffbrückenbindung gehören.

Hauptverzerrungsrichtungen, in einem Punkt der Abbildung geben die Azimute der extremen Längenverzerrung an. Das sind die Halbachsen der ↗Verzerrungsellipse.

Hauptwetterelemente, Wetterelemente, Klimaelement, zu ihnen zählen ↗Temperatur, ↗Luftdruck, ↗Niederschlag, ↗Luftfeuchte, ↗Wind, ↗meteorologische Sichtweite, ↗Wolken und ↗Strahlung.

Hauptwurzelraum, Tiefenbereich des überwiegenden Anteils der Pflanzenwurzeln im Boden; zumeist die ersten drei oder vier dm unter der Bodenoberfläche.

Haushaltsabwässer, ↗Abwasser aus dem häuslichen Bereich (Tab.) im Gegensatz zum Industrieabwasser und Regenwasser von Verkehrsflächen.

Haushaltsbilanz, ↗Bilanzen im ↗Landschaftsökosystem.

Haushaltsgrößen, Regler, Faktoren und Prozesse, die für das Funktionieren des ↗Landschaftshaushaltes von entscheidender Bedeutung sind. Die Haushaltsgrößen, zu denen auch die ↗Geofaktoren gehören, dienen zur Beschreibung und Bestimmung der Funktionszusammenhänge von ↗Landschaftsökosystemen. Zu den Haushaltsgrößen im Landschaftsökosystem gehören auch anthropogen beinflußte Faktoren und Prozesse, sofern sie in den Landschaftshaushalt spürbar eingreifen.

Hausmannit ↗Manganerze.

Hausmüll, wichtige Art von ↗Abfall, der in den Haushalten anfällt und von der kommunalen Müllabfuhr entsorgt wird. Im Hausmüll sind unterschiedlichste Materialien stark gemischt enthalten. Durchschnittlich setzt er sich aus etwa 30% organischer Substanz, 25% Papier und Pappe, 15% mineralische Stoffe sowie Kunststoffe, Textilien, Glas, Metallen, Leder, Holz, Gummi und Knochen zu ca. gleichen Teilen zusammen, wobei seine Zusammensetzung in Abhängigkeit von Sommer- und Winterhalbjahr erheblich schwankt. In der BRD fallen jährlich im Mittel 31 Mio. t Hausmüll und hausmüllähnliche Gewerbeabfälle an. Nicht darin enthalten sind Abfälle, die als Wertstoffe vom Abfallerzeuger getrennt gesammelt werden (↗Recycling) sowie solche, die direkt zu Entsorgungseinrichtungen gebracht werden. Durch gesetzliche Regelungen und Maßnahmen zur Abfallvermeidung versucht man eine Reduzierung der Müllmengen zu erzielen. ↗Ablagerung von Abfallstoffen. [HP]

Hauterive, Hauterivium, nach einem Ort in der Schweiz benannte, international verwendete stratigraphische Bezeichnung für eine Stufe der ↗Kreide. ↗geologische Zeitskala.

Haüy, René Juste, französischer Mineraloge, * 28.2.1743 Saint-Just-en-Chaussée, † 1.6.1822 Paris; Geistlicher, seit 1783 Mitglied der Académie des sciences, ab 1802 Professor der Mineralogie in Paris; gilt durch seine grundlegenden Untersuchungen über den Aufbau der Kristalle (»Dekreszenztheorie«, Zusammensetzung der Kristalle aus »molécules intégrantes«) als Begründer der Strukturtheorie der Kristalle und damit der Kristallographie und entwickelte die Theorie über Raumgitter der Kristalle von T. O. Bergman weiter. Haüy stellte die Hypothese auf, daß jeder Kristall aus einheitlichen Zellen aufgebaut ist, und erkannte die Konstanz der Winkel, unter denen sich die Flächen eines Kristalls (unabhängig von ihrer Größe) schneiden; er unterschied sechs Typen der primären Formen der Kristallstruktur; erkannte die Anisotropie der Kristalle und formulierte das Gesetz der Hemitropen (Zwillingsbildungen). Weiterhin untersuchte er die physikalischen Eigenschaften von Mineralen, bestimmte mit A. L. de Lavoisier die Dichte des Wassers, um eine Masseneinheit festlegen zu können, und war an der Ausarbeitung des metrischen Maßsystems beteiligt. Nach ihm benannt ist das Mineral Haüyn (Hauyn), ein Vertreter der ↗Feldspäte aus der Sodalith-Gruppe. Werke (Auswahl): »Essai d'une théorie sur la structure des cristaux« (1784), »Molécules soustractives« (1793), »Traité de minéralogie« (4 Bände, 1801), »Traité de physique« (1803), »Traité de cristallographie« (1822).

hawaiianische Eruption ↗Vulkanismus.

Hawaiit, ein ↗Basalt, dessen Plagioklas eine Andesin-Zusammensetzung hat und der neben Klinopyroxen häufig Olivin führt.

Hayford, John Fillmore, amerikanischer Geodät und Astronom, * 19.5.1868 Rousses Point (New York), † März 1925 Evanston (Illinois); Mitbegründer der Theorie von der ↗Isostasie; berechnete 1909–10 die Konstanten des ↗Ellipsoids als Modell der Erdform unter Anbringung isostatischer Reduktionen; obwohl die Werte des so gefundenen Hayford-Ellipsoids nur auf ↗Gradmessungen in den USA beruhten, bewiesen sie so beeindruckend die Richtigkeit der Theorie vom isostatischen Massenausgleich, daß sie 1924 von der ↗Internationalen Assoziation für Geodäsie (IAG) als ↗Internationales Ellipsoid empfohlen wurden.

Hayford-Ellipsoid ↗Internationales Ellipsoid.

Hazards, Naturrisiken, Interaktion zwischen dem System Umwelt mit seinen Erscheinungsformen und dem System Mensch oder einer Gesellschaft, wobei sich diese Interaktion so auswirkt, daß sie subjektiv wahrgenommen zum Nachteil des Menschen verläuft. Beide Systeme werden durch Gegenmaßnahmen der Gesellschaft beeinflußt. Hazards können in verschiedenen Formen auftreten, als ↗Hurrikan oder ↗Tornado, als ↗Erdbeben, als ↗Bergsturz oder ↗Lawine, Bodenstörung und Dürre. Diese Naturereignisse werden zu sog. natural Hazards wenn sie auf Individuen oder die ganze Gesellschaft auf oft unvorhersehbare Weise einwirken und Schäden

	mineralisch	organisch	gesamt	BSB_5
absetzbare Stoffe	100	150	250	100
Schwebstoffe	25	50	75	50
gelöste Stoffe	375	250	625	150
Summe	500	450	950	300

Haushaltsabwässer (Tab.): Zusammensetzung von Haushaltsabwasser (alte Bundesländer) in g/m^3 als 24-Stundenmittel (eine Abwasserlast von 200 Liter/Einwohner vorausgesetzt).

Haüy, René Juste

Hebelgesetz: Für eine Plagioklasschmelze, deren Ausgangszusammensetzung dem Sechseck entspricht (An$_{0,6}$), läßt sich bei einer Temperatur von 1400 °C die Zusammensetzung der Schmelze (*l*) auf der Liquidus-Kurve ablesen und die Zusammensetzung der sich damit im Gleichgewicht befindenden Plagioklasmischkristalle (*s*) auf der Solidus-Kurve. Nach dem Hebelgesetz ergibt sich zu diesem Zeitpunkt L · xl = S · xs, wobei xl und xs für den Abstand zwischen den Punkten *x* und *l* bzw. *x* und *s* steht, L und S für die Anteile an Restschmelze bzw. Mischkristallen. Wegen L+S = 1 erhält man damit für den Schmelzanteil L = xs/(xl+xs) und für den Anteil an Mischkristallen S = xl/(xl+xs).

an Leib, Leben und Eigentum hervorrufen. Mit den Ursachen und Auswirkungen der Hazards beschäftigt sich die Hazardforschung, deren Ansätze auf kurz nach dem zweiten Weltkrieg zurückgehen und als Wahrnehmungsgeographie sich zunächst mit Hochwasserkatastophen befaßte. Die Hazardforschung beschäftigt sich heute insbesondere mit den Fragen in welcher Weise von Hazards bedrohte Gebiete vom Menschen genutzt werden, welche Gegenmaßnahmen sich theoretisch einleiten lassen und wie Menschen in von Hazards bedrohten Gebieten diese wahrnehmen bzw. deren Risiko einschätzen. ↗Naturgefahr. [SMZ]

Hazen-Gleichung, *Sieblinienauswertung nach Hazen,* die 1893 von A. Hazen anhand von Laborversuchen aufgestellte Beziehung zwischen dem ↗wirksamen Korndurchmesser d_w und dem Durchlässigkeitsbeiwert k_f (↗k_f-Wert). Hazen war der erste Autor, der den nur aufwendig zu bestimmenden d_w-Wert durch den einfach aus einer Kornverteilungskurve abzulesenden d_{10}-Wert ersetzt. Somit ergibt sich die Beziehung:

$$k_f = 0{,}0116 \cdot d_{10}^{\,2} \cdot (0{,}7 + 0{,}03 \cdot \Theta)$$

mit k_f = Durchlässigkeitsbeiwert [m/s], d_{10} = Korngrößendurchmesser bei 10 % Siebdurchgang [mm], Θ = Temperatur des schwach mineralisierten Wassers [°C]. Die Hazen-Gleichung ist nur für eine ↗Ungleichförmigkeitszahl $U < 5$ gültig.

HCl, chemische Formel von ↗Chlorwasserstoff (Salzsäure).

HCMM, *Heat Capacity Mapping Mission,* Satellit, der von April 1978 bis September 1980 arbeitete. HCMM umkreiste die Erde in 620 km Höhe mit einer Inklination von 97,6°. Ähnlich wie ↗Landsat führte er 15 Umläufe pro Tag durch und kehrte nach 16 Tagen wieder zur ersten Umlaufbahn zurück. Die Abtaststreifen waren mit 716 km nahezu 4 mal so breit wie bei Landsat. Somit konnte das selbe Gebiet überlappend an mehreren Tagen hintereinander aufgenommen werden. Im Gegensatz zu den Landsat-Flügen bewegte sich der HCMM-Satellit auf dem Nachtflug von NO nach SW und passierte den Äquator um 2 Uhr nachts, auf dem Testflug von SO nach NW, den Äquator um 14 Uhr überquerend. Mitteleuropa wurde dementsprechend etwa 2,5 Stunden nach Mitternacht und 1,5 Stunden nach Mittag überquert; damit fanden die Aufnahmen zu Zeiten minimaler und maximaler thermaler Emissionsverhältnisse statt. Aufgabe der Mission HCMM war es, die Veränderung der Erdoberflächentemperatur zu messen. Zur Messung war das Sensorsystem, ein Radiometer (Heat Capacyity Mapping Radiometer, HCMR) für die Spektralbänder 0,50 µm bis 11 µm und 10,5 µm bis 12,5 µm ausgelegt, womit Temperaturen (im Nadir) mit einer Genauigkeit von 0,3 K gemessen werden konnten. Da die emittierte Strahlung von Bedeutung für die Temperatur der bodennahen Luftschicht ist, lassen sich Aufnahmen in TIR-Bereich nur bei schönem Wetter machen. Nach Mustern

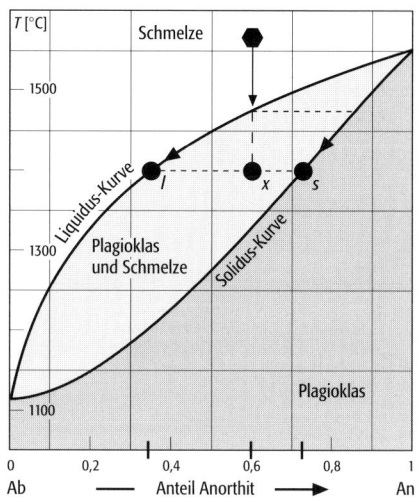

der zweidimensionalen Wertverteilung sollten Karten vom Wärmezustand großer Regionen hergestellt werden. Für die mitteleuropäischen Gebiete wurden methodische Arbeiten und Anwendungen für kartographische Zwecke durchgeführt. [MFB]

heap leaching ↗Haldenlaugung.

Heat Capacity Mapping Mission ↗HCMM.

Hebelgesetz, eine geometrische Methode, um in einem Zweiphasenfeld in einem beliebigen ↗Phasendiagramm die relativen Anteile der beiden durch eine ↗Konode verbundenen Phasen zu berechnen (Abb.).

Heberbarometer ↗Barometer.

Heberwehr, Sonderform eines festen ↗Wehres, bei dem kleinere Abflüsse zunächst frei über die Wehrschwelle abfließen. Mit steigendem Wasserstand im Oberwasser wird die Luft aus einer über dem Wehrrücken liegenden luftdichten Kappe mitgerissen, so daß eine Saugwirkung einsetzt und der zunächst freie Überfall in eine Rohrströmung übergeht. Durch eine am unteren Ende des Saugschlauches befindliche Sprungnase wird das Anspringen des Hebers beschleunigt. Wenn mit Absinken des Wasserspiegels wieder Luft zutritt, reißt die Heberwirkung ab. Heberwehre vermeiden den bei festen Wehren üblichen Nachteil stark schwankender Wasserspiegel im Oberwasser.

Hebung, Niveauveränderung von Bereichen der ↗Erdkruste, bedingt durch epirogene, orogene oder magmatische Prozesse (↗Epirogenese, ↗Orogenese, ↗Magmatismus).

Hebung der Luft, in der Meteorologie die senkrechte Bewegung von Luft nach oben.

Hebungsalter ↗Spaltspurdatierung.

Hebungsinjektion, Injektion in den Boden, die eine Hebung zur Folge hat. Dies wird z. B. bei der Bausanierung schief stehender Bauwerke angewandt.

Hebungskondensationsniveau, *HKN,* ↗Kondensationshöhe.

Hebungskurve, Kurve der Temperatur in einem thermodynamischen Diagramm, die sich ergibt, wenn ein Luftpartikel zunächst trockenadiabatisch bis zum Kondensationsniveau (/Kondensationshöhe) und anschließend feuchtadiabatisch in der Vertikalen angehoben wird.

Hebungsküste, *auftauchende Küste, gehobene Küste,* /Küste, deren /Strandlinie infolge tektonischer Hebung der Landmasse über den rezenten Meeresspiegel emporgehoben ist; tektonisch bedingte Form einer /Regressionsküste, wobei die Trennung des Einflusses von tektonischen Bewegungen und /eustatischen Meeresspiegelschwankungen auf die Küstenlinie meist problematisch ist. /Küstenklassifikation Abb.

Hebungsprozesse, meteorologisch, atmosphärische Vorgänge und Effekte, die sich bei Hebung der Luft einstellen.

Hecke, *Feldhecke,* langgezogene, ein- oder mehrreihige, bandförmige Kleingehölze innerhalb der /Kulturlandschaft. Die Hecken sind mehrheitlich anthropogenen Ursprungs und werden sporadisch gepflegt und geschnitten oder können als letzte Reste des mitteleuropäischen Waldes auf der landwirtschaftlichen Nutzfläche angesehen werden. Pflanzensoziologisch sind Hecken verselbständigte Waldmantelgesellschaften, also quasi zwei aneinander grenzende Waldränder ohne eigentlichen Wald dazwischen. Die in der Heckenmitte dominierenden Laubgehölze sind sehr lichtbedürftig, haben eine geringe Höhe und ein hohes Stockausschlagvermögen. Im dicht schließenden Heckeninnern sind Lianenarten und Spreizklimmer sehr häufig. Am Rande der Hecke dominiert die Krautflora. Die Hecken bestehen aus mehrheitlich anspruchslosen, heimischen Gewächsen, die auch auf wenig fruchtbaren Standorten relativ rasch wachsen. Die landschaftsökologische und -ökonomische Bedeutung der Hecke liegt in ihrer Funktion als Lebensraum und Rückzugsrefugium v. a. für Vögel und Kleinsäuger, als Vernetzungskorridor für die ländliche Tier- und Pflanzenwelt (/Biotopverbundsystem), als Wind-, Sicht-, Erosions- und Sonnenschutzbepflanzung sowie als klimatisch ausgleichendes und die Biodiversität erhöhendes Landschaftselement oder Grünelement (Abb.). Als Element der Kulturlandschaft dienen sie der Abgrenzung von Felder, Wiesen und Weiden. Eine durch Hecken charakterisierte Kulturlandschaft ist die /Heckenlandschaft. Weil der Bestand von Hecken durch /Flurbereinigung und die intensive Ackernutzung gefährdet ist (/Ausräumung der Kulturlandschaft), werden sie teilweise geschützt, um ihre positiven Wirkungen zu erhalten. /Knick. [SR]

Heckenlandschaft, durch /Hecken charakterisierte /Kulturlandschaft. Bei der Heckenlandschaft sind die Parzellen der Felder, Wiesen und Weiden von Hecken umgeben. Die Heckenlandschaften sind von Südskandinavien und den Britischen Inseln über Norddeutschland (/Knicks) und Nordwestfrankreich (Bocage) bis auf die Iberische Halbinsel und Mitteleuropa verbreitet. Die Hecken der Heckenlandschaft dienen als Abgrenzung der Felder, schützen vor Wind, Austrocknung, Bodenerosion und sind wichtige Rückzugsrefugien und Verbindungskorridore für die ländliche Tier- und Pflanzenwelt.

Heidelandschaft, waldfreie Landschaft der unteren Höhenstufen, die von einer mehr oder weniger lockeren Zwergstrauchformation (/Heide) geprägt ist. Auf Silicatfelsen, kalkarmen Böden, aber auch im schmalen, waldfreien Saum längs der Küsten befinden sich die natürlichen Heidelandschaften, deren Charakterpflanze das Heidekraut (*Calluna vulgaris*) ist. Die meisten Heidelandschaften sind jedoch anthropogenen Ursprungs und dadurch entstanden, daß der ursprüngliche Wald durch Beweidung vernichtet wurde, aber auch durch Brand und durch regelmäßiges Entfernen des Heidekrauts samt Rohhumusschicht als /Plaggen für Brennstoff, Streu und zur Düngung, was eine Verarmung der Böden zur Folge hat. Solche Heiden z. B. die Lüneburger Heide, waren noch vor Jahrzehnten sehr ausgedehnt, heute ist der größte Teil wieder bewaldet oder die Heide wurde in Ackerland umgewandelt. Reste versucht man in besonderen Heideschutzgebieten mittels Schafbeweidung zu erhalten. [MSch]

Heiligenschein, bei tiefstehender Sonne auftretende Aufhellung um den Schatten eines Objektes. Das Phänomen heißt Heiligenschein, weil es der in der Malerei auch als Gloriole bezeichneten Verzierung um die Köpfe von Heiligen ähnelt. Die Helligkeit des Heiligenscheins ist direkt am Schatten des Kopfes am stärksten und nimmt nach außen hin ab. Das Phänomen ist rein geometrisch erklärt. Es ist kein /Kranz und keine /Glorie.

Heilklima, Klimabedingungen, die der menschlichen Gesundheit zuträglich sind und zum Heilungsprozeß bei Krankheiten beitragen. Dabei kann es sich je nach ärztlicher Therapieempfehlung entweder um ein /Schonklima, z. B. im Mittelgebirgsraum, oder um ein /Reizklima, z. B. an der Küste oder im Hochgebirge handeln.

Heilquelle, *Heilwasserquelle,* natürlicher Austritt (/Quellen) von /Heilwässern an der Erdoberfläche. Im übertragenen Sinne werden damit aber auch künstliche Erschließungen von Heilwässern durch flache Brunnen oder tiefe Bohrungen bezeichnet.

Heilquellenschutzgebiet, Gebiet, das dem qualitativen und quantitativen Schutz des einem Heilwasservorkommen oder der Heilquelle zuzuordnenten Einzugsbereiches dient. Analog zu den

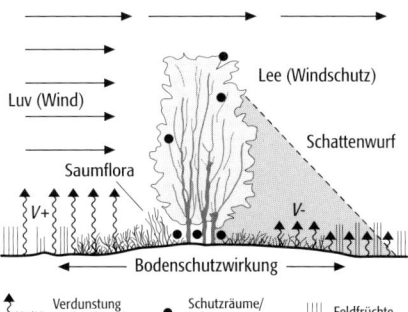

Hecke: schematische Darstellung.

Heilwasser (Tab.): erforderliche Mindestkonzentrationen für wertbestimmende Einzelbestandteile in Heilwässern.

↗Trinkwasserschutzgebieten werden einzelne Schutzzonen ausgewiesen, in denen entsprechend den hydrogeologischen Gegebenheiten Nutzungseinschränkungen oder auch Verbote verhängt werden können. Die Festlegung der Schutzzonen und Schutzmaßnahmen erfolgt i. d. R. durch eine amtliche Verordnung.

Heilwasser, natürliches ↗Grundwasser, das aufgrund seiner chemischen Zusammensetzung, z. B. bestimmter Spurenstoffe, oder physikalischen Eigenschaften, z. B. Temperatur, nach balneologischen Erfahrungen oder medizinischen Erkenntnissen geeignet ist, therapeutischen Zwecken zu dienen. Heilwässer müssen dabei einen Gehalt an gelösten festen Mineralstoffen von mindestens 1000 mg/kg haben. Die Benennung als Heilwasser bedarf in Deutschland und Österreich der amtlichen Anerkennung.

eisenhaltige Wässer	20 mg/l zweiwertiges Eisen (Fe^{2+})
iodhaltige Wässer	1 mg/l Iodid (I^-)
schwefelhaltige Wässer	1 mg/l Sulfidschwefel (S)
radonhaltige Wässer	666 Bq/l Radon (Rn) ($\hat{=}$ 18 nCurie/l)
Säuerlinge	1000 mg/l freies gelöstes Kohlenstoffdioxid (CO_2)
fluoridhaltige Wässer	1 mg/l Fluorid (F^-)

Heilwässer sind vielfach zugleich auch Mineralwässer oder ↗Thermalwässer. Zur chemischen Charakterisierung ist die Heilwasseranalyse durchzuführen. Sie vermittelt die Information über die Zusammensetzung des Heilwassers und seine Eigenschaften. Die Analyse dient als Grundlage für die Beurteilung der balneologischen Anwendungen sowie der hydrogeologischen und quelltechnischen Verhältnisse. Zur spezifischen Benennung des Heilwassertyps werden alle Ionen herangezogen, die mit einem Äquivalentanteil von wenigstens 20 % an der Gesamtkonzentration beteiligt sind. Ferner werden besonders wertbestimmende Einzelbestandteile angegeben, die über den Mindestwerten der Tab. liegen.

Heilwasserquelle ↗Heilquelle.

Heim, Albert, schweizerischer Geologe, * 12.4.1849 Zürich, † 31.8.1937 Zürich; Schüler von A. Escher von der Linth, 1872–1912 Professor in Zürich, 1894–1925 Präsident der Schweizerischen Geologischen Kommission. Heim leistete als einer der bedeutendsten Alpengeologen wegweisende Arbeiten über Gebirgsbildung und Gletscherkunde. Er vertrat die Deckentheorie, indem er die Auffaltung und Überschiebung der Decken einer Erdkrustenkontraktion zuschrieb (Mitbegründer der ↗Kontraktionstheorie); hielt später v. a. das Einwirken horizontaler Kräfte für entscheidend – eine Auffassung, die in die heute gültige Lehre der ↗Plattentektonik einfloß. Mit dem Feinmechaniker W. ↗Breithaupt konstruierte er den ↗Geologenkompaß. Werke (Auswahl): »Untersuchungen über den Mechanismus der Gebirgsbildung« (1878), »Handbuch der Gletscherkunde« (1885), »Geologie der Schweiz« (1918–22). [VJ]

Heinrich-Event, Heinrich-Layer, Bezeichnung für Lagen in Ablagerungen der ↗Weichsel-Kaltzeit des Atlantiks, die durch höhere Anteile von eisbeanspruchtem ↗Detritus im Sediment gekennzeichnet sind und ein deutliches Absinken der Temperatur des Oberflächenwassers sowie der Salinität dokumentieren. Es wird eine kurzfristige, starke Eisbergdrift aus Ostkanada vermutet.

Heinrich-Layer ↗Heinrich-Event.

heißer Tag, Tag, an dem das Temperaturmaximum mindestens 30 °C beträgt.

heiter, Bedeckungsgrad des Himmels von 1/8 bis 3/8, mit Wolken der ↗Wolkenfamilie tiefe oder mittelhohe Wolken; dünne hohe Wolken (Cirrus) können jedoch den ganzen Himmel überziehen. Der Begriff wird nur für Bewölkungsangaben am Tage benutzt.

heiterer Tag, Tag mit einem Bewölkungsmittel von weniger als 1,6 Achtel, was 20 % Himmelsbedeckung entspricht. Diese Definition stammt aus der Zeit, als die Bewölkung in Zehntel angegeben wurde.

Heiz-Kühltisch, heating-freezing stage, Gerät (in Kombination mit einem Mikroskop) zur Durchführung der ↗Mikrothermometrie eines ↗Flüssigkeitseinschlusses. Es beruht auf einem Heiz- und einem Gefrierelement – das letztere arbeitet mit flüssigem Stickstoff – und deckt einen Temperaturbereich von -196 °C bis +700 °C ab.

Hektopascal, hPa, in der Meteorologie übliche Einheit für den ↗Luftdruck und den ↗Dampfdruck, mit der die früher verwendete Einheit Millibar (mbar) abgelöst wurde. 1 hPa = 1 mbar = 100 Pa = 100 N/m².

helikale Turbulenz, helical flow, helicoidal flow, spiralförmige Sekundärströmung, die im Gerinnebett der Hauptströmungsrichtung überlagert ist (Abb.). Sie wird bedingt durch Instabilitäten in der Bewegung von Fluiden. An initialen Krümmungen im Flußlauf bewirkt die helikale Turbulenz gemeinsam mit dem Pendeln des ↗Stromstrichs die selbstverstärkende Ausweitung des Krümmungsbogens mit der Anlage flußab aufeinanderfolgender Gegenkrümmungen im Gerinnelauf (↗Mäander).

helikale Turbulenz: der Hauptströmungsrichtung spiralförmig überlagerte Sekundärströmung.

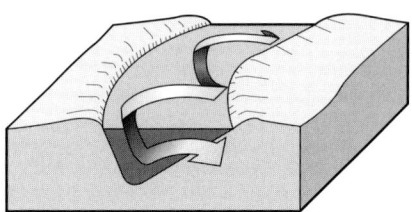

Heliogravüre, Photogravüre, historisches polygraphisches Verfahren zur Herstellung von Ätzungen für den Tiefdruck. Von einer Strichzeichnung wird die auf chromiertem Gelatinepapier hergestellte Kopie einer photographischen Aufnahme auf eine mit Asphaltstaub beschichtete Kupferplatte übertragen und nacheinander viermal in Eisenchloridbädern geätzt. Von der so entstandenen Tiefätzung der Zeichnung können direkt in der Kupferdruck-Handpresse Abzüge wie von einem Originalstich hergestellt werden. Für größere Auflagen wird die Tiefätzung galvanisch verstählt (↗Galvanoplastik). Die Heliogravüre wurde besonders im Militärgeographischen Institut in Wien seit 1869 zur Herstellung von topographischen Karten benutzt. Von 1873 bis 1883 wurden so 1800 Kupferdruckplatten hergestellt. Durch Verkleinerung der Zeichnung bei der Aufnahme kann nahezu die gleiche Schärfe wie bei einem Originalstich erreicht werden. [WSt]

Heliolitida, eine ausgestorbene Ordnung von koloniebildenden ↗Korallen, die vom mittleren ↗Ordovizium bis zum mittleren ↗Devon wichtige Riffbildner und -bewohner waren.

Heliophyten, *Sonnenpflanzen*, Pflanzen, welche an heißen und stark strahlungsexponierten Standorten (↗Wüsten, ↗Steppen, ↗Savannen und Felsstandorten) vorkommen und sich häufig durch morphologische Sonderanpassungen zum Strahlungsschutz auszeichnen. Dazu gehören Wachsüberzug, Behaarung, dicke Epidermis und Kutikula, Rollblätter und die Fähigkeit der Regulierung der Blattstellung zur Sonne. Durch ein ausgreifendes Wurzelsystem, starkes Festigungs- und Leitungsgewebe sowie eine hohe Spaltöffnungsdichte sind die Heliophyten in der Lage, bei vollem Sonnenlicht eine deutlich höhere Rate der ↗Photosynthese zu erreichen als Schattenpflanzen. Der Lichtkompensationspunkt liegt allerdings tiefer als bei den Schattenpflanzen, d. h. die Heliophyten müssen für einen Kohlenstoffgewinn mehr Licht erhalten als die Schattenpflanzen.

Helium, gasförmiges Element, mit dem chemischen Symbol He. ↗Edelgase.

helizitisch, Bezeichnung für rotierte Interngefüge in Porphyroblasten (↗prophyroblastisch), die beim Wachstum eingeschlossen werden (Abb. im Farbtafelteil), meist in Form von verbogenen oder spiraligen Relikten einer älteren Schieferung oder eines stofflichen Lagenbaus; häufig in Granat, Spezialfall: ↗Schneeballgranat.

Helldunkelskala, *Intensitätsskala*, eine auf Abstufungen der ↗Farbhelligkeit oder des ↗Tonwertes beruhende Skala für ↗Flächenfüllungen. Sie wird vorrangig in ↗Flächenkartogrammen, aber auch in Diagrammen und anderen Darstellungen ordinalskalierter Daten verwendet. Es sind drei Grundtypen der Helldunkelskala zu unterscheiden: a) ↗Grauskala, b) durch ↗Aufhellung und/oder Verschwärzlichung erzeugte Helligkeitsreihen, die zugleich Sättigungsreihen sind (↗Farbreihen, ↗Farbordnung) und c) die auf den Tonwerten von ↗Flächenmustern basierenden Helldunkelskalen, die vornehmlich in ↗ein- und zweifarbigen Darstellungen verwendet werden.

Hellfeldmikroskopie, *Hellfeldabbildung*, Untersuchung durchsichtiger Objekte im durchfallenden Licht, bei welcher direktes Licht aus dem Kondensor in das Objekt eintritt. ↗Polarisationsmikroskopie.

hellklare Farben ↗Entsättigung.

Hellmann, *Gustav Johannes Georg*, dt. Meteorologe und Klimatologe, * 3.7.1854 Löwen (Schlesien), † 21.2.1939 Berlin, ab 1879 am Preußischen Meteorologischen Institut in Berlin; 1886 Professor für Meteorologie in Berlin; 1882–1885 interimistischer Leiter des Preußischen Meteorologischen Instituts; 1886–1907 Leiter der klimatologischen Abteilung und 1907–22 Direktor; 1907–1922 Vorsitzender der ↗Deutschen Meteorologischen Gesellschaft; Organisation und Bearbeitung der Niederschlagsbeobachtungen in Norddeutschland, Beschäftigung mit klimatologischer Statistik und Geschichte der Meteorologie, entwickelte den ↗Hellmann-Niederschlagsmesser. Werke (Auswahl): »Repertorium der deutschen Meteorologie« (1883), »Neudrucke von Schriften und Karten über Meteorologie und Erdmagnetismus« 1–15 (1893–1904), »Die Niederschläge in den Norddeutschen Stromgebieten« (3 Bände, 1906), »Beiträge zur Geschichte der Meteorologie« (1914–22), »Klimaatlas von Deutschland« (1921).

Hellmann-Niederschlagsmesser, *Regenmesser nach Hellmann*, Gerät zur ↗Niederschlagsmessung. Es besteht aus einem Auffangzylinder mit einer genormten Öffnungsfläche von 200 cm^2, der frei von Hindernissen 1 m über dem Boden aufgestellt wird. Das Niederschlagswasser wird in einer Kanne gesammelt, deren Inhalt i. d. R. alle 12 oder 24 Stunden gemessen wird. Im Winterbetrieb wird der Niederschlagsmesser geheizt, so daß auch fester Niederschlag gemessen werden kann. ↗Meßfehler ergeben sich v. a. durch den Windeinfluß. Mit Hilfe eines Einsatzes (Schneekreuz) kann verhindert werden, daß Schnee wieder aus dem Auffangzylinder ausgeblasen wird.

Helmert, *Friedrich Robert*, deutscher Geodät, * 31.7.1843 Freiberg (Sachsen), † 15.6.1917 Potsdam; Studium der Geodäsie und Astronomie in Dresden und Leipzig, Dr. phil. 1868 in Leipzig (»Rationelle Vermessungen auf dem Gebiet der höheren Geodäsie«), 1869–70 Mitarbeit an sächsischer Landestriangulation unter Prof. August Nagel, 1870–87 Observator an der Sternwarte Hamburg, 1886–1917 Professor für Geodäsie in Aachen, Nachfolger von J. J. ↗Baeyer als Direktor des Königlich Preußischen Geodätischen Instituts in Berlin (von Helmert 1892 in moderne Anlagen nach Potsdam verlegt) sowie als Präsident der Gradmessungsorganisation »Internationale Erdmessung«, ab 1887 Professor für höhere Geodäsie an der Universität Berlin, 1900 Ordentliches Mitglied der Preußischen Akademie der Wissenschaften zu Berlin, 1902 Ehrendoktor TH Aachen. Helmert gilt als Wegbereiter der modernen Geodäsie und der Verbindung ihrer Erkenntnisse mit denen anderer Geowissenschaften, der Weiterentwicklung der physikalischen Aspekte der Geodäsie sowie der statistischen Bearbeitung von Meßwerten (Chi-Quadrat- bzw. Helmert-Verteilung, Ausgleichungsrechnung). Im Jahr 1895 war er an der Gründung des Internationalen Breitendienstes beteiligt (heute Internationaler Erdrotationsdienst, ↗IERS); erste Schweremessungen auf den Weltmeeren; neuer Absolutwert der Schwerebeschleunigung in Potsdam (↗Potsdamer Schweresystem). Ehrengrab auf dem Alten Friedhof in Potsdam, Gedenktafel am Geburtshaus Nonnengasse 17 in Freiberg (Sachsen). [EB]

Helmert, *Friedrich Robert*

Helmert-Höhe, eine nach ↗Helmert benannte Variante der ↗orthometrischen Höhe. Der definierende mittlere Schwerewert zwischen Oberflächenpunkt und Geoidpunkt wird nach Helmert aus der genäherten Formel:

$$\bar{g} = g(P) - \left(\frac{1}{2}\frac{\partial \gamma}{\partial h} + 2\pi G\varrho\right) H$$

unter der Annahme einer ebenen, unendlich ausgedehnten Topographie (Bouguer-Platte), einem mittleren vertikalen ↗Normalschweregradienten von:

$$\frac{\partial \gamma}{\partial h} \approx -0{,}3086 \; \frac{mgal}{m},$$

einer Gravitationskonstanten von $G \neq 66{,}7 \cdot 10^{-9}$ cm^3/(g·s^2) sowie einer mittleren Dichte der Geländemassen von $\varrho = 2{,}67$ g/cm^3 abgeleitet. $g(P)$ ist der im Punkt P gemessene Schwerewert. Man erhält mit dem so definierten mittleren Schwerewert $\bar{g} = g(P) + 0{,}0424\, H$ und der ↗geopotentiellen Kote eines Punktes die nach Helmert benannte Definition der orthometrischen Höhe (Schwere in mgal, Höhen in m):

$$H = \frac{C}{g(P) + 0{,}0424 \cdot H}.$$

Diese Formel wird als Standardformel zur Berechnung der orthometrischen Höhe angewendet und in zahlreichen Landesvermessungen benutzt. [KHI]

Helmert-Transformation, i.a. räumliches Ähnlichkeitstransformationsmodell. Die Transformationsparameter der Helmert-Transformation werden so bestimmt, daß die Quadratsumme der Koordinatenklaffungen identischer Punkte von Start- und Zielsystem minimiert wird. ↗Ausgleichungsrechnung, ↗Transformation zwischen globalen Koordinatensystemen.

Helmholtz-Energie, *Arbeitsinhalt*, bezeichnet die aus einer reversiblen, isothermen Reaktion maximal gewinnbare Arbeit einschließlich der Volumenarbeit. Ihr Symbol ist A (selten F). Wie für die Gibbs-Energie (↗freie Enthalpie) können auch für die Helmholtz-Energie nur relative Werte bestimmt werden.

Helmholtz-Gleichung, i.e.S. die Helmholtzsche Wellengleichung:

$$\Delta \vec{F} = -k^2 \vec{F},$$

welche die Ausbreitung eines Wellenfeldes $\vec{F}(\vec{r},t)$ als Funktion des Ortes $\vec{r}$ und der Zeit t beschreibt (k = Wellenzahl). Sie folgt aus der ↗Wellengleichung für harmonische Wellen

$$\vec{F} = \vec{F}_0(\vec{r}) \cdot e^{i\omega t}$$

mit ω als Kreisfrequenz.

Helmholtz-Spule, Anordnung von zwei kreisförmigen Spulen mit dem Radius r, die im Abstand d ($r \approx d$) voneinander getrennt sind und dadurch ein homogenes, gut zugängliches Magnetfeld zwischen diesen beiden Kreisspulen erzeugen.

Helmholtz-Wogen, nach dem Physiker H. Helmholtz benannte wellenförmige Wolkenstruktur. ↗Wogenwolken.

Helophyten, *pelogene Pflanzen*, zu den hygromorphen Pflanzen zählende Sumpfpflanzen, deren Wurzeln und unterirdische Teile ständig oder zum überwiegenden Teil im Wasser- bzw. in wasserdurchtränkter Erde stocken. Weil dadurch die Sauerstoffversorgung stark erschwert ist, besitzen viele Helophyten spezielle Atemwurzeln, mit denen sie Luft von über der Wasseroberfläche entnehmen können. Es sind häufig sehr »saftige« Pflanzen, welche bei Wasserentzug schnell Welkerscheinungen aufweisen. Typische Helophyten finden sich in den ↗Mangroven.

Helvetikum, Terminus, der den nördlichsten Ablagerungsraum beschreibt, aus dem die Alpen hervorgingen und der dem europäischen Schelf der ↗Tethys entspricht. Im weiteren Sinne beinhaltet das Helvetikum auch die »Zone dauphinoise« der französischen Westalpen. Die Fazies dieses Ablagerungsraumes zeigt in der Trias noch erkennbare Beziehungen zur Abfolge des kontinentalen Europas, doch vom Jura an führt die zunehmende Absenkung des Meeresraumes zur erheblichen Vergrößerung der Mächtigkeiten. Besonders hervorzuheben sind die mächtigen Tithonkalke und die Urgon-Fazies der unteren Kreide, wobei Letztere vorzugsweise von Rudisten aufgebaut wird und ein wichtiger Gipfelbildner in den subalpinen Ketten (Vercours, Chartreuse) ist. Im Süden grenzt das Helvetikum an das ↗Penninikum, wobei dieser südliche Teil als *Ultrahelvetikum* gesondert ausgeschieden wird. Die Deckeneinheiten, die bei der späteren Orogenese aus dieser Fazies-Zone hervorgingen, werden als helvetisches Deckensystem (auch Helvetiden) bezeichnet. Die Typlokalität dieses Deckensystems sind die Berge des Berner Oberlandes zwischen Rhône-Quertal und Aartal. [HWo]

Helvin, [von griech. *hélios* = Sonne], Mineral mit der chemischen Formel: (Mn,Fe,Zn)$_8$[S$_2$|(BeSO$_4$)$_6$] und kubisch-hex'-tetragonaler Kristallform (Abb.); Farbe: honiggelb, gelblichbraun, rotbraun, seltener grünlich; Glasglanz, durchscheinend oder trüb; Strich: weiß; Härte nach Mohs: 6–6,5; Dichte: 3,20–3,44 g/cm^3; Spaltbarkeit: unvollkommen nach (*111*); Bruch: uneben; Aggregate: kugelig, sphärolithisch; Kristalle ein- und aufgewachsen; vor dem Lötrohr erst aufblähend, dann zu gelblich-braunem Glas schmelzend, in Salzsäure unter Freiwerden von H$_2$S löslich; Begleiter: Nephelin, Sodalith, Granat, Epidot; Vorkommen: pneumatolytisch-hydrothermal meist in Syeniten, Pegmatiten und Erzlagerstätten; Fundorte: Schwarzenberg und Breitenbrunn (sächsisches Erzgebirge), Kapník (Böhmen), Socorro (New Mexico, USA).

Hemberg, regional verwendete stratigraphische Bezeichnung für eine Stufe des ↗Devons im Rheinischen Schiefergebirge, benannt nach dem Hemberg bei Iserlohn im Sauerland. Das Hem-

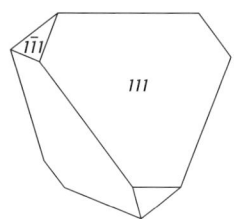

Helvin: Helvinkristall.

berg ist Teil des ↗Famenne der internationalen Gliederung. ↗geologische Zeitskala.

Hemerobie, [von griech. hemeros = kultiviert], *Natürlichkeitsgrad,* Ausmaß der anthropogenen Beeinflussung der Landschaft. Es werden sieben ↗Hemerobiestufen unterschieden, wozu ↗Hemerobieindikatoren herangezogen werden. Der vom dt. Biologen Sukopp geprägte Begriff bezog sich ursprünglich auf den Anteil der Neophyten (eingebürgerte Pflanzen seit 1500) in der regionalen Flora. Diese Klassifikation wurde z. B. bei einer Ökotopkartierung Hollands im Maßstab 1 : 200.000 angewendet. Die Hemerobie wurde dabei in bezug zur ↗potentiell natürlichen Vegetation dargestellt. In der europäischen ↗Kulturlandschaft sind kaum mehr natürliche, d. h. gänzlich unbeeinflußte Landschaften vorzufinden. In mehr oder weniger starkem Ausmaß hat der Mensch fast überall in die natürliche Umwelt eingegriffen. Damit übernahm er im landschaftlichen Ökosystem eine wesentliche Reglerfunktion. Seit dem Zeitalter des Ackerbaus hat der Mensch begonnen, die Landschaft regional für seine Nutzen umzugestalten, was v. a. in der Veränderung der natürlichen Vegetationskleides zum Ausdruck kam. Seit der Industriellen Revolution im 18. Jh. greift der Mensch eine Stufe tiefer in den Naturhaushalt ein, indem z. B. zugunsten der Siedlungsentwicklung das natürliche Vegetationskleid großflächig entfernt wurde. Durch Versiegelung, Veränderungen des Großreliefs (z. B. Braunkohle-Tagebau), Einsatz chemischer Dünger und Pestizide in der Landwirtschaft und industrieller Schadstoff-Emissionen wurde der Landschaftshaushalt großräumig verändert bis destabilisiert. Städtische Systeme können nur noch aufrecht erhalten werden mittels hohem Energieeinsatz für Ver- bzw. Entsorgung. [MSch]

Hemerobieindikatoren, Meßgrößen der ↗Hemerobiestufen einer Landschaft. Als Hemerobieindikatoren dienen die Vegetationszusammensetzung (welche Lebensformen, Anteil an Neophyten und ausgestorbenen ursprünglichen Pflanzenarten), morphologische und chemische Bodenparameter, Gewässerzustand, -verbauung sowie Flächennutzungstypen in der Landschaft. ↗Hemerobie.

Hemerobien, durch den menschlichen Einfluß begünstigte Arten. ↗Hemerobie.

Hemerobiestufe, *Hemerobiegrad,* bezeichnet die Abstufungen der Intensität des menschlichen Einflusses auf Ökosysteme (↗Hemerobie). Durch die Hemerobiestufe wird angegeben, in welchem Grad der betreffende Standort, v. a. Pflanzengesellschaften und Bodenmerkmale (↗Hemerobieindikatoren), durch Kultureinflüsse von der ursprünglichen Natürlichkeit entfernt ist. Man unterscheidet 6 Hemerobiestufen (Tab.). Je stärker der Einfluß des wirtschaftenden Menschen, desto höher ist der Anteil an ↗Hemerochoren und Neochoren im betreffenden Gebiet.

Hemerochore, einer ↗Hemerobiestufe zugewiesene Raumeinheit. Hemerochore werden mit Hilfe der ↗Hemerobieindikatoren ausgewiesen und stellen, als räumliche Manifestation der He-

Hemerobiestufe	Intensität des Kultureinflusses (Hemerobie)	Zustand der Vegetation (Hemerobieindikator)
Ahemerobie	kein Kultureinfluß	natürliche Vegetation (z.B. ungestörte Felsstandorte, Urwald)
Oligohemerobie	schwacher Kultureinfluß	naturnahe Vegetation (z.B. schwach bewirtschaftete Wälder mit nur standortgerechten Arten)
Mesohemerobie	mäßiger oder periodischer Kultureinfluß	naturferne Vegetation (z.B. bewirtschaftete Wälder mit teilweise standortfremden Arten, Weiden, Heiden)
Euhemerobie	starker Kultureinfluß	naturfremde Vegetation (z.B. stark bewirtschaftete Wälder mit fremden Arten, Sport- und Zierrasen)
Polyhemerobie	sehr starker Kultureinfluß	kurzfristig nach Nutzungseingriffen entstehende Vegetation (z.B. Ruderalflächen auf Baugelände, sehr stark beeinflußte Standorte im Stadtökosystem)
Metahemerobie	einseitiger und übermäßig starker Kultureinfluß	Vegetation nur noch mit einzelnen, spezialisierten Arten (natürliche Vegetation fast vollständig verdrängt, z.B. im Innenstadtbereich)

merobiestufen, ein Gebiet mit gleichem Grad des menschlichen Eingriffes (Kultureinfluß) und der daraus resultierenden anthropogenen Belastungsstufe dar.

Hemerochorie, Überbegriff für die Ausbreitung und Verschleppung von Arten durch den Menschen. ↗Hemerobie.

Hemiedaphon, Fauna der oberen Bodenschicht und der Streu, ein großer Teil der ↗Mesofauna, ↗Makrofauna und ↗Megafauna, wobei die letzteren besonders mit grabenden Formen vertreten sind.

Hemikryptophyten, [von griech. kryptos = verborgen], ↗Lebensform von Pflanzen, deren oberirdischer Sproß vor der Vegetationsruhe, in der ungünstigen (kalten oder trockenen) Jahreszeit, weitgehend abstirbt, während sich die Überdauerungstriebe und Erneuerungsknospen unmittelbar unter der Erdoberfläche befinden (z. B. bei Gräsern oder Rosettenpflanzen). Die Triebe und Knospen sind oft durch eine Hülle aus lebenden oder toten Schuppen, Blättern oder Blattscheiden geschützt. Zu den Hemikryptophyten gehört etwa die Hälfte aller Samenpflanzen der gemäßigten ↗Landschaftszonen der Erde.

hemipelagische Ablagerungen ↗pelagische Sedimente.

Henry, SI-Einheit (H) für die Induktivität, benannt nach J. Henry (amerik. Physiker, 1797–1878), $1H = 1V \cdot s/A$.

Henry-Konstante ↗flüchtige Bestandteile.

Herbivoren, *Pflanzenfresser, Phytophagen,* tierische Organismen, die sich von lebender Pflanzensubstanz ernähren (↗Primärkonsumenten). Herbivoren sind auf die Nahrungsgrundlage von pflanzlichen ↗Primärproduzenten angewiesen. Herbivoren bilden damit die zweite Stufe in der ↗Nahrungskette. Sie setzen ein Zehntel der aufgenommenen pflanzlichen Substanz in ↗Biomasse um (↗Energiekaskade) und tragen daher in einem Ökosystem zur gesamten lebenden Biomasse weniger als 10 % bei.

Hemerobiestufe (Tab.): Hemerobiestufe, Hemerobie und Hemerobieindikator.

Herbizide

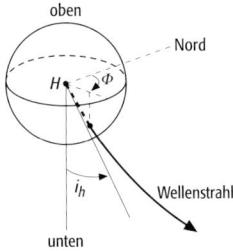

Herdflächenlösung: Herdkugel mit dem Hypozentrum des Erdbebens als Zentrum. Der Durchstoßpunkt des seismischen Strahls durch die Herdkugel wird durch Azimut Φ und Abstrahlwinkel i_h angegeben.

Herdkinematik: a) schematische Darstellung eines unilateralen Bruchs auf einer rechteckigen Bruchfläche, der bei $x_1 = 0$ entlang der Breite der Bruchfläche beginnt und sich mit konstanter Geschwindigkeit c bis $x_1 = a$ ausbreitet; b) Dislokation an einem festen Ort x_1 als Funktion der Zeit t; c) Dislokation zu vorgegebener Zeit t als Funktion des Ortes x_1.

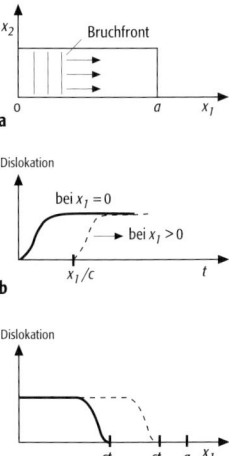

Herbizide, *Unkrautbekämpfungsmittel*, chemisch hergestellte, organische Substanzen, die gegen ↗Unkräuter eingesetzt werden. Sie werden meist spezifisch für einzelne Pflanzenarten entwickelt. Dabei nützt man morphologische Unterschiede wie vorhandene oder fehlende Blattoberfläche, Flach- oder Tiefwurzler sowie entwicklungsphysiologische Differenzen aus. In der ↗konventionellen Landwirtschaft werden Herbizide verbreitet angewendet, aber auch gegen aufkommende Vegetation an Straßenrändern und auf Bahntrassen. Besonders schwer abbaubare Herbizide wirken als ↗Schadstoffe. Sie reichern sich in Böden und der ↗Nahrungskette an und gelangen über die Nahrung und das Trinkwasser auch zum Menschen. Seit einigen Jahren überschreiten ihre Konzentrationen im Grund- und Quellwasser den Grenzwert von 0,1 μg/l. Das früher im Maisbau häufig eingesetzte Herbizid Atrazin erschwert z. B. in manchen Regionen die Trinkwassergewinnung. [MSch]

Herbst ↗Jahreszeit.

Herbstpunkt, Tag im Jahresablauf, an dem der Herbst beginnt (23. September). Bezüglich der Erdumlaufbahn ist es der Punkt auf der Äquinoktiallinie, der dem Nordsommer folgt. ↗Jahreszeit.

Herdflächenlösung, räumliche Darstellung der ↗Abstrahlcharakteristik von P-Wellen eines Erdbebens, seltener von S-Wellen. Daraus lassen sich die Orientierung der Herdflächen, die Richtungen der Dislokationsvektoren und die Richtungen der Hauptspannungen im Erdbebenherd ableiten. Für die Erstellung einer Herdflächenlösung benutzt man die Erstausschlagsrichtungen (Polaritäten) von P- und S-Wellen sowie Amplituden von Raum- und Oberflächenwellen. Die Herdflächenlösung wird in flächen- oder winkeltreuer Projektion auf eine um den als punktförmig angesehenen Erdbebenherd gedachte Kugel, die Herdkugel, projiziert (Abb.). Da die P- und S-Wellen zu entfernten seismischen Stationen vom Herd nach unten abgestrahlt werden, beschränkt man sich in der Darstellung meistens auf den unteren Teil der Herdkugel. Um einen Punkt in die Herdflächenlösung einzutragen, muß der seismische Strahl von der Station zum ↗Hypozentrum zurückverfolgt und der Schnittpunkt des Strahles mit der Herdkugel bestimmt werden. Der Schnittpunkt ist eindeutig durch zwei Parameter (Wertepaar) bestimmt: a) den Azimut (Φ_s) vom ↗Epizentrum zur Station, positiv von Nord über Ost und b) dem Abstrahlwinkel (i_h) am Herd, gemessen von der Lotrichtung zum seismischen Strahl. Aus dem Bewegungssinn an der Station ergibt sich somit eindeutig der Bewegungssinn im Herd. Bei der Konstruktion der Herdflächenlösung eines Erdbebens wird für jedes Wertepaar (Φ_s, i_h) die Polarität der P-Welle in die Projektion der unteren Herdkugel eingetragen. Für vom Herd nach oben abgestrahlte P-Wellen muß der Azimut um 180° gedreht werden. Anschließend werden die Bereiche unterschiedlicher Polaritäten durch zwei senkrecht aufeinander stehende Großkreise getrennt. Diese sind identisch mit den möglichen Herdflächen des Erdbebens; sie werden auch als ↗Knotenebenen bezeichnet. Eine der Herdflächen ist identisch mit der aktiven Bruchfläche im Erdbebenherd. Ohne zusätzliche Informationen (z. B. Verteilung von Nachbeben, Direktivitätseffekte in der Abstrahlcharakteristik) läßt sich nicht entscheiden, welche der zwei Herdflächen die Bruchfläche und welche die Hilfsfläche ist. Die Richtungen der im Herd wirkenden, größten und kleinsten Hauptspannungen ergeben sich aus der Annahme, daß sie mit den Herdflächen einen Winkel von 45° bilden, während die mittlere Hauptspannung in Richtung des Schnittpunktes der beiden Herdflächen weist. [GüBo]

Herdkinematik, Beschreibung des als Scherbruch angenommenen Bruches in einem ↗Erdbeben als Funktion von Raum und Zeit. Für eine vorgegebene Dislokation auf einer Bruchfläche lassen sich die resultierenden Verschiebungen für P- und S-Wellen ausrechnen. Sie hängen von folgenden Parametern ab: a) Anstiegszeit der Dislokation und Geschwindigkeit, mit der sich der Bruch ausbreitet, b) Dimension der Bruchfläche (↗seismisches Moment) und c) Richtung der Bruchausbreitung, was einen ↗Doppler-Effekt verursacht (↗Eckfrequenz). Neben dem Modell eines unilateralen (sich in einer Richtung ausbreitenden) Bruchs (Abb.) gibt es kompliziertere Modelle mit Bruchausbreitung in mehrere Richtungen, variable Bruchausbreitungsgeschwindigkeiten und gekrümmten Bruchflächen.

Herdmauer, vertikale Dichtungswand, die als Anschlußelement zwischen ↗Staudamm und dem Fels bzw. einem dichten Horizont dient. Ist eine Gründung im Fels oder dichten Horizont nicht möglich, erfolgt der Anschluß zwischen Herdmauer und Fels mittels ↗Injektionsschleier. Der Injektionsschleier wird von einem der Herdmauer angeschlossenen ↗Kontrollstollen erstellt und kontrolliert.

Herdtiefe ↗Hypozentrum.

Herdvolumen, nach Schneider die Summe aller Volumenelemente in Kruste und Mantel, aus denen während des Erdbebens seismische Energie abgestrahlt wird.

Hereford-Karte, *Hereford map*, *Hereford Mappa Mundi*, *Hereforder Weltkarte*, mittelalterliches Weltbild im Stil der ↗Radkarten, benannt nach dem Entstehungs- (zwischen 1276 und 1288, fertiggestellt vor 1298) und Aufbewahrungsort, der Kathedrale von Hereford südwestlich von Birmingham in England. Das von Richard von Haltingham entworfene, auf Pergament gemalte Altarbild mißt 134 × 165 cm, der Durchmesser des Erdkreises 132 cm. Es zeigt, ähnlich wie die ↗Ebstorfer Weltkarte, verwoben antike und mittelalterlich-zeitgenössische Fakten; links unten erteilt Kaiser Augustus römischen Landmessern einen Vermessungsauftrag. Städte und staatliche Gliederung entsprechen weithin dem 4. Jh.; lediglich England zeigt Formen und Objekte nach der Englandkarte von M. Paris (um 1250). Eine Nachzeichnung veröffentlichte E. F. Jomard 1855 in Kupferstich, als farbigen Steindruck gab sie K.

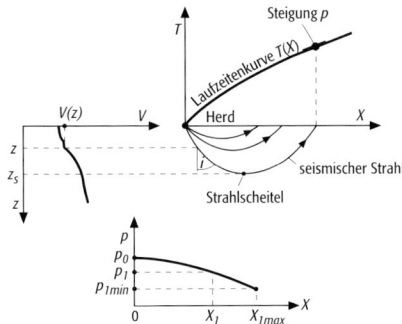

Miller 1896 heraus; ein einfarbiges Faksimile G. R. Crone 1954. [WSt]

Hergesell, *Hugo*, dt. Meteorologe, * 29.5.1859 Bromberg, † 6.6.1938 Berlin, 1900 Professor in Straßburg und Direktor des Meteorologischen Dienstes von Elsaß-Lothringen; ab 1914 Professor in Berlin und Leiter des Aeronautischen Observatoriums in Lindenberg (Kreis Beeskow); nach 1918 Reorganisation des Flugwetterdienstes; erster Präsident der Internationalen Aerologischen Kommission, die seit 1896 die internationalen Aufstiege organisierte; initiierte das geophysikalische Observatorium in Spitzbergen (1911–14); Arbeiten zum ↗Strahlungsgleichgewicht der Atmosphäre (1919) und über hydrodynamische Grundgleichungen (1926); bedeutende Beiträge zur ↗Aerologie und Physik der Atmosphäre. Herausgeber der »Beiträge zur Physik der freien Atmosphäre« (1904–38).

Herglotz-Wiechert-Verfahren, *Wiechert-Herglotz-Verfahren*, Methode zur Ermittlung der radialsymmetrischen Geschwindigkeitsverteilung in der Erde aus den an der Erdoberfläche beobachteten Laufzeiten von P- und S-Wellen. Voraussetzung für die Anwendung der Methode ist, daß die seismische Geschwindigkeit V monoton mit der Tiefe z zunimmt. Ausgangspunkt des Verfahrens ist der seismische ↗Strahlparameter p, welcher der Steigung der Laufzeitkurve in der Entfernung X entspricht (Abb. 1): $p = dX/dT$. Den Wert von p erhält man durch Differentiation der Laufzeitkurve oder durch direkte Messungen der Laufzeitdifferenzen an ↗seismischen Arrays. Unter den oben genannten Voraussetzungen nimmt p monoton mit der Entfernung X ab. Das bedeutet, daß die Umkehrfunktion $X(p)$ eindeutig ist. Für die ↗Scheiteltiefe des Strahls, der in der Entfernung X_l auftaucht, gilt:

$$z_l = (1/\pi) \cdot \int \cdot X(p)/\sqrt{(p^2-p_l^2)}\,dp. \quad (1)$$

Aus der Scheiteltiefe z_l läßt sich die Geschwindigkeit $V(z_l)$ ausrechnen (↗Benndorfscher Satz):

$$V(z_l) = 1/p_l. \quad (2)$$

Die obigen Formeln gelten für ebene Schichtung. Man kann sie leicht auf kugelförmige Schichtung erweitern, indem man folgende Substitutionen vornimmt: $X(p)$ durch $RE \cdot \Delta(p)$ (Δ = Herdentfernung in Winkelgrad), Tiefe z durch $RE \cdot \ln(RE/R)$ und Geschwindigkeit $V(z)$ durch $V(z) \cdot \ln(RE/R)$ ersetzen. Man geht in der ↗Inversion so vor, daß man x_l in kleinen Schritten von der X_{min} (für den bei X_{min} auftauchenden Strahl muß die Geschwindigkeit in der Scheiteltiefe bekannt sein) bis X_{max} erhöht. Für jedes x_l läßt sich die Scheiteltiefe z_l durch Integration der Gleichung (1) zwischen p_l und p_0 sowie die zugehörige Geschwindigkeit aus Gleichung (2) ermitteln. Damit ergibt sich die Geschwindigkeits-Tiefen-Funktion bis zu der Tiefe, die der Scheiteltiefe des Strahls entspricht, der in der Maximalentfernung X_{max} auftaucht.

Das Verfahren funktioniert auch in den Fällen, in denen die Geschwindigkeit so schnell mit der Tiefe zunimmt, daß es zur Triplikation der Laufzeitkurve kommt (Abb. 2). Strahlen, die ihren Scheitelpunkt oberhalb einer solchen Übergangszone haben, tauchen mit zunehmender Scheiteltiefe in größerer Entfernung auf. Wegen der starken Brechung in der Übergangszone kommt es zu einem rückläufigen Verlauf der Strahlen, d. h. mit zunehmender Scheiteltiefe tauchen sie in kürzeren Entfernungen auf. Sobald die Scheitelpunkte unterhalb der Übergangszone liegen, nimmt die Entfernung des Auftauchpunktes mit zunehmender Scheiteltiefe wieder zu. Die zugehörige Laufzeitkurve und Verlauf des Strahlparameters sind in Abb. 2 schematisch dargestellt. Wegen der Eindeutigkeit der Funktion $X(p)$ läßt sich die Inversion durchführen. Hierzu benötigt man allerdings alle Äste der Triplikation. Dies erfordert die korrekte Identifizierung von späteren Phasen, was in der Praxis wegen Interferenz mit Streuphasen schwierig ist. [GüBo]

Hermann, *Carl*, deutscher Physiker, * 17.6.1898 Wesermünde, † 12.9.1961 Marburg; seit 1925 Assistent bei P. P. ↗Ewald und Privatdozent an der Universität Stuttgart; während des Zweiten Weltkrieges wurde er und seine Familie wegen des Abhörens ausländischer Nachrichten verhaftet; 1946/48 Privatdozent an der TH Darmstadt, 1949 Ruf auf den Lehrstuhl für Kristallographie der Universität Marburg, der eigens für ihn eingerichtet wurde; Herausgeber der »Strukturberichte«; bedeutende Arbeiten zur Symmetrietheorie der Kristalle: die heute gebräuchlichen Symbole der dreidimensionalen Raumgruppen sind nach ihm benannt (Hermann-Mauguin-Symbole, ↗internationale Symbole); Einführung der Kennstellen und Kennvektoren zur mathematischen Behandlung der Symmetrieoperationen; Schriftleiter und Verfasser mehrerer Beiträge für die Erstausgabe der »Internationalen Tabellen zur Bestimmung von Kristallstrukturen«; wichtige Publikationen: »Zur systematischen Strukturtheorie – I: Eine neue Raumgruppensymbolik« (1928), »Tensoren und Kristallsymmetrie« (1934), »Kristallographie in Räumen beliebiger Dimensionszahl« (1949). Die Deutsche Gesellschaft für Kristallographie (DGK) verleiht seit 1996 die seinem Andenken gewidmete Carl-Hermann-Medaille zur Auszeichnung des wissenschaftlichen Lebenswerkes herausragender For-

Herglotz-Wiechert-Verfahren 1: Geschwindigkeits-Tiefen-Funktion $V(z)$, Laufzeitkurve $T(X)$ und Strahlparameter $p(X)$ mit X = Entfernung, p = Strahlparameter, z = Tiefe.

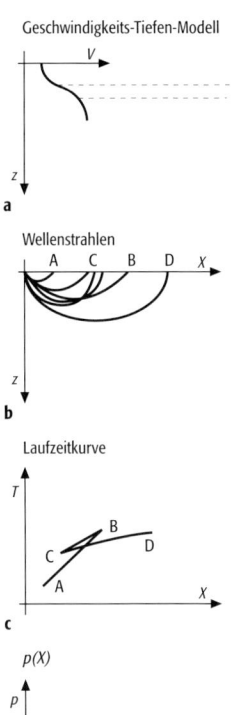

Herglotz-Wiechert-Verfahren 2: a)–d) Triplikation der Laufzeitkurve bei schneller Zunahme der Geschwindigkeit mit der Tiefe (z = Tiefe, X = Entfernung, p = Strahlparameter, T = Zeit, V = Geschwindigkeit).

scherpersönlichkeiten auf dem Gebiet der Kristallographie. [KH]

Hermann-Mauguin-Symbole ↗internationale Symbole.

Herstellungsoriginal, analoge kartographische Darstellung geodätischer Meßergebnisse, insbesondere von Lage- und Höhenaufnahmen. Grundlage dafür sind i. d. R. digitale Meßdaten oder Geodatenmodelle. Die Darstellung ist auf das Kartenblattformat und die ↗Zeichenvorschrift abgestimmt.

Herzynische Fazies, *Böhmische Fazies*, küstenferne Fazies des Devons im Bereich der Paläotethys (↗Thetys) und ihrer Nebenmeere, benannt nach der typischen Verbreitung im Harz bzw. in Böhmen. Die herzynische Fazies ist lithofaziell charakterisiert durch pelagische Kalke (↗Styliolinenkalke, ↗Cephalopodenkalke), reine Tonschiefer und Gesteine der Tonschiefer-Kalk-Mischungsreihe (»Knotenkalk«, »Knotenschiefer« etc., Abb. im Farbtafelteil). Dabei werden die Kalke i. d. R. auf unterhalb der Wellenbasis liegenden Tiefschwellen gebildet und gehen lateral in Tonschiefer der eigentlichen Beckenbereiche über. Biofaziell herrschen Organismen des ↗Plankton und ↗Nekton vor: ↗Conodonten, Styliolinen, pelagisch lebende ↗Ostracoden, Goniatiten (↗Cephalopoda). Unter dem ↗Benthos dominieren kleinwüchsige, gering ornamentierte und dünnschalige ↗Brachiopoden, dissepimentlose ↗Korallen und kleinäugige bis blinde ↗Trilobiten. Die in der Regel geringmächtigen Schichtfolgen werden als Ablagerungen des tieferen, kühleren Wassers, das unterhalb der Wellenbasis, zum Teil unterhalb der photischen Zone interpretiert. Auf den Flachwasserschelfen des Unter- und frühen Mitteldevons geht die herzynische Fazies in die ↗Rheinische Fazies über, im späten Mitteldevon und frühen Oberdevon (Frasne) vielfach in eine biostromal-biohermale ↗Massenkalkfazies. [HGH]

herzynische Streichrichtung, nach dem Verlauf des Harzes bzw. dem Verlauf der Harz-Nordrandstörung von WNW nach ESE laufende Streichrichtung.

Hess, *Harry Hammond*, amerikanischer Geologe, * 24.5.1906 New York; † 25.8.1969 Woods Hole (Massachusetts); ab 1934 Professor an der Princeton University. Hess schrieb bedeutende Arbeiten zur Meeresgeologie und war durch seine seit 1946 entwickelte Theorie des Sea-floor-spreading (↗Ozeanboden-Spreizung) mitbeteiligt an der Begründung der ↗Plattentektonik.

Hessel, *Johann Friedrich Christian*, deutscher Mineraloge, * 27.4.1796 Nürnberg, † 3.6.1872 Marburg; ab 1821 Professor in Marburg; prägte den Begriff der »Symmetrieachsen« in der Kristallographie und zeigte, daß bei Kristallen nur 2-, 3-, 4- und 6-zählige Symmetrieachsen vorkommen können; stellte 1830 das System der 32 Kristallklassen auf und bewies, daß es nicht mehr Kristallklassen geben kann.

Hessische Senke, rheinisch streichender (↗rheinsiche Streichrichtung) Senkungsraum zwischen der ↗Rheinischen Masse und der Böhmischen Masse, der v. a. im ↗Zechstein und ↗Buntsandstein sehr große Sedimentmächtigkeiten aufnahm und bis Ende des mittleren Jura das norddeutsch-polnische und das süddeutsche Teilbekken des ↗germanischen Beckens verband. Nach langer Festlandsphase, spätestens ab der Wende Jura/Kreide, wurde über ein kleindimensioniertes Geflecht aus tektonischen Gräben dieser Senkungsraum im Obereozän bis Miozän nochmals reaktiviert und ermöglichte während des mittleren und oberen Oligozäns eine kurzfristige marine Verbindung vom Nordseebecken über das ↗Mainzer Becken und den ↗Oberrheingraben zur ↗Tethys.

Heteradkumulat ↗Kumulatgefüge.

Heteroatome, in Kohlenwasserstoffen vorkommende Substituenten wie Stickstoff, Sauerstoff oder Schwefel. Die Heteroatome sind Bestandteil der ↗Heterocyclen.

heteroblastisch, Bezeichnung für metamorph gewachsene Kornaggregate mit unterschiedlicher Korngröße der beteiligten Phasen.

heterochron, von unterschiedlicher Zeit. 1) Gesteinseinheiten vergleichbarer Fazies, die zwar gleiche Bildungsbedingungen repräsentieren, aber unterschiedlichen Bildungszeiten. Im Gegensatz zu ↗diachron sollte der Begriff heterochron nicht auf kontinuierlich durch die Zeit wandernde Faziesgürtel angewendet werden. 2) Ein Fossil oder eine fossile Fauna/Flora mit zeitlich deutlich verschiedenem Erstauftreten in unterschiedlichen Regionen/Faunenprovinzen. Dies impliziert eine Faunen-/Florenwanderung aufgrund veränderter paläogeographischer und fazieller Bedingungen. 3) Heterochrone Homöomorpha sind zu unterschiedlichen Zeiten auftretende, gleich (»homöomorph«) aussehende Fossilien, welche keine phylogenetische Beziehungen zueinander haben.

Heterocyclen, organische Ringverbindungen, welche außer Kohlenstoff auch ↗Heteroatome enthalten (Abb.).

heterodesmisch, ein Kristall oder Mineral, dessen Bindungen in mehreren Arten vorliegen.

heterodesmische Struktur, Vorliegen mehrerer ↗Bindungstypen nebeneinander in einer Kristallstruktur. Beispiele sind Graphit und viele Molekülkristalle (kovalente Bindung neben ↗van-der-Waals-Bindung) sowie Calcit (ionische neben kovalenter Bindung).

Heteroepitaxie, epitaktisches (↗Epitaxie) Aufwachsen einer Substanz auf einem Substrat aus einer chemisch anderen Verbindung mit ähnlicher Kristallstruktur wie die aufwachsende Verbindung. Der Beginn des Prozesses wird ↗heterogene Keimbildung genannt. Die Heteroepitaxie wird immer dann verwendet, wenn qualitativ hochwertigen Kristalle der Substanz verfügbar sind und damit die ↗Homoepitaxie ausscheidet, oder wenn die Unterlage bessere mechanische oder Wärmeleitungseigenschaften hat als die aufwachsende Verbindung und von dieser nur eine Schicht für die gewünschten Eigenschaften notwendig ist. Dies ist v. a. bei der Mikroelektronik oder bei optoelektronischen Bauteilen der Fall.

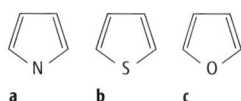

Heterocyclen: Beispiele für aromatische 5-Ring-Heterocyclen: a) Pyrrol, b) Thiophen, c) Furan.

Hessel, *Johann Friedrich Christian*

heterogen, Gegenteil von ↗homogen. ↗Heterogenität.

heterogene Keimbildung, liegt vor, wenn sich im Gegensatz zur ↗homogenen Keimbildung inmitten einer übersättigten Phase die ↗Keime der neuen Phase an der Grenze zu einer anderen, fremden Phase in einer *Adsorptionschicht* bilden, so z. B. an Fremdpartikeln, Staub, an Gefäßwänden oder auf ↗Substraten. Wenn spezifische strukturelle Beziehungen zwischen Unterlage und Keim vorliegen, handelt es sich um ↗Heteroepitaxie, die für die Herstellung dünner kristalliner Schichten von außerordentlicher Bedeutung ist. Da bei der ↗Keimbildung das Verhältnis von Oberfläche zu Volumen für die ↗Keimbildungsarbeit verantwortlich ist, wird i. a. die Oberfläche für die neue Phase und damit die Keimbildungsarbeit bei der heterogenen Keimbildung verringert.

heterogener Bodenfrost ↗Eislinsenbildung.

Heterogenität, 1) *Allgemein*: Ungleichartigkeit, Verschiedenartigkeit, Uneinheitlichkeit. **2)** *Geophysik*: Verschiedenheit der Eigenschaften der Volumenelemente eines Körpers. Die Unterschiede sind im allgemeinen durch Materialwechsel bedingt, können jedoch auch durch verschiedene Druck- und Temperaturverteilung im Körper verursacht werden. Der Begriff heterogen ist, ähnlich wie der gegenteilige Begriff ↗homogen, abhängig vom Beobachtungsmaßstab zu sehen. So besteht z. B. ein Granit mikroskopisch betrachtet aus Quarz, Feldspat und Glimmer, ist also als heterogen zu bezeichnen. Makroskopisch gesehen (Größenordnung von Metern) kann man einen Granit aber auch als homogen ansprechen, sofern sich die mittlere Zusammensetzung innerhalb des betrachteten Bereiches nicht ändert. **3)** *Landschaftsökologie*: eines der fünf Ordnungsprinzipien für die Ausscheidung von Raumeinheiten im Rahmen der ↗naturräumlichen Ordnung. Entsprechend den ↗Dimensionenlandschaftlicher Ökosysteme erfolgt dabei eine Aggregation von kleineren Einheiten (z. B. ↗Ökotop) zu immer größeren Räumen (z. B. ↗Landschaftszone). Nach dem »Prinzip der fortschreitenden ökologischen Heterogenität« wird der Grad der Differenzierung des ökologischen Inhalts der jeweiligen ↗Ordnungsstufe ausgedrückt, welcher, je nach betrachteter Dimension, sehr unterschiedlich sein kann. Die Hauptschwierigkeit liegt darin, den Differenzierungsgrad zu quantifizieren.

Heterokontophyta, *Chrysophyta*, natürliche Abteilung der ↗Protista mit selbst in hochkomplexen elektronenmikroskopischen Strukturen übereinstimmenden ↗Taxa. Die photoautotrophe Zelle ist heterokont, d. h. sie trägt eine kurze nach hinten gerichtete Geißel ohne Flimmern und eine lange, nach vorne gerichtete Flimmergeißel, die mit zwei Reihen von steifen Flimmerhaaren besetzt ist. Diese Mastigonemen genannten Flimmern bestehen aus einer Basis, einem tubulären Schacht und einem bis mehreren terminalen Haaren. Die Chloroplasten enthalten als Pigmente ↗Chlorophyll a und c, beta-Carotinoide und verschiedene Xanthophylle. Von den fünf Klassen der Heterokontophyta sind die ↗Bacillariophyceae (Diatomeen) in der Erdgeschichte am weitesten verbreitet. Ihre Kieselskelette sind oft sedimentbildend und seit der Unterkreide bekannt. Vor allem in Süßwassersedimenten findet man seit der Oberkreide aus Kieselsäure bestehende Zysten der ↗Chrysophyceae. Die Phaeophyceae (Braunalgen) haben hingegen nur ein geringes Fossilisationspotential. Extrem selten sind Funde von Xanthophyceae seit dem ↗Neogen, und Chloromonadophyceae sind nur rezent bekannt. [RB]

Heteromorphie, in der Petrologie die Erscheinung, daß Gesteine bei gleichem Chemismus Unterschiede in Mineralbestand und Gefüge aufweisen können, abhängig von den Bildungsbedingungen. Ursprünglich auf magmatische Gesteine bezogen (Beispiele: Granit und rhyolitischer Obsidian, Gabbro und Basalt) wird der Begriff auch auf die übrigen Gesteine übertragen (z. B.: Kalkstein/Marmor, Basalt/Amphibolit/Eklogit).

heteropolare Bindung, *elektrovalente Bindung, ionische Bindung, Ionenbindung, polare Bindung, ionare Bindung (veraltet)*, Bindung zwischen Ionen, typischerweise in Ionenkristallen, die auf der elektrostatischen Anziehung von Kationen und Anionen beruht. Wenn sich Atome miteinander verbinden, die sich in ihrer Elektronegativität stark unterscheiden, tritt eine vollständige Übertragung von Elektronen der Valenzschale auf den elektronegativeren Partner (↗Ionisierung) unter Bildung eines Ionenpaars, das sich mit weiteren Ionenpaaren zu einem Ionenkristall zusammenlagert, ein. Die elektrostatischen Kräfte zwischen Ionen wirken radialsymmetrisch und sind ungerichtet. Die Stöchiometrie von Ionenkristallen ist durch die Bedingung der Elektroneutralität gegeben. Ihre Kristallstruktur beruht auf einer dichten Packung kugelförmiger Ionen (↗Kugelpackung), wobei sich jedes Ion mit einer möglichst großen Anzahl von Gegenionen so umgibt, daß eine hohe Packungsdichte resultiert. Ionenkristalle besitzen typisch salzartige Eigenschaften. Es existieren jedoch auch Übergänge zwischen ionischer und kovalenter sowie zwischen ionischer und metallischer Bindung. Ionenverbindungen sind gewöhnlich Oxide, Sulfide und Halogenide der Metalle der I., II. und III. Gruppe sowie der Übergangsmetalle. Weiterhin bilden große Oxoanionen wie ClO_4^-, NO_3^- und CO_3^{2-} Salze mit vielen Metallionen. [KE]

Heterosphäre ↗Homosphäre.

heterotrophe Ökosysteme, ↗Ökosysteme, die ihre Energie alleine aufgrund der Zufuhr von organischer Substanz von außen erhalten. In ihnen findet keine ↗Primärproduktion statt, daher sind sie an unterirdische Höhlen und die lichtfreie Tiefsee gebunden. In der Tiefsee basiert die ganze ↗Nahrungskette auf sedimentierender ↗Biomasse, die an der Oberfläche der Ozeane entstanden und umgesetzt worden ist.

Heterotrophie, Abhängigkeit der Ernährung eines Lebewesens von der Zufuhr organischer Substanzen. Bei notwendiger Zufuhr von organischen Stickstoff- und Kohlenstoffverbindungen liegt vollständige Heterotrophie vor, bei möglicher Bildung von organischen Stickstoffverbindungen aus anorganischem Ausgangsprodukt Kohlenstoff-Heterotrophie, bei Unvermögen, spezifische organische Verbindungen selbst zu bilden, *Auxotrophie*. ↗Autotrophie.

Hettang, *Hettangium*, international verwendete stratigraphische Bezeichnung für die älteste Stufe (205,7–202 Mio. Jahre) des ↗Lias und damit des ↗Juras insgesamt, benannt nach dem Ort Hettange in Lothringen (Frankreich). Die Basis stellt der Beginn des Planorbis-Chrons dar, bezeichnet nach dem Ammoniten *Psiloceras planorbis*. ↗geologische Zeitskala.

Hettner, *Alfred*, dt. Geograph, * 06.08.1859 Dresden, † 31.08.1941 Heidelberg. Ab 1894 Professor für Geographie in Leipzig, ab 1897 in Tübingen, ab 1898 in Würzburg, ab 1899 in Heidelberg bis zur Emeritierung 1928. Gründet 1895 die »Geographische Zeitschrift«, eine der führenden, international beachteten geographischen Zeitschriften; besondere Bedeutung durch seine methodologischen und methodischen Arbeiten zur Einheit der Geographie; maß der erklärenden länderkundlichen Darstellung große Bedeutung zu und forderte ihre stärkere Regionalisierung. Hettner definierte die Geographie auf der Basis eines nomilastischen Raumbegriffes als chorologische Disziplin, welche die empirische Wirklichkeit unter dem Gesichtspunkt der räumlichen Anordnung zu betrachten habe. Die Räume sind dem Geographen dabei in der empirischen Wirklichkeit keineswegs vorgegeben, sie werden im Zuge methodisch kontrollierter Regionalisierung als Artefakte geographischer Forschung und Darstellung erzeugt. Hinsichtlich der Darstellungsarten unterschied Hettner in die beschreibende Darstellung einerseits, bei der die sechs Naturreiche und deren Erscheinungsformen in der Reihenfolge: feste Erdoberfläche, Gewässer, Klima, Pflanzenwelt, Tierwelt, Mensch abzuhandeln sind (später oft verkürzt als »Hettnersches Länderkundliches Schema« bezeichnet), und die erklärende Darstellung andererseits, in der die beschriebenen Tatsachen mit ihren Ursachen verknüpft werden. Somit ergibt sich ein Wechselspiel von Differenzierung und Integration. Hettner setzte sich äußerst kritisch mit der ↗Zyklentheorie von W. M. ↗Davis auseinander, und bekämpfte sie aufgrund ihrer deduktiven Elemente vehement. Hettner wurde von den Vertretern der Landschaftsgeographie, die ab den zwanziger Jahren ihr Konzept durchzusetzen begannen, mißverstanden und mißinterpretiert. Sein Konstrukt der Geographie wurde kritisiert, verdreht und diskreditiert. Erst zu seinem 100. Geburtstag erfolgte die späte Würdigung der Leistung des Gesamtwerkes, welche in der Abgrenzung des Faches nach außen und der Konsolidierung nach innen zu sehen ist – wichtige Schritte für eine um die Jahrhundertwende noch junge Hochschuldisziplin. Hauptwerk: »Die Geographie, ihre Geschichte, ihr Wesen und ihre Methode« (1927).

Hexachlorcyclohexan, *HCH*, Bezeichnung für eine Gruppe chlorierter Kohlenwasserstoffe, die Cyclohexan als Grundgerüst aufweisen. An dieses Grundgerüst sind sechs Chloratome gebunden. Aufgrund der verschiedenen Anordnungsmöglichkeiten der Chloratome ergeben sich verschiedene Isomere (= gleiche Summen- aber unterschiedliche Strukturformel), von denen eines als Pestizid wirksam ist. Dieses ist unter dem Handelsnamen Lindan bekannt. HCHs sind persistent und kommen daher in vielen Umweltkompartimenten vor.

Hexaeder ↗*Würfel*.

hexagonal dichteste Kugelpackung ↗Kugelpackung.

hexagonale Dipyramide, spezielle Flächenform $\{h0l\}$ ($\{h0\bar{h}l\}$ in Bravaisschen Indizes) der Punktsymmetrie *.m.* in der hexagonal holoedrischen Punktgruppe $6/mmm$ aus zwölf kongruenten gleichschenkligen Dreiecken.

hexagonale Pyramide, spezielle Flächenform $\{h0l\}$ ($\{h0\bar{h}l\}$ in Bravaisschen Indizes) der Punktsymmetrie *.m.* in der hexagonal holoedrischen Punktgruppe $6mm$. Die sechs Flächen bilden ein offenes Polyeder. Erst durch Hinzufügen einer Basisfläche (Pedion) entsteht daraus ein geschlossenes Polyeder.

hexagonales Prisma, Sonderfall einer Kristallform $\{100\}$, der hexagonalen Symmetrie $6/mmm$ und der Flächensymmetrie $mm2$. Es handelt sich um eine »offene« Kristallform.

hexagonales Trapezoeder, allgemeine Flächenform $\{hkl\}$ ($\{hkil\}$ in Bravaisschen Indizes) in der hexagonalen Punktgruppe 622. Die begrenzenden Flächen sind zwölf kongruente allgemeine Vierecke.

Hexagyre, kaum noch gebräuchliche Bezeichnung für eine 6-zählige Drehachse.

Hexakisoktaeder, *Hexaoktaeder*, allgemeine Flächenform $\{hkl\}$ in der kubisch holoedrischen Punktgruppe $m\bar{3}m$. Die begrenzenden Flächen sind 48 kongruente allgemeine Dreiecke.

Hexakistetraeder allgemeine Kristallform $\{hkl\}$ der kubischen Symmetrie $\bar{4}3m$ und der Flächensymmetrie *1*. Es handelt sich um einen 24-Flächner mit rechtwinkligen Dreiecksflächen.

Hexoktaeder ↗*Hexakisoktaeder*.

Hexaquokomplex, Verbindungen bei denen um ein Zentralatom/ion sechs Wassermoleküle angelagert sind (Koordinationsverbindung), z.B. im Aluminiumhexaquokomplex. In diesem sind die Wassermoleküle so angeordnet, daß die negativ polarisierten Bereiche des Moleküls zum Aluminiumion hinweisen, während die positiv polarisierten Wasserstoffatome nach außen angeordnet sind. Durch die starke Wechselwirkung zwischen dem positiv geladenen Aluminiumion und den Sauerstoffatomen des Wasser sowie die räumliche Anordnung der Wassermoleküle, lassen sich aus diesem Komplex sehr leicht Protonen abspalten. Daher trägt der Aluminiumhexaquokomplex zur ↗Bodenacidität bei.

H-Feld, magnetische Feldstärke (H), gemessen in A/m.

HFS-Elemente ↗*High-Field-Strength-Elemente*.

²H/¹H, *Wasserstoffisotopenverhältnis*, ↗Wasserstoff hat zwei stabile Isotope (¹H = *Protonium*, H; ²H = ↗*Deuterium*, oft als D abgekürzt) mit den durchschnittlichen Häufigkeiten 99,9844 % und 0,0156 %, die aber durch Isotopenfraktionierungsprozesse verändert werden. Durch Höhenstrahlung wird in der Atmosphäre auch das radioaktive Wasserstoffisotop ↗Tritium ³H (T) erzeugt. Dessen Gesamtmenge ist aber sehr klein und es zerfällt mit einer ↗Halbwertszeit von 12,43 Jahren.

Wasserstoff ist primär nur in geringen Mengen in Mineralen und Gesteinen enthalten, daher wirken sich Austausch- und Kontaminationsprozesse mit Poren- und Formationswässern sehr stark auf das ²H/¹H-Isotopenverhältnis aus. Fraktionierungsprozesse beim Wasserstoff sind aufgrund des großen Massenunterschiedes (100 %) außerordentlich wirkungsvoll. Variationen des ²H/¹H-Isotopenverhältnisses werden als *δD-Wert* in ‰ angegeben, bezogen auf den Standard ↗SMOW. Die große Bandbreite der Wasserstofffraktionierung wird am δD-Wert von -428 ‰ für den Isotopenstandard SLAP (Standard Light Antarctic Precipitation) deutlich. Die extreme Zusammensetzung ist auf das verstärkende Zusammenwirken von Breiteneffekt (atmosphärische Zirkulation) und Höheneffekt (Gasfraktionierung durch Aufsteigen der Luftmassen bei gleichzeitig niedrigen Temperaturen) zurückzuführen. Als Reservoirs und Austauschpartner für den geochemischen Wasserstoffkreislauf stehen ↗Atmosphäre, ↗Hydrosphäre, ↗Erdkruste (Granite, Metamorphite und Sedimente) und Teile des ↗Erdmantels (↗Mid Ocean Ridge Basalt) zur Verfügung (Abb. 1).

Der geochemische Kreislauf des Wasserstoffs ist stark an den Wasserkreislauf und an biogene Prozesse im exogenen Bereich gebunden. Austauschreaktionen (und damit Fraktionierungsprozesse) zwischen magmatischen oder metamorphen Formationswässern mit Oberflächenwasser sind aber von großer Bedeutung für die Herkunftsbestimmung letzterer. Andererseits können z. B. Kontaminations- oder Auslaugungsprozesse von Ozeanbodenvulkaniten durch Meerwasser oder sonstigen hydrothermalen Systemen mit meteorischen Wässern Auskunft über deren Genesebedingungen geben. Ein Beispiel unter Einbeziehung der Sauerstoff-Isotopenverhältnisse gibt Abb. 2 (↗Sauerstoffkreislauf, ↗¹⁶O/¹⁸O).

D/H-Werte eignen sich auch für die Beschreibung der Temperaturbedingungen bei Verwitterungs- und Diageneseprozessen von Mineralen. Bei kalten Bedingungen durch chemische Verwitterung entstandene Tonminerale haben niedrigere Wasserstoff- und Sauerstoffisotopenverhältnisse als solche, die bei höheren Temperaturen entstanden sind (Abb. 3). Taylor (1974) beschreibt 6 Typen von natürlichen Wässern (↗terrestrische Wässer, Abb. 3):

a) meteorische Wässer: Sie haben die größte δD-Bandbreite, die über folgende Beziehung mit der Sauerstoffisotopie verknüpft ist:

$$\delta D \text{‰} = 8{,}17 \cdot \delta^{18}O \text{‰} + 10{,}35.$$

Diese Beziehung wird auch als *Niederschlagsgerade* bezeichnet. b) Meerwasser, SMOW; c) geothermales Wasser: im Prinzip meteorisches Wasser, daß aber durch Austauschprozesse mit durchflossenem Gestein höhere δ¹⁸O-Werte hat; d) Formationswasser (mit großer Bandbreite): eine Zweikomponentenmischung aus breitenabhängiger Isotopie von meteorischem Wasser und gesteinsabhängiger Isotopie der Porenfluids; e) magmatisches Wasser; f) metamorphes Wasser. Die Beweisführung, daß Wasser für die Veränderung/Kontamination magmatischer und metamorpher Wässer verantwortlich ist, erfordert die kombinierte Untersuchen der Sauerstoff- und Wasserstoffisotope. Die markanteste biogene Fraktionierung von Wasserstoff, aber auch von O, N, C und S passiert oft schon bei der ersten (primären) Produktion von Biomasse. Eine weitere, aber nicht mehr so ausgeprägte Fraktionierung tritt dann in der Nahrungskette auf. Grundsätzlich wird das leichtere Isotop bevorzugt (kinetischer Effekt). In marinen Algen ist eine Fraktio-

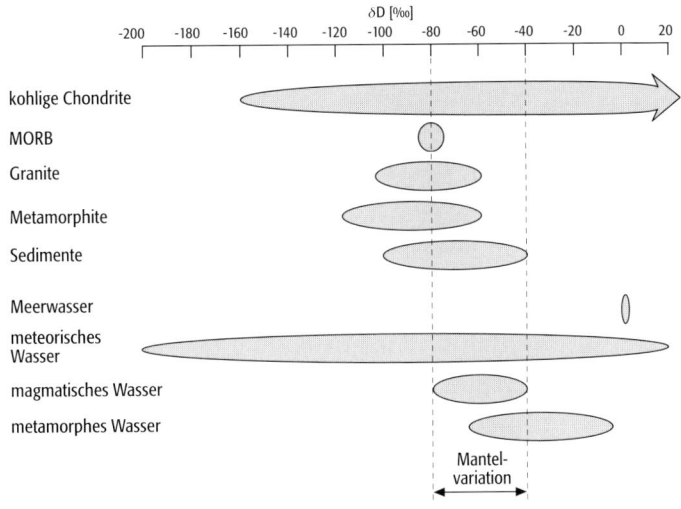

²H/¹H 1: natürliche Wasserstoff-Isotopenreservoirs. Die Bandbreite der Reservoirs »meteorisches Wasser« und »kohlige Chondrite« spiegeln die extreme Fraktionierung aufgrund der großen Massenunterschiede wider.

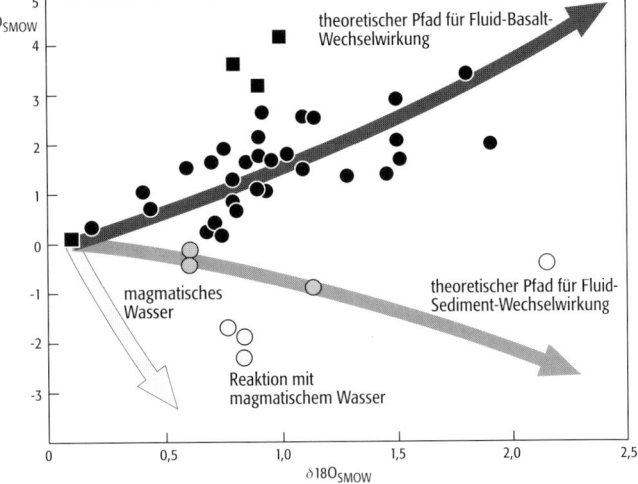

²H/¹H 2: Sauerstoff- und Wasserstoff-Isotopenverhältnisse bei hydrothermalen Ozeanbodenprozessen: theoretische Pfade für Fluid-Sediment- und Fluid-Ozeanbodenbasalt-Wechselwirkung und analysierte Proben. Hell gekennzeichnete Analysen zeigen zusätzlich eine Reaktion mit magmatischem (»juvenilem«) Wasser.

²H/¹H 3: δD-$\delta^{18}O$-Variationsdiagramm mit Diskriminationsfeldern für Formationswässer und Fluids sowie temperaturabhängiger Verwitterung.

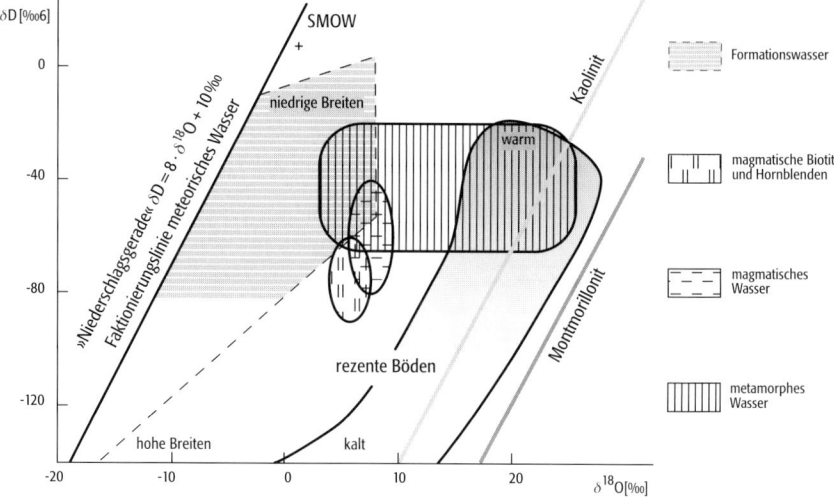

²H/¹H 4: Das Wasser-Vorratsvolumen für die pflanzliche Wasserstoff-Fraktionierung stellt eine Mischung aus den Reservoirs Grundwasser, Sommer- und Winterniederschläge plus Gesteins-Formationswasserkontamination dar.

²H/¹H 5: δD-$\delta^{13}C$-Variationsdiagramm zur Unterscheidung von Methanquellen. Biogenes Methan ist bei der Diagenese entstanden, Erdöl begleitendes Methan im »Erdölfenster/Katagenese« und Methan im Erdgas ist durch eine abnehmende Fraktionierung zwischen Methangas und residualen Kerogenen bei der Metagenese (T>150°C) gekennzeichnet (PDB = Peedee Belemnit Standard, SMOW = Standard Mean Ocean Water).

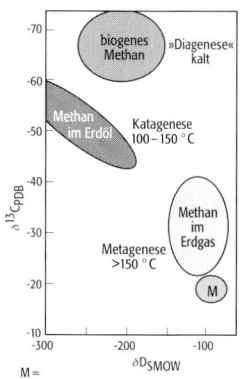

M = Mantelmethan an Mittelozeanischem Rücken

nierung um -100 bis -150‰ charakteristisch, terrestrische Pflanzen zeigen Werte zwischen -86 und -120‰. Das Wasser-Vorratsvolumen für die pflanzliche Wasserstoff-Fraktionierung stellt eine Mischung aus den Reservoirs Grundwasser (als Mischung aus Sommer- und Winterniederschlägen plus Gesteins-Formationswasserkontamination) und Sommerniederschlägen (nur in dieser Zeit ist die Pflanze signifikant aktiv) dar (Abb. 4). Im Wurzel- und Leitbündelbereich (»vor der Photosynthese«) spiegelt die Wasserstoffisotopie noch gut die Mischung der Reservoirs wider, in der Blattflüssigkeit und dem Pflanzengewebe zeigt sich dann die biogene Fraktionierung des Wassers in »schweres Residuum« (+30‰) und »leichte Biomasse« (< -60‰) als durch die Pflanze verwertetes, leichtes Wasser. Daß Pflanzen aus kühleren Klimaten stärker an Deuterium verarmt sind (δD negativer) als solche aus warmen und gemäßigten Klimazonen, ist auf einen Reservoir-Effekt zurückzuführen.

Auch in der organischen Geochemie findet die Wasserstoffisotopie Anwendung. Oft in Kombination mit anderen Isotopensystemen können genetische und herkunftsspezifische Parameter bestimmt werden. Im allgemeinen sind lipidreiche ↗Kerogene, Öle und Kohlen stärker an Deuterium verarmt als »normale«, deren δD dem der ursprünglichen Biomasse noch sehr ähnlich ist (Abb. 5). [WL]

³H/³He-Datierung, Tritium-Helium-Datierung, ↗Tritium-Datierung.

H-Horizont, ↗Bodenhorizont entsprechend der ↗Bodenkundlichen Kartieranleitung; organischer Horizont mit > 30 Masse-% organischer Substanz (↗Torf), aus Resten torfbildender Pflanzen an der Oberfläche unter topogenem oder ombrogenem Wasserüberschuß gebildet. Der H-Horizont wird mit folgenden vorangestellten Zusatzsymbolen gekennzeichnet: nH = vorwiegend aus Resten von Niedermoortorf bildenden Pflanzen, uH = vorwiegend aus Resten von Übergangsmoortorf bildenden Pflanzen, hH = ausschließlich aus Resten von Hochmoorpflanzen, jH = anthropogen umgelagert oder eH = primär (geogen) carbonathaltig.

Hiatus, Schichtlücke, zeitliche Lücke innerhalb einer konkordanten Sedimentabfolge, hervorgerufen entweder durch die erosive Ausräumung der Liegendserie (↗Erosionsdiskordanz) oder durch ↗Omission oder ↗Subsolution. Schichtlücken lassen sich sowohl durch sedimentologisch-lithostratigraphische Kriterien als auch durch biostratigraphische Kriterien, d. h. dem Fehlen von ↗Biozonen, nachweisen. Der Begriff Hiatus wird auch losgelöst vom Schichtstapel auf die in der Schichtlücke steckende Zeitspanne angewendet.

Hierarchie der Landschaftsökosysteme, Konzept aus der ↗Landschaftsökologie, das besagt, daß landschaftliche ↗Ökosysteme in verschiedenen Maßstabsbereichen untersucht und modelliert werden können (↗Dimension landschaftlicher Ökoysteme) und daß größere ↗Landschaftsökosysteme aus mehreren kleineren Systemen zusammengesetzt sind (↗Theorie der geographischen Dimension). Die kleinsten Landschaftsökosysteme sind die ↗Geoökotope bzw. ↗Ökotope, diese bilden, über die Stufen der ↗Dimensionen naturräumlicher Einheiten aggregiert, Landschaftsökosysteme bis zur Größenordnung der ↗Landschaftszone.

hierarchische Klassifizierung, *baumförmige Klassifizierung*, basiert auf einer Vielzahl von Einzelentscheidungen, wobei bei jeder Entscheidung nur zwischen wenigen (im einfachsten Fall nur zwei) Klassen gewählt werden kann. In anschließenden Auswertungsschritten können die Teilergebnisse weiter untergliedert werden. Ein Vorteil dieses Verfahrens ist seine Flexibilität. Bei den verschiedenen Entscheidungen können unterschiedliche spektrale, aber auch nicht spektrale Datensätze verwendet werden und auch die zugrundeliegenden Entscheidungskriterien sind zu verändern.

High-Alumina-Basalt, ein plagioklasreicher ↗ Basalt mit entsprechend hohem Al_2O_3-Gehalt (16–21 Gew.-%). High-Alumina-Basalte sind typische basische Vertreter von ↗ komagmatischen Gesteinsreihen, die einen ↗ kalkalkalischen Fraktionierungstrend ausbilden. Sie werden gelegentlich auch als *Kalkalkali-Basalte* bezeichnet und von den Tholeiitbasalten (↗ Tholeiit) abgetrennt.

High-Field-Strength-Elemente, *HFS-Elemente*, Elemente mit kleinem Ionenradius und großer Ladungszahl. Das Verhältnis Ladungszahl/Ionenradius (*ionisches Potential*) ist bei HFS-Elementen größer als 2,0, im Gegensatz zu den Low-Field-Strength-Elementen (↗ Large-Ion-Lithophile-Elemente), bei denen das ionische Potential kleiner als 2,0 ist. Zu der High-Field-Strength-Elementgruppe gehören die Elemente Th, U, Ce, Pb, Zr, Hf, Ti, Nb, Ta und die Selten Erdelemente (↗ inkompatible Elemente Abb.).

High Index, relativ hoher Wert des ↗ Zonalindex der atmosphärischen Luftdruckgegebenheiten.

High-K-Serie, *High-K kalkalkalische Serie*, eine Teilserie der ↗ Subalkali-Serie.

High Rate Information Transmission ↗ HRIT.

High Resolution Infra-Red Sounder ↗ HIRS.

High Resolution Picture Transmission ↗ HRPT.

High Resolution User Station ↗ HRUS.

highstand shedding ↗ Sequenzstratigraphie.

Hilgard, *Eugene Woldemar*, in Deutschland geborener Bodenkundler und Agrikulturchemiker der USA, * 5.1.1833 Zweibrücken, Westpfalz, † 8.1.1916 Berkeley, Kalifornien, USA; 1854–1875 Geologe im US-Staat Mississippi; 1875–1904 Professor für Agrikulturchemie an der University of California, Berkeley, und zugleich Direktor der Agricultural Experiment Station in Berkeley, Kalifornien, USA. International in hohem Maße anerkannt ist das Jahrhundertwerk »Soils, Their Formation, Properties, Composition, and Relations to Climate and Plant Growth in the Humid and Arid Regions« (1906). Hilgard prägte die Entwicklung der Bodenchemie.

Hiltsche Regel, eine verallgemeinernde Regel, wonach der Kohle-Rang, d. h. der Grad der ↗ Inkohlung, in einem beliebigen Kohlenvorkommen mit der Tiefe zunimmt. ↗ Kohle.

Himmelsäquator, auf die Himmelspole bezogener Äquator, die durch die instantane Rotationsachse (↗ Rotation der Erde) der Erde bestimmt werden. Wird oft auch als Ebene, welche durch den entsprechenden Großkreis verläuft, verstanden.

Himmelsatlas, *Sternenatlas*, ↗ Weltraumatlas.

Himmelsblau, blaue Farbe des Himmels. Sie ergibt sich aus der stärkeren Streuung der kurzwelligen, sichtbaren Sonnenstrahlung (blauer Anteil) im Vergleich zur Streuung der langwelligen, sichtbaren Sonnenstrahlung (roter Anteil). ↗ Rayleigh-Streuung.

Himmelslicht, Strahlung bei denjenigen Wellenlängen des Spektrums der ↗ Himmelsstrahlung, die mit dem Auge wahrgenommen werden. Das Himmelslicht ist die von der Atmosphäre gestreute ↗ Sonnenstrahlung.

Himmelsstrahlung, die von der gesamten Himmelskugel kommende elektromagnetische Strahlung ohne die ↗ direkte Sonnenstrahlung. Die kurzwellige Himmelsstrahlung mit Wellenlängen kleiner 3,5 µm besteht im wesentlichen aus der in der Atmosphäre an Molekülen, Aerosolpartikeln und Wolkentröpfchen gestreuten Sonnenstrahlung (der Anteil im sichtbaren Spektralbereich ist das Himmelslicht). Die auf eine horizontale Fläche auffallende direkte Sonnenstrahlung und die kurzwellige Himmelsstrahlung ergeben zusammen die ↗ Globalstrahlung. Die langwellige Himmelsstrahlung mit Wellenlängen größer 3,5 µm entspricht hauptsächlich der Wärmestrahlung der absorbierenden ↗ Spurengase, Aerosolpartikeln und ↗ Hydrometeoren; sie wird auch ↗ atmosphärische Gegenstrahlung genannt.

HIMU, *High μ*, Reservoir im unteren Erdmantel mit hohen U/Pb-(= μ)-Werten (bzw. daraus folgend hohen ^{206}Pb/^{204}Pb- und ^{207}Pb/^{204}Pb-Werten), hohen ^{144}Nd/^{143}Nd-Werten sowie niedrigen ^{87}Sr/^{86}Sr-Werten.

Hintergrundwert, *background*, *Grundgehalt*, *Referenzwert*, ein ↗ Orientierungswert über den allgemein verbreiteten Gehalt eines Schadstoffes oder einer Schadstoffgruppe in natürlichen Böden, Gewässern, Luft oder biologischen Materialien. Der Hintergrundwert stellt die Summe aus der natürlichen Vorbelastung (↗ geogene Grundbelastung) und der Vorbelastung durch weiträumige diffuse Stoffeinträge aufgrund menschlicher Aktivitäten (↗ ubiquitäre Hintergrundbelastung) dar. So werden beispielsweise die Schwermetallgehalte der Böden sowohl durch die Schwermetallgehalte in den Ausgangsgesteinen als auch durch die großflächigen Einträge über die Luft und andere Pfade verursacht. Hintergrundwerte z. B. von Böden beziehen sich i. d. R. auf bestimmte räumliche Einheiten (überregionale, regionale oder örtliche Hintergrundwerte). Sie können sich aber auch auf bestimmte Bodennutzungen (z. B. Nutzung von Kulturböden als Acker, Grünland, Garten oder Wald) oder auf biologische Materialien bestimmter Populationen (z. B. bestimmter Bevölkerungsgruppen) beziehen. Überregionale, regionale, nutzungs- und populationsspezifische Hintergrundwerte werden durch statistische Auswertung vorhandener Meßwerte ermittelt. Werden zur Untersuchung eines kontaminationsverdächtigen Standorts örtliche Hintergrundwerte als Vergleich benötigt, so werden diese durch Messungen in der unbeeinflußten Umgebung oder durch

Auswertung bereits vorliegender Daten ermittelt. [ABo]

H-Ionenkonzentration, Konzentration der Protonen (= Wasserstoffionen = H^+) in einer Probe, wird im Allgemeinen als ↗pH-Wert angegeben.

Hipparcos, 1) griechischer Astronom (ca. 190–120 v. Chr.), verfaßte den ersten Sternkatalog mit ca. 850 Sternen aufgrund präziser Beobachtungen. **2)** hochgenauer Sternkatalog mit über hunderttausend Sternen zur Epoche ↗J1991.25. Er stellt als Nachfolger des ↗FK5 die Realisierung des International Celestial Reference System (↗ICRS) im Optischen dar. Die Beobachtungsdaten wurden mit Hilfe des gleichnamigen Satelliten im Zeitraum von etwa 1990–1993 gewonnen.

HIRS, *High Resolution Infra-Red Sounder*, Instrument an Bord der polarumlaufenden Wettersatelliten (↗polarumlaufende Satelliten) von National Oceanic and Aeronautical Agency und ↗EUMETSAT zur Bestimmung atmosphärischer Parameter als Bestandteil von ↗TOVS.

histic epipedon, [von griech. histos = Gewebe]; diagnostischer Oberbodenhorizont der ↗Soil Taxonomy; 20–40 cm mächtiger Oberboden der Moore.

histic horizon, [von griech. histos = Gewebe]; ↗diagnostischer Horizont der ↗WRB; ist ein Oberbodenhorizont oder ein in geringer Tiefe unter der Bodenoberfläche befindlicher Unterbodenhorizont, der aus schlecht belüftetem organischem Bodenmaterial besteht; ist vorhanden in ↗Andosols, ↗Fluvisols, ↗Gleysols, ↗Histosols, und ↗Solonchaks.

Histogramm, ein Diagramm, in dem die absoluten oder relativen Häufigkeiten über den auf der Abszissenachse abgetragenen Merkmalswerten bzw. statistischen Daten dargestellt sind. Es wird u. a. als Hilfsmittel zur ↗Klassenbildung in ↗thematischen Karten genutzt. In der Photogrammetrie und Fernerkundung sind die Häufigkeiten der einzelnen Grauwerte (Intensitätswerte) ein statistisches Charakteristikum des ↗digitalen Bildes. Das Histogramm ist die Grundlage für eine Vorverarbeitung digitaler Bilder zur Änderung der Helligkeit und des Kontrastes sowie zur flächenbasierten ↗Merkmalsextraktion.

Histogrammebnung, *histogram equalization*, in der Fernerkundung durchgeführte Skalierung der Grauwerte über die Summenkurve des eigenen Histogrammes. Dies hat zur Folge, daß die Grautonbereiche (starke Besetzung der Grautöne), die den größten Teil des Bildes ausmachen, am stärksten gespreizt werden. Die Histogrammebnung ergibt eine statistisch optimale Skalierung (Gleichverteilung) über das Gesamtbild. Dies muß aber nicht für alle Anwendungsbereiche optimal sein.

Histogrammstreckung, Fernerkundungssensoren sind so konstruiert, daß sie auch noch sehr helle (z. B. Schneeflächen) bzw. auch sehr dunkle (z. B. Wälder) Lichtintensitäten in sinnvolle Signale umsetzen können. Dies hat zur Folge, daß die Rohdaten meistens den möglichen Dynamikbereich von 256 Grautonstufen nur zu einem Bruchteil ausnutzen. Sie weisen also nur einen geringen Kontrast auf. Trotzdem ist eine Menge an Informationen in den geringen Grautonabstufungen enthalten, die das menschliche Auge jedoch nicht wahrnehmen kann. Mit den Methoden der Histogrammstreckung werden die vorhandenen Grauwerte über den gesamten verfügbaren Grauwertbereich gespreizt, um die Informationen für das menschliche Auge sichtbar zu machen (Abb.).

Historische Geologie, *Erdgeschichte*, Fachgebiet mit dem Ziel, die Entwicklung des Planeten Erde und seines Lebens im Lauf der geologischen Zeiträume zu beschreiben. Wie andere historische Wissenschaften versucht sie dabei, über die rein zeitliche Aneinanderreihung von Fakten allgemeingültige Prozesse, Wechselwirkungen und Abhängigkeiten zwischen Prozessen und Kausalketten zu ergründen, die letztlich zum gegenwärtigen Erdbild führten. Diese kontinuierlich, periodisch und episodisch wirkenden Mechanismen werden auch die zukünftige Entwicklung der Erde bestimmen und ihr Antlitz entsprechend verändern. Insofern kann die Historische Geologie vorsichtig prognostizierend zukünftige Entwicklungen vorhersagen. Grundvoraussetzung ist, daß die physikalischen, chemischen und biologischen Gesetzmäßigkeiten heute wirksamer geologischer Prozesse und die resultierenden Phänomene auch in der Vergangenheit Gültigkeit hatten bzw. in der Zukunft weiterhin gelten werden. Obwohl dieses Prinzip des ↗Aktualismus gewisse Einschränkungen erfährt, je weiter man in der Erdgeschichte zurückschreitet, sind solche in heutiger Zeit durchgeführten aktuogeologischen Beobachtungen die Grundlage für jede Übertragung auf fossile Prozesse und damit für die erdgeschichtliche Interpretation.

Um ihrem Ziel einer Gesamtschau der erdgeschichtlichen Entwicklung nahezukommen, muß die Historische Geologie die Ergebnisse zahlreicher geowissenschaftlicher Disziplinen berücksichtigen und ist damit die historisch ausgerichtete Synthese zahlreicher geowissenschaftlicher Forschungsfelder. Weil Geschichte immer in einem räumlichen Umfeld abläuft bestehen besondere, oft kaum auflösbare Verknüpfungen mit der ↗Regionalen Geologie. Als Dokumente dienen der Erdgeschichte die Gesteine der ↗Erdkruste mit ihren vielfältigen mineralogischen, sedimentologischen, geochemischen, geophysikalischen, strukturgeologisch-tektonischen und paläontologischen Informationsgehalten sowie ihrer räumlichen Verbreitung. Dieses »steinerne Archiv« läßt sich mit Hilfe ↗absoluter Altersbestimmungen, ↗radiometrischer Altersbestimmungen und nach den Regeln der ↗Stratigraphie geochronologisch ordnen und bildet das Grundgerüst für eine historische Betrachtung. Daraus resultiert die ↗geologische Zeitskala.

Entsprechend der verfügbaren Dokumente war Erdgeschichte bisher insbesondere eine Geschichte der Erdkruste und Erdoberfläche (↗Lithosphäre) sowie des in Form von ↗Fossilien überlieferten Lebens (↗Biosphäre). In den letzten beiden Jahrzehnten haben neue methodische

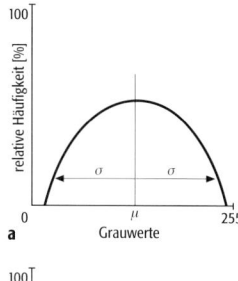

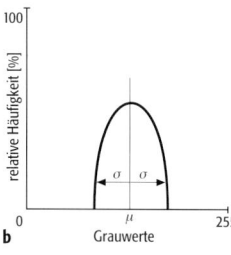

Histogrammstreckung: a) Bild mit viel Kontrast; b) Bild mit wenig Kontrast.

Entwicklungen und die Erkenntnis sich gegenseitig bedingender Prozeßgefüge erhebliche Erkenntnisfortschritte auch über die erdgeschichtliche Entwicklung der ↗Hydrosphäre und ↗Atmosphäre ermöglicht.

Die Geschichte der Lithosphäre – im wesentlichen der Erdkruste und des höheren ↗Erdmantels – beinhaltet ihre ↗Differentiation in einzelne Schalen, deren Aufbau und Umbildung, welche durch plattentektonische, magmatische und metamorphe Prozesse gesteuert wird, die Veränderung der Krustenkonfiguration durch die Drift von Lithosphärenplatten und den daraus resultierenden orogenen (gebirgsbildenden) Prozessen. Beiträge zu diesem Themenkomplex liefern v.a. Mineralogie, Petrologie, Strukturgeologie und Geophysik (Seismik, Paläomagnetik).

Die Erdoberfläche ist Grenzfläche zwischen Lithosphäre, Hydrosphäre und Atmosphäre sowie Lebensbereich der Biosphäre und deswegen Schnittstelle der Sphären in einem komplizierten wechselseitigen Prozeßgefüge. Sie ist deshalb für die Modellierung globaler fossiler Stoffkreisläufe ein entscheidendes Element. Unter räumlich und zeitlich wechselnden Klimabedingungen herrschen Verwitterung, Abtragung und Sedimentation in verschiedensten morphologisch und klimatisch definierten Landschaften und Meeresräumen. Hier gelingt es der Erdgeschichte vor allem mit Hilfe der Sedimentologie und der Paläomagnetik die wechselnde Verteilung von Land und Meer, die Entstehung und folgende Abtragung von Gebirgen sowie die Eintiefung und Füllung sedimentärer Becken zu beschreiben und auf diese Art und Weise paläogeographische Zustandsbilder und fossile Landschaften zu beschreiben.

Die Erforschung fossiler Organismen ist die Aufgabe der ↗Paläontologie. Die Ergebnisse der Systematischen Paläontologie und ↗Phylogenie lassen allerdings die Geschichte der Entwicklung der Lebensformen, ihrer Diversität sowie deren Änderung durch ↗Massensterben und Massenaussterben sowie folgende ↗Radiationen nachzeichnen. Die räumliche und zeitliche Verbreitung und die ökologischen Ansprüche der Organismen präzisieren paläogeographische und paläoklimatologische Modellvorstellungen und erfüllen im Rahmen der Paläoökologie und Fazieskunde fossile Ablagerungsräume mit Leben.

Die Ergebnisse der Tiefseebohrprogramme der vergangenen Jahrzehnte sowie geochemische und isotopengeochemische Untersuchungen an verschiedensten Sedimenten haben die Kenntnis fossiler ozeanischer Strömungszirkulationen und Stoffkreisläufe sowie der oft gekoppelten Zirkulationsmuster/Kreisläufe der Atmosphäre wesentlich verbessert. Als Beispiel sei der ↗Kohlenstoffkreislauf und seine Bedeutung als im CO_2 gebundenes Treibhausgas angeführt. Damit gelingt es der Erdgeschichte, die Entwicklung der Hydrosphäre und Atmosphäre und rückgekoppelter Prozesse mit der festen Erde und der fossilen Lebewelt zunehmend besser zu verstehen. In Folge lassen sich paläoozeanographische und paläoklimatische Karten und Zustandsbilder entwerfen.

Damit ist die moderne Historische Geologie keine rückwärts gewandte Nischen-Wissenschaft, sondern der Versuch, das hyperkomplexe System Erde in all seinen Facetten und kausalen Zusammenhängen im Lauf der Zeiten zu beschreiben und zu verstehen. Sie ermöglicht es, die heutige Erde als fragiles, im steten Wandel befindliches erdgeschichtliches Zustandsbild zu begreifen und weist auf die Notwendigkeit hin, die Umwelt und natürlichen Ressourcen pflegend zu nutzen. [HGH]

historische Karte ↗Kartographiegeschichte.
historische Klimatologie ↗Klimatologie.
Historische Paläoklimatologie, die Teildisziplin der ↗Paläoklimatologie, die den Klimagang im Verlaufe der Erdgeschichte zu rekonstruieren versucht. Grundlage sind dabei geologische Klimazeugen (↗Paläoklimatologie), die gemäß aktuogeologischer Überlegungen (↗Aktuogeologie) bestimmten Ablagerungsmilieus und Klimabedingungen zugeordnet werden. Besonders bei den präkambrischen und paläozoischen Ablagerungen kann es durch anschließende metamorphe Überprägung sowie Fossilarmut zu uneinheitlicher Interpretation von Befunden kommen. Ein Klima, das langfristigen Fluktuationen unterworfen war, konnte in der frühesten ↗Erdgeschichte erst nach Ausbildung einer ↗Hydrosphäre und dem allgemeinen Absinken der Temperaturen, die temporär und regional den Gefrierpunkt unterschritten, entstehen. Die ältesten Zeugnisse für eiszeitliches Klima finden sich in Nordamerika in Gestalt von ↗Tilliten und ↗Gletscherschiffen, die eine Eisbedeckung über eine Entfernung von mindestens 800 km dokumentieren. Die mehrere hundert Meter mächtigen Abfolgen sind etwa 2–2,5 Mrd. Jahre alt und werden zur *huronischen Vereisung* zusammengefaßt. Ungefähr zeitgleiche Bildungen wurden aus Südafrika und Rußland beschrieben.

Aus der Zeit zwischen 750 und 600 Mio. Jahren sind von allen Kontinenten Kaltzeit-Indikatoren wie Tillite und Gletscherschliffe beschrieben worden, deren genetische Deutung sowie zeitliche Einstufung jedoch vielfach noch unsicher sind. Es ist davon auszugehen, daß während der sog. eokambrischen Vereisung periodisch ein Aufbau von Eisschilden sowie Gebirgsgletschern stattgefunden hat. Der Südpol lag zu dieser Zeit in Afrika, wo die Haupt-Vereisungszentren angenommen werden. Das ältere ↗Paläozoikum ist im wesentlichen warmklimatisch geprägt, wobei an der Wende von ↗Ordovizium zu ↗Silur in Afrika und möglicherweise Südamerika Vereisungen auftraten. Die Haupt-Vereisungszentren der *silurischen Vereisung* werden in Zentralafrika angenommen (ehemals nahe des Südpols gelegen), von wo die Eismassen bis vermutlich etwa zum 40. Paläobreitengrad von ↗Gondwana vordrangen. Zwei Vereisungszyklen sind bisher nachgewiesen, deren erste im Oberordovizium (↗Caradoc) stattfand und besonders das nördliche Gondwana erfaßt hat. Ein zweiter Vorstoß ist aus dem Untersilur (↗Llandovery) bekannt. Beide Vereisungsphasen sind von markanten ↗eustatischen Meeresspiegelschwankungen begleitet. Bis zum ausgehenden ↗Karbon überwiegen warmklimatische Klimazeugen, die nach und nach von Zeugen einer weiteren großen *Gondwana-Vereisung* abgelöst werden. Ihr Beginn setzte dabei auf ganz Gondwana annähernd zeitgleich ein und erreichte ihr Maximum an der Grenze von ↗Karbon zu ↗Perm (*permokarbonische Vereisung*) mit Eismassen, die ausgehend von hochgelegenen Plateaus bis etwa zum 30. Paläobreitengrad vorstießen. Im Bereich großer Beckenlandschaften erreichte das Eis den Meeresspiegel, was z. B. in Südamerika und Südafrika durch glaziomarine Ablagerungen nachweisbar ist. Neben Tilliten sind Gletscherschrammen, ↗Rundhöcker und vermutlich auch ↗Warvite erhalten, die sich mehreren Vereisungszyklen zuordnen lassen und sämtlich auf der einstigen Südhemisphäre liegen (Südafrika, Südamerika, Australien, Antarktis, Indien). Der Übergang von der Haupteisung (mit u. a. Tilliten, ↗Sandern, Gletscherschliffen) zur folgenden warmklimatischen Zeit wird durch sich ausbreitende periglaziale Sedimente (u. a. Warvite mit ↗dropstones) vermittelt, die von Eisrückzugsbildungen (u. a. organikareiche Siltsteine) abgelöst werden. Für die Nordhalbkugel ist zur Zeit der Vereisung mit warm-humidem Klima zu rechnen, das während des Perm in dem Maße zu ariden Verhältnissen wechselte, wie die Kontinente durch den Trockengürtel wanderten.

Das ↗Mesozoikum ist überaus arm an kaltklimatischen Klimazeugen und es kann von generell deutlich wärmeren Bedingungen als heute ausgegangen werden. Die Polarregionen waren nicht vereist, sondern lagen unter gemäßigtem Klima. Eine Ursache für diese Warmphase dürfte zum einen in der äquatornahen Lage des Großkontinents Gondwana zu sehen sein, der selbst stark kontinentales Klima aufwies (↗Rotsedimente und ↗Evaporite wurden gebildet), und zum anderen in dem Großozean ↗Tethys, der einen effektiven Energieaustausch zwischen hohen und niedrigen Breiten herbeiführte. Das warme Klima bestand bis ins ↗Tertiär und wurde seit dem ↗Eozän von kühleren Bedingungen abgelöst. In Polnähe und in Hochgebirgen begannen sich Eismassen aufzubauen, die das quartäre ↗Eiszeitalter (↗Eiszeit, ↗Quartär) ankündigten. Die Temperaturen des ozeanischen Tiefenwassers sanken um ca. 10 °C, was sich abkühlend besonders auf die höheren Breiten der Nordhemisphäre auswirkte. Während sich die mesozoische Wärmeperiode nach bisheriger Kenntnis durch ein relatives Klimagleichmaß auszeichnete, ist die Zeit seit dem Eozän durch stärkere Klimafluktuationen charakterisiert. [RBH]

historischer Atlas, Sammelbezeichnung für aus historischen Karten bestehende alte Atlanten. ↗Kartographiegeschichte.

historischer Globus ↗Behaimglobus.

Histosols, [von griech. Histos = Gewebe]; a) Böden der ↗FAO-Bodenklassifikation, sind Böden mit einem ↗Histic h. oder ↗Folic h. von mindestens 10 cm Mächtigkeit über dem Festgestein oder mindestens 40 cm Mächtigkeit über Mineralboden, ohne einen ↗Andic h.; nehmen etwa 275 Mio. Hektar ein, kommen vorrangig in den nördlichen Teilen von Amerika, Europa und Asien vor, wovon etwa 40 Mio. ha in den küstennahen Niederungsgebieten der Subtropen und Tropen zu finden sind; sie sind vergesellschaftet mit ↗Podzols, ↗Gleysols und ↗Fluvisols. b) Ordnung (order) der ↗Soil taxonomy, sind Moore und andere Böden mit mächtiger Humusauflage.

Hitzdraht-Anemometer, Gerät zur Bestimmung der Windgeschwindigkeit, bei dem ein dünner Metalldraht elektrisch auf einer konstanten hohen Temperatur gehalten wird. Auf Grund der Abkühlung durch den Wind ist die benötigte elektrische Heizenergie um so höher, je größer die Windgeschwindigkeit ist.

Hitzegrenze, *Wärmegrenze*, tierisches und pflanzliches Leben spielt sich in einem begrenzten Temperaturbereich ab. Die meisten Lebewesen besitzen ein Temperaturoptimum für ihre Lebensfunktionen. Oberhalb dieses optimalen Bereichs verstärkt sich die schädliche Wirkung der Temperatur, ab einer bestimmten individuellen Hitzegrenze, sind die Lebensfunktionen dann derart gestört, daß es zu oftmals irreversiblen Hitzeschäden kommt. Bestimmte Pflanzen und Tiere sind gegen hohe und höchste Temperaturen besonders widerstandsfähig, d. h. sie sind hitzeresistent.

Hitzetief, Gebiet tiefen Luftdrucks infolge Erwärmung der unteren Luftschichten durch sommerliche Sonneneinstrahlung. Bevorzugt auf hochgelegenen, von Gebirgen umrandeten Heizflächen in zentralen Bereichen der Kontinente. Kleinräumig z. B. in den Alpen, Zentralspanien und im Atlas-Gebirge. Die vertikale Ausdehnung des Hitzetiefs ist i. d. R. gering. Oft sind sie in der Höhe von relativ hohem Luftdruck und absinkender Luftbewegung begleitet. Dagegen stellt das ↗indische Monsuntief ein vertikal ausgedehntes ↗synoptisches Wettersystem dar.

Hjulström-Diagramm, veranschaulicht den prinzipiellen qualitativen Zusammenhang zwischen den ↗Korngrößen und den für Aufnahme und

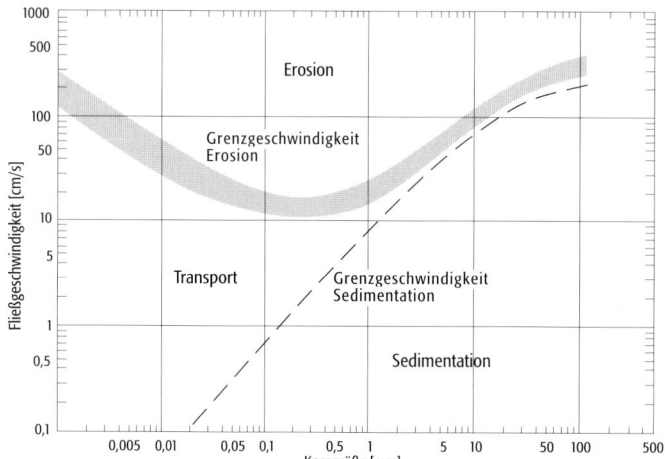

Hjulström-Diagramm: Zusammenhang zwischen Korngröße und den für Aufnahme und Sedimentation erforderlichen kritischen Fließgeschwindigkeiten.

Sedimentation erforderlichen kritischen Fließgeschwindigkeiten (Abb.). Für die Aufnahme (Erosion) gröberer Partikel wird mit zunehmender Korngröße und –gewicht eine proportional steigende Fließgeschwindigkeit (/Schleppkraft) benötigt. Indessen sind bei sehr kleinen Korngrößen und somit zur Korngröße umgekehrt proportional stark wachsenden Kohäsionskräften ebenfalls steigende Fließgeschwindigkeiten erforderlich. Die Grenzgeschwindigkeiten für Aufnahme (Erosion) und Sedimentation liegen für sandige und gröbere Materialien relativ eng beieinander, so daß bereits bei geringen Geschwindigkeitsänderungen Erosion und Sedimentation rasch wechseln. Dieser Umstand bewirkt die räumlich und zeitlich stark wechselnden /Gerinnebettformen und vergleichsweise kurze Transportstrecken für gröbere Partikel. Hingegen wird das feinere Material (/Suspensionsfracht) auch bei geringen Fließgeschwindigkeiten befördert und über dementsprechend weite Distanzen verlagert. Im einzelnen hängt das Verhalten eines Partikels von seiner Dichte, seinem Volumen und seiner äußeren Gestalt ab (/fluvialer Transport). Das empirische bis semi-empirsche Hjulström-Diagramm ist semi-qualitativ aufzufassen. Unter natürlichen Bedingungen modifizieren hier nicht berücksichtigte, nicht einheitliche Korngrößengemische, turbulentes Fließen und wechselnde Bodenrauhigkeiten die tatsächlich erforderlichen Grenzgeschwindigkeiten. [PH]

HKN /Kondensationshöhe.

HKW /halogenierte Kohlenwasserstoffe.

Hoch /Hochdruckgebiet.

Hochdeponie /Haldendeponie.

Hochdruckbrücke, Zone hohen Luftdrucks, die zwei weit auseinander liegende /Hochdruckgebiete verbindet.

Hochdruck-Düsenstrahlverfahren, Bodeninjektionstechnik, bei dem Zement- oder Zement-Bentonit-Suspensionen unter hohem Druck in den Untergrund eingepreßt werden. Dieses Verfahren wird in Deutschland als /Soilcrete-Verfahren und im englischen als /Jet-Grouting-Verfahren bezeichnet. /Injektion.

Hochdruckfaziesserie /metamorphe Fazies.

Hochdruckgebiet, *Hoch*, *Antizyklone*, Gebiet relativ hohen Luftdrucks im 1000-km-Bereich mit dem höchsten Luftdruck im Zentrum (Abb.). Es ist auf der /Wetterkarte i. d. R. von einer oder mehreren Isobaren umschlossen. In einer Antizyklone rotiert die Luft im Uhrzeigersinn, speziell in Bodennähe (unter Einfluß der /Reibung) spiralförmig auswärts, allerdings bleibt die Windgeschwindigkeit in der Nähe des Zentrums meist gering. Die dadurch erzeugte /Divergenz des unteren Massenflusses wird im oberen Teil (/Höhenströmung) der Antizyklone durch eine entsprechende /Konvergenz kompensiert, welche den Transport der in der Antizyklone spiralförmig absinkenden Luftmassen bereitstellt. Die für die Entstehung und Erhaltung einer Antizyklone notwendige Absinkbewegung bewirkt eine adiabatische Erwärmung (/adiabatischer Prozeß) der beteiligten Luftmassen. Dies führt zu allgemeiner Wolkenauflösung und zu einer weiteren Herabsetzung der relativen Feuchte (/Luftfeuchte). Die Absinkbewegung erreicht jedoch i. d. R. nicht die Erdoberfläche sondern endet oft in 500–1000 m Höhe mit Bildung einer /Inversion. Unterhalb dieser sammelt sich kühlere, feuchte bzw. verschmutzte Luft, in der sich dann je nach Jahreszeit Dunst oder /Nebel zeigt. Die Antizyklonen der mittleren Breiten finden sich vorwiegend in der Nähe des /subtropischen Hochdruckgürtels. Andererseits können sie sich als Zwischenhochs mit den /zyklonalen Wettersystemen der Westwindzone abwechseln oder aber als kräftige /blockierende Hochs den Westwindgürtel teilen. [MGe]

Hochdruckkeil, *Hochdruckrücken*, *Wellenrücken*, entsprechend geformter Ausläufer eines Hochdruckgebietes, im Falle des Keils mit den relativ höchsten Druckwerten auf der Keilachse. Hochdruckkeile und -rücken sind Gebiete starker /antizyklonaler Krümmung der Isobaren und Stromlinien. In der mäandrierenden /Höhenströmung markieren sie die antizyklonalen Wellenberge zwischen den Wellentrögen (/Trog).

Hochdruckkraftwerk, /Wasserkraftanlage mit großer Fallhöhe (über 50 m bis zu 2000 m), jedoch häufig vergleichsweise geringem /Durchfluß. Anders als beim /Mitteldruckkraftwerk liegt das Hochdruckkraftwerk relativ selten direkt an der Talsperre, sondern ist mit dieser über Freispiegelleitungen oder Druckstollen verbunden. Häufig wird in der Kraftwasserzuleitung ein Ausgleichsspeicher (/Wasserschloß) angeordnet, durch den die Massenschwingungen beim Öffnen und Schließen der Turbinen gedämpft werden. Als hydraulisches System werden Francis-Turbinen, bei großen Fallhöhen auch Pelton-Turbinen verwendet (/Turbine).

Hochdruckmetamorphose, eine regional verbreitete /Metamorphose unter niedrigen /geothermischen Gradienten (5–20 °C/km), bei der sich /Mineralparagenesen der Blauschiefer- und Eklogitfazies (/metamorphe Fazies) bilden. Hochdruckmetamorphose wird i. d. R. verursacht durch die Kollision zweier Lithosphärenplatten, wobei eine (meist die ozeanische) unter der anderen abtauchen kann (/Subduktionszonenmetamorphose). Bei Metamorphosedrücken von mehr als 2,5–2,8 GPa spricht man von /Ultra-Hochdruckmetamorphose, mineralogisch erkenntlich am Auftreten von Coesit und /Diamant, den Hochdruckmodifikationen von SiO_2 und Kohlenstoff. Die meisten Hochdruckgesteine wurden im Mesozoikum und im Känozoikum gebildet. Daraus läßt sich entweder ableiten, daß zu früheren Zeiten der Erdgeschichte andere geothermische Verhältnisse und damit auch andere plattentektonische Prozesse geherrscht haben, oder daß die Hinweise auf ältere Hochdruckgesteine durch geologische Prozesse wie Erosion oder spätere metamorphe Überprägung bei niedrigeren Drücken ausgelöscht wurden. [MS]

Hochdruckrücken /Hochdruckkeil.

Hochdrucksynthese, Synthese von Kristallen, die unter hohem Druck und unter hoher Tempera-

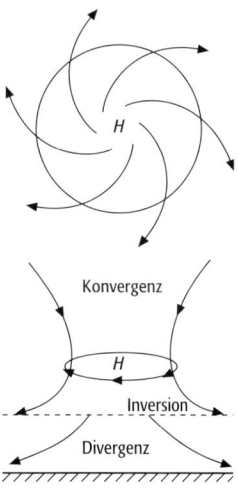

Hochdruckgebiet: Zirkulation in einem Hochdruckgebiet. a) Bodenwinde: antizyklonal, spiralförmig auswärts. b) Vertikalzirkulation: abwärts.

tur in Apparaturen erfolgt, die als Züchtungsbedingungen Drücke bis 20 GPa und Temperaturen über 2000 °C für einige Stunden erlauben. Damit gelang in den fünfziger Jahren erstmals die erfolgreiche Züchtung von Diamant.

Hochertragslandwirtschaft, *industrialisierte Landwirtschaft, Intensivlandwirtschaft,* agrarische Wirtschaftsweise mit hohem Kapital- und Arbeitseinsatz, welche die Erzielung größtmöglicher Produktionszahlen und Erträge verfolgt. Beispiele dafür sind Massentierhaltung mit stark automatisiertem Stallbetrieb oder der Anbau einjähriger, hochertragsreicher Getreidesorten (cash crops, ↗Intensivkulturen). Die Hochertragslandwirtschaft basiert auf der leichten Verfügbarkeit von billigen fossilen Brennstoffen sowie von ↗Düngemitteln, ↗Pestiziden und anderen Produkten der ↗Agrochemie. Negative Folgen sind zunehmende Umweltbelastungen (z.B. Bodenerosion, steigende Nitratgehalte im Trinkwasser) und sinkende Akzeptanz bei den Konsumenten (z.B. »Rinderwahn« oder die aktuelle Diskussion um gentechnisch veränderte Nahrungsmittel). Teilweise erfolgt eine politische Gegensteuerung durch die finanzielle Unterstützung von extensiveren Anbauformen (↗biologische Landwirtschaft, ↗integrierte Landwirtschaft). [DS]

Hochflutbett, durch ↗fluviale Geomorphodynamik geprägtes, das eigentliche ↗Gerinnebett teilweise als leicht terrassierte Ausweitung umgebende Fläche, welche mit ↗Hochflutlehmen bedeckt sein kann. ↗Aue.

Hochflutlehm, *Auenlehm,* geschichtetes, humoses ↗Sediment in Talauen, abgelagert infolge des Absinkens bzw. Auskämmens (durch Vegetation) der feineren Sedimentfracht eines Flusses innerhalb der überschwemmten Talaue. Die Schichten des Hochflutlehms spiegeln zumeist Phasen starker ↗Bodenerosion im ↗Einzugsgebiet wider. ↗Hochflutsediment.

Hochflutsediment, bei Hochwasserereignissen in der überfluteten ↗Aue abgesetzte ↗fluviale Sedimente, die sich in der Abfolge der Ereignisse vertikal akkumulieren und je nach Korngrößenspektrum mehr oder weniger horizontal geschichtet sind.

Hochgebirge, deskriptiver, nicht scharf definierter Begriff, der einerseits Gebirge mit absoluten Höhen von mehr als 2000 m NN bezeichnet und andererseits die Reliefenergie, d.h. das Maß der Höhendifferenz pro Fläche beschreibt. Im letzteren Sinne wird oft der Begriff »Hochgebirgscharakter« im Gegensatz zu »Mittelgebirgscharakter« bei Gebirgen mit geringerer Reliefenergie verwendet. Der besondere Charakter des »alpidischen Hochgebirgsreliefs« ist denjenigen Hochgebirgen zu eigen, die von mehreren, ausgedehnten ↗Vergletscherungen betroffen waren und teilweise noch heute vergletschert sind. Sie zeigen, bei hoher Reliefenergie, den typischen glazialen Formenschatz der ↗glazialen Serie.

Hochgebirgskarte, Gebirgskarte, eine Kartenart, die die Darstellung von alpinen Gebirgsregionen mit detailreicher Darstellung des Reliefs und der Bodenbedeckung in Maßstäben zwischen 1:25.000 und 1:100.000 zum Gegenstand hat. Die Kartierung des alpinen Steilreliefs und seine Wiedergabe in einer Exaktheit und Anschaulichkeit verbindenden Darstellung war und ist bis in die Gegenwart eine schwierige Aufgabe. In der zweiten Hälfte des 19. Jh. entwickelten die Alpenvereine spezifische Alpenvereinskarten. Auf Hochgebirgskarten werden über die für topographische Karten üblichen Objekte hinaus in der Schutt- und Felsregion mit besonderen Methoden der ↗Felsdarstellung typische Felsstrukturen wiedergegeben und die charakteristischen Hochgebirgsformen (Kare, Blockhalden, Schuttfächer) sowie die Firn- und Gletscherflächen mit ihren typischen Strukturen (↗Moränen, Spaltensysteme, Gletscherbrüche) dargestellt. Solche Karten dienen einerseits den Bergwanderern und Bergsteigern als topographische Orientierungshilfe, sind aber zugleich eine wissenschaftlich bedeutsame Dokumentation der jeweiligen Hochgebirgsregion für den Zeitpunkt der Kartenaufnahme. Eine besondere Art der Gebirgskarten sind die Gletscherkarten. [WSt]

Hochgestade ↗mäandrierender Fluß.

Hochlandbrekzie, die aus Gesteinsfragmenten und Glas bestehenden Gesteine der Hochländer des Mondes. Unter den Gesteinsfragmenten ist ↗Anorthosit stark vertreten. Die Entstehung der ↗Brekzien wird auf Impakts in der frühen Geschichte (> 3,9 Mrd. Jahre) des Mondes zurückgeführt.

Hochmoor, *Regenmoor, ombrogenes Moor, ombrotrophes Moor, oligotrophes Moor.* Der meist uhrglasförmig in die Höhe gerichteten Wölbung verdankt diese Form der ↗Moore den Namen Hochmoor (im Gegensatz zu Flach- bzw. ↗Niedermooren). Die Bezeichnung ombrogen weist darauf hin, daß die Entstehung der Hochmoore auf einem Überschuß an Niederschlagswasser zurückzuführen ist (positive Wasserbilanz: Verdunstung und Abflüsse sind geringer als die Niederschlagsmengen). Dieses nährstoffarme (oligotrophe) Wasser staut sich auf relativ undurchlässigen ↗Mineralböden oder bereits vorhandenen ↗Niedermooren und wird zum größten Teil von der Moorvegetation gespeichert. Somit sind die Hochmoore an ein stark humides Klima gebunden, was ihre Verbreitung gegenüber den ↗Niedermooren erheblich einschränkt. Die Wassersättigung führt zu Sauerstoffmangel und hohem Säuregrad. Dadurch wird die Tätigkeit der Mikroorganismen, die ↗organische Substanz zersetzen können, gehemmt und es kommt zur Bildung von ↗Torf. Dieser Torfbildungsprozeß wird als permanent supraaquatisch bezeichnet. Dabei bilden die Hochmoore ein eigenes, der Mooroberfläche angepaßtes, Grundwasserniveau aus. Die torfbildende Vegetation besteht hauptsächlich aus Torfmoosen (*Sphagnum*-Arten), Torfmoos-Wollgrasrasen und Zwergsträuchern (*Ericaceae*). In den nährstoffarmen, sauren Hochmooren sind auch sog. »fleischfressende«Pflanzen zu finden. In unseren Breiten sind das die Sonnentauarten (*Drosera*), die ihren

Nährstoffbedarf durch den »Verzehr« kleiner Insekten decken (Abb. 3 im Farbtafelteil).
Das Wachstum der Hochmoore erfolgt von der Mitte nach außen. Die jüngeren Teile am Rande sind demzufolge niedriger, wodurch das Moor seinen gewölbten Charakter erhält. Das Ökosystem Hochmoor ist horizontal gegliedert, was die Abbildung 1 verdeutlicht. Zwischen kleinen, trockenen Erhebungen und Kuppen, den sog. Bulten oder Bülten, befindet sich häufig ein Netz feuchter Vertiefungen, den sog. Schlenken. Im Zentrum vieler Hochmoore bildet sich auf einer Torfschicht ein Kolk bzw. eine Blänke aus. Diese natürliche Wasseransammlung unterscheidet sich durch ihre Vegetation von anderen Strukturen des Moores. Es gibt auch größere Hochmoorseen, die sich aus oligotrophen Seen entwickelt haben und über mineralischem Untergrund eine mehrere Meter mächtige Muddeschicht (↗Mudde) besitzen. Außerdem kommen Rüllen und Flarken vor. Diese Wasserrinnen, die zunächst unterirdisch verlaufen und später durch Einstürzen ihrer Torfüberdeckung offen liegen, bilden ein eigenes zentrifugales Entwässerungssystem. Das abströmende Wasser fließt in die nasse Randzonen bzw. den Randsumpf (Lagg), wo es sich unter Umständen mit Mineralbodenwasser mischen kann. Das Eigenklima eines Hochmoores ist kontinentaler als das seiner Umgebung und zeichnet sich durch große Temperaturunterschiede zwischen Tag und Nacht aus. Im Hochmoor können beachtliche Mengen Biomasse erzeugt werden. Sphagnenbestände können jährlich über 9 t/ha Trockenmasse produzieren. Aufgrund der eingeschränkten Zersetzung sind somit in mehreren Jahrtausenden Hochmoorgeschichte Torfmächtigkeiten von mehreren Metern entstanden (Abb. 2). Die ombrogene Torfbildung setzte im Nordwesten Deutschlands erst mit der Klimaänderung im späten Atlantikum bzw. Subboreal (vor etwa 5000 Jahren) ein. Hochmoore, die auf ↗Niedermooren aufgewachsen sind, können in der Gesamtbetrachtung

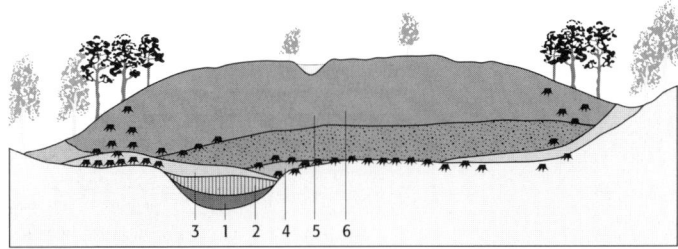

einige tausend Jahre älter sein. Derartige Moore werden als »nicht wurzelechte« Hochmoore bezeichnet. Die »wurzelechten« Hochmoore hingegen sind ausschließlich ombrogen und direkt auf schwer durchlässigen Mineralböden entstanden. [AB]

Hochmoorkultur, *Schwarzkultur*, Entwässerung, mineralische Düngung (insbesondere Kalkung) und Pflügen unabgetorfter ↗Hochmoore zum Zwecke der landwirtschaftlichen Nutzung. ↗deutsche Hochmoorkultur.

Hochnebel, tiefhängende, nahezu diffuse Wolkenschicht, die bis auf wenige Meter zum Boden herabreichen kann. Hochnebel entsteht v. a. unterhalb und im Bereich von atmosphärischen ↗Inversionen, die den Austausch von sich abkühlender bodennaher mit darüberliegender Luft verhindert. Dieser Mechanismus wirkt besonders im Winter bei Hochdruckwetterlagen, wenn die unteren Luftschichten sich mehr und mehr abkühlen, im kältesten Bereich, nämlich in der Nähe der Inversion, Kondensation zu Nebel erfolgt. Dieser winterliche Hochnebel kann sehr zählebig und langandauernd sein und war eines der Kennzeichen von Smog-Wetterlagen (↗Smog).

Hoch-Niedrig-SST ↗SST.

Hochofenzement, *Hüttenzement*, ↗hydraulisches Bindemittel, das durch gemeinsames Feinmahlen von 15–69 Gewichtsprozent Portlandzementklinker und entsprechend 85–31 Gewichtsprozent schnell gekühlter basischer Hochofenschlacke hergestellt wird. Enthält das Gemisch geringere Anteile an Hochofenschlacke, spricht man von Eisenportlandzement. Zur Regelung der Bindezeit enthalten die Gemische zusätzlich etwas Gips.

hochorogenes Stadium ↗Orogenese.

Hochpaßfilter, durch eine Hochpaßfilterung werden niederfrequente Bildbereiche abgeschwächt und hochfrequente, in denen kleinräumig Grautonunterschiede auftauchen, verstärkt. Es wird eine ↗Kontrastverstärkung erreicht, das ↗Bildrauschen erhöht sich ebenfalls. Hochpaßfilterungen betonen Texturen ohne Einfluß von unterschiedlichen Reflexionsvermögen der Oberflächen (Abb.).

Hochplateau, in der Geologie ein hochgelegenes Gebiet mit flacher Topographie im Inneren von Gebirgen mit mächtiger Gebirgswurzel (↗Orogen). Die tektonische Einengung ist gering, ↗Pediplanation und ↗Sedimentation bestimmen das geringe Relief. Beispiele sind Altiplano in den Anden und das Tibetplateau.

Hochmoor 1: schematische Darstellung eines mitteleuropäischen Hochmoores, das zum Teil über einem verlandeten See und zum Teil durch Versumpfung entstanden ist (1 = Mudde, 2 = Schilftorf, 3 = Seggentorf, 4 = Bruchwaldtorf, 5 = älterer Sphagnum-Moostorf, 6 = jüngerer Sphagnum-Moostorf; in der Mitte des Moores ein wassergefüllter Kolk (Moorauge); mineralischer Untergrund weit punktiert).

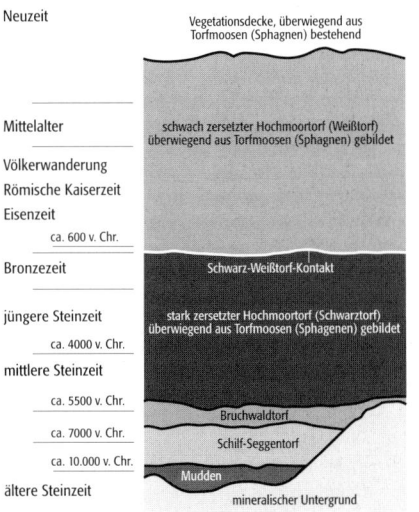

Hochmoor 2: schematischer Schnitt durch ein Hochmoor.

Hochpaßfilter: Wirkung von Tiefpaß- und Hochpaßfiltern im Frequenzbereich, wobei die grauen Bereiche im Frequenzbereich abgeschwächt oder völlig eliminiert werden.

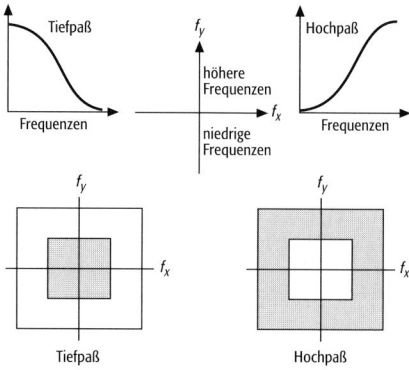

hochpolare Gletscher ↗kalte Gletscher.

Hochschorre, gelegentlich gebrauchter Begriff für den Bereich von ↗Strandwall und ↗trockenem Strand. ↗Strand.

Hochschotter, von Hans Graul 1962 geprägte Bezeichnung für unterpleistozäne Terrassenschotter des bayerischen Alpenvorlandes, bei denen kein tertiäres Rückgelände erhalten ist. Sie werden heute als biberzeitlich (↗Biber-Kaltzeit) eingestuft.

Hochsommer, meteorologische, in Zusammenhang mit der ↗Phänologie definierte Jahreszeit.

Hochstammkultur, traditionelle landwirtschaftliche Kulturform, bestehend aus hochstämmigen Baumarten. Hochstammkulturen finden sich i. d. R. auf Streuobstwiesen (↗Streuobstbau). Typische Hochstammarten sind Kern- und Steinobstarten aus der Familie der Rosaceae (Apfel, Kirsche, Pfirsich). Hochstammkulturen zeichnen sich durch eine hohe ↗Biodiversität aus, sowohl auf den Kulturen selbst, als auch in ihrer unmittelbaren Umgebung. Sie bieten einer Vielzahl von Tieren und Pflanzen ↗Lebensraum.

Höchstdruckmetamorphose ↗Ultra-Hochdruckmetamorphose.

höchstes wahrscheinliches Hochwasser ↗vermutlich höchstes Hochwasser.

Hochtemperaturmetamorphose, *Niedrigdruck-Hochtemperaturmetamorphose, Pyrometamorphose,* ein Metamorphosetyp, dessen entscheidender Parameter die hohe Temperatur ist; meist im unmittelbaren Kontakt zu heißen Magmen ablaufend (↗Kontaktmetamorphose). ↗Metamorphose.

Hochtemperaturschmelzlösungszüchtung, *Kristallzüchtung aus Schmelzlösungen,* Verfahren, das geschmolzene Stoffe als Lösungsmittel verwendet, sog. Flußmittel oder ↗Flux. Der Temperaturbereich für die geschmolzenen Lösungsmittel liegt zwischen etwa 300 und 1500 °C. Im allgemeinen wird die Tatsache ausgenutzt, daß die zu kristallisierende Verbindung eine unterschiedliche Löslichkeit im Flußmittel in Abhängigkeit von der Temperatur besitzt. Die Verdampfung der Schmelzlösung wird weniger oft angewendet. Damit erfolgt die Züchtung durch Lösen der Verbindung bei höheren Temperaturen in der Schmelzlösung und dem langsamen Abkühlen im Ofen. Die erreichbaren Wachstumsgeschwindigkeiten liegen je nach Transportgeschwindigkeit der Kristallbausteine in der Schmelzlösung zwischen 0,01 bis 10 mm pro Tag. Der Transport kann durch Rühren oder beschleunigtes Drehen und Bremsen der Tiegelrotation erhöht werden. Damit sind Züchtungszeiten von Wochen und Monaten nötig. Am Ende der Züchtung muß entweder die noch flüssige Schmelzlösung dekantiert oder die Kristalle müssen anschließend durch chemische Auflösung der Matrix separiert werden. Es gibt auch die Möglichkeit, durch Anlegen eines Temperaturgradienten über den Tiegel Material von einem Bodenkörper bei höherer Temperatur zu einer Stelle mit niedrigerer Temperatur, z. B. an der Oberfläche der Schmelzlösung, zu transportieren. Dieses Verfahren kann das Schmelzlösungsvolumen soweit verringern, daß sich auf einem ↗Keimkristall bei der Temperatur T_1 nur eine Schicht des Schmelzlösungsmittels befindet, die oben Kontakt mit dem Vorratsmaterial hat, das sich auf einer höheren Temperatur T_2 befindet. Dann wird ständig Vorratsmaterial aufgelöst und unten abgeschieden. Die ↗Schmelzzone wandert entlang des Temperaturgradienten nach oben. Daher heißt dieses Verfahren *TSM* (*travelling solvent method*). Wird die Schmelzzone durch einen ringförmigen Heizer flüssig gehalten, der dann bewegt wird, heißt das Verfahren ↗THM (*travelling heater method*). Damit läßt sich die Wachstumsgeschwindigkeit durch die von außen aufgeprägte Heizer-Bewegung gut kontrollieren. Die Hochtemperaturschmelzlösungszüchtung wird angewendet, wenn Substanzen keinen kongruenten oder einen zu hohen Schmelzpunkt besitzen und nicht in wäßrigen Lösungen gezüchtet werden können bzw. keine erfolgreiche Züchtung aus der Gasphase ermöglichen. [GMV]

Hochwald, 1) Bezeichnung für einen bestimmten Entwicklungszustand des Waldes, der aus forstwirtschaftlicher Sicht aus hochstämmigen Bäumen mit nach oben geschlossenem Kronendach besteht. 2) Hochwald stellt ebenfalls eine von der Forstwirtschaft bevorzugte Nutzungsart dar. Die Bäume werden aus Samen gezogen oder natürlich verjüngt und ca. 50–100 Jahre gepflegt. Der Reinbestand eines Hochwaldes setzt sich somit ausschließlich aus Oberholz zusammen und bietet so die ökonomisch ertragreichste Nutzungsform. Dem Hochwald wird die Nutzungsform des ↗Niederwaldes und des ↗Mittelwaldes gegenübergestellt.

Hochwasser, höchster ↗Wasserstand während einer ↗Tide bzw. Phase eines erhöhten Wasserstandes gegenüber einem Mittelwert. Hydrologisch ist jedes Ansteigen des Wasserstandes und damit der ↗Durchflußganglinie (↗Hochwasserganglinie) ein Hochwasser. Häufig wird jedoch das Ansteigen auf einen bestimmten Wert bezogen, z. B. den mittleren jährlichen Wasserstand. Erst wenn dieser Wasserstand erreicht oder überschritten wird, spricht man von einem Hochwasser. Landläufig verbindet sich mit Hochwasser eine Gefährdung von Menschen und Gütern. Hochwässer werden durch Niederschläge, Schnee- und

Eisschmelze, Verklausung, Eisstau und Bruch einer Eisbarriere ausgelöst. Hoher Wasserstand und Hochwasser können auch durch eine Kombination einer oder mehrerer dieser Faktoren ausgelöst werden, was zu einer Verschärfung des Hochwasserabflusses führen kann. Ob ein erhöhter Wasserstand landläufig als Hochwasser empfunden wird, ist ganz unterschiedlich. Der Schiffer beispielsweise spricht von einem Hochwasser, wenn bestimmte Wasserstände, die an den Flußufern mit deutlich sichtbaren Hochwassermarken angegeben sind, erreicht oder überschritten werden. Die Schiffahrt muß dann eingestellt werden, weil die durch die Schiffahrt ausgelöste Wellentätigkeit zu Schäden im Uferbereich führen kann oder weil den Schiffen Brückendurchfahrten nicht mehr möglich sind. Der am Fluß lebende Anwohner empfindet dagegen den Abfluß dann als Hochwasser, wenn dadurch sein Haus gefährdet wird. Bei den Niederschlagsereignissen, die Hochwässer auslösen, müssen konvektive Schauer- und Gewitterregen genannt werden, bei denen sich an der Kaltfront kalte Luft unter die Warmluft schiebt. Der hierdurch erzwungene, rasche und steile Aufstieg der Warmluft führt zur Entstehung hoher Wolkentürme, die ergiebigen Niederschlag auslösen. Ebenfalls hohe und räumlich begrenzte Niederschläge werden durch die Thermik der sonnenerwärmten Luftmassen ausgelöst. In einem großen Einzugsgebiet wirken sich solche Niederschläge kaum an einem flußabwärts gelegenen Pegel aus. In betroffenen kleinen Gebieten können sich jedoch regelrechte Sturzbäche entwickeln, was lokal zu Überschwemmungen führen kann. ↗vermutlich größtes Hochwasser. [KHo]

Hochwasserabflußberechnung, Verfahren zur Abflußberechnung von ↗Hochwässern, bei dem ↗hydrologische Modelle verschiedenster Art herangezogen werden. Besonders häufig ist die Anwendung von ↗Niederschlags-Abfluß-Modellen, wobei das ↗Einheitsganglinienverfahren verwendet wird. Durch anthropogene Eingriffe in das Gerinnebett verursachte Änderungen im Ablauf von ↗Hochwasserwellen werden mit Hilfe von ↗Wellenablaufmodellen untersucht.

Hochwasserentlastung, Bauwerk an ↗Stauanlagen zur schadlosen Ableitung extremer Hochwasserabflüsse (↗Bemessungshochwasser). Bei ↗Wehren geschieht dies über den Wehrkörper, wobei im Falle beweglicher Wehre die Verschlüsse je nach Konstruktionsart entweder gezogen oder umgelegt werden. Bei der Dimensionierung von Talsperren geht man davon aus, daß das Bemessungshochwasser auf einen bereits gefüllten Speicher trifft und ein Rückhalt daher nicht mehr stattfindet. Hochwasserentlastungsanlagen werden meist als feste oder bewegliche Wehre ausgeführt. Bei ↗Staumauern wird das Bemessungshochwasser meist über das Sperrenbauwerk abgeleitet, im Falle von Gewichtsstaumauern bildet daher die luftseitige Böschung einen Schußboden, bei Bogenstaumauern findet ein freier Überfall statt. Da ↗Staudämme aus Sicherheitsgründen nicht überströmt werden können, sind hier eigene Hochwasserentlastungsanlagen erforderlich. Bei größeren Bemessungsabflüssen können diese den Charakter eigener Staumauern haben, bei kleineren geschieht die Entlastung über seitlich angeordnete Wehre, an die sich eigene Entlastungsstollen oder Schußrinnen mit nachgeschalteten ↗Tosbecken anschließen. Möglich ist auch eine Entlastung mittels Überfalltürme. Wesentlich ist in allen Fällen die anschließende schadlose Energieumwandlung, welche entweder in einem Tosbecken oder über eine ↗Sprungschanze erfolgt. [EWi]

Hochwasserformel, empirische Formel zur Berechnung des Scheiteldurchflusses für extreme Hochwasserereignisse, in Abhängigkeit von der Größe des Einzugsgebiets und anderen Faktoren.

Hochwasserganglinie, ↗Durchflußganglinie nach einem Starkniederschlagsereignis. Sie zeigt unmittelbar im Anschluß an das Niederschlagsereignis, oder bei länger anhaltenden Niederschlägen schon während des Niederschlages, ein plötzlich starkes Ansteigen des ↗Durchflusses. Nach einer Zeitspanne wird der Scheitelpunkt erreicht (Hochwasserscheitel, Hochwasserspitze). Die Zeitspanne zwischen Beginn des Wellenanstieges und dem Scheitel wird als Anstiegszeit t_s (Hochwasseranstieg) bezeichnet (↗Konzentrationszeit). Nach Erreichen des Scheitelpunktes erfolgt ein langsames Abnehmen des Durchflusses (Durchflußrückgang). Die Zeitspanne zwischen Ganglinienscheitel und Ende des ↗Direktabflusses wird als Abfallzeit t_g (Hochwasserabfall) bezeichnet. Die Zeitspanne zwischen Beginn des Wellenanstieges und dem Ende des Direktabflusses ($t_g = t_s + t_f$) ist die Hochwasserdauer. Der zeitliche Abstand des Schwerpunktes von ↗Effektivniederschlag und Direktabfluß wird als Verzögerungszeit bezeichnet. Es ist üblich, eine Hochwasserganglinie in zwei Bereiche zu teilen, nämlich in den Direktabfluß und den ↗Basisab-

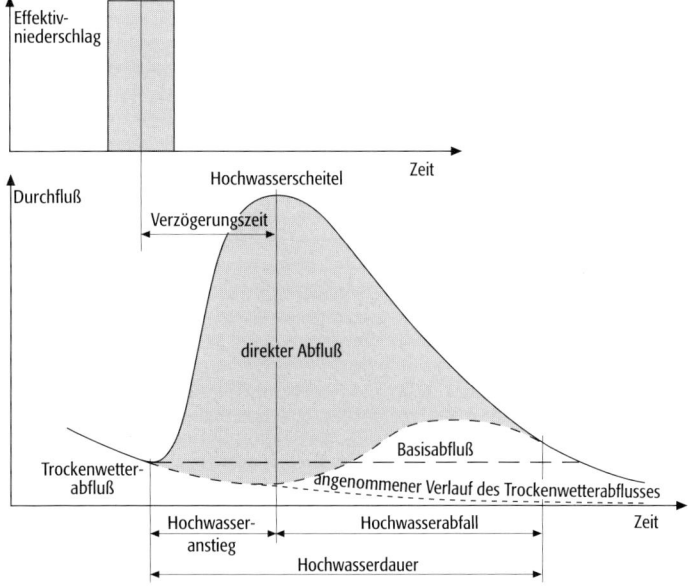

Hochwasserganglinie 1: Durchflußganglinie (Hochwasser- und Trockenwetterganglinie) nach einem Niederschlagsereignis in einem kleinen Einzugsgebiet.

Hochwasserganglinie 2: Entwicklung einer Hochwasserganglinie in einem großen Einzugsgebiet (Rhein zwischen Rheinfelden und Emmerich, März 1988).

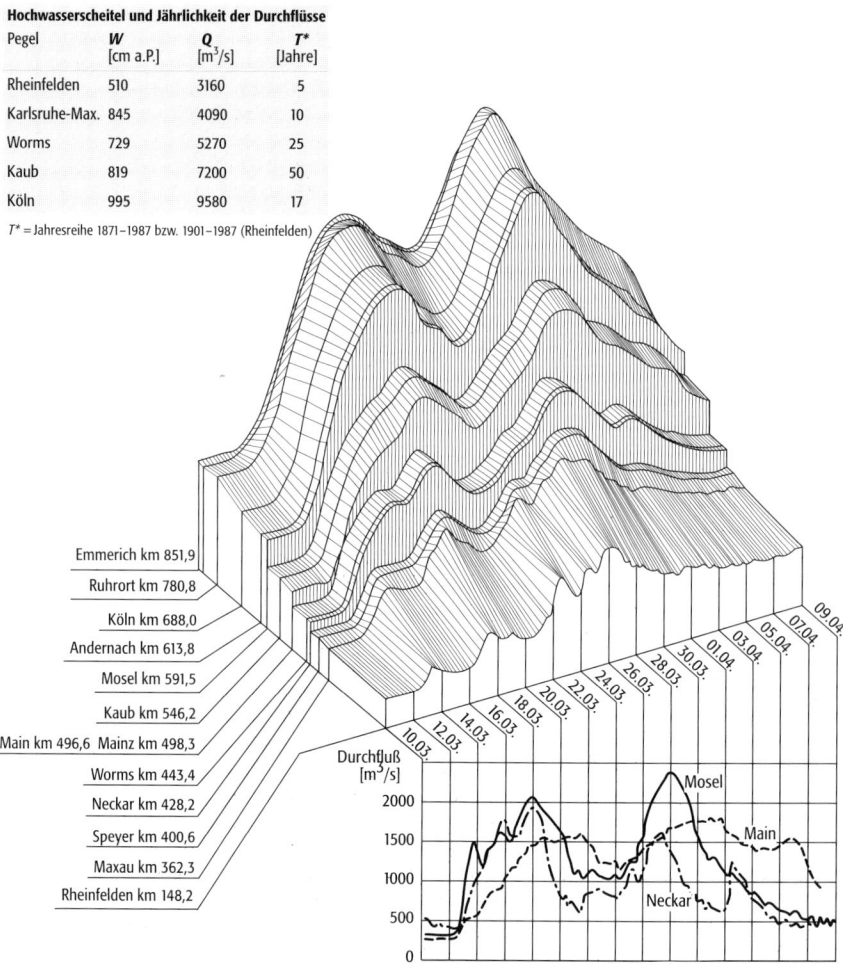

Hochwasserscheitel und Jährlichkeit der Durchflüsse

Pegel	W [cm a.P.]	Q [m³/s]	T* [Jahre]
Rheinfelden	510	3160	5
Karlsruhe-Max.	845	4090	10
Worms	729	5270	25
Kaub	819	7200	50
Köln	995	9580	17

T* = Jahresreihe 1871–1987 bzw. 1901–1987 (Rheinfelden)

fluß (Abb. 1). Der Direktabfluß kennzeichnet das zusätzlich zu der schon vor dem Ereignis vorhandenen Wasserführung abfließende Wasservolumen. Es ist der Teil des Wassers, der mit nur geringer Zeitverzögerung den ↗Vorfluter erreicht und sich im wesentlichen aus dem direkt in das Gerinne fallenden Niederschlag, dem ↗Landoberflächenabfluß und dem unmittelbaren ↗Zwischenabfluß zusammensetzt. Der unter dem Direktabfluß befindliche Bereich der Durchflußganglinie wird als Basisabfluß bezeichnet. Es handelt sich dabei um das Wasser, das den Vorfluter erst mit erheblicher Zeitverzögerung erreicht. Der Basisabfluß setzt sich im wesentlichen aus dem ↗Grundwasserabfluß, dem verzögerten Zwischenabfluß und dem zeitweise im Uferbereich gespeicherten und verzögert abfließenden Wasservolumen zusammen. Dabei liefert der Grundwasserabfluß den Hauptanteil am Basisabfluß. Während Landoberflächenabfluß, Zwischenabfluß und Grundwasserabfluß die Herkunft des Wassers charakterisieren, kennzeichnen die Begriffe Direktabfluß und Basisabfluß nur Teile der Durchflußganglinie. Sie machen damit nur eine Angabe über die zeitliche Verschiebung, mit der das Wasser im Betrachtungsquerschnitt erscheint (↗Abflußprozeß). Mit zunehmender Einzugsgebietsgröße erhöhen sich die Durchflüsse durch die Zuflüsse auf der Fließstrecke und die der Nebenflüsse. Dabei verwischen sich die Strukturen der Ganglinien und eine Trennung in Direktabfluß und Basisabfluß ist nicht mehr möglich. Am Beispiel des Rheins wird gezeigt, wie sich eine Hochwasserwelle in einem großen Einzugsgebiet aufbaut (Abb. 2). [HJL]

Hochwasserhäufigkeit, Anzahl der ↗Hochwässer mit einem über einen bestimmten Wert hinausgehenden ↗Durchfluß oder Wasserstand, welche wahrscheinlich im Verlauf einer bestimmten Anzahl von Jahren auftreten.

Hochwassermeldedienst, *Hochwasserwarndienst*, System zur Weitergabe bzw. Verbreitung von Hochwasserwarnungen und ↗Hochwasservorhersagen an die Bevölkerung, Medien und Hilfsdienste.

Hochwasserrückhaltebecken, ↗Stauanlagen, deren Staubecken ganz oder teilweise dem Rückhalt von Hochwasserabflüssen und damit der Minderung der Abflußspitzen dient. Da Hochwasserrückhaltebecken nur gelegentlich und kurzfristig eingestaut werden, ist meist eine Nutzung für landwirtschaftliche Zwecke, bei Einrichtung eines Dauerstaues auch für Freizeit und Erholung möglich. Je nach Zweck und Abflußverhältnisse werden Hochwasserrückhaltebecken als nicht steuerbare oder als steuerbare Anlagen ausgeführt. Die konstruktiven Gesichtspunkte sind die gleichen wie bei ↗Talsperren. An Betriebseinrichtungen sind ↗Grundablaß, ↗Hochwasserentlastung und ↗Tosbecken, bei steuerbaren Anlagen auch regulierbare Wehrverschlüsse (↗Wehr) erforderlich.

Hochwasserrückhaltung, Maßnahme zur Wasserspeicherung, um einen Teil des Hochwassers zurückzuhalten. Damit soll der Scheitel der ↗Hochwasserwelle stromabwärts vermindert werden. Dies kann durch ↗Talsperren, Rückhaltebecken und längs des Flußlaufes befindliche ↗Polder erfolgen, welche gezielt mit Wasser beschickt werden können.

Hochwasserschutz, Gesamtheit aller Maßnahmen zur Reduzierung von Hochwasserspitzen durch ↗Gewässerausbau. Ziel des Hochwasserschutzes ist es Bevölkerung, Gebäude und genutzte Landflächen entlang von Flußläufen vor ↗Überschwemmungen zu schützen. Hochwasserschutz gliedert sich in folgende Maßnahmen: a) Erhaltung des natürlichen Rückhaltes, wozu die Ausweisung und Freihaltung von natürlichen ↗Überschwemmungsgebieten, Deichrückverlegung und ↗Renaturierung ausgebauter Fließgewässer gehören, b) technische Hochwassermaßnahmen, zu denen der Bau von ↗Talsperren, Rückhaltebecken, ↗Polder, ↗Deiche und ↗Dämme zählen sowie Steuerungsmaßnahmen zur Verminderung des Hochwasserscheitels. c) Maßnahmen zur Vorsorge und Warnung. Hierzu gehört die Freihaltung von Überschwemmungsgebieten durch Bebauung, Hochwasserwarnungen und Herausgabe von ↗Hochwasservorhersagen sowie Bereithalten technischer Hilfsmittel zum Schutz bzw. Rettung von Menschenleben, Tieren und Gütern. Weiter gehören zum Hochwasserschutz i.w.S. auch Maßnahmen im Einzugsgebiet, wie z.B. Aufforstungen oder Maßnahmen der ↗Wildbachverbauung.

Hochwasservorhersage, Vorhersage von Wasserständen (↗hydrologische Vorhersagen) beim Ablauf von ↗Hochwasserwellen, zur rechtzeitigen Warnung der am Fluß wohnenden Bevölkerung. Hochwasservorhersagen werden heute weitgehend mit ↗hydrologischen Modellen durchgeführt, wobei als Eingaben aktuell gemessene bzw. vorhergesagte Niederschläge oder aktuelle Wasserstände bzw. Durchflüsse von oberliegenden Pegeln benutzt werden.

Hochwasservorsorge, präventive Maßnahmen zur Vermeidung oder Minimierung von Hochwasserschäden. Neben technischen Hochwasserschutzmaßnahmen (↗Hochwasserschutz), ↗Hochwasservorhersagen, Hochwasserwarnungen und Katastrophenschutzmaßnahmen (Bereitschaftsdienste der Hilfsorganisationen) gehören hierzu die Vermeidung der Besiedlung von potentiellen ↗Überschwemmungsgebieten oder die Evakuierung gefährdeter Gebiete bei herannahendem oder bereits ablaufendem Hochwasser, z.B. bei Gefahr eines Dammbruches.

Hochwasserwahrscheinlichkeit, Wahrscheinlichkeit, daß ein bestimmter Hochwasserstand oder -durchfluß in einer bestimmten Zeitspanne erreicht oder überschritten wird (↗Wiederholungszeitspanne).

Hochwasserwelle, ein durch ein zusammenhängendes Ereignis ausgelöstes ↗Hochwasser. Dabei ist es von untergeordneter Bedeutung, ob das auslösende Ereignis, z.B. der Niederschlag, kurzfristig unterbrochen wird. Wichtiger ist, daß eine zusammenhängende Periode betrachtet wird. Durch bestimmte Verfahren, z.B. dem ↗Floodrouting-Verfahren, wird die Art und Weise des Fortschreitens der Hochwasserwelle im Gerinnebett untersucht. Aus der Kontinuitätsgleichung kann gefolgert werden, daß ein größeres Wasservolumen innerhalb des Bereichs der Hochwasserwelle einen Anstieg des Wasserstandes bewirkt. Beim Zurückgehen der Hochwasserwelle nimmt der Wasserstand wieder ab. Im Bereich des rückwärtigen Wellenastes bildet sich ein Abschnitt mit vermindertem Wasserspiegelgefälle J_W, bezogen auf das Sohlgefälle J_S aus (Abb.). Die Fließgeschwindigkeit im vorderen Wellenteil ist wegen des größeren Wasserspiegelgefälles ($J_W > J_S$) höher als im rückwärtigen Wellenteil ($J_W < J_S$). Dieser Zusammenhang führt auch dazu, daß nach Durchlauf des Hochwasserscheitels ein Abschnitt mit verringertem bzw. verzögertem Durchfluß auftritt, während im vorderen Wellenast beschleunigter Durchfluß festzustellen ist. Dies ist auch der Hintergrund für die ↗Durchflußhysterese. Das Fortschreiten der Hochwasserwelle ist auch im Hinblick auf das Zusammentreffen mit Hochwasserwellen der Nebenflüsse von Interesse. Treffen die Hochwasserwellen von Haupt- und Nebenflüssen zusammen, findet eine Akzentuierung der Hochwasserspitze statt, bei einem zeitversetzten Auftreten flacht die Hochwasserspitze hingegen ab. Durch flußbauliche Maßnahmen kann gegebenenfalls eine Entzerrung oder eine Verschärfung der Hochwasserwelle herbeigeführt werden. Der zeitliche und räumliche Verlauf der auf die Hochwasserwellen bezogenen Niederschlagsereignisse ist bei der Analyse der Koinzidenzen der Hauptwellen und der Nebenwellen jedesmal erneut einzubeziehen. [KHo]

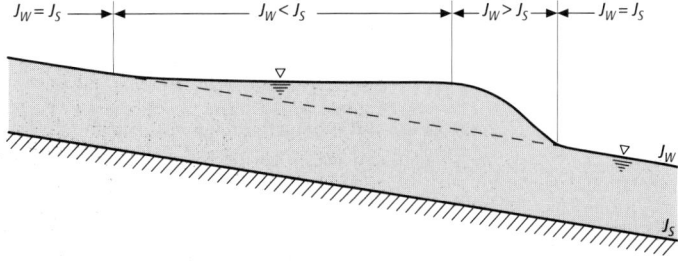

Hochwasserwelle: Längsschnitt durch eine Hochwasserwelle (J_w = Wasserspiegelgefälle, J_s = Sohlgefälle).

Hochwert ↗Gauß-Krüger-Koordinaten.
Hochwinter, meteorologische, in Zusammenhang mit der ↗Phänologie definierte Jahreszeit.
Hochzeichnung ↗Zeichenverfahren.
Hodogramm, graphische Darstellung eines Vertikalprofils der Vektoren des ↗thermischen Windes.
Hof ↗Aureole.
Hoff, *Karl Ernst Adolf* von, deutscher Staatsmann und Naturforscher, * 1.11.1771 Gotha, † 24.5.1837 Gotha. Nach seinem Studium der Rechtswissenschaft war Hoff von 1791 bis zu seinem Lebensende im diplomatischen Dienst des Herzogs Ernst II. von Gotha-Altenburg. Schon während seines Studiums erwarb er sich nebenbei Kenntnisse der Naturwissenschaften. Hoff beschäftigte sich mit dem ↗Neptunismus und gilt als der Begründer des ↗Aktualismus in der Geologie. Seine wichtigsten naturkundlichen Schriften sind »Der Thüringer Wald« (1807–12, zusammen mit Christian Wilhelm Jacobs) und die fünfbändige »Geschichte der durch Überlieferung nachgewiesenen natürlichen Veränderungen der Erdoberfläche« (1822–41).
Höffigkeit, Wahrscheinlichkeit, mit der aufgrund der geologischen Verhältnisse im Vergleich zu bekannten Vorkommen und Lagerstätten ↗Anreicherungen bzw. ↗Lagerstätten für bestimmte ↗mineralische Rohstoffe erwartet werden können.
hohe Breiten, Zone zwischen den Polen und Polarkreisen (66,5° N/S). Die hohen Breiten (Polargebiete) sind durch arktisches Klima geprägt, welches über die Polarkreise hinweg bis in südliche und nördliche Breiten von 60° auftreten kann, im Bereich von Nordskandinavien jedoch nur bis etwa 72°N vordringt. Die äquatorwärtige Grenze wird bestimmt durch die Grenze des geschlossenen Waldes. Jenseits der Polarkreise kommt es in den hohen Breiten zu besonderen Beleuchtungsverhältnissen mit Ausbildung von Beleuchtungsjahreszeiten. ↗Polarlicht, ↗Polarkreis, ↗Mitternachtssonne.
Hoheitsgewässer, *Territorialgewässer*, erstrecken sich auf den auch als *Küstenmeer* bezeichneten Meeresstreifen, der jenseits des Landgebietes und seiner inneren Gewässer bzw. Archipelgewässer eines Küstenstaates liegt. Die Breite der Küstenmeere beträgt nach dem geltenden internationalen ↗Seerecht maximal 12 Seemeilen. Das Küstenmeer, sein Luftraum, sein Meeresboden und sein Untergrund sind Souveränitätsgebiet des Küstenstaates.
Höhenangaben, die zahlenmäßige Darstellung absoluter oder relativer Höhen in ↗Karten. Absolute Höhen kennzeichnen die Höhe von ↗Festpunkten, ↗Höhenpunkten und anderen Objekten bezogen auf Normal Null (NN). Sie werden neben den betreffenden Objekten in die Karte eingetragen. Bei ↗Höhenlinien wird deren absolute Höhe als Höhenlinienzahl mit dem Fuß talwärts weisend in den Höhenlinienverlauf eingefügt. Zum Teil werden in topographischen Karten auch ↗relative Höhen (Objekthöhen) von Türmen, Schornsteinen, Böschungen u. a. als Höhen neben den betreffenden Objekten dargestellt.
Höhenanomalie, längs der Ellipsoidnormale gemessener Höhenunterschied zwischen der Erdoberfläche und dem ↗Telluroid (↗Molodensky-Problem).
Höhenbestimmung, 1) *Höhenmessung, Höhenvermessung*, die Bestimmung der Höhe eines Punktes auf, über oder unter der Erdoberfläche. Zur geodätischen Höhenbestimmung werden die geometrischen, die trigonometrischen, die hydrostatischen und die barometrischen Verfahren verwendet. Es werden grundsätzlich Höhenunterschiede gemessen zwischen einem Ausgangspunkt, z. B. ↗Festpunkt, und dem Punkt, dessen Höhe bestimmt werden soll. Die Höhe des zu bestimmenden Punktes erhält man durch Addition des gemessenen Höhenunterschiedes zur bekannten Höhe des Ausgangspunktes.
2) Höhen- und Neigungsbestimmung in Karten mit ↗Höhenlinien. Höhen zwischen den Linien interpoliert man linear. Die (maximale) ↗Geländeneigung bestimmt man aus der ↗Äquidistanz (Schichthöhe) z der Höhenlinien und der Schichtweite w, gemessen als Abstand benachbarter Höhenlinien in Gefällerichtung φ:

$$\tan\alpha \approx z/w.$$

In ↗digitalen Höhenmodellen sind die Höhenwerte auf einem, in der Regel regulären Quadratgitter mit Gitterweite Δ abgelegt. Zwischenhöhen werden geeignet interpoliert. Die Geländeneigung approximiert man z. B. aus Höhenunterschieden $\Delta h_x, \Delta h_y$ auf den Gitterlinien:

$$grad\, h \approx \begin{bmatrix} \Delta h_x / \Delta \\ \Delta h_y / \Delta \end{bmatrix}$$

mit der max. Neigung

$$|grad\, h| \approx [(\Delta h_x/\Delta)^2 + (\Delta h_y/\Delta)^2]^{1/2} \neq z/w$$

in der Richtung:

$$\varphi \approx \arctan(\Delta h_y/\Delta h_x).$$

Höhenbezugsfläche, Bezugsfläche, auf die sich ↗geometrische Höhen und ↗physikalische Höhen beziehen. Höhenbezugsflächen können durch die Definition des ↗Höhensystems festgelegt sein, wie das ↗Geoid für die ↗orthometrischen Höhen, das ↗Quasigeoid für die Normalhöhen oder das ↗Rotationsellipsoid für die ↗ellipsoidischen Höhen. Sie können aber auch durch das ↗Höhenfestpunktfeld definiert sein, wie ↗Normalnull (NN) im Falle der ↗normalorthometrischen Höhen. Eine geometrisch anschauliche Höhenbezugsfläche als Nullfläche des Höhensystems existiert nicht für alle Höhensysteme. So besitzt das System der ↗dynamischen Höhen keine solche Höhenbezugsfläche.
Höhenbezugssystem, ↗geodätisches Bezugssystem zur mathematischen Beschreibung der Lage

von Punkten des dreidimensionalen Raumes, bezogen auf eine zweidimensionale ↗Höhenbezugsfläche. Höhenbezugssysteme werden durch ↗Höhenfestpunktfelder realisiert. Ein Beispiel einer solchen Realisierung (Höhenbezugsrahmen) ist das aktuelle amtliche Deutsche Haupthöhennetz ↗DHHN92. ↗Höhensystem.

Höhenbolzen, ↗Vermessungsmarke, die der dauerhaften Kennzeichnung eines ↗Höhenfestpunktes sowie der örtlichen Festlegung seiner Höhe dient (↗Vermarkung). Höhenbolzen können sowohl senkrecht als auch horizontal an Bauwerken, in Fels oder an besonders gegründeten Vermessungspfeilern aus Granit oder Beton eingebracht werden. Die Höhe des Punktes bezieht sich stets auf die höchste Stelle des Bolzens, weshalb dort die ↗Nivellierlatte aufzuhalten ist. Soll der Höhenbolzen zugleich als ↗Lagefestpunkt verwendet werden, so verfügt er zusätzlich über eine senkrechte Bohrung von 1,5 mm Durchmesser zur Aufnahme eines Metallstiftes, der die Bolzenmitte markiert. Material, Form und Ausführung von Höhenbolzen wird durch DIN 18 708 festgelegt. Je nach Art ihrer Anbringung unterscheidet man z. B. Mauerbolzen, Pfeilerbolzen oder Rammpfahlbolzen.

Höhenfestpunkt, vermarkter ↗Vermessungspunkt im ↗Höhenfestpunktfeld, dessen Höhe in einem oder mehreren Höhenbezugssystemen berechnet ist. Höhenfestpunkte dienen als ↗Ausgangspunkte für die Objekt-(Detail-)vermessung bzgl. der Höhe.

Höhenfestpunktfeld, Gesamtheit der Höhenfestpunkte, durch die ein ↗Höhensystem realisiert wird. Ein Höhenfestpunktfeld besteht in der höchsten Genauigkeitsstufe aus einem ↗Nivellementpunktfeld, wie beispielsweise das ↗Deutsche Haupthöhennetz ↗DHHN92.

Höhenfront, 1) abgehobene Front, eine ↗Front, die nur in der oberen Luftströmung zeigt, aber nicht bis zum Boden reicht. Entsprechende Höhenwarmfronten können im Winterhalbjahr leeseits hoher Gebirgsketten (z. B. nördlich der Alpen) auftreten. 2) ↗Warmfront mit Erwärmung nur in der Höhe. Sie bringt am Boden einen entsprechenden ↗Luftmassenwechsel mit sich, bewirkt aber dort keine gleichzeitige Erwärmung (z. B. im Sommer von See her). 3) ↗Kaltfront mit Abkühlung nur in der Höhe, die auch am Boden einen entsprechenden Luftmassenwechsel mit sich bringt, aber keine Abkühlung hervorruft (z. B. im Winter von See her). Der Extremfall in dieser Kategorie ist die ↗maskierte Kaltfront, denn sie führt am Boden sogar zu einer Erwärmung.

Höhengenauigkeit, Genauigkeit der in Form von ↗Höhenlinien oder ↗Höhenschichten angegebenen Höhen in Karten. Der mittlere quadratische Fehler (= Standardabweichung) einer aus einer ↗topographischen Karte im Maßstab 1 : M und ↗Äquidistanz (Schichthöhe) z auf oder zwischen den Höhenlinien entnommenen Höhe h ist:

$$\sigma_h = a(z) + b(M)\tan\alpha.$$

Diese frühe, trotz Verbesserungsversuchen noch heute gültige Fehlerformel entstand bei den ersten Trassierungen von Fernbahnen auf der Grundlage von Höhenschichtenplänen. Auch die Höhengenauigkeit von ↗Digitalen Höhenmodellen (DHM) läßt sich mit Formeln von der gleichen Struktur beschreiben, da sich bei gleichen oder ähnlichen Verfahren der Höhenmessung auch die Erfassungsfehler entsprechend verhalten. Lediglich die Abhängigkeit von der ↗Geländeneigung tanα ist nicht so stark ausgeprägt. Die Konstanten a, b werden in verschiedenen Modifikationen angegeben, z. B.:

$$\sigma_h \approx 1{,}25\left(\frac{2}{3} + \frac{0{,}2M}{1000}\tan\alpha\right).$$

Die Konstante a beschreibt den Einfluß der Diskretisierung auf der Höhenkoordinate, die Konstante b jenen der maßstabsabhängigen ↗Lagegenauigkeit der Höhenlinien. Bei gleicher Geländeneigung sind gleiche, im Bergland größere, im Flachland kleinere Höhenfehler zu erwarten. Beispielsweise ist in der Deutschen Grundkarte 1 : 5000 der mittlere Höhenfehler im Flachland (Hügel- und Bergland) von der Größenordnung Dezimeter (Meter). Im Gebirge wird er mit der obigen 1. Formel in der Regel überschätzt. Dort gilt eher die Faustformel:

$$\sigma_h \approx z/3,$$

entsprechend der Drei-Sigma-Regel der Fehlerstatistik, wonach der als $3\sigma_h$ definierte Maximalfehler nicht größer als die Schichthöhe sein kann. In ↗Musterblättern topographischer Kartenwerke sind zulässige mittlere Höhenfehler neigungsabhängig angegeben. Der mittlere Fehler der aus Höhenlinien abgegriffenen Geländeneigung (↗Höhenbestimmung) ist:

$$\sigma_{z/h} \approx \sqrt{2}\,\frac{\sigma_h}{w}$$

und jener aus DHM-Höhen berechneten Geländeneigungen:

$$\sigma_{\Delta h/\Delta} \approx \sqrt{2}\,\frac{\sigma_h}{\Delta}.$$

[SM]

Höheninversion ↗Inversion.

Höhenkurve, 1) *Niveaulinie*, gelegentlich (z. B. in der Schweiz) benutzter Ausdruck für ↗Höhenlinie. 2) bei selbstreduzierenden, optischen ↗Tachymetern eine Kurve im Bild des ↗Fernrohres, die die abzulesenden Wert der Zentimeterteilung einer im Zielpunkt aufgehaltenen Tachymeterlatte angibt. Ziel der Ablesung ist die Bestimmung des Höhenunterschieds zwischem dem Instrumentenstandpunkt und dem Zielpunkt.

Höhenlinie, *Isohypse, Höhenschichtlinie,* ↗Isolinie, auf ↗Karten eine Linie, die benachbarte Punkte gleicher Höhenlage verbindet. Die Höhenlinie ist innerhalb kleiner Gebiete die Schnittlinie einer horizontalen Ebene mit der Erdoberfläche. Die kartographische Darstellung vieler solcher Schnittlinien liefert eine grundrißliche Abbildung der ↗Reliefformen, in der die Grundrißausdehnung, die Höhe und die Gestaltung der Reliefformen ablesbar und ausmeßbar sind. Die Formwirkung kann durch ↗Reliefschummerung oder Grundrißsignaturen graphisch unterstützt werden. Den Höhenlinien ähnliche Darstellungen sind Formlinien und Wasserlinien. Die Höhenlinie wurde erstmals 1791 in einer Karte von Frankreich angewendet. In der 2. Hälfte des 19. Jahrhunderts hat sich die Höhenliniendarstellung als Hauptmethode der ↗Reliefdarstellung ↗topographischer Karten durchgesetzt und wird seitdem in Form von ↗Höhenliniensystemen allgemein benutzt. [GB]

Höhenlinienfehler, ↗Lagegenauigkeit von Höhenlinien, die Abweichung des in der Karte dargestellten Verlaufs der ↗Höhenlinie vom wirklichen Verlauf der Höhenlinie. Die Höhenlinienfehler bestimmen die ↗Höhengenauigkeit der Karte, insbesondere die Genauigkeit, mit der die Höhe beliebiger Punkte sowie Lage, Grundriß, Volumen und andere Merkmale von Formen oder Abschnitten der Erdoberfläche der Karte entnommen werden können.

Höhenliniensystem, die Gesamtheit der in einem Kartenblatt einheitlich anzuwendenden Arten von ↗Höhenlinien. Das Höhenliniensystem umfaßt Haupthöhenlinien, verstärkte Haupthöhenlinien, Halbhöhenlinien und Viertelhöhenlinien. Diese Linienarten unterscheiden sich in der Schichthöhe (Höhenunterschied benachbarter Höhenlinien), in der Gestaltung und in der Anwendung. Die Haupthöhenlinien bilden das Hauptelement des Höhenliniensystems. Sie werden – meist mit der Strichbreite 0,1 mm – stets im gesamten Kartenblatt vollständig dargestellt, so daß die größeren Reliefformen durch Scharen äquidistanter (gleichabständiger) Höhenlinien wiedergegeben werden. Um die Lesbarkeit und Anschaulichkeit der ↗Reliefdarstellung zu erhöhen und die Ermittlung der absoluten Höhe jeder Höhenlinie zu erleichtern, wird jede 5. (oder jede 4.) Haupthöhenlinie verstärkt, z.B. auf eine Strichbreite von 0,25 mm, und heißt dann verstärkte Haupthöhenlinie oder *Zählkurve*. Zusätzlich können in der Karte Halbhöhenlinien und Viertelhöhenlinien (z.T. als Hilfshöhenlinien bezeichnet, früher auch Zwischenkurven genannt) dargestellt werden. Sie werden nur dort angewendet, wo die Haupthöhenlinien allein keine genügend aussagekräftige Reliefdarstellung ergeben. Dies tritt fast nur in flacheren Reliefteilen auf. Halbhöhenlinien haben die halbe Schichthöhe der Haupthöhenlinien, so daß zwischen zwei Haupthöhenlinien eine Halbhöhenlinie eingetragen werden kann. Halbhöhenlinien werden in der Strichbreite der Haupthöhenlinien lang gestrichen dargestellt und zur Wiedergabe der kleineren Reliefformen benutzt, die zwischen den Haupthöhenlinien liegen. Viertelhöhenlinien haben als Schichthöhe ein Viertel der Haupthöhenlinienäquidistanz und werden kurz gestichelt dargestellt. Zwischen einer Haupthöhenlinie und einer Halbhöhenlinie kann eine Viertelhöhenlinie zur Anwendung kommen. Dies erfolgt jedoch nur in sehr flachem Gelände. Das Höhenliniensystem wird nach der Schichthöhe Z (Äquidistanz) der Haupthöhenlinien bezeichnet. In der topographischen Karte 1:25.000 wird z.B. das »5-m-Höhenliniensystem« angewendet. Dieses Höhenliniensystem umfaßt somit Höhenlinien der Schichthöhe

$5Z = 25$ m verstärkte Haupthöhenlinien,
$Z = 5$ m Haupthöhenlinien,
$Z/2 = 2,5$ m Halbhöhenlinien,
$Z/4 = 1,25$ m Viertelhöhenlinien.

Karten verschiedener ↗Maßstäbe haben im allgemeinen auch verschiedene Höhenliniensysteme. Die Wahl des Höhenliniensystems richtet sich nach dem Kartenmaßstab und den Geländeverhältnissen und besteht praktisch in der Ermittlung der günstigsten Äquidistanz Z der Haupthöhenlinien (z.B. mit Hilfe des Scharungsdiagramms). Bei topographischen Karten eines bestimmten Maßstabes benutzt man entweder ein einheitliches Höhenliniensystem, das in allen Kartenblättern angewendet wird, oder aber mehrere landschaftsgebundene Höhenliniensysteme. Zum Beispiel wird für Kartenblätter der Deutschen Grundkarte 1:5000 bzw. der Topographischen Karte 1:10.000 im Flachland das »1-m-Höhenliniensystem« festgelegt, im Hügelland das »2,5-m-Höhenliniensystem« und im Bergland das »5-m-Höhenliniensystem«. [GB]

Höhenmaßstab, *Vertikalmaßstab*, bei Profilen, Blockdiagrammen und anderen maßgebundenen Darstellungen mit Höhenkomponente die sich in der Regel vom Längenmaßstab unterscheidende Maßfestlegung für die vertikale Dimension. Zur Bestimmung der Hangneigung dient auf topographischen Karten das ↗Böschungsdiagramm.

Höhenmessung, *Höhenvermessung*, ↗Höhenbestimmung.

Höhennetz, Höhenfestpunktfeld oder Teil eines Höhenfestpunktfeldes mit den zugehörigen Bestimmungsstücken. Ein Beispiel eines Höhennetzes ist das ↗Nivellementnetz.

Höhennull, *HN*, Höhenbezugsfläche für die ↗Normalhöhen im System des Staatlichen ↗Nivellementnetzes 1976 (↗SNN76). Die Bezugsfläche stimmt mit einem entsprechend definierten ↗Quasigeoid überein.

Höhenplastik, ein 1830 von dem österreichischen Kartographen F. von Hauslab (1798–1883) formulierter Gedanke, in Höhenschichtenkarten nach dem Grundsatz »je höher, desto dunkler« eine plastische Wiedergabe des Reliefs zu erreichen. Sein Vorschlag dazu war die Farbfolge Weiß – Gelb – Hellbraun – Grün – Violett. Diese Vorstellung wurde Ende des Jahrhunderts von K. ↗Peucker aufgegriffen und als ↗Farbenplastik weiterentwickelt. Eine echte Reliefplastik läßt sich jedoch nur durch schattenplastische Darstellung (↗Schattenplastik) erzielen. ↗Höhenschichten, ↗Reliefschummerung.

Höhenpolygonzug, ↗Polygonzug, dessen Polygonpunkte auch höhenmäßig ermittelt wurden.

Höhenpunkt, ist ein Punkt, dessen Höhe mit Hilfe geodätischer Verfahren bestimmt wurde.

Höhenschichten, ein- oder mehrfarbige Flächentonabstufungen, die vorzugsweise in kleinmaßstäbigen Karten zur ↗Reliefdarstellung angewandt werden. Die Flächen zwischen Höhenbzw. Formlinien werden mit einem Flächenton versehen, wobei die Aufeinanderfolge der Farbtöne nach verschiedenen Prinzipien erfolgen kann. Eine einfarbige Darstellung ist nach dem Grundsatz »je höher, desto dunkler« oder auch in der Umkehrung »je höher, desto heller« möglich. Bei mehrfarbiger Darstellung wurden die in der Frühzeit benutzten kontrastierenden Farbflächen bald durch geordnete ↗Farbenreihen ersetzt. Besondere Bedeutung erlangten die von E. von ↗Sydow begründeten ↗Regionalfarben. Das zwischen Grün für Tiefland und Braun für Gebirge liegende Weiß wurde nach und nach durch Gelb und Gelbbraun (für Hügelland) ersetzt und das Braun bis Rotbraun gesteigert, so daß zusammen mit Blau für die Meeresflächen eine Spektralfarbenreihe entstand. Auf nicht voll zutreffenden Voraussetzungen beruht die von K. ↗Peucker entwickelte Farbenplastik (↗Höhenplastik). Auf einer allgemeinen Seherfahrung fußt die von E. ↗Imhof in kleinmaßstäbigen Karten aller Maßstäbe benutzte luftperspektivische Skala (↗Luftperspektive). Durch Diffusion der Atmosphäre wirkt die Ferne stets bläulich verschleiert. Bei einer angenommenen Betrachtung aus großer Höhe erscheint deshalb das Tiefland grünlichblau bis blaugrün. Die Skala setzt sich fort über Gelbgrün, Grüngelb und Hellgelb bis Weiß. Eine kräftige schattenplastische ↗Schummerung mit Ebenenton und violettgrauer Schattentiefe unterstützt den Farbeffekt durch Helldunkelkontraste, die in dieser Zusammenwirkung das Wesen der Schweizer Manier (↗Reliefkarte) ausmachen. Für die Meeresflächen werden meist entsprechende Tiefschichten in der Farbfolge von Hellblau bis Dunkelblau mit Verstärkung zu Blauviolett bis Violett benutzt. In manchen Fällen kann auch die Umkehrung von Dunkel für die Flachsee bis Weiß für die größten Tiefen zweckmäßig sein. Von entscheidender Bedeutung für die Wirkung von Höhenschichtenkarten ist die Festlegung der Anzahl der Höhenschichtenstufen und die Art der Stufenbreite sowie die Zuordnung der Farben zu den gebildeten Stufen. Voraussetzung für die Bearbeitung von Karten mit Höhenschichtendarstellung war die hinreichende topographische Erfassung der Höhenverhältnisse durch Reliefaufnahmen und ein für die Vervielfältigung geeignetes Druckverfahren, das mit der Farblithographie zur Verfügung stand. In der Mitte des 19. Jahrhunderts war die Einführung der Höhenschichten ein bedeutender Fortschritt, der besonders den Schulatlanten zugute kam. Erdweite Anwendung fanden sie im ↗Times Atlas, im ↗Atlas Mira und anderen jüngeren ↗Handatlanten sowie auf der ↗Karta mira – World map 1:2.500.000. Gegenwärtig entsprechen Höhenschichten jedoch auf geographischen Karten nicht mehr dem geowissenschaftlichen Erkenntnisstand. In den letzten Jahrzehnten verstärkten sich deshalb die Bemühungen um Veränderung der Höhenschichtendarstellung, um eine gleichwertige Wiedergabe der Bodenbedeckung zu ermöglichen. Als spezielle thematische Karte in Kartenfolgen komplexer Regionalatlanten behalten sie jedoch auch künftig ihre Bedeutung. [WSt]

Höhensonne, 1) Bezeichnung für die ↗Sonnenstrahlung auf hohen Bergen, die dort stärker ist als im Tiefland infolge geringerer ↗Extinktion (weniger durchstrahlte Luftmenge, weniger Aerosol, weniger Wasserdampf) und höherem Anteil an ↗ultravioletter Strahlung. 2) veraltet für UV-Lampen zur Körperbestrahlung.

Höhenstandlinienmethode ↗simultane astronomische Ortsbestimmung.

Höhenströmung, *Höhenwindfeld*, die horizontale Luftströmung in der ↗freien Atmosphäre. Oft ist damit die Höhenströmung in der Troposphäre gemeint, die gut durch das Windfeld in der Hauptdruckfläche 500 hPa (ca. 5000 m Höhe) repräsentiert wird (↗Druckfläche). Vom bodennahen Windfeld unterscheidet sich die Höhenströmung durch den mit der Höhe zunehmenden Einfluß des ↗thermischen Windes und durch das Fehlen der ↗Reibung. In mittleren Breiten (ca. 30–70° N) zeigt sich als Höhenströmung die obere Westwindzone mit ihren mäanderförmigen wandernden ↗Wellen und ↗Wirbeln. Diese repräsentieren bestehende oder sind die Initialorte neuer ↗synoptischer Wettersysteme.

Höhenstufen, in der Landschaftsökologie Bezeichnung für die vertikale Gliederung der Land-

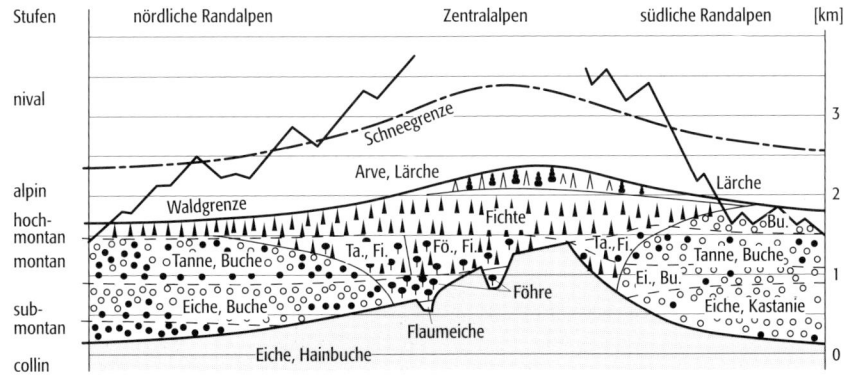

Höhenstufen 1: Landschaftsökologische Höhenstufen der Alpen. Vegetationsprofil von Nord nach Süd.

Höhensystem

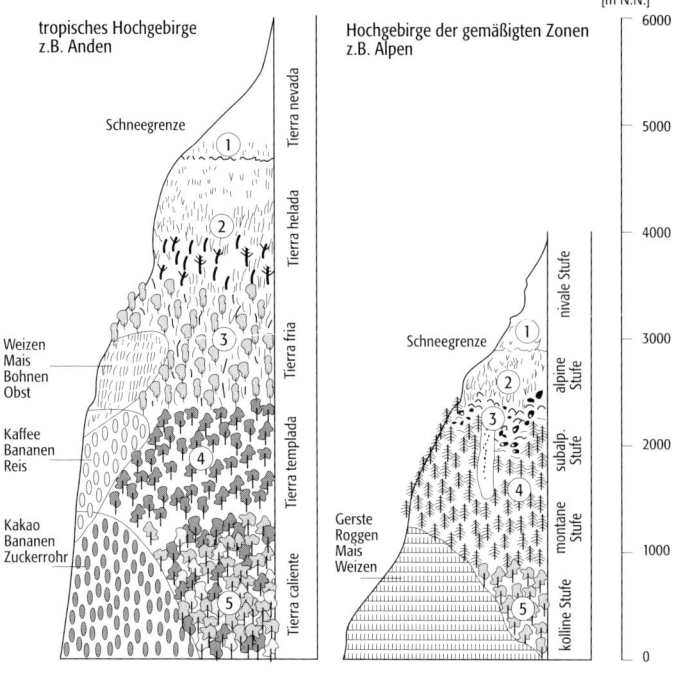

Höhenstufen 2: Vergleich der Höhenstufen in tropischen Hochgebirgen (1 = Pioniervegetation, 2 = Paramo, 3 = Höhen- und Nebelwald, 4 = Bergwald, 5 = Regenwald) und außertropischen Hochgebirgen (1 = Pioniere, 2 = Matten, 3 = Krummholz/Zwergsträucher, 4 = Gebirgswald, 5 = sommergrüner Wald).

schaft infolge der Abnahme der Temperatur mit der Höhe (vertikaler /Temperaturgradient). Dieser Gradient modifiziert die landschaftsökologischen Prozesse des Wasserhaushaltes, der Bodenbildung oder des ökophysiologischen Geschehens in der Vegetationsdecke derart, daß sich spezielle /Lebensräume herausbilden, die als Höhenstufen bezeichnet werden. Weil durch zunehmende Höhe auch weitere Klimafaktoren (Niederschlag, Strahlung) beeinflußt werden, sind die Höhenstufen nicht einfach eine Wiederholung der Zonen in der Ebene (/hypsometrischer Formenwandel). Die Hochgebirge der Erde zeigen zwar untereinander eine ähnliche Ausprägungen der Höhenstufen, trotzdem sollten aber immer nur Hochgebirge gleicher geographischer Breite miteinander verglichen werden. Insbesondere muß zwischen außertropischen und tropischen Hochgebirgen unterschieden werden, da die Differenzierung von den Polen zum Äquator hin zunimmt. Die natürliche Vegetationszusammensetzung der Höhenstufen kann von den Eingriffen des wirtschaftenden Menschen stark überprägt sein. Durch Rodungen kommt es beispielsweise zu einer Absenkung der physiologisch bedingten Waldgrenze, in deren Folge sich Wasserhaushalt und Bodenstruktur verändern, was zu einer Aktivierung von /Naturgefahren führen kann. Die für die Alpen entwickelte Terminologie zur Charakterisierung der Höhenstufen findet mittlerweile in allen Hochgebirgen der gemäßigten Zone Verwendung. Diese Gliederung beginnt mit der Ebenen- und Hügellandstufe (planare bzw. kolline Stufe). Sie umfaßt die untersten Hangpartien und die Vorhügelzone und ist vegetationskundlich und von ihrer ökologischen Ausprägung gleichzusetzen mit dem Gebirgsvorland, das nördlich der Alpen bis 600 m NN, am Alpensüdfuß bis 800 m NN reicht. Die Hügelstufe ist wichtiges Landwirtschaftsgebiet, dank der oft günstigen Strahlungsbedingungen werden auch wärmeliebende Sonderkulturen wie Obst oder Reben angebaut. Der kollinen Stufe schließt sich die *montane Stufe* (Bergstufe) an, welche durch die Bergwälder charakterisiert ist und sich in eine untere Stufe (/submontane Stufe) mit Laubmischwäldern und eine hochmontane Stufe mit Nadelwäldern unterscheiden läßt. Sie reicht von 600 bis 1700 m NN. Vorherrschende Baumarten sind Buchen und Weißtannen, welche aber im Zuge der /Forstwirtschaft oft durch Fichten ersetzt wurden. Oberhalb der Waldgrenze, welche in den Zentralalpen einen auffallenden Anstieg aufweist (»Masseerhebungseffekt«), folgt die /subalpine Stufe, gekennzeichnet durch Krummholz- und Zwergstrauchgürtel. Sie bildet den Übergang zur Hochgebirgsregion (alpine Stufe), welche durch /Matten und Rasengesellschaften charakterisiert ist. In dieser, in den Zentralalpen bis 3200 m NN reichenden Stufe ist noch Weidewirtschaft (Alpwirtschaft) als spezielle landwirtschaftliche Nutzungsform möglich. Die alpine Stufe geht schließlich über die /subnivale Stufe in die *nivale Stufe* über, in der ganzjährig Schnee- und Eisbedeckung Pflanzenwuchs verhindern (Abb. 1). Die tropischen Gebirge unterscheiden sich in ihrer vertikalen Gliederung deutlich von den Gebirgen der Außertropen. Vor allem die hygrischen und thermischen Ausprägungen lassen in den Tropen fünf Höhenstufen der Vegetation unterscheiden (Abb. 2): Tropischer /Regenwald, Tropischer Bergwald, /Nebelwald, /Paramo und Puna. Ursprünglich von den Anden abgeleitet, wird diese Terminologie heute für die meisten tropischen Gebirge benutzt. Die unterste Stufe, die »tierra caliente«, bildet zusammen mit der darauf folgenden Stufe, der »tierra templada«, die absolut frostfreien Warmtropen. Über den Warmtropen kommen keine wärmeliebenden und frostempfindlichen Pflanzen mehr vor. Die daran angrenzende Zone, die sog. »tierra fria«, ist durch aperiodische Fröste gekennzeichnet und enthält verschiedene arktische Vegetationselemente. An die Waldgrenze schließt sich die »tierra helada« an, die Jahresmitteltemperaturen von 7–2 °C aufweist, worauf schließlich oberhalb der Schneegrenze die vegetationsfreie »tierra nevada« folgt. [SMZ]

Höhensystem, /Bezugssystem zur mathematischen Beschreibung der Lage von Punkten des dreidimensionalen Raumes bezüglich einer zweidimensionalen /Höhenbezugsfläche. Hierzu verwendet man krummlinig-rechtwinklige Koordinaten, durch deren Koordinatenflächen und den dazu rechtwinkligen Koordinatenlinien die /Äquipotentialflächen und Lotlinien des Schwerefeldes angenähert werden. Punkte, die nicht direkt auf der Bezugsfläche liegen, werden entweder entlang der Orthogonaltrajektorien dieser Fläche gemessen oder durch die Isoskalarwerte der Koordinatenflächen charakterisiert. Damit ist die räumliche Beschreibung von Punkten des Erdraumes in eine zweidimensionale Lagebestimmung und eine eindimensionale Höhenbestimmung aufgespalten (Zwei- + Eindimensionale Geodäsie). Die zweidimensionale Lagebestimmung kann durch die Angabe von ↗Flächenkoordinaten u_1 und u_2 realisiert werden. Die dritte Koordinate (Höhe h) kann beispielsweise längs der Koordinatenlinie u_3 gezählt werden. Die Koordinaten $(u_1, u_2, u_3 = h)$ können in umkehrbar eindeutiger Weise in rechtwinklig ↗kartesische Koordinaten (x_1, x_2, x_3) umgerechnet werden.

Höhensysteme können in geometrische und physikalische Höhensysteme eingeteilt werden: Man spricht von ↗geometrischen Höhen, wenn die Figur der Erde durch eine rein geometrisch definierte Fläche, beispielsweise ein Rotationsellipsoid, angenähert wird. Zur Lagebestimmung können ellipsoidische Koordinaten $u_1 = B$ und $u_2 = L$ (ellipsoidische Länge L und ellipsoidische Breite B) verwendet werden. Die u_3-Linien sind in diesem Fall ebene gekrümmte Linien. Wegen der Krümmung der u_3-Koordinatenlinien sind die Maßstäbe i.a. von der Lage des Punktes abhängig. Zwei benachbarte Isoskalarflächen sind damit nicht parallel. Deshalb zieht man eine andere Definition geometrischer Höhen vor: Man mißt die Höhen längs der geradlinigen Lote auf die Bezugsfläche. In diesem Fall wird von ↗Flächennormalenkoordinaten gesprochen. Häufig verwendete Flächennormalenkoordinaten erhält man, wenn als Koordinatenfläche ein ↗Rotationsellipsoid gewählt wird. Die Höhen entlang des Ellipsoidlotes werden als ↗ellipsoidische Höhen bezeichnet. Unabhängig von der Lage des Lotes wird derselbe Maßstab verwendet. Benachbarte (parallele) Flächen gleicher ellipsoidischer Höhen sind in diesem Fall keine Rotationsellipsoide.

Bei einer physikalischen Definition der räumlichen Koordinaten wird von ↗physikalischen Höhen gesprochen. Beispielsweise kann das ↗Geoid (Äquipotentialfläche des Schwerefeldes mit einem Potentialwert W_0) als Bezugsfläche verwendet werden. Das Schwerefeld bestimmt die innere und äußere Geometrie der Koordinatenfläche. Zur zweidimensionalen Lagebestimmung dienen die lokalen ↗astronomischen Koordinaten auf dem Geoid, $u_1 = \varphi$ und $u_2 = \lambda$. Die u_3-Linien sind die Orthogonaltrajektorien des Geoides (Lotlinien des Schwerefeldes). Als Höhenkoordinate eines Punktes mit dem Schwerepotential W wird die Potentialdifferenz $C = W_0 - W$ verwendet (↗geopotentielle Kote). Die Äquipotentialfläche durch den Bezugspunkt P_0 mit dem Potentialwert W_0 definiert das ↗Vertikaldatum. Die geopotentielle Kote kann nicht durch ein eindeutiges metrisches Maß charakterisiert werden, da die Äquipotentialflächen des Schwerefeldes i.a. nicht parallel sind.

Ein Zugeständnis an die Anforderungen der Nutzer von Höhen ist die Einführung eines metrischen Maßes für die Höhe, abgeleitet aus den geopotentiellen Koten C. Man spricht in diesem Fall von physikalisch definierten ↗metrischen Höhen. Sie werden aus den geopotentiellen Koten C unter Verwendung eines nach gewissen Gesichtspunkten gewählten Schwerewertes g abgeleitet: $H = C/g$. Abhängig von der Wahl des definierenden Schwerewertes g unterscheidet man zwischen ↗dynamischen Höhen, ↗orthometrischen Höhen und ↗Normalhöhen. ↗Höhenbezugssystem. [KHI]

Höhentief, Tiefdruckwirbel im Bereich der ↗Höhenströmung.

Höhenwetterkarte ↗Wetterkarte.

Höhenwinkel ↗Vertikalwinkel.

Höhere Geodäsie ↗Geodäsie.

Hohlbohrschnecke, Bohrschnecke, durch deren inneren Gestängedurchgang das Brunnenausbaumaterial vor Ziehen der Hohlbohrschnecke in die Tiefe abgelassen werden kann.

Höhle, durch Naturvorgänge gebildete unterirdische Hohlform, die ganz oder teilweise von Gestein umschlossen ist. Da mit dieser Definition auch kleinste Hohlräume, z.B. Gesteinsporen, -blasen oder Gesteinsfugen geringer Kluftweite erfaßt würden, wird im allgemeinen Sprachgebrauch »vom Menschen begehbar« hinzugefügt. Eine gleichzeitig mit dem Muttergestein entstandene Höhle wird als *Primärhöhle* (z.B. Kalktuffhöhle, Lavahöhle, Riffhöhle) bezeichnet. Bei *Sekundärhöhlen* erfolgt die Höhlenbildung später als die Entstehung des die Höhle bergenden Gesteins, z.B. durch chemische Gesteinslösung (Lösungshöhle, Korrosionshöhle, Karsthöhle), durch tektonische Vorgänge (Überdeckungshöhle) oder durch erosive Ausspülung (Brandungshöhle, Uferhöhle). Aufgrund der in Höhlen herrschenden besonderen Verhältnisse (Lichtlosigkeit, weitgehend gleichbleibende Temperatur- und Feuchtebedingungen) sind Höhlen als Biotope für eine höhlentypische Flora und Fauna sowie als konservierende Stätte für Paläontologie und Archäologie von einzigartiger Bedeutung. Höhlen können ganz oder teilweise von festem, flüssigem oder gasförmigem Inhalt gefüllt sein. [BK]

Höhleneis, Eisbildungen in Höhlen. Höhleneis wird durch in Klüfte, Risse und Felsspalten eindringendes Wasser gespeist und kann sich bei Durchschnittstemperaturen, die über längere Zeiträume hinweg unter dem Gefrierpunkt liegen, und ausreichender Wasserzufuhr zu *Höhlengletschern* entwickeln. In den Alpen herrschen in Höhen zwischen 1400 und 2000 m NN die günstigsten Bedingungen für die Entstehung von den Sommer überdauerndem Höhleneis. Als größte Eishöhle der Welt gilt die sog. Eisriesenwelt im Tennengebirge nahe Salzburg.

Höhlengletscher ↗Höhleneis.

Höhlengrundwasserleiter, zumeist in verkarstungsfähigen Gesteinen angelegter ↗Grundwasserleiter, in dem die Wasserbewegung bevorzugt linear entlang von Höhlen erfolgt. Aufgrund der hohen Fließgeschwindigkeiten und geringen Filterwirkung sind die Höhlengrundwasserleiter besonders vulnerabel. Höhlengrundwasserleiter stellen weltweit eine bedeutsame Grundwasserressource dar, aus der rund 20% der Weltbevöl-

Höhlenkunde

kerung ihr Trinkwasser beziehen (z. B. in China, Südostasien, Nordamerika, Europa (Alpenländer, besonders Österreich) und in den Mittelmeerländern). ↗Karstgrundwasserleiter.

Höhlenkunde ↗*Speläologie*.

Höhlenlehm, Ablagerungen in ↗Höhlen, die durch residuale Anreicherung bei der ↗Korrosion von Carbonatgesteinen zurückbleiben oder die von außen eingebracht wurden. Allochthone Ablagerungen können eingeschwemmt oder von Menschen oder Tieren mitgeführt worden sein.

Höhlenperle, *Pisolith*, überwiegend abgerundetes, oft kugeliges Gesteinsstück, das a) durch Ausfällung in übersättigten Kalkwässern oder b) durch Zurundung von Gesteinsbruchstücken in Tropfwasserbecken oder Höhlenbächen entsteht. ↗Ooid.

Höhlenquelle, Grundwasseraustritt bzw. ↗Quelle in einer Höhle; vielfach auch fälschlich mit einer aus einer Höhle austretenden Quelle (= ↗Karstquelle) gleichgesetzt.

Hohlkarren, Lösungsrinnen mit unterschnittenen Seitenwänden in verkarstungsfähigem Gestein. Eine zu den ↗Karren zählende ↗Karstform.

Hohlraumanteil, wichtige Kenngröße für die Bewertung geotechnischer, ingenieurgeologischer und hydrogeologischer Eigenschaften eines Gesteins. Er ist definiert als Quotient aus dem Volumen aller Hohlräume eines Gesteinskörpers und dessen Gesamtvolumen. Der Begriff Hohlraum steht hierbei sowohl für Poren, Trennfugen (Klüfte) und Lösungshohlräume (Karsthohlräume), bei einer Teilbetrachtung kann entsprechend vom Poren-, Kluft- oder Karsthohlraumanteil gesprochen werden (Abb.).

Hohlraumbau, Erstellung von Bauwerken unter Tage durch das Auffahren von Hohlräumen; beinhaltet neben dem ↗Tunnelbau das Erstellen von Stollen, Schächten und Kavernen.

Hohlraumgefüge, gleichförmig oder unregelmäßig verteilte, synsedimentär bis frühdiagenetisch gebildete Hohlräume in Kalken, die synsedimentär bis postsedimentär mit mechanisch abgelagertem Internsediment und/oder mit ↗Sparit ausgefüllt wurden. Nach ihrer Genese unterscheidet man die auf ↗mud mounds beschränkten Stromatactisgefüge und die im Inter- und Supratidal gebildeten ↗Fenstergefüge.

Hohlrauminjektion, ↗Injektion von natürlichen und künstlichen Hohlräumen, wie z. B. Karsthöhlen und Spalten (*Spalteninjektion*) sowie Schacht- und Stollenauskleidungen. ↗Kluftinjektion.

Hohlraumvolumen ↗*Porenvolumen*.

Holarktis, [von griech. holos = ganz und arktos = Norden], ↗biogeographische Region. 1) holarktisches Reich (Känogäa), eines der Faunenreiche des Festlands. Es umfaßt die nichttropischen Gebiete der nördlichen Hemisphäre und wird untergliedert in die tiergeographischen Regionen der ↗Nearktis und der ↗Paläarktis, die faunistisch große, von Süden nach Norden zunehmende Übereinstimmung zeigen. 2) holarktisches Florenreich, größtes ↗Florenreich der Erde. Es umfaßt den gesamten außertropischen Bereich der Nordhalbkugel. Trotz seiner Größe und trotz der Aufspaltung in mehrere Landmassen ist das Gebiet der Holarktis floristisch recht einheitlich, da bis in die jüngere erdgeschichtliche Vergangenheit (Tertiär und Quartär) landfeste Verbindungen zwischen den Kontinenten bestanden. Deutlicher als die relativ späte Trennung in Nearktis (neuweltliche Holarktis) und Paläarktis (altweltliche Holarktis) hat sich das wiederholte Vorrücken der Gletscher während der Eiszeiten auf die Florenzusammensetzung der einzelnen Teilgebiete ausgewirkt. Vor allem in Europa sind durch die drastischen Verschiebungen der Vegetationszonen und die Querriegelwirkung der West-Ost verlaufenden Hochgebirge viele Arten ausgestorben (↗boreale Nadelwälder); andere erfuhren eine Aufspaltung ihres ehemals geschlossenen Areals (↗Disjunktion) und zeigen heute eine unterschiedlich weit gediehene Entwicklung zu eigenen ↗Arten. [DR]

holistischer Ansatz, *ganzheitlicher Ansatz*, vom Holismus, der Philosophie vom großen natürlichen Ganzen, abgeleitete Vorgehensweise in der ↗Ökologie und ↗Landschaftsökologie. Eine wichtige Grundlage des holistischen Ansatzes ist der ästhetische Naturbegriff des deutschen Universalgelehrten A. von ↗Humboldt, der die Notwendigkeit der Erfassung einer ↗Landschaft als komplexes Ganzes postulierte. Die mit der Entwicklung des Konzeptes des ↗Ökosystems verbundene, stark naturwissenschaftlich geprägte Ausrichtung der ökologischen Forschung ab 1930 stärkte jedoch die gegenläufige Tendenz des ↗separativen Ansatzes, bei welchem Teile des Gesamtsystems (Subsysteme) immer spezialisierter untersucht werden. Dadurch bestand die Gefahr, den ökologischen Gesamtzusammenhang zu verlieren. Dies führte in jüngerer Zeit durch Landschaftsökologen wie C. ↗Troll oder J. ↗Schmithüsen zu einer Rückbesinnung auf holistische Grundprinzipien (»Das Ganze ist mehr als die Summe seiner Teile«) und damit zu einer integrativen Betrachtung der Umwelt, bei der immer das Funktionieren des ganzen ↗Landschaftsökosystems im Vordergrund steht. Dies schließt den Einbezug der anthropogenen Komponenten mit ein. Auch in der aktuellen Debatte um die ↗Nachhaltigkeit steht ein ganzheitliches Vorgehen mit der Verbindung von Ökologie, Ökonomie und Ethik im Mittelpunkt, weil die Lösung der globalen Probleme nur mit Blick auf das Gesamtsystem gefunden werden kann. Somit ist heute unbestritten, daß der Umgang mit komplexen Systemen (z. B. Ökosystemen) einen holistischen Ansatz erfordert. [SMZ]

Hollandliste, *Niederländische Liste*, eine in den Niederlanden erstellte Liste von Grenz- und Richtwerten für Schadstoffgehalte in Böden, die als Entscheidungshilfe für die Einschätzung von Bodenverunreinigungen dient. Sie fordert je nach Gehalt entweder nähere Untersuchungen, besondere Vorsichtsmaßnahmen (eingeschränkte Nutzung) oder schreibt die Sanierung des betroffenen Bodens vor. In Deutschland gibt es zur

Hohlraumanteil: Darstellung der verschiedenen Hohlraumtypen.

a Porenräume

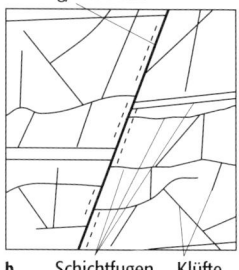

b Schichtfugen Klüfte

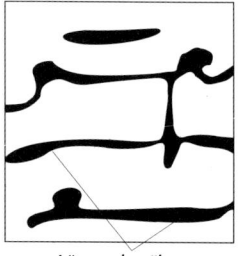

c Lösungskanäle

Zeit bundesweit keine derartigen einheitlichen bzw. rechtsverbindlichen Listen.

holo-, ganz-, vollständig-. Bei verschiedenen petrographischen Begriffen verwendete Vorsilbe zur Hervorhebung der entsprechenden Eigenschaft (↗holokristallin, ↗holohyalin), hololeukokrat, holomelanokrat (ganz aus hellen bzw. dunklen Mineralen bestehend).

Holoedrien, *Vollflächner*, Gruppen linearer Transformationen, unter denen Gitter invariant sind. Es handelt sich um sieben Gruppen, auf denen auch die Klassifikation der Kristalle und ihrer Symmetrien in ↗Kristallsysteme beruht: trikline ($\bar{1} - C_i$), monokline ($2/m - C_{2h}$), orthorhombische ($mmm - D_{2h}$), tetragonale ($4/mmm - D_{4h}$), rhomboedrische ($\bar{3}m - D_{3d}$), hexagonale ($6/mmm - D_{6h}$) und kubische Holoedrien ($m3m - O_h$).

Hologramm, eine Speichereinrichtung (im analogen Fall eine Photoplatte), welche die Phasen- und Amplitudeninformation eines Lichtstrahles von einem Licht abstrahlenden oder reflektierenden Objekt speichert. In der Kartographie können damit dreidimensionale graphische Darstellungen gespeichert, visualisiert und mit dem bloßen Auge ermüdungsfrei plastisch betrachtet werden.

Hologrammkarte ↗*holographische Karte*.

holographische Karte, *Hologrammkarte*, eine mittels Holographie hergestellte echt dreidimensionale Karte. Die Holographie ist ein optisches Verfahren zur Aufzeichnung von dreidimensionalen graphischen Darstellungen, den Hologrammen. Das auf eine Photoplatte belichtete Hologramm gestattet Speicherdichten bis zu $2 \cdot 10^6$ bit je cm^2. Zur Herstellung des Hologramms wird ein aus monochromatischen kohärenten Lichtstrahlen bestehender Laserstrahl so aufgespalten, daß ein Teilstrahl das zu speichernde Objekt abtastet und eine Objektwelle auf die Speicherebene reflektiert, während der andere Teilstrahl, die Bezugswelle, direkt auf die Speicherebene trifft. In der Speicherebene bildet sich das Hologramm als Interferenzmuster der beiden kohärenten Lichtwellen ab. Die gespeicherten Informationen werden erst nach Durch- bzw. Beleuchtung mit einem Laserstrahl wieder sichtbar und können auch auf einem Bildschirm dargestellt werden. Wird der Laserstrahl mit einem elektronischem Ablenksystem gekoppelt, so kann der holographische Speicher in Sekundenbruchteilen automatisch gelesen und die optischen Signale digitalisiert und in den Hauptspeicher eines Rechners geladen werden. Damit bietet die Holographie eine technische Möglichkeit, die in umfangreichen Kartenwerken beinhalteten Informationen auf geringstem Raum zu speichern, unbegrenzt lange aufzubewahren und mit sehr geringen Zugriffszeiten EDV-mäßig zu erfassen. Bisher wurden, abgesehen von qualitativ vergleichsweise minderwertigen kleinmaßstäbigen Prägehologrammen weltweit noch kaum kartographische Applikationen holographisch realisiert. Dabei bietet die Holographie die Möglichkeit, das Geländerelief bzw. ↗Werterelief echt dreidimensional zu visualisieren; darüber hinaus können sämtliche Kartenzeichen und die Kartenbeschriftung derart generiert werden, daß sie gleichsam über der Landschaft schweben und so keine unmittelbare Oberflächeninformation verdecken. Ferner können neben Beschriftung und Kartenzeichen so angelegt werden, daß sie nur aus bestimmten Blickwinkeln sichtbar sind. Ein derartiger ungehinderter Blick auf die »holographische Landschaft« ist besonders bei ↗Bildkarten vorteilhaft. Die aufwendige Herstellung von hochwertigen holographischen Karten hat trotz ihrem enormen Potential, v. a. für Reliefdarstellungen, deren häufigeren Einsatz bisher verhindert. Die weltweit sehr wenigen holographischen Karten stellen zumeist Kombinationen von Weißlicht-Transmissionshologrammen, Stereohologrammen und Bildfeldhologrammen in Form sogenannter Regenbogenhologramme dar. [MFB]

holohyalin, Gefügebezeichnung für vollständig glasig erstarrtes Ergußgestein ohne kristallisierte Anteile.

holokristallin, Gefügebezeichnung für vollkommen auskristallisierte magmatische Gesteine ohne glasige Anteile.

holomiktischer See, Sammelbezeichnung für ↗Seen, die einmal oder mehrmals im Jahr infolge einer labilen Schichtung einer ↗Vollzirkulation bis zum Seeboden unterliegen. Die Wassertemperaturen der holomiktischen Seen können zwischen 0 °C und etwa 30–35 °C angesetzt werden.

Holomixis, die ↗Zirkulation des Wasserkörpers eines Sees bis zum Grund.

Holozän, *Postglazial, Nacheiszeit, Alluvium* (veraltet), der von H. Gervais 1867 benannte, jüngere Abschnitt (Epoche) des ↗Quartärs (↗OIS 1), auf das ↗Pleistozän folgend und von 10.000 Jahre v. h. (bei Zugrundelegung der Jahresschichtung, z. B. der grönländischen Eisbohrkerne 11.500 Jahre v. h.) bis in die Gegenwart reichend. Das Holozän umfaßt die nacheiszeitliche Warmzeit. Es ist gekennzeichnet durch die Wiedererwärmung des Klimas seit dem Ende der letzten ↗Eiszeit mit der entsprechenden Entwicklung der Vegetation und durch marine ↗Transgressionen im Nord- und Ostseegebiet. Das Holozän ist die Zeit der Entwicklung der Menschheit vom Jungpaläolithikum bis in die Gegenwart.

Die Untergliederung des Holozän erfolgt im wesentlichen aufgrund der Vegetationsentwicklung:

Präboreal (10.000–9000 Jahre v. h.): schnelle Wiederbewaldung mit Betula (Birke) und Pinus (Kiefer).

Boreal (9000–8000 Jahre v. h.): weitere Erwärmung, Corylus (Haselnuß) breitet sich aus. Viscum (Mistel), Hedera (Efeu) und Ilex (Stechpalme) sind schon vorhanden.

Atlantikum (8000–5000 Jahre v. h.): Klimaoptimum des Holozäns. In Norddeutschland lagen die Sommertemperaturen 2–3 °C höher als heute; Eichenmischwald mit Alnus (Erle), Ulmus (Ulme) Quercus (Eiche) Tilia (Linde), später auch Fraxinus (Esche), z. T. Fagus (Buche) breitet sich aus.

Subboreal (5000–2500 Jahre v. h.): verstärkter Ackerbau mit Ackerunkräutern (z. B. Plantago = Wegerich) sowie Fagus (Buche) und Carpinus (Hainbuche) verbreiten sich.

Subatlantikum (2500 Jahre v. h. bis heute): Das Klima wird feuchter und kühler. Fagus breitet sich weiter aus, menschliche Eingriffe in die Vegetation sind klar erkennbar. Im 16.–19. Jh. n. Chr. kam es zur Abkühlung von bis zu 1,5 °C gegenüber heute und zum Vorstoß der ↗Gletscher. Diese Zeitspanne wird mit dem Begriff ↗Kleine Eiszeit belegt. [RBH]

Holozön, in den Bio- und Geowissenschaften die Gesamtheit aller unbelebter und belebter Bestandteile einer ↗Landschaft. Der Begriff geht auf K. Friederichs zurück (1927) und entstammt dem Bereich der ↗Bioökologie. Er faßt in diesem Bereich die ↗Biozönose und den ↗Biotop als funktionale Einheit zusammen. Dies entspricht in der Bioökologie dem ↗Biosystem bzw. dem ↗Geoökosystem im Bereich der ↗Geoökologie.

Holstein-Interglazial, von A. Penck 1922 benanntes Interglazial, das auf die ↗Elster-Kaltzeit folgt und durch marine ↗Ingression belegt ist, die schon während der späten Elster-Kaltzeit begann. Zum Höhepunkt des Meeresanstiegs waren weite Teile von Jütland, Schleswig-Holstein und Mecklenburg-Vorpommern überflutet. Eine Meeresverbindung durch den englischen Kanal hat während des Holstein-Interglazials nicht bestanden, so daß die marine Fauna durch boreale Formen charakterisiert ist. Für das nicht marine Holstein ist das im Gegensatz zum ↗Eem-Interglazial fast gleichzeitige Auftreten der wärmeliebenden Gehölze kennzeichnend. Typisch ist das Auftreten von Azolla, Pterocarya und Celtis. Die Korrelation des Holstein-Interglazial mit ↗OIS ist spekulativ; es werden die stages 7, 9 und 11 diskutiert. Entsprechend unsicher ist die Datierung. Es kommt bei einer Dauer von ca. 15.000 Jahre eine Zeitspanne von 180.000 bis 400.000 Jahre in Frage. In diesem Zeitraum hat es mehrere Interglaziale gegeben, so daß auch vom Holstein-Komplex gesprochen wird. In diesen Begriff ist die Dömnitz-Warmzeit eingeschlossen (↗Saale-Kaltzeit). Während des Holstein-Interglazials lebt in Mitteleuropa der *Homo erectus* (z. B. Fundort Bilzingsleben) und der Präneandertaler (z. B. Fundort Steinheim a. d. Murr). Die Menschen gehören zum Kulturkreis des Acheuléen. ↗Quartär. [WBo]

Holzkohle ↗Inertinit.

Holzschnitt, *Xylographie*, ältestes Verfahren zur manuellen Herstellung von Hochdruckformen. Auch das Druckerzeugnis wird als Holzschnitt bezeichnet. Der Holzschnitt wurde bereits vor der Erfindung des Buchdrucks mit Bleilettern in Westeuropa seit um 1440 als Holztafeldruck für Einblattdrucke und zur Herstellung von Blockbüchern genutzt. Kartographische Blätter kommen als ↗Karteninkunabeln vor 1470 nicht vor. Hervorzuheben sind die in der ersten Hälfte des 16. Jh. in Holzschnitt ausgeführten ↗Landtafeln. Von der auf eine grundierte, etwa 2 cm starke Langholzplatte seitenverkehrt übertragenen Zeichnung werden mit Schneidmessern alle Linien beidseits angeschnitten, danach mit dem Hohleisen die zeichnungsfreien Stellen hinreichend tief gelegt, so daß die Zeichnung und gegebenenfalls die Schrift als erhabene Stege erhalten bleiben. Das Produkt, der Holzstock, dient als Hochdruckform. Nach Einwalzen mit Farbe können in der Handpresse beliebig viele Abzüge hergestellt werden. [WSt]

Holzstich, ein erst im 18. Jh. entwickeltes Vervielfältigungsverfahren für Zeichnungen und Bilder, bei dem statt Langholz (↗Holzschnitt) quer zur Wachstumsrichtung gesägtes und glattgeschliffenes Hirnholz als ↗Zeichnungsträger und Druckform benutzt wird. Mit Sticheln werden die nicht zur Zeichnung gehörenden Teile tiefgelegt, dabei können flächig wirkende Schattierungseffekte erreicht werden. Die Anwendung des Holzstichs für die Kartenvervielfältigung blieb auf Textkarten begrenzt.

Homann, *Johann Baptist*, Kupferstecher, Kartograph und Verleger, * 20.3.1664 in Oberkamlach bei Mindelheim (Schwaben), † 1.7.1724 in Nürnberg. Er kolorierte in Nürnberg Karten und widmete sich dem Kupferstich (1692 »Das Nürnbergische Gebiet«). Nach Verlust des Nürnberger Bürgerrechts hielt er sich in Wien, Erlangen und Leipzig auf, wo er 34 Karten für »Notitia orbis antiqui« stach, kehrte 1697 nach Nürnberg zurück, stach u. a. Karten zum »Atlas novus«, bis er 1702 die Homännische Offizin gründete, ein kartographisches Unternehmen, das sich in der ersten Hälfte des 18. Jh. zum führenden Kartenproduzenten in den deutschen Territorien entwickelte. Im Jahr 1707 kam sein erster Atlas mit 40 Karten heraus, 1712 erweitert zum »Atlas von hundert Charten«, 1716 dann als »Großer Atlas über die gantze Welt« mit 126 Karten. Neben weiteren Übersichts- und Regionalkarten gab Homann 1719 den von J. Hübner entworfenen Schulatlas »Atlas Methodicus« mit 18 stummen Karten heraus, ferner Stadtansichten, Karten von Kriegsschauplätzen, aber auch Veduten und Bildnisse, meist mit farbenprächtigem Kolorit, sowie Globen. Er verlegte mehr als 200 Titel, wurde 1715 Mitglied der Berliner Akademie der Wissenschaften und erhielt 1716 den Titel »kaiserlicher Geograph«. [WSt]

homoclinale Carbonatrampe ↗Carbonatplattform.

homodesmisch, ein Kristall oder Mineral, dessen Bindungen nur in einer Art vorliegen.

homodesmische Struktur, Vorliegen eines einheitlichen Bindungscharakters in einer Kristallstruktur. Beispiele sind Edelgase (↗Van-der-Waals-Bindung), Metallstrukturen (↗metallische Bindung), einfache Ionenkristalle (↗heteropolare Bindung), Diamant (↗homöopolare Bindung).

Homoepitaxie, epitaktisches (↗Epitaxie) Aufwachsen von kristallinen Schichten auf Flächen von kompakten Kristallen derselben Verbindung. Moderne Bauteile der Mikroelektronik oder Opto-Elektronik benützen meist nur aktive Schichtstrukturen für die entsprechenden Eigenschaften, die per Homoepitaxie auf eigene oder per ↗Heteroepitaxie auf fremde, anderweitig gezüchtete Kristalle aufgebracht werden.

homogen, 1) *Allgemein*: gleichartig, was die Zusammensetzung und die Eigenschaften eines Stoffes betrifft. Der Gegensatz ist *inhomogen* bzw. *heterogen* (↗Heterogenität). **2)** *Geophysik, Landschaftsökologie*: ↗Homogenität. **3)** *Hydrologie*: Eigenschaft einer gemessenen hydrologischen Beobachtungsreihe. Die ↗Zeitreihe beinhaltet nur klimatisch bedingte Variationen und ist nicht durch ein Wechsel der Meßgeräte bzw. Meßtechniken (↗konsistent) oder durch anthropogene Veränderungen der Gebietseigenschaften (z. B. Landnutzungsänderungen, Wasserentnahmen, Bau von Speichern) beeinflußt. Zur Prüfung der Homogenität werden statistische Methoden angewandt, z. B. ↗Trendanalyse oder ↗Sprunganalyse.

Homogenbereich ↗Fels.

homogene Atmosphäre, eine (fiktive) Atmosphäre, die sich ergäbe, wenn in der Vertikalen überall die gleiche Luftdichte wie am Erdboden herrschen würde. Eine solche Atmosphäre hat entsprechend der ↗statischen Grundgleichung eine endliche Höhe. Diese beträgt für die mittleren Verhältnisse auf der Erde etwa 8 km und wird auch als Skalenhöhe bezeichnet.

homogene Keimbildung, *spontane Keimbildung*, im Gegensatz zur ↗heterogenen Keimbildung die Bildung des ↗Keimes einer neuen Phase inmitten der übersättigten Phase.

homogene Reihe, in der ↗Klimatologie die Eigenschaft einer ↗Zeitreihe eines ↗Klimaelementes. Dabei sind nur meteorologisch bedingte Variationen zu berücksichtigen und nicht etwa Einflüsse von Wechseln der Meßgeräte oder Meßgeräteaufstellung. Durch Vergleich mit den Daten umliegender repräsentativer Stationen kann eine inhomogene Klimadatenreihe ggf. homogenisiert werden. Zur indirekten Vermutung der klimatologischen Homogenität oder Inhomogenität dienen spezielle statistische Homogenitätstests.

Homogenisierung, i.w.S. Einstellung eines Gleichgewichts zwischen unterschiedlichen Phasen, wie z. B. feste Phase, flüssige Phase oder Gasphase, oder zwischen unterschiedlichen Druck- oder Temperaturbedingungen, etc.; i.e.S. Phasenübergang im ↗Flüssigkeitseinschluß während des experimentellen Heizvorgangs im ↗Heiz-Kühltisch. Ein ↗Mehrphaseneinschluß geht z. B. während des Aufheizens (↗Mikrothermometrie) in eine Phase über. Wird die Druckdifferenz zwischen Außen- und Innendruck während des Heizens (oder Gefrierens) in dem Flüssigkeitseinschluß zu groß, kommt es zur Zerstörung oder Dekrepitation des Einschlusses.

Homogenisierungstemperatur ↗Mikrothermometrie.

Homogenität, 1) *Allgemein*: Einheitlichkeit, Gleichartigkeit, im Gegensatz zur ↗Heterogenität. **2)** *Geophysik*: gleiche oder identische Eigenschaften der Volumenelemente eines Körpers. **3)** *Landschaftsökologie*: die Gleichmäßigkeit der Ausstattung und Funktion eines Systems oder eines ↗Lebensraums, d. h. einheitliche ökologische Verhaltensweise. Die Frage der Homogenität stellt sich entsprechend v. a. bei der, von der ↗Theorie der geographischen Dimensionen geprägten Ausscheidung von naturräumlichen Einheiten in hierarchischen Stufen (↗naturräumliche Gliederung, ↗naturräumliche Ordnung). Als homogen zu betrachten sind die ↗Areale der ↗topischen Dimension als landschaftsökologische Grundeinheiten mit einem zu bestimmenden Nutzungspotential (↗Nutzungseignung). Zur Bestimmung dieses ↗ökologischen Potentials wird das Verhalten der einzelnen Geoökofaktoren mittels der ↗komplexen Standortanalyse (KSA) in »Meßgärten« (↗Tessera) an repräsentativen ↗Standorten im Gelände erfaßt. Im Sinne der Homogenitäts-Prämisse lassen sich diese punkthaften Meßdaten dann auf den topischen Gebietsausschnitt extrapolieren. Von Bedeutung ist dabei, daß mit der KSA zumindest alle Haupt-Ökosystemtypen abgedeckt sind. Wie weit diese quantitative Kennzeichnung auch auf die aus einem ↗Ökotopgefüge zusammengesetzten Einheiten der ↗chorischen Dimension übertragbar sind, gehört zu den aktuellen Forschungsfragen in der Landschaftsökolgie. Dies belegt jedenfalls, daß Homogenität immer relativ zu verstehen ist und zu ihrer Bestimmung, jeweils gegenstands- und dimensionsspezifische Kriterien definiert werden müssen. Für die Planungsdisziplinen (↗Raumplanung, ↗Landespflege) werden die beschriebenen Verfahren der landschaftsökologischen Raumgliederungen angewendet, um für die Festlegung von landespflegerischen Maßnahmen von homogenen Arealen ausgehen zu können. In anderen Fällen wird mit den technischen Mitteln der ↗Landeskultur bewußt die Herstellung von homogenen Bedingungen innerhalb eines Landschaftsausschnittes angestrebt, damit einheitliche Areale für eine effizientere Landnutzung bereit stehen.

Homohopane, homologe Reihe der aus dem C_{35}-Bakteriohopantetrol gebildeten C_{31}- bis C_{35}-Hopane (↗Hopan). Durch schrittweise Abspaltung von Methylgruppen erhält man während der ↗Diagenese eine homologe Reihe der C_{35}- bis C_{30}-Hopane, wobei die C_{30}-Hopane nicht zu den Homohopanen gezählt werden. Die Homohopane liegen zunächst nur in der biologisch gebildeten 17β, 21β, 22R-Konfiguration vor. Während der Diagenese kommt es zur Stereoisomerisierung (↗Stereoisomerie) unter Bildung mehrerer Diastereomere. Das Biomarker-Verhältnis der [22 S/(22S+22 R)]-Homohopan-Isomere wird als Reifeparameter eingesetzt. Durch die Abspaltungen der Methylgruppen der Seitenkette verliert das C_{30}-Hopan sein chirales Zentrum an der C-22-Position, so daß keine R/S-Isomerisierung stattfinden kann.

homoionisch, wird als Bezeichnung für eine einheitliche Belegung eines ↗Austauschers mit den gleichen Ionen benutzt.

Homologie, 1) *Kartographie* und *Photogrammetrie*: *homologe Abbildung*, Abbildungsbeziehung zweier oder mehrerer Objekte, Punkte o. ä., die einander aufgrund bestimmter identischer oder ähnlicher Eigenschaften entsprechen. So besteht z.B. Homologie zwischen einem abzubildenden Objekt des ↗Georaums, seiner Abbildung im ↗Luftbild und seiner Abbildung (↗Kodierung) als ↗Kartenzeichen in einer ↗Karte (↗Isomorphie). ↗Zeichen-Objekt-Referenzierung. 2) *Landschaftsökologie*: Ähnlichkeit bei Pflanzen- und Tierarten (↗Art) bezüglich ihrer morphologischen Strukturen, physiologischen Prozesse, ökologischen Ansprüche oder ihres Verhaltens. Im Gegensatz zur ↗Konvergenz beruht diese Ähnlichkeit auf der entwicklungsgeschichtlichen Abstammung von einem gemeinsamen Vorfahren.

Homomorphie ↗Isomorphie.

homöopolare Bindung, *kovalente Bindung, Kovalenzbindung, Atombindung, Elektronenpaarbindung*, Bindung von Atomen durch gemeinsame Elektronenpaare. Nach der ursprünglich von Lewis entwickelten Theorie vermag ein Elektronenpaar, das zwei oder mehr Atome gemeinsam angehört, eine Bindung zwischen diesen Atomen vermitteln. Rein schematisch kann man die bindenden Elektronen der Valenzschale jedem der Bindungspartner zurechnen, die dadurch beide formal eine (besonders stabile) Edelgaskonfiguration erlangen (Oktettregel). Die einzelnen Atome sind jeweils mit $Z_e - Z$ Elektronen an der Bindung beteiligt (Z = Ordnungszahl, Z_e = Ordnungszahl des im Periodensystem folgenden Edelgases). Es können mehrere Elektronenpaare an einer einzigen Bindung beteiligt sein, man spricht dann von Doppel- bzw. Dreifachbindungen. In Strukturformeln symbolisiert man gemeinsame Elektronenpaare durch einen Strich, z.B. für H$_2$: H-H (Einfachbindung), O$_2$: O = O (Doppelbindung) und N$_2$: N≡N (Dreifachbindung). Die Anzahl kovalenter Bindungen, die ein Atom im Einklang mit der Oktettregel eingehen kann, nennt man seine Bindigkeit, Bindungszahl oder ↗Wertigkeit.

Kovalente Bindungen sind gerichtet und nur zwischen den beteiligten Atomen wirksam. Häufig entstehen durch kovalente Bindung Moleküle, die aus einer begrenzten Anzahl von Atomen bestehen und als individuelle Einheiten existieren können. Gelegentlich entstehen jedoch auch ein, zwei- oder dreidimensional vernetzte Strukturen wie beispielsweise Graphit (zweidimensionales Netzwerk) und Diamant (dreidimensionales Netzwerk) (Abb.). [KE]

Homöorhese ↗Fließgleichgewicht.

Homöostase, stabiler Zustand, den ein Organismus bzw. ein Ökosystem dank negativer ↗Rückkoppelung aufrecht erhält. Der vom Physiologen Rosenfeld geprägte Begriff wurde primär auf chemisch und neurologisch geregelte, physiologische Zustände bei Organismen angewandt. Dem Begriff Homöostase wurde später der Begriff Homöorhese (↗Fließgleichgewicht) gegenübergestellt.

Homöotypie, Art der Ähnlichkeit zwischen Kristallstrukturen. Zwei Kristallstrukturen werden als homöotyp bezeichnet, wenn ohne Rücksicht auf die chemische Summenformel und Symmetrie die Baueinheiten (z.B. Koordinationspolyeder) einander so zugeordnet werden können, daß sie in gleicher Weise miteinander verknüpft sind (z.B. Diamant und Zinkblende bzw. Chalkopyrit).

Homopause, *Turbopause*, in der ↗Atmosphäre die obere Begrenzung der ↗Homosphäre.

Homosphäre, *Turbosphäre*, der untere Teil der ↗Atmosphäre, in der die Zusammensetzung der trockenen ↗Luft annähernd einheitlich ist. Dies ist bis etwa 120 km Höhe der Fall. Darüber liegt die *Heterosphäre*.

Hondius, *Jodocus* (Joost) de Hondt), niederländischer Kupferstecher, Kartograph und Verleger, * 14.10.1563 Wakken (Wackene), Flandern, † 16.2.1612 Amsterdam. Hondius emigrierte 1583 aus Glaubensgründen von Gent nach London, stach dort seit 1588 See- und Landkarten (1590 England, 1591 Frankreich, 1592 England und Irland) in einem neuen Stil mit reich verzierten Rahmen; führte auch die Gravur der von E. Molyneux († 1598/99) ab 1592 publizierten Erd- und Himmelsgloben mit 62 cm Durchmesser aus. Ab 1593 in Amsterdam ansässig, brachte er im eigenen Verlagshaus in seinem neuen Kartenstil 1594 eine Erdkarte in zwei Hemisphären und ab 1595 mit seinem Schwager P. van den Keere (1571-ca. 1646) die Wandkarte von Europa in 15 Blättern und zahlreiche weitere Ein- und Mehrblattkarten heraus. 1604 kaufte Hondius die Kupferplatten von G. ↗Mercators »Atlas«, den er 1606, erweitert mit 36 neuen Karten, neu herausgab; bis 1636 folgten weitere Ausgaben in Latein, Französisch, Deutsch, Niederländisch und Englisch. Damit wurde das Unternehmen zunehmend zum Kartenverlag. Nach seinem Tode wurde der Verlag zunächst von seiner Witwe, dann von seinen Söhnen Jodocus d. J. (1594/95-1629) und Henricus (Hendrik) Hondius (1597-1651) weitergeführt. 1623 trat der Schwiegersohn Johannes Janssonius (ca. 1588-1664) in das Unternehmen ein, das ab 1643 unter dem Namen Janssen fortbestand. [WSt]

Hookesches Gesetz, von dem engl. Physiker Hooke (1635-1703) beschriebenes Gesetz, das in einem bestimmten Bereich den linearen Zusammenhang zwischen Spannung σ und der Deformation ε, die als elastische Deformation bezeichnet wird, beschreibt. Bei kleiner Längenänderung Δl und einaxialer Spannung σ_1 als ↗Normalspannung gilt das Hookesche Gesetz:

$$\sigma_1 = E \cdot \varepsilon_1$$

mit $\varepsilon_1 = \Delta l/l$ (l = ursprüngliche Länge) und E = Elastizitätsmodul [N/m^2]. Diese einfache Beziehung vernachlässigt Querschnittsänderungen. Berücksichtigt man diese, so gilt:

$$\varepsilon_2 = \varepsilon_3 = -\sigma_1 \cdot \nu/E$$

mit ν = ↗Poisson-Zahl. In Analogie gilt für die Tangentialspannung:

$$\tau = G \cdot \alpha$$

mit α = Scherwinkel und G = Schermodul [N/m^2].

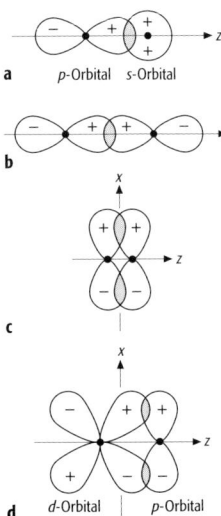

homöopolare Bindung: σ-Bindung: Überlappung (a) von s- und p-Orbital entlang der Rotationsachse des p-Oribitals und (b) zweier p-Orbitale entlang der gemeinsamen Längsachse zu einer σ-Bindung. Die maximale Überlappung beider Orbitale erfolgt auf der Bindungsachse. π-Bindung: Seitliche Überlappung (c) zweier p-Orbitale und (d) eines d- und p-Orbitals zu einer π-Bindung. Die maximale Überlappung der Orbitale erfolgt gleichermaßen ober- und unterhalb der Bindungsachse.

Das Hooksche Gesetz gilt ausschließlich im linear-elastischen Bereich bis zur Proportionalitätsgrenze. Darüber hinaus reagiert ein solcher Stoff bis zur ↗Elastizitätsgrenze elastisch (↗Elastizität). Bei Erdstoffen gilt das Hooksche Gesetz nur für kurze Strecken, da die Spannungs-Deformationsbeziehung hier nicht linear verläuft. Das verallgemeinerte Hooksche Gesetz wird in der Tensor-Schreibweise unter dem Begriff ↗Rheologie beschrieben.

Hopan, C_{30}-Hopan, $C_{30}H_{52}$, pentacyclisches ↗Triterpan mit vier Diastereomeren (↗Stereoisomerie). Es besitzt vier Cyclohexanringe und einen Cyclopentanring sowie einige Alkylgruppen (Abb.). Hopane entstammen hauptsächlich dem C_{35}-Bakteriohopantetrol, dessen lange und planare Form zur strukturellen Integrität der Zellmembran von Bakterien beiträgt. Ausgehend vom Bakteriohopantetrol wird während der ↗Diagenese durch schrittweise Abspaltung von Hydroxylgruppen und Alkylgruppen eine homologe Reihe der C_{35}- bis C_{30}-Hopane erhalten. Die C_{31}- bis C_{35}-Verbindungen werden als ↗Homohopane bezeichnet. Homohopane weisen am siebzehnten, einundzwanzigsten und zweiundzwanzigsten Kohlenstoffatom chirale Zentren auf, an denen bevorzugt Stereoisomerisierungen ablaufen können. Da das C_{35}-Bakteriohopantetrol biologisch nur in der 17β, 21β, 22R-Konfiguration gebildet wird, liegt das daraus während der frühen Diagenese entstandene Homohopan zunächst auch in dieser »biologischen« 17β, 21β, 22R-Konfiguration vor. Während der Diagenese und ↗Katagenese isomerisiert mit zunehmender thermischer Reifung die biologische Konfiguration in die unterschiedlichen thermodynamisch stabileren »geologischen« Konfigurationen 17β, 21α, 22R-Homohopan, 17α, 21β, 22R-Homohopan und 17α, 21β, 22S-Homohopan. Durch Abspaltungen der Methylgruppen der Seitenkette verliert das C_{30}-Hopan sein chirales Zentrum an der C-22-Position, so daß keine R/S-Isomerisierung stattfinden kann. Analog zu den Homohopanen isomerisiert mit zunehmender thermischer Reifung die biologische Konfiguration des Hopans, die 17β, 21β-Konfiguration, in die unterschiedlichen »geologischen«, thermodynamisch stabileren Konfigurationen 17α, 21β-Hopan und 17β, 21α-Hopan, wobei die Verbindungen der Serie 17β, 21α-Hopan als Moretane bezeichnet werden. Durch Biodegradation wird unter Verlust der C-25-Methylgruppe aus dem Hopan das 29 Kohlenstoffatome zählende Norhopan gebildet. Die durch Abspaltung von Methylgruppen gebildeten Derivate des Hopans werden als ↗Hopanoide bezeichnet. [SB]

Hopanoide, *hopanoide Kohlenwasserstoffe*, pentacyclische ↗Terpane mit vier Cyclohexanringen (Ring A-D) und einem Cyclopentanring (Ring E), Derivate des ↗Hopans und der ↗Homohopane. Ursprungssubstanz für die Hopanoiden ist das C_{35}-Bakteriohopantetrol (Abb. 1). Die Verbindungen mit der 17β, 21α-Konfiguration werden als Moretane bezeichnet. Durch Biodegradation wird durch Verlust der C-25-Methylgruppe aus dem Hopan das 29 Kohlenstoffatome zählende Norhopan gebildet. Durch Verlust der Methylgruppe am C-28- und C-30-Position wird aus dem Hopan das 17α-28, 30-Bisnorhopan (BNH), bei dem zusätzlichen Verlust der C-25-Methylgruppe das 17α-25, 28, 30-Trisnorhopan (TNH). Weiterhin existieren zwei weitere im Erdöl enthaltene hopanoide Verbindungen mit 27 Kohlenstoffatomen, das 17α-22, 29, 30-Trisnorhopan (Tm) und das 18α-22, 29, 30-Trisnorneohopan (Ts) (Abb. 2). [SB]

Hopkinson-Maximum, Maximum der magnetischen ↗Suszeptibilität antiferromagnetischer, ferrimagnetischer und ferromagnetischer Substanzen. Das Hopkinson-Maximum liegt dicht unterhalb der jeweiligen ↗Néel-Temperatur T_N bzw. ↗Curie-Temperatur T_C, bedingt durch eine Schwächung der Kopplung der magnetischen Elementardipole an das Kristallgitter. Dies bewirkt eine leichte Beweglichkeit im Einfluß äußerer Magnetfelder und führt zu großen Werten für die Suszeptibilität.

Horizont, bedeutet im geophysikalischen Sinne Grenzfläche bzw. ↗Diskontinuität. In der ↗Seismik werden reflektierende Grenzflächen als Horizonte bezeichnet.

Horizontalbohrung, *Mikrotunnelbau*, *microtunneling*, ↗Bohrverfahren mit in etwa horizontaler Vortriebsrichtung. Horizontalbohrungen werden v. a. im Leitungsbau eingesetzt, wenn Verkehrswege, Gewässer, Gebäude oder schützenswerte Bereiche unterquert werden müssen (Abb.). Beim *Richtbohrverfahren* wird von einer Startöffnung aus eine kleinere Pilotbohrung zu einer Zielöffnung vorgetrieben. Anschließend wird in der Zielöffnung ein Aufweitungskopf angehängt. Dieser weitet das Bohrloch auf und zieht gleichzeitig den einzubauenden Leitungsstrang ein. Bei den Durchpressungsverfahren wird ein hohler Baukörper in den Untergrund eingepreßt und anschließend das Erdreich aus diesem ausgeräumt.

Im Brunnenbau werden Horizontalbohrungen beim Bau von Horizontalfilterbrunnen durchgeführt. Die Bohrungen werden von einem Zen-

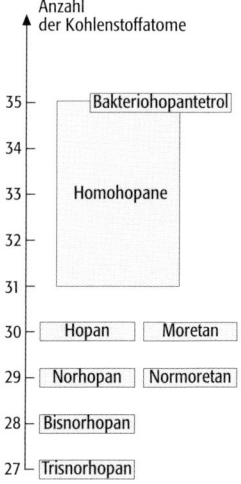

Hopanoide 1: Strukturformel des Bacteriohopantetrols, Ursprungsverbindung der Hopanoide.

Hopanoide 2: Übersicht häufig vorkommender hopanoider Verbindungen.

Hopan: Strukturformel, Ringbezeichnung und Positionsnumerierung des C_{30}-Hopans.

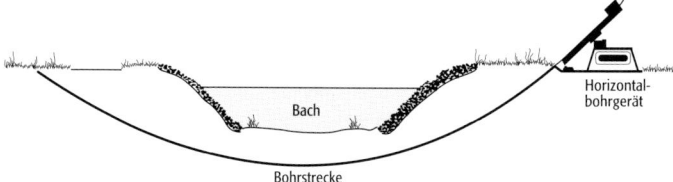

Horizontalbohrung: schematische Darstellung.

tralschacht ausgehend sternförmig niedergebracht. Anschließend werden ↗Brunnenfilter mit geklebtem Kiesmantel (Kiesmantelverfahren) in das gesicherte Bohrloch eingebaut. *Horizontalfilterbrunnen* dienen zur Gewinnung von Uferfiltrat oder Grundwasser aus flachgründigen Grundwasserleitern. Für den Bohrvortrieb werden Preßbohrverfahren, Durchschlagsraketen mit Schlagkolben, Spülbohrverfahren und Strahlbohrverfahren eingesetzt. [ABo]

Horizontaldivergenz, die ↗Divergenz in einem Feld der Horizontalgeschwindigkeit.

horizontaler Bettungsmodul, ↗Bettungsmodul für die Bemessung der horizontalen Belastbarkeit eines Erdstoffs. Der horizontale Bettungsmodul wird als Kennwert für die seitliche Beanspruchung von ↗Pfählen verwendet, welche den Bodenwiderstand vor und seitlich eines Pfahles, der einer Pfahlverschiebung entgegenwirkt, beschreibt. Der horizontale Bettungsmodul k_{Sh} [kN/m³] läßt sich aus dem Quotient des horizontalen Steifemoduls E_{Sh} und dem Pfahldurchmesser D abschätzen:

$$k_{sh} \approx 1,4 \cdot E_{Sh}/D.$$

horizontaler Schweregradient ↗Schweregradient.
Horizontalfilterbrunnen ↗Horizontalbohrung.
Horizontalgradient ↗Gradient.
Horizontalintensität ↗Magnetfeldkomponenten.
Horizontalkreis, **1)** *Klimatologie*: ein heller Streifen am Himmel parallel zum Horizont in gleicher Höhe wie die Sonne, ein spezieller ↗Halo aus der Fülle der Halo-Erscheinungen. **2)** *Kartographie*: ↗Teilkreis.

Horizontalparallaxe ↗Parallaxe.
Horizontalrichtung ↗Horizontalwinkel.
Horizontalschichtung, *Feinschichtung*, einander parallele, planare, übereinandergestapelte Abfolge von ↗Schichten unterschiedlicher Dicke.
Horizontal-Stylolith, horizontales, zapfenförmiges, 1–5 mm großes, meist längsgeriefes Gebilde (Abb.). Es entsteht durch chemische Drucklösung als Ausdruck horizontal gerichteter (tektonischer) Krustenspannungen vorwiegend in homogenen Kalken, selten auch in feinkörnigen Sandsteinen. Die Orientierung von Horizontal-Stylolithen im Gesteinsverband dient der Rekonstruktion von lokalen bis regionalen Paläospannungsfeldern. *Vertikal-Stylolithen* entstehen unter Auflast und bewirken Verzahnungen zwischen den Schichten.
Horizontalverformung, seitliche Verformung, die bei Konsolidationssetzungen infolge erstmaliger Lastaufbringung auf einem weichen Untergrund entsteht. Die Horizontalverformung erreicht in Abhängigkeit von der (Damm-)Auflast und Steifigkeit des Bodens ca. 10–15 % der (Damm-)Setzung und klingt meist mit der Primärsetzung ab.
Horizontalverschiebung, *Blattverschiebung*, horizontale Verschiebung zweier Gesteinspakete an einer senkrechten oder geneigten Fläche. ↗Verwerfung.
Horizontalwinkel, die Differenz zweier *Horizontalrichtungen* auf dem gleichen Standpunkt. Horizontalrichtungen sind auf eine horizontale Ebene vertikal projezierte Raumgeraden. Mit Hilfe einer Einteilung in der horizontalen Ebene (↗Teilkreis) mißt man ↗Richtungen. Eine Horizontalrichtung, auf welche die übrigen Richtungen bezogen sind, so daß sie die Horizontalwinkel zu dieser Richtung angeben, bezeichnet man als *Nullrichtung*.
Hornblende, *gemeine Hornblende*, *Philipstadit*, Mineral mit der chemischen Formel: $(Na,K)Ca_2(Mg,Fe^{2+},Fe^{3+},Al)_5[(OH,F)_2|(Si,Al)_2Si_6O_{22}]$ und monoklin-prismatischer Kristallform; Farbe: hell- bis dunkelgrau, grünlich bis bläulichschwarz; Glas- bis Seidenglanz; undurchsichtig; Strich: farblos bis graubraun, graugelb, aber auch graugrün; Härte nach Mohs: 5–6; Dichte 2,91–3,4 g/cm³; Spaltbarkeit: vollkommen nach (*110*), Aggregate: stengelig, schilfartig, körnig, auch derb; vor dem Lötrohr nur schwer zu einem grünen Glas schmelzbar; in Säuren unlöslich; Begleiter: Granat, Hedenbergit, Epidot, Magnetit, Sphalerit, Chalkopyrit; Vorkommen: intrusivmagmatisch als Gemengteil vieler magmatischer Gesteine (Hornblendegranit, Granodiorit, Syenit, Porphyrit u. a.), ferner in Basalten, Tuffen und Aschen, in manchen kristallinen Schiefern und als Kontaktmineral, aber nicht in Meteoriten und nicht als Hüttenprodukt; Fundorte: weltweit. ↗Amphibolgruppe. [GST]
Hornblende-Gabbro, ein ↗Gabbro, der als mafische Minerale neben Pyroxenen Amphibole (z. B. Hornblenden) enthält.
Hornblende-Gneis, ein hornblendeführender ↗Gneis.
Hornblende-Peridotit ↗Peridotit.

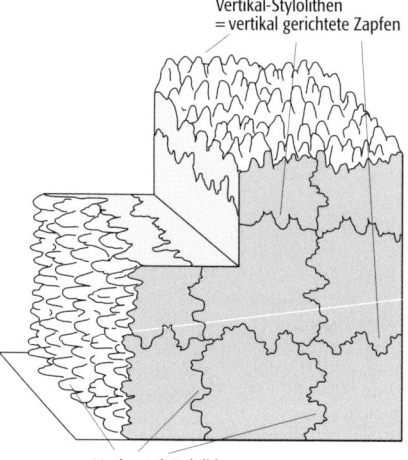

Horizontal-Stylolith: Darstellung von Horizontal- und Vertikal-Stylolithen.

Hornblendeschiefer, ein hornblendeführender ↗Schiefer.
Hornblendit, ↗Ultramafitit aus mehr als 90 % Amphibole (↗Amphibolgruppe).
Hornfels, sehr feinkörniges, splittrig brechendes Gestein der ↗Kontaktmetamorphose.
Hornfelsfazies, Überbegriff für die verschiedenen ↗Fazies der ↗Kontaktmetamorphose.
Hornito, [von span. horno = Ofen], Meter bis Zehnermeter hohes Agglomerat aus miteinander verschweißten Schlacken und Lavafragmenten. Ein Hornito entsteht auf Lavaströmen an Stellen, an denen ↗Lavatunnel ihre Decke durchbrechen.
Hornmilben ↗Oribatiden.
Hornstein ↗Chert.
Horrebow-Talcott-Methode ↗astronomische Breitenbestimmung.
Horst, langgestrecktes Krustensegment, das gegenüber den angrenzenden Krustensegmenten gehoben erscheint und an den Längsseiten durch vom Horst weg einfallende Abschiebungen begrenzt wird (Abb.).

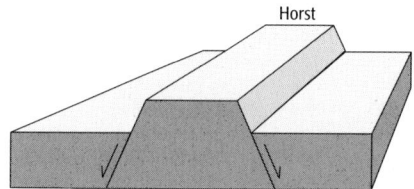

Horstgebirge, an Bruchlinien gegenüber seiner Umgebung horstartig oder pultschollenartig herausgehobener Gebirgskomplex (↗Horst, ↗Pultscholle). Horstgebirge gehören zur Gruppe der ↗Bruchschollengebirge. Ihre randliche Begrenzung folgt meist einer noch deutlich erkennbaren tektonischen Richtung.
Hortisol, gehört zur Klasse der ↗Anthropogenen Böden der ↗deutschen Bodenklassifikation. Diese sind vor allem in Siedlungen nach jahrzehnte- bis jahrhundertelanger Gartenkultur entstanden. Der >40 cm mächtige ↗R-Horizont ist eine Folge der starken organischen Düngung, der tiefgründigen Bodenbearbeitung, der intensiven Bewässerung sowie der Aktivität von Bodentieren.
Horton, *Robert E.*, amerikan. Wasserbauingenieur und Hydrologe, * 18.5.1875 Parma/Michigan (USA), † 22.4.1945; Studium am Albion College. Anfänglich befaßte er sich mit der Untersuchung von Wehren in einem Wasserbaulaboratorium. 1900 wurde er Distrikt-Ingenieur des US Geological Services für den US-Staat New York. Intensive Untersuchungen von gemessenen Wasserständen und daraus abgeleiteten Durchflüssen führten zu den ersten Untersuchungen über Niedrigwasser, Basisabfluß, Durchflußganglinienseparation und der damit verbundenen Trennung der Abflußkomponenten. Er befaßte sich mit dem Prozeß der Abflußbildung, der Hochwasserentstehung und des Konzeptes des maximal möglichen Niederschlages (PMP) und des Abflusses (PMF). Seine Untersuchungen zum Infiltrationsprozeß und der Entstehung des Landoberflächenabflusses bildeten die Grundlage für die Betrachtung der Bodenerosion und für Maßnahmen des Bodenschutzes. Nach ihm ist der ↗Hortonsche Landoberflächenabfluß benannt. Er erkannte die Bedeutung physikalischer Gebietscharakteristika wie Flußdichte, Gewässergefälle und Weglänge des Landoberflächenabflusses bei der Abflußbildung. Er faßte seine Ergebnisse in vier Gesetzen zusammen: dem der Flußzahlen, dem der Flußlängen, dem der begrenzten Infiltrationskapazität und dem Gesetz über den Zusammenhang zwischen Abflußrückgang und Gebietsrückhalt. In Anerkennung seiner herausragenden Leistungen als Ingenieur und Wissenschafter würdigt die Amerikanische Geophysikalische Union herausragende geowissenschaftliche Arbeiten auf dem Gebiet der Hydrologie mit der Verleihung der »Robert E. Horton-Medaille«. [HJL]
Hortonscher Landoberflächenabfluß, *Hortonscher Oberflächenabfluß*, nach R. E. ↗Horton benanntes Fließen von Wasser über die Landoberfläche infolge von Infiltrationsüberschuß. Ist die Niederschlagsintensität größer als die Infiltrationsrate, fließt das auf der Erdoberfläche zurückbleibende Wasser beim Vorhandensein eines Gefälles als ↗Landoberflächenabfluß ab, wobei es den Vorfluter erreichen oder auf dem Weg dorthin wieder versickern kann (↗Zwischenabfluß Abb.). Hortonscher Landoberflächenabfluß wird hauptsächlich bei hochintensiven Niederschlägen auf Böden mit geringer Infiltrationskapazität beobachtet. Geringe Infiltrationseigenschaften weisen feinkörnige Böden bei gleichzeitig nicht vorhandenen, unterbrochenen oder verstopften Makroporen auf. Die Wasserleitfähigkeit kann an der Bodenoberfläche durch ↗Verschlämmung, Verdichtung oder Verkrustung reduziert sein. Mit zunehmender Oberflächenverdichtung steigt der Hortonsche Landoberflächenabfluß. Er ist bei versiegelten Flächen, bei gefrorenem Boden sowie bei oberflächig anstehendem Fels wegen fehlender Infiltration besonders hoch. Mit zunehmender Befeuchtung der Böden nimmt die Infiltrationsrate während eines Niederschlages ab, bis sie einen Endwert, die Endinfiltrationsrate, erreicht (↗Sättigungsflächenabfluß). Entsprechend steigt der Hortonsche Landoberflächenabfluß. Bei hohen Niederschlagsintensitäten und wenig durchlässigen Böden ist die Endinfiltrationsrate gering und schnell erreicht. Man spricht vom absoluten Hortonschen Landoberflächenabfluß. Wenn die Niederschlagsintensität geringer, der Boden durchlässiger ist und er dadurch anfangs noch alles Wasser aufnehmen kann, entsteht zeitlich verzögerter Hortonscher Landoberflächenabfluß. Stark ausgetrocknete Böden können durch den ↗Benetzungswiderstand der Bodenpartikel stark infiltrationshemmend wirken. Auch in hydrophoben Humusformen vorkommende Substanzen können abflußhemmend wirken. Es wird oft auch vom zeitweiligen oder temporären Hortonschen Landoberflächenabfluß gesprochen. In ariden und semi-ariden Gebieten dominiert der Hor-

Horst: schematische Darstellung.

Hot-Dry-Rock-Verfahren:
Grundprinzip des Hot-Dry-Rock-Verfahrens.

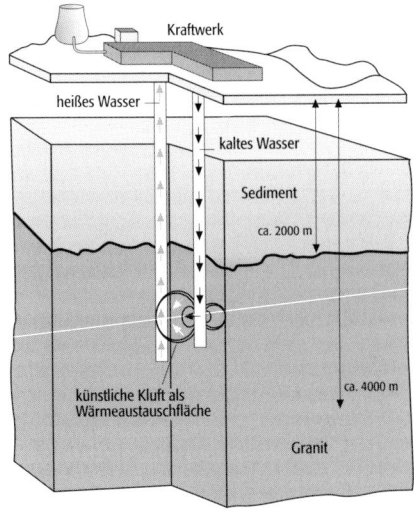

tonsche Landoberflächenabfluß wegen der hier häufig anzutreffenden Oberflächenverkrustung, Vegetationsarmut und ausgetrockneter Böden. Er ist Hauptverursacher von ↗Sturzfluten. [HJL]

Hot-Dry-Rock-Verfahren, Verfahren zur Gewinnung von Energie aus heißen, trockenen Gesteinen (↗geothermische Energiegewinnung). Das Prinzip besteht darin, zwischen zwei Bohrungen durch Aufbrechen (fracturing) des Gesteinsmaterials künstlich eine hydraulische Verbindung zu schaffen. Zur Energiegewinnung wird kühles Wasser in eine der Bohrungen gepumpt. Das Wasser fließt durch die geschaffenen Klüfte zur anderen Bohrung und entzieht dabei dem trockenen Gestein Wärme (Abb.). Gut geeignet sind möglichst dichte, nicht wasserführende Gesteine (z. B. Granite). Erstes Pilotprojekt war das Fenton-Hill-Projekt bei Los Alamos. Bei Soultz-sous-Foret in der Nähe der französisch-deutschen Grenze entstand ein europäisches Pilotprojekt.

Hot-Seal-Apparatus, *Morey-Apparatus*, engl. Ausdruck für eine ↗Hydrothermal-Apparatur mit innerhalb des Heizofens liegendem Verschluß.

hot spot, 1) *Fernerkundung*: a) Reflexionsmaximum elektromagnetischer Strahlung an Vegetation-Boden-Oberflächen bei Variation der Beobachtungsrichtung, wenn die Sonne als ausschließliche Strahlungsquelle direkt hinter dem Beobachter (dem Sensor) steht. Ist diese Bedingung gegeben, wird ein Höchstmaß an sonnenbeschienener Vegetation gesehen, während Schatten in der Vegetationsbedeckung oder am Boden durch die besonnten Anteile größtenteils abgedeckt werden. Das Maximum der Reflexion in retrosolarer Richtung wird von Form und Neigung (leaf-angle distribution, LAD) reflektierender Blattformationen abhängen. Die Amplitude der Hot-spot-Reflexion nimmt in Funktion zunehmender Zenitdistanz der Sonne ab. Das Ausmaß an Hot-spot-Reflexion variiert in Funktion der horizontalen und vertikalen Struktur der Vegetationsbedeckung. Die Messung von Hot-spot-Reflexionswerten gestattet die Abschätzung von Biomasse und Grad der Bodenbedeckung. Aus der Veränderung der bidirektionalen Reflexionsfunktion (BDRF) im Bereich des hot spot können Aussagen über Blattformen und Blattgrößen getroffen werden. Der Hot-spot-Effekt wird in der Atmosphärenforschung Heiligenschein, in der planetaren Physik Oppositionseffekt genannt.
b) lokal ausgeprägte Temperaturmaxima in ↗Thermalbildern. Die Emission von elektromagnetischer Strahlung im thermalen Infrarot (Wärmestrahlung) ist für spezifische Bereiche der Erdoberfläche und unter speziellen Konditionen signifikant höher als in den umgebenden Bereichen. Damit sind Rückschlüsse auf thermale Strahlungsmaxima in urbanen Bereichen, die auf maximale Versiegelungsgrade verorten, aber auch auf thermale Strahlungsmaxima, die auf Umweltbelastungen hinweisen. Wichtige Beispiele sind die Dokumentation von Temperaturfahnen in Mündungsbereichen aufgeheizter Kühlwässer von Kraftwerken in Flüsse und Seen oder lokale Temperaturextrema in Deponieflächen, die auf chemische Aktivität unter Luftabschluß und/oder auf Austritte von aufgeheizten kontaminierten Deponiewässern in Vorfluter schließen lassen.

2) *Geologie*: mantle plume, 100–200 km großes, quasi-stationäres Gebiet, das sich über ein mehr oder minder zirkular begrenztes Areal auf der Erdoberfläche erstreckt, und das sich durch vulkanische Aktivität und/oder durch eine hohe Wärmeflußdichte an der Erdoberfläche auszeichnet. Hot spots finden sich sowohl im Inneren von ozeanischen und kontinentalen Platten als auch an divergenten Plattengrenzen. Durch den Aufstieg eines Plumes in den obersten Erdmantel kommt es zur Entstehung von Magmenkammern, aus denen Intrusionsprozesse in die Lithosphäre stattfinden. Die Magmen sind partielle Mantelschmelzen, die sich in Tiefen oberhalb 100 km im höchsten Teil von ↗Manteldiapiren bilden, die von der Erdkern-Erdmantelgrenze aufsteigen. Sie sind gegenüber normalen Ozeanrückenbasalten an leichten Spurenelementen angereichert. Die mehr oder minder kontinuierliche Bewegung der ozeanischen Lithosphäre über einen sublithosphärischen hot spot verfrachtet daher auch die bereits innerhalb der Lithosphäre extrudierten und intrudierten magmatischen Produkte. Eine kontinuierliche Zufuhr von Magmen aus einem quasi-stationären hot spot, der im tieferen Erdmantel liegt, erzeugt auf diese Weise an der Oberfläche der Lithosphärenplatte eine vulkanische »Spur«, die die Bewegungsbahn der Platte als »Brennspur« nachzeichnet, auch vergleichbar mit der Rauchfahne (englisch: plume) in der über einen rauchenden Schornstein hinwegziehenden Luftmasse. Auf den ozeanischen Platten ist diese Brennspur deutlicher ausgeprägt als auf den kontinentalen Platten und zeigt eine lineare, nach dem Alter geordnete Aufreihung inaktiv gewordener Zentren über mehrere 100 oder 1000 km, an deren Ende das aktive Zentrum liegt. Hotspots, die auf divergenten Plattengrenzen aktiv sind, hinterlassen auf

beiden Platten eine Spur (z. B. Walfisch- und Tristan-da-Cunha-Rücken). Die systematische Altersabfolge von Vulkanen entlang ozeanischer Inselketten ist deshalb neben dem magnetischen Streifenmuster der ozeanischen Kruste der wichtigste quantitative Parameter zur Bestimmung von Bewegungsrichtung und Bewegungsrate der Platten relativ zum sublithosphärischen Mantel. Von »absoluten« Plattenbewegungen in einem global integrierten Rahmen kann man aber trotzdem nur beschränkt sprechen, da sich wahrscheinlich auch die tieferen Teile des Mantels zusammen mit ihren hot spots mit Geschwindigkeiten von einigen Millimetern (bis Zentimetern) pro Jahr relativ verschieben. Die am besten bekannten Hot-spot-Spuren befinden sich im Bereich der Pazifischen Platte, wo sich entsprechend der gegenwärtigen Bewegungsrichtung viele vulkanische Inseln und Seamounts in WNW-orientierten Ketten aneinanderreihen. Die längste und am besten dokumentierte vulkanische Inselkette des Pazifiks hat ihren Ausgangspunkt an dem hot spot, der sich heute unter der Inselgruppe von Hawaii befindet. Die Hawaii-Inseln sind der jüngste Teil der Hawaii-Emperor-Kette und das Produkt einer scheinbar extrem langlebigen Magmenproduktion, die seit mindestens 80 Mio. Jahren andauert. Die Hawaii-Emperor-Kette ist ungefähr 6000 km lang und besitzt eine deutliche Knickstelle zwischen der jüngeren WNW-streichenden Hawaii-Kette und der älteren NNW-streichenden Emperor-Kette. Aus der Altersabfolge der Vulkane entlang der Inselkette läßt sich eine durchschnittliche Bewegungsrate der Pazifischen Platte über den Hawaii-Hotspot von ca. 8 cm/a bestimmen. Das Auftreten von hot spots unter Kontinenten kann zum Auseinanderbrechen eines Kontinents führen. Aus dem hot spot kann sich ein lineares ↗Rift entwickeln, das sich in der weiteren Entwicklung als ↗Mittelozeanischer Rücken darstellt.

Howardsche Wolkenklassen, 1803 von dem engl. Naturforscher L. Howard zusammengestellte Wolkeneinteilung. Sie unterscheidet die drei Hauptklassen Cirrus, Cumulus und Stratus, die mittels Kombination weiter unterteilt werden können. Goethe hat diese Klassifikation weithin bekannt gemacht, und sie ist die Grundlage der heutigen internationalen ↗Wolkenklassifikation.

HRIT, *High Rate Information Transmission*, Verfahren zur Übertragung großer Datenmengen über Satellit, z. B. bei der ↗Zweiten Generation Meteosat.

HRPT, *High Resolution Picture Transmission*, Verfahren für Übertragung und Direktempfang der Daten der polarumlaufenden Wettersatelliten (↗polarumlaufende Satelliten).

HRUS, *High Resolution User Station*, System zum Direktempfang der ↗HRIT-Daten der ↗Zweiten Generation Meteosat.

Hubbard Brooke Ecosystem Study, langfristiges, 1955 begonnenes Pionierprojekt im amerikanischen Bundesstaat New Hampshire zur Untersuchung biogeochemischer Kreisläufe in bewaldeten ↗Ökosystemen. Innerhalb eines rund 30 km^2 großen Untersuchungsgebietes wurden dabei erstmalig die Auswirkungen von anthropogenen Störungen (Rodungen, Dünger- und Pestizideinsatz) oder Hintergrundbelastungen (Saurer Regen) auf das Abflußverhalten und die Stofffrachten von kleinen Fließgewässern räumlich und zeitlich hochaufgelöst erfaßt und daraus Schlüsse auf die ablaufenden ökologischen Prozesse gezogen. Daraus wurden auch fundamentale Aussagen über ↗Labilität oder ↗Stabilität sowie Sukzessionsstadien (↗Sukzession) von Ökosystemen abgeleitet.

Hudsonbay, flaches, in den nordamerikanischen Kontinent eingelagertes, intrakontinentales Mittelmeer des ↗Atlantischen Ozeans, das über die ↗Hudsonstraße mit dem ↗Arktischen Mittelmeer verbunden ist und im engl. Sprachgebrauch dem Arctic Ocean zugeordnet wird.

Hudsonstraße, Verbindung zwischen der Hudsonbay und dem ↗Arktischen Mittelmeer.

hue, Farbton, Komponente innerhalb des ↗IHS-Farbraumes, wird bestimmt durch die farbtongleiche physikalische Wellenlänge.

Hufeisenmarke, hufeisenförmige ↗Kolkmarke.

Hugershoff, *Carl Reinhard*, Photogrammeter und Konstrukteur, * 05.10.1882 Leubnitz bei Werdau, † 24.01.1941 Dresden; 1903 – 1906 Studium der Geodäsie an der Technischen Hochschule Dresden; 1907 Promotion, 1907–1909 Forschungsreise nach Zentralafrika unter Leitung von Frobenius (Ethnographie, Routenaufnahmen); 1909–1911 Assistent und Privatdozent an der Technischen Hochschule Dresden, ab 1910 Tätigkeit als wissenschaftlicher Mitarbeiter der Firma Gustav Heyde Dresden, Konstruktion eines Phototheodoliten (Bildformat 9 cm × 12 cm); 1911 Ernennung als a. o. Professor und 1912 zum ordentlichen Professor an der Forstakademie Tharandt mit dem Lehrauftrag für Mathematik, Meteorologie, Waldwegebau und Vermessungskunde; 1920 erste Ausführung des photogrammetrischen Auswertegerätes Autokartograph für terrestrische und Aerophotogrammetrie bei der Firma Aerotopograph GmbH, Dresden; umfangreiche konstruktive Arbeiten (über 100 Patente); 1931 Professor für Geodäsie in der forstwirtschaftlichen Abteilung der Technischen Hochschule Dresden; ab 1938 Leiter des Institutes für Vermessungswesen und Photogrammetrie an der gleichen Hochschule; Schwerpunktgebiete seiner umfangreichen wissenschaftlichen Arbeit: Vermessungskunde, Ausgleichungsrechnung sowie die Photogrammetrie und ihre Applikation in der Forstwirtschaft.

Hüllengefüge, mikroskopische Form des ↗Grundgefüges, bei dem chemische Verbindungen (↗Kittgefüge), Tonteilchen, kolloidale Substanzen oder auch organisches Material (↗Kohärentgefüge) die Einzelkörner umhüllen, verkleben oder verkitten. Übergänge und erste Entwicklungen zum ↗Aggregatgefüge möglich.

Hum, [pl. Humi], isolierte Gesteinskuppe aus verkarstungsfähigem Gestein, die aus einer ↗Polje aufragt. Humi sind oft steilwandig und setzen mit deutlichem Knick auf der Poljenebene auf. Im

Gegensatz zu den Karstkegeln (/Kegelkarst) der Tropen sind es singuläre Erscheinungen. Der geomorphologische Begriff ist von dem Namen eines Einzelberges im Popovo-Polje übernommen.

Humanökologie, Zusammenwirken des Menschen und seines /Lebensraumes. Die menschliche Nutzung der /Umwelt und deren Belastung durch Gesellschaft und Wirtschaft stehen im Zentrum der Humanökologie. Der Begriff wurde vom amerikan. Anthropogeographen Barrows 1923 bezogen auf die Kulturräume der Erde eingeführt und stand immer für einen sehr breiten Ansatz in der /Ökologie. Dies verdeutlichen die israelischen Landschaftsökologen Naveh und Liebermann, indem sie vom /total human ecosystem sprechen, worunter sie einen transdisziplinären Ansatz verstehen. In der obersten Hierarchieebene sind /Bioökologie, /Landschaftsökologie und der Mensch integriert. Wegen der großen Komplexität wird Humanökologie jedoch von Sozial-, Wirtschafts-, Geo- und Biowissenschaften separat betrachtet. In der Landschaftsökologie wird der Mensch v. a. als in der Landschaft wirkender /Ökofaktor betrachtet, der als Regler auftritt und dabei die natürliche Vegetation und den Landschaftshaushalt mehr oder weniger stark beeinflußt (/Hemerobie). Die Bedeutung der Technik bei diesem Prozeß betont E. /Neef mit dem Konzept von /Natur-Technik-Gesellschaft. Die biologisch orientierte Humanökologie betrachtet den Menschen als biologisches Phänomen. Dabei werden /Populationsdynamik und Ressourcenverbrauch auf die menschliche Gesellschaft übertragen. So wird die /Tragfähigkeit der Erde oder einzelner Erdregionen für eine bestimmte Anzahl Menschen bestimmt. Die sozialwissenschaftliche Humanökologie betont die kulturelle Prägung des Menschen. Sie betrachtet die ökonomische und technologische Vergesellschaftung von Natur und Mensch einerseits, andererseits geht sie der Bedeutung des Begriffs /Natur für verschiedene gesellschaftliche und politische Gruppierungen nach. Demzufolge prägt die Wahrnehmung und Bedeutung des Begriffs »Natur« entscheidend den Umgang des Menschen mit ihr. [MSch]

Humate, Salze der /Huminsäuren. In diesen sind die austauschbaren Protonen ganz oder teilweise durch Kationen wie z. B. Calcium- oder Eisenionen ersetzt. Sie werden entsprechend als Calcium- bzw. Eisenhumate bezeichnet.

Humberische Orogenese /Iapetus.

Humboldt, Friedrich Heinrich Alexander Freiherr von, deutscher Naturforscher, Bruder des preußischen Staatsmanns Wilhelm von Humboldt, * 14.9.1769 Berlin, † 6.5.1859 Berlin; studierte unter anderem an der Bergakademie in Freiberg (Schüler von A. G. /Werner); bereiste 1790 mit G. Forster England und Frankreich; 1792–97 Berghauptmann bzw. Oberbergmeister in den Markgrafschaften Ansbach-Bayreuth. Er bereiste 1799–1804 zusammen mit dem französischen Botaniker A. Bonpland nach Zwischenaufenthalten in Spanien und auf Teneriffa Südamerika. Zunächst besuchte er Venezuela, wo er die Verbindung des Orinoco mit dem Entwässerungssystem des Amazonas (Bifurkation des Orinoco) bewies. Weiter führte ihn seine Reise nach Kuba, Kolumbien, Ecuador, Peru und Mexiko. Am 23.6.1802 gelang ihm in Ecuador die Besteigung des Chimborazo bis 5759 m Höhe, zu dieser Zeit die Rekordhöhe einer Bergbesteigung. Des weiteren untersuchte er auf seiner Reise die Meeresströmungen an der Westküste Südamerikas. Humboldt lebte nach seiner Südamerikareise 1807–27 vorwiegend in Paris und arbeitete dort mit J. L. Gay-Lussac zusammen; erforschte mit diesem die Zusammensetzung der Atmosphäre, erkannte 1806 die gesetzmäßige Abnahme der Temperatur mit der Höhe, stellte mit ihm 1808 das Gay-Lussac-Humboldt-Gesetz auf und zeichnete 1817 die erste Isothermenkarte der Erde. Er wertete in seiner Pariser Zeit in Zusammenarbeit mit Wissenschaftlern aus aller Welt die Ergebnisse seiner Expeditionen in dem monumentalen Werk »Voyage aux régions équinoxiales du nouveau continent« (36 Lieferungen, 1805–34) aus; bereiste 1829 (auf Einladung von Zar Nikolaus I.) mit C. G. Ehrenberg und G. Rose die Dsungarei, das Ural-Altai-Gebiet sowie das Kaspische Meer. Humboldt arbeitete nach seiner Rückkehr nach Berlin an einer Zusammenfassung der gesamten Naturwissenschaften seiner Zeit (»Kosmos, Entwurf einer physischen Weltbeschreibung«, 5 Bände, 1845–62) – ein Werk, das als die erste echte wissenschaftliche Enzyklopädie der Geowissenschaften gilt. Humboldt war einer der bedeutendsten und vielseitigsten Naturforscher; er versuchte die Natur als Ganzes zu erfassen, zu erforschen und zu beschreiben. Mit seinen zahlreichen wissenschaftlichen Arbeiten wurde er zum Mitbegründer der Geologie, der Tier- und Pflanzengeographie sowie der Klimatologie und der modernen länderkundlichen Darstellung. Neben mineralogischen Studien (»Mineralogische Beobachtungen über einige Basalte am Rhein«, 1790) untersuchte er den Vulkanismus und die geothermischen Tiefenstufen, vermutete bereits 1787 die Existenz einer Kontinentalverschiebung (vor A. L. /Wegener), erkannte die Abnahme der erdmagnetischen Feldstärke vom Pol zum Äquator, gab die Anregung zur Errichtung eines weltweiten Stationssystems zur Beobachtung des Erdmagnetismus (von C. F. /Gauß und W. E. Weber zum »Magnetischen Verein« ausgebaut); führte zahlreiche Höhenmessungen und astronomische Ortsbestimmungen durch, bestimmte die Helligkeit von Sternen und beobachtete 1799 den Sternschnuppenschwarm der Leoniden. Weitere Werke sind u. a. »Ansichten der Natur« (2 Bände, 1808), »Fragments de géologie et de climatologie asiatiques« (2 Bände, 1831), »Geognostische und physikalische Erinnerungen« (1853). Nach Humboldt sind verschiedene geographische, geologische und biologische Begriffe benannt, z. B. Humboldt-Gebirge (westlichster Teil des Nanshan in China), Humboldt-Gletscher (im Nordwesten Grönlands), Humboldt Range (Bergkette im

Humboldt, Friedrich Heinrich Alexander Freiherr von

Nordwesten Nevadas), Humboldt River (größter Fluß des Großen Beckens im Norden von Nevada, mündet in einen See, den Humboldt Sink) und der Humboldtstrom (Perustrom, Meeresströmung vor der Westküste Südamerikas). Die Alexander-von-Humboldt-Stiftung wurde 1860 zur Vergabe von Stipendien an hervorragende ausländische Nachwuchswissenschaftler zur Durchführung von Forschungsvorhaben in Deutschland gegründet. [VJ]

Humboldtstrom, ↗Meeresströmung vor der Westküste Südamerikas im Pazifischen Ozean, die analog zum ↗Benguelastrom vor der Südwestküste Afrikas kältere Wassermassen aus dem ↗Auftrieb vor der Küste Chiles und Perus äquatorwärts verfrachtet.

Hume-Rothery-Regel ↗Kristallstruktur.

humid, Bezeichnung für ein feuchtes Klima (↗humides Klima) mit Jahresniederschlägen, in dem ein ausgiebiger Pflanzenwuchs möglich ist.

humides Gebiet, Bezeichnung für eine räumliche Einheit, in der dauernd oder zeitweilig die Niederschläge höher sind als die ↗potentielle Verdunstung. In humiden Gebieten fließen die Flüsse i. d. R. dauernd, sie werden daher auch als perennierende Flüsse bezeichnet.

humides Klima, [von lat. humidus = feucht], Klimazustand, bei dem im Gegensatz zum ↗ariden Klima der Niederschlag größer als die Verdunstung ist. Für die Vegetation bzw. das gesamte Leben günstig. Humides Klima läßt sich ähnlich dem Ariditätsindex (↗Ariditätsfaktor) quantitativ kennzeichnen. Vollhumid oder perhumid bedeutet humid während des ganzen Jahres, semihumid dagegen nur zeitweise im Verlauf des Jahresganges.

Humidität, Ausdruck zur Kennzeichnung der Feuchtigkeit eines Gebietes. In ↗humiden Gebieten sind die jährlichen Niederschläge über einen längeren Zeitraum höher als die jährliche ↗potentielle Verdunstung. Es gibt zahlreiche Ansätze zur Berechnung von ↗Aridität bzw. Humidität, die zur Aufstellung von Humiditäts- bzw. Ariditätsindizes (↗Ariditätsfaktor) geführt haben. Die Dauer des humiden bzw. ariden Zustandes ist von erheblicher Bedeutung für die Vegetation bzw. für die Landwirtschaft.

Humifizierung, ↗Zersetzung von abgestorbener organischer Materie in terrestrischen und aquatischen Ökosystemen unter Bildung hochmolekularer, schwer abbaubarer organischer Stoffe. Die Humifizierung läuft im allgemeinen in Kombination mit einer ↗Mineralisation ab und ist ein wichtiger Prozeß innerhalb der Ökosysteme. Die Mineralisierung führt zum vollständigen Abbau der abgestorbenen organischen Materie, während bei der Humifizierung diese nur teilweise abgebaut wird. Daher ist die Humifizierung eine wichtige Senkenfunktion im ↗Kohlenstoffkreislauf. An beiden Prozessen ist das ↗Edaphon beteiligt. Schwerer abbaubare Anteile der organischen Materie reichern sich an und/oder reagieren mit frei werdenden kleineren organisch chemischen Bausteinen zu größeren Polymeren. Die dabei entstehenden meist hochmolekularen Verbindungen werden als ↗Huminstoffe bezeichnet. [RE]

Humifizierungsgrad ↗Zersetzungsgrad.

Humifizierungshorizont ↗Oh-Horizont.

Humine, in kalter Natronlauge nicht lösliche Anteile der ↗Huminstoffe. Diese sind teilweise an ↗Tonminerale (↗organomineralische Komplexe) gebunden und lassen sich von diesen nicht durch Natronlauge ablösen.

Huminit, vorherrschende Maceralgruppe (↗Maceral) tertiärer ↗Braunkohlen, entstanden aus den pflanzlichen Stoffkomponenten ↗Zellulose und ↗Lignin.

Huminsäuren, in kalter Natronlauge lösliche Anteile der ↗Huminstoffe, die sich mit Salzsäure ausfällen lassen. Sie werden in ↗Hymatomelanhuminsäuren, ↗Braunhuminsäuren und ↗Grauhuminsäuren unterteilt. Huminsäuren sind vorwiegend in nährstoffreichen, schwach sauren bis neutralen Böden enthalten.

Huminstoffe, dunkel gefärbte, hochmolekulare, amorphe, relativ stabile organische Substanzen des Bodens, die bei der ↗Humifizierung entstehen. Sie bilden sich aus Bruchstücken und schwer umsetzbaren Resten, die beim Ab- und Umbau

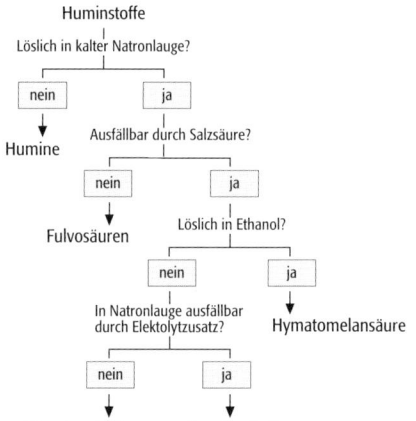

Huminstoffe: Aufteilung der Huminstoffe nach der Löslichkeit ihrer Bestandteile.

abgestorbener organischer Materie freigesetzt und z. T. ungeordnet miteinander verknüpft bzw. polymerisiert werden. Die Bausteine der Huminstoffe sind Carboxyl-, Carbonyl- und Hydroxylgruppen sowie aromatische bzw. alicyclische Ringe und Alkylketten. Daneben enthalten Huminstoffe noch Stickstoff, etwas Schwefel und Phosphor, zugleich können sie Kationen binden. Huminstoffe stellen daher ein polymeres Gemisch verschiedenster organisch-chemischer Bausteine dar und sind somit, im klassisch che-

Huminstoffe (Tab.): spezifische Oberfläche und Kationenaustauschkapazität (KAK) einiger Bodenbestandteile.

Bodenbestandteil	spezifische Oberfläche [m^2/g]	KAK [$mmol_c$/kg]
Huminstoffe	800–1000	50.000–75.000
Dreischicht-Tonminerale	600–800	200–2000
Al-, Fe- und Mn-Oxide	50–200	10–50
Zweischicht-Tonminerale	> 50	bis 150

mischen Sinn, keine einheitliche Substanzklasse wie z. B. Polyamide. Ihr Molekulargewicht reicht von 100 bis 100.000 Dalton. Sie lassen sich nach ihrer Löslichkeit in ↗Huminsäuren und ↗Fulvosäuren sowie ↗Humine einteilen (Abb.). Im Boden liegen Huminstoffe sowohl isoliert aber auch mit Streuresten und Mineralteilchen verklebt sowie an ↗Tonminerale und Oxide sorbiert vor, bilden so ↗organomineralische Komplexe und tragen zur Gefügestabilität bei. Huminstoffe kommen in Böden, Torfen und Braunkohlen vor.

Durch die verschiedenartigen Bausteine enthalten Huminstoffe ↗hydrophile und ↗hydrophobe Bereiche. Sie können daher sowohl geladene als auch ungeladenen Teilchen adsorbieren. Aufgrund ihrer geringe Teilchengröße (< 2 µm) und ihrer lockeren dreidimensionalen Struktur haben sie eine große spezifische Oberfläche. Dies und ihre negative Ladung bedingt ihr hohes Kationenaustauschvermögen, welches um einiges höher ist als das der Tonminerale (Tab.). In Sand- und Moorböden stellen Huminstoffe den Hauptpartner für die Kationensorption dar. Da Huminstoffe neben Stickstoff auch andere Nährstoffe enthalten, dienen sie gleichzeitig als Nährstoffreserve. Diese Nährstoffe werden jedoch nur bei der Mineralisation der Huminstoffe freigesetzt, sind also nicht sofort, dafür aber langfristig verfügbar. Gleichzeitig dienen Huminstoffe als Wasserspeicher, da sie durch die in ihnen enthaltenen hydrophilen Gruppen Wasser binden können.

Die dreidimensionale Struktur der Huminstoffe ist fexibel und wird durch Wechselwirkungen der Huminstoffbausteine untereinander bedingt. Dabei trachten die Huminstoffe einen möglichst günstigen Zustand (Energieinhalt möglichst gering) zu erreichen. Äußere Einflüsse wie ↗pH-Wert und Elektrolytgehalt beeinflussen diese Wechselwirkungen der Bausteine untereinander. Je niedriger der ↗pH-Wert und je höher der Elektrolytgehalt ist, desto stärker knäulen sich die Huminstoffe im allgemeinen zusammen. Entsprechend geringer wird ihre Oberfläche und damit die Anzahl zugänglicher Sorptionsstellen. Dies wirkt sich auf ihre ↗Kationenaustauschkapazität aus, Huminstoffe weisen eine variable Oberflächenladung auf. Darüber hinaus können bestimmte (Schwermetall-)Kationen eine Aufknäulung bewirken: Mit diesen Kationen bilden die Huminstoffe häufig ↗Chelate. Um diesen dreidimensionalen Käfig ordnet sich anschließend der – eigentlich »unbeteiligte« – Rest des Huminstoffs neu an. Dieser Vorgang ist meist irreversibel, da zur Freisetzung eines so gebundenen Kations die gesamte Struktur des Huminstoffs quasi aufgeknäult werden muß, um an den Käfig und damit das Kation heranzukommen. Die dazu benötigte Energie übersteigt im allgemeinen den mit der Freisetzung des Kations verbundenen Energiegewinn. Derartig gebundene Stoffe werden nur dann freigesetzt, wenn die den Komplex bildenden Huminstoffe mineralisiert, also vollständig abgebaut werden.

Trocknen Huminstoffe aus, schrumpfen sie nicht nur zusammen, sondern ihre Baustein ordnen sich derart an, das alle hydrophilen Bausteine nach innen weisen. Dies hat zur Folge, daß sich nach außen überwiegend hydrophobe Bausteine anordnen. Dies führt zur Bildung einer äußeren wasserabweisende Hülle, die einer ↗Benetzung entgegenwirkt. Diese räumliche Anordnung wird erst bei einem längerfristigen Wasserkontakt wieder aufgehoben. Das hat zur Folge, daß huminstoffreiche sandige Böden und auch Moorböden sich nach einer erfolgten, vollständigen Austrocknung nur sehr schwer wieder benetzen lassen. Auch die Adsorptionseigenschaften der Huminstoffe werden durch Art und Menge der Bausteine – aus denen die Huminstoffe gebildet sind – beeinflußt. Dies kann sich auf Bodeneigenschaften wie die Kationenaustauschkapazität auswirken.

Der Aspekt, daß Huminstoffe aus verschiedenen Bausteinen mit sehr verschiedenen Eigenschaften (hydrophil/hydrophob) aufgebaut sind, wird teilweise bei der Betrachtung der Wechselbeziehung zwischen Humus und Bodeneigenschaften noch zu Gunsten der Menge vernachlässigt. Allerdings ist bekannt, das gerade die Zusammensetzung teilweise ausschlaggebend für chemisch-physikalische Eigenschaften der Huminstoffe ist. Damit muß bei der Betrachtung der ↗organischen Substanz des Bodens ähnlich wie bei den Tonmineralen neben dem Mengenaspekt auch ein qualitativer Aspekt (Art und Menge der verschiedenen Bausteine) berücksichtigt werden. Zumal insbesondere diese Bodenkomponente stark durch äußere Einflußfaktoren wie Klima oder Landnutzung verändert werden kann. [RE]

hummocky cross stratification ↗Schrägschichtung.

Humositätsgrad ↗Zersetzungsgrad.

Humus, bezeichnet die Gesamtheit der toten organischen Substanz des Bodens einschließlich der Streustoffe (= abgestorbene, noch nicht in Zersetzung übergegangene organische Materie). Der Humus ist die Bodenkomponente, die durch Veränderungen der Nutzung/Bewirtschaftung am stärksten beeinflußt wird. Er ist maßgeblich am Nährstoff- und Wasserspeicherungsvermögen des Bodens beteiligt und beeinflußt Gefügestabilität sowie Puffer- und Filterfunktionen des Bodens. Auflagehorizonte sowie Hochmoore weisen im allgemeinen sehr hohe Humusgehalte (bis zu 100 %) auf. Im mineralischen Oberboden ist der Humus dagegen mit den Mineralstoffen des Bodens vermischt und sein Gehalt entsprechend geringer. Die A-Horizonte von Ackerböden haben Humusgehalte zwischen 1,5 und 4 %, in solchen von Dauergrünland lassen sich Gehalte zwischen 15 und 30 % finden. Direkt läßt sich der Humusgehalt nur in carbonat- und tonmineralfreien Böden über den ↗Glühverlust bestimmen. Da der C-Gehalt des Humus im allgemeinen bei ca. 50 % liegt, kann man den Humusgehalt durch Multiplikation des C_{org}-Gehaltes (abhängig u. a. von Klima und Bodenart) berechnen. Zum besseren Vergleich der Humusgehalte verschiedener Böden ist jedoch die Verwendung des C_{org}-Gehaltes sinnvoll. [RE]

Hunsrückschiefer: Oberflächenaufnahme einer Schieferplatte mit präpariertem Schlangenstern. Die Arme sind durch bodennahe Strömung eingeregelt.

Humuscarbonatboden, veraltet für ↗Rendzina.
Humusdecke ↗Auflagehorizont.
Humusform, ergibt sich aus der Gesamtheit aller Humushorizonte. Man unterscheidet terrestrische (↗Rohhumus, ↗Moder und ↗Mull und deren Übergänge) sowie semiterrestrische (↗Anmoor, ↗Torf u. a.) und subhydrische Humusformen (Gyttya u. a.). Die Humusformen ergeben sich dabei aus der Verteilung der organischen Substanz in und auf dem Boden aufgrund morphologischer (Abfolge u. Mächtigkeit der L-, Of-, Oh- und Ah/Ap-Lagen) und chemischer Merkmale (z. B. C/N Verhältniss). Die Humusform ist ein ↗landschaftsökologisches Hauptmerkmal und integratives Indiz für die ökologischen Standortverhältnisse (↗Standort). Sie bildet sich unter dem Einfluß des Standortklimas, der standörtlichen Feuchtebedingungen, der Vegetation, des Nährstoffzustandes und der biologischen Aktivität im Boden. ↗Humus.
Humusgefüge, Lagerungsart und -dichte der Grundmengenteile des ↗Humus.
Humushaushalt, beschreibt die Beziehung zwischen Humusabbau und -aufbau. Potentielle Gehaltsänderungen ergeben sich aus der Differenz zwischen der Menge an zugeführter organischer Materie (multipliziert mit derem Zersetzungskoeffizient) und dem Humusgehalt (multipliziert mit dem Mineralisierungskoeffizienten). Die Zufuhr an organischem Material hängt von Klima, Vegetationstyp und Bodenbedingungen sowie dem jeweiligen Management ab. Der Humusgehalt in Böden unter naturbelassener Vegetation ist im allgemeinen konstant, da die Menge an angeliefertem Material (Streuanfall/Wurzelrückstände, ↗organischer Dünger) derjenigen Menge entspricht, die jährlich mineralisiert wird. In Kulturböden unterliegt der ↗Humus im allgemeinen einem erhöhten Abbau. Dies trifft insbesondere für entwässerte Moorstandorte zu. Organische Substanz wird zwar durch Bestandsabfall, Wurzelrückstände und Düngung zugeführt, die zugeführte Menge ist jedoch im allgemeinen geringer als die Abbaurate. [RE]
Humuskohle, aus Torf im Zuge der ↗Inkohlung hervorgegangene Braun- und Steinkohle mit typischem streifigen Aufbau, hervorgerufen durch den Wechsel verschiedener ↗Lithotypen, im Unterschied zu den strukturlosen, dichten ↗Sapropelkohlen. Hauptmerkmal der Humuskohlen ist das Durchlaufen eines Torfstadiums mit den begleitenden Prozessen der Humifizierung am Pflanzenwachstumsort. Der größte Teil des organischen Materials in Humuskohlen sind dunkelbraune bis schwarze, mit bloßem Auge sichtbare Komponenten, die in erster Linie von Holzresten stammen. Die meisten Braun- und Steinkohlen gehören zu den Humuskohlen.
Humuspodsol ↗Podsol.
Humusprofil, senkrechter Schnitt durch die Gesamtheit aller Humushorizonte des Humuskörpers, analog dem ↗Bodenprofil.
Humustextur, Art, Anteil und Beschaffenheit der makroskopischen Grundmengenanteile des Humus.
Hundertjähriger Kalender, auf den Wetterbeobachtungen 1652–1658 des Abtes M. Knaur des Klosters Langheim bei Lichtenfels (Nordostbayern) beruhende und von dem Arzt C. von Hellwig (1700) zusammengestellte tägliche Wetterprognosen 1701–1800, in der irrigen Vorstellung, daß sich die in den Beobachtungen festgehaltenen Wetterbedingungen in diesem achtjährigen Zyklus genauso wiederholen würden. Er wird bis heute fortgeschrieben und verbreitet.
Hundstage, Tage von 23. Juli bis zum 23. August, während derer die Sonne im Tierkreiszeichen des Hundes (Hundsstern: Sirius) steht. Da in der Zeit vom 28. Juli bis 7. August sowie vom 13.-16. August warme ↗Witterungsregelfälle festgestellt worden sind, gilt diese Zeit als Höhepunkt des Sommers (Hochsommer).
Hungerquelle ↗episodische Quelle.
Hunsrückschiefer, unterdevonische ↗Fazies im Rheinischen Schiefergebirge mit feinkörnigen, dunklen, deutlich geschieferten Gesteinen, die südlich einer großen Störungszone, die linksrheinisch als Mayener, rechtsrheinisch als Siegener Hauptaufschiebung bezeichnet wird, anzutreffen sind. Unterdevonische Gesteine zeigen im Rheinischen Schiefergebirge eine generelle Abnahme der Korngröße von Nordwesten nach Südosten,

also in zunehmender Entfernung vom Hauptliefergebiet (Old-Red-Kontinent). Dabei sind die Grenzen zwischen sandiger »Normalfazies« und Tonschiefer-Fazies paläogeographisch nicht scharf und werden durch den tektonischen Baustil zusätzlich verdeckt.

Im Gebiet des Hunsrückschiefers sind vielerorts Dachschiefer abgebaut worden; sandige Einschaltungen sind hier selten, fossilarm und geringmächtig. Der Hunsrückschiefer als Fossillagerstätte umfaßt Ablagerungen aus Obersiegen bis mittleres Unterems.

Seit dem Ende des 19. Jahrhunderts waren diese Vorkommen Gegenstand zahlreicher Bearbeitungen. Richter schloß 1931 anhand sedimentologischer, taphonomischer und biofazieller Analysen auf einen flachmarinen Ablagerungsbereich im äußeren Schelf, welcher vom offenen Ozean durch eine südlich vorgelagerte Insel abgetrennt war. Er stellte erstmals klar heraus, daß bestimmte Organismenreste in bestimmten, meist geringmächtigen Lagen angereichert sind. Bartels, Briggs & Brassel (1998) sehen in den Dachschiefern Turbiditablagerungen zwischen progradierenden Sandfächern. Bei maximal 200 m Wassertiefe war der Beckenboden von einer Infauna gekennzeichnet, was auf eine gut durchlüftete Wassersäule schließen läßt. Von Zeit zu Zeit wurden Lebewesen des Benthos durch Trübeströme begraben; die auflagernde Sedimentschicht schützte vor Aasfressern und führte nach kurzer Zeit zu anoxischen Bedingungen und schließlich zur Pyritisierung der Organismenreste.

In der Hunsrückschieferfauna sind die Echinodermen besonders artenreich vertreten, speziell die Seelilien, See- und Schlangensterne (Abb.), gefolgt von Arthropoden (v. a. Trilobiten), Cephalopoden und Wirbeltieren (Agnatha und Gnathostomata). Andere Tiergruppen, die im neritischen Faziesbereich der landnäheren »sandigen Normalfazies« dominieren, treten hier etwas zurück: tabulate und rugose Korallen, Schnecken, Muscheln, Brachiopoden und Bryozoen. Seltener sind Schwämme, quallenartige Tiere und Conularien. Einzelne Elemente der Hunsrückschieferfauna bezeugen, daß zumindest zeitweise Tiere aus landfernen, offen marinen Räumen hierher Zugang fanden (z. B. die Trilobitengattung *Scutellum*), andere geben Anlaß zur Vermutung, daß zumindest Teilbereiche des Ablagerungsraumes zeitweise Brackwasserbedingungen unterlagen (Lagen mit zahlreichen Drepanaspiden und gleichzeitigem Fehlen vollmariner Fauna). Bestimmbare Pflanzenreste sind selten, abgesehen von Sporen.

Die große Bedeutung dieser Fossillagerstätte ergibt sich aus dem Umstand, daß sehr viele, sonst meist nur fragmentarisch bekannte Fossilien hier vollständig überliefert worden sind. Die Organismenreste sind häufig pyritisiert und erlauben eine Abbildung mit Hilfe der Röntgen-Technik. Feinste Hartteil-Strukturen sind so erkennbar (eine wichtige Voraussetzung für eine sachgemäße mechanische Präparation filigraner Skelettelemente), aber auch Umrisse bis Details von Weichteilen werden infolge frühdiagenetischer, bakterieller Prozesse und der damit einhergehenden Pyritisierung sichtbar. [MG]

Hüpfmarke, ↗Stoßmarke, die durch mehrfachen, meist regelmäßigen Kontakt eines treibenden Gegenstandes mit der Sedimentoberfläche entsteht.

huronische Vereisung ↗Historische Paläoklimatologie.

Hurrikan, (vom indianischen Wort »aracán«), ↗tropischer Wirbelsturm als stärkste Variante ↗tropischer Zyklonen. Treten im Bereich Nordatlantik-Karibik-Golf von Mexiko-Nordostpazifik auf. Hurrikane entstehen meist im geographischen Breitenbereich von 8–30° N. Voraussetzungen für die Bildung sind großflächig auftretende Wassertemperaturen von ≥ 27° C, eine starke Feuchteanreicherung der Luft, eine Anfangsstörung in der unteren Troposphäre (↗tropische Depression), die sich über einen tropischen Sturm in einen Hurrikan verwandelt, sowie eine schwache vertikale Änderung des Windes in Richtung und Stärke und eine benachbarte Antizyklone, die das Ausströmen von Luft aus dem Hurrikan in der obere Troposphäre fördert. Die Hurrikansaison reicht entsprechend den Wassertemperaturen und der allgemeinen Zirkulation von Juni bis November mit einem deutlichen Maximum im September. Die bisher größte Häufigkeit sehr starker nordatlantischer Hurrikane in diesem Jahrhundert gab es zwischen 1945 und 1964 mit durchschnittlich knapp zwei pro Jahr. Hurrikane ziehen nach ihrer Entstehung nach W bis NW und in Einzelfällen über Mittelamerika hinweg zum Pazifik. Die Zuggeschwindigkeit ist mit meist 5–20 km/h sehr gering. Häufig erfolgt bereits im Bereich der Großen Antillen ein Umlenken nach N bis NW. Hurrikane wandeln sich in gewöhnliche Tiefdruckgebiete um, wenn sie sich nördlich von 30–35° N befinden oder mit Übertritt auf Land, wobei verheerende Niederschläge und Überschwemmungen auftreten können (↗Hurrikan-Warnungen). So starben 1998 beim Hurrikan »Mitch« in Honduras und Nicaragua mindestens 9000 Menschen. Der bisher niedrigste gemessene Luftdruck betrug 888 hPa (»Gilbert« 1988). Seit 1979 gibt es Namenslisten für Hurrikane für jeweils sechs Jahre mit männlichen und weiblichen Namen. ↗Saffir-Simpson Hurricane Scale. [HN]

Hurrikan-Warnungen, durch eine kontinuierliche Überwachung des Zustandes von Atmosphäre und Ozean sowie mit Hilfe spezieller Vorhersagemodelle und klimatologischer Daten werden Warnhinweise für tropische Zyklonen von verschiedenen Observationszentren, wie z. B. National Hurricane Center (NHC) in Miami oder Central Pacific Hurricane Center (CPHC) in Honolulu/Hawaii für den Raum Atlantik-Karibik-Golf von Mexiko-Pazifik, gegeben. Für die Ortung und Überwachung von tropischen Zyklonen sind Satellitenbilder, spezielle Erkundungsflüge und Radargeräte an den Küsten unverzichtbar. Die Hurrikan-Klassifikation von

Dvorak auf der Basis von Satellitenbildern spielt dabei eine entscheidende Rolle. Die gefahrenabhängig alle sechs bis zwei Stunden herausgegebenen Warnungen schließen Vorwarnungen und Warnungen vor Hurrikanen und tropischen Stürmen für die Öffentlichkeit ein. Warnungen enthalten Angaben über die Position, den Kerndruck, die Intensität, Zugrichtung und -geschwindigkeit der tropischen Zyklonen, über auftretende Wasserstände, Niederschläge und Tornados sowie über erforderliche Sicherheitsvorkehrungen. In einer Vorwarnung werden die Küstengebiete genannt, die von einem tropischen Sturm oder Hurrikan in den nächsten (36 Stunden heimgesucht werden können. Bei einer Warnung gilt das entsprechende schon für ≤ 24 Stunden. Die Mindestgeschwindigkeiten beträgt für einen Hurrikan ≥ 33 m/s, bezogen auf die maximale Windgeschwindigkeit in Bodennähe. Eine Hurrikanwarnung kann wirksam werden, wenn ein gefährlich hoher Wasserstand oder hohe Flutwellen durch den nahen Hurrikan auftreten, ohne daß die Windgeschwindigkeit im genannten Küstengebiet 33 m/s erreicht. Über die meteorologischen Netze und das World Wide Web werden graphisch dargestellte Zugbahnvorhersagen verbreitet. [HN]

Hutgestein ↗Gipshut.

Hüttenzement, i. e. S. feingemahlene Gemische aus Portlandzementklinker und Hochofenschlacke, die bei der Gewinnung von Roheisen im Hochofen entsteht. Daneben enthalten sie wie die ↗Portlandzemente etwas Gips zur Regelung der Bindezeit. Enthält das Gemische weniger als 30 % (Österreich) bzw. 35 % (Deutschland) Hochofenschlacke, dann spricht man von Eisenportlandzement, bei höheren Schlackenanteilen hingegen von ↗Hochofenzement. Die Verwendung von Hüttenzementen ist dort angebracht, wo es weniger auf die Anfangserhärtung als auf geringere Hydratationswärme ankommt (z. B. in Massenbetonbauten). Hüttenzemente enthalten weniger Kalkhydrat als die Portlandzemente, sind also widerstandsfähiger gegen chemische Angriffe, die gegen das Kalkhydrat des Zementes gerichtet sind.

Hutton, *James*, schottischer Naturforscher und Geologe, * 3.6.1726 Edinburgh, † 26.3.1797 Edinburgh; Privatgelehrter und einer der ersten bedeutenden Geologen. Hutton gehört zu den Begründern der wissenschaftlichen Geologie, des ↗Aktualismus und des ↗Plutonismus, der im Gegensatz zum ↗Neptunismus (von A. G. ↗Werner) die wesentlichen Gestaltungskräfte der Erde (z. B. Entstehung der Gesteine, Gebirgsbildung, Vulkanismus) auf Veränderungen im Erdinnern (durch ein »Zentralfeuer«) zurückführte; machte den Zusammenhang zwischen Luftfeuchtigkeit und Lufttemperatur für die Entstehung von Niederschlägen verantwortlich. Werk (Auswahl): »Theory of the Earth« (2 Bände, 1788–95).

Huygens (auch: Huyghens), *Christiaan* oder *Christian*, niederländischer Mathematiker, Physiker und Astronom, * 14.4.1629 Den Haag, † 8.7.1695 Den Haag; ungewöhnlich vielseitiger Naturforscher und einer der bedeutendsten Physiker und Astronomen des 17. Jh.; bereiste nach einem Jura- und Mathematikstudium Deutschland, Frankreich und England (1663 Ehrenmitglied der Royal Society), lebte danach in Paris (1666 Mitglied der Akademie der Wissenschaften) und in Den Haag. Zahlreiche Erkenntnisse und Erfindungen zu Mathematik, Physik und Astronomie: Er formulierte als erster, daß die Oberfläche der zu bestimmenden Erdfigur überall senkrecht auf der Resultierenden der wirkenden Kräfte stehen muß, unter denen er sich die Zentrifugalkraft und eine zum Erdmittelpunkt gerichtete Zentralkraft vorstellte. Er verließ damit die Vorstellung von der Kugel, die er vorher noch selbst vertreten hatte, und berechnete als Wert für die ↗Abplattung des Rotationsellipsoids den Wert 1 : 578. Ausgehend von den Galileischen Pendelgesetzen erfand er 1656 die Penduluhr und schlug 1673 vor, die Länge des Sekundenpendels als Maßkonstante einzuführen; bei Expeditionen erkannte er jedoch deren Abhängigkeit von der Schwerkraft. Er erfand die »Unruhe« als Gangregler für nautische Chronometer und Taschenuhren (1674) und untersuchte die Verwendbarkeit von Uhren zur Bestimmung der geographischen Länge auf See. Bedeutendstes geowissenschaftliches Werk: »Discours de la cause de la pesanteur« (Abhandlung über die Ursache der Schwerkraft), enthalten in »Traité de la lumière« (1690). [EB]

Huygenssches Prinzip, aus der Optik bekanntes Gesetz, das auch auf die Ausbreitung ↗seismischer Wellen anwendbar ist. Es besagt, daß jeder Punkt auf einer ↗Wellenfront Ausgangspunkt von sekundären Wellen ist, die sich in alle Richtungen ausbreiten.

H-Wert, Differenz zwischen ↗T-Wert und ↗S-Wert, auf die ↗Kationenaustauschkapazität bezogen. Dabei handelt es sich um veraltete Bezeichnungen. Der H-Wert entspricht im wesentlichen den gebundenen Protonen und Ammoniumionen, deren Gehalte heute nach anderen Analyseverfahren bestimmt werden.

hyalin, 1) Gefügebezeichnung für glasig erstarrtes Ergußgestein mit ↗Einsprenglingen. 2) Bezeichnung für ein ↗amorphes Mineral.

Hyalobasalt ↗Tachylit.

Hyaloklastit, aus Hyaloklasten bestehende Ablagerung. Diese meist glasigen bzw. ehemals glasigen Lavafragmente entstehen durch Abschreckung von Lava im Kontakt zu Wasser (Abb. im Farbtafelteil).

hybrid, Bezeichnung für ein Magma, dessen Zusammensetzung durch ↗Assimilation von Nebengestein oder Vermischung mit einem anderen Magma stark verändert wurde. Dieser Prozeß wird ↗Hybridisierung genannt.

Hybridbindung, kovalente Bindung (↗homöopolare Bindung) unter Beteiligung von Hybridorbitalen (↗Hybridisierung).

hybride Auswertung, nutzt die Vorteile unterschiedlicher Auswerteverfahren. Dabei handelt es sich um die Kombination der analogen ↗visuellen Bildinterpretation mit der digitalen ↗Klassifikation.

Huygens, *Christiaan*

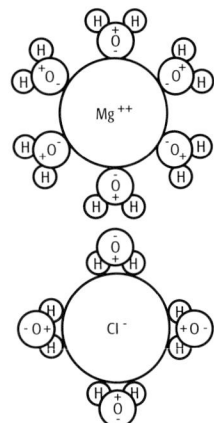

Hydratation: schematische Darstellung des Dipolcharakters der Wassermoleküle mit hydratisierten Ionen.

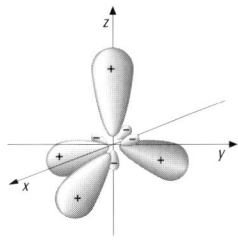

Hybridisierung: schematische Darstellung der vier sp^3-Hybridfunktionen eines Kohlenstoffatoms. Dieser Valenzzustand des Kohlenstoffatoms entspricht keinem beobachtbaren stationären Zustand, sondern ist nur eine zum Verständnis der Bindung nützliche Gedankenkonstruktion.

Hybrid	Anzahl der Orbitale	Anordnung der Orbitale
sp	2	linear
sp^2	3	trigonal planar
dsp^2	4	quadratisch planar
sp^3	4	tetraedrisch
d^2sp^3	6	oktaedrisch
sp^3d^2	6	oktaedrisch
d^4sp	6	trigonales Prisma

Hybridisierung (Tab.): Konfiguration von Hybridorbitalen.

hybrides Datenmodell, 1) beschreibt den Einsatz zweier unterschiedlicher ↗Datenbankmodelle in einer ↗Datenbank. 2) beschreibt die gemeinsame Verwendung von ↗Geodaten entsprechend des ↗Vektordatenmodells und des ↗Rasterdatenmodells in raumbezogenen Informationssystemen (↗Geoinformationssystem). Dies geschieht unter der Zielsetzung, die Vorteile beider Modelle zu vereinigen, wobei drei unterschiedliche Integrationsstufen unterschieden werden können: a) durch Überlagerung von Rasterdaten durch Vektordaten, ohne explizite Verknüpfungsmöglichkeiten, b) durch gemeinsame Verwaltung von Sachdaten für Geoobjekte in Raster- und Vektordaten und c) durch Verzahnung beider Ansätze und die Verwaltung von Geoobjekten in Raster- und Vektormodellen. Allerdings gehört lediglich der erste Bereich zum Standardangebot in raumbezogenen Informationssystemen.

hybride Systeme, Bezeichnung für die Modelldarstellung ökologischer Systeme (↗Ökosystem), in der neben den Naturfaktoren auch die wirkenden sozialen und ökonomischen Prozesse und Kräfte abgebildet werden. Letztlich handelt es sich dabei um die integrative Betrachtungsweise der realen ↗Landschaft. Konzeptionelle Beispiele solcher hybrider Abbildungen von ↗Landschaftsökosystemen sind das Modell der ↗Territorialstruktur oder das ↗total human ecosystem. ↗holistischer Ansatz.

Hybridisierung, Linearkombination energetisch ähnlicher Atomorbitale zu energetisch gleichwertigen, gerichteten Orbitalen, die eine stärkere kovalente Bindung (↗homöopolare Bindung) erlauben als die einzelnen Atomorbitale, aus denen sie sich zusammensetzen. Kohlenstoff hat beispielsweise im Grundzustand eine Elektronenkonfiguration $1s^2 2s^2 2p_x 2p_y$, in der er nur zweibindig wäre. Durch Promotion eines der beiden $2s$-Elektronen in das freie p_z-Orbital wird er vierbindig. Die in Kohlenstoffverbindungen auftretende tetraedrische Anordnung der Bindungen läßt sich jedoch erst dann verstehen, wenn man annimmt, daß sich die vier halbbesetzten Orbitale zu vier neuartigen, in die Tetraederecken gerichteten Orbitalen kombinieren, die man als sp^3-Hybridorbitale bezeichnet (Abb.). Die Kombination von einem s- und zwei p-Orbitalen gibt sp^2-Hybridorbitale und drei trigonal gerichtete Bindungen, während ein s-Orbital mit einem p-Orbital zwei linear gerichtete sp-Hybridorbitale ergibt. Bei Elementen höherer Perioden können sich auch d-Orbitale an Hybriden beteiligen, wodurch die geometrische Vielfalt im Vergleich zur ersten Achterperiode deutlich wächst (Tab.). [KE]

Hydrargillit ↗Gibbsit.

Hydratation, die Anlagerung der als Dipole wirkenden Wassermoleküle an Ionen (Wasserstoffbrückenbindungen) und die dabei wirksam werdende Stabilisierung der Ionen in der Lösung (Abb.). Auf diesen Prozeß ist zu einem wesentlichen Teil, neben der ↗Hydrolyse, das gute Lösungsvermögen des Wassers gegenüber Salzen zurückzuführen. Dieses wird durch das hohe elektrische Dipolmoment des Wassermoleküls und der damit verbundenen hohen Dielektrizitätskonstante des Wasser bewirkt. ↗innerkristalline Quellung.

Hydratationsenergie, ist die bei der ↗Hydratation freiwerdende Energie in kJ/mol. Die Hydratationsenergie ist abhängig von Radius und Ladung der betroffenen Teilchen (Moleküle bzw. ↗Ionen). Sie ist um so größer, je kleiner der Radius und je höher die Ladung des Teilchens. Die Hydratationsenergie bestimmt damit die Löslichkeit der Teilchen und wirkt sich z.B. auf die Verwitterung von Gesteinen aus: Für die Lösung eines Salzes muß dessen Kristallgitter aufgebrochen werden. Die dazu erforderliche Energie ist mindestens so groß wie die Kraft welche den Salzkristall zusammenhält (Gitterenergie). Die Auflösung eines Salzes findet daher nur dann statt, wenn die freigesetzte (Hydratations-)Energie größer ist als die Gitterenergie.

Hydratationswasser, Teil des ↗Adsorptionswassers; Wasser, welches die Hydrathülle von Ionen bzw. Molekülen bildet. Bei der primären ↗Hydratation lagern sich die Wassermoleküle direkt an die genannten Teilchen an. Diese Wassermoleküle sind sehr fest gebunden. Durch sekundäre Hydratation wird eine weitere Hülle aus Wassermolekülen fixiert, die mit den Teilchen nicht so starr verbunden sind, jedoch mit ihm wandern. Die sekundäre Hydrathülle ist über Wasserstoffbrückenbindungen mit der primären verbunden. Kleine hochgeladene Ionen sind stärker hydratisiert (= größere Hydrathülle = viel Hydratationswasser) als große niedrig geladene Ionen. ↗Bodenwasser.

Hydration, die Aufnahme von Wasser als Bestandteil der chemischen Zusammensetzung eines Minerals.

Hydraulik, angewandte ↗Hydromechanik, die sich mit den Fließprozessen von Wasser in offenen Gerinnen und Rohrleitungen befaßt.

hydraulische Bindemittel, Bindemittel, die durch die Reaktion mit Wasser erhärten und gegen Wasser beständig sind. Typische Vertreter sind ↗Portlandzement, Tonerdezement und ↗Hochofenzement. Die wichtigsten Grundstoffe sind Kalk, Kieselsäure, Tonerde und Eisenoxid. Einfache hydraulische Bindemittel bestehen aus natürlichen oder, durch Glühen aufgeschlossenen, künstlichen Tonerdesilicaten, die reaktionsfähige Kieselsäure enthalten und mit gelöschtem Weißkalk vermischt sind. Die Tonerdesilicate werden als *Puzzolane* bezeichnet. Natürliche Puzzolane sind Puzzolanerde (Italien), Santorinerde (Griechenland) und Traß (z. B. aus der Eifel). Zu den künstlichen Puzzolanen gehören gebrannter feingemahlener Ton, gekörnte basische Hochofenschlacke, Flugasche und Zementstaub.

hydraulische Diffusivität, ist der Quotient aus der ↗Transmissivität und dem ↗Speicherkoeffizienten eines ↗Grundwasserleiters [m²/s].

hydraulische Druckhöhe ↗*Standrohrspiegelhöhe*.

hydraulische Durchlässigkeit ↗*hydraulische Leitfähigkeit*.

hydraulische Erkundung, Ermittlung hydraulischer Kennwerte zur Erfassung der Größen c (Konzentration [µg/l]), Q (Grundwasservolumenstrom [m³/d]) und E (Emission aus dem Gefahrenherd in das Grundwasser [g/d]) auf Beweisniveau BN 2 und Beweisniveau BN 3 (↗Erkundung) durch geeignete Tests. Aufgrund ihrer Aussagekraft sind generell ↗Pumpversuche vorrangig vor anderen hydraulischen Tests durchzuführen. Geeignete hydraulische Ergiebigkeiten zur Durchführung von hydraulischen Pumpversuchen bestehen ab ca. 0,1 l/s. Ist die Durchführung eines Pumpversuches aus Gründen des geringen Grundwasserdargebotes nicht sinnvoll, können hydraulische Kennwerte anhand anderer hydraulischer Tests ermittelt werden. Dies sind z. B. ↗Wasserdruck-Test, ↗Einschwingverfahren, ↗Slug-Test, Pulse-Test, ↗Fluid-Logging, ↗Drill-Stem-Test u. a.

hydraulische Fragmentierung, Fragmentierung von Nebengestein, verursacht durch den Druck von aufsteigendem Magma.

hydraulische Gewinnung ↗*Abbaumethoden*.

hydraulische Höhe ↗*Standrohrspiegelhöhe*.

hydraulische Leitfähigkeit, *hydraulische Durchlässigkeit*, ist das auf den Einheitsquerschnitt bezogene Wasservolumen, das pro Zeiteinheit und bei einem hydraulischen Gradienten von 1 cm/cm geleitet wird. Die Dimension der hydraulischen Leitfähigkeit ist Länge pro Zeit. Die hydraulische Leitfähigkeit ist Bestandteil der Darcy-Gleichung (↗Darcy-Gesetz), hängt von der ↗Wassersättigung des ↗Porenraumes, dem Fließquerschnitt, der Tortuosität und Konnektivität der wassergefüllten Poren ab und wird damit wesentlich vom Zustand des ↗Bodengefüges beeinflußt. Die gesättigte hydraulische Leitfähigkeit (K_s, ↗k_f-Wert) unterscheidet sich von der ungesättigten (K_u). Die ungesättigte hydraulische Leitfähigkeit verläuft als Funktion des Wassergehaltes und des ↗Matrixpotentials nicht linear. Der Verlauf dieser Funktion ist parametrisierbar. Die hydraulische Leitfähigkeitsfunktion unterliegt der ↗Hysteresis und kann im Feld und im Labor mit stationären und instationären Methoden bestimmt werden. Sie ist eine außerordentlich wichtige Eingabefunktion für Wasserhaushaltsmodelle.

In der Ingenieurgeologie wird bei der hydraulischen Durchlässigkeit zwischen der Porendurchlässigkeit und der ↗Trennfugendurchlässigkeit unterschieden. Beide zusammen bilden die i. d. R. anisotrope ↗Gebirgsdurchlässigkeit.

hydraulischer Gradient, *Grundwassergefälle*, beschreibt den Gradient der ↗Grundwasserdruckfläche. Der dimensionslose hydraulische Gradient i ist das Verhältnis zwischen dem Druckhöhenunterschied oder der Wasserstandsdifferenz h und der Fließlänge l.

hydraulischer Grundbruch, wird ein Boden von Wasser durchflossen, so übt das strömende Wasser auf die Bodenkörner einen Druck aus. Bei aufwärts gerichteter Strömung kann der Strömungsdruck so groß werden, daß er die Eigengewichtskraft des Bodens aufhebt und damit den Boden auflockert. Wird der Strömungsdruck weiter gesteigert, so werden die Bodenkörner vom Wasser mitgerissen. Diese Erscheinung wird als hydraulischer Grundbruch bezeichnet. Da Auflockern und Ausspülungen die Durchlässigkeit des Bodens erhöhen und den Sickerweg verkürzen, tritt bei ausreichendem Wassernachschub, z. B. bei Verbindungen des Sickerwassers mit einem freien Wasserspiegel, der hydraulische Grundbruch meist plötzlich ein und führt z. B. an Wehren oder Baugrubenumschließungen zu großen Schäden.

hydraulischer Radius, *benetzter Umfang ohne freie Oberfläche*, r_{hy}, Verhältnis des Durchflußquerschnitts zu dem den Fließquerschnitt A begrenzenden Umfang l_u (Abb.).

hydraulischer Widerstand, c, der Quotient aus der wassererfüllten Mächtigkeit m' eines Grundwassergeringleiters (↗Aquitarde) und seiner vertikalen Durchlässigkeit $k_{f,v}'$:

$$c = \frac{m'}{k_{f,v}'} \quad [s].$$

Er beschreibt den Widerstand einer halbdurchlässigen Schicht gegen eine aufwärts bzw. abwärts gerichtete Sickerströmung (↗Grundwasserströmung). Hantush & Jacob (1954) bezeichnen den hydraulischen Widerstand c als reziproken ↗Leakagekoeffizienten.

hydraulisches Drehschlagbohren, kombiniertes Bohren mit hydraulischem Antrieb, bei dem durch gleichzeitige Schlag- und Drehbewegung das auszubrechende Gestein zerkleinert wird. Hydraulisches Drehschlagbohren erfolgt mittels Hydraulik-Bohrhämmern, die stufenlos zwischen schlagendem und drehendem Bohren geschaltet werden können.

hydraulisches Potential, ψ_H, die Summe aus den am einfachsten zu bestimmenden Teilpotentialen des Bodens. In der Regel sind dies das ↗Gravitationspotential ψ_z und das ↗Matrixpotential ψ_m: $\psi_H = \psi_z + \psi_m$.

Hydrobiologie, *Süßwasserbiologie*, Wissenschaft vom Leben im Wasser. Die Hydrobiologie befaßt sich mit den aquatischen Organismen und ist damit ein Teilbereich der Biologie. Unter dem ökologischen Aspekt »Wasser als Lebensraum« ist die Hydrobiologie der ↗Limnologie zuzuordnen. Wird das Leben als eine besondere Eigenschaft der Gewässer gedeutet, so kann die Hydrobiologie als Teilbereich der ↗qualitativen Hydrologie gelten. Die Grenzen zwischen Hydrobiologie und

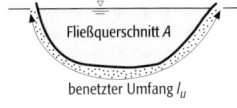

hydraulischer Radius: $r_{hy} = A/l_u$.

Meeresbiologie sind fließend. Es gibt viele Gemeinsamkeiten, z. B. werden häufig die gleichen Untersuchungsmethoden und -geräte verwendet. Beide Wissenschaften stützen sich auf eine einheitliche Systematik der Pflanzen und Tiere. Zu den theoretischen Aufgaben der Hydrobiologie zählen die zoologische, botanische, mikrobiologische und biochemische Forschung. Zu den angewandten Aufgaben gehören die Fischereiwissenschaften, die Bewertung der ↗Gewässergüte mit biologischen Methoden, die Restaurierung verunreinigter Gewässer, die hygienische Mikrobiologie, die Aquakultur und die Abwasserbiologie (Klärtechnik). [MW]

Hydrochemie, Teilbereich der ↗qualitativen Hydrologie, der sich mit der chemischen Zusammensetzung von in der Natur vorkommendem Wasser, dessen Veränderung und deren Ursachen befaßt sowie die chemischen Prozesse im Kompartiment Wasser, die ↗Schwebstoffe und ↗Sedimente und ihre Wechselwirkungen untersucht. Die Hydrochemie behandelt sowohl die geogenen (naturbedingten) Belastungen (↗Hydrogeochemie) als auch die anthropogenen Belastungen und untersucht das Auftreten sowie die zeitliche und räumliche Verteilung von ↗Wasserinhaltsstoffen.

hydrochemische Erkundung, mittels geeigneter Probennahme im Rahmen der ↗Altlastenerkundung durchzuführende Untersuchung von Wasser-, Boden- und Bodenluftproben. Dabei sind für Wasserproben zuerst vor Ort Messungen hinsichtlich des pH-Wertes, der elektrischen Leitfähigkeit (EL), der Redox-Spannung, des O_2-Gehaltes und der Temperatur durchzuführen. Die Probe wird dann im Labor analysiert. Der Parameterumfang besteht i. d. R. aus einer Kombination sich ergänzender Parameter: a) Erkundungsparameter, z. B. EL, ↗DOC, ↗Chlorkohlenwasserstoffe/↗BTEX-Aromate aus der Bodenluft, und b) Regelungsparameter (Parameter für P-W-Werte). Durch die Parameterstufen a und b werden Erkundungs- und Regelungsstufen abgedeckt, die einen Überblick über die wichtigsten altlastentypischen Substanzen erlauben. Für umfangreiche Untersuchungsreihen lohnt der Versuch, statistische Leitparameter (z. B. durch Zeitreihen- und Korrelationsanalysen) abzuleiten. Inwieweit daraus Reduzierungen des Parameterumfanges resultieren können, muß in Abhängigkeit vom Standort und den Schadstoffen festgelegt werden. [ME]

hydrochemische Thermometer, sind Lösungsgehalte oder Ionenverhältnisse in ↗Thermalwässern, aus denen die Temperaturen des Thermalreservoires berechnet werden können. Die Thermometer beruhen auf der mit steigender Temperatur zunehmenden Löslichkeit von Quarz bzw. Chalcedon, von Feldspäten, Glimmern und Mg-Silicaten. Wichtige Thermometer sind:
a) SiO_2-Thermometer:

$$T = \frac{1309}{5,19 - \log SiO_2}$$

mit T = Temperatur in [K], SiO_2 in [mg/l], ohne Wasserdampf, gegen Quarz als Festphase;
b) Na-K-Thermometer:

$$T = \frac{1217}{\log(Na/K) + 1,483}$$

mit T = Temperatur in [K], Na, K in [mg/l];
c) Na-K-Ca-Thermometer:

$$T = \frac{1647}{\log\frac{Na}{K} + \beta(\log\frac{\sqrt{Ca}}{Na} + 2,06) + 2,47}$$

mit T = Temperatur in [K], Na, K, Ca in [mg/l], $\beta = 1/3$ für Na-Wässer und $\beta = 4/3$ für Ca-Wässer;
(4) Mg-Li-Thermometer:

$$T = \frac{1647}{\log(\sqrt{Mg/Li}) + 5,47}$$

mit T = Temperatur in [K], Mg, Li in [mg/l].
Die Anwendung der Thermometer setzt voraus, daß bei hohen Reservoirtemperaturen ein thermodynamisches Gleichgewicht zwischen den Wässern und den Mineralphasen erreicht worden ist. Dieses sollte dann durch einen schnellen Aufstieg der Thermen zur Oberfläche konserviert werden. Problematisch sind Mineralfällungen, ↗Ionenaustausch und Mischwässer. Neben den hydrochemischen Thermometern werden auch verschiedene isotopenchemische Thermometer eingesetzt. [TR]

Hydrodendrologie, Teilbereich der ↗Paläohydrologie, der sich mit der Untersuchung von hydrologischen Phänomenen vergangener Zeiten mit Hilfe von Baumringen befaßt. Aus deren Stärke können Angaben darüber erhalten werden, ob ein Jahr trocken oder naß war. Breite Baumringe zeugen von nassen, schmale von trockenen Jahren. ↗Dendrochronologie, ↗Dendroklimatologie.

Hydrodynamik, *Strömungslehre*, Wissenschaft von der Bewegung der Flüssigkeiten unter dem Einfluß von äußeren (Erdanziehungskraft) und inneren Kräften (Druckkraft, Reibungskraft, Elastizitätskraft, Kapillarkraft und Trägheitskraft). Sie beschäftigt sich nur mit solchen Flüssigkeiten, die dadurch gekennzeichnet sind, daß die Ortsveränderung relativ zu der die Flüssigkeit begrenzenden Wandung erfolgt bzw. sich die Flüssigkeitsteilchen relativ zueinander bewegen. Von besonderer Bedeutung ist die Hydrodynamik der Fließgewässer, die sich mit den Gesetzmäßigkeiten von Wasserbewegungen in Fließgewässern (Gräben, Bächen, Flüsse, Ströme) befaßt.

hydrodynamische Bewegungsgleichung, Gleichungssystem, das die auf eine Flüssigkeit einwirkenden Kräfte von Punkten außerhalb des betrachteten Systems (äußere Kräfte) und den zwischen den Elementen des Systems wirkenden Kräfte (innere Kräfte) beschreibt. Diese Kräfte werden i. a. in zwei verschiedene Gruppen, die räumlich verteilten (Volumkräfte) und die flächenhaft verteilten Kräfte (Flächenkräfte) eingeteilt. Beide Arten können sowohl äußere wie innere Kräfte sein. Zum Beispiel ist die Schwerkraft eine äußere, die zwischen den Volumenelementen wirkende Gravitationskraft dagegen eine innere Volumenkraft. Die auf die Oberfläche wirkenden Druckkräfte sind äußere Flächenkräfte (Spannungen). In der Flüssigkeit wird ein Volumenelement dV mit der Masse $dM = \varrho \cdot dV$ (ϱ = Dichte) betrachtet. Die Volumenkräfte wirken auf alle Massenteile des Volumenelements, d. h. auf alle in ihm befindlichen Moleküle. Sie sind daher dem Massen- oder Volumenelement proportional. Die Flächenkräfte wirken nur auf die Begrenzungsflächen des Volumenelements dV. Sie rühren von den Nachbarelementen her bzw. von denjenigen ihrer Moleküle, die in unmittelbarer Umgebung der Begrenzungsfläche von dV liegen. Diese sog. Flächenkräfte (Schubspannung, Druck) sind dem Flächenelement proportional. Auf ein Wasserteilchen wirkt die äußere Volumenkraft $\vec{G}$, die inneren Volumenkräfte $\varrho \cdot d\vec{v}/dt$ (Trägheitskraft) und grad $\vec{p}$ (Druckkraft), sowie die innere Flächenkraft $\eta \cdot \Delta \vec{v}$ (Reibungskraft). Dabei stellt $\vec{p}$ den Druck, $\eta = \varrho \cdot v$ die ↗Viskosität und v die dynamische Zähigkeit dar. Fügt man diese auf die Volumeneinheit wirkenden Kräfte zusammen, so erhält man die hydrodynamische Grundgleichung, die sog. Navier-Stokes-Gleichung für inkompressible Flüssigkeiten:

$$\frac{\partial \vec{v}}{\partial t} + (\vec{v} \cdot grad)\vec{v} = \frac{1}{\varrho}\vec{G} - \frac{1}{\varrho} \cdot grad\,\vec{p} - \frac{\eta}{\varrho} \cdot \Delta \vec{v}.$$

Bei Vernachlässigung der Reibungskraft $(\eta/\varrho) \cdot \Delta \vec{v} \approx 0$ erhält man die hydrodynamische Bewegungsgleichung:

$$\frac{\partial \vec{v}}{\partial t} + (\vec{v} \cdot grad)\vec{v} = \frac{1}{\varrho}\vec{G} - \frac{1}{\varrho} \cdot grad\,\vec{p}.$$

Die äußeren Kräfte $\vec{G}$ werden durch die Schwerkraft $\varrho \cdot g$, die Corioliskraft $2\varrho \cdot [\vec{\omega} \cdot \vec{v}]$ und die Zentrifugalkraft $\varrho \cdot [\vec{\omega} \cdot (\vec{\omega} \cdot \vec{r})]$ gebildet, wobei $\vec{\omega}$ den Vektor der Winkelgeschwindigkeit der Drehung der Erde um die Erdachse und $\vec{r}$ den Erdradius darstellen. Diese Gleichung ist Grundlage für die ↗Eulersche Gleichung, ↗Bernoullische Energiegleichung und die daraus abgeleitete ↗Saint-Venant-Gleichung. [HJL]

hydrodynamische Dispersion ↗Dispersion.

hydrodynamische Impulsgleichung, Gleichungssystem, das sich aus der Anwendung des aus der Mechanik fester Körper bekannten Schwerpunktsatzes auf bewegte Flüssigkeitsmassen ergibt. Grundlage ist das Newtonsche Bewegungsgesetz: $\vec{F} - m \cdot (d\vec{v}/dt) = 0$, wobei $\vec{F}$ die Summe aller an der Flüssigkeitsmasse angreifender Kräfte und $-m \cdot (d\vec{v}/dt)$ die Trägheits- oder d'Alembertsche Kraft darstellen. Voraussetzung für die Anwendung dieses Gesetzes in der Hydrodynamik ist die Festlegung eines geeigneten, endlichen, von Flüssigkeit durchströmten Raumes V. Durch die Einführung der differentialen Impulsströme $dm_i \cdot \vec{v}_i/dt$ für jedes Massenteilchen m_i mit der Geschwindigkeit $\vec{v}_i$ und durch Summation der Kräfte, die an allen im herausgeschnitten gedachten Raum befindlichen Massenteilchen angreifen, und aller differentialer Impulsströme werden die resultierende, an der Gesamtflüssigkeitsmasse angreifende Kraft und der Gesamtimpulsstrom erhalten (für inkompressible Flüssigkeit ϱ = const.):

$$F = \varrho \int d\left(\vec{v} \cdot \frac{dV}{dt}\right).$$

Das heißt, die Summe aller an einer Flüssigkeitsmasse angreifenden Kräfte ist gleich der Änderung des Impulsstromes dieser Masse. Der Vorteil des Impulsatzes liegt daran, daß sich bei der Summation der Kräfte die Massenkräfte (Schwerkraft) zwar addieren, die Druck- und Reibungskräfte jedoch als innere Kräfte sich innerhalb des betrachteten Volumens gegenseitig aufheben. Es bleiben nur diejenigen übrig, die an der Außenfläche von außen angreifen. Daher ermöglicht der Impulsatz im Gegensatz zu den Energiegleichungen (↗Bernoullische Energiegleichung) auch solche Strömungen zu untersuchen, deren innere Vorgänge nicht zu überblicken sind. [HJL]

hydrodynamische Kontinuitätsgleichung, Gesetz, das die Massenerhaltung in einem ↗Gerinne bei der Strömung von Flüssigkeiten beschreibt. Sie lautet vereinfacht bei eindimensionaler Betrachtungsweise:

$$\frac{\partial Q}{\partial s} + \frac{\partial A}{\partial t} = 0.$$

Das heißt, die örtliche Änderung des Durchflusses Q in dem betrachteten Abschnitt ∂s ist gleich der zeitlichen Änderung ∂t des durchflossenen Fließquerschnittes A. Bei seitlichem Zufluß q wird die eindimensionale Kontinuitätsgleichung zu:

$$\frac{\partial Q}{\partial s} + \frac{\partial A}{\partial t} = q.$$

hydrodynamisches Nivellement, Verfahren zur Bestimmung von Neigungen des Meeresspiegels durch Umkehrung der sog. geostrophischen Gleichung:

$$2\Omega \sin(\varphi)v = g \cdot \tan(i)$$

mit Ω = Winkelgeschwindigkeit der Erde, g = Schwerebeschleunigung, φ = geographische Breite, v = Strömungsgeschwindigkeit, i = Neigungswinkel des aktuellen Meeresspiegels relativ zu einer Äquipotentialfläche.

Die Gleichung wird i. d. R. eingesetzt, um aus bekannten Neigungen die Strömungsgeschwindigkeit zu berechnen. Bei Kenntnis der Strömungsgeschwindigkeit v kann umgekehrt über den Neigungswinkel i auf die Höhendifferenz benachbarter Punkte geschlossen werden. Das Verfahren

Hydrogeologie: Ausbildung von Grundwasserstockwerken durch Abfolge von durchlässigen Gesteinen (Grundwasserleiter) mit sehr geringdurchlässigen Gesteinen (Grundwassernichtleiter): a)-f) = künstliche Grundwassererschließung durch Brunnen, g) = Quelle, natürlicher Grundwasserausfluß (Die Zahlen stellen die Grundwasserstockwerke dar).

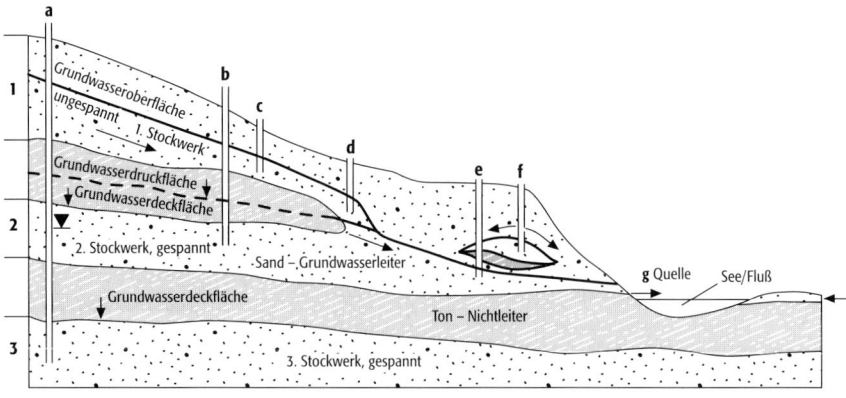

dient v. a. zur Höhenübertragung im Flachwasser, wo das hydrostatische Nivellement wegen der fehlenden ↗level-of-no-motion versagt.

Hydrogel, aus ↗Hydrosolen durch Wasserabgabe entstandene Vorstufe amorpher Minerale. Zahlreiche Minerale sind über einen amorphen Zustand entstanden. Vorstufen solcher amorpher Substanzen waren kolloidale Systeme. Im Laufe der Zeit kristallisierten die Gele aus und bildeten Kristallite bzw. Kristallaggregate. Aufgrund ihrer Entstehungsweise haben solche Minerale wegen ihres ursprünglich kollomorphen isotropen Zustandes rundliche Oberflächen, sog. »Glasköpfe«.

Hydrogencarbonate, Salze der ↗Kohlensäure.

Hydrogen Index, HI, Begriff aus der Bohrlochgeophysik, bezeichnet das Verhältnis von Wasserstoff (Gewichtsprozent) in einer Formation zum Wasserstoff in Wasser (Gewichtsprozent), wobei HI von Wasser gleich eins ist.

Hydrogeochemie, Bereich der ↗Hydrochemie, der sich mit der chemischen Zusammensetzung von natürlichem Wasser, dessen Veränderung und den Ursachen solcher Veränderungen befaßt.

Hydrogeologie, ist die Wissenschaft vom unterirdischen Wasser und seinen Wechselwirkungen mit den Gesteinen. Sie befaßt sich mit dem Vorkommen, den Erscheinungsformen, der Beschaffenheit und den Eigenschaften des Wassers im Untergrund. Die Hydrogeologie untersucht die Gesetzmäßigkeiten der Bewegung des unterirdischen Wassers sowie die Austauschvorgänge mit dem Wasser der Atmosphäre und dem der Erdoberfläche als Teilvorgänge des natürlichen Wasserkreislaufs.

Die Hydrogeologie ist ein Teilgebiet der ↗Geologie wie auch der ↗Hydrologie, indem sie sich mit dem überlappenden Bereich der ↗Lithosphäre und ↗Hydrosphäre auseinandersetzt. Der Begriff wurde ursprünglich von ↗Lamarck 1802 geprägt, wobei er damals noch die gesamten Wechselwirkungen zwischen Wasser und Gestein auf und unter der Erdoberfläche einbezog. Im heutigen Sinne wurde der Begriff erstmals von Mead in seinem 1919 erschienenen Lehrbuch »Hydrology« definiert, nachdem sich die Hydrogeologie bereits im ausgehenden 19. Jh. immer mehr als die »Lehre von Vorkommen und Bewegung des unterirdischen Wassers« durchgesetzt hatte.

Das unterirdische Wasser nimmt zwar am Gesamtwasservorkommen der Erde einschließlich der Ozeane nur weniger als 2 % ein, in Bezug auf die Süßwasservorräte ist aber neben den Eismassen (68 %) der Untergrund mit 30 % der wichtigste Speicher, dem gerade für die Trinkwassergewinnung erhebliche wasserwirtschaftliche Bedeutung zukommt. Auch am Wasserkreislaufgeschehen ist der Untergrund mit der Versickerung von Niederschlag und Oberflächenwässern, der Bildung von Rücklagen und Aufbrauch sowie dem unterirdischen Abfluß als wichtiger Faktor beteiligt. Unter den gemäßigt humiden Klimabedingungen Mitteleuropas sind es beispielsweise rund 20 % des Niederschlages, die über den Untergrund abfließen.

Für die Wasseraufnahmefähigkeit, Durchlässigkeit und Speicherung im Untergrund maßgeblich ist die Ausbildung der ↗Hohlraumanteile. Unterschieden wird zwischen Poren, Klüften und Karsthohlräumen. Gesteine, die in der Lage sind, Wasser aufzunehmen und weiterzuleiten, werden als ↗Grundwasserleiter den Nichtleitern gegenübergestellt. Der vertikale Abfluß des infiltrierten Niederschlag als ↗Sickerwasser führt zunächst nur zu einer Teilverfüllung der Hohlräume (ungesättigte Zone). Erst über stauende Nichtleiter kommt es zur vollständigen Verfüllung der Hohlräume (gesättigte Zone) und damit zur Bildung des eigentlichen ↗Grundwassers. Durch übereinanderliegende Abfolgen von Grundwasserleitern und Nichtleitern können mehrere ↗Grundwasserstockwerke vorhanden sein (Abb.). Die Beschaffenheit des unterirdischen Wassers (↗Grundwasserbeschaffenheit) wird bestimmt durch Wechselreaktionen mit den Gesteinen. Mechanische und chemische Filterwirkung der engen Untergrundpassagen sowie mikrobiologische Abbauprozesse führen dazu, daß das Grundwasser von hoher Reinheit und Qualität ist, so daß es vielfach ohne weitere Aufbereitung als Trinkwasser verwendet werden kann. Art und Umfang der Inhaltsstoffe eines Grundwassers bestimmen sich v. a. durch die Intensität der hydrogeochemischen Vorgänge sowie den Chemismus der Gesteine. In den letzten Jahrzehnten haben jedoch Verunreinigungen durch Schadstoffeinträge als Folge menschlicher Aktivitäten zugenommen.

Die große wasserwirtschaftliche Bedeutung, die dem unterirdischen Wasser und hier v. a. dem Grundwasser auf der ganzen Erde zukommt, hat zu einer sehr stark praxisbezogenen Ausrichtung der Hydrogeologie geführt. Sie versteht sich als Teil der ↗Angewandten Geologie. Ausgehend von wichtigen Fragestellungen der Grundlagenforschung zur Dynamik des Wassers im Untergrund, zur Grundwasserneubildung, den thermodynamischen Gesetzmäßigkeiten hydrogeochemischer Reaktionen sowie dem Stofftransport im ungesättigten und gesättigten Bereich kommt es darauf an, diese Erkenntnisse für die wasserwirtschaftliche Praxis umzusetzen. Im Vordergrund steht die Nutzung des unterirdischen Wassers mit den vier Hauptthemen: Grundwassererkundung, ↗Grundwassererschließung, ↗Grundwasserschutz und Grundwassersanierung. ↗Geohydrologie, ↗Grundwasserhydrologie, ↗Wasserkreislauf. [HH]

hydrogeologische Erkundung, ↗Erkundung des Grundwassers mit dem Ziel, im Abstrom eines Gefahren- bzw. Schadensherdes die Beeinträchtigung eines Grundwasservorkommens zu erfassen. Dies erfordert Kenntnisse der Grundwasserströme und des Schadstofftransports. Folgende Grundlagen fließen in das Arbeitsmodell ein: a) Schichtaufbau, Schichtlagerung, Tektonik; b) Charakteristik der ungesättigten Zone; c) homogene/heterogene Grundwasserleiter; d) Gliederung in Grundwasserstockwerke (Lage der stockwerkstrennenden Schichten, schwebende Grundwasserstockwerke); e) Flurabstand der freien Grundwasseroberfläche bzw. Grundwasserdruckfläche unter Berücksichtigung jahreszeitlicher Schwankungen; f) Geometrie der Grundwassersohle (insbesondere bei Kiesrinnen) und der randlichen Begrenzung des Grundwasserleiters; g) Vorflutverhältnisse, Infiltration/Exfiltration; h) hydraulische Verbindungen mit benachbarten Grundwasserleitern; i) Grundwasserneubildung; j) Grundwasserfließrichtung und Abstandsgeschwindigkeit mit Berücksichtigung wasserstandsabhängiger Variationen; k) Transmissivität, Durchlässigkeitsbeiwert, durchflußwirksamer Hohlraumanteil, Speicherkoeffizient, Dispersivität; l) geogene Grundwasserbeschaffenheit, anthropogene Schadstoffbelastung des Grundwassers. [ME]

hydrogeologische Grenze, scharfer Übergang in Gesteinen mit unterschiedlichen hydrogeologischen Eigenschaften. In der Regel durch aneinandergrenzende Gesteinskörper mit deutlich unterschiedlichen Durchlässigkeitseigenschaften ausgelöst, kann sich die Bezeichnung aber auch auf ein rein unterschiedliches hydrochemisches Verhalten beziehen.

hydrogeologische Karte, raumbezogene Darstellung hydrogeologischer Sachverhalte. Je nach dem möglichen oder gewünschten Detailliertheitsgrad werden unterschiedliche Maßstäbe von der Weltkarte bis zu speziellen Detailplänen, z. B. Dammaufstandsfläche, verwendet.

hydrogeologischer Schnitt, Profildarstellung des Untergrundaufbaues unter Berücksichtigung hydrogeologischer Sachverhalte. Neben den hydraulischen Eigenschaften der Gesteinsabfolge werden soweit bekannt freier Wasserspiegel, Druckwasserspiegel, Quellen und andere Grundwasseraufschlüsse sowie die Vorflutsituation mitdargestellt.

Hydrogeothermie, überlappendes Wissensgebiet von ↗Geothermie und ↗Hydrogeologie, das sich mit den Ursachen sowie den räumlichen und zeitlichen Änderungen der thermischen Eigenschaften des Grundwassers befaßt. Ein wichtiges Aufgabengebiet ist die Untersuchung der Vorkommen sowie der Zirkulation und des Austausches von ↗Thermalwässern im Untergrund. Da neben dem konduktiven der konvektive Wärmetransport durch Wasser im Untergrund von besonderer Bedeutung ist, kommt den Thermalwässern bei der Nutzung geothermaler Energie eine wichtige Rolle zu.

Hydrographie, 1) eine beschreibende Wissenschaft, die sich mit der Erforschung der Gewässer und des Wasserhaushaltes der Erde befaßt. 2) ein Kartenelement ↗topographischer Karten, das stehende und fließende Gewässer sowie wasserbauliche Anlagen umfaßt. Die Daten werden i. a. von den ↗hydrographischen Ämtern erhoben.

hydrographische Ämter, nationale Einrichtungen zur Unterstützung von Seeschiffahrt und Fischerei durch Bereitstellung von Informationen über ↗Hydrographie, ↗Gezeiten, Wasserstände, Wassertiefen sowie Seekarten, Seehandbücher und nautische Informationen. Sie arbeiten mit dem Internationalen Hydrographischen Büro (IHB) mit Sitz in Monaco eng zusammen. In Deutschland nimmt das ↗Bundesamt für Seeschiffahrt und Hydrographie diese Aufgaben wahr.

hydroklastische Fragmentierung, umfaßt alle explosiven und nichtexplosiven Fragmentierungsprozesse während einer Eruption, bei der externes Wasser von Bedeutung ist. ↗Vulkanismus.

Hydrokultur, *Wasserkultur*, Aufzucht von Pflanzen in einer reinen Nährlösung, ohne Erde.

Hydrologie, Wissenschaft des Wassers. Die Hydrologie erforscht das Wasser des festen Landes über, auf und unter der Erdoberfläche hinsichtlich seiner Verteilung in Raum und Zeit, seiner Zirkulation und seinen physikalischen, chemischen und biologisch verursachten Eigenschaften und Wirkungen sowie die Wechselbeziehungen zwischen den natürlichen Voraussetzungen und den auf diese zurückwirkenden anthropogenen Einflüsse. Dabei bezeichnet der Begriff »Wasser« alle in der Natur vorkommenden Erscheinungsformen des Wassers einschließlich der darin gelösten, emulgierten und suspendierten Stoffe sowie Mikroorganismen. Der Austausch des Wassers zwischen den Phasenbereichen (fest, flüssig, gasförmig) erfolgt über den ↗Wasserkreislauf, wobei auch die Prozesse der Zustandsänderungen, d. h. die Übergänge zwischen den einzelnen Phasen, sowie die des Transportes und der Speicherung des Wassers einbezogen werden. Diese Vorgänge variieren sowohl zeitlich als auch räumlich. Bei der räumlichen Betrachtungsweise ist es dabei selbstverständlich, daß benachbarte

Räume einbezogen werden. Für Fragen der globalen ↗Wasserbilanz heißt das, daß auch die Niederschläge und die Verdunstung über den Ozeanen mit einbezogen werden müssen. Diese Prozesse werden in der ↗quantitativen Hydrologie behandelt. Auch Fragen zu Wasser in Form von Eis und Schnee gehören zur Hydrologie, werden aber eingehender von der ↗Glaziologie behandelt.

Ein wesentlicher Teil der Hydrologie befaßt sich mit der Wasserbeschaffenheit (↗qualitative Hydrologie), d. h. mit den physikalischen (↗Hydrophysik) und chemischen Eigenschaften (↗Hydrochemie) sowie den Wechselwirkungen mit biologischen Prozessen (↗Hydrobiologie, ↗Limnologie). Dabei ist die Beschreibung des Zustandes eines Gewässers durch biologische Indikatoren einbezogen. Unter den physikalischen Eigenschaften werden dabei nicht nur die Temperatur, Dichte, Viskosität, Leitfähigkeit, Trübung etc. verstanden, sondern hierzu gehört auch das Vermögen des Wassers, durch seine Bewegung feste und gelöste Stoffe sowohl im Gewässer als auch im Boden und im System der Pflanze zu transportieren. Die chemischen Eigenschaften beinhalten neben pH-Wert, Geruch, Geschmack usw. auch die Zusammensetzung der gelösten Stoffe sowie deren Dissoziation in Anionen und Kationen. Die genannten biologischen, physikalischen und chemischen Eigenschaften sind nach Raum und Zeit verteilt. Die Hydrologie betrachtet v. a. den Bereich, in dem Wechselwirkungen zwischen den biologischen Prozessen und den physikalischen und chemischen Eigenschaften auftreten. In den Gewässern spielen sich zahlreiche Wechselbeziehungen ab, zum einen Wechselbeziehungen zwischen dem Wasservolumen und den Merkmalen der Wasserbeschaffenheit und zum anderen diejenigen zwischen den Wasserbeschaffenheitsmerkmalen untereinander. Die Wechselbeziehungen dieser Merkmale werden unter natürlichen Voraussetzungen untersucht, wobei hierunter z. B. meteorologische und klimatische Einflüsse sowie bodenkundliche, morphologische, vegetative und sonstige Bedingungen verstanden werden. Diese Verhältnisse können durch anthropogene Maßnahmen beeinflußt werden, wobei sich infolge der Wechselbeziehungen wiederum die physikalischen und chemischen Eigenschaften ändern. Durch solche Maßnahmen ist sowohl eine Veränderung des am Wasserkreislauf teilnehmenden Wasservolumens möglich als auch eine Änderung der Wasserbeschaffenheit hinsichtlich der Verteilung nach Raum und Zeit.

Je nach Auftreten des Wassers kann die Hydrologie in verschiedene Bereiche eingeteilt werden (↗Hydrometeorologie, ↗Nivologie, ↗Glaziologie, Hydrologie der ↗Fließgewässer, Küstenhydrologie, ↗Grundwasserhydrologie, Hydrologie der ↗Ästuare etc.). Die Teilbereiche der Hydrologie, die sich mit den fließenden und stehenden Gewässern befassen, werden der ↗Gewässerkunde zugeordnet, die Ökologie dieser Gewässer wird von der ↗Limnologie untersucht. Die ↗Hydrobiologie stellt den Übergangsbereich zur Biologie dar. Mit dem unterirdischen Wasser, d. h. mit den Wasserflüssen in der ↗ungesättigten Bodenzone und der ↗gesättigten Bodenzone, befassen sich die ↗Hydropedologie und die ↗Hydrogeologie. Die Hydrologie enthält neben den Naturwissenschaften (Geo- und Bio-) auch ingenieurwissenschaftliche Komponenten. In den Ingenieurwissenschaften werden Flüssigkeiten wie Wasser zu einem als ein Mittel zur Kräfteübertragung und zum anderen als zu transportierende Masse angesehen. Weiterhin wird das Wasser als ein Stoff betrachtet, auf dem Frachtgut befördert und durch den Energie gewonnen werden kann. Andererseits stellt das Wasser aber auch eine Gefahr dar, welche die von Natur und Menschenhand geschaffene Strukturen zerstören kann (↗Hochwasser, ↗Sturmflut). Mit den theoretischen Grundlagen der Bewegung des Wassers in offenen und geschlossenen Gerinnen beschäftigt sich die ↗Hydrodynamik. Auf diesen Grundlagen aufbauend werden im Bereich des ↗Wasserbaus (↗Hydrotechnik) Strukturen geschaffen, um das Wasser zu nutzen oder Gefahren abzuwenden. Dabei muß zwangsläufig häufig schon im Planungsstadium auf Angaben aus dem Bereich der Hydrologie zurückgegriffen werden. Durch wasserbauliche Maßnahmen wird der ursprüngliche Zustand der Natur verändert (↗anthropogene Beeinflussung des Wasserkreislaufes), womit sich wiederum die Hydrologie befaßt. Die speziell für den Wasserbau erforderlichen Teilgebiete der Hydrologie werden oft unter dem Begriff ↗Ingenieurhydrologie zusammengefaßt.

Die Hydrologie findet ihre Anwendung in der ↗Wasserwirtschaft und der Agrar- und Forstwirtschaft. Bereits in frühen Perioden der Kulturentwicklung hat der Mensch erfahren, daß wesentliche Lebensbedingungen von Wasserüberschuß und -mangel abhängen. So haben sich bereits vor 5000 Jahren Wasserbaukulturen entlang der großen Flüsse in Asien und am unteren Nil entwickelt. Wasserbauten für Ent- und Bewässerung, Hochwasserschutz und Wasserversorgung bezeugen, daß einfache hydrologische Prinzipien bereits bekannt gewesen sein müssen. Erste hydrologische Messungen gehen in diese Zeit zurück. Entlang des gesamten Nillaufs wurden Wasserstandsmarken sowie bezifferte und geeichte Skalen zur quantitativen Bestimmung der Wasserstände angelegt. Dies sind wohl die ältesten erhaltenen hydrometrischen Meßeinrichtungen. Erste Regenmessungen sind aus der Zeit gegen Ende des 4. Jh. v. Chr. in Indien bekannt. Gestützt auf das empirische Wissen der alten Kulturen entwickelten die griech. Naturphilosophen Hypothesen zum Wasserkreislauf: In der Hypothese des Wasseraufstieges innerhalb der festen Erde wird Wasser von einem die Erde tragenden Urmeer von der Erde aufgesogen und tritt an höherer Stelle als Quellen und Flüsse an die Oberfläche, wobei das Meerwasser vom Salz gereinigt wird (Thales 624–546 v. Chr., Platon 427–348 v. Chr.). In der meteoren Hypothese von ↗Anaxagoras (500–428 v. Chr.) und Diogenes von

Apollonia (460–390 v. Chr.) wurden wesentliche Elemente des Wasserkreislaufs richtig erkannt und beschrieben. ↗Aristoteles (385–322 v. Chr.) hat in seinem Werk »Meteorologica« eine dritte Hypothese aufgestellt. Danach bildet sich in der Erde fortlaufend Wasser, in dem sich in Poren und Klüften eingedrungene Luft abkühlt und in Wassertropfen verwandelt. Die Hypothese des Wasseraufstiegs innerhalb der festen Erde und von der Umwandlung von Luft in Wasser blieb über viele Jahrhunderte die maßgebliche Lehrmeinung.

Mit Beginn der Renaissance wurde die Naturphilosophie durch die Naturwissenschaft abgelöst. Neben L. da Vinci (1452–1519) und C. von Mengenburg (1475) waren es J. Besson (1540–1576) und B. Palissy (etwa 1510–1590), die mit dem Konzept der Schwerkraft die Wasseraufstiegstheorie und die Kondensationstheorie widerlegten. Besonders Palissy hatte die Einzelvorgänge des Wasserkreislaufs eindeutig und detailliert dargestellt und weitgehend durch scharfe, richtig interpretierte Naturbeobachtungen nach Ursache und Wirkung erkannt. P. Perrault (1611–1680), E. Mariotte (1620–1684) und E. Halley (1656–1742) brachten quantitative Elemente in die bis dahin nur durch allgemeine Beobachtungen abgestützte, spekulativ-qualitative Hydrologie ein. Perrault war der erste, der versuchte, Komponenten des hydrologischen Kreislaufs quantitativ zu bestimmen. Er setzte sich in seinem 1674 erschienenen Buch »De l'origines des fontaines« (Über den Ursprung der Quellen) mit allen bestehenden Auffassungen auseinander. Der Zeitpunkt des Erscheinens dieses Werkes gilt heute als Geburtsstunde der Hydrologie. Auch auf dem Gebiet der Bestimmung des Durchflusses in Flüssen und künstlichen offenen Gerinnen wurden im 18. Jh. bedeutende Fortschritte erzielt. Das Pitot-Rohr (Pitot 1695–1771), der Meßflügel (u. a. Cabral 1734–1811, Woltmann 1757–1837) und der Venturi-Kanal (Venturi 1746–1822) wurden entwickelt. A. Brahms (1692–1758), A. De Chezy (1718–1798) und P. Du Buat (1738–1809) legten die Grundlage für die Berechnung des Durchflusses in offenen Gerinnen und L. Euler (1707–1783) entwickelte die allgemeinen Bewegungsgleichungen für ideale Flüssigkeiten. D. Bernoulli (1700–1782) veröffentlichte 1738 seine Betrachtungen über die Zusammenhänge zwischen Geschwindigkeit und Druck, die dann später zur allgemeinen Gleichung über die Erhaltung der Energie erweitert wurden. Das Perrault-Mariotte-Halley-Konzept des hydrologischen Kreislaufs begann sich im 18. Jh. immer mehr durchzusetzen. Bezüglich der Verknüpfung von Niederschlag, Abfluß und Verdunstung, Qualität und Verteilung der einzelnen Komponenten sowie der physikalischen Begründung der einzelnen Abläufe gab es durch verstärktes Experimentieren neue Erkenntnisse. J. C. De la Methiére (1748–1807) befaßte sich mit Fragen der Durchlässigkeit von Felsformationen, der Erhaltung der Bodenfeuchte, der Verdunstung und Transpiration, der Versickerung, der Grundwasserneubildung, der Grundwasserbewegung und der Wasserversorgung der Quellen. W. Smith (1769–1839) legte mit seinen geologischen Studien die Grundlagen für die Fortschritte der Grundwasserhydrologie im folgenden Jahrhundert. J. Dalton (1766–1844) stellte für England und für Wales erste Wasserhaushaltsbetrachtungen an und definierte das Verdunstungsgesetz.

Die Fortschritte der allgemeinen Hydraulik und die Entwicklung neuer Meßgeräte im 18. Jh. führten dazu, daß einzelne Elemente des hydrologischen Kreislaufs quantitativ besser erfaßt werden konnten. Sowohl beim Oberflächenabfluß als auch bei der Grundwasserbewegung wurden wesentliche neue Erkenntnisse, wenn auch zunächst noch weitgehend empirisch, gewonnen.

Das 19. Jh. war in bezug auf die Hydrologie die große Zeit der experimentellen Untersuchungen (↗experimentelle Hydrologie), in der die Grundlagen für die moderne Hydrologie gelegt wurden. Die Hydrologie hatte sich in ihren grundlegenden Konzepten als wissenschaftliche Disziplin etwa um die Mitte des 19. Jh. durchgesetzt. Gekennzeichnet wird dieser Stand der Entwicklung durch die Veröffentlichung des »Handbuches der Hydrologie« im Jahre 1862 durch N. Beardmore (1816–1872). Regelmäßige Wasserstandsmessungen in der Neuzeit wurden erst seit dem 18. Jh. durchgeführt, z. B. am Rhein (Emmerich) seit 1770 bzw. 1782 (Köln). Systematische Bestimmungen des Durchflusses (↗Durchflußmessung) wurden seit dem Beginn des 19. Jh. ausgeführt, am Oberrhein seit 1809. T. J. Mulvany (1822–1892) und P. Schreiber (1848–1924) leisteten Pionierarbeit auf dem Gebiet der Niederschlags-Abflußbeziehungen. Mulvany schlug eine rationale Formel zur Berechnung von Hochwasserabflüssen aus Niederschlagswerten vor. Schreiber führte 1892 das Konzept eines unbegrenzten Gleitmittelprozesses zur Beschreibung der Niederschlags-Abfluß-Beziehung ein. Auch auf dem Gebiet Grundwasserhydrologie wurden in der Mitte des 19. Jh. durch F. E. Belgrand (1810–1878) und A. Paramelle (1790–1875) große Fortschritte erzielt. Paramelles Buch »Die Kunst, Quellen aufzufinden« ist als Meilenstein in der Entwicklung der Grundwasserhydrologie anzusehen. 1839/1840 veröffentlichten G. Hagen (1797–1884) und J. Poiseuille (1799–1869) ihre Gleichungen über den Abfluß durch Kapillaren. Im Jahre 1856 legte H. ↗Darcy (1803–1858) die als Darcy-Gesetz bekannt gewordene empirisch gemessene Gleichung vor, die auch heute noch die Grundlage der meisten Berechnungen von Grundwasserbewegungen bildet. Im 19. Jh. hatte sich das Fachgebiet Hydrologie soweit konsolidiert, daß es auch als Lehrgebiet an Universitäten (1899 TH Dresden) eingeführt wurde.

Trotz aller Fortschritte, die im 19. Jh. erzielt wurden, steckte die Hydrologie in den ersten drei Jahrzehnten des 20. Jh. noch weitgehend in der Empirie. Erst die Durchführung von breit angelegten Forschungsprogrammen, der zunehmende nationale und internationale Gedankenaus-

tausch sowie eine stärker werdende interdisziplinäre Zusammenarbeit führten graduell zu einer mehr rationalen Analyse hydrologischer Probleme. Als kennzeichnend für die Entwicklung sollen hier genannt werden: a) zunehmende Verwendung statistischer Methoden (Hazen 1930), b) Einführung des Unit-Hydrograph für die Ableitung der Durchflußganglinie aus dem Niederschlag (Sherman 1932), c) Abflußbestimmung aus dem Niederschlag aufgrund der Infiltrationstheorie (Horton 1933), d) Berechnung nicht-stationären Zuflusses zu Brunnen (Theis 1935), e) Einführung der Extremwertverteilung für Häufigkeitsanalysen hydrologischer Daten (Gumbel 1941), f) verstärkte Berücksichtigung hydrometeorologischer Prozesse (Bernard 1944), g) theoretische Analyse des Geschiebetriebs (Einstein 1950), h) Entwicklung des Konzeptes der »Speicherkaskade« (Nash 1957), i) Entwicklung der Infiltrationstheorie (Philip 1957). Die Entwicklung der Hydrologie in den letzten Jahrzehnten des 20. Jh. ist gekennzeichnet durch die quantitative Beschreibung und Modellierung komplexer ↗hydrologischer Prozesse, wobei neben Verfahren der Mathematik und Geophysik zunehmend Methoden der Systemtheorie, der Statistik und der Wahrscheinlichkeitsrechnung (stochastische Hydrologie) herangezogen wurden. ↗angewandte Hydrologie, ↗deterministische Hydrologie, ↗operationelle Hydrologie, ↗regionale Hydrologie, ↗theoretische Hydrologie, ↗urbane Hydrologie, ↗hydrologische Modelle. [HJL]
Literatur: [1] BAUMGARTNER, A., LIEBSCHER, H. (Hrsg.)(1996): Lehrbuch der Hydrologie. [2] DYCK, S., PESCHKE, G. (1996): Grundlagen der Hydrologie. – Berlin.

hydrologische Daten, Informationen, welche der Hydrologe aus Messungen, Berechnungen und verschiedenen Beobachtungen von den für die ↗Hydrologie relevanten Variablen oder Parametern gewinnt. Diese Informationen lassen sich in hydrologische und meteorologische Daten, physiographische Parameter und Prozeßparameter unterteilen. Zu den hydrologischen Daten gehören Wasserstand, die über die Durchflußkurve und die Wasserstände berechneten Durchflüsse, Abflußhöhe, Abflußspende, Evaporation, Transpiration, Interzeption, Bodenfeuchte, Fließzeiten, Seewasserstände, Grundwasserstände, Niederschlagsintensitäten, Gebietsniederschläge, Feststofftransport, Lösungsgehalt und biologische Verhältnisse. Die meteorologischen Daten werden v. a. für die Berechnung der Verdunstung und für die Hochwasservorhersage verwendet. Neben den Niederschlägen sind hier lang- und kurzwellige Strahlung, Lufttemperatur, Luftfeuchte, Dampfdruck, Bewölkung, Sonnenscheindauer und Wind zu nennen. Da diese Daten sich ständig ändern, werden sie auch als Variablen bezeichnet. Ihre zeitliche graphische Darstellung ergeben Intensitäten oder Ganglinien. Die physiographischen Parameter kennzeichnen das Einzugsgebiet. Zu ihnen gehören Oberflächenform, Landnutzung, morphologische Kennwerte, Gewässernetz, aber auch z. B. die Besiedlung. Die dritte Datengruppe der Prozeßparameter befaßt sich mit Bewegung und Verteilung des Wassers auf den Landflächen. Zu ihnen zählen z. B. Parameter der Abflußkonzentration, Schneeschmelze, Retention, Infiltration und Perkolation, Erosion und Zwischenabfluß. Die Prozeßparameter steuern die Wasserflüsse und werden vielfach in Höhe einer Wasserschicht pro Zeiteinheit, z. B. mm/h angegeben. [KHo]

hydrologische Größen, *hydrologische Kenngrößen*, Variablen, die entweder durch Augenbeobachtung (z. B. Eisbedeckung) geschätzt werden oder mit Hilfe von hydrologischen Meßinstrumenten quantitativ bestimmt werden, z. B. ↗Abflußhöhe, ↗Bodenwassergehalt, ↗Durchfluß, ↗Grundwasserstand, ↗Schneehöhe, Konzentration von ↗Schwebstoffen und ↗Wasserinhaltsstoffen, ↗Verdunstungshöhe, Frachten, Wasserstand und Wassertemperatur.

hydrologischer Prozeß, quantitative oder qualitative Veränderung einer hydrologischen Größe mit der Zeit. Sie besteht meist in der Änderung der Ortskoordination eines Wasserkörpers, eines Wasserteilchens oder in der Änderung seiner physikalischen oder chemischen Eigenschaften. Hydrologische Prozesse laufen stets in einem System (↗hydrologisches System) ab. Sie bestimmen den gesamten ↗Wasserkreislauf und dessen Teilprozesse, wie z. B. ↗Niederschlagsbildung, ↗Abfluß, ↗Verdunstungsprozeß, ↗Infiltration, ↗Grundwasserneubildung.

hydrologisches Jahr ↗*Abflußjahr*.

hydrologisches Meßnetz, *gewässerkundliches Meßnetz*, Gesamtheit der in einem Gebiet (Flußgebiet, Verwaltungseinheit) vorhandenen, quantitativen und qualitativen hydrologischen Meß- und Beobachtungsstationen zur Erfassung ↗hydrologischer Größen.

hydrologisches Modell, vereinfachte Beschreibung der in einem ↗hydrologischen System ablaufenden physikalischen, chemischen und biologischen Prozesse (↗hydrologischer Prozeß) oder Teilprozesse mit Hilfe mathematischer Gleichungen. Diese werden zeitlich und räumlich so miteinander verknüpft, wie sie in der Natur ablaufen. Je nach Berücksichtigung des zeitlichen Verhaltens wird zwischen stationären und instationären Modellen unterschieden. Weitere Unterscheidungen erfolgen nach dem Lösungsverfahren der mathematischen Gleichungen in analytische und numerische Modelle, nach Berücksichtigung zufallsbedingter Systemänderungen in stochastische und ↗deterministische Modelle, nach der Abhängigkeit der Modellparameter vom momentanen Systemzustand in lineare und nichtlineare Modelle sowie nach Berücksichtigung der Abhängigkeit der Modellparameter vom zeitlichen Systemverhalten in zeitinvariante und zeitvariante Modelle. Die deterministischen Modelle werden in drei Hauptgruppen unterteilt, wobei der Grad der Kausalität in Form der Ursachen-Wirkungs-Beziehung Beachtung findet: a) ↗physikalische Modelle (White-Box-Modelle), die auf den Grundgesetzen der Physik, insbesondere der Hydro- und Thermodynamik, der

Chemie und der Biologie beruhen, b) ↗konzeptionelle Modelle (Grey-Box-Modelle), die sich auf die physikalischen Gesetze in vereinfachter Näherung stützen und ein gewisses Maß an Empirie enthalten und c) Modelle der ↗Black-Box, die unter Vernachlässigung der physikalischen Grundgesetze nur Ursachen-Wirkungsbeziehungen zwischen den Systemein- und Systemausgaben betrachten.
Eine weitere Unterscheidung erfolgt in ↗Block-Modelle oder ↗flächendetaillierte Modelle je nachdem, ob eine räumliche Untergliederung des betrachteten hydrologischen Systems vorgenommen wird. Hydrologische Modelle werden in der Praxis v. a. eingesetzt für operationelle Vorhersagen (Echtzeitvorhersagen), Prognosen (Nicht-Echtzeitvorhersage) bestimmter Entwicklungen, Simulationen verschiedener Zustände, Planung und Bemessung sowie die Steuerung von wasserwirtschaftlichen Systemen und wasserbaulichen Anlagen. [HJL]

hydrologisches System, gegenüber seiner Umgebung abgegrenzte Gesamtheit von Elementen, die eine Stoff- oder Energieeingabe und eine Stoff- oder Energieausgabe in eine Zeitbeziehung setzt. Elemente hydrologischer Systeme sind die den physikalischen, chemischen und biologischen Teilprozessen des Wasser- und Stoffhaushaltes zugeordneten Untersysteme. So ist z. B. der ↗Wasserkreislauf der Erde ein geschlossenes dynamisches System, Flußgebiete sind dagegen offene dynamische Systeme, über deren Gebietsgrenzen Wasser und andere Stoffe ein- und ausgeführt werden. Als hydrologische Systeme werden häufig Einzugsgebiete, Gewässerabschnitte, stehende Gewässer oder abgrenzbare Grundwasserleiter betrachtet. Wesentlich an einem System ist das Vorhandensein eines Einganges, der als Ursache auf das System einwirkt. Es findet eine Systemoperation als Übertragungsfunktion statt, welche wiederum eine Veränderung der Ausgabe bewirkt. Ein System besteht somit aus der Eingabe, der Systemoperation (Übertragungsfunktion) und der Ausgabe. [HJL]

hydrologische Vorhersage, *Echtzeit-Vorhersage*, Vorausschätzung oder Vorausberechnung eines hydrologischen Wertes (z.B. Wasserstand, Abfluß) auf der Grundlage des aktuellen Zustandes unter Angabe der Eintrittszeit. Bei routinemäßiger Erstellung solcher Vorhersagen spricht man von operationellen Vorhersagen. Es wird unterschieden zwischen Kurzfrist-Vorhersagen (< 2 Tagen), Mittelfrist-Vorhersagen (2–10 Tage) und Langfrist-Vorhersagen (>10 Tage). Von besonderer Bedeutung sind ↗Hochwasservorhersagen und ↗Niedrigwasservorhersagen.

Hydrolysate, nach ↗Goldschmidt eine Gruppe von Sedimenten, die einfach hydrolysierende Elemente (Al, Si, Na, K) enthalten, wie z.B. ↗Ton, ↗Tonstein oder ↗Bauxit.

Hydrolyse, chemische Reaktion, bei der Stoffe unter der Einwirkung bzw. dem Einbau von Wasser in ihre Bausteine gemäß:

$$A - B + H_2O \rightarrow A - H + B - OH$$

zerfallen. Im Gegensatz zur Hydratation reagiert hier das Wasser mit dem zerfallenden Teilchen: An den einen Baustein wird ein Proton und an den anderen Baustein das verbleibende Hydroxid-Ion angelagert. Bei Salzen und organischen Estern kann die Hydrolyse als Umkehr der Säure-Base-Neutralisation aufgefaßt werden. Wenn bei der Hydrolyse eine der entstehenden Verbindungen eine schwache Säure oder Base ist, reagiert die Lösung alkalisch bzw. sauer.

hydromagnetisches Theorem, Teil der ↗Induktionsgleichung.

Hydromechanik, Wissenschaft, die das physikalische Verhalten von Flüssigkeiten unter dem Einfluß von Kräften beschreibt. Die Hydromechanik wird in zwei Gebiete unterteilt: a) ↗Hydrostatik, bei der die Kräfte auf ruhende Flüssigkeiten einwirken, und b) ↗Hydrodynamik, bei der sich Flüssigkeiten unter dem Einfluß von Kräften bewegen.

hydromechanische Dispersion ↗Dispersion.

Hydrometeore, sind Produkte aus Wasserdampf in flüssiger oder fester Form, die sich in der Atmosphäre befinden. Man unterscheidet schwebende (↗Wolken, ↗Nebel, ↗Eisnebel), als Niederschlag fallende (Regen, Sprühregen, ↗Schnee, Eisnadeln, ↗Hagel, ↗Frostgraupel), an Oberflächen kondensierende (↗Tau, ↗Rauhreif, Glatteis) und aufgewirbelte Hydrometeore (↗Gischt, Schnee).

Hydrometeorologie, Grenzbereich zwischen ↗Hydrologie und ↗Meteorologie, der die Erscheinungen des Wassers in der Atmosphäre und seine Wechselbeziehungen mit dem Wasser auf und unter der Erdoberfläche behandelt. Dazu gehört der atmosphärische Feuchtetransport, ↗Niederschlag, ↗Interzeption, ↗Verdunstung und der ↗Wasserkreislauf als Ganzes.

Hydrometrie, Teilbereich der ↗Hydrologie, der sich mit der Messung des Wassers in der Natur, einschließlich der in der Hydrologie angewandten Methoden, Techniken und Geräten befaßt. Klassisches Aufgabengebiet der Hydrometrie ist das Wasserstands- und Durchflußmeßwesen.

hydromorphe Böden, 1) allgemein: Böden die Wasserüberschuß anzeigen. 2) im engeren Sinne Bezeichnung für Grund- und Staunässeböden, durch regelmäßig wiederkehrende Einwirkung von Grund- oder Stauwasser morphologisch gezeichnete Böden. Hydromorpiemerkmale sind an der Profilwand als rostfarbene Flecken, (Marmorierung) und/oder Konkretionen aus Eisen und Manganverbindungen erkennbar. Die Stärke der Ausprägung von Hydromorphiemerkmalen ist vom Gehalt an umsetzbaren Eisen- und Manganverbindungen abhängig. Bei ähnlicher Eisenführung kann aus der Ausprägungsintensität auf die Häufigkeit von Grund- oder Stauwasserspiegelschwankungen geschlossen werden.

Hydromuscovit ↗Illit.

Hydroökosystem, Subsystem des Gesamtlandschaftsökosystems. Dabei wird das Hydrosystem in Bezug zu den anderen Subsystemen und zum Gesamtökosystem gesetzt. Das Hydrosystem spiegelt die im Hydrotop zusammenwirkenden hydrologischen Prozesse wider, die von Art und

Hydropedologie

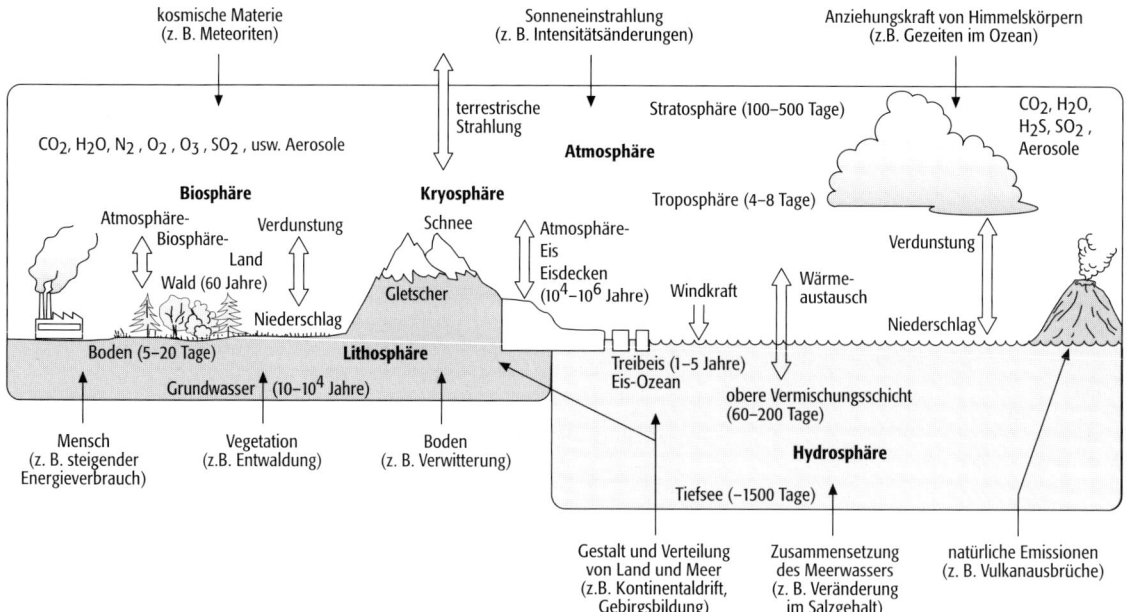

Hydrosphäre: die Stellung der Hydrosphäre zwischen Atmosphäre und Lithosphäre.

Ausbildung des oberflächennahen Untergrundes, den geomorphographischen Merkmalen des Georeliefs und der Dichte und Struktur der ↗Phytomasse geregelt werden und die zur Herausbildung eines räumlich strukturierten ↗Wasserhaushaltes führen. Der Begriff des Hydroökosystems geht jedoch noch über den des Hydrosystems hinaus, da er eine holistisch-ökologische Betrachtung des Wassers und des Wasserhaushaltes in der ↗Landschaft anstrebt (↗Landschaftsökosystem Abb.).

Hydropedologie, *Bodenhydrologie*, Teilgebiet der ↗Bodenkunde bzw. der ↗Hydrologie, das sich mit den physikalischen, chemischen und biologischen Eigenschaften des ↗Bodenwassers befaßt.

hydrophil, *wasserliebend*, Bezeichnung für Stoffe, die eine ausgeprägte Anziehung für Wasser zeigen. In der Bodenkunde beschreibt sie die Fähigkeit von Böden, Wasser aufzunehmen bzw. benetzbar zu sein. Der Gegensatz ist ↗hydrophob.

hydrophob, *wasserabweisend*, Bezeichnung für Minerale, Baustoffe oder Böden, die sich schlecht von Wasser benetzen lassen. Beispiele hydrophober Minerale sind fast alle Sulfide, Metalloxide, Kohle und Diamant. Minerale, die sich vom Wasser gut benetzen lassen, verhalten sich dagegen ↗hydrophil, solche, die sich von Lösungen allgemein gut benetzen lassen, *lyophil*. Hierzu gehören die Silicate, Sulfate, Carbonate, Phosphate, Halogenide u. a. ↗Benetzbarkeit.

hydrophobieren, Bezeichnung für die wasserabweisende Behandlung, z. B. im Bautenschutz.

hydrophobierter Zement, Zement, der mit wasserabweisenden Substanzen wie Kalkseifen, Mineralölemulsionen u. a. versetzt wird, um die Benetzbarkeit der Kapillarwände im trockenen Beton oder Mörtel herabzusetzen und somit die Wasseraufnahme zu erschweren.

Hydrophon, Schalldruckempfänger (Mikrophon) für ↗Wasserschall. Hydrophone werden allgemein bei seismischen Messungen in Wasser verwendet (z. B. Seeseismik im Bohrloch). Das Meßprinzip beruht auf dem ↗piezoelektrischen Effekt oder der ↗Magnetostriktion.

Hydrophysik, Teilbereich der ↗qualitativen Hydrologie, der sich mit den physikalischen (hydromechanischen, thermischen, optischen, elektrischen) Eigenschaften des ↗Wassers, wie z. B. ↗Wärmehaushalt, Dichte, Viskosität, elektrische Leitfähigkeit, Trübung und Lichtdurchlässigkeit, befaßt.

Hydrophyten, alle nicht zum ↗Plankton zählende Wasserpflanzen. Die Überdauerungsorgane der Hydrophyten sind oft während der ungünstigen Jahreszeit im Wasser untergetaucht. Charakteristisch ist häufig ein verkümmertes Wurzelsystem oder sogar das vollständige Fehlen eines solchen, was dazu führt, daß Nährstoffe, Sauerstoff und Kohlendioxid direkt dem Wasser entzogen werden. Man unterscheidet Wasserwurzler, Wasserschwimmer sowie amphibische Pflanzen. ↗Algen, aquatische ↗Makrophyten.

Hydrosole, Bezeichnung für (ggf. durch ↗Hydrolyse herstellbare) ↗Sole, die als Dispersionsmittel Wasser enthalten.

Hydrosphäre, mit Wasser bedeckter Teil der Erdoberfläche (↗Wasservorrat). Zu ihr gehört das auf der Erdoberfläche stehende und fließende Wasser (Meere, Seen, Flüsse). Der Bereich im Untergrund, der vollständig (↗gesättigte Bodenzone, ↗Grundwasser), teil- oder zeitweise (↗ungesättigte Bodenzone, ↗Bodenwasser) mit Wasser in flüssiger Phase gefüllt ist, gehört zur ↗Lithosphäre. Ihr oberer Teil, d. h. die ↗Wurzelzone und die unmittelbar darunterliegende, ungesättigte oder gesättigte Bodenzone, ist zugleich Teil der

↗Pedosphäre. Der durch Wasser in fester Form eingenommene Raum (Eisschild, Gletscher, Schneedecken) wird der ↗Kryosphäre zugeordnet, mit Wasser in fester Form gefüllte Bodenbereiche (Permafrost) gehören zur Lithosphäre. Zwischen ↗Atmosphäre, Lithosphäre, Hydrosphäre und Kryosphäre finden über den ↗Wasserkreislauf Austauschprozesse statt. Die als Lebensraum dienenden Bereiche der Atmosphäre, Lithosphäre und Hydrosphäre gehören gleichzeitig zur ↗Biosphäre (Abb.). [HJL]

Hydrostatik, Wissenschaft von den ruhenden Flüssigkeiten und den sich in ihnen ausbildenden Kräften unter der Wirkung äußerer Kräfte (↗Hydrodynamik). Aufgabe der Hydrostatik ist es, die infolge des hydrostatischen Druckes auftretenden Erscheinungen zu analysieren und Kraftwirkungen zu ermitteln.

hydrostatisch, Gleichgewichtszustand bei ruhenden Flüssigkeiten.

hydrostatische Approximation, Ersetzen der ↗Bewegungsgleichung für die Vertikalgeschwindigkeit durch die ↗statische Grundgleichung. Dabei wird vorausgesetzt, daß der Druck in einem Fluid nur durch das Gewicht einer Luft- oder Flüssigkeitssäule bestimmt wird. Dies ist der Fall, wenn die Vertikalbeschleunigungen sehr gering sind, was am besten für großräumige Bewegungsvorgänge, z. B. in Zyklonen, erfüllt ist.

hydrostatische Höhenbestimmung, *hydrostatisches Nivellement*, Meßverfahren zur Bestimmung von Höhenunterschieden, basierend auf dem physikalischen Prinzip der kommunizierenden Röhren. Zur hydrostatischen Höhenmessung werden sogenannte *Schlauchwaagen* verwendet. Man unterscheidet bewegliche Schlauchwaagen und stationäre Schlauchwaagensysteme. Die einfache Schlauchwaage besteht aus zwei Glaszylindern, die durch einen Schlauch (Länge < 50 m) miteinander verbunden und mit Flüssigkeit (z. B. Wasser) gefüllt sind. Werden die Glaszylinder in ungefähr gleicher Höhe aufgestellt bzw. aufgehängt, so stellen sich die Flüssigkeitsoberflächen in beiden Zylindern auf die gleiche Höhe ein, wenn auf eine blasenfreie Füllung des Schlauches geachtet wurde. Die Differenz der an den Skalen der Glaszylinder abgelesenen Flüssigkeitshöhen ergibt den Höhenunterschied der Teilungsnullpunkte und somit auch der Höhendifferenz zwischen den beiden Aufstell- bzw. Aufhängepunkten. Mit einfachen Schlauchwaagen erreicht man eine Höhenübertragungsgenauigkeit von ca. 5 mm. Wird die hydrostatische Höhenbestimmung nach dem Prinzip des ↗Nivellements durchgeführt, spricht man vom hydrostatischen Nivellement. Das hydrostatische Nivellement mit Präzisionsschlauchwaagen wurde zum genauesten geodätischen Verfahren zur Ermittlung von Höhenunterschieden entwickelt. Die Präzisionsschlauchwaage, z. B. nach Meißer (Abb.), hat einen Höhenmeßbereich von 100 mm, 42 mm Innendurchmesser des Zylinders, einen 30 bis 50 m langen Schlauch mit 10 mm Innendurchmesser und eine Meßunsicherheit von 0,01 bis 0,02 mm. Bei der Messung mit Präzisionsschlauchwaagen müssen neben der blasenfreien Füllung des Schlauches auch Dichteänderungen der Füllflüssigkeit durch unterschiedliche Temperaturen und Druckänderungen der Luft berücksichtigt werden. Bei den stationären Schlauchwaagen kann das Zweipunkt- in ein hydrostatisches Mehrpunktsystem mit mehreren untereinander verbundenen Meßzylindern erweitert werden. Zur kontinuierlichen Überwachung werden alle Meßzylinder mit einem Sensor versehen und z. B. an einen Personalcomputer angeschlossen. Die Präzisionsschlauchwaage eignet sich vor allem zum Messen sehr kleiner Höhenveränderungen, z. B. zur Feststellung vertikaler Bauwerksbewegungen sowie im Bergbau zum Nachweis von Bergschäden und Gebirgsbewegungen. [KHK]

hydrostatischer Druck, *hydraulischer Schweredruck*, Druck p, den jede Flüssigkeit infolge ihrer eigenen Gewichtskraft erfährt. Dieser Druck läßt sich als Produkt aus der Höhe der Flüssigkeitssäule H, der Dichte der Flüssigkeit ϱ und der Erdbeschleunigung g berechnen:

$$p = h \cdot \varrho \cdot g.$$

Der absolute hydrostatische Druck p_{abs} in einem Grundwasserkörper setzt sich zusammen aus dem atmosphärischen Druck p_{atm} und dem hydrostatischen Druck p für einen gegebenen Punkt:

$$p_{abs} = p_{atm} + p.$$

Die Druckzunahme in einem Grundwasserkörper erfolgt linear mit der Tiefe. Die Einheit des hydrostatischen Drucks ist Pascal [Pa]. Es gilt: 10,19716 m Wassersäule entsprechen 10^5 Pa.

hydrostatisches Nivellement ↗hydrostatische Höhenbestimmung.

Hydrotechnik, *Wassertechnik*, Bereich, der sich mit technischen Fragen des Speicherns und des Transportes von Wasser befaßt. ↗Wasserbau.

Hydrothermal-Apparatur, ein Gerät, das in der ↗experimentellen Petrologie vielfach verwendet wird, um Temperaturen bis zu 900 °C bei Drücken von 0,3 GPa bzw. bis zu 700 °C bei 0,8 GPa zu erreichen. Das heißt, es lassen sich viele Prozesse, die in der ↗Erdkruste ablaufen (wie z. B. die Entstehung und Kristallisation granitischer ↗Schmelzen, die ↗Metamorphose von Sedimenten oder die Bildung von Erzlagerstätten) studieren. Im Gegensatz zu den für höhere Temperaturen geeigneten, intern beheizten ↗Gasdruck-Apparaturen werden in Hydrothermalanlagen spezialleierte Stahl-Autoklaven verwendet, die extern von einem Heizofen umgeben sind. Die Proben befinden sich in einer Bohrung des ↗Autoklaven. Der im Inneren herrschende Druck wird durch Wasser (oder ein anderes Gas wie z. B. Argon) erzeugt und läßt sich durch Manometer kontrollieren. Je nachdem, ob der Verschluß der Autoklaven innerhalb oder außerhalb des Ofens liegt, lassen sich Hot-Seal-Apparaturen und Cold-Seal-Apparaturen (auch als Morey-Typ bzw. Tuttle-Typ bezeichnet) unterscheiden

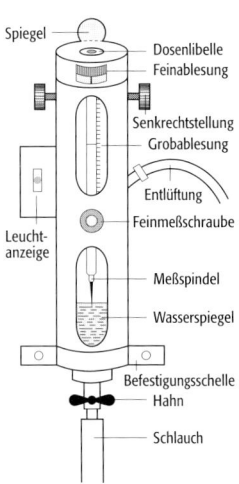

hydrostatische Höhenbestimmung: Meßzylinder einer Präzisionsschlauchwaage nach Meißer.

hydrothermale Alteration

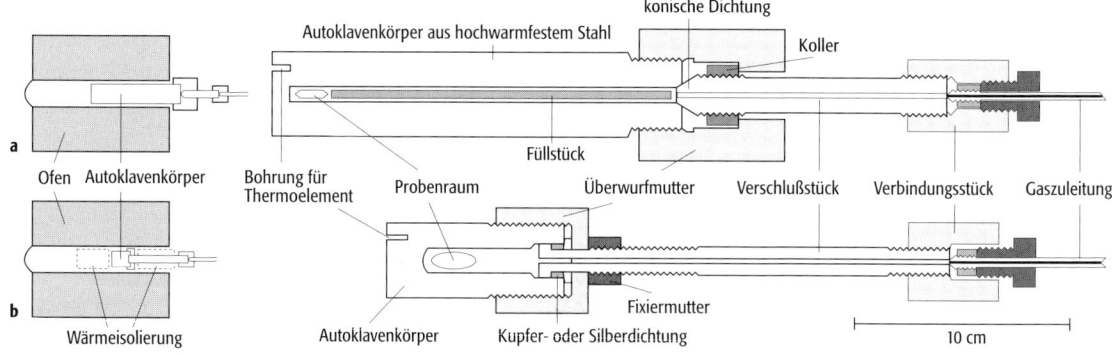

Hydrothermal-Apparatur: prinzipieller Aufbau von a) Cold-Seal- und b) Hot-Seal-Apparaturen.

(Abb.). Aufgrund ihrer einfacheren Handhabung sind die Cold-Seal-Apparaturen sehr viel weiter verbreitet. [MS]

hydrothermale Alteration, chemische und mineralogische Gesteinsveränderung unter Einfluß von ↗hydrothermalen Lösungen. Dabei kommt es zur (teilweisen) Gleichgewichtseinstellung zwischen der hydrothermalen Lösung und dem Gestein sowie zur Ausbildung eines Alterationssaumes oder -hofes, dessen Mächtigkeit stark variieren kann; entlang von Gängen kann ein Alterationssaum wenige cm mächtig sein, bei einigen Lagerstättentypen (z. B. porphyrische Kupferlagerstätten) kann die Alteration gesamte Intrusivkomplexe erfassen. Hydrothermale Alterationen sind ein wichtiger Hinweis auf ein mögliches Vorhandensein einer hydrothermalen Vererzung. Alterationen im Gefolge von hydrothermalen Erzlagerstätten bezeichnet man als *Nebengesteinsalteration* (Wall-Rock-Alteration). Folgenden Typen der hydrothermalen Alteration und *Alterationsprodukte* sind von Bedeutung:
↗Serpentinitisierung: erfolgt in ultrabasischen Gesteinen und erfaßt Olivin, Pyroxene und Amphibole, welche in Serpentin umgewandelt werden. Dabei müssen Fe^{2+}, Mg^{2+} und Ca^{2+}-Ionen freigesetzt werden; gleichzeitig wird Kieselsäure frei. Zusammen mit der Bildung von Serpentin entstehen daher häufig Magnetit, Carbonate (Magnesit, Ankerit, Siderit) und Quarzcarbonatgesteine (Listenwänite). Da die Ausgangsminerale ein wesentlich dichteres Gitter als Serpentin aufweisen, muß ein bedeutender Gehalt an Kieselsäure abgeführt werden, um das Volumen konstant zu halten. Sepentinitisierung erfolgt daher nur bei Druckentlastung.
↗Uralitisierung: Alteration von ↗Augit in ↗Hornblende.
Vergreisung: hochthermale Alterationserscheinung in intermediären bis sauren Gesteinen. Dabei erfolgt eine Alteration von Feldspäten und Glimmern durch fluorid-, borat- oder lithiumhaltige Lösungen. Alterationsprodukte können Quarz, Topas, Turmalin und Lepidolith sein (↗Greisen).
Weitere wichtige Formen der Nebengesteinsalteration sind Argillitisierung, Sericitisierung, Propylitisierung und Chloritisierung. Diese Formen der Alteration treten insbesondere bei porphyrischen Kupferlagerstätten auf, aber auch im Gefolge hydrothermaler Gangmineralisationen sind sie zu beobachten. Bei der *Argillitisierung* kommt es zur Bildung von Dickit, Kaolinit, Pyrophyllit und Quarz. Weiterhin können Alunit, Topas und Turmalin auftreten. Kaolinitisierung oder ↗Kaolinisierung ist die Alteration von Feldspäten und Glimmern zu Kaolin, die nicht nur als hydrothermale Alteration, sondern auch im Zuge der ↗siallitischen Verwitterung auftreten kann. ↗Sericitisierung ist eine sehr häufige Alteration im Gefolge hydrothermaler Mineralisationen. Dabei werden Feldspäte und Glimmer in Sericit umgewandelt, gleichzeitig entsteht Quarz. Primäre Fe-Gehalte der Ausgangsminerale werden häufig als Pyrit im Alterationsprodukt fixiert. ↗Propylitisierung ist eine Form der hydrothermalen Alteration, bei der eine Neubildung von Chlorit, Epidot, Albit und Carbonaten erfolgt; untergeordnet können Sericit, Pyrit, Magnetit, Montmorillonit und Zeolithe vorkommen. Tritt eines der Alterationsprodukte verstärkt auf, wird auch von *Chloritisierung*, Albitisierung oder Carbonatisierung gesprochen.
Bei porphyrischen Kupferlagerstätten tritt gewöhnlich eine zonare Anordnung von Propylitisierung, Argillitisierung und Sericitisierung (von außen nach innen) auf, im Zentralbereich kommt es zusätzlich zu einer Kaliumalteration (↗Kalimetasomatose) mit sekundärem Kalifeldspat und/oder Biotit.
↗Silifizierung bezeichnet den Anstieg von SiO_2 (Quarz, kryptokristallines SiO_2, Opal) im Gestein. SiO_2 kann dabei aus der hydrothermalen Lösung stammen oder Produkt der Mineralalteration im Nebengestein sein. ↗Fenitisierung ist eine Neubildung von Nephelin, Aegirin, Na-Amphibolen und Kalifeldspäten in den Aureolen von Carbonatiten.
Die Zusammensetzung der Alterationsprodukte hängt zum einen von der Zusammensetzung der hydrothermalen Lösung, zum anderen vom Chemismus des Ausgangsgesteines ab. Saure Gesteine zeigen bevorzugt Sericitisierung, Argilitisierung, Silifizierung und Pyritisierung, während in basischen Gesteinen Chloritisierung, Carbonatisierung und Propylitisierung auftritt; Serpentinitisierung findet sich in ultrabasischen Gesteinen. [AM]

hydrothermale Brekziierung, Bildung von ↗Brekzien in Zusammenhang mit der Zirkulation von heißen wäßrigen Lösungen (↗hydrothermale Lösungen), besonders häufig und wichtig bei der Entstehung von ↗hydrothermalen Lagerstätten, wobei durch den Vorgang der Brekzienbildung (Zerreißen von Nebengestein oder schon älterer hydrothermaler Abscheidungen) Hohlräume geschaffen werden, in denen erneut Mineralien abgeschieden werden können. Riß- und Bruchbildung treten bevorzugt in Förderkanälen (↗Schlot) auf, dabei vorwiegend explosiv (Abbau eines Gasüberdruckes) bei der Intrusion magmatischer Schmelzen, Entgasung hochliegender Magmakammern, Explosion von Formations- und ↗Porenwasser durch magmatische Aufheizung (*phreatische Explosionen*), phreatomagmatischen Explosionen, aber auch implosiv durch den Abbau von Porendruckgradienten durch Hohlraumbildung als Folge von Bewegungen an Störungsflächen (Dilatations- und *Implosionsbrekzien*). [HFl]

hydrothermale Diffusion, ↗Diffusion, die zur An- oder Abreicherung von Begleit- und Spurenelementen in Kristallen führen kann und auch genutzt wird, z. B. bei der Schmucksteinveredelung durch färbende Ionen oder durch Abreicherung von Al, Fe und Ti in Quarzkristallen zur Herstellung hochreiner SiO_2-Glasfasern für die Nachrichtentechnik.

hydrothermale Geothermie, Nutzung des energetischen Potentials von hochthermalen (high enthalpy), natürlichen Dampf- und Heißwasservorkommen mit T > 150 °C (↗geothermische Energiegewinnung). Dagegen umfassen hydrogeothermische Systeme niedrigthermale (low enthalpy) Vorkommen von Heißwasser (100–150 °C), warmem Wasser (40–100 °C), Niedrigthermalwasser (25–40 °C) sowie Thermalquellen mit einer Austrittstemperatur von > 20 °C. Die Grenze zwischen hochthermalen (hydrothermalen) und niedrigthermalen (hydrogeothermischen) Systemen wird bei 150 °C angesetzt, da oberhalb 150 °C eine Stromgewinnung möglich ist. In Deutschland gibt es nur Vorkommen von niedrigthermalem Wasser (Norddeutschland, Süddeutsches Molassebecken, Oberrheintalgraben).

hydrothermale Konvektion, ↗Konvektion von ↗hydrothermalen Lösungen. Aufgrund von Wärmeanomalien kann es innerhalb der Erdkruste zur Zirkulation von ↗hydrothermalen Lösungen kommen. Im Bereich der positiven Wärmeanomalie erhitzen sich vorhandene hydrothermale Phasen und steigen nach oben, gleichzeitig fließen kühlere Lösungen in Richtung Wärmeanomalie. Aufsteigende Lösungen kühlen ab und sinken demnach wieder nach unten. So kommt es zur Konvektion von hydrothermalen Lösungen. Findet eine Kanalisierung aufsteigender Fluide beispielsweise in Scherzonen statt, kann es dort zur Bildung von ↗hydrothermalen Vererzungen kommen.

hydrothermale Lagerstätte, Bildung von Mineralablagerungen aus heißen wäßrigen Lösungen während des letzten, kühlsten Stadiums der magmatischen Mineralbildung. Heiße Wässer aus Tiefengesteinen kühlen sich bei ihrem Weg an die Erdoberfläche ab und scheiden dabei die in ihnen gelösten Stoffe (Salze, Gase) aus. Je nach Temperaturbereich und vorhandenen Stoffen bilden sich dabei charakteristische Minerale bis hin zu industriell bedeutsamen Minerallagerstätten.

hydrothermale Lösung, eine wäßrige, flüssige (unterkritische) Lösung, die in der ↗Erdkruste zirkulieren kann. Für die Entstehung von hydrothermalen Lösungen gibt es verschiedene Möglichkeiten. Zum einen kann es sich um magmatisches (juveniles) Wasser handeln, zum anderen ist die Freisetzung von Wasser bzw. wäßriger Lösung bei Gesteinsmetamorphose möglich. Weiterhin gibt es fossiles Wasser, welches das primäre Porenwasser in Sedimenten ist. Und schließlich kann Grundwasser (meteorisches Wasser) bzw. Meerwasser in die Erdkruste eindringen und somit eine Quelle für hydrothermale Lösungen sein. Die Zusammensetzung hydrothermaler Lösungen läßt sich anhand von Untersuchungen heißer Quellen, durch Analysen in Tiefbohrungen oder durch Untersuchung von ↗Flüssigkeitseinschlüssen abschätzen. Hauptbestandteil neben H_2O sind demnach lösliche Alkali- und Erdalkalisalze, hauptsächlich NaCl. Weiterhin ist CO_2 häufig; CO, CH_4, HCl, HF, H_2S, SO_2 und SO_3 treten untergeordnet auf. [AM]

hydrothermaler Stofftransport, Stofftransport in zumeist heißen wäßrigen Lösungen. ↗telethermal, ↗epithermale Lagerstätten, ↗mesothermale Lagerstätten, ↗katathermale Lagerstätten.

hydrothermale Vererzung, eine Mineralisation, die aus einer ↗hydrothermalen Lösung gebildet wurde. In derartigen hydrothermalen Lösungen können mit Hilfe verschiedener Mechanismen (z. B. Komplexierung) Elemente/Ionen transportiert und unter bestimmten physikochemischen Bedingungen angereichert und ausgefällt werden. Aufgrund der geringen Löslichkeit in hydrothermalen Lösungen (abgesehen von Alkali- und Erdalkalisalzen sowie Halogeniden) können Lagerstätten nur aus fließenden Lösungen abgesetzt werden. Zum Fließen von hydrothermalen Lösungen kommt es beispielsweise durch ↗hydrothermale Konvektion. Folgende hydrothermale Vererzungen sind von Bedeutung:
a) Hydrothermale Ganglagerstätten sind an Störungszonen (Scherzonen), Klüfte etc. gebunden. Oft erfolgt im Zuge wiederholter Öffnung des Ganges eine Ausfällung, so daß sich im Gangprofil eine bilateral-symmetrische Anordnung der Paragenesen ergibt. Durch die Temperatur- und oder Druckabnahme nach oben hin tritt ebenso eine laterale Differenzierung der Paragenesen (↗Mineralparagenese) auf. Bekannte Beispiele von Ganglagerstätten sind Butte, Montana (Kupfer, Zink), Cornwall, England (Zinn, Kupfer) und Freiberg, BRD (Blei, Zink, Silber).
b) Ebenfalls aus dem hydrothermalen Bereich sind die porphyrischen Kupferlagerstätten (bzw. Molybdänlagerstätten) Lagerstätten, die an I-Typ-Granite (↗Granit) gebunden sind. Durch ↗retrogrades Sieden und Zerklüftung des Ne-

Hydroxide (Tab.): Übersicht über die wichtigsten Hydroxide.

Mineral	Kristallsystem Schoenflies-Symbol internat. Symbol	Härte nach Mohs	Dichte [g/cm³]	Spaltbarkeit
Hydrargillit Gibbsit γ-Al(OH)$_3$	monoklin C_{2h}^5 $P2_1/n$	2,5–3,5	2,4	{001} vollkommen
Brucit Mg(OH)$_2$	trigonal D_{3d}^3 $P\bar{3}m1$	2,5	2,4	{0001} vollkommen
Diaspor α-AlO(OH)	rhombisch O_{2h}^{16} $Pbnm$	6,5	3,4	{010} vollkommen
Boehmit γ-AlO(OH)	rhombisch D_{2h}^{17} $Amam$	3,5	3,01–3,06	{010} sehr gut
Alumogel AlOOH + H$_2$O	–	–	2,5	–
Goethit α-FeO(OH)	rhombisch D_{2h}^{16} $Pbnm$	5–5,5	4,3	{010} sehr gut {100} gut
Lepidokrokit γ-FeO(OH)	rhombisch D_{2h}^{17} $Amam$	5	4	{010} sehr gut {100} gut
Manganit γ-MnO(OH)	monoklin C_{2h}^5 $B2_1/d$	4	4,4	{010} {110} sehr gut
Sassolin B(OH)$_3$	triklin C_i^1 $P\bar{1}$	1	1,5	–
Uranhydroxide x(UO$_2$)(OH)$_2$ · yH$_2$O	meist rhombisch	4–6	4,5–7,5	–

bengesteins kommt es zur Mineralisation in Klüften und Poren des Nebengesteins der Granitoide. Damit ist eine signifikante ↗hydrothermale Alteration verbunden.

c) In Carbonatgesteinen finden häufig hydrothermalen Verdrängungsreaktionen statt, bei denen Carbonat durch Erzminerale ersetzt wird.

d) An ↗Mittelozeanischen Rücken kommt es zu ↗hydrothermaler Konvektion. Beim Austritt der hydrothermalen Lösungen ins Meerwasser kann, je nach den herrschenden Redoxbedingungen, eine Ausfällung von Erzmineralen stattfinden. Die Kupfervererzungen in den Pillow-Basalten von Zypern sind diesem Typ zuzuordnen.

e) An konvergierenden aktiven Kontinentalrändern kann eine Bildung von Sulfiderzlagerstätten in Vulkaniten oder Pyroklastika erfolgen (z. B. Kuroko-Typ). Ebenso kann es zu hydrothermalen Lagerstätten in submarinen, sauerstoffarmen Becken (z. B. Rammelsberg, BRD) kommen. [AM]

Hydrothermalkaolin ↗Kaolinlagerstätten.

Hydrothermalpräzipitate, Abscheidungen aus heißen wäßrigen Lösungen (*Hydrothermen*) am Meeresboden als Folge der Zirkulation und Aufheizung von Meerwasser durch die heiße Ozeankruste sowie der damit verbundenen ↗Ozeanbodenmetamorphose. Hierzu gehören die Schwarzen Raucher (↗black smoker) wie auch die ↗Erzschlämme.

Hydrothermalsynthese, hydrothermale Kristallzüchtung, ↗Kristallisation aus wäßrigen Lösungen bei Temperaturen über 100 °C bis etwa 600 °C und erhöhtem Druck bis etwa 3000 bar (0,3 GPa). Damit wird die Züchtung aus wäßrigen Lösungen für Substanzen verwendbar, die normalerweise schwer löslich sind. Die Verbesserung der Löslichkeit ist im wesentlichen auf die Temperaturerhöhung und die eventuelle Verwendung von Zusätzen weiterer Komponenten, sog. Mineralisatoren, zurückzuführen. Die hohen Drücke sind nur eine Begleiterscheinung, entsprechend dem Zustandsdiagramm des Lösungsmittels Wasser. Hydrothermale Lösungen benötigen wie bei der ↗Kristallzüchtung aus Lösungen geringe Temperaturgradienten und haben eine geringe Viskosität. Allerdings ist die Variation der Dichte mit der Temperatur groß, was zu erheblichen Transportleistungen des Systems führt. Für die (0001)-Fläche von Quarz lassen sich z. B. Wachstumsgeschwindigkeiten von bis zu 5 mm/Tag erreichen. Das geschlossene System erlaubt genau kontrollierbare Zusammensetzungen, mit denen sich die Präparation sonst nicht zugänglicher Phasen ermöglichen läßt. Allerdings ist der experimentelle Aufwand mit sicheren ↗Autoklaven recht hoch und die Kristallzüchtung läßt sich nicht während des Wachstumsprozesses verfolgen, sondern das Ergebnis langwieriger Versuche offenbart sich erst nach ihrer Beendigung.

Ein ganz wesentlicher Vorteil hydrothermalsynthetischer Kristalle ist deren völlige Spannungsfreiheit, wodurch ihr technischer Einsatz, insbesondere für Laserkristalle, trotz der überaus hohen Herstellungskosten heute zunehmend an Interesse gewinnt. Ebenso fehlen charakteristische Wachstumsfehler wie Zonarstreifung und Einschlüsse von Tiegelmaterial, wie sie bei Synthesen nach dem Verneuil-Verfahren oder bei Tiegelziehmethoden aus der Schmelze häufig auftreten. Die Methode wird heute schwerpunktmäßig für die Herstellung von Quarz weltweit angewendet. Dabei wird ein entsprechendes Druckgefäß mit Wasser, Mineralisatorzusätzen und SiO_2 gefüllt. Der Füllungsgrad mit Wasser bestimmt über das Zustandsdiagramm den Druck entsprechend der Versuchstemperatur. Das am Boden liegende Vorratsmaterial wird auf einer höheren Temperatur gehalten, gelöst und zu den kälteren Stellen im oberen Teil des Autoklaven transportiert. Dort können ↗Keimkristalle mit vorgegebener Orientierung plaziert sein. Neben Quarz werden eine ganze Reihe von oxidischen Mineralien, Elementen und Chalkogeniden hydrothermal kristallisiert. Das Verfahren erlaubt damit v. a. die Simulation natürlicher Prozesse bei der Bildung von Mineralien und Gesteinen.

Hydrotherme ↗Hydrothermalpräzipitate.

Hydrotop, aquatischer Lebensraum. (↗aquatische Ökosysteme).

Hydroturbation ↗Peloturbation.

Hydroxide, Minerale, deren Kristallstrukturen Hydroxylgruppen (OH^-) oder H_2O-Moleküle aufweisen (Tab.). Ca. 4 % der Lithosphäre bestehen aus Eisenoxiden und -hydroxiden. Hinzu kommen die wirtschaftlich wichtigen Oxid- und Hydroxidminerale der Elemente Al, Mn, Ti und Cr. H_2O ist Hauptbestandteil der Hydrosphäre und wichtigster Reaktionspartner bei allen mineralbildenden Prozessen auf der Erde. Ein großer Teil der oxid- und hydroxidbildenden Kationen wie Fe^{2+}, Mg^{2+}, Ca^{2+} etc. löst sich in sauren Wässern und fällt in alkalischen Lösungen als Hydroxid aus. Andere Kationen mit größeren Ionenpotentialen wie Fe^{3+}, Al^{3+}, Mn^{4+}, Ti^{4+} u. a. werden schon aus schwach alkalischen oder schwach sauren Lösungen durch ↗Hydrolyse in Form schwerlöslicher Hydroxide ausgefällt. Viele Hydroxide, die sich in den Oxidationszonen von Erzlagerstätten und bei der Verwitterung der Gesteine bilden, sind nur wenig wasserlöslich, so daß sie bei intensiven Oxidationsprozessen als kryptokristalline und kolloidale Massen ausfallen. Zahlreiche Eisen- und Manganhydroxide bilden Konkretionen in Süßwasserseen und Meeresbecken. Bei metamorphen Prozessen entstehen aus den Hydroxiden wieder oxidische Minerale.

Die Mehrzahl der Hydroxide, bei denen die OH-Gruppe vollständig oder teilweise die Sauerstoffionen der Oxide ersetzt, kristallisiert in Schichtgittern. Meist handelt es sich um hexagonal dichteste Packungen von OH-Ionen, woraus sich gemeinsame Eigenschaften der Hydroxide, wie z. B. eine meist vollkommene Spaltbarkeit zwischen den Schichten und eine geringe Härte, erklären. ↗Oxide.

Hydroxylapatit, Mineral mit der chemischen Formel: $Ca_5[OH|(PO_4)_3]$ und hexagonal-dipyramidaler Kristallform; Farbe: weiß bis weißlichgrau; matter Fettglanz; undurchsichtig; Strich: weiß; Härte nach Mohs: 5 (spröd); Dichte: 3,1 g/cm³; Spaltbarkeit: undeutlich; Bruch: muschelig; Aggregate: säulige Kristalle; sonst grobkörnige Massen; Fundort: Snarum (Norwegen). Hydroxylapatit ist ein wesentlicher Bestandteil von Knochen und Zähnen der Wirbeltiere und des Menschen in Zahnstein, Harnkonkretionen und Sialolithen (Speichelsteine). ↗Biomineralogie.

Hydro-Zementations-Verfahren, Verfahren, bei dem eine Silicat/Zementmischung in den anstehenden Untergrund eingebracht wird. Dazu wird der Boden streifenweise in bis zu mehrere Meter tiefe Schlitze aufgearbeitet und durch Zugabe der Mischung verfestigt. Das Verfahren dient zur In-situ-Bodenverbesserung und wird als Maßnahme gegen Rutschungen eingesetzt.

hygrisch, [von griech. hygros = feucht, naß], Vorgänge oder Begriffe, die den ↗Niederschlag oder die ↗Luftfeuchtigkeit betreffen.

Hygrograph, Registriergerät zur kontinuierlichen Aufzeichnung der ↗Luftfeuchte. Die meisten Hygrographen basieren auf dem Prinzip des ↗Haarhygrometers. Die von der relativen Feuchte abhängige Längenänderung von Haaren wird mechanisch auf eine Schreibnadel übertragen, die ein auf einer Trommel aufgespanntes Registrierpapier beschreibt. Die Umlaufzeit der Trommel, die von einem Uhrwerk angetrieben wird, beträgt meist einen Tag oder eine Woche.

hygroskopische Kerne ↗Kondensationskerne.

hygroskopisches Wasser, Bezeichnung in der Bodenkunde für die an Böden adsorbierte Wassermenge, die auch noch in lufttrockenen Böden enthalten ist. Die Menge ist stark vom relativen Wasserdampfdruck der umgebenden Luft abhängig. Der Boden nimmt aus der Luft solange Wasserdampf auf, bis der Gleichgewichtszustand erreicht ist.

Hygroskopizität, Neigung von Stoffen, bei längerem Stehen aus der Luft Feuchtigkeit (d. h. Wasserdampf) aufzunehmen und sich zu verdünnen. Sofern es sich um feste Stoffe handelt, können diese zerfließen oder zusammenklumpen. Die Menge an aufgenommenem Wasser ist stark von der Luftfeuchtigkeit, aber auch von der Hydrophilie des jeweiligen Stoffes abhängig sowie von ihrer Kontaktzeit mit der (feuchten) Luft. Tritt in Böden dann auf, wenn sie weniger Wasser enthalten als es dem Gleichgewichtszustand zwischen

Boden und umgebender Luft entspricht. Als Maß für die Hygroskopizität dient der Wassergehalt, der im Gleichgewicht mit 10 %iger Schwefelsäure vom Boden festgelten werden kann.

Hyläa, ältere Bezeichnung der Vegetationsgeographie für den tropischen ↗Regenwald. Sie bezieht sich auf den immergrünen, reich strukturierten Wald der dauerfeuchten Tropen, mit Niederschlägen von über 2000 mm, die annähernd gleich über das Jahr verteilt fallen. Die jahreszeitlichen Schwankungen der Durchschnittstemperatur sind ebenfalls gering (24–28 °C) und werden vom tageszeitlich bedingten Gang der Temperatur weit übertroffen. Solche Bedingungen herrschen in großen Teilen von Südostasien, im Kongo- und im Amazonasbecken und an der Ostküste von Madagaskar. Die hohe ↗Biodiversität der Hyläa ist verbunden mit einem überaus großen strukturellen Reichtum dieser Wälder. Dazu zählen die Gliederung in mehrere Kronenstockwerke und die reiche Entfaltung besonderer ↗Lebensformen (↗Epiphyten, Lianen, Baumwürger). Der tropische Regenwald ist durch Holzeinschlag, ↗Wanderfeldbau oder großflächige Rodungen zur Gewinnung von Weideland zwischen 1960 und 1995 um 463 Mio. ha dezimiert worden. Die aktuelle jährliche Entwaldungsrate beträgt 0,6 % in Lateinamerika, 0,7 % in Afrika und 1,1 % in Asien. Diese Entwicklung gefährdet nicht nur den Bestand eines der artenreichsten ↗Ökosysteme der Erde, sie ist auch verantwortlich für über ein Viertel der anthropogenen CO_2-Freisetzung in die Atmosphäre. Wenn das Ausmaß der Vegetationszerstörung in der heutigen Größenordnung weiter anhält, wird ein Großteil der Artenvielfalt in absehbarer Zukunft verschwunden sein, lange bevor sie auch nur annähernd vollständig bekannt war. [MSch]

Hymatomelansäuren, Anteil der ↗Huminsäuren, der sich in Ethanol und Acetylbromid lösen läßt.

Hyolithen, eine mutmaßlich zu den ↗Mollusca gehörende, paläozoische Tiergruppe unsicherer systematischer Stellung mit Blütezeit im ↗Kambrium (Abb.). Sie besitzen konische, vermutlich ursprünglich aragonitische Kalkgehäuse, 0,1–50 mm lang, z. T. im Anfangsteil gekammert, im Querschnitt oft dreieckig bis oval abgeflacht und am Apex geschlossen. Die Mündung ist von einem Operculum verschlossen. Gelegentlich weisen Hyolithen von der Innenseite des Operculums zwei sichelförmige, zum Apex gerichtete Anhänge auf. Hyolithen gehören zum marinen Benthos.

Hyolithen: Rekonstruktion von *Hyolithes*.

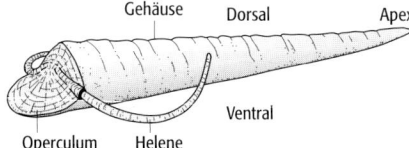

hypabyssisch, Bezeichnung für in geringer Erdtiefe erstarrte Magmatite wie ↗Subvulkanite oder ↗Ganggesteine.

hyperbarokline Schicht, geneigte Schicht maximaler Baroklinität (↗barokline Atmosphäre) in der Troposphäre der mittleren Breiten; innerhalb einer ↗Frontalzone die ↗Frontschicht.

hyperbarokline Zone, Struktur, die man beim horizontalen Schnitt durch eine geneigte ↗hyperbarokline Schicht erhält, also z. B. auf einer Höhenwetterkarte (↗Wetterkarte).

hypereutroph, *hypertroph*, besonders nährstoffreicher Zustand. In einem hypereutrophem Gewässer überschreiten die Phosphat- und Nitratgehalte die Grenzwerte für ↗Eutrophierung um ein Vielfaches und können zum ↗Umkippen eines Gewässerökosystems führen. Die Produktivität P_{tot} eines Sees beträgt nach der Vollzirkulation >100 µg/l.

hypermap, Komponente eines ↗hypermedialen Kartensystems; wird häufig auch als »clickable map« bezeichnet.

Hypermedia, 1) *Allgemein*: Konzept, nach dem Informationen mittels verschiedener ↗Medien in einer vernetzen, nicht linearen Form strukturiert und angeboten werden. Die einzelnen Informationen (informationellen Einheiten) sind über Verknüpfungen (Links, informationelle Funktionen) miteinander verbunden. Der Nutzer kann in diesem Informationsnetz navigieren und die informationellen Einheiten über die verschiedenen Verknüpfungen aufrufen. Alle Verknüpfungen sind vorgegeben, doch folgen nicht alle Nutzer den gleichen Pfaden; dadurch entstehen individuelle Navigationspfade, die die Information immer wieder in neue inhaltliche Kontexte stellt. Hypermedia ist eine Erweiterung des Hypertextkonzeptes, das nur das Medium Text einbezieht. Ein Hypermedia-System ist aus zwei Komponenten aufgebaut: der hypermedialen Informationsbasis und der Navigationskomponente. Die hypermediale Informationsbasis läßt sich als Netzwerk beschreiben, in dessen Knoten die Informationen mittels der verschiedenen Medien dargestellt werden und in dessen Kanten die vielfältigen inhaltlichen Beziehungen zwischen den Informationen abgebildet werden. Die Navigationskomponente umfaßt die verschiedenen Strategien, mit denen die Informationsbasis zu erschließen ist: das freie »Browsing« als ungezieltes Stöbern und das kontrollierte Navigieren, das entweder vorgegebenen Pfaden folgt oder sehr gezielt Informationen abfragt.

2) *Kartographie*: Anwendung des Konzeptes von Hypermedia zur Darstellung räumlicher, georeferenzierter Daten. Das Hypermediakonzept wird dabei durch den Aspekt der ↗Georeferenzierung (Verortung mittels Koordinaten) ergänzt. Die einzelnen informationellen Einheiten eines ↗hypermedialen Kartensystems werden mittels ↗Hypermaps räumlich verortet. Das Hypermediakonzept bietet für komplexe ↗kartographische Informationssysteme Methoden der Strukturierung und Navigation, die eine interaktive, variable und nutzerbestimmte Erschließung des Informationssystems ermöglichen. Das Hypermediakonzept wird in der Kartographie für ↗hypermediale Kartensysteme angewandt, wie

z. B. in hypermedialen Atlanten, touristischen Informationssystemen und kartographischen Darstellungen im Internet (/Internetkarte). [DD]

hypermediales Kartensystem, /kartographisches Informationssystem, in dem verschiedene /Medien nach dem Konzept von /Hypermedia zur Darstellung raumbezogener Daten eingesetzt werden. Hypermediale Kartensysteme beinhalten Daten, multimediale Darstellungen und Werkzeuge zur Erschließung des Kartensystems. *Hypermaps* sind ein wesentlicher Bestandteil eines hypermedialen Kartensystems. Sie sind a) Darstellung der Netzwerktopologie der hypermedialen Informationsbasis, die die räumliche Navigation durch diese Informationsbasis unterstützen, b) interaktive Karten, aus denen über Links zu einem Kartenobjekt zusätzliche Informationen und Medien aufgerufen werden können. Hypermaps ermöglichen damit die räumliche Zuordnung (Verortung) weiterer Informationen und Medien. Eine spezielle Form hypermedialer Kartensysteme ist der /hypermediale Atlas. [DD]

Hypersalinität, Erhöhung der marinen /Salinität über 40‰ durch das Vorherrschen von Verdunstung gegenüber der Süßwasserzufuhr in abgeschnürten oder teilabgeschnürten Meeresbecken, Lagunen und Gezeitentümpeln (/Evaporite). Hypersaline Wässer mit Konzentrationen über 100‰ resultieren in kalten Oberflächenwässern durch das Ausfrieren von salzfreiem Meereis und der benachbarten Anreicherung des verdrängten Salzanteiles. Diese Laken wirken im Schelfbereich auf /benthische Organismen deutlich ein, mischen sich aber rasch wieder mit Zwischenwässern.

hyperspektraler Scanner, *hyperspectral scanners*, *imaging spectrometers*, Sensorsysteme, die multispektrale Daten in sehr engen Spektralbändern des sichtbaren Lichts, des nahen und mittleren Infrarots aufzeichnen. Die hohe spektrale Auflösung der objektspezifischen spektralen Signaturen in mehr als 15, generell jedoch in 30–200 aneinandergrenzenden Kanälen gestattet die Dokumentation eines nahezu kontinuierlichen Spektrums für jedes Bildelement. Damit können Objekte der Erdoberfläche getrennt und dementsprechend klassifiziert werden, die charakteristische Absorptions- und Reflexionseigenschaften in sehr schmalen Spektralbändern aufweisen und von den konventionellen operationellen Sensorsystemen der Erdbeobachtung nicht aufgelöst werden können. Während z. B. /TM im Bereich des sichtbaren Lichts, des nahen und des mittleren Infrarots in nicht benachbarten Bandbreiten von 60 nm bis 270 nm aufzeichnet, bieten hyperspektrale Scanner die Möglichkeit, diese Spektralbereiche vollständig durch aneinandergrenzende Kanäle mit Bandbreiten von 10 nm und darunter zu erfassen.

Bis dato sind hyperspektrale Scanner nur auf Flugzeugplattformen im Einsatz. Bekannte hyperspektrale Sensorsysteme sind AVIRIS (Airborne Visible-Infrared Imaging Spectrometer), das in 224 Kanälen in aneinandergrenzenden Spektralbändern von 0,4 µm bis 2,45 µm in einer Bandweite von jeweils 9,6 nm Bilddaten aufzeichnet, sowie CASI (Compact Airborne Spectrographic Imager), das im Along-Track-Modus in 288 Kanälen in den Spektralbereichen von 0,4 µm bis 0,9 µm in Spektralintervallen von 1,8 nm arbeitet. CASI ist ein programmierbares System, d. h. daß die Anzahl der gewünschten Spektralbänder, deren Lokalsierung im Spektrum und deren Bandweite während des Fluges verändert werden können. Um ausreichende Überdeckung zu gewährleisten, wird AVIRIS auf Forschungsflugzeugen der NASA in Flughöhen von 20 km eingesetzt. Dies ergibt eine Streifenbreite der Datenerfassung von 10 km und eine Bodenauflösung von ungefähr 20 m.

Die ersten Sensorsysteme auf Satellitenplattformen werden MODIS (Moderate-Resolution Imaging Spectroradiometer) im Rahmen der Terra-Mission auf EOS/AM-1 (Earth Observation System) und Hyperion im Rahmen der EO-1-Mission der NASA (Earth Observing Mission 1) sein.

MODIS wird in 21 nach Applikationen ausgewählten Bändern im Spektralbereich von 0,4 µm bis 3,0 µm und in 15 ebenso ausgewählten Bändern im Spektralbereich von 3,0 µm bis 14,5 µm Daten mit einer Bodenauflösung von 250 m, 500 m oder 1 km in Nadirrichtung aufzeichnen. Hyperion soll in 220 Spektralbändern im Bereich von 0,4 µm bis 2,5 µm mit einer Bodenauflösung von 30 m arbeiten.

Operationell arbeitende hyperspektrale Sensorsysteme auf Satellitenplattformen werden nicht nur eine immense Verbesserung der spektralen Qualität von Bilddaten bewirken, sondern einen ebenso immensen Anstieg von Datenmengen herbeiführen. Die effiziente anwendungsorientierte Auswertung von hyperspektralen Scannerdaten muß nicht nur relevante Methoden der Dekorrelation (feature reduction) anwenden, um Redundanzen auszuschalten und Kombinationen von spektralen Datensätzen maximaler Aussagekraft bereitzustellen, sondern auch speziellen Anforderungen an die exakte radiometrische Korrektur (Kalibrierung), an Datenklassifizierung mittels Methoden der Spektralanalyse oder mit statistischen Methoden, an Datenkompression und an die Analyse von Mischpixeln (spectral unmixing) gerecht werden. [EC]

hypertroph /hypereutroph.

hypidiomorph, *subhedral*, Bezeichnung für ein nur teilweise von charakteristischen Kristallflächen begrenztes Mineralkorn.

hypodermischer Abfluß, Bodenwasserabfluß unterhalb der Oberfläche.

hypogen, aus der Tiefe stammend. In der Lagerstättenkunde bezieht sich der Begriff meist auf Auswirkungen von aufsteigenden Lösungen (z. B. /hydrothermale Lösungen). Hypogen ist das Gegenteil von /supergen.

hypokristallin, Gefügebezeichnung für teilweise glasig erstarrtes magmatisches Gestein, d. h. ein Gemenge aus Kristallen und Glasphase. /Magmatismus

Hypolimnion, kalte Tiefenschicht unterhalb der ↗Sprungschicht in geschichteten, stehenden ↗Gewässern, insbesondere ↗Seen. Im allgemeinen finden dort nur Abbau und Zersetzung statt. ↗Epilimnion, ↗Metalimnion.

hypothermale Lagerstätten ↗katathermale Lagerstätten.

Hypozentrum, Lage des als punktförmig angenommenen Erdbebenherdes innerhalb des Erdkörpers. Für ausgedehnte Erdbebenherde kennzeichnet das Hypozentrum die Lage des Bruchbeginns, während das Zentroid die Lage des Schwerpunktes der Energieabstrahlung beschreibt. Der Abstand zwischen ↗Epizentrum und Hypozentrum ist die *Herdtiefe h*. Die Lage des Hypozentrums wird aus Laufzeiten von ↗seismischen Wellen bestimmt. ↗Erdbebenherd.

hypsographische Kurve, [von griech. hypsos = hoch], *hypsometrische Kurve*, Darstellung der ↗Topographie der Erdoberfläche in Form der kumulativen Prozentanteile der absoluten Höhen über und unter dem Meeresspiegel (Abb.). Hiernach nehmen die Tiefseebenen (-4000 bis -6000 m) und die Kontinentalplattform (-200 bis +2000 m NN) die größten Flächen ein, gefolgt von Kontinentalhang und Mittelozeanischen Rücken, den Tiefseegräben und den Hochgebirgen. Die mittlere Höhe der Kontinente beträgt 875 m NN, die mittlere Tiefe der Ozeane 3790 m.

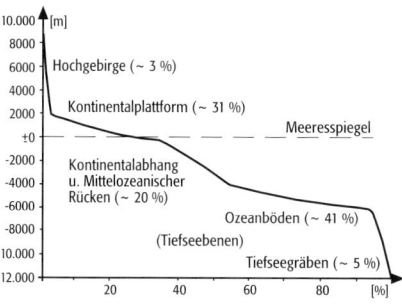

hypsographische Kurve: hypsographische (hypsometrische) Kurve der Erdoberfläche.

hypsometrischer Formenwandel, Höhengliederung landschaftlicher Erscheinungen. Entsprechend der Abnahme der Temperatur (vertikaler Temperaturgradient) und der meist gleichzeitig erfolgenden Zunahme des Niederschlags mit der Höhe ergibt sich eine Differenzierung der landschaftlichen Erscheinungen, die sich in den Höhengrenzen und ↗Höhenstufen dokumentieren. Neben dem hypsometrischen Formenwandel ↗biotischer Faktoren zeigt sich ein entsprechender Wandel im abiotischen Bereich, v.a. bei den Bodenbildungs- und Reliefformungsprozessen. Daraus resultiert eine gesetzmäßige Höhengliederung der ↗Landschaftsökosysteme, die aber jeweils zonenspezifisch ist (↗Landschaftszonen). Da auch das ↗Naturraumpotential dem hypsometrischen Formenwandel unterliegt, ergeben sich für den Menschen unterschiedliche Nutzungsmöglichkeiten, so daß mit der Höhe auch ein Wandel der ↗Kulturlandschaften zu verzeichnen ist. Dessen Hauptmerkmal ist die zunehmende Begrenzung für die menschliche Gemeinschaft. [DR]

Hysterese, charakteristische Eigenschaft des ↗Ferromagnetismus und des ↗Ferrimagnetismus. Mit Hilfe einer *Hysteresekurve* wird die Abhängigkeit der ↗Magnetisierung (M) in äußeren Feldern (H) unterschiedlicher Stärke und Richtung dargestellt. Ausgehend vom unmagnetischen Zustand (Ursprung des M-H-Diagramms) steigt in der ↗Neukurve die Magnetisierung zunächst linear mit dem äußeren Feld H an. Die Steigung der Neukurve im Ursprung definiert die ↗Suszeptibilität (Anfangssuszeptibilität) $\chi_a = M/H$. Bei großen Feldstärken erreicht die Magnetisierung M einen für jede ferro- und ferrimagnetische Substanz charakteristische Größe, die ↗Sättigungsmagnetisierung M_s. Wird das äußere Feld auf den Wert null reduziert, verbleibt die ↗remanente Magnetisierung M_r. Um sie zu entfernen ist ein Gegenfeld notwendig, das als ↗Koerzitivfeldstärke oder Koerzitivkraft H_C bezeichnet wird. Die Fläche einer geschlossenen Hysteresekurve gibt den Energieverlust durch irreversibel ablaufende Ummagnetisierungsprozesse an. Ein etwas größeres Gegenfeld als die Koerzitivkraft H_C ist notwendig, um bei Rückführung der Feldstärke auf den Wert null die Remanenz der Probe ganz zu entfernen. Dieses Feld nennt man die ↗Remanenzkoerzitivkraft H_{CR}. Es ist stets $H_{CR} > H_C$. Aus dem Verhältnis H_{CR}/H_C ergeben sich Hinweise auf die Form der Hysteresekurve ($H_{CR} \gtrsim H_C$ = fast rechteckige Hysteresekurve mit großer Koerzitivkraft, $H_{CR} \gg H_C$ = schlanke Hysteresekurve mit kleiner Koerzitivkraft). [HCS]

Hysteresekurve ↗Hysterese.

Hystereseschleife ↗Ferroelektrizität.

Hysteresis, Abhängigkeit eines physikalischen Zustandes von zeitlich früheren Zuständen. Sie tritt auf bei der ↗Saugspannungskurve und der saugspannungsabhängigen ↗hydraulischen Leitfähigkeit und ist bedingt durch unterschiedliches Entwässerungs- und Füllungsverhalten der Poren. Je nach Bewegungsrichtung spricht man von Entwässerungskurve (↗Desorptionskurve) oder Bewässerungskurve (Sorptionskurve), die in der Abbildung dargestellt sind. Bei gleicher Saugspannung können Wassergehaltsunterschiede von mehr als 20 Vol.-% auftreten.

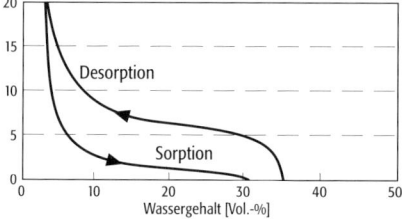

Hysteresis: Hysterese der Wasserretentionskurve in einem Sandboden.

IAB ↗*Island-Arc-Basalt*.
IAG ↗*Internationale Assoziation für Geodäsie*.
IAL, *International Association of Limnogeologists*, internationale Vereinigung von Geowissenschaftlern zum Studium fossiler Seen (↗Paläolimnologie, ↗Limnogeologie).
IAMAP, *International Association of Meteorology and Atmospheric Physics*, Internationale Vereinigung für Meteorologie und Physik der Atmosphäre, die in der Union für Geodäsie und Geophysik (↗IUGG) eingegliedert ist.
IAP ↗*Ionenaktivitätsprodukt*.
Iapetus, *Proto-Atlantik*, *Kaledonisches Meer*, hypothetischer Ozean, der im Altpaläozoikum die Kontinente ↗Laurentia (Nordamerika) von ↗Baltica und ↗Gondwana trennte. Er wurde benannt nach dem Titanen Iapetus in der griechischen Mythologie, dem Bruder der Tethys und des Okeanus, Vater des Atlas, nach dem der Atlantik benannt wurde. Die Öffnung des Iapetus begann im späten ↗Präkambrium (vor ungefähr 550 Mio. Jahren) und führte im Verlauf des Kambro-Ordoviz zur Bildung eines großen Ozeanbeckens mit breiten Schelfplattformen entlang der Kontinentalränder.
Peripher zu den großen Kontinenten lagen verschiedene Inselbogensysteme. Die Kollision eines Inselbogen-Komplexes mit Schottland im ↗Tremadoc verursachte die *Grampische Orogenese*. Eine weitere Kollision zwischen Nordamerika und dem Lush's-Bight-Inselbogen-Komplex verursachte die *Humberische Orogenese* im ↗Llanvirn bis ↗Llandeilo in Neufundland, und die Kollisionen der Tetagouche- und Bronson-Hill-Inselbogen-Komplexe mit Nordamerika verusachten die *Takonische Orogenese* im ↗Caradoc von New Brunswick und New England. Es wird vermutet, das ein einziger Inselbogen von möglicherweise über 1000 km Länge, der schräg unter Laurentia subduziert wurde, für die sukzessiven Kollisionen verantwortlich war, die von Norden nach Süden migrierten.
Kontinentale Kollisionen, die zur weiteren Reduktion und zur Schließung des Iapetus führten erfolgten in drei Stadien: a) Im ↗Llandovery wurden westvergente Deckenstapel in Ostgrönland plaziert, möglicherweise eine Folge von ostwärts gerichteter Subduktion unter ozeanischer Kruste unter Svalbard. b) Die Plazierung von ostvergenten Deckenstapeln in Norwegen, die später im ↗Silur (Scandium) erfolgte, kann auf westwärts gerichtete Subduktion bei Schottland zurückgeführt werden. c) Beginnend im frühen ↗Devon kollidierte ↗Avalonia (ein präkambrischer Inselbogen-Komplex, der sich im mittleren Ordovizium vermutlich von Gondwana abgetrennt hatte) mit Nordamerika (Acadische Orogenese). Diese Kollisionen führten zur Bildung der ↗Kaledoniden in Skandinavien, der Appalachen in Nordamerika und Teilen der herzynischen Faltengürtel in Westeuropa.
Die endgültige Schließung des Iapetus war nicht zeitgleich: In Grönland und Norwegen war sie im Silur beendet, in den nördlichen Appalachen erst im Devon. Reste des Iapetus sind als Takonische Klippen in den Appalachen gut erhalten, z. B. in der Takonischen Zone in Neu-England und im Bay-of-Islands-Komplex in Neufundland. [SP]
IASI, *Infrared Atmospheric Sounding Interferometer*, Instrument an Bord von ↗METOP zur Bestimmung von atmosphärischen Zustandsparametern.
Iasp91, globale Laufzeittabellen für die wichtigsten Phasen von seismischen ↗Raumwellen. Die Iasp91-Tabellen wurden aus einem radial-symmetrischen, kugelförmigen Schalenmodell des Erdkörpers abgeleitet und von Kennett und Engdahl nach umfangreichen Vorarbeiten einer Kommission von IASPEI (International Association of Seismology and the Physics of the Earth's Interior) 1991 veröffentlicht. Sie stellen eine leicht modifizierte Version der bereits 1940 von Jeffreys und Bullen veröffentlichten Tabellen dar (↗Jeffreys-Bullen-Modell), welche auch heute noch bei der Lokalisierung von Erdbeben mit Daten von globalen Netzen verwendet werden (↗Seismologie).
IAU ↗*Internationale Astronomische Union*.
IBG ↗*Internationale Bodenkundliche Gesellschaft*.
ICAO, *International Civil Aviation Organization*, Internationale Zivilluftfahrtorganisation.
ICES ↗*International Council for the Exploration of the Sea*.
Ichnofauna, [von griech. ichnos = Spur und lat. fauna = Tierwelt], im Sinne von Leonardi (1987) eine Fauna, deren Zusammensetzung aus ihren Spuren (↗Spurenfossilien) zu ermitteln ist und Spuren wie ihre Erzeuger einschließt; nach allgemein üblicher Auffassung jedoch der Spureninhalt eines Sediment(-gesteins) ohne Rücksicht auf die Erzeuger und ihre gleichzeitige Aktivität. ↗Ichnozönose, ↗Ichnologie.
Ichnofazies, [von griech. ichnos = Spur und lat. facies = Aussehen], von Seilacher (1963, 1967) entworfenes Konzept, das rasch große Verbreitung fand: Mit der stellvertretenden Nennung einer Spurenfossil-Gattung (↗Spurenfossilien) sollen idealerweise unabhängig vom geologischen Alter ↗Spuren ähnlicher Morphologie und ähnlichen Erzeuger-Verhaltens gruppiert werden, die unter vergleichbaren Bedingungen (↗Fazies) hinterlassen werden. So soll einerseits eine Abhängigkeit vom Substrat, andererseits von den mit der Meerestiefe variierenden Umweltfaktoren widergespiegelt werden. Es erschien als eine Möglichkeit, mit Hilfe der Zuordnung von Spurenfossilien zu einer Ichnofazies die Meerestiefe bzw. allgemein das Ablagerungsmilieu abzuschätzen (Abb. 1). Auch bei Abwesenheit der namengebenden Spur kann dennoch die Ichnofazies bestimmt werden; nach Meinung von Bromley & Asgaard (1991) sollte dann allerdings der Name der Spur nicht kursiv geschrieben werden.
Der Wert des Konzeptes liegt darin, daß tatsächlich bestimmte Spuren nur unter bestimmten Ablagerungsbedingungen entweder erzeugt oder aber überliefert werden. Diese beiden Komponenten sind jedoch eine theoretische Schwäche des Ansatzes, da zwei unterschiedliche Katego-

Ichnofazies

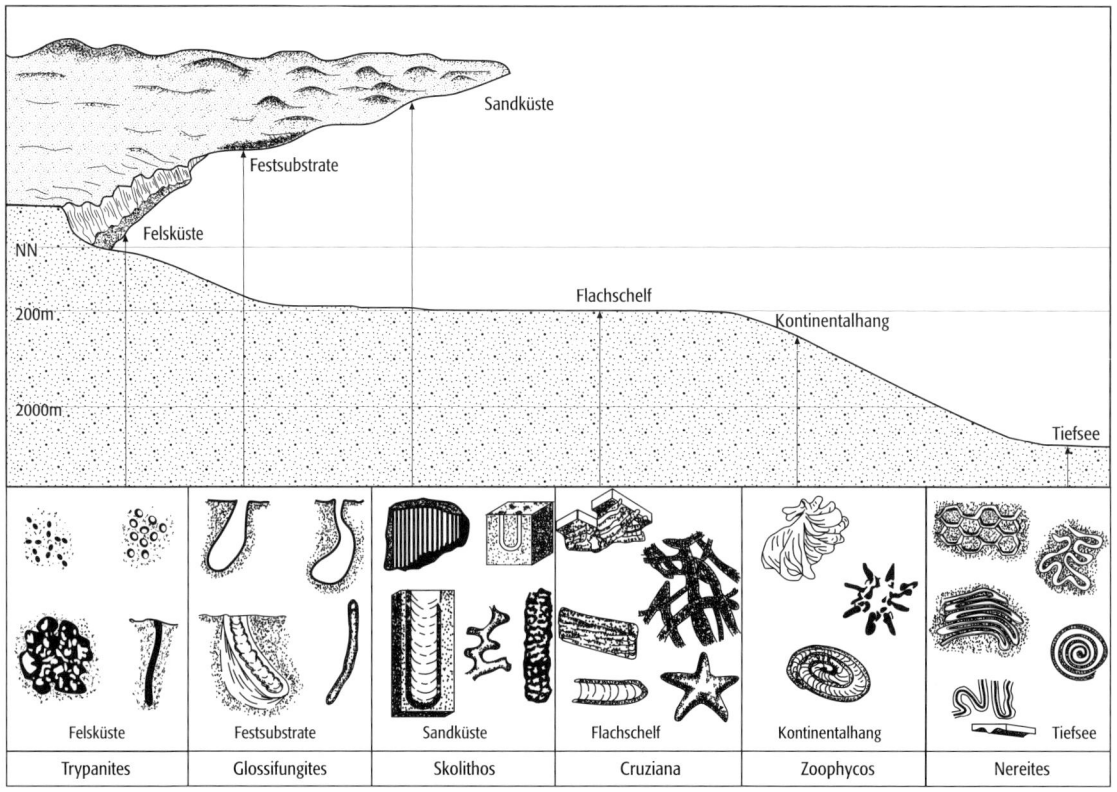

Ichnofazies 1: charakteristische Spurenfossilien der marinen Ichnofazies in ihrer ursprünglichen Auffassung.

rien vermengt werden: von Umweltfaktoren gesteuertes Erzeugerverhalten und sedimentologisch bedingte Überlieferungssituation.

Die über 20 verschiedenen bisher definierten »Ichnofazies« basieren also auf einem variablem Kriterienkatalog, haben daher eine unterschiedliche Stellung in der Hierarchie und lassen nicht so eindeutig wie früher erhofft auf das Ablagerungsmilieu schließen. Einige der aufgestellten Ichnofazies sind zudem ohne sedimentologischen Bezug: Die verschiedenen »Koprofazies« und die auf Wirbeltierfährten basierenden »Fazies« führen ihre ↗Ichnofauna unabhängig von den Einbettungsprozessen. Diese sollten eher als ↗Ichnozönosen aufgefaßt werden, obwohl sie durchaus unterschiedliche Milieus repräsentieren. In der Hierarchie der Spuren-Vergesellschaftungen deutlich zu erniedrigen wären demnach die von Lockley (1994) eingeführten *Brontopodus*-Fazies, die *Brasilichnium*-Fazies, die *Laoporus*-Fazies, die *Jindongornipes*-Fazies und die *Caririchnium*-Fazies.

In den letzten Jahren wurde erkannt, daß manche der Ichnofazies am gleichen Ort in verschiedenen Stockwerken (↗Bioturbation) auftreten und daß sich die ökologischen Ansprüche der Erzeuger einiger namengebender Spurenfossilien im Laufe der Erdgeschichte verändert haben. Selbst derjenige Großraum, für den das Konzept aufgestellt wurde, das Meer, besitzt nach heutigem Wissen keine durchgehend eindeutige Tiefenabfolge der Ichnofazies. Im Übergangsbereich zum Festland ist eine klare Zuweisung unmöglich, und für die höchst variablen kontinentalen Räume wurden bisher nur sehr wenige Typen definiert; in beiden Fällen kann das Ichnofazies-Konzept den Ansprüchen an die Milieurekonstruktion nicht genügen. Heutzutage ist man dazu übergegangen, die Spurenfossilien losgelöst vom Ichnofazies-Begriff zu betrachten und eher engumgrenzte Ichnozönosen zu definieren, allerdings ohne den Anspruch weltweiter und allzeitiger Gültigkeit.

Trotz der Kritik am Gesamtkonzept ist hier ein Abriß der verwertbaren Ichnofazies mit der Nennung einiger charakteristischer Spurenfossilien gegeben. Im Meeresbereich wurden die ersten Ichnofazies als Tiefenanzeiger definiert; vom Strand bis zur Tiefsee sind folgende Typen anzuführen (Abb. 2, Tab.):

a) Die *Psilonichnus*-Fazies soll den trockenen Strand- und Dünen-Bereich in Carbonatsanden umfassen. Zu einfachen Wohnbauen (*Psilonichnus*) von Gespensterkrebsen und Insekten kommen häufig Wurzelspuren (Abb. 3 im Farbtafelteil).

b) Die *Skolithos*-Fazies wurde für instabile Sande in stark bewegtem Wasser aufgestellt, also Strände, Deltas, Barrensande, submarine Canyons etc. Die Spurenfauna ist artenarm; Freßbaue oder Bewegungsspuren sind nicht überliefert. Es dominieren Wohnbaue (*Skolithos*, *Ophiomorpha*, *Diplocraterion*) und Ausgleichsspuren grabender Suspensionsfresser wie Krebse oder vielborstiger Würmer.

c) Die *Arenicolites*-Fazies führt neben reichlich *Skolithos* auch *Arenicolites* und *Polykladichnus* – Wohnbaue von Würmern, die ein kurzes Ereignis der Sandablagerung in einem sonst schlammigen Milieu zur Besiedlung nutzten. Derartige Bedingungen sind sowohl auf dem Festland als auch in der Tiefsee gegeben, nicht aber im küstennahen Flachwasser.

d) Die *Cruziana*-Fazies ist die am häufigsten fossil überlieferte. Unter mittlerer bis geringer Energie abgelagerte, gemischtkörnige Sediment(gesteine) zeigen eine Vielzahl v. a. horizontaler Baue (*Cruziana*, *Teichichnus*, *Asteriacites*, *Thalassinoides*). Diese spiegeln unterschiedlichstes Erzeugerverhalten (Wohnen, Fressen, Kriechen, Ruhen u. a.) wider und wurden durch Sturmereignisse erhalten. Die Fazies ist für den flachen Schelf zwischen Normalwellenbasis und Sturmwellenbasis typisch, tritt mit stark verminderter Artenzahl aber auch in Lagunen und schlammigen Gezeitenebenen auf. Die *Curvolithus*-Subfazies stellt einen Sonderfall der *Cruziana*-Fazies und damit eher eine Ichnozönose dar. Unter episodischer Sedimentation in sandigen Deltas und auf dem offenen Schelf bleiben v.a. Kriechspuren und einfache Freßbaue erhalten (*Curvolithus*, *Margaritichnus*, *Planolites*).

e) Die *Zoophycos*-Fazies ist nach der *Scoyenia*-Fazies die am schlechtesten definierte. Eine geringe Vielfalt von Freßbauen bestimmt das Bild im Gestein, doch heutzutage wird sie direkt von der artenreichen *Nereites*-Fazies überlagert. Sie repräsentiert also lediglich die tieferen Stockwerke (die Übergangs-Lage, ↗ Bioturbation) mit ggf. verschiedenen ↗ Ichnogilden und müßte deshalb völlig aufgegeben werden. Die Fazies sollte ursprünglich für den Außenschelf und Kontinentalhang typisch sein, doch das Vorkommen von *Zoophycos* verlagerte sich vom Innenschelf im ↗ Paläozoikum zur Tiefsee heutzutage. Da einzig *Zoophycos* als charakteristische Spur für diese Gruppe angesehen wird, ist eine Ichnofazies für den Kontinentalhang nicht definiert.

f) Die *Nereites*-Fazies zeigt wie die *Zoophycos*-Fazies prinzipiell Stillwasser an, doch werden die zahlreichen Weidespuren und Kultivierungsspuren (z. B. *Nereites*, *Paleodictyon*, *Helicorhaphe*, *Heminthoida*) v. a. an der Bank-Unterseite von schwach erodierenden Trübeströmen (↗ Turbidit) überliefert. Durch diese Ereignisse können hier auch die Spuren der Misch-Lage als Prä-Ereignis-Zönose (↗ Bioturbation, ↗ Ichnologie) erhalten bleiben. Eine entsprechende Post-Ereignis-Zönose in dieser Tiefe ist i. d. R. der *Arenicoli-*

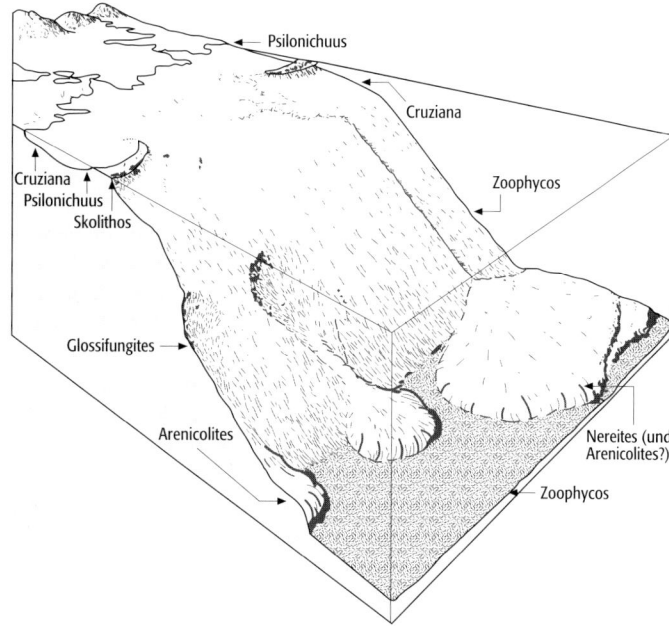

Ichnofazies 2: ungefähre Normalposition der Ichnofazies-Typen im Meer.

tes-Fazies zuzuordnen. Die Fazies charakterisiert überwiegend sehr tiefe Meeresbereiche, war jedoch bis zum ↗ Ordovizium noch im Flachwasser zu finden. Mit dem Aufkommen der Bedecktsamer (Laubreste als Ernährungsgrundlage!) in der Kreide nahm die Häufigkeit und Vielfalt der Spuren in dieser Fazies stark zu.

g) Die *Glossifungites*-Fazies umfaßt die festen Substrate. Oft handelt es sich um Tone im Gezeitenbereich, aber auch andere Sedimente werden unabhängig von der Wassertiefe hierher gestellt, wenn sie sich im Übergang zur ↗ Zementation befinden. Dieses rein marine Gegenstück zur *Scoyenia*-Fazies führt Freßbaue in geringer Vielfalt (*Glossifungites*, *Thalassinoides*).

Auf dem Festland können mehr oder weniger weiche Substrate die folgenden Typen enthalten:

h) Die *Scoyenia*-Fazies sollte ursprünglich alle kontinentalen Milieus (!) abdecken; sie enthielt jedoch trotz etlicher rein festländischer Spurenfossilien auch »marine« Vertreter, so daß ihr Wert sehr gering war. Bromley definierte 1996 den Begriff wesentlich enger: In periodisch trockenfallenden, festen Schlammsubstraten an Seen oder Flußufern können Würmer wenige Typen röhriger Wohnbaue (*Scoyenia*, *Cylindricum*) und einfacher Freßbaue (*Rhizocorallium*) etablieren.

Ichnofazies (Tab.): Ichnofazies in Weichsubstrat auf dem Festland und im Meer mit schematischen Angaben zur Sedimentologie (MS = Meeresspiegel); fehlende Ichnofazies haben keine Entsprechung im Meer.

marine Ichnofazies	Psilonichnus	Skolithos	Arenicolites	Cruziana	Nereites	Zoophycos
Sedimentkörnung	grob	grob	gemischt	gemischt	gemischt	fein
Wasserenergie	–	sehr hoch	kurzfristig hoch	mittel	kurzfristig hoch … niedrig	kurzfristig hoch … niedrig
typisches Milieu	Strand	Flachwasser	Flachschelf	Schelf, Lagune	Kontinentalhang/Tiefsee	Kontinentalhang/Tiefsee
überlieferndes Ereignis, z.B.	fallender MS	steigender MS	Tempestit	–	Turbidit	–
kontinentale Ichnofazies		Rusophycus	Arenicolites	?	Mermia	Fuersichnus

i) Die *Rusophycus*-Fazies deckt feinkörnige Weichgründe im flachen Süßwasser ab. Es überwiegen Kriechspuren und Ruhespuren von Gliedertieren (*Cruziana, Rusophycus, Diplichnites*).

j) Die *Fuersichnus*-Fazies charakterisiert schlecht belüftete Substrate unterhalb der Normalwellenbasis, wo Spuren von Sedimentfressern wie *Fuersichnus* dominieren; es handelt sich vermutlich um das Süßwasser-Analogon der *Zoophycos*-Fazies.

k) Die *Mermia*-Fazies wurde für die Vergesellschaftung bemerkenswert kleiner Weidespuren (*Mermia*) und Kultivierungsspuren aufgestellt, die an der Basis von Trübeströmen in Seen erhalten sind – offenbar die Entsprechung der *Nereites*-Fazies.

l) Die *Coprinisphaera*-Fazies umfaßt v. a. Nester verschiedener Insekten und Wurzelspuren aller Tiefen, steht also für das Festland mit Bodenbildung und Pflanzenwachstum in unterschiedlichem Klima. In ihr geht die zuvor vorgeschlagene *Termitichnus*-Fazies auf; dieser Begriff sollte nicht mehr gebraucht werden. Eine detailliertere Aufteilung der *Coprinisphaera*-Fazies in naher Zukunft erscheint jedoch möglich.

Parallel zu dieser Anordnung von Ichnofazies in weichen und festen Substraten wurden auch einige Namen für harte Untergründe vergeben:

m) Die *Trypanites*-Fazies steht für die ↗Bioerosion aller kalkigen Hartsubstrate, von hardgrounds bis zu Korallen und Schalenpflastern. Zu den Bohrungen von Muscheln und verschiedenen Würmern (*Trypanites, Gastrochaenolites*) treten im ↗Känozoikum die von Schwämmen (*Entobia*). Die Fazies ist nicht auf das Flachmeer beschränkt, sondern kommt auch auf dem Festland vor. Oft wird sie der *Glossifungites*-Fazies aufgeprägt.

n) Die *Entobia*-Fazies soll zusammen mit der *Gnathichnus*-Fazies die *Trypanites*-Fazies wegen deren geringer Milieu-Information ersetzen. Sie entspricht den tieferen Stockwerken der Bioerosion von Carbonaten (mit *Gastrochaenolites, Trypanites, Caulostrepsis* etc.) und reflektiert somit wiederholten Bohrer-Angriff bei langdauernder Mangelsedimentation, z. B. an Kalk-Kliffs oder in Korallen.

o) Die *Gnathichnus*-Fazies unterscheidet sich von der *Entobia*-Fazies dadurch, daß sie die sehr flachen Stockwerke der Bioerosion von Kalk-Substraten erfaßt. Nur bei kurzfristiger Besiedlung und/oder schneller Überdeckung besteht eine Überlieferungschance für die hier charakteristischen Raspel- und Ätzspuren (*Gnathichnus, Radulichnus, Renichnus, Centrichnus*).

p) Die *Teredolites*-Fazies wurde für die Bioerosion von Holz im Meeresbereich eingeführt. Treibhölzer, ertrunkene Moore und freigelegte Torfe werden fast ausschließlich von Muscheln angebohrt (*Teredolites*), die mit verschiedenen Gattungen bis in die Tiefsee aktiv sind. [MB]

Literatur: BROMLEY, R. G. (1996): Trace fossils: biology, taphonomy and applications – Hampshire.

Ichnogilde, [von griech. ichnos = Spur, Gilde = mittelalterliche Kaufmannsgemeinschaft], die Unterteilung von ↗Ichnozönosen nach der Ökologie der Erzeuger (Verhalten, Ernährung, Zone im ↗Stockwerkbau). In der Namensgebung repäsentieren einzelne ↗Spurenfossilien einen engen Zusammenhang von Stockwerk und Ernährung, z. B. wurde die *Chondrites-Zoophycos*-Gilde für sessile tiefgrabende Sedimentfresser errichtet. ↗Ichnologie.

Ichnologie, ist die Wissenschaft, die sich mit fossilen und zeitgenössischen ↗Spuren beschäftigt. Der Begriff wurde erstmals um 1830 von Buckland gebraucht, und schon ↗Darwin interessierte, wie Regenwürmer das Bodengefüge eines brachliegenden Ackers verändern. Ichnologen arbeiten interdisziplinär zwischen ↗Sedimentologie und ↗Paläontologie, teilweise auch stärker biologisch oder ökologisch ausgerichtet. Gegenstand der Ichnologie sind aus der Sicht der Sedimentologen die von Organismen verursachten Veränderungen nach der Ablagerung eines Sediments. Diese sind vielfach stärker als physikalische oder chemische Prozesse. Paläontologen geht es dagegen v. a. darum, aus den überlieferten Spuren Rückschlüsse auf die Aktivität von Organismen zu ziehen. Keineswegs steht die Aufgabe im Mittelpunkt, den Erzeuger einer Spur ausfindig zu machen.

Idealerweise sind ↗Spurenfossilien ohne weitere Bearbeitung direkt der Untersuchung zugänglich. In seltenen Fällen ist durch ↗Verwitterung die Gesteinsmatrix entfernt, so daß eine dreidimensionale Struktur sichtbar ist. Wenn ↗Grabgänge oder ↗Bohrspuren noch nicht mit Sediment verfüllt vorliegen, lassen sie sich mit Kunstharz füllen und nach Entfernung ihres Substrates ebenfalls dreidimensional studieren. Oft kann man Spurenfossilien auch zweidimensional auf Schichtflächen sehen.

In der Regel müssen jedoch bestimmte Methoden angewandt werden, um Spuren im Sediment(gestein) sichtbar zu machen. Hierzu zählen eine scharfe seitliche Beleuchtung, das Röntgen oder die Befeuchtung eines senkrecht durchgesägten (und eventuell angeschliffenen) Gesteinsstückes mit Wasser oder Öl. Um ein besseres Verständnis der fossil überlieferten Zustände zu bekommen, werden heutige Spuren mitsamt ihrer Erzeuger und dem Substrat z. B. mittels Kastengreifer oder Stechrohr gewonnen. Die Untersuchung der Spuren in einem Sediment(gestein) (der ↗Ichnofauna) beginnt mit der eingehenden Analyse der Fundsituation, der Einbettungsumstände sowie des ↗Spurengefüges. Es folgt die Identifizierung der Spuren (↗Ichnotaxonomie), mit der sich bereits eine grobe ökologische Einstufung ergibt. Das Verhalten des Erzeugers, aus dem sich seine Ernährungsansprüche ablesen lassen, muß als nächstes ermittelt werden. Bei eher biologischer Ausrichtung der Studie kann eine Analyse der Bildungsweise einer Spur folgen. Diese Schritte werden für alle Spuren getrennt durchgeführt, und nun kann man Gruppen ähnlicher Erzeuger-Ökologie in ↗Ichnogilden zusammenfassen. Aus den Ergebnissen der Vorstudien wird die Ökologie der Ichnofauna insgesamt

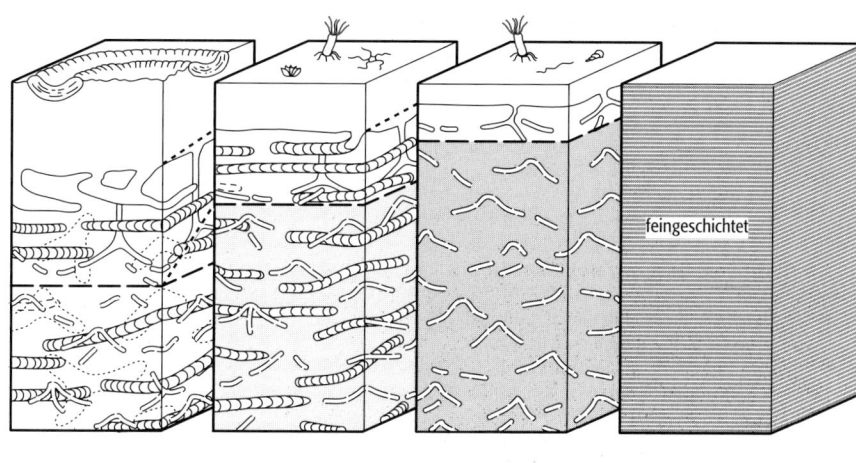

Ichnologie 1: Abschätzung von Belüftungszustand und Gehalt an organischem Material des Meeresbodens mit Hilfe des Stockwerkbaues von Spurenfossilien.

entwickelt. Damit werden Bezüge zur Lebensgemeinschaft der Erzeuger hergestellt, jedoch müssen Vermischungen unterschiedlich alter Spurenvergesellschaftungen berücksichtigt werden. Echte ↗Ichnozönosen sind als gleichzeitig entstanden definiert; v. a. durch den ↗Stockwerkbau befinden sich diese Assoziationen von Spuren jedoch oft mit anderen im gleichen Horizont: Wenn nacheinander das Substrat von aufeinanderfolgenden Sedimentationsflächen ausgehend besiedelt wird, können z. B. mehrere Stockwerke der ↗Bioerosion oder ↗Bioturbation ineinander geschoben werden (»Fernrohreffekt«). Außerdem kann gemeinsame Überlieferung im gleichen Horizont bei verschiedenen sedimentologischen Ereignissen (sog. »Events«) eintreten: Längerfristig geringe Sedimentationsraten oder das völlige Ausbleiben von Sediment (↗Omission), aber auch plötzliche starke Schüttungen schaffen komplizierte Situationen. Meist hat man in solchen Fällen eine Ichnozönose vor dem Ereignis (»Prä-Event-Ichnozönose«) und eine weitere danach (»Post-Event-Ichnozönose«) voneinander zu trennen, die durch völlig anderes Erzeugerverhalten charakterisiert werden.

Die Erzeuger von Spuren verhalten sich nur unter speziellen Umweltbedingungen (z. B. Stabilität und Korngröße des Substrates, Durchlüftung, Wasserbewegung, Nährstoffversorgung, Salzgehalt) so, daß es zur Entstehung einer bestimmten Spur kommt. Daher besitzen sie eine große Bedeutung für die Rekonstruktion ehemaliger Lebens- und Ablagerungsräume (Abb. 1). In Sedimentologie und Paläontologie haben Spurenfossilien gegenüber den Hartteilen der Körperfossilien den wichtigen Vorteil, daß sie nur am Ort ihrer Bildung überliefert werden können. Lediglich ↗Koprolithen (und mit Einschränkungen Bohrspuren) werden manchmal transportiert.

Für die Paläontologie ist v. a. interessant, daß man oftmals nur anhand von Vergleichen mit dem gut bekannten Verhalten heutiger Vertreter die Existenz einer hartteillosen Organismengruppe (z. B. Würmer, Seeanemonen, einige Wirbeltiere) fossil nachweisen kann (Abb. 2 im Farbtafelteil). Funde von Menschenfährten in Tansania belegen den aufrechten Gang seit mindestens 3,6 Mio. Jahren. Sehr selten sind sogar Evolutionslinien innerhalb einer Tiergruppe bei ihren Spuren nachvollziehbar. Eine Ausnahme hiervon machen die Fährten festländischer Wirbeltiere und Gliedertiere; sie lassen sich teilweise bis auf das Niveau der Gattung ihren Erzeugern zuweisen. Deren Lebensbereich ist wegen des Überwiegens von ↗Erosion allgemein ein ungünstiges Milieu für eine Einbettung, so daß die Überlieferung von Körperfossilien dort sehr lückenhaft ist und kein verläßliches Faunenabbild darstellt. Spurenfossilien sind in festländischen Gesteinen mindestens so häufig wie Körperfossilien und können manchmal keinen aus dieser Zeit bekannten Organismen zugewiesen werden. Dies trifft z. B. auf die Wirbeltiere zu, deren Fährten im ↗Mesozoikum gut untersucht sind. So weiß man z. B. nur aus Fährtenfunden, daß bis kurz vor Ende der ↗Kreide noch mindestens zwei Arten der ↗Dinosaurier lebten – die Überlieferung von Knochen endet deutlich früher. Die Haltung und Bewegungsabläufe der Wirbeltiere sind wesentlich mit Hilfe ihrer Fährten rekonstruiert worden. Verschiedene Streitfragen konnten so eindeutig geklärt werden, z. B. daß Flugsaurier sich auf dem Boden vierfüßig bewegten. Auch die heutigen Kenntnisse über das Sozialverhalten von Dinosauriern (Herdenbildung und Schutz der Jungen) verdanken wir der Interpretation von Spurenfossilien.

Spurenfossilien können Geologen auf verschiedenen Gebieten wichtige Informationen liefern: Sedimentologie, ↗Geochemie, ↗Tektonik und ↗Stratigraphie profitieren am meisten von ichnologischen Erkenntnissen. Wegen der nur mit-

telbaren Abhängigkeit von der Körperform des Erzeugers spiegeln Spuren kaum deren Evolution wider; Sedimentgesteine sind daher mit ihnen im allgemeinen schlecht zeitlich zu gliedern. Eine grobe stratigraphische Einstufung mit Spuren als ↗Leitfossilien ist dennoch in manchen Fällen möglich:
a) In Gesteinen ohne Körperfossilien ist die Grenze von ↗Präkambrium zu ↗Kambrium nur mit Spurenfossilien zu fassen. Auch wenn bisher keine »typisch präkambrischen« Formen gefunden wurden, gibt das Einsetzen rein phanerozoischer (↗Phanerozoikum) Vertreter ein klares Bild. b) Altpaläozoische Schichten sind anhand der Größe und Artenzahl der Spuren von ↗Trilobiten recht genau einzustufen. c) Im jüngeren ↗Paläozoikum liefern die ↗Fährten von Gliedertieren passable Zeitmarken. d) Die Entwicklung der Wirbeltiere ist im gesamten ↗Mesozoikum auch in ihren ↗Trittsiegeln nachzuvollziehen, womit eine stratigraphische Zuordnung teilweise bis auf das Niveau der ↗Stufe möglich ist (sog. *Palichnostratigraphie*). e) Einen sehr viel höheren Wert haben Spurenfossilien für die ↗Sequenzstratigraphie, v.a. in kontinentalen Bereichen. Hier spiegeln sie wegen der empfindlichen Reaktion ihrer Erzeuger Veränderungen im Wassergehalt des Bodens sehr gut wider.

In durch Gebirgsbildung veränderten Sedimentgesteinen geben Spurenfossilien Aufschluß über den Grad der Setzung sowie über zwei- und dreiachsige Verformungen – vorausgesetzt, man kennt die ursprüngliche Morphologie. Wegen ihrer großen Widerstandsfähigkeit gegenüber Lösungsvorgängen sind viele Spuren in überkippten (↗Falte) Gesteinen auch bei starker Beanspruchung (bis hin zur sehr niedriggradiger ↗Metamorphose) als Anzeiger der Oben/Unten-Orientierung nützlich (sog. *Geopetalgefüge*) (Abb. 3 im Farbtafelteil).

In der Geochemie zeigen Spurenfossilien das chemische Milieu (pH und Eh) während der Frühdiagenese (↗Diagenese) an. Sie reagieren unmittelbar auf die Verfestigung von Kalkgesteinen, an ihnen lassen sich die Veränderungen von ↗Porosität und ↗Permeabilität ablesen, und sie werden wegen der Stoffwechselprodukte ihrer Erzeuger häufig selektiv mineralisiert. Um Grabgänge herum können sich Höfe mit von der Umgebung abweichendem Mikromilieu bilden, in denen es zur Ausfällung von Mineralien wie Chalcedon (Verkieselung), Pyrit/Markasit (Verkiesung), Calcit (Verkalkung) oder Carbonatapatit (Phosphoritisierung) kommt. Das auffällig grüne Mineral Glaukonit scheint sich überhaupt nur dort zu bilden, wo kleine Kotpillen (↗Koprolithen) im Sediment vorhanden sind. In Kot oder Pellets werden auch selektiv Spurenelemente aus dem Meerwasser angereichert, so daß sich entsprechende Gesteine geochemisch von äußerlich ähnlichen unterscheiden können.

Die Stabilität des Sedimentes bestimmt jeweils typische Ichnozönosen, ebenso wie die Sauerstoffverhältnisse und mit Einschränkungen auch der Salzgehalt des Wassers. Manchmal lassen sich anhand von Ruhespuren, Fährten oder Wohnbauen Strömungsrichtungen ablesen, und sehr oft geben Spurenfossilien Hinweise auf ungefähre Wassertiefen: Licht, Nahrung, Wasserbewegung und Sedimentation steuern mit biologischen Prozessen zusammen die sog. ↗Ichnofazies.

Die wichtigste Anwendung von Spurenfossilien ist mit der Rekonstruktion von Ablagerungsmilieus im Rahmen der Beckenanalyse und Erdöllagerstätten-Erkundung gegeben. Land- und Wasser-Lebensräume sind aufgrund ihres Spuren-Inventars klar zu trennen; im Sediment(gestein) kaum erkennbare Schichtlücken und Erosionshorizonte werden z.B. durch Ausgleichsspuren und Bohrspuren offensichtlich; Sedimentationsgeschwindigkeiten einzelner ↗Bänke sind genau ablesbar. Beispielsweise zeigen mehrere Lokalitäten im karibischen Raum an der Kreide/Paläogen-Grenze dicke Sandsteinbänke, die zunächst als Ablagerungen einer angeblichen riesigen Flutwelle interpretiert wurden, die durch einen Meteoriteneinschlag verursacht sein sollte. Ichnologisch konnte aber nachgewiesen werden, daß sie über mehrere Jahre hinweg sedimentiert wurden, also unter relativ ruhigen Bedingungen entstanden. [MB]

Literatur: [1] BROMLEY, R.G. (1999): Spurenfossilien. – Berlin, Heidelberg. [2] EKDALE, A.A., BROMLEY, R.G. & PEMBER-TON, S.G. (1984): Ichnology – the use of trace fossils in sedimentology and stratigraphy. – SEPM Short Course 15, Tulsa.

Ichnotaxobasis, [von griech. ichnos = Spur, taxis = Ausrichtung, basis = Grundlage], ein Kriterium der wissenschaftlich korrekten Benennung von ↗Spurenfossilien.

Ichnotaxon, [von griech. ichnos = spur und taxis = Ausrichtung], der wissenschaftliche Name eines ↗Spurenfossils. Hierunter fallen Gattungsnamen (Ichnogenera) und Artnamen (Ichnospezies) sowie ggf. auch höhere Hierarchien (Ichnofamilien).

Ichnotaxonomie, [von griech. ichnos = Spur, taxis = Ausrichtung, nomos = Gesetz], die wissenschaftlich korrekte Benennung von ↗Spurenfossilien. ↗Ichnologie.

Ichnotextur ↗*Spurengefüge*.

Ichnozönose, [von griech. ichnos = Spur und koinos = gemeinsam], eine Assoziation von Spuren (↗Spurenfossilien), deren Erzeuger gleichzeitig gelebt haben. Es handelt sich nicht notwendigerweise um eine wiederkehrende Vergesellschaftung; wenn dies dennoch so verstanden wird, werden die Grenzen zur ↗Ichnofazies unklar. ↗Ichnologie.

Icing ↗*Aufeis*.

ICP ↗analytische Methoden.

ICP-MS ↗Massenspektrometrie.

ICRF, *IERS Celestial Reference Frame*, vereinbarter raumfester Bezugsrahmen, der vom ↗Internationalen Erdrotationsdienst festgelegt wird. Der Ursprung des ICRF fällt mit dem ↗Baryzentrum des Sonnensystems, dem Heliozentrum, zusammen, und die Achsrichtungen sind über extragalaktische ↗Radioquellen definiert. Die Genauigkeit der Richtungen der Koordinatenachsen wird mit etwa 0″,0001 angegeben. Die sich auf ↗J2000 beziehenden äquatorialen Koordinaten zu den extragalaktischen Objekten (zur Zeit 608 Radioquellen) sind aus Beobachtungen zur ↗Radiointerferometrie abgeleitet. Die z-Achse entspricht der (mittleren) Erdrotationsachse zur Epoche J2000. Die zeitabhängige, räumliche Verlagerung der ↗Rotationsachse ist, ausgehend von der Epoche J2000.0, über die von der ↗Internationalen Astronomischen Union festgelegten Theorie zur Berechnung der ↗Präzession aus dem Jahre 1976 und der ↗Nutation aus dem Jahre 1980 bestimmt. Die Analyse der VLBI-Beobachtungen ergab aber Korrekturen zu den vereinbarten Modellen für Präzession und Nutation der IAU, die in gewissen Zeitabständen publiziert werden. Die x-Achse fällt mit der Schnittgeraden der Äquatorebene mit der ↗Ekliptik zusammen. Sie weist zum ↗Frühlingspunkt und bezieht sich ebenfalls auf die Epoche J2000.0. Die zeitliche Verlagerung dieser Schnittgeraden wird ebenfalls nach der IAU-Theorie für Präzession und Nutation berechnet. Die Schnittgerade bildet die Nullrichtung für die Zählung der Rektaszension. Die y-Achse steht senkrecht zur xz-Ebene und bildet ein dreidimensionales Rechtssystem. Das durch die Quasare realisierte astronomische Bezugssystem ist mit dem durch den ↗FK5 realisierten Bezugssystem im Rahmen der Meßgenauigkeit (0,01″) identisch.

ICRS, *IERS Celestial Reference System*, internationales Himmels-Referenzsystem, raumfestes ↗Bezugssystem, das vom ↗Internationalen Erdrotationsdienst definiert wird. ↗IERS.

Idealkristall, *Idealstruktur*, ↗Einkristall ohne jegliche ↗Kristallbaufehler. Aus thermodynamischen bzw. kinetischen Gründen ist es unmöglich, einen Idealkristall herzustellen, da z.B. ↗Leerstellen bereits im thermodynamischen Gleichgewicht vorhanden sind.

Idealzyklone, Begriff aus der Anfangszeit der ↗Bergener Schule. Eine von der Sache her unzutreffende Bezeichnung für ein ↗Wellentief an der ↗Polarfront.

Identifizierung, ein visuell-kognitiver Vorgang der ↗Kartennutzung, bei dem der Nutzer zielgerichtet und zweckbestimmt ein Kartenobjekt aufgrund seiner dargestellten Objektmerkmale auswählt. In ↗interaktiven Karten läßt sich die Identifizierung durch ↗Arbeitsgraphik, z.B. in Form einer Markierung durch eine Schraffur, unterstützen.

identische Punkte, translatorisch gleichwertige Punkte einer Kristallstruktur. Zwei Punkte, die durch ↗Translation auseinander hervorgehen, sind aber verschieden, sofern die Translation nicht gleich der ↗Identität ist. Die Bezeichnung gilt als veraltet.

Identität, in der Kristallographie identische Abbildung, d.h. diejenige Abbildung, die alle Objekte fest läßt. In der Gruppe aller Abbildungen einer Kristallstruktur auf sich spielt die identische Abbildung die Rolle des Einselements.

idioblastisch, Gefügebegriff zur Charakterisierung von metamorph gewachsenen Mineralen mit Ausbildung charakteristischer, ↗idiomorpher Kristallflächen.

idiomorph, *euhedral*, *eigengestaltig*, Bezeichnung für ein Mineral, das von charakteristischen Kristallflächen begrenzt ist.

Idrisi, *Edrisi*, *Abu Abdallah Muhammed al Idrisi*, arabischer Geograph und Kartograph, * 1100 Ceuta (Nordafrika), † 1166 Palermo (Sizilien). Nach dem Studium in Córdoba und ausgedehnten Reisen in Spanien, Nordafrika und Vorderasien sowie entlang der portugiesischen, französischen und englischen Küsten lebte Idrisi seit 1140 am Hofe des normannischen Königs Roger II. von Sizilien, für den er 1154 eine gehaltvolle, teilweise auf ↗Ptolemäus fußende geographische Beschreibung der Erde lieferte (»Kitab al Rudjar« = Buch des Roger), zu der 70 Regionalkarten gehören. Diese beruhen auf einer großen, in eine Silbertafel gravierte Erdkarte (350 × 150 cm), die aber bereits 1160 zerstört wurde. Sie beinhaltete die Zusammenfassung der arabischen geographischen Kenntnisse, ist aber nur in verkleinerten Nachzeichnungen erhalten.

IERS, *International Earth Rotation Service*, Internationaler Erdrotationsdienst, internationaler Dienst zur Bestimmung der ↗Erdrotationsparameter und deren Verbreitung an interessierte Nutzer. Als übergeordnete Aufgabe wird die Definition und Realisierung von ↗Bezugssystemen für Geodäsie und Astronomie gesehen. Laut den Statuten ist der IERS zuständig für a) die Definition und Aufrechterhaltung des raumfesten Internationalen Zälestischen Bezugssystems ↗ICRS, dessen Bezugsrahmen ↗ICRF durch die Positionen extragalaktischer ↗Radioquellen festgelegt wird, b) die Definition und Aufrechterhaltung des Internationalen Terrestrischen Bezugssystems ↗ITRS, dessen Bezugsrahmen ↗ITRF durch die dreidimensionalen Koordinaten einer Anzahl von monumentierten Punkten auf der Erdoberfläche in einem ↗globalen geozentrischen Koordinatensystem gegeben ist, c) die regelmäßige Bestimmung der ↗Erdrotationsparameter, die für die Transformation zwischen dem raumfesten und dem terrestrischen Bezugssystem erforderlich sind (vom IERS werden die Ergebnisse der verschiedenen geodätischen Weltraumverfahren (Very Large Base Interferometry, SLR, LLR, GPS u.a.) zu einer Gesamtlösung verknüpft) und d) die Organisation von internationalen Beobachtungs- und Auswerteaktivitäten, für die Sammlung und Archivierung der entsprechenden Daten und Ergebnisse und für deren Weitergabe an die vielen, weltweit verteilten Nutzer.

Der IERS hat zum 1. Januar 1988 als gemeinsame Einrichtung der ↗Internationalen Astronomischen Union und der ↗IUGG seinen Betrieb aufgenommen und dadurch den ↗IPMS und das BIH abgelöst. Er besteht u.a. aus einem Zentralbüro, den Koordinierungszentren der einzelnen geodätischen Weltraumverfahren und einem Koordinierungszentrum für die Sammlung von Daten über geophysikalische Einflüsse auf die Erdrotation (Monitoring Global Geophysical Fluids, MGGF). Hierbei handelt es sich um atmosphärische und ozeanische Veränderungen, hydrodynamische Einflüsse wie Grundwasserschwankungen, Vorgänge im Erdinnern, ↗Erdbeben und andere Effekte, die zu Veränderungen des Rotationsverhaltens der Erde führen. Das Zentralbüro des IERS ist seit Beginn seiner Tätigkeit am Astronomischen Observatorium in Paris (Observatoire de Paris) angesiedelt. Der IERS gibt neben den regelmäßigen Veröffentlichungen der Erdrotationsparameter auch Richtlinien heraus (↗IERS Conventions), in denen die Modelle angegeben beziehungsweise empfohlen werden, die bei der Datenauswertung der geodätischen Weltraumverfahren verwendet werden sollen. [HS]

IERS Conventions, enthalten Empfehlungen für die Auswertung von Beobachtungen, die mit ↗geodätischen Raumverfahren (Very Large Base Interferometry, SLR, LLR, GPS u.a.) durchgeführt wurden. Die IERS Conventions (früher IERS Standards) enthalten geophysikalische Modelle, die in die Auswertung eingehen, aber auch astronomische und geodätische Konstanten und Rechengrößen. Die IERS Conventions werden in regelmäßigen Abständen vom ↗IERS herausgegeben.

IERS Reference Meridian, *IRM*, mittlere Meridianebene nullten Greenwich, definiert durch den Internationalen Erdrotationsdienst ↗IERS.

IERS Reference Pol ↗*IRP*.

IERS Terrestrial Reference Frame ↗*ITRF*.

IfAG, *Institut für Angewandte Geodäsie*, ↗Bundesamt für Kartographie und Geodäsie.

IFOV, *Instantaneous Field of View*, Öffnungswinkel, in dem ein Sensorsystem elektromagnetische Strahldichtewerte aufzeichnet. Die Größe des IFOV entspricht dem Quotienten aus Detektorfläche und Brennweite der Scanneroptik. Eigentlich entspricht das IFOV dem Öffnungswinkel eines Kegels, dessen Schnitt mit der Erdoberfläche die Bildelementgröße definiert. Das Bodenelement entspricht somit der Zentralprojektion der Detektorfläche auf die Erdoberfläche bei gegebenem Öffnungswinkel (IFOV) und variabler Flughöhe. Das durch das IFOV festgelegte Ausmaß an objektbeschreibender elektromagnetischer Strahlung wird daher in der Regel von unterschiedlich reflektierenden (emittierenden, streuenden) Objekten stammen und in der Regel die Aufzeichnung sogenannter Misch-Pixel bewirken. Das IFOV kann nicht beliebig verfeinert werden, da korrelierte Größen wie Scanfrequenz, Zeitfrequenz der Datenaufzeichnung durch den Detektor und Detektivität limitierende Faktoren darstellen. Das IFOV wird als Öffnungswinkel in mrad oder :rad oder als Größe des resultierenden Bildelementes auf der Erdoberfläche in Funktion der Orbithöhe in m^2 oder km^2 angegeben. [EC]

IGBP, *Internationales Geosphären-Biosphären Programm*, weltweites Forschungsprogramm zur Untersuchung des ↗global change in seiner gesamten Breite. Das IGBP mit Sitz in Stockholm (Schweden) wurde 1986 vom International Council of Scientific Unions (ICSU) ins Leben gerufen und umfaßt ein Netzwerk von Projekten zur Gewinnung grundlegender wissenschaftlicher Erkenntnisse über: a) die sich gegenseitig beeinflussenden, das gesamte Erdsystem steuernden physikalischen, chemischen und biologischen Prozesse, b) die einzigartige Umwelt, die es für das Leben bereitstellt, c) die Änderungen, die in diesem System auftreten und d) die Art und Weise, wie diese durch menschliche Aktivitäten beeinflußt werden. Im Rahmen des IGBP werden folgende Kernprojekte durchgeführt: a) Internationale Globale Atmospheric Chemistry Project (IGAC), b) globale Veränderungen und terrestrische Ökosysteme (GCTE), c) Landnutzung und Landnutzungsveränderungen (LUCC), d) biosphärische Aspekte und Wasserkreislauf (BAHC), e) Land-Ozean-Wechselwirkungen in Küstengebieten (LOICZ), f) globale Meeresströmungen (IGOFS), g) globale Dynamik ozeanischer Ökosysteme (GLOBEC) und h) vergangene globale Änderungen (PAGES). Eine besondere Bedeutung kommt dabei der Transsektforschung zu (↗Transsekt). Das nationale IGBP-Sekretariat Deutschlands befindet sich am Potsdam-Institut für Klimaforschung.

IGN ↗*Institut Géographique National.*

Ignimbrit, Ablagerung aus einem bimsreichen ↗pyroklastischen Strom.

IGOSS ↗*Weltwetterüberwachung.*

IGS, *International GPS Service*, ↗*Internationaler GPS-Dienst.*

IGSN71, *International Gravity Standardization Network 1971*, globales ↗Schwerereferenznetz, seit 1971 Nachfolger des ↗Potsdamer Schweresystems. Es wurde berechnet aus 10 absoluten und 1200 relativen Pendelmessungen sowie 12.000 Federgravimetermessungen an 1854 Punkten. Seine Bedeutung liegt u.a. in der weiten Überdeckung (allerdings ohne die damaligen Ostblockstaaten) und der für die meisten Zwecke ausreichenden Homogenität (Fehler < 1 µm/s^2). Die Bedeutung schwindet heute u.a. durch Punktverluste und die wachsende Verfügbarkeit neuerer Absolutschweremessungen.

IHP ↗*Internationales Hydrologisches Programm.*

IHS-Farbraum, *Intensity-Hue-Saturation*, ist neben dem ↗RGB-Farbraum eine im zunehmenden Maße verwendete Darstellungsform in der ↗Fernerkundung und ↗Kartographie. Der IHS-Farbraum basiert auf einer Drehung des RGB-Koordinatensystems und der Darstellung mit Zylinderkoordinaten. Dabei steht I für intensity (Intensität), H für ↗hue (Färbung) und S für saturation (Sättigung). Die Intensität beschreibt die relative Helligkeit, die Färbung ist die reine Lichtfarbe und die Sättigung das Maß für die Verdünnung einer Farbe mit Weiß.

IHS-Transformation, ist die Umwandlung vom ↗RGB-Farbraum zum ↗IHS-Farbraum. Die IHS-Farbwerte ersetzen die zur Beschreibung einer gegebenen Farbe notwendigen Grundfarben Rot (R), Grün (G) und Blau (B) des herkömmlichen Farbsystems. Die IHS-Transformation basiert auf folgenden Gleichungen:

$$I = R + G + b,$$
$$H = \frac{(G - B)}{(I - 3B)},$$
$$S = \frac{(I - 3B)}{I}.$$

Das Ergebnis dieser Umrechnung sind drei neue Bilder, welche durch eine zweite, zur ersten inverse Transformation in den Grundfarben RGB dargestellt werden können. Dabei gelten beide Transformationen für Farbtöne Rot H = 0 und Grün H = 1 und werden schrittweise auf die Farbtöne zwischen Grün und Blau und Blau und Rot ausgedehnt. Die IHS-Transformation ist eine vielverwendete Methode der /Bildverbesserung von Fernerkundungsdaten und kann zur Erhöhung des Informationsgehaltes beitragen. Die IHS-Transformation wird zur Hervorhebung von Unterschieden zwischen den einzelnen /Spektralbändern benutzt bzw. zur gemeinsamen Darstellung von Aufnahmen unterschiedlicher Satellitensysteme. [CG]

Ijolith, ein /Foidolith mit /Nephelin und 30–70 % /Pyroxen.

ikonisches Zeichen /Kartenzeichen.

Ikonizität, abgeleitet aus dem griechischen Wort Ikon; beschreibt den Grad der Übereinstimmung, Ähnlichkeit, Analogie oder Konvention zwischen Objekten in /kartographischen Medien und den sie repräsentierenden Zeichen (/kartographische Zeichentheorie). Eine Übereinstimmung zwischen einzelnen /Zeichen und Objekten in kartographischen Medien wird, neben der geometrischen Definition von Zeichen als punkt-, linien-, flächen- oder oberflächenförmige Zeichen, vor allem durch die graphische Abbildung von inhaltlichen Objektmerkmalen erzielt. Aufgrund dessen, wie typisch diese Merkmale für das Objekt sind und wie typisch diese Merkmale im Zeichen abgebildet werden, ergibt sich eine mehr oder weniger große Übereinstimmung des kartographischen Zeichens mit dem Objekt (Ikonizitätsgrad). Abhängig von diesem Grad der Übereinstimmung, aber auch abhängig von Nutzungssituationen, ist die Struktur und der Aufbau von Zeichenerklärungen (/Legende) und weiteren kartographischen Medien mit Erläuterungsfunktion. Die Ikonizität von /Kartenzeichen ist neben ihrer generellen Funktion für die kartographische Zeichenmodellierung vor allem für die Entwicklung fachspezifischer Zeichenmodelle (/kartographisches Zeichenmodell) von Bedeutung für den nutzer- und nutzungsorientierten Austausch von raumbezogenen Informationen. [PT]

IKV /Internationale Kartographische Vereinigung.

Illimerisation /Tonverlagerung.

Illit, Bezeichnung für Hydromuscovite in Tonteilchengröße, chemische Formel: $(K,H_3O)Al_2[(OH)_2/AlSi_3O_{10}]$; Farbe: weiß, gelblich, grünlich, bräunlich; Aggregate: feinerdig, auch knollig; monokline Kristallform, vorzugsweise *1 Md-*, *1 M-*, seltener *2 M-*Struktur. Durch den teilweisen Ersatz von K durch H_3O-Moleküle erfolgt nur eine sehr geringfügige Gitteraufweitung; der c_0-Abstand wird mit 10,2 Å bzw. 20,05 Å angegeben. Die H_3O-Moleküle sind nur wenig größer als das K-Ion ($H_3O^+ \approx 1,5$ Å, K = 1,33 Å), sie passen wie das K^+ in den pseudohexagonalen Ring der Tetraederschicht zwischen die Dreischichtpakete (/Dreischichtminerale). Illit ist das häufigste und verbreitetste /Tonmineral und findet sich meist in Böden. Es entsteht vielfach aus gesteinsbildenden /Alumosilicaten durch diagenetische oder hydrothermale Prozesse und bildet die Hauptkomponente vieler mariner Tone.

Hydromuscovit entsteht meist durch teilweise /Hydrolyse des /Muscovits, z. B. von Glimmerschiefern und Quarz-Sericit-Gesteinen. Der sericitische Hydromuscovit (/Sericit) ist fast immer bei der Umwandlung der Feldspäte (in /Kaolinit) neu gebildet worden, deshalb ist er in Böden und jungen Sedimenten anzutreffen, die sich bei semiaridem Klima v. a. auf sauren und intermediären Eruptivgesteinen gebildet haben. [GST]

Illitisierung, hydrothermal-metasomatische Umwandlung des Nebengesteins u. a. von Flußspatlagerstätten; Bildung von /Muscovit, /Sericit und Hydromuscovit (/Illit) durch Umwandlung von Kalium-Feldspäten.

Illitkristallinität /Geothermobarometrie.

Illuvationscutane /Toncutane.

Illuvialhorizont, *Anreicherungshorizont*, Unterbodenhorizont, in dem die aus dem /Eluvialhorizont ausgetragenen Stoffe ausgeschieden und angereichert werden. Die Ursachen können sein: Ausflockung bei steigendem Metall, höherer pH-Wert und höhere Ca-Sättigung im Unterboden.

Ilmenit, *Eisenrose, Eisentitan, Gregorit, Haplotypit, Menaccanit, Menakan, Menakeisenstein, Paracolumbit, Schwarztitanerz, Siderotitanium, Spessartit, Titaneisen, Titaneisenerz, Thuenit, Washingtonit*, nach dem Fundort im Ilmengebirge benanntes Mineral mit der chemischen Formel: $FeTiO_3$ und trigonal-rhomboedrischer Kristallform (Abb.); Farbe: eisenschwarz mit Stich ins Stahlgraue, Braune oder Violette; unvollkommener Metallglanz; undurchsichtig; Strich: schwarz, ins Bräunliche gehend; Härte nach Mohs: 5–6 (spröd); Dichte: 4,68–4,78 g/cm³; Spaltbarkeit: zuweilen infolge Translation teilbar nach (*0001*); Aggregate: dichte bis körnige Massen, eingesprengte Körner; Kristalle dick-tafelig; vor dem Lötrohr unschmelzbar; gepulvert nur schwer in kochender Salzsäure löslich; Begleiter: Feldspäte, Biotit, Ilmenrutil, Hämatit, Magnetit, Apatit; Vorkommen: eingewachsen als Nebengemengteil magmatischer Gesteine bzw. als selbständige Differentiate basischer Magmatite; Fundorte: Fichtenberg bei Ottendorf und Penig (beide Sachsen), am Fleschenhorn (Wallis/Schweiz), Kragerö und Ekersund-Soggendal (Norwegen), St. Urbain (Quebec/Kanada), Ilmengebirge (Rußland).

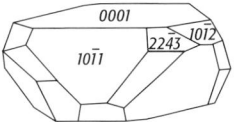

Ilmenit: Ilmenitkristall, tafeliger Habitus.

Ilmenit ist antiferromagnetisch (↗Antiferromagnetismus) mit einer ↗Néel-Temperatur von $T_N = 60$ K (-213 °C), paramagnetisch (↗Paramagnetismus) bei Raumtemperatur und deshalb kein Träger einer ↗remanenten Magnetisierung von Gesteinen. Die spezifische ↗Suszeptibilität liegt bei $\chi_{spez} = 10^{-6}$ m³/kg und damit im Bereich zahlreicher rein paramagnetischer Minerale.

ILRS, *International Laser Ranging Service*, internationaler Dienst zur Koordinierung der Aktivitäten auf dem Gebiet der ↗Laserentfernungsmessungen zu Satelliten und zum Mond. Es ist ein Dienst im Rahmen der ↗Internationalen Assoziation für Geodäsie (IAG). Er arbeitet eng mit dem ↗IERS zusammen.

ILS, *International Latitude Service*, Internationaler Breitendienst, wurde 1899 als wissenschaftlicher Dienst von der International Commission for Geodesy (ICG) zur regelmäßigen Messung der Polbewegung eingerichtet. Durch regelmäßige astronomische Beobachtungen der Breite (↗astronomische Koordinaten) wurde deren Variation bestimmt und daraus die ↗Polbewegung abgeleitet. Beteiligt waren Stationen, die alle in ungefähr 39°08' nördlicher Breite liegen und möglichst gleichmäßig um die Erde verteilt sind (Mizusawa in Japan, Kitab in Usbekistan, Carloforte in Italien, Gaithersburg in Maryland/U.S.A. und Ukiah in Kalifornien/U.S.A.). Die Aufgaben des ILS wurden ab 1962 vom ↗IPMS übernommen.

Image-Log, *Struktur-Log*, elektrische und akustische Bohrlochmessungen, die hochauflösende Informationen zur Struktur der durchteuften Schichten liefern. Bei der ↗elektrischen Bohrlochmeßung handelt es sich um Mikrowiderstandsmessungen, die gleichzeitig an verschiedenen Stellen der Bohrlochwand durchgeführt werden. Bei einem einfachen Dipmeter werden vier jeweils um 90° versetzte Widerstandskurven aufgezeichnet (*Dip-Log*), aus denen Einfallsrichtung und Einfallswinkel der einzelnen Schichten abgeleitet werden können. Mittels Scanner oder Imagetools können nahezu komplette Bilder der Bohrlochwand erzeugt werden (*Bohrlochwandabbildung*) mit einem Auflösungsvermögen im mm-Bereich. Ähnliche Bilder können auch durch akustische Verfahren erzeugt werden. Hier wird die Bohrlochwand mit Hilfe von Ultraschallimpulsen abgetastet. Die Informationen zur genauen Raumlage der Schichten können zur detaillierten Kartierung von Klüften und Störungen herangezogen werden. [JWo]

imaginäre Brunnen, nicht-reale Förder- bzw. ↗Injektionsbrunnen, die zur Erstellung eines hydraulischen Ersatzsystems für die Auswertung von ↗Pumpversuchen in ↗Grundwasserleitern mit ↗Grenzbedingungen herangezogen werden.

Imataca-Komplex ↗Proterozoikum.

Imbrikation, *Dachziegellagerung*, beschreibt die gekippte, dachziegelartige Einregelung von flachen oder gestreckten Klasten in einen Sediment, die durch fließendes Wasser erzeugt wird. Das Einfallen der der Strömung entgegen geneigten Klasten variiert meist zwischen 10 und 30°. Imbrikation tritt vorwiegend in fluviatilen Sedimenten auf.

IMF, *Interplanetares Magnetfeld*, Magnetfeld der Sonne, das im ausströmenden solaren Partikelstrom eingefroren ist (↗Induktionsgleichung) und sich mit dem ↗solaren Wind in einer dem Wasserstrahl aus einem Rasensprenger vergleichbaren Form im interplanetaren Raum ausbreitet. Die Durchlässigkeit der irdischen ↗Magnetosphäre für solares Plasma hängt entscheidend von der Polarität des IMF ab und ist am größten, wenn das IMF nach Süden gerichtet ist.

Imhof, *Eduard*, Schweizer Kartograph, * 25.1.1895 in Schiers (Graubünden), † 27.4.1986 in Erlenbach bei Zürich. In seiner über 70jährigen Schaffenszeit leistete er in den meisten kartographischen Arbeitsfeldern Wegweisendes; er schuf Karten in allen Maßstabsbereichen, die die Kartengraphik reformierten, verfaßte Fachbücher, war Hochschullehrer, Alpinist und Künstler sowie Förderer internationaler wissenschaftlicher Arbeit. Als Kind und Jugendlicher erkundete er mit seinem Vater, dem Geographen Dr. Eduard Imhof (1854–1924), die heimische Bergwelt für Tourenvorschläge in Schweizer Alpen-Clubführern (Graubündner Alpen, Rheinwaldgebiet); sein für den Schweizer Alpenclub erarbeiteter Rätikon-Clubführer erschien 1936. Nach dem Studium des Vermessungswesens an der Eidgenössischen Technischen Hochschule (ETH) Zürich von 1914 bis 1919 – mit Unterbrechungen durch den militärischen Grenzbesetzungsdienst – war Imhof 1919 bis 1925 als Assistent bei dem Geodäten Fritz Baeschlin und zugleich Lehrbeauftragter für Plan- und Kartenzeichnen sowie Topographie. Gleichzeitig war er von 1920 bis 1939 Dozent für Gelände- und Kartenlehre an der Abteilung für Militärwissenschaften der ETH. 1925 folgte die Ernennung zum außerordentlichen Professor für Plan- und Kartenzeichnen, Topographie und verwandte Fächer; im gleichen Jahr gründete er an der ETH das weltweit erste Hochschulinstitut für Kartographie. Imhof prägte maßgeblich den Kartenstil des neuen Schweizer topographischen Landeskartenwerkes. Es wurde mit einer ↗Maßstabsfolge von 1:25.000 bis 1:1 Mio. 1935 beschlossen und in vier Jahrzehnten durch das 1947 bis 1949 reorganisierte schweizerische Bundesamt für Landestopographie verwirklicht. 1930/31 unternahm Imhof mit Arnold Heim und Paul Nabholz eine Hochgebirgsexpedition nach China. Mittels Routenaufnahmen und Höhenbestimmung wurde der 1929 vom österreichischen Botaniker Joseph Rock wieder entdeckte Minya Konka (chin. Gonggashan) in Osttibet vermessen und seine Umgebung kartiert. Das Expeditionswerk »Die Großen Kalten Berge von Szetschuan« (1974) hält den damals notwendigen Aufwand zur Gewinnung einer Höhenzahl (7590 m), die seit der Erstbesteigung 1932 durch die Amerikaner Richard L. Burdsall und Terris Moore in fast keinem Atlas fehlt, fest. 1954 gelang ihm die Besteigung des 5156 m hohen Ararat (Bericht 1956 in »Die Alpen«). Nach Schulkarten für die Kantone St. Gallen (1:150.000, 1920) und Appenzell (1922), der Schulkarte »Schweiz 1:500.000« (1925) sowie Arbeiten zur ↗Generalisierung von Siedlungsgrundrissen und zu »Reliefkarten« (1924) wurde Imhof die Neubearbeitung von weiteren 22 Schülerhandkarten und 17 Schulwandkarten in neuartiger »Schweizer Manier« übertragen, in denen er die schattenplastische ↗Reliefdarstellung mittels Schräglichtschattierung (↗Reliefschummerung), unterstützt durch verlaufende Farbtöne vom grünblauen Talboden zu hellen, gelblichen und rosa Höhentönen entsprechend den Seherfahrungen der ↗Luftperspektive, konsequent anwandte. Dazu gehören auch das 1938/39 in Gouchemanier gemalte riesige Kartengemälde Walensee 1:10.000 (470 × 195 cm; verkleinert gedruckt 1965) und das zwischen 1974 und 1980 als Aquarell geschaffene »Reliefbild« 1:200.000 (Original 4 Blätter, je ca. 80 × 110 cm), gedruckt 1982 in 1:300.000 als »Relief der Schweiz, ein Kartengemälde«. Mit der Neubearbeitung des »Schweizerschen Mittelschulatlas« (Erstausgabe der Neubearbeitung 1932, mit Neugestaltungen 1948 und 1962 bis 1972 12 Ausgaben, jeweils in deutscher, franz. und ital. Sprache) sowie des »Schweizer Sekundarschulatlas« (Erstausgabe 1934, bis 1975 12 Auflagen) eröffnete sich für Imhof ein sich über mehr als vier Jahrzehnte fortsetzendes Tätigkeitsfeld, auf dem er über 1000 Atlaskarten neu bearbeitet hat. Die 1962 abgeschlossene Neubearbeitung gab diesen Atlanten mit ihren nach einfarbigen, reproduktionstechnisch farbgetrennten Schummerungen gestalteten, mit zarten, luftperspektivisch getönten Höhenschichten unterlegten Geländekarten ein unverwechselbares Gepräge. Seit der Neubearbeitung des Mittelschulatlas 1948 und dem »Atlas zur Geschichte des Kantons Zürich« (mit Paul Kläui 1951) begann Imhof sich methodisch und kartentheoretisch vertieft mit der Thematischen Kartographie zu beschäftigen und eigene Vorlesungen darüber zu halten. 1950 wurde Imhof zum ordentlichen Professor für Kartographie ernannt. Seine Hochschullehre wirkte bis zur Emeritierung 1965 schulebildend. In 1957 und 1960 durchgeführten Internationalen Hochschulkursen für Kartographie an der ETH Zürich vermittelte er sein Wissen und Können an Kartographen vieler Länder. So war es folgerichtig, daß er 1960 das »↗Internationale Jahrbuch für Kartographie« (IJK) begründete (bis 1989 303 Bände) und erster Präsident der 1961 gegründeten ↗Internationalen Kartographischen Vereinigung wurde. Als Ergebnis seiner Erfahrungen in der militärtopographischen Ausbildung erschien 1950 das mit 343 vorwiegend selbst gezeichneten Textabbildungen und 34 Farbtafeln ausgestattete Lehrbuch »Gelände und Karte« (2. Auflage 1958, 3. 1968; franz. Ausgabe »Terrain et Carte« 1951), 1965 das umfassend angelegte Handbuch »Kartographische Geländedarstellung« (engl. Ausgabe 1982) mit praxiserprobter Darlegung klassischer und moderner Reliefdarstellungsmethoden und 1972 auf seinen Erfahrungen der ↗Kartengestaltung und der Lehre fußend das instruktive Hochschullehrbuch »Thematische Kartographie«. Der systematische Ansatz dieses Werkes ist sprachtheoretisch orientiert (↗Kartensprache). Von 1961 an hat Imhof im Auftrag des Schweizerischen Bundesrates die Arbeiten am »Atlas der Schweiz« geleitet, der von 1965 bis 1978 als einer der graphisch und inhaltlich gelungensten ↗Nationalatlanten erschien (96 Kartenblätter, 51 x 38 cm) mit 440 Karten, 136 Diagrammen und 192 Seiten Text in Deutsch, Französisch und Italienisch. Bereits 1920–1922 entstand das feinziseliert gestaltete dreidimensionale ↗Relief »Mürtschenstock« 1:10.000 (45 × 29 × 17 cm), später, 1938/39, »Große Windgälle« (310 × 165 × 110 cm) und »Bietschhorn« (170 × 140 × 90 cm), beide 1:2000. Methodisch anregend sind seine Arbeiten zur Geschichte der schweizerischen Kartographie. Über drei Jahrzehnte (1956–1986) erschienen Arbeiten zu aktuellen und grundsätzlichen Themen zur Kartographie. Auf Wanderungen und Reisen entstanden in über sieben Jahrzehnten Hunderte von Bleistift- und Federskizzen, Aquarelle und Gemälde vornehmlich mit Hochgebirgsmotiven, denen bei subtiler morphologischer Formenerfassung künstlerisches Format und Ausdruckskraft bescheinigt werden. E. Imhof erhielt zahlreiche nationale und internationale Auszeichnungen von geographischen und kartographischen Gesellschaften und war Ehrenmitglied mehrerer Akademien und vieler wissenschaftlicher Gesellschaften. Das von Imhof geschaffene, aus ca. 400 Titeln bestehende Lebenswerk hat in vielen Bereichen der zeitgenössischen Kartographie Standards gesetzt. Die glückliche Verbindung von Naturbeobachtung, technischem Wissen und Können verbunden mit künstlerischem Empfinden ließ ihn Kartenwerke schaffen, die in Schule und Volk Landschaftsverständnis wecken halfen. [WSt]

Imlochhammer, *Imloch-Hammer*, ↗Bohrverfahren, bei dem über das Bohrgestänge Druckluft in einen im Bohrloch befindlichen Bohrhammer eingeleitet wird. Die Druckluft sorgt für die Schlagbewegung des Bohrhammers und tritt anschließend dicht über der Bohrlochsohle wieder aus. Dabei reißt sie das gelöste Gestein mit und transportiert es zwischen Bohrgestänge und Bohrlochwand zur Erdoberfläche. Das Imlochhammerverfahren gehört zu den Spülbohrverfahren (↗Spülbohrung). Es wird bei mittelhartem bis sehr hartem Fels eingesetzt, sein Vorteil liegt in der großen Bohrleistung bei geringen Kosten. ↗Hammerbohren.

Immersionsflüssigkeit, *Einbettungsflüssigkeit, Immersionsmedium*, Hilfsmittel bei der polarisationsmikroskopischen Untersuchung (↗Polarisationsmikroskopie) von Körnerpräparaten und ↗Dünnschliffen. ↗Einbettungsmethoden.

Immersionsmethode ↗*Einbettungsmethode*.

Immigration, natürliche Einwanderung von Pflanzen- und Tierarten in einen neuen ↗Lebensraum. Es kommt entweder zu einer Neuerschließung eines zuvor von der entsprechenden ↗Art unbesiedelten Lebensraumes oder die eingewanderten Individuen vermischen sich mit der ansässigen ↗Population. So verhindern Immigranten eine Verarmung des Genpools der lokalen Population in Folge von Inzucht. Die Immigrationsrate hängt ab von der Fähigkeit einer Art sich auszubreiten, der zu überbrückenden Distanz und der Größe des neu erschlossenen Lebensraumes. Diese Faktoren wurden in der ↗Inseltheorie in Zusammenhang gebracht und erklärt (↗Inselbiogeographie Abb.).

Immissionen, allgemein der Eintrag oder die Einwirkung umweltschädlicher Stoffe oder umweltschädlicher Einflüsse auf das Ökosystem. Um Menschen, Tiere, Pflanzen, Boden, Wasser, Atmosphäre, Kultur- und Sachgüter vor der schädlichen Einwirkung durch Immissionen zu schützen (Gefahrenabwehr und Vorsorge), wurde in der BRD das Bundesimmissionsschutzgesetz (BImSch) erlassen. Als Immissionen gelten gemäß der BImSch alle Luftverunreinigungen (Veränderungen der natürlichen Luftzusammensetzung durch Rauch, Ruß, Stäube, Gase, Aerosole, Dämpfe, Geruchsstoffe), Geräusche, Erschütterungen, Licht, Wärme, Strahlen und andere Umwelteinwirkungen, die von ihrer Art, Ausmaß und Dauer geeignet sind, Belästigungen für die Allgemeinheit darzustellen. Während die Bezeichnung ↗Emission auf die Freisetzung von Schadstoffen, ausgehend von einer konkreten Quelle (Anlage) abzielt, werden bei der Erfassung der Immissionen die an einem Standort feststellbaren Einwirkungen von Schadstoffen ermittelt, und zwar unabhängig von ihrer Quelle. Immissionsangaben erfolgen z. B. als Schadstoffmenge je Luft-, Boden- oder Wassermenge. Immissionsschutz findet v. a. durch die Festlegung von Immissionsgrenzwerten statt (↗MIK-Werte), für Luftverschmutzungen wird dies z. B. in der ↗TA Luft geregelt. Viele Immissionsgrenzwerte beziehen sich ausschließlich auf Grenzwerte für die menschliche Gesundheit, die evtl. empfindlichere Flora und Fauna bleibt dabei ebenso unberücksichtigt wie die Tatsache, daß aufgrund der Wechselwirkungen zwischen unterschiedlichen Schadstoffen wesentlich niedrigere Stoffkonzentrationen angebracht sein könnten. [HP]

Immissionsschäden, Schäden an ganzen ↗Ökosystemen oder Teilsystemen, die durch den Eintrag von ↗Immissionen verursacht werden. Hierzu gehören insbesonder schädliche Einflüsse, ausgehend von emittierten chemischen ↗Schadstoffen, welche sich in der Luft, im Wasser oder im Boden ausbreiten, und die Umwelteinflüsse durch Lärm. Im Waldökosystem z. B. wirken gasförmige, flüssige bzw. als Stäube und Aerosole auftretende Stoffe. Sie sind für das Absterben der Blätter und Nadeln verantwortlich und beeinträchtigen insgesamt die ökophysiologischen Funktionen, wodurch die Widerstandsfähigkeit des Waldes gegenüber Frost, Trockenheit, Nässe oder Krankheitserreger herabgesetzt ist. ↗Saurer Regen, ↗neuartige Waldschäden.

Immobilisierung, Festlegung gelöster Teilchen in nicht verfügbare bzw. nur schwer verfügbare Formen durch Adsorption, Ausfällung oder Einlagerung z. B. in Zwischenschichten von ↗Tonmineralen oder Anlagerung an ↗Huminstoffe.

Immobilisierung von Schadstoffen, Verminderung oder Unterbindung der Beweglichkeit von Schadstoffen oder schadstoffhaltigem Material. Einsatzgebiete der Immobilisierungsverfahren sind die Deponietechnik und die ↗Altlastensanierungen. In der Deponietechnik werden flüssige, pastöse oder schlammförmige Abfälle durch Zugabe geeigneter Reagenzien immobilisiert. Bei der Sanierung von Altlasten und Schadensfällen werden Immobilisierungsverfahren angewandt, um flüssige, pastöse oder schlammförmige schadstoffhaltige Ablagerungen umschlagbar, transportierbar und endlagerungsfähig zu machen. Dazu wird das ausgehobene Material mit Zement, Wasserglas, Kunststoff oder anderen Lösungen vermischt. Auch anorganische (z. B. radioaktive) Salze werden verglast.
Immobilisierungsverfahren werden ebenfalls zur Sicherung von verunreinigten Standorten angewandt. Bei diesen Sicherungsverfahren wird der verunreinigte Boden nicht ausgehoben, sondern lediglich die Freisetzung von Schadstoffen, z. B. durch Auslaugung, Gasentwicklung oder Verwehung, vermindert oder unterbunden. Dazu werden die Schadstoffe durch Infiltration von geeigneten Lösungen in eine schwer lösliche Form überführt. Die In-situ-Immobilisierung eignet sich v. a. für Kontaminationen mit gering löslichen organischen oder anorganischen Stoffen, wie z. B. Schwermetallen. Nachteil der Immobilisierungsverfahren ist, daß die Schadstoffe nach wie vor vorhanden sind. Bei veränderten Milieubedingungen ist eine ↗Remobilisierung von Schadstoffen nicht ausgeschlossen. Bei mehreren Schadstoffen wird es zunehmend schwieriger, das optimale Verfahren zu finden, zumal über das Langzeitverhalten zwischen Bindemittel und den jeweiligen Schadstoffen nicht immer genügend Erkenntnisse vorliegen. [ABo]

IMO, *International Meteorological Organization*, ↗*Internationale Organisation für Meteorologie*.

Impakt, 1) *Geologie*: Einschlag eines großen ↗Meteoriten oder eines anderen kosmischen Körpers auf einem Planeten oder Mond (Abb.). Die hohe kinetische Energie des im Mittel mit 25 km/s aufprallenden Körpers wird augenblicklich in Druck und Wärme umgewandelt: Schockwellen mit kurzfristig extrem hohen Drucken (bis >100 GPa) komprimieren die Gesteine beim Einschlag und zertrümmern sie bei der anschließenden Druckentlastung. Dabei werden Höchstdruck-Minerale sowie charakteristische Mineral- und Gesteinsgefüge erzeugt. Gleichzeitig kommt es bei Temperaturen von mehreren tausend Grad Celsius zur Aufschmelzung von Gesteinen und zur Bildung von Gesteinsgläsern; wahrscheinlich sind auch die ↗Tektite so entstanden. Der einschlagende kosmische Körper wird dabei ebenfalls schmelzen oder sogar verdampfen. Sowohl beim Einschlag als auch bei der nachfolgenden Druckentlastung werden große Massen von Gesteinstrümmern ausgeschleudert. Dadurch entsteht ein *Impaktkrater* (*Astroblem, Meteorkrater*).

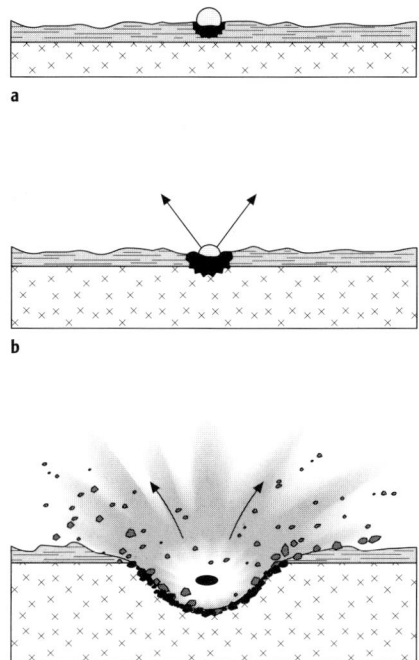

Impakt: Vorgänge beim Einschlag eines großen Meteoriten: a) Aufschlag des Meteoriten. b) Der Meteorit durchschlägt Sedimentschichten (schraffiert) und dringt in kristallines Grundgebirge (Kreuze) ein. Eine Stoßwellenfront (schwarz) breitet sich aus, und der Auswurf von Gesteinstrümmern (Pfeile) beginnt. c) Meteorit und umgebendes Gestein sind maximal komprimiert und so hoch erhitzt, daß sie verdampfen. Gesteine außerhalb des Impaktzentrums schmelzen oder erleiden Umwandlungen ihres Mineralbestands und Gefüges. d) Bei Druckentlastung wird verdampftes und zertrümmertes Gestein viele Kilometer hoch geschleudert. Durch Rückfedern und Ausgleichsbewegungen des umgebenden Gesteins erreicht der Impaktkrater seine Endform.

Die Auswurfmassen fallen z. T. in den Krater zurück. Sie können überdies einen Wall um den Kraterrand bilden und bedecken auch die Umgebung des Kraters. Lokal sind sie zu *Impaktbrekzien* verfestigt. Im Untergrund von Impaktkratern sind die Gesteine stark zerrüttet, bei großen Kratern kilometertief.
Impaktkrater sind auf dem Mond und auf dem Mars in sehr großer Zahl und mit Durchmessern bis 1000 km bekannt. Auf der Erde sind nur geologisch sehr junge Impaktkrater gut erhalten. Die älteren wurden später meist durch ↗Verwitterung und ↗Erosion zerstört oder mit Sedimenten verfüllt. Dennoch sind mehr als 120 irdische Impaktkrater nachgewiesen, zwei davon sogar mit Durchmessern von 180 km. Besonders gut erforscht sind der 1,2 km große Meteor Crater in Arizona und das 24 km messende Nördlinger Ries in Bayern.
2) *Klimatologie*: Einwirkung des Klimas und seiner Variationen auf die ↗Biosphäre und Anthroposphäre einschließlich ökonomischer und sozialer Folgen.

Impaktbrekzie ↗Impakt.
Impaktit ↗Suevit.
Impaktkrater ↗Impakt.
Impaktmetamorphose ↗Stoßwellenmetamorphose.
Impaktmodell, klimatologisches Modell zur Simulation des klimatologischen ↗Impakts im Bereich der Impaktforschung (Klimafolgen- oder Klimawirkungsforschung).
Impedanz, 1) *komplexer Wechselstromwiderstand*: frequenzabhängiges Verhältnis einer Spannung $U(\omega)$ und eines Stromes $I(\omega)$, das sich ergibt, wenn statt/außer eines rein Ohmschen Gleichstromwiderstands R_0 eine Kapazität C und/oder Induktivität L in einen Stromkreis einbezogen wird. In einer Serienschaltung von R_0, L und C gilt für den resultierenden Gesamtwiderstand $R_G(\omega) = R_0 + i\omega L + 1/i\omega C$. 2) *Wellenwiderstand*: Verhältnis $Z = E/H$ aus elektrischer zu magnetischer Feldstärke, gemessen in Ohm (Ω). Die Impedanz als Übertragungsfunktion der ↗Magnetotellurik wird auch häufig aus dem Quotienten von elektrischer Feldstärke E und magnetischer Induktionsflußdichte B gebildet und erhält dann die Einheit m/s. Der Kehrwert der Impedanz heißt Admittanz. Aus der komplexwertigen magnetotellurischen Impedanz berechnet man im ↗Frequenzbereich einen ↗scheinbaren spezifischen Widerstand:

$$\varrho_a(\omega) = \frac{1}{\mu_0 \omega}\left|Z(\omega)\right|^2$$

und eine Phasenverschiebung:

$$\varphi(\omega) = \tan^{-1}\left(\frac{\operatorname{Im} Z(\omega)}{\operatorname{Re} Z(\omega)}\right).$$

Im Falle eines inhomogenen und/oder anisotropen Untergrunds wird aus der skalaren Größe Z ein ↗Impedanztensor. [HBr]
Impedanz-Log, teufenabhängige Aufzeichnung der ↗akustischen Impedanz in einer Bohrung. Das Impedanz-Log ist das Produkt der Meßwerte des Dichte-Logs mit der Geschwindigkeit der Kompressionswelle Vp (↗Sonic-Log).
Impedanztensor, komplexwertige Übertragungsfunktion in der ↗Magnetotellurik zwischen den horizontalen Komponenten der Magnetfeld-

stärke $\vec{H}$ und elektrischer Feldstärke $\vec{E}$: $\vec{E} = Z \cdot \vec{H}$ oder:

$$\begin{pmatrix} E_x \\ E_y \end{pmatrix} = \begin{pmatrix} Z_{xx} & Z_{yy} \\ Z_{yx} & Z_{yy} \end{pmatrix} \begin{pmatrix} H_x \\ H_y \end{pmatrix}.$$

Wegen der Rotationseigenschaften (eine Hauptachsentransformation führt zu einer Minimierung der Hauptdiagonalelemente) ist Z allerdings ein Pseudotensor. Im Falle eines homogenen Untergrunds entartet Z zu einem Skalar (/Impedanz) und es ist $Z = Z_{xy} = -Z_{yx}$ sowie $Z_{xx} = Z_{yy} = 0$. Für zweidimensionale Leitfähigkeitsverhältnisse wird $|Z_{xy}| \neq |Z_{yx}|$. Entspricht die Streichrichtung der Anomalie nicht der (Nord-Süd-) Ausrichtung des Meßsystems, so läßt sich durch Drehung des Koordinatensystems die Hauptdiagonale von Z minimieren. Bei allgemeiner 3D-Leitfähigkeitsverteilung oder (schiefwinkliger) Anisotropie ist kein bevorzugtes Koordinatensystem zu finden, alle Elemente des Impedanztensors sind ungleich null. Die Bestimmung eines geeigneten Drehwinkels zur zweidimensionalen Interpretation wird durch oberflächennahe Anomalien außerordentlich erschwert. [HBr]

Impfkristall, Kristall, die Keimbildung von außen vermeidet. Ist eine Phase übersättigt, dann bedarf es zunächst der Bildung eines neuen /Keimes. Die Bildung der Keime findet oftmals bei größeren /Übersättigungen statt als das weitere Wachsen dieser Keime. Um die unkontrollierte Bildung neuer Keime zu verhindern und die /Keimauslese zu vermeiden, werden bei der Kristallzüchtung vorgefertigte, orientierte Kristalle verwendet, die als /Keimkristalle oder Impfkristalle in die übersättigte Lösung gebracht werden.

implizite Darstellung /Transkriptionsform.

Implosionsbrekzie /hydrothermale Brekziierung

Imprägnation, sind im Fall eines Mineralvorkommens oder einer Lagerstätte /Erzminerale fein verteilt oder disseminiert im Gestein eingesprengt, spricht man von Imprägnation (/Imprägnationslagerstätten).

Imprägnationslagerstätten, natürliche abbauwürdige Anreicherungen von /Imprägnationen. Sie bilden sich überwiegend: a) infolge von selektiver /Metasomatose im /Nebengestein als /Verdrängungslagerstätten (z. B. /kontaktpneumatolytische Lagerstätten); b) im Zusammenhang mit der Bildung von /Ganglagerstätten, wenn z. B. Erzgänge poröse /Nebengesteine durchziehen und die erzführenden Lösungen in die Poren dieser Gesteine wandern; c) im Zusammenhang mit der Bildung von vererzten /Störungszonen, wenn das angrenzende Gestein ebenfalls intensiv frakturiert ist, d. h. das Gestein eine gute Permeabilität für Erzlösungen aufweist; derartige Imprägnationen gehen randlich allmählich in unvererzte Nebengesteine über; d) in Zerrüttungszonen innerhalb der Dachbereiche von Intrusionskörpern (z. B. /Porphyry-Copper-Lagerstätten) oder in Intrusionsbrekzien. Imprägnationslagerstätten haben wegen ihrer oft großen Ausdehnung und ihren erheblichen, allerdings niedriggehaltigen Erzvorräten vielfach beträchtliche wirtschaftliche Bedeutung. [WH]

Impuls /Drehimpuls.

Impulslaser, werden in der /Laserentfernungsmessung eingesetzt. Sie erzeugen monochrome Impulse mit einer Impulsdauer von wenigen Pikosekunden, aber mit hoher Impulsenergie. Die ersten Impulslaser waren Rubin-Laser, heute werden vorwiegend Nd:YAG-Laser, aber auch Titan-Saphir-Laser eingesetzt. Zur Laserentfernungsmessung werden monochrome Impulse genutzt, die der Impulslaser auf seiner Grundwellenlänge oder auf seiner 2. harmonischen Wellenlänge (halbe Wellenlänge der Grundfrequenz) liefert. Die Wellenlänge des Rubinlasers ist 694 nm (rot), die Wellenlängen des Nd:Yag-Lasers betragen 1064 nm (infrarot, Grundwelle) und 532 nm (grün, 2. Harmonische Wellenlänge), die des Titan-Saphir-Lasers sind 848 nm (infrarot, Grundwelle) und 424 nm (blau, 2. Harmonische Wellenlänge).

Impulsverfahren /elektronische Distanzmessung.

inaktiver Gletscher, /Gletscher mit sehr niedrigen /Akkumulationsraten und /Ablationsraten. Inaktive Gletscher sind v. a. in arktisch-kontinentalen Klimaräumen anzutreffenden, wo sehr niedrige Durchschnittstemperaturen und sehr geringe Niederschlagsraten vorherrschen. /Gletscherklassifikation.

Inceptisols, [von lat. inceptum = Anfang], Ordnung (order) der /Soil taxonomy, schwach entwickelter Boden mit gerade erkennbaren Horizonten.

Indenter-Tektonik, *indentation tectonics*, ein für die Kontinentalkollision Indiens mit dem asiatischen Kontinent entwickeltes Modell zur Erklärung der Störungskinematik in Ostasien. Die indisch-australische Platte dringt mit dem Kontinent Indien nach der ersten Kollision vor 40 Mio. Jahren weiter in die kontinentale asiatische Platte mit einer gegenwärtigen Geschwindigkeit von ca. 50 mm/a ein. Dies führt einerseits zu weiterer Krustenverdickung im Himalaya durch subduktionsähnliche Unterschiebung (/A-Subduktion) der indischen Kruste unter die asiatische Kruste, andererseits zu /dextralen und /sinistralen Seitenverschiebungen an einem großen, /konjugierten Kluftscharen ähnlichen System von vertikalen Scherbrüchen. Diese durchziehen die asiatische Kruste und zerlegen sie in Blöcke. Während die Blöcke nördlich und nordwestlich des Indenters Indien fest in die asiatische Lithosphäre eingespannt sind, können nordöstlich und östlich liegende Blöcke in Richtung auf das westpazifische Subduktionssystem ausweichen und werden damit stärker verschoben (/Ausweichtektonik). [KJR]

Indexikalität, in der /Semiotik und der /kartographischen Zeichentheorie das Maß bzw. der Grad, mit dem ein (kartographisches) Zeichen (/Kartenzeichen) nicht auf seine Bedeutung verweist, sondern auf einen (raumbezogenen) Sachverhalt hinweist. Indexikalisch wirken in /kartographischen Medien beispielsweise Zeichenelemente, die die Informationsentnahme aus

Zeichen durch graphische Hervorhebung oder durch allgemein bekannte Signalassoziationen unterstützen. Beispiele für indexikalische Zeichenelemente bzw. Zeichen sind (verstärkte) Flächenbegrenzungslinien bzw. Figur-Hintergrund-Kontraste oder signalisierend durch Farbtöne hervorgehobene Objekte, bzw. durch Pfeile gekennzeichnete Objekte. Grundlegende indexikalische Funktionen in kartographischen Medien haben auch Namen und Bezeichnungen von Objekten bzw. ihre Schreibweise, die durch ↗Kartenschrift abgebildet werden. [PT]

Indexmineral, ein metamorphes Mineral, das unter bestimmten Druck-Temperatur-Bedingungen gebildet wurde und das daher zur Kennzeichnung von ↗Isograden oder ↗Mineralisograden benutzt wird.

Indexversuche, Versuche, die Aufschluß über die Bohrbarkeit von Gesteinen geben. Beim Gesteinslösen hängt die Bohrleistung und der mit dem Bohrvorgang verbundene Geräteverschleiß v. a. von dem Mineralbestand und der Härte der dominierenden Minerale, dem Bindemittel, der ↗Gesteinsdruckfestigkeit und Spaltzugfestigkeit (↗Spaltzugversuch) sowie dem ↗Trennflächengefüge ab. Die gesteinsabhängige Bohrbarkeit kann aus verschiedenen Versuchen durch folgende Indexwerte festgestellt werden: der E-Modul bei 50 % Druckfestigkeit (E_{t50}), die einachsige Zylinderdruckfestigkeit β_D, die Spaltzugfestigkeit β_Z und die Sägehärte SH.

Indikatoren, sind einzelne Parameter oder Parameterbündel, die quantitative und qualitative Informationen über den Zustand und die Entwicklung komplexer Systeme geben. Umweltindikatoren der Agrarlandschaften geben Auskunft über die Nachhaltigkeit der Landnutzungssysteme, ihrer Veränderungen in zeitlicher und räumlicher Dimension sowie deren Einfluß auf benachbarte Ökosysteme. Diese Agrarlandschaftsindikatoren stellen quantifizierte Informationen über Prozesse landwirtschaftlich genutzter Räume in ihrer zeitlichen Dynamik dar. Sie umfassen ökologische, ökonomische und soziale Implikationen ländlicher Räume. In der Landschaftsökologie sind Indikatoren ↗Zeigerarten, welche Aussagen über den Qualitätszustand eines Ökosystems erlauben. Daneben können auch die Ausprägung des Stoff- und Wasserhaushalts zur Indikation herangezogen werden.

Indikatorenorganismen, *Leitorganismen*, Organismen, die aufgrund ihrer artspezifischen Umweltansprüche eine repräsentative Stellung einnehmen und dadurch bei höherer Abundanz Aussagen über die Umweltbedingungen gestatten. Die Indikatorenorganismen zeigen durch ihre An- oder Abwesenheit die integrative Wirkung bestimmter Parameter an, z. B. oftmals niedrige Sauerstoffgehalte (Saprobionten) oder höhere Salzgehalte (Halobionten). ↗Indikatoren.

Indikatorstoff, *Leitstoff*, *Tracer*, Substanz, die Transportprozesse in der Umwelt aufzeigt, speziell auch das Vorliegen einer Umweltbelastung. Ein Indikatorstoff kann natürlichen Ursprungs sein, gezielt eingesetzt werden oder unkontrolliert als Abfallstoff in die Umwelt gelangen. Bei der Untersuchung von Transportvorgängen in der Natur ist die Betimmung bzw. der Einsatz von Indikatorstoffen eine gängige Methode (↗Tracermessung).

Indikatrix, *optische Bezugsfläche*, dreidimensionale Fläche zweiten Grades, die die ↗Brechungsindizes für die möglichen Schwingungsrichtungen der dielektrischen Verschiebung (↗Dielektrizitätskonstante) des Lichtes in beliebigen Ausbreitungsrichtungen, d. h. Wellennormalenrichtungen, in Kristallen angibt. Sie ist durch folgende Gleichung beschrieben:

$$\frac{x^2}{n_\alpha^2} + \frac{y^2}{n_\beta^2} + \frac{z^2}{n_\gamma^2} = 1.$$

Im allgemeinen Fall mit $n_\alpha < n_\beta < n_\gamma$ beschreibt die Gleichung ein dreiachsiges Ellipsoid, dessen Halbachsen die ↗Hauptbrechungsindizes n_α, n_β, n_γ sind. Sie werden stets in der angegebenen Reihenfolge nach ihrer Größe indiziert. Die Indikatrix wird auch *Fletcher-Ellipsoid* oder optische Referenzfläche genannt.

Nach dem ↗Symmetrieprinzip wird die Indikatrix für Kristalle des kubischen Systems mit $n_\alpha = n_\beta = n_\gamma$ durch eine Kugel, für Kristalle des trigonalen (rhomboedrischen), tetragonalen, hexagonalen Systems (↗wirtelige Kristallsysteme) mit $n_\alpha = n_\beta$ durch ein Rotationsellipsoid sowie für Kristalle des orthorhombischen, monoklinen und triklinen Systems durch ein allgemeines, dreiachsiges Ellipsoid dargestellt. Jede Kristallart hat eine für sie spezifische Indikatrix. Die Symmetrie der Kristalle bestimmt auch die Lage der Indikatrix relativ zu den kristallographischen Achsen. Für die wirteligen Kristallsysteme fällt die Achse des Rotationsellipsoids (↗optische Achse) mit der Richtung der drei-, vier- bzw. sechszähligen Drehachse zusammen. Im orthorhombischen Kristallsystem stimmen die Hauptachsen des allgemeinen Ellipsoids mit den Symmetrierichtungen des Kristalls, d. h. mit den orthogonalen kristallographischen Achsen, überein. Im monoklinen Kristallsystem stimmt eine Achse der Indikatrix mit der einzigen Symmetrierichtung des Kristalls überein, d. h. mit der

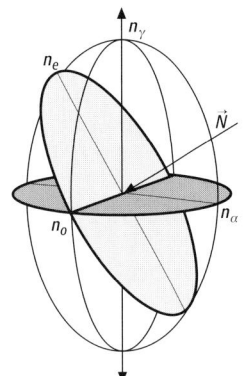

Indikatrix 1: Indikatrix und Konstruktion zur Bestimmung der Brechungsindizes des ordentlichen n_o und außerordentlichen Strahls n_e eines optisch einachsig positiven Kristalls. Der Kreisschnitt ist dunkelgrau, ein beliebiger Ellipsenschnitt hellgrau markiert (N = Wellennormale, n_o, n_γ = Hauptbrechungsindizes).

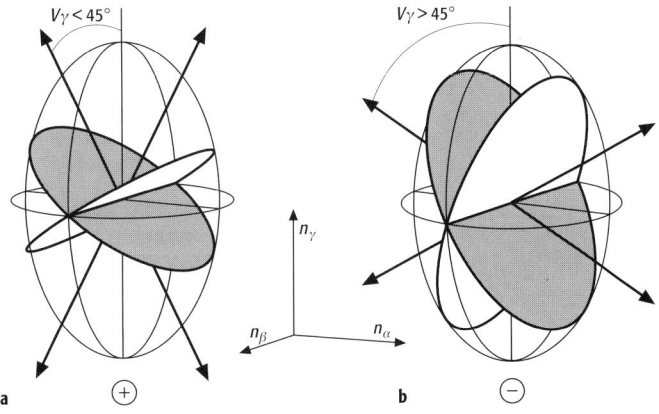

Indikatrix 2: Indikatrix eines optisch zweiachsigen Kristalls: a) optisch positiv, b) optisch negativ. Eingezeichnet sind die Kreisschnitte und die zugehörigen optischen Achsen (V_γ = halber Achsenwinkel, n_α, n_β, n_γ = Hauptbrechungsindizes).

kristallographischen Achse, die senkrecht auf den beiden anderen steht. Die Orientierung der beiden anderen Achsen wird nicht durch die Symmetrie festgelegt. Im triklinen Kristallsystem gibt es überhaupt keine Symmetriebedingung für die Orientierung der Indikatrix gegenüber den kristallographischen Achsen.

Ist die Orientierung der Indikatrix im Kristall bekannt, so läßt sich sein optisches Verhalten in jeder Beobachtungsrichtung durch Anwendung des folgenden kristalloptischen Fundamentalsatzes ableiten (Abb. 1). Man bringe die zur Wellennormalenrichtung N des Lichtes senkrechte, durch den Mittelpunkt der Indikatrix gehende Ebene zum Schnitt mit der Indikatrix. Die entstehende Schnittfigur ist im allgemeinen Fall eine Ellipse. Die Größe der beiden Ellipsenhalbachsen ergibt die Größe der beiden Brechungsindizes und ihre Lage die beiden möglichen Schwingungsrichtungen (der dielektrischen Verschiebung) des Lichts. Sie sind immer senkrecht zueinander linear polarisiert.

Für kubische Kristalle sind alle ebenen Schnitte der Indikatrix in beliebigen Ausbreitungsrichtungen Kreise. Kubische Kristalle verhalten sich folglich optisch isotrop (↗optische Isotropie), der Brechungsindex ist unabhängig von der Ausbreitungsrichtung.

Für Kristalle der wirteligen Kristallsysteme gibt es genau einen Kreisschnitt durch das Rotationsellipsoid. Die Normale dazu heißt optische Achse, es ist die Achse des Rotationsellipsoids. Man bezeichnet diese Kristalle daher als ↗optisch einachsig. Im allgemeinen jedoch sind die ebenen Schnitte Ellipsen. Ein Achsenhalbmesser n_o der Schnittellipsen eines Rotationsellipsoids ist unabhängig von der Wellennormlenrichtung und immer gleich dem Halbmesser des Schnittkreises. Die in dieser Richtung schwingende Lichtwelle verhält sich infolgedessen isotrop (↗Isotropie); sie ist senkrecht zum ↗Hauptschnitt polarisiert und bildet den ↗ordentlichen Strahl. Der zweite Achsenhalbmesser der Schnittellipse n_e, der ↗Brechungsindex der im Hauptschnitt polarisierten Welle, hängt von der Ausbreitungsrichtung ab. Diese Welle verhält sich infolgedessen anisotrop (↗Anisotropie) und bildet den ↗außerordentlichen Strahl. Liegt die Wellennormale in der optischen Achse, so pflanzt sich nur eine, nicht polarisierte Welle fort und es findet keine ↗Doppelbrechung statt.

Ein dreiachsiges Ellipsoid hat zwei Kreisschnitte. Die Kreisschnittnormalen, die optischen Achsen, liegen notwendigerweise in der n_α-n_γ-Ebene (↗optische Achsenebene, ↗Achsenwinkel, ↗Bisektrix, ↗optische Binormale). Man bezeichnet die Kristalle des orthorhombischen, monoklinen und triklinen Kristallsystems daher als ↗optisch zweiachsig (Abb. 2). Liegt die Wellennormale in einer der optischen Achsen, so pflanzt sich nur eine, nicht polarisierte Welle fort. Der zugehörige Brechungsindex ist n_β. Es findet keine Doppelbrechung statt. Man beobachtet jedoch besondere optische Erscheinungen der Lichtausbreitung, die sog. ↗konische Refraktion. In allen anderen Richtungen beobachtet man Doppelbrechung, d. h. zwei senkrecht zueinander polarisierte Lichtwellen mit verschiedenen Brechungsindizes. Die Form der Indikatrix und im monoklinen und triklinen Kristallsystem auch deren Orientierung sind wellenlängenabhänig (↗Dispersion). Man spricht von *Achsendispersion*, wenn sich der Winkel zwischen den optischen Achsen mit der Wellenlänge ändert. Man spricht von *Rotationsdispersion*, wenn sich die Indikatrix in Kristallen des monoklinen Systems um die Achse, die mit der Symmetrierichtung des kristallographischen Koordinatensystems übereinstimmt, bei Änderung der Wellenlänge dreht. Und man spricht von *Orientierungsdispersion*, wenn sich die Orientierung der Indikatrix gegenüber den kristallographischen Achsen im triklinen System mit der Wellenlänge ändert. [KH, GST]

indirekte Aufgabe, Anpassung eines mathematischen Modells für das Quellgebiet sowie seiner physikalischen und geometrischen Parameter an ein gegebenes bzw. gemessenes Feld des Quellgebiets. Die Anpassung erfolgt üblicherweise über einen Minimierungs- oder Optimierungsalgorithmus, der i. a. keine eindeutige Lösung ergibt, ggf. auch eine Lösung in Abhängigkeit von den Parametern des Algorithmus bestimmt. Daraus folgt die Notwendigkeit, die Lösung im Zusammenhang mit der Aufgabenstellung kritisch zu werten bzw. zu verifizieren.

indirekter Effekt, die Auswirkung der bei der topographischen/isostatischen Reduktion der Schwere gedanklich vollzogenen Massentransporte auf das Schwerepotential der Erde bzw. auf den Verlauf der Äquipotentialflächen, insbesondere des ↗Geoids (↗Stokes-Problem). Der indirekte Effekt auf die ↗Geoidhöhe ist bei Verwendung der topographischen Reduktion größer als 1000 m, bei Berücksichtigung isostatischer Ausgleichsmassen liegt er in der Größenordnung von ca. 10 m.

Indischer Kraton ↗Proterozoikum.

Indischer Ozean, mit $74,12 \cdot 10^6$ km² einschließlich der Rand- und Nebenmeere der kleinste der drei Ozeane (Abb). Zum ↗Atlantischen Ozean liegt die Grenze beim Meridian von Kap Agulhas (20°E), zum ↗Pazifischen Ozean verläuft sie entlang einer Linie von Nordwestaustralien über Timor, Java, Sumatra zur Malaiischen Halbinsel und durch den Meridian des Südostkaps von Tasmanien (147°E) zur Antarktis. Die mittlere Tiefe beträgt 3840 m, die maximale 7455 m in der Planettiefe im Sundagraben.

Indisches Monsuntief, *Monsuntief*, ein oder mehrere meist schwach ausgeprägte ↗Tiefdruckgebiete, die sich im Verlauf des ↗Monsuns vom Golf von Bengalen mit hochreichend feuchter Luft west- bis nordwestwärts nach Mittel- und später auch nach Nordindien ausbreiten. Sie sind jeweils mit Höhepunkten des Monsunregens verbunden. In klimatologischen Mittelkarten geht das indische Monsuntief nahtlos in das im Nordwesten angrenzende südasiatische ↗Hitzetief über, wo kein Regen fällt.

Indizierung, mit Indizes versehen. Speziell spricht man bei Kristallflächen von Indizierung, wenn

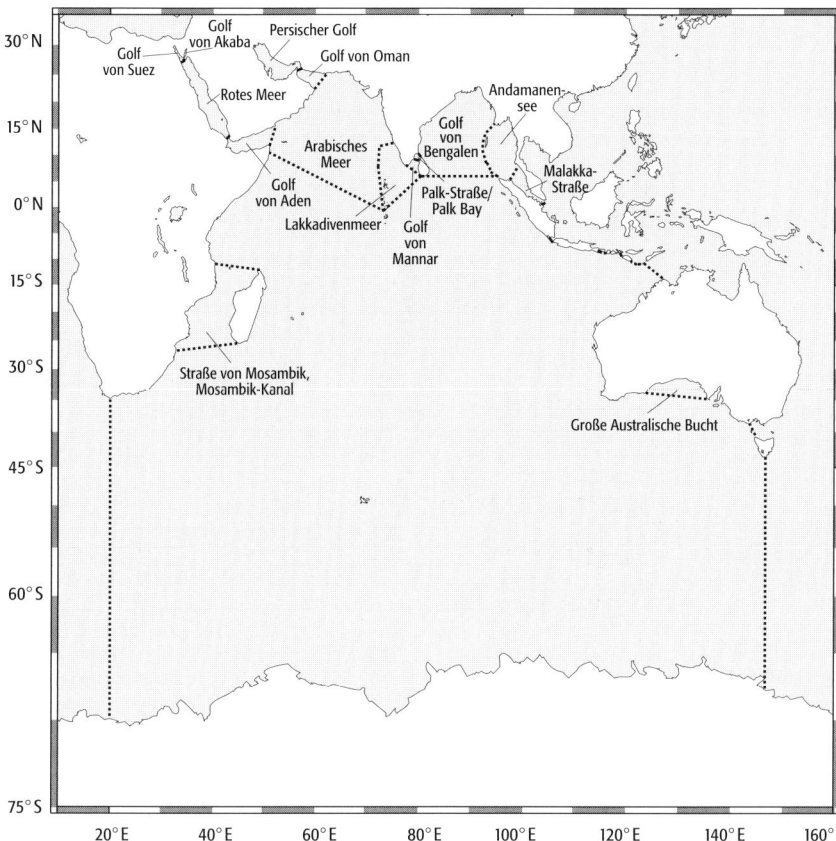

Indischer Ozean: der Indische Ozean und seine Rand- und Nebenmeere.

nach Fixierung der symmetriebezogenen Basis die Kristallflächen durch ihre ↗Millerschen Indizes bezeichnet werden. Das rechnerische Hilfsmittel, mit dem die Indizierung durchgeführt wird, ist die Achsenabschnittsgleichung:

$$a \cdot \cos\varphi_a : b \cdot \cos\varphi_b : c \cdot \cos\varphi_c = h : k : l.$$

Dabei sind a, b, c die relativen Achslängen (i. d. R. wird $b = 1$ gesetzt), φ_a, φ_b und φ_c bezeichnen die Winkel, welche die Flächennormale mit den drei Achsrichtungen einnimmt und h, k, l die Millerschen Indizes der Kristallfläche.

Induktion, 1) Kurzbezeichnung für die magnetische Induktionsflußdichte $\vec{B}$.
2) *elektromagnetische Induktion,* Erzeugung von elektrischen (induzierten) Spannungen in einem Leiter durch Änderung des ihn durchsetzenden magnetischen Flusses:

$$\Phi = \int_A \vec{B} \cdot d\vec{A},$$

dem Integral der magnetischen Induktionsflußdichte $\vec{B}$ über eine Fläche A. Die induzierte Spannung U ist nach Faraday dabei der zeitlichen Änderung von Φ proportional: $U \sim \partial\Phi/\partial t$. In Erweiterung auf beliebige magnetische Flüsse durch eine Fläche A mit der Berandung S bzw. auf beliebige Linienintegrale um ein sich änderndes Magnetfeld folgt die ↗Maxwellsche Gleichung:

$$U = \oint_S \vec{E} \cdot d\vec{S} = -\frac{\partial}{\partial t} \int_A \vec{B} \cdot d\vec{A}$$

in ihrer Integralform. In ihrer differentiellen Form, die auch als Faradaysches Induktionsgesetz bezeichnet wird, schreibt sie sich als:

$$\nabla \times \vec{E} = -\frac{\partial \vec{B}}{\partial t}$$

mit $\vec{E}$ als elektrischer Feldstärke. Ein sich zeitlich veränderndes Magnetfeld ist somit stets von ringförmigen elektrischen Feldlinien umgeben, die in einem Leiter wiederum Wirbelströme zur Folge haben. Bei Änderung der Stromstärke in einem Leiter wird in ihm selbst eine Gegenspannung induziert (Selbstinduktion), die nach der ↗Lenzschen Regel der Induktionsursache entgegenwirkt. In der Geophysik ist die Theorie der Induktion Grundlage einer großen Vielfalt von ↗elektromagnetischen Verfahren.   [HBr]

Induktionsgesetz ↗Maxwellsche Gleichungen.

Induktionsgleichung, fundamentale Gleichung für alle elektromagnetischen (EM) und magnetohydrodynamischen (MHD) Prozesse im

↗Geodynamo, in der Magnetosphäre und im interplanetaren Raum. Die Induktionsgleichung der MHD wird unter Vernachlässigung des Verschiebungsstromes und mit Berücksichtigung der Lorentzströme aus den ↗Maxwellschen Gleichungen abgeleitet:

$$dB/dt = \equiv \cdot (u \cdot B) + k \cdot \Delta B$$

mit $k = 1/\mu_0\sigma$ = magnetische Diffusivität. Das Verhältnis des ersten Terms zum zweiten Term der rechten Seite der Induktionsgleichung ist die magnetische Reynoldszahl $R_m = uL/k = \mu_0\sigma uL$ (L = charakteristische Länge des betrachteten Prozesses, z. B. der Durchmesser des Erdkerns für Geodynamoprozesse, u = die Geschwindigkeit des Plasmas senkrecht zum Magnetfeld, k = magnetische Diffusivität des Plasmas, μ_0 = *magnetische Permeabilität* des Vakuums, σ = elektrische Leitfähigkeit). Für $R_m \gg 1$ kann der zweite Term auf der rechten Seite vernachlässigt werden. In diesem Fall bewegt sich das Magnetfeld B und das Plasma gemeinsam wie »eingefroren«. Das ist sowohl im Geodynamoprozeß im flüssigen äußeren Kern der Fall als auch bei Plasmabewegungen in der Magnetosphäre. Bei Stillstand des Plasmas und kleinen charakteristischen Längen oder bei geringer Leitfähigkeit überwiegt der zweite Term auf der rechten Seite, der die elektromagnetische Induktion, das heißt die Diffusion der magnetischen Feldlinien durch das Plasma beschreibt.

[VH, WWe]

Induktionskonstante, absolute Permeabilität des Vakuums, Quotient aus magnetischer Induktionsflußdichte $\vec{B}$ und magnetischer Feldstärke $\vec{H}$: $\mu_0 = 4\pi \cdot 10^{-7}$ Vs/Am.

Induktions-Log, Aufzeichnung der elektrischen Leitfähigkeit bzw. des elektrischen Widerstandes in einer Bohrung. Im Gegensatz zu den elektrischen Widerstandsverfahren (↗elektrische Bohrlochmessung), können induktive Widerstandsmessungen auch in Bohrungen durchgeführt werden, die luftgefüllt oder mit einer nichtleitenden Ölspülung gefüllt sind. Durch eine Sendespule werden starke magnetische Wechselfelder erzeugt, die Wirbelströme in der Formation induzieren (Abb.). Die Stärke dieser Ströme, die von einer Empfängerspule der Sonde gemessen wird, ist abhängig vom Widerstand bzw. dessen reziproker Größe der Leitfähigkeit des Gesteins. Der ↗Skineffekt sorgt für eine deutliche Signalschwächung. Moderne Mehrspulensysteme mit Fokussierung der Felder ermöglichen die Erhöhung der Eindringtiefe und der vertikalen Auflösung, z. B. Phasor Induction SFL Tool mit tiefreichender (IDPH) und flacher (IMPH) Induktionsmessung. [JWo]

Induktionsparameter, *Induktionszahl*, dimensionslose Kenngröße des Induktionsprozesses in den ↗elektromagnetischen Verfahren, wobei charakteristische Längen des Meßsystems und der Untergrundparameter mit der ↗Eindringtiefe in Beziehung gesetzt werden. Z. B. wird die Induktionszahl p in der HLEM-Methode definiert durch:

$$p = \mu_0 \cdot \omega \cdot \sigma \cdot z \cdot l.$$

Dabei ist l = Abstand Sender-Empfangspule, z = Tiefe des Störkörpers, σ = elektrische Leitfähigkeit des Störkörpers, ω = Kreisfrequenz und μ_0 = Induktionskonstante.

Induktionspfeil ↗erdmagnetische Tiefensondierung.

Induktionsverfahren, Sammelbegriff für die ↗elektromagnetischen Verfahren, in denen die Wellenausbreitung, d. h. der *Verschiebungsstrom*, vernachlässigt wird (↗Maxwellsche Gleichungen).

Induktionszahl ↗*Induktionsparameter*.

Industrieabwasser, ↗Abwasser, das auf Grund industrieller Produktion oder Verarbeitung anfällt. Industrieabwasser ist oft branchenspezifisch belastet. Um den Bedarf an Frischwasser zu senken, kann Industrieabwasser vor der Ableitung einer Mehrfachnutzung unterzogen werden, z. B. weitere Nutzung von Kühlwasser als Prozeßwasser.

Industrieeinleitung, Einleitung von ↗Industrieabwasser.

Industriegesteinskunde, angewandter Zweig der Mineralogie, der sich mit fortschreitender Industrialisierung aus den petrowissenschaftlichen Disziplinen und der Technik entwickelt hat. Die Baustoffindustrie schöpft aus dem großen Reservoir natürlicher Vorkommen den größten Teil ihrer Rohstoffe, wobei die natürlichen Eigenschaften der Gesteine nicht nur die weitere Verarbeitung beeinflussen, sondern ausschlaggebend für ihre Haltbarkeit, Verwitterungsbeständigkeit, Resistenz gegen Umwelteinflüsse und anderes mehr sind. Ob die Gesteine den Anforderungen an die Rohstoffe für bestimmte Zwecke der Industrie genügen, läßt sich mit Prüfverfahren feststellen, die für jeden Industriezweig spezifisch sind und recht unterschiedlich sein können.

Da Natursteinvorkommen vom Ursprung her mineralogische Objekte sind, müssen sie nicht nur mit technischen Methoden, sondern auch mit mineralogisch-petrographischen Verfahren untersucht werden. Eine zentrale Rolle kommt dabei der Mikroskopie von Gesteinsdünnschliffen (↗Dünnschliff) zu. Mit Hilfe der ↗Polarisationsmikroskopie lassen sich an Gesteinsdünnschliffen zahlreiche technisch wichtige Merkmale bestimmen. Neben dem qualitativen und quantitativen Mineralinhalt, der gleichzeitig auch Rückschlüsse auf die chemische Zusammensetzung erlaubt, können auf diese Weise Gefügemerkmale wie Struktur und Textur, d. h. Schieferung, Einregelung der Minerale, Korngrößenverhältnisse sowie Porosität und Dichtigkeitsgrad, Kapillarität und Härte bestimmt werden. Aus diesen Ergebnissen sind darüber hinaus eine Reihe physikalisch-technischer Eigenschaften der Gesteine ohne größeren apparativen Aufwand ableitbar oder was für viele Zwecke reicht, annähernd zu ermitteln. Hierunter fallen Daten über Dichte, Wasseraufnahmevermögen, Wasserdurchlässigkeit, Wärmeleitfähigkeit und Wärmedehnung, Zugfestigkeit und Verformbarkeit. Auch lassen sich aus exakten Untersuchungen an

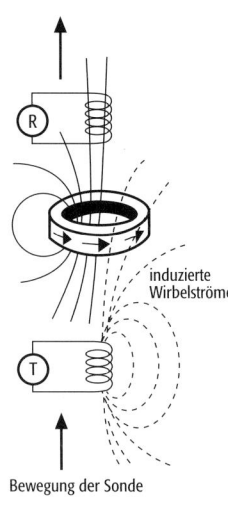

Induktions-Log: Meßprinzip einer einfachen Induktionsmeßsonde.

Gesteinsdünnschliffen Hinweise auf das physikalisch-chemische Verhalten der Gesteine ableiten, wie es z. B. für Verwitterungsbedingungen von Bedeutung ist. Hierzu zählen neben den physikalisch-biologischen und mechanischen Verwitterungsbedingungen auch die chemische ↗Verwitterung, die Einwirkung von Schadstoffen auf Werk- und Bausteine, das Problem der Sonnenbrandverwitterung bei basaltischen Gesteinen, das ein wesentliches Kriterium beim Einsatz von Zuschlag im Straßenbau ist, Lösungsschäden durch Wassereinwirkung und durch Schwefelsäure, Absandung, Schalenbildung, Verfärbung von Gesteinsfassaden, Bröckelzerfall, Krustenbildung und Verhalten gegen konservierende Mittel im Rahmen des Denkmal- und Umweltschutzes. Bei der petrographisch-technischen Gesteinsprüfung stehen Untersuchungen über die Gewinnungsstätten (Steinbrüche) und technologische Gesteinsprüfungen im Labor im Vordergrund. Durch zahlreiche, meist in DIN-Normen festgelegte Prüfverfahren werden dabei Porengehalt und Gewichtsverhältnisse, Wasseraufnahme, wasserwegsame und geschlossene Poren, Frostbeständigkeit, Druckfestigkeit, Biegefestigkeit, Kristallisationsverhalten, die Einwirkung von Rauchgasen, Schlagfestigkeit, Abnutzbarkeit u. a. m. bestimmt.

Neben der Verwendung als Naturbausteine oder als Zuschlag für Beton oder Bitumen für den Straßenbau werden heute manche Gesteine auch für keramische Erzeugnisse, für feuerfeste Baustoffe und für zahlreiche Spezialzwecke eingesetzt. Hierzu zählen z. B. Gesteine, die im Leichtbau und für Isolationsmaterialien Verwendung finden, wie Bimsstein und Perlit, Gesteine für Mahl-, Schleif- und Schneidezwecke wie Smirgel, Granatfels u. a., Gesteinsmaterial für die Glasfabrikation und für Filtermaterialien zur Wasserreinigung sowie für zahlreiche Anwendungen in der chemischen und Hüttenindustrie, für Düngezwecke u. a. [GST]

Industriegrün, auf und um Industrieflächen liegende ↗Grünflächen und ↗Grünelemente, die verschiedene Funktionen erfüllen. Industriegrün dient der optischen Einbindung in die Umgebung sowie der Abschirmung von Industriearealen, der Durchgrünung und Auflockerung der Industriefläche und zur Erholung der Angestellten auf dem Areal. Infolge der verbesserten Immissionssituation (↗Immisionen), werden in neuster Zeit auch vermehrt die ökologischen Vorteile des Industriegrüns hervorgehoben. So können viele Industrieareale durch ↗Entsiegelung geeigneter Flächen und ↗Gebäudebegrünung natürlicher und ökologisch sinnvoller gestaltet werden. Auf Industrieflächen besteht i. d. R. noch ein hohes Potential für Industriegrün und somit zur ökologischen Aufwertung dieser Flächen.

industrielle Abbauprodukte, aufgrund der Struktur mancher Umweltchemikalien sowie des Fehlens bestimmter Abbauwege (Fehlen von speziell für den Abbau notwendigen Enzymen) können einige Schadstoffe durch Mikroorganismen nicht abgebaut werden. Hier spricht man von persistenten Verbindungen. Einige chemisch synthetisierte nieder- und hochmolekulare Verbindungen wie vielfach kondensierte Ringsysteme oder hochsubstituierte Verbindungen können aufgrund niedriger Wasserlöslichkeit (d. h. geringe Bioverfügbarkeit) und toxischer Wirkung bislang nur in sehr geringem Umfang abgebaut werden. Synthetische Schadstoffe die in der Natur nicht vorkommen werden als Xenobiotika bezeichnet. Da ihre Struktur keine Ähnlichkeit mit Naturstoffen hat, fehlen den Mikroorganismen oft die entsprechenden Abbauwege für diese Stoffe. Diese nicht in der Natur abbaubaren Stoffe können nur auf technischem Wege in Betrieben abgebaut werden. Man bezeichnet die so produzierbaren Metaboliten als industrielle Abbauprodukte. [ME]

Industriemineralien, nichtmetallische mineralische Rohstoffe für technische Verwendung und Weiterverarbeitung aufgrund ihrer chemischen, untergeordnet auch physikalischen Eigenschaften, z. T. erst nach entsprechender ↗Aufbereitung. Zu den Industriemineralien gehören u. a. ↗Baryt, ↗Fluorit, ↗Quarz, ↗Feldspat und ↗Graphit.

Industriemüll, *Industrieabfall*, Sonderform des ↗Abfalls, der auf Grund seiner Entstehung bei der industriellen Güterverarbeitung, unterschiedliche Weiterverarbeitungsmöglichkeiten zuläßt. Neben einer Weiterverarbeitung in der Herkunftsindustrie oder einem anderen Industriezweig, muß der Industriemüll häufig als Sonderabfall auf ↗Sonderabfalldeponien gelagert werden oder einer speziellen Müllverbrennung zugeführt werden. Ein Teil des durch die Hauptlieferanten Bergbau, chemische Industrie und Bauwirtschaft anfallenden Industriemülls wird durch ↗Recycling wieder in den Wertstoffkreislauf zurückgeführt, um so eine Verringerung der anfallenden Müllmengen zu erreichen. Hauptarten des Industriemülls sind Bauschutt, Erdaushub, Kunststoffe sowie Industrieschlämme.

Industrierevier, stark industrialisierter Raum, meist ausgehend von den Montanindustrien (Kohle, Eisen und Stahl). In Deutschland gehört das Ruhrgebiet zu den typischen Industrierevieren. Als Untereinheit eines Industrierevieres lassen sich Industrieregionen abgrenzen. Diese Verwaltungseinheiten sind durch eine auf die Industrie ausgerichtete Erwerbsstruktur gekennzeichnet.

induzierte Magnetfelder, sekundäre magnetische Felder, die von einem Stromsystem im Erdinnern hervorgerufen werden. In der Geophysik sind dabei hauptsächlich die zeitlich variablen Felder von Interesse (↗elektromagnetische Verfahren).

induzierte Polarisation, *IP*, ↗geoelektrisches Verfahren, mit dem die kapazitiven Eigenschaften (↗chargeability) bestimmter Gesteinsformationen untersucht werden. Es wird besonders erfolgreich bei der Exploration von sulfidischen Erzen, aber auch zur Detektion von Tonschichten im Untergrund angewandt und ist daher besonders für Aufgabenstellungen in der Umweltgeophysik interessant.

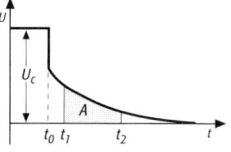

induzierte Polarisation 1: Verlauf der gemessenen Spannung in der induzierten Polarisation im Zeitbereich. Durch Messung der Spannung zu den Zeiten t_1 und t_2 erhält man einen Schätzwert für die Fläche A und damit die Chargeability (U_c = Maximalwert der Gleichspannung).

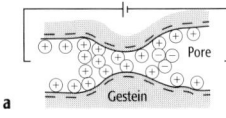
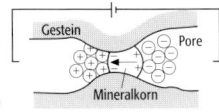

induzierte Polarisation 3: Entstehung der Membranpolarisation (a) durch Verengung des Porenraumes und der Elektrodenpolarisation (b) durch ein den Elektrolyten blockierendes Metallkorn.

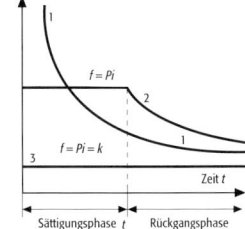

Infiltration 1: Infiltrationsrate f während der Sättigungs- und Rückgangsphase beim Infiltrationsprozeß. 1) Infiltration bei einem durch starke Niederschläge überfluteten Boden, 2) Infiltration bei einem gleichmäßig mit der Niederschlagsintensität Pi beregneten Boden, 3) Infiltration bei einem gleichmäßig mit einem Niederschlag überregneten Boden, dessen Intensität kleiner als das Infiltrationsvermögen des Bodens ist.

Infiltration 2: Verlauf der Infiltration bei einem überfluteten Boden in gleichen Zeitintervallen (t).

Die Ursachen des IP-Effekts liegen in einer Verengung oder Blockade des fluidgefüllten Porenraums von Gesteinen. Dabei wird zwischen Membran- und Elektrodenpolarisation unterschieden: Bei der insbesondere an Tonmineralen zu beobachtenden *Membranpolarisation* (Abb. 3) führt, eine durch Anlegen eines äußeren elektrischen Feldes verursachte Porenraumverengung zusammen mit der elektrischen Doppelschicht (↗Grenzflächenleitfähigkeit), zu einer Ladungsanhäufung von Kationen und Anionen und damit zu einer Sperrwirkung. Dieser Effekt wird auch an Gesteinen mit Mikroklüftung beobachtet. Blockieren metallische Mineralkörner den Porenraum, kommt es ebenfalls zu einer Ladungsanhäufung auf beiden Seiten der Körner (*Elektrodenpolarisation*). Dieser Vorgang spielt insbesondere bei sulfidischen Erzlagerstätten eine wichtige Rolle. Eine Beschreibung mit Hilfe von Ersatzschaltkreisen (Darstellung der komplexen elektrischen Leitfähigkeit mit Hilfe von ohmschen und kapazitiven Widerständen) liefert das ↗Cole-Cole-Modell.

Der IP-Effekt läßt sich sowohl im Zeit- als auch im Frequenzbereich beobachten. Bei einer gleichstromgeoelektrischen Sondierung wird ein zeitlicher Verlauf der gemessenen Potentialdifferenz registriert, der dem Verlauf des eingespeisten alternierenden Gleichstroms (Folge von Rechteckfunktionen jeweils wechselnder Polarität) nicht genau folgt, sondern dem Maximalwert U_c asymptotisch zustrebt (Abb. 1). Die Abkling- oder Anstiegskurve charakterisiert den IP-Effekt. Durch Messung der Spannung $U(t)$ zu den Zeiten t_1 und t_2 (oder apparaturbedingt auch häufiger) erhält man eine Näherung für das Integral:

$$M = \frac{1}{U_c} \int_{t_1}^{t_2} U(t) dt$$

als Meßgröße. Bei Einspeisung eines Wechselstroms beobachtet man eine Frequenzabhängigkeit des Betrags des spezifischen Widerstands und eine Phasenverschiebung zwischen Strom und Spannung (↗spektrale induzierte Polarisation, SIP). Als Meßgröße wird z. B. der auf den scheinbaren spezifischen Wechselstromwiderstand ϱ_{AC} normierte Differenz $\varrho_{AC} - \varrho_{DC}$, der ↗Frequenzeffekt:

$$FE = \frac{\varrho_{AC} - \varrho_{DC}}{\varrho_{AC}}$$

dargestellt, ϱ_{DC} ist der (scheinbare) spezifische Gleichstromwiderstand, wobei man sich häufig mit zwei Messungen bei einer niedrigeren und einer höheren Frequenz als Annäherung an das AC- und DC-Verhalten (z. B. 10 und 0,1 Hz) begnügt. In der SIP werden dagegen Betrag und Phase über einen weiten Bereich dargestellt. Die Durchführung der Messungen kann mit allen aus der ↗Gleichstromgeoelektrik bekannten Anordnungen erfolgen, wobei der elektromagnetischen Einstreuung bei größeren Auslagen besondere Aufmerksamkeit gewidmet werden muß (Abb. 2 im Farbtafelteil). [HBr]

induzierte Spannung, elektrische Spannung in einem Leiter, aufgrund eines ihn durchsetzenden zeitlich veränderlichen Kraftflusses (↗Induktion).

inert, keine Reaktion mit anderen Stoffen eingehend, z. B. Edelgase.

Inertialsystem, ↗Bezugssystem, in dem das Newtonsche Bewegungsgesetz gilt (zweites Newtonsches Axiom): Wirkt auf einen Massenpunkt mit der trägen Masse m_T und der Geschwindigkeit $\vec{v}(t)$ eine Kraft $\vec{K}$, so bewegt sich der Massenpunkt gemäß dem Bewegungsgesetz:

$$m_T = \frac{d\vec{p}}{dt} = \vec{K} \, ,$$

wobei $\vec{p} = m_T \vec{v}$ der lineare Impuls des Massenpunktes bedeutet. Damit bleibt ein kräftefreies Teilchen in Ruhe oder in gleichförmig-geradliniger Bewegung. Das Inertialsystem und die in einem Inertialsystem ablaufende Zeit (Inertialzeit) bilden das ideale Bezugssystem der Newtonschen Raumzeit. Denkt man sich die Geschwindigkeiten der Sterne über einen langen Zeitraum gemittelt, so stellt der Fixsternhimmel in sehr guter Approximation ein Inertialsystem dar.

Inertinit, stark oxidiertes ↗Maceral (z. B. *Holzkohle*). Inertinit ist dichter, kohlenstoffreicher und enthält mehr aromatische Verbindungen als die beiden anderen Macerale ↗Vitrinit und ↗Exinit. Es gibt bei der Verbrennung nur wenig ↗Volatilien frei und ist bei niedrigen Brenntemperaturen relativ inert. ↗Kohle.

Infiltration, Anteil des Niederschlages, der in den Boden eindringt und in Abhängigkeit von Niederschlagsintensität, Wassergehalt und Wasserdurchlässigkeit des Bodens dem Gravitationspotential folgend versickert (Abb. 1). Im Boden entsteht eine für die jeweiligen Bodeneigenschaften charakteristische Infiltrationsfront, die von oben nach unten aus einer Sättigungs-, Übergangs-, Transport- und Befeuchtungszone mit jeweils abnehmendem Wassergehalt besteht (Abb. 2).

Infiltrations-Aufeiszone, Bereich eines ↗Gletschers, in dem der jährliche Akkumulationsüberschuß durch erhöhten Schmelzwasseranfall direkt in Aufeis umgewandelt wird, so daß hier oft eine Blankeisschicht die Gletscheroberfläche

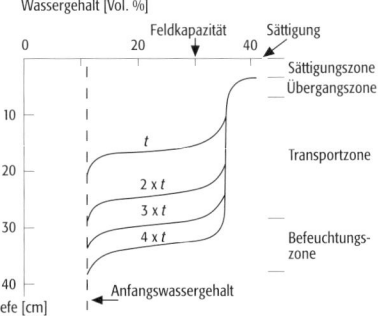

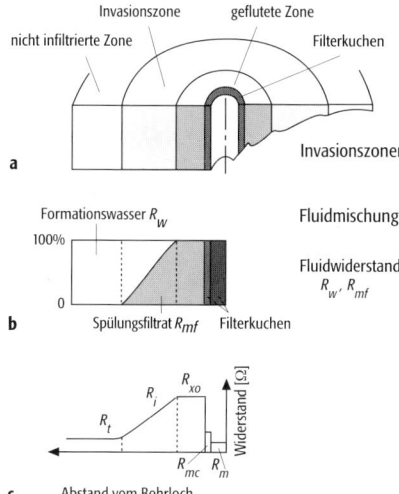

überzieht. Bei den Alpengletschern findet sich die Infiltrations-Aufeiszone lediglich in dem schmalen Bereich der ↗Firnlinie, wohingegen sie in kontinentalen Klimabereichen eine wesentlich größere Höhenausdehnung besitzt.

Infiltrationsbrunnen ↗Schluckbrunnen.

Infiltrationseis, entsteht durch das teilweise Wiedergefrieren von Schmelzwasser in den oberen Firnschichten eines ↗Gletschers.

Infiltrationskapazität, Wasservolumendifferenz zwischen dem aktuellen Wassergehalt im Boden und dem Wassergehalt bei Wassersättigung; entspricht der Niederschlagsmenge, die pro Flächeneinheit in den Boden infiltrieren (↗Infiltration) kann, bis ↗Oberflächenabfluß einsetzt.

Infiltrationslagerstätten, durch das Eindringen oder Einsickern von ↗hydrothermalen Lösungen in das poröse Korngefüge des ↗Nebengesteins, in erster Linie von Sandsteinen, entstandene Lagerstätten, z. B. ↗Red-Bed-Lagerstätten.

Infiltrationsmesser, Geräte zur Messung der ↗Infiltrationsrate. Gebräuchlich sind (Doppelringinfiltrometer) für gesättigte, und (Disc-Infiltrometer) für ungesättigte Bodenwasserverhältnisse.

Infiltrationsrate, Wasservolumen, das pro Zeit- und Flächeneinheit in den Boden eindringt (mm/h). Die Infiltrationsrate ist eine Funktion der Regenintensität, der Beschaffenheit der Bodenoberfläche (↗Verschlämmung, ↗Verkrustung), der Wasserdurchlässigkeit sowie des Wassergehaltes des Bodens. Im Verlauf des Niederschlages ist die Infiltrationsrate zunächst konstant und nimmt bei einsetzender Bodenwassersättigung exponentiell bis zu einem Gleichgewichtswert ab, der in etwa der gesättigten Wasserleitfähigkeit des Bodens entspricht.

Infiltrationszone, 1) *Bodenkunde*: Bodenschicht, innerhalb derer ↗Infiltration stattfindet. Wird untergliedert in eine Sättigungs-, Übergangs-, Transport- und Befeuchtungszone mit jeweils abnehmendem Wassergehalt. 2) *Geophysik*: Umgebungsbereich einer Bohrung, der durch eindringende Bohrspülung verändert wurde (Abb.).

Da der Druck der Bohrspülung i. d. R. größer ist als der des Formationsfluides, tritt Infiltration in allen porösen und permeablen Zonen auf. Durch die Trennung der festen von den flüssigen Anteilen der eindringenden Bohrspülung baut sich sukzessive der sogenannte ↗Filterkuchen an der Bohrlochwand auf. Direkt hinter dem Filterkuchen befindet sich die geflutete Zone, in der das gesamte ursprüngliche Formationswasser bzw. die enthaltenen Kohlenwasserstoffe von dem eindringenden Filtrat verdrängt wurden. Daran anschließend findet eine Vermischung des eindringenden Filtrats mit der Bohrspülung statt. Der Infiltrationsprozess verändert die physikalischen Eigenschaften in der Bohrlochumgebung, insbesondere den elektrischen Widerstand der Formation. Dies wirkt sich auf die ↗Widerstands-Logs aus, die in Abhängigkeit ihrer Eindringtiefe unterschiedliche Meßwerte registrieren. [JWo]

Infiltrometer, Einrichtungen zur Messung der ↗Infiltration. Man unterscheidet zwischen Verfahren, die auf einem überstauenden Wasserspiegel beruhen und solchen, die sich einer künstlichen Beregnung bedienen. Überstauende Infiltrometer bestehen entweder aus einem einzelnen Stahlring oder einem konzentrisch angeordneten Paar von Stahlringen (Doppelringinfiltrometer) mit einem Durchmesser von mehreren dm. Diese werden etwa 10 cm tief in den Boden eingeschlagen und mit Wasser gefüllt. Über die zeitliche Änderung des Volumens im überstauenden Wasserkörper, welche durch die Messung der Wasserstandsänderung bestimmt werden kann, wird das pro Zeiteinheit infiltrierende Wasservolumen ermittelt. Bei Beregnungsversuchen (Sprinkler-Infiltrometer) wird eine bekannte Niederschlagsintensität erzeugt und anschließend der ↗Landoberflächenabfluß gemessen. Die Infiltrationsrate ergibt sich aus der Differenz der erzeugten Niederschlagshöhe und der Abflußhöhe des Landoberflächenabflusses. [HJL]

Inflexionslinie ↗Falte.

Influenz, flächenhaft ausgedehnter Übertritt von Wasser aus oberirdischen Gewässern in das ↗Grundwasser, z. B. aus einem Fluß stammend (influenter bzw. wasserabgebender Fluß).

Influenzkonstante, 1) *Kristallographie*: ↗dielektrische Suszetibilität. 2) *Geophysik*: absolute ↗Dielektrizitätskonstante des Vakuums, Quotient aus dielektrischer Verschiebungsdichte $\vec{D}$ und elektrischer Feldstärke $\vec{E}$: $\varepsilon_0 = 8{,}8542 \cdot 10^{-12}$ As/Vm.

Information, Wissen, das zur Übermittlung und Aneignung in eine bestimmte Form gebracht wurde; das Ergebnis der Übermittlung und Aneignung von Wissen. Das zu übermittelnde Wissen muß dabei einer Wissensverwendung dienen, für einen Adressaten bedeutsame Aspekte eines Sachverhaltes enthalten, in ein durch Konventionen geregeltes Verständigungsmittel gefaßt sein und an einen Träger gebunden sein, wodurch es informationellen Operationen unterworfen werden kann. Informationen in dieser Bedeutung setzen voraus, daß Wissen an menschliches Bewußtsein gebunden ist und nur zwischen

Infiltrationszone: schematische Darstellung der Infiltrationszone um eine Bohrung (a) und der Anteile des Formationsfluids des Spülungsfiltrates im Umgebungsbereich (b). Unter der Annahme, daß das Formationsfluid eine höhere Salinität besitzt als das Spülungsfiltrat, ergibt sich ein Widerstandsprofil (c), in dem der Widerstand mit Abstand zur Bohrung abnimmt (R_w = spezifischer Widerstand des Formationswassers, R_m = spezifischer Widerstand der Spülung, R_{mc} = spezifischer Widerstand des Filterkuchens, R_{xo} = spezifischer Widerstand der gefluteten Zone, R_i = spezifischer Widerstand der Invasionszone, R_t = spezifischer Widerstand der nicht infiltrierten Zone).

Menschen vermittelt werden kann, und, daß Informationen in einen Zusammenhang von Funktionen, Zielen etc. gebracht, in zweierlei Hinsicht wirken und zwar in informationeller Hinsicht strukturiert durch den jeweiligen Informationsträger und in erkenntnisbildender Hinsicht durch das übermittelte Wissen (↗kartographische Informationen). Vor diesem Hintergrund sind Informationen Mitteilungen in Kommunikationsprozessen, die an Problem- und Wissenskontexte gebunden und ggf. an einen bestimmten Handlungsbedarf gekoppelt sind. Informationen können allerdings auch von Personen oder in einem Handlungskontext informationell genutzt werden, für die sie eigentlich nicht gedacht waren. Um der sich daraus ergebenden Gefahr von Mißverständnissen zu begegnen, haben sich in den Wissenschaften Fachsprachen entwickelt, bei denen durch eine Standardisierung von Handlungszusammenhängen und kommunikativen Ausdrucksmitteln der Informationsgehalt von Mitteilungen relativ stabil gehalten werden kann. Der Informationsbegriff in der nachrichtentechnischen Informationstheorie, der auch zu einer Standardisierung von Informationen führen soll, betrifft im wesentlichen die physikalische Struktur einer Nachricht (Informationsmaß) und kann nichts über die Relevanz von übertragenem Wissen in einen gedanklichen und handlungsorientierten Kontext aussagen. [JB]

Informationsentropie, in der Informatik sowie ↗Statistik benutzter Bergriff zur Angabe des Informationsgehaltes von Datensätzen oder Systemen in der Maßeinheit bit.

Informationsgraphik, *Infographik*, *Informationskarte*, *mass media map*, vorrangig in den Massenmedien aber auch verschiedentlich im Marketing-Bereich eingesetzte graphische oder kartographische Darstellungsform, die in Ergänzung gedruckter oder gesprochener Texte mit georäumlichen Inhaltsbezügen zu deren visuellbildhafter Veranschaulichung zielgerichtet hergestellt und eingesetzt wird. Es kann sich dabei z. B. um ↗Diagramme mit einem unterschiedlichen Grad von Bildhaftigkeit (illustratives Schaubild, statistisches Schaubild) oder um Karten und kartenähnliche Darstellungen, die so gestaltet sind, daß ihr Inhalt schnell lesbar und gut einprägsam ist, hohe Aktualität eingeschlossen.

Infrared Atmospheric Sounding Interferometer ↗IASI.

Infrarotabsorptionsspektroskopie, *IR-Spektroskopie*, *Infrarotspektroskopie*, spektroskopische Methode die infrarotes Licht zur Charaktersierung organischer und anorganischer Substanzen nutzt. Grundlage der Methode sind die durch infrarotes Licht in den Stoffen hervorgerufenen Schwingungen. Licht verschiedener Wellenlänge wird nacheinander auf die Probe gegeben und die auftretende Lichtabsorption gemessen. Findet eine Schwingunsanregung statt, wird das Licht der anregenden Wellenlänge absorbiert. Der Energiegehalt der anregenden Wellenlänge entspricht dabei der Energie, die für die Auslenkung der Teilchen aufgewendet werden muß (proportional zur Bindungsstärke). Diese wiederum hängt von der Art der Bindung und den jeweiligen Bindungspartnern ab. Damit erlaubt die Spektroskopie einen Einblick in Zusammensetzung und Struktur der untersuchten Substanz. Entsprechend wird sie zur Identifizierung und Reinheitsprüfung von Einzelsubstanzen oder Gemischen und zur Charakterisierung, aber auch für Strukturaufklärung sowie quantitative Bestimmungen (Öl in Wasser-Analytik) genutzt. Heute wird überwiegend die Fourier-Transform-Infrarot-Spektroskopie (*FT-IR-Spektroskopie*) eingesetzt. Sie ermöglicht eine simultane Aufnahme des Spektrums und erlaubt eine größere Auflösung der Spektren. Von Infrarotabsorptionsspektrometrie wird dann gesprochen, wenn die Spektren quantitativ ausgewertet werden. [RE]

Infrarotfilm, photographischer Schwarzweiß-Negativfilm zur Aufnahme im nahen Infrarotbereich des elektromagnetischen Spektrums (700 bis 900 nm). Gegenüber panchromatischen Aufnahmen bietet der Infrarotfilm bessere Möglichkeiten der Objekterkennung aufgrund einer stärker differenzierten spektralen Remission (↗Albedo) der Vegetation im Bereich des nahen Infrarot. Die Bildaufnahme muß stets mit einem Rotfilter erfolgen. Infrarotfilm wird als ↗photogrammetrisches Aufnahmematerial für ↗Luftbilder eingesetzt.

Infrarot-Optisch-Stimulierte Lumineszenz, *IR-OSL*, *IRSL*, ↗Optisch-Stimulierte Lumineszenz-Datierung.

Infrarotspektrometrie ↗analytische Methoden.

Infrarot-Temperaturmessung, Verfahren zur berührungslosen Temperaturmessung. Physikalische Grundlage ist das ↗Stefan-Boltzmann-Gesetz. Danach strahlt jeder Körper Wärmeenergie ab, die der vierten bzw. fünften Potenz seiner Temperatur proportional ist. Die Strahlung der Erdoberfläche, einschließlich der Wasserflächen, liegt im Infrarot (IR-)-Bereich mit Wellenlänge um 10 μm. Sie kann mit Wärmestrahlungsthermometern oder Infrarot-Scannern (Wärmebildkameras) aufgenommen werden. Scanner-Systeme haben Photodetektoren (z. B. Quecksilber-Cadium-Tellurid-Detektoren). Das Infrarotbild ist wie ein Fernsehbild aufgebaut.

Infrarotthermographie, Fernerkundungsverfahren zur Bestimmung der Oberflächentemperatur meistens von fliegenden Plattformen aus. Dabei wird die Temperatur nicht direkt, sondern indirekt über die entsprechend dem ↗Stefan-Boltzmann-Gesetz emittierte Wärmestrahlung gemessen. Mit Hilfe einer Abtasteinrichtung wird die von verschiedenen Oberflächen ausgesandte Strahlung empfangen und zu einer bildhaften Darstellung zusammengesetzt. Damit gelingt die fast zeitgleiche Beobachtung der Oberflächenstrahlungstemperatur für ein größeres Gebiet. Fehler können bei diesem Verfahren dadurch entstehen, daß die emittierte Strahlung nicht nur von der Temperatur, sondern auch von dem Emissionsvermögen der entsprechenden Oberfläche abhängt. Weiterhin kann nicht ohne weiteres von der beobachteten Oberflächentemperatur auf die stadtklimatologisch bedeutsame Lufttemperatur der Stadtatmosphäre geschlossen werden. Anwendung findet die Infrarotthermographie in der Stadt- und Regionalklimatologie beispielsweise zur Abgrenzung frostgefährdeter Zonen, zur Festlegung von ↗Kaltlufteinzugsgebieten oder zur Bestimmung besonders überhitzter Bereiche innerhalb von Städten. ↗Stadtklima. [GG]

Infraschall, ↗Schallwellen mit Frequenzen unter 16 Hz.

Ingenieurbiologie, überschneidendes Fachgebiet der Ingenieurwissenschaften mit der Biologie und der Ökologie. Die Ingenieurbiologie beschäftigt sich mit technisch-biologischen Problemen der ↗Landschaftspflege, des ↗Landschaftshaushaltes, des ↗Landschaftsbaus und v. a. der ↗Rekultivierung von ↗Landschaftsökosystemen. Sie stellt hierbei die Schnittstelle zwischen biologisch-ökologischem Grundwissen über die Funktionszusammenhänge der zu rekultivierenden Landschaftselementen und der technisch machbaren Umsetzung dar. Typische Rekultivierungsmaßnahmen in der Ingenieurbiologie sind Anpflanzungen auf Dünen und Kanalufern, um anthropogen induzierte Prozesse wie Bodenerosion zu verhindern. Auch die bauliche ↗Renaturierung von ↗Fließgewässern gehört zum Aufgabengebiet der Ingenieurbiologie.

ingenieurbiologische Bauweise ↗Lebendbau.

Ingenieurgeodäsie, *Ingenieurvermessung*, zu den Ingenieur- bzw. Technikwissenschaften zählendes großes Aufgabenfeld der ↗Geodäsie. Dabei werden insbesondere bei Bauvorhaben die geodätischen Vermessungen zur Planung, Absteckung und Baukontrolle sowie zur weiteren Kontrolle der Standfestigkeit vorgenommen, so im Hoch- und Tiefbau, Verkehrswegebau, in der Wasserwirtschaft und weiteren Industrie- und Wirtschaftszweigen.

Ingenieurgeologie ↗Geologie.

ingenieurgeologische Karten, für Planungszwecke gedachte Kartenwerke, welche die für Baumaßnahmen relevanten Eigenschaften des oberflächennahen Untergrundes wiedergeben. Sie dienen zur Vorerkundung und zur Planung geotechnischer Untersuchungen, können jedoch eine objektbezogene Baugrunduntersuchung nicht ersetzen. Man unterscheidet zwischen kleinmaßstäblichen ingenieurgeologischen Karten 1:25.000, ↗Baugrundkarten 1:10.000 bis 1:2000 und speziellen Themenkarten (Rutschungskarten, Hangstabilitäts-, Risiko- bzw. Gefahrenkarten etc.), die Hinweise auf flächenhaft verbreitetes Gefährdungspotential liefern. Ingenieurgeologische Baugrundkarten quantifizieren die für Baumaßnahmen relevanten Eigenschaften des oberflächennahen Untergrundes. Die anstehenden Gesteinsarten und die wichtigsten Baugrundeigenschaften sowie punktweise Angaben der Grundwasserstände werden in einer Hauptkarte dargestellt. Spezielle Anwendungskarten wie Darstellung der Grundwassergleichen, Flurabstandskarten, Bohr- und Aufschlußkarten werden oft als Nebenkarten mitgeliefert. [WK]

ingenieurgeologisches Gutachten, Gutachten, das den Aufgaben der Ingenieurgeologie entsprechend in der Wechselwirkung zwischen Bauwerk und Baugrund die geologischen Verhältnisse des betreffenden Bereiches darstellt. Dabei geht es speziell um die Eigenschaften der Gesteine und Gesteinsverbände sowie um die der Lockermassen und Lockermassenverbände. Der qualitativen Beschreibung muß stets eine quantitative Erfassung der geotechnisch relevanten Parameter folgen. Im Vordergrund des ingenieurgeologischen Gutachtens stehen die Parameter und ihre Abhängigkeiten, nicht die Berechnungsverfahren selbst. Da die Ingenieurgeologie integrierender Teil der Geotechnik ist, stellt auch das ingenieurgeologische Gutachten einen integrierenden Teil des gesamten geotechnischen Gutachtens für ein Bauvorhaben im oder auf dem geologischen Untergrund dar. Klassifikationen, Normen und Richtlinien bilden den Rahmen des ingenieurgeologischen Teils des geotechnischen Gutachtens. Grundkenntnisse in technischer Mechanik, in Felsmechanik und Felsbau, in Bodenmechanik und Grundbau zusammen mit der Geologie ermöglichen die Erstellung des ingenieurgeologischen Gutachtens nach den oben genannten Schwerpunkten im Konsens mit den anderen Teilen des geotechnischen Gesamtgutachtens, nämlich des felsmechanisch/felsbautechnischen bzw. bodenmechanisch/grundbautechnischen Teiles. In vielen Fällen wasserbaulicher Maßnahmen (z. B. Talsperrenbau) oder auf dem geotechnischen Gebiet des Umweltschutzes (z. B. Deponiebau oder Altlastensanierung) ist das ingenieurgeologische Gutachten unabdingbare Voraussetzung für jede weiterführende Baumaßnahme.

a) Aufbau des ingenieurgeologischen Gutachtens im Felsbau: Felsbauvorhaben sind z. B. der Tunnel-, Schacht- und Kavernenbau, der Talsperrenbau, Gründungen auf Fels, Sicherungen von Felsböschungen etc. Die Auftragserteilung mit Bezug auf evtl. Angebote oder Absprachen, auf Träger der Baumaßnahme und direkte Auftraggeber und die besondere Problematik im Rahmen des Gesamtauftrages werden zunächst angesprochen. Die Herleitung des Auftrages auf Grund von Vorschriften, behördlichen Auflagen, besonderen geologischen und bautechnischen Bedingungen muß ersichtlich werden.

Aufzulisten sind die vom Auftraggeber, dem Bauträger, von Behörden oder selbst beschaffte Unterlagen, die Basis des Gutachtens sind. Dazu zählen u. a. geologische und topographische Karten, hydrogeologische Karten, Quellkartierungen, Grundwassergleichen, Spiegelschwankungsdaten, Katasterpläne, Stadtpläne, Gefahrenzonenpläne, Baupläne, bereits erstellte geologische und Baugrundgutachten, Vorplanungsunterlagen, Bohrprotokolle, Aufschlußdaten, Grundwassermeßdaten von Beobachtungsbrunnen, Ergebnisse von Langzeitmeßreihen, Schürfe, Sondierungen, geophysikalische Messungen etc. Dann bestimmt eine geologisch fundierte Baulokalitätsbeschreibung in Übereinstimmung mit der Statik der Baumaßnahme die noch zu gewinnenden Parameter. Zusammenhänge und Interpretationen aus dem geologischen Aufbau tragen zur Ökonomie des Bauvorhabens bei, da Parameter gezielt nachgefragt oder im günstigsten Fall Erkundungsmaßnahmen auch eingespart werden können. Zur Beschreibung zählen: Petrographie und Gefüge des Gebirges, Verwitterungsgrad bzw. -anfälligkeit der Gesteine, besondere Schwachstellen wie offene Klüfte, tonige Zwischenlagen, Gips-, Anhydrit-, Steinsalzvorkommen, Löslichkeit der Gesteine, Karstscheinungen, Frostempfindlichkeit, expandierende Eigenschaften von Tonen, Gips/Anhydrit, Verschluckungszonen und Quellaustritte, Grad der Lithifizierung, Mikrogefüge, Textur, Struktur. Weitere zu bestimmende Parameter sind: geologische Parameter (Bestimmung des geometrischen Ortes der Lagerungs- und tektonischen Verhältnisse der betroffenen Gebirgseinheiten durch Messung von Streichen und Fallen), mineralogische und petrographische Parameter (quantitativer Mineralbestand, Korngrößen- und Kornformangaben, quantitative Angaben zur kornbindenden Matrix, Textur und Struktur des Gesteins), hydrogeologische Parameter (Grundwasser- und Bergwasser-Schwankungsbereiche, gespannte oder freie Grundwasserverhältnisse), Gesteinsdurchlässigkeit, Permeabilität, Permissivität, Porosimetrie, Bestimmung von Quellhebung und Quelldruck, Bestimmung von Bruchfestigkeit und Restscherfestigkeit.

Die Art des Bauwerks und seine Zweckbestimmung stehen in Wechselwirkung mit den Baugrundeigenschaften. Im ingenieurgeologischen Gutachten müssen daher Aussagen getroffen werden, wie das Fundament generell ausgebildet werden soll, ob sich einzelne Baukörper unterschiedlich setzen werden, auf welchen Schichten Lasten abgesetzt werden können, ob Baugrundverbesserungen (z. B. Injektionen) sinnvoll und möglich sind, wie der Baugrund gegen Wasserzutritt am besten gesichert wird. Der Maßnahmenkatalog enthält alle Vorgehensweisen zum Erhalt oder der Herstellung der Tragfähigkeit des Untergrundes.

b) Aufbau des ingenieurgeologischen Gutachten im Grundbau: Grundbaumaßnahmen sind Fundamente in Lockergesteinen, Kanal- und Siedlungswasserbau, Dammbau mit und auf Lockermassen, Hangsicherungen, Deponiebau, Altlastsicherungs- und Sanierungsmaßnahmen etc. Im Vergleich zu a) müssen bei der Baugrundbeschreibung und den Parametern die besonderen Eigenschaften von Lockergesteinen qualitativ und quantitativ berücksichtigt werden: Korngrößenverteilung, Kornform, Lagerungsdichte, Porosität, Porenfüllung, expandierende und Schrumpfeigenschaften, Kalk-, Organik- und Tonmineralgehalt, Art der Tonminerale, Wasserbindevermögen, Plastizität, Frostempfindlichkeit (Poreneis- oder Eislinsenbildung), Mikrogefüge, Textur, Scherfestigkeit, Reibungswinkel, Kohäsion. So wie im Felsbau enthält das ingenieurgeologische Gutachten bei Grundbaumaßnahmen Ergebnisse und Interpretationen von Labor- und Feldversuchen. Bohrungen, Schürfen, Sondierungen, geophysikalischen Untersuchungen, Probebelastungen, Plattendruckversuche etc. sind die anzuwendenden Baugrunderkundungsmaßnahmen. Und ähnlich wie im Felsbau muß die ingenieurgeologische Boden- und Lockermassencharakterisierung über eine bloße Beschreibung hinausgehen und mit Hilfe von Parametern die mögliche Wechselwirkung zum Bauwerk aufzeigen: mögliche Setzungen und Überschreiten der Tragfähigkeit des Baugrundes (Grundbruchlast), mögliche Bauwerksschäden durch Setzungen und Setzungsunterschiede (Grenzlast), Quell- und Schrumpfungsausmaß, Frosthebung etc. Zum Maßnahmenkatalog zählen Empfehlungen u. a. zur Grundwassererhaltung und Grundwasserabsenkung, Baugrubensicherung, Einbindetiefe des Fundaments, Art der Hangsicherung und Bodenverbesserungsmaßnahmen.

Jedes ingenieurgeologische Gutachten schließt mit dem Zitieren von Normen, Vorschriften, Regelwerken und der im Gutachten erwähnten speziellen Fachliteratur. Analog zur wissenschaftlichen Literatur ist im Text des Gutachtens jeweils auf Literaturstellen, Normen etc. Bezug zu nehmen. [KC]

Ingenieurhydrologie, Teilbereich der ↗Hydrologie, in dem Grundlagen und Methoden für die Planung und die Bemessung wasserbaulicher Anlagen sowie für die ↗Wasserbewirtschaftung erarbeitet werden (↗Angewandte Hydrologie).

Ingenieurnivellement ↗Liniennivellement.

Ingenieurnivellier ↗Nivellierinstrument.

Ingenieurvermessung ↗Ingenieurgeodäsie.

Ingression, das transgressive Vordringen des Meeres (↗Transgression) in eine spezielle, bis dahin kontinental entwickelte Region, z. B. in eine Grabenstruktur oder in ein epikontinentales Becken (z. B. die Ingression des Muschelkalkmeeres in das ↗germanische Becken).

Ingressionsküste, ↗Küste, die durch das Eindringen des Meeres in ein subaerisch geschaffenes Relief charakterisiert ist; Umformung der *ertrunkenen Landformen* durch ↗litorale Prozesse waren i. d. R. bislang schwach, da der während der letzten Eiszeit um mehr als 100 m abgesunkene Meeresspiegel erst vor etwa 6000 Jahren sein heutiges Niveau erreichte (↗glazigene Küste). Je nach geomorphologischer Ausprägung der überfluteten Landform (z. B. glazial oder fluvial geformtes Relief), entstanden unterschiedliche Typen der Ingressionsküste (z. B. ↗Riasküste, ↗Canale-Küste, ↗Schärenküste, ↗Fjärdenküste, ↗Förde, ↗Boddenküste). ↗Küstenklassifikation Abb.

inhomogen ↗homogen.

inhomogene Akkumulation ↗Archaikum.

Initial-Ausbruch, erste Ausbruchsphase einer vulkanischen Eruption. ↗Vulkanismus.

initialer Magmatismus ↗Orogenese.

initiales Blei ↗U-Pb-Methode.

Initialgemeinschaft, ↗Biozönosen in den ersten Phasen einer ↗Sukzession (↗Pionierpflanzen).

Initialisierung, in der Meteorologie ein Zwischenschritt zwischen der numerischen Analyse von Beobachtungsmaterial und der eigentlichen Wettervorhersage. Bereitstellung zueinander passender Verteilungen der meteorologischen Variablen. In einem ersten Schritt werden die sehr unregelmäßig auf dem Globus verteilten Beobachtungsdaten aufbereitet und auf ein Rechengitter (/Gitterpunktsystem) interpoliert. Diese Daten sind einerseits mit Fehlern behaftet, andererseits werden einige Variablen (z. B. die /Vertikalgeschwindigkeit) überhaupt nicht beobachtet. Eine Vorhersagerechnung mit den Originaldaten würde zu völlig unrealistischen Aussagen führen. Daher müssen die Beobachtungen so aufbereitet werden, daß die Anfangsdaten nach Einsetzen in eine Modellgleichung realistische Tendenzen aufzeigen. /meteorologischer Lärm.

Initialsetzung /Setzung.

Injektion, 1) *Ingenieurgeologie*: Einpressen von Injektionsgut in Hohlräume (Klüfte, Poren etc.) des Untergrundes zum Zweck der Abdichtung und/oder Festigkeitserhöhung. Wird die Festigkeit des Baugrundes durch Injektionen erhöht, handelt es sich um eine /Baugrundvergütung. Injektionen werden seit Beginn des 19. Jh. durchgeführt. Bis ins 20. Jh. nutzte man hauptsächlich /Zementinjektionen im Wasser-, Berg- und Tunnelbau. Neue Techniken (Hochdruckpumpen, /Manschettenrohrinjektionen und /Pakker) sowie neu entwickelte /Injektionsmittel (Silicatgele, Kunstharze, Bitumen und Schaumstoffe) haben die Anwendungsmöglichkeiten in den vergangenen Jahrzehnten erweitert und verbessert (z. B. Altlasten- und Gebäudesanierung, /Vorausinjektionen im Tunnelbau). Um eine flächenhafte Abdichtung eines Baugrundes zu erzielen, werden Injektionsschleier eingesetzt. Durch Aneinanderreihung von einzelnen Injektionen wird eine ebene oder gekrümmte Wand geringer Dicke erzeugt. Eine wichtige Anwendung dieses Verfahrens ist die Sohlabdichtung von Dämmen und Talsperren.
Die Durchführung einer Injektion erfolgt in vier Schritten: a) Herstellung eines Bohrlochs, b) Einführen der Injektionslanze und Abtrennung des Injektionsbereichs durch Packer, c) Einpressen des Injektionsgutes über eine Injektionspumpe, d) Überwachung der Injektionsarbeiten und Erfolgskontrolle. /Injektionstechnik. /Untergrundabdichtung. 2) *Petrologie*: das kleinräumige Eindringen von (meist sauren) Gesteinsschmelzen entlang von Schwächezonen oder anderen Wegsamkeiten in das Nebengestein. Erfolgt die Injektion in parallel angeordneten Lagen von wenigen Zentimetern bis Dezimetern Abstand, so ergeben sich Gefügebilder, die denen von /Migmatiten, die durch /Anatexis entstanden sind, entsprechen.

Injektionsanker, *Injektionsbohranker*, zur Verbesserung des Kraftschlusses zwischen Verankerungsstrecke und Gebirge eingesetzte spezielle Form des /Haftankers, bei dem nach Aushärten des Zements in der Verankerungsstrecke durch ein miteingebautes Injektionsrohr nachträglich Zement mit höherem Druck eingepreßt wird. Anwendung findet dieser /Anker im stark zerklüfteten, brüchigen Fels, in dem normale Ankerbohrlöcher nicht über größere Längen stabil bleiben.

Injektionsbohranker /*Injektionsanker*.

Injektionsbrunnen, ein Brunnen, der zur Einleitung von Flüssigkeiten in den Untergrund genutzt wird. /Schluckbrunnen.

Injektionsdruck, zum Einbringen von Injektionsgut (/Injektionmittel) in den Untergrund aufzubringender Überdruck. Der *optimale Injektionsdruck* wird im voraus anhand von /Wasserdruck-Tests, die bis zum Aufreißen von Schichtfugen oder Klüften durchgeführt wurden, ermittelt. Nach einer Füllphase, bei der mit geringem Druck größere Klüfte aufgefüllt werden, folgt die Verpreßphase, bei der das Injektionsgut bei Maximaldruck auch in kleinere Hohlräume gelangt. Dieser Maximaldruck liegt i. a. etwa zwischen dem ein- bis vierfachen der Überlagerungslast. Bei erfolgreich abgeschlossener /Injektion soll abschließend der Injektionsdruck mindestens zehn Minuten konstant bleiben, ohne daß weiteres Injektionsgut vom Gebirge aufgenommen wird.

Injektionseis, *Intrusionseis, Intrusiveis*, Eis, das durch Injektion von Wasser in saisonal oder dauerhaft gefrorenes Gestein oder Boden gebildet wird. Das Wasser kann entweder durch /kryostatischen Druck oder durch Aufstieg von /artesisch gespanntem Grundwasser injiziert werden. Durch das Gefrieren wird die Erdoberfläche normalerweise angehoben, wodurch den Intrusivgesteinen ähnelnde Formen gebildet werden, z. B. /Pingos.

Injektionslagerstätten, durch das Eindringen in das /Nebengestein entstandene Lagerstätten, vergleichbar dem Vorgang einer magmatischen /Intrusion.

Injektionsmittel, hydraulisch aushärtendes Bindemittel oder Chemikalie. Es wird zur Verfestigung bzw. Fixierung der Bodenpartikel in den Untergrund eingepreßt und dient seiner Stabilisierung oder Abdichtung. Injektionsmittel sind Zemente, Kunststoffe, Silicatlösungen und Weichgele. Die Wahl des Injektionsmittels und der /Injektionstechnik ist abhängig von der Bodenart sowie dem Zweck der Injektion:
a) Zementsuspension: ältestes Injektionsmittel. Die Einsatzmöglichkeit herkömmlicher Zemente ist begrenzt auf größere Kluftweiten (>2 mm) oder Hohlräume. Feinstzemente sind in Kluftweiten bis zu 0,1 mm einsetzbar. Zementinjektionen sind nur bedingt in bewegtem oder aggressivem Grundwasser einzusetzen. b) Dämmersuspensionen: Sie setzen sich aus speziellem Gesteinsmehl und einem hydraulisch aushärtenden Bindemittel zusammen. c) Silicatlösungen: Sie sind einsetzbar in kiesigen Sanden und Sandböden, auch bis zu Feinsanden. d) Silicatgele: werden durch die Zugabe von Reaktiva gebildet, deren Festigkeit und Erhärtungszeit über diese Reaktiva gesteuert werden können. Gegenüber aggressivem Wasser sind Silicatgele unempfind-

lich, infolge ihrer schnellen Verfestigung sind sie auch in bewegtem Grundwasser einsetzbar. Ihre Lebensdauer liegt bei 15–20 Jahren. e) Weichgele: werden für reine Abdichtungsmaßnahmen verwendet. Infolge ihres geringen Kieselsäuregehaltes besitzen sie eine Druckfestigkeit von ca. 0,3–0,5 N/mm². f) Kunstharze: sind Polyurethanharze oder Organomineralharze. Sie werden in schluffigen Feinsanden mit Schluffanteilen bis zu 30 % eingesetzt und zur Verringerung der Durchlässigkeitsbeiwerte (↗k_f-Wert) verwendet, die bis zu zwei Potenzexponenten verringert werden können. Zu beachten ist die Umweltverträglichkeit v. a. von Kunstharzinjektionen. [NU]

Injektionsreichweite, die Reichweite einer ↗Injektion. Sie ist abhängig von der Kluftweite bei Festgestein bzw. dem Porenraum bei Lockergestein, dem ↗Injektionsdruck und der ↗Fließgrenze des Injektionsgutes (↗Injektionsmittel). Die in der Praxis angestrebten Reichweiten liegen bei 1–2 m.

Injektionsrisse, leistenförmige Durchbrüche von Sand. Sie entstehen durch hydrostatische Drücke, die sich innerhalb einer durch schnelle Sedimentation von Sand- und Tonlagen übereinander entstandenen Folge aufbauen. Injektionsrisse können mehrere Lagen durchschlagen.

Injektionsschleier, vertikale Abdichtung, die tiefer reicht als ↗Dichtungswände. Injektionsschleier werden zur Bodenverfestigung in Lockergesteinen und für Abdichtungszwecke eingesetzt. Im Talsperrenbau können sie auch für die Gründung von ↗Herdmauern eingesetzt werden. In Fels mit ↗k-Werten von ≥ 10^{-5} m/s werden Zementsuspensionen verwendet. Zur Stabilisierung wird ihnen meist Bentonit (↗Zement-Bentonit-Suspension) beigegeben. Ihre Reichweite variiert und hängt von der verwendeten Suspension, dem aufgebrachten Injektionsdruck und der Kluftausbildung ab. In Gebirge mit hohen Durchlässigkeiten ($k_f = 10^{-2}$ bis 10^{-4} m/s) werden Reichweiten von 1–3 m angenommen. In den Hauptkluftrichtungen können die Suspensionen 5–10 m weit, bisweilen noch weiter reichen. Die Mindesttiefe eines Injektionsschleiers bei kleineren Dammbauten sollte 15–20 m betragen. Ihre Tiefe richtet sich nach den jeweiligen Ergebnissen der ↗Wasserdruck-Tests. Zur Seite ist der Injektionsschleier in die Talflanken eingebunden. Die Ausführung des Injektionsschleiers wird in Fels mit geringen Durchlässigkeitsbeiwerten einreihig, bei höheren Durchläufigkeiten zwei- oder dreireihig ausgeführt. In Lockergesteinen werden grundsätzlich breite sechs- oder mehrreihige Injektionsschleier errichtet. ↗Injektion. [NU]

Injektionssohle, durch ↗Injektion erstellte Abdichtungsmaßnahme einer Baugrube.

Injektionsspieß, vorauseilende Firstsicherung von brüchigem Gebirge beim Tunnelvortrieb (↗Tunnelbau); nur wirksam mit Bogenauflager. ↗Injektion.

Injektionstechnik, Technik zur Verpressung von ↗Injektionsmittel. Durch verschiedene Injektionstechniken werden dem Untergrund unter Druck Injektionsmittel zugeführt. Der Druck wird in Abhängigkeit von dem Durchlässigkeitsbeiwert des Gesteins, den geologischen Rahmenbedingungen und den technischen Gegebenheiten festgelegt und durch den WD-Test bestimmt. In Oberflächennähe sollte mit geringem Druck verpreßt werden, um nachteilige Auswirkungen, wie Hebung der Oberfläche oder Entstehung weiterer Risse im Gebirge bzw. Untergrund zu vermeiden. Es gibt aber auch Verfahren, bei denen durch erhöhten Druck erneuter Hohlraum erzeugt werden soll, der dann verfüllt wird. Die Drücke reichen an der Oberfläche bis max. 0,5 MPa, in der Tiefe 1,5–2 MPa. Die ↗Injektion erfolgt nach Heitfeld (1965) in verschiedenen Schritten. Zuerst werden bei geringem Druck die größeren Klüfte verfüllt. Für eine möglichst weitreichende Verfüllung der Klüfte muß eine genügend hohe Pumpenleistung sichergestellt sein. Weiterhin soll ein Zusammenschluß der einzelnen Einpreßbereiche untereinander erreicht werden. Dann erfolgt ein Druckanstieg (Verpreßphase). Der vorgesehene Maximaldruck soll in dieser Phase erreicht und mindestens zehn Minuten gehalten werden, ohne daß noch Verpreßgut aufgenommen wird. Die Relation Verpreßdruck/Aufnahmemenge kann durch Veränderungen der Wasser-Zement-Mischungen gesteuert werden. Die Festlegung des maximalen Injektionsdruckes ist abhängig von der Art und der Mächtigkeit des überlagernden Gebirges. In den USA liegen die Steigerungsraten in festen Gesteinen bei durchschnittlich 25 KPa pro Meter Überlagerungshöhe und in weichem Gestein bei 10 KPa pro Meter. In Europa betragen die Steigerungsraten bis zu 100 KPa pro Meter Überlagerungshöhe. Abhängig von der Standfestigkeit des Bohrloches wird eine Injektion von unten nach oben oder in brüchigem Gestein von oben nach unten durchgeführt. Die Injektion erfolgt in verschiedenen Stufen, deren Länge etwa 5 m beträgt, sich mit Erhöhung der Aufnahmefähigkeit des Gesteins jedoch verkürzen. In massigen Gesteinen kann ein Bohrloch auch einheitlich verpreßt werden (Einlochmethode). [NU]

Injizierbarkeit, Maß für die Aufnahmefähigkeit von Gesteinen gegenüber injizierten Lösungen und Suspensionen. Um eine ↗Injektion in den Untergrund einbringen zu können, muß die Suspension in der Lage sein, in die Poren und Risse einzudringen und sie auszufüllen. Die Injektion von Zementen in Festgesteine ist bis zu einer Kluftweite bis ca. 0,1 mm durchführbar. Bei Lockergesteinen ist die Injektion möglich, wenn das Verhältnis des Korndurchmessers d_{15} (↗Körnungslinie) des Bodens zu dem Korndurchmesser d_{85} der Injektion einen Wert >24 erreicht.

Inklination, ist der Winkel I zwischen der lokalen Richtung der Horizontalkomponente B_H und der Vertikalkomponente B_Z des Erdmagnetfeldes B, bei nach unten zeigender Feldrichtung positiv gerechnet (Abb.). Bei horizontaler Feldrichtung ist $I = 0°$, bei vertikaler Feldrichtung ist $I = ± 90°$. In Mitteleuropa ist $I ≈ +60°$.

Inklinometer, ein Gerät zur Durchführung von ↗Neigungsmessungen. Das Gerät besteht aus ei-

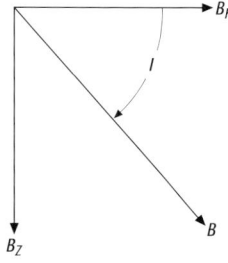

Inklination: Definition der Inklination I als Winkel zwischen der lokalen Richtung der Horizontalkomponente B_H und dem Erdmagnetfeld B (B_Z = Vertikalkomponente).

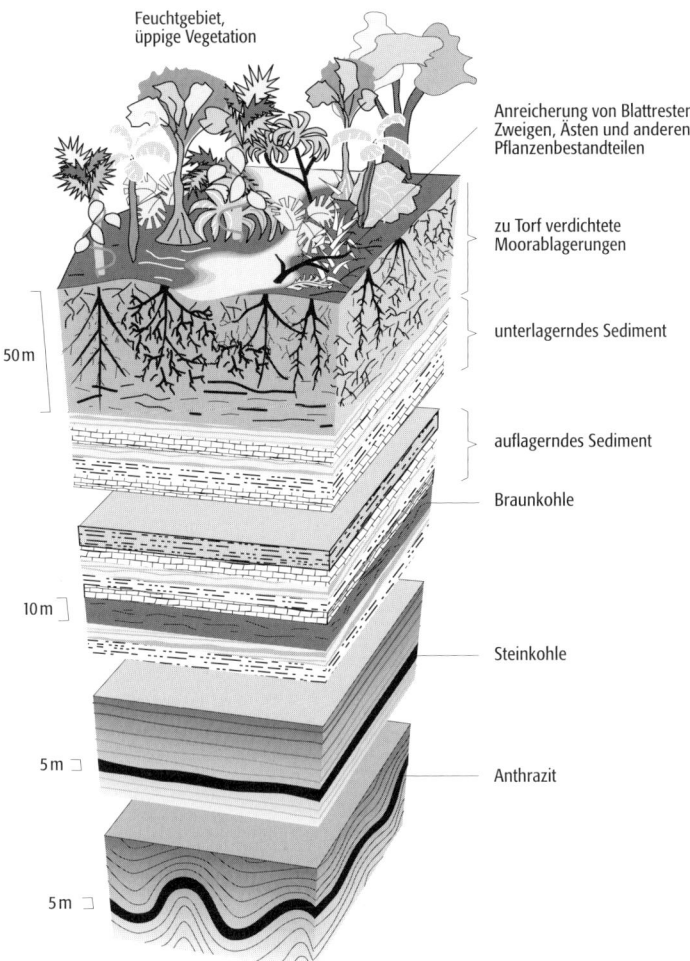

Inkohlung 1: Mächtigkeitsverhältnisse bei der Entwicklung vom Torf bis zum Anthrazit. Von oben nach unten nimmt der Kohlenstoffgehalt zu, die flüchtigen Bestandteile hingegen ab.

nem elektronischen Pendel- oder einem Beschleunigungssensor, der in einem Gehäuse an einem Bauwerk angebracht oder in einer Sonde in ein verrohrtes Bohrloch eingelassen wird. Als Verrohrung werden gemuffte Meßrohre von drei Metern Länge eingebaut, welche jeweils unter einem Winkel von 90° vier Längsnuten besitzen, die zur Sondenführung gebraucht werden. Die Pendelsensoren, welche mit einem gedämpften mechanischen Lotpendel arbeiten, werden mehr und mehr von den Beschleunigungssensoren verdrängt, weil sie genauer messen und weniger stoßempfindlich sind. Bei diesen Sensoren werden die beschleunigungsproportionalen Kräfte an einer Masse durch eine Magnetspule kompensiert, wobei ein im Stromkreis der Magnetspule befindlicher Meßwiderstand das proportionale Meßsignal abgibt. Die Geräte, welche an Gebäuden angebracht werden, um Neigungsänderungen infolge von Veränderungen im Baugrund festzustellen, bestehen im Regelfall aus einem Sensorenpaar, welches unter 90° zueinander angeordnet ist, um räumliche Änderungen zu erfassen. Auch die Inklinometersonden, welche in Bohrlöcher eingefahren werden, besitzen normalerweise zwei orthogonal zueinander angeordnete Sensoren, um die Bewegungskomponenten (z. B. einer Rutschbewegung) in einem Meßschritt zu registrieren. [EFe]

Inkohlung, Bildung von ↗Kohle durch die ↗Diagenese von pflanzlicher Substanz zu ↗Torf und fortschreitend (mit zunehmendem ↗Inkohlungsgrad) über ↗Braunkohle, ↗Steinkohle, ↗Anthrazit zu ↗Meta-Anthrazit (*Inkohlungsreihe*, Abb.1) unter teilweisem und bis vollständigem Sauerstoffabschluß (erst Wasser-, später Sedimentbedeckung). Hierbei erfolgt der Verlust von Wasser, Kohlendioxid, verschiedenen sauerstoffhaltigen funktionellen Gruppen und Methan, was zur relativen Anreicherung von Kohlenstoff (Abb. 2) und damit zur Erhöhung des Brennwertes sowie, infolge von Volumenschwund bis auf 1/10 des Ausgangsvolumens (Abb. 3) und zunehmender Entstehung und interner Ordnung von Makromolekülen, zur Verdichtung der Kohle führt.

Inkohlungsgrad

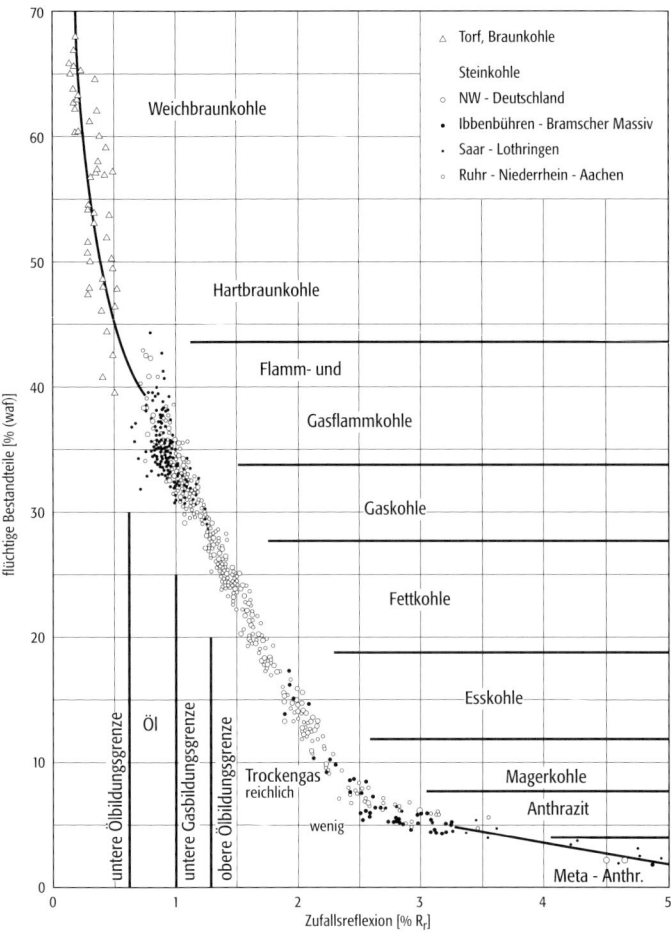

Inkohlung 2: Beziehungen zwischen Zufallsreflexion, einer Art der Vitrinit-Reflexion, und flüchtigen Bestandteilen bzw. Auftreten von Öl und Gas bei steigendem Inkohlungsgrad mit den in Deutschland gebräuchlichen Inkohlungsstufen (waf = wasser- und aschefrei).

Inkohlung 3: Anstieg des Kohlenstoffgehaltes (C) bei Abnahme der flüchtigen Bestandteile mit steigendem Inkohlungsgrad (= steigende Zufallsreflexion bzw. Vitrinit-Reflexion) (waf = wasser- und aschefrei, H = Wasserstoff).

Es lassen sich eine biochemische Phase (↗Vertorfung) und eine geochemische Phase (eigentliche Kohlenbildung) der Inkohlung unterscheiden. In der biochemischen Phase wandeln aerobe, später anaerobe Bakterien und niedere Pilze in mehreren Schritten ↗Zellulose und ↗Lignin in ↗Huminstoffe um, wobei tierische Organismen (Ameisen, Regenwürmer) durch mechanische Zerkleinerung der Pflanzenreste wichtige Vorarbeit leisten. Die biochemische Phase wird durch Verschlechterung der mikrobiologischen Lebensbedingungen infolge zunehmender Beckenabsenkung und damit verbundener Sedimentbedeckung sowie ansteigenden Temperaturen durch die geochemische Phase abgelöst. Die Sedimentauflast führt am Anfang der geochemischen Phase zur Reduktion des Porenraumes und zu Wasserverlust (Druckentwässerung), kennzeichnend schon für den Übergang von Torf zu Weichbraunkohle und für fortschreitende Inkohlung innerhalb des Weichbraunkohlenstadiums. Die chemischen Prozesse werden von der Stärke und (nachgeordnet) der Dauer der mit der Versenkung einsetzenden Wärmezufuhr gesteuert. Andere Parameter wie Druck sind vernachlässigbar. Die Prozesse entsprechen der Diagenese bei den anorganischen Sedimenten. In allererster Linie ist die mit der Tiefe zunehmende Erdwärme für steigende Inkohlung verantwortlich (↗Hiltsche Regel). Der ↗geothermische Gradient bestimmt dabei den erreichten Inkohlungsgrad im Verhältnis zur Versenkungstiefe. Aus vulkanischen Aktivitäten stammende Wärme trägt nur selten zur Inkohlungssteigerung bei. Meist entsteht im Kontakt zu heißen vulkanischen Gesteinen der sog. *Naturkoks*.

In der geochemischen Inkohlungsphase wird der Abbau von Zellulose und Lignin im Verlauf des Braunkohlenstadiums abgeschlossen. Dabei werden lipoide (↗Lipide) Stoffe (Wachse) und Harze zunehmend in die Umwandlung der chemischen Verbindungen einbezogen. Die weiteren chemischen Reaktionen, verbunden mit der zunehmenden Abspaltung erheblicher Gasmengen (Abb.3), sind durch strukturelle Prozesse wie Kondensation, Polymerisation und v. a. Aromatisierung gekennzeichnet, so daß, wenn am Ende der Inkohlung, im Meta-Anthrazit-Stadium, auch das Ende des ↗amorphen Stadiums erreicht ist, die vorhandenen Ringstrukturen bei weiterer Wärmezufuhr und nun auch erheblicher Drucksteigerung die ↗metamorphe Umwandlung mit ↗Mineralisation des Kohlenstoffs in den aus reinen Kohlenstoff-Sechserringen bestehenden ↗Graphit erfahren. [HFl]

Inkohlungsgrad, *Inkohlungsrang*, *Rang*, Stadium der ↗Inkohlung, charakterisiert durch chemische und physikalische Eigenschaften der Kohlen wie Wassergehalt, Kohlenstoffgehalt, Gehalt an ↗flüchtigen Bestandteilen, Brennwert und ↗Vitrinit-Reflexion (↗Maceral). Der für die Festlegung des Inkohlungsgrades zuverlässigste Parameter wechselt in Abhängigkeit vom Inkohlungsgrad. Für Torf und Weichbraunkohle wird der Inkohlungsgrad durch den Rohwassergehalt festgelegt. Bei alle anderen Kohlen erfolgt die Be-

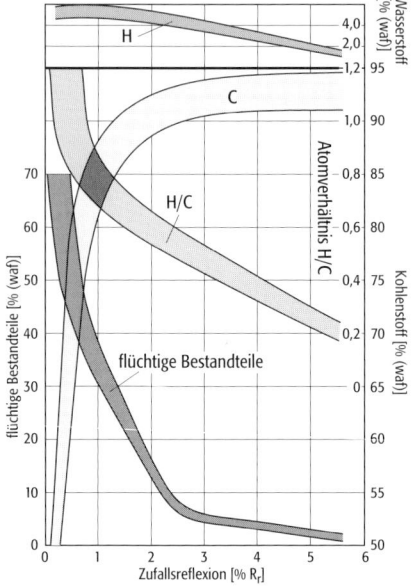

stimmung des Inkohlungsgrades an erster Stelle über die Virtinit-Reflexion (Tab.). Dies gilt auch für die Bestimmung des ↗Reifegrads der organischen Substanz in Sedimenten.

Inkohlungsrang ↗Inkohlungsgrad.

Inkohlungsreihe ↗Inkohlung.

inkompatible Elemente, Spurenelemente, die nicht oder nur sehr wenig in ein Kristallgitter, dafür aber leicht in der offenen, ungeordneten Struktur einer Schmelze eingebaut werden, im Gegensatz zu ↗kompatiblen Elementen. In der Geochemie versteht man darunter oft die Inkompatibilität gegenüber den kristallinen Phasen des ↗Erdmantels. Die inkompatiblen Elemente werden in der basaltischen partiellen Schmelze des peridotitischen Erdmantels angereichert und verarmen daher den Erdmantel an diesen Elementen (Abb.).

inkompetent ↗kompetent.

Inkompressibilität, bezeichnet die Eigenschaft bestimmter Substanzen bei Druckänderungen keine deutliche Änderung des Volumens zu zeigen. In erster Näherung können Festkörper und Flüssigkeiten im Gegensatz zu Gasen als inkompressibel bezeichnet werden. Vollständige Inkompressibilität muß als theoretischer Grenzfall betrachtet werden.

inkongruente Auflösung ↗Auflösung.

inkongruentes Schmelzen, Schmelzvorgang, in dem die feste Phase mit der flüssigen Phase reagiert oder zerfällt. Die resultierende flüssige Phase hat danach einen anderen Chemismus als die feste Ausgangsphase.

Inkrustation, 1) ein anorganisch gebildeter, mineralischer Überzug von unregelmäßiger Dicke, der sich auf einem Festsubstrat bildet. Der Überzug

Inkohlungsgrad (Rang/Stufe)		Vitrinit-Reflexion [$Rm_{Öl}$]	Kohlenstoff [%C(waf)]	flüchtige Bestandteile [%]
Torf			ca. 60	
Weich-	Braunkohle	ca. 0,3		60
Matt-			ca. 71	50
Glanz-		ca. 0,5	ca. 77	
Flamm-				40
Gasflamm-		ca. 1,0		
Gas-	Steinkohle		ca. 87	30
Fett-		ca. 1,5		20
Eß-		ca. 2,0		
Mager-				10
Anthrazit		ca. 4,0	ca. 91	
Meta-Anthrazit				

kann sowohl leicht löslich (z. B. Salzkrusten) als auch dauerhaft (z. B. ↗Kieselsinter, Travertinkrusten) sein, das Substrat anorganischen oder organischen Ursprungs (z. B. Klasten oder Gerölle, Schalen oder Pflanzenteile); 2) eine durch die Lebenstätigkeit ↗inkrustierender Organismen gebildete, flächenhafte oder räumlich ausgedehnte, biogene Struktur. Sie kann sowohl monospezifisch, d. h. von einer einzigen Art, als auch polyspezifisch (von verschiedenen Arten gebildet) sein und in letzterem Fall typische Inkrustationsabfolgen aufweisen.

inkrustierende Organismen, *Inkrustierer*, sind wichtige Besiedler von Hartsubstraten, vorwiegend im marinen Milieu, z. B. an Felsküsten, auf isolierten Geröllen und organisch gebildeten Hartteilen (z. B. Schalen), auf Hartgründen und in Riffen. Es sind sessile, pflanzliche oder tierische ↗Epibionthen (z. T. ↗Kryptobionthen) mit niedrigem Höhenwachstum, welche mit ihrer ausgedehnten Basalfläche auf dem Untergrund festgewachsen sind. Organismen, die Hartsubstrate flächig inkrustieren, können auf Weichsubstraten durch das vollständige Umwachsen kleiner Litho- oder Bioklasten ↗Onkoide bilden. Im Riffhabitat besiedeln Inkrustierer bevorzugt die verbleibenden Zwischenräume (Spalten, Höhlen, etc.) zwischen den primären Riffbildnern, tragen damit wesentlich zur Carbonatproduktion bei und stabilisieren als sekundäre Riffbildner das Riffgerüst. Zum anderen verkitten sie auf dem Riffdach und im nahen Rückriff durch ihre Überkrustung einzelne Klasten und verhindern so Brandungserosion und Umlagerung. Die gebildeten Gesteine werden als bindstones oder beim Vorherrschen etwas dickerer, laminar wachsender Organismen als coverstones bezeichnet. Im höchstenergetischen Bereich der Rifffront und des meerwärtigen Riffdachs können sie als flachwachsende Spezialisten monospezifische bis niedrigdiverse Organismenpolster ausbilden.

Inkohlungsgrad (Tab.): Unterteilung der Kohlen nach ihrem Inkohlungsgrad (waf = wasser- und aschefrei).

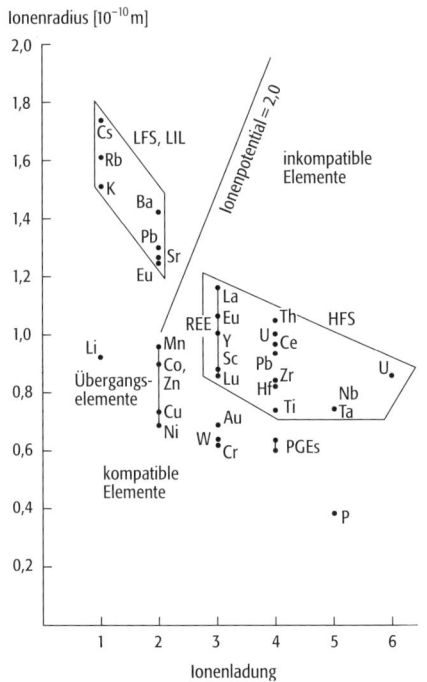

inkompatible Elemente: Ionenladung aufgetragen gegen den Ionenradius für die wichtigsten Spurenelemente. Ein ionisches Potential (= Ionenladung/Ionenradius) von 2,0 unterscheidet die inkompatiblen Elemente in LIL-Elemente (Large-Ion-Lithophile-Elemente), auch bekannt als LFS-Elemente (Low-Field-Strength-Elemente), und HFS-Elemente (High-Field-Strength-Elemente). Kompatible Elemente sind im unteren linken Teil des Diagramms zu finden.

inkrustierende Organismen 1:
stratigraphische Verbreitung und Morphologie der wichtigsten inkrustierenden Organismengruppen im Phanerozoikum. Die Breite der Verbreitungsbalken bezieht sich auf die Bedeutung der einzelnen Taxa in den jeweiligen Inkrustationsgemeinschaften.

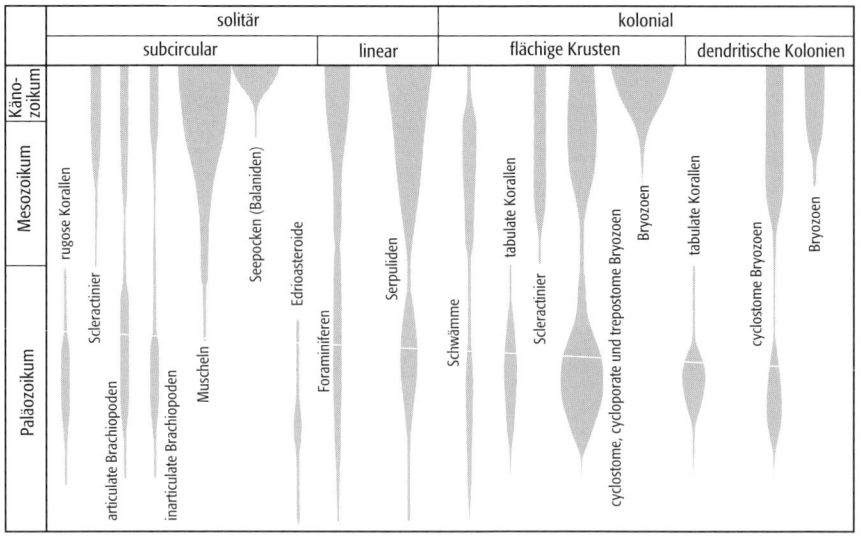

Dazu gehören z. B. die aus krustosen Rotalgen aufgebauten »algal ridges« moderner Riffe oder die biofaziell äquivalenten Stromatoporenkrusten (↗Stromatoporen) in mittelpaläozoischen Riffen.

Inkrustierer sind mit den ↗Stromatolithen seit dem ↗Archaikum bekannt, skelettbildende Formen aus dem gesamten Phanerozoikum (Abb. 1). Eine erste ↗Radiation beginnt gleichzeitig mit der Entwicklung der mittelpaläozoischen Stromatoporen-Korallen-Bryozoen-Riffe im Ordovizium und führt zu einem Häufigkeitsmaximum im Devon, welches mit der ausgedehnten Entwicklung von Riffstrukturen in dieser Zeit zusammenfällt. Im jüngeren Paläozoikum und ältestem Mesozoikum sind Inkrustierer rar. Erst mit dem erneuten Aufblühen des Riffbiotops in der mittleren Trias beginnt eine bis in das Rezente anhaltende mesozoisch-känozoische Radiation. Inkrustierer gehören einem weiten taxonomischen Spektrum an. Neben im wesentlichen von Cyanobakterien dominierten, »Algenmatten« bildenden, mikrobiellen Lebensgemeinschaften (↗Mikrobialithe) sind es Rotalgen (↗Kalkalgen), ↗Foraminiferen und ein weites Spektrum skelettbildender solitärer und kolonialer Suspensionsfresser: ↗Schwämme, ↗Korallen, ↗Bryoza, Serpuliden (↗Annelida), Balaniden (Seepocken, ↗Arthropoda), Muscheln (↗Mollusca), ↗Brachiopoda sowie einige kleine, nur fossil bekannte Gruppen unbekannter taxonomischer Zuordnung. Vereinzelt sind auch unverkalkte Inkrustierer durch Bioimmuration überliefert, d. h. sie werden als ↗Fossilabdruck auf der Unterseite eines überkrustenden Organismus erhalten. Solitäre Inkrustierer haben entweder annähernd runde Umrisse und wachsen zentrifugal (z. B. Muscheln, Balaniden), oder es sind langgestreckte Formen, die ihre Wachstumsrichtung bei Bedarf signifikant ändern können (z. B. bei Foraminiferen und Serpuliden). In der Regel bilden sie wegen der bevorzugten Entwicklung der Larven in der Nähe der Adultformen mehr oder weniger dichte, mono- bis oligospezifische Aggregate. Koloniale Inkrustierer sind von polymorpher, vom Untergrund und dem Wettbewerb um autökologische Ressourcen (Raum, Licht, Sauerstoff etc.) gesteuerter Gestalt. Sie vermehren sich asexuell durch Knospung und können so den Tod einzelner Zooide bzw. einzelner Bereiche der Kolonie überstehen. Es lassen sich zwei Wachstumsstrategien unterscheiden (Abb. 2). Flächige Krusten (sheets) vergrößern sich durch Knospung an ihren distalen Wachstumsfronten und besetzen den

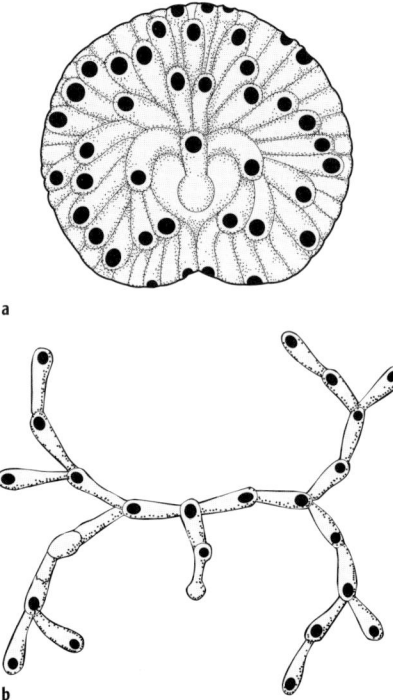

inkrustierende Organismen 2: adaptive Morphologien kolonialer Inkrustierer am Beispiel zweier cyclostomer Bryozoen des Jura: a) flächig wachsende *Berenicea*-Kruste (sheet), b) dendritisch verzweigte, unidirektional wachsende Stomatoporakolonie (runner).

zur Verfügung stehenden Raum unter Überkrustung anderer Organismen vollständig. Dendritisch verzweigte, jeweils an den Spitzen der einzelnen Zooide undirektional wachsende Inkrustierer (runner) versuchen möglichst ausgedehnte Substratflächen geflechtartig zu besiedeln und dadurch partielle Mortalität der Kolonie auszugleichen. Überwachsungsmuster und Inkrustations-Sukzessionen sind im Einzelfall komplex und von zahlreichen autökologischen und synökologischen Komponenten abhängig. Allgemeingültige Regeln lassen sich deshalb nicht aufstellen. [HGH]

Inkunabel, *Wiegendruck*, ↗ Karteninkunabel.

Inlandeis ↗ Eisschild.

Inloop, Meßanordnung in der ↗ Transienten-Elektromagnetik, bei der die Empfangsspule innerhalb der Sendespule aufgebaut wird.

Innendichtung, im Bereich des Dammbaus der undurchlässige Bereich im Damminneren. Bei einem gegliederten Dammaufbau übernimmt der innere Teil des Dammes die eigentliche Dichtungsfunktion. Die Innendichtung besteht meist aus feinkörnigen Erdstoffen, die im verdichteten Zustand eine geringe Durchlässigkeit aufweisen ($k_f < 10^{-7}$ m/s) und durch Filter oder durch Zonen mit nach außen hin zunehmender Korngröße vor einer Kontakterosion gesichert sind. Ebenso werden künstliche Stoffe wie Asphalt-, Zement- und Tonbeton (Erdbeton) oder auch ↗ Dichtungswände zur Innendichtung verwendet.

Innenmoräne, im Eis (↗ Gletscher oder ↗ Eisschild) transportiertes Gesteinsmaterial (↗ Moräne Abb.). Innenmoränen entstehen aus ↗ Obermoränen, die im ↗ Nährgebiet des Gletschers als ↗ Frostschutt auf das ↗ Firnfeld fallen und dort durch Schneeüberdeckung in den Eiskörper gelangen. Durch das Abtauen des Eises im ↗ Zehrgebiet kann umgekehrt aus Material der Innenmoränen wieder Obermoränenmaterial werden. Da weder Innen- noch Obermoräne starker Bearbeitung unterliegen, ist das Material meist kantig oder nur schwach kantengerundet.

Innenreflexe, bei der ↗ Polarisationsmikroskopie im reflektierten Licht (↗ Erzmikroskopie) auftretende Erscheinung, wonach die aus dem Innern des Objekts, also nicht von der Oberfläche kommenden Reflexe mehr oder weniger satt gefärbte, meist rote oder braune Farben zeigen. Die Innenreflexe geben die Farben dünnster Splitter im durchfallenden Licht wider, entsprechen also meist den Strichfarben. Manche als opak angesehene Erze wie Ilmenit, Chromit oder Fahlerze zeigen häufig solche Innenreflexe.

Innenwiderstand, Ohmscher Widerstand eines Meßsystems, der bei Messung eines erdelektrischen Feldes möglichst hoch sein sollte, um eine Verfälschung der Meßgröße (Spannungsabfall) zu vermeiden.

innenzentriertes Gitter, Gitter, zu dessen Beschreibung eine innenzentrierte ↗ Elementarzelle gewählt wird. Unter den Bravais-Gittern sind dies die Gitter mit den Raumgruppen $Immm$, $I4/mmm$ und $Im\bar{3}m$. Abweichend von der Konvention wählt man zuweilen auch bei anderen Gittern eine innenzentrierte Zelle, um den Vergleich von Strukturen zu erleichtern, so zum Beispiel bei Anorthit, $CaAl_2Si_2O_8$, der in der Raumgruppe $P\bar{1}$ kristallisiert. Zwei Anorthitphasen mit acht und vier Formeleinheiten in der primitiven Elementarzelle lassen sich direkt vergleichen, wenn man die letztgenannte Phase als $I\bar{1}$ beschreibt.

innere Energie, die in einem Gasvolumen vorhandene mittlere thermische Energie der Molekülbewegungen. Die innere Energie E_i ist mit der Masse m und der Temperatur T eines Gasvolumens verknüpft über die Beziehung:

$$E_i = mc_v T.$$

Dabei ist c_v die spezifische Wärme bei konstantem Volumen.

innere Geodäsie ↗ *geodesia intrinseca*.

innere konische Refraktion ↗ konische Refraktion.

innere Orientierung, in der Photogrammetrie die Definition der Lage des bildseitigen ↗ Projektionszentrums eines Objektivs gegenüber der ↗ Bildebene einer Kamera unter Beachtung der ↗ Verzeichnung. Die Elemente der inneren Orientierung einer Kamera sind die ↗ Kamerakonstante c_k und die ↗ Bildkoordinaten des Bildhauptpunktes x'_o und y'_o sowie die Funktion der Verzeichnung des Objektivs. Die Kenntnis der Daten der inneren Orientierung ermöglicht die Rekonstruktion des ↗ Aufnahmestrahlenbündels eines Bildes. Kameras bzw. Bilder, deren Daten der inneren Orientierung bekannt sind, werden als ↗ Meßkameras bzw. ↗ Meßbilder bezeichnet.

innere Spannung, Spannungen innerhalb eines Kristalls, aber auch eines gesamten Werkstücks. Die Ursachen für innere Spannungen können sehr unterschiedlich sein. Auf atomarer Ebene tragen z. B. Fremdatome, die in ihrer Größe dem Wirtsgitter nicht angepaßt sind, oder Atome auf Zwischengitterplätzen (↗ Zwischengitteratom) zu inneren Spannungen bei. Im allgemeinen nimmt man dabei an, daß derartige Hindernisse von ↗ Versetzungen nicht durch thermische Aktivierung überwunden werden können. Auf einer etwas größeren Längenskala sind viele ↗ Ausscheidungen von inneren Spannungen umgeben. Versetzungen selbst tragen wesentlich zu den inneren Spannungen bei und damit natürlich auch die aus Versetzungen aufgebauten ↗ Kleinwinkelkorngrenzen. Beim Wachsen eines Kristalls kann es durch das Ausbilden von Konzentrationsgradienten oder durch unterschiedliche Abkühlungsraten zu inneren Spannungen kommen. Ebenso ergeben sich innere Spannungen beim epitaktischen (↗ Epitaxie) Aufwachsen einer pseudomorphen Schicht mit leicht unterschiedlichen Gitterparametern im Vergleich zum Substrat. [EW]

innere Symmetrie, Symmetrie einer ↗ Kristallstruktur, im Gegensatz zur makroskopischen Symmetrie eines Kristalls.

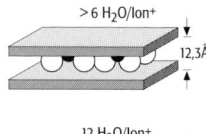
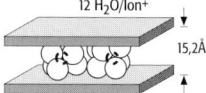
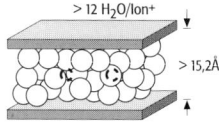

innerkristalline Quellung: Hydratationsstufen der Dreischicht-Tonminerale mit maximalem Wassergehalt.

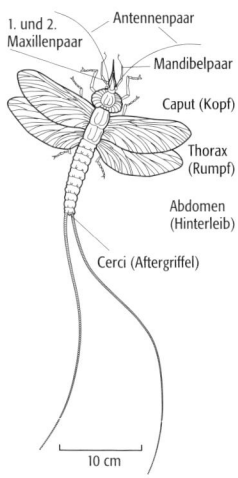

Insecta: Urnetzflügler; sie gehören zu den größten bisher bekannten Insekten mit Flügelspannweiten über 50 cm.

innerkristalline Quellung, *intrakristalline Quellung*, bei der ↗Quellung von Tonen wird zwischen der innerkristallinen und der osmotischen Quellung unterschieden. Die innerkristalline Quellung beruht auf der Schichtstruktur der Tonminerale und ist bedingt durch die ↗Hydratation der austauschbaren Kationen. Die durch den ↗isomorphen Ersatz im Kristallgitter der Silicatschichten erzeugte negative Überschußladung wird zwischen den Silicatschichten durch Kationen oder positiv geladenen Hydroxidschichten ausgeglichen und durch diese zusammengehalten. Die Bindung ist um so stärker, je höher die Ladung ist. Wenn der Zusammenhalt schwach ist, umgeben sich die Zwischenschicht-Kationen mit einer Hydrathülle (Hydratation) und drängen die Silicatschichten auseinander. Das Ausmaß der so entstandenen Quellung ist ein wesentliches Merkmal zur Unterscheidung von Dreischichtmineralen, da es von der Höhe der Schichtladung und der Art der Zwischenschicht-Kationen abhängt.
Das am weitesten verbreitete Tonmineral mit innerkristalliner Quellung ist der ↗Montmorillonit. Bei einem trockenen Montmorillonit liegen die Silicatschichten so dicht aufeinander, daß sie sich bei einem Schichtabstand von 9,6–10 Å fast berühren. Bei Kontakt mit Wasser hydratisieren die Zwischenschichtkationen. In Abhängigkeit vom herrschenden Partialdruck und vom Elektrolytgehalt werden ein (12,3 Å), zwei (15,2 Å) und vier (>15,2 Å) Wasserschichten ausgebildet (Abb.). Dabei bleibt die kristalline Ordnung weitestgehend erhalten. In Wasser oder elektrolytarmen Systemen können wesentlich mehr als vier Schichten ausgebildet werden. Der Schichtabstand kann über 20 Å steigen und die kristalline Ordnung geht verloren. [CSch]

innersphärischer Sorptionskomplex, bezeichnet die ↗Sorption eines Sorbates direkt an das Sorbens ohne Zwischenlagerung von Wassermolekülen. Die Bildung dieser Komplexe wird nicht allein von elektrostatischen Kräften beeinflußt, sondern auch von sterischen Eigenschaften und kovalenten Kräften. Dies erlaubt die Bildung von Sorptionskomplexen bei gleichsinniger Ladung von Sorbens und Sorbat, z. B. die Adsorption von Schwermetallkationen an eine positiv geladene Rutiloberfläche. ↗Adsorption.

Innertropische Konvergenzzone, *ITCZ*, *tropische Konvergenzzone*, *Innertropische Konvergenz*, *ITC*, Zone des Zusammentreffens des NE-Passats (↗Passat) der Nordhemisphäre und des SE-Passats der Südhemisphäre im Bereich der ↗äquatorialen Tiefdruckrinne, die zwischen den ↗subtropischen Hochdruckgürteln beider Hemisphären liegt. Durch die horizontale Konvergenz der bodennahen Strömung kommt es zu aufsteigenden Vertikalbewegungen, welche zu starker Wolkenbildung und heftigen Regenfällen führen. Die Lage der ITCZ verändert sich entsprechend den Jahreszeiten zwischen etwa 20° nördlicher und südlicher Breite. Die ITCZ ist Teil der ↗allgemeinen atmosphärischen Zirkulation.

Inorganic Crystal Structure Database, *ICSD*, ↗Kristallstruktur.

Inosilicate, [von griech. inos = Faser], *Kettensilicate*, *Bandsilicate*, Silicate, deren Strukturen eindimensional unendliche Ketten oder Bänder enthalten, deren Periodizität entweder zwei Tetraederlängen umfaßt wie in den ↗Pyroxenen und der ↗Amphibolgruppe, drei Tetraederlängen wie im ↗Wollastonit und ↗Xonotlit oder fünf und sieben Tetraederlängen wie im ↗Rhodonit und Pyroxmangit. Zylindrische Ketten, aufgebaut aus Viererringen, liegen im Narsarsukit vor. An jedes der genannten Mineralien schließen sich zum Teil sehr zahlreiche weitere Vertreter analogen Strukturtyps an. Als Folge der Kettenstruktur existieren parallel zu den Ketten stets mehrere Ebenen guter Spaltbarkeit; der ↗Habitus ist in der genannten Richtung im allgemeinen nadelig und faserig.

Input-Output-Prinzip, Begriff aus der Systemtheorie, der sich auch auf die Betrachtung von ↗Ökosystemen anwenden läßt, um das grundsätzliche Funktionieren solcher Systeme darzustellen. Es handelt sich dabei um teilweise offene Systeme, bei denen i. d. R. lediglich die Input- und Outputgrößen (Einträge und Austräge) betrachtet werden. Bei einer derartigen Input-Output-Relation werden Stoffe und Energien umgesetzt (↗Stoffhaushalt). Die Relationen können dabei zwischen verschiedenen Gesamtsystemen (↗Landschaftshaushalt), aber auch zwischen Subsystemen und deren einzelnen Kompartimenten bestehen (↗Komplexanalyse).

Input-Verfahren, aerogeophysikalische Variante der ↗Transienten-Elektromagnetik.

INSAT, ↗geostationärer Satellit für Meteorologie und Telekommunikation, Indien. Er ergänzt zum Teil das globale ↗meteorologische Satellitensystem.

Insecta, *Hexapoda* (Sechsbeiner, aufgrund des aus drei beintragenden Segmenten bestehenden Thorax), die heute bei weitem artenreichste Tierklasse, die alle Lebensbereiche außer den Ozeanen erobert hat. Von den bis zu 800 Mio. angenommenen fossilen und rezenten Arten, sind bisher weltweit nur etwa eine Million Arten (davon 20.000 fossile) beschrieben. Ihre Körpergröße variiert zwischen 0,2 mm und >30 cm. Der Kopf setzt sich aus sechs verschmolzenen Segmenten zusammen. Hier inserieren ein Antennenpaar sowie die drei anderen zu Mundwerkzeugen umgebildeten Extremitätenpaare. Das aus maximal zwölf Segmenten aufgebaute Abdomen ist extremitätenlos. Seine Flanken bleiben meist weichhäutig, während die anderen Körperabschnitte rundum sklerotisiert (verhärtet) sind.
Die zum Greifen, Beißen und Kauen entwickelten Mundgliedmaßen haben sekundär unterschiedliche Funktionen übernommen. Entsprechend wurden sie in verschiedene Richtungen abgewandelt, z. B. als Leck-, Saug- oder Stechrüssel, teilweise auch als Waffen oder Imponierorgane. Der Grundtypus des Insektenbeins besteht aus fünf Hauptgliedern (Coxa, Trochanter, Femur, Tibia und Tarsus) und dient als Laufbein. Er kann zum Graben, Schwimmen, Springen etc.

stark umgebildet sein. Die Dorsalseite des zweiten und dritten Thorakalsegmentes zeigt bei vielen Insekten eine Verlängerung zu seitlichen Flügeln. Die ↗Ontogenie erfolgt über ca. 8–15 Häutungen. Bei höher entwickelten Insekten ist zwischen dem Larvenstadium und dem Adultus (Imago) ein Puppenstadium eingeschaltet, in dem sich die körperliche Umwandlung (Metamorphose) vollzieht.

Die Insekten gliedert man in die primär flügellosen Apterygota, die vom Unterdevon (Rhynie Cherts) an bekannt sind, sowie in die primär geflügelten Formen (Pterygota, seit ↗Karbon), die sich in zahlreiche Untergruppen gliedern. Die jungpaläozoischen Palaeodictyoptera (Urnetzflügler, Abb.) gehören zu den größten bisher bekannten Insekten mit Flügelspannweiten über 50 cm. Eintagsfliegen und Libellen gehören ebenfalls zu den primitiven geflügelten Insekten; sie hatten ihre größte Diversität während des ↗Mesozoikums. Bereits im Jungpaläozoikum entstehen die Vorläufer der heutigen Schaben. Auch Formen mit stechend-saugenden Mundwerkzeugen, wie z. B. Zikaden und Pflanzenläuse, sind ab dem ↗Perm nachgewiesen. In diese Zeit fällt ebenfalls das Auftreten der am stärksten differenzierten und sich über ein Puppenstadium entwickelnden Hexapoda.

Die Vorfahren der Insekten sind fossil nicht nachgewiesen; vermutlich gehen sie mit den Tausendfüßlern auf eine gemeinsame Arthropodenwurzel zurück. Insekten haben als landlebende Tiere nur eine geringe Aussicht auf fossile Überlieferung. Sie kommen allerdings nicht nur in festländischen Ablagerungen vor, sondern auch in marinen Sedimenten, in die sie hineingeweht wurden (z. B. im tertiären dänischen ↗Moler). Gehäuft treten sie z. B. in der tertiären Blätterkohle von Rott auf. Besonders gut erhalten und auch relativ häufig findet man sie im tertiären ↗Bernstein. Für stratigraphische Zwecke sind sie jedoch weitgehend ungeeignet. [IHS]

Insektizide, ↗Pflanzenschutzmittel, Mittel, die sich gegen Insekten und deren Entwicklungsformen richten. Sie werden zum Schutz von Menschen, Pflanzen, Tieren, Nahrungsmitteln und Bekleidung eingesetzt. Chemisch unterscheidet man zwischen natürlichen Insektiziden (z. B. Nikotin) und synthetischen Insektiziden. Letztere lassen sich wiederum in anorganische und organische einteilen. Zu den anorganische gehören z. B. Arsenpräparate (in Deutschland verboten). Die organischen Präparate werden entsprechend ihrer chemischen Struktur unterteilt. Bekannte Beispiele sind chlorierte Kohlenwasserstoffe wie das DDT und Phosphorsäureester wie das Parathion (E606).

Insel, mit Ausnahme der Kontinente jede vollständig mit Wasser umschlossene Landfläche.

Inselberg, 1) allgemeiner geomorphographischer, d. h. rein deskriptiver Begriff für einen einzelnen Berg, der inselartig aus einer ihn umgebenden Fläche herausragt. Aufgrund unterschiedlicher Verwitterungsbedingungen erweisen sich bestimmte Areale als verwitterungsresistenter und bleiben daher länger erhalten. Inselberge können durch widerständige Gesteine oder widerständige Gesteinspartien entstehen, welche Härtlinge bilden (↗Härtling Abb. im Farbtafelteil). 2) in engeren, klassisch-klimageomorphologischen Sinne, wird der Begriff speziell auf die wechselfeuchen Tropen und Subtropen bezogen. Demnach werden als Inselberge Berge oder Berggruppen bezeichnet, deren Hangfuß seitlich durch die unter dem Rotlehm angreifende, intensive chemische Verwitterung versteilt und zurückverlegt wird oder wurde, während die Oberhänge keine Verwitterungsdecke mehr tragen und vorrangig physikalischen Verwitterungsprozessen (↗Desquamation) ausgesetzt sind. Charakteristisch für diese Inselberge ist, daß sie aus dem gleichen Gestein wie die sie umgebende Fläche bestehen und am Hangfuß keinen Schuttmantel tragen, da hier das Material durch den erhöhten Wasserzufluß schnell aufbereitet und verspült wird. Sie stellen charakteristische ↗Skulpturformen dar. Die typische Form zeigt eine Hangversteilung zum Unterhang hin. Bekanntester Inselberg ist Ayers Rock in Zentralaustralien, der sich mit seine konvexen Hängen 350 m über die Fläche erhebt, unter den heutigen Klimabedingungen aber nicht mehr weitergebildet wird. Besonders steile Inselberge werden ohne starre geomorphogenetische Einordnung als ↗Domberg oder ↗Zuckerhut bezeichnet. [JBR]

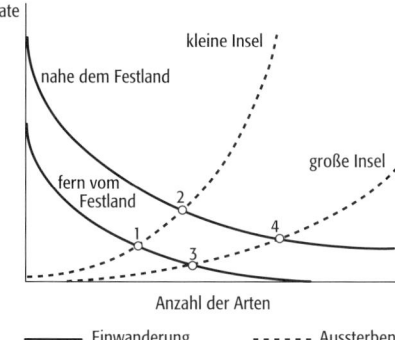

Inselbiogeographie: Anzahl der Arten auf einer Insel, bestimmt durch das Gleichgewicht zwischen Einwanderung und Aussterben. Die vier Gleichgewichtspunkte stellen verschiedene Kombinationen von großen und kleinen Inseln in kürzerer oder weiterer Entfernung von einem Kontinent dar.

Inselbiogeographie, nach der ↗Inseltheorie wird die Anzahl der Arten und die Artenzusammensetzung auf einer Insel vom Gleichgewicht zwischen der Einwanderung neuer Arten und dem Aussterben vorhandener Arten bestimmt: Je weiter eine Insel vom Festland entfernt (Entfernungseffekt) und je kleiner sie ist (Arealeffekt), desto weniger Arten sind dort vorhanden und desto kleiner ist die Stabilität der Artenzusammensetzung (Abb.). Die Inselbiogeographie liefert bei der Ausweisung von ↗Naturschutzgebieten wertvolle Hinweise, da die zu schützenden ökologischen ↗Habitate als, im übertragenen Sinne, »Inseln« in der ↗Kulturlandschaft aufgefaßt werden können.

Inselbogen, *island arc*, bogenförmig angeordnete, mit Vulkanen besetzte Inselkette. Sie säumt als

↗magmatischer Bogen den Rand einer ↗Oberplatte. Die konvergente Plattengrenze (↗Plattenrand) selbst liegt in einer ↗Tiefseerinne in 200–300 km Entfernung auf der konvexen Seite des vulkanischen Inselbogens. Der Bereich zwischen Tiefseerinne und vulkanischem Inselbogen ist der ↗forearc (Vorbogenbereich), in dem eine nichtvulkanische Inselkette der vulkanischen in ca. 100 km Entfernung unter Einschluß eines ↗Forearc-Beckens vorgelagert sein kann. Der auf der konkaven Seite des vulkanischen Inselbogens liegende Bereich ist der ↗backarc, der als Meeresbecken oder ↗Randmeer entwickelt ist. Inselbögen sind zumeist auf ozeanischer Kruste aufgebaut; im Falle kontinentaler Kruste (↗aktiver Kontinentalrand) stehen die Vulkane auf großen Inseln, die durch das Randmeer vom Kontinent getrennt sind (z. B. Sundabogen). Der Radius der Inselbögen kann wenige 100 km bis mehrere 1000 km betragen. [KJR]

Inselbogen-Basalt ↗ *Island-Arc-Basalt.*

Inseleis, kleinere Form eines ↗Plateaugletschers.

Inselkarte, ein Kartenblatt, dessen Kartenspiegel nur bis zur Grenze des darzustellenden Gebietes (Landesgrenze, Flurgrenze u. a.) reicht. Durch die Darstellung des in sich geschlossenen unregelmäßig begrenzten Gebietes auf einem beträchtlich größeren, rechteckigen Zeichenträger entsteht ein inselartiges Gesamtbild. Inselkarten können zusätzlich mit einem Kartenrahmen ausgestattet sein, wobei größere Teile des Blattspiegels frei bleiben.

Inselklima, ↗Klima, das für Inseln typisch ist. Es ist je nach ↗Klimazone sehr unterschiedlich. Typische allgemeine Kennzeichen des Inselklimas sind maritim gemäßigte Temperaturvariationen, insbesondere im Tages- und Jahresgang, sowie das tagesperiodische System von ↗Land- und Seewind.

Inselsilicate ↗ *Nesosilicate.*

Inseltheorie, Theorie der ↗Biogeographie. Sie erklärt die Anzahl der ↗Arten auf verschieden großen Inseln aus einem Gleichgewicht von ↗Immigration und Aussterberate (↗Inselbiogeographie Abb.). Auf großen Inseln leben mehr Arten, weil die Wahrscheinlichkeit, daß Immigranten ankommen, größer ist. Das Aussterberisiko liegt niedrig, da für die meisten Arten genügend ↗Lebensraum vorhanden ist. Bei größerer Distanz einer Insel vom Festland nimmt die Artenzahl ab, weil eine Neubesiedlung unwahrscheinlicher und das Aussterberisiko damit größer wird. Das Konzept der Inseltheorie wurde auf die Artenzahl von »Inseln« im übertragenen Sinne angewandt, z. B. auf ↗Naturschutzgebiete. Die Inseltheorie ist ein Argument für die Großflächigkeit von Naturreservaten und für ein ↗Biotopverbundsystem.

insequenter Fluß, ↗konsequenter Fluß.

In-situ-Messungen, die Durchführung von Messungen im Gelände zur Bestimmung z. B. mechanischer und hydraulischer Eigenschaften.

In-situ-Schmelze, eine Schmelze, die am Ort ihrer Entstehung verbleibt. In-situ-Schmelzen treten besonders innerhalb von ↗Migmatiten und ↗Anatexiten auf. Sie bilden nach ihrer Erstarrung die ↗Leukosome oder vergleichbare an ↗mafischen Mineralen verarmte Partien (↗Metatekte). In einigen Fällen können S-Typ-Granite (↗Granit) auf In-situ-Schmelzen zurückgeführt werden, nämlich wenn die aus pelitischen ↗Gneisen entstandene Schmelze nicht nennenswert innerhalb der ↗Erdkruste aufsteigt, sondern am Aufschmelzort wieder kristallisiert.

In-situ-Temperatur, ↗Temperatur am Meßort.

Insolation, 1) *Klimatologie*: incoming solar radiation, Einstrahlung, die auf der Erde ankommende, kurzwellige, sichtbare und langwellige ↗Sonnenstrahlung. 2) *Geochemie, Geomorphologie*: Wirkung von Sonnenstrahlen auf Gesteine und die damit verbundene ↗Verwitterung.

instabiles Nuklid ↗ *radioaktives Nuklid.*

Instabilität ↗ *Labilität.*

instationäre Strömungsverhältnisse, im Gegensatz zu den ↗stationären Strömungsverhältnissen in einem ↗Grundwasserleiter ist bei den instationären Strömungsverhältnissen die Wassermenge, die pro Zeiteinheit in ein definiertes rechtwinkliges Volumenelement des durchströmten Grundwasserleiters eintritt, nicht gleich der austretenden Wassermenge. Dies führt dazu, daß sich der Wasservorrat im Volumenelement verändert. Anschaulich läßt sich dieser Fall durch die Differentialgleichung der Grundwasserbewegung beschreiben:

$$\frac{\partial^2 h}{\partial x^2} + \frac{\partial^2 h}{\partial y^2} + \frac{\partial^2 h}{\partial z^2} = \frac{S}{T} \cdot \frac{\partial h}{\partial t}$$

mit x, y, z = Koordinaten in x-, y- und z-Richtung, h = Standrohrspiegelhöhe, S = Speicherkoeffizient, T = Transmissivität, $\partial h / \partial t$ = Änderung der Standrohrspiegelhöhe über die Zeit). Aus der Gleichung wird deutlich, daß die Grundwasserbewegung bei instationären Strömungsverhältnissen eine Funktion der Zeit ist.

Institut für Angewandte Geodäsie ↗ *Bundesamt für Kartographie und Geodäsie.*

Institut für Kartographie, *Kartographisches Institut*, Anstalt oder Einrichtung wissenschaftlicher Art zur Pflege der Kartographie oder gewerblicher Art zur Herstellung kartographischer Erzeugnisse. Für erstere sind insbesondere zu nennen die Universitätsinstitute in Berlin, Bonn, Dresden, Hannover, Trier und Zürich als auch das 1969 begründete ↗Institut für Kartographie der Österreichischen Akademie der Wissenschaften.

Institut Géographique National, *IGN*, nach dem Waffenstillstand im Juli 1940 aus dem Service Géographique de l'Armée gegründete zivile französische Zentralbehörde für die Landesaufnahme im Zuständigkeitsbereich des Ministeriums für Öffentliche Arbeiten. 1967 wurde das IGN zu einer wirtschaftlich ausgerichteten nicht selbständigen öffentlichen Einrichtung umgewandelt, weiterhin zuständig für ↗Landesaufnahme, einschlägige Grundlagenforschung, Herstellung und Vertrieb der ↗topographischen Karten 1 : 25.000 bis 1 : 1 Mio. und ↗thematischer Karten und für die Ausbildung.